Beilsteins Handbuch der Organischen Chemie

Beilsteins Handbuch der Organischen Chemie

Vierte Auflage

Drittes und Viertes Ergänzungswerk

Die Literatur von 1930 bis 1959 umfassend

Herausgegeben vom
Beilstein-Institut für Literatur der Organischen Chemie
Frankfurt am Main

Bearbeitet von

Hans-G. Boit

Unter Mitwirkung von

Oskar Weissbach

Erich Bayer · Marie-Elisabeth Fernholz · Volker Guth · Hans Härter
Irmgard Hagel · Ursula Jacobshagen · Rotraud Kayser · Maria Kobel
Klaus Koulen · Bruno Langhammer · Dieter Liebegott · Richard Meister
Annerose Naumann · Wilma Nickel · Burkhard Polenski · Annemarie Reichard
Eleonore Schieber · Eberhard Schwarz · Ilse Sölken · Achim Trede · Paul Vincke

Achtzehnter Band

Dritter Teil

Springer-Verlag Berlin · Heidelberg · New York 1976

ISBN 3-540-07653-0 Springer-Verlag, Berlin·Heidelberg·New York
ISBN 0-387-07653-0 Springer-Verlag, New York·Heidelberg·Berlin

© by Springer-Verlag, Berlin · Heidelberg 1976
Library of Congress Catalog Card Number: 22—79
Printed in Germany

Satz, Druck und Bindearbeiten: Universitätsdruckerei H. Stürtz AG Würzburg

Inhalt

Dritte Abteilung

Heterocyclische Verbindungen
(Fortsetzung)

1. Verbindungen mit einem Chalkogen-Ringatom

III. Oxo-Verbindungen

G. Hydroxy-oxo-Verbindungen

3. Hydroxy-oxo-Verbindungen mit fünf Sauerstoff-Atomen

Abkürzungen und Symbole
für physikalische Grössen und Einheiten [1])

Å	Ångström-Einheiten (10^{-10} m)
at	technische Atmosphäre(n) ($98066{,}5 \ N \cdot m^{-2} = 0{,}980665 \ bar = 735{,}559 \ Torr$)
atm	physikalische Atmosphäre(n) ($101325 \ N \cdot m^{-2} = 1{,}01325 \ bar = 760 \ Torr$)
C_p (C_p^0)	Wärmekapazität (des idealen Gases) bei konstantem Druck
C_v (C_v^0)	Wärmekapazität (des idealen Gases) bei konstantem Volumen
d	Tag(e)
D	1) Debye (10^{-18} esE $\cdot$ cm)
	2) Dichte (z. B. D_4^{20}: Dichte bei $20°$, bezogen auf Wasser von $4°$)
D (R$-$X)	Energie der Dissoziation der Verbindung RX in die freien Radikale R˙ und X˙
E	Erstarrungspunkt
EPR	Elektronen-paramagnetische Resonanz ($=$ Elektronenspin-Resonanz)
F	Schmelzpunkt
h	Stunde(n)
K	Grad Kelvin
Kp	Siedepunkt
$[M]_\lambda^t$	molares optisches Drehungsvermögen für Licht der Wellenlänge λ bei der Temperatur t
min	Minute(n)
n	1) bei Dimensionen von Elementarzellen: Anzahl der Moleküle pro Elementarzelle
	2) Brechungsindex (z. B. $n_{656,1}^{15}$: Brechungsindex für Licht der Wellenlänge 656,1 nm bei $15°$)
nm	Nanometer ($= m\mu = 10^{-9}$ m)
pK	negativer dekadischer Logarithmus der Dissoziationskonstante
s	Sekunde(n)
Torr	Torr ($=$ mm Quecksilber)
α	optisches Drehungsvermögen (z. B. α_D^{20}: ... [unverd.; l = 1]: Drehungsvermögen der unverdünnten Flüssigkeit für Licht der Natrium-D-Linie bei $20°$ und 1 dm Rohrlänge)
$[\alpha]$	spezifisches optisches Drehungsvermögen (z. B. $[\alpha]_{546}^{23}$: ... [Butanon; c = 1,2]: spezifisches Drehungsvermögen einer Lösung in Butanon, die 1,2 g der Substanz in 100 ml Lösung enthält, für Licht der Wellenlänge 546 nm bei $23°$)
ε	1) Dielektrizitätskonstante
	2) Molarer dekadischer Extinktionskoeffizient
μ	Mikron (10^{-6} m)
°	Grad Celcius oder Grad (Drehungswinkel)

---

[1]) Bezüglich weiterer, hier nicht aufgeführter Symbole und Abkürzungen für physikalisch chemische Grössen und Einheiten s. International Union of Pure and Applied Chemistry Manual of Symbols and Terminology for Physicochemical Quantities and Units (1969) [London 1970]; s. a. Symbole, Einheiten und Nomenklatur in der Physik (Vieweg-Verlag, Braunschweig).

Weitere Abkürzungen

A.	Äthanol	Py.	Pyridin
Acn.	Aceton	*RRI*	The Ring Index [2. Aufl. 1960]
Ae.	Diäthyläther	*RIS*	The Ring Index [2. Aufl. 1960]
alkal.	alkalisch		Supplement
Anm.	Anmerkung	S.	Seite
B.	Bildungsweise(n), Bildung	s.	siehe
Bd.	Band	s. a.	siehe auch
Bzl.	Benzol	s. o.	siehe oben
Bzn.	Benzin	sog.	sogenannt
bzw.	beziehungsweise	Spl.	Supplement
Diss.	Dissertation	stdg.	stündig
E	Ergänzungswerk des Beilstein-Handbuches	s. u.	siehe unten
		Syst. Nr.	System-Nummer (im Beilstein-Handbuch)
E.	Äthylacetat		
Eg.	Essigsäure (Eisessig)	Tl.	Teil
engl. Ausg.	englische Ausgabe	unkorr.	unkorrigiert
Gew.-%	Gewichtsprozent	unverd.	unverdünnt
H	Hauptwerk des Beilstein-Handbuches	verd.	verdünnt
		vgl.	vergleiche
konz.	konzentriert	W.	Wasser
korr.	korrigiert	wss.	wässrig
Me.	Methanol	z. B.	zum Beispiel
opt.-inakt.	optisch inaktiv	Zers.	Zersetzung
PAe.	Petroläther		

In den Seitenüberschriften sind die Seiten des Beilstein-Hauptwerks angegeben, zu denen der auf der betreffenden Seite des vorliegenden Ergänzungswerks befindliche Text gehört.

Die mit einem Stern (*) markierten Artikel betreffen Präparate, über deren Konfiguration und konfigurative Einheitlichkeit keine Angaben oder hinreichend zuverlässige Indizien vorliegen. Wenn mehrere Präparate in einem solchen Artikel beschrieben sind, ist deren Identität nicht gewährleistet.

Stereochemische Bezeichnungsweisen

Übersicht

Präfix	Definition in §	Symbol	Definition in §
allo	5c,6c	c	4
altro	5c, 6c	c_F	7a
anti	9	D	6
arabino	5c	D_g	6b
cat_F	7a	D_r	7b
cis	2	D_s	6b
endo	8	(E)	3
ent	10e	L	6
erythro	5a	L_g	6b
exo	8	L_r	7b
galacto	5c, 6c	L_s	6b
gluco	5c, 6c	r	4c, d, e
glycero	6c	(r)	1a
gulo	5c, 6c	(R)	1a
ido	5c, 6c	(R_a)	1b
lyxo	5c	(R_p)	1b
manno	5c, 6c	(s)	1a
meso	5b	(S)	1a
rac	10e	(S_a)	1b
racem.	5b	(S_p)	1b
ribo	5c	t	4
syn	9	t_F	7a
talo	5c, 6c	(Z)	3
threo	5a	α	10a, c
trans	2	α_F	10b, c
xylo	5c	β	10a, c
		β_F	10b, c
		ξ	11a
		Ξ	11b
		(Ξ)	11b
		(Ξ_a)	11c
		(Ξ_p)	11c

§ 1. a) Die Symbole (**R**) und (**S**) bzw. (**r**) und (**s**) kennzeichnen die absolute Konfiguration an Chiralitätszentren (Asymmetriezentren) bzw. ,,Pseudoasymmetriezentren" gemäss der ,,Sequenzregel" und ihren Anwendungsvorschriften (*Cahn, Ingold, Prelog,* Experientia **12** [1956] 81; Ang. Ch. **78** [1966] 413, 419; Ang. Ch. internat. Ed. **5** [1966] 385, 390; *Cahn, Ingold,* Soc. **1951** 612; s. a. *Cahn,* J. chem. Educ. **41** [1964] 116, 508). Zur Kennzeichnung der Konfiguration von Racematen aus Verbindungen mit mehreren Chiralitätszentren dienen die Buchstabenpaare (**RS**) und (**SR**), wobei z. B. durch das Symbol ($1RS:2SR$) das aus dem ($1R:2S$)-Enantiomeren und dem ($1S:2R$)-Enantiomeren bestehende Racemat spezifiziert wird (vgl. *Cahn, Ingold, Prelog,* Ang. Ch. **78** 435; Ang. Ch. internat. Ed. **5** 404).

Beispiele:
(*R*)-Propan-1,2-diol [E IV **1** 2468]
(1*R*:2*S*:3*S*)-Pinanol-(3) [E III **6** 281]
(3a*R*:4*S*:8*R*:8a*S*:9*s*)-9-Hydroxy-2.2.4.8-tetramethyl-decahydro-
     4.8-methano-azulen [E III **6** 425]
(1*RS*:2*SR*)-1-Phenyl-butandiol-(1.2) [E III **6** 4663]

b) Die Symbole (*R*$_a$) und (*S*$_a$) bzw. (*R*$_p$) und (*S*$_p$) werden in Anlehnung an den Vorschlag von *Cahn, Ingold* und *Prelog* (Ang. Ch. **78** 437; Ang. Ch. internat. Ed. **5** 406) zur Kennzeichnung der Konfiguration von Elementen der axialen bzw. planaren Chiralität verwendet.

Beispiele:
(*R*$_a$)-1,11-Dimethyl-5,7-dihydro-dibenz[*c, e*]oxepin [E III/IV **17** 642]
(*R*$_a$:*S*$_a$)-3.3'.6'.3''-Tetrabrom-2'.5'-bis-[((1*R*)-menthyloxy)-acetoxy]-
     2.4.6.2''.4''.6''-hexamethyl-*p*-terphenyl [E III **6** 5820]
(*R*$_p$)-Cyclohexanhexol-(1*r*.2*c*.3*t*.4*c*.5*t*.6*t*) [E III **6** 6925]

§ 2.   Die Präfixe *cis* und *trans* geben an, dass sich in (oder an) der Bezifferungseinheit [1]), deren Namen diese Präfixe vorangestellt sind, die beiden Bezugsliganden [2]) auf der gleichen Seite (*cis*) bzw. auf den entgegengesetzten Seiten (*trans*) der (durch die beiden doppeltgebundenen Atome verlaufenden) Bezugsgeraden (bei Spezifizierung der Konfiguration an einer Doppelbindung) oder der (durch die Ringatome festgelegten) Bezugsfläche (bei Spezifizierung der Konfiguration an einem Ring oder einem Ringsystem) befinden. Bezugsliganden sind
1) bei Verbindungen mit konfigurativ relevanten Doppelbindungen die von Wasserstoff verschiedenen Liganden an den doppelt-gebundenen Atomen,
2) bei Verbindungen mit konfigurativ relevanten angularen Ringatomen die exocyclischen Liganden an diesen Atomen,
3) bei Verbindungen mit konfigurativ relevanten peripheren Ringatomen die von Wasserstoff verschiedenen Liganden an diesen Atomen.

Beispiele:
β-Brom-*cis*-zimtsäure [E III **9** 2732]
trans-β-Nitro-4-methoxy-styrol [E III **6** 2388]
5-Oxo-*cis*-decahydro-azulen [E III **7** 360]
cis-Bicyclohexyl-carbonsäure-(4) [E III **9** 261]

§ 3.   Die Symbole (*E*) und (*Z*) am Anfang des Namens (oder eines Namensteils) einer Verbindung kennzeichnen die Konfiguration an der (den) Doppelbindung(en), deren Stellungsbezeichnung bei Anwesenheit von

---

[1]) Eine Bezifferungseinheit ist ein durch die Wahl des Namens abgegrenztes cyclisches, acyclisches oder cyclisch-acyclisches Gerüst (von endständigen Heteroatomen oder Heteroatom-Gruppen befreites Molekül oder Molekül-Bruchstück), in dem jedes Atom eine andere Stellungsziffer erhält; z. B. liegt im Namen Stilben nur eine Bezifferungseinheit vor, während der Name 3-Phenyl-penten-(2) aus zwei, der Name [1-Äthyl-propenyl]-benzol aus drei Bezifferungseinheiten besteht.

[2]) Als „Ligand" wird hier ein einfach kovalent gebundenes Atom oder eine einfach kovalent gebundene Atomgruppe verstanden.

mehreren Doppelbindungen dem Symbol beigefügt ist. Sie zeigen an, dass sich die — jeweils mit Hilfe der Sequenzregel (s. § 1a) ausgewählten — Bezugsliganden [2]) der beiden doppelt gebundenen Atome auf den entgegengesetzten Seiten (*E*) bzw. auf der gleichen Seite (*Z*) der (durch die doppelt gebundenen Atome verlaufenden) Bezugsgeraden befinden.

Beispiele:
  (*E*)-1,2,3-Trichlor-propen [E IV **1** 748]
  (*Z*)-1,3-Dichlor-but-2-en [E IV **1** 786]

§ 4. a) Die Symbole *c* bzw. *t* hinter der Stellungsziffer einer C,C-Doppelbindung sowie die der Bezeichnung eines doppelt-gebundenen Radikals (z. B. der Endung „yliden") nachgestellten Symbole -(*c*) bzw. -(*t*) geben an, dass die jeweiligen „Bezugsliganden" [2]) an den beiden doppelt-gebundenen Kohlenstoff-Atomen cis-ständig (*c*) bzw. transständig (*t*) sind (vgl. § 2). Als Bezugsligand gilt auf jeder der beiden Seiten der Doppelbindung derjenige Ligand, der der gleichen Bezifferungseinheit[1]) angehört wie das mit ihm verknüpfte doppelt-gebundene Atom; gehören beide Liganden eines der doppelt-gebundenen Atome der gleichen Bezifferungseinheit an, so gilt der niedriger bezifferte als Bezugsligand.

Beispiele:
  3-Methyl-1-[2.2.6-trimethyl-cyclohexen-(6)-yl]-hexen-(2*t*)-ol-(4) [E III **6** 426]
  (1*S*:9*R*)-6.10.10-Trimethyl-2-methylen-bicyclo[7.2.0]undecen-(5*t*)
    [E III **5** 1083]
  5α-Ergostadien-(7.22*t*) [E III **5** 1435]
  5α-Pregnen-(17(20)*t*)-ol-(3β) [E III **6** 2591]
  (3*S*)-9.10-Seco-ergostatrien-(5*t*.7*c*.10(19))-ol-(3) [E III **6** 2832]
  1-[2-Cyclohexyliden-äthyliden-(*t*)]-cyclohexanon-(2) [E III **7** 1231]

   b) Die Symbole *c* bzw. *t* hinter der Stellungsziffer eines Substituenten an einem doppelt-gebundenen endständigen Kohlenstoff-Atom eines acyclischen Gerüstes (oder Teilgerüstes) geben an, dass dieser Substituent cis-ständig (*c*) bzw. trans-ständig (*t*) (vgl. § 2) zum „Bezugsliganden" ist. Als Bezugsligand gilt derjenige Ligand [2]) an der nicht-endständigen Seite der Doppelbindung, der der gleichen Bezifferungseinheit angehört wie die doppelt-gebundenen Atome; liegt eine an der Doppelbindung verzweigte Bezifferungseinheit vor, so gilt der niedriger bezifferte Ligand des nicht-endständigen doppelt-gebundenen Atoms als Bezugsligand.

Beispiele:
  1*c*.2-Diphenyl-propen-(1) [E III **5** 1995]
  1*t*.6*t*-Diphenyl-hexatrien-(1.3*t*.5) [E III **5** 2243]

   c) Die Symbole *c* bzw. *t* hinter der Stellungsziffer 2 eines Substituenten am Äthylen-System (Äthylen oder Vinyl) geben die cis-Stellung (*c*) bzw. die trans-Stellung (*t*) (vgl. § 2) dieses Substituenten zu dem durch das Symbol *r* gekennzeichneten Bezugsliganden an dem mit 1 bezifferten Kohlenstoff-Atom an.

Beispiele:
  1.2*t*-Diphenyl-1*r*-[4-chlor-phenyl]-äthylen [E III **5** 2399]
  4-[2*t*-Nitro-vinyl-(*r*)]-benzoesäure-methylester [E III **9** 2756]

d) Die mit der Stellungsziffer eines Substituenten oder den Stellungsziffern einer im Namen durch ein Präfix bezeichneten Brücke eines Ringsystems kombinierten Symbole *c* bzw. *t* geben an, dass sich der Substituent oder die mit dem Stamm-Ringsystem verknüpften Brückenatome auf der gleichen Seite (*c*) bzw. der entgegengesetzten Seite (*t*) der „Bezugsfläche" befinden wie der Bezugsligand [2]) (der auch aus einem Brückenzweig bestehen kann), der seinerseits durch Hinzufügen des Symbols *r* zu seiner Stellungsziffer kenntlich gemacht ist. Die „Bezugsfläche" ist durch die Atome desjenigen Ranges (oder Systems von ortho/peri-anellierten Ringen) bestimmt, in dem alle Liganden gebunden sind, deren Stellungsziffern die Symbole *r*, *c* oder *t* aufweisen. Bei einer aus mehreren isolierten Ringen oder Ringsystemen bestehenden Verbindung kann jeder Ring bzw. jedes Ringsystem als gesonderte Bezugsfläche für Konfigurationskennzeichen fungieren; die zusammengehörigen (d. h. auf die gleichen Bezugsflächen bezogenen) Sätze von Konfigurationssymbolen *r*, *c* und *t* sind dann im Namen der Verbindung durch Klammerung voneinander getrennt oder durch Strichelung unterschieden (s. Beispiele 3 und 4 unter Abschnitt e).

Beispiele:
1*r*.2*t*.3*c*.4*t*-Tetrabrom-cyclohexan [E III **5** 51]
1*r*-Äthyl-cyclopentanol-(2*c*) [E III **6** 79]
1*r*.2*c*-Dimethyl-cyclopentanol-(1) [E III **6** 80]

e) Die mit einem (gegebenenfalls mit hochgestellter Stellungsziffer ausgestatteten) Atomsymbol kombinierten Symbole *r*, *c* oder *t* beziehen sich auf die räumliche Orientierung des indizierten Atoms (das sich in diesem Fall in einem weder durch Präfix noch durch Suffix benannten Teil des Moleküls befindet). Die Bezugsfläche ist dabei durch die Atome desjenigen Ringsystems bestimmt, an das alle indizierten Atome und gegebenenfalls alle weiteren Liganden gebunden sind, deren Stellungsziffern die Symbole *r*, *c* oder *t* aufweisen. Gehört ein indiziertes Atom dem gleichen Ringsystem an wie das Ringatom, zu dessen konfigurativer Kennzeichnung es dient (wie z. B. bei Spiro-Atomen), so umfasst die Bezugsfläche nur denjenigen Teil des Ringsystems [3]), dem das indizierte Atom nicht angehört.

Beispiele:
2*t*-Chlor-(4a*rH*.8a*tH*)-decalin [E III **5** 250]
(3a*rH*.7a*cH*)-3a.4.7.7a-Tetrahydro-4*c*.7*c*-methano-inden [E III **5** 1232]
1-[(4a*R*)-6*t*-Hydroxy-2*c*.5.5.8a*t*-tetramethyl-(4a*rH*)-decahydro-naphth≈
    yl-(1*t*)]-2-[(4a*R*)-6*t*-hydroxy-2*t*.5.5.8a*t*-tetramethyl-(4a*rH*)-decahydro-
    naphthyl-(1*t*)]-äthan [E III **6** 4829]
4*c*.4'*t*'-Dihydroxy-(1*rH*.1'*r*'*H*)-bicyclohexyl [E III **6** 4153]
6*c*.10*c*-Dimethyl-2-isopropyl-(5*rC*[1])-spiro[4.5]decanon-(8) [E III **7** 514]

§ 5. a) Die Präfixe *erythro* bzw. *threo* zeigen an, dass sich die jeweiligen „Bezugsliganden" an zwei Chiralitätszentren, die einer acyclischen Bezifferungseinheit [1]) (oder dem unverzweigten acyclischen Teil einer komplexen Bezifferungseinheit) angehören, in der Projektionsebene

---

[3]) Bei Spiran-Systemen erfolgt die Unterteilung des Ringsystems in getrennte Bezugssysteme jeweils am Spiro-Atom.

auf der gleichen Seite (*erythro*) bzw. auf den entgegengesetzten Seiten
(*threo*) der „Bezugsgeraden" befinden. Bezugsgerade ist dabei die in
„gerader Fischer-Projektion" [4]) wiedergegebene Kohlenstoff-Kette der
Bezifferungseinheit, der die beiden Chiralitätszentren angehören. Als
Bezugsliganden dienen jeweils die von Wasserstoff verschiedenen
extracatenalen (d. h. nicht der Kette der Bezifferungseinheit angehörenden) Liganden [2]) der in den Chiralitätszentren befindlichen
Atome.

Beispiele:

 threo-Pentan-2,3-diol [E IV **1** 2543]
 threo-2-Amino-3-methyl-pentansäure-(1) [E III **4** 1463]
 threo-3-Methyl-asparaginsäure [E III **4** 1554]
 erythro-2.4'.α.α'-Tetrabrom-bibenzyl [E III **5** 1819]

b) Das Präfix *meso* gibt an, dass ein mit 2n Chiralitätszentren (n =
1, 2, 3 usw.) ausgestattetes Molekül eine Symmetrieebene aufweist.
Das Präfix *racem.* kennzeichnet ein Gemisch gleicher Mengen von
Enantiomeren, die zwei identische Chiralitätszentren oder zwei identische Sätze von Chiralitätszentren enthalten.

Beispiele:

 meso-Pentan-2,4-diol [E IV **1** 2543]
 racem.-1.2-Dicyclohexyl-äthandiol-(1.2) [E III **6** 4156]
 racem.-(1*rH*.1'*r'H*)-Bicyclohexyl-dicarbonsäure-(2*c*.2'*c*') [E III **9** 4020]

c) Die „Kohlenhydrat-Präfixe *ribo*, *arabino*, *xylo* und *lyxo* bzw. *allo*,
altro, *gluco*, *manno*, *gulo*, *ido*, *galacto* und *talo* kennzeichnen die
relative Konfiguration von Molekülen mit drei Chiralitätszentren
(deren mittleres ein „Pseudoasymmetriezentrum" sein kann) bzw. vier
Chiralitätszentren, die sich jeweils in einer unverzweigten acyclischen
Bezifferungseinheit [1]) befinden. In den nachstehend abgebildeten
„Leiter-Mustern" geben die horizontalen Striche die Orientierung der
wie unter a) definierten Bezugsliganden an der jeweils in „abwärts
bezifferter vertikaler Fischer-Projektion" [5]) wiedergegebenen Kohlen=
stoff-Kette an.

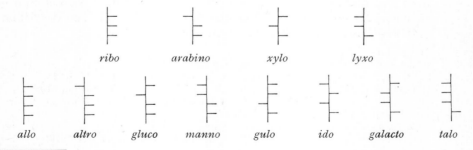

ribo *arabino* *xylo* *lyxo*

allo *altro* *gluco* *manno* *gulo* *ido* *galacto* *talo*

---

[4]) Bei „gerader Fischer-Projektion" erscheint eine Kohlenstoff-Kette als vertikale oder
horizontale Gerade; in dem der Projektion zugrunde liegenden räumlichen Modell des
Moleküls sind an jedem Chiralitätszentrum (sowie an einem Zentrum der Pseudoasym-
metrie) die catenalen (d. h. der Kette angehörenden) Bindungen nach der dem Betrachter
abgewandten Seite der Projektionsebene, die extracatenalen (d. h. nicht der Kette
angehörenden) Bindungen nach der dem Betrachter zugewandten Seite der Projektionsebene hin gerichtet.

Beispiele:
 ribo-2,3,4-Trimethoxy-pentan-1,5-diol [E IV **1** 2834]
 galacto-Hexan-1,2,3,4,5,6-hexaol [E IV **1** 2844]

§ 6. a) Die ,,Fischer-Symbole" D bzw. L im Namen einer Verbindung mit einem Chiralitätszentrum geben an, dass sich der Bezugsligand (der von Wasserstoff verschiedene extracatenale Ligand; vgl. § 5a) am Chiralitätszentrum in der ,,abwärts-bezifferten vertikalen Fischer-Projektion" [5]) der betreffenden Bezifferungseinheit [1]) auf der rechten Seite (D) bzw. auf der linken Seite (L) der das Chiralitätszentrum enthaltenden Kette befindet.

Beispiele:
 D-Tetradecan-1,2-diol [E IV **1** 2631]
 L-4-Hydroxy-valeriansäure [E III **3** 612]

b) In Kombination mit dem Präfix *erythro* geben die Symbole D und L an, dass sich die beiden Bezugsliganden (s. § 5a) auf der rechten Seite (D) bzw. auf der linken Seite (L) der Bezugsgeraden in der ,,abwärts-bezifferten vertikalen Fischer-Projektion" der betreffenden Bezifferungseinheit befinden. Die mit dem Präfix *threo* kombinierten Symbole D_g und D_s geben an, dass sich der höherbezifferte (D_g) bzw. der niedrigerbezifferte (D_s) Bezugsligand auf der rechten Seite der ,,abwärts-bezifferten vertikalen Fischer-Projektion" befindet; linksseitige Position des jeweiligen Bezugsliganden wird entsprechend durch die Symbole L_g bzw. L_s angezeigt.

In Kombination mit den in § 5c aufgeführten konfigurationsbestimmenden Präfixen werden die Symbole D und L ohne Index verwendet; sie beziehen sich dabei jeweils auf die Orientierung des höchstbezifferten (d. h. des in der Abbildung am weitesten unten erscheinenden) Bezugsliganden (die in § 5c abgebildeten ,,Leiter-Muster" repräsentieren jeweils das D-Enantiomere).

Beispiele:
 D-*erythro*-Nonan-1,2,3-triol [E IV **1** 2792]
 D_s-*threo*-2.3-Diamino-bernsteinsäure [E III **4** 1528]
 L_g-*threo*-Hexadecan-7,10-diol [E IV **1** 2636]
 D-*lyxo*-Pentan-1,2,3,4-tetraol [E IV **1** 2811]
 6-Allyloxy-D-*manno*-hexan-1,2,3,4,5-pentaol [E IV **1** 2846]

c) Kombinationen der Präfixe D-*glycero* oder L-*glycero* mit einem der in § 5c aufgeführten, jeweils mit einem Fischer-Symbol versehenen Kohlenhydrat-Präfixe für Bezifferungseinheiten mit vier Chiralitätszentren dienen zur Kennzeichnung der Konfiguration von Molekülen mit fünf in einer Kette angeordneten Chiralitätszentren (deren mittleres auch ,,Pseudoasymmetriezentrum" sein kann). Dabei bezieht sich das Kohlenhydrat-Präfix auf die vier niedrigstbezifferten Chiralitätszentren nach der in § 5c und § 6b gegebenen Definition, das Präfix D-*glycero* oder L-*glycero* auf das höchstbezifferte (d. h. in der Abbildung am weitesten unten erscheinende) Chiralitätszentrum.

---

[5]) Eine ,,abwärts-bezifferte vertikale Fischer-Projektion" ist eine vertikal orientierte ,,gerade Fischer-Projektion" (s. Anm. 4), bei der sich das niedrigstbezifferte Atom am oberen Ende der Kette befindet.

Beispiel:
D-*glycero*-L-*gulo*-Heptit [E IV **1** 2854]

§ 7. a) Die Symbole c_F bzw. t_F hinter der Stellungsziffer eines Substituenten an einer mehrere Chiralitätszentren aufweisenden unverzweigten acyclischen Bezifferungseinheit [1]) geben an, dass sich dieser Substituent und der Bezugssubstituent, der seinerseits durch das Symbol r_F gekennzeichnet wird, auf der gleichen Seite (c_F) bzw. auf den entgegengesetzten Seiten (t_F) der wie in § 5a definierten Bezugsgeraden befinden. Ist eines der endständigen Atome der Bezifferungseinheit Chiralitätszentrum, so wird der Stellungsziffer des „catenoiden" Substituenten (d. h. des Substituenten, der in der Fischer-Projektion als Verlängerung der Kette erscheint) das Symbol cat_F beigefügt.

b) Die Symbole D_r bzw. L_r am Anfang eines mit dem Kennzeichen r_F ausgestatteten Namens geben an, dass sich der Bezugssubstituent auf der rechten Seite (D_r) bzw. auf der linken Seite (L_r) der in „abwärtsbezifferter vertikaler Fischer-Projektion" wiedergegebenen Kette der Bezifferungseinheit befindet.

Beispiele:
Heptan-1,2r_F,3c_F,4t_F,5c_F,6c_F,7-heptaol [E IV **1** 2854]
D_r-1cat_F.2cat_F-Diphenyl-1r_F-[4-methoxy-phenyl]-äthandiol-(1.2c_F)
[E III **6** 6589]

§ 8. Die Symbole **exo** bzw. **endo** hinter der Stellungsziffer eines Substituenten an einem dem Hauptring [6]) angehörenden Atom eines Bicyclo=alkan-Systems geben an, dass der Substituent der Brücke [6]) zugewandt (*exo*) bzw. abgewandt (*endo*) ist.

Beispiele:
2*endo*-Phenyl-norbornen-(5) [E III **5** 1666]
(±)-1.2*endo*.3*exo*-Trimethyl-norbornandiol-(2*exo*.3*endo*) [E III **6** 4146]
Bicyclo[2.2.2]octen-(5)-dicarbonsäure-(2*exo*.3*exo*) [E III **9** 4054]

§ 9. a) Die Symbole **syn** bzw. **anti** hinter der Stellungsziffer eines Substituenten an einem Atom der Brücke [6]) eines Bicycloalkan-Systems oder einer Brücke über einem ortho- oder ortho/peri-anellierten Ringsystem geben an, dass der Substituent demjenigen Hauptzweig [6]) zugewandt (*syn*) bzw. abgewandt (*anti*) ist, der das niedrigstbezifferte aller in den Hauptzweigen enthaltenden Ringatome aufweist.

Beispiele:
1.7*syn*-Dimethyl-norbornanol-(2*endo*) [E III **6** 236]
(3a*S*)-3*c*.9*anti*-Dihydroxy-1*c*.5.5.8a*c*-tetramethyl-(3a*rH*)-decahydro-
1*t*.4*t*-methano-azulen [E III **6** 4183]

---

[6]) Ein Brücken-System besteht aus drei „Zweigen", die zwei „Brückenkopf-Atome" miteinander verbinden; von den drei Zweigen bilden die beiden „Hauptzweige" den „Hauptring", während der dritte Zweig als „Brücke" bezeichnet wird. Als Hauptzweige gelten

1. die Zweige, die einem ortho- oder ortho/peri-anellierten Ringsystem angehören (und zwar a) dem Ringsystem mit der grössten Anzahl von Ringen, b) dem Ringsystem mit der grössten Anzahl von Ringgliedern),

2. die gliedreichsten Zweige (z. B. bei Bicycloalkan-Systemen),

3. die Zweige, denen auf Grund vorhandener Substituenten oder Mehrfachbindungen Bezifferungsvorrang einzuräumen ist.

(3aR)-2c.8t.11c.11ac.12$anti$-Pentahydroxy-1.1.8c-trimethyl-4-methylen-
(3arH.4acH)-tetradecahydro-7t.9at-methano-cyclopenta[b]heptalen
[E III **6** 6892]

b) In Verbindung mit einem stickstoffhaltigen Funktionsabwandlungs-
suffix an einem auf „-aldehyd" oder „-al" endenden Namen kennzeichnen *syn* bzw. *anti* die cis-Orientierung bzw. trans-Orientierung
des Wasserstoff-Atoms der Aldehyd-Gruppe zum Substituenten X der
abwandelnden Gruppe =N-X, bezogen auf die durch die doppelt-
gebundenen Atome verlaufende Gerade.

Beispiel:
Perillaaldehyd-*anti*-oxim [E III **7** 567]

§ 10. a) Die Symbole α bzw. β hinter der Stellungsziffer eines ringständigen
Substituenten im halbrationalen Namen einer Verbindung mit einer
dem Cholestan [E III **5** 1132] entsprechenden Bezifferung und Pro-
jektionslage geben an, dass sich der Substituent auf der dem Betrachter abgewandten (α) bzw. zugewandten (β) Seite der Fläche des
Ringgerüstes befindet.

Beispiele:
3β-Chlor-7α-brom-cholesten-(5) [E III **5** 1328]
Phyllocladandiol-(15α.16α) [E III **6** 4770]
Lupanol-(1β) [E III **6** 2730]
Onocerandiol-(3β.21α) [E III **6** 4829]

b) Die Symbole $α_F$ bzw. $β_F$ hinter der Stellungsziffer eines an der Seitenkette befindlichen Substituenten im halbrationalen Namen einer Verbindung der unter a) erläuterten Art geben an, dass sich der Substituent auf der rechten ($α_F$) bzw. linken ($β_F$) Seite der in „aufwärts-
bezifferter vertikaler Fischer-Projektion" [7]) dargestellten Seitenkette
befindet.

Beispiele:
3β-Chlor-24$α_F$-äthyl-cholestadien-(5.22t) [E III **5** 1436]
24$β_F$-Äthyl-cholesten-(5) [E III **5** 1336]

c) Sind die Symbole α, β, $α_F$ oder $β_F$ nicht mit der Stellungsziffer
eines Substituenten kombiniert, sondern zusammen mit der Stellungsziffer eines angularen Chiralitätszentrums oder eines Wasser≠
stoff-Atoms — in diesem Fall mit dem Atomsymbol H versehen
(αH, βH, $α_F H$ bzw. $β_F H$) — unmittelbar vor dem Namensstamm einer
Verbindung mit halbrationalem Namen angeordnet, so kennzeichnen
sie entweder die Orientierung einer angularen exocyclischen Bindung,
deren Lage durch den Namen nicht festgelegt ist, oder sie zeigen an,
dass die Orientierung des betreffenden exocyclischen Liganden oder
Wasserstoff-Atoms (das — wie durch Suffix oder Präfix ausge-
drückt — auch substituiert sein kann) in der angegebenen Weise von
der mit dem Namensstamm festgelegten Orientierung abweicht.

Beispiele:
5-Chlor-5α-cholestan [E III **5** 1135]
5β.14β.17βH-Pregnan [E III **5** 1120]

---

[7]) Eine „aufwärts-bezifferte vertikale Fischer-Projektion" ist eine vertikal orientierte
„gerade Fischer-Projektion" (s. Anm. 4), bei der sich das niedrigstbezifferte Atom am
unteren Ende der Kette befindet.

18α.19βH-Ursen-(20(30)) [E III **5** 1444]
(13R)-8βH-Labden-(14)-diol-(8.13) [E III **6** 4186]
5α.20β$_F$H.24β$_F$H-Ergostanol-(3β) [E III **6** 2161]

d) Die Symbole α bzw. β vor einem systematischen oder halbrationalen Namen eines Kohlenhydrats geben an, dass sich die am niedriger beziffertem Nachbaratom des cyclisch gebundenen Sauerstoff-Atoms befindliche Hydroxy-Gruppe (oder sonstige Heteroatom-Gruppe) in der geraden Fischer-Projektion auf der gleichen (α) bzw. der entgegengesetzten (β) Seite der Bezugsgeraden befindet wie der Bezugsligand (vgl. § 5a, 5c, 6a).

Beispiele:
Methyl-α-D-ribopyranosid [E III/IV **17** 2425]
Tetra-O-acetyl-α-D-fructofuranosylchlorid [E III/IV **17** 2651]

e) Das Präfix *ent* vor dem Namen einer Verbindung mit mehreren Chiralitätszentren, deren Konfiguration mit dem Namen festgelegt ist, dient zur Kennzeichnung des Enantiomeren der betreffenden Verbindung. Das Präfix *rac* wird zur Kennzeichnung des einer solchen Verbindung entsprechenden Racemats verwendet.

Beispiele:
ent-7βH-Eudesmen-(4)-on-(3) [E III **7** 692]
rac-Östrapentaen-(1.3.5.7.9) [E III **5** 2043]

§11. a) Das Symbol ξ tritt an die Stelle von *cis, trans, c, t, c$_F$, t$_F$, cat$_F$, endo, exo, syn, anti,* α, β, α$_F$ oder β$_F$, wenn die Konfiguration an der betreffenden Doppelbindung bzw. an dem betreffenden Chiralitätszentrum (oder die konfigurative Einheitlichkeit eines Präparats hinsichtlich des betreffenden Strukturelements) ungewiss ist.

Beispiele:
(Ξ)-3.6-Dimethyl-1-[(1Ξ)-2.2.6c-trimethyl-cyclohexyl-(r)]-octen-(6ξ)-in-(4)-ol-(3) [E III **6** 2097]
1t,2-Dibrom-3-methyl-penta-1,3ξ-dien [E IV **1** 1022]
10t-Methyl-(8ξH.10aξH)-1.2.3.4.5.6.7.8.8a.9.10.10a-dodecahydro-phen=anthren-carbonsäure-(9r) [E III **9** 2626]
D$_r$-1ξ-Phenyl-1ξ-p-tolyl-hexanpentol-(2r$_F$.3t$_F$.4c$_F$.5c$_F$.6) [E III **6** 6904]
(1S)-1.2ξ.3.3-Tetramethyl-norbornanol-(2ξ) [E III **6** 331]
3ξ-Acetoxy-5ξ.17ξ-pregnen-(20) [E III **6** 2592]
28-Nor-17ξ-oleanen-(12) [E III **5** 1438]
5.6β.22ξ.23ξ-Tetrabrom-3β-acetoxy-24β$_F$-äthyl-5α-cholestan [E III **6** 2179]

b) Das Symbol Ξ tritt an die Stelle von D oder L, das Symbol (Ξ) an die Stelle von (R) oder (S) bzw. von (E) oder (Z), wenn die Konfiguration an dem betreffenden Chiralitätszentrum bzw. an der betreffenden Doppelbindung (oder die konfigurative Einheitlichkeit eines Präparats hinsichtlich des betreffenden Strukturelements) ungewiss ist.

Beispiele:
N-{N-[N-(Toluol-sulfonyl-(4))-glycyl]-Ξ-seryl}-L-glutaminsäure [E III **11** 280]
(Ξ)-1-Acetoxy-2-methyl-5-[(R)-2.3-dimethyl-2.6-cyclo-norbornyl-(3)]-pentanol-(2) [E III **6** 4183]
(14Ξ:18Ξ)-Ambranol-(8) [E III **6** 431]
(1Z,3Ξ)-1,2-Dibrom-3-methyl-penta-1,3-dien [E IV **1** 1022]

c) Die Symbole ($\mathit{\Xi}_a$) und ($\mathit{\Xi}_p$) zeigen unbekannte Konfiguration von Strukturelementen mit axialer bzw. planarer Chiralität (oder ungewisse Einheitlichkeit eines Präparats hinsichtlich dieser Elemente) an; das Symbol (ξ) kennzeichnet unbekannte Konfiguration eines Pseudoasymmetriezentrums.

Beispiele:

($\mathit{\Xi}_a$)-3β.3'β-Dihydroxy-(7ξH.7'ξH)-[7.7']bi[ergostatrien-(5.8.22t)-yl] [E III **6** 5897]

(3ξ)-5-Methyl-spiro[2.5]octan-dicarbonsäure-(1r.2c) [E III **9** 4002]

Transliteration von russischen Autorennamen

Russisches Schrift-zeichen		Deutsches Äquivalent (BEILSTEIN)	Englisches Äquivalent (Chemical Abstracts)	Russisches Schrift-zeichen		Deutsches Äquivalent (BEILSTEIN)	Englisches Äquivalent (Chemical Abstracts)
А	а	a	a	Р	р	r	r
Б	б	b	b	С	с	š	s
В	в	w	v	Т	т	t	t
Г	г	g	g	У	у	u	u
Д	д	d	d	Ф	ф	f	f
Е	е	e	e	Х	х	ch	kh
Ж	ж	sh	zh	Ц	ц	z	ts
З	з	s	z	Ч	ч	tsch	ch
И	и	i	i	Ш	ш	sch	sh
Й	й	i	i	Щ	щ	schtsch	shch
К	к	k	k	Ы	ы	y	y
Л	л	l	l		ь	'	'
М	м	m	m	Э	э	ė	e
Н	н	n	n	Ю	ю	ju	yu
О	о	o	o	Я	я	ja	ya
П	п	p	p				

Dritte Abteilung

Heterocyclische Verbindungen

Verbindungen mit einem cyclisch gebundenen Chalkogen-Atom

3. Hydroxy-oxo-Verbindungen mit fünf Sauerstoff-Atomen

Hydroxy-oxo-Verbindungen $C_nH_{2n-2}O_5$

Hydroxy-oxo-Verbindungen $C_5H_8O_5$

4-Hydroxy-3,5-dimethoxy-tetrahydro-pyran-2-on, 3,5-Dihydroxy-2,4-dimethoxy-valerian=säure-5-lacton $C_7H_{12}O_5$.

a) **O^2,O^4-Dimethyl-D-arabinonsäure-5-lacton** $C_7H_{12}O_5$, Formel I.

B. Beim Behandeln einer Lösung von O^2,O^4-Dimethyl-D-arabinose (E IV **1** 4238) in Wasser mit Brom und Erhitzen des Reaktionsprodukts unter vermindertem Druck (*Smith*, Soc. **1939** 744, 747, 752).

Bei 140°/0,15 Torr destillierbar. n_D^{17}: 1,4750. $[\alpha]_D^{18}$: $-65°$ (Anfangswert) $\rightarrow -22°$ (Endwert nach 8 h) [W.?].

b) **O^2,O^4-Dimethyl-L-arabinonsäure-5-lacton** $C_7H_{12}O_5$, Formel II (R = H).

B. Beim Behandeln von O^2,O^4-Dimethyl-L-arabinose (E IV **1** 4238) mit Wasser und Brom (*Smith*, Soc. **1939** 744, 750) oder mit wss. Bariumhypojodit-Lösung (*Hassid et al.*, Am. Soc. **70** [1948] 306, 307, 309) und Erhitzen des jeweiligen Reaktionsprodukts unter vermindertem Druck (*Sm.*; *Ha. et al.*).

n_D^{21}: 1,4700 (*Sm.*). $[\alpha]_D^{18}$: $+85°$ (Anfangswert) $\rightarrow +27°$ (Endwert nach 14,5 h) [W.; c = 1] (*Sm.*); $[\alpha]_D$: $+60°$ (Anfangswert) $\rightarrow +17°$ (Endwert nach 24 h) [W.] (*Ha. et al.*).

c) **O^2,O^4-Dimethyl-D-xylonsäure-5-lacton** $C_7H_{12}O_5$, Formel III (R = H).

B. Beim Erwärmen von O^2,O^4-Dimethyl-D-xylose (E IV **1** 4238) mit Brom in Wasser und Erhitzen des Reaktionsprodukts unter vermindertem Druck (*Barker et al.*, Soc. **1946** 783; *Wintersteiner, Klingsberg*, Am. Soc. **71** [1949] 939, 941).

n_D^{20}: 1,4768 (*Ba. et al.*); n_D^{27}: 1,4652 (*Wi., Kl.*). $[\alpha]_D^{20}$: $-15°$ (Anfangswert) $\rightarrow -11°$ (nach 2 h) $\rightarrow -6°$ (nach 5 h) $\rightarrow +19°$ (nach 23 h) $\rightarrow +28°$ (nach 45 h) $\rightarrow +30°$ (Endwert) [W.] (*Ba. et al.*); $[\alpha]_D$: $-13,2°$ (nach 7 min) $\rightarrow -9,3°$ (nach 50 min) $\rightarrow -5,8°$ (nach 3 h) $\rightarrow +26,8°$ (nach 24 h) $\rightarrow +29,5°$ (Endwert nach 48 h) [W.; c = 1] (*Wi., Kl.*); $[\alpha]_D^{20}$: $+23°$ [CHCl₃] (*Ba. et al.*).

I   II   III

3-Hydroxy-4,5-dimethoxy-tetrahydro-pyran-2-on, 2,5-Dihydroxy-3,4-dimethoxy-valeriansäure-5-lacton $C_7H_{12}O_5$.

a) **O^3,O^4-Dimethyl-L-arabinonsäure-5-lacton** $C_7H_{12}O_5$, Formel IV.

B. Aus O^3,O^4-Dimethyl-L-arabinose (E IV **1** 4239) mit Hilfe von Brom in Wasser (*Whistler, McGilvray*, Am. Soc. **77** [1955] 1884).

$[\alpha]_D^{25}$: $+44,0°$ (Anfangswert) $\rightarrow -1,0°$ (nach 6 h) [W.; c = 3].

b) **O^3,O^4-Dimethyl-D-xylonsäure-5-lacton** $C_7H_{12}O_5$, Formel V.

B. Beim Behandeln von O^3,O^4-Dimethyl-D-xylose (E IV **1** 4239) mit Brom in Wasser und Erhitzen des Reaktionsprodukts unter vermindertem Druck (*James, Smith*, Soc. **1945** 739, 744; *Jones, Wise*, Soc. **1952** 3389, 3391; *Hough, Jones*, Soc. **1952** 4349). Beim Behandeln von O^3,O^4-Dimethyl-D-xylose mit Wasser, Bariumcarbonat und Brom und Erhitzen des Reaktionsprodukts unter vermindertem Druck (*Adams*, Canad. J.Chem. **35** [1957] 556, 563).

Krystalle; F: 68° [aus Ae.] (*Ja., Sm.*; *Ho., Jo.*), 66–67° [aus Ae. + Hexan] (*Ad.*). $[\alpha]_D^{16}$: $-50°$ (nach 10 min) $\rightarrow -22°$ (Endwert nach 48 h) [W.; c = 1] (*Ho., Jo.*); $[\alpha]_D^{18}$: $-56°$ (Anfangswert) $\rightarrow -54°$ (nach 2 h) $\rightarrow -43°$ (nach 24 h) $\rightarrow -27°$ (Endwert nach

65 h) [W.; c = 1] (*Ja., Sm.*); $[\alpha]_D^{20}$: $-51°$ (nach 30 min) → $-46°$ (nach 7 h) → $-23°$ (Endwert nach 49 h) [W.; c = 2] (*Jo., Wise*).

3,4,5-Trimethoxy-tetrahydro-pyran-2-on, 5-Hydroxy-2,3,4-trimethoxy-valeriansäure-lacton $C_8H_{14}O_5$.

a) O^2,O^3,O^4-**Trimethyl-D-ribonsäure-lacton** $C_8H_{14}O_5$, Formel VI.

B. Beim Behandeln von O^2,O^3,O^4-Trimethyl-D-ribose (E IV **1** 4241) mit Brom in Wasser und Erhitzen des Reaktionsprodukts unter vermindertem Druck (*Levene, Tipson,* J. biol. Chem. **93** [1931] 623, 627).

$Kp_{0,05}$: 93—95°. n_D^{25}: 1,4572. $[\alpha]_D^{25}$: $-4,4°$ (Anfangswert) → $+10,5°$ (nach 44 h) → $+15,6°$ (nach 139 h) → $+17,1°$ (Endwert nach 191 h) [W.; c = 2]. $[\alpha]_D^{27}$: $+85,4°$ [Bzl.; c = 1]; $[\alpha]_D^{27}$: $+114,1°$ [Ae.; c = 1]; $[\alpha]_D^{27}$: $+69,3°$ [CHCl$_3$; c = 1].

IV	V	VI	VII

b) O^2,O^3,O^4-**Trimethyl-L-arabinonsäure-lacton** $C_8H_{14}O_5$, Formel II (R = CH$_3$) (E II 138).

B. Beim Behandeln von O^2,O^3,O^4-Trimethyl-L-arabinose (E IV **1** 4241) mit Brom in Wasser und Erhitzen des Reaktionsprodukts unter vermindertem Druck (*White,* Am. Soc. **75** [1953] 257).

Krystalle; F: 45° (*Haworth et al.,* Soc. **1930** 2659, 2663; *Young, Spiers,* Z. Kr. **78** [1931] 101, 103). Orthorhombisch; Raumgruppe $P2_12_12_1$; aus dem Röntgen-Diagramm ermittelte Dimensionen der Elementarzelle: a = 10,8 Å; b = 12,2 Å; c = 7,30 Å; n = 4 (*Yo., Sp.*). Dichte der Krystalle: 1,30 (*Yo., Sp.*). $[\alpha]_D^{20}$: $+24°$ (Endwert) [W.; c = 1] (*Wh.*). $[\alpha]_D^{20}$: $+181°$ [W.; c = 0,7] (*Ha. et al.*); $[\alpha]_D^{20}$: $+166°$ [Bzl.; c = 1]; $[\alpha]_D^{20}$: $+105°$ [Ae.; c = 1]; $[\alpha]_D^{20}$: $+125°$ [CHCl$_3$; c = 1] (*Ha. et al.*).

Geschwindigkeit der Hydrolyse in wss. Lösung bei 18°: *Carter et al.,* Soc. **1930** 2125, 2128, 2132.

c) O^2,O^3,O^4-**Trimethyl-D-xylonsäure-lacton** $C_8H_{14}O_5$, Formel III (R = CH$_3$) (E II 139).

B. Beim Behandeln von O^2,O^3,O^4-Trimethyl-D-xylose (E IV **1** 4241) mit Brom in Wasser und Erhitzen des Reaktionsprodukts unter vermindertem Druck (*James, Smith,* Soc. **1945** 739, 744; *White,* Am. Soc. **75** [1953] 257; *Ehrenthal et al.,* Am. Soc. **76** [1954] 5509, 5513). Beim Behandeln von O^2,O^4-Dimethyl-D-xylonsäure-5-lacton (*Wintersteiner, Klingsberg,* Am. Soc. **71** [1949] 939, 941) oder von O^3,O^4-Dimethyl-D-xylonsäure-5-lacton (*Ja., Sm.*) mit Methyljodid und Silberoxid.

Krystalle; F: 56° (*Haworth et al.,* Soc. **1930** 2659, 2663), 55° [aus Ae. + Bzn.] (*Ja., Sm.*). Netzebenenabstand: *Cox et al.,* Soc. **1935** 1495, 1504. $[\alpha]_D^{20}$: $+20°$ (Endwert) [W.; c = 1,5] (*Wh.*); $[\alpha]_D^{21}$: $-8,6°$ (Anfangswert) → $+7,2°$ (Endwert nach 24 h) [W.; c = 1] (*Eh. et al.*). $[\alpha]_D^{20}$: $+17°$ [Bzl.; c = 0,6]; $[\alpha]_D^{20}$: $+12°$ [Ae.; c = 0,5]; $[\alpha]_D^{20}$: $+9°$ [CHCl$_3$; c = 0,6] (*Ha. et al.*).

Geschwindigkeit der Hydrolyse in wss. Lösung bei 18°: *Carter et al.,* Soc. **1930** 2125, 2128, 2131.

d) O^2,O^3,O^4-**Trimethyl-D-lyxonsäure-lacton** $C_8H_{14}O_5$, Formel VII (E II 139).

$[\alpha]_D^{20}$: $+35,5°$ [W.; c = 1] (*Haworth et al.,* Soc. **1930** 2659, 2662); $[\alpha]_D^{20}$: $-102,0°$ [Bzl.; c = 0,7]; $[\alpha]_D^{20}$: $-87,0°$ [Ae.; c = 0,7]; $[\alpha]_D^{20}$: $-60,4°$ [CHCl$_3$; c = 0,8].

N-Methyl-*N'*-thiobenzoyl-*N*-[3,4,5-trihydroxy-tetrahydro-pyran-2-yliden]-hydrazinium $[C_{13}H_{17}N_2O_4S]^+$ und *N*-[3,4-Dihydroxy-5-hydroxymethyl-dihydro-[2]furyliden]-*N*-methyl-*N'*-thiobenzoyl-hydrazinium $[C_{13}H_{17}N_2O_4S]^+$.

a) *N*-L-**Arabinopyranosyliden-*N*-methyl-*N'*-thiobenzoyl-hydrazinium** $[C_{13}H_{17}N_2O_4S]^+$, Formel VIII, und *N*-L-**Arabinofuranosyliden-*N*-methyl-*N'*-thiobenzoyl-hydrazinium** $[C_{13}H_{17}N_2O_4S]^+$, Formel IX.

Ein Kation, für das diese beiden Formeln in Betracht kommen, liegt den nachstehend beschriebenen Salzen zugrunde.

Chlorid [$C_{13}H_{17}N_2O_4S$]Cl. *B.* Beim Behandeln von L-Arabinose-thiobenzoylhydrazon mit wss. Formaldehyd-Lösung in wss. Salzsäure (*Holmberg*, Ark. Kemi **4** [1952] 33, 39, 104). — Krystalle (aus A.) mit 1 Mol H_2O, F: 102—104° [geschlossene Kapillare]; das wasserfreie Salz schmilzt bei 136—137° (*Ho.*, l. c. S. 104). [α]$_D^{20}$: $-29{,}8°$ [W.; c = 5; Monohydrat]; [α]$_D^{20}$: $+98°$ (Anfangswert) $\to$ $-5{,}8°$ (nach 650 min) $\to$ $+21{,}4°$ (Endwert) [Py.; wasserfreie Verbindung] (*Ho.*, l. c. S. 104). — Beim Behandeln mit wss. Ammoniak sind Ammonium-L-arabinonat und Thiobenzoesäure-[N'-methyl-hydrazid] erhalten worden (*Ho.*, l. c. S. 39, 105).

Bromid [$C_{13}H_{17}N_2O_4S$]Br. *B.* Analog dem Chlorid [s. o.] (*Ho.*, l. c. S. 109). — Krystalle (aus A.) mit 1 Mol H_2O, F: 95—97° [geschlossene Kapillare]; das wasserfreie Salz schmilzt bei 86—88° (*Ho.*, l. c. S. 109). [α]$_D^{20}$: $-26{,}2°$ [W.; c = 5; wasserfreies Präparat]; [α]$_D^{20}$: $+81°$ (Anfangswert) $\to$ $-10{,}4°$ (nach 440 min) $\to$ $+15{,}2°$ (Endwert) [Py.; c = 5; wasserfreies Präparat] (*Ho.*, l. c. S. 109).

Jodid [$C_{13}H_{17}N_2O_4S$]I. *B.* Analog dem Chlorid [s. o.] (*Ho.*, l. c. S. 109). — Krystalle (aus A.) mit 2 Mol H_2O, F: 90—92° [geschlossene Kapillare]; das wasserfreie Salz schmilzt bei 140—142° (*Ho.*, l. c. S. 109). [α]$_D^{20}$: $-24{,}8°$ [W.; c = 2; wasserfreies Präparat]; [α]$_D^{20}$: $+89°$ (Anfangswert) $\to$ $-17{,}2°$ (nach 700 min) $\to$ $+8{,}2°$ (Endwert) [Py.; c = 5; wasserfreies Präparat] (*Ho.*, l. c. S. 110).

VIII

IX

b) *N*-Methyl-*N'*-thiobenzoyl-*N*-D-xylopyranosyliden-hydrazinium [$C_{13}H_{17}N_2O_4S$]$^+$, Formel X, und *N*-Methyl-*N'*-thiobenzoyl-*N*-D-xylofuranosyliden-hydrazinium [$C_{13}H_{17}N_2O_4S$]$^+$, Formel XI.

Ein Kation, für das diese beiden Formeln in Betracht kommen, liegt dem nachstehend beschriebenen Chlorid zugrunde.

Chlorid [$C_{13}H_{17}N_2O_4S$]Cl. *B.* Beim Behandeln von D-Xylose-thiobenzoylhydrazon mit wss. Formaldehyd-Lösung und wss. Salzsäure (*Holmberg*, Ark. Kemi **4** [1952] 33, 112). — Krystalle (aus A.), F: 123—125°. [α]$_D^{20}$: $-46{,}6°$ [W.; c = 5].

X

XI

3,4-Dihydroxy-5-hydroxymethyl-dihydro-furan-2-on, 2,3,4,5-Tetrahydroxy-valeriansäure-4-lacton $C_5H_8O_5$.

a) **(3*R*)-3*r*,4*c*-Dihydroxy-5*t*-hydroxymethyl-dihydro-furan-2-on, D-Ribonsäure-4-lacton** $C_5H_8O_5$, Formel I (E I 384).

B. Beim Behandeln einer wss. Lösung des Cadmium-Salzes der D-Ribonsäure mit Schwefelwasserstoff und Erwärmen der Reaktionslösung unter vermindertem Druck (*Steiger*, Helv. **19** [1936] 189, 191; *Beresowškiǐ*, Ž. obšč. Chim. **25** [1955] 789, 790; engl. Ausg. S. 757, 758; vgl. E I 384). Beim Behandeln des Calcium-Salzes der D-Ribonsäure mit Oxalsäure in Wasser und Behandeln des Reaktionsprodukts mit Schwefelsäure enthaltendem Methanol (*Hoffmann-La Roche*, U.S.P. 2438883 [1946]). Neben D-Arabinon≈säure-4-lacton beim Erhitzen des Calcium-Salzes der D-Arabinonsäure mit Calcium≈hydroxid und Wasser auf 135° und Erwärmen des Reaktionsprodukts unter vermin≈dertem Druck (*Beresowškiǐ, Rodionowa*, Trudy vitamin. Inst. **6** [1959] 5, 6; C. A. **1961** 12307).

Krystalle; F: 80° (*Hoffmann-La Roche*), 77° (*St.*), 76—77° (*Be.*). [α]$_D^{25}$: $+17{,}8°$ (nach

15 min) → +14,8° (nach 66 h) → +8° (nach 322 h) [W.; c = 2] (*Hough et al.*, Canad. J. Chem. **36** [1958] 1720, 1724).

Überführung in D-Ribose durch Behandlung mit Natrium-Amalgam und verd. wss. Schwefelsäure bei verschiedenem pH: *Beresowskiĭ, Šobolew*, Chim. Nauka Promyšl. **3** [1958] 677; C. A. **1959** 3943; s. a. *St.*; *Be.*; durch elektrochemische Reduktion an einer Quecksilber-Kathode: *Be.* Zeitlicher Verlauf der Reaktion mit Aceton in Gegenwart von wss. Salzsäure bei 25° (Bildung von O^2,O^3-Isopropyliden-D-ribonsäure-4-lacton): *Ho. et al.* Beim Erhitzen mit 3,4-Dimethyl-anilin sind D-Ribonsäure-[3,4-dimethyl-anilid] und D-Arabinonsäure-[3,4-dimethyl-anilid] erhalten worden (*Bergel et al.*, Soc. **1945** 165).

b) **(3S)-3r,4c-Dihydroxy-5t-hydroxymethyl-dihydro-furan-2-on, L-Ribonsäure-4-lacton** $C_5H_8O_5$, Formel II (H 157; E II 139).

$[\alpha]_D^{20}$: −17,9° (nach 5 min) → −16,9° (nach 2 d) → −12,6° (nach 10 d) → −6,8° (nach 40 d) [W.; c = 3] (*Rehorst*, A. **503** [1933] 143, 159).

c) **(3S)-3r,4t-Dihydroxy-5c-hydroxymethyl-dihydro-furan-2-on, D-Arabinonsäure-4-lacton** $C_5H_8O_5$, Formel III (R = H) (H 158; E II 140; dort als „γ-Lacton der d-Arabonsäure" bezeichnet).

B. Aus D-Arabinonsäure (hergestellt aus dem Calcium-Salz mit Hilfe von Oxalsäure in Wasser) beim Erhitzen unter vermindertem Druck (*Sperber et al.*, Am. Soc. **69** [1947] 915, 916; *Beresowskiĭ, Kurdjukowa*, Doklady Akad. S.S.S.R. **76** [1951] 839, 840; C. A. **1951** 8454) sowie beim Erwärmen mit Chlorwasserstoff enthaltendem Methanol und Einengen der Reaktionslösung unter vermindertem Druck (*Weidenhagen*, Z. Wirtschaftsgr. Zuckerind. **85** [1935] 689). Beim Behandeln des Kalium-Salzes der D-Arabinonsäure mit wss. Schwefelsäure und Erhitzen des Reaktionsprodukts unter vermindertem Druck (*Neuberg, Collatz*, Cellulosech. **17** [1936] 128; *Sp. et al.*). Beim Erhitzen von D-Arabinonsäure-methylester mit Chlorwasserstoff enthaltendem Methanol auf 135° und Einengen der Reaktionslösung unter vermindertem Druck (*We.*). Aus D-Arabinose mit Hilfe von Pseudomonas-saccharophila-Kulturen (*Palleroni, Doudoroff*, J. Bacteriol. **74** [1957] 180, 182).

Krystalle (aus Acn.); F: 98—99° (*Ne., Co.*), 96—98° (*Sp. et al.*). $[\alpha]_D^{20}$: +72° [W.; c = 5] (*Sp. et al.*); $[\alpha]_D^{22}$: +73,6° [W.; c = 10] (*Ne., Co.*). IR-Spektrum (Film; 8—15 μ): *Kuhn*, Anal. Chem. **22** [1950] 276, 278.

Überführung in D-Arabinose durch Behandlung mit Natrium-Amalgam und verd. wss. Schwefelsäure bei verschiedenem pH: *Sp. et al.*; *Beresowskiĭ*, Ž. obšč. Chim. **25** [1955] 789, 790; engl. Ausg. S. 757, 758; durch elektrochemische Reduktion an einer Quecksilber-Kathode: *Sato*, Bl. Tokyo Inst. Technol. **13** [1948] 133; C. A. **1950** 10548; *Be.*

I II III IV

d) **(3R)-3r,4t-Dihydroxy-5c-hydroxymethyl-dihydro-furan-2-on, L-Arabinonsäure-4-lacton** $C_5H_8O_5$, Formel IV (R = H) (H 158; E I 384; E II 140; dort als „γ-Lacton der l-Arabonsäure" bezeichnet).

Isolierung aus dem Kernholz von Austrocedrus chilensis: *Assarsson et al.*, Acta chem. scand. **13** [1959] 1395.

B. Beim Erwärmen des Calcium-Salzes der L-Arabinonsäure mit Oxalsäure in Wasser und Einengen der mit wenig Salzsäure versetzten Reaktionslösung unter vermindertem Druck (*Isbell, Frush*, J. Res. Bur. Stand. **11** [1933] 649, 662). Aus L-Arabinose mit Hilfe von Pseudomonas-saccharophila-Kulturen (*Weimberg, Doudoroff*, J. biol. Chem. **217** [1955] 607, 614; *Weimberg*, J. biol. Chem. **234** [1959] 727).

Krystalle; F: 97—99° [aus Propan-1-ol] (*As. et al.*), 95—98° [aus Dioxan] (*Is., Fr.*). $[\alpha]_D^{20}$: −72° [W.; c = 2] (*As. et al.*); $[\alpha]_D^{20}$: −71,6° [W.; c = 5] (*Is., Fr.*).

Geschwindigkeitskonstante der Reaktion mit Blei(IV)-acetat in Essigsäure bei 80,5°: *Criegee*, A. **495** [1932] 211, 225.

e) **(±)-3r,4t-Dihydroxy-5c-hydroxymethyl-dihydro-furan-2-on**, DL-Arabinonsäure-
4-lacton $C_5H_8O_5$, Formel III + IV (R = H) (H 158; dort als „γ-Lacton der dl-Arabon=
säure" bezeichnet).

Berichtigung zu H **18**, S. 158, Zeile 16 von oben: An Stelle von „B. **33**, 558" ist zu
setzen „B. **32**, 558".

f) **(3R)-3r,4t-Dihydroxy-5t-hydroxymethyl-dihydro-furan-2-on**, D-Xylonsäure-
4-lacton $C_5H_8O_5$, Formel V (R = H) (H 158; E I 385 [dort als „γ-Lacton der l-Xylon=
säure" bezeichnet]; E II 141).

B. Beim Erwärmen des Calcium-Salzes der D-Xylonsäure mit Oxalsäure in Wasser
und Einengen der mit wenig Salzsäure versetzten Reaktionslösung unter vermindertem
Druck (*Isbell, Frush*, J. Res. Bur. Stand. **11** [1933] 649, 657). Beim Behandeln einer wss.
Lösung des Blei(II)-Salzes der D-Xylonsäure mit Schwefelwasserstoff (*Hasenfratz*, C. r.
196 [1933] 350, 351) oder mit einem Kationenaustauscher (*Isbell et al.*, J. Res. Bur.
Stand. **53** [1954] 325) und Erwärmen der jeweiligen Reaktionslösung unter vermindertem Druck.

Krystalle; F: 99—103° [aus Acn.] (*Ha.*), 98—101° [aus Dioxan] (*Is., Fr.*). $[\alpha]_D^{15}$: +85,5°
(Anfangswert) → +76,6° (nach 48 h) → +36,3° (nach 332 h) → +24,2° (nach 936 h)
[W.] (*Ha.*); $[\alpha]_D^{20}$: +91,8° (nach 2 min) → +86,7° (nach 24 h) [W.; c = 5] (*Is., Fr.*).
Zeitliche Änderung des optischen Drehungsvermögens einer Lösung in Wasser bei 25°:
Upson et al., Am. Soc. **58** [1936] 2549, 2551.

Überführung in D-Xylose mit Hilfe von Natrium-Amalgam: *Is. et al.*

g) **(3S)-3r,4t-Dihydroxy-5t-hydroxymethyl-dihydro-furan-2-on**, L-Xylonsäure-
4-lacton $C_5H_8O_5$, Formel VI.

B. Beim Erwärmen des Kalium-Salzes der $O^2,O^4;O^3,O^5$-Diäthyliden-L-xylonsäure mit
wss. Schwefelsäure (*Heyns, Stein*, A. **558** [1947] 194, 197).

Krystalle (aus wss. A.); F: 97°. $[\alpha]_D^{22}$: −82,2° [W.; c = 2].

h) **(3S)-3r,4c-Dihydroxy-5c-hydroxymethyl-dihydro-furan-2-on**, D-Lyxonsäure-
4-lacton $C_5H_8O_5$, Formel VII (R = H) (H 158; E I 385).

B. Beim Behandeln einer wss. Lösung des Blei(II)-Salzes der D-Lyxonsäure mit
Schwefelwasserstoff und Einengen der Reaktionslösung (*Maurer, Müller*, B. **63** [1930]
2069, 2072). Beim Behandeln von D-Lyxonsäure-hydrazid mit wss. Salzsäure und Stick=
stoffoxiden (*Thompson, Wolfrom*, Am. Soc. **68** [1946] 1509). Beim Behandeln von
D-Arabinuronsäure mit Natriumboranat in Wasser (*Gorin, Perlin*, Canad. J. Chem. **34**
[1956] 693, 697).

Krystalle; F: 110—112° [aus A.] (*Th., Wo.*), 110° [aus E.] (*Ma., Mü.*), 108—110°
[aus E.] (*Go., Pe.*). $[\alpha]_D^{20}$: +77,7° [W.] (*Ma., Mü.*); $[\alpha]_D^{24}$: +82,5° [W.; c = 4] (*Th.,
Wo.*); $[\alpha]_D^{27}$: +70° [W.; c = 4] (*Go., Pe.*).

Beim Behandeln mit Natriumboranat in wss. Essigsäure (pH 3—4) bei 0° ist D-Lyxose,
beim Behandeln mit Natriumboranat in Wasser bei Raumtemperatur ist hingegen
D-Arabit erhalten worden (*Wolfrom, Anno*, Am. Soc. **74** [1952] 5583).

V   VI   VII   VIII

**3-Hydroxy-5-hydroxymethyl-4-methoxy-dihydro-furan-2-on, 2,4,5-Trihydroxy-3-meth=
oxy-valeriansäure-4-lacton** $C_6H_{10}O_5$.

a) **O^3-Methyl-D-arabinonsäure-4-lacton** $C_6H_{10}O_5$, Formel III (R = CH₃).

B. Aus O^3-Methyl-D-arabinose [E IV **1** 4234] (*Percival, Zobrist*, Soc. **1953** 564, 566).
Krystalle (nach Sublimation im Vakuum); F: 81°. $[\alpha]_D^{18}$: +99° (nach 5 min) → +104°
(nach 30 min) → +80° (nach 3 d) → +77° (nach 22 d) [W.; c = 3].

b) **O^3-Methyl-L-arabinonsäure-4-lacton** $C_6H_{10}O_5$, Formel IV (R = CH₃).

B. Aus O^3-Methyl-L-arabinose [E IV **1** 4234] mit Hilfe von Brom in Wasser (*Hirst
et al.*, Soc. **1947** 1062).
Krystalle (nach Sublimation); F: 78°. $[\alpha]_D^{20}$: −74° [W.; c = 0,3].

c) **O^3-Methyl-D-xylonsäure-4-lacton** $C_6H_{10}O_5$, Formel V (R = CH$_3$).

B. Aus O^3-Methyl-D-xylose [E IV **1** 4234] (*Laidlaw, Percival,* Soc. **1949** 1600, 1606, **1950** 528, 534).

Krystalle (aus E. + PAe.); F: 94—95°. $[\alpha]_D^{17}$: +72° (nach 5 min) → +65° (nach 20 h) → +50° (nach 290 h) → +41° (Endwert nach 620 h) [W.] (*La., Pe.,* Soc. **1949** 1606; s. a. *La., Pe.,* Soc. **1950** 534).

4-Hydroxy-5-hydroxymethyl-3-methoxy-dihydro-furan-2-on, 3,4,5-Trihydroxy-2-meth= oxy-valeriansäure-4-lacton $C_6H_{10}O_5$.

a) **O^2-Methyl-D-arabinonsäure-4-lacton** $C_6H_{10}O_5$, Formel VIII (R = H).

B. Beim Eindampfen einer wss. Lösung von O^2-Methyl-D-arabinonsäure (E III **3** 977) in Wasser (*Schmidt, Simon,* J. pr. [2] **152** [1939] 190, 202).

Krystalle (aus A.); F: 87°. $[\alpha]_D^{20}$: +52,7° (Anfangswert) → +47,4° (nach 90 h) [W.].

b) **O^2-Methyl-L-arabinonsäure-4-lacton** $C_6H_{10}O_5$, Formel IX (R = H).

Diese Konstitution kommt der nachstehend beschriebenen, ursprünglich (*Hirst, Jones,* Soc. **1938** 496, 505) als O^3-Methyl-L-arabinonsäure-4-lacton angesehenen Verbindung zu (*Hirst, Jones,* Soc. **1947** 1221).

B. Beim Behandeln von O^2-Methyl-L-arabinose (E IV **1** 4233) mit Brom in Wasser und Eindampfen der Reaktionslösung (*Hi., Jo.,* Soc. **1938** 505).

Krystalle (aus Acn. oder E.); F: 88° (*Dutton, Tanaka,* Canad. J. Chem. **39** [1961] 1797, 1799). $[\alpha]_D^{20}$: —36° (Anfangswert) → —33° (nach 95 h) → —22° (nach 133 h) → —19° (nach 160 h) [W.; c = 2] (*Hi., Jo.,* Soc. **1938** 505).

c) **O^2-Methyl-D-xylonsäure-4-lacton** $C_6H_{10}O_5$, Formel X (R = H).

Diese Konstitution kommt der nachstehend beschriebenen, ursprünglich (*Mullan, Percival,* Soc. **1940** 1501, 1505) als O^3,O^4-Dimethyl-D-xylonsäure-5-lacton angesehenen Verbindung zu (*Percival, Willox,* Soc. **1949** 1608, 1609, 1611).

B. Aus O^2-Methyl-D-xylose [E IV **1** 4233] (*Pe., Wi.*).

Krystalle; F: 66—68° (*Pe., Wi.*). $[\alpha]_D^{17}$: +101° (Anfangswert) → +98° (nach 5 h) → +93° (nach 71 h) → +81° (nach 288 h) → +74° (nach 504 h) [W.?] (*Pe., Wi.*).

3,4-Dihydroxy-5-methoxymethyl-dihydro-furan-2-on, 2,3,4-Trihydroxy-5-methoxy-valeriansäure-4-lacton $C_6H_{10}O_5$.

a) **O^5-Methyl-D-ribonsäure-4-lacton** $C_6H_{10}O_5$, Formel XI.

B. Beim Behandeln von O^5-Methyl-D-ribose (E IV **1** 4235) mit Brom in Wasser und Eindampfen der Reaktionslösung unter vermindertem Druck (*Barker et al.,* Soc. **1955** 1327, 1331). Beim Erwärmen von O^2,O^3-Isopropyliden-O^5-methyl-D-ribonsäure-lacton mit einem sauren Ionenaustauscher in wss. Aceton (*Hough et al.,* Canad. J. Chem. **36** [1958] 1720, 1725).

Krystalle (aus E.); F: 110—111° (*Ho. et al.*), 109—110° (*Ba. et al.*). $[\alpha]_D^{18}$: +27,4° (Anfangswert) → +26,4° (nach 36 min) → +20,0° (nach 238 min) → +15,3° (nach 420 min) [W.; c = 8] (*Ba. et al.*); $[\alpha]_D^{25}$: +26° (nach 5 min) → +19° (nach 168 h) [W.] (*Ho. et al.*).

b) **O^5-Methyl-D-arabinonsäure-4-lacton** $C_6H_{10}O_5$, Formel XII (R = H).

Diese Verbindung hat in dem nachstehend beschriebenen Präparat vorgelegen.

B. Beim Behandeln des Barium-Salzes der O^5-Methyl-D-arabinonsäure (E III **3** 977) mit wss. Schwefelsäure und Eindampfen der Reaktionslösung unter vermindertem Druck (*Percival,* Soc. **1935** 648, 653).

$[\alpha]_D^{18}$: +40° (nach 30 min) → +31° (nach 2 d) → +27° (Endwert nach 17 d) [W.; c = 0,4].

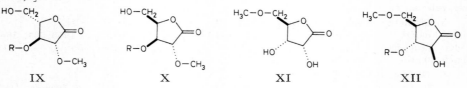

| IX | X | XI | XII |

c) **O^5-Methyl-L-arabinonsäure-4-lacton** $C_6H_{10}O_5$, Formel XIII (R = H).

B. Beim Behandeln von O^5-Methyl-L-arabinose (E IV **1** 4235) mit Brom in Wasser und Eindampfen der Reaktionslösung unter vermindertem Druck (*Dutton et al.*, Canad. J. Chem. **37** [1959] 1955, 1958).

Krystalle (aus Acn. + PAe.); F: 135°. $[\alpha]_D^{20}$: $-76,2°$ [W.; c = 0,2]; $[\alpha]_D^{25}$: $-43,7°$ [Acn.; c = 0,3].

5-Hydroxymethyl-3,4-dimethoxy-dihydro-furan-2-on, 4,5-Dihydroxy-2,3-dimethoxy-valeriansäure-4-lacton $C_7H_{12}O_5$.

a) **O^2,O^3-Dimethyl-D-ribonsäure-4-lacton** $C_7H_{12}O_5$, Formel XIV (R = H).

B. Beim Behandeln von O^2,O^3-Dimethyl-D-ribose (E IV **1** 4236) mit Brom in Wasser und Eindampfen der Reaktionslösung (*Barker*, *Smith*, Soc. **1955** 1323, 1326).

Krystalle (aus E.); F: 77,5°. $[\alpha]_D^{19}$: $-31,5°$ (Anfangswert) $\rightarrow$ $-29,6°$ (nach 38 min) $\rightarrow$ $-19,3°$ (nach 180 min) $\rightarrow$ $-14,3°$ (nach 381 min) [W.; c = 17].

b) **O^2,O^3-Dimethyl-L-arabinonsäure-4-lacton** $C_7H_{12}O_5$, Formel IX (R = CH$_3$).

B. Beim Behandeln von O^2,O^3-Dimethyl-L-arabinose (E IV **1** 4236) mit Brom in Wasser und Erhitzen des Reaktionsprodukts unter vermindertem Druck (*Hirst*, *Jones*, Soc. **1938** 496, 504; *Smith*, Soc. **1939** 753).

Krystalle (aus Ae. + PAe.); F: 35° (*Sm.*). n_D^{19}: 1,4602 (*Sm.*). $[\alpha]_D^{18}$: $-38°$ (Anfangswert) $\rightarrow$ $-31,3°$ (nach 6 d) $\rightarrow$ $-25,4°$ (Endwert nach 12 d) [W.; c = 1] (*Sm.*); $[\alpha]_D^{20}$: $-34°$ (Anfangswert) $\rightarrow$ $-32°$ (nach 16 h) $\rightarrow$ $-25°$ (nach 140 h) $\rightarrow$ $-19°$ (nach 330 h) [W.; c = 0,7] (*Hi.*, *Jo.*).

c) **O^2,O^3-Dimethyl-D-xylonsäure-4-lacton** $C_7H_{12}O_5$, Formel X (R = CH$_3$) (E II 141).

B. Beim Behandeln von O^2,O^3-Dimethyl-D-xylose (E IV **1** 4237) mit Brom in Wasser und Erwärmen der Reaktionslösung unter vermindertem Druck (*Tachi*, *Yamamori*, J. agric. chem. Soc. Japan **25** [1951] 130, 134; C. A. **1953** 10486; *Ehrenthal et al.*, Am. Soc. **76** [1954] 5509, 5513).

Bei 120—125°/0,02—0,03 Torr (*Ta.*, *Ya.*) bzw. bei 135°/0,05 Torr (*Eh. et al.*) destillierbar. n_D^{14}: 1,4661 (*Ta.*, *Ya.*). $[\alpha]_D^{20}$: $+97°$ (Anfangswert) $\rightarrow$ $+86°$ (nach 48 h) [W.] (*Barker et al.*, Soc. **1946** 783); $[\alpha]_D^{23}$: $+87°$ (Anfangswert) [W.; c = 0,8] (*Eh. et al.*); $[\alpha]_D^{15}$: $+94,3°$ [95%ig. wss. A.] (*Ta.*, *Ya.*).

3-Hydroxy-4-methoxy-5-methoxymethyl-dihydro-furan-2-on, 2,4-Dihydroxy-3,5-dimethoxy-valeriansäure-4-lacton $C_7H_{12}O_5$.

a) **O^3,O^5-Dimethyl-D-arabinonsäure-4-lacton** $C_7H_{12}O_5$, Formel XII (R = CH$_3$).

B. Aus O^3,O^5-Dimethyl-D-arabinose (E IV **1** 4240) mit Hilfe von Brom in Wasser (*Percival*, *Zobrist*, Soc. **1953** 564).

Krystalle (aus Ae.); F: 74—75°. $[\alpha]_D^{15}$: $+85°$ (nach 15 min) $\rightarrow$ $+80°$ (nach 3 d) $\rightarrow$ $+77°$ (nach 6 d) $\rightarrow$ $+57°$ (nach 27 d) [W.; c = 0,4].

b) **O^3,O^5-Dimethyl-L-arabinonsäure-4-lacton** $C_7H_{12}O_5$, Formel XV (R = H).

B. Aus O^3,O^5-Dimethyl-L-arabinose (E IV **1** 4240) mit Hilfe von wss. Alkalihypojodit-Lösung (*White*, Am. Soc. **68** [1946] 272, 274) oder mit Hilfe von Brom in Wasser (*Hirst et al.*, Soc. **1947** 1062; *Cunneen*, *Smith*, Soc. **1948** 1146, 1154).

Krystalle (aus Ae.); F: 78° (*Wh.*), 75° (*Cu.*, *Sm.*). n_D^{20}: 1,4580 [unterkühlte Schmelze] (*Cu.*, *Sm.*). $[\alpha]_D^{17}$: $-84,5°$ (Anfangswert) $\rightarrow$ $-79°$ (nach 10 h) $\rightarrow$ $-71°$ (nach 25 h) $\rightarrow$ $-69°$ (Endwert nach 28 h) [W.; c = 1,5] (*Cu.*, *Sm.*); $[\alpha]_{D?}^{25}$: $-43°$ [CHCl$_3$; c = 1,5] (*Wh.*).

XIII   XIV   XV   XVI

c) **O^3,O^5-Dimethyl-D-xylonsäure-4-lacton** $C_7H_{12}O_5$, Formel XVI (R = H) (E II 141).

B. Aus O^3,O^5-Dimethyl-D-xylose (E IV **1** 4240) mit Hilfe von Brom in Wasser (*Laidlaw*, Soc. **1952** 2941; *Percival*, *Zobrist*, Soc. **1952** 4306, 4309).

$[\alpha]_D^{17}$: $+72°$ (Anfangswert) $\rightarrow$ $+69°$ (nach 1 h) $\rightarrow$ $+65°$ (nach 3 d) $\rightarrow$ $+58°$ (nach 17 d) $\rightarrow$ $+41°$ (nach 48 d) [W.; c = 0,7] (*La.*); $[\alpha]_D$: $+75°$ (nach 4 min) $\rightarrow$ $+82°$ (nach 24 min)

$\rightarrow +72°$ (nach 24 h) $\rightarrow +67°$ (nach 7 d) $\rightarrow +56°$ (nach 11 d) $\rightarrow +27°$ (Endwert nach 33 d) [W.; c = 1] (*Pe., Zo.*).

4-Hydroxy-3-methoxy-5-methoxymethyl-dihydro-furan-2-on, 3,4-Dihydroxy-2,5-dimethoxy-valeriansäure-4-lacton $C_7H_{12}O_5$.

a) O^2,O^5-**Dimethyl-D-arabinonsäure-4-lacton** $C_7H_{12}O_5$, Formel VIII (R = CH_3) auf S. 2261.

B. Beim Behandeln von O^2,O^5-Dimethyl-D-arabinose (E IV **1** 4239) mit Brom in Wasser und Erhitzen des Reaktionsprodukts unter vermindertem Druck (*Fried, Walz,* Am. Soc. **74** [1952] 5468, 5470; *Huffman et al.,* Am. Soc. **77** [1955] 4346).

Krystalle; F: 59—60° [aus Ae.] (*Fr., Walz*), 58—59° [aus Ae. + PAe.] (*Hu. et al.*). $[\alpha]_D^{20}$: +59,6° [W.; c = 1] (*Hu. et al.*); $[\alpha]_D^{24}$: +62,2° [W.; c = 1] (*Fr., Walz*).

b) O^2,O^5-**Dimethyl-L-arabinonsäure-4-lacton** $C_7H_{12}O_5$, Formel XIII (R = CH_3).

B. Aus O^2,O^5-Dimethyl-L-arabinose (E IV **1** 4239) mit Hilfe von Brom in Wasser (*Smith,* Soc. **1939** 744, 746, 751; *Hirst et al.,* Soc. **1954** 189, 190, 198).

F: 60° [aus Ae.] (*Sm.*). $[\alpha]_D^{15}$: −59,7° (Anfangswert) $\rightarrow$ −54,2° (nach 6 h) $\rightarrow$ −49,0° (nach 180 h) $\rightarrow$ −44,8° (nach 320 h) [W.; c = 1] (*Sm.*); $[\alpha]_D^{17}$: −51° (Anfangswert) $\rightarrow$ −44° (nach 192 h) $\rightarrow$ −36° (nach 384 h) $\rightarrow$ −32° (Endwert nach 480 h) [W.; c = 0,8] (*Hi. et al.*).

3,4-Dimethoxy-5-methoxymethyl-dihydro-furan-2-on, 4-Hydroxy-2,3,5-trimethoxy-valeriansäure-lacton $C_8H_{14}O_5$.

a) O^2,O^3,O^5-**Trimethyl-D-ribonsäure-lacton** $C_8H_{14}O_5$, Formel XIV (R = CH_3).

B. Beim Behandeln von O^2,O^3,O^5-Trimethyl-D-ribose (E IV **1** 4242) mit Brom in Wasser und Erhitzen des Reaktionsprodukts unter vermindertem Druck (*Levene, Tipson,* J. biol. Chem. **94** [1932] 809, 817; *Levene, Stiller,* J. biol. Chem. **102** [1933] 187, 197; *Barker,* Soc. **1948** 2035).

Krystalle; F: 18,5—19° (*Ba.*). $Kp_{0,2}$: 110—115° (*Le., Ti.*); bei 120°/0,01 Torr destillierbar (*Ba.*). n_D^{26}: 1,4508 (*Ba.*); $n_D^{26,5}$: 1,4501 (*Le., Ti.*). $[\alpha]_D^{23}$: −20,2° (Anfangswert) $\rightarrow$ −18,1° (nach 46 h) $\rightarrow$ −14,5° (nach 93 h) $\rightarrow$ −10,6° (nach 141 h) [W.; c = 5] (*Ba.*); $[\alpha]_D^{27}$: −18,9° (Anfangswert) $\rightarrow$ −4,5° (nach 244 h) $\rightarrow$ −0,8° (nach 342 h) $\rightarrow$ +4,5° (nach 466 h) $\rightarrow$ +7,6° (nach 703 h) [W.; c = 1] (*Le., Ti.*); $[\alpha]_D^{24}$: +83,1° [Bzl.; c = 1]; $[\alpha]_D^{24}$: +124,0° [Ae.; c = 1]; $[\alpha]_D^{20}$: +55,9° [$CHCl_3$; c = 1] (*Le., Ti.*).

b) O^2,O^3,O^5-**Trimethyl-D-arabinonsäure-lacton** $C_8H_{14}O_5$, Formel XVII (R = CH_3) (E II 140).

B. Aus O^2,O^3,O^5-Trimethyl-D-arabinose (E IV **1** 4243) mit Hilfe von Brom in Wasser (*Haworth et al.,* Soc. **1934** 154, 156, **1938** 1975, 1980; *Neuberger,* Soc. **1940** 29, 31). Beim Behandeln von O^3,O^4,O^6-Trimethyl-D-fructose (E IV **1** 4419) mit wss. Natriumperjodat-Lösung (*Barker et al.,* Soc. **1954** 2125, 2128).

Krystalle (aus Bzn.); F: 33° (*Ha. et al.,* Soc. **1938** 1980; *Ne.*). n_D^{22}: 1,4422 [unterkühlte Schmelze] (*Ha. et al.,* Soc. **1934** 154, 156). $[\alpha]_D$: +45,1° (Anfangswert) $\rightarrow$ +25,3° (nach 480 h) [W.] (*Ha. et al.,* Soc. **1938** 1980); $[\alpha]_D$: +44° (Anfangswert) $\rightarrow$ +26,0° (nach 400 h) [W.] (*Ne.*).

c) O^2,O^3,O^5-**Trimethyl-L-arabinonsäure-lacton** $C_8H_{14}O_5$, Formel XV (R = CH_3) (E II 140).

B. Aus O^2,O^3,O^5-Trimethyl-L-arabinose (E IV **1** 4243) mit Hilfe von Brom in Wasser (*Haworth et al.,* Soc. **1934** 1917, 1922; *Hirst, Jones,* Soc. **1938** 496, 504; *James, Smith,* Soc. **1945** 749; *Cunneen, Smith,* Soc. **1948** 1146, 1154). Aus O^2,O^3,O^5-Trimethyl-L-arabinose mit Hilfe von wss. Alkalihypojodit-Lösung (*White,* Am. Soc. **68** [1946] 272, 274).

Krystalle; F: 30° (*Ha. et al.,* Soc. **1934** 1922). Netzebenenabstand: *Cox et al.,* Soc. **1935** 1495, 1504. n_D^{19}: 1,4465 [unterkühlte Schmelze] (*Cu., Sm.,* l. c. S. 1154); n_D^{19}: 1,4462 [unterkühlte Schmelze] (*Hi., Jo.*). $[\alpha]_D^{17}$: −47° (Anfangswert) $\rightarrow$ −36° (Endwert nach 20 d) [W.; c = 1] (*Cu., Sm.,* l. c. S. 1154). $[\alpha]_D^{20}$: −44° (Anfangswert) $\rightarrow$ −30° (nach 160 h) [W.; c = 0,8] (*Hi., Jo.,* l. c. S. 504). $[\alpha]_D^{20}$: +16° [Bzl.; c = 1]; $[\alpha]_D^{20}$: −3° [Ae.; c = 1]; $[\alpha]_D^{20}$: −9° [$CHCl_3$; c = 1] (*Haworth et al.,* Soc. **1930** 2659, 2663); $[\alpha]_D^{13}$: −19,1° [Me.; c = 2] (*Ford, Peat,* Soc. **1941** 856, 861).

Geschwindigkeit der Hydrolyse in wss. Lösung bei 18°: *Carter et al.,* Soc. **1930** 2125, 2128, 2131.

d) **O^2,O^3,O^5-Trimethyl-D-xylonsäure-lacton** $C_8H_{14}O_5$, Formel XVI (R = CH$_3$) auf S. 2263.

B. Aus O^2,O^3,O^5-Trimethyl-D-xylose (E IV **1** 4243) mit Hilfe von Brom in Wasser (*Haworth et al.*, Soc. **1930** 2659, 2663). Neben O^2,O^3,O^4-Trimethyl-D-xylose beim Erhitzen von O^2,O^3,O^5-Trimethyl-O^4-[tri-O-methyl-β-D-xylopyranosyl]-D-xylonsäure-methylester (E III/IV **17** 2472) mit wss. Salzsäure (*Haworth, Percival*, Soc. **1931** 2850, 2854; *Whistler et al.*, Am. Soc. **74** [1952] 3059).

Öl; $n_D^{15,6}$: 1,4472 (*Wh. et al.*); n_D^{16}: 1,4450 (*Ha., Pe.*). $[\alpha]_D^{17}$: +95,2° (nach 30 min) → +90,5° (nach 2,5 d) → +75,5° (nach 14 d) → +70,0° (nach 20 d) [W.; c = 1] (*Ha., Pe.*); $[\alpha]_D^{20}$: +106° [Bzl.; c = 2]; $[\alpha]_D^{20}$: +84° [Ae.; c = 2]; $[\alpha]_D^{20}$: +81° [CHCl$_3$; c = 2] (*Ha. et al.*, l. c. S. 2663).

Geschwindigkeit der Hydrolyse in wss. Lösung bei 18°: *Carter et al.*, Soc. **1930** 2125, 2128, 2130.

XVII   XVIII   XIX   XX

e) **O^2,O^3,O^5-Trimethyl-D-lyxonsäure-lacton** $C_8H_{14}O_5$, Formel VII (R = CH$_3$) auf S. 2261 (E II 141).

B. Beim Behandeln von O^2,O^3,O^5-Trimethyl-D-lyxose (E IV **1** 4243) mit Brom in Wasser und Eindampfen der Reaktionslösung (*Bott et al.*, Soc. **1930** 658, 666). Neben anderen Substanzen beim Behandeln von D-Lyxonsäure-4-lacton mit Methyljodid und Silberoxid (*Bott et al.*, l. c. S. 667).

Krystalle (aus Ae. + PAe.); F: 44° (*Bott et al.*). Netzebenenabstand: *Cox et al.*, Soc. **1935** 1495, 1504. n_D^{18}: 1,4569 [unterkühlte Schmelze] (*Bott et al.*). $[\alpha]_D^{20}$: +82,5° (Anfangs-wert) → +80° (nach 24 h) → +67,1° (nach 378 h) → +62,3° (nach 644 h) → +56,5° (nach 1000 h) [W.; c = 0,5] (*Bott et al.*, l. c. S. 667); $[\alpha]_D^{20}$: −70,0° [Bzl.; c = 0,2]; $[\alpha]_D^{20}$: −70,0° [Ae.; c = 0,4]; $[\alpha]_D^{20}$: −28,0° [CHCl$_3$; c = 0,3] (*Haworth et al.*, Soc. **1930** 2659, 2662).

3,4-Diacetoxy-5-acetoxymethyl-dihydro-furan-2-on, 2,3,5-Triacetoxy-4-hydroxy-valerian-säure-lacton $C_{11}H_{14}O_8$.

a) **O^2,O^3,O^5-Triacetyl-D-ribonsäure-lacton** $C_{11}H_{14}O_8$, Formel XVIII (R = CO-CH$_3$).

B. Beim Behandeln einer Suspension von D-Ribonsäure-4-lacton in Acetanhydrid mit Chlorwasserstoff (*Ladenburg et al.*, Am. Soc. **66** [1944] 1217).

Krystalle (aus wss. Eg.); F: 54—56°.

b) **O^2,O^3,O^5-Triacetyl-D-arabinonsäure-lacton** $C_{11}H_{14}O_8$, Formel XVII (R = CO-CH$_3$).

B. Beim Behandeln von D-Arabinonsäure-4-lacton mit Acetanhydrid und Zinkchlorid (*Robbins, Upson*, Am. Soc. **62** [1940] 1074).

Krystalle (aus A.); F: 68—69°. $[\alpha]_D^{25}$: +52,3° [CHCl$_3$; c = 2].

c) **O^2,O^3,O^5-Triacetyl-L-arabinonsäure-lacton** $C_{11}H_{14}O_8$, Formel XIX (R = CO-CH$_3$) (E I 385; E II 140).

Zeitliche Änderung des optischen Drehungsvermögens einer Lösung in Aceton und Wasser (4:1) bei 25°: *Upson et al.*, Am. Soc. **58** [1936] 2549, 2551.

d) **O^2,O^3,O^5-Triacetyl-D-xylonsäure-lacton** $C_{11}H_{14}O_8$, Formel XX (R = CO-CH$_3$).

B. Beim Behandeln von D-Xylonsäure-4-lacton mit Acetanhydrid und Zinkchlorid (*Hasenfratz*, C. r. **196** [1933] 350, 352).

Krystalle (aus A.); F: 99° (*Ha.*). $[\alpha]_D^{16}$: +62,4° [A.] (*Ha.*). Zeitliche Änderung des opti-schen Drehungsvermögens einer Lösung in Aceton und Wasser (4:1) bei 25°: *Upson et al.*, Am. Soc. **58** [1936] 2549, 2551.

Hydroxy-oxo-Verbindungen $C_6H_{10}O_5$

(3S)-2ξ,5,5-Trimethoxy-2ξ-methyl-tetrahydro-pyran-3r,4c-diol, Methyl-[5-methoxy-O^5-methyl-ξ-L-*erythro*-1-desoxy-[2]hexulopyranosid] $C_9H_{18}O_6$, Formel I (R = H).

Diese Konstitution und Konfiguration kommt dem nachstehend beschriebenen M e t h y l -

angustosid-dimethylacetal zu (*Hoeksema et al.*, Tetrahedron Letters **1964** 1787, 1789).

B. Neben Adenin-hydrochlorid beim Behandeln von Angustmycin-A (9-[β-D-*erythro*-6-Desoxy-[2]hex-5-enulofuranosyl]-adenin) mit Chlorwasserstoff enthaltendem Methanol (*Hsü*, J. Antibiotics Japan [A] **11** [1958] 233, 242; C. A. **1960** 3428).

Öl; $[\alpha]_D^{19}$: −19,3° [Me.; c = 1] (*Hsü*).

(3S)-2ξ,3r,4c,5,5-Pentamethoxy-2ξ-methyl-tetrahydro-pyran, Methyl-[5-methoxy-tri-O-methyl-ξ-L-*erythro*-1-desoxy-[2]hexulopyranosid] $C_{11}H_{22}O_6$, Formel I (R = CH₃).

B. Beim Behandeln von Methyl-[5-methoxy-O^5-methyl-ξ-L-*erythro*-1-desoxy-[2]hexulo= pyranosid] (S. 2265) mit Methyljodid und Silberoxid und Behandeln des Reaktionsprodukts mit Natrium in Äther und mit Dimethylsulfat (*Hsü*, J. Antibiotics Japan [A] **11** [1958] 233, 242; C. A. **1960** 3428).

Krystalle (aus PAe.); F: 77—78°. $[\alpha]_D^{18}$: −53,3° [A.; c = 2]. IR-Spektrum (2—15 μ): *Hsü*, l. c. S. 238.

(3S)-3r,4c-Diacetoxy-2ξ,5,5-trimethoxy-2ξ-methyl-tetrahydro-pyran, Methyl-[O^3,O^4-di= acetyl-5-methoxy-O^5-methyl-ξ-L-*erythro*-1-desoxy-[2]hexulopyranosid] $C_{13}H_{22}O_8$, Formel I (R = CO-CH₃).

B. Beim Behandeln von Methyl-[5-methoxy-O^5-methyl-ξ-L-*erythro*-1-desoxy-[2]hexulo= pyranosid] (S. 2265) mit Acetanhydrid und Pyridin (*Hsü*, J. Antibiotics Japan [A] **11** [1958] 233, 242; C. A. **1960** 3428).

Krystalle; F: 125—126° [unkorr.]. $[\alpha]_D^{20}$: −73,6° [A.; c = 1].

(3S)-3r,4c-Bis-benzoyloxy-2ξ,5,5-trimethoxy-2ξ-methyl-tetrahydro-pyran, Methyl-[O^3,O^4-dibenzoyl-5-methoxy-O^5-methyl-ξ-L-*erythro*-1-desoxy-[2]hexulopyranosid] $C_{23}H_{26}O_8$, Formel I (R = CO-C₆H₅).

B. Beim Behandeln von Methyl-[5-methoxy-O^5-methyl-ξ-L-*erythro*-1-desoxy-[2]hexulo= pyranosid] (S. 2265) mit Benzoylchlorid und Pyridin (*Hsü*, J. Antibiotics Japan [A] **11** [1958] 233, 242; C. A. **1960** 3428).

Krystalle; F: 115—116° (*Hsü*, l. c. S. 242). $[\alpha]_D^{20}$: +11,1° [Acn.; c = 1] (*Hsü*, J. Antibiotics Japan [A] **11** [1958] 77, 78; C. A. **1960** 3427).

I   II   III   IV

(2S)-2r,5,5-Tris-äthylmercapto-2-methyl-tetrahydro-pyran-3c,4c-diol, Äthyl-[S^5-äthyl-5-äthylmercapto-α-L-*erythro*-2,5-dithio-1-desoxy-[2]hexulopyranosid] $C_{12}H_{24}O_3S_3$, Formel II (R = C₂H₅).

Diese Konstitution und Konfiguration kommt dem nachstehend beschriebenen Äthyl= thioangustosid-diäthyldithioacetal zu (*Hoeksema et al.*, Tetrahedron Letters **1964** 1787, 1789).

B. Beim Behandeln von Angustmycin-A (9-[β-D-*erythro*-6-Desoxy-[2]hex-5-enulofuran= osyl]-adenin) mit Chlorwasserstoff enthaltendem Äthanthiol (*Hsü*, J. Antibiotics Japan [A] **11** [1958] 233, 241; C. A. **1960** 3428).

Öl; $[\alpha]_D^{22}$: +44,9° [A.; c = 1] (*Hsü*).

Hydrierung an Raney-Nickel in Äthanol unter Bildung von (2R)-2r-Methyl-tetra= hydro-pyran-3t,4t-diol ($C_6H_{12}O_3$; Öl): *Hsü*, l. c. S. 236, 242. Beim Erwärmen mit Äthanol und Quecksilber(II)-chlorid ist Angustose (D-*erythro*-6-Desoxy-[2,5]hexodiulose [E IV **1** 4298]) erhalten worden (*Hsü*, l. c. S. 241).

___

(4S)-3ξ,4r,5t-Triacetoxy-6c-acetoxymethyl-2ξ,3ξ-dichlor-tetrahydro-pyran, (2Ξ)-Tetra-O-acetyl-2-chlor-ξ-D-*arabino*-hexopyranosylchlorid $C_{14}H_{18}Cl_2O_9$, Formel III (R = CO-CH₃).

B. Beim Behandeln einer Lösung von Tetra-O-acetyl-D-*arabino*-1,5-anhydro-hex-1-enit

(E III/IV **17** 2658) in Äther mit Chlor (*Maurer*, B. **63** [1930] 25, 30).

Krystalle; F: ca. 70° [nach Sintern bei 46°] (*Ma.*). $[\alpha]_D^{20}$: +48,6° (Anfangswert) → +44,0° (nach 120 min) [CHCl$_3$] (*Ma.*). Hygroskopisch; an der Luft nicht beständig (*Ma.*).

Beim Behandeln mit Äther und wenig Wasser ist (2*Ξ*)-2-Acetoxy-O^3,O^4,O^6-triacetyl-D-*arabino*-hexose (F: 126° [E IV **2** 375]) erhalten worden (*Ma.*; *Blair* in *R. L. Whistler, M. L. Wolfrom*, Methods in Carbohydrate Chemistry, Bd. 2 [New York 1963] S. 411, 414).

3,4,5-Tris-benzoyloxy-6-benzoyloxymethyl-2,3-dichlor-tetrahydro-pyran C$_{34}$H$_{26}$Cl$_2$O$_9$.

a) **Tetra-O-benzoyl-2-chlor-α-D-glucopyranosylchlorid** C$_{34}$H$_{26}$Cl$_2$O$_9$, Formel IV (R = CO-C$_6$H$_5$).

B. Beim Erwärmen von Tetra-O-benzoyl-2-chlor-β-D-glucopyranosylchlorid mit Titan(IV)-chlorid in Chloroform (*Lundt, Pedersen*, Acta chem. scand. [B] **29** [1975] 70, 74). Öl. $[\alpha]_D^{25}$: +25,2° [CHCl$_3$; c = 3].

b) **Tetra-O-benzoyl-2-chlor-β-D-glucopyranosylchlorid** C$_{34}$H$_{26}$Cl$_2$O$_9$, Formel V (R = CO-C$_6$H$_5$).

B. Neben Tetra-O-benzoyl-2-chlor-α-D-mannopyranosylchlorid beim Behandeln von Tetra-O-benzoyl-D-*arabino*-1,5-anhydro-hex-1-enit (E III/IV **17** 2659) mit Chlor in Tetrachlormethan (*Lundt, Pedersen*, Acta chem. scand. [B] **29** [1975] 70, 74). Krystalle (aus Cyclohexan) mit ca. 1 Mol Cyclohexan; F: 84—88°. $[\alpha]_D^{25}$: +28,0° [CHCl$_3$; c = 3] (lösungsmittelfreies Präparat).

c) **Tetra-O-benzoyl-2-chlor-α-D-mannopyranosylchlorid** C$_{34}$H$_{26}$Cl$_2$O$_9$, Formel VI (R = CO-C$_6$H$_5$).

Konfigurationszuordnung: *Lundt, Pedersen*, Acta chem. scand. [B] **29** [1975] 70.

B. Aus Tetra-O-benzoyl-D-*arabino*-1,5-anhydro-hex-1-enit (E III/IV **17** 2659) beim Behandeln einer Lösung in Benzol mit Chlor (*Maurer, Petsch*, B. **66** [1933] 995, 999) sowie beim Behandeln mit Chlor in Tetrachlormethan, in diesem Falle neben Tetra-O-benzoyl-2-chlor-β-D-glucopyranosylchlorid (*Lu., Ped.*, l. c. S. 74). Krystalle (aus A.); F: 156° (*Ma., Pet.*), 155,5—157° [unkorr.] (*Lu., Ped.*). $[\alpha]_D^{25}$: +10,1° [CHCl$_3$; c = 1] (*Lu., Ped.*); $[\alpha]_D$: +10,3° [CHCl$_3$] (*Ma., Pet.*).

V   VI   VII

(2*Ξ*)-O^2,O^3,O^6-Triacetyl-2-chlor-O^4-[tetra-O-acetyl-β-D-glucopyranosyl]-ξ-D-*arabino*-hexopyranosylchlorid C$_{26}$H$_{34}$Cl$_2$O$_{17}$, Formel VII (R = CO-CH$_3$).

Eine Verbindung dieser Konstitution und Konfiguration hat in dem nachstehend beschriebenen 2-Acetoxy-hexa-O-acetyl-cellobial-dichlorid vorgelegen.

B. Neben einem Gemisch von Stereoisomeren beim Behandeln einer Suspension von O^2,O^3,O^6-Triacetyl-O^4-[tetra-O-acetyl-β-D-glucopyranosyl]-D-*arabino*-1,5-anhydro-hex-1-enit (E III/IV **17** 3500) in Äther mit Chlor (*Maurer, Plötner*, B. **64** [1931] 281, 285). Krystalle (aus A.); F: 158°. $[\alpha]_D^{20}$: −5,7° [CHCl$_3$].

Beim Erwärmen einer Lösung in Essigsäure mit Silberacetat ist 2,2-Diacetoxy-O^1,O^3,O^6-triacetyl-O^4-[tetra-O-acetyl-β-D-glucopyranosyl]-ξ-D-*arabino*-2-desoxy-hexopyranose (F: 122—124°; $[\alpha]_D^{22}$: +38,9° [A.]) erhalten worden.

(3*R*)-3*r*,4*c*,5*t*-Trihydroxy-6*c*-methyl-tetrahydro-pyran-2-on, L-*manno*-2,3,4,5-Tetrahydroxy-hexansäure-5-lacton, 6-Desoxy-L-mannonsäure-5-lacton, L-Rhamnonsäure-5-lacton C$_6$H$_{10}$O$_5$, Formel VIII (R = H) (E II 141; in der Literatur auch als L-Mannomethylonsäure-5-lacton bezeichnet).

B. Beim Behandeln des Strontium-Salzes der L-Rhamnonsäure (E III **3** 988) mit wss. Schwefelsäure und Erwärmen der mit Äthanol und Amylalkohol versetzten Reaktionslösung unter vermindertem Druck (*Rehorst*, B. **63** [1930] 2279, 2290). Als Hauptprodukt neben L-Rhamnonsäure-4-lacton beim Behandeln von L-Rhamnose mit Brom in Wasser unter Zusatz von Bariumbenzoat (*Jackson, Hudson*, Am. Soc. **52** [1930] 1270, 1273). Bildung beim Behandeln von α-L-Rhamnopyranose oder von β-L-Rhamnopyranose mit Brom in einer mit Bariumcarbonat versetzten und mit Kohlendioxid gesättigten wss. Lösung: *Isbell*, J. Res. Bur. Stand. **8** [1932] 615. Trennung von L-Rhamnonsäure-4-lacton durch fraktionierte Krystallisation aus Aceton: *Ja., Hu.*

Krystalle (aus A. oder Acn.), die zwischen 171° und 179° schmelzen [nach Sintern bei 150°] (*Re.*). Orthorhombisch (*Wright*, Am. Soc. **52** [1930] 1276). Krystalloptik: *Wr.* $[\alpha]_D^{20}$: $-97,1°$ (nach 4 min) $\to$ $-59,8°$ (nach 450 min) $\to$ $-34,7°$ (nach 2 d) [W.; c = 2] (*Re.*). Zeitliche Änderung des optischen Drehungsvermögens einer Lösung in Wasser bei 25°: *Upson et al.*, Am. Soc. **58** [1936] 2549, 2551.

Beim Erhitzen mit wss. Salzsäure unter Eindampfen ist L-Rhamnonsäure-4-lacton erhalten worden (*Ja., Hu.; Re.*) Hydrierung an Platin in Wasser unter Bildung von L-Rhamnose und von L-Rhamnit: *Glattfeld et al.*, Am. Soc. **57** [1935] 2204, 2206.

O^1-Methyl-L-rhamnonsäure-5-lacton $C_7H_{12}O_5$, Formel IX (R = H).

B. Beim Behandeln von O^1-Methyl-L-rhamnose (E IV **1** 4271) mit Brom in Wasser und Erhitzen des Reaktionsprodukts unter vermindertem Druck (*Gill et al.*, Soc. **1946** 1025, 1029).

Krystalle (aus Acn. + PAe.); F: 82°. $[\alpha]_D^{20}$: $-141°$ (Anfangswert) $\to$ $-115°$ (Endwert nach 14 h) [W.; c = 1].

VIII   IX   X   XI

O^3,O^1-Dimethyl-L-rhamnonsäure-5-lacton $C_8H_{14}O_5$, Formel IX (R = CH_3) (E II 142).

Krystalle; F: 76—77° [aus Ae. + Pentan] (*Tipson et al.*, J. biol. Chem. **128** [1939] 609, 617), 76—78° [aus Ae. + PAe.] (*Gill et al.*, Soc. **1939** 1469). $[\alpha]_D^{20}$: $-150°$ (nach 10 min) $\to$ $-116°$ (nach 72 h) [W.; c = 3] (*Gill et al.*); $[\alpha]_D^{24}$: $-158,5°$ (Anfangswert) $\to$ $-120,5°$ (nach 50 h) $\to$ $-116,1°$ (Endwert nach 92 h) [W.; c = 0,2] (*Ti. et al.*).

3,4,5-Trimethoxy-6-methyl-tetrahydro-pyran-2-on, 5-Hydroxy-2,3,4-trimethoxy-hexan-säure-lacton $C_9H_{16}O_5$.

a) **O^2,O^3,O^1-Trimethyl-L-rhamnonsäure-lacton** $C_9H_{16}O_5$, Formel VIII (R = CH_3) (E II 142).

$[\alpha]_D^{20}$: $-130°$ [W.; c = 1]; $[\alpha]_D^{20}$: $-15,0°$ [Bzl.; c = 0,6]; $[\alpha]_D^{20}$: $-39,3°$ [Ae.; c = 0,5]; $[\alpha]_D^{20}$: $-67,5°$ [CHCl$_3$; c = 0,6] (*Haworth et al.*, Soc. **1930** 2659, 2662).

Geschwindigkeit der Hydrolyse in Wasser bei 18°: *Carter et al.*, Soc. **1930** 2125, 2128, 2132.

b) **O^2,O^3,O^1-Trimethyl-L-fuconsäure-lacton** $C_9H_{16}O_5$, Formel X.

B. Beim Behandeln von O^2,O^3,O^1-Trimethyl-L-fucose (E IV **1** 4274) mit Brom in Wasser und Eindampfen der Reaktionslösung unter vermindertem Druck (*James, Smith*, Soc. **1945** 746, 748).

Bei 110°/0,025 Torr destillierbar. n_D^{23}: 1,4505. $[\alpha]_D$: $-138°$ (Anfangswert) $\to$ $-91°$ (nach 135 min) $\to$ $-56°$ (nach 5 h) $\to$ $-36°$ (Endwert nach 24 h) [W.].

O^2,O^3,O^1-Triacetyl-L-rhamnonsäure-lacton $C_{12}H_{16}O_8$, Formel VIII (R = CO-CH_3).

Diese Konstitution kommt möglicherweise der nachstehend beschriebenen Verbindung zu.

B. Beim Behandeln von L-Rhamnonsäure-5-lacton mit Acetanhydrid in Gegenwart von Chlorwasserstoff (*Upson et al.*, Am. Soc. **58** [1936] 2549).

Krystalle (aus A.); F: 71°. $[\alpha]_D^{25}$: $-113,8°$ (nach 10 min) $\to$ $-89,3°$ (nach 31 h) $\to$ $-40,8°$ (nach 8 d) [Acn. + W. (4:1)].

4,5-Dimethoxy-6-methoxymethyl-tetrahydro-pyran-2-on, 5-Hydroxy-3,4,6-trimethoxy-hexansäure-lacton $C_9H_{16}O_5$.

a) **O^3,O^4,O^6-Trimethyl-D-*arabino*-2-desoxy-hexonsäure-lacton,** O^3,O^4,O^6-Trimethyl-2-desoxy-D-gluconsäure-lacton $C_9H_{16}O_5$, Formel XI.

B. Beim Erhitzen von O^3,O^4,O^6-Trimethyl-D-*arabino*-2-desoxy-hexonsäure (E III **3** 990) unter vermindertem Druck (*Levene, Mikeska,* J. biol. Chem. **88** [1930] 791, 797; *Hirst, Woolvin,* Soc. **1931** 1131, 1137).

$Kp_{0,02}$: 137° (*Le., Mi.*); $Kp_{0,04}$: ca. 120°; n_D^{17}: 1,4606 (*Hi., Wo.*). $[\alpha]_D^{19}$: +106° (Anfangswert) $\rightarrow$ +94° (nach 10 h) $\rightarrow$ +61° (nach 70 h) $\rightarrow$ +49° (Endwert nach 180 h) [W.; c = 1] (*Hi., Wo.*); $[\alpha]_D^{29}$: +88,2° [Bzl.]; $[\alpha]_D^{25}$: +87,5° [CHCl$_3$] (*Le., Mi.*); $[\alpha]_D^{20}$: +87° [CHCl$_3$] (*Hi., Wo.*).

b) **O^3,O^4,O^6-Trimethyl-D-*lyxo*-2-desoxy-hexonsäure-lacton,** O^3,O^4,O^6-Trimethyl-2-desoxy-D-galactonsäure-lacton $C_9H_{16}O_5$, Formel I.

B. Beim Behandeln von O^3,O^4,O^6-Trimethyl-D-*lyxo*-2-desoxy-hexose (E IV **1** 4285) mit Brom in Wasser und Eindampfen der Reaktionslösung (*Overend et al.,* Soc. **1950** 671, 677).

Flüssigkeit; bei 154—161°/0,001 Torr destillierbar. $[\alpha]_D^{18}$: +82° (Anfangswert) $\rightarrow$ +63° (nach 6 h) $\rightarrow$ +46° (nach 30 h) $\rightarrow$ +22° (Endwert nach 103 h) [W.; c = 1].

O^1-β-D-Glucopyranosyl-D-*arabino*-2-desoxy-hexonsäure-5-lacton, 2-Desoxy-cellobion-säure-5-lacton $C_{12}H_{20}O_{10}$, Formel II.

Diese Konstitution und Konfiguration kommt vermutlich der nachstehend beschriebenen Verbindung zu.

B. Beim Behandeln einer wss. Lösung des Calcium-Salzes oder des Barium-Salzes der O^1-β-D-Glucopyranosyl-D-*arabino*-2-desoxy-hexonsäure (E III/IV **17** 3389) mit Oxalsäure oder Schwefelsäure und Eindampfen der Reaktionslösung (*Gachokidse,* Ž. obšč. Chim. **16** [1946] 1914, 1917, 1919; C. A. **1947** 6209).

Krystalle; F: 173—174°. $[\alpha]_D^{20}$: +35,8° [W.].

(2S)-3c,4c,5c-Trihydroxy-tetrahydro-pyran-2r-carbaldehyd, 2,6-Anhydro-D-altrose $C_6H_{10}O_5$, Formel III und cyclische Tautomere.

B. Beim Behandeln von Methyl-[2,6-anhydro-α-D-altropyranosid] mit wss. Salzsäure (*Rosenfeld et al.,* Am. Soc. **70** [1948] 2201, 2206).

Nur in Lösung erhalten. $[\alpha]_D^{20}$: −21° [W.].

Bei der Hydrierung an Raney-Nickel in Wasser bei 100°/100 at ist 2,6-Anhydro-D-altrit (E III/IV **17** 2578) erhalten worden.

(2S)-2r-[Bis-methansulfonyl-methyl]-tetrahydro-pyran-3t,4t,5c-triol, 6,6-Bis-methan-sulfonyl-1,5-anhydro-6-desoxy-D-altrit $C_8H_{16}O_8S_2$, Formel IV (R = H, X = CH$_3$).

Diese Konstitution und Konfiguration kommt wahrscheinlich der nachstehend beschriebenen, von *Zinner, Falk* (B. **88** [1955] 566, 570) als 1,1-Bis-methansulfonyl-D-1-desoxy-galactit (E IV **1** 4393) angesehenen Verbindung zu (vgl. den analog hergestellten 6,6-Bis-äthansulfonyl-1,5-anhydro-6-desoxy-D-altrit [S. 2270]).

B. Beim Behandeln von D-Galactose-dimethyldithioacetal mit wss. Wasserstoffper-oxid unter Zusatz von Ammoniummolybdat (*Zi., Falk*).

Krystalle (aus Isopropylalkohol); F: 212°. $[\alpha]_D^{20}$: +16,0° [W.; c = 3].

I   II   III   IV

2-[Bis-äthansulfonyl-methyl]-tetrahydro-pyran-3,4,5-triol $C_{10}H_{20}O_8S_2$.

a) **(2R)-2r-[Bis-äthansulfonyl-methyl]-tetrahydro-pyran-3c,4t,5t-triol, 1,1-Bis-äthansulfonyl-2,6-anhydro-1-desoxy-D-glucit** $C_{10}H_{20}O_8S_2$, Formel V (R = H).

B. Neben anderen Verbindungen beim Behandeln von 1,1-Bis-äthansulfonyl-2-amino-

1,2-didesoxy-D-glucit-peroxypropionat mit wss. Ammoniak (*Hough, Taha*, Soc. **1957** 3564, 3571).

Öl. $[\alpha]_D^{20}$: $+5,0°$ [W.; c = 3].

Geschwindigkeit der Reaktion mit Natriumperjodat in wss. Lösung bei Raumtemperatur: *Ho., Taha,* l. c. S. 3572. Bei 24-stdg. Behandeln mit wss. Ammoniak ist 1,1-Bis-äthansulfonyl-2,6-anhydro-1-desoxy-D-mannit, bei 7-tägigem Behandeln mit wss. Ammoniak ist hingegen D-Arabinose erhalten worden.

b) **(2S)-2r-[Bis-äthansulfonyl-methyl]-tetrahydro-pyran-3t,4c,5c-triol, 1,1-Bis-äthansulfonyl-2,6-anhydro-1-desoxy-D-mannit** $C_{10}H_{20}O_8S_2$, Formel VI (R = H).

Über die Konfiguration am C-Atom 2 s. *Hough, Taha,* Soc. **1957** 3564, 3565.

B. Beim Behandeln von D-Glucose-diäthyldithioacetal oder von D-Mannose-diäthyldithioacetal in Dioxan mit wss. Peroxypropionsäure (*Hough, Taylor,* Soc. **1956** 970, 978, 979). Beim Behandeln von 1,1-Bis-äthansulfonyl-1-desoxy-D-mannit mit warmem Wasser, mit verd. wss. Mineralsäure, mit Methanol oder mit Äthanol (*Ho., Tay.,* l. c. S. 978). Beim Behandeln von 2-Amino-2-desoxy-D-glucose-diäthyldithioacetal-hydrochlorid mit Methanol und mit wss. Peroxypropionsäure bei $-10°$ (*Ho., Taha,* l. c. S. 3570).

Öl; $[\alpha]_D^{20}$: $+10°$ [W.; c = 4] (*Ho., Taha*); $[\alpha]_D$: $+6,3°$ [W.; c = 1]; $[\alpha]_D$: $-13,1°$ [Me.; c = 4] (*Ho., Tay.*).

Geschwindigkeit der Reaktion mit Natriumperjodat in wss. Lösung bei Raumtemperatur: *Ho., Taha,* l. c. S. 3572. Beim Behandeln mit wss. Ammoniak sind D-Arabinose und Bis-äthansulfonyl-methan erhalten worden (*Ho., Tay.,* l. c. S. 975, 978; *Hough, Richardson,* Pr. chem. Soc. **1959** 193).

c) **(2S)-2r-[Bis-äthansulfonyl-methyl]-tetrahydro-pyran-3t,4t,5c-triol, 6,6-Bis-äthansulfonyl-1,5-anhydro-6-desoxy-D-altrit** $C_{10}H_{20}O_8S_2$, Formel IV (R = H, X = C_2H_5).

Diese Konstitution und Konfiguration kommt der nachstehend beschriebenen, von *Zinner, Falk* (B. **88** [1955] 566, 570) als 1,1-Bis-äthansulfonyl-D-1-desoxy-galactit angesehenen Verbindung zu (*Barker, MacDonald,* Am. Soc. **82** [1960] 2297, 2298; *Hough, Taylor,* Soc. **1956** 970, 973).

B. Beim Behandeln einer Lösung von D-Galactose-diäthyldithioacetal in Dioxan mit wss. Peroxypropionsäure (*Ho., Ta.,* l. c. S. 977; *Ba., MacD.,* l. c. S. 2300) oder mit wss. Wasserstoffperoxid unter Zusatz von Ammoniummolybdat (*Zi., Falk*).

Krystalle; F: $202-202,5°$ [aus A.] (*Ba., MacD.*), $197°$ [aus wss. A.] (*Zi., Falk*), $193-195°$ [Kofler-App.; aus Me.] (*Ho., Ta.*). $[\alpha]_D^{22}$: $+14,7°$ [W.; c = 2]; $[\alpha]_D^{22}$: $+4,7°$ [Me.; c = 1] (*Ba., MacD.*); $[\alpha]_D$: $+19,0°$ [W.; c = 1]; $[\alpha]_D$: $+3,1°$ [Me.; c = 2] (*Ho., Ta.*).

Geschwindigkeit der Reaktion mit Natriumperjodat in wss. Lösung bei Raumtemperatur: *Ho., Ta.,* l. c. S. 977. Beim Behandeln mit wss. Ammoniak ist D-Lyxose erhalten worden (*Ho., Ta.,* l. c. S. 977; *Hough, Richardson,* Pr. chem. Soc. **1959** 193).

(2S)-2r-[Bis-(propan-1-sulfonyl)-methyl]-tetrahydro-pyran-3t,4t,5c-triol, 6,6-Bis-[propan-1-sulfonyl]-1,5-anhydro-6-desoxy-D-altrit $C_{12}H_{24}O_8S_2$, Formel IV (R = H, X = $CH_2-CH_2-CH_3$).

Diese Konstitution und Konfiguration kommt wahrscheinlich der nachstehend beschriebenen, von *Zinner, Falk* (B. **88** [1955] 566, 570) als 1,1-Bis-[propan-1-sulfonyl]-D-1-desoxy-galactit angesehenen Verbindung zu (vgl. den analog hergestellten 6,6-Bis-äthansulfonyl-1,5-anhydro-6-desoxy-D-altrit [s. o.]).

B. Beim Behandeln von D-Galactose-dipropyldithioacetal (E IV **1** 4396) mit wss. Wasserstoffperoxid unter Zusatz von Ammoniummolybdat (*Zi., Falk,* l. c. S. 571).

Krystalle (aus W. + Dioxan); F: $167°$. $[\alpha]_D^{18}$: $-1,7°$ [Me.; c = 3].

V   VI   VII

(3S)-2ξ-[Bis-(propan-2-sulfonyl)-methyl]-tetrahydro-pyran-3r,4t,5t-triol, (2Ξ)-1,1-Bis-[propan-2-sulfonyl]-D-*arabino*-2,6-anhydro-1-desoxy-hexit $C_{12}H_{24}O_8S_2$, Formel VII (X = CH(CH$_3$)$_2$).

Diese Konstitution und Konfiguration kommt für die nachstehend beschriebene, von *Zinner*, *Falk* (B. **88** [1955] 566, 571) als 6,6-Bis-[propan-2-sulfonyl]-D-*lyxo*-hex-5-en-1,2,3,4-tetraol (E IV **1** 4296) angesehene Verbindung in Betracht.

B. Beim Behandeln von D-Mannose-diisopropyldithioacetal (E IV **1** 4397) mit wss. Wasserstoffperoxid unter Zusatz von Ammoniummolybdat (*Zi.*, *Falk*).

Krystalle (aus Isobutylalkohol); F: 108—109°. $[\alpha]_D^{18}$: +17,2° [Me.; c = 3].

(3S)-2ξ-[Bis-(butan-1-sulfonyl)-methyl]-tetrahydro-pyran-3r,4c,5t-triol, (5Ξ)-6,6-Bis-[butan-1-sulfonyl]-D-*arabino*-1,5-anhydro-6-desoxy-hexit $C_{14}H_{28}O_8S_2$, Formel VIII (X = [CH$_2$]$_3$-CH$_3$) auf S. 2273.

Diese Konstitution und Konfiguration kommt für die nachstehend beschriebene, von *Zinner*, *Falk* (B. **88** [1955] 566, 571) als 6,6-Bis-[butan-1-sulfonyl]-D-*arabino*-hex-5-en-1,2,3,4-tetraol (E IV **1** 4297) angesehene Verbindung in Betracht.

B. Beim Behandeln von D-Galactose-dibutyldithioacetal (E IV **1** 4397) mit wss. Wasserstoffperoxid unter Zusatz von Ammoniummolybdat (*Zi.*, *Falk*, l. c. S. 572).

Krystalle (aus W.); F: 138°. $[\alpha]_D^{20}$: −57,3° [Me.; c = 3].

(3S)-2ξ-[Bis-(2-methyl-propan-1-sulfonyl)-methyl]-tetrahydro-pyran-3r,4c,5t-triol, (5Ξ)-6,6-Bis-[2-methyl-propan-1-sulfonyl]-D-*arabino*-1,5-anhydro-6-desoxy-hexit $C_{14}H_{28}O_8S_2$, Formel VIII (X = CH$_2$-CH(CH$_3$)$_2$) auf S. 2273.

Diese Konstitution und Konfiguration kommt für die nachstehend beschriebene, von *Zinner*, *Falk* (B. **88** [1955] 566, 571) als 6,6-Bis-[2-methyl-propan-1-sulfonyl]-D-*arabino*-hex-5-en-1,2,3,4-tetraol (E IV **1** 4297) angesehene Verbindung in Betracht.

B. Beim Behandeln von D-Galactose-diisobutyldithioacetal (E IV **1** 4398) mit wss. Wasserstoffperoxid unter Zusatz von Ammoniummolybdat (*Zi.*, *Falk*, l. c. S. 572).

F: 148°. $[\alpha]_D^{18}$: +3,1° [Me.; c = 5].

(3S)-2ξ-[Bis-(toluol-α-sulfonyl)-methyl]-tetrahydro-pyran-3r,4t,5t-triol, (2Ξ)-1,1-Bis-[toluol-α-sulfonyl]-D-*arabino*-2,6-anhydro-1-desoxy-hexit $C_{20}H_{24}O_8S_2$, Formel VII (X = CH$_2$-C$_6$H$_5$).

Diese Konstitution und Konfiguration kommt für die nachstehend beschriebene, von *Zinner*, *Falk* (B. **88** [1955] 566, 572) als 6,6-Bis-[toluol-α-sulfonyl]-D-*lyxo*-hex-5-en-1,2,3,4-tetraol angesehene Verbindung in Betracht.

B. Beim Erwärmen von D-Glucose-dibenzyldithioacetal mit wss. Wasserstoffperoxid unter Zusatz von Ammoniummolybdat (*Zi.*, *Falk*).

Krystalle (aus Isopropylalkohol); F: 186°. $[\alpha]_D^{18}$: +56,8° [Py.; c = 3].

3,4,5-Triacetoxy-2-[bis-äthansulfonyl-methyl]-tetrahydro-pyran $C_{16}H_{26}O_{11}S_2$.

a) **(2R)-3c,4t,5t-Triacetoxy-2r-[bis-äthansulfonyl-methyl]-tetrahydro-pyran, Tri-O-acetyl-1,1-bis-äthansulfonyl-2,6-anhydro-1-desoxy-D-glucit** $C_{16}H_{26}O_{11}S_2$, Formel V (R = CO-CH$_3$).

B. Beim Erwärmen von 1,1-Bis-äthansulfonyl-2,6-anhydro-1-desoxy-D-glucit mit Acetanhydrid und Schwefelsäure (*Hough*, *Taha*, Soc. **1957** 3564, 3571).

Öl. $[\alpha]_D^{20}$: +13,3° [Me.; c = 3].

b) **(2S)-3t,4c,5c-Triacetoxy-2r-[bis-äthansulfonyl-methyl]-tetrahydro-pyran, Tri-O-acetyl-1,1-bis-äthansulfonyl-2,6-anhydro-1-desoxy-D-mannit** $C_{16}H_{26}O_{11}S_2$, Formel VI (R = CO-CH$_3$).

B. Beim Erwärmen von 1,1-Bis-äthansulfonyl-2,6-anhydro-1-desoxy-D-mannit mit Acetanhydrid und Zinkchlorid (*Hough*, *Taylor*, Soc. **1956** 970, 979) oder mit Acetanhydrid und Schwefelsäure (*Hough*, *Taha*, Soc. **1957** 3564, 3570).

Krystalle (aus Me. + Ae.); F: 128° (*Ho.*, *Taha*), 125—127° (*Ho.*, *Tay.*). $[\alpha]_D^{20}$: −7,0° [Me.; c = 4] (*Ho.*, *Taha*).

Beim Behandeln einer Lösung in Methanol mit wss. Ammoniak sind D-Arabinose und eine durch Erwärmen mit Acetanhydrid und wenig Schwefelsäure in Tetra-O-acetyl-2-acetylamino-1,1-bis-äthansulfonyl-1,2-didesoxy-D-glucit überführbare Verbindung erhalten worden (*Ho.*, *Tay.*).

c) **(2S)-3t,4t,5c-Triacetoxy-2r-[bis-äthansulfonyl-methyl]-tetrahydro-pyran,**
Tri-O-acetyl-6,6-bis-äthansulfonyl-1,5-anhydro-6-desoxy-D-altrit $C_{16}H_{26}O_{11}S_2$, Formel IV
(R = CO-CH$_3$, X = C$_2$H$_5$) auf S. 2269.

B. Beim Behandeln von 6,6-Bis-äthansulfonyl-1,5-anhydro-6-desoxy-D-altrit (S. 2270)
mit Acetanhydrid und wenig Schwefelsäure (*Hough, Taylor,* Soc. **1956** 970, 978; s. a.
Zinner, Falk, B. **88** [1955] 566, 570).

Krystalle; F: 187—188° [Kofler-App.; aus A.] (*Ho., Ta.*). [α]$_D$: −21,9° [CHCl$_3$;
c = 3] (*Ho., Ta.*).

Beim Behandeln mit Methanol und wss. Ammoniak sind D-Lyxose und eine durch
Erwärmen mit Acetanhydrid und wenig Schwefelsäure in Tetra-O-acetyl-2-acetylamino-
1,1-bis-äthansulfonyl-D-1,2-didesoxy-galactit überführbare Verbindung erhalten worden
(*Ho., Ta.,* l. c. S. 978).

(2S)-3t,4t,5c-Triacetoxy-2r-[bis-(propan-1-sulfonyl)-methyl]-tetrahydro-pyran,
Tri-O-acetyl-6,6-bis-[propan-1-sulfonyl]-1,5-anhydro-6-desoxy-D-altrit $C_{18}H_{30}O_{11}S_2$,
Formel IV (R = CO-CH$_3$, X = CH$_2$-CH$_2$-CH$_3$) auf S. 2269.

Diese Konstitution und Konfiguration kommt wahrscheinlich der nachstehend beschriebenen Verbindung zu.

B. Beim Behandeln von 6,6-Bis-[propan-1-sulfonyl]-1,5-anhydro-6-desoxy-D-altrit (?)
(S. 2270) mit Acetanhydrid und Pyridin (*Zinner, Falk,* B. **88** [1955] 566, 571).

Krystalle (aus Me.); F: 193°. [α]$_D^{18}$: +3,4° [Py.; c = 2].

3,4,5-Tris-benzoyloxy-2-[bis-äthansulfonyl-methyl]-tetrahydro-pyran $C_{31}H_{32}O_{11}S_2$.

a) **(2S)-3t,4c,5c-Tris-benzoyloxy-2r-[bis-äthansulfonyl-methyl]-tetrahydro-pyran,**
1,1-Bis-äthansulfonyl-tri-O-benzoyl-2,6-anhydro-1-desoxy-D-mannit $C_{31}H_{32}O_{11}S_2$,
Formel VI (R = CO-C$_6$H$_5$) auf S. 2270.

B. Beim Behandeln von 1,1-Bis-äthansulfonyl-2,6-anhydro-1-desoxy-D-mannit mit
Benzoylchlorid und Pyridin (*Hough, Taylor,* Soc. **1956** 970, 979).

Krystalle (aus Me. + Ae.); F: 87—90°.

b) **(2S)-3t,4t,5c-Tris-benzoyloxy-2r-[bis-äthansulfonyl-methyl]-tetrahydro-pyran,**
6,6-Bis-äthansulfonyl-tri-O-benzoyl-1,5-anhydro-6-desoxy-D-altrit $C_{31}H_{32}O_{11}S_2$,
Formel IV (R = CO-C$_6$H$_5$, X = C$_2$H$_5$) auf S. 2269.

B. Beim Behandeln von 6,6-Bis-äthansulfonyl-1,5-anhydro-6-desoxy-D-altrit (S. 2270)
mit Benzoylchlorid und Pyridin (*Hough, Taylor,* Soc. **1956** 970, 978; s. a. *Zinner, Falk,*
B. **88** [1955] 566, 571).

Krystalle; F: 197—198° [Kofler-App.; aus Me.] (*Ho., Ta.*).

3,4-Dihydroxy-5-[1-hydroxy-äthyl]-dihydro-furan-2-on, 2,3,4,5-Tetrahydroxy-hexan-
säure-4-lacton $C_6H_{10}O_5$.

a) **(3R)-3r,4c-Dihydroxy-5t-[(R)-1-hydroxy-äthyl]-dihydro-furan-2-on, 6-Desoxy-**
D-allonsäure-4-lacton $C_6H_{10}O_5$, Formel IX (in der Literatur auch als D-Allomethylon-
säure-4-lacton bezeichnet).

B. Beim Behandeln von 6-Desoxy-D-allose (E IV **1** 4259) mit Brom in Wasser und
Eindampfen der Reaktionslösung unter vermindertem Druck (*Iwadare,* Bl. chem. Soc.
Japan **17** [1942] 296, 298).

Krystalle (aus Acn.); F: 133,5—134,5°. [α]$_D^{10}$: −24° (nach 3 min) → −23,5° (Endwert
nach 24 h) [W.; c = 3].

Beim Erhitzen mit Pyridin ist 6-Desoxy-D-altronsäure (D-Altromethylonsäure [E III **3**
986]) erhalten worden.

b) **(3R)-3r,4c-Dihydroxy-5c-[(S)-1-hydroxy-äthyl]-dihydro-furan-2-on, 6-Desoxy-**
L-mannonsäure-4-lacton, L-Rhamnonsäure-4-lacton $C_6H_{10}O_5$, Formel X (R = H)
(H 158; E II 142).

B. Beim Behandeln des Barium-Salzes der L-Rhamnonsäure mit wss. Schwefelsäure
und Eindampfen der Reaktionslösung unter vermindertem Druck (*Isbell, Frush,* J. Res.
Bur. Stand. **11** [1933] 649, 663).

Krystalle (aus A.); F: 149—151° (*Is., Fr.*), 148—150° (*Rehorst,* B. **63** [1930]
2279, 2291). Orthorhombisch (*Wright,* Am. Soc. **52** [1930] 1276, 1278). Krystalloptik:

Wr. $[\alpha]_D^{20}$: $-39,2°$ (nach 2 min) [W.] (*Is., Fr.*); $[\alpha]_D^{22}$: $-38,5°$ (nach 3 min) → $-37,8°$ (nach 4 d) [W.; c = 2] (*Re.*). Zeitliche Änderung des optischen Drehungsvermögens einer Lösung in Wasser bei 25°: *Upson et al.*, Am. Soc. **58** [1936] 2549, 2551.

Überführung in L-Rhamnonsäure-5-lacton durch Erhitzen einer wss. Lösung mit basischem Blei(II)-carbonat, anschliessendes Behandeln mit Schwefelwasserstoff und Eindampfen der Reaktionslösung unter vermindertem Druck: *Jackson, Hudson*, Am. Soc. **52** [1930] 1270, 1274. Hydrierung an Platin in Wasser unter Bildung von L-Rhamnit (Hauptprodukt) und L-Rhamnose: *Glattfeld et al.*, Am. Soc. **57** [1935] 2204, 2206.

VIII   IX   X   XI

c) **(3R)-3r,4c-Dihydroxy-5c-[(R)-1-hydroxy-äthyl]-dihydro-furan-2-on, 6-Desoxy-D-gulonsäure-4-lacton**, Antiaronsäure-lacton $C_6H_{10}O_5$, Formel XI (H 161; E II 142; dort auch als D-Gulomethylonsäure-4-lacton bezeichnet).

Über die Identität von Antiaronsäure-lacton (H 161) mit 6-Desoxy-D-gulonsäure-4-lacton s. *Doebel et al.*, Helv. **31** [1948] 688, 695.

B. Beim Behandeln von Antiarose (6-Desoxy-D-gulose [E IV **1** 4264]) mit Brom in Wasser (*Do. et al.*, l. c. S. 707).

Krystalle (aus Me.); F: 182—183° [korr.; Kofler-App.] (*Do. et al.*). $[\alpha]_D^{13}$: $-34,8°$ [Me.; c = 0,5] (*Do. et al.*).

Beim Erwärmen mit Aceton, Methyljodid und Silberoxid sind Tetra-*O*-methyl-6-desoxy-D-gulonsäure-methylester (E III **3** 987) und O^2,O^3,O^5-Trimethyl-6-desoxy-D-gulonsäure-lacton $C_9H_{16}O_5$ erhalten worden (*Levene, Compton*, J. biol. Chem. **111** [1935] 335, 340).

d) **(3S)-3r,4c-Dihydroxy-5c-[(S)-1-hydroxy-äthyl]-dihydro-furan-2-on, 6-Desoxy-L-gulonsäure-4-lacton** $C_6H_{10}O_5$, Formel XII (in der Literatur auch als L-Gulomethylonsäure-4-lacton bezeichnet).

B. Beim Erwärmen von 6-Desoxy-L-gulonsäure (E III **3** 987) in wss. Lösung unter vermindertem Druck (*Müller, Reichstein*, Helv. **21** [1938] 251, 257).

Krystalle (aus A.); F: 181—182° [korr.].

e) **(3S)-3r,4t-Dihydroxy-5c-[(S)-1-hydroxy-äthyl]-dihydro-furan-2-on, 6-Desoxy-L-galactonsäure-4-lacton, L-Fuconsäure-4-lacton** $C_6H_{10}O_5$, Formel XIII (H 159; E I 385).

B. Bei der Hydrierung des Natrium-Salzes des D-Galacturonsäure-diäthyldithioacetals an Raney-Nickel in wss. Äthanol (*Wang et al.*, Acta chim. sinica **25** [1959] 265, 270; C. A. **1960** 18370). Beim Erhitzen des Kalium-Salzes der $O^2,O^3;O^4,O^5$-Diisopropyliden-L-fuconsäure mit wss. Salzsäure (*Akiya, Suzuki*, J. pharm. Soc. Japan **74** [1954] 1296; C. A. **1955** 15748).

Krystalle (aus E.); F: 103—104° (*Wang et al.*); $[\alpha]_D^{18}$: $+74,6°$ [W.; c = 3] (*Wang et al.*).

f) **(3S)-3r,4c-Dihydroxy-5t-[(R)-1-hydroxy-äthyl]-dihydro-furan-2-on, 6-Desoxy-D-talonsäure-4-lacton**, Epirhodeonsäure-4-lacton $C_6H_{10}O_5$, Formel XIV (E I 386; in der Literatur auch als D-Talomethylonsäure-4-lacton bezeichnet).

B. Beim Behandeln des Barium-Salzes der 6-Desoxy-D-talonsäure (E III **3** 987) mit wss. Schwefelsäure und Erwärmen der Reaktionslösung unter vermindertem Druck (*Gätzi, Reichstein*, Helv. **21** [1938] 914, 924).

Krystalle (aus A.); F: 134—134,5° [korr.] (*Gä., Re.*), 128° (*Votoček, Valentin*, Collect. **2** [1930] 36, 42). $[\alpha]_D$: $-28,6°$ [W.; c = 10] (*Vo., Va.*).

g) **(3R)-3r,4c-Dihydroxy-5t-[(S)-1-hydroxy-äthyl]-dihydro-furan-2-on, 6-Desoxy-L-talonsäure-4-lacton**, Epifuconsäure-4-lacton $C_6H_{10}O_5$, Formel XV (E I 385; in der Literatur auch als L-Talomethylonsäure-4-lacton bezeichnet).

B. Beim Behandeln des Barium-Salzes der 6-Desoxy-L-talonsäure (Epifuconsäure [E III **3** 987]) mit wss. Schwefelsäure und Erwärmen der Reaktionslösung unter vermindertem Druck (*Schmutz*, Helv. **31** [1948] 1719, 1722).

Krystalle; F: 134—135° [korr.; Kofler-App.; aus Acn. + Ae.] (*Sch.*), 126—127° [aus A.] (*Votoček, Kučerenko*, Collect. **2** [1930] 47, 51). $[\alpha]_D^{18}$: +36,0° (nach 10 min) → +33,3° (Endwert nach 3 d) [W.] (*Sch.*); $[\alpha]_D^{20}$: +36,7° (Anfangswert) → +31° (Endwert nach 3 d) [W.] (*Vo., Ku.*).

3-Hydroxy-5-[1-hydroxy-äthyl]-4-methoxy-dihydro-furan-2-on, 2,4,5-Trihydroxy-3-methoxy-hexansäure-4-lacton $C_7H_{12}O_5$.

a) *O³-Methyl-L-rhamnonsäure-4-lacton*, L-**Acofrionsäure-4-lacton** $C_7H_{12}O_5$, Formel I.

B. Beim Behandeln von L-Acofriose (*O³-Methyl-L-rhamnose* [E IV **1** 4269]) mit Brom in Wasser und Erhitzen des Reaktionsprodukts unter vermindertem Druck (*Muhr, Reichstein*, Helv. **38** [1955] 499, 503).

Krystalle (aus Acn. + Ae.); F: 119—123° [korr.; Kofler-App.] (*Muhr, Re.*). $[\alpha]_D^{15}$: −20° [W.; c = 1] (*Hirst et al.*, Soc. **1958** 1942, 1949); $[\alpha]_D^{15}$: +6,3° [Me.; c = 1] (*Muhr, Re.*).

b) *O³-Methyl-6-desoxy-D-idonsäure-4-lacton* $C_7H_{12}O_5$, Formel II.

B. Beim Behandeln von *O³-Methyl-6-desoxy-D-idose* (E IV **1** 4269) mit Brom in Wasser und Erhitzen des Reaktionsprodukts unter vermindertem Druck (*Fischer et al.*, Helv. **37** [1954] 6, 16).

$[\alpha]_D^{23}$: −50,5° [W.; c = 1].

c) *O³-Methyl-D-fuconsäure-4-lacton*, D-**Digitalonsäure-4-lacton** $C_7H_{12}O_5$, Formel III.

B. Beim Behandeln von D-Digitalose (*O³-Methyl-D-fucose* [E IV **1** 4270]) mit Brom in Wasser und Eindampfen der Reaktionslösung unter vermindertem Druck (*Schmidt, Wernicke*, A. **558** [1947] 70, 80; *Hegedüs, Reichstein*, Helv. **38** [1955] 1133, 1146; s. a. *Lamb, Smith*, Soc. **1936** 442, 445).

Krystalle; F: 137—139° [korr.; Kofler-App.; aus Acn. + Ae.] (*He., Re.*), 137—138° [aus A.] (*Lamb, Sm.*), 137—138° [aus E.] (*Schmidt et al.*, A. **555** [1944] 26, 35). $[\alpha]_D^{19}$: −85° (Anfangswert) [W.; c = 3] (*Lamb, Sm.*); $[\alpha]_D^{20}$: −92,5° (nach 8 min) → −90,3° (nach 30 min) → −80,2° (nach 6 d) → −74,9° (Endwert nach 16 d) [W.; c = 3] (*Sch. et al.*, l. c. S. 35); $[\alpha]_D^{20}$: −82,5° (Anfangswert) [W.; c = 1] (*He., Re.*).

d) *O³-Methyl-L-fuconsäure-4-lacton*, L-**Digitalonsäure-4-lacton** $C_7H_{12}O_5$, Formel IV (R = H).

B. Beim Behandeln von L-Digitalose (*O³-Methyl-L-fucose* [E IV **1** 4270]) mit Brom in Wasser und Erhitzen der Reaktionslösung unter vermindertem Druck (*Conchie, Percival*, Soc. **1950** 827, 832).

Krystalle; F: 132—136°. $[\alpha]_D^{14}$: +25° (nach 10 min) → +46° (nach 1 h) → +53° (nach 12 h) → +75° (Endwert nach 48 h) [W.; c = 1].

e) O^3-Methyl-6-desoxy-L-talonsäure-4-lacton, L-Acovenonsäure-4-lacton $C_7H_{12}O_5$, Formel V.

Über Konstitution und Konfiguration s. *Kapur, Allgeier*, Helv. **51** [1968] 89, 90.

B. Beim Behandeln von L-Acovenose (O^3-Methyl-6-desoxy-L-talose [E IV **1** 4270]) mit Brom in Wasser und Eindampfen der Reaktionslösung unter vermindertem Druck (*v.Euw, Reichstein*, Helv. **33** [1950] 485, 501).

Krystalle (aus Me. + Acn.); F: 167—168° [korr.; Kofler-App.]. $[\alpha]_D^{16}$: +29,4° [Me.; c = 1].

O^2-Methyl-L-rhamnonsäure-4-lacton $C_7H_{12}O_5$, Formel X (R = CH_3) auf S. 2273.

B. Beim Behandeln von O^2-Methyl-L-rhamnose (E IV **1** 4268) mit Brom in Wasser und Erhitzen des Reaktionsprodukts unter vermindertem Druck (*Andrews et al.*, Am. Soc. **77** [1955] 125, 129).

Krystalle (aus $CHCl_3$); F: 116—117°. $[\alpha]_D^{20}$: —62° (Anfangswert) → —64° (nach 117 h) [W.; c = 1].

O^5-Methyl-L-rhamnonsäure-4-lacton $C_7H_{12}O_5$, Formel VI (R = H).

B. Beim Behandeln von O^2,O^3-Methandiyl-O^5-methyl-L-rhamnose mit Brom in Wasser und Erhitzen des Reaktionsprodukts unter vermindertem Druck (*Andrews et al.*, Am. Soc. **77** [1955] 125, 130).

Krystalle (aus $CHCl_3$ + PAe.); F: 164—166°. $[\alpha]_D^{20}$: —36° (nach 10 min) [W.; c = 0,6]; ohne Mutarotation.

O^2,O^3-Dimethyl-L-fuconsäure-4-lacton $C_8H_{14}O_5$, Formel IV (R = CH_3).

Über die Konstitution s. *Gardiner, Percival*, Soc. **1958** 1414, 1415.

B. Beim Behandeln von O^2,O^3-Dimethyl-L-fucose (E IV **1** 4272) mit Brom in Wasser und Eindampfen der Reaktionslösung unter vermindertem Druck (*Conchie, Percival*, Soc. **1950** 827, 832).

$Kp_{0,04}$: 130° (*Co., Pe.*). $[\alpha]_D^{12}$: +9° (nach 5 min) → +11° (nach 1 h) → +28° (nach 4 h) → +37° (nach 12 h) → +47° (Endwert nach 22 h) [W.; c = 2] (*Co., Pe.*).

V   VI   VII   VIII

O^2,O^3,O^5-Trimethyl-L-rhamnonsäure-lacton $C_9H_{16}O_5$, Formel VI (R = CH_3).

B. Beim Behandeln von L-Rhamnonsäure-4-lacton mit Methyljodid und Silberoxid (*Haworth et al.*, Soc. **1930** 2659, 2662). Krystalle (aus PAe.); F: 75—76° (*Ha. et al.*). Orthorhombisch; Raumgruppe $P222$ (= V^1); aus dem Röntgen-Diagramm ermittelte Dimensionen der Elementarzelle: a = 12,2 Å; b = 18,3 Å; c = 4,65 Å; n = 4 (*Young, Spiers*, Z. Kr. **78** [1931] 101, 104). Dichte der Krystalle: 1,27 (*Yo., Sp.*). $[\alpha]_D^{20}$: —57° [W.; c = 2]; $[\alpha]_D^{20}$: +87° [Bzl.; c = 2]; $[\alpha]_D^{20}$: +65° [Ae.; c = 2]; $[\alpha]_D^{20}$: +13° [$CHCl_3$; c = 2] (*Ha. et al.*).

O^2,O^3,O^5-Triacetyl-L-rhamnonsäure-lacton $C_{12}H_{16}O_8$, Formel VII (R = CO-CH_3).

Diese Konstitution kommt möglicherweise der nachstehend beschriebenen Verbindung zu.

B. Beim Behandeln von L-Rhamnonsäure-4-lacton mit Acetanhydrid in Gegenwart von Chlorwasserstoff (*Upson et al.*, Am. Soc. **58** [1936] 2549).

$[\alpha]_D^{25}$: —60,1° (nach 20 min) → —57,9° (nach 5 d) [Acn. + W. (4:1)].

5-[1,2-Dihydroxy-äthyl]-4-hydroxy-dihydro-furan-2-on, 3,4,5,6-Tetrahydroxy-hexan= säure-4-lacton $C_6H_{10}O_5$.

a) **(4*R*)-5*c*-[(*R*)-1,2-Dihydroxy-äthyl]-4*r*-hydroxy-dihydro-furan-2-on, D-*arabino*-2-Desoxy-hexonsäure-4-lacton**, 2-Desoxy-D-gluconsäure-4-lacton $C_6H_{10}O_5$, Formel VIII (R = H) (in der Literatur auch als D-Glucodesonsäure-4-lacton bezeichnet).

B. Beim Erhitzen von D-*arabino*-2-Desoxy-hexonsäure (E III **3** 990) unter vermindertem Druck (*Levene, Mikeska*, J. biol. Chem. **88** [1930] 791, 794; *Hughes et al.*, Soc. **1949** 2846, 2849). Bei der Hydrierung von D-*lyxo*-5-Desoxy-hexuronsäure-3-lacton (S. 2305) an Nickel in Wasser bei 80 at (*Fischer, Dangschat*, Helv. **20** [1937] 705, 714).

Krystalle; F: 95—97° [aus Acn.] (*Le., Mi.*), 94—96° (*Hu. et al.*), 93—95° [aus E.] (*Fi., Da.*). $[\alpha]_D^{19}$: +72° [W.] (*Hu. et al.*); $[\alpha]_D^{19}$: +68,5° [W.] (*Fi., Da.*); $[\alpha]_D^{25}$: +68,0° [W.] (*Le., Mi.*).

b) **(4*R*)-5*t*-[(*R*)-1,2-Dihydroxy-äthyl]-4*r*-hydroxy-dihydro-furan-2-on, D-*lyxo*-2-Desoxy-hexonsäure-4-lacton**, 2-Desoxy-D-galactonsäure-4-lacton $C_6H_{10}O_5$, Formel IX (R = H) (in der Literatur auch als D-Galactodesonsäure-4-lacton bezeichnet).

B. Beim Erhitzen von D-*lyxo*-2-Desoxy-hexonsäure (E III **3** 991) unter vermindertem Druck (*Gachokidse*, Ž. obšč. Chim. **10** [1940] 497, 503; C. A. **1940** 7857; s. a. *Overend et al.*, Soc. **1950** 671, 675, **1951** 2062; *Cleaver et al.*, Soc. **1957** 3961, 3963).

Krystalle (aus Acn.); F: 97—98° (*Ov. et al.*; *Cl. et al.*). $[\alpha]_D^{16}$: −33,5° [W.; c = 1] (*Cl. et al.*); $[\alpha]_D$: −33° [W.; c = 1] (*Ov. et al.*, Soc. **1951** 2064).

c) **(4*S*)-5*t*-[(*S*)-1,2-Dihydroxy-äthyl]-4*r*-hydroxy-dihydro-furan-2-on, L-*lyxo*-2-Desoxy-hexonsäure-4-lacton**, 2-Desoxy-L-galactonsäure-4-lacton $C_6H_{10}O_5$, Formel X (R = H) (in der Literatur auch als L-Galactodesonsäure-4-lacton bezeichnet).

B. Beim Erwärmen von O^4,O^6-Benzyliden-2-desoxy-L-galactonnitril mit Barium-hydroxid in wss. Methanol, Erwärmen einer Lösung des Reaktionsprodukts in Essigsäure mit wss. Schwefelsäure und Einengen der Reaktionslösung unter vermindertem Druck (*Grewe, Pachaly*, B. **87** [1954] 46, 52).

Krystalle (aus E.); F: 88°. $[\alpha]_D^{23}$: +33,2° [W.; c = 2].

5-[1,2-Dimethoxy-äthyl]-4-methoxy-dihydro-furan-2-on, 4-Hydroxy-3,5,6-trimethoxy-hexansäure-lacton $C_9H_{16}O_5$.

a) O^3,O^5,O^6-**Trimethyl-D-*arabino*-2-desoxy-hexonsäure-lacton** $C_9H_{16}O_5$, Formel VIII (R = CH$_3$).

B. Beim Erhitzen von O^3,O^5,O^6-Trimethyl-D-*arabino*-2-desoxy-hexonsäure (E III **3** 990) unter vermindertem Druck (*Gachokidse*, Ž. obšč. Chim. **16** [1946] 1914, 1921; C. A. **1947** 6209; *Hughes et al.*, Soc. **1949** 2846, 2849). Beim Erwärmen von D-*arabino*-2-Desoxy-hexonsäure-4-lacton mit Aceton, Methyljodid und Silberoxid (*Levene, Mikeska*, J. biol. Chem. **88** [1930] 791, 795) oder mit Methyljodid und Silberoxid (*Fischer, Dangschat*, Helv. **20** [1937] 705, 715).

F: 98° (*Ga.*). F: 96—97°; $[\alpha]_D^{23}$: +12° [W.; c = 0,7] (*Hu. et al.*). Krystalle (aus Ae.), F: 62°; $[\alpha]_D^{25}$: +21,5° [Bzl.] (*Le., Mi.*). F: 62°; $[\alpha]_D^{18}$: +20,5° [Bzl.] (*Fi., Da.*).

IX   X   XI   XII

b) O^3,O^5,O^6-**Trimethyl-D-*lyxo*-2-desoxy-hexonsäure-lacton** $C_9H_{16}O_5$, Formel IX (R = CH$_3$).

B. Beim Behandeln von O^3,O^5,O^6-Trimethyl-D-*lyxo*-2-desoxy-hexose (E IV **1** 4285) mit Brom in Wasser und Erhitzen des Reaktionsprodukts unter vermindertem Druck (*Overend et al.*, Soc. **1950** 671, 677).

Flüssigkeit; bei 140—151°/0,001 Torr destillierbar. n_D^{19}: 1,4520. $[\alpha]_D^{18}$: −24,9° [W.].

(4S)-4r-Benzoyloxy-5t-[(S)-1,2-bis-benzoyloxy-äthyl]-dihydro-furan-2-on, L-*lyxo*-3,5,6-Tris-benzoyloxy-4-hydroxy-hexansäure-lacton, O^3,O^5,O^6-Tribenzoyl-L-*lyxo*-2-desoxy-hexonsäure-lacton $C_{27}H_{22}O_8$, Formel X (R = CO-C_6H_5).

B. Beim Behandeln von L-*lyxo*-2-Desoxy-hexonsäure-4-lacton mit Pyridin und Benzoyl=chlorid (*Grewe, Pachaly,* B. **87** [1954] 46, 53).

Krystalle (aus A. + E.); F: 145°. $[\alpha]_D^{18}$: +22,1° [Py.; c = 2].

5-[1,2-Dihydroxy-äthyl]-3-hydroxy-dihydro-furan-2-on, 2,4,5,6-Tetrahydroxy-hexan=säure-4-lacton $C_6H_{10}O_5$.

a) **(3R)-5t-[(R)-1,2-Dihydroxy-äthyl]-3r-hydroxy-dihydro-furan-2-on, D-*ribo*-3-Desoxy-hexonsäure-4-lacton,** 3-Desoxy-D-gluconsäure-4-lacton $C_6H_{10}O_5$, Formel XI (E I 386; dort als ,,γ-Lacton der α-d-Dextrometasaccharinsäure'' und als α-d-Dextrometasaccharin bezeichnet).

B. Aus D-*ribo*-3-Desoxy-hexonsäure beim Eindampfen einer wss. Lösung (vgl. E I 386; s. a. *Kenner, Richards,* Soc. **1954** 278, 280; *Corbett et al.,* Soc. **1955** 1709. Neben D-*arabino*-3-Desoxy-hexonsäure-4-lacton beim Erwärmen von D-*erythro*-3-Desoxy-[2]hexosulose-bis-phenylhydrazon mit Dioxan und wss. Salzsäure (*Corbett,* Soc. **1959** 3213, 3216).

Krystalle; F: 104—104,5° [bei schnellem Erhitzen] (*Ke., Ri.*), 97,5—99,5° (*Co. et al.*).

b) **(3S)-5c-[(R)-1,2-Dihydroxy-äthyl]-3r-hydroxy-dihydro-furan-2-on, D-*arabino*-3-Desoxy-hexonsäure-4-lacton,** 3-Desoxy-D-mannonsäure-4-lacton $C_6H_{10}O_5$, Formel XII (E I 386; dort als ,,γ-Lacton der β-d-Dextrometasaccharinsäure'' und als β-d-Dextrometasaccharin bezeichnet).

B. Aus D-*arabino*-3-Desoxy-hexonsäure beim Eindampfen einer wss. Lösung (*Kenner, Richards,* Soc. **1954** 278, 280; *Richards,* Soc. **1954** 3638; *Corbett et al.,* Soc. **1955** 1709; vgl. E I 386). Neben D-*ribo*-3-Desoxy-hexonsäure-4-lacton beim Erwärmen von D-*erythro*-3-Desoxy-[2]hexosulose-bis-phenylhydrazon mit Dioxan und wss. Salzsäure (*Corbett,* Soc. **1959** 3213, 3216).

Krystalle (aus Acn.); F: 89—90° (*Ri.*), 85—88° (*Ke., Ri.*). $[\alpha]_D^{20}$: +8,0° [W.; c = 2] (*Ri.*); $[\alpha]_D^{21}$: +8,2° [W.; c = 2] (*Ke., Ri.*).

c) **(3R)-5c-[(R)-1,2-Dihydroxy-äthyl]-3r-hydroxy-dihydro-furan-2-on, D-*xylo*-3-Desoxy-hexonsäure-4-lacton,** 3-Desoxy-D-galactonsäure-4-lacton $C_6H_{10}O_5$, Formel I (H 159; E I 386; E II 143; dort als ,,γ-Lacton der α-d-Galactometasaccharin=säure'' und als Metasaccharin bezeichnet).

B. Beim Erwärmen von D-*xylo*-3-Desoxy-hexonsäure unter vermindertem Druck (*Sowden et al.,* Am. Soc. **79** [1957] 6450, 6452; vgl. H 159; E I 386).

Krystalle (aus A.); F: 142—143°. $[\alpha]_D^{25}$: −47,8° [W.; c = 1].

d) **(3S)-5t-[(R)-1,2-Dihydroxy-äthyl]-3r-hydroxy-dihydro-furan-2-on, D-*lyxo*-3-Desoxy-hexonsäure-4-lacton,** 3-Desoxy-D-idonsäure-4-lacton $C_6H_{10}O_5$, Formel II.

Diese Konfiguration kommt der früher (s. H **18** 160; E I **18** 386) beschriebenen, dort als Parasaccharin bzw. β-d-Galactometasaccharin bezeichneten Verbindung zu (*Sowden,* Adv. Carbohydrate Chem. **12** [1957] 53).

[3,4-Dihydroxy-tetrahydro-[2]furyl]-hydroxy-acetaldehyd $C_6H_{10}O_5$.

a) **(R)-[(2S)-3c,4c-Dihydroxy-tetrahydro-[2r]furyl]-hydroxy-acetaldehyd** $C_6H_{10}O_5$, Formel III (R = H), und cyclische Tautomere; **3,6-Anhydro-D-glucose.**

In den Krystallen liegt nach Ausweis des IR-Spektrums 3,6-Anhydro-β(?)-D-gluco=furanose ((3aR)-(3ar,6ac)-Hexahydro-furo[3,2-*b*]furan-2t(?),3c,6t-triol [Formel IV]) vor (*Barker, Stephens,* Soc. **1954** 4550, 4553; *Smith,* Soc. **1956** 1244, 1247).

B. Neben 6-Brom-6-desoxy-D-glucose beim Erhitzen von Tri-O-acetyl-6-brom-6-desoxy-α-D-glucopyranosylbromid (E III/IV **17** 2303) mit Wasser (*Fischer et al.,* B. **53** [1920] 873, 879). Beim Behandeln von Methyl-[3,6-anhydro-α-D-glucopyranosid] (*Duff, Percival,* Soc. **1941** 830, 832; *Hockett et al.,* Am. Soc. **66** [1944] 472; s. a. *Sm.,* l. c. S. 1246), von Methyl-[3,6-anhydro-β-D-glucopyranosid] (*Fischer, Zach,* B. **45** [1912] 456, 458; *Duff, Pe.;* s. a. *Helferich, Schneidmüller,* B. **60** [1927] 2002, 2004; *Sm.*), von Methyl-[3,6-anhydro-α-D-glucofuranosid] (*Duff, Pe.,* l. c. S. 831) oder von Methyl-[3,6-anhydro-β-D-glucofuranosid] (*Ohle, Wilcke,* B. **71** [1938] 2316, 2324; *Haworth et al.,* Soc. **1941** 88, 101) mit wss. Schwe=felsäure. Beim Erhitzen von 1,4;3,6-Dianhydro-α-D-glucopyranose mit wss. Schwefelsäure

(*Tischtschenko, Nošowa*, Ž. obšč. Chim. **18** [1948] 1193, 1196; C. A. **1949** 1726). Beim Erwärmen von O^1,O^2-Isopropyliden-3,6-anhydro-α-D-glucofuranose mit wss. Schwefelsäure (*Ohle et al.*, B. **61** [1928] 1211, 1216; *Ha. et al.*, l. c. S. 95; *Seebeck et al.*, Helv. **27** [1944] 1142, 1145; s. a. *Ohle, v. Vargha*, B. **62** [1929] 2435, 2443).

Krystalle; F: 122—123° [aus A. + Bzn. + E.] (*Sm.*, l. c. S. 1247), 121° (*Duff, Pe.*, l. c. S. 831), 119—119,5° [aus A. + Bzl.] (*Ti., No.*), 119° [aus A. + Bzn. + E.] (*Ohle et al.*). $[\alpha]_D^{17}$: +50,8° [W.] (*Ti., No.*); $[\alpha]_D^{20}$: +55,4° [W.; c = 3] (*Ohle et al.*); $[\alpha]_D^{20}$: +53,8° [W.; c = 2] (*Sm.*); $[\alpha]_D$: +53° [W.; c = 1] (*Duff, Pe.*). $[\alpha]_D^0$: +38,7° (nach 3 min) → +30,8° (Endwert nach 10 min) [Py.; c = 3] (*Ohle, Euler*, B. **63** [1930] 1796, 1807). IR-Banden (Nujol) im Bereich von 10 µ bis 14,1 µ: *Barker, Stephens*, Soc. **1954** 4550, 4553.

Beim Behandeln mit Calciumhydroxid in Wasser (sauerstofffrei) sind die Calcium-Salze der 3-Desoxy-D-gluconsäure und der 3-Desoxy-D-mannonsäure erhalten worden (*Corbett, Kenner*, Soc. **1957** 927). Reaktion mit Methanol in Gegenwart von Chlorwasserstoff unter Bildung von Methyl-[3,6-anhydro-α-D-glucofuranosid] und von Methyl-[3,6-anhydro-β-D-glucofuranosid]: *Ha. et al.*, l. c. S. 96.

Charakterisierung durch Überführung in D-*arabino*-3,6-Anhydro-[2]hexosulose-bis-phenylhydrazon (F: 180° [korr.] bzw. F: 178—179° bzw. F: 187—188°): *Fi., Zach*, l. c. S. 462; *Ohle et al.*; *Percival*, Soc. **1945** 119, 123.

I   II   III   IV

b) **(S)-[(2S)-3c,4c-Dihydroxy-tetrahydro-[2r]furyl]-hydroxy-acetaldehyd** $C_6H_{10}O_5$, Formel V (R = H), und cyclische Tautomere; **3,6-Anhydro-D-mannose.**

B. Beim Behandeln von 1,4-Anhydro-D-mannit (E III/IV **17** 2641) mit Brom in Wasser und mit Bariumbenzoat (*Valentin*, Collect. **8** [1936] 35, 42). Beim Erwärmen von Methyl-[3,6-anhydro-α-D-mannopyranosid] mit wss. Schwefelsäure (*Valentin*, Collect. **6** [1934] 354, 367) oder mit wss. Salzsäure (*Va.*, Collect. **8** 39).

Krystalle (aus Me.), F: 102—103°; Zers. bei 197°; $[\alpha]_D$: +95,9° [W.; c = 10] (*Va.*, Collect. **6** 368).

Beim Behandeln mit Brom in Wasser ist 3,6-Anhydro-D-mannonsäure erhalten worden (*Valentin*, Collect. **9** [1937] 315, 322). Reaktion mit Methanol in Gegenwart von Chlor≈ wasserstoff unter Bildung von Methyl-[3,6-anhydro-α-D-mannofuranosid]: *Va.*, Collect. **6** 368.

Charakterisierung durch Überführung in D-*arabino*-3,6-Anhydro-[2]hexosulose-bis-phenylhydrazon (F: 188—189°): *Va.* Collect. **6** 370.

c) **(R)-[(2S)-3c,4t-Dihydroxy-tetrahydro-[2r]furyl]-hydroxy-acetaldehyd** $C_6H_{10}O_5$, Formel VI, und cyclische Tautomere; **3,6-Anhydro-L-idose.**

B. Beim Behandeln von O^1,O^2-Isopropyliden-3,6-anhydro-β-L-idofuranose mit wss. Schwefelsäure (*Ohle, Lichtenstein*, B. **63** [1930] 2905, 2912).

Krystalle (aus Bzl.); F: 105—106°. $[\alpha]_D^{20}$: +25,4° [W.; c = 3,5].

d) **(R)-[(2S)-3t,4c-Dihydroxy-tetrahydro-[2r]furyl]-hydroxy-acetaldehyd** $C_6H_{10}O_5$, Formel VII (R = H) und cyclische Tautomere; **3,6-Anhydro-D-galactose.**

Isolierung aus dem Hydrolysat des Schleims von Chondrus crispus: *Percival*, Chem. and Ind. **1954** 1487; *O'Neill*, Am. Soc. **77** [1955] 2837; von Dilisea edulis: *Barry, McCormick*, Soc. **1957** 2777.

B. Beim Erwärmen von 3,6-Anhydro-D-galactose-dimethylacetal mit wss. Schwefel≈ säure (*Haworth et al.*, Soc. **1940** 620, 631). Beim Erwärmen von 3,6-Anhydro-D-galactose-diäthyldithioacetal mit Wasser, Quecksilber(II)-chlorid und Cadmiumcarbonat (*O'Ne.*). Beim Behandeln von Methyl-[3,6-anhydro-α-D-galactopyranosid] (*Valentin*, Collect. **4** [1932] 364, 372; *Ohle, Thiel*, B. **66** [1933] 525, 532; *Ha. et al.*; s. a. *Araki, Arai*, J. chem. Soc. Japan **64** [1943] 201, 205; C. A. **1947** 3765; *Hockett et al.*, Am. Soc. **68** [1946] 922,

925) oder von Methyl-[3,6-anhydro-β-D-galactopyranosid] (*Ha. et al.*; *Duff*, *Percival*, Soc.
1941 830, 832) mit wss. Schwefelsäure.

Harz; $[\alpha]_D$: $+37,6°$ (nach 9,5 min) $\rightarrow +33,2°$ (nach 63 min) $\rightarrow +28,5°$ (nach 215 min) $\rightarrow$
$+27,2°$ (Endwert) [W.; c = 5] (*Va.*, l. c. S. 372); $[\alpha]_D$: $+27,6°$ [W.] (*Ohle*, *Th.*); $[\alpha]_D$:
$+24°$ [W.; c = 1] (*Ha. et al.*).

Charakterisierung durch Überführung in D-*lyxo*-3,6-Anhydro-[2]hexosulose-bis-phenyl=
hydrazon (F: 215° [Zers.] bzw. F: 213—214° [Zers.] bzw. F: 217°): *Va.*, l. c. S. 374;
Percival, Soc. **1945** 783, 785; *Ohle*, *Th.*; *Ha. et al.*

V   VI   VII   VIII

e) **(S)-[(2R)-3*t*,4*c*-Dihydroxy-tetrahydro-[2*r*]furyl]-hydroxy-acetaldehyd** $C_6H_{10}O_5$,
Formel VIII, und cyclische Tautomere; **3,6-Anhydro-L-galactose.**

Isolierung aus dem Hydrolysat von Agar-Agar: *Hands*, *Peat*, Chem. and Ind. **1938**
937; Nature **142** [1938] 797; *Percival et al.*, Nature **142** [1938] 797; *Percival*, *Forbes*,
Nature **142** [1938] 1076; *Araki*, *Arai*, J. chem. Soc. Japan **61** [1940] 503; C. A. **1943** 89;
Araki, J. chem. Soc. Japan **65** [1944] 725; C. A. **1947** 3496; *Araki*, *Hirase*, Bl. chem.
Soc. Japan **26** [1953] 463; aus dem Hydrolysat des Schleims von Gloiopeltis furcata:
Hirase et al., Bl. chem. Soc. Japan **29** [1956] 985.

B. Beim Erwärmen von 3,6-Anhydro-L-galactose-dimethylacetal mit wss. Schwefel=
säure (*Araki*, l. c. S. 728; *Hi. et al.*). Aus 3,6-Anhydro-L-galactose-diäthyldithioacetal
beim Behandeln mit Wasser, Blei(II)-carbonat und Quecksilber(II)-chlorid (*Araki*, *Hi.*,
l. c. S. 466) sowie beim Erwärmen mit Wasser, Cadmiumcarbonat und Quecksilber(II)-
chlorid (*Yaphe*, Nature **183** [1959] 44). Neben D-Galactose beim Erwärmen von Neoagaro=
biose (O^3-[3,6-Anhydro-α-L-galactopyranosyl]-D-galactose) mit wss. Oxalsäure (*Araki*,
Arai, Bl. chem. Soc. Japan **29** [1956] 339, 342). Neben D-Galactose und Agarobiose (S. 2282)
beim Erwärmen von Neoagarotetraose (O^3-{O^4-[O^3-(3,6-Anhydro-α-L-galactopyranosyl)-
β-D-galactopyranosyl]-3,6-anhydro-α-L-galactopyranosyl}-D-galactose) mit wss. Oxalsäure
(*Araki*, *Arai*, Bl. chem. Soc. Japan **30** [1957] 287, 290).

$[\alpha]_D^{25}$: $-39,4°$ (Anfangswert) $\rightarrow -25,2°$ (Endwert nach 24 h) [W.; c = 2] (*Araki*, *Hi.*,
l. c. S. 466).

Charakterisierung als Diphenylhydrazon (F: 153° bzw. F: 154° [S. 2288]): *Araki*, l. c.
S. 728; *Araki*, *Hi.*; durch Überführung in L-*lyxo*-3,6-Anhydro-[2]hexosulose-bis-phenyl=
hydrazon (F: 216—217° bzw. F: 217°): *Araki*; *Araki*, *Hi.*

Hydroxy-[4-hydroxy-3-methoxy-tetrahydro-[2]furyl]-acetaldehyd $C_7H_{12}O_5$.

a) **(R)-Hydroxy-[(2R)-4*c*-hydroxy-3*c*-methoxy-tetrahydro-[2*r*]furyl]-acetaldehyd**
$C_7H_{12}O_5$, Formel III (R = CH₃), und cyclische Tautomere; O^4-**Methyl-3,6-anhydro-
D-glucose.**

B. Beim Behandeln von Methyl-[O^4-methyl-3,6-anhydro-α-D-glucopyranosid] mit wss.
Schwefelsäure (*Haworth et al.*, Soc. **1941** 88, 99).

Öl. $[\alpha]_D^{18}$: $-17°$ [W.; c = 0,7].

Beim Behandeln mit Brom in Wasser und mit Blei(II)-carbonat ist O^4-Methyl-3,6-
anhydro-D-gluconsäure erhalten worden.

b) **(R)-Hydroxy-[(2R)-4*c*-hydroxy-3*t*-methoxy-tetrahydro-[2*r*]furyl]-acetaldehyd**
$C_7H_{12}O_5$, Formel VII (R = CH₃), und cyclische Tautomere; O^4-**Methyl-3,6-anhydro-
D-galactose.**

B. Beim Erwärmen von O^4-Methyl-3,6-anhydro-D-galactose-dimethylacetal mit wss.
Schwefelsäure (*Araki*, *Arai*, J. chem. Soc. Japan **63** [1942] 1720, 1725; C. A. **1947** 3765).
Beim Erwärmen von O^1,O^2-Isopropyliden-O^4-methyl-3,6-anhydro-ξ-galactopyranose mit
wss.-äthanol. Schwefelsäure (*Araki*, *Arai*, l. c. S. 1723).

$[\alpha]_D^{20}$: $+20{,}7°$ [W.; c = 1].

Charakterisierung durch Überführung in O^4-Methyl-D-*lyxo*-3,6-anhydro-[2]hexosulose-bis-phenylhydrazon (F: 156°): *Araki, Arai*, l. c. S. 1724.

(S)-[(2R)-3*t*,4*c*-Dihydroxy-tetrahydro-[2*r*]furyl]-methoxy-acetaldehyd $C_7H_{12}O_5$, Formel IX (R = H), und cyclische Tautomere; O^2-**Methyl-3,6-anhydro-L-galactose.**

B. Beim Erwärmen von O^2-Methyl-3,6-anhydro-L-galactose-dimethylacetal mit wss. Schwefelsäure (*Araki*, J. chem. Soc. Japan **61** [1940] 775, 779, **62** [1941] 733, 735; C. A. **1943** 90, 91).

Öl; $[\alpha]_D^{34}$: $+33{,}9°$ [W.; c = 1] (*Ar.*, J. chem. Soc. Japan **61** 779).

[4-Hydroxy-3-methoxy-tetrahydro-[2]furyl]-methoxy-acetaldehyd $C_8H_{14}O_5$.

a) **(R)-[(2S)-4*c*-Hydroxy-3*c*-methoxy-tetrahydro-[2*r*]furyl]-methoxy-acetaldehyd** $C_8H_{14}O_5$, Formel X, und cyclische Tautomere; O^2,O^4-**Dimethyl-3,6-anhydro-D-glucose.**

B. Beim Behandeln von Methyl-[O^2,O^4-dimethyl-3,6-anhydro-α-D-glucopyranosid] oder von Methyl-[O^2,O^4-dimethyl-3,6-anhydro-β-D-glucopyranosid] mit wss. Schwefelsäure (*Haworth et al.*, Soc. **1941** 88, 99, 101).

Flüssigkeit; bei $Kp_{0,03}$: $120-125°/0{,}03$ Torr destillierbar. n_D^{18}: 1,4750. $[\alpha]_D^{19}$: $-28°$ [W.; c = 2].

Beim Behandeln mit Brom in Wasser ist O^2,O^4-Dimethyl-3,6-anhydro-D-gluconsäure erhalten worden.

b) **(S)-[(2S)-4*c*-Hydroxy-3*c*-methoxy-tetrahydro-[2*r*]furyl]-methoxy-acetaldehyd** $C_8H_{14}O_5$, Formel V (R = CH_3), und cyclische Tautomere; O^2,O^4-**Dimethyl-3,6-anhydro-D-mannose.**

B. Beim Erhitzen von Methyl-[O^2,O^4-dimethyl-3,6-anhydro-α-D-mannopyranosid] mit wss. Schwefelsäure (*Foster et al.*, Soc. **1954** 3367, 3376).

Öl. n_D^{19}: 1,4845. $[\alpha]_D^{19}$: $+57{,}4°$ [W.; c = 4].

Beim Behandeln mit Brom in Wasser ist O^2,O^4-Dimethyl-3,6-anhydro-D-mannonsäure erhalten worden.

c) **(R)-[(2S)-4*c*-Hydroxy-3*t*-methoxy-tetrahydro-[2*r*]furyl]-methoxy-acetaldehyd** $C_8H_{14}O_5$, Formel XI, und cyclische Tautomere; O^2,O^4-**Dimethyl-3,6-anhydro-D-galactose.**

B. Beim Behandeln von Methyl-[O^2,O^4-dimethyl-α-D-galactopyranosid] (*Percival et al.*, Nature **142** [1938] 797; *Percival, Forbes*, Nature **142** [1938] 1076; *Haworth et al.*, Soc. **1940** 620, 625; *Araki, Arai*, J. chem. Soc. Japan **61** [1940] 503, 508; C. A. **1943** 89) oder von Methyl-[O^2,O^4-dimethyl-β-D-galactopyranosid] (*Ha. et al.*, l. c. S. 624) mit wss. Schwefelsäure.

Krystalle; F: 115° [aus Bzl.] (*Araki, Arai*, J. chem. Soc. Japan **61** 505; *Hands, Peat*, Nature **142** [1938] 797), 112° [aus A. + Ae.] (*Ha. et al.*). $[\alpha]_D^{D}$: $-140{,}1°$ [W.; c = 1] (*Araki, Arai*); $[\alpha]_D^{16}$: $+24°$ [W.; c = 1] (*Ha. et al.*); $[\alpha]_D^{18}$: $+23{,}4°$ [wss. Schwefelsäure (1 n)] (*Araki, Arai*).

Charakterisierung durch Überführung in O^4-Methyl-D-*lyxo*-3,6-anhydro-[2]hexosulose-bis-phenylhydrazon (F: 156°): *Araki, Arai*, J. chem. Soc. Japan **63** [1942] 1720, 1726; C. A. **1947** 3765.

d) **(S)-[(2R)-4*c*-Hydroxy-3*t*-methoxy-tetrahydro-[2*r*]furyl]-methoxy-acetaldehyd** $C_8H_{14}O_5$, Formel IX (R = CH_3), und cyclische Tautomere; O^2,O^4-**Dimethyl-3,6-anhydro-L-galactose.**

B. Beim Behandeln von Methyl-[O^2,O^4-dimethyl-3,6-anhydro-β-L-galactopyranosid] mit wss. Schwefelsäure (*Hands, Peat*, Nature **142** [1938] 797; *Percival et al.*, Nature **142** [1938] 797; *Percival, Forbes*, Nature **142** [1938] 1076; *Forbes, Percival*, Soc. **1939** 1844, 1849; *Araki, Arai*, J. chem. Soc. Japan **61** [1940] 503, 509; C. A. **1943** 89).

Krystalle; F: 116° (*Fo., Per.*), 115° [aus Bzl.] (*Araki, Arai*), 114° (*Ha., Peat*). $[\alpha]_D^7$: $+143{,}6°$ [W.; c = 0,8] (*Araki, Arai*); $[\alpha]_D^{20}$: $-23{,}0°$ [wss. Schwefelsäure (1 n)] (*Araki, Arai*; *Fo., Per.*).

[3-Hydroxy-4-methoxy-tetrahydro-[2]furyl]-methoxy-acetaldehyd $C_8H_{14}O_5$.

a) **(R)-[(2S)-3*c*-Hydroxy-4*c*-methoxy-tetrahydro-[2*r*]furyl]-methoxy-acetaldehyd** $C_8H_{14}O_5$, Formel XII (R = H), und cyclische Tautomere; O^2,O^5-**Dimethyl-3,6-anhydro-D-glucose.**

B. Beim Erwärmen von Methyl-[O^2,O^5-dimethyl-3,6-anhydro-α-D-glucofuranosid] oder von Methyl-[O^2,O^5-dimethyl-3,6-anhydro-β-D-glucofuranosid] mit wss. Schwefelsäure (*Haworth et al.*, Soc. **1941** 88, 95, 96, 97).

Öl; bei 120°/0,04 Torr destillierbar. n_D^{18}: 1,4760. $[\alpha]_D^{18}$: $+110°$ (Anfangswert) $\to +120°$ (nach 60 h) [W.; c = 0,5].

Beim Behandeln mit Brom in Wasser sowie beim Erwärmen mit wss. Salpetersäure (D: 1,42) ist O^2,O^5-Dimethyl-3,6-anhydro-D-gluconsäure-4-lacton erhalten worden (*Ha. et al.*, l. c. S. 95, 98).

IX   X   XI   XII

b) **(S)-[(2S)-3c-Hydroxy-4c-methoxy-tetrahydro-[2r]furyl]-methoxy-acetaldehyd** $C_8H_{14}O_5$, Formel XIII, und cyclische Tautomere; O^2,O^5-**Dimethyl-3,6-anhydro-D-mannose.**

B. Beim Erhitzen von Methyl-[O^2,O^5-dimethyl-3,6-anhydro-α-D-mannofuranosid] mit wss. Schwefelsäure (*Foster et al.*, Soc. **1954** 3367, 3376).

Bei 145°/0,05 Torr destillierbar. n_D^{19}: 1,4780. $[\alpha]_D^{18}$: $+163°$ [W.; c = 1].

Beim Behandeln mit Brom in Wasser ist O^2,O^5-Dimethyl-3,6-anhydro-D-mannonsäure-4-lacton erhalten worden.

c) **(R)-[(2S)-3t-Hydroxy-4c-methoxy-tetrahydro-[2r]furyl]-methoxy-acetaldehyd,** O^2,O^5-**Dimethyl-3,6-anhydro-D-galactose** $C_8H_{14}O_5$, Formel XIV (R = H).

B. Neben Methyl-[tetra-*O*-methyl-ξ-D-galactopyranosid] (Anomeren-Gemisch) beim Erwärmen von Hexa-*O*-methyl-carrabiose-dimethylacetal (O^2,O^5-Dimethyl-O^4-[tetra-*O*-methyl-β-D-galactopyranosyl]-3,6-anhydro-D-galactose-dimethylacetal [S. 2286] mit Chlorwasserstoff enthaltendem Methanol und Erwärmen des Reaktionsprodukts mit wss. Oxalsäure (*Araki, Hirase*, Bl. chem. Soc. Japan **29** [1956] 770, 774).

Öl. n_D^{25}: 1,4758. $[\alpha]_D^{10}$: $+28,8°$ [W.; c = 0,6].

d) **(S)-[(2R)-3t-Hydroxy-4c-methoxy-tetrahydro-[2r]furyl]-methoxy-acetaldehyd,** O^2,O^5-**Dimethyl-3,6-anhydro-L-galactose** $C_8H_{14}O_5$, Formel XV (R = H).

B. Beim Erwärmen von O^2,O^5-Dimethyl-3,6-anhydro-L-galactose-dimethylacetal mit wss. Schwefelsäure (*Araki*, J. chem. Soc. Japan **65** [1944] 627, 630; C. A. **1948** 1210; *Hirase*, Bl. chem. Soc. Japan **30** [1957] 75, 79).

Öl; n_D^{25}: 1,4759 (*Ar.*). $[\alpha]_D^{14}$: $-16,3°$ [W.; c = 0,8] (*Ar.*); $[\alpha]_D^{21}$: $-13,3°$ [W.; c = 0,8] (*Hi.*).

XIII   XIV   XV   XVI

[3,4-Dimethoxy-tetrahydro-[2]furyl]-methoxy-acetaldehyd $C_9H_{16}O_5$.

a) **(R)-[(2S)-3c,4c-Dimethoxy-tetrahydro-[2r]furyl]-methoxy-acetaldehyd, Tri-*O*-methyl-3,6-anhydro-D-glucose** $C_9H_{16}O_5$, Formel XII (R = CH_3).

B. Beim Behandeln von Tri-*O*-methyl-3,6-anhydro-D-glucose-dimethylacetal mit wss. Schwefelsäure (*Haworth et al.*, Soc. **1941** 88, 101).

Bei 105—110°/0,01 Torr destillierbar. n_D^{18}: 1,4510.

b) **(R)-[(2S)-3t,4c-Dimethoxy-tetrahydro-[2r]furyl]-methoxy-acetaldehyd, Tri-*O*-methyl-3,6-anhydro-D-galactose** $C_9H_{16}O_5$, Formel XIV (R = CH_3).

B. Beim Erwärmen von Tri-*O*-methyl-3,6-anhydro-D-galactose-dimethylacetal mit wss. Schwefelsäure (*Haworth et al.*, Soc. **1940** 620, 628; *Araki*, J. chem. Soc. Japan **61** [1940] 705, 709; C. A. **1943** 90; *Araki, Arai*, J. chem. Soc. Japan **64** [1943] 201, 205; C. A. **1947** 3765).

Flüssigkeit; n_D^{17}: 1,4510 (*Ha. et al.*); n_D^{25}: 1,4604 (*Araki*). $[\alpha]_D^{10}$: +37,4° [W.; c = 1] (*Araki*); $[\alpha]_D^{19}$: +41° [W.; c = 0,5] (*Ha. et al.*).

c) **(S)-[(2R)-3t,4c-Dimethoxy-tetrahydro-[2r]furyl]-methoxy-acetaldehyd, Tri-O-methyl-3,6-anhydro-L-galactose** $C_9H_{16}O_5$, Formel XV (R = CH_3).

B. Beim Erwärmen von Tri-*O*-methyl-3,6-anhydro-L-galactose-dimethylacetal mit wss. Schwefelsäure (*Araki*, J. chem. Soc. Japan **61** [1940] 705, 710; C. A. **1943** 90). n_D^{25}: 1,4497. $[\alpha]_D^{14}$: −15,8° [W.; c = 1].

(R)-[(2S)-4c-Acetoxy-3c-hydroxy-tetrahydro-[2r]furyl]-hydroxy-acetaldehyd $C_8H_{12}O_6$, Formel XVI, und cyclische Tautomere; **O^5-Acetyl-3,6-anhydro-D-glucose**.

B. Beim Erwärmen von O^5-Acetyl-O^1,O^2-isopropyliden-3,6-anhydro-ξ-D-glucofuranose (F: 31°) mit wss. Essigsäure (*Ohle, Euler*, B. **63** [1930] 1796, 1806). Öl. $[\alpha]_D^{19}$: +91,2° [CHCl_3; c = 3].

Hydroxy-[4-hydroxy-3-(3,4,5-trihydroxy-6-hydroxymethyl-tetrahydro-pyran-2-yloxy)-tetrahydro-[2]furyl]-acetaldehyd $C_{12}H_{20}O_{10}$.

a) **O^4-β-D-Galactopyranosyl-3,6-anhydro-D-galactose** $C_{12}H_{20}O_{10}$, Formel I, und cyclische Tautomere; **Carrabiose**.

Konstitution und Konfiguration: *Araki, Hirase*, Bl. chem. Soc. Japan **29** [1956] 770; *Painter*, Soc. **1964** 1396.

Isolierung aus dem Hydrolysat des Schleims von Chondrus crispus: *O'Neill*, Am. Soc. **77** [1955] 6234; von Chondrus ocellatus: *Ar., Hi.*; von Hypnea specifera: *Clingman, Nunn*, Soc. **1959** 493.

B. Beim Erwärmen von Carrabiose-dimethylacetal (O^4-β-D-Galactopyranosyl-3,6-an= hydro-D-galactose-dimethylacetal [S. 2286]) mit wss. Oxalsäure (*Ar., Hi.*, l. c. S. 774). Amorph. $[\alpha]_D^{11}$: +15,6° [W.; c = 1] (*Ar., Hi.*).

Charakterisierung durch Überführung in O^4-β-D-Galactopyranosyl-D-*lyxo*-3,6-anhydro-[2]hexosulose-bis-phenylhydrazon (F: 216°): *Ar., Hi.*

b) **O^4-β-D-Galactopyranosyl-3,6-anhydro-L-galactose** $C_{12}H_{20}O_{10}$, Formel II (R = H), und cyclische Tautomere; **Agarobiose**.

Konstitution: *Araki*, J. chem. Soc. Japan **65** [1944] 627; C. A. **1948** 1210.

Isolierung aus dem Hydrolysat des Schleims von Gelidium amansii: *Araki*, J. chem. Soc. Japan **65** [1944] 533, 535; C. A. **1948** 1210; von Gracilaria conferroides: *Clingman et al.*, Soc. **1957** 197; von Gloiopeltis furcata: *Hirase et al.*, Bl. chem. Soc. Japan **31** [1958] 428; aus dem Hydrolysat eines Polysaccharids von Pterocladia tenuis: *Wu, Ho*, J. Chin. chem. Soc. [II] **6** [1959] 84, 91. Gewinnung aus Agar-Agar mit Hilfe von Chlor= wasserstoff enthaltendem Methanol: *Araki, Hirase*, Bl. chem. Soc. Japan **27** [1954] 109, 111; *Cl. et al.*, l. c. S. 201; mit Hilfe von wss. Salzsäure und Äthanthiol: *Hirase, Araki*, Bl. chem. Soc. Japan **27** [1954] 105, 107.

B. Beim Erwärmen von Agarobiose-dimethylacetal (O^4-β-D-Galactopyranosyl-3,6-an= hydro-L-galactose-dimethylacetal [S. 2286]) mit wss. Oxalsäure (*Ar., Hi.*, l. c. S. 111; *Cl. et al.*, l. c. S. 202) oder mit wss. Schwefelsäure (*Hi. et al.*, l. c. S. 430). Beim Behandeln von Agarobiose-diäthyldithioacetal (O^4-β-D-Galactopyranosyl-3,6-anhydro-L-galactose-di= äthyldithioacetal [S. 2289]) mit Wasser, Quecksilber(II)-chlorid und Blei(II)-carbonat (*Hi., Ar.*, l. c. S. 107). Neben D-Galactose und 3,6-Anhydro-L-galactose beim Erwärmen von Neoagarotetraose (O^3-{O^4-[O^3-(3,6-Anhydro-α-L-galactopyranosyl)-β-D-galactopyranosyl]-3,6-anhydro-α-L-galactopyranosyl}-D-galactose mit wss. Oxalsäure (*Araki, Arai*, Bl. chem. Soc. Japan **30** [1957] 287, 290).

Hygroskopisches Pulver; $[\alpha]_D^{27}$: −21,5° (Anfangswert) → −16,4° (Endwert) [W.; c = 1] (*Hi., Ar.*, l. c. S. 107).

Charakterisierung durch Überführung in O^4-β-D-Galactopyranosyl-L-*lyxo*-3,6-anhydro-[2]hexosulose-bis-phenylhydrazon (F: 218−219° bzw. F: 221−222° [unkorr.; Zers.] bzw. F: 222−223,5° [korr.]): *Ar.*, l. c. S. 536; *Hi., Ar.*, l. c. S. 107; *Cl. et al.*

O^2,O^5-Dimethyl-O^4-[tetra-O-methyl-β-D-galactopyranosyl]-3,6-anhydro-L-galactose, Hexa-O-methyl-agarobiose $C_{18}H_{32}O_{10}$, Formel II (R = CH_3).

B. Beim Behandeln von Hexa-*O*-methyl-agarobiose-dimethylacetal (O^2,O^5-Dimethyl-

O^4-[tetra-O-methyl-β-D-galactopyranosyl]-3,6-anhydro-L-galactose-dimethylacetal   [S. 2286]) mit wss. Schwefelsäure (*Araki*, J. chem. Soc. Japan **65** [1944] 533, 537; C. A. **1948** 1210). Beim Behandeln von Hexa-O-methyl-agarobiose-diäthyldithioacetal (O^2,O^5-Dimethyl-O^4-[tetra-O-methyl-β-D-galactopyranosyl]-3,6-anhydro-L-galactose-di=äthyldithioacetal [S. 2290]) in wss. Aceton mit Quecksilber(II)-chlorid und Cadmiumcarb=onat (*Hirase*, *Araki*, Bl. chem. Soc. Japan **27** [1954] 105, 108).

Krystalle (aus Ae.); F: 92—93°. $[\alpha]_D^{10}$: —4,0° (Anfangswert) → —9,33° (Endwert) [W.; c = 0,8]; $[\alpha]_D^{10}$: —9,77° (Anfangswert) → —53,7° (Endwert nach 2 h) [CHCl$_3$; c = 1].

I   II   III

(R)-Hydroxy-[(2S)-3c-hydroxy-4c-(toluol-4-sulfonyloxy)-tetrahydro-[2r]furyl]-acetaldehyd $C_{13}H_{16}O_7S$, Formel III, und cyclische Tautomere; O^5-[Toluol-4-sulfonyl]-3,6-anhydro-D-glucose.

B. Beim Erwärmen von O^1,O^2-Isopropyliden-O^5-[toluol-4-sulfonyl]-3,6-anhydro-ξ-D-glucofuranose (F: 132°) mit wss. Essigsäure (*Ohle*, *Euler*, B. **63** [1930] 1796, 1802).

Krystalle (aus Bzl.); F: 100°. $[\alpha]_D^{18}$: +64,8° [CHCl$_3$; c = 1]; $[\alpha]_D^{18}$: +53,1° [Py.; c = 2]; $[\alpha]_D^{18}$: +56,5° [Acn.; c = 1]. $[\alpha]_D^{20}$: +66,7° (Anfangswert) → +57,9° (Endwert nach 40 min) [A.; c = 4].

(2S)-2-[(1R,2Ξ)-1,2-Dihydroxy-2-methoxy-äthyl]-tetrahydro-furan-3t,4c-diol, **(6Ξ)-6-Methoxy-L-1,4-anhydro-galactit,** (1Ξ)-3,6-Anhydro-D-galactose-methyl=hemiacetal $C_7H_{14}O_6$, Formel IV (R = H).

B. Beim Behandeln von 3,6-Anhydro-D-galactose mit Chlorwasserstoff enthaltendem Methanol (*Araki*, *Arai*, J. chem. Soc. Japan **64** [1943] 201, 205, 206; C. A. **1947** 3765).

Öl. $[\alpha]_D^{20}$: +30,6° [W.; c = 1].

[3,4-Dihydroxy-tetrahydro-[2]furyl]-hydroxy-acetaldehyd-dimethylacetal $C_8H_{16}O_6$.

a) **3,6-Anhydro-D-galactose-dimethylacetal** $C_8H_{16}O_6$, Formel V (R = H).

B. Beim Behandeln von Methyl-[3,6-anhydro-α-D-galactopyranosid] (*Haworth et al.*, Soc. **1940** 620, 630; *Araki*, *Arai*, J. chem. Soc. Japan **64** [1943] 201, 204; C. A. **1947** 3765) oder von Methyl-[3,6-anhydro-β-D-galactopyranosid] (*Ha. et al.*) mit Chlorwasser=stoff enthaltendem Methanol.

Kp$_{0,06}$: 168—171°; n$_D^{29}$: 1,4775 (*Araki*, *Arai*). $[\alpha]_D^{17}$: +29° [W.; c = 1] (*Clingman*, *Nunn*, Soc. **1959** 493, 495); $[\alpha]_D^{18}$: +36,5° [W.; c = 1] (*Ha. et al.*); $[\alpha]_D^{30}$: +32,3° [W.; c = 1] (*Araki*, *Arai*); $[\alpha]_D^{17}$: +33° [Me.; c = 1] (*Cl.*, *Nunn*).

IV   V   VI   VII

b) **3,6-Anhydro-L-galactose-dimethylacetal** $C_8H_{16}O_6$, Formel VI (R = H).
Gewinnung aus Agar-Agar mit Hilfe von Chlorwasserstoff enthaltendem Methanol:

Araki, J. chem. Soc. Japan **65** [1944] 725, 726; C. A. **1947** 3496; aus dem Schleim von Gloiopeltis furcata mit Hilfe von Chlorwasserstoff enthaltendem Methanol: *Hirase et al.*, Bl. chem. Soc. Japan **29** [1956] 985.

B. Beim Behandeln von Agarobiose [S. 2282] (*Araki, Hirase*, Bl. chem. Soc. Japan **7L** [1954] 109), von Neoagarobiose [O^3-[3,6-Anhydro-α-L-galactopyranosyl]-D-galactose] (*Araki, Arai*, Bl. chem. Soc. Japan **29** [1956] 339) oder von Neoagarotetraose [O^3-{O^4-[O^3-(3,6-Anhydro-α-L-galactopyranosyl)-β-D-galactopyranosyl]-3,6-anhydro-α-L-galacto= pyranosyl}-D-galactose] (*Araki, Arai*, Bl. chem. Soc. Japan **30** [1957] 287) mit Chlor= wasserstoff enthaltendem Methanol.

Öl; n_D^{25}: 1,4814 (*Araki*, l. c. S. 727). $[\alpha]_D^{23}$: $-24,8°$ [W.; c = 1] (*Araki*); $[\alpha]_D^{25}$: $-31,1°$ [W.; c = 1] (*Araki, Arai*, Bl. chem. Soc. Japan **30** 289); $[\alpha]_D^{27}$: $-25,5°$ [W.; c = 8] (*Hi. et al.*).

(R)-Hydroxy-[(2R)-4c-hydroxy-3t-methoxy-tetrahydro-[2r]furyl]-acetaldehyd-dimethyl= acetal, O^1-Methyl-3,6-anhydro-D-galactose-dimethylacetal $C_9H_{18}O_6$, Formel VII (R = H).

B. Beim Behandeln von O^4-Methyl-3,6-anhydro-D-galactose mit Chlorwasserstoff ent= haltendem Methanol (*Araki, Arai*, J. chem. Soc. Japan **64** [1943] 201, 207; C. A. **1947** 3765). Beim Erwärmen von O^1,O^2-Isopropyliden-O^4-methyl-3,6-anhydro-ξ-D-galacto= pyranose mit Chlorwasserstoff enthaltendem Methanol (*Araki, Arai*, J. chem. Soc. Japan **63** [1942] 1720, 1722, 1725; C. A. **1947** 3765).

n_D^{25}: 1,4628; $[\alpha]_D^{18}$: $+36,0°$ [W.; c = 1] (*Araki, Arai*, J. chem. Soc. Japan **63** 1725). n_D^{25}: 1,4619; $[\alpha]_D^{15}$: $+37,0°$ [W.; c = 1] (*Araki, Arai*, J. chem. Soc. Japan **64** 207).

(S)-[(2R)-3t,4c-Dihydroxy-tetrahydro-[2r]furyl]-methoxy-acetaldehyd-dimethylacetal, O^2-Methyl-3,6-anhydro-L-galactose-dimethylacetal $C_9H_{18}O_6$, Formel VIII (R = H).

Gewinnung aus Agar-Agar durch Methylierung und Methanolyse: *Araki*, J. chem. Soc. Japan **61** [1940] 775, 778, **62** [1941] 733, 735; C. A. **1943** 90, 91.

$Kp_{0,06}$: $131-132°$; n_D^{25}: 1,4647; $[\alpha]_D^8$: $-10,8°$ (nach 7 min) $\rightarrow$ $-13,8°$ (nach 24 h) [W.; c = 1]; $[\alpha]_D^8$: $-33,4°$ [CHCl₃; c = 0,6] (*Ar.*, J. chem. Soc. Japan **61** 778).

(R)-[(2S)-4c-Hydroxy-3t-methoxy-tetrahydro-[2r]furyl]-methoxy-acetaldehyd-dimethyl= acetal, O^2,O^1-Dimethyl-3,6-anhydro-D-galactose-dimethylacetal $C_{10}H_{20}O_6$, Formel VII (R = CH₃).

B. Beim Behandeln von Methyl-[di-O-methyl-3,6-anhydro-α-D-galactopyranosid] oder von Methyl-[di-O-methyl-3,6-anhydro-β-D-galactopyranosid] mit Chlorwasserstoff ent= haltendem Methanol (*Haworth et al.*, Soc. **1940** 620, 626). Reinigung über das O-[4-Nitro= benzoyl]-Derivat (S. 2285): *Ha. et al.*, l. c. S. 627.

Krystalle (aus PAe. + Ae.); F: 36°. $[\alpha]_D^{18}$: $+36°$ [W.; c = 4].

(S)-[(2R)-3t-Hydroxy-4c-methoxy-tetrahydro-[2r]furyl]-methoxy-acetaldehyd-dimethylacetal, O^2,O^5-Dimethyl-3,6-anhydro-L-galactose-dimethylacetal $C_{10}H_{20}O_6$, Formel VIII (R = CH₃).

B. Beim Erwärmen von Hexa-O-methyl-agarobiose-dimethylacetal (O^2,O^5-Dimethyl-O^4-[tetra-O-methyl-β-D-galactopyranosyl]-3,6-anhydro-L-galactose-dimethylacetal [S. 2286]) mit Chlorwasserstoff enthaltendem Methanol (*Araki*, J. chem. Soc. Japan **65** [1944] 627, 630; C. A. **1948** 1210).

$Kp_{0,05}$: $101-102°$; n_D^{25}: 1,4533; $[\alpha]_D^{17}$: $-6,9°$ [W.] (Präparat von zweifelhafter Ein= heitlichkeit).

[3,4-Dimethoxy-tetrahydro-[2]furyl]-methoxy-acetaldehyd-dimethylacetal $C_{11}H_{22}O_6$.

a) **Tri-O-methyl-3,6-anhydro-D-glucose-dimethylacetal** $C_{11}H_{22}O_6$, Formel IX.

B. Beim Behandeln von Methyl-[di-O-methyl-3,6-anhydro-α-D-glucopyranosid] oder von Methyl-[di-O-methyl-3,6-anhydro-β-D-glucopyranosid] mit Chlorwasserstoff ent= haltendem Methanol und Behandeln des Reaktionsprodukts mit Methyljodid und Silber= oxid (*Haworth et al.*, Soc. **1941** 88, 101).

Flüssigkeit. n_D^{18}: 1,4480. $[\alpha]_D^{18}$: $-6°$ [W.; c = 2].

b) **Tri-O-methyl-3,6-anhydro-D-galactose-dimethylacetal** $C_{11}H_{22}O_6$, Formel V (R = CH₃).

B. Beim Behandeln von (6Ξ)-6-Methoxy-L-1,4-anhydro-galactit [S. 2283] (*Araki, Arai*,

J. chem. Soc. Japan **64** [1943] 201, 205; C. A. **1947** 3765), von 3,6-Anhydro-D-galactose-dimethylacetal (*Haworth et al.*, Soc. **1940** 620, 631; *Araki, Arai*, J. chem. Soc. Japan **64** 206), von O^4-Methyl-3,6-anhydro-D-galactose-dimethylacetal (*Araki, Arai*, J. chem. Soc. Japan **63** [1942] 1720, 1725; C. A. **1947** 3765) oder von O^2,O^4-Dimethyl-3,6-anhydro-D-galactose-dimethylacetal (*Ha. et al.*, l. c. S. 628; s. a. *Araki*, J. chem. Soc. Japan **61** [1940] 705, 708; C. A. **1943** 90) mit Methyljodid und Silberoxid.

Flüssigkeit; n_D^{18}: 1,4450; $[\alpha]_D^{12}$: $+41°$ [W.; c = 1] (*Ha. et al.*, l. c. S. 628). n_D^{20}: 1,4433; $[\alpha]_D^{26}$: $+31,4°$ [W.; c = 0,7] (*Araki, Arai*, J. chem. Soc. Japan **64** 207).

VIII   IX   X   XI

c) **Tri-O-methyl-3,6-anhydro-L-galactose-dimethylacetal** $C_{11}H_{22}O_6$, Formel XI (R = CH_3).

Konstitutionszuordnung: *Araki*, J. chem. Soc. Japan **61** [1940] 705; C. A. **1943** 90.

B. Beim Behandeln von O^2-Methyl-3,6-anhydro-L-galactose-dimethylacetal mit Methyljodid und Silberoxid (*Araki*, J. chem. Soc. Japan **61** [1940] 775, 780; C. A. **1943** 90). Beim Behandeln von Methyl-[di-O-methyl-3,6-anhydro-β-L-galactopyranosid] mit Chlorwasserstoff enthaltendem Methanol und Behandeln des Reaktionsprodukts mit Methyljodid und Silberoxid (*Araki*, J. chem. Soc. Japan **59** [1938] 304, 309; C. A. **1938** 9045).

$Kp_{0,08}$: $84-86°$; n_D^{25}: 1,4435; $[\alpha]_D^{32}$: $-24,0°$ [W.; c = 0,7]; $[\alpha]_D^{32}$: $-13,5°$ [A.; c = 0,7] (*Araki*, J. chem. Soc. Japan **59** 310). $Kp_{0,06}$: $84-86°$; n_D^{25}: 1,4420; $[\alpha]_D^{8}$: $-24,1°$ [W.; c = 1] (*Ar.*, J. chem. Soc. Japan **61** 780).

(S)-Acetoxy-[($2R$)-$3t,4c$-diacetoxy-tetrahydro-[$2r$]furyl]-acetaldehyd-dimethylacetal, Tri-O-acetyl-3,6-anhydro-L-galactose-dimethylacetal $C_{14}H_{22}O_9$, Formel VI (R = $CO-CH_3$) auf S. 2283.

B. Beim Behandeln von 3,6-Anhydro-L-galactose-dimethylacetal mit Acetanhydrid und Pyridin (*Araki*, J. chem. Soc. Japan **65** [1944] 725, 727; C. A. **1947** 3496).

n_D^{25}: 1,4522. $[\alpha]_D^{24}$: $+10,05°$ [$CHCl_3$; c = 1].

(R)-Methoxy-[($2S$)-$3t$-methoxy-$4c$-(4-nitro-benzoyloxy)-tetrahydro-[$2r$]furyl]-acetaldehyd-dimethylacetal, O^2,O^4-Dimethyl-O^5-[4-nitro-benzoyl]-3,6-anhydro-D-galactose-dimethylacetal $C_{17}H_{23}NO_9$, Formel X (R = $CO-C_6H_4-NO_2$).

B. Beim Behandeln von O^2,O^4-Dimethyl-3,6-anhydro-D-galactose-dimethylacetal mit 4-Nitro-benzoylchlorid und Pyridin (*Haworth et al.*, Soc. **1940** 620, 627).

Bei $215°/0,03$ Torr destillierbar. n_D^{20}: 1,4513.

(S)-[($2R$)-$3t,4c$-Bis-benzoyloxy-tetrahydro-[$2r$]furyl]-methoxy-acetaldehyd-dimethylacetal, O^4,O^5-Dibenzoyl-O^2-methyl-3,6-anhydro-L-galactose-dimethylacetal $C_{23}H_{26}O_8$, Formel XI (R = $CO-C_6H_5$).

B. Beim Behandeln von O^2-Methyl-3,6-anhydro-L-galactose-dimethylacetal mit Benzoylchlorid und Pyridin (*Araki*, J. chem. Soc. Japan **61** [1940] 775, 780; C. A. **1943** 90).

$[\alpha]_D^{22}$: $+89,2°$ [$CHCl_3$; c = 0,8].

(R)-[($2S$)-$3t,4c$-Bis-(4-nitro-benzoyloxy)-tetrahydro-[$2r$]furyl]-[4-nitro-benzoyloxy]-acetaldehyd-dimethylacetal, Tris-O-[4-nitro-benzoyl]-3,6-anhydro-D-galactose-dimethylacetal $C_{29}H_{25}N_3O_{15}$, Formel V (R = $CO-C_6H_4-NO_2$) auf S. 2283.

B. Beim Behandeln von 3,6-Anhydro-D-galactose-dimethylacetal mit 4-Nitro-benzoylchlorid und Pyridin (*Haworth et al.*, Soc. **1940** 620, 631; *Araki, Arai*, J. chem. Soc. Japan **64** [1943] 201, 204, 207; C. A. **1947** 3765).

Krystalle (aus Ae. + Acn. + PAe.), F: 112° (*Ha. et al.*); Krystalle (aus Acn. + A.,)

F: 137°; $[\alpha]_D^{25}$: $+1,2°$ (Anfangswert) $\rightarrow +8,2°$ (nach 43 h) [Acn.; c = 1]; $[\alpha]_D^{19}$: $-4,4°$ [CHCl$_3$; c = 0,7] (*Ar., Arai*).

Hydroxy-[4-hydroxy-3-(3,4,5-trihydroxy-6-hydroxymethyl-tetrahydro-pyran-2-yloxy)-tetrahydro-[2]furyl]-acetaldehyd-dimethylacetal $C_{14}H_{26}O_{11}$.

a) **O^4-β-D-Galactopyranosyl-3,6-anhydro-D-galactose-dimethylacetal, Carrabiose-dimethylacetal** $C_{14}H_{26}O_{11}$, Formel XII (R = H).

B. Beim Erwärmen von Methyl-[O^4-β-D-galactopyranosyl-3,6-anhydro-β-D-galacto=pyranosid] mit Chlorwasserstoff enthaltendem Methanol (*Araki, Hirase*, Bl. chem. Soc. Japan **29** [1956] 770, 773). Beim Behandeln von O^2,O^5-Diacetyl-O^4-[tetra-O-acetyl-β-D-galactopyranosyl]-3,6-anhydro-D-galactose-dimethylacetal mit Natriummethylat in Methanol (*Ar., Hi.*, l. c. S. 774).

Amorph. $[\alpha]_D^{12}$: $+26,4°$ [W.; c = 0,3]; $[\alpha]_D^{11}$: $+28,0°$ [Me.; c = 1]. Hygroskopisch.

b) **O^4-β-D-Galactopyranosyl-3,6-anhydro-L-galactose-dimethylacetal, Agarobiose-dimethylacetal** $C_{14}H_{26}O_{11}$, Formel XIII (R = H).

Gewinnung aus Agar-Agar mit Hilfe von Chlorwasserstoff enthaltendem Methanol: *Araki, Hirase*, Bl. chem. Soc. Japan **27** [1954] 109, 110; *Clingman et al.*, Soc. **1957** 197, 201; aus dem Schleim von Gloiopeltis furcata mit Hilfe von Chlorwasserstoff enthalten-dem Methanol: *Hirase et al.*, Bl. chem. Soc. Japan **31** [1958] 428, 430.

B. Beim Erwärmen von Agarobiose (S. 2282) mit Chlorwasserstoff enthaltendem Methanol (*Hirase*, Bl. chem. Soc. Japan **30** [1957] 75, 79). Beim Erwärmen von Agarobiose-diäthyldithioacetal (S. 2289) mit Methanol, Quecksilber(II)-chlorid und Quecksilber(II)-oxid (*Ar., Hi.*, l. c. S. 111).

Krystalle; F: 165—166° [unkorr.; aus Me. + Acn.] (*Hi. et al.*, l. c. S. 430), 163—164° [korr.; aus A.] (*Cl. et al.*, l. c. S. 202), 162—164° [unkorr.; aus A.] (*Ar. ,Hi.*). $[\alpha]_D^{10}$: $-29,3°$ [W.; c = 1,5]; $[\alpha]_D^{10}$: $-38,7°$ [Me.; c = 1,5] (*Hi. et al.*); $[\alpha]_D^{10}$: $-29,1°$ [W.; c = 2]; $[\alpha]_D^{10}$: $-37,4°$ [Me.; c = 1] (*Ar., Hi.*); $[\alpha]_D^{18}$: $-36,0°$ [Me.; c = 1] (*Cl. et al.*).

XII   XIII

Methoxy-[4-methoxy-3-(3,4,5-trimethoxy-6-methoxymethyl-tetrahydro-pyran-2-yloxy)-tetrahydro-[2]furyl]-acetaldehyd-dimethylacetal $C_{20}H_{38}O_{11}$.

a) **O^2,O^5-Dimethyl-O^4-[tetra-O-methyl-β-D-galactopyranosyl]-3,6-anhydro-D-galactose-dimethylacetal, Hexa-O-methyl-carrabiose-dimethylacetal** $C_{20}H_{38}O_{11}$, Formel XII (R = CH$_3$).

B. Beim Behandeln von Hexa-O-acetyl-carrabiose-dimethylacetal (S. 2287) mit wss. Aceton, Dimethylsulfat und wss. Kalilauge und Behandeln des Reaktionsprodukts mit Methyljodid und Silberoxid (*Araki, Hirase*, Bl. chem. Soc. Japan **29** [1956] 770, 774).

Öl. $[\alpha]_D^{11}$: $+25,0°$ [W.; c = 0,8]; $[\alpha]_D^{11}$: $+6,9°$ [CHCl$_3$; c = 0,9].

b) **O^2,O^5-Dimethyl-O^4-[tetra-O-methyl-β-D-galactopyranosyl]-3,6-anhydro-L-galactose-dimethylacetal, Hexa-O-methyl-agarobiose-dimethylacetal** $C_{20}H_{38}O_{11}$, Formel XIII (R = CH$_3$).

B. Beim Behandeln von Agarobiose (S. 2282) mit Chlorwasserstoff enthaltendem Meth=anol und Behandeln des Reaktionsprodukts mit Methyljodid und Silberoxid (*Araki*, J. chem. Soc. Japan **65** [1944] 533, 536; C. A. **1948** 1210). Beim Behandeln von Hexa-O-methyl-agarobiose (S. 2282) mit Chlorwasserstoff enthaltendem Methanol (*Ar.*).

n_D^{25}: 1,4632. $[\alpha]_D^{23}$: $-11,0°$ [W.; c = 1]; $[\alpha]_D^{23}$: $-29,5°$ [CHCl$_3$; c = 1]; $[\alpha]_D^{23}$: $-29,0°$ [A.; c = 1].

Acetoxy-[4-acetoxy-3-(3,4,5-triacetoxy-6-acetoxymethyl-tetrahydro-pyran-2-yloxy)-tetrahydro-[2]furyl]-acetaldehyd-dimethylacetal $C_{26}H_{38}O_{17}$.

a) *O^2,O^5*-Diacetyl-*O^4*-[tetra-*O*-acetyl-*β*-D-galactopyranosyl]-3,6-anhydro-D-galactose-dimethylacetal, **Hexa-*O*-acetyl-carrabiose-dimethylacetal** $C_{26}H_{38}O_{17}$, Formel XII (R = CO-CH₃).

B. Beim Behandeln von Carrabiose-dimethylacetal (S. 2286) mit Acetanhydrid und Pyridin (*Araki, Hirase*, Bl. chem. Soc. Japan **29** [1956] 770, 774).

Krystalle (aus wss. A.); F: 147—149°. $[α]_D^{16}$: —16,3° [Bzl.; c = 1].

b) *O^2,O^5*-Diacetyl-*O^4*-[tetra-*O*-acetyl-*β*-D-galactopyranosyl]-3,6-anhydro-L-galactose-dimethylacetal, **Hexa-*O*-acetyl-agarobiose-dimethylacetal** $C_{26}H_{38}O_{17}$, Formel XIII (R = CO-CH₃).

B. Beim Behandeln von Agarobiose-dimethylacetal (S. 2286) mit Acetanhydrid und Pyridin (*Araki, Hirase*, Bl. chem. Soc. Japan **27** [1954] 109, 110; *Clingman et al.*, Soc. **1957** 197, 202; *Hirase et al.*, Bl. chem. Soc. Japan **31** [1958] 428, 430).

Krystalle; F: 137,5—138,5° [korr.; aus Me.] (*Cl. et al.*), 136—137° [unkorr.; aus wss. Me.] (*Hi. et al.*). $[α]_D^{10}$: —12,5° [Bzl.; c = 1]; $[α]_D^{10}$: —5,8° [CHCl₃; c = 1] (*Hi. et al.*); $[α]_D^{18}$: —13,5° [Bzl.; c = 1] (*Cl. et al.*).

(S)-[(2S)-3*t*,4*c*-Bis-(toluol-4-sulfonyloxy)-tetrahydro-[2*r*]furyl]-methoxy-acetaldehyd-dimethylacetal, *O^2*-Methyl-*O^4,O^5*-bis-[toluol-4-sulfonyl]-3,6-anhydro-L-galactose-dimethylacetal $C_{23}H_{30}O_{10}S_2$, Formel XI (R = SO₂-C₆H₄-CH₃) auf S. 2285.

B. Beim Behandeln von *O^2*-Methyl-3,6-anhydro-L-galactose-dimethylacetal mit Toluol-4-sulfonylchlorid und Pyridin (*Araki*, J. chem. Soc. Japan **61** [1940] 775, 778; C. A. **1943** 90).

Öl. $[α]_D^{23}$: —16,1° [CHCl₃; c = 0,7].

(2S)-2-[(1R,2Ξ)-2-Methoxy-1,2-bis-(4-nitro-benzoyloxy)-äthyl]-3*t*,4*c*-bis-[4-nitro-benzoyloxy]-tetrahydro-furan, (6Ξ)-6-Methoxy-tetrakis-*O*-[4-nitro-benzoyl]-L-1,4-anhydro-galactit $C_{35}H_{26}N_4O_{18}$, Formel IV (R = CO-C₆H₄-NO₂) auf S. 2283.

B. Beim Behandeln von (6Ξ)-6-Methoxy-L-1,4-anhydro-galactit (S. 2283) mit 4-Nitrobenzoylchlorid und Pyridin (*Araki, Arai*, J. chem. Soc. Japan **64** [1943] 201, 206; C. A. **1947** 3765).

Krystalle (aus Acn. + A.); F: 142—143°. $[α]_D^{20}$: —37,3° [CHCl₃; c = 1]; $[α]_D^{31}$: —45,0° [Acn.; c = 1].

[4-Hydroxy-3-methoxy-tetrahydro-[2]furyl]-methoxy-acetaldehyd-phenylimin, 4-Methoxy-5-[1-methoxy-2-phenylimino-äthyl]-tetrahydro-furan-3-ol $C_{14}H_{19}NO_4$.

a) *O^2,O^4*-Dimethyl-3,6-anhydro-D-galactose-phenylimin $C_{14}H_{19}NO_4$, Formel I, und cyclische Tautomere ((1R)-3ξ-Anilino-4*c*,8*anti*-dimethoxy-(1*rC*⁸)-2,6-dioxa-bicyclo[3.2.1]-octan, *O^2,O^4*-Dimethyl-*N*-phenyl-3,6-anhydro-ξ-D-galactopyranosylamin $C_{14}H_{19}NO_4$ [Formel II (R = C₆H₅)]).

B. Beim Erwärmen von *O^2,O^4*-Dimethyl-3,6-anhydro-D-galactose mit Anilin und Äthanol (*Forbes, Percival*, Soc. **1939** 1844, 1848; *Haworth et al.*, Soc. **1940** 620, 625; *Araki, Arai*, J. chem. Soc. Japan **61** [1940] 503, 508; C. A. **1943** 89).

Krystalle; F: 123° [aus A. + Ae.] (*Ha. et al.*), 118° [aus A.] (*Fo., Pe.*; *Araki, Arai*) $[α]_D^{18}$: +56° (Endwert) [A.] (*Ha. et al.*); $[α]_D^{20}$: +100° (Anfangswert) → +72° (nach 30 min) → +61° (nach 12 h) → +56° (Endwert nach 24 h) [A.] (*Fo., Pe.*).

I   II   III   IV

b) O^2,O^4-Dimethyl-3,6-anhydro-L-galactose-phenylimin $C_{14}H_{19}NO_4$, Formel III, und cyclische Tautomere ((1S)-3ξ-Anilino-4c,8anti-dimethoxy-(1rC⁸)-2,6-dioxa-bicyclo=[3.2.1]octan, O^2,O^4-Dimethyl-N-phenyl-3,6-anhydro-ξ-L-galactopyranosylamin $C_{14}H_{19}NO_4$ [Formel IV (R = C_6H_5)]).

B. Beim Erwärmen von O^2,O^4-Dimethyl-3,6-anhydro-L-galactose mit Anilin und Äthanol (*Araki, Arai*, J. chem. Soc. Japan **61** [1940] 503, 510; C. A. **1943** 89).

Krystalle (aus A.); F: 117—118° (*Araki, Arai*), 117° (*Percival, Forbes*, Nature **142** [1938] 1076).

(S)-[(2S)-3c-Hydroxy-4c-methoxy-tetrahydro-[2r]furyl]-methoxy-acetaldehyd-phenyl=imin, O^2,O^5-Dimethyl-3,6-anhydro-D-glucose-phenylimin $C_{14}H_{19}NO_4$, Formel V, und cyclische Tautomere ((3aS)-2ξ-Anilino-3c,6t-dimethoxy-(3ar,6ac)-hexahydro-furo=[3,2-b]furan, O^2,O^5-Dimethyl-N-phenyl-3,6-anhydro-ξ-D-glucofuranosylamin $C_{14}H_{19}NO_4$, [Formel VI]).

B. Beim Erwärmen von O^2,O^5-Dimethyl-3,6-anhydro-D-glucose mit Anilin und Äthanol (*Haworth et al.*, Soc. **1941** 88, 92, 95).

Krystalle (aus A. + Ae.); F: 96°. $[\alpha]_D^{18}$: +143° [A.; c = 1].

(S)-[(2R)-3c,4c-Dihydroxy-tetrahydro-[2r]furyl]-hydroxy-acetaldehyd-phenylhydrazon, 3,6-Anhydro-D-glucose-phenylhydrazon $C_{12}H_{16}N_2O_4$, Formel VII (R = X = H).

B. Aus 3,6-Anhydro-D-glucose und Phenylhydrazin (*Fischer, Zach*, B. **45** [1912] 456, 462; *Ohle et al.*, B. **61** [1928] 1211, 1216).

Krystalle (aus W.); F: 157—158° [korr.] (*Fi., Zach*), 157° (*Ohle et al.*).

(S)-[(2R)-3c,4c-Dihydroxy-tetrahydro-[2r]furyl]-hydroxy-acetaldehyd-[4-brom-phenyl=hydrazon], 3,6-Anhydro-D-glucose-[4-brom-phenylhydrazon] $C_{12}H_{15}BrN_2O_4$, Formel VII (R = H, X = Br).

B. Aus 3,6-Anhydro-D-glucose und [4-Brom-phenyl]-hydrazin (*Fischer et al.*, B. **53** [1920] 873, 880).

Krystalle (aus Py. + Ae.); F: 184° [korr.]. $[\alpha]_D^{16}$: −18,9° (nach 10 min) → $[\alpha]_D^{16}$: −10,8° (Endwert nach 6 h) [Py.].

V   VI   VII

[3,4-Dihydroxy-tetrahydro-[2]furyl]-hydroxy-acetaldehyd-diphenylhydrazon $C_{18}H_{20}N_2O_4$.

a) 3,6-Anhydro-D-galactose-diphenylhydrazon $C_{18}H_{20}N_2O_4$, Formel VIII.

B. Aus 3,6-Anhydro-D-galactose und N,N-Diphenyl-hydrazin (*Araki, Hirase*, Bl. chem. Soc. Japan **29** [1956] 770, 773).

F: 153—155° [unkorr.]. $[\alpha]_D^{14}$: +34,5° (Anfangswert) → +23,6° (nach 24 h) [Me.; c = 0,6].

b) 3,6-Anhydro-L-galactose-diphenylhydrazon $C_{18}H_{20}N_2O_4$, Formel IX (R = C_6H_5).

B. Beim Erwärmen von 3,6-Anhydro-L-galactose mit N,N-Diphenyl-hydrazin in Äthanol (*Araki*, J. chem. Soc. Japan **65** [1944] 725, 728; C. A. **1947** 3496; *Araki, Hirase*, Bl. chem. Soc. Japan **26** [1953] 463, 466).

Krystalle; F: 154° [unkorr.] (*Ar., Hi.*), 153° [aus Bzl.] (*Ar.*). $[\alpha]_D^6$: −34,1° (nach 5 min) → −24,5° (Endwert nach 90 min) [Me.; c = 1] (*Ar.*); $[\alpha]_D^{15}$: −34,3° (Anfangswert) → −24,1° (nach 24 h) [Me.; c = 1] (*Ar., Hi.*).

[3,4-Dihydroxy-tetrahydro-[2]furyl]-hydroxy-acetaldehyd-[benzyl-phenyl-hydrazon] $C_{19}H_{22}N_2O_4$.

a) 3,6-Anhydro-D-mannose-[benzyl-phenyl-hydrazon] $C_{19}H_{22}N_2O_4$, Formel X.

B. Beim Erwärmen von 3,6-Anhydro-D-mannose mit N-Benzyl-N-phenyl-hydrazin in

Äthanol (*Valentin*, Collect. **6** [1934] 354, 369).

Krystalle (aus Bzl.); F: 144—145°. $[\alpha]_D$: +43,6° [Me.; c = 3].

VIII   IX   X

b) **3,6-Anhydro-L-galactose-[benzyl-phenyl-hydrazon]** $C_{19}H_{22}N_2O_4$, Formel IX (R = CH_2-C_6H_5).

B. Beim Erwärmen von 3,6-Anhydro-L-galactose mit *N*-Benzyl-*N*-phenyl-hydrazin in Äthanol (*Araki*, J. chem. Soc. Japan **65** [1944] 725, 729; C. A. **1947** 3496).

Krystalle (aus Me. + Bzl.); F: 163°. $[\alpha]_D^7$: —5,0° [Me.; c = 0,6].

(S)-Hydroxy-[(2R)-3c-hydroxy-4c-(toluol-4-sulfonyloxy)-tetrahydro-[2r]furyl]-acet⸗ aldehyd-[4-nitro-phenylhydrazon], O^5-[Toluol-4-sulfonyl]-3,6-anhydro-D-glucose- [4-nitro-phenylhydrazon] $C_{19}H_{21}N_3O_8S$, Formel VII (R = SO_2-C_6H_4-CH_3, X = NO_2).

B. Aus O^5-[Toluol-4-sulfonyl]-3,6-anhydro-D-glucose und [4-Nitro-phenyl]-hydrazin (*Ohle*, *Euler*, B. **63** [1930] 1796, 1802).

Gelbe Krystalle (aus wss. A.); F: 92—93°. $[\alpha]_D^{19}$: —23,4° [Py.; c = 3].

[3,4-Dihydroxy-tetrahydro-[2]furyl]-hydroxy-acetaldehyd-diäthyldithioacetal $C_{10}H_{20}O_4S_2$.

a) **3,6-Anhydro-D-galactose-diäthyldithioacetal** $C_{10}H_{20}O_4S_2$, Formel XI (R = C_2H_5).

Gewinnung aus einer Polysaccharid-Fraktion aus Chondrus crispus mit Hilfe von wss. Salzsäure und Äthanthiol: *Percival*, Chem. and Ind. **1954** 1487; *O'Neill*, Am. Soc. **77** [1955] 2837.

B. Beim Behandeln von 3,6-Anhydro-D-galactose (*Akiya*, *Hamada*, J. pharm. Soc. Japan **78** [1958] 119, 121, 122; C. A. **1958** 10892) oder von Methyl-[3,6-anhydro-α-D-galactopyranosid] (*O'Ne.*; *Ak.*, *Ha.*) mit wss. Salzsäure und Äthanthiol.

Krystalle (aus E. + PAe.); F: 113,5° (*Ak.*, *Ha.*), 112—113° (*O'Ne.*), 110° (*Pe.*). $[\alpha]_D^{18}$: —12,0° [W.; c = 2] (*Pe.*); $[\alpha]_D^{26}$: —9,1° [W.; c = 1] (*O'Ne.*); $[\alpha]_D^{32}$: —12,5° [W.; c = 2] (*Ak.*, *Ha.*); $[\alpha]_D^{26}$: +27,0° [Py.; c = 1] (*O'Ne.*); $[\alpha]_D^{18}$: +21,0° [A.; c = 2] (*Pe.*).

Beim Erwärmen mit Raney-Nickel und wss. Äthanol ist D-3,6-Anhydro-1-desoxy-galactit erhalten worden (*Ak.*, *Ha.*, l. c. S. 122).

b) **3,6-Anhydro-L-galactose-diäthyldithioacetal** $C_{10}H_{20}O_4S_2$, Formel XII (R = C_2H_5, X = H).

Gewinnung aus Agar-Agar mit Hilfe von wss. Salzsäure und Äthanthiol: *Araki*, *Hirase*, Bl. chem. Soc. Japan **26** [1953] 463, 465.

B. Beim Behandeln von 3,6-Anhydro-L-galactose-dimethylacetal mit wss. Salzsäure und Äthanthiol (*Ar.*, *Hi.*).

Krystalle (aus E. + PAe.); F: 110—111° [unkorr.]. $[\alpha]_D^{15}$: +14,4° [W.; c = 1]; $[\alpha]_D^{15}$: —26,3° [Py.; c = 1]; $[\alpha]_D^{15}$: —21,0° [A.; c = 2].

(S)-[(2R)-3t,4c-Bis-(4-nitro-benzoyloxy)-tetrahydro-[2r]furyl]-[4-nitro-benzoyloxy]- acetaldehyd-diäthyldithioacetal, Tris-O-[4-nitro-benzoyl]-3,6-anhydro-L-galactose- diäthyldithioacetal $C_{31}H_{29}N_3O_{13}S_2$, Formel XII (R = C_2H_5, X = CO-C_6H_4-NO_2).

B. Beim Behandeln von 3,6-Anhydro-L-galactose-diäthyldithioacetal mit 4-Nitro-benzoylchlorid und Pyridin (*Araki*, *Hirase*, Bl. chem. Soc. Japan **26** [1953] 463, 466).

Krystalle (aus A. + E.); F: 140—142° [unkorr.]. $[\alpha]_D^6$: +18,5° [CHCl$_3$; c = 1].

O^4-β-D-Galactopyranosyl-3,6-anhydro-L-galactose-diäthyldithioacetal, Agarobiose- diäthyldithioacetal $C_{16}H_{30}O_9S_2$, Formel XIII (R = C_2H_5, X = H).

Gewinnung aus Agar-Agar mit Hilfe von wss. Salzsäure und Äthanthiol und Reinigung

über das Hexa-O-acetyl-Derivat: *Hirase, Araki*, Bl. chem. Soc. Japan **27** [1954] 105, 107.
Krystalle (aus A.); F: 171—172°. $[\alpha]_D^{26}$: —8,5° [W.; c = 3]; $[\alpha]_D^{26}$: —51,7° [Py.; c = 1,5]; $[\alpha]_D^{26}$: —20,9° [Me.; c = 1].

XI   XII   XIII

O^2,O^5-Dimethyl-O^4-[tetra-O-methyl-β-D-galactopyranosyl]-3,6-anhydro-L-galactose-diäthyldithioacetal, **Hexa-O-methyl-agarobiose-diäthyldithioacetal** $C_{22}H_{42}O_9S_2$, Formel XIII (R = C_2H_5, X = CH_3).
B. Beim Behandeln von Hexa-O-acetyl-agarobiose-diäthyldithioacetal (s. u.) mit Dimethylsulfat, wss. Natronlauge und wss. Aceton (*Hirase, Araki*, Bl. chem. Soc. Japan **27** [1954] 105, 108).
$Kp_{0,04}$: 188—191°. n_D^{25}: 1,4952. $[\alpha]_D^{10}$: —17,5° [CHCl$_3$; c = 1]; $[\alpha]_D^{10}$: —12,5° [A.; c = 1].

O^2,O^5-Diacetyl-O^4-[tetra-O-acetyl-β-D-galactopyranosyl]-3,6-anhydro-L-galactose-diäthyldithioacetal, **Hexa-O-acetyl-agarobiose-diäthyldithioacetal** $C_{28}H_{42}O_{15}S_2$, Formel XIII (R = C_2H_5, X = CO-CH$_3$).
B. Beim Behandeln von Agarobiose-diäthyldithioacetal (S. 2289) mit Acetanhydrid und Pyridin (*Hirase, Araki*, Bl. chem. Soc. Japan **27** [1954] 105, 107).
Krystalle (aus wss. Me.); F: 101—103,5° [unkorr.]. $[\alpha]_D^{26}$: —22,1° [Bzl.; c = 1]; $[\alpha]_D^{26}$: —11,8° [CHCl$_3$; c = 1]; $[\alpha]_D^{26}$: —16,7° [A.; c = 1].

(3R)-3r,4c-Dihydroxy-4t-hydroxymethyl-5c-methyl-dihydro-furan-2-on, 3-Hydroxy-methyl-5-desoxy-L-lyxonsäure-4-lacton, L - D i h y d r o s t r e p t o s o n s ä u r e - l a c t o n $C_6H_{10}O_5$, Formel I.
B. Beim Behandeln von Tetra-O-acetyl-dihydrostreptobiosamin (O^2-[Tri-O-acetyl-2-(acetyl-methyl-amino)-2-desoxy-α-L-glucopyranosyl]-3-hydroxymethyl-5-desoxy-L-lyxose) oder von Penta-O-acetyl-dihydrostreptobiosamin (3-Acetoxymethyl-O^2-[tri-O-acetyl-2-(acetyl-methyl-amino)-2-desoxy-α-L-glucopyranosyl]-5-desoxy-L-lyxose) mit Brom in Wasser und mit Strontiumcarbonat und Erhitzen des Reaktionsprodukts mit verd. wss. Salzsäure (*Kuehl et al.*, Am. Soc. **71** [1949] 1445, 1447).
Krystalle (aus CHCl$_3$ + Butanon); F: 143—144°. $[\alpha]_D$: —32° [W.; c = 0,4].

(3R)-3r,4c-Dihydroxy-5t-hydroxymethyl-3-methyl-dihydro-furan-2-on, 2-Methyl-D-ribonsäure-4-lacton $C_6H_{10}O_5$, Formel II (H 160; E I 386; E II 143; dort als S a c c h a r i n und als G l u c o s a c c h a r i n bezeichnet).
Konfigurationszuordnung: *Sowden, Strobach*, Am. Soc. **82** [1960] 3707.
B. Neben anderen Verbindungen beim Behandeln von D-Glucose oder von D-Fructose mit Calciumhydroxid in Wasser (*Kenner, Richards*, Soc. **1954** 1784, 1787, 1788).
Krystalle (aus Acn.); F: 164,5—165°. $[\alpha]_D^{20}$: +92,8° [W.; c = 2].

3-Hydroxy-3,5-bis-hydroxymethyl-dihydro-furan-2-on $C_6H_{10}O_5$.
a) **(3S)-3r-Hydroxy-3,5t-bis-hydroxymethyl-dihydro-furan-2-on, 2-Hydroxymethyl-D-*erythro*-3-desoxy-pentonsäure-4-lacton** $C_6H_{10}O_5$, Formel III (H 161; E I 386; dort als α-*d*-I s o s a c c h a r i n bezeichnet).
Konfigurationszuordnung: *Werner et al.*, Acta cryst. [B] **25** [1969] 714; *Hughes et al.*, Soc. [B] **1970** 983.
Krystalle (aus E.), F: 94—96°; $[\alpha]_D^{20}$: +60,3° [W.; c = 4] (*Corbett, Kenner*, Soc. **1954** 1789).

I   II   III   IV

b) **(3R)-3r-Hydroxy-3,5c-bis-hydroxymethyl-dihydro-furan-2-on, 2-Hydroxymethyl-D-*threo*-3-desoxy-pentonsäure-4-lacton** $C_6H_{10}O_5$, Formel IV (E I 387; dort als β-d-Iso= saccharin bezeichnet).

Konfigurationszuordnung: *Hughes et al.*, Soc. [B] **1970** 983.

$[\alpha]_D^{22}$: $+8,5°$ [W.; c = 1] (*Corbett, Kenner*, Soc. **1954** 1789).

3,4-Dihydroxy-5-hydroxymethyl-tetrahydro-furan-2-carbaldehyd $C_6H_{10}O_5$.

a) **(2R)-3c,4t-Dihydroxy-5c-hydroxymethyl-tetrahydro-furan-2r-carbaldehyd**, $C_6H_{10}O_5$, Formel V, und cyclische Tautomere; **2,5-Anhydro-D-glucose, Epichitose**.

Konstitution und Konfiguration: *Levene*, Bio. Z. **124** [1921] 37, 47; *Levene*, J. biol. Chem. **59** [1924] 135.

B. Beim Erwärmen von D-Mannosamin-hydrochlorid (2-Amino-2-desoxy-D-mannose-hydrochlorid) mit Wasser und Quecksilber(II)-oxid (*Levene*, J. biol. Chem. **39** [1919] 69, 76; Bio. Z. **124** 78).

Krystalle (aus Me.), F: 240° [korr.; Zers.]; $[\alpha]_D^{25}$: $-96°$ [W.; c = 2] (*Le.*, Bio. Z. **124** 78).

b) **(2S)-3t,4c-Dihydroxy-5t-hydroxymethyl-tetrahydro-furan-2r-carbaldehyd**, $C_6H_{10}O_5$, Formel VI (R = H), und cyclische Tautomere; **2,5-Anhydro-D-mannose, Chitose** (H 161; E I 387).

Konfigurationszuordnung: *Peat*, Adv. Carbohydrate Chem. **2** [1946] 37, 60; *Akiya, Osawa*, J. pharm. Soc. Japan **74** [1954] 1259; C. A. **1955** 14649; *Bera et al.*, Soc. **1956** 4531.

Gewinnung aus sog. Chitosan: *Matsushima, Fujii*, Bl. chem. Soc. Japan **30** [1957] 48.

B. Beim Behandeln von D-Glucosamin-hydrochlorid (2-Amino-2-desoxy-D-glucose-hydrochlorid) mit wss. Salzsäure und Silbernitrit (*Levene, Ulpts*, J. biol. Chem. **64** [1925] 475, 478; *Ak., Os.*, l. c. S. 1261), mit wss. Salzsäure und Natriumnitrit (*Bera et al.*, l. c. S. 4534) oder mit wss. Essigsäure und Natriumnitrit (*Grant*, New Zealand J. Sci. Technol. [B] **37** [1956] 509, 517). Reinigung über das Diphenylhydrazon (S. 2292): *Ak., Os.*

Öl; $[\alpha]_D^{20}$: $+70,8°$ (nach 10 min) $\rightarrow$ $+53,8°$ (nach 30 min) $\rightarrow$ $+21,9°$ (nach 1 h) [W.; c = 3] (*Ak., Os.*).

Hydrierung an Raney-Nickel in Wasser unter Bildung von 2,5-Anhydro-D-mannit (E III/IV **17** 2649): *Ak., Os.*; *Bera et al.*

V   VI   VII   VIII

c) **(2R)-3c,4t-Dihydroxy-5t-hydroxymethyl-tetrahydro-furan-2r-carbaldehyd**, **2,5-Anhydro-L-idose** $C_6H_{10}O_5$, Formel VII.

B. Beim Erwärmen von O^1,O^2-Isopropyliden-5,6-anhydro-α-D-glucofuranose mit wss. Schwefelsäure (*Dekker, Hashizume*, Arch. Biochem. **78** [1958] 348, 353).

$[\alpha]_D^{25}$: $+11,0°$ [W.; c = 2].

Beim Erhitzen mit wss. Salzsäure ist 5-Hydroxymethyl-furan-2-carbaldehyd erhalten worden (*De., Ha.*, l. c. S. 351, 356).

Charakterisierung als Diphenylhydrazon (F: 154—156°): *De., Ha.*

d) **(2S)-3t,4t-Dihydroxy-5t-hydroxymethyl-tetrahydro-furan-2r-carbaldehyd**, **2,5-Anhydro-D-talose, Chondrose** $C_6H_{10}O_5$, Formel VIII.

B. Beim Behandeln von D-Galactosamin-hydrochlorid (2-Amino-2-desoxy-D-galactose-hydrochlorid) mit wss. Salzsäure und Silbernitrit (*Levene, Ulpts*, J. biol. Chem. **64**

[1925] 475, 480; *Nagaoka*, Tohoku J. exp. Med. **53** [1950] 21, 24).

[α]$_D^{22}$: $+20°$ [wss. Salzsäure] (*Le.*, *Ul.*).

(2S)-4c-Hydroxy-5t-hydroxymethyl-3t-methoxy-tetrahydro-furan-2r-carbaldehyd, $C_7H_{12}O_5$, Formel IX, und cyclische Tautomere; **O^3-Methyl-2,5-anhydro-D-mannose.**

B. Beim Erhitzen von O^4,O^6-Äthyliden-O^3-methyl-2,5-anhydro-D-mannose mit Wasser und einem sauren Ionenaustauscher (*Akiya*, *Osawa*, J. pharm. Soc. Japan **76** [1956] 1276, 1279; C. A. **1957** 4284).

Öl. [α]$_D^{25}$: $+44°$ [A.; c = 2].

(2S)-3t,4c-Dimethoxy-5t-methoxymethyl-tetrahydro-furan-2r-carbaldehyd, Tri-O-methyl-2,5-anhydro-D-mannose, Tri-O-methyl-chitose $C_9H_{16}O_5$, Formel VI (R = CH_3).

B. Bei mehrtägigem Behandeln von Tri-O-methyl-chitose-dimethylacetal (s. u.) mit wss. Salzsäure (*Grant*, New Zealand J. Sci. Technol. [B] **37** [1956] 509, 518). Beim Behandeln von Tri-O-methyl-chitose-diäthyldithioacetal (S. 2294) mit wss. Aceton, Quecksilber(II)-chlorid und Cadmiumcarbonat (*Gr.*, l. c. S. 519).

$Kp_{0,1}$: 120°.

(2S)-3t,4c-Dihydroxy-5t-hydroxymethyl-tetrahydro-furan-2r-carbaldehyd-dimethylacetal, 2,5-Anhydro-D-mannose-dimethylacetal, Chitose-dimethylacetal $C_8H_{16}O_6$, Formel X (R = H).

Diese Verbindung hat möglicherweise auch in dem früher (s. H **18** 161) beschriebenen Methylchitosid vorgelegen (*Grant*, New Zealand J. Sci. Technol. [B] **37** [1956] 509, 513).

B. Beim Behandeln von Chitose (S. 2291) mit Methanol und wss.-methanol. Salzsäure (*Gr.*).

Öl; [α]$_D^{15}$: $+31,0°$ [W.; c = 10].

IX   X   XI

(2S)-3t,4c-Dimethoxy-5t-methoxymethyl-tetrahydro-furan-2r-carbaldehyd-dimethylacetal, Tri-O-methyl-2,5-anhydro-D-mannose-dimethylacetal, Tri-O-methyl-chitose-dimethylacetal $C_{11}H_{22}O_6$, Formel X (R = CH_3).

B. Beim Behandeln von Chitose-dimethylacetal (s. o.) mit Dimethylsulfat und wss. Natronlauge (*Grant*, New Zealand J. Sci. Technol. [B] **37** [1956] 509, 518).

$Kp_{0,1}$: 90°. [α]$_D^{15}$: $+39,8°$ [W.; c = 8].

(2R)-3t,4c-Dihydroxy-5t-hydroxymethyl-tetrahydro-furan-2r-carbaldehyd-[4-nitro-phenylhydrazon], 2,5-Anhydro-D-mannose-[4-nitro-phenylhydrazon], Chitose-[4-nitro-phenylhydrazon] $C_{12}H_{15}N_3O_6$, Formel XI (R = H, X = NH-C_6H_4-NO_2).

B. Aus Chitose (S. 2291) und [4-Nitro-phenyl]-hydrazin (*Grant*, New Zealand J. Sci. Technol. [B] **37** [1956] 509, 516).

Krystalle (aus A.); F: 185° [unkorr.]. [α]$_D^{20}$: $+7,1°$ [A.; c = 1].

(2R)-3t,4c-Dihydroxy-5t-hydroxymethyl-tetrahydro-furan-2r-carbaldehyd-[2,4-dinitro-phenylhydrazon], 2,5-Anhydro-D-mannose-[2,4-dinitro-phenylhydrazon], Chitose-[2,4-dinitro-phenylhydrazon] $C_{12}H_{14}N_4O_8$, Formel XI (R = H, X = NH-$C_6H_3(NO_2)_2$).

B. Aus Chitose (S. 2291) und [2,4-Dinitro-phenyl]-hydrazin (*Grant*, New Zealand J. Sci. Technol. [B] **37** [1956] 509, 516).

Gelbe Krystalle (aus A. oder Me.); F: 175° [unkorr.]. [α]$_D^{19}$: $+49,8°$ [Me.; c = 0,6].

3,4-Dihydroxy-5-hydroxymethyl-tetrahydro-furan-2-carbaldehyd-diphenylhydrazon $C_{18}H_{20}N_2O_4$.

a) **2,5-Anhydro-D-mannose-diphenylhydrazon, Chitose-diphenylhydrazon** $C_{18}H_{20}N_2O_4$, Formel XI (R = H, X = N(C_6H_5)$_2$).

B. Aus Chitose (S. 2291) und *N,N*-Diphenyl-hydrazin (*Schorigin*, *Makarowa-Semljans-*

kaja, B. **68** [1935] 965, 968; *Akiya, Osawa*, J. pharm. Soc. Japan **74** [1954] 1259, 1261; C. A. **1955** 14 649).

Krystalle (aus W.); F: 144—145° (*Sch., Ma.-Se.*; *Ak., Os.*). $[\alpha]_D^{20}$: +30,0° [A.; c = 2] (*Ak., Os.*); $[\alpha]_D$: +28,8° [Me.] (*Sch., Ma.-Se.*).

b) **2,5-Anhydro-L-idose-diphenylhydrazon** $C_{18}H_{20}N_2O_4$, Formel XII.

B. Aus 2,5-Anhydro-L-idose und *N,N*-Diphenyl-hydrazin (*Dekker, Hashizume*, Arch. Biochem. **78** [1958] 348, 354).

Krystalle (aus W.); F: 154—156°.

XII   XIII

3,4-Dihydroxy-5-hydroxymethyl-tetrahydro-furan-2-carbaldehyd-[benzyl-phenyl-hydr=azon] $C_{19}H_{22}N_2O_4$.

a) **2,5-Anhydro-D-mannose-[benzyl-phenyl-hydrazon], Chitose-[benzyl-phenyl-hydrazon]** $C_{19}H_{22}N_2O_4$, Formel XI (R = H, X = N(C_6H_5)-CH_2-C_6H_5).

B. Aus Chitose (S. 2291) und *N*-Benzyl-*N*-phenyl-hydrazin (*Grant*, New Zealand J. Sci. Technol. [B] **37** [1956] 509, 516).

Krystalle (aus wss. A.), F: 85°; $[\alpha]_D^{20}$: +50,3° [A.; c = 3] (*Gr.*). F: 177—178°; $[\alpha]_D^{17}$: +84,6° (nach 3 min) → +61,2° (Endwert) [W.; c = 2] (*Nagaoka*, Tohoku J. exp. Med. **53** [1950] 21, 23).

b) **2,5-Anhydro-D-talose-[benzyl-phenyl-hydrazon], Chondrose-[benzyl-phenyl-hydrazon]** $C_{19}H_{22}N_2O_4$, Formel XIII.

B. Aus Chondrose (S. 2291) und *N*-Benzyl-*N*-phenyl-hydrazin (*Nagaoka*, Tohoku J. exp. Med. **53** [1950] 21, 24).

Zers. bei 164—165°. $[\alpha]_D^{17}$: +36,2° (3 min) → +93,1° (Endwert) [W.; c = 1,7].

(2R)-3t,4c-Dimethoxy-5t-methoxymethyl-tetrahydro-furan-2r-carbaldehyd-semicarbazon, Tri-O-methyl-2,5-anhydro-D-mannose-semicarbazon, Tri-O-methyl-chitose-semicarbazon $C_{10}H_{19}N_3O_5$, Formel XI (R = CH_3, X = NH-CO-NH_2).

B. Aus Tri-*O*-methyl-chitose (S. 2292) und Semicarbazid (*Grant*, New Zealand J. Sci. Technol. [B] **37** [1956] 509, 518).

Krystalle (aus Me.); F: 148° [unkorr.]. $[\alpha]_D^{20}$: +37,5° [Me.; c = 0,01].

(2S)-3t,4c-Dihydroxy-5t-hydroxymethyl-tetrahydro-furan-2r-carbaldehyd-diäthyl=dithioacetal, 2,5-Anhydro-D-mannose-diäthyldithioacetal, Chitose-diäthyldithioacetal $C_{10}H_{20}O_4S_2$, Formel XIV (R = H).

B. Beim Behandeln von Chitose (S. 2291) mit konz. wss. Salzsäure und Äthanthiol (*Grant*, New Zealand J. Sci. Technol. [B] **37** [1956] 509, 518).

Öl. $[\alpha]_D^{15}$: +60,4° [Acn.; c = 2].

XIV   XV   XVI

(2S)-3t,4c-Dimethoxy-5t-methoxymethyl-tetrahydro-furan-2r-carbaldehyd-diäthyl=
dithioacetal, Tri-O-methyl-2,5-anhydro-D-mannose-diäthyldithioacetal, Tri-O-methyl-
chitose-diäthyldithioacetal $C_{13}H_{26}O_4S_2$, Formel XIV (R = CH_3).

B. Beim Behandeln von Chitose-diäthyldithioacetal (S. 2293) mit Dimethylsulfat und
wss. Natronlauge und anschliessend mit Methyljodid (*Grant*, New Zealand J. Sci. Technol.
[B] **37** [1956] 509, 519).

$Kp_{0,1}$: 135°. $[\alpha]_D^{20}$: +32,2° [Acn.; c = 5].

(±)-3-Hydroxy-4,4-bis-hydroxymethyl-dihydro-furan-2-on, (±)-2,4-Dihydroxy-3,3-bis-
hydroxymethyl-buttersäure-4-lacton $C_6H_{10}O_5$, Formel XV
(H 161; dort als α-Oxy-β.β-bis-oxymethyl-butyrolacton bezeichnet).

Krystalle (aus A.), F: 156°; der früher (s. H 161) angegebene Schmelzpunkt (F: 184°)
ist nicht wieder beobachtet worden (*Rinkes*, *van Schelven*, R. **66** [1947] 758).

D-lyxo-3,4-Epoxy-1,5,6-trihydroxy-hexan-2-on $C_6H_{10}O_5$, Formel XVI, und cyclische
Tautomere; **3,4-Anhydro-D-tagatose.**

B. Beim Erwärmen von O^1,O^2-Isopropyliden-3,4-anhydro-β-D-tagatopyranose mit wss.
Schwefelsäure (*Ohle*, *Schultz*, B. **71** [1938] 2302, 2312).

Krystalle (aus Me. + Isopropylalkohol); F: 142—145° [Zers.]. $[\alpha]_D^{20}$: —56,0° → +16,8°
(Endwert nach 21 h) [W.; c = 1].

Hydroxy-oxo-Verbindungen $C_7H_{12}O_5$

(3R)-3r,4c-Dihydroxy-5t-methoxy-6,6-dimethyl-tetrahydro-pyran-2-on, L-lyxo-2,3,5-Tri=
hydroxy-4-methoxy-5-methyl-hexansäure-5-lacton, 5,O⁴-Dimethyl-L-lyxo-6-desoxy-
hexonsäure-5-lacton, Novionsäure-5-lacton $C_8H_{14}O_5$, Formel XVII.

B. Beim Erhitzen von Methyl-ξ-noviosid (E III/IV **17** 2652) mit wss. Salzsäure und
Behandeln der mit Natriumhydrogencarbonat neutralisierten Reaktionslösung mit Brom
(*Walton et al.*, Am. Soc. **80** [1958] 5168, 5170).

Krystalle (aus Ae.); F: 111—113°. $[\alpha]_D^{25}$: —35° [wss. Salzsäure (0,1n); c = 1]; $[\alpha]_D^{25}$:
+14° [wss. Natronlauge (0,1n); c = 1].

(2S)-4t,5c-Diacetoxy-6t-acetoxymethyl-tetrahydro-pyran-2r-carbaldehyd-diäthylacetal,
Tri-O-acetyl-D-manno-2,6-anhydro-3-desoxy-heptose-diäthylacetal $C_{17}H_{28}O_9$, Formel
XVIII.

Diese Konstitution und Konfiguration kommt vermutlich der nachstehend beschriebenen Verbindung zu (vgl. *Rosenthal et al.*, Canad. J. Chem. **45** [1967] 1525, 1531).

B. Beim Behandeln von Tri-O-acetyl-D-glucal (Tri-O-acetyl-D-arabino-1,5-anhydro-
2-desoxy-hex-1-enit [E III/IV **17** 2333]) mit Kohlenmonoxid, Wasserstoff, Orthoameisen=
säure-triäthylester, Benzol und Kobalt(II)-acetat bei 110—150°/110 at (*Rosenthal et al.*,
Sci. **123** [1956] 1177).

Krystalle (aus E. + PAe.), F: 76,5—78°; $[\alpha]_D^{24}$: +100° [A.; c = 0,2] (*Ro. et al.*, Sci.
123 1178).

3,4-Dihydroxy-5-[α-hydroxy-isopropyl]-dihydro-furan-2-on, 2,3,4,5-Tetrahydroxy-
5-methyl-hexansäure-4-lacton $C_7H_{12}O_5$.

a) **(3R)-3r,4c-Dihydroxy-5t-[α-hydroxy-isopropyl]-dihydro-furan-2-on, 5-Methyl-**
D-ribo-6-desoxy-hexonsäure-4-lacton $C_7H_{12}O_5$, Formel XIX.

B. Beim Behandeln von Methyl-[O^2,O^3-isopropyliden-5-methyl-ξ-D-ribo-6-desoxy-
hexofuranosid] mit wss. Salzsäure und Behandeln der mit Natriumhydrogencarbonat
neutralisierten Reaktionslösung mit Brom (*Walton et al.*, Am. Soc. **80** [1958] 5168, 5173).

Krystalle (aus Me. + Ae.); F: 132—133°. $[\alpha]_D^{25}$: +15° [Acn.; c = 0,4].

b) **(3R)-3r,4c-Dihydroxy-5c-[α-hydroxy-isopropyl]-dihydro-furan-2-on, 5-Methyl-**
L-lyxo-6-desoxy-hexonsäure-4-lacton $C_7H_{12}O_5$, Formel XX.

B. Beim Behandeln von Methyl-[O^2,O^3-isopropyliden-5-methyl-α-L-lyxo-6-desoxy-
hexofuranosid] mit wss. Salzsäure und Behandeln der mit Natriumhydrogencarbonat

neutralisierten Reaktionslösung mit Brom (*Walton et al.*, Am. Soc. **80** [1958] 5168, 5171). Öl.

Charakterisierung durch Überführung in O^2,O^3-Isopropyliden-5-methyl-L-*lyxo*-6-desoxy-hexonsäure-4-lacton (F: 128—129°): *Wa. et al.*

XVII   XVIII   XIX   XX

Hydroxy-oxo-Verbindungen $C_8H_{14}O_5$

(±)-**3,3,5-Tris-benzoyloxymethyl-tetrahydro-pyran-4-on** $C_{29}H_{26}O_8$, Formel XXI.

B. Beim Erhitzen von (±)-3,3-Bis-hydroxymethyl-5-piperidinomethyl-tetrahydro-pyran-4-on mit Benzoylchlorid (*Olsen et al.*, A. **628** [1959] 1, 11, 35).

Krystalle (aus A. + E.); F: 172—173° [Kofler-App.].

Hydroxy-oxo-Verbindungen $C_{12}H_{22}O_5$

5,5,6-Trimethyl-6-[1,2,3-triacetoxy-butyl]-tetrahydro-pyran-2-on, 6,7,8-Triacetoxy-5-hydroxy-4,4,5-trimethyl-nonansäure-lacton $C_{18}H_{28}O_8$, Formel XXII (R = CO-CH₃).

Die Identität des von *Gorter* (s. E II **18** 143) unter dieser Konstitution beschriebenen Dihydrohyptolids ist ungewiss (*Birch, Butler*, Soc. **1964** 4167). [*Blazek*]

XXI   XXII

Hydroxy-oxo-Verbindungen $C_nH_{2n-4}O_5$

Hydroxy-oxo-Verbindungen $C_4H_4O_5$

(±)-**3-Hydroxy-5-methoxy-4-phenylacetylimino-dihydro-furan-2-on,** (±)-**2,4-Dihydroxy-4-methoxy-3-phenylacetylimino-buttersäure-4-lacton** $C_{13}H_{13}NO_5$, Formel I (R = CH₃, X = H), und (±)-**3-Hydroxy-5-methoxy-4-[phenylacetyl-amino]-5H-furan-2-on,** (±)-**2,4-Dihydroxy-4-methoxy-3-[phenylacetyl-amino]-cis-crotonsäure-4-lacton** $C_{13}H_{13}NO_5$, Formel II (R = CH₃, X = H).

B. Beim Erwärmen von (±)-3,5-Dihydroxy-4-phenylacetylimino-dihydro-furan-2-on (⇌ 2-Hydroxy-4-oxo-3-phenylacetylimino-buttersäure) mit Methanol (*Cornforth, Cornforth*, Soc. **1957** 158, 160).

Krystalle (aus Bzl.); F: 117—118°.

(±)-**5-Äthoxy-3-hydroxy-4-phenylacetylimino-dihydro-furan-2-on,** (±)-**4-Äthoxy-2,4-dihydroxy-3-phenylacetylimino-buttersäure-4-lacton** $C_{14}H_{15}NO_5$, Formel I (R = C₂H₅, X = H), und (±)-**5-Äthoxy-3-hydroxy-4-[phenylacetyl-amino]-5H-furan-2-on,** (±)-**4-Äthoxy-2,4-dihydroxy-3-[phenylacetyl-amino]-cis-crotonsäure-4-lacton** $C_{14}H_{15}NO_5$, Formel II (R = C₂H₅, X = H).

B. Beim Erwärmen von (±)-3,5-Dihydroxy-4-phenylacetylimino-dihydro-furan-2-on (⇌ 2-Hydroxy-4-oxo-3-phenylacetylimino-buttersäure) mit Äthanol (*Cornforth, Cornforth*, Soc. **1957** 158, 160).

Krystalle (aus A.); F: 175° [im vorgeheizten Bad]. Absorptionsmaximum (A.): 280 nm.

(±)-5-Äthoxy-3-methoxy-4-phenylacetylimino-dihydro-furan-2-on, (±)-4-Äthoxy-4-hydroxy-2-methoxy-3-phenylacetylimino-buttersäure-lacton $C_{15}H_{17}NO_5$, Formel I ($R = C_2H_5$, $X = CH_3$), und (±)-5-Äthoxy-3-methoxy-4-[phenylacetyl-amino]-5*H*-furan-2-on, (±)-4-Äthoxy-4-hydroxy-2-methoxy-3-[phenylacetyl-amino]-*cis*-crotonsäure-lacton $C_{15}H_{17}NO_5$, Formel II ($R = C_2H_5$, $X = CH_3$).

B. Beim Behandeln einer Lösung von (±)-5-Äthoxy-3-hydroxy-4-phenylacetylimino-dihydro-furan-2-on in Chloroform mit Diazomethan in Äther (*Cornforth, Cornforth*, Soc. **1957** 158, 160).

Krystalle (aus Ae. + PAe.); F: 110—111°. Absorptionsmaximum (A.): 275 nm.

(±)-3-Hydroxy-5-isopropoxy-4-phenylacetylimino-dihydro-furan-2-on, (±)-2,4-Dihydr-oxy-4-isopropoxy-3-phenylacetylimino-buttersäure-4-lacton $C_{15}H_{17}NO_5$, Formel I ($R = CH(CH_3)_2$, $X = H$), und (±)-3-Hydroxy-5-isopropoxy-4-[phenylacetyl-amino]-5*H*-furan-2-on, (±)-2,4-Dihydroxy-4-isopropoxy-3-[phenylacetyl-amino]-*cis*-crotonsäure-4-lacton $C_{15}H_{17}NO_5$, Formel II ($R = CH(CH_3)_2$, $X = H$).

B. Beim Erwärmen von (±)-3,5-Dihydroxy-4-phenylacetylimino-dihydro-furan-2-on (⇌ 2-Hydroxy-4-oxo-3-phenylacetylimino-buttersäure) mit Isopropylalkohol (*Cornforth, Cornforth*, Soc. **1957** 158, 160).

Krystalle (aus Bzl. + PAe. oder aus Ae.); F: 126—128°.

(±)-5-*tert*-Butoxy-3-hydroxy-4-phenylacetylimino-dihydro-furan-2-on, (±)-4-*tert*-Butoxy-2,4-dihydroxy-3-phenylacetylimino-buttersäure-4-lacton $C_{16}H_{19}NO_5$, Formel I ($R = C(CH_3)_3$, $X = H$), und (±)-5-*tert*-Butoxy-3-hydroxy-4-[phenylacetyl-amino]-5*H*-furan-2-on, (±)-4-*tert*-Butoxy-2,4-dihydroxy-3-[phenylacetyl-amino]-*cis*-croton-säure-4-lacton $C_{16}H_{19}NO_5$, Formel II ($R = C(CH_3)_3$, $X = H$).

B. Beim Erwärmen von (±)-3,5-Dihydroxy-4-phenylacetylimino-dihydro-furan-2-on (⇌ 2-Hydroxy-4-oxo-3-phenylacetylimino-buttersäure) mit *tert*-Butylalkohol (*Cornforth, Cornforth*, Soc. **1957** 158, 160).

Krystalle (aus Ae.); F: 136—138°.

I II III

(±)-5-Benzyloxy-3-hydroxy-4-phenylacetylimino-dihydro-furan-2-on, (±)-4-Benzyloxy-2,4-dihydroxy-3-phenylacetylimino-buttersäure-4-lacton $C_{19}H_{17}NO_5$, Formel I ($R = CH_2-C_6H_5$, $X = H$), und (±)-5-Benzyloxy-3-hydroxy-4-[phenylacetyl-amino]-5*H*-furan-2-on, (±)-4-Benzyloxy-2,4-dihydroxy-3-[phenylacetyl-amino]-*cis*-crotonsäure-4-lacton $C_{19}H_{17}NO_5$, Formel II ($R = CH_2-C_6H_5$, $X = H$).

B. Beim Erhitzen von (±)-3,5-Dihydroxy-4-phenylacetylimino-dihydro-furan-2-on (⇌ 2-Hydroxy-4-oxo-3-phenylacetylimino-buttersäure) mit Benzylalkohol und Benzol (*Cornforth, Cornforth*, Soc. **1957** 158, 160).

Krystalle (aus Bzl.); F: 158—160°.

(±)-5-Benzyloxy-3-methoxy-4-phenylacetylimino-dihydro-furan-2-on, (±)-4-Benzyloxy-4-hydroxy-2-methoxy-3-phenylacetylimino-buttersäure-lacton $C_{20}H_{19}NO_5$, Formel I ($R = CH_2-C_6H_5$, $X = CH_3$), und (±)-5-Benzyloxy-3-methoxy-4-[phenylacetyl-amino]-5*H*-furan-2-on, (±)-4-Benzyloxy-4-hydroxy-2-methoxy-3-[phenylacetyl-amino]-*cis*-crotonsäure-lacton $C_{20}H_{19}NO_5$, Formel II ($R = CH_2-C_6H_5$, $X = CH_3$).

B. Beim Behandeln einer Lösung von (±)-5-Benzyloxy-3-hydroxy-4-phenylacetyl-imino-dihydro-furan-2-on in Chloroform mit Diazomethan in Äther (*Cornforth, Cornforth*, Soc. **1957** 158, 161).

Krystalle (aus Bzl. + PAe.); F: 113—114°.

(R,R)-2,3-Diacetoxy-bernsteinsäure-anhydrid, Di-*O*-acetyl-L_g-weinsäure-anhydrid, Di-*O*-acetyl-L-threarsäure-anhydrid $C_8H_8O_7$, Formel III ($R = CO-CH_3$) (H 162; E I 387; E II 143).

B. Aus L_g-Weinsäure beim Erwärmen mit Chlorwasserstoff enthaltendem Acetanhydrid

(*Lucas, Baumgarten*, Am. Soc. **63** [1941] 1653, 1655), beim Erwärmen mit Acetanhydrid und wenig Schwefelsäure (*Shriner, Furrow*, Org. Synth. Coll. Vol. IV [1963] 242; vgl. H 162) sowie beim Erhitzen mit Acetanhydrid und Phosphorsäure auf 120° (*Emulsol Corp.*, U.S.P. 2520139 [1948]).

F: 137,5° [nach Sublimation im Kohlenmonoxid-Strom] (*Klemenc et al.*, M. **66** [1935] 337, 340), 135° (*Emulsol Corp.*), 134° (*Lu., Ba.*), 133—134° (*Sh., Fu.*). $[\alpha]_D^{20}$: +97,2° [CHCl$_3$; c = 0,5] (*Sh., Fu.*).

Pyrolyse im Kohlendioxid-Strom und im Kohlenmonoxid-Strom bei 700° (Bildung von Kohlensuboxid [vgl. E I 387; E II 143]): *Kl. et al.*; über den Mechanismus der Pyrolyse s. *Crombie et al.*, Soc. [C] **1968** 130.

2,3-Bis-benzoyloxy-bernsteinsäure-anhydrid C$_{18}$H$_{12}$O$_7$.

a) **meso-2,3-Bis-benzoyloxy-bernsteinsäure-anhydrid, Di-O-benzoyl-mesoweinsäure-anhydrid, Di-O-benzoyl-erythrarsäure-anhydrid** C$_{18}$H$_{12}$O$_7$, Formel IV (R = CO-C$_6$H$_5$).

Eine von *Brigl, Grüner* (B. **65** [1932] 641) unter dieser Konstitution und Konfiguration beschriebene Verbindung ist als Di-O-benzoyl-mesoweinsäure (E III **9** 869) zu formulieren (*Ness et al.*, Am. Soc. **73** [1951] 4761).

B. Beim Behandeln einer Lösung von Di-O-benzoyl-mesoweinsäure in Tetrahydrofuran mit Thionylchlorid (*Ness et al.*).

Krystalle (aus Tetrahydrofuran + Pentan); F: 139—142° [nach Sintern bei 111°] (*Ness et al.*).

Gegen Wasser nicht beständig (*Ness et al.*).

b) **(R,R)-2,3-Bis-benzoyloxy-bernsteinsäure-anhydrid, Di-O-benzoyl-L$_g$-weinsäure-anhydrid, Di-O-benzoyl-L-threarsäure-anhydrid** C$_{18}$H$_{12}$O$_7$, Formel III (R = CO-C$_6$H$_5$) (H 162; E II 143).

B. Beim Erhitzen von L$_g$-Weinsäure mit Benzoylchlorid (3 Mol) auf 150° (*Butler, Cretcher*, Am. Soc. **55** [1933] 2605; vgl. H 162; E II 143). Beim Behandeln von Di-O-benzoyl-L$_g$-weinsäure mit Thionylchlorid, mit Phosphor(V)-chlorid oder mit Thionyl= chlorid und wenig Zinkchlorid (*Lucas, Baumgarten*, Am. Soc. **63** [1941] 1653, 1655).

F: 195—199° (*Ettlinger*, Am. Soc. **72** [1950] 4792, 4794 Anm. 28), 193° (*Lu., Ba.*).

c) **(S,S)-2,3-Bis-benzoyloxy-bernsteinsäure-anhydrid, Di-O-benzoyl-D$_g$-weinsäure-anhydrid, Di-O-benzoyl-D-threarsäure-anhydrid** C$_{18}$H$_{12}$O$_7$, Formel V (R = CO-C$_6$H$_5$).

B. Beim Erhitzen von D$_g$-Weinsäure mit Benzoylchlorid (3 Mol) auf 150° (*Semonsky et al.*, Collect. **21** [1956] 382, 386).

Krystalle (aus E.); F: 194—196° [korr.; nach Sintern bei 192°]. $[\alpha]_D^{20}$: —161° [Acn.; c = 1].

d) **racem.-2,3-Bis-benzoyloxy-bernsteinsäure-anhydrid, Di-O-benzoyl-DL-weinsäure-anhydrid, Di-O-benzoyl-DL-threarsäure-anhydrid, Di-O-benzoyl-traubensäure-anhydrid** C$_{18}$H$_{12}$O$_7$, Formel V (R = CO-C$_6$H$_5$) + Spiegelbild.

B. Beim Erhitzen von DL-Weinsäure mit Benzoylchlorid (Überschuss) auf 100° bzw. 150° (*Brigl, Grüner*, B. **65** [1932] 641, 643; *Sörensen et al.*, A. **543** [1940] 132, 140).

Krystalle; F: 182° (*Br., Gr.*), 175—177° [korr.] (*Sö. et al.*).

IV   V   VI   VII

2,3-Bis-p-toluoyloxy-bernsteinsäure-anhydrid C$_{20}$H$_{16}$O$_7$.

a) **(R,R)-2,3-Bis-p-toluoyloxy-bernsteinsäure-anhydrid, Di-O-p-toluoyl-L$_g$-weinsäure-anhydrid, Di-O-p-toluoyl-L-threarsäure-anhydrid** C$_{20}$H$_{16}$O$_7$, Formel III (R = CO-C$_6$H$_4$-CH$_3$).

B. Beim Erhitzen von L$_g$-Weinsäure mit p-Toluoylchlorid bis auf 140° (*Stoll, Hofmann*, Helv. **26** [1943] 922, 925).

Krystalle (aus E.); F: 197—198° [Zers.; korr.]. $[\alpha]_D^{20}$: +195° [Acn.; c = 0,5].

b) **(S,S)-2,3-Bis-p-toluoyloxy-bernsteinsäure-anhydrid, Di-O-p-toluoyl-D$_g$-weinsäure-anhydrid, Di-O-p-toluoyl-D-threarsäure-anhydrid** $C_{20}H_{16}O_7$, Formel V (R = CO-C$_6$H$_4$-CH$_3$).

B. Beim Erhitzen von D$_g$-Weinsäure mit *p*-Toluoylchlorid bis auf 140° (*Stoll, Hofmann,* Helv. **26** [1943] 922, 925).

$[\alpha]_D^{20}$: −195 °[Acn.; c = 0,5].

c) *racem.*-**2,3-Bis-p-toluoyloxy-bernsteinsäure-anhydrid, Di-O-p-toluoyl-DL-weinsäure-anhydrid, Di-O-p-toluoyl-DL-threarsäure-anhydrid,** Di-O-*p*-toluoyl-trauben-säure-anhydrid $C_{20}H_{16}O_7$, Formel V (R = CO-C$_6$H$_4$-CH$_3$) + Spiegelbild.

B. Beim Erhitzen von DL-Weinsäure mit *p*-Toluoylchlorid bis auf 140° (*Hunt,* Soc. **1957** 1926).

Krystalle (aus Xylol); F: 162−163°.

2,5-Bis-äthoxycarbonylimino-tetrahydro-furan-3,4-diol $C_{10}H_{14}N_2O_7$, Formel VI (R = C$_2$H$_5$), und **2,5-Bis-äthoxycarbonylamino-furan-3,4-diol** $C_{10}H_{14}N_2O_7$, Formel VII (R = C$_2$H$_5$).

B. Beim Erwärmen von 3,4-Dihydroxy-furan-2,5-dicarbonylazid mit Äthanol (*Darapsky, Stauber,* J. pr. [2] **146** [1936] 209, 216).

Gelbe Krystalle (aus Decalin); F: 147°. Bei vermindertem Druck sublimierbar.

Hydroxy-oxo-Verbindungen $C_5H_6O_5$

3,4-Dihydroxy-5-hydroxymethyl-5H-furan-2on, 2,3,4,5-Tetrahydroxy-pent-2-ensäure-4-lacton, Pent-2-enonsäure-4-lacton $C_5H_6O_5$.

a) **(R)-3,4-Dihydroxy-5-hydroxymethyl-5H-furan-2-on, (R)-2,3,4,5-Tetrahydroxy-pent-2c-ensäure-4-lacton** $C_5H_6O_5$, Formel VIII, und Tautomere.

B. Beim Erwärmen von Benzoyloxyessigsäure-benzylester mit Kalium in Benzol und Erwärmen des Reaktionsgemisches mit (*R*)-2,3-Bis-benzoyloxy-propionsäure-äthylester und Äthanol (*Boehringer Corp.,* U.S.P. 2314946 [1940]). Beim Erwärmen des Kalium-Salzes der O^2,O^3-Isopropyliden-β-D-*threo*-[2]pentulofuranosonsäure mit Chlorwasserstoff in Äthanol (*Hoffmann-La Roche,* Schweiz. P. 197716 [1937]). Beim Erwärmen von O^3,O^4-Isopropyliden-O^2-methyl-ξ-D-*erythro*-[2]pentulofuranosonsäure (nicht charakterisiert) mit wss. Salzsäure (*Hoffmann-La Roche,* Schweiz. P. 200572 [1937]).

Krystalle; F: 156° [aus E.] (*Hoffmann-La Roche*), 154−155° [Kofler-App.; aus E. + PAe.] (*Boehringer Corp.*). $[\alpha]_D^{20}$: −11° [Salzsäure (0,01 n); c = 1] (*Hoffmann-La Roche*).

VIII   IX   X

b) **(S)-3,4-Dihydroxy-5-hydroxymethyl-5H-furan-2-on, (S)-2,3,4,5-Tetrahydroxy-pent-2c-ensäure-4-lacton** $C_5H_6O_5$, Formel IX, und Tautomere.

B. Beim Erwärmen von O^3,O^4-Isopropyliden-O^2-methyl-ξ-L-*erythro*-[2]pentulofuranosonsäure ($[\alpha]_D^{22}$: +121° [Monohydrat]) mit wss. Salzsäure (*Reichstein,* Helv. **17** [1934] 1003, 1007).

Krystalle (aus Acn. + E.), F: 159−161° [Reichert-App.] (*Re.*). Bei 160°/0,001 Torr sublimierbar (*Müller, Reichstein,* Helv. **21** [1938] 273, 276 Anm.). $[\alpha]_D^{23}$: +9,3° [wss. Salzsäure (0,01 n); c = 0,3] (*Re.*).

(±)-2-Hydroxy-2-phenoxymethyl-bernsteinsäure-anhydrid $C_{11}H_{10}O_5$, Formel X.

B. Beim Erwärmen von (±)-2-Hydroxy-2-phenoxymethyl-bernsteinsäure mit Acetylchlorid (*Pfeiffer, Heinrich,* J. pr. [2] **147** [1936] 93, 96).

Krystalle (aus CS$_2$); F: 92°.

Beim Erhitzen mit Aluminiumchlorid auf 120° ist [3-Hydroxy-4-oxo-chroman-3-yl]-essigsäure erhalten worden.

Hydroxy-oxo-Verbindungen $C_6H_8O_5$

(6R)-5-Hydroxy-6-hydroxymethyl-dihydro-pyran-3,4-dion $C_6H_8O_5$, Formel I, und Tautomere (z. B. 4,5-Dihydroxy-6-hydroxymethyl-6H-pyran-3-on) (in der Literatur auch als 2,3-Dioxo-1,5-anhydro-D-glucit bezeichnet).

B. Beim Behandeln von Methyl-α-D-*ribo*-[3]hexosulopyranosid, von Methyl-β-D-*ribo*-[3]hexosulopyranosid oder von Methyl-β-D-*arabino*-[2]hexosulopyranosid mit Calcium= hydroxid in Wasser (*Theander*, Acta chem. scand. **12** [1958] 1887, 1894).

Krystalle; F: 53—55°. Beim Umkrystallisieren erfolgt leicht Zersetzung. $[\alpha]_D^{22}$: +155° [W.?]. Absorptionsspektrum (200—400 nm) von wss. Lösungen vom pH 5 bis pH 12,1: *Th.*, l. c. S. 1892.

Beim Erwärmen mit Raney-Nickel und wss. Äthanol sowie beim Behandeln mit Alkali= boranat in wss. Lösung vom pH 9,5 sind 1,5-Anhydro-D-allit, 1,5-Anhydro-D-mannit, 1,5-Anhydro-D-glucit und 1,5-Anhydro-D-altrit erhalten worden (*Th.*, l. c. S. 1890, 1895).

(6R)-5-Hydroxy-6-hydroxymethyl-dihydro-pyran-3,4-dion-bis-phenylhydrazon $C_{18}H_{20}N_4O_3$, Formel II (X = H), und Tautomere.

Diese Konstitution und Konfiguration kommt der von *Asahina* (s. E I **17**—**19** 122 im Artikel 1.5-Anhydro-*d*-sorbit) beschriebenen Verbindung $C_{18}H_{20}N_4O_3$ zu (*Bergmann, Zervas*, B. **64** [1931] 2032).

B. Beim Behandeln von Tetra-O-acetyl-D-*arabino*-1,5-anhydro-hex-1-enit mit Am= moniak in Methanol oder mit wss. Natronlauge und Behandeln des jeweiligen Reak= tionsprodukts mit wss. Essigsäure und Phenylhydrazin (*Bergmann, Zervas*, B. **64** [1931] 1434, 1436, 2032). Beim Behandeln von Styracit (1,5-Anhydro-D-mannit) oder von Polygalit (1,5-Anhydro-D-glucit) mit wss. Natriumcarbonat-Lösung und Brom und Er= hitzen des Reaktionsprodukts mit wss. Essigsäure und Phenylhydrazin (*Shinoda et al.*, B. **65** [1932] 1219, 1222; J. pharm. Soc. Japan **52** [1932] 817, 820; vgl. E I **17** 122).

Gelbe Krystalle (aus $CHCl_3$); F: 187° [korr.; Zers.] (*Be., Ze.*, l. c. S. 1437). α_D: —1,18° (nach 5 min) → —1,43° (nach 20 min) → —1,17° (nach 3 h) [Eg.; c = 1] [Rohrlänge nicht angegeben]; α_D: +4,54° (nach 5 min) → +0,65° (nach 40 min) → —2,36° (nach 155 min) [Py. + A. (2:3); c = 2] [Rohrlänge nicht angegeben] (*Be., Ze.*, l. c. S. 2033).

Beim Erwärmen mit wss. Essigsäure und Phenylhydrazin ist 6-Hydroxymethyl-pyran-3,4-dion-bis-phenylhydrazon (F: 240—241°; s. S. 1158) erhalten worden (*Corbett*, Soc. **1959** 3213).

I   II   III

(6R)-5-Hydroxy-6-hydroxymethyl-dihydro-pyran-3,4-dion-bis-[2,4-dinitro-phenylhydr= azon] $C_{18}H_{16}N_8O_{11}$, Formel II (X = NO$_2$), und Tautomere.

B. Beim Behandeln einer Lösung von Tetra-O-acetyl-D-*arabino*-1,5-anhydro-hex-1-enit in Äthanol mit [2,4-Dinitro-phenyl]-hydrazin und wss. Salzsäure (*Corbett*, Soc. **1959** 3213, 3215).

Krystalle (aus Acn. + A.); F: 234,5—236°.

6-Hydroxymethyl-5-[3,4,5-trihydroxy-6-hydroxymethyl-tetrahydro-pyran-2-yloxy]-dihydro-pyran-3,4-dion-bis-phenylhydrazon $C_{24}H_{30}N_4O_8$.

a) **(6R)-5-β-D-Glucopyranosyloxy-6-hydroxymethyl-dihydro-pyran-3,4-dion-bis-phenylhydrazon** $C_{24}H_{30}N_4O_8$, Formel III (R = H, X = NH-C$_6$H$_5$), und Tautomere.

B. Beim Behandeln von O^2,O^3,O^6-Triacetyl-O^4-[tetra-O-acetyl-β-D-glucopyranosyl]-D-*arabino*-1,5-anhydro-hex-1-enit (E III/IV **17** 3500) mit Natriummethylat in Methanol und anschliessend mit Phenylhydrazin und wss. Essigsäure (*Bergmann, Grafe*, J. biol. Chem. **110** [1935] 173, 176).

Gelbe Krystalle (aus A.); F: 217—218° [korr.]. $[\alpha]_D^{21}$: +195,5° (nach 10 min) → +4° (nach 120 min) [Py.; c = 3].

b) **(6R)-5-β-D-Galactopyranosyloxy-6-hydroxymethyl-dihydro-pyran-3,4-dion-bis-phenylhydrazon** $C_{24}H_{30}N_4O_8$, Formel IV (X = NH-C_6H_5), und Tautomere.

B. Beim Behandeln von O^2,O^3,O^6-Triacetyl-O^4-[tetra-O-acetyl-β-D-galactopyranosyl]-D-*arabino*-1,5-anhydro-hex-1-enit (E III/IV **17** 3500) mit Natriummethylat in Methanol und anschliessend mit Phenylhydrazin und Essigsäure (*Bergmann, Grafe*, J. biol. Chem. **110** [1935] 173, 178).

Gelbe Krystalle (aus wss. A.); F: 239—240° [korr.; Zers.].

(6R)-6-Acetoxymethyl-5-[tetra-O-acetyl-β-D-glucopyranosyloxy]-dihydro-pyran-3,4-dion-bis-phenylhydrazon $C_{34}H_{40}N_4O_{13}$, Formel III   (R = CO-CH_3, X = NH-C_6H_5), und Tautomere.

B. Beim Erwärmen von O^2,O^3,O^6-Triacetyl-O^4-[tetra-O-acetyl-β-D-glucopyranosyl]-D-*arabino*-1,5-anhydro-hex-1-enit (E III/IV **17** 3500) mit wss. Essigsäure und Phenyl=hydrazin (*Bergmann, Grafe*, J. biol. Chem. **110** [1935] 173, 177).

Gelbe Krystalle (aus A.); F: 175° [Zers.; korr.]. $[\alpha]_D^{21}$: +226° (nach 10 min) → +311° (nach 180 min) [Py.; p = 2].

(2Ξ,6S)-4-Benzoyloxy-6-benzoyloxymethyl-2-methoxy-6H-pyran-3-on $C_{21}H_{18}O_7$, Formel V (R = CH_3).

B. Beim Erwärmen von (2Ξ,6S)-4-Benzoyloxy-6-benzoyloxymethyl-2-brom-6H-pyran-3-on (S. 1128) oder von (2Ξ,6S)-4-Benzoyloxy-6-benzoyloxymethyl-2-chlor-6H-pyran-3-on (S. 1128) mit Methanol (*Maurer, Böhme*, B. **69** [1936] 1399, 1406).

Krystalle (aus Me.); F: 112°. $[\alpha]_D^{20}$: −91,7° [Acn.].

Beim Erhitzen mit Pyridin und Natriumacetat ist 5-Benzoyloxy-2-benzoyloxymethyl-pyran-4-on erhalten worden (*Ma., Bö.*, l. c. S. 1407).

IV   V   VI

(2Ξ,6S)-2-Äthoxy-4-benzoyloxy-6-benzoyloxymethyl-6H-pyran-3-on $C_{22}H_{20}O_7$, Formel V (R = C_2H_5).

B. Beim Erwärmen von (2Ξ,6S)-4-Benzoyloxy-6-benzoyloxymethyl-2-brom-6H-pyran-3-on (S. 1128) oder von (2Ξ,6S)-4-Benzoyloxy-6-benzoyloxymethyl-2-chlor-6H-pyran-3-on (S. 1128) mit Äthanol (*Maurer, Böhme*, B. **69** [1936] 1399, 1405).

Krystalle (aus A.); F: 106°. $[\alpha]_D^{20}$: −97,7° [Acn.].

Bei 3-tägigem Behandeln mit Pyridin ist eine Verbindung $C_{15}H_{14}O_5$ vom F: 158° (vermutlich 2-Äthoxy-6-benzoyloxymethyl-pyran-4-on) erhalten worden (*Ma., Bö.*, l. c. S. 1408).

Semicarbazon $C_{23}H_{23}N_3O_7$. Krystalle (aus A.), F: 158°; $[\alpha]_D^{20}$: −204,1° [Acn.] (*Ma., Bö.*, l. c. S. 1408).

(2Ξ,6S)-4-Benzoyloxy-6-benzoyloxymethyl-2-benzyloxy-6H-pyran-3-on $C_{27}H_{22}O_7$, Formel V (R = CH_2-C_6H_5).

B. Beim Erwärmen von (2Ξ,6S)-4-Benzoyloxy-6-benzoyloxymethyl-2-brom-6H-pyran-3-on (S. 1128) oder von (2Ξ,6S)-4-Benzoyloxy-6-benzoyloxymethyl-2-chlor-6H-pyran-3-on (S. 1128) mit Benzylalkohol (*Maurer, Böhme*, B. **69** [1936] 1399, 1406).

Krystalle (aus $CHCl_3$ + Ae. + PAe. oder aus A.); F: 113°. $[\alpha]_D^{20}$: −92° [Acn.].

Semicarbazon $C_{28}H_{25}N_3O_7$. F: 138°; $[\alpha]_D^{20}$: −210,2° [Acn.] (*Ma., Bö.*, l. c. S. 1408).

(2Ξ,6S)-2-Äthylmercapto-4-benzoyloxy-6-benzoyloxymethyl-6H-pyran-3-on $C_{22}H_{20}O_6S$, Formel VI (R = C_2H_5).

B. Beim Erwärmen von (2Ξ,6S)-4-Benzoyloxy-6-benzoyloxymethyl-2-brom-6H-pyran-

3-on (S. 1128) oder von (2*Ξ*,6*S*)-4-Benzoyloxy-6-benzoyloxymethyl-2-chlor-6*H*-pyran-3-on (S. 1128) mit Äthanthiol und Äther (*Maurer, Böhme*, B. **69** [1936] 1399, 1406). Krystalle (aus CHCl$_3$ + Ae. + PAe.); F: 119°. [α]$_D^{20}$: −113° [Acn.].

3,4-Dihydroxy-5-[1-hydroxy-äthyl]-5*H*-furan-2-on, 2,3,4,5-Tetrahydroxy-hex-2-ensäure-4-lacton, 6-Desoxy-hex-2-enonsäure-4-lacton C$_6$H$_8$O$_5$.

a) (*R*)-3,4-Dihydroxy-5-[(*R*)-1-hydroxy-äthyl]-5*H*-furan-2-on, D-*erythro*-2,3,4,5-Tetrahydroxy-hex-2*c*-ensäure-4-lacton, 6-Desoxy-D-araboascorbinsäure C$_6$H$_8$O$_5$, Formel VII, und Tautomere.

B. Beim Erwärmen von *O*^{2},*O*^{3}-Isopropyliden-β-D-*arabino*-6-desoxy-[2]hexulofuranosonsäure mit wss.-äthanol. Salzsäure (*Morgan, Reichstein*, Helv. **21** [1938] 1459, 1462).

Öl; nicht näher beschrieben.

VII   VIII   IX

b) (*R*)-3,4-Dihydroxy-5-[(*S*)-1-hydroxy-äthyl]-5*H*-furan-2-on, L$_g$-*threo*-2,3,4,5-Tetrahydroxy-hex-2*c*-ensäure-4-lacton, 6-Desoxy-L-ascorbinsäure C$_6$H$_8$O$_5$, Formel VIII, und Tautomere.

B. Beim Erwärmen von *O*^{2},*O*^{3}-Isopropyliden-β-L-*xylo*-6-desoxy-[2]hexulofuranosonsäure mit Chlorwasserstoff enthaltendem Äthanol (*Müller, Reichstein*, Helv. **21** [1938] 273, 276).

Krystalle (aus E.); F: 167−168° [korr.]. Bei 160°/0,001 Torr sublimierbar. [α]$_D^{22}$: +36,7° [wss. Salzsäure (0,01n); c = 1].

(*R*)-5-[(*S*)-1,2-Dihydroxy-äthyl]-4-hydroxy-5*H*-furan-2-on, L$_g$-*threo*-3,4,5,6-Tetrahydroxy-hex-2*c*-ensäure-4-lacton, L-*threo*-2-Desoxy-hex-2*c*-enonsäure-4-lacton, 2-Desoxy-L-ascorbinsäure C$_6$H$_8$O$_5$, Formel IX, und Tautomeres((*R*)-5-[(*S*)-1,2-Dihydroxy-äthyl]-furan-2,4-dion).

B. Beim Erwärmen von (5*R*)-5-[(*S*)-1,2-Dihydroxy-äthyl]-2,4-dioxo-tetrahydro-furan-3-carbonsäure-äthylester mit wss.-methanol. Natronlauge und Eindampfen der mit wss. Salzsäure neutralisierten Reaktionslösung (*Micheel, Hasse*, B. **69** [1936] 879; *Micheel, Mittag*, Z. physiol. Chem. **247** [1937] 34, 40).

Krystalle (aus Eg.); F: 170° [nach Sintern] (*Mi., Ha.*).

5-[1,2-Dihydroxy-äthyl]-3-phenylimino-dihydro-furan-2-on, 4,5,6-Trihydroxy-2-phenylimino-hexansäure-4-lacton C$_{12}$H$_{13}$NO$_4$ und Tautomeres.

a) (*R*)-5-[(*R*)-1,2-Dihydroxy-äthyl]-3-phenylimino-dihydro-furan-2-on, D$_g$-*threo*-4,5,6-Trihydroxy-2-phenylimino-hexansäure-4-lacton C$_{12}$H$_{13}$NO$_4$, Formel X (R = H), und (*R*)-3-Anilino-5-[(*R*)-1,2-dihydroxy-äthyl]-5*H*-furan-2-on, D$_g$-*threo*-2-Anilino-4,5,6-trihydroxy-hex-2*c*-ensäure-4-lacton C$_{12}$H$_{13}$NO$_4$, Formel XI (R = H).

B. Aus (*R*)-3-Anilino-5-[(*R*)-1,2-dihydroxy-äthyl]-5*H*-furan-2-on-imin (S. 2302) bei 2-tägigem Behandeln mit wss. Salzsäure sowie beim Erwärmen mit Wasser (*Kuhn et al.*, A. **628** [1959] 207, 233). Beim Erwärmen von 1-Amino-2-anilino-D-*xylo*-1,4-anhydro-2-desoxy-hex-1-enit mit Wasser (*Kuhn et al.*, l. c. S. 231).

Krystalle (aus W.); F: 144° [unkorr.]. [α]$_D^{20}$: −181° [Me.; c = 0,7]. IR-Spektrum (2,7−15 μ): *Kuhn et al.*, l. c. S. 220. Absorptionsmaxima: 205 nm, 240 nm und 293 nm (*Kuhn*, l. c. S. 233).

| X | XI | XII | XIII |

b) **(S)-5-[(R)-1,2-Dihydroxy-äthyl]-3-phenylimino-dihydro-furan-2-on, D-*erythro*-4,5,6-Trihydroxy-2-phenylimino-hexansäure-4-lacton** $C_{12}H_{13}NO_4$, Formel XII, und **(S)-3-Anilino-5-[(R)-1,2-dihydroxy-äthyl]-5H-furan-2-on, D-*erythro*-2-Anilino-4,5,6-trihydroxy-hex-2c-ensäure-4-lacton** $C_{12}H_{13}NO_4$, Formel XIII.

B. In kleiner Menge bei 2-tägigem Behandeln von (S)-3-Anilino-5-[(R)-1,2-dihydroxy-äthyl]-5H-furan-2-on-imin (s.u.) mit wss. Salzsäure (*Kuhn et al.*, A. **628** [1959] 207, 238).

Krystalle (aus W.); F· 134° [unkorr.]. [α]$_D^{20}$: +115° [Me.; c = 1].

(R)-5-[(R)-1,2-Diacetoxy-äthyl]-3-phenylimino-dihydro-furan-2-on, D$_g$-*threo*-5,6-Diacetoxy-4-hydroxy-2-phenylimino-hexansäure-lacton $C_{16}H_{17}NO_6$, Formel X (R = CO-CH$_3$), und **(R)-3-Anilino-5-[(R)-1,2-diacetoxy-äthyl]-5H-furan-2-on, D$_g$-*threo*-5,6-Diacetoxy-2-anilino-4-hydroxy-hex-2c-ensäure-lacton** $C_{16}H_{17}NO_6$, Formel XI (R = CO-CH$_3$).

B. Beim Behandeln von (R)-3-Anilino-5-[(R)-1,2-dihydroxy-äthyl]-5H-furan-2-on (S. 2301) mit Acetanhydrid und Pyridin (*Kuhn et al.*, A. **628** [1959] 207, 233). Beim Erwärmen des Ammonium-Salzes der 2-Anilino-2-desoxy-D-gulonsäure mit wss. Salzsäure unter Eindampfen und kurzen Erhitzen des Rückstands mit Acetanhydrid und Natriumacetat (*Kuhn et al.*).

Krystalle (aus Me. + W.); F: 87—88°. [α]$_D^{19}$: —124° [Me.; c = 1].

5-[1,2-Dihydroxy-äthyl]-dihydro-furan-2,3-dion-2-imin-3-phenylimin, 4,5,6-Trihydroxy-2-phenylimino-hexanimidsäure-4-lacton $C_{12}H_{14}N_2O_3$, und Tautomeres.

a) **(R)-5-[(R)-1,2-Dihydroxy-äthyl]-dihydro-furan-2,3-dion-2-imin-3-phenylimin, D$_g$-*threo*-4,5,6-Trihydroxy-2-phenylimino-hexanimidsäure-4-lacton** $C_{12}H_{14}N_2O_3$, Formel I, und **(R)-3-Anilino-5-[(R)-1,2-dihydroxy-äthyl]-5H-furan-2-on-imin, D$_g$-*threo*-2-Anilino-4,5,6-trihydroxy-hex-2c-enimidsäure-4-lacton** $C_{12}H_{14}N_2O_3$, Formel II.

B. Beim Erwärmen von 2-Anilino-2-desoxy-D-galactonimidsäure-4-lacton oder von 1-Amino-2-anilino-D-*xylo*-1,4-anhydro-2-desoxy-hex-1-enit mit Methanol (*Kuhn et al.*, A. **628** [1959] 207, 229).

Krystalle (aus Me. + Bzn.); F: 147° [unkorr.]. [α]$_D^{20}$: —122° [Me.; c = 0,5]. IR-Spektrum (2,8—15 μ): *Kuhn et al.*, l. c. S. 220. Absorptionsmaxima: 235 nm und 290 nm.

Hydrochlorid $C_{12}H_{14}N_2O_3 \cdot$HCl. F: 83—87° (*Kuhn et al.*, l. c. S. 233).

Sulfat 2 $C_{12}H_{14}N_2O_3 \cdot H_2SO_4$. Zers. bei 140°.

| I | II | III | IV |

b) **(S)-5-[(R)-1,2-Dihydroxy-äthyl]-dihydro-furan-2,3-dion-2-imin-3-phenylimin, D-*erythro*-4,5,6-Trihydroxy-2-phenylimino-hexanimidsäure-4-lacton** $C_{12}H_{14}N_2O_3$, Formel III, und **(S)-3-Anilino-5-[(R)-1,2-dihydroxy-äthyl]-5H-furan-2-on-imin, D-*erythro*-2-Anilino-4,5,6-trihydroxy-hex-2c-enimidsäure-4-lacton** $C_{12}H_{14}N_2O_3$, Formel IV.

B. Beim Behandeln von 2-Anilino-2-desoxy-D-glucononitril oder von 2-Anilino-2-

desoxy-D-altrononitril mit methanol. Kalilauge (*Kuhn et al.*, A. **628** [1959] 207, 229).
Krystalle (aus Me. + W.); F: 110° [unkorr.]. $[\alpha]_D^{20}$: +74,8° [Me.; c = 1].
Hydrochlorid $C_{12}H_{14}N_2O_3 \cdot HCl$. Krystalle; F: 76—77° (*Kuhn et al.*, l. c. S. 238).

5-[1,2-Dihydroxy-äthyl]-dihydro-furan-2,3-dion-3-phenylhydrazon, 4,5,6-Trihydroxy-2-phenylhydrazono-hexansäure-4-lacton $C_{12}H_{14}N_2O_4$.

a) **(R)-5-[(R)-1,2-Dihydroxy-äthyl]-dihydro-furan-2,3-dion-3-phenylhydrazon,**
D_g-***threo*-4,5,6-Trihydroxy-2-phenylhydrazono-hexansäure-4-lacton**, D_g-*threo*-3-Desoxy-[2]hexulosonsäure-4-lacton-2-phenylhydrazon $C_{12}H_{14}N_2O_4$, Formel V
(R = H), und Tautomere.
B. Neben (R)-5-[(R)-1,2-Dihydroxy-äthyl]-dihydro-furan-2,3-dion-bis-phenylhydrazon
(s. u.) bei kurzem Erhitzen von (R)-3-Anilino-5-[(R)-1,2-dihydroxy-äthyl]-5H-furan-2-on
(S. 2301) oder von (R)-3-Anilino-5-[(R)-1,2-dihydroxy-äthyl]-5H-furan-2-on-imin (S. 2302)
mit wss. Essigsäure und anschliessend mit Phenylhydrazin (*Kuhn et al.*, A. **628** [1959]
207, 236).
Gelbe Krystalle (aus A. oder Eg.); F: 213—214° [unkorr.]. $[\alpha]_D^{18}$: −270° [Py.; c = 0,5].

b) **(S)-5-[(R)-1,2-Dihydroxy-äthyl]-dihydro-furan-2,3-dion-3-phenylhydrazon,**
D-***erythro*-4,5,6-Trihydroxy-2-phenylhydrazono-hexansäure-4-lacton**, D-*erythro*-
3-Desoxy-[2]hexulosonsäure-4-lacton-2-phenylhydrazon $C_{12}H_{14}N_2O_4$,
Formel VI, und Tautomere.
B. Beim Erwärmen von (S)-3-Anilino-5-[(R)-1,2-dihydroxy-äthyl]-5H-furan-2-on-imin
(S. 2302) mit wss. Essigsäure und Phenylhydrazin (*Kuhn et al.*, A. **628** [1959] 207, 238).
Gelbe Krystalle (aus W.); F: 229° [unkorr.; Zers.]. $[\alpha]_D^{19}$: +168° [Py.; c = 2].

V   VI   VII

(R)-5-[(R)-1,2-Diacetoxy-äthyl]-dihydro-furan-2,3-dion-3-phenylhydrazon, D_g-***threo*-
5,6-Diacetoxy-4-hydroxy-2-phenylhydrazono-hexansäure-lacton** $C_{16}H_{18}N_2O_6$, Formel V
(R = CO-CH_3), und Tautomere.
B. Beim Erwärmen von (R)-5-[(R)-1,2-Dihydroxy-äthyl]-dihydro-furan-2,3-dion-
3-phenylhydrazon (s. o.) mit Acetanhydrid und Pyridin (*Kuhn et al.*, A. **628** [1959] 207,
236).
Krystalle (aus A. + Acn. + Bzn.); F: 188° [unkorr.]. $[\alpha]_D^{20}$: −137° [Py.; c = 0,8].

(R)-5-[(R)-1,2-Dihydroxy-äthyl]-dihydro-furan-2,3-dion-bis-phenylhydrazon, D_g-***threo*-
4,5,6-Trihydroxy-N'-phenyl-2-phenylhydrazono-hexanohydrazonsäure-4-lacton**,
D_g-*threo*-3-Desoxy-[2]hexulosonsäure-4-lacton-bis-phenylhydrazon
$C_{18}H_{20}N_4O_3$, Formel VII, und Tautomere.
Für die nachstehend beschriebene Verbindung ist auch die Formulierung als
(5R)-5r-Hydroxy-6c-hydroxymethyl-dihydro-pyran-2,3-dion-bis-phenylhydrazon $(C_{18}H_{20}N_4O_3)$ in Betracht zu ziehen (*Kuhn et al.*, A. **628** [1959] 207, 236).
B. s. o. im Artikel (R)-5-[(R)-1,2-Dihydroxy-äthyl]-dihydro-furan-2,3-dion-3-phenylhydrazon.
Gelbe Krystalle (aus A. + W.); F: 204—205° [unkorr.] (*Kuhn et al.*). $[\alpha]_D^{18}$: +13,9°
[Py.; c = 0,6]. IR-Spektrum (2,5—15 μ): *Kuhn et al.*, l. c. S. 221.

———

**(3R)-5c-Acetyl-3r,4c-dihydroxy-dihydro-furan-2-on, L-*lyxo*-2,3,4-Trihydroxy-5-oxo-
hexansäure-4-lacton, L-*lyxo*-6-Desoxy-[5]hexulosonsäure-4-lacton** $C_6H_8O_5$, Formel VIII
(in der Literatur auch als 5-Keto-rhamnonsäurelacton bezeichnet).
Über die Konstitution s. *Kiliani*, B. **55** [1922] 2817, 2822.
B. Beim Behandeln von L-Rhamnose oder von L-Rhamnonsäure-4-lacton mit wss.

Salpetersäure (*Kiliani*, B. **55** [1922] 75, 82) oder mit Brom in Wasser (*Votoček, Malachta*, An. Soc. españ. **27** [1929] 494, 496). Aus L-Rhamnonsäure-4-lacton mit Hilfe von Stickstoffoxiden (*Votoček, Beneš*, Bl. [4] **43** [1928] 1328, 1332).

Krystalle (aus A.); F: 196°; $[\alpha]_D$: $-25{,}7°$ [W.; c = 5] (*Vo., Be.*). Krystalloptik: *Nováček*, zit. bei *Votoček, Malachta*, Collect. **3** [1931] 265, 274; *Nováček*, Z. Kr. **88** [1934] 82, 84.

Beim Erhitzen erfolgt Zersetzung unter Bildung von 3-Hydroxy-butan-2-on (*Votoček, Malachta*, Collect. **8** [1936] 66, 70, 76). Beim Behandeln mit Chlorwasserstoff enthaltendem Methanol ist 4-Methoxy-5-methyl-furan-2-carbonsäure-methylester erhalten worden (*Votoček, Malachta*, Collect. **4** [1932] 87, 96).

(3R)-3r,4c-Dihydroxy-5c-[1-hydroxyimino-äthyl]-dihydro-furan-2-on, L-*lyxo*-2,3,4-Tri=hydroxy-5-hydroxyimino-hexansäure-4-lacton, L-*lyxo*-6-Desoxy-[5]hexuloson=säure-4-lacton-5-oxim $C_6H_9NO_5$, Formel IX (X = OH).

B. Aus der im vorangehenden Artikel beschriebenen Verbindung und Hydroxylamin (*Votoček, Malachta*, An. Soc. españ. **27** [1929] 494, 498).

Krystalle (aus A. oder Eg.); F: 191−192°.

(3R)-3r,4c-Dihydroxy-5c-[1-phenylhydrazono-äthyl]-dihydro-furan-2-on, L-*lyxo*-2,3,4-Trihydroxy-5-phenylhydrazono-hexansäure-4-lacton, L-*lyxo*-6-Desoxy-[5]hexuloson=säure-4-lacton-5-phenylhydrazon $C_{12}H_{14}N_2O_4$, Formel IX (X = NH-C_6H_5).

B. Aus L-*lyxo*-6-Desoxy-[5]hexulosonsäure-4-lacton und Phenylhydrazin (*Votoček, Malachta*, An. Soc. españ. **27** [1929] 494, 498).

Hellgelbe Krystalle; F: 165°.

(3R)-5c-[1-(4-Brom-phenylhydrazono)-äthyl]-3r,4c-dihydroxy-dihydro-furan-2-on, L-*lyxo*-5-[4-Brom-phenylhydrazono]-2,3,4-trihydroxy-hexansäure-4-lacton, L-*lyxo*-6-Desoxy-[5]hexulosonsäure-4-lacton-5-[4-brom-phenylhydrazon] $C_{12}H_{13}BrN_2O_4$, Formel IX (X = NH-C_6H_4-Br).

B. Aus L-*lyxo*-6-Desoxy-[5]hexulosonsäure-4-lacton und [4-Brom-phenyl]-hydrazin (*Votoček, Malachta*, An. Soc. españ. **27** [1929] 494, 499).

Krystalle (aus A.) mit 1 Mol H_2O; F: 175°.

VIII   IX   X   XI

(3R)-3r,4c-Dihydroxy-5c-[1-(2-nitro-phenylhydrazono)-äthyl]-dihydro-furan-2-on, L-*lyxo*-2,3,4-Trihydroxy-5-[2-nitro-phenylhydrazono]-hexansäure-4-lacton, L-*lyxo*-6-Desoxy-[5]hexulosonsäure-4-lacton-5-[2-nitro-phenylhydrazon] $C_{12}H_{13}N_3O_6$, Formel IX (X = NH-C_6H_4-NO_2).

B. Aus L-*lyxo*-6-Desoxy-[5]hexulosonsäure-4-lacton und [2-Nitro-phenyl]-hydrazin (*Votoček, Malachta*, An. Soc. españ. **27** [1929] 494, 499).

Rote Krystalle (aus A.); F: 192−193°.

(3R)-3r,4c-Dihydroxy-5c-[1-(3-nitro-phenylhydrazono)-äthyl]-dihydro-furan-2-on, L-*lyxo*-2,3,4-Trihydroxy-5-[3-nitro-phenylhydrazono]-hexansäure-4-lacton, L-*lyxo*-6-Desoxy-[5]hexulosonsäure-4-lacton-5-[3-nitro-phenylhydrazon] $C_{12}H_{13}N_3O_6$, Formel IX (X = NH-C_6H_4-NO_2).

B. Aus L-*lyxo*-6-Desoxy-[5]hexulosonsäure-4-lacton und [3-Nitro-phenyl]-hydrazin (*Votoček, Malachta*, An. Soc. españ. **27** [1929] 494, 499).

Gelbe Krystalle (aus A.); F: 190°.

(3*R*)-3*r*,4*c*-Dihydroxy-5*c*-[1-(4-nitro-phenylhydrazono)-äthyl]-dihydro-furan-2-on,
L-*lyxo*-2,3,4-Trihydroxy-5-[4-nitro-phenylhydrazono]-hexansäure-4-lacton, L-*lyxo*-
6-Desoxy-[5]hexulosonsäure-4-lacton-5-[4-nitro-phenylhydrazon]
$C_{12}H_{13}N_3O_6$, Formel IX (X = NH-C_6H_4-NO_2).

B. Aus L-*lyxo*-6-Desoxy-[5]hexulosonsäure-4-lacton und [4-Nitro-phenyl]-hydrazin
(*Votoček, Beneš*, Bl. [4] **43** [1928] 1328, 1333; *Votoček, Malachta*, An. Soc. españ. **27** [1929]
494, 497).

Gelbe Krystalle (aus A.) mit 1 Mol H_2O; F: 176°.

(*S*)-Hydroxy-[(2*S*)-3*c*-hydroxy-5-oxo-tetrahydro-[2*r*]furyl]-acetaldehyd, D-*arabino*-
3,4,5-Trihydroxy-6-oxo-hexansäure-4-lacton, D-*lyxo*-5-Desoxy-hexuronsäure-3-lacton
$C_6H_8O_5$, Formel X, und cyclische Tautomere ((3a*R*)-5*ξ*,6*t*-Dihydroxy-(3a*r*,6a*c*)-tetra=
hydro-furo[3,2-*b*]furan-2-on, *ξ*-D-*lyxo*-5-Desoxy-hexofuranuronsäure-
3-lacton [Formel XI]).

B. Beim Erwärmen von O^2,O^3-Isopropyliden-D-*lyxo*-5-desoxy-hexuronsäure mit wss.
Salzsäure (*Fischer, Dangschat*, Helv. **20** [1937] 705, 714).

Krystalle (aus wss. A.); F: 176° [Zers.].

(*R*)-Hydroxy-[(2*S*)-3*c*-hydroxy-5-oxo-tetrahydro-[2*r*]furyl]-acetaldehyd-phenylhydrazon,
D-*arabino*-3,4,5-Trihydroxy-6-phenylhydrazono-hexansäure-4-lacton, D-*lyxo*-5-Desoxy-
hexuronsäure-3-lacton-1-phenylhydrazon $C_{12}H_{14}N_2O_4$, Formel XII
(R = H), und cyclische Tautomere.

B. Beim Erwärmen der im vorangehenden Artikel beschriebenen Verbindung mit
Äthanol und Phenylhydrazin (*Fischer, Dangschat*, Helv. **20** [1937] 705, 714).

Krystalle (aus A.); F: 154° [Zers.].

(*R*)-Hydroxy-[(2*S*)-3*c*-hydroxy-5-oxo-tetrahydro-[2*r*]furyl]-acetaldehyd-[benzyl-
phenyl-hydrazon], D-*arabino*-6-[Benzyl-phenyl-hydrazono]-3,4,5-trihydroxy-hexan=
säure-4-lacton, D-*lyxo*-5-Desoxy-hexuronsäure-3-lacton-1-[benzyl-phenyl-
hydrazon] $C_{19}H_{20}N_2O_4$, Formel XII (R = CH_2-C_6H_5).

B. Beim Erwärmen von D-*lyxo*-5-Desoxy-hexuronsäure-3-lacton (s. o.) mit Äthanol und
N-Benzyl-*N*-phenyl-hydrazin (*Fischer, Dangschat*, Helv. **20** [1937] 705, 714).

Krystalle (aus A.); F: 159—160° [Zers.].

2-[(2*R*)-3*t*,4*t*-Dihydroxy-tetrahydro-[2*r*]furyl]-glyoxal-1-[methyl-phenyl-hydrazon],
D-*ribo*-3,6-Anhydro-[2]hexosulose-1-[methyl-phenyl-hydrazon] $C_{13}H_{16}N_2O_4$, Formel XIII
(R = H).

B. Beim Behandeln von D-*ribo*-3,6-Anhydro-[2]hexosulose-1-[methyl-phenyl-hydr=
azon]-2-phenylhydrazon mit wss.-äthanol. Salzsäure und mit wss. Natriumnitrit-Lösung
(*Henseke, Badicke*, B. **89** [1956] 2910, 2918).

Krystalle (aus Me.); F: 139°. $[\alpha]_D^{19}$: +6° [Py.; c = 1]. Absorptionsspektrum (A.;
220—400 nm; λ_{max}: 236 nm und 340 nm): *He., Ba.*, l. c. S. 2915, 2920.

XII   XIII   XIV

2-[(2*R*)-3*t*,4*t*-Diacetoxy-tetrahydro-[2*r*]furyl]-glyoxal-1-[methyl-phenyl-hydrazon],
Di-*O*-acetyl-D-*ribo*-3,6-anhydro-[2]hexosulose-1-[methyl-phenyl-hydrazon] $C_{17}H_{20}N_2O_6$,
Formel XIII (R = CO-CH_3).

B. Beim Behandeln der im vorangehenden Artikel beschriebenen Verbindung mit Acet=

anhydrid und Pyridin (*Henseke, Badicke*, B. **89** [1956] 2910, 2918).
    Krystalle (aus wss. Me.); F: 72°. $[\alpha]_D^{22}$: +224° [CHCl$_3$; c = 0,5].

2-[(2S)-3t,4t-Dihydroxy-tetrahydro-[2r]furyl]-glyoxal-1-[methyl-phenyl-hydrazon]-2-oxim, D-ribo-3,6-Anhydro-[2]hexosulose-1-[methyl-phenyl-hydrazon]-2-oxim
$C_{13}H_{17}N_3O_4$, Formel XIV (R = H).
    B. Beim Erwärmen von D-*ribo*-3,6-Anhydro-[2]hexosulose-1-[methyl-phenyl-hydrazon] (S. 2305) mit Hydroxylamin-hydrochlorid und Natriumacetat in Wasser (*Henseke, Badicke*, B. **89** [1956] 2910, 2918).
    Krystalle (aus wss. Me.); F: 187° [Zers.]. $[\alpha]_D^{22}$: −93° [Py.; c = 1].

2-[(2S)-3t,4t-Diacetoxy-tetrahydro-[2r]furyl]-glyoxal-2-[O-acetyl-oxim]-1-[methyl-phenyl-hydrazon], Di-O-acetyl-D-ribo-3,6-anhydro-[2]hexosulose-2-[O-acetyl-oxim]-1-[methyl-phenyl-hydrazon] $C_{19}H_{23}N_3O_7$, Formel XIV (R = CO-CH$_3$).
    B. Beim Behandeln der im vorangehenden Artikel beschriebenen Verbindung mit Acet=
anhydrid und Pyridin (*Henseke, Badicke*, B. **89** [1956] 2910, 2918).
    Krystalle (aus Me.); F: 126°. $[\alpha]_D^{22}$: −40° [CHCl$_3$; c = 1].

[3,4-Dihydroxy-tetrahydro-[2]furyl]-glyoxal-bis-phenylhydrazon $C_{18}H_{20}N_4O_3$.
    a) **[(2S)-3t,4t-Dihydroxy-tetrahydro-[2r]furyl]-glyoxal-bis-phenylhydrazon, D-ribo-3,6-Anhydro-[2]hexosulose-bis-phenylhydrazon**, 3,6-Anhydro-D-psicose-phenylosazon, 3,6-Anhydro-D-allose-phenylosazon, 3,6-Anhydro-D-altrose-phenylosazon $C_{18}H_{20}N_4O_3$, Formel I (R = X = H).
    Über Konstitution und Konfiguration s. *Hardegger, Schreier*, Helv. **35** [1952] 232, 238; *El Khadem et al.*, Helv. **35** [1952] 993; *Mester, Major*, Am. Soc. **77** [1955] 4305; *Henseke, Binte*, Chimia **12** [1958] 103, 112.
    B. Neben kleinen Mengen D-*arabino*-3,6-Anhydro-[2]hexosulose-bis-phenylhydrazon (s.u.) beim Erwärmen von D-*arabino*-[2]Hexosulose-bis-phenylhydrazon („D-Glucose-phen=ylosazon") oder von D-*ribo*-[2]Hexosulose-bis-phenylhydrazon („D-Psicose-phenylosazon") mit wss.-alkohol. Schwefelsäure (*Ha., Sch.*, l. c. S. 241; *El Kh. et al.*, l. c. S. 996; s.a. *Diels, Meyer*, A. **519** [1935] 157, 161; *Percival, Percival*, Soc. **1937** 1320, 1323).
    Gelbe Krystalle; F: 180° [aus Acetonitril] (*Di., Me.*), 179−180° [korr.; aus Me.] (*El Kh. et al.*), 177° (*Pe., Pe.*). $[\alpha]_D^{17}$: −154° [Me.; c = 0,5] (*Pe., Pe.*); $[\alpha]_D^{20}$: −157° [Me.; c = 0,4] (*Percival*, Soc. **1945** 783, 786); $[\alpha]_D^{20}$: −151° [Me.; c = 0,7] (*Di., Me.*); $[\alpha]_D$: −152° [Me.; c = 0,5] (*Ha., Sch.*); $[\alpha]_D$: −150° [Me.; c = 0,6] (*El Kh. et al.*).
    Verhalten beim Erwärmen mit äthanol. Natronlauge (Bildung einer Verbindung $C_{18}H_{18}N_4O_2$ vom F: 164°): *Diels et al.*, A. **525** [1936] 94, 112. Beim Erwärmen mit Hydroxylamin-hydrochlorid in wss. Propan-1-ol ist 1-Phenyl-Δ^2-pyrazolin-4,5-dion-4-phenylhydrazon erhalten worden (*Di. et al.*).

    b) **[(2R)-3c,4c-Dihydroxy-tetrahydro-[2r]furyl]-glyoxal-bis-phenylhydrazon, D-arabino-3,6-Anhydro-[2]hexosulose-bis-phenylhydrazon**, 3,6-Anhydro-D-glucose-phenylosazon, 3,6-Anhydro-D-mannose-phenylosazon, 3,6-Anhydro-D-fructose-phenylosazon $C_{18}H_{20}N_4O_3$, Formel II (R = H).
    B. Beim Erwärmen von 3,6-Anhydro-D-glucose mit Phenylhydrazin-hydrochlorid und Natriumacetat in Wasser (*Fischer, Zach*, B. **45** [1912] 456, 462; s. a. *Percival*, Soc. **1945** 119, 123) oder mit Phenylhydrazin und wss. Essigsäure (*Seebeck et al.*, Helv. **27** [1944] 1142, 1145; *Hardegger, Schreier*, Helv. **35** [1952] 232, 245; s. a. *Diels et al.*, A. **525** [1936] 94, 110). Beim Erwärmen von 3,6-Anhydro-D-mannose mit Phenylhydrazin und wss. Essigsäure (*Valentin*, Collect. **6** [1934] 354, 370).
    Gelbe Krystalle; F: 198−200° [Kofler-App.; aus Me. + Ae.] (*Se. et al.*), 188−189° [aus Me. bzw. wss. A.] (*Levene et al.*, J. biol. Chem. **82** [1929] 191, 194; *Va.*), 187−188° [aus A.] (*Pe.*), [aus Acetonitril] (*Di. et al.*), 186° [korr.; aus Acn. + W.] (*Ha., Sch.*). $[\alpha]_D^{17}$: −134° [A., c = 0,4]; $[\alpha]_D^{17}$: −150° [Me.; c = 0,4] (*Pe.*). $[\alpha]_D$: −146° [Me.; c = 0,5] (*Ha., Sch.*).

    c) **[(2R)-3t,4c-Dihydroxy-tetrahydro-[2r]furyl]-glyoxal-bis-phenylhydrazon, D-lyxo-3,6-Anhydro-[2]hexosulose-bis-phenylhydrazon**, 3,6-Anhydro-D-galactose-phenylosazon, 3,6-Anhydro-D-gulose-phenylosazon, 3,6-Anhydro-D-tagatose-phenylosazon $C_{18}H_{20}N_4O_3$, Formel III (R = X = H) auf S. 2308.
    Über Konstitution und Konfiguration s. *Percival*, Soc. **1945** 783, 784; *Schreier et al.*,

Helv. **37** [1954] 35; *El Khadem*, Adv. Carbohydrate Chem. **20** [1965] 139, 176.

B. Beim Erwärmen von D-*lyxo*-[2]Hexosulose-bis-phenylhydrazon („D-Galactose-phenylosazon") mit Äthanol und kleinen Mengen wss. Schwefelsäure (*Diels, Meyer*, A. **519** [1935] 157, 162; *Pe.*, l.c. S. 786; *Bayne*, Soc. **1952** 4993, 4995; *Sch. et al.*, l.c. S. 37). Beim Behandeln von 3,6-Anhydro-D-galactose mit Phenylhydrazin und wss. Essigsäure (*Valentin*, Collect. **4** [1932] 364, 374; *Haworth et al.*, Soc. **1940** 620, 631; s. a. *Pe.*, l. c. S. 785).

Gelbe Krystalle; F: 220—221° [korr.; aus Me.] (*Sch. et al.*), 220° [Zers.; aus Aceto-nitril] (*Di., Me.*), 217° (*Ha. et al*). $[\alpha]_D^{16}$: +71° [Me.; c = 0,4] (*Pe.*); $[\alpha]_D^{20}$: +70,5° [Me.; c = 0,3] (*Di., Me.*); $[\alpha]_D$: +68° [Me.; c = 0,3] (*Sch. et al.*).

I   II

d) **[(2S)-3t,4c-Dihydroxy-tetrahydro-[2r]furyl]-glyoxal-bis-phenylhydrazon,** L-**lyxo**-3,6-Anhydro-[2]hexosulose-bis-phenylhydrazon, 3,6-Anhydro-L-galactose-phenylosazon, 3,6-Anhydro-L-gulose-phenylosazon, 3,6-Anhydro-L-tagat-ose-phenylosazon $C_{18}H_{20}N_4O_3$, Formel IV.

B. Beim Erwärmen von L-*lyxo*-[2]Hexosulose-bis-phenylhydrazon mit Schwefelsäure enthaltendem Methanol bzw. Äthanol (*Bayne*, Soc. **1952** 4993, 4995; *Schreier et al.*, Helv. **37** [1954] 35, 39). Beim Behandeln von 3,6-Anhydro-L-galactose mit Phenyl-hydrazin und wss. Essigsäure (*Hirase et al.*, Bl. chem. Soc. Japan **29** [1956] 985).

Gelbe Krystalle; F: 220—221° [korr.; aus Me.] (*Sch. et al.*), 217° [aus wss. A.] (*Hi. et al.*). $[\alpha]_D^{15}$: —75,38° (Anfangswert) → —53,48° (nach 24 h) [Py. + Me. (2:3); c = 0,7] (*Araki, Hirase*, Bl. chem. Soc. Japan **26** [1953] 463, 466). $[\alpha]_D$: —64° [Me.; c = 0,3] (*Sch. et al.*).

e) **(±)-[3t,4c-Dihydroxy-tetrahydro-[2]furyl]-glyoxal-bis-phenylhydrazon,** DL-**lyxo**-3,6-Anhydro-[2]hexosulose-bis-phenylhydrazon, 3,6-Anhydro-DL-galactose-phenylosazon, 3,6-Anhydro-DL-gulose-phenylosazon, 3,6-Anhydro-DL-tagatose-phenylosazon $C_{18}H_{20}N_4O_3$, Formel IV + Spiegelbild.

Gewinnung aus gleichen Mengen der Enantiomeren: *Schreier et al.*, Helv. **37** [1954] 35, 39.

Krystalle (aus Me. oder A.); F: 198—199° [korr.].

2-[3,4-Dihydroxy-tetrahydro-[2]furyl]-glyoxal-1-[methyl-phenyl-hydrazon]-2-phenyl-hydrazon $C_{19}H_{22}N_4O_3$,

a) **2-[(2S)-3t,4t-Dihydroxy-tetrahydro-[2r]furyl]-glyoxal-1-[methyl-phenyl-hydr-azon]-2-phenylhydrazon,** D-**ribo**-3,6-Anhydro-[2]hexosulose-1-[methyl-phenyl-hydrazon]-2-phenylhydrazon $C_{19}H_{22}N_4O_3$, Formel I (R = H, X = CH₃).

Konstitution und Konfiguration: *Henseke, Hantschel*, B. **87** [1954] 477, 479.

B. Beim Behandeln von Tetra-O-acetyl-D-*ribo*-[2]hexosulose-1-[methyl-phenyl-hydr-azon]-2-phenylhydrazon mit Aceton und wss. Natronlauge (*He., Ha.*, l.c. S. 480; *Percival, Percival*, Soc. **1941** 750, 754).

Krystalle; F: 177—178° [aus A.] (*He., Ha.*), 176—178° [aus Acn. + Bzn.] (*Pe., Pe.*). $[\alpha]_D^{13}$: —158° [Acn.; c = 0,4] (*Pe., Pe.*); $[\alpha]_D^{20}$: —156° [Acn.; c = 1] (*He., Ha.*).

b) **2-[(2R)-3t,4c-Dihydroxy-tetrahydro-[2r]furyl]-glyoxal-1-[methyl-phenyl-hydrazon]-2-phenylhydrazon,** D-**lyxo**-3,6-Anhydro-[2]hexosulose-1-[methyl-phenyl-hydrazon]-2-phenylhydrazon $C_{19}H_{22}N_4O_3$, Formel III (R = H, X = CH₃).

Konstitution und Konfiguration: *Henseke, Bautze*, B. **88** [1955] 62, 64.

B. Beim Behandeln von Tetra-O-acetyl-D-*lyxo*-[2]hexosulose-1-[methyl-phenylhydrazon]-2-phenylhydrazon mit Aceton und wss. Natronlauge (*He., Ba.*, l. c. S. 69; *Percival, Percival*, Soc. **1941** 750, 753).

Krystalle; F: 172—173° [aus A. + Bzl.] (*He., Ba.*), 172° [aus Acn. + PAe.] (*Pe., Pe.*). $[\alpha]_D^{18}$: +70° [Py.; c = 1]; $[\alpha]_D^{18}$: +98° [Acn.; c = 1] (*He., Ba.*); $[\alpha]_D^{13}$: +100° [Acn.; c = 0,4] (*Pe., Pe.*).

III   IV

[(2S)-3t,4t-Dihydroxy-tetrahydro-[2r]furyl]-glyoxal-bis-*o*-tolylhydrazon, D-*ribo*-3,6-Anhydro-[2]hexosulose-bis-*o*-tolylhydrazon, 3,6-Anhydro-D-psicose-*o*-tolylosazon, 3,6-Anhydro-D-allose-*o*-tolylosazon, 3,6-Anhydro-D-altrose-*o*-tolylosazon $C_{20}H_{24}N_4O_3$, Formel V (R = X = C_6H_4-CH_3).

Über Konstitution und Konfiguration s. die im Artikel D-*ribo*-3,6-Anhydro-[2]hexosulose-bis-phenylhydrazon (S. 2306) angegebene Literatur.

B. Beim Erwärmen von D-*arabino*-[2]Hexosulose-bis-*o*-tolylhydrazon (,,D-Glucose-*o*-tolylosazon") mit Schwefelsäure enthaltendem Äthanol (*Diels et al.*, A. **525** [1936] 94, 107).

Gelbe Krystalle (aus wss. A.) mit 1 Mol H_2O; F: 168—170°.

Beim Erhitzen mit Acetanhydrid und Natriumacetat ist eine Verbindung $C_{26}H_{30}N_4O_6$ (gelbe Krystalle [aus A.], F: 149°) erhalten worden.

[3,4-Dihydroxy-tetrahydro-[2]furyl]-glyoxal-bis-*p*-tolylhydrazon $C_{20}H_{24}N_4O_3$.

a) [(2S)-3t,4t-Dihydroxy-tetrahydro-[2r]furyl]-glyoxal-bis-*p*-tolylhydrazon, D-*ribo*-3,6-Anhydro-[2]hexosulose-bis-*p*-tolylhydrazon, 3,6-Anhydro-D-psicose-*p*-tolylosazon, 3,6-Anhydro-D-allose-*p*-tolylosazon, 3,6-Anhydro-D-altrose-*p*-tolylosazon $C_{20}H_{24}N_4O_3$, Formel V (R = X = C_6H_4-CH_3).

Über Konstitution und Konfiguration s. die im Artikel D-*ribo*-3,6-Anhydro-[2]hexosulose-bis-phenylhydrazon (S. 2306) angegebene Literatur.

B. Beim Erwärmen von D-*arabino*-[2]Hexosulose-bis-*p*-tolylhydrazon (,,D-Glucose-*p*-tolylosazon") mit Schwefelsäure enthaltendem Äthanol (*Diels et al.*, A. **525** [1936] 94, 108).

Gelbe Krystalle (aus Acetonitril); F: 202°.

b) [(2R)-3t,4c-Dihydroxy-tetrahydro-[2r]furyl]-glyoxal-bis-*p*-tolylhydrazon, D-*lyxo*-3,6-Anhydro-[2]hexosulose-bis-*p*-tolylhydrazon, 3,6-Anhydro-D-galactose-*p*-tolylosazon, 3,6-Anhydro-D-gulose-*p*-tolylosazon, 3,6-Anhydro-D-tagatose-*p*-tolylosazon $C_{20}H_{24}N_4O_3$, Formel VI (R = H, X = C_6H_4-CH_3).

B. Beim Erwärmen von D-*lyxo*-[2]Hexosulose-bis-*p*-tolylhydrazon (,,D-Galactose-*p*-tolylosazon") mit Äthanol und wenig Schwefelsäure (*Diels et al.*, A. **525** [1936] 94, 108).

Gelbe Krystalle (aus Acetonitril); F: 212°.

V   VI

2-[(2S)-3t,4t-Dihydroxy-tetrahydro-[2r]furyl]-glyoxal-1-[benzyl-phenyl-hydrazon]-2-phenylhydrazon, D-ribo-3,6-Anhydro-[2]hexosulose-1-[benzyl-phenyl-hydrazon]-2-phenylhydrazon $C_{25}H_{26}N_4O_3$, Formel I (R = H, X = CH_2-C_6H_5) auf S. 2307 (in der Literatur auch als 3,6-Anhydro-D-psicose-1-benzylphenyl-2-phenyl-osazon bezeichnet).

B. Beim Erwärmen einer wss. Lösung von D-*ribo*-3,6-Anhydro-[2]hexosulose (aus D-*ribo*-3,6-Anhydro-[2]hexosulose-bis-phenylhydrazon hergestellt) mit *N*-Benzyl-*N*-phenyl-hydrazin und Natriumacetat und Behandeln einer Lösung des Reaktionsprodukts in Methanol mit Phenylhydrazin und wenig Essigsäure (*Henseke, Badicke,* B. **89** [1956] 2910, 2919).

Gelbe Krystalle (aus E.); F: 207° [Zers.]. $[\alpha]_D^{22}$: −232° [Py.; c = 0,3].

2-[(2S)-3t,4t-Dihydroxy-tetrahydro-[2r]furyl]-glyoxal-1-phenylhydrazon-2-[4-sulfamoyl-phenylhydrazon], 4-[1-((2S)-3t,4t-Dihydroxy-tetrahydro-[2r]furyl)-2-phenylhydrazono-äthylidenhydrazino]-benzolsulfonsäure-amid, D-ribo-3,6-Anhydro-[2]hexosulose-1-phenyl-hydrazon-2-[4-sulfamoyl-phenylhydrazon] $C_{18}H_{21}N_5O_5S$, Formel V (R = C_6H_4-SO_2-NH_2, X = C_6H_5) (in der Literatur auch als 3,6-Anhydro-D-psicose-1-phenyl-2-[4-sulfamoyl-phenyl]-osazon bezeichnet).

B. Beim Behandeln von D-*ribo*-3,6-Anhydro-[2]hexosulose-bis-phenylhydrazon (,,3,6-Anhydro-D-psicose-phenylosazon‘‘) mit Äthanol, wss. Salzsäure (entsprechend 2 Mol HCl) und Natriumnitrit (1 Mol) und Behandeln des Reaktionsprodukts mit 4-Hydrazino-benzolsulfonsäure-amid, Äthanol und wenig Essigsäure (*Henseke, Badicke,* B. **89** [1956] 2910, 2919).

Gelbe Krystalle (aus Me.); F: 223° [Zers.]. $[\alpha]_D^{19}$: −158° [Py.; c = 1].

[(2S)-3t,4t-Dihydroxy-tetrahydro-[2r]furyl]-glyoxal-bis-[4-sulfamoyl-phenyl-hydrazon], D-ribo-3,6-Anhydro-[2]hexosulose-bis-[4-sulfamoyl-phenylhydrazon] $C_{18}H_{22}N_6O_7S_2$, Formel V (R = X = C_6H_4-SO_2-NH_2).

B. Beim Behandeln einer wss. Lösung von D-*ribo*-3,6-Anhydro-[2]hexosulose (aus D-*ribo*-3,6-Anhydro-[2]hexosulose-bis-phenylhydrazon hergestellt) mit 4-Hydrazino-benzolsulfonsäure-amid-hydrochlorid und Natriumacetat (*Henseke, Badicke,* B. **89** [1956] 2910, 2919).

Gelbliche Krystalle (aus wss. A.); F: 242° [Zers.]. $[\alpha]_D^{22}$: −124° [Py.; c = 0,5].

[(2R)-4c-Hydroxy-3t-methoxy-tetrahydro-[2r]furyl]-glyoxal-bis-phenylhydrazon, O^4-Methyl-D-lyxo-3,6-anhydro-[2]hexosulose-bis-phenylhydrazon $C_{19}H_{22}N_4O_3$, Formel VI (R = CH_3, X = C_6H_5).

B. Beim Erwärmen von O^4-Methyl-3,6-anhydro-D-galactose mit wss. Essigsäure und Phenylhydrazin (*Araki, Arai,* J. chem. Soc. Japan **63** [1942] 1720, 1724; C. A. **1947** 3765).

Krystalle; F: 158° [Zers.; aus wss. Me.] (*Smith,* Soc. **1939** 1724, 1737), 156° [aus Me.] (*Ar., Arai*). $[\alpha]_D^{24}$: +3,74° (nach 7 min) → −32,4° (nach 15 h) [Me.; c = 0,8]; $[\alpha]_D^{27}$: +4,6° (nach 6 min) → −34,4° (nach 2 h) → −50,5° (nach 24 h) [Me.; c = 0,4] (*Ar., Arai*).

[3,4-Diacetoxy-tetrahydro-[2]furyl]-glyoxal-bis-phenylhydrazon $C_{22}H_{24}N_4O_5$.

a) **[(2S)-3t,4t-Diacetoxy-tetrahydro-[2r]furyl]-glyoxal-bis-phenylhydrazon, Di-O-acetyl-D-ribo-3,6-anhydro-[2]hexosulose-bis-phenylhydrazon** $C_{22}H_{24}N_4O_5$, Formel I (R = CO-CH_3, X = H) auf S. 2307.

B. Beim Behandeln von D-*ribo*-3,6-Anhydro-[2]hexosulose-bis-phenylhydrazon (,,3,6-Anhydro-D-psicose-phenylosazon‘‘) mit Acetanhydrid und Pyridin (*Percival,* Soc. **1945** 783, 786).

Krystalle (aus wss. A.); F: 90°. $[\alpha]_D^{16}$: −144° [CHCl₃; c = 0,3].

b) **[(2R)-3c,4c-Diacetoxy-tetrahydro-[2r]furyl]-glyoxal-bis-phenylhydrazon, Di-O-acetyl-D-arabino-3,6-anhydro-[2]hexosulose-bis-phenylhydrazon** $C_{22}H_{24}N_4O_5$, Formel II (R = CO-CH_3) auf S. 2307.

B. Beim Behandeln von D-*arabino*-3,6-Anhydro-[2]hexosulose-bis-phenylhydrazon (,,3,6-Anhydro-D-glucose-phenylosazon‘‘) mit Acetanhydrid und Pyridin (*Percival,* Soc. **1945** 783, 786).

Krystalle; F: 190°. $[\alpha]_D^{14}$: −49° [CHCl₃; c = 0,6]; $[\alpha]_D^{14}$: −20° [Acn.; c = 0,1].

Beim Behandeln einer Lösung in Aceton mit wss. Natronlauge unter Luftzutritt ist eine Verbindung $C_{18}H_{18}N_4O_3$ (F: 232−233°; $[\alpha]_D^{16}$: −76° [Acn.]) erhalten worden.

c) **[(2R)-3t,4c-Diacetoxy-tetrahydro-[2r]furyl]-glyoxal-bis-phenylhydrazon, Di-O-acetyl-D-lyxo-3,6-anhydro-[2]hexosulose-bis-phenylhydrazon** $C_{22}H_{24}N_4O_5$, Formel III (R = CO-CH$_3$, X = H) auf S. 2308.

B. Beim Behandeln von D-*lyxo*-3,6-Anhydro-[2]hexosulose-bis-phenylhydrazon („3,6-Anhydro-D-galactose-phenylosazon") mit Acetanhydrid und Pyridin (*Percival*, Soc. **1945** 783, 785).

Krystalle (aus wss. A.); F: 74—76°. $[\alpha]_D^{17}$: +64° [CHCl$_3$; c = 0,5].

Beim Behandeln einer Lösung in Aceton mit wss. Natronlauge ist eine Verbindung $C_{18}H_{20}N_4O_3$ (F: 226°; $[\alpha]_D^{15}$: +44° [Me.]; Di-O-acetyl-Derivat $C_{22}H_{24}N_4O_5$: F: 204°; $[\alpha]_D^{16}$: —90° [CHCl$_3$]) erhalten worden.

2-[(2S)-3,4-Diacetoxy-tetrahydro-[2]furyl]-glyoxal-1-[methyl-phenyl-hydrazon]-2-phenylhydrazon $C_{23}H_{26}N_4O_5$.

a) **2-[(2S)-3t,4t-Diacetoxy-tetrahydro-[2r]furyl]-glyoxal-1-[methyl-phenyl-hydrazon]-2-phenylhydrazon, Di-O-acetyl-D-ribo-3,6-anhydro-[2]hexosulose-1-[methyl-phenyl-hydrazon]-2-phenylhydrazon** $C_{23}H_{26}N_4O_5$, Formel I (R = CO-CH$_3$, X = CH$_3$) auf S. 2307.

B. Beim Behandeln von D-*ribo*-3,6-Anhydro-[2]hexosulose-1-[methyl-phenyl-hydrazon]-2-phenylhydrazon (S. 2307) mit Acetanhydrid und Pyridin (*Percival, Percival*, Soc. **1941** 750, 754).

Krystalle (aus A.); F: 158. $[\alpha]_D^{15}$: —151° [CHCl$_3$; c = 0,5].

b) **2-[(2R)-3t,4c-Diacetoxy-tetrahydro-[2r]furyl]-glyoxal-1-[methyl-phenyl-hydrazon]-2-phenylhydrazon, Di-O-acetyl-D-lyxo-3,6-anhydro-[2]hexosulose-1-[methyl-phenyl-hydrazon]-2-phenylhydrazon** $C_{23}H_{26}N_4O_5$, Formel III (R = CO-CH$_3$, X = CH$_3$) auf S. 2308.

B. Beim Behandeln von D-*lyxo*-3,6-Anhydro-[2]hexosulose-1-[methyl-phenyl-hydrazon]-2-phenylhydrazon (S. 2307) mit Acetanhydrid und Pyridin (*Percival, Percival*, Soc. **1941** 750, 753).

Gelbliche Krystalle; F: 170°. $[\alpha]_D^{14}$: +50° [CHCl$_3$; c = 0,4].

2-[3,4-Diacetoxy-tetrahydro-[2]furyl]-glyoxal-1-[acetyl-phenyl-hydrazon]-2-phenylhydrazon, Essigsäure-{[2-(3,4-diacetoxy-tetrahydro-[2]furyl)-2-phenylhydrazono-äthyliden]-phenyl-hydrazid} $C_{24}H_{26}N_4O_6$.

a) **2-[(2S)-3t,4t-Diacetoxy-tetrahydro-[2r]furyl]-glyoxal-1-[acetyl-phenyl-hydrazon]-2-phenylhydrazon, Di-O-acetyl-D-ribo-3,6-anhydro-[2]hexosulose-1-[acetyl-phenyl-hydrazon]-2-phenylhydrazon** $C_{24}H_{26}N_4O_6$, Formel I (R = X = CO-CH$_3$) auf S. 2307.

Konstitution: *El Khadem et al.*, J. org. Chem. **29** [1964] 1565.

B. Beim Erhitzen von D-*ribo*-3,6-Anhydro-[2]hexosulose-bis-phenylhydrazon mit Acetanhydrid (*Diels et al.*, A. **525** [1936] 94, 104; *El Kh. et al.*).

Gelbe Krystalle; F: 172—173° [unkorr.; aus A.] (*El Kh. et al.*), 170° [aus Acetonitril] (*Di. et al.*). $[\alpha]_D^{21}$: —108° [CHCl$_3$; c = 3] (*El Kh. et al.*).

b) **2-[(2R)-3t,4c-Diacetoxy-tetrahydro-[2r]furyl]-glyoxal-1-[acetyl-phenyl-hydrazon]-2-phenylhydrazon, Di-O-acetyl-D-lyxo-3,6-anhydro-[2]hexosulose-1-[acetyl-phenyl-hydrazon]-2-phenylhydrazon** $C_{24}H_{26}N_4O_6$, Formel III (R = X = CO-CH$_3$) auf S. 2308.

Bezüglich der Konstitutionszuordnung vgl. die im vorangehenden Artikel beschriebene Verbindung.

B. Beim Erhitzen von D-*lyxo*-3,6-Anhydro-[2]hexosulose-bis-phenylhydrazon („3,6-Anhydro-D-galactose-phenylosazon") mit Acetanhydrid und Pyridin (*Diels et al.*, A. **525** [1936] 94, 105).

Gelbe Krystalle (aus Me.); F: 177°.

[(2S)-3t,4t-Bis-benzoyloxy-tetrahydro-[2r]furyl]-glyoxal-bis-phenylhydrazon, Di-O-benzoyl-D-ribo-3,6-anhydro-[2]hexosulose-bis-phenylhydrazon $C_{32}H_{28}N_4O_5$, Formel I (R = CO-C$_6$H$_5$, X = H) auf S. 2307.

B. Beim Behandeln von D-*ribo*-3,6-Anhydro-[2]hexosulose-bis-phenylhydrazon („3,6-Anhydro-D-psicose-phenylosazon") mit Benzoylchlorid und Pyridin (*Diels et al.*, A. **525** [1936] 94, 104).

Gelbe Krystalle (aus Acetonitril); F: 161°.

[4-Hydroxy-3-(3,4,5-trihydroxy-6-hydroxymethyl-tetrahydro-pyran-2-yloxy)-tetrahydro-[2]furyl]-glyoxal-bis-phenylhydrazon $C_{24}H_{30}N_4O_8$.

a) und b) O^4-α-D-**Glucopyranosyl-D-*ribo*-3,6-anhydro-[2]hexosulose-bis-phenyl**=**hydrazon** $C_{24}H_{30}N_4O_8$, Formel VII (R = H, X = NH-C₆H₅), und O^4-α-D-**Glucopyranosyl-D-*arabino*-3,6-anhydro-[2]hexosulose-bis-phenylhydrazon** $C_{24}H_{30}N_4O_8$, Formel VIII (R = H, X = NH-C₆H₅).

Diese Formeln sind jeweils einem der beiden nachstehend beschriebenen Stereoisomeren zuzuordnen (*Henseke, Brose*, B. **91** [1958] 2273, 2275).

a) Stereoisomeres vom F: 246°.

B. Neben dem Stereoisomeren vom F: 194° (s. u.) beim Behandeln von O^3,O^5,O^6-Tri=acetyl-O^4-[tetra-*O*-acetyl-α-D-glucopyranosyl]-D-*arabino*-[2]hexosulose-bis-phenylhydr=azon („Hepta-*O*-acetyl-maltose-phenylosazon") mit Natriumhydroxid in wss. Aceton (*Percival, Percival*, Soc. **1937** 1320, 1323).

Gelbliche Krystalle (aus Py. + A. + W.); F: 245—246°. $[α]_D^{20}$: +58° [Py.; c = 0,4]. Penta-*O*-acetyl-Derivat $C_{34}H_{40}N_4O_{13}$. $[α]_D^{20}$: +90,7° [Acn.; c = 0,3].

b) Stereoisomeres vom F: 194°.

B. s. o. bei dem Stereoisomeren vom F: 246°.

Gelbe Krystalle (aus Py. + A. + W.); F: 194° (*Percival, Percival*, Soc. **1937** 1320, 1323). $[α]_D^{20}$: +160° [Py.; c = 0,2]; $[α]_D^{20}$: +92° [Py. + A. (2:3); c = 0,3]; $[α]_D^{20}$: +90° [Me.; c = 0,6].

Penta-*O*-acetyl-Derivat $C_{34}H_{40}N_4O_{13}$. F: 110—112° [aus A.]. $[α]_D^{20}$: +150° [Acn.; c = 0,3].

VII   VIII

c) O^4-β-D-**Glucopyranosyl-D-*ribo*-3,6-anhydro-[2]hexosulose-bis-phenylhydrazon** $C_{24}H_{30}N_4O_8$, Formel IX (R = H, X = NH-C₆H₅).

B. Beim Erwärmen von O^4-β-D-Glucopyranosyl-D-*arabino*-[2]hexosulose-bis-phenyl=hydrazon („Cellobiose-phenylosazon") mit Äthanol und kleinen Mengen wss. Schwefel=säure (*Diels et al.*, A. **525** [1936] 94, 106; *Bayne*, Soc. **1952** 4993, 4995). Beim Behandeln von O^3,O^5,O^6-Triacetyl-O^4-[tetra-*O*-acetyl-β-D-glucopyranosyl]-D-*arabino*-[2]hexosulose-bis-phenylhydrazon („Hepta-*O*-acetyl-cellobiose-phenylosazon") mit Aceton und wss. Natronlauge (*Muir, Percival*, Soc. **1940** 1479).

Gelbliche Krystalle (aus wss. A.) mit 1 Mol H_2O, F: 245° [Zers.; nach Sintern bei 225°] (*Di. et al.*). Krystalle (aus A.), F: 221—222°; $[α]_D^{20}$: −145° [Me.; c = 0,2] (*Ba.*). Krystalle (aus Py. + A. + W.), F: 218°; $[α]_D^{18}$: −142° [Me.; c = 0,2] (*Muir, Pe.*).

d) O^4-β-D-**Galactopyranosyl-D-*ribo*-3,6-anhydro-[2]hexosulose-bis-phenylhydrazon** $C_{24}H_{30}N_4O_8$, Formel X (R = H, X = NH-C₆H₅) (H **31** 457; dort als Anhydrolactose-phenylosazon bezeichnet).

B. Aus O^4-β-D-Galactopyranosyl-D-*arabino*-[2]hexosulose-bis-phenylosazon („Lac=tose-phenylosazon") beim Erwärmen mit Äthanol und kleinen Mengen wss. Schwefelsäure (*Diels, Meyer*, A. **519** [1935] 157, 163) sowie bei wiederholtem Umkrystallisieren aus Äthanol (*Bayne*, Soc. **1952** 4993, 4994). Beim Behandeln von O^3,O^5,O^6-Triacet=yl-O^4-[tetra-*O*-acetyl-β-D-galactopyranosyl]-D-*arabino*-[2]hexosulose-bis-phenylhydrazon („Hepta-*O*-acetyl-lactose-phenylosazon") mit Aceton und wss. Natronlauge (*Percival, Percival*, Soc. **1937** 1320, 1322).

F: 226—227°; $[α]_D^{20}$: −172° [Py. + A. (2:3); c = 0,7] (*Ba.*). In 100 ml Aceton lösen sich bei 5° 0,148 g (*Montgomery, Hudson*, Am. Soc. **52** [1930] 2101, 2105).

e) O^4-β-D-**Galactopyranosyl-D-*lyxo*-3,6-anhydro-[2]hexosulose-bis-phenylhydrazon, Carrabiose-phenylosazon** $C_{24}H_{30}N_4O_8$, Formel XI (X = NH-C₆H₅).

B. Beim Erwärmen von Carrabiose (O^4-β-D-Galactopyranosyl-3,6-anhydro-D-galactose) mit Phenylhydrazin und wss. Essigsäure (*Araki, Hirase*, Bl. chem. Soc. Japan **29** [1956]

770, 774).

Gelbe Krystalle (aus wss. A.); F: 216°. $[\alpha]_D^{10}$: $+46,0°$ [Py. + A. (2:3); c = 0,5].

f) O^4-β-D-Galactopyranosyl-L-*lyxo*-3,6-anhydro-[2]hexosulose-bis-phenylhydrazon, Agarobiose-phenylosazon $C_{24}H_{30}N_4O_8$, Formel XII (X = NH-C$_6$H$_5$).

B. Beim Erwärmen von Agarobiose (O^4-β-D-Galactopyranosyl-3,6-anhydro-L-galactose) mit Phenylhydrazin und wss. Essigsäure (*Araki*, J. chem. Soc. Japan **65** [1944] 533, 536).

Gelbe Krystalle (aus A.); F: 219—220° [unkorr.]; $[\alpha]_D^{10}$: $-136,6°$ (Anfangswert) → $-107,3°$ (nach 48 h) [Py. + A. (2:3); c = 0,4] (*Hirase et al.*, Bl. chem. Soc. Japan **31** [1958] 428, 430).

2-[4-Hydroxy-3-(3,4,5-trihydroxy-6-hydroxymethyl-tetrahydro-pyran-2-yloxy)-tetrahydro-[2]furyl]-glyoxal-1-[methyl-phenyl-hydrazon]-2-phenylhydrazon $C_{25}H_{32}N_4O_8$.

a) O^4-β-D-Glucopyranosyl-D-*ribo*-3,6-anhydro-[2]hexosulose-1-[methyl-phenyl-hydrazon]-2-phenylhydrazon $C_{25}H_{32}N_4O_8$, Formel XIII (R = H, X = NH-C$_6$H$_5$, und O^4-β-D-Glucopyranosyl-D-*arabino*-3,6-anhydro-[2]hexosulose-1-[methyl-phenyl-hydrazon]-2-phenylhydrazon $C_{25}H_{32}N_4O_8$, Formel XIV (R = H, X = NH-C$_6$H$_5$).

Diese beiden Formeln kommen für die nachstehend beschriebene Verbindung in Betracht.

B. Bei 2-tägigem Behandeln von O^3,O^5,O^6-Triacetyl-O^4-[tetra-O-acetyl-β-D-glucopyranosyl]-D-*arabino*-[2]hexosulose-1-[methyl-phenyl-hydrazon]-2-phenylhydrazon mit wss. Natronlauge und Aceton (*Henseke, Brose*, B. **91** [1958] 2273, 2280).

Gelbe Krystalle (aus A.) mit 1 Mol H$_2$O; F: 221—222° [Zers.]. $[\alpha]_D^{20}$: $-190°$ [Py.; c = 0,5].

Penta-O-acetyl-Derivat $C_{35}H_{42}N_4O_{13}$ (O^5-Acetyl-O^4-[tetra-O-acetyl-β-D-glucopyranosyl]-D-*ribo*-(oder D-*arabino*)-3,6-anhydro-[2]hexosulose-1-[methyl-phenyl-hydrazon]-2-phenylhydrazon). Gelbliche Krystalle (aus A.); F: 193°. $[\alpha]_D^{20}$: $-132°$ [CHCl$_3$; c = 0,5].

b) O^4-β-D-Galactopyranosyl-D-*ribo*-3,6-anhydro-[2]hexosulose-1-[methyl-phenyl-hydrazon]-2-phenylhydrazon $C_{25}H_{32}N_4O_8$, Formel XV (R = H, X = NH-C$_6$H$_5$), und O^4-β-D-Galactopyranosyl-D-*arabino*-3,6-anhydro-[2]hexosulose-1-[methyl-phenyl-hydrazon]-2-phenylhydrazon $C_{25}H_{32}N_4O_8$, Formel XVI (R = H, X = NH-C$_6$H$_5$).

Diese beiden Formeln kommen für die nachstehend beschriebene Verbindung in Betracht.

B. Bei 2-tägigem Behandeln von O^3,O^5,O^6-Triacetyl-O^4-[tetra-O-acetyl-β-D-galacto=
pyranosyl]-D-*arabino*-[2]hexosulose-1-[methyl-phenyl-hydrazon]-2-phenylhydrazon   mit
wss. Natronlauge und Aceton (*Henseke, Brose*, B. **91** [1958] 2273, 2280).

Gelbe Krystalle (aus A.) mit 1 Mol H_2O; F: 232—233° [Zers.]. $[\alpha]_D^{20}$: $-220°$ [Py.;
c = 0,5].

Penta-O-acetyl-Derivat $C_{35}H_{42}N_4O_{13}$ (O^5-Acetyl-O^4-[tetra-O-acetyl-
β-D-galactopyranosyl]-D-*ribo*(oder D-*arabino*)-3,6-anhydro-[2]hexosulose-
1-[methyl-phenyl-hydrazon]-2-phenylhydrazon). Gelbes Pulver; F: 99—100°.
$[\alpha]_D^{20}$: $-92°$ [$CHCl_3$; c = 0,5].

[4-Hydroxy-3-(3,4,5-trihydroxy-6-hydroxymethyl-tetrahydro-pyran-2-yloxy)-tetra=
hydro-[2]furyl]-glyoxal-bis-o-tolylhydrazon $C_{26}H_{34}N_4O_8$.

a) O^4-β-D-Glucopyranosyl-D-*ribo*-3,6-anhydro-[2]hexosulose-bis-o-tolylhydrazon
$C_{26}H_{34}N_4O_8$, Formel IX (R = H, X = NH-C_6H_4-CH_3).

Bezüglich der Konstitution und Konfiguration der nachstehend beschriebenen, als
Anhydrocellobiose-o-tolylosazon bezeichneten Verbindung vgl. das analog her-
gestellte O^4-β-D-Glucopyranosyl-D-*ribo*-3,6-anhydro-[2]hexosulose-bis-phenylhydrazon
(S. 2311).

B. Beim Erwärmen von O^4-β-D-Glucopyranosyl-D-*arabino*-[2]hexosulose-bis-o-tolyl=
hydrazon („Cellobiose-o-tolylosazon") mit Äthanol und kleinen Mengen wss. Schwefel=
säure (*Diels et al.*, A. **525** [1936] 94, 107).

Gelbe Krystalle (aus wss. Py.) mit 1 Mol H_2O; F: 223—225° [Zers.].

b) O^4-β-D-Galactopyranosyl-D-*ribo*-3,6-anhydro-[2]hexosulose-bis-o-tolylhydrazon
$C_{26}H_{34}N_4O_8$, Formel X (R = H, X = NH-C_6H_4-CH_3).

Bezüglich der Konstitution und Konfiguration der nachstehend beschriebenen, als
Anhydrolactose-o-tolylosazon bezeichneten Verbindung vgl. das analog her-
gestellte O^4-β-D-Galactopyranosyl-D-*ribo*-3,6-anhydro-[2]hexosulose-bis-phenylhydrazon
(S. 2311).

B. Beim Erwärmen von O^4-β-D-Galactopyranosyl-D-*arabino*-[2]hexosulose-bis-o-tolyl=
hydrazon („Lactose-o-tolylosazon") mit Äthanol und kleinen Mengen wss. Schwefelsäure
(*Diels et al.*, A. **525** [1936] 94, 107).

Gelbe Krystalle (aus A.); F: 223—225° [Zers.].

[4-Acetoxy-3-(3,4,5-triacetoxy-6-acetoxymethyl-tetrahydro-pyran-2-yloxy)-tetrahydro-
[2]furyl]-glyoxal-bis-phenylhydrazon $C_{34}H_{40}N_4O_{13}$.

a) O^5-Acetyl-O^4-[tetra-O-acetyl-β-D-glucopyranosyl]-D-*ribo*-3,6-anhydro-
[2]hexosulose-bis-phenylhydrazon $C_{34}H_{40}N_4O_{13}$, Formel IX (R = CO-CH_3, X = NH-C_6H_5).

B. Aus O^4-β-D-Glucopyranosyl-D-*ribo*-3,6-anhydro-[2]hexosulose-bis-phenylhydrazon
bei kurzem Erhitzen mit Acetanhydrid und Natriumacetat (*Diels et al.*, A. **525** [1936]
94, 106) sowie beim Behandeln mit Acetanhydrid und Pyridin (*Muir, Percival*, Soc.
1940 1480).

Hellgelbe Krystalle (aus A.), F: 197—198° [nach Sintern bei 180°] (*Di. et al.*); F: 193°
(*Muir, Pe.*). $[\alpha]_D^{18}$: $-153°$ [Py. + A. (1:1); c = 0,2]; $[\alpha]_D^{18}$: $-142°$ [Acn.; c = 0,2]
(*Muir, Pe.*).

b) O^5-Acetyl-O^4-[tetra-O-acetyl-β-D-galactopyranosyl]-D-*ribo*-3,6-anhydro-
[2]hexosulose-bis-phenylhydrazon $C_{34}H_{40}N_4O_{13}$, Formel X (R = CO-CH_3, X = NH-C_6H_5).

B. Aus O^4-β-D-Galactopyranosyl-D-*ribo*-3,6-anhydro-[2]hexosulose-bis-phenylhydrazon
bei kurzem Erhitzen mit Acetanhydrid und Natriumacetat (*Diels et al.*, A. **525** [1936]
94, 105) sowie beim Behandeln mit Acetanhydrid und Pyridin (*Percival, Percival*, Soc.

1937 1320, 1322).

Krystalle (aus A.), F: 195—196° (*Di. et al.*); Krystalle (aus Bzl. + PAe.) mit 1 Mol Benzol, F: 115—117°; $[\alpha]_D^{20}$: —102° [Acn.; c = 0,4] (*Pe., Pe.*).

c) Über zwei als O^5-**Acetyl**-O^4-**[tetra**-O-**acetyl**-α-D-**glucopyranosyl**]-D-***ribo***-**3,6-an**= **hydro-[2]hexosulose-bis-phenylhydrazon** $C_{34}H_{40}N_4O_{13}$, Formel VII (R = CO-CH$_3$, X = NH-C$_6$H$_5$) [auf S. 2311] und als O^5-**Acetyl**-O^4-**[tetra**-O-**acetyl**-α-D-**glucopyranosyl**]- D-***arabino***-**3,6-anhydro-[2]hexosulose-bis-phenylhydrazon** $C_{34}H_{40}N_4O_{13}$, Formel VIII (R = CO-CH$_3$, X = NH-C$_6$H$_5$) zu formulierende Verbindungen s. S. 2311.

[3-Hydroxy-4-(toluol-4-sulfonyloxy)-tetrahydro-[2]furyl]-glyoxal-bis-phenylhydrazon $C_{25}H_{26}N_4O_5S$.

a) **[(2S)-3t-Hydroxy-4t-(toluol-4-sulfonyloxy)-tetrahydro-[2r]furyl]-glyoxal-bis-** **phenylhydrazon**, O^5-**[Toluol-4-sulfonyl]**-D-***ribo***-**3,6-anhydro-[2]hexosulose-bis-phenyl**= **hydrazon** $C_{25}H_{26}N_4O_5S$, Formel XVII (X = SO$_2$-C$_6$H$_4$-CH$_3$).

B. Bei 3-tägigem Behandeln von D-*ribo*-3,6-Anhydro-[2]hexosulose-bis-phenylhydrazon (,,3,6-Anhydro-D-psicose-phenylosazon") mit Toluol-4-sulfonylchlorid und Pyridin (*Percival*, Soc. **1945** 783, 786).

$[\alpha]_D^{15}$: —126° [CHCl$_3$; c = 0,3].

b) **[(2R)-3c-Hydroxy-4c-(toluol-4-sulfonyloxy)-tetrahydro-[2r]furyl]-glyoxal-bis-** **phenylhydrazon**, O^5-**[Toluol-4-sulfonyl]**-D-***arabino***-**3,6-anhydro-[2]hexosulose-bis-** **phenylhydrazon** $C_{25}H_{26}N_4O_5S$, Formel XVIII (X = SO$_2$-C$_6$H$_4$-CH$_3$).

B. Beim Erwärmen von O^5-[Toluol-4-sulfonyl]-3,6-anhydro-D-glucose mit Äthanol, Phenylhydrazin und kleinen Mengen wss. Essigsäure (*Ohle, Euler*, B. **63** [1930] 1796, 1802).

Gelbe Krystalle (aus A.); F: 157—158°. $[\alpha]_D^{19}$: —177,2° [Py.; c = 2].

XVII   XVIII   XIX

2-[3,4-Bis-(toluol-4-sulfonyloxy)-tetrahydro-[2]furyl]-glyoxal-1-[methyl-phenyl- **hydrazon]-2-phenylhydrazon** $C_{33}H_{34}N_4O_7S_2$.

a) **2-[(2S)-3t,4t-Bis-(toluol-4-sulfonyloxy)-tetrahydro-[2r]furyl]-glyoxal-1-[methyl-** **phenyl-hydrazon]-2-phenylhydrazon**, **Bis**-O-**[toluol-4-sulfonyl]**-D-***ribo***-**3,6-anhydro-** **[2]hexosulose-1-[methyl-phenyl-hydrazon]-2-phenylhydrazon** $C_{33}H_{34}N_4O_7S_2$, Formel I (R = SO$_2$-C$_6$H$_4$-CH$_3$, X = CH$_3$) auf S. 2307.

B. Beim Behandeln von D-*ribo*-3,6-Anhydro-[2]hexosulose-1-[methyl-phenyl-hydrazon]- 2-phenylhydrazon (S. 2307) mit Toluol-4-sulfonylchlorid und Pyridin (*Percival, Percival*, Soc. **1941** 750, 754).

Gelbes Pulver (aus wss. A.); F: 65—70° [Zers.]. $[\alpha]_D^{15}$: —80° [CHCl$_3$; c = 0,4].

b) **2-[(2R)-3t,4c-Bis-(toluol-4-sulfonyloxy)-tetrahydro-[2r]furyl]-glyoxal-** **1-[methyl-phenyl-hydrazon]-2-phenylhydrazon**, **Bis**-O-**[toluol-4-sulfonyl]**-D-***lyxo***- **3,6-anhydro-[2]hexosulose-1-[methyl-phenyl-hydrazon]-2-phenylhydrazon** $C_{33}H_{34}N_4O_7S_2$, Formel III (R = SO$_2$-C$_6$H$_4$-CH$_3$, X = CH$_3$) auf S. 2308.

B. Beim Behandeln von D-*lyxo*-3,6-Anhydro-[2]hexosulose-1-[methyl-phenyl-hydrazon]- 2-phenylhydrazon (S. 2307) mit Toluol-4-sulfonylchlorid und Pyridin (*Percival, Per-* *cival*, Soc. **1941** 750, 753).

Gelbe Krystalle (aus wss. A.); F: 65—70° [Zers.]. $[\alpha]_D^{15}$: +37° [CHCl$_3$; c = 0,5].

4,4-Bis-hydroxymethyl-dihydro-furan-2,3-dion-3-[2,4-dinitro-phenylhydrazon], **2-[2,4-Dinitro-phenylhydrazono]-4-hydroxy-3,3-bis-hydroxymethyl-buttersäure-lacton** $C_{12}H_{12}N_4O_8$, Formel XIX (X = NH-C$_6$H$_3$(NO$_2$)$_2$).

B. Beim Erwärmen von 4a-Hydroxymethyl-dihydro-[1,3]dioxino[4,5-*d*][1,3]dioxin-

8a-carbonsäure-lacton mit [2,4-Dinitro-phenyl]-hydrazin und wss. Salzsäure (*Olsen, Havre*, Acta chem. scand. **8** [1954] 47, 49).

Krystalle (aus wss. Eg.); F: 225—230°.

Hydroxy-oxo-Verbindungen $C_7H_{10}O_5$

(1S)-1,3exo,4exo-Trihydroxy-6-oxa-bicyclo[3.2.1]octan-7-on, (1S)-1,3c,4t,5t-Tetrahydr‑oxy-cyclohexan-r-carbonsäure-3-lacton, **(−)-Chinid** $C_7H_{10}O_5$, Formel I (R = X = H) (E II 144).

B. Beim Erhitzen von (−)-Chinasäure (E III **10** 2407) mit Chlorwasserstoff in Dioxan, zuletzt unter Zusatz von Kaliumcarbonat (*Panizzi et al.*, G. **84** [1954] 806, 811).

Krystalle (aus A.); F: 185—189° [nach Erweichen] (*Pa. et al.*). IR-Spektrum (KBr; 2—14,5 μ): *Meda, Valentini*, Ann. Chimica **46** [1956] 703, 707, 710.

(1S)-1,3exo,4exo-Trimethoxy-6-oxa-bicyclo[3.2.1]octan-7-on, (1S)-3c-Hydroxy-1,4t,5t-trimethoxy-cyclohexan-r-carbonsäure-lacton $C_{10}H_{16}O_5$, Formel I (R = CH$_3$, X = H).

B. Beim Erhitzen von (−)-Chinid (s.o.) mit Methyljodid, Silberoxid und Dioxan (*Fischer, Dangschat*, B. **65** [1932] 1009, 1030). Beim Behandeln von Penta-O-methyl-chlorogensäure-methylester (E III **10** 2409) mit wss.-methanol. Natronlauge (*Fischer, Dangschat*, B. **65** [1932] 1037, 1039).

Kp$_{0,3}$: 130° (*Fi., Da.*, l. c. S. 1040).

1,3,4-Triacetoxy-6-oxa-bicyclo[3.2.1]octan-7-on, 1,4,5-Triacetoxy-3-hydroxy-cyclohexancarbonsäure-lacton $C_{13}H_{16}O_8$.

a) **(1S)-1,3exo,4exo-Triacetoxy-6-oxa-bicyclo[3.2.1]octan-7-on**, (1S)-1,3t,4t-Triacet‑oxy-5c-hydroxy-cyclohexan-r-carbonsäure-lacton $C_{13}H_{16}O_8$, Formel I (R = CO-CH$_3$, X = H) (H 163; E II 144; dort als Triacetyl-l-chinid bezeichnet).

B. Beim Erwärmen von (−)-Chinasäure (E III **10** 2407) mit Acetanhydrid und Pyridin (*Zemplén et al.*, Magyar Chem. Folyoirat **61** [1955] 113, 114; C. A. **1956** 7738). Bei der Hydrierung von (1S)-1,3t,4t-Triacetoxy-2c-brom-5c-hydroxy-cyclohexan-r-carbonsäure-lacton an Palladium/Kohle in Natriumacetat und Essigsäure enthaltendem Äthanol (*Grewe, Lorenzen*, B. **86** [1953] 928, 938).

Krystalle (aus A.); F: 134—135°; [α]$_D^{20}$: −13,3° [Acn.; c = 3] (*Ze. et al.*). F: 131°; [α]$_D^{19}$: −18,8° [CHCl$_3$; c = 2] (*Gr., Lo.*).

Beim Erhitzen mit Acetanhydrid erfolgt Racemisierung (*Grewe et al.*, B. **87** [1954] 793, 801).

b) **(±)-1,3exo,4exo-Triacetoxy-6-oxa-bicyclo[3.2.1]octan-7-on**, (±)-1,3t,4t-Triacet‑oxy-5c-hydroxy-cyclohexan-r-carbonsäure-lacton $C_{13}H_{16}O_8$, Formel I (R = CO-CH$_3$, X = H) + Spiegelbild.

Diese Konstitution und Konfiguration kommt dem früher (s. H **18** 163) beschriebenen Isotriacetylchinid zu (*Schlossmann*, zit. bei *Grewe et al.*, B. **87** [1954] 793, 796 Anm. 9).

B. Beim Erhitzen von (−)-Chinasäure (E III **10** 2407) oder von (±)-Chinasäure mit Acetanhydrid (*Grewe et al.*, B. **87** [1954] 793, 801). Aus dem unter a) beschriebenen Enantiomeren beim Erhitzen (*Gr. et al.*, l. c. S. 801).

F: 142°.

(1S)-3exo,4exo-Dihydroxy-1-methoxycarbonyloxy-6-oxa-bicyclo[3.2.1]octan-7-on, **(1S)-3c,4t,5t-Trihydroxy-1-methoxycarbonyloxy-cyclohexan-r-carbonsäure-3-lacton** $C_9H_{12}O_7$, Formel I (R = CO-O-CH$_3$, X = H).

B. Beim Erhitzen von (1S)-3c-Hydroxy-4t,5t-isopropylidendioxy-1-methoxycarbonyl‑oxy-cyclohexan-r-carbonsäure-lacton mit wss. Essigsäure (*Panizzi et al.*, G. **84** [1954] 806, 811).

Krystalle (aus Xylol); F: 131—133°.

(1S)-1-[3,4-Dihydroxy-*trans*-cinnamoyloxy]-3exo,4exo-dihydroxy-6-oxa-bicyclo‑[3.2.1]octan-7-on, **(1S)-1-[3,4-Dihydroxy-*trans*-cinnamoyloxy]-3c,4t,5t-trihydroxy-cyclohexan-r-carbonsäure-3-lacton** $C_{16}H_{16}O_8$, Formel II.

B. Beim Erhitzen von (1S)-1-[3,4-Carbonyldioxy-*trans*-cinnamoyloxy]-3c-hydroxy-

4*t*,5*t*-isopropylidendioxy-cyclohexan-*r*-carbonsäure-lacton mit Wasser (*Scarpati et al.*, Ann. Chimica **48** [1958] 997, 1003).

Krystalle (aus W.) mit 1 Mol H_2O; die wasserfreie Verbindung schmilzt bei 205—208° (*Sc. et al.*). $[\alpha]_D^{25}$: —17° [A.; c = 2] (*Sc. et al.*). IR-Spektrum (KBr; 2—14,5 µ): *Meda, Valentini*, Ann. Chimica **46** [1956] 703, 707, 711.

I   II   III

(1*S*)-3*exo*-[3,4-Dihydroxy-*trans*-cinnamoyloxy]-1,4*exo*-dihydroxy-6-oxa-bicyclo=
[3.2.1]octan-7-on, (1*S*)-3*t*-[3,4-Dihydroxy-*trans*-cinnamoyloxy]-1,4*t*,5*c*-trihydroxy-
cyclohexan-*r*-carbonsäure-5-lacton $C_{16}H_{16}O_8$, Formel III.

Konstitution und Konfiguration: *Ruveda et al.*, An Asoc. quim. arg. **52** [1964] 237.
Isolierung aus Ilex paraguariensis: *Hauschild*, Mitt. Lebensmittelunters. Hyg. **26** [1935] 329, 335; *Deulofeu et al.*, An. Asoc. quim. arg. **31** [1943] 99, 106.
Krystalle; F: 237—239° [Kapillare; nach Sintern bei 232°; aus wss. Eg.] bzw. F: 228° bis 231° [Kofler-App.] (*Badin et al.*, Chem. and Ind. **1962** 257); F: 236—238° [aus W.] (*Ru. et al.*),235—237° [Zers.; aus wss. Eg.] (*De. et al.*), 235—236° [korr.; aus W.] (*Ha.*). $[\alpha]_D$: +49° → +21,9° (nach 24 h) [A.; c = 0,3] (*Ba. et al.*). $[\alpha]_D^{21}$: +48,5° (nach 10 min) → +11,4° (nach 40 min) [Lösungsmittel nicht angegeben] (*Ru. et al.*). Absorptionsmaxima (A. ?): 220 nm, 247 nm und 328 nm (*Ba. et al.*).

(1*S*)-1,3*exo*,4*exo*-Triacetoxy-2*endo*-chlor-6-oxa-bicyclo[3.2.1]octan-7-on, (1*S*)-1,3*t*,4*t*-Tri=
acetoxy-2*c*-chlor-5*c*-hydroxy-cyclohexan-*r*-carbonsäure-lacton $C_{13}H_{15}ClO_8$, Formel I
(R = CO-CH$_3$, X = Cl).
B. Bei der Behandlung von (—)-Shikimisäure (E III **10** 2027) mit wss. Hypochlorig=
säure unter Lichtausschluss und anschliessenden Acetylierung (*Grewe, Lorenzen*, B. **86** [1953] 928, 937).
F: 133°. $[\alpha]_D^{22}$: —33° [A.; c = 0,8].

(1*S*)-2*endo*-Brom-1,3*exo*,4*exo*-trihydroxy-6-oxa-bicyclo[3.2.1]octan-7-on, (1*S*)-2*c*-Brom-
1,3*t*,4*t*,5*c*-tetrahydroxy-cyclohexan-*r*-carbonsäure-5-lacton $C_7H_9BrO_5$, Formel I (R = H,
X = Br).
B. Beim Behandeln von (—)-Shikimisäure (E III **10** 2027) mit wss. Hypobromigsäure
unter Lichtausschluss (*Grewe, Lorenzen*, B. **86** [1953] 928, 937). Beim Behandeln von
(—)-Shikimisäure-dibromid ((1*S*)-1,2*c*-Dibrom-3*t*,4*t*,5*c*-trihydroxy-cyclohexan-*r*-carbon=
säure) mit Silbercarbonat und Wasser und Erwärmen der Reaktionslösung (*Gr., Lo.*).
Krystalle (aus W. oder A.); F: 230—233°. $[\alpha]_D^{18}$: —20,8° [W.; c = 3].

(1*S*)-1,3*exo*,4*exo*-Triacetoxy-2*endo*-brom-6-oxa-bicyclo[3.2.1]octan-7-on, (1*S*)-1,3*t*,4*t*-Tri=
acetoxy-2*c*-brom-5*c*-hydroxy-cyclohexan-*r*-carbonsäure-lacton $C_{13}H_{15}BrO_8$, Formel I
(R = CO-CH$_3$, X = Br).
B. Beim Erhitzen von (1*S*)-2*c*-Brom-1,3*t*,4*t*,5*c*-tetrahydroxy-cyclohexan-*r*-carbonsäure-
5-lacton mit Acetanhydrid (*Grewe, Lorenzen*, B. **86** [1953] 928, 938).
Krystalle (aus A.); F: 135°. $[\alpha]_D^{20}$: —30,3° [A.; c = 2].

Hydroxy-oxo-Verbindungen $C_8H_{12}O_5$

*Opt.-inakt. 3,6-Diacetoxy-3,6-dimethyl-oxepan-2,7-dion, 2,5-Diacetoxy-2,5-dimethyl-
adipinsäure-anhydrid $C_{12}H_{16}O_7$, Formel IV.
B. Beim Erwärmen von opt.-inakt. 2,5-Dihydroxy-2,5-dimethyl-adipinsäure (Stereo=
isomeren-Gemisch) mit Acetanhydrid und Erhitzen des Reaktionsprodukts unter
0,0001 Torr auf 140° (*Elvidge et al.*, Soc. **1952** 1026, 1032).
Krystalle (aus Dioxan + Ae.); F: 163—164°.

(1*R*)-5,7*exo*,8*exo*-Trihydroxy-2-oxa-bicyclo[3.3.1]nonan-3-on, [(1*S*)-1,3*c*,4*t*,5*t*-Tetra⸗
hydroxy-cyclohex-*r*-yl]-essigsäure-3-lacton C₈H₁₂O₅, Formel V (in der Literatur auch
als Homochinasäure-γ-lacton bezeichnet).

B. Beim Behandeln von Tetra-*O*-acetyl-homochinasäure ([(1*R*)-1,3*c*,4*t*,5*t*-Tetraacetoxy-
cyclohex-*r*-yl]-essigsäure) mit methanol. Natronlauge und anschliessenden Erwärmen
mit wss. Salzsäure (*Grewe, Nolte,* A. 575 [1952] 1, 16).

Öl. [α]$_D^{27}$: −32° [W.; c = 1].

IV V VI VII

Hydroxy-oxo-Verbindungen C₉H₁₄O₅

**Opt.-inakt. 5-Acetyl-3,4-dihydroxy-3,4,5-trimethyl-dihydro-furan-2-on, 2,3,4-Trihydr⸗
oxy-2,3,4-trimethyl-5-oxo-hexansäure-4-lacton** C₉H₁₄O₅, Formel VI.

B. Beim Behandeln von opt.-inakt. 3,4-Dihydroxy-3,4-dimethyl-hexan-2,5-dion (F:
91—94°) mit Cyanwasserstoff in Äthanol unter Zusatz von Natriumhydroxid und Behandeln des Reaktionsprodukts mit wss. Salzsäure (*Šuknewitsch, Šabunaewa,* Trudy
Leningradsk. chim. farm. Inst. 1958 Nr. 5, S. 3, 6; C. A. 1961 22127).

Krystalle (aus W.); F: 160—162°.

Beim Erwärmen mit Cyanwasserstoff und äthanol. Natronlauge und anschliessenden
Behandeln mit wss. Salzsäure ist 2,3,4,5-Tetrahydroxy-2,3,4,5-tetramethyl-adipinsäure-
1→4;6→3 dilacton (F: 253°) erhalten worden.

Phenylhydrazon C₁₅H₂₀N₂O₄; 2,3,4-Trihydroxy-2,3,4-trimethyl-5-phenyl⸗
hydrazono-hexansäure-4-lacton. Krystalle (aus A.); F: 172,5—173,5° (*Šu., Ša.,*
l. c. S. 7).

Hydroxy-oxo-Verbindungen C₁₂H₂₀O₅

**5,5,6-Trimethyl-6-[1,2,3-triacetoxy-butyl]-5,6-dihydro-pyran-2-on, 6,7,8-Triacetoxy-
5-hydroxy-4,4,5-trimethyl-non-2*c*-ensäure-lacton** C₁₈H₂₆O₈, Formel VII (R = CO-CH₃).

Das von *Gorter* (s. E II 145) unter dieser Konstitution beschriebene Hyptolid ist als
6-[3,5,6-Triacetoxy-hept-1-enyl]-5,6-dihydro-pyran-2-on (S. 2322) zu formulieren (*Birch,
Butler,* Soc. 1964 4167).

Hydroxy-oxo-Verbindungen C₁₇H₃₀O₅

**(3*R*)-12*t*-Äthyl-4*t*,11*c*-dihydroxy-3*r*,5*t*,7*t*,11*t*-tetramethyl-oxacyclododecan-2,8-dion,
D*ᵣ*-3*t*F,10*c*F,11*c*F-Trihydroxy-2*r*F,4*t*F,6*t*F,10*t*F-tetramethyl-7-oxo-tridecansäure-11-lacton,
Dihydromethynolid** C₁₇H₃₀O₅, Formel VIII.

B. Bei der Hydrierung von Methynolid (S. 2323) an Palladium/Kohle in Äthanol
(*Djerassi, Zderic,* Am. Soc. 78 [1956] 6390, 6395).

Krystalle (aus Bzl. + Pentan); F: 136—143° [Kofler-App.]. [α]$_D$: +2° [Dioxan];
[α]$_D$: 0° [Me.]. Optisches Drehungsvermögen [α] einer Lösung in Dioxan (c = 0,5) für
Licht der Wellenlängen von 275 nm bis 700 nm: *Dj. et al.*

**(3*R*)-4*t*-Hydroxy-12*t*-[(Ξ)-1-hydroxy-äthyl]-3*r*,5*t*,7*t*,11*t*-tetramethyl-oxacyclododecan-
2,8-dion, D*ᵣ*-3*t*F,11*c*F,12ξF-Trihydroxy-2*r*F,4*t*F,6*t*F,10*t*F-tetramethyl-7-oxo-tridecansäure-
11-lacton, Dihydroneomethynolid** C₁₇H₃₀O₅, Formel IX.

B. Bei der Hydrierung von Neomethynolid (S. 2324) an Palladium/Kohle in Äthanol
(*Djerassi, Halpern,* Tetrahedron 3 [1958] 255, 266).

Krystalle (aus Ae. + Hexan); F: 134—136° [Kofler-App.]. Bei 130—140°/0,01 Torr
sublimierbar. Optisches Drehungsvermögen [α] einer Lösung in Dioxan (c = 0,02) für
Licht der Wellenlängen von 285 nm bis 700 nm: *Dj., Ha.*

VIII   IX   X

Hydroxy-oxo-Verbindungen $C_{20}H_{36}O_5$

(3R)-14t-Äthyl-4ξ,10ξ,13c-trihydroxy-3r,5,7t,9t,13t-pentamethyl-oxacyclotetradec-5t-en-2-on, D_r-3ξ,9ξ,12c_F,13c_F-Tetrahydroxy-2r_F,4,6t_F,8t_F,12t_F-pentamethyl-pentadec-4t-ensäure-13-lacton $C_{20}H_{36}O_5$, Formel X.

Diese Konstitution und Konfiguration kommt dem nachstehend beschriebenen **Dihydrokromycinol** zu.

B. Beim Behandeln von Dihydrokromycin (S. 2332) mit Natriumboranat in wss. Dioxan (*Anliker, Gubler*, Helv. **40** [1957] 119, 127).

Krystalle (aus Acn. + Hexan); F: 139—140° [korr.]. [α]$_D$: +56,7° [CHCl$_3$; c = 1]. IR-Spektrum (KBr; 2,5—15 μ): *An., Gu.,* l. c. S. 121.

[*Weissmann*]

Hydroxy-oxo-Verbindungen $C_nH_{2n-6}O_5$

Hydroxy-oxo-Verbindungen $C_4H_2O_5$

Diacetoxy-maleinsäure-anhydrid $C_8H_6O_7$, Formel I (R = CO-CH$_3$) (H 164; E I 388).

B. Neben 2,3t(?)-Diacetoxy-acrylsäure (F: 119—122° [korr.]) beim Behandeln einer Suspension von Dihydroxyfumarsäure in Aceton mit Keten (*Goodwin, Witkop*, Am. Soc. **76** [1954] 5599, 5602).

Krystalle (aus Bzl. + Pentan oder aus Ae. + Pentan); F: 99—100° [korr.; durch Sublimation gereinigtes Präparat]. IR-Banden (CHCl$_3$) im Bereich von 5,3 μ bis 11,8 μ: *Go., Wi.,* l. c. S. 5602. Absorptionsmaximum (Ae.): 260 nm (*Go., Wi.,* l. c. S. 5600).

Beim Erwärmen mit Methanol ist eine als Acetoxy-methoxy-butendisäure-monomethyl=ester angesehene Verbindung (Öl), beim Behandeln mit Methanol und mit Diazomethan in Äther ist eine Verbindung $C_6H_8O_5$ (Kp$_{0,15}$: 69°) erhalten worden (*Go., Wi.,* l. c. S. 5602, 5603).

Bis-benzoyloxy-maleinsäure-anhydrid $C_{18}H_{10}O_7$, Formel I (R = CO-C$_6$H$_5$) (H 164).

Krystalle (aus Cyclohexan oder Bzl.); F: 168—170° [korr.] (*Goodwin, Witkop*, Am. Soc. **76** [1954] 5599, 5603). IR-Banden (CHCl$_3$) im Bereich von 5,3 μ bis 10,8 μ: *Go., Wi.,* l. c. S. 5603. Absorptionsmaximum (Ae.): 236 nm (*Go., Wi.,* l. c. S. 5600).

Beim Erwärmen mit Methanol und anschliessenden Behandeln mit Diazomethan in Äther ist eine als Benzoyloxy-methoxy-butendisäure-dimethylester angesehene Verbindung (Kp$_{0,1}$: 160°) erhalten worden.

I   II   III   IV

Hydroxy-oxo-Verbindungen $C_6H_6O_5$

2,3-Dihydroxy-6-hydroxymethyl-pyran-4-on $C_6H_6O_5$, Formel II, und Tautomere.
Die Identität des von *Yabuta* (E II **18** 145) unter dieser Konstitution beschriebenen, aus einer als 2-Brom-3-hydroxy-6-hydroxymethyl-pyran-4-on angesehenen Verbindung (F: 159—160°) hergestellten Präparats ist ungewiss (*Tolentino, Kagan*, J. org. Chem. **39** [1974] 2308).

3-Hydroxy-4-methoxy-6-methoxymethyl-pyran-2-on, 2,5-Dihydroxy-3,6-dimethoxy-hexa-2c,4t-diensäure-5-lacton $C_8H_{10}O_5$, Formel III (R = H), und Tautomeres (4-Methoxy-6-methoxymethyl-4H-pyran-2,3-dion).
B. Neben 5-Hydroxy-4-methoxy-6-oxo-6H-pyran-2-carbonsäure-methylester beim Erwärmen von O^1,O^3,O^4,O^6-Tetramethyl-D-fructose (E IV **1** 4421) mit wss. Salpetersäure (D: 1,42), Erwärmen des Reaktionsprodukts mit Natriummethylat in Methanol und anschliessenden Behandeln mit Chlorwasserstoff enthaltendem Methanol (*Haworth et al.*, Soc. **1938** 710, 713).
Krystalle (aus Me.); F: 88°. Absorptionsspektrum (Me.; 225—400 nm): *Ha. et al.*, l. c. S. 713.

3,4-Dimethoxy-6-methoxymethyl-pyran-2-on, 5-Hydroxy-2,3,6-trimethoxy-hexa-2c,4t-diensäure-lacton $C_9H_{12}O_5$, Formel III (R = CH_3).
B. Beim Behandeln einer Lösung von 3-Hydroxy-4-methoxy-6-methoxymethyl-pyran-2-on in Methanol mit Diazomethan in Äther (*Haworth et al.*, Soc. **1938** 710, 714).
Öl; bei 135°/0,02 Torr destillierbar. n_D^{20}: 1,5280. Absorptionsspektrum (W.; 225 nm bis 350 nm): *Ha. et al.*, l. c. S. 713.

Bis-[3-hydroxy-6-hydroxymethyl-4-oxo-4H-pyran-2-yl]-sulfid $C_{12}H_{10}O_8S$, Formel IV, und Tautomere (z. B. Bis-[6-hydroxymethyl-3,4-dioxo-3,4-dihydro-2H-pyran-2-yl]-sulfid) (vgl. E II 145).
Für ein aus 2-Brom-3-hydroxy-6-hydroxymethyl-pyran-4-on vom F: 169—170° (S. 1158) hergestelltes, aus Wasser umkrystallisiertes Präparat ist von *Barnard, Challenger* (Soc. **1949** 110, 117) F: 217—218° [Zers.] angegeben worden.

Hydroxy-oxo-Verbindungen $C_7H_8O_5$

3-Hydroxy-2,6-bis-hydroxymethyl-pyran-4-on $C_7H_8O_5$, Formel V (R = H), und Tautomeres (2,6-Bis-hydroxymethyl-pyran-3,4-dion).
B. Beim Erwärmen von Kojisäure (5-Hydroxy-2-hydroxymethyl-pyran-4-on) mit Paraformaldehyd in Äthanol unter Zusatz von Kaliumhydrogencarbonat oder Natriumcarbonat (*Woods*, Am. Soc. **72** [1950] 4322) sowie mit wss. Formaldehyd unter Zusatz von Natriumcarbonat oder wss. Kalilauge (*Ichimoto et al.*, Agric. biol. Chem. Japan **29** [1965] 325, 328).
Krystalle; F: 158—159° [unkorr.; aus Me.] (*Ich. et al.*), 155—156° [Fisher-Johns-App.; aus A.] (*Wo.*).

3-Benzoyloxy-2,6-bis-benzoyloxymethyl-pyran-4-on $C_{28}H_{20}O_8$, Formel V (R = CO-C_6H_5).
B. Beim Behandeln von 3-Hydroxy-2,6-bis-hydroxymethyl-pyran-4-on mit Benzoylchlorid und wss. Natronlauge (*Woods*, Am. Soc. **72** [1950] 4322).
Krystalle (aus A.); F: 134,5—135,5° [Fisher-Johns-App.].

4-[3-Methoxy-propionyl]-dihydro-furan-2,3-dion, 3-Hydroxymethyl-6-methoxy-2,4-dioxo-hexansäure-lacton $C_8H_{10}O_5$, Formel VI (R = CH_3, X = H), und Tautomere.
B. Aus 6-Methoxy-2,4-dioxo-hexansäure-methylester beim Behandeln mit Paraformaldehyd und Kaliumcarbonat in Wasser und anschliessenden Ansäuern mit wss. Salzsäure (*Földi et al.*, Soc. **1948** 1295, 1298) sowie beim Behandeln mit wss. Formaldehyd und wss. Natronlauge und anschliessenden Ansäuern mit Schwefelsäure (*Puetzer et al.*, Am. Soc. **67** [1945] 832, 835).
Krystalle; F: 126° [aus W.] (*Pu. et al.*), 122—124° [unkorr.] (*Fö. et al.*).
Beim Erhitzen mit Chlorwasserstoff enthaltendem Äthylacetat (*Fö. et al.*) oder mit

Schwefelsäure enthaltendem Dioxan (*Pu. et al.*) ist 3-Hydroxymethyl-4-oxo-5,6-dihydro-4*H*-pyran-2-carbonsäure-lacton erhalten worden.

$$\text{V} \qquad\qquad \text{VI} \qquad\qquad \text{VII}$$

4-[3-Äthoxy-propionyl]-dihydro-furan-2,3-dion, 6-Äthoxy-3-hydroxymethyl-2,4-dioxo-hexansäure-lacton $C_9H_{12}O_5$, Formel VI (R = C_2H_5, X = H), und Tautomere.

B. Beim Behandeln von 6-Äthoxy-2,4-dioxo-hexansäure-äthylester mit Paraform‑aldehyd und Kaliumcarbonat in Wasser und anschliessenden Ansäuern mit wss. Salzsäure (*Földi et al.*, Soc. **1948** 1295, 1298).

F: 89—93°.

(±)-4-Chlor-4-[3-methoxy-propionyl]-dihydro-furan-2,3-dion, (±)-3-Chlor-3-hydroxy‑methyl-6-methoxy-2,4-dioxo-hexansäure-lacton $C_8H_9ClO_5$, Formel VI (R = CH_3, X = Cl).

B. Beim Behandeln von 4-[3-Methoxy-propionyl]-dihydro-furan-2,3-dion mit Sulfuryl‑chlorid (*Földi et al.*, Soc. **1948** 1295, 1298).

Krystalle; F: 96—99° [unreines Präparat].

(±)-4-[2-Brom-3-methoxy-propionyl]-dihydro-furan-2,3-dion, (±)-5-Brom-3-hydroxy‑methyl-6-methoxy-2,4-dioxo-hexansäure-lacton $C_8H_9BrO_5$, Formel VII, und Tautomere.

B. Beim Behandeln einer Lösung von 4-[3-Methoxy-propionyl]-dihydro-furan-2,3-dion in Chloroform mit Brom (*Földi*, Acta chim. hung. **6** [1955] 307, 318).

Krystalle; F: 94—96,5°.

Hydroxy-oxo-Verbindungen $C_8H_{10}O_5$

(±)-3-Hydroxy-2-[1-hydroxy-äthyl]-6-hydroxymethyl-pyran-4-on $C_8H_{10}O_5$, Formel VIII (R = H), und Tautomeres ((±)-2-[1-Hydroxy-äthyl]-6-hydroxymethyl-pyran-3,4-dion).

B. Beim Erwärmen von Kojisäure (5-Hydroxy-2-hydroxymethyl-pyran-4-on) mit Acet‑aldehyd, Äthanol und Kaliumhydrogencarbonat (*Woods*, Am. Soc. **74** [1952] 1106).

Krystalle (aus A.); F: 155° [nach Erweichen bei 149°; Fisher-Johns-App.].

$$\text{VIII} \qquad\qquad \text{IX} \qquad\qquad \text{X}$$

(±)-3-Acetoxy-2-[1-acetoxy-äthyl]-6-acetoxymethyl-pyran-4-on $C_{14}H_{16}O_8$, Formel VIII (R = CO-CH_3).

B. Beim Behandeln von (±)-3-Hydroxy-2-[1-hydroxy-äthyl]-6-hydroxymethyl-pyran-4-on mit Acetylchlorid (*Woods*, Am. Soc. **74** [1952] 1106).

Krystalle; F: 136,5° [Fisher-Johns-App.]. Oberhalb 108° sublimierend.

(±)-4-[3-Methoxy-propionyl]-5-methyl-dihydro-furan-2,3-dion, (±)-3-[1-Hydroxy-äthyl]-6-methoxy-2,4-dioxo-hexansäure-lacton $C_9H_{12}O_5$, Formel IX, und Tautomere.

B. Beim Behandeln von 6-Methoxy-2,4-dioxo-hexansäure-methylester mit Acetaldehyd in Wasser unter Zusatz von Kaliumcarbonat und anschliessenden Ansäuern mit wss. Salzsäure (*Földi et al.*, Soc. **1948** 1295, 1298).

F: 102—103° [unkorr.].

---

*Opt.-inakt. **3a,7a-Diacetoxy-hexahydro-isobenzofuran-1,3-dion, 1,2-Diacetoxy-cyclo≈**
hexan-1,2-dicarbonsäure-anhydrid $C_{12}H_{14}O_7$, Formel X.

B. Neben anderen Verbindungen beim Erwärmen von $(\pm)$-2c(?)-Chlor-1-hydroxy-
cyclohexan-1r,2t(?)-dicarbonsäure (F: 186° [E III **10** 2030]) mit Acetylchlorid und Äther
(*Hückel, Lampert*, B. **67** [1934] 1811, 1815).

Krystalle (aus A.); F: 174°.

Hydroxy-oxo-Verbindungen $C_9H_{12}O_5$

3-[1-(2,4-Dinitro-phenylhydrazono)-4-hydroxy-butyl]-5-methyl-furan-2,4-dion
$C_{15}H_{16}N_4O_8$, Formel I, und Tautomere.

Diese Konstitution wird für die nachstehend beschriebene Verbindung von unbekanntem optischen Drehungsvermögen in Betracht gezogen.

B. Neben der im folgenden Artikel beschriebenen Verbindung bei 10-tägigem Behandeln von (+)-Carolsäure ((R)-8-Methyl-3,4-dihydro-2H,8H-furo[3,4-b]oxepin-5,6-dion) mit
[2,4-Dinitro-phenyl]-hydrazin und wss. Salzsäure (*Clutterbuck et al.*, Biochem. J. **29**
[1935] 300, 319).

Gelbe Krystalle (aus A.); F: 176° [Zers.].

I   II   III

4-[2,4-Dinitro-phenylhydrazono]-3-[1-(2,4-dinitro-phenylhydrazono)-4-hydroxy-butyl]-
5-methyl-dihydro-furan-2-on $C_{21}H_{20}N_8O_{11}$, Formel II, und Tautomere.

Diese Konstitution wird für die nachstehend beschriebene Verbindung von unbekanntem optischen Drehungsvermögen in Betracht gezogen.

B. Beim mehrwöchigen Behandeln von (+)-Carolsäure ((R)-8-Methyl-3,4-dihydro-
2H,8H-furo[3,4-b]oxepin-5,6-dion) mit [2,4-Dinitro-phenyl]-hydrazin und wss. Salzsäure
(*Clutterbuck et al.*, Biochem. J. **29** [1935] 300, 319).

Orangefarbene Krystalle (aus Nitrobenzol + Toluol); F: 225° [Zers.].

(3R)-5c-Diazoacetyl-4t-hydroxy-3r,4c,5t-trimethyl-dihydro-furan-2-on, D_r-6-Diazo-
$3t_F,4t_F$-dihydroxy-$2r_F,3c_F,4c_F$-trimethyl-5-oxo-hexansäure-4-lacton $C_9H_{12}N_2O_4$,
Formel III.

Die Konstitution und Konfiguration der nachstehend beschriebenen, von den Au-
toren als 5-[3-Diazo-acetonyl]-5-hydroxy-3,4-dimethyl-dihydro-furan-2-on
($C_9H_{12}N_2O_4$) angesehenen Verbindung ergibt sich aus ihrer genetischen Beziehung
zu (−)-Monocrotalsäure ((2R)-3t-Hydroxy-2,3c,4c-trimethyl-5-oxo-tetrahydro-furan-
2r-carbonsäure).

B. Beim Behandeln des aus (−)-Monocrotalsäure hergestellten Säurechlorids mit
Diazomethan in Äther (*Adams, Wilkinson*, Am. Soc. **65** [1943] 2203, 2206).

Gelbe Krystalle (aus Ae.); F: 132—134° [korr.; Zers.].

Hydroxy-oxo-Verbindungen $C_{11}H_{16}O_5$

*Opt.-inakt. **3-Acetyl-5-[3-methoxy-butyryl]-5-methyl-dihydro-furan-2-on, 2-Acetyl-**
4-hydroxy-7-methoxy-4-methyl-5-oxo-octansäure-lacton $C_{12}H_{18}O_5$, Formel IV.

B. Beim Erwärmen von opt.-inakt. 1,2-Epoxy-5-methoxy-2-methyl-hexan-3-on (n_D^{20}:
1,4368) mit der Natrium-Verbindung des Acetessigsäure-äthylesters in Äthanol (*Nasarow*

et al., Ž. obšč. Chim. **25** [1955] 708, 721; engl. Ausg. S. 677, 687).

Kp$_3$: 153—157°. Beim Aufbewahren erfolgt partielle Krystallisation.

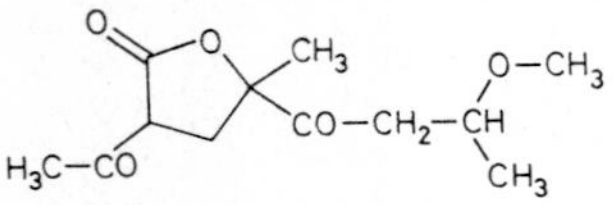

IV

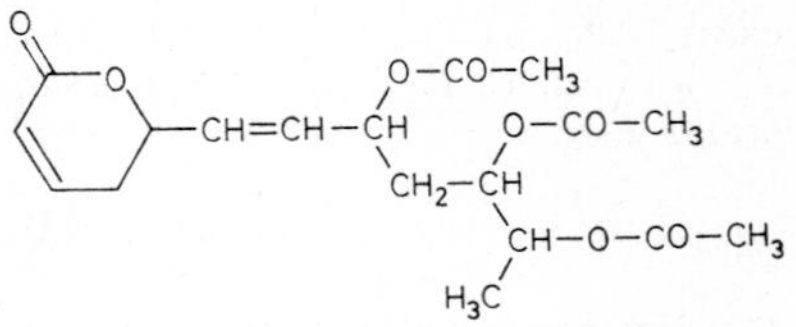

V

Hydroxy-oxo-Verbindungen $C_{12}H_{18}O_5$

6-[3,5,6-Triacetoxy-hept-1-enyl]-5,6-dihydro-pyran-2-on, 8,10,11-Triacetoxy-5-hydroxy-dodeca-2,6-diensäure-lacton $C_{18}H_{24}O_8$, Formel V.

Diese Konstitution kommt dem nachstehend beschriebenen, früher (s. E II **18** 145) als 5,5,6-Trimethyl-6-[1,2,3-triacetoxy-butyl]-5,6-dihydro-pyran-2-on ($C_{18}H_{26}O_8$) formulierten **Hyptolid** zu (*Birch, Butler*, Soc. **1964** 4167).

Krystalle (aus Ae.); F: 88,5°. $[\alpha]_D^{23}$: +7,43° [A.]. ^{1}H-NMR-Absorption und ^{1}H-^{1}H-Spin-Spin-Kopplungskonstanten: *Bi.*, *Bu.* Absorptionsmaximum (A.): 212 nm.

Hydroxy-oxo-Verbindungen $C_{14}H_{22}O_5$

(1Ξ,4aR,7Ξ,8Ξ,8aΞ)-7,8-Dihydroxy-4a,8-dimethyl-1-propionyl-hexahydro-isochroman-3-on $C_{14}H_{22}O_5$, Formel VI.

B. Beim Erwärmen von [(1R,2Ξ,3Ξ,4Ξ)-4-Acetoxy-3-hydroxy-1,3-dimethyl-2-((2Ξ)-4-methyl-3,5-dioxo-tetrahydro-[2]furyl)-cyclohexyl]-essigsäure (F: 214°; aus Mibulacton [S. 1209] hergestellt) mit wss. Kalilauge und anschliessenden Ansäuern mit Schwefelsäure (*Fukui*, J. pharm. Soc. Japan **78** [1958] 712, 715; C. A. **1958** 18507).

Krystalle (aus wss. Me.); F: 216°.

Phenylhydrazon $C_{20}H_{28}N_2O_4$ ((1Ξ,4aR,7Ξ,8Ξ,8aΞ)-7,8-Dihydroxy-4a,8-dimethyl-1-[1-phenylhydrazono-propyl]-hexahydro-isochroman-3-on). F: 261—263° [Zers.].

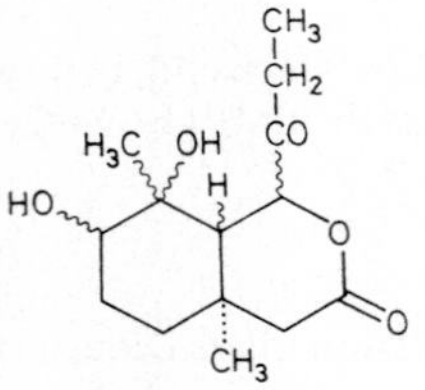

VI

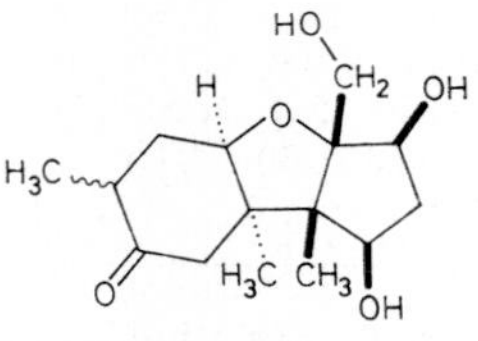

VII

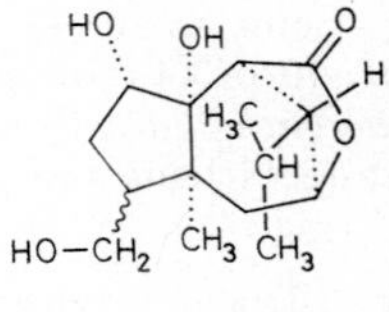

VIII

Hydroxy-oxo-Verbindungen $C_{15}H_{24}O_5$

(3aR)-1c,3c(?)-Dihydroxy-3a-hydroxymethyl-6ξ,8a,8b-trimethyl-(3ar,4at,8at,8bc)-octahydro-cyclopenta[b]benzofuran-7-on, 2β(?),4β,13-Trihydroxy-apotrichothecan-8-on [1] $C_{15}H_{24}O_5$, vermutlich Formel VII.

Diese Konstitution und Konfiguration kommt dem nachstehend beschriebenen **Dihydrotrichothecolonglykol** zu.

B. Beim Erhitzen von Dihydrotrichothecolon (12,13-Epoxy-4β-hydroxy-trichothecan-8-on) mit wss. Schwefelsäure (*Freeman et al.*, Soc. **1959** 1105, 1121). Bei der Hydrierung von Trichothecolonglykol (2β(?),4β,13-Trihydroxy-apotrichothec-9-en-8-on) [S.2331]) an Palladium/Kohle in Äthanol (*Fr. et al.*).

Krystalle (aus A.); F: 216—217°.

---

[1] Stellungsbezeichnung bei von **Apotrichothecan** abgeleiteten Namen s. S. 1216.

(5a*S*)-8*c*,8a-Dihydroxy-6ξ-hydroxymethyl-9*anti*-isopropyl-5a-methyl-(5a*r*,8a*c*)-octa₌
hydro-1*c*,4*c*-methano-cyclopent[*d*]oxepin-2-on, (3a*R*)-3*c*,3a,6*t*-Trihydroxy-1ξ-hydroxy₌
methyl-5*c*-isopropyl-7a-methyl-(3a*r*,7a*c*)-hexahydro-indan-4*t*-carbonsäure-6-lacton
$C_{15}H_{24}O_5$, Formel VIII.

Diese Konstitution und Konfiguration kommt dem nachstehend beschriebenen **Hexa**₌
hydrocoriamyrtin zu.

B. Neben Tetrahydrocoriamyrtin ((5a*S*)-8*c*,8a-Dihydroxy-6-hydroxymeth₌
yl-9*anti*-isopropyl-5a-methyl-(5a*r*,8a*c*)-1,4,5,5a,8,8a-hexahydro-1*c*,4*c*-meth₌
ano-cyclopent[*d*]oxepin-2-on; $C_{15}H_{22}O_5$; Krystalle [aus Me.], F: 182—183°; $[\alpha]_D^{25}$:
+108,7° [Dioxan]) bei der Hydrierung von Isohydrocoriamyrtin ((5a*S*)-8*c*,8a-Dihydr₌
oxy-9*anti*-isopropyl-5a-methyl-2-oxo-(5a*r*,8a*c*)-1,4,5,5a,8,8a-hexahydro-2*H*-1*c*,4*c*-meth₌
ano-cyclopent[*d*]oxepin-6-carbaldehyd) an Platin in Äthanol (*Okuda*, *Yoshida*, Chem.
pharm. Bl. **15** [1967] 1687, 1696; vgl. *Kariyone*, *Kawano*, J. pharm. Soc. Japan **71**
[1951] 924; C. A. **1952** 3986).

Krystalle (aus Acn. + Bzn.); F: 165—166° [unkorr.] (*Ok.*, *Yo.*).

Hydroxy-oxo-Verbindungen $C_{17}H_{28}O_5$

(3*R*)-12*t*-Äthyl-4*t*,11*c*-dihydroxy-3*r*,5*t*,7*t*,11*t*-tetramethyl-oxacyclododec-9*t*-en-2,8-dion,
D_r-3*t*$_F$,10*c*$_F$,11*c*$_F$-Trihydroxy-2*r*$_F$,4*t*$_F$,6*t*$_F$,10*t*$_F$-tetramethyl-7-oxo-tridec-8*t*-ensäure-
11-lacton, **Methynolid** $C_{17}H_{28}O_5$, Formel IX (R = H).

B. Beim Erwärmen von Methymycin (D$_r$-3*t*$_F$-[3-Dimethylamino-β-D-*xylo*-3,4,6-trides₌
oxy-hexopyranosyloxy]-10*c*$_F$,11*c*$_F$-dihydroxy-2*r*$_F$,4*t*$_F$,6*t*$_F$,10*t*$_F$-tetramethyl-7-oxo-tridec-
8*t*-ensäure-11-lacton) mit wss. Schwefelsäure (*Djerassi*, *Zderic*, Am. Soc. **78** [1956] 6390,
6394).

Krystalle (aus Ae.); F: 163—165° [Kofler-App.] (*Dj.*, *Zd.*). $[\alpha]_D$: +73° [Dioxan;
c = 0,1]; $[\alpha]_D$: +79° [CHCl₃]; $[\alpha]_D$: +63° [Me.] (*Dj.*, *Zd.*). Optisches Drehungsvermögen
[α] einer Lösung in Dioxan (c = 0,1) für Licht der Wellenlängen von 280 nm bis 700 nm:
Dj., *Zd.*, l. c. S. 6393, 6395. IR-Banden (CHCl₃) im Bereich von 2,8 μ bis 6,1 μ: *Dj.*, *Zd.*.
Absorptionsmaximum (A.): 225 nm (*Dj.*, *Zd.*).

Überführung in (*R*)-2-[(2*S*,3*Z*,5*R*,7*S*)-2-((*R*)-1-Hydroxy-propyl)-3-methoxy-2,8*t*,10*t*-
trimethyl-1,6-dioxa-spiro[4.5]dec-7*r*-yl]-propionsäure-lacton (F: 79—81°; $[\alpha]_D$: —68°
[CHCl₃]) durch Erwärmen mit Schwefelsäure enthaltendem Methanol: *Dj.*, *Zd.*, l. c.
S. 6395. Bildung von (*R*)-2-[(2*S*)-3*t*,5*t*-Dimethyl-6-oxo-tetrahydro-pyran-2*r*-yl]-propion₌
säure beim Behandeln einer Lösung in Äthylacetat mit Ozon bei —70° und Behandeln
des Reaktionsprodukts mit wss. Natronlauge und wss. Wasserstoffperoxid: *Djerassi*,
Halpern, Tetrahedron **3** [1958] 255, 267. Beim Behandeln einer Lösung in Aceton mit
wss. Kaliumpermanganat-Lösung sind (*R*)-2-[(2*S*)-3*t*,5*t*-Dimethyl-6-oxo-tetrahydro-py₌
ran-2*r*-yl]-propionsäure, (*R*)-2-[(2*S*)-3*t*,5*t*-Dimethyl-6-oxo-tetrahydro-pyran-2*r*-yl]-pro₌
pionsäure-[(*R*)-1-äthyl-2-oxo-propylester] und (2*R*,3*R*)-3-[(*R*)-2-((2*S*)-3*t*,5*t*-Dimethyl-6-
oxo-tetrahydro-pyran-2*r*-yl)-propionyloxy]-2-hydroxy-2-methyl-valeriansäure erhalten
worden (*Dj.*, *Zd.*, l. c. S. 6394).

IX   X

(3*R*)-4*t*-Acetoxy-12*t*-äthyl-11*c*-hydroxy-3*r*,5*t*,7*t*,11*t*-tetramethyl-oxacyclododec-9*t*-en-
2,8-dion, D$_r$-3*t*$_F$-Acetoxy-10*c*$_F$,11*c*$_F$-dihydroxy-2*r*$_F$,4*t*$_F$,6*t*$_F$,10*t*$_F$-tetramethyl-7-oxo-tridec-
8*t*-ensäure-11-lacton $C_{19}H_{30}O_6$, Formel IX (R = CO-CH₃).

B. Beim Behandeln von Methynolid (s.o.) mit Acetanhydrid und Pyridin (*Djerassi*,
Zderic, Am. Soc. **78** [1956] 6390, 6394).

Krystalle (aus Ae.); F: 198—200° [Kofler-App.]. $[\alpha]_D$: +93° [CHCl₃]. Absorptionsmaximum (A.): 224 nm.

(3*R*)-4*t*-Hydroxy-12*t*-[(*Ξ*)-1-hydroxy-äthyl]-3*r*,5*t*,7*t*,11*t*-tetramethyl-oxacyclododec-9*t*-en-2,8-dion, D$_r$-3*t*$_F$,11*c*$_F$,12*ξ*-Trihydroxy-2*r*$_F$,4*t*$_F$,6*t*$_F$,10*t*$_F$-tetramethyl-7-oxo-tridec-8*t*-ensäure-11-lacton C$_{17}$H$_{28}$O$_5$, Formel X (R = H).

Diese Konstitution und Konfiguration kommt dem nachstehend beschriebenen **Neomethynolid** zu.

B. Neben Cycloneomethynolid (D$_r$-9*ξ*,12*ξ*-Epoxy-3*t*$_F$,11*c*$_F$-dihydroxy-2*r*$_F$,4*t*$_F$,6*t*$_F$,10*t*$_F$-tetramethyl-7-oxo-tridecansäure-11-lacton [[*α*]$_D$: −40° (CHCl$_3$)]) beim Erwärmen von Neomethymycin (D$_r$-3*t*$_F$-[3-Dimethylamino-*β*-D-*xylo*-3,4,6-tridesoxy-hexopyranosyloxy]-11*c*$_F$,12*ξ*-dihydroxy-2*r*$_F$,4*t*$_F$,6*t*$_F$,10*t*$_F$-tetramethyl-7-oxo-tridec-8*t*-ensäure--11-lacton   [F: 156—158°]) mit wss. Schwefelsäure (*Djerassi*, *Halpern*, Tetrahedron **3** [1958] 255, 265).

Krystalle (aus Bzl. + Hexan), F: 186—187° [Kofler-App.]; Krystalle (aus wss. Aceton oder aus wasserhaltigem Äther-Hexan-Gemisch) mit 1 Mol H$_2$O, die bei 90—120° schmelzen (*Dj.*, *Ha.*). Bei 130—140°/0,005 Torr sublimierbar (*Dj.*, *Ha.*). [*α*]$_D$: +108° [CHCl$_3$] [wasserfreies Präparat] (*Dj.*, *Ha.*). Absorptionsmaximum (A.): 227,5 nm (*Dj.*, *Ha.*).

Beim Behandeln einer Lösung in Äther mit wss. Schwefelsäure und Erhitzen des Reaktionsprodukts unter 40 Torr auf 150° ist Anhydrocycloneomethynolid ((*R*)-2-[(2*S*)-6-((2*Ξ*,3*R*)-4*t*-Hydroxy-3*r*,5*ξ*-dimethyl-tetrahydro-furfuryl)-3*t*,5-dimethyl-3,4-dihydro-2*H*-pyran-2*r*-yl]-propionsäure-lacton) erhalten worden (*Djerassi et al.*, Tetrahedron **4** [1958] 369, 377). Bildung von (*R*)-2-[(2*S*)-3*t*,5*t*-Dimethyl-6-oxo-tetrahydro-pyran-2*r*-yl]-propionsäure beim Behandeln einer Lösung in Äthylacetat mit Ozon bei −80° und Behandeln des Reaktionsgemisches mit wss. Natronlauge und wss. Wasserstoffperoxid: *Dj.*, *Ha.*, l. c. S. 267.

(3*R*)-4*t*-Acetoxy-12*t*-[(*Ξ*)-1-acetoxy-äthyl]-3*r*,5*t*,7*t*,11*t*-tetramethyl-oxacyclododec-9*t*-en-2,8-dion, D$_r$-3*t*$_F$,12*ξ*-Diacetoxy-11*c*$_F$-hydroxy-2*r*$_F$,4*t*$_F$,6*t*$_F$,10*t*$_F$-tetramethyl-7-oxo-tridec-8*t*-ensäure-lacton C$_{21}$H$_{32}$O$_7$, Formel X (R = CO-CH$_3$).

Diese Konstitution und Konfiguration kommt dem nachstehend beschriebenen **Di-*O*-acetyl-neomethynolid** zu.

B. Beim Behandeln von Neomethynolid-hydrat (s. o.) mit Acetanhydrid und Pyridin (*Djerassi*, *Halpern*, Tetrahedron **3** [1958] 255, 265).

Krystalle (aus wss. Acn.); F: 199—201° [Kofler-App.]. [*α*]$_D$: +84° [CHCl$_3$].

XI   XII

Hydroxy-oxo-Verbindungen C$_{20}$H$_{34}$O$_5$

(3*R*)-14*t*-Äthyl-13*c*-hydroxy-3*r*,5*ξ*,7*t*,9*t*,13*t*-pentamethyl-oxacyclotetradecan-2,4,10-trion, D$_r$-12*c*$_F$,13*c*$_F$-Dihydroxy-2*r*$_F$,4*ξ*,6*t*$_F$,8*t*$_F$,12*t*$_F$-pentamethyl-3,9-dioxo-pentadecansäure-13-lacton C$_{20}$H$_{34}$O$_5$, Formel XI.

Diese Konstitution und Konfiguration kommt dem nachstehend beschriebenen, ursprünglich (*Anliker*, *Gubler*, Helv. **40** [1957] 119, 122, 1768, 1769) als 12-Äthyl-11-hydroxy-3,5,7,11-tetramethyl-oxacyclododecan-2,8-dion (C$_{17}$H$_{30}$O$_4$) angesehenen **Tetrahydrokromycin** zu (*Rickards et al.*, Chem. Commun. **1968** 1049; *Hughes et al.*, Am. Soc. **92** [1970] 5267).

B. Bei der Hydrierung von Kromycin [(3*R*)-14*t*-Äthyl-13*c*-hydroxy-3*r*,5,7*t*,9*t*,13*t*-pentamethyl-oxacyclotetradeca-5*t*,11*t*-dien-2,4,10-trion (S. 2356)] (*An.*, *Gu.*, l. c. S. 127; vgl. *Brockmann*, *Strufe*, B. **86** [1953] 876, 883) oder von Dihydrokromycin [(3*R*)-14*t*-Äthyl-13*c*-hydroxy-3*r*,5,7*t*,9*t*,13*t*-pentamethyl-oxacyclotetradec-5*t*-en-2,4,10-trion

(S. 2332]) (*An., Gu.*, l. c. S. 127) an Palladium/Kohle in Äthanol.

Krystalle (aus Me. + W.); F: 138—140° [korr.] (*An., Gu.*, l. c. S. 127). $[\alpha]_D$: +102° [Dioxan] (*Djerassi, Halpern*, Tetrahedron **3** [1958] 255, 268); $[\alpha]_D^{20}$: +76° [CHCl$_3$; c = 2] (*An., Gu.*, l. c. S. 127). Optisches Drehungsvermögen $[\alpha]$ einer Lösung in Dioxan (c = 0,1) für Licht der Wellenlängen von 280 nm bis 700 nm: *Dj., Ha.*, l. c. S. 262, 268. IR-Spektrum (KBr; 2,5—15μ): *An., Gu.*, l. c. S. 121. Absorptionsmaximum (A.?): 292 nm (*An., Gu.*, l. c. S. 127).

---

ent-(13*Ξ*,14*Ξ*)-3*β*,14,15,19-Tetrahydroxy-8*ξH*-labdan-16-säure-15-lacton [1]) C$_{20}$H$_{34}$O$_5$, Formel XII.

Diese Konstitution und Konfiguration kommt dem nachstehend beschriebenen **Tetra= hydroandrographolid** zu.

B. Bei der Hydrierung von Andrographolid (*ent*-(14*Ξ*)-3*β*,14,15,19-Tetrahydroxy-labda-8(20),12*ξ*-dien-16-säure-15-lacton [S. 2357]) an Platin in Äthanol (*Schwyzer et al.*, Helv. **34** [1951] 652, 670; *Chakravarti, Chakravarti*, Soc. **1952** 1697, 1698 Anm.).

Krystalle, F: 213—214° (*Ch., Ch.*); Krystalle (aus E. + Bzl.), F: 188° [nach Sintern bei 180°] (*Sch. et al.*).

Hydroxy-oxo-Verbindungen C$_n$H$_{2n-8}$O$_5$

Hydroxy-oxo-Verbindungen C$_5$H$_2$O$_5$

4-Acetoxy-pyran-2,3,6-trion-3-phenylhydrazon, 3-Acetoxy-4-phenylhydrazono-*cis*-pentendisäure-anhydrid C$_{13}$H$_{10}$N$_2$O$_5$, Formel I.

Die früher (s. E II **18** 145) unter dieser Konstitution beschriebene Verbindung (F: 166—167° [Zers.]) ist auf Grund der Identifizierung der Ausgangssubstanz mit 2-Acetyl-3-oxo-glutarsäure-anhydrid (E III/IV **17** 6824) vermutlich als 2-Acetyl-3-oxo-4-phenyl= hydrazono-glutarsäure-anhydrid zu formulieren.

I   II   III

Hydroxy-oxo-Verbindungen C$_6$H$_4$O$_5$

6-Hydroxymethyl-pyran-2,3,4-trion-2-phenylhydrazon C$_{12}$H$_{10}$N$_2$O$_4$, und Tautomere.

a) **6-Hydroxymethyl-pyran-2,3,4-trion-2-phenylhydrazon** C$_{12}$H$_{10}$N$_2$O$_4$, Formel II (R = C$_6$H$_5$) (E II 145).

B. Beim Behandeln von Kojisäure (5-Hydroxy-2-hydroxymethyl-pyran-4-on) mit wss. Natronlauge (1 Mol NaOH) und anschliessend mit einer mit wss. Natronlauge versetzten wss. Benzoldiazoniumchlorid-Lösung (*Garkuscha, Kurakina*, Chimija geterocikl. Soedin. **1967** 416, 420; engl. Ausg. S. 330, 332; s. a. *Quilico, Musante*, G. **74** [1944] 26, 34; vgl. E II 145).

Krystalle (aus A. + Ae. + Bzn.) mit 1 Mol H$_2$O, F: 127—129° [Zers.; bei schnellem Erhitzen]; bei langsamen Erhitzen erfolgt bei 150—170° Zersetzung (*Ga., Ku.*).

Beim Erwärmen mit Anilin und Äthanol ist eine Verbindung C$_{18}$H$_{17}$N$_3$O$_4$ (Krystalle [aus A.]; F: 197° [Zers.]), beim Erwärmen mit Phenylhydrazin und Äthanol ist eine Verbindung C$_{18}$H$_{16}$N$_4$O$_3$ (Krystalle [aus A.]; F: 240° [Zers.]) erhalten worden (*Qu., Mu.*, l. c. S. 35).

b) **3-Hydroxy-6-hydroxymethyl-2-phenylazo-pyran-4-on** C$_{12}$H$_{10}$N$_2$O$_4$, Formel III (R = C$_6$H$_5$).

B. Beim Erwärmen von 6-Hydroxymethyl-pyran-2,3,4-trion-2-phenylhydrazon mit

---

[1]) Stellungsbezeichnung bei von Labdan abgeleiteten Namen s. E III **5** 297; über die Bezifferung der geminalen Methyl-Gruppen s. *Allard, Ourisson*, Tetrahedron **1** [1957] 277, 278.

Chlorwasserstoff enthaltendem Äthanol (*Garkuscha, Kurakina*, Chimija geterocikl. Soedin. **1967** 416, 420; engl. Ausg. S. 330, 333).

Krystalle (aus A.); F: 220° (*Ga., Ku.*).

6-Hydroxymethyl-pyran-2,3,4-trion-2-phenylhydrazon oder 3-Hydroxy-6-hydroxy= methyl-2-phenylazo-pyran-4-on hat auch in einem von *Ettel, Hebký* (Collect. **15** [1950] 356, 359) beim Behandeln von Kojisäure (5-Hydroxy-2-hydroxymethyl-pyran-4-on) mit wss. Benzoldiazoniumchlorid-Lösung erhaltenen, durch Überführung in 6-Hydroxy= methyl-3-methoxy-2-phenylazo-pyran-4-on (F: 170°) charakterisierten Präparat vorge- legen (*Ga., Ku.*).

6-Hydroxymethyl-pyran-2,3,4-trion-2-[4-brom-phenylhydrazon] $C_{12}H_9BrN_2O_4$, Formel II (R = C_6H_4-Br), und Tautomere.

Die nachstehend beschriebene Verbindung wird auf Grund ihrer Reaktion mit Diazo= methan als 2-[4-Brom-phenylazo]-3-hydroxy-6-hydroxymethyl-pyran-4-on ($C_{12}H_9BrN_2O_4$, Formel III [R = C_6H_4-Br]) formuliert (*Quilico, Musante*, G. **74** [1944] 26, 38).

B. Beim Behandeln von Kojisäure (5-Hydroxy-2-hydroxymethyl-pyran-4-on) mit wss. Natronlauge und mit einer aus 4-Brom-anilin, wss. Salzsäure und Natriumnitrit berei- teten Diazoniumsalz-Lösung (*Qu., Mu.*).

Rotes Pulver; Zers. bei 145° [unreines Präparat].

Beim Behandeln mit Diazomethan in Äther ist 2-[4-Brom-phenylazo]-6-hydroxymethyl- 3-methoxy-pyran-4-on erhalten worden.

6-Hydroxymethyl-pyran-2,3,4-trion-2-*o*-tolylhydrazon $C_{13}H_{12}N_2O_4$, Formel II (R = C_6H_4-CH_3), und Tautomere.

Die nachstehend beschriebene Verbindung wird auf Grund ihrer Reaktion mit Diazo= methan als 3-Hydroxy-6-hydroxymethyl-2-*o*-tolylazo-pyran-4-on ($C_{13}H_{12}N_2O_4$, Formel III [R = C_6H_4-CH_3]) formuliert (*Quilico, Musante*, G. **74** [1944] 26, 37).

B. Beim Behandeln von Kojisäure (5-Hydroxy-2-hydroxymethyl-pyran-4-on) mit wss. Natronlauge und mit einer aus *o*-Toluidin, wss. Salzsäure und Natriumnitrit bereiteten Diazoniumsalz-Lösung (*Qu., Mu.*).

Rotbraune Krystalle (aus A.); Zers. bei 160—165°.

Beim Behandeln mit Diazomethan in Äther ist 6-Hydroxymethyl-3-methoxy-2-*o*-tolyl= azo-pyran-4-on erhalten worden.

6-Hydroxymethyl-pyran-2,3,4-trion-2-*p*-tolylhydrazon $C_{13}H_{12}N_2O_4$, Formel II (R = C_6H_4-CH_3), und Tautomere.

Die nachstehend beschriebene Verbindung wird auf Grund ihrer Reaktion mit Diazo= methan als 3-Hydroxy-6-hydroxymethyl-2-*p*-tolylazo-pyran-4-on (Formel III [R = C_6H_4-CH_3]) formuliert (*Quilico, Musante*, G. **74** [1944] 26, 36).

B. Beim Behandeln von Kojisäure (5-Hydroxy-2-hydroxymethyl-pyran-4-on) mit wss. Natronlauge und mit einer aus *p*-Toluidin, wss. Salzsäure und Natriumnitrit bereiteten Diazoniumsalz-Lösung (*Qu., Mu.*).

Rotbraune Krystalle (aus A.), die unterhalb 290° nicht schmelzen.

Bildung von 6-Hydroxymethyl-3-methoxy-2-*p*-tolylazopyran-4-on beim Behandeln mit Diazomethan in Äther: *Qu., Mu.* Beim Behandeln mit Anilin und Äthanol ist bei Raumtemperatur eine Verbindung $C_{19}H_{19}N_3O_4$ (Krystalle [aus A.]; F: 191—192° [Zers.]), bei Siedetemperatur hingegen eine Verbindung $C_{19}H_{19}N_3O_4$ (Krystalle [aus A.]; F: 174—175° [Zers.]) erhalten worden.

Hydroxy-oxo-Verbindungen $C_8H_8O_5$

5-Acetoxy-2-acetoxymethyl-3-acetyl-pyran-4-on $C_{12}H_{12}O_7$, Formel IV.

In einem von *Woods, Dix* (J. org. Chem. **24** [1959] 1126) unter dieser Konstitution beschriebenen Präparat (F: 138°) hat vermutlich 2-Acetoxymethyl-5-hydroxy-pyran-4-on vorgelegen (vgl. *Tolentino, Kagan*, J. org. Chem. **37** [1972] 1444, 1445).

2-Acetyl-3-hydroxy-6-hydroxymethyl-pyran-4-on $C_8H_8O_5$, Formel V, und Tautomere.

In einem von *Woods* (Am. Soc. **75** [1953] 3608) unter dieser Konstitution beschriebenen Präparat (F: 156,5°) hat wahrscheinlich Kojisäure (5-Hydroxy-2-hydroxymethyl-pyran-

4-on) vorgelegen (*Tolentino, Kagan,* J. org. Chem. **37** [1972] 1444, 1446). Dementsprechend sind wahrscheinlich das von *Woods, Dix* (J. org. Chem. **24** [1959] 1148, 1150; s. a. *Wo.*) als 6-Acetoxymethyl-2-acetyl-3-hydroxy-pyran-4-on ($C_{10}H_{10}O_6$) angesehene Monoacetyl-Derivat (F: 137,5°) und das von *Woods* (l. c.) als 3-Acetoxy-6-acetoxy=methyl-2-acetyl-pyran-4-on ($C_{12}H_{12}O_7$) angesehene Diacetyl-Derivat (F: 98—99°) als 2-Acetoxymethyl-5-hydroxy-pyran-4-on bzw. als 5-Acetoxy-2-acetoxymethyl-pyran-4-on zu formulieren (*To., Ka.*).

---

*Opt.-inakt. 4ξ,7ξ-Diäthoxy-(3ar,7ac)-3a,4,7,7a-tetrahydro-isobenzofuran-1,3-dion, 3ξ,6ξ-Diäthoxy-cyclohex-4-en-1r,2c-dicarbonsäure-anhydrid $C_{12}H_{16}O_5$, Formel VI (R = C_2H_5).

B. Beim Erwärmen von 1,4-Diäthoxy-buta-1,3-dien (Kp$_4$: 52—54°) mit Maleinsäure-anhydrid in Benzol unter Zusatz von Methylenblau (*Flaig,* A. **568** [1950] 1, 27).

Krystalle (aus Ae. + PAe.); F: 91°.

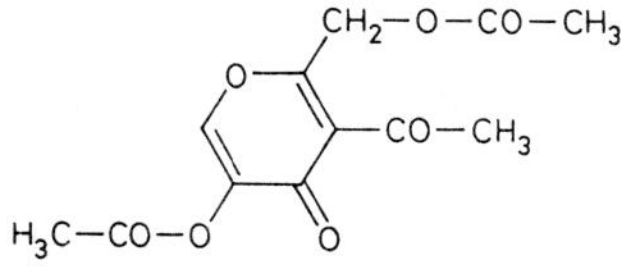

IV 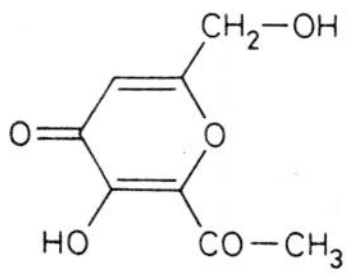   V 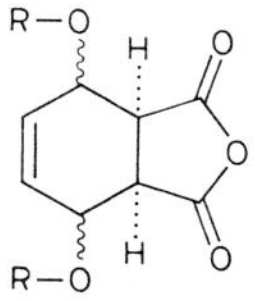   VI 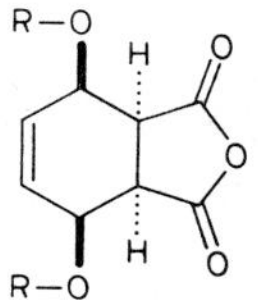   VII

4t(?),7t(?)-Diacetoxy-(3ar,7ac)-3a,4,7,7a-tetrahydro-isobenzofuran-1,3-dion, 3c(?),6c(?)-Diacetoxy-cyclohex-4-en-1r,2c-dicarbonsäure-anhydrid $C_{12}H_{12}O_7$, vermutlich Formel VII (R = CO-CH$_3$).

B. Beim Erwärmen von 1t,4t-Diacetoxy-buta-1,3-dien (E III **2** 328) mit Maleinsäure-anhydrid in Benzol (*Criegee et al.,* B. **86** [1953] 126, 130).

Krystalle (aus Bzl., CH$_2$Cl$_2$ oder 1,2-Dichlor-äthan); Zers. bei 120—130°.

Hydroxy-oxo-Verbindungen $C_9H_{10}O_5$

6-Chlormethyl-3-hydroxy-2-DL-lactoyl-pyran-4-on $C_9H_9ClO_5$, Formel VIII, und Tautomere (z.B. 6-Chlormethyl-2-DL-lactoyl-pyran-3,4-dion).

Diese Konstitution wird der nachstehend beschriebenen Verbindung zugeordnet (*Woods,* Am. Soc. **77** [1955] 3161).

B. Beim Behandeln einer als 3-Hydroxy-6-hydroxymethyl-2-DL-lactoyl-pyran-4-on angesehenen Verbindung (F: 155°; aus Kojisäure [S. 1145] hergestellt) mit Thionyl=chlorid (*Wo.*).

Krystalle (aus W.); F: 161° [durch Sublimation gereinigtes Präparat].

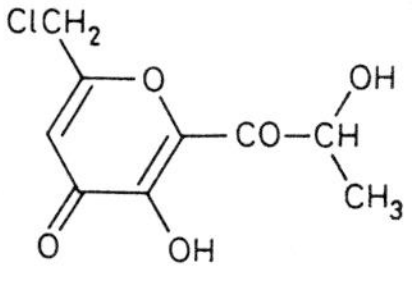

VIII 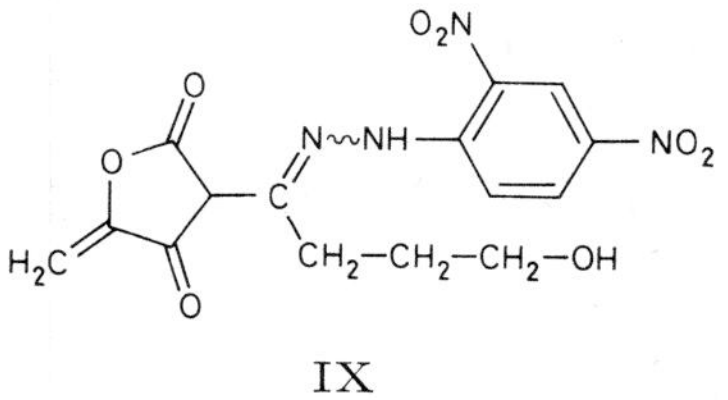   IX

3-[1-(2,4-Dinitro-phenylhydrazono)-4-hydroxy-butyl]-5-methylen-furan-2,4-dion $C_{15}H_{14}N_4O_8$, Formel IX, und Tautomere.

Diese Konstitution ist für die nachstehend beschriebene Verbindung in Betracht ge-zogen worden (*Bracken, Raistrick,* Biochem. J. **41** [1947] 569, 572).

B. Beim Behandeln von Dehydrocarolsäure (8-Methylen-3,4-dihydro-2H,8H-furo=[3,4-b]oxepin-5,6-dion) mit [2,4-Dinitro-phenyl]-hydrazin und wss. Salzsäure (*Br., Ra.*).

Gelbe Krystalle (aus A.); F: 157°.

5,6-Diacetoxy-hexahydro-4,7-methano-isobenzofuran-1,3-dion, 5,6-Diacetoxy-norbornan-2,3-dicarbonsäure-anhydrid $C_{13}H_{14}O_7$.

a) **5exo,6exo-Diacetoxy-norbornan-2endo,3endo-dicarbonsäure-anhydrid** $C_{13}H_{14}O_7$, Formel X.

B. Beim Behandeln von Norborn-5-en-2*endo*,3*endo*-dicarbonsäure mit wss. Natrium=carbonat-Lösung, wss. Natronlauge und wss. Kaliumpermanganat-Lösung und Erwärmen des nach dem Ansäuern mit wss. Salzsäure isolierten Reaktionsprodukts mit Acetyl=chlorid (*Alder, Stein*, A. **504** [1933] 216, 255; s. a. *Alder, Schneider*, A. **524** [1936] 189, 199). Krystalle (aus E.); F: 161 — 162° (*Al., St.*).

X   XI

b) **5exo,6exo-Diacetoxy-norbornan-2exo,3exo-dicarbonsäure-anhydrid** $C_{13}H_{14}O_7$, Formel XI.

B. Beim Behandeln von Norborn-5-en-2*exo*,3*exo*-dicarbonsäure mit wss. Natrium=carbonat-Lösung, wss. Natronlauge und wss. Kaliumpermanganat-Lösung und Erwärmen des nach dem Ansäuern mit wss. Salzsäure isolierten Reaktionsprodukts mit Acetyl=chlorid (*Alder, Stein*, A. **504** [1933] 216, 257).

Krystalle (aus E. + PAe.); F: 155 — 156°.

Hydroxy-oxo-Verbindungen $C_{10}H_{12}O_5$

5,6-Bis-acetoxymethyl-(3ar,7ac)-3a,4,7,7a-tetrahydro-isobenzofuran-1,3-dion, 4,5-Bis-acetoxymethyl-cyclohex-4-en-1r,2c-dicarbonsäure-anhydrid $C_{14}H_{16}O_7$, Formel XII.

B. Beim Erwärmen von 2,3-Bis-acetoxymethyl-buta-1,3-dien mit Maleinsäure-anhydrid in Benzol unter Zusatz von 1,3-Dinitro-benzol (*Bailey, Sorenson*, Am. Soc. **78** [1956] 2287, 2289).

Krystalle (aus CHCl$_3$ + Cyclohexan); F: 93 — 94°.

XII   XIII

Hydroxy-oxo-Verbindungen $C_{11}H_{14}O_5$

*Opt.-inakt. **9ξ,10ξ-Diacetoxy-(3ar,8ac)-hexahydro-4t,8t-äthano-cyclohepta[c]furan-1,3-dion, 8ξ,9ξ-Diacetoxy-bicyclo[3.2.2]nonan-6exo,7exo-dicarbonsäure-anhydrid** $C_{15}H_{18}O_7$, Formel XIII.

B. Beim Erhitzen von 8ξ,9ξ-Epoxy-bicyclo[3.2.2]nonan-6*exo*,7*exo*-dicarbonsäure-an=hydrid (F: 162°) mit Acetanhydrid und kleinen Mengen wss. Salzsäure (*Alder, Mölls*, B. **89** [1956] 1960, 1970).

Krystalle (aus E.); F: 170°.

Hydroxy-oxo-Verbindungen $C_{12}H_{16}O_5$

5c,6c-Dihydroxy-3a,7a-dimethyl-(3ar,7ac)-hexahydro-4c,7c-äthano-isobenzofuran-1,3-dion, 5exo,6exo-Dihydroxy-2exo,3exo-dimethyl-bicyclo[2.2.2]octan-2endo,3endo-dicarb=onsäure-anhydrid $C_{12}H_{16}O_5$, Formel XIV (X = H).

B. Beim Erwärmen von 2*exo*,3*exo*-Dimethyl-bicyclo[2.2.2]oct-5-en-2*endo*,3*endo*-di=carbonsäure-anhydrid mit wss. Natronlauge und Behandeln der Reaktionslösung mit Kaliumpermanganat und anschliessend mit Schwefeldioxid (*Ziegler et al.*, A. **551** [1942]

1, 65).

Krystalle (aus W.); F: 303°.

Beim Erwärmen mit wss. Salpetersäure ist eine als 2exo,3exo-Dimethyl-5,6-dioxo-bicyclo[2.2.2]octan-2endo,3endo-dicarbonsäure-hydrat oder 5,5,6,6-Tetrahydroxy-2exo,-3exo-dimethyl-bicyclo[2.2.2]octan-2endo,3endo-dicarbonsäure-2→6;3→5-dilacton zu formulierende Verbindung (E III **10** 4057) erhalten worden (Zi. et al., l. c. S. 66).

3a,7a-Dimethyl-5,6-bis-nitryloxy-(3ar,7ac)-hexahydro-4c,7c-äthano-isobenzofuran-1,3-dion, 2exo,3exo-Dimethyl-5exo,6exo-bis-nitryloxy-bicyclo[2.2.2]octan-2endo,3endo-di=carbonsäure-anhydrid $C_{12}H_{14}N_2O_9$, Formel XIV (X = NO_2).

B. Beim Erwärmen von 5exo,6exo-Dihydroxy-2exo,3exo-dimethyl-bicyclo[2.2.2]octan-2endo,3endo-dicarbonsäure-anhydrid mit Salpetersäure (Ziegler et al., A. **551** [1942] 1, 66).

Krystalle (aus Acn.); F: 157—158°.

XIV   XV

Hydroxy-oxo-Verbindungen $C_{14}H_{20}O_5$

2,5-Diisovaleryl-selenophen-3,4-diol $C_{14}H_{20}O_4Se$, Formel XV, und Tautomere.

B. Beim Erhitzen von 2,11-Dimethyl-dodecan-4,6,7,9-tetraon mit Selendioxid in Dioxan (Balenović et al., J. org. Chem. **19** [1954] 1556, 1558).

Orangefarbene Krystalle (aus Acn.); F: 176° [unkorr.].

Hydroxy-oxo-Verbindungen $C_{15}H_{22}O_5$

(3aS,7R,2'Ξ)-5ξ,6ξ-Dihydroxy-3c,6ξ,2'-trimethyl-(3ar,7at)-tetrahydro-spiro[benzofuran-7,1'-cyclopentan]-2,3'-dion, (S)-2-[(1Ξ,5R)-6t,9ξ,10ξ-Trihydroxy-1,10ξ-dimethyl-2-oxo-(5rC¹)-spiro[4.5]dec-7c-yl]-propionsäure-6-lacton $C_{15}H_{22}O_5$, Formel I.

B. Bei mehrtägigem Behandeln einer Lösung von Isodihydrolumisantonin ((S)-2-[(1Ξ,-5S)-6t-Hydroxy-1,10-dimethyl-2-oxo-(5rC¹)-spiro[4.5]dec-9-en-7c-yl]-propionsäure-lacton [E III/IV **17** 6104]) in Pyridin mit Osmium(VIII)-oxid und anschliessend mit Schwefel=wasserstoff (Arigoni et al., Helv. **40** [1957] 1732, 1748).

Krystalle (aus E. + PAe.); F: 186—187° [unkorr.; evakuierte Kapillare].

Beim Behandeln mit Natriumperjodat in Wasser ist (S)-2-[(3aS)-3a-Acetyl-4t,7ξ-di=hydroxy-7a-methyl-1-oxo-(3ar,7aξ)-hexahydro-indan-5c-yl]-propionsäure-4-lacton   (F: 161—161,5° [unkorr.]) erhalten worden (Ar. et al., l. c. S. 1749).

(3aS)-4c,7ξ-Dihydroxy-3t,4a,8c-trimethyl-(3ar,4at,7ac,9ac)-decahydro-azuleno[6,5-b]=furan-2,5-dion, (S)-2-[(3aR)-1ξ,4t,6c-Trihydroxy-3a,8t-dimethyl-3-oxo-(3ar,8at)-deca=hydro-azulen-5c-yl]-propionsäure-6-lacton, (11S)-2ξ,6α,8β-Trihydroxy-4-oxo-ambrosan-12-säure-8-lacton [1] $C_{15}H_{22}O_5$, Formel II.

B. Bei der Hydrierung von Helenalinoxid (2ξ,3ξ-Epoxy-6α,8β-dihydroxy-4-oxo-ambros-11(13)-en-12-säure-8-lacton [F: 215—216°]) an Palladium/Kohle oder Raney-Nickel in Äthanol (Adams, Herz, Am. Soc. **71** [1949] 2551, 2554).

Krystalle (aus E.); F: 224° [im auf 210° vorgeheizten Bad].

Beim Behandeln mit Acetanhydrid und Pyridin ist (11S)-6α-Acetoxy-8β-hydroxy-4-oxo-ambros-2-en-12-säure-lacton erhalten worden.

---

[1] Stellungsbezeichnung bei von Ambrosan abgeleiteten Namen s. E III/IV **17** 4670 Anm. 1.

(3aR)-4c-Hydroxy-9ξ-hydroxymethyl-3ξ,6t-dimethyl-(3ar,6ac,9ac,9bt)-decahydro-azuleno[4,5-b]furan-2,7-dion, ($\varXi$)-2-[(3aS)-4c,6c-Dihydroxy-3ξ-hydroxymethyl-8t-methyl-1-oxo-(3ar,8ac)-decahydro-azulen-5t-yl]-propionsäure-4-lacton, (11$\varXi$)-6α,8α,15-Trihydroxy-2-oxo-4ξH-guajan-12-säure-6-lacton [1]) $C_{15}H_{22}O_5$, Formel III (R = X = H).

Diese Konstitution und Konfiguration kommt dem nachstehend beschriebenen **Hexahydrolactucin** zu (*Bachelor, Itô*, Canad. J. Chem. **51** [1973] 3626, 3629).

B. Bei der Hydrierung von Lactucin (S. 2526) an Palladium/Kohle in Wasser bzw. Äthanol (*Wessely et al.*, M. **82** [1951] 322, 325; *Barton, Narayanan*, Soc. **1958** 963, 968), an Palladium/Strontiumcarbonat in Methanol (*Dolejš et al.*, Collect. **23** [1958] 2195, 2198) oder an Platin in Essigsäure (*We. et al.*, l. c. S. 326). Bei der Hydrierung von Tetrahydro-lactucin (S. 2351) an Palladium/Kohle in Äthanol (*Ba., Na.*, l. c. S. 968).

Krystalle (aus E.); F: 183—187° [Kofler-App.] (*Do. et al.*), 184—186° [Kofler-App.] (*We. et al.*), 180—182° [Kofler-App.] (*Ba., Na.*). $[\alpha]_D^{17}$: +77,3° [Py.; c = 3] (*We. et al.*); $[\alpha]_D$: +85° [Py.; c = 0,7]; $[\alpha]_D$: +95° [Me.; c = 0,7] (*Ba., Na.*); $[\alpha]_{700}$: +66° [Me.; c = 0,1]; $[\alpha]_D$: +96° [Me.; c = 0,1]; $[\alpha]_{327,5}$: +1682° [Me.; c = 0,1]; $[\alpha]_{280}$: −1483° [Me.; c = 0,02] (*Do. et al.*). Absorptionsmaximum: 291 nm (*We. et al.*, l. c. S. 323).

Überführung in (11$\varXi$)-6α-Hydroxy-2,8-dioxo-4ξH-guajan-12,15-disäure-12-lacton (F: 174—177°) durch Behandlung mit Chrom(VI)-oxid in Essigsäure: *Do. et al.*, l. c. S. 2199. Beim Behandeln mit äthanol. Kalilauge ist eine als **Isohexahydrolactucin** bezeichnete Verbindung $C_{15}H_{22}O_5$ (Öl; $[\alpha]_D$: −108° [CHCl₃]; Monobenzyliden-Derivat $C_{22}H_{26}O_5$, F: 266—268°, $[\alpha]_D$: −143° [CHCl₃]; Dibenzyliden-Derivat $C_{29}H_{30}O_5$, F: 287—289°, $[\alpha]_D$: −72° [CHCl₃]) erhalten worden (*Ba., Na.*, l. c. S. 970).

Oxim $C_{15}H_{23}NO_5$. Krystalle (aus W.); F: 210—212° [Zers.; Kofler-App.] (*We. et al.*, l. c. S. 326).

I   II   III

(3aR)-4c-Acetoxy-9ξ-acetoxymethyl-3ξ,6t-dimethyl-(3ar,6ac,9ac,9bt)-decahydro-azuleno[4,5-b]furan-2,7-dion, ($\varXi$)-2-[(3aS)-6c-Acetoxy-3ξ-acetoxymethyl-4c-hydroxy-8t-methyl-1-oxo-(3ar,8ac)-decahydro-azulen-5t-yl]-propionsäure-lacton, (11$\varXi$)-8α,15-Diacetoxy-6α-hydroxy-2-oxo-4ξH-guajan-12-säure-lacton $C_{19}H_{26}O_7$, Formel III (R = X = CO-CH₃).

Diese Konstitution und Konfiguration kommt dem nachstehend beschriebenen **Di-O-acetyl-hexahydrolactucin** zu.

B. Bei der Hydrierung von Di-O-acetyl-lactucin (S. 2526) an Palladium/Kohle in Methanol (*Wessely et al.*, M. **82** [1951] 322, 326). Beim Behandeln von Hexahydrolactucin (s. o.) mit Acetanhydrid und Pyridin (*We. et al.*).

Krystalle (aus Ae.); F: 164—166° [Kofler-App.].

(3aR)-4c-Hydroxy-9ξ-[(4-hydroxy-phenylacetoxy)-methyl]-3ξ,6t-dimethyl-(3ar,6ac,9ac,9bt)-decahydro-azuleno[4,5-b]furan-2,7-dion, (11$\varXi$)-6α,8α-Dihydroxy-15-[4-hydroxy-phenylacetoxy]-2-oxo-4ξH-guajan-12-säure-6-lacton $C_{23}H_{28}O_7$, Formel III (R = H, X = CO-CH₂-C₆H₄-OH).

Diese Konstitution und Konfiguration kommt dem nachstehend beschriebenen **Hexahydrolactucopicrin** zu.

B. Bei der Hydrierung von Lactucopicrin (S. 2527) an Raney-Nickel in Äthanol (*Holzer, Zinke*, M. **84** [1953] 901, 907).

---

[1]) Stellungsbezeichnung bei von **Guajan** abgeleiteten Namen s. E III/IV **17** 4677 Anm. 2.

Krystalle (aus W.) mit 1 Mol H₂O; F: 118—120° [nach Sintern].

Beim Erhitzen mit wss. Natronlauge sind Hexahydrolactucinsäure (11Ξ)-6α,8α,15-Tri≈
hydroxy-2-oxo-4ξH-guajan-12-säure [F: 159,5—162°]) und [4-Hydroxy-phenyl]-essig≈
säure erhalten worden (*Ho., Zi.*, l. c. S. 908).

Phenylhydrazon C₂₉H₃₄N₂O₆. Gelbliche Krystalle (aus wss. A.) mit 1 Mol Äthanol;
F: 118—121° [Zers.].

(3aS)-3ξ,6t-Dimethyl-4c-[toluol-4-sulfonyloxy]-9ξ-[toluol-4-sulfonyloxymethyl]-
(3ar,6ac,9ac,9bt)-decahydro-azuleno[4,5-b]furan-2,7-dion, (Ξ)-2-[(3aS)-4c-Hydroxy-
8t-methyl-1-oxo-6c-(toluol-4-sulfonyloxy)-3ξ-(toluol-4-sulfonyloxymethyl)-
(3ar,8ac)-decahydro-azulen-5t-yl]-propionsäure-lacton, (11Ξ)-6α-Hydroxy-2-oxo-
8α,15-bis-[toluol-4-sulfonyloxy]-4ξH-guajan-12-säure-lacton C₂₉H₃₄O₉S₂, Formel III
(R = X = SO₂-C₆H₄-CH₃).

Diese Konstitution und Konfiguration kommt dem nachstehend beschriebenen
Bis-O-[toluol-4-sulfonyl]-hexahydrolactucin zu.

B. Beim Behandeln von Hexahydrolactucin (S. 2330) mit Toluol-4-sulfonylchlorid
und Pyridin (*Barton, Narayanan*, Soc. **1958** 963, 968).

Krystalle (aus Acn.); F: 152—153° [Kofler-App.]. [α]_D: +33° [CHCl₃; c = 0,5].
Absorptionsmaximum (A.): 226 nm.

Beim Erwärmen mit Triäthylamin ist (Ξ)-2-[(1bS)-2c-Hydroxy-6t-methyl-7-oxo-
4c-[toluol-4-sulfonyloxy]-(1aξ,1br,6ac,7aξ)-decahydro-cycloprop[a]azulen-3t-yl]-propi≈
onsäure-lacton (F: 201—203° [S. 1286]) erhalten worden.

————————

(3aR)-4c-Acetoxy-5ξ-hydroxy-3ξ,5ξ,8a-trimethyl-(3ar,4ac,8at,9at)-octahydro-naphtho≈
[2,3-b]furan-2,8-dion, (11Ξ)-6α-Acetoxy-4,8α-dihydroxy-1-oxo-4ξH-eudesman-12-säure-
8-lacton[1] C₁₇H₂₄O₆, Formel IV.

B. Bei der Hydrierung von (−)-6α-Acetoxy-4,8α-dihydroxy-1-oxo-4ξH-eudesm-11(13)-
en-12-säure-8-lacton (F: 180—185° [S. 2353]) an Palladium/Kohle in Äthylacetat
(*Barton, deMayo*, Soc. **1957** 150, 156).

Krystalle (aus E. + PAe.); F: 169—171°. [α]_D: −34° [CHCl₃; c = 1].

————————

(3aR)-1c,3c(?)-Dihydroxy-3a-hydroxymethyl-6,8a,8b-trimethyl-(3ar,4at,8at,8bc)-
2,3,3a,8,8a,8b-hexahydro-1H,4aH-cyclopenta[b]benzofuran-7-on, 2β(?),4β,13-Trihydroxy-
apotrichothec-9-en-8-on[2] C₁₅H₂₂O₅, vermutlich Formel V (R = H).

Diese Konstitution und Konfiguration kommt dem nachstehend beschriebenen
Trichothecolonglykol zu; bezüglich der Konfiguration am C-Atom 2 (Apotrichothecan-
Bezifferung) s. *Gutzwiller et al.*, Helv. **47** [1964] 2234, 2244.

B. Aus Trichothecolon (12,13-Epoxy-4β-hydroxy-trichothec-9-en-8-on) mit Hilfe von
wss. Schwefelsäure (*Freeman et al.*, Soc. **1959** 1105, 1121). Aus Trichothecinglykol (s. u.)
mit Hilfe von methanol. Kalilauge (*Fr. et al.*, l. c. S. 1120).

Krystalle (aus A. oder Acn.); F: 193—194° [korr.] (*Fr. et al.*). Absorptionsmaximum
(Me.): 226 nm (*Fr. et al.*).

Beim Behandeln mit Chrom(VI)-oxid und Wasser sowie beim Behandeln mit wss.
Perjodsäure unter Lichtausschluss ist 13-Hydroxy-apotrichotheca-3,9-dien-2,8-dion erhalten worden (*Fr. et al.*, l. c. S. 1125).

2,4-Dinitro-phenylhydrazon C₂₁H₂₆N₄O₈. Hellrote Krystalle (aus A.); F: 273°
[korr.; nach Sintern bei 189°] (*Fr. et al.*).

————————

(3aR)-1c-cis-Crotonoyloxy-3c(?)-hydroxy-3a-hydroxymethyl-6,8a,8b-trimethyl-
(3ar,4at,8at,8bc)-2,3,3a,8,8a,8b-hexahydro-1H,4aH-cyclopenta[b]benzofuran-7-on,
4β-cis-Crotonoyloxy-2β(?),13-dihydroxy-apotrichothec-9-en-8-on C₁₉H₂₆O₆, vermutlich
Formel V (R = CO-CH≏CH-CH₃).

Diese Konstitution und Konfiguration kommt dem nachstehend beschriebenen
Trichothecinglykol zu; bezüglich der Konfiguration am C-Atom 2 (Apotrichothecan-
Bezifferung) s. *Gutzwiller et al.*, Helv. **47** [1964] 2234, 2244.

B. Beim Erhitzen von Trichothecin (4β-cis-Crotonoyloxy-12,13-epoxy-trichothec-9-en-

————————

[1] Stellungsbezeichnung bei von Eudesman abgeleiteten Namen s. E III **7** 515, 516.
[2] Stellungsbezeichnung bei von Apotrichothecan abgeleiteten Namen s. S. 1216.

8-on) mit wss. Salzsäure (*Freeman et al.*, Soc. **1959** 1105, 1120).

Krystalle; F: 146,5° [korr.] (*Fr. et al.*).

2,4-Dinitro-phenylhydrazon $C_{25}H_{30}N_4O_9$. Orangerote Krystalle (aus wss. A.); F: 216° [korr.] (*Fr. et al.*).

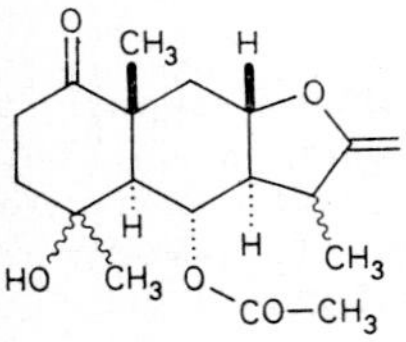

IV

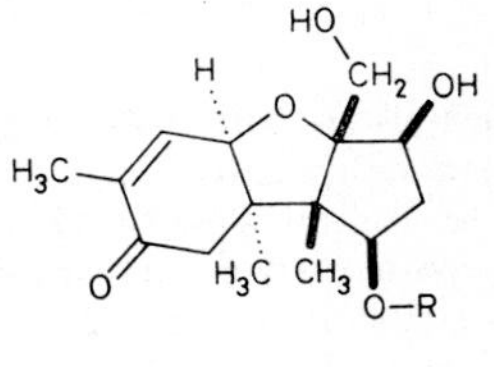

V

Hydroxy-oxo-Verbindungen $C_{17}H_{26}O_5$

(3R)-12t-Äthyl-11c-hydroxy-3r,5t,7t,11t-tetramethyl-oxacyclododec-9t-en-2,4,8-trion, D_r-10c_F,11c_F-Dihydroxy-2r_F,4t_F,6t_F,10t_F-tetramethyl-3,7-dioxo-tridec-8t-ensäure-11-lacton, Dehydromethynolid $C_{17}H_{26}O_5$, Formel VI.

B. Beim Behandeln einer Lösung von Methynolid ((3R)-12t-Äthyl-4t,11c-dihydroxy-3r,5t,7t,11t-tetramethyl-oxacyclododec-9t-en-2,8-dion [S. 2323]) in Aceton mit Chrom(VI)-oxid und wss. Schwefelsäure (*Djerassi, Zderic*, Am. Soc. **78** [1956] 6390, 6394).

Krystalle (aus Ae. + Hexan); F: 173—179° [Kofler-App.]. $[\alpha]_D$: +177° [CHCl$_3$]. Absorptionsmaximum (A.): 224 nm.

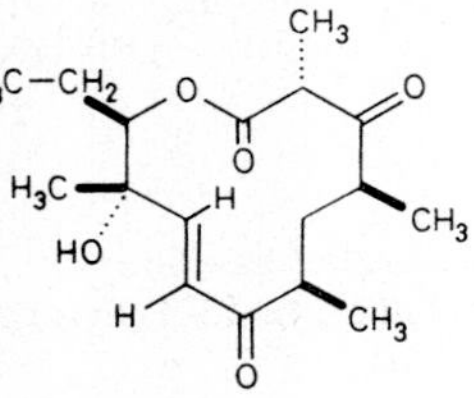

VI

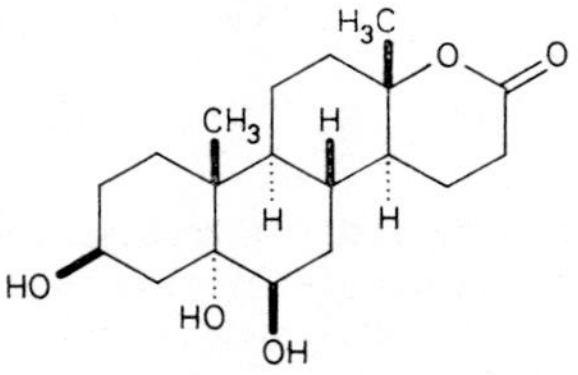

VII

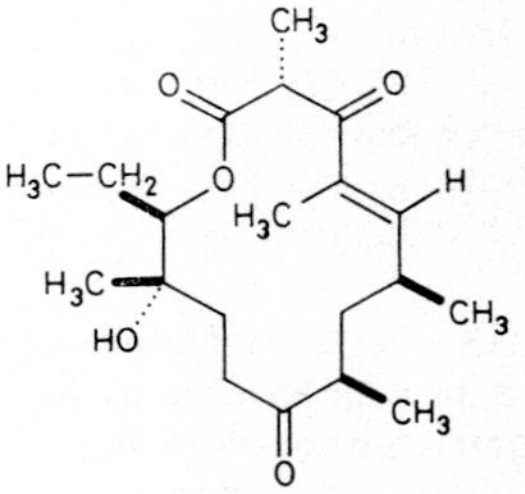

VIII

Hydroxy-oxo-Verbindungen $C_{19}H_{30}O_5$

3β,5,6β-Trihydroxy-D-homo-17a-oxa-5α-androstan-17-on, 3β,5,6β,13-Tetrahydroxy-5α,13αH-13,17-seco-androstan-17-säure-13-lacton $C_{19}H_{30}O_5$, Formel VII.

B. Beim Erwärmen von 3β-Hydroxy-androst-5-en-17-on mit Ameisensäure, Behandeln des Reaktionsgemisches mit wss. Wasserstoffperoxid, Erwärmen des Reaktionsprodukts mit wss.-methanol. Natronlauge und anschliessenden Ansäuern mit wss. Schwefelsäure (*Searle & Co.*, U.S.P. 2847422 [1953]).

Krystalle (aus Me.); F: 312—313°. $[\alpha]_D$: —60° [Me.; c = 0,5].

Hydroxy-oxo-Verbindungen $C_{20}H_{32}O_5$

(3R)-14t-Äthyl-13c-hydroxy-3r,5,7t,9t,13t-pentamethyl-oxacyclotetradec-5t-en-2,4,10-trion, D_r-12c_F,13c_F-Dihydroxy-2r_F,4,6t_F,8t_F,12t_F-pentamethyl-3,9-dioxo-pentadec-4t-ensäure-13-lacton, Dihydrokromycin $C_{20}H_{32}O_5$, Formel VIII.

Über die Konstitution und Konfiguration dieser ursprünglich (*Anliker, Gubler*, Helv. **40** [1957] 119, 122, 1768, 1769) als 12-Äthyl-11-hydroxy-3,5,7,11-tetramethyl-oxacyclododec-6-en-2,8-dion ($C_{17}H_{28}O_4$) angesehenen Verbindung s. *Rickards et al.*, Chem. Commun. **1968** 1049; *Hughes et al.*, Am. Soc. **92** [1970] 5267.

B. Beim Erhitzen von Dihydropicromycin (D_r-5t_F-[3-Dimethylamino-β-D-xylo-3,4,6-tridesoxy-hexopyranosyloxy]-12c_F,13c_F-dihydroxy-2r_F,4c_F,6t_F,8t_F,12t_F-pentamethyl-3,9-dioxo-pentadecansäure-13-lacton) mit wss. Salzsäure (*An., Gu.*, l. c. S. 126). Bei der

Hydrierung von Kromycin ((3R)-14t-Äthyl-13c-hydroxy-3r,5,7t,9t,13t-pentamethyl-oxa=
cyclotetradeca-5t,11t-dien-2,4,10-trion [S. 2356]) an Platin in Methanol (*Brockmann,
Strufe*, B. **86** [1953] 876, 882) oder an Palladium in Äthanol (*An., Gu.*, l. c. S. 1771).

Krystalle; F: 153—154° [korr.; aus Disopropyläther] (*An., Gu.*, l. c. S. 126), 149°
[korr.; aus wss. Me.] (*Br., St.*, l. c. S. 883), 148—149° [korr.; evakuierte Kapillare; aus
Ae. + PAe.] (*An., Gu.*, l. c. S. 1771). [α]$_D^{20}$: +3,06° [CHCl$_3$; c = 1] (*An., Gu.*, l. c. S. 1771);
[α]$_D^{20}$: +2,2° [CHCl$_3$; c = 2] (*An., Gu.*, l. c. S. 126); [α]$_D^{20}$: +37,1° [CHCl$_3$] (*Br., St.*,
l. c. S. 877). IR-Spektrum (KBr; 2,5—15 μ): *An., Gu.*, l. c. S. 121. Absorptionsmaximum
232 nm [CHCl$_3$] (*An., Gu.*, l. c. S. 1771) bzw. 233 nm [A.] (*An., Gu.*, l. c. S. 126).

(Ξ)-4-Acetoxy-3-[(Ξ)-2-((4aS)-6t-acetoxy-5t-acetoxymethyl-2ξ-brom-2ξ-brommethyl-
5c,8a-dimethyl-(4ar,8at)-decahydro-[1t]naphthyl)-äthyliden]-dihydro-furan-2-on,
ent-(14Ξ)-3β,14,19-Triacetoxy-8,20-dibrom-15-hydroxy-8ξH-labd-12ξ-en-16-säure-
lacton [1]) C$_{26}$H$_{36}$Br$_2$O$_8$, Formel IX.

Diese Konstitution und Konfiguration kommt dem nachstehend beschriebenen
Tri-*O*-acetyl-andrographolid-dibromid zu; bezüglich der Position der Brom-Atome s.
Cava et al., Tetrahedron **18** [1962] 397, 403.

B. Beim Behandeln von Tri-*O*-acetyl-andrographolid (*ent*-(14Ξ)-3β,14,19-Triacetoxy-
15-hydroxy-labda-8(20),12ξ-dien-16-säure-15-lacton [S. 2358]) mit Brom und Calcium=
carbonat in Chloroform (*Gorter*, R. **30** [1911] 151, 158).

Krystalle; F: 179,5—180° [unkorr.; Kofler-App.] (*Cava et al.*), 174—175° [aus A.] (*Go.*).
Absorptionsmaximum (A.): 220 nm (*Cava et al.*).

IX

X

Hydroxy-oxo-Verbindungen C$_{21}$H$_{34}$O$_5$

**9-Acetoxy-5-[2-acetoxy-äthyl]-4-[2-acetoxy-propyl]-11a-methyl-dodecahydro-
1,4-methano-naphth[1,2-c]oxepin-3-on** C$_{27}$H$_{40}$O$_8$.

a) *rac*-3α,16,20ξ-Triacetoxy-11β-hydroxy-16,17-seco-5β-pregnan-18-säure-lacton
C$_{27}$H$_{40}$O$_8$, Formel X + Spiegelbild, vom F: 142°.

B. Beim Behandeln von *rac*-3α-Acetoxy-16-acetyl-11β-hydroxy-22-oxo-16,17-seco-
24-nor-5β,20ξH-cholan-18-säure-lacton von F: 145—146° mit Trifluor-peroxyessigsäure
in Dichlormethan unter Zusatz von Dinatriumhydrogenphosphat (*Johnson et al.*, Am.
Soc. **85** [1963] 1409, 1419; s.a. *Johnson et al.*, Am. Soc. **80** [1958] 2585).

Krystalle (aus Diisopropyläther); F: 142—142,5° (*Jo. et al.*, Am. Soc. **85** 1419).

b) *rac*-3α,16,20ξ-Triacetoxy-11β-hydroxy-16,17-seco-5β-pregnan-18-säure-lacton
C$_{27}$H$_{40}$O$_8$, Formel X + Spiegelbild, vom F: 141°.

B. Aus *rac*-3α-Acetoxy-16-acetyl-11β-hydroxy-22-oxo-16,17-seco-24-nor-5β,20ξH-chol=
an-18-säure-lacton vom F: 171,5—173° analog dem unter a) beschriebenen Stereo-
isomeren (*Johnson et al.*, Am. Soc. **85** [1963] 1409, 1419; s.a. *Johnson et al.*, Am. Soc.
80 [1958] 2585).

Krystalle (aus Diisopropyläther); F: 140—141° (*Jo. et al.*, Am. Soc. **85** 1419).

[*Baumberger*]

---

[1]) Stellungsbezeichnung bei von Labdan abgeleiteten Namen s. E III **5** 297; über
die Bezifferung der geminalen Methyl-Gruppen s. *Allard, Ourisson*, Tetrahedron **1** [1957]
277, 278.

Hydroxy-oxo-Verbindungen $C_nH_{2n-10}O_5$

Hydroxy-oxo-Verbindungen $C_8H_6O_5$

(±)-3,5,6-Trimethoxy-phthalid $C_{11}H_{12}O_5$, Formel I (E II 145; dort auch als Metaopian=
säure-pseudomethylester bezeichnet).

Krystalle (aus Me.); F: 140,7—141,6° [korr.] (*Manske et al.*, Canad. J. Chem. **29**
[1951] 526, 533).

(±)-3,6,7-Trimethoxy-phthalid $C_{11}H_{12}O_5$, Formel II (R = CH_3, X = H) (H 164;
E II 146; dort auch als Opiansäure-pseudomethylester bezeichnet).

B. Beim Behandeln von Opiansäure-acetonylester (5,6-Dimethoxy-phthalaldehyd=
säure-acetonylester [E III **10** 4512]) mit Methanol, wss. Kalilauge und Piperidin
(*Kanewskaja, Schemiakin*, J. pr. [2] **132** [1932] 341, 347).

F: 102—103° (*Ka., Sch.*). UV-Spektren von Lösungen in Chloroform (255—340 nm)
und in Äthanol (240—340 nm): *Berlin*, Sbornik Statei obšč. Chim. **1953** 663; C. A.
1955 960.

(±)-3-Äthoxy-6,7-dimethoxy-phthalid $C_{12}H_{14}O_5$, Formel II (R = C_2H_5, X = H) (H 165;
E II 146; dort auch als Opiansäure-pseudoäthylester bezeichnet).

B. Beim Behandeln von Opiansäure-acetonylester (5,6-Dimethoxy-phthalaldehydsäure-
acetonylester [E III **10** 4512]) mit Äthanol, wss. Kalilauge, und mit Piperidin oder
Kaliumacetat (*Kanewskaja, Schemiakin*, J. pr. [2] **132** [1932] 341, 346; *Rodionow,
Kanewskaia*, Bl. [5] **1** [1934] 653, 672).

F: 91—93° (*Ro., Ka.*).

(±)-3-Isopentyloxy-6,7-dimethoxy-phthalid $C_{15}H_{20}O_5$, Formel II (R = CH_2-CH_2-$CH(CH_3)_2$,
X = H).

B. Beim Erhitzen von Opiansäure (5,6-Dimethoxy-phthalaldehydsäure [E III **10**
4511]) mit Isopentylalkohol (*Kanewskaja, Schemiakin*, J. pr. [2] **132** [1932] 341, 347).
Beim Behandeln einer Lösung von Opiansäure-acetonylester (5,6-Dimethoxy-phthal=
aldehydsäure-acetonylester [E III **10** 4512]) mit Isopentylalkohol und wss. Kalilauge
(*Ka., Sch.*).

Krystalle; F: 48—49°.

(±)-6,7-Dimethoxy-3-phenoxy-phthalid $C_{16}H_{14}O_5$, Formel II (R = C_6H_5, X = H).

B. Beim Erhitzen von Opiansäure (5,6-Dimethoxy-phthalaldehydsäure [E III **10**
4511]) mit Phenol auf 120° (*Rodionow, Kanewskaia*, Bl. [5] **1** [1934] 653, 671).

Krystalle (aus A.); F: 145—147°.

(±)-3-Benzyloxy-6,7-dimethoxy-phthalid $C_{17}H_{16}O_5$, Formel II (R = CH_2-C_6H_5, X = H).

B. Beim Erhitzen von Opiansäure (5,6-Dimethoxy-phthalaldehydsäure [E III **10**
4511]) mit Benzylalkohol auf 110° (*Schorigin et al.*, B. **64** [1931] 1931, 1934).

Krystalle (aus A.); F: 94—95°.

I   II   III

*Opt.-inakt. Bis-[4,5-dimethoxy-3-oxo-phthalan-1-yl]-äther $C_{20}H_{18}O_9$, Formel III
(X = H) (vgl. H 165; E I 388; dort auch als Opiansäure-anhydrid bezeichnet).

B. Neben anderen Verbindungen beim Erhitzen des Silber-Salzes der Opiansäure

(5,6-Dimethoxy-phthalaldehydsäure [E III **10** 4511]) bis auf 160° (*Kanewskaja et al.*, B. **69** [1936] 257, 259).

Krystalle (aus Acn.); F: 231—232°.

(±)-4-Chlor-3,6,7-trimethoxy-phthalid $C_{11}H_{11}ClO_5$, Formel II (R = CH_3, X = Cl).

B. Beim Erwärmen von Chloropiansäure (3-Chlor-5,6-dimethoxy-phthalaldehydsäure [E III **10** 4513]) mit Methanol und wenig Schwefelsäure (*Buu-Hoi*, Bl. [5] **9** [1942] 351, 352).

Krystalle (aus A.); F: 111°.

(±)-4-Brom-3,6,7-trimethoxy-phthalid $C_{11}H_{11}BrO_5$, Formel II (R = CH_3, X = Br) (H 166; E I 388; dort auch als Bromopiansäure-pseudomethylester bezeichnet).

B. Beim Erwärmen von Bromopiansäure (3-Brom-5,6-dimethoxy-phthalaldehydsäure [E III **10** 4513]) mit Methanol (*Schemjakin*, Ž. obšč. Chim. **13** [1943] 290, 299; C. A. **1944** 962; vgl. H 166).

F: 109—110° (*Sch.*). UV-Spektrum (A.; 235—355 nm): *Buu-Hoi, Cagniant*, C. r. **212** [1941] 268.

*****Opt.-inakt. Bis-[7-brom-4,5-dimethoxy-3-oxo-phthalan-1-yl]-äther** $C_{20}H_{16}Br_2O_9$, Formel III (X = Br) (vgl. H 166; E I 389; dort als Bis-[4-brom-6.7-dimethoxy-phthalid= yl-(3)]-äther und als **Bromopiansäure-anhydrid** bezeichnet).

B. Neben anderen Verbindungen beim Erhitzen des Silber-Salzes der Bromopiansäure (3-Brom-5,6-dimethoxy-phthalaldehydsäure [E III **10** 4513]) im Kohlendioxid-Strom bis auf 180° (*Kanewskaja et al.*, B. **69** [1936] 257, 262).

Krystalle (aus Eg.); F: 255—256° (*Ka. et al.*, l. c. S. 265).

(±)-3,6,7-Trimethoxy-4-nitro-phthalid $C_{11}H_{11}NO_7$, Formel II (R = CH_3, X = NO_2) (H 166; E I 389; E II 146; dort auch als Nitroopiansäure-pseudomethylester bezeichnet).

B. Beim Behandeln von Nitropiansäure (5,6-Dimethoxy-3-nitro-phthalaldehyd= säure [E III **10** 4513]) mit Methanol, Wasser und Silberoxid (*Chemiakine*, Bl. [5] **1** [1934] 689). Beim Behandeln einer wss. Lösung des Silber-Salzes der Nitroopiansäure mit Methanol (*Ch.*).

Krystalle (aus A.); F: 180—181° (*Ch.*). Absorptionsspektrum (A.; 260—400 nm): *Buu-Hoi, Cagniant*, C. r. **212** [1941] 268.

(±)-6,7-Dimethoxy-3-methylmercapto-phthalid $C_{11}H_{12}O_4S$, Formel IV (R = CH_3).

B. Beim Behandeln einer Lösung von (±)-3-Chlor-6,7-dimethoxy-phthalid („Opian= säure-pseudochlorid" [S. 1227]) in Benzol mit Natriummethanthiolat in Äthanol (*Berlin*, Sbornik Statei obšč. Chim. **1953** 663; C. A. **1955** 960).

Krystalle (aus Bzl.); F: 114—115°. UV-Spektren von Lösungen in Chloroform (255—365 nm) und in Äthanol (255—340 nm): *Be.*

In äthanol. Lösungen stellt sich ein Gleichgewicht mit 6-Formyl-2,3-dimethoxy-thiobenzoesäure-*S*-methylester ein.

(±)-3-Methansulfonyl-6,7-dimethoxy-phthalid $C_{11}H_{12}O_6S$, Formel V (R = CH_3).

B. Beim Erwärmen einer Lösung von (±)-6,7-Dimethoxy-3-methylmercapto-phthalid in Essigsäure mit wss. Wasserstoffperoxid (*Berlin*, Sbornik Statei obšč. Chim. **1953** 663; C. A. **1955** 960).

Krystalle (aus Bzl.); F: 133—134°.

(±)-6,7-Dimethoxy-3-[4-nitro-phenylmercapto]-phthalid $C_{16}H_{13}NO_6S$, Formel IV (R = $C_6H_4\text{-}NO_2$).

B. Beim Behandeln einer Lösung von Opiansäure (5,6-Dimethoxy-phthalaldehydsäure [E III **10** 4511]) und 4-Nitro-thiophenol in Essigsäure mit Chlorwasserstoff bei 80° (*Feldman, Gurewitsch*, Ž. obšč. Chim. **21** [1951] 1544, 1546; engl. Ausg. S. 1695, 1696).

Krystalle (aus Eg.); F: 173—174°.

(±)-6,7-Dimethoxy-3-[4-nitro-benzolsulfonyl]-phthalid $C_{16}H_{13}NO_8S$, Formel V (R = $C_6H_4\text{-}NO_2$).

B. Beim Behandeln einer Lösung von (±)-6,7-Dimethoxy-3-[4-nitro-phenylmercapto]-

phthalid in Essigsäure und Acetanhydrid mit wss. Wasserstoffperoxid (*Feldman, Gurewitsch*, Ž. obšč. Chim. **21** [1951] 1544; 1546; engl. Ausg. S. 1695, 1697).
Krystalle (aus Eg.); F: 171—172°.

(±)-3-[4-Amino-phenylmercapto]-6,7-dimethoxy-phthalid $C_{16}H_{15}NO_4S$, Formel IV ($R = C_6H_4$-NH_2).
B. Bei der Hydrierung von (±)-6,7-Dimethoxy-3-[4-nitro-benzolsulfonyl]-phthalid an Raney-Nickel in Äthanol (*Feldman, Gurewitsch*, Ž. obšč. Chim. **21** [1951] 1544, 1547; engl. Ausg. S. 1695, 1697).
Krystalle (aus A.); F: 162—163°.
Hydrochlorid $C_{16}H_{15}NO_4S \cdot HCl$. Krystalle; F: 182—183° [Zers.].

(±)-6,7-Dimethoxy-3-sulfanilyl-phthalid $C_{16}H_{15}NO_6S$, Formel V ($R = C_6H_4$-NH_2).
B. Bei der Hydrierung von (±)-6,7-Dimethoxy-3-[4-nitro-benzolsulfonyl]-phthalid an Raney-Nickel in Äthanol (*Feldman, Gurewitsch*, Ž. obšč. Chim. **21** [1951] 1544, 1547; engl. Ausg. S. 1695, 1697).
Krystalle (aus A.); F: 211—212°.
Hydrochlorid $C_{16}H_{15}NO_6S \cdot HCl$. Krystalle; F: 198—199° [Zers.].

IV   V   VI

5-Hydroxy-4,6-dimethoxy-phthalid $C_{10}H_{10}O_5$, Formel VI ($R = H$) (E II 147).
B. Beim Erwärmen von 4,5,6-Trimethoxy-phthalid mit Methylmagnesiumbromid in Äther und Benzol oder in Tetrahydrofuran (*Gutsche et al.*, Am. Soc. **80** [1958] 5756, 5765).

4-Hydroxy-5,6-dimethoxy-phthalid $C_{10}H_{10}O_5$, Formel VII ($R = X = H$).
B. Beim Erwärmen von 4-Jod-5,6-dimethoxy-phthalid mit wss. Kalilauge und mit Kupfer-Pulver (*McRae et al.*, J. org. Chem. **19** [1954] 1500, 1503).
Krystalle (aus W.); F: 184,7—185,7° [korr.].

4,5,6-Trimethoxy-phthalid $C_{11}H_{12}O_5$, Formel VI ($R = CH_3$) (E I 389; E II 147).
B. Beim Erhitzen von 3,4,5-Trimethoxy-benzoesäure mit wss. Formaldehyd-Lösung und kleinen Mengen wss. Salzsäure (*King, King*, Soc. **1942** 726; *Barltrop, Nicholson*, Soc. **1948** 116, 120). Beim Erwärmen von 4-Jod-5,6-dimethoxy-phthalid mit Kupfer-Pulver und methanol. Kalilauge (*McRae et al.*, J. org. Chem. **19** [1954] 1500, 1503). Beim Erhitzen von 5,6,7-Trimethoxy-3-oxo-phthalan-1-carbonsäure mit Naphthalin auf 210° (*Weygand et al.*, B. **90** [1957] 1879, 1890; vgl. E I 389).
Krystalle; F: 135—136° [aus A.] (*We. et al.*), 134,7—135,7° [korr.; aus W.] (*McRae et al.*), 134—135° [aus A.] (*King, King*).
Beim Erwärmen mit 2-Methoxy-4-methyl-benzoesäure-äthylester, Aluminiumchlorid und Chloroform ist ein Di-O-methyl-Derivat $C_{18}H_{18}O_8$ (Krystalle [aus Bzl.], F: 137°) der 3,4,5,6'-Tetrahydroxy-4'-methyl-2,3'-methandiyl-di-benzoesäure erhalten worden (*Paul*, J. Indian chem. Soc. **9** [1932] 493, 497).

5-Äthoxy-4,6-dimethoxy-phthalid $C_{12}H_{14}O_5$, Formel VI ($R = C_2H_5$).
B. Beim Erhitzen von 4-Äthoxy-3,5-dimethoxy-benzoesäure mit wss. Formaldehyd-Lösung und wss. Salzsäure (*Manske et al.*, Canad. J. Res. [B] **23** [1945] 100, 104).
Krystalle (aus Me.); F: 92°.

7-Brom-4,5,6-trimethoxy-phthalid $C_{11}H_{11}BrO_5$, Formel VII ($R = CH_3$, $X = Br$).
B. Beim Erwärmen einer aus 7-Amino-4,5,6-trimethoxy-phthalid, wss. Schwefelsäure

und Natriumnitrit bereiteten Diazoniumsalz-Lösung mit Kupfer(I)-bromid und wss. Bromwasserstoffsäure (*Maekawa, Nan'ya*, Bl. chem. Soc. Japan **32** [1959] 1311, 1316). Beim Erhitzen von 4-Brom-5,6,7-trimethoxy-3-oxo-phthalan-1-carbonsäure auf 185° (*Mae., Na.*).

Krystalle (aus Me.); F: 103—104° [unkorr.].

7-Jod-4,5,6-trimethoxy-phthalid $C_{11}H_{11}IO_5$, Formel VII (R = CH_3, X = I).

B. Beim Erwärmen einer aus 7-Amino-4,5,6-trimethoxy-phthalid, wss. Schwefelsäure und Natriumnitrit bereiteten Diazoniumsalz-Lösung mit Kaliumjodid (*Weygand et al.*, B. **90** [1957] 1879, 1891).

Krystalle (aus A.); F: 98,5—99°.

4,5,6-Trimethoxy-7-nitro-phthalid $C_{11}H_{11}NO_7$, Formel VII (R = CH_3, X = NO_2).

B. Beim Behandeln von 4,5,6-Trimethoxy-phthalid mit konz. Salpetersäure (*Weygand et al.*, B. **90** [1957] 1879, 1890).

Krystalle (aus Me.); F: 116—116,5°.

———————

7-Hydroxy-5,6-dimethoxy-phthalid $C_{10}H_{10}O_5$, Formel VIII (R = H).

B. Beim Erwärmen von 7-Jod-5,6-dimethoxy-phthalid mit wss. Kalilauge und mit Kupfer-Pulver (*McRae et al.*, J. org. Chem. **19** [1954] 1500, 1504).

Krystalle (aus W.); F: 159,8—160,7° [korr.].

5,6,7-Trimethoxy-phthalid $C_{11}H_{12}O_5$, Formel VIII (R = CH_3).

B. Beim Erwärmen von 7-Jod-5,6-dimethoxy-phthalid mit Kaliummethylat in Methanol und mit Kupfer-Pulver (*McRae et al.*, Canad. J. Chem. **29** [1951] 482, 487; *Maekawa, Nan'ya*, Bl. chem. Soc. Japan **32** [1959] 1311, 1315).

Krystalle (aus W.); F: 136,5—137° [korr.] (*McRae et al.*), 136—136,5° [unkorr.] (*Ma., Na.*).

VII   VIII   IX

7-Äthoxy-5,6-dimethoxy-phthalid $C_{12}H_{14}O_5$, Formel VIII (R = C_2H_5).

B. Beim Erwärmen von 7-Jod-5,6-dimethoxy-phthalid mit äthanol. Kalilauge und mit Kupfer-Pulver (*McRae et al.*, J. org. Chem. **19** [1954] 1500, 1504). Beim Behandeln von 7-Hydroxy-5,6-dimethoxy-phthalid mit Diäthylsulfat und wss. Kalilauge (*McRae et al.*).

Krystalle (aus W.); F: 132—132,5° [korr.].

7-[2,4-Dinitro-phenoxy]-5,6-dimethoxy-phthalid $C_{16}H_{12}N_2O_9$, Formel VIII (R = $C_6H_3(NO_2)_2$).

B. Beim Erwärmen von 1-[2,4-Dinitro-phenyl]-pyridinium-[toluol-4-sulfonat] mit 7-Hydroxy-5,6-dimethoxy-phthalid und Pyridin (*McRae et al.*, J. org. Chem. **19** [1954] 1500, 1505).

Rötlichgelbe Krystalle (aus W.); F: 183,5—183,7° [korr.].

7-Acetoxy-5,6-dimethoxy-phthalid $C_{12}H_{12}O_6$, Formel VIII (R = CO-CH_3).

B. Beim Behandeln von 7-Hydroxy-5,6-dimethoxy-phthalid mit Acetanhydrid und wenig Schwefelsäure (*McRae et al.*, J. org. Chem. **19** [1954] 1500, 1504).

Krystalle (aus wss. Eg.); F: 147,3—147,7° [korr.].

4-[5,6-Dimethoxy-3-oxo-phthalan-4-yloxy]-3-nitro-benzoesäure $C_{17}H_{13}NO_9$, Formel IX (R = X = H).

B. Beim Erwärmen von 4-[5,6-Dimethoxy-3-oxo-phthalan-4-yloxy]-3-nitro-benzoe≠säure-methylester mit wss. Kalilauge (*McRae et al.*, J. org. Chem. **19** [1954] 1500, 1506; *Allen, Moir*, Canad. J. Chem. **37** [1959] 1799, 1803).

Krystalle; F: 237,4—238,4° [korr.; aus wss. Eg.] (*Al., Moir*), 236,2—237,2° [korr.; aus Me.] (*McRae et al.*).

4-[5,6-Dimethoxy-3-oxo-phthalan-4-yloxy]-3-nitro-benzoesäure-methylester $C_{18}H_{15}NO_9$, Formel IX (R = CH₃, X = H).

B. Beim Erwärmen von 1-[4-Methoxycarbonyl-2-nitro-phenyl]-pyridinium-[toluol-4-sulfonat] oder eines zuvor erhitzten Gemisches von 4-Jod-3-nitro-benzoesäure-methyl≠ester und Pyridin mit 7-Hydroxy-5,6-dimethoxy-phthalid und Pyridin (*McRae et al.*, J. org. Chem. **19** [1954] 1500, 1506).

Krystalle (aus wss. A.); F: 158—158,8° [korr.].

4-[5,6-Dimethoxy-3-oxo-phthalan-4-yloxy]-3,5-dinitro-benzoesäure-methylester
$C_{18}H_{14}N_2O_{11}$, Formel IX (R = CH₃, X = NO₂).

B. Neben 1-[4-Methoxycarbonyl-2,6-dinitro-phenyl]-pyridinium-[4-methoxycarbonyl-2,6-dinitro-phenolat] beim Erwärmen von 4-Chlor-3,5-dinitro-benzoesäure-methylester mit Pyridin und anschliessend mit 7-Hydroxy-5,6-dimethoxy-phthalid (*Allen, Moir*, Canad. J. Chem. **37** [1959] 1799, 1803; s. a. *McRae et al.*, J. org. Chem. **19** [1954] 1500, 1505).

Hellgelbe Krystalle; F: 210—211° [korr.; Kofler-App.; aus Acn.] (*Al., Moir*), 209,3° bis 210,1° [korr.; aus Me.] (*McRae et al.*). An der Luft bei der Einwirkung von Licht nicht beständig (*Al., Moir*).

3-Amino-4-[5,6-dimethoxy-3-oxo-phthalan-4-yloxy]-benzoesäure $C_{17}H_{15}NO_7$, Formel X.

B. Beim Erwärmen von 4-[5,6-Dimethoxy-3-oxo-phthalan-4-yloxy]-3-nitro-benzoesäure mit wss. Ammoniak und mit Eisen(II)-sulfat (*McRae et al.*, J. org. Chem. **19** [1954] 1500, 1507).

Krystalle (aus wss. Me.); F: 268,4—268,8° [korr.].

3-Amino-4-[5,6-dimethoxy-3-oxo-phthalan-4-yloxy]-5-nitro-benzoesäure-methylester
$C_{18}H_{16}N_2O_9$, Formel IX (R = CH₃, X = NH₂).

B. Beim Erhitzen einer Lösung von 4-[5,6-Dimethoxy-3-oxo-phthalan-4-yloxy]-3,5-di≠nitro-benzoesäure-methylester in Essigsäure mit Eisen-Pulver (*Allen, Moir*, Canad. J. Chem. **37** [1959] 1799, 1804).

Gelbe Krystalle (aus Acn.); F: 234—235° [korr.; Kofler-App.].

3-Acetylamino-4-[5,6-dimethoxy-3-oxo-phthalan-4-yloxy]-5-nitro-benzoesäure-methyl≠ester $C_{20}H_{18}N_2O_{10}$, Formel IX (R = CH₃, X = NH-CO-CH₃).

B. Beim Erhitzen von 3-Amino-4-[5,6-dimethoxy-3-oxo-phthalan-4-yloxy]-5-nitro-benzoesäure-methylester mit Acetanhydrid und wenig Schwefelsäure (*Allen, Moir*, Canad. J. Chem. **37** [1959] 1799, 1804).

Krystalle (aus wss. Me.); F: 206—207° [korr.; Kofler-App.].

X   XI   XII

4-[5,6-Dimethoxy-3-oxo-phthalan-4-yloxy]-3-[((1R)-menthyloxyacetyl)-amino]-5-nitro-benzoesäure-methylester $C_{30}H_{36}N_2O_{11}$, Formel XI.

B. Beim Erwärmen von 3-Amino-4-[5,6-dimethoxy-3-oxo-phthalan-4-yloxy]-5-nitro-benzoesäure-methylester mit [(1R)-Menthyloxy]-acetylchlorid (E III **6** 156) in Chloroform (*Allen, Moir*, Canad. J. Chem. **37** [1959] 1799, 1804).

Krystalle (aus A.); F: 188—189° [korr.; Kofler-App.]. $[\alpha]_D$: —29° [CHCl₃; c = 3].

(±)-5,7-Diäthoxy-3a,4-dihydro-isobenzofuran-1,3-dion, (±)-3,5-Diäthoxy-cyclohexa-2,4-dien-1,2-dicarbonsäure-anhydrid $C_{12}H_{14}O_5$, Formel XII (R = C_2H_5).

Diese Konstitution ist für die nachstehend beschriebene Verbindung in Betracht gezogen worden.

B. Beim Behandeln einer äther. Lösung von Maleinsäure-anhydrid mit 1,1-Diäthoxy-äthen (*McElvain, Cohen*, Am. Soc. **64** [1942] 260, 263).

Gelbe Krystalle (aus Xylol); F: 110—111°.

Hydroxy-oxo-Verbindungen $C_9H_8O_5$

4-[6,7-Dimethoxy-4-oxo-chroman-3-yloxy]-2-isopropenyl-2,3-dihydro-benzofuran-5-carbaldehyd, 3-[5-Formyl-2-isopropenyl-2,3-dihydro-benzofuran-4-yloxy]-6,7-dimeth=oxy-chromen-4-on $C_{23}H_{22}O_7$.

a) **(R)-4-[(R)-6,7-Dimethoxy-4-oxo-chroman-3-yloxy]-2-isopropenyl-2,3-dihydro-benzofuran-5-carbaldehyd** $C_{23}H_{22}O_7$, Formel I.

B. Beim Behandeln einer Lösung von (6aS)-2c-Isopropenyl-8,9-dimethoxy-(12ac)-1,2,12,12a-tetrahydro-6H-chromeno[3,4-b]furo[2,3-h]chromen-6c,6ar-diol (,,Rotenolol-IIα'') oder von (6aR)-2t-Isopropenyl-8,9-dimethoxy-(12at)-1,2,12,12a-tetrahydro-6H-chromeno[3,4-b]furo[2,3-h]chromen-6c,6ar-diol (,,Rotenolol-Iα'') in Dioxan mit Perjodsäure in Methanol (*Miyano, Matsui*, B. **92** [1959] 1438, 1444).

Krystalle (aus Me. + Acn.); F: 205—207° [unkorr.].

I   II

b) **(R)-4-[(S)-6,7-Dimethoxy-4-oxo-chroman-3-yloxy]-2-isopropenyl-2,3-dihydro-benzofuran-5-carbaldehyd** $C_{23}H_{22}O_7$, Formel II.

B. Beim Behandeln einer Lösung von (6aR)-2t-Isopropenyl-8,9-dimethoxy-(12ac)-1,2,12,12a-tetrahydro-6H-chromeno[3,4-b]furo[2,3-h]chromen-6c,6ar-diol (,,Rotenolol-Iβ'') in Dioxan mit Perjodsäure in Methanol (*Miyano, Matsui*, B. **92** [1959] 1438, 1444).

Krystalle (aus Me. + Acn.); F: 194—195° [unkorr.].

6-Hydroxy-4,7-dimethoxy-2,3-dihydro-benzofuran-5-carbaldehyd $C_{11}H_{12}O_5$, Formel III (R = H).

B. Beim Erwärmen einer äther. Lösung von 4,6,7-Trimethoxy-2,3-dihydro-benzofuran-5-carbaldehyd mit Aluminiumchlorid (*Horton, Paul*, J. org. Chem. **24** [1959] 2000, 2002).

Gelbe Krystalle (aus Bzl. + PAe.); F: 118,3—118,9° [korr.].

4,6,7-Trimethoxy-2,3-dihydro-benzofuran-5-carbaldehyd $C_{12}H_{14}O_5$, Formel III (R = CH₃).

B. Beim Behandeln von 4,6,7-Trimethoxy-2,3-dihydro-benzofuran mit N-Methyl-formanilid und Phosphorylchlorid (*Horton, Paul*, J. org. Chem. **24** [1959] 2000, 2002).

Öl; als Semicarbazon (S. 2340) charakterisiert.

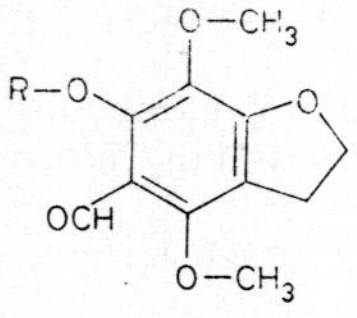

III 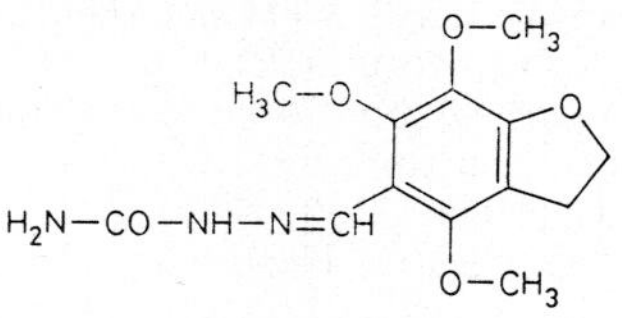   IV 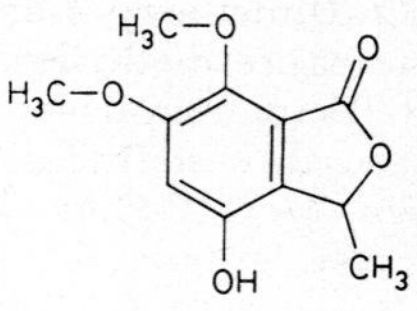   V

4,6,7-Trimethoxy-2,3-dihydro-benzofuran-5-carbaldehyd-semicarbazon $C_{13}H_{17}N_3O_5$, Formel IV.

B. Aus 4,6,7-Trimethoxy-2,3-dihydro-benzofuran-5-carbaldehyd und Semicarbazid (*Horton, Paul,* J. org. Chem. **24** [1959] 2000, 2002).

Krystalle (aus A.); F: 194,5—196° [korr.].

(±)-4-Hydroxy-6,7-dimethoxy-3-methyl-phthalid $C_{11}H_{12}O_5$, Formel V.

B. Beim Behandeln von (±)-4-Amino-6,7-dimethoxy-3-methyl-phthalid mit wss. Schwefelsäure und Natriumnitrit und Erwärmen des Reaktionsgemisches (*Weygand et al.,* B. **90** [1957] 1879, 1890).

Krystalle; bei 150° sublimierbar.

(±)-4,5,6-Trimethoxy-3-methyl-phthalid $C_{12}H_{14}O_5$, Formel VI (X = H).

B. Beim Behandeln von 3,4,5-Trimethoxy-phthalaldehydsäure mit Methylmagnesium=jodid in Äther (*Maekawa, Nan'ya,* Bl. chem. Soc. Japan **32** [1959] 1311, 1315).

Krystalle (aus W.); F: 52°.

(±)-3-Dichlormethyl-4,5,6-trimethoxy-phthalid $C_{12}H_{12}Cl_2O_5$, Formel VI (X = Cl).

B. Aus 4,5,6-Trimethoxy-3-trichlormethyl-phthalid beim Erhitzen mit Essigsäure und Zink sowie beim Erwärmen mit Methanol, Zink und Kupfer(II)-acetat (*Weygand et al.,* B. **90** [1957] 1879, 1890).

Krystalle (aus Me.); F: 120°.

(±)-4,6-Dihydroxy-5-methoxy-3-trichlormethyl-phthalid $C_{10}H_7Cl_3O_5$, Formel VII (R = H, X = CH$_3$).

B. Beim Behandeln von 3,5-Dihydroxy-4-methoxy-benzoesäure-methylester mit Chloralhydrat und konz. Schwefelsäure (*Hasegawa,* J. pharm. Soc. Japan **61** [1941] 318; engl. Ref. S. 101, 102; C.A. **1951** 582).

Krystalle (aus Ae. + PAe.); F: 208°.

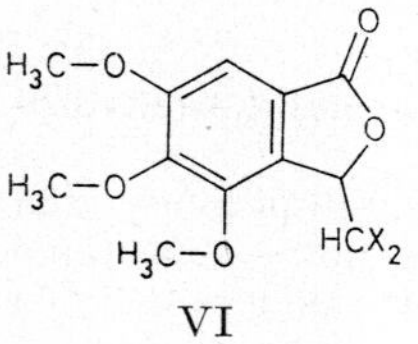

VI 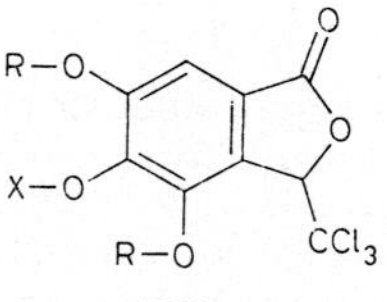   VII 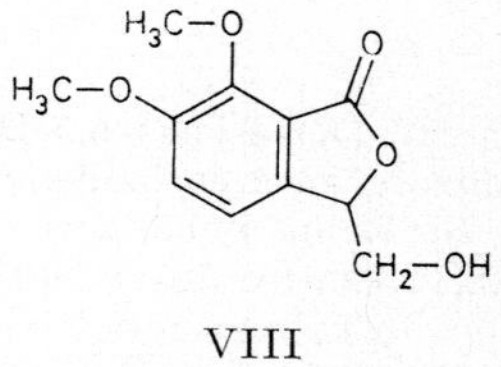   VIII

(±)-5-Hydroxy-4,6-dimethoxy-3-trichlormethyl-phthalid $C_{11}H_9Cl_3O_5$, Formel VII (R = CH$_3$, X = H) (E II 148).

Beim Erwärmen mit Essigsäure und Zink ist eine nach *Dharwarkar, Alimchandani* (J. Univ. Bombay **9**, Tl. 3 [1940] 163) als 2-[2,2-Dichlor-vinyl]-4-hydroxy-3,5-dimethoxy-benzoesäure (E III **10** 2204) zu formulierende Verbindung (F: 158°) erhalten worden (*Meldrum, Parikh,* Pr. Indian Acad. [A] **1** [1935] 431, 436).

(±)-3-Hydroxymethyl-6,7-dimethoxy-phthalid $C_{11}H_{12}O_5$, Formel VIII.

B. Beim Behandeln von (±)-3-Aminomethyl-6,7-dimethoxy-phthalid mit wss. Salzsäure und mit Natriumnitrit (*Dey, Srinivasan,* Ar. **275** [1937] 397, 401).

Krystalle (aus A.); F: 115°.

4-Chlormethyl-5,6,7-trimethoxy-phthalid $C_{12}H_{13}ClO_5$, Formel IX.

B. Beim Behandeln einer Suspension von 5,6,7-Trimethoxy-phthalid in wss. Salzsäure mit wss. Formaldehyd-Lösung und mit Chlorwasserstoff (*Blair, Newbold*, Soc. **1954** 3935, 3939).

Krystalle (aus PAe.); F: 82,5°. Absorptionsmaxima (A.): 224 nm und 297 nm.

4-Hydroxymethyl-5,7-dimethoxy-phthalid $C_{11}H_{12}O_5$, Formel X.

B. Neben 5,7-Dimethoxy-phthalan-4-carbonsäure beim Erwärmen von 4-Chlormethyl-5,7-dimethoxy-phthalid mit wss. Natriumcarbonat-Lösung (*Logan, Newbold*, Soc. **1957** 1946, 1949).

Krystalle (aus A.); F: 233,5—240°. Absorptionsmaxima (A.): 221 nm, 258 nm und 293 nm.

Beim Erwärmen mit Natriummethylat in Methanol ist 5,7-Dimethoxy-phthalan-4-carbonsäure erhalten worden.

4-Hydroxymethyl-6,7-dimethoxy-phthalid $C_{11}H_{12}O_5$, Formel XI (R = H, X = CH_3).

B. Beim Erwärmen von 4-Chlormethyl-6,7-dimethoxy-phthalid mit wss. Natrium-carbonat-Lösung (*Brown, Newbold*, Soc. **1952** 4878, 4879). Beim Behandeln von 2,3-Di-formyl-5,6-dimethoxy-benzoesäure mit wss. Natriumhydrogencarbonat-Lösung und mit Natriumboranat (*Brown, Newbold*, Soc. **1953** 3648, 3652). Beim Behandeln einer Lösung von 3-Acetoxy-6,7-dimethoxy-1-oxo-phthalan-4-carbaldehyd in Äthanol mit wss. Natriumboranat-Lösung (*Br., Ne.*, Soc. **1953** 3652). Beim Erwärmen von 3-Acetoxy-4-hydroxymethyl-6,7-dimethoxy-phthalid oder von 3-Hydroxymethyl-5,6-dimethoxy-phthalaldehydsäure mit Natriumboranat in Wasser (*Br., Ne.*, Soc. **1953** 3653).

Krystalle (aus Bzl.); F: 130—132° (*Br., Ne.*, Soc. **1952** 4880). Bei 125°/0,001 Torr sublimierbar (*Br., Ne.*, Soc. **1952** 4880). Absorptionsmaxima einer Lösung in Chloroform: 244 nm und 310 nm (*Br., Ne.*, Soc. **1953** 3653), von Lösungen in Äthanol: 214 nm bzw. 212 nm und 312 nm (*Br., Ne.*, Soc. **1952** 4880; Soc. **1953** 3653).

Beim Erwärmen einer Lösung in Benzol mit Aluminium-*tert*-butylat (*Br., Ne.*, Soc. **1952** 4880) oder mit Natriummethylat (*Blair, Newbold*, Soc. **1954** 3935, 3939) sowie beim Erwärmen mit methanol. Natriummethylat-Lösung, mit wss. Natronlauge oder mit wss. Natriumcarbonat-Lösung (*Bl., Ne.*) ist 5,6-Dimethoxy-phthalan-4-carbonsäure erhalten worden.

IX   X   XI

7-Äthoxy-4-hydroxymethyl-6-methoxy-phthalid $C_{12}H_{14}O_5$, Formel XI (R = H, X = C_2H_5).

B. Beim Erwärmen von 7-Äthoxy-4-chlormethyl-6-methoxy-phthalid mit Wasser (*Manske, Ledingham*, Canad. J. Res. [B] **22** [1944] 115, 118).

Krystalle (aus W.); F: 120° [korr.].

4-Acetoxymethyl-6,7-dimethoxy-phthalid $C_{13}H_{14}O_6$, Formel XI (R = CO-CH_3, X = CH_3).

B. Beim Behandeln von 4-Hydroxymethyl-6,7-dimethoxy-phthalid mit Acetanhydrid und Pyridin (*Brown, Newbold*, Soc. **1952** 4878, 4880).

Krystalle (aus W.); F: 112—113°.

4-Benzoyloxymethyl-6,7-dimethoxy-phthalid $C_{18}H_{16}O_6$, Formel XI (R = CO-C_6H_5, X = CH_3).

B. Beim Behandeln von 4-Hydroxymethyl-6,7-dimethoxy-phthalid mit Benzoylchlorid und Pyridin (*Brown, Newbold*, Soc. **1953** 3648, 3653).

Krystalle (aus A.); F: 131—132°.

Bis-[6,7-dimethoxy-1-oxo-phthalan-4-ylmethyl]-äther $C_{22}H_{22}O_9$, Formel XII.

B. Neben 4-Chlormethyl-6,7-dimethoxy-phthalid beim Erwärmen von 2,3-Dimethoxy-benzoesäure mit wss. Formaldehyd-Lösung und wss. Salzsäure (*Manske, Ledingham,* Canad. J. Res. [B] **22** [1944] 115, 116).

Krystalle (aus Eg.); F: 213° [korr.].

4,5,6-Trimethoxy-7-methyl-phthalid $C_{12}H_{14}O_5$, Formel XIII (R = CH_3, X = H).

B. Beim Erwärmen von Flavipin (3,4,5-Trihydroxy-6-methyl-phthalaldehyd) mit Dimethylsulfat und Kaliumcarbonat in Aceton und Erwärmen des Reaktionsprodukts mit wss. Natronlauge (*Raistrick et al.,* Biochem. J. **63** [1956] 395, 402). Aus 7-Chlor-methyl-4,5,6-trimethoxy-phthalid beim Erwärmen einer äthanol. Lösung mit Zink und wss. Salzsäure (*Manske et al.,* Canad. J. Res. [B] **23** [1945] 100, 105), beim Erhitzen mit Essigsäure und Zink (*Maekawa, Nan'ya,* Bl. chem. Soc. Japan **32** [1959] 1311, 1315) sowie bei der Hydrierung an Palladium/Kohle in Äthanol (*Ra. et al.,* l. c. S. 404).

Krystalle; F: 87,5—88,5° [nach Sublimation im Hochvakuum] (*Ra. et al.*), 88° [aus Me.] (*Ma. et al.*). Krystalle (aus wss. Eg.) mit 0,5 Mol Essigsäure; F: 80—82° (*Ma., Na.*).

Beim Erwärmen mit *N*-Brom-succinimid und wenig Dibenzoylperoxid in Tetrachlor-methan unter der Einwirkung von Licht ist 3,4,5-Trimethoxy-6-methyl-phthalaldehyd-säure erhalten worden (*Ma., Na.*).

5-Äthoxy-4,6-dimethoxy-7-methyl-phthalid $C_{13}H_{16}O_5$, Formel XIII (R = C_2H_5, X = H).

B. Beim Erwärmen einer äthanol. Lösung von 5-Äthoxy-7-chlormethyl-4,6-dimethoxy-phthalid mit Zink und wss. Salzsäure (*Manske et al.,* Canad. J. Res. [B] **23** [1945] 100, 105).

Krystalle (aus Hexan oder aus wenig wss. Me.); F: 82°.

XII   XIII

7-Chlormethyl-5-hydroxy-4,6-dimethoxy-phthalid $C_{11}H_{11}ClO_5$, Formel XIII (R = H, X = Cl).

B. Neben Bis-[6-hydroxy-5,7-dimethoxy-3-oxo-phthalan-4-yl]-methan beim Erwärmen von Syringasäure (4-Hydroxy-3,5-dimethoxy-benzoesäure) mit wss. Formaldehyd-Lösung und wss. Salzsäure (*King, King,* Soc. **1942** 726).

Krystalle (aus A.); F: 185°.

7-Chlormethyl-4,5,6-trimethoxy-phthalid $C_{12}H_{13}ClO_5$, Formel XIII (R = CH_3, X = Cl).

B. Beim Erhitzen von 3,4,5-Trimethoxy-benzoesäure mit wss. Formaldehyd-Lösung und wss. Salzsäure (*King, King,* Soc. **1942** 726; *Raistrick et al.,* Biochem. J. **63** [1956] 395, 404; *Maekawa, Nan'ya,* Bl. chem. Soc. Japan **32** [1959] 1311, 1315; s.a. *Paul,* J. Indian chem. Soc. **13** [1936] 599). Beim Erwärmen von 4,5,6-Trimethoxy-phthalid mit wss. Formaldehyd-Lösung und wss. Salzsäure (*Haworth et al.,* Soc. **1954** 3617, 3623).

Krystalle; F: 86° (*Paul*), 85° [aus A.] (*King, King; Ma., Na.*), 84—85° [aus A.] (*Ra. et al.*), 83—84° [aus PAe.] (*Ha. et al.*).

5-Äthoxy-7-chlormethyl-4,6-dimethoxy-phthalid $C_{13}H_{15}ClO_5$, Formel XIII (R = C_2H_5, X = Cl).

B. Beim Erhitzen von 4-Äthoxy-3,5-dimethoxy-benzoesäure mit wss. Formaldehyd-Lösung und wss. Salzsäure (*Manske et al.,* Canad. J. Res. [B] **23** [1945] 100, 105).

Krystalle (aus Me.); F: 84°.

4,6,7-Trimethoxy-5-methyl-phthalid $C_{12}H_{14}O_5$, Formel XIV, und **4,5,7-Trimethoxy-6-methyl-phthalid** $C_{12}H_{14}O_5$, Formel XV.

Diese beiden Konstitutionsformeln kommen für die nachstehend beschriebene Verbindung in Betracht.

B. Beim Erwärmen von 1,2-Bis-hydroxymethyl-3,4,6-trimethoxy-5-methyl-benzol mit Natriumdichromat in Essigsäure (*Weygand et al.*, B. **80** [1947] 391, 400).

Krystalle (aus W.); F: 92—94°.

2-[5,7-Dihydroxy-6-methyl-1-oxo-phthalan-4-yloxy]-4-hydroxy-3,6-dimethyl-benzoesäure $C_{18}H_{16}O_8$, Formel XVI (R = H).

B. Beim Behandeln von 4,10-Dihydroxy-5,8,11-trimethyl-1*H*-benzo[5,6][1,4]dioxepino[3,2-*e*]isobenzofuran-3,7-dion mit Natriumsulfit enthaltender wss. Kalilauge (*Asahina, Asano,* J. pharm. Soc. Japan **53** [1933] 1154, 1171; B. **66** [1933] 689, 698, 893, 895).

Krystalle (aus Ae.); F: 235°.

2-[5,7-Dihydroxy-6-methyl-1-oxo-phthalan-4-yloxy]-4-methoxy-3,6-dimethyl-benzoesäure-methylester $C_{20}H_{20}O_8$, Formel XVI (R = CH₃).

B. Beim Erwärmen von Hypostictinolid (2-[5,7-Dihydroxy-6-methyl-1-oxo-phthalan-4-yloxy]-4-methoxy-3,6-dimethyl-benzoesäure-5-lacton) mit methanol. Kalilauge (*Asahina, Yanagita,* J. pharm. Soc. Japan **55** [1935] 242, 245; B. **67** [1934] 1965, 1967).

Krystalle (aus Bzl.); F: 208°.

XIV   XV   XVI   XVII

2-[5-Hydroxy-7-methoxy-6-methyl-1-oxo-phthalan-4-yloxy]-4-methoxy-3,6-dimethyl-benzoesäure-methylester $C_{21}H_{22}O_8$, Formel XVII (R = H).

B. Beim Erwärmen von 2-[5-Hydroxy-7-methoxy-6-methyl-1-oxo-phthalan-4-yloxy]-4-methoxy-3,6-dimethyl-benzoesäure-lacton mit methanol. Kalilauge (*Asahina, Asano,* J. pharm. Soc. Japan **53** [1933] 1154, 1170; B. **66** [1933] 689, 698, 893, 895).

Krystalle (aus Me.); F: 178°.

2-[5,7-Dimethoxy-6-methyl-1-oxo-phthalan-4-yloxy]-4-methoxy-3,6-dimethyl-benzoesäure-methylester $C_{22}H_{24}O_8$, Formel XVII (R = CH₃).

B. Aus 2-[5,7-Dihydroxy-6-methyl-1-oxo-phthalan-4-yloxy]-4-hydroxy-3,6-dimethyl-benzoesäure [s.o.] (*Asahina, Asano,* J. pharm. Soc. Japan **53** [1933] 1154, 1171; B. **66** [1933] 689, 699), aus 2-[5,7-Dihydroxy-6-methyl-1-oxo-phthalan-4-yloxy]-4-methoxy-3,6-dimethyl-benzoesäure-methylester [s.o.] (*Asahina, Yanagita,* J. pharm. Soc. Japan **55** [1935] 242, 245; B. **67** [1934] 1965, 1967) oder aus 2-[5-Hydroxy-7-methoxy-6-methyl-1-oxo-phthalan-4-yloxy]-4-methoxy-3,6-dimethyl-benzoesäure-methylester [s.o.] (*As., As.,* J. pharm. Soc. Japan **53** 1170; B. **66** 698) mit Hilfe von Diazomethan.

Krystalle (aus A.); F: 111° (*As., As.*).

Hydroxy-oxo-Verbindungen $C_{10}H_{10}O_5$

(±)-6,8-Dihydroxy-3-methoxy-3-methyl-isochroman-1-on $C_{11}H_{12}O_5$, Formel I.

Diese Konstitution kommt vermutlich der nachstehend beschriebenen Verbindung zu (*Oxford, Raistrick,* Biochem. J. **27** [1933] 634, 641).

Isolierung neben 2-Acetonyl-4,6-dihydroxy-benzoesäure aus Kulturen von Penicillium brevi-compactum nach Zusatz von Methanol: *Ox., Ra.*

Krystalle (aus CHCl₃ + PAe.); F: 173—175°.

(±)-5,6,7-Trimethoxy-3-methyl-isochroman-1-on, (±)-2-[2-Hydroxy-propyl]-3,4,5-tri≠ methoxy-benzoesäure-lacton $C_{13}H_{16}O_5$, Formel II (R = CH$_3$).

B. Aus 5,6,7-Trimethoxy-1-oxo-1H-isochromen-3-carbaldehyd bei der katalytischen Hydrierung (*Fujise et al.*, Bl. chem. Soc. Japan **32** [1959] 97).

F: 67—69°. Absorptionsmaxima: 220 nm, 265 nm und 305 nm.

5-Acetyl-4,7-dimethoxy-2,3-dihydro-benzofuran-6-ol, 1-[6-Hydroxy-4,7-dimethoxy-2,3-dihydro-benzofuran-5-yl]-äthanon, Dihydrokhellinon $C_{12}H_{14}O_5$, Formel III (R = H).

B. Beim Behandeln eines Gemisches von 4,7-Dimethoxy-benzofuran-6-ol, Acetonitril, Zinkchlorid und Äther mit Chlorwasserstoff und Erwärmen des Reaktionsprodukts mit wss. Schwefelsäure (*Baxter et al.*, Soc. **1949** Spl. 30, 33) oder mit Wasser (*Gardner et al.*, J. org. Chem. **15** [1950] 841, 846; *Dann, Illing*, A. **605** [1957] 146, 155). Beim Behandeln von 4,6,7-Trimethoxy-2,3-dihydro-benzofuran mit Essigsäure, Acetanhydrid und Bor≠ fluorid (*Horton, Paul*, J. org. Chem. **24** [1959] 2000, 2003). Bei der Hydrierung von Khellinon (1-[6-Hydroxy-4,7-dimethoxy-benzofuran-5-yl]-äthanon) an Platin in Äthanol (*Geissman, Halsall*, Am. Soc. **73** [1951] 1280, 1283).

Hellgelbe Krystalle; F: 105° [unkorr.; aus Me.] (*Dann, Il.*; s. a. *Ba. et al.*), 104—104,5° [aus PAe.] (*Ga. et al.*), 103,5—104,5° [korr.; aus wss. Me.] (*Ho., Paul*).

I   II   III   IV

6-Acetoxy-5-acetyl-4,7-dimethoxy-2,3-dihydro-benzofuran, 1-[6-Acetoxy-4,7-dimethoxy-2,3-dihydro-benzofuran-5-yl]-äthanon, O-Acetyl-dihydrokhellinon $C_{14}H_{16}O_6$, Formel III (R = CO-CH$_3$).

B. Aus Dihydrokhellinon [s. o.] (*Horton, Paul*, J. org. Chem. **24** [1959] 2000, 2003).
Krystalle (nach Sublimation); F: 95,2—95,6°.

5-Acetyl-6-benzoyloxy-4,7-dimethoxy-2,3-dihydro-benzofuran, 1-[6-Benzoyloxy-4,7-dimethoxy-2,3-dihydro-benzofuran-5-yl]-äthanon, O-Benzoyl-dihydrokhellinon $C_{19}H_{18}O_6$, Formel III (R = CO-C$_6$H$_5$).

B. Aus Dihydrokhellinon [s. o.] (*Horton, Paul*, J. org. Chem. **24** [1959] 2000, 2003).
Krystalle (aus Me.); F: 139,9—140,9° [korr.].

(±)-3-[1,1-Dichlor-äthyl]-4,5,6-trimethoxy-phthalid $C_{13}H_{14}Cl_2O_5$, Formel IV (R = CH$_3$).

B. Beim Behandeln von 3,4,5-Trimethoxy-benzoesäure-methylester mit 2,2-Dichlor-propionaldehyd und konz. Schwefelsäure (*Haworth, McLachlan*, Soc. **1952** 1583, 1588). Beim Erwärmen von 3-Acetyl-4,5,6-trimethoxy-phthalid mit Phosphor(V)-chlorid in Benzol (*Ha., McL.*, l. c. S. 1587).

Krystalle (aus Me.); F: 110—112°.

4-Hydroxymethyl-6,7-dimethoxy-5-methyl-phthalid $C_{12}H_{14}O_5$, Formel V.

B. Beim Erwärmen von 5,6-Dimethoxy-7-methyl-phthalan-4-carbonsäure mit wss. Salzsäure (*Blair, Newbold*, Soc. **1954** 3935, 3938).

Krystalle (aus Bzl. + PAe.); F: 101—102°. Absorptionsmaxima (A.): 214 nm, 247 nm und 299 nm.

(±)-3-Acetoxy-4-hydroxymethyl-7-methoxy-6-methyl-phthalid $C_{13}H_{14}O_6$, Formel VI (R = H).

B. Bei der Hydrierung von (±)-3-Acetoxy-7-methoxy-6-methyl-1-oxo-phthalan-4-carb≠ aldehyd an Platin in Äthanol (*Duncanson et al.*, Soc. **1953** 3637, 3643).

Krystalle (aus Bzl. + PAe.); F: 85°. IR-Banden im Bereich von 3490 cm⁻¹ bis
1764 cm⁻¹: *Du. et al.*, l. c. S. 3640.

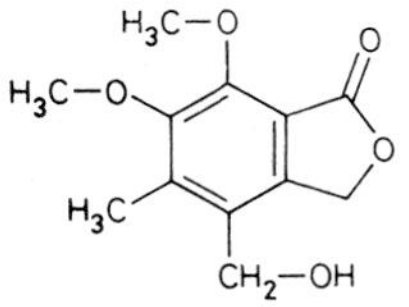

V 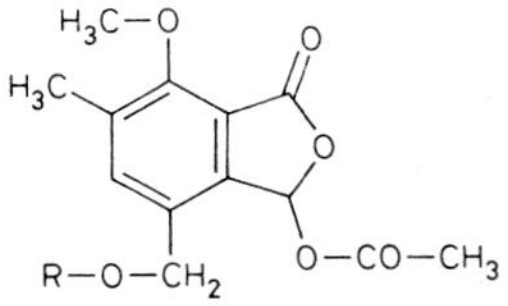   VI 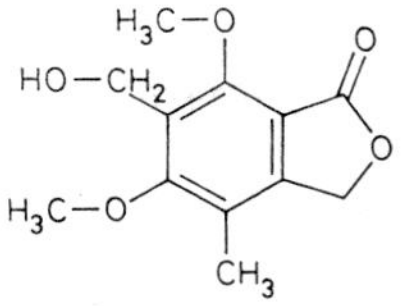   VII 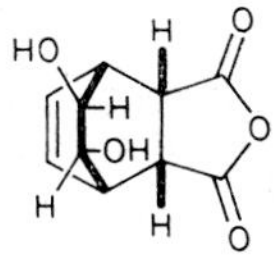   VIII

(±)-3-Acetoxy-4-acetoxymethyl-7-methoxy-6-methyl-phthalid $C_{15}H_{16}O_7$, Formel VI
(R = CO-CH₃).

Diese Konstitution kommt der auf S. 1393 als 4-Diacetoxymethyl-7-methoxy-
6-methyl-phthalid [$C_{15}H_{16}O_7$] beschriebenen Verbindung zu.

B. Beim Behandeln der im vorangehenden Artikel beschriebenen Verbindung (*Duncanson et al.*, Soc. **1953** 3637, 3642) oder von Dihydrogladiolsäure [3-Hydroxymethyl-
6-methoxy-5-methyl-phthalaldehydsäure] (*Raistrick, Ross*, Biochem. J. **50** [1952] 635,
642; *Du. et al.*) mit Acetanhydrid und Pyridin.

Krystalle; F: 70—70,5° [aus wss. Me.] (*Ra., Ross*), 70° [aus Me.] (*Du. et al.*). IR-Banden
(CHCl₃) im Bereich von 1796 cm⁻¹ bis 1737 cm⁻¹: *Du. et al.*, l. c. S. 3640.

Beim Erwärmen mit wss. Schwefelsäure ist 7-Methoxy-6-methyl-1-oxo-phthalan-
4-carbaldehyd erhalten worden (*Ra., Ross; Du. et al.*, l. c. S. 3639, 3640).

6-Hydroxymethyl-5,7-dimethoxy-4-methyl-phthalid $C_{12}H_{14}O_5$, Formel VII.

B. Beim Erwärmen von 6-Chlormethyl-5,7-dimethoxy-4-methyl-phthalid mit wss.
Natriumcarbonat-Lösung (*Logan, Newbold*, Soc. **1957** 1946, 1950).

Krystalle (aus Bzl. + PAe.); F: 103—104°. Absorptionsmaxima (A.): 215 nm, 249 nm
und 293 nm.

(±)-5c,6t-Dihydroxy-(3ar,7ac)-hexahydro-4t,7t-ätheno-isobenzofuran-1,3-dion,
(±)-7anti,8syn-Dihydroxy-bicyclo[2.2.2]oct-5-en-2endo,3endo-dicarbonsäure-anhydrid
$C_{10}H_{10}O_5$, Formel VIII + Spiegelbild.

B. Beim Behandeln einer Lösung von (±)-*trans*-Cyclohexa-3,5-dien-1,2-diol in Benzol
mit Maleinsäure-anhydrid (*Nakajima et al.*, B. **89** [1956] 2224, 2228).

Krystalle (aus E.); F: 182—183°.

Hydroxy-oxo-Verbindungen $C_{11}H_{12}O_5$

**(±)-3-[3,4,5-Trimethoxy-benzyl]-dihydro-furan-2-on, (±)-4-Hydroxy-2-[3,4,5-tri=
methoxy-benzyl]-buttersäure-lacton** $C_{14}H_{18}O_5$, Formel I.

B. Bei der Hydrierung von 4-Hydroxy-2-[3,4,5-trimethoxy-benzyliden]-butter=
säure-lacton (F: 152—152,5° [unkorr.]) an Platin in Methanol (*Zimmer, Rothe*, J. org.
Chem. **24** [1959] 28, 31, 32).

Krystalle (aus Me.); F: 72°.

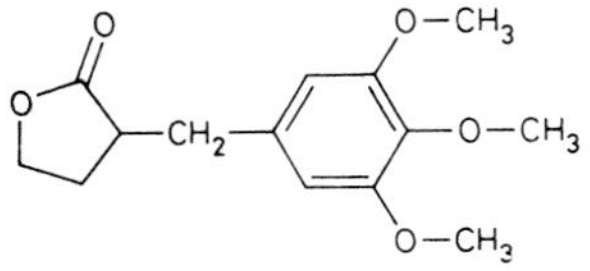

I 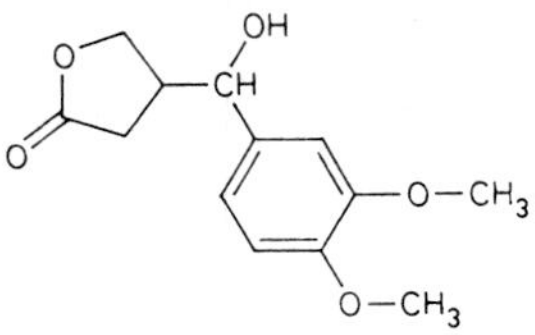   II 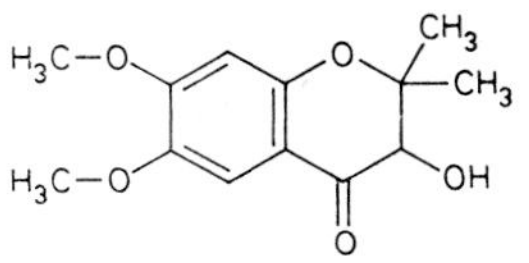   III

*Opt.-inakt. 4-[α-Hydroxy-3,4-dimethoxy-benzyl]-dihydro-furan-2-on $C_{13}H_{16}O_5$,
Formel II.

B. Beim Erwärmen von (±)-4-Hydroxy-3-veratroyl-buttersäure-lacton mit Aluminium=

isopropylat und Isopropylalkohol (*Rothe, Zimmer*, J. org. Chem. **24** [1959] 586, 589).

Krystalle (aus Me. + Ae.); F: 95,5—97,5°. IR-Banden (Nujol) im Bereich von 2,9 μ bis 5,8 μ: *Ro., Zi.*

(±)-3-Hydroxy-6,7-dimethoxy-2,2-dimethyl-chroman-4-on $C_{13}H_{16}O_5$, Formel III.

B. Beim Behandeln von (±)-6,7-Dimethoxy-2,2-dimethyl-chroman-3r,4c-diol mit Natriumdichromat in Essigsäure (*Alertsen*, Acta polytech. scand. Chem. Ser. Nr. 13 [1961] 1, 17; Acta chem. scand. **9** [1955] 1725).

Krystalle (aus Ae.); F: 118,8—120°. Absorptionsmaxima (Hexan): 242 nm, 274,5 nm, 337,5 nm und 348,5 nm.

5,7,8-Trimethoxy-2,2-dimethyl-chroman-4-on $C_{14}H_{18}O_5$, Formel IV.

B. Neben kleineren Mengen 3-Methyl-1-[2,3,4,6-tetramethoxy-phenyl]-but-2-en-1-on beim Behandeln einer Lösung von 1,2,3,5-Tetramethoxy-benzol und Aluminiumchlorid in einem Gemisch aus Äther und 1,1,2,2-Tetrachlor-äthan mit 3-Methyl-crotonoylchlorid oder mit β-Brom-isovalerylchlorid (*Huls, Brunelle*, Bl. Soc. chim. Belg. **68** [1959] 325, 331).

Krystalle (aus PAe. + Bzl.); F: 116,5°. Absorptionsmaxima (Me.): 237,5 nm, 288 nm und 328 nm (*Huls, Br.*, l. c. S. 334).

5,7,8-Trimethoxy-2,2-dimethyl-chroman-4-on-[2,4-dinitro-phenylhydrazon] $C_{20}H_{22}N_4O_8$, Formel V.

B. Aus 5,7,8-Trimethoxy-2,2-dimethyl-chroman-4-on und [2,4-Dinitro-phenyl]-hydrazin (*Huls, Brunelle*, Bl. Soc. chim. Belg. **68** [1959] 325, 331).

Rote Krystalle (aus A.); F: 245°.

---

*Opt.-inakt. 4,5,6-Trihydroxy-3-[1,1,2-trichlor-propyl]-phthalid $C_{11}H_9Cl_3O_5$, Formel VI (R = X = H).

B. Beim Behandeln von Gallussäure mit (±)-2,2,3-Trichlor-butyraldehyd-hydrat und Schwefelsäure (*Katrak, Meldrum*, J. Indian chem. Soc. **9** [1932] 121, 123).

Krystalle (aus Eg.); F: 260°.

IV   V   VI

*Opt.-inakt. 5-Hydroxy-4,6-dimethoxy-3-[1,1,2-trichlor-propyl]-phthalid $C_{13}H_{13}Cl_3O_5$, Formel VI (R = CH₃, X = H).

B. Beim Behandeln von Syringasäure (4-Hydroxy-3,5-dimethoxy-benzoesäure) mit (±)-2,2,3-Trichlor-butyraldehyd-hydrat und Schwefelsäure (*Katrak, Meldrum*, J. Indian chem. Soc. **9** [1932] 121, 124). Neben der im folgenden Artikel beschriebenen Verbindung und Syringasäure beim Behandeln von 3,4,5-Trimethoxy-benzoesäure mit (±)-2,2,3-Trichlor-butyraldehyd-hydrat und 85%ig. wss. Schwefelsäure (*Ka., Me.*).

Krystalle (aus Bzl. + PAe.); F: 154—155°.

---

*Opt.-inakt. 4,5,6-Trimethoxy-3-[1,1,2-trichlor-propyl]-phthalid $C_{14}H_{15}Cl_3O_5$, Formel VI (R = X = CH₃).

B. s. im vorangehenden Artikel.

Krystalle (aus Me.); F: 90—91° (*Katrak, Meldrum*, J. Indian chem. Soc. **9** [1932] 121, 124).

*Opt.-inakt. **5-Acetoxy-4,6-dimethoxy-3-[1,1,2-trichlor-propyl]-phthalid** $C_{15}H_{15}Cl_3O_6$,
Formel VI ($R = CH_3$, $X = CO-CH_3$).
   B. Aus opt.-inakt. 5-Hydroxy-4,6-dimethoxy-3-[1,1,2-trichlor-propyl]-phthalid [F:
154—155° (S. 2346)] (*Katrak, Meldrum*, J. Indian chem. Soc. **9** [1932] 121, 125).
   Krystalle (aus A.); F: 169—170°.

*Opt.-inakt. **4,5,6-Triacetoxy-3-[1,1,2-trichlor-propyl]-phthalid** $C_{17}H_{15}Cl_3O_8$, Formel VI
($R = X = CO-CH_3$).
   B. Aus opt.-inakt. 4,5,6-Trihydroxy-3-[1,1,2-trichlor-propyl]-phthalid [F: 260° (S.
2346)] (*Katrak, Meldrum*, J. Indian chem. Soc. **9** [1932] 121, 123).
   Krystalle (aus Me.); F: 161—162°.

(±)-**8-Methoxy-(3a***r*,8a***c*)-hexahydro-4***t*,8***t*-äthano-cyclohepta[*c*]furan-1,3,5-trion,
(±)-**1-Methoxy-4-oxo-bicyclo[3.2.2]nonan-6***exo*,7***exo*-dicarbonsäure-anhydrid** $C_{12}H_{14}O_5$,
Formel VII + Spiegelbild.
   B. Bei der Hydrierung von (±)-1-Methoxy-4-oxo-bicyclo[3.2.2]nona-2,8-dien-6*exo*,⹀
7*exo*-dicarbonsäure-anhydrid an Platin in Tetrahydrofuran (*Chapman, Pasto*, Am. Soc.
81 [1959] 3696).
   Öl; im Hochvakuum destillierbar. IR-Banden: 5,40 µ, 5,60 µ und 5,84 µ.

---

*Opt.-inakt. **6-Hydroxy-6-methyl-tetrahydro-4,7-äthano-isobenzofuran-1,3,5-trion,
5-Hydroxy-5-methyl-6-oxo-bicyclo[2.2.2]octan-2,3-dicarbonsäure-anhydrid** $C_{11}H_{12}O_5$,
Formel VIII ($R = H$).
   B. Beim Erwärmen der im folgenden Artikel beschriebenen Verbindung mit wss.
Natronlauge und Erhitzen des Reaktionsprodukts unter vermindertem Druck (*Metlesics
et al.*, M. **89** [1958] 102, 108).
   Krystalle (nach Sublimation bei 180°/0,01 Torr); F: 221—222°.

     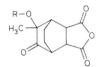   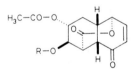

VII   VIII   IX

*Opt.-inakt. **6-Acetoxy-6-methyl-tetrahydro-4,7-äthano-isobenzofuran-1,3,5-trion,
5-Acetoxy-5-methyl-6-oxo-bicyclo[2.2.2]octan-2,3-dicarbonsäure-anhydrid** $C_{13}H_{14}O_6$,
Formel VIII ($R = CO-CH_3$).
   B. Bei der Hydrierung von opt.-inakt. 7-Acetoxy-7-methyl-8-oxo-bicyclo[2.2.2]oct-
5-en-2,3-dicarbonsäure-anhydrid (F: 125—127° [S. 2407]) an Palladium/Kohle in Essig⹀
säure (*Metlesics et al.*, M. **89** [1958] 102, 108).
   Krystalle; F: 154—156°.

(±)-**7***t*-Acetoxy-6***c*-hydroxy-(4a***r*,8a***c*)-4a,5,6,7,8,8a-hexahydro-1***H*-1***t*,5***t*-oxaäthano-
naphthalin-4,9-dion,** (±)-**3***t*-Acetoxy-2***c*,5***t*-dihydroxy-8-oxo-(4a***r*,8a***c*)-1,2,3,4,4a,5,8,8a-
octahydro-[1***t*]naphthoesäure-5-lacton** $C_{13}H_{14}O_6$, Formel IX ($R = H$) + Spiegelbild.
   B. Beim Erhitzen von (±)-2*c*,3*c*-Epoxy-5*t*-hydroxy-8-oxo-(4a*r*,8a*c*)-1,2,3,4,4a,5,8,8a-
octahydro-[1*t*]naphthoesäure-lacton mit Trifluoressigsäure und Essigsäure (*Woodward
et al.*, Tetrahedron **2** [1958] 1, 34).
   Krystalle (aus Acn. + Bzl.); F: 232—233° [Block]. IR-Spektrum (CHCl₃; 2—12 µ):
Wo. et al. Absorptionsmaximum (A.): 223 nm.

(±)-**7***t*-Acetoxy-6***c*-methoxy-(4a***r*,8a***c*)-4a,5,6,7,8,8a-hexahydro-1***H*-1***t*,5***t*-oxaäthano-
naphthalin-4,9-dion,** (±)-**3***t*-Acetoxy-5***t*-hydroxy-2***c*-methoxy-8-oxo-(4a***r*,8a***c*)-1,2,3,4,⹀
4a,5,8,8a-octahydro-[1***t*]naphthoesäure-lacton** $C_{14}H_{16}O_6$, Formel IX ($R = CH_3$) + Spiegelbild.
   B. s. im folgenden Artikel.

Krystalle (aus E. + Ae.); F: 167—169° [Block] (*Woodward et al.*, Tetrahedron **2** [1958] 1, 35). IR-Spektrum (CHCl$_3$; 2—12 μ): *Wo. et al.* Absorptionsmaximum (A.): 222 nm.

Hydroxy-oxo-Verbindungen $C_{12}H_{14}O_5$

(±)-7t-Acetoxy-6c-methoxy-3-methyl-(4ar,8ac)-4a,5,6,7,8,8a-hexahydro-1H-1t,5t-oxaäthano-naphthalin-4,9-dion, (±)-3t-Acetoxy-5t-hydroxy-2c-methoxy-7-methyl-8-oxo-(4ar,8ac)-1,2,3,4,4a,5,8,8a-octahydro-[1t]naphthoesäure-lacton $C_{15}H_{18}O_6$, Formel I + Spiegelbild.

B. Neben grösseren Mengen der im vorangehenden Artikel beschriebenen Verbindung beim Erhitzen einer Lösung von (±)-3t-Acetoxy-2c,5t-dihydroxy-8-oxo-(4ar,8ac)-1,2,3,4,= 4a,5,8,8a-octahydro-[1t]naphthoesäure-5-lacton (S. 2347) in Dioxan mit Methyljodid und Silberoxid (*Woodward et al.*, Tetrahedron **2** [1958] 1, 35).

Krystalle (aus Acn.); F: 152—153° [Block]. Absorptionsmaximum (A.): 234 nm.

I   II

Hydroxy-oxo-Verbindungen $C_{13}H_{16}O_5$

*Opt.-inakt. 3-[3,4-Dimethoxy-phenäthyl]-3-hydroxy-5-methyl-dihydro-furan-2-on, 2-[3,4-Dimethoxy-phenäthyl]-2,4-dihydroxy-valeriansäure-4-lacton $C_{15}H_{20}O_5$, Formel II.

B. Aus (±)-2-[3,4-Dimethoxy-phenäthyl]-2-hydroxy-4-oxo-valeriansäure mit Hilfe von Kaliumboranat (*Cordier, Hathout*, C. r. **242** [1956] 2956).

F: 120°.

6-Acetyl-5,7,8-trimethoxy-2,2-dimethyl-chroman, 1-[5,7,8-Trimethoxy-2,2-dimethyl-chroman-6-yl]-äthanon, Dihydroevodion $C_{16}H_{22}O_5$, Formel III.

B. Beim Behandeln von 5,7,8-Trimethoxy-2,2-dimethyl-chroman mit Acetylchlorid, Aluminiumchlorid und Äther (*Huls, Brunelle*, Bl. Soc. chim. Belg. **68** [1959] 325, 333). Aus Evodion (1-[5,7,8-Trimethoxy-2,2-dimethyl-2H-chromen-6-yl]-äthanon [S. 2414]) bei der Hydrierung an Platin in Äthanol (*Wright*, Soc. **1948** 2005, 2007).

Krystalle (aus PAe.); F: 63° (*Wr.; Huls, Br.*). UV-Spektrum (Me.; 225—312 nm): *Huls, Br.*, l. c. S. 335.

III   IV

1-[5,7,8-Trimethoxy-2,2-dimethyl-chroman-6-yl]-äthanon-[2,4-dinitro-phenylhydrazon], Dihydroevodion-[2,4-dinitro-phenylhydrazon] $C_{22}H_{26}N_4O_8$, Formel IV (R = $C_6H_3(NO_2)_2$).

B. Aus Dihydroevodion (s. o.) und [2,4-Dinitro-phenyl]-hydrazin (*Wright*, Soc. **1948** 2005, 2007; *Huls, Brunelle*, Bl. Soc. chim. Belg. **68** [1959] 325, 333).

Orangegelbe Krystalle (aus A.); F: 163° (*Huls, Br.*), 162° [unkorr.] (*Wr.*).

1-[5,7,8-Trimethoxy-2,2-dimethyl-chroman-6-yl]-äthanon-semicarbazon, Dihydro-evodion-semicarbazon $C_{17}H_{25}N_3O_5$, Formel IV (R = CO-NH$_2$).

B. Aus Dihydroevodion (s. o.) und Semicarbazid (*Wright*, Soc. **1948** 2005, 2007).

Krystalle (aus wss. A.); F: 178—179° [unkorr.].

7-Methoxy-6-methoxyacetyl-2,2-dimethyl-chroman-5-ol, 1-[5-Hydroxy-7-methoxy-2,2-dimethyl-chroman-6-yl]-2-methoxy-äthanon, Icaritol-II $C_{15}H_{20}O_5$, Formel V (R = H).

B. Neben 4-Methoxy-benzoesäure beim Erwärmen von Di-*O*-methyl-*β*-anhydroicaritin (3,5-Dimethoxy-2-[4-methoxy-phenyl]-8,8-dimethyl-9,10-dihydro-8*H*-pyrano[2,3-*f*]≠ chromen-4-on) mit äthanol. Kalilauge (*Akai*, J. pharm. Soc. Japan **55** [1935] 537, 586; dtsch. Ref. S. 112, 114; C. **1935** II 2955).

Krystalle (aus wss. A.); F: 106° (*Akai*), 105° [unkorr.] (*Hasegawa*, *Shirato*, Am. Soc. **75** [1953] 5507, 5510).

5,7-Dimethoxy-6-methoxyacetyl-2,2-dimethyl-chroman, 1-[5,7-Dimethoxy-2,2-dimethyl-chroman-6-yl]-2-methoxy-äthanon, *β*-Anhydroicaritol $C_{16}H_{22}O_5$, Formel V (R = CH$_3$).

B. Beim Behandeln der im vorangehenden Artikel beschriebenen Verbindung mit Di≠ methylsulfat und wss. Kalilauge (*Akai*, J. pharm. Soc. Japan **55** [1935] 537, 588; dtsch. Ref. S. 112, 115; C. **1935** II 2955).

Krystalle (aus wss. A.); F: 99°.

V   VI   VII

1-[5-Hydroxy-7-methoxy-2,2-dimethyl-chroman-6-yl]-2-methoxy-äthanon-oxim, Icaritol-II-oxim $C_{15}H_{21}NO_5$, Formel VI (R = H).

B. Aus Icaritol-II (s. o.) und Hydroxylamin (*Akai*, J. pharm. Soc. Japan **55** [1935] 537, 587; dtsch. Ref. S. 112, 115; C. **1935** II 2955; *Hasegawa*, *Shirato*, Am. Soc. **75** [1953] 5507, 5510).

Krystalle (aus Acn. + PAe.); F: 164° [unkorr.] (*Ha.*, *Sh.*), 162—163° [Zers.] (*Akai*).

1-[5,7-Dimethoxy-2,2-dimethyl-chroman-6-yl]-2-methoxy-äthanon-oxim, *β*-Anhydro≠ icaritol-oxim $C_{16}H_{23}NO_5$, Formel VI (R = CH$_3$).

B. Aus *β*-Anhydroicaritol (s. o.) und Hydroxylamin (*Akai*, J. pharm. Soc. Japan **55** [1935] 537, 588; dtsch. Ref. S. 112, 115; C. **1935** II 2955).

Krystalle (aus wss. A.); F: 116—117° [nach Sintern bei 105°].

Beim Behandeln mit Phosphor(V)-chlorid in Äther und Schütteln des Reaktions-gemisches mit Wasser ist eine als 5,7-Dimethoxy-2,2-dimethyl-chroman-6-carbonsäure-[methoxymethyl-amid] oder als 5,7-Dimethoxy-6-[methoxy≠ acetyl-amino]-2,2-dimethyl-chroman zu formulierende Verbindung $C_{16}H_{23}NO_5$ (Krystalle [aus A.], F: 128—128,5°) erhalten worden.

8-Acetyl-5,6,7-trimethoxy-2,2-dimethyl-chroman, 1-[5,6,7-Trimethoxy-2,2-dimethyl-chroman-8-yl]-äthanon, Dihydroalloevodion $C_{16}H_{22}O_5$, Formel VII.

B. Bei der Hydrierung von Alloevodion (1-[5,6,7-Trimethoxy-2,2-dimethyl-2*H*-chromen-8-yl]-äthanon [S. 2414]) an Platin in Äthanol (*Kirby*, *Sutherland*, Austral. J. Chem. **9** [1956] 411, 414).

Krystalle (aus wss. A. oder PAe.); F: 91—92°.

5,7-Dimethoxy-8-methoxyacetyl-2,2-dimethyl-chroman, 1-[5,7-Dimethoxy-2,2-dimethyl-chroman-8-yl]-2-methoxy-äthanon, *β*-Icaritol-I, Isoanhydroicaritol $C_{16}H_{22}O_5$, Formel VIII.

B. Beim Erwärmen von Icaritol-I (Anhydroicaritol; 1-[2-Hydroxy-4,6-dimethoxy-3-(3-methyl-but-2-enyl)-phenyl]-2-methoxy-äthanon) mit Essigsäure und Schwefelsäure (*Akai*, J. pharm. Soc. Japan **55** [1935] 537, 594; dtsch. Ref. S. 112, 117; C. **1935** II 2955).

Krystalle (aus wss. A. oder Ae.); F: 82°.

VIII   IX   X

1-[5,7-Dimethoxy-2,2-dimethyl-chroman-8-yl]-2-methoxy-äthanon-oxim, β-Icaritol-I-oxim, Isoanhydroicaritol-oxim $C_{16}H_{23}NO_5$, Formel IX.

B. Aus dem im vorangehenden Artikel beschriebenen Keton und Hydroxylamin (*Akai*, J. pharm. Soc. Japan **55** [1935] 537, 594; dtsch. Ref. S. 112, 117; C. **1935** II 2955). Krystalle (aus Acn. + PAe.); F: 165° [nach Sintern bei 156°].

(S)-5-Acetyl-2-[α-hydroxy-isopropyl]-4-methoxy-2,3-dihydro-benzofuran-6-ol, 1-[(S)-6-Hydroxy-1-(α-hydroxy-isopropyl)-4-methoxy-2,3-dihydro-benzofuran-5-yl]-äthanon $C_{14}H_{18}O_5$, Formel X.

B. Neben grösseren Mengen 2-[(S)-6-Hydroxy-4-methoxy-2,3-dihydro-benzofuran-2-yl]-propan-2-ol beim Erwärmen von *O*-Methyl-visamminol ((S)-2-[α-Hydroxy-isoprop=yl]-4-methoxy-7-methyl-2,3-dihydro-furo[3,2-*g*]chromen-5-on) mit wss. Kalilauge unter Stickstoff (*Bencze et al.*, Helv. **39** [1956] 923, 937).

Krystalle (aus Me. + W.); F: 90—91° [Kofler-App.]. Absorptionsmaxima (A.): 220 nm und 288 nm.

Hydroxy-oxo-Verbindungen $C_{14}H_{18}O_5$

6-Hydroxy-7,8-dimethoxy-9-methyl-4a,5,5a,6,9,9a,10,10a-octahydro-benzo[*g*]chromen-2-on, 3*c*-[3,8-Dihydroxy-6,7-dimethoxy-5-methyl-1,2,3,4,4a,5,8,8a-octahydro-[2]naphthyl]-acrylsäure-3-lacton $C_{16}H_{22}O_5$, Formel XI.

Die Identität des von *Parihar, Dutt* (Indian Soap J. **19** [1953] 61, 65) unter dieser Konstitution beschriebenen, aus Scoparon (S. 1324) hergestellten Scoparols (F: 167°; *O*-Acetyl-Derivat $C_{18}H_{24}O_6$, F: 192°) ist ungewiss (s. dazu *Singh et al.*, J. scient. ind. Res. India **15** B [1956] 190).

XI   XII

6,7,8-Trihydroxy-9-methyl-3,4,4a,5,9,9a,10,10a-octahydro-benzo[*g*]chromen-2-on, 3-[3,6,7,8-Tetrahydroxy-5-methyl-1,2,3,4,4a,5-hexahydro-[2]naphthyl]-propionsäure-3-lacton $C_{14}H_{18}O_5$, Formel XII, und Tautomere.

Die Identität des von *Parihar, Dutt* (Indian Soap J. **19** [1953] 61, 63) unter dieser Konstitution beschriebenen, aus Scoparon (S. 1324) hergestellten Nordihydro=scopatriols (F: 178°; Tri-*O*-acetyl-Derivat $C_{20}H_{24}O_8$, F: 166°; Tri-*O*-benzoyl-Derivat $C_{35}H_{30}O_8$, F: 138°) ist ungewiss (s. dazu *Singh et al.*, J. scient. ind. Res. India **15** B [1956] 190).

7,8-Dimethoxy-9-methyl-4,4a,5,5a,9,9a,10,10a-octahydro-3*H*-benzo[*g*]chromen-2,6-dion, 3-[3-Hydroxy-6,7-dimethoxy-5-methyl-8-oxo-1,2,3,4,4a,5,8,8a-octahydro-[2]naphthyl]-propionsäure-lacton $C_{16}H_{22}O_5$, Formel XIII, und Tautomeres.

Die Identität des von *Parihar, Dutt* (Pr. Indian Acad. [A] **25** [1947] 153, 157; Indian Soap J. **19** [1953] 61, 66) unter dieser Konstitution beschriebenen, aus Scoparon (S. 1324) hergestellten   Dihydroscoparons   (F: 101°;   2,4-Dinitro-phenylhydrazon $C_{22}H_{26}N_4O_8$, F: 114°) ist ungewiss (s. dazu *Singh et al.*, J. scient. ind. Res. India **15** B [1956] 190).

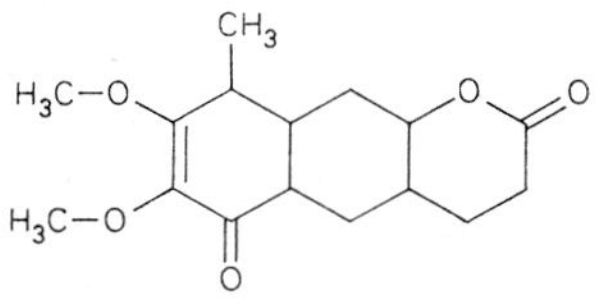

XIII 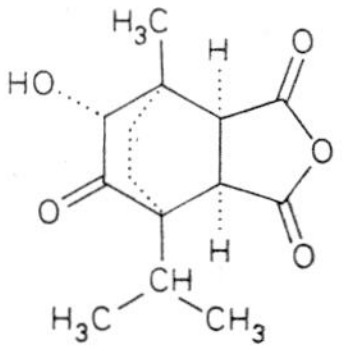   XIV

(±)-6c-Hydroxy-4-isopropyl-7-methyl-(3ar,7ac)-tetrahydro-4c,7c-äthano-isobenzofuran-1,3,5-trion, (±)-5exo-Hydroxy-1-isopropyl-4-methyl-6-oxo-bicyclo[2.2.2]octan-2endo,= 3endo-dicarbonsäure-anhydrid $C_{14}H_{18}O_5$, Formel XIV + Spiegelbild.

Diese Konstitution ist für die nachstehend beschriebene Verbindung in Betracht gezogen worden (*Diels et al.*, B. **71** [1938] 1163, 1171).

B.   Neben   5exo(?)-Hydroxy-1-isopropyl-4-methyl-6-oxo-bicyclo[2.2.2]octan-2endo,= 3endo-dicarbonsäure (F: 216° [E III **10** 4715]) beim Behandeln von (±)-1-Isopropyl-4-methyl-bicyclo[2.2.2]oct-5-en-2endo,3endo-dicarbonsäure-anhydrid (aus α-Terpinen [E III **5** 337] hergestellt) mit wss. Natriumcarbonat-Lösung und Kaliumpermanganat (*Di. et al.*).

Krystalle (aus E.); F: 198°.

Hydroxy-oxo-Verbindungen $C_{15}H_{20}O_5$

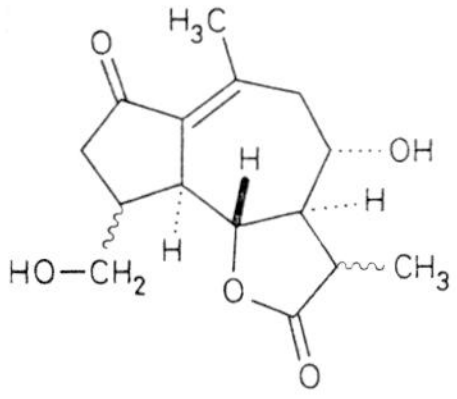

I 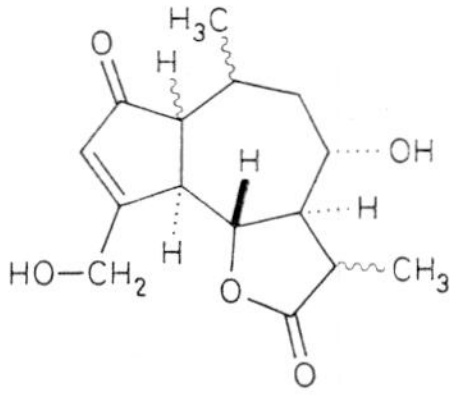   II 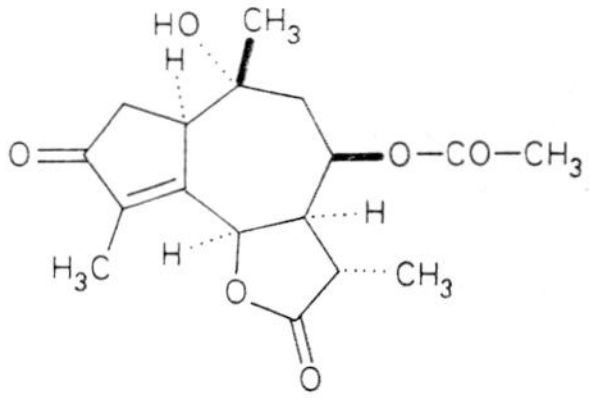   III

(3aR)-4c-Hydroxy-9ξ-hydroxymethyl-3ξ,6-dimethyl-(3ar,9ac,9bt)-3,3a,4,5,8,9,9a,9b-octahydro-azuleno[4,5-b]furan-2,7-dion, (Ξ)-2-[(3aS)-4c,6c-Dihydroxy-3ξ-hydroxy= methyl-8-methyl-1-oxo-(3ar)-1,2,3,3a,4,5,6,7-octahydro-azulen-5t-yl]-propionsäure-4-lacton, (11Ξ)-6α,8α,15-Trihydroxy-2-oxo-4ξH-guaj-1(10)-en-12-säure-6-lacton [1] $C_{15}H_{20}O_5$, Formel I.

Diese Konstitution und Konfiguration kommt dem nachstehend beschriebenen **Tetrahydrolactucin** zu.

B. Neben Isotetrahydrolactucin (S. 2352) bei der Hydrierung von Lactucin (6α,8α,15-Trihydroxy-2-oxo-guaja-1(10),3,11(13)-trien-12-säure-6-lacton [S. 2526]) an Palladium/Calcumcarbonat (*Barton, Narayanan*, Soc. **1958** 963, 968).

Krystalle (aus E.); F: 293—295° [Kofler-App.]. $[\alpha]_D$: +6° [Py.; c = 0,7]. IR-Banden (Nujol) im Bereich von 3400 cm^{-1} bis 1600 cm^{-1}: *Ba., Na.*, l. c. S. 965. Absorptions-maximum (A.): 252 nm.

Di-O-acetyl-Derivat $C_{19}H_{24}O_7$ ((11Ξ)-8α,15-Diacetoxy-6α-hydroxy-2-oxo-4ξH-guaj-1(10)-en-12-säure-lacton). Krystalle (aus Acn. + PAe.); F: 138—140° [Kofler-App.]. $[\alpha]_D$: −14° [CHCl$_3$; c = 1]. IR-Banden (CHCl$_3$) im Bereich von 1773 cm^{-1} bis 1619 cm^{-1}: *Ba., Na.*, l. c. S. 965.

Bis-O-[toluol-4-sulfonyl]-Derivat $C_{29}H_{32}O_9S_2$ ((11Ξ)-6α-Hydroxy-2-oxo-

---

[1] Stellungsbezeichnung bei von Guajan abgeleiteten Namen s. E III/IV **17** 4677 Anm. 2.

8α,15-bis-[toluol-4-sulfonyloxy]-4ξH-guaj-1(10)-en-12-säure-lacton). Krystalle (aus Acn. + PAe.); F: 156—157° [Kofler-App.]. [α]$_D$: —33° [CHCl$_3$; c = 0,8].
IR-Banden (CHCl$_3$) im Bereich von 1775 cm^{-1} bis 1175 cm^{-1}: *Ba.*, *Na.*, l. c. S. 969. Absorptionsmaxima (A.): 226 nm und 250 nm. — Beim Erhitzen mit Triäthylamin ist
(+)(2Ξ)-2-[(1bS)-2c-Hydroxy-6-methyl-7-oxo-(1aξ,1br,7aξ)-1a,1b,2,3,7,7a-hexahydro-1H-
cycloprop[a]azulen-3t-yl]-propionsäure-lacton (E III/IV **17** 6317) erhalten worden.

(3aR)-4c-Hydroxy-9-hydroxymethyl-3ξ,6ξ-dimethyl-(3ar,6aξ,9ac,9bt)-3,3a,4,5,6,6a,⸗
9a,9b-octahydro-azuleno[4,5-b]furan-2,7-dion, (Ξ)-2-[(3aR)-4c,6c-Dihydroxy-3-hydroxy⸗
methyl-8ξ-methyl-1-oxo-(3ar,8aξ)-1,3a,4,5,6,7,8,8a-octahydro-azulen-5t-yl]-propion⸗
säure-4-lacton, (11Ξ)-6α,8α,15-Trihydroxy-2-oxo-1ξ,10ξH-guaj-3-en-12-säure-6-lacton [1])
$C_{15}H_{20}O_5$, Formel II.
Diese Konstitution und Konfiguration kommt dem nachstehend beschriebenen
Isotetrahydrolactucin zu.
B. s. S. 2351 im Artikel Tetrahydrolactucin.
Öl; Absorptionsmaximum (A.): 227 nm (*Barton, Narayanan*, Soc. **1958** 963, 968).
Di-O-acetyl-Derivat $C_{19}H_{24}O_7$ ((11Ξ)-8α,15-Diacetoxy-6α-hydroxy-2-oxo⸗
1ξ,10ξH-guaj-3-en-12-säure-lacton). Krystalle (aus Acn.); F: 176—180° [Kofler-
App.]. [α]$_D$: +127° [CHCl$_3$; c = 1]. IR-Banden (CHCl$_3$) im Bereich von 1770 cm^{-1} bis
1238 cm^{-1}: *Ba.*, *Na.*, l. c. S. 965. Absorptionsmaximum (A.): 227 nm. — Beim Behandeln
mit äthanol. Kalilauge ist (+)(Ξ)-2-[(5R)-6t-Acetoxy-3-hydroxymethyl-8ξ-methyl-1-oxo-
(8aξ)-1,5,6,7,8,8a-hexahydro-azulen-5r-yl]-propionsäure (F: 200—205°) erhalten worden
(*Ba.*, *Na.*, l. c. S. 970).

4-Acetoxy-6-hydroxy-3,6,9-trimethyl-3a,5,6,6a,7,9b-hexahydro-3H,4H-azuleno⸗
[4,5-b]furan-2,8-dion, 2-[6-Acetoxy-4,8-dihydroxy-3,8-dimethyl-2-oxo-1,2,4,5,6,7,8,8a-
octahydro-azulen-5-yl]-propionsäure-4-lacton $C_{17}H_{22}O_6$.

a) (3aR)-4t-Acetoxy-6c-hydroxy-3c,6t,9-trimethyl-(3ar,6ac,9bc)-3a,5,6,6a,7,9b-
hexahydro-3H,4H-azuleno[4,5-b]furan-2,8-dion, (S)-2-[(8aR)-6t-Acetoxy-4t,8c-dihydr⸗
oxy-3,8t-dimethyl-2-oxo-(8ar)-1,2,4,5,6,7,8,8a-octahydro-azulen-5t-yl]-propionsäure-
4-lacton, (11S)-8β-Acetoxy-6β,10-dihydroxy-3-oxo-guaj-4-en-12-säure-6-lacton
$C_{17}H_{22}O_6$, Formel III.
B. Beim Erwärmen von (11S)-8β-Acetoxy-6β-hydroxy-3-oxo-eudesma-1,4-dien-12-säure-
lacton (S. 1441) mit wss. Essigsäure unter Stickstoff im UV-Licht (*Barton et al.*, Soc.
1962 3472, 3480; s. a. *Barton*, Helv. **42** [1959] 2604, 2605).
Krystalle (aus E. + Ae.); F: 171—174° [Kofler-App.] (*Ba. et al.*). [α]$_D$: —71° [CHCl$_3$;
c = 1] (*Ba. et al.*). IR-Banden (CHCl$_3$) im Bereich von 3460 cm^{-1} bis 1644 cm^{-1}: *Ba.
et al.* Absorptionsmaximum (A.): 242 nm (*Ba. et al.*).

IV $\qquad$ V $\qquad$ VI

b) (3aR)-4c-Acetoxy-6c-hydroxy-3c,6t,9-trimethyl-(3ar,6ac,9bt)-3a,5,6,6a,7,9b-
hexahydro-3H,4H-azuleno[4,5-b]furan-2,8-dion, (S)-2-[(8aR)-6c-Acetoxy-4c,8c-dihydr⸗
oxy-3,8t-dimethyl-2-oxo-(8ar)-1,2,4,5,6,7,8,8a-octahydro-azulen-5t-yl]-propionsäure-
4-lacton, (11S)-8α-Acetoxy-6α,10-dihydroxy-3-oxo-guaj-4-en-12-säure-6-lacton,
O-Acetyl-isophotoartemisinlacton $C_{17}H_{22}O_6$, Formel IV.
B. In kleiner Menge beim Erwärmen von O-Acetyl-artemisin ((11S)-8α-Acetoxy·

---

[1]) Stellungsbezeichnung bei von **Guajan** abgeleiteten Namen s. E III/IV **17** 4677
Anm. 2.

6α-hydroxy-3-oxo-eudesma-1,4-dien-12-säure-lacton [S. 1441]) mit wss. Essigsäure unter Stickstoff im UV-Licht (*Barton et al.*, Soc. **1962** 3472, 3479; s.a. *Barton*, Helv. **42** [1959] 2604, 2605).

Krystalle (aus E.); F: 230—233° [Kofler-App.] (*Ba. et al.*). [α]$_D$: +120° [CHCl$_3$; c = 1,5] (*Ba. et al.*). IR-Banden (CHCl$_3$) im Bereich von 3550 cm⁻¹ bis 1640 cm⁻¹: *Ba. et al.* Absorptionsmaximum (A.): 239 nm (*Ba. et al.*).

c) (**3aR**)-**4***t*-Acetoxy-**6***c*-hydroxy-**3***c*,**6***t*,9-trimethyl-(**3a***r*,6a*c*,9b*t*)-3a,5,6,6a,7,9b-hexahydro-3*H*,4*H*-azuleno[4,5-*b*]furan-2,8-dion, (*S*)-2-[(**8a***R*)-**6***t*-Acetoxy-**4***c*,8*c*-dihydroxy-3,8*t*-dimethyl-2-oxo-(8a*r*)-1,2,4,5,6,7,8,8a-octahydro-azulen-5*t*-yl]-propionsäure-4-lacton, (**11S**)-**8***β*-Acetoxy-**6***α*,10-dihydroxy-3-oxo-guaj-4-en-12-säure-6-lacton C$_{17}$H$_{22}$O$_6$, Formel V.

B. Beim Erwärmen von (11*S*)-8*β*-Acetoxy-6α-hydroxy-3-oxo-eudesma-1,4-dien-12-säure-lacton (S. 1441) mit Essigsäure unter Stickstoff im UV-Licht (*Barton et al.*, Soc. **1962** 3472, 3481; s. a. *Barton*, Helv. **42** [1959] 2604, 2605).

Krystalle (aus E. + PAe.); F: 174—175° [Kofler-App.] (*Ba. et al.*). [α]$_D$: +72° [CHCl$_3$; c = 1] (*Ba. et al.*). IR-Banden (CHCl$_3$) im Bereich von 3400 cm⁻¹ bis 1646 cm⁻¹: *Ba. et al.* Absorptionsmaximum (A.): 239 nm (*Ba. et al.*).

(**3aR**)-**4***c*-Acetoxy-**5***ξ*-hydroxy-**5***ξ*,8a-dimethyl-3-methylen-(**3a***r*,4a*c*,8a*t*,9a*t*)-octahydro-naphtho[2,3-*b*]furan-2,8-dion, 6α-Acetoxy-4,8α-dihydroxy-1-oxo-4*ξH*-eudesm-11(13)-en-12-säure-8-lacton[1]) C$_{17}$H$_{22}$O$_6$, Formel VI.

Über die Konstitution s. *Barton et al.*, Soc. **1960** 2263, 2265; die Konfiguration ergibt sich aus der genetischen Beziehung zu (11*R*)-6α-Acetoxy-8α-hydroxy-1-oxo-eudesm-3-en-12-säure-lacton (S. 1278).

B. Beim Behandeln von Pyrethrosin ((3a*R*,5*E*)-4*c*-Acetoxy-9*t*,10*c*-epoxy-6,10*t*-dimethyl-3-methylen-(3a*r*,11a*t*)-3a,4,7,8,9,10,11,11a-octahydro-3*H*-cyclodeca[*b*]furan-2-on [über diese Verbindung s. *Gabe et al.*, Chem. Commun. **1971** 559]) mit Natriumdichromat in Essigsäure (*Barton, de Mayo*, Soc. **1957** 150, 156).

Krystalle (aus E. + PAe.); F: 180—185°; [α]$_D$: −82° [CHCl$_3$; c = 1] (*Ba., de M.*). Absorptionsmaxima (A.): 206 nm, 210 nm, 220 nm und 230 nm (*Ba., de M.*).

(**3aS**)-**8a**-Acetyl-**5***ξ*-hydroxy-**3***c*,5a-dimethyl-(**3a***r*,5a*ξ*,8a*t*,8b*t*)-octahydro-indeno[4,5-*b*]furan-2,6-dion, (*S*)-2-[(**3aS**)-3a-Acetyl-**4***t*,7*ξ*-dihydroxy-7a-methyl-1-oxo-(3a*r*,7a*ξ*)-hexahydro-indan-5*c*-yl]-propionsäure-4-lacton C$_{15}$H$_{20}$O$_5$, Formel VII.

B. Beim Behandeln einer wss. Lösung von (*S*)-2-[(1*Ξ*,5*R*)-6*t*,9*ξ*,10*ξ*-Trihydroxy-1,10*ξ*-dimethyl-2-oxo-(5*r*C¹)-spiro[4.5]dec-7*c*-yl]-propionsäure-6-lacton (F: 186—187° [S. 2329]) vom pH 5,6—6 mit Natriumperjodat (*Arigoni et al.*, Helv. **40** [1957] 1732, 1749).

Krystalle (aus E. + PAe.); F: 161—161,5° [unkorr.; evakuierte Kapillare]. IR-Banden (KBr) im Bereich von 3400 cm⁻¹ bis 1686 cm⁻¹: *Ar. et al.*

(**5aS**)-**8***c*,8a-Dihydroxy-**9***anti*-isopropyl-5a-methyl-2-oxo-(5a*r*,8a*c*)-1,4,5,5a,8,8a-hexahydro-2*H*-1*c*,4*c*-methano-cyclopent[*d*]oxepin-6-carbaldehyd, (**3aS**)-3-Formyl-**1***c*,5*t*,7a-trihydroxy-**6***c*-isopropyl-3a-methyl-(3a*r*,7a*c*)-3a,4,5,6,7,7a-hexahydro-inden-7*t*-carbonsäure-5-lacton, Isohydrocoriamyrtin C$_{15}$H$_{20}$O$_5$, Formel VIII.

Konstitution: *Okuda, Yoshida*, Tetrahedron Letters **1964** 439, 442; Chem. pharm. Bl. **15** [1967] 1687, 1690. Konfiguration: *Okuda, Yoshida*, Chem. pharm. Bl. **15** [1967] 1697, 1699; *W. I. Taylor, A. R. Battersby*, Cyclopentanoid Terpene Derivatives [New York 1969] S. 164.

B. Beim Erwärmen von Dihydrocoriamyrtin ((5a*R*,6*S*)-7*c*,8*c*-Epoxy-8a-hydroxy-9*anti*-isopropyl-5a-methyl-(5a*r*, 8a*c*)-hexahydro-spiro[1*c*,4*c*-methano-cyclopent[*d*]oxepin-6,2′-oxiran]-2-on) mit wss. Schwefelsäure (*Kariyone, Kashiwagi*, J. pharm. Soc. Japan **54** [1934] 203; dtsch. Ref. S. 31; C. A. **1934** 4742; *Kariyone, Kawano*, J. pharm. Soc. Japan **71** [1951] 924; C. A. **1952** 3986).

Krystalle (aus A.); F: 141—142° (*Kar., Kaw.*).

---

[1]) Stellungsbezeichnung bei von Eudesman abgeleiteten Namen s. E III **7** 515, 516.

2,4-Dinitro-phenylhydrazon $C_{21}H_{24}N_4O_8$. Orangegelbe Krystalle (aus A.); F: 271—272° [Zers.] (*Kar., Kaw.*).

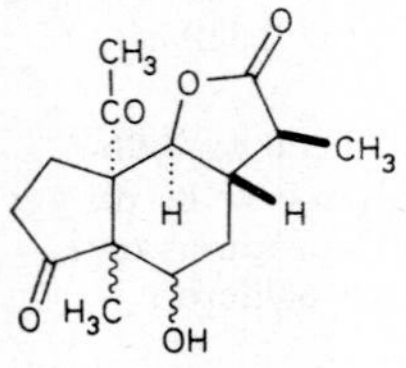

VII 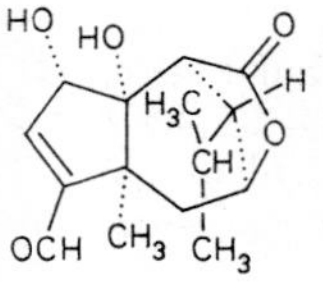   VIII 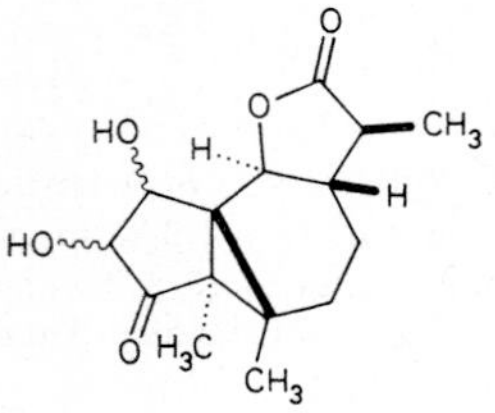   IX 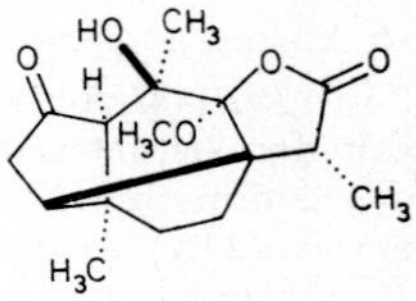   X

(3aS)-8ξ,9ξ-Dihydroxy-3c,6,6a-trimethyl-(3ar,6at,9bt)-octahydro-6c,9ac-cyclo-azuleno[4,5-b]furan-2,7-dion, (S)-2-[(8aR)-2ξ,3ξ,4t-Trihydroxy-8,8a-dimethyl-1-oxo-(8ar)-octahydro-3at,8t-cyclo-azulen-5c-yl]-propionsäure-4-lacton $C_{15}H_{20}O_5$, Formel IX.

Diese Konstitution und Konfiguration kommt dem nachstehend beschriebenen **Dihydro=lumisantonindiol** zu.

B. Beim Behandeln einer Lösung von Lumisantonin ((3aS)-3c,6,6a-Trimethyl-(3ar,6at,=9bt)-3a,4,5,6,6a,9b-hexahydro-3H-6c,9ac-cyclo-azuleno[4,5-b]furan-2,7-dion [E III/IV **17** 6240]) in Dioxan mit Osmium(VIII)-oxid (*Barton et al.*, Soc. **1958** 140, 144; *Cocker et al.*, Soc. **1957** 3416, 3424).

Krystalle; F: 185° [Zers.; aus E.] (*Co. et al.*), 178—183° [Zers.; aus Me. + CHCl₃ + PAe.] (*Ba. et al.*). $[\alpha]_D$: +35° [CHCl₃; c = 1] (*Ba. et al.*). IR-Banden (Nujol) im Bereich von 3360 cm⁻¹ bis 1726 cm⁻¹: *Ba. et al.*, l. c. S. 141. Absorptionsmaximum (A.): 214 nm (*Ba. et al.*).

(5aS)-9t-Hydroxy-9a-methoxy-3c,5a,9c-trimethyl-(5ar,8ac,9ac)-octahydro-3at,6t-cyclo-azuleno[5,6-b]furan-2,8-dion, (R)-2-[(3aR)-4c,5c-Dihydroxy-4t-methoxy-1,5t-dimethyl-7-oxo-(8ac)-octahydro-1t,6t-cyclo-azulen-3ar-yl]-propionsäure-4-lacton $C_{16}H_{22}O_5$, Formel X.

B. Neben anderen Verbindungen beim Behandeln einer Lösung von Parasantonid (E III/IV **17** 6242) in Tetrachlormethan mit Ozon und Behandeln des Reaktionsprodukts mit Methanol und anschliessend mit Chlorwasserstoff (*Woodward, Kovach*, Am. Soc. **72** [1950] 1009, 1016).

Krystalle (aus Ae. + PAe); F: 154—155°. IR-Spektrum (CHCl₃; 2—12 μ): *Wo., Ko.*, l. c. S. 1014.

Beim Erwärmen mit wss. Salzsäure ist (R)-2-[(3aR)-5c-Hydroxy-1,5t-dimethyl-4,7-dioxo-(8ac)-octahydro-1t,6t-cyclo-azulen-3ar-yl]-propionsäure erhalten worden.

Hydroxy-oxo-Verbindungen $C_{16}H_{22}O_5$

3,3-Dibutyl-6-hydroxy-5,7-dimethoxy-phthalid $C_{18}H_{26}O_5$, Formel I (R = X = H).

B. Beim Behandeln von 2-Brom-4-hydroxy-3,5-dimethoxy-benzoesäure-methylester mit Butyllithium in Äther bei −75° und anschliessend mit festem Kohlendioxid (*Friedrich, Mirbach*, B. **92** [1959] 2751, 2754, 2755).

Krystalle (aus Cyclohexan + Acn.); F: 112,5—113°.

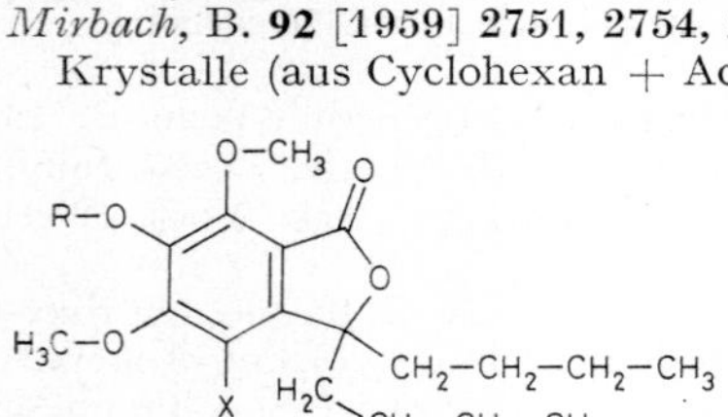

I 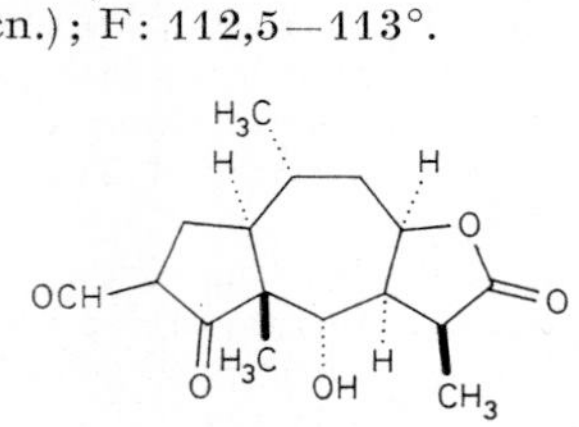   II 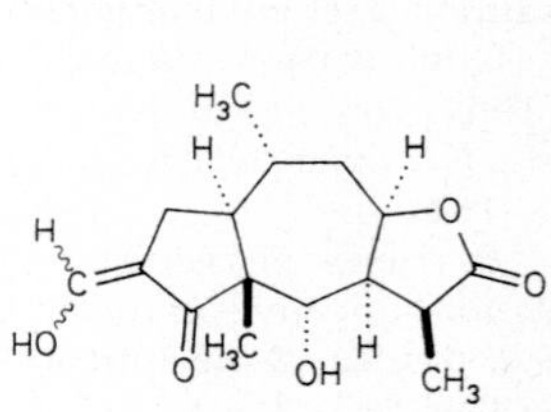   III

3,3-Dibutyl-5,6,7-trimethoxy-phthalid $C_{19}H_{28}O_5$, Formel I (R = CH₃, X = H).

B. Beim Behandeln von 2-Brom-3,4,5-trimethoxy-benzoesäure-methylester mit Butyl=

lithium in Äther bei $-75°$ und anschliessend mit festem Kohlendioxid (*Friedrich, Mirbach,* B. **92** [1959] 2751, 2754, 2755). Beim Behandeln von 3,3-Dibutyl-6-hydroxy-5,7-dimethoxy-phthalid mit Diazomethan in Äther (*Fr., Mi.*).

Krystalle (aus Cyclohexan + Acn.); F: 87—88°.

4-Brom-3,3-dibutyl-5,6,7-trimethoxy-phthalid $C_{19}H_{27}BrO_5$, Formel I (R = CH_3, X = Br).

B. Neben 3,3-Dibutyl-5,6,7-trimethoxy-1-oxo-phthalan-4-carbonsäure beim Behandeln von 2,6-Dibrom-3,4,5-trimethoxy-benzoesäure-methylester mit Butyllithium in Äther bei $-75°$ und anschliessend mit festem Kohlendioxid (*Friedrich, Mirbach,* B. **92** [1959] 2751, 2754, 2755).

Krystalle (aus Cyclohexan + Acn.); F: 61—62°.

(3aS)-4c-Hydroxy-3t,4a,8c-trimethyl-2,5-dioxo-(3ar,4at,7ac,9ac)-dodecahydro-azuleno-[6,5-b]furan-6-carbaldehyd, (S)-2-[(3aR)-2-Formyl-4t,6c-dihydroxy-3a,8t-dimethyl-3-oxo-(3ar,8at)-decahydro-azulen-5c-yl]-propionsäure-6-lacton, (11S)-3-Formyl-6α,8β-dihydroxy-4-oxo-ambrosan-12-säure-8-lacton[1] $C_{16}H_{22}O_5$, Formel II, und Tautomere (z. B. (3aS)-4c-Hydroxy-6-hydroxymethylen-3t,4a,8c-trimethyl-(3ar,4at,7ac,9ac)-decahydro-azuleno[6,5-b]furan-2,5-dion, (11S)-6α,8β-Dihydroxy-3-hydroxymethylen-4-oxo-ambrosan-12-säure-8-lacton [Formel III]).

Diese Konstitution und Konfiguration kommt für das nachstehend beschriebene **Formyltetrahydrohelenalin** in Betracht.

B. Beim Erhitzen von Tetrahydrohelenalin ((11S)-6α,8β-Dihydroxy-4-oxo-ambrosan-12-säure-8-lacton [S. 1199]) mit Ameisensäure (*Adams, Herz,* Am. Soc. **71** [1949] 2554, 2557).

Krystalle (aus Bzl. + PAe.); F: 137—138°.

Hydroxy-oxo-Verbindungen $C_{17}H_{24}O_5$

(3aS)-3t-Acetyl-4t-hydroxy-3c,4a,8c-trimethyl-(3ar,4at,7ac,9at)-decahydro-azuleno-[6,5-b]furan-2,5-dion, (R)-2-[(3aR)-4c,6t-Dihydroxy-3a,8t-dimethyl-3-oxo-(3ar,8at)-decahydro-azulen-5c-yl]-2-methyl-acetessigsäure-6-lacton, (11R)-6β,8α-Dihydroxy-11,13-dimethyl-4,13-dioxo-ambrosan-12-säure-8-lacton[1] $C_{17}H_{24}O_5$, Formel IV (X = H), und **(2aR)-2ξ-Hydroxy-2ξ,2a,6c,9a-tetramethyl-(2ar,4at,6ac,9at,9bc,9cc)-decahydro-1,4-dioxa-dicyclopent[cd,f]azulen-3,9-dion, (3aR)-2ξ,4c-Dihydroxy-2ξ,3c,6c,9a-tetra-methyl-9-oxo-(3ar,6ac,9at,9bc)-dodecahydro-azuleno[4,5-b]furan-3t-carbonsäure-4-lacton, (11R,13Ξ)-6β,13-Epoxy-8α,13-dihydroxy-11,13-dimethyl-4-oxo-ambrosan-12-säure-8-lacton**[1] $C_{17}H_{24}O_5$, Formel V (X = H).

Diese Konstitution und Konfiguration ist dem nachstehend beschriebenen **Dihydrotenulin** zuzuordnen.

B. Bei der Hydrierung von Tenulin ((11R,13Ξ)-6β,13-Epoxy-8α,13-dihydroxy-11,13-dimethyl-4-oxo-ambros-2-en-12-säure-8-lacton [S. 2422]) an Platin in Äthylacetat (*Clark,* Am. Soc. **61** [1939] 1836, 1838).

Krystalle; F: 184—186° [aus Me. + W.] (*Barton, de Mayo,* Soc. **1956** 142, 147), 182° [Lösungsmittel enthaltendes Präparat aus Me. + W.] (*Cl.*), 178—181° [unkorr.; aus Bzl.] (*Braun et al.,* Am. Soc. **78** [1956] 4423, 4426), 172° [luftgetrocknetes Präparat] (*Cl.*). $[\alpha]_D^{25}$: +106° [Dioxan; c = 0,1] (*Djerassi et al.,* J. org. Chem. **22** [1957] 1361, 1365); $[\alpha]_D$: +86° [CHCl$_3$; c = 1]; $[\alpha]_D$: +76° [A.; c = 1] (*Ba., de M.*); $[\alpha]_D$: +101,7° [A.; c = 5] (*Br. et al.*). Optisches Drehungsvermögen $[\alpha]^{25}$ einer Lösung in Dioxan (c = 0,1) für Licht der Wellenlängen von 270 nm bis 700 nm: *Dj. et al.,* l. c. S. 1364. Absorptionsmaximum (A. ?): 290 nm (*Br. et al.*).

Beim Behandeln mit Chrom(VI)-oxid und Essigsäure sind Dehydrodihydrotenulin((11R)-8α-Hydroxy-11,13-dimethyl-4,6,13-trioxo-ambrosan-12-säure-lacton) [E III/IV **17** 6826] und Dehydrotenulin ((11R)-8α-Hydroxy-11,13-dimethyl-4,6,13-trioxo-ambros-2-en-12-säure-lacton [E III/IV **17** 6828]) erhalten worden (*Br. et al.*).

Oxim $C_{17}H_{25}NO_5$. Krystalle (aus CHCl$_3$ + Bzl.), F: 210—211°; $[\alpha]_D$: +54° [CHCl$_3$; c = 1] (*Ba., de M.*).

Phenylhydrazon $C_{23}H_{30}N_2O_4$. Krystalle (aus Me. + W.); F: 248° [Zers.] (*Cl.*).

---

[1] Stellungsbezeichnung bei von Ambrosan abgeleiteten Namen s. E III/IV **17** 4670.

IV

V

(3aS)-3t-Acetyl-6ξ,7ξ-dibrom-4t-hydroxy-3c,4a,8c-trimethyl-(3ar,4at,7ac,9at)-deca$=$
hydro-azuleno[6,5-b]furan-2,5-dion, (R)-2-[(3aR)-1ξ,2ξ-Dibrom-4c,6t-dihydroxy-
3a,8t-dimethyl-3-oxo-(3ar,8at)-decahydro-azulen-5c-yl]-2-methyl-acetessigsäure-
6-lacton, (11R)-2ξ,3ξ-Dibrom-6β,8α-dihydroxy-11,13-dimethyl-4,13-dioxo-ambrosan-
12-säure-8-lacton[1]) $C_{17}H_{22}Br_2O_5$, Formel IV (X = Br), und (2aR)-7ξ,8ξ-Dibrom-2ξ-hydr$=$
oxy-2ξ,2a,6c,9a-tetramethyl-(2ar,4at,6ac,9at,9bc,9cc)-decahydro-1,4-dioxa-dicyclopent$=$
[cd,f]azulen-3,9-dion, (11R,13Z)-2ξ,3ξ-Dibrom-6β,13-epoxy-8α,13-dihydroxy-11,13-di$=$
methyl-4-oxo-ambrosan-12-säure-8-lacton[1]) $C_{17}H_{22}Br_2O_5$, Formel V (X = Br).

Diese Konstitution und Konfiguration kommt dem nachstehend beschriebenen **Di**$=$
bromtenulin zu.

B. Neben Bromtenulin [(11R,13Z)-3-Brom-6β,13-epoxy-8α,13-dihydroxy-11,13-di$=$
methyl-4-oxo-ambros-2-en-12-säure-8-lacton (S. 2423)] beim Behandeln einer Lösung von
Tenulin [(11R,13Z)-6β,13-Epoxy-8α,13-dihydroxy-11,13-dimethyl-4-oxo-ambros-2-en-12-
säure-8-lacton (S. 2422)] in Äthylacetat mit Brom (*Clark*, Am. Soc. **61** [1939] 1836, 1838).

Krystalle (aus Me. + W.); F: 124—125° [Zers.].

Hydroxy-oxo-Verbindungen $C_{20}H_{30}O_5$

VI

VII

VIII

(3R)-14t-Äthyl-13c-hydroxy-3r,5,7t,9t,13t-pentamethyl-oxacyclotetradeca-5t,11t-dien-
2,4,10-trion, D_r-12c_F,13c_F-Dihydroxy-2r_F,4,6t_F,8t_F,12t_F-pentamethyl-3,9-dioxo-pentadeca-
4t,10t-diensäure-13-lacton, **Kromycin** $C_{20}H_{30}O_5$, Formel VI.

Konstitution: *Rickards et al.*, Chem. Commun. **1968** 1049; *Muxfeldt et al.*, Am. Soc. **90**
[1968] 4748. Konfiguration: *Hughes et al.*, Am. Soc. **92** [1970] 5267; *Tsai et al.*, Am. Soc.
93 [1971] 7286.

B. Beim Erwärmen von Picromycin (D_r-5t_F-[3-Dimethylamino-β-D-xylo-3,4,6-tridesoxy-
hexopyranosyloxy]-12c_F,13c_F-dihydroxy-2r_F,4c_F,6t_F,8t_F,12t_F-pentamethyl-3,9-dioxo-
pentadec-10t-ensäure-13-lacton) mit wss. Natronlauge vom pH 8 (*Brockmann, Henkel*,
B. **84** [1951] 284, 288; *Brockmann, Strufe*, B. **86** [1953] 876, 880) oder mit wss. Salzsäure
vom pH 6,5 (*Br., St.; Anliker, Gubler*, Helv. **40** [1957] 1768, 1771; s. a. *Anliker, Gubler*,
Helv. **40** [1957] 119, 126).

Krystalle; F: 169—174° [korr.; evakuierte Kapillare; aus Ae. + PAe] (*An., Gu.*, l. c.
S. 1771), 172° [korr.; aus wss. Me.] (*Br., St.*). Bei 150—160°/0,0005 Torr sublimierbar
(*Br., St.*). $[\alpha]_D^{20}$: −27,9° [CHCl₃] (*Br., St.*); $[\alpha]_D^{20}$: −23,3° [CHCl₃; c = 2] (*An., Gu.*, l. c.
S. 126); $[\alpha]_D^{20}$: +5,9° [A.] (*Br., St.*). IR-Spektrum (KBr; 2—14 μ): *Br., St.* IR-Banden
(KBr) im Bereich von 2,8 μ bis 6,1 μ: *An., Gu.*, l. c. S. 126. IR-Absorption (KBr) im

---

[1]) Stellungsbezeichnung bei von **Ambrosan** abgeleiteten Namn s. E III/IV **17** 4670.

Bereich von 5,5 μ bis 6,5 μ: *Brockmann, Oster,* B. **90** [1957] 605, 610. UV-Spektrum einer
Lösung in Äther (215—345 nm): *Br., Os.*; einer Lösung in Methanol (215—350 nm): *Br.,
St.*, l. c. S. 879. Absorptionsmaxima einer Lösung in Äther: 223 nm und 319 nm (*Br., Os.*);
von Lösungen in Äthanol: 226,5 nm bzw. 227 nm (*An., Gu.*, l. c. S. 126, 1771).

(*Ξ*)-4-Hydroxy-3-[(*Ξ*)-2-((4a*S*)-6*t*-hydroxy-5*t*-hydroxymethyl-5*c*,8a-dimethyl-
2-methylen-(4a*r*,8a*t*)-decahydro-[1*t*]naphthyl)-äthyliden]-dihydro-furan-2-on,
ent-(14*Ξ*)-3β,14,15,19-Tetrahydroxy-labda-8(20),12ξ-dien-16-säure-15-lacton [1]) $C_{20}H_{30}O_5$,
Formel VII.

Diese Konstitution und Konfiguration kommt dem nachstehend beschriebenen
Andrographolid zu (*Chan et al.*, Chem. and Ind. **1963** 495; *Cava et al.*, Chem. and Ind.
1963 167; Tetrahedron **21** [1965] 2617).

Isolierung aus Blättern von Andrographis paniculata: *Gorter*, R. **30** [1911] 151, 154;
Bhaduri, Am. J. Pharm. **86** [1914] 349, 352; *Moktader, Guha-Sircar*, J. Indian chem.
Soc. **16** [1939] 333, 335; *Kondo et al.*, Ann. Rep. ITSUU Labor. **1** [1950] 25, 27, 65, 68;
Rangaswami, Rao, J. scient. ind. Res. India **10**B [1951] 201, 202.

Krystalle; F: 231—232° [unkorr.; Zers.] (*Kleipool, Kostermans*, R. **70** [1951] 1085),
228° [Zers.; aus Py. bzw. Me.] (*Kondo et al.*, Ann. Rep. ITSUU Labor. **1** [1950] 25, 27, 68;
Chakravarti, Chakravarti, Soc. **1952** 1697), 227,5° [unkorr.; Zers.; aus A.] (*Schwyzer et al.*,
Helv. **34** [1951] 652, 653), 220° [Zers.; aus A.] (*Moktader, Guha-Sircar*, J. Indian chem.
Soc. **16** [1939] 333, 335), 218° [Zers.; aus Me.] (*Gorter*, R. **30** [1911] 151, 154; *Rangaswami,
Rao*, J. scient. ind. Res. India **10**B [1951] 201, 202). Monoklin; Raumgruppe $P2_1$ (= C_2^2);
aus dem Röntgen-Diagramm ermittelte Dimensionen der Elementarzelle: a = 6,530 Å;
b = 8,036 Å; c = 19,530 Å; β = 97° 10′; n = 2 (*Basak, Dasgupta*, Indian J. Physics **26**
[1952] 539). Dichte der Krystalle: 1,21 (*Ba., Da.*); D_4^{21}: 1,2317 (*Sch. et al.*). $[α]_D^{17}$: −126,6°
[Eg.; c = 1] (*Sch. et al.*); $[α]_D^{24}$: −151° [Eg.; c = 1] (*Ko. et al.*, l. c. S. 27, 68); $[α]_D^{26}$: −126°
[Eg.; c = 2] (*Go.*); $[α]_D^{30}$: −123,5° [Eg.; c = 2] (*Mo., Guha-Si.*). IR-Spektrum (2—16 μ):
Kl., Ko., l. c. S. 1087; *Kondo, Ono*, Ann. Rep. ITSUU Labor. **5** [1954] 34; engl. Ref.
S. 89. UV-Spektrum einer Lösung in Äthanol (210—270 nm): *Sch. et al.*; einer Lösung in
Methanol (210—290 nm): *Kondo, Ono*, Ann. Rep. ITSUU Labor. **7** [1956] 16; engl. Ref.
S. 53, 54. Absorptionsmaximum (A.): 220 nm (*Ch., Ch.*).

Beim Behandeln mit konz. wss. Salzsäure ist Isoandrographolid (*ent*-8,12-Epoxy-
3β,15,19-trihydroxy-8β*H*-labd-13-en-16-säure-15-lacton) erhalten worden (*Schwyzer et al.*,
Helv. **34** [1951] 652, 670; *Kondo, Ono*, Ann. Rep. ITSUU Labor. **9** [1958] 38, 42, 85, 91).
Bildung von 1,2,5,6-Tetramethyl-naphthalin beim Erhitzen mit Selen bis auf 320°: *Sch.
et al.*, l. c. S. 667; *Kondo, Ono*, Ann. Rep. ITSUU Labor. **2** [1951] 29, 30, 66, 68. Überführung in eine als **Andrographolid-hydrochlorid** bezeichnete, vermutlich
als *ent*-(12*Ξ*,13*Ξ*,14*Ξ*)-8,12-Dichlor-3β,14,15,19-tetrahydroxy-8ξ*H*-labdan-
16-säure-15-lacton zu formulierende Verbindung $C_{20}H_{32}Cl_2O_5$ (Krystalle [aus Acn. +
Bzl.]; F: 172°) durch Behandlung einer Lösung in Essigsäure mit Chlorwasserstoff:
Kondo et al., Ann. Rep. ITSUU Labor. **1** [1950] 25, 27, 65, 68. Verhalten beim Erwärmen
mit wss.-äthanol. Kalilauge oder mit wss. Bariumhydroxid-Lösung (Bildung von
Andrographolsäure [*ent*-(14*Ξ*)-3β,14,15,19-Tetrahydroxy-labda-8(20),12ξ-dien-16-säure
(E III **10** 2421)] und einer als Isoandrographolsäure bezeichneten Verbindung
$C_{20}H_{32}O_6$ [Krystalle (aus W.), F: 156°; durch Erwärmen mit wss. Salzsäure in Andro-
grapholid, durch Erwärmen mit wss. Ammoniak in Andrographolsäure überführbar]):
Moktader, Guha-Sircar, J. Indian chem. Soc. **16** [1939] 333, 336; s. a. *Gorter*, R. **30** [1911]
151, 157; *Rangaswami, Rao*, J. scient. ind. Res. India **10** B [1951] 201, 202. Beim
Behandeln mit Acetanhydrid und Pyridin (*Sch. et al.*, l. c. S. 671) sowie beim Erhitzen
mit Acetanhydrid und Natriumacetat (*Kleipool, Kostermans*, R. **70** [1951] 1085, 1086)
ist Di-*O*-acetyl-anhydroandrographolid (*ent*-3β,19-Diacetoxy-15-hydroxy-labda-8(20),
11ξ,13*t*-trien-16-säure-15-lacton[S. 1452]), beim Behandeln mit Acetanhydrid und wenig
Zinkchlorid (*Go.*, l. c. S. 156; *Sch.*, l. c. S. 671) oder mit Acetanhydrid und wenig
Schwefelsäure (*Ko. et al.*, l. c. S. 27, 68) ist Tri-*O*-acetyl-andrographolid (S. 2358) erhalten

---

[1]) Stellungsbezeichnung bei von **Labdan** abgeleiteten Namen s. E III **5** 297; über
die Bezifferung der geminalen Methyl-Gruppen s. *Allard, Ourisson*, Tetrahedron **1** [1957]
277.

worden. Bildung von *ent*-3β,15-Dihydroxy-19-trityloxy-labda-8(20),11ξ,13*t*-trien-16-säure-15-lacton (S. 1452) beim Erhitzen mit Tritylchlorid und Pyridin: *Cava et al.*, Tetrahedron **18** [1962] 397, 402; s. a. *Cava, Weinstein*, Chem. and Ind. **1959** 851).

Charakterisierung als Diazomethan-Addukt (F: 230° [Zers.] bzw. F: 228—230° [Zers.]): *Kondo, Ono*, Ann. Rep. ITSUU Labor. **4** [1953] 36, 37, 78, 79; *Schwyzer et al.*, Helv. **34** [1951] 652, 667.

Tri-*O*-formyl-Derivat $C_{23}H_{30}O_8$ (*ent*-(14$\varXi$)-3β,14,19-Tris-formyloxy-15-hydr≠oxy-labda-8(20),12ξ-dien-16-säure-lacton, Tri-*O*-formyl-andrographolid). Krystalle (aus wss. A.); F: 215° (*Gorter*, R. **33** [1914] 239, 242), 214—215° (*Schwyzer et al.*, Helv. **34** [1951] 652, 669).

Tri-*O*-acetyl-Derivat $C_{26}H_{36}O_8$ (*ent*-(14$\varXi$)-3β,14,19-Triacetoxy-15-hydroxy-labda-8(20),12ξ-dien-16-säure-lacton, Tri-*O*-acetyl-andrographolid). *B.* s. S. 2357. — Krystalle; F: 129° [aus A. bzw. aus Ae. + PAe.] (*Gorter*, R. **30** [1911] 151, 156; *Rangaswami, Rao*, J. scient. Ind. Res. India **10** B [1951] 201, 203), 128° [aus A.] (*Chakravarti, Chakravarti*, Soc. **1952** 1697, 1699), 126—126,5° [aus wss. A.] (*Schwyzer et al.*, Helv. **34** [1951] 652, 671), 126° [aus A.] (*Kondo et al.*, Ann. Rep. ITSUU Labor. **1** [1950] 25, 27, 65, 68). $[\alpha]_D^{10}$: —118° [E.; c = 1] (*Ko. et al.*, l. c. S. 27, 68). — Verhalten beim Erhitzen mit Ameisensäure (Bildung von Tri-*O*-acetyl-cycloandrographolid ($C_{26}H_{34}O_8$ (?); Krystalle [aus A.], F: 137—138°; $[\alpha]_D^6$: —117° [Bzl.]): *Kondo, Ono*, Ann. Rep. ITSUU Labor. **2** [1951] 29, 32, 66, 70; s. a. *Kondo, Ono*, Ann. Rep. ITSUU Labor. **9** [1958] 38, 85; *Kondo, Ono*, Ann. Rep. ITSUU Labor. **10** [1959] 11, 46. Beim Behandeln einer äther. Lösung mit Chlorwasserstoff ist Tri-*O*-acetyl-andrographolid-hydrochlorid ($C_{26}H_{38}Cl_2O_8$; Zers. bei 70—80°; vermutlich *ent*-(12$\varXi$,13$\varXi$,14$\varXi$)-3β,14,19-Triacetoxy-8,12-dichlor-15-hydroxy-8ξH-labdan-16-säure-lacton), beim Behandeln mit Bromwasserstoff in Essigsäure ist Tri-*O*-acetyl-andrographolid-hydrobromid ($C_{26}H_{39}Br_3O_8$; Zers. bei 95—116°; vermutlich *ent*-(12$\varXi$,13$\varXi$,14$\varXi$)-3β,14,19-Triacetoxy-8,12,15-tribrom-8ξH-labdan-16-säure) erhalten worden (*Ko. et al.*, l. c. S. 28, 68).

(1a*R*,2*E*,9*R*)-4a,8*t*-Diacetoxy-1,1,3,6*t*-tetramethyl-7*t*-phenylacetoxy-(1a*r*,4a*t*,7a*c*,11a*c*)-1a,4a,5,6,7,7a,8,10,11,11a-decahydro-1*H*-spiro[cyclopenta[*a*]cyclopropa[*f*]cycloundecen-9,2'-oxiran]-4-on, Euphorbiasteroid, Epoxylathyrol $C_{32}H_{40}O_8$, Formel VIII (R = CO-CH$_2$-C$_6$H$_5$) auf S. 2356.

Konstitution: *Adolf et al.*, Tetrahedron Letters **1970** 2241. Konfiguration: *Zechmeister et al.*, Tetrahedron Letters **1970** 3071.

Isolierung aus dem Öl der Samen von Euphorbia lathyris: *Tahara*, B. **23** [1890] 3347, 3351; *Dubljanškaja*, Farm. Farmakol. **1937** Nr. 8, S. 1, 2; C. **1938** I 3926; *Saretzki, Köhler*, Ar. **281** [1943] 256, 258.

Krystalle (aus A.); F: 199,5° (*Sa., Kö.*), 199,2—199,7° (*Du.*), 193° (*Ta.*). $[\alpha]_D^{18}$: +173,0° [CHCl$_3$] (*Du.*). UV-Spektrum (CHCl$_3$; 245—305 nm): *Remesow, Dubljanškaja*, Farm. Farmakol. **1937** Nr. 10, S. 7, 8; C. A. **1940** 6942; C. **1937** I 977.

[*Otto*]

Hydroxy-oxo-Verbindungen $C_{21}H_{32}O_5$

5-[2-Acetoxy-äthyl]-4-[2-acetoxy-propyl]-11a-methyl-decahydro-1,4-methano-naphth[1,2-*c*]oxepin-3,9-dion $C_{25}H_{36}O_7$.

a) *rac*-16,20ξ-Diacetoxy-11β-hydroxy-3-oxo-16,17-seco-5β-pregnan-18-säure-lacton $C_{25}H_{36}O_7$, Formel IX + Spiegelbild, vom F: 148°.

B. Beim Behandeln von *rac*-3α,16,20ξ-Triacetoxy-11β-hydroxy-16,17-seco-5β-pregnan-18-säure-lacton vom F: 142—142,5° mit Kaliumcarbonat in wss. Methanol, Behandeln einer Lösung des Reaktionsprodukts in Aceton und *tert*-Butylalkohol mit *N*-Brom-acetamid und Wasser und Behandeln des danach isolierten Reaktionsprodukts mit Acet≠anhydrid und Pyridin (*Johnson et al.*, Am. Soc. **85** [1963] 1409, 1421; s. a. *Johnson et al.*, Am. Soc. **80** [1958] 2585).

Krystalle (aus Diisopropyläther + Acn.); F: 127—128,5° und F: 147—148,5° (*Jo. et al.*, Am. Soc. **85** 1421).

b) *rac*-16,20ξ-Diacetoxy-11β-hydroxy-3-oxo-16,17-seco-5β-pregnan-18-säure-lacton $C_{25}H_{36}O_7$, Formel IX + Spiegelbild, vom F: 136°.

B. Aus *rac*-3α,16,20ξ-Triacetoxy-11β-hydroxy-16,17-seco-5β-pregnan-18-säure-lacton vom F: 140—141° analog der im vorangehenden Artikel beschriebenen Verbindung.

Krystalle (aus Acn. + Diisopropyläther); F: 135—136° (*Johnson et al.*, Am. Soc. **85** [1963] 1409, 1421; s. a. *Johnson et al.*, Am. Soc. **80** [1958] 2585).

21-Acetoxy-5,6α-epoxy-3β,17-dihydroxy-5α-pregnan-20-on $C_{23}H_{34}O_6$, Formel X (R = X = H).

B. Beim Behandeln von 21-Acetoxy-3β,17-dihydroxy-pregn-5-en-20-on mit Peroxy‑benzoesäure in Chloroform (*Florey, Ehrenstein*, J. org. Chem. **19** [1954] 1331, 1344).

Krystalle (aus E.); F: 238—239° [unkorr.; Fisher-Johns-App.]. $[α]_D^{24}$: −20,8° [CHCl₃; c = 0,8].

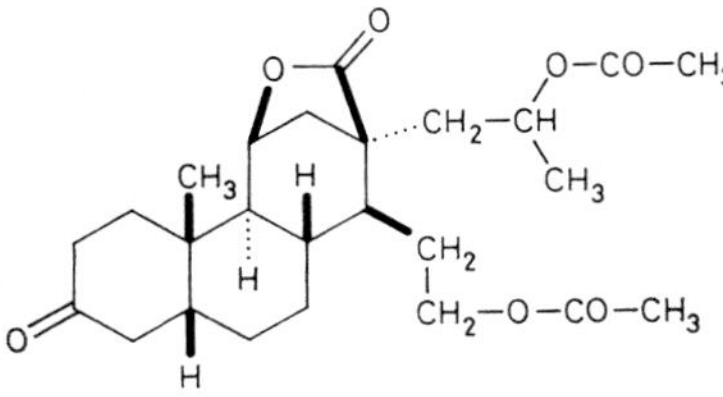

IX 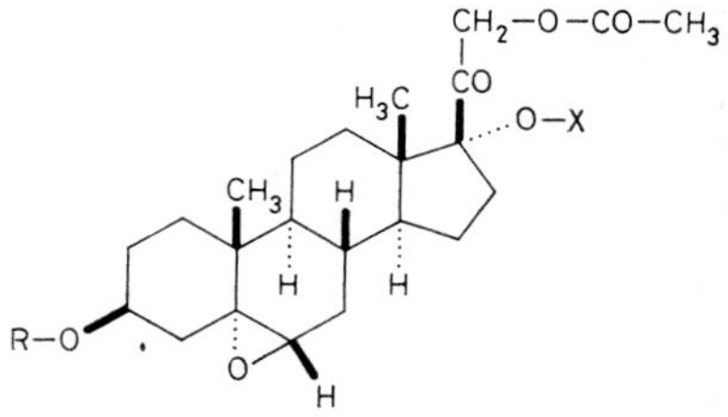   X

3β,21-Diacetoxy-5,6α-epoxy-17-hydroxy-5α-pregnan-20-on $C_{25}H_{36}O_7$, Formel X (R = CO-CH₃, X = H).

B. Beim Behandeln von 3β,21-Diacetoxy-17-hydroxy-pregn-5-en-20-on mit Peroxy‑benzoesäure in Chloroform (*Florey, Ehrenstein*, J. org. Chem. **19** [1954] 1331, 1344). Beim Behandeln von 21-Acetoxy-5,6α-epoxy-3β,17-dihydroxy-5α-pregnan-20-on mit Acet‑anhydrid und Pyridin (*Fl., Eh.*).

Krystalle (aus E.); F: 211—212° [unkorr.; Fisher-Johns-App.]. $[α]_D^{26}$: −27,2° [CHCl₃; c = 0,7].

17,21-Diacetoxy-5,6α-epoxy-3β-hydroxy-5α-pregnan-20-on $C_{25}H_{36}O_7$, Formel X (R = H, X = CO-CH₃).

B. Aus 17,21-Diacetoxy-3β-hydroxy-pregn-5-en-20-on mit Hilfe einer Peroxysäure (*Bowers, Ringold*, Am. Soc. **80** [1958] 4423).

F: 198—200°. $[α]_D$: −54° [CHCl₃].

3β-Acetoxy-7β,8-epoxy-14,21-dihydroxy-5β,14β-pregnan-20-on $C_{23}H_{34}O_6$, Formel XI.

B. Aus O^3-Acetyl-tanghinigenin (3β-Acetoxy-14-hydroxy-7β,8-epoxy-5β,14β-card-20(22)-enolid) mit Hilfe von Ozon (*Sigg et al.*, Helv. **38** [1955] 1721, 1741).

Krystalle (aus Acn. + Ae); F: 165—174° [korr.; Kofler-App.]. $[α]_D^{22}$: +6,6° [CHCl₃; c = 1]. IR-Spektrum (Nujol; 2—14 μ): *Sigg et al.*, l. c. S. 1726. UV-Spektrum (A.; 210—330 nm): *Sigg et al.*, l. c. S. 1723.

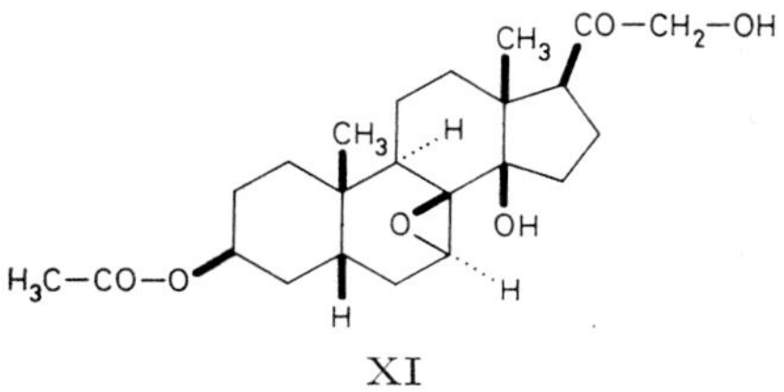

XI 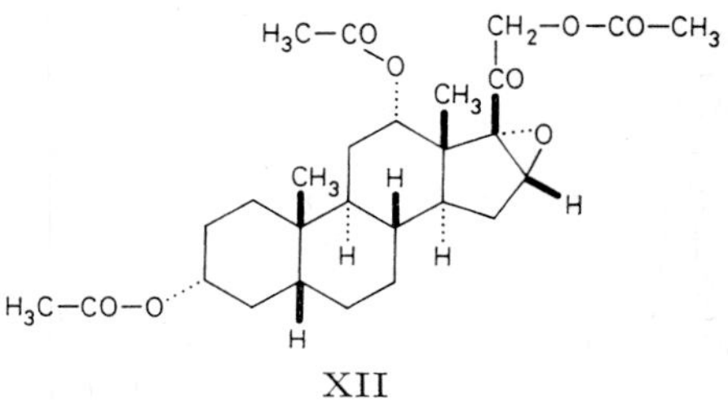   XII

3α,12α,21-Triacetoxy-16α,17-epoxy-5β-pregnan-20-on $C_{27}H_{38}O_8$, Formel XII.

B. Beim Erwärmen von 3α,12α-Diacetoxy-16β,21-dibrom-17-hydroxy-5β-pregnan-20-on mit Kaliumacetat in Aceton (*Adams et al.*, Soc. **1954** 1825, 1834).

Krystalle (aus Acn. + Hexan); F: 154—155°. $[α]_D^{20}$: +85° [CHCl₃; c = 0,6].

Hydroxy-oxo-Verbindungen $C_{22}H_{34}O_5$

2α,3β,15β-Trihydroxy-23,24,25,26,27-pentanor-5α-furostan-22-on, 2α,3β,15β,16β-Tetra-hydroxy-23,24-dinor-5α-cholan-22-säure-16-lacton, 2α,3β,15β,16β-Tetrahydroxy-20β$_F$-methyl-5α-pregnan-21-säure-16-lacton, Digitoninlacton $C_{22}H_{34}O_5$, Formel I (R = H).

B. Aus 2α,3β,15β-Triacetoxy-16β-hydroxy-23,24-dinor-5α-cholan-22-säure-lacton mit Hilfe von äthanol. Kalilauge (*Marker, Rohrmann*, Am. Soc. **61** [1939] 2724; *Klass et al.*, Am. Soc. **77** [1955] 3829, 3833).

Krystalle (aus Acn.); F: 285—289° [unkorr.; Zers.; evakuierte Kapillare] (*Kl. et al.*), 279—282° (*Ma., Ro.*). [α]$_D$: —114° [Py.; c = 1] (*Kl. et al.*). Hygroskopisch (*Kl. et al.*).

2α,3β,15β-Triacetoxy-23,24,25,26,27-pentanor-5α-furostan-22-on, 2α,3β,15β-Triacetoxy-16β-hydroxy-23,24-dinor-5α-cholan-22-säure-lacton, 2α,3β,15β-Triacetoxy-16β-hydroxy-20β$_F$-methyl-5α-pregnan-21-säure-lacton $C_{28}H_{40}O_8$, Formel I (R = CO-CH$_3$).

B. Beim Erwärmen von Tri-O-acetyl-digitogenin ((25R)-2α,3β,15β-Triacetoxy-5α,22αO-spirostan) mit Chrom(VI)-oxid und wss. Essigsäure (*Marker, Rohrmann*, Am. Soc. **61** [1939] 2724; *Marker et al.*, Am. Soc. **64** [1942] 1843, 1847) oder mit Chloroform und Salpetersäure (*Klass et al.*, Am. Soc. **77** [1955] 3829, 3833).

Krystalle; F: 287—291° [unkorr.; evakuierte Kapillare; aus Acn. + PAe.] (*Kl. et al.*), 282—284° [aus Ae.] (*Ma. et al.*). ·

I   II

Hydroxy-oxo-Verbindungen $C_{23}H_{36}O_5$

(20Ξ)-3β-[O^2,O^4-Diacetyl-O^3-methyl-6-desoxy-α-L-talopyranosyloxy]-1β,14-dihydroxy-5β,14β-cardanolid, (20Ξ)-3β-[Di-O-acetyl-α-L-acovenopyranosyloxy]-1β,14-dihydroxy-5β,14β-cardanolid $C_{34}H_{52}O_{11}$, Formel II.

B. Bei der Hydrierung von Di-O-acetyl-acovenosid-A (S. 2432) an Platin in Essigsäure (*Veldsman*, S. African ind. Chemist **3** [1949] 217).

Krystalle (aus Bzl. + PAe.); F: 142—144°. [α]$_D^{22}$: —67° [Bzl.; c = 0,6].

(20Ξ)-3β,5,14-Trihydroxy-5β,14β-cardanolid $C_{23}H_{36}O_5$, Formel III (R = H).

Diese Konstitution und Konfiguration kommt dem nachstehend beschriebenen **Dihydroperiplogenin** zu.

B. Bei der Hydrierung von Periplogenin (S. 2435) an Platin in Äthanol (*Jacobs, Hoffmann*, J. biol. Chem. **79** [1928] 519, 528; s. a. *Jacobs, Bigelow*, J. biol. Chem. **99** [1932/33] 521, 528). Beim Erwärmen von (20Ξ)-3β-Acetoxy-5,14-dihydroxy-5β,14β-cardanolid (s. u.) mit methanol. Kalilauge und anschliessenden Ansäuern mit wss. Salzsäure (*Plattner et al.*, Helv. **30** [1947] 1432, 1437).

Krystalle (aus wss. A.), F: 204° (*Ja., Ho.*); Krystalle (aus Acn. + PAe.) mit 1 Mol Aceton (*Pl. et al.*). [α]$_D^{21}$: +30,2° [CHCl$_3$; c = 0,4] (*Pl. et al.*); [α]$_D^{26}$: +25° [A.; c = 1] (*Ja., Bi.*).

(20Ξ)-3β-Acetoxy-5,14-dihydroxy-5β,14β-cardanolid $C_{25}H_{38}O_6$, Formel III (R = CO-CH$_3$).

B. Beim Erhitzen von (20Ξ)-3β-Acetoxy-5,14-dihydroxy-19-oxo-5β,14β-cardanolid (F: 110° und F: 197—199°; [α]$_D^{19}$: +47,2° [CHCl$_3$]) mit Hydrazin-hydrat und Natriumäthylat in Äthanol auf 200° und Behandeln des Reaktionsprodukts mit Acetanhydrid und Pyridin (*Plattner et al.*, Helv. **30** [1947] 1432, 1436). Bei der Hydrierung von O^3-Acetyl-periplogenin (S. 2436) an Palladium/Bariumsulfat in Äthanol (*Pl. et al.*).

Krystalle (aus A. oder aus Acn. + Hexan); F: 192—192,5° [korr.; evakuierte Kapillare]. $[\alpha]_D^{19}$: +42,8° [CHCl$_3$; c = 0,8]; $[\alpha]_D^{24}$: +40,2° [CHCl$_3$; c = 0,4].

III   IV

(20Ξ)-3β-Benzoyloxy-5,14-dihydroxy-5β,14β-cardanolid $C_{30}H_{40}O_6$, Formel III (R = CO-C$_6$H$_5$).

B. Beim Behandeln von Dihydroperiplogenin (S. 2360) mit Benzoylchlorid und Pyridin (*Jacobs, Bigelow*, J. biol. Chem. **99** [1932/33] 521, 529).

Krystalle; F: 214—216° [korr.; evakuierte Kapillare; aus Acn. + PAe.] (*Plattner et al.*, Helv. **30** [1947] 1432, 1438), 214—216° [aus Me.] (*Ja., Bi.*). $[\alpha]_D^{19}$: +44,6° [CHCl$_3$; c = 0,4] (*Pl. et al.*). $[\alpha]_D^{25}$: +47,1° [Py.; c = 1] (*Ja., Bi.*). $[\alpha]_D^{28}$: +46° [Py.; c = 1] (*Ja., Bi.*).

(20Ξ)-5,14-Dihydroxy-3β-[O^3-methyl-β-D-fucopyranosyloxy]-5β,14β-cardanolid,
(20Ξ)-3β-β-D-Digitalopyranosyloxy-5,14-dihydroxy-5β,14β-cardanolid $C_{30}H_{48}O_9$, Formel IV.

Diese Konstitution und Konfiguration kommt dem nachstehend beschriebenen **Dihydroemicymarin** zu.

B. Bei der Hydrierung von Emicymarin (S. 2440) an Platin in Äthanol (*Lamb, Smith*, Soc. **1936** 442, 445).

Wasserhaltige Krystalle (aus wss. A.); die wasserfreie Verbindung schmilzt bei 151° [nach Sintern bei 147°]. $[\alpha]_D^{19}$: +8,6° [A.; c = 6]; $[\alpha]_{546}^{19}$: +11,2° [A.; c = 6] (wasserfreie Verbindung).

(20Ξ)-3β,11α,14-Trihydroxy-5β,14β-cardanolid $C_{23}H_{36}O_5$, Formel V.

Diese Konstitution und Konfiguration kommt dem nachstehend beschriebenen **Dihydrosarmentogenin** zu.

B. Bei der Hydrierung von Sarmentogenin (S. 2443) an Platin in Methanol (*Jacobs, Heidelberger*, J. biol. Chem. **81** [1929] 765, 775).

Krystalle (aus A.) mit 1 Mol Äthanol; Zers. bei 142°.

4-[3,12,14-Trihydroxy-10,13-dimethyl-hexadecahydro-cyclopenta[a]phenanthren-17-yl]-dihydro-furan-2-on $C_{23}H_{36}O_5$.

Über die Konfiguration der beiden nachstehend beschriebenen Stereoisomeren am C-Atom 20 s. *Brown, Wright*, J. Pharm. Pharmacol. **13** [1961] 262, 264; s. dazu *Janiak et al.*, Helv. **50** [1967] 1249, 1253).

a) **(20R?)-3β,12β,14-Trihydroxy-5β,14β-cardanolid**, 20β(?)-Dihydrodigoxigenin $C_{23}H_{36}O_5$, vermutlich Formel VI (R = H).

B. Neben 20α(?)-Dihydrodigoxigenin (S. 2362) bei der Hydrierung von Digoxigenin (S. 2450) an Platin in Äthanol (*Brown, Wright*, J. Pharm. Pharmacol. **13** [1961] 262, 266) oder an Palladium in wss. Äthanol bzw. Äthanol (*Smith*, Soc. **1930** 2478, 2480; *Mannich et al.*, Ar. **268** [1930] 453, 464).

Krystalle (aus A. + W.); F: 145° und (nach Wiedererstarren bei weiterem Erhitzen) F: 209—211° (*Br., Wr.*). $[\alpha]_D$: +15° [$CHCl_3$; c = 0,8] (*Br., Wr.*).

b) **(20S?)-3β,12β,14-Trihydroxy-5β,14β-cardanolid**, 20α(?)-Dihydrodigoxigenin $C_{23}H_{36}O_5$, vermutlich Formel VII.

B. s. bei dem unter a) beschriebenen Stereoisomeren.

Krystalle (aus E.), F: 223—225°; $[\alpha]_D$: +11° [$CHCl_3$; c = 1] (*Brown, Wright*, J. Pharm. Pharmacol. **13** [1961] 262, 266).

V   VI   VII

(20R?)-3β,12β-Diacetoxy-14-hydroxy-5β,14β-cardanolid $C_{27}H_{40}O_7$, Formel VI (R = CO-CH_3).

B. Beim Behandeln von 20β(?)-Dihydrodigoxigenin (S. 2361) mit Acetanhydrid und Pyridin (*Smith*, Soc. **1930** 2478, 2480). Bei der Hydrierung von O^3,O^{12}-Diacetyl-digoxigenin (S. 2452) an Platin in Äthanol (*Plattner et al.*, Helv. **29** [1946] 2023, 2028).

Krystalle; F: 224—225° [korr.; aus A. + Bzn.] (*Pl. et al.*), 222° [korr.; aus wss. A.] (*Sm.*). $[\alpha]_D^{18}$: +23,8° [$CHCl_3$; c = 1] (*Pl. et al.*). $[\alpha]_{546}^{20}$: +29,8° [Me.; c = 1] (*Sm.*).

(20R?)-3β,14,15ξ-Trihydroxy-5β,14ξ-cardanolid $C_{23}H_{36}O_5$, vermutlich Formel VIII.

Diese Konstitution und Konfiguration kommt dem nachstehend beschriebenen **Hydroxydihydrodigitoxigenin** zu.

B. Beim Behandeln von β-Anhydrodihydrodigitoxigenin ((20R?)-3β-Hydroxy-5β-card-14-enolid [S. 474]) mit wss. Natronlauge, mit Pyridin und mit wss. Kaliumpermanganat-Lösung und Neutralisieren des Reaktionsgemisches mit wss. Salzsäure (*Jacobs, Elderfield*, J. biol. Chem. **99** [1932/33] 693, 697).

Krystalle (aus wss. Acn.); F: 193—196°.

(20Ξ)-3β,14,16β-Trihydroxy-5β,14β-cardanolid $C_{23}H_{36}O_5$, Formel IX (R = X = H).

Diese Konstitution kommt dem nachstehend beschriebenen **α-Dihydrogitoxigenin** zu (*Tschesche*, Z. physiol. Chem. **229** [1934] 219, 228).

B. Bei der Hydrierung von Gitoxigenin (S. 2456) an Platin in Äthanol (*Jacobs, Elderfield*, J. biol. Chem. **100** [1933] 671, 677; s.a. *Cloetta*, Ar. Pth. **112** [1926] 261, 285).

Krystalle; F: 212—213° [aus A.] (*Ja., El.*), 212° [aus Me. + Ae.] (*Cl.*). $[\alpha]_D^{20}$: +42° [Py.; c = 0,5] (*Ja., El.*).

Partielle Umwandlung in β-Dihydrogitoxigenin (S. 2363) beim Behandeln mit wss. Essigsäure oder mit Pyridin und wenig Ammoniak: *Ja., El.*, l. c. S. 678.

(20Ξ)-3β-Acetoxy-14,16β-dihydroxy-5β,14β-cardanolid $C_{25}H_{38}O_6$, Formel IX (R = CO-CH_3, X = H).

Diese Konstitution und Konfiguration kommt dem nachstehend beschriebenen O^3-Acetyl-α-dihydrogitoxigenin zu.

B. Beim Behandeln von α-Dihydrogitoxigenin (s.o.) mit Acetanhydrid und Pyridin (*Jacobs, Elderfield*, J. biol. Chem. **100** [1933] 671, 680).

Krystalle (aus A.); F: 213° [nach Erweichen bei 206—208°]. $[\alpha]_D^{23}$: +35° [Py.; c = 0,6].

(20Ξ)-3β,16β-Diacetoxy-14-hydroxy-5β,14β-cardanolid $C_{27}H_{40}O_7$, Formel IX (R = X = CO-CH_3).

Diese Konstitution und Konfiguration kommt dem nachstehend beschriebenen

O^3,O^{16}-Diacetyl-α-dihydrogitoxigenin zu.

B. Bei der Hydrierung von O^3,O^{16}-Diacetyl-gitoxigenin (S. 2459) an Platin in Äthanol (*Jacobs, Elderfield*, J. biol. Chem. **100** [1933] 671, 679).

F: 213° [nach Erweichen von 205° an]. $[\alpha]_D^{20}$: +61° [Py.; c = 0,5].

VIII   IX   X

(20Ξ)-3β,16β-Bis-benzoyloxy-14-hydroxy-5β,14β-cardanolid $C_{37}H_{44}O_7$, Formel IX (R = X = CO-C_6H_5).

Diese Konstitution und Konfiguration kommt dem nachstehend beschriebenen O^3,O^{16}-Dibenzoyl-α-dihydrogitoxigenin zu.

B. Beim Behandeln von α-Dihydrogitoxigenin (S. 2362) mit Benzoylchlorid und Pyridin (*Jacobs, Elderfield*, J. biol. Chem. **100** [1933] 671, 681).

Krystalle (aus $CHCl_3$ + A.); F: 253°. $[\alpha]_D^{20}$: +52° [Py.; c = 0,4].

3β,14,16β,21-Tetrahydroxy-24-nor-5β,14β,20ξH-cholan-23-säure-16-lacton $C_{23}H_{36}O_5$, Formel X (R = X = H).

Diese Konstitution kommt dem nachstehend beschriebenen **β-Dihydrogitoxigenin** zu (*Tschesche*, Z. physiol. Chem. **229** [1934] 219, 228).

B. Beim Erwärmen von α-Dihydrogitoxigenin (S. 2362) in wss. Essigsäure unter vermindertem Druck (*Jacobs, Elderfield*, J. biol. Chem. **100** [1933] 671, 678). In kleiner Menge neben α-Dihydrogitoxigenin bei der Hydrierung von Gitoxigenin (S. 2456) an Platin in Äthanol (*Ja., El.*, l. c. S. 677; *Cloetta*, Ar. Pth. **112** [1926] 261, 285).

Krystalle; F: 245—246° [aus A.] (*Ja., El.*, l. c. S. 678), 241° [aus Ae.] (*Cl.*; *Windaus et al.*, B. **61** [1928] 1847, 1850). $[\alpha]_D^{20}$: −55° [Me.; c = 0,7] (*Ja., El.*, l. c. S. 672); $[\alpha]_D^{20}$: −48,7° [Me.; c = 1] (*Wi. et al.*).

Beim Behandeln mit Chrom(VI)-oxid in Essigsäure sind 14,16β-Dihydroxy-3-oxo-24-nor-5β,14β,20ξH-cholan-21,23-disäure-23→16-lacton (?) (F: 246° [Zers.]; $[\alpha]_D^{25}$: −74° [Acn. + W. (4:1)]) und eine Verbindung $C_{23}H_{34}O_5$ (Krystalle [aus wss. Acn.], F: 228° [Zers.]; $[\alpha]_D^{20}$: −42° [Acn.]) erhalten worden (*Ja., El.*, l. c. S. 682; s. a. *Jacobs, Gustus*, J. biol. Chem. **88** [1930] 531, 542). Partielle Umwandlung in α-Dihydrogitoxigenin (S. 2362) beim Behandeln mit wss. Essigsäure oder mit Pyridin und wenig Ammoniak: *Ja., El.*, l. c. S. 678. Bildung von Dianhydrodihydrogitoxigenin ((20Ξ)-3β-Hydroxy-5β-carda-14,16-dienolid) beim Erwärmen mit wss.-äthanol. Salzsäure: *Wi. et al.*

3β-Acetoxy-14,16β,21-trihydroxy-24-nor-5β,14β,20ξH-cholan-23-säure-16-lacton $C_{25}H_{38}O_6$, Formel X (R = CO-CH_3, X = H).

Diese Konstitution und Konfiguration kommt dem nachstehend beschriebenen O^3-Acetyl-β-dihydrogitoxigenin zu.

B. Beim Behandeln von O^3-Acetyl-α-dihydrogitoxigenin (S. 2362) mit wss. Essigsäure (*Jacobs, Elderfield*, J. biol. Chem. **100** [1933] 671, 680).

Krystalle (aus A.); F: 224—226°. $[\alpha]_D^{23}$: −82° [Py.; c = 0,8].

3β,21-Diacetoxy-14,16β-dihydroxy-24-nor-5β,14β,20ξH-cholan-23-säure-16-lacton $C_{27}H_{40}O_7$, Formel X (R = X = CO-CH_3).

Diese Konstitution und Konfiguration kommt dem nachstehend beschriebenen O^3,O^{21}-Diacetyl-β-dihydrogitoxigenin zu.

B. Beim Erhitzen von α-Dihydrogitoxigenin (S. 2362) oder β-Dihydrogitoxigenin (s. o.)

mit Acetanhydrid (*Jacobs, Elderfield*, J. biol. Chem. **100** [1933] 671, 680).
Krystalle; F: 242°. $[\alpha]_D^{22}$: $-77°$ [Py.; c = 0,8].

$3\beta,21$-Bis-benzoyloxy-14,16β-dihydroxy-24-nor-5β,14β,20ξH-cholan-23-säure-16-lacton
$C_{37}H_{44}O_7$, Formel X (R = X = CO-C_6H_5).
Diese Konstitution und Konfiguration kommt dem nachstehend beschriebenen
O^3,O^{21}-Dibenzoyl-β-dihydrogitoxigenin zu.
B. Beim Behandeln von β-Dihydrogitoxigenin (S. 2363) mit Benzoylchlorid und
Pyridin (*Jacobs, Elderfield*, J. biol. Chem. **100** [1933] 671, 681).
Krystalle (aus $CHCl_3$ + A.); F: 233°. $[\alpha]_D^{20}$: $-45°$ [Py.; c = 0,5].

Hydroxy-oxo-Verbindungen $C_{24}H_{38}O_5$

(20Ξ)-3β-Acetoxy-5,14-dihydroxy-5β,14β-bufanolid $C_{26}H_{40}O_6$, Formel I (R = CO-CH_3).
B. Bei der Hydrierung von O^3-Acetyl-telocinobufagin (S. 2553) an Palladium/Kohle
in Äthanol (*Schröter et al.*, Helv. **41** [1958] 720, 733. Beim Erhitzen von (20Ξ)-3β-Acet=
oxy-5,14-dihydroxy-19-oxo-5β,14β-bufanolid (F: 177—180°; $[\alpha]_D^{22}$: $+42,7°$ [$CHCl_3$]) mit
Hydrazin-hydrat und Natriumäthylat in Äthanol auf 140° und Behandeln des Reaktionsprodukts mit Acetanhydrid und Pyridin (*Sch. et al.*, l. c. S. 734).
Krystalle (aus Acn. + Ae.); F: 213—228° [korr.; Kofler-App.]. $[\alpha]_D^{22}$: $+40,3°$ [$CHCl_3$;
c = 1]; $[\alpha]_D^{22}$: $+32,4°$ [$CHCl_3$; c = 1]. UV-Spektrum (A.; 205—320 nm): *Sch. et al.*,
l. c. S. 725.

(20Ξ)-3β,8,14-Trihydroxy-5ξ,14β-bufanolid $C_{24}H_{38}O_5$, Formel II.
B. Bei der Hydrierung von 3β,8,14-Trihydroxy-5ξ,14β-buf-20(22)(?)-enolid (S. 2488) an
Platin in Essigsäure (*v. Wartburg, Renz*, Helv. **42** [1959] 1620, 1641).
Krystalle (aus Me.); F: 210—217° [Kofler-App.]. $[\alpha]_D^{20}$: $+25°$ [$CHCl_3$; c = 0,5].

I   II   III

(20Ξ)-3β,11α,14-Trihydroxy-5β,14β-bufanolid $C_{24}H_{38}O_5$, Formel III.
B. Bei der Hydrierung von Gamabufotalin (S. 2554) an Palladium in Äthanol (*Wieland,
Vocke*, A. **481** [1930] 215, 224; *Kotake*, A. **465** [1928] 11, 16).
Krystalle (aus A.) mit 1 Mol Äthanol; F: 138° [Zers.] (*Wi., Vo.*), 131—133° (*Ko.*).

(20Ξ)-3β,14,16β-Trihydroxy-5β,14β-bufanolid $C_{24}H_{38}O_5$, Formel IV (R = H).
Diese Konstitution und Konfiguration kommt dem nachstehend beschriebenen
α-Trioxybufotalan zu.
B. Beim Erhitzen von 3β,14,16β,21-Tetrahydroxy-5β,14β,20ξH-cholan-24-säure vom
F: 217—218° im Hochvakuum auf 150° (*Wieland, Behringer*, A. **549** [1941] 209, 227).
Krystalle (aus Bzl.); F: 208—210°.

5-[16-Acetoxy-3,14-dihydroxy-10,13-dimethyl-hexadecahydro-cyclopenta[*a*]phenanthren-17-yl]-tetrahydro-pyran-2-on $C_{26}H_{40}O_6$.
   a) (20Ξ)-16β-Acetoxy-3β,14-dihydroxy-5β,14β-bufanolid $C_{26}H_{40}O_6$, Formel IV
(R = CO-CH_3), vom F: 204°; α-Tetrahydrobufotalin.
B. Neben β-Tetrahydrobufotalin (S. 2365) bei der Hydrierung von Bufotalin (S. 2556)

an Palladium in Äthanol (*Wieland, Behringer*, A. **549** [1941] 209, 227).

Krystalle (aus A.); F: 204—205° (*Wieland*, Sber. Bayer. Akad. **1920** 329, 340), 202—203° (*Wi., Be.*). [α]$_D^{18}$: +28,4° [CHCl$_3$; c = 1] (*Wi., Be.*).

IV   V

b) **(20*Ξ*)-16*β*-Acetoxy-3*β*,14-dihydroxy-5*β*,14*β*-bufanolid** C$_{26}$H$_{40}$O$_6$, Formel IV (R = CO-CH$_3$), vom F: **194°**; *β*-Tetrahydrobufotalin.

B. s. bei dem unter a) beschriebenen Stereoisomeren.

Krystalle (aus A.), F: 194—195° [nach Sintern bei 193°]; [α]$_D^{18}$: +35,7° [CHCl$_3$; c = 1] (*Wieland, Behringer*, A. **549** [1941] 209, 226).

(20*Ξ*)-16*β*-Acetoxy-3*β*-[7-((*S*)-1-carboxy-4-guanidino-butylcarbamoyl)-heptanoyloxy]-14-hydroxy-5*β*,14*β*-bufanolid, *N*^{α}-{7-[(20*Ξ*)-16*β*-Acetoxy-14-hydroxy-17*β*-((*Ξ*)-6-oxo-tetrahydro-pyran-3-yl)-5*β*,14*β*-androstan-3*β*-yloxycarbonyl]-heptanoyl}-L-arginin C$_{40}$H$_{64}$N$_4$O$_{10}$, Formel V.

Diese Konstitution und Konfiguration kommt dem nachstehend beschriebenen **Tetrahydrobufotoxin** zu.

B. Bei der Hydrierung von Bufotoxin (S. 2557) an Palladium in wss. Äthanol (*Wieland, Behringer*, A. **549** [1941] 209, 233; s. a. *Wieland, Alles*, B. **55** [1922] 1789, 1794).

Krystalle (aus wss. A.) mit 1 Mol Äthanol; F: 190—191° [nach Sintern bei 180°] (*Wi., Be.*).

Hydroxy-oxo-Verbindungen C$_{27}$H$_{44}$O$_5$

(25*Ξ*)-3α,7α,12α,22*ξ*-Tetrahydroxy-5*β*-cholestan-26-säure-22-lacton C$_{27}$H$_{44}$O$_5$, Formel VI.

Diese Konstitution und Konfiguration kommt dem nachstehend beschriebenen **Trioxysterocholansäure-lacton** zu (*Amimoto et al.*, J. Biochem. Tokyo **57** [1965] 565, 569).

Isolierung aus der Galle von Amyda japonica: *Yamasaki, Yuuki*, Z. physiol. Chem. **244** [1936] 173, 175; von Emys orbicularis: *Kim*, J. Biochem. Tokyo **30** [1939] 247.

Krystalle; F: 207—208° [nach Sintern bei 205°; aus Me.] (*Ya., Yu.*), 207—208° [aus E. oder wss. A.] (*Kim*). [α]$_D^{20}$: +32,9° [A.; c = 3] (*Ya., Yu.*); [α]$_D^{20}$: +31,7° [A.; c = 0,6] (*Kim*).

Beim Behandeln mit Chrom(VI)-oxid in Essigsäure sind Tetraketosterocholansäure (E III **10** 4072) und Triketosterocholansäure-lacton (E III/IV **17** 6829) erhalten worden (*Kanemitsu*, J. Biochem. Tokyo **35** [1942] 155, 165, 169; s. a. *Ya., Yu.*, l. c. S. 177, 178, 179). Verhalten gegen Methylmagnesiumjodid in Äther sowie gegen Äthylmagnesium-jodid in Äther: *Kanemitsu*, J. Biochem. Tokyo **35** [1942] 173, 177, 182.

Tri-*O*-formyl-Derivat C$_{30}$H$_{44}$O$_8$ ((25*Ξ*)-3α,7α,12α-Tris-formyloxy-22*ξ*-hydr-oxy-5*β*-cholestan-26-säure-lacton). Krystalle (aus Me.); F: 231—232° (*Ka.*, l. c. S. 160), 230—232° (*Kim*).

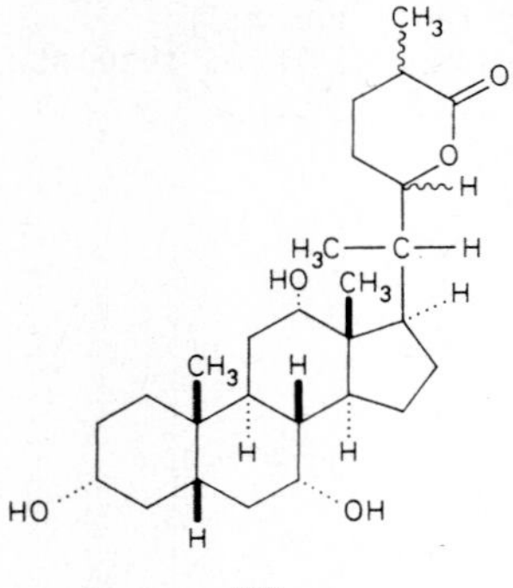

VI

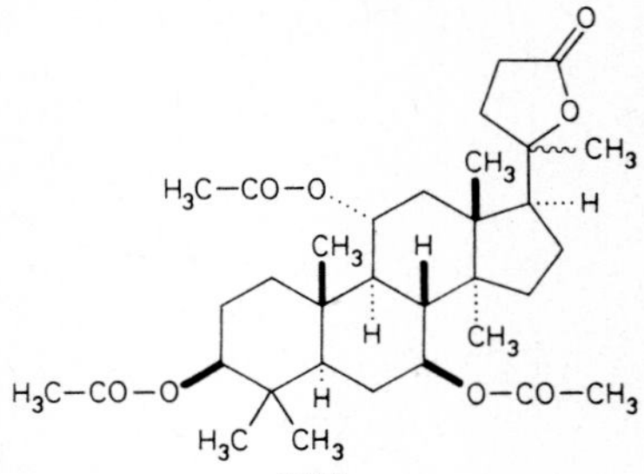

VII

3β,7β,11α-Triacetoxy-20-hydroxy-25,26,27-trinor-20ξH-lanostan-24-säure-lacton
$C_{33}H_{50}O_8$, Formel VII.

B. In kleiner Menge beim Behandeln einer Lösung von 3β,7β,11α-Triacetoxy-lanostan in Essigsäure und Acetanhydrid mit Chrom(VI)-oxid, wss. Essigsäure und Schwefelsäure bei 26—30° (*Barnes et al.*, Soc. **1953** 571, 572, 574).

Krystalle (aus Me.); F: 272—274° [unkorr.]. [α]$_D^{25}$: +37° [CHCl$_3$; c = 1,5].

Hydroxy-oxo-Verbindungen $C_{28}H_{46}O_5$

(25$\varXi$)-22ξ-Brom-3α,7α,12α,23ξ-tetrahydroxy-5β-ergostan-26-säure-23-lacton
$C_{28}H_{45}BrO_5$, Formel VIII, und **(25$\varXi$)-23ξ-Brom-3α,7α,12α,22ξ-tetrahydroxy-5β-ergostan-26-säure-22-lacton** $C_{28}H_{45}BrO_5$, Formel IX.

Diese Formeln kommen für das nachstehend beschriebene Trioxyisosterocholen=
säure-bromlacton in Betracht.

B. Beim Behandeln von (25$\varXi$)-3α,7α,12α-Trihydroxy-5β-ergost-22t-en-26-säure (F: 227° [E III **10** 2250]) mit Brom in Essigsäure (*Shimizu, Kazuno*, Z. physiol. Chem. **239** [1936] 67, 73).

Krystalle (aus Me.); F: 202°.

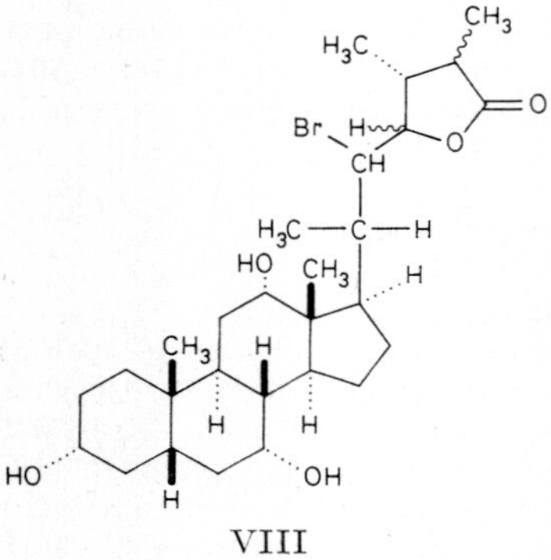

VIII

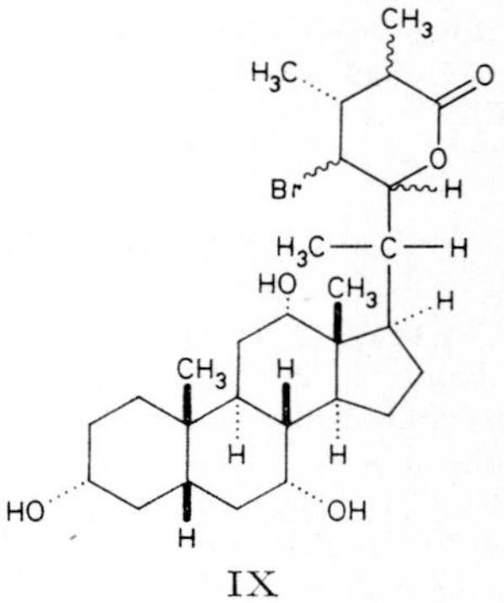

IX

23ξ-Brom-3α,7α,12α,22ξ-tetrahydroxy-5β,24ξH-ergostan-28-säure-22-lacton $C_{28}H_{45}BrO_5$,
Formel X.

Diese Konstitution kommt für das nachstehend beschriebene Trioxybufostero=
cholensäure-bromlacton in Betracht.

B. Beim Behandeln von 3α,7α,12α-Trihydroxy-5β,24ξH-ergost-22ξ-en-28-säure (Mono=
hydrat: F: 160° [E III **10** 2251]) mit Brom in Essigsäure (*Shimizu, Oda*, Z. physiol. Chem. **227** [1934] 74, 83).

Krystalle (aus wss. Me.); F: 225°.

X   XI

Hydroxy-oxo-Verbindungen C$_{29}$H$_{48}$O$_5$

ent-3β,6β,7α,16α-Tetrahydroxy-8-methyl-18,30-dinor-5β,10α,17ξH,20ξH-lanostan-21-säure-16-lacton, *ent*-3β,6β,7α,16α-Tetrahydroxy-28-nor-5β,10α,17ξH,20ξH-dammaran-21-säure-16-lacton C$_{29}$H$_{48}$O$_5$, Formel XI.

Diese Konstitution und Konfiguration kommt dem nachstehend beschriebenen Bis-desacetyl-tetrahydrocephalosporin-P$_1$-lacton zu.

B. Bei der Hydrierung von Bis-desacetyl-cephalosporin-P$_1$-lacton (S. 2559) an Platin in Essigsäure und wenig Salzsäure (*Burton et al.*, Biochem. J. **62** [1956] 171, 175).

Krystalle (aus Me.); F: 235°. [α]$_D^{20}$: +27° [Me.; c = 2].   [*Haltmeier*]

Hydroxy-oxo-Verbindungen C$_n$H$_{2n-12}$O$_5$

Hydroxy-oxo-Verbindungen C$_8$H$_4$O$_5$

4,6-Dimethoxy-benzofuran-2,3-dion, [2-Hydroxy-4,6-dimethoxy-phenyl]-glyoxylsäure-lacton C$_{10}$H$_8$O$_5$, Formel I.

B. Beim Behandeln einer Lösung von 2-Benzyliden-4,6-dimethoxy-benzofuran-3-on in Äthylacetat mit Ozon und Behandeln des Reaktionsprodukts mit Wasser (*Dean, Manunapichu*, Soc. **1957** 3112, 3118). Aus 2-Acetyl-4,6-dimethoxy-benzofuran-3-on (S. 2392) beim Behandeln mit Natriumperjodat in wss. Essigsäure (*Dean, Ma.*, l. c. S. 3116, 3123) sowie beim Behandeln einer Lösung in Benzol mit Luft, in diesem Falle neben 2-Acetyl-2-hydroxy-4,6-dimethoxy-benzofuran-3-on [Syst. Nr. 848] (*Dean, Ma.*, l. c. S. 3118).

Gelbe Krystalle (aus E.); F: 198—200°.

I   II   III

6,7-Dimethoxy-benzofuran-2,3-dion, [2-Hydroxy-3,4-dimethoxy-phenyl]-glyoxylsäure-lacton C$_{10}$H$_8$O$_5$, Formel II.

B. Beim Erhitzen von [2-Hydroxy-3,4-dimethoxy-phenyl]-glyoxylsäure mit Acetanhydrid (*Chatterjea*, J. Indian chem. Soc. **31** [1954] 194, 199).

Krystalle (aus Bzl.); F: 153°.

6,7-Dimethoxy-benzofuran-2,3-dion-2-oxim C$_{10}$H$_9$NO$_5$, Formel III.

B. Beim Behandeln von 6,7-Dimethoxy-benzofuran-3-ol ($\rightleftharpoons$ 6,7-Dimethoxy-benzo=

furan-3-on) mit Natriumnitrit in Essigsäure (*Chatterjea*, J. Indian chem. Soc. **31** [1954] 101, 106).

Gelbe Krystalle (aus Eg.); F: 194° [unkorr.; Zers.].

3,4-Dimethoxy-phthalsäure-anhydrid, Hemipinsäure-anhydrid $C_{10}H_8O_5$, Formel IV (R = CH_3, X = H) (H 167; E I 390; E II 148).

B. Beim Erhitzen von Hemipinsäure (3,4-Dimethoxy-phthalsäure) mit Acetanhydrid (*Rodinow, Fedorowa*, Izv. Akad. S.S.S.R. **1937** 501, 505; Bl. [5] **6** [1939] 478, 484).

UV-Spektrum (Isooctan; 220—360 nm): *Hirshberg et al.*, Soc. **1951** 1030, 1031.

Beim Erwärmen einer Suspension in Benzol mit Phenylmagnesiumbromid in Äther ist 2-Benzoyl-3,4-dimethoxy-benzoesäure erhalten worden (*Weizmann, Bergmann*, Soc. **1936** 567). Zeitlicher Verlauf der Reaktion mit Äthanol (Bildung von 3,4-Dimethoxy-phthalsäure-2-äthylester): *Hi. et al.*, l. c. S. 1032. Zur Reaktion mit *o*-Kresol (E II 148): s. *Davies et al.*, J.C.S. Perkin I **1974** 2399.

3-Äthoxy-4-methoxy-phthalsäure-anhydrid $C_{11}H_{10}O_5$, Formel IV (R = C_2H_5, X = H) (E II 149).

B. Beim Erhitzen von 3-Äthoxy-4-methoxy-phthalsäure mit Acetanhydrid (*Rodionow et al.*, B. **66** [1933] 1623, 1626).

Krystalle (aus Bzl.); F: 105°.

3,4-Dichlor-5,6-dimethoxy-phthalsäure-anhydrid $C_{10}H_6Cl_2O_5$, Formel IV (R = CH_3, X = Cl).

B. Beim Erhitzen von 3,4-Dichlor-5,6-dimethoxy-phthalsäure auf 120° (*Faltis et al.*, A. **497** [1932] 69, 88).

F: 122—123°.

IV   V   VI   VII

5-Brom-3,4-dimethoxy-phthalsäure-anhydrid $C_{10}H_7BrO_5$, Formel V.

B. In kleiner Menge neben 6,x-Dibrom-2,3-dimethoxy-benzoesäure (F: 154°) beim Behandeln von 3,4-Dimethoxy-phthalsäure mit wss. Kalilauge und mit wss. Kalium=hypobromit-Lösung (*Faltis et al.*, A. **497** [1932] 69, 90).

Krystalle (aus W.); F: 150°.

6-Brom-3,4-dimethoxy-phthalsäure-anhydrid $C_{10}H_7BrO_5$, Formel VI (E II 149).

B. Aus 6-Brom-3,4-dimethoxy-phthalsäure beim Erhitzen mit Essigsäure sowie beim Erhitzen ohne Zusatz auf Temperaturen oberhalb des Schmelzpunkts (*Kanewskaja et al.*, B. **69** [1936] 257, 263).

Krystalle (aus Acn.); F: 191—192°.

5-Hydroxy-3-methoxy-phthalsäure-anhydrid $C_9H_6O_5$, Formel VII.

B. Neben anderen Verbindungen beim Erwärmen von Dihydroerdin (2-[3,5-Dichlor-2,6-dihydroxy-4-methyl-benzoyl]-5-hydroxy-3-methoxy-benzoesäure) mit wss. Natron=lauge unter Stickstoff und Erhitzen der wasserlöslichen sauren Anteile des Reaktions-produkts unter 0,01 Torr auf 160° (*Barton, Scott*, Soc. **1958** 1767, 1771).

F: 230° [Kofler-App.].

3-Hydroxy-5-methoxy-phthalsäure-anhydrid $C_9H_6O_5$, Formel VIII.

B. Beim Erhitzen von 3-Hydroxy-5-methoxy-phthalsäure auf 180° (*Barton, Scott*, Soc. **1958** 1767, 1771).

F: 232—234° [nach Sublimation bei 180°/0,0001 Torr; Kofler-App.].

3,5-Dimethoxy-phthalsäure-anhydrid $C_{10}H_8O_5$, Formel IX (R = CH₃) (H 168; E II 149).

Krystalle; F: 151,5—152,5° [Kofler-App.; nach Sublimation im Hochvakuum] (*Schmid, Burger*, Helv. **35** [1952] 928, 934), 148—149° [Kofler-App.; bei 130° sublimierend] (*Barton, Scott*, Soc. **1958** 1767, 1771). Absorptionsmaxima einer Lösung in wss. Salzsäure (0,01 n): 243 nm, 251 nm, 276 nm und 307 nm; einer Lösung in wss. Kalilauge (0,01 n): 265 nm und 292 nm (*Ebnöther et al.*, Helv. **35** [1952] 910, 922).

Beim Erhitzen mit Propionsäure-anhydrid und Natriumpropionat auf 180° sind 3-Äthyliden-4,6-dimethoxy-phthalid (F: 185°) und 3-Äthyliden-5,7-dimethoxy-phthalid (F: 145°) erhalten worden (*Nogami*, J. pharm. Soc. Japan **61** [1941] 46, 50; dtsch. Ref. S. 21, 23; C. A. **1941** 4764).

3,5-Diäthoxy-phthalsäure-anhydrid $C_{12}H_{12}O_5$, Formel IX (R = C₂H₅) (H 168).

B. Beim Erhitzen von 3,5-Diäthoxy-phthalsäure-monoäthylester (F: 97—99°) auf 180° (*Oxford, Raistrick*, Biochem. J. **26** [1932] 1902, 1906). Beim Erhitzen von 3,5-Diäthoxy-cyclohexa-2(?),4(?)-dien-1,2-dicarbonsäure-anhydrid (F: 110—111° [S. 2339]) mit Palladium in Xylol (*McElvain, Cohen*, Am. Soc. **64** [1942] 260, 263).

Krystalle; F: 137—138° [aus Dioxan + Cyclohexan] (*McE., Co.*), 133—134° [nach Sublimation unter vermindertem Druck] (*Ox., Ra.*).

3,6-Dihydroxy-phthalsäure-anhydrid $C_8H_4O_5$, Formel X (R = H) (H 168; E I 391).

In einem von *Wegler* (J. pr. [2] **148** [1937] 135, 152) als 3,6-Dihydroxy-phthalsäure-anhydrid angesehenen, beim Erhitzen von 3,6-Dihydroxy-phthalsäure mit Acetanhydrid erhaltenen Präparat (F: 153°) hat vermutlich 3,6-Diacetoxy-phthalsäure-anhydrid $C_{12}H_8O_7$ vorgelegen.

B. Beim Erhitzen von 3,6-Dihydroxy-phthalsäure mit Xylol (*Brockmann, Müller*, B. **92** [1959] 1164, 1170).

VIII   IX   X   XI

3,6-Dimethoxy-phthalsäure-anhydrid $C_{10}H_8O_5$, Formel X (R = CH₃) (H 169; E II 149).

B. Beim Erhitzen von 1,4-Dimethoxy-cyclohexa-1,3-dien mit Butindisäure-dimethylester bis auf 200° (*Birch, Hextall*, Austral. J. Chem. **8** [1955] 96, 99). Beim Behandeln von 3,6-Dimethoxy-2-methyl-benzoesäure mit wss. Natronlauge, anschliessenden Erwärmen mit wss. Kaliumpermanganat-Lösung und Erhitzen der erhaltenen Dicarbonsäure unter vermindertem Druck (*Inouye*, Pharm. Bl. **2** [1954] 359, 365). Beim Behandeln von 3,6-Dihydroxy-phthalsäure mit wss. Natronlauge, anschliessenden Erwärmen mit Dimethylsulfat und Ansäuern der Reaktionslösung (*Cardani, Piozzi*, R.A.L. [8] **12** [1951] 719, 723). Beim Erhitzen von 3,6-Dimethoxy-phthalonitril mit Kaliumhydroxid in wasserhaltigem Butan-1-ol und Erhitzen der erhaltenen Dicarbonsäure (*Koelsch, Prill*, Am. Soc. **67** [1945] 1296). Beim Erhitzen von 3,6-Dimethoxy-phthalonitril mit Kaliumhydroxid und wenig Wasser und Erwärmen des mit wss. Schwefelsäure angesäuerten Reaktionsgemisches (*Cruickshank et al.*, Soc. **1938** 2056, 2063). Beim Behandeln einer Lösung von 3,6-Dihydroxy-phthalsäure-anhydrid in Aceton mit Diazomethan in Äther (*Farmer et al.*, Soc. **1956** 3600, 3605, 3606).

Krystalle; F: 264° [aus Eg. oder Bzn.] (*Ca., Pi.*; *Fa. et al.*), 263—264° [aus Acn.] (*Bi., He.*).

4,5-Dimethoxy-phthalsäure-anhydrid, Metahemipinsäure-anhydrid $C_{10}H_8O_5$, Formel XI (R = CH₃, X = H) (H 169; E I 391; E II 150).

B. Beim Erhitzen von Metahemipinsäure (4,5-Dimethoxy-phthalsäure) mit Acetanhydrid (*Pfeiffer, Schneider*, J. pr. [2] **140** [1934] 9, 26).

Krystalle; F: 175° [aus Butylacetat] (*Hirshberg et al.*, Soc. **1951** 1030, 1034). UV-

Spektrum (Isooctan; 220—360 nm): *Hi. et al.*, l. c. S. 1031.

Beim Erwärmen mit Benzol und Aluminiumchlorid sind 2-Benzoyl-4,5-dimethoxy-benzoesäure und eine als 2-Benzoyl-4-hydroxy-5-methoxy-benzoesäure oder 2-Benzoyl-5-hydroxy-4-methoxy-benzoesäure zu formulierende Verbindung (F: 223—224°) erhalten worden (*Oliverio*, G. **64** [1934] 139, 141). Zeitlicher Verlauf der Reaktion mit Äthanol (Bildung von Metahemipinsäure-monoäthylester): *Hi et al..*, l. c. S. 1031.

4-Äthoxy-5-methoxy-phthalsäure-anhydrid $C_{11}H_{10}O_5$, Formel XI (R = C_2H_5, X = H) (E II 150).

B. Beim Erwärmen von 7-Äthoxy-6-methoxy-3,4-dihydro-isochinolin mit Kalium=permanganat in Wasser und Erhitzen der erhaltenen Dicarbonsäure unter 0,0007 Torr auf 130° (*Folkers et al.*, Am. Soc. **73** [1951] 589, 593).

Krystalle (aus Ae.); F: 192—193° (*Fo. et al.*).

4-Äthoxy-3-brom-5-methoxy-phthalsäure-anhydrid $C_{11}H_9BrO_5$, Formel XI (R = C_2H_5, X = Br).

B. Aus 4-Äthoxy-3-brom-5-methoxy-phthalsäure (*King*, Soc. **1939** 1157, 1164). F: 147°.

Hydroxy-oxo-Verbindungen $C_9H_6O_5$

6,7-Dihydroxy-5-methoxy-cumarin $C_{10}H_8O_5$, Formel I (R = X = H).

B. Beim Behandeln von Apoxanthoxyletin (7-Hydroxy-5-methoxy-2-oxo-2*H*-chromen-6-carbaldehyd) mit wss. Natronlauge und wss. Wasserstoffperoxid (*Schönberg et al.*, Am. Soc. **77** [1955] 5390).

Krystalle (aus W.); F: 234—235° [unkorr.].

6-Hydroxy-5,7-dimethoxy-cumarin, Fraxinol $C_{11}H_{10}O_5$, Formel I (R = H, X = CH_3).

Isolierung aus dem Extrakt der Rinde von Fraxinus excelsior nach Erwärmen mit wss. Schwefelsäure: *Späth, Jerzmanowska-Sienkiewiczowa*, B. **70** [1937] 698, 700.

B. Beim Erwärmen von 5,7-Dimethoxy-cumarin mit wss. Natronlauge, anschliessenden Behandeln mit Kaliumperoxodisulfat und Erwärmen des Reaktionsgemisches mit wss. Salzsäure (*Dalvi et al.*, J. Indian chem. Soc. **28** [1951] 366, 369; s. a. *Bhavsar, Desai*, Indian J. Pharm. **13** [1951] 200, 203). Beim Behandeln von 6-Acetoxy-5,7-dimethoxy-cumarin mit wss.-äthanol. Natronlauge (*Sp., Je.-Si.*, l. c. S. 701). Beim Behandeln einer Lösung von 5,7-Dimethoxy-2-oxo-2*H*-chromen-6-carbaldehyd in Essigsäure mit wss. Wasserstoffperoxid und Schwefelsäure (*Schönberg et al.*, Am. Soc. **77** [1955] 5390).

Krystalle (aus W., A. oder E.); F: 171—172° (*Sp., Je.-Si.; Da. et al.; Bh., De.*). Im Hochvakuum destillierbar (*Sp., Je.-Si.*). UV-Spektrum (A.; 220—380 nm): *Steinegger, Brantschen*, Pharm. Acta Helv. **34** [1959] 334, 336.

5,6,7-Trimethoxy-cumarin $C_{12}H_{12}O_5$, Formel I (R = X = CH_3) (H 169).

B. Beim Erwärmen von 6,7-Dihydroxy-5-methoxy-cumarin mit Methyljodid, Kalium=carbonat und Aceton (*Schönberg et al.*, Am. Soc. **77** [1955] 5390). Beim Behandeln einer Lösung von 6-Hydroxy-5,7-dimethoxy-cumarin in Methanol mit Diazomethan in Äther (*Späth, Jerzmanowska-Sienkiewiczowa*, B. **70** [1937] 698, 701).

Krystalle; F: 76—77° [aus A.] (*Sp., Je.-Si.*), 74° [aus PAe. oder wss. A.] (*Sch. et al.*). Bei 160°/0,1 Torr destillierbar (*Sp., Je.-Si.*).

6-Acetoxy-5,7-dimethoxy-cumarin $C_{13}H_{12}O_6$, Formel I (R = CO-CH_3, X = CH_3).

B. Beim Erhitzen von 3,6-Dihydroxy-2,4-dimethoxy-benzaldehyd mit Acetanhydrid und Natriumacetat (*Späth, Jerzmanowska-Sienkiewiczowa*, B. **70** [1937] 698, 701). Beim Erhitzen von 6-Hydroxy-5,7-dimethoxy-cumarin mit Acetanhydrid und Acetylchlorid (*Sp., Je.-Si.*, l. c. S. 700) oder mit Acetanhydrid und Pyridin (*Bhavsar, Desai*, Indian J. Pharm. **13** [1951] 200, 203).

Krystalle; F: 141° [aus A.] (*Bh., De.*), 140—141° [aus Ae. oder A.] (*Sp., Je.-Si.; Dalvi et al.*, J. Indian chem. Soc. **28** [1951] 366, 369).

7-Acetoxy-5,8-dimethoxy-cumarin $C_{13}H_{12}O_6$, Formel II (R = CO-CH_3).

B. Neben $\alpha,\alpha,2,4$-Tetraacetoxy-3,6-dimethoxy-toluol beim Erhitzen von 2,4-Dihydroxy-

3,6-dimethoxy-benzaldehyd mit Acetanhydrid und Natriumacetat (*Gardner et al.*, J. org. Chem. **15** [1950] 841, 847).

Krystalle (aus A.); F: 186—186,5°.

6,7,8-Trihydroxy-cumarin $C_9H_6O_5$, Formel III (R = X = H).

B. Beim Erhitzen von 7,8-Dihydroxy-6-methoxy-cumarin oder von 7-Hydroxy-6,8-dimethoxy-cumarin mit wss. Jodwasserstoffsäure (*Janot et al.*, Bl. Soc. Chim. biol. **37** [1955] 365, 369). Beim Erwärmen von 6,7,8-Triacetoxy-cumarin mit wss.-methanol. Salzsäure (*Wessely, Lechner*, M. **60** [1932] 159, 163; *Späth, Jerzmanowska-Sienkiewiczowa*, B. **70** [1937] 1672, 1676). Beim Erhitzen von 6,7,8-Trihydroxy-2-oxo-2H-chromen-3-carbonsäure unter 0,05 Torr bis auf 240° (*Späth, Dobrovolny*, B. **71** [1938] 1831, 1834).

Krystalle; F: 272° [nach Sublimation bei 220—250°/0,01 Torr] (*Ja. et al.*), 272° [Zers.; aus A. + W.] (*We., Le.*), 270—272° [evakuierte Kapillare; aus A. + W.] (*Sp., Do.*). Absorptionsspektrum (220—450 nm) einer Lösung in Äthanol sowie einer alkalischen Lösung: *Ja. et al.*, l. c. S. 366.

I   II   III   IV

7,8-Dihydroxy-6-methoxy-cumarin, Fraxetin $C_{10}H_8O_5$, Formel III (R = CH_3, X = H) (H 169; E II 152).

Isolierung aus dem zuvor mit wss. Schwefelsäure erwärmten Extrakt der Rinde von Aesculus turbinata: *Shimada*, J. pharm. Soc. Japan **57** [1937] 618, 620; dtsch. Ref. S. 148; C. A. **1939** 2653; von Fraxinus intermedia: *Shimada*, J. pharm. Soc. Japan **72** [1952] 63; C. A. **1952** 6328; von Fraxinus longicuspis und von Fraxinus sambucina: *Shimada*, J. pharm. Soc. Japan **72** [1952] 498; C. A. **1953** 9262.

B. Beim Erwärmen von 4-Methoxy-pyrogallol mit der Natrium-Verbindung des Malon‌aldehydsäure-äthylesters in Äthanol unter vermindertem Druck auf 100° und Erhitzen des nach dem Ansäuern mit wss. Salzsäure erhaltenen Reaktionsprodukts unter 0,05 Torr (*Späth, Dobrovolny*, B. **71** [1938] 1831, 1836). Beim Behandeln von 7-Hydroxy-6-methoxy-2-oxo-2H-chromen-8-carbaldehyd mit wss. Natronlauge und wss. Wasserstoffperoxid (*Späth, Schmid*, B. **74** [1941] 595, 598). Beim Behandeln von 8-Acetyl-7-hydroxy-6-methoxy-cumarin mit wss. Natronlauge und wss. Wasserstoffperoxid (*Aghoramurthy, Seshadri*, Soc. **1954** 3065).

Krystalle; F: 233° [korr.; aus Me.] (*Sh.*, J. pharm. Soc. Japan **57** 620), 230—232° [nach Sublimation im Hochvakuum] (*Sp., Do.*), 227—228° [aus A. + Bzl.] (*Ag., Se.*). Absorptionsspektrum von Lösungen in Äthanol (220—400 nm bzw. 220—380 nm): *Janot et al.*, Bl. Soc. Chim. biol. **37** [1955] 365, 367; *Steinegger, Brantschen*, Pharm. Acta Helv. **34** [1959] 334, 336; einer alkalischen Lösung (220—400 nm): *Ja. et al.* Polarographie: *Patzak, Neugebauer*, M. **83** [1952] 776, 781.

6,7-Dihydroxy-8-methoxy-cumarin $C_{10}H_8O_5$, Formel IV (R = H, X = CH_3), und **6,8-Dihydroxy-7-methoxy-cumarin** $C_{10}H_8O_5$, Formel V (R = H, X = CH_3).

Diese beiden Konstitutionsformeln kommen für die nachstehend beschriebene Verbindung in Betracht.

B. Beim Erhitzen von 3-Methoxy-benzen-1,2,4-triol mit Äpfelsäure und konz. Schwefel‌säure auf 110° (*Späth, Jerzmanowska-Sienkiewiczowa*, B. **70** [1937] 1672, 1677). Beim Behandeln einer Lösung von 6,7,8-Trihydroxy-cumarin in Methanol mit Diazomethan in Äther (*Sp., Je.-Si.*, l. c. S. 1676).

Krystalle; F: 224—226° [evakuierte Kapillare; aus W.; Präparat aus 3-Methoxy-benzen-1,2,4-triol] bzw. F: 223—224° [evakuierte Kapillare; nach Sublimation bei 200—210°/0,02 Torr; Präparat aus 6,7,8-Trihydroxy-cumarin].

8-Hydroxy-6,7-dimethoxy-cumarin, Fraxidin $C_{11}H_{10}O_5$, Formel IV (R = CH$_3$, X = H) (E II 152).

Isolierung aus dem zuvor mit wss. Schwefelsäure erwärmten Extrakt der Rinde von Fraxinus excelsior: *Späth, Jerzmanowska-Sienkiewiczowa*, B. **70** [1937] 1019.

B. Beim Behandeln von 8-Acetyl-6,7-dimethoxy-cumarin mit wss. Natronlauge und wss. Wasserstoffperoxid (*Ahluwalia et al.*, Tetrahedron **5** [1959] 90).

Krystalle (aus W. oder Me.); F: 196—197° (*Sp., Je.-Si.; Ah. et al.*). UV-Spektrum (A.; 220—380 nm bzw. 235—275 nm): *Goodwin, Pollock*, Arch. Biochem. **49** [1954] 1, 5; *Steinegger, Brantschen*, Pharm. Acta Helv. **34** [1959] 334, 336. Polarographie: *Patzak, Neugebauer*, M. **83** [1952] 776, 781.

7-Hydroxy-6,8-dimethoxy-cumarin, Isofraxidin $C_{11}H_{10}O_5$, Formel V (R = CH$_3$, X = H).

Isolierung aus dem zuvor mit wss. Schwefelsäure erwärmten Extrakt der Rinde von Fraxinus excelsior: *Späth, Jerzmanowska-Sienkiewiczowa*, B. **70** [1937] 1019.

B. Neben 8-Hydroxy-6,7-dimethoxy-cumarin beim Behandeln einer Lösung von 7,8-Dihydroxy-6-methoxy-cumarin in Methanol mit Diazomethan in Äther (*Späth, Jerzmanowska-Sienkiewiczowa*, B. **70** [1937] 1672, 1674).

Krystalle (aus W.); F: 148—149° (*Sp., Je.-Si.*, B. **70** 1020, 1675). Absorptionsspektrum von Lösungen in Äthanol (220—380 nm bzw. 230—370 nm): *Janot et al.*, Bl. Soc. Chim. biol. **37** [1955] 365, 366; *Steinegger, Brantschen*, Pharm. Acta Helv. **34** [1959] 334, 336; einer alkalischen Lösung (220—440 nm): *Ja. et al.*

6-Hydroxy-7,8-dimethoxy-cumarin $C_{11}H_{10}O_5$, Formel III (R = H, X = CH$_3$) (E I 392; E II 152).

B. Beim Behandeln von 7,8-Dimethoxy-cumarin mit wss. Kalilauge und Quecksilber(II)-oxid, Behandeln der Reaktionslösung mit Kaliumperoxodisulfat und anschliessenden Erwärmen mit wss. Salzsäure (*Sawhney et al.*, Pr. Indian Acad. [A] **33** [1951] 11, 19; vgl. E I 392).

Krystalle (aus A. oder E.); F: 184—185°.

6,7,8-Trimethoxy-cumarin $C_{12}H_{12}O_5$, Formel V (R = X = CH$_3$) (H 169; E II 152).

Isolierung aus dem Holz von Fagara macrophylla: *King et al.*, Soc. **1954** 1392, 1394.

B. Beim Behandeln einer Lösung von 6,7,8-Trihydroxy-cumarin in Methanol mit Diazomethan in Äther (*Wessely, Lechner*, M. **60** [1932] 159, 164). Beim Erwärmen von 7,8-Dihydroxy-6-methoxy-cumarin mit Dimethylsulfat, Kaliumcarbonat und Aceton (*Kondo et al.*, J. agric. chem. Soc. Japan **29** [1955] 950; C. A. **1958** 21076). Beim Behandeln von 7-Hydroxy-6,8-dimethoxy-cumarin oder von 6-Hydroxy-7,8-dimethoxy-cumarin mit Dimethylsulfat, Kaliumcarbonat und Aceton (*Ahluwalia*, Tetrahedron **5** [1959] 90). Aus 7-Hydroxy-6,8-dimethoxy-cumarin mit Hilfe von Diazomethan (*Späth, Jerzmanowska-Sienkiewiczowa*, B. **70** [1937] 1019; *Janot et al.*, Bl. Soc. Chim. biol. **37** [1955] 365, 369).

Krystalle; F: 104—105° [aus PAe.] (*Sp., Je.-Si.*), 104° [aus Me. oder Bzl. + Bzn.] (*King et al.*), 103—104° [nach Sublimation] (*Ja. et al.*), 102—104° [aus A. + W.] (*We., Le.*), 102,5° [aus Me.] (*Ko. et al.*). UV-Spektrum (A.; 220—380 nm): *Ja. et al.*, l. c. S. 367.

V VI VII

7,8-Diäthoxy-6-methoxy-cumarin $C_{14}H_{16}O_5$, Formel III (R = CH$_3$, X = C$_2$H$_5$) (E II 153).

B. Beim Erwärmen von 7,8-Dihydroxy-6-methoxy-cumarin mit Äthyljodid, Silber=oxid und Äthanol (*Shimada*, J. pharm. Soc. Japan **57** [1937] 618, 621; dtsch. Ref. S. 148,

150; C. A. **1939** 2653).

Krystalle (aus wss. Me.); F: 81—82°.

8-Acetoxy-6,7-dimethoxy-cumarin $C_{13}H_{12}O_6$, Formel IV (R = CH_3, X = CO-CH_3) auf S. 2371.

B. Beim Erhitzen von 8-Hydroxy-6,7-dimethoxy-cumarin mit Acetanhydrid und Natriumacetat (*Shimada et al.*, J. pharm. Soc. Japan **72** [1952] 61; C. A. **1952** 6328).

Krystalle (aus wss. A.); F: 147,5—148°.

7,8-Diacetoxy-6-methoxy-cumarin $C_{14}H_{12}O_7$, Formel III (R = CH_3, X = CO-CH_3) auf S. 2371.

B. Beim Erhitzen von 7,8-Dihydroxy-6-methoxy-cumarin mit Acetanhydrid und Natriumacetat (*Shimada*, J. pharm. Soc. Japan **57** [1937] 618, 620; dtsch. Ref. S. 148; C. A. **1939** 2653; *Shimada*, J. pharm. Soc. Japan **72** [1952] 63; C. A. **1952** 6328), mit Acetanhydrid und konz. Schwefelsäure (*McCullagh et al.*, Trans. roy. Soc. Canada [3] **23** V [1929] 159, 162) oder mit Acetanhydrid und Pyridin (*Kondo et al.*, J. agric. chem. Soc. Japan **29** [1955] 950; C. A. **1958** 21076).

Krystalle; F: 193—195° [aus A.] (*McC. et al.*), 193° [aus Me.] (*Sh.*, J. pharm. Soc. Japan **72** 64; *Ko. et al.*).

6,7,8-Triacetoxy-cumarin $C_{15}H_{12}O_8$, Formel V (R = X = CO-CH_3).

B. Beim Erhitzen von 2,3,4,5-Tetrahydroxy-benzaldehyd mit Acetanhydrid, Natrium‌acetat und wenig Jod auf 160° (*Wessely, Lechner*, M. **60** [1932] 159, 162). Beim Erhitzen von 6,7,8-Trihydroxy-cumarin mit Acetanhydrid und Natriumacetat (*We., Le.*, l. c. S. 163).

Krystalle (aus A. + W. oder aus E. + PAe.); F: 142,5—145,5°.

8-β-D-Glucopyranosyloxy-7-hydroxy-6-methoxy-cumarin, Fraxin $C_{16}H_{18}O_{10}$, Formel VI (H **31** 249).

Isolierung aus der Rinde von Aesculus turbinata: *Shimada et al.*, J. pharm. Soc. Japan **72** [1952] 61; C. A. **1952** 6328; *Kondo et al.*, J. agric. chem. Soc. Japan **29** [1955] 950; C. A. **1958** 21076; aus dem Kernholz von Aesculus turbinata: *Kondo, Furuzawa*, J. agric. chem. Soc. Japan **29** [1955] 952; C. A. **1958** 21076; aus der Rinde von Fraxinus borealis, von Fraxinus japonica und von Fraxinus mandshurica: *Okui*, Tohoku J. exp. Med. **30** [1937] 534, 535; aus der Rinde von Fraxinus borealis und von Fraxinus sambu‌cina: *Shimada*, J. pharm. Soc. Japan **72** [1952] 498; C. A. **1953** 9262.

Krystalle (aus A.); F: 209—210° (*Sh. et al.*), 205° (*Ko. et al.*), 204° (*Sh.; Ko., Fu.*). UV-Spektrum (A.; 230—375 nm): *Steinegger, Brantschen*, Pharm. Acta Helv. **34** [1959] 334, 336. Polarographie: *Patzak, Neugebauer*, M. **83** [1952] 776, 781.

Beim Erhitzen unter 12 Torr auf 200° ist 7,8-Dihydroxy-6-methoxy-cumarin erhalten worden (*Fischer*, Ar. **275** [1937] 516, 519).

7-β-D-Glucopyranosyloxy-6,8-dimethoxy-cumarin, Calycanthosid $C_{17}H_{20}O_{10}$, Formel VII.

Isolierung aus Zweigen von Calycanthus occidentalis: *Janot et al.*, Bl. Soc. Chim. biol. **37** [1955] 365, 368.

Krystalle (aus A.), F: 219—220°; Krystalle (aus wss. A.) mit 2 Mol H_2O, F: 204°. $[\alpha]_D$: —42° [Me.; c = 0,5] (wasserfreies Präparat).

3-Hydroxy-5,7-dimethoxy-cumarin $C_{11}H_{10}O_5$, Formel VIII, und Tautomeres (5,7-Dimethoxy-chroman-2,3-dion).

B. Beim Erwärmen von 2-Hydroxy-4,6-dimethoxy-benzaldehyd mit Hippursäure, Acetanhydrid und Natriumacetat, Erwärmen des erhaltenen Gemisches von 4-[2-Acet‌oxy-4,6-dimethoxy-benzyliden]-2-phenyl-Δ^2-oxazolin-5-on und 3-Benzoylamino-5,7-di‌methoxy-cumarin mit äthanol. Kalilauge und Erhitzen des Reaktionsprodukts mit wss. Salzsäure (*Kuboto et al.*, J. chem. Soc. Japan Pure Chem. Sect. **77** [1956] 648; C. A. **1958** 375).

Krystalle (aus A.); F: 223—224°.

5,7-Dihydroxy-3-imino-chroman-2-on, 5,7-Dihydroxy-chroman-2,3-dion-3-imin $C_9H_7NO_4$, Formel IX (R = X = H), und **3-Amino-5,7-dihydroxy-cumarin** $C_9H_7NO_4$, Formel X (R = X = H).

B. Beim Erhitzen von 5,7-Diacetoxy-3-acetylamino-cumarin (S. 2374) mit wss. Salz‌

säure (*Rodighiero*, *Antonello*, Boll. chim. farm. **97** [1958] 592, 597).
Krystalle (aus wss. Me.); F: 268°.

3-Benzoylimino-5,7-dihydroxy-chroman-2-on, *N*-[5,7-Dihydroxy-2-oxo-chroman-3-yliden]-benzamid $C_{16}H_{11}NO_5$, Formel IX (R = H, X = CO-C$_6$H$_5$), und **3-Benzoylamino-5,7-dihydroxy-cumarin**, *N*-[5,7-Dihydroxy-2-oxo-2*H*-chromen-3-yl]-benzamid $C_{16}H_{11}NO_5$, Formel X (R = H, X = CO-C$_6$H$_5$).
B. Beim Erhitzen von 5,7-Diacetoxy-3-benzoylamino-cumarin (s. u.) mit wss. Salz=
säure (*Rodighiero*, *Antonello*, Boll. chim. farm. **97** [1958] 592, 599).
Krystalle (aus Eg.); F: 312°.

VIII   IX   X

3-Benzoylimino-5,7-dimethoxy-chroman-2-on, *N*-[5,7-Dimethoxy-2-oxo-chroman-3-yliden]-benzamid $C_{18}H_{15}NO_5$, Formel IX (R = CH$_3$, X = CO-C$_6$H$_5$), und **3-Benzoyl=amino-5,7-dimethoxy-cumarin**, *N*-[5,7-Dimethoxy-2-oxo-2*H*-chromen-3-yl]-benzamid $C_{18}H_{15}NO_5$, Formel X (R = CH$_3$, X = CO-C$_6$H$_5$).
B. Neben 4-[2-Acetoxy-4,6-dimethoxy-benzyliden]-2-phenyl-Δ^2-oxazolin-5-on beim Erwärmen von 2-Hydroxy-4,6-dimethoxy-benzaldehyd mit Hippursäure, Acetanhydrid und Natriumacetat (*Kubota et al.*, J. chem. Soc. Japan Pure Chem. Sect. **77** [1956] 648; C. A. **1958** 375).
Hellgelbe Krystalle; F: 223—224°.

5,7-Diacetoxy-3-acetylimino-chroman-2-on, *N*-[5,7-Diacetoxy-2-oxo-chroman-3-yliden]-acetamid $C_{15}H_{13}NO_7$, Formel IX (R = X = CO-CH$_3$), und **5,7-Diacetoxy-3-acetylamino-cumarin**, *N*-[5,7-Diacetoxy-2-oxo-2*H*-chromen-3-yl]-acetamid $C_{15}H_{13}NO_7$, Formel X (R = X = CO-CH$_3$).
B. Beim Erhitzen von 2,4,6-Trihydroxy-benzaldehyd mit Glycin, Acetanhydrid und Natriumacetat (*Rodighiero*, *Antonello*, Boll. chim. farm. **97** [1958] 592, 597).
Krystalle (aus Me.); F: 216°. Bei 170—180°/0,02 Torr sublimierbar.

5,7-Diacetoxy-3-benzoylimino-chroman-2-on, *N*-[5,7-Diacetoxy-2-oxo-chroman-3-yliden]-benzamid $C_{20}H_{15}NO_7$, Formel IX (R = CO-CH$_3$, X = CO-C$_6$H$_5$), und **5,7-Diacetoxy-3-benzoylamino-cumarin**, *N*-[5,7-Diacetoxy-2-oxo-2*H*-chromen-3-yl]-benzamid $C_{20}H_{15}NO_7$, Formel X (R = CO-CH$_3$, X = CO-C$_6$H$_5$).
B. Beim Erhitzen von 2,4,6-Trihydroxy-benzaldehyd mit Hippursäure, Acetanhydrid und Natriumacetat (*Rodighiero*, *Antonello*, Boll. chim. farm. **97** [1958] 592, 599).
Krystalle (aus wss. Eg.); F: 202°.

3,7-Dihydroxy-6-methoxy-cumarin $C_{10}H_8O_5$, Formel XI (R = X = H), und Tautomeres (7-Hydroxy-6-methoxy-chroman-2,3-dion).
B. Beim Erhitzen von 3-Amino-7-hydroxy-6-methoxy-cumarin (S. 2375) mit wss. Salz=säure auf 150° (*Späth*, *Dobrovolny*, B. **71** [1938] 1831, 1835).
F: 260—263° [evakuierte Kapillare; nach Sublimation bei 0,05 Torr].

3-Hydroxy-6,7-dimethoxy-cumarin $C_{11}H_{10}O_5$, Formel XI (R = H, X = CH$_3$), und Tautomeres (6,7-Dimethoxy-chroman-2,3-dion).
B. Beim Erhitzen von 3-Amino-6,7-dimethoxy-cumarin (S. 2375) mit wss. Salzsäure auf 150° (*Späth*, *Dobrovolny*, B. **71** [1938] 1831, 1835). Beim Erhitzen von 4-[2-Acetoxy-4,5-dimethoxy-benzyliden]-2-methyl-Δ^2-oxazolin-5-on mit wss. Salzsäure (*Jones et al.*, Soc. **1949** 562, 566).
Krystalle; F: 222—223° [evakuierte Kapillare; nach Sublimation im Hochvakuum] (*Sp.*, *Do.*), 220° [aus A.] (*Jo. et al.*).

3,6,7-Trimethoxy-cumarin $C_{12}H_{12}O_5$, Formel XI (R = X = CH$_3$).

B. Aus 3,7-Dihydroxy-6-methoxy-cumarin mit Hilfe von Diazomethan (*Späth, Dobrovolny*, B. **71** [1938] 1831, 1835). Beim Behandeln einer Lösung von 3-Hydroxy-6,7-dimethoxy-cumarin in Methanol mit Diazomethan in Äther (*Jones et al.*, Soc. **1949** 562, 566; s.a. *Sp., Do.*, l. c. S. 1836).

Krystalle; F: 148—150° [nach Destillation im Hochvakuum] (*Sp., Do.*, l. c. S. 1836), 146—148° [evakuierte Kapillare; aus Me. + W.] (*Sp., Do.*, l. c. S. 1835), 146° [aus Me.] (*Jo. et al.*).

XI   XII   XIII

7-Hydroxy-3-imino-6-methoxy-chroman-2-on, 7-Hydroxy-6-methoxy-chroman-2,3-dion-3-imin $C_{10}H_9NO_4$, Formel XII (R = H), und **3-Amino-7-hydroxy-6-methoxy-cumarin** $C_{10}H_9NO_4$, Formel XIII (R = H).

B. Beim Behandeln von 7-Hydroxy-6-methoxy-cumarin mit Salpetersäure, Schwefelsäure und Essigsäure und Erwärmen des Reaktionsprodukts mit wss. Natronlauge und Natriumhydrogensulfit (*Späth, Dobrovolny*, B. **71** [1938] 1831, 1834).

F: 195—197° [evakuierte Kapillare; nach Sublimation im Hochvakuum].

3-Imino-6,7-dimethoxy-chroman-2-on, 6,7-Dimethoxy-chroman-2,3-dion-3-imin $C_{11}H_{11}NO_4$, Formel XII (R = CH$_3$), und **3-Amino-6,7-dimethoxy-cumarin** $C_{11}H_{11}NO_4$, Formel XIII (R = CH$_3$).

B. Beim Erwärmen von 6,7-Dimethoxy-3-nitro-cumarin mit konz. wss. Salzsäure, Zinn(II)-chlorid und Zinn (*Späth, Dobrovolny*, B. **71** [1938] 1831, 1835). Aus 3-Amino-7-hydroxy-6-methoxy-cumarin (s. o.) mit Hilfe von Diazomethan (*Sp., Do.*).

Krystalle; F: 183—184° [evakuierte Kapillare; nach Sublimation bei 150—160°/0,05 Torr] bzw. F: 175—177° [evakuierte Kapillare; aus PAe.] (zwei Präparate).

7,8-Dihydroxy-3-imino-chroman-2-on, 7,8-Dihydroxy-chroman-2,3-dion-3-imin $C_9H_7NO_4$, Formel I (R = X = H), und **3-Amino-7,8-dihydroxy-cumarin** $C_9H_7NO_4$, Formel II (R = X = H).

B. Beim Erhitzen von 7,8-Diacetoxy-3-acetylamino-cumarin (S. 2376) mit wss. Salzsäure (*Rodighiero, Antonello*, Boll. chim. farm. **97** [1958] 592, 599).

Krystalle (aus Me.); F: 264°. Bei 180—190°/0,02 Torr sublimierbar.

3-Benzoylimino-7,8-dihydroxy-chroman-2-on, N-[7,8-Dihydroxy-2-oxo-chroman-3-yliden]-benzamid $C_{16}H_{11}NO_5$, Formel I (R = H, X = CO-C$_6$H$_5$), und **3-Benzoylamino-7,8-dihydroxy-cumarin, N-[7,8-Dihydroxy-2-oxo-2H-chromen-3-yl]-benzamid** $C_{16}H_{11}NO_5$, Formel II (R = H, X = CO-C$_6$H$_5$).

B. Beim Erwärmen von 7,8-Diacetoxy-3-benzoylamino-cumarin (S. 2376) mit wss.-methanol. Salzsäure (*Rodighiero, Antonello*, Boll. chim. farm. **97** [1958] 592, 600).

Krystalle (aus Me.); F: 240°.

7-Hydroxy-3-imino-8-methoxy-chroman-2-on, 7-Hydroxy-8-methoxy-chroman-2,3-dion-3-imin $C_{10}H_9NO_4$, Formel III (R = X = H), und **3-Amino-7-hydroxy-8-methoxy-cumarin** $C_{10}H_9NO_4$, Formel IV (R = X = H).

B. Beim Erhitzen von 7-Acetoxy-3-acetylamino-8-methoxy-cumarin (S. 2376) mit wss. Salzsäure (*Rodighiero, Antonello*, Boll. chim. farm. **97** [1958] 592, 600).

Krystalle (aus Me.); F: 180°.

3-Benzoylimino-7-hydroxy-8-methoxy-chroman-2-on, N-[7-Hydroxy-8-methoxy-2-oxo-chroman-3-yliden]-benzamid $C_{17}H_{13}NO_5$, Formel III (R = H, X = CO-C$_6$H$_5$), und **3-Benzoylamino-7-hydroxy-8-methoxy-cumarin, N-[7-Hydroxy-8-methoxy-2-oxo-2H-chromen-3-yl]-benzamid** $C_{17}H_{13}NO_5$, Formel IV (R = H, X = CO-C$_6$H$_5$).

B. Neben 3-Amino-7-hydroxy-8-methoxy-cumarin (s. o.) beim Erwärmen von 7-Acetoxy-3-benzoylamino-8-methoxy-cumarin (S. 2376) mit wss.-methanol. Salzsäure (*Rodig-*

hiero, Antonello, Boll. chim. farm. **97** [1958] 592, 600).

Krystalle (aus Bzl.); F: 222°.

7-Acetoxy-3-acetylimino-8-methoxy-chroman-2-on, *N*-[7-Acetoxy-8-methoxy-2-oxo-chroman-3-yliden]-acetamid $C_{14}H_{13}NO_6$, Formel III (R = X = CO-CH₃), und
7-Acetoxy-3-acetylamino-8-methoxy-cumarin, *N*-[7-Acetoxy-8-methoxy-2-oxo-2*H*-chromen-3-yl]-acetamid $C_{14}H_{13}NO_6$, Formel IV (R = X = CO-CH₃).

B. Beim Erhitzen von 2,4-Dihydroxy-3-methoxy-benzaldehyd mit Glycin, Acet≠ anhydrid und Natriumacetat (*Rodighiero, Antonello,* Boll. chim. farm. **97** [1958] 592, 600).

Krystalle (aus Eg.); F: 217°.

I   II   III   IV

7-Acetoxy-3-benzoylimino-8-methoxy-chroman-2-on, *N*-[7-Acetoxy-8-methoxy-2-oxo-chroman-3-yliden]-benzamid $C_{19}H_{15}NO_6$, Formel III (R = CO-CH₃, X = CO-C₆H₅), und
7-Acetoxy-3-benzoylamino-8-methoxy-cumarin, *N*-[7-Acetoxy-8-methoxy-2-oxo-2*H*-chromen-3-yl]-benzamid $C_{19}H_{15}NO_6$, Formel IV (R = CO-CH₃, X = CO-C₆H₅).

B. Beim Erhitzen von 2,4-Dihydroxy-3-methoxy-benzaldehyd mit Hippursäure, Acet≠ anhydrid und Natriumacetat (*Rodighiero, Antonello,* Boll. chim. farm. **97** [1958] 592, 600).

Krystalle (aus Bzl.); F: 202°.

7,8-Diacetoxy-3-acetylimino-chroman-2-on, *N*-[7,8-Diacetoxy-2-oxo-chroman-3-yliden]-acetamid $C_{15}H_{13}NO_7$, Formel I (R = X = CO-CH₃), und **7,8-Diacetoxy-3-acetylamino-cumarin, *N*-[7,8-Diacetoxy-2-oxo-2*H*-chromen-3-yl]-acetamid** $C_{15}H_{13}NO_7$, Formel II (R = X = CO-CH₃).

B. Beim Erhitzen von 2,3,4-Trihydroxy-benzaldehyd mit Glycin, Acetanhydrid und Natriumacetat (*Rodighiero, Antonello,* Boll. chim. farm. **97** [1958] 592, 599).

Krystalle (aus Me.); F: 203°. Bei 170—180°/0,03 Torr sublimierbar.

7,8-Diacetoxy-3-benzoylimino-chroman-2-on, *N*-[7,8-Diacetoxy-2-oxo-chroman-3-yliden]-benzamid $C_{20}H_{15}NO_7$, Formel I (R = CO-CH₃, X = CO-C₆H₅), und
7,8-Diacetoxy-3-benzoylamino-cumarin, *N*-[7,8-Diacetoxy-2-oxo-2*H*-chromen-3-yl]-benzamid $C_{20}H_{15}NO_7$, Formel II (R = CO-CH₃, X = CO-C₆H₅).

B. Beim Erhitzen von 2,3,4-Trihydroxy-benzaldehyd mit Hippursäure, Acetanhydrid und Natriumacetat (*Rodighiero, Antonello,* Boll. chim. farm. **97** [1958] 592, 599).

Krystalle (aus Eg.); F: 235°.

––––––––––

4,5-Dihydroxy-6-methoxy-cumarin $C_{10}H_8O_5$, Formel V (R = H), und Tautomere (z. B. 5-Hydroxy-6-methoxy-chroman-2,4-dion).

B. Beim Erhitzen von 4-Hydroxy-5,6-dimethoxy-cumarin (s.u.) mit Aluminium≠ chlorid auf 150° (*Desai, Sethna,* J. org. Chem. **22** [1957] 388).

Krystalle (aus wss. A.); F: 194° [unkorr.; Zers.].

4-Hydroxy-5,6-dimethoxy-cumarin $C_{11}H_{10}O_5$, Formel V (R = CH₃), und Tautomere (z.B. 5,6-Dimethoxy-chroman-2,4-dion).

B. Beim Erwärmen von 1-[6-Hydroxy-2,3-dimethoxy-phenyl]-äthanon mit Diäthyl≠ carbonat und Natrium (*Desai, Sethna,* J. org. Chem. **22** [1957] 388).

Krystalle (aus wss. A.); F: 114°.

––––––––––

4-Hydroxy-5,7-dimethoxy-cumarin $C_{11}H_{10}O_5$, Formel VI (R = H), und Tautomere (z.B. 5,7-Dimethoxy-chroman-2,4-dion).

B. Beim Erwärmen von 1-[2-Hydroxy-4,6-dimethoxy-phenyl]-äthanon mit Diäthyl≠

carbonat und Natrium (*Boyd, Robertson*, Soc. **1948** 174).
Krystalle (aus A.); F: 183°.

4-Acetoxy-5,7-dimethoxy-cumarin $C_{13}H_{12}O_6$, Formel VI (R = CO-CH$_3$).
B. Beim Behandeln von 4-Hydroxy-5,7-dimethoxy-cumarin (S. 2376) mit Acetanhydrid und Pyridin (*Boyd, Robertson*, Soc. **1948** 174).
Krystalle (aus wss. A.); F: 175°.

4,6,7-Trihydroxy-cumarin $C_9H_6O_5$, Formel VII (R = X = H), und Tautomere (z. B. 6,7-Dihydroxy-chroman-2,4-dion).
B. Beim Einleiten von Chlorwasserstoff in ein Gemisch von Benzen-1,2,4-triol, Cyan=essigsäure-äthylester, Zinkchlorid und Äther und Erhitzen des Reaktionsprodukts mit 90%ig. wss. Schwefelsäure (*Amiard, Allais*, Bl. **1947** 512).
Krystalle (aus Propan-1-ol + W.); F: 325—326° [Zers.; Block].

V   VI   VII

4-Hydroxy-6,7-dimethoxy-cumarin $C_{11}H_{10}O_5$, Formel VII (R = H, X = CH$_3$), und Tautomere (z.B. 6,7-Dimethoxy-chroman-2,4-dion).
B. Beim Erwärmen von 1-[2-Hydroxy-4,5-dimethoxy-phenyl]-äthanon mit Diäthyl=carbonat und Natrium (*Jones et al.*, Soc. **1949** 562, 566). Beim Erwärmen von 4-Amino-6,7-dimethoxy-cumarin (s. u.) mit wss. Schwefelsäure (*Jo. et al.*).
Krystalle (aus A. oder Acn.); F: 278° [Zers.] (*Jo. et al.*).
Beim Erwärmen mit Acetessigsäure-äthylester, Essigsäure und Phosphor(V)-oxid ist 8,9-Dimethoxy-4-methyl-pyrano[3,2-*c*]chromen-2,5-dion erhalten worden (*Badcock et al.*, Soc. **1950** 903, 908).

4,6,7-Trimethoxy-cumarin $C_{12}H_{12}O_5$, Formel VII (R = X = CH$_3$).
B. Aus 4-Hydroxy-6,7-dimethoxy-cumarin (s. o.) beim Behandeln einer Lösung in Chloroform mit Diazomethan in Äther (*Jones et al.*, Soc. **1949** 562, 566) sowie beim Er=wärmen mit Methyljodid, Kaliumcarbonat und Aceton (*Robertson, Whalley*, Soc. **1949** 848, 857; s.a. *Jo. et al.*).
Krystalle (aus wss. A. oder Me.); F: 202° (*Jo. et al.*; *Ro., Wh.*).

4-Acetoxy-6,7-dimethoxy-cumarin $C_{13}H_{12}O_6$, Formel VII (R = CO-CH$_3$, X = CH$_3$).
B. Beim Erwärmen von 4-Hydroxy-6,7-dimethoxy-cumarin (s.o.) mit Acetanhydrid und Pyridin (*Jones et al.*, Soc. **1949** 562, 566; *Robertson, Whalley*, Soc. **1949** 848, 857).
Krystalle (aus E. oder A.); F: 242° (*Jo. et al.*; *Ro., Wh.*).

4-Imino-6,7-dimethoxy-chroman-2-on, 6,7-Dimethoxy-chroman-2,4-dion-4-imin
$C_{11}H_{11}NO_4$, Formel VIII, und **4-Amino-6,7-dimethoxy-cumarin** $C_{11}H_{11}NO_4$, Formel IX.
B. Beim Behandeln eines Gemisches von 3,4-Dimethoxy-phenol, Cyanessigsäure, Zinkchlorid und Äther mit Chlorwasserstoff (*Jones et al.*, Soc. **1949** 562, 566).
Krystalle (aus A.); F: 238°.

4,7,8-Trihydroxy-cumarin $C_9H_6O_5$, Formel X (R = X = H), und Tautomere (z. B. 7,8-Dihydroxy-chroman-2,4-dion).
B. Beim Behandeln eines Gemisches von Pyrogallol, Cyanessigsäure-äthylester, Zink=chlorid und Äther mit Chlorwasserstoff und Erwärmen des Reaktionsprodukts mit wss. Schwefelsäure (*Desai, Sethna*, J. org. Chem. **22** [1957] 388). Beim Erhitzen von 4-Hydr=oxy-7,8-dimethoxy-cumarin (S. 2378) mit Acetanhydrid und wss. Jodwasserstoffsäure (*De., Se.*).
Krystalle (aus W.); F: 258° [unkorr.; Zers.].

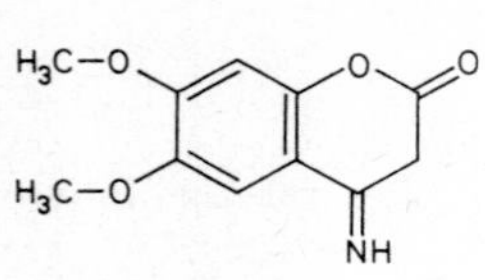

VIII 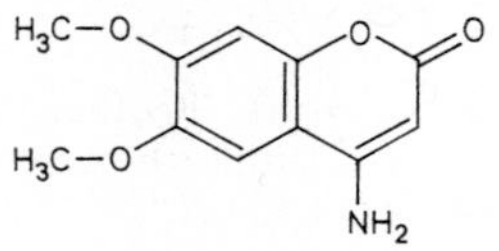   IX 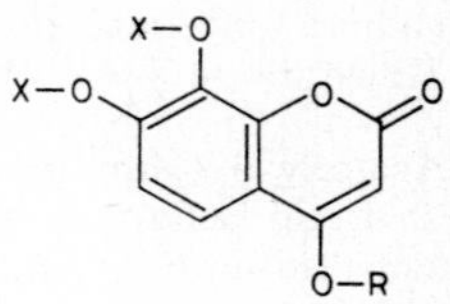   X

4-Hydroxy-7,8-dimethoxy-cumarin $C_{11}H_{10}O_5$, Formel X (R = H, X = CH₃), und Tautomere (z.B. 7,8-Dimethoxy-chroman-2,4-dion).

B. Beim Erwärmen von 1-[2-Hydroxy-3,4-dimethoxy-phenyl]-äthanon mit Diäthyl=
carbonat und Natrium (*Desai, Sethna,* J. org. Chem. **22** [1957] 388).

Krystalle (aus A.); F: 242° [unkorr.; Zers.].

4,7,8-Trimethoxy-cumarin $C_{12}H_{12}O_5$, Formel X (R = X = CH₃).

B. Beim Erwärmen von 4,7,8-Trihydroxy-cumarin (S. 2377) oder von 4-Hydroxy-
7,8-dimethoxy-cumarin (s.o.) mit Dimethylsulfat, Aceton und Kaliumcarbonat (*Desai,
Sethna,* J. org. Chem. **22** [1957] 388).

Krystalle (aus wss. A.); F: 178° [unkorr.].

Überführung in 4-Hydroxy-7,8-dimethoxy-cumarin durch Erwärmen mit wss. Salz=
säure: *De., Se.* Beim Erwärmen mit wss. Natronlauge, Behandeln der abgekühlten
Reaktionslösung mit wss. Kaliumperoxodisulfat-Lösung und anschliessenden Erwärmen
mit wss. Salzsäure ist 1-[2,5-Dihydroxy-3,4-dimethoxy-phenyl]-äthanon erhalten worden

---

5,6,7-Trimethoxy-isocumarin $C_{12}H_{12}O_5$, Formel I (E II 153).

Krystalle (aus wss. A.); F: 76—77° (*Hattori,* Acta phytoch. Tokyo **4** [1929] 327, 338).

**6,7-Dimethoxy-isochroman-1,3-dion, [2-Carboxy-4,5-dimethoxy-phenyl]-essigsäure-
anhydrid** $C_{11}H_{10}O_5$, Formel II.

B. Beim Erwärmen von [2-Carboxy-4,5-dimethoxy-phenyl]-essigsäure mit Acetyl=
chlorid (*Potts, Robinson,* Soc. **1955** 2675, 2682).

Krystalle (aus Bzl.); F: 175° [nach Sublimation bei 170—180°/0,03 Torr].

Beim Erwärmen mit Tryptamin (2-Indol-3-yl-äthylamin) in Benzol ist 2-[(2-Indol-
3-yl-äthylcarbamoyl)-methyl]-4,5-dimethoxy-benzoesäure erhalten worden.

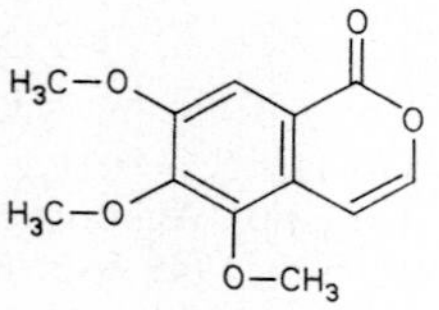

I 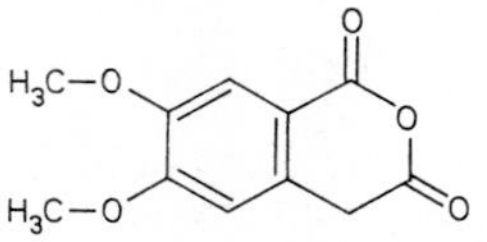   II 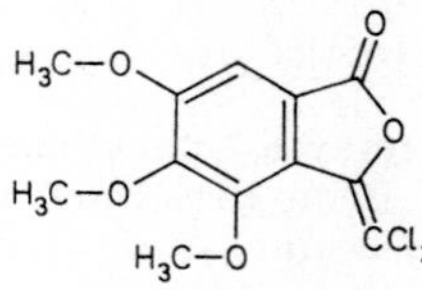   III

3-Dichlormethylen-4,5,6-trimethoxy-phthalid $C_{12}H_{10}Cl_2O_5$, Formel III.

B. Bei 2-stdg. Erhitzen von 4,5,6-Trimethoxy-3-trichlormethyl-phthalid mit wss.
Natronlauge (*Haworth, McLachlan,* Soc. **1952** 1583, 1587).

Krystalle (aus A.); F: 145—146°.

Bei weiterem Erhitzen mit wss. Natronlauge ist 5,6,7-Trimethoxy-3-oxo-phthalan-
1-carbonsäure erhalten worden.

3,4-Dimethoxy-6-methyl-phthalsäure-anhydrid $C_{11}H_{10}O_5$, Formel IV.

B. Beim Erwärmen von 3-Hydroxy-6,7-dimethoxy-4-methyl-phthalid (⇌ 2-Formyl-
5,6-dimethoxy-3-methyl-benzoesäure) oder von 6,7-Dimethoxy-4-methyl-phthalid mit
wss. Natronlauge und Kaliumpermanganat und Ansäuern der Reaktionsgemische mit wss.
Salzsäure (*Blair et al.,* Soc. **1956** 2443, 2446).

Krystalle (aus wss. A.); F: 186—187°.

6,7-Dimethoxy-1-oxo-phthalan-4-carbaldehyd, 4-Formyl-6,7-dimethoxy-phthalid
$C_{11}H_{10}O_5$, Formel V.

B. Beim Behandeln von 4-Hydroxymethyl-6,7-dimethoxy-phthalid mit Chrom(VI)-oxid und Essigsäure (*Brown, Newbold*, Soc. **1953** 3648, 3651).

Krystalle (aus Me.); F: 195—196°. Bei 150°/0,001 Torr sublimierbar. Absorptionsmaxima (A.): 227 nm, 277 nm und 324 nm.

IV   V   VI

4-[(2,4-Dinitro-phenylhydrazono)-methyl]-6,7-dimethoxy-phthalid, 6,7-Dimethoxy-1-oxo-phthalan-4-carbaldehyd-[2,4-dinitro-phenylhydrazon] $C_{17}H_{14}N_4O_8$, Formel VI.

B. Aus 6,7-Dimethoxy-1-oxo-phthalan-4-carbaldehyd und [2,4-Dinitro-phenyl]-hydrazin (*Brown, Newbold*, Soc. **1953** 3648, 3651).

Krystalle, die unterhalb 350° nicht schmelzen.

3-Hydroxy-5-methoxy-4-methyl-phthalsäure-anhydrid $C_{10}H_8O_5$, Formel VII (R = H).

B. Neben 2,6-Dihydroxy-4-methyl-benzaldehyd beim Erhitzen von Psoromsäure [4-Formyl-3-hydroxy-8-methoxy-1,9-dimethyl-11-oxo-11*H*-dibenzo[*b,e*][1,4]dioxepin-6-carbonsäure] (*Asahina, Hayashi*, J. pharm. Soc. Japan **53** [1933] 1279, 1296; B. **66** [1933] 1023, 1028; s.a. *Asahina, Shibata*, B. **72** [1939] 1399, 1400).

Krystalle (aus Ae.); F: 206° (*As., Ha.*).

Beim Erhitzen mit wss. Jodwasserstoffsäure ist 3,5-Dihydroxy-4-methyl-benzoesäure erhalten worden (*As., Ha.*).

VII   VIII   IX

3,5-Dimethoxy-4-methyl-phthalsäure-anhydrid $C_{11}H_{10}O_5$, Formel VII (R = CH₃).

B. Beim Erhitzen von 3,5-Dimethoxy-4-methyl-phthalsäure auf Temperaturen oberhalb des Schmelzpunkts (*Charlesworth, Robinson*, Soc. **1934** 1531; *Fujikawa, Yurugi*, J. pharm. Soc. Japan **63** [1943] 341; C. A. **1951** 5128) bzw. auf 220° (*Birkinshaw et al.*, Biochem. J. **67** [1957] 155, 161). Beim Behandeln von 3-Hydroxy-5-methoxy-4-methyl-phthalsäure-anhydrid mit Diazomethan in Äther (*Asahina, Hayashi*, J. pharm. Soc. Japan **53** [1933] 1279, 1298; B. **66** [1933] 1023, 1028).

Krystalle; F: 166° [aus Bzl. oder Ae.] (*Ch., Ro.; Fu., Yu.; As., Ha.*), 165—166° [nach Sublimation im Hochvakuum bei 120—130°] (*Bi. et al.*).

3,6-Dimethoxy-4-methyl-phthalsäure-anhydrid $C_{11}H_{10}O_5$, Formel VIII.

B. Beim Erwärmen von 3,6-Dimethoxy-4-methyl-phthalonitril mit wss. Schwefelsäure (*Anslow, Raistrick*, Biochem. J. **34** [1940] 1124, 1131). Neben 3,5-Dimethoxy-phthalsäure-anhydrid beim Erwärmen einer Lösung von 1,4,5,7-Tetramethoxy-2-methyl-anthrachinon in Acetanhydrid und Essigsäure mit Chrom(VI)-oxid in Essigsäure (*An., Ra.*, l. c. S. 1130).

Krystalle (aus Eg. oder Bzl.); F: 202°. Im Hochvakuum sublimierbar.

3,4-Dimethoxy-5-methyl-phthalsäure-anhydrid $C_{11}H_{10}O_5$, Formel IX.

B. Beim Erhitzen von 3,4-Dimethoxy-5-methyl-phthalsäure auf 190° (*Neelakantan et al.*, Biochem. J. **66** [1957] 234, 237).

Krystalle (aus Diisopropyläther); F: 118°. Im Hochvakuum sublimierbar.

Hydroxy-oxo-Verbindungen $C_{10}H_8O_5$

(±)-3,4-Dichlor-5-[2,3,4-trimethoxy-phenyl]-5H-furan-2-on, (±)-2,3-Dichlor-4-hydroxy-4-[2,3,4-trimethoxy-phenyl]-*cis*-crotonsäure-lacton $C_{13}H_{12}Cl_2O_5$, Formel I.

B. Beim Erwärmen von Mucochlorsäure (Dichlormaleinaldehydsäure) mit 1,2,3-Trimethoxy-benzol, Phosphorsäure und Phosphor(V)-oxid (*Ettel et al.*, Chem. Listy **46** [1952] 634; C. A. **1953** 8038).

Krystalle (aus Me.); F: 93°.

I   II

(±)-3,4-Dihydroxy-5-[4-methoxy-phenyl]-5H-furan-2-on-imin, (±)-2,3,4-Trihydroxy-4-[4-methoxy-phenyl]-*cis*-crotonimidsäure-4-lacton $C_{11}H_{11}NO_4$, Formel II, und Tautomere (z.B. (±)-5-Amino-4-hydroxy-2-[4-methoxy-phenyl]-furan-3-on).

B. Beim Behandeln von Dinatrium-[1,2-dihydroxy-äthan-1,2-disulfonat] mit Kalium-cyanid und wss. Natriumcarbonat-Lösung und Behandeln des Reaktionsgemisches mit einer Lösung von 4-Methoxy-benzaldehyd in Dioxan (*Dahn et al.*, Helv. **37** [1954] 1309, 1315).

Krystalle (aus A.); F: 135—136° [korr.; Kofler-App.].

Beim Erhitzen auf Schmelztemperatur sowie beim Erwärmen mit wss. Salzsäure ist eine (isomere) Verbindung $C_{11}H_{11}NO_4$ (gelbe Krystalle [aus A.], F: 150—155° [Zers.; Kofler-App.]) erhalten worden (*Dahn et al.*, l. c. S. 1317).

4-Chlor-5-[3,4-dimethoxy-phenyl]-3-methylimino-dihydro-furan-2-on, 3-Chlor-4-[3,4-dimethoxy-phenyl]-4-hydroxy-2-methylimino-buttersäure-lacton $C_{13}H_{14}ClNO_4$, Formel III, und Tautomere (z.B. 4-Chlor-5-[3,4-dimethoxy-phenyl]-3-methylamino-5H-furan-2-on).

Eine von *Ettel et al.* (Chem. Listy **46** [1952] 634; C. A. **1953** 8038) als (±)-4-Chlor-5-[3,4-dimethoxy-phenyl]-3-methylamino-5H-furan-2-on (Formel IV) beschriebene Verbindung (F: 158—159°) ist als (±)-4-Chlor-5-[3,4-dimethoxy-phenyl]-5-hydroxy-1-methyl-Δ^3-pyrrolin-2-on ($\rightleftharpoons$ 3-Chlor-4-[3,4-dimethoxy-phenyl]-4-oxo-crotonsäure-methylamid) zu formulieren (*Semonský et al.*, Collect. **28** [1963] 3278, 3283, 3284).

III   IV

(±)-4-Brom-5-[3,4-dimethoxy-phenyl]-3-hydroxy-5H-furan-2-on, (±)-3-Brom-4-[3,4-dimethoxy-phenyl]-2,4-dihydroxy-*cis*-crotonsäure-4-lacton $C_{12}H_{11}BrO_5$, Formel V
(R = X = H), und Tautomeres ((±)-4-Brom-5-[3,4-dimethoxy-phenyl]-dihydro-furan-2,3-dion).

Diese Konstitution kommt der nachstehend beschriebenen, ursprünglich (*Reimer et al.*, Am. Soc. **57** [1935] 211, 212) als 3-Brom-4-[3,4-dimethoxy-phenyl]-2-oxo-but-3-ensäure angesehenen Verbindung zu (*Stecher et al.*, J. org. Chem. **38** [1973] 4453, 4455).

B. Beim Behandeln von opt.-inakt. 3,4-Dibrom-4-[3,4-dimethoxy-phenyl]-2-oxo-buttersäure vom F: 134—136° mit kaltem Wasser oder mit warmem Methanol (*Re. et al.*). F: 158° [Zers.] (*Re. et al.*).

(±)-4-Brom-5-[3,4-dimethoxy-phenyl]-3-methoxy-5H-furan-2-on, (±)-3-Brom-4-[3,4-dimethoxy-phenyl]-4-hydroxy-2-methoxy-cis-crotonsäure-lacton $C_{13}H_{13}BrO_5$,

Formel V (R = CH₃, X = H).

Diese Konstitution kommt der nachstehend beschriebenen, ursprünglich (*Reimer et al.*, Am. Soc. **57** [1935] 211, 213) als 3-Brom-4-[3,4-dimethoxy-phenyl]-2-oxo-but-3-ensäure-methylester angesehenen Verbindung zu (vgl. *Stecher, Clements*, Am. Soc. **76** [1954] 503).

B. Beim Behandeln der im vorangehenden Artikel beschriebenen Verbindung mit Diazomethan in Äther (*Re. et al.*).

Krystalle (aus Me.); F: 141—142° (*Re. et al.*).

(±)-4-Brom-5-[2-brom-4,5-dimethoxy-phenyl]-3-hydroxy-5H-furan-2-on, (±)-3-Brom-4-[2-brom-4,5-dimethoxy-phenyl]-2,4-dihydroxy-cis-crotonsäure-4-lacton $C_{12}H_{10}Br_2O_5$,

Formel V (R = H, X = Br), und Tautomeres ((±)-4-Brom-5-[2-brom-4,5-dimethoxy-phenyl]-dihydro-furan-2,3-dion).

Diese Konstitution kommt der nachstehend beschriebenen, ursprünglich (*Reimer et al.*, Am. Soc. **57** [1935] 211, 213) als 3-Brom-4-[2-brom-4,5-dimethoxy-phenyl]-2-oxo-but-3-ensäure angesehenen Verbindung zu (*Stecher et al.*, J. org. Chem. **38** [1973] 4453, 4455).

B. Beim Behandeln von 4-[3,4-Dimethoxy-phenyl]-2-oxo-but-3-ensäure (F: 155°) mit Brom (2 Mol) in Chloroform und Erhitzen des Reaktionsprodukts mit Essigsäure (*Re. et al.*).

Krystalle (aus Bzl.); F: 162—164° [nach Erweichen bei 158°] (*Re. et al.*).

V   VI   VII

(±)-4-Brom-5-[2-brom-4,5-dimethoxy-phenyl]-3-methoxy-5H-furan-2-on, (±)-3-Brom-4-[2-brom-4,5-dimethoxy-phenyl]-4-hydroxy-2-methoxy-cis-crotonsäure-lacton

$C_{13}H_{12}Br_2O_5$, Formel V (R = CH₃, X = Br).

Diese Konstitution kommt der nachstehend beschriebenen, ursprünglich (*Reimer et al.*, Am. Soc. **57** [1935] 211, 213) als 3-Brom-4-[2-brom-4,5-dimethoxy-phenyl]-2-oxo-but-3-ensäure-methylester angesehenen Verbindung zu (vgl. *Stecher, Clements*, Am. Soc. **76** [1954] 503).

B. Beim Behandeln der im vorangehenden Artikel beschriebenen Verbindung mit Diazomethan in Äther (*Re. et al.*).

Krystalle (aus Me. oder Acn.); F: 171—172° (*Re. et al.*).

3-[3,4-Dimethoxy-phenyl]-furan-2,4-dion $C_{12}H_{12}O_5$, Formel VI, und Tautomeres

(3-[3,4-Dimethoxy-phenyl]-4-hydroxy-5H-furan-2-on, 2-[3,4-Dimethoxy-phenyl]-3,4-dihydroxy-cis-crotonsäure-4-lacton); **2-[3,4-Dimethoxy-phenyl]-4-hydroxy-acetessigsäure-lacton.**

B. Beim Behandeln einer warmen Lösung von 4-Benzyloxy-2-[3,4-dimethoxy-phenyl]-acetoacetonitril in Methanol mit Chlorwasserstoff und anschliessenden Hydrolysieren (*Haworth, Kelly*, Soc. **1937** 1645, 1649).

Krystalle (aus Me.); F: 211—213°.

(±)-[2,4-Dimethoxy-phenyl]-bernsteinsäure-anhydrid $C_{12}H_{12}O_5$, Formel VII.

B. Neben anderen Verbindungen beim Behandeln von 1,3-Dimethoxy-benzol mit Maleinsäure-anhydrid und Aluminiumchlorid in Schwefelkohlenstoff (*Rice*, Am. Soc. **53** [1931] 3153, 3155).

Krystalle (aus Acn., Bzl., Toluol oder CHCl₃); F: 147°.

(±)-[3,4-Dimethoxy-phenyl]-bernsteinsäure-anhydrid $C_{12}H_{12}O_5$, Formel VIII.
B. Beim Erwärmen von (±)-[3,4-Dimethoxy-phenyl]-bernsteinsäure mit Acetanhydrid (*Dave et al.*, J. Univ. Bombay **11**, Tl. 5A [1943] 111).
Krystalle (aus E.); F: 124°.

5,6,7-Trihydroxy-2-methyl-chromen-4-on $C_{10}H_8O_5$, Formel IX (R = H).
B. Beim Erhitzen von 6,7-Dihydroxy-5-methoxy-2-methyl-chromen-4-on mit wss. Salzsäure (*Schönberg et al.*, Am. Soc. **77** [1955] 1019). Beim Erhitzen von 5,7,8-Trimeth=oxy-2-methyl-chromen-4-on mit Acetanhydrid und wss. Jodwasserstoffsäure (*Chakravorty et al.*, Pr. Indian Acad. [A] **35** [1952] 34, 42).
Krystalle; F: 284—286° [nach Sintern bei 280°; aus A.] (*Ch. et al.*), 280—282° [unkorr.] (*Sch. et al.*).

6,7-Dihydroxy-5-methoxy-2-methyl-chromen-4-on $C_{11}H_{10}O_5$, Formel X (R = CH$_3$, X = H).
B. Beim Behandeln von 7-Hydroxy-5-methoxy-2-methyl-4-oxo-4H-chromen-6-carb=aldehyd mit wss. Natronlauge und wss. Wasserstoffperoxid (*Schönberg et al.*, Am. Soc. **77** [1955] 1019).
Krystalle (aus W.); F: 229° [unkorr.].

VIII   IX   X

5,6-Dihydroxy-7-methoxy-2-methyl-chromen-4-on $C_{11}H_{10}O_5$, Formel X (R = H, X = CH$_3$).
B. Beim Erhitzen von 6-Hydroxy-5,7-dimethoxy-2-methyl-chromen-4-on mit wss. Salzsäure (*Schönberg et al.*, Am. Soc. **77** [1955] 1019).
Krystalle; F: 234° [unkorr.].

6-Hydroxy-5,7-dimethoxy-2-methyl-chromen-4-on $C_{12}H_{12}O_5$, Formel X (R = X = CH$_3$).
B. Beim Behandeln einer Suspension von 5,7-Dimethoxy-2-methyl-4-oxo-4H-chromen-6-carbaldehyd in wss. Schwefelsäure mit wss. Wasserstoffperoxid (*Schönberg et al.*, Am. Soc. **77** [1955] 1019).
Krystalle (aus W.); F: 222—223° [unkorr.].

5,6,7-Trimethoxy-2-methyl-chromen-4-on $C_{13}H_{14}O_5$, Formel IX (R = CH$_3$).
B. Beim Erwärmen von 1-[6-Hydroxy-2,3,4-trimethoxy-phenyl]-butan-1,3-dion mit Schwefelsäure enthaltendem Äthanol (*Chakravorty et al.*, Pr. Indian Acad. [A] **35** [1952] 34, 43). Beim Erwärmen einer Lösung von 5,6,7-Trihydroxy-2-methyl-chromen-4-on in Aceton mit Dimethylsulfat und Kaliumcarbonat (*Ch. et al.*). Beim Erwärmen von 6,7-Dihydroxy-5-methoxy-2-methyl-chromen-4-on mit Methyljodid, Aceton und Kalium=carbonat (*Schönberg et al.*, Am. Soc. **77** [1955] 1019).
Krystalle; F: 100° [unkorr.; aus W.] (*Sch. et al.*), 99—100° [aus E. + PAe.] (*Ch. et al.*). 1 g löst sich bei 24° in 150 g Wasser, bei 70° in 10 g Wasser (*Sch. et al.*).

5,7,8-Trihydroxy-2-methyl-chromen-4-on $C_{10}H_8O_5$, Formel XI (R = X = H) auf S. 2384.
B. Beim Behandeln von 5,7,8-Trimethoxy-2-methyl-chromen-4-on mit Aluminium=chlorid in Benzol (*Murti et al.*, Pr. Indian Acad. [A] **50** [1959] 192, 194).
Gelbe Krystalle (aus wss. Me.); F: 236—238°.

5,8-Dihydroxy-7-methoxy-2-methyl-chromen-4-on $C_{11}H_{10}O_5$, Formel XI (R = CH$_3$, X = H) auf S. 2384.
B. Bei der Behandlung einer Lösung von 5-Hydroxy-7-methoxy-2-methyl-chromen-4-on in Pyridin mit wss. Kaliumperoxodisulfat-Lösung und wss. Tetramethylammonium-

hydroxid-Lösung und anschliessenden Hydrolyse (*Mukerjee et al.*, J. scient. ind. Res. India **16**B [1957] 58, 60).

Gelbe Krystalle (aus E.); F: 210—211°.

5,7-Dihydroxy-8-methoxy-2-methyl-chromen-4-on $C_{11}H_{10}O_5$, Formel XI (R = H, X = CH_3).

B. Beim Behandeln einer Lösung von 7-Hydroxy-5,8-dimethoxy-2-methyl-chromen-4-on in Dioxan mit Aluminiumchlorid (*Murti et al.*, Pr. Indian Acad. [A] **50** [1959] 192, 195).

Krystalle (aus Bzl.); F: 190—192°.

7-Hydroxy-5,8-dimethoxy-2-methyl-chromen-4-on $C_{12}H_{12}O_5$, Formel XII (R = H).

B. Beim Behandeln von 1-[2,4-Dihydroxy-3,6-dimethoxy-phenyl]-äthanon mit 3,4-Di=hydro-2*H*-pyran unter Zusatz von Toluol-4-sulfonsäure, Behandeln des Reaktions-produkts mit Natrium und Äthylacetat und Erwärmen des danach isolierten Reaktions-produkts mit wss.-methanol. Salzsäure (*Geissman*, Am. Soc. **73** [1951] 3514). Bei der Hydrierung von 7-Benzyloxy-5,8-dimethoxy-2-methyl-chromen-4-on an Palladium/Kohle in warmem Äthanol (*Ge.*).

Krystalle (aus Me.); F: 247—248°.

5,7,8-Trimethoxy-2-methyl-chromen-4-on $C_{13}H_{14}O_5$, Formel XII (R = CH_3).

B. Aus 1-[2-Hydroxy-3,4,6-trimethoxy-phenyl]-butan-1,3-dion beim Erwärmen mit Schwefelsäure enthaltendem Äthanol (*Chakravorty et al.*, Pr. Indian Acad. [A] **35** [1952] 34, 42) sowie beim Erhitzen mit Essigsäure und kleinen Mengen wss. Salzsäure (*Wiley*, Am. Soc. **74** [1952] 4329).

Krystalle; F: 170—171° [aus $CHCl_3$ + Ae.] (*Ch. et al.*), 167—169° [unkorr.; aus wss. A.] (*Wi.*).

Beim Erhitzen mit Acetanhydrid und wss. Jodwasserstoffsäure ist 5,6,7-Trihydroxy-2-methyl-chromen-4-on erhalten worden (*Ch. et al.*).

5,8-Dimethoxy-2-methyl-7-propoxy-chromen-4-on $C_{15}H_{18}O_5$, Formel XII (R = CH_2-CH_2-CH_3).

B. Beim Behandeln von 7-Hydroxy-5,8-dimethoxy-2-methyl-chromen-4-on mit Propylhalogenid, Kaliumcarbonat und Aceton (*Geissman*, Am. Soc. **73** [1951] 3514).

Krystalle (aus wss. Me.); F: 103—105°.

7-Butoxy-5,8-dimethoxy-2-methyl-chromen-4-on $C_{16}H_{20}O_5$, Formel XII (R = $[CH_2]_3$-CH_3).

B. Beim Behandeln von 7-Hydroxy-5,8-dimethoxy-2-methyl-chromen-4-on mit Butyl=halogenid, Kaliumcarbonat und Aceton (*Geissman*, Am. Soc. **73** [1951] 3514).

Krystalle (aus wss. Me.); F: 110—112°.

7-Benzyloxy-5,8-dimethoxy-2-methyl-chromen-4-on $C_{19}H_{18}O_5$, Formel XII (R = CH_2-C_6H_5).

B. Beim Erwärmen von 1-[4-Benzyloxy-2-hydroxy-3,6-dimethoxy-phenyl]-butan-1,3-dion mit wss.-methanol. Salzsäure (*Geissman*, Am. Soc. **73** [1951] 3514).

Krystalle (aus Bzl. + E.); F: 164—165°.

[5,8-Dihydroxy-2-methyl-4-oxo-4*H*-chromen-7-yloxy]-essigsäure $C_{12}H_{10}O_7$, Formel XI (R = CH_2-COOH, X = H).

B. Beim Behandeln von [5-Hydroxy-2-methyl-4-oxo-4*H*-chromen-7-yloxy]-essigsäure-äthylester mit wss. Natronlauge und Kaliumperoxodisulfat und Erwärmen des Reaktions-produkts mit wss. Salzsäure und Natriumsulfit (*Murti, Seshadri*, Pr. Indian Acad. [A] **30** [1949] 107, 110).

Gelbe Krystalle (aus A. + Ae.); F: 229—231° [Zers.].

[5-Hydroxy-8-methoxy-2-methyl-4-oxo-4*H*-chromen-7-yloxy]-essigsäure-methylester $C_{14}H_{14}O_7$, Formel XI (R = CH_2-CO-OCH_3, X = CH_3).

B. Beim Erwärmen einer Lösung von [5,8-Dihydroxy-2-methyl-4-oxo-4*H*-chromen-7-yloxy]-essigsäure in Aceton mit Dimethylsulfat und Kaliumcarbonat (*Murti, Seshadri*,

Pr. Indian Acad. [A] **30** [1949] 107, 111).
Krystalle (aus Me.); F: 137—138°.

[5,8-Dimethoxy-2-methyl-4-oxo-4H-chromen-7-yloxy]-essigsäure-äthylester $C_{16}H_{18}O_7$,
Formel XII (R = CH_2-CO-OC_2H_5).
B. Beim Behandeln von 7-Hydroxy-5,8-dimethoxy-2-methyl-chromen-4-on mit
Halogenessigsäure-äthylester, Kaliumcarbonat und Aceton (*Geissman*, Am. Soc. **73**
[1951] 3514).
Krystalle (aus Ae. + PAe.); F: 124—125°.

3,5,7-Trihydroxy-2-methyl-chromen-4-on $C_{10}H_8O_5$, Formel XIII (R = X = H), und Tautomeres (5,7-Dihydroxy-2-methyl-chroman-3,4-dion).
B. Beim Erhitzen von 5,7-Dihydroxy-3-methoxy-2-methyl-chromen-4-on mit wss. Jod=
wasserstoffsäure (*O'Toole*, *Wheeler*, Soc. **1956** 4411, 4413).
Krystalle (aus wss. A.); F: 224°.

5,7-Dihydroxy-3-methoxy-2-methyl-chromen-4-on $C_{11}H_{10}O_5$, Formel XIII (R = CH_3,
X = H) (E II 154).
B. Aus 2-Methoxy-1-[2,4,6-triacetoxy-phenyl]-äthanon beim Erhitzen mit Glycerin
unter Stickstoff auf 250° sowie beim Behandeln mit Kaliumhydroxid in Pyridin und
anschliessenden Ansäuern (*O'Toole*, *Wheeler*, Soc. **1956** 4411, 4413).
Krystalle (aus A.); F: 223—224°.

XI   XII   XIII

7-Hydroxy-3,5-dimethoxy-2-methyl-chromen-4-on $C_{12}H_{12}O_5$, Formel XIV (R = CH_3,
X = H).
B. Beim Erwärmen einer Lösung von 7-Benzyloxy-3,5-dimethoxy-2-methyl-chromen-
4-on in Essigsäure mit konz. wss. Salzsäure (*Ahluwalia et al.*, J. scient. ind. Res. India
12B [1953] 283, 284).
Krystalle (aus wss. A.); F: 286—288°.

5-Hydroxy-3,7-dimethoxy-2-methyl-chromen-4-on $C_{12}H_{12}O_5$, Formel XIII
(R = X = CH_3).
B. Beim Erwärmen einer Lösung von 5,7-Dihydroxy-3-methoxy-2-methyl-chromen-4-on
in Aceton mit Dimethylsulfat und Kaliumcarbonat (*Chakravorty et al.*, Pr. Indian Acad.
[A] **35** [1952] 34, 38).
Krystalle (aus Bzl.); F: 121—122°.

7-Allyloxy-5-hydroxy-3-methoxy-2-methyl-chromen-4-on $C_{14}H_{14}O_5$, Formel XIII
(R = CH_3, X = CH_2-CH=CH_2).
B. Beim Erwärmen einer Lösung von 5,7-Dihydroxy-3-methoxy-2-methyl-chromen-
4-on in Aceton mit Allylbromid und Kaliumcarbonat (*Ahluwalia et al.*, J. scient. ind.
Res. India **12**B [1953] 283, 285).
Krystalle (aus E. + PAe.); F: 92—93°.

7-Allyloxy-3,5-dimethoxy-2-methyl-chromen-4-on $C_{15}H_{16}O_5$, Formel XIV (R = CH_3,
X = CH_2-CH=CH_2).
B. Beim Erwärmen einer Lösung von 7-Hydroxy-3,5-dimethoxy-2-methyl-chromen-
4-on in Aceton mit Allylbromid und Kaliumcarbonat (*Ahluwalia et al.*, J. scient. ind.
Res. India **12** B [1953] 283, 285). Beim Erwärmen einer Lösung von 7-Allyloxy-5-hydroxy-
3-methoxy-2-methyl-chromen-4-on in Aceton mit Dimethylsulfat und Kaliumcarbonat
(*Ah. et al.*).
Krystalle (aus Bzl. + PAe.); F: 115—116°.

7-Benzyloxy-5-hydroxy-3-methoxy-2-methyl-chromen-4-on $C_{18}H_{16}O_5$, Formel XIII
(R = CH$_3$, X = CH$_2$-C$_6$H$_5$).
B. Beim Erwärmen einer Lösung von 5,7-Dihydroxy-3-methoxy-2-methyl-chromen-
4-on in Aceton mit Benzylchlorid, Natriumjodid und Kaliumcarbonat (*Ahluwalia et al.*,
J. scient. ind. Res. India **12** B [1953] 283, 284).
Krystalle (aus Bzl.); F: 95 — 96°.

7-Benzyloxy-3,5-dimethoxy-2-methyl-chromen-4-on $C_{19}H_{18}O_5$, Formel XIV
(R = CH$_3$, X = CH$_2$-C$_6$H$_5$).
B. Beim Erwärmen einer Lösung von 7-Benzyloxy-5-hydroxy-3-methoxy-2-methyl-
chromen-4-on in Aceton mit Dimethylsulfat und Kaliumcarbonat (*Ahluwalia et al.*, J.
scient. ind. Res. India **12** B [1953] 283, 284).
Krystalle (aus Bzl. + PAe.); F: 127 — 128°.

5-Acetoxy-7-benzyloxy-3-methoxy-2-methyl-chromen-4-on $C_{20}H_{18}O_6$, Formel XIV
(R = CO-CH$_3$, X = CH$_2$-C$_6$H$_5$).
B. Beim Behandeln von 7-Benzyloxy-5-hydroxy-3-methoxy-2-methyl-chromen-4-on
mit Acetanhydrid und Pyridin (*Ahluwalia et al.*, J. scient. ind. Res. India **12** B [1953] 283,
284).
Krystalle (aus Bzl. + PAe.); F: 127 — 128°.

3,6,7-Trihydroxy-2-methyl-chromen-4-on $C_{10}H_8O_5$, Formel XV (R = X = H), und
Tautomeres (6,7-Dihydroxy-2-methyl-chroman-3,4-dion).
B. Beim Erhitzen von 6,7-Dihydroxy-3-methoxy-2-methyl-chromen-4-on mit wss.
Jodwasserstoffsäure (*Healey*, *Robinson*, Soc. **1934** 1625, 1628).
1 Mol Wasser enthaltende Krystalle (aus Me.) ohne scharfen Schmelzpunkt.

XIV　　　　　　　　XV　　　　　　　　XVI

6,7-Dihydroxy-3-methoxy-2-methyl-chromen-4-on $C_{11}H_{10}O_5$, Formel XV
(R = CH$_3$, X = H).
B. Beim Erhitzen von 2-Methoxy-1-[2,4,5-trihydroxy-phenyl]-äthanon mit Acet=
anhydrid und Natriumacetat und Erwärmen des Reaktionsprodukts mit wss. Salzsäure
(*Healey*, *Robinson*, Soc. **1934** 1625, 1627).
Krystalle (aus Me.); F: 272° [Zers.].

3-Hydroxy-6,7-dimethoxy-2-methyl-chromen-4-on $C_{12}H_{12}O_5$, Formel XV (R = H,
X = CH$_3$), und Tautomeres (6,7-Dimethoxy-2-methyl-chroman-3,4-dion).
B. Beim Behandeln von 3-Acetoxy-6,7-dimethoxy-2-methyl-chromen-4-on mit konz.
Schwefelsäure (*Jones et al.*, Soc. **1949** 562, 568).
Krystalle (aus A.); F: 238° [Zers.].

3,6,7-Trimethoxy-2-methyl-chromen-4-on $C_{13}H_{14}O_5$, Formel XV (R = X = CH$_3$).
B. Beim Erwärmen von 6,7-Dihydroxy-3-methoxy-2-methyl-chromen-4-on mit Di=
methylsulfat und wss. Natronlauge (*Healey*, *Robinson*, Soc. **1934** 1625, 1628).
Krystalle (aus Me.); F: 185,5 — 186°.

3-Acetoxy-6,7-dimethoxy-2-methyl-chromen-4-on $C_{14}H_{14}O_6$, Formel XV
(R = CO-CH$_3$, X = CH$_3$).
B. Beim Erhitzen von 2-Chlor-1-[2-hydroxy-4,5-dimethoxy-phenyl]-äthanon mit
Acetanhydrid und Natriumacetat (*Jones et al.*, Soc. **1949** 562, 568).
Krystalle (aus E. + Bzn. oder aus wss. A.); F: 185 — 186°.

6,7-Diacetoxy-3-methoxy-2-methyl-chromen-4-on $C_{15}H_{14}O_7$, Formel XV
(R = CH_3, X = CO-CH_3).
B. Beim Erwärmen von 6,7-Dihydroxy-3-methoxy-2-methyl-chromen-4-on mit Acet=
anhydrid und Pyridin (*Healey, Robinson*, Soc. **1934** 1625, 1627).
Krystalle; F: 129—130°.

_____

7,8-Dihydroxy-3-methoxy-2-methyl-chromen-4-on $C_{11}H_{10}O_5$, Formel XVI (R = H).
B. Beim Behandeln von 7-Hydroxy-3-methoxy-2-methyl-4-oxo-4*H*-chromen-8-carb=
aldehyd mit wss. Natronlauge und wss. Wasserstoffperoxid (*Chakravorty et al.*, Pr. Indian
Acad. [A] **35** [1952] 34, 41).
Krystalle (aus W.); F: 208—209°.

3,7,8-Trimethoxy-2-methyl-chromen-4-on $C_{13}H_{14}O_5$, Formel XVI (R = CH_3).
B. Beim Erwärmen einer Lösung von 7,8-Dihydroxy-3-methoxy-2-methyl-chromen-
4-on in Aceton mit Dimethylsulfat und Kaliumcarbonat (*Chakravorty et al.*, Pr. Indian
Acad. [A] **35** [1952] 34, 41).
Krystalle (aus W.); F: 112—113°.

_____

4,5,7-Trihydroxy-3-methyl-cumarin $C_{10}H_8O_5$, Formel I (R = X = H), und Tautomere
(z.B. 5,7-Dihydroxy-3-methyl-chroman-2,4-dion).
B. Beim Erwärmen von 1-[2,4,6-Trihydroxy-phenyl]-propan-1-on mit Chlorokohlen=
säure-methylester, Aceton und Kaliumcarbonat, Erwärmen des Reaktionsprodukts
mit wss. Natronlauge und Ansäuern des Reaktionsgemisches (*Gilbert et al.*, Soc. **1957**
3740, 3745).
Krystalle (aus wss. A.); F: 288—290°.

4-Hydroxy-5,7-dimethoxy-3-methyl-cumarin $C_{12}H_{12}O_5$, Formel I (R = H, X = CH_3),
und Tautomere (z.B. 5,7-Dimethoxy-3-methyl-chroman-2,4-dion).
In dem früher (s. H **18** 170) unter dieser Konstitution beschriebenen Präparat (F: 248°;
O-Acetyl-Derivat: F: 134°), das nicht aus 4-Brom-5,7-dimethoxy-3-methyl-cumarin,
sondern aus x-Brom-5,7-dimethoxy-8-methyl-cumarin (S. 1383 im Artikel 5,7-Dimeth=
oxy-8-methyl-cumarin) hergestellt worden ist, hat x-Hydroxy-5,7-dimethoxy-
8-methyl-cumarin vorgelegen.
B. Beim Erwärmen von 1-[2-Hydroxy-4,6-dimethoxy-phenyl]-propan-1-on mit Di=
äthylcarbonat und Natrium und Behandeln des Reaktionsprodukts mit wss. Salzsäure
(*Boyd, Robertson*, Soc. **1948** 174).
Krystalle (aus wss. A.); F: 176°.

4-Acetoxy-5,7-dimethoxy-3-methyl-cumarin $C_{14}H_{14}O_6$, Formel I (R = CO-CH_3, X = CH_3).
B. Aus 4-Hydroxy-5,7-dimethoxy-3-methyl-cumarin (*Boyd, Robertson*, Soc. **1948** 174).
Krystalle (aus wss. A.); F: 166°.

4,5,7-Triacetoxy-3-methyl-cumarin $C_{16}H_{14}O_8$, Formel I (R = X = CO-CH_3).
B. Aus 4,5,7-Trihydroxy-3-methyl-cumarin (*Gilbert et al.*, Soc. **1957** 3740, 3745).
Krystalle (aus A.); F: 180—182°.

_____

4-Hydroxy-6,7-dimethoxy-3-methyl-cumarin $C_{12}H_{12}O_5$, Formel II (R = H), und
Tautomere (z.B. 6,7-Dimethoxy-3-methyl-chroman-2,4-dion).
B. Beim Erwärmen von 1-[2-Hydroxy-4,5-dimethoxy-phenyl]-propan-1-on mit Di=
äthylcarbonat und Natrium und Behandeln des Reaktionsprodukts mit wss. Salzsäure
(*Jones et al.*, Soc. **1949** 562, 567). Bei der Hydrierung von 6,7-Dimethoxy-2,4-dioxo-
chroman-3-carbaldehyd an Palladium/Kohle in Äthylacetat bei 100°/90 at (*Cavill et al.*,
Soc. **1950** 1031, 1036).
Krystalle (aus A. oder Me.); F: 273° (*Jo. et al.*; *Ca. et al.*).

4,6,7-Trimethoxy-3-methyl-cumarin $C_{13}H_{14}O_5$, Formel II (R = CH_3).
B. Beim Behandeln einer Lösung von 4-Hydroxy-6,7-dimethoxy-3-methyl-cumarin in
Chloroform mit Diazomethan in Äther (*Jones et al.*, Soc. **1949** 562, 567).
Krystalle (aus wss. Me.); F: 150°.

_____

5,6,7-Trihydroxy-4-methyl-cumarin $C_{10}H_8O_5$, Formel III (R = X = H) (vgl. H 170).

B. Beim Erhitzen von 6-Hydroxy-5,7-dimethoxy-4-methyl-cumarin mit wss. Jod= wasserstoffsäure und Acetanhydrid (*Parikh, Sethna,* J. Indian chem. Soc. **27** [1950] 369, 373; *Bhavsar, Desai,* Indian J. Pharm. **13** [1951] 200, 203). Beim Behandeln von 6-Hydroxy-5,7-bis-methansulfonyloxy-4-methyl-cumarin mit konz. Schwefelsäure (*Desai, Parghi,* J. Indian chem. Soc. **33** [1956] 661, 664). Beim Behandeln von 6-Acetyl-5,7-di= hydroxy-4-methyl-cumarin mit wss. Natronlauge und mit wss. Wasserstoffperoxid unter Zusatz von Pyridin (*Sastri et al.,* Pr. Indian Acad. [A] **37** [1953] 681, 693).

Krystalle; F: 278—280° [aus E.] (*Sa. et al.*), 278° [aus A.] (*Pa., Se.*), 276—277° [aus A.] (*Bh., De.*).

I   II   III   IV

5,7-Dihydroxy-6-methoxy-4-methyl-cumarin $C_{11}H_{10}O_5$, Formel IV (R = H, X = CH_3).

B. Beim Behandeln von 5,7-Bis-methansulfonyloxy-6-methoxy-4-methyl-cumarin mit konz. Schwefelsäure (*Desai, Parghi,* J. Indian chem. Soc. **33** [1956] 661, 664).

Krystalle (aus A.); F: 230°.

5,6-Dihydroxy-7-methoxy-4-methyl-cumarin $C_{11}H_{10}O_5$, Formel V (R = X = H).

B. Beim Behandeln einer Lösung von 6-Hydroxy-7-methoxy-4-methyl-2-oxo-2H-chromen-5-carbaldehyd in Pyridin mit wss. Natronlauge und mit wss. Wasserstoffperoxid (*Sawhney, Seshadri,* Pr. Indian Acad. [A] **37** [1953] 592, 595).

Krystalle (aus Me.); F: 237—238°.

6-Hydroxy-5,7-dimethoxy-4-methyl-cumarin $C_{12}H_{12}O_5$, Formel III (R = CH_3, X = H), (H 170).

B. Beim Erwärmen von 5,7-Dimethoxy-4-methyl-cumarin mit wss. Natronlauge, an-schliessenden Behandeln mit Kaliumperoxodisulfat und Erwärmen der Reaktions-lösung mit konz. wss. Salzsäure (*Parikh, Sethna,* J. Indian chem. Soc. **27** [1950] 369, 373; s. a. *Bhavsar, Desai,* Indian J. Pharm. **13** [1951] 200, 203; *Oliverio et al.,* Ann. Chimica **42** [1952] 75, 80). Beim Behandeln von 5,7-Dimethoxy-4-methyl-cumarin mit wss. Kali= lauge und Quecksilber(II)-oxid, Behandeln der Reaktionslösung mit Kaliumperoxodisulfat und Erwärmen des Reaktionsprodukts mit konz. wss. Salzsäure (*Sawhney et al.,* Pr. Indian Acad. [A] **33** [1951] 11, 19).

Krystalle; F: 195° [aus wss. A. oder E.] (*Pa., Se.; Bh., De.*), 193—194° [aus E.] (*Sa. et al.*), 191° [aus Me.] (*Ol. et al.*). Absorptionsspektrum (A.; 220—380 nm): *Cingolani,* Ann. Chimica **47** [1957] 557, 566.

5,6,7-Trimethoxy-4-methyl-cumarin $C_{13}H_{14}O_5$, Formel IV (R = X = CH_3) (H 170).

B. Beim Eintragen von konz. Schwefelsäure in ein Gemisch von 3,4,5-Trimethoxy-phenol und Acetessigsäure-äthylester (*Bargellini, Zoras,* G. **64** [1934] 192, 201). Beim Erhitzen von 1-[6-Hydroxy-2,3,4-trimethoxy-phenyl]-äthanon mit Acetanhydrid und Natriumacetat (*Oliverio, Bargellini,* G. **78** [1948] 372, 379). Beim Erwärmen von 5,6,7-Tri= hydroxy-4-methyl-cumarin mit Methyljodid, Aceton und Kaliumcarbonat (*Parikh, Sethna,* J. Indian chem. Soc. **27** [1950] 369, 374) oder mit Dimethylsulfat, Aceton und Kaliumcarbonat (*Sastri et al.,* Pr. Indian Acad. [A] **37** [1953] 681, 693). Beim Erwärmen von 5,6-Dihydroxy-7-methoxy-4-methyl-cumarin mit Dimethylsulfat, Aceton und Kaliumcarbonat (*Sawhney, Seshadri,* Pr. Indian Acad. [A] **37** [1953] 592, 596). Beim Erwärmen von 6-Hydroxy-5,7-dimethoxy-4-methyl-cumarin mit Methyljodid, Aceton und Kaliumcarbonat (*Pa., Se.,* l. c. S. 373; vgl. H 170) oder mit Dimethylsulfat, Aceton und Kaliumcarbonat (*Sawhney et al.,* Pr. Indian Acad. [A] **33** [1951] 11, 20; *Bhavsar, Desai,* Indian J. Pharm. **13** [1951] 200, 203).

Krystalle; F: 119° [aus wss. A.] (*Bh., De.*), 115—116° [aus A.] (*Sas. et al.*), 113—114° [aus E.] (*Sa., Se.*), 113° [aus W.] (*Ba., Zo.; Ol., Ba.*).

5-Äthoxy-6-hydroxy-7-methoxy-4-methyl-cumarin $C_{13}H_{14}O_5$, Formel V (R = C_2H_5, X = H).

B. Beim Behandeln einer Lösung von 5-Äthoxy-7-methoxy-4-methyl-cumarin in Pyridin mit wss. Natronlauge und Quecksilber(II)-oxid, Behandeln der Reaktionslösung mit Kaliumperoxodisulfat und Erwärmen des Reaktionsprodukts mit konz. wss. Salz= säure und Natriumhydrogensulfit (*Sawhney, Seshadri,* Pr. Indian Acad. [A] **37** [1953] 592, 597).

Krystalle (aus Me. oder E.); F: 201—202°.

5,6-Diäthoxy-7-methoxy-4-methyl-cumarin $C_{15}H_{18}O_5$, Formel V (R = X = C_2H_5).

B. Beim Erwärmen von 5,6-Dihydroxy-7-methoxy-4-methyl-cumarin oder von 5-Äthoxy-6-hydroxy-7-methoxy-4-methyl-cumarin mit Diäthylsulfat, Aceton und Ka= liumcarbonat (*Sawhney, Seshadri,* Pr. Indian Acad. [A] **37** [1953] 592, 597, 598).

Krystalle (aus Me.); F: 168—169°.

6-Acetoxy-5,7-dimethoxy-4-methyl-cumarin $C_{14}H_{14}O_6$, Formel IV (R = CH_3, X = CO-CH_3).

B. Beim Erhitzen von 6-Hydroxy-5,7-dimethoxy-4-methyl-cumarin mit Acetanhydrid und Pyridin (*Bhavsar, Desai,* Indian J. Pharm. **13** [1951] 200, 203; s. a. *Sawhney et al.,* Pr. Indian Acad. [A] **33** [1951] 11, 20).

Krystalle; F: 167—168° [aus E.] (*Sa. et al.*), 166—167° [aus wss. A.] (*Bh., De.*).

5,6,7-Triacetoxy-4-methyl-cumarin $C_{16}H_{14}O_8$, Formel IV (R = X = CO-CH_3).

B. Aus 5,6,7-Trihydroxy-4-methyl-cumarin (*Sastri et al.,* Pr. Indian Acad. [A] **37** [1953] 681, 693).

Krystalle; F: 162° (*Donnelly et al.,* Chem. and Ind. **1958** 892), 159—160° [aus E.] (*Sa. et al.*).

6-Hydroxy-5,7-bis-methansulfonyloxy-4-methyl-cumarin $C_{12}H_{12}O_9S_2$, Formel IV (R = SO_2-CH_3, X = H).

B. Bei der Behandlung einer Lösung von 5,7-Bis-methansulfonyloxy-4-methyl-cumarin in Pyridin mit wss. Kalilauge und mit wss. Kaliumperoxodisulfat-Lösung und anschliessenden Hydrolyse (*Desai, Parghi,* J. Indian chem. Soc. **33** [1956] 661, 664).

Krystalle (aus A.); F: 210°.

V   VI   VII   VIII

5,7-Bis-methansulfonyloxy-6-methoxy-4-methyl-cumarin $C_{13}H_{14}O_9S_2$, Formel IV (R = SO_2-CH_3, X = CH_3).

B. Beim Erwärmen von 6-Hydroxy-5,7-bis-methansulfonyloxy-4-methyl-cumarin mit Dimethylsulfat, Aceton und Kaliumcarbonat (*Desai, Parghi,* J. Indian chem. Soc. **33** [1956] 661, 664).

Krystalle (aus wss. A.); F: 134°.

3,8(?)-Dibrom-6-hydroxy-5,7-dimethoxy-4-methyl-cumarin $C_{12}H_{10}Br_2O_5$, vermutlich Formel III (R = CH_3, X = Br).

B. Bei der Behandlung von 3,8(?)-Dibrom-5,7-dimethoxy-4-methyl-cumarin (F: 284° [S. 1371]) mit wss. Natronlauge, Pyridin und wss. Kaliumperoxodisulfat-Lösung und an= schliessenden Hydrolyse (*Lele, Sethna,* J. scient. ind. Res. India **14** B [1955] 101, 104).

Krystalle (aus wss. A.); F: 201°.

5,7,8-Trihydroxy-4-methyl-cumarin $C_{10}H_8O_5$, Formel VI (R = H).

B. Beim Behandeln von 5,7-Dihydroxy-4-methyl-2-oxo-2*H*-chromen-8-carbaldehyd (*Naik, Thakor,* J. org. Chem. **22** [1957] 1630, 1631) oder von 8-Acetyl-5,7-dihydroxy-

4-methyl-cumarin (*Sastri et al.*, Pr. Indian Acad. [A] **37** [1953] 681, 691) mit wss. Natron=
lauge und wss. Wasserstoffperoxid. Beim Erhitzen von 7-Hydroxy-5,8-dimethoxy-4-meth=
yl-cumarin oder von 5,7,8-Trimethoxy-4-methyl-cumarin mit Acetanhydrid und wss.
Jodwasserstoffsäure (*Sa. et al.*).
Krystalle; F: 273 — 275° [aus A. oder E.] (*Sa. et al.*), 273° [unkorr.; aus E.] (*Naik, Th.*).

7,8-Dihydroxy-5-methoxy-4-methyl-cumarin $C_{11}H_{10}O_5$, Formel VII (R = X = H).
B. Beim Behandeln von 7-Hydroxy-5-methoxy-4-methyl-2-oxo-2*H*-chromen-8-carb=
aldehyd mit wss. Natronlauge und wss. Wasserstoffperoxid (*Naik, Thakor*, J. org. Chem.
22 [1957] 1630, 1631).
Krystalle (aus Me.); F: 231° [unkorr.].

8-Hydroxy-5,7-dimethoxy-4-methyl-cumarin $C_{12}H_{12}O_5$, Formel VII (R = CH_3, X = H).
B. Beim Behandeln von 3-[3-Formyl-2-hydroxy-4,6-dimethoxy-phenyl]-*trans*-croton=
säure mit wss. Natronlauge und wss. Wasserstoffperoxid (*Naik, Thakor*, J. org. Chem.
22 [1957] 1240).
Krystalle (aus A.); F: 258° [unkorr.].

7-Hydroxy-5,8-dimethoxy-4-methyl-cumarin $C_{12}H_{12}O_5$, Formel VII (R = H, X = CH_3).
B. Beim Eintragen von konz. Schwefelsäure in ein Gemisch von 2,5-Dimethoxy-
resorcin und Acetessigsäure-äthylester (*Sastri et al.*, Pr. Indian Acad. [A] **37** [1953] 681,
690).
Krystalle (aus A.); F: 218 — 219°.

5,7,8-Trimethoxy-4-methyl-cumarin $C_{13}H_{14}O_5$, Formel VI (R = CH_3).
B. Beim Erwärmen von 5,7,8-Trihydroxy-4-methyl-cumarin (*Sastri et al.*, Pr. Indian
Acad. [A] **37** [1953] 681, 692; s. a. *Naik, Thakor*, J. org. Chem. **22** [1957] 1630, 1631),
von 7,8-Dihydroxy-5-methoxy-4-methyl-cumarin (*Naik, Th.*, l. c. S. 1632) oder von
7-Hydroxy-5,8-dimethoxy-4-methyl-cumarin (*Sa. et al.*) mit Dimethylsulfat, Aceton und
Kaliumcarbonat.
Krystalle; F: 174° [unkorr.; aus Me.] (*Naik, Th.*), 173 — 174° [aus A.] (*Sa. et al.*).
Ein ebenfalls als 5,7,8-Trimethoxy-4-methyl-cumarin angesehenes Präparat (Krystalle
[aus W.], F: 105 — 106°) ist von *Bargellini, Zoras* (G. **64** [1934] 192, 200) beim Erhitzen
von 1-[2-Hydroxy-3,4,6-trimethoxy-phenyl]-äthanon mit Acetanhydrid und Natrium=
acetat erhalten worden.

5,7,8-Triacetoxy-4-methyl-cumarin $C_{16}H_{14}O_8$, Formel VI (R = CO-CH_3).
B. Beim Erhitzen von 5,7,8-Trihydroxy-4-methyl-cumarin mit Acetanhydrid und
Pyridin (*Sastri et al.*, Pr. Indian Acad. [A] **37** [1953] 681, 691).
Krystalle (aus E. + Bzn.); F: 148 — 149°.

6,7,8-Trihydroxy-4-methyl-cumarin $C_{10}H_8O_5$, Formel VIII (R = X = H).
B. Beim Erhitzen von 7,8-Dihydroxy-6-methoxy-4-methyl-cumarin (*Aghoramurthy,
Seshadri*, Soc. **1954** 3065), von 6-Hydroxy-7,8-dimethoxy-4-methyl-cumarin (*Parikh,
Sethna*, J. Indian chem. Soc. **27** [1950] 369, 374; *Bhavsar, Desai*, Indian J. Pharm. **13**
[1951] 200, 203) oder von 8-Hydroxy-6,7-dimethoxy-4-methyl-cumarin (*Oliverio, Baroni*,
G. **79** [1949] 906, 908) mit wss. Jodwasserstoffsäure und Acetanhydrid. Beim Behandeln
von 6-Hydroxy-7,8-bis-methansulfonyloxy-4-methyl-cumarin mit konz. Schwefelsäure
(*Desai, Parghi*, J. Indian chem. Soc. **33** [1956] 483, 486). Beim Behandeln von 7,8-Di=
hydroxy-4-methyl-2-oxo-2*H*-chromen-6-carbaldehyd mit wss. Natronlauge und mit wss.
Wasserstoffperoxid (*Naik, Thakor*, J. org. Chem. **22** [1957] 1626, 1629).
Krystalle mit 1 Mol H_2O; F: 282° [aus A.] (*Ol., Ba.*), 274 — 276° [aus A.] (*Pa., Se.*),
274° [aus E.] (*Bh., De.*).

7,8-Dihydroxy-6-methoxy-4-methyl-cumarin $C_{11}H_{10}O_5$, Formel VIII (R = CH_3, X = H).
B. Beim Behandeln von 7,8-Bis-methansulfonyloxy-6-methoxy-4-methyl-cumarin mit
konz. Schwefelsäure (*Desai, Parghi*, J. Indian chem. Soc. **33** [1956] 483, 487). Beim
Behandeln von 8-Acetyl-7-hydroxy-6-methoxy-4-methyl-cumarin mit wss. Natronlauge
und wss. Wasserstoffperoxid (*Aghoramurthy, Seshadri*, Soc. **1954** 3065).
Krystalle; F: 260 — 261° [aus A. + Bzl.] (*Ag., Se.*), 259 — 260° [aus A.] (*De., Pa.*).

8-Hydroxy-6,7-dimethoxy-4-methyl-cumarin $C_{12}H_{12}O_5$, Formel VIII (R = X = CH₃) auf S. 2388.

B. Beim Eintragen eines Gemisches von 3,4-Dimethoxy-brenzcatechin und Acetessig≈ säure-äthylester in konz. Schwefelsäure (*Oliverio, Baroni*, G. **79** [1949] 906, 908).

Krystalle (aus A.); F: 201° (*Ol., Ba.*). UV-Spektrum (A.; 220—380 nm): *Cingolani*, Ann. Chimica **47** [1957] 557, 566.

6-Hydroxy-7,8-dimethoxy-4-methyl-cumarin $C_{12}H_{12}O_5$, Formel IX (R = H, X = CH₃).

B. Beim Behandeln von 7,8-Dimethoxy-4-methyl-cumarin mit wss. Natronlauge und Quecksilber(II)-oxid, Behandeln der Reaktionslösung mit Kaliumperoxodisulfat und an≈ schliessenden Erwärmen mit wss. Salzsäure (*Sawhney et al.*, Pr. Indian Acad. [A] **33** [1951] 11, 18). Beim Erwärmen von 7,8-Dimethoxy-4-methyl-cumarin mit wss. Natron≈ lauge, anschliessenden Behandeln mit wss. Kaliumperoxodisulfat-Lösung und Erwärmen der Reaktionslösung mit wss. Salzsäure (*Parikh, Sethna*, J. Indian chem. Soc. **27** [1950] 369, 374; s. a. *Sa. et al.*; *Bhavsar, Desai*, Indian J. Pharm. **13** [1951] 200, 203; *Oliverio et al.*, Ann. Chimica **42** [1952] 75, 79).

Krystalle; F: 181° [aus E.] (*Bh., De.*), 179° [aus A.] (*Pa., Se.*), 178—179° [aus A.] (*Ol. et al.*), 173—174° [aus E.] (*Sa. et al.*).

6,7,8-Trimethoxy-4-methyl-cumarin $C_{13}H_{14}O_5$, Formel IX (R = X = CH₃).

B. Beim Erwärmen von 6,7,8-Trihydroxy-4-methyl-cumarin mit Dimethylsulfat, Aceton und Kaliumcarbonat (*Oliverio, Baroni*, G. **79** [1949] 906, 909; *Aghoramurthy, Seshadri*, Soc. **1954** 3065). Beim Erwärmen von 6-Hydroxy-7,8-dimethoxy-4-methyl-cumarin mit Methyljodid, Aceton und Kaliumcarbonat (*Parikh, Sethna*, J. Indian chem. Soc. **27** [1950] 369, 374) oder mit Dimethylsulfat, Aceton und Kaliumcarbonat (*Sawhney et al.*, Pr. Indian Acad. [A] **33** [1951] 11, 19; *Bhavsar, Desai*, Indian J. Pharm. **13** [1951] 200, 203; *Oliverio et al.*, Ann. Chimica **42** [1952] 75, 80). Beim Erwärmen einer Lösung von 8-Hydroxy-6,7-dimethoxy-4-methyl-cumarin in Benzol mit Dimethylsulfat und Kaliumcarbonat (*Ol., Ba.*, l. c. S. 908).

Krystalle; F: 114° [aus A. oder wss. A.] (*Ol., Ba.*; *Ag., Se.*), 113—114° [aus wss. A.] (*Bh., De.*), 113° [aus wss. A.] (*Pa., Se.*).

6-Acetoxy-7,8-dimethoxy-4-methyl-cumarin $C_{14}H_{14}O_6$, Formel IX (R = CO-CH₃, X = CH₃).

B. Beim Erhitzen von 6-Hydroxy-7,8-dimethoxy-4-methyl-cumarin mit Acetanhydrid und Pyridin (*Bhavsar, Desai*, Indian J. Pharm. **13** [1951] 200, 203; *Oliverio et al.*, Ann. Chimica **42** [1952] 75, 80).

Krystalle; F: 111—112° [aus wss. A.] (*Bh., De.*), 109—110° [aus A.] (*Ol. et al.*).

IX   X   XI

8-Acetoxy-6,7-dimethoxy-4-methyl-cumarin $C_{14}H_{14}O_6$, Formel IX (R = CH₃, X = CO-CH₃).

B. Beim Erwärmen von 8-Hydroxy-6,7-dimethoxy-4-methyl-cumarin mit Acetanhydrid (*Oliverio, Baroni*, G. **79** [1949] 906, 908).

Krystalle (aus A.); F: 148°.

7,8-Diacetoxy-6-methoxy-4-methyl-cumarin $C_{15}H_{14}O_7$, Formel X (R = CH₃, X = CO-CH₃).

B. Aus 7,8-Dihydroxy-6-methoxy-4-methyl-cumarin (*Aghoramurthy, Seshadri*, Soc. **1954** 3065).

Krystalle (aus A. + Bzl.); F: 220—221°.

6,7,8-Triacetoxy-4-methyl-cumarin $C_{16}H_{14}O_8$, Formel X (R = X = CO-CH₃).

B. Beim Erhitzen von 6,7,8-Trihydroxy-4-methyl-cumarin mit Acetanhydrid und

Natriumacetat (*Oliverio, Baroni*, G. **79** [1949] 906, 909).

Krystalle; F: 143° [aus A. + Bzl.] (*Aghoramurthy, Seshadri*, Soc. **1954** 3065), 142° bis 143° [aus wss. A.] (*Ol., Ba.*).

6-Hydroxy-7,8-bis-methansulfonyloxy-4-methyl-cumarin $C_{12}H_{12}O_9S_2$, Formel X (R = H, X = SO_2-CH_3).

B. Beim Behandeln von 7,8-Bis-methansulfonyloxy-4-methyl-cumarin mit Pyridin, wss. Kalilauge und Kaliumperoxodisulfat und anschliessenden Erwärmen mit wss. Salz=säure und Natriumhydrogensulfit (*Desai, Parghi*, J. Indian chem. Soc. **33** [1956] 483, 486).

Krystalle (aus E.); F: 228°.

7,8-Bis-methansulfonyloxy-6-methoxy-4-methyl-cumarin $C_{13}H_{14}O_9S_2$, Formel X (R = CH_3, X = SO_2-CH_3).

B. Beim Erwärmen von 6-Hydroxy-7,8-bis-methansulfonyloxy-4-methyl-cumarin mit Dimethylsulfat, Aceton und Kaliumcarbonat (*Desai, Parghi*, J. Indian chem. Soc. **33** [1956] 483, 486).

Krystalle (aus wss. A.); F: 218°.

5,7-Dihydroxy-4-hydroxymethyl-cumarin $C_{10}H_8O_5$, Formel XI (R = H).

B. Beim Erwärmen von 5,7-Diacetoxy-4-acetoxymethyl-cumarin mit wss.-äthanol. Salzsäure (*Sehgal, Seshadri*, J. scient. ind. Res. India **16**B [1957] 12, 13).

Krystalle (aus E. + PAe.); F: 253—255°.

5,7-Diacetoxy-4-acetoxymethyl-cumarin $C_{16}H_{14}O_8$, Formel XI (R = CO-CH_3).

B. Beim Erhitzen von 5,7-Diacetoxy-4-brommethyl-cumarin mit Acetanhydrid und Silberacetat (*Sehgal, Seshadri*, J. scient. ind. Res. India **16**B [1957] 12, 13).

Krystalle (aus E.); F: 176—177°.

5,6,7-Trimethoxy-3-methyl-isocumarin $C_{13}H_{14}O_5$, Formel XII.

B. Aus 5,6,7-Trimethoxy-1-oxo-1*H*-isochromen-3-carbaldehyd durch Hydrierung (*Fu-jise et al.*, Bl. chem. Soc. Japan **32** [1959] 97).

F: 84—86°. Absorptionsmaxima: 245 nm und 340 nm.

4,6,8-Triacetoxy-3-methyl-isocumarin $C_{16}H_{14}O_8$, Formel XIII.

Diese Konstitution kommt vielleicht der nachstehend beschriebenen Verbindung zu (*Oxford, Raistrick*, Biochem. J. **27** [1933] 634, 639).

B. Beim Behandeln von 2,4-Dihydroxy-6-[1-hydroxy-acetonyl]-benzoesäure mit Acet=anhydrid und Pyridin (*Ox., Ra.*, l. c. S. 644).

Krystalle (aus Bzn.); F: 172—174°.

XII   XIII   XIV

6,8-Dihydroxy-3-methyl-isochroman-1,4-dion-4-[2,4-dinitro-phenylhydrazon] $C_{16}H_{12}N_4O_8$, Formel XIV.

Diese Konstitution kommt vielleicht der nachstehend beschriebenen Verbindung zu (*Oxford, Raistrick*, Biochem. J. **27** [1933] 634, 639).

B. Beim Erwärmen von 2,4-Dihydroxy-6-[1-hydroxy-acetonyl]-benzoesäure mit [2,4-Dinitro-phenyl]-hydrazin und wss. Salzsäure (*Ox., Ra.*, l. c. S. 642).

Krystalle (aus E. + PAe.); F: 232° [Zers.].

5,6,7-Trimethoxy-4-methyl-isocumarin $C_{13}H_{14}O_5$, Formel I.

B. Beim Behandeln einer Lösung von 5,6,7-Trihydroxy-4-methyl-isocumarin in Methanol mit Diazomethan in Äther (*Haworth et al.*, Soc. **1954** 3617, 3622).

Krystalle (aus Me.); F: 93—94°.

(±)-6,7-Dimethoxy-4-methyl-isochroman-1,3-dion, (±)-2-[2-Carboxy-4,5-dimethoxy-phenyl]-propionsäure-anhydrid $C_{12}H_{12}O_5$, Formel II.

B. Beim Erhitzen von (±)-2-[2-Carboxy-4,5-dimethoxy-phenyl]-propionsäure unter 10 Torr auf 140° (*Adams, Baker*, Am. Soc. **61** [1939] 1138, 1141).

F: 126—127° [korr.].

2-Acetyl-4,6-dimethoxy-benzofuran-3-ol, 1-[3-Hydroxy-4,6-dimethoxy-benzofuran-2-yl]-äthanon $C_{12}H_{12}O_5$, Formel III (R = H), und Tautomere (z. B. 2-Acetyl-4,6-dimethoxy-benzofuran-3-on).

B. Beim Erwärmen von 1-[2-Acetoxy-4,6-dimethoxy-phenyl]-2-chlor-äthanon oder von 3-Acetoxy-4,6-dimethoxy-benzofuran mit Kaliumcarbonat in Benzol und Behandeln des jeweiligen Reaktionsprodukts mit wss. Schwefelsäure (*Dean, Manunapichu*, Soc. **1957** 3112, 3118).

Krystalle (aus A.); F: 110°.

Beim Behandeln mit Natriumperjodat und wss. Essigsäure ist 4,6-Dimethoxy-benzofuran-2,3-dion, beim Behandeln einer Lösung in Benzol oder Petroläther mit Luft ist daneben 2-Acetyl-2-hydroxy-4,6-dimethoxy-benzofuran-3-on (Syst. Nr. 848) erhalten worden (*Dean, Ma.*, l. c. S. 3116, 3118, 3123).

2-Acetyl-3,4,6-trimethoxy-benzofuran, 1-[3,4,6-Trimethoxy-benzofuran-2-yl]-äthanon $C_{13}H_{14}O_5$, Formel III (R = CH$_3$).

B. Beim Behandeln von 1-[3-Hydroxy-4,6-dimethoxy-benzofuran-2-yl]-äthanon mit Dimethylsulfat und wss.-äthanol. Natronlauge (*Dean, Manunapichu*, Soc. **1957** 3112, 3119).

Krystalle (aus Bzn.); F: 133°. Absorptionsmaxima (A.): 248 nm und 328 nm.

I II III

3-Acetonyloxy-2-acetyl-4,6-dimethoxy-benzofuran, 1-[3-Acetonyloxy-4,6-dimethoxy-benzofuran-2-yl]-äthanon $C_{15}H_{16}O_6$, Formel III (R = CH$_2$-CO-CH$_3$).

B. Neben 2-Acetonyl-2-acetyl-4,6-dimethoxy-benzofuran-3-on beim Erhitzen der aus 1-[3-Hydroxy-4,6-dimethoxy-benzofuran-2-yl]-äthanon mit Hilfe von Natriumäthylat in Äthanol hergestellten Natrium-Verbindung mit Chloraceton (*Dean, Manunapichu*, Soc. **1957** 3112, 3120).

Krystalle (aus Me.); F: 116—117°. Absorptionsmaxima (A.): 248 nm und 328 nm.

1-[3-Hydroxy-4,6-dimethoxy-benzofuran-2-yl]-äthanon-[2,4-dinitro-phenylhydrazon] $C_{18}H_{16}N_4O_8$, Formel IV (R = H, X = $C_6H_3(NO_2)_2$), und Tautomeres (2-[1-(2,4-Dinitro-phenylhydrazono)-äthyl]-4,6-dimethoxy-benzofuran-3-on).

B. Aus 1-[3-Hydroxy-4,6-dimethoxy-benzofuran-2-yl]-äthanon und [2,4-Dinitro-phenyl]-hydrazin (*Dean, Manunapichu*, Soc. **1957** 3112, 3118).

Rotbraune Krystalle (aus 1,2-Dimethoxy-äthan); F: 219—220°.

1-[3,4,6-Trimethoxy-benzofuran-2-yl]-äthanon-[2,4-dinitro-phenylhydrazon] $C_{19}H_{18}N_4O_8$, Formel IV (R = CH$_3$, X = $C_6H_3(NO_2)_2$).

B. Aus 1-[3,4,6-Trimethoxy-benzofuran-2-yl]-äthanon und [2,4-Dinitro-phenyl]-hydrazin (*Dean, Manunapichu*, Soc. **1957** 3112, 3119).

Rote Krystalle (aus Bzl.); F: 236°.

1-[3,4,6-Trimethoxy-benzofuran-2-yl]-äthanon-semicarbazon $C_{14}H_{17}N_3O_5$, Formel IV (R = CH$_3$, X = CO-NH$_2$).

B. Aus 1-[3,4,6-Trimethoxy-benzofuran-2-yl]-äthanon und Semicarbazid (*Dean, Manunapichu*, Soc. **1957** 3112, 3119).

Krystalle (aus Me.); F: 234°.

2-Acetyl-5,6-dimethoxy-benzofuran-3-ol, 1-[3-Hydroxy-5,6-dimethoxy-benzofuran-2-yl]-äthanon $C_{12}H_{12}O_5$, Formel V (R = H), und Tautomere (z. B. 2-Acetyl-5,6-dimethoxy-benzofuran-3-on).

B. Beim Erwärmen von 1-[2-Acetoxy-4,5-dimethoxy-phenyl]-2-chlor-äthanon mit Kaliumcarbonat in Benzol und Behandeln des Reaktionsprodukts mit wss. Schwefelsäure (*Jones et al.*, Soc. **1949** 562, 565).

Blassgelbe Krystalle (aus A.); F: 181°.

2-Acetyl-3-benzoyloxy-5,6-dimethoxy-benzofuran, 1-[3-Benzoyloxy-5,6-dimethoxy-benzofuran-2-yl]-äthanon $C_{19}H_{16}O_6$, Formel V (R = CO-C$_6$H$_5$).

B. Beim Behandeln von 1-[3-Hydroxy-5,6-dimethoxy-benzofuran-2-yl]-äthanon mit wss. Natronlauge und Benzoylchlorid (*Jones et al.*, Soc. **1949** 562, 565).

Krystalle (aus A.); F: 162°.

5-Acetyl-benzofuran-3,4,6-triol, 1-[3,4,6-Trihydroxy-benzofuran-5-yl]-äthanon $C_{10}H_8O_5$, Formel VI (R = H), und Tautomeres (5-Acetyl-4,6-dihydroxy-benzofuran-3-on).

B. Beim Erwärmen von 5-Acetyl-3,4,6-trihydroxy-benzofuran-7-carbonsäure-äthylester mit wss. Natronlauge und Eintragen des Reaktionsgemisches in warme wss. Salzsäure (*Gruber, Horváth*, M. **81** [1950] 819, 824).

Krystalle (aus Bzl. + Me.); F: 248—251° [Zers.].

IV   V   VI

5-Acetyl-4-methoxy-benzofuran-3,6-diol, 1-[3,6-Dihydroxy-4-methoxy-benzofuran-5-yl]-äthanon $C_{11}H_{10}O_5$, Formel VI (R = CH$_3$), und Tautomeres (5-Acetyl-6-hydroxy-4-methoxy-benzofuran-3-on).

B. Neben kleinen Mengen 1-[3-Hydroxy-4,6-dimethoxy-benzofuran-5-yl]-äthanon beim Behandeln von 1-[3,4,6-Trihydroxy-benzofuran-5-yl]-äthanon mit Methanol und mit Diazomethan in Äther (*Gruber, Horváth*, M. **81** [1950] 819, 826).

Krystalle (aus Me.); F: 130—132° (*Gr., Ho.*). UV-Spektrum (A.; 220—350 nm): *Horváth*, M. **82** [1951] 982, 986.

5-Acetyl-4,6-dimethoxy-benzofuran-3-ol, 1-[3-Hydroxy-4,6-dimethoxy-benzofuran-5-yl]-äthanon $C_{12}H_{12}O_5$, Formel VII (R = H, X = CH$_3$) [auf S. 2395], und Tautomeres (5-Acetyl-4,6-dimethoxy-benzofuran-3-on).

B. Neben 1-[3,6-Dihydroxy-4-methoxy-benzofuran-5-yl]-äthanon beim Behandeln von 1-[3,4,6-Trihydroxy-benzofuran-5-yl]-äthanon mit Methanol und mit Diazomethan in Äther (*Gruber, Horváth*, M. **81** [1950] 819, 826).

Krystalle (aus Me.); F: 133—135° (*Gr., Ho.*). UV-Spektrum (A.; 220—350 nm): *Horváth*, M. **82** [1951] 982, 986.

3-Acetoxy-5-acetyl-4,6-dimethoxy-benzofuran, 1-[3-Acetoxy-4,6-dimethoxy-benzofuran-5-yl]-äthanon $C_{14}H_{14}O_6$, Formel VII (R = CO-CH$_3$, X = CH$_3$) auf S. 2395.

B. Beim Erhitzen von 1-[3-Hydroxy-4,6-dimethoxy-benzofuran-5-yl]-äthanon mit Acetanhydrid und Acetylchlorid (*Horváth*, M. **82** [1951] 982, 988).

Krystalle (aus Me.); F: 130—132°.

3,6-Diacetoxy-5-acetyl-4-methoxy-benzofuran, 1-[3,6-Diacetoxy-4-methoxy-benzofuran-5-yl]-äthanon $C_{15}H_{14}O_7$, Formel VII (R = X = CO-CH$_3$) auf S. 2395.

B. Beim Erhitzen von 1-[3,6-Dihydroxy-4-methoxy-benzofuran-5-yl]-äthanon mit

Acetanhydrid und Acetylchlorid (*Gruber, Horváth*, M. **81** [1950] 819, 826).
Krystalle (aus Me.); F: 105—107°.

5-Acetyl-7-methoxy-benzofuran-4,6-diol, 1-[4,6-Dihydroxy-7-methoxy-benzofuran-5-yl]-äthanon $C_{11}H_{10}O_5$, Formel VIII (R = X = H).

B. Beim Erhitzen von 4-Hydroxy-9-methoxy-7-methyl-furo[3,2-g]chromen-5-on mit wss. Natronlauge (*Abu-Shady, Soine*, J. Am. pharm. Assoc. **41** [1952] 325; *Musante, Stener*, G. **86** [1956] 297, 308).

Gelbe Krystalle (aus A.); F: 191° [unkorr.] (*Abu-Sh., So.*), 188° (*Mu., St.*).

5-Acetyl-4,7-dimethoxy-benzofuran-6-ol, 1-[6-Hydroxy-4,7-dimethoxy-benzofuran-5-yl]-äthanon, Khellinon $C_{12}H_{12}O_5$, Formel VIII (R = CH_3, X = H).

B. Beim Erhitzen von Khellin (4,9-Dimethoxy-7-methyl-furo[3,2-g]chromen-5-on) mit wss. Kalilauge (*Späth, Gruber*, B. **71** [1938] 106, 110; *Schönberg, Sina*, Am. Soc. **72** [1950] 1611, 1613; *Ralha*, Rev. portug. Farm. **2** [1952] 54, 62; *Bisagni et al.*, Soc. **1955** 3693; *Musante*, G. **87** [1957] 470, 476 Anm.). Beim Erhitzen von Ammiol (7-Hydroxy= methyl-4,9-dimethoxy-furo[3,2-g]chromen-5-on) mit Bariumhydroxid in Wasser (*Seitz*, Ar. **287** [1954] 79, 81). Beim Erwärmen von 1-[6-Acetoxy-4,7-dimethoxy-benzofuran-5-yl]-äthanon mit wss.-methanol. Kalilauge (*Geissman*, U.S.P. 2659734 [1951]). Beim Erhitzen von 1-[6-Hydroxy-4,7-dimethoxy-2,3-dihydro-benzofuran-5-yl]-äthanon mit Palladium/Kohle unter 0,0001 Torr auf 150° (*Baxter et al.*, Soc. **1949** Spl. 30, 32; s. a. *Geissman, Halsall*, Am. Soc. **73** [1951] 1280, 1283). Beim Erhitzen von 5-Acetyl-6-hydr= oxy-4,7-dimethoxy-benzofuran-2-carbonsäure mit Chinolin und wenig Kupfer-Pulver (*Clarke, Robertson*, Soc. **1949** 302, 305).

Krystalle; F: 103° [aus wss. Eg.] (*Se.*), 100—101° [aus wss. Me.] (*Bi. et al.*), 99—101° [aus wss. Me.] (*Sp., Gr.*), 100° [aus wss. Me.] (*Cl., Ro.*), 99—100° [aus Me.] (*Ba. et al.*). Bei 120—130°/0,03 Torr destillierbar (*Sp., Gr.*). IR-Spektrum (Nujol [2,5—15 μ] sowie Tetrachloräthylen [2,5—10 μ]): *Musante*, G. **88** [1958] 910, 922.

Überführung in 5-Acetyl-6-hydroxy-benzofuran-4,7-chinon durch Behandlung mit Äther und Salpetersäure: *Sp., Gr.*, l. c. S. 111. Beim Erwärmen mit Phenacylbromid und äthanol. Kalilauge (*Bi. et al.*, l. c. S. 3695) oder mit Phenacylbromid, Aceton und Kaliumcarbonat (*Mu.*, G. **87** 470, 479) ist 2-Benzoyl-4,8-dimethoxy-3-methyl-benzo= [1,2-b;5,4-b']difuran erhalten worden. Bildung von 1-[6-Hydroxy-4,7-dimethoxy-benzo= furan-5-yl]-butan-1,3-dion beim Erwärmen mit Äthylacetat und Natrium: *Cl., Ro.*, l. c. S. 305; *Ba. et al.*, l. c. S. 32; *Sch., Sina*; beim Behandeln mit Äthylacetat und Natriumhydrid: *Geissman*, Am. Soc. **71** [1949] 1498. Bildung von 6-Acetyl-4,9-dimeth= oxy-7-methyl-furo[3,2-g]chromen-5-on beim Erhitzen mit Acetanhydrid und Natrium= acetat: *Sp., Gr.*, l. c. S. 113; *Mu.*, G. **88** 928. Beim Behandeln mit Diäthylcarbonat und einer Suspension von Natrium in Toluol ist 5-Hydroxy-4,9-dimethoxy-furo[3,2-g]chromen-7-on erhalten worden (*Schönberg et al.*, Am. Soc. **77** [1955] 5438).

5-Acetyl-6,7-dimethoxy-benzofuran-4-ol, 1-[4-Hydroxy-6,7-dimethoxy-benzofuran-5-yl]-äthanon, Isokhellinon $C_{12}H_{12}O_5$, Formel VIII (R = H, X = CH_3).

B. Beim Erhitzen von 5,6-Dimethoxy-2-methyl-furo[2,3-h]chromen-4-on mit wss. Natronlauge (*Schönberg et al.*, Am. Soc. **77** [1955] 5438). Bei der Hydrierung von 1-[4-Benzyloxy-6,7-dimethoxy-benzofuran-5-yl]-äthanon an Palladium/Kohle in Äthanol (*Abu-Shady, Soine*, J. Am. pharm. Assoc. **41** [1952] 403, 406).

Krystalle (aus Me.), F: 56° (*Abu-Sh., So.*); gelbe Krystalle (aus wss. A.), F: 54° (*Sch. et al.*).

Beim Erwärmen mit Äthylacetat und Natrium, anschliessenden Behandeln mit wss. Essigsäure und Behandeln des Reaktionsprodukts mit Äthanol ist 5,6-Dimethoxy-2-methyl-furo[2,3-h]chromen-4-on erhalten worden (*Abu-Sh., So.*). Bildung von 4-Hydr= oxy-5,6-dimethoxy-furo[2,3-h]chromen-2-on beim Behandeln mit Diäthylcarbonat und einer Suspension von Natrium in Toluol: *Sch. et al.*

5-Acetyl-4,6,7-trimethoxy-benzofuran, 1-[4,6,7-Trimethoxy-benzofuran-5-yl]-äthanon $C_{13}H_{14}O_5$, Formel VIII (R = X = CH_3).

B. Beim Erwärmen von Khellinon (s.o.) mit Dimethylsulfat und wss. Alkalilauge (*Bisagni et al.*, Soc. **1955** 3693; *Musante*, G. **88** [1958] 910, 925).

Kp$_{1,3}$: 156—158° (*Mu.*); Kp$_{0,1}$: 138—140° (*Bi. et al.*). n$_D^{22,5}$: 1,5542 (*Bi. et al.*).
Charakterisierung als Oxim (F: 123—126° [S. 2397]) und als Semicarbazon (F: 166°
bis 168° [S. 2398]): *Mu.*, l. c. S. 926.

**5-Acetyl-4-äthoxy-7-methoxy-benzofuran-6-ol, 1-[4-Äthoxy-6-hydroxy-7-methoxy-
benzofuran-5-yl]-äthanon** C$_{13}$H$_{14}$O$_5$, Formel VIII (R = C$_2$H$_5$, X = H).
B. Beim Erwärmen von 1-[4-Äthoxy-6-hydroxy-7-methoxy-benzofuran-5-yl]-3-äthyl‹
imino-butan-1-on (⇌ 1-[4-Äthoxy-6-hydroxy-7-methoxy-benzofuran-5-yl]-3-äthylamino-
but-2-en-1-on) mit wss. Kalilauge (*Musante, Stener*, G. **86** [1956] 297, 311).
Gelbe Krystalle (aus wss. A.); F: 93—95°.

**5-Acetyl-6-äthoxy-4,7-dimethoxy-benzofuran, 1-[6-Äthoxy-4,7-dimethoxy-benzofuran-
5-yl]-äthanon** C$_{14}$H$_{16}$O$_5$, Formel VIII (R = CH$_3$, X = C$_2$H$_5$).
B. Beim Erwärmen von Khellinon (S. 2394) mit Diäthylsulfat und wss. Kalilauge
(*Späth, Gruber*, B. **71** [1938] 106, 111).
Bei 120—130°/1 Torr destillierbar.
Charakterisierung als Semicarbazon (F: 166—167° [S. 2399]): *Sp., Gr.*

**5-Acetyl-4-benzyloxy-7-methoxy-benzofuran-6-ol, 1-[4-Benzyloxy-6-hydroxy-7-methoxy-
benzofuran-5-yl]-äthanon** C$_{18}$H$_{16}$O$_5$, Formel VIII (R = CH$_2$-C$_6$H$_5$, X = H).
B. Beim Erwärmen von 4-Benzyloxy-9-methoxy-7-methyl-furo[3,2-*g*]chromen-5-on
mit wss.-äthanol. Kalilauge (*Abu-Shady, Soine*, J. Am. pharm. Assoc. **41** [1952] 403, 406).
Gelbe Krystalle (aus Me.); F: 102°.

**5-Acetyl-6-benzyloxy-7-methoxy-benzofuran-4-ol, 1-[6-Benzyloxy-4-hydroxy-7-methoxy-
benzofuran-5-yl]-äthanon** C$_{18}$H$_{16}$O$_5$, Formel VIII (R = H, X = CH$_2$-C$_6$H$_5$).
B. Beim Erwärmen von 5-Benzyloxy-6-methoxy-2-methyl-furo[2,3-*h*]chromen-4-on
mit wss.-äthanol. Natronlauge (*Abu-Shady, Soine*, J. Am. pharm. Assoc. **42** [1953] 573).
Flüssigkeit.
Charakterisierung als 2,4-Dinitro-phenylhydrazon (F: 156,5—157° [S. 2399]): *Abu-Sh.,
So.*

**5-Acetyl-4-benzyloxy-6,7-dimethoxy-benzofuran, 1-[4-Benzyloxy-6,7-dimethoxy-
benzofuran-5-yl]-äthanon** C$_{19}$H$_{18}$O$_5$, Formel VIII (R = CH$_2$-C$_6$H$_5$, X = CH$_3$).
B. Beim Erwärmen von 1-[4-Benzyloxy-6-hydroxy-7-methoxy-benzofuran-5-yl]-
äthanon mit Methyljodid, Aceton und Kaliumcarbonat (*Abu-Shady, Soine*, J. Am.
pharm. Assoc. **41** [1952] 403, 406).
Bei 170—180°/1 Torr destillierbar.
Charakterisierung als Oxim (F: 119—120° [S. 2398]): *Abu-Sh., So.*

**5-Acetyl-6-benzyloxy-4,7-dimethoxy-benzofuran, 1-[6-Benzyloxy-4,7-dimethoxy-
benzofuran-5-yl]-äthanon** C$_{19}$H$_{18}$O$_5$, Formel VIII (R = CH$_3$, X = CH$_2$-C$_6$H$_5$).
B. Beim Erwärmen von 1-[6-Benzyloxy-4-hydroxy-7-methoxy-benzofuran-5-yl]-
äthanon mit Methyljodid, Aceton und Kaliumcarbonat (*Abu-Shady, Soine*, J. Am.
Pharm. Assoc. **42** [1953] 573).
Krystalle; F: 86°.

VII   VIII   IX

**6-Acetoxy-5-acetyl-4,7-dimethoxy-benzofuran, 1-[6-Acetoxy-4,7-dimethoxy-benzofuran-
5-yl]-äthanon** C$_{14}$H$_{14}$O$_6$, Formel VIII (R = CH$_3$, X = CO-CH$_3$).
B. Beim Erhitzen von Khellinon (S. 2394) mit Acetanhydrid und Natriumacetat (*Späth,
Gruber*, B. **71** [1938] 106, 111). Beim Erwärmen von 1-[6-Acetoxy-4,7-dimethoxy-
2,3-dihydro-benzofuran-5-yl]-äthanon mit N-Brom-succinimid und Dibenzoylperoxid in

Tetrachlormethan und Erhitzen des Reaktionsprodukts mit N,N-Dimethyl-anilin (*Geissman*, U.S.P. 2659734 [1951]).

Krystalle; F: 74—75° [aus A. + W.] (*Ge.*), 73,5—74° [evakuierte Kapillare; aus Ae. + PAe.] (*Sp., Gr.*).

5-Acetyl-6-benzoyloxy-4,7-dimethoxy-benzofuran, 1-[6-Benzoyloxy-4,7-dimethoxy-benzofuran-5-yl]-äthanon $C_{19}H_{16}O_6$, Formel VIII (R = CH₃, X = CO-C₆H₅).

B. Beim Erwärmen von Khellinon (S. 2394) mit Benzoylchlorid und Pyridin (*Clarke, Robertson*, Soc. **1949** 302, 306).

Krystalle (aus Me.); F: 97°.

5-Acetyl-4-äthoxy-6-benzoyloxy-7-methoxy-benzofuran, 1-[4-Äthoxy-6-benzoyloxy-7-methoxy-benzofuran-5-yl]-äthanon $C_{20}H_{18}O_6$, Formel VIII (R = C₂H₅, X = CO-C₆H₅).

B. Beim Behandeln von 1-[4-Äthoxy-6-hydroxy-7-methoxy-benzofuran-5-yl]-äthanon mit Benzoylchlorid und wss. Natronlauge (*Musante, Stener*, G. **86** [1956] 297, 312).

Krystalle (aus wss. A.); F: 83—85°.

[5-Acetyl-6-hydroxy-7-methoxy-benzofuran-4-yloxy]-essigsäure $C_{13}H_{12}O_7$, Formel VIII (R = CH₂-COOH, X = H).

B. Beim Erhitzen von [9-Methoxy-7-methyl-5-oxo-5H-furo[3,2-g]chromen-4-yloxy]-essigsäure (*Musante, Fatutta*, Ann. Chimica **45** [1955] 918, 938), von [9-Methoxy-7-methyl-5-oxo-5H-furo[3,2-g]chromen-4-yloxy]-essigsäure-äthylester (*Musante*, Ann. Chimica **46** [1956] 768, 778) oder von [9-Methoxy-7-methyl-5-oxo-5H-furo[3,2-g]chromen-4-yloxy]-essigsäure-amid (*Mu.*, l. c. S. 777) mit wss. Kalilauge.

Gelbe Krystalle (aus A.); F: 185° (*Mu.*).

Beim Erhitzen mit Acetanhydrid und Natriumacetat ist 4-Acetoxy-5-methoxy-3-methyl-benzo[1,2-b;3,4-b']difuran erhalten worden (*Mu.*, l. c. S. 779).

[5-Acetyl-4,7-dimethoxy-benzofuran-6-yloxy]-essigsäure $C_{14}H_{14}O_7$, Formel VIII (R = CH₃, X = CH₂-COOH).

B. Beim Erwärmen von [5-Acetyl-4,7-dimethoxy-benzofuran-6-yloxy]-essigsäure-äthylester mit wss.-äthanol. Natronlauge (*Musante*, G. **87** [1957] 470, 476).

Krystalle (aus wss. A.); F: 113—114°.

[5-Acetyl-4,7-dimethoxy-benzofuran-6-yloxy]-essigsäure-methylester $C_{15}H_{16}O_7$, Formel VIII (R = CH₃, X = CH₂-CO-OCH₃).

B. Beim Behandeln von [5-Acetyl-4,7-dimethoxy-benzofuran-6-yloxy]-essigsäure mit Diazomethan in Äther (*Musante*, G. **87** [1957] 470, 477).

Charakterisierung als Semicarbazon (F: 170—172° [S. 2399]): *Mu.*

[5-Acetyl-4,7-dimethoxy-benzofuran-6-yloxy]-essigsäure-äthylester $C_{16}H_{18}O_7$, Formel VIII (R = CH₃, X = CH₂-CO-OC₂H₅).

B. Beim Erwärmen einer Lösung von Khellinon (S. 2394) in Aceton mit Chloressigsäure-äthylester und Kaliumcarbonat (*Musante*, G. **87** [1957] 470, 476).

Kp₁,₃: 198°.

[5-Acetyl-4,7-dimethoxy-benzofuran-6-yloxy]-essigsäure-amid $C_{14}H_{15}NO_6$, Formel VIII (R = CH₃, X = CH₂-CO-NH₂).

B. Beim Behandeln einer Lösung von Khellinon (S. 2394) in Aceton mit Chloressigsäure-amid und Kaliumcarbonat (*Musante*, G. **87** [1957] 470, 478).

Krystalle (aus A.); F: 135°.

Beim Erhitzen mit wss. Natronlauge ist 4,8-Dimethoxy-3-methyl-benzo[1,2-b;5,4-b']difuran-2-carbonsäure, beim Erhitzen mit Acetanhydrid und Natriumacetat ist 4,8-Dimethoxy-3-methyl-benzo[1,2-b;5,4-b']difuran-2-carbonsäure-acetylamid erhalten worden.

[5-Acetyl-4,7-dimethoxy-benzofuran-6-yloxy]-essigsäure-anilid $C_{20}H_{19}NO_6$, Formel VIII (R = CH₃, X = CH₂-CO-NH-C₆H₅).

B. Beim Erwärmen von Khellinon (S. 2394) mit Chloressigsäure-anilid und Kaliumcarbonat in Aceton (*Musante*, G. **87** [1957] 470, 482).

Krystalle (aus A.); F: 95°.

Beim Erwärmen mit wss. Kalilauge ist 4,8-Dimethoxy-3-methyl-benzo[1,2-*b*;5,4-*b'*]≈ difuran-2-carbonsäure-anilid erhalten worden.

5-Acetyl-4,7-dimethoxy-6-[4-methoxy-benzoyloxy]-benzofuran, 1-[4,7-Dimethoxy-6-(4-methoxy-benzoyloxy)-benzofuran-5-yl]-äthanon $C_{20}H_{18}O_7$, Formel VIII (R = CH_3, X = CO-C_6H_4-O-CH_3) auf S. 2395.

B. Beim Erwärmen von Khellinon (S. 2394) mit 4-Methoxy-benzoylchlorid und Pyridin (*Clarke, Robertson,* Soc. **1949** 302, 307).

Krystalle (aus Me.); F: 117°.

5-Acetyl-4,7-dimethoxy-6-veratroyloxy-benzofuran, 1-[4,7-Dimethoxy-6-veratroyloxy-benzofuran-5-yl]-äthanon $C_{21}H_{20}O_8$, Formel VIII (R = CH_3, X = CO-C_6H_3(OCH_3)$_2$) auf S. 2395.

B. Beim Erwärmen von Khellinon (S. 2394) mit 3,4-Dimethoxy-benzoylchlorid und Pyridin (*Clarke, Robertson,* Soc. **1949** 302, 307).

Krystalle (aus Me.); F: 130°.

5-Acetyl-4-[2-dimethylamino-äthoxy]-7-methoxy-benzofuran-6-ol, 1-[4-(2-Dimethyl≈ amino-äthoxy)-6-hydroxy-7-methoxy-benzofuran-5-yl]-äthanon $C_{15}H_{19}NO_5$, Formel VIII (R = CH_2-CH_2-N(CH_3)$_2$, X = H) auf S. 2395.

B. Beim Erhitzen von 4-[2-Dimethylamino-äthoxy]-9-methoxy-7-methyl-furo[3,2-*g*]≈ chromen-5-on mit wss. Kalilauge (*Musante,* Ann. Chimica **46** [1956] 768, 779).

Gelbe Krystalle (aus wss. A.); F: 95°.

Picrat $C_{15}H_{19}NO_5 \cdot C_6H_3N_3O_7$. Gelbe Krystalle (aus A.); F: 192—194°.

5-Acetyl-4-[2-diäthylamino-äthoxy]-7-methoxy-benzofuran-6-ol, 1-[4-(2-Diäthyl≈ amino-äthoxy)-6-hydroxy-7-methoxy-benzofuran-5-yl]-äthanon $C_{17}H_{23}NO_5$, Formel VIII (R = CH_2-CH_2-N(C_2H_5)$_2$, X = H) auf S. 2395.

B. Beim Erhitzen von 4-[2-Diäthylamino-äthoxy]-9-methoxy-7-methyl-furo[3,2-*g*]≈ chromen-5-on mit wss. Kalilauge (*Musante,* Ann. Chimica **46** [1956] 768, 780).

Gelbe Krystalle (aus wss. A.); F: 67—69°.

Picrat $C_{17}H_{23}NO_5 \cdot C_6H_3N_3O_7$. Gelbe Krystalle (aus A. + W.); F: 119°.

5-Acetyl-6-[2-dimethylamino-äthoxy]-4,7-dimethoxy-benzofuran, 1-[6-(2-Dimethyl≈ amino-äthoxy)-4,7-dimethoxy-benzofuran-5-yl]-äthanon $C_{16}H_{21}NO_5$, Formel VIII (R = CH_3, X = CH_2-CH_2-N(CH_3)$_2$) auf S. 2395.

B. Beim Erwärmen von Khellinon (S. 2394) mit [2-Chlor-äthyl]-dimethyl-amin-hydro≈ chlorid und Kaliumcarbonat in Aceton (*Musante,* G. **87** [1957] 470, 484).

Öl.

Picrat $C_{16}H_{21}NO_5 \cdot C_6H_3N_3O_7$. Gelbe Krystalle (aus A.); F: 113°.

5-Acetyl-6-[2-diäthylamino-äthoxy]-4,7-dimethoxy-benzofuran, 1-[6-(2-Diäthylamino-äthoxy)-4,7-dimethoxy-benzofuran-5-yl]-äthanon $C_{18}H_{25}NO_5$, Formel VIII (R = CH_3, X = CH_2-CH_2-N(C_2H_5)$_2$) auf S. 2395.

B. Beim Erwärmen von Khellinon (S. 2394) mit Diäthyl-[2-chlor-äthyl]-amin und Kaliumcarbonat in Aceton (*Musante,* G. **87** [1957] 470, 483).

Öl.

Picrat $C_{18}H_{25}NO_5 \cdot C_6H_3N_3O_7$. Orangegelbe Krystalle (aus A.); F: 111°.

1-[6-Hydroxy-4,7-dimethoxy-benzofuran-5-yl]-äthanon-oxim, Khellinon-oxim $C_{12}H_{13}NO_5$, Formel IX (R = H) auf S. 2395.

B. Aus Khellinon (S. 2394) und Hydroxylamin (*Musante,* G. **88** [1958] 910, 924).

Krystalle (aus wss. A.); F: 142—145°.

1-[4,6,7-Trimethoxy-benzofuran-5-yl]-äthanon-oxim $C_{13}H_{15}NO_5$, Formel IX (R = CH_3) auf S. 2395.

B. Aus 1-[4,6,7-Trimethoxy-benzofuran-5-yl]-äthanon und Hydroxylamin (*Musante,* G. **88** [1958] 910, 926).

Krystalle (aus A.); F: 123—126°.

1-[4-Benzyloxy-6,7-dimethoxy-benzofuran-5-yl]-äthanon-oxim $C_{19}H_{19}NO_5$, Formel I
($R = CH_2\text{-}C_6H_5$, $X = OH$).

B. Aus 1-[4-Benzyloxy-6,7-dimethoxy-benzofuran-5-yl]-äthanon und Hydroxylamin
(*Abu-Shady*, *Soine*, J. Am. pharm. Assoc. **41** [1952] 403, 406).

Krystalle (aus wss. A.); F: 119—120°.

1-[6-Acetoxy-4,7-dimethoxy-benzofuran-5-yl]-äthanon-[*O*-acetyl-oxim] $C_{16}H_{17}NO_7$,
Formel II ($R = CO\text{-}CH_3$, $X = O\text{-}CO\text{-}CH_3$).

B. Beim Erhitzen von Khellinon-oxim (S. 2397) mit Acetanhydrid und Natriumacetat
(*Musante*, G. **88** [1958] 910, 924).

Krystalle (aus wss. A.); F: 82—84°.

1-[6-Benzoyloxy-4,7-dimethoxy-benzofuran-5-yl]-äthanon-[*O*-benzoyl-oxim]
$C_{26}H_{21}NO_7$, Formel II ($R = CO\text{-}C_6H_5$, $X = O\text{-}CO\text{-}C_6H_5$).

B. Beim Behandeln von Khellinon-oxim (S. 2397) mit Benzoylchlorid und wss. Natronlauge (*Musante*, G. **88** [1958] 910, 925).

Krystalle (aus A.); F: 141—143°.

**1-[6-Hydroxy-4,7-dimethoxy-benzofuran-5-yl]-äthanon-phenylhydrazon, Khellinon-
phenylhydrazon** $C_{18}H_{18}N_2O_4$, Formel II ($R = H$, $X = NH\text{-}C_6H_5$).

B. Aus Khellinon (S. 2394) und Phenylhydrazin (*Musante*, *Stener*, G. **86** [1956] 297,
308).

Krystalle (aus A.); F: 167—168°.

**1-[6-Hydroxy-4,7-dimethoxy-benzofuran-5-yl]-äthanon-[2,4-dinitro-phenylhydrazon],
Khellinon-[2,4-dinitro-phenylhydrazon]** $C_{18}H_{16}N_4O_8$, Formel II ($R = H$,
$X = NH\text{-}C_6H_3(NO_2)_2$).

B. Aus Khellinon (S. 2394) und [2,4-Dinitro-phenyl]-hydrazin (*Clarke*, *Robertson*, Soc.
1949 302, 305).

Rote Krystalle (aus wss. Eg.); F: 245°.

**1-[6-Hydroxy-4,7-dimethoxy-benzofuran-5-yl]-äthanon-semicarbazon, Khellinon-
semicarbazon** $C_{13}H_{15}N_3O_5$, Formel II ($R = H$, $X = NH\text{-}CO\text{-}NH_2$).

B. Aus Khellinon (S. 2394) und Semicarbazid (*Musante*, G. **88** [1958] 910, 925).

Krystalle (aus A.); F: 207—208°.

**1-[4-Hydroxy-6,7-dimethoxy-benzofuran-5-yl]-äthanon-[2,4-dinitro-phenylhydrazon],
Isokhellinon-[2,4-dinitro-phenylhydrazon]** $C_{18}H_{16}N_4O_8$, Formel I ($R = H$,
$X = NH\text{-}C_6H_3(NO_2)_2$).

B. Aus 5-Acetyl-6,7-dimethoxy-benzofuran-4-ol und [2,4-Dinitro-phenyl]-hydrazin
(*Abu-Shady*, *Soine*, J. Am. pharm. Assoc. **41** [1952] 403, 406).

Rote Krystalle (aus A.); F: 168°.

1-[4,6,7-Trimethoxy-benzofuran-5-yl]-äthanon-semicarbazon $C_{14}H_{17}N_3O_5$, Formel I
($R = CH_3$, $X = NH\text{-}CO\text{-}NH_2$).

B. Aus 1-[4,6,7-Trimethoxy-benzofuran-5-yl]-äthanon und Semicarbazid (*Musante*,
G. **88** [1958] 910, 926).

Krystalle (aus A.); F: 166—168°.

I   II   III   IV

1-[4-Äthoxy-6-hydroxy-7-methoxy-benzofuran-5-yl]-äthanon-[4-nitro-phenylhydrazon]
$C_{19}H_{19}N_3O_6$, Formel III ($X = NH\text{-}C_6H_4\text{-}NO_2$).

B. Aus 1-[4-Äthoxy-6-hydroxy-7-methoxy-benzofuran-5-yl]-äthanon und [4-Nitro-

phenyl]-hydrazin (*Musante, Stener*, G. **86** [1956] 297, 311).
Rotbraune Krystalle (aus A.); F: 175—177°.

**1-[4-Äthoxy-6-hydroxy-7-methoxy-benzofuran-5-yl]-äthanon-[2,4-dinitro-phenyl=
hydrazon]** $C_{19}H_{18}N_4O_8$, Formel III (X = NH-$C_6H_3(NO_2)_2$).
B. Aus 1-[4-Äthoxy-6-hydroxy-7-methoxy-benzofuran-5-yl]-äthanon und [2,4-Di=
nitro-phenyl]-hydrazin (*Musante, Stener*, G. **86** [1956] 297, 312).
Rote Krystalle (aus A.); F: 171°.

1-[6-Äthoxy-4,7-dimethoxy-benzofuran-5-yl]-äthanon-semicarbazon $C_{15}H_{19}N_3O_5$,
Formel II (R = C_2H_5, X = NH-CO-NH_2).
B. Aus 1-[6-Äthoxy-4,7-dimethoxy-benzofuran-5-yl]-äthanon und Semicarbazid (*Späth,
Gruber*, B. **71** [1938] 106, 111).
Krystalle (aus wss. Me.); F: 166—167° [Zers.; evakuierte Kapillare].

**1-[6-Benzyloxy-4-hydroxy-7-methoxy-benzofuran-5-yl]-äthanon-[2,4-dinitro-phenyl=
hydrazon]** $C_{24}H_{20}N_4O_8$, Formel IV (R = CH_2-C_6H_5, X = NH-$C_6H_3(NO_2)_2$).
B. Aus 1-[6-Benzyloxy-4-hydroxy-7-methoxy-benzofuran-5-yl]-äthanon und [2,4-Di=
nitro-phenyl]-hydrazin (*Abu-Shady, Soine*, J. Am. pharm. Assoc. **42** [1953] 573).
F: 156,5—157°.

[4,7-Dimethoxy-5-(1-semicarbazono-äthyl)-benzofuran-6-yloxy]-essigsäure $C_{15}H_{17}N_3O_7$,
Formel II (R = CH_2-COOH, X = NH-CO-NH_2).
B. Aus [5-Acetyl-4,7-dimethoxy-benzofuran-6-yloxy]-essigsäure und Semicarbazid
(*Musante*, G. **87** [1957] 470, 477).
Krystalle (aus A.); F: 185—186° [Zers.].

[4,7-Dimethoxy-5-(1-semicarbazono-äthyl)-benzofuran-6-yloxy]-essigsäure-methylester
$C_{16}H_{19}N_3O_7$, Formel II (R = CH_2-CO-OCH_3, X = NH-CO-NH_2).
B. Aus [5-Acetyl-4,7-dimethoxy-benzofuran-6-yloxy]-essigsäure-methylester und Semi=
carbazid (*Musante*, G. **87** [1957] 470, 477).
Krystalle (aus A.); F: 170—172°.

7-Acetyl-benzofuran-3,4,6-triol, 1-[3,4,6-Trihydroxy-benzofuran-7-yl]-äthanon $C_{10}H_8O_5$,
Formel V (R = H), und Tautomeres (7-Acetyl-4,6-dihydroxy-benzofuran-3-on).
B. Neben 1-[3,4,6-Trihydroxy-benzofuran-5-yl]-äthanon bei der Behandlung eines
Gemisches von 1-[2,4,6-Trihydroxy-phenyl]-äthanon, Chloracetonitril, Aluminiumchlorid
und Äther mit Chlorwasserstoff und Hydrolyse des Reaktionsprodukts (*Gruber, Hoyos*,
M. **80** [1949] 303, 307).
Krystalle (aus A.); F: 212—214° (*Gr., Ho.*). UV-Spektrum (A.; 220—360 nm): *Horváth*,
M. **82** [1951] 982, 986.

3,4,6-Triacetoxy-7-acetyl-benzofuran, 1-[3,4,6-Triacetoxy-benzofuran-7-yl]-äthanon
$C_{16}H_{14}O_8$, Formel V (R = CO-CH_3).
B. Beim Erhitzen von 1-[3,4,6-Trihydroxy-benzofuran-7-yl]-äthanon mit Acetanhydrid
und Acetylchlorid (*Horváth*, M. **82** [1951] 982, 989).
Krystalle (aus Me.); F: 157—159°.

**(±)-3,7-Dimethoxy-6-methyl-1-oxo-phthalan-4-carbaldehyd, (±)-4-Formyl-3,7-dimeth=
oxy-6-methyl-phthalid** $C_{12}H_{12}O_5$, Formel VI (R = CH_3).
B. Beim Erwärmen von Gladiolsäure (2,3-Diformyl-6-methoxy-5-methyl-benzoesäure)
mit Chlorwasserstoff enthaltendem Methanol (*Grove*, Biochem. J. **50** [1952] 648, 661;
Soc. **1952** 3345, 3347).
Krystalle; F: 140° [korr.; aus Me.] (*Gr.*, Biochem. J. **50** 661), 138° [korr.] (*Gr.*, Soc.
1952 3347). CO-Valenzschwingungsbanden (Nujol): 1775 cm^{-1} und 1705 cm^{-1} (*Gr.*, Soc.
1952 3349). Absorptionsmaxima (A.): 269 nm und 305 nm (*Gr.*, Soc. **1952** 3353).
Beim Erwärmen mit wss. Natronlauge ist 7-Methoxy-6-methyl-1-oxo-phthalan-
4-carbonsäure erhalten worden (*Gr.*, Biochem. J. **50** 661).

(±)-3-Äthoxy-7-methoxy-6-methyl-1-oxo-phthalan-4-carbaldehyd, (±)-3-Äthoxy-4-formyl-7-methoxy-6-methyl-phthalid $C_{13}H_{14}O_5$, Formel VI (R = C_2H_5).

B. Beim Erwärmen von Gladiolsäure (2,3-Diformyl-6-methoxy-5-methyl-benzoesäure) mit Äthanol und wenig Schwefelsäure (*Grove*, Biochem. J. **50** [1952] 648, 661).

Krystalle (aus A.); F: 105° [korr.] (*Gr.*, Biochem. J. **50** 661). CO-Valenzschwingungs= banden (Nujol): 1770 cm^{-1} und 1705 cm^{-1} (*Grove*, Soc. **1952** 3345, 3349). UV-Spektrum (A.; 230 – 330 nm): *Gr.*, Soc. **1952** 3351.

V   VI   VII   VIII

(±)-3-Acetoxy-7-methoxy-6-methyl-1-oxo-phthalan-4-carbaldehyd, (±)-3-Acetoxy-4-formyl-7-methoxy-6-methyl-phthalid $C_{13}H_{12}O_6$, Formel VI (R = CO-CH$_3$).

B. Bei 1-stdg. Erwärmen von Gladiolsäure (2,3-Diformyl-6-methoxy-5-methyl-benzoesäure) mit Acetanhydrid und Essigsäure (*Grove*, Biochem. J. **50** [1952] 648, 660).

Krystalle (aus A.); F: 145° [korr.]. (*Gr.*, Biochem. J. **50** 660). CO-Valenzschwingungs= banden (Nujol): 1768 cm^{-1} und 1700 cm^{-1} (*Grove*, Soc. **1952** 3345, 3349). Absorptions-maxima (Me.): 269 nm und 306 nm (*Gr.*, Soc. **1952** 3353).

(±)-4-Diacetoxymethyl-3,7-dimethoxy-6-methyl-phthalid $C_{16}H_{18}O_8$, Formel VII (R = CH$_3$, X = CO-CH$_3$).

B. Beim Behandeln von (±)-3,7-Dimethoxy-6-methyl-1-oxo-phthalan-4-carbaldehyd mit Acetanhydrid und wenig Schwefelsäure (*Grove*, Biochem. J. **50** [1952] 648, 661).

Krystalle (aus A.); F: 106° [korr.].

(±)-3-Äthoxy-4-diacetoxymethyl-7-methoxy-6-methyl-phthalid $C_{17}H_{20}O_8$, Formel VII (R = C_2H_5, X = CO-CH$_3$).

B. Beim Behandeln von (±)-3-Äthoxy-7-methoxy-6-methyl-1-oxo-phthalan-4-carb= aldehyd mit Acetanhydrid und wenig Schwefelsäure (*Grove*, Biochem. J. **50** [1952] 648, 662).

Krystalle (aus A.); F: 103° [korr.].

(±)-3-Acetoxy-4-diacetoxymethyl-7-methoxy-6-methyl-phthalid $C_{17}H_{18}O_9$, Formel VII (R = X = CO-CH$_3$).

B. Beim Erwärmen von Gladiolsäure (2,3-Diformyl-6-methoxy-5-methyl-benzoesäure) mit Acetanhydrid und wenig Schwefelsäure oder mit Acetanhydrid und Essigsäure (*Grove*, Biochem. J. **50** [1952] 648, 661; *Brown*, *Newbold*, Soc. **1954** 1076).

Krystalle; F: 131 – 132° [aus wss. A.] (*Br.*, *Ne.*), 131° [korr.; aus A.] (*Gr.*, Biochem. J. **50** 661). CO-Valenzschwingungsbanden (Nujol): 1785 cm^{-1} und 1765 cm^{-1} (*Grove*, Soc. **1952** 3345, 3349). Absorptionsmaxima (A.): 214 nm und 298 nm (*Br.*, *Ne.*) bzw. 297 nm (*Gr.*, Soc. **1952** 3353).

(±)-3,7-Dimethoxy-6-methyl-4-[phenylhydrazono-methyl]-phthalid, (±)-3,7-Dimethoxy-6-methyl-1-oxo-phthalan-4-carbaldehyd-phenylhydrazon $C_{18}H_{18}N_2O_4$, Formel VIII (R = CH$_3$, X = C_6H_5).

B. Aus (±)-3,7-Dimethoxy-6-methyl-1-oxo-phthalan-4-carbaldehyd und Phenylhydr= azin (*Grove*, Biochem. J. **50** [1952] 648, 661).

Gelbliche Krystalle; F: 160° [korr.].

(±)-4-[(2,4-Dinitro-phenylhydrazono)-methyl]-3,7-dimethoxy-6-methyl-phthalid, (±)-3,7-Dimethoxy-6-methyl-1-oxo-phthalan-4-carbaldehyd-[2,4-dinitro-phenylhydr= azon] $C_{18}H_{16}N_4O_8$, Formel VIII (R = CH$_3$, X = $C_6H_3(NO_2)_2$).

B. Aus (±)-3,7-Dimethoxy-6-methyl-1-oxo-phthalan-4-carbaldehyd und [2,4-Dinitro-phenyl]-hydrazin (*Grove*, Biochem. J. **50** [1952] 648, 661).

Gelbe Krystalle; F: 245—250° [korr.; Zers.].

(±)-3-Äthoxy-7-methoxy-6-methyl-4-semicarbazonomethyl-phthalid, (±)-3-Äthoxy-7-methoxy-6-methyl-1-oxo-phthalan-4-carbaldehyd-semicarbazon $C_{14}H_{17}N_3O_5$, Formel VIII (R = C_2H_5, X = CO-NH$_2$).

B. Aus (±)-3-Äthoxy-7-methoxy-6-methyl-1-oxo-phthalan-4-carbaldehyd und Semi=carbazid (*Grove*, Biochem. J. **50** [1952] 648, 661).

F: 190° [korr.; Zers.].

(±)-3-Acetoxy-4-[(2,4-dinitro-phenylhydrazono)-methyl]-7-methoxy-6-methyl-phthalid, (±)-3-Acetoxy-7-methoxy-6-methyl-1-oxo-phthalan-4-carbaldehyd-[2,4-dinitro-phenyl=hydrazon] $C_{19}H_{16}N_4O_9$, Formel VIII (R = CO-CH$_3$, X = $C_6H_3(NO_2)_2$).

B. Aus (±)-3-Acetoxy-7-methoxy-6-methyl-1-oxo-phthalan-4-carbaldehyd und [2,4-Di=nitro-phenyl]-hydrazin (*Grove*, Biochem. J. **50** [1952] 648, 661).

Orangefarbene Krystalle (aus Eg.); F: 245—250° [korr.; Zers.].

(±)-3-Acetoxy-7-methoxy-6-methyl-4-semicarbazonomethyl-phthalid, (±)-3-Acetoxy-7-methoxy-6-methyl-1-oxo-phthalan-4-carbaldehyd-semicarbazon $C_{14}H_{15}N_3O_6$, Formel VIII (R = CO-CH$_3$, X = CO-NH$_2$).

B. Aus (±)-3-Acetoxy-7-methoxy-6-methyl-1-oxo-phthalan-4-carbaldehyd und Semi=carbazid (*Grove*, Biochem. J. **50** [1952] 648, 661).

Krystalle (aus A.); F: 240° [korr.; Zers.].

5-Hydroxy-7-methoxy-6-methyl-1-oxo-phthalan-4-carbaldehyd, 4-Formyl-5-hydroxy-7-methoxy-6-methyl-phthalid, Cyclopolid $C_{11}H_{10}O_5$, Formel IX (R = H).

B. Beim Erhitzen von 3,5-Diacetoxy-4-acetoxymethyl-7-methoxy-6-methyl-phthalid (über die Konstitution dieser Verbindung s. *Duncanson et al.*, Soc. **1953** 3637, 3642) mit wss. Schwefelsäure (*Birkinshaw et al.*, Biochem. J. **50** [1952] 610, 619).

Krystalle (aus wss. A.); F: 169° [unkorr.] (*Bi. et al.*).

5,7-Dimethoxy-6-methyl-1-oxo-phthalan-4-carbaldehyd, 4-Formyl-5,7-dimethoxy-6-methyl-phthalid $C_{12}H_{12}O_5$, Formel IX (R = CH$_3$).

B. Beim Behandeln einer Lösung von Cyclopolid (s. o.) in Aceton mit Diazomethan in Äther (*Birkinshaw et al.*, Biochem. J. **50** [1952] 610, 619). Beim Erhitzen von 3-Acet=oxy-4-acetoxymethyl-5,7-dimethoxy-6-methyl-phthalid (über die Konstitution dieser Verbindung s. *Duncanson et al.*, Soc. **1953** 3637, 3642) mit wss. Schwefelsäure (*Bi. et al.*, l. c. S. 620).

Krystalle (aus wss. Me.); F: 169—170° [unkorr.] (*Bi. et al.*).

IX   X   XI   XII

4-[(2,4-Dinitro-phenylhydrazono)-methyl]-5,7-dimethoxy-6-methyl-phthalid, 5,7-Dimethoxy-6-methyl-1-oxo-phthalan-4-carbaldehyd-[2,4-dinitro-phenylhydrazon] $C_{18}H_{16}N_4O_8$, Formel X (R = $C_6H_3(NO_2)_2$).

B. Aus 5,7-Dimethoxy-6-methyl-1-oxo-phthalan-4-carbaldehyd und [2,4-Dinitro-phenyl]-hydrazin (*Birkinshaw et al.*, Biochem. J. **50** [1952] 610, 620).

Orangefarbene Krystalle (aus Py.); Zers. bei 280—360°.

4,6-Dimethoxy-7-methyl-3-oxo-phthalan-5-carbaldehyd, 6-Formyl-5,7-dimethoxy-4-methyl-phthalid $C_{12}H_{12}O_5$, Formel XI.

B. Beim Behandeln von 6-Hydroxymethyl-5,7-dimethoxy-4-methyl-phthalid mit Chrom(VI)-oxid in Essigsäure (*Logan, Newbold*, Soc. **1957** 1946, 1950). Beim Behandeln einer Lösung von 6-[2-Acetoxy-vinyl]-5,7-dimethoxy-4-methyl-phthalid (S. 2407) in Chloroform mit Ozon und anschliessenden Erwärmen mit Wasser (*Birkinshaw et al.*, Biochem. J. **43** [1948] 216, 222).

Krystalle; F: 131,5—133° [nach Sublimation bei 100°/0,001 Torr] (*Lo., Ne.*), 125—126° [aus Bzn.] (*Bi. et al.*). Absorptionsmaxima (A.): 232 nm und 310 nm (*Lo., Ne.*).

6-[(2,4-Dinitro-phenylhydrazono)-methyl]-5,7-dimethoxy-4-methyl-phthalid, 4,6-Dimethoxy-7-methyl-3-oxo-phthalan-5-carbaldehyd-[2,4-dinitro-phenylhydrazon] $C_{18}H_{16}N_4O_8$, Formel XII (R = $C_6H_3(NO_2)_2$).

B. Aus 4,6-Dimethoxy-7-methyl-3-oxo-phthalan-5-carbaldehyd und [2,4-Dinitro-phenyl]-hydrazin (*Birkinshaw et al.*, Biochem. J. **43** [1948] 216, 222).

Rotbraune Krystalle (aus Bzl.) mit 1 Mol Benzol; F: 228—230° [Zers.; nach Erweichen bei 212—214°]. [*Baumberger*]

Hydroxy-oxo-Verbindungen $C_{11}H_{10}O_5$

3-[2,4-Dimethoxy-phenyl]-glutarsäure-anhydrid $C_{13}H_{14}O_5$, Formel I.

B. Beim Erhitzen von 3-[2,4-Dimethoxy-phenyl]-glutarsäure mit Acetanhydrid (*Nerurkar et al.*, J. org. Chem. **24** [1959] 520, 523).

Krystalle; F: 122—122,5°.

3-[(Ξ)-3,4,5-Trimethoxy-benzyliden]-dihydro-furan-2-on, 2-[2-Hydroxy-äthyl]-3ξ-[3,4,5-trimethoxy-phenyl]-acrylsäure-lacton $C_{14}H_{16}O_5$, Formel II.

B. Beim Behandeln von 3,4,5-Trimethoxy-benzaldehyd mit 4-Hydroxy-buttersäure-lacton und Natriummethylat in Benzol (*Zimmer, Rothe*, J. org. Chem. **24** [1959] 28, 30, 31).

Krystalle (aus Me.); F: 152—152,5° [unkorr.].

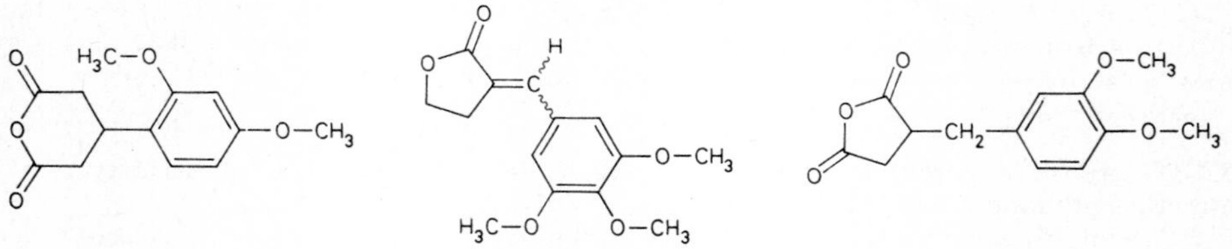

I   II   III

(±)-Veratrylbernsteinsäure-anhydrid $C_{13}H_{14}O_5$, Formel III.

B. Aus (±)-Veratrylbernsteinsäure (*Campbell et al.*, Am. Soc. **75** [1953] 4681, 4682). F: 93,5—94,5°.

(±)-4-Veratroyl-dihydro-furan-2-on, (±)-4-Hydroxy-3-veratroyl-buttersäure-lacton $C_{13}H_{14}O_5$, Formel IV.

B. Beim Behandeln von 4-[3,4-Dimethoxy-phenyl]-4-oxo-buttersäure mit wss. Formaldehyd-Lösung und Kaliumcarbonat und Erwärmen des Reaktionsgemisches mit wss. Salzsäure (*Rothe, Zimmer*, J. org. Chem. **24** [1959] 586, 588).

Krystalle (aus Me.); F: 116—117° [unkorr.].

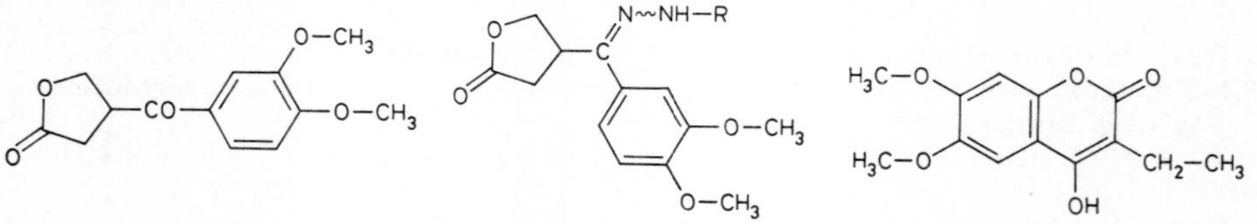

IV   V   VI

(±)-4-[α-(2,4-Dinitro-phenylhydrazono)-3,4-dimethoxy-benzyl]-dihydro-furan-2-on, (±)-4-[3,4-Dimethoxy-phenyl]-4-[2,4-dinitro-phenylhydrazono]-3-hydroxymethyl-buttersäure-lacton $C_{19}H_{18}N_4O_8$, Formel V (R = $C_6H_3(NO_2)_2$).

B. Aus (±)-4-Hydroxy-3-veratroyl-buttersäure-lacton und [2,4-Dinitro-phenyl]-hydr=

azin (*Rothe, Zimmer,* J. org. Chem. **24** [1959] 586, 588).
    Orangefarbene Krystalle (aus Dioxan); F: 212—213° [unkorr.].

3-Äthyl-4-hydroxy-6,7-dimethoxy-cumarin $C_{13}H_{14}O_5$, Formel VI, und Tautomere (z. B.
3-Äthyl-6,7-dimethoxy-chroman-2,4-dion).
    B. Beim Erwärmen von 1-[2-Hydroxy-4,5-dimethoxy-phenyl]-butan-1-on mit Diäthyl=
carbonat und Natrium (*Jones et al.,* Soc. **1949** 562, 567).
    Krystalle (aus A.); F: 262°.

**3-Acetyl-6,7-dimethoxy-chroman-2-on, 2-[2-Hydroxy-4,5-dimethoxy-benzyl]-acetessig=
säure-lacton** $C_{13}H_{14}O_5$, Formel VII, und Tautomere.
    B. In kleiner Menge neben 3-Äthyl-6,7-dimethoxy-cumarin bei der Hydrierung von
3-Acetyl-6,7-dimethoxy-cumarin an Platin/Kohle in Methanol (*Dean et al.,* Soc. **1950**
895, 902).
    Krystalle (aus A.); F: 164—166°.

VII   VIII   IX

**3-[1-(2,4-Dinitro-phenylhydrazono)-äthyl]-6,7-dimethoxy-chroman-2-on, 3-[2,4-Dinitro-
phenylhydrazono]-2-[2-hydroxy-4,5-dimethoxy-benzyl]-buttersäure-lacton** $C_{19}H_{18}N_4O_8$,
Formel VIII (X = $NH-C_6H_3(NO_2)_2$), und Tautomere.
    B. Aus 3-Acetyl-6,7-dimethoxy-chroman-2-on und [2,4-Dinitro-phenyl]-hydrazin
(*Dean et al.,* Soc. **1950** 895, 902).
    Orangegelb; F: 228°.

3-Acetyl-6,7-dimethoxy-chroman-4-on $C_{13}H_{14}O_5$, Formel IX, und Tautomere.
    B. Aus 6,7-Dimethoxy-chroman-4-on beim Behandeln mit Äthylacetat und Natrium=
methylat sowie beim Behandeln mit Natrium in Äther und anschliessend mit Acetyl=
chlorid (*Jones et al.,* Soc. **1949** 562, 569).
    Krystalle (aus $CHCl_3$ + Bzn.); F: 249°.
    Reaktion mit [2,4-Dinitro-phenyl]-hydrazin (Bildung einer Verbindung vom F: 163°):
Jo. et al.

5,6,7-Trihydroxy-2,3-dimethyl-chromen-4-on $C_{11}H_{10}O_5$, Formel X (R = H).
    B. Beim Erhitzen von 5,7,8-Trimethoxy-2,3-dimethyl-chromen-4-on mit Acetanhydrid
und wss. Jodwasserstoffsäure (*Mukerjee et al.,* Pr. Indian Acad. [A] **35** [1952] 82, 87).
    Krystalle (aus A. + E.); F: 230—231°.

5,6,7-Trimethoxy-2,3-dimethyl-chromen-4-on $C_{14}H_{16}O_5$, Formel X (R = CH_3).
    B. Beim Erwärmen einer Lösung von 1-[6-Hydroxy-2,3,4-trimethoxy-phenyl]-
2-methyl-butan-1,3-dion in Äthanol mit Schwefelsäure (*Mukerjee et al.,* Pr. Indian
Acad. [A] **35** [1952] 82, 87). Beim Erwärmen einer Lösung von 5,6,7-Trihydroxy-2,3-di=
methyl-chromen-4-on in Aceton mit Dimethylsulfat und Kaliumcarbonat (*Mu. et al.*).
    Krystalle (aus wss. A.); F: 135—135,5°.

5,7,8-Trihydroxy-2,3-dimethyl-chromen-4-on $C_{11}H_{10}O_5$, Formel XI (R = H).
    B. Beim Erwärmen einer Lösung von 5,7,8-Trimethoxy-2,3-dimethyl-chromen-4-on in
Benzol mit Aluminiumchlorid (*Mukerjee et al.,* Pr. Indian Acad. [A] **35** [1952] 82, 85).
    Krystalle (aus E. + A.); F: 243—244°.

5,7,8-Trimethoxy-2,3-dimethyl-chromen-4-on $C_{14}H_{16}O_5$, Formel XI (R = CH_3).
    B. Beim Erwärmen einer Lösung von 1-[2-Hydroxy-3,4,6-trimethoxy-phenyl]-

2-methyl-butan-1,3-dion in Äthanol mit Schwefelsäure (*Mukerjee et al.*, Pr. Indian Acad. [A] **35** [1952] 82, 84).
Krystalle (aus wss. A.); F: 160—161°.

X   XI   XII

5,7,8-Trihydroxy-2,6-dimethyl-chromen-4-on $C_{11}H_{10}O_5$, Formel XII (R = H).
B. Beim Behandeln einer Lösung von 5,7-Dihydroxy-2,6-dimethyl-chromen-4-on in Pyridin mit wss. Kaliumperoxodisulfat-Lösung und wss. Tetramethylammonium-hydroxid-Lösung und Erwärmen der nach dem Ansäuern gelösten Anteile des Reaktions-gemisches mit Natriumsulfit und wss. Salzsäure (*Mukerjee et al.*, J. scient. ind. Res. India **16**B [1957] 58).
Krystalle (aus Me.); F: 255—257°.
Überführung in 5,6,7-Trihydroxy-2,8-dimethyl-chromen-4-on mit Hilfe von Jod‑wasserstoffsäure und Acetanhydrid: *Mu. et al.*

5,8-Dihydroxy-7-methoxy-2,6-dimethyl-chromen-4-on $C_{12}H_{12}O_5$, Formel XII (R = CH$_3$).
B. Aus 5-Hydroxy-7-methoxy-2,6-dimethyl-chromen-4-on analog der im vorangehen-den Artikel beschriebenen Verbindung.
F: 206—208° (*Mukerjee et al.*, J. scient. ind. Res. India **16**B [1957] 58).

3-Methyl-ξ-pentendisäure-1-[5-hydroxy-7-methoxy-2-methyl-4-oxo-4H-chromen-6-ylmethylester], 6-[4-Carboxy-3-methyl-ξ-crotonoyloxymethyl]-5-hydroxy-7-methoxy-2-methyl-chromen-4-on $C_{18}H_{18}O_8$, Formel I.
Diese Konstitution kommt der nachstehend beschriebenen, ursprünglich (*Zopf*, A. **295** [1897] 257, 290) als Leprarin bezeichneten **Leprariasäure** (*Hesse*, J. pr. [2] **68** [1903] 1, 66) zu (*Aberhart et al.*, Soc. [C] **1969** 704), die von *Soviar et al.* (Tetrahedron Letters **1967** 2277; s. a. *Soviar*, Acta Fac. pharm. Univ. Comen. **20** [1971] 27, 35) als 3-Methyl-pentendisäure-1-[5-hydroxy-7-methoxy-6-methyl-4-oxo-4H-chromen-2-ylmethylester; $C_{18}H_{18}O_8$] formuliert worden ist.
Isolierung aus Lepraria latebrarum: *Zopf*, A. **295** 290; *He.*; *So.*, l. c. S. 41.
Krystalle; F: 156—157,5° (*So.*), 155° [aus Ae.] (*Zopf*, A. **313** [1900] 317, 319), 155° [aus Eg. oder Bzl.] (*He.*, l. c. S. 68). [α]$_D^{17}$: +13,4° [CHCl$_3$; c = 0,7] (*Salkowski*, A. **319** [1901] 391, 392).
Beim Behandeln mit wss. Jodwasserstoffsäure ist eine als Norlepreriasäure be-zeichnete Verbindung (Krystalle [aus Eg.], F: 215°) erhalten worden (*He.*, l. c. S. 70).
Methylester $C_{19}H_{20}O_8$; Leprarinin (3-Methyl-ξ-pentendisäure-1-[5-hydr‑oxy-7-methoxy-2-methyl-4-oxo-4H-chromen-6-ylmethylester]-5-methyl‑ester, 5-Hydroxy-7-methoxy-6-[4-methoxycarbonyl-3-methyl-ξ-crotono‑yloxymethyl]-2-methyl-chromen-4-on). Krystalle (aus Ae.); F: 135° (*Zopf*, A. **313** 320).
Äthylester $C_{20}H_{22}O_8$; Lepraridin (3-Methyl-ξ-pentendisäure-5-äthylester-1-[5-hydroxy-7-methoxy-2-methyl-4-oxo-4H-chromen-6-ylmethylester], 6-[4-Äthoxycarbonyl-3-methyl-ξ-crotonoyloxymethyl]-5-hydroxy-7-methoxy-2-methyl-chromen-4-on). Krystalle (aus Ae. + A. oder A.); F: 121° bis 122° (*Zopf*, A. **313** 320).
Propylester $C_{21}H_{24}O_8$; Lepralin (3-Methyl-ξ-pentendisäure-1-[5-hydroxy-7-methoxy-2-methyl-4-oxo-4H-chromen-6-ylmethylester]-5-propylester, 5-Hydroxy-7-methoxy-2-methyl-6-[3-methyl-4-propoxycarbonyl-ξ-crotonoyloxymethyl]-chromen-4-on). Krystalle (aus Ae. + A.); F: 100° [nach Sintern] (*Zopf*, A. **313** 321).

5,6,7-Trihydroxy-2,8-dimethyl-chromen-4-on $C_{11}H_{10}O_5$, Formel II (R = H).

B. Aus 5,7,8-Trihydroxy-2,6-dimethyl-chromen-4-on oder aus 5,8-Dihydroxy-7-meth≠
oxy-2,6-dimethyl-chromen-4-on mit Hilfe von Jodwasserstoffsäure und Acetanhydrid
(*Mukerjee et al.*, J. scient. ind. Res. India **16**B [1957] 58). Beim Behandeln einer Lösung
von 5,7-Dihydroxy-2,8-dimethyl-4-oxo-4H-chromen-6-carbaldehyd in Pyridin mit wss.
Wasserstoffperoxid und wss. Tetramethylammonium-hydroxid-Lösung (*Mu. et al.*).

Krystalle (aus Me.); F: 260—261°.

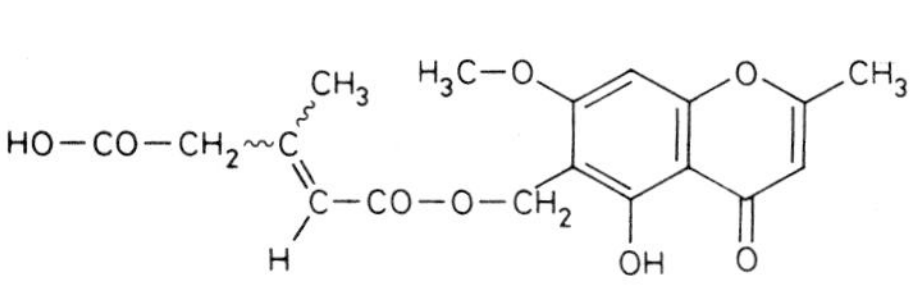

I 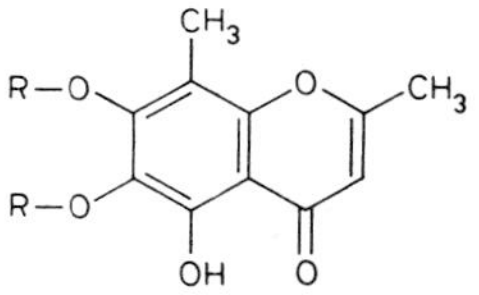   II

5-Hydroxy-6,7-dimethoxy-2,8-dimethyl-chromen-4-on $C_{13}H_{14}O_5$, Formel II (R = CH$_3$).

B. Beim Erwärmen einer Lösung von 5,6,7-Trihydroxy-2,8-dimethyl-chromen-4-on in
Aceton mit Methyljodid und Kaliumcarbonat (*Mukerjee et al.*, J. scient. ind. Res. India
16B [1957] 58).

Krystalle (aus Me.); F: 123—124°.

———

3-Äthyl-5,6,7-trimethoxy-isocumarin $C_{14}H_{16}O_5$, Formel III.

B. Beim Behandeln von 3-[2-Benzoyloxy-äthyl]-5,6,7-trimethoxy-isocumarin mit
Äthanthiol, Zinkchlorid und Natriumsulfat und Erwärmen einer Lösung des Reaktionsprodukts in Äthanol mit Raney-Nickel (*Grimshaw et al.*, Soc. **1955** 833, 836). Beim Erwärmen einer Lösung von 3-[2-Benzyloxymethyl-[1,3]dithiolan-2-yl]-5,6,7-trimethoxy-
isocumarin in Äthanol mit Raney-Nickel (*Gr. et al.*).

Krystalle (aus Bzl. + Bzn.); F: 69—70°.

———

**(±)-4-Äthyl-6,7-dimethoxy-isochroman-1,3-dion, (±)-2-[2-Carboxy-4,5-dimethoxy-
phenyl]-buttersäure-anhydrid** $C_{13}H_{14}O_5$, Formel IV.

B. Beim Erhitzen von (±)-2-[2-Carboxy-4,5-dimethoxy-phenyl]-buttersäure unter
20 Torr auf 135° (*Adams, Baker*, Am. Soc. **61** [1939] 1138, 1141).

Krystalle (aus Bzl. + Bzn.); F: 85—86°.

———

(±)-3-[1-Chlor-ξ-propenyl]-4,5,6-trimethoxy-phthalid $C_{14}H_{15}ClO_5$, Formel V (R = H).

B. Beim Erwärmen von 4,5,6-Trimethoxy-3-[1,1,2-trichlor-propyl]-phthalid (F: 90° bis
91°) mit Essigsäure und Zink-Pulver (*Katrak, Meldrum*, J. Indian chem. Soc. **9** [1932]
121, 124).

Krystalle (aus Acn. + PAe.); F: 110—111°.

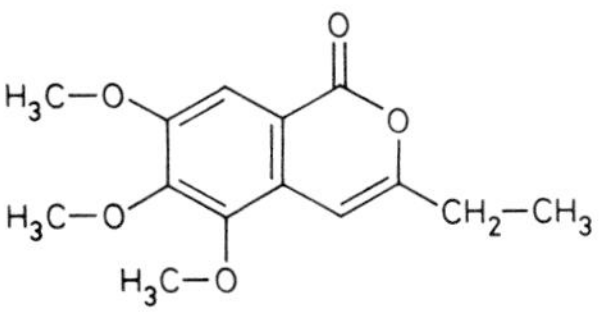

III 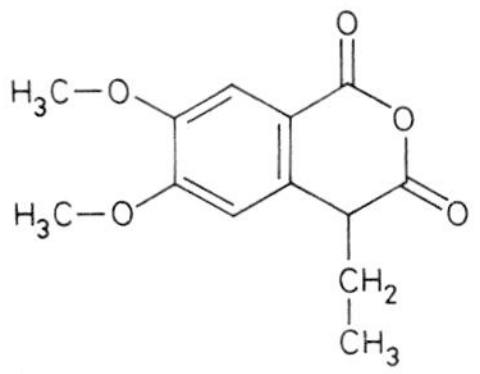   IV 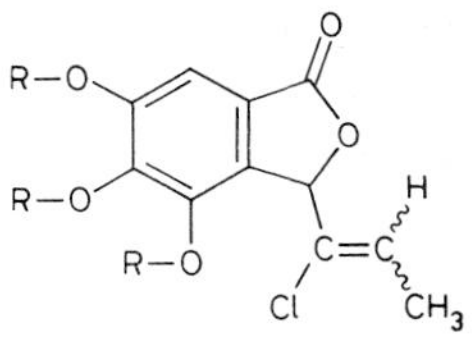   V

(±)-4,5,6-Triacetoxy-3-[1-chlor-ξ-propenyl]-phthalid $C_{17}H_{15}ClO_8$, Formel V
(R = CO-CH$_3$).

B. Beim Erwärmen von 4,5,6-Triacetoxy-3-[1,1,2-trichlor-propyl]-phthalid (F: 161°
162°) mit Essigsäure und Zink-Pulver (*Katrak, Meldrum*, J. Indian chem. Soc. **9** [1932]
121, 124).

Krystalle (aus Acn. + PAe.); F: 145°.

———

5(?)-Acetyl-2-methyl-benzofuran-3,4,6-triol, 1-[3,4,6-Trihydroxy-2-methyl-benzofuran-5(?)-yl]-äthanon $C_{11}H_{10}O_5$, vermutlich Formel VI, und Tautomeres (5(?)-Acetyl-4,6-dihydroxy-2-methyl-benzofuran-3-on).

B. In kleiner Menge neben der im folgenden Artikel beschriebenen Verbindung beim Behandeln von 4,6-Diacetoxy-2-methyl-benzofuran-3-on mit Aluminiumchlorid in Nitro⸗benzol (*Kogure, Kubota,* J. Inst. Polytech. Osaka City Univ. [C] **2** [1952] 70, 73).

Krystalle (aus A.); F: 201—203°.

4-Nitro-phenylhydrazon. Braune Krystalle (aus A.); F: 227—228°.

7(?)-Acetyl-2-methyl-benzofuran-3,4,6-triol, 1-[3,4,6-Trihydroxy-2-methyl-benzofuran-7(?)-yl]-äthanon $C_{11}H_{10}O_5$, vermutlich Formel VII (R = H), und Tautomeres (7(?)-Acetyl-4,6-dihydroxy-2-methyl-benzofuran-3-on).

B. s. im vorangehenden Artikel.

Krystalle (aus A.) mit 1 Mol Äthanol; F: 124—126° (*Kogure, Kubota,* J. Inst. Polytech. Osaka City Univ. [C] **2** [1952] 70, 73).

O-[4-Methoxy-benzoyl]-Derivat $C_{19}H_{16}O_7$. Krystalle (aus A.); F: 155—157° (*Ko., Ku.,* l. c. S. 74).

Di-*O*-[4-methoxy-benzoyl]-Derivat $C_{27}H_{22}O_9$. Krystalle (aus A.) mit 1 Mol Äthanol; F: 161—163° (*Ko., Ku.,* l. c. S. 74).

Oxim. Krystalle (aus Toluol); F: 166—168°.

4-Nitro-phenylhydrazon. Braune Krystalle (aus A.); F: 248,5—249°.

7-Acetyl-4-methoxy-2-methyl-benzofuran-3,6-diol, 1-[3,6-Dihydroxy-4-methoxy-2-methyl-benzofuran-7-yl]-äthanon $C_{12}H_{12}O_5$, Formel VII (R = CH₃), und Tautomeres (7-Acetyl-6-hydroxy-4-methoxy-2-methyl-benzofuran-3-on).

Diese Konstitution ist der nachstehend beschriebenen Verbindung zugeordnet worden (*Kogure,* J. chem. Soc. Japan Pure Chem. Sect. **73** [1952] 308; C. A. **1953** 10527; *Kogure, Kubota,* J. Inst. Polytech. Osaka City Univ. [C] **2** [1952] 76, 79).

B. Beim Erwärmen einer Lösung von 1-[2,4,6-Trimethoxy-phenyl]-äthanon in Nitro⸗benzol mit (±)-2-Brom-propionylbromid und Aluminiumchlorid (*Ko.; Ko., Ku.*).

Krystalle (aus A.); F: 142—143°.

VI VII VIII IX

4,5-Dihydroxy-3-isopropyl-phthalsäure-anhydrid $C_{11}H_{10}O_5$, Formel VIII (R = H).

B. Beim Erhitzen einer Lösung von 4,5-Dihydroxy-6-isopropyl-benzol-1,2,3-tricarbon⸗säure-1,2-anhydrid in Chinolin mit Kupfer-Pulver auf 160° (*Adams, Morris,* Am. Soc. **60** [1938] 2188).

Krystalle (aus Ae. + PAe.); F: 165—166°. Unter 15 Torr sublimierbar.

Beim Behandeln mit wss. Natronlauge und mit Luft ist ein Chinon $C_9H_{10}O_4$ (rote Krystalle [aus Bzl.], F: 179—181°) erhalten worden.

3-Isopropyl-4,5-dimethoxy-phthalsäure-anhydrid, Apogossypolsäure-anhydrid $C_{13}H_{14}O_5$, Formel VIII (R = CH₃).

B. Beim Behandeln von 6-Amino-2-isopropyl-3,4-dimethoxy-benzoesäure-methylester mit wss. Salzsäure und Natriumnitrit, Erwärmen des mit Natriumcarbonat neutralisierten Reaktionsgemisches mit Kupfer(I)-cyanid und Kaliumcyanid, Erhitzen des Reaktions-produkts mit wss. Natronlauge und Erhitzen der danach isolierten Apogossypolsäure (4,5-Dimethoxy-3-isopropyl-phthalsäure) unter 3 Torr (*Adams, Baker,* Am. Soc. **61** [1939] 1138, 1140). Beim Behandeln von 4,5-Dihydroxy-3-isopropyl-phthalsäure-anhydrid mit Diazomethan in Äther (*Adams, Morris,* Am. Soc. **60** [1938] 2188).

Krystalle (aus PAe.); F: 93—94° (*Ad.*, *Mo.*), 92—93° (*Ad.*, *Ba.*).
Überführung in 4,5-Dihydroxy-3-isopropyl-benzoesäure (E III 10 1566) durch Erhitzen mit wss. Bromwasserstoffsäure: *Adams et al.*, Am. Soc. **60** [1938] 2191. Beim Erwärmen mit Semicarbazid-hydrochlorid und Natriumacetat in Äthanol ist eine Verbindung $C_{14}H_{17}N_3O_5$ (Krystalle [aus wss. Me.]; F: 221—223°) erhalten worden (*Adams*, *Butterbough*, Am. Soc. **60** [1938] 2174, 2177).

[4-Hydroxy-6-methoxy-7-methyl-3-oxo-phthalan-5-yl]-acetaldehyd, 7-Hydroxy-5-meth⸗oxy-4-methyl-6-[2-oxo-äthyl]-phthalid $C_{12}H_{12}O_5$, Formel IX (R = H).

B. Neben Lävulinsäure beim Behandeln einer Lösung von Mycophenolsäure (6-[4-Hydr⸗oxy-6-methoxy-7-methyl-3-oxo-phthalan-5-yl]-4-methyl-hex-4*t*-ensäure) in Chloroform mit Ozon und anschliessenden Erwärmen mit Wasser (*Birkinshaw et al.*, Biochem. J. **43** [1948] 216, 220).
Krystalle (aus W.); F: 152—153°.

[4,6-Dimethoxy-7-methyl-3-oxo-phthalan-5-yl]-acetaldehyd, 5,7-Dimethoxy-4-methyl-6-[2-oxo-äthyl]-phthalid $C_{13}H_{14}O_5$, Formel IX (R = CH₃).

B. Neben Lävulinsäure bzw. Lävulinsäure-methylester beim Behandeln einer Lösung von *O*-Methyl-mycophenolsäure (6-[4,6-Dimethoxy-7-methyl-3-oxo-phthalan-5-yl]-4-methyl-hex-4*t*-ensäure) bzw. von *O*-Methyl-mycophenolsäure-methylester in Chloroform mit Ozon und anschliessenden Erwärmen mit Wasser (*Birkinshaw et al.*, Biochem. J. **43** [1948] 216, 221).
Krystalle (aus PAe.); F: 112°.
2,4-Dinitro-phenylhydrazon s. u.

6-[2-Acetoxy-vinyl]-5,7-dimethoxy-4-methyl-phthalid $C_{15}H_{16}O_6$, Formel X (R = CH₃).

B. Beim Erhitzen von [4,6-Dimethoxy-7-methyl-3-oxo-phthalan-5-yl]-acetaldehyd mit Acetanhydrid und Natriumacetat (*Birkinshaw et al.*, Biochem. J. **43** [1948] 216, 222).
Krystalle (aus Bzn.); F: 140°.

X   XI   XII

6-[2-(2,4-Dinitro-phenylhydrazono)-äthyl]-5,7-dimethoxy-4-methyl-phthalid, [4,6-Di⸗methoxy-7-methyl-3-oxo-phthalan-5-yl]-acetaldehyd-[2,4-dinitro-phenylhydrazon] $C_{19}H_{18}N_4O_8$, Formel XI.

B. Aus [4,6-Dimethoxy-7-methyl-3-oxo-phthalan-5-yl]-acetaldehyd und [2,4-Dinitro-phenyl]-hydrazin (*Birkinshaw et al.*, Biochem. J. **43** [1948] 216, 221).
Gelbe Krystalle (aus Me.); F: 214°.

---

*Opt.-inakt. 6-Hydroxy-6-methyl-tetrahydro-4,7-ätheno-isobenzofuran-1,3,5-trion, 7-Hydroxy-7-methyl-8-oxo-bicyclo[2.2.2]oct-5-en-2,3-dicarbonsäure-anhydrid $C_{11}H_{10}O_5$, Formel XII (R = H).

B. Beim Erhitzen von opt.-inakt. 7-Hydroxy-7-methyl-8-oxo-bicyclo[2.2.2]oct-5-en-2,3-dicarbonsäure (aus der im nachstehenden Artikel beschriebenen Verbindung hergestellt) unter 0,01 Torr auf 180° (*Metlesics et al.*, M. **89** [1958] 102, 108).
Krystalle; F: 217—218°.

*Opt.-inakt. 6-Acetoxy-6-methyl-tetrahydro-4,7-ätheno-isobenzofuran-1,3,5-trion, 7-Acet⸗oxy-7-methyl-8-oxo-bicyclo[2.2.2]oct-5-en-2,3-dicarbonsäure-anhydrid $C_{13}H_{12}O_6$, Formel XII (R = CO-CH₃) + Spiegelbild.

B. Beim Erhitzen von (±)-6-Acetoxy-6-methyl-cyclohexa-2,4-dienon mit Maleinsäure-anhydrid auf 130° (*Metlesics et al.*, M. **89** [1958] 102, 107).
Krystalle; F: 125—127°.

Hydroxy-oxo-Verbindungen $C_{12}H_{12}O_5$

*Opt.-inakt. 5-Methyl-4-veratroyl-dihydro-furan-2-on, 4-Hydroxy-3-veratroyl-valerian=säure-lacton $C_{14}H_{16}O_5$, Formel I.

B. Beim Behandeln von 4-[3,4-Dimethoxy-phenyl]-4-oxo-buttersäure mit Acet=aldehyd und Kaliumcarbonat in Wasser und Erwärmen des Reaktionsgemisches mit wss. Salzsäure (*Rothe, Zimmer*, J. org. Chem. **24** [1959] 586, 588).

Krystalle (aus Me. + Ae.); F: 114—115° [unkorr.].

2,4-Dinitro-phenylhydrazon $C_{20}H_{20}N_4O_8$ (4-[α-(2,4-Dinitro-phenylhydr=azono)-3,4-dimethoxy-benzyl]-5-methyl-dihydro-furan-2-on).   Orangefar=bene Krystalle (aus Dioxan + Me.); F: 214,5—215,5° [unkorr.].

(±)-5,7-Dihydroxy-4-methyl-3-[2,2,2-trichlor-1-hydroxy-äthyl]-cumarin $C_{12}H_9Cl_3O_5$, Formel II (R = H).

B. Beim Behandeln von Phloroglucin mit (±)-2-[2,2,2-Trichlor-1-hydroxy-äthyl]-acet=essigsäure-äthylester und Phosphorylchlorid (*Kulkarni et al.*, J. Indian chem. Soc. **18** [1941] 113, 118).

Krystalle (aus E. + Bzn.); F: 216—217°.

I   II   III

(±)-5,7-Diacetoxy-3-[1-acetoxy-2,2,2-trichlor-äthyl]-4-methyl-cumarin $C_{18}H_{15}Cl_3O_8$, Formel II (R = CO-CH_3).

B. Beim Behandeln von (±)-5,7-Dihydroxy-4-methyl-3-[2,2,2-trichlor-1-hydroxy-äthyl]-cumarin mit Acetanhydrid und Pyridin (*Kulkarni et al.*, J. Indian chem. Soc. **18** [1941] 113, 119).

Krystalle (aus Bzl. + PAe.); F: 147—148°.

(±)-7,8-Dihydroxy-4-methyl-3-[2,2,2-trichlor-1-hydroxy-äthyl]-cumarin $C_{12}H_9Cl_3O_5$, Formel III (R = H).

B. Beim Behandeln von Pyrogallol mit (±)-2-[2,2,2-Trichlor-1-hydroxy-äthyl]-acet=essigsäure-äthylester und mit 78%ig. wss. Schwefelsäure oder Phosphorylchlorid (*Kulkarni et al.*, J. Indian chem. Soc. **18** [1941] 113, 117).

Krystalle (aus E.); F: 223° [Zers.].

(±)-7,8-Dimethoxy-4-methyl-3-[2,2,2-trichlor-1-methoxy-äthyl]-cumarin $C_{15}H_{15}Cl_3O_5$, Formel III (R = CH_3).

B. Beim Erwärmen einer Lösung von (±)-7,8-Dihydroxy-4-methyl-3-[2,2,2-trichlor-1-hydroxy-äthyl]-cumarin in Aceton mit Dimethylsulfat und Kaliumhydroxid (*Kulkarni et al.*, J. Indian chem. Soc. **18** [1941] 113, 117).

Krystalle (aus wss. A.); F: 139°.

(±)-7,8-Diacetoxy-3-[1-acetoxy-2,2,2-trichlor-äthyl]-4-methyl-cumarin $C_{18}H_{15}Cl_3O_8$, Formel III (R = CO-CH_3).

B. Beim Behandeln von (±)-7,8-Dihydroxy-4-methyl-3-[2,2,2-trichlor-1-hydroxy-äthyl]-cumarin mit Acetanhydrid und Pyridin (*Kulkarni et al.*, J. Indian chem. Soc. **18** [1941] 113, 117).

Krystalle (aus wss. A.); F: 181°.

6-Äthyl-7-hydroxy-5,8-dimethoxy-4-methyl-cumarin $C_{14}H_{16}O_5$, Formel IV (R = H).

B. Beim Erhitzen von 1-[2,4-Dihydroxy-3,6-dimethoxy-phenyl]-äthanon mit wss. Salzsäure und amalgamiertem Zink und Behandeln des erhaltenen 4-Äthyl-2,5-di=

methoxy-resorcins mit Acetessigsäure-äthylester und 82%ig. wss. Schwefelsäure (*Jacobson et al.*, J. org. Chem. **18** [1953] 1117, 1118, 1119).

Krystalle (aus wss. A.); F: 244—245°. Absorptionsmaxima (A.): 260 nm und 325 nm (*Ja. et al.*, l. c. S. 1121).

IV　　　　　　　　　　　　V　　　　　　　　　　　　VI

6-Äthyl-5,7,8-trimethoxy-4-methyl-cumarin $C_{15}H_{18}O_5$, Formel IV (R = CH_3).

B. Beim Behandeln von 6-Äthyl-7-hydroxy-5,8-dimethoxy-4-methyl-cumarin mit Methyljodid und Natriummethylat (*Jacobson et al.*, J. org. Chem. **18** [1953] 1117, 1118, 1119, 1121).

Krystalle (aus wss. A.); F: 113,2—114,2°.

(+)-8-Hydroxy-3-[2-hydroxy-propyl]-6-methoxy-isocumarin $C_{13}H_{14}O_5$, Formel V (R = H).

Diese Konstitution kommt dem nachstehend beschriebenen **Diaporthin** zu (*Hardegger et al.*, Helv. **49** [1966] 1283).

Isolierung aus dem Kulturfiltrat von Endothia parasitica: *Boller et al.*, Helv. **40** [1957] 875, 878.

Krystalle (aus Ae. + Hexan), F: 91,5—92,5°; im Hochvakuum bei 80° sublimierbar (*Bo. et al.*). $[\alpha]_D$: +58° [$CHCl_3$; c = 1] (*Bo. et al.*). Absorptionsmaxima: 246 nm, 279 nm und 327 nm (*Bo. et al.*, l. c. S. 877). Elektrolytische Dissoziation in wss. 2-Methoxy-äthanol: *Bo. et al.*, l. c. S. 878.

Beim Erwärmen mit wss. Natronlauge sind Diaporthinsäure (2-Acetonyl-6-hydroxy-4-methoxy-benzoesäure) und Acetaldehyd erhalten worden (*Ha. et al.*, l. c. S. 1288; s. a. *Bo. et al.*, l. c. S. 879).

Di-*O*-acetyl-Derivat　　$C_{17}H_{18}O_7$　　[(+)-8-Acetoxy-3-[2-acetoxy-propyl]-6-methoxy-isocumarin, Formel V (R = CO-CH_3)]. Krystalle (aus Ae. + Hexan), F: 66—67°; $[\alpha]_D$: +14,5° [$CHCl_3$; c = 1] (*Bo. et al.*, l. c. S. 879).

5-Butyryl-4,7-dimethoxy-benzofuran-6-ol, 1-[6-Hydroxy-4,7-dimethoxy-benzofuran-5-yl]-butan-1-on $C_{14}H_{16}O_5$, Formel VI.

B. Beim Erwärmen von Khellin (4,9-Dimethoxy-7-methyl-furo[3,2-*g*]chromen-5-on) mit Lithiumalanat in Äther (*Fabbrini*, Ann. Chimica **46** [1956] 130, 135).

Gelbe Krystalle (aus PAe.); F: 108—110°. Absorptionsspektrum (A.; 275—400 nm): *Fa.*, l. c. S. 133.

1-[6-Hydroxy-4,7-dimethoxy-benzofuran-5-yl]-butan-1-on-[2,4-dinitro-phenylhydrazon] $C_{20}H_{20}N_4O_8$, Formel VII (R = $C_6H_3(NO_2)_2$).

B. Aus 1-[6-Hydroxy-4,7-dimethoxy-benzofuran-5-yl]-butan-1-on und [2,4-Dinitro-phenyl]-hydrazin (*Fabbrini*, Ann. Chimica **46** [1956] 130, 135).

Hellrote Krystalle (aus A.); F: 180°.

5-Acetoacetyl-4-methoxy-2,3-dihydro-benzofuran-6-ol, 1-[6-Hydroxy-4-methoxy-2,3-dihydro-benzofuran-5-yl]-butan-1,3-dion $C_{13}H_{14}O_5$, Formel VIII (R = CH_3, X = H), und Tautomere.

B. Beim Erwärmen von 1-[6-Hydroxy-4-methoxy-2,3-dihydro-benzofuran-5-yl]-äthanon mit Äthylacetat und Natrium (*Davies, Norris*, Soc. **1950** 3195, 3201).

Krystalle (aus wss. A.); F: 99—101°.

5-Acetoacetyl-6-methoxy-2,3-dihydro-benzofuran-4-ol, 1-[4-Hydroxy-6-methoxy-2,3-dihydro-benzofuran-5-yl]-butan-1,3-dion $C_{13}H_{14}O_5$, Formel VIII (R = H, X = CH_3), und Tautomere.

B. Beim Erwärmen von 1-[4-Hydroxy-6-methoxy-2,3-dihydro-benzofuran-5-yl]-

äthanon mit Äthylacetat und Natrium (*Davies, Norris*, Soc. **1950** 3195, 3201).
Krystalle (aus A.); F: 147—148° [nach Sintern bei 144°].

5-Acetoacetyl-6,7-dimethoxy-2,3-dihydro-benzofuran, 1-[6,7-Dimethoxy-2,3-dihydro-benzofuran-5-yl]-butan-1,3-dion $C_{14}H_{16}O_5$, Formel IX (R = X = CH$_3$), und Tautomere.
B. Beim Erwärmen von 1-[6,7-Dimethoxy-2,3-dihydro-benzofuran-5-yl]-äthanon mit Äthylacetat und Natrium (*Davies, Deegan*, Soc. **1950** 3202, 3205).
Gelbes Öl; Kp$_{1,2}$: 164—165°. n$_D^{20}$: 1,5956.

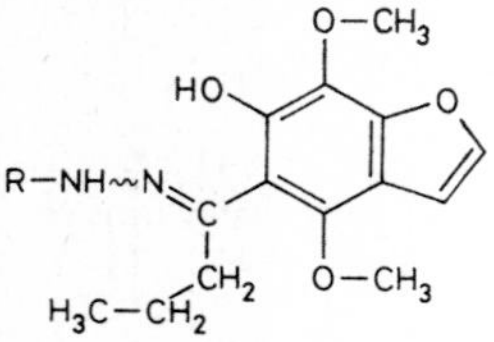

VII 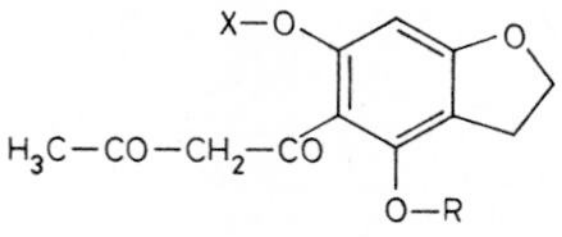   VIII 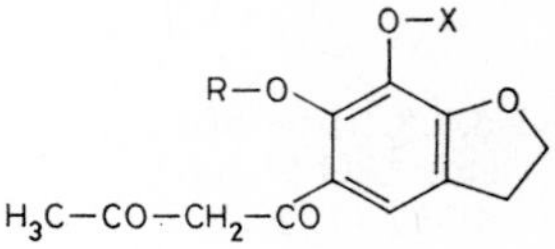   IX

5-Acetoacetyl-7-benzyloxy-2,3-dihydro-benzofuran-6-ol, 1-[7-Benzyloxy-6-hydroxy-2,3-dihydro-benzofuran-5-yl]-butan-1,3-dion $C_{19}H_{18}O_5$, Formel IX (R = H, X = CH$_2$-C$_6$H$_5$), und Tautomere.
B. Beim Erwärmen von 1-[7-Benzyloxy-6-hydroxy-2,3-dihydro-benzofuran-5-yl]-äthanon mit Äthylacetat und Natrium (*Davies, Deegan*, Soc. **1950** 3202, 3205).
Krystalle (aus A.); F: 109°.

7-Acetoacetyl-4-methoxy-2,3-dihydro-benzofuran-6-ol, 1-[6-Hydroxy-4-methoxy-2,3-dihydro-benzofuran-7-yl]-butan-1,3-dion $C_{13}H_{14}O_5$, Formel X, und Tautomere.
B. Beim Erwärmen von 1-[6-Hydroxy-4-methoxy-2,3-dihydro-benzofuran-7-yl]-äthanon mit Äthylacetat und Natrium (*Clarke et al.*, Soc. **1948** 2260, 2264; *Davies, Norris*, Soc. **1950** 3195, 3200).
Gelbe Krystalle; F: 142—142,5° [aus A.] (*Da., No.*), 135—136° [aus PAe.] (*Cl. et al.*).

5,7-Diacetyl-2,3-dihydro-benzofuran-4,6-diol $C_{12}H_{12}O_5$, Formel XI (R = X = H).
B. Beim Erwärmen von 4,6-Diacetoxy-2,3-dihydro-benzofuran mit Aluminiumchlorid in Nitrobenzol (*Davies, Norris*, Soc. **1950** 3195, 3198).
Krystalle (aus A.); F: 145—146°.
Beim Erhitzen mit wss. Natronlauge ist 1-[4,6-Dihydroxy-2,3-dihydro-benzofuran-7-yl]-äthanon erhalten worden (*Da., No.*, l. c. S. 3199).

5,7-Diacetyl-6-methoxy-2,3-dihydro-benzofuran-4-ol $C_{13}H_{14}O_5$, Formel XI (R = H, X = CH$_3$), und **5,7-Diacetyl-4-methoxy-2,3-dihydro-benzofuran-6-ol** $C_{13}H_{14}O_5$, Formel XI (R = CH$_3$, X = H).
Diese Konstitutionsformeln kommen für die nachstehend beschriebene Verbindung in Betracht.
B. Beim Behandeln von 5,7-Diacetyl-2,3-dihydro-benzofuran-4,6-diol mit Dimethylsulfat, Aceton und Kaliumcarbonat (*Davies, Norris*, Soc. **1950** 3195, 3199).
Gelbliche Krystalle (aus Me.); F: 113,5—114°.

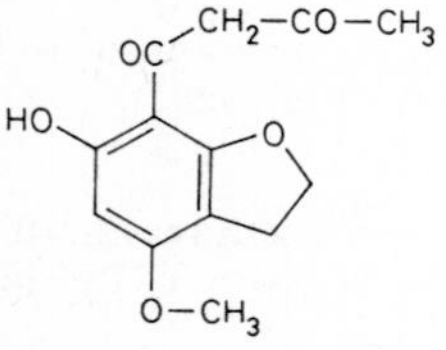

X 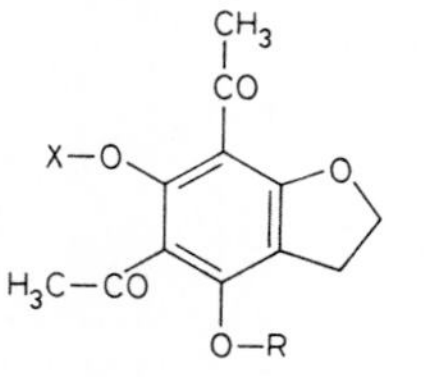   XI 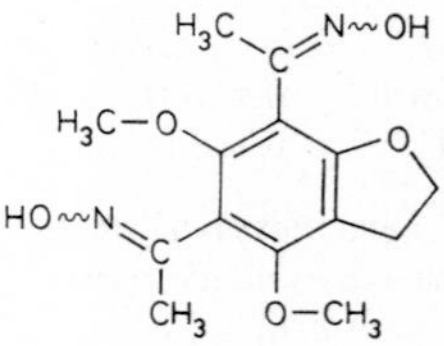   XII

5,7-Diacetyl-4,6-dimethoxy-2,3-dihydro-benzofuran $C_{14}H_{16}O_5$, Formel XI $(R = X = CH_3)$.

B. Beim Behandeln der im vorangehenden Artikel beschriebenen Verbindung mit Di=
methylsulfat, Aceton und Kaliumhydroxid (*Davies, Norris,* Soc. **1950** 3195, 3199).

Krystalle (aus PAe.); F: 69—70°.

Dioxim s. u.

5,7-Diacetyl-4-benzyloxy-2,3-dihydro-benzofuran-6-ol $C_{19}H_{18}O_5$, Formel XI
$(R = CH_2\text{-}C_6H_5, X = H)$, und **5,7-Diacetyl-6-benzyloxy-2,3-dihydro-benzofuran-4-ol**
$C_{19}H_{18}O_5$, Formel XI $(R = H, X = CH_2\text{-}C_6H_5)$.

Diese Konstitutionsformeln kommen für die nachstehend beschriebene Verbindung in
Betracht.

B. Neben 5,7-Diacetyl-4,6-bis-benzyloxy-2,3-dihydro-benzofuran beim Behandeln von
5,7-Diacetyl-2,3-dihydro-benzofuran-4,6-diol mit Benzylbromid, Aceton und Kalium=
carbonat (*Davies, Norris,* Soc. **1950** 3195, 3199).

Gelbe Krystalle (aus Me.); F: 104°.

5,7-Diacetyl-4,6-bis-benzyloxy-2,3-dihydro-benzofuran $C_{26}H_{24}O_5$, Formel XI
$(R = X = CH_2\text{-}C_6H_5)$.

B. s. im vorangehenden Artikel.

Krystalle (aus Me.); F: 138° (*Davies, Norris,* Soc. **1950** 3195, 3199).

4,6-Diacetoxy-5,7-diacetyl-2,3-dihydro-benzofuran $C_{16}H_{16}O_7$, Formel XI
$(R = X = CO\text{-}CH_3)$.

B. Beim Behandeln von 5,7-Diacetyl-2,3-dihydro-benzofuran-4,6-diol mit Acetanhydrid
und Pyridin (*Davies, Norris,* Soc. **1950** 3195, 3198).

Krystalle (aus PAe. + E.); F: 87°.

5,7-Bis-[1-hydroxyimino-äthyl]-4,6-dimethoxy-2,3-dihydro-benzofuran $C_{14}H_{18}N_2O_5$,
Formel XII.

B. Aus 5,7-Diacetyl-4,6-dimethoxy-2,3-dihydro-benzofuran und Hydroxylamin (*Davies,
Norris,* Soc. **1950** 3195, 3199).

Krystalle (aus Bzl.); F: 191—193° [nach Erweichen bei 189°].

**(±)-7-Acetyl-4,6-dihydroxy-3,5-dimethyl-3*H*-benzofuran-2-on, (±)-2-[3-Acetyl-
2,4,6-trihydroxy-5-methyl-phenyl]-propionsäure-2-lacton** $C_{12}H_{12}O_5$, Formel XIII
$(R = X = H)$.

Bezüglich der Konstitution der nachstehend beschriebenen, ursprünglich (*Schöpf,
Ross,* A. **546** [1941] 1, 11, 37) als (±)-5-Acetyl-4,6-dihydroxy-3,7-dimethyl-3*H*-
benzofuran-2-on angesehenen Verbindung vgl. *Asahina, Okazaki,* J. pharm. Soc.
Japan **63** [1943] 618, 627; C. A. **1951** 5146; *Dean, Robertson,* Soc. **1955** 2166, 2169.

B. Beim Behandeln von (±)-4-Acetoxy-7-acetyl-6-hydroxy-3,5-dimethyl-3*H*-benzo=
furan-2-on mit konz. Schwefelsäure (*Takahashi, Shibata,* J. pharm. Soc. Japan **71**
[1951] 1083, 1087). Aus (±)-4,6-Diacetoxy-7-acetyl-3,5-dimethyl-3*H*-benzofuran-2-on
beim Behandeln mit konz. Schwefelsäure (*Sch., Ross; As., Ok.,* l. c. S. 628; *Barton,
Bruun,* Soc. **1953** 603, 608), beim Erwärmen mit Chlorwasserstoff enthaltendem Methanol
(*Sch., Ross*) sowie beim Erwärmen mit wss. Natronlauge (*As., Ok.*).

Krystalle; F: 233—234° (*Ba., Br.*), 223° [nach Sintern bei 195°; aus Me.] (*Sch., Ross*).
IR-Spektrum (Nujol; 3—15 μ): *Shibata et al.,* J. pharm. Soc. Japan **72** [1952] 825, 828.
Absorptionsmaxima (A.): 238 nm, 284 nm und 332 nm (*Ba., Br.*).

Beim Behandeln mit Acetanhydrid und Pyridin ist eine ursprünglich (*Sch., Ross*) als
(±)-4,6-Diacetoxy-5-acetyl-3,7-dimethyl-3*H*-benzofuran-2-on angesehene, nach *Shibata
et al.* (Chem. pharm. Bl. **10** [1962] 477, 480) hingegen als 4,6-Diacetoxy-3,7-diacetyl-
3,5-dimethyl-3*H*-benzofuran-2-on zu formulierende Verbindung (F: 132°) erhalten wor=
den (*Sch., Ross*).

**(±)-7-Acetyl-6-hydroxy-4-methoxy-3,5-dimethyl-3*H*-benzofuran-2-on, (±)-2-[3-Acetyl-
2,4-dihydroxy-6-methoxy-5-methyl-phenyl]-propionsäure-2-lacton** $C_{13}H_{14}O_5$, Formel XIII
$(R = CH_3, X = H)$.

B. Beim Erwärmen von (±)-7-Acetyl-4,6-dihydroxy-3,5-dimethyl-3*H*-benzofuran-2-on mit Methyljodid, Aceton und Kaliumcarbonat (*Dean, Robertson*, Soc. **1955** 2166, 2169). Krystalle (aus Me.); F: 178°.

(±)-4-Acetoxy-7-acetyl-6-hydroxy-3,5-dimethyl-3H-benzofuran-2-on, (±)-2-[2-Acetoxy-5-acetyl-4,6-dihydroxy-3-methyl-phenyl]-propionsäure-6-lacton $C_{14}H_{14}O_6$, Formel XIII (R = CO-CH₃, X = H).

Hier fehlt: (R = CO-CH$_3$, X = H).

B. Beim Behandeln von (±)-2-[2,4-Diacetoxy-5-acetyl-6-hydroxy-3-methyl-phenyl]-propionsäure-äthylester mit wss. Natronlauge und anschliessenden Ansäuern (*Asahina, Okazaki*, J. pharm. Soc. Japan **63** [1943] 618, 629; C. A. **1951** 5146). Beim Behandeln von (±)-7-Acetyl-4,6-dihydroxy-3,5-dimethyl-3H-benzofuran-2-on mit Acetanhydrid und Pyridin (*Dean, Robertson*, Soc. **1955** 2166, 2169). Beim Erwärmen von (±)-4,6-Diacetoxy-7-acetyl-3,5-dimethyl-3H-benzofuran-2-on mit wss. Natriumcarbonat-Lösung und anschliessenden Ansäuern (*As., Ok.*).

Krystalle; 192° [aus A.] (*As., Ok.*), 189–190° [aus Me.] (*Dean, Ro.*), 189° [aus Me.] (*Shibata et al.*, J. pharm. Soc. Japan **72** [1952] 255).

XIII   XIV   XV   XVI

(±)-4,6-Diacetoxy-7-acetyl-3,5-dimethyl-3H-benzofuran-2-on, (±)-2-[2,4-Diacetoxy-5-acetyl-6-hydroxy-3-methyl-phenyl]-propionsäure-lacton $C_{16}H_{16}O_7$, Formel XIII (R = X = CO-CH₃).

B. Beim Behandeln einer Lösung von (±)-Di-O-acetyl-usninsäure (5,7-Diacetoxy-3,8-diacetyl-4a,6-dimethyl-4aH-dibenzofuran-2,4-dion) in Tetrachlormethan mit Ozon und Erwärmen des Reaktionsprodukts mit Äthanol (*Schöpf, Ross*, A. **546** [1941] 1, 36, 37; *Asahina, Okazaki*, J. pharm. Soc. Japan **63** [1943] 618, 628; C. A. **1951** 5146) oder mit Wasser (*Barton, Bruun*, Soc. **1953** 603, 608). Beim Erwärmen des aus (±)-Di-O-acetyl-usninsäure hergestellten Ozonids (7,9-Diacetoxy-5,10-diacetyl-6a,8-dimethyl-6aH-3,11a-epoxido-benzofuro[2,3-c][1,2]dioxocin-4,6-dion) mit Äthanol (*Sch., Ross*, l. c. S. 36).

Krystalle; F: 132° (137°) (*As., Ok.*), 132° [aus A.] (*Sch., Ross*), 130–131° (*Ba., Br.*). Absorptionsmaxima (A.): 218 nm und 297 nm (*Ba., Br.*).

(±)-5-Acetyl-6-hydroxy-4-methoxy-3,7-dimethyl-3H-benzofuran-2-on, (±)-2-[3-Acetyl-4,6-dihydroxy-2-methoxy-5-methyl-phenyl]-propionsäure-6-lacton $C_{13}H_{14}O_5$, Formel XIV.

Konstitution: *Shibata et al.*, Chem. pharm. Bl. **10** [1962] 477, 478.

B. Beim Behandeln einer Lösung von (±)-4,6-Dimethoxy-3,7-dimethyl-3H-benzofuran-2-on in Essigsäure mit Acetanhydrid unter Einleiten von Borfluorid (*Dean, Robertson*, Soc. **1955** 2166, 2168).

Gelbliche Krystalle (aus A.); F: 127°.

Beim Erhitzen mit Magnesiumjodid auf 180° sind kleine Mengen 7-Acetyl-4,6-dihydr≠oxy-3,5-dimethyl-3H-benzofuran-2-on erhalten worden (*Dean, Ro.*, l. c. S. 2169).

*Opt.-inakt. 6-Acetoxy-6,8-dimethyl-tetrahydro-4,7-ätheno-isobenzofuran-1,3,5-trion, 8-Acetoxy-5,8-dimethyl-7-oxo-bicyclo[2.2.2]oct-5-en-2,3-dicarbonsäure-anhydrid $C_{14}H_{14}O_6$, Formel XV (R = CO-CH₃).

B. Beim Erhitzen von (±)-6-Acetoxy-4,6-dimethyl-cyclohexa-2,4-dienon mit Malein≠säure-anhydrid auf 130° (*Metlesics et al.*, M. **89** [1958] 102, 108).

F: 135–138°.

(±)-5c,6t-Diacetoxy-(3ar,4ac,6ac,7ac)-octahydro-4t,7t-ätheno-cyclobut[f]isobenzofuran-1,3-dion, (±)-1c,2t-Diacetoxy-(2ar,6ac)-octahydro-3t,6t-ätheno-cyclobutabenzen-4t,5t-dicarbonsäure-anhydrid, (±)-3c,4t-Diacetoxy-(1rC⁹,2tH,5tH)-tricyclo[4.2.2.0²,⁵]dec-9-en-7c,8c-dicarbonsäure-anhydrid C₁₆H₁₆O₇, Formel XVI (R = CO-CH₃) + Spiegelbild.

Bezüglich der Konfigurationszuordnung vgl. *Avram et al.*, A. **636** [1960] 174, 176.

B. Beim Erwärmen von (±)-7c,8t-Diacetoxy-(1r,6c)-bicyclo[4.2.0]octa-2,4-dien mit Maleinsäure-anhydrid in Benzol (*Reppe et al.*, A. **560** [1948] 1, 87).

Krystalle (aus Bzl. + Bzn.); F: 130—131° (*Re. et al.*).

Hydroxy-oxo-Verbindungen C₁₃H₁₄O₅

(±)-3-Acetyl-5-veratryl-dihydro-furan-2-on, (±)-2-Acetyl-5-[3,4-dimethoxy-phenyl]-4-hydroxy-valeriansäure-lacton C₁₅H₁₈O₅, Formel I (R = CH₃), und Tautomere.

Diese Konstitution kommt der nachstehend beschriebenen, ursprünglich (*Haworth et al.*, Soc. **1936** 725, 727) als (±)-2-Acetyl-4-hydroxy-3-veratryl-buttersäure-lacton angesehenen Verbindung zu (*Haworth, Atkinson*, Soc. **1938** 797, 802).

B. Beim Behandeln von (±)-4-[2,3-Epoxy-propyl]-1,2-dimethoxy-benzol mit der Natrium-Verbindung des Acetessigsäure-äthylesters in Äthanol (*Ha. et al.*).

Krystalle (aus Bzl. + Bzn.); F: 69—70°. Bei 218—220°/0,5 Torr destillierbar.

I   II   III

(±)-3-Acetyl-5-[4-äthoxy-3-methoxy-benzyl]-dihydro-furan-2-on, (±)-2-Acetyl-5-[4-äthoxy-3-methoxy-phenyl]-4-hydroxy-valeriansäure-lacton C₁₆H₂₀O₅, Formel I (R = C₂H₅), und Tautomere.

Diese Konstitution kommt der nachstehend beschriebenen, ursprünglich (*Haworth, Kelly*, Soc. **1936** 998, 1001) als (±)-2-Acetyl-3-[4-äthoxy-3-methoxy-benzyl]-4-hydroxy-buttersäure-lacton angesehenen Verbindung zu (*Haworth, Atkinson*, Soc. **1938** 797, 802).

B. Beim Behandeln von (±)-1-Äthoxy-4-[2,3-epoxy-propyl]-2-methoxy-benzol mit der Natrium-Verbindung des Acetessigsäure-äthylesters in Äthanol (*Ha., Ke.*).

Krystalle (aus Bzl. + Ae.); F: 87—88°.

(±)-8-[2-Brom-propyl]-7-hydroxy-3,5-dimethoxy-2-methyl-chromen-4-on C₁₅H₁₇BrO₅, Formel II.

B. Beim Einleiten von Bromwasserstoff in eine mit Eisen(III)-chlorid versetzte Lösung von 8-Allyl-7-hydroxy-3,5-dimethoxy-2-methyl-chromen-4-on in Chloroform (*Ahluwalia et al.*, J. scient. ind. Res. India **12** B [1953] 283, 285).

Krystalle (aus CHCl₃ + Acn.); F: 205—206° [Zers.].

(±)-3-[3-Chlor-2-hydroxy-propyl]-5,7-dihydroxy-4-methyl-cumarin C₁₃H₁₃ClO₅, Formel III.

B. Beim Behandeln einer Lösung von (±)-2-Acetyl-5-chlor-4-hydroxy-valeriansäure-lacton und Phloroglucin in Methanol mit Chlorwasserstoff (*Cassella*, Brit. P. 1044608 [1965]).

F: 247—248°.

(±)-3-[3-Chlor-2-hydroxy-propyl]-5,7-dihydroxy-4-methyl-cumarin hat wahrscheinlich auch in einem von *Pojarlieff* (Am. Soc. **56** [1934] 2685) beim Erwärmen von (±)-5-Chlor-methyl-2-methyl-4,5-dihydro-furan-3-carbonsäure-methylester mit Phloroglucin und wss. Salzsäure erhaltenen, als (±)-3-[3-Chlor-2-hydroxy-propyl]-5,7-dihydroxy-4-methyl-cumarin oder als (±)-3-[3-Chlor-2-hydroxy-propyl]-5,7-dihydroxy-2-methyl-chromen-4-on beschriebenen Präparat (Krystalle [aus A. + W.], F: 250° [korr.]) vorgelegen.

6-Acetyl-5,7,8-trimethoxy-2,2-dimethyl-2H-chromen, 1-[5,7,8-Trimethoxy-2,2-dimethyl-2H-chromen-6-yl]-äthanon, Evodion $C_{16}H_{20}O_5$, Formel IV.

Konstitutionszuordnung: *Wright*, Soc. **1948** 2005.

Isolierung aus Blättern von Evodia elleryana: *Jones*, *Wright*, Univ. Queensland Pap. Dep. Chem. **1** Nr. 27 [1946] 2; *Kirby*, *Sutherland*, Austral. J. Chem. **9** [1956] 411, 413.

Krystalle (aus Bzn.); F: 57° (*Jo.*, *Wr.*). UV-Spektrum (A.; 240—325 nm): *Wr.*, l. c. S. 2006.

1-[5,7,8-Trimethoxy-2,2-dimethyl-2H-chromen-6-yl]-äthanon-oxim, Evodion-oxim $C_{16}H_{21}NO_5$, Formel V (X = OH).

B. Aus Evodion (s.o.) und Hydroxylamin (*Jones*, *Wright*, Univ. Queensland Pap. Dep. Chem. **1** Nr. 27 [1946] 3).

Krystalle (aus Bzn.); F: 114°.

IV   V   VI

1-[5,7,8-Trimethoxy-2,2-dimethyl-2H-chromen-6-yl]-äthanon-[2,4-dinitro-phenylhydrazon], Evodion-[2,4-dinitro-phenylhydrazon] $C_{22}H_{24}N_4O_8$, Formel V (X = NH-C$_6$H$_3$(NO$_2$)$_2$).

B. Aus Evodion (s.o.) und [2,4-Dinitro-phenyl]-hydrazin (*Jones*, *Wright*, Univ. Queensland Pap. Dep. Chem. **1** Nr. 27 [1946] 4).

Orangerote Krystalle (aus A.); F: 153°.

1-[5,7,8-Trimethoxy-2,2-dimethyl-2H-chromen-6-yl]-äthanon-semicarbazon, Evodion-semicarbazon $C_{17}H_{23}N_3O_5$, Formel V (X = NH-CO-NH$_2$).

B. Aus Evodion (s.o.) und Semicarbazid (*Jones*, *Wright*, Univ. Queensland Pap. Dep. Chem. **1** Nr. 27 [1946] 4).

Krystalle (aus wss. A.); F: 184—185°.

8-Acetyl-5,6,7-trimethoxy-2,2-dimethyl-2H-chromen, 1-[5,6,7-Trimethoxy-2,2-dimethyl-2H-chromen-8-yl]-äthanon, Alloevodion $C_{16}H_{20}O_5$, Formel VI.

Konstitutionszuordnung: *Kirby*, *Sutherland*, Austral. J. Chem. **9** [1956] 411.

Isolierung aus Blättern von Evodia elleryana: *Jones*, *Wright*, Univ. Queensland Pap. Dep. Chem. **1** Nr. 27 [1946] 2; *Ki.*, *Su.*, l. c. S. 413.

Krystalle (aus Bzn.); F: 82° (*Jo.*, *Wr.*), 79,2—80,2° (*Ki.*, *Su.*). Absorptionsmaxima: 254 nm und 322 nm (*Ki.*, *Su.*, l. c. S. 412).

(±)-4-[7-Chlor-3-hydroxy-4,6-dimethoxy-benzofuran-2-yl]-pentan-2-on $C_{15}H_{17}ClO_5$, Formel VII, und **(±)-7-Chlor-4,6-dimethoxy-2-[1-methyl-3-oxo-butyl]-benzofuran-3-on** $C_{15}H_{17}ClO_5$, Formel VIII.

Zwei Verbindungen (a) Krystalle [aus A.], F: 172—173°; b) Krystalle [aus Me.], F: 139—141°), für die diese Konstitutionsformeln in Betracht kommen, sind beim Behandeln von 7-Chlor-4,6-dimethoxy-benzofuran-3-ol mit Pent-3-en-2-on (nicht charakterisiert) in Dioxan unter Zusatz von äthanol. Natriumäthylat-Lösung erhalten worden (*MacMillan et al.*, Soc. **1954** 429, 431).

VII   VIII   IX

Opt.-inakt. 6-Acetoxy-4,6,8-trimethyl-tetrahydro-4,7-ätheno-isobenzofuran-1,3,5-trion, 8-Acetoxy-1,5,8-trimethyl-7-oxo-bicyclo[2.2.2]oct-5-en-2,3-dicarbonsäure-anhydrid $C_{15}H_{16}O_6$, Formel IX (R = CO-CH$_3$).

B. Beim Erhitzen von ($\pm$)-6-Acetoxy-2,4,6-trimethyl-cyclohexa-2,4-dienon mit Malein= säure-anhydrid auf 130° (*Metlesics et al.*, M. **89** [1958] 102, 108).

F: 118 — 124°.

Hydroxy-oxo-Verbindungen $C_{14}H_{16}O_5$

($\pm$)-6-[2,3-Dihydroxy-3-methyl-butyl]-7-methoxy-cumarin $C_{15}H_{18}O_5$, Formel I.

B. Beim Erhitzen von ($\pm$)-Suberosinepoxid (($\pm$)-6-[2,3-Epoxy-3-methyl-butyl]-7-meth= oxy-cumarin) mit wss. Oxalsäure (*King et al.*, Soc. **1954** 1392, 1397).

Krystalle (aus CHCl$_3$ + Bzn.); F: 136 — 137°. Über eine aus Chloroform-Lösung er= haltene gelbe Modifikation vom F: 129 — 131° s. *King et al.*

8-[(*S*)-2,3-Dihydroxy-3-methyl-butyl]-7-methoxy-cumarin, (–)-Meranzinhydrat $C_{15}H_{18}O_5$, Formel II.

Über die Konstitution dieser ursprünglich (*Böhme*, *Pietsch*, B. **72** [1939] 773, 776) als A u r a p t e n h y d r a t, später (*Dodge*, Am. Perfumer **41** [1940] Nr. 5, S. 31) als Meranzin= hydrat bezeichneten Verbindung s. *Böhme*, *Schneider*, B. **72** [1939] 780, 781; über die Konfiguration s. *Grundon*, *McColl*, Phytochemistry **14** [1975] 143, 147.

B. Beim Erhitzen von (–)-Meranzin (8-[(*S*)-2,3-Epoxy-3-methyl-butyl]-7-methoxy-cumarin) mit wss. Oxalsäure (*Bö.*, *Pi.*, l. c. S. 779).

Krystalle (aus CHCl$_3$ + PAe.); F: 128 — 129°; $[\alpha]_D^{15}$: —43,8° [A.] (*Bö.*, *Pi.*).

Beim Erhitzen mit 20%ig. wss. Schwefelsäure ist 7-Methoxy-8-[3-methyl-2-oxo-butyl]-cumarin erhalten worden (*Bö.*, *Pi.*, l. c. S. 779).

($\pm$)-6-Äthyl-7,8-dihydroxy-4-methyl-3-[2,2,2-trichlor-1-hydroxy-äthyl]-cumarin $C_{14}H_{13}Cl_3O_5$, Formel III (R = H).

B. Beim Behandeln von 4-Äthyl-pyrogallol mit ($\pm$)-2-[2,2,2-Trichlor-1-hydroxy-äthyl]-acetessigsäure-äthylester und Phosphorylchlorid (*Shah*, *Kulkarni*, J. Univ. Bombay **10**, Tl. 3 A [1941] 86; *Mehta et al.*, J. Indian chem. Soc. **33** [1956] 135, 139).

Krystalle (aus A.); F: 223° [Zers.] (*Shah*, *Ku.*).

I   II   III

($\pm$)-6-Äthyl-7,8-dimethoxy-4-methyl-3-[2,2,2-trichlor-1-methoxy-äthyl]-cumarin $C_{17}H_{19}Cl_3O_5$, Formel III (R = CH$_3$).

B. Beim Behandeln von ($\pm$)-6-Äthyl-7,8-dihydroxy-4-methyl-3-[2,2,2-trichlor-1-hydr= oxy-äthyl]-cumarin mit Dimethylsulfat, Aceton und Natriumhydrogencarbonat (*Mehta et al.*, J. Indian chem. Soc. **33** [1956] 135, 139).

Krystalle (aus A.); F: 144 — 145°.

(±)-7,8-Diacetoxy-3-[1-acetoxy-2,2,2-trichlor-äthyl]-6-äthyl-4-methyl-cumarin $C_{20}H_{19}Cl_3O_8$, Formel III (R = CO-CH₃).

B. Beim Behandeln von (±)-6-Äthyl-7,8-dihydroxy-4-methyl-3-[2,2,2-trichlor-1-hydr=oxy-äthyl]-cumarin mit Acetanhydrid und Schwefelsäure (*Shah, Kulkarni*, J. Univ. Bombay **10**, Tl. 3 A [1941] 86).

Krystalle (aus A.); F: 177—178°.

(±)-6-Äthyl-7,8-bis-benzoyloxy-3-[1-benzoyloxy-2,2,2-trichlor-äthyl]-4-methyl-cumarin $C_{35}H_{25}Cl_3O_8$, Formel III (R = CO-C₆H₅).

B. Aus (±)-6-Äthyl-7,8-dihydroxy-4-methyl-3-[2,2,2-trichlor-1-hydroxy-äthyl]-cumarin mit Hilfe von Benzoylchlorid (*Mehta et al.*, J. Indian chem. Soc. **33** [1956] 135, 139).

Krystalle (aus wss. A.); F: 103°.

6,8-Dihydroxy-5-[6-hydroxy-1-oxo-3-pentyl-1*H*-isochromen-8-yloxy]-3-pentyl-isocumarin, 6,8,6'-Trihydroxy-3,3'-dipentyl-5,8'-oxy-di-isocumarin, Alectoron $C_{28}H_{30}O_8$, Formel IV (R = H).

Die Konstitution ergibt sich aus der genetischen Beziehung zu 6,8-Dimethoxy-5-[6-methoxy-1-oxo-3-pentyl-1*H*-isochromen-8-yloxy]-3-pentyl-isocumarin (S. 2417).

B. Beim Erhitzen von Alectoronsäure (3,8-Dihydroxy-11-oxo-1,6-bis-[2-oxo-heptyl]-11*H*-dibenzo[*b,e*][1,4]dioxepin-7-carbonsäure) mit wasserhaltiger Ameisensäure (*Asahina, Hashimoto*, B. **66** [1933] 641, 645; J. pharm. Soc. Japan **53** [1933] 820, 826; *Asano, Azumi*, J. pharm. Soc. Japan **58** [1938] 728, 730, 731; dtsch. Ref. S. 194; C. A. **1939** 547).

Krystalle; F: 198° [aus Me.] (*Asah., Ha.*), 195° [aus Eg.] (*Asano, Az.*).

Beim Erwärmen einer Lösung in Äthanol mit Hydroxylamin-hydrochlorid und Natrium=acetat ist eine als Alectoron-oxim bezeichnete Verbindung $C_{28}H_{31}NO_8$ (Krystalle [aus Acn.]; F: 226°) erhalten worden (*Asah., Ha.*).

6,8-Dihydroxy-5-[6-methoxy-1-oxo-3-pentyl-1*H*-isochromen-8-yloxy]-3-pentyl-isocumarin, 6,8-Dihydroxy-6'-methoxy-3,3'-dipentyl-5,8'-oxy-di-isocumarin, Collatolon $C_{29}H_{32}O_8$, Formel V (R = X = H).

Konstitution: *Asahina, Fuzikawa*, B. **67** [1934] 163, 164; J. pharm. Soc. Japan **54** [1934] 223, 226.

B. Beim Erhitzen von β-Collatolsäure (4,6-Dihydroxy-3-[6-methoxy-1-oxo-3-pentyl-1*H*-isochromen-8-yloxy]-2-[2-oxo-heptyl]-benzoesäure [S. 1428]) mit Ameisensäure (*Asa-hina et al.*, B. **66** [1933] 649, 655; J. pharm. Soc. Japan **53** [1933] 832, 844). Beim Erhitzen von α-Collatolsäure (8-Hydroxy-3-methoxy-11-oxo-1,6-bis-[2-oxo-heptyl]-11*H*-dibenzo=[*b,e*][1,4]dioxepin-7-carbonsäure) mit Ameisensäure (*As. et al.*, B. **66** 652; J. pharm. Soc. Japan **53** 837; *Asahina, Fuzikawa*, B. **67** [1934] 169; J. pharm. Soc. Japan **54** [1934] 233).

Krystalle (aus A.); F: 142° (*As. et al.*, B. **66** 652; J. pharm. Soc. Japan **53** 837).

Beim Behandeln mit Hydroxylamin-hydrochlorid und Natriumacetat in wss. Äthanol ist eine als Collatolon-monooxim bezeichnete Verbindung $C_{29}H_{33}NO_8$ (Krystalle [aus Bzl.]; F: 175°) erhalten worden (*As. et al.*, B. **66** 652; J. pharm. Soc. Japan **53** 838).

IV   V

6-Hydroxy-8-methoxy-5-[6-methoxy-1-oxo-3-pentyl-1*H*-isochromen-8-yloxy]-3-pentyl-isocumarin, 6-Hydroxy-8,6'-dimethoxy-3,3'-dipentyl-5,8'-oxy-di-isocumarin $C_{30}H_{34}O_8$, Formel V (R = CH₃, X = H).

B. Beim Erhitzen von 3,8-Dimethoxy-11-oxo-1,6-bis-[2-oxo-heptyl]-11*H*-dibenzo[*b,e*]=

[1,4]dioxepin-7-carbonsäure-methylester mit Ameisensäure (*Asahina et al.*, B. **66** [1933] 649, 653; J. pharm. Soc. Japan **53** [1933] 832, 840).

Krystalle (aus A. oder Acn.); F: 185°.

6,8-Dimethoxy-5-[6-methoxy-1-oxo-3-pentyl-1*H*-isochromen-8-yloxy]-3-pentyl-isocumarin, 6,8,6'-Trimethoxy-3,3'-dipentyl-5,8'-oxy-di-isocumarin, Tri-*O*-methyl-alectoron $C_{31}H_{36}O_8$, Formel IV (R = CH_3).

B. Beim Erhitzen von Di-*O*-methyl-collatoldisäure (3-[2-Carboxy-5-methoxy-3-(2-oxo-heptyl)-phenoxy]-4,6-dimethoxy-2-[2-oxo-heptyl]-benzoesäure [E III **10** 4730]) mit Ameisensäure (*Asahina et al.*, B. **66** [1933] 649, 654; J. pharm. Soc. Japan **53** [1933] 832, 843). Beim Behandeln von Alectoron [S. 2416] (*Asahina, Hashimoto,* B. **66** [1933] 641, 645; J. pharm. Soc. Japan **53** [1933] 820, 826) oder von Collatolon [S. 2416] (*Asah. et al.*, B. **66** 653; J. pharm. Soc. Japan **53** 840) mit Diazomethan in Äther oder mit Methyljodid, Silberoxid und Äther. Aus 4,6-Dimethoxy-3-[6-methoxy-1-oxo-3-pentyl-1*H*-isochromen-8-yloxy]-2-[2-oxo-heptyl]-benzoesäure-methylester beim Erhitzen mit Ameisensäure oder mit Acetanhydrid und Natriumacetat (*Asah., Ha.*, B. **66** 646; J. pharm. Soc. Japan **53** 827) sowie beim Erwärmen mit äthanol. Kalilauge und Erwärmen des Reaktions-produkts mit Chlorwasserstoff enthaltendem Methanol (*Asano, Azumi,* J. pharm. Soc. Japan **58** [1938] 728, 730; dtsch Ref. S. 194; C. A. **1939** 547).

Krystalle; F: 185° [aus Me. oder Acn.] (*Asah., Ha.; Asah. et al.*, B. **66** 653; J. pharm. Soc. Japan **53** 840), 181° [aus Eg.] (*Asano, Az.*).

Beim Behandeln mit Hydroxylamin-hydrochlorid und Natriumacetat in Äthanol ist eine als Tri-*O*-methyl-alectoron-oxim bezeichnete Verbindung $C_{31}H_{37}NO_8$ (Krystalle [aus Acn.]; F: 180°) erhalten worden (*Asah., Ha.*, B. **66** 646; J. pharm. Soc. Japan **53** 827).

8-Acetoxy-6-hydroxy-5-[6-methoxy-1-oxo-3-pentyl-1*H*-isochromen-8-yloxy]-3-pentyl-isocumarin, 8-Acetoxy-6-hydroxy-6'-methoxy-3,3'-dipentyl-5,8'-oxy-di-isocumarin $C_{31}H_{34}O_9$, Formel V (R = CO-CH_3, X = H).

B. Beim Behandeln von α-Collatolsäure (8-Hydroxy-3-methoxy-11-oxo-1,6-bis-[2-oxo-heptyl]-11*H*-dibenzo[*b,e*][1,4]dioxepin-7-carbonsäure) mit Acetanhydrid und wenig Schwefelsäure (*Asahina et al.*, B. **66** [1933] 649, 653; J. pharm. Soc. Japan **53** [1933] 832, 839).

Krystalle (aus A.); F: 151°.

6,8-Diacetoxy-5-[6-methoxy-1-oxo-3-pentyl-1*H*-isochromen-8-yloxy]-3-pentyl-isocumarin, 6,8-Diacetoxy-6'-methoxy-3,3'-dipentyl-5,8'-oxy-di-isocumarin, Di-*O*-acetyl-collatolon $C_{33}H_{36}O_{10}$, Formel V (R = X = CO-CH_3).

B. Beim Behandeln von Collatolon (S. 2416) mit Acetanhydrid und wenig Schwefelsäure (*Asahina et al.*, B. **66** [1933] 649, 653; J. pharm. Soc. Japan **53** [1933] 832, 838). Beim Erhitzen der im vorangehenden Artikel beschriebenen Verbindung mit Acetanhydrid und Natriumacetat (*As. et al.*).

Krystalle (aus A.); F: 105°.

6,8-Diacetoxy-5-[6-acetoxy-1-oxo-3-pentyl-1*H*-isochromen-8-yloxy]-3-pentyl-isocumarin, 6,8,6'-Triacetoxy-3,3'-dipentyl-5,8'-oxy-di-isocumarin, Tri-*O*-acetyl-alectoron $C_{34}H_{36}O_{11}$, Formel IV (R = CO-CH_3).

B. Beim Erhitzen von Alectoron (S. 2416) mit Acetanhydrid und Natriumacetat (*Asa-hina, Hashimoto,* B. **66** [1933] 641, 645; J. pharm. Soc. Japan **53** [1933] 820, 826; *Asano, Azumi,* J. pharm. Soc. Japan **58** [1938] 728, 730; dtsch. Ref. S. 194; C. A. **1939** 547). Beim Erhitzen von Alectoronsäure (3,8-Dihydroxy-11-oxo-1,6-bis-[2-oxo-heptyl]-11*H*-dibenzo[*b,e*][1,4]dioxepin-7-carbonsäure) mit Acetanhydrid und Natriumacetat (*Asah., Ha.*).

Krystalle (aus A.); F: 157—158° (*Asah., Ha.*), 156° (*Asano, Az.*).

7-Chlor-4'-hydroxy-4,6-dimethoxy-2'-methyl-spiro[benzofuran-2,1'-cyclohexan]-3-on $C_{16}H_{19}ClO_5$.

a) **(2R,2'R,4'Ξ)-7-Chlor-4'-hydroxy-4,6-dimethoxy-2'-methyl-spiro[benzofuran-2,1'-cyclohexan]-3-on** $C_{16}H_{19}ClO_5$, Formel VI, vom F: 160°.

B. Bei der Hydrierung von (2S,6'R)-7-Chlor-4,6-dimethoxy-6'-methyl-spiro[benzo-furan-2,1'-cyclohex-2'-en]-3,4'-dion (S. 2573) an Raney-Nickel in Äthanol (*Mulholland,*

Soc. **1952** 3994, 4000).

Krystalle (aus Bzl. + Bzn.); F: 160° [korr.]. Absorptionsmaxima (Me.): ca. **238** nm, **287** nm und **324** nm (*Mu.*, l. c. S. 3999).

VI   VII

b) **(2S,2′R,4′Ξ)-7-Chlor-4′-hydroxy-4,6-dimethoxy-2′-methyl-spiro[benzofuran-2,1′-cyclohexan]-3-on** $C_{16}H_{19}ClO_5$, Formel VII, vom **F: 195°**.

B. Neben anderen Verbindungen bei der Hydrierung von (2*R*,6′*R*)-7-Chlor-4,6-dimeth‑oxy-6′-methyl-spiro[benzofuran-2,1′-cyclohex-2′-en]-3,4′-dion (S. 2572) an Raney-Nickel in Äthanol (*Dawkins, Mulholland*, Soc. **1959** 1830, 1833).

Krystalle (aus E. + Bzn.); F: 193—195° [korr.]. Absorptionsmaxima (A.): **236** nm, **286** nm und **320** nm.

(2S,2′Ξ,6′R)-4,6,2′-Trimethoxy-6′-methyl-spiro[benzofuran-2,1′-cyclohexan]-3-on $C_{17}H_{22}O_5$, Formel VIII (R = CH$_3$, X = H), vom **F: 111°**.

B. Neben (2*S*,6′*R*)-4,6-Dimethoxy-6′-methyl-spiro[benzofuran-2,1′-cyclohex-2′-en]-3,4′-dion (S. 2572) bei der Hydrierung (2,6 Mol H$_2$) von Dechlorgriseofulvin ((2*S*,6′*R*)-4,6,2′-Trimethoxy-6′-methyl-spiro[benzofuran-2,1′-cyclohex-2′-en]-3,4′-dion) an Palla‑dium/Kohle in Äthylacetat (*MacMillan, Suter*, Soc. **1957** 3124).

Krystalle (aus Bzn.); F: 110—111° [korr.].

7-Chlor-2′-hydroxy-4,6-dimethoxy-6′-methyl-spiro[benzofuran-2,1′-cyclohexan]-3-on $C_{16}H_{19}ClO_5$.

a) **(2R,2′Ξ,6′R)-7-Chlor-2′-hydroxy-4,6-dimethoxy-6′-methyl-spiro[benzofuran-2,1′-cyclohexan]-3-on** $C_{16}H_{19}ClO_5$, Formel IX, vom **F: 190°**.

B. Neben anderen Verbindungen bei der Hydrierung von (2*R*,6′*R*)-7-Chlor-4,6-di‑methoxy-6′-methyl-spiro[benzofuran-2,1′-cyclohexan]-3,2′,4′-trion an Platin in Essig‑säure (*Dawkins, Mulholland*, Soc. **1959** 1830, 1833).

Krystalle (aus wss. Me.); F: 189—190° [korr.]. $[\alpha]_D^{22}$: —27° [Acn.; c = 0,5].

VIII   IX   X

b) **(2S,2′Ξ,6′R)-7-Chlor-2′-hydroxy-4,6-dimethoxy-6′-methyl-spiro[benzofuran-2,1′-cyclohexan]-3-on** $C_{16}H_{19}ClO_5$, Formel VIII (R = H, X = Cl), vom **F: 220°** oder **F: 200°**.

Über die Konstitution s. *Grove et al.*, Soc. **1952** 3977, 3982; *Mulholland*, Soc. **1952** 3994, 3997. Die Konfiguration ergibt sich aus der genetischen Beziehung zu Griseofulvin ((2*S*,6′*R*)-7-Chlor-4,6,2′-trimethoxy-6′-methyl-spiro[benzofuran-2,1′-cyclohex-2′-en]-3,4′-dion).

B. Als Hauptprodukt bei der Hydrierung von Griseofulvinsäure ((2*S*,6′*R*)-7-Chlor-4,6-dimethoxy-6′-methyl-spiro[benzofuran-2,1′-cyclohexan]-3,2′,4′-trion) an Platin in Essigsäure (*Grove et al.*, Soc. **1952** 3949, 3957).

Krystalle (aus Bzl. + Bzn.); F: 220° (*Crowdy et al.*, Biochem. J. **72** [1959] 230, 231); Krystalle (aus wss. Me.), F: 198—200° [korr.] (*Gr. et al.*, l. c. S. 3957). Absorptionsmaxima (A.): **289** nm und **324** nm (*Cr. et al.*, l. c. S. 234). Löslichkeit in Wasser: 0,0002 Mol/l

(*Crowdy et al.*, Biochem. J. **72** [1959] 241, 243). Verteilung zwischen Wasser und Hexan: *Cr. et al.*, l. c. S. 243.

(2S,2′$\varXi$,6′R)-7-Chlor-4,6,2′-trimethoxy-6′-methyl-spiro[benzofuran-2,1′-cyclohexan]-3-on $C_{17}H_{21}ClO_5$, Formel VIII (R = CH_3, X = Cl), vom F: 181°.

Diese Verbindung hat auch in einem von *Oxford et al.* (Biochem. J. **33** [1939] 240, 245) als Tetrahydrodesoxygriseofulvin bezeichneten Präparat vorgelegen (*Grove et al.*, Soc. **1952** 3977, 3979; *Mulholland*, Soc. **1952** 3987, 3988).

B. Neben anderen Verbindungen bei der Hydrierung von Griseofulvin ((2S,6′R)-7-Chlor-4,6,2′-trimethoxy-6′-methyl-spiro[benzofuran-2,1′-cyclohex-2′-en]-3,4′-dion)   an Palladium/Kohle in Äthylacetat (*Mu.*, l. c. S. 3990; s. a. *Ox. et al.*).

Krystalle; F: 181° [korr.; aus A.] (*Mu.*), 180° [aus wss. A. oder Me.] (*Ox. et al.*). $[\alpha]_D^{22}$: $-34°$ [Acn.; c = 1] (*Mu.*). IR-Spektrum (Nujol; $5-13\,\mu$) sowie UV-Spektrum (Me.; $220-350$ nm): *Mu.*, l. c. S. 3989.

2′-Hydroxy-4,6-dimethoxy-4′-methyl-spiro[benzofuran-2,1′-cyclohexan]-3-on $C_{16}H_{20}O_5$, Formel X.

a) Opt.-inakt. Stereoisomeres vom F: 165°.

B. Neben dem unter b) beschriebenen Stereoisomeren bei der Hydrierung von (±)-4,6-Dimethoxy-4′-methyl-spiro[benzofuran-2,1′-cyclohex-3′-en]-3,2′-dion (S. 2573) an Raney-Nickel in Äthylacetat oder Äthanol (*Dean, Manunapichu*, Soc. **1957** 3112, 3122).

Krystalle (aus Bzl.); F: $163-165°$. Absorptionsmaxima (A.): 283 nm und 325 nm.

b) Opt.-inakt. Stereoisomeres vom F: 160°.

B. s. bei dem unter a) beschriebenen Stereoisomeren.

Krystalle (aus Bzn.); F: $159-160°$ (*Dean, Manunapichu*, Soc. **1957** 3112, 3122). Absorptionsmaxima (A.): 283 nm und 315 nm.

Hydroxy-oxo-Verbindungen $C_{15}H_{18}O_5$

(±)-3-[3-(3,4-Dimethoxy-phenyl)-propyl]-6-methyl-dihydro-pyran-2,4-dion,
(±)-2-[3-(3,4-Dimethoxy-phenyl)-propyl]-5-hydroxy-3-oxo-hexansäure-lacton $C_{17}H_{22}O_5$, Formel XI, und Tautomere (z.B. (±)-3-[3-(3,4-Dimethoxy-phenyl)-propyl]-4-hydroxy-6-methyl-5,6-dihydro-pyran-2-on).

B. Bei der Hydrierung von 3-[3-(3,4-Dimethoxy-phenyl)-propionyl]-6-methyl-pyran-2,4-dion an Palladium/Kohle in Äthylacetat bei 80° (*Walker*, Am. Soc. **78** [1956] 3201, 3204). Bei der Hydrierung von 3-[3,4-Dimethoxy-*trans*(?)-cinnamoyl]-6-methyl-pyran-2,4-dion (F: 185°) an Palladium/Kohle in Äthylacetat, zuletzt bei 80° (*Wa.*).

Krystalle (aus E.); F: $125-126°$ [korr.].

XI   XII   XIII

(3aR)-4c-Hydroxy-9-hydroxymethyl-3ξ,6-dimethyl-(3ar,9ac,9bt)-3,3a,4,5,9a,9b-hexahydro-azuleno[4,5-b]furan-2,7-dion, ($\varXi$)-2-[(3aS)-4c,6c-Dihydroxy-3-hydroxymethyl-8-methyl-1-oxo-(3ar)-1,3a,4,5,6,7-hexahydro-azulen-5t-yl]-propionsäure-4-lacton, (11$\varXi$)-6α,8α,15-Trihydroxy-2-oxo-guaja-1(10),3-dien-12-säure-6-lacton [1] $C_{15}H_{18}O_5$, Formel XII.

Diese Konstitution und Konfiguration kommt dem nachstehend beschriebenen **Dihydrolactucin** zu.

---

[1] Stellungsbezeichnung bei von Guajan abgeleiteten Namen s. E III/IV **17** 4677.

B. Bei der Hydrierung von Lactucin ((3a*R*)-4*c*-Hydroxy-9-hydroxymethyl-6-methyl-3-methylen-(3a*r*,9a*c*,9b*t*)-3,3a,4,5,9a,9b-hexahydro-azuleno[4,5-*b*]furan-2,7-dion [S. 2526]) an Palladium/Calciumcarbonat in Äthanol (*Barton, Narayanan*, Soc. **1958** 963, 968).

Krystalle (aus Me.); F: 176—180° [Kofler-App.]. $[\alpha]_D$: $+6°$ [Me.; c = 0,7]. IR-Banden (Nujol) im Bereich von 3455 cm^{-1} bis 1614 cm^{-1}: *Ba., Na.*, l. c. S. 964. Absorptionsmaximum einer Lösung in Äthanol: 257 nm; einer Lösung in äthanol. Alkalilauge: 430 nm (*Ba., Na.*, l. c. S. 968).

Di-*O*-acetyl-Derivat $C_{19}H_{22}O_7$ ((11*Ξ*)-8α,15-Diacetoxy-6α-hydroxy-2-oxo-guaja-1(10),3-dien-12-säure-lacton). Krystalle (aus Me.), F: 204—208° [Kofler-App.]; $[\alpha]_D$: $+20°$ [CHCl$_3$; c = 1] (*Ba., Na.*, l. c. S. 968).

(3a*R*)-4*c*-Hydroxy-3*c*,5a,9-trimethyl-(3a*r*,5a*t*,9b*c*)-3a,4,5,5a,8,9b-hexahydro-3*H*-naphtho[1,2-*b*]furan-2,6,7-trion-7-oxim, (11*S*)-6β,8α-Dihydroxy-2-hydroxyimino-1-oxo-eudesm-4-en-12-säure-6-lacton [1]) $C_{15}H_{19}NO_5$, Formel XIII, und Tautomere.

Diese Konstitution und Konfiguration kommt dem nachstehend beschriebenen **Hydroxyiminopseudosantonin** zu.

B. Beim Behandeln von Pseudosantonin ((11*S*)-6β,8α-Dihydroxy-1-oxo-eudesm-4-en-12-säure-6-lacton [S. 1280]) mit Natriumäthylat in Äthanol und mit Butylnitrit in Äther und Ansäuern einer Lösung des Reaktionsprodukts in Wasser (*Chopra et al.*, Soc. **1955** 588, 593).

Gelbliche Krystalle (aus wss. Me.); F: 238° [Zers.]. Absorptionsmaximum (A.): 283 nm.

Hydroxy-oxo-Verbindungen $C_{16}H_{20}O_5$

11,13-Dihydroxy-4-methyl-4,5,6,7,8,9-hexahydro-1*H*-benz[*d*]oxacyclododecin-2,10-dion $C_{16}H_{20}O_5$, Formel I (R = H).

Diese Konstitution kommt dem nachstehend beschriebenen **Curvularin** zu (*Birch et al.*, Soc. **1959** 3146, 3148, **1962** 220).

Isolierung aus dem Kulturfiltrat einer Curvularia-Art: *Musgrave*, Soc. **1956** 4301, 4303; *Bi. et al.*, Soc. **1959** 3150; aus dem Kulturfiltrat von Penicillium steckii: *Fennell et al.*, Chem. and Ind. **1959** 1382.

Krystalle; F: 207—208° [korr.; aus Acn. + PAe.] (*Fe. et al.*), 206—207° [aus CHCl$_3$ + Ae. oder aus Bzl. + Me.] (*Bi. et al.*, Soc. **1959** 3150), 206—206,5° [evakuierte Kapillare; aus Bzl. + Me.] (*Mus.*, Soc. **1956** 4303). $[\alpha]_D^{18}$: $-36,3°$ [A.; c = 4] (*Mus.*, Soc. **1956** 4303); $[\alpha]_D^{21}$: $-35,3°$ [A.; c = 4] (*Munro et al.*, Soc. [C] **1967** 947). IR-Banden (KBr) im Bereich von 3290 cm^{-1} bis 840 cm^{-1}: *Munro et al.* Absorptionsmaxima von Lösungen in Äthanol: 223 nm, 272 nm und 304,5 nm (*Mus.*, Soc. **1956** 4303; s. a. *Musgrave*, Soc. **1957** 1104, 1105) bzw. 223,5 nm, 271,5 nm und 304 nm (*Munro et al.*); einer Lösung in wss. Natronlauge (0,005n): 233 nm und 351 nm (*Mus.*, Soc. **1956** 4303).

Beim Erwärmen mit Pyridinium-tribromid in Essigsäure ist eine Verbindung $C_{16}H_{18}Br_2O_5$ vom F: 143—144° erhalten worden (*Fe. et al.*).

11,13-Dimethoxy-4-methyl-4,5,6,7,8,9-hexahydro-1*H*-benz[*d*]oxacyclododecin-2,10-dion $C_{18}H_{24}O_5$, Formel I (R = CH$_3$).

Diese Konstitution kommt dem nachstehend beschriebenen **Di-*O*-methyl-curvularin** zu.

B. Aus Curvularin (s. o.) beim Behandeln mit Diazomethan in Äther und Methanol sowie beim Erwärmen mit Dimethylsulfat, Aceton und Kaliumcarbonat (*Musgrave*, Soc. **1956** 4301, 4304).

Krystalle (aus wss. A.); F: 72°. $[\alpha]_D^{18}$: $-2,9°$ [CHCl$_3$; c = 3]. Absorptionsmaxima (A.): 223 nm und 267,5 nm.

11,13-Diacetoxy-4-methyl-4,5,6,7,8,9-hexahydro-1*H*-benz[*d*]oxacyclododecin-2,10-dion $C_{20}H_{24}O_7$, Formel I (R = CO-CH$_3$).

Diese Konstitution kommt dem nachstehend beschriebenen **Di-*O*-acetyl-curvularin** zu.

B. Beim Behandeln von Curvularin (s. o.) mit Acetanhydrid und Pyridin (*Musgrave*, Soc. **1956** 4301, 4303).

Bei 160°/0,08 Torr destillierbar [unreines Präparat].

---

[1]) Stellungsbezeichnung bei von Eudesman abgeleiteten Namen s. E III **7** 515, 516.

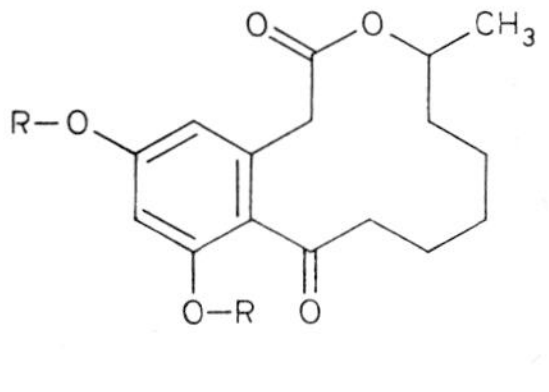

I 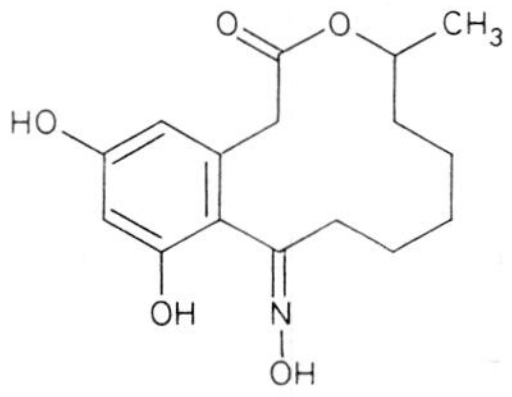   II 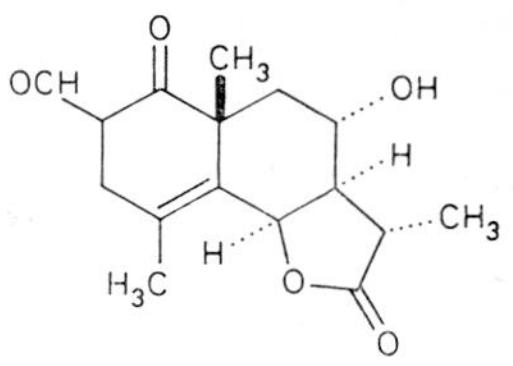   III

11,13-Bis-benzoyloxy-4-methyl-4,5,6,7,8,9-hexahydro-1H-benz[d]oxacyclododecin-2,10-dion $C_{30}H_{28}O_7$, Formel I (R = CO-C$_6$H$_5$).

Diese Konstitution kommt dem nachstehend beschriebenen **Di-O-benzoyl-curvularin** zu.

B. Beim Behandeln von Curvularin (S. 2420) mit Benzoylchlorid und wss. Natronlauge (*Musgrave*, Soc. **1956** 4301, 4304).

Krystalle (aus Bzl. + PAe.); F: 133—134°. $[\alpha]_D^{18}$: —10,8° [CHCl$_3$; c = 2]. Absorptionsmaximum (A.): 236 nm.

11,13-Bis-[4-chlor-benzoyloxy]-4-methyl-4,5,6,7,8,9-hexahydro-1H-benz[d]oxacyclododecin-2,10-dion $C_{30}H_{26}Cl_2O_7$, Formel I (R = CO-C$_6$H$_4$Cl).

Diese Konstitution kommt dem nachstehend beschriebenen **Bis-O-[4-chlor-benzoyl]-curvularin** zu.

B. Beim Behandeln von Curvularin (S. 2420) mit 4-Chlor-benzoesäure-anhydrid und Pyridin (*Musgrave*, Soc. **1956** 4301, 4304).

Krystalle (aus Bzl. + Bzn. oder aus A.); F: 152—153°. $[\alpha]_D^{18}$: —8,4° [CHCl$_3$; c = 2].

11,13-Dihydroxy-4-methyl-4,5,6,7,8,9-hexahydro-1H-benz[d]oxacyclododecin-2,10-dion-10-oxim $C_{16}H_{21}NO_5$, Formel II.

Diese Konstitution kommt dem nachstehend beschriebenen **Curvularin-oxim** zu.

B. Beim Erwärmen von Curvularin (S. 2420) mit Hydroxylamin-hydrochlorid in Pyridin (*Birch et al.*, Soc. **1959** 3146, 3150).

Krystalle (aus Bzl. + Ae.) mit 1 Mol Benzol; F: 188—190°. Absorptionsmaximum (A.): 288 nm.

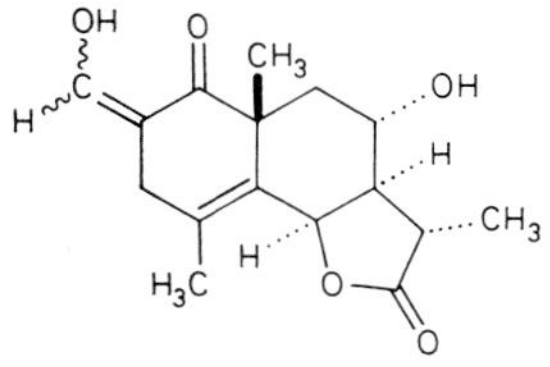

IV 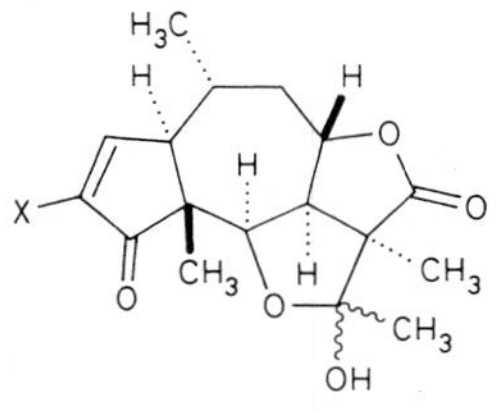   V 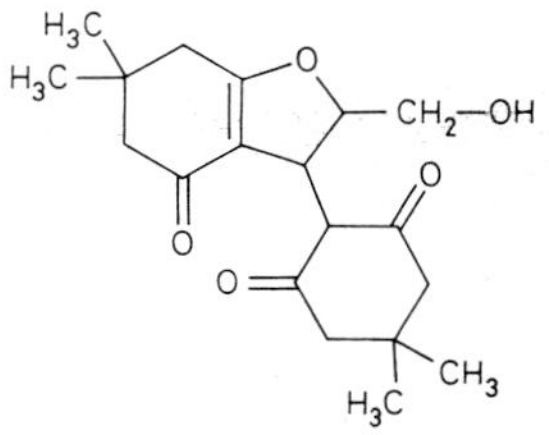   VI

(3a*R*)-4c-Hydroxy-3c,5a,9-trimethyl-2,6-dioxo-(3a*r*,5a*t*,9b*c*)-2,3,3a,4,5,5a,6,7,8,9b-decahydro-naphtho[1,2-*b*]furan-7-carbaldehyd, (11*S*)-2-Formyl-6β,8α-dihydroxy-1-oxoeudesm-4-en-12-säure-6-lacton $C_{16}H_{20}O_5$, Formel III, und (3a*R*)-4c-Hydroxy-7-hydroxymethylen-3c,5a,9-trimethyl-(3a*r*,5a*t*,9b*c*)-3a,5,5a,7,8,9b-hexahydro-3H,4H-naphtho[1,2-*b*]furan-2,6-dion, (11*S*)-6β,8α-Dihydroxy-2-hydroxymethylen-1-oxo-eudesm-4-en-12-säure-6-lacton [1]) $C_{16}H_{20}O_5$, Formel IV.

Diese Konstitution und Konfiguration kommt dem nachstehend beschriebenen **Hydroxymethylen-pseudosantonin** zu.

B. Beim Behandeln von Pseudosantonin ((11*S*)-6β,8α-Dihydroxy-1-oxo-eudesm-4-en-

---

[1]) Stellungsbezeichnung bei von Eudesman abgeleiteten Namen s. E III 7 515, 516.

12-säure-6-lacton [S. 1280]) mit Äthylformiat und Natriummethylat (*Chopra et al.*, Soc. **1955** 588, 593).

Gelbliche Krystalle (aus E.); F: 195°.

O-Acetyl-Derivat $C_{18}H_{22}O_6$. Krystalle; F: 164—165°.

Hydroxy-oxo-Verbindungen $C_{17}H_{22}O_5$

3-Acetyl-4-hydroxy-3,4a,8-trimethyl-3,3a,4,4a,7a,8,9,9a-octahydro-azuleno[6,5-*b*]furan-2,5-dion $C_{17}H_{22}O_5$ und cyclisches Tautomeres.

(2a*R*)-2ξ-Hydroxy-2ξ,2a,6*c*,9a-tetramethyl-(2a*r*,4a*t*,6a*c*,9a*t*,9b*c*,9c*c*)-2a,4a,5,6,6a,= 9a,9b,9c-octahydro-2*H*-1,4-dioxa-dicyclopent[*cd*,*f*]azulen-3,9-dion, (3a*R*)-2ξ,4*c*-Dihydr= oxy-2ξ,3*c*,6*c*,9a-tetramethyl-9-oxo-(3a*r*,6a*c*,9a*t*,9b*c*)-2,3,3a,4,5,6,6a,9,9a,9b-decahydro-azuleno[4,5-*b*]furan-3*t*-carbonsäure-4-lacton, (11*R*,13*Ξ*)-6*β*,13-Epoxy-8*α*,13-dihydroxy-11,13-dimethyl-4-oxo-ambros-2-en-12-säure-8-lacton [1]) $C_{17}H_{22}O_5$, Formel V (X = H).

Diese Konstitution und Konfiguration kommt dem nachstehend beschriebenen **Tenulin** zu (*Herz et al.*, Am. Soc. **84** [1962] 3857; *Hendrickson*, Tetrahedron **19** [1963] 1387, 1395), das früher (*Barton*, *de Mayo*, Soc. **1956** 142, 145; *Braun et al.*, Am. Soc. **78** [1956] 4423; *Djerassi et al.*, J. org. Chem. **22** [1957] 1361, 1365) als 3-Hydroxy-2a,3,6,9-tetra= methyl-2a,3,5,6,9,9a,9b,9c-octahydro-4a*H*-1,4-dioxa-dicyclopent[*cd*,*f*]azulen-2,8-dion ($C_{17}H_{22}O_5$) formuliert worden ist.

Isolierung aus Blättern und Blüten von Helenium tenuifolium und aus anderen He= lenium-Arten: *Clark*, Am. Soc. **61** [1939] 1836, 1838, **62** [1940] 597, 598; *Ungnade*, *Hendley*, Am. Soc. **70** [1948] 3921, 3922.

Krystalle (aus Bzl.) mit 0,75 Mol Benzol, F: 183—185°; die lösungsmittelfreie Ver= bindung schmilzt bei 194—196° [unkorr.] (*Un.*, *He.*); Krystalle (aus W.), F: 193—195° (*Cl.*, Am. Soc. **61** 1838); Krystalle (aus Bzl. + PAe.), die unterhalb 215° schmelzen (von der Geschwindigkeit des Erhitzens abhängig) (*Ba.*, *de Mayo*, l. c. S. 146). Bre= chungsindices der lösungsmittelfreien Krystalle: *Cl.*; der Benzol enthaltenden Kry= stalle: *Un.*, *He.* $[\alpha]_D^{25}$: −50° [Dioxan; c = 0,06] (*Dj. et al.*, l. c. S. 1365); $[\alpha]_D$: −24° [CHCl₃; c = 1]; $[\alpha]_D$: −21° [CHCl₃; c = 1,5]; $[\alpha]_D$: −21° [A.; c = 2] (*Ba.*, *de Mayo*, l. c. S. 147); $[\alpha]_D^{20}$: −21,6° [A.; c = 5] (*Cl.*, Am. Soc. **61** 1838). Optisches Drehungsvermögen $[\alpha]^{25}$ einer Lösung in Dioxan (c = 0,06) für Licht der Wellenlängen von 280 nm bis 700 nm: *Dj. et al.*, l. c. S. 1362, 1365. IR-Spektrum von 5 μ bis 8 μ und von 8,3 μ bis 12,3 μ (CHCl₃): *M. Horák*, *O. Motl*, *J. Pliva*, *F. Šorm*, Die Terpene, Tl. 2 [Berlin 1963] Nr. S I 36; von 5,5 μ bis 6,5 μ und von 11,5 μ bis 13 μ (Nujol): *Ungnade et al.*, Am. Soc. **72** [1950] 3818. UV-Spektrum (A.; 210—360 nm): *Un.*, *He.*; *Ungnade*, Am. Soc. **71** [1949] 4163. Absorptionsmaximum (A.): 225 nm (*Ba.*, *de Mayo*, l. c. S. 147).

Verhalten beim Erhitzen (Bildung von Pyrotenulin [2a,6,9a-Trimethyl-2-methylen-2a,4a,5,6,8,9a,9b,9c-octahydro-2*H*-1,4-dioxa-dicyclopent[*cd*,*f*]azulen-3,9-dion] und von Anhydrotenulin [$C_{17}H_{20}O_4$; Krystalle (aus Me. + W.), F: 172°]): *Cl.*, Am. Soc. **61** 1839. Beim Erhitzen mit Wasser ist Isotenulin [(3a*R*)-4*t*-Acetoxy-3*c*,4a,8*c*-trimethyl-(3a*r*,4a*t*,7a*c*,9a*t*)-3,3a,4,4a,7a,8,9,9a-octahydro-azuleno[6,5-*b*]furan-2,5-dion (S. 1270)] (*Un.*, *He.*), beim Erwärmen mit wss.-methanol. Natriumhydrogencarbonat-Lösung ist als Hauptprodukt Desacetylneotenulin [(3a*S*)-4ξ-Hydroxy-3*c*,7,8*c*-trimethyl-(3a*r*,4a*ξ*,= 9a*t*)-3a,4a,5,8,9,9a-hexahydro-3*H*,4*H*-azuleno[6,5-*b*]furan-2,6-dion (S. 1274)] (*Herz et al.*, l. c. S. 3868; s. a. *Ba.*, *de Mayo*, l. c. S. 148) erhalten worden. Überführung in Dehydrotenulin (E III/IV **17** 6828) durch Behandlung mit Chrom(VI)-oxid und Essigsäure: *Ba.*, *de Mayo*, l. c. S. 147. Bildung von Tenulinsäure ((3a*S*)-4*t*-Hydroxy-3*c*,4a,8*c*-trimethyl-2,5-dioxo-(3a*r*,4a*t*,7a*c*,9a*t*)-decahydro-cyclohepta[1,2-*b*;4,5-*c*′]difuran-7ξ-carbonsäure [s. *Herz et al.*, l. c. S. 3861]) beim Erwärmen einer Lösung in wss. Aceton mit wss. Wasserstoffperoxid und wss. Natronlauge: *Cl.*, Am. Soc. **62** 598.

3-Acetyl-6-brom-4-hydroxy-3,4a,8-trimethyl-3,3a,4,4a,7a,8,9,9a-octahydro-azuleno= [6,5-*b*]furan-2,5-dion $C_{17}H_{21}BrO_5$ und cyclisches Tautomeres.

---

[1]) Stellungsbezeichnung bei von **Ambrosan** abgeleiteten Namen s. E III/IV **17** 4670.

(2aR)-8-Brom-2ξ-hydroxy-2ξ,2a,6c,9a-tetramethyl-(2ar,4at,6ac,9at,9bc,9cc)-2a,4a,-
5,6,6a,9a,9b,9c-octahydro-2H-1,4-dioxa-dicyclopent[cd,f]azulen-3,9-dion,   (3aR)-8-Brom-
2ξ,4c-dihydroxy-2ξ,3c,6c,9a-tetramethyl-9-oxo-(3ar,6ac,9at,9bc)-2,3,3a,4,5,6,6a,9,9a,9b-
decahydro-azuleno[4,5-b]furan-3t-carbonsäure-4-lacton,   (11R,13Ξ)-3-Brom-6β,13-epoxy-
8α,13-dihydroxy-11,13-dimethyl-4-oxo-ambros-2-en-12-säure-8-lacton $C_{17}H_{21}BrO_5$,
Formel V (X = Br) auf S. 2421.

Diese Konstitution und Konfiguration kommt vermutlich dem nachstehend beschriebenen **Bromtenulin** zu; bezüglich der Zuordnung der Position des Brom-Atoms vgl. das
analog hergestellte Bromhelenalin (S. 1436).

B. Bei mehrtägigem Behandeln von Dibromtenulin ((2aR)-7ξ,8ξ-Dibrom-2ξ-hydroxy-
2ξ,2a,6c,9a-tetramethyl-(2ar,4at,6ac,9at,9bc,9cc)-decahydro-1,4-dioxa-dicyclopent[cd,f]-
azulen-3,9-dion [S. 2356]) mit wss. Methanol (*Clark*, Am. Soc. **61** [1939] 1836, 1839).

Krystalle (aus wss. Me.); F: 202—203° [Zers.].

Hydroxy-oxo-Verbindungen $C_{19}H_{26}O_5$

2-[2-Hydroxymethyl-6,6-dimethyl-4-oxo-2,3,4,5,6,7-hexahydro-benzofuran-3-yl]-5,5-di-
methyl-cyclohexan-1,3-dion, 3-[4,4-Dimethyl-2,6-dioxo-cyclohexyl]-2-hydroxymethyl-
6,6-dimethyl-2,3,6,7-tetrahydro-5H-benzofuran-4-on $C_{19}H_{26}O_5$, Formel VI [auf S. 2421],
und Tautomere.

a) (+)-2-[2-Hydroxymethyl-6,6-dimethyl-4-oxo-2,3,4,5,6,7-hexahydro-benzofuran-
3-yl]-5,5-dimethyl-cyclohexan-1,3-dion $C_{19}H_{26}O_5$ (und Tautomere).

B. Beim Erwärmen von D-Glycerinaldehyd mit 5,5-Dimethyl-cyclohexan-1,3-dion in
wss. Lösung (*Fischer, Baer*, Helv. **17** [1934] 622, 628).

Krystalle; F: 199—201° [aus A.] (*Fi., Baer*), 197—198° [aus wss. A.] (*Varga*, Magyar
biol. Kutatointezet Munkai **12** [1940] 359, 372; C. A. **1941** 1034), 195,5° [aus wss. A.]
(*Schöpf, Wild*, B. **87** [1954] 1571, 1575). [α]$_D^{21}$: +197,5° [A.; c = 0,7] (*Fi., Baer*); [α]$_D^{23}$:
+181° [A.; c = 0,7] (*Sch., Wild*); [α]$_D^{24}$: +195,9° [A.; c = 1,5] (*Va.*).

b) (−)-2-[2-Hydroxymethyl-6,6-dimethyl-4-oxo-2,3,4,5,6,7-hexahydro-benzofuran-
3-yl]-5,5-dimethyl-cyclohexan-1,3-dion $C_{19}H_{26}O_5$ (und Tautomere).

B. Beim Erwärmen von L-Glycerinaldehyd mit 5,5-Dimethyl-cyclohexan-1,3-dion in
wss. Lösung (*Baer, Fischer*, Am. Soc. **61** [1939] 761, 764).

Krystalle (aus wss. A.); F: 196,5—198,5° (*Perlin, Brice*, Canad. J. Chem. **33** [1955]
1216, 1220), 198° (*Baer, Fi.*). [α]$_D^{27}$: −208° [A.; c = 0,5] (*Pe., Br.*); [α]$_D$: −198° [A.;
c = 0,5] (*Baer, Fi.*).

5-Hydroxy-17a-oxa-D-homo-5α-androstan-3,6,17-trion, 5,13-Dihydroxy-3,6-dioxo-
5α,13αH-13,17-seco-androstan-17-säure-13-lacton $C_{19}H_{26}O_5$, Formel VII.

B. Beim Behandeln von 3β,5,6β,13-Tetrahydroxy-5α,13αH-13,17-seco-androstan-
17-säure-13-lacton mit Chromsäure in Essigsäure unter Zusatz von Wasser (*Searle & Co.*,
U.S.P. 2847422 [1953]).

F: 254—256°. [α]$_D$: −50° [Me.; c = 1].

3α-Acetoxy-17-oxa-D-homo-5β-androstan-11,16,17a-trion, 3α-Acetoxy-11-oxo-
16,17-seco-5β-androstan-16,17-disäure-anhydrid $C_{21}H_{28}O_6$, Formel VIII (R = CO-CH$_3$).

B. Beim Behandeln von 3α-Acetoxy-11-oxo-16,17-seco-5β-androstan-16,17-disäure mit
Acetanhydrid und Pyridin (*Wendler et al.*, Am. Soc. **78** [1956] 5027, 5032).

Krystalle (aus Acn. + Hexan); F: 213—215° [korr.].

VII   VIII   IX

3β,17β-Diacetoxy-8,9-epoxy-5α,8α-androstan-7,11-dion $C_{23}H_{30}O_7$, Formel IX
(R = CO-CH₃).

B. Beim Behandeln von 3β,17β-Diacetoxy-5α-androst-8-en-7ξ,11α-diol mit Chrom(VI)-oxid in Essigsäure unter Zusatz von wss. Schwefelsäure (*Heusser et al.*, Helv. **35** [1952] 295, 302).

Krystalle (aus A.); F: 171—172° [unkorr.; evakuierte Kapillare]. UV-Spektrum (A.; 210—320 nm): *He. et al.*, l. c. S. 296.

(3aS)-4c,9-Diacetoxy-3a,10ξ-dimethyl-(3ar,6ac,6bc,11bt,11cc)-dodecahydro-9t,11at-methano-azuleno[1,2,3-de]isochromen-1,3-dion, (4aR)-2c,7-Diacetoxy-1c,8ξ-dimethyl-(4ar,4bc,10ac)-dodecahydro-7t,9at-methano-benz[a]azulen-1t,10c-dicarbonsäure-anhydrid, 2β,7-Diacetoxy-1β,8ξ-dimethyl-4aβ-gibban-1α,10β-dicarbonsäure-anhydrid [1]) $C_{23}H_{30}O_7$, Formel X (R = CO-CH₃).

Diese Konstitution und Konfiguration kommt vermutlich der nachstehend beschrie\-benen, ursprünglich (*Takahashi et al.*, Bl. agric. chem. Soc. Japan **23** [1959] 509, 514) als 2,7-Diacetoxy-1,8-dimethyl-dodecahydro-7,9a-methano-benz[a]azulen-3,10-dicarbonsäure-anhydrid ($C_{23}H_{30}O_7$) angesehenen Verbindung zu (vgl. *Mulhol\-land*, Soc. **1963** 2606, 2610).

B. Beim Erhitzen von (4aR)-2c,7-Dihydroxy-1c,8ξ-dimethyl-(4ar,4bc,10ac)-dodeca\-hydro-7t,9at-methano-benz[a]azulen-1t,10c-dicarbonsäure (Zers. bei 290—295°; aus Gib\-berellin-A₃ hergestellt) mit Acetanhydrid (*Ta. et al.*, l. c. S. 521).

Krystalle (aus E. + Bzn.); Zers. bei 165—168° (*Ta. et al.*). IR-Spektrum (2—15 μ): *Ta. et al.*, l. c. S. 519.

Hydroxy-oxo-Verbindungen $C_{20}H_{28}O_5$

4-[1-(8-Hydroxy-8-methyl-2-oxo-hexahydro-3a,7-äthano-benzofuran-4-yl)-äthyl]-2,2-dimethyl-cyclopentan-1,3-dion, 4-[1-(3,3-Dimethyl-2,4-dioxo-cyclopentyl)-äthyl]-8-hydroxy-8-methyl-tetrahydro-3a,7-äthano-benzofuran-2-on, {2-[1-(3,3-Dimethyl-2,4-dioxo-cyclopentyl)-äthyl]-6,8-dihydroxy-6-methyl-bicyclo[3.2.1]oct-1-yl}-essigsäure-8-lacton $C_{20}H_{28}O_5$.

a) **(S)-4-[(S)-1-((3aR)-8syn-Hydroxy-8anti-methyl-2-oxo-(7at)-hexahydro-3ar,7c-äthano-benzofuran-4t-yl)-äthyl]-2,2-dimethyl-cyclopentan-1,3-dion** $C_{20}H_{28}O_5$, Formel XI.

Diese Konstitution kommt der nachstehend beschriebenen, von *Nakazima, Iwasa* (Bl. Inst. Insect Control Kyoto **16** [1951] 28, 31; C. A. **1952** 3986) als „β-Dihydro-D'' bezeichneten Verbindung der vermeintlichen Zusammensetzung $C_{20}H_{30}O_5$ zu (*Iwasa et al.*, Agric. biol. Chem. Japan **25** [1961] 782, 784, 789); die Konfiguration ergibt sich aus der genetischen Beziehung zu β-Dihydrograyanotoxin-II (s. E III **8** 4445).

B. Beim Behandeln von (3S)-5c-[(S)-1-((3aR)-2ξ,8syn-Dihydroxy-8anti-methyl-(7at)-hexahydro-3ar,7c-äthano-benzofuran-4t-yl)-äthyl]-3r-hydroxy-2,2-dimethyl-cyclopentan\-on („β-Dihydro-A''; F:125—128° [Zers.]; aus Grayanotoxin-II hergestellt) mit Chrom(VI)-oxid in Essigsäure unter Zusatz von Wasser (*Na., Iw.*).

Krystalle (aus E.); F: 209—211° (*Na., Iw.*).

X   XI   XII

---

[1]) Stellungsbezeichnung bei von **Gibban** abgeleiteten Namen s. E III **10** 1135 Anm.

b) (*S*)-4-[(*R*)-1-((3a*R*)-8*syn*-Hydroxy-8*anti*-methyl-2-oxo-(7a*t*)-hexahydro-3a*r*,7*c*-
äthano-benzofuran-4*t*-yl)-äthyl]-2,2-dimethyl-cyclopentan-1,3-dion $C_{20}H_{28}O_5$, Formel XII.

Diese Verbindung hat in den nachstehend beschriebenen, von *Nakazima, Iwasa*
(Bl. Inst. Insect Control Kyoto **16** [1951] 28, 31; C. A. **1952** 3986) als „α-Dihydro-C"
und als „α-Dihydro-D" bezeichneten Präparaten der vermeintlichen Zusammensetzung
$C_{20}H_{30}O_5$ vorgelegen (*Iwasa et al.*, Agric. biol. Chem. Japan **25** [1961] 782, 784, 789);
die Konfiguration ergibt sich aus der genetischen Beziehung zu α-Dihydro-grayanotoxin-II
(s. E III **8** 4445).

B. Beim Behandeln von (3*S*)-5*c*-[(*R*)-1-((3a*R*)-2ξ,8*syn*-Dihydroxy-8*anti*-methyl-(7a*t*)-
hexahydro-3a*r*,7*c*-äthano-benzofuran-4*t*-yl)-äthyl]-3*r*-hydroxy-2,2-dimethyl-cyclopentan=
on („α-Dihydro-A"; F: 157—158°; aus Grayanotoxin-II hergestellt) mit Chrom(VI)-
oxid in Essigsäure unter Zusatz von Wasser (*Na.*, *Iw.*, l. c. S. 31).

Krystalle (aus W.) mit 0,5 Mol H_2O, F: 122°; die wasserfreie Verbindung schmilzt
bei 151—152° (*Na.*, *Iw.*, l. c. S. 31; s. a. *Iw. et al.*, l. c. S. 789 Anm.).

**3-Hydroxy-11b-hydroxymethyl-2,2-dimethyl-8-methylen-6-oxo-dodecahydro-6a,9-meth=
ano-cyclohepta[*c*]chromen-1-carbaldehyd** $C_{20}H_{28}O_5$, und cyclisches Tautomeres.

(3a*S*,10b*S*)-2*c*,13*c*-Dihydroxy-1,1-dimethyl-7-methylen-(3a*r*,10a*t*,13a*c*)-dodecahydro-
5a*c*,8*c*-methano-cyclohepta[*c*]furo[3,4-*e*]chromen-5-on, (1*R*)-6-Methylen-2*exo*-[(3a*S*)-
1*c*,4*t*,6*c*-trihydroxy-7,7-dimethyl-(7a*c*)-hexahydro-isobenzofuran-3a*r*-yl]-bicyclo[3.2.1]=
octan-1-carbonsäure-4-lacton $C_{20}H_{28}O_5$, Formel XIII.

B. Aus Enmein ((3a*S*,10b*S*)-2*c*,13*c*-Dihydroxy-1,1-dimethyl-7-methylen-(3a*r*,10a*t*,=
13a*c*)-decahydro-5a*c*,8*c*-methano-cyclohepta[*c*]furo[3,4-*e*]chromen-5,6-dion) mit Hilfe von
amalgamiertem Zink und wss. Salzsäure (*Takahashi et al.*, J. pharm. Soc. Japan **78** [1958]
699; C. A. **1958** 18356).

Krystalle; F: 234° [Zers.]. Absorptionsmaximum (A.): 295 nm.

XIII   XIV

(3b*S*)-12a-Acetoxy-7*c*-acetoxymethyl-7*t*-hydroxy-10b-methyl-(3b*r*,10a*c*,10b*t*,12aξ)-
Δ³-dodecahydro-5a*t*,8*t*-methano-cyclohepta[5,6]naphtho[2,1-*b*]furan-2-on,
[(4*Z*,4a*S*)-3ξ-Acetoxy-8*c*-acetoxymethyl-3ξ,8*t*-dihydroxy-11b-methyl-(4a*r*,11a*c*,11b*t*)-
dodecahydro-6a*t*,9*t*-methano-cyclohepta[*a*]naphthalin-4-yliden]-essigsäure-3-lacton
$C_{24}H_{32}O_7$, Formel XIV.

Diese Konstitution und Konfiguration kommt dem nachstehend beschriebenen **Diacet=
oxy-hydroxy-cafestenolid** zu.

B. Beim Behandeln von *O*-Acetyl-cafestol ((3b*S*)-7*c*-Acetoxymethyl-10b-methyl-
(3b*r*,10a*c*,10b*t*)-Δ²,³ᵃ⁽¹²ᵃ⁾-dodecahydro-5a*t*,8*t*-methano-cyclohepta[5,6]naphtho[2,1-*b*]=
furan-7*t*-ol [E III/IV **17** 2152]) mit Monoperoxyphthalsäure in Äther und Behandeln
des Reaktionsprodukts mit Acetanhydrid und Pyridin (*Wettstein et al.*, Helv. **26** [1943]
1197, 1215).

Krystalle (aus Hexan + Acn.); F: 197—198° [korr.].   [*Appelt*]

Hydroxy-oxo-Verbindungen $C_{21}H_{30}O_5$

(±)(5a*Ξ*)-5*c*-[2-Acetoxy-äthyl]-4-[(*Ξ*)-2-acetoxy-propyl]-11a-methyl-(5a*r*,11a*c*,11b*t*)-
5,5a,6,7,10,11,11a,11b-octahydro-1*H*,4*H*-1*t*,4*t*-methano-naphth[1,2-*c*]oxepin-3,9-dion,
rac-16,20ξ-Diacetoxy-11β-hydroxy-3-oxo-16,17-seco-pregn-4-en-18-säure-lacton $C_{25}H_{34}O_7$;
Formel I (R = CO-CH₃) + Spiegelbild.

a) Stereoisomeres vom F: 183°.

B. Beim Behandeln von *rac*-16,20ξ-Diacetoxy-11β-hydroxy-3-oxo-16,17-seco-5β-pregn=

an-18-säure-lacton (F: 135—136° [S. 2358]) mit Brom in Bromwasserstoff enthaltender Essigsäure und Erwärmen des Reaktionsprodukts mit Lithiumchlorid und Dimethylform= amid (*Johnson et al.*, Am. Soc. **85** [1963] 1409, 1422; s. a. *Johnson et al.*, Am. Soc. **80** [1958] 2585).

Krystalle (aus Acn.); F: 182,5—183,5° (*Jo. et al.*, Am. Soc. **85** 1422). IR-Banden (CHCl₃) im Bereich von 5,6 μ bis 8,1 μ: *Jo. et al.*, Am. Soc. **85** 1422. Absorptionsmaximum (A.): 237,7 nm [ε: 17020] (*Jo. et al.*, Am. Soc. **85** 1422).

b) Stereoisomeres vom F: 155°.

B. Beim Behandeln von *rac*-16,20ξ-Diacetoxy-11β-hydroxy-3-oxo-16,17-seco-5β-pregn= an-18-säure-lacton (F: 147—148,5° [S. 2358]) mit Brom in Bromwasserstoff enthalten= der Essigsäure und Erwärmen des Reaktionsprodukts mit Lithiumbromid und Dimethyl= formamid (*Johnson et al.*, Am. Soc. **85** [1963] 1409, 1422; s. a. *Johnson et al.*, Am. Soc. **80** [1958] 2585).

Krystalle (aus E.); F: 154—155° (*Jo. et al.*, Am. Soc. **85** 1422). Absorptionsmaximum (A.): 237,9 nm [ε: 17220] (*Jo. et al.*, Am. Soc. **85** 1422).

I   II

(±)-[5c-Hydroxy-11a-methyl-3,9-dioxo-4-propyl-(5ar,7at,11ac,11bt)-tetradecahydro-1t,4t-methano-naphth[1,2-c]oxepin-5t-yl]-acetaldehyd, *rac*-11β,14-Dihydroxy-3,16-dioxo-16,17-seco-5α,14β-pregnan-18-säure-11-lacton $C_{21}H_{30}O_5$, Formel II + Spiegelbild.

B. Beim Erhitzen einer Lösung der im folgenden Artikel beschriebenen Verbindung in Dioxan mit wss. Schwefelsäure (*Lardon et al.*, Helv. **40** [1957] 666, 701).

Krystalle (aus Acn. + Ae.). F: 186—191° [Kofler-App.]. Absorptionsmaximum (A.): 282,5 nm [log ε: 1,43].

(±)-5t-[ξ-2-Äthoxy-vinyl]-5c-hydroxy-11a-methyl-4-propyl-(5ar,7at,11ac,11bt)-deca= hydro-1t,4t-methano-naphth[1,2-c]oxepin-3,9-dion, *rac*-16ξ-Äthoxy-11β,14-dihydroxy-3-oxo-16,17-seco-5α,14β-pregn-15-en-18-säure-11-lacton $C_{23}H_{34}O_5$, Formel III + Spiegel-bild.

B. Bei der Hydrierung von *rac*-16ξ-Äthoxy-11β,14-dihydroxy-3-oxo-16,17-seco-14β-pregna-4,15-dien-18-säure-11-lacton (F: 162—164° [S. 2532]) an Palladium/Calciumcarb= onat in Äthanol und Pyridin (*Lardon et al.*, Helv. **40** [1957] 666, 701).

Krystalle (aus Acn. + Ae.); F: 158—160° [korr.; Kofler-App.]. UV-Spektrum (A.; 205—305 nm): *La. et al.*, l. c. S. 680.

III   IV

17-Acetoxyacetyl-9,11-epoxy-17-hydroxy-10,13-dimethyl-hexadecahydro-cyclopenta[a]= phenanthren-3-on $C_{23}H_{32}O_6$.

a) **21-Acetoxy-9,11β-epoxy-17-hydroxy-5α,9β-pregnan-3,20-dion** $C_{23}H_{32}O_6$, Formel IV.

B. Beim Behandeln einer Lösung von 21-Acetoxy-17-hydroxy-5α-pregn-9(11)-en in wss. Dioxan mit *N*-Brom-acetamid und wss. Perchlorsäure und anschliessend mit wss. Natronlauge und Erwärmen des Reaktionsprodukts mit Acetanhydrid und Pyridin (*Elks et al.*, Soc. **1958** 4001, 4009).

Krystalle (aus E.); F: 205—208° [Kofler-App.]. $[\alpha]_D$: $+69°$ [CHCl$_3$; c = 1]. IR-Banden (Nujol) im Bereich von 3550 cm^{-1} bis 1220 cm^{-1}: *Elks et al.*

b) **21-Acetoxy-9,11α-epoxy-17-hydroxy-5β-pregnan-3,20-dion** C$_{23}$H$_{32}$O$_6$, Formel V.

B. Bei der Hydrierung von 21-Acetoxy-9,11α-epoxy-17-hydroxy-pregn-4-en-3,20-dion an Palladium/Kohle in Äthylacetat (*Kawasaki, Mosettig*, J. org. Chem. **27** [1962] 1374, 1376; s. a. *Kawasaki, Mosettig*, J. org. Chem. **24** [1959] 2071).

Krystalle (aus Me.); F: 231—234° [Kofler-App.]; $[\alpha]_D^{20}$: $+30,0°$ [CHCl$_3$; c = 0,2] (*Ka., Mo.*, J. org. Chem. **27** 1376).

Beim Behandeln mit Thiocyansäure in wss. Essigsäure ist 21-Acetoxy-3α,9-epoxy-3β,17-dihydroxy-11β-thiocyanato-5β-pregnan-20-on erhalten worden (*Ka., Mo.*, J. org. Chem. **27** 1376; s. a. *Ka., Mo.*, J. org. Chem. **24** 2071).

16α,17-Epoxy-3β,11α-dihydroxy-5α-pregnan-7,20-dion C$_{21}$H$_{30}$O$_5$, Formel VI (R = H).

B. Bei der Hydrierung von 16α,17-Epoxy-3β,11α-dihydroxy-5α-pregn-8-en-7,20-dion an Palladium/Kohle in Äthanol (*Djerassi et al.*, Am. Soc. **75** [1953] 3505, 3509).

Krystalle (aus E. + Hexan); F: 187—189° [unkorr.]. $[\alpha]_D^{20}$: $-41°$ [CHCl$_3$].

V   VI

3β,11α-Diacetoxy-16α,17-epoxy-5α-pregnan-7,20-dion C$_{25}$H$_{34}$O$_7$, Formel VI (R = CO-CH$_3$).

B. Aus der im vorangehenden Artikel beschriebenen Verbindung (*Djerassi et al.*, Am. Soc. **75** [1953] 3505, 3509).

F: 170—172° [unkorr.]. $[\alpha]_D^{20}$: $-35°$ [CHCl$_3$].

16α,17-Epoxy-3β,12β-dihydroxy-5α-pregnan-11,20-dion C$_{21}$H$_{30}$O$_5$, Formel VII.

B. Beim Behandeln einer Lösung von 3β,12β-Diacetoxy-5α-pregn-16-en-11,20-dion in Methanol mit wss. Wasserstoffperoxid und anschliessend mit wss. Natronlauge (*Martinez et al.*, Am. Soc. **75** [1953] 239).

Krystalle (aus Acn. + Hexan); F: 183—185° [unkorr.]. $[\alpha]_D^{20}$: $+105°$ [CHCl$_3$].

16α,17-Epoxy-3α,21-dihydroxy-5β-pregnan-11,20-dion C$_{21}$H$_{30}$O$_5$, Formel VIII (R = X = H).

B. Bei der Hydrierung von 12α-Brom-16α,17-epoxy-3α,21-dihydroxy-5β-pregnan-11,20-dion an Palladium/Calciumcarbonat in wss. Methanol (*Colton et al.*, J. biol. Chem. **194** [1952] 235, 243).

Krystalle (aus Acn. + Ae.); F: 196—197° [Fisher-Johns-App.]. $[\alpha]_D^{25}$: $+96°$ [CHCl$_3$; c = 1].

21-Acetoxy-16α,17-epoxy-3α-hydroxy-5β-pregnan-11,20-dion C$_{23}$H$_{32}$O$_6$, Formel VIII (R = H, X = CO-CH$_3$).

B. Beim Behandeln von 16α,17-Epoxy-3α-hydroxy-5β-pregnan-11,20-dion mit Brom in Dichlormethan und Erwärmen des Reaktionsprodukts mit Kaliumacetat und Aceton (*Julian et al.*, Am. Soc. **77** [1955] 4601, 4602). Beim Behandeln von 16α,17-Epoxy-3α,21-dihydroxy-5β-pregnan-11,20-dion mit Acetanhydrid und Pyridin bei −18° (*Colton et al.*, J. biol. Chem. **194** [1952] 235, 243). Beim Behandeln von 3α-Acetoxy-16β,21-di≠brom-17-hydroxy-5β-pregnan-11,20-dion mit einem Gemisch von Benzol und Brom≠

wasserstoff enthaltendem Methanol und Erwärmen des Reaktionsprodukts mit Kalium=
acetat und Aceton (*Ju. et al.*).

Krystalle; F: 235—237° [Fisher-Johns-App.; aus $CHCl_3$ + Ae.] (*Co. et al.*), 234—235°
[unkorr.; aus Acn. oder E.] (*Ju. et al.*). $[\alpha]_D^{25}$: +99° [$CHCl_3$; c = 1] (*Co. et al.*).

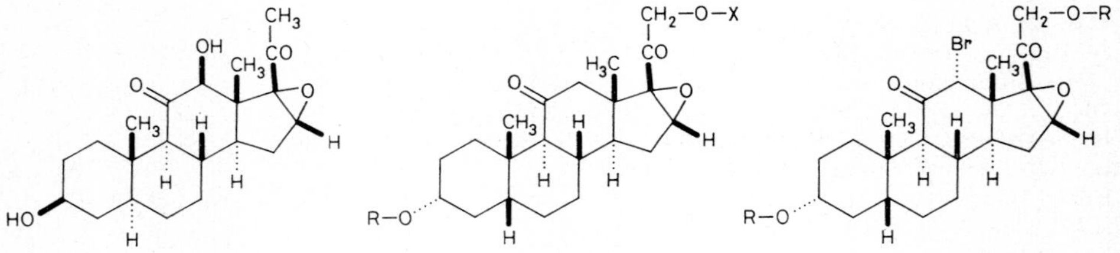

VII   VIII   IX

3α,21-Diacetoxy-16α,17-epoxy-5β-pregnan-11,20-dion $C_{25}H_{34}O_7$, Formel VIII
(R = X = CO-CH₃).

B. Bei der Hydrierung von 3α,21-Diacetoxy-12α-brom-16α,17-epoxy-5β-pregnan-
11,20-dion an Palladium/Calciumcarbonat in Methanol (*Mattox*, Am. Soc. **74** [1952]
4340, 4343).

Krystalle (aus Me.); F: 158,5—160° [Fisher-Johns-App.]. $[\alpha]_D^{27}$: +119° [$CHCl_3$; c = 1].

12α-Brom-16α,17-epoxy-3α,21-dihydroxy-5β-pregnan-11,20-dion $C_{21}H_{29}BrO_5$, Formel IX
(R = H).

B. Beim Behandeln einer Lösung von 12α-Brom-3α,21-dihydroxy-5β-pregn-16-en-11,20-
dion in wss. Methanol mit wss. Wasserstoffperoxid und Natriumcarbonat (*Colton et al.*,
J. biol. Chem. **194** [1952] 235, 242).

Krystalle (aus wss. Me.); F: 253—254° [Zers.; im vorgeheizten Fisher-Johns-App.].
$[\alpha]_D^{25}$: —6° [$CHCl_3$; c = 1].

3α,21-Diacetoxy-12α-brom-16α,17-epoxy-5β-pregnan-11,20-dion $C_{25}H_{33}BrO_7$, Formel IX
(R = CO-CH₃).

B. Aus der im vorangehenden Artikel beschriebenen Verbindung (*Mattox*, Am. Soc.
74 [1952] 4340, 4343).

Krystalle (aus wss. Me.); F: 163—164° [Fisher-Johns-App.].

21-Acetoxy-16α,17-epoxy-3β-hydroxy-5α-pregnan-12,20-dion $C_{23}H_{32}O_6$, Formel I.

B. Beim Erwärmen einer Lösung von 16ξ,21-Dibrom-3β,17-dihydroxy-5α-pregnan-
12,20-dion (F: 170°) in Aceton mit Kaliumacetat und wenig Kaliumjodid in Essigsäure
(*Rothman, Wall*, Am. Soc. **78** [1956] 1744).

Krystalle (aus A.); F: 202—204° [unkorr.; Kofler-App.]. $[\alpha]_D^{25}$: +127,5° [$CHCl_3$;
c = 2]. IR-Banden ($CHCl_3$) im Bereich von 3630 cm⁻¹ bis 1710 cm⁻¹: *Ro., Wall*.

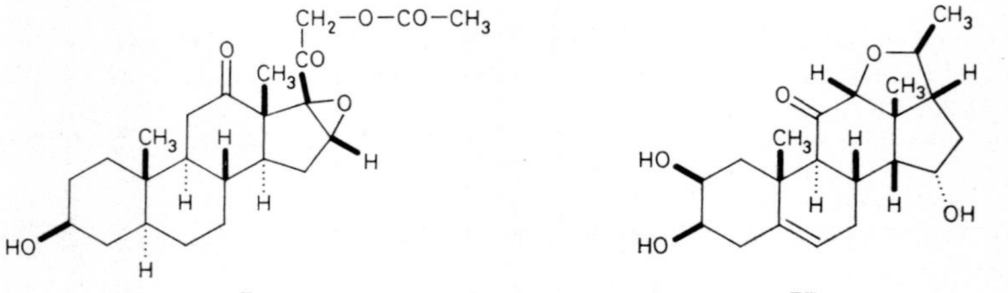

I   II

12α,20α_F-Epoxy-2β,3β,15α-trihydroxy-14β,17βH-pregn-5-en-11-on, Dihydrodigifologenin
$C_{21}H_{30}O_5$, Formel II.

Konstitution und Konfiguration: *Shoppee et al.*, Soc. **1963** 3281, 3283; *Tschesche,
Brügmann*, Tetrahedron **20** [1964] 1469, 1472.

B. Beim Erwärmen einer Lösung von Dihydrodigifolein (s. u.) in Methanol mit verd. wss. Salzsäure (*Tschesche, Buschauer,* A. **603** [1957] 59, 72).

Krystalle (aus Dioxan + Ae. + PAe.); F: 180—184° [korr.; Heiztisch]; $[\alpha]_D^{21}$: —134° [Me.; c = 0,5] (*Tsch., Bu.*). IR-Banden (KBr) im Bereich von 3440 cm⁻¹ bis 1650 cm⁻¹: *Tsch., Bu.* Absorptionsmaximum (Me.): 304—305 nm [log ε: 1,60] (*Tsch., Bu.*).

1,7-Dihydroxy-8-[5-hydroxy-4-methoxy-6-methyl-tetrahydro-pyran-2-yloxy]-3,5b,11c-trimethyl-Δ⁹ᵃ-tetradecahydro-naphth[2′,1′;4,5]indeno[7,1-*bc*]furan-5-on $C_{28}H_{42}O_8$.

a) **12α,20α_F-Epoxy-2β,15α-dihydroxy-3β-[O³-methyl-β-D-*arabino*-2,6-didesoxy-hexopyranosyloxy]-14β,17βH-pregn-5-en-11-on, 12α,20α_F-Epoxy-2β,15α-dihydroxy-3β-β-D-oleandropyranosyloxy-14β,17βH-pregn-5-en-11-on, Dihydrolanafolein** $C_{28}H_{42}O_8$, Formel III.

Über die Konstitution und Konfiguration s. *Shoppee et al.,* Soc. **1962** 3610, **1963** 3281, 3282; *Tschesche, Brügmann,* Tetrahedron **20** [1964] 1469.

B. Aus Lanafolein (12α,20α_F-Epoxy-2β-hydroxy-3β-[O³-methyl-β-D-*arabino*-2,6-dides-oxy-hexopyranosyloxy]-14β,17βH-pregn-5-en-11,15-dion [S. 2537]) bei der Behandlung mit Natriumboranat in wss. Dioxan sowie bei der Hydrierung an Platin in Methanol (*Tschesche, Buschauer,* A. **603** [1957] 59, 71).

Krystalle (aus Dioxan + Ae. + PAe.); F: 193—198° [korr.; Heiztisch]; $[\alpha]_D^{20,5}$: —101° [Me.; c = 0,6] (*Tsch., Bu.*). IR-Banden (KBr) im Bereich von 3500 cm⁻¹ bis 1650 cm⁻¹: *Tsch., Bu.* Absorptionsmaximum (Me.): 303 nm [log ε: 1,55] (*Tsch., Bu.*).

III   IV

b) **12α,20α_F-Epoxy-2β,15α-dihydroxy-3β-[O³-methyl-β-D-*lyxo*-2,6-didesoxy-hexopyranosyloxy]-14β,17βH-pregn-5-en-11-on, 3β-β-D-Diginopyranosyloxy-12α,20α_F-epoxy-2β,15α-dihydroxy-14β,17βH-pregn-5-en-11-on, Dihydrodigifolein** $C_{28}H_{42}O_8$, Formel IV.

Über die Konstitution und Konfiguration s. *Shoppee et al.,* Soc. **1962** 3610, **1963** 3281, 3282; *Tschesche, Brügmann,* Tetrahedron **20** [1964] 1469.

B. Aus Digifolein (12α,20α_F-Epoxy-2β-hydroxy-3β-[O³-methyl-β-D-*lyxo*-2,6-didesoxy-hexopyranosyloxy]-14β,17βH-pregn-5-en-11,15-dion) bei der Behandlung mit Natrium-boranat in wss. Dioxan sowie bei der Hydrierung an Platin in Methanol (*Tschesche, Buschauer,* A. **603** [1957] 59, 70).

Krystalle (aus Dioxan + Ae.); F: 190—195° [korr.; Heiztisch]; $[\alpha]_D^{20,5}$: —85° [Me.; c = 0,6] (*Tsch., Bu.*). IR-Banden (KBr) im Bereich von 3480 cm⁻¹ bis 1630 cm⁻¹: *Tsch., Bu.* Absorptionsmaximum (Me.): 306 nm [log ε: 1,59] (*Tsch., Bu.*).

1β,3β-Diacetoxy-14-hydroxy-20-oxo-5β,14β-pregnan-21-säure-lacton $C_{25}H_{34}O_7$, Formel V (R = CO-CH₃).

B. Beim Behandeln einer Lösung von 1β,3β-Diacetoxy-14-hydroxy-5β,14β-card-20(22)-enolid (S. 2431) in Äthylacetat mit Ozon bei —80° und anschliessend mit Essig-säure und Zink, Behandeln des Reaktionsprodukts mit wss.-methanol. Kaliumhydrogen-carbonat-Lösung und Behandeln des danach isolierten Reaktionsprodukts mit Chrom(VI)-oxid in Essigsäure (*Schlegel et al.,* Helv. **38** [1955] 1013, 1020).

Krystalle (aus Acn. + Ae.); F: 218—220° und (nach Wiedererstarren bei weiterem Erhitzen) F: 249—251° [korr.; Kofler-App.]. $[\alpha]_D^{26}$: —82,1° [CHCl₃; c = 1]. Absorptions-spektrum (A.; 200—400 nm): *Sch. et al.,* l. c. S. 1017.

V   VI   VII

3β-Acetoxy-5,14-dihydroxy-20-oxo-5β,14β-pregnan-21-säure-14-lacton $C_{23}H_{32}O_6$,
Formel VI (R = CO-CH$_3$).

B. Beim Behandeln von 3β-Acetoxy-5,14,21-trihydroxy-5β,14β-pregnan-20-on mit
Chrom(VI)-oxid in Essigsäure (*Speiser, Reichstein,* Helv. **31** [1948] 622, 626). In mässiger
Ausbeute beim Behandeln von 3β-Acetoxy-5,14-dihydroxy-5β,14β-bufa-20,22-dienolid
(S. 2553) mit Kaliumpermanganat in Aceton (*Meyer,* Helv. **32** [1949] 1593, 1597, 1598).

Krystalle (aus Acn. + Ae.), F: 226—230° [korr.; Kofler-App.]; $[\alpha]_D^{18}$: —36,1° [CHCl$_3$;
c = 1] (*Me.*).

3β,11α-Diacetoxy-14-hydroxy-20-oxo-5β,14β-pregnan-21-säure-lacton $C_{25}H_{34}O_7$,
Formel VII (R = CO-CH$_3$).

B. In mässiger Ausbeute beim Behandeln von 3β,11α-Diacetoxy-14-hydroxy-5β,14β-
bufa-20,22-dienolid (S. 2555) mit Kaliumpermanganat in Aceton (*Meyer,* Helv. **32**
[1949] 1599, 1605).

Krystalle (aus Acn. + Ae.); F: 194—197° [korr.; Kofler-App.]. $[\alpha]_D^{18}$: —72,7° [CHCl$_3$;
c = 2].

3β,16β-Diacetoxy-14-hydroxy-20-oxo-5β,14β-pregnan-21-säure-lacton $C_{25}H_{34}O_7$,
Formel VIII.

B. In mässiger Ausbeute beim Behandeln von 3β,16β-Diacetoxy-14-hydroxy-5β,14β-
bufa-20,22-dienolid (S. 2557) mit Kaliumpermanganat in Aceton (*Meyer,* Helv. **32**
[1949] 1993, 2001).

Krystalle (aus Acn. + Ae.); F: 238—241° [korr.; Kofler-App.; nach Sintern bei 232°].
$[\alpha]_D^{15}$: —48,4° [CHCl$_3$; c = 3].

VIII   IX

Hydroxy-oxo-Verbindungen $C_{22}H_{32}O_5$

**3α,17-Dihydroxy-16-methyl-(5β,16βH,17βH)-dihydro-androstano[16,17-c]furan-
11,5'-dion, 3α,17β-Dihydroxy-16α-hydroxymethyl-16β-methyl-11-oxo-5β-androstan-
17α-carbonsäure-16-lacton, 3α,17-Dihydroxy-16α-hydroxymethyl-16β-methyl-11-oxo-
21-nor-5β,17βH-pregnan-20-säure-16-lacton** $C_{22}H_{32}O_5$, Formel IX.

B. Beim Erwärmen von 3α,17-Dihydroxy-16-methyl-*D*-homo-5β-androst-16-en-11,17a-
dion mit wss.-methanol. Kalilauge und wss. Formaldehyd (*Wendler et al.,* Tetrahedron
7 [1959] 173, 179, 184).

Krystalle (aus E.); F: 257—259° [korr.; Heiztisch]. IR-Banden (Nujol und CHCl$_3$)
im Bereich von 2,8 μ bis 6 μ: *We. et al.*

Hydroxy-oxo-Verbindungen $C_{23}H_{34}O_5$

(20$\mathit{\Xi}$)-3β,5,19-Trihydroxy-5β-card-14-enolid $C_{23}H_{34}O_5$, Formel I.

B. Beim Behandeln von Dihydrostrophanthidol ((20$\mathit{\Xi}$)-3β,5,14,19-Tetrahydroxy-

5β,14β-cardanolid) mit konz. wss. Salzsäure (*Jacobs*, *Elderfield*, J. biol. Chem. **99** [1933] 693, 699).

Krystalle (aus Bzl.); F: 175—176°.

1β,3β,14-Trihydroxy-5β,14β-card-20(22)-enolid, Acovenosigenin-A, A c o v e n o g e n i n
C$_{23}$H$_{34}$O$_5$, Formel II (R = H).

Konstitution und Konfiguration: *Schlegel et al.*, Helv. **38** [1955] 1013.

B. Beim Behandeln einer Lösung von Acovenosid-A (s.u.) in Aceton mit kleinen Mengen wss. Salzsäure (*Veldsman*, S. African ind. Chemist **3** [1949] 172, 217; *v. Euw*, *Reichstein*, Helv. **33** [1950] 485, 498).

Krystalle (aus Dioxan + Me. oder aus Me.), F: 295—298° [korr.; Zers.; Kofler-App.] (*v. Euw*, *Re.*); Krystalle (aus Dioxan + Acn.), F: 272—274° [korr.; Zers.] (*v. Euw*, *Re.*); Krystalle (aus Me.) mit 1 Mol Methanol, F: 270—271° [Zers.] (*Ve.*, S. African ind. Chemist **3** 174). [α]$_D^{25}$: −29,2° [Py.; c = 1] [Methanol enthaltendes Präparat] (*Ve.*, S. African ind. Chemist **3** 219); [α]$_D^{17}$: +2,3° [Me.; c = 1] (*v. Euw*, *Re.*).

Verhalten gegen Chrom(VI)-oxid in Essigsäure: *v. Euw*, *Re.*, l. c. S. 491, 499; *Veldsman*, S. African ind. Chemist **4** [1950] 204, 206.

I   II

1β,3β-Diacetoxy-14-hydroxy-5β,14β-card-20(22)-enolid, O^1,O^3- D i a c e t y l - a c o v e n o s i ゠ g e n i n - A C$_{27}$H$_{38}$O$_7$, Formel II (R = CO-CH$_3$).

B. Beim Behandeln der im vorangehenden Artikel beschriebenen Verbindung mit Acetanhydrid und Pyridin (*Veldsman*, S. African ind. Chemist **3** [1949] 217; *v. Euw*, *Reichstein*, Helv. **33** [1950] 485, 491, 499).

Krystalle (aus Acn. + Ae.), F: 223—224° und (nach Wiedererstarren bei weiterem Erhitzen) F: 239—240° [korr.; Kofler-App.] (*v. Euw*, *Re.*); Krystalle (aus wss. Me.), F: 217—219° (*Ve.*). [α]$_D^{16}$: +2,6° [Acn.; c = 2] (*v. Euw*, *Re.*); [α]$_D^{27}$: −5,7° [Me.; c = 1] (*Ve.*). Absorptionsmaximum (A.): 217 nm [log ε: 4,24] (*v. Euw*, *Re.*).

1β,14-Dihydroxy-3β-[O^3-methyl-6-desoxy-α-L-talopyranosyloxy]-5β,14β-card-20(22)-enolid, 3β-α-L-Acovenopyranosyloxy-1β,14-dihydroxy-5β,14β-card-20(22)-enolid, Acovenosid-A, V e n e n a t i n C$_{30}$H$_{46}$O$_9$, Formel III (R = X = H).

Konstitution und Konfiguration: *Schlegel et al.*, Helv. **38** [1955] 1013.

Identität von Venenatin mit Acovenosid-A: *v. Euw*, *Reichstein*, Helv. **33** [1950] 485, 487.

Isolierung aus Acokanthera friesiorum: *Bally et al.*, Helv. **35** [1952] 45, 48; *Muhr et al.*, Helv. **37** [1954] 403, 414; aus Acokanthera longiflora: *Bally et al.*, Helv. **34** [1951] 1740, 1750; aus Acokanthera schimperi: *Mohr et al.*, Helv. **40** [1957] 2199, 2210; aus Acokanthera venenata (A. oppositifolia): *Veldsman*, S. African ind. Chemist **3** [1949] 144, 146; *v. Euw*, *Re.*, l. c. S. 493.

Krystalle (aus CHCl$_3$) mit 2 Mol Chloroform, F: 230° [nach Sintern bei 163°; Kofler-App.] (*Ve.*, S. African ind. Chemist **3** 146); Lösungsmittel enthaltende Krystalle; F: 223—226° [korr.; Kofler-App.; aus Me. + Ae.] (*Muhr et al.*, l. c. S. 418), 222—223° [korr.; Kofler-App.; aus Me.] (*v. Euw*, *Re.*, l. c. S. 495), 160—163° und (nach Wiedererstarren bei weiterem Erhitzen) F: 230—232° [korr.; Kofler-App.; aus wss. A., aus Me. + Ae. oder aus Acn. + Ae.] (*v. Euw*, *Re.*), 153—158° und (nach Wiedererstarren bei weiterem Erhitzen) F: 232—238° [korr.; Kofler-App.; aus Bzl.] (*Ba. et al.*, Helv. **35** 49); Krystalle (aus Me.) mit 1 Mol Methanol; F: 163° [Kofler-App.] (*Ve.*, S. African ind. Chemist **3** 145, 146). $[\alpha]_D^{16}$: $-64,8°$ [Dioxan; c = 1] [bei 60—70° im Hochvakuum getrocknetes Präparat] (*v. Euw, Re.*); $[\alpha]_D^{14}$: $-65,8°$ [Acn.; c = 1] [bei 80° im Hochvakuum getrocknetes Präparat] (*Ba. et al.*, Helv. **34** 1751); $[\alpha]_D^{14}$: $-63,2°$ [Acn.; c = 1] (*Ba. et al.*, Helv. **35** 49); $[\alpha]_D^{17}$: $-63,1°$ [Acn.; c = 0,8] [bei 60—70° im Hochvakuum getrocknetes Präparat] (*v. Euw, Re.*); $[\alpha]_D^{18}$: $-65°$ [Acn.; c = 1] [bei 70°/0,02 Torr getrocknetes Präparat] (*Muhr et al.*); $[\alpha]_D^{27}$: $-57,2°$ [A.; c = 1] [lösungsmittelfreies Präparat] (*Ve.*, S. African ind. Chemist **3** 145). UV-Spektrum (A.; 210—310 nm): *v. Euw, Re.*, l. c. S. 490; *Ve.*, S. African ind. Chemist **3** 146.

Beim Behandeln einer Lösung in Aceton mit kleinen Mengen wss. Salzsäure sind Acovenosigenin-A (S. 2431), L-Acovenose (O^3-Methyl-6-desoxy-L-talose), Anhydroacovenosid-A (1β-Hydroxy-3β-[O^3-methyl-6-desoxy-α-L-talopyranosyloxy]-5β-carda-14,20(22)-dienolid) und Anhydroacovenosigenin-A (1β,3β-Dihydroxy-5β-carda-14,20(22)-dienolid) erhalten worden (*v. Euw, Re.*, l. c. S. 497). Bildung von Anhydroacovenosigenin-A beim Erwärmen mit wss. Salzsäure enthaltendem Äthanol: *Veldsman*, S. African ind. Chemist **3** [1949] 172, 217. Verhalten gegen Chrom(VI)-oxid in Essigsäure sowie gegen Chrom(VI)-oxid in Schwefelsäure enthaltender wss. Essigsäure: *Veldsman*, S. African ind. Chemist **4** [1950] 82, 205; *Tamm, Reichstein*, Helv. **34** [1951] 1224, 1230.

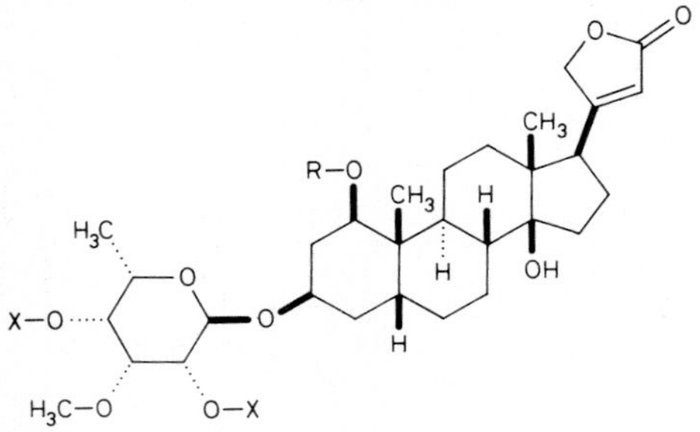

III

3β-[O^2,O^4-Diacetyl-O^3-methyl-6-desoxy-α-L-talopyranosyloxy]-1β,14-dihydroxy-5β,14β-card-20(22)-enolid, 3β-[Di-O-acetyl-α-L-acovenopyranosyloxy]-1β,14-dihydroxy-5β,14β-card-20(22)-enolid, Di-O-acetyl-acovenosid-A $C_{34}H_{50}O_{11}$, Formel III (R = H, X = CO-CH$_3$).

Diese Konstitution kommt auch einer von *Veldsman* (S. African ind. Chemist **3** [1949] 172, 217) als Tri-O-acetyl-acovenosid-A angesehenen Verbindung zu.

B. Beim Behandeln von Acovenosid-A (S. 2431) mit Acetanhydrid und Pyridin (*Ve.*, l. c. S. 172; *v. Euw, Reichstein*, Helv. **33** [1950] 485, 496).

Krystalle; F: 229—230° [korr.; Kofler-App.; aus Acn. + Ae.] (*v. Euw, Re.*), 227° [aus E. + PAe. oder aus E. + Ae.] (*Ve.*, l. c. S. 172). $[\alpha]_D^{23}$: $-59,0°$ [CHCl$_3$; c = 2]; $[\alpha]_D^{16}$: $-59,8°$ [Acn.; c = 1] (*v. Euw, Re.*); $[\alpha]_D^{29}$: $-55,6°$ [A.; c = 2] (*Ve.*, l. c. S. 172). UV-Spektrum (A.; 210—360 nm): *Tamm, Reichstein*, Helv. **34** [1951] 1224, 1225.

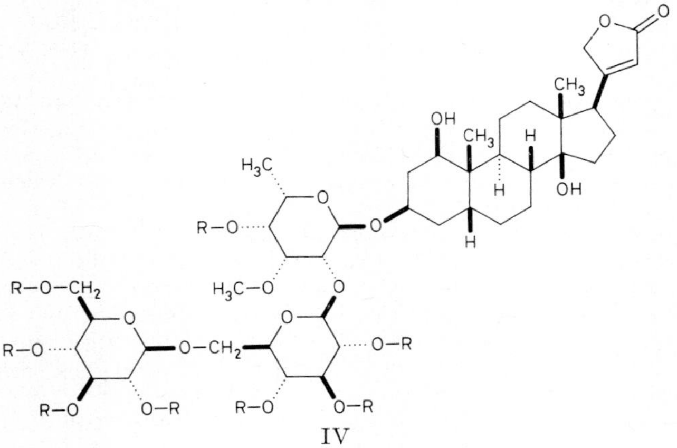

IV

3β-[O^2-(O^6-β-D-Glucopyranosyl-β-D-glucopyranosyl)-O^3-methyl-6-desoxy-α-L-talo= pyranosyloxy]-1β,14-dihydroxy-5β,14β-card-20(22)-enolid, 3β-[O^2-β-Gentiobiosyl- α-L-acovenopyranosyloxy]-1β,14-dihydroxy-5β,14β-card-20(22)-enolid, $O^{2'}$-β-Gentio= biosyl-acovenosid-A C$_{42}$H$_{66}$O$_{19}$, Formel IV (R = H), und **3β-[O^4-(O^6-β-D-Gluco= pyranosyl-β-D-glucopyranosyl)-O^3-methyl-6-desoxy-α-L-talopyranosyloxy]-1β,14-dihydr= oxy-5β,14β-card-20(22)-enolid, 3β-[O^4-β-Gentiobiosyl-α-L-acovenopyranosyloxy]- 1β,14-dihydroxy-5β,14β-card-20(22)-enolid**, $O^{4'}$-β-Gentiobiosyl-acovenosid-A C$_{42}$H$_{66}$O$_{19}$, Formel V (R = H).

Diese beiden Formeln werden für das nachstehend beschriebene **Acovenosid-C** in Betracht gezogen (*Hauschild-Rogat et al.*, Helv. **45** [1962] 2116).

Isolierung aus Samen von Acokanthera oppositifolia (A. venenata): *Mohr, Reichstein*, Helv. **34** [1951] 1239, 1241, 1243; *Hauschild-Rogat et al.*, Helv. **50** [1967] 2299, 2317, 2318, 2320.

Krystalle (aus Me.), F: 201—203° [korr.; Kofler-App.] (*Ha.-Ro. et al.*); Krystalle (aus W. + Acn.) mit 5 Mol H$_2$O, F: 190—192° [korr.; Kofler-App.] (*Ha.-Ro. et al.*, Helv. **50** 2320). [α]$_D^{24}$: —67,0° [80%ig. wss. Me.; c = 1] (wasserfreies Präparat) (*Ha.- Ro. et al.*, Helv. **50** 2320).

Octa-O-acetyl-Derivat C$_{58}$H$_{82}$O$_{27}$, Octa-O-acetyl-acovenosid-C (3β-[O^4-Acet= yl-O^2-(hepta-O-acetyl-β-gentiobiosyl)-α-L-acovenopyranosyloxy]-1β,14-di= hydroxy-5β,14β-card-20(22)-enolid [Formel IV (R = CO-CH$_3$)] oder 3β-[O^2-Acet= yl-O^4-(hepta-O-acetyl-β-gentiobiosyl)-α-L-acovenopyranosyloxy]-1β,14-di= hydroxy-5β,14β-card-20(22)-enolid [Formel V (R = CO-CH$_3$)]). Krystalle (aus Bzl. + Ae.), F: 234—236° [korr.; Kofler-App.]; [α]$_D^{16}$: —51,7° [Acn.; c = 1] (*Mohr, Re..* l. c. S. 1242). UV-Spektrum (A.; 210—320 nm): *Mohr, Re.*, l. c. S. 1240.

V

1β-Acetoxy-14-hydroxy-3β-[O^3-methyl-6-desoxy-α-L-talopyranosyloxy]-5β,14β-card- 20(22)-enolid, 1β-Acetoxy-3β-α-L-acovenopyranosyloxy-14-hydroxy-5β,14β-card- 20(22)-enolid, Acovenosid-B C$_{32}$H$_{48}$O$_{10}$, Formel III (R = CO-CH$_3$, X = H).

Konstitution: *Hauschild-Rogat et al.*, Helv. **45** [1962] 2612.

Isolierung aus Acokanthera venenata (A. oppositifolia): *v. Euw, Reichstein*, Helv. **33** [1950] 485, 493, 495, 501.

Krystalle (aus Dioxan + Acn.), F: 251—253° [korr.; Kofler-App.]; [α]$_D^{16}$: —71,4° [Dioxan; c = 1] (*v. Euw, Re.*). UV-Spektrum (A.; 210—310 nm): *v. Euw, Re.*, l. c. S. 490.

1β-Acetoxy-3β-[O^2,O^4-diacetyl-O^3-methyl-6-desoxy-α-L-talopyranosyloxy]-14-hydroxy- 5β,14β-card-20(22)-enolid, 1β-Acetoxy-3β-[di-O-acetyl-α-L-acovenopyranosyloxy]- 14-hydroxy-5β,14β-card-20(22)-enolid, Tri-O-acetyl-acovenosid-A C$_{36}$H$_{52}$O$_{12}$, Formel III (R = X = CO-CH$_3$).

Konstitution: *Hauschild-Rogat et al.*, Helv. **45** [1962] 2612.

B. Beim Behandeln von Acovenosid-B (s. o.) mit Acetanhydrid und Pyridin (*v. Euw, Reichstein*, Helv. **33** [1950] 485, 501; s. a. *Ha.-Ro. et al.*).

Krystalle (aus Acn. + Ae.); F: 202—204° [korr.; Kofler-App.] (*v. Euw, Re.*), 196—200° [korr.; Kofler-App.] (*Ha.-Ro. et al.*). [α]$_D^{16}$: —63,9° [Acn.; c = 1] (*v. Euw, Re.*); [α]$_D^{25}$: —62,0° [Acn.; c = 1] (*Ha.-Ro. et al.*).

1β-Benzoyloxy-3β-[O^2,O^4-dibenzoyl-O^3-methyl-6-desoxy-α-L-talopyranosyloxy]-14-hydroxy-5β,14β-card-20(22)-enolid, 1β-Benzoyloxy-3β-[di-O-benzoyl-α-L-acovenopyranosyloxy]-14-hydroxy-5β,14β-card-20(22)-enolid, Tri-O-benzoyl-acovenosid-A $C_{51}H_{58}O_{12}$, Formel III (R = X = CO-C_6H_5) auf S. 2432.

B. Beim Behandeln von Acovenosid-A (S. 2431) mit Benzoylchlorid und Pyridin (*Veldsman*, S. African ind. Chemist **3** [1949] 144, 147, 217).

Krystalle (aus Me.); F: 253—254° [nach Sintern bei 194—196°; Kofler-App.].

2α,3β,14-Trihydroxy-5α,14β-card-20(22)-enolid, Gomphogenin $C_{23}H_{34}O_5$, Formel VI.

Konstitution und Konfiguration: *Coombe, Watson,* Austral. J. Chem. **17** [1964] 92; *Carman et al.,* Austral. J. Chem. **17** [1964] 573; *Lardon et al.,* Helv. **52** [1969] 1940.

B. Beim Erwärmen von Gomphosid (s. u.) mit wss.-methanol. Schwefelsäure (*Watson, Wright,* Austral. J. Chem. **10** [1957] 79, 83).

Krystalle (aus wss. Me.); F: 266—270° [unkorr.]; $[\alpha]_D^{23}$: +46,6° [A.; c = 0,6] (*Wa., Wr.*). IR-Spektrum (CHCl$_3$; 2,5—14 μ): *Wa., Wr.,* l.c. S. 82. UV-Spektrum (A.; 215 nm bis 310 nm): *Wa., Wr.,* l.c. S. 81.

Beim Behandeln mit Acetanhydrid und Pyridin ist ein *O*-Acetyl-Derivat $C_{25}H_{36}O_6$ (Krystalle [aus Me.], F: 150—156°; $[\alpha]_D$: +38° [CHCl$_3$]) erhalten worden (*Wa., Wr.*).

VI   VII

2α,14-Dihydroxy-3β-[(2S)-4c-hydroxy-6c-methyl-3-oxo-tetrahydro-pyran-2r-yloxy]-5α,14β-card-20(22)-enolid, 3β-[4,6-Didesoxy-β-D-*threo*-[2]hexosul-1,5-osyloxy]-2α,14-dihydroxy-5α,14β-card-20(22)-enolid $C_{29}H_{42}O_8$, Formel VII, und **4-[14,8′α,8′a-Trihydroxy-6′α-methyl-(2β,3α,5α,14β,4′aβ,8′aβ)-hexahydro-androstano-[2,3-b]pyrano[2,3-e][1,4]dioxin-17β-yl]-5H-furan-2-on** $C_{29}H_{42}O_8$, Formel VIII; **Gomphosid.**

Über die Konstitution und Konfiguration s. *Coombe, Watson,* Austral. J. Chem. **17** [1964] 92; *Carman et al.,* Austral. J. Chem. **17** [1964] 573; s. dazu *Brüschweiler et al.,* Helv. **52** [1969] 2276, 2279, 2280.

Isolierung aus Gomphocarpus fructicosus (Asclepias fruticosa): *Watson, Wright,* Austral. J. Chem. **9** [1956] 497, 498, 504.

Krystalle (aus wss. Me.); F: 234—242°; $[\alpha]_D$: +16,3° [Me.; c = 1] (*Watson, Wright,* Austral. J. Chem. **10** [1957] 79, 82). UV-Spektrum (A.; 215—310 nm): *Wa., Wr.,* Austral. J. Chem. **10** 81.

Charakterisierung als Di-*O*-acetyl-Derivat (2α-Acetoxy-3β-[(2S)-4c-acetoxy-6c-methyl-3-oxo-tetrahydro-pyran-2r-yloxy]-14-hydroxy-5α,14β-card-

VIII   IX

20(22)-enolid; $C_{33}H_{46}O_{10}$; F: 252—255° [unkorr.]; $[\alpha]_D^{20}$: +32° [CHCl$_3$; c = 0,7]): *Wa., Wr.*, Austral. J. Chem. **10** 82; *Singh, Rastogi*, Phytochem. **11** [1972] 757, 761.

3β,5,6β-Trihydroxy-5α,14α-card-20(22)-enolid $C_{23}H_{34}O_5$, Formel IX (R = X = H).

B. Beim Behandeln der im folgenden Artikel beschriebenen Verbindung mit Chlor=wasserstoff enthaltendem Methanol (*Ruzicka et al.*, Helv. **27** [1944] 1883, 1887).

Krystalle (aus Me.+. E.), F: 255—259° [korr.; Zers; evakuierte Kapillare]; Krystalle (aus Me + W.) mit 1 Mol H$_2$O, Zers. bei 256—265° [evakuierte Kapillare]. $[\alpha]_D^{25}$ —27,6° [A.; c = 0,7] (Monohydrat).

3β-Acetoxy-5,6β-dihydroxy-5α,14α-card-20(22)-enolid $C_{25}H_{36}O_6$, Formel IX (R = CO-CH$_3$, X = H).

B. Bei mehrtägigem Erhitzen von 3β-Acetoxy-5,6α-epoxy-5α,14α-card-20(22)-enolid oder von 3β-Acetoxy-5,6β-epoxy-5β,14α-card-20(22)-enolid mit wss. Dioxan in Gegenwart von gebranntem Ton auf 155° (*Ruzicka et al.*, Helv. **27** [1944] 1883, 1886).

Krystalle (aus E. + Hexan); F: 251,5—252° [korr.; evakuierte Kapillare]. $[\alpha]_D^{22}$: —37,2° [CHCl$_3$; c = 0,8].

3β,6β-Diacetoxy-5-hydroxy-5α,14α-card-20(22)-enolid $C_{27}H_{38}O_7$, Formel IX (R = X = CO-CH$_3$).

B. Beim Behandeln der im vorangehenden Artikel beschriebenen Verbindung mit Acetanhydrid und Pyridin (*Ruzicka et al.*, Helv. **27** [1944] 1883, 1886).

Krystalle (aus Me. + W.); F: 237—238° [korr.; evakuierte Kapillare]. $[\alpha]_D^{22}$: —77,8° [CHCl$_3$; c = 0,7].

4-[3,5,14-Trihydroxy-10,13-dimethyl-hexadecahydro-cyclopenta[a]phenanthren-17-yl]-5H-furan-2-on $C_{23}H_{34}O_5$.

a) **3β,5,14-Trihydroxy-5β,14β-card-20(22)-enolid, Periplogenin** $C_{23}H_{34}O_5$, Formel X (R = H).

Über die Konstitution s. *Tschesche*, Z. physiol. Chem. **229** [1934] 219, 228; *Jacobs, Elderfield*, J. biol. Chem. **108** [1935] 497, 502; *Fried et al.*, J. org. Chem. **7** [1942] 362, 364; über die Konfiguration s. *Plattner et al.*, Helv. **30** [1947] 1432, 1435; *Speiser, Reichstein*, Helv. **31** [1948] 622; *Speiser*, Helv. **32** [1949] 1368.

Gewinnung aus Samen von Strophanthus eminii nach Hydrolyse: *Speiser, Reichstein*, Helv. **30** [1947] 2143, 2149; *Lardon*, Helv. **33** [1950] 639, 643, 644, 646; *Lamb, Smith*, Soc. **1936** 442, 443; aus Samen von Strophanthus hypoleucus nach Hydrolyse: *v. Euw, Reichstein*, Helv. **33** [1950] 544, 548; aus Samen von Strophanthus preussii nach enzymatischer Hydrolyse: *Ruppol, Turkovic*, J. Pharm. Belg. [NS] **10** [1955] 221, 224, 229.

B. Beim Behandeln von Periplocymarin (S. 2437) mit wss.-äthanol. Salzsäure (*Jacobs, Hoffmann*, J. biol. Chem. **79** [1928] 519, 526). Beim Erwärmen von Vanderosid (S. 2437) mit wss.-methanol. Schwefelsäure (*Lichti et al.*, Helv. **39** [1956] 1933, 1968). Aus Peri=plocin (S. 2439) beim Behandeln mit wss.-äthanol. Schwefelsäure sowie beim $^1/_4$-stdg. Erhitzen mit verd. wss. Schwefelsäure (*Stoll, Renz*, Helv. **22** [1939] 1193, 1205; s. a. *Lehmann*, Ar. **235** [1897] 157, 169). Beim Erwärmen von Tetra-O-acetyl-periplocin (S.2439) mit wss.-methanol. Schwefelsäure (*Ruppol, Turkovic*, J. Pharm. Belg. [NS] **10** [1955] 221, 236). Bei mehrtägigem Behandeln einer Lösung von Emicymarin (S. 2440) in Aceton mit kleinen Mengen wss. Salzsäure (*Katz, Reichstein*, Helv. **28** [1945] 476, 480). Bei mehrtägi=gem Behandeln einer Lösung von Penta-O-acetyl-emicin (S. 2442) in Aceton mit kleinen Mengen wss. Salzsäure (*Ru., Tu.*, l. c. S. 235, 236).

Krystalle; F: 232—234° [korr.; Kofler-App.; aus Acn. bzw. aus Me. + Bzl.] (*v. Euw, Reichstein*, Helv. **33** [1950] 544, 548; *Lardon*, Helv. **33** [1950] 639, 646), 232° [korr.; nach Sintern bei 165—170°; aus Me. + W.] [im Hochvakuum ge=trocknetes Präparat] (*Stoll, Renz*, Helv. **22** [1939] 1193, 1205). Lösungsmittel ent=haltende Krystalle (aus Me. + Ae.); F: 138—141° und (nach Wiedererstarren bei weiterem Erhitzen) F: 199—201° und (nach Wiedererstarren bei weiterem Erhitzen) F: 230—232° [korr.; Kofler-App.] (*Lichti et al.*, Helv. **39** [1956] 1933, 1968; vgl. *v. Euw, Re.*; *Speiser, Reichstein*, Helv. **30** [1947] 2143, 2150). Methanol enthaltende Krystalle (aus Me.); F: 235° [nach Sintern bei 140°] (*Jacobs, Hoffmann*, J. biol. Chem. **79** [1928] 519, 527), F: 138—140° und (nach Wiedererstarren bei weiterem Erhitzen) F: 142—150° und (nach Wiedererstarren bei weiterem Erhitzen) F: 238—245° [Block] (*Ruppol, Tur-*

kovic, J. Pharm. Belg. [NS] **10** [1955] 221, 229). $[\alpha]_D^{17}$: $+29,1°$ [CHCl$_3$; c = 1] (*La.*); $[\alpha]_D^{19}$: $+30,0°$ [CHCl$_3$; c = 0,4] (*Ru., Tu.*); $[\alpha]_D^{23}$: $+31,4°$ [A.; c = 1] (*Lamb, Smith*, Soc. **1936** 442, 443); $[\alpha]_D^{27}$: $+31,5°$ [A.; c = 1] (*Ja., Ho.*); $[\alpha]_D^{17}$: $+29,3°$ [Me.; c = 1] [bei $70-80°$ getrocknetes Präparat] (*Sp., Re.*, Helv. **30** 2150); $[\alpha]_D^{20}$: $+29,8°$ [Me.; c = 1] (*St., Renz*); $[\alpha]_D^{23}$: $+29,5°$ [Me.; c = 0,4] (*Ru., Tu.*); $[\alpha]_D^{24}$: $+25,4°$ [Me.; c = 1] [bei $70°/0,01$ Torr getrocknetes Präparat] (*Li. et al.*); $[\alpha]_{546}^{23}$: $+37,9°$ [A.; c = 1] (*Lamb, Sm.*). UV-Spektrum (A.; $210-270$ nm): *Paist et al.*, J. org. Chem. **6** [1941] 273, 280.

Überführung in eine nach *Gonzáles et al.* (An. Soc. españ. [B] **56** [1960] 85) als Carda-3,5,14,20(22)-tetraenolid zu formulierende Verbindung durch Erwärmen mit Chlorwasser=stoff enthaltendem Methanol: *Jacobs, Bigelow*, J. biol. Chem. **101** [1933] 697, 699. Beim Behandeln mit Toluol-4-sulfonylchlorid und Pyridin und Erhitzen des Reaktionsprodukts mit Pyridin unter vermindertem Druck auf $136°$ sind kleine Mengen 14-Hydroxy-14β-carda-3,5,20(22)-trienolid erhalten worden (*Muhr et al.*, Helv. **37** [1954] 403, 425).

X   XI

b) **3β,5,14-Trihydroxy-5β,14β,17βH-card-20(22)-enolid, Alloperiplogenin** $C_{23}H_{34}O_5$, Formel XI (R = H).

Konfiguration: *Speiser, Reichstein*, Helv. **31** [1948] 622.

Isolierung aus Samen von Strophanthus preussii nach enzymatischer Hydrolyse: *Ruppol, Turkovic*, J. Pharm. Belg. [NS] **12** [1957] 291, 299, 302. Gewinnung aus einem Glykosid-Gemisch aus Samen von Strophanthus kombe mit Hilfe von wss.-methanol. Schwefelsäure: *Katz, Reichstein*, Pharm. Acta Helv. **19** [1944] 231, 251.

B. Aus Alloemicymarin (S. 2441) beim mehrtägigen Behandeln einer Lösung in Aceton mit kleinen Mengen wss. Salzsäure sowie beim Erwärmen mit wss.-methanol. Schwefelsäure (*Katz, Reichstein*, Helv. **28** [1945] 476, 481, 482).

Krystalle; F: ca. $250°$ [Zers.; bei schnellem Erhitzen; aus Me. + Ae.] (*Katz, Re.*, Helv. **28** 481), $235-245°$ [Block] (*Ru., Tu.*). $[\alpha]_D^{15}$: $+41,0°$ [Me.; c = 1] (*Katz, Re.*, Helv. **28** 481); $[\alpha]_D^{17}$: $+40,3°$ [Me.; c = 0,8] (*Ru., Tu.*).

4-[3-Acetoxy-5,14-dihydroxy-10,13-dimethyl-hexadecahydro-cyclopenta[*a*]phenanthren-17-yl]-5*H*-furan-2-on $C_{25}H_{36}O_6$.

a) **3β-Acetoxy-5,14-dihydroxy-5β,14β-card-20(22)-enolid,** O^3-Acetyl-periplogenin $C_{25}H_{36}O_6$, Formel X (R = CO-CH$_3$).

B. Beim Behandeln von Periplogenin (S. 2435) mit Acetanhydrid und Pyridin (*Katz, Reichstein*, Pharm. Acta Helv. **19** [1944] 231, 252; *Ruppol, Turkovic*, J. Pharm. Belg. [NS] **10** [1955] 221, 229; *Lichti et al.*, Helv. **39** [1956] 1933, 1966, 1969).

Krystalle (aus Acn. + Ae. bzw. aus Bzl. + CHCl$_3$), die bei $235-242°$ [nach Sintern bei $225°$; Kofler-App.] (*Katz, Reichstein*, Helv. **28** [1945] 476, 480) bzw. bei $230-242°$ [Block] (*Ru., Tu.*) bzw. bei $217-221°$ [korr.; Kofler-App.] (*Li. et al.*) schmel=zen. $[\alpha]_D^{13}$: $+49,4°$ [CHCl$_3$; c = 1] (*Katz, Re.*, Helv. **28** 481); $[\alpha]_D^{20}$: $+47,2°$ [CHCl$_3$; c = 0,2] (*Ru., Tu.*); $[\alpha]_D^{20}$: $+23,4°$ [Me.; c = 0,3] (*Ru., Tu.*); $[\alpha]_D^{21}$: $+29,2°$ [Me.; c = 1] (*Li. et al.*). UV-Spektrum (A.; $210-280$ nm): *Speiser*, Helv. **32** [1949] 1368.

b) **3β-Acetoxy-5,14-dihydroxy-5β,14β,17βH-card-20(22)-enolid,** O^3-Acetyl-alloperiplogenin $C_{25}H_{36}O_6$, Formel XI (R = CO-CH$_3$).

B. Beim Behandeln von Alloperiplogenin (s. o.) mit Acetanhydrid und Pyridin (*Katz, Reichstein*, Pharm. Acta Helv. **19** [1944] 231, 251).

Krystalle (aus Acn. + Ae.); F: $194-197°$ und [nach Wiedererstarren bei weiterem Erhitzen] F: $212-226°$ [Kofler-App.] (*Katz, Re.*, Pharm. Acta Helv. **19** 251; vgl. *Katz, Reichstein*, Helv. **28** [1945] 476, 481, 483). $[\alpha]_D^{11}$: $+52,5°$ [CHCl$_3$; c = 1] (*Katz, Re.*,

Pharm. Acta Helv. **19** 251); $[\alpha]_D^{13}$: $+57,5°$ [CHCl$_3$; c = 1] (*Katz, Re.*, Helv. **28** 481). UV-Spektrum (A.; 100—260 nm): *Katz, Re.*, Pharm. Acta Helv. **19** 235.

3β-Benzoyloxy-5,14-dihydroxy-5β,14β-card-20(22)-enolid, O^3-Benzoyl-periplogenin C$_{30}$H$_{38}$O$_6$, Formel X (R = CO-C$_6$H$_5$).

B. Beim Behandeln von Periplogenin (S. 2435) mit Benzoylchlorid und Pyridin (*Lichti et al.*, Helv. **39** [1956] 1933, 1967).

Krystalle, die bei 232—238° [Zers.; Kofler-App.; aus Me. + Ae. + PAe. oder aus Acn. + Ae. + PAe.] (*Li. et al.*) bzw. bei 235° [bei schnellem Erhitzen; aus wss. A.] (*Jacobs, Hoffmann*, J. biol. Chem. **79** [1928] 519, 528) bzw. bei 227—233° [aus wss. A.] (*Lamb, Smith*, Soc. **1936** 442, 443) schmelzen. $[\alpha]_D^{24}$: $+53,6°$ [CHCl$_3$; c = 2] (*Li. et al.*).

3β-[β-D-*ribo*-2,6-Didesoxy-hexopyranosyloxy]-5,14-dihydroxy-5β,14β-card-20(22)-enolid, **3β-β-D-Digitoxopyranosyloxy-5,14-dihydroxy-5β,14β-card-20(22)-enolid**, O^3-β-D-Digit= oxopyranosyl-periplogenin C$_{29}$H$_{44}$O$_8$, Formel I (R = X = H).

Gewinnung aus Samen von Strophanthus ledienii nach enzymatischer Hydrolyse: *Lichti et al.*, Helv. **39** [1956] 1914, 1917, 1926, 1931.

Krystalle (aus Acn. + Ae.), F: 223,5—226,5° [unkorr.; Kofler-App.]; $[\alpha]_D^{24}$: $+16,4°$ [CHCl$_3$; c = 0,7]; $[\alpha]_D^{24}$: $+11,4°$ [Me.; c = 0,7] (*Lewbart et al.*, Helv. **46** [1963] 517, 528). Absorptionsmaximum (A.): 217 nm [log ε: 4,24] (*Le. et al.*).

4-[5,14-Dihydroxy-3-(5-hydroxy-4-methoxy-6-methyl-tetrahydro-pyran-2-yloxy)- 10,13-dimethyl-hexadecahydro-cyclopenta[*a*]phenanthren-17-yl]-5*H*-furan-2-on C$_{30}$H$_{46}$O$_8$.

a) **5,14-Dihydroxy-3β-[O^3-methyl-β-D-*ribo*-2,6-didesoxy-hexopyranosyloxy]- 5β,14β-card-20(22)-enolid**, **3β-β-D-Cymaropyranosyloxy-5,14-dihydroxy-5β,14β-card- 20(22)-enolid**, O^3-β-D-Cymaropyranosyl-periplogenin, **Periplocymarin** C$_{30}$H$_{46}$O$_8$, Formel I (R = CH$_3$, X = H).

Gewinnung aus der Rinde von Periploca graeca nach enzymatischer Hydrolyse: *Solacolu, Herrmann*, C. r. Soc. Biol. **117** [1934] 1138; Bl. Sci. pharmacol. **43** [1936] 490, 491; aus Samen der folgenden Strophanthus-Arten nach enzymatischer Hydrolyse: Strophanthus eminii: *Lardon*, Helv. **33** [1950] 639, 641, 643; s. a. *Zelnik, Schindler*, Helv. **40** [1957] 2110, 2112, 2119, 2124; Strophanthus hispidus: *Keller, Tamm*, Helv. **42** [1959] 2467, 2477—2479, 2482; Strophanthus hypoleucus: *v. Euw, Reichstein*, Helv. **33** [1950] 544, 547, 548; Strophanthus kombe: *Zelnik et al.*, Helv. **43** [1960] 593; s. a. *Katz, Reich= stein*, Pharm. Acta Helv. **19** [1944] 231, 241; Strophanthus ledienii: *Lichti et al.*, Helv. **39** [1956] 1914, 1926—1931; Strophanthus mirabilis: *Primo, Tamm*, Helv. **37** [1954] 141, 145, 146; Strophanthus nicholsonii: *v. Euw, Reichstein*, Helv. **31** [1948] 883, 889; s. dazu *Reichstein*, Helv. **35** [1952] 64; Strophanthus preussii: *Ruppol, Turkovic*, J. Pharm. Belg. [NS] **10** [1955] 221, 224, 228.

B. Aus Periplocin (S. 2439) mit Hilfe eines Enzym-Präparats aus Samen von Strophan= thus courmontii (*Jacobs, Hoffmann*, J. biol. Chem. **79** [1928] 519, 526; *Stoll, Renz*, Helv. **22** [1939] 1193, 1206).

Krystalle; F: 210—212° [korr.; Kofler-App.; aus Acn.] (*v. Euw, Re.*, Helv. **31** 892; vgl. *v. Euw, Re.*, Helv. **33** 548), 203—207° [korr.; Kofler-App.; aus Acn. + Ae.] (*La.* l. c. S. 646), 143—145° [korr.; nach Sintern bei 135°; aus Me. + W.] (*St., Renz*, l. c. S. 1207), 138—139,5° [korr.; Kofler-App.; aus Me. + Ae.] (*Pr., Tamm*, l. c. S. 146), 136—140° und (nach Wiedererstarren bei weiterem Erhitzen) F: 209—211° [korr.; Kofler-App.; aus Me. + Ae.] (*Ke., Tamm*, l. c. S. 2482; vgl. *v. Euw, Re.*, Helv. **33** 548). Krystalle (aus Me.) mit 1 Mol Methanol, F: 148° [nach Sintern bei 138°] (*Ja., Ho.*, l. c. S. 515). $[\alpha]_D^{24}$: $+32,6°$ [CHCl$_3$; c = 2] (*Li. et al.*, l. c. S. 1931); $[\alpha]_D^{24}$: $+29,9°$ [CHCl$_3$; c = 1] (*Ke., Tamm*); $[\alpha]_D^{16}$: $+28,8°$ [Me.; c = 1] (*v. Euw, Re.*, Helv. **33** 548); $[\alpha]_D^{18}$ $+27,9°$ [Me.; c = 2] (*La.*); $[\alpha]_D^{20}$: $+28,3°$ [Me.; c = 1] (*Pr., Tamm*); $[\alpha]_D^{20}$: $+27,6°$ [Me.; c = 0,2] (*St., Renz*); $[\alpha]_D^{20}$: $+30,2°$ [95%ig. wss. A.; c = 0,6] (*St., Renz*); $[\alpha]_D^{27}$: $+29°$ [95%ig. wss. A.; c = 1] [lösungsmittelfreies Präparat] (*Ja., Ho.*).

b) **5,14-Dihydroxy-3β-[O^3-methyl-β-D-*lyxo*-2,6-didesoxy-hexopyranosyloxy]- 5β,14β-card-20(22)-enolid**, **3β-β-D-Diginopyranosyloxy-5,14-dihydroxy-5β,14β-card- 20(22)-enolid**, O^3-β-D-Diginopyranosyl-periplogenin, **Vanderosid** C$_{30}$H$_{46}$O$_8$, Formel II (R = H).

Gewinnung aus Samen von Strophanthus vanderijstii nach enzymatischer Hydrolyse:

Lichti et al., Helv. **39** [1956] 1933, 1946, 1953, 1968.

Krystalle (aus Me. + Ae.), F: 217—222° [Kofler-App.]; Krystalle (aus W.), F: 171—175° [korr.; Kofler-App.]. $[\alpha]_D^{27}$: +7,8° [CHCl$_3$; c = 1]. UV-Spektrum (A.; 200—360 nm): *Li. et al.*, l. c. S. 1945.

I

II

c) **5,14-Dihydroxy-3β-[O^3-methyl-β-D-*ribo*-2,6-didesoxy-hexopyranosyloxy]-5β,14β,17βH-card-20(22)-enolid, 3β-β-D-Cymaropyranosyloxy-5,14-dihydroxy-5β,14β,17βH-card-20(22)-enolid, O^3-β-D-Cymaropyranosyl-alloperiplogenin, Alloperiplocymarin** $C_{30}H_{46}O_8$, Formel III (R = H).

Konstitution und Konfiguration: *Katz, Reichstein*, Helv. **28** [1945] 476.

Gewinnung aus mehrere Jahre gelagertem Samen von Strophanthus eminii nach enzymatischer Hydrolyse: *Zelnik, Schindler*, Helv. **40** [1957] 2110, 2112, 2119, 2124; aus Samen von Strophanthus kombe nach enzymatischer Hydrolyse: *Katz, Reichstein*, Pharm. Acta Helv. **19** [1944] 231, 233, 241, 255; aus Samen von Strophanthus preussii nach enzymatischer Hydrolyse: *Ruppol, Turkovic*, J. Pharm. Belg. [NS] **10** [1955] 221, 224, 229.

Reinigung über das *O*-Acetyl-Derivat (S. 2439): *Katz, Re.*, Helv. **28** 481, 482.

Krystalle (aus Me. + W.) mit 2 Mol H$_2$O, F: 130—134° [korr.; Kofler-App.] (*Katz, Re.*, Helv. **28** 482); Krystalle (aus Me. + Ae.), F: 128—131° [korr.; Kofler-App.] (*Ze., Sch.*, l. c. S. 2120, 2124). $[\alpha]_D^{16}$: +48,3° [Me.; c = 2] [bei 90° im Hochvakuum getrocknetes Dihydrat] (*Katz, Re.*, Helv. **28** 482); $[\alpha]_D^{24}$: +47,1° [Me.; c = 1] (*Ze., Sch.*).

4-[3-(5-Acetoxy-4-methoxy-6-methyl-tetrahydro-pyran-2-yloxy)-5,14-dihydroxy-10,13-dimethyl-hexadecahydro-cyclopenta[*a*]phenanthren-17-yl]-5H-furan-2-on $C_{32}H_{48}O_9$.

a) **3β-[O^4-Acetyl-O^3-methyl-β-D-*ribo*-2,6-didesoxy-hexopyranosyloxy]-5,14-dihydroxy-5β,14β-card-20(22)-enolid, 3β-[O-Acetyl-β-D-cymaropyranosyloxy]-5,14-dihydroxy-5β,14β-card-20(22)-enolid, O^3-[O-Acetyl-β-D-cymaropyranosyl]-periplogenin, O-Acetyl-periplocymarin** $C_{32}H_{48}O_9$, Formel I (R = CH$_3$, X = CO-CH$_3$).

B. Beim Behandeln von Periplocymarin (S. 2437) mit Acetanhydrid und Pyridin (*Katz, Reichstein*, Pharm. Acta Helv. **19** [1944] 231, 256).

Krystalle; F: 185—190° [nach Umwandlung bei 178—185°; Kofler-App.; aus Acn. + Ae.] (*Lardon*, Helv. **33** [1950] 639, 646); F: 137—142° [Kofler-App.; aus Ae. + Pentan] (*Keller, Tamm*, Helv. **42** [1959] 2467, 2482); F: 128—136° und (nach Wiedererstarren bei weiterem Erhitzen) F: 198° [korr.; Kofler-App.; aus Ae.] (*Katz, Re.*); F: 127—140° und (nach Wiedererstarren bei weiterem Erhitzen) F: 194° [korr.; Kofler-App.; aus Me. + W.] (*v. Euw, Reichstein*, Helv. **33** [1950] 544, 548). $[\alpha]_D^{14}$: +41,7° [CHCl$_3$; c = 1] (*Katz, Re.*); $[\alpha]_D^{21}$: +42,3° [CHCl$_3$; c = 1] (*Ke., Tamm*).

b) **3β-[O^4-Acetyl-O^3-methyl-β-D-*lyxo*-2,6-didesoxy-hexopyranosyloxy]-5,14-dihydroxy-5β,14β-card-20(22)-enolid, 3β-[O-Acetyl-β-D-diginopyranosyloxy]-5,14-dihydroxy-5β,14β-card-20(22)-enolid, O^3-[O-Acetyl-β-D-diginopyranosyl]-periplogenin, O-Acetyl-vanderosid** $C_{32}H_{48}O_9$, Formel II (R = CO-CH$_3$).

B. Beim Behandeln von Vanderosid (S. 2437) mit Acetanhydrid und Pyridin (*Lichti et al.*, Helv. **39** [1956] 1933, 1968).

Krystalle (aus Me.); F: 195—197° [korr.; Kofler-App.]. $[\alpha]_D^{18}$: +11,6° [CHCl$_3$; c = 2].

III   IV

c) **3β-[O^4-Acetyl-O^3-methyl-β-D-*ribo*-2,6-didesoxy-hexopyranosyloxy]-5,14-dihydr=
oxy-5β,14β,17βH-card-20(22)-enolid, 3β-[O-Acetyl-β-D-cymaropyranosyloxy]-5,14-di=
hydroxy-5β,14β,17βH-card-20(22)-enolid**, O^3-[O-Acetyl-β-D-cymaropyranosyl]-
alloperiplogenin, O-Acetyl-alloperiplocymarin $C_{32}H_{48}O_9$, Formel III
(R = CO-CH₃).

Hier fehlt — *B.* Beim Behandeln von Alloperiplocymarin (S. 2438) mit Acetanhydrid und Pyridin
(*Katz, Reichstein*, Pharm. Acta Helv. **19** [1944] 231, 254, 255; *Ruppol, Turkovic*, J. Pharm.
Belg. [NS] **10** [1955] 221, 229). Reinigung durch Chromatographie an alkalifreiem
Aluminiumoxid: *Katz, Reichstein*, Helv. **28** [1945] 476, 481, 482.

Krystalle; F: 122—125° [Block] (*Ru., Tu.*), 121—123° [korr.; Kofler-App.; aus wasser-
haltigem Äther] (*Katz, Re.*, Helv. **28** 482), 120—123° [korr.; Kofler-App.; aus Ae.] (*Katz,
Re.*, Pharm. Acta Helv. **19** 255). $[\alpha]_D^{11}$: +53,9° [CHCl₃; c = 1] (*Katz, Re.*, Pharm. Acta
Helv. **19** 255); $[\alpha]_D^{14}$: +52,3° [CHCl₃; c = 1] (*Katz, Re.*, Helv. **28** 482).

**3β-[O^4-Benzoyl-O^3-methyl-β-D-*lyxo*-2,6-didesoxy-hexopyranosyloxy]-5,14-dihydroxy-
5β,14β-card-20(22)-enolid, 3β-[O-Benzoyl-β-D-diginopyranosyloxy]-5,14-dihydroxy-
5β,14β-card-20(22)-enolid**, O^3-[O-Benzoyl-β-D-diginopyranosyl]-periplogenin,
O-Benzoyl-vanderosid $C_{37}H_{50}O_9$, Formel II (R = CO-C₆H₅).

B. Beim Behandeln von Vanderosid (S. 2437) mit Benzoylchlorid und Pyridin (*Lichti
et al.*, Helv. **39** [1956] 1933, 1968).

Krystalle (aus Me. + Ae. + PAe.); F: 216—221° [Kofler-App.]. $[\alpha]_D^{23}$: +11° [CHCl₃;
c = 1].

**3β-[O^4-β-D-Glucopyranosyl-O^3-methyl-β-D-*ribo*-2,6-didesoxy-hexopyranosyloxy]-
5,14-dihydroxy-5β,14β-card-20(22)-enolid, 5,14-Dihydroxy-3β-β-strophanthobiosyl=
oxy-5β,14β-card-20(22)-enolid**, O^3-β-D-Strophanthobiosyl-periplogenin, Peri=
plocin, Periplocosid $C_{36}H_{56}O_{13}$, Formel IV (R = H).

Über die Konstitution und Konfiguration s. *Barbier, Schindler*, Helv. **42** [1959] 1065.

Isolierung aus der Rinde von Periploca graeca: *Lehmann*, Ar. **235** [1897] 157, 163;
Herrmann, C.r. Soc. Biol. **102** [1929] 965; *Stoll, Renz*, Helv. **22** [1939] 1193, 1201, 1204;
aus Samen von Strophanthus preussii: *Ruppol, Turkovic*, J. Pharm. Belg. [NS] **10**
[1955] 221, 224, 230, 235.

Krystalle (aus Me. + CHCl₃), die zwischen 209° und 233° [Block] schmelzen (*Ru.,
Tu.*); Krystalle (aus W.) mit 2 Mol H₂O, die nach dem Trocknen im Hochvakuum bei
209° [korr.; bei langsamem Erhitzen] bzw. bei 224° [korr.; Zers.; im vorgeheizten Bad]
schmelzen (*St., Renz*); Krystalle (aus wss. Acn.); F: 207—208° [Block] (*He.*). $[\alpha]_D^{20}$:
+23° [A.; c = 0,6] (*St., Renz*, l. c. S. 1205); $[\alpha]_D^{18}$: +22,4° [Me.; c = 0,4] (*Ru., Tu.*);
$[\alpha]_D^{20}$: +22,9° [Me.; c = 0,7] (*St., Renz*, l. c. S. 1204). 1 g löst sich bei Raumtemperatur
in 125 g Wasser (*Le.*, l. c. S. 166), bei Siedetemperatur in 20 g Wasser (*St., Renz*, l. c.
S. 1204).

**5,14-Dihydroxy-3β-[O^3-methyl-O^4-(tetra-O-acetyl-β-D-glucopyranosyl)-β-D-*ribo*-2,6-di=
desoxy-hexopyranosyloxy]-5β,14β-card-20(22)-enolid, 5,14-Dihydroxy-3β-[tetra-
O-acetyl-β-strophanthobiosyloxy]-5β,14β-card-20(22)-enolid**, O^3-[Tetra-O-acetyl-
β-D-strophanthobiosyl]-periplogenin, Tetra-O-acetyl-periplocin
$C_{44}H_{64}O_{17}$, Formel IV (R = CO-CH₃).

B. Beim Behandeln von Periplocin (s. o.) mit Acetanhydrid und Pyridin (*Stoll, Renz*,

Helv. **22** [1939] 1193, 1196, 1202; *Ruppol, Turkovic*, J. Pharm. Belg. [NS] **10** [1955] 221, 231, 233).

Krystalle; F: 195—197° [Block; aus Bzl.] (*Ru., Tu.*), 195° [korr.; Zers.; aus A.] (*St., Renz*). $[\alpha]_D^{18}$: +20,3° [Bzl.; c = 0,4]; $[\alpha]_D^{20}$: +21° [CHCl$_3$; c = 0,3] (*Ru., Tu.*); $[\alpha]_D^{20}$: +20,0° [A.; c = 0,5] (*St., Renz*).

4-[5,14-Dihydroxy-10,13-dimethyl-3-(3,4,5-trihydroxy-6-methyl-tetrahydro-pyran-2-yloxy)-hexadecahydro-cyclopenta[a]phenanthren-17-yl]-5H-furan-2-on $C_{29}H_{44}O_9$.

a) **3β-β-D-Fucopyranosyloxy-5,14-dihydroxy-5β,14β-card-20(22)-enolid,** O^3-β-D-Fucopyranosyl-periplogenin, **Ledienosid** $C_{29}H_{44}O_9$, Formel V (R = X = H).

Gewinnung aus mehrere Jahre gelagertem Samen von Strophanthus eminii nach enzymatischer Hydrolyse: *Zelnik, Schindler*, Helv. **40** [1957] 2110, 2112, 2119, 2127; aus Samen von Strophanthus ledienii nach enzymatischer Hydrolyse: *Lichti et al.*, Helv. **39** [1956] 1914, 1918, 1926, 1931.

Krystalle (aus Me. + Ae.), F: 169—175° [Kofler-App.]; $[\alpha]_D^{23}$: +5,2° [Me.; c = 1] (*Li. et al.*). UV-Spektrum (A.; 200—360 nm): *Li. et al.*, l. c. S. 1920.

b) **3β-β-D-Fucopyranosyloxy-5,14-dihydroxy-5β,14β,17βH-card-20(22)-enolid,** O^3-β-D-Fucopyranosyl-alloperiplogenin $C_{29}H_{44}O_9$, Formel VI (R = X = H).

Diese Konstitution und Konfiguration kommt vermutlich dem nachstehend beschriebenen **Alloledienosid** zu.

Gewinnung aus mehrere Jahre gelagertem Samen von Strophanthus eminii nach enzymatischer Hydrolyse: *Zelnik, Schindler*, Helv. **40** [1957] 2110, 2112, 2119, 2128.

Krystalle (aus Me. + Ae.); F: 178—184° [Kofler-App.]. $[\alpha]_D^{24}$: +8,8° [Me.; c = 0,3].

4-[3-(3,5-Dihydroxy-4-methoxy-6-methyl-tetrahydro-pyran-2-yloxy)-5,14-dihydroxy-10,13-dimethyl-hexadecahydro-cyclopenta[a]phenanthren-17-yl]-5H-furan-2-on $C_{30}H_{46}O_9$.

a) **5,14-Dihydroxy-3β-[O^3-methyl-β-D-fucopyranosyloxy]-5β,14β-card-20(22)-enolid,** **3β-β-D-Digitalopyranosyloxy-5,14-dihydroxy-5β,14β-card-20(22)-enolid,** O^3-β-D-Digitalopyranosyl-periplogenin, **Emicymarin** $C_{30}H_{46}O_9$, Formel V (R = CH$_3$, X = H).

Konstitution: *Katz, Reichstein*, Helv. **28** [1945] 476.

Gewinnung aus Samen oder anderen Pflanzenteilen der folgenden Strophanthus-Arten nach enzymatischer Hydrolyse: Strophanthus eminii: *Lamb, Smith*, Soc. **1936** 442; *Lardon*, Helv. **33** [1950] 639, 643, 646, 647; Strophanthus gracilis: *Aebi, Reichstein*, Helv. **34** [1951] 1277, 1285, 1296; Strophanthus hypoleucus: *v.Euw, Reichstein*, Helv. **33** [1950] 544, 547, 549; Strophanthus kombe: *Katz, Reichstein*, Pharm. Acta Helv. **19** [1944] 231, 241, 245; Strophanthus ledienii: *Lichti et al.*, Helv. **39** [1956] 1914, 1926, 1931; Strophanthus mirabilis: *Primo, Tamm*, Helv. **37** [1954] 141, 145, 147; Strophanthus nicholsonii: *v.Euw, Reichstein*, Helv. **31** [1948] 883, 889, 892; s. dazu *Reichstein*, Helv. **35** [1952] 64; Strophanthus vanderijstii: *Lichti et al.*, Helv. **39** [1956] 1933, 1942, 1953, 1970.

Krystalle; F: 160—163° [korr.; Kofler-App.; aus Me. bzw. aus Me. + Ae.] (*La.*, Helv. **33** 646; s. a. *Lamb, Sm.*; *Pr., Tamm*), 160—162° [korr.; Kofler-App.; aus Me. + Ae.] (*v.Euw, Re.*, Helv. **33** 549; *Li. et al.*, l. c. S. 1970); F: 155—160° und (nach Wiedererstarren bei weiterem Erhitzen) F: 206—210° [korr.; Kofler-App.; aus W.] (*Li. et al.*, l. c. S. 1931); F: 152—155° und (nach Wiedererstarren bei weiterem Erhitzen) F: 200—203° [korr.; Kofler-App.; aus W.] (*Li. et al.*, l. c. S. 1970). $[\alpha]_D^{25}$: +10,3° [CHCl$_3$; c = 2] (*Li. et al.*, l. c. S. 1970); $[\alpha]_D^{20}$: +12,8° [A.; c = 2] [lösungsmittelfreies Präparat] (*Lamb, Sm.*); $[\alpha]_D^{13}$: +11,7° [Me.; c = 2] [bei 95° im Hochvakuum getrocknetes Präparat] (*Katz, Re.*, Pharm. Acta Helv. **19** 245); $[\alpha]_D^{15}$: +12,3° [Me.; c = 2] (*v.Euw, Re.*, Helv. **33** 549); $[\alpha]_D^{18}$: +13,5° [Me.; c = 1] (*La.*, Helv. **33** 646); $[\alpha]_D^{22}$: +11,3° [Me.; c = 1] (*Pr., Tamm*); $[\alpha]_D^{22}$: +13,8° [Me.; c = 1] (*Li. et al.*, l. c. S. 1931); $[\alpha]_{546}^{20}$: +15,8° [A.; c = 2] [lösungsmittelfreies Präparat] (*Lamb, Sm.*).

Bei kurzem Erwärmen (2 min) mit verd. wss.-äthanol. Salzsäure sind eine nach *González González et al.* (An. Soc. españ. [B] **56** [1960] 85) als Carda-3,5,14,20(22)-tetraenolid zu formulierende Verbindung und kleine Mengen einer als Anhydroemicymarigenin bezeichneten, vermutlich als 3β,5-Dihydroxy-5β-card-8(14?),20(22)-dienolid (S. 1603) zu formulierende Verbindung (*Lamb, Sm.*, l.c. S. 444), beim Erwärmen mit wss. Schwefel⸗

säure (1n) und wenig Äthanol ist eine nach *Lardon* (Helv. **32** [1949] 1517) als 3β,5-Di= hydroxy-5β-carda-14,20(22)-dienolid zu formulierende Verbindung (*Katz, Re.*, Pharm. Acta Helv. **19** 246; s. a. *Speiser, Reichstein*, Helv. **30** [1947] 2143, 2151) erhalten worden.

V   VI

b) **5,14-Dihydroxy-3β-[O^3-methyl-β-D-fucopyranosyloxy]-5β,14β,17βH-card-20(22)-enolid, 3β-β-D-Digitalopyranosyloxy-5,14-dihydroxy-5β,14β,17βH-card-20(22)-enolid,** O^3-β-D-Digitalopyranosyl-alloperiplogenin, **Alloemicymarin** $C_{30}H_{46}O_9$, Formel VI (R = CH$_3$, X = H).
Konstitution und Konfiguration: *Katz, Reichstein*, Helv. **28** [1945] 476.
Gewinnung aus Samen von Strophanthus eminii nach enzymatischer Hydrolyse: *Lamb, Smith*, Soc. **1936** 442, 446; s. a. *Jacobs, Bigelow*, J. biol. Chem. **99** [1933] 521—525; aus Samen von Strophanthus kombe nach enzymatischer Hydrolyse: *Katz, Reichstein*, Pharm. Acta Helv. **19** [1944] 231, 241—244; aus Samen von Strophanthus preussii nach enzymatischer Hydrolyse: *Ruppol, Turkovic*, J. Pharm. Belg. [NS] **12** [1957] 291, 299, 302, 304.
B. Aus Emicymarin (S. 2440) mit Hilfe eines Enzym-Präparats aus Samen von Strophanthus eminii (*Lamb, Sm.*, l. c. S. 447).
Krystalle; F: 160—162° und (nach Wiedererstarren bei weiterem Erhitzen) F: 260° bis 265° [Kofler-App.; aus Me. + Ae.] (*Katz, Re.*, Pharm. Acta Helv. **19** 244); F: 240° bis 254° [Kofler-App.; aus A.] (*Katz, Re.*, Pharm. Acta Helv. **19** 244), 248° [nach Sintern bei 240°; aus Me.] (*Lamb, Sm.*). Wasserhaltige Krystalle (aus wss. A.), F: 263° [nach Sintern bei 170°] (*Lamb, Sm.*). [α]$_D^{18}$: +28,6° [CHCl$_3$; c = 0,7] (*Ru., Tu.*); [α]$_D$: +24,6° [A.; c = 2] [wasserfreies Präparat] (*Lamb, Sm.*); [α]$_D^{16}$: +28,7° [Me.; c = 2] [bei 80° im Hochvakuum getrocknetes Präparat] (*Katz, Re.*, Pharm. Acta Helv. **19** 244); [α]$_{546}^{23}$: +29,7° [A.; c = 2] [wasserfreies Präparat] (*Lamb, Sm.*).
Beim Erwärmen mit wss. Äthanol und kleinen Mengen Salzsäure und Erwärmen des Reaktionsprodukts mit Chlorwasserstoff enthaltendem Methanol sind eine als Trianhydro= alloemicymarigenin bezeichnete, vermutlich als 17βH-Carda-3,5,14,20(22)-tetraenolid zu formulierende Verbindung (*Lamb, Sm.*; s. a. *Ja., Bi.*) und eine als Anhydroalloemi= cymarigenin bezeichnete, vermutlich als 3β,5-Dihydroxy-5β,17βH-carda-8(14),20(22)= (oder 14,20(22))-dienolid (S. 1604) zu formulierende Verbindung (*Lamb, Sm.*) erhalten worden.

4-[3-(3,5-Diacetoxy-4-methoxy-6-methyl-tetrahydro-pyran-2-yloxy)-5,14-dihydroxy-10,13-dimethyl-hexadecahydro-cyclopenta[a]phenanthren-17-yl]-5H-furan-2-on $C_{31}H_{50}O_{11}$.

a) **3β-[O^2,O^4-Diacetyl-O^3-methyl-β-D-fucopyranosyloxy]-5,14-dihydroxy-5β,14β-card-20(22)-enolid, 3β-[Di-O-acetyl-β-D-digitalopyranosyloxy]-5,14-dihydroxy-5β,14β-card-20(22)-enolid,** O^3-[Di-O-acetyl-β-D-digitalopyranosyl]-periplo= genin, **Di-O-acetyl-emicymarin** $C_{34}H_{50}O_{11}$, Formel V (R = CH$_3$, X = CO-CH$_3$).
B. Beim Behandeln von Emicymarin (S. 2440) mit Acetanhydrid und Pyridin (*Lamb, Smith*, Soc. **1936** 442, 445; *Katz, Reichstein*, Pharm. Acta Helv. **19** [1944] 231, 245, 246; *Lichti et al.*, Helv. **39** [1956] 1933, 1970; *Zelnik, Schindler*, Helv. **40** [1957] 2110, 2124).
Krystalle; F: 283—285° [korr.; Zers.; Kofler-App.; aus Acn.] (*v. Euw, Reichstein*, Helv. **33** [1950] 544, 549), 278—280° [korr.; Kofler-App.; aus Acn. + Ae.] (*Li. et al.*), 278° [aus Me.] (*Lamb, Sm.*), 272—274° [korr.; Kofler-App.; aus Acn. + Ae.] (*Katz, Re.; Aebi,*

Reichstein, Helv. **34** [1951] 1277, 1289, 1290, 1296), 270—273° [korr.; Kofler-App.; aus Acn. + Ae.] (*Ze.*, *Sch.*). $[\alpha]_D^{16}$: +27,5° [CHCl$_3$; c = 1] (*Katz*, *Re.*); $[\alpha]_D^{19,5}$: +24,9° [CHCl$_3$; c = 0,5] (*Aebi*, *Re.*); $[\alpha]_D^{24}$: +25,5° [CHCl$_3$; c = 1] (*Ze.*, *Sch.*); $[\alpha]_D^{25}$: +26,8° [CHCl$_3$; c = 1] (*Li. et al.*); $[\alpha]_D^{20}$: +22,8° [Me.; c = 2]; $[\alpha]_{546}^{20}$: +27,8° [Me.; c = 1] (*Lamb*, *Sm.*). UV-Spektrum (A.; 210—340 nm): *Aebi*, *Re.*, l. c. S. 1283.

b) **3β-[O²,O⁴-Diacetyl-O³-methyl-β-D-fucopyranosyloxy]-5,14-dihydroxy-5β,14β,17βH-card-20(22)-enolid, 3β-[Di-O-acetyl-β-D-digitalopyranosyloxy]-5,14-dihydroxy-5β,14β,17βH-card-20(22)-enolid**, O^3-[Di-O-acetyl-β-D-digitalopyranosyl]-alloperiplogenin, Di-O-acetyl-alloemicymarin $C_{34}H_{50}O_{11}$, Formel VI (R = CH$_3$, X = CO-CH$_3$).

B. Beim Behandeln von Alloemicymarin (S. 2441) mit Acetanhydrid und Pyridin (*Katz*, *Reichstein*, Pharm. Acta Helv. **19** [1944] 231, 244; s. a. *Ruppol*, *Turkovic*, J. Pharm. Belg. [NS] **12** [1957] 291, 294, 296, 298, 299).

Krystalle (aus Acn. + Ae.); F: 153—156° [korr.; Kofler-App.]; $[\alpha]_D^{12}$: +21,3° [CHCl$_3$; c = 1] (*Katz*, *Re.*). UV-Spektrum (A.; 210—250 nm): *Katz*, *Re.*, l. c. S. 235.

3β-[O⁴-β-D-Glucopyranosyl-O³-methyl-β-D-fucopyranosyloxy]-5,14-dihydroxy-5β,14β-card-20(22)-enolid, 3β-[O⁴-β-D-Glucopyranosyl-β-D-digitalopyranosyloxy]-5,14-dihydroxy-5β,14β-card-20(22)-enolid, O^3-[O^4-β-D-Glucopyranosyl-β-D-digitalopyranosyl]-periplogenin, **Emicin** $C_{36}H_{56}O_{14}$, Formel VII (R = H).

Konstitutionszuordnung: *Ruppol*, *Turkovic*, J. Pharm. Belg. [NS] **10** [1955] 221, 223.

Isolierung aus Samen von Strophanthus preussii: *Ru.*, *Tu.*, J. Pharm. Belg. [NS] **10** 224, 230, 234; *Ruppol*, *Turkovic*, J. Pharm. Belg. [NS] **12** [1957] 291, 294.

Krystalle (aus CHCl$_3$ + A.); F: 255—263° [Block]; $[\alpha]_D^{18}$: +14,7° [Me.; c = 0,3] (*Ru.*, *Tu.*, J. Pharm. Belg. [NS] **10** 234, 235).

3β-[O³-Acetyl-O³-methyl-O⁴-(tetra-O-acetyl-β-D-glucopyranosyl)-β-D-fucopyranosyloxy]-5,14-dihydroxy-5β,14β-card-20(22)-enolid, 3β-[O³-Acetyl-O⁴-(tetra-O-acetyl-β-D-glucopyranosyl)-β-D-digitalopyranosyloxy]-5,14-dihydroxy-5β,14β-card-20(22)-enolid, O^3-[O^3-Acetyl-O^4-(tetra-O-acetyl-β-D-glucopyranosyl)-β-D-digitalopyranosyl]-periplogenin, **Penta-O-acetyl-emicin** $C_{46}H_{66}O_{19}$, Formel VII (R = CO-CH$_3$).

B. Beim Behandeln von Emicin (s. o.) mit Acetanhydrid und Pyridin (*Ruppol*, *Turkovic*, J. Pharm. Belg. [NS] **10** [1955] 221, 231, 234, **12** [1957] 291, 296).

Krystalle; F: 280—282° [Block; aus Bzl. + CHCl$_3$] (*Ru.*, *Tu.*, J. Pharm. Belg. [NS] **10** 234), 274—282° [Block; aus Bzl. + Ae.] (*Ru.*, *Tu.*, J. Pharm. Belg. [NS] **12** 297). $[\alpha]_D^{14}$: +7,4° [CHCl$_3$; c = 1] (*Ru.*, *Tu.*, J. Pharm. Belg. [NS] **12** 297); $[\alpha]_D^{20}$: +7,1° [Me.; c = 1] (*Ru.*, *Tu.*, J. Pharm. Belg. [NS] **10** 234).

VII $\qquad\qquad$ VIII

3β-β-D-Glucopyranosyloxy-5,14-dihydroxy-5β,14β-card-20(22)-enolid, O^3-β-D-Glucopyranosyl-periplogenin $C_{29}H_{44}O_{10}$, Formel VIII (R = H).

Konstitution und Konfiguration: *Brenneisen et al.*, Helv. **47** [1964] 814, 817.

Gewinnung aus Samen von Strophanthus vanderijstii nach enzymatischer Hydrolyse: *Brenneisen et al.*, Helv. **47** [1964] 799, 802, 806—808; s. a. *Lichti et al.*, Helv. **39** [1956] 1933, 1938.

B. Beim Behandeln der im folgenden Artikel beschriebenen Verbindung mit Barium⸗ methylat in Methanol (*Elderfield et al.*, Am. Soc. **69** [1947] 2235).

Krystalle (aus Me. + W. oder aus Me. + Acn.) mit 0,5 Mol H_2O, F: 230—235° und (nach Wiedererstarren bei weiterem Erhitzen) F: 259—262° [korr.; Kofler-App.] (*Br. et al.*, l. c. S. 823); Krystalle (aus wss. A. + Ae.) mit 2 Mol H_2O, F: 195—200° [korr.; Zers.] (*El. et al.*). $[\alpha]_D^{27}$: 0° [Me.; c = 1] [Hemihydrat] (*Br. et al.*, l. c. S. 823).

5,14-Dihydroxy-3β-[tetra-*O*-acetyl-β-ᴅ-glucopyranosyloxy]-5β,14β-card-20(22)-enolid,

O^3-[Tetra-*O*-acetyl-β-ᴅ-glucopyranosyl]-periplogenin $C_{37}H_{52}O_{14}$, Formel VIII (R = CO-CH₃).

B. Beim Behandeln von Periplogenin (S. 2435) mit α-ᴅ-Acetobromglucopyranose (Tetra-*O*-acetyl-α-ᴅ-glucopyranosylbromid), Silberoxid, Magnesiumsulfat und Dioxan (*Elderfield et al.*, Am. Soc. **69** [1947] 2235).

Krystalle (aus wss. A.) mit 1,5 Mol H_2O; F: 145—150° [nach Sintern].

[E. Deuring]

3α,7α,12α-Trihydroxy-5β,14α-card-20(22)-enolid $C_{23}H_{34}O_5$, Formel IX (R = H).

B. Beim Erwärmen von 21-Acetoxy-3α,7α,12α-tris-formyloxy-5β-pregnan-20-on mit Bromessigsäure-äthylester, aktiviertem Zink, Benzol, Äther und Dioxan, Eintragen des Reaktionsgemisches in wss. Salzsäure, Erwärmen des Reaktionsprodukts mit Dioxan und wss. Natronlauge und anschliessenden Ansäuern mit wss. Salzsäure (*Heusser, Wuthier*, Helv. **30** [1947] 1460, 1464).

Amorph. $[\alpha]_D^{22}$: +27,7° [CHCl₃; c = 0,6]. Absorptionsmaximum: 223 nm [log ε: 4,10].

3α,7α,12α-Triacetoxy-5β,14α-card-20(22)-enolid $C_{29}H_{40}O_8$, Formel IX (R = CO-CH₃).

B. Beim Erwärmen einer Lösung von 3α,7α,12α-Triacetoxy-5β-pregnan-20-on in Essig⸗ säure mit Acetanhydrid und Blei(IV)-acetat, Erwärmen des Reaktionsprodukts mit Bromessigsäure-äthylester, aktiviertem Zink, Benzol, Äther und Dioxan und Behandeln des danach isolierten Reaktionsprodukts mit Acetanhydrid und Pyridin (*Heusser, Wuthier*, Helv. **30** [1947] 1460, 1463). Beim Erhitzen von 3α,7α,12α-Trihydroxy-5β,14α-card- 20(22)-enolid mit Acetanhydrid und Pyridin auf 110° (*He., Wu.*, l. c. S. 1464).

Krystalle (aus Acn. + Hexan oder aus Bzl. + PAe.); F: 234—235° [korr.; evakuierte Kapillare]. $[\alpha]_D^{22}$: +85° [CHCl₃; c = 1].

4-[3,11,14-Trihydroxy-10,13-dimethyl-hexadecahydro-cyclopenta[*a*]phenanthren-17-yl]- 5*H*-furan-2-on $C_{23}H_{34}O_5$.

a) **3β,11β,14-Trihydroxy-5β,14β-card-20(22)-enolid**, 11-Epi-sarmentogenin $C_{23}H_{34}O_5$, Formel X (R = H).

B. Beim Behandeln von 3β,14-Dihydroxy-11-oxo-5β,14β-card-20(22)-enolid mit Natriumboranat in wasserhaltigem Dioxan (*Schindler*, Helv. **38** [1955] 538, 543).

Krystalle (aus Me. + Ae.); F: 252—258° [korr.; Kofler-App.]. $[\alpha]_D^{25}$: +29,2° [Me.] (unreines Präparat).

b) **3β,11α,14-Trihydroxy-5β,14β-card-20(22)-enolid, Sarmentogenin,** Rhodexi⸗ genin-A $C_{23}H_{34}O_5$, Formel XI (R = X = H).

Über die Konstitution sowie die Konfiguration an den C-Atomen 3 und 11 s. *Katz*, Helv. **31** [1948] 993.

Gewinnung aus Samen von Strophanthus der folgenden Strophanthus-Arten nach enzymatischer Hydrolyse: Strophanthus amboensis: *v. Euw et al.*, Helv. **37** [1954] 1493, 1518, 1521, 1528; Strophanthus courmontii: *v. Euw, Reichstein*, Helv. **33** [1950] 1006, 1008, 1010; Strophanthus grandiflorus: *v. Euw, Reichstein*, Helv. **33** [1950] 1551, 1561; Strophanthus sarmentosus: *Richter et al.*, Helv. **36** [1953] 1073, 1082, 1087; Strophanthus sarmentosus var. senegambiae: *v. Euw et al.*, Helv. **40** [1957] 2079, 2084, 2089, 2091, 2095.

B. Aus Divaricosid (S. 2445) mit Hilfe von wss.-methanol. Schwefelsäure (*Schindler, Reichstein*, Helv. **37** [1954] 667, 676; *Renkonen*, Ann. Acad. Sci. fenn. [A II] Nr. 83 [1957] 1, 56; *Renkonen et al.*, Helv. **42** [1959] 182, 197, 199). Aus Sarmentocymarin (S. 2446) mit Hilfe von wss.-äthanol. Schwefelsäure oder wss.-methanol. Schwefelsäure (*Jacobs, Heidelberger*, J. biol. Chem. **81** [1929] 765, 774; *Katz*, l. c. S. 999; *v. Euw, Rei.*, Helv. **33** 1563; *Lichti et al.*, Helv. **39** [1956] 1933, 1969). Aus Kwangosid (S. 2446) mit

Hilfe von wss.-methanol. Schwefelsäure (*Li. et al.*, l. c. S. 1970). Aus Divostrosid (S. 2447) mit Hilfe von wss.-methanol. Schwefelsäure (*Ren. et al.*). Aus Rhodexin-A (S. 2448) mit Hilfe von wss. Salzsäure enthaltendem Aceton (*Nawa*, J. pharm. Soc. Japan **72** [1952] 410, 413; C. A. **1953** 2190). Aus Sarnovid (S. 2448) mit Hilfe von wss. Salzsäure enthaltendem Aceton (*Reber, Reichstein*, Helv. **34** [1951] 1477, 1479; *Li. et al.*, l. c. S. 1972).

Krystalle; F: 278—282° [korr.; Kofler-App.; aus Me.] (*v. Euw et al.*, Helv. **37** 1528), 272—274° [korr.; Zers.; Kofler-App.; aus Me. + Acn.] (*v. Euw, Rei.*, Helv. **33** 1563), 269—273° [korr.; Zers.; Kofler-App.; aus Me. + Ae.] (*Ren. et al.*), 270° [aus A.] (*Tschesche, Bohle*, B. **69** [1936] 2497, 2500). $[\alpha]_D^{19}$: +18,9° [Acn.; c = 0,8] (*v. Euw, Rei.*, Helv. **33** 1563); $[\alpha]_D^{20}$: +21,3° [A.; c = 0,5] (*Tsch., Bo.*); $[\alpha]_D^{23}$: +21° [Me.; c = 1] (*v. Euw et al.*, Helv. **37** 1528); $[\alpha]_D^{24}$: +21° [Me.; c = 0,5] (*Ren. et al.*).

Überführung in β-Anhydrosarmentogenin (3β,11α-Dihydroxy-5β-carda-14,20(22)-dienolid [S. 1606]) durch Erwärmen mit Schwefelsäure enthaltendem Methanol: *Callow, Taylor*, Soc. **1952** 2299, 2303; oder durch Erwärmen mit wss.-äthanol. Salzsäure: *Tsch., Bo.*, l. c. S. 2500; *Nawa*, J. pharm. Soc. Japan **72** [1952] 407, 409; C. A. **1953** 2189; *Huang, Chen*, Acta chim. sinica **24** [1958] 151, 153; C. A. **1959** 7233. Beim Behandeln einer Suspension in Pyridin mit methanol. Kalilauge und anschliessend mit wss. Schwefelsäure ist Isosarmentogenin ((20Ξ,21Ξ)-14,21-Epoxy-3β,11α-dihydroxy-5β,14β-cardanolid [F: 248°]) erhalten worden (*Ja., He.*, l. c. S. 777). Bildung von 11α,14-Dihydroxy-3-oxo-5β,14β-card-20(22)-enolid beim Schütteln mit wss. Aceton und Sauerstoff in Gegenwart von Platin: *Tamm, Gubler*, Helv. **42** [1959] 239, 257. Überführung in 14-Hydroxy-3,11-dioxo-5β,14β-card-20(22)-enolid durch Behandlung mit Natriumdichromat, wss. Essigsäure und wss. Schwefelsäure: *Ja., He.*, l. c. S. 776; mit Chrom(VI)-oxid in Essigsäure: *Katz, Reichstein*, Pharm. Acta Helv. **19** [1944] 231, 260.

IX   X   XI

3β,11α-Bis-formyloxy-14-hydroxy-5β,14β-card-20(22)-enolid, O^3,O^{11}-Diformyl-sarmentogenin $C_{25}H_{34}O_7$, Formel XI (R = X = CHO).

B. Beim Behandeln von Sarmentogenin (S. 2443) mit Pyridin und einem Gemisch von Ameisensäure und Acetanhydrid (*Reber et al.*, Helv. **37** [1954] 45, 55).

Krystalle (aus Acn. + Ae. + PAe.); F: 188—191° [korr.; Kofler-App.]. $[\alpha]_D^{22}$: —4,2° [CHCl$_3$; c = 1].

3β-Acetoxy-11β,14-dihydroxy-5β,14β-card-20(22)-enolid, O^3-Acetyl-11-epi-sarmentogenin $C_{25}H_{36}O_6$, Formel X (R = CO-CH$_3$).

B. Beim Behandeln von 3β,11β,14-Trihydroxy-5β,14β-card-20(22)-enolid mit Pyridin und Acetanhydrid (*Schindler*, Helv. **38** [1955] 538, 544).

Lösungsmittel enthaltende Krystalle (aus CHCl$_3$ + Ae.), die zwischen 244° und 260° [korr.; Kofler-App.] schmelzen. $[\alpha]_D^{24}$: +24,6° [CHCl$_3$; c = 0,7]. UV-Spektrum (A.; 200—350 nm): *Sch.*, l. c. S. 540.

11α-Acetoxy-3β,14-dihydroxy-5β,14β-card-20(22)-enolid, O^{11}-Acetyl-sarmentogenin, Sarmentosigenin-B $C_{25}H_{36}O_6$, Formel XI (R = H, X = CO-CH$_3$).

B. Beim Erwärmen von Di-O-acetyl-sarmentocymarin (S. 2447) mit Methanol und wss. Schwefelsäure (*v. Euw, Reichstein*, Helv. **35** [1952] 1560, 1573). Beim Behandeln von Di-O-acetyl-sargenosid (S. 2450) mit Aceton und kleinen Mengen wss. Salzsäure (*Schmutz, Reichstein*, Pharm. Acta Helv. **22** [1947] 167, 187).

Krystalle (aus Me. + Ae.), F: 130,5—138° [korr.; Kofler-App.]; $[\alpha]_D^{19}$: +8,8° [A.;

c = 0,6] (*Sch., Re.*). Krystalle (aus wss. Me. + Ae.) mit 1 Mol H_2O, F: 136—138° [korr.; Kofler-App.]; $[\alpha]_D^{16}$: +7,2° [Acn.; c = 2] (*v. Euw, Re.*).

3β,11α-Diacetoxy-14-hydroxy-5β,14β-card-20(22)-enolid, O^3,O^{11}-Diacetyl-sarmentogenin $C_{27}H_{38}O_7$, Formel XI (R = X = CO-CH$_3$).

B. Beim Behandeln von Sarmentogenin (S. 2443) mit Pyridin und Acetanhydrid (*Katz*, Helv. **31** [1948] 993, 999; *Lichti et al.*, Helv. **39** [1956] 1933, 1969).

Krystalle (aus Acn. + Ae. bzw. aus Ae.), die zwischen 150° und 166° [korr.; Kofler-App.] (*Li. et al.*) bzw. zwischen 130° und 155°, nach dem Verreiben zwischen 125° und 135° [korr.; Kofler-App.] (*Katz*) schmelzen. $[\alpha]_D^{20}$: +9,4° [CHCl$_3$; c = 1] (*Katz*); $[\alpha]_D^{25}$: +5,4° [CHCl$_3$; c = 1] (*Li. et al.*). Absorptionsmaximum (A.): 218 nm (*Katz*, l.c. S. 995).

11α-Acetoxy-3β-benzoyloxy-14-hydroxy-5β,14β-card-20(22)-enolid, O^{11}-Acetyl-O^3-benzoyl-sarmentogenin $C_{32}H_{40}O_7$, Formel XI (R = CO-C$_6$H$_5$, X = CO-CH$_3$).

B. Beim Behandeln von 11α-Acetoxy-3β,14-dihydroxy-5β,14β-card-20(22)-enolid (S. 2444) mit Pyridin und Benzoylchlorid (*Lichti et al.*, Helv. **39** [1956] 1933, 1968).

Krystalle (aus Acn. + Ae.); F: 232,5—233° [korr.; Kofler-App.]. $[\alpha]_D^{25}$: +10,1° [CHCl$_3$; c = 1].

3β,11α-Bis-benzoyloxy-14-hydroxy-5β,14β-card-20(22)-enolid, O^3,O^{11}-Dibenzoyl-sarmentogenin $C_{37}H_{42}O_7$, Formel XI (R = X = CO-C$_6$H$_5$).

B. Beim Behandeln von Sarmentogenin (S. 2443) mit Pyridin und Benzoylchlorid (*Reber, Reichstein*, Helv. **34** [1951] 1477, 1480).

Krystalle; F: 285—292° [korr.; Kofler-App.; aus Me.] (*v. Euw et al.*, Helv. **37** [1954] 1493, 1528), 284—286° [korr.; Kofler-App.; aus Acn. + Ae.] (*Renkonen et al.*, Helv. **42** [1959] 182, 199), 284—288° [korr.; Kofler-App.; aus Me. + Ae.] (*Lichti et al.*, Helv. **39** [1956] 1933, 1969, 1970), 283—285° [korr.; Zers.; Kofler-App.; aus Acn. + Ae.] (*Re., Re.*). $[\alpha]_D^{17}$: +14,0° [CHCl$_3$; c = 1] (*Re., Re.*); $[\alpha]_D^{21}$: +15,3° [CHCl$_3$; c = 0,7] (*v. Euw et al.*); $[\alpha]_D^{24}$: +9,4° [CHCl$_3$; c = 0,7] (*Ren. et al.*); $[\alpha]_D^{24}$: +6,1° [CHCl$_3$; c = 1] (*Li. et al.*).

11α,14-Dihydroxy-3β-methoxycarbonyloxy-5β,14β-card-20(22)-enolid, O^3-Methoxycarbonyl-sarmentogenin $C_{25}H_{36}O_7$, Formel XI (R = CO-O-CH$_3$, X = H).

B. Beim Behandeln von Sarmentogenin (S. 2443) mit Chlorokohlensäure-methylester (*v. Euw, Reichstein*, Helv. **35** [1952] 1560, 1575).

Lösungsmittel enthaltende Krystalle (aus CHCl$_3$ + Ae. oder aus Me. + Ae.), die zwischen 225° und 235° [korr.; Kofler-App.] schmelzen. $[\alpha]_D^{21}$: +11,2° [CHCl$_3$; c = 1].

3β-Äthoxycarbonyloxy-11α,14-dihydroxy-5β,14β-card-20(22)-enolid, O^3-Äthoxycarbonyl-sarmentogenin $C_{26}H_{38}O_7$, Formel XI (R = CO-O-C$_2$H$_5$, X = H).

B. Beim Behandeln von Sarmentogenin (S. 2443) mit Pyridin und Chlorokohlensäure-äthylester (*v. Euw, Reichstein*, Helv. **35** [1952] 1560, 1575).

Krystalle (aus CHCl$_3$ + Ae. oder aus CHCl$_3$ + Bzl.); F: 229—231° [korr.; Kofler-App.]. $[\alpha]_D^{19}$: +13,8° [CHCl$_3$; c = 1].

3β-Benzyloxycarbonyloxy-11α,14-dihydroxy-5β,14β-card-20(22)-enolid, O^3-Benzyloxycarbonyl-sarmentogenin $C_{31}H_{40}O_7$, Formel XI (R = CO-O-CH$_2$-C$_6$H$_5$, X = H).

B. Beim Behandeln von Sarmentogenin (S. 2443) mit Pyridin, Chlorokohlensäure-benzylester und Toluol (*v. Euw, Reichstein*, Helv. **35** [1952] 1560, 1576).

Krystalle (aus Me. + wss. Ae.) mit 1 Mol H_2O; F: 214—216° [korr.; Kofler-App.]. $[\alpha]_D^{18}$: +13,3° [Acn.; c = 1] (Monohydrat).

4-[11,14-Dihydroxy-3-(5-hydroxy-4-methoxy-6-methyl-tetrahydro-pyran-2-yloxy)-10,13-dimethyl-hexadecahydro-cyclopenta[*a*]phenanthren-17-yl]-5*H*-furan-2-on $C_{30}H_{46}O_8$.

a) **11α,14-Dihydroxy-3β-[O^3-methyl-α-L-*arabino*-2,6-didesoxy-hexopyranosyloxy]-5β,14β-card-20(22)-enolid, 11α,14-Dihydroxy-3β-α-L-oleandropyranosyloxy-5β,14β-card-20(22)-enolid**, O^3-α-L-Oleandropyranosyl-sarmentogenin, **Divaricosid** $C_{30}H_{46}O_8$, Formel XII.

Über die Konstitution und Konfiguration s. *Schindler, Reichstein*, Helv. **37** [1954] 667, 668.

Gewinnung aus Samen von Strophanthus caudatus nach enzymatischer Hydrolyse: *Schindler, Reichstein*, Helv. **37** [1954] 103, 109, 111; aus Samen von Strophanthus divaricatus nach enzymatischer Hydrolyse: *Schindler, Reichstein*, Helv. **36** [1953] 1007, 1017, 1022; *Renkonen*, Ann. Acad. Sci. fenn. [A II] Nr. 83 [1957] 9, 31, 48, 55; *Renkonen et al.*, Helv. **42** [1959] 160, 169, 174, 179, 181; aus Samen von Strophanthus wightianus nach enzymatischer Hydrolyse: *Rangaswami et al.*, Helv. **36** [1953] 1282, 1292.

Krystalle (aus Me. + Ae.); F: 221—226° [korr.; Kofler-App.] (*Ren.*, l. c. S. 55; *Ren. et al.*, l. c. S. 181). $[\alpha]_D^{24}$: −32,6° [Me.; c = 1] (*Ren.*; *Ren. et al.*). UV-Spektrum (A.; 200—280 nm): *Ren.*, l. c. S. 25; *Ren. et al.*, l. c. S. 171.

b) **11α,14-Dihydroxy-3β-[O^3-methyl-β-D-*xylo*-2,6-didesoxy-hexopyranosyloxy]-5β,14β-card-20(22)-enolid, 11α,14-Dihydroxy-3β-β-D-sarmentopyranosyloxy-5β,14β-card-20(22)-enolid, O^3-β-D-Sarmentopyranosyl-sarmentogenin, Sarmentocymarin** $C_{30}H_{46}O_8$, Formel XIII (R = H).

Gewinnung aus Samen der folgenden Strophanthus-Arten nach enzymatischer Hydrolyse: Strophanthus courmontii: *v. Euw, Reichstein*, Helv. **33** [1950] 1006, 1008, 1012; Strophanthus gerrardi: *v. Euw, Reichstein*, Helv. **33** [1950] 522, 526; Strophanthus grandiflorus und Strophanthus petersianus: *v. Euw, Reichstein*, Helv. **33** [1950] 1551, 1554, 1558; Strophanthus sarmentosus: *Buzas et al.*, Helv. **33** [1950] 465, 474, 475; *v. Euw, Reichstein*, Helv. **35** [1952] 1560, 1566, 1568; Strophanthus sarmentosus var. senegambiae: *v. Euw et al.*, Helv. **34** [1951] 413, 415, 419, 424; *Richter et al.*, Helv. **36** [1953] 1073, 1082, 1087; *Schnell et al.*, Pharm. Acta Helv. **28** [1953] 289, 301; *v. Euw et al.*, Helv. **40** [1957] 2079, 2081, 2086, 2101; Strophanthus vanderijstii: *Lichti et al.*, Helv. **39** [1956] 1933, 1947, 1969.

Krystalle (aus Acn. + Ae.), F: 209—211° [korr.; Kofler-App.] (*v. Euw, Re.*, Helv. **35** 1568), 198—200° [korr.; Kofler-App.] (*Li. et al.*); Krystalle (aus Me.), F: 160—165° (*Tschesche, Bohle*, B. **69** [1936] 2497, 2500); Krystalle (aus Me. + Ae.), die zwischen 155° und 163° und (nach Wiedererstarren bei weiterem Erhitzen) zwischen 185° und 209° [korr.; Kofler-App.] schmelzen (*v. Euw, Re.*, Helv. **35** 1566); Krystalle (aus wss. Me. + Acn. bzw. aus wss. Acn. bzw. aus wss. Me. + Ae.) mit 2 Mol H_2O, F: 125—130° und (nach Wiedererstarren bei weiterem Erhitzen) F: 200—208° [korr.; Kofler-App.] (*v. Euw et al.*, Helv. **34** 424); F: 130° [unter Aufschäumen] (*Jacobs, Heidelberger*, J. biol. Chem. **81** [1929] 765, 772), 129—132° [korr.; Kofler-App.] (*v. Euw, Re.*, Helv. **33** 1562). $[\alpha]_D^{15}$: −13,4° [Me.; c = 2] (*v. Euw, Re.*, Helv. **35** 1568); $[\alpha]_D^{20}$: −12,5° [Me.; c = 1] [Hydrat] (*Ja., He.*); $[\alpha]_D^{21}$: −12,2° [Me.; c = 1] (*Tsch., Bo.*); $[\alpha]_D^{24}$: −18,9° [Me.; c = 1] (*Li. et al.*); $[\alpha]_D^{24}$: −12,7° [Me.; c = 2] (*v. Euw et al.*, Helv. **34** 424); $[\alpha]_D^{25}$: −13,2° [Me.; c = 2] [wasserfreies Präparat] (*v. Euw, Re.*, Helv. **33** 1563). Absorptionsmaximum (A.): 218 nm (*Li. et al.*, l. c. S. 1969).

XII   XIII

c) **11α,14-Dihydroxy-3β-[O^3-methyl-β-D-*lyxo*-2,6-didesoxy-hexopyranosyloxy]-5β,14β-card-20(22)-enolid, 3β-β-D-Diginopyranosyloxy-11α,14-dihydroxy-5β,14β-card-20(22)-enolid, O^3-β-D-Diginopyranosyl-sarmentogenin, Kwangosid** $C_{30}H_{46}O_8$, Formel XIV (R = H).

Gewinnung aus Samen von Strophanthus amboensis nach enzymatischer Hydrolyse: *Schindler*, Helv. **39** [1956] 64, 72; aus Samen von Strophanthus vanderijstii nach enzymatischer Hydrolyse: *Lichti et al.*, Helv. **39** [1956] 1933, 1953.

Die folgenden Angaben beziehen sich auf unreine Präparate: Krystalle (aus Me. + Ae.), F: 222—228° [korr.; Kofler-App.] (*Sch.*), 212—217° [korr.; Kofler-App.] (*Li. et al.*). $[\alpha]_D^{20}$: —9,4° [CHCl$_3$] (*Li. et al.*); $[\alpha]_D^{25}$: —5,2° [CHCl$_3$] (*Sch.*). UV-Spektrum (A.; 200 bis 360 nm bzw. 210—325 nm): *Li. et al.*, l. c. S. 1945; *Sch.*, l. c. S. 70.

d) **11α,14-Dihydroxy-3β-[O^3-methyl-α-L-*lyxo*-2,6-didesoxy-hexopyranosyloxy]-5β,14β-card-20(22)-enolid, 3β-α-L-Diginopyranosyloxy-11α,14-dihydroxy-5β,14β-card-20(22)-enolid, O^3-α-L-Diginopyranosyl-sarmentogenin, Divostrosid** C$_{30}$H$_{46}$O$_8$, Formel XV (R = H).

Konstitution: *Renkonen et al.*, Helv. **42** [1959] 182.

Gewinnung aus Samen von Strophanthus divaricatus nach enzymatischer Hydrolyse: *Renkonen*, Ann. Acad. Sci. fenn. [A II] Nr. 83 [1957] 9, 31; *Renkonen et al.*, Helv. **42** [1959] 160, 174; s. a. *Schindler, Reichstein*, Helv. **36** [1953] 1007, 1017.

Krystalle (aus Me. + Ae.); F: 225—231° [korr.; Kofler-App.] (*Ren.*; *Ren. et al.*). $[\alpha]_D^{26}$: —54,5° [Me.; c = 1] (*Ren.*; *Ren. et al.*). UV-Spektrum (A.; 200—300 nm): *Ren.*, l. c. S. 26.

3β-[O^4-Acetyl-O^3-methyl-β-D-*lyxo*-2,6-didesoxy-hexopyranosyloxy]-11α,14-dihydroxy-5β,14β-card-20(22)-enolid, 3β-[O-Acetyl-β-D-diginopyranosyloxy-11α,14-dihydroxy-5β,14β-card-20(22)-enolid, O^3-[O-Acetyl-β-D-diginopyranosyl]-sarmentogenin, $O^{4'}$-Acetyl-kwangosid C$_{32}$H$_{48}$O$_9$, Formel XIV (R = CO-CH$_3$).

B. Beim Behandeln von Kwangosid (S. 2446) mit Acetanhydrid und Pyridin (*Lichti et al.*, Helv. **39** [1956] 1933, 1970).

Amorph. $[\alpha]_D^{21}$: —5,9° [CHCl$_3$; c = 0,7].

XIV   XV

11α-Acetoxy-3β-[O^4-acetyl-O^3-methyl-β-D-*xylo*-2,6-didesoxy-hexopyranosyloxy]-14-hydroxy-5β,14β-card-20(22)-enolid, 11α-Acetoxy-3β-[O-acetyl-β-D-sarmentopyranosyloxy]-14-hydroxy-5β,14β-card-20(22)-enolid, O^{11}-Acetyl-O^3-[O-acetyl-β-D-sarmentopyranosyl]-sarmentogenin, Di-O-acetyl-sarmentocymarin C$_{34}$H$_{50}$O$_{10}$, Formel XIII (R = CO-CH$_3$).

B. Beim Behandeln von Sarmentocymarin (S. 2446) mit Acetanhydrid und Pyridin (*v. Euw, Reichstein*, Helv. **35** [1952] 1560, 1564, 1572).

Krystalle (aus Me. + W.); F: 221—222° [korr.; Kofler-App.] (*v. Euw, Re.*), 217—219° [korr.; Kofler-App.] (*Lichti et al.*, Helv. **39** [1956] 1933, 1969). $[\alpha]_D^{26}$: —24,1° [CHCl$_3$; c = 1] (*Li. et al.*); $[\alpha]_D^{19}$: —12,0° [Acn.; c = 2] (*v. Euw, Re.*). UV-Spektrum (A.; 205 bis 360 nm): *v. Euw, Re.*, l. c. S. 1565.

4-[11-Benzoyloxy-3-(5-benzoyloxy-4-methoxy-6-methyl-tetrahydro-pyran-2-yloxy)-14-hydroxy-10,13-dimethyl-hexadecahydro-cyclopenta[*a*]phenanthren-17-yl]-5*H*-furan-2-on C$_{44}$H$_{54}$O$_{10}$.

a) **3β-[O^4-Benzoyl-O^3-methyl-β-D-*xylo*-2,6-didesoxy-hexopyranosyloxy]-11α-benzoyloxy-14-hydroxy-5β,14β-card-20(22)-enolid, 11α-Benzoyloxy-3β-[O-benzoyl-β-D-sarmentopyranosyloxy]-14-hydroxy-5β,14β-card-20(22)-enolid, O^{11}-Benzoyl-O^3-[O-benzoyl-β-D-sarmentopyranosyl]-sarmentogenin, Di-O-benzoyl-sarmentocymarin** C$_{44}$H$_{54}$O$_{10}$, Formel XIII (R = CO-C$_6$H$_5$).

B. Beim Behandeln von Sarmentocymarin (S. 2446) mit Benzoylchlorid und Pyridin (*v. Euw et al.*, Helv. **34** [1951] 413, 424).

Krystalle (aus Me. + Ae.); F: 264—266° [korr.; Kofler-App.] (*v. Euw et al.*), 263—266° [korr.; Zers.; Kofler-App.] (*v. Euw, Reichstein*, Helv. **33** [1950] 1551, 1563). $[\alpha]_D^{21}$: —12,2° [Acn.; c = 2] (*v. Euw, Re.*).

b) **3β-[O^4-Benzoyl-O^3-methyl-α-L-*lyxo*-2,6-didesoxy-hexopyranosyloxy]-11α-benzoyl-oxy-14-hydroxy-5β,14β-card-20(22)-enolid, 3β-[O-Benzoyl-α-L-diginopyranosyloxy]-11α-benzoyloxy-14-hydroxy-5β,14β-card-20(22)-enolid,** O^{11}-Benzoyl-O^3-[O-benzoyl-α-L-diginopyranosyl]-sarmentogenin, Di-O-benzoyl-divostrosid** $C_{44}H_{54}O_{10}$, Formel XV (R = CO-C_6H_5).

B. Beim Behandeln von Divostrosid (S. 2447) mit Benzoylchlorid und Pyridin (*Schindler, Reichstein*, Helv. **36** [1953] 1007, 1024; *Renkonen et al.*, Helv. **42** [1959] 160, 181).

Krystalle (aus Me. + Ae.), F: 250—253° [korr.; Kofler-App.]; $[\alpha]_D^{27}$: —50,5° [Me.; c = 0,8] (*Ren. et al.*).

11α,14-Dihydroxy-3β-α-L-rhamnopyranosyloxy-5β,14β-card-20(22)-enolid,
O^3-α-L-Rhamnopyranosyl-sarmentogenin, **Rhodexin-A** $C_{29}H_{44}O_9$, Formel I.

Konstitution: *Nawa*, J. pharm. Soc. Japan **72** [1952] 407, 410; C. A. **1953** 2189.

Isolierung aus den Blättern, Wurzeln und Samen von Rhodea japonica: *Nawa*, J. pharm. Soc. Japan **72** [1952] 404, 888; C. A. **1953** 2189, 3306.

Krystalle (aus A.) mit 2 Mol H_2O, F: 265° [korr.; Zers.]; die wasserfreie Verbindung schmilzt bei 250° (*Nawa*, Pr. Japan Acad. **27** [1951] 436, 439; s. a. *Nawa*, J. pharm. Soc. Japan **72** 406), 263° [korr.; Zers.] (*Nawa*, J. pharm. Soc. Japan **72** 890). $[\alpha]_D^{19}$: —20° [A.; Hydrat] (*Nawa*, J. pharm. Soc. Japan **72** 406); $[\alpha]_D^{17}$: —22,5° [A.; Hydrat ?] (*Nawa*, J. pharm. Soc. Japan **72** 890). UV-Spektrum (A.(?); 210 nm — 270 nm): *Nawa*, Pr. Japan Acad. **27** 439; J. pharm. Soc. Japan **72** 406.

4-[3-(3,5-Dihydroxy-4-methoxy-6-methyl-tetrahydro-pyran-2-yloxy)-11,14-dihydroxy-10,13-dimethyl-hexadecahydro-cyclopenta[a]phenanthren-17-yl]-5H-furan-2-on
$C_{30}H_{46}O_9$.

a) **11β,14-Dihydroxy-3β-[O^3-methyl-β-D-fucopyranosyloxy]-5β,14β-card-20(22)-enolid, 3β-β-D-Digitalopyranosyloxy-11β,14-dihydroxy-5β,14β-card-20(22)-enolid,** O^3-β-D-Digitalopyranosyl-11-epi-sarmentogenin, **11-Epi-sarnovid** $C_{30}H_{46}O_9$, Formel II (R = H).

B. Beim Behandeln von Desarosid (S. 2546) mit Natriumboranat in wss. Dioxan (*Schindler*, Helv. **38** [1955] 538, 545, 546).

Krystalle (aus Acn. + Ae.); F: 156—159° [korr.; Kofler-App.]. $[\alpha]_D^{26}$: +18,8° [Ae.; c = 1]. UV-Spektrum (A.; 200—360 nm): *Sch.*, l. c. S. 540.

I II

b) **11α,14-Dihydroxy-3β-[O^3-methyl-β-D-fucopyranosyloxy]-5β,14β-card-20(22)-enolid, 3β-β-D-Digitalopyranosyloxy-11α,14-dihydroxy-5β,14β-card-20(22)-enolid,** O^3-β-D-Digitalopyranosyl-sarmentogenin, **Sarnovid** $C_{30}H_{46}O_9$, Formel III (R = X = H) auf S. 2450.

Konstitution: *Reber, Reichstein*, Helv. **34** [1951] 1477.

Gewinnung aus Samen von Strophanthus sarmentosus var. senegambiae nach enzymatischer Hydrolyse: *v. Euw et al.*, Helv. **40** [1957] 2079, 2086; vgl. *Richter et al.*, Helv. **36** [1953] 1073, 1082; *Schnell et al.*, Pharm. Acta Helv. **28** [1953] 289, 301; *v. Euw, Reich-*

stein, Helv. **35** [1952] 1560, 1566; *v. Euw et al.*, Helv. **34** [1951] 413, 422; aus Samen von Strophantus vanderijstii nach enzymatischer Hydrolyse: *Lichti et al.*, Helv. **39** [1956] 1933, 1953.

Krystalle, F: 223—225° [korr.; Kofler-App.; aus Me. + Ae.] (*v. Euw et al.*, Helv. **34** 424), 222—224° [korr.; Kofler-App.; aus Acn. + Ae.] (*v. Euw*, *Re.*), 221—226° [korr.; Kofler-App.; aus Acn. + Ae.] (*Ri. et al.*); Krystalle (aus Me. + Ae.) mit 2 Mol H_2O, F: 149—154° und (nach Wiedererstarren bei weiterem Erhitzen) F: 220—222° [korr.; Kofler-App.] (*Li. et al.*). $[\alpha]_D^{15}$: +8,0° [Me.; c = 2] (*v. Euw*, *Re.*); $[\alpha]_D^{18}$: +9,4° [Me.; c = 1] (*Ri. et al.*); $[\alpha]_D^{22}$: +6,9° [Me.; c = 2] (*v. Euw et al.*, Helv. **34** 424); $[\alpha]_D^{24}$: +5,1° [$CHCl_3$; c = 2]; $[\alpha]_D^{25}$: +8,6° [Me.; c = 1] [jeweils Dihydrat] (*Li. et al.*). UV-Spektrum (A.; 210—310 nm): *v. Euw et al.*, Helv. **34** 418.

3β-[O^2,O^4-Diacetyl-O^3-methyl-β-D-fucopyranosyloxy]-11β,14-dihydroxy-5β,14β-card-20(22)-enolid, 3β-[Di-O-acetyl-β-D-digitalopyranosyloxy]-11β,14-dihydroxy-5β,14β-card-20(22)-enolid, O^3-[Di-O-acetyl-β-D-digitalopyranosyl]-11-epi-sarmentogenin, Di-O-acetyl-11-epi-sarnovid $C_{34}H_{50}O_{11}$, Formel II (R = CO-CH_3).

B. Beim Behandeln von 11-Epi-sarnovid (S. 2448) mit Acetanhydrid und Pyridin (*Schindler*, Helv. **38** [1955] 538, 546).

Lösungsmittel enthaltende Krystalle (aus Acn. + Ae.), die zwischen 268° und 290° [korr.; Kofler-App.] schmelzen. $[\alpha]_D^{26}$: +17,0° [$CHCl_3$; c = 1].

3β-[O^2,O^4-Dibenzoyl-O^3-methyl-β-D-fucopyranosyloxy]-11β,14-dihydroxy-5β,14β-card-20(22)-enolid, 3β-[Di-O-benzoyl-β-D-digitalopyranosyloxy]-11β,14-dihydroxy-5β,14β-card-20(22)-enolid, O^3-[Di-O-benzoyl-β-D-digitalopyranosyl]-11-epi-sarmentogenin, Di-O-benzoyl-11-epi-sarnovid $C_{44}H_{54}O_{11}$, Formel II (R = CO-C_6H_5).

B. Beim Behandeln von 11-Epi-sarnovid (S. 2448) mit Benzoylchlorid und Pyridin (*Schindler*, Helv. **38** [1955] 538, 546).

Krystalle (aus Me. + Ae.); F: 308—312° [korr.; Kofler-App.]. $[\alpha]_D^{26}$: +50,9° [$CHCl_3$; c = 0,5].

3β-[O^4(?)-β-D-Glucopyranosyl-O^3-methyl-β-D-fucopyranosyloxy]-11α,14-dihydroxy-5β,14β-card-20(22)-enolid, 3β-[O^4(?)-β-D-Glucopyranosyl-β-D-digitalopyranosyloxy]-11α,14-dihydroxy-5β,14β-card-20(22)-enolid, O^3-[O^4(?)-β-D-Glucopyranosyl-β-D-digitalopyranosyl]-sarmentogenin $C_{36}H_{56}O_{14}$, vermutlich Formel IV (R = X = H).

Diese Konstitution und Konfiguration kommt dem nachstehend beschriebenen **Sargenosid** zu (*v. Euw*, *Reichstein*, Helv. **35** [1952] 1560).

Isolierung aus Samen von Strophanthus sarmentosus: *v. Euw*, *Re.*, l. c. S. 1569, 1570; *Callow*, *Taylor*, Soc. **1952** 2299, 2301; *Schmutz*, *Reichstein*, Pharm. Acta Helv. **22** [1947] 167, 168, 174, 184.

Als Hexa-O-acetyl-Derivat (S. 2450) isoliert.

11α-Acetoxy-14-hydroxy-3β-[O^3-methyl-β-D-fucopyranosyloxy]-5β,14β-card-20(22)-enolid, 11α-Acetoxy-3β-β-D-digitalopyranosyloxy-14-hydroxy-5β,14β-card-20(22)-enolid, O^{11}-Acetyl-O^3-β-D-digitalopyranosyl-sarmentogenin, O^{11}-Acetyl-sarnovid $C_{32}H_{48}O_{10}$, Formel III (R = CO-CH_3, X = H).

B. Beim Behandeln von Di-O-acetyl-sargenosid (S. 2450) mit Aceton und wss. Salzsäure (*Callow*, *Taylor*, Soc. **1952** 2299, 2302).

Krystalle (aus Me.) mit 1 Mol H_2O; F: 154° und (nach Wiedererstarren bei weiterem Erhitzen) F: 237° [Kofler-App.]. $[\alpha]_D^{20}$: +8° [A.; c = 0,2].

11α-Acetoxy-3β-[O^2,O^4-diacetyl-O^3-methyl-β-D-fucopyranosyloxy]-14-hydroxy-5β,14β-card-20(22)-enolid, 11α-Acetoxy-3β-[di-O-acetyl-β-D-digitalopyranosyloxy]-14-hydroxy-5β,14β-card-20(22)-enolid, O^{11}-Acetyl-O^3-[di-O-acetyl-β-D-digitalopyranosyl]-sarmentogenin, Tri-O-acetyl-sarnovid $C_{36}H_{52}O_{12}$, Formel III (R = X = CO-CH_3).

Konstitution: *Reber*, *Reichstein*, Helv. **34** [1951] 1477, 1481.

B. Beim Behandeln von Sarnovid (S. 2448) mit Acetanhydrid und Pyridin (*v. Euw et al.*, Helv. **34** [1951] 413, 425; *Lichti et al.*, Helv. **39** [1956] 1933, 1971).

Krystalle; F: $288-291°$ [Kofler-App.] (*Callow, Taylor*, Soc. **1952** 2299, 2302), $282°$ bis $285°$ [korr.; Kofler-App.; aus Me. + Ae.] (*v. Euw et al.*), $280-283°$ [korr.; Kofler-App.; aus Me. + Ae.] (*Li. et al.*). $[\alpha]_D^{26}$: $+2,0°$ [CHCl$_3$; c = 2] (*Li. et al.*); $[\alpha]_D^{18}$: $+7,8°$ [Me.; c = 1] (*v. Euw et al.*); $[\alpha]_D^{20}$: $+8°$ [Me.] (*Ca., Ta.*).

III   IV

11α-Acetoxy-3β-[O²(?)-acetyl-O⁴(?)-β-D-glucopyranosyl-O³-methyl-β-D-fucopyranosyl-oxy]-14-hydroxy-5β,14β-card-20(22)-enolid, 11α-Acetoxy-3β-[O²(?)-acetyl-O⁴(?)-β-D-glucopyranosyl-β-D-digitalopyranosyloxy]-14-hydroxy-5β,14β-card-20(22)-enolid, O¹¹-Acetyl-O³-[O²(?)-acetyl-O⁴(?)-β-D-glucopyranosyl-β-D-digitalopyranos-yl]-sarmentogenin $C_{40}H_{60}O_{16}$, vermutlich Formel IV (R = CO-CH$_3$, X = H).

Diese Konstitution und Konfiguration kommt dem nachstehend beschriebenen Di-O-acetyl-sargenosid (Sarmentosid-B) zu (*v. Euw, Reichstein*, Helv. **35** [1952] 1560; *Callow, Taylor*, Soc. **1952** 2299).

B. Beim Behandeln von Hexa-O-acetyl-sargenosid (s. u.) mit Kaliumhydrogen-carbonat in wss. Methanol (*v. Euw, Re.*, l. c. S. 1571; *Schmutz, Reichstein*, Pharm. Acta Helv. **22** [1947] 167, 185, 186) oder mit Bariumhydroxid in Methanol (*Ca., Ta.*, l. c. S. 2302).

Krystalle (aus Me.), F: $193-195°$ und (nach Wiedererstarren bei weiterem Erhitzen) F: $266-270°$ [Kofler-App.; aus Me. + Ae.]; $[\alpha]_D^{21}$: $+3,5°$ [Acn.; c = 2] (*Ca., Ta.*). Lösungsmittel enthaltende Krystalle, F: $260-263°$ [korr.; Kofler-App.]; $[\alpha]_D^{16}$: $+1,5°$ [Acn.; c = 1] (*v. Euw, Re.*).

11α-Acetoxy-3β-[O²(?)-acetyl-O³-methyl-O⁴(?)-(tetra-O-acetyl-β-D-glucopyranosyl)-β-D-fucopyranosyloxy]-14-hydroxy-5β,14β-card-20(22)-enolid, 11α-Acetoxy-3β-[O²(?)-acetyl-O⁴(?)-(tetra-O-acetyl-β-D-glucopyranosyl)-β-D-digitalopyranosyloxy]-14-hydroxy-5β,14β-card-20(22)-enolid, O¹¹-Acetyl-O³-[O²(?)-acetyl-O⁴(?)-(tetra-O-acetyl-β-D-glucopyranosyl)-β-D-digitalopyranosyl]-sarmentogenin $C_{48}H_{68}O_{20}$, vermutlich Formel IV (R = X = CO-CH$_3$).

Diese Konstitution und Konfiguration kommt dem nachstehend beschriebenen Hexa-O-acetyl-sargenosid zu (*v. Euw, Reichstein*, Helv. **35** [1952] 1560, 1563).

B. Beim Behandeln von Sargenosid (S. 2449) mit Acetanhydrid und Pyridin (*Schmutz, Reichstein*, Pharm. Acta Helv. **22** [1947] 167, 177, 184; *v. Euw, Re.*, l. c. S. 1561, 1570; *Callow, Taylor*, Soc. **1952** 2299, 2301, 2302).

Krystalle (aus Acn. + Ae. bzw. aus Me. + CHCl$_3$), F: $282,5-285°$ [korr.; Zers.; Kofler-App.] (*Sch., Re.*), $282°$ [Kofler-App.] (*Ca., Ta.*); Lösungsmittel enthaltende Krystalle (aus Me. + Ae.), die zwischen $273°$ und $282°$ [korr.; Zers.; Kofler-App.] schmelzen (*v. Euw, Re.*). $[\alpha]_D^{18}$: $-11,0°$ [CHCl$_3$; c = 1] (*Sch., Re.*); $[\alpha]_D$: $-11°$ [CHCl$_3$] (*Ca., Ta.*); $[\alpha]_D^{16}$: $-11,5°$ [CHCl$_3$; c = 1] [lösungsmittelhaltiges Präparat] (*v. Euw, Re.*). UV-Spektrum (A.; 200$-$250 nm): *Sch., Re.*, l. c. S. 170.

4-[3,12,14-Trihydroxy-10,13-dimethyl-hexadecahydro-cyclopenta[a]phenanthren-17-yl]-5H-furan-2-on $C_{23}H_{34}O_5$.

a) **3β,12β,14-Trihydroxy-5β,14β-card-20(22)-enolid, Digoxigenin** $C_{23}H_{34}O_5$, Formel V (R = X = H).

Konstitution: *Mason, Hoehn*, Am. Soc. **60** [1938] 2834; *Plattner et al.*, Helv. **28** [1945]

389. Konfiguration: *Pataki et al.*, Helv. **36** [1953] 1295; *Cardwell, Smith*, Soc. **1954** 2012, 2019.

B. Beim Erwärmen von Digoxin (S. 2453) mit wss.-äthanol. Salzsäure (*Smith*, Soc. **1930** 508, 509). Beim Erwärmen von Digorid-A (S. 2453) oder von Digorid-B (S. 2454) mit wss.-methanol. Salzsäure (*Mannich, Schneider*, Ar. **279** [1941] 223, 235) oder mit wss.-methanol. Schwefelsäure (*Hopponen, Gisvold*, J. Am. pharm. Assoc. **41** [1952] 146, 150, 151). Beim Erwärmen von Digilanid-C (S. 2455) mit wss.-äthanol. Salzsäure (*Stoll, Kreis*, Helv. **16** [1933] 1049, 1098). Aus Digitoxigenin (S. 1468) mit Hilfe von Fusarium lini (*Tamm, Gubler*, Helv. **42** [1959] 239, 254).

Krystalle; F: 222° [korr.; aus E.] (*Sm.*, Soc. **1930** 509), 220° [korr.; aus E.] (*St., Kr.*), 220° [aus E.] (*Ma., Sch.*, l. c. S. 236), 207—209° [korr.; Kofler-App.; aus Acn. + Ae.] (*Tamm, Gu.*), 206—207° [aus E.] und 216—220° [korr.] [nach Trocknen bei 110°] (*Ho., Gi.*); Krystalle (aus wss. A.) mit 2 Mol H_2O, F: 135° und (nach Wiedererstarren bei weiterem Erhitzen) F: 204—206° (*Ma., Sch.*). Orthorhombisch; Raumgruppe $P2_12_12_1$; aus dem Röntgen-Diagramm ermittelte Dimensionen der Elementarzelle: a = 9,62 Å; b = 16,75 Å; c = 12,85 Å; n = 4 (*Bernal, Crowfoot*, Chem. and Ind. **1934** 953). $[\alpha]_D^{24}$: +7° [Dioxan; c = 0,1] (*Djerassi et al.*, Helv. **41** [1958] 250, 270); $[\alpha]_D^{20}$: +23,2° [Me.; c = 2] (*St., Kr.*); $[\alpha]_D^{20}$: +24° [Me.; c = 1] (*Ho., Gi.*); $[\alpha]_D^{23}$: +22,5° [Me.; c = 1] (*Tamm, Gu.*); $[\alpha]_D^{20}$: +25,3° [A.; c = 1] (*Ma., Sch.*); $[\alpha]_{700}^{24}$: +5° [Dioxan; c = 0,1]; $[\alpha]_{275}^{24}$: +400° [Dioxan; c = 0,1] (*Dj. et al.*); $[\alpha]_{546}^{20}$: +27,9° [Me.; c = 2] (*St., Kr.*); $[\alpha]_{546}^{20}$: +27,0° [Me.; c = 2] (*Sm.*, Soc. **1930** 509). IR-Spektrum (KBr; 2,5—15 μ): *Tamm, Gu.*, l. c. S. 243.

Beim Erwärmen mit wss.-äthanol. Schwefelsäure ist 3β,12β-Dihydroxy-5β-carda-14,20(22)-dienolid [S. 1607] (*Smith*, Soc. **1930** 2478, 2479; *Pl. et al.*, l. c. S. 392), beim Behandeln mit konz. wss. Salzsäure ist 14-Chlor-3β,12β-dihydroxy-5β,14α-card-20(22)-enolid [S. 1468] (*Smith*, Soc. **1936** 354) erhalten worden. Überführung in Isodigoxigenin ((20S,21S)-14,21-Epoxy-3β,12β-dihydroxy-5β,14β-cardanolid) durch Behandlung mit methanol. Kalilauge und anschliessenden Ansäuern mit wss. Salzsäure: *Sm.*, Soc. **1930** 2481; *Krasso et al.*, Helv. **55** [1972] 1352, 1367. Bildung von 12β,14-Dihydroxy-3-oxo-5β,14β-card-20(22)-enolid beim Behandeln einer Lösung in wss. Aceton mit Sauerstoff in Gegenwart von Platin: *Tamm, Gu.*, l. c. S. 256. Überführung in Digoxigenon (14-Hydroxy-3,12-dioxo-5β,14β-card-20(22)-enolid) durch Behandlung mit Chrom(VI)-oxid, wss. Essigsäure und Schwefelsäure: *Smith*, Soc. **1935** 1305, 1307; durch Behandlung mit Chrom(VI)-oxid in Essigsäure: *Katz, Reichstein*, Pharm. Acta Helv. **19** [1944] 231, 261.

b) **3α,12β,14-Trihydroxy-5β,14β-card-20(22)-enolid**, 3-Epi-digoxigenin $C_{23}H_{34}O_5$, Formel VI.

B. Beim Behandeln von 12β,14-Dihydroxy-3-oxo-5β,14β-card-20(22)-enolid mit Natriumboranat in wss. Dioxan (*Tamm, Gubler*, Helv. **42** [1959] 239, 256).

Krystalle (aus Acn. + Ae.), die zwischen 249° und 262° [korr.; Kofler-App.] schmelzen. $[\alpha]_D^{26}$: +27° [Me.; c = 0,7]. IR-Banden (KBr) im Bereich von 2,9 μ bis 6,2 μ: *Tamm, Gu.*

12β-Acetoxy-3β,14-dihydroxy-5β,14β-card-20(22)-enolid, O^{12}-Acetyl-digoxigenin $C_{25}H_{36}O_6$, Formel V (R = H, X = CO-CH$_3$).

B. Neben der im folgenden Artikel beschriebenen Verbindung beim Behandeln von Digoxigenin (S. 2450) mit Acetanhydrid und Pyridin (*Schindler*, Helv. **39** [1956] 1698, 1712).

Krystalle (aus CHCl$_3$ + Ae.); F: 283—286° [korr.; nach Sintern bei 278°; Kofler-App.]. $[\alpha]_D^{22}$: +56,3° [CHCl$_3$; c = 1].

3β,12β-Diacetoxy-14-hydroxy-5β,14β-card-20(22)-enolid, O^3,O^{12}-Diacetyl-digoxi=
genin $C_{27}H_{38}O_7$, Formel V (R = X = CO-CH$_3$).

B. Beim Erwärmen von Digoxigenin (S. 2450) mit Acetanhydrid und Pyridin (*Pataki et al.*, Helv. **36** [1953] 1295, 1306, 1307; *Schindler*, Helv. **39** [1956] 1698, 1710).

Krystalle; F: 229—231° [korr.; Kofler-App.; aus Acn. + Ae.] (*Sch.*, l. c. S. 1713), 221° [korr.; aus wss. Me.] (*Smith*, Soc. **1930** 2478, 2479). $[\alpha]_D^{24}$: +50,4° [CHCl$_3$; c = 1] (*Sch.*); $[\alpha]_{546}^{20}$: +61,3° [Me.; c = 2] (*Sm.*). UV-Spektrum (210—260 nm): *Ruzicka et al.*, Helv. **25** [1942] 79, 80.

Beim Behandeln einer Lösung in Äthylacetat mit Ozon, anfangs bei −80°, und Behandeln des Reaktionsprodukts mit Zink und Essigsäure ist 3β,12β-Diacetoxy-14,21-di= hydroxy-5β,14β-pregnan-20-on (*Pa. et al.*, l. c. S. 1307), beim Behandeln mit Kaliumper= manganat in Aceton ist 3β,12β-Diacetoxy-14-hydroxy-5β,14β-androstan-17β-carbonsäure (*Steiger*, *Reichstein*, Helv. **21** [1938] 828, 835) erhalten worden. Bildung von 3β-Acetoxy-14-hydroxy-12-oxo-5β,14β-card-20(22)-enolid beim Erwärmen mit wss.-äthanol. Natron= lauge und Behandeln des Reaktionsprodukts mit Chrom(VI)-oxid und wss. Schwefel= säure: *Cardwell*, *Smith*, Soc. **1954** 2012, 2022. Überführung in 3β,12β-Diacetoxy-5β-carda-14,20(22)-dienolid durch Behandeln mit Thionylchlorid und Pyridin bei −15°: *Linde et al.*, Helv. **42** [1959] 2040, 2042; durch Erhitzen mit Phosphorylchlorid und Pyridin auf 150°: *Plattner*, *Heusser*, Helv. **29** [1946] 727.

3β,12β-Bis-benzoyloxy-14-hydroxy-5β,14β-card-20(22)-enolid, O^3,O^{12}-Dibenzoyl-digoxigenin $C_{37}H_{42}O_7$, Formel V (R = X = CO-C$_6$H$_5$).

B. Beim Behandeln von Digoxigenin (S. 2450) mit Benzoylchlorid und Pyridin (*Mannich et al.*, Ar. **268** [1930] 453, 463).

Krystalle (aus wss. Me.); F: 256—257°. $[\alpha]_D^{20}$: ca. +5° [Lösungsmittel nicht angegeben].

12β,14-Dihydroxy-3β-[(Ξ)-2-methyl-tetrahydro-pyran-2-yloxy]-5β,14β-card-20(22)-enolid, O^3-[(Ξ)-2-Methyl-tetrahydro-pyran-2-yl]-digoxigenin $C_{29}H_{44}O_6$, Formel VII.

B. Beim Erwärmen von Digoxigenin (S. 2450) mit 6-Methyl-3,4-dihydro-2H-pyran in Äthylacetat unter Zusatz von Phosphorylchlorid (*Petersen*, *Gisvold*, J. Am. pharm. Assoc. **45** [1956] 572, 576).

Krystalle (aus Ae.); F: 159—163°.

VII   VIII

3β-[β-D-*ribo*-2,6-Didesoxy-hexopyranosyloxy]-12β,14-dihydroxy-5β,14β-card-20(22)-enolid, 3β-β-D-Digitoxopyranosyloxy-12β,14-dihydroxy-5β,14β-card-20(22)-enolid, O^3-β-D-Digitoxopyranosyl-digoxigenin $C_{29}H_{44}O_8$, Formel VIII.

Gewinnung aus Blättern von Digitalis lanata nach enzymatischer Hydrolyse: *Haack et al.*, Naturwiss. **44** [1957] 633.

B. Aus Digoxin (S. 2453) mit Hilfe von wss. Säure (*Ha. et al.*).

Krystalle; F: 212—215°. $[\alpha]_D^{20}$: +1,4° [Me.]. Absorptionsmaximum: 218 nm.

3β-[O^4-(β-D-*ribo*-2,6-Didesoxy-hexopyranosyl)-β-D-*ribo*-2,6-didesoxy-hexopyranosyl= oxy]-12β,14-dihydroxy-5β,14β-card-20(22)-enolid, 3β-[O^4-β-D-Digitoxopyranosyl-β-D-digitoxopyranosyloxy]-12β,14-dihydroxy-5β,14β-card-20(22)-enolid, O^3-[O^4-β-D-Digitoxopyranosyl-β-D-digitoxopyranosyl]-digoxigenin $C_{35}H_{54}O_{11}$, Formel IX.

Gewinnung aus Blättern von Digitalis lanata nach enzymatischer Hydrolyse: *Haack et al.*, Naturwiss. **44** [1957] 633.

B. Aus Digoxin (s. u.) mit Hilfe von wss. Säure (*Ha. et al.*).

Krystalle; F: 219—222°; $[\alpha]_D^{20}$: +12,4° [Me.] (*Ha. et al.*). IR-Spektrum (KBr; 3800—2800 cm⁻¹ und 1800—600 cm⁻¹): *Steger*, zit. bei *Repke et al.*, Ar. Pth. **237** [1959] 155, 163. UV-Spektrum (Me.; 210—260 nm): *St.*, l. c. S. 162.

IX

3β-{O^4-[O^4-($β$-D-*ribo*-2,6-Didesoxy-hexopyranosyl)-$β$-D-*ribo*-2,6-didesoxy-hexo≈ pyranosyl]-$β$-D-*ribo*-2,6-didesoxy-hexopyranosyloxy}-12β,14-dihydroxy-5β,14β-card- 20(22)-enolid, 12β,14-Dihydroxy-3β-[*lin*-tri[1β→4]-D-*ribo*-2,6-didesoxy-hexopyranosyl≈ oxy]-5β,14β-card-20(22)-enolid, 12β,14-Dihydroxy-3β-*lin*-tri[1β→4]-D-digitoxo≈ pyranosyloxy-5β,14β-card-20(22)-enolid, O^3-*lin*-Tri[1β→4]-D-digitoxopyranosyl- digoxigenin, **Digoxin** $C_{41}H_{64}O_{14}$, Formel X (R = X = H).

Über die Konstitution s. *Kuhn et al.*, Helv. **45** [1962] 881, 882.

Gewinnung aus Blättern von Digitalis lanata: *Smith*, Soc. **1930** 508.

B. Beim Behandeln von Digorid-B [S. 2454] (*Stoll, Kreis*, Helv. **17** [1934] 592, 612; s.a. *Hopponen, Gisvold*, J. Am. pharm. Assoc. **41** [1952] 146, 149) oder von Digorid-A [s. u.] (*St., Kr.*) mit wss.-methanol. Kalilauge. Aus Desacetyldigilanid-C (S. 2455) mit Hilfe eines Enzym-Präparats aus Blättern von Digitalis purpurea (*Stoll, Kreis*, Helv. **16** [1933] 1390, 1406).

Krystalle; F: ca. 265° [korr.; Zers.; im vorgeheizten Bad; aus wss. A. oder wss. Py.] (*Sm.*), 260—265° [korr.; aus wss. A.] (*St., Kr.*, Helv. **16** 1407), 262—264° [korr.; im vorgeheizten Bad] (*Ho., Gi.*), 260—261° [aus wss. A.] (*Mannich, Schneider*, Ar. **279** [1941] 223, 239). Monoklin (*Shell, Witt*, J. Am. pharm. Assoc. **42** [1953] 755). Krystalloptik: *Sh., Witt.* $[\alpha]_D^{20}$: +10,5° [Py.; c = 1] (*St., Kr.*, Helv. **16** 1407); $[\alpha]_D^{20}$: +9,0° [Py.; c = 1] (*Ma., Sch.*); $[\alpha]_D$: +13° [Me.] (*Tschesche et al.*, B. **92** [1959] 2258, 2263); $[\alpha]_D^{20}$: +13,2° [75%ig. wss. A.; c = 0,8] (*Ho., Gi.*); $[\alpha]_{546}^{20}$: +13,3° [Py.; c = 1] (*Sm.*); $[\alpha]_{546}^{20}$: +13,2° [Py.; c = 1,5] (*St., Kr.*, Helv. **16** 1407, **17** 613). UV-Spektrum (Me.; 210—260 nm): *Repke et al.*, Ar. Pth. **237** [1959] 155, 162.

3β-{O^4-[O^4-(O^4-Acetyl-$β$-D-*ribo*-2,6-didesoxy-hexopyranosyl)-$β$-D-*ribo*-2,6-didesoxy- hexopyranosyl]-$β$-D-*ribo*-2,6-didesoxy-hexopyranosyloxy}-12β,14-dihydroxy-5β,14β-card- 20(22)-enolid, 3β-[[3]O^4-Acetyl-*lin*-tri[1β→4]-D-digitoxopyranosyloxy]-12β,14-dihydr≈ oxy-5β,14β-card-20(22)-enolid, O^3-[[3]O^4-Acetyl-*lin*-tri[1β→4]-D-digitoxo≈ pyranosyl]-digoxigenin, *O*-Acetyl-digoxin-$β$, **Digorid-A** $C_{43}H_{66}O_{15}$, Formel X (R = CO-CH₃, X = H).

Konstitution: *Kuhn et al.*, Helv. **45** [1962] 881, 882; *Tschesche et al.*, B. **92** [1959] 2258.

Gewinnung aus Blättern von Digitalis lanata nach enzymatischer Hydrolyse: *Hop- ponen, Gisvold*, J. Am. pharm. Assoc. **41** [1952] 146, 150; aus Blättern von Digitalis orientalis nach enzymatischer Hydrolyse: *Mannich, Schneider*, Ar. **279** [1941] 223, 224, 229, 232.

B. s. im folgenden Artikel.

Lösungsmittel enthaltende Krystalle (aus wss. Me.); F: 258° [korr.; Zers.; nach Sintern bei 170°] (*Stoll, Kreis*, Helv. **17** [1934] 592, 611, 612), 220° [Zers.; nach Sintern bei 156°] (*Ho., Gi.*, l. c. S. 150). $[\alpha]_D^{20}$: +28,2° [CHCl₃; c = 2] (*Ho., Gi.*); $[\alpha]_D^{20}$: +29,2° [Py.; c = 0,8] [im Vakuum getrocknetes Präparat] (*St., Kr.*, l. c. S. 612); $[\alpha]_D$: +33°

[Py.] (*Stoll et al.*, Helv. **35** [1952] 1324, 1326); $[\alpha]_D^{20}$: +30,4° [A.; c = 2] [im Vakuum getrocknetes Präparat] (*Ma., Sch.*); $[\alpha]_D^{20}$: +30,6° [95%ig. wss. A.; c = 1] (*Ho., Gi.*).

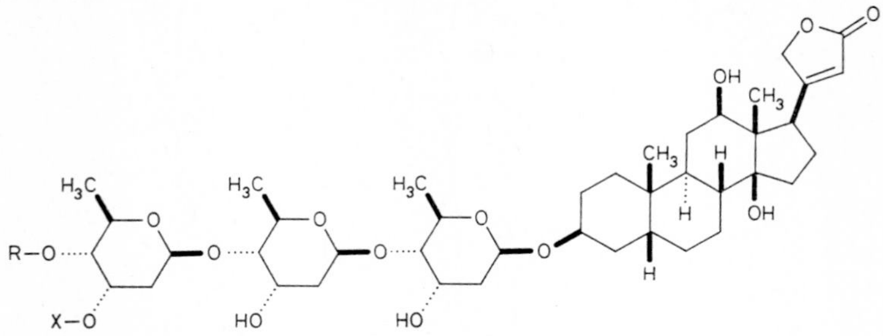

X

3β-{O^4-[O^4-(O^3-Acetyl-β-D-*ribo*-2,6-didesoxy-hexopyranosyl)-β-D-*ribo*-2,6-didesoxy-hexopyranosyl]-β-D-*ribo*-2,6-didesoxy-hexopyranosyloxy}-12β,14-dihydroxy-5β,14β-card-20(22)-enolid, 3β-[[3]O^3-Acetyl-*lin*-tri[1β→4]-D-digitoxopyranosyloxy]-12β,14-dihydr-oxy-5β,14β-card-20(22)-enolid, O^3-[[3]O^3-Acetyl-*lin*-tri[1β→4]-D-digitoxopyran-osyl]-digoxigenin, O-Acetyl-digoxin-α, Digorid-B $C_{43}H_{66}O_{15}$, Formel X (R = H, X = CO-CH₃).**

Konstitution: *Kuhn et al.*, Helv. **45** [1962] 881, 882; *Tschesche et al.*, B. **92** [1959] 2258.

Gewinnung aus Blättern von Digitalis lanata nach enzymatischer Hydrolyse: *Hopponen, Gisvold*, J. Am. pharm. Assoc. **41** [1952] 146; *Krishnamurty, Gisvold*, J. Am. pharm. Assoc. **41** [1952] 152; aus Blättern von Digitalis orientalis nach enzymatischer Hydrolyse: *Mannich, Schneider*, Ar. **279** [1941] 223, 229; *Gregg, Gisvold*, J. Am. pharm. Assoc. **43** [1954] 106.

B. Neben der im vorangehenden Artikel beschriebenen Verbindung aus Digilanid-C (S. 2455) mit Hilfe eines Enzym-Präparats aus Digitalis lanata (*Stoll, Kreis*, Helv. **17** [1934] 592, 608).

Krystalle, F: 230° [korr.; Zers. nach Erweichen bei 222°; aus wss. A. oder aus CHCl₃ + Me. + Ae.; getrocknetes Präparat] (*St., Kr.*, l. c. S. 611), 225° [bei schnellem Erhitzen; aus CHCl₃ + Me. + Ae.] (*Ma., Sch.*), 203—204° [korr.; Zers.; nach Sintern bei 192°; im vorgeheizten Bad; aus CHCl₃ + Me. + Ae., aus Me. oder aus wss. Me.] (*Ho., Gi.*), 200—205° [im vorgeheizten Bad; aus CHCl₃ + Me. + Ae.] (*Kr., Gi.*); Krystalle (aus Me. oder aus CHCl₃ + Me. + Ae.) mit 1,5 Mol Methanol, F: 219—220° (*Gr., Gi.*). $[\alpha]_D^{20}$: +18,9° [Py.; c = 3] (*Ma., Sch.*); $[\alpha]_D^{20}$: +18,0° [Py.; c = 1] (*St., Kr.*); $[\alpha]_D$: +22° [Py.] (*Stoll et al.*, Helv. **35** [1952] 1324, 1326); $[\alpha]_D^{20}$: +27° [A.; c = 0,7] (*Kr., Gi.*); $[\alpha]_D$: +25° [95%ig. wss. A.] (*Ho., Gi.*).

Beim Erwärmen mit wasserhaltigem Äthanol erfolgt partielle Umwandlung in Digorid-A [S. 2453] (*Ma., Sch.*, l. c. S. 233).

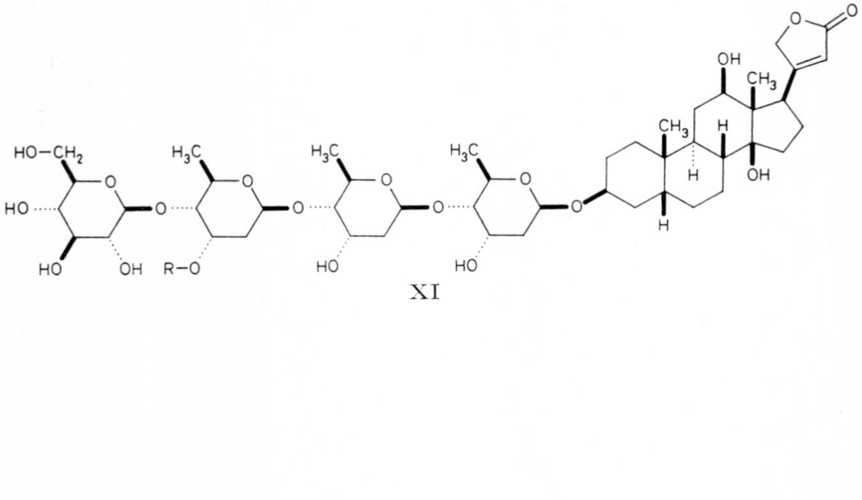

XI

3β-{O^4-[O^4-(O^4-β-D-Glucopyranosyl-β-D-*ribo*-2,6-didesoxy-hexopyranosyl)-β-D-*ribo*-2,6-didesoxy-hexopyranosyl]-β-D-*ribo*-2,6-didesoxy-hexopyranosyloxy}-12β,14-dihydroxy-5β,14β-card-20(22)-enolid, 3β-[[3]O^4-β-D-Glucopyranosyl-*lin*-tri[1β→4]-D-digitoxopyranosyloxy]-12β,14-dihydroxy-5β,14β-card-20(22)-enolid, O^3-[[3]O^4-β-D-Glucopyranosyl-*lin*-tri[1β→4]-D-digitoxopyranosyl]-digoxigenin, **Glucodigoxin**, Desacetyldigilanid-C, Desacetyllanatosid-C $C_{47}H_{74}O_{19}$, Formel XI (R = H).

B. Beim Behandeln von Digilanid-C (s. u.) mit Calciumhydroxid in wss. Methanol (*Stoll, Kreis*, Helv. **16** [1933] 1390, 1403).

Krystalle (aus Me.); F: 265—268° [korr.; Zers.; nach Sintern bei 255°] (*St., Kr.*). [α]$_D$: +8° [Py.] (*Stoll et al.*, Helv. **37** [1954] 1134, 1139); [α]$_D^{20}$: +12,4° [75%ig. wss. A.; c = 1] (*St., Kr.*).

3β-{O^4-[O^4-(O^3-Acetyl-O^4-β-D-glucopyranosyl-β-D-*ribo*-2,6-didesoxy-hexopyranosyl)-β-D-*ribo*-2,6-didesoxy-hexopyranosyl]-β-D-*ribo*-2,6-didesoxy-hexopyranosyloxy}-12β,14-dihydroxy-5β,14β-card-20(22)-enolid, 3β-[[3]O^3-Acetyl-[3]O^4-β-D-glucopyranosyl-*lin*-tri[1β→4]-D-digitoxopyranosyloxy]-12β,14-dihydroxy-5β,14β-card-20(22)-enolid, O^3-[[3]O^3-Acetyl-[3]O^4-β-D-glucopyranosyl-*lin*-tri[1β→4]-D-digitoxopyranosyl]-digoxigenin, **Digilanid-C, Lanatosid-C** $C_{49}H_{76}O_{20}$, Formel XI (R = CO-CH$_3$).

Konstitution: *Tschesche et al.*, B. **92** [1959] 2258, 2262; *Kuhn et al.*, Helv. **45** [1962] 881, 882.

Isolierung aus Blättern von Digitalis lanata: *Stoll, Kreis*, Helv. **16** [1933] 1049, 1062, 1075, 1094.

Krystalle (aus A.), F: 255° (*Shell, Witt*, J. Am. pharm. Assoc. **42** [1953] 755); wasserhaltige Krystalle (aus Me.); F: 245—248° [Zers.] (*St., Kr.*, l. c. S. 1057, 1095). Monoklin (*Sh., Witt*). Krystalloptik: *Sh., Witt*. [α]$_D^{20}$: +22,6° [Dioxan; c = 4] (*St., Kr.*); [α]$_D$: +16° [Py.] (*Stoll et al.*, Helv. **37** [1954] 1134, 1139); [α]$_D^{20}$: +33,4° [95%ig. wss. A.; c = 2] (*St., Kr.*). Absorptionsmaximum (wss. A.): 219—221 nm (*Demoen, Janssen*, J. Am. pharm. Assoc. **42** [1953] 635, 640). 1 g löst sich in 17—20 l Wasser, in 1,5—2 l Chloroform, in 20 ml Methanol bzw. in 40 ml Äthanol (*St., Kr.*, l. c. S. 1057). Digilanid-C ist mit Digilanid-A (S. 1480) und mit Digilanid-B (S. 2465) isomorph (*St., Kr.*, l. c. S. 1064).

3β-{O^4-[O^3(?)-(β-D-*ribo*-2,6-Didesoxy-hexopyranosyl)-β-D-*ribo*-2,6-didesoxy-hexopyranosyl]-β-D-*ribo*-2,6-didesoxy-hexopyranosyloxy}-12β,14-dihydroxy-5β,14β-card-20(22)-enolid, 3β-[O^4-(O^3(?)-β-D-Digitoxopyranosyl-β-D-digitoxopyranosyl)-β-D-digitoxopyranosyloxy]-12β,14-dihydroxy-5β,14β-card-20(22)-enolid, O^3-[O^4-(O^3(?)-β-D-Digitoxopyranosyl-β-D-digitoxopyranosyl)-β-D-digitoxopyranosyl]-digoxigenin $C_{41}H_{64}O_{14}$, vermutlich Formel XII.

Die Konstitution und Konfiguration kommt dem nachstehend beschriebenen **Neodigoxin** zu.

Gewinnung aus Blättern von Digitalis lanata nach enzymatischer Hydrolyse: *Kaiser et al.*, Naturwiss. **46** [1959] 447.

Krystalle (aus Acn. + Ae. + PAe.); F: 241—243°. [α]$_D^{20}$: +1,0° [Py.]. Absorptionsmaximum: 218 nm.

XII

3β-β-D-Glucopyranosyloxy-12β,14-dihydroxy-5β,14β-card-20(22)-enolid, O^3-β-D-Gluco-
pyranosyl-digoxigenin $C_{29}H_{44}O_{10}$, Formel I (R = H).

B. Beim Behandeln der im folgenden Artikel beschriebenen Verbindung mit Barium-
methylat in Methanol (*Elderfield et al.*, Am. Soc. **69** [1947] 2235).

Krystalle (aus A. + Ae.); F: 268° [korr.; Zers.]. $[\alpha]_D^{27}$: $-1,4°$ [95%ig. wss. A.; c = 0,4].

I

II

12β,14-Dihydroxy-3β-[tetra-O-acetyl-β-D-glucopyranosyloxy]-5β,14β-card-20(22)-enolid,
O^3-[Tetra-O-acetyl-β-D-glucopyranosyl]-digoxigenin $C_{37}H_{52}O_{14}$, Formel I
(R = CO-CH₃).

B. Beim Behandeln von Digoxigenin (S. 2450) mit α-D-Acetobromglucopyranose
(Tetra-O-acetyl-α-D-glucopyranosylbromid), Silberoxid und Magnesiumsulfat in Dioxan
(*Elderfield et al.*, Am. Soc. **69** [1947] 2235).

Krystalle (aus wss. A.); F: 194—199° [korr.]. $[\alpha]_D^{25}$: $-3,3°$ [95%ig. wss. A.; c = 0,8].

[*Wente*]

**4-[3,14,16-Trihydroxy-10,13-dimethyl-hexadecahydro-cyclopenta[a]phenanthren-17-yl]-
5H-furan-2-on** $C_{23}H_{34}O_5$.

a) **3α,14,16β-Trihydroxy-5β,14β-card-20(22)-enolid,** 3-Epi-gitoxigenin
$C_{23}H_{34}O_5$, Formel II.

B. Beim Behandeln von 16β-Acetoxy-3α,14-dihydroxy-5β,14β-card-20(22)-enolid
(S. 2458) mit wss.-methanol. Kaliumhydrogencarbonat-Lösung (*Okada, Yamada*, Pharm.
Bl. **4** [1956] 420; *Yamada*, Chem. pharm. Bl. **8** [1960] 18, 22). Beim Behandeln von
14,16β-Dihydroxy-3-oxo-5β,14β-card-20(22)-enolid mit Natriumboranat in wss. Methanol
(*Tamm, Gubler*, Helv. **41** [1958] 1762, 1768).

Krystalle; F: 241—243° [korr.; Kofler-App.; aus Acn. + Ae.] (*Tamm, Gu.*), 223—226°
[unkorr.; aus CHCl₃ + Ae.] (*Ya.; Ok., Ya.*). $[\alpha]_D^{25}$: $+48,5°$ [CHCl₃ + Me. (97:3); c = 1]
(*Tamm, Gu.*); $[\alpha]_D^{20}$: $+39,9°$ [Me.; c = 0,3] (*Ok., Ya.*). Absorptionsmaximum (A.):
217 nm [log ε: 4,19] (*Ok., Ya.*).

b) **3β,14,16β-Trihydroxy-5β,14β-card-20(22)-enolid,** Gitoxigenin $C_{23}H_{34}O_5$,
Formel III (R = X = H) auf S. 2458.

Diese Verbindung hat auch in den von *Cloetta* (Ar. Pth. **112** [1926] 261, 273, 295)
beschriebenen, als Bigitaligenin und als Gitaligenin bezeichneten Präparaten (*Jacobs, Gustus*, J. biol. Chem. **79** [1928] 553, 556) sowie in dem von *Kraft* (Ar. **250** [1912]
118, 131) beschriebenen Anhydrogitaligenin (*Windaus, Schwarte*, B. **58** [1925] 1515,
1519) vorgelegen.

Über die Konstitution s. *Tschesche*, Z. physiol. Chem. **229** [1934] 219, 228; *Jacobs,
Elderfield*, J. biol. Chem. **108** [1935] 497, 502; über die Konfiguration s. *Meyer*, Helv. **29**
[1946] 1580; *Moore*, Helv. **37** [1954] 659; *Hirschmann, Hirschmann*, Am. Soc. **78** [1956]
3755.

Gewinnung aus Samen von Nerium oleander nach enzymatischer Hydrolyse: *Jäger
et al.*, Helv. **42** [1959] 977, 981, 1012; aus Blättern von Digitalis grandiflora nach Behandlung mit Schwefelsäure enthaltendem Methanol: *Repič, Tamm*, Helv. **40** [1957] 639,
643, 656, 661.

B. Beim Erwärmen von Gitorosid (S. 2460) mit wss.-methanol. Salzsäure (*Satoh et al.*,
Pharm. Bl. **5** [1957] 253; J. pharm. Soc. Japan **76** [1956] 1334; C. A. **1957** 3089). Beim
Erwärmen von Gitoxin (S. 2462) mit wss.-äthanol. Salzsäure (*Windaus, Schwarte*, B. **58**

[1925] 1515, 1517; *Cloetta*, Ar. Pth. **112** [1926] 261, 270; *Jacobs, Gustus*, J. biol. Chem. **79** [1928] 553, 557; *Smith*, Soc. **1931** 23). Beim Erwärmen von Purpureaglykosid-B (S. 2464) mit wss.-äthanol. Salzsäure (*Stoll, Kreis*, Helv. **16** [1933] 1390, 1400, **18** [1935] 120, 140).

Krystalle (aus Me.), F: 239—240° [bei 60° getrocknetes Präparat] (*Bellet*, Ann. pharm. franç. **8** [1950] 471, 479); Krystalle (aus wss. A.) mit 1,5 Mol H_2O, F: 234° (*Smith*, Soc. **1931** 23, 25); Krystalle (aus Me. + Ae.) mit 2 Mol H_2O, F: 223—225° (*Satoh et al.*, Pharm. Bl. **5** [1957] 253); Lösungsmittel enthaltende Krystalle (aus Acn. + Ae.), F: 220—225° [korr.; Kofler-App.] (*Hunger, Reichstein*, Helv. **33** [1950] 76, 91); Krystalle (aus E.) mit 1 Mol Äthylacetat (*Neumann*, Z. physiol. Chem. **240** [1936] 241, 247). Monoklin; Raumgruppe $C2$; aus dem Röntgen-Diagramm ermittelte Dimensionen der Elementarzelle: a = 6,16 Å; b = 13,3 Å; c = 53,3 Å; β = ca. 82°; n = 8 (*Bernal, Crawfoot*, Chem. and Ind. **1934** 953). $[\alpha]_D^{21}$: +24,8° [Dioxan; c = 1] [bei 65°/0,01 Torr getrocknetes Präparat] (*Schindler, Reichstein*, Helv. **35** [1952] 442, 446); $[\alpha]_D^{20}$: +34,6° [A.; p = 2] (*Cloetta*, Ar. Pth. **112** [1926] 261, 273); $[\alpha]_D^{23}$: +35° [$CHCl_3$ + Me. (3:1); c = 1] (*McChesny et al.*, J. Am. pharm. Assoc. **37** [1948] 364); $[\alpha]_D^{18}$: +32,6° [Me.; c = 0,6] [bei 60° getrocknetes Präparat] (*Hu., Re.*); $[\alpha]_D^{20}$: +36,1° [Me.; c = 1] (*Stoll, Kreis*, Helv. **16** [1933] 1049, 1094); $[\alpha]_D^{20}$: +35,5° [Me.; c = 0,3] [bei 65°/0,01 Torr getrocknetes Präparat] (*Sch., Re.*); $[\alpha]_{578}^{20}$: +37° [Me.; c = 1] [bei 60° getrocknetes Präparat] (*Be.*); $[\alpha]_{546}^{20}$: +38,5° [Me.; c = 1] [bei 100° getrocknetes Präparat] (*Sm.*). UV-Spektrum (A.; 210—280 nm): *Satoh et al.*, Pharm. Bl. **1** [1953] 396, 397; *Murphy*, J. Am. pharm. Assoc. **46** [1957] 170.

Beim Behandeln mit konz. wss. Salzsäure (*Windaus, Schwarte*, B. **58** [1925] 1515, 1518), beim Erwärmen mit wss.-äthanol. Salzsäure (*Cloetta*, Ar. Pth. **112** [1926] 261, 282; s. a. *Windaus et al.*, B. **61** [1928] 1847, 1849) sowie beim Behandeln mit wss. Phosphorsäure (*Bellet*, Ann. pharm. franç. **8** [1950] 471, 479) ist 3β-Hydroxy-5β-carda-14,16,20(22)-trienolid erhalten worden. Überführung in Isogitoxigenin ((20S,21S)-16β,21-Epoxy-3β,14-dihydroxy-5β,14β-cardanolid) durch Behandeln mit methanol. Kalilauge und anschliessenden Ansäuern mit wss. Mineralsäure: *Jacobs, Gustus*, J. biol. Chem. **82** [1929] 403, 407; *Krasso et al.*, Helv. **55** [1972] 1352, 1369; s. a. *Jacobs Gustus*, J. biol. Chem. **79** [1928] 553, 559. Bildung von 14,16β-Dihydroxy-3-oxo-5β,14β-card-20(22)-enolid beim Behandeln einer Lösung in wss. Aceton mit Sauerstoff in Gegenwart von Platin: *Tamm, Gubler*, Helv. **41** [1958] 1762, 1768. Hydrierung an Platin in Äthanol unter Bildung von (20Ξ)-3β,14,16β-Trihydroxy-5β,14β-cardanolid (α-Dihydrogitoxigenin [S. 2362]) und 3β,14,16β,21-Tetrahydroxy-24-nor-5β,14β,20ξH-cholan-23-säure-16-lacton (β-Dihydrogitoxigenin [S. 2363]): *Jacobs, Elderfield*, J. biol. Chem. **100** [1933] 671, 677; *Windaus et al.*, B. **61** [1928] 1847, 1850; *Cl.*, l. c. S. 285. Beim Behandeln einer Lösung in Aceton mit Ameisensäure sind 3β-Formyloxy-14,16β-dihydroxy-5β,14β-card-20(22)-enolid (Hauptprodukt), 3β,16β-Bis-formyloxy-14-hydroxy-5β,14β-card-20(22)-enolid und kleine Mengen 16β-Formyloxy-3β,14-dihydroxy-5β,14β-card-20(22)-enolid, beim Behandeln einer Lösung in Dimethylformamid mit Ameisensäure-essigsäure-anhydrid und Natriumformiat ist 16β-Formyloxy-3β,14-dihydroxy-5β,14β-card-20(22)-enolid als Hauptprodukt erhalten worden (*Haack et al.*, B. **89** [1956] 1353, 1361). Bildung von 16β-Acetoxy-3β,14-dihydroxy-5β,14β-card-20(22)-enolid beim Behandeln mit Acetanhydrid und Pyridin bei 0°: *Neumann*, B. **70** [1937] 1547, 1551; *Okada, Yamada*, J. pharm. Soc. Japan **72** [1952] 933, 935; C.A. **1953** 3324; Bildung von 3β,16β-Diacetoxy-14-hydroxy-5β,14β-card-20(22)-enolid beim Behandeln mit Acetanhydrid und Pyridin bei 32°: *Schindler, Reichstein*, Helv. **35** [1952] 442, 446; s. a. *Ok., Ya.* Bildung von 3β-Acetoxy-14,16β-dihydroxy-5β,14β-card-20(22)-enolid (S. 2458) als Hauptprodukt beim Behandeln einer Lösung in Aceton mit Acetanhydrid und Natriumacetat: *Ha. et al.*, l. c. S. 1355.

3β-Formyloxy-14,16β-dihydroxy-5β,14β-card-20(22)-enolid, O^3-Formyl-gitoxigenin $C_{24}H_{34}O_6$, Formel III (R = CHO, X = H).

B. Als Hauptprodukt beim Behandeln einer Lösung von Gitoxigenin (S. 2456) in Aceton mit Ameisensäure (*Haack et al.*, B. **89** [1956] 1353, 1361).

Krystalle (aus Acn. + PAe.); F: 207—210°.

16β-Formyloxy-3β,14-dihydroxy-5β,14β-card-20(22)-enolid, O^{16}-Formyl-gitoxigenin, Gitaloxigenin $C_{24}H_{34}O_6$, Formel III (R = H, X = CHO).

Isolierung aus Blättern von Digitalis purpurea: *Haack et al.*, B. **89** [1956] 1353, 1360.

B. Beim Behandeln einer Lösung von Gitoxigenin (S. 2456) in Dimethylformamid mit Ameisensäure-essigsäure-anhydrid und Natriumformiat (*Ha. et al.*, l. c. S. 1361). Beim Erwärmen einer Lösung von Gitaloxin (S. 2467) in Aceton mit wss. Salzsäure (*Ha. et al.*, l. c. S. 1361).

Krystalle (aus Acn. + PAe.); F: 215—217°. IR-Spektrum (KBr; 2—15 µ): *Ha. et al.*, l. c. S. 1356. Absorptionsmaximum: 216 nm [log ε: 4,19].

3β,16β-Bis-formyloxy-14-hydroxy-5β,14β-card-20(22)-enolid, O^3,O^{16}-Diformyl-gitoxigenin $C_{25}H_{34}O_7$, Formel III (R = X = CHO).

B. Neben anderen Verbindungen beim Behandeln einer Lösung von Gitoxigenin (S. 2456) in Aceton mit Ameisensäure (*Haack et al.*, B. **89** [1956] 1353, 1361).

Krystalle (aus Acn. + PAe.); F: 220—224°.

3β-Acetoxy-14,16β-dihydroxy-5β,14β-card-20(22)-enolid, O^3-Acetyl-gitoxigenin $C_{25}H_{36}O_6$, Formel III (R = CO-CH₃, X = H).

Konstitutionszuordnung: *Meyer*, Helv. **29** [1946] 1580.

B. Aus 3β,16β-Diacetoxy-14-hydroxy-5β,14β-card-20(22)-enolid beim Erwärmen mit wss.-äthanol. Natronlauge (*Cardwell, Smith*, Soc. **1954** 2012, 2022; *Neumann*, B. **70** [1937] 1547, 1553), beim Behandeln einer Lösung in Dioxan mit wss. Kaliumcarbonat-Lösung (*Me.*, l. c. S. 1584) sowie beim Behandeln einer Lösung in 2-Methoxy-äthanol mit wss. Kaliumhydrogencarbonat-Lösung und Methanol (*Zingg, Meyer*, Pharm. Acta Helv. **32** [1957] 393, 400).

Krystalle; F: 236—238° [aus E.] (*Ne.*), 227—232° [korr.; Kofler-App.; aus Acn.] (*Me.*), 227—232° [aus E.] (*Ca., Sm.*), 223—225° [unkorr.; aus wss. A.] (*Okada, Yamada*, J. pharm. Soc. Japan **72** [1952] 933, 935; C. A. **1953** 3324). [α]$_D^{15}$: +33,1° [CHCl₃] (*Ca., Sm.*); [α]$_D^{21}$: +36,5° [CHCl₃; c = 2] (*Zi., Me.*); [α]$_D^{20}$: +31,8° [A.; c = 2] (*Zi., Me.*). Absorptionsmaximum (Me.): 217 nm [ε: 16000] (*Ca., Sm.*).

Beim Erwärmen mit Toluol-4-sulfonylchlorid und Pyridin ist 3β-Acetoxy-14-hydroxy-5β,14β-carda-16,20(22)-dienolid erhalten worden (*Ca., Sm.*).

4-[16-Acetoxy-3,14-dihydroxy-10,13-dimethyl-hexadecahydro-cyclopenta[a]phenanthren-17-yl]-5H-furan-2-on $C_{25}H_{36}O_6$.

a) **16β-Acetoxy-3α,14-dihydroxy-5β,14β-card-20(22)-enolid**, O^{16}-Acetyl-3-epi-gitoxigenin, 3-Epi-oleandrigenin $C_{25}H_{36}O_6$, Formel IV.

B. Beim Behandeln von Oleandrigenon (S. 2544) mit Natriumboranat in wss. Dioxan (*Okada, Yamada*, Pharm. Bl. **4** [1956] 420).

Krystalle (aus Me. + Ae.); F: 207—212°. [α]$_D^{15}$: 0° [A.]. Absorptionsmaximum (A.): 217 nm [log ε: 4,16].

III   IV

b) **16β-Acetoxy-3β,14-dihydroxy-5β,14β-card-20(22)-enolid**, O^{16}-Acetyl-gitoxigenin, Oleandrigenin $C_{25}H_{36}O_6$, Formel III (R = H, X = CO-CH₃).

Konstitutionszuordnung: *Tschesche*, B. **70** [1937] 1554; *Hesse*, B. **70** [1937] 2264.

Gewinnung aus Samen von Nerium oleander nach enzymatischer Hydrolyse: *Jäger et al.*, Helv. **42** [1959] 977, 981, 999, 1011.

B. Beim Behandeln von Gitoxigenin (S. 2456) mit Acetanhydrid und Pyridin bei 0° (*Neumann*, B. **70** [1937] 1547, 1551; *Okada, Yamada*, J. pharm. Soc. Japan **72** [1952] 933, 935; C. A. **1953** 3324). Beim Behandeln von Gitoxin (S. 2462) mit Acetanhydrid und Pyridin und Erwärmen des Reaktionsprodukts mit wss.-methanol. Schwefelsäure (*Zingg, Meyer*, Pharm. Acta Helv. **32** [1957] 393, 401). Beim Erwärmen von Honghelosid-A

(S. 2468) oder von Cryptograndosid-A (S. 2469) mit wss.-methanol. Schwefelsäure (*Hunger, Reichstein*, Helv. **33** [1950] 76, 91; *Aebi, Reichstein*, Helv. **33** [1950] 1013, 1027, 1028). Beim Erwärmen von Oleandrin (S. 2469) mit wss.-methanol. Salzsäure (*Ne.*; *Ishidate, Tamura*, J. pharm. Soc. Japan **70** [1950] 239; C. A. **1951** 822).

Krystalle, F: 228—231° [korr.; Kofler-App.; aus Me. + Ae.] (*Aebi, Re.*, l. c. S. 1028), 226—229° [unkorr.; Kofler-App.; aus Acn. + Ae. + PAe.] (*Miyatake et al.*, Chem. pharm. Bl. **7** [1959] 634, 639), 225—228° [korr.; Kofler-App.; aus Acn. + Ae.] (*Hu., Re.*); Krystalle (aus wss. A.), die bei 110—115° und (nach Wiedererstarren bei weiterem Erhitzen) bei 140—150° und (nach Wiedererstarren bei weiterem Erhitzen) bei ca. 223° schmelzen (*Ne.*). $[\alpha]_D^{14}$: —8,6° [Me.; c = 1] [bei 80° getrocknetes Präparat] (*Aebi, Re.*); $[\alpha]_D^{16}$: —9,8° [Me.; c = 1] [bei 60° getrocknetes Präparat] (*Hu., Re.*); $[\alpha]_D^{18}$: —8,5° [Me.; c = 2] (*Ne.*); $[\alpha]_D^{20}$: —8,4° [Me.; c = 1] (*Mi. et al.*); $[\alpha]_{700}^{24}$: —2°; $[\alpha]_D^{24}$: —5°; $[\alpha]_{280}^{24}$: +247° [jeweils in Dioxan; c = 0,1] (*Djerassi et al.*, Helv. **41** [1958] 250, 270). Absorptionsmaximum (A.): 216 nm [log ε: 4,18] (*Mi. et al.*).

$3\beta,16\beta$-Diacetoxy-14-hydroxy-$5\beta,14\beta$-card-20(22)-enolid, O^3,O^{16}-Diacetyl-gitoxigenin $C_{27}H_{38}O_7$, Formel III (R = X = CO-CH₃).

B. Beim Behandeln von Gitoxigenin (S. 2456) mit Acetanhydrid und Pyridin (*Meyer*, Helv. **29** [1946] 718, 722; *Schindler, Reichstein*, Helv. **35** [1952] 442, 446). Aus Oleandrigenin (S. 2458) beim Behandeln mit Acetanhydrid und Pyridin (*Hunger, Reichstein*, Helv. **33** [1950] 76, 91; *Nawa, Uchibayashi*, Chem. pharm. Bl. **6** [1958] 508, 510) sowie beim Erhitzen mit Acetanhydrid und Natriumacetat (*Neumann*, B. **70** [1937] 1547, 1553; *Ishidate, Tamura*, J. pharm. Soc. Japan **70** [1950] 239; C. A. **1951** 822).

Krystalle; F: 264—265° [korr.; nach Sintern bei 260°; Kofler-App.; aus Acn. + E.] (*Me.*, l. c. S. 722), 252—254° [korr.; Kofler-App.; aus Acn. + Ae.] (*Sch., Re.*), 248° [aus wss. A.] (*Ishidate, Takemoto*, Acta phytoch. Tokyo **15** [1949] 207, 210), 243—245° [korr.; Kofler-App.; aus Me. + Ae.] (*Hu., Re.*, l. c. S. 91, 92), 241—242° [unkorr.; aus E. + CHCl₃] (*Nawa, Uch.*). $[\alpha]_D^{15}$: —8,1° [CHCl₃; c = 1] [bei 60° getrocknetes Präparat] (*Hu., Re.*, l. c. S. 92); $[\alpha]_D^{17}$: —6° [CHCl₃; c = 1] (*Nawa, Uch.*); $[\alpha]_D^{19}$: —7,8° [CHCl₃; c = 0,3] [bei 65°/0,01 Torr getrocknetes Präparat] (*Sch., Re.*). Absorptionsmaximum (A.): 216 nm [log ε: 4,14] (*Nawa, Uch.*).

Beim Behandeln einer Lösung in Pyridin mit Thionylchlorid bei —15° ist $3\beta,16\beta$-Diacetoxy-5β-carda-14,20(22)-dienolid erhalten worden (*Jäger et al.*, Helv. **42** [1959] 977, 1012). Überführung in 3β-Acetoxy-14,16β-dihydroxy-$5\beta,14\beta$-card-20(22)-enolid durch Behandeln einer Lösung in Dioxan mit wss. Kaliumcarbonat-Lösung: *Meyer*, Helv. **29** [1946] 1580, 1584; durch Erwärmen mit wss.-äthanol. Natronlauge: *Cardwell, Smith*, Soc. **1954** 2012, 2022; *Ne.*, l. c. S. 1553; sowie durch Behandeln einer Lösung in 2-Methoxy-äthanol mit wss. Kaliumhydrogencarbonat-Lösung und Methanol: *Zingg, Meyer*, Pharm. Acta Helv. **32** [1957] 393, 400. Bildung von 3β-Acetoxy-14-hydroxy-$5\beta,14\beta$-carda-16,20(22)-dienolid beim Behandeln mit Aluminiumoxid in Benzol: *Me.*, l. c. S. 722.

$3\beta,14$-Dihydroxy-16β-propionyloxy-$5\beta,14\beta$-card-20(22)-enolid, O^{16}-Propionyl-gitoxigenin $C_{26}H_{38}O_6$, Formel III (R = H, X = CO-CH₂-CH₃).

B. Bei mehrwöchigem Behandeln einer Lösung von 16-Propionyl-digitalinum-verum (S. 2482) in Aceton mit kleinen Mengen wss. Salzsäure (*Miyatake et al.*, Chem. pharm. Bl. **7** [1959] 634, 639).

Krystalle (aus Acn. + Ae. + PAe.); F: 206—210° [unkorr.; Kofler-App.]. $[\alpha]_D^{21}$: —11,1° [Me.; c = 1]. Absorptionsmaximum (A.): 216 nm [log ε: 4,17].

$3\beta,16\beta$-Bis-benzoyloxy-14-hydroxy-$5\beta,14\beta$-card-20(22)-enolid, O^3,O^{16}-Dibenzoyl-gitoxigenin $C_{37}H_{42}O_7$, Formel III (R = X = CO-C₆H₅).

B. Beim Behandeln von Gitoxigenin (S. 2456) mit Benzoylchlorid und Pyridin (*Windaus, Schwarte*, B. **58** [1925] 1515, 1518; *Cloetta*, Ar. Pth. **112** [1926] 261, 282).

Krystalle; F: 278° [aus wss. Me.] (*Cl.*), 262° [aus E.] (*Wi., Sch.*).

16β-Acetoxy-3β-[3-carboxy-propionyloxy]-14-hydroxy-$5\beta,14\beta$-card-20(22)-enolid, Bernsteinsäure-mono-[16β-acetoxy-14-hydroxy-17β-(5-oxo-2,5-dihydro-[3]furyl)-$5\beta,14\beta$-androstan-3β-ylester], O^{16}-Acetyl-O^3-[3-carboxy-propionyl]-gitoxigenin $C_{29}H_{40}O_9$, Formel III (R = CO-CH₂-CH₂-COOH, X = CO-CH₃).

B. Beim Erhitzen von Oleandrigenin (S. 2458) mit Bernsteinsäure-anhydrid und

Pyridin (*Zingg, Meyer*, Pharm. Acta Helv. **32** [1957] 393, 401).

Krystalle (aus Acn. + Ae.); F: 224—227° [korr.; Kofler-App.].

Kalium-Salz. Krystalle (aus Me. + Acn.); F: 290—295° [korr.; Zers.; Kofler-App.]. UV-Spektrum (A.; 205—295 nm): *Zi., Me.*, l. c. S. 397.

16β-Acetoxy-14-hydroxy-3β-[3-methoxycarbonyl-propionyloxy]-5β,14β-card-20(22)-enolid, Bernsteinsäure-[16β-acetoxy-14-hydroxy-17β-(5-oxo-2,5-dihydro-[3]furyl)-5β,14β-androstan-3β-ylester]-methylester, O^{16}-Acetyl-O^3-[3-methoxycarbonyl-propionyl]-gitoxigenin $C_{30}H_{42}O_9$, Formel III (R = CO-CH_2-CH_2-CO-OCH_3, X = CO-CH_3) auf S. 2458.

B. Beim Behandeln der im vorangehenden Artikel beschriebenen Verbindung mit Diazomethan in Äther (*Zingg, Meyer*, Pharm. Acta Helv. **32** [1957] 393, 401).

Krystalle (aus Acn. + Ae.); F: 184,5—186° [korr.; Kofler-App.; bei langsamem Erhitzen] bzw. F: 162—164° [korr.; Kofler-App.; bei schnellem Erhitzen]. $[\alpha]_D^{17}$: −4,4° [$CHCl_3$; c = 2].

3β-Acetoxy-16β-[3-carboxy-propionyloxy]-14-hydroxy-5β,14β-card-20(22)-enolid, Bernsteinsäure-mono-[3β-acetoxy-14-hydroxy-17β-(5-oxo-2,5-dihydro-[3]furyl)-5β,14β-androstan-16β-ylester], O^3-Acetyl-O^{16}-[3-carboxy-propionyl]-gitoxigenin $C_{29}H_{40}O_9$, Formel III (R = CO-CH_3, X = CO-CH_2-CH_2-$COOH$) auf S. 2458.

B. Beim Erwärmen von 3β-Acetoxy-14,16β-dihydroxy-5β,14β-card-20(22)-enolid mit Bernsteinsäure-anhydrid und Pyridin (*Zingg, Meyer*, Pharm. Acta Helv. **32** [1957] 393, 400).

Krystalle (aus Acn.); F: 238—241° [korr.; Zers.; Kofler-App.].

Kalium-Salz. Krystalle (aus Me. + Acn. + Ae.); F: 210—212° [korr.; Zers.; Kofler-App.]. UV-Spektrum (A.; 205—310 nm): *Zi., Me.*, l. c. S. 397.

3β-Acetoxy-14-hydroxy-16β-[3-methoxycarbonyl-propionyloxy]-5β,14β-card-20(22)-enolid, Bernsteinsäure-[3β-acetoxy-14-hydroxy-17β-(5-oxo-2,5-dihydro-[3]furyl)-5β,14β-androstan-16β-ylester]-methylester, O^3-Acetyl-O^{16}-[3-methoxycarbonyl-propionyl]-gitoxigenin $C_{30}H_{42}O_9$, Formel III (R = CO-CH_3, X = CO-CH_2-CH_2-CO-OCH_3) auf S. 2458.

B. Beim Behandeln der im vorangehenden Artikel beschriebenen Verbindung mit Diazomethan in Äther (*Zingg, Meyer*, Pharm. Acta Helv. **32** [1957] 393, 400).

Krystalle (aus Acn. + Ae.); F: 184—186° [korr.; Kofler-App.]. $[\alpha]_D^{17}$: +2,6° [$CHCl_3$; c = 1].

3β-[β-D-*ribo*-2,6-Didesoxy-hexopyranosyloxy]-14,16β-dihydroxy-5β,14β-card-20(22)-enolid, 3β-β-D-Digitoxopyranosyloxy-14,16β-dihydroxy-5β,14β-card-20(22)-enolid, O^3-β-D-Digitoxopyranosyl-gitoxigenin, **Gitorosid,** Gitosid $C_{29}H_{44}O_8$, Formel V (R. = H).

Konstitutionszuordnung: *Satoh et al.*, Pharm. Bl. **5** [1957] 253.

Isolierung aus getrockneten Blättern von Digitalis lanata: *Murphy*, J. Am. pharm. Assoc. **46** [1957] 170; aus Blättern von Digitalis purpurea nach enzymatischer Hydrolyse: *Kaiser et al.*, A. **603** [1957] 75, 83; *Satoh et al.*

B. Aus Gitorin (S. 2465) mit Hilfe von Enzym-Präparaten aus Euhadra amaliae und aus Bradybaena (Acusta) sieboldiana (*Sasakawa*, J. pharm. Soc. Japan **79** [1959] 825; C. A. **1959** 22069). Aus Gitorocellobiosid (S. 2466) mit Hilfe eines Enzym-Präparats aus Euhadra quaesita (*Okano et al.*, Chem. pharm. Bl. **7** [1959] 226, 230).

Krystalle; F: 216—219° [aus E.] (*Sas.*), 216—218° [aus Acn. + PAe.] (*Ka. et al.*, l. c. S. 87), 215—217° [aus wss. A.] (*Mu.*), 212—215° [unkorr.; Kofler-App.; aus Acn. + PAe.] (*Ok. et al.*). $[\alpha]_D^{25}$: −18,9° [Py.; c = 6] (*Mu.*); $[\alpha]_D^{22}$: +18,3° [A.; c = 0,7] (*Ok. et al.*); $[\alpha]_D^{20}$: +8° [Me.; c = 2] (*Sas.*); $[\alpha]_D^{22}$: +9,9° [Me.; c = 1] (*Ok. et al.*); $[\alpha]_D^{26}$: +7,8° [Me.; c = 4] (*Mu.*); $[\alpha]_{546}^{20}$: −21,8° [Py.; c = 6] (*Mu.*); $[\alpha]_{546}^{26}$: +10° [Me.; c = 2] (*Sas.*); $[\alpha]_{546}^{26}$: +10,4° [Me.; c = 4] (*Mu.*). UV-Spektrum (wss. A.; 212—260 nm): *Mu.*, l. c. S. 172. Absorptionsmaximum (A.): 219 nm [log ε: 4,15—4,20] (*Satoh et al.*; *Sas. et al.*; *Ok. et al.*; *Ka. et al.*).

4-[14,16-Dihydroxy-3-(5-hydroxy-4-methoxy-6-methyl-tetrahydro-pyran-2-yloxy)-10,13-dimethyl-hexadecahydro-cyclopenta[a]phenanthren-17-yl]-5H-furan-2-on $C_{30}H_{46}O_8$.

a) **14,16β-Dihydroxy-3β-[O³-methyl-β-D-*ribo*-2,6-didesoxy-hexopyranosyloxy]-5β,14β-card-20(22)-enolid, 3β-β-D-Cymaropyranosyloxy-14,16β-dihydroxy-5β,14β-card-20(22)-enolid,** O³-β-D-Cymaropyranosyl-gitoxigenin, Desacetylhonghel=osid-A C₃₀H₄₆O₈, Formel V (R = CH₃).

B. Beim Behandeln von Honghelosid-A (S. 2468) mit wss.-methanol. Kaliumhydrogen=carbonat-Lösung (*Hunger, Reichstein,* Helv. **33** [1950] 76, 90).

Krystalle (aus Me. + Ae.); F: 208—210° [korr.; Kofler-App.]. [α]$_D^{18}$: +13,6° [Me.; c = 1] [bei 60° getrocknetes Präparat].

V   VI

b) **14,16β-Dihydroxy-3β-[O³-methyl-α-L-*arabino*-2,6-didesoxy-hexopyranosyloxy]-5β,14β-card-20(22)-enolid, 14,16β-Dihydroxy-3β-α-L-oleandropyranosyloxy-5β,14β-card-20(22)-enolid,** O³-α-L-Oleandropyranosyl-gitoxigenin, Desacetyloleandrin C₃₀H₄₆O₈, Formel VI.

Gewinnung aus Samen von Nerium oleander nach enzymatischer Hydrolyse: *Jäger et al.,* Helv. **42** [1959] 977, 999.

B. Beim Erwärmen von Oleandrin (S. 2469) mit wss.-äthanol. Natronlauge (*Neumann,* B. **70** [1937] 1547, 1552).

Krystalle; F: 238—240° [aus A.] (*Ne.*), 235—238° [korr.; Kofler-App.; aus Acn.] (*Jä. et al.*). [α]$_D^{18}$: −24,9° [Me.; c = 2] (*Ne.*); [α]$_D^{26}$: −22,2° [Me.; c = 1] [bei 70°/0,02 Torr getrocknetes Präparat] (*Jä. et al.*).

c) **14,16β-Dihydroxy-3β-[O³-methyl-β-D-*xylo*-2,6-didesoxy-hexopyranosyloxy]-5β,14β-card-20(22)-enolid, 14,16β-Dihydroxy-3β-β-D-sarmentopyranosyloxy-5β,14β-card-20(22)-enolid,** O³-β-D-Sarmentopyranosyl-gitoxigenin, Desacetylcrypto=grandosid-A C₃₀H₄₆O₈, Formel VII.

Gewinnung aus Samen von Nerium oleander nach enzymatischer Hydrolyse: *Jäger et al.,* Helv. **42** [1959] 977, 999.

B. Bei mehrtägigem Behandeln von Cryptograndosid-A (S. 2469) mit wss.-methanol. Kaliumhydrogencarbonat-Lösung (*Aebi, Reichstein,* Helv. **33** [1950] 1013, 1027).

Krystalle (aus Me. + Ae.); F: 203—206° [korr.; Kofler-App.]; [α]$_D^{24}$: −4,6° [Me.; c = 2] [bei 70°/0,02 Torr getrocknetes Präparat] (*Jä. et al.*). UV-Spektrum (A.; 210 nm bis 320 nm): *Aebi, Re.,* l. c. S. 1016.

VII   VIII

d) **14,16β-Dihydroxy-3β-[O³-methyl-β-D-*lyxo*-2,6-didesoxy-hexopyranosyloxy]-5β,14β-card-20(22)-enolid, 3β-β-D-Diginopyranosyloxy-14,16β-dihydroxy-5β,14β-card-20(22)-enolid,** O³-β-D-Diginopyranosyl-gitoxigenin, Desacetylnerigosid $C_{30}H_{46}O_8$, Formel VIII.

Gewinnung aus Samen von Nerium oleander nach enzymatischer Hydrolyse: *Jäger et al.*, Helv. **42** [1959] 977, 999.

Krystalle (aus Acn. + Ae.); F: 211—216° [korr.; Kofler-App.]. $[\alpha]_D^{24}$: +9,6° [Me.; c = 1] [bei 70°/0,02 Torr getrocknetes Präparat].

3β-[O⁴-(β-D-*ribo*-2,6-Didesoxy-hexopyranosyl)-β-D-*ribo*-2,6-didesoxy-hexopyranosyloxy]-14,16β-dihydroxy-5β,14β-card-20(22)-enolid, 3β-[O⁴-β-D-Digitoxopyranosyl-β-D-digitoxopyranosyloxy]-14,16β-dihydroxy-5β,14β-card-20(22)-enolid, O³-[O⁴-β-D-Digitoxopyranosyl-β-D-digitoxopyranosyl]-gitoxigenin $C_{35}H_{54}O_{11}$, Formel IX.

Gewinnung aus Blättern von Digitalis purpurea nach enzymatischer Hydrolyse: *Kaiser et al.*, A. **603** [1957] 75, 83.

Krystalle (aus Acn. + PAe.); F: 195—197°; Absorptionsmaximum: 219 nm [log ε: 4,20] (*Ka. et al.*, l. c. S. 87).

IX

3β-{O⁴-[O⁴-(β-D-*ribo*-2,6-Didesoxy-hexopyranosyl)-β-D-*ribo*-2,6-didesoxy-hexopyranosyl]-β-D-*ribo*-2,6-didesoxy-hexopyranosyloxy}-14,16β-dihydroxy-5β,14β-card-20(22)-enolid, 14,16β-Dihydroxy-3β-[*lin*-tri[1β → 4]-D-*ribo*-2,6-didesoxy-hexopyranosyloxy]-5β,14β-card-20(22)-enolid, 14,16β-Dihydroxy-3β-*lin*-tri[1β → 4]-D-digitoxopyranosyloxy-5β,14β-card-20(22)-enolid, O³-*lin*-Tri[1β→4]-D-digitoxopyranosyl-gitoxigenin, **Gitoxin**, Gitoxosid $C_{41}H_{64}O_{14}$, Formel X (R = X = H).

Identität von Anhydrogitalin (*Kraft*, Ar. **250** [1912] 118, 128; *Kiliani*, B. **48** [1915] 334) mit Gitoxin: *Windaus, Schwarte*, B. **58** [1925] 1515, 1519. Identität von Bigitalin (*Cloetta*, Ar. Pth. **112** [1926] 261, 266, 342) mit Gitoxin: *Jacobs, Gustus*, J. biol. Chem. **79** [1928] 553, 556; *Windaus et al.*, B. **61** [1928] 1847. In dem von *Cloetta* (l. c. S. 289) beschriebenen Gitalin (F: 245—247°) hat wahrscheinlich ein Gemisch von Digitoxin (S. 1478) mit Gitoxin (oder anderen Gitoxigenin-Glykosiden) vorgelegen (*Ja., Gu.*, l. c. S. 556; s. a. *Windaus*, Nachr. Ges. Wiss. Göttingen **1928** 65; *Küssner*, Pharmazie **5** [1950] 76, 78).

Die Konstitution und Konfiguration ergibt sich aus der genetischen Beziehung zu *O*-Acetyl-gitoxin-β (S. 2463).

Isolierung aus Blättern von Digitalis lanata: *Ishidate, Takemoto*, Acta phytoch. Tokyo **15** [1949] 213, 216; *Smith*, Soc. **1931** 23; aus Blättern von Digitalis purpurea: *Cloetta*, Ar. Pth. **112** [1926] 261, 264; aus Samen von Digitalis purpurea: *Satoh et al.*, Ann. Rep. Shionogi Res. Labor. Nr. 5 [1955] 637; C. A. **1956** 17331. Gewinnung aus einem Glykosid-Präparat aus Blättern von Digitalis thapsi mit Hilfe von Enzym-Präparaten aus Aspergillus-Arten oder Penicillium-Arten: *Stoll, Renz*, Verh. naturf. Ges. Basel **67** [1956] 392, 444.

B. Aus Purpureaglycosid-B (S. 2464) mit Hilfe eines Enzym-Präparats aus Blättern von Digitalis purpurea (*Stoll, Kreis*, Helv. **18** [1935] 120, 141).

Krystalle; F: 298° [aus CHCl₃ + Me.] (*Bellet*, Ann. pharm. franç. **8** [1950] 471, 477), 285° [korr.; Zers.; aus Me. + CHCl₃] (*Smith*, Soc. **1931** 23), 282° [Zers.; bei schnellem Erhitzen; aus A. + CHCl₃ + Ae.] (*Cloetta*, Ar. Pth. **112** [1926] 261, 266), 280—282°

[korr.; Kofler-App.; aus wss. A.] (*Stoll et al.*, Helv. **35** [1952] 1324, 1328), 280° [korr.; aus CHCl₃ + Me. + Ae.] (*Stoll, Kreis*, Helv. **17** [1934] 592, 607). Netzebenenabstände: *Beher et al.*, Anal. Chem. **27** [1955] 1570, 1573. $[\alpha]_D^{20}$: +3,2° [Py.; c = 0,6] [bei 80° im Hochvakuum getrocknetes Präparat] (*St. et al.*); $[\alpha]_D^{24}$: +5° [Py.; c = 1] (*McChesney et al.*, J. Am. pharm. Assoc. **37** [1948] 364); $[\alpha]_D^{18}$: +22° [CHCl₃ + Me. (1:1); c = 0,5] (*Bel.*); $[\alpha]_{546}^{20}$: +3,5° [Py.; c = 0,5—1] (*Sm.; Stoll, Kreis*, Helv. **16** [1933] 1390, 1403). Absorptionsmaximum (A.): 219 nm (*McCh. et al.*, l. c. S. 367). Polarographie: *Hilton*, J. Pharmacol. exp. Therap. **100** [1950] 258, 261; *Šantavý et al.*, Collect. **15** [1950] 953, 956. 1 mg löst sich in 11 g Chloroform (*McCh. et al.*, l. c. S. 364). Löslichkeit in Äthanol bei 20°: 0,05 % (*Küssner*, Pharmazie **5** [1950] 76, 78).

Bildung von D-*ribo*-1,5-Anhydro-2,6-didesoxy-hex-1-enit (E III/IV **17** 2037) beim Erhitzen unter 0,02 Torr bis 0,5 Torr bis auf 275°: *Micheel*, B. **63** [1930] 347, 354; s. a. *Cloetta*, Ar. Pth. **112** [1926] 261, 277; *Windaus, Schwarte*, Nachr. Ges. Wiss. Göttingen **1926** 1, 4. Beim Erwärmen einer Lösung in Chloroform und Methanol mit wss. Salzsäure (0,05 n) sind Gitoxigenin (S. 2456), 3β-[O⁴-(β-D-*ribo*-2,6-Didesoxy-hexopyranosyl)-β-D-*ribo*-2,6-dides⸗ oxy-hexopyranosyloxy]-14,16β-dihydroxy-5β,14β-card-20(22)-enolid (S. 2462) und Gitor⸗ osid [S. 2460] (*Kaiser et al.*, A. **603** [1957] 75, 87), beim Erwärmen mit wss. Äthanol und kleinen Mengen wss. Salzsäure sind Gitoxigenin und D-Digitoxose [E IV **1** 4191] (*Windaus, Schwarte*, B. **58** [1925] 1515, 1517; *Cl.*, l. c. S. 270; *Smith*, Soc. **1931** 23) erhalten worden. Überführung in O-Acetyl-gitoxin-α (S. 2464) bzw. in Penta-O-acetyl-gitoxin (S. 2470) durch Behandlung mit Acetanhydrid (1 Mol bzw. Überschuss) und Pyridin: *Satoh et al.*, Pharm. Bl. **5** [1957] 493, 253; *Okano et al.*, Pharm. Bl. **5** [1957] 171, 175.

X

3β-{O⁴-[O⁴-(O⁴-Acetyl-β-D-*ribo*-2,6-didesoxy-hexopyranosyl)-β-D-*ribo*-2,6-didesoxy-hexo⸗ pyranosyl]-β-D-*ribo*-2,6-didesoxy-hexopyranosyloxy}-14,16β-dihydroxy-5β,14β-card-20(22)-enolid, 3β-[[3]O⁴-Acetyl-*lin*-tri[1β → 4]-D-digitoxopyranosyloxy]-14,16β-dihydr⸗ oxy-5β,14β-card-20(22)-enolid, O³-[[3]O⁴-Acetyl-*lin*-tri[1β→4]-D-digitoxopyran⸗ osyl]-gitoxigenin, O-Acetyl-gitoxin-β C₄₃H₆₆O₁₅, Formel X (R = CO-CH₃, X = H).

Konstitution und Konfiguration: *Tschesche et al.*, B. **92** [1959] 2258; *Kuhn et al.*, Helv. **45** [1962] 881.

B. In kleiner Menge beim Erwärmen von O-Acetyl-gitoxin-α (S. 2464) mit wss. Äthanol (*Stoll et al.*, Helv. **35** [1952] 1324, 1329). Neben grösseren Mengen O-Acetyl-gitoxin-α aus Digilanid-B (S. 2465) mit Hilfe eines Enzym-Präparats aus Blättern von Digitalis lanata (*Stoll, Kreis*, Helv. **17** [1934] 592, 608; *St. et al.*, l. c. S. 1327, 1328).

Krystalle (aus Acn.); F: 275—276° [korr.; Kofler-App.] (*St. et al.*). $[\alpha]_D^{20}$: +26,9° [Py.; c = 0,6] (*St. et al.*, l. c. S. 1328, 1329). 1 g löst sich bei 20° in 915 ml Methanol bzw. in 2400 ml Aceton (*St. et al.*, l. c. S. 1329).

Bildung von O-Acetyl-gitoxin-α (S. 2464) beim Erwärmen mit wss. Äthanol: *St. et al.*, l. c. S. 1329. Beim Behandeln einer Lösung in Methanol mit wss. Kalilauge ist Gitoxin (S. 2462) erhalten worden (*St. et al.*, l. c. S. 1329).

3β-{O⁴-[O⁴-(O³-Acetyl-β-D-*ribo*-2,6-didesoxy-hexopyranosyl)-β-D-*ribo*-2,6-didesoxy-hexo⸗ pyranosyl]-β-D-*ribo*-2,6-didesoxy-hexopyranosyloxy}-14,16β-dihydroxy-5β,14β-card-20(22)-enolid, 3β-[[3]O³-Acetyl-*lin*-tri[1β → 4]-D-digitoxopyranosyloxy]-14,16β-dihydr⸗

oxy-5β,14β-card-20(22)-enolid, O^3-[[3]O^3-Acetyl-*lin*-tri[1β→4]-D-digitoxopyr=
anosyl]-gitoxigenin, *O*-Acetyl-gitoxin-α $C_{43}H_{66}O_{15}$, Formel X (R = H,
X = CO-CH₃).

Konstitution und Konfiguration: *Tschesche et al.*, B. **92** [1959] 2258; *Kuhn et al.*, Helv.
45 [1962] 881.

B. Beim Behandeln von Gitoxin (S. 2462) mit Acetanhydrid (1 Mol) und Pyridin
(*Satoh et al.*, Pharm. Bl. **5** [1957] 493, 627). Weitere Bildungsweise s. im vorangehenden
Artikel.

Krystalle (aus Acn. + Ae.), F: 203—204° [korr.; Kofler-App.] (*Stoll et al.*, Helv. **35**
[1952] 1324, 1328); Krystalle (aus A. + Ae.) mit 1 Mol H_2O, die zwischen 190° und 203°
schmelzen (*Sa. et al.*, l. c. S. 627 Anm. 1). $[α]_D^{20}$: +16° [Py.; c = 0,6]; $[α]_D^{20}$: +28,7°
[Me.; c = 0,6] [jeweils bei 80° im Hochvakuum getrocknetes Präparat] (*St. et al.*, l. c.
S. 1328). 1 g löst sich bei 20° in 71 ml Methanol bzw. in 295 ml Aceton (*St. et al.*, l. c.
S. 1329).

Beim Erwärmen mit wss. Äthanol ist *O*-Acetyl-gitoxin-β (S. 2463) erhalten worden
(*St. et al.*, l. c. S. 1329).

**3β-{O^4-[O^4-(O^4-β-D-Glucopyranosyl-β-D-*ribo*-2,6-didesoxy-hexopyranosyl)-β-D-*ribo*-2,6-di=
desoxy-hexopyranosyl]-β-D-*ribo*-2,6-didesoxy-hexopyranosyloxy}-14,16β-dihydroxy-
5β,14β-card-20(22)-enolid, 3β-[[3]O^4-β-D-Glucopyranosyl-*lin*-tri[1β → 4]-D-digitoxopyr=
anosyloxy]-14,16β-dihydroxy-5β,14β-card-20(22)-enolid**, O^3-[[3]O^4-β-D-Glucopyr=
anosyl-*lin*-tri[1β→4]-D-digitoxopyranosyl]-gitoxigenin, **Purpureaglycosid-B**,
Desacetyldigilanid-B, Desacetyllanatosid-B $C_{47}H_{74}O_{19}$, Formel XI (R = H).

Isolierung aus Blättern von Digitalis purpurea: *Stoll, Kreis*, Helv. **18** [1935] 120, 129,
137; *Ishidate et al.*, Pharm. Bl. **1** [1953] 186; *Okada*, J. pharm. Soc. Japan **73** [1953]
1118, 1122; C. A. **1954** 12145.

B. Beim Behandeln von Digilanid-B (S. 2465) mit Calciumhydroxid in wss. Methanol
(*Stoll, Kreis*, Helv. **16** [1933] 1390, 1399) oder mit Kaliumhydrogencarbonat in wss.
Methanol (*Stoll et al.*, Helv. **37** [1954] 1134, 1145, 1146).

Wasserhaltige Krystalle (aus $CHCl_3$ + Me. + Ae.); F: 240—242° [Kofler-App.] (*St.
et al.*). $[α]_D^{19}$: +2,5° [Py.; c = 1]; $[α]_D^{20}$: +15,6° [75%ig. wss. A.; c = 0,7] [jeweils bei
80° im Hochvakuum getrocknetes Präparat] (*St. et al.*). UV-Spektrum (A.; 210—280 nm):
St. et al., l. c. S. 1138.

Beim Erwärmen mit wss.-äthanol. Salzsäure sind Gitoxigenin (S. 2456), D-Digitoxose
(E IV **1** 4191) und Digilanidobiose (E III/IV **17** 3025) erhalten worden (*St., Kr.*, Helv.
16 1400, **18** 140). Bildung von Glucogitaloxin (S. 2468) beim Behandeln mit Ameisen=
säure-essigsäure-anhydrid und Pyridin: *Haack et al.*, B. **91** [1958] 1758, 1763.

XI

**3β-[[3]O^4-(O^4-β-D-Glucopyranosyl-β-D-glucopyranosyl)-*lin*-tri[1β → 4]-D-*ribo*-2,6-dides=
oxy-hexopyranosyloxy]-14,16β-dihydroxy-5β,14β-card-20(22)-enolid, 3β-[[3]O^4-β-Cello=
biosyl-*lin*-tri[1β → 4]-D-digitoxopyranosyloxy]-14,16β-dihydroxy-5β,14β-card-20(22)-
enolid**, O^3-[[3]O^4-β-Cellobiosyl-*lin*-tri[1β→4]-D-digitoxopyranosyl]-gitoxi=
genin, $O^{4'}$-β-Cellobiosyl-gitoxin $C_{53}H_{84}O_{24}$, Formel XII.

Konstitution: *Okano et al.*, Chem. pharm. Bl. **7** [1959] 226.

Isolierung aus Samen von Digitalis purpurea: *Okano et al.*, Chem. pharm. Bl. **7** [1959]
212, 216.

Krystalle (aus Py. + Me.) mit 2 Mol H_2O; F: 240—244° [unkorr.; Kofler-App.] (*Ok. et al.*, l. c. S. 231). Absorptionsmaximum (Å.): 218 nm (*Ok. et al.*, l. c. S. 221).

Beim Erwärmen mit wss.-methanol. Schwefelsäure sind Gitoxin (S. 2462), D-Digit=oxose (E IV **1** 4191) und Digilanidotriose (E III/IV **17** 3535) erhalten worden (*Ok. et al.*, l. c. S. 231).

XII

3β-{O^4-[O^4-(O^3-Acetyl-O^4-β-D-glucopyranosyl)-β-D-*ribo*-2,6-didesoxy-hexopyranosyl)-β-D-*ribo*-2,6-didesoxy-hexopyranosyl]-β-D-*ribo*-2,6-didesoxy-hexopyranosyloxy}-14,16β-dihydroxy-5β,14β-card-20(22)-enolid, 3β-[[3]O^3-Acetyl-[3]O^4-β-D-glucopyran=osyl-*lin*-tri[1β→4]-D-digitoxopyranosyloxy]-14,16β-dihydroxy-5β,14β-card-20(22)-enolid, O^3-[[3]O^3-Acetyl-[3]O^4-β-D-glucopyranosyl-*lin*-tri[1β→4]-D-digitoxopyran=osyl]-gitoxigenin, Digilanid-B, Lanatosid-B $C_{49}H_{76}O_{20}$, Formel XI (R = CO-CH$_3$).

Konstitution und Konfiguration: *Tschesche et al.*, B. **92** [1959] 2258, 2262; *Kuhn et al.*, Helv. **45** [1962] 881, 882.

Isolierung aus Blättern von Digitalis ferruginea: *Stoll, Renz*, Helv. **35** [1952] 1310, 1315; von Digitalis lanata: *Stoll, Kreis*, Helv. **16** [1933] 1049, 1062.

Wasserhaltige Krystalle; F: 245—248° [korr.; Zers.; aus Me. oder A.] (*St., Kr.*), 241—244° [Zers.; aus Me. + W.] (*Angliker et al.*, Helv. **41** [1958] 479, 489), 232° [Zers.; aus wss. Me.] (*St., Renz*). $[\alpha]_D^{20}$: +31,8° [Dioxan; c = 2] [bei 78° im Hochvakuum ge=trocknetes Präparat] (*St., Kr.*); $[\alpha]_D^{20}$: +10,8° [Py.]; $[\alpha]_D^{20}$: +6° [Py.; c = 0,3] [zwei Präparate] (*St., Renz*); $[\alpha]_D^{20}$: +36,7° [A.; c = 2] [bei 78° im Hochvakuum getrocknetes Präparat] (*St., Kr.*); $[\alpha]_D^{20}$: +38,0° [Me.; c = 1] (*An. et al.*); $[\alpha]_D^{20}$: +36,7° [Me.], +35° [Me.; c = 0,4] [zwei Präparate] (*St., Renz*). 1 g löst sich in 500—600 ml Chloroform, in 40 ml Äthanol oder in 20 ml Methanol (*St., Kr.*, l. c. S. 1057). Digilanid-B ist mit Digilanid-A (S. 1480) und mit Digilanid-C (S. 2455) isomorph (*St., Kr.*, l. c. S. 1064).

3β-[O^4-β-D-Glucopyranosyl-β-D-*ribo*-2,6-didesoxy-hexopyranosyloxy]-14,16β-dihydroxy-5β,14β-card-20(22)-enolid, 3β-β-Digilanidobiosyloxy-14,16β-dihydroxy-5β,14β-card-20(22)-enolid, O^3-β-Digilanidobiosyl-gitoxigenin, Glucogitorosid $C_{35}H_{54}O_{13}$, Formel I.

Diese Verbindung hat wahrscheinlich auch als Hauptbestandteil in den von *Tschesche et al.* (B. **85** [1952] 1103, 1111), von *Ishidate, Okada* (Pharm. Bl. **1** [1953] 304) und von *Hasegawa et al.* (Pharm. Bl. **4** [1956] 319) aus Blättern von Digitalis lanata und von Digitalis purpurea isolierten, ursprünglich als 3β-β-D-Glucopyranosyloxy-14,16β-dihydroxy-5β,14β-card-20(22)-enolid (O^3-β-D-Glucopyranosyl-gitoxigenin [$C_{29}H_{44}O_{10}$]) angesehenen und als **Gitorin** bezeichneten Präparaten vorgelegen (*Sasakawa*, J. pharm. Soc. Japan **79** [1959] 571, 825; C. A. **1959** 17427, 22069).

Konstitution und Konfiguration: *Okano et al.*, Chem. pharm. Bl. **7** [1959] 226; *Sa.*, J. pharm. Soc. Japan **79** 825.

Isolierung aus Blättern von Digitalis lanata: *Kaiser et al.*, A. **678** [1964] 137, 143.

B. Aus Gitorocellobiosid (S. 2466) mit Hilfe eines Enzym-Präparats aus Euhadra quaesita (*Okano et al.*, l. c. S. 230).

Krystalle mit 1 Mol H_2O; F: 239—241° [Kofler-App.; aus Acn. + W.] (*Sa.*, l. c. S. 828, 829), 237—240° [aus CHCl$_3$ + Me. + E.] (*Ka. et al.*), 212—216° [unkorr.; Kofler-App.; aus Me. + Acn.] (*Okano et al.*). $[\alpha]_D^{20}$: +19,9° [A.; c = 1]; $[\alpha]_D^{20}$: +8,3° [Me.; c = 1] [jeweils Monohydrat] (*Okano et al.*); $[\alpha]_D^{22}$: +12° [Me.; c = 1] [Monohydrat] (*Sa.*, l. c.

S. 826, 827); $[\alpha]_D^{25}$: $+8,7°$ [Me.] [Monohydrat] (*Ka. et al.*). Absorptionsmaximum (A.): 219 nm [log ε: 4,15] (*Okano et al.*; s. a. *Ka. et al.*).

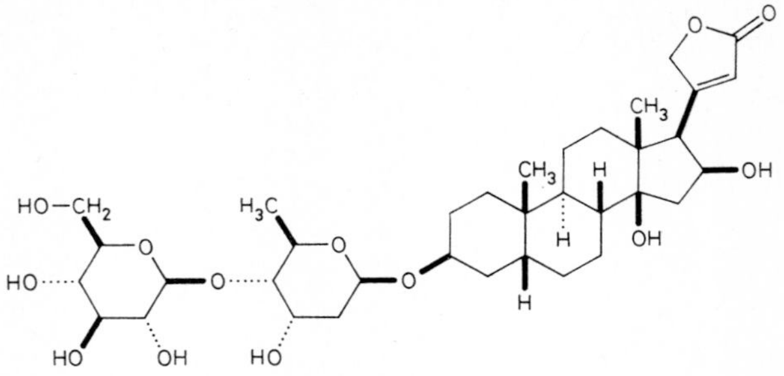

I

3β-[O^4-(O^4-β-D-Glucopyranosyl-β-D-glucopyranosyl)**-β-D-*ribo***-2,6-didesoxy-hexopyran≠ osyloxy]-14,16β-dihydroxy-5β,14β-card-20(22)-enolid, 3β-β-**Digilanidotriosyloxy- 14,16β-dihydroxy-5β,14β-card-20(22)-enolid,** O^3-β-Digilanidotriosyl-gitoxigenin, **Gitorocellobiosid** $C_{41}H_{64}O_{18}$, Formel II.

Konstitution: *Okano et al.*, Chem. pharm. Bl. **7** [1959] 226.

Isolierung aus Samen von Digitalis purpurea: *Okano et al.*, Chem. pharm. Bl. **7** [1959] 212, 216, 220.

Krystalle (aus Me. + Acn.) mit 1 Mol H_2O; F: $250-254°$ [unkorr.; Kofler-App.]; $[\alpha]_D^{22}$: $-19,3°$ [Py.; c = 1]; $[\alpha]_D^{22}$: $+13,5°$ [Me.; c = 0,3] (*Ok. et al.*, l. c. S. 229). Absorptionsmaximum (A.): 218 nm [log ε: 4,26] (*Ok. et al.*, l. c. S. 229).

Beim Erwärmen einer Lösung in Methanol mit wss. Schwefelsäure sind Gitoxigenin (S. 2456) und Digilanidotriose (E III/IV **17** 3535) erhalten worden (*Ok. et al.*, l. c. S. 229).

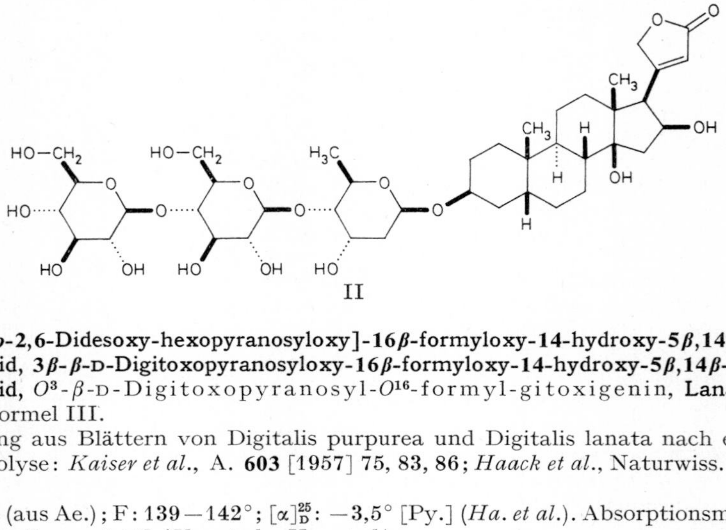

II

3β-[β-D-*ribo*-2,6-Didesoxy-hexopyranosyloxy]-16β-formyloxy-14-hydroxy-5β,14β-card- 20(22)-enolid, 3β-β-D-Digitoxopyranosyloxy-16β-formyloxy-14-hydroxy-5β,14β-card- 20(22)-enolid, O^3-β-D-Digitoxopyranosyl-O^{16}-formyl-gitoxigenin, **Lanadoxin** $C_{30}H_{44}O_9$, Formel III.

Gewinnung aus Blättern von Digitalis purpurea und Digitalis lanata nach enzymatischer Hydrolyse: *Kaiser et al.*, A. **603** [1957] 75, 83, 86; *Haack et al.*, Naturwiss. **45** [1958] 388.

Krystalle (aus Ae.); F: $139-142°$; $[\alpha]_D^{25}$: $-3,5°$ [Py.] (*Ha. et al.*). Absorptionsmaximum: $215-217$ nm [log ε: 4,16] (*Ka. et al.*; *Ha. et al.*).

Beim Behandeln mit wss. Blei(II)-acetat-Lösung ist Gitosid (S. 2460) erhalten worden (*Ha. et al.*).

3β-[O^4-(β-D-*ribo*-2,6-Didesoxy-hexopyranosyl)-β-D-*ribo*-2,6-didesoxy-hexopyranosyloxy]- 16β-formyloxy-14-hydroxy-5β,14β-card-20(22)-enolid, 3β-[O^4-β-D-Digitoxopyranosyl- β-D-digitoxopyranosyloxy]-16β-formyloxy-14-hydroxy-5β,14β-card-20(22)-enolid, O^3-[O^4-β-D-Digitoxopyranosyl-β-D-digitoxopyranosyl]-O^{16}-formyl-gitoxi≠ genin $C_{36}H_{54}O_{12}$, Formel IV.

Gewinnung aus Blättern von Digitalis purpurea nach enzymatischer Hydrolyse: *Kaiser et al.*, A. **603** [1957] 75, 83, 86.

Krystalle (aus Ae.); F: 195—197°. Absorptionsmaximum: 215 nm [log ε: 4,13].

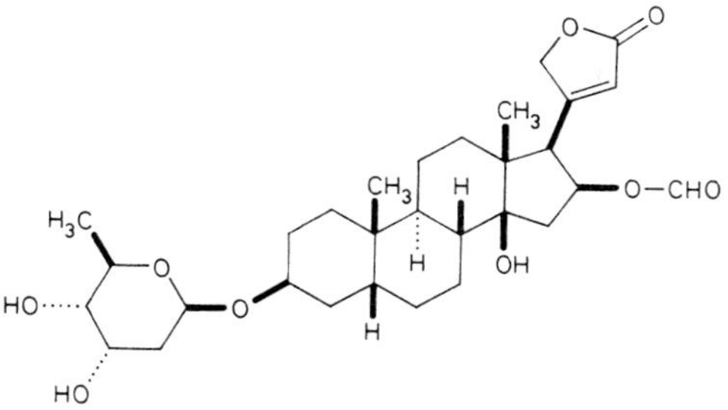

III

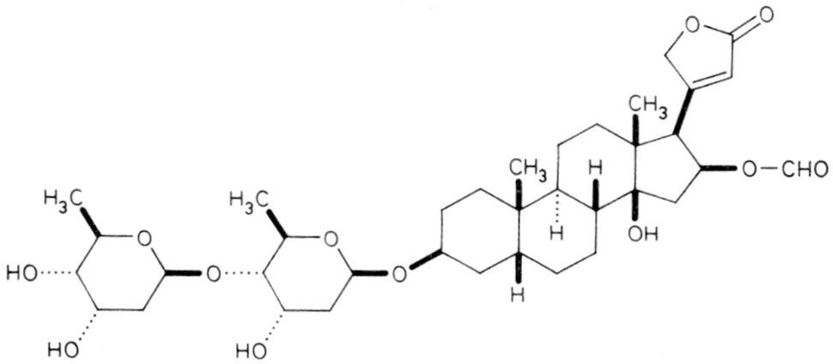

IV

3β-{*O*⁴-[*O*⁴-(β-D-*ribo*-2,6-Didesoxy-hexopyranosyl)-β-D-*ribo*-2,6-didesoxy-hexopyranos‌yl]-β-D-*ribo*-2,6-didesoxy-hexopyranosyloxy}-16β-formyloxy-14-hydroxy-5β,14β-card-20(22)-enolid, 16β-Formyloxy-14-hydroxy-3β-*lin*-tri[1β→4]-D-digitoxopyranosyloxy-5β,14β-card-20(22)-enolid, *O*¹⁶-Formyl-*O*³-*lin*-tri[1β→4]-D-digitoxopyranosyl-gitoxigenin, Gitaloxin C₄₂H₆₄O₁₅, Formel V (R = H).

Isolierung aus Blättern von Digitalis purpurea: *Haack et al.*, B. **89** [1956] 1353, 1359.

Krystalle (aus Acn. + PAe.); F: 250—253°. [α]$_D^{20}$: −7° [Py.]. Absorptionsmaximum: 216 nm [log ε: 4,19].

Bei ¹/₂-stdg. Erwärmen einer Lösung in Aceton mit wss. Salzsäure sind Gitaloxigenin (S. 2457) sowie kleine Mengen Gitoxin (S. 2462) und Gitoxigenin (S. 2456) erhalten worden (*Ha. et al.*, l. c. S. 1361).

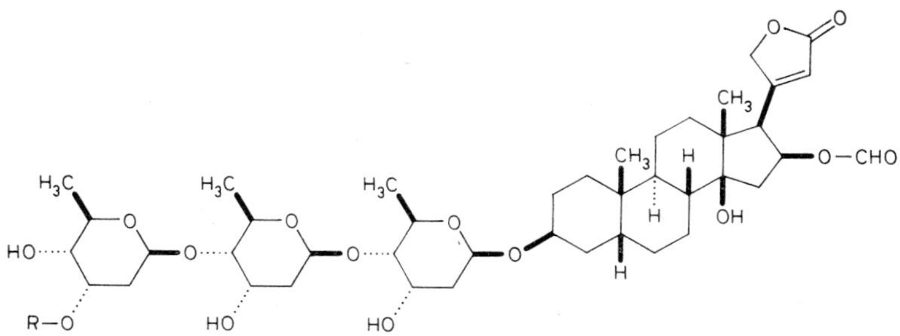

V

3β-{*O*⁴-[*O*⁴-(*O*³-Acetyl-β-D-*ribo*-2,6-didesoxy-hexopyranosyl)-β-D-*ribo*-2,6-didesoxy-hexopyranosyl]-β-D-*ribo*-2,6-didesoxy-hexopyranosyloxy}-16β-formyloxy-14-hydroxy-5β,14β-card-20(22)-enolid, 3β-[[3]*O*³-Acetyl-*lin*-tri[1β→4]-D-digitoxopyranosyloxy]-16β-formyloxy-14-hydroxy-5β,14β-card-20(22)-enolid, *O*³-[[3]*O*³-Acetyl-*lin*-tri‌[1β→4]-D-digitoxopyranosyl]-*O*¹⁶-formyl-gitoxigenin, *O*-Acetyl-gitaloxin C₄₄H₆₆O₁₆, Formel V (R = CO-CH₃).

Isolierung aus Blättern von Digitalis lanata nach enzymatischer Hydrolyse: *Haack et al.*, Naturwiss. **45** [1958] 315.

Krystalle (aus $CHCl_3$ + Ae.); F: 243—245°. $[\alpha]_D^{20}$: +4,5° [Py.] (*Ha. et al.*). Absorptionsmaximum: 216 nm [log ε: 4,19] (*Ha. et al.*).

Beim Behandeln einer Lösung in Aceton mit wss. Salzsäure sind Gitoxigenin (S. 2456), Gitaloxigenin (S. 2457), Gitorosid (S. 2460) und 3β-[O^4-(β-D-*ribo*-2,6-Didesoxy-hexopyranosyl)-β-D-*ribo*-2,6-didesoxy-hexopyranosyloxy]-14,16β-dihydroxy-5β,14β-card-20(22)-enolid (S. 2462) erhalten worden (*Ha. et al.*). Bildung von O-Acetyl-gitoxin-α (S. 2464) beim Behandeln mit wss. Ammoniak oder mit wss. Blei(II)-acetat-Lösung: *Ha. et al.*; *Kutter*, *Fauconnet*, Pharm. Acta Helv. **34** [1959] 200.

16β-Formyloxy-3β-{O^4-[O^4-(O^4-β-D-glucopyranosyl-β-D-*ribo*-2,6-didesoxy-hexopyranosyl)-β-D-*ribo*-2,6-didesoxy-hexopyranosyl]-β-D-*ribo*-2,6-didesoxy-hexopyranosyloxy}-14-hydroxy-5β,14β-card-20(22)-enolid, 16β-Formyloxy-3β-[[3]O^4-β-D-glucopyranosyl-*lin*-tri[1β→4]-D-digitoxopyranosyloxy]-14-hydroxy-5β,14β-card-20(22)-enolid, O^{16}-Formyl-O^3-[[3]O^4-β-D-glucopyranosyl-*lin*-tri[1β→4]-D-digitoxopyranosyl]-gitoxigenin, **Glucogitaloxin** $C_{48}H_{74}O_{20}$, Formel VI (R = H).

Isolierung aus Blättern von Digitalis purpurea: *Haack et al.*, B. **91** [1958] 1758.

Krystalle (aus Isopropylalkohol + Ae.) mit 2 Mol H_2O; F: 226—230°. Absorptionsmaximum (A.): 217 nm [log ε: 4,20].

Beim Behandeln mit Wasser, mit Methanol oder mit wss.-methanol. Blei(II)-acetat-Lösung ist Purpureaglycosid-B (S. 2464) erhalten worden (*Ha. et al.*, l. c. S. 1759, 1763).

VI

3β-{O^4-[O^4-(O^3-Acetyl-O^4-β-D-glucopyranosyl-β-D-*ribo*-2,6-didesoxy-hexopyranosyl)-β-D-*ribo*-2,6-didesoxy-hexopyranosyl]-β-D-*ribo*-2,6-didesoxy-hexopyranosyloxy}-16β-formyloxy-14-hydroxy-5β,14β-card-20(22)-enolid, 3β-[[3]O^3-Acetyl-[3]O^4-β-D-glucopyranosyl-*lin*-tri[1β→4]-D-digitoxopyranosyloxy]-16β-formyloxy-14-hydroxy-5β,14β-card-20(22)-enolid, O^3-[[3]O^3-Acetyl-[3]O^4-β-D-glucopyranosyl-*lin*-tri[1β→4]-D-digitoxopyranosyl]-O^{16}-formyl-gitoxigenin, **Lanatosid-E** $C_{50}H_{76}O_{21}$, Formel VI (R = CO-CH$_3$).

Isolierung aus Blättern von Digitalis lanata: *Angliker et al.*, Helv. **41** [1958] 479, 488.

Krystalle (aus wss. Me.), die zwischen 209° und 215° schmelzen; $[\alpha]_D^{20}$: +26,8° und +27,8° [Me.] (Präparat von ungewisser Einheitlichkeit).

Zeitlicher Verlauf der Hydrolyse in wss.-methanol. Natriumhydrogencarbonat-Lösung (0,25 n) bei Raumtemperatur (Bildung von Lanatosid-B [S. 2465] und Desacetyllanatosid-B [S. 2464]): *An. et al.*, l. c. S. 484, 489.

4-[16-Acetoxy-14-hydroxy-3-(5-hydroxy-4-methoxy-6-methyl-tetrahydro-pyran-2-yloxy)-10,13-dimethyl-hexadecahydro-cyclopenta[a]phenanthren-17-yl]-5H-furan-2-on $C_{32}H_{48}O_9$.

a) **16β-Acetoxy-14-hydroxy-3β-[O^3-methyl-β-D-*ribo*-2,6-didesoxy-hexopyranosyloxy]-5β,14β-card-20(22)-enolid, 16β-Acetoxy-3β-β-D-cymaropyranosyloxy-14-hydroxy-5β,14β-card-20(22)-enolid,** O^{16}-Acetyl-O^3-β-D-cymaropyranosyl-gitoxigenin, **Honghelosid-A** $C_{32}H_{48}O_9$, Formel VII (R = CH$_3$, X = H).

Konstitution: *Hunger*, *Reichstein*, Helv. **33** [1950] 76, 80, 82.

Isolierung aus Adenium honghel: *Hu.*, *Re.*, l. c. S. 87; *Schindler*, *Reichstein*, Helv. **34** [1951] 18, 22, 24; aus Adenium lugardii: *Striebel et al.*, Helv. **38** [1955] 1001, 1008, 1011.

Krystalle; F: 208—213° [korr.; Kofler-App.; aus Me. + Ae.] (*St. et al.*), 208—211° [korr.; Kofler-App.; aus wss. Me.] (*Hu., Re.*, l. c. S. 90). $[\alpha]_D^{17}$: $-14,0°$ [Me.; c = 1] [bei 60° im Hochvakuum getrocknetes Präparat] (*Hu., Re.*); $[\alpha]_D^{18}$: $-13,9°$ [Me.; c = 1] [bei 70°/0,02 Torr getrocknetes Präparat] (*St. et al.*). UV-Spektrum (A.; 210—300 nm): *Hu., Re.*, l. c. S. 78, 79.

b) **16β-Acetoxy-14-hydroxy-3β-[O^3-methyl-α-L-*arabino*-2,6-didesoxy-hexopyranosyl= oxy]-5β,14β-card-20(22)-enolid, 16β-Acetoxy-14-hydroxy-3β-α-L-oleandropyranosyloxy-5β,14β-card-20(22)-enolid, O^{16}-Acetyl-O^3-α-L-oleandropyranosyl-gitoxigenin, Oleandrin** $C_{32}H_{48}O_9$, Formel VIII (R = H).

Konstitution: *Neumann*, B. **70** [1937] 1547; *Tschesche*, B. **70** [1937] 1664; *Hesse*, B. **70** [1937] 2264. Über die Konfiguration am C-Atom 1 des L-Oleandropyranosyl-Restes s. *Renkonen et al.*, Helv. **42** [1959] 182, 191, 192.

Identität von **Folinerin** mit Oleandrin: *Tsch.*

Isolierung aus Blättern von Nerium odorum: *Ishidate, Tamura*, J. pharm. Soc. Japan **70** [1950] 239; C. A. **1951** 822; von Nerium oleander: *Schering-Kahlbaum A. G.*, D.R.P. 577257 [1931]; Frdl. **20** 912; *Schering Corp.*, U.S.P. 2438418 [1945]; *Ghielmetti et al.*, Farmaco Ed. prat. **13** [1958] 303, 307; *Turkovic*, J. Pharm. Belg. [NS] **14** [1959] 447, 449. Gewinnung aus Samen von Nerium oleander nach enzymatischer Hydrolyse: *Jäger et al.*, Helv. **42** [1959] 977, 981, 999, 1009; aus Blättern von Urechites suberecta nach enzymatischer Hydrolyse: *Hassall*, Soc. **1951** 3193.

Krystalle; F: 250° [aus wss. Me. oder A.] (*Schering Corp.*; *Ne.*, l. c. S. 1550), 248—250° [korr.; Kofler-App.; aus CHCl$_3$ + Ae.] (*Tu.*), 249° [aus wss. A.] (*Ish., Ta.*). $[\alpha]_D$: $-54°$ [CHCl$_3$] (*Schering Corp.*); $[\alpha]_D^{11}$: $-48,6°$ [Me.; c = 1] (*Ish., Ta.*); $[\alpha]_D^{18}$: $-52,1°$ [Me.; c = 2] (*Ne.*); $[\alpha]_D^{23}$: $-51,3°$ [Me.; p = 2] (*Tu.*). Absorptionsmaximum: 220 nm [log ε: 4,20] (*Ha.*).

Bildung von 14-Hydroxy-3β-[O^3-methyl-α-L-*arabino*-2,6-didesoxy-hexopyranosyloxy]-5β,14β-carda-16,20(22)-dienolid beim Erhitzen unter 0,02 Torr auf 330°: *He.*, l. c. S. 2266. Beim Erwärmen mit wss.-methanol. Salzsäure sind Oleandrigenin (S. 2458) und L-Oleandrose (E IV **1** 4193), beim Erhitzen mit wss. Schwefelsäure (1 n) sind Digitaligenin (S. 593) und kleine Mengen 16β-Acetoxy-3β-hydroxy-5β-carda-14,20(22)-dienolid erhalten worden (*Ne.*, l. c. S. 1549, 1551, 1552). Bildung von Desacetyloleandrin (S. 2461) beim Erwärmen mit verd. wss.-äthanol. Natronlauge: *Ne.*, l. c. S. 1552. Überführung in 14-Hydroxy-3β-[O^3-methyl-α-L-*arabino*-2,6-didesoxy-hexopyranosyloxy]-5β,14β-carda-16,20(22)-dienolid durch Behandlung einer Lösung in Benzol und Chloroform mit alkalifreiem Aluminiumoxid: *Aebi, Reichstein*, Helv. **33** [1950] 1013, 1033.

VII   VIII

c) **16β-Acetoxy-14-hydroxy-3β-[O^3-methyl-β-D-*xylo*-2,6-didesoxy-hexopyranosyl= oxy]-5β,14β-card-20(22)-enolid, 16β-Acetoxy-14-hydroxy-3β-β-D-sarmentopyranosyloxy-5β,14β-card-20(22)-enolid, O^{16}-Acetyl-O^3-β-D-sarmentopyranosyl-gitoxigenin, Cryptograndosid-A** $C_{32}H_{48}O_9$, Formel IX (R = CO-CH$_3$).

Konstitution: *Aebi, Reichstein*, Helv. **33** [1950] 1013, 1015. Über die Konfiguration am C-Atom 1 des D-Sarmentopyranosyl-Restes s. *Jäger et al.*, Helv. **42** [1959] 977, 989.

Isolierung aus Blättern von Cryptostegia grandiflora: *Aebi, Re.*, l. c. S. 1020, 1023, 1027; aus Samen von Nerium oleander nach enzymatischer Hydrolyse: *Jä. et al.*, l. c. S. 981, 999, 1009.

B. Aus Cryptograndosid-B (S. 2472) mit Hilfe eines Enzym-Präparats aus Samen von Adenium multiflorum (*Aebi, Re.*, l. c. S. 1030).

Die folgenden Angaben beziehen sich auf Präparate, die mit kleinen Mengen 14-Hydr= oxy-3β-[O^3-methyl-β-D-*xylo*-2,6-didesoxy-hexopyranosyloxy]-5β,14β-carda-16,20(22)-dien= olid verunreinigt gewesen sind: Krystalle (aus Acn. + W.); F: 122—124° [korr.; Kofler-App.] (*Aebi, Re.*), 115—120° [korr.; Kofler-App.] (*Jä. et al.*). [α]$_D^{17,5}$: —32,9° [Me.; c = 1] (*Aebi, Re.*); [α]$_D^{24}$: —31,2° [Me.; c = 1] (*Jä. et al.*). UV-Spektrum (A.; 210—320 nm): *Aebi, Re.*, l. c. S. 1016.

IX   X

d) **16β-Acetoxy-14-hydroxy-3β-[O^3-methyl-β-D-*lyxo*-2,6-didesoxy-hexopyranosyl= oxy]-5β,14β-card-20(22)-enolid, 16β-Acetoxy-3β-β-D-diginopyranosyloxy-14-hydroxy-5β,14β-card-20(22)-enolid,** O^{16}-Acetyl-O^3-β-D-diginopyranosyl-gitoxigenin, **Nerigosid** $C_{32}H_{48}O_9$, Formel X (R = CO-CH$_3$).

Gewinnung aus Samen von Nerium oleander nach enzymatischer Hydrolyse: *Jäger et al.*, Helv. **42** [1959] 977, 981, 995, 999, 1010.

Krystalle (aus Dioxan + Ae.) mit 1 Mol Dioxan; F: 155—163° [korr.; Kofler-App.]. [α]$_D^{23}$: —17° [Me.; c = 2] [bei 70°/0,02 Torr getrocknetes Präparat]. UV-Spektrum (A.; 210—350 nm): *Jä. et al.*, l. c. S. 997.

16β-Acetoxy-3β-[di-O-acetyl-β-D-*ribo*-2,6-didesoxy-hexopyranosyloxy]-14-hydroxy-5β,14β-card-20(22)-enolid, 16β-Acetoxy-3β-[di-O-acetyl-β-D-digitoxopyranosyloxy]-14-hydroxy-5β,14β-card-20(22)-enolid, O^{16}-Acetyl-O^3-[di-O-acetyl-β-D-digitoxo= pyranosyl]-gitoxigenin, Tri-O-acetyl-gitorosid $C_{35}H_{50}O_{11}$, Formel VII (R = X = CO-CH$_3$).

B. Beim Behandeln von Gitorosid (S. 2460) mit Acetanhydrid und Pyridin (*Satoh et al.*, Pharm. Bl. **5** [1957] 253).

Krystalle (aus wss. Me.) mit 1 Mol H_2O; F: 128—131°.

XI

16β-Acetoxy-3β-{O^3-acetyl-O^4-[O^3-acetyl-O^4-(di-O-acetyl-β-D-*ribo*-2,6-didesoxy-hexo= pyranosyl)-β-D-*ribo*-2,6-didesoxy-hexopyranosyl]-β-D-*ribo*-2,6-didesoxy-hexopyranosyl= oxy}-14-hydroxy-5β,14β-card-20(22)-enolid, 16β-Acetoxy-14-hydroxy-3β-[tetra-O-acetyl-*lin*-tri[1β→4]-D-digitoxopyranosyloxy]-5β,14β-card-20(22)-enolid, O^{16}-Acetyl-O^3-[tetra-O-acetyl-*lin*-tri[1β→4]-D-digitoxopyranosyl]-gitoxigenin, Penta-O-acetyl-gitoxin $C_{51}H_{74}O_{19}$, Formel XI (R = CO-CH$_3$).

B. Beim Behandeln von Gitoxin (S. 2462) mit Acetanhydrid und Pyridin (*Okano et al.*,

Pharm. Bl. **5** [1957] 171, 175; *Satoh et al.*, Pharm. Bl. **5** [1957] 253).

Krystalle (aus wss. Me.) mit 1 Mol H_2O, F: 158—160° (*Sa. et al.*); Krystalle (aus Py. + W. + Me.) mit 1 Mol Pyridin, F: 151—158° [unkorr.; Kofler-App.] (*Ok. et al.*). $[\alpha]_D^{21}$: +35,7° [$CHCl_3$; c = 2]; $[\alpha]_D^{21}$: +11,7° [Py.; c = 2]; $[\alpha]_D^{18}$: +43,3° [Me.; c = 3] (*Ok. et al.*). Absorptionsmaximum (A.): 215 nm [log ε = 4,26] (*Ok. et al.*, l. c. S. 173, 175).

16β-Acetoxy-14-hydroxy-3β-[[1]O^3,[2]O^3,[3]O^3-triacetyl-[3]O^4-(tetra-O-acetyl-β-D-glucopyranosyl)-*lin*-tri[1β→4]-D-*ribo*-2,6-didesoxy-hexopyranosyloxy]-5β,14β-card-20(22)-enolid, 16β-Acetoxy-14-hydroxy-3β-[[1]O^3,[2]O^3,[3]O^3-triacetyl-[3]O^4-(tetra-O-acetyl-β-D-glucopyranosyl)-*lin*-tri[1β→4]-D-digitoxopyranosyloxy]-5β,14β-card-20(22)-enolid, O^{16}-Acetyl-O^3-[[1]O^3,[2]O^3,[3]O^3-triacetyl-[3]O^4-(tetra-O-acetyl-β-D-glucopyranosyl)-*lin*-tri[1β→4]-D-digitoxopyranosyl]-gitoxigenin, Octa-O-acetyl-purpureaglycosid-B $C_{63}H_{90}O_{27}$, Formel XII (R = CO-CH_3).

B. Beim mehrtägigen Behandeln von Purpureaglycosid-B (S. 2464) mit Acetanhydrid und Pyridin (*Okano et al.*, Pharm. Bl. **5** [1957] 171, 175).

Krystalle (aus A.), F: 154—156° und (nach Wiedererstarren bei weiterem Erhitzen) F: 228—235° [unkorr.; Kofler-App.]. $[\alpha]_D^{22}$: +35,0° [$CHCl_3$; c = 2]; $[\alpha]_D^{22}$: +9,7° [Py.; c = 2]; $[\alpha]_D^{21}$: +37,7° [$CHCl_3$ + Me. (1:4); c = 2]. Absorptionsmaximum (A.): 216 nm [log ε: 4,16] (*Ok. et al.*, l. c. S. 173).

XII

4-{16-Acetoxy-14-hydroxy-3-[4-methoxy-6-methyl-5-(3,4,5-trihydroxy-6-hydroxymethyl-tetrahydro-pyran-2-yloxy)-tetrahydro-pyran-2-yloxy]-10,13-dimethyl-hexadecahydro-cyclopenta[a]phenanthren-17-yl}-5H-furan-2-on $C_{38}H_{58}O_{14}$.

a) **16β-Acetoxy-3β-[O^4-β-D-glucopyranosyl-O^3-methyl-β-D-*ribo*-2,6-didesoxy-hexopyranosyloxy]-14-hydroxy-5β,14β-card-20(22)-enolid, 16β-Acetoxy-14-hydroxy-3β-β-strophanthobiosyloxy-5β,14β-card-20(22)-enolid, O^{16}-Acetyl-O^3-β-strophanthobiosyl-gitoxigenin, Honghelosid-C** $C_{38}H_{58}O_{14}$, Formel XIII (R = H, X = CH_3).

Konstitution: *Hunger, Reichstein*, Helv. **33** [1950] 76, 80, 83.

Isolierung aus Adenium honghel: *Hu., Re.*, l. c. S. 86, 89, 95; *Schindler, Reichstein*, Helv. **34** [1951] 18, 22, 25.

Krystalle (aus Me. + Ae.); F: 159—162° [korr.; Kofler-App.] (*Sch., Re.*). Lösungsmittel enthaltende hygroskopische Krystalle (aus Me. + Ae.); F: 155—158° [korr.; nach Sintern bei 150°; Kofler-App.] (*Hu., Re.*). $[\alpha]_D^{18}$: —9,6° [Me.; c = 0,8] [bei 60° im Hochvakuum getrocknetes Präparat] (*Hu., Re.*). Über die UV-Absorption s. *Hu., Re.*, l. c. S. 79.

b) **16β-Acetoxy-3β-[O^4-β-D-glucopyranosyl-O^3-methyl-α-L-*arabino*-2,6-didesoxy-hexopyranosyloxy]-14-hydroxy-5β,14β-card-20(22)-enolid, 16β-Acetoxy-3β-[O^4-β-D-glucopyranosyl-α-L-oleandropyranosyloxy]-14-hydroxy-5β,14β-card-20(22)-enolid, O^{16}-Acetyl-O^3-[O^4-β-D-glucopyranosyl-α-L-oleandropyranosyl]-gitoxigenin, Urechitoxin** $C_{38}H_{58}O_{14}$, Formel XIV.

Isolierung aus Blättern von Urechites suberecta: *Hassall*, Soc. **1951** 3194; s. a. *Bowrey*, Soc. **33** [1878] 252.

Krystalle (aus wss. Me.), F: 157—159°; $[\alpha]_D^{27}$: —58,4° [Me.; c = 1] (*Ha.*). Absorptionsmaximum: 220 nm [log ε: 4,24] (*Ha.*).

Beim Erwärmen mit wss.-methanol. Schwefelsäure sind Oleandrigenin (S. 2458), O^4-β-D-Glucopyranosyl-O^3-methyl-L-*arabino*-2,6-didesoxy-hexose (?),   D-Glucose   und L-Oleandrose (E IV **1** 4193) erhalten worden (*Ha.*).

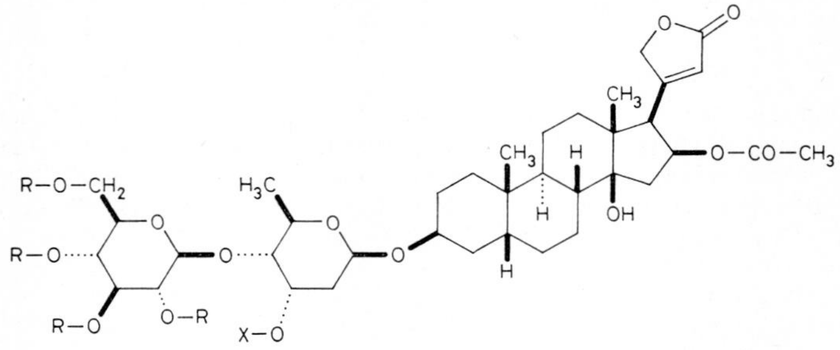

XIII

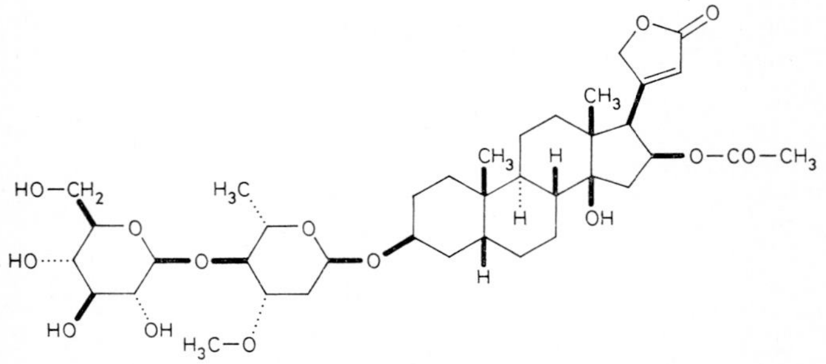

XIV

c) **16β-Acetoxy-3β-[O^4-β-D-glucopyranosyl-O^3-methyl-β-D-*xylo*-2,6-didesoxy-hexo**-pyranosyloxy]-14-hydroxy-5β,14β-card-20(22)-enolid, **16β-Acetoxy-3β-[O^4-β-D-gluco**-pyranosyl-β-D-sarmentopyranosyloxy]-14-hydroxy-5β,14β-card-20(22)-enolid, O^{16}-Acetyl-O^3-[O^4-β-D-glucopyranosyl-β-D-sarmentopyranosyl]-gitoxigenin, **Cryptograndosid-B** $C_{38}H_{58}O_{14}$, Formel XV (R = H).

Isolierung aus Blättern von Cryptostegia grandiflora: *Aebi, Reichstein,* Helv. **33** [1950] 1013, 1020.

Charakterisierung durch Überführung in Tetra-O-acetyl-cryptograndosid-B (F: 123° bis 125° [S. 2473]): *Aebi, Re.,* l. c. S. 1030.

4-{16-Acetoxy-14-hydroxy-3-[4-methoxy-6-methyl-5-(3,4,5-triacetoxy-6-acetoxy-methyl-tetrahydro-pyran-2-yloxy)-tetrahydro-pyran-2-yloxy]-10,13-dimethyl-hexa**-decahydro-cyclopenta[a]phenanthren-17-yl}-5H-furan-2-on** $C_{46}H_{66}O_{18}$.

a) **16β-Acetoxy-14-hydroxy-3β-[O^3-methyl-O^4-(tetra-O-acetyl-β-D-glucopyranosyl)-β-D-*ribo*-2,6-didesoxy-hexopyranosyloxy]-5β,14β-card-20(22)-enolid, 16β-Acetoxy-14-hydroxy-3β-[tetra-O-acetyl-β-strophanthobiosyloxy]-5β,14β-card-20(22)-enolid,** O^{16}-Acetyl-O^3-[tetra-O-acetyl-β-strophanthobiosyl]-gitoxigenin, Tetra-O-acetyl-honghelosid-C $C_{46}H_{66}O_{18}$, Formel XIII (R = CO-CH$_3$, X = CH$_3$).

B. Beim Behandeln von Honghelosid-C (S. 2471) mit Acetanhydrid und Pyridin (*Hunger, Reichstein,* Helv. **33** [1950] 76, 95).

Krystalle (aus Acn. + Ae.); F: 172—174° [korr.; Kofler-App.]. $[\alpha]_D^{18}$: −7,5° [CHCl$_3$; c = 1] [bei 60° im Hochvakuum getrocknetes Präparat]. Absorptionsmaximum (A.): 216 nm [log ε: 4,16].

b) **16β-Acetoxy-14-hydroxy-3β-[O^3-methyl-O^4-(tetra-O-acetyl-β-D-glucopyranosyl)-β-D-*xylo*-2,6-didesoxy-hexopyranosyloxy]-5β,14β-card-20(22)-enolid, 16β-Acetoxy-14-hydroxy-3β-[O^4-(tetra-O-acetyl-β-D-glucopyranosyl)-β-D-sarmentopyranosyloxy]-5β,14β-card-20(22)-enolid,** O^{16}-Acetyl-O^3-[O^4-(tetra-O-acetyl-β-D-gluco**-

pyranosyl)-β-D-sarmentopyranosyl]-gitoxigenin, Tetra-O-acetyl-crypto⹊
grandosid-B C₄₆H₆₆O₁₈, Formel XV (R = CO-CH₃).

B. Beim Behandeln von Cryptograndosid-B (S. 2472) mit Acetanhydrid und Pyridin
(*Aebi, Reichstein*, Helv. **33** [1950] 1013, 1030).

Krystalle (aus Acn. + Ae.), F: 123–125° [korr.; Kofler-App.]; [α]$_D^{15}$: −22,7° [CHCl₃]
(mit 3% 14-Hydroxy-3β-[O³-methyl-O⁴-(tetra-O-acetyl-β-D-glucopyranosyl)-β-D-*xylo*-2,6-
didesoxy-hexopyranosyloxy]-5β,14β-carda-16,20(22)-dienolid verunreinigtes Präparat).
Absorptionsmaximum (A.): 215 nm [log ε: 4,15].

XV

**16β-Acetoxy-3β-[O³-acetyl-O⁴-(tetra-O-acetyl-β-D-glucopyranosyl)-β-D-*ribo*-2,6-dides⹊
oxy-hexopyranosyloxy]-14-hydroxy-5β,14β-card-20(22)-enolid, 16β-Acetoxy-14-hydroxy-
3β-[penta-O-acetyl-β-digilanidobiosyloxy]-5β,14β-card-20(22)-enolid,** O¹⁶-Acetyl-
O³-[penta-O-acetyl-β-digilanidobiosyl]-gitoxigenin, Hexa-O-acetyl-gluco⹊
gitorosid, Hexa-O-acetyl-gitorin C₄₇H₆₆O₁₉, Formel XIII (R = X = CO-CH₃).

B. Beim Behandeln von Glucogitorosid (S. 2465) mit Acetanhydrid und Pyridin
(*Sasakawa*, J. pharm. Soc. Japan **79** [1959] 825, 829; C. A. **1959** 22 069).

Krystalle (aus Me.); F: 184–188° [Kofler-App.]; [α]$_D^{20}$: +9° [Me.; c = 1] (*Sa.*).

Dieselbe Verbindung hat vermutlich auch in einem von *Tschesche et al.* (B. **85** [1952]
1103, 1110) als Penta-O-acetyl-gitorin bezeichneten, als 16β-Acetoxy-14-hydr⹊
oxy-3β-[tetra-O-acetyl-β-D-glucopyranosyloxy]-5β,14β-card-20(22)-enolid
(C₃₉H₅₄O₁₅) angesehenen Präparat (Krystalle [aus Me.], F: 185–190°; [α]$_D^{20}$: +5° [Me.];
λ$_{max}$: 216 nm) vorgelegen (s. dazu die Bemerkungen über Gitorin-Präparate im Artikel
Glucogitorosid [S. 2465]).

                                               [*G. Grimm*]

**4-[3-(3,5-Dihydroxy-4-methoxy-6-methyl-tetrahydro-pyran-2-yloxy)-14,16-dihydroxy-
10,13-dimethyl-hexadecahydro-cyclopenta[*a*]phenanthren-17-yl]-5*H*-furan-2-on**
C₃₀H₄₆O₉.

  a) **14,16β-Dihydroxy-3β-[O³-methyl-α-L-rhamnopyranosyloxy]-5β,14β-card-
20(22)-enolid, 3β-α-L-Acofriopyranosyloxy-14,16β-dihydroxy-5β,14β-card-20(22)-enolid,**
O³-α-L-Acofriopyranosyl-gitoxigenin, Desacetylacoschimperosid-P
C₃₀H₄₆O₉, Formel I.

B. Bei mehrtägigem Behandeln von Acoschimperosid-P (S. 2479) mit Kaliumhydrogen⹊
carbonat in wss. Methanol (*Thudium et al.*, Helv. **42** [1959] 2, 42).

Krystalle (aus Acn. + Ae.) mit 1 Mol H₂O; F: 222–223° [korr.; Kofler-App.]. [α]$_D^{24}$:
−11,2° [Me.; c = 1] [bei 60°/0,05 Torr getrocknetes Präparat]. UV-Spektrum (A.;
200–350 nm): *Th. et al.*, l. c. S. 26.

  b) **14,16β-Dihydroxy-3β-[O³-methyl-β-D-fucopyranosyloxy]-5β,14β-card-
20(22)-enolid, 3β-β-D-Digitalopyranosyloxy-14,16β-dihydroxy-5β,14β-card-20(22)-enolid,**
O³-β-D-Digitalopyranosyl-gitoxigenin, **Strospesid**, Desgluco-digitalinum-
verum C₃₀H₄₆O₉, Formel II (R = H).

Konstitutionszuordnung: *Rittel et al.*, Helv. **35** [1952] 434; *Schindler, Reichstein*, Helv.
35 [1952] 442.

Isolierung aus Samen von Adenium multiflorum: *Hunger, Reichstein*, Helv. **33** [1950]
1993, 2001; s. dazu *Ri. et al.*, l. c. S. 434, 435; aus Blättern von Digitalis lanata: *Tschesche*,

Grimmer, B. **88** [1955] 1569, 1574; aus Blättern von Digitalis purpurea: *Satoh et al.*, Pharm. Bl. **1** [1953] 396, 399; Ann. Rep. Shionogi Res. Labor. Nr. 4 [1954] 381, 385; C.A. **1957** 7657; *Tsch.*, *Gr.*; aus Samen von Digitalis purpurea: *Satoh et al.*, J. pharm. Soc. Japan **74** [1954] 560; C.A. **1954** 10298; Ann. Rep. Shionogi Res. Labor. Nr. 5 [1955] 113; C.A. **1956** 17331. Gewinnung aus Samen von Nerium oleander nach enzymatischer Hydrolyse: *Jäger et al.*, Helv. **42** [1959] 977, 999; s.a. *Turkovic*, J. Pharm. Belg. [NS] **14** [1959] 263, 265, 266; aus Samen von Strophanthus boivinii nach enzymatischer Hydrolyse: *Schindler*, *Reichstein*, Helv. **35** [1952] 673, 680, 686; aus Samen von Strophanthus speciosus nach enzymatischer Hydrolyse: *v. Euw*, *Reichstein*, Helv. **33** [1950] 666.

B. Beim Behandeln von Neritalosid (S. 2479) mit Kaliumhydrogencarbonat in wss. Methanol (*Jä. et al.*, l. c. S. 1012). Aus Mono-*O*-acetyl-digitalinum-verum (S. 2476) mit Hilfe eines Enzym-Präparats aus Helix pomatia (*Ri. et al.*, l. c. S. 439, 440). Aus Gitostin (S. 2476) bzw. aus Neogitostin (S. 2476) mit Hilfe eines Enzym-Präparats aus Euhadra quaesita (*Okano et al.*, Pharm. Bl. **5** [1957] 167, **6** [1958] 178).

Krystalle; F: 260—265° [korr.; Kofler-App.; aus Me. + Ae.] (*Ri. et al.*, l. c. S. 440), 251—253° [korr.; Kofler-App.; lösungsmittelhaltig; aus Dioxan + Acn.] (*v. Euw*, *Re.*, l. c. S. 670), 248—255° [korr.; Kofler-App.; lösungsmittelhaltig; aus wss. Me.] (*Ri. et al.*), 249—252° [aus Acn. + Ae. + PAe.] (*Tsch.*, *Gr.*), 243—246° [unkorr.; Zers.; aus Me. + Ae.] (*Satoh et al.*, Pharm. Bl. **1** 399), 232—246° [korr.; Kofler-App.; lösungsmittelhaltig; aus Acn. + Ae.] (*Hunger*, *Reichstein*, Helv. **33** [1950] 76, 97). $[\alpha]_D^{19}$: +18,8° [Me.; c = 0,7] [bei 80°/0,02 Torr getrocknetes Präparat] (*Ri. et al.*); $[\alpha]_D^{20}$: +18° [Me.] (*Tsch.*, *Gr.*); $[\alpha]_D^{28}$: +17,9° [Me.; c = 1] (*Satoh et al.*, Pharm. Bl. **1** 397, 398). IR-Spektrum (Nujol; 7,5—14,5 μ): *Satoh et al.*, Pharm. Bl. **1** 398. UV-Spektrum (A.; 210—330 nm): *Hu.*, *Re.*, l. c. S. 1995; *Satoh et al.*, Pharm. Bl. **1** 397.

Bei $^3/_4$-stdg. Behandeln mit wss.-methanol. Salzsäure ist 3β-β-D-Digitalopyranosyloxy-5β-carda-14,16,20(22)-trienolid (*Sasakawa*, J. pharm. Soc. Japan **79** [1959] 575, 577; C. A. **1959** 17427), bei mehrtägigem Behandeln mit Aceton und kleinen Mengen wss. Salzsäure sind Gitoxigenin (S. 2456), Digaligenin (S. 593) und D-Digitalose (*Sch.*, *Re.*, l. c. S. 444) erhalten worden.

I   II

3β-[O^2-Acetyl-O^3-methyl-β-D-fucopyranosyloxy]-14,16β-dihydroxy-5β,14β-card-20(22)-enolid, 3β-[O^2-Acetyl-β-D-digitalopyranosyloxy]-14,16β-dihydroxy-5β,14β-card-20(22)-enolid, O^3-[O^2-Acetyl-β-D-digitalopyranosyl]-gitoxigenin $C_{32}H_{48}O_{10}$, Formel II (R = CO-CH₃).

Diese Konstitution und Konfiguration kommt vermutlich dem nachstehend beschriebenen Mono-*O*-acetyl-strospesid zu; die Position des Acetyl-Restes ist nicht bewiesen (*Rittel et al.*, Helv. **35** [1952] 434).

B. Aus Mono-*O*-acetyl-digitalinum-verum (S. 2476) mit Hilfe eines Enzym-Präparats aus Samen von Adenium multiflorum (*Hunger*, *Reichstein*, Helv. **33** [1950] 76, 97).

Krystalle (aus Acn. + Ae.); F: 238—246° [korr.; Kofler-App.] (*Ri. et al.*, Helv. **35** 441), 232—234° [korr.; Kofler-App.] (*Hu.*, *Re.*), 226—233° [korr., Kofler-App.] (*Rittel et al.*, Helv. **36** [1953] 434, 456). $[\alpha]_D^{18}$: +18,8° [Me.; c = 1] [bei 60° im Hochvakuum getrocknetes Präparat] (*Hu.*, *Re.*); $[\alpha]_D^{18}$: +18,4° [Me.; c = 2] [bei 80°/0,01 Torr getrocknetes Präparat] (*Ri. et al.*, Helv. **36** 456). Absorptionsmaximum (A.): 217 nm (*Ri. et al.*, Helv. **36** 456).

3β-[*O⁴*(?)-β-D-Glucopyranosyl-β-D(?)-fucopyranosyloxy]-14,16β-dihydroxy-5β,14β-card-20(22)-enolid, *O³*-[*O⁴*(?)-β-D-Glucopyranosyl-β-D(?)-fucopyranos=yl]-gitoxigenin C₃₅H₅₄O₁₄, vermutlich Formel III (R = H).

Diese Konstitution und Konfiguration kommt dem nachstehend beschriebenen **Glucogitofucosid** zu (*Tschesche, Grimmer*, B. **88** [1955] 1569, 1573).

Isolierung aus Blättern von Digitalis lanata: *Tsch., Gr.*; aus Samen von Digitalis purpurea: *Miyatake et al.*, Pharm. Bl. **5** [1957] 157, 160, 162.

Nicht näher beschrieben.

Charakterisierung als Hepta-*O*-acetyl-Derivat (F: 153—154° [S. 2482]): *Tsch., Gr.*

III

3β-[*O⁴*(?)-β-D-Glucopyranosyl-*O³*-methyl-β-D-fucopyranosyloxy]-14,16β-dihydroxy-5β,14β-card-20(22)-enolid, 3β-[*O⁴*(?)-β-D-Glucopyranosyl-β-D-digitalopyranosyloxy]-14,16β-dihydroxy-5β,14β-card-20(22)-enolid, *O³*-[*O⁴*(?)-β-D-Glucopyranosyl-β-D-digitalopyranosyl]-gitoxigenin C₃₆H₅₆O₁₄, vermutlich Formel IV (R = H).

Diese Konstitution und Konfiguration kommt dem nachstehend beschriebenen **Digi=talinum-verum** zu (*Rittel et al.*, Helv. **35** [1952] 434; s. a. *Kaiser et al.*, A. **688** [1965] 216, 219).

Isolierung aus Adenium boehmianum: *Hess et al.*, Helv. **35** [1952] 2202, 2204, 2214, 2217, 2225; aus Adenium honghel: *Hunger, Reichstein*, Helv. **33** [1950] 76, 86, 90, 96; *Schindler, Reichstein*, Helv. **34** [1951] 18, 22; aus Blättern von Cryptostegia grandiflora: *Aebi, Reichstein*, Helv. **33** [1950] 1013, 1020, 1021; aus Samen von Digitalis lanata: *Mohr, Reichstein*, Pharm. Acta Helv. **24** [1949] 246; aus Blättern von Digitalis lanata: *Tschesche et al.*, B. **85** [1952] 1103, 1108; aus Samen von Digitalis purpurea: *Mohr, Re.*; *Miyatake et al.*, Pharm. Bl. **5** [1957] 157, 161; *Sasakawa*, J. pharm. Soc. Japan **74** [1954] 474; C. A. **1954** 10298; aus Blättern von Digitalis purpurea: *Sasakawa*, J. pharm. Soc. Japan **79** [1959] 571; C. A. **1959** 17427; aus Samen von Nerium oleander: *Turkovic*, J. Pharm. Belg. [NS] **14** [1959] 263, 265; aus Hülsen und Blättern von Nerium oleander: *Tu.*, l. c. S. 376, 377, 382, 447, 449.

B. Aus Neogitostin (S. 2476) mit Hilfe eines Enzym-Präparats aus Euhadra quaesita (*Okano*, Chem. pharm. Bl. **6** [1958] 178, 180).

Krystalle (aus wss. Me.) mit 2 Mol H₂O, F: 243,5—244° [Zers.] (*Sa.*, J. pharm. Soc. Japan **79** 573), 241—244° [unkorr.; Kofler-App.] (*Mi. et al.*); Lösungsmittel enthaltende Krystalle (aus Me. + Ae.), F: 241—244° [korr.; Kofler-App.] (*Ri. et al.*, l. c. S. 439). [α]$_D^{19}$: +1,5° [Me.] (*Ri. et al.*); [α]$_D^{26}$: +1,5° [Me.; c = 1] [Dihydrat] (*Sa.*, J. pharm. Soc. Japan **74** 475); [α]$_D^{28}$: +0,9° [Me.; c = 3] [Dihydrat] (*Mi. et al.*). Absorptionsmaximum (A.): 219 nm (*Ri. et al.*, l. c. S. 440).

Beim Behandeln mit wss.-methanol. Salzsäure ist 3β-[*O⁴*(?)-β-D-Glucopyranosyl-β-D-digitalopyranosyloxy]-5β-carda-14,16,20(22)-trienolid (S. 594) erhalten worden (*Sa=sakawa*, J. pharm. Soc. Japan **79** [1959] 575, 577; C. A. **1959** 17427).

3β-[*O⁴*(?)-(*O⁴*-β-D-Glucopyranosyl-β-D-glucopyranosyl)-*O³*-methyl-β-D-fucopyranosyl=oxy]-14,16β-dihydroxy-5β,14β-card-20(22)-enolid, 3β-[*O⁴*(?)-β-Cellobiosyl-β-D-digitalo=pyranosyloxy]-14,16β-dihydroxy-5β,14β-card-20(22)-enolid, *O³*-[*O⁴*(?)-β-Cellobiosyl-

β-D-digitalopyranosyl]-gitoxigenin $C_{42}H_{66}O_{19}$, vermutlich Formel V (R = X = H).

Diese Konstitution und Konfiguration kommt dem nachstehend beschriebenen **Gitostin** zu (*Okano*, Chem. pharm. Bl. **6** [1958] 178).

Isolierung aus Samen von Digitalis purpurea: *Miyatake et al.*, Pharm. Bl. **5** [1957] 157, 161, 163, 166.

Krystalle (aus wss. Butan-1-ol oder aus wss. A. + Ae.) mit 2 Mol H_2O, F: 252—254° [unkorr.; Kofler-App.]; $[\alpha]_D^{22}$: —3,4° [Me.; c = 2] [Dihydrat] (*Mi. et al.*, l. c. S. 163, 166). Absorptionsmaximum (A.): 218 nm (*Mi. et al.*, l. c. S. 166).

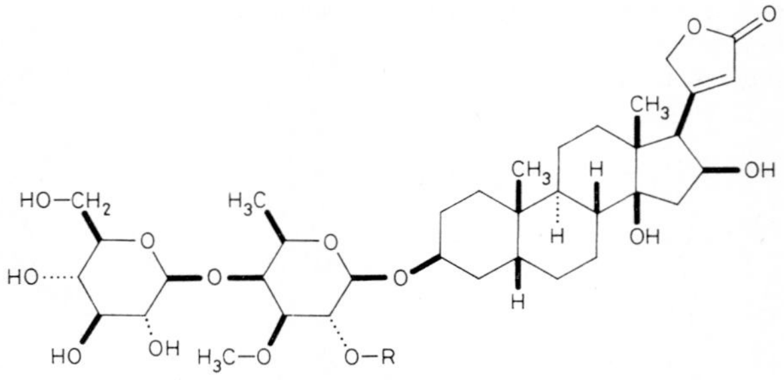

IV

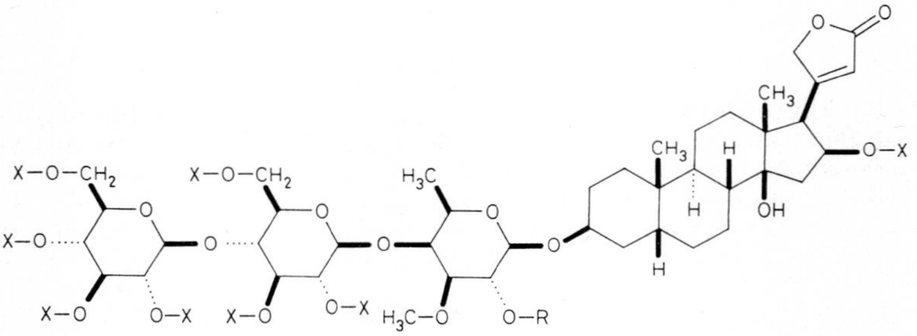

V

3β-[O^4(?)-(O^6-β-D-Glucopyranosyl-β-D-glucopyranosyl)-O^3-methyl-β-D-fucopyranosyloxy]-14,16β-dihydroxy-5β,14β-card-20(22)-enolid, 3β-[O^4(?)-β-Gentiobiosyl-β-D-digitalopyranosyloxy]-14,16β-dihydroxy-5β,14β-card-20(22)-enolid, O^3-[O^4(?)-β-Gentiobiosyl-β-D-digitalopyranosyl]-gitoxigenin $C_{42}H_{66}O_{19}$, vermutlich Formel VI (R = X = H).

Diese Konstitution und Konfiguration kommt dem nachstehend beschriebenen **Neogitostin** zu (*Okano*, Chem. pharm. Bl. **6** [1958] 178).

Isolierung aus Samen von Digitalis purpurea: *Miyatake et al.*, Pharm. Bl. **5** [1957] 157, 161; *Okano*, Chem. pharm. Bl. **6** [1958] 173, 176.

Nicht näher beschrieben.

Charakterisierung als Nona-O-acetyl-Derivat (F: 197—199° [S. 2482]): *Ok.*

3β-[O^2(?)-Acetyl-O^4(?)-β-D-glucopyranosyl-O^3-methyl-β-D-fucopyranosyloxy]-14,16β-dihydroxy-5β,14β-card-20(22)-enolid, 3β-[O^2(?)-Acetyl-O^4(?)-β-D-glucopyranosyl-β-D-digitalopyranosyloxy]-14,16β-dihydroxy-5β,14β-card-20(22)-enolid, O^3-[O^2(?)-Acetyl-O^4(?)-β-D-glucopyranosyl-β-D-digitalopyranosyl]-gitoxigenin $C_{38}H_{58}O_{15}$, vermutlich Formel IV (R = CO-CH$_3$).

Diese Konstitution kommt dem nachstehend beschriebenen Mono-O-acetyl-digitalinum-verum zu (*Rittel et al.*, Helv. **35** [1952] 434).

B. Beim Behandeln von Hexa-O-acetyl-digitalinum-verum (S. 2481) mit Kaliumhydrogencarbonat in wss. Methanol (*Mohr*, *Reichstein*, Pharm. Acta Helv. **24** [1949] 246, 253; s. a. *Tschesche et al.*, B. **85** [1952] 1103, 1112).

Lösungsmittel enthaltende Krystalle; F: 257—262° [korr.; Kofler-App.; aus Me.

+ Ae.] (*Ri. et al.*, Helv. **35** 439), 254—259° [korr.; Zers.; Kofler-App.; aus Me. + Ae.] (*Rittel et al.*, Helv. **36** [1953] 434, 455), 244—246° [korr.; Kofler-App.; aus wss. Me.] (*Mohr, Re.*), 238—246° [unkorr.; Kofler-App.; aus wss. Me.] (*Miyatake et al.*, Pharm. Bl. **5** [1957] 157, 162). $[\alpha]_D^{15}$: −1,0° [A.; c = 1] [bei 60° im Hochvakuum getrocknetes Präparat] (*Mohr, Re.*); $[\alpha]_D^{17}$: +1,1° [Me.; c = 1] [bei 80°/0,01 Torr getrocknetes Präparat] (*Ri. et al.*, Helv. **36** 455); $[\alpha]_D^{19}$: −2,9° [Me.; c = 1] [bei 80°/0,02 Torr getrocknetes Präparat] (*Ri. et al.*, Helv. **35** 439); $[\alpha]_D^{21}$: −2,7° [Me.; c = 1] (*Mi. et al.*). Absorptionsmaximum (A.): 217 nm (*Ri. et al.*, Helv. **36** 455).

3β-[O^2(?)-Acetyl-O^4(?)-(O^4-β-D-glucopyranosyl-β-D-glucopyranosyl)-O^3-methyl-β-D-fucopyranosyloxy]-14,16β-dihydroxy-5β,14β-card-20(22)-enolid, 3β-[O^2(?)-Acetyl-O^4(?)-β-cellobiosyl-β-D-digitalopyranosyloxy]-14,16β-dihydroxy-5β,14β-card-20(22)-enolid, O^3-[O^2(?)-Acetyl-O^4(?)-β-cellobiosyl-β-D-digitalopyranosyl]-gitoxigenin $C_{44}H_{68}O_{20}$, vermutlich Formel V (R = CO-CH$_3$, X = H).

Diese Konstitution und Konfiguration kommt dem nachstehend beschriebenen **Mono-O-acetyl-gitostin** zu.

B. Bei mehrtägigem Behandeln von Nona-O-acetyl-gitostin (S. 2481) mit Kaliumhydrogencarbonat in wss. Methanol (*Okano*, Chem. pharm. Bl. **6** [1958] 173, 177).

Krystalle (aus wss. A. + Ae.) mit 1 Mol H$_2$O; F: 257—260° [unkorr.; Kofler-App.]. $[\alpha]_D^{24}$: +2° [wss. Me. (70%ig); c = 1].

VI

3β-[O^2(?)-Acetyl-O^4(?)-(O^6-β-D-glucopyranosyl-β-D-glucopyranosyl)-O^3-methyl-β-D-fucopyranosyloxy]-14,16β-dihydroxy-5β,14β-card-20(22)-enolid, 3β-[O^2(?)-Acetyl-O^4(?)-β-gentiobiosyl-β-D-digitalopyranosyloxy]-14,16β-dihydroxy-5β,14β-card-20(22)-enolid, O^3-[O^2(?)-Acetyl-O^4(?)-β-gentiobiosyl-β-D-digitalopyranosyl]-gitoxigenin $C_{44}H_{68}O_{20}$, vermutlich Formel VI (R = CO-CH$_3$, X = H).

Diese Konstitution und Konfiguration kommt dem nachstehend beschriebenen **Mono-O-acetyl-neogitostin** zu.

B. Bei mehrtägigem Behandeln von Nona-O-acetyl-neogitostin (S. 2482) mit Kaliumhydrogencarbonat in wss. Methanol (*Okano*, Chem. pharm. Bl. **6** [1958] 173, 176).

Krystalle (aus wss. A. + Ae.) mit 1 Mol H$_2$O; F: 249—252° [unkorr.; Kofler-App.]. $[\alpha]_D^{24}$: −14,2° [Me.; c = 1]. Absorptionsmaximum (A.): 218 nm.

3β-[O^4(?)-β-D-Glucopyranosyl-O^3-methyl-O^2(?)-propionyl-β-D-fucopyranosyloxy]-14,16β-dihydroxy-5β,14β-card-20(22)-enolid, 3β-[O^4(?)-β-D-Glucopyranosyl-O^2(?)-propionyl-β-D-digitalopyranosyloxy]-14,16β-dihydroxy-5β,14β-card-20(22)-enolid, O^3-[O^4(?)-β-D-Glucopyranosyl-O^2(?)-propionyl-β-D-digitalopyranosyl]-gitoxigenin $C_{39}H_{60}O_{15}$, vermutlich Formel IV (R = CO-CH$_2$-CH$_3$).

Diese Konstitution und Konfiguration kommt dem nachstehend beschriebenen **Mono-O-propionyl-digitalinum-verum** zu.

B. Bei mehrtägigem Behandeln von Hexa-O-propionyl-digitalinum-verum (S. 2483) mit Kaliumhydrogencarbonat in wss. Methanol (*Okano et al.*, Chem. pharm. Bl. **7** [1959] 627, 632).

Krystalle (aus wss. Me. oder aus Me. + Ae.) mit 1 Mol H$_2$O; F: 236—238° [unkorr.; Kofler-App.]. $[\alpha]_D^{25}$: −1,8° [Me.; c = 1] [Monohydrat]. Absorptionsmaximum (A.): 219 nm.

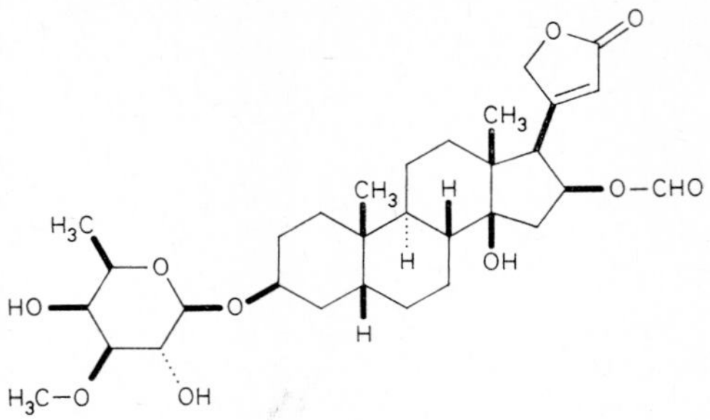

VII

16β-Formyloxy-14-hydroxy-3β-[O^3-methyl-β-D-fucopyranosyloxy]-5β,14β-card-20(22)-enolid, 3β-β-D-Digitalopyranosyloxy-16β-formyloxy-14-hydroxy-5β,14β-card-20(22)-enolid, O^3-β-D-Digitalopyranosyl-O^{16}-formyl-gitoxigenin, **Verodoxin** $C_{31}H_{46}O_{10}$, Formel VII.

Gewinnung aus Blättern von Digitalis purpurea und von Digitalis lanata nach enzymatischer Hydrolyse: *Haack et al.*, Naturwiss. **43** [1956] 130, **45** [1958] 241.

B. Beim Behandeln von Strospesid (S. 2473) mit Ameisensäure-essigsäure-anhydrid und Natriumformiat (*Ha. et al.*, Naturwiss. **43** 131).

Krystalle (aus Ae.); F: 197—198°. $[\alpha]_D^{20}$: —4° [CHCl$_3$]. Absorptionsmaximum: 218 nm.

16β-Formyloxy-3β-[O^4(?)-β-D-glucopyranosyl-O^3-methyl-β-D-fucopyranosyloxy]-14-hydroxy-5β,14β-card-20(22)-enolid, 16β-Formyloxy-3β-[O^4(?)-β-D-glucopyranosyl-β-D-digitalopyranosyloxy]-14-hydroxy-5β,14β-card-20(22)-enolid, O^{16}-Formyl-O^3-[O^4(?)-β-D-glucopyranosyl-β-D-digitalopyranosyl]-gitoxigenin $C_{37}H_{56}O_{15}$, vermutlich Formel VIII.

Diese Konstitution und Konfiguration kommt dem nachstehend beschriebenen **Glucoverodoxin** zu.

Isolierung aus Samen von Digitalis purpurea: *Haack et al.*, Naturwiss. **45** [1958] 338.

F: 179—183° [aus Acn. + Ae. oder aus Acn. + PAe.]. $[\alpha]_D^{20}$: —1,0° [Py.]. Absorptionsmaximum: 217 nm.

Gegen wss. Methanol nicht beständig (Bildung von Digitalinum-verum [S. 2475]).

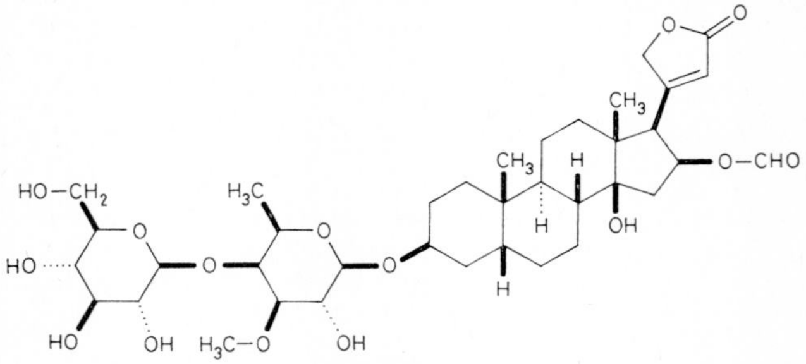

VIII

16β-Acetoxy-14-hydroxy-3β-α-L-rhamnopyranosyloxy-5β,14β-card-20(22)-enolid, O^{16}-Acetyl-O^3-α-L-rhamnopyranosyl-gitoxigenin, **Rhodexin-B** $C_{31}H_{46}O_{10}$, Formel IX (R = H).

Konstitutionszuordnung: *Nawa, Uchibayashi*, Chem. pharm. Bl. **6** [1958] 508.

Gewinnung aus Rhodea japonica nach enzymatischer Hydrolyse: *Nawa*, Pr. Japan Acad. **27** [1951] 436; J. pharm. Soc. Japan **72** [1952] 404; C. A. **1953** 2189.

Krystalle (aus A.), F: 262° [korr.; Zers.]; $[\alpha]_D$: —39,5° [A.] (*Nawa*). UV-Spektrum (A.; 210—280 nm): *Nawa*.

Beim Behandeln mit Chlorwasserstoff enthaltendem Aceton sind Oleandrigenin (S. 2458), Gitoxigenin (S. 2456), Digitaligenin (S. 593) und L-Rhamnose erhalten worden (*Nawa, Uch.*).

4-[16-Acetoxy-3-(3,5-dihydroxy-4-methoxy-6-methyl-tetrahydro-pyran-2-yloxy)-14-hydroxy-10,13-dimethyl-hexadecahydro-cyclopenta[a]phenanthren-17-yl]-5H-furan-2-on $C_{32}H_{48}O_{10}$.

a) **16β-Acetoxy-14-hydroxy-3β-[O^3-methyl-α-L-rhamnopyranosyloxy]-5β,14β-card-20(22)-enolid, 16β-Acetoxy-3β-α-L-acofriopyranosyloxy-14-hydroxy-5β,14β-card-20(22)-enolid, O^{16}-Acetyl-O^3-α-L-acofriopyranosyl-gitoxigenin, Acoschimperosid-P** $C_{32}H_{48}O_{10}$, Formel IX (R = CH$_3$).

Konstitutionszuordnung: *Thudium et al.*, Helv. **42** [1959] 2, 21, 28.

Isolierung aus Acokanthera schimperi: *Thudium et al.*, Helv. **41** [1958] 604, 609, **42** 3, 35.

Krystalle (aus Acn.); F: 275—279° [korr.; Zers.; Kofler-App.] (*Th. et al.*, Helv. **42** 42). [α]$_D^{24}$: —35,6° [Me.; c = 1]; [α]$_D^{26}$: —38,8° [Me.; c = 1] [bei 60°/0,05 Torr getrocknete Präparate] (*Th. et al.*, Helv. **42** 42, 47).

IX   X

b) **16β-Acetoxy-14-hydroxy-3β-[O^3-methyl-β-D-fucopyranosyloxy]-5β,14β-card-20(22)-enolid, 16β-Acetoxy-3β-β-D-digitalopyranosyloxy-14-hydroxy-5β,14β-card-20(22)-enolid, O^{16}-Acetyl-O^3-β-D-digitalopyranosyl-gitoxigenin, Neritalosid** $C_{32}H_{48}O_{10}$, Formel X (R = H, X = CO-CH$_3$).

Gewinnung aus Samen von Nerium oleander nach enzymatischer Hydrolyse: *Jäger et al.*, Helv. **42** [1959] 977, 981, 999, 1011.

Krystalle (aus Dioxan + Ae.) mit 1 Mol Dioxan; F: 135—140° [korr.; Kofler-App.]. [α]$_D^{26}$: —11,4° [Me.; c = 1] [bei 70°/0,02 Torr getrocknetes Präparat]. UV-Spektrum (A.; 210—350 nm): *Jä. et al.*, l. c. S. 997.

16β-Acetoxy-3β-[O^2,O^4-diacetyl-O^3-methyl-β-D-fucopyranosyloxy]-14-hydroxy-5β,14β-card-20(22)-enolid, 16β-Acetoxy-3β-[di-O-acetyl-β-D-digitalopyranosyloxy]-14-hydroxy-5β,14β-card-20(22)-enolid, O^{16}-Acetyl-O^3-[di-O-acetyl-β-D-digitalopyranosyl]-gitoxigenin, Tri-O-acetyl-strospesid $C_{36}H_{52}O_{12}$, Formel X (R = X = CO-CH$_3$).

B. Beim Behandeln von Strospesid (S. 2473) mit Acetanhydrid und Pyridin (*Hunger, Reichstein*, Helv. **33** [1950] 76, 97).

Krystalle; F: 227—230° [korr.; Kofler-App.; aus Acn. + Ae.] (*Rittel et al.*, Helv. **35** [1952] 434, 441; s. a. *Rittel et al.*, Helv. **36** [1953] 434, 456), 148—154° [korr.; Kofler-App.; aus Me. + Ae.] (*Ri. et al.*, Helv. **36** 456), 147—150° [korr.; Kofler-App.; aus Me. + A. oder aus Acn. + Ae.] (*Hu., Re.*, l. c. S. 97). [α]$_D^{16}$: —2,2° [CHCl$_3$; c = 0,6] (*Ri. et al.*, Helv. **35** 441); [α]$_D^{17}$: —4,9° [CHCl$_3$; c = 1] (*Hunger, Reichstein*, Helv. **33** [1950] 1993, 2002); [α]$_D^{19}$: —5,3° [CHCl$_3$; c = 1] (*Ri. et al.*, Helv. **36** 456).

16β-Acetoxy-3β-[O^4(?)-β(?)-D-glucopyranosyl-α-L-rhamnopyranosyloxy]-14-hydroxy-5β,14β-card-20(22)-enolid, O^{16}-Acetyl-O^3-[O^4(?)-β(?)-D-glucopyranosyl-α-L-rhamnopyranosyl]-gitoxigenin $C_{37}H_{56}O_{15}$, vermutlich Formel XI.

Diese Konstitution und Konfiguration kommt dem nachstehend beschriebenen **Rhodexin-C** zu (*Nawa, Uchibayashi*, Chem. pharm. Bl. **6** [1958] 508).

Isolierung aus Rhodea japonica: *Nawa*, J. pharm. Soc. Japan **72** [1952] 507, 888; C. A. **1953** 2190, 3306.

Krystalle (aus wss. A.); F: 277° [korr.; Zers.]; [α]$_D^{17}$: —19,6° [wss. A. (70%ig)] (*Nawa*, l. c. S. 890).

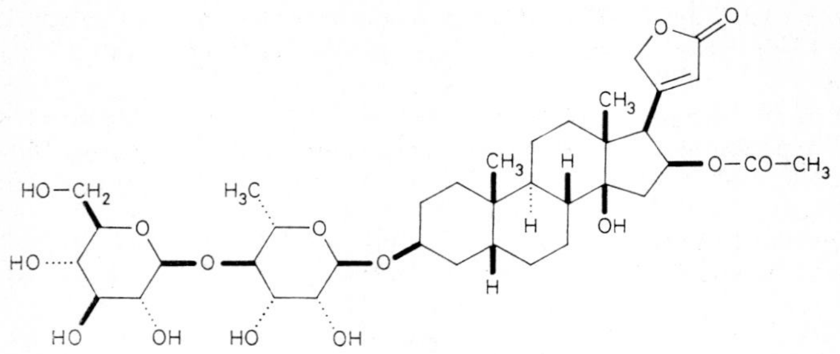

HO—CH$_2$ H$_3$C

XI

X—O—CH$_2$ H$_3$C

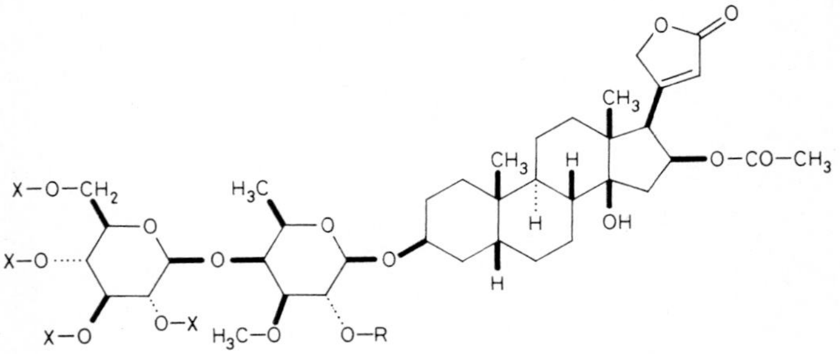

XII

16β-Acetoxy-3β-[O^4(?)-β-D-glucopyranosyl-O^3-methyl-β-D-fucopyranosyloxy]-14-hydroxy-5β,14β-card-20(22)-enolid, 16β-Acetoxy-3β-[O^4(?)-β-D-glucopyranosyl-β-D-digitalopyranosyloxy]-14-hydroxy-5β,14β-card-20(22)-enolid, O^{16}-Acetyl-O^3-[O^4(?)-β-D-glucopyranosyl-β-D-digitalopyranosyl]-gitoxigenin $C_{38}H_{58}O_{15}$, vermutlich Formel XII (R = X = H).

Diese Konstitution und Konfiguration kommt dem nachstehend beschriebenen O^{16}-Acetyl-digitalinum-verum zu.

B. Aus der im folgenden Artikel beschriebenen Verbindung mit Hilfe eines Enzym-Präparats aus Euhadra quaesita (*Miyatake et al.*, Chem. pharm. Bl. **7** [1959] 634, 638).

Nicht krystallin erhalten. $[\alpha]_D^{26}$: $-21,1°$ [Me.; c = 1]. Absorptionsmaximum (A.): 217 nm.

16β-Acetoxy-3β-[O^4(?)-(O^4(?)-β-D-glucopyranosyl-β-D-glucopyranosyl)-O^3-methyl-α-L-rhamnopyranosyloxy]-14-hydroxy-5β,14β-card-20(22)-enolid, 16β-Acetoxy-3β-[O^4(?)-(O^4(?)-β-D-glucopyranosyl-β-D-glucopyranosyl)-α-L-acofriopyranosyloxy]-14-hydroxy-5β,14β-card-20(22)-enolid, O^{16}-Acetyl-O^3-[O^4(?)-(O^4(?)-β-D-glucopyranosyl-β-D-glucopyranosyl)-α-L-acofriopyranosyl]-gitoxigenin $C_{44}H_{68}O_{20}$, vermutlich Formel XIII.

Diese Konstitution und Konfiguration kommt dem nachstehend beschriebenen **Digluco-acoschimperosid-P** zu.

Isolierung aus Samen von Acokanthera schimperi: *Thudium et al.*, Helv. **42** [1959] 2, 35.

Lösungsmittel enthaltende Krystalle (aus Isopropylalkohol), F: 174—179° [korr.; Kofler-App.]; $[\alpha]_D^{23}$: $-51,5°$ [Me.; c = 1] [bei 60°/0,05 Torr getrocknetes Präparat] (*Th. et al.*, l. c. S. 44). UV-Spektrum (A.; 200—330 nm): *Th. et al.*, l. c. S. 23.

16β-Acetoxy-3β-[O^2(?)-acetyl-O^4(?)-β-D-glucopyranosyl-O^3-methyl-β-D-fucopyranosyloxy]-14-hydroxy-5β,14β-card-20(22)-enolid, 16β-Acetoxy-3β-[O^2(?)-acetyl-O^4(?)-β-D-glucopyranosyl-β-D-digitalopyranosyloxy]-14-hydroxy-5β,14β-card-20(22)-enolid, O^{16}-Acetyl-O^3-[O^2(?)-acetyl-O^4(?)-β-D-glucopyranosyl-β-D-digitalopyranosyl]-gitoxigenin $C_{40}H_{60}O_{16}$, vermutlich Formel XII (R = CO-CH$_3$, X = H).

Diese Konstitution und Konfiguration kommt dem nachstehend beschriebenen

Monoacetyl-Derivat des O^{16}-Acetyl-digitalinum-verum zu.

B. Bei 3-tägigem Behandeln der im folgenden Artikel beschriebenen Verbindung mit Kaliumhydrogencarbonat in wss. Methanol (*Okano et al.*, Chem. pharm. Bl. **7** [1959] 627, 631).

Krystalle (aus wss. 4-Methyl-pentan-2-on) mit 1 Mol H_2O; F: 181—184° [unkorr.; Kofler-App.]. $[\alpha]_D^{26}$: —24° [Me.; c = 1] [Monohydrat]. Absorptionsmaximum (A.): 217 nm.

XIII

16β-Acetoxy-3β-[O^2(?)-acetyl-O^3-methyl-O^4(?)-(tetra-O-acetyl-β-D-glucopyranosyl)-β-D-fucopyranosyloxy]-14-hydroxy-5β,14β-card-20(22)-enolid, 16β-Acetoxy-3β-[O^2(?)-acetyl-O^4(?)-(tetra-O-acetyl-β-D-glucopyranosyl)-β-D-digitalopyranosyloxy]-14-hydroxy-5β,14β-card-20(22)-enolid, O^{16}-Acetyl-O^3-[O^2(?)-acetyl-O^4(?)-(tetra-O-acetyl-β-D-glucopyranosyl)-β-D-digitalopyranosyl]-gitoxigenin $C_{48}H_{68}O_{20}$, vermutlich Formel XII (R = X = CO-CH$_3$).

Diese Konstitution und Konfiguration kommt dem nachstehend beschriebenen Hexa-O-acetyl-digitalinum-verum zu.

B. Beim Behandeln von Digitalinum-verum (S. 2475) mit Acetanhydrid und Pyridin (*Sasakawa*, J. pharm. Soc. Japan **74** [1954] 474; C. A. **1954** 10298; *Miyatake et al.*, Pharm. Bl. **5** [1957] 157, 162).

Krystalle; F: 182—186° und (nach Wiedererstarren bei weiterem Erhitzen) F: 228° bis 231° [unkorr.; Kofler-App.; aus Acn. + Ae.] (*Mi. et al.*); F: 177—179° und (nach Wiedererstarren bei weiterem Erhitzen) F: 220—227° [korr.; Kofler-App.; aus Bzl. + CHCl$_3$] (*Turkovic*, J. Pharm. Belg. [NS] **14** [1959] 376, 382); F: 176—180° und (nach Wiedererstarren bei weiterem Erhitzen) F: 220—230° [korr.; Kofler-App.; aus Acn. + Bzl.] (*Rittel et al.*, Helv. **36** [1953] 434, 455); F: 162—167° und (nach Wiedererstarren bei weiterem Erhitzen) F: 220—228° [aus Acn. + Ae.] (*Tschesche et al.*, B. **85** [1952] 1103, 1111); F: 158—160° und (nach Wiedererstarren bei weiterem Erhitzen) F: 229—231° [korr.; Kofler-App.; aus Acn. + Bzl.] (*Mohr, Reichstein*, Pharm. Acta Helv. **24** [1949] 246, 251). $[\alpha]_D^{16}$: —16,5° [CHCl$_3$; c = 1] (*Mohr, Re.*); $[\alpha]_D^{17}$: —15,5° [CHCl$_3$; c = 1] (*Ri. et al.*); $[\alpha]_D^{17}$: —15,3° [CHCl$_3$] (*Tu.*); $[\alpha]_D^{20}$: —16,3° [CHCl$_3$; c = 0,3] (*Sa.*); $[\alpha]_D^{28}$: —16,9° [CHCl$_3$; c = 3] (*Mi. et al.*); $[\alpha]_D^{20}$: —20° [Me.; c = 1] (*Tsch. et al.*). UV-Spektrum (A.: 200—250 nm): *Mohr, Re.*, l. c. S. 249.

Bei 3-tägigem Behandeln mit Kaliumhydrogencarbonat in wss. Methanol sind die im vorangehenden Artikel beschriebene Verbindung und Mono-O-acetyl-digitalinum-verum (S. 2476) erhalten worden (*Okano et al.*, Chem. pharm. Bl. **7** [1959] 627, 631).

16β-Acetoxy-3β-{O^2(?)-acetyl-O^3-methyl-O^4(?)-[O^2,O^3,O^6-triacetyl-O^4-(tetra-O-acetyl-β-D-glucopyranosyl)-β-D-glucopyranosyl]-β-D-fucopyranosyloxy}-14-hydroxy-5β,14β-card-20(22)-enolid, 16β-Acetoxy-3β-[O^2(?)-acetyl-O^4(?)-(hepta-O-acetyl-β-cellobiosyl)-β-D-digitalopyranosyloxy]-14-hydroxy-5β,14β-card-20(22)-enolid, O^{16}-Acetyl-O^3-[O^2(?)-acetyl-O^4(?)-(hepta-O-acetyl-β-cellobiosyl)-β-D-digitalopyranosyl]-gitoxigenin $C_{60}H_{84}O_{28}$, vermutlich Formel V (R = X = CO-CH$_3$) auf S. 2476.

Diese Konstitution und Konfiguration kommt dem nachstehend beschriebenen Nona-O-acetyl-gitostin zu.

B. Beim Behandeln von Gitostin (S. 2476) mit Acetanhydrid und Pyridin (*Miyatake et al.*, Pharm. Bl. **5** [1957] 163, 166).

Krystalle (aus Acn. + Ae. + PAe.); F: 163—166° [unkorr.; Kofler-App.]. $[\alpha]_D^{21}$: —16,5° [CHCl$_3$; c = 2].

16β-Acetoxy-3β-{O^2(?)-acetyl-O^3-methyl-O^4(?)-[O^2,O^3,O^4-triacetyl-O^6-(tetra-O-acetyl-β-D-glucopyranosyl)-β-D-glucopyranosyl]-β-D-fucopyranosyloxy}-14-hydroxy-5β,14β-card-20(22)-enolid, 16β-Acetoxy-3β-[O^2(?)-acetyl-O^4(?)-(hepta-O-acetyl-β-gentiobiosyl)-β-D-digitalopyranosyloxy]-14-hydroxy-5β,14β-card-20(22)-enolid, O^{16}-Acetyl-O^3-[O^2(?)-acetyl-O^4(?)-(hepta-O-acetyl-β-gentiobiosyl)-β-D-digitalopyranosyl]-gitoxigenin $C_{60}H_{84}O_{28}$, vermutlich Formel VI (R = X = CO-CH$_3$) auf S. 2477.

Diese Konstitution und Konfiguration kommt dem nachstehend beschriebenen Nona-O-acetyl-neogitostin zu.

B. Beim Behandeln von Neogitostin (S. 2476) mit Acetanhydrid und Pyridin (*Okano*, Chem. pharm. Bl. **6** [1958] 173, 176).

Krystalle (aus Acn. + Ae.); F: 197—199° [unkorr.; Kofler-App.]. $[\alpha]_D^{21}$: —32,5° [CHCl$_3$; c = 2].

16β-Acetoxy-3β-[O^2(?),O^3(?)-diacetyl-O^4(?)-(tetra-O-acetyl-β-D-glucopyranosyl)-β-D(?)-fucopyranosyloxy]-14-hydroxy-5β,14β-card-20(22)-enolid, O^{16}-Acetyl-O^3-[O^2(?),O^3(?)-diacetyl-O^4(?)-(tetra-O-acetyl-β-D-glucopyranosyl)-β-D(?)-fucopyranosyl]-gitoxigenin $C_{49}H_{68}O_{21}$, vermutlich Formel III (R = CO-CH$_3$) auf S. 2475.

Diese Konstitution und Konfiguration kommt dem nachstehend beschriebenen Hepta-O-acetyl-glucogitofucosid zu.

B. Beim Behandeln von Glucogitofucosid (S. 2475) mit Acetanhydrid und Pyridin (*Tschesche, Grimmer*, B. **88** [1955] 1569, 1573, 1576).

Krystalle (aus Bzl. + Ae.); F: 153—154°. $[\alpha]_D^{20}$: —2° [Me.].

3β-[O^4(?)-β-D-Glucopyranosyl-O^3-methyl-β-D-fucopyranosyloxy]-14-hydroxy-16β-propionyloxy-5β,14β-card-20(22)-enolid, 3β-[O^4(?)-β-D-Glucopyranosyl-β-D-digitalopyranosyloxy]-14-hydroxy-16β-propionyloxy-5β,14β-card-20(22)-enolid, O^3-[O^4(?)-β-D-Glucopyranosyl-β-D-digitalopyranosyl]-O^{16}-propionyl-gitoxigenin $C_{39}H_{60}O_{15}$, vermutlich Formel I (R = X = H).

Diese Konstitution und Konfiguration kommt dem nachstehend beschriebenen O^{16}-Propionyl-digitalinum-verum zu.

B. Aus der im folgenden Artikel beschriebenen Verbindung mit Hilfe eines Enzym-Präparats aus Euhadra quaesita (*Miyatake et al.*, Chem. pharm. Bl. **7** [1959] 634, 639).

Krystalle (aus Acn. + PAe.); F: 166—172° [unkorr.; Kofler-App.]. $[\alpha]_D^{25}$: —23,4° [Me.; c = 1]. Absorptionsmaximum (A.): 217 nm.

I

3β-[O^2(?)-Acetyl-O^4(?)-β-D-glucopyranosyl-O^3-methyl-β-D-fucopyranosyloxy]-14-hydroxy-16β-propionyloxy-5β,14β-card-20(22)-enolid, 3β-[O^2(?)-Acetyl-O^4(?)-β-D-glucopyranosyl-β-D-digitalopyranosyloxy]-14-hydroxy-16β-propionyloxy-5β,14β-card-20(22)-enolid, O^3-[O^2(?)-Acetyl-O^4(?)-β-D-glucopyranosyl-β-D-digitalopyranosyl]-O^{16}-propionyl-gitoxigenin $C_{41}H_{62}O_{16}$, vermutlich Formel I (R = CO-CH$_3$, X = H).

Diese Konstitution und Konfiguration kommt dem nachstehend beschriebenen Monoacetyl-Derivat des O^{16}-Propionyl-digitalinum-verum zu.

B. Bei mehrtägigem Behandeln der im folgenden Artikel beschriebenen Verbindung mit Kaliumhydrogencarbonat in wss. Methanol (*Okano et al.*, Chem. pharm. Bl. **7** [1959] 627, 633).

Krystalle (aus Me. + Ae.) mit 1 Mol H$_2$O; F: 175—180° [unkorr.; Kofler-App.]. $[\alpha]_D^{25}$: —25° [Me.; c = 1]. Absorptionsmaximum (A.): 217 nm.

3β-[O^2(?)-Acetyl-O^3-methyl-O^4(?)-(tetra-O-propionyl-β-D-glucopyranosyl)-β-D-fuco=pyranosyloxy]-14-hydroxy-16β-propionyloxy-5β,14β-card-20(22)-enolid, 3β-[O^2(?)-Acetyl-O^4(?)-(tetra-O-propionyl-β-D-glucopyranosyl)-β-D-digitalopyranosyl=oxy]-14-hydroxy-16β-propionyloxy-5β,14β-card-20(22)-enolid, O^3-[O^2(?)-Acetyl-O^4(?)-(tetra-O-propionyl-β-D-glucopyranosyl)-β-D-digitalopyranosyl]-O^{16}-propionyl-gitoxigenin $C_{53}H_{78}O_{20}$, vermutlich Formel I (R = CO-CH$_3$, X = CO-CH$_2$-CH$_3$).

Diese Konstitution und Konfiguration kommt dem nachstehend beschriebenen Mono-O-acetyl-penta-O-propionyl-digitalinum-verum zu.

B. Beim Behandeln von Mono-O-acetyl-digitalinum-verum (S. 2476) mit Propionsäure-anhydrid und Pyridin (*Okano et al.*, Chem. pharm. Bl. **7** [1959] 627, 633).

Krystalle (aus wss. A.); F: 138—143° [unkorr.; Kofler-App.]. $[\alpha]_D^{24}$: —20,5° [CHCl$_3$; c = 1]. Absorptionsmaximum (A.): 217 nm.

3β-[O^4(?)-β-D-Glucopyranosyl-O^3-methyl-O^2(?)-propionyl-β-D-fucopyranosyloxy]-14-hydroxy-16β-propionyloxy-5β,14β-card-20(22)-enolid, 3β-[O^4(?)-β-D-Gluco=pyranosyl-O^2(?)-propionyl-β-D-digitalopyranosyloxy]-14-hydroxy-16β-propionyloxy-5β,14β-card-20(22)-enolid, O^3-[O^4(?)-β-D-Glucopyranosyl-O^2(?)-propionyl-β-D-digitalopyranosyl]-O^{16}-propionyl-gitoxigenin $C_{42}H_{64}O_{16}$, vermutlich Formel I (R = CO-CH$_2$-CH$_3$, X = H).

Diese Konstitution und Konfiguration kommt dem nachstehend beschriebenen Monopropionyl-Derivat des O^{16}-Propionyl-digitalinum-verum zu.

B. Bei mehrtägigem Behandeln der im folgenden Artikel beschriebenen Verbindung mit Kaliumhydrogencarbonat in wss. Methanol (*Okano et al.*, Chem. pharm. Bl. **7** [1959] 627, 632).

Krystalle (aus Me. + Ae.) mit 1 Mol H$_2$O; F: 169—173° [unkorr.; Kofler-App.]. $[\alpha]_D^{24}$: —24,9° [Me.; c = 1] [Monohydrat]. Absorptionsmaximum (A.): 217 nm.

14-Hydroxy-3β-[O^3-methyl-O^2(?)-propionyl-O^4(?)-(tetra-O-propionyl-β-D-glucopyran=osyl)-β-D-fucopyranosyloxy]-16β-propionyloxy-5β,14β-card-20(22)-enolid, 14-Hydroxy-16β-propionyloxy-3β-[O^2(?)-propionyl-O^4(?)-(tetra-O-propionyl-β-D-gluco=pyranosyl)-β-D-digitalopyranosyloxy]-5β,14β-card-20(22)-enolid, O^{16}-Propionyl-O^3-[O^2(?)-propionyl-O^4(?)-(tetra-O-propionyl-β-D-glucopyranosyl)-β-D-digi=talopyranosyl]-gitoxigenin $C_{54}H_{80}O_{20}$, vermutlich Formel I (R = X = CO-CH$_2$-CH$_3$).

Diese Konstitution und Konfiguration kommt dem nachstehend beschriebenen Hexa-O-propionyl-digitalinum-verum zu.

B. Beim Behandeln von Digitalinum-verum (S. 2475) mit Propionsäure-anhydrid und Pyridin (*Okano et al.*, Chem. pharm. Bl. **7** [1959] 627, 632).

Krystalle (aus wss. A.); F: 138—142° [unkorr.; Kofler-App.]. $[\alpha]_D^{24}$: —20,7° [CHCl$_3$; c = 1]. Absorptionsmaximum (A.): 217 nm.

3β-[O^2(?)-Acetyl-O^4(?)-benzoyl-O^3-methyl-β-D-fucopyranosyloxy]-16β-benzoyloxy-14-hydroxy-5β,14β-card-20(22)-enolid, 3β-[O^2(?)-Acetyl-O^4(?)-benzoyl-β-D-digitalo=pyranosyloxy]-16β-benzoyloxy-14-hydroxy-5β,14β-card-20(22)-enolid, O^3-[O^2(?)-Acetyl-O^4(?)-benzoyl-β-D-digitalopyranosyl]-O^{16}-benzoyl-gitoxigenin $C_{46}H_{56}O_{12}$, vermutlich Formel II (R = CO-CH$_3$, X = CO-C$_6$H$_5$).

Diese Konstitution und Konfiguration kommt dem nachstehend beschriebenen Mono-O-acetyl-di-O-benzoyl-strospesid zu.

B. Beim Behandeln von Mono-O-acetyl-strospesid (S. 2474) mit Benzoylchlorid und Pyridin (*Rittel et al.*, Helv. **36** [1953] 434, 456).

Krystalle (aus Bzl. + Ae., aus Acn. + Ae. oder aus Ae. + PAe.), die zwischen 227° und 236° [korr.; Kofler-App.] schmelzen. $[\alpha]_D^{29}$: +34,2° [CHCl$_3$; c = 1].

II   III

16β-Benzoyloxy-3β-[O^2,O^4-dibenzoyl-O^3-methyl-β-D-fucopyranosyloxy]-14-hydroxy-5β,14β-card-20(22)-enolid, 16β-Benzoyloxy-3β-[di-O-benzoyl-β-D-digitalopyranosyloxy]-14-hydroxy-5β,14β-card-20(22)-enolid, O^{16}-Benzoyl-O^3-[di-O-benzoyl-β-D-digitalopyranosyl]-gitoxigenin, Tri-O-benzoyl-strospesid $C_{51}H_{58}O_{12}$, Formel II (R = X = CO-C$_6$H$_5$).

B. Beim Behandeln von Strospesid (S. 2473) mit Benzoylchlorid und Pyridin (*Rittel et al.*, Helv. **36** [1953] 434, 456).

Krystalle (aus Me.); F: 230—233° [korr.; Kofler-App.]. $[\alpha]_D^{18}$: +60,6° [CHCl$_3$; c = 1].

3β-Acetoxy-14-hydroxy-16β-[toluol-4-sulfonyloxy]-5β,14β-card-20(22)-enolid, O^3-Acetyl-O^{16}-[toluol-4-sulfonyl]-gitoxigenin $C_{32}H_{42}O_8S$, Formel III (R = CO-CH$_3$).

B. Beim Behandeln von 3β-Acetoxy-14,16β-dihydroxy-5β,14β-card-20(22)-enolid (S. 2458) mit Toluol-4-sulfonylchlorid und Pyridin (*Cardwell, Smith*, Soc. **1954** 2012, 2022).

Krystalle (aus wss. Me.); F: 155—157°. $[\alpha]_D^{18}$: +39,4° [CHCl$_3$].

---

x-Acetoxy-3β-[O^4-β-D-glucopyranosyl-O^3-methyl-β-D-*ribo*-2,6-didesoxy-hexopyranosyloxy]-14-hydroxy-5β,14β-card-20(22)-enolid, x-Acetoxy-14-hydroxy-3β-β-strophanthobiosyloxy-5β,14β-card-20(22)-enolid $C_{38}H_{58}O_{14}$, Formel IV.

Diese Konstitution und Konfiguration ist dem nachstehend beschriebenen **Abobiosid** zugeordnet worden (*Hess et al.*, Helv. **35** [1952] 2202, 2209).

Isolierung aus Adenium boehmianum: *Hess et al.*, l. c. S. 2214.

Krystalle (aus Me. + Ae.), F: 244—249° [korr.; Kofler-App.]; $[\alpha]_D^{24}$: −26,2° [Me.; c = 1] (*Hess et al.*, l. c. S. 2218). UV-Spektrum (A.; 205—360 nm): *Hess et al.*, l. c. S. 2210.

Tetra-O-acetyl-Derivat $C_{46}H_{66}O_{18}$. F: 225—228° [korr.; Kofler-App.]; $[\alpha]_D^{23}$: −18,8° [CHCl$_3$; c = 1] (*Hess et al.*, l. c. S. 2219).

Bei der enzymatischen Hydrolyse ist Abomonosid ($C_{32}H_{48}O_9$; F: 128—131° [korr.; Kofler-App.]; $[\alpha]_D^{16}$: −18,0° [CHCl$_3$; c = 1]; O-Acetyl-Derivat $C_{34}H_{50}O_{10}$: F: 90—120° und [nach Wiedererstarren bei weiterem Erhitzen] F: 209—212° [korr.; Kofler-App.]; $[\alpha]_D^{18}$: −12,7° [CHCl$_3$]) (*Hess et al.*, l. c. S. 2219) erhalten worden, das sich mit Hilfe von wss. Schwefelsäure in ein Gemisch von Abogenin ($C_{25}H_{36}O_6$; F: 210—217° [korr.; Kofler-App.]; $[\alpha]_D^{20}$: −11,0° [Me.]; O-Acetyl-Derivat $C_{27}H_{38}O_7$: F: 262—270° [korr.; Zers.; Kofler-App.]; $[\alpha]_D^{19}$: −24,9° [CHCl$_3$]) und Anhydroabogenin ($C_{25}H_{32}O_5$; F: 244—251° [korr.; Zers.; Kofler-App.]; $[\alpha]_D^{17}$: −111,2° [CHCl$_3$]) hat überführen lassen (*Hess et al.*, l. c. S. 2220, 2221).

4-[3,14-Dihydroxy-10-hydroxymethyl-13-methyl-hexadecahydro-cyclopenta[a]phenanthren-17-yl]-5H-furan-2-on $C_{23}H_{34}O_5$.

a) **3β,14,19-Trihydroxy-5β,14β-card-20(22)-enolid, Cannogenol** $C_{23}H_{34}O_5$, Formel V (R = H).

B. Beim Behandeln von Cannogenin (3β,14-Dihydroxy-19-oxo-5β,14β-card-20(22)-

enolid [S. 2547]) mit Natriumboranat in Essigsäure enthaltendem wss. Äthanol (*Göschke et al.*, Helv. **44** [1961] 1031, 1037; s. a. *Golab et al.*, Helv. **42** [1959] 2418, 2428).

Krystalle (aus Acn.), F: 204—206° [korr.; Kofler-App.]; Krystalle (aus Acn. + Ae.), F: 185—186° [korr.; Kofler-App.] (*Gö. et al.*). [α]$_D^{22}$: +23,7° [Me.; c = 1] (*Gö. et al.*).

IV   V

b) **3β,14,19-Trihydroxy-5α,14β-card-20(22)-enolid, Coroglaucigenin** C$_{23}$H$_{34}$O$_5$, Formel VI (R = H).

Konstitution: *Hunger, Reichstein*, Helv. **35** [1952] 1073, 1076, 1079.

Gewinnung aus Blättern von Asclepias curassavica nach enzymatischer Hydrolyse: *Tschesche et al.*, B. **91** [1958] 1204, 1207, 1208; aus Samen von Calotropis procera nach enzymatischer Hydrolyse: *Rajagopalan et al.*, Helv. **38** [1955] 1809, 1821; aus Samen von Coronilla glauca nach enzymatischer Hydrolyse: *Stoll et al.*, Helv. **32** [1949] 293, 306.

B. Beim Behandeln von Corotoxigenin (3β,14-Dihydroxy-19-oxo-5α,14β-card-20(22)-enolid [S. 2547]) mit Natriumboranat in wss. Dioxan (*Hu., Re.*, l. c. S. 1101).

Krystalle; F: 254—258° [korr.; Kofler-App.; aus Me. + Ae.] (*Hu., Re.*, l. c. S. 1101), 250—255° [korr.; Kofler-App.; aus Me. + Ae.] (*Hu., Re.*, l. c. S. 1097), 249—250° [Zers.; aus wss. A.] (*St. et al.*, l. c. S. 313), 244—248° [korr.; Kofler-App.; aus wss. Me.] (*Hu., Re.*, l. c. S. 1097), 236—243° [korr.; Kofler-App.; aus Me. + Ae.] (*Ra. et al.*, l. c. S. 1822). [α]$_D^{19}$: +24,6° [CHCl$_3$; c = 1]; [α]$_D^{16}$: +25,7° [Me.; c = 0,8] [bei 70°/0,01 Torr getrocknete Präparate] (*Hu., Re.*, l. c. S. 1097, 1101), [α]$_D^{22}$: +27,6° [Me.; c = 1] [bei 70°/0,01 Torr getrocknetes Präparat] (*Ra. et al.*, l. c. S. 1822). UV-Spektrum (A.; 210—340 nm): *Hu., Re.*, l. c. S. 1074.

Beim Behandeln mit Chrom(VI)-oxid in Essigsäure sind 3β,14,21-Trihydroxy-24-nor-5α,14β-chol-20(22)*t*-en-19,23-disäure-19→3; 23→21-dilacton und 14,21-Dihydroxy-3-oxo-24-nor-5α,14β-chol-20(22)*t*-19,23-disäure-23→21-lacton erhalten worden (*Hu., Re.*, l. c. S. 1097, 1098).

4-[3-Acetoxy-10-acetoxymethyl-14-hydroxy-13-methyl-hexadecahydro-cyclopenta[*a*]- phenanthren-17-yl]-5*H*-furan-2-on C$_{27}$H$_{38}$O$_7$.

a) **3β,19-Diacetoxy-14-hydroxy-5β,14β-card-20(22)-enolid, O^3,O^{19}-Diacetyl-cannogenol** C$_{27}$H$_{38}$O$_7$, Formel V (R = CO-CH$_3$).

B. Beim Behandeln von Cannogenol (S. 2484) mit Acetanhydrid und Pyridin (*Göschke et al.*, Helv. **44** [1961] 1031, 1038; s. a. *Golab et al.*, Helv. **42** [1959] 2418, 2428).

Krystalle (aus Acn. + Ae.); F: 189—190° [korr.; Kofler-App.]; [α]$_D^{?}$: +25,4° [Me.; c = 1] (*Gö. et al.*); [α]$_D^{26}$: +33,7° [Me.; c = 1] (*Go. et al.*). Absorptionsmaximum (A.): 217 nm (*Go. et al.*).

b) **3β,19-Diacetoxy-14-hydroxy-5α,14β-card-20(22)-enolid, O^3,O^{19}-Diacetyl-coroglaucigenin** C$_{27}$H$_{38}$O$_7$, Formel VI (R = CO-CH$_3$).

B. Beim Behandeln von Coroglaucigenin (s. o.) mit Acetanhydrid und Pyridin (*Stoll et al.*, Helv. **32** [1949] 293, 313; *Hunger, Reichstein*, Helv. **35** [1952] 1073, 1097, 1102).

Krystalle; F: 222—223° [aus wss. Me.] (*St. et al.*), 217—220° [korr.; Kofler-App.; aus Acn. + Ae.] (*Hu., Re.*, l. c. S. 1102), 215—217° [korr.; Kofler-App.; aus Acn. + Ae.] (*Rajagopalan et al.*, Helv. **38** [1955] 1809, 1822), 210—214° [korr.; Kofler-App.; aus Acn. + Ae.] (*Hu., Re.*, l. c. S. 1097). [α]$_D^{?}$: +9,4° [CHCl$_3$; c = 1] (*Hu., Re.*, l. c. S. 1097); [α]$_D^{20}$: +8,0° [CHCl$_3$; c = 1] (*Hu., Re.*, l. c. S. 1102); [α]$_D^{20}$: +6,2° [CHCl$_3$; c = 1] (*Ra. et al.*).

VI   VII

3β-[6-Desoxy-β-D-allopyranosyloxy]-14,19-dihydroxy-5α,14β-card-20(22)-enolid,
O^3-[6-Desoxy-β-D-allopyranosyl]-coroglaucigenin, **Frugosid** $C_{29}H_{44}O_9$,
Formel VII (R = H).

Konstitution: *Hunger, Reichstein,* Helv. **35** [1952] 1073.

Gewinnung aus Samen von Calotropis procera nach enzymatischer Hydrolyse: *Rajagopalan et al.,* Helv. **38** [1955] 1809, 1821; aus Samen von Gomphocarpus fructicosus nach enzymatischer Hydrolyse: *Hunger, Reichstein,* Helv. **35** [1952] 429; aus Samen von Xysmalobium undulatum nach enzymatischer Hydrolyse: *Urscheler, Tamm,* Helv. **38** [1955] 865, 871.

B. Beim Behandeln von Gofrusid (3β-[6-Desoxy-β-D-allopyranosyloxy]-14-hydroxy-19-oxo-5α,14β-card-20(22)-enolid [S. 2550]) mit Natriumboranat in wss. Dioxan (*Hu., Re.,* l. c. S. 1088).

Krystalle (aus Me. + Ae.) mit 2 Mol H_2O, F: 238—240° [korr.; Kofler-App.] (*Ur., Tamm,* l. c. S. 872); F: 165—170° und (nach Wiedererstarren bei weiterem Erhitzen) F: 238—242° [korr.; Kofler-App.] (*Hu., Re.,* l. c. S. 432); Krystalle (aus Me. + W.) mit 2 Mol H_2O, die bei 160—170° und (nach Wiedererstarren bei weiterem Erhitzen) bei 237—242° [korr.; Kofler-App.] schmelzen (*Hu., Re.,* l. c. S. 432). $[\alpha]_D^{23}$: —15,1° [Me.; c = 1] [bei 70°/0,01 Torr getrocknetes Präparat] (*Ur., Tamm*); $[\alpha]_D^{26}$: —14,1° [Me.; c = 1] bei 70°/0,01 Torr getrocknetes Präparat] (*Ra. et al.*); $[\alpha]_D^{21}$: —17,4° [80%ig. wss. Me.; c = 1] [bei 70°/0,01 Torr getrocknetes Präparat] (*Hu., Re.,* l. c. S. 433). UV-Spektrum (A.; 205—340 nm): *Hu., Re.,* l. c. S. 430.

Bei mehrtägigem Behandeln mit Aceton und kleinen Mengen wss. Salzsäure sind Coroglaucigenin (S. 2485), β-Anhydrocoroglaucigenin (3β,19-Dihydroxy-5α-carda-14,20≠(22)-dienolid [S. 1608]), α-Anhydrocoroglaucigenin (8,19-Epoxy-3β-hydroxy-5α,14ξ-card-20(22)-enolid(?)) und D-Allomethylose [E IV **1** 4259] erhalten worden (*Hu., Re.,* l. c. S. 1094; s. a. *Ur., Tamm,* l. c. S. 872).

14,19-Dihydroxy-3β-[O^3-methyl-6-desoxy-α-L-glucopyranosyloxy]-5β,14β-card-20(22)-enolid, 14,19-Dihydroxy-3β-α-L-thevetopyranosyloxy-5β,14β-card-20(22)-enolid,
O^3-α-L-Thevetopyranosyl-cannogenol, **Theveneriin,** Ruvosid $C_{30}H_{46}O_9$,
Formel VIII.

Konstitution: *Rangaswami, Rao,* Pr. Indian Acad. [A] **54** [1961] 345.

Identität von Ruvosid mit Theveneriin: *Bisset et al.,* Helv. **45** [1962] 938.

Gewinnung aus Samen von Thevetia peruviana (Th. neriifolia) nach enzymatischer Hydrolyse: *Frèrejacque,* C. r. **242** [1956] 2395; s. a. *Rangaswami, Rao,* J. scient. ind. Res. India **17** B [1958] 331.

Krystalle; F: 239° [aus wss. A.] (*Fr.*), 228—230° [aus Me. + Ae.] (*Ra., Rao,* Pr. Indian Acad. [A] **54** 348). $[\alpha]_D^{20}$: —46,5° [$CHCl_3$] (*Fr.*); $[\alpha]_D^{27}$: —57,8° [Me.; c = 0,7] (*Ra., Rao,* Pr. Indian Acad. [A] **54** 348).

19-Benzoyloxy-14-hydroxy-3β-[tri-O-benzoyl-6-desoxy-β-D-allopyranosyloxy]-5α,14β-card-20(22)-enolid, O^{19}-Benzoyl-O^3-[tri-O-benzoyl-6-desoxy-β-D-allo≠pyranosyl]-coroglaucigenin, **Tetra-O-benzoyl-frugosid** $C_{57}H_{60}O_{13}$, Formel VII (R = CO-C_6H_5).

B. Beim Behandeln von Frugosid (s. o.) mit Benzoylchlorid und Pyridin (*Hunger, Reichstein,* Helv. **35** [1952] 429, 433).

Krystalle; F: 160—162° [korr.; Kofler-App.; aus Acn. + Bzl. + Ae.] (*Hu., Re.*),
160—162° [korr.; Kofler-App.; aus CHCl$_3$ + Ae.] (*Rajagopalan et al.*, Helv. **38** [1955]
1809, 1824), 149—153° [korr.; Kofler-App.; aus Bzl. + Ae.] (*Urscheler, Tamm*, Helv. **38**
[1955] 865, 872). [α]$_D^{20}$: +16,1° [CHCl$_3$; c = 1] (*Ur., Tamm*); [α]$_D^{20}$: +15,7° [CHCl$_3$;
c = 1] (*Ra. et al.*); [α]$_D^{24}$: +15,5° [CHCl$_3$; c = 1] (*Hu., Re.*).

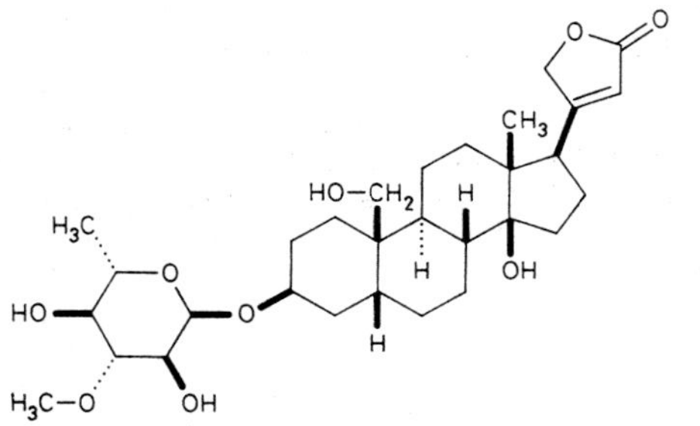

VIII 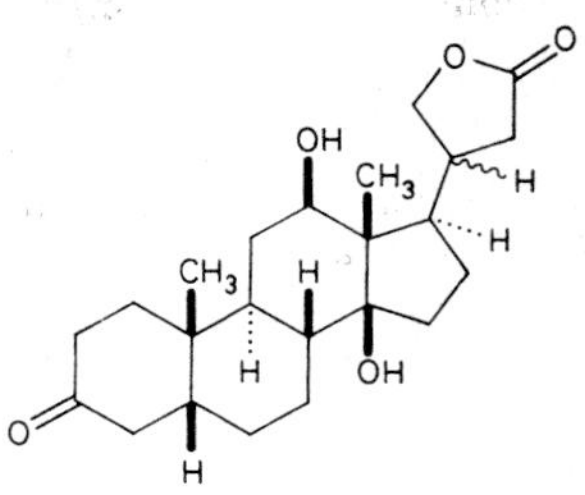   IX

(20Ξ)-12β,14-Dihydroxy-3-oxo-5β,14β-cardanolid C$_{23}$H$_{34}$O$_5$, Formel IX.

Diese Konstitution und Konfiguration kommt dem nachstehend beschriebenen **3-Dehydro-dihydrodigoxigenin** zu.

B. Beim Behandeln einer Lösung von Dihydrodigoxigenin ((20Ξ)-3β,12β,14-Trihydroxy-5β,14β-cardanolid) in wss. Aceton mit Sauerstoff in Gegenwart von Platin (*Tamm, Gubler*, Helv. **42** [1959] 239, 256).

Krystalle (aus Acn. + Ae.), die zwischen 179° und 194° [korr.; Kofler-App.] schmelzen.
[α]$_D^{25}$: +28° [Me.; c = 0,6].

(20Ξ)-3β,5-Dihydroxy-19-oxo-5β,14ξ-cardanolid C$_{23}$H$_{34}$O$_5$, Formel X.

Diese Konstitution und Konfiguration kommt dem nachstehend beschriebenen **Dihydroanhydrodihydrostrophanthidin** zu.

B. Bei der Hydrierung von Anhydrodihydrostrophanthidin ((20Ξ)-3β,5-Dihydroxy-19-oxo-5β-card-14-enolid [S. 2542]) an Platin in Äthanol (*Jacobs et al.*, J. biol. Chem.
93 [1931] 127, 135).

Krystalle (aus Me.); F: 217—219°. [α]$_D^{20}$: +28° [Py.; c = 1].

Beim Erwärmen mit Chlorwasserstoff enthaltendem Äthanol ist (19Ξ,20Ξ)-19-Äthoxy-3β,19-epoxy-14ξ-card-5-enolid (F: 174—176°; [α]$_D^{25}$: −108° [CHCl$_3$]) erhalten worden.

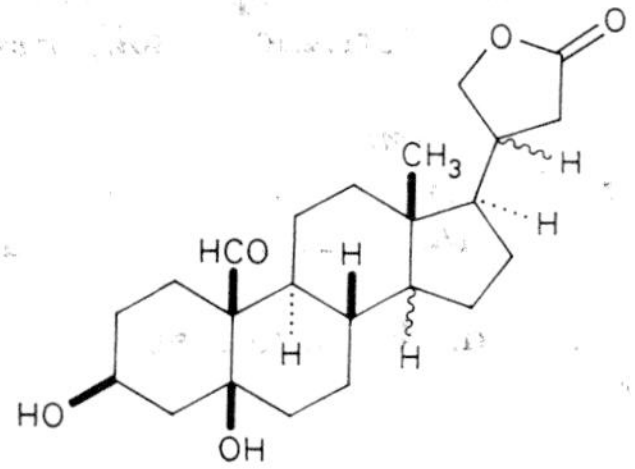

X 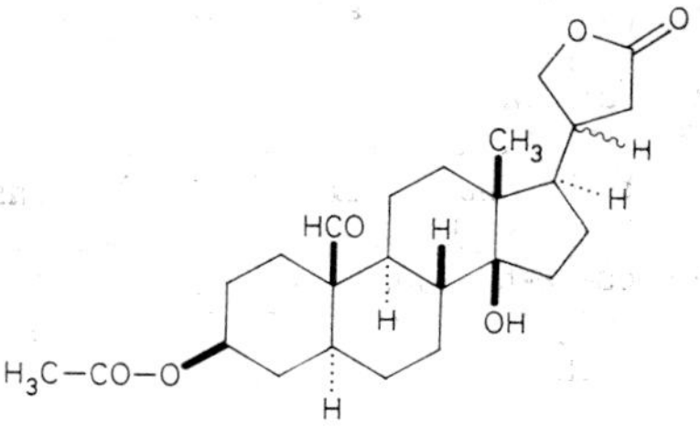   XI

(20Ξ)-3β-Acetoxy-14-hydroxy-19-oxo-5α,14β-cardanolid C$_{25}$H$_{36}$O$_6$, Formel XI.

Diese Konstitution und Konfiguration kommt dem nachstehend beschriebenen *O^3*-Acetyl-dihydrocorotoxigenin zu.

B. Bei der Hydrierung von 3β-Acetoxy-14-hydroxy-19-oxo-5α,14β-card-20(22)-enolid
an Platin in Essigsäure (*Schindler, Reichstein*, Helv. **35** [1952] 730, 742).

Krystalle (aus Acn. + Ae.); F: 182—185° [korr.; Zers.; Kofler-App.]. [α]$_D^{19}$: +15,9°
[CHCl$_3$; c = 1].

Beim Erhitzen mit Hydrazin-hydrat und äthanol. Natriumäthylat auf 180° und anschliessenden Ansäuern mit wss. Salzsäure ist Dihydrouzarigenin ((20$\varXi$)-3β,14-Dihydroxy-5α,14β-cardanolid [S. 1306]) erhalten worden (*Sch.*, *Re.*, l. c. S. 743).

Hydroxy-oxo-Verbindungen $C_{24}H_{36}O_5$

3β,8,14-Trihydroxy-5ξ,14β-buf-20(22)(?)-enolid $C_{24}H_{36}O_5$, vermutlich Formel XII (R = H).

B. Bei der Hydrierung von Scillirosidin (6β-Acetoxy-3β,8,14-trihydroxy-14β-bufa-4,20,22-trienolid) an Palladium/Kohle in Äthanol (*v. Wartburg*, *Renz*, Helv. **42** [1959] 1620, 1632, 1641).

Krystalle (aus Me.), die zwischen 213° und 239° [Kofler-App.] schmelzen. $[\alpha]_D^{20}$: +36,4° [CHCl$_3$; c = 0,5]. IR-Banden (Nujol): 3560 cm^{-1}, 3400 cm^{-1} und 1710 cm^{-1}.

Bei der Hydrierung an Platin in Essigsäure ist (20$\varXi$)-3β,8,14-Trihydroxy-5ξ,14β-bufanolid (S. 2364) erhalten worden.

XII   XIII

3β-Acetoxy-8,14-dihydroxy-5ξ,14β-buf-20(22)(?)-enolid $C_{26}H_{38}O_6$, vermutlich Formel XII (R = CO-CH$_3$).

B. Beim Behandeln der im vorangehenden Artikel beschriebenen Verbindung mit Acetanhydrid und Pyridin (*v. Wartburg*, *Renz*, Helv. **42** [1959] 1620, 1641).

Krystalle, die zwischen 225° und 247° [Kofler-App.] schmelzen. IR-Banden (Nujol): 3500 cm^{-1}, 1740 cm^{-1} und 1720 cm^{-1}.

3β-β-D-Glucopyranosyloxy-8,14-dihydroxy-5ξ,14β-buf-20(22)(?)-enolid $C_{30}H_{46}O_{10}$, vermutlich Formel XIII.

Ein Gemisch der Stereoisomeren dieser Konstitution und Konfiguration hat in dem nachstehend beschriebenen **Tetrahydrodesacetyldesoxyscillirosid** vorgelegen (*Stoll et al.*, Helv. **26** [1943] 648, 667).

B. Bei der Hydrierung von Scillirosid (6β-Acetoxy-3β-β-D-glucopyranosyloxy-8,14-dihydroxy-14β-bufa-4,20,22-trienolid) an Palladium in wss. Methanol (*Stoll*, *Renz*, Helv. **25** [1942] 43, 64).

Krystalle (aus wss. A.), F: 284° [korr.]; $[\alpha]_D^{20}$: +34° [Me.] (*St.*, *Renz*).

Beim Behandeln mit Acetanhydrid und Pyridin sind ein Tetra-*O*-acetyl-Derivat $C_{38}H_{54}O_{14}$ vom F: 240° [korr.] (Krystalle [aus Me.]; $[\alpha]_D^{20}$: +35° [Me.]; durch Behandlung mit Blei(IV)-acetat in Essigsäure in 8,14-Dioxo-3β-[tetra-*O*-acetyl-β-D-glucopyranosyloxy]-8,14-seco-5ξ-buf-20(22)(?)-enolid [S. 2553] überführbar) und kleinere Mengen eines Tetra-*O*-acetyl-Derivats $C_{38}H_{54}O_{14}$ vom F: 219° [korr.] (Krystalle [aus Me.]; $[\alpha]_D^{20}$: +36° [Me.]) erhalten worden (*St. et al.*).

(20$\varXi$)-14,16β-Dihydroxy-3-oxo-5β,14β-bufanolid $C_{24}H_{36}O_5$, Formel XIV.

Diese Konstitution und Konfiguration kommt dem nachstehend beschriebenen **Dihydroxybufotalanon** zu.

B. Beim Behandeln von α-Trioxy-bufotalan ((20$\varXi$)-3β,14,16β-Trihydroxy-5β,14β-bufanolid [S. 2364]) mit Chrom(VI)-oxid in Essigsäure (*Wieland*, *Behringer*, A. **549** [1941] 209, 211, 228).

Krystalle (aus A.); F: 222—223°.

XIV   XV

Hydroxy-oxo-Verbindungen $C_{25}H_{38}O_5$

(±)(5a.Ξ)-9t-Acetoxy-11a-methyl-4-[(Ξ)-2-methyl-3-oxo-butyl]-5c-[3-oxo-butyl]-
(5ar,7ac,11ac,11bt)-dodecahydro-1t,4t-methano-naphth[1,2-c]oxepin-3-on, *rac*-3α-Acet=
oxy-16-acetyl-11β-hydroxy-22-oxo-16,17-seco-24-nor-5β,20ξH-cholan-18-säure-lacton
$C_{27}H_{40}O_6$, Formel XV + Spiegelbild.

   a) Stereoisomeres vom F: 173°.

B. Neben dem unter b) beschriebenen Stereoisomeren beim Behandeln von *rac*-
3α-Acetoxy-16-carboxy-11β-hydroxy-16,17-seco-23,24-dinor-5β,20ξH-cholan-18,22-disäu=
re-18-lacton (Stereoisomeren-Gemisch) mit Thionylchlorid, Behandeln des Reaktionsprodukts mit Keten-dimethylacetal, Erwärmen einer Lösung des danach isolierten Reaktionsprodukts in Äther und Dioxan mit wss. Salzsäure und Erhitzen des danach erhaltenen
Reaktionsprodukts mit Acetanhydrid und Pyridin (*Johnson et al.*, Am. Soc. **85** [1963]
1409, 1417, **80** [1958] 2585).

   Krystalle (aus Diisopropyläther), F: 171,5—173°; IR-Banden (CHCl₃): 5,70 μ, 5,84 μ
und 8,00 μ (*Jo. et al.*, Am. Soc. **85** 1418).

   b) Stereoisomeres vom F: 146°.

B. s. bei dem unter a) beschriebenen Stereoisomeren.

   Krystalle (aus Diisopropyläther); F: 145—146° (*Johnson et al.*, Am. Soc. **85** [1963]
1409, 1418).

Hydroxy-oxo-Verbindungen $C_{27}H_{42}O_5$

3α,7α,12α,28-Tetrahydroxy-27-nor-5β-ergost-24t-en-26-säure-28-lacton $C_{27}H_{42}O_5$,
Formel I (R = X = H).

   B. Beim Erwärmen einer Lösung von 3α,7α,12α-Tris-formyloxy-28-hydroxy-27-nor-
5β-ergost-24t-en-26-säure-lacton in Dioxan mit wss. Natronlauge (*Ruzicka et al.*, Helv.
27 [1944] 186, 193).

   Krystalle (aus wss. Me.); F: 190—190,5° [korr.; evakuierte Kapillare]. $[\alpha]_D^{16}$: +23,1°
[CHCl₃; c = 1].

3α,7α,12α-Tris-formyloxy-28-hydroxy-27-nor-5β-ergost-24t-en-26-säure-lacton $C_{30}H_{42}O_8$,
Formel I (R = X = CHO).

   B. Beim Erwärmen einer Lösung von 24-Acetoxymethyl-3α,7α,12α-tris-formyloxy-
5β-cholan-24-on in Benzol mit Zink, Bromessigsäure-äthylester und Dioxan, Erwärmen
des Reaktionsprodukts mit wss.-äthanol. Salzsäure und Erwärmen des danach isolierten
Reaktionsprodukts mit Ameisensäure (*Ruzicka et al.*, Helv. **27** [1944] 186, 193).

   Krystalle (aus Acn. + Bzn.); F: 227—228,5° [korr.; evakuierte Kapillare]. $[\alpha]_D^{17}$:
+75,2° [CHCl₃; c = 1].

7α,12α-Diacetoxy-3α,28-dihydroxy-27-nor-5β-ergost-24t-en-26-säure-28-lacton $C_{31}H_{46}O_7$,
Formel I (R = CO-CH₃, X = H).

   B. Beim Erwärmen einer Lösung von 3α,7α,12α-Triacetoxy-28-hydroxy-27-nor-
5β-ergost-24t-en-26-säure-lacton in Dioxan mit wss. Salzsäure (*Ruzicka et al.*, Helv. **27**
[1944] 186, 192).

   Krystalle (aus wss. A.) mit 1 Mol H₂O; F: 162,5—163,5° [korr.; evakuierte Kapillare].
$[\alpha]_D^{17}$: +63,0° [CHCl₃; c = 1] [Monohydrat]. Absorptionsmaximum: 217 nm.

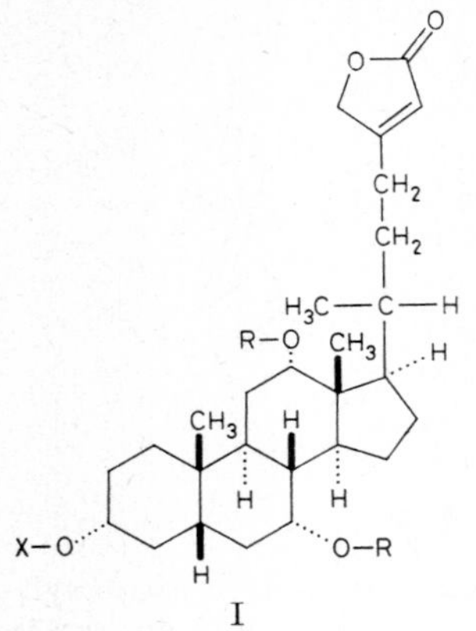

I 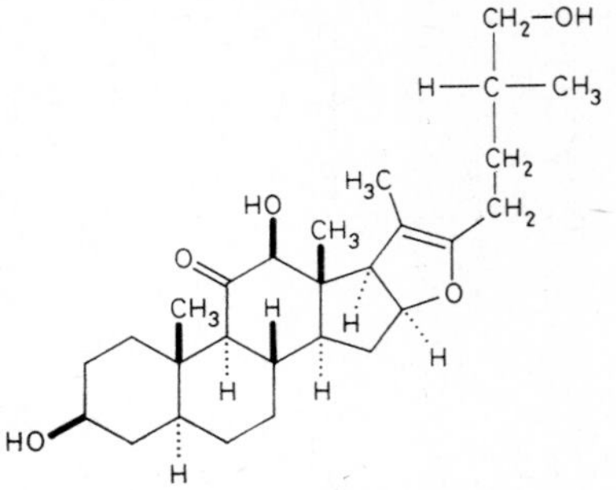   II

3α,7α,12α-Triacetoxy-28-hydroxy-27-nor-5β-ergost-24*t*-en-26-säure-lacton $C_{33}H_{48}O_8$, Formel I (R = X = CO-CH$_3$).

B. Beim Erwärmen einer Lösung von 3α,7α,12α-Triacetoxy-24-acetoxymethyl-5β-cholan-24-on in Benzol mit Zink, Bromessigsäure-äthylester und Dioxan, Erwärmen des mit Äthanol versetzten Reaktionsgemisches mit konz. wss. Salzsäure und Erhitzen des Reaktionsprodukts mit Acetanhydrid (*Ruzicka et al.*, Helv. **27** [1944] 186, 192).

Amorph; F: 85—90° [evakuierte Kapillare]. $[\alpha]_D^{17}$: +74° [CHCl$_3$; c = 1].

(25R)-3β,12β,26-Trihydroxy-5α-furost-20(22)-en-11-on $C_{27}H_{42}O_5$, Formel II.

B. Beim Erhitzen von (25R)-3β,12β-Dihydroxy-5α,22αO-spirostan-11-on mit Acet=anhydrid auf 195° und Erwärmen des Reaktionsprodukts mit äthanol. Kalilauge (*Djerassi et al.*, J. org. Chem. **16** [1951] 303, 307).

Krystalle (aus Acn. + Hexan); F: 188—191° [unkorr.]. $[\alpha]_D^{20}$: +68,3° [Dioxan]; $[\alpha]_D^{20}$: +71° [CHCl$_3$].

(25R)-2β,3β,26-Trihydroxy-5β-furost-20(22)-en-12-on, Pseudomexogenin $C_{27}H_{42}O_5$, Formel III.

B. Beim Erhitzen von Mexogenin ((25R)-2β,3β-Dihydroxy-5β,22αO-spirostan-12-on) mit Acetanhydrid auf 200° und Erwärmen des Reaktionsprodukts mit äthanol. Kalilauge (*Marker et al.*, Am. Soc. **69** [1947] 2167, 2196; *Marker, Lopez*, Am. Soc. **69** [1947] 2373).

Krystalle (aus Acn.); F: 145° (*Ma., Lo.*).

Beim Behandeln einer Lösung in Äthanol mit konz. wss. Salzsäure sind Mexogenin (Hauptprodukt) und (25R)-2β,3β-Dihydroxy-5β,20αH,22αO-spirostan-12-on erhalten worden (*Ma., Lo.*).

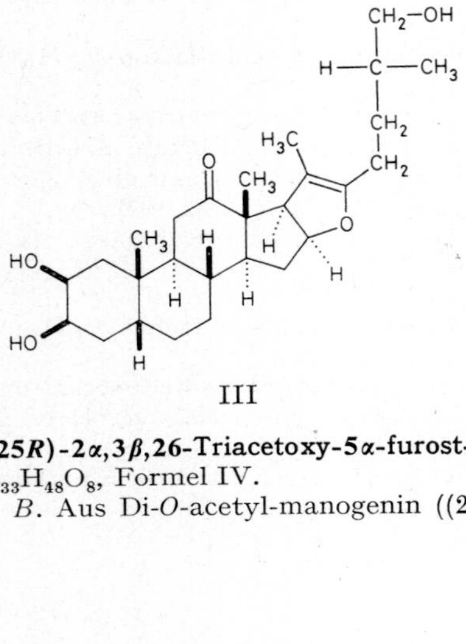

III 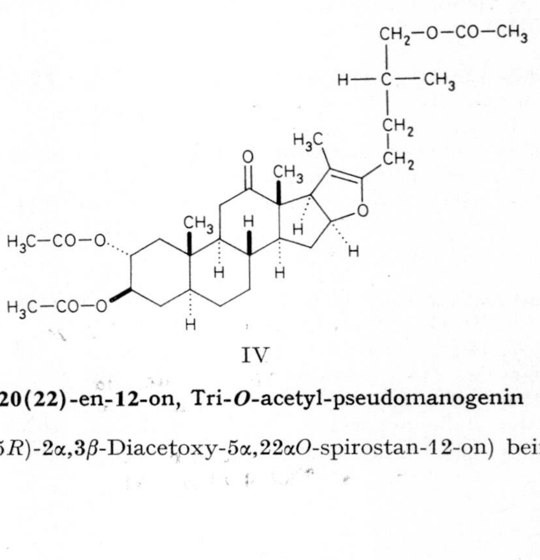   IV

(25R)-2α,3β,26-Triacetoxy-5α-furost-20(22)-en-12-on, Tri-*O*-acetyl-pseudomanogenin $C_{33}H_{48}O_8$, Formel IV.

B. Aus Di-*O*-acetyl-manogenin ((25R)-2α,3β-Diacetoxy-5α,22αO-spirostan-12-on) beim

Erhitzen mit Acetanhydrid auf 200° (*Marker et al.*, Am. Soc. **69** [1947] 2167, 2183) sowie beim Erhitzen mit Acetanhydrid und Pyridin-hydrochlorid (*Wall, Walens*, Am. Soc. **77** [1955] 5661, 5664).

Krystalle; F: 168—171° [aus Me.] (*Ma. et al.*), 164—165° [korr.; Kofler-App.] (*Mueller et al.*, Am. Soc. **75** [1953] 4888, 4892). [α]$_D^{24}$: +26° [Dioxan; c = 1] (*Mu. et al.*).

Beim Erwärmen mit äthanol. Kalilauge und anschliessend mit wss. Salzsäure ist Manogenin (*Ma. et al.*), beim Erwärmen mit methanol. Kalilauge und anschliessenden Behandeln mit Essigsäure ist (25*R*)-2α,3β-Dihydroxy-5α,20α*H*,22α*O*-spirostan-12-on (*Wall, Wa.*, l. c. S. 5662, 5664) erhalten worden.

Hydroxy-oxo-Verbindungen C$_{28}$H$_{44}$O$_5$

1ξ,10-Dihydroxy-3-oxa-23-nor-10ξ-friedelan-2,4-dion [1]), **1ξ,10-Dihydroxy-2,3-seco-*A*,23-dinor-10ξ-friedelan-2,3-disäure-anhydrid** C$_{28}$H$_{44}$O$_5$, Formel V.

Diese Konstitution und Konfiguration kommt vermutlich dem nachstehend beschriebenen **Norfriedelandioldisäure-anhydrid** zu.

B. Beim 2-tägigen Behandeln von Norfriedelendisäure-anhydrid (3-Oxa-23-nor-friedel-1(10)-en-2,4-dion [E III/IV **17** 6333]) mit Osmium(VIII)-oxid in Benzol unter Zusatz von Pyridin und Behandeln einer Lösung des Reaktionsprodukts in Dichlormethan mit D-Mannit und wss. Kalilauge (*Perold et al.*, Helv. **32** [1949] 1246, 1251).

Krystalle (aus Bzl.); F: 212° [korr.; evakuierte Kapillare]. [α]$_D$: −2° [CHCl$_3$; c = 1].

Beim Behandeln mit Blei(IV)-acetat in Chloroform sind 5ξ*H*-Des-*A*-friedelan-10-on (E III **7** 1319) und 1ξ,10-Dihydroxy-2,3-seco-*A*,23-dinor-10ξ-friedelan-2,3-disäure (?) (C$_{28}$H$_{46}$O$_6$; Blei(II)-Salz; F: ca. 145° [korr.]) erhalten worden.

V   VI   VII

Hydroxy-oxo-Verbindungen C$_{29}$H$_{46}$O$_5$

***ent*-3β,6β,7α,16α-Tetrahydroxy-8-methyl-18,30-dinor-5β,10α-lanost-17(20)*t*-en-21-säure-16-lacton**, ***ent*-3β,6β,7α,16α-Tetrahydroxy-28-nor-5β,10α-dammar-17(20)*t*-en-21-säure-16-lacton** [2]) C$_{29}$H$_{46}$O$_5$, Formel VI.

Diese Konstitution und Konfiguration kommt dem nachstehend beschriebenen **Bis-desacetyl-dihydrocephalosporin-P$_1$-lacton** zu (*Chou et al.*, Tetrahedron **25** [1969] 3341, 3344).

B. Beim Erwärmen von Dihydrocephalosporin-P$_1$-methylester (*ent*-6β,16α-Diacetoxy-3β,7α-dihydroxy-28-nor-5β,10α-dammar-17(20)*t*-en-21-säure-methylester) mit äthanol. Natronlauge und anschliessenden Ansäuern mit wss. Säure (*Burton et al.*, Biochem. J. **62** [1956] 171, 175). Bei der Hydrierung von Bis-desacetyl-cephalosporin-P$_1$-lacton (S. 2559) an Platin in Äthylacetat (*Bu. et al.*).

Krystalle (aus wss. Me.), F: 220—222°; [α]$_D^{20}$: +83° [CHCl$_3$; c = 3]; [α]$_D^{20}$: +71,5° [A.; c = 1] (*Bu. et al.*).

[1]) Stellungsbezeichnung bei von **Friedelan** (*D*:*A*-Friedo-oleanan) abgeleiteten Namen s. E III **5** 1341, 1342.

[2]) Die Stellungsbezeichnung bei von **Dammaran** abgeleiteten Namen s. E III **6** 2717 Anm.

Hydroxy-oxo-Verbindungen $C_{30}H_{48}O_5$

3β,12ξ,13,19-Tetrahydroxy-13ξ,18ξ,19βH-ursan-28-säure-19-lacton [1]) $C_{30}H_{48}O_5$, Formel VII (R = H).

Eine Verbindung dieser Konstitution und Konfiguration hat vielleicht in dem nachstehend beschriebenen Präparat vorgelegen (*J. Simonsen, W.C.J. Ross*, The Terpenes, Bd. 5 [Cambridge 1957] S. 126, 127).

B. In kleiner Ausbeute beim Erwärmen einer vielleicht als 3β-Acetoxy-12ξ,13-epoxy-19-hydroxy-13ξ,18ξ,19βH-ursan-28-säure-lacton zu formulierenden Verbindung $C_{32}H_{48}O_5$ (F: 276—279°; aus *O*-Acetyl-ursolsäure [E III **10** 1040] hergestellt) mit wss.-äthanol. Kalilauge und Ansäuern der Reaktionslösung mit wss.-äthanol. Salzsäure (*Jeger et al.*, Helv. **29** [1946] 1999, 2003).

Krystalle (aus Acn. + Me.), F: 316—318° [korr.]; $[\alpha]_D$: +25° [CHCl₃; c = 1] (*Je. et al.*).

Verhalten gegen Blei(IV)-acetat in Essigsäure: *Je. et al.*, l. c. S. 2005, 2006.

VIII   IX

3β,12ξ-Diacetoxy-13,19-dihydroxy-13ξ,18ξ,19βH-ursan-28-säure-19-lacton $C_{34}H_{52}O_7$, Formel VII (R = CO-CH₃).

Eine Verbindung dieser Konstitution und Konfiguration hat vielleicht in dem nachstehend beschriebenen Präparat vorgelegen (*J. Simonsen, W.C.J. Ross*, The Terpenes, Bd. 5 [Cambridge 1957] S. 126).

B. Beim Behandeln von 3β,12ξ,13-Trihydroxy-13ξ-urs-18-en-28-säure (F: 281—285° [E III **10** 2280]) oder der im vorangehenden Artikel beschriebenen Verbindung mit Acetanhydrid und Pyridin (*Jeger et al.*, Helv. **29** [1946] 1999, 2005).

Krystalle; F: 296—298° [korr.; aus Acn. + PAe.], 295—299° [korr.; aus Acn. + Ae.] (*Je. et al.*). $[\alpha]_D$: +61° [CHCl₃; c = 0,4]; $[\alpha]_D$: +59° [CHCl₃; c = 1] (*Je. et al.*).

3β,6β,12α,13-Tetrahydroxy-oleanan-28-säure-13-lacton [2]) $C_{30}H_{48}O_5$, Formel VIII.

Bezüglich der Zuordnung der Konfiguration an den C-Atomen 12 und 13 vgl. *Barton, Holness*, Soc. **1952** 78, 82.

B. Aus Sumaresinolsäure (E III **10** 1921) beim Behandeln einer Lösung in wss. Essig=säure mit Ozon und anschliessend mit Wasser sowie beim Behandeln mit wss. Wasser=stoffperoxid und Essigsäure (*Ruzicka et al.*, Helv. **19** [1936] 109, 111, 112).

Krystalle (aus A. + CHCl₃); F: 322—324° [korr.; Zers.]. $[\alpha]_D$: +8,9° [CHCl₃ + Me. (9:1); c = 1].

3β,21β,30-Triacetoxy-12α-brom-13-hydroxy-oleanan-28-säure-lacton [2]) $C_{36}H_{53}BrO_8$, Formel IX.

Diese Konstitution und Konfiguration kommt dem nachstehend beschriebenen Tri-*O*-acetyl-treleasegensäure-bromlacton zu.

B. Beim Behandeln von Tri-*O*-acetyl-treleasegensäure (3β,21β,30-Triacetoxy-olean-12-en-28-säure) mit Brom in Chloroform (*Djerassi, Mills*, Am. Soc. **80** [1958] 1236, 1241).

Krystalle (aus Me.); F: 265° [Kofler-App.; nach Sintern bei 255°]. $[\alpha]_D$: +90° [CHCl₃].

---

[1]) Stellungsbezeichnung bei von Ursan abgeleiteten Namen s. E III **5** 1340.

[2]) Stellungsbezeichnung bei von Oleanan abgeleiteten Namen s. E III **5** 1341.

3β,16α,23-Triacetoxy-13-hydroxy-18α-oleanan-28-säure-lacton [1]) $C_{36}H_{54}O_8$, Formel X.
Bezüglich der Zuordnung der Konfiguration am C-Atom 18 vgl. *Barton, Holness*, Soc.
1952 78, 80.

B. Beim Behandeln von Dihydroquillajasäure (3β,16α,23-Trihydroxy-olean-12-en-
28-säure [E III **10** 2283]) mit Acetanhydrid und Pyridin und Behandeln des Reaktionsprodukts mit Bromwasserstoff in wenig Acetanhydrid enthaltender Essigsäure (*Elliott,
Kon*, Soc. **1939** 1130, 1134).
Krystalle (aus Me. + CHCl₃); F: 247—249° [unkorr.].

**10,11-Dihydroxy-9-hydroxymethyl-2,2,6a,6b,9,12a-hexamethyl-eicosahydro-14a,4a-oxa=
äthano-picen-16-on** $C_{30}H_{48}O_5$.

a) **2β,3β,13,23-Tetrahydroxy-18α-oleanan-28-säure-13-lacton** [1]) $C_{30}H_{48}O_5$, Formel XI
(R = H).
B. Beim Behandeln von 3β,13,23-Trihydroxy-2-oxo-18α-oleanan-28-säure-13-lacton
mit Natriumboranat in Methanol (*King et al.*, Soc. **1958** 2830, 2833).
Krystalle (aus Me.); F: 350—355°.

X   XI

b) **2α,3β,13,23-Tetrahydroxy-18α-oleanan-28-säure-13-lacton** [1]) $C_{30}H_{48}O_5$,
Formel XII (R = X = H).
Konfigurationszuordnung: *King et al.*, Soc. **1958** 2830.
B. Aus 2α,3β,23-Triacetoxy-13-hydroxy-18α-oleanan-28-säure-lacton (S. 2494) mit
Hilfe von wss.-äthanol. Alkalilauge (*King et al.*, Soc. **1954** 3995, 4002). Beim Behan-
deln einer Lösung von 3β,13,23-Trihydroxy-2-oxo-18α-oleanan-28-säure-13-lacton in
Äthanol mit Natrium (*King et al.*, Soc. **1958** 2833).
Krystalle (aus wss. Me.); F: 350—355° [Zers.] (*King et al.*, Soc. **1958** 2833), ca. 350°
[Zers.] (*King et al.*, Soc. **1954** 4002). $[\alpha]_D^{20}$: +6° [CHCl₃; c = 1] (*King et al.*, Soc. **1954**
4002).

2α,23-Diacetoxy-3β,13-dihydroxy-18α-oleanan-28-säure-13-lacton $C_{34}H_{52}O_7$, Formel XII
(R = CO-CH₃, X = H).
B. Beim Erhitzen von Arjunolsäure (2α,3β,23-Trihydroxy-olean-12-en-28-säure) oder
von 2α,3β,13,23-Tetrahydroxy-18α-oleanan-28-säure-13-lacton (s. o.) mit konz. wss. Salz=
säure und Essigsäure (*King et al.*, Soc. **1954** 3995, 4002).
Krystalle (aus Me.); F: 285—286°. $[\alpha]_D^{20}$: −3,5° [CHCl₃; c = 1].
Beim Behandeln mit Chrom(VI)-oxid in Essigsäure ist 2α,23-Diacetoxy-13-hydroxy-
3-oxo-18α-oleanan-28-säure-lacton erhalten worden.

**10,11-Diacetoxy-9-acetoxymethyl-2,2,6a,6b,9,12a-hexamethyl-eicosahydro-14a,4a-oxa=
äthano-picen-16-on** $C_{36}H_{54}O_8$.

a) **2β,3β,23-Triacetoxy-13-hydroxy-18α-oleanan-28-säure-lacton** $C_{36}H_{54}O_8$,
Formel XI (R = CO-CH₃).
B. Beim Behandeln von 2β,3β,13,23-Tetrahydroxy-18α-oleanan-28-säure-13-lacton
mit Acetanhydrid und Pyridin (*King et al.*, Soc. **1958** 2830, 2833).
Krystalle (aus Me.); F: 268°. [α]: ca. 0° [CHCl₃].

---

[1]) Stellungsbezeichnung bei von Oleanan abgeleiteten Namen s. E III **5** 1341.

b) **2α,3β,23-Triacetoxy-13-hydroxy-18α-oleanan-28-säure-lacton** $C_{36}H_{54}O_8$,
Formel XII (R = X = CO-CH$_3$).

B. Beim Behandeln von Arjunolsäure (2α,3β,23-Trihydroxy-olean-12-en-28-säure) mit
Bromwasserstoff in Essigsäure (*King et al.*, Soc. **1954** 3995, 4002).
Krystalle (aus Me.); F: 265—266°; [α]$_D^{19}$: +12° [CHCl$_3$; c = 3].

XII   XIII

2α,3β,23-Tris-benzoyloxy-13-hydroxy-18α-oleanan-28-säure-lacton $C_{51}H_{60}O_8$,
Formel XII (R = CO-C$_6$H$_5$).

B. Beim Behandeln von 2α,3β,13,23-Tetrahydroxy-18α-oleanan-28-säure-13-lacton mit
Benzoylchlorid und Pyridin (*King et al.*, Soc. **1954** 3995, 4002).
Krystalle (aus Me.); F: 284—285°. [α]$_D^{19}$: +61° [CHCl$_3$; c = 1].

12α-Brom-2α,3β,13,23-tetrahydroxy-oleanan-28-säure-13-lacton $C_{30}H_{47}BrO_5$,
Formel XIII (R = H).

Bezüglich der Zuordnung der Konfiguration am C-Atom 12 dieser als **Arjunolsäure-
bromlacton** bezeichneten Verbindung vgl. *Corey, Ursprung*, Am. Soc. **78** [1956] 183,
184.

B. Beim Behandeln einer Lösung von Arjunolsäure (2α,3β,23-Trihydroxy-olean-12-en-
28-säure) und Natriumacetat in Essigsäure mit Brom (*King et al.*, Soc. **1954** 3995, 4001).
Krystalle (aus Me.), F: 240—244° [Zers.]; [α]$_D^{19}$: +55° [CHCl$_3$; c = 1] (*King et al.*).
Beim Erwärmen mit methanol. Kalilauge ist 12β,13-Epoxy-2α,3β,23-trihydroxy-
oleanan-28-säure-methylester erhalten worden (*King et al.*). Bildung von 12α-Brom-
13,23-dihydroxy-2,3-dioxo-2,3-seco-oleanan-28-säure-13-lacton (S. 2559) beim Behandeln
mit Blei(IV)-acetat in Essigsäure *King et al.*, l. c. S. 3998, 4002.

2α,3β,23-Triacetoxy-12α-brom-13-hydroxy-oleanan-28-säure-lacton $C_{36}H_{53}BrO_8$,
Formel XIII (R = CO-CH$_3$).

B. Beim Erhitzen von 12α-Brom-2α,3β,13,23-tetrahydroxy-oleanan-28-säure-13-lacton
mit Acetanhydrid und Pyridin (*King et al.*, Soc. **1954** 3995, 4001).
Krystalle (aus Me.); F: 182—183°. [α]$_D^{20}$: +54° [CHCl$_3$; c = 2].   [*Wente*]

Hydroxy-oxo-Verbindungen $C_nH_{2n-14}O_5$

Hydroxy-oxo-Verbindungen $C_9H_4O_5$

**5-Hydroxy-cyclohepta[c]furan-1,3,4-trion, 6-Hydroxy-7-oxo-cyclohepta-1,3,5-trien-
1,2-dicarbonsäure-anhydrid** $C_9H_4O_5$, Formel I (X = H), und Tautomeres (7-Hydroxy-
6-oxo-cyclohepta-2,4,7-trien-1,2-dicarbonsäure-anhydrid).

B. Beim Behandeln von 2-[3,4-Dimethoxy-styryl]-6-methoxy-7-oxo-cyclohepta-
1,3,5-triencarbonsäure-methylester (nicht charakterisiert) mit Kaliumpermanganat und
Magnesiumsulfat in Wasser und Erhitzen des nach dem Ansäuern mit wss. Salzsäure
isolierten Reaktionsprodukts unter 0,2 Torr bis auf 160° (*Tarbell et al.*, Am. Soc. **81**
[1959] 3443, 3444).
Gelbe Krystalle; F: 251—253° [aus Eg. oder Diäthylmalonat] (*Crow et al.*, Soc. **1952**
3705, 3712), 253—255° [Zers.] (*Ta. et al.*). IR-Banden (Paraffin) im Bereich von 5,4 μ
bis 6,4 μ: *Crow et al.*, l. c. S. 3708. Absorptionsspektrum (Eg.; 250—500 nm): *Nozoe et al.*,
Sci. Rep. Tohoku Univ. [I] **38** [1954] 257, 261.

Beim Erhitzen mit Natriumhydroxid auf 180° ist Benzol-1,2,3-tricarbonsäure, beim Erhitzen mit Wasser auf 180° ist 4-Hydroxy-3-oxo-cyclohepta-1,4,6-triencarbonsäure erhalten worden (*Crow et al.*, l. c. S. **3713**). Überführung in 5,7-Dihydroxy-6-oxo-cyclo‌hepta-2,4,7-trien-1,2-dicarbonsäure-anhydrid und 3,7-Dihydroxy-6-oxo-cyclohepta-2,4,7-trien-1,2-dicarbonsäure-anhydrid mit Hilfe von Kaliumperoxodisulfat: *Doi, Kita‌hara*, Bl. chem. Soc. Japan **31** [1958] 788.

I   II

6-Brom-5-hydroxy-cyclohepta[c]furan-1,3,4-trion, 5-Brom-6-hydroxy-7-oxo-cyclohepta-1,3,5-trien-1,2-dicarbonsäure-anhydrid $C_9H_3BrO_5$, Formel I (X = Br), und Tautomeres (5-Brom-7-hydroxy-6-oxo-cyclohepta-2,4,7-trien-1,2-dicarbonsäure-anhydrid).

B. Beim Behandeln von 7-Hydroxy-6-oxo-cyclohepta-2,4,7-trien-1,2-dicarbonsäure-anhydrid mit Brom und Natriumacetat-trihydrat in Essigsäure (*Nozoe et al.*, Bl. chem. Soc. Japan **33** [1960] 1071, 1073; s.a. *Doi, Kitahara*, Bl. chem. Soc. Japan **31** [1958] 788).

Gelbe Krystalle (aus Eg.); F: 198° (*No. et al.*).

Beim Erhitzen mit Kaliumhydroxid und wenig Wasser sind 5,7-Dihydroxy-6-oxo-cyclohepta-2,4,7-trien-1,2-dicarbonsäure-anhydrid und kleine Mengen 4,7-Dihydroxy-6-oxo-cyclohepta-2,4,7-trien-1,2-dicarbonsäure-anhydrid erhalten worden (*Doi, Ki.*).

7-Hydroxy-chroman-2,3,4-trion-3-oxim, 3-[2,4-Dihydroxy-phenyl]-2-hydroxyimino-3-oxo-propionsäure-2-lacton $C_9H_5NO_5$, Formel II.

B. Beim Behandeln von 4,7-Dihydroxy-cumarin mit wss. Natronlauge, mit Natrium‌nitrit und mit Essigsäure (*Spencer et al.*, Am. Soc. **80** [1958] 140, 143).

Gelbe Krystalle (nach Sublimation im Hochvakuum); F: 221—226° [Zers.].

Hydroxy-oxo-Verbindungen $C_{10}H_6O_5$

8-Hydroxy-4H-cyclohepta[c]pyran-1,3,9-trion, [2-Carboxy-4-hydroxy-3-oxo-cyclohepta-1,4,6-trienyl]-essigsäure-anhydrid $C_{10}H_6O_5$, Formel III, und Tautomere (z. B. 9-Hydroxy-4H-cyclohepta[c]pyran-1,3,8-trion).

B. Beim Erwärmen von [2-Carboxy-4-hydroxy-3-oxo-cyclohepta-1,4,6-trienyl]-essig‌säure mit konz. Schwefelsäure (*Crow et al.*, Soc. **1952** 3705, 3711; *Nozoe et al.*, Sci. Rep. Tohoku Univ. [I] **38** [1954] 257, 270). Beim Behandeln von 3-Acetoxy-8-hydroxy-cyclohepta[c]pyran-1,9-dion mit wss. Natronlauge (*Crow et al.*).

Rote Krystalle; F: 205—208° [Zers.; aus Dioxan oder Anisol] (*Crow et al.*), 206° (*No. et al.*). Bei 100°/0,01 Torr sublimierbar (*Crow et al.*). Absorptionsspektrum (Eg.; 250—500 nm): *No. et al.*, l. c. S. 261; Absorptionsmaxima (Dioxan): **275** nm, **315** nm und **475** nm (*Crow et al.*).

Beim Erwärmen mit Benzaldehyd bzw. mit Benzaldehyd, Essigsäure und wenig Piperidin ist 6-Hydroxy-7-oxo-2-styryl-cyclohepta-1,3,5-triencarbonsäure (F: 167—169° [Zers.] bzw. F: 182° [Zers.]) erhalten worden (*Crow et al.*; *No. et al.*).

III   IV   V

3-Acetoxy-8-hydroxy-cyclohepta[c]pyran-1,9-dion $C_{12}H_8O_6$, Formel IV, und Tautomeres (3-Acetoxy-9-hydroxy-cyclohepta[c]pyran-1,8-dion).

B. Beim Erhitzen von [2-Carboxy-4-hydroxy-3-oxo-cyclohepta-1,4,6-trienyl]-essig= säure mit Acetanhydrid (Crow et al., Soc. **1952** 3705, 3711; Nozoe et al., Sci. Rep. Tohoku Univ. [I] **38** [1954] 257, 270).

Rote Krystalle; F: 192—193° [Zers.; aus Toluol oder Eg.] (Crow et al.), 190° [Zers.; aus Eg.] (No. et al.). Absorptionsspektrum (Eg.; 250—500 nm): No. et al., l. c. S. 261; Absorptionsmaxima (Dioxan): 290 nm, 350 nm, 365 nm und 470 nm (Crow et al.).

5,7-Dimethoxy-2-oxo-2H-chromen-4-carbaldehyd, 4-Formyl-5,7-dimethoxy-cumarin $C_{12}H_{10}O_5$, Formel V.

B. Beim Erhitzen von 5,7-Dimethoxy-4-methyl-cumarin mit Selendioxid in Xylol (Schiavello, Cingolani, G. **81** [1951] 717, 722).

Gelbliche Krystalle (aus Bzl.); F: 194°. Absorptionsspektrum (A.: 220—360 nm); Sch., Ci., l. c. S. 719, 721.

5,7-Dimethoxy-4-[phenylhydrazono-methyl]-cumarin, 5,7-Dimethoxy-2-oxo-2H-chromen-4-carbaldehyd-phenylhydrazon $C_{18}H_{16}N_2O_4$, Formel VI.

B. Aus 5,7-Dimethoxy-2-oxo-2H-chromen-4-carbaldehyd und Phenylhydrazin (Schiavello, Cingolani, G. **81** [1951] 717, 723).

Orangefarbene Krystalle (aus A.); F: 234°.

6,7-Dimethoxy-2-oxo-2H-chromen-4-carbaldehyd, 4-Formyl-6,7-dimethoxy-cumarin $C_{12}H_{10}O_5$, Formel VII.

B. Beim Erhitzen von 6,7-Dimethoxy-4-methyl-cumarin mit Selendioxid in Xylol (Schiavello, Cingolani, G. **81** [1951] 717, 723).

Orangefarbene Krystalle (aus Bzl.); F: 206°. Absorptionsspektrum (A.; 220—380 nm): Sch., Ci., l. c. S. 719, 721.

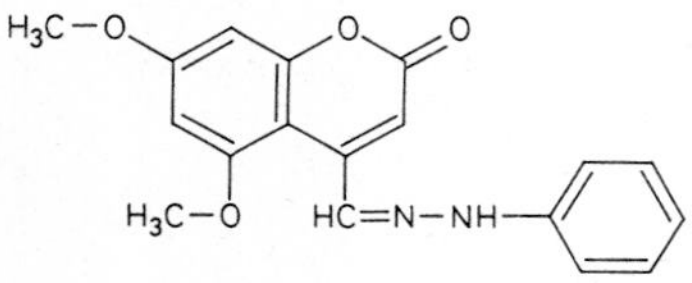

VI 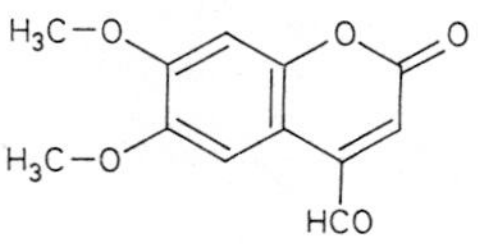   VII 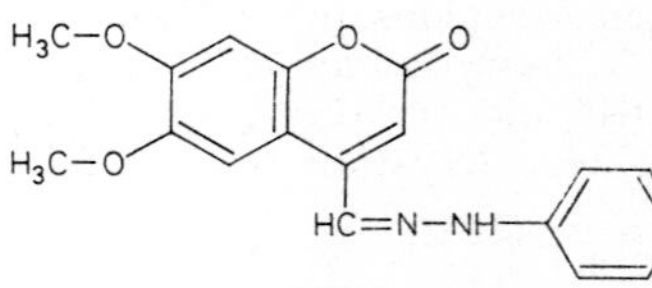   VIII

6,7-Dimethoxy-4-[phenylhydrazono-methyl]-cumarin, 6,7-Dimethoxy-2-oxo-2H-chromen-4-carbaldehyd-phenylhydrazon $C_{18}H_{16}N_2O_4$, Formel VIII.

B. Aus 6,7-Dimethoxy-2-oxo-2H-chromen-4-carbaldehyd und Phenylhydrazin (Schiavello, Cingolani, G. **81** [1951] 717, 723).

Orangefarbene Krystalle (aus Isobutylalkohol); F: 247°.

7,8-Dimethoxy-2-oxo-2H-chromen-4-carbaldehyd, 4-Formyl-7,8-dimethoxy-cumarin $C_{12}H_{10}O_5$, Formel IX.

B. Beim Erhitzen von 7,8-Dimethoxy-4-methyl-cumarin mit Selendioxid in Xylol (Schiavello, Cingolani, G. **81** [1951] 717, 723).

Gelbe Krystalle (aus E.); F: 176°. Absorptionsspektrum (A.; 220—350 nm): Sch., Ci., l. c. S. 719, 721.

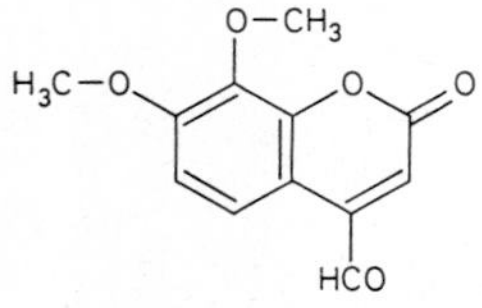

IX 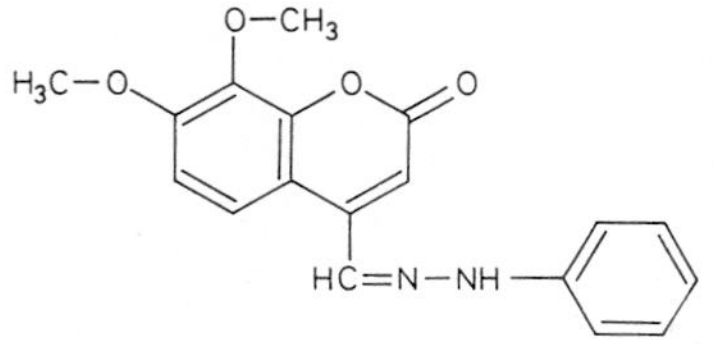   X 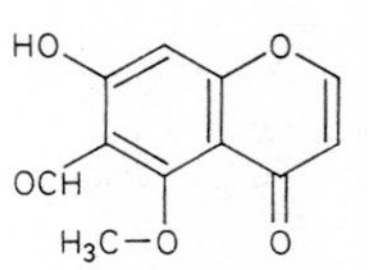   XI

7,8-Dimethoxy-4-[phenylhydrazono-methyl]-cumarin, 7,8-Dimethoxy-2-oxo-2H-chromen-4-carbaldehyd-phenylhydrazon $C_{18}H_{16}N_2O_4$, Formel X.

B. Aus 7,8-Dimethoxy-2-oxo-2H-chromen-4-carbaldehyd und Phenylhydrazin (*Schiavello, Cingolani*, G. **81** [1951] 717, 724).

Krystalle (aus Isopropylalkohol); F: 219°.

7-Hydroxy-5-methoxy-4-oxo-4H-chromen-6-carbaldehyd $C_{11}H_8O_5$, Formel XI.

B. Beim Erwärmen von 4-Methoxy-furo[3,2-g]chromen-5-on mit Kaliumdichromat und wss. Schwefelsäure (*Schönberg et al.*, Am. Soc. **75** [1953] 4992, 4994).

Krystalle (aus Bzl.); F: 155° [unkorr.].

7-Hydroxy-5-methoxy-2-oxo-2H-chromen-6-carbaldehyd, 6-Formyl-7-hydroxy-5-methoxy-cumarin $C_{11}H_8O_5$, Formel I (R = H).

Diese Konstitution kommt dem nachstehend beschriebenen **Apoxanthoxyletin** zu (*Robertson, Subramaniam*, Soc. **1937** 286).

B. Beim Erhitzen von Bergapten (4-Methoxy-furo[3,2-g]chromen-7-on) mit Natriumdichromat in Essigsäure (*Schönberg et al.*, Am. Soc. **77** [1955] 1019). Neben 4,6-Dihydroxy-2-methoxy-isophthalaldehyd beim Behandeln einer Lösung von Xanthoxyletin (5-Methoxy-8,8-dimethyl-8H-pyrano[3,2-g]chromen-2-on) in Chloroform mit Ozon und Erwärmen des Reaktionsprodukts mit Wasser (*Dieterle, Kruta*, Ar. **275** [1937] 45, 52; s. a. *Bell et al.*, Soc. **1936** 627, 632; *Howell, Robertson*, Soc. **1937** 293).

Krystalle; F: 222—223° [unkorr.; aus A.] (*Sch. et al.*), 220—221° [aus Toluol] (*Di., Kr.*), 217—218° [aus A.] (*Bell et al.*).

Bei der Hydrierung an Palladium/Kohle in Essigsäure ist 7-Hydroxy-5-methoxy-6-methyl-cumarin erhalten worden (*Bell et al.*).

5,7-Dimethoxy-2-oxo-2H-chromen-6-carbaldehyd, 6-Formyl-5,7-dimethoxy-cumarin $C_{12}H_{10}O_5$, Formel I (R = CH$_3$).

B. Beim Erwärmen von 7-Hydroxy-5-methoxy-2-oxo-2H-chromen-6-carbaldehyd mit Methyljodid, Aceton und Kaliumcarbonat (*Schönberg et al.*, Am. Soc. **77** [1955] 5390).

Krystalle (aus A.); F: 192° [unkorr.].

[6-Formyl-5-methoxy-2-oxo-2H-chromen-7-yloxy]-essigsäure $C_{13}H_{10}O_7$, Formel I (R = CH$_2$-COOH).

B. Beim Erwärmen von [6-Formyl-5-methoxy-2-oxo-2H-chromen-7-yloxy]-essigsäure-äthylester mit methanol. Kalilauge (*Howell, Robertson*, Soc. **1937** 293).

Krystalle (aus Acn.); F: 242° [Zers.].

I   II   III

[6-Formyl-5-methoxy-2-oxo-2H-chromen-7-yloxy]-essigsäure-äthylester $C_{15}H_{14}O_7$, Formel I (R = CH$_2$-CO-OC$_2$H$_5$).

B. Beim Erwärmen von 7-Hydroxy-5-methoxy-2-oxo-2H-chromen-6-carbaldehyd mit Bromessigsäure-äthylester, Aceton und Kaliumcarbonat (*Howell, Robertson*, Soc. **1937** 293).

Krystalle (aus A.); F: 136°.

7-Acetoxy-6-diacetoxymethyl-5-methoxy-cumarin $C_{17}H_{16}O_9$, Formel II.

B. Beim Erwärmen von 7-Hydroxy-5-methoxy-2-oxo-2H-chromen-6-carbaldehyd mit Acetanhydrid und Pyridin (*Bell et al.*, Soc. **1936** 627, 632).

Krystalle (aus A.); F: 151—152°.

7-Hydroxy-5-methoxy-6-[phenylhydrazono-methyl]-cumarin, 7-Hydroxy-5-methoxy-2-oxo-2H-chromen-6-carbaldehyd-phenylhydrazon $C_{17}H_{14}N_2O_4$, Formel III.

B. Aus 7-Hydroxy-5-methoxy-2-oxo-2H-chromen-6-carbaldehyd und Phenylhydrazin (*Bell et al.*, Soc. **1936** 627, 632).

Krystalle (aus A.); F: 251° [Zers.].

7-Hydroxy-8-methoxy-2-oxo-2H-chromen-6-carbaldehyd, 6-Formyl-7-hydroxy-8-methoxy-cumarin $C_{11}H_8O_5$, Formel IV (R = H).

B. Beim Erhitzen von 7-Hydroxy-8-methoxy-cumarin mit Hexamethylentetramin und Essigsäure und Erwärmen des Reaktionsgemisches mit wss. Salzsäure (*Rodighiero, Antonello*, Ann. Chimica **46** [1956] 960, 966). Beim Behandeln einer Lösung von Xanthotoxin (9-Methoxy-furo[3,2-g]chromen-7-on) in Chloroform (*Späth et al.*, B. **73** [1940] 1361, 1368) oder in Dichlormethan (*Brokke, Christensen*, J. org. Chem. **23** [1958] 589, 594) sowie einer Lösung von Luvangetin (10-Methoxy-8,8-dimethyl-8H-pyrano[3,2-g]-chromen-2-on) in Chloroform (*Sp. et al.*, l. c. S. 1367) mit Ozon und Behandeln des jeweils erhaltenen Reaktionsgemisches mit heissem Wasser (*Sp. et al.*) bzw. mit Zink-Pulver und Essigsäure (*Br., Ch.*).

Krystalle; F: 197,5—198,5° [evakuierte Kapillare; nach Sublimation im Hochvakuum] (*Sp. et al.*), 195—196° [Zers.; aus Toluol] (*Ro., An.*), 194—195,5° [aus W.] (*Br., Ch.*).

[6-Formyl-8-methoxy-2-oxo-2H-chromen-7-yloxy]-essigsäure $C_{13}H_{10}O_7$, Formel IV (R = CH$_2$-COOH).

B. Beim Erwärmen von [6-Formyl-8-methoxy-2-oxo-2H-chromen-7-yloxy]-essigsäure-äthylester mit wss.-methanol. Kalilauge (*Rodighiero, Antonello*, Ann. Chimica **46** [1956] 960, 967).

Krystalle (aus Acn.); F: 226° [Zers.].

[6-Formyl-8-methoxy-2-oxo-2H-chromen-7-yloxy]-essigsäure-äthylester $C_{15}H_{14}O_7$, Formel IV (R = CH$_2$-CO-OC$_2$H$_5$).

B. Beim Erwärmen von 7-Hydroxy-8-methoxy-2-oxo-2H-chromen-6-carbaldehyd mit Bromessigsäure-äthylester, Aceton und Kaliumcarbonat (*Rodighiero, Antonello*, Ann. Chimica **46** [1956] 960, 966).

Krystalle (aus A.); F: 165°.

IV   V   VI

7-Hydroxy-8-methoxy-6-[phenylhydrazono-methyl]-cumarin, 7-Hydroxy-8-methoxy-2-oxo-2H-chromen-6-carbaldehyd-phenylhydrazon $C_{17}H_{14}N_2O_4$, Formel V.

B. Aus 7-Hydroxy-8-methoxy-2-oxo-2H-chromen-6-carbaldehyd und Phenylhydrazin (*Rodighiero, Antonello*, Ann. Chimica **46** [1956] 960, 966; *Brokke, Christensen*, J. org. Chem. **23** [1958] 589, 594).

Gelbe Krystalle (aus A.); F: 278—279° [Zers.] (*Ro., An.*), 275° [Zers.] (*Br., Ch.*).

7-Hydroxy-5-methoxy-2-oxo-2H-chromen-8-carbaldehyd, 8-Formyl-7-hydroxy-5-methoxy-cumarin $C_{11}H_8O_5$, Formel VI (R = H).

B. Beim Erhitzen von 7-Hydroxy-5-methoxy-cumarin mit Hexamethylentetramin und Essigsäure und Erwärmen des Reaktionsgemisches mit wss. Salzsäure (*Rodighiero, Antonello*, Farmaco Ed. scient. **10** [1955] 889, 894).

Krystalle (aus Toluol); F: 254°.

[8-Formyl-5-methoxy-2-oxo-2H-chromen-7-yloxy]-essigsäure $C_{13}H_{10}O_7$, Formel VI (R = CH$_2$-COOH).

B. Beim Erwärmen von [8-Formyl-5-methoxy-2-oxo-2H-chromen-7-yloxy]-essigsäure-

äthylester mit wss.-methanol. Kalilauge (*Rodighiero*, *Antonello*, Farmaco Ed. scient. **10**
[1955] 889, 894).
 Krystalle (aus Acn.); F: 241—242° [Zers.].

[8-Formyl-5-methoxy-2-oxo-2H-chromen-7-yloxy]-essigsäure-äthylester $C_{15}H_{14}O_7$,
Formel VI (R = CH_2-CO-OC_2H_5).
 B. Beim Erwärmen von 7-Hydroxy-5-methoxy-2-oxo-2H-chromen-8-carbaldehyd mit
Bromessigsäure-äthylester, Aceton und Kaliumcarbonat (*Rodighiero*, *Antonello*, Farmaco
Ed. scient. **10** [1955] 889, 894).
 Krystalle (aus A.); F: 156°. Bei 120—130°/0,05 Torr sublimierbar.

**7-Hydroxy-5-methoxy-8-[phenylhydrazono-methyl]-cumarin, 7-Hydroxy-5-methoxy-
2-oxo-2H-chromen-8-carbaldehyd-phenylhydrazon** $C_{17}H_{14}N_2O_4$, Formel VII.
 B. Aus 7-Hydroxy-5-methoxy-2-oxo-2H-chromen-8-carbaldehyd und Phenylhydrazin
(*Rodighiero*, *Antonello*, Farmaco Ed. scient. **10** [1955] 889, 894).
 Gelbe Krystalle (aus A.); F: 270°.

VII   VIII   IX

7-Hydroxy-6-methoxy-2-oxo-2H-chromen-8-carbaldehyd, 8-Formyl-7-hydroxy-6-methoxy-cumarin $C_{11}H_8O_5$, Formel VIII.
 B. Beim Erwärmen von 7-Hydroxy-6-methoxy-cumarin mit Hexamethylentetramin
und Essigsäure und Erhitzen des Reaktionsgemisches mit wss. Salzsäure (*Späth*, *Schmid*,
B. **74** [1941] 595, 598). Beim Behandeln einer Lösung von Sphondin (6-Methoxy-
furo[2,3-h]chromen-2-on) in Chloroform mit Ozon und Erhitzen des Reaktionsprodukts
mit Wasser (*Sp.*, *Sch.*, l. c. S. 597).
 Gelbe Krystalle (aus Ae.); F: 191,5—192,5° (*Sp.*, *Sch.*, l. c. S. 598).

3-Diazo-7-hydroxy-8-methyl-chroman-2,4-dion $C_{10}H_6N_2O_4$, Formel IX, und Tautomere
(z.B. **4,7-Dihydroxy-8-methyl-2-oxo-2H-chromen-3-diazonium-betain**).
 B. Beim Behandeln von 3-Amino-4,7-dihydroxy-8-methyl-cumarin mit Natriumnitrit
und wss. Essigsäure (*Hinman et al.*, Am. Soc. **79** [1957] 3789, 3791, 3797).
 Gelbe Krystalle (aus A. + W.); bei 195—197° erfolgt explosionsartige Zersetzung.
Absorptionsmaxima einer Lösung in Schwefelsäure enthaltendem Äthanol: 250 nm und
312 nm; einer Lösung in wss.-äthanol. Kalilauge: 366 nm.

5-Acetyl-6-hydroxy-benzofuran-4,7-chinon $C_{10}H_6O_5$, Formel X, und Tautomere.
 B. Beim Behandeln von 5-Acetyl-4,7-dimethoxy-benzofuran-6-ol mit Äther und
Salpetersäure (*Späth*, *Gruber*, B. **71** [1938] 106, 111).
 Rote Krystalle (aus Ae.); F: 170—172° [Zers.; evakuierte Kapillare]. Bei 150—160°/
0,005 Torr sublimierbar.

X   XI   XII   XIII

3-Acetyl-6-methoxy-phthalsäure-anhydrid $C_{11}H_8O_5$, Formel XI.

Diese Konstitution ist für die nachstehend beschriebene Verbindung in Betracht gezogen worden (*Eisenhuth, Schmid,* Helv. **41** [1958] 2021, 2038).

B. In kleiner Menge aus 1-[5-Acetoxy-6-methoxy-2-methyl-2,3-dihydro-naphtho= [1,2-*b*]furan-9-yl]-äthanon mit Hilfe von Ozon.

Krystalle (aus CH_2Cl_2 + Ae.); F: 167—168° [Kofler-App.].

2,3-Epoxy-5,8-dimethoxy-2,3-dihydro-[1,4]naphthochinon $C_{12}H_{10}O_5$, Formel XII, und **2,3-Epoxy-5,8-dimethoxy-naphthalin-1,4-diol** $C_{12}H_{10}O_5$, Formel XIII.

B. Beim Erwärmen von 5,8-Dimethoxy-[1,4]naphthochinon mit Äthanol, wss. Wasser= stoffperoxid und Natriumcarbonat (*Garden, Thomson,* Soc. **1957** 2483, 2488).

Gelbe Krystalle (aus Bzn.); F: 195°.

Hydroxy-oxo-Verbindungen $C_{11}H_8O_5$

4-[2,4-Diacetoxy-phenyl]-3*H*-pyran-2,6-dion, 3-[2,4-Diacetoxy-phenyl]-*cis*-pentendisäure-anhydrid $C_{15}H_{12}O_7$, Formel I (R = CO-CH$_3$).

B. Beim Erwärmen von 3-[2,4-Dihydroxy-phenyl]-*cis*-pentendisäure mit Acetylchlorid oder Acetanhydrid (*Dixit, Mulay,* Pr. Indian Acad. [A] **27** [1948] 14, 18).

Krystalle (aus Acn.); F: 188°.

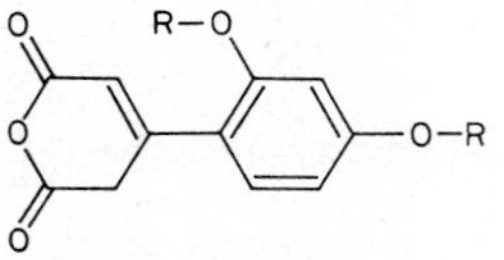

I 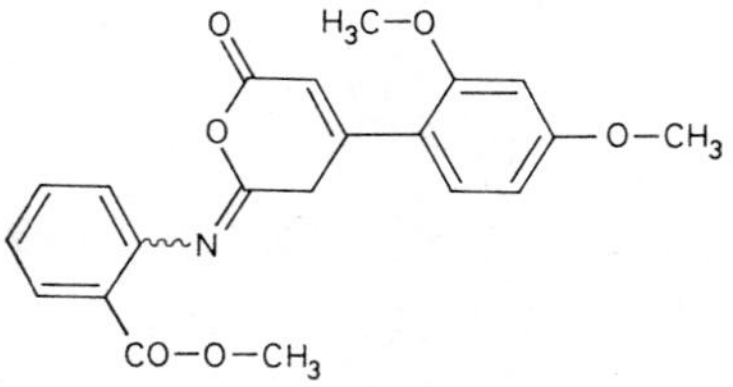 II 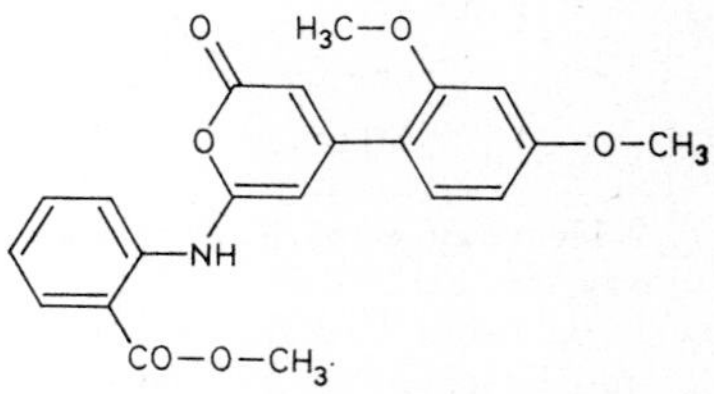 III

[4-(2,4-Dimethoxy-phenyl)-6-oxo-3,6-dihydro-pyran-2-yliden]-anthranilsäure-methyl= ester $C_{21}H_{19}NO_6$, Formel II, und *N*-**[4-(2,4-Dimethoxy-phenyl)-6-oxo-6*H*-pyran-2-yl]-anthranilsäure-methylester** $C_{21}H_{19}NO_6$, Formel III.

B. Beim Erwärmen von 3-[2,4-Dimethoxy-phenyl]-*cis*-pentendisäure-5-[2-methoxy= carbonyl-anilid] mit Acetanhydrid (*Nerurkar et al.,* J. org. Chem. **24** [1959] 520, 522).

Gelbe Krystalle; F: 146°.

5-[4-(Furan-2-carbonyl)-2,3-dihydroxy-phenoxysulfonyl]-1-hydroxy-naphthalin-2-diazonium-betain $C_{21}H_{12}N_2O_8S$, Formel IV, und **6-Diazo-5-oxo-5,6-dihydro-naphth= alin-1-sulfonsäure-[4-(furan-2-carbonyl)-2,3-dihydroxy-phenylester]** $C_{21}H_{12}N_2O_8S$, Formel V.

Eine als 6-Diazo-5-oxo-5,6-dihydro-naphthalin-1-sulfonsäure-[4-(furan-2-carbonyl)-2,3-dihydroxy-phenylester] beschriebene Verbindung (F: 235°) ist beim Behandeln von 5-Chlorsulfonyl-1-hydroxy-naphthalin-1-diazonium-betain mit [2]Furyl-[2,3,4-trihydr= oxy-phenyl]-keton (?) (E II **18** 155) in Dioxan unter Zusatz von wss. Natriumcarbonat-Lösung erhalten worden (*Kalle & Co.,* D.B.P. 938233 [1953]).

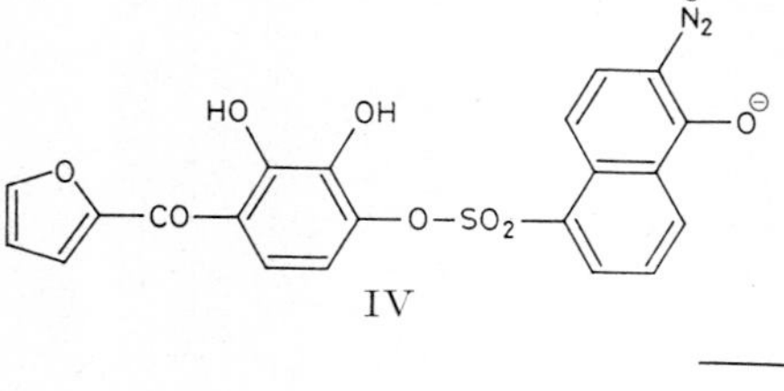

IV 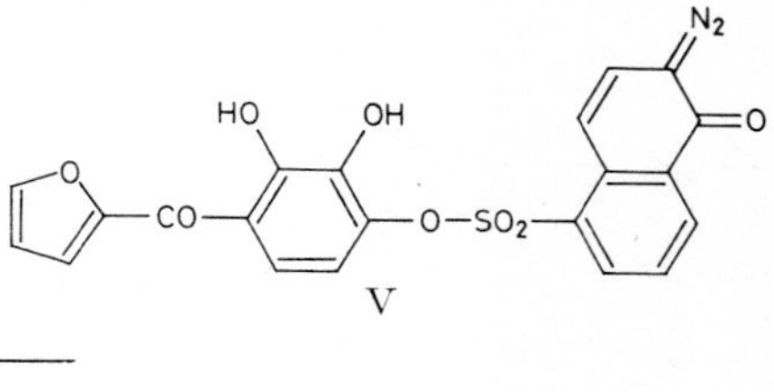 V

[2]Furyl-[2,4,5-trihydroxy-phenyl]-keton $C_{11}H_8O_5$, Formel VI.
   B. Beim Erwärmen von Furan-2-carbonylchlorid mit Benzen-1,2,4-triol, Aluminium=
chlorid und Nitrobenzol und Erhitzen des Reaktionsprodukts mit Aluminiumchlorid bis
auf 190° (*Eastman Kodak Co.*, U.S.P. 2759828 [1952], 2848345 [1954]).
   Orangefarbene Krystalle; F: 209—211°.

---

[2]Furyl-[3,4,5-trimethoxy-phenyl]-keton $C_{14}H_{14}O_5$, Formel VII.
   B. Beim Behandeln von 3,4,5-Trimethoxy-benzoylchlorid mit Furan, Aluminium=
chlorid und Nitrobenzol (*Caunt et al.*, Soc. **1951** 1313, 1317).
   Krystalle (aus Ae.); F: 108—109°.

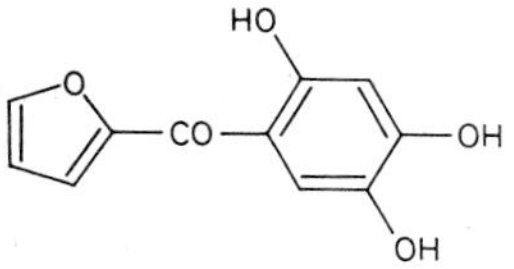

VI 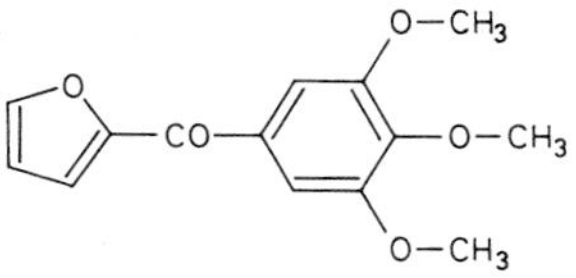   VII 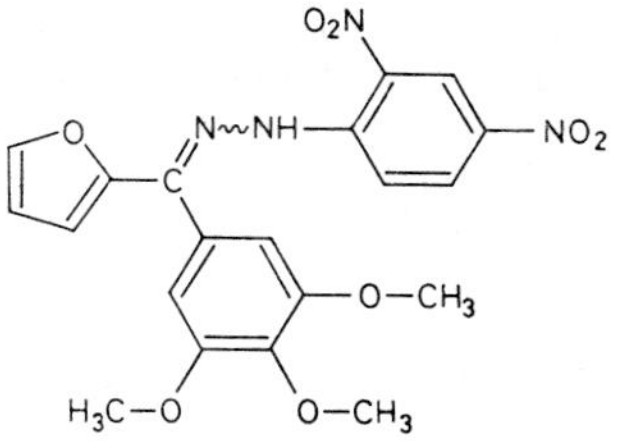   VIII

[2]Furyl-[3,4,5-trimethoxy-phenyl]-keton-[2,4-dinitro-phenylhydrazon] $C_{20}H_{18}N_4O_8$,
Formel VIII.
   B. Aus [2]Furyl-[3,4,5-trimethoxy-phenyl]-keton und [2,4-Dinitro-phenyl]-hydrazin
(*Caunt et al.*, Soc. **1951** 1313, 1318).
   Rote Krystalle (aus Eg.); F: 201—202°.

[(*Ξ*)-Veratryliden]-bernsteinsäure-anhydrid $C_{13}H_{12}O_5$, Formel IX (R = CH$_3$) (vgl. H 173).
   B. Beim Erhitzen von Veratryliden-bernsteinsäure (F: 169—171,5°) mit Acet=
anhydrid oder mit Polyphosphorsäure (*Horning, Walker*, Am. Soc. **74** [1952] 5147, 5149).
   Krystalle (aus E.); F: 168—170°.
   Beim Erhitzen mit Acetanhydrid und wenig Pyridin ist Acetyl-veratryliden-bernstein=
säure-anhydrid (F: 189—191°), bei Anwendung von Pyridin im Überschuss ist daneben
eine (isomere) **Verbindung** $C_{15}H_{14}O_6$ vom F: 264—266° erhalten worden (*Ho., Wa.*, l. c.
S. 5150).

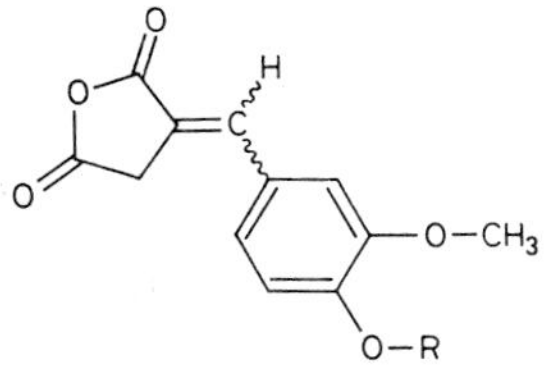

IX 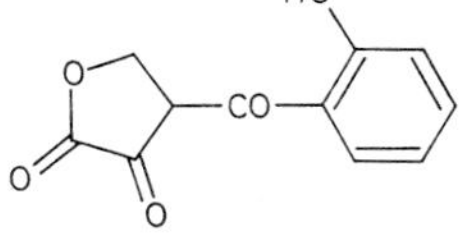   X 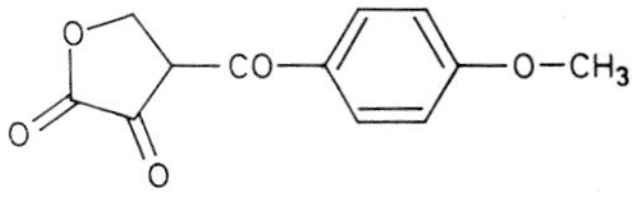   XI

[(*Ξ*)-3-Methoxy-4-methoxymethoxy-benzyliden]-bernsteinsäure-anhydrid $C_{14}H_{14}O_6$,
Formel IX (R = CH$_2$-O-CH$_3$).
   B. Beim Erhitzen von [3-Methoxy-4-methoxymethoxy-benzyliden]-bernsteinsäure
(F: 158—159°) mit Acetanhydrid (*Freudenberg, Kempermann*, A. **602** [1957] 184, 196).
   Krystalle (aus Bzl.); F: 145—146°.

4-Salicyloyl-dihydro-furan-2,3-dion, 4-Hydroxy-2-oxo-3-salicyloyl-buttersäure-4-lacton
$C_{11}H_8O_5$, Formel X, und Tautomere.
   B. Beim Behandeln der Dinatrium-Verbindung des 4-[2-Hydroxy-phenyl]-2,4-dioxo-
buttersäure-äthylesters mit wss. Formaldehyd und Ansäuern des Reaktionsgemisches
mit Schwefelsäure (*Puetzer et al.*, Am. Soc. **67** [1945] 832, 836).

Gelbe Krystalle (aus Acn. + W.); F: 204° [Zers.].

Beim Erhitzen mit Essigsäure unter Zusatz von wss. Salzsäure ist 1H-Furo[3,4-b]=chromen-3,9-dion erhalten worden.

___

4-[4-Methoxy-benzoyl]-dihydro-furan-2,3-dion, 3-Hydroxymethyl-4-[4-methoxy-phenyl]-2,4-dioxo-buttersäure-lacton $C_{12}H_{10}O_5$, Formel XI, und Tautomere.

B. Beim aufeinanderfolgenden Behandeln von 1-[4-Methoxy-phenyl]-äthanon mit Di=äthyloxalat und Natriummethylat in Äther, mit wss. Formaldehyd und mit wss. Salzsäure (*Nussbaum et al.*, Am. Soc. **73** [1951] 3263, 3266).

F: 153—154°.

___

3-Acetyl-6,7-dimethoxy-chromen-4-on $C_{13}H_{12}O_5$, Formel XII.

B. Beim Erhitzen von 1-[2-Hydroxy-4,5-dimethoxy-phenyl]-butan-1,3-dion mit Ortho=ameisensäure-triäthylester und Acetanhydrid (*Jones et al.*, Soc. **1949** 562, 568).

Krystalle (aus A.); F: 166°.

2,4-Dinitro-phenylhydrazon $C_{19}H_{16}N_4O_8$. Orangefarbene Krystalle (aus Eg.); F: 261°.

___

3-Acetyl-6,7-dimethoxy-cumarin $C_{13}H_{12}O_5$, Formel XIII.

B. Beim Behandeln von 2-Hydroxy-4,5-dimethoxy-benzaldehyd mit Acetessigsäure-äthylester und wenig Piperidin (*Jones et al.*, Soc. **1949** 562, 566).

Gelbe Krystalle (aus E.); F: 234° (*Jo. et al.*).

Bei der Hydrierung an Palladium/Kohle in Methanol ist 3-Äthyl-6,7-dimethoxy-cumarin, bei der Hydrierung an Platin/Kohle in Methanol sind daneben kleine Mengen 3-Acetyl-6,7-dimethoxy-chroman-2-on erhalten worden (*Dean et al.*, Soc. **1950** 895, 902).

XII   XIII   XIV

3-[1-Hydroxyimino-äthyl]-6,7-dimethoxy-cumarin $C_{13}H_{13}NO_5$, Formel XIV (X = OH).

B. Aus 3-Acetyl-6,7-dimethoxy-cumarin und Hydroxylamin (*Dean et al.*, Soc. **1950** 895, 902).

Krystalle (aus A.); F: 218°.

3-[1-(2,4-Dinitro-phenylhydrazono)-äthyl]-6,7-dimethoxy-cumarin $C_{19}H_{16}N_4O_8$, Formel XIV (X = NH-C$_6$H$_3$(NO$_2$)$_2$).

B. Aus 3-Acetyl-6,7-dimethoxy-cumarin und [2,4-Dinitro-phenyl]-hydrazin (*Jones et al.*, Soc. **1949** 562, 566; *Dean et al.*, Soc. **1950** 895, 902).

Braunrote Krystalle [aus A., CHCl$_3$ oder Dioxan] (*Jo. et al.*). F: 282—283° [Zers.] (*Dean et al.*).

___

3-Acetyl-4,5-dihydroxy-cumarin $C_{11}H_8O_5$, Formel I (R = H), und Tautomere (z. B. 3-Acetyl-5-hydroxy-chroman-2,4-dion).

B. Beim Behandeln von 2,6-Diacetoxy-benzoylchlorid (aus 2,6-Diacetoxy-benzoesäure mit Hilfe von Thionylchlorid hergestellt) mit der Natrium-Verbindung des Acetessigsäure-äthylesters in Äther und Behandeln des Reaktionsprodukts mit wss. Salzsäure (*Ishii*, J. agric. chem. Soc. Japan **26** [1952] 510; C. A. **1955** 5463).

Krystalle (aus A. oder wss. A.); F: 158° (*Ishii*, J. agric. chem. Soc. Japan **26** 510). UV-Spektrum (A.; 250—360 nm): *Ishii*, J. agric. chem. Soc. Japan **27** [1953] 310, 312; C. A. **1955** 5464.

___

5-Acetoxy-3-acetyl-4-hydroxy-cumarin $C_{13}H_{10}O_6$, Formel I (R = CO-CH$_3$), und Tauto=mere (z. B. 5-Acetoxy-3-acetyl-chroman-2,4-dion).

B. Beim Erwärmen von 3-Acetyl-4,5-dihydroxy-cumarin mit Acetanhydrid und wenig

Schwefelsäure (*Ishii*, J. agric. chem. Soc. Japan **26** [1952] 510; C. A. **1955** 5463).
Krystalle (aus A. oder wss. A.); F: 148° (*Ishii*, J. agric. chem. Soc. Japan **26** 510).
UV-Spektrum (A.; 230—350 nm): *Ishii*, J. agric. chem. Soc. Japan **27** [1953] 310, 315;
C. A. **1955** 5464.

I   II   III

3-Acetyl-4-hydroxy-6-methoxy-cumarin $C_{12}H_{10}O_5$, Formel II, und Tautomere (z. B.
3-Acetyl-6-methoxy-chroman-2,4-dion).
B. Beim Behandeln von 4-Hydroxy-6-methoxy-cumarin mit Acetanhydrid und Essig⸗
säure unter Einleiten von Borfluorid und Erwärmen des Reaktionsprodukts mit Äthanol
(*Badcock et al.*, Soc. **1950** 903, 907).
Krystalle (aus Eg.); F: 153°.

3-[1-(2,4-Dinitro-phenylhydrazono)-äthyl]-4-hydroxy-6-methoxy-cumarin $C_{18}H_{14}N_4O_8$,
Formel III (R = $C_6H_3(NO_2)_2$), und Tautomere (z. B. 3-[1-(2,4-Dinitro-phenylhydr⸗
azono)-äthyl]-6-methoxy-chroman-2,4-dion).
B. Aus 3-Acetyl-4-hydroxy-6-methoxy-cumarin und [2,4-Dinitro-phenyl]-hydrazin
(*Badcock et al.*, Soc. **1950** 903, 907).
Orangefarbene Krystalle (aus Nitrobenzol); F: 246—247°.

3-Acetyl-4,7-dihydroxy-cumarin $C_{11}H_8O_5$, Formel IV (R = H), und Tautomere (z. B.
3-Acetyl-7-hydroxy-chroman-2,4-dion).
B. Neben 7-Acetoxy-3-acetyl-4-hydroxy-cumarin beim Erhitzen von 4,7-Dihydroxy-
cumarin mit Acetylchlorid und Pyridin (*Iguchi*, J. pharm. Soc. Japan **72** [1952] 122,
125; C. A. **1952** 11 186).
Krystalle (aus wss. A.); F: 227—228°. UV-Spektrum (A.; 250—360 nm): *Ig.*, l. c.
S. 125.

3-Acetyl-4-hydroxy-7-methoxy-cumarin $C_{12}H_{10}O_5$, Formel IV (R = CH₃), und Tautomere (z. B. 3-Acetyl-7-methoxy-chroman-2,4-dion).
B. Beim Erwärmen von 2-Hydroxy-4-methoxy-benzoylchlorid mit der Natrium-
Verbindung des Acetessigsäure-äthylesters und Natriumäthylat in Äther und Äthanol
und Behandeln des Reaktionsprodukts mit wss. Salzsäure (*Badcock et al.*, Soc. **1950** 903,
906). Beim Behandeln der Dinatrium-Verbindung des 1-[2-Hydroxy-4-methoxy-phenyl]-
butan-1,3-dions mit Phosgen in Toluol (*Ba. et al.*). Beim Erwärmen von 4-Hydroxy-
7-methoxy-cumarin mit Acetylchlorid und Pyridin (*Iguchi*, J. pharm. Soc. Japan **72**
[1952] 122, 126; C. A. **1952** 11 186). Beim Behandeln von 4-Acetoxy-7-methoxy-cumarin
mit Acetanhydrid und Essigsäure in Gegenwart von Borfluorid (*Ba. et al.*). Beim Erwärmen von 3-Acetyl-4,7-dihydroxy-cumarin mit Dimethylsulfat und wss. Kalilauge (*Ig.*).
Krystalle; F: 187,5° [aus E. + Bzn.] (*Ba. et al.*), 185° [aus A.] (*Ig.*). UV-Spektrum
(A.; 250—360 nm): *Ig.*, l. c. S. 125.

7-Acetoxy-3-acetyl-4-hydroxy-cumarin $C_{13}H_{10}O_6$, Formel IV (R = CO-CH₃), und Tautomere (z. B. 7-Acetoxy-3-acetyl-chroman-2,4-dion).
B. Beim Erwärmen von 4,7-Dihydroxy-cumarin mit Acetylchlorid und Pyridin
(*Iguchi*, J. pharm. Soc. Japan **72** [1952] 122, 125; C. A. **1952** 11 186). Neben 3-Acetyl-
4,7-dihydroxy-cumarin beim Behandeln von 2,4-Diacetoxy-benzoesäure mit Thionyl⸗
chlorid, Erwärmen des Reaktionsprodukts mit der Natrium-Verbindung des Acetessig⸗
säure-äthylesters in Äther und anschliessenden Behandeln mit wss. Salzsäure (*Ig.*, l. c.
S. 126).
Krystalle (aus A.); F: 175—176°. UV-Spektrum (A.; 250—370 nm): *Ig.*, l. c. S. 125.

$\qquad$ IV $\qquad\qquad$ V $\qquad\qquad$ VI

3-[1-(2,4-Dinitro-phenylhydrazono)-äthyl]-4-hydroxy-7-methoxy-cumarin $C_{18}H_{14}N_4O_8$,
Formel V (R = $C_6H_3(NO_2)_2$), und Tautomere (z. B. 3-[1-(2,4-Dinitro-phenylhydr=
azono)-äthyl]-7-methoxy-chroman-2,4-dion).
$\qquad$ B. Aus 3-Acetyl-4-hydroxy-7-methoxy-cumarin und [2,4-Dinitro-phenyl]-hydrazin
(*Badcock et al.*, Soc. **1950** 903, 906).
$\qquad$ Rote Krystalle (aus Nitrobenzol); F: 262° [Zers.; nach Sintern bei 255°].

**[4,7-Diacetoxy-2-oxo-2H-chromen-3-yl]-acetaldehyd, 4,7-Diacetoxy-3-[2-oxo-äthyl]-
cumarin** $C_{15}H_{12}O_7$, Formel VI (R = CO-CH$_3$).
$\qquad$ B. Aus Di-*O*-acetyl-ammoresinol (4,7-Diacetoxy-3-[3,7,11-trimethyl-dodeca-2,6,10-tri=
enyl]-cumarin [S. 1756]) mit Hilfe von Ozon (*Kunz, Hoops*, B. **69** [1936] 2174, 2179).
$\qquad$ Krystalle (aus CHCl$_3$ + Ae. oder aus E. + PAe.); F: 137°.

**4,7-Diacetoxy-3-[2-(4-nitro-phenylhydrazono)-äthyl]-cumarin, [4,7-Diacetoxy-2-oxo-
2H-chromen-3-yl]-acetaldehyd-[4-nitro-phenylhydrazon]** $C_{21}H_{17}N_3O_8$, Formel VII
(R = CO-CH$_3$, X = C_6H_4-NO$_2$).
$\qquad$ B. Aus [4,7-Diacetoxy-2-oxo-2H-chromen-3-yl]-acetaldehyd und [4-Nitro-phenyl]-
hydrazin (*Kunz, Hoops*, B. **69** [1936] 2174, 2179).
$\qquad$ Gelbe Krystalle (aus E.); F: 194° [Zers.].

6-Chloracetyl-7,8-dihydroxy-cumarin $C_{11}H_7ClO_5$, Formel VIII.
$\qquad$ B. Beim Erhitzen von 2-Chlor-1-[2,3,4-trihydroxy-phenyl]-äthanon mit Äpfelsäure
und konz. Schwefelsäure (*Yamashita*, Sci. Rep. Tohoku Univ. [I] **24** [1935] 202).
$\qquad$ Krystalle (aus Me.); F: 228—229° [Zers.].

$\qquad$ VII $\qquad\qquad$ VIII $\qquad\qquad$ IX

**[5,7-Dimethoxy-2-oxo-2H-chromen-6-yl]-acetaldehyd, 5,7-Dimethoxy-6-[2-oxo-äthyl]-
cumarin** $C_{13}H_{12}O_5$, Formel IX.
$\qquad$ B. Beim Erwärmen von (+)-Toddalolacton (6-[2,3-Dihydroxy-3-methyl-butyl]-5,7-di=
methoxy-cumarin) mit Blei(IV)-acetat in Benzol (*Späth et al.*, B. **71** [1938] 1825, 1829).
Beim Erwärmen einer als Aculeatin-hydrat bezeichneten, vermutlich ebenfalls als
6-[2,3-Dihydroxy-3-methyl-butyl]-5,7-dimethoxy-cumarin zu formulierenden Verbin-
dung (F: 150°; $[\alpha]_D^{26}$: +50,9° [CHCl$_3$]) mit Blei(IV)-acetat in Essigsäure (*Dutta*, J. Indian
chem. Soc. **19** [1942] 425, 434).
$\qquad$ Krystalle (aus Me.) mit 1 Mol Methanol, F: 142—142,5° [evakuierte Kapillare] (*Sp.
et al.*); Krystalle (aus Bzl. + PAe.), F: 142—142,5° [korr.] (*Du.*).

**5,7-Dimethoxy-6-[2-(4-nitro-phenylhydrazono)-äthyl]-cumarin, [5,7-Dimethoxy-2-oxo-
2H-chromen-6-yl]-acetaldehyd-[4-nitro-phenylhydrazon]** $C_{19}H_{17}N_3O_6$, Formel X
(R = C_6H_4-NO$_2$).
$\qquad$ B. Aus [5,7-Dimethoxy-2-oxo-2H-chromen-6-yl]-acetaldehyd und [4-Nitro-phenyl]-
hydrazin (*Dutta*, J. Indian chem. Soc. **19** [1942] 425, 429).
$\qquad$ F: 213°.

8-Acetyl-5,7-dimethoxy-cumarin $C_{13}H_{12}O_5$, Formel XI.

B. Beim Erhitzen von Angelicon bzw. Glabralacton (5,7-Dimethoxy-8-[3-methyl-crot=onoyl]-cumarin [S. 2570]) mit wss. Kalilauge (*Fujita*, *Furuya*, J. pharm. Soc. Japan **76** [1956] 538, 542; C. A. **1956** 13000; *Hata*, J. pharm. Soc. Japan **76** [1956] 666, 668; C. A. **1957** 1152).

Krystalle (aus A.); F: 193° (*Fu., Fu.*), 192—193° (*Hata*). IR-Spektrum (Nujol; 2—16 μ) sowie UV-Spektrum (A.; 220—350 nm): *Fu., Fu.*, l. c. S. 539.

X   XI   XII

5,7-Dimethoxy-8-[1-semicarbazono-äthyl]-cumarin $C_{14}H_{15}N_3O_5$, Formel XII.

B. Aus 8-Acetyl-5,7-dimethoxy-cumarin und Semicarbazid (*Fujita*, *Furuya*, J. pharm. Soc. Japan **76** [1956] 538, 542; C. A. **1956** 13000).

F: 243—245° [Zers.].

8-Acetyl-7-hydroxy-6-methoxy-cumarin $C_{12}H_{10}O_5$, Formel I (R = CH₃, X = H).

B. Beim Behandeln von 8-Acetyl-6,7-dimethoxy-cumarin mit wss. Schwefelsäure [D: 1,8] (*Aghoramurthy*, *Seshadri*, Soc. **1954** 3065).

Krystalle (aus A.); F: 180°.

Beim Behandeln mit wss. Natronlauge und wss. Wasserstoffperoxid ist 7,8-Dihydroxy-6-methoxy-cumarin erhalten worden.

8-Acetyl-6-hydroxy-7-methoxy-cumarin $C_{12}H_{10}O_5$, Formel I (R = H, X = CH₃).

B. Beim Erhitzen von 8-Acetyl-7-methoxy-cumarin mit wss. Kalilauge, Behandeln des Reaktionsgemisches mit wss. Kaliumperoxodisulfat-Lösung und anschliessenden Erhitzen mit wss. Salzsäure und Natriumsulfit (*Aghoramurthy*, *Seshadri*, Soc. **1954** 3065).

Krystalle (aus A.); F: 196—197°.

8-Acetyl-6,7-dimethoxy-cumarin $C_{13}H_{12}O_5$, Formel I (R = X = CH₃).

B. Beim Behandeln von 8-Acetyl-6-hydroxy-7-methoxy-cumarin mit Dimethylsulfat, Aceton und Kaliumcarbonat (*Aghoramurthy Seshadri*, Soc. **1954** 3065).

Krystalle (aus wss. A.); F: 94—95°.

5,7-Dihydroxy-2-methyl-4-oxo-4H-chromen-6-carbaldehyd $C_{11}H_8O_5$, Formel II (R = X = H).

B. Beim Erhitzen von 7-Hydroxy-5-methoxy-2-methyl-4-oxo-4H-chromen-6-carb=aldehyd mit wss. Salzsäure (*Schönberg et al.*, Am. Soc. **75** [1953] 4992, 4994).

Krystalle (aus Toluol); F: 195° [unkorr.].

7-Hydroxy-5-methoxy-2-methyl-4-oxo-4H-chromen-6-carbaldehyd $C_{12}H_{10}O_5$, Formel II (R = CH₃, X = H).

B. Beim Erwärmen von 2-Chlormethyl-7-hydroxy-5-methoxy-4-oxo-4H-chromen-6-carbaldehyd mit Essigsäure und Zink-Pulver (*Schönberg et al.*, Am. Soc. **77** [1955] 1019). Beim Erwärmen von Visnagin (4-Methoxy-7-methyl-furo[3,2-g]chromen-5-on) mit Kaliumdichromat und wss. Schwefelsäure (*Schönberg et al.*, Am. Soc. **75** [1953] 4992, 4993).

Krystalle (aus W.); F: 189° [unkorr.] (*Sch. et al.*, Am. Soc. **75** 4993).

5,7-Dimethoxy-2-methyl-4-oxo-4H-chromen-6-carbaldehyd $C_{13}H_{12}O_5$, Formel II (R = X = CH₃).

B. Beim Erwärmen von 7-Hydroxy-5-methoxy-2-methyl-4-oxo-4H-chromen-6-carb=

aldehyd mit Methyljodid, Aceton und Kaliumcarbonat (*Schönberg et al.*, Am. Soc. **75** [1953] 4992, 4994).

Krystalle (aus A.); F: 196—198° [unkorr.].

I   II   III

5-Äthoxy-7-hydroxy-2-methyl-4-oxo-4H-chromen-6-carbaldehyd $C_{13}H_{12}O_5$, Formel II ($R=C_2H_5$, $X=H$).

B. Beim Erwärmen von 4-Äthoxy-7-methyl-furo[3,2-g]chromen-5-on mit Kalium= dichromat und wss. Schwefelsäure (*Schönberg et al.*, Am. Soc. **75** [1953] 4992, 4994).

Krystalle (aus A.); F: 120° [unkorr.].

7-Hydroxy-5-methoxy-2-methyl-6-[phenylimino-methyl]-chromen-4-on, 7-Hydroxy-5-methoxy-2-methyl-4-oxo-4H-chromen-6-carbaldehyd-phenylimin $C_{18}H_{15}NO_4$, Formel III ($X = C_6H_5$).

Diese Konstitution wird für die nachstehend beschriebene Verbindung in Betracht gezogen (*Schönberg et al.*, Am. Soc. **75** [1953] 4992, 4993).

B. Beim Behandeln von 7-Hydroxy-5-methoxy-2-methyl-4-oxo-4H-chromen-6-carb= aldehyd mit Anilin-hydrochlorid und wss. Natronlauge (*Sch. et al.*).

Gelbe Krystalle (aus A.); F: 179° [unkorr.].

7-Hydroxy-6-[hydroxyimino-methyl]-5-methoxy-2-methyl-chromen-4-on, 7-Hydroxy-5-methoxy-2-methyl-4-oxo-4H-chromen-6-carbaldehyd-oxim $C_{12}H_{11}NO_5$, Formel III ($X = OH$).

Diese Konstitution wird für die nachstehend beschriebene Verbindung in Betracht gezogen (*Schönberg et al.*, Am. Soc. **75** [1933] 4992, 4993).

B. Beim Behandeln von 7-Hydroxy-5-methoxy-2-methyl-4-oxo-4H-chromen-6-carb= aldehyd mit Hydroxylamin-hydrochlorid und wss. Natronlauge (*Sch. et al.*).

Krystalle (aus A.); F: 276° [unkorr.; Zers.].

7-Hydroxy-5-methoxy-2-methyl-6-[phenylhydrazono-methyl]-chromen-4-on, 7-Hydroxy-5-methoxy-2-methyl-4-oxo-4H-chromen-6-carbaldehyd-phenylhydrazon $C_{18}H_{16}N_2O_4$, Formel III ($X = NH-C_6H_5$).

Diese Konstitution wird für die nachstehend beschriebene Verbindung in Betracht gezogen (*Schönberg et al.*, Am. Soc. **75** [1953] 4992, 4993).

B. Aus 7-Hydroxy-5-methoxy-2-methyl-4-oxo-4H-chromen-6-carbaldehyd und Phenyl= hydrazin (*Sch. et al.*).

Gelbliche Krystalle (aus A.); F: 273° [Zers.; unkorr.].

2-Chlormethyl-7-hydroxy-5-methoxy-4-oxo-4H-chromen-6-carbaldehyd $C_{12}H_9ClO_5$, Formel IV.

B. Beim Erwärmen von 7-Chlormethyl-4-methoxy-furo[3,2-g]chromen-5-on mit Kaliumdichromat und wss. Schwefelsäure (*Schönberg et al.*, Am. Soc. **77** [1955] 1019).

Krystalle; F: 175—177° [unkorr.].

8-Brom-7-hydroxy-5-methoxy-2-methyl-4-oxo-4H-chromen-6-carbaldehyd $C_{12}H_9BrO_5$, Formel V ($R = CH_3$, $X = Br$).

B. Beim Behandeln von 7-Hydroxy-5-methoxy-2-methyl-4-oxo-4H-chromen-6-carb= aldehyd mit Brom in Chloroform (*Schönberg et al.*, Am. Soc. **75** [1953] 4992, 4994). Beim Erwärmen von 9-Brom-4-methoxy-7-methyl-furo[3,2-g]chromen-5-on mit Natrium= dichromat, Essigsäure und wss. Schwefelsäure (*Starkowsky*, Egypt. J. Chem. **2** [1959] 111, 115).

Krystalle (aus Bzl.); F: 220° [unkorr.; Zers.] (*Sch. et al.*), 220° [unkorr.] (*St.*).

5,7-Dihydroxy-2-methyl-8-nitro-4-oxo-4H-chromen-6-carbaldehyd $C_{11}H_7NO_7$, Formel V
(R = H, X = NO$_2$).

B. Beim Behandeln von 5,7-Dihydroxy-2-methyl-4-oxo-4H-chromen-6-carbaldehyd
mit wss. Salpetersäure (D: 1,4) und Schwefelsäure (*Schönberg et al.*, Am. Soc. **75** [1953]
4992, 4994).

Gelbe Krystalle (aus Eg.); F: 248° [unkorr.; Zers.].

7-Hydroxy-5-methoxy-2-methyl-8-nitro-4-oxo-4H-chromen-6-carbaldehyd $C_{12}H_9NO_7$,
Formel V (R = CH$_3$, X = NO$_2$).

B. Beim Erwärmen von 7-Hydroxy-5-methoxy-2-methyl-4-oxo-4H-chromen-6-carb=
aldehyd mit wss. Salpetersäure (D: 1,4) und Schwefelsäure (*Schönberg et al.*, Am. Soc. **75**
[1953] 4992, 4994, **77** [1955] 6721).

Krystalle (aus Eg.); F: 242° [unkorr.; Zers.] (*Sch. et al.*, Am. Soc. **75** 4994).

7-Hydroxy-3-methoxy-2-methyl-4-oxo-4H-chromen-8-carbaldehyd $C_{12}H_{10}O_5$, Formel VI
(R = H).

B. Beim Erwärmen von 7-Hydroxy-3-methoxy-2-methyl-chromen-4-on (*Rangaswami,
Seshadri*, Pr. Indian Acad. [A] **9** [1939] 7) oder von 7-Acetoxy-3-methoxy-2-methyl-
chromen-4-on (*Limaye, Limaye*, Rasayanam **1** [1939] 161, 167) mit Hexamethylentetramin
und Essigsäure und Erwärmen des Reaktionsgemisches mit wss. Salzsäure.

Krystalle; F: 180—181° [aus wss. A.] (*Ra., Se.*), 180° [aus Me.] (*Li., Li.*).

Phenylhydrazon $C_{18}H_{16}N_2O_4$. Krystalle (aus A.); F: 220—222° (*Ra., Se.*).

Semicarbazon $C_{13}H_{13}N_3O_5$. F: ca. 290° (*Li., Li.*).

[8-Formyl-3-methoxy-2-methyl-4-oxo-4H-chromen-7-yloxy]-essigsäure-äthylester
$C_{16}H_{16}O_7$, Formel VI (R = CH$_2$-CO-OC$_2$H$_5$).

B. Beim Erwärmen von 7-Hydroxy-3-methoxy-2-methyl-4-oxo-4H-chromen-8-carb=
aldehyd mit Bromessigsäure-äthylester, Kaliumhydrogencarbonat und Aceton (*Aneja
et al.*, Tetrahedron **2** [1958] 203, 210; s. a. *Rangaswami, Seshadri*, Pr. Indian Acad. [A] **9**
[1939] 259, 262).

Krystalle (aus A.); F: 180° (*Ra., Se.*), 176—177° (*An. et al.*).

**7-Hydroxy-8-methoxy-3-methyl-2-oxo-2H-chromen-6-carbaldehyd, 6-Formyl-7-hydroxy-
8-methoxy-3-methyl-cumarin** $C_{12}H_{10}O_5$, Formel VII (R = H).

B. Beim Erhitzen von 7-Hydroxy-8-methoxy-3-methyl-cumarin mit Hexamethylen=
tetramin und Essigsäure und Erwärmen der Reaktionslösung mit wss. Salzsäure
(*Antonello*, G. **88** [1958] 415, 422).

Gelbe Krystalle (aus Toluol); F: 191° [Zers.].

[6-Formyl-8-methoxy-3-methyl-2-oxo-2H-chromen-7-yloxy]-essigsäure $C_{14}H_{12}O_7$,
Formel VII (R = CH$_2$-COOH).

B. Beim Erwärmen von [6-Formyl-8-methoxy-3-methyl-2-oxo-2H-chromen-7-yloxy]-
essigsäure-äthylester mit wss.-methanol. Kalilauge (*Antonello*, G. **88** [1958] 415, 423).

Krystalle (aus Acn.); F: 232° [Zers.].

[6-Formyl-8-methoxy-3-methyl-2-oxo-2H-chromen-7-yloxy]-essigsäure-äthylester
$C_{16}H_{16}O_7$, Formel VII (R = CH$_2$-CO-OC$_2$H$_5$).

B. Beim Erwärmen von 7-Hydroxy-8-methoxy-3-methyl-2-oxo-2H-chromen-6-carb=
aldehyd mit Bromessigsäure-äthylester, Aceton und Kaliumcarbonat (*Antonello*, G. **88**
[1958] 415, 422).

Krystalle (aus Toluol); F: 158°.

VII   VIII   IX

7-Hydroxy-8-methoxy-3-methyl-6-[phenylhydrazono-methyl]-cumarin, 7-Hydroxy-8-methoxy-3-methyl-2-oxo-2H-chromen-6-carbaldehyd-phenylhydrazon $C_{18}H_{16}N_2O_4$, Formel VIII.

B. Aus 7-Hydroxy-8-methoxy-3-methyl-2-oxo-2H-chromen-6-carbaldehyd und Phen= ylhydrazin (*Antonello*, G. **88** [1958] 415, 422).

Krystalle (aus Me. + Eg.); F: 250° [Zers.].

6-Hydroxy-7-methoxy-4-methyl-2-oxo-2H-chromen-5-carbaldehyd, 5-Formyl-6-hydroxy-7-methoxy-4-methyl-cumarin $C_{12}H_{10}O_5$, Formel IX.

B. Beim Erhitzen von 6-Hydroxy-7-methoxy-4-methyl-cumarin mit Hexamethylen= tetramin und Essigsäure und Erhitzen der Reaktionslösung mit wss. Salzsäure (*Sawhney*, *Seshadri*, Pr. Indian Acad. [A] **37** [1953] 592, 595).

Krystalle (aus A.); F: 214—216°.

5,7-Dimethoxy-4-methyl-2-oxo-2H-chromen-6-carbaldehyd, 6-Formyl-5,7-dimethoxy-4-methyl-cumarin $C_{13}H_{12}O_5$, Formel X.

B. Neben 5,7-Dimethoxy-4-methyl-2-oxo-2H-chromen-8-carbaldehyd beim Erwärmen von 5,7-Dimethoxy-4-methyl-cumarin mit *N*-Methyl-formanilid, Phosphorylchlorid und 1,2-Dichlor-benzol (*Naik*, *Thakor*, J. org. Chem. **22** [1957] 1630, 1632).

Krystalle (aus Nitrobenzol); F: 284—285° [unkorr.].

7,8-Dihydroxy-4-methyl-2-oxo-2H-chromen-6-carbaldehyd, 6-Formyl-7,8-dihydroxy-4-methyl-cumarin $C_{11}H_8O_5$, Formel XI (R = X = H).

B. Beim Erwärmen von 7,8-Dihydroxy-4-methyl-cumarin mit Hexamethylentetramin und Essigsäure und Erwärmen der Reaktionslösung mit wss. Salzsäure (*Naik*, *Thakor*, J. org. Chem. **22** [1957] 1626, 1629).

Krystalle (aus Eg.); F: 268° [unkorr.].

7-Hydroxy-8-methoxy-4-methyl-2-oxo-2H-chromen-6-carbaldehyd, 6-Formyl-7-hydroxy-8-methoxy-4-methyl-cumarin $C_{12}H_{10}O_5$, Formel XI (R = H, X = CH$_3$).

B. Beim Erhitzen von 7-Hydroxy-8-methoxy-4-methyl-cumarin mit Hexamethylen= tetramin und Essigsäure und Erwärmen der Reaktionslösung mit wss. Salzsäure (*Antonello*, G. **88** [1958] 415, 424).

Krystalle (aus Toluol); F: 209° [Zers.].

7-Benzyloxy-8-methoxy-4-methyl-2-oxo-2H-chromen-6-carbaldehyd, 7-Benzyloxy-6-formyl-8-methoxy-4-methyl-cumarin $C_{19}H_{16}O_5$, Formel XI (R = CH$_2$-C$_6$H$_5$, X = CH$_3$).

B. Beim Erwärmen von 7-Hydroxy-8-methoxy-4-methyl-2-oxo-2H-chromen-6-carb= aldehyd mit Benzylchlorid, Aceton und Kaliumcarbonat (*Antonello*, G. **88** [1958] 415, 429).

Krystalle (aus Toluol); F: 150°.

[6-Formyl-8-methoxy-4-methyl-2-oxo-2H-chromen-7-yloxy]-essigsäure $C_{14}H_{12}O_7$, Formel XI (R = CH$_2$-COOH, X = CH$_3$).

B. Beim Erwärmen von [6-Formyl-8-methoxy-4-methyl-2-oxo-2H-chromen-7-yloxy]-essigsäure-äthylester mit wss.-methanol. Kalilauge (*Antonello*, G. **88** [1958] 415, 425).

Krystalle (aus Acn.); F: 230° [Zers.].

[6-Formyl-8-methoxy-4-methyl-2-oxo-2H-chromen-7-yloxy]-essigsäure-äthylester $C_{16}H_{16}O_7$, Formel XI (R = CH$_2$-CO-OC$_2$H$_5$, X = CH$_3$).

B. Beim Erwärmen von 7-Hydroxy-8-methoxy-4-methyl-2-oxo-2H-chromen-6-carb=

aldehyd mit Bromessigsäure-äthylester, Aceton und Kaliumcarbonat (*Antonello*, G. **88** [1958] 415, 425).

Krystalle (aus A.); F: 152°.

$$\text{X} \qquad\qquad \text{XI} \qquad\qquad \text{XII} \qquad\qquad \text{XIII}$$

(±)-2-[6-Formyl-8-methoxy-4-methyl-2-oxo-2*H*-chromen-7-yloxy]-propionsäure $C_{15}H_{14}O_7$, Formel XI (R = CH(CH$_3$)-COOH, X = CH$_3$).

B. Beim Erwärmen von (±)-2-[6-Formyl-8-methoxy-4-methyl-2-oxo-2*H*-chromen-7-yloxy]-propionsäure-äthylester mit wss.-methanol. Kalilauge (*Antonello*, G. **88** [1958] 415, 426).

Krystalle (aus wss. Eg.); F: 203° [Zers.].

(±)-2-[6-Formyl-8-methoxy-4-methyl-2-oxo-2*H*-chromen-7-yloxy]-propionsäure-äthylester $C_{17}H_{18}O_7$, Formel XI (R = CH(CH$_3$)-CO-OC$_2$H$_5$, X = CH$_3$).

B. Beim Erwärmen von 7-Hydroxy-8-methoxy-4-methyl-2-oxo-2*H*-chromen-6-carb≤ aldehyd mit (±)-2-Brom-propionsäure-äthylester, Aceton und Kaliumcarbonat (*Antonello*, G. **88** [1958] 415, 426).

Krystalle (aus A.); F: 144°.

7-Hydroxy-8-methoxy-4-methyl-6-[phenylhydrazono-methyl]-cumarin, 7-Hydroxy-8-methoxy-4-methyl-2-oxo-2*H*-chromen-6-carbaldehyd-phenylhydrazon $C_{18}H_{16}N_2O_4$, Formel XII (X = NH-C$_6$H$_5$).

B. Aus 7-Hydroxy-8-methoxy-4-methyl-2-oxo-2*H*-chromen-6-carbaldehyd und Phenyl≤ hydrazin (*Antonello*, G. **88** [1958] 415, 424).

Gelbe Krystalle (aus Me. + Eg.); F: 260° [Zers.].

––––––

5,6-Dihydroxy-4-methyl-2-oxo-2*H*-chromen-8-carbaldehyd, 8-Formyl-5,6-dihydroxy-4-methyl-cumarin $C_{11}H_8O_5$, Formel XIII.

B. Beim Behandeln von 5-Hydroxy-4-methyl-2-oxo-2*H*-chromen-6,8-dicarbaldehyd mit wss. Wasserstoffperoxid und wss. Natronlauge (*Naik, Thakor*, J. org. Chem. **22** [1957] 1626, 1629).

Krystalle (aus Eg.); F: 295° [unkorr.; Zers.].

8-[(2,4-Dinitro-phenylhydrazono)-methyl]-5,6-dihydroxy-4-methyl-cumarin, 5,6-Dihydroxy-4-methyl-2-oxo-2*H*-chromen-8-carbaldehyd-[2,4-dinitro-phenylhydrazon] $C_{17}H_{12}N_4O_8$, Formel I.

B. Aus 5,6-Dihydroxy-4-methyl-2-oxo-2*H*-chromen-8-carbaldehyd und [2,4-Dinitro-phenyl]-hydrazin (*Naik, Thakor*, J. org. Chem. **22** [1957] 1626, 1629).

Unterhalb 315° nicht schmelzend.

––––––

5,7-Dihydroxy-4-methyl-2-oxo-2*H*-chromen-8-carbaldehyd, 8-Formyl-5,7-dihydroxy-4-methyl-cumarin $C_{11}H_8O_5$, Formel II (R = X = H).

B. Beim Erwärmen von 5,7-Dihydroxy-4-methyl-cumarin mit *N*-Methyl-formanilid, Phosphorylchlorid und 1,2-Dichlor-benzol (*Naik, Thakor*, J. org. Chem. **22** [1957] 1630, 1631).

Krystalle (aus Acn.), die unterhalb 315° nicht schmelzen.

7-Hydroxy-5-methoxy-4-methyl-2-oxo-2*H*-chromen-8-carbaldehyd, 8-Formyl-7-hydroxy-5-methoxy-4-methyl-cumarin $C_{12}H_{10}O_5$, Formel II (R = CH$_3$, X = H).

B. Neben 5,7-Dimethoxy-4-methyl-2-oxo-2*H*-chromen-8-carbaldehyd aus 5,7-Dihydr≤ oxy-4-methyl-2-oxo-2*H*-chromen-8-carbaldehyd (*Naik, Thakor*, J. org. Chem. **22** [1957]

1630, 1631).
Krystalle (aus Eg.); F: 224° [unkorr.].

5,7-Dimethoxy-4-methyl-2-oxo-2H-chromen-8-carbaldehyd, 8-Formyl-5,7-dimethoxy-4-methyl-cumarin $C_{13}H_{12}O_5$, Formel II (R = X = CH$_3$).

B. Neben 5,7-Dimethoxy-4-methyl-2-oxo-2H-chromen-6-carbaldehyd beim Erwärmen von 5,7-Dimethoxy-4-methyl-cumarin mit *N*-Methyl-formanilid, Phosphorylchlorid und 1,2-Dichlor-benzol (*Naik, Thakor,* J. org. Chem. **22** [1957] 1630, 1632). Neben 7-Hydr-oxy-5-methoxy-4-methyl-2-oxo-2H-chromen-8-carbaldehyd aus 5,7-Dihydroxy-4-methyl-2-oxo-2H-chromen-8-carbaldehyd (*Naik, Th.,* l. c. S. 1631).
Krystalle (aus Eg.); F: 267° [unkorr.].

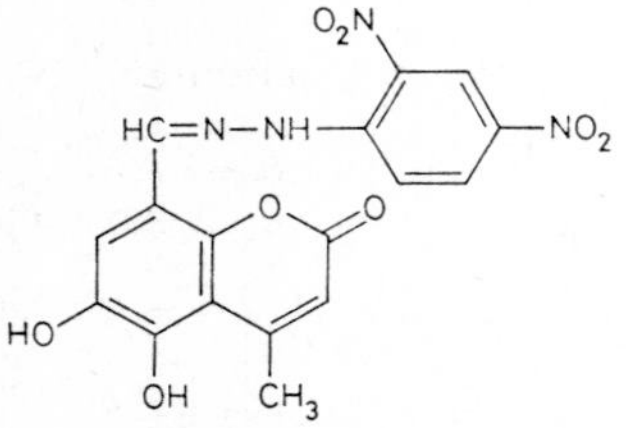

I 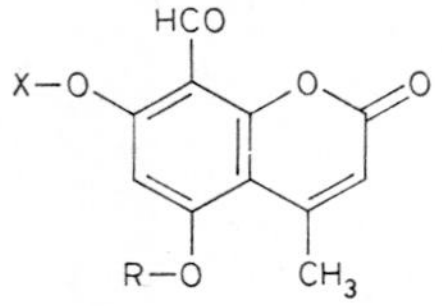   II 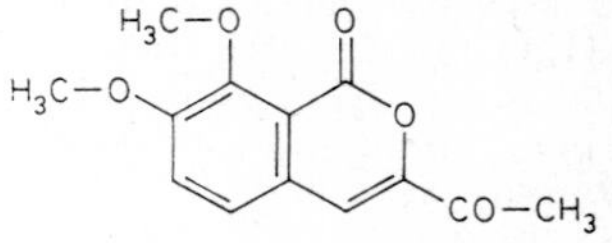   III

[8-Formyl-5-methoxy-4-methyl-2-oxo-2H-chromen-7-yloxy]-essigsäure $C_{14}H_{12}O_7$, Formel II (R = CH$_3$, X = CH$_2$-COOH).

B. Beim Erwärmen von [8-Formyl-5-methoxy-4-methyl-2-oxo-2H-chromen-7-yloxy]-essigsäure-äthylester mit methanol. Kalilauge (*Naik, Thakor,* J. org. Chem. **22** [1957] 1696).
Krystalle (aus Eg.), die unterhalb 315° nicht schmelzen.

[8-Formyl-5-methoxy-4-methyl-2-oxo-2H-chromen-7-yloxy]-essigsäure-äthylester $C_{16}H_{16}O_7$, Formel II (R = CH$_3$, X = CH$_2$-CO-OC$_2$H$_5$).

B. Beim Erwärmen von 7-Hydroxy-5-methoxy-4-methyl-2-oxo-2H-chromen-8-carb-aldehyd mit Bromessigsäure-äthylester, Aceton und Kaliumcarbonat (*Naik, Thakor,* J. org. Chem. **22** [1957] 1696).
Krystalle (aus Eg.); F: 261° [unkorr.].

3-Acetyl-7,8-dimethoxy-isocumarin $C_{13}H_{12}O_5$, Formel III.

B. Beim Erwärmen von 6-Formyl-2,3-dimethoxy-benzoesäure-acetonylester mit wenig Piperidin (*Kanewskaja, Schemiakin,* J. pr. [2] **132** [1932] 341, 344).
Krystalle (aus A.); F: 151°.

3-[6-Hydroxy-4-methoxy-benzofuran-5-yl]-3-oxo-propionaldehyd $C_{12}H_{10}O_5$, Formel IV, und Tautomere.

B. Beim Erwärmen von Visnaginon (1-[6-Hydroxy-4-methoxy-benzofuran-5-yl]-äthanon) mit Äthylformiat und Natrium (*Schönberg, Sina,* Am. Soc. **72** [1950] 3396, 3397).
Krystalle (aus Me.); F: 166° [Zers.].
Beim Erwärmen mit wss. Schwefelsäure (20%ig) ist 4-Methoxy-furo[3,2-g]chromen-5-on erhalten worden.

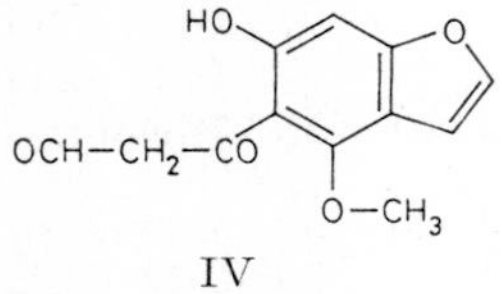

IV 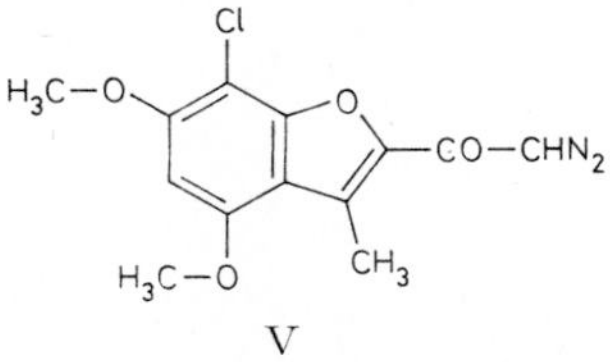   V 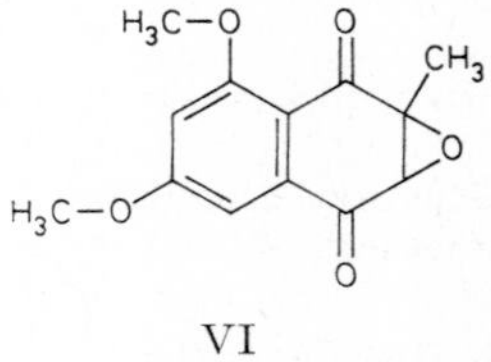   VI

7-Chlor-2-diazoacetyl-4,6-dimethoxy-3-methyl-benzofuran, 1-[7-Chlor-4,6-dimethoxy-3-methyl-benzofuran-2-yl]-2-diazo-äthanon $C_{13}H_{11}ClN_2O_4$, Formel V.

B. Beim Behandeln von 7-Chlor-4,6-dimethoxy-3-methyl-benzofuran-2-carbonsäure mit Thionylchlorid und Pyridin und Behandeln des Reaktionsprodukts mit Diazomethan in Äther (*Dawkins, Mulholland*, Soc. **1959** 2211, 2219).

Krystalle (aus Ae.); F: 118—120° [korr.].

(±)-2,3-Epoxy-6,8-dimethoxy-2-methyl-2,3-dihydro-[1,4]naphthochinon $C_{13}H_{12}O_5$, Formel VI.

B. Beim Erwärmen von 6,8-Dimethoxy-2-methyl-[1,4]-naphthochinon mit wss. Wasserstoffperoxid und wss.-äthanol. Natriumcarbonat-Lösung (*Ebnöther et al.*, Helv. **35** [1952] 910, 923).

Krystalle (aus wss. Me.); F: 142—143° [Kofler-App.].

(±)-2,3-Epoxy-5,7-dimethoxy-2-methyl-2,3-dihydro-[1,4]naphthochinon $C_{13}H_{12}O_5$, Formel VII.

B. Beim Erwärmen von 5,7-Dimethoxy-2-methyl-[1,4]naphthochinon mit wss. Wasserstoffperoxid und wss.-äthanol. Natriumcarbonat-Lösung (*Ebnöther et al.*, Helv. **35** [1952] 910, 923).

Krystalle (aus wss. Me.); F: 131° [Kofler-App.].

(±)-8-Methoxy-(3ar,8ac)-3a,4,8,8a-tetrahydro-4t,8t-ätheno-cyclohepta[c]furan-1,3,5-trion, (±)-1-Methoxy-4-oxo-bicyclo[3.2.2]nona-2,8-dien-6exo,7exo-dicarbonsäure-anhydrid $C_{12}H_{10}O_5$, Formel VIII + Spiegelbild.

B. Beim Erhitzen von 4-Methoxy-cyclohepta-2,4,6-trienon mit Maleinsäure-anhydrid in Xylol (*Chapman, Pasto*, Am. Soc. **81** [1959] 3696).

Krystalle (aus Bzl. + Hexan); F: 184,5—185°. Absorptionsmaximum (A.): 231 nm.

Beim Behandeln mit Brom und Wasser ist eine als 9syn-Brom-8$anti$-hydroxy-1-methoxy-4-oxo-bicyclo[3.2.2]non-2-en-6exo,7exo-dicarbonsäure-7-lacton oder 8syn-Brom-9$anti$-hydroxy-1-methoxy-4-oxo-bicyclo[3.2.2]non-2-en-6exo,7exo-dicarbonsäure-6-lacton zu formulierende Verbindung (F: 100,5—103°) erhalten worden.

VII   VIII   IX   X

(±)-4-Hydroxy-(3ar,8ac)-3a,4,8,8a-tetrahydro-4c,8c-ätheno-cyclohepta[c]furan-1,3,5-trion, (±)-5-Hydroxy-4-oxo-bicyclo[3.2.2]nona-2,8-dien-6$endo$,7$endo$-dicarbonsäure-anhydrid $C_{11}H_8O_5$, Formel IX + Spiegelbild.

Diese Konstitution und Konfiguration kommt der nachstehend beschriebenen, ursprünglich (*Nozoe et al.*, Pr. Japan Acad. **27** [1951] 655; *Sebe, Itsuno*, Pr. Japan Acad. **29** [1953] 107; *Sebe et al.*, Kumamoto med. J. **6** [1953] 9, 13) als (±)-2,3-Dioxo-bicyclo[3.2.2]non-8-en-6,7-dicarbonsäure-anhydrid angesehenen Verbindung zu (*Itô et al.*, Tetrahedron Letters **1968** 3215).

B. Beim Erhitzen von Tropolon (2-Hydroxy-cyclohepta-2,4,6-trienon) mit Maleinsäure-anhydrid in Xylol (*No. et al.*; *Sebe, It.*; *Sebe et al.*).

Krystalle; F: 170° [aus E.] (*Sebe et al.*), 169—170° [aus Acn.] (*No. et al.*).

Beim Erhitzen mit Wasser ist 1,4$endo$-Dihydroxy-2-oxo-bicyclo[3.2.2]non-8-en-6$endo$,7$endo$-dicarbonsäure-6→4-lacton (bezüglich der Konstitution dieser Verbindung s. *Itô et al.*) erhalten worden (*No. et al.*; *Sebe, It.*; *Sebe et al.*).

(±)-4-Methoxy-(3ar,8ac)-3a,4,8,8a-tetrahydro-4t,8t-ätheno-cyclohepta[c]furan-1,3,5-trion, (±)-5-Methoxy-4-oxo-bicyclo[3.2.2]nona-2,8-dien-6exo,7exo-dicarbonsäure-anhydrid $C_{12}H_{10}O_5$, Formel X (R = CH_3, X = H) + Spiegelbild.

Konstitution und Konfiguration: *Itô et al.*, Tetrahedron Letters **1968** 3215.

B. Beim Erhitzen von 2-Methoxy-cyclohepta-2,4,6-trienon mit Maleinsäure-anhydrid in Xylol (*Nozoe et al.*, Pr. Japan Acad. **27** [1951] 655).

Krystalle; F: 180,5—181,5° (*No. et al.*).

(±)-6-Brom-4-hydroxy-(3ar,8ac)-3a,4,8,8a-tetrahydro-4t,8t-ätheno-cyclohepta[c]furan-1,3,5-trion, (±)-3-Brom-5-hydroxy-4-oxo-bicyclo[3.2.2]nona-2,8-dien-6exo,7exo-dicarbon=säure-anhydrid $C_{11}H_7BrO_5$, Formel X (R = H, X = Br) + Spiegelbild.

Diese Konstitution und Konfiguräion wird von *Itô et al.* (Tetrahedron Letters **1968** 3215) für die nachstehend beschriebene Verbindung in Betracht gezogen.

B. Neben einer vermutlich als 8-Brom-1,4$endo$-dihydroxy-2-oxo-bicyclo[3.2.2]non-8-en-6$endo$,7$endo$-dicarbonsäure-6→4-lacton zu formulierenden Verbindung (F: 232—233° [Zers.]) beim Erhitzen von 2-Brom-7-hydroxy-cyclohepta-2,4,6-trienon mit Maleinsäure-anhydrid und Behandeln des Reaktionsprodukts mit wss. Natriumhydrogencarbonat-Lösung (*Sebe, Itsuno*, Pr. Japan Acad. **29** [1953] 110; *Sebe et al.*, Kumamoto med. J. **6** [1953] 9, 17).

Krystalle (aus E.); F: 183—184° [Zers.] (*Sebe, It.*; *Sebe et al.*).

Beim Behandeln mit Brom und Wasser ist eine wahrscheinlich als 8ξ,9ξ-Dibrom-1,4$endo$-dihydroxy-2-oxo-bicyclo[3.2.2]nonan-6$endo$,7$endo$-dicarbonsäure-6→4-lacton zu formulierende Verbindung (F: 161—162°) erhalten worden (*Sebe, It.*; *Sebe et al.*, l. c. S. 18).

Hydroxy-oxo-Verbindungen $C_{12}H_{10}O_5$

2-[2-Hydroxy-4,5-dimethoxy-phenyl]-6-methyl-pyran-4-on $C_{14}H_{14}O_5$, Formel I (R = H).

B. Neben anderen Verbindungen beim Erwärmen von Di-O-methyl-citromycinol (5-Hydroxy-8,9-dimethoxy-2-methyl-5H-pyrano[3,2-c]chromen-4-on) oder von Tri-O-methyl-citromycinol (5,8,9-Trimethoxy-2-methyl-5H-pyrano[3,2-c]chromen-4-on) mit wss.-methanol. Natronlauge (*Cavill et al.*, Soc. **1950** 1031, 1035).

Krystalle (aus E.); F: 269° [Zers.].

I II III

2-[2-Acetoxy-4,5-dimethoxy-phenyl]-6-methyl-pyran-4-on $C_{16}H_{16}O_6$, Formel I (R = CO-CH_3).

B. Beim Behandeln von 2-[2-Hydroxy-4,5-dimethoxy-phenyl]-6-methyl-pyran-4-on mit Acetanhydrid und Pyridin (*Cavill et al.*, Soc. **1950** 1031, 1036).

Krystalle (aus E.); F: 152°.

(±)-4-[4-Methoxy-benzoyl]-5-trichlormethyl-dihydro-furan-2,3-dion, (±)-5,5,5-Trichlor-4-hydroxy-3-[4-methoxy-benzoyl]-2-oxo-valeriansäure-lacton $C_{13}H_9Cl_3O_5$, Formel II, und Tautomere.

B. Beim Behandeln der Natrium-Verbindung des 4-[4-Methoxy-phenyl]-2,4-dioxo-buttersäure-äthylesters mit Chloral und Benzol und Behandeln des Reaktionsgemisches mit wss. Salzsäure (*Rossi, Schinz*, Helv. **32** [1949] 1967, 1972).

Krystalle (aus Bzl. + PAe.); F: 169—171° [unkorr.].

(±)-4-Acetyl-5-[4-methoxy-phenyl]-dihydro-furan-2,3-dion, (±)-3-[α-Hydroxy-4-methoxy-benzyl]-2,4-dioxo-valeriansäure-lacton $C_{13}H_{12}O_5$, Formel III, und Tautomere.

B. Beim Erwärmen von 4-Methoxy-benzaldehyd mit der Natrium-Verbindung des

2,4-Dioxo-valeriansäure-äthylesters in Äthanol und anschliessenden Behandeln mit wss. Salzsäure (*Nussbaum et al.*, Am. Soc. **73** [1951] 3263, 3266).
F: 157—158°.

2-Acetonyl-6,7-dimethoxy-chromen-4-on $C_{14}H_{14}O_5$, Formel IV.
B. Beim Behandeln von 1-[2-Hydroxy-4,5-dimethoxy-phenyl]-hexan-1,3,5-trion mit konz. Schwefelsäure (*Cavill et al.*, Soc. **1950** 1031, 1036).
Krystalle (aus E.); F: 144°.
2,4-Dinitro-phenylhydrazon $C_{20}H_{18}N_4O_8$. Orangefarbene Krystalle (aus E.); F: 210° [Zers.].

3-Acetyl-5,7-dihydroxy-2-methyl-chromen-4-on $C_{12}H_{10}O_5$, Formel V (R = H) (E II 155).
B. Beim Erhitzen von 1-[2,4,6-Triacetoxy-phenyl]-äthanon mit Natrium in Toluol (*Pandit, Sethna*, J. Indian chem. Soc. **27** [1950] 1, 2). Beim Erhitzen von 5,7-Diacetoxy-3-acetyl-2-methyl-chromen-4-on mit wss. Salzsäure (*Gulati et al.*, Soc. **1934** 1765).
Krystalle (aus wss. A.); F: 252° (*Gu. et al.*), 251° (*Pa., Se.*).

IV   V   VI

3-Acetyl-5,7-dimethoxy-2-methyl-chromen-4-on $C_{14}H_{14}O_5$, Formel V (R = CH₃).
B. Beim Erhitzen von 1-[2-Hydroxy-4,6-dimethoxy-phenyl]-äthanon mit Acetanhydrid und Natriumacetat (*Canter et al.*, Soc. **1931** 1245, 1250).
Krystalle (aus E. + Bzn.); F: 169°.

5,7-Diacetoxy-3-acetyl-2-methyl-chromen-4-on $C_{16}H_{14}O_7$, Formel V (R = CO-CH₃).
B. Beim Erhitzen von 1-[2,4,6-Trihydroxy-phenyl]-äthanon mit Acetanhydrid und Natriumacetat (*Gulati et al.*, Soc. **1934** 1765; *Bolleter et al.*, Helv. **34** [1951] 186, 191; s.a. *Canter et al.*, Soc. **1931** 1255, 1258).
Krystalle (aus A.); F: 131° (*Ca. et al.*; *Gu. et al.*), 130—131° [aus Acn.] (*Bo. et al.*).

3-Acetyl-6-hydroxy-7-methoxy-2-methyl-chromen-4-on $C_{13}H_{12}O_5$, Formel VI (R = H).
B. Beim Erhitzen von 1-[2,5-Diacetoxy-4-methoxy-phenyl]-äthanon mit Natrium= hydrid in Pyridin (*Dean et al.*, Soc. **1959** 1071, 1074).
Krystalle (aus Me. + Bzl.); F: 232°.

3-Acetyl-6,7-dimethoxy-2-methyl-chromen-4-on $C_{14}H_{14}O_5$, Formel VI (R = CH₃).
B. Beim Erhitzen von 1-[2-Hydroxy-4,5-dimethoxy-phenyl]-äthanon mit Acetanhydrid und Natriumacetat (*Jones et al.*, Soc. **1949** 562, 567). Aus 1-[2-Hydroxy-4,5-dimethoxy-phenyl]-butan-1,3-dion mit Hilfe von Acetanhydrid (*Jo. et al.*, l. c. S. 568).
Krystalle (aus wss. A.); F: 193° (*Jo. et al.*), 192° [aus Bzl. + Bzn.] (*Dean et al.*, Soc. **1959** 1071, 1074).
2,4-Dinitro-phenylhydrazon $C_{20}H_{18}N_4O_8$. Rote Krystalle (aus A.); F: 240° (*Jo. et al.*).

3-Acetyl-6-benzyloxy-7-methoxy-2-methyl-chromen-4-on $C_{20}H_{18}O_5$, Formel VI (R = CH₂-C₆H₅).
B. Beim Erwärmen von 3-Acetyl-6-hydroxy-7-methoxy-2-methyl-chromen-4-on mit Benzylbromid, Aceton und Kaliumcarbonat (*Dean et al.*, Soc. **1959** 1071, 1074).
Krystalle (aus Me. + Bzl.); F: 179°.

6-Acetoxy-3-acetyl-7-methoxy-2-methyl-chromen-4-on $C_{15}H_{14}O_6$, Formel VI (R = CO-CH₃).
B. Aus 3-Acetyl-6-hydroxy-7-methoxy-2-methyl-chromen-4-on (*Dean et al.*, Soc. **1959**

1071, 1074).
Krystalle (aus A.); F: 210°.

3-Acetyl-7,8-dimethoxy-2-methyl-chromen-4-on $C_{14}H_{14}O_5$, Formel VII.
B. Beim Erwärmen von 3-Acetyl-7,8-dihydroxy-2-methyl-chromen-4-on mit Methyl≈
jodid, Aceton und Kaliumcarbonat (*Canter et al.*, Soc. **1931** 1877, 1879).
Krystalle (aus W.); F: 148°.

[5,7-Dihydroxy-2-methyl-4-oxo-4H-chromen-6-yl]-acetaldehyd $C_{12}H_{10}O_5$, Formel VIII
(R = H).
B. Bei der Behandlung einer Lösung von 6-Allyl-5,7-dihydroxy-2-methyl-chromen-
4-on in Ameisensäure mit Ozon und anschliessenden Hydrierung an Palladium/Kohle
(*Aneja et al.*, Tetrahedron **3** [1958] 230, 234).
2,4-Dinitro-phenylhydrazon $C_{18}H_{14}N_4O_8$. Gelbe Krystalle (aus A.); F: 215° [Zers.].

VII   VIII   IX

[7-Hydroxy-5-methoxy-2-methyl-4-oxo-4H-chromen-6-yl]-acetaldehyd $C_{13}H_{12}O_5$,
Formel VIII (R = CH₃).
B. Bei der Behandlung einer Lösung von 6-Allyl-7-hydroxy-5-methoxy-2-methyl-
chromen-4-on in Ameisensäure mit Ozon und anschliessenden Hydrierung an Palladium/
Kohle (*Aneja et al.*, Tetrahedron **3** [1958] 230, 235).
2,4-Dinitro-phenylhydrazon $C_{19}H_{16}N_4O_8$. Gelbe Krystalle (aus A.); F: 255—257°.

[7-Hydroxy-3-methoxy-2-methyl-4-oxo-4H-chromen-8-yl]-acetaldehyd $C_{13}H_{12}O_5$,
Formel IX.
B. Bei der Behandlung einer Lösung von 8-Allyl-7-hydroxy-3-methoxy-2-methyl-
chromen-4-on in Ameisensäure mit Ozon und anschliessenden katalytischen Hydrierung
(*Aneja et al.*, Tetrahedron **2** [1958] 203, 210).
2,4-Dinitro-phenylhydrazon $C_{19}H_{16}N_4O_8$. Orangefarbene Krystalle (aus A.); F:
249—250°.

3-Acetyl-4,7-dihydroxy-5-methyl-cumarin $C_{12}H_{10}O_5$, Formel I (R = H), und Tautomere
(z.B. 3-Acetyl-7-hydroxy-5-methyl-chroman-2,4-dion).
B. Neben 7-Acetoxy-3-acetyl-4-hydroxy-5-methyl-cumarin beim Erhitzen von 4,7-Di≈
hydroxy-5-methyl-cumarin mit Acetylchlorid und Pyridin (*Iguchi, Utsugi*, J. pharm.
Soc. Japan **73** [1953] 1290, 1293; C.A. **1955** 304). Beim Erwärmen von 7-Acetoxy-
3-acetyl-4-hydroxy-5-methyl-cumarin mit äthanol. Kalilauge (*Ig., Ut.*).
Krystalle (aus wss. A.); F: 242—243°. UV-Spektrum (A.; 230—370 nm): *Ig., Ut.*,
l. c. S. 1292.

7-Acetoxy-3-acetyl-4-hydroxy-5-methyl-cumarin $C_{14}H_{12}O_6$, Formel I (R = CO-CH₃), und
Tautomere (z.B. 7-Acetoxy-3-acetyl-5-methyl-chroman-2,4-dion).
B. Beim Behandeln von 4,7-Dihydroxy-5-methyl-cumarin mit Acetylchlorid und Pyridin
(*Iguchi, Utsugi*, J. pharm. Soc. Japan **73** [1953] 1290, 1293; C. A. **1955** 304).
Krystalle (aus A.); F: 149—150°.

6-Acetyl-5,7-dihydroxy-4-methyl-cumarin $C_{12}H_{10}O_5$, Formel II (R = X = H).
Konstitutionszuordnung: *Sastri et al.*, Pr. Indian Acad. [A] **37** [1953] 681, 685.

B. Aus 1-[2,4,6-Trihydroxy-phenyl]-äthanon und Acetessigsäure-äthylester beim Behandeln mit Schwefelsäure (*Shah, Shah*, Soc. **1938** 1424, 1428), beim Erhitzen mit Aluminiumchlorid und Nitrobenzol (*Shah, Shah*) sowie beim Behandeln einer Lösung in Essigsäure mit Chlorwasserstoff (*Dean et al.*, Soc. **1954** 4565, 4570). Neben 6,8-Diacetyl-5,7-dihydroxy-4-methyl-cumarin beim Erhitzen von 5,7-Dihydroxy-4-methyl-cumarin mit Aluminiumchlorid und Acetanhydrid (*Parikh, Thakor*, J. Indian chem. Soc. **31** [1954] 137, 139). Beim Behandeln von 5,7-Diacetoxy-4-methyl-cumarin mit Borfluorid und Essigsäure (*Dean et al.*, l. c. S. 4571). Neben 6,8-Diacetyl-5,7-dihydroxy-4-methyl-cumarin beim Erhitzen von 5,7-Diacetoxy-4-methyl-cumarin mit Aluminiumchlorid auf 160° (*Desai, Mavani*, Pr. Indian Acad. [A] **25** [1947] 327, 329).

Krystalle; F: 298° [aus A.] (*Shah, Shah; Desai, Ma.*), 291—292° [aus A.] (*Pa., Th.*), 288° [Zers.; aus Eg.] (*Dean et al.*), 286—287° [aus A.] (*Shah, Shah*).

I   II   III

6-Acetyl-5,7-dimethoxy-4-methyl-cumarin $C_{14}H_{14}O_5$, Formel II (R = CH_3, X = H).
B. Beim Behandeln von 1-[4-Hydroxy-2,6-dimethoxy-phenyl]-äthanon mit Acetessigsäure-äthylester und konz. Schwefelsäure (*Sastri et al.*, Pr. Indian Acad. [A] **37** [1953] 681, 692). Beim Erwärmen von 6-Acetyl-5,7-dihydroxy-4-methyl-cumarin mit Methyljodid, bzw. Dimethylsulfat, Aceton und Kaliumcarbonat (*Shah, Shah*, Soc. **1938** 1424, 1428; *Sa. et al.*).
Krystalle; F: 180° [aus Eg.] (*Dean et al.*, Soc. **1954** 4565, 4570), 173—174° [aus A.] (*Sa. et al.*), 169—170° [aus A.] (*Parikh, Thakor*, J. Indian chem. Soc. **31** [1954] 137, 139), 165—166° [aus wss. Me.] (*Shah, Shah*).

6-Acetyl-3-chlor-5,7-dimethoxy-4-methyl-cumarin $C_{14}H_{13}ClO_5$, Formel II (R = CH_3, X = Cl).
B. Neben 8-Acetyl-3-chlor-5,7-dimethoxy-4-methyl-cumarin beim Behandeln eines Gemisches von 1-[2,4,6-Trihydroxy-phenyl]-äthanon, 2-Chlor-acetessigsäure-äthylester und Essigsäure mit Chlorwasserstoff und Erwärmen des Reaktionsprodukts mit Dimethylsulfat, Aceton und Kaliumcarbonat (*Dean et al.*, Soc. **1954** 4565, 4571).
Krystalle (aus PAe.); F: 140°.

6-Acetyl-5,8-dihydroxy-4-methyl-cumarin $C_{12}H_{10}O_5$, Formel III (R = H).
B. Beim Behandeln einer Lösung von 6-Acetyl-5-hydroxy-4-methyl-cumarin in Pyridin mit wss. Kaliumperoxodisulfat-Lösung und wss. Natronlauge und anschliessenden Erwärmen mit wss. Salzsäure und Natriumsulfit (*Oliverio et al.*, Ann. Chimica **42** [1952] 75, 79).
Krystalle (aus A.); F: 274—275°.

6-Acetyl-5,8-dimethoxy-4-methyl-cumarin $C_{14}H_{14}O_5$, Formel III (R = CH_3).
B. Beim Behandeln von 6-Acetyl-5,8-dihydroxy-4-methyl-cumarin mit Dimethylsulfat, Aceton und Kaliumcarbonat (*Oliverio et al.*, Ann. Chimica **42** [1952] 75, 79).
Krystalle (aus A.); F: 180—181°.

5,8-Diacetoxy-6-acetyl-4-methyl-cumarin $C_{16}H_{14}O_7$, Formel III (R = CO-CH_3).
B. Beim Erhitzen von 6-Acetyl-5,8-dihydroxy-4-methyl-cumarin mit Acetanhydrid und wenig Pyridin (*Oliverio et al.*, Ann. Chimica **42** [1952] 75, 79).
Krystalle (aus wss. A.); F: 150—151°.

6-Acetyl-7,8-dihydroxy-4-methyl-cumarin $C_{12}H_{10}O_5$, Formel IV.
B. Beim Erwärmen von 1-[2,3,4-Trihydroxy-phenyl]-äthanon mit Acetessigsäure-

äthylester, Benzol und Phosphorylchlorid (*Desai, Ekhlas*, Pr. Indian Acad. [A] **8** [1938] 567, 579).
Krystalle (aus wss. A.); F: 148°.

8-Acetyl-5,7-dihydroxy-4-methyl-cumarin $C_{12}H_{10}O_5$, Formel V (R = X = H).
B. Beim Erwärmen von 8-Acetyl-5,7-dimethoxy-4-methyl-cumarin mit Aluminium= chlorid und Benzol (*Sastri et al.*, Pr. Indian Acad. [A] **37** [1953] 681, 691).
Krystalle (aus A.); F: 304—306°.

8-Acetyl-5,7-dimethoxy-4-methyl-cumarin $C_{14}H_{14}O_5$, Formel V (R = CH_3, X = H).
B. Beim Behandeln von 1-[2-Hydroxy-4,6-dimethoxy-phenyl]-äthanon mit Acetessig= säure-äthylester und konz. Schwefelsäure (*Sastri et al.*, Pr. Indian Acad. [A] **37** [1953] 681, 690).
Krystalle (aus A.); F: 178—180°.

8-Acetyl-3-chlor-5,7-dihydroxy-4-methyl-cumarin $C_{12}H_9ClO_5$, Formel V (R = H, X = Cl).
B. Beim Behandeln einer Lösung von 5,7-Diacetoxy-3-chlor-4-methyl-cumarin in Essigsäure mit Borfluorid (*Dean et al.*, Soc. **1954** 4565, 4571).
Krystalle (aus Eg.); F: 270° [Zers.].

IV   V   VI

8-Acetyl-3-chlor-5,7-dimethoxy-4-methyl-cumarin $C_{14}H_{13}ClO_5$, Formel V (R = CH_3, X = Cl).
B. Neben 6-Acetyl-3-chlor-5,7-dimethoxy-4-methyl-cumarin beim Behandeln eines Gemisches von 1-[2,4,6-Trihydroxy-phenyl]-äthanon, 2-Chlor-acetessigsäure-äthylester und Essigsäure mit Chlorwasserstoff und Erwärmen des Reaktionsprodukts mit Dimethyl= sulfat, Aceton und Kaliumcarbonat (*Dean et al.*, Soc. **1954** 4565, 4571).
Krystalle (aus Bzl.); F: 222°.

8-Acetyl-6,7-dihydroxy-4-methyl-cumarin $C_{12}H_{10}O_5$, Formel VI (R = X = H).
B. Beim Erhitzen von 8-Acetyl-7-hydroxy-4-methyl-cumarin mit wss. Natronlauge, Behandeln der Reaktionslösung mit Kaliumperoxodisulfat und anschliessenden Erwärmen mit wss. Salzsäure und Natriumsulfit (*Aghoramurthy, Seshadri*, Soc. **1954** 3065).
Krystalle (aus A.); F: 220—222°.

8-Acetyl-7-hydroxy-6-methoxy-4-methyl-cumarin $C_{13}H_{12}O_5$, Formel VI (R = CH_3, X = H).
B. Beim Behandeln von 8-Acetyl-6,7-dimethoxy-4-methyl-cumarin mit wss. Schwefel= säure [D: 1,8] (*Aghoramurthy, Seshadri*, Soc. **1954** 3065).
Gelbe Krystalle (aus A.); F: 193—194° (*Ag., Se.*).
Ein ebenfalls als 8-Acetyl-7-hydroxy-6-methoxy-4-methyl-cumarin beschriebenes Prä= parat (gelbliche Krystalle [aus wss. A.]; F: ca. 250° [Zers.; nach Erweichen]) ist von *Baker, Evans* (Soc. **1938** 372, 374) beim Erhitzen von 7-Acetoxy-6-methoxy-4-methyl- cumarin mit Aluminiumchlorid auf 170° erhalten worden.

8-Acetyl-6-hydroxy-7-methoxy-4-methyl-cumarin $C_{13}H_{12}O_5$, Formel VI (R = H, X = CH_3).
B. Beim Erhitzen von 8-Acetyl-7-methoxy-4-methyl-cumarin mit wss. Natronlauge, Behandeln der Reaktionslösung mit wss. Kaliumperoxodisulfat-Lösung und anschlies-

senden Erhitzen mit wss. Salzsäure (*Aghoramurthy, Seshadri*, Soc. **1954** 3065).
Krystalle (aus wss. A.); F: 242—243°.

8-Acetyl-6,7-dimethoxy-4-methyl-cumarin $C_{14}H_{14}O_5$, Formel VI (R = X = CH_3).
B. Beim Behandeln von 8-Acetyl-6-hydroxy-7-methoxy-4-methyl-cumarin mit Dimethylsulfat, Aceton und Kaliumcarbonat (*Aghoramurthy, Seshadri*, Soc. **1954** 3065).
Krystalle (aus A.); F: 115—116°.

5,7-Dihydroxy-2,8-dimethyl-4-oxo-4H-chromen-6-carbaldehyd $C_{12}H_{10}O_5$, Formel VII.
B. Beim Erwärmen von 5,7-Dihydroxy-2,8-dimethyl-chromen-4-on mit Hexamethylentetramin und Essigsäure und anschliessenden Erhitzen mit wss. Salzsäure (*Birch et al.*, Austral. J. Chem. **8** [1955] 409, 411).
Krystalle (aus A. + $CHCl_3$); F: 189—190°.
Dinitrophenylhydrazon. Gelbe Krystalle (aus Py.), die unterhalb 300° nicht schmelzen (*Bi. et al.*, l. c. S. 412).

5,6-Dihydroxy-4,7-dimethyl-2-oxo-2H-chromen-8-carbaldehyd, 8-Formyl-5,6-dihydroxy-4,7-dimethyl-cumarin $C_{12}H_{10}O_5$, Formel VIII.
B. Beim Behandeln von 5-Hydroxy-4,7-dimethyl-2-oxo-2H-chromen-6,8-dicarbaldehyd mit wss. Wasserstoffperoxid und wss. Natronlauge (*Naik, Thakor*, J. org. Chem. **22** [1957] 1626, 1629).
Krystalle (aus Eg.); F: 282—283° [Zers.; unkorr.].

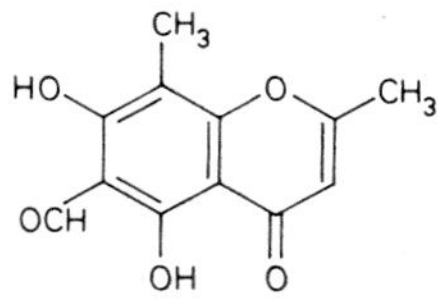

VII 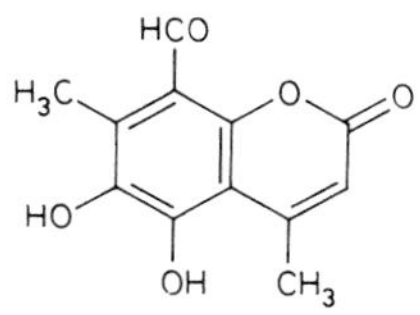   VIII 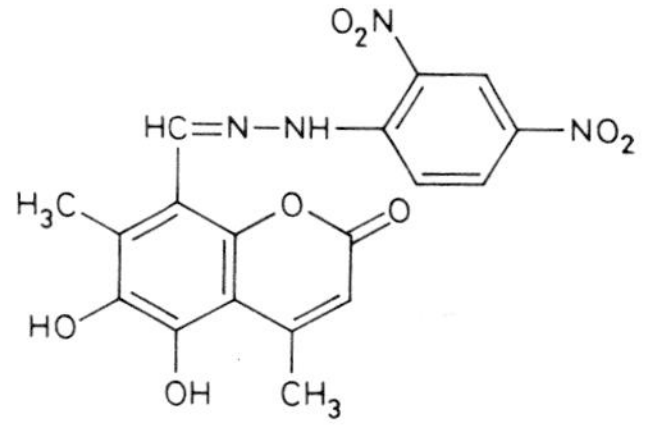   IX

8-[(2,4-Dinitro-phenylhydrazono)-methyl]-5,6-dihydroxy-4,7-dimethyl-cumarin, 5,6-Dihydroxy-4,7-dimethyl-2-oxo-2H-chromen-8-carbaldehyd-[2,4-dinitro-phenylhydrazon] $C_{18}H_{14}N_4O_8$, Formel IX.
B. Aus 5,6-Dihydroxy-4,7-dimethyl-2-oxo-2H-chromen-8-carbaldehyd und [2,4-Dinitro-phenyl]-hydrazin (*Naik, Thakor*, J. org. Chem. **22** [1957] 1626, 1629).
Rote Krystalle (aus Eg.); F: 298—299° [unkorr.; Zers.].

5-Acetoacetyl-4-methoxy-benzofuran-6-ol, 1-[6-Hydroxy-4-methoxy-benzofuran-5-yl]-butan-1,3-dion $C_{13}H_{12}O_5$, Formel X, und Tautomere.
B. Beim Erwärmen von Visnaginon (1-[6-Hydroxy-4-methoxy-benzofuran-5-yl]-äthanon) mit Äthylacetat und Natrium (*Clarke et al.*, Soc. **1948** 2260, 2262; *Davies, Norris*, Soc. **1950** 3195, 3201).
Gelbe Krystalle (aus Xylol), F: 105—106° (*Schönberg, Sina*, Am. Soc. **72** [1950] 3396, 3397); farblose Krystalle (aus wss. A.), F: 95—96° (*Cl. et al.*), 95—96° (*Da., No.*).

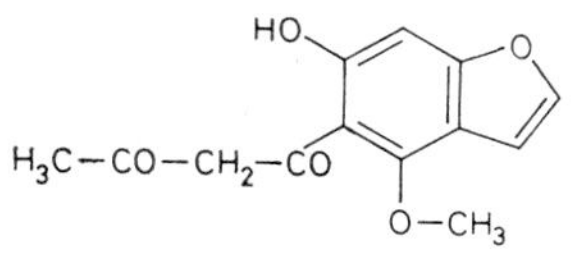

X 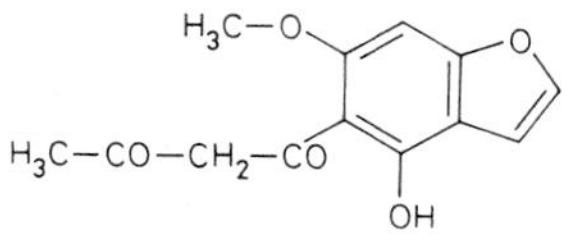   XI 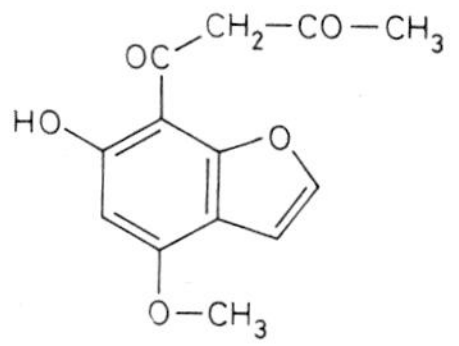   XII

5-Acetoacetyl-6-methoxy-benzofuran-4-ol, 1-[4-Hydroxy-6-methoxy-benzofuran-5-yl]-butan-1,3-dion $C_{13}H_{12}O_5$, Formel XI, und Tautomere.
B. Beim Erwärmen von 1-[4-Hydroxy-6-methoxy-benzofuran-5-yl]-äthanon mit Äthyl=acetat und Natrium (*Phillipps et al.*, Soc. **1952** 4951, 4953).
Krystalle (aus wss. Me.); F: 114°.

7-Acetoacetyl-4-methoxy-benzofuran-6-ol, 1-[6-Hydroxy-4-methoxy-benzofuran-7-yl]-butan-1,3-dion $C_{13}H_{12}O_5$, Formel XII, und Tautomere.
B. Beim Erhitzen von 1-[6-Hydroxy-4-methoxy-benzofuran-7-yl]-äthanon mit Äthyl=acetat und Natrium (*Clarke et al.*, Soc. **1948** 2260, 2263).
Gelbe Krystalle (aus Bzn.); F: 138—139°.

Hydroxy-oxo-Verbindungen $C_{13}H_{12}O_5$

(±)-5-Hydroxy-3-[α-hydroxy-benzyl]-2-hydroxymethyl-pyran-4-on $C_{13}H_{12}O_5$, Formel I, und Tautomeres (5-[α-Hydroxy-benzyl]-6-hydroxymethyl-pyran-3,4-dion).
Diese Konstitution wird für die nachstehend beschriebene Verbindung in Betracht gezogen.
B. Beim Erhitzen von Kojisäure (5-Hydroxy-2-hydroxymethyl-pyran-4-on) mit Benz=aldehyd und Kaliumacetat auf 120° (*Woods, Dix*, J. org. Chem. **24** [1959] 1126).
Krystalle (aus A. oder Heptan); F: 158° [Fischer-Johns-App.].

I   II   III

(R)-5-[(R)-1,2-Dihydroxy-äthyl]-4-[(Ξ)-4-nitro-benzyliden]-dihydro-furan-2,3-dion-3-phenylhydrazon,4ξ-[4-Nitro-phenyl]-2-phenylhydrazono-3-[(1R,2R)-1,2,3-tri=hydroxy-propyl]-but-3-ensäure-1-lacton $C_{19}H_{17}N_3O_6$, Formel II.
B. Beim Erhitzen von (R)-5-[(R)-1,2-Dihydroxy-äthyl]-dihydro-furan-2,3-dion-3-phenylhydrazon (S. 2303) mit 4-Nitro-benzaldehyd und Propan-1-ol (*Kuhn et al.*, A. **628** [1959] 207, 236).
Gelbe Krystalle (aus Py. + W.); F: 245° [unkorr.]. $[\alpha]_D^{19}$: −138° [Py.; c = 0,4].

(±)-4-[3-Methoxy-propionyl]-5-phenyl-dihydro-furan-2,3-dion, (±)-3-[α-Hydroxy-benzyl]-6-methoxy-2,4-dioxo-hexansäure-lacton $C_{14}H_{14}O_5$, Formel III, und Tautomere.
B. Beim Behandeln von 6-Methoxy-2,4-dioxo-hexansäure-methylester mit Benz=aldehyd und wss. Kaliumcarbonat-Lösung und anschliessend mit wss. Salzsäure (*Földi et al.*, Soc. **1948** 1295, 1298).
F: 129°.

3-Butyryl-4,7-dihydroxy-cumarin $C_{13}H_{12}O_5$, Formel IV (R = H), und Tautomere (z.B. 3-Butyryl-7-hydroxy-chroman-2,4-dion).
B. Beim Erwärmen von 3-Butyryl-7-butyryloxy-4-hydroxy-cumarin mit äthanol. Kalilauge (*Iguchi*, J. pharm. Soc. Japan **72** [1952] 128, 130; C. A. **1952** 11187).
Krystalle (aus wss. A.); F: 216—217°. UV-Spektrum (A.; 250—370 nm): *Ig*.

7-Acetoxy-3-butyryl-4-hydroxy-cumarin $C_{15}H_{14}O_6$, Formel IV (R = CO-CH$_3$), und Tau=tomere (z.B. 7-Acetoxy-3-butyryl-chroman-2,4-dion).
B. Beim Erwärmen von 3-Butyryl-4,7-dihydroxy-cumarin mit Acetanhydrid (*Iguchi*,

J. pharm. Soc. Japan **72** [1952] 128, 130; C. A. **1952** 11187). Beim Erwärmen von 2,4-Diacetoxy-benzoylchlorid mit der Natrium-Verbindung des 3-Oxo-hexansäure-äthyl= esters in Äther und anschliessenden Behandeln mit wss. Salzsäure (*Ig.*, l. c. S. 131). Krystalle (aus A.); F: 129—130°.

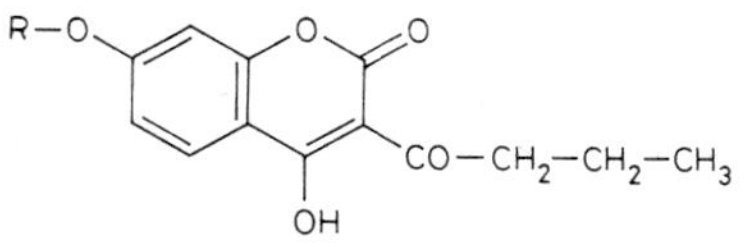

IV

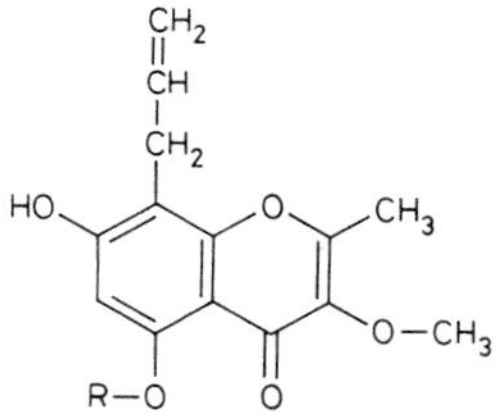

V

3-Butyryl-7-butyryloxy-4-hydroxy-cumarin $C_{17}H_{18}O_6$, Formel IV (R = $CO\text{-}CH_2\text{-}CH_2\text{-}CH_3$), und Tautomere (z.B. 3-Butyryl-7-butyryloxy-chroman-2,4-dion).

B. Beim Erwärmen von 4,7-Dihydroxy-cumarin oder von 7-Butyryloxy-4-hydroxy-cumarin mit Butyrylchlorid und Pyridin (*Iguchi*, J. pharm. Soc. Japan **72** [1952] 128, 130; C. A. **1952** 11187).

Krystalle (aus A.); F: 131—132°. UV-Spektrum (A.; 250—360 nm): *Ig.*, l. c. S. 128.

8-Allyl-5,7-dihydroxy-3-methoxy-2-methyl-chromen-4-on $C_{14}H_{14}O_5$, Formel V (R = H).

B. Beim Erhitzen von 7-Allyloxy-5-hydroxy-3-methoxy-2-methyl-chromen-4-on mit *N,N*-Dimethyl-anilin (*Ahluwalia et al.*, J. scient. ind. Res. India **12**B [1953] 283, 286).

Krystalle (aus wss. A.); F: 124—125°.

8-Allyl-7-hydroxy-3,5-dimethoxy-2-methyl-chromen-4-on $C_{15}H_{16}O_5$, Formel V (R = CH_3).

B. Beim Erhitzen von 7-Allyloxy-3,5-dimethoxy-2-methyl-chromen-4-on auf 200° (*Ahluwalia et al.*, J. scient. ind. Res. India **12**B [1953] 283, 285).

Krystalle (aus A. + E.); F: 230—321°.

6-Acetyl-5,7-dihydroxy-2,3-dimethyl-chromen-4-on $C_{13}H_{12}O_5$, Formel VI, und **8-Acetyl-5,7-dihydroxy-2,3-dimethyl-chromen-4-on** $C_{13}H_{12}O_5$, Formel VII.

Diese Konstitutionsformeln kommen für die nachstehend beschriebene Verbindung in Betracht.

B. Beim Erhitzen von 5,7-Dihydroxy-2,3-dimethyl-chromen-4-on mit Acetanhydrid und Aluminiumchlorid (*Parikh, Thakor*, J. Indian chem. Soc. **36** [1959] 841, 842, 843).

Krystalle (aus A.); F: 165°.

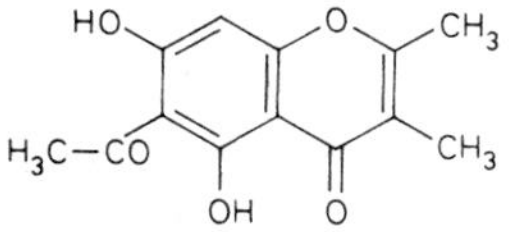

VI

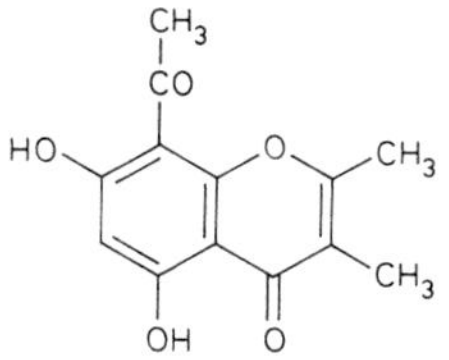

VII

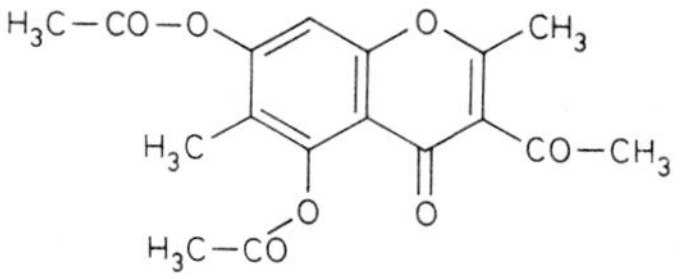

VIII

5,7-Diacetoxy-3-acetyl-2,6-dimethyl-chromen-4-on $C_{17}H_{16}O_7$, Formel VIII.

B. Neben 1-[2,4,6-Triacetoxy-3-methyl-phenyl]-äthanon beim Erhitzen von 1-[2,4,6-Trihydroxy-3-methyl-phenyl]-äthanon mit Acetanhydrid und Natriumacetat (*Mukerjee et al.*, Pr. Indian Acad. [A] **37** [1953] 127, 140).

Krystalle (aus A.); F: 159—161°.

6-Acetyl-5,7-dihydroxy-4,8-dimethyl-cumarin $C_{13}H_{12}O_5$, Formel IX (R = X = H).

B. Beim Behandeln eines Gemisches von 1-[2,4,6-Trihydroxy-3-methyl-phenyl]-

äthanon, Acetessigsäure-äthylester und Essigsäure mit Schwefelsäure oder mit Chlor=
wasserstoff (*Dean et al.*, Soc. **1954** 4565, 4571). Beim Erwärmen von 5,7-Diacetoxy-
4,8-dimethyl-cumarin mit Aluminiumchlorid und Nitrobenzol (*Dean et al.*).
Krystalle (aus Me.); F: 240—241° [Zers.].

6-Acetyl-5,7-dimethoxy-4,8-dimethyl-cumarin $C_{15}H_{16}O_5$, Formel IX (R = CH$_3$, X = H).
B. Aus 6-Acetyl-5,7-dihydroxy-4,8-dimethyl-cumarin (*Dean et al.*, Soc. **1954** 4565,
4571).
Krystalle (aus PAe.); F: 132°.

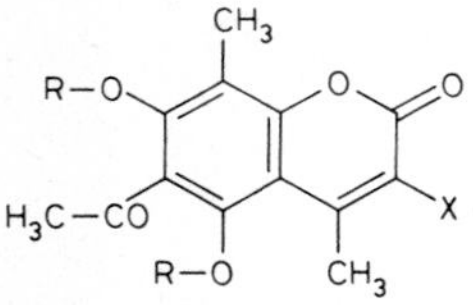

IX 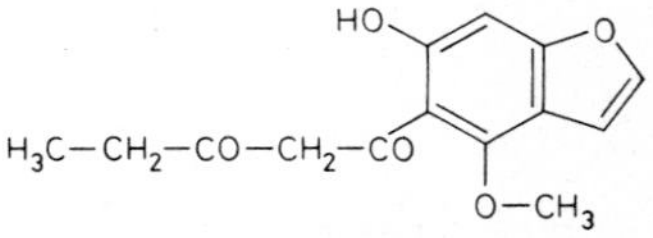   X

6-Acetyl-3-chlor-5,7-dihydroxy-4,8-dimethyl-cumarin $C_{13}H_{11}ClO_5$, Formel IX (R = H,
X = Cl).
B. Beim Erwärmen von 5,7-Diacetoxy-3-chlor-4,8-dimethyl-cumarin mit Aluminium=
chlorid und Nitrobenzol (*Dean et al.*, Soc. **1954** 4565, 4571).
Krystalle (aus A.); F: 285°.

6-Acetyl-3-brom-5,7-dihydroxy-4,8-dimethyl-cumarin $C_{13}H_{11}BrO_5$, Formel IX (R = H,
X = Br).
B. Beim Erwärmen von 6-Acetyl-5,7-dihydroxy-4,8-dimethyl-cumarin mit Brom in
Essigsäure (*Dean et al.*, Soc. **1954** 4565, 4571).
Krystalle (aus A. + Dioxan); F: 250°.

5,7-Diacetoxy-6-acetyl-3-brom-4,8-dimethyl-cumarin $C_{17}H_{15}BrO_7$, Formel IX
(R = CO-CH$_3$, X = Br).
B. Aus 6-Acetyl-3-brom-5,7-dihydroxy-4,8-dimethyl-cumarin (*Dean et al.*, Soc. **1954**
4565, 4571).
Krystalle (aus Eg.); F: 198°.

1-[6-Hydroxy-4-methoxy-benzofuran-5-yl]-pentan-1,3-dion $C_{14}H_{14}O_5$, Formel X, und
Tautomere.
B. Beim Erhitzen von Visnaginon (1-[6-Hydroxy-4-methoxy-benzofuran-5-yl]-äthan=
on) mit Äthylpropionat und Natrium (*Schönberg, Sina*, Am. Soc. **72** [1950] 3396, 3397).
Krystalle (aus wss. A.); F: 107°.

(±)-2-Acetyl-2-allyl-4,6-dimethoxy-benzofuran-3-on $C_{15}H_{16}O_5$, Formel XI.
B. Beim Erhitzen der Natrium-Verbindung des 2-Acetyl-4,6-dimethoxy-benzofuran-
3-ons mit Allylbromid (*Dean, Manunapichu*, Soc. **1957** 3112, 3119).
Krystalle (aus A.); F: 119—120°. Absorptionsmaxima (A.): 288 nm und 325 nm.
2,4-Dinitro-phenylhydrazon $C_{21}H_{20}N_4O_8$. Orangefarbene Krystalle (aus A.);
F: 190°.
Semicarbazon $C_{16}H_{19}N_3O_5$. Krystalle (aus wss. A.); F: 226—227°.

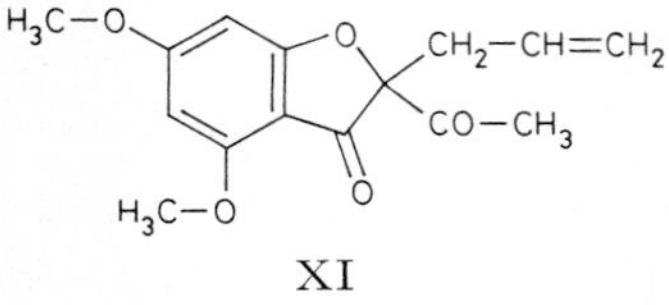

XI 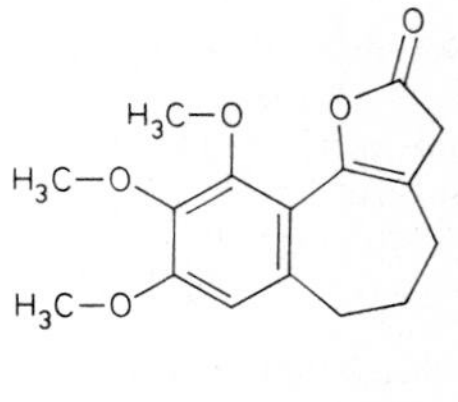   XII

8,9,10-Trimethoxy-3,4,5,6-tetrahydro-benzo[6,7]cyclohepta[1,2-*b*]furan-2-on,
[5-Hydroxy-2,3,4-trimethoxy-8,9-dihydro-7*H*-benzocyclohepten-6-yl]-essigsäure-lacton
$C_{16}H_{18}O_5$, Formel XII.

B. Neben einer Verbindung $C_{32}H_{34}O_{10}$ (F: 164,5—166° [korr.]) beim Erhitzen von
(±)-[3-(3,4,5-Trimethoxy-phenyl)-propyl]-bernsteinsäure-anhydrid mit Phosphor(V)-oxid
enthaltender Phosphorsäure (*Gardner, Horton*, Am. Soc. **75** [1953] 4976, 4978).
Krystalle (aus E.); F: 125—125,8° [korr.]. Absorptionsspektrum (A.; 230—290 nm):
Ga., Ho., l. c. S. 4977.

(±)-3a-Hydroxymethyl-6-methoxy-(3a*r*,9a*c*)-3,3a,9,9a-tetrahydro-naphtho[2,3-*c*]furan-
1,4-dion, (±)-3,3-Bis-hydroxymethyl-6-methoxy-4-oxo-1,2,3,4-tetrahydro-[2]naphthoe=
säure-*cis*-lacton $C_{14}H_{14}O_5$, Formel XIII + Spiegelbild.

B. Neben 3*t*-Hydroxymethyl-6-methoxy-4-oxo-1,2,3,4-tetrahydro[2*r*]naphthoesäure
beim Behandeln von (±)-6-Methoxy-4-oxo-1,2,3,4-tetrahydro-[2]naphthoesäure mit wss.
Formaldehyd und wss. Natronlauge und anschliessenden Ansäuern mit wss. Salzsäure
(*Campbell et al.*, Am. Soc. **75** [1953] 4681, 4683).
Krystalle (aus W.); F: 137—138,5° [unkorr.].

***Opt.-inakt. 6,7-Dimethoxy-4-methyl-3a,4,5,9b-tetrahydro-naphtho[1,2-*c*]furan-1,3-dion,**
5,6-Dimethoxy-3-methyl-1,2,3,4-tetrahydro-naphthalin-1,2-dicarbonsäure-anhydrid
$C_{15}H_{16}O_5$, Formel XIV.

B. Beim Erhitzen von 1,2-Dimethoxy-3-propenyl-benzol (E I **6** 459) mit Maleinsäure-
anhydrid in Xylol (*Hudson, Robinson*, Soc. **1941** 715, 720).
Krystalle (aus CHCl₃ + Bzn.); F: 159—160°.

***Opt.-inakt. 7,8-Dimethoxy-4-methyl-3a,4,5,9b-tetrahydro-naphtho[1,2-*c*]furan-1,3-dion,**
6,7-Dimethoxy-3-methyl-1,2,3,4-tetrahydro-naphthalin-1,2-dicarbonsäure-anhydrid
$C_{15}H_{16}O_5$, Formel XV (R = CH₃).

Präparate vom F: 139° (Krystalle [aus E.]) bzw. vom F: 107° (Krystalle [aus Acet=
anhydrid oder Bzn.]) sind beim Erwärmen von 1,2-Dimethoxy-4-propenyl-benzol (nicht
charakterisiert) mit Maleinsäure-anhydrid auf 100° (*Bruckner*, B. **75** [1942] 2034, 2041)
bzw. mit Maleinsäure-anhydrid in Xylol (*Hudson, Robinson*, Soc. **1941** 715, 719) erhalten
worden.

XIII   XIV   XV

***Opt.-inakt. 8-Äthoxy-7-methoxy-4-methyl-3a,4,5,9b-tetrahydro-naphtho[1,2-*c*]furan-**
1,3-dion, 7-Äthoxy-6-methoxy-3-methyl-1,2,3,4-tetrahydro-naphthalin-1,2-dicarbonsäure-
anhydrid $C_{16}H_{18}O_5$, Formel XV (R = C₂H₅).

B. Beim Erhitzen von 1-Äthoxy-2-methoxy-4-*cis*-propenyl-benzol mit Maleinsäure-
anhydrid in Xylol (*Hudson, Robinson*, Soc. **1941** 715, 720).
Krystalle (aus Bzl. + Bzn.); F: 130—131°.

Hydroxy-oxo-Verbindungen $C_{14}H_{14}O_5$

***Opt.-inakt. 2-[2-Methoxy-5-methyl-phenacyl]-3-methyl-bernsteinsäure-anhydrid**
$C_{15}H_{16}O_5$, Formel I.

B. Beim Erwärmen von (±)-2-Chlor-4-[2-methoxy-5-methyl-phenyl]-4-oxo-butter=
säure-äthylester mit der Natrium-Verbindung des Methylmalonsäure-diäthylesters in
Benzol, Erwärmen des Reaktionsprodukts mit methanol. Kalilauge und Erhitzen des
nach dem Ansäuern isolierten Reaktionsprodukts auf 160° (*Cocker et al.*, Soc. **1958** 2899).
Krystalle (aus Bzl. + PAe.); F: 149°.

5,7-Dimethoxy-6-[3-methyl-2-oxo-butyl]-cumarin $C_{16}H_{18}O_5$, Formel II.

B. Aus (+)-Toddalolacton (6-[2,3-Dihydroxy-3-methyl-butyl]-5,7-dimethoxy-cumarin) beim Behandeln mit konz. Schwefelsäure (*Dey, Pillay,* Ar. **273** [1935] 223, 229) sowie beim Erhitzen mit wss. Salzsäure (*Dey, Pi.; Späth et al.,* B. **75** [1942] 1623, 1631).

Krystalle; F: 121,5—122° [aus W.] (*Sp. et al.*), 120—121° [aus Ae. + PAe.] (*Dey, Pi.*).

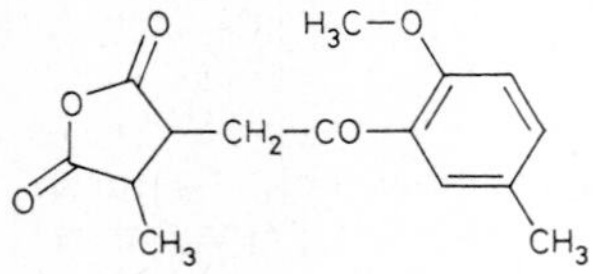

I 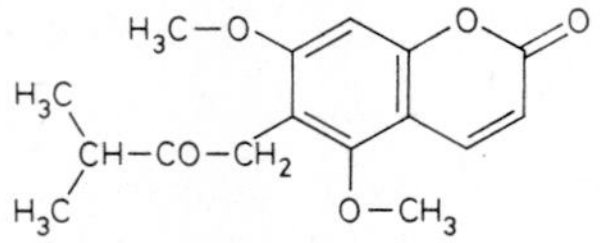   II 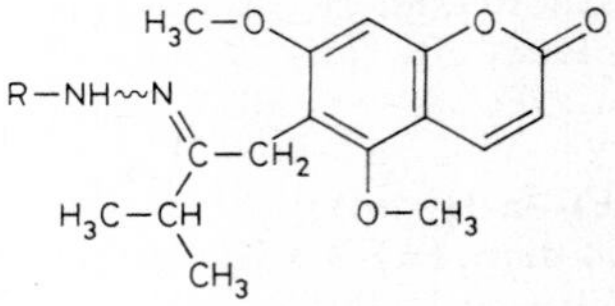   III

5,7-Dimethoxy-6-[3-methyl-2-phenylhydrazono-butyl]-cumarin $C_{22}H_{24}N_2O_4$, Formel III ($R = C_6H_5$).

B. Aus 5,7-Dimethoxy-6-[3-methyl-2-oxo-butyl]-cumarin und Phenylhydrazin (*Dey, Pillay,* Ar. **273** [1935] 223, 229).

Krystalle; F: 171—172°.

5,7-Dimethoxy-6-[3-methyl-2-semicarbazono-butyl]-cumarin $C_{17}H_{21}N_3O_5$, Formel III ($R = CO-NH_2$).

B. Aus 5,7-Dimethoxy-6-[3-methyl-2-oxo-butyl]-cumarin und Semicarbazid (*Dey, Pillay,* Ar. **273** [1935] 223, 229).

Krystalle; F: 209—210°.

8-Isovaleryl-5,7-dimethoxy-cumarin $C_{16}H_{18}O_5$, Formel IV.

B. Bei der Hydrierung von Angelicon (Glabralacton; 5,7-Dimethoxy-8-[3-methyl-crotonoyl]-cumarin [S. 2570]) an Palladium/Kohle in Essigsäure (*Fujita, Furuya,* J. pharm. Soc. Japan **76** [1956] 538, 542; C. A. **1956** 13000) oder an Platin in Essigsäure (*Kariyone, Hata,* J. pharm. Soc. Japan **76** [1956] 649; C. A. **1957** 1152).

Krystalle (aus A.); F: 152° (*Fu., Fu.*), 150—151° (*Ka., Hata*). IR-Spektrum (Nujol; 2—16 μ) sowie UV-Spektrum (A.; 220—360 nm): *Fu., Fu.,* l. c. S. 539.

3-Acetyl-5-hydroxy-7-methoxy-2,6,8-trimethyl-chromen-4-on $C_{15}H_{16}O_5$, Formel V ($R = CH_3$).

B. Beim Erwärmen von 7-Acetoxy-3-acetyl-5-hydroxy-2,6,8-trimethyl-chromen-4-on mit Methyljodid, Kaliumcarbonat und Aceton (*Birch et al.,* Austral. J. Chem. **8** [1955] 409, 411).

Blassgelbe Krystalle (aus A.); F: 125°.

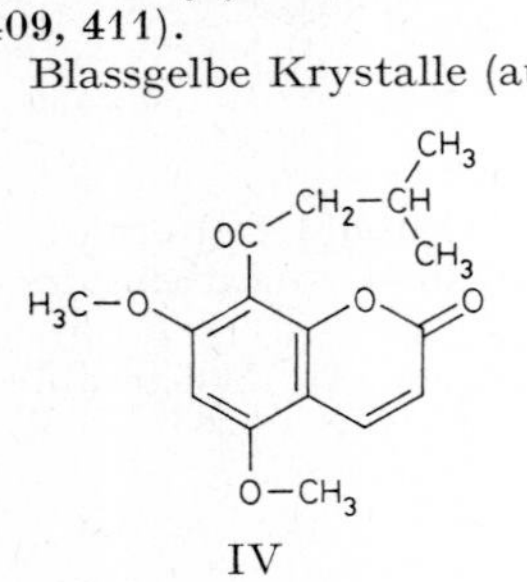

IV 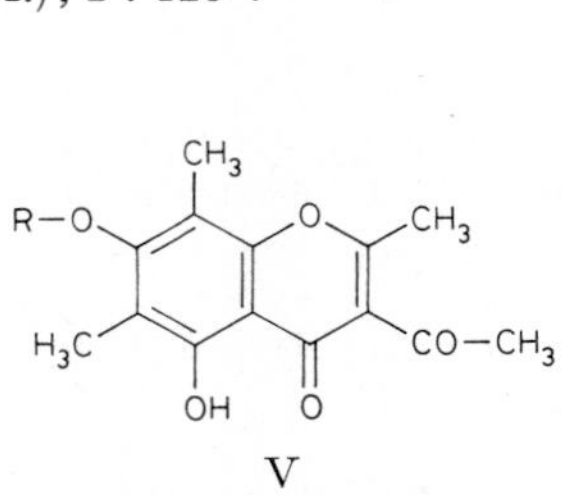   V 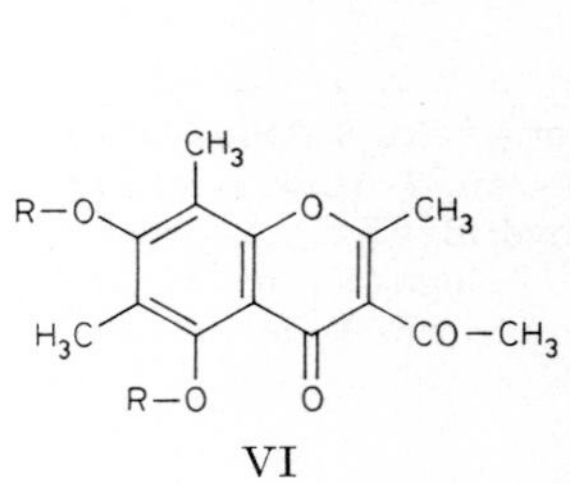   VI

7-Acetoxy-3-acetyl-5-hydroxy-2,6,8-trimethyl-chromen-4-on $C_{16}H_{16}O_6$, Formel V ($R = CO-CH_3$).

B. Beim Behandeln von 5,7-Diacetoxy-3-acetyl-2,6,8-trimethyl-chromen-4-on mit Natriummethylat in Methanol (*Birch et al.,* Austral. J. Chem. **8** [1955] 409, 411).

Krystalle (aus A.); F: 239°.

5,7-Diacetoxy-3-acetyl-2,6,8-trimethyl-chromen-4-on $C_{18}H_{18}O_7$, Formel VI ($R = CO-CH_3$).

B. Beim Erhitzen von 1-[2,4,6-Trihydroxy-3,5-dimethyl-phenyl]-äthanon mit Acet≈

anhydrid und Natriumacetat (*Birch et al.*, Austral. J. Chem. **8** [1955] 409, 411).
Krystalle (aus A.); F: 169°.

(Ξ)-7-Acetoxy-5-chlor-7-methyl-3-[3-oxo-butyl]-isochromen-6,8-dion $C_{16}H_{15}ClO_6$, Formel VII.
Diese Konstitution kommt dem nachstehend beschriebenen **Dihydropentanorsclero=tioron** zu.
B. Neben (S)-2-Methyl-butyraldehyd beim Behandeln einer Lösung von (+)-Dihydro=
sclerotiorin ((+)(Ξ)-7-Acetoxy-5-chlor-3-[(S)-3,5-dimethyl-hept-3t-enyl]-7-methyl-iso=
chromen-6,8-dion [S. 1590]) in Äthylacetat mit Ozon und Behandeln des Reaktionsprodukts mit Wasser (*Eade et al.*, Soc. **1957** 4913, 4922).
Gelbe Krystalle (aus A.); F: 196—198° (*Eade et al.*).
Beim Erhitzen mit wss. Natronlauge und Zink-Pulver sind eine Verbindung $C_{14}H_{13}ClO_4$
(Krystalle [aus Me.]; F: 224°), 6-Acetonyl-2,7-dihydroxy-3-methyl-[1,4]naphthochinon
und 7-Hydroxy-2,6-dimethyl-naphtho[2,3-b]furan-5,8-chinon erhalten worden (*Graham
et al.*, Soc. **1957** 4924, 4930).

(2R,2′R)-4,6-Dimethoxy-2′-methyl-spiro[benzofuran-2,1′-cyclohexan]-3,4′-dion $C_{16}H_{18}O_5$, Formel VIII (X = H).
B. Bei der Hydrierung von (2S,6′R)-4,6-Dimethoxy-6′-methyl-spiro[benzofuran-
2,1′-cyclohex-2′-en]-3,4′-dion (S. 2572) an Palladium/Kohle in Äthylacetat (*MacMillan,
Suter*, Soc. **1957** 3124).
Krystalle (aus Ae.); F: 125—126° [korr.]. $[\alpha]_D^{20}$: +40° [CHCl$_3$; c = 1]. Absorptions-
maxima (A.): 225 nm, 232 nm, 284 nm und 315 nm.
Semicarbazon $C_{17}H_{21}N_3O_5$. Krystalle (aus Me.); F: 185—190° [Zers.].

7-Chlor-4,6-dimethoxy-2′-methyl-spiro[benzofuran-2,1′-cyclohexan]-3,4′-dion $C_{16}H_{17}ClO_5$.

a) **(2R,2′R)-7-Chlor-4,6-dimethoxy-2′-methyl-spiro[benzofuran-2,1′-cyclohexan]-
3,4′-dion** $C_{16}H_{17}ClO_5$, Formel VIII (X = Cl).
B. Beim Erwärmen von (2R,2′R,4′Ξ)-7-Chlor-4′-hydroxy-4,6-dimethoxy-2′-methyl-
spiro[benzofuran-2,1′-cyclohexan]-3-on (S. 2417) mit Chrom(VI)-oxid und wss. Essigsäure
(*Mulholland*, Soc. **1952** 3994, 4000). Bei der Hydrierung von (2S,6′R)-7-Chlor-4,6-dimeth=
oxy-6′-methyl-spiro[benzofuran-2,1′-cyclohex-2′-en]-3,4′-dion (aus Griseofulvin hergestellt) an Raney-Nickel in Chloroform enthaltendem Äthanol (*Mu.*).
Krystalle (aus Bzl. + Bzn.); F: 178—179° [korr.]. Absorptionsmaxima (Me.): 213 nm,
238 nm, 288 nm und 324 nm (*Mu.*, l. c. S. 3999).

VII   VIII

b) **(2RS,2′RS)-7-Chlor-4,6-dimethoxy-2′-methyl-spiro[benzofuran-2,1′-cyclohexan]-
3,4′-dion** $C_{16}H_{17}ClO_5$, Formel VIII (X = Cl) + Spiegelbild.
B. Neben (2RS,2′SR)-7-Chlor-4,6-dimethoxy-2′-methyl-spiro[benzofuran-2,1′-cyclo=
hexan]-3-on bei der Hydrierung von (±)-7-Chlor-4,6-dimethoxy-2′-methyl-spiro[benzo=
furan-2,1′-cyclohex-2′-en]-3,4′-dion an Palladium/Kohle in Äthylacetat und Wasser
(*Dawkins, Mulholland*, Soc. **1959** 2211, 2223).
Krystalle; F: 170—175°.

c) **(2S,2′R)-7-Chlor-4,6-dimethoxy-2′-methyl-spiro[benzofuran-2,1′-cyclohexan]-
3,4′-dion** $C_{16}H_{17}ClO_5$, Formel IX.
B. Bei der Hydrierung von (2R,6′R)-7-Chlor-4,6-dimethoxy-6′-methyl-spiro[benzo=
furan-2,1′-cyclohex-2′-en]-3,4′-dion (aus Griseofulvin hergestellt) an Palladium/Kohle
in Äthylacetat (*Dawkins, Mulholland*, Soc. **1959** 1830, 1832, 1833).

Krystalle (aus Me. oder wss. Me.); F: 168—170° [korr.]. Bei 120—140°/0,0001 Torr sublimierbar. $[\alpha]_D^{22}$: —30° [Acn.; c = 1].

(2S,6′R)-7-Chlor-4,6-dimethoxy-6′-methyl-spiro[benzofuran-2,1′-cyclohexan]-3,2′-dion $C_{16}H_{17}ClO_5$, Formel X.

B. Beim Erhitzen von (2S,6′R)-7-Chlor-4,6,2′-trimethoxy-6′-methyl-spiro[benzofuran-2,1′-cyclohex-2′-en]-3-on (aus Griseofulvin hergestellt) mit wss. Essigsäure (*Mulholland*, Soc. **1952** 3994, 4000). Beim Erwärmen von (2S,2′Ξ,6′R)-7-Chlor-2′-hydroxy-4,6-dimeth‡ oxy-6′-methyl-spiro[benzofuran-2,1′-cyclohexan]-3-on (S. 2418) mit Chrom(VI)-oxid und wasserhaltiger Essigsäure (*Grove et al.*, Soc. **1952** 3949, 3957). Bei der Hydrierung von (2S,6′R)-7-Chlor-4,6-dimethoxy-6′-methyl-spiro[benzofuran-2,1′-cyclohex-3′-en]-3,2′-dion (aus Griseofulvin hergestellt) an Raney-Nickel in Chloroform enthaltendem Äthanol (*Mu.*, l. c. S. 4001).

Krystalle; F: 204—205° [korr.; aus Bzl. + Bzn.] (*Mu.*); 200—201° [korr.; aus E.] (*Gr. et al.*). Absorptionsmaxima (Me.): 216 nm, 239 nm, 291 nm und 326 nm (*Mu.*, l. c. S. 3999).

IX   X   XI

7-Chlor-4,6,2′-trimethoxy-6′-methyl-spiro[benzofuran-2,1′-cyclohex-2′-en]-3-on $C_{17}H_{19}ClO_5$.

a) **(2R,6′R)-7-Chlor-4,6,2′-trimethoxy-6′-methyl-spiro[benzofuran-2,1′-cyclohex-2′-en]-3-on** $C_{17}H_{19}ClO_5$, Formel XI.

B. Neben (2R,2′Ξ,6′R)-7-Chlor-4,6,2′-trimethoxy-6′-methyl-spiro[benzofuran-2,1′-cyclohexan]-3,4′-dion bei der Hydrierung von (2R,6′R)-7-Chlor-4,6,2′-trimethoxy-6′-methyl-spiro[benzofuran-2,1′-cyclohex-2′-en]-3,4′-dion (aus Griseofulvin hergestellt) an Palladium/Kohle in Äthylacetat (*Dawkins, Mulholland*, Soc. **1959** 1830, 1832).

Krystalle (aus Bzl. + PAe.); F: 183—184° [korr.]. $[\alpha:]_D^{23}$ +39° [Acn.; c = 0,8].

b) **(2S,6′R)-7-Chlor-4,6,2′-trimethoxy-6′-methyl-spiro[benzofuran-2,1′-cyclohex-2′-en]-3-on** $C_{17}H_{19}ClO_5$, Formel XII.

B. Neben anderen Verbindungen bei der Hydrierung von (+)-Griseofulvin ((2S,6′R)-7-Chlor-4,6,2′-trimethoxy-6′-methyl-spiro[benzofuran-2,1′-cyclohex-2′-en]-3,4′-dion) an Palladium/Kohle in Äthylacetat (*Mulholland*, Soc. **1952** 3987, 3991).

Krystalle (aus A. oder aus Bzl. + Bzn.); F: 194—195° [korr.]; $[\alpha]_D^{20}$: +155° [Acn.; c = 1] (*Mu.*, l. c. S. 3991, 3992). IR-Spektrum (Nujol; 1800—800 cm⁻¹): *Mu.*, l. c. S. 3989. Absorptionsmaxima (Me.): 236 nm, 288 nm und 325 nm (*Mu.*, l. c. S. 3991).

Überführung in (2S,6′R)-7-Chlor-4,6-dimethoxy-6′-methyl-spiro[benzofuran-2,1′-cyclo‡ hexan]-3,2′-dion durch Erhitzen mit wss. Essigsäure: *Mulholland*, Soc. **1952** 3994, 4000. Beim Erwärmen mit wss.-äthanol. Kalilauge unter Stickstoff sind eine Verbindung $C_{18}H_{21}ClO_5$ (Krystalle [aus Bzn.], F: 162—163° [korr.]; $[\alpha]_D^{15}$: +134° [Acn.]), eine Ver‡ bindung $C_{18}H_{21}ClO_5$ (Krystalle [aus Bzn.], F: 172—173° [korr.]) und eine Verbindung $C_{19}H_{23}ClO_5$ (Krystalle [aus Bzn.], F: 165—166° [korr.]) erhalten worden (*Mu.*, l. c. S. 4000). Bildung von (2S,6′R)-7-Chlor-4,6-dimethoxy-6′-methyl-spiro[benzofuran-2,1′-cyclohex-3′-en]-3,2′-dion und kleinen Mengen (+)-Griseofulvin beim Erhitzen mit Chrom(VI)-oxid und wss. Essigsäure: *Mu.*, l. c. S. 4001. Hydrierung an Palladium/Kohle in Äthylacetat unter Bildung von (2S,2′Ξ,6′R)-7-Chlor-4,6,2′-trimethoxy-6′-methyl-spiro[benzofuran-2,1′-cyclohexan]-3-on (F: 181°): *Mu.*, l. c. S. 3993.

---

*Opt.-inakt. 4,6-Dimethoxy-4′-methyl-spiro[benzofuran-2,1′cyclohexan]-3,2′-dion $C_{16}H_{18}O_5$, Formel XIII.

B. Beim Erwärmen von opt.-inakt. 2′-Hydroxy-4,6-dimethoxy-4′-methyl-spiro[benzo‡ furan-2,1'-cyclohexan]-3-on vom F: 163—165° oder vom F: 159—160° (S. 2419) mit Chrom(VI)-oxid und wss. Essigsäure (*Dean, Manunapichu,* Soc. **1957** 3112, 3122). Bei der Hydrierung von (±)-4,6-Dimethoxy-4'-methyl-spiro[benzofuran-2,1'-cyclohex-3'-en]-3,2'-dion an Palladium/Kohle in Äthanol (*Dean, Ma.*).

Krystalle (aus A.); F: 186—187°. Absorptionsmaxima (A.): 285 nm und 320 nm. Semicarbazon $C_{17}H_{21}N_3O_5$. Krystalle (aus wss. Me.); F: 264° [Zers.].

XII   XIII

Hydroxy-oxo-Verbindungen $C_{15}H_{16}O_5$

*Opt.-inakt. 2-[4-Methoxy-2,5-dimethyl-phenacyl]-3-methyl-bernsteinsäure-anhydrid $C_{16}H_{18}O_5$, Formel I.

B. Beim Erwärmen von (±)-2-Äthoxycarbonyl-3-[4-methoxy-2,5-dimethyl-phenacyl]-2-methyl-bernsteinsäure-diäthylester (hergestellt aus (±)-2-Brom-4-[4-methoxy-2,5-di≈ methyl-phenyl]-4-oxo-buttersäure-äthylester und der Natrium-Verbindung des Methyl≈ malonsäure-diäthylesters in Benzol) mit wss.-äthanol. Natronlauge und Erhitzen des nach dem Ansäuern mit wss. Salzsäure erhaltenen Reaktionsprodukts auf 180° (*Clemo et al.,* Soc. **1930** 1110, 1112).

Krystalle (aus Bzl.); F: 171°.

I   II

7-Acetoacetyl-4-methoxy-2,3,5-trimethyl-benzofuran-6-ol, 1-[6-Hydroxy-4-methoxy-2,3,5-trimethyl-benzofuran-7-yl]-butan-1,3-dion $C_{16}H_{18}O_5$, Formel II, und Tautomere.

B. Beim Erwärmen von 1-[6-Hydroxy-4-methoxy-2,3,5-trimethyl-benzofuran-7-yl]-äthanon mit Äthylacetat und Natrium (*Curd, Robertson,* Soc. **1933** 1173, 1178).

Gelbe Krystalle (aus A.); F: 126—127°.

2-Acetonyl-7-acetyl-3,5-dimethyl-benzofuran-4,6-diol, [7-Acetyl-4,6-dihydroxy-3,5-di≈ methyl-benzofuran-2-yl]-aceton, Desacetyldecarbousninsäure $C_{15}H_{16}O_5$, Formel III (R = H) (E II 156).

B. Neben Usnetinsäure ([7-Acetyl-4,6-dihydroxy-3,5-dimethyl-benzofuran-2-yl]-essig≈ säure) beim Erwärmen von 4-[7-Acetyl-4,6-dihydroxy-3,5-dimethyl-benzofuran-2-yl]-acetessigsäure-äthylester („Acetousnetinsäure-äthylester") mit wss. Kalilauge (*Asahina et al.,* B. **70** [1937] 2462, 2465; J. pharm. Soc. Japan **58** [1938] 219, 230).

Krystalle (aus A.); F: 197—198° (*As. et al.*). UV-Spektrum (A.; 220—380 nm): *MacKenzie,* Am. Soc. **74** [1952] 4067.

2-Acetonyl-4,6-diacetoxy-7-acetyl-3,5-dimethyl-benzofuran, [4,6-Diacetoxy-7-acetyl-3,5-dimethyl-benzofuran-2-yl]-aceton $C_{19}H_{20}O_7$, Formel III (R = CO-CH₃) (E II 156).

B. Beim Behandeln von [7-Acetyl-4,6-dihydroxy-3,5-dimethyl-benzofuran-2-yl]-aceton mit Acetanhydrid und Pyridin bei 37° (*Curd, Robertson,* Soc. **1937** 894, 901).

Krystalle (aus wss. Me.); F: 146—147° (*Curd, Ro.*). UV-Spektrum (A.; 220—360 nm): *MacKenzie,* Am. Soc. **74** [1952] 4067.

III   IV

7-[1-Hydrazono-äthyl]-2-[2-hydrazono-propyl]-3,5-dimethyl-benzofuran-4,6-diol,
[7-(1-Hydrazono-äthyl)-4,6-dihydroxy-3,5-dimethyl-benzofuran-2-yl]-aceton-hydrazon
$C_{15}H_{20}N_4O_3$, Formel IV.

B. Beim Erwärmen von [7-Acetyl-4,6-dihydroxy-3,5-dimethyl-benzofuran-2-yl]-aceton mit Hydrazin-hydrat und Äthanol (*Asahina, Yanagita,* B. **70** [1937] 1500, 1503; *Asahina et al.,* J. pharm. Soc. Japan **58** [1938] 219, 230).

Gelbe Krystalle; Zers. bei 196—197°.

(3a*R*)-4*c*-Hydroxy-9-hydroxymethyl-6-methyl-3-methylen-(3a*r*,9a*c*,9b*t*)-3,3a,4,5,9a,9b-hexahydro-azuleno[4,5-*b*]furan-2,7-dion, 2-[(3a*S*)-4*c*,6*c*-Dihydroxy-3-hydroxymethyl-8-methyl-1-oxo-(3a*r*)-1,3a,4,5,6,7-hexahydro-azulen-5*t*-yl]-acrylsäure-4-lacton, 6α,8α,15-Trihydroxy-2-oxo-guaja-1(10),3,11(13)-trien-12-säure-6-lacton [1]), Lactucin $C_{15}H_{16}O_5$, Formel V (R = H).

Konstitution: *Barton, Narayanan,* Soc. **1958** 963, 964; *Dolejš et al.,* Collect. **23** [1958] 2195. Konfiguration: *Bachelor, Itô,* Canad. J. Chem. **51** [1973] 3626, 3629.

Isolierung aus dem Milchsaft von Cichorium intybus: *Holzer, Zinke,* M. **84** [1953] 901, 905; von Lactuca virosa: *Schenck, Graf,* Ar. **275** [1937] 36, 37; *Schenck et al.,* Ar. **277** [1939] 137, 138; *Späth et al.,* Ar. **277** [1939] 203.

Krystalle; F: 233° [Zers.; Kofler-App.; aus Me.] (*Do. et al.,* l. c. S. 2197), 227—232° [Zers.; Kofler-App.; aus Dioxan] (*Späth et al.,* M. **82** [1951] 114, 118), 227,5° [aus Me.] (*Schenck, Schreber,* Ar. **278** [1940] 185, 186), 213—217° [Kofler-App.; aus Acn., Me. oder E.] (*Ba., Na.,* l. c. S. 967), 213—217° [Zers.; aus A.] (*Ho., Zi.,* l. c. S. 906). $[\alpha]_D^{17}$: +77,9° [Py.; c = 3] (*Sp. et al.,* M. **82** 118); $[\alpha]_D^{20}$: +75° [Py.; c = 10] (*Ho., Zi.,* l. c. S. 906); $[\alpha]_D$: +69° [Py.; c = 1] (*Ba., Na.,* l. c. S. 967); $[\alpha]_D$: +49° [Me.; c = 1] (*Ba., Na.,* l. c. S. 967). IR-Banden (Nujol) im Bereich von 3320 cm^{-1} bis 1600 cm^{-1}: *Ba., Na.,* l. c. S. 963. Absorptionsmaximum (A.): 257 nm (*Ba., Na.,* l. c. S. 967).

Beim Behandeln einer Lösung mit Diazomethan in Äther ist eine amorphe Verbindung $C_{16}H_{18}N_2O_5$ (λ_{max}: 256 nm) erhalten worden (*Do. et al.,* l. c. S. 2196, 2198). Hydrierung an Palladium/Calciumcarbonat in Äthanol unter Bildung von Dihydro=lactucin (S. 2419), Tetrahydrolactucin (S. 2351) und Isotetrahydrolactucin (S. 2352): *Ba., Na.,* l. c. S. 968. Bei der Hydrierung an Palladium/Kohle in Wasser oder an Platin in Essigsäure (*Wessely et al.,* M. **82** [1951] 322, 325, 326), an Palladium/Stontiumcarbonat in Methanol (*Do. et al.,* l. c. S. 2198) sowie an Palladium/Kohle in Äthanol (*Ba., Na.,* l. c. S. 968) ist Hexahydrolactucin (S. 2330) erhalten worden.

(3a*R*)-4*c*-Acetoxy-9-acetoxymethyl-6-methyl-3-methylen-(3a*r*,9a*c*,9b*t*)-3,3a,4,5,9a,9b-hexahydro-azuleno[4,5-*b*]furan-2,7-dion, 2-[(3a*S*)-6*c*-Acetoxy-3-acetoxymethyl-4*c*-hydroxy-8-methyl-1-oxo-(3a*r*)-1,3a,4,5,6,7-hexahydro-azulen-5*t*-yl]-acrylsäure-lacton, 8α,15-Diacetoxy-6α-hydroxy-2-oxo-guaja-1(10),3,11(13)-trien-12-säure-lacton, Di-*O*-acetyl-lactucin $C_{19}H_{20}O_7$, Formel V (R = CO-CH$_3$).

B. Beim Behandeln von Lactucin (s. o.) mit Acetanhydrid und Pyridin (*Späth et al.,* M. **82** [1951] 114, 119; *Barton, Narayanan,* Soc. **1958** 963, 968).

Krystalle; F: 163—166° [Kofler-App.] (*Sp. et al.*), 159—163° [aus Acn. + PAe.; Kofler-App.] (*Ba., Na.*). $[\alpha]_D$: +87° [CHCl$_3$; c = 0,7] (*Ba., Na.*).

---

[1]) Stellungsbezeichnung bei von Guajan abgeleiteten Namen s. E III/IV **17** 4677 Anm. 2.

V   VI

(3aR)-4c-Benzoyloxy-9-benzoyloxymethyl-6-methyl-3-methylen-(3ar,9ac,9bt)-3,3a,4,-5,9a,9b-hexahydro-azuleno[4,5-b]furan-2,7-dion, 2-[(3aS)-6c-Benzoyloxy-3-benzoyloxymethyl-4c-hydroxy-8-methyl-1-oxo-(3ar)-1,3a,4,5,6,7-hexahydro-azulen-5t-yl]-acrylsäure-lacton, 8α,15-Bis-benzoyloxy-6α-hydroxy-2-oxo-guaja-1(10),3,11(13)-trien-12-säure-lacton, **Di-O-benzoyl-lactucin** $C_{29}H_{24}O_7$, Formel V (R = CO-C$_6$H$_5$).

B. Beim Behandeln von Lactucin (S. 2526) mit Benzoylchlorid und Pyridin (*Späth et al.*, M. **82** [1951] 114, 120).

Krystalle (aus Me.); F: 191,5—192,5° [evakuierte Kapillare].

(3aR)-4c-[4-Methoxy-benzoyloxy]-9-[4-methoxy-benzoyloxymethyl]-6-methyl-3-methylen-(3ar,9ac,9bt)-3,3a,4,5,9a,9b-hexahydro-azuleno[4,5-b]furan-2,7-dion, 2-[(3aS)-4c-Hydroxy-6c-(4-methoxy-benzoyloxy)-3-(4-methoxy-benzoyloxymethyl)-8-methyl-1-oxo-(3ar)-1,3a,4,5,6,7-hexahydro-azulen-5t-yl]-acrylsäure-lacton, 6α-Hydroxy-8α,15-bis-[4-methoxy-benzoyloxy]-2-oxo-guaja-1(10),3,11(13)-trien-12-säure-lacton, **Bis-O-[4-methoxy-benzoyl]-lactucin** $C_{31}H_{28}O_9$, Formel V (R = CO-C$_6$H$_4$-OCH$_3$).

B. Beim Behandeln von Lactucin (S. 2526) mit 4-Methoxy-benzoylchlorid und Pyridin (*Späth et al.*, M. **82** [1951] 114, 120).

Krystalle; F: 201—203° [evakuierte Kapillare].

(3aR)-4c-Hydroxy-9-[(4-hydroxy-phenylacetoxy)-methyl]-6-methyl-3-methylen-(3ar,9ac,9bt)-3,3a,4,5,9a,9b-hexahydro-azuleno[4,5-b]furan-2,7-dion, 2-[(3aS)-4c,6c-Dihydroxy-3-[(4-hydroxy-phenylacetoxy)-methyl]-8-methyl-1-oxo-(3ar)-1,3a,4,5,6,7-hexahydro-azulen-5t-yl]-acrylsäure-4-lacton, 6α,8α-Dihydroxy-15-[4-hydroxy-phenylacetoxy]-2-oxo-guaja-1(10),3,11(13)-trien-12-säure-6-lacton, **Lactucopicrin** $C_{23}H_{22}O_7$, Formel VI (R = H).

Konstitution: *Michl*, *Högenauer*, M. **91** [1960] 500.

Isolierung aus dem Milchsaft von Cichorium intybus: *Holzer*, *Zinke*, M. **84** [1953] 901, 905; von Lactuca virosa: *Bauer*, *Brunner*, B. **70** [1937] 261; *Schenck et al.*, Ar. **277** [1939] 137, 138; *Schenck*, *Wendt*, Ar. **286** [1953] 117, 124.

Krystalle (aus W.), F: 152,5° [Zers.] (*Schenck*, *Schreber*, Ar. **278** [1940] 185, 186); Krystalle (aus W.) mit 1 Mol H$_2$O; F: 148—151° [unkorr.; Zers.] (*Ho.*, *Zi.*, l. c. S. 906); F: 147—148° (*Ba.*, *Br.*). [α]$_D^{17,5}$: +67,3° [Py.; c = 18] (*Ho.*, *Zi.*, l. c. S. 906).

(3aR)-4c-Benzoyloxy-9-[(4-benzoyloxy-phenylacetoxy)-methyl]-6-methyl-3-methylen-(3ar,9ac,9bt)-3,3a,4,5,9a,9b-hexahydro-azuleno[4,5-b]furan-2,7-dion, 2-[(3aS)-6c-Benzoyloxy-3-[(4-benzoyloxy-phenylacetoxy)-methyl]-4c-hydroxy-8-methyl-1-oxo-(3ar)-1,3a,4,5,6,7-hexahydro-azulen-5t-yl]-acrylsäure-lacton, 8α-Benzoyloxy-15-[4-benzoyloxy-phenylacetoxy]-6α-hydroxy-2-oxo-guaja-1(10),3,11(13)-trien-12-säure-lacton, **Di-O-benzoyl-lactucopicrin** $C_{37}H_{30}O_9$, Formel VI (R = CO-C$_6$H$_5$).

B. Beim Behandeln von Lactucopicrin (s. o.) mit Benzoylchlorid und Pyridin (*Bauer*, *Brunner*, B. **70** [1937] 261; *Holzer*, *Zinke*, M. **84** [1953] 901, 906).

Krystalle; F: 176—177° [aus Acn. + Me.] (*Ho.*, *Zi.*), 174—176° [aus wss. Acn.] (*Ba.*, *Br.*).

(3aR)-4c-[4-Chlor-benzoyloxy]-9-{[4-(4-chlor-benzoyloxy)-phenylacetoxy]-methyl}-6-methyl-3-methylen-(3ar,9ac,9bt)-3,3a,4,5,9a,9b-hexahydro-azuleno[4,5-b]furan-2,7-dion, 8α-[4-Chlor-benzoyloxy]-15-[4-(4-chlor-benzoyloxy)-phenylacetoxy]-6α-hydroxy-2-oxo-guaja-1(10),3,11(13)-trien-12-säure-lacton, **Bis-O-[4-chlor-benzoyl]-lactucopicrin** $C_{37}H_{28}Cl_2O_9$, Formel VI (R = CO-C$_6$H$_4$-Cl).

B. Beim Behandeln von Lactucopicrin (s. o.) mit 4-Chlor-benzoylchlorid und Pyridin

(*Holzer, Zinke*, M. **84** [1953] 901, 906).
Krystalle (aus E. + Me.); F: 154—155°.

Hydroxy-oxo-Verbindungen $C_{16}H_{18}O_5$

(−)(4*Ξ*,8*E*)-11,13-Dihydroxy-4-methyl-4,5,6,7-tetrahydro-1*H*-benz[*d*]oxacyclododecin-2,10-dion $C_{16}H_{18}O_5$, Formel VII.

Diese Konstitution und Konfiguration kommt dem nachstehend beschriebenen **α*β*-Dehydro-curvularin** zu (*Munro et al.*, Soc. [C] **1967** 947; *Grove*, Soc. [C] **1971** 2261). Isolierung aus dem Kulturfiltrat einer Curvularia-Art: *Musgrave*, Soc. **1956** 4301, 4303. Krystalle; F: 224,5—225° [Zers.; aus Bzl. + Me.] (*Mus.*), 223,5—224° [evakuierte Kapillare; aus E. oder aus Bzl. + Me.] (*Munro et al.*). Bei 200°/0,05 Torr sublimierbar (*Mus.*). $[\alpha]_D^{18}$: −83° [Acn.; c = 3] (*Mus.*); $[\alpha]_D^{23}$: −79,8° [A.; c = 3] (*Munro et al.*). IR-Banden (KBr) im Bereich von 3420 cm⁻¹ bis 840 cm⁻¹: *Munro et al.* Absorptionsmaxima (A.): 225 nm und 301,5 nm (*Mus.*, l. c. S. 4305) bzw. 227,5 nm und 299,5 nm (*Munro et al.*).

VII   VIII

7-Acetyl-3,5-dimethyl-2-[2-oxo-butyl]-benzofuran-4,6-diol, 1-[7-Acetyl-4,6-dihydroxy-3,5-dimethyl-benzofuran-2-yl]-butan-2-on $C_{16}H_{18}O_5$, Formel VIII.

Die nachstehend beschriebene Verbindung ist von *Yanagita* (J. pharm. Soc. Japan **72** [1952] 775, 780) irrtümlich als (±)-3-[7-Acetyl-4,6-dihydroxy-3,5-dimethyl-benzofuran-2-yl]-butan-2-on ($C_{16}H_{18}O_5$) formuliert worden.

B. Beim Erwärmen von 4-[4,6-Diacetoxy-7-acetyl-3,5-dimethyl-benzofuran-2-yl]-2-methyl-acetessigsäure-äthylester mit wss. Kalilauge (*Ya.*; *Shibata et al.*, J. pharm. Soc. Japan **72** [1952] 825, 829).

Krystalle (aus Me. bzw. A.); F: 164° (*Sh. et al.*; *Ya.*).

Hydroxy-oxo-Verbindungen $C_{17}H_{20}O_5$

5,7-Dihydroxy-6-isovaleryl-4-propyl-cumarin $C_{17}H_{20}O_5$, Formel IX.

B. Beim Behandeln von 1-[2,4,6-Trihydroxy-phenyl]-3-methyl-butan-1-on mit 3-Oxo-hexansäure-äthylester, Essigsäure und wenig Schwefelsäure (*Finnegan et al.*, J. org. Chem. **25** [1960] 2169, 2172; s. a. *Djerassi et al.*, Tetrahedron Letters **1959** Nr. 1, S. 10, 11).

Krystalle (aus Bzl. + Isopropylalkohol); F: 228—229° [Kofler-App.] (*Fi. et al.*). Absorptionsmaxima einer Chlorwasserstoff enthaltenden Lösung in Äthanol: 281 nm und 323 nm; einer Natriumhydroxid enthaltenden Lösung in Äthanol: 235 nm, 297 nm und 400 nm (*Fi. et al.*).

IX   X

*Opt.-inakt. 7-Acetyl-4,6-dihydroxy-3,5,5′-trimethyl-3H-spiro[benzofuran-2,1′-cyclo= pentan]-3′-on, Tetrahydrodecarbousnol $C_{17}H_{20}O_5$, Formel X.

B. Bei der Hydrierung von Decarbousnol ((±)-7-Acetyl-4,6-dihydroxy-5,5′-dimethyl-3-methylen-3H-spiro[benzofuran-2,1′-cyclopent-4′-en]-3′-on; S. 2661) an Palladium/Kohle in Äthylacetat (*Asahina, Yanagita,* B. **70** [1937] 1500, 1504; *Asahina et al.,* J. pharm. Soc. Japan **58** [1938] 219, 235).

Krystalle (aus Bzl.); F: 175° (*As., Ya.; As. et al.*).

Beim Erhitzen mit Calciumoxid sind 3-Äthyl-4-methyl-cyclopenta-2,4-dienon und Aceton erhalten worden (*Asahina, Okazaki,* J. pharm. Soc. Japan **63** [1943] 618, 625; C.A. **1951** 5146; Pr. Acad. Tokyo **19** [1943] 303, 305).

Hydroxy-oxo-Verbindungen $C_{19}H_{24}O_5$

3-Decanoyl-4,7-dihydroxy-cumarin $C_{19}H_{24}O_5$, Formel I (R = H), und Tautomere (z. B. 3-Decanoyl-7-hydroxy-chroman-2,4-dion).

B. Beim Erwärmen von 3-Decanoyl-7-decanoyloxy-4-hydroxy-cumarin mit äthanol. Kalilauge (*Iguchi,* J. pharm. Soc. Japan **72** [1952] 128, 131; C.A. **1952** 11187).

Krystalle (aus wss. A.); 169—170°. UV-Spektrum (A.; 250—370 nm): *Ig.,* l. c. S. 128.

I   II

3-Decanoyl-7-decanoyloxy-4-hydroxy-cumarin $C_{29}H_{42}O_6$, Formel I (R = CO-[CH₂]₈-CH₃), und Tautomere (z. B. 3-Decanoyl-7-decanoyloxy-chroman-2,4-dion).

B. Beim Erwärmen von 4,7-Dihydroxy-cumarin mit Decanoylchlorid und Pyridin (*Iguchi,* J. pharm. Soc. Japan **72** [1952] 128, 130; C.A. **1952** 11187).

Krystalle (aus A.); F: 116—117°. UV-Spektrum (A.; 250—360 nm): *Ig.,* l. c. S. 128.

(3aS)-4c,9-Diacetoxy-3a,10ξ-dimethyl-(3ar,6bc,11bt,11cc)-4,5,6b,7,8,9,10,11,11b,11c-decahydro-3aH-9t,11at-methano-azuleno[1,2,3-de]isochromen-1,3-dion, (4bR)-2c,7-Di= acetoxy-1c,8ξ-dimethyl-(4br,10ac)-2,3,4b,5,6,7,8,9,10,10a-decahydro-1H-7t,9at-methano-benz[a]azulen-1t,10c-dicarbonsäure-anhydrid, 2β,7-Diacetoxy-1β,8ξ-dimethyl-gibb-4-en-1α,10β-dicarbonsäure-anhydrid [1]) $C_{23}H_{28}O_7$, Formel II.

Diese Konstitution und Konfiguration kommt vermutlich der nachstehend beschriebenen, ursprünglich (*Takahashi et al.,* Bl. agric. chem. Soc. Japan **23** [1959] 509, 514) als **2,7-Diacetoxy-1,8-dimethyl-dodecahydro-7,9a-methano-benz[a]azulen-3,10-dicarbonsäure-anhydrid** ($C_{23}H_{30}O_7$) formulierten Verbindung zu (vgl. *Mulholland et al.,* Soc. **1963** 2606, 2609).

B. Beim Erhitzen von (4bR)-2c,7-Dihydroxy-1c,8ξ-dimethyl-(4br,10ac)-2,3,4b,5,6,7,= 8,9,10,10a-decahydro-1H-7t,9at-methano-benz[a]-azulen-1t,10c-dicarbonsäure [Zers. bei 184—186°; aus Gibberellinsäure hergestellt] (*Ta. et al.,* l. c. S. 521).

Krystalle; Zers. bei 185,6° (*Ta. et al.*). IR-Spektrum (2—15 μ): *Ta. et al.,* l. c. S. 519.

Hydroxy-oxo-Verbindungen $C_{20}H_{26}O_5$

3-Decanoyl-4,7-dihydroxy-5-methyl-cumarin $C_{20}H_{26}O_5$, Formel III (R = H), und Tautomere (z.B. 3-Decanoyl-7-hydroxy-5-methyl-chroman-2,4-dion).

B. Aus 3-Decanoyl-7-decanoyloxy-4-hydroxy-5-methyl-cumarin (*Iguchi, Utsugi,* J. pharm. Soc. Japan **73** [1953] 1290, 1294; C.A. **1955** 304).

Krystalle (aus wss. A.); F: 178—179°. UV-Spektrum (A.; 230—380 nm): *Ig., Ut.,* l. c. S. 1292.

---

[1]) Stellungsbezeichnung bei von Gibban abgeleiteten Namen s. E III **10** 1135 Anm. 1.

3-Decanoyl-7-decanoyloxy-4-hydroxy-5-methyl-cumarin $C_{30}H_{44}O_6$, Formel III
($R = CO\text{-}[CH_2]_8\text{-}CH_3$), und Tautomere (z.B. 3-Decanoyl-7-decanoyloxy-5-meth=
yl-chroman-2,4-dion).

B. Beim Behandeln von 4,7-Dihydroxy-5-methyl-cumarin mit Decanoylchlorid und
Pyridin (*Iguchi, Utsugi,* J. pharm. Soc. Japan **73** [1953] 1290, 1294; C.A. **1955** 304).
Krystalle (aus A.); F: 96—97°.

III   IV

**4-[(S)-1-((3aR)-8syn-Hydroxy-8anti-methyl-2-oxo-(7at)-hexahydro-3ar,7c-äthano-
benzofuran-4t-yl)-äthyl]-2,2-dimethyl-cyclopenten-1,3-dion,** (3aR)-4t-[(S)-1-(4,4-Di=
methyl-3,5-dioxo-cyclopent-1-enyl)-äthyl]-8syn-hydroxy-8anti-methyl-(7at)-tetrahydro-
3ar,7c-äthano-benzofuran-2-on, {(1R)-2exo-[(S)-1-(4,4-Dimethyl-3,5-dioxo-cyclopent-
1-enyl)-äthyl]-6exo,8anti-dihydroxy-6endo-methyl-bicyclo[3.2.1]oct-1-yl}-essigsäure-
8-lacton** $C_{20}H_{26}O_5$, Formel IV.

Über die Konstitution dieser ursprünglich (*Nakazima, Iwasa,* Bl. Inst. Insect Control
Kyoto **16** [1951] 28, 31, 32; C. A. **1952** 3986) als $C_{20}H_{30}O_6$ formulierten Verbindung s.
Iwasa et al., Agric. biol. Chem. Japan **25** [1961] 782, 784, 785, 789.

B. Beim Behandeln von (*S*)-4-[(*S*)-1-((3aR)-8syn-Hydroxy-8anti-methyl-2-oxo-(7at)-
hexahydro-3ar,7c-äthano-benzofuran-4t-yl)-äthyl]-2,2-dimethyl-cyclopentan-1,3-dion
(,,β-Dihydro-D'' [S. 2424]; aus Grayanotoxin-II hergestellt) mit Silbernitrat, wss.
Natronlauge und wss. Ammoniak (*Na., Iw.*).

Gelbe Krystalle (aus E.); F: 176° [Zers.] (*Na., Iw.*). IR-Banden (KBr) im Bereich
von 3400 cm⁻¹ bis 1600 cm⁻¹: *Iw. et al.,* l. c. S. 789. Absorptionsmaxima (A.): 242 nm,
330 nm und 390 nm (*Iw. et al.*).

**(±)(6aΞ)-5-[(Ξ)-3-Brom-2-hydroxy-propyl]-12a-methyl-(6ar,12ac,12bt)-4,5,7,8,11,12,=
12a,12b-octahydro-1H,6aH-1t,5t-methano-naphth[1,2-c]oxocin-3,6,10-trion,**
rac-(16Ξ)-15-Brom-11β,16-dihydroxy-3,14-dioxo-14,15-seco-androst-4-en-18-carbon=
säure-11-lacton** $C_{20}H_{25}BrO_5$, Formel V (X = Br) + Spiegelbild, und Tautomeres.

In Dichlormethan-Lösung liegt nach Ausweis des IR-Spektrums *rac-*(16Ξ)-15-Brom-
14ξ,16-epoxy-11β,14ξ-dihydroxy-3-oxo-14,15-seco-androst-4-en-18-carbon=
säure-11-lacton ($C_{20}H_{25}BrO_5$; Formel VI [X = Br]) vor (*Heusler et al.,* Helv. **40**
[1957] 787, 793).

B. Beim Behandeln einer Lösung von *rac-*11β-Hydroxy-3,14-dioxo-14,15-seco-androsta-
4,15-dien-18-carbonsäure-lacton in *N,N*-Dimethyl-formamid und Essigsäure mit *N*-Brom-
acetamid und Natriumacetat in Wasser (*He. et al.,* l. c. S. 808).

Krystalle (aus CH_2Cl_2 + Ae.); F: 170—174° [Zers.; unkorr.]. IR-Banden (CH_2Cl_2) im
Bereich von 2,7 μ bis 6,2 μ: *He. et al.* Absorptionsmaximum (A.): 238 nm.

V   VI

(±)(6aΞ)-5-[(Ξ)-2-Hydroxy-3-jod-propyl]-12a-methyl-(6ar,12ac,12bt)-4,5,7,8,11,12,=
12a,12b-octahydro-1H,6aH-1t,5t-methano-naphth[1,2-c]oxocin-3,6,10-trion,
rac-(16Ξ)-11β,16-Dihydroxy-15-jod-3,14-dioxo-14,15-seco-androst-4-en-18-carbonsäure-
11-lacton C$_{20}$H$_{25}$IO$_5$, Formel V (X = I) + Spiegelbild, und Tautomeres.

Die nachstehend beschriebene Verbindung ist nach Ausweis des IR-Spektrums
als   *r a c* -(16Ξ)-14ξ,16-E p o x y -11β,14ξ-d i h y d r o x y -15-j o d -3-o x o-14,15-s e c o-
a n d r o s t -4 -e n -18-c a r b o n s ä u r e -11-l a c t o n   (C$_{20}$H$_{25}$IO$_5$;   Formel VI   [X = I])   zu
formulieren (*Heussler et al.*, Helv. **40** [1957] 787, 793).

B. Aus   *rac*-11β-Hydroxy-3,14-dioxo-14,15-seco-androsta-4,15-dien-18-carbonsäure-
lacton beim Behandeln einer Lösung in wasserhaltiger Essigsäure mit Jod und Silberacetat
sowie beim Behandeln einer Lösung in *N*,*N*-Dimethyl-formamid und wasserhaltiger
Essigsäure mit *N*-Jod-succinimid (*He. et al.*, l. c. S. 808).

Krystalle (aus CHCl$_3$ + A.); F: 159—161° [unkorr.; Zers.]. IR-Banden (Nujol) im
Bereich von 2,8 μ bis 6,2 μ: *He. et al.* Absorptionsmaximum (A.): 238 nm.

(3aR)-10-Hydroxy-2-methoxy-3,8t,11a,11c-tetramethyl-(3ar,6ac,7at,11ac,11bt,11cc)-
3a,4,5,6a,7,7a,8,11a,11b,11c-decahydro-dibenzo[*de,g*]chromen-1,11-dion, 2-Hydroxy-
12-methoxy-picrasa-2,12-dien-1,11-dion [1]), **Desoxonorquassin** C$_{21}$H$_{28}$O$_5$, Formel VII
(R = H), und Tautomeres.

B. Beim Erhitzen von Desoxoquassin (s. u.) mit einem Gemisch von Essigsäure und
wss. Salzsäure (*Beer et al.*, Soc. **1956** 3280, 3282).

Krystalle (aus E. + Bzn.); F: 164—165°. [M]$_D^{22}$: +126° [CHCl$_3$; c = 1]. Absorptionsmaximum (A.): 257 nm.

Beim Erhitzen mit wss. Natronlauge ist Desoxonorquassinsäure (1ξ-Hydroxy-12-meth=
oxy-11-oxo-9ξ-A-nor-picras-12-en-1ξ-carbonsäure [F: 194—196°]) erhalten worden (*Beer
et al.*, l. c. S. 3284). Überführung in 12-Methoxy-11-oxo-1,2-seco-picras-12-en-1,2-disäure
(F: 288—289°) durch Erwärmen einer Lösung in Äthanol mit wss. Wasserstoffperoxid und
wss. Natronlauge: *Beer et al.*, l. c. S. 3283. Bildung einer S ä u r e C$_{21}$H$_{30}$O$_7$ (Krystalle [aus
E. + Bzn.], F: 175—178°; λ_{max} [A.]: 256 nm; O - M e t h y l - D e r i v a t C$_{22}$H$_{32}$O$_7$; F: 182°
bis 183°) beim Behandeln einer Lösung in Methanol mit Natriumperjodat und wss.
Schwefelsäure: *Beer et al.*, l. c. S. 3284. Beim Erhitzen mit Essigsäure und Zink-Pulver
ist eine als D e s o x o d i h y d r o n o r q u a s s i n bezeichnete Verbindung C$_{21}$H$_{30}$O$_5$ (Krystalle
[aus E. + Bzn.], F: 240—245°; λ_{max} [A.]: 252 nm) erhalten worden, die sich durch
Behandlung mit Natriumperjodat in wss. Methanol in eine O x o c a r b o n s ä u r e C$_{21}$H$_{30}$O$_6$
(Krystalle [aus E. + Bzn.], F: 176—178°; λ_{max} [A.]: 253 nm) hat überführen lassen
(*Beer et al.*, l. c. S. 3283).

O x i m C$_{21}$H$_{29}$NO$_5$. Krystalle (aus E. + Bzn.); F: 235—238° [Zers.]; Absorptionsmaximum (A.): 249 nm (*Beer et al.*, l. c. S. 3283).

VII   VIII

(3aR)-2,10-Dimethoxy-3,8t,11a,11c-tetramethyl-(3ar,6ac,7at,11ac,11bt,11cc)-
3a,4,5,6a,7,7a,8,11a,11b,11c-decahydro-dibenzo[*de,g*]chromen-1,11-dion, 2,12-Dimethoxy-
picrasa-2,12-dien-1,11-dion, **Desoxoquassin** C$_{22}$H$_{30}$O$_5$, Formel VII (R = CH$_3$).

Über die Konstitution s. *Carman, Ward*, Austral. J. Chem. **15** [1962] 807, 809; die

---

[1]) Für die Verbindung (3aS)-3t,8t,11a,11c-T e t r a m e t h y l-(3ar,6ac,7at,11 ac,11bt,=
11cc)-h e x a d e c a h y d r o -d i b e n z o [*de,g*]c h r o m e n (Formel VIII) ist die Bezeichnung
Picrasan vorgeschlagen worden. Die Stellungsbezeichnung bei von P i c r a s a n abgeleiteten
Namen entspricht der in Formel VIII angegebenen.

Konfiguration ergibt sich aus der genetischen Beziehung zu Quassin (2,12-Dimethoxy-picrasa-2,12-dien-1,11,16-trion).

B. Bei der Hydrierung von Anhydroneoquassin (2,12-Dimethoxy-picrasa-2,12,15-trien-1,11-dion) an Raney-Nickel in Methanol (*Beer et al.*, Soc. **1956** 3280, 3282).

Krystalle (aus wss. Me.) mit 1 Mol H_2O; F: 187—188° (*Beer et al.*). $[M]_D^{22}$: +74° [$CHCl_3$; c = 1] [Monohydrat] (*Beer et al.*). Absorptionsmaximum (A.): 256 nm (*Beer et al.*).

(3a*R*)-10-Acetoxy-2-methoxy-3,8*t*,11a,11c-tetramethyl-(3a*r*,6a*c*,7a*t*,11a*c*,11b*t*,11c*c*)-3a,4,5,6a,7,7a,8,11a,11b,11c-decahydro-dibenzo[*de,g*]chromen-1,11-dion, 2-Acetoxy-12-methoxy-picrasa-2,12-dien-1,11-dion, *O*-Acetyl-desoxonorquassin $C_{23}H_{30}O_6$, Formel VII (R = CO-CH$_3$).

B. Beim Behandeln von Desoxonorquassin (S. 2531) mit Acetanhydrid und Pyridin (*Beer et al.*, Soc. **1956** 3280, 3283).

Krystalle (aus Bzl. + Bzn.); F: 215—216°. Absorptionsmaximum (A.): 240 nm.

[*Baumberger*]

Hydroxy-oxo-Verbindungen $C_{21}H_{28}O_5$

4,7-Dihydroxy-3-lauroyl-cumarin $C_{21}H_{28}O_5$, Formel IX (R = H), und Tautomere (z.B. 7-Hydroxy-3-lauroyl-chroman-2,4-dion).

B. Beim Behandeln von 4-Hydroxy-3-lauroyl-7-lauroyloxy-cumarin (s.u.) mit äthanol. Kalilauge (*Iguchi*, J. pharm. Soc. Japan **72** [1952] 128, 131; C.A. **1952** 11187).

Krystalle (aus wss. A.); F: 162—163°. UV-Spektrum (A.; 250—370 nm): *Ig.*

IX   X

4-Hydroxy-3-lauroyl-7-lauroyloxy-cumarin $C_{33}H_{50}O_6$, Formel IX (R = CO-[CH$_2$]$_{10}$-CH$_3$), und Tautomere (z.B. 3-Lauroyl-7-lauroyloxy-chroman-2,4-dion).

B. Beim Erwärmen von 4,7-Dihydroxy-cumarin mit Lauroylchlorid und Pyridin (*Iguchi*, J. pharm. Soc. Japan **72** [1952] 128, 131; C.A. **1952** 11187). Beim Behandeln von 4-Hydroxy-7-lauroyloxy-cumarin mit Lauroylchlorid und Pyridin (*Ig.*).

Krystalle (aus A.); F: 112—113°. UV-Spektrum (A.; 250—355 nm): *Ig.*

(±)-5*t*-[ξ-2-Äthoxy-vinyl]-5*c*-hydroxy-11a-methyl-4-propyl-(5a*r*,11a*c*,11b*t*)-5,5a,6,7,10,11,11a,11b,-octahydro-1*H*,4*H*-1*t*,4*t*-methano-naphth[1,2-*c*]oxepin-3,9-dion, *rac*-16ξ-Äthoxy-11β,14-dihydroxy-3-oxo-16,17-seco-14β-pregna-4,15-dien-18-säure-11-lacton $C_{23}H_{32}O_5$, Formel X + Spiegelbild.

B. Beim Behandeln einer Lösung von *rac*-3,3-Äthandiyldioxy-16ξ-äthoxy-11β,14-dihydroxy-16,17-seco-14β-pregna-5,15-dien-18-säure-11-lacton in Dioxan mit wss. Schwefelsäure (*Lardon et al.*, Helv. **40** [1957] 666, 700).

Krystalle (aus Acn. + PAe.); F: 160—164° [korr.; Kofler-App.]. UV-Spektrum (A.; 200—360 nm): *La. et al.*, l. c. S. 680.

16β,21-Epoxy-11β,17-dihydroxy-pregn-4-en-3,20-dion, 11β,17-Dihydroxy-21,23,24,25,26,27-hexanor-furost-4-en-3,20-dion $C_{21}H_{28}O_5$, Formel XI (X = O).

B. Beim Erwärmen einer Lösung von 3,3;20,20-Bis-äthandiyldioxy-16β,21-epoxy-pregn-5-en-11β,17-diol in Methanol mit wss. Schwefelsäure (*Allen, Bernstein*, Am. Soc. **78** [1956] 3223).

Krystalle (aus Acn. + PAe.); F: 235—237° [unkorr.]. $[\alpha]_D^{25}$: +8° [$CHCl_3$]. IR-Banden (KBr) im Bereich von 3800 cm^{-1} bis 1000 cm^{-1}: *Al., Be.* Absorptionsmaximum (A.): 241 nm.

16β,21-Epoxy-11β,17-dihydroxy-pregn-4-en-3,20-dion-3-[2,4-dinitro-phenylhydrazon]
$C_{27}H_{32}N_4O_8$, Formel XI (X = N-NH-$C_6H_3(NO_2)_2$).

B. Aus 16β,21-Epoxy-11β,17-dihydroxy-pregn-4-en-3,20-dion und [2,4-Dinitro-phenyl]-hydrazin (*Allen, Bernstein*, Am. Soc. **78** [1956] 3223).

Krystalle (aus CHCl₃ + PAe.); F: 256° [unkorr.; Zers.]. Absorptionsmaxima (CHCl₃ + A.): 257 nm und 387 − 388 nm.

9,11β-Epoxy-17,21-dihydroxy-9β-pregn-4-en-3,20-dion $C_{21}H_{28}O_5$, Formel XII (R = X = H).

B. Beim Behandeln von 21-Acetoxy-9,11β-epoxy-17-hydroxy-9β-pregn-4-en-3,20-dion mit Kaliumcarbonat in wss. Methanol (*Fried, Sabo*, Am. Soc. **79** [1957] 1130, 1137). Beim Behandeln einer Lösung von 21-Acetoxy-9-brom-11β,17-dihydroxy-pregn-4-en-3,20-dion in Methanol mit wss. Kaliumhydrogencarbonat-Lösung (*Fr., Sabo*).

Krystalle; F: 214 − 216° [korr.; aus Acn.] (*Fr., Sabo*), 210 − 211° (*Bloom, Shull*, Am. Soc. **77** [1955] 5767). [α]_D: +13° [Dioxan] (*Bl., Sh.*); $[α]_D^{22}$: +23° [CHCl₃; c = 0,8] (*Olin Mathieson Chem. Corp.*, U.S.P. 2852511 [1954]); $[α]_D^{23}$: −1° [A.; c = 0,8] (*Fr., Sabo*). IR-Banden im Bereich von 2,9 μ bis 6,3 μ (KBr): *Bl., Sh.*; im Bereich von 2,9 μ bis 6,1 μ (Nujol): *Fr., Sabo*. Absorptionsmaximum (A.): 243 nm (*Fr., Sabo*) bzw. 244 nm (*Bl., Sh.*).

XI   XII   XIII

17-Acetoxyacetyl-9,11-epoxy-17-hydroxy-10,13-dimethyl-Δ⁴-tetradecahydro-cyclopenta=[a]phenanthren-3-on $C_{23}H_{30}O_6$.

a) **21-Acetoxy-9,11α-epoxy-17-hydroxy-pregn-4-en-3,20-dion** $C_{23}H_{30}O_6$, Formel XIII (R = CO-CH₃).

B. Beim Behandeln von 21-Acetoxy-17-hydroxy-pregna-4,9(11)-dien-3,20-dion mit Peroxybenzoesäure in Chloroform (*Fried, Sabo*, Am. Soc. **79** [1957] 1130, 1137).

Krystalle (aus Acn.); F: 248 − 249° [korr.]. $[α]_D^{23}$: +99° [CHCl₃; c = 1]. IR-Banden (Nujol) im Bereich von 2,9 μ bis 6,2 μ: *Fr., Sabo*. Absorptionsmaximum (A.): 238 nm.

b) **21-Acetoxy-9,11β-epoxy-17-hydroxy-9β-pregn-4-en-3,20-dion** $C_{23}H_{30}O_6$, Formel XII (R = CO-CH₃, X = H).

B. Aus 21-Acetoxy-9-brom-11β,17-dihydroxy-pregn-4-en-3,20-dion beim Erwärmen einer Lösung in Dioxan mit Kaliumacetat in Äthanol (*Fried, Sabo*, Am. Soc. **79** [1957] 1130, 1137) oder beim Erwärmen mit 1-Äthyl-piperidin und Tetrahydrofuran (*Wendler et al.*, Am. Soc. **79** [1957] 4476, 4486). Beim Erwärmen von 9,21-Dibrom-11β,17-dihydr= oxy-pregn-4-en-3,20-dion mit Kaliumacetat in Äthanol (*Olin Mathieson Chem. Corp.*, U.S.P. 2763671 [1954], 2851455 [1957]).

Krystalle; F: 209 − 211° [korr.; aus Acn.] (*Fr., Sabo*), 207 − 209° [aus Acn. + Ae.] (*Olin Mathieson Chem. Corp.*). $[α]_D^{23}$: +21° [CHCl₃; c = 0,8] (*Fr., Sabo*); [α]_D: +30° [CHCl₃; c = 0,4] (*Olin Mathieson Chem. Corp.*). IR-Spektrum (KBr; 2 − 15 μ): *W. Neudert, H. Röpke*, Steroid-Spektrenatlas [Berlin 1965] Nr. 532. Absorptionsmaximum (A.): 243 nm (*Fr., Sabo*).

Überführung in eine als 21-Acetoxy-9,11β-epoxy-17-hydroxy-9β-pregna-1,4,6-trien-3,20-dion angesehene Verbindung $C_{23}H_{26}O_6$ (F: 211 − 223°) durch Erhitzen mit Tetrachlor-[1,4]benzochinon und Calciumcarbonat in Isoamylalkohol: *Pfizer & Co.*, U.S.P. 2883379 [1958]. Beim Behandeln einer Lösung in Chloroform mit Fluorwasser= stoff sind 21-Acetoxy-9-fluor-11β,17-dihydroxy-pregn-4-en-3,20-dion und kleinere Men= gen 21-Acetoxy-11β,17-dihydroxy-pregna-4,8(14)-dien-3,20-dion (*Fr., Sabo*, l. c. S. 1132,

1138), beim Behandeln mit flüssigem Fluorwasserstoff oder mit wss. Perchlorsäure und Essigsäure (*Fr.*, *Sabo*, l. c. S. 1139) sowie beim Behandeln einer Lösung in Chloroform mit wss. Perchlorsäure (*We. et al.*, l. c. S. 4480) ist nur 21-Acetoxy-11β,17-dihydroxy-pregna-4,8(14)-dien-3,20-dion erhalten worden. Bildung von 21-Acetoxy-9,11β,17-tri=hydroxy-pregn-4-en-3,20-dion und einer Verbindung $C_{23}H_{30}O_6$ (Krystalle [aus Acn.+ Hexan], F: 218—219°; $[\alpha]_D^{23}$: +107° [CHCl₃]) beim Erwärmen mit Dioxan und wss. Schwefelsäure und Behandeln des Reaktionsprodukts mit Acetanhydrid und Pyridin: *Fr.*, *Sabo*, l. c. S. 1140.

21-Acetoxy-9,11β-epoxy-6α-fluor-17-hydroxy-9β-pregn-4-en-3,20-dion $C_{23}H_{29}FO_6$, Formel XII (R = CO-CH₃, X = F).

B. Beim Erwärmen von 21-Acetoxy-9-brom-6α-fluor-11β,17-dihydroxy-pregn-4-en-3,20-dion mit Kaliumacetat in Aceton (*Upjohn Co.*, U.S.P. 2838498 [1957]). Beim Behandeln von 21-Acetoxy-6α-fluor-17-hydroxy-pregna-4,9(11)-dien-3,20-dion mit *N*-Brom-acetamid, Dioxan und wss. Perchlorsäure und Erwärmen einer Lösung des Reaktions-produkts in Aceton mit Kaliumacetat (*Bowers et al.*, Tetrahedron **7** [1959] 153, 161).

Krystalle (aus Acn.); F: 205—206° [unkorr.] (*Bo. et al.*), 197—200° (*Upjohn Co.*). $[\alpha]_D$: +60° [CHCl₃] (*Bo. et al.*); $[\alpha]_D$: +28° [Acn.] (*Upjohn Co.*). Absorptionsmaximum (A.): 236—238 nm (*Bo. et al.*).

14,15α-Epoxy-17,21-dihydroxy-pregn-4-en-3,20-dion $C_{21}H_{28}O_5$, Formel I (R = H).

B. Beim Behandeln von 21-Acetoxy-14,15α-epoxy-17-hydroxy-pregn-4-en-3,20-dion mit Kaliumcarbonat in wss. Methanol (*Bloom et al.*, Experientia **12** [1956] 27, 29).

F: 229,6—232,2°; $[\alpha]_D$: +135° [Dioxan] (*Bloom*, *Shull*, Am. Soc. **77** [1955] 5767; *Bl. et al.*). IR-Spektrum (KBr; 2—15 µ): *W. Neudert*, *H. Röpke*, Steroid-Spektrenatlas [Berlin 1965] Nr. 553. Absorptionsmaximum (A.): 239 nm (*Bl.*, *Sh.*; *Bl. et al.*).

21-Acetoxy-14,15α-epoxy-17-hydroxy-pregn-4-en-3,20-dion $C_{23}H_{30}O_6$, Formel I (R = CO-CH₃).

B. Beim Behandeln von 21-Acetoxy-17-hydroxy-pregna-4,14-dien-3,20-dion mit Monoperoxyphthalsäure, Natriumdichromat und wss. Essigsäure (*Bloom et al.*, Experientia **12** [1956] 27, 29).

F: 178,2—179,2°; $[\alpha]_D$: +119,6° [Dioxan] (*Bl. et al.*). IR-Spektrum (KBr; 2—15 µ): *W. Neudert*, *H. Röpke*, Steroid-Spektrenatlas [Berlin 1965] Nr. 554. Absorptionsmaxi-mum (A.): 237 nm (*Bl. et al.*).

---

rac-18-Acetoxy-16α,17-epoxy-11β-hydroxy-pregn-4-en-3,20-dion $C_{23}H_{30}O_6$, Formel II + Spiegelbild.

Diese Konstitution und Konfiguration kommt wahrscheinlich der nachstehend be-schriebenen Verbindung zu.

B. Neben anderen Verbindungen beim Behandeln von *rac*-3,3;20,20-Bis-äthandiyl=dioxy-16α,17-epoxy-11β-hydroxy-pregn-5-en-18-säure-lacton mit Lithiumalanat in Tetra=hydrofuran, anschliessenden Behandeln mit Acetanhydrid und Erhitzen des Reaktions-produkts mit wss. Essigsäure (*Wieland et al.*, Helv. **41** [1958] 1561, 1568).

Krystalle (aus CH₂Cl₂ + Ae.); F: 196—197°. IR-Banden (CH₂Cl₂) im Bereich von 2,9 µ bis 6,2 µ: *Wi. et al.*

I   II   III

16α,17-Epoxy-11α,21-dihydroxy-pregn-4-en-3,20-dion C$_{21}$H$_{28}$O$_5$, Formel III
(R = X = H).
   B. Aus 21-Acetoxy-16α,17-epoxy-pregn-4-en-3,20-dion mit Hilfe von Rhizopus nigricans (*Ercoli et al.*, G. **89** [1959] 1382, 1387).
   Krystalle (aus E.); F: 211—213° [unkorr.; Kofler-App.]. [α]$_D^{20}$: +138° [CHCl$_3$; c = 1].
Absorptionsmaximum (A.): 242 nm.

11α,21-Diacetoxy-16α,17-epoxy-pregn-4-en-3,20-dion C$_{25}$H$_{32}$O$_7$, Formel III
(R = X = CO-CH$_3$).
   B. Beim Behandeln von 16α,17-Epoxy-11α,21-dihydroxy-pregn-4-en-3,20-dion mit
Acetanhydrid und Pyridin (*Ercoli et al.*, G. **89** [1959] 1382, 1387).
   Krystalle (aus Me.); F: 160—161° [unkorr.; Kofler-App.]. [α]$_D^{20}$: +125° [CHCl$_3$; c = 1].
Absorptionsmaximum (A.): 239 nm.

21-[3-Carboxy-propionyloxy]-16α,17-epoxy-11α-hydroxy-pregn-4-en-3,20-dion,
Bernsteinsäure-mono-[16α,17-epoxy-11α-hydroxy-3,20-dioxo-pregn-4-en-21-ylester]
C$_{25}$H$_{32}$O$_8$, Formel III (R = CO-CH$_2$-CH$_2$-COOH, X = H).
   B. Beim Behandeln von 16α,17-Epoxy-11α,21-dihydroxy-pregn-4-en-3,20-dion mit
Bernsteinsäure-anhydrid und Pyridin (*Ercoli et al.*, G. **89** [1959] 1382, 1387).
   Krystalle (aus E.); F: 198—200° [unkorr.; Kofler-App.]. [α]$_D^{20}$: +109° [Acn.; c = 1].
Absorptionsmaximum (A.): 241,5 nm.

16α,17-Epoxy-3β,11α-dihydroxy-5α-pregn-8-en-7,20-dion C$_{21}$H$_{28}$O$_5$, Formel IV (R = H).
   B. Beim Erwärmen von 3β-Acetoxy-9,11α;16α,17-diepoxy-5α-pregnan-7,20-dion mit
Kaliumcarbonat in wss. Methanol (*Djerassi et al.*, Am. Soc. **75** [1953] 3505, 3509).
   Lösungsmittelhaltige Krystalle (aus Hexan + E.); F: 144—146° [unkorr.; bei 100°/
0,001 Torr getrocknetes Präparat]. [α]$_D^{20}$: +150° [CHCl$_3$]. Absorptionsmaximum (A.):
254 nm.

IV   V   VI

3β,11α-Diacetoxy-16α,17-epoxy-5α-pregn-8-en-7,20-dion C$_{25}$H$_{32}$O$_7$, Formel IV
(R = CO-CH$_3$).
   B. Aus 16α,17-Epoxy-3β,11α-dihydroxy-5α-pregn-8-en-7,20-dion (*Djerassi et al.*, Am.
Soc. **75** [1953] 3505, 3509).
   F: 199—200° [unkorr.]. [α]$_D^{20}$: +163° [CHCl$_3$]. Absorptionsmaximum (A.): 252 nm.

21-Acetoxy-16α,17-epoxy-5β-pregnan-3,11,20-trion C$_{23}$H$_{30}$O$_6$, Formel V (R = CO-CH$_3$).
   B. Aus 21-Acetoxy-16α,17-epoxy-3α-hydroxy-5β-pregnan-11,20-dion beim Behandeln
einer Lösung in Chloroform und Essigsäure mit Chrom(VI)-oxid und Wasser (*Colton et al.*,
J. biol. Chem. **194** [1952] 235, 243) sowie beim Behandeln mit Chrom(VI)-oxid und Pyridin
(*Beyler, Hoffman*, J. org. Chem. **21** [1956] 572).
   Krystalle; F: 146—147° [Block; aus wss. Eg.] (*Co. et al.*), 133—135° [Kofler-App.; aus
Bzl. + Ae.] (*Be., Ho.*). [α]$_D^{25}$: +117° [CHCl$_3$; c = 0,5] (*Be., Ho.*); [α]$_D^{25}$: +113° [CHCl$_3$;
c = 1] (*Co. et al.*). IR-Banden (Nujol) im Bereich von 5,7 μ bis 8,2 μ: *Be., Ho.*

21-Acetoxy-16α,17-epoxy-5α-pregnan-3,12,20-trion C$_{23}$H$_{30}$O$_6$, Formel VI (R = CO-CH$_3$).
   B. Beim Behandeln von 21-Acetoxy-16α,17-epoxy-3β-hydroxy-5α-pregnan-12,20-dion

mit Chrom(VI)-oxid und Pyridin (*Rothman, Wall*, Am. Soc. **78** [1956] 1744, 1747).

Krystalle (aus Ae.); F: 270—272° [unkorr.; Kofler-App.]. $[\alpha]_D^{25}$: +144° [CHCl$_3$; c = 2).

(18Ξ)-18-Acetoxy-11β,18-epoxy-21-hydroxy-pregn-4-en-3,20-dion $C_{23}H_{30}O_6$, Formel VII (R = H).

Diese Konstitution und Konfiguration kommt dem nachstehend beschriebenen O^{18}-Acetyl-aldosteron zu (*Mattox et al.*, J. biol. Chem. **218** [1956] 359; *Mattox, Mason*, J. biol. Chem. **223** [1956] 215, 218).

B. Aus (18Ξ)-18,21-Diacetoxy-11β,18-epoxy-pregn-4-en-3,20-dion (s. u.) mit Hilfe eines Acetylesterase-Präparats (*Mattox et al.*, Am. Soc. **75** [1953] 4869).

Krystalle (aus Acn. + PAe.); F: 217—219° (*Mat. et al.*, Am. Soc. **75** 4870). IR-Banden (CHCl$_3$) im Bereich von 3500 cm^{-1} bis 1600 cm^{-1}: *Mat., Mas.* Absorptionsmaximum (Me.): 239 nm (*Mat. et al.*, Am. Soc. **75** 4870).

VII   VIII   IX

---

rac-**(18S?)-21-Acetoxy-11β,18-epoxy-18-methoxy-17βH-pregn-4-en-3,20-dion** $C_{24}H_{32}O_6$, vermutlich Formel VIII (R = CO-CH$_3$) + Spiegelbild.

B. Aus *rac*-(18S?)-11β,18-Epoxy-18-methoxy-17βH-pregn-4-en-3,20-dion (F: 165° bis 168° [S. 1598]) mit Hilfe von Diäthyloxalat, Jod und Kaliumacetat (*Johnson et al.*, Am. Soc. **85** [1963] 1409, 1414, 1425; s. a. *Johnson et al.*, Am. Soc. **80** [1958] 2585).

Krystalle (aus Ae. + PAe. bzw. aus Diisopropyläther); F: 130—134,5° und F: 129° bis 134° [2 Präparate; nicht rein erhalten] (*Jo. et al.*, Am. Soc. **85** 1425).

7-Acetoxy-8-acetoxyacetyl-4a-methyl-4,4a,4b,5,9,10,10a,10b,11,12-decahydro-3H,8H-5,7a-methano-cyclopenta[c]naphth[2,1-e]oxepin-2-on $C_{25}H_{32}O_7$.

a) **(18Ξ)-18,21-Diacetoxy-11β,18-epoxy-pregn-4-en-3,20-dion** $C_{25}H_{32}O_7$, Formel VII (R = CO-CH$_3$).

Diese Konstitution und Konfiguration kommt dem nachstehend beschriebenen O^{18},O^{21}-Diacetyl-aldosteron zu.

B. Beim Behandeln von Aldosteron (11β,21-Dihydroxy-3,20-dioxo-pregn-4-en-18-al $\rightleftharpoons$ (18Ξ)-11β,18-Epoxy-18,21-dihydroxy-pregn-4-en-3,20-dion) mit Acetanhydrid und Pyridin (*Simpson et al.*, Helv. **37** [1954] 1163, 1194; *Mattox et al.*, J. biol. Chem. **218** [1956] 359, 363).

Krystalle (aus Me.), F: ca. 70° (*Si. et al.*); F: 80° [aus PAe.] (*Ma. et al.*). IR-Spektrum (CS$_2$; 2—13 μ bzw. 5,5—13,7 μ): *Si. et al.*, l. c. S. 1177; *Schmidlin et al.*, Helv. **40** [1957] 2291, 2301; *G. Roberts, B. S. Gallagher, R. N. Jones*, Infrared Absorption Spectra of Steroids, Bd. 2 [New York 1958] Nr. 581. Spektrum (400—600 nm) der durch Licht der Wellenlänge 365 nm angeregten Fluorescenz: *Ayres et al.*, Biochem. J. **65** [1957] 647, 648.

b) *rac*-**(18Ξ)-18,21-Diacetoxy-11β,18-epoxy-pregn-4-en-3,20-dion** $C_{25}H_{32}O_7$, Formel VII (R = CO-CH$_3$) + Spiegelbild.

Diese Konstitution und Konfiguration kommt dem nachstehend beschriebenen *rac*-O^{18},O^{21}-Diacetyl-aldosteron zu.

B. Beim Behandeln von *rac*-21-Acetoxy-11β-hydroxy-3,20-dioxo-pregn-4-en-18-al mit Acetanhydrid und Pyridin (*Schmidlin et al.*, Helv. **40** [1957] 2291, 2319; *Heusler et al.*, Helv. **42** [1959] 1586, 1603).

Krystalle; F: 131—133° [aus CH$_2$Cl$_2$ + CS$_2$] (*He. et al.*), 122,5—125° [unkorr.; aus CS$_2$] (*Sch. et al.*). IR-Spektrum (CS$_2$; 2—13 μ): *Sch. et al.*, l. c. S. 2301.

12α,20α$_F$-Epoxy-2β,3β-dihydroxy-14β,17βH-pregn-5-en-11,15-dion, Digifologenin
C$_{21}$H$_{28}$O$_5$, Formel IX.

Konstitution und Konfiguration: *Shoppee et al.*, Soc. **1963** 3281, 3282; *Tschesche, Brügmann*, Tetrahedron **20** [1964] 1469. Identität von Lanafologenin mit Digifolo=
genin: *Tschesche, Lipp*, A. **615** [1958] 210.

B. Beim Erwärmen von Digifolein (s. u.) mit wss.-methanol. Salzsäure (*Tsch., Lipp*,
l. c. S. 216). Beim Erwärmen von Lanafolein (s. u.) mit wss.-methanol. Schwefelsäure
(*Tschesche, Buschauer*, A. **603** [1957] 59, 72).

Krystalle (aus Acn. + Cyclohexan); F: 173—176°; [α]$_D^{19}$: —269° [Acn.] (*Tsch., Lipp*,
l. c. S. 215). IR-Banden (KBr) im Bereich von 1750 cm^{-1} bis 1370 cm^{-1}: *Tsch., Lipp*,
l. c. S. 216. Absorptionsmaximum: 316 nm [Tetrahydrofuran] bzw. 311 nm [Methanol]
(*Tsch., Lipp*).

**7-Hydroxy-8-[5-hydroxy-4-methoxy-6-methyl-tetrahydro-pyran-2-yloxy]-3,5b,11c-tri=
methyl-Δ^{9a}-dodecahydro-naphth[2′,1′;4,5]indeno[7,1-bc]furan-1,5-dion** C$_{28}$H$_{40}$O$_8$.

a) **12α,20α$_F$-Epoxy-2β-hydroxy-3β-[O³-methyl-β-D-*arabino*-2,6-didesoxy-hexo=
pyranosyloxy]-14β,17βH-pregn-5-en-11,15-dion, 12α,20α$_F$-Epoxy-2β-hydroxy-
3β-β-D-oleandropyranosyloxy-14β,17βH-pregn-5-en-11,15-dion,** O³-β-D-Oleandro=
pyranosyl-digifologenin, **Lanafolein** C$_{28}$H$_{40}$O$_8$, Formel X.

Konstitution und Konfiguration: *Shoppee et al.*, Soc. **1962** 3610, **1963** 3281.

Isolierung aus Blättern von Digitalis lanata: *Tschesche, Buschauer*, A. **603** [1957] 59,
69, 71.

Krystalle (aus Acn. +Ae.); F: 178—181° [korr.; Heiztisch]; [α]$_D^{19,5}$: —204° [Me.; c = 1]
(*Tsch., Bu.*). IR-Banden (KBr) im Bereich von 3480 cm^{-1} bis 1650^{-1}: *Tsch., Bu.* Absorptionsmaximum (Me.): 310 nm (*Tsch., Bu.*).

X   XI

b) **12α,20α$_F$-Epoxy-2β-hydroxy-3β-[O³-methyl-β-D-*lyxo*-2,6-didesoxy-hexopyranosyl=
oxy]-14β,17βH-pregn-5-en-11,15-dion, 3β-β-D-Diginopyranosyloxy-12α,20α$_F$-epoxy-
2β-hydroxy-14β,17βH-pregn-5-en-11,15-dion,** O³-β-D-Diginopyranosyl-digifolo=
genin, **Digifolein** C$_{28}$H$_{40}$O$_8$, Formel XI.

Konstitution und Konfiguration: *Shoppee et al.*, Soc. **1962** 3610, 3615, **1963** 3281, 3282;
Tschesche, Brügmann, Tetrahedron **20** [1964] 1469.

Isolierung aus Samen von Digitalis lanata: *Mohr, Reichstein*, Pharm. Acta Helv. **24**
[1949] 246, 254; *Sato et al.*, J. pharm. Soc. Japan **75** [1955] 1025; C. A. **1956** 533; aus
Blättern von Digitalis lanata: *Tschesche, Grimmer*, B. **88** [1955] 1569, 1570, 1575; *Tschesche, Buschauer*, A. **603** [1957] 59, 68; aus Samen von Digitalis purpurea: *Okada, Yamada*,
J. pharm. Soc. Japan **73** [1953] 525; C. A. **1954** 3377; aus Blättern von Digitalis purpurea:
Satoh et al., Pharm. Bl. **1** [1953] 305, 396; *Tsch., Gr.*; *Sato et al.*, *Tsch., Bu.*; aus Blättern
von Digitalis thapsi: *Lorenz Gil et al.*, An. Soc. españ. [B] **54** [1958] 761, 766, 773.

Krystalle; F: 205° [unkorr.; aus CHCl$_3$ + Ae.] (*Ok., Ya.*), 202—204° (*Tsch., Gr.*).
[α]$_D^{20}$: —187° [CHCl$_3$; c = 0,1] (*Lo. Gil et al.*); [α]$_D^{20}$: —189° [Me.] (*Tsch., Gr.*); [α]$_D^{28}$:
—169,0° [Me.; c = 1] (*Satoh et al.*). IR-Spektrum (KBr; 2—15 μ): *Tsch., Gr.*, l. c. S. 1572.
UV-Spektrum (A.; 200—350 nm): *Satoh et al.*, l. c. S. 397; s. a. *Lo. Gil et al.*

Hydroxy-oxo-Verbindungen $C_{22}H_{30}O_5$

5,7-Dihydroxy-8-isopentyl-6-isovaleryl-4-propyl-cumarin Dihydroisomammein
$C_{22}H_{30}O_5$, Formel I (R = H).

B. Bei partieller Hydrierung von Isomammein (S. 2582) an Platin in Methanol (*Djerassi et al.*, Am. Soc. **80** [1958] 3686, 3690). Beim Behandeln von Dihydromammein (s. u.) mit methanol. Kalilauge und anschliessenden Ansäuern (*Dj. et al.*).

Gelbe Krystalle (aus wss. Isopropylalkohol); F: 122—124° [Kofler-App.] (Präparat von zweifelhafter Einheitlichkeit). Absorptionsspektrum einer Chlorwasserstoff enthaltenden Lösung in Äthanol (220—380 nm) sowie einer Kaliumhydroxid enthaltenden Lösung in Äthanol (220—470 nm): *Dj. et al.*, l. c. S. 3688.

8-Isopentyl-6-isovaleryl-5,7-dimethoxy-4-propyl-cumarin, Di-O-methyl-dihydro=isomammein $C_{24}H_{34}O_5$, Formel I (R = CH$_3$).

B. Beim Erwärmen von Dihydroisomammein (s. o.) mit Dimethylsulfat, Kalium=carbonat und Aceton (*Djerassi et al.*, Am. Soc. **80** [1958] 3686, 3691).

Krystalle (aus wss. Isopropylalkohol); F: 82—84° [Präparat von zweifelhafter Einheitlichkeit]. Absorptionsmaxima (A.): 246 nm und 297 nm.

5,7-Dihydroxy-6-isopentyl-8-isovaleryl-4-propyl-cumarin, Dihydromammein
$C_{22}H_{30}O_5$, Formel II (R = X = H).

Konstitutionszuordnung: *Djerassi et al.*, Tetrahdron Letters **1959** Nr. 1, S. 10.

B. Bei der Hydrierung von Mammein (S. 2581) an Platin in Methanol (*Djerassi et al.*, Am. Soc. **80** [1958] 3686, 3689).

Krystalle (aus PAe.); F: 132—133° [Kofler-App.] [Präparat von zweifelhafter Einheitlichkeit] (*Dj. et al.*, Am. Soc. **80** 3689). Absorptionsspektrum einer Chlorwasserstoff enthaltenden Lösung in Äthanol (220—370 nm) sowie einer Kaliumhydroxid enthaltenden Lösung in Äthanol (220—400 nm): *Dj. et al.*, Am. Soc. **80** 3687.

Beim Behandeln mit methanol. Kalilauge und anschliessenden Ansäuern ist Dihydro=isomammein (s. o.) erhalten worden (*Dj. et al.*, Am. Soc. **80** 3690).

I   II

6-Isopentyl-8-isovaleryl-5,7-dimethoxy-4-propyl-cumarin, Di-O-methyl-dihydro=mammein $C_{24}H_{34}O_5$, Formel II (R = CH$_3$, X = H).

B. Beim Erwärmen von Dihydromammein (s. o.) mit Dimethylsulfat, Kaliumcarbonat und Aceton (*Djerassi et al.*, Am. Soc. **80** [1958] 3686, 3690). Bei der Hydrierung von Di-O-methyl-mammein (S. 2582) an Platin in Methanol (*Dj. et al.*).

Krystalle (aus PAe.); F: 89—90° [Präparat von zweifelhafter Einheitlichkeit]. Absorptionsmaximum (A.): 295 nm.

5,7-Diacetoxy-6-isopentyl-8-isovaleryl-4-propyl-cumarin, Di-O-acetyl-dihydro=mammein $C_{26}H_{34}O_7$, Formel II (R = CO-CH$_3$, X = H).

B. Beim Behandeln von Dihydromammein (s. o.) mit Acetanhydrid und Pyridin (*Djerassi et al.*, Am. Soc. **80** [1958] 3686, 3690). Bei der Hydrierung von Di-O-acetyl-mammein (S. 2582) an Platin in Methanol (*Dj. et al.*).

Krystalle (aus PAe.); F: 86—87° [Präparat von zweifelhafter Einheitlichkeit]. Absorptionsmaxima: 280 nm und 318 nm.

6-[3(?)-Chlor-3-methyl-butyl]-5,7-dihydroxy-8-isovaleryl-4-propyl-cumarin $C_{22}H_{29}ClO_5$, vermutlich Formel II (R = H, X = Cl).

B. Beim Behandeln einer Lösung von Mammein (S. 2581) in Äther mit Chlorwasser≠ stoff (*Djerassi et al.*, Am. Soc. **80** [1958] 3686, 3690).

Krystalle (aus Ae. + PAe.); F: 142—144° [Kofler-App.]. Absorptionsmaxima (A.): 220,5 nm, 294 nm und 324,5 nm.

20,21-Epoxy-11β,17,22-trihydroxy-23,24-dinor-20ξH-chola-1,4-dien-3-on, (20Ξ)-20,21-Epoxy-11β,17-dihydroxy-20-hydroxymethyl-pregna-1,4-dien-3-on $C_{22}H_{30}O_5$, Formel III.

B. Beim Behandeln einer Lösung von 21-Acetoxy-11β,17-dihydroxy-pregna-1,4-dien-3,20-dion in Methanol mit Diazomethan in Äther (*Nussbaum, Carlon*, Am. Soc. **79** [1957] 3831, 3834).

Krystalle (aus Me. + CH$_2$Cl$_2$) mit 1 Mol Dichlormethan; F: 215—219° [Kofler-App.; nach partiellem Schmelzen bei 136—152°]. $[\alpha]_D^{25}$: +17,5° [Dioxan; c = 1]. IR-Banden (Nujol) im Bereich von 2,9 μ bis 8,1 μ: *Nu., Ca.* Absorptionsmaximum (Me.): 244 nm.

O-Acetyl-Derivat $C_{24}H_{32}O_6$. F: 240—243° [Kofler-App.]. IR-Banden (Nujol) im Bereich von 2,8 μ bis 6,1 μ: *Nu., Ca.* Absorptionsmaximum (Me.): 243 nm.

III   IV   V

20,21-Epoxy-17,22-dihydroxy-23,24-dinor-20ξH-chol-4-en-3,11-dion, (20Ξ)-20,21-Epoxy-17-hydroxy-20-hydroxymethyl-pregn-4-en-3,11-dion $C_{22}H_{30}O_5$, Formel IV.

B. Beim Behandeln einer Lösung von 21-Acetoxy-17-hydroxy-pregn-4-en-3,11,20-trion in Methanol mit Diazomethan in Äther (*Nussbaum, Carlon*, Am. Soc. **79** [1957] 3831, 3834).

Krystalle (aus Me.); F: 225—245° [Kofler-App.] bzw. F: 217—223° [Kapillare]. $[\alpha]_D^{25}$: +138,1° [Dioxan; c = 1]. IR-Banden (Nujol) im Bereich von 2,9 μ bis 8 μ: *Nu., Ca.* Absorptionsmaximum (Me.): 238 nm.

21-Acetoxy-9,11β-epoxy-17-hydroxy-2ξ-methyl-9β-pregn-4-en-3,20-dion $C_{24}H_{32}O_6$, Formel V (R = CO-CH$_3$).

B. Beim Behandeln von 21-Acetoxy-9-brom-11β,17-dihydroxy-2ξ-methyl-pregn-4-en-3,20-dion (F: 125—130° [Zers.]) mit Kaliumacetat in Aceton (*Hogg et al.*, Am. Soc. **77** [1955] 6401).

F: 185—188°. $[\alpha]_D$: +49° [CHCl$_3$].

21-Acetoxy-9,11β-epoxy-17-hydroxy-6α-methyl-9β-pregn-4-en-3,20-dion $C_{24}H_{32}O_6$, Formel VI.

B. Beim Erwärmen von 21-Acetoxy-9-brom-11β,17-dihydroxy-6α-methyl-pregn-4-en-3,20-dion mit Kaliumacetat in Äthanol (*Spero et al.*, Am. Soc. **79** [1957] 1515).

F: 180—182°. $[\alpha]_D$: +65° [CHCl$_3$]. Absorptionsmaximum (A.): 242 nm.

21-Acetoxy-9,11β-epoxy-17-hydroxy-16α-methyl-9β-pregn-4-en-3,20-dion $C_{24}H_{32}O_6$, Formel VII (X = H).

B. Beim Erwärmen von 21-Acetoxy-9-brom-11β,17-dihydroxy-16α-methyl-pregn-4-en-3,20-dion mit Kaliumacetat in Äthanol (*Arth et al.*, Am. Soc. **80** [1958] 3161).

F: 182—184°. $[\alpha]_D^{25}$: +3° [CHCl$_3$; c = 1]. Absorptionsmaximum (Me.): 244 nm.

21-Acetoxy-9,11β-epoxy-6α-fluor-17-hydroxy-16α-methyl-9β-pregn-4-en-3,20-dion $C_{24}H_{31}FO_6$, Formel VII (X = F).

B. Beim Behandeln von 21-Acetoxy-6α-fluor-17-hydroxy-16α-methyl-pregna-4,9(11)-

dien-3,20-dion mit *N*-Brom-acetamid in wss. Dioxan in Gegenwart von Perchlorsäure und Behandeln des Reaktionsprodukts mit Kaliumacetat in Aceton (*Edwards et al.*, Am. Soc. **81** [1959] 3156).

F: 188—191°.

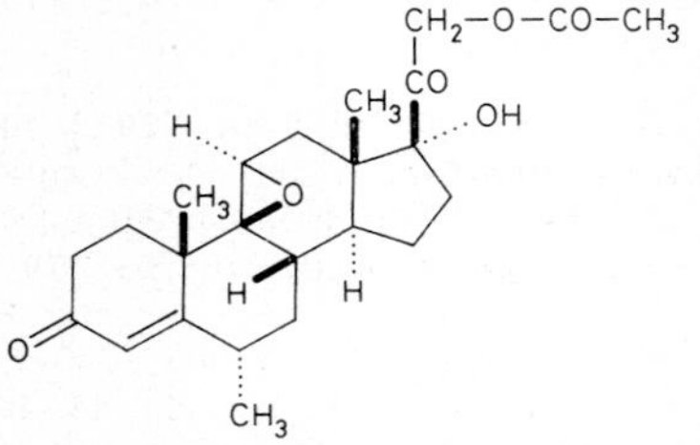

VI

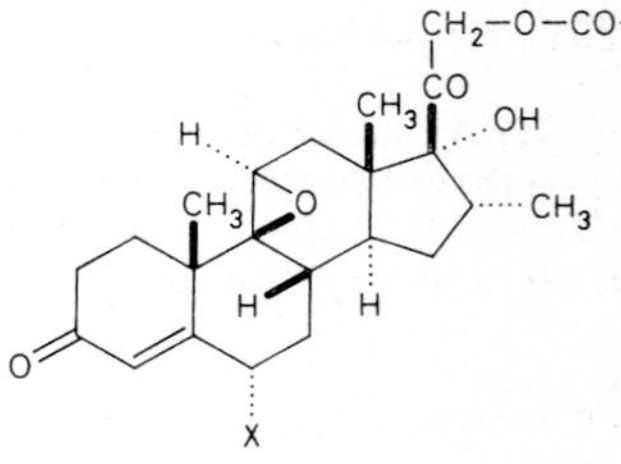

VII

Hydroxy-oxo-Verbindungen $C_{23}H_{32}O_5$

1β,14-Dihydroxy-3β-[O^3-methyl-α-L-rhamnopyranosyloxy]-14β-carda-4,20(22)-dienolid, 3β-α-L-Acofriopyranosyloxy-1β,14-dihydroxy-14β-carda-4,20(22)-dienolid $C_{30}H_{44}O_9$, Formel VIII (R = H).

Diese Konstitution und Konfiguration kommt wahrscheinlich dem nachstehend beschriebenen **Acolongiflorosid-H** zu (*Hauschild-Rogat et al.*, Helv. **50** [1967] 2299, 2306).

Isolierung aus Samen von Acokanthera friesiorum: *Muhr et al.*, Helv. **37** [1954] 403, 406, 413, 420; von Acokanthera longiflora: *Bally et al.*, Helv. **34** [1951] 1740, 1744, 1746, 1757; von Acokanthera oppositifolia: *Ha.-Ro. et al.*, l. c. S. 2303, 2319; von Acokanthera schimperi: *Mohr et al.*, Helv. **40** [1957] 2199, 2215; *Thudium et al.*, Helv. **42** [1959] 2, 3, 29, 42.

Krystalle; F: 261—264° [korr.; Kofler-App.; aus Acn.] (*Mohr et al.*), 251—253° [korr.; Kofler-App.; aus Acn. + Ae.] (*Th. et al.*), 250—254° [korr.; Kofler-App.; aus wss. Me.] (*Ha.-Ro. et al.*). $[\alpha]_D^{22}$: —39,8° [Me.; c = 1] (*Th. et al.*); $[\alpha]_D^{22}$: —39,6° [Me.; c = 1] (*Mohr et al.*); $[\alpha]_D^{26}$: —42,0° [Me.; c = 1] (*Ha.-Ro. et al.*). IR-Spektrum (KBr; 2,5—25 μ): *Ha.-Ro. et al.*, l. c. S. 2310. UV-Spektrum (A.; 200—320 nm): *Muhr et al.*, l. c. S. 408.

Massenspektrum: *Ha.-Ro. et al.*, l. c. S. 2312. Bei 10-tägigem Behandeln einer Lösung in Aceton mit konz. wss. Salzsäure sind L-Acofriose und eine Verbindung $C_{23}H_{32}O_6$ (Krystalle [aus Me.], bei 190—200° [korr.; Kofler-App.] schmelzend; $[\alpha]_D^{21}$: +83,6° [Me.]) erhalten worden (*Muhr et al.*, l. c. S. 413, 423; s. a. *Ha.-Ro. et al.*, l. c. S. 2309, 2319).

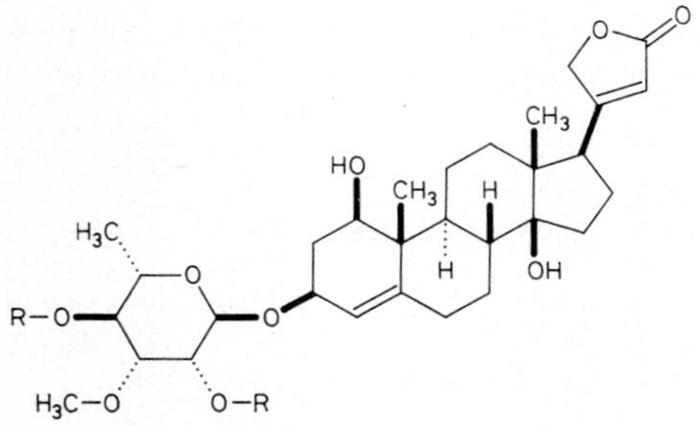

VIII

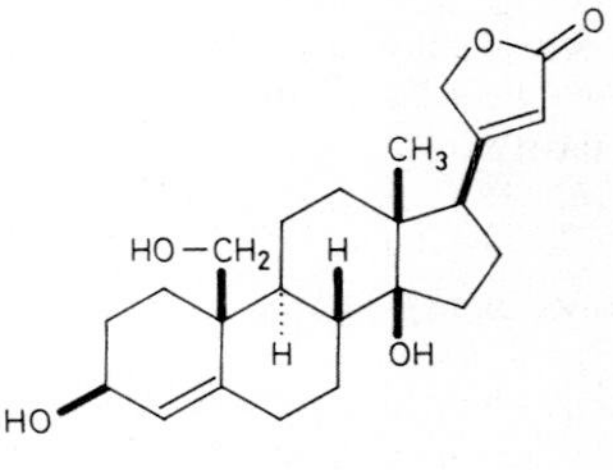

IX

3β-[O^2,O^4-Diacetyl-O^3-methyl-α-L-rhamnopyranosyloxy]-1β,14-dihydroxy-14β-carda-4,20(22)-dienolid, 3β-[Di-O-acetyl-α-L-acofriopyranosyloxy]-1β,14-dihydroxy-14β-carda-4,20(22)-dienolid $C_{34}H_{48}O_{11}$, Formel VIII (R = CO-CH$_3$).

Diese Konstitution und Konfiguration kommt wahrscheinlich dem nachstehend beschriebenen **Di-O-acetyl-acolongiflorosid-H** zu (*Hauschild-Rogat et al.*, Helv. **50** [1967] 2299, 2309).

B. Beim Behandeln von Acolongiflorosid-H (s. o.) mit Acetanhydrid und Pyridin

(*Bally et al.*, Helv. **34** [1951] 1740, 1758; *Muhr et al.*, Helv. **37** [1954] 403, 421).

Krystalle; F: 209—212° [korr.; Kofler-App.; aus Acn. + Ae.] (*Ha.-Ro. et al.*, l. c. S. 2319), 211—217° [korr.; Kofler-App.; aus wss. Me.] (*Ba. et al.*), 209—215° [korr.; Kofler-App.; aus Acn. + Ae.] (*Muhr et al.*). $[\alpha]_D^{20}$: —34,4° [Acn.; c = 0,8] (*Muhr et al.*); $[\alpha]_D^{19}$: —30,6° [Me.; c = 1] (*Ba. et al.*); $[\alpha]_D^{25}$: —29,0° [Me.; c = 1] (*Ha.-Ro. et al.*). ¹H-NMR-Spektrum (CDCl₃): *Ha.-Ro. et al.*, l. c. S. 2311. UV-Spektrum (A.; 200 nm bis 280 nm): *Ba. et al.*, l. c. S. 1748.

4-[3,14-Dihydroxy-10-hydroxymethyl-13-methyl-Δ⁴-tetradecahydro-cyclopenta[a]phenanthren-17-yl]-5H-furan-2-on C₂₃H₃₂O₅.

a) **3β,14,19-Trihydroxy-14β-carda-4,20(22)-dienolid** C₂₃H₃₂O₅, Formel IX.

B. s. bei dem unter b) beschriebenen Stereoisomeren.

Krystalle (aus Me. + Ae.); F: 208—232° [korr.; Kofler-App.] (*Katz*, Helv. **40** [1957] 831, 843). $[\alpha]_D^{25}$: +27,3° [CHCl₃ + Me.; c = 1]; $[\alpha]_D^{25}$: +25,5° [Me. + CHCl₃; c = 1]. UV-Spektrum (A.; 200—280 nm): *Katz*, l. c. S. 835.

b) **3α,14,19-Trihydroxy-14β-carda-4,20(22)-dienolid** C₂₃H₃₂O₅, Formel X.

B. Neben dem unter a) beschriebenen Stereoisomeren beim Behandeln von 14-Hydroxy-3,19-dioxo-14β-carda-4,20(22)-dienolid mit Natriumboranat in wss. Dioxan (*Katz*, Helv. **40** [1957] 831, 843).

Krystalle (aus Acn. + Ae.); F: 209—217° [korr.; Kofler-App.]. $[\alpha]_D^{25}$: +83,3° [CHCl₃ + Me.; c = 0,3]. IR-Spektrum (KBr; 2—13 μ): *Katz*, l. c. S. 836. UV-Spektrum (A.; 200—340 nm): *Katz*, l. c. S. 835.

3β,14,19-Trihydroxy-14β-carda-5,20(22)-dienolid, Pachygenol C₂₃H₃₂O₅, Formel XI (R = H).

Konstitution und Konfiguration: *Polonia et al.*, Helv. **42** [1959] 1437, 1440; *Fieser et al.*, Helv. **43** [1960] 102.

Isolierung aus Wurzeln und Samen von Pachycarpus schinzianus: *Schmid et al.*, Helv. **42** [1959] 72, 84.

B. Beim Behandeln von Pachygenin (S. 2585) mit Natriumboranat in wss. Äthanol unter Zusatz von Essigsäure (*Sch. et al.*, l. c. S. 119).

Lösungsmittelhaltige Krystalle (aus Me. + Ae.), die bei 123—128° und (nach Wiedererstarren bei weiterem Erhitzen) bei 215—232° [korr.; Kofler-App.] schmelzen (*Sch. et al.*, l. c. S. 119). $[\alpha]_D^{21}$: +9,3° [Me.; c = 1]; $[\alpha]_D^{26}$: +10,2° [Me.; c = 1] (*Sch. et al.*, l. c. S. 119, 120). UV-Spektrum (A.; 200—340 nm): *Sch. et al.*, l. c. S. 88.

X   XI   XII

3β,19-Diacetoxy-14-hydroxy-14β-carda-5,20(22)-dienolid, O³,O¹⁹-Diacetyl-pachygenol C₂₇H₃₆O₇, Formel XI (R = CO-CH₃).

B. Beim Behandeln von Pachygenol (s. o.) mit Acetanhydrid und Pyridin (*Schmid et al.*, Helv. **42** [1959] 72, 120).

Krystalle (aus Bzl. + PAe.); F: 219—229° [korr.; Kofler-App.]. $[\alpha]_D^{26}$: —32,0° [Me.; c = 0,8]. IR-Spektrum (KBr; 2—16 μ): *Sch. et al.*, l. c. S. 95. UV-Spektrum (A.; 200 nm bis 300 nm): *Sch. et al.*, l. c. S. 92.

2α,3β,19-Trihydroxy-5α-carda-14,20(22)-dienolid C₂₃H₃₂O₅, Formel XII (R = H).

Diese Konstitution und Konfiguration kommt vielleicht für das nachstehend beschriebene **α-Anhydrodihydrocalotropagenin** in Betracht (vgl. *Brüschweiler et al.*, Helv. **52** [1969] 2276, 2282, 2284).

B. Beim Behandeln von Uscharidin (Syst. Nr. 2568) mit Natriumboranat in wss. Dioxan und Erwärmen des Reaktionsprodukts mit wss.-methanol. Schwefelsäure (*Hesse, Lettenbauer*, A. **623** [1959] 142, 144, 151, 152).

Krystalle (aus A.), F: 235—240° [unkorr.; Heiztisch]; $[\alpha]_D^{20}$: —19,2° [A.; c = 0,6] (*He., Le.*).

Tri-*O*-acetyl-α-anhydrodihydrocalotropagenin $C_{29}H_{38}O_8$ (2α,3β,19-Tri= acetoxy-5α-carda-14,20(22)-dienolid(?); vermutlich Formel XII [R = CO-CH₃]). Krystalle (aus A.); F: 237—239° [unkorr.; Heiztisch]; $[\alpha]_D^{20}$: —61,1° [Me. + CHCl₃; c = 1] (*He., Le.*).

(20Ξ)-3β,5-Dihydroxy-19-oxo-5β-card-14-enolid $C_{23}H_{32}O_5$, Formel XIII (R = H).

Diese Konstitution und Konfiguration kommt dem nachstehend beschriebenen **An= hydrodihydrostrophanthidin** zu (*Tschesche*, Z. physiol. Chem. **229** [1934] 219, 227; *Fieser, Goto*, Am. Soc. **82** [1960] 1697).

B. Beim Erwärmen einer Lösung von Dihydrostrophanthidin ((20Ξ)-3β,5,14-Tri= hydroxy-19-oxo-5β,14β-cardanolid) in Methanol mit wss. Salzsäure (*Jacobs, Hoffmann*, J. biol. Chem. **74** [1927] 787, 791).

Krystalle (aus Acn. oder aus CHCl₃ + Ae.); F: 232° [nach Sintern ab 226°]; $[\alpha]_D^{26}$: +48,5° [Py.; c = 2] (*Ja., Ho.*). Absorptionsspektrum (A.; 210—340 nm): *Elderfield, Rothen*, J. biol. Chem. **106** [1934] 71, 73.

XIII   XIV

(20Ξ)-3β-Benzoyloxy-5-hydroxy-19-oxo-5β-card-14-enolid $C_{30}H_{36}O_6$, Formel XIII (R = CO-C₆H₅).

Diese Konstitution und Konfiguration kommt dem nachstehend beschriebenen *O*³-Benzoyl-anhydrodihydrostrophanthidin zu.

B. Beim Behandeln der im vorangehenden Artikel beschriebenen Verbindung mit Benzoylchlorid und Pyridin (*Jacobs et al.*, J. biol. Chem. **93** [1931] 127, 135).

Krystalle; F: 190—192°.

3β-[*O*²,*O*⁴-Diacetyl-*O*³-methyl-6-desoxy-α-L-talopyranosyloxy]-14-hydroxy-1-oxo-5β,14β-card-20(22)-enolid, 3β-[Di-*O*-acetyl-α-L-acovenopyranosyloxy]-14-hydroxy-1-oxo-5β,14β-card-20(22)-enolid $C_{34}H_{48}O_{11}$, Formel XIV.

Diese Konstitution und Konfiguration kommt dem nachstehend beschriebenen Di-*O*-acetyl-dehydroacovenosid-A zu.

B. Beim Behandeln von Di-*O*-acetyl-acovenosid-A (S. 2432) mit Chrom(VI)-oxid in Essigsäure (*Tamm, Reichstein*, Helv. **34** [1951] 1224, 1231).

Krystalle (aus Acn. + Ae.); F: 219—220° [korr.; Kofler-App.] (*Tamm, Re.*). $[\alpha]_D^{24}$: —100° [Dioxan; c = 0,1] (*Djerassi et al.*, Helv. **41** [1958] 250, 271); $[\alpha]_D^{23}$: —69,0° [CHCl₃; c = 3] (*Tamm, Re.*). Optisches Drehungsvermögen $[\alpha]^{24}$ einer Lösung in Dioxan (c = 0,1) für Licht der Wellenlängen von 275 nm und 700 nm: *Dj. et al.*, l. c. S. 253, 271. UV-Spektrum (A.; 200—320 nm): *Tamm, Re.*, l. c. S. 1225.

5,14-Dihydroxy-3-oxo-5β,14β-card-20(22)-enolid, Periplogenon $C_{23}H_{32}O_5$, Formel I.

B. Aus Periplogenin (S. 2435) beim Behandeln einer Lösung in Aceton mit Chrom(VI)-

oxid und wss. Schwefelsäure, beim Behandeln mit Chrom(VI)-oxid in Essigsäure sowie beim Behandeln einer Lösung in Aceton mit Sauerstoff in Gegenwart von Platin (*Polonia et al.*, Helv. **42** [1959] 1437, 1447).

Krystalle (aus Acn. + Ae.); F: 224—227° [korr.; Kofler-App.]. $[\alpha]_D^{27}$: +32° [CHCl₃; c = 1]. IR-Spektrum (KBr; 2,5—14 µ): *Po. et al.*, l. c. S. 1441. UV-Spektrum (A.; 190—350 nm): *Po. et al.*, l. c. S. 1443.

11α,14-Dihydroxy-3-oxo-5β,14β-card-20(22)-enolid, 3-Dehydro-sarmentogenin

$C_{23}H_{32}O_5$, Formel II (R = H).

B. Beim Behandeln einer Lösung von Sarmentogenin (S. 2443) in Aceton mit Sauer= stoff in Gegenwart von Platin (*Tamm, Gubler*, Helv. **42** [1959] 239, 257).

Krystalle (aus Acn. + Ae.); F: 275—284° [korr.; Zers.; Kofler-App.]. $[\alpha]_D^{23}$: +34° [CHCl₃ + Me.; c = 1]. IR-Banden (KBr) im Bereich von 2,9 µ bis 6,2 µ: *Tamm, Gu.* Absorptionsmaxima (A.): 217,5 nm und 283 nm.

I   II   III

11α-Acetoxy-14-hydroxy-3-oxo-5β,14β-card-20(22)-enolid, O^{11}-Acetyl-3-dehydro-sarmentogenin $C_{25}H_{34}O_6$, Formel II (R = CO-CH₃).

B. Beim Behandeln von O^{11}-Acetyl-sarmentogenin (S. 2444) mit Chrom(VI)-oxid in Essigsäure (*v. Euw, Reichstein*, Helv. **35** [1952] 1560, 1574).

Krystalle (aus Acn. + Ae.); F: 250—253° [korr.; Zers.; Kofler-App.] (*v. Euw, Re.*). $[\alpha]_D^{23}$: +9° [Dioxan; c = 0,1] (*Djerassi et al.*, Helv. **41** [1958] 250, 271); $[\alpha]_D^{15}$: +19,6° [Acn.; c = 1] (*v. Euw, Re.*). Optisches Drehungsvermögen $[\alpha]^{23}$ einer Lösung in Dioxan (c = 0,1) für Licht der Wellenlängen von 285 nm bis 700 nm: *Dj. et al.*, l. c. S. 253, 271.

Semicarbazon $C_{26}H_{37}N_3O_6$ (11α-Acetoxy-14-hydroxy-3-semicarbazono-5β,14β-card-20(22)-enolid). Krystalle (aus CHCl₃ + A.); F: 255—257° [korr.; Zers.; Kofler-App.] (*v. Euw, Re.*).

12β,14-Dihydroxy-3-oxo-5β,14β-card-20(22)-enolid, 3-Dehydro-digoxigenin

$C_{23}H_{32}O_5$, Formel III (R = H).

Konstitution und Konfiguration: *Gubler, Tamm*, Helv. **41** [1958] 297, 298; *Tamm, Gubler*, Helv. **42** [1959] 239, 243.

B. Beim Behandeln einer Lösung von Digoxigenin (S. 2450) in wss. Aceton mit Sauer= stoff in Gegenwart von Platin (*Tamm, Gu.*, l. c. S. 256).

Krystalle (aus Acn. + Ae.) mit 1 Mol H₂O, F: 248—253° [korr.; Kofler-App.]; $[\alpha]_D^{26}$: +41° [Me.; c = 0,5]; $[\alpha]_D^{29}$: +39° [Me.; c = 0,8] (*Tamm, Gu.*, l. c. S. 255, 256). IR-Spektrum (CH₂Cl₂; 2,5—13 µ) und UV-Spektrum (A.; 200—350 nm): *Tamm, Gu.*, l. c. S. 243, 244.

12β-Acetoxy-14-hydroxy-3-oxo-5β,14β-card-20(22)-enolid, O^{12}-Acetyl-3-dehydro-digoxigenin $C_{25}H_{34}O_6$, Formel III (R = CO-CH₃).

B. Beim Behandeln von O^{12}-Acetyl-digoxigenin (S. 2451) mit Chrom(VI)-oxid in Essigsäure (*Schindler*, Helv. **39** [1956] 1698, 1714).

Nicht krystallin erhalten. $[\alpha]_D^{24}$: +62,3° [CHCl₃; c = 1]. UV-Spektrum (A.; 200 nm bis 360 nm): *Sch.*, l. c. S. 1701.

Beim Behandeln einer Lösung in Pyridin mit Thionylchlorid ist eine Verbindung $C_{25}H_{34}O_8S$ (Krystalle [aus Acn. + Ae.], F: 272—276° [korr.; Zers.; Kofler-App.]; $[\alpha]_D^{26}$:

+64,2° [CHCl₃]; λ_{max} [A.]: 260 nm und 335 nm) erhalten worden (*Sch.*, l. c. S. 1701, 1714).

14,16β-Dihydroxy-3-oxo-5β,14β-card-20(22)-enolid, 3-Dehydro-gitoxigenin $C_{23}H_{32}O_5$, Formel IV (R = H).

B. Beim Behandeln einer Lösung von Gitoxigenin (S. 2456) in wss. Aceton mit Sauer=stoff in Gegenwart von Platin (*Tamm, Gubler*, Helv. **41** [1958] 1762, 1768).

Krystalle (aus Acn. + Ae.); F: 177—178° und (nach Wiedererstarren bei weiterem Erhitzen) F: 206—211° [korr.; Kofler-App.]. $[\alpha]_D^{25}$: +48,5° [CHCl₃; c = 1]. IR-Banden (KBr) im Bereich von 2,9 μ bis 6,1 μ: *Tamm, Gu.*

Beim Behandeln einer Lösung in wss. Methanol mit Natriumboranat sind 3α,14,16β-Trihydroxy-5β,14β-card-20(22)-enolid   (S. 2456)   und   3α,14-Dihydroxy-5β,14β-carda-16,20(22)-dienolid (?) (F: 298—301° [S. 1608]) erhalten worden (*Tamm, Gu.*, l. c. S. 1766 Anm. 24, 1768).

16β-Acetoxy-14-hydroxy-3-oxo-5β,14β-card-20(22)-enolid, Oleandrigenon $C_{25}H_{34}O_6$, Formel IV (R = CO-CH₃).

B. Beim Behandeln der im vorangehenden Artikel beschriebenen Verbindung mit Acetanhydrid und Pyridin (*Tamm, Gubler*, Helv. **41** [1958] 1762, 1768). Beim Behandeln von Oleandrigenin (S. 2458) mit Chrom(VI)-oxid in Essigsäure (*Tschesche*, B. **70** [1937] 1554; *Hunger, Reichstein*, Helv. **33** [1950] 76, 92; *Aebi, Reichstein*, Helv. **33** [1950] 1013, 1028).

Krystalle; F: 252° [korr.; Kofler-App.; aus Acn. + Ae.] (*Aebi, Re.*), 250—252° [aus Me.] (*Tsch.*). $[\alpha]_D^{24}$: −10° [Dioxan; c = 0,1] (*Djerassi et al.*, Helv. **41** [1958] 250, 271); $[\alpha]_D^{17}$: −4,5° [CHCl₃; c = 0,8] (*Aebi, Re.*); $[\alpha]_D^{18}$: −4,7° [CHCl₃; c = 1] (*Hu., Re.*). Optisches Drehungsvermögen $[\alpha]^{24}$ einer Lösung in Dioxan (c = 0,1) für Licht der Wellenlängen von 280 nm bis 700 nm: *Dj. et al.*, l.c. S. 253, 271. UV-Spektrum (A.; 210—320 nm): *Aebi, Re.*, l. c. S. 1016.

Beim Behandeln mit konz. wss. Salzsäure ist 3-Oxo-5β-carda-14,16,20(22)-trienolid erhalten worden (*Tsch.*).

3β,14-Dihydroxy-11-oxo-5β,14β-card-20(22)-enolid, Desarogenin, 11-Dehydro-sarmentogenin $C_{23}H_{32}O_5$, Formel V (R = H).

B. Beim Erwärmen von 11-Dehydro-sarmentocymarin [S. 2545] (*v. Euw, Reichstein*, Helv. **35** [1952] 1560, 1574) oder von 11-Dehydro-divaricosid [S. 2545] (*Schindler*, Helv. **38** [1955] 140, 144) mit wss.-methanol. Schwefelsäure.

Krystalle (aus Me. + Ae.), F: 225—260° und (nach Wiedererstarren bei weiterem Erhitzen) F: 285—295° [korr.; Kofler-App.] (*Sch.*); Krystalle (aus Acn.), F: 252—253° [korr.; Kofler-App.] (*v. Euw, Re.*). $[\alpha]_D^{25}$: −17° [Dioxan; c = 0,1] (*Djerassi et al.*, Helv. **41** [1958] 250, 271); $[\alpha]_D^{19}$: +10,6° [Me.; c = 1] (*v. Euw, Re.*); $[\alpha]_D^{25}$: +7,2° [Me.; c = 0,8] (*Sch.*). Optisches Drehungsvermögen $[\alpha]^{25}$ einer Lösung in Dioxan (c = 0,1) für Licht der Wellenlängen von 275 nm bis 700 nm: *Dj. et al.*, l. c. S. 255, 271.

IV   V

3β-Acetoxy-14-hydroxy-11-oxo-5β,14β-card-20(22)-enolid, O^3-Acetyl-desarogenin, O^3-Acetyl-11-dehydro-sarmentogenin $C_{25}H_{34}O_6$, Formel V (R = CO-CH₃).

B. Beim Behandeln der im vorangehenden Artikel beschriebenen Verbindung mit

Acetanhydrid und Pyridin (*v.Euw, Reichstein*, Helv. **35** [1952] 1560, 1575). Beim Behandeln von 3β-Acetoxy-11β,14-dihydroxy-5β,14β-card-20(22)-enolid (S. 2444) mit Chrom(VI)-oxid in Essigsäure (*Schindler*, Helv. **38** [1955] 538, 544).

Krystalle (aus Acn. + Ae.); F: 213—214,5° [korr.; Kofler-App.] (*Sch.*), 207—208° [korr.; nach Trübung bei 160—170°; Kofler-App.] (*v.Euw, Re.*). $[\alpha]_D^{24}$: −5° [Dioxan; c = 0,1] (*Djerassi et al.*, Helv. **41** [1958] 250, 271); $[\alpha]_D^{20}$: +18,2° [Acn.; c = 2] (*v.Euw, Re.*); $[\alpha]_D^{25}$: +18,9° [Acn.; c = 1] (*Sch.*). Optisches Drehungsvermögen $[\alpha]^{24}$ einer Lösung in Dioxan (c = 0,1) für Licht der Wellenlängen von 280 nm bis 700 nm: *Dj. et al.*

3β-Benzoyloxy-14-hydroxy-11-oxo-5β,14β-card-20(22)-enolid, O^3-Benzoyl-desarogenin, O^3-Benzoyl-11-dehydro-sarmentogenin $C_{30}H_{36}O_6$, Formel V (R = CO-C$_6$H$_5$).

B. Beim Behandeln von Desarogenin (S. 2544) mit Benzoylchlorid und Pyridin (*Lichti et al.*, Helv. **39** [1956] 1933, 1967).

Krystalle (aus Acn. + Ae.); F: 223—226° [korr.; Kofler-App.]. $[\alpha]_D^{24}$: −11,7° [CHCl$_3$; c = 2].

3β-Benzyloxycarbonyloxy-14-hydroxy-11-oxo-5β,14β-card-20(22)-enolid, O^3-Benzyl-oxycarbonyl-desarogenin, O^3-Benzyloxycarbonyl-11-dehydro-sarmentogenin $C_{31}H_{38}O_7$, Formel V (R = CO-O-CH$_2$-C$_6$H$_5$).

B. Beim Behandeln von O^3-Benzyloxycarbonyl-sarmentogenin (S. 2445) mit Chrom(VI)-oxid in Essigsäure (*v.Euw, Reichstein*, Helv. **35** [1952] 1560, 1576).

Krystalle (aus Me. + Ae.); F: 186—187° [korr.; Kofler-App.]. $[\alpha]_D^{20}$: +16,8° [Acn.; c = 1].

14-Hydroxy-3-[5-hydroxy-4-methoxy-6-methyl-tetrahydro-pyran-2-yloxy]-10,13-dimethyl-17-[5-oxo-2,5-dihydro-[3]furyl]-hexadecahydro-cyclopenta[a]phenanthren-11-on $C_{30}H_{44}O_8$.

a) **14-Hydroxy-3β-[O^3-methyl-α-L-*arabino*-2,6-didesoxy-hexopyranosyloxy]-11-oxo-5β,14β-card-20(22)-enolid, 14-Hydroxy-3β-α-L-oleandropyranosyloxy-11-oxo-5β,14β-card-20(22)-enolid**, 11-Dehydro-divaricosid $C_{30}H_{44}O_8$, Formel VI.

B. Beim Behandeln von Divaricosid (S. 2445) mit Chrom(VI)-oxid und Essigsäure (*Schindler*, Helv. **38** [1955] 140, 144).

Krystalle (aus Me. + Ae.); F: 221—223° [korr.; Kofler-App.]. $[\alpha]_D^{23}$: −42,6° [Me.; c = 1]. UV-Spektrum (A.; 200—360 nm): *Sch.*, l. c. S. 141.

b) **14-Hydroxy-3β-[O^3-methyl-β-D-*xylo*-2,6-didesoxy-hexopyranosyloxy]-11-oxo-5β,14β-card-20(22)-enolid, 14-Hydroxy-11-oxo-3β-β-D-sarmentopyranosyloxy-5β,14β-card-20(22)-enolid**, 11-Dehydro-sarmentocymarin $C_{30}H_{44}O_8$, Formel VII (R = H).

Isolierung aus Samen von Strophanthus vanderijstii: *Lichti et al.*, Helv. **39** [1956] 1933, 1946, 1966.

B. Beim Behandeln von Sarmentocymarin (S. 2446) mit Chrom(VI)-oxid in Essigsäure (*v.Euw, Reichstein*, Helv. **35** [1952] 1560, 1573).

Krystalle (aus wss. Me.); F: 130—137° [korr.; Kofler-App.]; $[\alpha]_D^{19}$: −7,2° [Acn.; c = 2] (*v.Euw, Re.*). UV-Spektrum (A.; 200—360 nm): *v.Euw, Re.*, l. c. S. 1565.

VI   VII

3β-[O^4-Acetyl-O^3-methyl-β-D-*xylo*-2,6-didesoxy-hexopyranosyloxy]-14-hydroxy-11-oxo-5β,14β-card-20(22)-enolid, 3β-[O-Acetyl-β-D-sarmentopyranosyloxy]-14-hydroxy-11-oxo-5β,14β-card-20(22)-enolid, O-Acetyl-11-dehydro-sarmentocymarin $C_{32}H_{46}O_9$, Formel VII (R = CO-CH$_3$).

B. Beim Behandeln der im vorangehenden Artikel beschriebenen Verbindung mit Acetanhydrid und Pyridin (*v.Euw, Reichstein*, Helv. **35** [1952] 1560, 1573).

Krystalle (aus Acn. + Ae.); F: 216−218° [korr.; Kofler-App.]. $[\alpha]_D^{14}$: −13,5° [Acn.; c = 1].

14-Hydroxy-3β-[O^3-methyl-β-D-fucopyranosyloxy]-11-oxo-5β,14β-card-20(22)-enolid, 3β-β-D-Digitalopyranosyloxy-14-hydroxy-11-oxo-5β,14β-card-20(22)-enolid, Desarosid, 11-Dehydro-sarnovid $C_{30}H_{44}O_9$, Formel VIII (R = H).

Isolierung aus Samen von Strophanthus vanderijstii: *Lichti et al.*, Helv. **39** [1956] 1933, 1948, 1971.

B. Beim Behandeln von Sarnovid (S. 2448) mit Chrom(VI)-oxid in Essigsäure (*Schindler*, Helv. **38** [1955] 538, 544).

Krystalle (aus Me. + Ae.), F: 265−268° [korr.; Kofler-App.] (*Sch.*); Krystalle (aus Acn. + Ae.), F: 255−260° [korr.; Kofler-App.] (*Sch.*); Krystalle (aus Acn. + Ae., aus Me. + Ae. oder aus Me.) mit 0,5 Mol H$_2$O, F: 252−254° [korr.; Kofler-App.] (*Li. et al.*). $[\alpha]_D^{24}$: −10,7° [CHCl$_3$; c = 2]; $[\alpha]_D^{21}$: +5,4° [Me.; c = 1] (*Li. et al.*); $[\alpha]_D^{27}$: +6,7° [Me.; c = 1] (*Sch.*). UV-Spektrum (A.; 200−360 nm): *Sch.*, l. c. S. 540; *Li. et al.*, l. c. S. 1945.

3β-[O^2,O^4-Diacetyl-O^3-methyl-β-D-fucopyranosyloxy]-14-hydroxy-11-oxo-5β,14β-card-20(22)-enolid, 3β-[Di-O-acetyl-β-D-digitalopyranosyloxy]-14-hydroxy-11-oxo-5β,14β-card-20(22)-enolid, Di-O-acetyl-desarosid, Di-O-acetyl-11-dehydro-sarnovid $C_{34}H_{48}O_{11}$, Formel VIII (R = CO-CH$_3$).

B. Beim Behandeln von Desarosid (s. o.) mit Acetanhydrid und Pyridin (*Schindler*, Helv. **38** [1955] 538, 545; *Lichti et al.*, Helv. **39** [1956] 1933, 1971). Beim Behandeln von Di-O-acetyl-11-epi-sarnovid (S. 2449) mit Chrom(VI)-oxid in Essigsäure (*Sch.*, l. c. S. 547).

Krystalle (aus Acn. + Ae.); F: 235−238° und F: 274−275° [korr.; Kofler-App.] (*Li. et al.*); F: 249−252° [korr.; Kofler-App.] (*Sch.*). $[\alpha]_D^{21}$: −5,7° [CHCl$_3$; c = 2] (*Li. et al.*); $[\alpha]_D^{27}$: −6,8° [CHCl$_3$; c = 0,6]; $[\alpha]_D^{27}$: −4,8° [CHCl$_3$; c = 1] (*Sch.*).

VIII   IX

3β-[O^2,O^4-Dibenzoyl-O^3-methyl-β-D-fucopyranosyloxy]-14-hydroxy-11-oxo-5β,14β-card-20(22)-enolid, 3β-[Di-O-benzoyl-β-D-digitalopyranosyloxy]-14-hydroxy-11-oxo-5β,14β-card-20(22)-enolid, Di-O-benzoyl-desarosid, Di-O-benzoyl-11-dehydro-sarnovid $C_{44}H_{52}O_{11}$, Formel VIII (R = CO-C$_6$H$_5$).

B. Beim Behandeln von Desarosid (s. o.) mit Benzoylchlorid und Pyridin (*Schindler*, Helv. **38** [1955] 538, 545).

Krystalle (aus Me. + Ae.); F: 321−324° [korr.; Kofler-App.]. $[\alpha]_D^{26}$: +31,5° [CHCl$_3$; c = 1].

3β-Acetoxy-14-hydroxy-12-oxo-5β,14β-card-20(22)-enolid $C_{25}H_{34}O_6$, Formel IX.

B. Beim Erwärmen von 3β,12β-Diacetoxy-14-hydroxy-5β,14β-card-20(22)-enolid (S. 2452) mit wss.-äthanol. Natronlauge und Behandeln des Reaktionsprodukts mit

Chrom(VI)-oxid und wss. Schwefelsäure (*Cardwell, Smith*, Soc. **1954** 2012, 2022). Krystalle (aus wss. Me.); F: 228—229°. [α]$_D^{16}$: +113° [CHCl$_3$].

14-Chlor-3β,5-dihydroxy-19-oxo-5β,14ξ,17βH-card-20(22)-enolid, 14ξ-Chlor-14-des= oxy-17α-strophanthidin C$_{23}$H$_{31}$ClO$_5$, Formel X.

B. Beim Behandeln von Allostrophanthidin (3β,5,14-Trihydroxy-19-oxo-5β,14β,= 17βH-card-20(22)-enolid) mit konz. wss. Salzsäure (*Manzetti, Ehrenstein*, Helv. **52** [1969] 482, 483, 489; s. a. *Bloch, Elderfield*, J. org. Chem. **4** [1939] 289, 297).

Krystalle (aus Acn.); F: 157—159° [unkorr.; Fischer-Johns-App.]; [α]$_D^{24}$: —5,8° [CHCl$_3$ + Me.; c = 0,6] (*Ma., Eh.*). IR-Banden (KBr) im Bereich von 2,8 μ bis 14,1 μ: *Ma., Eh.* Absorptionsmaximum (A.): 215 nm (*Ma., Eh.*).

3,14-Dihydroxy-13-methyl-17-[5-oxo-2,5-dihydro-[3]furyl]-hexadecahydro-cyclopenta=[a]phenanthren-10-carbaldehyd C$_{23}$H$_{32}$O$_5$.

a) **3β,14-Dihydroxy-19-oxo-5β,14β-card-20(22)-enolid, Cannogenin** C$_{23}$H$_{32}$O$_5$, Formel XI (R = H).

Konstitution und Konfiguration: *Golab et al.*, Helv. **42** [1959] 2418, 2423.

Isolierung aus Wurzeln und Samen von Pachycarpus schinzianus: *Schmid et al.*, Helv. **42** [1959] 72, 80, 97, 117; *Göschke et al.*, Helv. **44** [1961] 1031 Anm. 6.

B. Beim Erwärmen von Apocannosid (S. 2549) oder von Cynocannosid (S. 2549) mit wss.-methanol. Schwefelsäure (*Go. et al.*, l. c. S. 2427, 2428).

Krystalle (aus Me. + Ae.), die bei 194—218° [korr.; Kofler-App.] schmelzen (*Sch. et al.*); Krystalle [aus Acn. + Ae.] (*Go. et al.*). [α]$_D^{25}$: —15,0° [CHCl$_3$; c = 1] (*Go. et al.*); [α]$_D^{25}$: —9,7° [Me.; c = 1] (*Sch. et al.*). IR-Spektrum (KBr; 2,5—15,5 μ): *Go. et al.*, l. c. S. 2421. UV-Spektrum (A.; 190—350 nm): *Sch. et al.*, l. c. S. 88; *Go. et al.*, l. c. S. 2421.

X   XI

b) **3α,14-Dihydroxy-19-oxo-5β,14β-card-20(22)-enolid, Carpogenin** C$_{23}$H$_{32}$O$_5$, Formel XII (R = H).

Konstitution und Konfiguration: *Göschke et al.*, Helv. **44** [1961] 1031.

Isolierung aus Wurzeln und Samen von Pachycarpus schinzianus: *Schmid et al.*, Helv. **42** [1959] 72, 82, 96, 118.

Krystalle (aus Me. + Ae.), F: 256—265° [korr.; Kofler-App.]; [α]$_D^{21}$: +0,06° [Me.; c = 0,8] (*Sch. et al.*). IR-Spektrum (KBr; 2—16 μ): *Sch. et al.*, l. c. S. 94. UV-Spektrum (A.; 200—350 nm): *Sch. et al.*, l. c. S. 88, 90.

c) **3β,14-Dihydroxy-19-oxo-5α,14β-card-20(22)-enolid, Corotoxigenin** C$_{23}$H$_{32}$O$_5$, Formel XIII (R = H).

Konstitution und Konfiguration: *Stoll et al.*, Helv. **32** [1949] 293, 300; *Schindler, Reichstein*, Helv. **35** [1952] 730, 735; *Hunger, Reichstein*, Helv. **35** [1952] 1073, 1082.

Isolierung aus Blättern von Asclepias curassavica: *Tschesche et al.*, B. **91** [1958] 1204, 1208; aus Samen von Calotropis procera: *Rajagopalan et al.*, Helv. **38** [1955] 1809, 1821; aus Samen von Coronilla glauca: *St. et al.*, l. c. S. 306, 311; *Pereira*, Portugaliae Acta biol. [A] **2** [1949] 263, 275, 277.

B. Beim Erwärmen von Millosid (S. 2550), von Pauliosid (S. 2550), von Boistrosid (S. 2548) oder von Strobosid (S. 2549) mit wss.-methanol. Schwefelsäure (*Sch., Re.*, l. c. S. 738—741). Beim Behandeln einer Lösung von Gofrusid (S. 2550) in Aceton mit konz. wss. Salzsäure (*Hu., Re.*, l. c. S. 1090, 1091).

Krystalle; F: 224—227° [korr.; Kofler-App.; aus Me. + Ae.] (*Ra. et al.*), 221—223° [aus Me. + Ae.] (*Tsch. et al.*), 221° [aus wss. Me.] (*St. et al.*). $[\alpha]_D^{20}$: +44,5° [Me.; c = 1] (*Hu., Re.*); $[\alpha]_D^{20}$: +43,6° [Me.; c = 0,4] (*St. et al.*); $[\alpha]_D^{25}$: +40,7° [Me.; c = 0,6] (*Ra. et al.*). IR-Spektrum (Nujol; 2—14 μ) sowie UV-Spektrum (A.; 200—340 nm): *Sch., Re.*, l. c. S. 734, 736.

Oxim $C_{23}H_{33}NO_5$. Krystalle (aus Me. + Ae.); F: 263—265° [korr.; Kofler-App.] (*Sch., Re.*, l. c. S. 744). $[\alpha]_D^{20}$: +42,1° [Me.; c = 0,5] (*Hu., Re.*); $[\alpha]_D^{20}$: +39,6° [Me.; c = 0,5] (*Sch., Re.*).

XII   XIII

3-Acetoxy-14-hydroxy-13-methyl-17-[5-oxo-2,5-dihydro-[3]furyl]-hexadecahydro-cyclopenta[a]phenanthren-10-carbaldehyd $C_{25}H_{34}O_6$.

a) **3β-Acetoxy-14-hydroxy-19-oxo-5β,14β-card-20(22)-enolid**, O^3-Acetyl-cannogenin $C_{25}H_{34}O_6$, Formel XI (R = CO-CH$_3$).

B. Beim Behandeln von Cannogenin (S. 2547) mit Acetanhydrid und Pyridin (*Golab et al.*, Helv. **42** [1959] 2418, 2428).

Krystalle (aus Acn. + Ae.), die bei 200° und (nach Wiedererstarren bei weiterem Erhitzen) bei 215—225° [korr.; Kofler-App.] schmelzen. $[\alpha]_D^{27}$: ca. 0° [Me.]. IR-Spektrum (KBr; 2,5—14 μ): *Go. et al.*, l. c. S. 2422. Absorptionsmaxima (A.): 216 nm und 290 nm bis 300 nm (*Go. et al.*, l. c. S. 2428).

b) **3α-Acetoxy-14-hydroxy-19-oxo-5β,14β-card-20(22)-enolid**, O^3-Acetyl-carpogenin $C_{25}H_{34}O_6$, Formel XII (R = CO-CH$_3$).

B. Beim Behandeln von Carpogenin (S. 2547) mit Acetanhydrid und Pyridin (*Schmid et al.*, Helv. **42** [1959] 72, 118).

Krystalle (aus Me. + Ae.); F: 208—211° [korr.; Kofler-App.]. $[\alpha]_D^{25}$: +17,4° [Me.; c = 1].

c) **3β-Acetoxy-14-hydroxy-19-oxo-5α,14β-card-20(22)-enolid**, O^3-Acetyl-corotoxigenin $C_{25}H_{34}O_6$, Formel XIII (R = CO-CH$_3$).

B. Beim Behandeln von Corotoxigenin (S. 2547) mit Acetanhydrid und Pyridin (*Stoll et al.*, Helv. **32** [1949] 293, 311; *Schindler, Reichstein*, Helv. **35** [1952] 730, 739—741; *Hunger, Reichstein*, Helv. **35** [1952] 1073, 1092).

Krystalle; F: 256° [aus wss. Me.] (*St. et al.*), 254—256° (*Tschesche et al.*, B. **91** [1958] 1204, 1208), 227—234° [korr.; Kofler-App.; aus Acn. + Ae.] (*Hu., Re.*), 223—226° [korr.; Kofler-App.; aus CHCl$_3$ + Ae.] (*Sch., Re.*). $[\alpha]_D^{24}$: +5° [Dioxan; c = 0,05] (*Djerassi et al.*, Helv. **41** [1958] 250, 271); $[\alpha]_D^{20}$: +20,7° [CHCl$_3$; c = 0,6] (*Hu., Re.*); $[\alpha]_D^{21}$: +17,6° [CHCl$_3$; c = 0,8] (*Sch., Re.*); $[\alpha]_D^{20}$: +31,8° [90%ig. wss. Me.; c = 0,5] (*St. et al.*). Optisches Drehungsvermögen $[\alpha]^{24}$ einer Lösung in Dioxan (c = 0,05) für Licht der Wellenlängen von 300 nm bis 700 nm: *Dj. et al.*, l. c. S. 255, 271. IR-Spektrum (Nujol; 2,5—14 μ): *Hu., Re.*, l. c. S. 1080.

Oxim $C_{25}H_{35}NO_6$. Krystalle (aus Me.); F: 252—255° [Zers.] (*St. et al.*, l. c. S. 312).

3-[4,5-Dihydroxy-6-methyl-tetrahydro-pyran-2-yloxy]-14-hydroxy-13-methyl-17-[5-oxo-2,5-dihydro-[3]furyl]-hexadecahydro-cyclopenta[a]phenanthren-10-carbaldehyd $C_{29}H_{42}O_8$.

a) **3β-[β-D-ribo-2,6-Didesoxy-hexopyranosyloxy]-14-hydroxy-19-oxo-5α,14β-card-20(22)-enolid, 3β-β-D-Digitoxopyranosyloxy-14-hydroxy-19-oxo-5α,14β-card-20(22)-enolid, Boistrosid** $C_{29}H_{42}O_8$, Formel I (R = H).

Konstitution und Konfiguration: *Schindler, Reichstein*, Helv. **35** [1952] 730, 733.

Isolierung aus Samen von Strophanthus boivinii: *Schindler, Reichstein,* Helv. **35** [1952] 673, 685.

Krystalle (aus Acn. + Ae.); F: 213—219° [korr.; Kofler-App.]; $[\alpha]_D^{20}$: +5,1° [Me.; c = 0,8] (*Sch., Re.,* l. c. S. 685). UV-Spektrum (A.; 200—340 nm): *Sch., Re.,* l. c. S. 677.

b) **3β-[β-D-*xylo*-2,6-Didesoxy-hexopyranosyloxy]-14-hydroxy-19-oxo-5α,14β-card-20(22)-enolid, 3β-β-D-Boivinopyranosyloxy-14-hydroxy-19-oxo-5α,14β-card-20(22)-enolid, Strobosid** $C_{29}H_{42}O_8$, Formel II (R = H).

Konstitution und Konfiguration: *Schindler, Reichstein,* Helv. **35** [1952] 730, 733.

Isolierung aus Samen von Strophanthus boivinii: *Schindler, Reichstein,* Helv. **35** [1952] 673, 684.

Krystalle (aus Me. + Ae.); F: 204—206° [korr.; Kofler-App.]; $[\alpha]_D^{19}$: —13,5° [Me.; c = 1] (*Sch., Re.,* l. c. S. 684). UV-Spektrum (A.; 200—340 nm): *Sch., Re.,* l. c. S. 677.

I   II

14-Hydroxy-3-[5-hydroxy-4-methoxy-6-methyl-tetrahydro-pyran-2-yloxy]-13-methyl-17-[5-oxo-2,5-dihydro-[3]furyl]-hexadecahydro-cyclopenta[a]phenanthren-10-carb-aldehyd $C_{30}H_{44}O_8$.

a) **14-Hydroxy-3β-[O^3-methyl-β-D-*ribo*-2,6-didesoxy-hexopyranosyloxy]-19-oxo-5β,14β-card-20(22)-enolid, 3β-β-D-Cymaropyranosyloxy-14-hydroxy-19-oxo-5β,14β-card-20(22)-enolid, Apocannosid** $C_{30}H_{44}O_8$, Formel III.

Isolierung aus Rhizomen von Apocynum cannabinum: *Golab et al.,* Helv. **42** [1959] 2418, 2425; *Trabert,* Arzneimittel-Forsch. **10** [1960] 197, 199.

Krystalle (aus Me. + Ae.), die bei 122—132° und bei 190—205° [korr.; Kofler-App.] schmelzen (*Go. et al.*). $[\alpha]_D^{25}$: —8,1° [CHCl$_3$; c = 1] (*Tr.*); $[\alpha]_D^{22}$: —7,9 [Me.; c = 1] (*Go. et al.*). UV-Spektrum (A.; 200—360 nm): *Tr.,* l. c. S. 198.

III   IV

b) **14-Hydroxy-3β-[O^3-methyl-α-L-*arabino*-2,6-didesoxy-hexopyranosyloxy]-19-oxo-5β,14β-card-20(22)-enolid, 14-Hydroxy-3β-α-L-oleandropyranosyloxy-19-oxo-5β,14β-card-20(22)-enolid, Cynocannosid** $C_{30}H_{44}O_8$, Formel IV.

Isolierung aus Rhizomen von Apocynum cannabinum: *Golab et al.,* Helv. **42** [1959] 2418, 2425, 2427.

Krystalle (aus Acn. + Ae.), die bei 166—176° und bei 186° [korr.; Kofler-App.]

schmelzen (*Go. et al.*, l. c. S. 2428). $[\alpha]_D^{21}$: $-44,3°$ [Me.; c = 0,7]. Absorptionsmaximum (A.): 216 nm.

c) **14-Hydroxy-3β-[O^3-methyl-β-D-*ribo*-2,6-didesoxy-hexopyranosyloxy]-19-oxo-5α,14β-card-20(22)-enolid, 3β-β-D-Cymaropyranosyloxy-14-hydroxy-19-oxo-5α,14β-card-20(22)-enolid, Millosid** $C_{30}H_{44}O_8$, Formel V.

Konstitution und Konfiguration: *Schindler, Reichstein*, Helv. **35** [1952] 730, 732.
Isolierung aus Samen von Strophanthus boivinii: *Schindler, Reichstein*, Helv. **35** [1952] 673, 683.
Krystalle (aus Acn. + Ae.), F: 142—146° [korr.; Kofler-App.]; $[\alpha]_D^{17}$: $-1,4°$ [Me.; c = 1] (*Sch., Re.*, l. c. S. 683). UV-Spektrum (A.; 200—320 nm): *Sch., Re.*, l. c. S. 677.

V   VI

d) **14-Hydroxy-3β-[O^3-methyl-β-D-*xylo*-2,6-didesoxy-hexopyranosyloxy]-19-oxo-5α,14β-card-20(22)-enolid, 14-Hydroxy-19-oxo-3β-β-D-sarmentopyranosyloxy-5α,14β-card-20(22)-enolid, Pauliosid** $C_{30}H_{44}O_8$, Formel VI.

Konstitution und Konfiguration: *Schindler, Reichstein*, Helv. **35** [1952] 730, 733.
Isolierung aus Samen von Strophanthus boivinii: *Schindler, Reichstein*, Helv. **35** [1952] 673, 684.
Krystalle (aus Acn. + Ae.); F: 203—205° [korr.; Kofler-App.]; $[\alpha]_D^{20}$: $-10,1°$ [Me.; c = 0,7] (*Sch., Re.*, l. c. S. 684). UV-Spektrum (A.; 200—340 nm): *Sch., Re.*, l. c. S. 677.

3-[4,5-Diacetoxy-6-methyl-tetrahydro-pyran-2-yloxy]-14-hydroxy-13-methyl-17-[5-oxo-2,5-dihydro-[3]furyl]-hexadecahydro-cyclopenta[a]phenanthren-10-carbaldehyd $C_{33}H_{46}O_{10}$.

a) **3β-[Di-O-acetyl-β-D-*ribo*-2,6-didesoxy-hexopyranosyloxy]-14-hydroxy-19-oxo-5α,14β-card-20(22)-enolid, 3β-[Di-O-acetyl-β-D-digitoxopyranosyloxy]-14-hydroxy-19-oxo-5α,14β-card-20(22)-enolid, Di-O-acetyl-boistrosid** $C_{33}H_{46}O_{10}$, Formel I (R = CO-CH$_3$).

B. Beim Behandeln von Boistrosid (S. 2548) mit Acetanhydrid und Pyridin (*Schindler, Reichstein*, Helv. **35** [1952] 673, 685).
Krystalle (aus Acn. + Ae.); F: 217—219° [korr.; Kofler-App.]. $[\alpha]_D^{18}$: $+13,4°$ [CHCl$_3$; c = 0,7].

b) **3β-[Di-O-acetyl-β-D-*xylo*-2,6-didesoxy-hexopyranosyloxy]-14-hydroxy-19-oxo-5α,14β-card-20(22)-enolid, 3β-[Di-O-acetyl-β-D-boivinopyranosyloxy]-14-hydroxy-19-oxo-5α,14β-card-20(22)-enolid, Di-O-acetyl-strobosid** $C_{33}H_{46}O_{10}$, Formel II (R = CO-CH$_3$).

B. Beim Behandeln von Strobosid (S. 2549) mit Acetanhydrid und Pyridin (*Schindler, Reichstein*, Helv. **35** [1952] 673, 685).
Krystalle (aus Acn. + Ae.); F: 286—289° [korr.; Zers.; Kofler-App.]. $[\alpha]_D^{16}$: $+6,6°$ [CHCl$_3$; c = 0,7].

3β-[6-Desoxy-β-D-allopyranosyloxy]-14-hydroxy-19-oxo-5α,14β-card-20(22)-enolid, Gofrusid $C_{29}H_{42}O_9$, Formel VII.

Konstitution und Konfiguration: *Hunger, Reichstein*, Helv. **35** [1952] 1073.
Isolierung aus Samen von Gomphocarpus fruticosus: *Keller, Reichstein*, Helv. **32** [1949] 1607, 1610; *Hunger, Reichstein*, Helv. **35** [1952] 429, 432; *Tschernobaï*, Med.

Promyšl. **11** [1957] Nr. 1, S. 38, 40; C. A. **1958** 8465.

Krystalle (aus Me. + Ae.); F: 250—257° [korr.; Kofler-App.] (*Ke., Re.*), 248—253° (*Tsch.*). [α]$_D^{17}$: —5,1° [Me.; c = 1] (*Ke., Re.*); [α]$_D^{20}$: —5,0° [Me.; c = 1] (*Tsch.*). UV-Spektrum (A.; 200—360 nm): *Hu., Re.*, l. c. S. 1074.

VII   VIII

3-[3,5-Dihydroxy-4-methoxy-6-methyl-tetrahydro-pyran-2-yloxy]-14-hydroxy-13-methyl-17-[5-oxo-2,5-dihydro-[3]furyl]-hexadecahydro-cyclopenta[*a*]phenanthren-10-carb=aldehyd $C_{30}H_{44}O_9$.

a) **14-Hydroxy-3β-[O^3-methyl-6-desoxy-α-L-glucopyranosyloxy]-19-oxo-5β,14β-card-20(22)-enolid, 14-Hydroxy-19-oxo-3β-α-L-thevetopyranosyloxy-5β,14β-card-20(22)-enolid, Peruvosid** $C_{30}H_{44}O_9$, Formel VIII.

Konstitution und Konfiguration: *Rangaswami, Rao*, J. scient. ind. Res. India **17** B [1958] 331, **18** B [1959] 443; *Bloch et al.*, Helv. **43** [1960] 652, 655.

Isolierung aus Samen von Thevetia neriifolia: *Ran., Rao*, J. scient. ind. Res. India **17** B 332.

B. Aus Thevetin-A (s. u.) mit Hilfe eines Strophanthobiase-Präparats oder mit Hilfe eines Enzym-Präparats aus Samen von Cerbera odollam (*Bl. et al.*, l. c. S. 657).

Krystalle (aus Me. + Ae.), die bei 160—164° und bei 210—216° schmelzen (*Ran., Rao*, J. scient. ind. Res. India **17** B 332); Krystalle (aus Acn. + Ae.), F: 160—164° [korr.; Kofler-App.] (*Bl. et al.*). [α]$_D^{22}$: —71,7° [Me.; c = 2] (*Bl. et al.*); [α]$_D^{29}$: —69,6° [Me.] (*Ran., Rao*, J. scient. ind. Res. India **17** B 332).

Semicarbazon $C_{31}H_{47}N_3O_9$. Krystalle (aus wss. A.); F: 265—268° (*Ran., Rao*, J. scient. ind. Res. India **17** B 331).

b) **14-Hydroxy-3β-[O^3-methyl-β-D-fucopyranosyloxy]-19-oxo-5α,14β-card-20(22)-enolid, 3β-β-D-Digitalopyranosyloxy-14-hydroxy-19-oxo-5α,14β-card-20(22)-enolid, Christyosid** $C_{30}H_{44}O_9$, Formel IX.

Konstitution und Konfiguration: *Schindler, Reichstein*, Helv. **36** [1953] 370.

Isolierung aus Samen von Strophanthus boivinii: *Schindler, Reichstein*, Helv. **35** [1952] 673, 686; aus Samen von Strophanthus speciosus: *v. Euw, Reichstein*, Helv. **33** [1950] 666, 671.

Krystalle; F: 213—214° [korr.; Zers.; Kofler-App.; aus Dioxan + Acn.] (*v. Euw, Re.*), 210—213° [korr.; Kofler-App.; aus Me. + Ae.] (*Sch., Re.*, Helv. **35** 686). [α]$_D^{15}$: +10,5° [Me.; c = 0,6] (*Sch., Re.*, Helv. **35** 686); [α]$_D^{16}$: +13,8° [Me.; c = 1] (*v. Euw, Re.*). UV-Spektrum (A.; 200—360 nm): *v. Euw, Re.*, l. c. S. 668; *Sch., Re.*, Helv. **36** 372.

3β-[O^2(?)-(O^6-β-D-Glucopyranosyl-β-D-glucopyranosyl)-O^3-methyl-6-desoxy-α-L-gluco=pyranosyloxy]-14-hydroxy-19-oxo-5β,14β-card-20(22)-enolid, 3β-[O^2(?)-β-Gentio=biosyl-α-L-thevetopyranosyloxy]-14-hydroxy-19-oxo-5β,14β-card-20(22)-enolid $C_{42}H_{64}O_{19}$, vermutlich Formel X.

Diese Konstitution und Konfiguration kommt dem nachstehend beschriebenen **Thevetin-A** zu (*Bloch et al.*, Helv. **43** [1960] 652, 653).

Isolierung aus Samen von Thevetia neriifolia: *Delalande, Baisse*, F.P. 1166826 [1957], 1166830 [1957]; *Boehringer Sohn*, Ö.P. 195577 [1958]; s. a. *Frèrejacque*, C.r. **246** [1958] 459.

Krystalle; F: 208—210° [korr.; Kofler-App.; aus W.] (*Bl. et al.*, l. c. S. 656), 190°

[Kofler-App.; aus wss. Isopropylalkohol oder wss. Me.] (*Boehringer Sohn*). $[\alpha]_D^{20}$: $-66,5°$ [Me.; c = 1] (*Boehringer Sohn*); $[\alpha]_D^{24}$: $-72,0°$ [Me.; c = 1] (*Bl. et al.*).

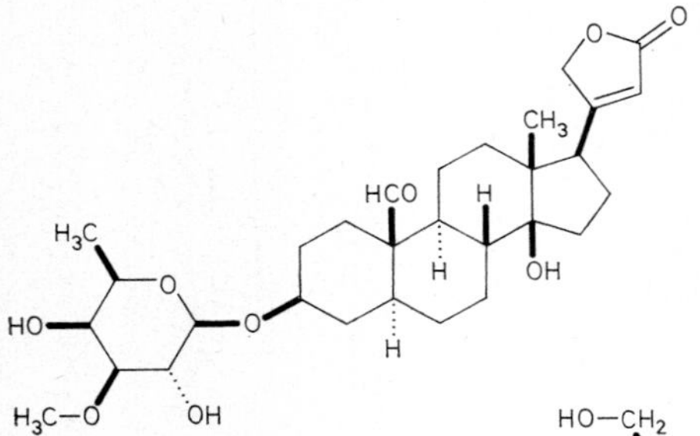

IX 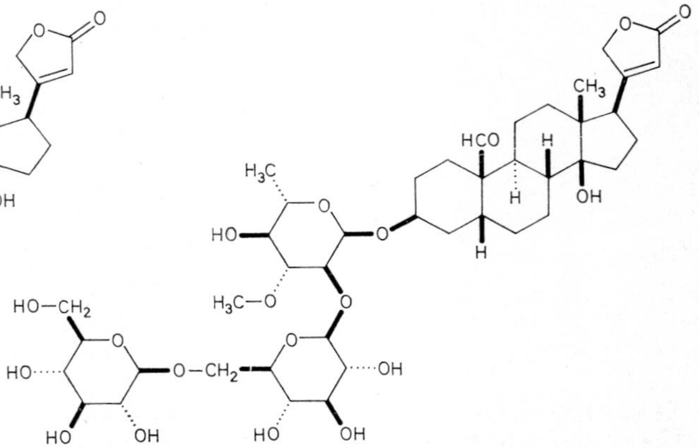   X

(20R?)-14-Hydroxy-3,12-dioxo-5β,14β-cardanolid $C_{23}H_{32}O_5$, Formel XI.

Diese Konstitution und Konfiguration kommt dem nachstehend beschriebenen **Dihydrodigoxigenon** zu; über die Konfiguration am C-Atom 20 s. *Cardwell, Smith*, Soc. **1954** 2012, 2015 Anm.; s. dazu aber *Janiak et al.*, Helv. **50** [1967] 1249.

B. Beim Behandeln einer Lösung von Dihydrodigoxigenin ((20R?)-3β,12β,14-Trihydr= oxy-5β,14β-cardanolid [S. 2361]) in wss. Essigsäure mit Chrom(VI)-oxid und wss. Schwe= felsäure (*Smith*, Soc. **1935** 1305, 1307; s.a. *Ca., Sm.*, l. c. S. 2021).

Krystalle (aus A.); F: 243° (*Sm.*). $[\alpha]_D^{20}$: $+98°$ [CHCl₃] (*Ca., Sm.*); $[\alpha]_{546}^{20}$: $+119,6°$ [CHCl₃; c = 1] (*Sm.*).

Oxim $C_{23}H_{33}NO_5$. Krystalle (aus wss. Me.); F: 250° (*Sm.*).

Semicarbazon $C_{24}H_{35}N_3O_5$. Krystalle; F: 260° (*Sm.*).

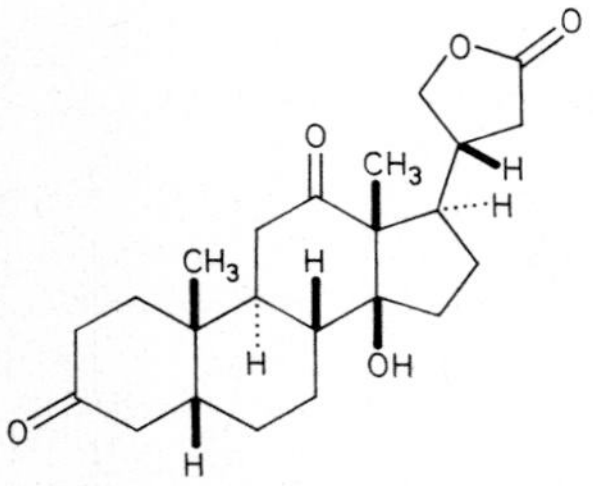

XI 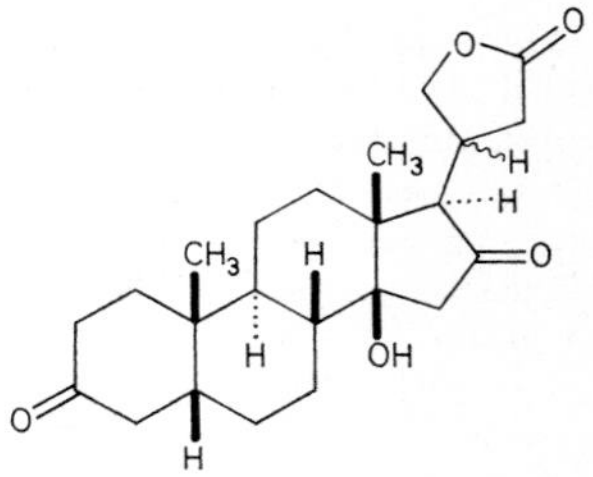   XII

(20Ξ)-14-Hydroxy-3,16-dioxo-5β,14β-cardanolid $C_{23}H_{32}O_5$, Formel XII.

Diese Konstitution und Konfiguration kommt dem nachstehend beschriebenen **Dihydrogitoxigenon** zu; bezüglich der Konstitution s. *Tschesche*, Z. physiol. Chem. **229** [1934] 219, 228.

B. Beim Behandeln von α-Dihydrogitoxigenin (S. 2362) mit Chrom(VI)-oxid und wss. Essigsäure (*Jacobs, Gustus*, J. biol. Chem. **88** [1930] 531, 540; *Jacobs, Elderfield*, J. biol. Chem. **100** [1933] 671, 682).

Krystalle (aus Acn. + Ae.); F: 220—221° [nach Erweichen bei 200°] (*Ja., Gu.*). $[\alpha]_D^{20}$: $+89°$ [Acn.; c = 0,3] (*Ja., Gu.*); $[\alpha]_D$: $+92°$ [Acn.; c = 0,4] (*Ja., El.*).

[*Stender*]

Hydroxy-oxo-Verbindungen $C_{24}H_{34}O_5$

8,14-Dioxo-3β-[tetra-*O*-acetyl-β-D-glucopyranosyloxy]-8,14-seco-5ξ-buf-20(22)(?)-enolid $C_{38}H_{52}O_{14}$, vermutlich Formel I.

Bezüglich der Konstitution und Konfiguration s. *v. Wartburg, Renz*, Helv. **42** [1959] 1620, 1627.

B. Beim Behandeln des aus 3β-β-D-Glucopyranosyloxy-8,14-dihydroxy-5ξ,14β-buf-20(22)(?)-enolid erhaltenen Tetra-*O*-acetyl-Derivats vom F: 240° (S. 2488) mit Blei(IV)-acetat in Essigsäure (*Stoll et al.*, Helv. **26** [1943] 648, 667).

Krystalle (aus Me.); F: 176—177° [korr.] (*St. et al.*).

I

3β,5,14-Trihydroxy-5β,14β-bufa-20,22-dienolid, Telocinobufagin $C_{24}H_{34}O_5$, Formel II (R = X = H).

Konstitution und Konfiguration: *Meyer*, Helv. **32** [1949] 1593.

Isolierung aus der Krötengift-Droge Ch'an-Su (Senso): *Meyer*, Pharm. Acta Helv. **24** [1949] 222, 245; *Ruckstuhl, Meyer*, Helv. **40** [1957] 1270, 1287; aus dem Sekret von Bufo arenarum: *Rees et al.*, Helv. **42** [1959] 2400, 2416; von Bufo bufo bufo: *Urscheler et al.*, Helv. **38** [1955] 883, 888, 902; *Schröter et al.*, Helv. **41** [1958] 720, 732; von Bufo marinus: *Meyer*, Helv. **34** [1951] 2147, 2150; *Barbier et al.*, Helv. **42** [1959] 2486, 2500, 2503; von Bufo mauritanicus: *Linde, Meyer*, Pharm. Acta Helv. **33** [1958] 327, 333.

B. In kleiner Menge beim Behandeln von Marinobufagin (14,15β-Epoxy-3β,5-dihydr-oxy-5β,14β-bufa-20,22-dienolid) mit Natriumboranat und wss. Äthanol unter Zusatz von wss. Essigsäure (*Bharucha et al.*, Helv. **42** [1959] 1395, 1397).

Krystalle; F: 210—212° [korr.; Kofler-App.; aus Me.] (*Rees et al.*), 210—211° [korr.; Kofler-App.; nach Schmelzen bei 160—175° und Wiedererstarren bei weiterem Erhitzen; aus Acn.] (*Me.*, Pharm. Acta Helv. **24** 245). $[\alpha]_D^{18}$: +5,0° [$CHCl_3$; c = 1] (*Me.*, Helv. **34** 2150); $[\alpha]_D^{26}$: +4,9° [$CHCl_3$; c = 1] (*Rees et al.*). UV-Spektrum (A.; 220—360 nm): *Me.*, Pharm. Acta Helv. **24** 236.

3β-Acetoxy-5,14-dihydroxy-5β,14β-bufa-20,22-dienolid, O^3-Acetyl-telocinobufagin $C_{26}H_{36}O_6$, Formel II (R = CO-CH₃, X = H).

B. Beim Behandeln von Telocinobufagin (s. o.) mit Acetanhydrid und Pyridin (*Meyer*, Helv. **32** [1949] 1593, 1597; *Urscheler et al.*, Helv. **38** [1955] 883, 903; *Bharucha et al.*, Helv. **42** [1959] 1395, 1398; *Rees et al.*, Helv. **42** [1959] 2400, 2416).

Krystalle, die bei 275—281° [korr.; Kofler-App.; nach Sintern bei 265°] (*Me.*) bzw. bei 270—278° [korr.; Kofler-App.; aus Acn. + Ae.] (*Rees et al.*) schmelzen. $[\alpha]_D^{21}$: +24,3° [$CHCl_3$; c = 1] (*Ur. et al.*); $[\alpha]_D^{25}$: +23,6° [$CHCl_3$; c = 1] (*Rees et al.*).

15α-Chlor-3β,5,14-trihydroxy-5β,14β-bufa-20,22-dienolid, Marinobufagin-chlor-hydrin $C_{24}H_{33}ClO_5$, Formel II (R = H, X = Cl).

B. Beim Behandeln von Marinobufagin (14,15β-Epoxy-3β,5-dihydroxy-5β,14β-bufa-20,22-dienolid) mit Chlorwasserstoff in Chloroform (*Schröter et al.*, Helv. **42** [1959] 1385, 1390).

Krystalle (aus Acn. + $CHCl_3$ + Me.); F: 211—212° [korr.; Zers.; Kofler-App.]. $[\alpha]_D^{20}$: +22,0° [Me.; c = 0,6].

3β-Acetoxy-15α-chlor-5,14-dihydroxy-5β,14β-bufa-20,22-dienolid, O^3-Acetyl-marinobufagin-chlorhydrin $C_{26}H_{35}ClO_6$, Formel II (R = CO-CH$_3$, X = Cl).

B. Beim Erwärmen der im vorangehenden Artikel beschriebenen Verbindung mit Acetanhydrid und Pyridin (*Schröter et al.*, Helv. **42** [1959] 1385, 1391). Beim Behandeln von 3β-Acetoxy-14,15β-epoxy-5-hydroxy-5β,14β-bufa-20,22-dienolid mit Chlorwasserstoff in Chloroform (*Sch. et al.*).

Krystalle (aus Acn.); F: 204—205° [korr.; Zers.; Kofler-App.]. [α]$_D^{20}$: +18° [Me.; c=1].

3α,9,14-Trihydroxy-5β,14β-bufa-20,22-dienolid $C_{24}H_{34}O_5$, Formel III.

Das von *Kondo, Ikawa* (J. pharm. Soc. Japan **53** [1933] 11, 17; dtsch. Ref. S. 2, 4; C. A. **1933** 1887; J. pharm. Soc. Japan **53** [1933] 385; dtsch. Ref. S. 62; C. A. **1933** 3940) aus der Krötengift-Droge Ch'an-Su (Senso) isolierte, von *Ohno* (J. pharm. Soc. Japan **60** [1940] 559; dtsch. Ref. S. 226; C. A. **1941** 2902) als 3α,9,14-Trihydroxy-5β,14β-bufa-20,22-dienolid angesehene Pseudobufotalin (Pseudodesacetylbufo= talin; Krystalle, F: 145—146° [Zers.; nach Sintern bei 107°]) ist wahrscheinlich nicht einheitlich gewesen (*Meyer*, Pharm. Acta Helv. **24** [1949] 222, 227; Helv. **35** [1952] 2444, 2446; *Ruckstuhl, Meyer*, Helv. **40** [1957] 1270, 1284 Anm. 19).

3β,11α,14-Trihydroxy-5β,14β-bufa-20,22-dienolid, Gamabufotalin $C_{24}H_{34}O_5$, Formel IV (R=H).

Konstitution und Konfiguration: *Meyer*, Helv. **32** [1949] 1599.

Identität von Gamabufogenin (*Wieland, Vocke*, A. **481** [1930] 215) mit Gama= bufotalin: *Kotake*, Scient. Pap. Inst. phys. chem. Res. **24** [1934] 39, 40. Identität von Gamabufagin mit Gamabufotalin: *Jensen*, Am. Soc. **59** [1937] 767.

Isolierung aus der Krötengift-Droge Ch'an Su (Senso): *Kotake, Kuwada*, Scient. Pap. Inst. phys. chem. Res. **32** [1937] 79; *Ruckstuhl, Meyer*, Helv. **40** [1957] 1270, 1287; aus dem Sekret von Bufo formosus: *Kotake*, A. **465** [1928] 11, 14; *Wieland, Vocke*, A. **481** [1930] 215, 221; *Chen et al.*, J. Pharmacol. exp. Therap. **49** [1933] 26; *Kondo, Ohno*, J. pharm. Soc. Japan **58** [1938] 37, 39, 42; dtsch. Ref. S. 15; C. A. **1938** 3765; *Kotake, Kubota*, Scient. Pap. Inst. phys. chem. Res. **34** [1938] 824, 828; aus dem Sekret von Bufo marinus: *Barbier et al.*, Helv. **42** [1959] 2486, 2504. In dem von *Chen, Chen* (J. Pharmacol. exp. Therap. **49** [1933] 503, 504) und von *Jensen* (Am. Soc. **57** [1935] 1765) aus dem Sekret von Bufo regularis isolierten Regularobufagin hat ein Gemisch von Gamabufotalin mit kleineren Mengen Arenobufagin (Syst. Nr. 2568) vorgelegen (*Bharucha et al.*, Helv. **44** [1961] 844).

Krystalle, F: 262—263° (*Kot., Kub.*), 261—262° (*Kondo, Ohno*, J. pharm. Soc. Japan **58** 39), 254—260° [korr.; Zers.; Kofler-App.; nach Sintern bei 248°] (*Ru., Me.*); Krystalle (aus A.) mit 1 Mol Äthanol, F: 255—256° (*Kot., Kub.*). [α]$_D^{18}$: +1,3° [Me.; c=0,8] (*Ru., Me.*). UV-Spektrum (230—340 nm): *Wieland et al.*, A. **524** [1936] 203, 211.

Beim Behandeln mit Chlorwasserstoff oder Schwefelsäure enthaltendem Äthanol sowie mit konz. wss. Salzsäure sind 3β,11α-Dihydroxy-5β-bufa-14,20,22-trienolid und 3β,11α-Dihydroxy-5β-bufa-8(14),20,22-trienolid erhalten worden (*Kot.*, A. **465** 17; *Wi., Vo.*, l. c. S. 218, 224; *Kondo, Ohno*, J. pharm. Soc. Japan **59** [1939] 531, 532; dtsch. Ref. S. 186, 187; C. A. **1940** 1674; *Komatsu*, J. pharm. Soc. Japan **84** [1964] 77; C. A. **61** [1964] 3167).

3β,11α-Bis-formyloxy-14-hydroxy-5β,14β-bufa-20,22-dienolid, O^3,O^{11}-Diformyl-gamabufotalin $C_{26}H_{34}O_7$, Formel IV (R=CHO).

B. Beim Behandeln von Gamabufotalin (S. 2554) mit Ameisensäure (*Kotake*, A. **465** [1928] 11, 18).

Krystalle (aus E. + Ae.); F: 156—157°.

IV   V

3β,11α-Diacetoxy-14-hydroxy-5β,14β-bufa-20,22-dienolid, O^3,O^{11}-Diacetyl-gamabufotalin $C_{28}H_{38}O_7$, Formel IV (R=CO-CH$_3$).

B. Aus Gamabufotalin (S. 2554) beim Erwärmen mit Acetanhydrid und Natriumacetat (*Kotake*, A. **465** [1928] 11, 15; *Wieland, Vocke*, A. **481** [1930] 215, 223) sowie beim Behandeln mit Acetanhydrid und Pyridin (*Ruckstuhl, Meyer*, Helv. **40** [1957] 1270, 1287).

Krystalle; F: 265—266° [korr.; Kofler-App.; aus Acn. + CHCl$_3$] (*Meyer*, Pharm. Acta Helv. **24** [1949] 222, 235, 245), 252—253° (*Chen, Chen*, J. Pharmacol. exp. Therap. **49** [1933] 561, 570), 251—252° [aus A.] (*Wi., Vo.*). [α]$_D^{16}$: —10,4° [CHCl$_3$; c=3] (*Me.*, Pharm. Acta Helv. **24** 245); [α]$_D^{20}$: —11,4° [CHCl$_3$; c=1]; [α]$_D^{19}$: —13° [Me.; c=1] (*Ru., Me.*). Absorptionsmaximum (A.): 295 nm (*Me.*, Pharm. Acta Helv. **24** 230).

Beim Behandeln einer Lösung in Chloroform mit Ozon und Erwärmen des Reaktionsprodukts mit Wasser ist eine von *Schröter, Meyer* (Helv. **42** [1959] 664, 667) als 3β,11α-Diacetoxy-14-hydroxy-20-oxo-21-nor-5β,14β-cholan-24-säure, von *Kotake, Kubota* (Scient. Pap. Inst. phys. chem. Res. **34** [1938] 824, 830) als 3β,11α-Diacetoxy-14-hydroxy-20-oxo-5β,14β-pregnan-21-säure angesehene Verbindung vom F: 225° (*Ko., Ku.*), beim Behandeln mit Kaliumpermanganat in Aceton sind 3β,11α-Diacetoxy-14-hydroxy-5β,14β-androstan-17β-carbonsäure und kleinere Mengen 3β,11α-Diacetoxy-14-hydroxy-20-oxo-5β,14β-pregnan-21-säure-lacton (*Meyer*, Helv. **32** [1949] 1599, 1603, 1605; s. a. *Ohno*, J. pharm. Soc. Japan **60** [1940] 559; dtsch. Ref. S. 226, 227; C. A. **1941** 2902; *Imamura et al.*, J. Inst. Polytech. Osaka City Univ. [C] **1** [1950] Nr. 1, S. 15, 17) erhalten worden.

N^α-{7-[11α,14-Dihydroxy-17β-(6-oxo-6H-pyran-3-yl)-5β,14β-androstan-3β-yloxy-carbonyl]-heptanoyl}-L-arginin, 3β-[7-((S)-1-Carboxy-4-guanidino-butylcarbamoyl)-heptanoyloxy]-11α,14-dihydroxy-5β,14β-bufa-20,22-dienolid $C_{38}H_{58}N_4O_9$, Formel V.

Diese Konstitution und Konfiguration kommt wahrscheinlich dem nachstehend beschriebenen **Gamabufotoxin** zu (vgl. *Pettit, Kamano*, J.C.S. Chem. Commun. **1972** 45).

Isolierung aus dem Sekret von Bufo formosus: *Wieland, Vocke*, A. **481** [1930] 215, 225; *Chen et al.*, J. Pharmacol. exp. Therap. **49** [1933] 26, 31; *Kondo, Ohno*, J. pharm. Soc. Japan **58** [1938] 37, 39, 43; dtsch. Ref. S. 15, 17; C. A. **1938** 3765). In dem von *Jensen* (Am. Soc. **57** [1935] 1765) und von *Chen, Chen* (J. Pharmacol. exp. Therap. **49** [1933] 503, 507) aus dem Sekret von Bufo regularis isolierten Regularobufotoxin (F: 205° [nach Erweichen bei 190°]) hat vermutlich ein Gemisch von Gamabufotoxin und Arenobufotoxin (Syst. Nr. 2568) vorgelegen (vgl. *Bharucha et al.*, Helv. **44** [1961] 844).

Krystalle mit 1 Mol H$_2$O; F: 210° [Zers.; aus A. + E.] (*Wi., Vo.*, l. c. S. 226, 227), 205—207° [Zers.] (*Ko., Ohno*).

3β,12β,14-Trihydroxy-5β,14β-bufa-20,22-dienolid, 12β-Hydroxy-bufalin $C_{24}H_{34}O_5$, Formel VI (R=H).

B. Aus Bufalin (S. 1617) mit Hilfe von Fusarium lini (*Tamm, Gubler*, Helv. **42** [1959] 473, 478).

Krystalle (aus Me. + Ae.); F: 240—246° [korr.; Kofler-App.]. $[\alpha]_D^{24}$ —16° [Me.; c=1]. Absorptionsmaximum (A.): 300 nm.

3β,12β-Diacetoxy-14-hydroxy-5β,14β-bufa-20,22-dienolid $C_{28}H_{38}O_7$, Formel VI (R=CO-CH₃).

B. Beim Behandeln von 3β,12β,14-Trihydroxy-5β,14β-bufa-20,22-dienolid mit Acet= anhydrid und Pyridin (*Tamm, Gubler*, Helv. **42** [1959] 473, 479).

Krystalle (aus Acn. + Ae.); F: 246—252° [korr.; Kofler-App.]. $[\alpha]_D^{23}$: +34° [CHCl₃; c=1].

3β,14,16β-Trihydroxy-5β,14β-bufa-20,22-dienolid, Desacetylbufotalin $C_{24}H_{34}O_5$, Formel VII (R=X=H).

Isolierung aus der Krötengift-Droge Ch'an Su (Senso): *Ruckstuhl, Meyer*, Helv. **40** [1957] 1270, 1282, 1290; s. dazu *Hofer, Meyer*, Helv. **43** [1960] 1495, 1507; aus dem Sekret von Bufo formosus: *Iseli et al.*, Helv. **48** [1965] 1093, 1100, 1110.

B. In kleiner Menge beim Behandeln von Bufotalin (s. u.) mit Kaliumhydrogen= carbonat in wss. Methanol (*Ru., Me.*, l. c. S. 1291).

Krystalle (aus Me.), die bei 218—235° [korr.; Kofler-App.; nach Trübung bei 160° bis 165°] (*Is. et al.*) bzw. bei 210—223° [korr.; Kofler-App.; nach Sintern bei 195°] (*Ru., Me.*) schmelzen. $[\alpha]_D^{19}$: +30° [Dioxan; c=1] (*Ru., Me.*); $[\alpha]_D^{23}$: +40° [CHCl₃; c=1] (*Is. et al.*).

VI   VII

16β-Acetoxy-3β,14-dihydroxy-5β,14β-bufa-20,22-dienolid, Bufotalin $C_{26}H_{36}O_6$, Formel VII (R = H, X = CO-CH₃).

Zusammenfassende Darstellung: *Michl, Kaiser*, Toxicon **1** [1963] 175, 186, 198.

Konstitution und Konfiguration: *Meyer*, Helv. **32** [1949] 1993; *Pettit et al.*, J.C.S. Chem. Commun. **1970** 1566.

Isolierung aus der Krötengift-Droge Ch'an Su (Senso): *Ruckstuhl, Meyer*, Helv. **40** [1957] 1270, 1287; s. a. *Kondo, Ikawa*, J. pharm. Soc. Japan **53** [1933] 11, 17; dtsch. Ref. S. 2, 4; C. A. **1933** 1887; aus dem Sekret von Bufo bufo bufo: *Wieland, Hesse*, A. **517** [1935] 22, 27; *Wieland et al.*, A. **524** [1936] 203, 211, 213; *Wieland, Behringer*, A. **549** [1941] 209, 217; *Urscheler et al.*, Helv. **38** [1955] 883, 903; *Schröter et al.*, Helv. **41** [1958] 720, 731, 732; von Bufo formosus: *Kotake*, Scient. Pap. Inst. phys. chem. Res. **9** [1928] 233, 234.

Krystalle, F: 223—227° [korr.; Kofler-App.; nach Sintern bei 221°; aus Acn. + Ae.] (*Ru., Me.*), 223° [Zers.; nach Sintern bei 150°; aus A.] (*Wi., He.*), 218—225° [korr.; Kofler-App.; nach Sintern bei 210°; aus Acn. + Ae.] (*Ur. et al.*); Krystalle (aus wss. A.) mit 1 Mol Äthanol, F: 147—148° [Zers.] (*Kot.*; s. a. *Wieland*, Sber. Bayer. Akad. **1920** 329, 338); Krystalle (aus E.) mit 0,5 Mol Äthylacetat, F: 154° (*Wi.*). $[\alpha]_D^{25}$: +4,0° [CHCl₃; c=1] (*Ur. et al.*). UV-Spektrum (230—340 nm): *Wi. et al.*, l. c. S. 204; *Kotake, Kuwada*, Scient. Pap. Inst. phys. chem. Res. **39** [1942] 361, 366. Bildung von Mischkrystallen mit Bufalin (3β,14β-Dihydroxy-5β-bufa-20,22-dienolid): *Ru., Me.*, l. c. S. 1279.

Beim Behandeln mit konz. wss. Salzsäure sind 3β-Hydroxy-5β-bufa-14,16,20,22-tetraenolid (S. 683) und 3β,14-Dihydroxy-5β,14β-bufa-16,20,22-trienolid (?) (S. 1662) erhalten worden (*Wieland, Behringer*, A. **549** [1941] 209, 214).

3β,16β-Diacetoxy-14-hydroxy-5β,14β-bufa-20,22-dienolid, O^3-Acetyl-bufotalin $C_{28}H_{38}O_7$, Formel VII (R=X=CO-CH₃).

B. Aus Bufotalin (S. 2556) beim Erwärmen mit Acetanhydrid und Natriumacetat (*Kotake*, Scient. Pap. Inst. phys. chem. Res. **9** [1928] 233, 235; A. **465** [1928] 11, 20) sowie beim Behandeln mit Acetanhydrid und Pyridin (*Urscheler et al.*, Helv. **38** [1955] 883, 903; *Ruckstuhl, Meyer*, Helv. **40** [1957] 1270, 1287).

Krystalle; F: 269—272° [korr.; Kofler-App.; aus Acn. + Ae.] (*Meyer*, Helv. **32** [1949] 1993, 2000), 257—261° [korr.; Kofler-App.; nach Sintern bei 245°; aus Acn.+Ae.] (*Ur. et al.*), 256—258° [aus A. oder E.] (*Ko.*, A. **465** 20). $[\alpha]_D^{20}$: −2,1° [Dioxan; c=1]; $[\alpha]_D^{19}$: +4,4° [CHCl₃; c=1] (*Ru., Me.*, l. c. S. 1291); $[\alpha]_D^{27}$: +4,6° [CHCl₃; c=1] (*Ur. et al.*).

Beim Einleiten von Ozon in eine Lösung in Äthylacetat und Behandeln des Reaktionsprodukts mit Essigsäure und Zink-Pulver sind 3β,16β-Diacetoxy-14-hydroxy-20-oxo-21-nor-5β,14β-cholan-24-säure erhalten worden (*Schröter, Meyer*, Helv. **42** [1959] 664, 668). Bildung von 3β,16β-Diacetoxy-14-hydroxy-5β,14β-androstan-17β-carbonsäure und 3β,16β-Diacetoxy-20-oxo-5β,14β-pregnan-21-säure-lacton (S. 2430) beim Behandeln mit Kaliumpermanganat in Aceton: *Me.*

N^α-{7-[16β-Acetoxy-14-hydroxy-17β-(6-oxo-6H-pyran-3-yl)-5β,14β-androstan-3β-yloxycarbonyl]-heptanoyl}-L-arginin, 16β-Acetoxy-3β-[7-((S)-1-carboxy-4-guanidino-butylcarbamoyl)-heptanoyloxy]-14-hydroxy-5β,14β-bufa-20,22-dienolid, Bufotoxin, Vulgarobufotoxin $C_{40}H_{60}N_4O_{10}$, Formel VIII.

Konstitution und Konfiguration: *Linde-Tempel*, Helv. **53** [1970] 2188, 2191; *Pettit, Kamano*, J.C.S. Chem. Commun. **1972** 45.

Isolierung aus dem Sekret von Bufo bufo bufo: *Wieland, Alles*, B. **55** [1922] 1789, 1793; *Wieland et al.*, A. **524** [1936] 203, 214; *Wieland, Behringer*, A. **549** [1941] 209, 217; *Urscheler et al.*, Helv. **38** [1955] 883, 890, 904; von Bufo formosus: *Kondo, Ohno*, J. pharm. Soc. Japan **58** [1938] 37, 39, 44; dtsch. Ref. S. 15, 17; C. A. **1938** 3765.

Krystalle; F: 205—207° [Zers.] (*Ko., Ohno*), 204—205° [Zers.; aus A.] (*Wi., Al.*), 198—202° [korr.; Kofler-App.; aus Me. + Acn.] (*Ur. et al.*). $[\alpha]_D^{24}$: +3,9° [Me.; c = 2] (*Wi., Be.*, l. c. S. 232); $[\alpha]_D^{26}$: +2,0° [Me.; c=1] (*Ur. et al.*). UV-Spektrum (A.; 200 bis 350 nm): *Ur. et al.*; s. a. *Wi. et al.*, l. c. S. 207.

3β,14,19-Trihydroxy-5α,14β-bufa-20,22-dienolid, Bovogenol-A $C_{24}H_{34}O_5$, Formel IX (R = H).

Konstitution und Konfiguration: *Katz*, Helv. **37** [1954] 833.

B. Beim Behandeln von Bovogenin-A (3β,14-Dihydroxy-19-oxo-5α,14β-bufa-20,22-dienolid) [S. 2592]) mit Natriumboranat in wss. Dioxan (*Katz*, Helv. **37** [1954] 451, 453).

Krystalle (aus Me. + Ae.), F: 260—270° [korr.; Kofler-App.]; $[\alpha]_D^{24}$: −15,4° [Me.; c=0,6] (*Katz*, l. c. S. 453). Absorptionsmaximum: 300 nm (*Katz*, l. c. S. 834).

VIII   IX

3β,19-Diacetoxy-14-hydroxy-5α,14β-bufa-20,22-dienolid, O^3,O^{19}-Diacetyl-bovogenol-A $C_{28}H_{38}O_7$, Formel IX (R = CO-CH₃).

B. Beim Behandeln von Bovogenol-A (S. 2557) mit Acetanhydrid und Pyridin (*Katz*, Helv. **37** [1954] 451, 453).

Krystalle (aus Acn. + Ae.), die bei 200—225° [korr.; Kofler-App.] schmelzen. $[\alpha]_D^{24}$: —7,2° [Me.; c = 0,3].

14,19-Dihydroxy-3β-[O^3-methyl-6-desoxy-α-L-glucopyranosyloxy]-5α,14β-bufa-20,22-dienolid, 14,19-Dihydroxy-3β-α-L-thevetopyranosyloxy-5α,14β-bufa-20,22-dienolid, Bovosidol-A $C_{31}H_{46}O_9$, Formel X (R = X = H).

B. Beim Behandeln von Bovosid-A (14-Hydroxy-3β-[O^3-methyl-6-desoxy-α-L-gluco≠pyranosyloxy]-19-oxo-5α,14β-bufa-20,22-dienolid [S. 2592]) mit Natriumboranat in wss. Dioxan (*Katz*, Helv. **36** [1953] 1417, 1420).

Krystalle (aus Me. + Ae.), die bei 220—238° [korr.; Kofler-App.] schmelzen. $[\alpha]_D^{22}$: —86,6° [Me.; c=1].

19-Acetoxy-14-hydroxy-3β-[O^3-methyl-6-desoxy-α-L-glucopyranosyloxy]-5α,14β-bufa-20,22-dienolid, 19-Acetoxy-14-hydroxy-3β-α-L-thevetopyranosyloxy-5α,14β-bufa-20,22-dienolid, O^{19}-Acetyl-bovosidol-A $C_{33}H_{48}O_{10}$, Formel X (R = CO-CH₃, X = H).

B. Beim Erhitzen von Bovosidol-A (s. o.) mit Essigsäure (*Katz*, Helv. **41** [1958] 1399, 1403).

Krystalle (aus Acn. + Ae.); F: 281—289° [korr.; Kofler-App.]. $[\alpha]_D^{20}$: —74,3° [CHCl₃; c = 1]; $[\alpha]_D^{22}$: —72,5° [Me.; c = 0,6].

X   XI

19-Acetoxy-3β-[O^2,O^4-diacetyl-O^3-methyl-6-desoxy-α-L-glucopyranosyloxy]-14-hydroxy-5α,14β-bufa-20,22-dienolid, 19-Acetoxy-3β-[di-O-acetyl-α-L-thevetopyranosyloxy]-14-hydroxy-5α,14β-bufa-20,22-dienolid, Tri-O-acetyl-bovosidol-A $C_{37}H_{52}O_{12}$, Formel X (R = X = CO-CH₃).

B. Beim Behandeln von Bovosidol-A [s. o.] (*Katz*, Helv. **36** [1953] 1417, 1420) oder von O^{19}-Acetyl-bovosidol-A [s. o.] (*Katz*, Helv. **41** [1958] 1399, 1404) mit Acetanhydrid und Pyridin.

Krystalle (aus Ae. bzw. aus Acn. + Ae.), die bei 152—168° [korr.; Kofler-App.] (*Katz*, Helv. **41** 1404) bzw. bei 150—165° [korr.; Kofler-App.] (*Katz*, Helv. **36** 1420) schmelzen. $[\alpha]_D^{22}$: —88,6° [CHCl₃; c = 1] (*Katz*, Helv. **36** 1420).

3β,11α-Diacetoxy-20-hydroxy-16α-methyl-23-oxo-21-nor-5α-chol-20(22)t-en-24-säure-lacton $C_{28}H_{38}O_7$, Formel XI.

B. Beim Behandeln von 11α-Acetoxy-3β-hydroxy-16α-methyl-20,23-dioxo-21-nor-5α-cholan-24-säure mit Acetanhydrid und wenig Toluol-4-sulfonsäure (*Heusler et al.*, Helv. **42** [1959] 2043, 2062).

Krystalle (aus CH₂Cl₂ + Ae.), die bei 177—187° schmelzen. IR-Banden (CH₂Cl₂) im Bereich von 5,4 μ bis 8,2 μ: *He. et al.*

Beim Erwärmen mit Methanol und Dichlormethan ist 3β,11α-Diacetoxy-16α-methyl-20,23-dioxo-21-nor-5α-cholan-24-säure-methylester erhalten worden.

Hydroxy-oxo-Verbindungen $C_{27}H_{40}O_5$

(25R)-2α,3β,26-Trihydroxy-furosta-5,20(22)-dien-12-on, Pseudokammogenin $C_{27}H_{40}O_5$, Formel I (R = H).

B. Beim Erwärmen der im folgenden Artikel beschriebenen Verbindung mit wss. Kalilauge (*Marker et al.*, Am. Soc. **69** [1947] 2167, 2194) oder mit äthanol. Kalilauge (*Marker, Lopez*, Am. Soc. **69** [1947] 2373).

Krystalle (aus Acn.); F: 188—190° (*Ma., Lo.*).

(25R)-2α,3β,26-Triacetoxy-furosta-5,20(22)-dien-12-on, Tri-O-acetyl-pseudokammogenin $C_{33}H_{46}O_8$, Formel I (R = CO-CH$_3$).

B. Beim Erhitzen von Di-O-acetyl-kammogenin ((25R)-2α,3β-Diacetoxy-22αO-spirost-5-en-12-on) mit Acetanhydrid auf 200° (*Marker et al.*, Am. Soc. **69** [1947] 2167, 2194; *Marker, Lopez*, Am. Soc. **69** [1947] 2373).

Krystalle (aus Me.); F: 148—149° (*Ma., Lo.*).

Beim Behandeln mit Chrom(VI)-oxid in Essigsäure, Erwärmen des Reaktionsprodukts mit Methanol und wss. Kaliumhydrogencarbonat-Lösung und Behandeln des danach isolierten Reaktionsprodukts mit Acetanhydrid und Pyridin ist 2α,3β-Diacetoxy-pregna-5,16-dien-12,20-dion erhalten worden (*Moore, Wittle*, Am. Soc. **74** [1952] 6287).

I   II

Hydroxy-oxo-Verbindungen $C_{29}H_{44}O_5$

***ent*-3β,6β,7α,16α-Tetrahydroxy-8-methyl-18,30-dinor-5β,10α-lanosta-17(20)*t*,24-dien-21-säure-16-lacton, *ent*-3β,6β,7α,16α-Tetrahydroxy-28-nor-5β,10α-dammara-17(20)*t*,24-dien-21-säure-16-lacton, Bis-desacetyl-cephalosporin-P$_1$-lacton** $C_{29}H_{44}O_5$, Formel II.

B. Beim Erwärmen von Cephalosporin-P$_1$ (*ent*-6β,16α-Diacetoxy-3β,7α-dihydroxy-28-nor-5β,10α-dammara-17(20)*t*,24-dien-21-säure) mit wss. Natronlauge und Ansäuern der Reaktionslösung (*Burton et al.*, Biochem. J. **62** [1956] 171, 175).

Krystalle (aus wss. Me. oder Bzl.); F: 186°. [α]$_D$: +56,5° [A.; c = 1].

Beim Behandeln einer Lösung in Aceton mit Chrom(VI)-oxid und wss. Schwefelsäure ist eine vermutlich als *ent*-16α-Hydroxy-3,6,7-trioxo-28-nor-5β,10α-dammara-17(20)*t*,24-dien-21-säure-16-lacton zu formulierende Verbindung $C_{29}H_{38}O_5$ (gelb; bei 160—168° schmelzend) erhalten worden.

Hydroxy-oxo-Verbindungen $C_{30}H_{46}O_5$

12α-Brom-13,23-dihydroxy-2,3-dioxo-2,3-seco-oleanan-28-säure-13-lacton [1]) $C_{30}H_{45}BrO_5$, Formel III.

B. Beim Behandeln von 12α-Brom-2α,3β,13,23-tetrahydroxy-oleanan-28-säure-13-lacton („Arjunolsäure-bromlacton" [S. 2494]) mit Blei(IV)-acetat in Essigsäure (*King et al.*, Soc. **1954** 3995, 4002).

Krystalle (aus Me.); F: 222°. [α]$_D^{20}$: +93° [CHCl$_3$; c = 1].

2α,3β,13,23-Tetrahydroxy-18α-olean-5-en-28-säure-13-lacton [1]), **Anhydroterminol= säure-lacton** $C_{30}H_{46}O_5$, Formel IV (R = X = H).

Bezüglich der Zuordnung der Konfiguration am C-Atom 18 vgl. *Barton, Holness*, Soc.

[1]) Stellungsbezeichnung bei Oleanan abgeleiteten Namen s. E III **5** 1341.

1952 78, 79, 80.

B. Beim Behandeln von Terminolsäure (2α,3β,6β,23-Tetrahydroxy-olean-12-en-28-säure) mit Bromwasserstoff in Essigsäure und Erwärmen des Reaktionsprodukts mit methanol. Kalilauge (*King, King,* Soc. **1956** 4469, 4472, 4475).

Krystalle (aus Acn.); F: 320° [evakuierte Kapillare]; $[\alpha]_D$: +17,5° [CHCl$_3$; c = 0,8] (*King, King*). UV-Absorption (A.) bei 210 nm und 220 nm: *King, King.*

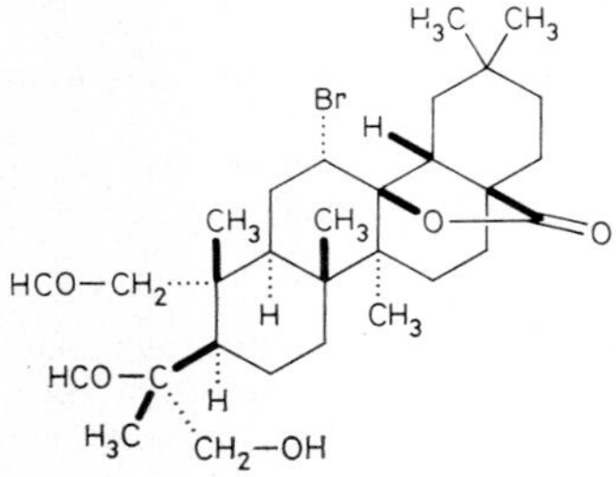

III 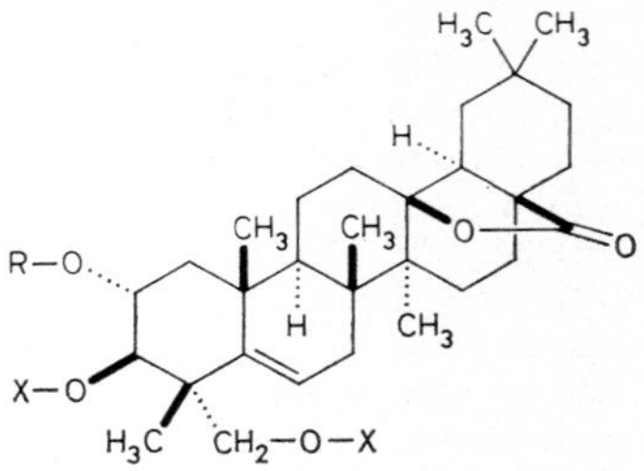 IV

2α-Acetoxy-3β,13,23-trihydroxy-18α-olean-5-en-28-säure-13-lacton, O^2-Acetyl-anhydroterminolsäure-lacton $C_{32}H_{48}O_6$, Formel IV (R = CO-CH$_3$, X = H).

B. Beim Erwärmen von 2α-Acetoxy-13-hydroxy-3β,23-isopropylidendioxy-olean-5-en-28-säure-lacton mit wss.-methanol. Salzsäure (*King, King,* Soc. **1956** 4469, 4476).

Krystalle (aus Me.); F: 294°. $[\alpha]_D$: —13° [CHCl$_3$; c = 1].

2α,3β,23-Triacetoxy-13-hydroxy-18α-olean-5-en-28-säure-lacton, Tri-O-acetyl-anhydroterminolsäure-lacton $C_{36}H_{52}O_8$, Formel IV (R = X = CO-CH$_3$).

B. Beim Behandeln von 2α,3β,13,23-Tetrahydroxy-18α-olean-5-en-28-säure-13-lacton (S. 2559) mit Acetanhydrid und Pyridin (*King, King,* Soc. **1956** 4469, 4476).

Krystalle (aus Me.); F: 211—212°. $[\alpha]_D$: +8° [CHCl$_3$; c = 3].

2α,3β,23-Tris-benzoyloxy-13-hydroxy-18α-olean-5-en-28-säure-lacton, Tri-O-benzoyl-anhydroterminolsäure-lacton $C_{51}H_{58}O_8$, Formel IV (R = X = CO-C$_6$H$_5$).

B. Aus 2α,3β,13,23-Tetrahydroxy-18α-olean-5-en-28-säure-13-lacton [S. 2559] (*King, King,* Soc. **1956** 4469, 4476).

Krystalle (aus A.); F: 262—263° und F: 278°. $[\alpha]_D$: +71° [CHCl$_3$; c = 1].

12α-Brom-2β,3β,13,23-tetrahydroxy-olean-5-en-28-säure-13-lacton[1]), Bassiasäure-bromlacton $C_{30}H_{45}BrO_5$, Formel V.

B. Beim Behandeln einer Lösung von Bassiasäure (2β,3β,23-Trihydroxy-oleana-5,12-dien-28-säure) und Natriumacetat in wss. Essigsäure mit Brom in Essigsäure (*Heywood et al.,* Soc. **1939** 1124, 1128; s. a. *King et al.,* Soc. **1955** 1338, 1340).

Krystalle (aus wss. Eg.); F: 220° (*He. et al.; King et al.*).

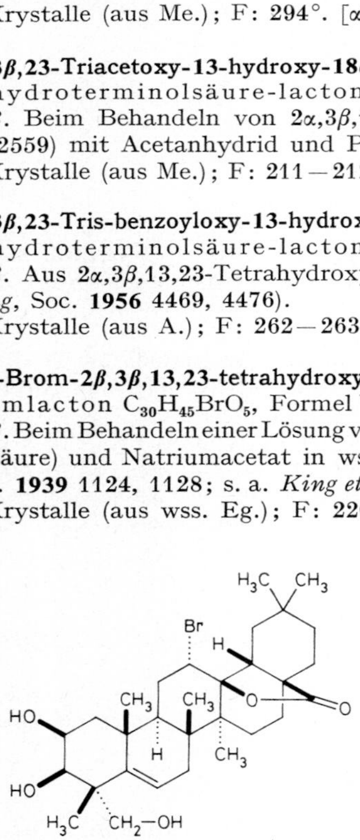

V 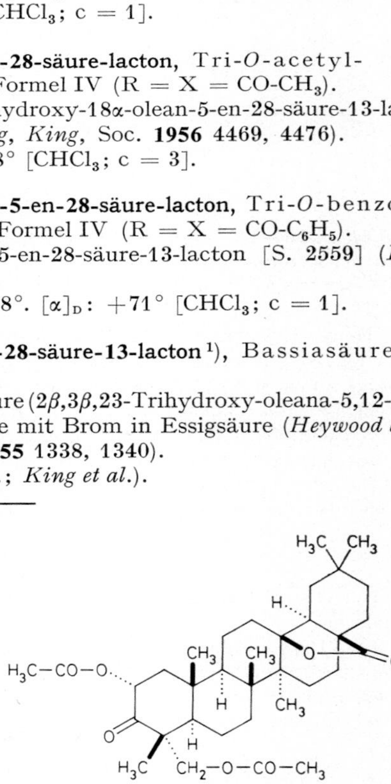 VI

---

[1]) Stellungsbezeichnung bei von Oleanan abgeleiteten Namen s. E III **5** 1341.

2α,23-Diacetoxy-13-hydroxy-3-oxo-18α-oleanan-28-säure-lacton [1]) $C_{34}H_{50}O_7$, Formel VI.

B. Beim Behandeln von 2α,23-Diacetoxy-3β,13-dihydroxy-18α-oleanan-28-säure-13-lacton mit Chrom(VI)-oxid in Essigsäure (*King et al.*, Soc. **1954** 3995, 4002).

Krystalle (aus Me.); F: 261°. $[\alpha]_D^{19}$: +40° [CHCl$_3$; c = 2].

3β,13,23-Trihydroxy-2-oxo-18α-oleanan-28-säure-13-lacton [1]) $C_{30}H_{46}O_5$, Formel VII (R = H).

B. Beim Erwärmen von 2α,13-Dihydroxy-3β,23-isopropylidendioxy-18α-oleanan-28-säure-13-lacton mit Kaliumpermanganat in Aceton und Behandeln des Reaktionsprodukts mit wss.-methanol. Salzsäure (*King et al.*, Soc. **1958** 2830, 2833).

Krystalle (aus wss.-methanol. Salzsäure); F: 340—344° [Zers.]. $[\alpha]_D$: +22° [A.; c = 0,3]. Absorptionsmaximum (A.): 270 nm.

VII   VIII

3β,23-Diacetoxy-13-hydroxy-2-oxo-18α-oleanan-28-säure-lacton $C_{34}H_{50}O_7$, Formel VII (R = CO-CH$_3$).

B. Aus 3β,13,23-Trihydroxy-2-oxo-18α-oleanan-28-säure-13-lacton (*King et al.*, Soc. **1958** 2830, 2833).

Krystalle (aus Me.); F: 292—293°. $[\alpha]_D$: +9° [CHCl$_3$; c = 0,1].

12ξ-Brom-3β,13,23-trihydroxy-11-oxo-18α-oleanan-28-säure-13-lacton [1]) $C_{30}H_{45}BrO_5$, Formel VIII.

B. Beim Behandeln von Pseudoketohederagenin (3β,23-Dihydroxy-11-oxo-18α-olean-12-en-28-säure) mit Brom in Essigsäure (*Kitasato*, Acta phytoch. Tokyo **11** [1939] 1, 20).

Krystalle (aus A.); F: 247° [Zers.].

3β,16α-Diacetoxy-13-hydroxy-12-oxo-oleanan-28-säure-lacton [1]), Di-*O*-acetyl-keto-echinocystsäure-lacton $C_{34}H_{50}O_7$, Formel IX.

Über die Konfiguration am C-Atom 16 s. *Carlisle et al.*, J.C.S. Chem. Commun. **1974** 284.

B. Beim Behandeln von 3β,16α-Diacetoxy-olean-12-en-28-säure mit Chrom(VI)-oxid in Essigsäure und Schwefelsäure (*Bischof et al.*, Helv. **32** [1949] 1911, 1918; *Sannié et al.*, Bl. **1957** 1440, 1442).

Krystalle; F: 189—191° [korr.; evakuierte Kapillare; aus CH$_2$Cl$_2$ + PAe.] (*Bi. et al.*), 172—175° [Kofler-App.; aus A.] (*Sa. et al.*). $[\alpha]_D^{20}$: −68° [CHCl$_3$] (*Sa. et al.*); $[\alpha]_D$: −58° [CHCl$_3$; c = 1] (*Bi. et al.*).

3β,11ξ,13-Trihydroxy-12-oxo-oleanan-28-säure-13-lacton [1]) $C_{30}H_{46}O_5$, Formel X.

B. Beim Erwärmen von 3β-Acetoxy-11ξ-brom-13-hydroxy-12-oxo-oleanan-28-säure-13-lacton (aus 3β-Acetoxy-13-hydroxy-12-oxo-oleanan-28-säure-lacton hergestellt) mit methanol. Kalilauge und anschliessenden Ansäuern mit wss. Salzsäure (*Kitasato*, Acta phytoch. Tokyo **11** [1939] 1, 22).

Krystalle (aus CHCl$_3$ + A.); F: 265°.

Beim Behandeln mit Acetanhydrid und Natriumacetat ist ein Acetyl-Derivat

---

[1]) Stellungsbezeichnung bei von Oleanan abgeleiteten Namen s. E III **5** 1341.

$C_{32}H_{48}O_6$ (Krystalle [aus $CHCl_3$ + A.], F: 232°) erhalten worden.

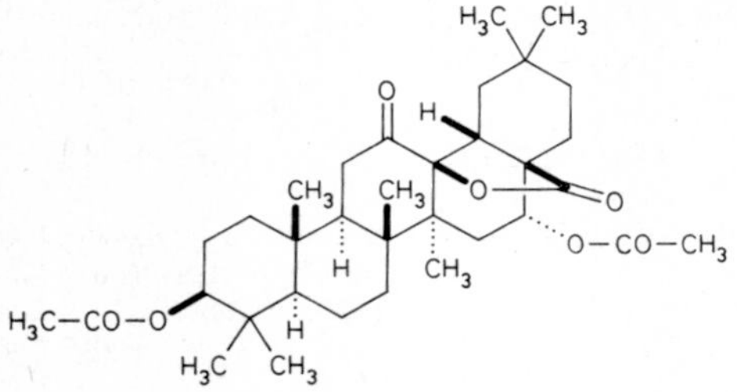

IX

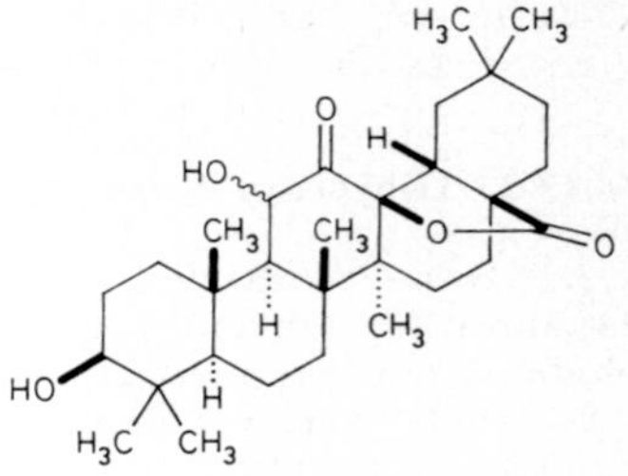

X

3β,13,23-Trihydroxy-12-oxo-oleanan-28-säure-13-lacton [1]),   δ-Ketohederagenin=
lacton $C_{30}H_{46}O_5$, Formel XI (R = X = H).

B. Beim Erwärmen von 3β,23-Diacetoxy-13-hydroxy-12-oxo-oleanan-28-säure-lacton
mit methanol. Kalilauge und anschliessenden Ansäuern mit wss. Salzsäure (*Kitasato,
Sone*, Acta phytoch. Tokyo **6** [1932] 179, 212).

Krystalle (aus $CHCl_3$ + A.), die unterhalb 300° nicht schmelzen.

3β,23-Diacetoxy-13-hydroxy-12-oxo-oleanan-28-säure-lacton $C_{34}H_{50}O_7$, Formel XI
(R = CO-CH_3, X = H) (in der Literatur als Keto-diacetyl-hederagenin-lacton bezeichnet).

B. Neben 3β,23-Diacetoxy-11-oxo-olean-12-en-28-säure beim Behandeln von Di-
O-acetyl-hederagenin (3β,23-Diacetoxy-olean-12-en-28-säure) mit Chrom(VI)-oxid in
Essigsäure (*Kitasato, Sone*, Acta phytoch. Tokyo **6** [1932] 179, 212; *Kitasato*, Acta phytoch.
Tokyo **7** [1933] 169, 176, **9** [1936] 43, 44).

Krystalle (aus Me.); F: 197° (*Ki.*, Acta phytoch. Tokyo **7** 176). $[\alpha]_D^{18}$: +48° [$CHCl_3$;
c = 2] (*Kitasato*, Acta phytoch. Tokyo **8** [1935] 207, 219).

Überführung in 3β,23-Diacetoxy-12-oxo-18α(?)-olean-9(11)-en-28-säure (?) (E III **10**
4648) durch Behandlung mit Bromwasserstoff in Essigsäure: *Kitasato*, Acta phytoch.
Tokyo **8** [1935] 255, 260. Beim Behandeln mit Salpetersäure und Essigsäure ist eine
vermutlich als 3β,23-Diacetoxy-13-hydroxy-x,x-dinitro-11,12-seco-oleanan-
11,12,28-trisäure-28-lacton zu formulierende Verbindung $C_{34}H_{48}N_2O_{14}$ (Krystalle
[aus Me.], F: 274° [Zers.]) erhalten worden (*Kitasato, Sone*, Acta phytoch. Tokyo **6**
[1932] 223). Überführung in 3β,23-Dihydroxy-12-oxo-13ξ-oleanan-27-säure (E III **10**
4629) durch Erwärmen mit wss. Äthanol und Natrium-Amalgam: *Ki.*, Acta phytoch.
Tokyo **9** 52.

Oxim $C_{34}H_{51}NO_7$ (3β,23-Diacetoxy-13-hydroxy-12-hydroxyimino-oleanan-
28-säure-lacton). Krystalle (aus Ae.); F: ca. 200° [Zers.] (*Ki., Sone*, l. c. S. 212).

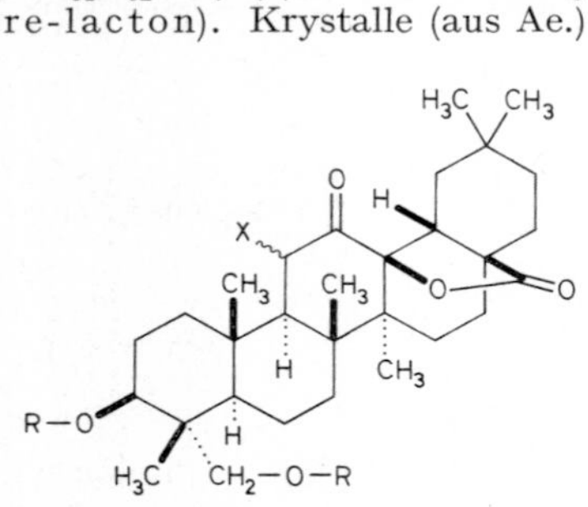

XI

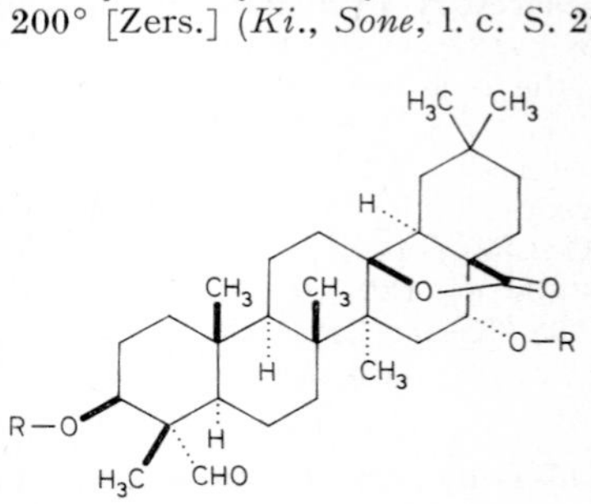

XII

11ξ-Brom-3β,13,23-trihydroxy-12-oxo-oleanan-28-säure-13-lacton [1]) $C_{30}H_{45}BrO_5$,
Formel XI (R = H, X = Br).

Konstitution: *Kitasato*, Acta phytoch. Tokyo **11** [1939] 1, 5.

B. Beim Behandeln einer Lösung von 3β,13,23-Trihydroxy-12-oxo-oleanan-28-säure-

---

[1]) Stellungsbezeichnung bei von Oleanan abgeleiteten Namen s. E III **5** 1341.

13-lacton in einem Gemisch von Äthanol und Chloroform mit Brom in Methanol (*Kitasato, Sone*, Acta phytoch. Tokyo **7** [1933] 1, 25).

Krystalle (aus Me. + CHCl₃); F: 235° [Zers.] (*Ki.*, Acta phytoch. Tokyo **7** 26).

3β,13,16α-Trihydroxy-23-oxo-18α-oleanan-28-säure-13-lacton ¹), Quillajasäure-lacton C₃₀H₄₆O₅, Formel XII (R = H).

Über die Konfiguration am C-Atom 16 s. *Carlisle et al.*, J.C.S. Chem. Commun. **1974** 284; über die Konfiguration am C-Atom 18 s. *Barton, Holness*, Soc. **1952** 78, 79, 80.

B. Aus der im folgenden Artikel beschriebenen Verbindung mit Hilfe von Alkalilauge (*Elliott, Kon*, Soc. **1939** 1130, 1133).

Krystalle (aus CHCl₃ + Me.); F: 315° [unkorr.] (*El., Kon*).

3β,16α-Diacetoxy-13-hydroxy-23-oxo-18α-oleanan-28-säure-lacton, Di-*O*-acetyl-quillajasäure-lacton C₃₄H₅₀O₇, Formel XII (R = CO-CH₃).

B. Beim Behandeln einer Lösung von Quillajasäure (3β,16α-Dihydroxy-23-oxo-olean-12-en-28-säure) in Essigsäure und Acetanhydrid mit Bromwasserstoff (*Elliott, Kon*, Soc. **1939** 1130, 1132).

Krystalle (aus CHCl₃ + Me.); F: 260° [unkorr.; nach Erweichen]; [α]_D: −21,5° [CHCl₃; c = 3] (*El., Kon*).

Beim Erwärmen mit amalgamiertem Zink, wss. Salzsäure und Essigsäure ist eine (isomere) Verbindung C₃₄H₅₀O₇ (Krystalle [aus Me. oder A.], F: 272−274° [unkorr.]) erhalten worden (*Elliott et al.*, Soc. **1940** 612, 616).

Semicarbazon C₃₅H₅₃N₃O₇ (3β,16α-Diacetoxy-13-hydroxy-23-semicarbazono-18α-oleanan-28-säure-lacton). Krystalle (aus Me.); F: 256−258° [unkorr.] (*Bilham, Kon*, Soc. **1941** 552, 559).

3β-Acetoxy-12α,13-dihydroxy-23-oxo-oleanan-28-säure-13-lacton ¹) C₃₂H₄₈O₆, Formel XIII (R = H).

Über die Konstitution und Konfiguration s. *Barton, Holness*, Soc. **1952** 78, 82.

B. Beim Erwärmen einer Lösung von *O*-Acetyl-gypsogenin (3β-Acetoxy-23-oxo-olean-12-en-28-säure) in Essigsäure mit wss. Wasserstoffperoxid (*Ruzicka, Giacomello*, Helv. **20** [1937] 299, 304).

Krystalle (aus Me. + CHCl₃); F: 276−278° [korr.; Zers.] (*Ru., Gi.*).

3β,12α-Diacetoxy-13-hydroxy-23-oxo-oleanan-28-säure-lacton C₃₄H₅₀O₇, Formel XIII (R = CO-CH₃).

B. Beim Erhitzen von 3β-Acetoxy-12α,13-dihydroxy-23-oxo-oleanan-28-säure-13-lacton mit Acetanhydrid (*Ruzicka, Giacomello*, Helv. **20** [1937] 299, 304).

Krystalle (aus Me.); F: 226−228° [korr.].

3β,24-Diacetoxy-16α,21α-epoxy-22α-hydroxy-olean-12-en-28-al ¹) C₃₄H₅₀O₇, Formel XIV (R = H).

B. Als Hauptprodukt beim Behandeln von 3β,24-Diacetoxy-16α,21α-epoxy-olean-12-en-22α,28-diol (E III/IV **17** 2683) mit Chrom(VI)-oxid und Pyridin (*Cainelli et al.*, Helv. **40** [1957] 2390, 2404).

Krystalle (nach Sublimation im Hochvakuum bei 210°); F: 236−237° [korr.; eva-kuierte Kapillare]. [α]_D: +35° [CHCl₃; c = 0,8].

3β,22α,24-Triacetoxy-16α,21α-epoxy-olean-12-en-28-al C₃₆H₅₂O₈, Formel XIV (R = CO-CH₃).

B. Beim Behandeln von 3β,24-Diacetoxy-16α,21α-epoxy-22α-hydroxy-olean-12-en-28-al (s. o.) mit Acetanhydrid und Pyridin (*Cainelli et al.*, Helv. **40** [1957] 2390, 2404). Beim Behandeln von 3β,22α,24-Triacetoxy-16α,21α-epoxy-olean-12-en-28-ol (E III/IV **17** 2683) mit Chrom(VI)-oxid und Pyridin (*Ca. et al.*, l. c. S. 2403).

Krystalle (aus CH₂Cl₂ + Me.); F: 228−229° [korr.; evakuierte Kapillare]. [α]_D: +61° [CHCl₃; c = 0,8]. [*Mischon*]

---

¹) Stellungsbezeichnung bei von Oleanan abgeleiteten Namen s. E III **5** 1341.

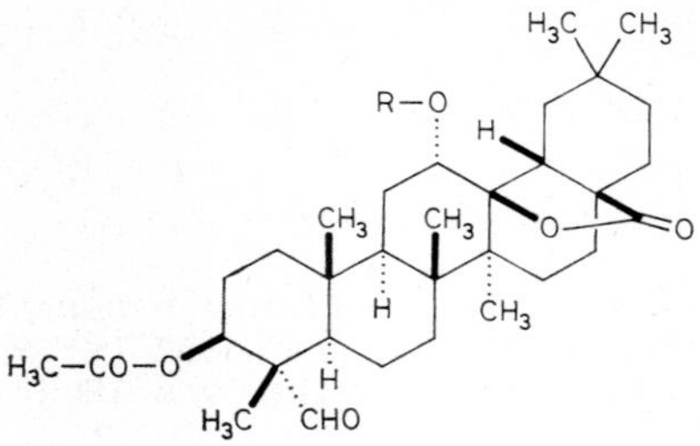

XIII 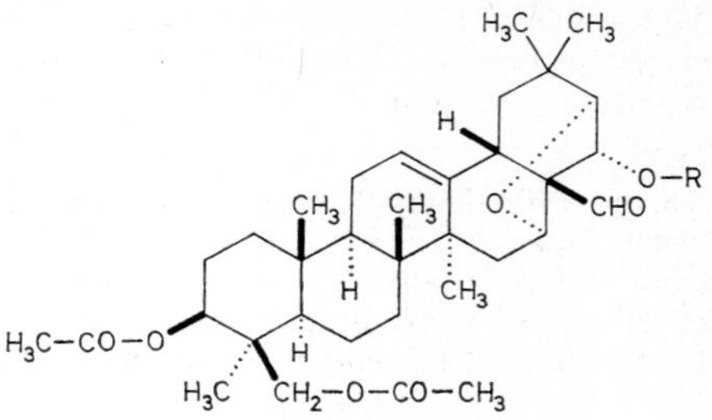   XIV

Hydroxy-oxo-Verbindungen $C_nH_{2n-16}O_5$

Hydroxy-oxo-Verbindungen $C_{11}H_6O_5$

6-Diazoacetyl-7-methoxy-cumarin $C_{12}H_8N_2O_4$, Formel I (R = CH_3).

B. Beim Behandeln einer Lösung von 7-Methoxy-2-oxo-2H-chromen-6-carbonyl=
chlorid in Benzol mit Diazomethan in Äther (v. *Bruchhausen*, *Hoffmann*, B. **74** [1941]
1584, 1591).

Gelbe Krystalle; F: 169° [Zers.].

6-Diazoacetyl-7-propionyloxy-cumarin $C_{14}H_{10}N_2O_5$, Formel I (R = $CO-CH_2-CH_3$).

B. Beim Behandeln einer Lösung von 2-Oxo-7-propionyloxy-2H-chromen-6-carbonyl=
chlorid (hergestellt durch Erwärmen von 7-Hydroxy-2-oxo-2H-chromen-6-carbonsäure
mit Propionylchlorid und Thionylchlorid) in Benzol mit Diazomethan in Äther (v. *Bruchhausen*, *Hoffmann*, B. **74** [1941] 1584, 1590).

Gelbe Krystalle; F: 175° [Zers.].

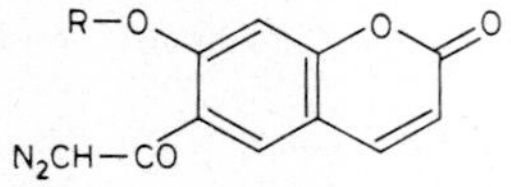

I 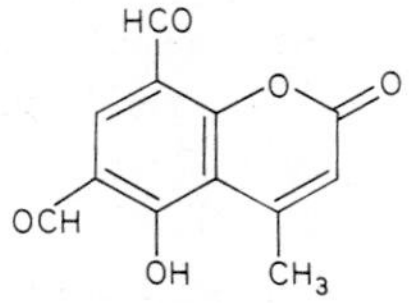   II 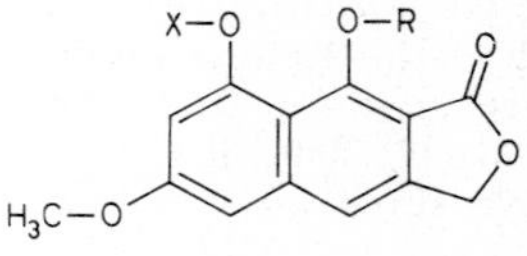   III

Hydroxy-oxo-Verbindungen $C_{12}H_8O_5$

**5-Hydroxy-4-methyl-2-oxo-2H-chromen-6,8-dicarbaldehyd, 6,8-Diformyl-5-hydroxy-
4-methyl-cumarin** $C_{12}H_8O_5$, Formel II.

B. Beim Erwärmen von 5-Hydroxy-4-methyl-cumarin mit Hexamethylentetramin
und Essigsäure und anschliessend mit wss. Salzsäure (*Naik*, *Thakor*, J. org. Chem. **22**
[1957] 1626, 1628).

Gelbe Krystalle (aus Eg.); F: 242° [unkorr.].

2,4-Dinitro-phenylhydrazon $C_{18}H_{12}N_4O_8$. Rot; unterhalb 315° nicht schmelzend
(*Naik*, *Th.*).

8,9-Dihydroxy-6-methoxy-3H-naphtho[2,3-c]furan-1-on, α-Sorigenin $C_{13}H_{10}O_5$,
Formel III (R = X = H).

Konstitutionszuordnung: *Haber et al.*, Helv. **39** [1956] 1654, 1657; *Matsui et al.*,
Agric. biol. Chem. Japan **27** [1963] 40, 43.

Isolierung aus dem Bast von Rhamnus japonica: *Nikuni*, J. agric. chem. Soc. Japan
15 [1939] 109; Bl. agric. chem. Soc. Japan **15** [1939] 15.

B. Aus α-Sorinin (S. 2565) beim Erwärmen mit wss. Schwefelsäure (*Nikuni*, J. agric.
chem. Soc. Japan **14** [1938] 352, 355, 357; Bl. agric. chem. Soc. Japan **14** [1938] 25)
sowie beim Erhitzen mit Wasser (*Ni.*, J. agric. chem. Soc. Japan **14** 358; Bl. agric.
chem. Soc. Japan **14** 25).

Krystalle mit 1 Mol H$_2$O, F: 225° [nach Sintern bei 219°] (*Ni.*, J. agric. chem. Soc. Japan **15** 109); die wasserfreie Verbindung zersetzt sich bei 227—229° [nach Sintern bei 200°] (*Ni.*, J. agric. chem. Soc. Japan **14** 356). Absorptionsspektrum (200—400 nm): *Ha. et al.*, l. c. S. 1659. Bei der Einwirkung von Sonnenlicht erfolgt Gelbfärbung (*Ni.*, J. agric. chem. Soc. Japan **14** 352).

8-Hydroxy-6,9-dimethoxy-3*H*-naphtho[2,3-*c*]furan-1-on C$_{14}$H$_{12}$O$_5$, Formel III (R = CH$_3$, X = H).

B. Aus α-Sorigenin (S. 2564) und Diazomethan (*Nikuni*, J. agric. chem. Soc. Japan **17** [1941] 779, 781; Bl. agric. chem. Soc. Japan **17** [1941] 92). Beim Erwärmen von *O*-Methyl-α-sorinin (s. u.) mit wss. Schwefelsäure (*Ni.*).

Krystalle (aus A.); F: 196—197°.

6,8,9-Trimethoxy-3*H*-naphtho[2,3-*c*]furan-1-on, 3-Hydroxymethyl-1,6,8-trimethoxy-[2]naphthoesäure-lacton, Di-*O*-methyl-α-sorigenin C$_{15}$H$_{14}$O$_5$, Formel III (R = X = CH$_3$).

B. Beim Behandeln von α-Sorigenin (S. 2564) mit Diazomethan in Äther und Äthylacetat (*Nikuni*, J. agric. chem. Soc. Japan **14** [1938] 352, 357; Bl. agric. chem. Soc. Japan **14** [1938] 25).

Krystalle (aus A.); F: 183,5—184,5°.

8,9-Diacetoxy-6-methoxy-3*H*-naphtho[2,3-*c*]furan-1-on, 1,8-Diacetoxy-3-hydroxy-methyl-6-methoxy-[2]naphthoesäure-lacton, Di-*O*-acetyl-α-sorigenin C$_{17}$H$_{14}$O$_7$, Formel III (R = X = CO-CH$_3$).

B. Beim Erhitzen von α-Sorigenin (S. 2564) mit Acetanhydrid und Natriumacetat (*Nikuni*, J. agric. chem. Soc. Japan **14** [1938] 352, 356; Bl. agric. chem. Soc. Japan **14** [1938] 25; *Nikuni*, J. agric. chem. Soc. Japan **15** [1939] 109; Bl. agric. chem. Soc. Japan **15** [1939] 15).

Krystalle (aus E.); F: 259° (*Ni.*, J. agric. chem. Soc. Japan **15** 109).

9-Hydroxy-6-methoxy-8-[*O*⁶-β-D-xylopyranosyl-β(?)-D-glucopyranosyloxy]-3*H*-naphtho[2,3-*c*]furan-1-on, 9-Hydroxy-6-methoxy-8-β(?)-primverosyloxy-3*H*-naphtho[2,3-*c*]furan-1-on C$_{24}$H$_{28}$O$_{14}$, vermutlich Formel IV (R = H).

Diese Konstitution und Konfiguration kommt dem nachstehend beschriebenen **α-Sorinin** zu.

Isolierung aus der Rinde von Rhamnus japonica: *Nikuni*, J. agric. chem. Soc. Japan **14** [1938] 352, 354; Bl. agric. chem. Soc. Japan **14** [1938] 25.

Krystalle (aus W., Me. oder wss. A.); F: 159°. [α]$_D^{17}$: —186,9° [Natrium-Verbindung in W. (?)]. Lösungen in Wasser und in Äthanol färben sich bei der Einwirkung von Sonnenlicht anfangs violett, später rot und schliesslich gelb.

6,9-Dimethoxy-8-[*O*⁶-β-D-xylopyranosyl-β(?)-D-glucopyranosyloxy]-3*H*-naphtho-[2,3-*c*]furan-1-on, 6,9-Dimethoxy-8-β(?)-primverosyloxy-3*H*-naphtho[2,3-*c*]furan-1-on C$_{25}$H$_{30}$O$_{14}$, vermutlich Formel IV (R = CH$_3$).

Diese Konstitution und Konfiguration kommt dem nachstehend beschriebenen **O-Methyl-α-sorinin** zu.

B. Beim Behandeln einer Lösung von α-Sorinin (s. o.) in wss. Äthanol mit Diazomethan in Äther (*Nikuni*, J. agric. chem. Soc. Japan **17** [1941] 779, 780; Bl. agric. chem. Soc. Japan **17** [1941] 92).

Krystalle (aus W.); F: 251—252°.

IV   V

2-Chlor-5-methoxy-2-oxo-8H-2λ⁵-furo[3',4';2,3]naphtho[1,8-de][1,3,2]dioxaphosphorin-10-on, 8,9-Chlorphosphoryldioxy-6-methoxy-3H-naphtho[2,3-c]furan-1-on, 1,8-Chlor=phosphoryldioxy-3-hydroxymethyl-6-methoxy-[2]naphthoesäure-lacton $C_{13}H_8ClO_6P$, Formel V (in der Literatur als α-Sorigenin-oxychlorphosphin bezeichnet).

B. Beim Erhitzen von α-Sorigenin (S. 2564) mit Phosphorylchlorid (*Nikuni*, J. agric. chem. Soc. Japan **18** [1942] 496, 501; Bl. agric. chem. Soc. Japan **18** [1942] 41).

Rotbraune Krystalle; F: 273° [Zers.].

7,8-Dimethoxy-4,5-dihydro-naphtho[1,2-c]furan-1,3-dion, 6,7-Dimethoxy-3,4-dihydro-naphthalin-1,2-dicarbonsäure-anhydrid $C_{14}H_{12}O_5$, Formel VI.

B. Beim Erwärmen von 4-[3,4-Dimethoxy-phenyl]-buttersäure-äthylester mit Diäthyl=oxalat und Kaliumäthylat in Äther und Erwärmen des Reaktionsprodukts mit 70%ig. wss. Schwefelsäure (*Fieser, Hershberg*, Am. Soc. **58** [1936] 2314, 2316; s. a. *Horning, Koo*, Am. Soc. **73** [1951] 5828). Beim Erhitzen von 6,7-Dimethoxy-3,4-dihydro-naphthalin-1,2-dicarbonsäure mit Acetanhydrid (*Howell, Taylor*, Soc. **1956** 4252, 4256).

Rote Krystalle; F: 192,5—193° [korr.; aus Bzl.] (*Fi., He.*), 190,5—191,5° [korr.; aus Bzl. + Hexan] (*Ho., Koo*), 188° [aus Bzl.] (*Ho., Ta.*).

Hydroxy-oxo-Verbindungen $C_{13}H_{10}O_5$

6-[4-Methoxy-phenäthyl]-pyran-2,3,4-trion-3-phenylhydrazon, 5-Hydroxy-7-[4-methoxy-phenyl]-3-oxo-2-phenylhydrazono-hept-4t-ensäure-lacton $C_{20}H_{18}N_2O_4$, Formel VII, und Tautomere (z.B. 6-[4-Methoxy-phenäthyl]-3-phenylazo-pyran-2,4-dion).

B. Beim Behandeln von Dihydroyangonalacton (S. 1551) mit einer wss. Benzol=diazoniumsalz-Lösung und Natriumcarbonat (*Borsche, Blount*, B. **65** [1932] 820, 826).

Orangefarbene Krystalle (aus A.); F: 154°.

VI   VII

4-Methyl-3-[(Ξ)-veratryliden]-3H-pyran-2,6-dion, 3-Methyl-4-[(Ξ)-veratryliden]-cis-pentendisäure-anhydrid $C_{15}H_{14}O_5$, Formel VIII (R = CH₃).

B. Beim Behandeln von 3-Methyl-cis-pentendisäure-anhydrid mit Veratrumaldehyd in äthanol. Lösung (*Wiley et al.*, Am. Soc. **76** [1954] 1675).

Gelbe Krystalle (aus E.); F: 183—186°.

3-[(Ξ)-3,4-Diäthoxy-benzyliden]-4-methyl-3H-pyran-2,6-dion, 4-[(Ξ)-3,4-Diäthoxy-benzyliden]-3-methyl-cis-pentendisäure-anhydrid $C_{17}H_{18}O_5$, Formel VIII (R = C₂H₅).

B. Beim Behandeln von 3-Methyl-cis-pentendisäure-anhydrid mit 3,4-Diäthoxy-benzaldehyd in äthanol. Lösung (*Wiley et al.*, Am. Soc. **76** [1954] 1675).

Orangefarbene Krystalle (aus E.); F: 145°.

3-Acetyl-4-[2-methoxy-phenyl]-3H-pyran-2,6-dion, 4-Acetyl-3-[2-methoxy-phenyl]-cis-pentendisäure-anhydrid $C_{14}H_{12}O_5$, Formel IX, und Tautomere.

Diese Konstitution kommt vermutlich der nachstehend beschriebenen, von *Limaye, Bhave* (J. Univ. Bombay **2**, Tl. 2 [1933] 82, 88) als [4-(2-Methoxy-phenyl)-6-oxo-5,6-dihydro-pyran-2-yliden]-essigsäure ($C_{14}H_{12}O_5$) angesehenen Verbindung zu (vgl. die Angaben im folgenden Artikel).

B. Beim Erhitzen von 3-[2-Methoxy-phenyl]-cis-pentendisäure-anhydrid mit Acet=anhydrid und Natriumacetat (*Li., Bh.*).

F: 116°.

VIII   IX   X

3-Acetyl-4-[4-methoxy-phenyl]-3H-pyran-2,6-dion, 4-Acetyl-3-[4-methoxy-phenyl]-cis-pentendisäure-anhydrid $C_{14}H_{12}O_5$, Formel X (R = CH₃), und Tautomere.

Diese Konstitution kommt der nachstehend beschriebenen, von *Limaye, Bhave* (J. Univ. Bombay **2**, Tl. 2 [1933] 82, 85), von *Bhave* (Rasayanam **1** [1938] 127, 130) und von *Nerurkar, Bhave* (J. org. Chem. **25** [1960] 1239) als [4-(4-Methoxy-phenyl)-6-oxo-5,6-dihydro-pyran-2-yliden]-essigsäure ($C_{14}H_{12}O_5$) angesehenen Verbindung zu (*Gogte*, Pr. Indian Acad. [A] **7** [1938] 214; *Karmarkar*, J. scient. ind. Res. India **20** B [1961] 409). Nach Ausweis des ¹H-NMR-Spektrums, des IR-Spektrums und des UV-Spektrums liegt im festen Zustand sowie in Lösungen (Chloroform, Äthanol) die Enol-Form vor (*Ka.*).

B. Beim Erwärmen von 3-[4-Methoxy-phenyl]-cis-pentendisäure-anhydrid mit Acetyl=chlorid und Pyridin (*Go.*, l. c. S. 221) oder mit Acetanhydrid und Natriumacetat (*Li., Bh.; Go.*, l. c. S. 222).

Krystalle; F: 132° [aus wss. Eg.] (*Li., Bh.*), 132° [aus E.] (*Go.*). ¹H-NMR-Absorption (CHCl₃): *Ka.* IR-Banden (KBr sowie CHCl₃) im Bereich von 2,8 μ bis 7,4 μ: *Ka.* Absorptionsmaxima: 274 nm und 357 nm [95%ig. wss. A.] bzw. 274 nm und 359 nm [95%ig. wss. A. + wenig Natriumhydroxid] (*Ka.*).

4-[4-Acetoxy-phenyl]-3-acetyl-3H-pyran-2,6-dion, 3-[4-Acetoxy-phenyl]-4-acetyl-cis-pentendisäure-anhydrid $C_{15}H_{12}O_6$, Formel X (R = CO-CH₃), und Tautomere.

Diese Konstitution kommt möglicherweise der nachstehend beschriebenen, von *Dixit* (J. Univ. Bombay **4**, Tl. 2 [1935] 153, 155) als 4-Acetoxy-2-[4-acetoxy-phenyl]-cyclobuta-1,3-diencarbonsäure angesehenen Verbindung zu.

B. Beim Erhitzen von 3-[4-Hydroxy-phenyl]-cis-pentendisäure-anhydrid (S. 1524) mit Acetanhydrid und Natriumacetat (*Di.*).

Krystalle (aus Acn. + CHCl₃); F: 123°.

3t(?)-[2]Furyl-1-[2-hydroxy-4,5-dimethoxy-phenyl]-propenon $C_{15}H_{14}O_5$, vermutlich Formel I.

B. Beim Behandeln eines Gemisches von Furfural und 1-[2-Hydroxy-4,5-dimethoxy-phenyl]-äthanon in Äthanol mit wss. Kalilauge (*Marini-Bettolo*, G. **71** [1941] 635, 638).

Krystalle (aus A.); F: 128°.

I   II

3-[4-Methoxy-trans(?)-cinnamoyl]-furan-2,4-dion, 2-Glykoloyl-5t(?)-[4-methoxy-phenyl]-3-oxo-pent-4-ensäure-lacton $C_{14}H_{12}O_5$, vermutlich Formel II, und Tautomere (z.B. 4-Hydroxy-3-[4-methoxy-trans(?)-cinnamoyl]-5H-furan-2-on).

B. Beim Erwärmen von 3-Acetyl-furan-2,4-dion mit 4-Methoxy-benzaldehyd, Essig=säure und wenig Piperidin (*Baker et al.*, Soc. **1943** 241).

Hellgelbe Krystalle (aus PAe.); F: 164° [nach Erweichen bei 159°].

3-Acetoacetyl-7-methoxycarbonyloxy-cumarin, 1-[7-Methoxycarbonyloxy-2-oxo-2H-chromen-3-yl]-butan-1,3-dion $C_{15}H_{12}O_7$, Formel III, und Tautomere.

B. Beim Erwärmen von 2-[7-Methoxycarbonyloxy-2-oxo-2H-chromen-3-carbonyl]-acetessigsäure-äthylester mit Wasser (*Trenknerówna*, Roczniki Chem. **16** [1936] 12, 14; C. A. **1937** 2187).

Krystalle (aus A.); F: 204—205°.

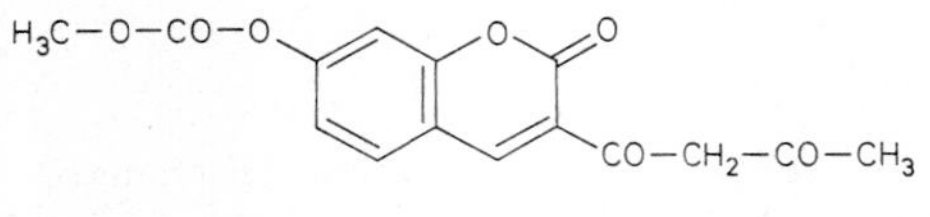

III 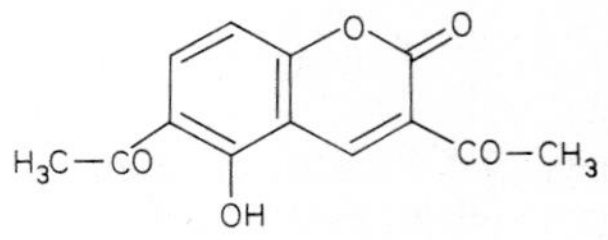 IV

3,6-Diacetyl-5-hydroxy-cumarin $C_{13}H_{10}O_5$, Formel IV.

B. Beim Behandeln von 3-Acetyl-2,6-dihydroxy-benzaldehyd mit Acetessigsäure-äthylester und wenig Piperidin (*Shah, Shah*, Soc. **1939** 132).

Gelbe Krystalle (aus wss. A.); F: 170—171°.

3,8-Diacetyl-7-hydroxy-cumarin $C_{13}H_{10}O_5$, Formel V (R = H).

B. Beim Behandeln von 3-Acetyl-2,4-dihydroxy-benzaldehyd mit Acetessigsäure-äthylester und wenig Piperidin (*Shah, Shah*, Soc. **1939** 949).

Gelbe Krystalle (aus A.); F: 166—167°.

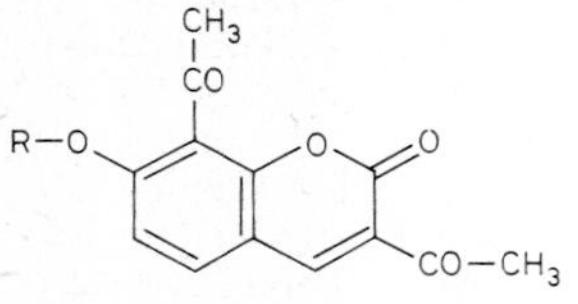

V 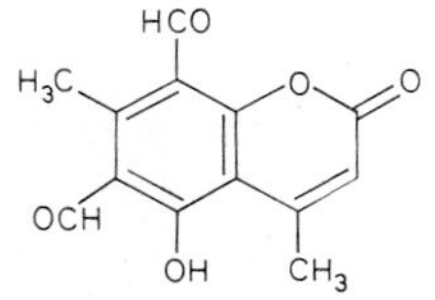 VI 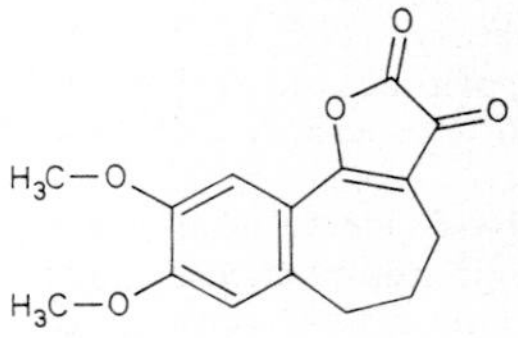 VII

7-Acetoxy-3,8-diacetyl-cumarin $C_{15}H_{12}O_6$, Formel V (R = CO-CH$_3$).

B. Beim Erhitzen von 3,8-Diacetyl-7-hydroxy-cumarin mit Acetanhydrid und wenig Pyridin (*Shah, Shah*, Soc. **1939** 949).

Krystalle (aus Bzl.); F: 170—177°.

5-Hydroxy-4,7-dimethyl-2-oxo-2H-chromen-6,8-dicarbaldehyd, 6,8-Diformyl-5-hydroxy-4,7-dimethyl-cumarin $C_{13}H_{10}O_5$, Formel VI.

B. Beim Erwärmen von 5-Hydroxy-4,7-dimethyl-cumarin mit Hexamethylentetramin und Essigsäure und anschliessend mit wss. Salzsäure (*Naik, Thakor*, J. org. Chem. **22** [1957] 1626, 1629).

Hellgelbe Krystalle (aus Eg.); F: 196°.

2,4-Dinitro-phenylhydrazon $C_{19}H_{14}N_4O_8$. Rot; unterhalb 315° nicht schmelzend.

8,9-Dimethoxy-5,6-dihydro-4H-benzo[6,7]cyclohepta[1,2-b]furan-2,3-dion, 5-Hydroxy-[2,3-dimethoxy-8,9-dihydro-7H-benzocyclohepten-6-yl]-glyoxylsäure-lacton $C_{15}H_{14}O_5$, Formel VII.

B. Beim Behandeln von 2,3-Dimethoxy-6,7,8,9-tetrahydro-benzocyclohepten-5-on mit Dimethyloxalat und Natriummethylat in Benzol (*Horton et al.*, Am. Soc. **75** [1953] 944).

Krystalle (aus E.); F: 191,5—192,3° [unkorr.].

7,8-Dimethoxy-5,6-dihydro-4H-benzo[3,4]cyclohepta[1,2-c]furan-1,3-dion, 1,2-Dimethoxy-8,9-dihydro-7H-benzocyclohepten-5,6-dicarbonsäure-anhydrid $C_{15}H_{14}O_5$, Formel VIII.

B. Aus 2,3-Dimethoxy-benzaldehyd und 4-Brom-*trans*-crotonsäure-methylester über

5-[2,3-Dimethoxy-phenyl]-5-hydroxy-pent-2t-ensäure-methylester, 5-[2,3-Dimethoxy-phenyl]-penta-2,4-diensäure-methylester und [3-(2,3-Dimethoxy-phenyl)-propyl]-oxal=essigsäure-1-äthylester-4-methylester (*Walker*, Am. Soc. **78** [1956] 3201, 3205).

Gelbe Krystalle (aus E.); F: 172—174° [korr.]. Absorptionsmaxima (A.): 237 nm und 362 nm.

8,9-Dimethoxy-5,6-dihydro-4H-benzo[3,4]cyclohepta[1,2-c]furan-1,3-dion, 2,3-Dimeth=oxy-8,9-dihydro-7H-benzocyclohepten-5,6-dicarbonsäure-anhydrid $C_{15}H_{14}O_5$, Formel IX.

B. Beim Behandeln von 5-[3,4-Dimethoxy-phenyl]-valeriansäure-äthylester mit Di=äthyloxalat und Kaliumäthylat in Äther und Behandeln des erhaltenen [3-(3,4-Dimethoxy-phenyl)-propyl]-oxalessigsäure-diäthylesters mit Phosphorsäure und konz. Schwefelsäure (*Horning*, *Koo*, Am. Soc. **73** [1951] 5830).

Gelbe Krystalle (aus E. + Pentan); F: 164—165° [korr.].

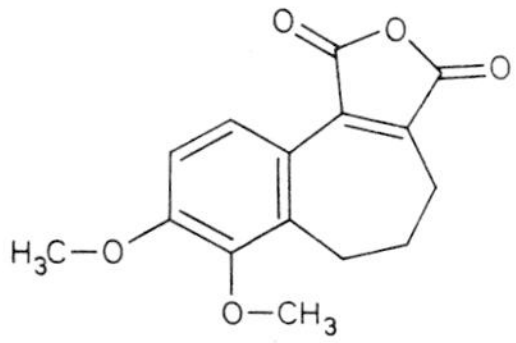

VIII 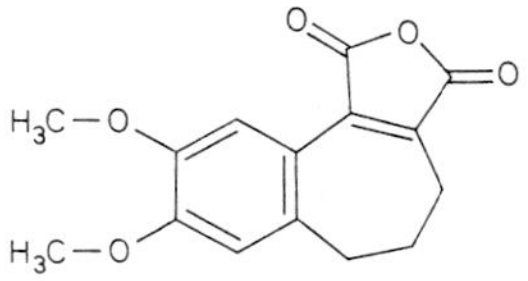 IX 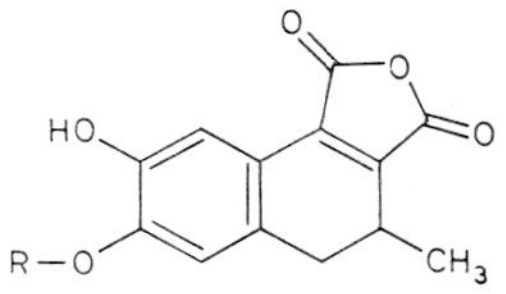 X

(±)-**8-Hydroxy-7-methoxy-4-methyl-4,5-dihydro-naphtho[1,2-c]furan-1,3-dion**,
(±)-**7-Hydroxy-6-methoxy-3-methyl-3,4-dihydro-naphthalin-1,2-dicarbonsäure-anhydrid** $C_{14}H_{12}O_5$, Formel X (R = CH_3).

B. Beim Erhitzen von 2-Methoxy-4-propenyl-phenol mit Chlormaleinsäure-anhydrid in Xylol (*Synerholm*, Am. Soc. **67** [1945] 345).

Krystalle (aus Xylol); F: 225—226°.

(±)-**7-Äthoxy-8-hydroxy-4-methyl-4,5-dihydro-naphtho[1,2-c]furan-1,3-dion**,
(±)-**6-Äthoxy-7-hydroxy-3-methyl-3,4-dihydro-naphthalin-1,2-dicarbonsäure-anhydrid** $C_{15}H_{14}O_5$, Formel X (R = C_2H_5).

B. Beim Erhitzen von 2-Äthoxy-4-propenyl-phenol mit Chlormaleinsäure-anhydrid in Xylol (*Synerholm*, Am. Soc. **67** [1945] 345).

Krystalle (aus Toluol); F: 192—196°.

Hydroxy-oxo-Verbindungen $C_{14}H_{12}O_5$

3-Acetyl-4-[4-methoxy-3-methyl-phenyl]-3H-pyran-2,6-dion, 4-Acetyl-3-[4-methoxy-3-methyl-phenyl]-cis-pentendisäure-anhydrid $C_{15}H_{14}O_5$, Formel I, und Tautomere.

Diese Konstitution kommt nach *Gogte* (Pr. Indian Acad. [A] **7** [1938] 214, 227) der nachstehend beschriebenen, ursprünglich (*Limaye*, *Bhave*, J. Univ. Bombay **2**, Tl. 2 [1933] 82, 88) als [4-(4-Methoxy-3-methyl-phenyl)-6-oxo-5,6-dihydro-pyran-2-yliden]-essigsäure ($C_{15}H_{14}O_5$) angesehenen Verbindung zu.

B. Beim Erhitzen von 3-[4-Methoxy-3-methyl-phenyl]-cis-pentendisäure-anhydrid mit Acetanhydrid und Natriumacetat (*Li.*, *Bh.*).

Krystalle; F: 189° (*Li.*, *Bh.*), 187° [aus Acetanhydrid] (*Go.*).

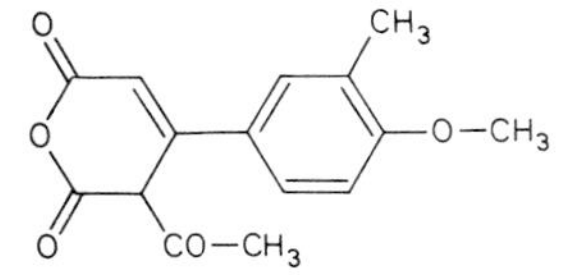

I 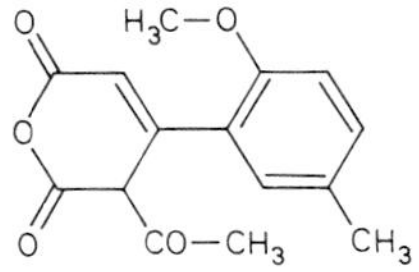 II 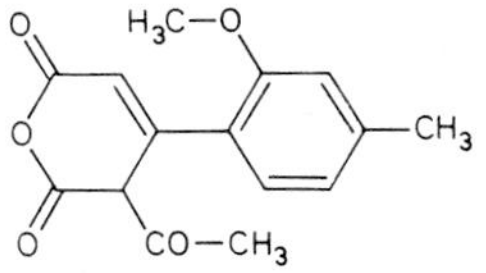 III

3-Acetyl-4-[2-methoxy-5-methyl-phenyl]-3H-pyran-2,6-dion, 4-Acetyl-3-[2-methoxy-5-methyl-phenyl]-cis-pentendisäure-anhydrid $C_{15}H_{14}O_5$, Formel II, und Tautomere.

Diese Konstitution kommt nach *Gogte* (Pr. Indian Acad. [A] **7** [1938] 214, 226) der nachstehend beschriebenen, ursprünglich (*Limaye, Bhave*, J. Univ. Bombay **2**, Tl. 2 [1933] 82, 88) als [4-(2-Methoxy-5-methyl-phenyl)-6-oxo-5,6-dihydro-pyran-2-yliden]-essigsäure ($C_{15}H_{14}O_5$) formulierten Verbindung zu.

B. Beim Erwärmen von 3-[2-Methoxy-5-methyl-phenyl]-cis-pentendisäure-anhydrid mit Acetanhydrid und Natriumacetat (*Li., Bh.; Go.*) oder mit Acetylchlorid und Pyridin (*Go.*).

Krystalle [aus E.] (*Go.*); F: 129° (*Li., Bh.; Go.*).

3-Acetyl-4-[2-methoxy-4-methyl-phenyl]-3H-pyran-2,6-dion, 4-Acetyl-3-[2-methoxy-4-methyl-phenyl]-cis-pentendisäure-anhydrid $C_{15}H_{14}O_5$, Formel III, und Tautomere.

Diese Konstitution kommt vermutlich der nachstehend beschriebenen, von *Limaye, Bhave* (J. Univ. Bombay **2**, Tl. 2 [1933] 82, 88) als [4-(2-Methoxy-4-methyl-phenyl)-6-oxo-5,6-dihydro-pyran-2-yliden]-essigsäure ($C_{15}H_{14}O_5$) angesehenen Verbindung zu (vgl. *Gogte*, Pr. Indian Acad. [A] **7** [1938] 214).

B. Beim Erhitzen von 3-[2-Methoxy-4-methyl-phenyl]-cis-pentendisäure-anhydrid mit Acetanhydrid und Natriumacetat (*Li., Bh.*).

F: 138° (*Li., Bh.*).

4,5-Dimethyl-3-[(Ξ)-veratryliden]-3H-pyran-2,6-dion, 2,3-Dimethyl-4-[(Ξ)-veratryliden]-cis-pentendisäure-anhydrid $C_{16}H_{16}O_5$, Formel IV (R = CH_3).

B. Aus 2,3-Dimethyl-cis-pentendisäure-anhydrid und Veratrumaldehyd (*Wiley, Ellert*, J. org. Chem. **22** [1957] 330).

Gelbe Krystalle (aus E.); F: $159-160°$.

IV   V   VI

3-[(Ξ)-3,4-Diäthoxy-benzyliden]-4,5-dimethyl-3H-pyran-2,6-dion, 4-[(Ξ)-3,4-Diäthoxy-benzyliden]-2,3-dimethyl-cis-pentendisäure-anhydrid $C_{18}H_{20}O_5$, Formel IV (R = C_2H_5).

B. Aus 2,3-Dimethyl-cis-pentendisäure-anhydrid und 3,4-Diäthoxy-benzaldehyd (*Wiley, Ellert*, J. org. Chem. **22** [1957] 330).

Gelbe Krystalle (aus Bzl.); F: $139-141°$.

(±)-3-Acetyl-4-[4-methoxy-phenyl]-3-methyl-3H-pyran-2,6-dion, (±)-4-Acetyl-3-[4-methoxy-phenyl]-4-methyl-cis-pentendisäure-anhydrid $C_{15}H_{14}O_5$, Formel V.

Diese Konstitution kommt vermutlich der nachstehend beschriebenen, von *Limaye, Bhave* (Rasayanam **1** [1939] 177, 179) als [4-(4-Methoxy-phenyl)-5-methyl-6-oxo-5,6-dihydro-pyran-2-yliden]-essigsäure ($C_{15}H_{14}O_5$) angesehenen Verbindung zu (vgl. die Angaben im Artikel 3-Acetyl-4-[4-methoxy-phenyl]-3H-pyran-2,6-dion [S. 2567]).

B. Beim Erwärmen von (±)-3-[4-Methoxy-phenyl]-4-methyl-cis-pentendisäure-anhydrid mit Acetanhydrid und Natriumacetat (*Li., Bh.*).

Krystalle (aus Eg. oder A.); F: 125°.

5,7-Dimethoxy-8-[3-methyl-crotonoyl]-cumarin $C_{16}H_{16}O_5$, Formel VI.

Diese Konstitution kommt dem von *Kariyone, Hata* (J. pharm. Soc. Japan **76** [1956] 649; C. A. **1957** 1152) beschriebenen **Glabralacton** (*Hata*, J. pharm. Soc. Japan **76** [1956]

666, 667; C. A. **1957** 1152) sowie dem von *Fujita, Furuya* (J. pharm. Soc. Japan **76** [1956] 538; C. A. **1956** 13000) beschriebenen, ursprünglich als 5,7-Dimethoxy-6-[3-methyl-crotonoyl]-cumarin ($C_{16}H_{16}O_5$) formulierten **Angelicon** (*Mowat, Murray*, Tetrahedron **29** [1973] 2943, 2944) zu.

Isolierung aus Wurzeln von Angelica shishiudo: *Fu., Fu.*, l. c. S. 541; aus Wurzeln von Angelica glabra: *Ka., Hata.*

Krystalle; F: 130° [aus wss. A.] (*Fu., Fu.*), 129—130° [aus A.] (*Ka., Hata*). IR-Spektrum (Nujol; 2—16 μ) sowie UV-Spektrum (A.; 220—350 nm): *Fu., Fu.*, l. c. S. 539.

Reaktion mit Brom in Essigsäure unter Bildung einer Verbindung $C_{16}H_{15}Br_3O_5$ (Krystalle [aus Acn.], F: 193° [Zers.]): *Fu., Fu.*, l. c. S. 542. Überführung in eine Verbindung $C_{16}H_{20}O_5$ (Krystalle [aus A.], F: 210—212°) mit Hilfe von Natrium-Amalgam: *Ka., Hata.* Beim Erwärmen mit wss. Natronlauge ist eine Verbindung $C_{16}H_{18}O_6 \cdot 2H_2O$ (Krystalle [aus wss. A.], F: 124—125°) erhalten worden (*Ka., Hata*). Bildung einer Verbindung $C_{16}H_{19}NO_6$ (Krystalle [aus A.], F: 161—162° [Zers.]) beim Behandeln mit Hydroxylamin-hydrochlorid und Natriumcarbonat in wss. Äthanol: *Ka., Hata.*

5,7-Dimethoxy-8-[3-methyl-1-semicarbazono-but-2-enyl]-cumarin, Angelicon-semicarbazon, Glabralacton-semicarbazon $C_{17}H_{19}N_3O_5$, Formel VII (R = $CO-NH_2$).

B. Aus der im vorangehenden Artikel beschriebenen Verbindung und Semicarbazid (*Fujita, Furuya*, J. pharm. Soc. Japan **76** [1956] 538, 542; C. A. **1956** 13000).

Krystalle (aus wss. A.); F: 177° [Zers.]. UV-Spektrum (A.; 220—350 nm): *Fu., Fu.*, l. c. S. 539.

VII   VIII   IX

3-Acetyl-5-hydroxy-6-propionyl-cumarin $C_{14}H_{12}O_5$, Formel VIII.

B. Beim Behandeln von 2,6-Dihydroxy-3-propionyl-benzaldehyd mit Acetessigsäure-äthylester und wenig Piperidin (*Shah, Shah*, Soc. **1940** 245).

Gelbe Krystalle (aus wss. A.); F: 188—190°.

(+)-7-Acetoxy-5-chlor-7-methyl-3-[3-oxo-but-1-en-*t*-yl]-isochromen-6,8-dion $C_{16}H_{13}ClO_6$, Formel IX (R = $CO-CH_3$).

Diese Konstitution und Konfiguration kommt dem nachstehend beschriebenen **(+)-Pentanorsclerotioron** zu.

B. Neben (*S*)-2-Methyl-butyraldehyd beim Behandeln einer Lösung von (+)-Sclerotiorin (S. 1653) in Äthylacetat mit Ozon und Behandeln des Reaktionsprodukts mit Wasser (*Eade et al.*, Soc. **1957** 4913, 4920). Beim Behandeln einer Lösung von Sclerotiorin mit Chrom(VI)-oxid und Essigsäure (*Watanabe*, J. pharm. Soc. Japan **72** [1952] 807, 810).

Orangefarbene Krystalle (aus A.); F: 233—235° [Zers.] (*Wa.*), 234° [Zers.] (*Eade et al.*). $[\alpha]_D^{20}$: +381° [$CHCl_3$; c = 1] (*Eade et al.*); $[\alpha]_D^{18}$: +349,2° [Acn.; c = 0,3] (*Wa.*). Absorptionsmaxima (A.): 243 nm, 281 nm, 311 nm, 355 nm und 426 nm (*Eade et al.*).

(±)-4*t*-[3,4-Dimethoxy-phenyl]-(3a*r*,7a*c*)-3a,4,7,7a-tetrahydro-isobenzofuran-1,3-dion, **(±)-3*c*-[3,4-Dimethoxy-phenyl]-cyclohex-4-en-1*r*,2*c*-dicarbonsäure-anhydrid** $C_{16}H_{16}O_5$, Formel I + Spiegelbild.

B. Beim Erhitzen von (±)-1-[3,4-Dimethoxy-phenyl]-but-3-en-1-ol mit Maleinsäure-anhydrid in Xylol (*Arnold, Coyner*, Am. Soc. **66** [1944] 1542, 1544).

F: 127—129°.

(±)-7-Chlor-4,6-dimethoxy-2′-methyl-spiro[benzofuran-2,1′-cyclohex-2′-en]-3,4′-dion $C_{16}H_{15}ClO_5$, Formel II.

B. In kleiner Menge beim Behandeln einer Lösung von (±)-7-Chlor-4,6-dimethoxy-2′-methyl-3-methylen-4′-oxo-3*H*-spiro[benzofuran-2,1′-cyclohex-2′-en]-3′-carbonsäure-äthylester in Tetrachlormethan mit Ozon und Behandeln einer Lösung des Reaktionsprodukts in Äther und Essigsäure mit Wasser und Zink-Pulver (*Dawkins, Mulholland*, Soc. **1959** 2211, 2222).

Krystalle (aus A.); F: 167—168° [korr.]. Absorptionsmaxima (A.): 213 nm, 235 nm, 291 nm und 323 nm.

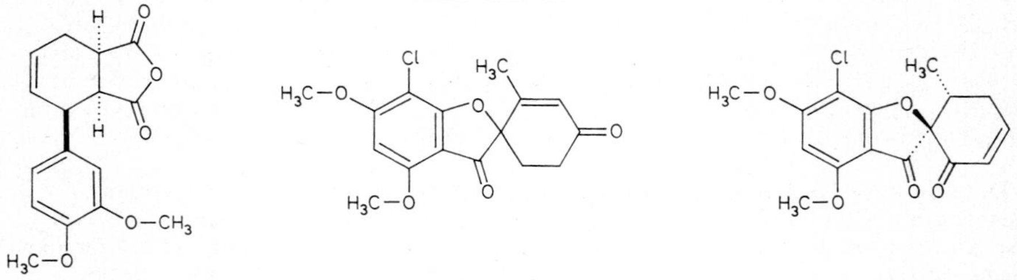

I   II   III

(2S,6′R)-7-Chlor-4,6-dimethoxy-6′-methyl-spiro[benzofuran-2,1′-cyclohex-3′-en]-3,2′-dion $C_{16}H_{15}ClO_5$, Formel III.

B. Beim Behandeln von Griseofulvin ((2S,6′R)-7-Chlor-4,6,2′-trimethoxy-6′-methyl-spiro[benzofuran-2,1′-cyclohex-2′-en]-3,4′-dion) mit Aluminiumisopropylat in Isopropyl=alkohol und Behandeln des Reaktionsprodukts mit wss. Salzsäure (*Mulholland*, Soc. **1952** 3994, 4002).

Krystalle (aus A.); F: 275° [korr.; Zers.]. Absorptionsmaxima (Me.): 228 nm, 290 nm und 326 nm (*Mu.*, l. c. S. 3999).

(2S,6′R)-4,6-Dimethoxy-6′-methyl-spiro[benzofuran-2,1′-cyclohex-2′-en]-3,4′-dion $C_{16}H_{16}O_5$, Formel IV (X = H).

B. Beim Erwärmen von (2S,2′*Ξ*,6′R)-4,6,2′-Trimethoxy-6′-methyl-spiro[benzofuran-2,1′-cyclohexan]-3,4′-dion (F: 167—168°) mit Methanol und wss. Schwefelsäure (*McMillan, Suter*, Soc. **1957** 3124).

Krystalle (aus Me.); F: 149—151° [korr.]. $[\alpha]_D^{20}$: +465° [$CHCl_3$; c = 1]. Absorptionsmaxima (A.): 288 nm und 320 nm.

2,4-Dinitro-phenylhydrazon $C_{22}H_{20}N_4O_8$. Orangefarbene Krystalle (aus $CHCl_3$ + Bzn.); F: 245—246° [korr.].

7-Chlor-4,6-dimethoxy-6′-methyl-spiro[benzofuran-2,1′-cyclohex-2′-en]-3,4′-dion $C_{16}H_{15}ClO_5$.

a) **(2R,6′R)-7-Chlor-4,6-dimethoxy-6′-methyl-spiro[benzofuran-2,1′-cyclohex-2′-en]-3,4′-dion** $C_{16}H_{15}ClO_5$, Formel V (R = CH_3).

B. Beim Erhitzen von (2R,2′*Ξ*,6′R)-7-Chlor-4,6,2′-trimethoxy-6′-methyl-spiro[benzo=furan-2,1′-cyclohexan]-3,4′-dion (F: 180—182°) mit wss. Essigsäure (*Dawkins, Mul-holland*, Soc. **1959** 1830, 1832).

Krystalle (aus wss. Me.), F: 196—198° [korr.]; Krystalle vom F: 166—167°, die sich beim Erhitzen in die höherschmelzende Modifikation umwandeln. $[\alpha]_D^{21}$: —148° [Acn.; c = 1].

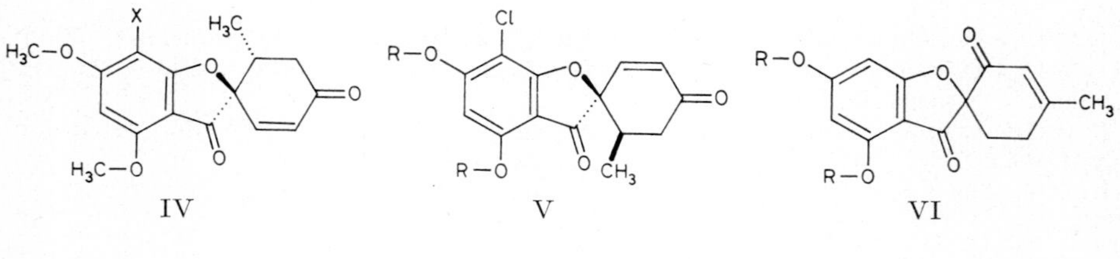

IV   V   VI

b) **(2S,6'R)-7-Chlor-4,6-dimethoxy-6'-methyl-spiro[benzofuran-2,1'-cyclohex-2'-en]-3,4'-dion** $C_{16}H_{15}ClO_5$, Formel IV (X = Cl).

B. Neben kleinen Mengen (2S,2'Ξ,6'R)-2'-Äthoxy-7-chlor-4,6-dimethoxy-6'-methyl-spiro[benzofuran-2,1'-cyclohexan]-3,4'-dion (F: 156—157° [korr.]) beim Erwärmen von (2S,2'Ξ,6'R)-7-Chlor-4,6,2'-trimethoxy-6'-methyl-spiro[benzofuran-2,1'-cyclohexan]-3,4'-dion (F: 198°) mit wss.-äthanol. Schwefelsäure (*Mulholland*, Soc. **1952** 3994, 3999). Beim Hydrieren von (2S,6'R)-7-Chlor-4,6-dimethoxy-6'-methyl-spiro[benzofuran-2,1'-cyclohexan]-3,2',4'-trion an Palladium in Essigsäure und Erhitzen des Reaktionsprodukts mit Essigsäure und konz. wss. Salzsäure (*Mu.*, l. c. S. 4002).

Krystalle (aus wss. A.); F: 178° [korr.] (*Mu.*, l. c. S. 4002). $[\alpha]_D^{21}$: +442° [Acn.; c = 1] (*Mu.*, l. c. S. 3999). Absorptionsmaxima (Me.): 220 nm, 291 nm und 326 nm (*Mu.*, l. c. S. 3999). Löslichkeit in Wasser: 0,00065 mol/l (*Crowdy et al.*, Biochem. J. **72** [1959] 241, 243).

2,4-Dinitro-phenylhydrazon $C_{22}H_{19}ClN_4O_8$. Orangefarbene Krystalle; F: 283° bis 284° [korr.; Zers.; aus Nitrobenzol + Me.] (*Mu.*, l. c. S. 4002), 282—283° [korr.; Zers.; aus Bzn. + Eg.] (*Mu.*, l. c. S. 3999).

(±)-4,6-Dimethoxy-4'-methyl-spiro[benzofuran-2,1'-cyclohex-3'-en]-3,2'-dion $C_{16}H_{16}O_5$, Formel VI (R = CH_3).

B. Beim Behandeln von (±)-2-Acetyl-4,6-dimethoxy-2-[3-oxo-butyl]-benzofuran-3-on mit Schwefelsäure (*Dean, Manunapichu*, Soc. **1957** 3112, 3121).

Krystalle (aus A.); F: 178°. Absorptionsmaxima (A.): 223 nm, 240 nm, 287 nm und 325 nm.

2,4-Dinitro-phenylhydrazon $C_{22}H_{20}N_4O_8$. Orangefarbene Krystalle (aus Bzl. + Bzn.); F: 222—225°.

3,4-Dimethoxy-7,9,10,11-tetrahydro-cyclohepta[c]chromen-6,8-dion, 2-[2-Hydroxy-3,4-dimethoxy-phenyl]-6-oxo-cyclohept-1-encarbonsäure-lacton $C_{16}H_{16}O_5$, Formel VII.

Diese Konstitution kommt vermutlich der nachstehend beschriebenen Verbindung zu; die Position der Doppelbindung ist nicht bewiesen (*Loewenthal*, Soc. **1953** 3962, 3963).

B. Beim Erhitzen von 3,4-Dimethoxy-6,8-dioxo-6,7,8,9,10,11-hexahydro-cyclohepta[c]chromen-7(?)-carbonsäure-methylester (F: 190°) mit Essigsäure und wss. Salzsäure (*Lo.*, l. c. S. 3966).

Krystalle (aus Bzl. oder A.); F: 190°.

2,4-Dinitro-phenylhydrazon $C_{22}H_{20}N_4O_8$. Gelbe Krystalle (aus $CHCl_3$ + Butan-1-ol); F: 229—230° [Zers.]. Absorptionsmaximum ($CHCl_3$): 353 nm.

VII   VIII   IX

8,8-Bis-äthylmercapto-3,4-dimethoxy-8,9,10,11-tetrahydro-7H-cyclohepta[c]chromen-6-on, 6,6-Bis-äthylmercapto-2-[2-hydroxy-3,4-dimethoxy-phenyl]-cyclohept-1-encarbonsäure-lacton $C_{20}H_{26}O_4S_2$, Formel VIII (R = C_2H_5).

Diese Konstitution kommt vermutlich der nachstehend beschriebenen Verbindung zu; die Position der Doppelbindung ist nicht bewiesen.

B. Beim Behandeln des im vorangehenden Artikel beschriebenen Ketons mit Äthanthiol, Zinkchlorid und Natriumsulfat (*Loewenthal*, Soc. **1953** 3962, 3967).

Krystalle (aus wss. Me.); F: 127°.

6,9,10-Trihydroxy-3-methyl-3,4-dihydro-benz[g]isochromen-7-on $C_{14}H_{12}O_5$, Formel IX, und Tautomere.

Eine aus dem Mycel von Penicillium purpurogenum isolierte, als Purpurogenon bezeichnete Verbindung (F: 310° [Zers.]), für die *Roberts, Warren* (Soc. **1955** 2992) diese Konstitution in Betracht gezogen haben, ist als (6*R*)-1,4,7,9,18,19*syn*-Hexahydroxy-2,11-dimethyl-6,16-dihydro-6*r*,13a*c*,16*c*-äthanylyliden-cyclonona[1,2-*b*;5,6-*b'*]dinaphth=alin-5,8,13,15,17-pentaon (Syst. Nr. 890) zu formulieren (*Roberts, Thompson,* Soc. [C] **1971** 3488).

Hydroxy-oxo-Verbindungen $C_{15}H_{14}O_5$

3-Acetyl-6-[4-methoxy-phenäthyl]-pyran-2,4-dion, 2-Acetyl-5-hydroxy-7-[4-methoxy-phenyl]-3-oxo-hept-4*t*-ensäure-lacton $C_{16}H_{16}O_5$, Formel I, und Tautomere (z.B. 3-Acetyl-4-hydroxy-6-[4-methoxy-phenäthyl]-pyran-2-on) (E II 157; dort als 4.6-Di=oxo-2-[4-methoxy-β-phenäthyl]-5-acetyl-5.6-dihydro-1.4-pyran und als ,,Acetyl-dihydro-isoyangonalacton'' bezeichnet).

B. Beim Erhitzen von Dihydroyangonalacton (S. 1551) mit Acetanhydrid und wenig Pyridin (*Borsche, Blount,* B. **65** [1932] 820, 826).

Gelbliche Krystalle (aus $CHCl_3$); F: 107—108°.

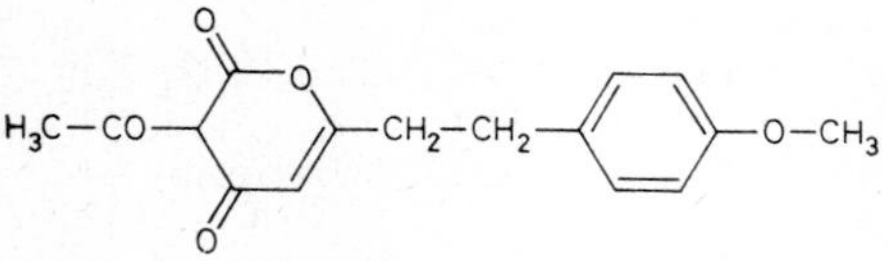

I 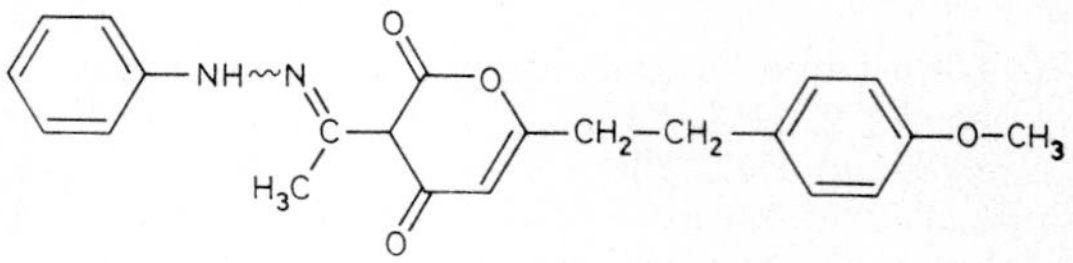   II

6-[4-Methoxy-phenäthyl]-3-[1-phenylhydrazono-äthyl]-pyran-2,4-dion $C_{22}H_{22}N_2O_4$, Formel II, und Tautomere.

B. Aus 3-Acetyl-6-[4-methoxy-phenäthyl]-pyran-2,4-dion und Phenylhydrazin (*Borsche, Blount,* B. **65** [1932] 820, 826).

Gelbe Krystalle (aus A.); F: 161°.

3,6-Diacetyl-8-äthyl-5-hydroxy-cumarin $C_{15}H_{14}O_5$, Formel III.

B. Beim Behandeln mit 3-Acetyl-5-äthyl-2,6-dihydroxy-benzaldehyd mit Acetessig=säure-äthylester und wenig Piperidin (*Shah, Shah,* Soc. **1939** 949).

Gelbe Krystalle (aus A.); F: 189—190°.

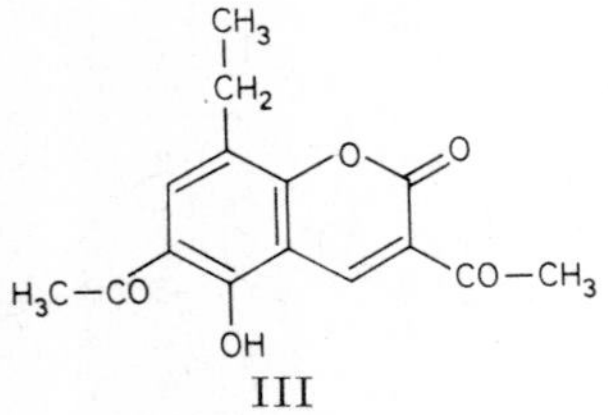

III 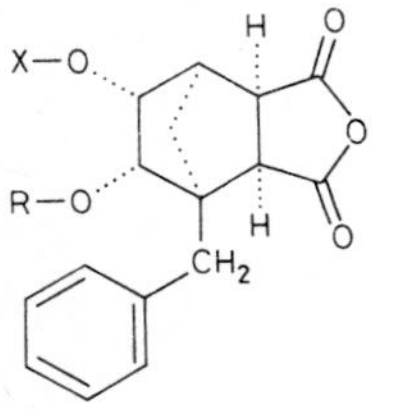   IV 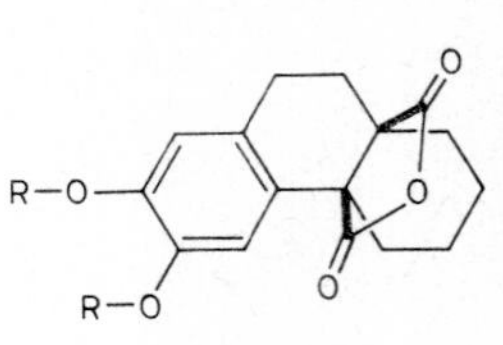   V

Hydroxy-oxo-Verbindungen $C_{16}H_{16}O_5$

(±)-**6*c*-Acetoxy-4-benzyl-5*c*-hydroxy-(3a*r*,7a*c*)-hexahydro-4*c*,7*c*-methano-isobenzofuran-1,3-dion, (±)-5*exo*-Acetoxy-1-benzyl-6*exo*-hydroxy-norbornan-2*endo*,3*endo*-dicarbonsäure-anhydrid** $C_{18}H_{18}O_6$, Formel IV (R = H, X = CO-CH_3) + Spiegelbild, und (±)-**5*c*-Acetoxy-4-benzyl-6*c*-hydroxy-(3a*r*,7a*c*)-hexahydro-isobenzofuran-1,3-dion, (±)-6*exo*-Acetoxy-1-benzyl-5*exo*-hydroxy-norbornan-2*endo*,3*endo*-dicarbonsäure-anhydrid** $C_{18}H_{18}O_6$, Formel IV (R = CO-CH_3, X = H) + Spiegelbild.

Diese beiden Formeln kommen für die nachstehend beschriebene Verbindung in Betracht.

B. Beim Erwärmen von (±)-1-Benzyl-5*exo*,6*exo*-dihydroxy-norbornan-2*endo*,3*endo*-di=carbonsäure mit Acetylchlorid (*Alder, Holzrichter,* A. **524** [1936] 145, 175).

Krystalle (aus Bzn.); F: 132°.

(±)-5*c*,6*c*-Diacetoxy-4-benzyl-(3a*r*,7a*c*)-hexahydro-4*c*,7*c*-methano-isobenzofuran-1,3-dion, (±)-5*exo*,6*exo*-Diacetoxy-1-benzyl-norbornan-2*endo*,3*endo*-dicarbonsäure-anhydrid $C_{20}H_{20}O_7$, Formel IV (R = X = CO-CH₃) + Spiegelbild.

B. Aus (±)-1-Benzyl-5*exo*,6*exo*-dihydroxy-norbornan-2*endo*,3*endo*-dicarbonsäure mit Hilfe von Acetanhydrid (*Alder, Holzrichter*, A. **524** [1936] 145, 175 Anm.).

Krystalle (aus E. + Bzn.); F: 111°.

(±)-6,7-Dihydroxy-1,2,3,4,9,10-hexahydro-4a,10a-[2]oxapropano-phenanthren-11,13-dion, (±)-6,7-Dihydroxy-1,2,3,4,9,10-hexahydro-phenanthren-4a*r*,10a*c*-dicarbon-säure-anhydrid $C_{16}H_{16}O_5$, Formel V (R = H) + Spiegelbild.

B. Beim Erwärmen von (±)-6,7-Dimethoxy-1,2,3,4,9,10-hexahydro-phenanthren-4a*r*,10a*c*-dicarbonsäure-anhydrid mit einem Gemisch von wss. Bromwasserstoffsäure und Essigsäure (*Fieser, Hershberg*, Am. Soc. **58** [1936] 2314, 2318).

Krystalle (aus Bzl.); F: 147,5—148,5° [korr.].

(±)-6,7-Dimethoxy-1,2,3,4,9,10-hexahydro-4a,10a-[2]oxapropano-phenanthren-11,13-dion, (±)-6,7-Dimethoxy-1,2,3,4,9,10-hexahydro-phenanthren-4a*r*,10a*c*-dicarbon-säure-anhydrid $C_{18}H_{20}O_5$, Formel V (R = CH₃) + Spiegelbild.

B. Bei der Hydrierung von (±)-6,7-Dimethoxy-1,4,9,10-tetrahydro-phenanthren-4a*r*,10a*c*-dicarbonsäure-anhydrid an Platin in Essigsäure (*Fieser, Hershberg*, Am. Soc. **58** [1936] 2314, 2318).

Krystalle (aus Bzl. + Bzn.); F: 146,5—147° [korr.].

(±)-6,7-Diacetoxy-1,2,3,4,9,10-hexahydro-4a,10a-[2]oxapropano-phenanthren-11,13-dion, (±)-6,7-Diacetoxy-1,2,3,4,9,10-hexahydro-phenanthren-4a*r*,10a*c*-dicarbon-säure-anhydrid $C_{20}H_{20}O_7$, Formel V (R = CO-CH₃) + Spiegelbild.

B. Aus (±)-6,7-Dihydroxy-1,2,3,4,9,10-hexahydro-phenanthren-4a*r*,10a*c*-dicarbon-säure-anhydrid mit Hilfe von Acetanhydrid und Natriumacetat (*Fieser, Hershberg*, Am. Soc. **58** [1936] 2314, 2318).

Krystalle (aus A.); F: 151,5—152° [korr.].

(±)-6,7-Bis-benzoyloxy-1,2,3,4,9,10-hexahydro-4a,10a-[2]oxapropano-phenanthren-11,13-dion, (±)-6,7-Bis-benzoyloxy-1,2,3,4,9,10-hexahydro-phenanthren-4a*r*,10a*c*-di-carbonsäure-anhydrid $C_{30}H_{24}O_7$, Formel V (R = CO-C₆H₅) + Spiegelbild.

B. Beim Erhitzen von (±)-6,7-Dihydroxy-1,2,3,4,9,10-hexahydro-phenanthren-4a*r*,10a*c*-dicarbonsäure-anhydrid mit Benzoylchlorid und Pyridin (*Fieser, Hershberg*, Am. Soc. **58** [1936] 2314, 2318).

Krystalle (aus A.); F: 175—175,5° [korr.].

Hydroxy-oxo-Verbindungen $C_{17}H_{18}O_5$

3-Acetyl-4-[5-isopropyl-4-methoxy-2-methyl-phenyl]-3*H*-pyran-2,6-dion, 4-Acetyl-3-[5-isopropyl-4-methoxy-2-methyl-phenyl]-*cis*-pentendisäure-anhydrid $C_{18}H_{20}O_5$, Formel VI, und Tautomere.

Diese Konstitution kommt vermutlich der nachstehend beschriebenen, von *Bhave* (J. Indian chem. Soc. **29** [1952] 275, 278) als [4-(5-Isopropyl-4-methoxy-2-methyl-phenyl)-6-oxo-5,6-dihydro-pyran-2-yliden]-essigsäure ($C_{18}H_{20}O_5$) angesehenen Verbindung zu (vgl. die Angaben im Artikel 3-Acetyl-4-[4-methoxy-phenyl]-3*H*-pyran-2,6-dion [S. 2567]).

B. Beim Erwärmen von 3-[5-Isopropyl-4-methoxy-2-methyl-phenyl]-*cis*-pentendi-säure-anhydrid mit Acetanhydrid und Natriumacetat (*Bh.*).

Krystalle (aus Eg.); F: 130°.

---

*Opt.-inakt. 7-Acetyl-4,6-dihydroxy-3,5,5'-trimethyl-3*H*-spiro[benzofuran-2,1'-cyclopent-4'-en]-3'-on, Dihydrodecarbousnol $C_{17}H_{18}O_5$, Formel VII.

B. Bei der Hydrierung von (±)-Decarbousnol (S. 2661) an Palladium/Kohle in Äthylacetat (*Asahina, Yanagita*, B. **70** [1937] 1500, 1504; *Asahina et al.*, J. pharm. Soc. Japan **58** [1938] 219, 234).

Hellgelbe Krystalle (aus Bzl.); Zers. bei 213—214° [nach Sintern bei 200°].

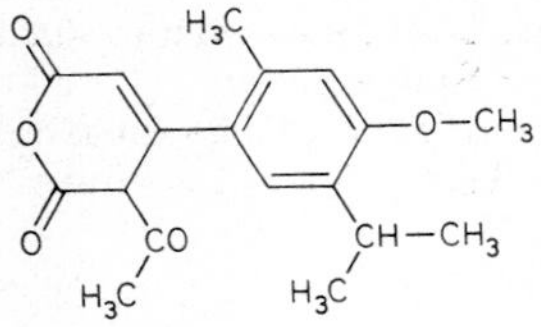

VI

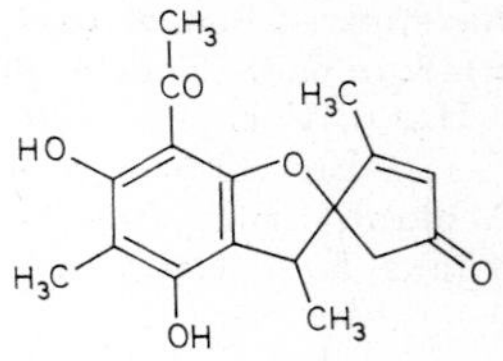

VII

Hydroxy-oxo-Verbindungen $C_{19}H_{22}O_5$

rac-14,15ξ-Epoxy-11β-hydroxy-3,16-dioxo-14ξ-androst-4-en-18-al $C_{19}H_{22}O_5$, Formel VIII + Spiegelbild, und *rac*-(18Ξ)-11β,18;14,15ξ-Diepoxy-18-hydroxy-14ξ-androst-4-en-3,16-dion $C_{19}H_{22}O_5$, Formel IX + Spiegelbild.

B. Beim Erwärmen von *rac*-(18Ξ)-3,3-Äthandiyldioxy-11β,18;14,15ξ-diepoxy-18-[(Ξ)-tetrahydropyran-2-yloxy]-14ξ-androst-5-en-16-on (bei 197—206° oder bei 200° bis 214° schmelzendes Präparat) mit Essigsäure (*Heusler et al.*, Helv. **42** [1959] 1586, 1596).

Krystalle (aus Ae. oder Me.); F: 242—246° [Block; Zers.; nach Sintern bei 234°]. Absorptionsmaximum (A.): 238 nm.

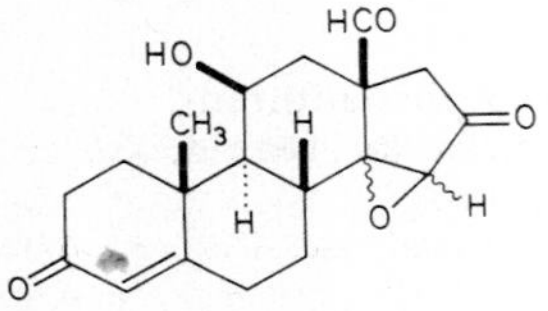

VIII

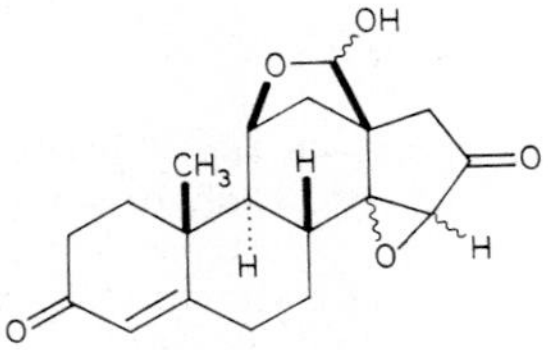

IX

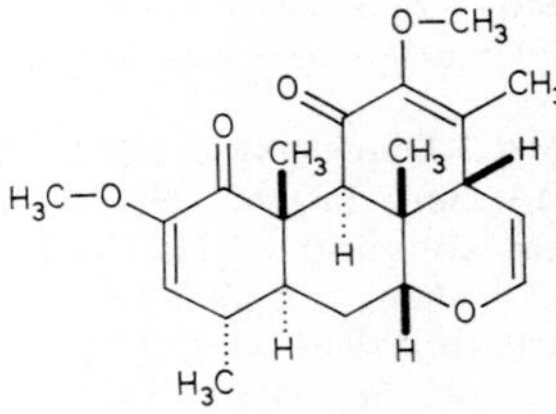

X

Hydroxy-oxo-Verbindungen $C_{20}H_{24}O_5$

(3aR)-2,10-Dimethoxy-3,8t,11a,11c-tetramethyl-(3ar,6ac,7at,11ac,11bt,11cc)-3a,6a,7,7a,8,11a,11b,11c-octahydro-dibenzo[*de*,*g*]chromen-1,11-dion, 2,12-Dimethoxy-picrasa-2,12,15-trien-1,11-dion [1]), **Anhydroneoquassin** $C_{22}H_{28}O_5$, Formel X.

Über die Konstitution s. *Valenta et al.*, Tetrahedron **15** [1961] 100, 103; *Carman, Ward*, Austral. J. Chem. **15** [1962] 807, 809; die Konfiguration ergibt sich aus der genetischen Beziehung zu Quassin (2,12-Dimethoxy-picrasa-2,12-dien-1,11,16-trion).

B. Beim Erhitzen von Neoquassin (16ξ-Hydroxy-2,12-dimethoxy-picrasa-2,12-dien-1,11-dion [F: 228°]) mit Acetanhydrid und Natriumacetat (*Hanson et al.*, Soc. **1954** 4238, 4249; s. a. *Clark*, Am. Soc. **59** [1937] 927, 930, 2511, 2513).

Krystalle; F: 196—198° [aus Me. + W.; nach Sintern bei 190°] (*Cl.*, l. c. S. 2513), 194—195° [aus E.] (*Ha. et al.*). [M]$_D^{21}$: —155° [CHCl$_3$; c = 1] (*Ha. et al.*). Absorptionsmaximum (A.): 255 nm (*Ha. et al.*). [*Appelt*]

Hydroxy-oxo-Verbindungen $C_{21}H_{26}O_5$

8-Butyryl-5,7-dihydroxy-6-[3-methyl-but-2-enyl]-4-propyl-cumarin $C_{21}H_{26}O_5$, Formel I.

Diese Verbindung (Krystalle [aus Hexan], F: 132—133°) ist als Komponente eines als Mammein bezeichneten, aus Samen von Mammea americana isolierten Präparats (*Djerassi et al.*, Am. Soc. **80** [1958] 3686, 3688) erkannt worden (*Crombie et al.*, Soc. [C] **1967** 2545, 2551).

21-Acetoxy-9,11β-epoxy-17-hydroxy-9β-pregna-1,4-dien-3,20-dion $C_{23}H_{28}O_6$, Formel II (X = H).

B. Beim Behandeln von 21-Acetoxy-9-brom-11β,17-dihydroxy-pregna-1,4-dien-

---

[1]) Stellungsbezeichnung bei von Picrasan abgeleiteten Namen s. S. 2531.

3,20-dion mit Kaliumacetat in warmem Äthanol (*Fried et al.*, Am. Soc. **77** [1955] 4181) oder in Aceton (*Hogg et al.*, Am. Soc. **77** [1955] 4438). Beim Behandeln einer Suspension von 21-Acetoxy-9-brom-11β-formyloxy-17-hydroxy-pregna-1,4-dien-3,20-dion in Methan= ol mit wss. Natronlauge und Behandeln des Reaktionsprodukts mit Acetanhydrid und Pyridin (*Robinson et al.*, Am. Soc. **81** [1959] 2195, 2197). Beim Erwärmen einer Lösung von   21-Acetoxy-9-brom-17-hydroxy-11β-trifluoracetoxy-pregna-1,4-dien-3,20-dion   in Äthanol mit Kaliumacetat und Behandeln des Reaktionsprodukts mit Acetanhydrid und Pyridin (*Ro. et al.*, l. c. S. 2197, 2198).

Krystalle; F: 213—215° (*Fr. et al.*), 209—210° [Kofler-App.; aus Acn. + Hexan] (*Ro. et al.*), 192—195° (*Hogg et al.*). $[\alpha]_D^{23}$: +64° [CHCl$_3$] (*Fr. et al.*); $[\alpha]_D$: +67° [CHCl$_3$] (*Hogg et al.*). Absorptionsmaximum (A.): 249 nm (*Fr. et al.*).

Beim Behandeln mit Bromwasserstoff in Chloroform ist 21-Acetoxy-9-brom-11β,17-di= hydroxy-pregna-1,4-dien-3,20-dion erhalten worden (*Fr. et al.*). Analoge Reaktionen mit Fluorwasserstoff und mit Chlorwasserstoff: *Fr. et al.*

I   II   III

21-Acetoxy-9,11β-epoxy-6α-fluor-17-hydroxy-9β-pregna-1,4-dien-3,20-dion C$_{23}$H$_{27}$FO$_6$, Formel II (X = F).

B. Beim Erwärmen von 21-Acetoxy-9-brom-6α-fluor-11β,17-dihydroxy-pregna-1,4-dien-3,20-dion mit Kaliumacetat in Aceton (*Upjohn Co.*, U.S.P. 2838499 [1957]). Krystalle (aus Acn.); F: 257—260°. $[\alpha]_D$: +70° [Acn.].

14,15α-Epoxy-17,21-dihydroxy-pregna-1,4-dien-3,20-dion C$_{21}$H$_{26}$O$_5$, Formel III.

B. Aus 14,15α-Epoxy-17,21-dihydroxy-pregn-4-en-3,20-dion mit Hilfe von Protamino= bacter alboflavum (*Pfizer & Co.*, U.S.P. 2776927 [1955]).

F: 251—252° [unkorr.] (*W. Neudert, H. Röpke*, Steroid-Spektrenatlas [Berlin 1965] Nr. 613). IR-Spektrum (KBr; 2—15 μ): *Ne., Rö.*

16α,17-Epoxy-21-hydroxy-pregn-4-en-3,11,20-trion C$_{21}$H$_{26}$O$_5$, Formel IV (R = H).

B. Beim Behandeln von 21-[3-Carboxy-propionyloxy]-16α,17-epoxy-pregn-4-en-3,11,20-trion mit wss. Dinatriumhydrogenphosphat-Lösung und Magnesiumoxid (*Ercoli et al.*, G. **89** [1959] 1382, 1388).

Krystalle (aus E.); F: 185—187° [unkorr.; Kofler-App.]. $[\alpha]_D^{20}$: +239° [CHCl$_3$; c = 1]. Absorptionsmaximum (A.): 238 nm.

17-Acetoxyacetyl-16,17-epoxy-10,13-dimethyl-Δ⁴-dodecahydro-cyclopenta[a]phenanthren-3,11-dion C$_{23}$H$_{28}$O$_6$.

a) **21-Acetoxy-16α,17-epoxy-pregn-4-en-3,11,20-trion** C$_{23}$H$_{28}$O$_6$, Formel IV (R=CO-CH$_3$).

B. Beim Erwärmen von 21-Acetoxy-16β-brom-17-hydroxy-pregn-4-en-3,11,20-trion (*Julian et al.*, Am. Soc. **77** [1955] 4601, 4603) oder von 21-Acetoxy-16β-chlor-17-hydroxy-pregn-4-en-3,11,20-trion (*Beyler, Hoffman*, J. org. Chem. **21** [1956] 572) mit Kalium= acetat in Aceton. Beim Behandeln von 21-Acetoxy-16α,17-epoxy-pregn-4-en-3,11,20-trion-3-semicarbazon (S. 2578) mit Brenztraubensäure und wss. Essigsäure (*McGuckin, Mason*, Am. Soc. **77** [1955] 1822).

Krystalle; F: 195—197° [unkorr.; aus Me.] (*Ju. et al.*), 193—196° [Kofler-App.; aus Acn. + Ae.] (*Be., Ho.*), 193—194° [Fisher-Johns-Block; aus CHCl$_3$ + Ae.] (*McG.,*

Ma.). $[\alpha]_D^{25}$: $+236°$ [CHCl$_3$; c=1] (*Ju. et al.*); $[\alpha]_D^{25}$: $+206°$ [A.; c=1] (*McG., Ma.*). IR-Banden (Nujol) im Bereich von 5,7 µ bis 8,1 µ: *Be., Ho.* Absorptionsmaximum (Me.): 238 nm (*Ju. et al.; McG., Ma.*).

Beim Behandeln mit Chrom(II)-acetat in wss. Aceton und mit Natriumacetat in wss. Essigsäure unter Kohlendioxid sind 21-Acetoxy-16α-hydroxy-pregn-4-en-3,11,= 20-trion und Pregna-4,16-dien-3,11,20-trion erhalten worden (*Ju. et al.*).

IV   V

b) **rac-21-Acetoxy-16α,17-epoxy-pregn-4-en-3,11,20-trion** $C_{23}H_{28}O_6$, Formel IV (R = CO-CH$_3$) + Spiegelbild.

B. Beim Erwärmen von *rac*-21-Acetoxy-3,3-äthandiyldioxy-16α,17-epoxy-pregn-5-en-11,20-dion mit Schwefelsäure enthaltendem Aceton (*Merck & Co. Inc.*, U.S.P. 2809967 [1954]). Beim Behandeln von *rac*-16α,17α-Epoxy-3,11-dioxo-androst-4-en-17β-carbon= säure mit Natriummethylat in Methanol, Behandeln einer Suspension des erhaltenen Natrium-Salzes in Benzol mit Oxalylchlorid und wenig Pyridin, Behandeln einer Lösung des erhaltenen Säurechlorids in Benzol mit Diazomethan in Äther und Erwärmen des da-nach isolierten Reaktionsprodukts mit Essigsäure (*Barkley et al.*, Am. Soc. **76** [1954] 5017).

Krystalle (aus E.); F: 214—216° (*Merck & Co. Inc.*).

Beim Behandeln einer Lösung in Essigsäure und Dioxan mit Bromwasserstoff ent-haltender Essigsäure ist *rac*-21-Acetoxy-16β-brom-17-hydroxy-pregn-4-en-3,11,20-trion erhalten worden (*Ba. et al.*).

21-[3-Carboxy-propionyloxy]-16α,17-epoxy-pregn-4-en-3,11,20-trion, Bernsteinsäure-mono-[16α,17-epoxy-3,11,20-trioxo-pregn-4-en-21-ylester] $C_{25}H_{30}O_8$, Formel IV (R = CO-CH$_2$-CH$_2$-COOH).

B. Beim Behandeln von 21-[3-Carboxy-propionyloxy]-16α,17-epoxy-11α-hydroxy-pregn-4-en-3,20-dion mit Natriumchromat und wasserhaltiger Essigsäure (*Ercoli et al.*, G. **89** [1959] 1382, 1387).

Krystalle (aus E.); F: 204—205° [unkorr.; Kofler-App.]. $[\alpha]_D^{20}$: $+212,5°$ [CHCl$_3$; c = 1]. Absorptionsmaximum (A.): 238 nm.

21-Acetoxy-16α,17-epoxy-pregn-4-en-3,11,20-trion-3-[2,4-dinitro-phenylhydrazon] $C_{29}H_{32}N_4O_9$, Formel V (R = C$_6$H$_3$(NO$_2$)$_2$).

B. Beim Behandeln von 21-Acetoxy-16α,17-epoxy-5β-pregnan-3,11,20-trion mit Brom in Bromwasserstoff und Natriumacetat enthaltender Essigsäure und Behandeln einer Lösung des Reaktionsprodukts in Chloroform und wasserhaltiger Essigsäure mit [2,4-Di= nitro-phenyl]-hydrazin und Natriumacetat (*McGuckin, Mason*, Am. Soc. **77** [1955] 1822).

Krystalle; F: 261—262° [unkorr.; Fisher-Johns-App.]. Absorptionsmaximum (CHCl$_3$): 387 nm.

21-Acetoxy-16α,17-epoxy-pregn-4-en-3,11,20-trion-3-semicarbazon $C_{24}H_{31}N_3O_6$, Formel V (R = CO-NH$_2$).

B. Beim Behandeln von 21-Acetoxy-16α,17-epoxy-5β-pregnan-3,11,20-trion mit Brom in Bromwasserstoff und Natriumacetat enthaltender Essigsäure und Behandeln einer Lösung des Reaktionsprodukts in *tert*-Butylalkohol und Chloroform mit Semicarbazid (*McGuckin, Mason*, Am. Soc. **77** [1955] 1822).

Krystalle; F: 223—225° [unkorr.; Fisher-Johns-App.]. Absorptionsmaximum (A.): 270 nm.

21-Acetoxy-16α,17-epoxy-pregn-4-en-3,12,20-trion $C_{23}H_{28}O_6$, Formel VI.

B. In mässiger Ausbeute beim Behandeln einer Lösung von 21-Acetoxy-16α,17-epoxy-5α-pregnan-3,12,20-trion in Tetrachlormethan und Chloroform mit Brom in Tetrachlor=methan und Erwärmen des Reaktionsprodukts mit Natriumjodid in Aceton (*Rothman, Wall*, Am. Soc. **78** [1956] 1744, 1747).

Krystalle; F: 256—260° [unkorr.; Kofler-App.]. $[\alpha]_D^{25}$: +192° [CHCl₃; c = 2]. IR-Banden (CHCl₃) im Bereich von 1750 cm⁻¹ bis 1620 cm⁻¹: *Ro., Wall*. Absorptions-maximum (Me.): 237 nm.

***rac*-11β,17-Dihydroxy-3,20-dioxo-pregn-4-en-18-säure-11-lacton** $C_{21}H_{26}O_5$, Formel VII (X = H) + Spiegelbild.

B. In mässiger Ausbeute beim Erwärmen einer Lösung von *rac*-16β-Brom-11β,17-di=hydroxy-3,20-dioxo-pregn-4-en-18-säure-11-lacton in Dioxan, Dichlormethan und Meth=anol mit desaktiviertem Raney-Nickel in Essigsäure enthaltendem wss. Aceton (*Wie-land et al.*, Helv. **41** [1958] 1561, 1566, 1567).

Krystalle (aus Acn. + Ae.); F: 262—263° [Zers.]. IR-Banden (CH₂Cl₂) im Bereich von 2,8 μ bis 6 μ: *Wi. et al.*

VI   VII

***rac*-16β-Brom-11β,17-dihydroxy-3,20-dioxo-pregn-4-en-18-säure-11-lacton** $C_{21}H_{25}BrO_5$, Formel VII (X = Br) + Spiegelbild.

B. Beim Behandeln einer Lösung von *rac*-16α,17-Epoxy-11β-hydroxy-3,20-dioxo-pregn-4-en-18-säure-lacton in Dichlormethan und Essigsäure mit Bromwasserstoff in Essigsäure (*Wieland et al.*, Helv. **41** [1958] 1561, 1566).

Krystalle (aus CH₂Cl₂ + Me.); F: 253—255° [Zers.; bei schnellem Erhitzen].

8-Glykoloyl-4a-methyl-4,4a,4b,5,9,10,10a,10b,11,12-decahydro-3H,8H-5,7a-methano-cyclopenta[c]naphth[2,1-e]oxepin-2,7-dion $C_{21}H_{26}O_5$.

a) ***rac*-11β,21-Dihydroxy-3,20-dioxo-14β,17βH-pregn-4-en-18-säure-11-lacton** $C_{21}H_{26}O_5$, Formel VIII + Spiegelbild.

B. Beim Behandeln einer Lösung von *rac*-21-Acetoxy-3,3-äthandiyldioxy-11β-hydroxy-20-oxo-14β,17βH-pregn-5-en-18-säure-lacton in Tetrahydrofuran mit wss. Perchlorsäure (*Wieland et al.*, Helv. **41** [1958] 416, 429).

Krystalle (aus CH₂Cl₂ + Acn.); F: 234—237,5° [unkorr.]. IR-Banden (CH₂Cl₂) im Bereich von 2,8 μ bis 6,2 μ: *Wi. et al.* Absorptionsmaximum (A.): 238 nm [ε: 17250].

b) **11β,21-Dihydroxy-3,20-dioxo-pregn-4-en-18-säure-11-lacton** $C_{21}H_{26}O_5$, Formel IX (R = H).

B. Beim Behandeln von 21-Acetoxy-11β-hydroxy-3,20-dioxo-pregn-4-en-18-säure-lacton mit Methanol und konz. wss. Salzsäure (*v. Euw et al.*, Helv. **38** [1955] 1423, 1434) oder mit wss. Kaliumhydrogencarbonat-Lösung (*Simpson et al.*, Helv. **37** [1954] 1200, 1221). Beim Behandeln von 21-Acetoxy-3,3-äthandiyldioxy-11β-hydroxy-20-oxo-pregn-5-en-18-säure-lacton mit Tetrahydrofuran und wss. Perchlorsäure (*Heusler et al.*, Helv. **44** [1961] 502, 508, 517; *Schmidlin et al.*, Helv. **40** [1957] 2291, 2312, 2313). Aus *rac*-11β-Hydroxy-3,20-dioxo-pregn-4-en-18-säure-lacton mit Hilfe von Ophiobolus herpotrichus (*Vischer et al.*, Experientia **12** [1956] 50).

Krystalle; F: 216,5—225° [aus CH₂Cl₂ + Acn.] (*He. et al.*), 216—223° [korr.; Kofler-App.; aus Acn. + Ae.] (*v. Euw et al.*), 212—216° [unkorr.; aus Acn. + Ae.] (*Sch. et al.*). $[\alpha]_D^{23}$: +180° [CHCl₃; c = 0,5] (*Sch. et al.*); $[\alpha]_D^{27}$: +177° [CHCl₃; c = 1] (*He. et al.*). IR-

Spektrum (CH_2Cl_2; 2,5—12,5 μ): *Vi. et al.*

Überführung in 3,3;20,20-Bis-äthandiyldioxy-11β,21-dihydroxy-pregn-5-en-18-säure-11-lacton durch Erwärmen mit Äthylenglykol und Toluol-4-sulfonsäure unter 0,2 Torr auf 80°: *v. Euw et al.*, l. c. S. 1436.

VIII   IX

c) *ent*-11β,21-Dihydroxy-3,20-dioxo-pregn-4-en-18-säure-11-lacton $C_{21}H_{26}O_5$, Formel X (R = H).

B. Beim Behandeln einer Lösung von *ent*-21-Acetoxy-3,3-äthandiyldioxy-11β-hydroxy-20-oxo-pregn-5-en-18-säure-lacton in Tetrahydrofuran mit wss. Perchlorsäure (*Schmidlin et al.*, Helv. **40** [1957] 2291, 2312, 2313).

Krystalle (aus Acn.); F: 214—218° [unkorr.]. $[\alpha]_D^{26}$: —156° [$CHCl_3$].

d) *rac*-11β,21-Dihydroxy-3,20-dioxo-pregn-4-en-18-säure-11-lacton $C_{21}H_{26}O_5$, Formel IX (R = H) + Spiegelbild.

B. Beim Behandeln einer Lösung von *rac*-21-Acetoxy-3,3-äthandiyldioxy-11β-hydroxy-20-oxo-pregn-5-en-18-säure-lacton in Tetrahydrofuran mit wss. Perchlorsäure (*Schmidlin et al.*, Helv. **40** [1957] 2291, 2311, 2312).

Krystalle; F: 233—236° [Zers.] (*Schmidlin et al.*, Experientia **11** [1955] 365, 367), 223—228° [unkorr.; Zers.; aus Acn.] (*Sch. et al.*, Helv. **40** 2312). IR-Banden (CH_2Cl_2) im Bereich von 2,8 μ bis 8,9 μ: *Sch. et al.*

e) *rac*-11β,21-Dihydroxy-3,20-dioxo-17βH-pregn-4-en-18-säure-11-lacton $C_{21}H_{26}O_5$, Formel XI (R=H) + Spiegelbild.

B. Beim Behandeln einer Lösung von *rac*-21-Acetoxy-11β-hydroxy-3,20-dioxo-17βH-pregn-4-en-18-säure-lacton (*Wieland et al.*, Helv. **41** [1958] 416, 439) oder von *rac*-21-Acetoxy-3,3-äthandiyldioxy-11β-hydroxy-20-oxo-17βH-pregn-5-en-18-säure-lacton (*Schmidlin et al.*, Helv. **40** [1957] 2291, 2315) in Tetrahydrofuran mit wss. Perchlorsäure.

Krystalle (aus Acn.); F: 213—218° [unkorr.] (*Sch. et al.*; *Wi. et al.*). IR-Banden (CH_2Cl_2) im Bereich von 2,8 μ bis 6,2 μ: *Sch. et al.*

8-Acetoxyacetyl-4a-methyl-4,4a,4b,5,9,10,10a,10b,11,12-decahydro-3H,8H-5,7a-methano-cyclopenta[c]naphth[2,1-e]oxepin-2,7-dion $C_{23}H_{28}O_6$.

a) **21-Acetoxy-11β-hydroxy-3,20-dioxo-pregn-4-en-18-säure-lacton** $C_{23}H_{28}O_6$, Formel IX (R = CO-CH₃).

B. Beim Behandeln von 11β,21-Dihydroxy-3,20-dioxo-pregn-4-en-18-säure-11-lacton mit Acetanhydrid und Pyridin (*Schmidlin et al.*, Helv. **40** [1957] 2291, 2313). Beim Behandeln von O^{21}-Acetyl-aldosteron (21-Acetoxy-11β-hydroxy-3,20-dioxo-pregn-4-en-18-al $\rightleftharpoons$ (18Ξ)-21-Acetoxy-11β,18-epoxy-18-hydroxy-pregn-4-en-3,20-dion) mit Chrom⸗(VI)-oxid und Essigsäure (*Simpson et al.*, Helv. **37** [1954] 1200, 1215; *v. Euw et al.*, Helv. **38** [1955] 1423, 1434).

Krystalle; F: 198—200° [korr.; Kofler-App.; aus Acn. + Ae.] (*Si. et al.*), 194—197° [korr.; Kofler-App.] (*v. Euw et al.*), 193—194° [korr.; Kofler-App.; aus Me. + Ae.] (*Si. et al.*), 186—188° [unkorr.; aus Me.] (*Sch. et al.*). $[\alpha]_D^{24}$: +117,2° [$CHCl_3$; c = 0,6] (*Si. et al.*); $[\alpha]_D^{28}$: +110° [$CHCl_3$; c = 0,8] (*Sch. et al.*). IR-Spektrum ($CHCl_3$; 2,5—12,5 μ): *Si. et al.*, l. c. S. 1203; *Sch. et al.*, l. c. S. 2295.

b) *ent*-**21-Acetoxy-11β-hydroxy-3,20-dioxo-pregn-4-en-18-säure-lacton** $C_{23}H_{28}O_6$, Formel X (R = CO-CH₃).

B. Beim Behandeln von *ent*-11β,21-dihydroxy-3,20-dioxo-pregn-4-en-18-säure-11-lacton mit Acetanhydrid und Pyridin (*Schmidlin et al.*, Helv. **40** [1957] 2291, 2313).

Krystalle (aus Me.); F: 186—188° [unkorr.]. $[\alpha]_D^{25}$: —107° [$CHCl_3$; c = 1].

c) **rac-21-Acetoxy-11β-hydroxy-3,20-dioxo-pregn-4-en-18-säure-lacton** $C_{23}H_{28}O_6$, Formel X (R = CO-CH$_3$) + Spiegelbild.

B. Beim Erwärmen von *rac*-21-Acetoxy-3,3-äthandiyldioxy-11β-hydroxy-20-oxo-pregn-5-en-18-säure-lacton mit wss. Essigsäure unter Stickstoff (*Schmidlin et al.*, Helv. **40** [1957] 2291, 2314; *Lardon et al.*, Helv. **40** [1957] 666, 700).

Krystalle; F: 244,5—247° (*Schmidlin et al.*, Experientia **11** [1955] 365, 367), 235° bis 240° [korr.; Kofler-App.; aus Acn. + Ae.(?)] (*La. et al.*), 234,5—237° [unkorr.; aus Acn.] (*Sch. et al.*, Helv. **40** 2314). IR-Spektrum (CHCl$_3$; 2—12 μ): *La. et al.*, l. c. S. 685. Absorptionsmaximum (A.): 238 nm (*Sch. et al.*).

d) **rac-21-Acetoxy-11β-hydroxy-3,20-dioxo-17βH-pregn-4-en-18-säure-lacton** $C_{23}H_{28}O_6$, Formel XI (R=CO-CH$_3$) + Spiegelbild.

B. Beim Erwärmen von *rac*-11β-Hydroxy-3-oxo-21-nor-pregn-4-en-18,20-disäure-20-methylester-18-lacton mit methanol. Kalilauge, Behandeln des Hydrolyseprodukts mit Benzol, Pyridin und Oxalylchlorid, Behandeln einer Lösung des erhaltenen Säurechlor⸗ids in Benzol mit Diazomethan in Äther und Erwärmen des danach isolierten Reaktionsprodukts mit Essigsäure (*Wieland et al.*, Helv. **41** [1958] 416, 439). Beim Erwärmen von *rac*-21-Acetoxy-3,3-äthandiyldioxy-11β-hydroxy-20-oxo-17βH-pregn-5-en-18-säure-lacton mit wss. Essigsäure (*Schmidlin et al.*, Helv. **40** [1957] 2291, 2315).

Wasserhaltige Krystalle (aus Acn.), F: 181—182° [unkorr.] (*Sch. et al.*); Krystalle (aus Acn. + Ae.), F: 176—181° [unkorr.] (*Wi. et al.*). IR-Banden (CHCl$_3$) im Bereich von 5,5 μ bis 6,2 μ: *Sch. et al.*

rac-21-[3-Carboxy-propionyloxy]-11β-hydroxy-3,20-dioxo-pregn-4-en-18-säure-lacton $C_{25}H_{30}O_8$, Formel X (R = CO-CH$_2$-CH$_2$-COOH) + Spiegelbild.

B. Beim Behandeln von *rac*-11β,21-Dihydroxy-3,20-dioxo-pregn-4-en-18-säure-11-lacton mit Bernsteinsäure-anhydrid und Pyridin (*Schmidlin et al.*, Helv. **40** [1957] 2291, 2312).

Krystalle (aus Py. + E. + Ae.); F: 245—249,5° [unkorr.; Zers.].

Hydroxy-oxo-Verbindungen $C_{22}H_{28}O_5$

5,7-Dihydroxy-6-[3-methyl-but-2-enyl]-8-[(Ξ)-2-methyl-butyryl]-4-propyl-cumarin $C_{22}H_{28}O_5$, Formel I.

Eine Verbindung (Krystalle [aus Hexan], F: 122°) dieser Konstitution ist als Komponente eines als Mammein bezeichneten, aus Samen von Mammea americana isolierten Präparats (*Djerassi et al.*, Am. Soc. **80** [1958] 3686) erkannt worden (*Crombie et al.*, Soc. [C] **1967** 2545, 2550).

5,7-Dihydroxy-8-isovaleryl-6-[3-methyl-but-2-enyl]-4-propyl-cumarin, Mammein $C_{22}H_{28}O_5$, Formel II (R = H).

Konstitution: *Crombie et al.*, Soc. [C] **1967** 2545; *Djerassi et al.*, J. org. Chem. **25** [1960] 2164; Tetrahedron Letters **1959** Nr. 1, S. 12, 14.

Isolierung aus Samen von Mammea americana: *Cr. et al.*, l. c. S. 2549, 2550; s. a. *Djerassi et al.*, Am. Soc. **80** [1958] 3686, 3688.

Krystalle (aus Hexan); F: 127° (*Cr. et al.*). IR-Banden im Bereich von 3310 cm^{-1} bis 1550 cm^{-1}: *Cr. et al.*; s. a. *Dj. et al.*, Am. Soc. **80** 3689. Absorptionsmaxima (A.): 222 nm, 263 nm, 297 nm und 329 nm (*Cr. et al.*; s. a. *Dj. et al.*, Am. Soc. **80** 3689).

Überführung in Isomammein (S. 2582) durch Behandlung mit methanol. Kalilauge und anschliessend mit wss. Salzsäure: *Dj. et al.*, Am. Soc. **80** 3690. Beim Behandeln mit Aceton und äther. Diazomethan-Lösung ist eine Verbindung $C_{23}H_{30}O_5$ (Krystalle [aus Hexan], F: 80—82° [Kofler-App.]) erhalten worden (*Dj. et al.*, Am. Soc. **80** 3689).

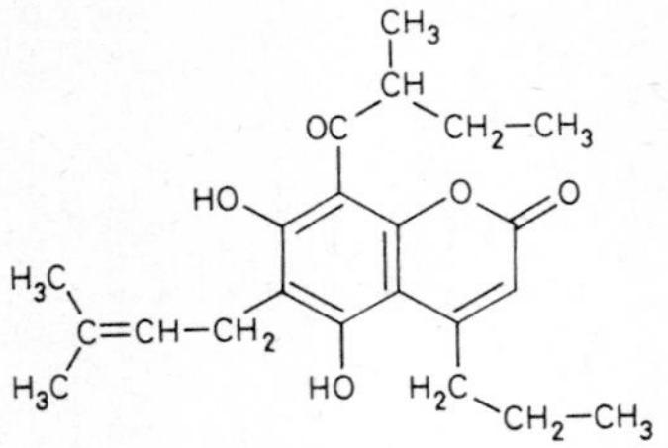

I

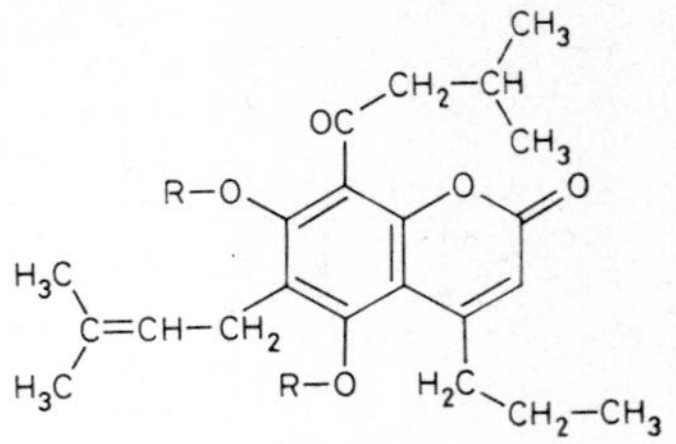

II

8-Isovaleryl-5,7-dimethoxy-6-[3-methyl-but-2-enyl]-4-propyl-cumarin, Di-*O*-methyl-mammein $C_{24}H_{32}O_5$, Formel II (R = CH_3).

Ein Präparat (Krystalle [aus Hexan], F: 103—103,5° [Kofler-App.]), in dem wahrscheinlich diese Verbindung als Hauptbestandteil vorgelegen hat, ist beim Erwärmen eines überwiegend aus Mammein (S. 2581) bestehenden Präparats (F: 124—128°) mit Aceton, Dimethylsulfat und Kaliumcarbonat erhalten worden (*Djerassi et al.*, Am. Soc. **80** [1958] 3686, 3689).

5,7-Diacetoxy-8-isovaleryl-6-[3-methyl-but-2-enyl]-4-propyl-cumarin, Di-*O*-acetyl-mammein $C_{26}H_{32}O_7$, Formel II (R = CO-CH_3).

B. Beim Behandeln von Mammein (S. 2581) mit Acetanhydrid und Pyridin (*Crombie et al.*, J.C.S. Perkin I **1972** 2241, 2246; s. a. *Djerassi et al.*, Am. Soc. **80** [1958] 3686, 3689).

Krystalle (aus Ae. + CCl_4); F: 118—120° (*Cr. et al.*). IR-Banden im Bereich von 1780 cm^{-1} bis 1570 cm^{-1}: *Cr. et al.*; s. a. *Dj. et al.* Absorptionsmaxima (A.): 282 nm und 320 nm (*Cr. et al.*; s. a. *Dj. et al.*).

5,7-Dihydroxy-6-isovaleryl-8-[3-methyl-but-2-enyl]-4-propyl-cumarin, Isomammein $C_{22}H_{28}O_5$, Formel III (R = H).

Konstitution: *Djerassi et al.*, J. org. Chem. **25** [1960] 2164; *Crombie et al.*, J.C.S. Perkin I **1972** 2248.

B. Beim Behandeln von Mammein (S. 2581) mit methanol. Kalilauge und anschliessend mit wss. Salzsäure (*Djerassi et al.*, Am. Soc. **80** [1958] 3686, 3690; *Cr. et al.*, l. c. S. 2253).

Gelbe Krystalle; F: 119—121° (*Cr. et al.*), 119—120° [Kofler-App.; aus PAe.] (*Dj. et al.*, Am. Soc. **80** 3690). IR-Banden (CCl_4) im Bereich von 3330 cm^{-1} bis 1590 cm^{-1}: *Cr. et al.*; IR-Banden (CS_2) im Bereich von 5,7 µ bis 6,3 µ: *Dj. et al.*, Am. Soc. **80** 3690. UV-Spektrum (220 nm bis 380 nm) einer Chlorwasserstoff enthaltenden Lösung in Äthanol: *Dj. et al.*, Am. Soc. **80** 3688. Absorptionsmaxima einer Chlorwasserstoff enthaltenden Lösung in Äthanol: 284 nm und 329 nm (*Cr. et al.*, l. c. S. 2251).

6-Isovaleryl-5,7-dimethoxy-8-[3-methyl-but-2-enyl]-4-propyl-cumarin, Di-*O*-methyl-isomammein $C_{24}H_{32}O_5$, Formel III (R = CH_3).

B. Beim Erwärmen von Isomammein (s. o.) mit Aceton, Dimethylsulfat und Kaliumcarbonat (*Djerassi et al.*, Am. Soc. **80** [1958] 3686, 3690).

Öl. IR-Banden ($CHCl_3$) im Bereich von 5,8 µ bis 6,3 µ: *Dj. et al.* Absorptionsmaximum (A.): 297 nm.

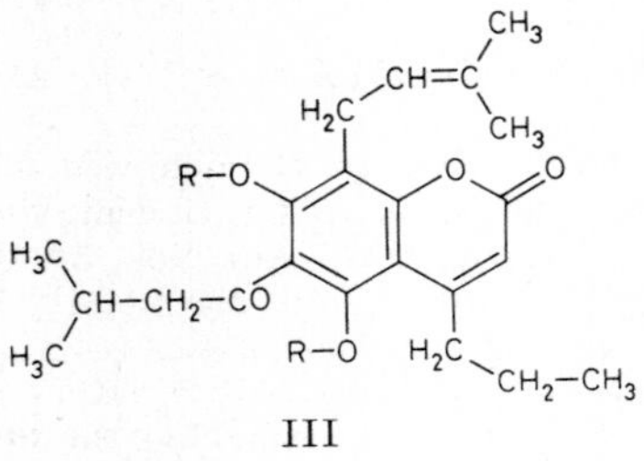

III

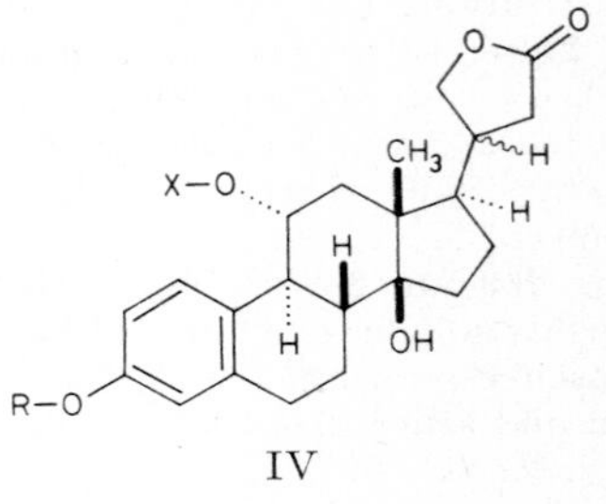

IV

5,7-Diacetoxy-6-isovaleryl-8-[3-methyl-but-2-enyl]-4-propyl-cumarin, Di-*O*-acetyl-isomammein C₂₆H₃₂O₇, Formel III (R = CO-CH₃).

B. Beim Behandeln von Isomammein (S. 2582) mit Acetanhydrid und Pyridin (*Djerassi et al.*, Am. Soc. **80** [1958] 3686, 3690).

Krystalle (aus PAe.); F: 98—99°. Absorptionsmaxima (A.): 246 nm und 282 nm (*Dj. et al.*).

(20Ξ)-3,11α,14-Trihydroxy-19-nor-14β-carda-1,3,5(10)-trienolid C₂₂H₂₈O₅, Formel IV (R = X = H).

Konstitution und Konfiguration: *Volpp, Tamm*, Helv. **46** [1963] 219, 221.

B. Beim Behandeln von (20Ξ)-1β,5,11α,14,19-Pentahydroxy-3-oxo-5β,14β-cardanolid (F: 228—230°) mit verd. wss. Natronlauge und anschliessenden Ansäuern mit wss. Schwefelsäure (*Sneeden, Turner*, Am. Soc. **77** [1955] 130, 133).

Krystalle (aus Me. + Ae.), die zwischen 273° und 283° [korr.; Kofler-App.] schmelzen (*Vo., Tamm*, l. c. S. 234). IR-Spektrum (KBr; 4000—600 cm⁻¹): *Vo., Tamm*, l. c. S. 223. UV-Spektrum (A.; 210—300 nm): *Vo., Tamm*.

(20Ξ)-11α,14-Dihydroxy-3-methoxy-19-nor-14β-carda-1,3,5(10)-trienolid C₂₃H₃₀O₅, Formel IV (R = CH₃, X = H).

Konstitution und Konfiguration: *Turner, Meschino*, Am. Soc. **80** [1958] 4862.

B. Beim Behandeln einer Suspension von (20Ξ)-1β,5,11α,14,19-Pentahydroxy-3-oxo-5β,14β-cardanolid (F: 228—230°) in Wasser mit Natriumhydroxid, Behandeln der Reaktionslösung mit Dimethylsulfat und Natriumhydroxid und anschliessend mit wss. Schwefelsäure und Behandeln des danach isolierten Reaktionsprodukts mit Äthylacetat und wenig Toluol-4-sulfonsäure (*Sneeden, Turner*, Am. Soc. **77** [1955] 130, 133).

Krystalle (aus Acn.); F: 212—213° [korr.]; [α]₅₄₆: +44,8° [Py.; c = 1] (*Sn., Tu.*). UV-Spektrum (220—300 nm): *Sn., Tu.*

(20Ξ)-11α-Acetoxy-14-hydroxy-3-methoxy-19-nor-14β-carda-1,3,5(10)-trienolid C₂₅H₃₂O₆, Formel IV (R = CH₃, X = CO-CH₃).

B. Beim Behandeln von (20Ξ)-11α,14-Dihydroxy-3-methoxy-19-nor-14β-carda-1,3,5(10)-trienolid (s. o.) mit Acetanhydrid und Pyridin (*Sneeden, Turner*, Am. Soc. **77** [1955] 130, 133).

Krystalle (aus Acn.); F: 191—193° [korr.]. [α]₅₄₆: −27,2° [Acn.; c = 2].

Beim Behandeln mit Pyridin und Phosphorylchlorid ist (20Ξ)-11α-Acetoxy-3-methoxy-19-nor-carda-1,3,5,(10),14-tetraenolid (S. 1753) erhalten worden.

20,21-Epoxy-17,22-dihydroxy-23,24-dinor-20ξH-chola-1,4-dien-3,11-dion,
(20Ξ)-20,21-Epoxy-17-hydroxy-20-hydroxymethyl-pregna-1,4-dien-3,11-dion C₂₂H₂₈O₅, Formel V (R = H).

B. Bei mehrtägigem Behandeln einer Lösung von 21-Acetoxy-17-hydroxy-pregna-1,4-dien-3,11,20-trion in Methanol mit Diazomethan in Äther (*Nussbaum, Carlon*, Am. Soc. **79** [1957] 3831, 3833).

Krystalle (aus Me.); F: 239—241° [Kofler-App.]. [α]_D²⁵: +108,2° [Dioxan; c = 1]. IR-Banden (Nujol) im Bereich von 3 μ bis 8 μ: *Nu., Ca.* Absorptionsmaximum (Me.): 239 nm.

Beim Behandeln mit Chrom(VI)-oxid und wasserhaltiger Essigsäure ist Androsta-1,4-dien-3,11,17-trion erhalten worden.

21-Acetoxy-20,22-epoxy-17-hydroxy-23,24-dinor-20ξH-chola-1,4-dien-3,11-dion,
(20Ξ)-20-Acetoxymethyl-20,21-epoxy-17-hydroxy-pregna-1,4-dien-3,11-dion C₂₄H₃₀O₆, Formel V (R = CO-CH₃).

B. Beim Behandeln der im vorangehenden Artikel beschriebenen Verbindung mit Acetanhydrid und Pyridin (*Nussbaum, Carlon*, Am. Soc. **79** [1957] 3831, 3833).

Krystalle (aus Acn.); F: 213—215° [Kofler-App.]. [α]_D²⁵: +113,2° [Dioxan; c = 1]. IR-Banden (Nujol) im Bereich von 2,9 μ bis 8,2 μ: *Nu., Ca.*

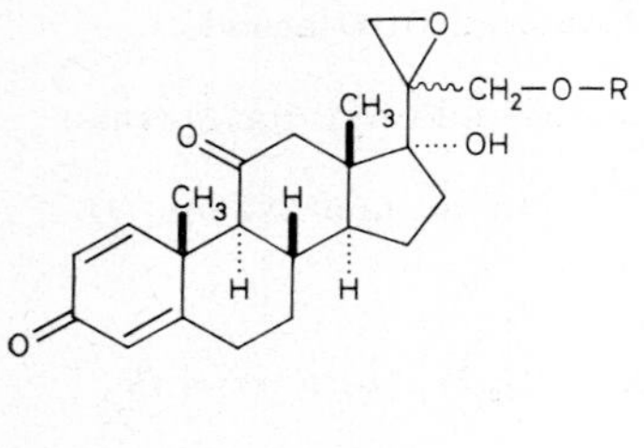

V

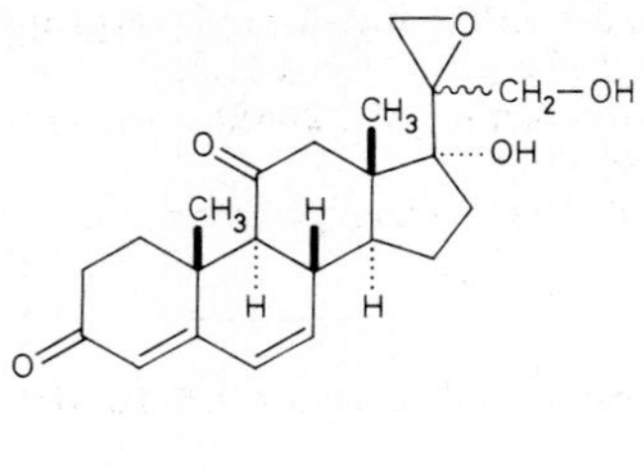

VI

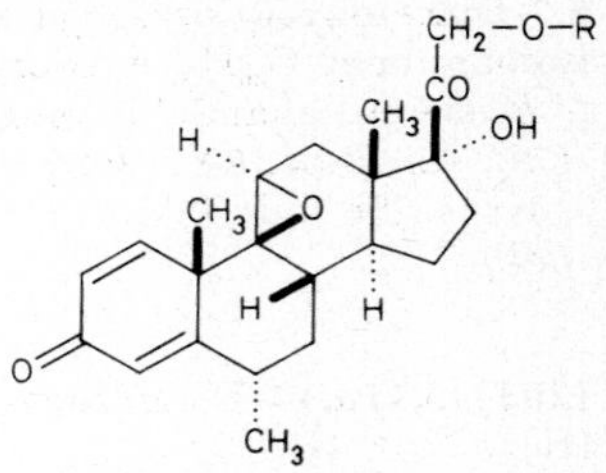

VII

20,21-Epoxy-17,22-dihydroxy-23,24-dinor-20ξH-chola-4,6-dien-3,11-dion,
(20Ξ)-20,21-Epoxy-17-hydroxy-20-hydroxymethyl-pregna-4,6-dien-3,11-dion $C_{22}H_{28}O_5$,
Formel VI.

B. Beim Behandeln einer Lösung von 21-Acetoxy-17-hydroxy-pregna-4,6-dien-3,11,20-trion in Methanol mit Diazomethan in Äther (*Nussbaum, Carlon*, Am. Soc. **79** [1957] 3831, 3834).

Krystalle (aus Me.); F: 280—286° [Umwandlungsbereich: 220—230°; Kofler-App.]. $[\alpha]_D^{25}$: +194,2° [Dioxan; c = 1]. IR-Banden (Nujol) im Bereich von 2,9 μ bis 8,2 μ: *Nu., Ca.* Absorptionsmaximum (Me.): 280,5 nm.

21-Acetoxy-9,11β-epoxy-17-hydroxy-6α-methyl-9β-pregna-1,4-dien-3,20-dion $C_{24}H_{30}O_6$,
Formel VII (R = CO-CH₃).

B. Beim Erwärmen einer Lösung von 21-Acetoxy-9-brom-11β,17-dihydroxy-6α-methyl-pregna-1,4-dien-3,20-dion in Aceton mit Kaliumacetat (*Upjohn Co.*, U.S.P. 2867636 [1957]; s. a. *Spero et al.*, Am. Soc. **79** [1957] 1515).

Krystalle (aus Acn.) (*Upjohn Co.*). F: 260—265°; $[\alpha]_D$: +60° [Py.]; Absorptionsmaximum (A.): 249 nm (*Sp. et al.*).

17-Acetoxyacetyl-9,11-epoxy-17-hydroxy-10,13,16-trimethyl-$\Delta^{1,4}$-dodecahydro-cyclopenta[a]phenanthren-3-on $C_{24}H_{30}O_6$.

a) **21-Acetoxy-9,11β-epoxy-17-hydroxy-16β-methyl-9β-pregna-1,4-dien-3,20-dion**
$C_{24}H_{30}O_6$, Formel VIII.

B. Aus 21-Acetoxy-17-hydroxy-16β-methyl-pregna-1,4,9(11)-trien-3,20-dion mit Hilfe von Hypobromigsäure und Natriumacetat (*Oliveto et al.*, Am. Soc. **80** [1958] 6687).

F: 210—216°. Absorptionsmaximum (Me.): 249 nm [ε: 15600].

b) **21-Acetoxy-9,11β-epoxy-17-hydroxy-16α-methyl-9β-pregna-1,4-dien-3,20-dion**
$C_{24}H_{30}O_6$, Formel IX (X = H).

B. Beim Behandeln von 21-Acetoxy-17-hydroxy-16α-methyl-pregna-1,4,9(11)-trien-3,20-dion mit *N*-Brom-acetamid in Dichlormethan und *tert*-Butylalkohol unter Zusatz von wss. Perchlorsäure und Erwärmen des erhaltenen 21-Acetoxy-9-brom-11β,17-dihydroxy-16α-methyl-pregna-1,4-dien-3,20-dions mit Kaliumacetat in Aceton (*Upjohn Co.*, Brit. P. 869511 [1959]; s. a. *Oliveto et al.*, Am. Soc. **80** [1958] 4431).

F: 198—200°; $[\alpha]_D$: +40,1° [Dioxan] (*Ol. et al.*). Absorptionsmaximum (Me.): 249 nm (*Ol. et al.*).

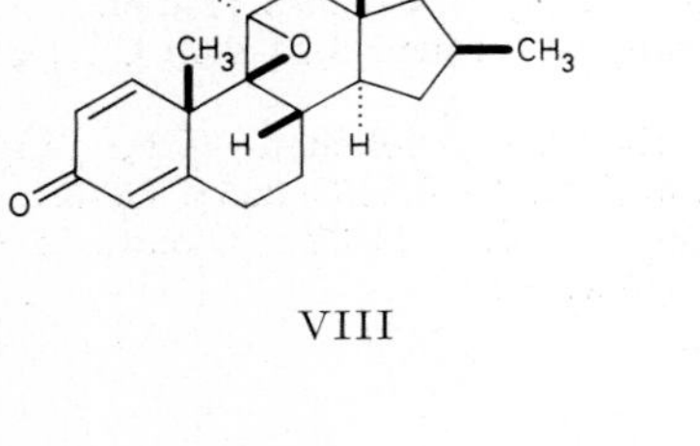

VIII

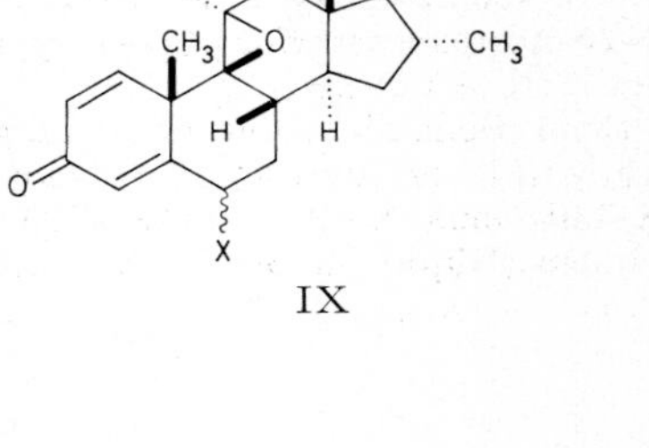

IX

21-Acetoxy-6ξ-brom-9,11β-epoxy-17-hydroxy-16α-methyl-9β-pregna-1,4-dien-3,20-dion
$C_{24}H_{29}BrO_6$, Formel IX (X = Br).

Ein Präparat (Krystalle [aus Acn. + Hexan], die zwischen 165° und 175° [Zers.]
schmelzen), in dem eine Verbindung dieser Konstitution und Konfiguration vorgelegen
hat, ist beim Erwärmen einer Lösung von 21-Acetoxy-9,11β-epoxy-17-hydroxy-16α-meth=
yl-9β-pregna-1,4-dien-3,20-dion in Tetrachlormethan und Chlorbenzol mit N-Brom-
succinimid, Pyridin und Dichlormethan unter Belichtung erhalten worden (*Nussbaum
et al.*, Am. Soc. **81** [1959] 4574, 4577).

Hydroxy-oxo-Verbindungen $C_{23}H_{30}O_5$

14,19-Dihydroxy-3-oxo-14β-carda-4,20(22)-dienolid $C_{23}H_{30}O_5$, Formel I (R = H).

B. In kleiner Menge beim Behandeln von Strophanthidol (3β,5,14,19-Tetrahydroxy-
5β,14β-card-20(22)-enolid) mit wss. Aceton und mit Sauerstoff in Gegenwart von Platin
und Erwärmen des Reaktionsprodukts mit Essigsäure auf 100° (*Tamm, Gubler*, Helv.
42 [1959] 239, 257).

Krystalle (aus Acn. + Ae.); F: 232—240° [korr.; Kofler-App.]. $[\alpha]_D^{25}$: +83° [Me.;
c = 0,7]. IR-Spektrum (CH_2Cl_2; 2,5—12,5 μ): *Tamm, Gu.*, l. c. S. 249. UV-Spektrum
(A.; 200—375 nm): *Tamm, Gu.*, l. c. S. 244.

19-Acetoxy-14-hydroxy-3-oxo-14β-carda-4,20(22)-dienolid $C_{25}H_{32}O_6$, Formel I
(R = CO-CH₃).

B. Beim Behandeln von 19-Acetoxy-3β,5,14-trihydroxy-5β,14β-card-20(22)-enolid mit
Chrom(VI)-oxid und Pyridin und Erhitzen des Reaktionsprodukts mit Essigsäure
(*Oliveto et al.*, Am. Soc. **81** [1959] 2831).

Krystalle (aus A.); F: 185—187° [korr.]. $[\alpha]_D^{25}$: +100,9° [Dioxan; c = 1]. Absorptionsmaximum (Me.): 226 nm.

      I   II   III

3β-Acetoxy-14-hydroxy-7-oxo-14β-carda-5,20(22)-dienolid $C_{25}H_{32}O_6$, Formel II
(R = CO-CH₃).

Diese Konstitution kommt wahrscheinlich dem nachstehend beschriebenen O³-Acetyl-
7-oxo-xysmalogenin zu (*Polonia et al.*, Helv. **42** [1959] 1437, 1446).

B. Beim Behandeln von O³-Acetyl-xysmalogenin (S. 1602) mit Chrom(VI)-oxid und
Essigsäure (*Po. et al.*).

Krystalle (aus CHCl₃ + PAe.), die zwischen 228° und 238° [korr.; Kofler-App.]
schmelzen. $[\alpha]_D^{26}$: +50,3° [CHCl₃; c = 0,5]. IR-Spektrum (KBr; 2,5—14 μ): *Po. et al.*,
l. c. S. 1441. UV-Spektrum (A.; 200—350 nm): *Po. et al.*, l. c. S. 1442.

3β,14-Dihydroxy-19-oxo-14β-carda-5,20(22)-dienolid, Pachygenin $C_{23}H_{30}O_5$, Formel III
(R = H).

Konstitution und Konfiguration: *Fieser, Goto*, Am. Soc. **82** [1960] 1697; *Fieser et al.*,
Helv. **43** [1960] 102.

Gewinnung aus Samen und Wurzeln von Pachycarpus schinzianus nach enzymatischer
Hydrolyse: *Schmid et al.*, Helv. **42** [1959] 72, 104.

B. Beim Erwärmen von (19Ξ)-19-Äthoxy-3β,19-epoxy-14-hydroxy-14β-carda-5,20(22)-
dienolid (F: 223—230°) mit wss.-äthanol. Salzsäure (*Jacobs, Collins*, J. biol. Chem. **59**
[1924] 713, 720; s. a. *Fi., Goto*). Aus Pachomonosid (S. 2586) mit Hilfe eines Enzym-

Präparats aus Aspergillus oryzae (*Sch. et al.*, l. c. S. 117).

Krystalle (aus Me. + Ae.), F: 234—236° [korr.; Kofler-App.] (*Sch. et al.*); Lösungs-mittel enthaltende Krystalle (aus Me. + Ae.), die bei 120° und (nach Wiedererstarren bei weiterem Erhitzen) bei 216—221° [korr.; Kofler-App.] schmelzen (*Sch. et al.*, l. c. S. 119); Krystalle (aus wss. A.) mit 2 Mol H_2O; F: 223—226° [Zers.; nach Sintern] (*Ja.*, *Co.*, J. biol. Chem. **59** 720). $[\alpha]_D^{22}$: —121,6° [$CHCl_3$; c = 0,8] [bei 70°/0,01 Torr getrocknetes Präparat] (*Sch. et al.*, l. c. S. 119); $[\alpha]_D^{24}$: —115,9° [Me.; c = 1] [bei 70°/0,01 Torr getrocknetes Präparat] (*Sch. et al.*; l. c. S. 117). Optisches Drehungs-vermögen $[\alpha]^{25}$ einer Lösung in Dioxan (c = 0,06) für Licht der Wellenlängen von 310 nm bis 700 nm: *Sch. et al.*, l. c. S. 96. IR-Banden ($CHCl_3$) im Bereich von 3,6 μ bis 11,6 μ: *Fi.*, *Goto*. UV-Spektrum (A.; 200—360 nm bzw. 220—300 nm): *Sch. et al.*, l. c. S. 88; *Fi.*, *Goto*.

Beim Behandeln mit konz. wss. Salzsäure ist Trianhydrostrophanthidin (1β,4β-Epoxy-A-homo-19-nor-14β-carda-5,7,9,20(22)-tetraenolid) erhalten worden (*Jacobs*, *Collins*, J. biol. Chem. **63** [1925] 123, 127; *Fi.*, *Goto*).

3β-Acetoxy-14-hydroxy-19-oxo-14β-carda-5,20(22)-dienolid, O^3-Acetyl-pachygenin, $C_{25}H_{32}O_6$, Formel III (R = CO-CH₃).

B. Aus Pachygenin (S. 2585) beim Behandeln mit Acetanhydrid und Pyridin (*Schmid et al.*, Helv. **42** [1959] 72, 119) sowie beim Erhitzen mit Acetanhydrid (*Jacobs*, *Collins*, J. biol. Chem. **59** [1924] 713, 722).

Krystalle; F: 292—294° [nach Sintern bei 280°; aus Acetanhydrid] (*Ja.*, *Co.*), 285—290° [unkorr.; Zers.] (*Fieser*, *Goto*, Am. Soc. **82** [1960] 1697, 1699), 278—286° [korr.; Kofler-App.; aus Me. + Ae.] (*Sch. et al.*). $[\alpha]_D^{22}$: —167,7° [$CHCl_3$; c = 0,8] (*Sch. et al.*). IR-Spektrum (KBr; 2,5—15,5 μ): *Sch. et al.*, l. c. S. 94. IR-Banden ($CHCl_3$) im Bereich von 3,6 μ bis 11,6 μ: *Fi.*, *Goto*. UV-Spektrum (A.; 190—340 nm): *Sch. et al.*, l. c. S. 91.

3β-Benzoyloxy-14-hydroxy-19-oxo-14β-carda-5,20(22)-dienolid, O^3-Benzoyl-pachy-genin $C_{30}H_{34}O_6$, Formel III (R = CO-C₆H₅).

B. Beim Behandeln von Pachygenin (S. 2585) mit Pyridin und Benzoylchlorid (*Jacobs*, *Collins*, J. biol. Chem. **59** [1924] 713, 722).

Krystalle (aus A.); F: 287—289° [nach Sintern bei 270°].

3β-β-D-Glucopyranosyloxy-14-hydroxy-19-oxo-14β-carda-5,20(22)-dienolid, Pachomonosid $C_{29}H_{40}O_{10}$, Formel IV.

Konstitution und Konfiguration: *Schmid et al.*, Helv. **42** [1959] 72, 91; *Fieser et al.*, Helv. **43** [1960] 102.

Isolierung aus Wurzeln von Pachycarpus schinzianus: *Sch. et al.*, l. c. S. 102.

Krystalle (aus Me. + Ae.) mit 2 Mol H_2O; F: 243—245° [korr.; Kofler-App.] (*Sch. et al.*, l. c. S. 116). $[\alpha]_D^{23}$: —108,8° [Me. + W. (1:1); c = 0,8] [bei 70°/0,01 Torr ge-trocknetes Präparat] (*Sch. et al.*, l. c. S. 116). UV-Spektrum (A.; 200—360 nm): *Sch. et al.*, l. c. S. 88.

3β,14-Dihydroxy-19-hydroxyimino-14β-carda-5,20(22)-dienolid, Pachygenin-oxim $C_{23}H_{31}NO_5$, Formel V (X = OH).

B. Beim Erwärmen von Pachygenin (S. 2585) mit Hydroxylamin-hydrochlorid und Natriumacetat in Äthanol (*Jacobs*, *Collins*, J. biol. Chem. **59** [1924] 713, 721). Beim Erwärmen von (19Ξ)-19-Äthoxy-3β,19-epoxy-14-hydroxy-14β-carda-5,20(22)-dienolid (F: 223—230°) mit Hydroxylamin und Essigsäure (*Ja.*, *Co.*).

Krystalle (aus 95%ig. wss. A.) mit 1 Mol H_2O; F: 260—265° [nach Sintern] (Präparat aus Pachygenin).

3β,14-Dihydroxy-19-phenylhydrazono-14β-carda-5,20(22)-dienolid, Pachygenin-phenylhydrazon $C_{29}H_{36}N_2O_4$, Formel V (X = NH-C₆H₅).

B. Beim Erwärmen von (19Ξ)-19-Äthoxy-3β,19-epoxy-14-hydroxy-14β-carda-5,20(22)-dienolid (F: 223—230°) mit Phenylhydrazin und Essigsäure (*Jacobs*, *Collins*, J. biol. Chem. **59** [1924] 713, 721).

Krystalle (aus A.) mit 2 Mol H_2O; F: 260—264°.

IV   V

3,5-Dihydroxy-13-methyl-17-[5-oxo-2,5-dihydro-[3]furyl]-Δ^{14}-tetradecahydro-cyclo‑ penta[a]phenanthren-10-carbaldehyd $C_{23}H_{30}O_5$.

a) **3β,5-Dihydroxy-19-oxo-5β-carda-14,20(22)-dienolid, Diffugenin**, 14 - A n h y d r o - s t r o p h a n t h i d i n $C_{23}H_{30}O_5$, Formel VI (R = H).

Konstitution und Konfiguration: *Makaritschew, Abubakirow*, Ž. obšč. Chim. **32** [1962] 2372; engl. Ausg. S. 2338.

B. Beim Erwärmen von 19-Oxo-3β,5-sulfinyldioxy-5β-carda-14,20(22)-dienolid mit Kaliumhydrogencarbonat in wss. Methanol (*Ma., Ab.*, l. c. S. 2375). Beim Erwärmen von Convallatoxin (5,14-Dihydroxy-19-oxo-3β-α-L-rhamnopyranosyloxy-5β,14β-card-20(22)-enolid) mit wss.-äthanol. Schwefelsäure (*Tschesche, Haupt*, B. **69** [1936] 459, 463).

Krystalle (aus Acn. + Ae.); F: 186—188° [unkorr.]; $[\alpha]_D^{20}$: +7,8° [Me.; c = 2] (*Ma., Ab.*). IR-Spektrum (KBr; 3400—2600 cm⁻¹ und 1900—1200 cm⁻¹): *Ma., Ab.*

b) **3β,5-Dihydroxy-19-oxo-5β,17βH-carda-14,20(22)-dienolid**, 14 - A n h y d r o - a l l o s t r o p h a n t h i d i n $C_{23}H_{30}O_5$, Formel VII (R = H, X = O).

Konstitution und Konfiguration: *Manzetti, Ehrenstein*, Helv. **52** [1969] 482, 485, 486.

B. Beim Behandeln von 3β,5,14-Trihydroxy-19-oxo-5β,14β,17βH-card-20(22)-enolid („17α-Strophanthidin") mit konz. wss. Salzsäure und Erwärmen des Reaktionsprodukts mit wss. Aceton (*Ma., Eh.*, l. c. S. 490; s. a. *Bloch, Elderfield*, J. org. Chem. **4** [1939] 289, 293, 297).

Krystalle (aus Me.); F: 210—212° [unkorr.; Fisher-Johns-App.] (*Ma., Eh.*), 209° (*Bl., El.*). $[\alpha]_D^{23}$: +114,5° [CHCl₃; c = 0,5] (*Ma., Eh.*); $[\alpha]_D^{20}$: +119° [Me.; c = 0,6] (*Bl., El.*). IR-Banden (KBr) im Bereich von 3520 cm⁻¹ bis 1020 cm⁻¹: *Ma., Eh.* Absorptions- maximum (A.): 210 nm (*Ma., Re.*).

VI   VII   VIII

3-Benzoyloxy-5-hydroxy-13-methyl-17-[5-oxo-2,5-dihydro-[3]furyl]-Δ^{14}-tetradecahydro- cyclopenta[a]phenanthren-10-carbaldehyd $C_{30}H_{34}O_6$.

a) **3β-Benzoyloxy-5-hydroxy-19-oxo-5β-carda-14,20(22)-dienolid**, O^3 - B e n z o y l - diffugenin, O^3 - B e n z o y l - 14 - a n h y d r o - s t r o p h a n t h i d i n $C_{30}H_{34}O_6$, Formel VI (R = CO-C₆H₅).

B. Beim Behandeln von Diffugenin (s. o.) mit Benzoylchlorid, Pyridin und Chloro‑ form (*Tschesche, Haupt*, B. **69** [1936] 459, 463).

Krystalle (aus Me. + W.); F: 279—281°. $[\alpha]_D^{22}$: +22,2° [CHCl₃; c = 1].

b) **3β-Benzoyloxy-5-hydroxy-19-oxo-5β,17βH-carda-14,20(22)-dienolid,**
O^3-Benzoyl-14-anhydro-allostrophanthidin $C_{30}H_{34}O_6$, Formel VII
(R = CO-C_6H_5, X = O).
   B. Beim Behandeln von 14-Anhydro-allostrophanthidin (S. 2587) mit Benzoylchlorid und
Pyridin (*Bloch, Elderfield*, J. org. Chem. **4** [1939] 289, 297).
   Krystalle (aus Me.); F: 252°.

19-Oxo-3β,5-sulfinyldioxy-5β-carda-14,20(22)-dienolid $C_{23}H_{28}O_6S$, Formel VIII.
   B. Beim Behandeln von Strophanthidin (3β,5,14-Trihydroxy-19-oxo-5β,14β-card-
20(22)-enolid) in Chloroform mit Thionylchlorid und Pyridin, anfangs bei −30° (*Plattner
et al.*, Helv. **30** [1947] 1432, 1439; *Makaritschew, Abubakirow*, Ž. obšč. Chim. **32** [1962]
2372, 2375; engl. Ausg. S. 2338, 2341).
   Krystalle; F: 239−240° [unkorr.; aus Me.] (*Ma., Ab.*), 220−222° [korr.; evakuierte
Kapillare; aus A.] (*Pl. et al.*). $[\alpha]_D^{19}$: −23,9° [$CHCl_3$; c = 0,5] (*Pl. et al.*); $[\alpha]_D^{20}$: −21,6°
[$CHCl_3$; c = 1] (*Ma., Ab.*).

**3β,5-Dihydroxy-19-hydroxyimino-5β,17βH-carda-14,20(22)-dienolid, 14-Anhydro-
allostrophanthidin-oxim** $C_{23}H_{31}NO_5$, Formel VII (R = H, X = NOH).
   B. Aus 14-Anhydro-allostrophanthidin (S. 2587) und Hydroxylamin (*Bloch, Elderfield*,
J. org. Chem. **4** [1939] 289, 297).
   Krystalle (aus A.); F: 182°.

3α,23-Diacetoxy-20-hydroxy-11-oxo-21-nor-5β-chola-17(20)ξ,22c-dien-24-säure-lacton
$C_{27}H_{34}O_7$, Formel IX (R = CO-CH_3).
   B. Beim Erwärmen von 3α-Hydroxy-11,20,23-trioxo-21-nor-5β-cholan-24-säure mit
Bromwasserstoff in Essigsäure und Acetanhydrid (*Upjohn Co.*, U.S.P. 2740782 [1952]).
   Krystalle (aus Me. oder aus Ae. + Hexan); F: 210−210,5°.

14-Hydroxy-3,11-dioxo-5β,14β-card-20(22)-enolid, Sarmentogenon $C_{23}H_{30}O_5$, Formel X.
   B. Beim Behandeln von Sarmentogenin (S. 2443) mit Chrom(VI)-oxid und Essigsäure
(*Katz, Reichstein*, Pharm. Acta Helv. **19** [1944] 231, 260).
   Krystalle; F: 235−237° [korr.; Kofler-App.; aus Acn. + Ae.] (*Katz, Re.*). $[\alpha]_D^{18}$:
+14,0° [Dioxan; c = 1] (*Katz, Re.*); $[\alpha]_{700}^{25}$: −2°; $[\alpha]_D^{25}$: −1°; $[\alpha]_{425-450}^{25}$: +6°; $[\alpha]_{330}^{25}$:
−344°; $[\alpha]_{280}^{25}$: +685° [jeweils in Dioxan; c = 0,1] (*Djerassi et al.*, Helv. **41** [1958] 250,
271).

14-Hydroxy-3,12-dioxo-5β,14β-card-20(22)-enolid, Digoxigenon $C_{23}H_{30}O_5$, Formel XI
(X = O).
   B. Beim Behandeln von Digoxigenin (S. 2450) mit Chrom(VI)-oxid und Essigsäure
(*Katz, Reichstein*, Pharm. Acta Helv. **19** [1944] 231, 261) oder mit wss. Essigsäure,
Chrom(VI)-oxid und wss. Schwefelsäure (*Smith*, Soc. **1935** 1305, 1307).
   Krystalle (aus Acn.); F: 265° [Zers.] (*Sm.*), 254−260° [korr.; Kofler-App.] (*Katz, Re.*).
$[\alpha]_D^{18}$: +121° [Dioxan; c = 1] (*Katz, Re.*); $[\alpha]_{546}^{20}$: +130° [Acn.; c = 0,4] (*Sm.*).

IX   X   XI

14-Hydroxy-3-hydroxyimino-12-oxo-5β,14β-card-20(22)-enolid, Digoxigenon-oxim
$C_{23}H_{31}NO_5$, Formel XI (X = NOH).

Bezüglich der Konstitution s. *L. F. Fieser, M. Fieser*, Steroids [New York 1959] S. 754;
Steroide [Weinheim 1961] S. 830.

B. Aus Digoxigenon (S. 2588) und Hydroxylamin (*Smith*, Soc. **1935** 1305, 1307).
Krystalle; F: 235° [Zers.] (*Sm.*).

14-Hydroxy-12-oxo-3-semicarbazono-5β,14β-card-20(22)-enolid, Digoxigenon-semi=
carbazon $C_{24}H_{33}N_3O_5$, Formel XI (X = N-NH-CO-NH$_2$).

Bezüglich der Konstitution s. *L. F. Fieser, M. Fieser*, Steroids [New York 1959] S. 754;
Steroide [Weinheim 1961] S. 830.

B. Aus Digoxigenon (S. 2588) und Semicarbazid (*Smith*, Soc. **1935** 1305, 1307).
Krystalle; F: 268° [Zers.] (*Sm.*).

14-Hydroxy-10,13-dimethyl-17-[5-oxo-2,5-dihydro-[3]furyl]-tetradecahydro-cyclopenta=
[a]phenanthren-3,16-dion $C_{23}H_{30}O_5$.

a) **14-Hydroxy-3,16-dioxo-5β,14β-card-20(22)-enolid, α-Gitoxigenon** $C_{23}H_{30}O_5$,
Formel XII.

Konstitution und Konfiguration: *Tschesche, Grimmer*, B. **93** [1960] 1477.

B. Beim Behandeln von Gitoxigenin (S. 2456) mit Chrom(VI)-oxid und wasserhaltiger
Essigsäure (*Tsch., Gr.*; s. a. *Jacobs, Gustus*, J. biol. Chem. **88** [1930] 531, 536; *Satoh,
Morita*, J. pharm. Soc. Japan **82** [1962] 156, 160; C. A. **1963** 3482).

Krystalle (aus Acn.), F: 204° (*Ja., Gu.*); Krystalle (aus Acn. + Ae.), F: 188—190° und
(nach Wiedererstarren bei weiterem Erhitzen) F: 204—207° [unkorr.; Kofler-App.] (*Sa.,
Mo.*); Krystalle (aus wss. Me.), die bei 187—195° schmelzen (*Tsch., Gr.*). $[\alpha]_D^{25}$: +88°
[Acn.; c = 0,4] (*Ja., Gu.*); $[\alpha]_D^{26}$: +89,8° [Acn.; c = 1] (*Sa., Mo.*). IR-Spektrum (Nujol;
4000—650 cm⁻¹): *Sa., Mo.*, l. c. S. 157. Absorptionsmaxima (A.): 217 nm, 312 nm und
370 nm (*Sa., Mo.*).

Beim Behandeln einer Lösung in wss. Essigsäure mit wss. Schwefelsäure sowie beim
Behandeln einer Lösung in Aceton mit wss. Natronlauge und anschliessend mit Essigsäure
ist β-Gitoxigenon (s. u.) erhalten worden (*Ja., Gu.*, l. c. S. 538; vgl. *Sa., Mo.*, l. c. S. 161).
Bildung von 14-Hydroxy-3,3-dimethoxy-16-oxo-5β,14β,17βH-card-20(22)-enolid beim Er=
wärmen mit Methanol: *Ja., Gu.*, l. c. S. 533, 539.

XII   XIII   XIV

b) **14-Hydroxy-3,16-dioxo-5β,14β,17βH-card-20(22)-enolid, β-Gitoxigenon**
$C_{23}H_{30}O_5$, Formel XIII.

Konstitution und Konfiguration: *Satoh, Morita*, J. pharm. Soc. Japan **82** [1962] 156;
C. A. **1963** 3482.

B. Beim Behandeln einer Lösung von Gitoxigenin (S. 2456) in wss. Essigsäure mit
Chrom(VI)-oxid und wss. Schwefelsäure (*Jacobs, Gustus*, J. biol. Chem. **88** [1930] 531,
537).

Krystalle (aus wss. Acn.); F: 213° [Zers.] (*Ja., Gu.*). Krystalle (aus Acn. + Me.) mit
0,5 Mol H$_2$O; F: 215—219° [unkorr.; Kofler-App.] (*Sa., Mo.*). $[\alpha]_D^{20}$: +166° [Acn.] (*Ja.,
Gu.*, l. c. S. 537, 538); $[\alpha]_D^{26}$: +166,1° [Acn.; c = 1] (*Sa., Mo.*). IR-Spektrum (Nujol;
4000—650 cm⁻¹): *Sa., Mo.*, l. c. S. 157. Absorptionsmaxima (Me.): 217 nm, 312 nm und
370 nm (*Sa., Mo.*).

14-Hydroxy-3,3-dimethoxy-16-oxo-5β,14β,17βH-card-20(22)-enolid $C_{25}H_{36}O_6$, Formel XIV.

B. Beim Erwärmen von β-Gitoxigenon (S. 2589) mit Methanol (*Jacobs, Gustus*, J. biol. Chem. **88** [1930] 531, 539).

Krystalle (aus Me.); F: 226—227° [Zers.].

Hydroxy-oxo-Verbindungen $C_{24}H_{32}O_5$

5,7-Dihydroxy-8-isovaleryl-6-[3-methyl-but-2-enyl]-4-pentyl-cumarin $C_{24}H_{32}O_5$, Formel I.

Diese Verbindung (Krystalle [aus Hexan], F: 100—101°) ist als Komponente eines als Mammein bezeichneten, aus Samen von Mammea americana isolierten Präparats (*Djerassi et al.*, Am. Soc. **80** [1958] 3686) erkannt worden (*Crombie et al.*, Soc. [C] **1967** 2545, 2550).

I   II

12β,14-Dihydroxy-3β-α-L-rhamnopyranosyloxy-14β-bufa-4,20,22-trienolid, Scilliphäosid $C_{30}H_{42}O_9$, Formel II.

Konstitution und Konfiguration: *v.Wartburg et al.*, Helv. **51** [1968] 1317.

Isolierung aus Zwiebeln von Scilla maritima: *Stoll, Kreis*, Helv. **34** [1951] 1431, 1443.

B. Aus Glucoscilliphäosid (s. u.) mit Hilfe eines Enzym-Präparats aus Strophantus kombe (*Stoll et al.*, Helv. **35** [1952] 2495, 2511).

Krystalle (aus Acn.); F: 249—252° [Zers.; Kofler-App.] (*St. et al.*; *St., Kr.*, l. c. S. 1441). $[α]_D^{20}$: —72,2° [Me.; c = 1] (*St. et al.*, l. c. S. 2512); $[α]_D^{22}$: —73,9° [Me.; c = 0,4] (*St., Kr.*, l. c. S. 1455). UV-Spektrum (200—360 nm): *St. et al.* 1 g löst sich bei 20° in 6 l Wasser und 50 ml Methanol, bei Siedetemperatur in 15 ml Methanol (*St., Kr.*, l. c. S. 1442, 1455). Verteilung zwischen Wasser und Butanon: *St., Kr.*; zwischen Wasser und Äthylacetat: *St. et al.*, l. c. S. 2512.

Beim Erwärmen mit wss. Schwefelsäure sind 12β,14-Dihydroxy-14β-bufa-3,5,20,22-tetraenolid und L-Rhamnose (E IV **1** 4261) erhalten worden (*St. et al.*, l. c. S. 2510; s. a. *v.Wa. et al.*, l. c. S. 1318, 1324).

3β-[O⁴-β-D-Glucopyranosyl-α-L-rhamnopyranosyloxy]-12β,14-dihydroxy-14β-bufa-4,20,22-trienolid, 12β,14-Dihydroxy-3β-α-scillabiosyloxy-14β-bufa-4,20,22-trienolid, Glucoscilliphäosid $C_{36}H_{52}O_{14}$, Formel III.

Konstitution und Konfiguration: *v.Wartburg et al.*, Helv. **51** [1968] 1317.

Isolierung aus Zwiebeln von Scilla maritima: *Stoll, Kreis*, Helv. **34** [1951] 1431, 1443.

Krystalle (aus wss. Me.) mit 1 Mol H_2O, F: 269—270° [Zers.; Kofler-App.]; $[α]_D^{20}$: —68,0° [Me.; c = 0,6] [im Hochvakuum bei 95° getrocknetes Präparat] (*St., Kr.*, l. c. S. 1455). 1 g löst sich bei 20° in 2 l Wasser und in 40 ml Methanol, bei Siedetemperatur in 20 ml Methanol (*St., Kr.*, l. c. S. 1442, 1456). Verteilung zwischen Wasser und Butanon: *St., Kr.*

5-[3,14-Dihydroxy-10-hydroxymethyl-13-methyl-Δ⁴-tetradecahydro-cyclopenta[a]phenanthren-17-yl]-pyran-2-on $C_{24}H_{32}O_5$.

a) **3β,14,19-Trihydroxy-14β-bufa-4,20,22-trienolid** $C_{24}H_{32}O_5$, Formel IV (R = H) (in der Literatur auch als Scilliglaucosidin-19-ol bezeichnet).

B. Aus Scilliglaucosidin (S. 2666) beim Erwärmen mit Aluminiumisopropylat in

Isopropylalkohol (*Stoll et al.*, Helv. **36** [1953] 1531, 1537, 1552) sowie beim Behandeln mit Natriumboranat in wss. Dioxan (*Katz*, Helv. **40** [1957] 831, 845). Neben kleineren Mengen des unter b) beschriebenen Stereoisomeren beim Behandeln von 14-Hydroxy-3,19-dioxo-14β-bufa-4,20,22-trienolid mit Natriumboranat in wss. Dioxan (*Katz*, l. c. S. 844).

Krystalle (aus Acn. + Ae.), F: 233—234° [Kofler-App.] (*St. et al.*); Krystalle (aus Me. + Ae.), die bei 217—240° schmelzen (*Katz*). $[\alpha]_D^{20}$: +0,8° [CHCl$_3$ + 2% Me.] (*St. et al.*); $[\alpha]_D^{24}$: −2,8° [CHCl$_3$ + 5% Me.] (*Katz*); $[\alpha]_D^{20}$: −12,5° [Me.; c = 0,6] (*St. et al.*); $[\alpha]_D^{24}$: −10,9° [Me.; c = 1] (*Katz*). IR-Spektrum (Nujol; 2—15 μ): *Katz*, l. c. S. 839; *St. et al.*, l. c. S. 1538. UV-Spektrum (A.; 210—355 nm): *St. et al.*, l. c. S. 1541.

Beim Behandeln mit wss. Aceton und mit Sauerstoff in Gegenwart von Platin sind 14,19-Dihydroxy-3-oxo-14β-bufa-4,20,22-trienolid (Hauptprodukt) und 14-Hydroxy-3,19-dioxo-14β-bufa-4,20,22-trienolid erhalten worden (*Katz*, l. c. S. 841, 844). Bildung von 14,19-Dihydroxy-3-oxo-14β-bufa-4,20,22-trienolid, von 3β,14-Dihydroxy-19-oxo-14β-bufa-4,20,22-trienolid und von 14-Hydroxy-3,19-dioxo-14β-bufa-4,20,22-trienolid beim Behandeln einer Lösung in *tert*-Butylalkohol und Chloroform mit Chromsäure-di-*tert*-butylester (E IV **1** 1614) in Tetrachlormethan: *Katz*, Helv. **40** [1957] 487, 491, 840, 844.

III   IV

b) **3α,14,19-Trihydroxy-14β-bufa-4,20,22-trienolid** C$_{24}$H$_{32}$O$_5$, Formel V (in der Literatur auch als 3-Epi-scilliglaucosidin-19-ol bezeichnet).

B. s. bei dem unter a) beschriebenen Stereoisomeren.

Krystalle (aus Me. + Ae.), die zwischen 216° und 228° schmelzen (*Katz*, Helv. **40** [1957] 831, 844). $[\alpha]_D^{26}$: +56,4° [CHCl$_3$ + 5% Me.]; $[\alpha]_D^{24}$: +43,8° [Me.; c = 0,7]. IR-Spektrum (Nujol; 2—15 μ): *Katz*, l. c. S. 839. UV-Spektrum (A.; 200—370 nm): *Katz*, l. c. S. 835.

3β,19-Diacetoxy-14-hydroxy-14β-bufa-4,20,22-trienolid C$_{28}$H$_{36}$O$_7$, Formel IV (R = CO-CH$_3$).

B. Beim Behandeln von 3β,14,19-Trihydroxy-14β-bufa-4,20,22-trienolid mit Acetanhydrid und Pyridin (*Stoll et al.*, Helv. **36** [1953] 1531, 1553).

Krystalle (aus Acn. + Ae.); F: 213—219° [Kofler-App.].

V   VI   VII

5,14-Dihydroxy-3-oxo-5β,14β-bufa-20,22-dienolid, Telocinobufagon $C_{24}H_{32}O_5$, Formel VI.

B. Beim Behandeln von Telocinobufagin (S. 2553) mit Chrom(VI)-oxid und Essigsäure (*Meyer*, Helv. **32** [1949] 1593, 1597).

Krystalle (aus Acn. + Ae.); F: 250—252° [korr.; Zers.; Kofler-App.]. $[α]_D^{17}$: +10,4° [CHCl$_3$; c = 1].

Beim Erhitzen in Essigsäure auf 125° ist 14-Hydroxy-3-oxo-14β-bufa-4,20,22-trienolid erhalten worden.

12β,14-Dihydroxy-3-oxo-5β,14β-bufa-20,22-dienolid $C_{24}H_{32}O_5$, Formel VII.

B. Beim Behandeln von 3β,12β,14-Trihydroxy-5β,14β-bufa-20,22-dienolid mit wss. Aceton und mit Sauerstoff in Gegenwart von Platin (*Tamm, Gubler*, Helv. **42** [1959] 473, 480). In kleiner Menge aus 14-Hydroxy-3-oxo-5β,14β-bufa-20,22-dienolid mit Hilfe von Fusarium lini (*Tamm, Gu.*, l. c. S. 479).

Krystalle (aus Acn. + Ae.); F: 229—237° [korr.; Kofler-App.]. $[α]_D^{27}$: +1° [Me.; c = 0,6].

16β-Acetoxy-14-hydroxy-3-oxo-5β,14β-bufa-20,22-dienolid, Bufotalon $C_{26}H_{34}O_6$, Formel VIII.

B. Beim Behandeln von Bufotalin (S. 2556) mit Chrom(VI)-oxid und wasserhaltiger Essigsäure (*Wieland, Hesse*, A. **517** [1935] 22, 28; *Meyer*, Pharm. Acta Helv. **24** [1949] 222, 243, 244).

Krystalle; F: 272—277° [korr.; Zers.; Kofler-App.; aus Acn. + Ae.] (*Me.*), 267° [aus A.] (*Wi., He.*). $[α]_D^{18}$: +10,0° [CHCl$_3$; c = 0,8] (*Me.*).

Überführung in 16β-Acetoxy-3,21-bis-[2,4-dinitro-phenylhydrazono]-14-hydroxy-5β,14β,20ξH-chol-22ξ-en-24-säure (Zers. oberhalb 181°) durch Erwärmen mit Bariumhydroxid in Methanol und Behandeln des Reaktionsprodukts mit [2,4-Dinitro-phenyl]hydrazin und Essigsäure: *Wi., He.*, l. c. S. 28, 29. Beim Behandeln mit äthanol. Kalilauge und anschliessenden Ansäuern ist 16β-Acetoxy-14,21c-epoxy-3-oxo-5β,14β-chola-20,22t-dien-24-säure (,,Anhydrobufotalonsäure") erhalten worden (*Wi., He.*).

3β,14-Dihydroxy-19-oxo-5α,14β-bufa-20,22-dienolid, Bovogenin-A $C_{24}H_{32}O_5$, Formel IX (R = H).

Konstitution und Konfiguration: *Katz*, Helv. **36** [1953] 1417, **37** [1954] 833.

Gewinnung aus Zwiebeln von Bowiea volubilis nach enzymatischer Hydrolyse: *Katz*, Helv. **37** [1954] 451, 453.

Krystalle (aus Me.), die zwischen 247° und 262° schmelzen; $[α]_D^{22}$: ca. 0° [Me.] (*Katz*, Helv. **37** 453).

Die Identität von drei als Kilimandscharogenin-A bezeichneten, von *Tschesche, Sellhorn* (B. **86** [1953] 54, 60, 62) und von *Tschesche et al.* (B. **88** [1955] 1612, 1616) aus Zwiebeln von Bowiea volubilis und Bowiea kilimandscharica isolierten Präparaten (a) Krystalle [aus Acn.], F: 230—235°; $[α]_D^{15}$: +12,2° [Me.]; b) Krystalle [aus Acn.] mit 1 Mol H_2O, F: 245—252°; $[α]_D^{15}$: +11,2° [Acn.]; c) Krystalle [aus Py. + Ae.], F: 248—252°; $[α]_D^{22}$: +11,8° [Me.]; $[α]_D^{22}$: +32° [Dioxan]), in denen nach *Katz* (zit. bei *Tsch. et al.*, l. c. S. 1615) verunreinigtes Bovogenin-A vorgelegen haben soll, ist ungewiss (*Tsch. et al.*).

VIII   IX

3β-Acetoxy-14-hydroxy-19-oxo-5α,14β-bufa-20,22-dienolid, O^3-Acetyl-bovogenin-A
$C_{26}H_{34}O_6$, Formel IX (R = CO-CH$_3$).

B. Beim Erwärmen von Bovogenin-A (S. 2592) mit Acetanhydrid und Pyridin (*Katz,*
Helv. **38** [1955] 1565, 1572).

Krystalle (aus Acn.), die zwischen 256° und 276° schmelzen. $[\alpha]_D^{25}$: —10,8° [Me.;
c = 0,2]. IR-Spektrum (CHCl$_3$; 2,5—12,5 μ): *Katz,* l. c. S. 1568.

**14-Hydroxy-3β-[O^3-methyl-6-desoxy-α-L-glucopyranosyloxy]-19-oxo-5α,14β-bufa-
20,22-dienolid, 14-Hydroxy-19-oxo-3β-α-L-thevetopyranosyloxy-5α,14β-bufa-20,22-dien=
olid, Bovosid-A** $C_{31}H_{44}O_9$, Formel X.

Konstitution: *Katz,* Helv. **36** [1953] 1344, 1347, 1417.

Gewinnung aus Zwiebeln von Bowiea volubilis nach enzymatischer Hydrolyse: *Katz,*
Helv. **33** [1950] 1420, 1426, **36** 1345; *Tschesche, Dölberg,* B. **90** [1957] 2378, 2380; aus
Zwiebeln von Bowiea kilimandscharica nach enzymatischer Hydrolyse: *Katz,* Pharm.
Acta Helv. **29** [1954] 369, 373, 375.

Krystalle (aus Me. bzw. aus Acn. + Ae. bzw. aus Me. + CHCl$_3$ + Ae.), die bei 240°
bis 255° [Zers.] (*Katz,* Helv. **33** 1424, 1427) bzw. bei 232—256° (*Katz,* Helv. **40** [1957]
490) bzw. bei 244—251° (*Tsch., Dö.*) schmelzen; Krystalle (aus Me. + W.) mit 1 Mol
H$_2$O, die zwischen 205° und 235° [Zers.] schmelzen (*Katz,* Helv. **33** 1424, 1427); Methanol
enthaltende Krystalle (aus Me.), die zwischen 200° und 230° [Zers.; nach Umwandlung
bei 150—160°] schmelzen (*Katz,* Helv. **33** 1424, 1427); Methanol enthaltende Krystalle
(aus Me. + CHCl$_3$ + Ae.), die zwischen 215° und 225° schmelzen (*Tsch., Dö.*). $[\alpha]_D^{15}$:
—73,3° [Me.; c = 1] [bei 70° im Hochvakuum getrocknetes Präparat] (*Katz,* Helv. **33**
1427); $[\alpha]_D^{20}$: —74° [Me.] (*Tsch., Dö.*); $[\alpha]_D^{24}$: —71,6° [Me.; c = 1] [bei 70°/0,1 Torr
getrocknetes Präparat] (*Katz,* Helv. **40** 490). UV-Spektrum (A.; 210—355 nm): *Katz,*
Helv. **33** 1423.

Beim Erwärmen mit wss. Salzsäure und Essigsäure sind 3β-Hydroxy-19-oxo-5α-bufa-
14,20,22-trienolid und L-Thevetose (E IV **1** 4269) erhalten worden (*Katz,* Helv. **36** 1347,
1348, 1350). Bildung von 14-Hydroxy-3β-[O^3-methyl-6-desoxy-α-L-glucopyranosyloxy]-
17β-[6-oxo-6H-pyran-3-yl]-5α,14β-androstan-19-säure-methylester beim mehrwöchigen
Behandeln mit wss. Methanol unter Zutritt von Luft und Behandeln des Reaktionsprodukts mit Diazomethan in Äther und Methanol: *Katz,* Helv. **36** 1349, **37** [1954] 451,
454.

Oxim $C_{31}H_{45}NO_9$. Krystalle, die bei 170° sintern und bei 245—260° schmelzen (*Katz,*
Helv. **36** 1350).

X   XI

**3β-[O^2-β-D-Glucopyranosyl-O^3-methyl-6-desoxy-α-L-glucopyranosyloxy]-14-hydroxy-
19-oxo-5α,14β-bufa-20,22-dienolid, 3β-[O^2-β-D-Glucopyranosyl-α-L-thevetopyranosyl=
oxy]-14-hydroxy-19-oxo-5α,14β-bufa-20,22-dienolid, Glucobovosid-A** $C_{37}H_{54}O_{14}$,
Formel XI.

Konstitution und Konfiguration: *Tschesche et al.,* A. **674** [1964] 176; *Tschesche, Döl-*

berg, B. **91** [1958] 2512, 2518.

Isolierung aus Zwiebeln von Bowiea volubilis: *Tschesche, Dölberg*, B. **90** [1957] 2378, 2381.

Krystalle (aus Py. + Ae.) mit 1,5 Mol Pyridin, die bei 188—196° schmelzen; $[\alpha]_D^{20}$: —66° [Me.; c = 10] (*Tsch., Dö.*, B. **90** 2381, 2382).

Hydroxy-oxo-Verbindungen $C_{30}H_{44}O_5$

3β-Acetoxy-16-oxa-*D*-homo-urs-12-en-11,15,16a-trion [1]), **3β-Acetoxy-11-oxo-15,16-seco-urs-12-en-15,16-disäure-anhydrid** $C_{32}H_{46}O_6$, Formel I.

Diese Konstitution und Konfiguration kommt vermutlich der nachstehend beschriebenen Verbindung zu.

B. Beim Behandeln einer vermutlich als 3β-Acetoxy-urs-12-en-11,15,16-trion zu formulierenden Verbindung (s. E III **8** 1094 im Artikel 3β-Acetoxy-urs-12-en-16-on) mit methanol. Kalilauge und wss. Wasserstoffperoxid und Behandeln des Reaktionsprodukts (λ_{max} [A.]: 250 nm) mit Acetanhydrid und Pyridin (*Büchi et al.*, Helv. **31** [1948] 139, 142).

Krystalle (aus $CHCl_3$ + Me.); F: 216—217° [korr.]. $[\alpha]_D$: +10° [$CHCl_3$; c = 3]. Absorptionsmaximum (A.): 240 nm.

I

II

8,16ξ-Epoxy-3β,24-dihydroxy-8,14-seco-8ξ,14ξ*H*-oleana-9(11),13(18)-dien-12,19-dion [2]), Formel II. $C_{30}H_{44}O_5$.

Eine von *Meyer et al.* (Helv. **33** [1950] 687, 693, 697) unter dieser Konstitution und Konfiguration beschriebene Verbindung (F: 297,5—299°; Di-*O*-acetyl-Derivat $C_{34}H_{48}O_7$: F: 253—254°) ist auf Grund ihrer genetischen Beziehung zu Sojasapogenol-D (E III **6** 6500) wahrscheinlich als 3β,24-Dihydroxy-21ξ(oder 22ξ)-methoxy-oleana-9(11),13(18)-dien-12,19-dion zu formulieren.

3β,30-Diacetoxy-21β-hydroxy-11-oxo-18α-olean-12-en-28-säure-lacton [2]) $C_{34}H_{48}O_7$, Formel III.

B. Beim Erwärmen von 3β,21β,30-Triacetoxy-11-oxo-olean-12-en-28-säure-methylester mit methanol. Kalilauge, Behandeln des nach dem Ansäuern erhaltenen Reaktionsprodukts mit Diazomethan in Äther und Behandeln des danach isolierten Reaktionsprodukts mit Acetanhydrid und Pyridin (*Djerassi, Mills*, Am. Soc. **80** [1958] 1236, 1241).

Krystalle (aus Me. + $CHCl_3$); F: 320—322° [Kofler-App.]. IR-Banden ($CHCl_3$) im Bereich von 5,6 μ bis 8 μ: *Dj., Mi.*

3β,15β,22α-Trihydroxy-11-oxo-olean-12-en-28-säure-15-lacton [2]) $C_{30}H_{44}O_5$, Formel IV (R = X = H) (in der Literatur als 11-Ketodumortierigenin bezeichnet).

B. Neben der im folgenden Artikel beschriebenen Verbindung beim Erwärmen von 3β,22α-Diacetoxy-15β-hydroxy-11-oxo-olean-12-en-28-säure-15-lacton mit Methanol, Kaliumcarbonat und wss. Dioxan (*Djerassi et al.*, Am. Soc. **78** [1956] 5685, 5690).

---

[1]) Stellungsbezeichnung bei von Ursan abgeleiteten Namen s. E III **5** 1340.

[2]) Stellungsbezeichnung bei von Oleanan abgeleiteten Namen s. E III **5** 1341.

Krystalle (aus Me. + CHCl₃); F: 334—338° [Kofler-App.] (*Dj. et al.*, Am. Soc. **78** 5690). [α]_D: —17° [Dioxan; c = 0,08] (*Djerassi et al.*, Am. Soc. **81** [1959] 4587, 4600); [α]_D: —22° [CHCl₃] (*Dj. et al.*, Am. Soc. **78** 5690). Optisches Drehungsvermögen einer Lösung in Dioxan (c = 0,08) für Licht der Wellenlängen von 282,5 nm bis 700 nm: *Dj. et al.*, l. c. S. 4597.

Beim Behandeln mit Aceton, Chrom(VI)-oxid und wss. Schwefelsäure ist 15β-Hydr⸗ oxy-3,11,22-trioxo-olean-12-en-28-säure-lacton erhalten worden (*Dj. et al.*, Am. Soc. **78** 5690).

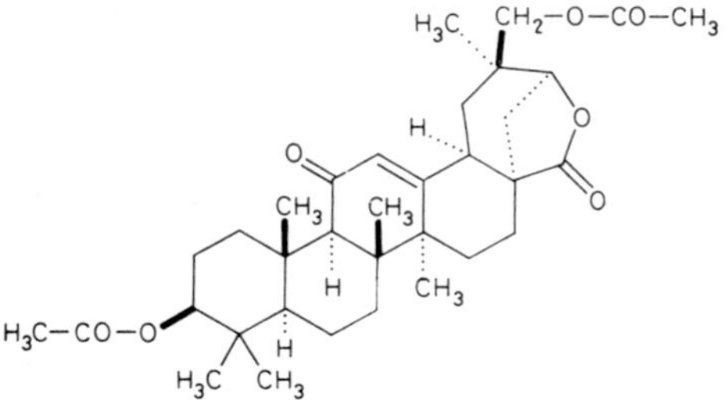

III 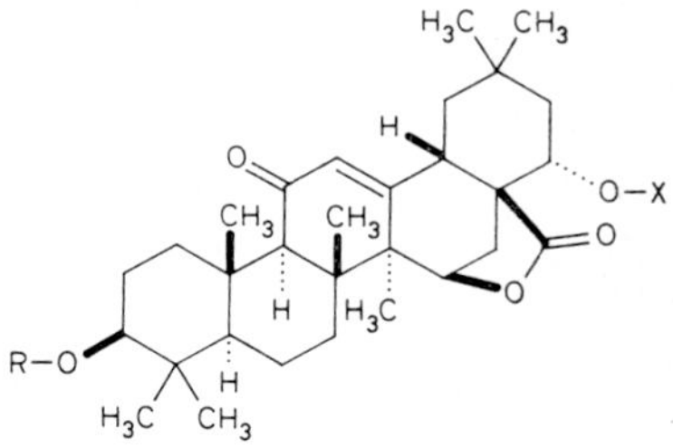   IV

3β-Acetoxy-15β,22α-dihydroxy-11-oxo-olean-12-en-28-säure-15-lacton C₃₂H₄₆O₆, Formel IV (R = CO-CH₃, X = H).

B. s. im vorangehenden Artikel.

Unterhalb 345° nicht schmelzend; [α]_D: —24° [CHCl₃] (*Djerassi et al.*, Am. Soc. **78** [1956] 5685, 5690).

3β,22α-Diacetoxy-15β-hydroxy-11-oxo-olean-12-en-28-säure-lacton C₃₄H₄₈O₇, Formel IV (R = X = CO-CH₃).

B. Beim Erhitzen von 3β,22α-Diacetoxy-15β-hydroxy-olean-12-en-28-säure-lacton mit Chrom(VI)-oxid und Essigsäure (*Djerassi et al.*, Am. Soc. **78** [1956] 5685, 5690).

Krystalle (aus Me. + CHCl₃); F: 345° [Zers.; Kofler-App.]. [α]_D: 0° [CHCl₃]. IR-Banden (CHCl₃) im Bereich von 5,6 μ bis 8,1 μ: *Dj. et al.* Absorptionsmaximum (A.): 241 nm.

3β-Acetoxy-13-hydroxy-11,12-dioxo-ursan-28-säure-lacton [1]) C₃₂H₄₆O₆, Formel V, und Tautomeres.

Diese Konstitution (und Konfiguration) kommt vermutlich der nachstehend beschrie-benen Verbindung zu.

B. Neben 3β-Acetoxy-11-oxo-urs-12-en-28-säure beim Erhitzen von O-Acetyl-ursol⸗ säure (3β-Acetoxy-urs-12-en-28-säure [E III **10** 1040]) mit Chrom(VI)-oxid und wasser-haltiger Essigsäure (*Ewen, Spring*, Soc. **1943** 523).

Krystalle (aus CHCl₃ + A.); F: 305—306° [Zers.]. Absorptionsmaximum (A.): 312 nm.

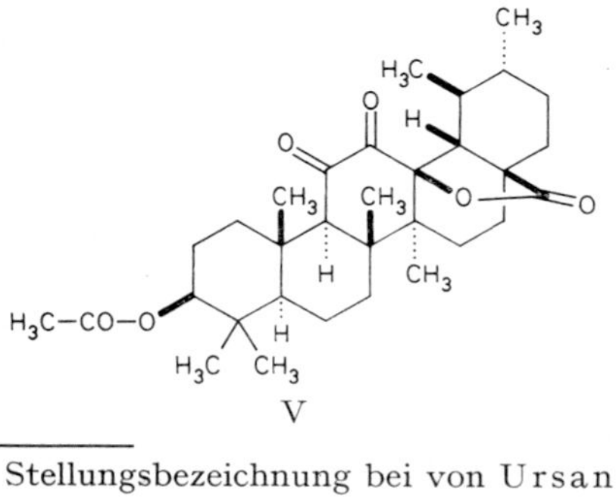

V 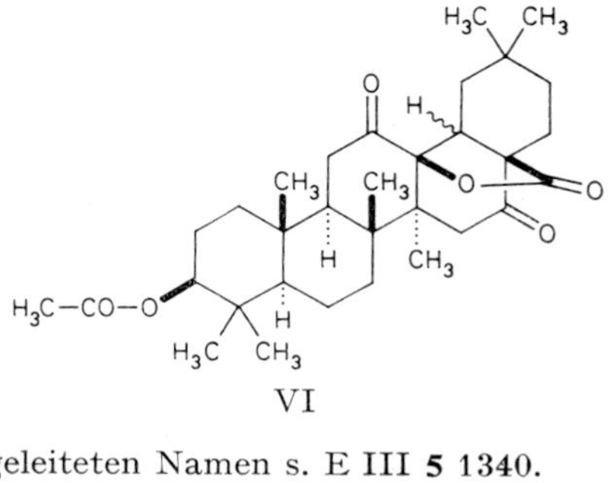   VI

---

[1]) Stellungsbezeichnung bei von Ursan abgeleiteten Namen s. E III **5** 1340.

3β-Acetoxy-13-hydroxy-12,16-dioxo-18ξ-oleanan-28-säure-lacton [1]) $C_{32}H_{46}O_6$, Formel VI.

Diese Konstitution und Konfiguration kommt wahrscheinlich der nachstehend beschriebenen Verbindung zu.

B. Beim Behandeln einer Lösung von 3β-Acetoxy-16α-hydroxy-olean-12-en-28-säure in Essigsäure mit Natriumdichromat und wss. Schwefelsäure (*Alves, Noller*, Am. Soc. **74** [1952] 4043, 4047).

Krystalle (aus Me.); F: 290—295° [korr.; evakuierte Kapillare]. $[\alpha]_D^{24}$: —90° [Dioxan]. Absorptionsmaximum (A.): 300 nm.

3β,13-Dihydroxy-6,7-dioxo-5ξ,18α(?)-oleanan-28-säure-13-lacton [1]) $C_{30}H_{44}O_5$, vermutlich Formel VII, und Tautomeres.

Eine als 3β,6,13-Trihydroxy-7-oxo-18α(?)-olean-5-en-28-säure-13-lacton (vermutlich Formel VIII [R = H]) angesehene Verbindung (Krystalle [aus Acn. + Ae.], F: 325—327° [korr.]) ist beim Erhitzen von 3β-Acetoxy-13-hydroxy-6-oxo-18α(?)-oleanan-28-säure-lacton (F: 324—325° [S. 1628]) mit Selendioxid in Dioxan auf 200° und Erwärmen des als 3β-Acetoxy-6,13-dihydroxy-7-oxo-18α(?)-olean-5-en-28-säure-13-lacton ($C_{32}H_{46}O_6$; vermutlich Formel VIII [R = CO-CH$_3$]) angesehenen Reaktionsprodukts (Krystalle [aus CHCl$_3$ + Me. oder aus Acn. + W.], F: 265—267° [korr.]; $[\alpha]_D$: —30° [CHCl$_3$]; λ_{max}: 290 nm) mit methanol. Kalilauge erhalten worden (*Ruzicka et al.*, Helv. **26** [1943] 2283, 2286, 2295).

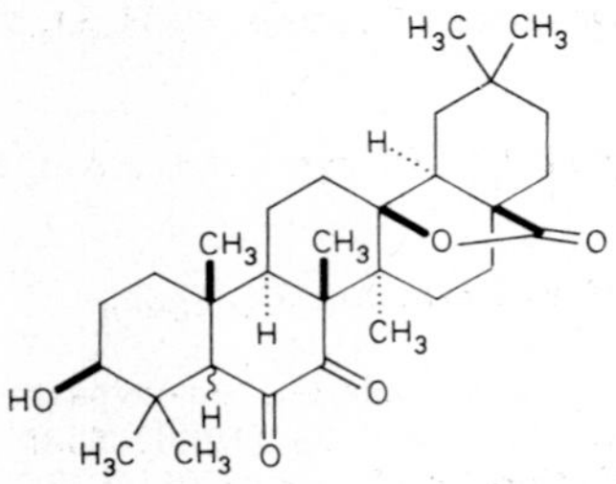

VII

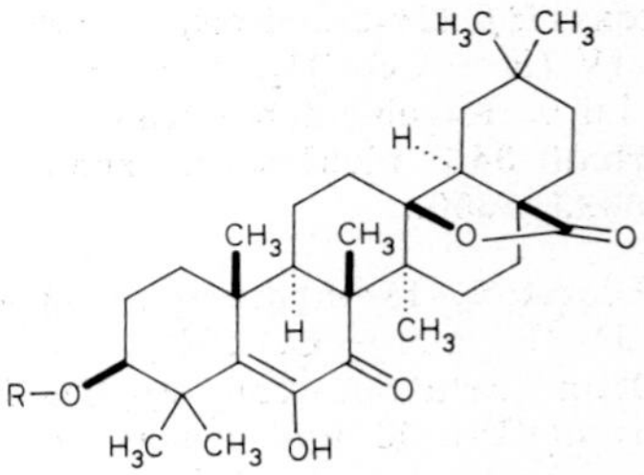

VIII

12α-Brom-1ξ,13-dihydroxy-2,3-dioxo-oleanan-28-säure-13-lacton [1]) $C_{30}H_{43}BrO_5$, Formel IX, und Tautomere.

Diese Konstitution und Konfiguration kommt möglicherweise der nachstehend beschriebenen Verbindung zu.

B. Beim Behandeln einer Suspension von 12α-Brom-13-hydroxy-3-oxo-oleanan-28-säure-lacton (E III/IV **17** 6339) in Schwefelsäure enthaltender Essigsäure mit Chrom(VI)-oxid (*Kitasato*, Acta phytoch. Tokyo **10** [1937] 199, 200, 205).

Krystalle (aus A. + CHCl$_3$); F: 265° [Zers.].

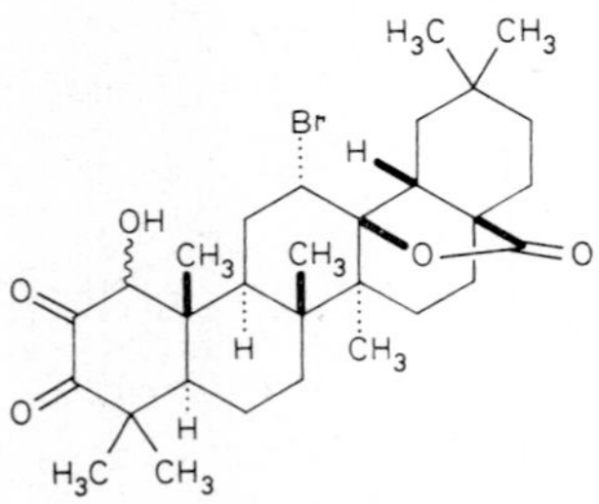

IX

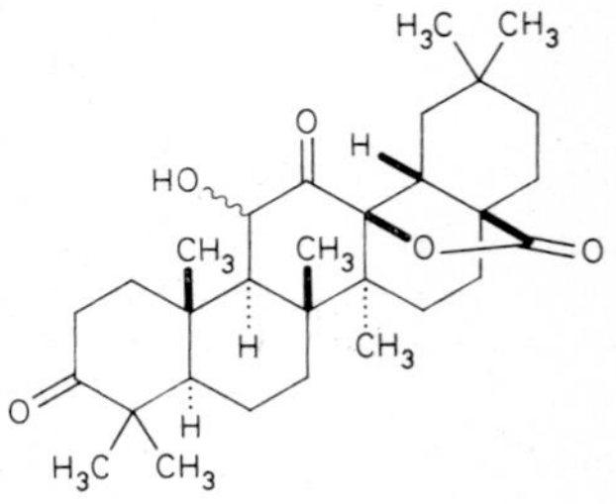

X

---

[1]) Stellungsbezeichnung bei von Oleanan abgeleiteten Namen s. E III **5** 1341.

11(?)ξ,13-Dihydroxy-3,12-dioxo-oleanan-28-säure-13-lacton [1]) $C_{30}H_{44}O_5$, vermutlich Formel X.

Ein Präparat (Krystalle [aus A.], F: 285°), in dem vermutlich eine Verbindung dieser Konstitution und Konfiguration vorgelegen hat, ist beim Erwärmen von 11(?)ξ-Brom-13-hydroxy-3,12-dioxo-oleanan-28-säure-lacton (F: 225° [E III/IV **17** 6779]) mit methanol. Kalilauge und Ansäuern der Reaktionslösung mit wss. Salzsäure erhalten worden (*Kitasato, Sone,* Acta phytoch. Tokyo **6** [1932] 305, 311).

3β,13-Dihydroxy-11,12-dioxo-oleanan-28-säure-13-lacton [1]) $C_{30}H_{44}O_5$, Formel XI (R = H), und Tautomeres.

B. Beim Erwärmen von 3β-Acetoxy-13-hydroxy-11,12-dioxo-oleanan-28-säure-lacton mit äthanol. Kalilauge (*Ruzicka et al.,* Helv. **22** [1939] 350, 359).

Krystalle (aus E.); F: 330—333° [korr.; Zers.; nach Sintern bei 280°].

XI   XII

3β-Acetoxy-13-hydroxy-11,12-dioxo-oleanan-28-säure-lacton $C_{32}H_{46}O_6$, Formel XI (R = CO-CH₃), und Tautomeres.

Konstitutionszuordnung: *Kitasato,* Acta phytoch. Tokyo **11** [1939] 1, 2, 4.

B. Beim Behandeln von 3β-Acetoxy-olean-12-en-28-säure-methylester oder von 3β-Acetoxy-12α,13-dihydroxy-oleanan-28-säure-13-lacton (S. 1512) mit Chrom(VI)-oxid und Schwefelsäure enthaltender Essigsäure (*Ki.,* Acta phytoch. Tokyo **11** 15). Aus 3β-Acetoxy-12-oxo-oleanan-28-säure-methylester beim Erwärmen mit Chrom(VI)-oxid und wasserhaltiger Essigsäure (*Ruzicka et al.,* Helv. **22** [1939] 350, 353, 358) sowie beim Behandeln mit Chrom(VI)-oxid, Schwefelsäure und Essigsäure (*Ki.,* Acta phytoch. Tokyo **11** 15). Beim Behandeln von 3β-Acetoxy-11-oxo-olean-12-en-28-säure-methylester mit Chrom(VI)-oxid, Schwefelsäure und Essigsäure (*Kitasato,* Acta phytoch. Tokyo **9** [1936] 75, 79, 80, **10** [1937] 199, 209; *Ru. et al.,* l. c. S. 359; s. dazu *Ki.,* Acta phytoch. Tokyo **11** 16).

Krystalle; F: 288—289° [korr.] (*Ru. et al.,* l. c. S. 253), 286° [aus CHCl₃ + A.] (*Ki.,* Acta phytoch. Tokyo **11** 15). UV-Spektrum (A. [220—250 nm] sowie A. + CHCl₃ [250—360 nm]): *Ru. et al.,* l. c. S. 353, 354.

3β-Acetoxy-13-hydroxy-12,23-dioxo-oleanan-28-säure-lacton [1]) $C_{32}H_{46}O_6$, Formel XII (X = O).

B. Beim Behandeln von 3β-Acetoxy-12α,13-dihydroxy-23-oxo-oleanan-28-säure-13-lacton (S. 2563) mit Chrom(VI)-oxid und Essigsäure (*Ruzicka, Giacomello,* Helv. **20** [1937] 299, 305).

Krystalle (aus Me. + CHCl₃); F: 245° [korr.; Zers.]. $[\alpha]_D^{16}$: +29° [CHCl₃; c = 0,1].

3β-Acetoxy-13-hydroxy-12,23-bis-hydroxyimino-oleanan-28-säure-lacton $C_{32}H_{48}N_2O_6$, Formel XII (X = NOH).

B. Aus 3β-Acetoxy-13-hydroxy-12,23-dioxo-oleanan-28-säure-lacton und Hydroxylamin (*Ruzicka, Giacomello,* Helv. **20** [1937] 299, 305).

Krystalle (aus Me.); F: 226° [korr.; Zers.].   [*Wente*]

---

[1]) Stellungsbezeichnung bei von Oleanan abgeleiteten Namen s. E III **5** 1341.

Hydroxy-oxo-Verbindungen $C_nH_{2n-18}O_5$

Hydroxy-oxo-Verbindungen $C_{12}H_6O_5$

4,5-Dimethoxy-naphtho[2,3-c]furan-1,3-dion, 1,8-Dimethoxy-naphthalin-2,3-dicarbon=säure-anhydrid $C_{14}H_{10}O_5$, Formel I.

B. Aus 1,8-Dimethoxy-naphthalin-2,3-dicarbonsäure beim Erwärmen mit Acetylchlorid (*Horii et al.*, Chem. pharm. Bl. **10** [1962] 893, 896; s. a. *Horii, Tanaka*, Chem. and Ind. **1959** 1576) sowie beim Erhitzen mit Acetanhydrid (*Nikuni, Hitsamoto*, J. agric. chem. Soc. Japan **20** [1944] 283, 286; C. A. **1951** 5141).

Gelbe Krystalle; F: 250° [aus E.] (*Ho. et al.*), 249—251° [aus Acetanhydrid] (*Ni., Hi.*). Absorptionsmaxima (Me.): 247 nm, 284 nm, 300 nm, 310 nm, 340 nm und 360 nm (*Ni., Hi.*, l. c. S. 287).

Beim Erwärmen mit Zink, Dioxan, Essigsäure und konz. wss. Salzsäure ist 8,9-Di=methoxy-3H-naphtho[2,3-c]furan-1-on erhalten worden (*Ho. et al.*, l. c. S. 897; s. a. *Ho., Ta.*).

4,9-Dimethoxy-naphtho[2,3-c]furan-1,3-dion, 1,4-Dimethoxy-naphthalin-2,3-dicarbon=säure-anhydrid $C_{14}H_{10}O_5$, Formel II.

B. Beim Erhitzen von 1,4-Dimethoxy-naphthalin-2,3-dicarbonsäure (s. E III **10** 2485 im Artikel 1,4-Dimethoxy-naphthalin-2,3-dicarbonsäure-diäthylester) bis auf 200° (*Homeyer, Wallingford*, Am. Soc. **64** [1942] 798, 800).

Krystalle (aus Bzl.); F: 203—204° [unkorr.; durch Sublimation im Hochvakuum gereinigtes Präparat].

I   II   III

7,8-Dimethoxy-naphtho[1,2-c]furan-1,3-dion, 6,7-Dimethoxy-naphthalin-1,2-dicarbon=säure-anhydrid $C_{14}H_{10}O_5$, Formel III.

B. Beim Erhitzen von 6,7-Dimethoxy-3,4-dihydro-naphthalin-1,2-dicarbonsäure-anhydrid mit Schwefel auf 250° (*Bruckner*, B. **75** [1942] 2034, 2050). Beim Erhitzen von 6,7-Dimethoxy-naphthalin-1,2-dicarbonsäure mit Acetanhydrid (*Howell, Taylor*, Soc. **1956** 4252, 4256).

Gelbe Krystalle; F: 233° [aus Bzl.] (*Ho., Ta.*), 229° [aus Eg.] (*Br.*). Absorptions-spektrum (CHCl₃; 250—430 nm): *Br.*, l. c. S. 2039.

4,9-Dihydroxy-benz[de]isochromen-1,3-dion, 2,7-Dihydroxy-naphthalin-1,8-dicarbon=säure-anhydrid $C_{12}H_6O_5$, Formel IV (R = H).

B. Beim Erhitzen von 2,7-Dimethoxy-naphthalin-1,8-dicarbonsäure-anhydrid mit Pyridin-hydrochlorid (*Barton et al.*, Tetrahedron **6** [1959] 48, 61).

Krystalle (aus CHCl₃ + Bzn.); F: 283—284° [Kofler-App.]. Absorptionsmaxima (A.): 225 nm, 240 nm, 285 nm, 335 nm, 355 nm und 365 nm.

4,9-Dimethoxy-benz[de]isochromen-1,3-dion, 2,7-Dimethoxy-naphthalin-1,8-dicarbon=säure-anhydrid $C_{14}H_{10}O_5$, Formel IV (R = CH₃).

B. Beim Behandeln von 3,8-Dimethoxy-acenaphthenchinon mit wss.-äthanol. Natron=lauge und wss. Wasserstoffperoxid (*Barton et al.*, Tetrahedron **6** [1959] 48, 61).

Krystalle (aus Äthylenglykol); F: 340—344° [Kofler-App.]. Absorptionsmaxima (A.): 245 nm, 283 nm und 365 nm.

4,9-Diacetoxy-benz[*de*]isochromen-1,3-dion, 2,7-Diacetoxy-naphthalin-1,8-dicarbonsäure-anhydrid C$_{16}$H$_{10}$O$_7$, Formel IV (R = CO-CH$_3$).

B. Beim Behandeln von 2,7-Dihydroxy-naphthalin-1,8-dicarbonsäure-anhydrid mit Acetanhydrid und Pyridin (*Barton et al.*, Tetrahedron **6** [1959] 48, 61).

Krystalle (aus CHCl$_3$ + Bzn.); F: 265—269° [geschlossene Kapillare]. Absorptionsmaxima (A.): 238 nm, 330 nm und 343 nm.

5,6-Dihydroxy-benz[*de*]isochromen-1,3-dion, 3,4-Dihydroxy-naphthalin-1,8-dicarbonsäure-anhydrid C$_{12}$H$_6$O$_5$, Formel V (R = H).

B. Beim Erhitzen von 4-Brom-3-hydroxy-naphthalin-1,8-dicarbonsäure-anhydrid mit Natriumhydroxid und wenig Wasser auf 180° (*Dziewoński et al.*, Bl. Acad. polon. [A] **1931** 531, 537). Beim Behandeln von 4-Amino-3-hydroxy-naphthalin-1,8-dicarbonsäure-anhydrid mit wss. Natronlauge und anschliessenden Erhitzen mit wss. Salzsäure (*Dz. et al.*, l. c. S. 543).

Gelbe Krystalle (aus W. oder wss. A.); F: 324—325°.

IV   V   VI

5,6-Diacetoxy-benz[*de*]isochromen-1,3-dion, 3,4-Diacetoxy-naphthalin-1,8-dicarbonsäure-anhydrid C$_{16}$H$_{10}$O$_7$, Formel V (R = CO-CH$_3$).

B. Beim Erhitzen einer Lösung von 3,4-Dihydroxy-naphthalin-1,8-dicarbonsäure-anhydrid in Essigsäure mit Acetanhydrid (*Dziewoński et al.*, Bl. Acad. polon. [A] **1931** 531, 540).

Krystalle (aus Eg.); F: 217°.

5,6-Bis-benzoyloxy-benz[*de*]isochromen-1,3-dion, 3,4-Bis-benzoyloxy-naphthalin-1,8-dicarbonsäure-anhydrid C$_{26}$H$_{14}$O$_7$, Formel V (R = CO-C$_6$H$_5$).

B. Beim Behandeln von 3,4-Dihydroxy-naphthalin-1,8-dicarbonsäure-anhydrid mit Benzoylchlorid und Pyridin (*Dziewoński et al.*, Bl. Acad. polon. [A] **1931** 531, 539).

Krystalle (aus A. oder Eg.); F: 222—223°.

5,8-Dihydroxy-benz[*de*]isochromen-1,3-dion, 3,6-Dihydroxy-naphthalin-1,8-dicarbonsäure-anhydrid C$_{12}$H$_6$O$_5$, Formel VI (R = H).

Konstitutionszuordnung: *Dziewoński et al.*, Bl. Acad. polon. [A] **1936** 43, 46.

B. Beim Erhitzen des Dinatrium-Salzes der 1,3-Dioxo-1*H*,3*H*-benz[*de*]isochromen-5,8-disulfonsäure mit Kaliumhydroxid und wenig Wasser auf 250° (*Dziewoński et al.*, Bl. Acad. polon. [A] **1936** 43, 51; s. a. *Dziewoński et al.*, Bl. Acad. polon. [A] **1928** 507, 518). Beim Erhitzen des Natrium-Salzes der 8-Chlor-1,3-dioxo-1*H*,3*H*-benz[*de*]isochromen-5-sulfonsäure oder der 8-Brom-1,3-dioxo-1*H*,3*H*-benz[*de*]isochromen-5-sulfonsäure mit Kaliumhydroxid auf 180° bzw. 260° (*Dz. et al.*, Bl. Acad. polon. [A] **1928** 519, 520).

Gelbe Krystalle (aus wss. A.); F: 330° (*Dz. et al.*, Bl. Acad. polon. [A] **1936** 43, 51).

Beim Erwärmen mit Essigsäure und Salpetersäure ist ein Dinitro-Derivat C$_{12}$H$_4$N$_2$O$_9$ (hellgelbe Krystalle [aus W.]; Zers. bei 272°) erhalten worden (*Dz. et al.*, Bl. Acad. polon. [A] **1928** 522).

5,8-Dimethoxy-benz[*de*]isochromen-1,3-dion, 3,6-Dimethoxy-naphthalin-1,8-dicarbonsäure-anhydrid C$_{14}$H$_{10}$O$_5$, Formel VI (R = CH$_3$).

B. Beim Erwärmen von 3,6-Dihydroxy-naphthalin-1,8-dicarbonsäure-anhydrid (s. o.) mit wss. Natronlauge und Dimethylsulfat (*Dziewoński et al.*, Bl. Acad. polon. [A] **1928** 507, 520, [A] **1936** 43, 51).

Gelbe Krystalle (aus Eg.); F: 280°.

5,8-Diacetoxy-benz[*de*]isochromen-1,3-dion, 3,6-Diacetoxy-naphthalin-1,8-dicarbonsäure-anhydrid $C_{16}H_{10}O_7$, Formel VI (R = CO-CH$_3$).

B. Beim Erhitzen von 3,6-Dihydroxy-naphthalin-1,8-dicarbonsäure-anhydrid (S. 2599) mit Essigsäure und Acetanhydrid (*Dziewoński et al.*, Bl. Acad. polon. [A] **1928** 507, 520). Krystalle (aus Eg.); F: 260°.

5,8-Bis-benzoyloxy-benz[*de*]isochromen-1,3-dion, 3,6-Bis-benzoyloxy-naphthalin-1,8-dicarbonsäure-anhydrid $C_{26}H_{14}O_7$, Formel VI (R = CO-C$_6$H$_5$).

B. Beim Erwärmen von 3,6-Dihydroxy-naphthalin-1,8-dicarbonsäure-anhydrid (S. 2599) mit wss. Natronlauge und Benzoylchlorid (*Dziewoński et al.*, Bl. Acad. polon. [A] **1928** 507, 521).

Krystalle (aus Eg.); F: 235—236°.

Hydroxy-oxo-Verbindungen $C_{13}H_8O_5$

6-[4-Methoxy-*trans*-styryl]-pyran-2,3,4-trion-3-phenylhydrazon, 5-Hydroxy-7*t*-[4-methoxy-phenyl]-3-oxo-2-phenylhydrazono-hepta-4*t*,6-diensäure-lacton $C_{20}H_{16}N_2O_4$, Formel VII, und Tautomere (z.B. 6-[4-Methoxy-*trans*-styryl]-3-phenylazo-pyran-2,4-dion).

B. Beim Behandeln von Yangonalacton (6-[4-Methoxy-*trans*-styryl]-pyran-2,4-dion) mit wss. Natriumcarbonat-Lösung und anschliessend mit wss. Benzoldiazoniumsalz-Lösung (*Borsche, Blount*, B. **65** [1932] 820, 824).

Rote Krystalle (aus wss. Eg.); F: 233—234°.

1,2,7-Trihydroxy-xanthen-9-on $C_{13}H_8O_5$, Formel VIII (R = H).

B. Aus 2-Hydroxy-3,6,2′,5′-tetramethoxy-benzophenon beim Erwärmen mit Aluminiumchlorid in Benzol sowie beim Erhitzen mit wss. Jodwasserstoffsäure und Essigsäure (*Philbin et al.*, Soc. **1956** 4455, 4457). Beim Erhitzen von 1,4-Dihydroxy-7-methoxy-xanthen-9-on mit wss. Jodwasserstoffsäure auf 180° (*Ph. et al.*, l. c. S. 4456).

Gelbbraune Krystalle (aus E.); F: 270° [Zers.].

VII   VIII

1,2,7-Triacetoxy-xanthen-9-on $C_{19}H_{14}O_8$, Formel VIII (R = CO-CH$_3$).

B. Aus 1,2,7-Trihydroxy-xanthen-9-on mit Hilfe von Acetanhydrid und Natriumacetat (*Philbin et al.*, Soc. **1956** 4455, 4456).

Krystalle (aus A.); F: 215—217°.

1,4-Dihydroxy-3-methoxy-xanthen-9-on $C_{14}H_{10}O_5$, Formel IX (R = H).

B. Aus 1-Hydroxy-3-methoxy-xanthen-9-on mit Hilfe von Kaliumperoxodisulfat (*Kane et al.*, J. scient. ind. Res. India **18**B [1959] 75).

Gelbe Krystalle (aus A.); F: 259—260°.

1,4-Diacetoxy-3-methoxy-xanthen-9-on $C_{18}H_{14}O_7$, Formel IX (R = CO-CH$_3$).

B. Aus 1,4-Dihydroxy-3-methoxy-xanthen-9-on mit Hilfe von Acetanhydrid und Natriumacetat (*Kane et al.*, J. scient. ind. Res. India **18**B [1959] 75).

Krystalle (aus A.); F: 213—214°.

1,3,5-Trihydroxy-xanthen-9-on $C_{13}H_8O_5$, Formel X (R = X = H).

B. Beim Erhitzen von 2,3-Dihydroxy-benzoesäure mit Phloroglucin und Acetanhydrid, zuletzt unter vermindertem Druck bis auf 280° (*Lund et al.*, Soc. **1953** 2434, 2439). Aus 1,3-Dihydroxy-5-methoxy-xanthen-9-on mit Hilfe von Jodwasserstoffsäure und

Acetanhydrid (*Kane et al.*, J. scient. ind. Res. India **18**B [1959] 28, 30).

Krystalle; F: 303—304° [aus wss. A.] (*Kane et al.*), 296—300° [unkorr.; Kofler-App.; aus CHCl₃ + Me.] (*Gottlieb et al.*, Tetrahedron **22** [1966] 1777, 1784), 255° [nach Sublimation bei 170°/0,1 Torr] (*Lund et al.*).

1,3-Dihydroxy-5-methoxy-xanthen-9-on $C_{14}H_{10}O_5$, Formel X (R = H, X = CH₃).

B. Beim Erwärmen von 2-Hydroxy-3-methoxy-benzoesäure oder von 2,3-Dimethoxy-benzoesäure mit Phloroglucin, Zinkchlorid und Phosphorylchlorid (*Kane et al.*, J. scient. ind. Res. India **18**B [1959] 28, 30).

Gelbe Krystalle (aus A.); F: 303—304°.

1,3,5-Trimethoxy-xanthen-9-on $C_{16}H_{14}O_5$, Formel X (R = X = CH₃).

B. Beim Behandeln von 1,3-Dihydroxy-5-methoxy-xanthen-9-on mit Dimethylsulfat, Aceton und Kaliumcarbonat (*Kane et al.*, J. scient. ind. Res. India **18**B [1959] 28, 30).

Krystalle (aus A.); F: 221°.

1,3-Diacetoxy-5-methoxy-xanthen-9-on $C_{18}H_{14}O_7$, Formel X (R = CO-CH₃, X = CH₃).

B. Aus 1,3-Dihydroxy-5-methoxy-xanthen-9-on mit Hilfe von Acetanhydrid und Natriumacetat (*Kane et al.*, J. scient. ind. Res. India **18**B [1959] 28, 30).

Krystalle (aus A.); F: 202—203°.

IX   X   XI

1,3,5-Triacetoxy-xanthen-9-on $C_{19}H_{14}O_8$, Formel X (R = X = CO-CH₃).

B. Beim Behandeln von 1,3,5-Trihydroxy-xanthen-9-on mit Acetanhydrid und Pyridin (*Gottlieb et al.*, Tetrahedron **22** [1966] 1777, 1784; s. a. *Lund et al.*, Soc. **1953** 2434, 2439).

Krystalle (aus A.); F: 204° (*Lund et al.*), 202—203° [unkorr.; Kofler-App.] (*Go. et al.*).

1,3,6-Trihydroxy-xanthen-9-on $C_{13}H_8O_5$, Formel XI (R = X = H).

B. Aus 2,4-Dihydroxy-benzoesäure beim Erhitzen mit Phloroglucin und Acetanhydrid, zuletzt unter vermindertem Druck bis auf 260° (*Lund et al.*, Soc. **1953** 2434, 2438), sowie beim Erwärmen mit Phloroglucin, Zinkchlorid und Phosphorylchlorid (*Grover et al.*, Soc. **1955** 3982, 3985). Beim Erwärmen von 2,4,6-Trihydroxy-benzoesäure mit Resorcin, Zinkchlorid und Phosphorylchlorid (*Gr. et al.*). Beim Erwärmen von 1,3,6-Triacetoxy-xanthen-9-on mit wss.-äthanol. Salzsäure (*Hatsuda, Kuyama*, J. agric. chem. Soc. Japan **29** [1955] 14, 18; C. A. **1959** 16125; *Lund et al.*).

Krystalle; F: 332° [Zers.; aus Py.] (*Lund et al.*), 323—324° [Zers.; nach Sublimation im Hochvakuum] (*Gr. et al.*), 308° (*Ha., Ku.*). Bei 220°/0,01 Torr sublimierbar (*Lund et al.*). Absorptionsmaxima (A.): 237 nm, 251 nm, 313 nm und 337 nm (*Yates, Stout*, Am. Soc. **80** [1958] 1691, 1693).

1-Hydroxy-3,6-dimethoxy-xanthen-9-on $C_{15}H_{12}O_5$, Formel XI (R = H, X = CH₃).

B. Beim Erwärmen einer Lösung von 1,3,6-Trihydroxy-xanthen-9-on in Aceton mit Methyljodid und Kaliumcarbonat (*Yates, Stout*, Am. Soc. **80** [1958] 1691, 1699).

Gelbliche Krystalle (aus Bzl. + Cyclohexan); F: 179,2—179,8° [unkorr.]. Absorptionsmaxima (A.): 238 nm, 251 nm, 307 nm und 337 nm (*Ya., St.*, l. c. S. 1693).

1,3,6-Trimethoxy-xanthen-9-on $C_{16}H_{14}O_5$, Formel XI (R = X = CH₃).

B. Beim Behandeln von 1,3,6-Trihydroxy-xanthen-9-on mit Dimethylsulfat, Aceton und Kaliumcarbonat (*Grover et al.*, Soc. **1955** 3982, 3985).

Krystalle (aus A.); F: 155—156°.

1-Acetoxy-3,6-dimethoxy-xanthen-9-on $C_{17}H_{14}O_6$, Formel XI (R = CO-CH₃, X = CH₃).

B. Beim Erwärmen von 1-Hydroxy-3,6-dimethoxy-xanthen-9-on mit Acetanhydrid und

Pyridin (*Yates, Stout*, Am. Soc. **80** [1958] 1691, 1699).

Krystalle (aus Bzl. + Cyclohexan); F: 177,4—178,2° [unkorr.].

1,3,6-Triacetoxy-xanthen-9-on $C_{19}H_{14}O_8$, Formel XI (R = X = CO-CH₃).

B. Beim Erhitzen von 1,3,6-Trihydroxy-xanthen-9-on mit Acetanhydrid und wenig Pyridin (*Grover et al.*, Soc. **1955** 3982, 3985; s. a. *Lund et al.*, Soc. **1953** 2434, 2438). Aus 1,3,6-Triacetoxy-xanthen mit Hilfe von Chrom(VI)-oxid (*Hatsuda, Kuyama*, J. agric. chem. Soc. Japan **29** [1955] 14, 18; C. A. **1959** 16125).

Krystalle; F: 172—173° [aus A.] (*Gr. et al.*), 172° [aus A.] (*Ha., Ku.*), 160° [aus Eg. oder A.] (*Lund et al.*).

1,3,7-Trihydroxy-xanthen-9-on, Gentisein $C_{13}H_8O_5$, Formel I (R = X = H) (H 173; E II 158).

B. Beim Erhitzen von 2-Hydroxy-5-methoxy-benzoesäure mit 3,5-Dimethoxy-phenol und Zinkchlorid und Erhitzen des Reaktionsprodukts mit einem Gemisch von wss. Jodwasserstoffsäure und Acetanhydrid (*Pankajamani, Seshadri*, J. scient. ind. Res. India **13**B [1954] 396, 399). Beim Erwärmen von 2-Hydroxy-4,6,2′,5′-tetramethoxy-benzophenon mit Aluminiumchlorid in Benzol (*Rao, Seshadri*, Pr. Indian Acad. [A] **37** [1953] 710, 715). Beim Erhitzen von 1,3-Dihydroxy-7-methoxy-xanthen-9-on mit einem Gemisch von wss. Jodwasserstoffsäure und Acetanhydrid (*Grover et al.*, Soc. **1955** 3982, 3985; vgl. E II 158). Beim Behandeln von 7-Amino-1,3-dihydroxy-xanthen-9-on-hydrochlorid mit Natriumnitrit, konz. wss. Salzsäure und Essigsäure und Eintragen der erhaltenen Diazoniumsalz-Lösung in heisse wss. Schwefelsäure (*Anand, Venkataraman*, Pr. Indian Acad. [A] **25** [1947] 438, 441).

Krystalle (aus wss. A.); F: 316—318° (*Rao, Se.; Gr. et al.*).

1,7-Dihydroxy-3-methoxy-xanthen-9-on, Gentisin $C_{14}H_{10}O_5$, Formel I (R = CH₃, X = H) (H 173; E I 393; E II 158).

Die von *Nakaoki* (s. E II 158) aus Swertia japonica isolierte, als Gentisin angesehene Verbindung (F: 267°) ist als 1,5,8-Trihydroxy-3-methoxy-xanthen-9-on (Swertianol) identifiziert worden (*Asahina et al.*, Bl. chem. Soc. Japan **17** [1942] 104, 105).

Isolierung aus Wurzeln von Gentiana lutea (vgl. H 173): *Canonica, Pelizzoni*, G. **85** [1955] 1007, 1018.

B. Neben 1,3,7-Trihydroxy-xanthen-9-on beim Erhitzen von 2-Hydroxy-4,6,2′,5′-tetramethoxy-benzophenon mit wss. Jodwasserstoffsäure und Acetanhydrid (*Rao, Seshadri*, Pr. Indian Acad. [A] **37** [1953] 710, 716). Beim Erwärmen von 1,3,7-Trihydroxy-xanthen-9-on mit Aceton, Dimethylsulfat und Kaliumcarbonat (*Rao, Se.*). Beim Behandeln von 7-Amino-1-hydroxy-3-methoxy-xanthen-9-on-hydrochlorid mit Natriumnitrit, wss. Salzsäure und Essigsäure und Eintragen der erhaltenen Diazoniumsalz-Lösung in heisse wss. Schwefelsäure (*Anand, Venkataraman*, Pr. Indian Acad. [A] **25** [1947] 438, 442).

Krystalle (aus A.); F: 266—267° (*An., Ve.; Rao, Se.*). Absorptionsspektrum (220 bis 350 nm): *Ca., Pe.*, l. c. S. 1013.

1,3-Dihydroxy-7-methoxy-xanthen-9-on, Isogentisin, Gentienin $C_{14}H_{10}O_5$, Formel I (R = H, X = CH₃) (E II 158).

Isolierung aus Wurzeln von Gentiana lutea: *Canonica, Pelizzoni*, G. **85** [1955] 1007, 1018.

B. Beim Erwärmen von 2-Hydroxy-5-methoxy-benzoesäure mit Phloroglucin, Zinkchlorid und Phosphorylchlorid (*Grover et al.*, Soc. **1955** 3982, 3985).

Gelbe Krystalle; F: 241° [aus wss. A. oder aus Bzl. + PAe.] (*Ca., Pe.*, l. c. S. 1019, 1022), 239—240° [aus wss. A.] (*Gr. et al.*). Bei 230—240°/1—2 Torr sublimierbar (*Gr. et al.*). Absorptionsspektrum (220—350 nm): *Ca., Pe.*, l. c. S. 1013.

1-Hydroxy-3,7-dimethoxy-xanthen-9-on $C_{15}H_{12}O_5$, Formel I (R = X = CH₃) (H 174).

B. Beim Erwärmen von 1,3,7-Trihydroxy-xanthen-9-on mit Aceton, Dimethylsulfat und Kaliumcarbonat (*Mittal, Seshadri*, J. scient. ind. Res. India **14**B [1955] 76). Aus 1,7-Dihydroxy-3-methoxy-xanthen-9-on beim Behandeln einer Lösung in Äthanol mit Diazomethan in Äther sowie beim Erwärmen mit Dioxan, Dimethylsulfat und wss. Natronlauge (*Canonica, Pelizzoni*, G. **85** [1955] 1007, 1020, 1021). Beim Behandeln einer Lösung von 1,3-Dihydroxy-7-methoxy-xanthen-9-on in Äthanol mit Diazomethan in Äther (*Ca., Pe.,* l. c. S. 1021).

Absorptionsspektrum (220—350 nm): *Ca., Pe.,* l. c. S. 1013. Absorptionsmaxima (A.): 239 nm, 261 nm und 311 nm (*Yates, Stout,* Am. Soc. **80** [1958] 1691, 1693).

I   **II**   **III**

1,3,7-Trimethoxy-xanthen-9-on $C_{16}H_{14}O_5$, Formel II (R = X = CH$_3$).

B. Beim Erwärmen von 1,3,7-Trihydroxy-xanthen-9-on (*Rao, Seshadri,* Pr. Indian Acad. [A] **37** [1953] 710, 716) oder von 1,3-Dihydroxy-7-methoxy-xanthen-9-on (*Grover et al.,* Soc. **1955** 3982, 3985) mit Aceton, Dimethylsulfat und Kaliumcarbonat.

Krystalle (aus wss. Me.); F: 171—173° (*Rao, Se.; Gr. et al.*).

1-Acetoxy-3,7-dimethoxy-xanthen-9-on $C_{17}H_{14}O_6$, Formel II (R = CO-CH$_3$, X = CH$_3$) (H 174).

B. Beim Behandeln von 1-Hydroxy-3,7-dimethoxy-xanthen-9-on mit Acetanhydrid und Pyridin (*Canonica, Pelizzoni,* G. **85** [1955] 1007, 1021).

Krystalle (aus Bzl.); F: 189—191°. Absorptionsspektrum (220—350 nm): *Ca., Pe.,* l. c. S. 1013.

1,3-Diacetoxy-7-methoxy-xanthen-9-on $C_{18}H_{14}O_7$, Formel II (R = X = CO-CH$_3$) (E II 158).

B. Beim Behandeln von 1,3-Dihydroxy-7-methoxy-xanthen-9-on mit Acetanhydrid und Pyridin (*Canonica, Pelizzoni,* G. **85** [1955] 1007, 1020; *Grover et al.,* Soc. **1955** 3982, 3985).

Krystalle (aus Eg.); F: 210—212° (*Gr. et al.*).

1,7-Diacetoxy-3-methoxy-xanthen-9-on $C_{18}H_{14}O_7$, Formel III (R = CO-CH$_3$, X = CH$_3$) (H 174).

B. Aus 1,7-Dihydroxy-3-methoxy-xanthen-9-on beim Erhitzen mit Acetanhydrid und Natriumacetat (*Rao, Seshadri,* Pr. Indian Acad. [A] **37** [1953] 710, 716) sowie beim Behandeln mit Acetanhydrid und Pyridin (*Anand, Venkataraman,* Pr. Indian Acad. [A] **25** [1947] 438, 442; *Canonica, Pelizzoni,* G. **85** [1955] 1007, 1019).

Krystalle (aus A.); F: 196—197° (*Rao, Se.*). Absorptionsspektrum (220—350 nm): *Ca., Pe.,* l. c. S. 1013.

1,3,7-Triacetoxy-xanthen-9-on $C_{19}H_{14}O_8$, Formel III (R = X = CO-CH$_3$) (H 174).

B. Beim Erhitzen von 1,3,7-Trihydroxy-xanthen-9-on mit Acetanhydrid und wenig Pyridin (*Anand, Venkataraman,* Pr. Indian Acad. [A] **25** [1947] 438, 441; *Pankajamani, Seshadri,* J. scient. ind. Res. India **13**B [1954] 396, 400).

Krystalle; F: 229—230° (*Pa., Se.*), 225—226° [aus E.] (*An., Ve.*).

1-Hydroxy-7-methoxy-3-[O^6-β-D-xylopyranosyl-β-D-glucopyranosyloxy]-xanthen-9-on,
1-Hydroxy-7-methoxy-3-β-primverosyloxy-xanthen-9-on, Gentiin, Gentiosid $C_{25}H_{28}O_{14}$, Formel IV (R = H).

Isolierung aus Wurzeln von Gentiana lutea: *Canonica, Pelizzoni,* G. **85** [1955] 1007, 1018; s. a. *Tanret,* Bl. [3] **33** [1905] 1073; *Binaghi, Falqui,* Ann. Chimica applic. **15** [1925] 386, 394).

Hellgelbe Krystalle (aus wss. A.); F: 274° [Zers.] (*Ta.*), 265—267° [Zers.] (*Ca., Pe.,* l. c. S. 1021). $[\alpha]_D^{25}$: —107° [60%ig. wss. A.; c = 0,2] (*Ca., Pe.,* l. c. S. 1021). Absorptionsspektrum (220—350 nm): *Ca., Pe.,* l. c. S. 1013.

1-Acetoxy-7-methoxy-3-[O^2,O^3,O^4-triacetyl-O^6-(tri-O-acetyl-β-D-xylopyranosyl)-β-D-glucopyranosyloxy]-xanthen-9-on, 1-Acetoxy-3-[hexa-O-acetyl-β-primverosyloxy]-7-methoxy-xanthen-9-on, Hepta-O-acetyl-gentiin, Hepta-O-acetyl-gentiosid $C_{39}H_{42}O_{21}$, Formel IV (R = CO-CH$_3$).

B. Beim Behandeln von Gentiin (s. o.) mit Acetanhydrid und Pyridin (*Canonica,*

Pelizzoni, G. **85** [1955] 1007, 1021).
Krystalle (aus Bzl. + PAe.); F: 196° [Zers.]. $[\alpha]_D^{25}$: −61,7° [Bzl.; c = 0,1].

IV   V

1,7-Dihydroxy-3-[toluol-4-sulfonyloxy]-xanthen-9-on $C_{20}H_{14}O_7S$, Formel I
(R = SO_2-C_6H_4-CH_3, X = H).
B. Beim Erwärmen von 1,3,7-Trihydroxy-xanthen-9-on mit Aceton, Toluol-4-sulfonyl=
chlorid und Kaliumcarbonat (*Jain et al.*, J. scient. ind. Res. India **12**B [1953] 647).
Gelbe Krystalle (aus E. + PAe.); F: 163−165° [unreines Präparat].

3,7-Dimethoxy-1-[toluol-4-sulfonyloxy]-xanthen-9-on $C_{22}H_{18}O_7S$, Formel II
(R = SO_2-C_6H_4-CH_3, X = CH_3).
B. Beim Erwärmen einer Lösung von 1-Hydroxy-3,7-dimethoxy-xanthen-9-on in
Aceton mit Toluol-4-sulfonylchlorid und Kaliumcarbonat (*Mittal, Seshadri*, J. scient.
ind. Res. India **14**B [1955] 76).
Krystalle (aus A.); F: 202−203°.

2,4-Dibrom-1,3-dihydroxy-7-methoxy-xanthen-9-on $C_{14}H_8Br_2O_5$, Formel V.
B. Beim Behandeln einer Lösung von 1,3-Dihydroxy-7-methoxy-xanthen-9-on in wss.
Äthanol mit Brom in Wasser (*Canonica, Pelizzoni*, G. **85** [1955] 1007, 1023).
Gelbe Krystalle (aus wss. A.); F: 241−244° [Zers.].

1,3,8-Trihydroxy-xanthen-9-on $C_{13}H_8O_5$, Formel VI (R = X = H).
B. Beim Erwärmen von 2,6-Dihydroxy-benzoesäure mit Phloroglucin, Zinkchlorid
und Phosphorylchlorid (*Shah, Shah*, J. scient. ind. Res. India **15**B [1956] 630, 632;
Davies et al., Soc. **1960** 2169, 2175). Beim Erwärmen von 1,3,8-Triacetoxy-xanthen-9-on
mit wss.-äthanol. Salzsäure (*Hatsuda et al.*, J. agric. chem. Soc. Japan **28** [1954] 992,
997; C. A. **1956** 15522).
Krystalle; F: 265° [aus Bzl.] (*Ha. et al.*), 259° [nach Sublimation] (*Da. et al.*), 258° bis
259° [aus wss. A. + Py.] (*Shah, Shah*). Absorptionsmaxima (A.): 208 nm, 228 nm,
247 nm und 329 nn (*Da. et al.*).

3,8-Dihydroxy-1-methoxy-xanthen-9-on $C_{14}H_{10}O_5$, Formel VII (R = CH_3, X = H).
B. Beim Erwärmen von 3,8-Diacetoxy-1-methoxy-xanthen-9-on mit wss.-äthanol.
Salzsäure (*Hatsuda et al.*, J. agric. chem. Soc. Japan **28** [1954] 998, 1001; C. A. **1956**
15522; *Davies et al.*, Soc. **1960** 2169, 2176, 2177).
Gelbe Krystalle; F: 331−334° [Zers.; nach Sublimation bei 250°/0,05 Torr] (*Da.
et al.*), 327° [aus Acn.; Zers.] (*Ha. et al.*). Absorptionsspektrum (A.; 250−400 nm):
Ha. et al. Absorptionsmaxima (A.): 206 nm, 232 nm, 247 nm und 319 nm (*Da. et al.*).

1,8-Dihydroxy-3-methoxy-xanthen-9-on $C_{14}H_{10}O_5$, Formel VI (R = CH_3, X = H).
Konstitutionszuordnung: *Hatsuda et al.*, J. agric. chem. Soc. Japan **28** [1954] 998;
C. A. **1956** 15522.
B. Beim Behandeln von 1,3,8-Trihydroxy-xanthen-9-on mit Diazomethan in Äther
(*Hatsuda et al.*, J. agric. chem. Soc. Japan **28** [1954] 992, 997; C. A. **1956** 15522).
Hellgelbe Krystalle (aus A.); F: 184° (*Ha. et al.*, l. c. S. 997).

1,3-Dihydroxy-8-methoxy-xanthen-9-on $C_{14}H_{10}O_5$, Formel VI (R = H, X = CH_3).
B. Beim Erwärmen von 2-Hydroxy-6-methoxy-benzoesäure mit Phloroglucin, Phos=
phorylchlorid und Zinkchlorid (*Grover et al.*, Chem. and Ind. **1955** 62; *Roberts, Under-*

wood, Soc. **1962** 2060, 2061).

Gelbe Krystalle [aus A.] (*Ro., Un.*). F: 289—290° [Kofler-App.; nach Sublimation bei 260°/0,05 Torr] (*Ro., Un.*), 274—275° (*Gr. et al.*).

VI   VII   VIII

1,3,8-Trimethoxy-xanthen-9-on $C_{16}H_{14}O_5$, Formel VII (R = X = CH_3).

B. Beim Behandeln von 1,3,8-Trihydroxy-xanthen-9-on mit Aceton, Dimethylsulfat und Kaliumcarbonat (*Shah, Shah,* J. scient. ind. Res. India **15**B [1956] 630, 633; *Davies et al.,* Soc. **1960** 2169, 2175). Beim Erwärmen von 1,8-Dihydroxy-3-methoxy-xanthen-9-on mit Methyljodid und Silberoxid (*Hatsuda et al.,* J. agric. chem. Soc. Japan **28** [1954] 992, 997; C. A. **1956** 15522).

Krystalle; F: 194° [aus A.] (*Ha. et al.*), 188—190° [nach Sublimation bei 170°/0,1 Torr] (*Da. et al.*), 187—188° (*Shah, Shah*). Absorptionsspektrum (A.; 230—360 nm): *Da. et al.,* l. c. S. 2170; *Hatsuda et al.,* J. agric. chem. Soc. Japan **28** [1954] 998; C. A. **1956** 15522. Absorptionsmaxima (A.): 204 nm, 242 nm, 303 nm (*Da. et al.,* l. c. S. 2176).

3,8-Diacetoxy-1-methoxy-xanthen-9-on $C_{18}H_{14}O_7$, Formel VII (R = CH_3, X = $CO-CH_3$).

B. Beim Erwärmen von 3,8-Diacetoxy-1-methoxy-xanthen mit Chrom(VI)-oxid und Essigsäure (*Hatsuda et al.,* J. agric. chem. Soc. Japan **28** [1954] 998, 1000; C. A. **1956** 15522) oder mit Chrom(VI)-oxid, Acetanhydrid und Essigsäure (*Davies et al.,* Soc. **1960** 2169, 2177).

Krystalle (aus A.); F: 184° (*Ha. et al.*).

1,3,8-Triacetoxy-xanthen-9-on $C_{19}H_{14}O_8$, Formel VII (R = X = $CO-CH_3$).

B. Beim Erwärmen von 1,3,8-Triacetoxy-xanthen mit Chrom(VI)-oxid und Essigsäure (*Hatsuda et al.,* J. agric. chem. Soc. Japan **28** [1954] 992, 997; C. A. **1956** 15522). Aus 1,3,8-Trihydroxy-xanthen-9-on beim Erhitzen mit Acetanhydrid (*Ha. et al.,* l. c. S. 995) sowie beim Behandeln mit Acetanhydrid und Pyridin (*Shah, Shah,* J. scient. ind. Res. India **15**B [1956] 630, 633; *Davies et al.,* Soc. **1960** 2169, 2175).

Krystalle; F: 193—194° [aus A.] (*Da. et al.*), 193,5° [aus A.] (*Ha. et al.*), 184—185° [aus wss. Eg.] (*Shah, Shah*). Absorptionsspektrum (A.; 250—400 nm): *Ha. et al.,* l. c. S. 994.

1,4,7-Trihydroxy-xanthen-9-on $C_{13}H_8O_5$, Formel VIII (R = X = H).

B. Beim Erhitzen von 1,4-Dihydroxy-7-methoxy-xanthen-9-on mit Acetanhydrid und wss. Jodwasserstoffsäure (*Rao, Seshadri,* Pr. Indian Acad. [A] **26** [1947] 288, 290).

Orangegelbe Krystalle (aus E. + Bzl.); F: 300—302°.

1,4-Dihydroxy-7-methoxy-xanthen-9-on $C_{14}H_{10}O_5$, Formel VIII (R = H, X = CH_3).

B. Beim Behandeln von 1-Hydroxy-7-methoxy-xanthen-9-on mit Kaliumperoxo=disulfat, Pyridin und wss. Kalilauge und Erhitzen des Reaktionsgemisches mit wss. Salzsäure und Natriumsulfit (*Rao, Seshadri,* Pr. Indian Acad. [A] **26** [1947] 288, 289, 290).

Gelbe Krystalle (aus E.); F: 280—282° [Zers.].

Beim Erwärmen mit Acetanhydrid und wss. Jodwasserstoffsäure auf Siedetemperatur ist 1,4,7-Trihydroxy-xanthen-9-on (*Rao, Se.*), beim Erhitzen mit wss. Jodwasserstoff=säure auf 180° ist hingegen 1,2,7-Trihydroxy-xanthen-9-on (*Philbin et al.,* Soc. **1956** 4455, 4456) erhalten worden.

1,4,7-Trimethoxy-xanthen-9-on $C_{16}H_{14}O_5$, Formel VIII (R = X = CH_3).

B. Beim Erwärmen einer Lösung von 1,4-Dihydroxy-7-methoxy-xanthen-9-on in

Aceton mit Dimethylsulfat und Kaliumcarbonat (*Rao, Seshadri*, Pr. Indian Acad. [A]
26 [1947] 288, 290).
Krystalle (aus A.); F: 158—160°.

1,4,7-Triacetoxy-xanthen-9-on $C_{19}H_{14}O_8$, Formel VIII (R = X = CO-CH$_3$).
B. Beim Behandeln von 1,4,7-Trihydroxy-xanthen-9-on mit Acetanhydrid und wenig
Pyridin (*Rao, Seshadri*, Pr. Indian Acad. [A] **26** [1947] 288, 290).
Krystalle (aus A.); F: 188—190°.

1,4,8-Trimethoxy-thioxanthen-9-on $C_{16}H_{14}O_4S$, Formel IX.
B. Beim Behandeln von Bis-[2-carboxy-3-methoxy-phenyl]-disulfid mit 1,4-Dimeth=
oxy-benzol und konz. Schwefelsäure (*Roberts et al.*, Soc. **1932** 1792, 1795, 1796).
F: 208—209° [nach Sublimation unter vermindertem Druck].
Verbindung mit Perchlorsäure $C_{16}H_{14}O_4S \cdot 2$ HClO$_4$; Verbindung von 9-Hydr=
oxy-1,4,8-trimethoxy-thioxanthylium-perchlorat mit Perchlorsäure
[$C_{16}H_{15}O_4S$]ClO$_4 \cdot$HClO$_4$. Über die Konstitution s. *Wiles, Baughan*, Soc. **1953** 933, 939. —
Rote Krystalle (*Ro. et al.*).
Über (rote) Verbindungen mit Zinn(IV)-chlorid der Zusammensetzung
$C_{16}H_{14}O_4S \cdot$SnCl$_4$ und $C_{16}H_{14}O_4S \cdot 2$ SnCl$_4$ s. *Ro. et al.*, l. c. S. 1796.

1,5,6-Trihydroxy-xanthen-9-on $C_{13}H_8O_5$, Formel X (R = H).
B. Beim Behandeln von 2,6-Dihydroxy-benzoesäure mit Pyrogallol, Phosphoryl=
chlorid und Zinkchlorid (*Shah, Shah*, J. scient. ind. Res. India **15** B [1956] 630, 633).
Krystalle (aus wss. Py.); F: 287—288°.

IX   X   XI

1,5,6-Trimethoxy-xanthen-9-on $C_{16}H_{14}O_5$, Formel X (R = CH$_3$).
B. Beim Behandeln von 1,5,6-Trihydroxy-xanthen-9-on mit Dimethylsulfat, Aceton,
und Kaliumcarbonat (*Shah, Shah*, J. scient. ind. Res. India **15**B [1956] 630, 633).
Krystalle (aus A.); F: 150—152°.

1,5,6-Triacetoxy-xanthen-9-on $C_{19}H_{14}O_8$, Formel X (R = CO-CH$_3$).
B. Beim Behandeln von 1,5,6-Trihydroxy-xanthen-9-on mit Acetanhydrid und Pyridin
(*Shah, Shah*, J. scient. ind. Res. India **15**B [1956] 630, 633).
Krystalle (aus A.); F: 210°.

2,3,5-Trimethoxy-xanthen-9-on $C_{16}H_{14}O_5$, Formel XI.
B. Beim Erwärmen von 4,5-Dimethoxy-2-[2-methoxy-phenoxy]-benzoesäure mit
Acetanhydrid und konz. Schwefelsäure (*Constantin, L'Écuyer*, Canad. J. Chem. **36**
[1958] 1381).
Krystalle (aus Me.); F: 238°.

3,4,6-Trimethoxy-xanthen-9-on $C_{16}H_{14}O_5$, Formel XII (R = CH$_3$).
B. Beim Behandeln von 3,4,6-Trihydroxy-xanthen-9-on mit Dimethylsulfat, Aceton
und Kaliumcarbonat (*Grover et al.*, Soc. **1955** 3982, 3984).
Krystalle (aus A.); F: 153—154°.

3,4,6-Triacetoxy-xanthen-9-on $C_{19}H_{14}O_8$, Formel XII (R = CO-CH$_3$).
B. Beim Behandeln von 3,4,6-Trihydroxy-xanthen-9-on mit Acetanhydrid und Pyridin

(Grover et al., Soc. **1955** 3982, 3984).
Krystalle (aus Fg.); F: 209—210°.

1,6,7-Trihydroxy-xanthen-3-on $C_{13}H_8O_5$, Formel XIII, und Tautomere.
B. Beim Behandeln von 1,3,6,7-Tetrahydroxy-xanthylium-chlorid (E III/IV **17** 3836)
mit wss. Natriumhydrogencarbonat-Lösung (*Tanase*, J. pharm. Soc. Japan **61** [1941]
341, 346).
Rote Krystalle (aus A.); Zers. bei 340°.

**1,3,8-Trihydroxy-benzo[c]chromen-6-on, 4,2′,4′,6′-Tetrahydroxy-biphenyl-2-carbonsäure-
2′-lacton** $C_{13}H_8O_5$, Formel XIV (R = X = H).
B. Beim Erhitzen von 2-Brom-5-hydroxy-benzoesäure mit Phloroglucin, wss. Natron=
lauge und wenig Kupfer(II)-sulfat (*Lederer, Polonsky,* Bl. **1948** 831, 834).
Gelbliche Krystalle (aus wss. A.), die unterhalb 350° nicht schmelzen.

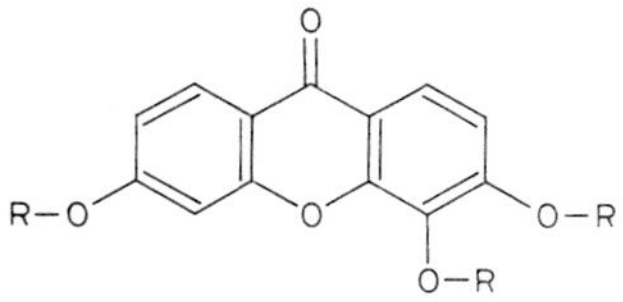

XII 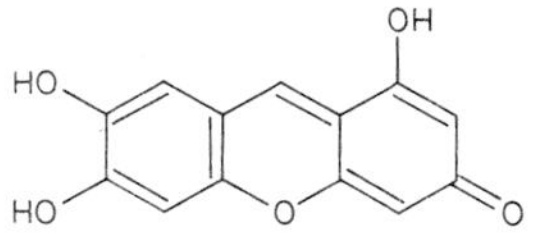   XIII 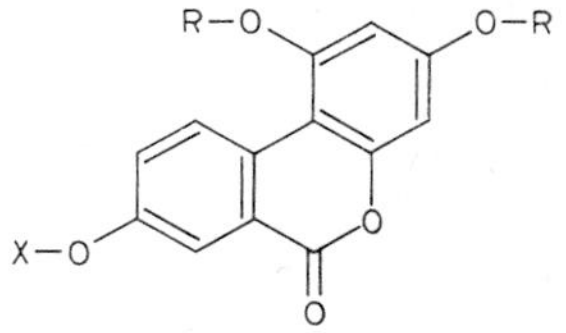   XIV

**1,3-Dihydroxy-8-methoxy-benzo[c]chromen-6-on, 2′,4′,6′-Trihydroxy-4-methoxy-
biphenyl-2-carbonsäure-2′-lacton** $C_{14}H_{10}O_5$, Formel XIV (R = H, X = CH₃).
B. Beim Erhitzen von 2-Brom-5-methoxy-benzoesäure mit Phloroglucin, wss. Natron=
lauge und wenig Kupfer(II)-sulfat (*Lederer, Polonsky,* Bl. **1948** 831, 834).
Gelbliche Krystalle (aus wss. A.); F: 312—314° [korr.].

**1,3,8-Trimethoxy-benzo[c]chromen-6-on, 2′-Hydroxy-4,4′,6′-trimethoxy-biphenyl-
2-carbonsäure-lacton** $C_{16}H_{14}O_5$, Formel XIV (R = X = CH₃).
B. Beim Behandeln von 1,3,8-Trihydroxy-benzo[c]chromen-6-on oder von 1,3-Di=
hydroxy-8-methoxy-benzo[c]chromen-6-on mit Methanol und mit Diazomethan in Äther
(*Lederer, Polonsky,* Bl. **1948** 831, 834).
Gelbe Krystalle; F: 187—190° [korr.].

**1,3,8-Triacetoxy-benzo[c]chromen-6-on, 4,2′,4′-Triacetoxy-6′-hydroxy-biphenyl-
2-carbonsäure-lacton** $C_{19}H_{14}O_8$, Formel XIV (R = X = CO-CH₃).
B. Beim Erhitzen von 1,3,8-Trihydroxy-benzo[c]chromen-6-on mit Acetanhydrid und
Natriumacetat (*Lederer, Polonsky,* Bl. **1948** 831, 834).
Krystalle; F: 206—209° [korr.].

**10-Hydroxy-2,9-dimethoxy-benzo[c]chromen-6-on, 6,2′-Dihydroxy-5,5′-dimethoxy-
biphenyl-2-carbonsäure-2′-lacton** $C_{15}H_{12}O_5$, Formel XV (R = H).
B. Beim Erwärmen von 10-Acetoxy-2,9-dimethoxy-benzo[c]chromen-6-on mit äthanol.
Kalilauge (*Bentley, Robinson,* Soc. **1952** 947, 954).
Krystalle (aus A.); F: 172° [unkorr.].

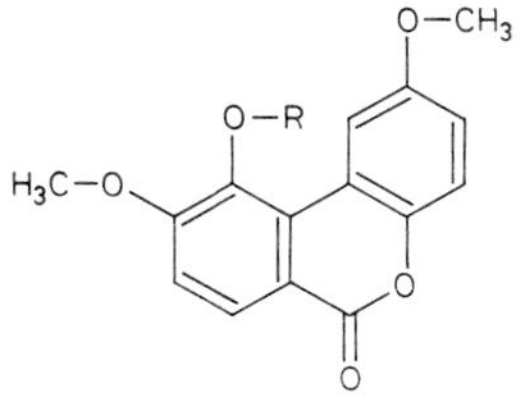

XV 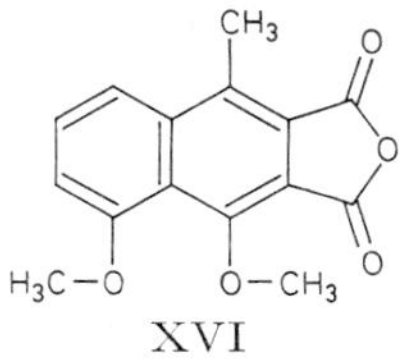   XVI 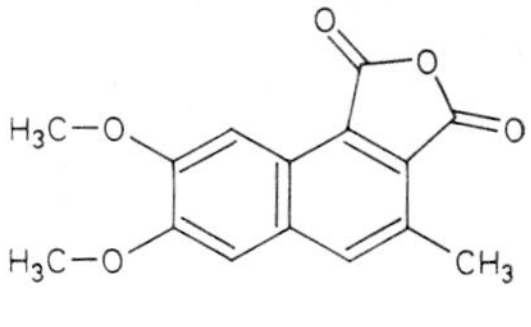   XVII

10-Acetoxy-2,9-dimethoxy-benzo[c]chromen-6-on, 6-Acetoxy-2'-hydroxy-5,5'-dimeth‍oxy-biphenyl-2-carbonsäure-lacton $C_{17}H_{14}O_6$, Formel XV (R = CO-CH$_3$).

B. Neben 6-Acetoxy-5,5'-dimethoxy-diphensäure beim Erwärmen einer Lösung von 4-Acetoxy-3,6-dimethoxy-phenanthren-9,10-chinon in Essigsäure mit wss. Wasserstoff‍peroxid (*Bentley, Robinson,* Soc. **1952** 947, 954).

Krystalle (aus A.); F: 192° [unkorr.].

4,5-Dimethoxy-9-methyl-naphtho[2,3-c]furan-1,3-dion, 4,5-Dimethoxy-1-methyl-naphthalin-2,3-dicarbonsäure-anhydrid $C_{15}H_{12}O_5$, Formel XVI.

B. Beim Erhitzen von (−)-Penta-O-methyl-terrinolid ((−)-3-[4-Carbamoyl-α-hydroxy-2,3,5-trimethoxy-benzyl]-1,8-dimethoxy-4-methyl-[2]naphthoesäure-lacton) mit wss. Salzsäure und Essigsäure, Behandeln des Reaktionsprodukts mit wss. Natriumhydrogen‍carbonat-Lösung, wss. Natronlauge und wss. Kaliumpermanganat-Lösung und an‍schliessenden Ansäuern (*Hochstein et al.,* Am. Soc. **75** [1953] 5455, 5472, 5473).

Krystalle (aus A.); F: 230−235° [Kofler-App.; durch Sublimation bei 175°/0,05 Torr gereinigtes Präparat]. Absorptionsmaxima (A.): 247 nm, 308 nm und 338 nm.

7,8-Dimethoxy-4-methyl-naphtho[1,2-c]furan-1,3-dion, 6,7-Dimethoxy-3-methyl-naphthalin-1,2-dicarbonsäure-anhydrid $C_{15}H_{12}O_5$, Formel XVII.

B. Beim Erhitzen von 1,2-Dimethoxy-4-propenyl-benzol mit Maleinsäure-anhydrid bis auf 360° (*Bruckner,* B. **75** [1942] 2034, 2043). Beim Erhitzen von (±)-6,7-Dimethoxy-3ξ-methyl-1,2,3,4-tetrahydro-naphthalin-1r,2c-dicarbonsäure-diäthylester (F: 70°) mit Palladium/Kohle bis auf 300° (*Hudson, Robinson,* Soc. **1941** 715, 719). Beim Erhitzen von 6,7-Dimethoxy-3-methyl-1,2,3,4-tetrahydro-naphthalin-1,2-dicarbonsäure-anhydrid (F: 139°) auf 300° (*Br.*).

Gelbe Krystalle (aus Eg.); F: 251−252° (*Hu., Ro.*), 250° (*Br.*). Absorptionsspektrum (CHCl$_3$; 250−450 nm): *Br.,* l. c. S. 2039.

Hydroxy-oxo-Verbindungen $C_{14}H_{10}O_5$

(±)-3-[2,4-Dihydroxy-phenyl]-6-hydroxy-3H-benzofuran-2-on, (±)-Bis-[2,4-dihydroxy-phenyl]-essigsäure-2-lacton $C_{14}H_{10}O_5$, Formel I, und Tautomere (z.B. 3-[2,4-Dihydr‍oxy-phenyl]-benzofuran-2,6-diol) (H 175; dort als 6-Oxy-2-oxo-3-[2.4-dioxy-phenyl]-cumaran bezeichnet).

B. Beim Erhitzen von Glyoxylsäure mit Resorcin und wss. Schwefelsäure (*Vièles, Badré,* Bl. **1947** 247, 249).

Krystalle (aus A.); F: 288−290°.

I   II

2,3,6-Trimethoxy-11H-dibenz[b,f]oxepin-10-on $C_{17}H_{16}O_5$, Formel II.

B. Beim Behandeln von [4,5-Dimethoxy-2-(2-methoxy-phenoxy)-phenyl]-essigsäure mit Fluorwasserstoff (*Kulka, Manske,* Am. Soc. **75** [1953] 1322).

Krystalle (aus Me.); F: 133−134°.

2,3,7-Trimethoxy-11H-dibenz[b,f]oxepin-10-on $C_{17}H_{16}O_5$, Formel III.

B. Beim Behandeln von [4,5-Dimethoxy-2-(3-methoxy-phenoxy)-phenyl]-essigsäure

mit Fluorwasserstoff (*Kulka, Manske*, Am. Soc. **75** [1953] 1322).
Krystalle (aus Me.); F: 138—139°.

III   IV

2,3,8-Trimethoxy-11H-dibenz[b,f]oxepin-10-on $C_{17}H_{16}O_5$, Formel IV.

B. Beim Behandeln von [4,5-Dimethoxy-2-(4-methoxy-phenoxy)-phenyl]-essigsäure
mit Fluorwasserstoff (*Kulka, Manske*, Am. Soc. **75** [1953] 1322).
Krystalle (aus Me.); F: 119—120°.

5,6,8-Trihydroxy-2-methyl-benzo[g]chromen-4-on, Norrubrofusarin $C_{14}H_{10}O_5$,
Formel V (R = X = H).
Konstitutionszuordnung: *Bycroft et al.*, Soc. **1962** 40; *Tanaka, Tamura*, Agric. biol.
Chem. Japan **27** [1963] 249, 251.
Isolierung aus Samen von Cassia tora: *Narayana, Rangaswami*, Curr. Sci. **25** [1956]
359; Indian J. Pharm. **19** [1957] 3; *Rangaswami*, Pr. Indian Acad. [A] **57** [1963] 88, 92.
B. Beim Erwärmen von Rubrofusarin (s. u.) mit wss. Jodwasserstoffsäure (*Ashley
et al.*, Biochem. J. **31** [1937] 385, 390). Beim Erhitzen von Flavasperon (Asperxanthon;
5-Hydroxy-8,10-dimethoxy-2-methyl-benzo[h]chromen-4-on) mit wss. Jodwasserstoff=
säure und Acetanhydrid (*By. et al.*, l. c. S. 43; s. a. *Lund et al.*, Soc. **1953** 2434, 2438).
Orangegelbe Krystalle (aus Me.), F: 286—290° [Zers.] (*Lund et al.*); gelbe Krystalle
(aus Acn.), F: 286—288° [Zers.] (*Na., Ra.; Ra.*). Bei 200°/0,001 Torr (*Lund et al.*) bzw.
bei 220—230°/0,00001 Torr (*By. et al.*) sublimierbar. IR-Banden (KBr) im Bereich von
3400 cm^{-1} bis 1340 cm^{-1}: *By. et al.* Absorptionsspektrum (A.; 200—430 nm): *Mull, Nord*,
Arch. Biochem. **4** [1944] 419, 430. Absorptionsmaxima (A.): 225 nm, 280 nm, 330 nm
und 414 nm (*By. et al.*, l. c. S. 42).

5,6-Dihydroxy-8-methoxy-2-methyl-benzo[g]chromen-4-on, Rubrofusarin $C_{15}H_{12}O_5$,
Formel VI (R = X = H).
Konstitutionszuordnung: *Stout, Jensen*, Acta cryst. **15** [1962] 451, 454; *Tanaka et al.*,
Agric. biol. Chem. Japan **27** [1963] 48; *Tanaka, Tamura*, Agric. biol. Chem. Japan **27**
[1963] 249.
Isolierung aus dem Mycel von Fusarium culmorum: *Ashley et al.*, Biochem. J. **31**
[1937] 385, 387; von Fusarium graminearum: *Mull, Nord*, Arch. Biochem. **4** [1944]
419, 421; aus dem Samen von Cassia tora: *Narayana, Rangaswami*, Curr. Sci. **25** [1956]
359; Indian J. pharm. **19** [1957] 3; *Rangaswami*, Pr. Indian Acad. [A] **57** [1963] 88, 91.
Rote Krystalle; F: 210—211° [aus PAe., Bzl. oder A.] (*Ash. et al.*), 210—211° [nach
Sublimation bei 190°/0,1 Torr] (*Bycroft et al.*, Soc. **1962** 40, 43), 209—210° [korr.] (*Mull,
Nord*), 208—209° [aus CHCl$_3$ + Acn.] (*Na., Ra.; Ra.*). Monoklin; Raumgruppe $P2_1/c$;
aus dem Röntgen-Diagramm ermittelte Dimensionen der Elementarzelle: a = 7,52 Å;
b = 23,14 Å; c = 7,20 Å; β = 98,2°; n = 4 (*St., Je.*). Dichte der Krystalle: 1,473 (*St.,
Je.*). IR-Spektrum (KBr; 2—15 μ): *Ra.*, l. c. S. 90. IR-Banden (KBr) im Bereich von
3400 cm^{-1} bis 1370 cm^{-1}: *By. et al.* Absorptionsspektrum (A.; 200—430 nm): *Mull, Nord*,
l. c. S. 430. Absorptionsmaxima (A.): 225 nm, 278 nm, 326 nm und 406 nm (*By. et al.*,
l. c. S. 42).
Beim Erhitzen mit Brom in Essigsäure ist ein Dibrom-Derivat $C_{15}H_{10}Br_2O_5$ (rote
Krystalle [aus Dioxan] mit 0,5 Mol Dioxan; F: 244° [Zers.]) erhalten worden (*Ash.
et al.*, l. c. S. 389, 390).

V   VI

6-Hydroxy-5,8-dimethoxy-2-methyl-benzo[g]chromen-4-on $C_{16}H_{14}O_5$, Formel VI
($R = CH_3$, $X = H$).

Konstitutionszuordnung: *Shibata et al.*, Chem. pharm. Bl. **15** [1967] 1757, 1759; s. a. *Bycroft et al.*, Soc. **1962** 40, 42.

B. Beim Behandeln einer Lösung von Rubrofusarin (S. 2609) oder von 5,6,8-Trihydroxy-2-methyl-benzo[g]chromen-4-on in Benzol mit Diazomethan in Äther (*Ashley et al.*, Biochem. J. **31** [1937] 385, 389, 390).

Gelbliche Krystalle, F: 207—209° [aus A.] (*Rangaswami*, Pr. Indian Acad. [A] **57** [1963] 88, 91), 203—204° [aus wss. Dioxan] (*Ash. et al.*); orangefarbene Krystalle [nach Sublimation bei 180°/0,1 Torr], F: 205—206° (*Bycroft et al.*, Soc. **1962** 40, 42). IR-Spektrum (KBr; 2—15 μ): *Ra.*, l. c. S. 90. IR-Banden (KBr) im Bereich von 3300 cm^{-1} bis 1370 cm^{-1}: *By. et al.* Absorptionsmaxima (A.): 226 nm, 275 nm, 329 nm, 345 nm und 387 nm (*By. et al.*, l. c. S. 42).

5,6,8-Trimethoxy-2-methyl-benzo[g]chromen-4-on $C_{17}H_{16}O_5$, Formel VI ($R = X = CH_3$).

B. Beim Erwärmen einer Lösung von 5,6,8-Trihydroxy-2-methyl-benzo[g]chromen-4-on oder von Rubrofusarin (S. 2609) in Aceton mit Dimethylsulfat und Kalium-carbonat (*Rangaswami*, Pr. Indian Acad. [A] **57** [1963] 88, 91, 92). Beim Behandeln einer Suspension von 6-Hydroxy-5,8-dimethoxy-2-methyl-benzo[g]chromen-4-on in Aceton mit Dimethylsulfat und wss. Natronlauge (*Ashley et al.*, Biochem. J. **31** [1937] 385, 389; *Tanaka, Tamura*, Agric. biol. Chem. Japan **27** [1963] 249, 251).

Krystalle (aus wss. Me. bzw. aus Bzl. + PAe.), F: 187—188° (*Ash. et al.*), 186—189° (*Ra.*); gelbe Krystalle (aus Me.), F: 178° [unkorr.] (*Ta., Ta.*). IR-Spektrum (KBr; 3000—600 cm^{-1}): *Ta., Ta.*, l. c. S. 250. Absorptionsmaxima (A.): 225,5 nm, 272 nm, 327 nm, 343 nm und 379 nm (*Ta., Ta.*, l. c. S. 251).

Verbindung mit Tetrachloroeisen(III)-säure $C_{17}H_{16}O_5 \cdot HFeCl_4$; 4-Hydroxy-5,6,8-trimethoxy-2-methyl-benzo[g]chromenylium-tetrachloroferrat(III) $[C_{17}H_{17}O_5]FeCl_4$. Rotbraune Krystalle (aus Eg.); F: 183—184° [Zers.] (*Ash. et al.*, l. c. S. 390).

6(?)-Acetoxy-5-hydroxy-8-methoxy-2-methyl-benzo[g]chromen-4-on $C_{17}H_{14}O_6$, vermutlich Formel VI ($R = H$, $X = CO-CH_3$).

B. Beim kurzen Erhitzen von Rubrofusarin (S. 2609) mit Acetanhydrid, Essigsäure und Natriumacetat (*Ashley et al.*, Biochem. J. **31** [1937] 385, 389).

Gelbe Krystalle (aus Eg.); F: 211°.

6,8-Diacetoxy-5-hydroxy-2-methyl-benzo[g]chromen-4-on $C_{18}H_{14}O_7$, Formel V
($R = X = CO-CH_3$).

Konstitutionszuordnung: *Shibata et al.*, Chem. pharm. Bl. **15** [1967] 1757, 1759.

B. Beim Erhitzen von 5,6,8-Trihydroxy-2-methyl-benzo[g]chromen-4-on mit Acetanhydrid, Essigsäure und Natriumacetat (*Ashley et al.*, Biochem. J. **31** [1937] 385, 390; *Rangaswami*, Pr. Indian Acad. [A] **57** [1963] 88, 92).

Gelbe Krystalle; F: 206—209° [aus A.] (*Ra.*), 204° [aus Eg.] (*Ash. et al.*).

5,6-Diacetoxy-8-methoxy-2-methyl-benzo[g]chromen-4-on $C_{19}H_{16}O_7$, Formel VI
($R = X = CO-CH_3$).

B. Beim Erwärmen von Rubrofusarin (S. 2609) mit Acetanhydrid und Pyridin (*Ashley et al.*, Biochem. J. **31** [1937] 385, 389; *Rangaswami*, Pr. Indian Acad. [A] **57** [1963] 88, 91).

Krystalle; F: 267—269° [aus Bzl. + PAe.] (*Ra.*), 260° [aus Dioxan] (*Ash. et al.*).

5,6,8-Triacetoxy-2-methyl-benzo[g]chromen-4-on $C_{20}H_{16}O_8$, Formel VII ($R = CO-CH_3$).

B. Beim Erwärmen von 5,6,8-Trihydroxy-2-methyl-benzo[g]chromen-4-on mit Acetanhydrid und Pyridin (*Lund et al.*, Soc. **1953** 2434, 2438; *Rangaswami*, Pr. Indian Acad. [A] **57** [1963] 88, 92; s. a. *Tanaka, Tamura*, Agric. biol. Chem. Japan **27** [1963] 249, 252).

Gelbe Krystalle; F: 218° [unkorr.] (*Ta., Ta.*), 216—218° [aus Bzl. + PAe.] (*Ra.*), 209—211° (*Bycroft et al.*, Soc. **1962** 40, 43), 210° [aus A.] (*Lund et al.*). Absorptionsspektrum (A.; 220—400 nm): *Ta., Ta.*, l. c. S. 251. Absorptionsmaxima (A.): 222,5 nm,

252 nm, 312 nm, 326 nm und 362 nm (*Ta., Ta.*, l. c. S. 252) bzw. 221 nm, 252 nm, 311 nm, 325 nm und 360 nm (*By. et al.*).

3,5,7-Trihydroxy-1-methyl-xanthen-9-on $C_{14}H_{10}O_5$, Formel VIII (R = H).

Diese Konstitution kommt wahrscheinlich dem nachstehend beschriebenen **Norgeodin-B** zu (*Barton, Scott*, Soc. **1958** 1767, 1769).

B. Neben kleineren Mengen 1,5,7-Trihydroxy-3-methyl-xanthen-9-on beim Erhitzen von (+)-Geodin ((+)-5,7-Dichlor-4-hydroxy-6'-methoxy-6-methyl-3,4'-dioxo-3H-spiro[benzofuran-2,1'-cyclohexa-2',5'-dien]-2'-carbonsäure-methylester) oder von (±)-Erdin ((±)-5,7-Dichlor-4-hydroxy-6'-methoxy-6-methyl-3,4'-dioxo-3H-spiro[benzofuran-2,1'-cyclohexa-2',5'-dien]-2'-carbonsäure) mit wss. Jodwasserstoffsäure (*Calam et al.*, Biochem. J. **41** [1947] 458, 461).

Gelbliche Krystalle (aus Acn. + $CHCl_3$) mit 1 Mol H_2O; F: 325—330° [Zers.] (*Ca. et al.*).

3,5,7-Trimethoxy-1-methyl-xanthen-9-on $C_{17}H_{16}O_5$, Formel VIII (R = CH_3).

Diese Konstitution kommt wahrscheinlich dem nachstehend beschriebenen **Tri-O-methyl-norgeodin-B** zu.

B. Beim Behandeln von 3,5,7-Trihydroxy-1-methyl-xanthen-9-on mit Aceton, Dimethylsulfat und wss. Natronlauge (*Calam et al.*, Biochem. J. **41** [1947] 458, 461).

Krystalle; F: 208—209° [Kofler-App.; aus E. + Bzn.] (*Curtis et al.*, Soc. **1960** 4838, 4841), 198,5—199,5° [aus A.] (*Ca. et al.*). Absorptionsmaxima (A.): 257 nm, 284 nm, 307 nm und 365 nm (*Cu. et al.*).

1,3,6-Trihydroxy-8-methyl-xanthen-9-on, **Norlichexanthon** $C_{14}H_{10}O_5$, Formel IX (R = H).

B. Aus Lichexanthon (s. u.) beim Erhitzen mit wss. Jodwasserstoffsäure und Acetanhydrid (*Asahina, Nogami*, Bl. chem. Soc. Japan **17** [1942] 202, 205) sowie beim Erwärmen mit Aluminiumchlorid in Benzol (*Aghoramurthy, Seshadri*, J. scient. ind. Res. India **12**B [1953] 73, 76). Beim Erhitzen von 1,3,6-Trimethoxy-8-methyl-xanthen-9-on mit wss. Jodwasserstoffsäure und Acetanhydrid (*As., No.*, l. c. S. 207). Beim Erwärmen von 1,3,6-Triacetoxy-8-methyl-xanthen-9-on mit Schwefelsäure enthaltendem Äthanol (*Aghoramurthy, Seshadri*, J. scient. ind. Res. India **12**B [1953] 350).

Gelbe Krystalle; F: 276—277° [aus wss. A.] (*Ag., Se.*, l. c. S. 76), 272° [nach Sublimation bei 250—260°/3 Torr] (*As., No.*).

VII   VIII   IX

1,3-Dihydroxy-6-methoxy-8-methyl-xanthen-9-on $C_{15}H_{12}O_5$, Formel X (R = X = H).

B. Beim Behandeln von 2-Hydroxy-4-methoxy-6-methyl-benzoesäure mit Phloroglucin, Zinkchlorid und Phosphorylchlorid (*Grover et al.*, J. scient. ind. Res. India **15**B [1956] 629).

Krystalle (aus wss. Py.); F: 260—262°.

1-Hydroxy-3,6-dimethoxy-8-methyl-xanthen-9-on, **Lichexanthon** $C_{16}H_{14}O_5$, Formel X (R = H, X = CH_3).

Isolierung aus Parmelia formosana: *Asahina, Nogami*, Bl. chem. Soc. Japan **17** [1942] 202, 204; aus Parmelia quercina: *Aghoramurthy, Seshadri*, J. scient. ind. Res. India **12**B [1953] 73, 74.

B. Beim Behandeln einer Lösung von 1,3,6-Trihydroxy-8-methyl-xanthen-9-on in Aceton mit Diazomethan in Äther (*As., No.*, l. c. S. 207) oder mit Dimethylsulfat und Kaliumcarbonat (*Aghoramurthy, Seshadri*, J. scient. ind. Res. India **12**B [1953] 350). Beim Behandeln einer Lösung von 1,3-Dihydroxy-6-methoxy-8-methyl-xanthen-9-on in

Aceton mit Diazomethan in Äther oder mit Dimethylsulfat und Kaliumcarbonat (*Grover et al.*, J. scient. ind. Res. India **15**B [1956] 629). BeimErhitzen von 1,3,6-Tri=methoxy-8-methyl-xanthen-9-on mit konz. wss. Salzsäure (*Ag.*, *Se.*, l. c. S. 352).

Gelbliche Krystalle; F: 189—190° [aus Bzl. oder A.] (*Ag.*, *Se.*, l. c. S. 75, 351, 352), 187—188° [aus A.] (*Gr. et al.*), 187° [aus Acn.] (*As.*, *No.*).

1,3,6-Trimethoxy-8-methyl-xanthen-9-on $C_{17}H_{16}O_5$, Formel X (R = X = CH_3).
B. Beim Erwärmen von 1,3,6-Trimethoxy-8-methyl-xanthen mit Chrom(VI)-oxid und Essigsäure (*Asahina, Nogami*, Bl. chem. Soc. Japan **17** [1942] 202, 206). Beim Erwärmen von 1,3-Dihydroxy-6-methoxy-8-methyl-xanthen-9-on mit Dimethylsulfat, Aceton und Kaliumcarbonat (*Grover et al.*, J. scient. ind. Res. India **15**B [1956] 629). Beim Erwärmen von Lichexanthon (S.2611) mit Methyljodid, Aceton und Kaliumcarbonat (*As.*, *No.*, l. c. S. 205) oder mit Dimethylsulfat, Aceton und Kaliumcarbonat (*Aghoramurthy, Seshadri*, J. scient. ind. Res. India **12**B [1953] 73, 75).

Krystalle; F: 156—157° [aus wss. A.] (*Ag.*, *Se.*), 155—157° [aus wss. A.] (*Gr. et al.*), 156° [aus A.] (*As.*, *No.*).

Verbindung mit Tetrachloroeisen(III)-säure $C_{17}H_{16}O_5 \cdot HFeCl_4$; 9-Hydroxy-1,3,6-trimethoxy-8-methyl-xanthylium-tetrachloroferrat(III) $[C_{17}H_{17}O_5]FeCl_4$. Gelbe Krystalle; F: 195° [Zers.] (*As.*, *No.*).

1-Acetoxy-3,6-dimethoxy-8-methyl-xanthen-9-on $C_{18}H_{16}O_6$, Formel X (R = $CO-CH_3$, X = CH_3).
B. Aus Lichexanthon (S. 2611) beim Erhitzen mit Acetanhydrid (*Asahina, Nogami*, Bl. chem. Soc. Japan **17** [1942] 202, 205) sowie beim Behandeln mit Acetanhydrid und Pyridin (*Aghoramurthy, Seshadri*, J. scient. ind. Res. India **12**B [1953] 73, 75).

Krystalle; F: 195—196° [aus E. + PAe.] (*Ag.*, *Se.*), 192° [aus Acn.] (*As.*, *No.*).

X   XI   XII

1,3-Diacetoxy-6-methoxy-8-methyl-xanthen-9-on $C_{19}H_{16}O_7$, Formel X (R =X = $CO-CH_3$).
B. Beim Behandeln von 1,3-Dihydroxy-6-methoxy-8-methyl-xanthen-9-on mit Acet=anhydrid und Pyridin (*Grover et al.*, J. scient. ind. Res. India **15**B [1956] 629).
Krystalle (aus wss. Eg.); F: 196—197°.

1,3,6-Triacetoxy-8-methyl-xanthen-9-on $C_{20}H_{16}O_8$, Formel IX (R = $CO-CH_3$).
B. Beim Erwärmen einer Lösung von 1,3,6-Triacetoxy-8-methyl-xanthen in Essigsäure und Acetanhydrid mit Chrom(VI)-oxid und wss. Essigsäure (*Aghoramurthy, Seshadri*, J. scient. ind. Res. India **12**B [1953] 350).
Krystalle (aus A.); F: 136—137°.

2,4-Dichlor-1,3-dihydroxy-6-methoxy-8-methyl-xanthen-9-on, Thiophaninsäure $C_{15}H_{10}Cl_2O_5$, Formel XI (R = CH_3, X = H).
Konstitutionszuordnung: *Huneck, Santesson*, Z. Naturf. **24**b [1969] 750, 753; *Santesson, Wachtmeister*, Ark. Kemi **30** [1969] 445.
Isolierung aus Pertusaria flavicans: *Sa.*, *Wa.*, l. c. S. 446; aus Pertusaria lutescens: *Zopf*, A. **317** [1901] 110, 144; aus Pertusaria wulfenii: *Zopf*, A. **336** [1904] 46, 57.
Gelbe Krystalle; F: 278—279° [unkorr.; nach Sublimation unter vermindertem Druck] (*Sa.*, *Wa.*, l. c. S. 446), 269—271° [aus E.] (*Hu.*, *Sa.*, l. c. S. 755). ^{1}H-NMR-Absorption (Bis-trideuteriomethyl-sulfoxid): *Sa.*, *Wa*. Absorptionsspektrum (Me.; 200—400 nm): *Hu.*, *Sa.*, l. c. S. 753. Absorptionsmaxima (A.): 215 nm, 247 nm, 273 nm, 310 nm und 350 nm (*Sa.*, *Wa.*).

2,4,5,7-Tetrachlor-1,3,6-trihydroxy-8-methyl-xanthen-9-on, Thiophansäure $C_{14}H_6Cl_4O_5$, Formel XI (R = H, X = Cl).
Isolierung aus Lecanora rupicola (L. sordida): *Huneck, Santesson*, Z. Naturf. **24**b

[1969] 750, 753; s. a. *Hesse*, J. pr. [2] **58** [1898] 465, 490.

Gelbe Krystalle; F: 242—243° [aus Me.] (*Hu., Sa.*), 242° [aus Bzl.] (*He.*). Absorptionsspektrum (Me.; 200—400 nm): *Hu., Sa.*, l. c. S. 751.

4,6,7-Trimethoxy-1-methyl-xanthen-9-on $C_{17}H_{16}O_5$, Formel XII.

B. Beim Erwärmen von 4,5-Dimethoxy-2-[2-methoxy-5-methyl-phenoxy]-benzoesäure mit Acetanhydrid und konz. Schwefelsäure (*Constantin, L'Écuyer*, Canad. J. Chem. **36** [1958] 1381).

Krystalle (aus Me. oder A.); F: 211°.

1,4-Dihydroxy-6-methoxy-3-methyl-xanthen-9-on $C_{15}H_{12}O_5$, Formel I (R = H).

B. Aus 1-Hydroxy-6-methoxy-3-methyl-xanthen-9-on mit Hilfe von Kaliumperoxodisulfat (*Kane et al.*, J. scient. ind. Res. India **18**B [1959] 75).

Gelbe Krystalle (aus A.); F: 264—265°.

1,4,6-Trimethoxy-3-methyl-xanthen-9-on $C_{17}H_{16}O_5$, Formel I (R = CH₃).

B. Beim Erwärmen von 2,5-Dimethoxy-3-[3-methoxy-phenoxy]-toluol mit Oxalylchlorid und Aluminiumchlorid in Schwefelkohlenstoff (*Asahina, Nogami*, Bl. chem. Soc. Japan **17** [1942] 202, 205). Beim Erwärmen von 2-[2,5-Dimethoxy-3-methyl-phenoxy]-4-methoxy-benzoesäure mit Phosphorylchlorid (*Raistrick et al.*, Biochem. J. **30** [1936] 1303, 1313).

Krystalle (aus A.); F: 157° [korr.] (*Ra. et al.*), 157° (*As., No.*).

1,4-Dihydroxy-7-methoxy-3-methyl-xanthen-9-on $C_{15}H_{12}O_5$, Formel II (R = H).

B. Aus 1-Hydroxy-7-methoxy-3-methyl-xanthen-9-on mit Hilfe von Kaliumperoxodisulfat (*Kane et al.*, J. scient. ind. Res. India **18**B [1959] 75).

Gelbe Krystalle (aus A.); F: 261—262°.

1,4,7-Trimethoxy-3-methyl-xanthen-9-on $C_{17}H_{16}O_5$, Formel II (R = CH₃).

B. Beim Erwärmen von 1,4-Dihydroxy-7-methoxy-3-methyl-xanthen-9-on mit Dimethylsulfat, Aceton und Kaliumcarbonat (*Kane et al.*, J. scient. ind. Res. India **18**B [1959] 75).

Krystalle (aus A.); F: 166—168°.

1,4,8-Trihydroxy-3-methyl-xanthen-9-on, Ravenelin $C_{14}H_{10}O_5$, Formel III (R = X = H).

Isolierung aus dem Mycel von Helminthosporium ravenelii und von Helminthosporium turcicum: *Raistrick et al.*, Biochem. J. **30** [1936] 1303, 1308.

B. Beim Erhitzen von 1,4-Dihydroxy-8-methoxy-3-methyl-xanthen-9-on mit Acetanhydrid und wss. Jodwasserstoffsäure (*Ahluwalia, Seshadri*, Pr. Indian Acad. [A] **44** [1956] 1, 5). Beim Erwärmen von 1,4,8-Trimethoxy-3-methyl-xanthen-9-on mit wss. Jodwasserstoffsäure (*Mull, Nord*, Arch. Biochem. **4** [1944] 419, 425).

Gelbe Krystalle; F: 268—270° [aus Bzl.] (*Ah., Se.*), 267—269° [korr.; nach Sublimation unter vermindertem Druck] (*Mull, Nord*), 267—268° [korr.; aus Acn. + CHCl₃] (*Ra. et al.*). Absorptionsspektrum (A.; 200—430 nm): *Mull, Nord*, l. c. S. 429. Absorptionsmaxima (A.): 231 nm, 263 nm, 343 nm und >500 nm (*Yates, Stout*, Am. Soc. **80** [1958] 1691, 1693).

Beim Behandeln einer Lösung in Nitrobenzol mit Chlor ist ein Pentachlor-Derivat $C_{14}H_5Cl_5O_5$ (orangefarbene Krystalle [aus Acn. + A.], F: 195—197°) erhalten worden, das sich durch Behandlung mit Essigsäure, Zinn(II)-chlorid und wss. Salzsäure in ein Trichlor-Derivat $C_{14}H_7Cl_3O_5$ (gelbe Krystalle [aus Me.], F: 234—237°) hat überführen lassen (*Breen et al.*, Scient. Pr. roy. Dublin Soc. **21** [1933/38] 587, 590, 591). Reaktion mit Brom in Essigsäure unter Bildung eines Tribrom-Derivats $C_{14}H_7Br_3O_5$ (gelbe Krystalle [aus Eg.] ohne scharfen Schmelzpunkt): *Ra. et al.*, l. c. S. 1309.

1,4-Dihydroxy-8-methoxy-3-methyl-xanthen-9-on $C_{15}H_{12}O_5$, Formel IV (R = H, X = CH₃) auf S. 2615.

B. Beim Behandeln einer Lösung von 1-Hydroxy-8-methoxy-3-methyl-xanthen-9-on mit Pyridin, wss. Natronlauge und wss. Kaliumperoxodisulfat-Lösung und Erwärmen des Reaktionsgemisches mit wss. Salzsäure und Natriumsulfit (*Ahluwalia, Seshadri*, Pr. Indian Acad. [A] **44** [1956] 1, 4).

Orangegelbe Krystalle (aus E. + PAe.); F: 250—252° [Zers.].

I   II   III

1-Hydroxy-4,8-dimethoxy-3-methyl-xanthen-9-on $C_{16}H_{14}O_5$, Formel III (R = H, X = CH_3), und **8-Hydroxy-1,4-dimethoxy-3-methyl-xanthen-9-on** $C_{16}H_{14}O_5$, Formel IV (R = CH_3, X = H).

Diese beiden Konstitutionsformeln kommen für die nachstehend beschriebene Verbindung in Betracht.

B. Beim Behandeln einer Suspension von Ravenelin (S. 2613) in Äthanol mit Diazomethan in Äther (*Raistrick et al.*, Biochem. J. **30** [1936] 1303, 1310).

Gelbe Krystalle (aus A.); F: 285—287° [korr.].

1,4,8-Trimethoxy-3-methyl-xanthen-9-on $C_{17}H_{16}O_5$, Formel III (R = X = CH_3).

B. Beim Erwärmen von 2-[2,5-Dimethoxy-3-methyl-phenoxy]-6-methoxy-benzoe=säure mit Phosphorylchlorid (*Mull, Nord*, Arch. Biochem. **4** [1944] 419, 425). Beim Behandeln einer Suspension von Ravenelin (S. 2613) in Äthanol mit Diazomethan in Äther (*Raistrick et al.*, Biochem. J. **30** [1936] 1303, 1310). Beim Behandeln von 1,4-Di=hydroxy-8-methoxy-3-methyl-xanthen-9-on mit Aceton, Dimethylsulfat und Kalium=carbonat (*Ahluwalia, Seshadri*, Pr. Indian Acad. [A] **44** [1956] 1, 4).

Krystalle; F: 179—180° [korr.; nach Sublimation unter vermindertem Druck] (*Mull, Nord*), 179—180° [aus Me.] (*Ah., Se.*, l. c. S. 5), 178—179° [aus A.] (*Ra. et al.*).

Beim Behandeln einer Lösung in Essigsäure mit wss. Salpetersäure (D: 1,42) ist 1(oder 8)-Hydroxy-4,8(oder 1,4)-dimethoxy-3-methyl-x-nitro-xanthen-9-on ($C_{16}H_{13}NO_7$; orangefarbene Krystalle [aus Eg.], F: 224—226° [korr.]) erhalten worden (*Ra. et al.*, l. c. S. 1311).

Verbindung mit Tetrachloroeisen(III)-säure $C_{17}H_{16}O_5 \cdot HFeCl_4$; 9-Hydroxy-1,4,8-trimethoxy-3-methyl-xanthylium-tetrachloroferrat(III) $[C_{17}H_{17}O_5]FeCl_4$. Rote Krystalle; F: 174—175° [korr.] (*Ra. et al.*, l. c. S. 1310).

1,4-Diacetoxy-8-methoxy-3-methyl-xanthen-9-on $C_{19}H_{16}O_7$, Formel IV (R = CO-CH_3, X = CH_3).

B. Beim Behandeln von 1,4-Dihydroxy-8-methoxy-3-methyl-xanthen-9-on mit Acet=anhydrid und Pyridin (*Ahluwalia, Seshadri*, Pr. Indian Acad. [A] **44** [1956] 1, 4).

F: 175—176°.

1,4,8-Triacetoxy-3-methyl-xanthen-9-on $C_{20}H_{16}O_8$, Formel IV (R = X = CO-CH_3).

B. Beim Erwärmen von Ravenelin (S. 2613) mit Acetanhydrid und wenig Pyridin (*Raistrick et al.*, Biochem. J. **30** [1936] 1303, 1309).

Krystalle (aus Eg.); F: 204—205° [korr.].

1,4,8-Tris-benzoyloxy-3-methyl-xanthen-9-on $C_{35}H_{22}O_8$, Formel IV (R = X = CO-C_6H_5).

B. Beim Erwärmen von Ravenelin (S. 2613) mit Benzoylchlorid und Pyridin (*Raistrick et al.*, Biochem. J. **30** [1936] 1303, 1309).

Krystalle (aus Py.); F: 255° [korr.].

1,4,8-Tris-[4-methoxy-benzoyloxy]-3-methyl-xanthen-9-on $C_{38}H_{28}O_{11}$, Formel IV (R = X = CO-C_6H_4-OCH_3).

B. Beim Erwärmen von Ravenelin (S. 2613) mit 4-Methoxy-benzoylchlorid und Pyridin (*Raistrick et al.*, Biochem. J. **30** [1936] 1303, 1309).

Krystalle (aus Eg.); F: 216—218° [korr.].

1,5,6-Trihydroxy-3-methyl-xanthen-9-on $C_{14}H_{10}O_5$, Formel V (R = X = H).

B. Aus 2,6-Dihydroxy-4-methyl-benzoesäure beim Erhitzen mit Pyrogallol und Acet=
anhydrid, zuletzt unter vermindertem Druck bis auf 200° (*Lund et al.*, Soc. **1953** 2434,
2438), sowie beim Erwärmen mit Pyrogallol, Zinkchlorid und Phosphorylchlorid (*Shah,
Shah*, J. scient. ind. Res. India **15**B [1956] 630, 631). Beim Erwärmen von 2,3,4-Tri=
hydroxy-benzoesäure mit 5-Methyl-resorcin, Zinkchlorid und Phosphorylchlorid (*Shah,
Shah*).

Gelbe Krystalle (aus wss. Py.); F: 292−293° [Zers.; nach Sintern bei 285°] (*Shah,
Shah*), 243° [aus CHCl₃ + A.] (*Lund et al.*).

1-Hydroxy-5,6-dimethoxy-3-methyl-xanthen-9-on $C_{16}H_{14}O_5$, Formel V (R = H, X = CH₃).
Krystalle; F: 195−196° (*Shah, Shah*, J. scient. ind. Res. India **15**B [1956] 630, 631).

IV   V   VI

1,5,6-Trimethoxy-3-methyl-xanthen-9-on $C_{17}H_{16}O_5$, Formel V (R = X = CH₃).

B. Beim Behandeln von 1,5,6-Trihydroxy-3-methyl-xanthen-9-on mit Dimethylsulfat,
Aceton und Kaliumcarbonat (*Shah, Shah*, J. scient. ind. Res. India **15**B [1956] 630, 631).
Krystalle (aus A.); F: 153−154°.

1,5,6-Triacetoxy-3-methyl-xanthen-9-on $C_{20}H_{16}O_8$, Formel V (R = X = CO-CH₃).

B. Beim Behandeln von 1,5,6-Trihydroxy-3-methyl-xanthen-9-on mit Acetanhydrid
und Pyridin (*Lund et al.*, Soc. **1953** 2434, 2438; *Shah, Shah*, J. scient. ind. Res. India
15B [1956] 630, 631).

Krystalle (aus A.); F: 213−214° (*Shah, Shah*), 178° (*Lund et al.*).

1,5,7-Trihydroxy-3-methyl-xanthen-9-on $C_{14}H_{10}O_5$, Formel VI (R = X = H).

Diese Konstitution kommt wahrscheinlich dem nachstehend beschriebenen **Nor=
geodin-A** zu (*Barton, Scott*, Soc. **1958** 1767, 1769; *Curtis et al.*, Soc. **1960** 4838).

B. Beim Erwärmen von 2,3,5-Trihydroxy-benzoesäure mit 5-Methyl-resorcin, Zink=
chlorid und Phosphorylchlorid (*Cu. et al.*, l. c. S. 4842). Neben grösseren Mengen 3,5,7-
Trihydroxy-1-methyl-xanthen-9-on beim Erhitzen von (+)-Geodin ((+)-5,7-Dichlor-
4-hydroxy-6'-methoxy-6-methyl-3,4'-dioxo-3H-spiro[benzofuran-2,1'-cyclohexa-2',5'-di=
en]-2'-carbonsäure-methylester) oder von (±)-Erdin ((±)-5,7-Dichlor-4-hydroxy-6'-meth=
oxy-6-methyl-3,4'-dioxo-3H-spiro[benzofuran-2,1'-cyclohexa-2',5'-dien]-2'-carbonsäure)
mit wss. Jodwasserstoffsäure (*Calam et al.*, Biochem. J. **41** [1947] 458, 461).

Hellgelbe Krystalle (aus wss. A.) mit 1 Mol H₂O, F: 305° [Zers.] (*Ca. et al.*); gelbliche
Krystalle (aus wss. A.), F: 305° [Zers.] (*Cu. et al.*).

1-Hydroxy-5,7-dimethoxy-3-methyl-xanthen-9-on $C_{16}H_{14}O_5$, Formel VI (R = H,
X = CH₃).

Diese Konstitution kommt wahrscheinlich der nachstehend beschriebenen Verbin=
dung zu.

B. Beim Behandeln von Norgeodin-A (s. o.) mit Diazomethan in Äther (*Calam et al.*,
Biochem. J. **41** [1947] 458, 461).

Krystalle (aus A.); F: 273−275°.

1,5,7-Trimethoxy-3-methyl-xanthen-9-on $C_{17}H_{16}O_5$, Formel VI (R = X = CH₃).

Diese Konstitution kommt wahrscheinlich der nachstehend beschriebenen Verbin=
dung zu.

B. Beim Behandeln von Norgeodin-A (s. o.) mit Dimethylsulfat, Aceton und wss.
Natronlauge (*Calam et al.*, Biochem. J. **41** [1947] 458, 461).

Gelbliche Krystalle; F: 228−229° [Kofler-App.; aus E. + Bzn.] (*Curtis et al.*, Soc.

1960 4838, 4841), 216—217° [aus wss. A.] (*Ca. et al.*). Absorptionsmaxima (A.): 258 nm, 292 nm, 305 nm und 366 nm (*Cu. et al.*).

Verbindung mit Tetrachloroeisen(III)-säure $C_{17}H_{16}O_5 \cdot HFeCl_4$; 9-Hydroxy-1,5,7-trimethoxy-3-methyl-xanthylium-tetrachloroferrat(III) $[C_{17}H_{17}O_5]FeCl_4$. Krystalle (aus Eg.); F: 181° [Zers.] (*Ca. et al.*).

2,4-Dichlor-1,7-dihydroxy-5-methoxy-3-methyl-xanthen-9-on $C_{15}H_{10}Cl_2O_5$, Formel VII.

B. Beim Erhitzen von Dihydrogeodoxin (3,5-Dichlor-2-hydroxy-6-[4-hydroxy-2-meth=oxy-6-methoxycarbonyl-phenoxy]-4-methyl-benzoesäure) mit 80%ig. wss. Schwefel=säure (*Hassall, McMorris*, Soc. **1959** 2831, 2834).

Gelbe Krystalle (aus A.); F: 317—319° [Zers.; Kofler-App.]. Absorptionsmaxima (A.): 270 nm, 330 nm und 402 nm.

1,6,7-Trihydroxy-3-methyl-xanthen-9-on $C_{14}H_{10}O_5$, Formel VIII (R = H).

B. Beim Erwärmen von 1-Hydroxy-6,7-dimethoxy-3-methyl-xanthen-9-on mit wss. Jodwasserstoffsäure (*Lund et al.*, Soc. **1953** 2434, 2439).

Gelbe Krystalle (nach Sublimation bei 180°/0,1 Torr), die unterhalb 300° nicht schmelzen.

VII   VIII   IX

1-Hydroxy-6,7-dimethoxy-3-methyl-xanthen-9-on $C_{16}H_{14}O_5$, Formel VIII (R = CH₃).

B. Beim Erhitzen von 2,6-Dihydroxy-4-methyl-benzoesäure mit 3,4-Dimethoxy-phenol und Acetanhydrid, zuletzt unter vermindertem Druck auf 250° (*Lund et al.*, Soc. **1953** 2434, 2438, 2439).

Krystalle (aus A.); F: 204°.

1,3,8-Trihydroxy-6-methyl-xanthen-9-on $C_{14}H_{10}O_5$, Formel IX (R = H).

B. Aus 2,6-Dihydroxy-4-methyl-benzoesäure beim Erhitzen mit Phloroglucin und Acetanhydrid, zuletzt unter vermindertem Druck bis auf 290° (*Lund et al.*, Soc. **1953** 2434, 2438) sowie beim Erwärmen mit Phloroglucin, Zinkchlorid und Phosphorylchlorid (*Shah, Shah*, J. scient. ind. Res. India **15** B [1956] 630, 632). Beim Erwärmen von 2,4,6-Trihydroxy-benzoesäure mit 5-Methyl-resorcin, Zinkchlorid und Phosphorylchlorid (*Shah, Shah*).

Krystalle (aus A.); F: 275° [Zers.] (*Lund et al.; Shah, Shah*).

1,3,8-Trimethoxy-6-methyl-xanthen-9-on $C_{17}H_{16}O_5$, Formel IX (R = CH₃).

B. Beim Behandeln von 1,3,8-Trihydroxy-6-methyl-xanthen-9-on mit Dimethylsulfat, Aceton und Kaliumcarbonat (*Shah, Shah*, J. scient. ind. Res. India **15** B [1956] 630, 632).

Krystalle (aus A.); F: 196°.

1,3,8-Triacetoxy-6-methyl-xanthen-9-on $C_{20}H_{16}O_8$, Formel IX (R = CO-CH₃).

B. Beim Behandeln von 1,3,8-Trihydroxy-6-methyl-xanthen-9-on mit Acetanhydrid und Pyridin (*Lund et al.*, Soc. **1953** 2434, 2438; *Shah, Shah*, J. scient. ind. Res. India **15** B [1956] 630, 632).

Krystalle; F: 204° [aus wss. Eg.] (*Lund et al.*), 204° [aus A.] (*Shah, Shah*).

2,6,7-Trihydroxy-9-methyl-xanthen-3-on $C_{14}H_{10}O_5$, Formel X (H 176).

B. Beim Erwärmen von 1,2,4-Triacetoxy-benzol mit Paraldehyd und Schwefelsäure enthaltendem Äthanol und Eintragen des Reaktionsgemisches in Wasser (*Duckert*, Helv. **20** [1937] 362, 364).

Gelborangefarbene Krystalle; Zers. bei 279° (*Kimura et al.*, Bl. chem. Soc. Japan **29** [1956] 635, 636). Absorptionsspektrum (wss.-äthanol. Schwefelsäure; 330—500 nm): *Ki. et al.*, l. c. S. 637.

5-Hydroxy-8,10-dimethoxy-2-methyl-benzo[*h*]chromen-4-on, Flavasperon, Asper= xanthon $C_{16}H_{14}O_5$, Formel XI.

Konstitutionszuordnung: *Bycroft et al.*, Soc. **1962** 40, 41.

Isolierung aus dem Mycel von Aspergillus niger: *Lund et al.*, Soc. **1953** 2434, 2437.

Gelbe Krystalle; F: 203—204° [nach Sublimation bei 180°/0,1 Torr] (*By. et al.*), 203° [aus CHCl₃ + A.] (*Lund et al.*). IR-Banden (KBr) im Bereich von 3060 cm⁻¹ bis 1350 cm⁻¹: *By. et al.*, l. c. S. 42. Absorptionsmaxima (A.): 241 nm, 282 nm und 370 nm (*By. et al.*, l. c. S. 42).

Beim Erhitzen mit wss. Jodwasserstoffsäure und Acetanhydrid ist 5,6,8-Trihydroxy-2-methyl-benzo[*g*]chromen-4-on erhalten worden (*By. et al.*, l. c. S. 43; s. a. *Lund et al.*, l. c. S. 2438).

Verbindung mit Perchlorsäure; 4,5-Dihydroxy-8,10-dimethoxy-2-meth= yl-benzo[*h*]chromenylium-perchlorat. Gelbe Krystalle; F: 270° [Zers.] (*Lund et al.*).

X   XI   XII

3,7,9-Trihydroxy-1-methyl-benzo[*c*]chromen-6-on, 3,5,2′,4′-Tetrahydroxy-6′-methyl-biphenyl-2-carbonsäure-2′-lacton, Alternariol $C_{14}H_{10}O_5$, Formel XII.

Konstitution: *Raistrick et al.*, Biochem. J. **55** [1953] 421, 426.

Isolierung aus dem Mycel von Alternaria tenuis: *Ra. et al.*, l. c. S. 427; *Rosett et al.*, Biochem. J. **67** [1957] 390, 393.

B. Beim Erhitzen von 3,7-Dihydroxy-9-methoxy-1-methyl-benzo[*c*]chromen-6-on mit wss. Jodwasserstoffsäure (*Ra. et al.*, l. c. S. 428, 432).

Krystalle (aus wss. A.); F: 350° [unkorr.; Zers.; aus wss. A.] (*Ra. et al.*, l. c. S. 427), 345° [Zers.; unkorr.; aus Dioxan] (*Ro. et al.*). Im Hochvakuum bei 250° sublimierbar (*Ra. et al.*, l. c. S. 427). Absorptionsmaxima (A.): 257 nm, 290 nm, 301 nm und 335 nm bis 342 nm (*Thomas*, Biochem. J. **80** [1961] 234, 236).

3,7-Dihydroxy-9-methoxy-1-methyl-benzo[*c*]chromen-6-on, 3,2′,4′-Trihydroxy-5-meth= oxy-6′-methyl-biphenyl-2-carbonsäure-2′-lacton $C_{15}H_{12}O_5$, Formel XIII (R = X = H).

Diese Konstitution kommt dem nachstehend beschriebenen *O*-Methyl-alternariol zu (*Thomas*, Biochem. J. **80** [1961] 234).

Isolierung aus dem Mycel von Alternaria tenuis: *Raistrick et al.*, Biochem. J. **55** [1953] 421, 427; *Rosett et al.*, Biochem. J. **67** [1957] 390, 393.

B. Beim Erwärmen von Alternariol (s. o.) mit Dimethylsulfat, Aceton und Kalium= carbonat (*Th.*, l. c. S. 239).

Krystalle; F: 273—274° [korr.; aus A.] (*Ro. et al.*), 267° [unkorr.; Zers.; aus A. oder Dioxan] (*Ra. et al.*, l. c. S. 428; *Th.*). Bei 180—200° im Hochvakuum sublimierbar (*Ra. et al.*, l. c. S. 428).

3-Hydroxy-7,9-dimethoxy-1-methyl-benzo[*c*]chromen-6-on, 2′,4′-Dihydroxy-3,5-dimeth= oxy-6′-methyl-biphenyl-2-carbonsäure-2′-lacton $C_{16}H_{14}O_5$, Formel XIII (R = H, X = CH₃).

B. Beim Erwärmen von 2-Brom-4,6-dimethoxy-benzoesäure mit 5-Methyl-resorcin, wss. Natronlauge und wenig Kupfer(II)-sulfat und anschliessenden Erwärmen mit wss.

Salzsäure (*Raistrick et al.*, Biochem. J. **55** [1953] 421, 432).
Krystalle (aus A.); F: 293—296° [unkorr.].

3,7,9-Trimethoxy-1-methyl-benzo[c]chromen-6-on, 2'-Hydroxy-3,5,4'-trimethoxy-6'-methyl-biphenyl-2-carbonsäure-lacton $C_{17}H_{16}O_5$, Formel XIII (R = X = CH₃).

B. Beim Erwärmen von Alternariol (S. 2617), von 3,7-Dihydroxy-9-methoxy-1-methyl-benzo[c]chromen-6-on oder von 3-Hydroxy-7,9-dimethoxy-1-methyl-benzo[c]chromen-6-on mit Dimethylsulfat, Aceton und Kaliumcarbonat (*Raistrick et al.*, Biochem. J. **55** [1953] 421, 428, 432).

Krystalle (aus A.); F: ca. 140° und (nach Wiedererstarren bei weiterem Erhitzen) F: 162,5—163° [korr.] (*Ra. et al.*, l. c. S. 433).

XIII XIV XV

3,7-Diacetoxy-9-methoxy-1-methyl-benzo[c]chromen-6-on $C_{19}H_{16}O_7$, Formel XIII (R = X = CO-CH₃).

B. Beim Erhitzen von 3,7-Dihydroxy-9-methoxy-1-methyl-benzo[c]chromen-6-on mit Acetanhydrid und Natriumacetat (*Raistrick et al.*, Biochem. J. **55** [1953] 421, 428).

Krystalle (aus A.); F: 162—163° [unkorr.].

5-Hydroxy-8-methoxy-2,4-dimethyl-naphtho[1,2-b]furan-6,9-chinon, Anhydrojavanicin,
Anhydrosolanion $C_{15}H_{12}O_5$, Formel XIV (R = H).

Konstitutionszuordnung: *Hardegger et al.*, Helv. **47** [1964] 2031.

B. Beim Behandeln einer Suspension von Javanicin (E III **8** 4231) in Äther mit Chlor=wasserstoff und Zinkchlorid (*Arnstein, Cook*, Soc. **1947** 1021, 1027). Beim Erwärmen von 5-Acetoxy-8-methoxy-2,4-dimethyl-naphtho[1,2-b]furan-6,9-chinon mit wss. Schwefel=säure (*Weiss, Nord*, Arch. Biochem. **22** [1949] 288, 308).

Krystalle; F: 246° [Zers.; aus Bzl. + PAe.] (*We., Nord*), 244—245° [Zers.; aus Acn.] (*Ar., Cook*). IR-Spektrum (CCl₄; 5—12 μ): *We., Nord*, l. c. S. 295. Absorptionsspektrum einer Lösung in Methanol (200—520 nm): *Ruelius, Gauhe*, A. **570** [1950] 121, 123; einer Lösung in Äthanol (240—520 nm): *We., Nord*, l. c. S. 298; *Ar., Cook*, l. c. 1024. Absorptionsmaxima (A.): 230 nm, 262 nm, 316 nm und 450 nm (*Ar., Cook*).

Beim Behandeln mit Brom in Chloroform ist ein Bromanhydrojavanicin ($C_{15}H_{11}BrO_5$; Krystalle [aus Bzl. + A.], F: 259—260° [Zers.]) erhalten worden (*Ar., Cook*, l. c. S. 1028).

5-Acetoxy-8-methoxy-2,4-dimethyl-naphtho[1,2-b]furan-6,9-chinon $C_{17}H_{14}O_6$, Formel XIV (R = CO-CH₃).

B. Beim Erwärmen von Javanicin [E III **8** 4231] (*Arnstein, Cook*, Soc. **1947** 1021, 1027; *Weiss, Nord*, Arch. Biochem. **22** [1949] 288, 307) oder von Anhydrojavanicin [s. o.] (*Ar., Cook*) mit Acetanhydrid und wenig Schwefelsäure.

Gelbe Krystalle (aus A.); F: 252—253° [Zers.] (*We., Nord*), 249—250° [Zers.] (*Ar., Cook*). IR-Spektrum (CCl₄; 5—12 μ): *We., Nord*, l. c. S. 295. Absorptionsspektrum (A.; 240—450 nm): *We., Nord*, l. c. S. 298; *Ar., Cook*, l. c. 1023. Absorptionsmaxima (A.): 242 nm, 265 nm, 308 nm und 373 nm (*Ar., Cook*).

Beim Erhitzen mit Acetanhydrid und Natriumacetat ist 5-Acetoxy-7(?)-acetyl-8-meth=oxy-2,4-dimethyl-naphto[1,2-b]furan-6,9-chinon (F: 265° [Zers.]) erhalten worden (*Ar., Cook*, l. c. S. 1025, 1028).

5,8-Diacetoxy-2,4-dimethyl-naphtho[1,2-b]furan-6,9-chinon $C_{18}H_{14}O_7$, Formel XV (R = CO-CH₃).

B. Beim Behandeln von 3-Acetonyl-5,6,8-trihydroxy-2-methyl-[1,4]naphthochinon

(E III **8** 4231) mit Acetanhydrid und wenig Schwefelsäure (*Weiss, Nord*, Arch. Biochem. **22** [1949] 288, 309).

Krystalle (aus A.); F: 206—207° [Zers.].   [*Höffer*]

Hydroxy-oxo-Verbindungen $C_{15}H_{12}O_5$

*Opt.-inakt. 1-[2,4-Dimethoxy-phenyl]-2,3-epoxy-3-[4-methoxy-phenyl]-propan-1-on $C_{18}H_{18}O_5$, Formel I.

B. Beim Behandeln einer Lösung von 4,2′,4′-Trimethoxy-*trans*(?)-chalkon (E III **8** 3725) in Methanol mit wss. Wasserstoffperoxid und wss. Natronlauge (*Baker, Robinson*, Soc. **1932** 1798, 1804).

Krystalle (aus A.); F: 108°.

Beim Erhitzen einer äthanol. Lösung mit wss. Natronlauge sind 2-[2,4-Dimethoxy-phenyl]-2-hydroxy-3-[4-methoxy-phenyl]-propionsäure und zwei als stereoisomere α-Hydroxy-4,2′,4′-trimethoxy-chalkone (E III **8** 4123) angesehene Verbindungen erhalten worden (*Ba., Ro.*, l. c. S. 1805).

---

*Opt.-inakt. 2,3-Epoxy-3-phenyl-1-[2,4,6-trimethoxy-phenyl]-propan-1-on $C_{18}H_{18}O_5$, Formel II (X = H).

B. Beim Behandeln einer Lösung von 2′,4′,6′-Trimethoxy-*trans*(?)-chalkon (F: 84°) in Methanol mit wss. Wasserstoffperoxid und wss. Natronlauge (*Enebäck, Gripenberg*, Acta chem. scand. **11** [1957] 866, 873).

Krystalle (aus Me.); F: 106,5°.

I   II

*Opt.-inakt. 2,3-Epoxy-3-[3-nitro-phenyl]-1-[2,4,6-trimethoxy-phenyl]-propan-1-on $C_{18}H_{17}NO_7$, Formel II (X = NO_2).

B. Beim Behandeln von 3-Nitro-benzaldehyd mit 2-Chlor-1-[2,4,6-trimethoxy-phenyl]-äthanon, Dioxan und wss. Alkalilauge (*Ballester, Perez-Blanco*, J. org. Chem. **23** [1958] 652).

F: 170—171°.

3,5,7-Trihydroxy-2-phenyl-chromenylium, Galanginidin $[C_{15}H_{11}O_4]^+$, Formel III (R = H) (E II 161).

Chlorid $[C_{15}H_{11}O_4]$Cl (E II 162). *B.* Beim Behandeln von Galangin (3,5,7-Trihydroxy-2-phenyl-chromen-4-on) mit Natrium-Amalgam und Chlorwasserstoff enthaltendem Methanol (*Kondo*, J. pharm. Soc. Japan **52** [1932] 353, 354; dtsch. Ref. S. 47; C. A. **1932** 4333). Beim Behandeln von 5-Benzoyloxy-3,7-dihydroxy-2-phenyl-chromenylium-chlorid mit wss.-äthanol. Natronlauge oder wss. Natronlauge und Erwärmen des mit wss. Salzsäure angesäuerten Reaktionsgemisches (*Charlesworth, Robinson*, Soc. **1934** 1619, 1621; *Hayashi*, Acta phytoch. Tokyo **8** [1934/35] 65, 81). — Braune Krystalle (aus wss.-äthanol. Salzsäure) mit 1 Mol H_2O; Zers. oberhalb 250° (*Ha.*). Absorptionsspektrum einer Chlorwasserstoff enthaltenden Lösung in Methanol (400—600 nm): *Ch., Ro.*, l. c. S. 1624.

5-Benzoyloxy-3,7-dihydroxy-2-phenyl-chromenylium $[C_{22}H_{15}O_5]^+$, Formel III (R = CO-C_6H_5).

Chlorid $[C_{22}H_{15}O_5]$Cl. *B.* Beim Behandeln eines Gemisches von 2-Benzoyloxy-4,6-dihydroxy-benzaldehyd, Phenacylacetat und Äthylacetat mit Chlorwasserstoff (*Charlesworth, Robinson*, Soc. **1934** 1619, 1620; *Hayashi*, Acta phytoch. Tokyo **8** [1934/35] 65, 80). — Orangefarbene Krystalle (aus Chlorwasserstoff enthaltendem Methanol) (*Ch., Ro.*). Monohydrat: braun; Zers. bei 222° (*Ha.*).

3,5-Dihydroxy-2-[4-hydroxy-phenyl]-chromenylium $[C_{15}H_{11}O_4]^+$, Formel IV (R = H).

Chlorid $[C_{15}H_{11}O_4]$Cl. *B.* Beim Behandeln eines Gemisches von 2-Hydroxy-1-[4-hydr=oxy-phenyl]-äthanon, 2,6-Dihydroxy-benzaldehyd und Äthylacetat mit Chlorwasserstoff (*Row*, *Seshadri*, Pr. Indian Acad. [A] **19** [1944] 141, 143). — Rote Krystalle (aus wss.-methanol. Salzsäure), die unterhalb 300° nicht schmelzen.

III   IV   V

3-Hydroxy-2-[4-hydroxy-phenyl]-5-methoxy-chromenylium $[C_{16}H_{13}O_4]^+$, Formel IV (R = CH$_3$).

Chlorid $[C_{16}H_{13}O_4]$Cl. *B.* Beim Behandeln eines Gemisches von 2-Hydroxy-1-[4-hydr=oxy-phenyl]-äthanon, 2-Hydroxy-6-methoxy-benzaldehyd und Äthylacetat mit Chlor=wasserstoff (*Rao*, *Seshadri*, Pr. Indian Acad. [A] **19** [1944] 141, 143). — Rote Krystalle (aus wss.-methanol. Salzsäure); F: 258—260°.

3,7-Dihydroxy-2-[4-hydroxy-phenyl]-chromenylium $[C_{15}H_{11}O_4]^+$, Formel V (R = X = H).

Chlorid $[C_{15}H_{11}O_4]$Cl (E II 162). *B.* Beim Behandeln einer Lösung von 2,4-Dihydroxy-benzaldehyd und 2-Acetoxy-1-[4-acetoxy-phenyl]-äthanon in Essigsäure (*Dilthey*, *Höschen*, J. pr. [2] **138** [1933] 145, 157) oder in Äthylacetat (*Hayashi*, Acta phytoch. Tokyo **8** [1934/35] 179, 196; *Freudenberg et al.*, A. **518** [1935] 37, 55) mit Chlorwasser=stoff. — Violette Krystalle (aus wss. Salzsäure) mit 1 Mol H$_2$O, die bei 260° sintern (*Ha.*). Absorptionsmaximum (A.): 490 nm (*Roux*, Nature **183** [1959] 890).

3-Hydroxy-2-[4-hydroxy-phenyl]-7-methoxy-chromenylium $[C_{16}H_{13}O_4]^+$, Formel V (R = CH$_3$, X = H).

Chlorid $[C_{16}H_{13}O_4]$Cl. *B.* Beim Behandeln einer Lösung von 2-Hydroxy-4-methoxy-benzaldehyd und 2-Hydroxy-1-[4-hydroxy-phenyl]-äthanon in Äthylacetat mit Chlor=wasserstoff (*Row*, *Seshadri*, Pr. Indian Acad. [A] **13** [1941] 510, 512). — Rote Krystalle (aus Chlorwasserstoff enthaltendem Methanol); F: 250—251°.

3,7-Dihydroxy-2-[4-methoxy-phenyl]-chromenylium $[C_{16}H_{13}O_4]^+$, Formel V (R = H, X = CH$_3$).

Chlorid $[C_{16}H_{13}O_4]$Cl. *B.* Beim Behandeln einer Lösung von 2,4-Dihydroxy-benz=aldehyd und 2-Acetoxy-1-[4-methoxy-phenyl]-äthanon in Äthylacetat mit Chlorwasser=stoff (*Hayashi*, Acta phytoch. Tokyo **8** [1934/35] 179, 196). — Rote Krystalle (aus wss. Salzsäure) mit 1,5 Mol H$_2$O; Zers. bei 211° [nach Sintern bei 208°].

2-[3,4-Dihydroxy-phenyl]-3-hydroxy-chromenylium $[C_{15}H_{11}O_4]^+$, Formel VI (E II 163).

Chlorid $[C_{15}H_{11}O_4]$Cl (E II 163). *B.* Beim Behandeln einer Lösung von Salicylaldehyd und 2-Acetoxy-1-[3,4-diacetoxy-phenyl]-äthanon in Essigsäure (*Dilthey*, *Höschen*, J. pr. [2] **138** [1933] 145, 157) oder in Äthylacetat (*Hayashi*, Acta phytoch. Tokyo **8** [1934/35] 179, 201) mit Chlorwasserstoff. — Braune Krystalle (aus wss. Salzsäure) mit 2 Mol H$_2$O; Zers. bei 222—223° [nach Sintern bei 160°] (*Ha.*).

3,5,7-Trihydroxy-2-phenyl-chroman-4-on $C_{15}H_{12}O_5$.

a) **(2R)-3t,5,7-Trihydroxy-2r-phenyl-chroman-4-on, Pinobanksin** $C_{15}H_{12}O_5$, Formel VII (R = X = H).

Konfigurationszuordnung: *Gaffield*, Tetrahedron **26** [1970] 4093, 4094, 4103; s. a. *Mahesh*, *Seshadri*, Pr. Indian Acad. [A] **41** [1955] 210, 215, 217, 218).

Isolierung aus dem Kernholz von Pinus banksiana: *Erdtman*, Svensk kem. Tidskr. **56** [1944] 95, 99; von Pinus contorta: *Lindstedt*, Acta chem. scand. **3** [1949] 759, 761;

von Pinus excelsa: *Lindstedt*, Acta chem. scand. **3** [1949] 1375, 1379; von Pinus palustris: *Er.*, l. c. S. 97; von Pinus pinaster: *Alvarez-Nóvoa et al.*, Acta chem. scand. **4** [1950] 444, 446; von Pinus ponderosa: *Lindstedt*, Acta chem. scand. **3** [1949] 767; von Pinus radiata: *Lindstedt*, Acta chem. scand. **3** [1949] 763, 765; von Pinus strobus: *Erdtman*, Svensk kem. Tidskr. **56** [1944] 2, 12; von Pinus virginiana: *Lindstedt*, Acta chem. scand. **3** [1949] 1381, 1383. Nachweis im Holz weiterer Pinus-Arten: *Lindstedt, Misiorny*, Acta chem. scand. **5** [1951] 122, 123, 126.

Krystalle; F: 177—178° [unkorr.; aus Toluol] (*Li.*, Acta chem. scand. **3** 765). $[\alpha]_D^{20}$: +14,5° [Me.; c = 6] (*Li.*, Acta chem. scand. **3** 765). UV-Spektrum (A.; 200—370 nm): *Lindstedt*, Acta chem. scand. **4** [1950] 772, 776.

b) *Opt.-inakt. 3,5,7-Trihydroxy-2-phenyl-chroman-4-on** $C_{15}H_{12}O_5$, Formel VIII (R = X = H).

B. Beim Behandeln von opt.-inakt. 7-Acetoxy-3,5-dihydroxy-2-phenyl-chroman-4-on (F: 90—92°) mit Chlorwasserstoff enthaltendem Äthanol (*Mahesh, Seshadri*, Soc. **1955** 2503).

Krystalle (aus wss. A.); F: 172—173°.

3,5-Dihydroxy-7-methoxy-2-phenyl-chroman-4-on $C_{16}H_{14}O_5$.

a) **(2R)-3t,5-Dihydroxy-7-methoxy-2r-phenyl-chroman-4-on, Alpinon** $C_{16}H_{14}O_5$, Formel VII (R = H, X = CH₃).

Über Konstitution und Konfiguration s. *Gripenberg et al.*, Acta chem. scand. **10** [1956] 393, 394; *Kotake et al.*, J. Inst. Polytech. Osaka City Univ. [C] **5** [1956] 203.

Isolierung aus Samen von Alpinia japonica: *Kimura, Hoshi*, J. pharm. Soc. Japan **54** [1934] 47, 52; dtsch. Ref. S. 135; **57** [1937] 147, 152; C. A. **1939** 531; *Gr. et al.*, l. c. S. 395; aus dem Kernholz von Pinus clausa: *Lindstedt*, Acta chem. scand. **4** [1950] 1042, 1045; von Pinus excelsa: *Mahesh, Seshadri*, J. scient. ind. Res. India **13** B [1954] 835, 840.

B. Beim Behandeln von Pinobanksin (S. 2620) mit Diazomethan in Äther (*Lindstedt*, Acta chem. scand. **4** [1950] 772, 777).

Krystalle; F: 185—186° (*Ko. et al.*), 181—182° [unkorr.; aus Bzl.] (*Li.*, l. c. S. 777); 179—180° [aus Me.] (*Gr. et al.*). $[\alpha]_D^{20}$: −19° [CHCl₃; c = 3] (*Li.*, l. c. S. 777); $[\alpha]_D^{20}$: −12° [CHCl₃; c = 3] (*Gr. et al.*); $[\alpha]_D^{20}$: +91° [Py.; c = 3] (*Gr. et al.*); $[\alpha]_D^{30}$: +84,3° [Py.(?)] (*Ko. et al.*). Absorptionsmaximum: 292 nm (*Gr. et al.*, l. c. S. 394).

b) *Opt.-inakt. 3,5-Dihydroxy-7-methoxy-2-phenyl-chroman-4-on** $C_{16}H_{14}O_5$, Formel VIII (R = H, X = CH₃).

B. Beim Behandeln einer Suspension von (±)-5-Hydroxy-7-methoxy-2-phenyl-chroman-4-on in wss. Schwefelsäure mit wss. Wasserstoffperoxid und Eisen(II)-sulfat (*Goel, Seshadri*, Pr. Indian Acad. [A] **47** [1958] 191, 193). Beim Erwärmen von (±)-5-Acetoxy-7-methoxy-2-phenyl-chroman-4-on mit Blei(IV)-acetat in Essigsäure und Erwärmen des Reaktionsprodukts mit wss.-äthanol. Salzsäure (*Kotake et al.*, J. Inst. Polytech. Osaka City Univ. [C] **5** [1956] 203).

Krystalle (aus Me.); F: 186—187° (*Ko. et al.*), 182—183° (*Goel, Se.*).

VI   VII   VIII

(2R)-3t-Hydroxy-5,7-dimethoxy-2r-phenyl-chroman-4-on $C_{17}H_{16}O_5$, Formel IX (R = H, X = CH₃).

B. Beim Erwärmen von Alpinon (s. o.) mit Aceton, Dimethylsulfat und Kaliumcarbonat (*Lindstedt*, Acta chem. scand. **4** [1950] 772, 778).

Krystalle (aus wss. Me.); F: 133—134° [unkorr.] (*Li.*). $[\alpha]_D^{20}$: −31° [CHCl₂; c = 3]

(*Li.*). Absorptionsspektrum (A.; 200—370 nm): *Li.*, l. c. S. 776.

Beim Erwärmen mit methanol. Kalilauge und anschliessenden Behandeln mit wss. Schwefelsäure ist (±)-2-Benzyl-2-hydroxy-4,6-dimethoxy-benzofuran-3-on (E III **8** 4124) erhalten worden (*Li.*, l. c. S. 779; *Gripenberg*, Acta chem. scand. **7** [1953] 1323, 1329).

Eine von *Kimura* (J. pharm. Soc. Japan **57** [1937] 160, 162; C. A. **1939** 531) als 3-Hydroxy-5,7-dimethoxy-2-phenyl-chroman-4-on („Apoalpinon-monomethyläther" angesehene opt.-inakt. Verbindung ist als (±)-2-Benzyl-2-hydroxy-4,6-dimethoxy-benzofuran-3-on (E III **8** 4124) zu formulieren (*Gr.*, l. c. S. 1324).

*3,5,7-Trimethoxy-2-phenyl-chroman-4-on $C_{18}H_{18}O_5$, Formel VIII (R = X = CH_3).
B. Beim Behandeln von Alpinon (S. 2621) mit wss. Alkalilauge und Dimethylsulfat (*Kimura, Hoshi*, Pr. Acad. Tokyo **12** [1936] 285, 287; J. pharm. Soc. Japan **57** [1937] 147, 159; C. A. **1939** 531).
Krystalle (aus A.); F: 115°.

*Opt.-inakt. 7-Acetoxy-3,5-dihydroxy-2-phenyl-chroman-4-on $C_{17}H_{14}O_6$, Formel VIII (R = H, X = CO-CH_3).
B. Beim Behandeln von (±)-5,7-Diacetoxy-2-phenyl-chroman-4-on mit wss. Wasserstoffperoxid, wss. Schwefelsäure und Eisen(II)-sulfat oder mit Kaliumpermanganat in Aceton (*Mahesh, Seshadri*, Soc. **1955** 2503).
Krystalle (aus wss. A.); F: 90—92°.

(2R)-3t-Acetoxy-5-hydroxy-7-methoxy-2r-phenyl-chroman-4-on $C_{18}H_{16}O_6$, Formel IX (R = CO-CH_3, X = H).
Isolierung aus den Samen von Alpinia japonica: *Gripenberg et al.*, Acta chem. scand. **10** [1956] 393, 395.
B. Beim Behandeln von Alpinon (S. 2621) mit Acetanhydrid unter Zusatz von wenig Pyridin (*Gr. et al.*).
Krystalle (aus Me.); F: 135°. $[\alpha]_D^{20}$: +17° [Py.; c = 5].

(2R)-3t,5-Diacetoxy-7-methoxy-2r-phenyl-chroman-4-on, Di-*O*-acetyl-alpinon $C_{20}H_{18}O_7$, Formel IX (R = X = CO-CH_3).
B. Aus Alpinon (S. 2621) beim Behandeln mit Acetanhydrid und wenig Schwefelsäure sowie beim Erwärmen mit Acetanhydrid und Natriumacetat (*Kimura, Hoshi*, J. pharm. Soc. Japan **57** [1937] 147, 153; C. A. **1939** 531).
Krystalle (aus wss. A.); F: 108°.

(2R)-3t,5-Bis-benzoyloxy-7-methoxy-2r-phenyl-chroman-4-on, Di-*O*-benzoyl-alpinon $C_{30}H_{22}O_7$, Formel IX (R = X = CO-C_6H_5).
B. Beim Behandeln von Alpinon (S. 2621) mit Benzoylchlorid und Pyridin (*Kimura, Hoshi*, J. pharm. Soc. Japan **57** [1937] 147, 154; C. A. **1939** 531; *Gripenberg et al.*, Acta chem. scand. **10** [1956] 393, 395).
Krystalle; F: 208—210° (*Gr. et al.*), 208—209° [aus Toluol] (*Ki., Ho.*).

(2R)-3t,5,7-Tris-benzoyloxy-2r-phenyl-chroman-4-on, Tri-*O*-benzoyl-pinobanksin $C_{36}H_{24}O_8$, Formel VII (R = X = CO-C_6H_5).
B. Beim Behandeln von Pinobanksin (S. 2620) mit Benzoylchlorid und Pyridin (*Lindstedt*, Acta chem. scand. **4** [1950] 772, 777).
Krystalle (aus A.); F: 172—173° [unkorr.].

IX   X   XI

(2R)-3t,5-Dihydroxy-7-methoxy-2r-phenyl-chroman-4-on-oxim, Alpinon-oxim
$C_{16}H_{15}NO_5$, Formel X.

B. Aus Alpinon (S. 2621) und Hydroxylamin (*Kimura, Hoshi*, J. pharm. Soc. Japan **57** [1937] 147, 154; C. A. **1939** 531).

Krystalle (aus Toluol); F: 203°.

(±)-5,6,7-Trihydroxy-2-phenyl-chroman-4-on $C_{15}H_{12}O_5$, Formel XI (R = H).

B. Beim Erwärmen von (±)-5,7,8-Trihydroxy-2-phenyl-chroman-4-on mit äthanol. Natronlauge unter Stickstoff und anschliessenden Ansäuern mit wss. Salzsäure (*Chopin, Chadenson*, Bl. **1959** 1585, 1593). Beim Erwärmen von (±)-5,6,7-Trimethoxy-2-phenyl-chroman-4-on mit Aluminiumchlorid in Benzol (*Narasimhachari et al.*, Pr. Indian Acad. [A] **29** [1949] 404, 410; s. a. *Cho., Cha.*, l. c. S. 1586).

Krystalle; F: 227° [korr.; Block; aus Bzl.] (*Chopin et al.*, Bl. **1957** 192, 201), 226° bis 227° [aus Bzl. + CHCl₃] (*Na. et al.*). Absorptionsmaxima (A.): 295 nm und 360 nm (*Cho., Cha.*, l. c. S. 1592).

Beim Behandeln mit Diazomethan in Äther ist 5,8-Dihydroxy-7-methoxy-2-phenyl-chroman-4-on, beim Erwärmen mit Dimethylsulfat (1 Mol), Aceton und Kaliumcarbonat sind 5,8-Dihydroxy-7-methoxy-2-phenyl-chroman-4-on und kleine Mengen 5-Hydroxy-6,7-dimethoxy-2-phenyl-chroman-4-on erhalten worden (*Cho., Cha.*, l. c. S. 1594).

(±)-5,7-Dihydroxy-6-methoxy-2-phenyl-chroman-4-on $C_{16}H_{14}O_5$, Formel XII (R = H).

B. Neben 5,7-Dihydroxy-8-methoxy-2-phenyl-chroman-4-on beim Behandeln von 2-Methoxy-phloroglucin mit *trans*-Cinnamoyl-chlorid und Aluminiumchlorid in 1,2-Di= chlor-äthan (*Molho et al.*, C. r. **244** [1957] 470). Aus Dihydrowogonin (S. 2625) beim Erwärmen einer äthanol. Lösung mit wss. Natronlauge und anschliessenden Ansäuern mit wss. Salzsäure (*Chopin et al.*, Bl. **1957** 192, 201) sowie beim Erhitzen unter vermindertem Druck auf 240° (*Ch. et al.*).

Krystalle; F: 177° [aus wss. Me.] (*Mo. et al.*), 176—177° [korr.; aus A.] (*Ch. et al.*). Absorptionsmaxima (A.): 290 nm und 340 nm (*Ch. et al.*).

Beim Erwärmen mit wss.-äthanol. Natronlauge und anschliessenden Ansäuern mit wss. Salzsäure ist 5,7-Dihydroxy-8-methoxy-2-phenyl-chroman-4-on erhalten worden (*Chopin, Chadenson*, Bl. **1959** 1585, 1593).

(±)-5-Hydroxy-6,7-dimethoxy-2-phenyl-chroman-4-on $C_{17}H_{16}O_5$, Formel XII (R = CH₃).

B. Neben 5,8-Dihydroxy-7-methoxy-2-phenyl-chroman-4-on beim Behandeln von 6′-Hydroxy-2′,3′,4′-trimethoxy-*trans*(?)-chalkon (F: 98—99°) mit Bromwasserstoff in Essigsäure (*Chopin, Chadenson*, Bl. **1959** 1585, 1593). Beim Behandeln von (±)-5,7-Dihydr= oxy-6-methoxy-2-phenyl-chroman-4-on mit Diazomethan in Äther (*Cho., Cha.*, l. c. S. 1594). Beim Erwärmen von (±)-5-Hydroxy-7,8-dimethoxy-2-phenyl-chroman-4-on mit Kaliumcarbonat und Aceton und Behandeln des Reaktionsprodukts mit wss. Salzsäure (*Krishnamurty, Seshadri*, J. scient. ind. Res. India **18**B [1959] 151, 156). Beim Erwärmen von (±)-5,6,7-Trimethoxy-2-phenyl-chroman-4-on mit Aluminiumchlorid, Benzol und Äther (*Cho., Cha.*, l. c. S. 1594; s. a. *Aiyar et al.*, Pr. Indian Acad. [A] **46** [1957] 238, 242; *Kelly et al.*, Chem. and Ind. **1958** 262).

Krystalle (aus A.); F: 148—150° (*Ai. et al.*), 148—149° [korr.] (*Cho., Cha.*, l. c. S. 1594), 147—149° [aus Bzl. + PAe.] (*Kr., Se.*). Absorptionsmaxima (A.): 290 nm und 330 bis 335 nm (*Cho., Cha.*, l. c. S. 1594).

(±)-5,6,7-Trimethoxy-2-phenyl-chroman-4-on $C_{18}H_{18}O_5$, Formel XI (R = CH₃).

B. Beim Erwärmen von 6′-Hydroxy-2′,3′,4′-trimethoxy-*trans*(?)-chalkon (E III **8** 4117) mit wss.-äthanol. Schwefelsäure (*Rajagopalan, Seshadri*, Pr. Indian Acad. [A] **27** [1948] 85, 89; *Narasimhachari et al.*, Pr. Indian Acad. [A] **29** [1949] 404, 409; *Dass et al.*, J. scient. ind. Res. India **14**B [1955] 335) oder mit wss.-äthanol. Salzsäure (*Oliverio, Bargellini*, G. **78** [1948] 372, 380; *Chopin et al.*, Bl. **1957** 192, 202). Beim Erwärmen von (±)-5,6,7-Trihydroxy-2-phenyl-chroman-4-on (*Chopin, Chadenson*, Bl. **1959** 1585, 1592) oder von (±)-5,7-Dihydroxy-6-methoxy-2-phenyl-chroman-4-on (*Ch. et al.*, l. c. S. 201) mit Dimethylsulfat, Aceton und Kaliumcarbonat. Beim Erwärmen von (±)-5,8-Di= hydroxy-7-methoxy-2-phenyl-chroman-4-on mit Dimethylsulfat (2 Mol), Aceton und Kaliumcarbonat und Erwärmen des Reaktionsprodukts mit wss.-äthanol. Schwefelsäure

(*Krishnamurty*, *Seshadri*, J. scient. ind. Res. India **18**B [1959] 151, 156).

Krystalle; F: 162° [aus Me.] (*Dass et al.*), 160—161° [aus Me.] (*Ol.*, *Ba.*), 159—160° [aus Me.] (*Kr.*, *Se.*), 155—156° [korr.; aus A. oder Me.] (*Ch. et al.*, l. c. S. 201). Absorptionsmaxima (A.): 278 nm und 323 nm (*Cho.*, *Cha.*) bzw. 278 nm und 325 nm (*Kr.*, *Se.*).

(±)-**5,6,7-Triacetoxy-2-phenyl-chroman-4-on** $C_{21}H_{18}O_8$, Formel XI (R = CO-CH$_3$) auf S. 2622.

B. Beim Behandeln von (±)-5,6,7-Trihydroxy-2-phenyl-chroman-4-on mit Acetanhydrid und wenig Schwefelsäure (*Chopin*, *Chadenson*, Bl. **1959** 1585, 1592).

Krystalle (aus Me.); F: 145—146° [Kofler-App.]. Absorptionsmaxima (A.): 260 nm und 315 nm.

(±)-**5,7,8-Trihydroxy-2-phenyl-chroman-4-on** $C_{15}H_{12}O_5$, Formel XIII (R = H).

B. Beim Erwärmen von (±)-5,7,8-Trimethoxy-2-phenyl-chroman-4-on mit Aluminiumchlorid in Benzol (*Narasimhachari et al.*, Pr. Indian Acad. [A] **29** [1949] 404, 408; s. a. *Chopin*, *Chadenson*, Bl. **1959** 1585, 1586). Neben 5,7-Dihydroxy-8-methoxy-2-phenylchroman-4-on beim Erwärmen von (±)-7-Hydroxy-5,8-dimethoxy-2-phenyl-chroman-4-on mit Aluminiumchlorid in Benzol und Äther (*Cho.*, *Cha.*, l. c. S. 1593).

Krystalle; F: 208—210° [aus E. + Bzl.] (*Na. et al.*), 208—210° [korr.; Kofler-App.; aus Bzl.] (*Cho.*, *Cha.*, l. c. S. 1593). Absorptionsmaxima (A.): 245 nm, 293 nm und 360 nm (*Cho.*, *Cha.*, l. c. S. 1593).

Beim Erwärmen mit wss.-äthanol. Natronlauge und anschliessenden Ansäuern mit wss. Salzsäure ist 5,6,7-Trihydroxy-2-phenyl-chroman-4-on erhalten worden (*Cho.*, *Cha.*, l. c. S. 1593).

XII   XIII   XIV

(±)-**5,8-Dihydroxy-7-methoxy-2-phenyl-chroman-4-on** $C_{16}H_{14}O_5$, Formel XIII (R = CH$_3$).

Diese Konstitution kommt der nachstehend beschriebenen, von *Dass et al.* (Pr. Indian Acad. [A] **37** [1953] 520, 523; J. scient. ind. Res. India **14**B [1955] 335) als (±)-5,6-Dihydroxy-7-methoxy-2-phenyl-chroman-4-on ($C_{16}H_{14}O_5$) angesehenen Verbindung zu (*Chopin*, *Chadenson*, Bl. **1959** 1585, 1588); die Identität eines von *Dass et al.* (Pr. Indian Acad. [A] **37** 524) als (±)-5,8-Dihydroxy-7-methoxy-2-phenyl-chroman-4-on beschriebenen Präparats (F: 133—134°) ist ungewiss (*Cho.*, *Cha.*).

B. Neben 5-Hydroxy-6,7-dimethoxy-2-phenyl-chroman-4-on beim Erwärmen von 6′-Hydroxy-2′,3′,4′-trimethoxy-*trans*(?)-chalkon (F: 98—99°) mit Bromwasserstoff in Essigsäure (*Dass et al.*, Pr. Indian Acad. [A] **37** 523; *Cho.*, *Cha.*, l. c. S. 1593). Beim Erwärmen von 2′-Hydroxy-3′,4′,6′-trimethoxy-*trans*(?)-chalkon (E III **8** 4117) mit Bromwasserstoff in Essigsäure (*Dass et al.*, Pr. Indian Acad. [A] **37** 523). Beim Erwärmen einer Lösung von 2-*trans*(?)-Cinnamoyl-3-hydroxy-5-methoxy-[1,4]benzochinon (E III **8** 4147) in Äthanol mit Zinn(II)-chlorid und wss. Salzsäure (*Rao*, *Seshadri*, Pr. Indian Acad. [A] **36** [1952] 130, 132). Beim Behandeln von (±)-5-Hydroxy-7-methoxy-2-phenylchroman-4-on mit wss. Natronlauge und Pyridin und mit wss. Kaliumperoxodisulfat-Lösung (*Cho.*, *Cha.*, l. c. S. 1594; *Dass et al.*, J. scient. ind. Res. India **14**B 335). Aus (±)-7-Methoxy-2-phenyl-chroman-4,5,8-trion beim Behandeln einer Lösung in Essigsäure mit Natriumsulfit (*Cho.*, *Cha.*, l. c. S. 1593) sowie beim Erwärmen einer wss. Lösung mit Natriumdithionit (*Dass et al.*, Pr. Indian Acad. [A] **37** 524). Neben kleinen Mengen 5-Hydroxy-6,7-dimethoxy-2-phenyl-chroman-4-on beim Erwärmen von (±)-5,6,7-Trihydroxy-2-phenyl-chroman-4-on mit Dimethylsulfat (1 Mol), Aceton und Kaliumcarbonat (*Cho.*, *Cha.*, l. c. S. 1594). Neben 5-Hydroxy-7,8-dimethoxy-2-phenylchroman-4-on beim Erwärmen einer Lösung von (±)-5,7,8-Trimethoxy-2-phenyl-chroman-4-on in Benzol und Äther (*Cho.*, *Cha.*, l. c. S. 1593) oder in Dioxan (*Krishnamurty*,

Seshadri, J. scient. ind. Res. India **18**B [1959] 151, 154, 156) mit Aluminiumchlorid. Krystalle; F: 248—249° [Zers.; aus Methylacetat oder E.] (*Dass et al.*, Pr. Indian Acad. [A] **37** 524; J. scient. ind. Res. India **14**B 336), 247—248° [aus E.] (*Kr., Se.*, l. c. S. 156), 244—245° [korr.; aus A. oder E.] (*Cho., Cha.*, l. c. S. 1593). Absorptionsmaxima (A.): 245 nm, 292 nm und 365 nm (*Cho., Cha.*, l. c. S. 1593) bzw. 250 nm, 295 nm und 370 nm (*Kr., Se.*).

Beim Erwärmen mit Dimethylsulfat (Überschuss), Aceton und Kaliumcarbonat ist 5,7,8-Trimethoxy-2-phenyl-chroman-4-on, beim Erwärmen mit Dimethylsulfat (2 Mol), Aceton und Kaliumcarbonat und Erwärmen des Reaktionsprodukts mit Schwefelsäure enthaltendem Äthanol ist 5,6,7-Trimethoxy-2-phenyl-chroman-4-on erhalten worden (*Kr., Se.*, l. c. S. 156).

5,7-Dihydroxy-8-methoxy-2-phenyl-chroman-4-on $C_{16}H_{14}O_5$.

a) (*S*)-5,7-Dihydroxy-8-methoxy-2-phenyl-chroman-4-on, Dihydrowogonin $C_{16}H_{14}O_5$, Formel XIV (R = H).

Konstitution: *Chopin et al.*, Bl. **1957** 192, 198. Konfiguration: *Gaffield*, Tetrahedron **26** [1970] 4093, 4102.

Isolierung aus dem Kernholz von Prunus avium: *Mentzer et al.*, Bl. Soc. Chim. biol. **36** [1954] 1137, 1142; *Ch. et al.*, l. c. S. 200.

Krystalle (aus A.); F: 151—152° [korr.] (*Ch. et al.*). $[\alpha]_{579}$: —56° [A.; c = 2] (*Ch. et al.*). Absorptionsspektrum (Äthanol sowie wss. Natronlauge; 230—380 nm): *Me. et al.*, l. c. S. 1141. Absorptionsmaxima: 290 nm und 340 nm [A.] bzw. 325 nm [wss. Natronlauge (0,01 n)] (*Ch. et al.*).

Beim Erhitzen unter vermindertem Druck auf 240° sowie beim Erwärmen mit wss.-äthanol. Natronlauge und anschliessenden Ansäuern mit wss. Salzsäure erfolgt Umwandlung in 5,7-Dihydroxy-6-methoxy-2-phenyl-chroman-4-on (*Ch. et al.*, l. c. S. 201). Beim Erhitzen mit Bromwasserstoff in Essigsäure ist 5,6,7-Trihydroxy-2-phenyl-chroman-4-on erhalten worden (*Chopin, Chadenson*, Bl. **1959** 1585, 1592). Überführung in eine vermutlich als 7-Benzyloxy-5-hydroxy-8-methoxy-2-phenyl-chroman-4-on zu formulierende Verbindung $C_{23}H_{20}O_5$ (Krystalle [aus A.], F: 112—113° [korr.]) durch Erwärmen einer Lösung in Aceton mit Benzylchlorid und Kaliumcarbonat: *Ch. et al.*, l. c. S. 203.

2,4-Dinitro-phenylhydrazon $C_{22}H_{18}N_4O_8$. Rote Krystalle; F: 223—228° [korr.; Zers.] (*Ch. et al.*, l. c. S. 200).

b) (±)-5,7-Dihydroxy-8-methoxy-2-phenyl-chroman-4-on $C_{16}H_{14}O_5$, Formel XIV (R = H) + Spiegelbild.

B. Neben 5,7-Dihydroxy-6-methoxy-2-phenyl-chroman-4-on beim Behandeln von 2-Methoxy-phloroglucin mit *trans*-Cinnamoylchlorid und Aluminiumchlorid in 1,2-Dichlor-äthan (*Molho et al.*, C. r. **244** [1957] 470). Beim Erwärmen einer Lösung von (±)-7-Hydroxy-5,8-dimethoxy-2-phenyl-chroman-4-on in Äther (*Aiyar et al.*, Pr. Indian Acad. [A] **46** [1957] 238, 242) oder in Äther und Benzol (*Chopin, Chadenson*, Bl. **1959** 1585, 5193) mit Aluminiumchlorid.

Krystalle (aus Bzl.); F: 152—153° [Kofler-App.] (*Cho., Cha.*), 147—148° (*Ai. et al.*). Absorptionsmaxima (A.): 292 nm und 340 nm (*Cho., Cha.*).

(±)-7-Hydroxy-5,8-dimethoxy-2-phenyl-chroman-4-on $C_{17}H_{16}O_5$, Formel XV (R = H).

B. Beim Behandeln von 1-[2,4-Dihydroxy-3,6-dimethoxy-phenyl]-äthanon mit Benzaldehyd, und wss.-äthanol. Natronlauge und Erwärmen des Reaktionsprodukts mit wss.-äthanol. Salzsäure (*Chopin, Chadenson*, Bl. **1959** 1585, 1593; s. a. *Aiyar et al.*, Pr. Indian Acad. [A] **46** [1957] 238, 242).

Hellgelbe Krystalle (aus E.), F: 192—193° [Kofler-App.] (*Chopin, Chadenson*, C. r. **247** [1958] 1625), 185—186° (*Ai. et al.*); Krystalle (aus Me.) mit 1 Mol H_2O, F: 156—157° [Block] (*Cho., Cha.*). Absorptionsmaxima (A.): 288 nm und 325 nm (*Cho., Cha.*, Bl. **1959** 1593).

5-Hydroxy-7,8-dimethoxy-2-phenyl-chroman-4-on $C_{17}H_{16}O_5$.

a) (*S*)-5-Hydroxy-7,8-dimethoxy-2-phenyl-chroman-4-on $C_{17}H_{16}O_5$, Formel XIV (R = CH₃).

B. Beim Behandeln von Dihydrowogonin (s. o.) mit Diazomethan in Äther (*Chopin*,

Chadenson, Bl. **1959** 1585, 1594).

Krystalle (aus A.); F: 99—100°. $[\alpha]_{579}$: —41° [A.; c = 1]. Absorptionsmaxima (A.): 290 nm und 345 nm.

Beim Erwärmen einer Lösung in Äthanol mit wss. Natronlauge und anschliessenden Behandeln mit wss. Salzsäure ist 5-Hydroxy-6,7-dimethoxy-2-phenyl-chroman-4-on erhalten worden.

b) **(±)-5-Hydroxy-7,8-dimethoxy-2-phenyl-chroman-4-on** $C_{17}H_{16}O_5$, Formel XIV (R = CH_3) [auf S. 2624] + Spiegelbild.

B. Beim Behandeln von (±)-5,7-Dihydroxy-8-methoxy-2-phenyl-chroman-4-on mit Diazomethan in Äther (*Aiyar et al.*, Pr. Indian Acad. [A] **46** [1957] 238, 243). Neben 5,8-Dihydroxy-7-methoxy-2-phenyl-chroman-4-on beim Erwärmen einer Lösung von (±)-5,7,8-Trimethoxy-2-phenyl-chroman-4-on in Benzol und Äther (*Chopin, Chadenson*, Bl. **1959** 1585, 1593; s. a. *Ai. et al.*, l. c. S. 241; *Kelly et al.*, Chem. and Ind. **1958** 262) oder in Dioxan (*Krishnamurty, Seshadri*, J. scient. ind. Res. India **18**B [1959] 151, 156) mit Aluminiumchlorid.

Krystalle; F: 99—100° (*Ke. et al.*), 98—100° [aus Me.] (*Kr., Se.*), 98—99° [aus Me.] (*Ai. et al.*), 97—99° (*Cho., Cha.*).

Beim Erwärmen einer Lösung in Aceton mit Kaliumcarbonat und Behandeln des Reaktionsprodukts mit wss. Salzsäure ist 5-Hydroxy-6,7-dimethoxy-2-phenyl-chroman-4-on erhalten worden (*Kr., Se.*).

XV   XVI   XVII

(±)-5,7,8-Trimethoxy-2-phenyl-chroman-4-on $C_{18}H_{18}O_5$, Formel XV (R = CH_3).

B. Beim Erwärmen von 2'-Hydroxy-3',4',6'-trimethoxy-*trans*(?)-chalkon (E III **8** 4117) mit wss.-äthanol. Salzsäure (*Oliverio et al.*, G. **78** [1948] 363, 367; *Chopin et al.*, Bl. **1957** 192, 202), mit Schwefelsäure enthaltendem Äthanol (*Narasimhachari et al.*, Pr. Indian Acad. [A] **29** [1949] 404, 408), mit Phosphorsäure enthaltendem Äthanol (*Chen et al.*, J. Taiwan pharm. Assoc. **4** [1952] 48, 49). Beim Erwärmen von (±)-5,6,7-Tri= hydroxy-2-phenyl-chroman-4-on mit Dimethylsulfat, Aceton und Kaliumcarbonat und anschliessenden Ansäuern mit wss. Salzsäure (*Chopin, Chadenson*, Bl. **1959** 1585, 1594). Bei längerem Behandeln von (±)-5,8-Dihydroxy-7-methoxy-2-phenyl-chroman-4-on mit Diazomethan (Überschuss) in Äther (*Krishnamurty, Seshadri*, J. scient. ind. Res. India **18**B [1959] 151, 156) oder mit Dimethylsulfat (Überschuss), Aceton und Kaliumcarb= onat (*Cho., Cha.*, l. c. S. 1593; *Kr., Se.*).

Krystalle; F: 159—160° (*Chen et al.*), 158—159° [aus Me.] (*Kr., Se.*), 156—158° [korr.; aus A. oder Me.] (*Cho. et al.*; *Cho., Cha.*), 156—157° [aus Bzl.] (*Na. et al.*). Absorptionsmaxima (A.): 285 nm und 325 nm (*Kr., Se.*) bzw. 285 nm und 327 nm (*Cho., Cha.*).

Beim Erwärmen einer Lösung in Benzol und Äther (*Cho., Cha.*, l. c. S. 1593) oder in Dioxan (*Kr., Se.*) mit Aluminiumchlorid sind 5,8-Dihydroxy-7-methoxy-2-phenyl-chroman-4-on und 5-Hydroxy-7,8-dimethoxy-2-phenyl-chroman-4-on erhalten worden.

(±)-6,7,8-Trimethoxy-2-phenyl-chroman-4-on $C_{18}H_{18}O_5$, Formel XVI.

B. Beim Erwärmen von 2'-Hydroxy-3',4',5'-trimethoxy-*trans*(?)-chalkon (E III **8** 4116) mit wss.-äthanol. Salzsäure (*Bargellini, Oliverio*, B. **75** [1942] 2083, 2086; *Oliverio, Bargellini*, G. **78** [1949] 386, 390). Neben 2'-Hydroxy-3',4',5'-trimethoxy-*trans*(?)-chalkon beim Behandeln von 1-[2-Hydroxy-3,4,5-trimethoxy-phenyl]-äthanon mit Benz= aldehyd, Äthanol und wss. Natronlauge (*Ba., Ol.*; *Ol., Ba.*).

Krystalle (aus Me.); F: 105°.   [*Brandt*]

*Opt.-inakt. 2,3-Dimethoxy-2-[4-methoxy-phenyl]-chroman-4-on $C_{18}H_{18}O_5$,
Formel XVII.

B. Beim Behandeln von (±)-2,3-Dimethoxy-2-[4-methoxy-phenyl]-2H-chromen mit
Peroxybenzoesäure in Chloroform (*Karrer et al.*, Helv. **26** [1943] 2116, 2118).
Krystalle (aus CHCl₃); F: 220°.

---

*Opt.-inakt. 3,7-Dihydroxy-2-[4-hydroxy-phenyl]-chroman-4-on $C_{15}H_{12}O_5$, Formel I
(R = H).

B. Beim Erwärmen von opt.-inakt. 3,7-Diacetoxy-2-[4-acetoxy-phenyl]-chroman-4-on
(s. u.) mit wss.-methanol. Salzsäure (*Oyamada*, J. chem. Soc. Japan **64** [1943] 471, 474;
C. A. **1947** 3798).
Krystalle (aus W.); F: ca. 210° [Zers.].

(±)-3t-Hydroxy-7-methoxy-2r-[4-methoxy-phenyl]-chroman-4-on $C_{17}H_{16}O_5$, Formel II
(R = H) + Spiegelbild.

Über die Konfiguration s. *Cavill et al.*, Soc. **1954** 4573, 4575; *Kulkarni, Joshi*, J. Indian
chem. Soc. **34** [1957] 217, 222.

B. Beim Erhitzen von 2'-Hydroxy-4,4'-dimethoxy-trans(?)-chalkon (F: 113—114°) mit
Acetanhydrid und Natriumacetat, anschliessenden Behandeln mit Essigsäure und Brom
und Erwärmen des Reaktionsprodukts mit wss. Aceton und anschliessend mit wss.
Natriumcarbonat-Lösung (*Ku., Jo.*, l. c. S. 226). Beim Behandeln von (±)-3t-Acetoxy-
7-methoxy-2r-[4-methoxy-phenyl]-chroman-4-on mit wss. Schwefelsäure (*Ca. et al.*, l. c.
S. 4577). Neben 7-Methoxy-2-[4-methoxy-phenyl]-chromen-4-on beim Erwärmen von
7-Methoxy-2-[4-methoxy-phenyl]-chroman-4-on mit Blei(IV)-acetat in Essigsäure und
Erwärmen des Reaktionsprodukts mit wss.-methanol. Salzsäure (*Oyamada*, J. chem. Soc.
Japan **64** [1943] 335; C. A. **1947** 3798).
Krystalle; F: 133° [aus A.] (*Ku., Jo.*), 130° [aus PAe.] (*Ca. et al.*), 124—126° [aus
A. + Bzl.] (*Oy.*).

I   II

(±)-3t-Acetoxy-7-methoxy-2r-[4-methoxy-phenyl]-chroman-4-on $C_{19}H_{18}O_6$, Formel II
(R = CO-CH₃) + Spiegelbild.

B. Neben anderen Verbindungen beim Erwärmen von (±)-7-Methoxy-2-[4-methoxy-
phenyl]-chroman-4-on mit Blei(IV)-acetat in Essigsäure (*Cavill et al.*, Soc. **1954** 4573,
4577; *Kulkarni, Joshi*, J. Indian chem. Soc. **34** [1957] 217, 220, 226). Beim Behandeln
von (±)-3t-Hydroxy-7-methoxy-2r-[4-methoxy-phenyl]-chroman-4-on mit Acetanhydrid
und Pyridin (*Ku., Jo.*).
Krystalle; F: 140—141° [aus A.] (*Ku., Jo.*), 140° [aus Me.] (*Ca. et al.*).

---

*Opt.-inakt. 3,7-Diacetoxy-2-[4-acetoxy-phenyl]-chroman-4-on $C_{21}H_{18}O_8$, Formel I
(R = CO-CH₃).

B. Beim Erwärmen von (±)-7-Acetoxy-2-[4-acetoxy-phenyl]-chroman-4-on mit Blei(IV)-
acetat in Essigsäure (*Oyamada*, J. chem. Soc. Japan **64** [1943] 471, 473; C. A. **1947** 3798).
Krystalle (aus Ae.); F: 148—150°.

(±)-5,6-Dimethoxy-2-[4-methoxy-phenyl]-chroman-4-on $C_{18}H_{18}O_5$, Formel III.

B. Beim Erwärmen von 6'-Hydroxy-4,2',3'-trimethoxy-trans(?)-chalkon (F: 102—103°)
mit wss.-äthanol. Schwefelsäure (*Balaiah et al.*, Pr. Indian Acad. [A] **20** [1944] 274, 278).
Krystalle (aus A.); F: 154—155°.

(±)-5,7-Dihydroxy-2-[2-hydroxy-phenyl]-chroman-4-on $C_{15}H_{12}O_5$, Formel IV
(R = X = H).

In einem von *Narasimhachari et al.* (Pr. Indian Acad. [A] **36** [1952] 231, 237, **37** [1953] 620, 626) unter dieser Konstitution beschriebenen Präparat (F: 217—218°) hat 1-[2,4,6-Trihydroxy-phenyl]-äthanon vorgelegen (vgl. *Simpson, Whalley,* Soc. **1955** 166).

B. Beim Behandeln von 2-Äthoxycarbonyloxy-*trans*-cinnamoylchlorid mit Phloro≈ glucin und Aluminiumchlorid in Nitrobenzol und Erwärmen des Reaktionsprodukts mit äthanol. Kalilauge (*Shinoda, Sato,* J. pharm. Soc. Japan **51** [1931] 576, 580; dtsch. Ref. S. 78, 80; C. A. **1932** 1916).

Krystalle; F: 204° [unkorr.; aus wss. A.] (*Reichel, Reichwald,* A. **729** [1969] 217, 224), 185—187° [nach Sintern bei 183°; aus wss. Eg.] (*Sh., Sato*).

Beim Behandeln mit Diazomethan in Äther ist ein *O*-Methyl-Derivat ($C_{16}H_{14}O_5$; Krystalle [aus A.], F: 192°) erhalten worden (*Sh., Sato,* l. c. S. 581).

(±)-5,7-Dihydroxy-2-[2-methoxy-phenyl]-chroman-4-on, (±)-Citronetin $C_{16}H_{14}O_5$, Formel IV (R = H, X = CH₃).

B. Neben anderen Verbindungen beim Behandeln des aus 2-Methoxy-*trans*-zimtsäure mit Hilfe von Thionylchlorid hergestellten Säurechlorids mit Phloroglucin und Alumini≈ umchlorid in Nitrobenzol (*Shinoda, Sato,* J. pharm. Soc. Japan **51** [1931] 576, 578; dtsch. Ref. S. 78, 79; C. A. **1932** 1916). Beim Behandeln eines Gemisches von 1-[2,4,6-Tris-benzoyloxy-phenyl]-äthanon, 2-Methoxy-benzaldehyd und Äthylacetat mit Chlorwasser≈ stoff und Erwärmen des Reaktionsprodukts mit äthanol. Kalilauge (*Narasimhachari et al.,* Pr. Indian Acad. [A] **37** [1953] 620, 625).

Krystalle; F: 224—225° [aus wss. Eg.] (*Sh., Sato*), 220—222° [aus Me.] (*Na. et al.*). Oxim s. S. 2629.

Über ein beim Erhitzen von Citronin (S. 2629) mit wss.-äthanol. Phosphorsäure erhaltenes Präparat (Krystalle [aus A.]; F: 204°) von unbekanntem opt. Drehungsver≈ mögen s. *Yamamoto, Oshima,* J. agric. chem. Soc. Japan **7** [1931] 312, 315; C. A. **1932** 1295.

III   IV

(±)-2-[2-Hydroxy-phenyl]-5,7-dimethoxy-chroman-4-on $C_{17}H_{16}O_5$, Formel IV (R = CH₃, X = H).

In einem von *Narasimhachari et al.* (Pr. Indian Acad. [A] **36** [1952] 231, 236) unter dieser Konstitution beschriebenen Präparat (F: 85—86°) hat 1-[2-Hydroxy-4,6-di≈ methoxy-phenyl]-äthanon vorgelegen (*Simpson, Whalley,* Soc. **1955** 166, 167).

B. Beim Erwärmen einer äthanol. Lösung von 2,2'-Dihydroxy-4',6'-dimethoxy-*trans*(?)-chalkon (F: 171°) mit wss. Schwefelsäure (*Si., Wh.*).

Krystalle; F: 196° [aus Me.] (*Si., Wh.*), 195—196° [aus A.] (*Venturella, Bellino,* Ann. Chimica **49** [1959] 2023, 2045).

(±)-5-Hydroxy-7-methoxy-2-[2-methoxy-phenyl]-chroman-4-on $C_{17}H_{16}O_5$, Formel V (R = H, X = CH₃).

B. Aus 5,7-Dihydroxy-2-[2-methoxy-phenyl]-chroman-4-on beim Behandeln mit Diazomethan in Äther (*Shinoda, Sato,* J. pharm. Soc. Japan **51** [1931] 576, 579; dtsch. Ref. S. 78, 80; C. A. **1932** 1916), beim Behandeln mit Methyljodid, Aceton und Kali≈ umcarbonat sowie beim Erwärmen mit Dimethylsulfat, Aceton und Kaliumcarbonat (*Narasimhachari et al.,* Pr. Indian Acad. [A] **37** [1953] 620, 626). Beim Behandeln einer Suspension von 5,7-Dimethoxy-2-[2-methoxy-phenyl]-chroman-4-on in Äther mit Alu≈ miniumchlorid (*Aiyar et al.,* Pr. Indian Acad. [A] **46** [1957] 238, 241).

Krystalle; F: 92° [aus Ae. + Bzn.] (*Sh., Sato*), 91—92° [aus A. + Bzl.] (*Na. et al.*).

(±)-5,7-Dimethoxy-2-[2-methoxy-phenyl]-chroman-4-on $C_{18}H_{18}O_5$, Formel V
(R = X = CH$_3$) (E I 395; dort als 5.7.2′-Trimethoxy-flavanon bezeichnet).
  B. Beim Erwärmen von 2′-Hydroxy-2,4′,6′-trimethoxy-*trans*(?)-chalkon (E III **8** 4102)
mit wss.-äthanol. Schwefelsäure (*Simpson, Whalley*, Soc. **1955** 166, 168). Beim Behandeln
von (±)-2-[2-Hydroxy-phenyl]-5,7-dimethoxy-chroman-4-on mit Aceton, Methyljodid
(oder Dimethylsulfat) und Kaliumcarbonat (*Si., Wh.*). Aus (±)-5,7-Dihydroxy-2-[2-meth‑
oxy-phenyl]-chroman-4-on mit Hilfe von Diazomethan (*Yamamoto, Oshima*, J. agric.
chem. Soc. Japan **7** [1931] 312, 315; C. A. **1932** 1295).
  Krystalle (aus Me.); F: 128° (*Si., Wh.*), 125° (*Ya., Osh.*). Absorptionsspektrum (A.,
200—400 nm): *Ya., Osh.*

(±)-5,7-Dimethoxy-2-[2-methoxymethoxy-phenyl]-chroman-4-on $C_{19}H_{20}O_6$, Formel IV
[R = CH$_3$, X = CH$_2$-O-CH$_3$].
  B. Beim Behandeln von 1-[2-Hydroxy-4,6-dimethoxy-phenyl]-äthanon mit 2-Methoxy‑
methoxy-benzaldehyd und äthanol. Kalilauge und Ansäuern der Reaktionslösung mit
wss. Salzsäure (*Venturella, Bellino*, Ann. Chimica **49** [1959] 2023, 2045).
  Krystalle (aus A.); F: 101—102°.

(±)-5,7-Diacetoxy-2-[2-methoxy-phenyl]-chroman-4-on $C_{20}H_{18}O_7$, Formel IV
(R = CO-CH$_3$, X = CH$_3$).
  B. Beim Behandeln von (±)-5,7-Dihydroxy-2-[2-methoxy-phenyl]-chroman-4-on mit
Acetanhydrid und wenig Schwefelsäure (*Shinoda, Sato*, J. pharm. Soc. Japan **51** [1931]
576, 579; dtsch. Ref. S. 78, 80; C. A. **1932** 1916).
  Krystalle (aus A.); F: 118—119°.

V   VI   VII

**5-Hydroxy-2-[2-methoxy-phenyl]-7-[O^x-ξ-L-rhamnosyl-ξ-D-glucosyloxy]-chroman-
4-on** $C_{28}H_{34}O_{14}$, Formel V (R = H, X = C$_6$H$_{10}$O$_4$-O-C$_6$H$_{11}$O$_4$).
  Diese Konstitution (und Konfiguration) kommt dem nachstehend beschriebenen
Citronin zu (*Yamamoto, Oshima*, J. agric. chem. Soc. Japan **7** [1931] 312, 314; C. A. **1932**
1295).
  Isolierung aus Schalen der Früchte von Citrus limon: *Ya., Osh.*
  Krystalle (aus Me.); F: 235°. Absorptionsspektrum (A.; 200—400 nm): *Ya., Osh.*

**5-Acetoxy-2-[2-methoxy-phenyl]-7-[O^x-ξ-L-rhamnosyl-ξ-D-glucosyloxy]-chroman-
4-on** $C_{30}H_{36}O_{15}$, Formel V (R = CO-CH$_3$, X = C$_6$H$_{10}$O$_4$-O-C$_6$H$_{11}$O$_4$).
  Diese Konstitution (und Konfiguration) kommt dem nachstehend beschriebenen
O-Acetyl-citronin zu.
  B. Beim Behandeln von Citronin (s. o.) mit Acetanhydrid und wenig Schwefelsäure
(*Yamamoto, Oshima*, J. agric. chem. Soc. Japan **7** [1931] 312, 314; C. A. **1932** 1295).
  Krystalle (aus A.); F: 132°. Absorptionsspektrum (A.; 200—400 nm): *Ya., Osh.*

(±)-5,7-Dihydroxy-2-[2-methoxy-phenyl]-chroman-4-on-oxim $C_{16}H_{15}NO_5$, Formel VI.
  B. Aus (±)-5,7-Dihydroxy-2-[2-methoxy-phenyl]-chroman-4-on und Hydroxylamin
(*Shinoda, Sato*, J. pharm. Soc. Japan **51** [1931] 576, 578; dtsch. Ref. S. 78, 80; C. A.
1932 1916).
  Krystalle (aus wss. A.); F: 234—235°.

(±)-5,7-Dihydroxy-2-[3-hydroxy-phenyl]-chroman-4-on $C_{15}H_{12}O_5$, Formel VII
(R = X = H).
  B. Beim Behandeln des aus 3-Äthoxycarbonyloxy-*trans*-zimtsäure hergestellten Säure‑

chlorids mit Phloroglucin und Aluminiumchlorid in Nitrobenzol und Erwärmen des Reaktionsprodukts mit äthanol. Kalilauge (*Shinoda*, *Sato*, J. pharm. Soc. Japan **51** [1931] 576, 581; dtsch. Ref. S. 78, 81; C. A. **1932** 1916).

Krystalle (aus Eg.); F: 240—241°.

Überführung in ein O-Methyl-Derivat $C_{16}H_{14}O_5$ (Krystalle [aus A.]; F: 182°) durch Behandlung mit Diazomethan (1 Mol) in Äther: *Sh.*, *Sato*, l. c. S. 582.

Oxim s. u.

(±)-5,7-Dihydroxy-2-[3-methoxy-phenyl]-chroman-4-on $C_{16}H_{14}O_5$, Formel VII (R = H, X = CH₃).

B. Beim Behandeln des aus 3-Methoxy-*trans*-zimtsäure hergestellten Säurechlorids mit Phloroglucin und Aluminiumchlorid in Nitrobenzol (*Shinoda*, *Sato*, J. pharm. Soc. Japan **51** [1931] 576, 579; dtsch. Ref. S. 78, 80; C. A. **1932** 1916).

Krystalle (aus Eg.); F: 179—180°.

(±)-5-Hydroxy-7-methoxy-2-[3-methoxy-phenyl]-chroman-4-on $C_{17}H_{16}O_5$, Formel VIII.

B. Beim Behandeln von (±)-5,7-Dihydroxy-2-[3-methoxy-phenyl]-chroman-4-on oder von (±)-5,7-Dihydroxy-2-[3-hydroxy-phenyl]-chroman-4-on mit Diazomethan in Äther (*Shinoda*, *Sato*, J. pharm. Soc. Japan **51** [1931] 576, 577, 580; dtsch. Ref. S. 78, 80, 82; C. A. **1932** 1916).

Krystalle (aus A.); F: 96°.

(±)-5,7-Diacetoxy-2-[3-methoxy-phenyl]-chroman-4-on $C_{20}H_{18}O_7$, Formel VII (R = CO-CH₃, X = CH₃).

B. Beim Behandeln von (±)-5,7-Dihydroxy-2-[3-methoxy-phenyl]-chroman-4-on mit Acetanhydrid und wenig Schwefelsäure (*Shinoda*, *Sato*, J. pharm. Soc. Japan **51** [1931] 576, 580; dtsch. Ref. S. 78, 80; C. A. **1932** 1916).

Krystalle (aus A.); F: 106—107°.

(±)-5,7-Dihydroxy-2-[3-hydroxy-phenyl]-chroman-4-on-oxim $C_{15}H_{13}NO_5$, Formel IX (R = H).

B. Aus (±)-5,7-Dihydroxy-2-[3-hydroxy-phenyl]-chroman-4-on und Hydroxylamin (*Shinoda*, *Sato*, J. pharm. Soc. Japan **51** [1931] 576, 581; C. A. **1932** 1916).

F: 224—225°.

(±)-5,7-Dihydroxy-2-[3-methoxy-phenyl]-chroman-4-on-oxim $C_{16}H_{15}NO_5$, Formel IX (R = CH₃).

B. Aus (±)-5,7-Dihydroxy-2-[3-methoxy-phenyl]-chroman-4-on und Hydroxylamin (*Shinoda*, *Sato*, J. pharm. Soc. Japan **51** [1931] 576, 580; dtsch. Ref. S. 78, 80; C. A. **1932** 1916).

Krystalle (aus wss. A.); F: 194—195°.

5,7-Dihydroxy-2-[4-hydroxy-phenyl]-chroman-4-on, Naringenin $C_{15}H_{12}O_5$.

Über die Konfiguration der Enantiomeren s. *Gaffield*, Tetrahedron **26** [1970] 4093, 4094, 4107.

a) **(R)-5,7-Dihydroxy-2-[4-hydroxy-phenyl]-chroman-4-on** $C_{15}H_{12}O_5$, Formel X (R = X = H).

Isolierung aus dem Holz von Prunus mahaleb: *Pacheco*, Bl. Soc. Chim. biol. **41** [1959] 111, 112.

Krystalle (aus A.); F: 252°. $[\alpha]_{578}^{20}$: +8° [A.]. Absorptionsmaximum (A.): 290 nm (*Pa.*).

VIII   IX   X

b) **(S)-5,7-Dihydroxy-2-[4-hydroxy-phenyl]-chroman-4-on** $C_{15}H_{12}O_5$, Formel XI
(R = X = H).

Isolierung aus der Haut der Früchte von Lycopersicon esculentum: *Wu, Burnell*, Arch.
Biochem. **74** [1958] 114, 116.

B. Beim Erwärmen von Helichrysin-A ((S)-5-β-D-Glucopyranosyloxy-7-hydroxy-
2-[4-hydroxy-phenyl]-chroman-4-on) mit Äthylenglykol und Ameisensäure (*Hänsel,
Heise*, Ar. **292** [1959] 398, 408).

Krystalle (aus A.); F: 255—256° [Kofler-App.] (*Hä., He.*). $[\alpha]_D^{20}$: —35,2° [Py.; c = 1];
$[\alpha]_D^{20}$: —28,1° [A.; c = 2] (*Hä., He.*).

c) **(±)-5,7-Dihydroxy-2-[4-hydroxy-phenyl]-chroman-4-on** $C_{15}H_{12}O_5$, Formel X
+ XI (R = X = H) (H **8** 503; E I **8** 739; E II **18** 164).

Isolierung aus Blüten von Acacia longifolia: *Marini-Bettòlo, Falco*, Ann. Chimica **41**
[1951] 221, 224; *White*, New Zealand J. Sci. Technol. **38** [1957] 718, 724; aus Eucalyptus
maculata: *Gell et al.*, Austral. J. Chem. **11** [1958] 372, 374; aus dem Kernholz von Ferreira
spectabilis: *King et al.*, Soc. **1952** 4580, 4582; aus Blüten von Helichrysum arenarium:
Vrkoč et al., Collect. **24** [1959] 3938, 3953; aus dem Kernholz von Nothofagus dombeyi:
Pew, Am. Soc. **70** [1948] 3031, 3034; aus dem Holz von Prunus aequinoctialis, von Prunus
avium, Prunus maximowiczii und von Prunus nipponica: *Hasegawa*, Am. Soc. **79** [1957]
1738; von Prunus campanulata: *Hasegawa, Shirato*, Am. Soc. **76** [1954] 5560; von Prunus
mume: *Hasegawa*, J. org. Chem. **24** [1959] 408; von Prunus jamasakura: *Hasegawa,
Shirato*, J. Japan. Forest. Soc. **41** [1959] 1; von Prunus serotina: *Pew*; von Prunus
verecunda: *Hasegawa, Shirato*, Am. Soc. **79** [1957] 450; von Prunus yedoensis: *Hasegawa,
Shirato*, Am. Soc. **74** [1952] 6114.

B. Beim Erwärmen einer Lösung von (±)-5,7-Dimethoxy-2-[4-methoxy-phenyl]-
chroman-4-on in Benzol mit Aluminiumchlorid (*Narasimhachari et al.*, Pr. Indian Acad. [A]
29 [1949] 404, 408). Aus Salipurposid ((Ξ)-5-β-D-Glucopyranosyloxy-7-hydroxy-2-[4-hydr=
oxy-phenyl]-chroman-4-on [S. 2636]) beim Erhitzen mit wss. Schwefelsäure (*Zemplén
et al.*, B. **76** [1943] 386, 389; *Charaux, Rabaté*, Bl. Soc. Chim. biol. **13** [1931] 588, 593)
sowie beim Erwärmen mit Äthylenglykol und Ameisensäure (*Hänsel, Heise*, Ar. **292** [1959]
398, 410). Beim Erwärmen von Naringin ((S)-5-Hydroxy-2-[4-hydroxy-phenyl]-
7-[O²-α-L-rhamnopyranosyl-β-D-glucopyranosyloxy]-chroman-4-on) mit wss. Schwefel=
säure (*Narasimhachari, Seshadri*, Pr. Indian Acad. [A] **27** [1948] 223, 230; *Hishida*,
J. chem. Soc. Japan Pure Chem. Sect. **79** [1958] 709, 712, 713; C. **1959** 6807).

Krystalle; F: 256—257° [aus wss. A.] (*Zeitler, Sauer*, Z. physiol. Chem. **348** [1967]
1401, 1405), 256,5° (*Ch., Ra.*, l. c. S. 594), 250—251° [aus wss. Me.] (*King et al.*, Soc.
1952 4580, 4582; *Spada, Cameroni*, G. **86** [1956] 980, 987). UV-Spektrum (λ; 210 nm bis
350 nm): *Sp., Ca.*, l. c. S. 983. Absorptionsmaxima einer Lösung in Äthanol: 224 nm,
290 nm und 325 nm; einer Natriumhydroxid enthaltenden Lösung in Äthanol: 247 nm
und 327 nm (*Harborne, Geissman*, Am. Soc. **78** [1956] 829, 831). Polarographie: *Geissman,
Friess*, Am. Soc. **71** [1949] 3893, 3895, 3899.

(±)-7-Hydroxy-2-[4-hydroxy-phenyl]-5-methoxy-chroman-4-on $C_{16}H_{14}O_5$, Formel X
(R = CH₃, X = H) + Spiegelbild.

B. Beim Erwärmen von 4,2',4'-Trihydroxy-6'-methoxy-*trans*(?)-chalkon (E III **8** 4112)
oder von 4'-β-D-Glucopyranosyloxy-4,2'-dihydroxy-6'-methoxy-*trans*(?)-chalkon (E III/
IV **17** 3048) mit wss. Salzsäure (*Zemplén et al.*, B. **77/79** [1944/46] 446, 450, 451).

Krystalle (aus A.); F: 263° [Zers.].

5-Hydroxy-2-[4-hydroxy-phenyl]-7-methoxy-chroman-4-on, Sakuranetin $C_{16}H_{14}O_5$.
Über die Konfiguration der Enantiomeren s. *Arakawa, Nakazaki*, A. **636** [1960] 111,
113; *Gaffield*, Tetrahedron **26** [1970] 4093, 4103, 4107.

a) **(R)-5-Hydroxy-2-[4-hydroxy-phenyl]-7-methoxy-chroman-4-on** $C_{16}H_{14}O_5$,
Formel X (R = H, X = CH₃).

B. Beim Erwärmen von (R)-5-β-D-Glucopyranosyloxy-2-[4-hydroxy-phenyl]-7-meth=
oxy-chroman-4-on (S. 2638) mit Schwefelsäure enthaltendem Methanol (*Hishida*, J. chem.
Soc. Japan Pure Chem. Sect. **79** [1958] 709, 711; C. **1959** 6807).

Krystalle (aus wss. Me.); F: 131—134°. $[\alpha]_D^{16}$: +8,9° [Acn.].

b) **(S)-5-Hydroxy-2-[4-hydroxy-phenyl]-7-methoxy-chroman-4-on** $C_{16}H_{14}O_5$,
Formel XI (R = CH₃, X = H).

B. Beim Behandeln von (S)-5-β-D-Glucopyranosyloxy-2-[4-hydroxy-phenyl]-7-meth=
oxy-chroman-4-on (S. 2638) mit Schwefelsäure enthaltendem Methanol (*Hishida*, J.
chem. Soc. Japan Pure Chem. Sect. **79** [1958] 709, 711, 713; C. **1959** 6807).

Krystalle (aus wss. Me.), F: 128—130°; Krystalle mit 2 Mol H_2O, F: 97—98°. $[\alpha]_D^{16}$:
—9,9° [Acn.; c = 7] [wasserfreies Präparat]; $[\alpha]_D^{11}$: —10,4° [Acn.; c = 6] [Dihydrat].

XI   XII

c) **(±)-5-Hydroxy-2-[4-hydroxy-phenyl]-7-methoxy-chroman-4-on** $C_{16}H_{14}O_5$,
Formel XI (R = CH₃, X = H) + Spiegelbild (E II 164).

Isolierung aus dem Holz von Prunus maximowiczii und von Prunus nipponica:
Hasegawa, Am. Soc. **79** [1957] 1738; aus der Rinde von Prunus puddum: *Chakravarti,
Ghosh*, J. Indian chem. Soc. **21** [1944] 171, 173; *Chakravarti et al.*, J. Indian chem. Soc.
25 [1948] 329, 330.

B. Beim Erwärmen von 2′-Hydroxy-4,4′,6′-trimethoxy-*trans*(?)-chalkon (H **8** 503) mit
Bromwasserstoff in Essigsäure (*Narasimhachari, Seshadri*, Pr. Indian Acad. [A] **29**
[1949] 265, 268). Beim Erhitzen von 4,2′,6′-Trihydroxy-4′-methoxy-*trans*(?)-chalkon
(F: 183—184°) auf 220° (*Mentzer et al.*, Bl. Soc. Chim. biol. **36** [1954] 1137, 1142). Beim Er=
wärmen von (±)-5,7-Dihydroxy-2-[4-hydroxy-phenyl]-chroman-4-on mit Dimethylsulfat,
Aceton und Natriumhydrogencarbonat (*Narasimhachari, Seshadri*, Pr. Indian Acad. [A]
32 [1950] 256, 262; *Guider et al.*, Soc. **1955** 170, 173). Beim Erhitzen von Sakuranin
((Ξ)-5-β-D-Glucopyranosyloxy-2-[4-hydroxy-phenyl]-7-methoxy-chroman-4-on [S. 2638])
mit wss. Salzsäure (*Zemplén et al.*, B. **75** [1942] 1432, 1435).

Krystalle; F: 154° [aus wss. Me.] (*Hasegawa, Shirato*, Am. Soc. **77** [1955] 3557), 153°
(*Me. et al.*), 152—154° [aus wss. A.] (*Na., Se.*). Absorptionsspektren (250—400 nm) von
Lösungen in Methanol und in Berylliumacetat enthaltendem Methanol: *Brune*, Ar. **288**
[1955] 205, 206, 215. Absorptionsmaxima (A.): 290 nm und 325 nm (*Me. et al.*).

5,7-Dihydroxy-2-[4-methoxy-phenyl]-chroman-4-on, Isosakuranetin, Citrifoliol
$C_{16}H_{14}O_5$.

a) **(S)-5,7-Dihydroxy-2-[4-methoxy-phenyl]-chroman-4-on** $C_{16}H_{14}O_5$, Formel XI
(R = H, X = CH₃).

Über die Konfiguration s. *Arakawa, Masui*, Bl. chem. Soc. Japan **42** [1969] 1452;
Gaffield, Tetrahedron **26** [1970] 4093, 4103.

Isolierung aus dem Holz von Prunus verecunda: *Hasegawa, Shirato*, Am. Soc. **79**
[1957] 450.

B. Beim Behandeln von (S)-5-Hydroxy-7-[(1R)-menthyloxyacetoxy]-2-[4-methoxy-
phenyl]-chroman-4-on mit Natriummethylat in Methanol (*Hishida*, J. chem. Soc. Japan
Pure Chem. Sect. **76** [1955] 204, 206; C. A. **1957** 17901). Beim Erwärmen von sog.
Citrifoliosid (aus Früchten von Poncirus (Citrus) trifoliata isoliert) mit wss. Schwefel=
säure (*Sannié, Sosa*, Fruits **4** [1949] 4, 7). Aus Isosakuranin ((S)-7-β-D-Glucopyranosyl=
oxy-5-hydroxy-2-[4-methoxy-phenyl]-chroman-4-on [S. 2638]) mit Hilfe von Emulsin
(*Hasegawa, Shirato*, Am. Soc. **77** [1955] 3557).

Krystalle (aus A.), F: 190° [im vorgeheizten Block]; $[\alpha]_D^{20}$: —19,7° [A.; c = 2] (*Sa.,
Sosa*). F: 188,5—190°; $[\alpha]_D^{7,5}$: —6,8° [Acn.; c = 1] (*Hi.*). Krystalle (aus wss. Me.), F:
177°; $[\alpha]_D^{16}$: —27,8° [Py. + Acn. (1:6); c = 2] (*Ha., Sh.*). UV-Spektrum (A.; 230 nm bis
350 nm; λ_{max}: 283 nm): *Sa., Sosa*, l. c. S. 6.

b) **(±)-5,7-Dihydroxy-2-[4-methoxy-phenyl]-chroman-4-on** $C_{16}H_{14}O_5$, Formel XI
(R = H, X = CH₃) + Spiegelbild (E II 164).

B. Neben 5-Hydroxy-7-methoxy-2-[4-methoxy-phenyl]-chroman-4-on beim Behandeln von (±)-5,7-Dihydroxy-2-[4-hydroxy-phenyl]-chroman-4-on mit Dimethylsulfat und wss.-methanol. Kalilauge (*Geissman, Clinton*, Am. Soc. **68** [1946] 697, 700). Beim Erhitzen von 5,7-Dihydroxy-2-[4-methoxy-phenyl]-chromen-4-on mit Palladium und Tetralin auf 210° (*Massicot et al.*, C. r. **238** [1954] 111). Beim Erwärmen von Isosakuranin ((S)-7-β-D-Glucopyranosyloxy-5-hydroxy-2-[4-methoxy-phenyl]-chroman-4-on) [S. 2638]) mit wss. Salzsäure (*Hasegawa, Shirato*, Am. Soc. **77** [1955] 3557).

Krystalle (aus Me.); F: 193−194° (*Spada, Cameroni*, G. **86** [1956] 980, 988), 193° (*Ha., Sh.*). Absorptionsmaximum: 291 nm (*Ma. et al.*).

2,4-Dinitro-phenylhydrazon $C_{22}H_{18}N_4O_8$. Rote Krystalle; F: 242° (*Ma. et al.*).

(±)-7-Hydroxy-5-methoxy-2-[4-methoxy-phenyl]-chroman-4-on $C_{17}H_{16}O_5$, Formel XII (R = CH₃, X = H).

B. Beim Erwärmen von 2′,4′-Dihydroxy-4,6′-dimethoxy-*trans*(?)-chalkon (E II **8** 547) mit Phosphorsäure (*Matsuura*, J. pharm. Soc. Japan **77** [1957] 296; C. A. **1957** 11337).

Krystalle (aus wss. Eg.); F: 205°.

(±)-5-Hydroxy-7-methoxy-2-[4-methoxy-phenyl]-chroman-4-on $C_{17}H_{16}O_5$, Formel XII (R = H, X = CH₃) (E II 165).

B. Beim Behandeln von (±)-5,7-Dihydroxy-2-[4-hydroxy-phenyl]-chroman-4-on mit Dimethylsulfat und methanol. Kalilauge (*Geissman, Clinton*, Am. Soc. **68** [1946] 697, 700) oder mit Dimethylsulfat, Aceton und Kaliumcarbonat (*Hasegawa, Shirato*, Am. Soc. **74** [1952] 6114). Beim Behandeln von (±)-5-Hydroxy-2-[4-hydroxy-phenyl]-7-methoxy-chroman-4-on oder von (±)-5,7-Dihydroxy-2-[4-methoxy-phenyl]-chroman-4-on) mit Dimethylsulfat, Aceton und Kaliumcarbonat (*Hasegawa, Shirato*, Am. Soc. **77** [1955] 3557). Beim Behandeln von (±)-5,7-Dimethoxy-2-[4-methoxy-phenyl]-chroman-4-on mit Aluminiumchlorid und Äther (*Aiyar et al.*, Pr. Indian Acad. [A] **46** [1957] 238, 241).

Krystalle; F: 122° (*Ha., Sh.*, Am. Soc. **77** 3557), 120−122° (*Ai. et al.*), 119−120° [aus A.] (*Spada, Cameroni*, G. **86** [1956] 980, 988). UV-Spektrum (A.; 220−360 nm): *Tappi et al.*, G. **85** [1955] 703, 705. Polarographie: *Geissman, Friess*, Am. Soc. **71** [1949] 3893, 3895.

(±)-5,7-Dimethoxy-2-[4-methoxy-phenyl]-chroman-4-on $C_{18}H_{18}O_5$, Formel XII (R = X = CH₃) (H 176).

B. Beim Erhitzen von 2′-Hydroxy-4,4′,6′-trimethoxy-*trans*(?)-chalkon (H **8** 503) mit Phosphorsäure und Behandeln des Reaktionsprodukts mit wss. Kaliumcarbonat-Lösung (*Nakazawa, Matsuura*, J. pharm. Soc. Japan **75** [1955] 469; C. A. **1955** 10276). Beim Erwärmen von (±)-5,7-Dihydroxy-2-[4-hydroxy-phenyl]-chroman-4-on mit Dimethyl=sulfat, Aceton und Kaliumcarbonat (*Haley, Bassin*, J. Am. pharm. Assoc. **40** [1951] 111).

Krystalle (aus wss. A.); F: 123° (*Na., Ma.*). UV-Spektrum (A.; 220−350 nm; λ_{max}: 228 nm und 283 nm): *Skarżyński*, Bio. Z. **301** [1939] 150, 165, 169. Polarographie: *Geissman, Friess*, Am. Soc. **71** [1949] 3893, 3895.

(±)-5-Äthoxy-7-methoxy-2-[4-methoxy-phenyl]-chroman-4-on $C_{19}H_{20}O_5$, Formel XII (R = C₂H₅, X = CH₃).

B. Beim Erwärmen von (±)-5-Hydroxy-7-methoxy-2-[4-methoxy-phenyl]-chroman-4-on mit Diäthylsulfat, Aceton und Kaliumcarbonat (*Mahesh et al.*, J. scient. ind. Res. India **15** B [1956] 287, 290). Beim Erwärmen von (±)-7-Acetoxy-2-[4-acetoxy-phenyl]-5-äthoxy-chroman-4-on mit wss.-äthanol. Salzsäure, Behandeln des Reaktionsprodukts mit Dimethylsulfat und Kaliumcarbonat und Erwärmen des danach isolierten Reaktionsprodukts mit Schwefelsäure enthaltendem Äthanol (*Ma. et al.*).

Krystalle (aus A.); F: 116−118°.

(±)-7-Acetoxy-5-hydroxy-2-[4-methoxy-phenyl]-chroman-4-on $C_{18}H_{16}O_6$, Formel XII (R = H, X = CO-CH₃).

B. Beim Behandeln von (±)-5,7-Dihydroxy-2-[4-methoxy-phenyl]-chroman-4-on mit Acetanhydrid und wenig Pyridin (*Simokoriyama*, Bl. chem. Soc. Japan **16** [1941] 284, 288).

Krystalle (aus A.) mit 2 Mol H_2O; F: 173−175°.

(±)-2-[4-Acetoxy-phenyl]-5-hydroxy-7-methoxy-chroman-4-on $C_{18}H_{16}O_6$, Formel XIII (R = H, X = CH₃).

B. Beim Behandeln von (±)-5-Hydroxy-2-[4-hydroxy-phenyl]-7-methoxy-chroman-4-on mit Acetanhydrid und wenig Pyridin (*Shimokoriyama*, J. chem. Soc. Japan Pure Chem. Sect. **71** [1950] 27; C. A. **1951** 7117).

Krystalle (aus Me. oder A.); F: 138—144°.

(±)-5-Acetoxy-7-methoxy-2-[4-methoxy-phenyl]-chroman-4-on $C_{19}H_{18}O_6$, Formel XII (R = CO-CH₃, X = CH₃) auf S. 2632.

B. Beim Behandeln von (±)-5-Hydroxy-7-methoxy-2-[4-methoxy-phenyl]-chroman-4-on mit Acetanhydrid und wenig Schwefelsäure (*Spada, Cameroni*, G. **86** [1956] 980, 986).

Krystalle; F: 161° (*Hasegawa, Shirato*, Am. Soc. **74** [1952] 6114), 160—161° [aus Me.] (*Sp., Ca.*).

7-Acetoxy-2-[4-acetoxy-phenyl]-5-hydroxy-chroman-4-on $C_{19}H_{16}O_7$.

a) **(S)-7-Acetoxy-2-[4-acetoxy-phenyl]-5-hydroxy-chroman-4-on** $C_{19}H_{16}O_7$, Formel XI (R = X = CO-CH₃) auf S. 2632.

B. Beim Behandeln von (S)-5,7-Dihydroxy-2-[4-hydroxy-phenyl]-chroman-4-on mit Acetanhydrid und Pyridin (*Hänsel, Heise*, Ar. **292** [1959] 398, 408).

Krystalle; F: 142—143° [Kofler-App.]. $[\alpha]_D^{20}$: —9,7° [A.; c = 1].

b) **(±)-7-Acetoxy-2-[4-acetoxy-phenyl]-5-hydroxy-chroman-4-on** $C_{19}H_{16}O_7$, Formel XIII (R = H, X = CO-CH₃).

B. Beim Behandeln von (±)-5,7-Dihydroxy-2-[4-hydroxy-phenyl]-chroman-4-on mit Acetanhydrid und wenig Pyridin (*Shimokoriyama*, J. chem. Soc. Japan Pure Chem. Sect. **70** [1949] 234; C. A. **1951** 4719; *Mahesh et al.*, J. scient. ind. Res. India **15** B [1956] 287, 290; *Hänsel, Heise*, Ar. **292** [1959] 398, 407) oder mit Acetylchlorid und Pyridin (*Ma. et al.*). Aus (±)-5,7-Diacetoxy-2-[4-acetoxy-phenyl]-chroman-4-on mit Hilfe von wss. Schwefelsäure (*Ma. et al.*).

Krystalle (aus A.); F: 144° [Kofler-App.] (*Hä., He.*), 140—143° (*Sh.*), 140—142° (*Ma. et al.*).

Beim Behandeln einer Suspension in wss. Schwefelsäure mit wss. Wasserstoffperoxid und Eisen(II)-sulfat sind 7-Acetoxy-2-[4-acetoxy-phenyl]-3,5-dihydroxy-chroman-4-on (F: 136—137°) und 7,7′-Diacetoxy-2,2′-bis-[4-acetoxy-phenyl]-5,5′-dihydroxy-[3,3′]bi⸗ chromanyl-4,4′-dion (F: 192—194°) erhalten worden (*Mahesh, Seshadri*, Soc. **1955** 2503).

(±)-5,7-Diacetoxy-2-[4-methoxy-phenyl]-chroman-4-on $C_{20}H_{18}O_7$, Formel XII (R = X = CO-CH₃) auf S. 2632.

B. Beim Erwärmen von (±)-5,7-Dihydroxy-2-[4-methoxy-phenyl]-chroman-4-on mit Acetanhydrid und Pyridin (*Simokoriyama*, Bl. chem. Soc. Japan **16** [1941] 284, 288; *Zemplén et al.*, B. **75** [1942] 1432, 1437; *Sannié, Sosa*, Fruits **4** [1949] 4, 7; *Hasegawa, Shirato*, Am. Soc. **79** [1957] 450).

Krystalle; F: 121° (*Ha., Sh.*), 119° [Block] (*Sa., Sosa*), 118° [aus A.] (*Ze. et al.*).

XIII   XIV

(±)-5-Acetoxy-2-[4-acetoxy-phenyl]-7-methoxy-chroman-4-on $C_{20}H_{18}O_7$, Formel XIII (R = CO-CH₃, X = CH₃) (E II 165).

B. Beim Behandeln von (±)-5-Hydroxy-2-[4-hydroxy-phenyl]-7-methoxy-chroman-

4-on mit Acetanhydrid und Pyridin (*Zemplén et al.*, B. **75** [1942] 1432, 1435).
Krystalle (aus A.); F: 98—99° (*Ze. et al.*).

Eine ebenfalls als (±)-5-Acetoxy-2-[4-acetoxy-phenyl]-7-methoxy-chroman-4-on beschriebene Verbindung (gelbe Krystalle [aus A.], F: 166—168°) ist neben 4,2′,6′-Triacet=oxy-4′-methoxy-*trans*(?)-chalkon (F: 144—145°) beim Erhitzen von (±)-5-Hydroxy-2-[4-hydroxy-phenyl]-7-methoxy-chroman-4-on mit Acetanhydrid und Natriumacetat erhalten worden (*Chakravarti et al.*, J. Indian chem. Soc. **25** [1948] 329, 331).

(±)-7-Acetoxy-2-[4-acetoxy-phenyl]-5-methoxy-chroman-4-on $C_{20}H_{18}O_7$, Formel XIII (R = CH_3, X = CO-CH_3).

B. Aus (±)-7-Acetoxy-2-[4-acetoxy-phenyl]-5-hydroxy-chroman-4-on mit Hilfe von Dimethylsulfat und Kaliumcarbonat (*Mahesh et al.*, J. scient. ind. Res. India **15** B [1956] 287, 290).
Krystalle (aus A.); F: 138—139° (*Ma. et al.*).

Eine ebenfalls als (±)-7-Acetoxy-2-[4-acetoxy-phenyl]-5-methoxy-chroman-4-on beschriebene Verbindung (F: 176° [aus A.]) ist beim Behandeln von (±)-7-Hydroxy-2-[4-hydroxy-phenyl]-5-methoxy-chroman-4-on mit Acetanhydrid und Pyridin oder mit Acetanhydrid und Natriumacetat erhalten worden (*Zemplén et al.*, B. **77/79** [1944/46] 446, 450, 451).

(±)-7-Acetoxy-2-[4-acetoxy-phenyl]-5-äthoxy-chroman-4-on $C_{21}H_{20}O_7$, Formel XIII (R = C_2H_5, X = CO-CH_3).

B. Beim Erwärmen von (±)-7-Acetoxy-2-[4-acetoxy-phenyl]-5-hydroxy-chroman-4-on mit Diäthylsulfat, Aceton und Kaliumcarbonat (*Mahesh et al.*, J. scient. ind. Res. India **15** B [1956] 287, 290).
Krystalle (aus A.); F: 137—138°.

(±)-5,7-Diacetoxy-2-[4-acetoxy-phenyl]-chroman-4-on $C_{21}H_{18}O_8$, Formel XIII (R = X = CO-CH_3) (E II 165).

B. Beim Behandeln von (±)-5,7-Dihydroxy-2-[4-hydroxy-phenyl]-chroman-4-on mit Acetanhydrid und Pyridin (*Seikel, Geissman*, Am. Soc. **72** [1950] 5725, 5730), mit Acetyl=chlorid und Pyridin (*Bannerjee, Seshadri*, Pr. Indian Acad. [A] **36** [1952] 134, 138) oder mit Acetanhydrid und wenig Perchlorsäure (*King et al.*, Soc. **1952** 4580, 4583).
Krystalle (aus Me.), F: 125,5—126,5° [unkorr.] (*Se., Ge.*), 126° (*Hasegawa, Shirato*, Am. Soc. **74** [1952] 6114); Krystalle (aus E. + PAe.), F: 91—92° (*King et al.*), 90—92° [nach Sintern bei 80—82°] (*Ba., Se.*); über Modifikationen vom F: 115—116°, F: 87° und F: 56° s. *Tappi et al.*, G. **85** [1955] 703, 706, 713. UV-Spektrum (A.; 215—350 nm; λ_{max}: 218 nm, 260 nm und 314 nm): *Se., Ge.*, l. c. S. 5726, 5729. Polarographie: *Geissman, Friess*, Am. Soc. **71** [1949] 3893, 3895.

(S)-7-Benzoyloxy-5-hydroxy-2-[4-methoxy-phenyl]-chroman-4-on $C_{23}H_{18}O_6$, Formel XI (R = CO-C_6H_5, X = CH_3) auf S. 2632.

B. Beim Behandeln von (S)-5,7-Dihydroxy-2-[4-methoxy-phenyl]-chroman-4-on mit Benzoylchlorid und Pyridin (*Sosa, Sannié*, C. r. **223** [1946] 45).
Krystalle; F: 149° [im vorgeheizten Block].

(S)-5-Hydroxy-7-[(1R)-menthyloxyacetoxy]-2-[4-methoxy-phenyl]-chroman-4-on $C_{28}H_{34}O_7$, Formel XIV.

B. Beim Behandeln von (±)-5,7-Dihydroxy-2-[4-methoxy-phenyl]-chroman-4-on mit [(1R)-Menthyloxy]-acetylchlorid, Pyridin und Benzol; Trennung vom Diastereoisomeren durch Krystallisation aus Methanol (*Hishida*, J. chem. Soc. Japan Pure Chem. Sect. **76** [1955] 204, 206; C. A. **1957** 17901).
F: 138—141,5°. $[\alpha]_D^{10}$: −56,6° [Lösungsmittel nicht angegeben].   [*Eigen*]

7-Hydroxy-2-[4-hydroxy-phenyl]-5-[3,4,5-trihydroxy-6-hydroxymethyl-tetrahydro-pyran-2-yloxy]-chroman-4-on $C_{21}H_{22}O_{10}$.

Über die Konfiguration der folgenden Stereoisomeren s. *Gaffield, Waiss*, Chem. Commun. **1968** 29.

a) **(R)-5-β-D-Glucopyranosyloxy-7-hydroxy-2-[4-hydroxy-phenyl]-chroman-4-on**
$C_{21}H_{22}O_{10}$, Formel I (R = H).
Isolierung aus dem unter c) beschriebenen Salipurposid: *Hänsel, Heise*, Ar. **292** [1959] 398, 410.
Krystalle (aus A.); F: 236° [Kofler-App.]. $[\alpha]_D^{20}$: −64,6° [Py.; c = 1]; $[\alpha]_D^{20}$: −100,3° [A.; c = 0,6].

b) **(S)-5β-D-Glucopyranosyloxy-7-hydroxy-2-[4-hydroxy-phenyl]-chroman-4-on, Helichrysin-A** $C_{21}H_{22}O_{10}$, Formel II (R = H).
Isolierung aus Blüten von Helichrysum arenarium sowie aus der Rinde von Salix purpurea: *Hänsel, Heise*, Ar. **292** [1959] 398, 406.
Krystalle (aus wss. A.) mit 2 Mol H_2O; F: 159° [Zers.; Kofler-App.]. $[\alpha]_D^{20}$: −113° [Py.; c = 1]; $[\alpha]_D^{20}$: −119,5° [A.; c = 1] (wasserfreies Präparat). UV-Spektrum (Me.; 200−350 nm): *Hä., He.*, l. c. S. 401.

c) **(Ξ)-5-β-D-Glucopyranosyloxy-7-hydroxy-2-[4-hydroxy-phenyl]-chroman-4-on** $C_{21}H_{22}O_{10}$, Formel I (R = H) und Formel II (R = H).
Diese Konstitution und Konfiguration kommt dem nachstehend beschriebenen **Sali≠ purposid (Helichrysin-B)** zu.
Isolierung aus Blüten von Acacia floribunda: *Paris*, C. r. **231** [1950] 72, **238** [1954] 2112; aus Blüten von Helichrysum arenarium: *Hänsel, Heise*, Ar. **292** [1959] 398, 409; *Vrkoč et al.*, Collect. **24** [1959] 3938, 3951; aus der Rinde von Salix purpurea: *Charaux, Rabaté*, Bl. Soc. Chim. biol. **13** [1931] 588, 591; *Zemplén et al.*, B. **76** [1943] 386, 388; *Hä., He.*, l. c. S. 411.

B. Beim Erwärmen von 2′-β-D-Glucopyranosyloxy-4,4′,6′-trihydroxy-*trans*(?)-chalkon (E III/IV **17** 3046) mit wss. Natriumacetat-Lösung (*Ze. et al.*).
Krystalle (aus Me.), F: 235−237° [Kofler-App.]; $[\alpha]_D^{20}$: −72,2° [Py.] (*Vr. et al.*); Krystalle (aus wss. A.), F: 227° [Zers.; Kofler-App.]; $[\alpha]_D^{20}$: −84,2° [Py.]; $[\alpha]_D^{20}$: −110,2° [A.] (*Hä., He.*). Krystalle (aus A.) mit 1,5 Mol H_2O, F: 227° [bei schnellem Erhitzen]; $[\alpha]_D^{20}$: −109,7° [A.] (*Ch., Ra.*). Krystalle (aus W.) mit 1,5 Mol H_2O, F: 227°; $[\alpha]_D^{18}$: −86,6° [Py.]; $[\alpha]_D^{18}$: −112,2° [A.] (*Ze. et al.*). UV-Spektrum (Me.; 200−350 nm): *Hä., He.* Absorptionsmaxima: 226 nm und 282 nm (*Vr. et al.*).
Beim Behandeln mit Acetanhydrid und Pyridin ist ein Hexa-O-acetyl-Derivat ($C_{33}H_{34}O_{16}$; 7-Acetoxy-2-[4-acetoxy-phenyl]-5-[tetra-O-acetyl-β-D-gluco≠ pyranosyloxy]-chroman-4-on; Krystalle [aus A.], F: 185°; $[\alpha]_D^{20}$: −51,4° [Py.]) er≠ halten worden, das sich durch Behandlung mit Brom in Chloroform unter Bestrahlung mit UV-Licht in 7-Acetoxy-2-[4-acetoxy-phenyl]-3-brom-5-[tetra-O-acetyl-β-D-glucopyranosyloxy]-chroman-4-on ($C_{33}H_{33}BrO_{16}$; Krystalle [aus A.], F: 158−159°; $[\alpha]_D^{20}$: −44,5° [CHCl_3]) hat überführen lassen (*Ze. et al.*; *Zemplén, Mester*, B. **76** [1943] 776).

I   II

(S)-7-β-D-Glucopyranosyloxy-5-hydroxy-2-[4-hydroxy-phenyl]-chroman-4-on, Prunin $C_{21}H_{22}O_{10}$, Formel III (R = X = H).
Über die Konfiguration s. *Gaffield*, Tetrahedron **26** [1970] 4093, 4105.
Isolierung aus Pollen von Acacia dealbata: *Spada, Cameroni*, G. **86** [1956] 980, 987; aus Blüten von Antirrhinum majus: *Jorgensen, Geissman*, Arch. Biochem. **54** [1955] 72, 80; *Seikel*, Am. Soc. **77** [1955] 5685, 5687; aus dem Holz von Prunus aequinoctialis,

von Prunus avium und von Prunus nipponica: *Hasegawa*, Am. Soc. **79** [1957] 1738;
von Prunus mume: *Hasegawa*, J. org. Chem. **24** [1959] 408; von Prunus yedoensis:
Hasegawa, Shirato, Am. Soc. **74** [1952] 6114.

B. Beim Erwärmen von Naringin (s. u.) mit Cyclohexanol und Ameisensäure (*Fox et al.*,
Am. Soc. **75** [1953] 2504), mit wss.-methanol. Salzsäure (*Se.*) oder mit wss. Salzsäure
(*Jorio*, Ann. Chimica **49** [1959] 1929, 1936).

Krystalle (aus wss. Me.); F: 225—226° [unkorr.] (*Fox et al.*), 225° (*Ha., Sh.*), 224°
bis 225° (*Sp., Ca.*). Krystalle (aus wss. A.) mit 1 Mol H_2O; F: 154—158° (*Jo.*). $[\alpha]_D$:
−41,8° [Acn.; c = 1] (*Ha., Sh.*); $[\alpha]_D^{23}$: −61,2° [A.; c = 3] (*Jo.*). Absorptionsspektrum
einer Lösung in Äthanol (220—370 nm): *Sp., Ca.*; *Jo.*; einer Lösung in wss. Natronlauge
(220—540 nm): *Jo.* Absorptionsmaximum: 283 nm (*Ha., Sh.*).

**7-[4,5-Dihydroxy-6-hydroxymethyl-3-(3,4,5-trihydroxy-6-methyl-tetrahydro-pyran-
2-yloxy)-tetrahydro-pyran-2-yloxy]-5-hydroxy-2-[4-hydroxy-phenyl]-chroman-4-on**
$C_{27}H_{32}O_{14}$.

a) **(*S*)-5-Hydroxy-2-[4-hydroxy-phenyl]-7-[O^2-α-L-rhamnopyranosyl-β-D-gluco⸗
pyranosyloxy]-chroman-4-on, (*S*)-5-Hydroxy-2-[4-hydroxy-phenyl]-7-β-neohesperidosyl⸗
oxy-chroman-4-on, Naringin**, Naringosid $C_{27}H_{32}O_{14}$, Formel IV (R = H).
Konstitution: *Horowitz, Gentili*, Tetrahedron **19** [1963] 773, 779. Konfiguration:
Gaffield, Tetrahedron **26** [1970] 4093, 4107.

Identität von A u r a n t i i n (*Hoffmann*, B. **9** [1876] 690, 691) mit Naringin: *Hoffmann*,
Ar. **214** [1879] 139; Identität von I s o h e s p e r i d i n (*Tanret*, C. r. **102** [1886] 518) mit
Naringin: *Rabaté*, Bl. Soc. Chim. biol. **17** [1935] 314, 317.

Isolierung aus Fruchtschalen von Citrus aurantium: *Hattori et al.*, Am. Soc. **74** [1952]
3614; aus Blüten und Fruchtschalen von Citrus decumana: *Hof.*; *Will*, B. **18** [1885]
1311, 1313; *Asahina, Inubuse*, B. **61** [1928] 1514; *Poore*, Ind. eng. Chem. **26** [1934]
637; *Ra.*; aus Fruchtschalen von Citrus grandis: *Hattori et al.*, Acta phytoch. Tokyo
15 [1949] 199; s. a. *Hattori et al.*, Acta phytoch. Tokyo **15** [1949] 193, 194; aus Fruchtschalen und Samen von Citrus paradisi: *Seshadri, Veeraraghaviah*, Pr. Indian Acad. [A]
11 [1940] 505, 508.

Krystalle (aus A. oder Acn. bzw. aus wss. A.), F: 171° [unkorr.] (*Pulley*, Ind. eng.
Chem. Anal. **8** [1936] 360), 171° (*As., In.*); Krystalle (aus W.) mit 6 Mol H_2O, F: 83°
(*Pu.*), 80—83° (*Ha. et al.*, Am. Soc. **74** 3614). $[\alpha]_D^{17}$: −87,6° [A.; c = 7] (*Will*, B. **20**
[1887] 294, 296); $[\alpha]_D^{19}$: −82,1° [A.] (*As., In.*); $[\alpha]_D^{24}$: −82,7° [A.; c = 0,3] (*Ha. et al.*,
Acta phytoch. Tokyo **15** 196); $[\alpha]_D^{17}$: −84,5° [W.; c = 2] (*Will*, B. **20** 296). UV-Spektrum
(A. 220—380 nm): *Douglass et al.*, Pr. Oklahoma Acad. **29** [1948] 67, 69. Löslichkeit in
Wasser im Temperaturbereich von 6° bis 75°: *Pu.*

2,4-Dinitro-phenylhydrazon $C_{33}H_{36}N_4O_{17}$. Rote Krystalle (aus wss. Dioxan);
F: 246—247° (*Douglass et al.*, Am. Soc. **73** [1951] 4023).

III   IV

b) **(*Ξ*)-5-Hydroxy-2-[4-hydroxy-phenyl]-7-[O^2-α-L-rhamnopyranosyl-β-D-gluco⸗
pyranosyloxy]-chroman-4-on, (*Ξ*)-5-Hydroxy-2-[4-hydroxy-phenyl]-7-β-neohesperidosyl⸗
oxy-chroman-4-on** $C_{27}H_{32}O_{14}$, Formel IV (R = H) und Formel V (R = H).
B. Beim Erwärmen von 4,2′,6′-Trihydroxy-4′-[O^2-α-L-rhamnopyranosyl-β-D-gluco⸗
pyranosyloxy]-*trans*(?)-chalkon (E III/IV **17** 3478) mit wss. Äthanol bei pH 6 (*Shimokoriyama*, Am. Soc. **79** [1957] 4199, 4200).
Krystalle (aus wss. A.); F: 80—83°. $[\alpha]_D^{20}$: −72,1° [90%ig. wss. A.].

V   VI

2-[4-Hydroxy-phenyl]-7-methoxy-5-[3,4,5-trihydroxy-6-hydroxymethyl-tetrahydro-pyran-2-yloxy]-chroman-4-on $C_{22}H_{24}O_{10}$.
Über die Konfiguration der folgenden Stereoisomeren s. *Arakawa, Nakazaki,* A. **636** [1960] 111, 113.

a) **(R)-5-β-D-Glucopyranosyloxy-2-[4-hydroxy-phenyl]-7-methoxy-chroman-4-on** $C_{22}H_{24}O_{10}$, Formel I (R = CH$_3$) auf S. 2636.
Gewinnung eines Präparats (F: 198—200°; [α]$_D$: —101,4° [wss. Acn.?]) von ungewisser konfigurativer Einheitlichkeit aus dem unter c) beschriebenen Diastereoisomeren-Gemisch: *Hishida,* J. chem. Soc. Japan Pure Chem. Sect. **79** [1958] 709, 711; C. **1959** 6807.

b) **(S)-5-β-D-Glucopyranosyloxy-2-[4-hydroxy-phenyl]-7-methoxy-chroman-4-on** $C_{22}H_{24}O_{10}$, Formel II (R = CH$_3$) auf S. 2636.
Gewinnung eines Präparats (F: 193—194°; [α]$_D$: —93,8° [wss. Acn.?]) von ungewisser konfigurativer Einheitlichkeit aus dem unter c) beschriebenen Diastereoisomeren-Gemisch: *Hishida,* J. chem. Soc. Japan Pure Chem. Sect. **79** [1958] 709, 711; C. **1959** 6807.

c) **(Ξ)-5-β-D-Glucopyranosyloxy-2-[4-hydroxy-phenyl]-7-methoxy-chroman-4-on** $C_{22}H_{24}O_{10}$, Formel I (R = CH$_3$) und Formel II (R = CH$_3$) auf S. 2636 (vgl. H **31** 250).
Diese Konstitution und Konfiguration kommt dem nachstehend beschriebenen **Sakuranin** (s. a. H **31** 250) zu.
Isolierung aus dem Holz von Prunus donarium: *Hasegawa, Shirato,* Am. Soc. **77** [1955] 3557; aus der Rinde von Prunus lannesiana: *Ohta,* J. pharm. Soc. Japan **73** [1953] 896; C. A. **1954** 10012; aus der Rinde von Prunus puddum: *Chakravarti, Sen,* J. Indian chem. Soc. **27** [1950] 148; *Narasimhachari, Seshadri,* Pr. Indian Acad. [A] **35** [1952] 202, 206; *Puri, Seshadri,* J. scient. ind. Res. India **13**B [1954] 698, 699; aus dem Holz von Prunus speciosa: *Hasegawa, Shirato,* Am. Soc. **76** [1954] 5559; aus der Rinde von Prunus yedoensis: *Asahina et al.,* J. pharm. Soc. Japan **1927** 1007, 1013; dtsch. Ref. S. 133, 136; C. **1928** I 1672.
B. Beim Behandeln von 1-[2-β-D-Glucopyranosyloxy-6-hydroxy-4-methoxy-phenyl]-äthanon mit 4-Hydroxy-benzaldehyd und wss.-äthanol. Kalilauge und Erwärmen des Reaktionsprodukts mit wss. Natriumacetat-Lösung (*Zemplén et al.,* B. **75** [1942] 1432, 1435). Beim Behandeln einer Lösung von Penta-O-acetyl-sakuranin (S. 2639) in Methanol mit Ammoniak (*Shimokoriyama,* J. chem. Soc. Japan Pure Chem. Sect. **71** [1950] 27; C. A. **1951** 7117).
Krystalle (aus A.), F: 213—214° (*Ch., Sen*); Krystalle (aus W.) mit 4 Mol H$_2$O, F: 212° bis 214° [nach Erweichen bei 87° und Wiedererstarren oberhalb 100°] (*Ze. et al.*); Krystalle (aus wss. Me.) mit 4 Mol H$_2$O, F: 212° (*Ha., Sh.,* Am. Soc. **76** 5559). [α]$_D^{28}$: —106,1° [Acn.] [Tetrahydrat] (*Ze. et al.*).
Oxim $C_{22}H_{25}NO_{10}$. Krystalle (aus wss. A.); F: 110° (*As. et al.*).

(S)-7-β-D-Glucopyranosyloxy-5-hydroxy-2-[4-methoxy-phenyl]-chroman-4-on,
Isosakuranin $C_{22}H_{24}O_{10}$, Formel III (R = CH$_3$, X = H).
Über die Konfiguration s. *Gaffield,* Tetrahedron **26** [1970] 4093, 4105.
Isolierung aus dem Holz von Prunus donarium: *Hasegawa, Shirato,* Am. Soc. **77** [1955] 3557; von Prunus verecunda: *Hasegawa, Shirato,* Am. Soc. **79** [1957] 450.
B. Beim Erwärmen von Poncirin (S. 2639) mit wss.-äthanol. Salzsäure (*Shimokoriyama,* Am. Soc. **79** [1957] 4199).
Krystalle mit 1,5 Mol H$_2$O; F: 190° [Zers.; aus Acn.] (*Ha., Shir.,* Am. Soc. **77** 3558),

172—178° [unkorr.; aus wss. A.] (*Shim.*). $[\alpha]_D^{13}$: —41,4° [60%ig. wss. Acn.; c = 0,8] (*Ha., Shir.*, Am. Soc. **77** 3558); $[\alpha]_D^{20}$: —48,4° [A.; c = 0,3] (*Shim.*). UV-Spektrum (A.): 225—360 nm: *Shim.* Absorptionsmaxima einer Lösung in Äthanol: 227 nm, 284 nm und 332 nm; einer Kaliumhydroxid enthaltenden Lösung in Äthanol: 242 nm, 336 nm und 350 nm; einer Aluminiumchlorid enthaltenden Lösung in Äthanol: 224 nm, 307 nm und 380 nm (*Hergert, Goldschmid*, J. org. Chem. **23** [1958] 700, 704).

(*S*)-5-Hydroxy-2-[4-methoxy-phenyl]-7-[*O²*-α-L-rhamnopyranosyl-β-D-glucopyranosyl≈oxy]-chroman-4-on, (*S*)-5-Hydroxy-2-[4-methoxy-phenyl]-7-β-neohesperidosyloxy-chroman-4-on, Poncirin $C_{28}H_{34}O_{14}$, Formel IV (R = CH₃) auf S. 2637.

Über die Konstitution und Konfiguration s. *Horowitz, Gentili*, Tetrahedron **19** [1963] 773, 779; *Arakawa, Masui*, Bl. chem. Soc. Japan **42** [1969] 1452.

Isolierung aus Blüten von Poncirus trifoliata: *Hattori et al.*, Acta phytoch. Tokyo **14** [1944] 1, 3; J. chem. Soc. Japan **65** [1944] 61, 63; C. A. **1947** 3798.

Krystalle (aus A.) mit 3 Mol H₂O; F: 210—212° (*Ha. et al*). $[\alpha]_D^{14}$: —81,7° [wss. Py.] (*Ha. et al.*); $[\alpha]_D^{20}$: —93,8° [wss. A.] (*Shimokoriyama*, Am. Soc. **79** [1957] 4199, 4200). Absorptionsspektrum (A.; 200—400 nm): *Sh.*

(*Ξ*)-2-[4-β-D-Glucopyranosyloxy-phenyl]-5-hydroxy-7-methoxy-chroman-4-on $C_{22}H_{24}O_{10}$, Formel VI.

B. Beim Erhitzen von 4,2′-Bis-β-D-glucopyranosyloxy-6′-hydroxy-4′-methoxy-*trans*(?)-chalkon (E III/IV **17** 3047) mit wss. Salzsäure (*Zemplén et al.*, B. **77/79** [1944/46] 457, 459).

Krystalle (aus W.) mit 3 Mol H₂O; F: 222° [nach Erweichen bei 110°]. $[\alpha]_D^{24}$: —29,7° [Py.] (Trihydrat).

(*S*)-7-β-D-Glucopyranosyloxy-5-methoxy-2-[4-methoxy-phenyl]-chroman-4-on $C_{23}H_{26}O_{10}$, Formel III (R = X = CH₃) auf S. 2637.

B. Beim Erwärmen von Prunin [S. 2636] (*Hasegawa, Shirato*, Am. Soc. **74** [1952] 6114) oder von Isosakuranin (S. 2638) (*Hasegawa, Shirato*, Am. Soc. **77** [1955] 3557) mit Dimethylsulfat, Aceton und Kaliumcarbonat.

Krystalle; F: 231° [aus wss. Me.] (*Ha., Sh.*, Am. Soc. **74** 6115), 228° [aus Me.] (*Ha., Sh.*, Am. Soc. **77** 3558).

(*Ξ*)-2-[4-Acetoxy-phenyl]-7-methoxy-5-[tetra-*O*-acetyl-β-D-glucopyranosyloxy]-chroman-4-on $C_{32}H_{34}O_{15}$, Formel VII (R = CO-CH₃).

Diese Konstitution und Konfiguration kommt dem nachstehend beschriebenen **Penta-*O*-acetyl-sakuranin** zu.

B. Beim Behandeln von (±)-2-[4-Acetoxy-phenyl]-5-hydroxy-7-methoxy-chroman-4-on mit α-D-Acetobromglucopyranose (Tetra-*O*-acetyl-α-D-glucopyranosylbromid), Silberoxid und Chinolin (*Shimokoriyama*, J. chem. Soc. Japan Pure Chem. Sect. **71** [1950] 27; C. A. **1951** 7117).

Krystalle (aus Me.); F: 150—157°.

VII   VIII

(*S*)-5-Acetoxy-2-[4-methoxy-phenyl]-7-[tetra-*O*-acetyl-β-D-glucopyranosyloxy]-chroman-4-on, Penta-*O*-acetyl-isosakuranin $C_{32}H_{34}O_{15}$, Formel VIII (R = CO-CH₃, X = CH₃).

B. Beim Behandeln von Isosakuranin (S. 2638) mit Acetanhydrid und Pyridin (*Hase-*

gawa, Shirato, Am. Soc. **77** [1955] 3557).
Krystalle (aus Me.); F: 147°.

(S)-5-Acetoxy-2-[4-acetoxy-phenyl]-7-[tetra-O-acetyl-β-D-glucopyranosyloxy]-chroman-4-on, Hexa-O-acetyl-prunin $C_{33}H_{34}O_{16}$, Formel VIII (R = X = CO-CH$_3$).
B. Beim Erwärmen von Prunin (S. 2636) mit Acetanhydrid und Natriumacetat (*Seikel, Geissman*, Am. Soc. **72** [1950] 5725, 5730).
Krystalle (aus Me.); F: 195,5—197° [unkorr.]. UV-Spektrum (A.; 215—350 nm): *Se., Ge.*, l. c. S. 5726.

(Ξ)-5,7-Bis-β-D-glucopyranosyloxy-2-[4-methoxy-phenyl]-chroman-4-on $C_{28}H_{34}O_{15}$, Formel IX.
Diese Konstitution und Konfiguration kommt der nachstehend beschriebenen, von *Zemplén et al.* (B. **75** [1942] 1432, 1436) als *p*-Isosakuranin bezeichneten Verbindung zu (*Pacheco, Grouiller*, Bl. **1965** 2937).
B. Beim Erwärmen von 2',4'-Bis-β-D-glucopyranosyloxy-6'-hydroxy-4-methoxy-*trans*(?)-chalkon (E III/IV **17** 3048) mit wss. Natriumacetat-Lösung (*Ze. et al.; Pa., Gr.*, l. c. S. 2940).
Krystalle (aus wss. A.) mit 1 Mol H$_2$O, F: 265°; $[α]_D^{25}$: —73,5° [Py.] (*Pa., Gr.*); Krystalle (aus wss. A.) mit 1 Mol H$_2$O, F: 214° [nach Erweichen bei 211°]; $[α]_D^{24}$: —73,4° [Py.] (*Ze. et al.*).

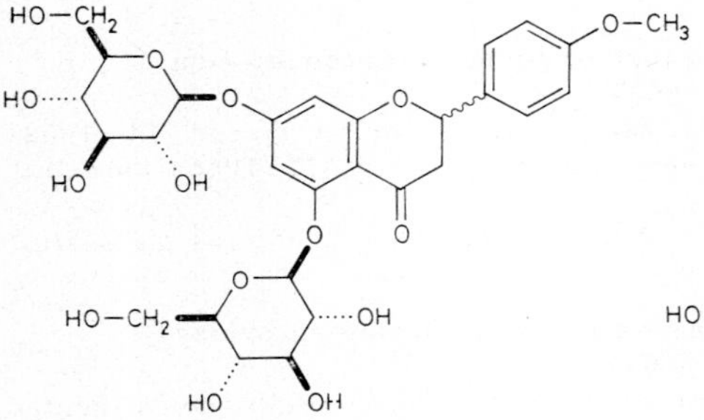

IX 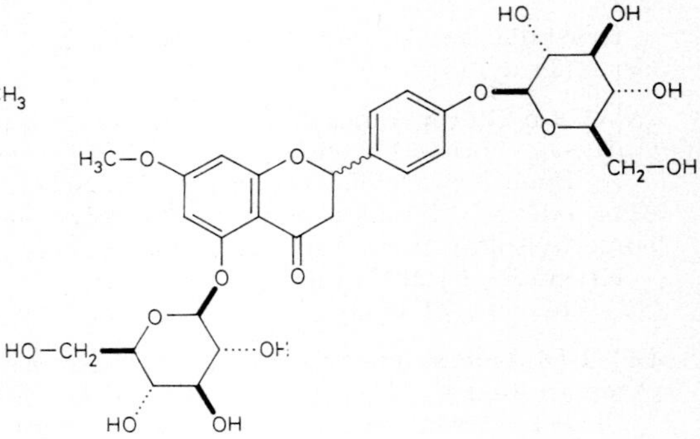   X

(Ξ)-5-β-D-Glucopyranosyloxy-2-[4-β-D-glucopyranosyloxy-phenyl]-7-methoxy-chroman-4-on $C_{28}H_{34}O_{15}$, Formel X.
B. Beim Erwärmen von 4,2'-Bis-β-D-glucopyranosyloxy-6'-hydroxy-4'-methoxy-*trans*(?)-chalkon (E III/IV **17** 3047) mit wss. Natriumacetat-Lösung (*Zemplén et al.*, B. **77/79** [1944/46] 457, 460).
Krystalle mit 4 Mol H$_2$O; F: 220° [nach Erweichen bei 155°]. $[α]_D^{22}$: —62,5° [Py.] (Tetrahydrat).

***Opt.-inakt. 5-Hydroxy-3-jod-7-methoxy-2-[4-methoxy-phenyl]-chroman-4-on** $C_{17}H_{15}IO_5$, Formel XI.
B. Neben 5-Hydroxy-8-jod-7-methoxy-2-[4-methoxy-phenyl]-chroman-4-on beim Erwärmen von (±)-5-Hydroxy-7-methoxy-2-[4-methoxy-phenyl]-chroman-4-on mit Jod und Silberacetat in Äthanol (*Jain et al.*, Pr. Indian Acad. [A] **62** [1965] 293, 301; s. a. *Goel et al.*, Pr. Indian Acad. [A] **39** [1954] 254, 261, **47** [1958] 184, 187).
Krystalle (aus E. + PAe);. F: 148—149° (*Jain et al.*).

(±)-6,7-Dimethoxy-2-[4-methoxy-phenyl]-chroman-4-on $C_{18}H_{18}O_5$, Formel XII.
B. Beim Erwärmen von 2'-Hydroxy-4,4',5'-trimethoxy-*trans*(?)-chalkon (E III **8** 4111) mit wss.-äthanol. Salzsäure (*Bargellini, Marini-Bettòlo*, G. **70** [1940] 170, 174).
Krystalle (aus A.); F: 154°.   [*Sauer*]

XI   XII

(±)-7,8-Dihydroxy-2-[2-hydroxy-phenyl]-chroman-4-on $C_{15}H_{12}O_5$, Formel I (R=X=H).
Eine von *Narasimhachari et al.* (Pr. Indian Acad. [A] **36** [1952] 231, 242) unter dieser Konstitution beschriebene Verbindung (F: 165—166°) ist als 1-[2,3,4-Trihydroxy-phenyl]-äthanon zu formulieren (vgl. *Simpson, Whalley*, Soc. **1955** 166, 167).
B. Beim Erhitzen einer Lösung von 2,2′,3′,4′-Tetrahydroxy-*trans*(?)-chalkon (F: 234°) in Äthanol mit wss. Salzsäure (*Geissman, Clinton*, Am. Soc. **68** [1946] 697, 698).
Krystalle (aus Diisopropyläther); F: 215—216° [korr.; Zers.] (*Ge., Cl.*).

(±)-2-[2-Hydroxy-phenyl]-7,8-dimethoxy-chroman-4-on $C_{17}H_{16}O_5$, Formel I (R = CH_3, X = H).
Eine von *Narasimhachari et al.* (Pr. Indian Acad. [A] **36** [1952] 231, 241) unter dieser Konstitution beschriebene Verbindung (F: 79—80°) ist als 1-[2-Hydroxy-3,4-dimethoxy-phenyl]-äthanon zu formulieren (*Simpson, Whalley*, Soc. **1955** 166, 167).
B. Beim Behandeln von 1-[2-Hydroxy-3,4-dimethoxy-phenyl]-äthanon mit Salicyl⹁aldehyd und äthanol. Kalilauge (*Venturella, Bellino*, Ann. Chimica **49** [1959] 2023, 2046).
Krystalle (aus A.); F: 177—178° (*Ve., Be.*).

(±)-7,8-Dimethoxy-2-[2-methoxymethoxy-phenyl]-chroman-4-on $C_{19}H_{20}O_6$, Formel I (R = CH_3, X = CH_2-O-CH_3).
B. Beim Behandeln von 1-[2-Hydroxy-3,4-dimethoxy-phenyl]-äthanon mit 2-Meth⹁oxymethoxy-benzaldehyd und äthanol. Kalilauge (*Venturella, Bellino*, Ann. Chimica **49** [1959] 2023, 2046).
Krystalle (aus A.); F: 98—99°.

I   II   III

(±)-7,8-Diacetoxy-2-[2-acetoxy-phenyl]-chroman-4-on $C_{21}H_{18}O_8$, Formel I (R = X = CO-CH_3).
B. Beim Behandeln von (±)-7,8-Dihydroxy-2-[2-hydroxy-phenyl]-chroman-4-on mit Acetanhydrid und Pyridin (*Geissman, Clinton*, Am. Soc. **68** [1946] 697, 699).
F: 119—119,5°.

(±)-7,8-Dihydroxy-2-[4-hydroxy-phenyl]-chroman-4-on $C_{15}H_{12}O_5$, Formel II (R = H).
B. Beim Erwärmen einer äthanol. Lösung von 4,2′,3′,4′-Tetrahydroxy-*trans*(?)-chalkon (F: 225—225,5°) mit wss. Salzsäure (*Geissman, Clinton*, Am. Soc. **68** [1946] 697, 699).
Krystalle (aus Diisopropyläther); F: 193,5—194° [korr.] (*Ge., Cl.*). Absorptions⹁maximum (A.): 294 nm (*Harborne, Geissman*, Am. Soc. **78** [1956] 829, 831).

(±)-7,8-Diacetoxy-2-[4-acetoxy-phenyl]-chroman-4-on $C_{21}H_{18}O_8$, Formel II (R = CO-CH_3).
B. Beim Behandeln von (±)-7,8-Dihydroxy-2-[4-hydroxy-phenyl]-chroman-4-on mit Acetanhydrid und Pyridin (*Geissman, Clinton*, Am. Soc. **68** [1946] 697, 699).
F: 165—166° [korr.].

---

*Opt.-inakt. 2-[3,4-Dimethoxy-phenyl]-3-hydroxy-chroman-4-on $C_{17}H_{16}O_5$, Formel III.

B. Beim Behandeln von 2-Chlor-1-[2-hydroxy-phenyl]-äthanon mit Veratrumaldehyd und wss.-äthanol. Natronlauge (*Gowan et al.,* Soc. **1955** 862, 866). Beim Erwärmen von (±)-2-[3,4-Dimethoxy-phenyl]-chroman-4-on mit Blei(IV)-acetat in Essigsäure und Behandeln des Reaktionsprodukts mit wss.-äthanol. Salzsäure (*Oyamada,* J. chem. Soc. Japan **64** [1943] 335; C. A. **1947** 3798). .

Krystalle; F: 157—158° (*Go. et al.*), 155—157° (*Oy.*).

(±)-2-[3,4-Dimethoxy-phenyl]-5-methoxy-chroman-4-on $C_{18}H_{18}O_5$, Formel IV.

B. Beim Erwärmen einer Lösung von 2′-Hydroxy-3,4,6′-trimethoxy-*trans*(?)-chalkon (F: 132°) in Äthanol mit wss. Salzsäure (*Oliverio, Schiavello,* G. **80** [1950] 788, 795) oder mit wss. Schwefelsäure (*Seshadri, Venkateswarlu,* Pr. Indian Acad. [A] **26** [1949] 189, 195).

Krystalle; F: 188—189° [aus E.] (*Chandorkar et al.,* J. scient. ind. Res. India **21**B [1962] 24, 26), 186° [Zers.; aus Bzl., CS_2 oder E.] (*Ol., Sch.*), 145—147° [aus E.] (*Se., Ve.*).

(±)-2-[2,3-Dimethoxy-phenyl]-6-methoxy-chroman-4-on $C_{18}H_{18}O_5$, Formel V (R = CH_3).

B. Neben 2′-Hydroxy-2,3,5′-trimethoxy-*trans*(?)-chalkon (F: 101—102°) beim Behandeln einer Lösung von 1-[2-Hydroxy-5-methoxy-phenyl]-äthanon in Äthanol mit 2,3-Dimethoxy-benzaldehyd und wss. Natronlauge (*Arcoleo et al.,* Ann. Chimica **47** [1957] 75, 81). Beim Erwärmen von 2′-Hydroxy-2,3,5′-trimethoxy-*trans*(?)-chalkon (F: 101° bis 102°) mit wss.-äthanol. Salzsäure (*Ar. et al.*).

Krystalle (aus wss. A.); F: 98°.

IV V VI

(±)-6-Methoxy-2-[3-methoxy-2-methoxymethoxy-phenyl]-chroman-4-on $C_{19}H_{20}O_6$, Formel V (R = CH_2-O-CH_3).

B. In kleiner Menge beim Behandeln von 1-[2-Hydroxy-5-methoxy-phenyl]-äthanon mit 3-Methoxy-2-methoxymethoxy-benzaldehyd und äthanol. Kalilauge (*Venturella, Bellino,* Ann. Chimica **49** [1959] 2023, 2043).

Gelbliche Krystalle (aus A.); F: 154—155°. Absorptionsspektrum (A.; 220—400 nm): *Ve., Be.,* l. c. S. 2041.

(±)-2-[3,4-Dihydroxy-phenyl]-6-hydroxy-chroman-4-on $C_{15}H_{12}O_5$, Formel VI (R = X = H).

B. Neben 3,4,2′,5′-Tetrahydroxy-*trans*(?)-chalkon (F: 225—227°) beim Erwärmen einer Lösung von 3,4,2′,5′-Tetrakis-benzoyloxy-*trans*(?)-chalkon (F: 182—184°) in Äthanol mit wss. Kalilauge (*Russell, Clark,* Am. Soc. **61** [1939] 2651, 2657).

Gelbliche Krystalle (aus wss. A.); F: 218—220° [Zers.].

(±)-6-Hydroxy-2-[4-hydroxy-3-methoxy-phenyl]-chroman-4-on $C_{16}H_{14}O_5$, Formel VI (R = CH_3, X = H).

B. Beim Erwärmen einer Lösung von 4,2′,5′-Trihydroxy-3-methoxy-*trans*(?)-chalkon (F: 176°) in Äthanol mit wss. Salzsäure (*Vyas, Shah,* J. Indian chem. Soc. **26** [1949] 273, 276).

Gelbliche Krystalle (aus A.); F: 226°.

(±)-2-[3-Hydroxy-4-methoxy-phenyl]-6-methoxy-chroman-4-on $C_{17}H_{16}O_5$, Formel VI (R = H, X = CH_3).

B. Beim Erwärmen einer Lösung von 3,2′-Dihydroxy-4,5′-dimethoxy-*trans*(?)-chalkon

(F: 151–152°) in Äthanol mit wss. Salzsäure (*Venturella*, Ann. Chimica **48** [1958] 706, 710).
Krystalle (aus A.); F: 157–158°.

(±)-2-[3,4-Dimethoxy-phenyl]-6-hydroxy-chroman-4-on $C_{17}H_{16}O_5$, Formel VII (R = H, X = CH_3).
B. Beim Erwärmen einer Lösung von 2',5'-Dihydroxy-3,4-dimethoxy-*trans*(?)-chalkon (F: 163–163,5°) in Äthanol mit wss. Salzsäure (*Sasaki et al.*, J. chem. Soc. Japan Pure Chem. Sect. **78** [1957] 653; C. A. **1959** 5259).
Krystalle (aus A.); F: 194–195°.

(±)-6-Methoxy-2-[4-methoxy-3-methoxymethoxy-phenyl]-chroman-4-on $C_{19}H_{20}O_6$, Formel VII (R = CH_3, X = CH_2-O-CH_3).
B. In kleiner Menge beim Behandeln einer Lösung von 4-Methoxy-3-methoxymethoxy-benzaldehyd und 1-[2-Hydroxy-5-methoxy-phenyl]-äthanon in Äthanol mit wss. Kalilauge (*Venturella*, Ann. Chimica **48** [1958] 706, 710).
Hellgelbe Krystalle (aus A.); F: 124–125°.

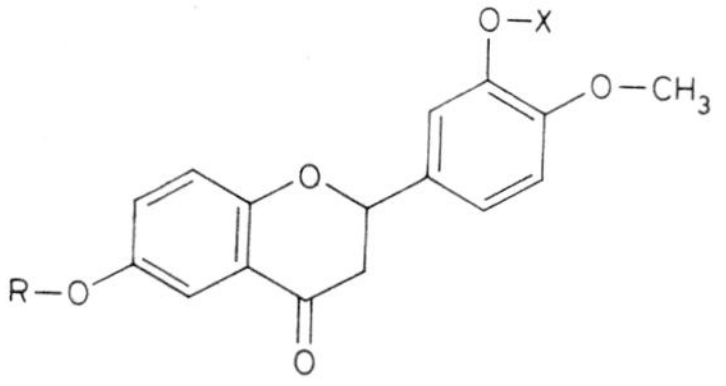

VII

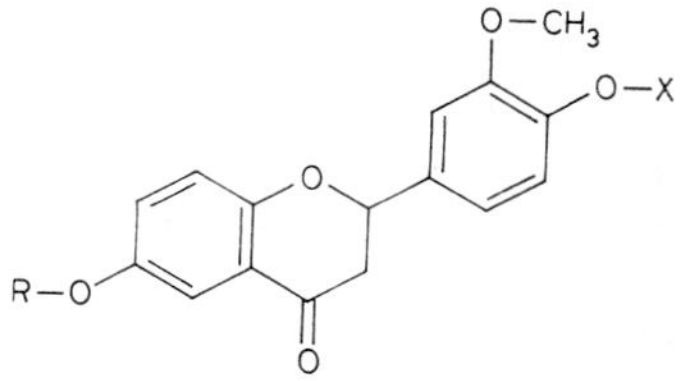

VIII

(±)-6-Methoxy-2-[3-methoxy-4-methoxymethoxy-phenyl]-chroman-4-on $C_{19}H_{20}O_6$, Formel VIII (R = CH_3, X = CH_2-O-CH_3).
B. Neben grösseren Mengen 2'-Hydroxy-3,5'-dimethoxy-4-methoxymethoxy-*trans*(?)-chalkon (F: 138–139°) beim Behandeln einer Lösung von 3-Methoxy-4-methoxymethoxy-benzaldehyd und 1-[2-Hydroxy-5-methoxy-phenyl]-äthanon in Äthanol mit wss. Natronlauge (*Arcoleo et al.*, Ann. Chimica **47** [1957] 658, 665).
Krystalle (aus A.); F: 137°.

(±)-6-Acetoxy-2-[3,4-dimethoxy-phenyl]-chroman-4-on $C_{19}H_{18}O_6$, Formel VIII (R = CO-CH_3, X = CH_3).
B. Aus (±)-2-[3,4-Dimethoxy-phenyl]-6-hydroxy-chroman-4-on (*Sasaki et al.*, J. chem. Soc. Japan Pure Chem. Sect. **78** [1957] 653; C. A. **1959** 5259).
Krystalle (aus A.); F: 129–129,5°.

(±)-2-[3-Acetoxy-4-methoxy-phenyl]-6-methoxy-chroman-4-on $C_{19}H_{18}O_6$, Formel VII (R = CH_3, X = CO-CH_3).
B. Aus (±)-2-[3-Hydroxy-4-methoxy-phenyl]-6-methoxy-chroman-4-on (*Venturella*, Ann. Chimica **48** [1958] 706, 710).
Krystalle (aus A.); F: 124°.

(±)-2-[2,3-Dimethoxy-phenyl]-7-hydroxy-chroman-4-on $C_{17}H_{16}O_5$, Formel IX (R = H).
B. Beim Erhitzen von 2',4'-Dihydroxy-2,3-dimethoxy-*trans*(?)-chalkon (F: 188–189°) mit wss.-äthanol. Salzsäure (*Dhar, Lal*, J. org. Chem. **23** [1958] 1159).
Krystalle (aus Bzl.); F: 170° [unkorr.].

(±)-2-[2,3-Dimethoxy-phenyl]-7-methoxy-chroman-4-on $C_{18}H_{18}O_5$, Formel IX (R = CH_3).
B. Beim Erwärmen von 2'-Hydroxy-2,3,4'-trimethoxy-*trans*(?)-chalkon (F: 130–131°) mit wss.-äthanol. Salzsäure (*Arcoleo et al.*, Ann. Chimica **47** [1957] 75, 80).
Krystalle (aus A.); F: 94–95°.

(±)-2-[3,4-Dihydroxy-phenyl]-7-hydroxy-chroman-4-on, (±)-Butin $C_{15}H_{12}O_5$, Formel X (R = X = H) (H 178; E I 395).

F: 232—234° [korr.] (*Geissman, Clinton*, Am. Soc. **68** [1946] 697, 698). Absorptions-maxima einer Lösung in Äthanol: 233 nm, 278 nm und 312 nm; einer Natriumäthylat enthaltenden Lösung in Äthanol 254 nm und 337 nm (*Harborne, Geissman*, Am. Soc. **78** [1956] 829, 831).

(±)-7-Hydroxy-2-[4-hydroxy-3-methoxy-phenyl]-chroman-4-on $C_{16}H_{14}O_5$, Formel X (R = CH₃, X = H).

B. Beim Erwärmen von 4,2′,4′-Trihydroxy-3-methoxy-*trans*(?)-chalkon (F: 210°) mit wss.-äthanol. Salzsäure (*Geissman, Clinton*, Am. Soc. **68** [1946] 697, 699) oder mit wss.-äthanol. Schwefelsäure (*Dhar, Lal*, J. org. Chem. **23** [1958] 1159).

Krystalle; F: 206—207° [korr.; Zers.] (*Ge., Cl.*), 191° [unkorr.; aus A.] (*Dhar, Lal*).

(±)-7-Hydroxy-2-[3-hydroxy-4-methoxy-phenyl]-chroman-4-on $C_{16}H_{14}O_5$, Formel X (R = H, X = CH₃).

B. Beim Behandeln von 3,2′,4′-Trihydroxy-4-methoxy-*trans*(?)-chalkon (F: 206—208°) mit wss.-äthanol. Schwefelsäure (*Rao, Seshadri*, Pr. Indian Acad. [A] **14** [1941] 29, 34).

Hellgelbe Krystalle (aus wss. A.); F: 203—205°.

IX   X   XI

(±)-2-[3,4-Dimethoxy-phenyl]-7-hydroxy-chroman-4-on $C_{17}H_{16}O_5$, Formel XI (R = H, X = CH₃).

B. Beim Behandeln von 1-[2,4-Dihydroxy-phenyl]-äthanon mit Veratrumaldehyd und äthanol. Alkalilauge (*Nordström, Swain*, Arch. Biochem. **60** [1956] 329, 333).

Gelbliche Krystalle (aus wss. A.); F: 141—142° [korr.].

(±)-2-[3,4-Dimethoxy-phenyl]-7-methoxy-chroman-4-on $C_{18}H_{18}O_5$, Formel XI (R = X = CH₃) (H 178; dort als 7.3′.4′-Trimethoxy-flavanon bezeichnet).

Absorptionsspektrum (A.; 300—400 nm bzw. 220—350 nm): *Oyamada*, A. **538** [1939] 44, 52; *Skarżyński*, Bio. Z. **301** [1939] 150, 165, 169.

(±)-2-[4-Äthoxy-3-methoxy-phenyl]-7-hydroxy-chroman-4-on $C_{18}H_{18}O_5$, Formel XI (R = H, X = C₂H₅).

B. Beim Behandeln einer Lösung von 4-Äthoxy-2′,4′-dihydroxy-3-methoxy-*trans*(?)-chalkon (F: 198—200°) in Äthanol mit wss. Salzsäure (*Pew*, Am. Soc. **73** [1951] 1678, 1683).

F: 195—196° [korr.; Zers.].

(±)-7-Hydroxy-2-[4-isopropoxy-3-methoxy-phenyl]-chroman-4-on $C_{19}H_{20}O_5$, Formel XI (R = H, X = CH(CH₃)₂).

B. Beim Behandeln einer Lösung von 2′,4′-Dihydroxy-4-isopropoxy-3-methoxy-*trans*(?)-chalkon (F: 176—177°) in Äthanol mit wss. Salzsäure (*Pew*, Am. Soc. **73** [1951] 1678, 1683).

F: 129—131° [korr.].

(±)-7-Acetoxy-2-[4-acetoxy-3-methoxy-phenyl]-chroman-4-on $C_{20}H_{18}O_7$, Formel XI (R = X = CO-CH₃).

B. Beim Behandeln von (±)-7-Hydroxy-2-[4-hydroxy-3-methoxy-phenyl]-chroman-4-on mit Acetanhydrid und Pyridin (*Geissman, Clinton*, Am. Soc. **68** [1946] 697, 699).

Krystalle; F: 123—123,5° [korr.].

(*Ξ*)-2-[3,4-Dihydroxy-phenyl]-7-*β*-D-glucopyranosyloxy-chroman-4-on $C_{21}H_{22}O_{10}$, Formel XII (R = H).

Diese Konstitution (und Konfiguration) kommt dem nachstehend beschriebenen **Flavanocoreopsin** zu.

B. Beim Erwärmen von Coreopsin (4′-*β*-D-Glucopyranosyloxy-3,4,2′-trihydroxy-*trans*(?)-chalkon [E III/IV **17** 3045]) mit wss. Natriumacetat-Lösung (*Shimokoriyama*, Am. Soc. **79** [1957] 4199, 4201; *Farkas, Pallos*, B. **92** [1959] 1263).

Krystalle (aus A.) mit 1 Mol H_2O; F: 167—168° (*Fa., Pa.*), 166—168° [unkorr.] (*Sh.*). $[α]_D^{21}$: −21,7° [A.] [Monohydrat] (*Fa., Pa.*).

(*Ξ*)-7-*β*-D-Glucopyranosyloxy-2-[3-hydroxy-4-methoxy-phenyl]-chroman-4-on $C_{22}H_{24}O_{10}$, Formel XII (R = CH_3).

B. Beim Behandeln einer Lösung von 4′-*β*-D-Glucopyranosyloxy-3,2′-dihydroxy-4-methoxy-*trans*(?)-chalkon (F: 212—214°) in Methanol mit wss. Natronlauge (*Reichel, Steudel*, A. **553** [1942] 83, 97).

Krystalle (aus wss. A.) mit 1 Mol H_2O; F: 208—211°. $[α]_D^{20}$: −84,3° [Acn.] (Monohydrat).

(*Ξ*)-7-*β*-D-Glucopyranosyloxy-2-[3-*β*-D-glucopyranosyloxy-4-hydroxy-phenyl]-chroman-4-on $C_{27}H_{32}O_{15}$, Formel XIII (R = X = H).

Diese Konstitution (und Konfiguration) kommt dem nachstehend beschriebenen **Butrin** zu.

Isolierung aus Blüten von Butea frondosa: *Lal, Dutt*, J. Indian chem. Soc. **12** [1935] 262, 264; *Murti, Seshadri*, Pr. Indian Acad. [A] **13** [1941] 395, 396; *Puri, Seshadri*, Soc. **1955** 1589, 1590.

Krystalle (aus A.) mit 2 Mol H_2O, F: 194—195° [Zers.] (*Mu., Se.; Puri, Se.*), 193,5° (*Lal, Dutt*); Krystalle (aus W.) mit 5 Mol H_2O (*Lal*, Soc. **1937** 1562). $[α]_D^{30}$: −81,7° [Py.; c = 2] [wasserfreies Präparat]; $[α]_D^{31,5}$: −73,3° [W.; c = 0,4] [Dihydrat] (*Lal*, l.c. S. 1563).

Überführung in ein Tetrakis-[4-nitro-benzoyl]-Derivat ($C_{55}H_{44}N_4O_{27}$; Krystalle [aus Py.] mit 1 Mol H_2O, F: 154°; $[α]_D^{30}$: −44,3° [Py.] [wasserfreies Präparat]) durch Behandlung mit 4-Nitro-benzoylchlorid und Pyridin sowie in ein Äthoxycarbonyl-Derivat (F: 83—84°) durch Behandlung mit Chlorokohlensäure-äthylester und Pyridin: *Lal*.

Oxim $C_{27}H_{33}NO_{15}$. Krystalle (aus A.) mit 2 Mol H_2O; F: 180° [nach Sintern bei 165°] (*Lal*, l. c. S. 1563).

XII   XIII

(*Ξ*)-7-*β*-D-Glucopyranosyloxy-2-[3-*β*-D-glucopyranosyloxy-4-methoxy-phenyl]-chroman-4-on $C_{28}H_{34}O_{15}$, Formel XIII (R = CH_3, X = H).

Diese Konstitution (und Konfiguration) kommt der nachstehend beschriebenen, von *Lal* (Soc. **1937** 1562) als Di-*O*-methyl-butrin ($C_{29}H_{36}O_{15}$) angesehenen Verbindung zu (*Lal*, Pr. nation. Acad. India **15**A [1946] 1).

B. Beim Behandeln von Butrin (s. o.) mit Methanol, Methyljodid und Kaliumcarbonat (*Lal*, Soc. **1937** 1564) oder mit wss. Methanol und mit Diazomethan in Äther (*Rao, Seshadri*, Pr. Indian Acad. [A] **14** [1941] 29, 31). Beim Erwärmen von 3,4′-Bis-*β*-D-gluco≈pyranosyloxy-2′-hydroxy-4-methoxy-*trans*(?)-chalkon (F: 191—199°) mit wss. Natron≈

lauge (*Reichel, Marchand*, B. **76** [1943] 1132, 1133).

Krystalle, F: 230—232° [aus Eg.] (*Rao, Se.*), 230—231° (*Lal*, Pr. nation. Acad. India **15**A 1); Krystalle (aus wss. Me.) mit 2,5 Mol H_2O, F: 222—225° (*Re., Ma.*); Krystalle (aus W.) mit 7 Mol H_2O, F: 224° (*Lal*). $[\alpha]_D^{20}$: —131,0° [Chinolin] [Präparat mit 2,5 Mol H_2O] (*Re., Ma.*).

($\varXi$)-7-β-D-Glucopyranosyloxy-2-[4-β-D-glucopyranosyloxy-3-methoxy-phenyl]-chroman-4-on $C_{28}H_{34}O_{15}$, Formel XIV.

B. Bei mehrwöchigem Behandeln von 1-[4-β-D-Glucopyranosyloxy-2-hydroxy-phenyl]-äthanon mit 4-β-D-Glucopyranosyloxy-3-methoxy-benzaldehyd in wss. Lösung vom pH 7,8—8,1 (*Reichel, Schickler*, B. **76** [1943] 1134).

Krystalle (aus wss. A.) mit 4 Mol H_2O; F: 202—206°. $[\alpha]_D^{20}$: —49,9° [Py.; c = 0,3].

($\varXi$)-2-[4-Äthoxy-3-β-D-glucopyranosyloxy-phenyl]-7-β-D-glucopyranosyloxy-chroman-4-on $C_{29}H_{36}O_{15}$, Formel XIII (R = C_2H_5, X = H).

Diese Konstitution (und Konfiguration) kommt der nachstehend beschriebenen, von *Lal* (Soc. **1937** 1562) als Di-O-äthyl-butrin ($C_{31}H_{40}O_{15}$) angesehenen Verbindung zu (*Lal*, Pr. nation. Acad. India **15**A [1946] 1).

B. Neben 4-Äthoxy-3,4'-bis-β-D-glucopyranosyloxy-2'-hydroxy-*trans*(?)-chalkon (F: 183°) beim Erwärmen von Butrin (S. 2645) mit Äthyljodid, Äthanol und Natrium=carbonat (*Lal*, Soc. **1937** 1564).

Krystalle (aus W.) mit 7 Mol H_2O; F: 238° (*Lal*, Soc. **1937** 1564).

($\varXi$)-2-[4-Benzoyloxy-3-(tetra-O-benzoyl-β-D-glucopyranosyloxy)-phenyl]-7-[tetra-O-benzoyl-β-D-glucopyranosyloxy]-chroman-4-on $C_{90}H_{68}O_{24}$, Formel XIII (R = X = CO-C_6H_5).

B. Beim Behandeln von Butrin (S. 2645) mit Benzoylchlorid und Pyridin (*Lal*, Soc. **1937** 1562).

Krystalle (aus A.) mit 1 Mol H_2O; F: 141°. $[\alpha]_D^{30}$: +77,3° [Py.; c = 3] (wasserfreies Präparat).

XIV   XV

($\pm$)-2-[3,4-Dihydroxy-phenyl]-7-hydroxy-chroman-4-on-[2,4-dinitro-phenylhydrazon] $C_{21}H_{16}N_4O_8$, Formel XV (R = H).

B. Aus ($\pm$)-2-[3,4-Dihydroxy-phenyl]-7-hydroxy-chroman-4-on und [2,4-Dinitro-phenyl]-hydrazin (*Douglass et al.*, Am. Soc. **73** [1951] 4023).

Rote Krystalle (aus wss. Dioxan); F: 247—249°.

($\pm$)-7-Hydroxy-2-[4-hydroxy-3-methoxy-phenyl]-chroman-4-on-[2,4-dinitro-phenyl=hydrazon] $C_{22}H_{18}N_4O_8$, Formel XV (R = CH_3).

B. Aus ($\pm$)-7-Hydroxy-2-[4-hydroxy-3-methoxy-phenyl]-chroman-4-on und [2,4-Di=nitro-phenyl]-hydrazin (*Douglass et al.*, Am. Soc. **73** [1951] 4023).

Rote Krystalle (aus wss. Dioxan); F: 255° [Zers.].

*Opt.-inakt. 3-Chlor-2-[3,4-dimethoxy-phenyl]-7-methoxy-chroman-4-on $C_{18}H_{17}ClO_5$, Formel I.

B. Beim Behandeln einer Lösung von 2-Chlor-1-[2-hydroxy-4-methoxy-phenyl]-

äthanon und Veratrumaldehyd in Äthylacetat mit Chlorwasserstoff (*Bhalla, Rây*, Soc. **1933** 288).

Krystalle (aus Eg.); F: 153°.

I   II

(±)-2-[3,4-Dimethoxy-phenyl]-8-methoxy-chroman-4-on $C_{18}H_{18}O_5$, Formel II.

B. Beim Erwärmen einer Lösung von 2′-Hydroxy-3,4,3′-trimethoxy-chalkon (F: 127°) in Äthanol mit wss. Salzsäure (*Richtzenhain, Alfredsson*, B. **89** [1956] 378, 382).

Krystalle (aus A.); F: 142—143° [unkorr.] (*Smith, Paulson*, Am. Soc. **76** [1954] 4486), 140° (*Ri., Al.*).

(±)-7-Acetoxy-3-[3,4-dimethoxy-phenyl]-chroman-2-on, (±)-3-[4-Acetoxy-2-hydroxy-phenyl]-2-[3,4-dimethoxy-phenyl]-propionsäure-lacton $C_{19}H_{18}O_6$, Formel III.

B. Bei der Hydrierung von 7-Acetoxy-3-[3,4-dimethoxy-phenyl]-cumarin an Palladium/Kohle in Äthylacetat (*Walker*, Am. Soc. **80** [1958] 645, 649).

Krystalle (aus E.); F: 148—149° [korr.].

(±)-5,7-Dihydroxy-3-[4-hydroxy-phenyl]-chroman-4-on $C_{15}H_{12}O_5$, Formel IV (R = H).

In einem von *Narasimhachari, Seshadri* (Pr. Indian Acad. [A] **35** [1952] 202, 207) unter dieser Konstitution beschriebenen, als Norpadmakastein bezeichneten Präparat (F: 270—272°) hat wahrscheinlich 5,7-Dihydroxy-3-[4-hydroxy-phenyl]-chromen-4-on vorgelegen (*Farkas et al.*, Tetrahedron **25** [1969] 1013, 1016).

B. Beim Erhitzen von (±)-5,7-Dimethoxy-3-[4-methoxy-phenyl]-chroman-4-on mit wss. Jodwasserstoffsäure und Phenol (*Inoue*, J. chem. Soc. Japan Pure Chem. Sect. **79** [1958] 1537, 1539; C. A. **1960** 5635).

Wasserhaltige Krystalle (aus wss. A.), F: 215—217,5°; die wasserfreie Verbindung schmilzt bei 217—218° (*In.*).

III   IV

(±)-5,7-Dimethoxy-3-[4-methoxy-phenyl]-chroman-4-on $\dot{C}_{18}H_{18}O_5$, Formel IV(R = CH$_3$).

B. Bei der Hydrierung von 5,7-Dimethoxy-3-[4-methoxy-phenyl]-chromen-4-on an Platin in Essigsäure (*Bradbury, White*, Soc. **1953** 871, 875) oder an Palladium/Kohle in Methanol (*Gilbert et al.*, Soc. **1957** 3740, 3745; s. a. *Ramanujam, Seshadri*, Pr. Indian Acad. [A] **48** [1958] 175, 177).

Krystalle; F: 156—157° [aus Bzl.] (*Br., Wh.*), 154—155° [aus wss. Me.] (*Gi. et al.*), 152—154° [aus A.] (*Ra., Se.*). UV-Spektrum (A.; 230—350 nm): *Br., Wh.*, l. c. S. 873.

(±)-5,7-Diacetoxy-3-[4-acetoxy-phenyl]-chroman-4-on $C_{21}H_{18}O_8$, Formel IV (R = CO-CH$_3$).

B. Beim Erwärmen von (±)-5,7-Dihydroxy-3-[4-hydroxy-phenyl]-chroman-4-on mit Acetanhydrid und Pyridin (*Inoue*, J. chem. Soc. Japan Pure Chem. Sect. **79** [1958] 1537, 1539; C. A. **1960** 5635).

Krystalle (aus A.); F: 200—202°.

(±)-5,7-Dimethoxy-3-[4-methoxy-phenyl]-chroman-4-on-[2,4-dinitro-phenylhydrazon] $C_{24}H_{22}N_4O_8$, Formel V.

B. Aus (±)-5,7-Dimethoxy-3-[4-methoxy-phenyl]-chroman-4-on und [2,4-Dinitrophenyl]-hydrazin (*Bradbury, White*, Soc. **1953** 871, 876).

Rote Krystalle (aus Eg.); F: 227°.

         V   VI

3-[2,4-Dimethoxy-phenyl]-7-methoxy-chroman-4-on $C_{18}H_{18}O_5$, Formel VI.

a) **Opt.-akt. 3-[2,4-Dimethoxy-phenyl]-7-methoxy-chroman-4-on* $C_{18}H_{18}O_5$.

B. Beim Behandeln von (−)-3-[2,4-Dimethoxy-phenyl]-7-methoxy-chroman (aus (−)-Dihydrohomopterocarpin hergestellt) mit Chrom(VI)-oxid und wss. Essigsäure (*Späth, Schläger*, B. **73** [1940] 1, 12) oder mit Kaliumpermanganat in wss. Aceton (*McGookin et al.*, Soc. **1940** 787, 792).

Krystalle (aus PAe.), F: 127° (*McG. et al.*); Krystalle (aus Ae.), F: 111−112° (*Sp., Sch.*).

Überführung des Präparats vom F: 127° in ein Oxim ($C_{18}H_{19}NO_5$; Krystalle [aus wss. A.], F: 185,5°) und in ein 2,4-Dinitro-phenylhydrazon ($C_{24}H_{22}N_4O_8$; Krystalle [aus A.], F: 184°): *McG. et al.*

b) *(±)-3-[2,4-Dimethoxy-phenyl]-7-methoxy-chroman-4-on* $C_{18}H_{18}O_5$.

B. Bei der Hydrierung von 3-[2,4-Dimethoxy-phenyl]-7-methoxy-chromen-4-on an Platin in Essigsäure (*Suginome*, J. org. Chem. **24** [1959] 1655, 1662).

Krystalle (aus wss. Acn.); F: 128−130° [korr.]. UV-Spektrum (A.; 220−330 nm; λ_{max}: 229 nm, 272 nm und 306 nm): *Su.*, l. c. S. 1660.

2-Methoxy-5-[(R)-7-methoxy-chroman-3-yl]-[1,4]benzochinon, Dihydrohomopterocarpon $C_{17}H_{16}O_5$, Formel VII.

B. Beim Behandeln von (−)-Dihydrohomopterocarpin (5-Methoxy-2-[(R)-7-methoxy-chroman-3-yl]-phenol [E III/IV **17** 2375]) mit Chrom(VI)-oxid und Essigsäure (*Leonhardt, Oechler*, Ar. **273** [1935] 447, 450; *McGookin et al.*, Soc. **1940** 787, 792).

Gelbe Krystalle; F: 178,5° [aus E. oder Acn.] (*Le., Oe.*), 177,5−178,5° [aus Acn.] (*McG. et al.*).

Oxim $C_{17}H_{17}NO_5$. Gelbe Krystalle (aus A.), F: 229° [Zers.] (*McG. et al.*).

4-Nitro-phenylhydrazon $C_{23}H_{21}N_3O_6$. Krystalle (aus Me.); Zers. bei 148° (*Le., Oe.*).

2,4-Dinitro-phenylhydrazon $C_{23}H_{20}N_4O_8$. Gelbe Krystalle; Zers. bei 258° (*Le., Oe.*).

[2,4-Dinitro-phenylhydrazon]-oxim $C_{23}H_{21}N_5O_8$. Kupferfarbene Krystalle [aus wss. Py.]; Zers. bei 199° (*Le., Oe.*).

(±)-4-[3,4-Dimethoxy-phenyl]-7-methoxy-chroman-2-on, (±)-3-[3,4-Dimethoxy-phenyl]-3-[2-hydroxy-4-methoxy-phenyl]-propionsäure-lacton $C_{18}H_{18}O_5$, Formel VIII.

B. Beim Erwärmen von 4-[3,4-Dimethoxy-phenyl]-7-methoxy-cumarin mit Natrium=äthylat in Äthanol, anschliessenden Behandeln mit Wasser und Natrium-Amalgam und Erhitzen des Reaktionsprodukts unter vermindertem Druck auf 120° (*Appel et al.*, Soc. **1937** 738, 742).

Krystalle (aus E.); F: 82−83°.

(*R*)-8-Hydroxy-3-[3-hydroxy-4-methoxy-phenyl]-isochroman-1-on, (*R*)-3,3′,α′-Trihydr˭
oxy-4′-methoxy-bibenzyl-2-carbonsäure-α′-lacton, **Phyllodulcin** $C_{16}H_{14}O_5$, Formel IX
(R = X = H) (E II 166).

Konfigurationszuordnung: *Arakawa*, Bl. chem. Soc. Japan **33** [1960] 200.

Krystalle (aus A.); F: 119—121°. $[\alpha]_D^{13}$: +70,7° [Acn.; c = 1].

VII　　　　　　　　　　　VIII　　　　　　　　　　IX

(±)-3-[3-Hydroxy-4-methoxy-phenyl]-8-methoxy-isochroman-1-on, (±)-3′,α′-Dihydr˭
oxy-3,4′-dimethoxy-bibenzyl-2-carbonsäure-α′-lacton $C_{17}H_{16}O_5$, Formel IX (R = CH₃,
X = H) + Spiegelbild.

B. Beim Erwärmen von (±)-3-[3-Acetoxy-4-methoxy-phenyl]-8-methoxy-isochroman-
1-on mit äthanol. Kalilauge (*Ueno, Awakura*, J. pharm. Soc. Japan **54** [1934] 195, 198).

Krystalle (aus A.); F: 162°.

(±)-3-[3,4-Dimethoxy-phenyl]-8-methoxy-isochroman-1-on, (±)-α′-Hydroxy-3,3′,4′-tri˭
methoxy-bibenzyl-2-carbonsäure-lacton $C_{18}H_{18}O_5$, Formel IX (R = X = CH₃) + Spiegelbild (E II 167; dort auch als Phyllodulcin-dimethyläther bezeichnet).

B. Beim Behandeln von 3,3′,4′-Trimethoxy-stilben-2-carbonsäure (F: 172°) mit konz.
Schwefelsäure (*Asahina, Asano*, B. **64** [1931] 1252, 1255).

Krystalle (aus A.); F: 126° (*Ueno, Awakura*, J. pharm. Soc. Japan **54** [1934] 195, 197).

(±)-3-[3-Acetoxy-4-methoxy-phenyl]-8-hydroxy-isochroman-1-on, (±)-3′-Acetoxy-
3,α′-dihydroxy-4′-methoxy-bibenzyl-2-carbonsäure-α′-lacton $C_{18}H_{16}O_6$, Formel IX
(R = H, X = CO-CH₃) + Spiegelbild.

B. Beim Erwärmen von (±)-8-Hydroxy-3-[3-hydroxy-4-methoxy-phenyl]-isochroman-
1-on mit Acetanhydrid (*Ueno, Awakura*, J. pharm. Soc. Japan **54** [1934] 195, 197).

Krystalle (aus A.); F: 167—168°.

(±)-3-[3-Acetoxy-4-methoxy-phenyl]-8-methoxy-isochroman-1-on, (±)-3′-Acetoxy-
α′-hydroxy-3,4′-dimethoxy-bibenzyl-2-carbonsäure-lacton $C_{19}H_{18}O_6$, Formel IX
(R = CH₃, X = CO-CH₃) + Spiegelbild.

B. Beim Erwärmen von (±)-3-[3-Acetoxy-4-methoxy-phenyl]-8-hydroxy-isochroman-
1-on mit Aceton, Methyljodid und wss. Kaliumcarbonat-Lösung (*Ueno, Awakura*, J.
pharm. Soc. Japan **54** [1934] 195, 197). Beim Erhitzen von (±)-3-[3-Hydroxy-4-methoxy-
phenyl]-8-methoxy-isochroman-1-on mit Acetanhydrid und Natriumacetat auf 150°
(*Ueno, Aw.*, l. c. S. 198).

Krystalle (aus A.); F: 155°.

(±)-8-Acetoxy-3-[3-acetoxy-4-methoxy-phenyl]-isochroman-1-on, (±)-3,3′-Diacetoxy-
α′-hydroxy-4′-methoxy-bibenzyl-2-carbonsäure-lacton $C_{20}H_{18}O_7$, Formel IX
(R = X = CO-CH₃) + Spiegelbild.

B. Beim Erhitzen von (±)-8-Hydroxy-3-[3-hydroxy-4-methoxy-phenyl]-isochroman-
1-on mit Acetanhydrid und Natriumacetat (*Ueno*, J. pharm. Soc. Japan **51** [1931] 207,
217; C. A. **1931** 3979).

Krystalle (aus A.); F: 148—149°.

(±)-8-Benzoyloxy-3-[3-benzoyloxy-4-methoxy-phenyl]-isochroman-1-on, (±)-3,3′-Bis-
benzoyloxy-α′-hydroxy-4′-methoxy-bibenzyl-2-carbonsäure-lacton $C_{30}H_{22}O_7$, Formel IX
(R = X = CO-C₆H₅) + Spiegelbild.

B. Beim Behandeln von (±)-8-Hydroxy-3-[3-hydroxy-4-methoxy-phenyl]-isochroman-

1-on mit Benzoylchlorid und Pyridin (*Ueno*, J. pharm. Soc. Japan **51** [1931] 207, 217; C. A. **1931** 3979).
Krystalle; F: 183—183,5°.

(±)-2-Benzyl-2,4,6-trimethoxy-benzofuran-3-on $C_{18}H_{18}O_5$, Formel X (R = CH$_3$).
Konstitution: *Gripenberg*, Acta chem. scand. **7** [1953] 1323, 1324.

B. Aus 2'-Hydroxy-4',6',α-trimethoxy-chalkon (E III **8** 4125) beim Erhitzen unter vermindertem Druck bis auf 200° (*Molho et al.*, Bl. **1959** 454) sowie beim Erwärmen mit wss. Natronlauge (*Enebäck, Gripenberg*, Acta chem. scand. **11** [1957] 866, 874). Neben 3,5,7-Trimethoxy-2-phenyl-chromen-4-on beim Erwärmen einer Lösung von Alpinon (S. 2621) in Methanol mit wss. Alkalilauge und Dimethylsulfat (*Kimura, Hoshi*, Pr. Acad. Tokyo **12** [1936] 285, 286; J. pharm. Soc. Japan **57** [1937] 147, 158; C. A. **1939** 531). Beim Erwärmen einer Lösung von (±)-Apoalpinon ((±)-2-Benzyl-2,4-dihydroxy-6-methoxy-benzofuran-3-on [E III **8** 4124]) in Methanol mit Dimethylsulfat und Natriummethylat in Methanol (*Ki., Ho.*, J. pharm. Soc. Japan **57** 157). Beim Erwärmen von (±)-2-Benzyl-2-hydroxy-4,6-dimethoxy-benzofuran-3-on (E III **8** 4124) mit Di≈ methylsulfat und Natriummethylat in Methanol (*Ki., Ho.*, J. pharm. Soc. Japan **57** 157) oder mit Dimethylsulfat, Kaliumcarbonat und Aceton (*En., Gr.*).
Krystalle; F: 108—109° [aus A. bzw. Me.] (*Ki., Ho.*, J. pharm. Soc. Japan **57** 158; *En., Gr.*), 107—108° [aus PAe. + A.] (*Mo. et al.*). UV-Spektrum (A.; 210—360 nm): *En., Gr.*, l. c. S. 869.

X   XI

(±)-2,4-Bis-benzoyloxy-2-benzyl-6-methoxy-benzofuran-3-on, (±)-Di-*O*-benzoyl-apoalpinon $C_{30}H_{22}O_7$, Formel X (R = CO-C$_6$H$_5$).
B. Beim Behandeln von (±)-Apoalpinon ((±)-2-Benzyl-2,4-dihydroxy-6-methoxy-benzo≈ furan-3-on [E III **8** 4124]) mit Benzoylchlorid und Pyridin (*Kimura, Hoshi*, J. pharm. Soc. Japan **57** [1937] 147, 157; C. A. **1939** 531).
Krystalle (aus A.); F: 145—146°.

---

*Opt.-inakt. 2-Brom-2-[4,α-dimethoxy-benzyl]-6-methoxy-benzofuran-3-on $C_{18}H_{17}BrO_5$, Formel XI (R = CH$_3$).
B. Beim Erwärmen von opt.-inakt. 2-Brom-2-[α-brom-4-methoxy-benzyl]-6-methoxy-benzofuran-3-on (F: 161°) mit Methanol (*Panse et al.*, J. Univ. Bombay **10**, Tl. 3 A [1941] 83).
Krystalle (aus Me.); F: 131°.

*Opt.-inakt. 2-[α-Äthoxy-4-methoxy-benzyl]-2-brom-6-methoxy-benzofuran-3-on $C_{19}H_{19}BrO_5$, Formel XI (R = C$_2$H$_5$).
B. Beim Erwärmen von opt.-inakt. 2-Brom-2-[α-brom-4-methoxy-benzyl]-6-methoxy-benzofuran-3-on (F: 161°) mit Äthanol (*Panse et al.*, J. Univ. Bombay **10**, Tl. 3 A [1941] 83).
Krystalle (aus A.); F: 139°.

(±)-7-Methoxy-3-veratryl-phthalid $C_{18}H_{18}O_5$, Formel XII.
B. Beim Erwärmen von 7-Methoxy-3-veratryliden-phthalid (F: 184°) mit wss.-äthanol. Kalilauge und mit Natrium-Amalgam (*Asahina, Asano*, B. **64** [1931] 1252, 1254).
Krystalle (aus A.); F: 142°.

(±)-3-[2-Hydroxy-5-methyl-phenyl]-6,7-dimethoxy-4-nitro-phthalid $C_{17}H_{15}NO_7$, Formel XIII (R = NO_2, X = H).

B. Beim Behandeln von 2-Formyl-5,6-dimethoxy-3-nitro-benzoesäure mit *p*-Kresol und Schwefelsäure (*Széki*, Acta Univ. Szeged **2** [1932] 1, 16).

Grüngelbe Krystalle (aus Eg.); Zers. bei 230°.

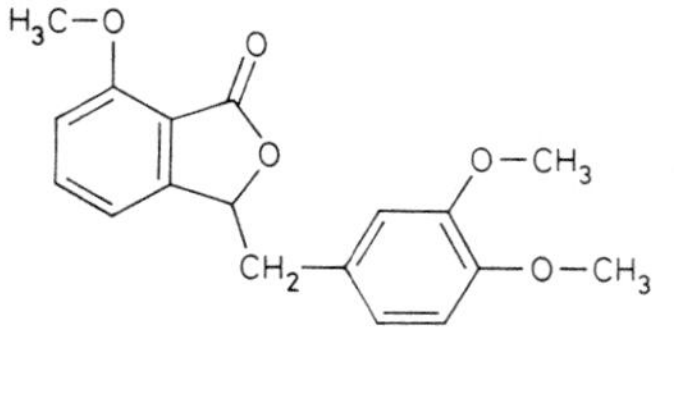

XII 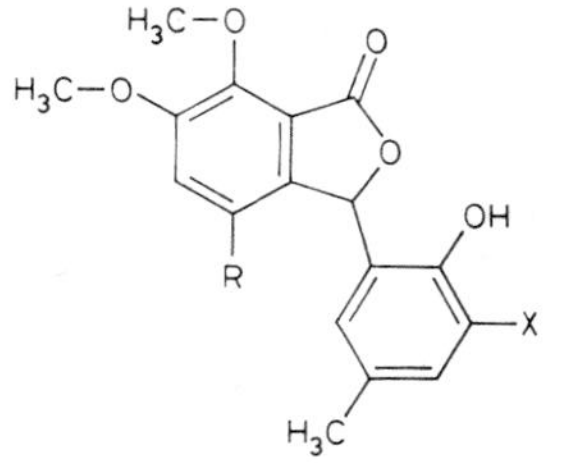   XIII

(±)-3-[2-Hydroxy-5-methyl-3-nitro-phenyl]-6,7-dimethoxy-phthalid $C_{17}H_{15}NO_7$, Formel XIII (R = H, X = NO_2).

B. Beim Behandeln von 6-Formyl-2,3-dimethoxy-benzoesäure mit 4-Methyl-2-nitro-phenol und Schwefelsäure (*Széki*, Acta Univ. Szeged **2** [1932] 1, 15).

Gelbe Krystalle (aus Eg.); F: 201,6°.

(±)-3-[2-Hydroxy-5-methyl-4-nitro-phenyl]-6,7-dimethoxy-4-nitro-phthalid $C_{17}H_{14}N_2O_9$, Formel XIV (R = H, X = NO_2), und **(±)-3-[6-Hydroxy-3-methyl-2-nitro-phenyl]-6,7-dimethoxy-4-nitro-phthalid** $C_{17}H_{14}N_2O_9$, Formel XIV (R = NO_2, X = H).

Zwei Verbindungen (jeweils gelbe Krystalle [aus Eg.]; F: 202,5° bzw. F: 216°), für die diese beiden Konstitutionsformeln in Betracht kommen, sind beim Behandeln von (±)-3-[2-Hydroxy-5-methyl-phenyl]-6,7-dimethoxy-phthalid bzw. von (±)-3-[2-Hydroxy-5-methyl-phenyl]-6,7-dimethoxy-4-nitro-phthalid mit Salpetersäure bei −10° erhalten worden (*Széki*, Acta Univ. Szeged **2** [1932] 1, 16).

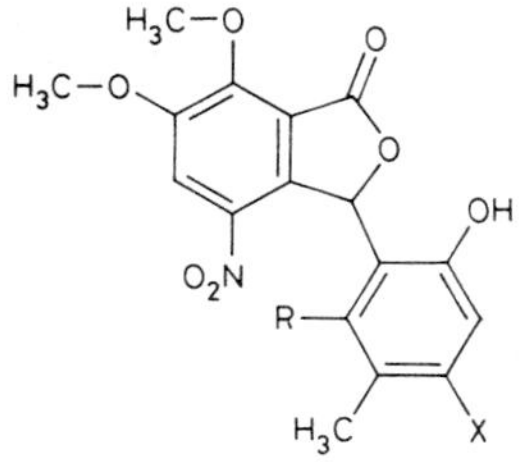

XIV 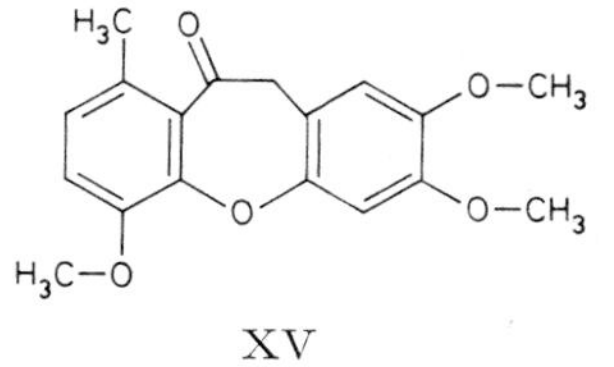   XV

(±)-3-[2-Hydroxy-5-methyl-3-nitro-phenyl]-6,7-dimethoxy-4-nitro-phthalid $C_{17}H_{14}N_2O_9$, Formel XIII (R = X = NO_2).

B. Beim Behandeln von (±)-3-[2-Hydroxy-5-methyl-3-nitro-phenyl]-6,7-dimethoxy-phthalid mit Salpetersäure bei −10° (*Széki*, Acta Univ. Szeged **2** [1932] 1, 16).

Gelbe Krystalle (aus Eg.); Zers. bei 184°.

2,3,6-Trimethoxy-9-methyl-11*H*-dibenz[*b,f*]oxepin-10-on $C_{18}H_{18}O_5$, Formel XV.

B. Beim Behandeln von [4,5-Dimethoxy-2-(2-methoxy-5-methyl-phenoxy)-phenyl]-essigsäure mit Fluorwasserstoff (*Kulka*, *Manske*, Am. Soc. **75** [1953] 1322).

Krystalle (aus Me.); F: 106−107°.   [*Mühle*]

Hydroxy-oxo-Verbindungen $C_{16}H_{14}O_5$

(±)-3-[3,4-Dihydroxy-benzyl]-7-hydroxy-chroman-4-on $C_{16}H_{14}O_5$, Formel I (R = X = H).

B. Beim Erhitzen von (±)-7-Acetoxy-3-[3,4-diacetoxy-benzyl]-chroman-4-on mit wss.

Ammoniak (*Pfeiffer et al.*, J. pr. [2] **129** [1931] 31, 47).
   Gelbe Krystalle (aus wss. A.); F: 201—202°.

(±)-3-[3-Hydroxy-4-methoxy-benzyl]-7-methoxy-chroman-4-on $C_{18}H_{18}O_5$, Formel I
(R = CH_3, X = H).
   B. Beim Erwärmen einer Lösung von (±)-3-[3-Acetoxy-4-methoxy-benzyl]-7-methoxy-chroman-4-on-oxim in Essigsäure mit wss. Salzsäure (*Pfeiffer et al.*, J. pr. [2] **129** [1931]
31, 41).
   Rötliche Krystalle (aus wss. A.); F: 123—124°.

(±)-3-[3-Äthoxy-4-methoxy-benzyl]-7-methoxy-chroman-4-on $C_{20}H_{22}O_5$, Formel I
(R = CH_3, X = C_2H_5).
   B. Bei der Hydrierung von 3-[3-Äthoxy-4-methoxy-benzyliden]-7-methoxy-chroman-
4-on (F: 120°) an Palladium/Kohle in Äthylacetat (*Mićović, Robinson*, Soc. **1937** 43, 44).
   Krystalle (aus Me.); F: 83°.

I   II

(±)-3-[3-Acetoxy-4-methoxy-benzyl]-7-methoxy-chroman-4-on $C_{20}H_{20}O_6$, Formel I
(R = CH_3, X = CO-CH_3).
   B. Beim Erwärmen von (±)-3-[3-Hydroxy-4-methoxy-benzyl]-7-methoxy-chroman-
4-on mit Acetanhydrid und Natriumacetat (*Pfeiffer et al.*, J. pr. [2] **129** [1931] 31, 41).
   Krystalle (aus wss. A.); F: 90—91°.

(±)-7-Acetoxy-3-[3,4-diacetoxy-benzyl]-chroman-4-on $C_{22}H_{20}O_8$, Formel I
(R = X = CO-CH_3).
   B. Bei der Hydrierung von 7-Acetoxy-3-[3,4-diacetoxy-benzyliden]-chroman-4-on
(F: 132—134°) an Platin in Essigsäure (*Pfeiffer et al.*, J. pr. [2] **129** [1931] 31, 46).
   Krystalle (aus Toluol + PAe.); F: 117°.

(±)-3-[3-Acetoxy-4-methoxy-benzyl]-7-methoxy-chroman-4-on-oxim $C_{20}H_{21}NO_6$,
Formel II.
   B. Beim Hydrieren von 3-[3-Acetoxy-4-methoxy-benzyliden]-7-methoxy-chroman-
4-on (F: 139—140°) an Platin in Essigsäure und Erwärmen einer Lösung des Reaktionsprodukts in Äthanol mit Hydroxylamin-hydrochlorid und Natriumacetat (*Pfeiffer
et al.*, J. pr. [2] **129** [1931] 31, 40).
   Krystalle (aus wss. A.); F: 160—161°.

---

*Opt.-inakt. 3-Hydroxy-5,7-dimethoxy-2-methyl-2-phenyl-chroman-4-on $C_{18}H_{18}O_5$,
Formel III.
   B. In kleiner Menge beim Erwärmen einer Lösung von (±)-5,7-Dimethoxy-2-methyl-
2-phenyl-chroman-4-on in Essigsäure mit Blei(IV)-acetat und Erwärmen des Reaktionsprodukts mit wss.-äthanol. Salzsäure (*Gripenberg et al.*, Acta chem. scand. **10** [1956]
393, 396).
   Krystalle (aus Me.); F: 166—167°.

---

*Opt.-inakt. 5,7-Dimethoxy-3-[4-methoxy-phenyl]-2-methyl-chroman-4-on $C_{19}H_{20}O_5$,
Formel IV.
   B. In kleiner Menge bei der Hydrierung von 5,7-Dimethoxy-3-[4-methoxy-phenyl]-
2-methyl-chromen-4-on an Platin in Essigsäure (*Lawson*, Soc. **1954** 4448).
   Krystalle (aus A.); F: 194—195°.

III   IV

3,7-Dihydroxy-2-[4-hydroxy-phenyl]-5-methyl-chromenylium $[C_{16}H_{13}O_4]^+$, Formel V.

Chlorid $[C_{16}H_{13}O_4]Cl$. *B.* Beim Behandeln einer Lösung von 2,4-Dihydroxy-6-methyl-benzaldehyd und 1-[4-Acetoxy-phenyl]-2-hydroxy-äthanon in Äthylacetat mit Chlor-wasserstoff (*León et al.*, Soc. **1931** 2672, 2675). — Rote Krystalle (aus wss.-äthanol. Salz-säure) mit 1 Mol H_2O.

V   VI

(2R)-3t,5,7-Trihydroxy-6-methyl-2r-phenyl-chroman-4-on $C_{16}H_{14}O_5$, Formel VI.

Diese Konstitution und Konfiguration kommt wahrscheinlich dem nachstehend be-schriebenen **(+)-Strobobanksin** zu (*Lindstedt, Misiorny*, Acta chem. scand. **6** [1952] 1212, 1213; *Erdtman*, Scient. Pr. roy. Dublin Soc. **27** [1956] 129, 135).

Isolierung aus dem Kernholz von Pinus strobus: *Lindstedt, Misiorny*, Acta chem. scand. **5** [1951] 1, 10.

Krystalle (aus wss. Eg.), F: 177—178°; $[\alpha]_D^{20}$: +17° [Me.; c = 3] (*Li., Mi.*, Acta chem. scand. **5** 10).

Beim Behandeln mit Diazomethan in Äther ist ein *O*-Methyl-Derivat $C_{17}H_{16}O_5$ (Krystalle [aus Me.], F: 129—131° [unkorr.]) erhalten worden (*Li., Mi.*, Acta chem. scand. **5** 11).

(±)-5,7-Dihydroxy-2-[4-methoxy-phenyl]-6-methyl-chroman-4-on $C_{17}H_{16}O_5$, Formel VII (R = X = H).

B. Beim Behandeln von 2-Methyl-phloroglucin mit 4-Methoxy-*trans*(?)-cinnamoyl-chlorid und Aluminiumchlorid in Äther und Nitrobenzol (*Matsuura*, J. pharm. Soc. Japan **77** [1957] 302, 305, 306; C. A. **1957** 11338).

Krystalle (aus wss. A.); F: 217°.

(±)-7-Hydroxy-5-methoxy-2-[4-methoxy-phenyl]-6-methyl-chroman-4-on $C_{18}H_{18}O_5$, Formel VII (R = CH₃, X = H).

B. Beim Erwärmen einer Lösung von 4′,6′-Dihydroxy-4,2′-dimethoxy-3′-methyl-*trans*(?)-chalkon (F: 157°) in Essigsäure mit Phosphorsäure (*Matsuura*, J. pharm. Soc. Japan **77** [1957] 302, 304, 305; C. A. **1957** 11338).

Krystalle (aus wss. A.); F: 196°.

(±)-5-Hydroxy-7-methoxy-2-[4-methoxy-phenyl]-6-methyl-chroman-4-on $C_{18}H_{18}O_5$, Formel VII (R = H, X = CH₃).

B. Beim Erwärmen von 6′-Benzyloxy-2′-hydroxy-4,4′-dimethoxy-3′-methyl-*trans*(?)-chalkon (F: 148°) mit Essigsäure und Phosphorsäure (*Matsuura*, J. pharm. Soc. Japan **77** [1957] 302, 304, 305; C. A. **1957** 11338). Beim Erwärmen von (±)-5,7-Dihydroxy-2-[4-hydroxy-phenyl]-chroman-4-on mit Methyljodid und methanol. Kalilauge (*Goel et al.*, Pr. Indian Acad. [A] **48** [1958] 180, 186). Aus (±)-5,7-Dihydroxy-2-[4-methoxy-phenyl]-6-methyl-chroman-4-on mit Hilfe von Methyljodid und Kaliumcarbonat (*Ma.*, l. c. S. 306).

Krystalle (aus Me. oder aus A.); F: 148° (*Goel et al.*; *Ma.*, l. c. S. 306).

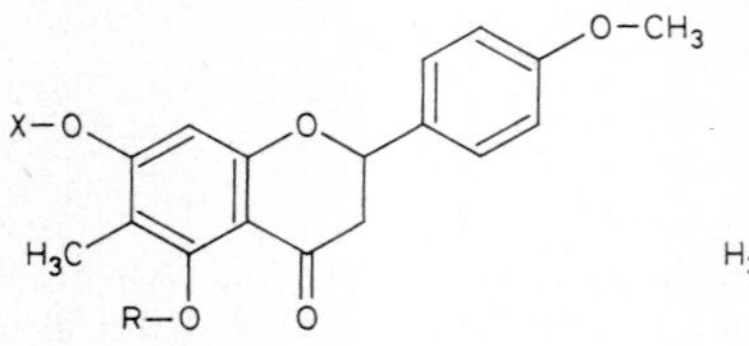

VII

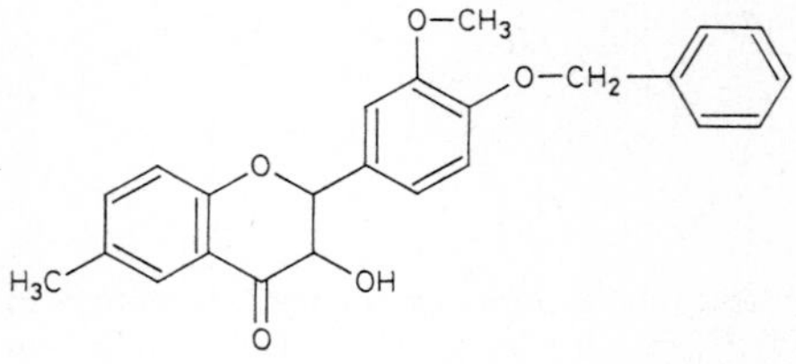

VIII

(±)-5,7-Dimethoxy-2-[4-methoxy-phenyl]-6-methyl-chroman-4-on $C_{19}H_{20}O_5$, Formel VII (R = X = CH₃).

B. Beim Erwärmen einer Lösung von 6'-Hydroxy-4,2',4'-trimethoxy-3'-methyl-*trans*(?)-chalkon (F: 107°) in Essigsäure mit Phosphorsäure (*Matsuura*, J. pharm. Soc. Japan **77** [1957] 302, 304, 305; C. A. **1957** 11338). Aus (±)-7-Hydroxy-5-methoxy-2-[4-methoxy-phenyl]-6-methyl-chroman-4-on mit Hilfe von Methyljodid und Kalium≈carbonat (*Ma.*, l. c. S. 306).

Krystalle (aus Bzn.); F: 119°.

(±)-7-Benzyloxy-5-methoxy-2-[4-methoxy-phenyl]-6-methyl-chroman-4-on $C_{25}H_{24}O_5$, Formel VII (R = CH₃, X = CH₂-C₆H₅).

B. Beim Erwärmen von 4'-Benzyloxy-6'-hydroxy-4,2'-dimethoxy-3'-methyl-*trans*(?)-chalkon (F: 113°) mit Essigsäure und Phosphorsäure (*Matsuura*, J. pharm. Soc. Japan **77** [1957] 302, 304, 305; C. A. **1957** 11338).

Krystalle (aus wss. A.); F: 115°.

---

*Opt.-inakt. 2-[4-Benzyloxy-3-methoxy-phenyl]-3-hydroxy-6-methyl-chroman-4-on $C_{24}H_{22}O_5$, Formel VIII.

B. Beim Erwärmen einer Lösung von opt.-inakt. 3-[4-Benzyloxy-3-methoxy-phenyl]-2,3-dibrom-1-[2-hydroxy-5-methyl-phenyl]-propan-1-on (F: 136°) in wss. Aceton mit wss. Natriumcarbonat-Lösung (*Marathey*, J. Univ. Poona Nr. 4 [1953] 73, 79). Neben 2-[4-Benzyloxy-3-methoxy-phenyl]-3-hydroxy-6-methyl-chromen-4-on beim Behandeln einer Suspension von 4-Benzyloxy-2'-hydroxy-3-methoxy-5'-methyl-*trans*(?)-chalkon (F: 140°) in Äthanol mit wss. Wasserstoffperoxid und wss. Natronlauge (*Ma.*).

Krystalle (aus A.); F: 156°.

3,5-Dihydroxy-2-[4-hydroxy-phenyl]-7-methyl-chromenylium $[C_{16}H_{13}O_4]^+$, Formel IX.

Chlorid $[C_{16}H_{13}O_4]Cl$. *B.* Beim Behandeln einer Lösung von 1-[4-Acetoxy-phenyl]-2-hydroxy-äthanon und 2,6-Dihydroxy-4-methyl-benzaldehyd in Äthylacetat mit Chlor≈wasserstoff (*León et al.*, Soc. **1931** 2672, 2675). — Rote Krystalle (aus A. + wss. Salz≈säure) mit 2 Mol H_2O.

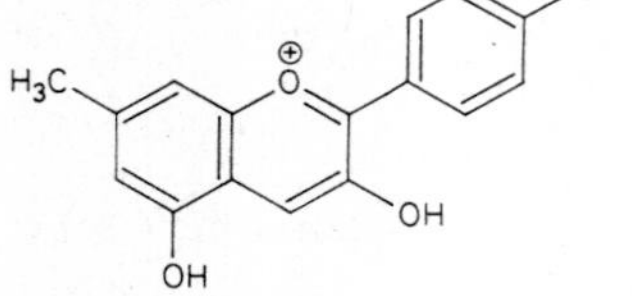

IX

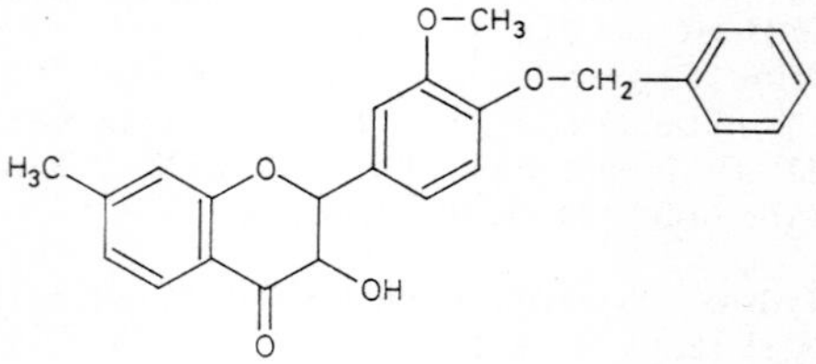

X

*Opt.-inakt. 2-[4-Benzyloxy-3-methoxy-phenyl]-3-hydroxy-7-methyl-chroman-4-on $C_{24}H_{22}O_5$, Formel X.

B. Beim Erwärmen einer Lösung von opt.-inakt. 1-[2-Acetoxy-4-methyl-phenyl]-

3-[4-benzyloxy-3-methoxy-phenyl]-2,3-dibrom-propan-1-on (F: 119°) in wss. Aceton mit wss. Natriumcarbonat-Lösung (*Marathey*, J. Univ. Poona Nr. 4 [1953] 73, 80).

Krystalle (aus A.); F: 173–174° (*Ma.*). Absorptionsspektrum (87%ig. wss. A.; 220 bis 400 nm): *Jatkar, Mattoo*, J. Indian chem. Soc. **33** [1956] 651.

(±)-5,7-Dihydroxy-2-[4-methoxy-phenyl]-8-methyl-chroman-4-on $C_{17}H_{16}O_5$, Formel XI (R = X = H).

B. Beim Erwärmen von 6′-Benzyloxy-2′,4′-dihydroxy-4-methoxy-3′-methyl-*trans*(?)-chalkon (F: 227°) mit Essigsäure und Phosphorsäure (*Matsuura*, J. pharm. Soc. Japan **77** [1957] 302, 304, 305; C. A. **1957** 11338). Bei der Hydrierung von (±)-7-Benzyloxy-5-hydroxy-2-[4-methoxy-phenyl]-8-methyl-chroman-4-on oder von (±)-5,7-Bis-benzyloxy-2-[4-methoxy-phenyl]-8-methyl-chroman-4-on an Palladium in Essigsäure (*Ma.*, l. c. S. 306).

Krystalle (aus wss. A.); F: 180°.

(±)-7-Hydroxy-5-methoxy-2-[4-methoxy-phenyl]-8-methyl-chroman-4-on $C_{18}H_{18}O_5$, Formel XI (R = CH_3, X = H).

B. Neben kleineren Mengen 2′,4′-Dihydroxy-4,6′-dimethoxy-3′-methyl-*trans*(?)-chalkon (F: 191°) beim Behandeln von 1-[2,4-Dihydroxy-6-methoxy-3-methyl-phenyl]-äthanon mit 4-Methoxy-benzaldehyd und wss.-äthanol. Kalilauge und Ansäuern des Reaktionsgemisches mit wss. Salzsäure (*Matsuura*, J. pharm. Soc. Japan **77** [1957] 296; C. A. **1957** 11337). Beim Erwärmen von 2′,4′-Dihydroxy-4,6′-dimethoxy-3′-methyl-*trans*(?)-chalkon (F: 191°) mit Phosphorsäure (*Ma.*).

Krystalle (aus Dioxan); F: 208°.

(±)-5-Hydroxy-7-methoxy-2-[4-methoxy-phenyl]-8-methyl-chroman-4-on $C_{18}H_{18}O_5$, Formel XI (R = H, X = CH_3).

B. Neben einer Verbindung vom F: 178° beim Behandeln von 1-[2,6-Dihydroxy-4-methoxy-3-methyl-phenyl]-äthanon mit 4-Methoxy-benzaldehyd und wss.-äthanol. Kalilauge (*Matsuura*, J. pharm. Soc. Japan **77** [1957] 296; C. A. **1957** 11337). Aus (±)-5,7-Dihydroxy-2-[4-methoxy-phenyl]-8-methyl-chroman-4-on mit Hilfe von Methyljodid und Kaliumcarbonat (*Matsuura*, J. pharm. Soc. Japan **77** [1957] 302, 306; C. A. **1957** 11338).

Krystalle (aus A.); F: 136°.

(±)-5,7-Dimethoxy-2-[4-methoxy-phenyl]-8-methyl-chroman-4-on $C_{19}H_{20}O_5$, Formel XI (R = X = CH_3).

B. Beim Erwärmen von 2′-Hydroxy-4,4′,6′-trimethoxy-3′-methyl-*trans*(?)-chalkon (F: 134°) mit Schwefelsäure enthaltendem Äthanol (*Curd, Robertson*, Soc. **1933** 437, 444), mit Phosphorsäure (*Nakazawa, Matsuura*, J. pharm. Soc. Japan **75** [1955] 469; C. A. **1955** 10277) oder mit wss.-äthanol. Salzsäure (*Nakazawa, Matsuura*, J. pharm. Soc. Japan **75** [1955] 467; C. A. **1956** 2569).

Krystalle; F: 144° [aus Me.] (*Curd, Ro.*), 132° [aus A., aus Bzn. oder aus Bzl. + Bzn.] (*Na., Ma.*).

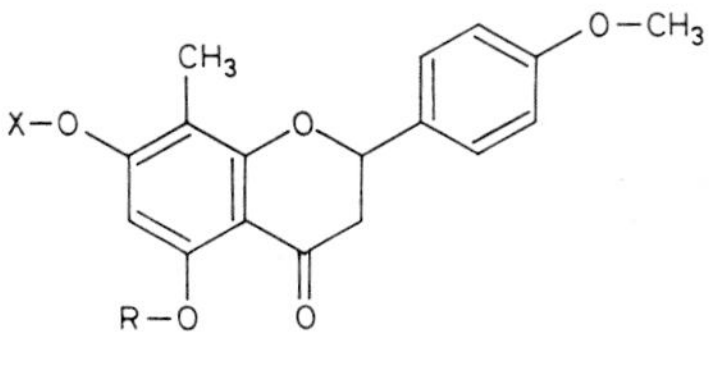

XI

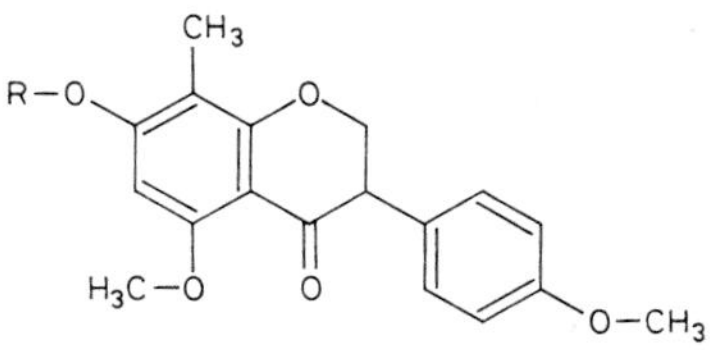

XII

(±)-5-Benzyloxy-7-hydroxy-2-[4-methoxy-phenyl]-8-methyl-chroman-4-on $C_{24}H_{22}O_5$, Formel XI (R = CH_2-C_6H_5, X = H).

Krystalle (aus wss. A.); F: 211° (*Matsuura*, J. pharm. Soc. Japan **77** [1957] 302, 305; C. A. **1957** 11338).

(±)-7-Benzyloxy-5-hydroxy-2-[4-methoxy-phenyl]-8-methyl-chroman-4-on $C_{24}H_{22}O_5$,
Formel XI (R = H, X = CH$_2$-C$_6$H$_5$).

B. Beim Erwärmen von 4′,6′-Bis-benzyloxy-2′-hydroxy-4-methoxy-3′-methyl-*trans*(?)-chalkon (F: 159°) mit Essigsäure und Phosphorsäure (*Matsuura*, J. pharm. Soc. Japan **77** [1957] 302, 305; C. A. **1957** 11338). Bei der Hydrierung von (±)-5,7-Bis-benzyloxy-2-[4-methoxy-phenyl]-8-methyl-chroman-4-on an Palladium/Kohle in Äthanol und Essig=säure (*Ma*.).

Krystalle (aus A.); F: 155°.

(±)-5,7-Bis-benzyloxy-2-[4-methoxy-phenyl]-8-methyl-chroman-4-on $C_{31}H_{28}O_5$,
Formel XI (R = X = CH$_2$-C$_6$H$_5$).

B. Beim Erwärmen von 4′,6′-Bis-benzyloxy-2′-hydroxy-4-methoxy-3′-methyl-*trans*(?)-chalkon (F: 159°) mit Phosphorsäure enthaltendem Äthanol (*Matsuura*, J. pharm. Soc. Japan **77** [1957] 302, 304, 305; C. A. **1957** 11338).

Krystalle (aus A.); F: 142°.

(±)-5-Acetoxy-7-methoxy-2-[4-methoxy-phenyl]-8-methyl-chroman-4-on $C_{20}H_{20}O_6$,
Formel XI (R = CO-CH$_3$, X = CH$_3$).

B. Aus (±)-5-Hydroxy-7-methoxy-2-[4-methoxy-phenyl]-8-methyl-chroman-4-on mit Hilfe von Acetanhydrid und Natriumacetat (*Matsuura*, J. pharm. Soc. Japan **77** [1957] 296; C. A. **1957** 11337).

Krystalle (aus wss. Eg.); F: 149°.

(±)-7-Hydroxy-5-methoxy-3-[4-methoxy-phenyl]-8-methyl-chroman-4-on $C_{18}H_{18}O_5$,
Formel XII (R = H).

B. Neben der im folgenden Artikel beschriebenen Verbindung bei der Hydrierung von 5-Methoxy-3-[4-methoxy-phenyl]-8-methyl-7-[toluol-4-sulfonyloxy]-chromen-4-on an Raney-Nickel in Methanol (*Whalley*, Soc. **1957** 1833, 1836).

Krystalle (aus A.); F: 260°.

(±)-5-Methoxy-3-[4-methoxy-phenyl]-8-methyl-7-[toluol-4-sulfonyloxy]-chroman-4-on
$C_{25}H_{24}O_7S$, Formel XII (R = SO$_2$-C$_6$H$_4$-CH$_3$).

B. s. im vorangehenden Artikel.

Krystalle (aus A.); F: 149° (*Whalley*, Soc. **1957** 1833, 1836).

3,5-Dihydroxy-7-methoxy-1,4,6-trimethyl-xanthen-9-on $C_{17}H_{16}O_5$, Formel XIII
(R = X = H).

B. Beim Behandeln von Hypoparellinsäure (3-Hydroxy-2-[3-hydroxy-2,5-dimethyl-phenoxy]-5-methoxy-4-methyl-benzoesäure) mit konz. Schwefelsäure (*Asahina*, *Shibata*, B. **72** [1939] 1399, 1402).

Krystalle (aus A.); F: 319° [Zers.].

3,5,7-Trimethoxy-1,4,6-trimethyl-xanthen-9-on $C_{19}H_{20}O_5$, Formel XIII (R = CH$_3$, X = H).

B. Aus 3,5-Dimethoxy-2-[3-methoxy-2,5-dimethyl-phenoxy]-4-methyl-benzoesäure beim Behandeln mit konz. Schwefelsäure sowie beim Erwärmen mit Thionylchlorid und Äther (*Asahina*, *Shibata*, B. **72** [1939] 1399, 1400).

Krystalle (aus A.); F: 187°.

XIII   XIV

3,5,7-Trimethoxy-1,4,6-trimethyl-xanthen-9-on-oxim $C_{19}H_{21}NO_5$, Formel XIV.

B. Beim Erwärmen von 3,5,7-Trimethoxy-1,4,6-trimethyl-xanthen-9-thion mit Hydr=

oxylamin-hydrochlorid und Natriumacetat in Äthanol (*Asahina, Shibata,* B. **72** [1939] 1399, 1401).

Krystalle (aus Bzn.); F: 231° [Zers.].

2-Brom-3,5,7-trimethoxy-1,4,6-trimethyl-xanthen-9-on $C_{19}H_{19}BrO_5$, Formel XIII (R = CH$_3$, X = Br).

B. Beim Erwärmen von 2-[4-Brom-3-methoxy-2,5-dimethyl-phenoxy]-3,5-dimethoxy-4-methyl-benzoesäure mit Thionylchlorid (*Asahina, Shibata,* B. **72** [1939] 1399, 1402).

Krystalle (aus Acn.); F: 233°.

3,5,7-Trimethoxy-1,4,6-trimethyl-xanthen-9-thion $C_{19}H_{20}O_4S$, Formel XV.

B. Beim Erhitzen einer Lösung von 3,5,7-Trimethoxy-1,4,6-trimethyl-xanthen-9-on in Xylol mit Phosphor(V)-sulfid und Kaliumdisulfid (*Asahina, Shibata,* B. **72** [1939] 1399, 1401).

Krystalle (aus PAe.); F: 159,5°.

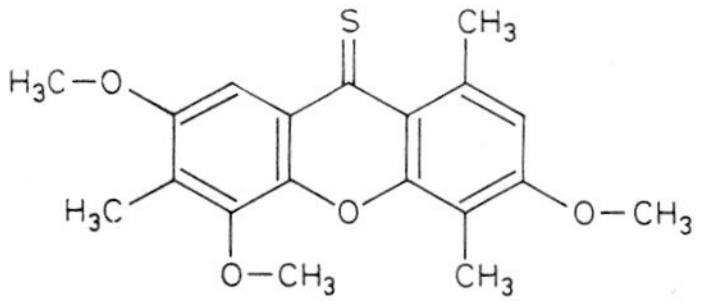

XV 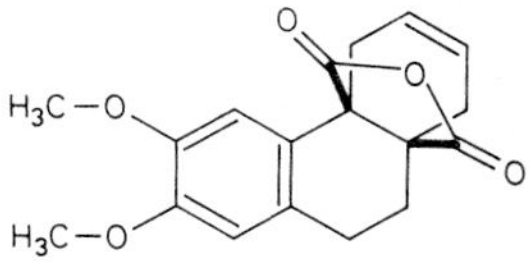　　　　　　　　　　　　　　　XVI

(±)-6,7-Dimethoxy-1,4,9,10-tetrahydro-4a,10a-[2]oxapropano-phenanthren-11,13-dion, **(±)-6,7-Dimethoxy-1,4,9,10-tetrahydro-phenanthren-4a*r*,10a*c*-dicarbonsäure-anhydrid** $C_{18}H_{18}O_5$, Formel XVI + Spiegelbild.

B. Beim Erhitzen von 6,7-Dimethoxy-3,4-dihydro-naphthalin-1,2-dicarbonsäure-anhydrid mit Buta-1,3-dien und Dioxan bis auf 180° (*Fieser, Hershberg,* Am. Soc. **58** [1936] 2314, 2317).

Krystalle (aus Bzl. + Bzn.); F: 138,6—138,8° [korr.].

(±)-11*t*-Acetoxy-7-methoxy-(3a*r*,3b*c*,11a*c*)-3a,3b,4,5,11,11a-hexahydro-phenanthro=[1,2-*c*]furan-1,3-dion, (±)-3*t*-Acetoxy-7-methoxy-(10a*r*)-1,2,3,9,10,10a-hexahydro-phenanthren-1*t*,2*t*-dicarbonsäure-anhydrid $C_{19}H_{18}O_6$, Formel XVII + Spiegelbild.

Diese Konfiguration wird der nachstehend beschriebenen Verbindung zugeordnet.

B. Beim Behandeln von 4-[2-Acetoxy-vinyl]-7-methoxy-1,2-dihydro-naphthalin (hergestellt aus [6-Methoxy-3,4-dihydro-2*H*-[1]naphthyliden]-acetaldehyd und Isopropenyl=acetat) mit Maleinsäure-anhydrid in Benzol (*Šorkina et al.,* Doklady Akad. S.S.S.R. **129** [1959] 345, 348; Pr. Acad. Sci. U.S.S.R. Chem. Sect. **124—129** [1959] 991, 992).

Krystalle (aus Toluol); F: 127—128°. Absorptionsmaxima (A.): 222 nm und 271,5 nm.

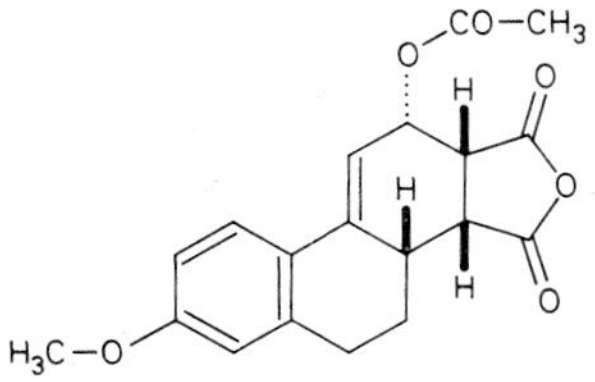

XVII 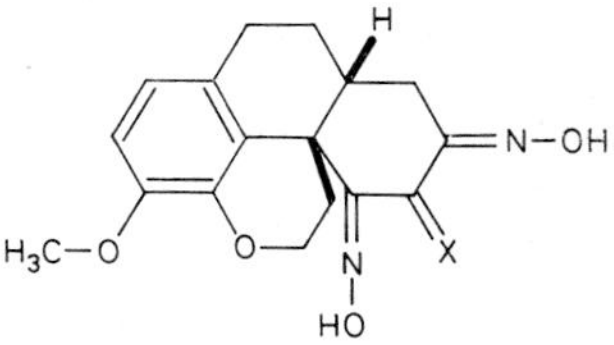　　　　　　　　　　　　　　XVIII

(4a*S*,12a*R*)-8-Methoxy-1,5,6,11,12,12a-hexahydro-naphtho[8a,1,2-*de*]chromen-2,3,4-trion-2,4-dioxim $C_{17}H_{18}N_2O_5$, Formel XVIII (X = O).

Diese Konstitution und Konfiguration kommt dem nachstehend beschriebenen

(+)-5,7-Bis-hydroxyimino-thebenon zu.

B. Beim Behandeln von (+)-Thebenon (S. 534) mit Kalium-*tert*-butylat in *tert*-Butyl=
alkohol und anschliessend mit Isoamylnitrit (*Rapoport, Lavigne*, Am. Soc. **75** [1953]
5329, 5333).

Krystalle (aus Isopropylalkohol) mit 1 Mol Isopropylalkohol; F: 125—127° [korr.].
$[\alpha]_D^{25}$: +186° [A.; c = 0,5].

(4aS,12aR)-8-Methoxy-1,5,6,11,12,12a-hexahydro-naphtho[8a,1,2-*de*]chromen-2,3,4-trion-trioxim $C_{17}H_{19}N_3O_5$, Formel XVIII (X = NOH).

B. Aus der im vorangehenden Artikel beschriebenen Verbindung und Hydroxylamin
(*Rapoport, Lavigne*, Am. Soc. **75** [1953] 5329, 5333).

Krystalle (aus A.); F: 211—212° [korr.; evakuierte Kapillare]. $[\alpha]_D^{25}$: —21° [Dimethyl=
formamid; c = 0,5].

Hydroxy-oxo-Verbindungen $C_{17}H_{16}O_5$

*Opt.-inakt. 6-Hydroxy-2,3-dimethoxy-5,7-dimethyl-2-phenyl-chroman-4-on $C_{19}H_{20}O_5$,
Formel I.

B. Beim Behandeln von (±)-2,3-Dimethoxy-5,7-dimethyl-2*H*-chromen-6-ol
mit Eisen(III)-chlorid-hexahydrat in Methanol (*Karrer, Fatzer*, Helv. **25** [1942] 1129,
1136).

Krystalle (aus Ae.); F: 141°.

5,7-Dihydroxy-2-[4-hydroxy-phenyl]-6,8-dimethyl-chroman-4-on $C_{17}H_{16}O_5$.

a) **(S)-5,7-Dihydroxy-2-[4-hydroxy-phenyl]-6,8-dimethyl-chroman-4-on,
(—)-Farrerol, (—)-Cyrtopterinetin** $C_{17}H_{16}O_5$, Formel II (R = H).

Konfiguration: *Fukushima et al.*, J. pharm. Soc. Japan **89** [1969] 1272; C. A. **72**
[1970] 21599.

Identität von Farrerol und Cyrtopterinetin: *Arthur, Kishimoto*, Chem. and Ind. **1956**
738.

Isolierung aus Blättern von Rhododendron farrerae: *Arthur*, Soc. **1955** 3740; von
Cyrtomium falcatum und von Cyrtomium fortunei: *Kishimoto*, J. pharm. Soc. Japan
76 [1956] 246, 247; C. A. **1956** 13894.

Die folgenden Angaben beziehen sich auf partiell racemische Präparate. Krystalle
(aus wss. Dioxan oder aus Dioxan), F: 213—217° [korr.]; $[\alpha]_D$: —18,7° [Acn.] (*Ar.*). Krystalle (aus wss. Dioxan), F: 207—218° [korr.]; $[\alpha]_D$: —16° [Acn.] (*Ar.*). Krystalle, F:
211—212°; $[\alpha]_D^{23}$: —12,3° [Acn.] (*Ki.*). Absorptionsspektrum (A.; 200—400 nm): *Ki.*

I   II

b) **(±)-5,7-Dihydroxy-2-[4-hydroxy-phenyl]-6,8-dimethyl-chroman-4-on** $C_{17}H_{16}O_5$,
Formel II (R = H) + Spiegelbild.

B. Beim Erwärmen von 4-Äthoxycarbonyloxy-*trans*(?)-zimtsäure (E II **10** 180) mit
Thionylchlorid, Behandeln des Reaktionsprodukts mit 2,4-Dimethyl-phloroglucin und
Aluminiumchlorid in Nitrobenzol und Äther und Erwärmen des danach isolierten Reak-
tionsprodukts mit wss. Kalilauge (*Kishimoto*, Pharm. Bl. **4** [1956] 24, 28). Aus (partiell
racemischem) (—)-Farrerol (s. o.) beim Behandeln mit wss.-äthanol. Kalilauge (*Arthur*,
Soc. **1955** 3740) sowie beim Erwärmen mit Schwefelsäure enthaltendem Äthanol (*Ki.*).
Beim Behandeln von (—)-Matteuccinol (S. 2659) mit Acetanhydrid und wss. Jodwasser=
stoffsäure oder mit Aluminiumchlorid in Benzol (*Ar.*).

Krystalle; F: 223—224° [korr.; aus wss. Dioxan] (*Ar.*), 211—212° [aus Eg.] (*Ki.*).
Oxim $C_{17}H_{17}NO_5$. Krystalle (aus wss. Me.); F: 253—255° [korr.] (*Ar.*).

(**S**)-5,7-Dihydroxy-2-[4-methoxy-phenyl]-6,8-dimethyl-chroman-4-on, (−)-Matteuccinol
$C_{18}H_{18}O_5$, Formel III (R = X = H) (vgl. E II 171).

Konfiguration: *Gaffield*, Tetrahedron **26** [1970] 4093, 4094, 4102.

Isolierung aus Blättern von Rhododendron simsii: *Arthur, Hui*, Soc. **1954** 2782.

Krystalle; F: 175,5—176° [korr.; aus Acn., Me. oder Bzl.] (*Ar., Hui*), 175,5° [aus
Me.] (*Fujise, Kubota*, B. **67** [1934] 1905; J. chem. Soc. Japan **55** [1934] 1024). $[\alpha]_D^{18}$:
−30° [Acn.] (*Ar., Hui*); $[\alpha]_D^{28}$: −39,5° [Acn.] (*Fu., Ku.*). Absorptionsspektrum (A.;
270—450 nm): *Fujise*, J. chem. Soc. Japan **50** [1929] 497, 499; Scient. Pap. Inst. phys.
chem. Res. **11** [1929] 111, 114.

Beim Erwärmen mit Schwefelsäure enthaltendem Äthanol erfolgt Racemisierung
(*Fu., Ku.*). Geschwindigkeit der Racemisierung in wss.-äthanol. Kalilauge: *Fujise,
Sasaki*, B. **71** [1938] 341, 342; J. chem. Soc. Japan **59** [1938] 440.

Oxim $C_{18}H_{19}NO_5$. Krystalle; F: 220° [aus A.] (*Fu., Ku.*, J. chem. Soc. Japan **55**
1027), 202° (*Fu., Ku.*, B. **67** 1907). $[\alpha]_D^{18}$: −33,1° [Lösungsmittel nicht angegeben]
(*Fu., Ku.*, B. **67** 1907).

5-Hydroxy-7-methoxy-2-[4-methoxy-phenyl]-6,8-dimethyl-chroman-4-on $C_{19}H_{20}O_5$.

a) (**S**)-5-Hydroxy-7-methoxy-2-[4-methoxy-phenyl]-6,8-dimethyl-chroman-4-on
$C_{19}H_{20}O_5$, Formel III (R = CH_3, X = H).

B. Beim Behandeln einer Lösung von (−)-Farrerol (S. 2658) in Methanol mit Diazo=
methan in Äther (*Kishimoto*, Pharm. Bl. **4** [1956] 24, 27). Beim Behandeln von (−)-Mat=
teuccinol (s. o.) mit Diazomethan in Äther (*Fujise*, J. chem. Soc. Japan **50** [1929]
497, 500; Scient. Pap. Inst. phys. chem. Res. **11** [1929] 111, 116).

Krystalle; F: 103—103,5° (*Fujise, Kubota*, B. **67** [1934] 1905, 1906; J. chem. Soc.
Japan **55** [1934] 1024), 100,5—101° [aus Me.] (*Ki.*). $[\alpha]_D^{14}$: −7,8° [Acn.] (*Fu., Ku.*);
$[\alpha]_D^{25}$: −7,5° [Acn.] (*Ki.*). UV-Spektrum (A.; 220—390 nm): *Ki.*, l. c. S. 24.

b) (±)-5-Hydroxy-7-methoxy-2-[4-methoxy-phenyl]-6,8-dimethyl-chroman-4-on
$C_{19}H_{20}O_5$, Formel III (R = CH_3, X = H) + Spiegelbild.

B. Beim Behandeln von (±)-5,7-Dihydroxy-2-[4-hydroxy-phenyl]-6,8-dimethyl-
chroman-4-on (*Arthur*, Soc. **1955** 3740) oder von (±)-5,7-Dihydroxy-2-[4-methoxy-
phenyl]-6,8-dimethyl-chroman-4-on [„(±)-Matteuccinol" (E II **18** 171)] (*Arthur, Hui*,
Soc. **1954** 2782) mit Diazomethan in Äther. Beim Erwärmen von (S)-5-Hydroxy-7-meth=
oxy-2-[4-methoxy-phenyl]-6,8-dimethyl-chroman-4-on mit Schwefelsäure enthaltendem
Äthanol (*Fujise, Kubota*, B. **67** [1934] 1905, 1908; J. chem. Soc. Japan **55** [1934] 1024,
1027).

Krystalle; F: 103,5—104° (*Fu., Ku.*), 102,5° [korr.; aus Me.] (*Ar., Hui*), 102° [korr.;
aus Me.] (*Ar.*).

III   IV

5,7-Diacetoxy-2-[4-methoxy-phenyl]-6,8-dimethyl-chroman-4-on $C_{22}H_{22}O_7$.

a) (**S**)-5,7-Diacetoxy-2-[4-methoxy-phenyl]-6,8-dimethyl-chroman-4-on,
Di-*O*-acetyl-Derivat des (−)-Matteuccinols $C_{22}H_{22}O_7$, Formel III
(R = X = CO-CH₃).

B. Aus (−)-Matteuccinol (s. o.) beim Behandeln mit Acetanhydrid und wenig
Schwefelsäure (*Fujise, Sasaki*, B. **71** [1938] 341, 343; J. chem. Soc. Japan **59** [1938] 440)
sowie beim Erhitzen mit Acetanhydrid und wenig Natriumacetat (*Arthur, Hui*, Soc.
1954 2782).

Krystalle; F: 169,5—170° [aus A.] (*Fu., Sa.*), 169—169,5° [korr.; aus Me.] (*Ar., Hui*).
$[\alpha]_D^{14}$: +32,7° [Dioxan] (*Fu., Sa.*).

b) **(±)-5,7-Diacetoxy-2-[4-methoxy-phenyl]-6,8-dimethyl-chroman-4-on** $C_{22}H_{22}O_7$, Formel III (R = X = CO-CH$_3$) + Spiegelbild.

B. Beim Behandeln von (±)-5,7-Dihydroxy-2-[4-methoxy-phenyl]-6,8-dimethyl-chroman-4-on („(±)-Matteuccinol" [E II **18** 171]) mit Acetanhydrid und wenig Schwefel=säure (*Fujise, Sasaki*, B. **71** [1938] 341, 343; J. chem. Soc. Japan **59** [1938] 440).

F: 172—172,5°.

(±)-5,7-Diacetoxy-2-[4-acetoxy-phenyl]-6,8-dimethyl-chroman-4-on $C_{23}H_{22}O_8$, Formel II (R = CO-CH$_3$) + Spiegelbild auf S. 2658.

B. Beim Behandeln einer Lösung von (partiell racemischem) (−)-Farrerol (S. 2658) in Pyridin mit Acetylchlorid (*Arthur*, Soc. **1955** 3740). Beim Behandeln von (±)-5,7-Dihydr=oxy-2-[4-hydroxy-phenyl]-6,8-dimethyl-chroman-4-on (S. 2658) mit Acetanhydrid und wenig Schwefelsäure (*Kishimoto*, Pharm. Bl. **4** [1956] 24, 27, 28).

Krystalle; F: 192° [korr.; aus A.] (*Ar.*), 186—186,5° [aus Me.] (*Ki.*).

(S)-6,8-Dihydroxy-3-[4-hydroxy-phenäthyl]-isochroman-1-on $C_{17}H_{16}O_5$, Formel IV (R = X = H).

Diese Konstitution und Konfiguration kommt dem nachstehend beschriebenen Desmethyl-agrimonolid zu.

B. Beim Erhitzen von Agrimonolid (s. u.) mit wss. Jodwasserstoffsäure (*Yamato*, J. pharm. Soc. Japan **78** [1958] 1086, 1088; C. A. **1959** 5178).

Krystalle (aus Me.); F: 193,5°. IR-Banden (Nujol) im Bereich von 3 μ bis 6,7 μ: *Ya.*

(S)-6,8-Dihydroxy-3-[4-methoxy-phenäthyl]-isochroman-1-on, Agrimonolid $C_{18}H_{18}O_5$, Formel IV (R = CH$_3$, X = H).

Konstitution: *Yamato*, J. pharm. Soc. Japan **79** [1959] 129, 1069; C. A. **1960** 4561. Konfiguration: *Arakawa et al.*, A. **728** [1969] 152, 154.

Isolierung aus Wurzeln von Agrimonia pilosa: *Yamato*, J. pharm. Soc. Japan **78** [1958] 1086, 1088; C. A. **1959** 5178.

Krystalle (aus Me.); F: 173,5° (*Ya.*, J. pharm. Soc. Japan **78** 1088). $[\alpha]_D^5$: +8,1° [Acn.] (*Ya.*, J. pharm. Soc. Japan **79** 1069). IR-Spektrum (Nujol; 2—15 μ): *Ya.*, J. pharm. Soc. Japan **78** 1087.

(S)-8-Hydroxy-6-methoxy-3-[4-methoxy-phenäthyl]-isochroman-1-on $C_{19}H_{20}O_5$, Formel V (R = H).

Diese Konstitution kommt vermutlich dem nachstehend beschriebenen *O*-Methyl-agrimonolid zu.

B. Beim Behandeln von (S)-6,8-Dihydroxy-3-[4-hydroxy-phenäthyl]-isochroman-1-on (s. o.) oder von Agrimonolid (s. o.) mit Diazomethan in Äther (*Yamato*, J. pharm. Soc. Japan **78** [1958] 1086, 1088; C. A. **1959** 5178).

Krystalle (aus Me.); F: 113—114°. IR-Spektrum (2—14 μ): *Ya.*, l. c. S. 1087.

(S)-6,8-Dimethoxy-3-[4-methoxy-phenäthyl]-isochroman-1-on, 2-[(S)-2-Hydroxy-4-(4-methoxy-phenyl)-butyl]-4,6-dimethoxy-benzoesäure-lacton, Di-*O*-methyl-agri=monolid $C_{20}H_{22}O_5$, Formel V (R = CH$_3$).

B. Beim Erwärmen der im vorangehenden Artikel beschriebenen Verbindung mit Aceton, Methyljodid und Kaliumcarbonat (*Yamato*, J. pharm. Soc. Japan **78** [1958] 1086, 1088; C. A. **1959** 5178).

Krystalle (aus Me.); F: 104—106°. IR-Spektrum (2—15 μ): *Ya.*, l. c. S. 1087. Absorptionsmaxima (Me.): 225 nm, 265 nm und 298 nm.

V   VI

(*S*)-8-Acetoxy-6-methoxy-3-[4-methoxy-phenäthyl]-isochroman-1-on, **2-Acetoxy-6-[(*S*)-2-hydroxy-4-(4-methoxy-phenyl)-butyl]-4-methoxy-benzoesäure-lacton** $C_{21}H_{22}O_6$, Formel V (R = CO-CH$_3$).

Diese Konstitution kommt vermutlich der nachstehend beschriebenen Verbindung zu.

B. Beim Erwärmen von *O*-Methyl-agrimonolid (S. 2660) mit Acetanhydrid und Pyridin (*Yamato*, J. pharm. Soc. Japan **78** [1958] 1086, 1088; C. A. **1959** 5178).

Krystalle (aus Me.); F: 93—95°. IR-Spektrum (2—14 μ): *Ya.*, l. c. S. 1087.

(*S*)-5,7-Dibrom-3-[3-brom-4-methoxy-phenäthyl]-6,8-dihydroxy-isochroman-1-on $C_{18}H_{15}Br_3O_5$, Formel IV (R = CH$_3$, X = Br) auf S. 2659.

Diese Konstitution kommt vermutlich der nachstehend beschriebenen Verbindung zu.

B. Beim Behandeln von Agrimonolid (S. 2660) mit Brom in Essigsäure und Erwärmen des erhaltenen **Dibromagrimonolids** $C_{18}H_{16}Br_2O_5$ (Krystalle [aus Acn.], F: 191°) mit Brom in Essigsäure (*Yamato*, J. pharm. Soc. Japan **78** [1958] 1086, 1088; C. A. **1959** 5178).

Krystalle (aus Acn.); F: 216°.

(±)-7-Acetyl-4,6-dihydroxy-5,5'-dimethyl-3-methylen-3*H*-spiro[benzofuran-2,1'-cyclo= pent-4'-en]-3'-on, (±)-Decarbousnol $C_{17}H_{16}O_5$, Formel VI (R = H) (E II **18** 171; E II **20** 396).

Konstitution: *Asahina, Okazaki*, J. pharm. Soc. Japan **63** [1943] 618, 624; C. A. **1951** 5146; Pr. Acad. Tokyo **19** [1943] 303; *Dean et al.*, Soc. **1953** 1250, 1253.

B. Beim Erhitzen von (±)-Usnolsäure ((±)-7-Acetyl-4,6-dihydroxy-5,5'-dimethyl-3-methylen-3'-oxo-3*H*-spiro[benzofuran-2,1'-cyclopent-4'-en]-4'-carbonsäure) mit Kupfer-Pulver und Chinolin auf 150° (*Asahina, Yanagita*, B. **70** [1937] 1500, 1505; *Asahina et al.*, J. pharm. Soc. Japan **58** [1937] 219, 235) oder mit Kupfer-Pulver unter vermindertem Druck auf 220° (*Curd, Robertson*, Soc. **1937** 894, 901).

Krystalle (nach Sublimation unter vermindertem Druck); F: 206° (*Curd, Ro.*).

(±)-4,6-Diacetoxy-7-acetyl-5,5'-dimethyl-3-methylen-3*H*-spiro[benzofuran-2,1'-cyclo= pent-4'-en]-3'-on, (±)-Di-*O*-acetyl-decarbousnol $C_{21}H_{20}O_7$, Formel VI (R = CO-CH$_3$).

B. Beim Behandeln einer Lösung von (±)-Decarbousnol (s. o.) in Pyridin mit Acetan= hydrid (*Asahina, Okazaki*, J. pharm. Soc. Japan **63** [1943] 618, 622; C. A. **1951** 5146; Pr. Acad. Tokyo **19** [1943] 303, 304).

Gelbe Krystalle (aus A.); F: 138°.

Hydroxy-oxo-Verbindungen C$_{18}$H$_{18}$O$_5$

*Opt.-inakt. 3-[3,4-Dimethoxy-phenäthyl]-3-hydroxy-5-phenyl-dihydro-furan-2-on, 2-[3,4-Dimethoxy-phenäthyl]-2,4-dihydroxy-4-phenyl-buttersäure-4-lacton $C_{20}H_{22}O_5$, Formel VII.

B. Aus (±)-2-[3,4-Dimethoxy-phenäthyl]-2-hydroxy-4-oxo-4-phenyl-buttersäure mit Hilfe von Kaliumboranat (*Cordier, Hathout*, C. r. **242** [1956] 2956).

F: 92°.

VII   VIII

Hydroxy-oxo-Verbindungen C$_{20}$H$_{22}$O$_5$

(±)-7-Hydroxy-2-[4-hydroxy-phenyl]-8-isopentyl-5-methoxy-chroman-4-on, (±)-Dihydroisoxanthohumol $C_{21}H_{24}O_5$, Formel VIII.

B. Bei der Hydrierung von (±)-Isoxanthohumol (S. 2784) an Platin (*Verzele et al.*, Bl.

Soc. chim. Belg. **66** [1957] 452, 467).

F: 125° (Hydrat); die wasserfreie Verbindung schmilzt bei 178°.

[Schindler]

Hydroxy-oxo-Verbindungen $C_{21}H_{24}O_5$

(3a$\varXi$)-4t-[7-Methoxy-hept-5t-en-1,3-diinyl]-7t-[($\varXi$)-3-methoxy-hexyl]-(3ar,7ac)-
3a,4,7,7a-tetrahydro-isobenzofuran-1,3-dion, (1$\varXi$)-3c-[7-Methoxy-hept-5t-en-1,3-diinyl]-
6c-[($\varXi$)-3-methoxy-hexyl]-cyclohex-4-en-1r,2c-dicarbonsäure-anhydrid $C_{23}H_{28}O_5$,
Formel I oder Spiegelbild.

B. Beim Erwärmen von Önanthotoxin ((+)-Heptadeca-2t,8t,10t-trien-4,6-diin-1,14-diol
[E IV **1** 2743]) mit Methyljodid und Silberoxid und Erwärmen des erhaltenen 1,14-Di‹
methoxy-heptadeca-2t,8t,10t-trien-4,6-diins ($C_{19}H_{26}O_2$; λ_{max} [A.]: 252 nm, 267 nm,
296 nm, 316 nm und 337 nm) mit Maleinsäure-anhydrid (*Anet et al.*, Soc. **1953** 309, 316,
320).

Krystalle (aus Ae. + PAe.); F: 88,5—89°. Absorptionsmaxima (A.): 241 nm, 254 nm,
268 nm und 284 nm (*Anet et al.*, l. c. S. 314).

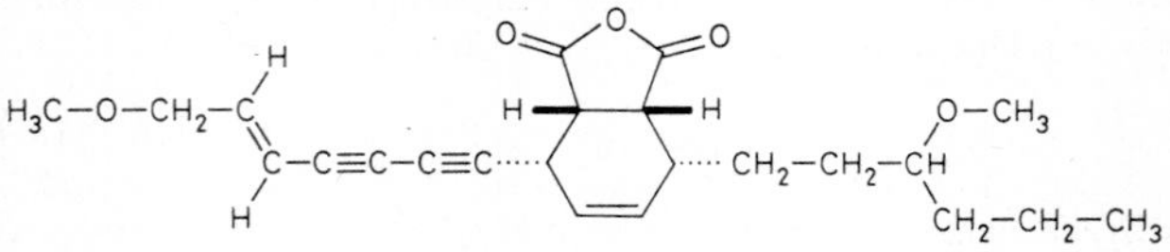

I

Hydroxy-oxo-Verbindungen $C_{22}H_{26}O_5$

(3aS)-4c-Hydroxy-6-[($\varXi$)-4-methoxy-benzyliden]-3t,4a,8c-trimethyl-(3ar,4at,7ac,9ac)-
decahydro-azuleno[6,5-b]furan-2,5-dion, (S)-2-[(3aR)-4t,6c-Dihydroxy-2-(($\varXi$)-4-meth‹
oxy-benzyliden)-3a,8t-dimethyl-3-oxo-(3ar,8at)-decahydro-azulen-5c-yl]-propionsäure-
6-lacton, (11S)-6α,8β-Dihydroxy-3-[($\varXi$)-4-methoxy-benzyliden]-4-oxo-ambrosan-
12-säure-8-lacton [1]) $C_{23}H_{28}O_5$, Formel II.

B. Beim Behandeln einer Lösung von Tetrahydrohelenalin (S. 1199) und 4-Methoxy-
benzaldehyd in Äthanol mit Chlorwasserstoff enthaltendem Äthanol (*Adams, Herz*, Am.
Soc. **71** [1949] 2554, 2557).

Krystalle (aus 2-Methoxy-äthanol + A.); F: 224°.

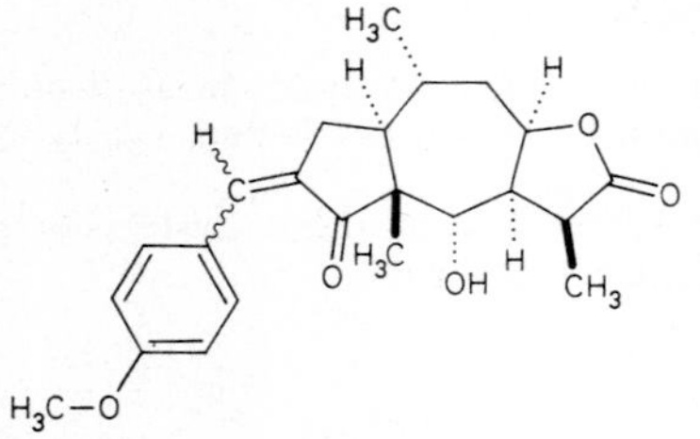

II 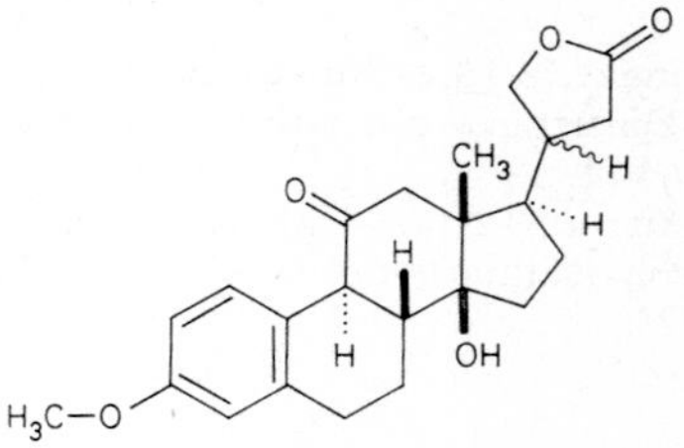   III

(20$\varXi$)-14-Hydroxy-3-methoxy-11-oxo-19-nor-14β-carda-1,3,5(10)-trienolid $C_{23}H_{28}O_5$,
Formel III.

B. Beim Behandeln von (20$\varXi$)-11α,14-Dihydroxy-3-methoxy-19-nor-14β-carda-1,3,‹
5(10)-trienolid (S. 2583) mit Chrom(VI)-oxid und Pyridin (*Turner, Meschino*, Am. Soc.
80 [1958] 4862, 4864).

Krystalle (aus Acn. + PAe.); F: 189—191° [Fisher-Johns-App.]. [α]$_D$: +182° [Acn.;
c = 1]. Absorptionsmaxima (Me.): 276 nm und 284 nm.

Beim Erhitzen mit Palladium auf 260° ist (20$\varXi$)-3-Methoxy-11-oxo-19-nor-14β(?)-carda-
1,3,5(10),6,8-pentaenolid (F: 260,5—262,5° [S. 1924]) erhalten worden.

---

[1]) Stellungsbezeichnung bei von Ambrosan abgeleiteten Namen s. E III/IV **17** 4670.

Hydroxy-oxo-Verbindungen $C_{23}H_{28}O_5$

3β,12β-Dihydroxy-19-oxo-carda-5,14,20(22)-trienolid $C_{23}H_{28}O_5$, Formel IV (R = H).

Diese Konstitution und Konfiguration kommt wahrscheinlich dem nachstehend beschriebenen, von *Kiliani* (Ar. **234** [1896] 438, 448; B. **46** [1913] 667, 671) als Antiarigenin bezeichneten **Dianhydroantiarigenin** zu (*Tschesche, Haupt*, B. **69** [1936] 1377; *Doebel et al.*, Helv. **31** [1948] 688, 697; s. a. *Juslén et al.*, Helv. **45** [1962] 2285).

B. Beim Erwärmen von α-Antiarin (3β-[6-Desoxy-β-D-gulopyranosyloxy]-5,12β,14-tri= hydroxy-19-oxo-5β,14β-card-20(22)-enolid) oder von β-Antiarin (5,12β,14-Trihydroxy-19-oxo-3β-α-L-rhamnopyranosyloxy-5β,14β-card-20(22)-enolid) mit wss.-äthanol. Salz= säure (*Ki.*, Ar. **234** 448; B. **46** 671; *Tsch.*, *Ha.*, l. c. S. 1378).

Krystalle; F: 200—205° [aus E.] (*Tsch.*, *Ha.*), 188° [aus wss. Eg.] (*Ki.*, B. **46** 671). [α]$_D^{20}$: −160,2° [Me.; c = 1] (*Tsch.*, *Ha.*).

Beim Behandeln einer Lösung in Pyridin mit Benzoylchlorid ist O^3-Benzoyl-di= anhydroantiarigenin ($C_{30}H_{32}O_6$; wahrscheinlich 3β-Benzoyloxy-12β-hydroxy-19-oxo-carda-5,14,20(22)-trienolid; Formel IV [R = CO-C_6H_5]; Krystalle [aus $CHCl_3$+ Me.], F: 249—250°) erhalten worden (*Tsch.*, *Ha.*).

IV   V

14-Hydroxy-3,6-dioxo-14β-carda-4,20(22)-dienolid $C_{23}H_{28}O_5$, Formel V.

B. Neben Xysmalogenon (S. 1657) beim Behandeln einer Lösung von Xysmalogenin (S. 1602) in Aceton mit Chrom(VI)-oxid und wss. Schwefelsäure (*Polonia et al.*, Helv. **42** [1959] 1437, 1445).

Krystalle (aus Acn. + Ae.); F: 239—243° [korr.; Zers.; Kofler-App.]. [α]$_D^{27}$: −12° [$CHCl_3$; c = 1]. UV-Spektrum (A.; 180--350 nm): *Po. et al.*, l. c. S. 1443.

14-Hydroxy-3,19-dioxo-14β-carda-4,20(22)-dienolid $C_{23}H_{28}O_5$, Formel VI.

B. Beim Behandeln einer Lösung von Strophanthidin (3β,5,14-Trihydroxy-19-oxo-5β,14β-card-20(22)-enolid) in wss. Aceton mit Sauerstoff in Gegenwart von Platin und Erhitzen des Reaktionsprodukts mit Essigsäure (*Katz*, Helv. **40** [1957] 831, 842). Beim Behandeln von Strophanthidin mit Chrom(VI)-oxid und Pyridin und Erhitzen des Reaktionsprodukts mit Essigsäure (*Oliveto et al.*, Am. Soc. **81** [1959] 2831).

Krystalle (aus E.), F: 255,4—258° [korr.; Zers.] (*Ol. et al.*); Krystalle (aus Acn. + Ae.), die bei 212—225° [korr.; Kofler-App.] (*Katz*) bzw. bei 190—210° [korr.; Kofler-App.] (*Tamm, Gubler*, Helv. **42** [1959] 239, 257) schmelzen. [α]$_D^{27}$: +147° [$CHCl_3$; c = 0,4] (*Tamm, Gu.*); [α]$_D^{25}$: +170° [$CHCl_3$ + 5% Me.] (*Katz*); [α]$_D^{20}$: +72° [Py.; c = 1] (*Ol. et al.*). IR-Spektrum ($CHCl_3$; 2,5—13 μ): *Katz*, l. c. S. 836; s. a. *Tamm, Gu*. UV-Spektrum (A.; 200—370 nm): *Katz*, l. c. S. 835.

3β-Acetoxy-(6αH,7αH)-6,7-dihydro-5β,8-ätheno-androstano[6,7-c]furan-17,2',5'-trion, 3β-Acetoxy-17-oxo-5β,8-ätheno-androstan-6β,7β-dicarbonsäure-anhydrid $C_{25}H_{30}O_6$, Formel VII.

Diese Konfiguration ist für die nachstehend beschriebene Verbindung in Betracht zu ziehen (vgl. diesbezüglich *Jones et al.*, Tetrahedron **24** [1968] 297, 298).

B. In geringer Menge beim Erhitzen von 3β-Acetoxy-17-oxo-androsta-5,7-dien mit Maleinsäure-anhydrid in Xylol (*Antonucci et al.*, J. org. Chem. **16** [1951] 1356, 1359).

Krystalle (aus wss. Eg.); F: 259—261° [unkorr.]; $[\alpha]_D^{29}$: $+28,1°$ [CHCl$_3$; c = 0,6]; $[\alpha]_{546}^{29}$: $+38,6°$ [CHCl$_3$; c = 0,6] (*An. et al.*). IR-Spektrum (Nujol; 2,7—15,7 μ): *An. et al.*, l. c. S. 1358.

VI   VII

Hydroxy-oxo-Verbindungen $C_{24}H_{30}O_5$

1-[5-Hydroxy-8-isopentyl-7-methoxy-2,2-dimethyl-chroman-6-yl]-2-[4-methoxy-phenyl]-äthanon $C_{26}H_{34}O_5$, Formel VIII (R = H).

Diese Konstitution kommt dem nachstehend beschriebenen Di-*O*-methyl-tetra=hydroosajetin zu (vgl. diesbezüglich *Wolfrom et al.*, Am. Soc. **68** [1946] 406, 411).

B. Beim Erwärmen von Di-*O*-methyl-tetrahydroosajin (6-Isopentyl-5-methoxy-3-[4-methoxy-phenyl]-8,8-dimethyl-9,10-dihydro-8*H*-pyrano[2,3-*f*]chromen-4-on mit wss.-äthanol. Natronlauge (*Wolfrom et al.*, Am. Soc. **63** [1941] 1248, 1250).

Krystalle (aus A. oder wss. Eg.); F: 87° (*Wo. et al.*, Am. Soc. **63** 1250).

Oxim $C_{26}H_{35}NO_5$. Krystalle (aus wss. A.), F: 108,5—109,5°; Krystalle (aus wss. A.) mit 1 Mol H_2O, F: 88,5—89° (*Wo. et al.*, Am. Soc. **63** 1250).

VIII   IX

1-[8-Isopentyl-5,7-dimethoxy-2,2-dimethyl-chroman-6-yl]-2-[4-methoxy-phenyl]-äthanon, Tri-*O*-methyl-tetrahydroosajetin $C_{27}H_{36}O_5$, Formel VIII (R = CH$_3$).

B. Beim Erwärmen einer Lösung von 1-[5-Hydroxy-8-isopentyl-7-methoxy-2,2-di=methyl-chroman-6-yl]-2-[4-methoxy-phenyl]-äthanon in Aceton mit Dimethylsulfat und wss. Kalilauge (*Wolfrom, Moffett*, Am. Soc. **64** [1942] 311, 313).

Krystalle (aus wss. A. oder PAe.); F: 92°.

1-[5-Acetoxy-8-isopentyl-7-methoxy-2,2-dimethyl-chroman-6-yl]-2-[4-methoxy-phenyl]-äthanon $C_{28}H_{36}O_6$, Formel VIII (R = CO-CH$_3$).

B. Beim Behandeln von 1-[5-Hydroxy-8-isopentyl-7-methoxy-2,2-dimethyl-chroman-6-yl]-2-[4-methoxy-phenyl]-äthanon mit Acetanhydrid und Pyridin (*Wolfrom et al.*, Am. Soc. **63** [1941] 1248, 1251).

Krystalle (aus wss. A.); F: 79—80°.

5-β-D-Glucopyranosyloxy-14-hydroxy-19-oxo-5β(?),14β-bufa-3,20,22-trienolid
$C_{30}H_{40}O_{10}$, vermutlich Formel IX (R = H).

Diese Konstitution und Konfiguration kommt dem nachstehend beschriebenen **Scilliglaucosid** zu (*Lichti et al.*, Helv. **56** [1973] 2083).

Isolierung aus Scilla maritima: *Stoll, Kreis*, Helv. **34** [1951] 1431, 1434, 1440, 1444, 1449; s. a. *Stoll, Renz*, Helv. **25** [1942] 43, 57 Anm. 1.

Krystalle (aus Me.); F: 164—166° [Kofler-App.]; $[\alpha]_D^{20}$: +106° [Me.; c = 0,8] (*St., Kr.*, l. c. S. 1456). UV-Spektrum (200—360 nm): *Stoll et al.*, Helv. **35** [1952] 2495, 2497. 1 g löst sich bei 20° in 300 cm³ Wasser, in 50 cm³ Aceton oder in 85 cm³ Methanol, bei Siedetemperatur in 17 cm³ Methanol (*St., Kr.*, l. c. S. 1442, 1456). Verteilung zwischen Äthylacetat und Wasser sowie zwischen Butanon und Wasser: *St., Kr.*, l. c. S. 1442, 1456.

Beim Erwärmen mit wss. Schwefelsäure sind Scilliglaucosidin (S. 2666) und 14-Hydroxy-19-oxo-14β-bufa-3,5,20,22-tetraenolid, beim Erwärmen mit wss.-äthanol. Salzsäure ist 19-Oxo-bufa-3,5,14,20,22-pentaenolid erhalten worden (*Stoll et al.*, Helv. **35** 2513, **36** [1953] 1531, 1555).

14-Hydroxy-19-oxo-5-[tetra-O-acetyl-β-D-glucopyranosyloxy]-5β(?),14β-bufa-3,20,22-trienolid $C_{38}H_{48}O_{14}$, vermutlich Formel IX (R = CO-CH₃).

B. Beim Behandeln von Scilliglaucosid (s. o.) mit Acetanhydrid und Pyridin (*Stoll et al.*, Helv. **35** [1952] 2495, 2513).

Krystalle (aus Me.); F: 154—156° und (nach Wiedererstarren) F: 199—200° [Kofler-App.] (*St. et al.*, Helv. **35** 2513).

Oxim $C_{38}H_{49}NO_{14}$; 14-Hydroxy-19-hydroxyimino-5-[tetra-O-acetyl-β-D-glucopyranosyloxy]-5β(?),14β-bufa-3,20,22-trienolid. Krystalle (aus Me.) mit 1 Mol Methanol, F: 207—208° und (nach Wiedererstarren) F: 250—252° [Zers.; Kofler-App.]; $[\alpha]_D^{20}$: +82,4° [CHCl₃; c = 0,7] (lösungsmittelfreies Präparat) (*Stoll et al.*, Helv. **36** [1953] 1531, 1549).

8,14-Dihydroxy-3-oxo-14β-bufa-4,20,22-trienolid $C_{24}H_{30}O_5$, Formel X.

B. Beim Behandeln einer Lösung von 6β-Acetoxy-8,14-dihydroxy-3-oxo-14β-bufa-4,20,22-trienolid in wss. Essigsäure mit Zink-Pulver (*v. Wartburg, Renz*, Helv. **42** [1959] 1620, 1638). Beim Erwärmen von Scillirosidin (6β-Acetoxy-3β,8,14-trihydroxy-14β-bufa-4,20,22-trienolid) mit Chlorwasserstoff enthaltendem Äthanol (*v. Wa., Renz*, l. c. S. 1642).

Krystalle (aus Acn. + Ae.); F: 257—263° [Kofler-App.]. $[\alpha]_D^{20}$: +71,7° [CHCl₃; c = 0,5]; $[\alpha]_D^{20}$: +70,6° [CHCl₃; c = 0,7]. IR-Spektrum (KBr; 2,5—16 µ): *v. Wa., Renz*, l. c. S. 1629. UV-Spektrum (Me.; 210—340 nm): *v. Wa., Renz*, l. c. S. 1623.

X   XI

14,19-Dihydroxy-3-oxo-14β-bufa-4,20,22-trienolid $C_{24}H_{30}O_5$, Formel XI.

B. Beim Erhitzen von 3β,14,19-Trihydroxy-14β-bufa-4,20,22-trienolid mit Cyclohexanon, Aluminiumisopropylat und Toluol (*Stoll et al.*, Helv. **36** [1953] 1531, 1554). Beim Behandeln von 3α,14,19-Trihydroxy-14β-bufa-4,20,22-trienolid oder von 3β,14,19-Trihydroxy-14β-bufa-4,20,22-trienolid mit wss. Aceton und mit Sauerstoff in Gegenwart von Platin (*Katz*, Helv. **40** [1957] 831, 844). Beim Behandeln von Hellebrigenol (3β,5,14,19-Tetrahydroxy-5β,14β-bufa-20,22-dienolid) mit wss. Aceton und mit Sauerstoff in Gegenwart von Platin und Erwärmen des Reaktionsprodukts mit Essigsäure (*Katz*, l. c. S. 845).

Krystalle (aus Acn. + Ae.), die bei $269-282°$ [korr.; Kofler-App.] (*Katz*) bzw. bei $272-275°$ [Kofler-App.] (*St. et al.*) schmelzen. $[\alpha]_D^{20}$: $+40°$ [Me.; c = 0,6] (*St. et al.*); $[\alpha]_D^{23}$: $+62,8°$ [$CHCl_3$ + 5% Me.]; $[\alpha]_D^{23}$: $+46,2°$ [Me.; c = 0,3]; $[\alpha]_D^{23}$: $+38,4°$ [Me.; c = 0,8] (*Katz*). IR-Spektrum (Nujol; $2,5-15$ µ): *Katz*, l. c. S. 839. UV-Spektrum (A.; $210-360$ nm): *St. et al.*, l. c. S. 1541; *Katz*, l. c. S. 835.

Semicarbazon $C_{25}H_{33}N_3O_5$; 14,19-Dihydroxy-3-semicarbazono-14β-bufa-4,20,22-trienolid. Krystalle (aus wss. Me.); Zers. oberhalb 260° (*St. et al.*). UV-Spektrum (A.; $220-360$ nm): *St. et al.*, l. c. S. 1541.

3,14-Dihydroxy-13-methyl-17-[6-oxo-6H-pyran-3-yl]-Δ⁴-tetradecahydro-cyclopenta=[a]phenanthren-10-carbaldehyd $C_{24}H_{30}O_5$.

a) **3β,14-Dihydroxy-19-oxo-14β-bufa-4,20,22-trienolid, Scilliglaucosidin** $C_{24}H_{30}O_5$, Formel XII (R = H).

Konstitution und Konfiguration: *Stoll et al.*, Helv. **36** [1953] 1531; *Lichti et al.*, Helv. **56** [1973] 2083.

Isolierung aus Zwiebeln von Bowiea volubilis: *Katz*, Helv. **40** [1957] 831, 845; s. a. *Katz*, Helv. **38** [1955] 1565, 1570.

B. Neben anderen Verbindungen beim Behandeln einer Lösung von 3β,14,19-Trihydr= oxy-14β-bufa-4,20,22-trienolid in *tert*-Butylalkohol und Chloroform mit einer Lösung von Chromsäure-di-*tert*-butylester (aus Chrom(VI)-oxid und *tert*-Butylalkohol hergestellt) in Tetrachlormethan (*Katz*, Helv. **40** [1957] 487, 491, 844). Beim Behandeln von Scilli= glaucosid (S. 2665) mit wss. Schwefelsäure (*Stoll et al.*, Helv. **35** [1952] 2495, 2514).

Krystalle (aus Acn. + Ae.); F: $245-248°$ [Zers.; Kofler-App.] (*St. et al.*, Helv. **35** 2513, **36** 1548). $[\alpha]_D^{20}$: $+78,0°$ [$CHCl_3$ + 2% Me.]; $[\alpha]_D^{20}$: $+49,5°$ [Me.; c = 0,6] (*St. et al.*, Helv. **35** 2514, **36** 1548). IR-Spektrum (Nujol; $2-16$ µ): *St. et al.*, Helv. **36** 1533. UV-Spektrum ($220-360$ nm): *St. et al.*, Helv. **35** 2501.

Beim Erwärmen mit Aluminiumisopropylat in Isopropylalkohol sind 3β,14,19-Tri= hydroxy-14β-bufa-4,20,22-trienolid und Anhydroscilliglaucosidin-19-ol ($C_{24}H_{30}O_4$; Krystalle [aus Acn. + Ae.], F: $183-185°$ [Kofler-App.]; $[\alpha]_D^{20}$: $-70,6°$ [Me.]) erhalten worden (*St. et al.*, Helv. **36** 1537, 1552).

Oxim $C_{24}H_{31}NO_5$; 3β,14-Dihydroxy-19-hydroxyimino-14β-bufa-4,20,22-tri= enolid. Krystalle (aus wss. Me.); F: $249-252°$ [Zers.; Kofler-App.] (*St. et al.*, Helv. **36** 1550).

Semicarbazon $C_{25}H_{33}N_3O_5$; 3β,14-Dihydroxy-19-semicarbazono-14β-bufa-4,20,22-trienolid. Krystalle (aus wss. Me.), Zers. oberhalb 210°; $[\alpha]_D^{20}$: $+57,1°$ [Me.; c = 0,6] (*St. et al.*, Helv. **36** 1550). UV-Spektrum (A.; $210-360$ nm): *St. et al.*, Helv. **36** 1540.

XII

XIII

b) **3α,14-Dihydroxy-19-oxo-14β-bufa-4,20,22-trienolid**, Pseudoscilliglaucosidin, 3-Epi-scilliglaucosidin $C_{24}H_{30}O_5$, Formel XIII.

Konstitution und Konfiguration: *Lichti et al.*, Helv. **56** [1973] 2083.

B. Neben anderen Verbindungen beim Behandeln von Scilliglaucosid (S. 2665) mit wss. Schwefelsäure (*Stoll et al.*, Helv. **36** [1953] 1531, 1532).

Krystalle (aus Acn. + Ae.), F: $200-209°$ [Kofler-App.]; $[\alpha]_D^{20}$: $+135,5°$ [$CHCl_3$] (*St. et al.*).

3β-Acetoxy-14-hydroxy-19-oxo-14β-bufa-4,20,22-trienolid, O^3-Acetyl-scilliglaucos=idin $C_{26}H_{32}O_6$, Formel XII (R = CO-CH₃).

B. Beim Behandeln von Scilliglaucosidin (S. 2666) mit Acetanhydrid und Pyridin (*Stoll et al.*, Helv. **35** [1952] 2495, 2514).

Krystalle; F: 226—228° [Kofler-App.; aus Acn. + Pentan] (*Lichti, v. Wartburg*, Helv. **43** [1960] 1666, 1679), 224—227° [Kofler-App.; aus Me.] (*Stoll et al.*, Helv. **35** 2514, **36** [1953] 1531, 1549). [α]$_D^{20}$: +30,6° [CHCl₃; c = 0,4] (*Li., v. Wa.*); [α]$_D^{21}$: +40,7° [CHCl₃; c = 0,8] (*St. et al.*, Helv. **35** 2514, **36** 1549).

3β,5-Dihydroxy-19-oxo-5β-bufa-14,20,22-trienolid, Anhydrohellebrigenin $C_{24}H_{30}O_5$, Formel XIV (R = H).

B. Neben Hellebrigenin (3β,5,14-Trihydroxy-19-oxo-5β,14β-bufa-20,22-dienolid) beim Behandeln einer Suspension von 5,14-Dihydroxy-19-oxo-3β-α-L-rhamnopyranosyloxy-5β,14β-bufa-20,22-dienolid in Aceton mit konz. wss. Salzsäure und Erwärmen des von Aceton befreiten Reaktionsgemisches mit wss. Methanol (*Schmutz*, Helv. **32** [1949] 1442, 1447, 1448).

Krystalle (aus Acn. + Ae.); F: 206—209° [korr.; Kofler-App.]. [α]$_D^{20}$: +25,7° [Acn.; c = 1].

XIV   XV

3β-Acetoxy-5-hydroxy-19-oxo-5β-bufa-14,20,22-trienolid, O^3-Acetyl-anhydro=hellebrigenin $C_{26}H_{32}O_6$, Formel XIV (R = CO-CH₃).

B. Beim Behandeln von Anhydrohellebrigenin (s. o.) mit Acetanhydrid und Pyridin (*Schmutz*, Helv. **32** [1949] 1442, 1448).

Krystalle (aus Acn. + Ae.); F: 108—112° [korr.; Kofler-App.] und F: 218—221° [korr.; Kofler-App.]. [α]$_D^{17}$: +26,1° [CHCl₃; c = 1]; [α]$_D^{18}$: +25,6° [CHCl₃; c = 0,6].

14-Hydroxy-3,11-dioxo-5β,14β-bufa-20,22-dienolid, Gamabufotalon $C_{24}H_{30}O_5$, Formel XV.

B. Beim Behandeln einer Lösung von Gamabufotalin (S. 2554) in Essigsäure mit Chrom(VI)-oxid und wss. Schwefelsäure (*Kotake, Kubota*, Scient. Pap. Inst. phys. chem. Res. **34** [1938] 824, 828).

Krystalle (aus Acn.); F: 252°.

Hydroxy-oxo-Verbindungen $C_{25}H_{32}O_5$

3β,6'-Diacetoxy-(16ξH,3'aξH,7'aξH)-16,3'a,7',7'a-tetrahydro-androst-5-eno[16,17-e]iso=benzofuran-1',3'-dion, 3β,20-Diacetoxy-16ξ,24-cyclo-21-nor-chola-5,17(20)t-dien-23ξ,24ξ-dicarbonsäure-anhydrid $C_{29}H_{36}O_7$, Formel I.

B. Beim Erwärmen von 3β,20-Diacetoxy-pregna-5,16,20-trien mit Maleinsäure-anhydrid in Benzol (*Searle & Co.*, U.S.P. 2753343, 2753359 [1955]).

Krystalle (aus Bzl. + Cyclohexan); F: 241—243°.

3β-Acetoxy-(6αH,7αH)-6,7-dihydro-5β,8-ätheno-pregnano[6,7-c]furan-20,2',5'-trion,
3β-Acetoxy-20-oxo-5β,8-ätheno-pregnan-6β,7β-dicarbonsäure-anhydrid $C_{27}H_{34}O_6$, Formel II.

Bezüglich der Konfiguration s. *Jones et al.*, Tetrahedron **24** [1968] 297, 298.

B. Beim Erhitzen von 3β-Acetoxy-20-oxo-pregna-5,7-dien mit Maleinsäure-anhydrid in Xylol (*Antonucci et al.*, J. org. Chem. **16** [1951] 1356, 1360). Beim Behandeln einer Suspension von 3β,21ξ-Diacetoxy-5β,8-ätheno-23,24-dinor-chol-20-en-6β,7β-dicarbon=säure-anhydrid (F: 189—190° [S. 2669]) in Essigsäure mit Ozon, anschliessenden Behandeln mit Zink-Pulver und wss. Silbernitrat-Lösung und Behandeln einer Lösung des Reaktionsprodukts in Essigsäure mit Chrom(VI)-oxid (*Bergmann, Stevens*, J. org. Chem. **13** [1948] 10, 11, 18; s. dazu *An. et al.*, l. c. S. 1357).

Krystalle (aus Eg.); F: 292—293° [unkorr.] (*An. et al.*), 287° [korr.] (*Be., St.*). [α]$_D^{29}$: +19,4°; [α]$_D^{30}$: +20,5°; [α]$_{546}^{29}$: +28,6°; [α]$_{546}^{30}$: +28,1° [jeweils in CHCl$_3$; c = 1] (*An. et al.*). IR-Spektrum (Nujol; 2,7—15,7 μ): *An. et al.*, l. c. S. 1358. Absorptionsmaxima einer Lösung in konz. Schwefelsäure: 240 nm, 261 nm, 309 nm und 403 nm (*Bernstein, Lenhard*, J. org. Chem. **18** [1953] 1146, 1160).

I   II

Hydroxy-oxo-Verbindungen $C_{26}H_{34}O_5$

3β-Acetoxy-23-methyl-20-oxo-21-nor-chola-5,23-dien-22ξ,24c-dicarbonsäure-anhydrid
$C_{28}H_{36}O_6$, Formel III, und Tautomere.

B. Beim Behandeln einer Lösung von 3β-Acetoxy-androst-5-en-17β-carbonylchlorid in Chloroform mit 3-Methyl-*cis*-pentendisäure-anhydrid und Pyridin (*Warner & Co.*, U.S.P. 2514325, 2515901 [1947]).

Krystalle (aus Ae. + Pentan); F: ca. 165° und (nach Wiedererstarren bei weiterem Erhitzen) F: 223—225° (*Warner & Co.*, U.S.P. 2514325).

III   IV

3β-Acetoxy-2′,5′-dioxo-(6αH,7αH)-6,7,2′,5′-tetrahydro-5β,8-ätheno-23,24-dinor-cholano=[6,7-c]furan-22-al, 3β-Acetoxy-22-oxo-5β,8-ätheno-23,24-dinor-cholan-6β,7β-dicarbon=säure-anhydrid, 3β-Acetoxy-20β_F-methyl-21-oxo-5β,8-ätheno-pregnan-6β,7β-dicarbon=säure-anhydrid $C_{28}H_{36}O_6$, Formel IV.

Über die Konfiguration s. *Jones et al.*, Tetrahedron **24** [1968] 297, 298.

B. Beim Behandeln einer Suspension von 3β-Acetoxy-5β,8-ätheno-ergost-22t-en-6β,7β-dicarbonsäure-anhydrid in Essigsäure mit Ozon und anschliessend mit Zink-Pulver und mit wss. Silbernitrat-Lösung (*Bergmann, Stevens*, J. org. Chem. **13** [1948] 10, 16).

Krystalle (aus E. + PAe.); F: 206—208° [korr.]; [α]$_D^{25}$: −15,4° [CHCl$_3$; c = 1] (*Be., St.*).

2,4-Dinitro-phenylhydrazon $C_{34}H_{40}N_4O_9$; 3β-Acetoxy-22-[2,4-dinitro-phenylhydrazono]-5β,8-ätheno-23,24-dinor-cholan-6β,7β-dicarbonsäure-anhydrid. Krystalle (aus E.); F: 246° [korr.] (*Be., St.*, l. c. S. 17).

3β,21ξ-Diacetoxy-(6αH,7αH)-6,7-dihydro-5β,8-ätheno-23,24-dinor-chol-20-eno=
[6,7-c]furan-2',5'-dion, 3β,21ξ-Diacetoxy-5β,8-ätheno-23,24-dinor-chol-20-en-
6β,7β-dicarbonsäure-anhydrid, 3β,21ξ-Diacetoxy-20-methyl-5β,8-ätheno-pregn-20-en-
6β,7β-dicarbonsäure-anhydrid $C_{30}H_{38}O_7$, Formel V.
Konstitution: *Antonucci et al.*, J. org. Chem. **16** [1951] 1356, 1357.
B. Beim Erhitzen der im vorangehenden Artikel beschriebenen Verbindung mit Acet=
anhydrid und Natriumacetat (*Bergmann, Stevens*, J. org. Chem. **13** [1948] 10, 18).
Krystalle (aus E. + PAe.); F: 189—190° [korr.] (*Be., St.*).

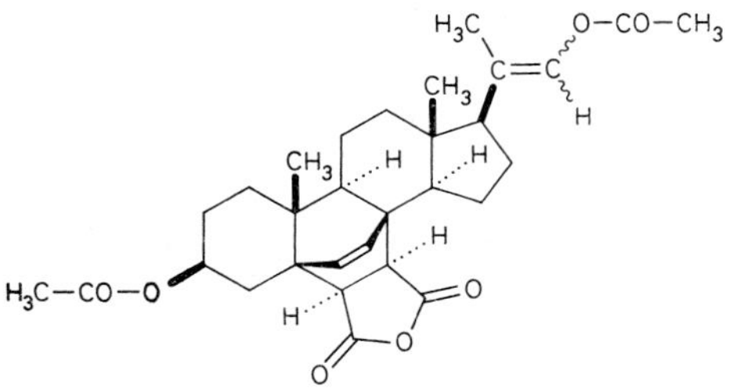

V

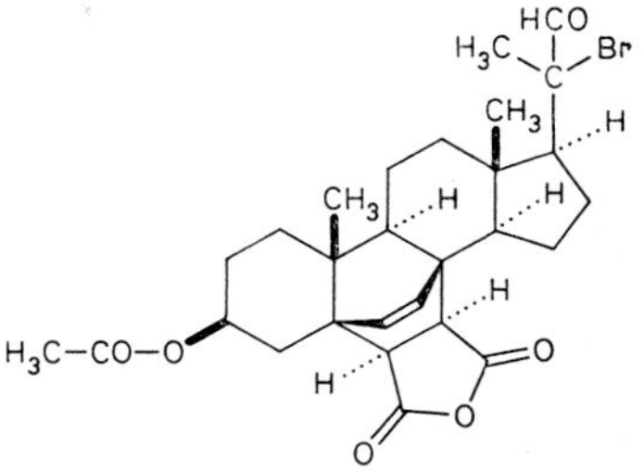

VI

3β-Acetoxy-20-brom-2',5'-dioxo-(6αH,7αH,20ξH)-6,7,2',5'-tetrahydro-5β,8-ätheno-
23,24-dinor-cholano[6,7-c]furan-21-al, 3β-Acetoxy-20-brom-21-oxo-5β,8-ätheno-23,24-di=
nor-20ξH-cholan-6β,7β-dicarbonsäure-anhydrid, 3β-Acetoxy-20-brom-20ξ-methyl-21-oxo-
5β,8-ätheno-pregnan-6β,7β-dicarbonsäure-anhydrid $C_{28}H_{35}BrO_6$, Formel VI.
B. Beim Behandeln von 3β-Acetoxy-22-oxo-5β,8-ätheno-23,24-dinor-cholan-6β,7β-di=
carbonsäure-anhydrid mit Brom in Essigsäure unter Bestrahlung mit Sonnenlicht
(*Bergmann, Stevens*, J. org. Chem. **13** [1948] 10, 18).
Krystalle (aus E. + PAe.); F: 180° [korr.].

Hydroxy-oxo-Verbindungen $C_{30}H_{42}O_5$

(23R)-23-Hydroxy-3α-methoxy-7,11-dioxo-lanosta-8,24c-dien-26-säure-lacton $C_{31}H_{44}O_5$,
Formel VII.
Über die Konstitution und Konfiguration s. *Uyeo et al.*, Tetrahedron **24** [1968] 2859,
2864.
B. Beim Erwärmen von Abieslacton (S. 563) mit Chrom(VI)-oxid und Essigsäure
(*Takahashi*, J. pharm. Soc. Japan **58** [1938] 888, 899; dtsch. Ref. S. 273, 274; C. A.
1939 2142; *Uyeo et al.*, l. c. S. 2877).
Gelbe Krystalle (aus Me.); F: 218—221° (*Ta.*), 215—216° [unkorr.] (*Uyeo et al.*).
$[\alpha]_D^{18}$: +3,2° [CHCl$_3$; c = 1] (*Uyeo et al.*).

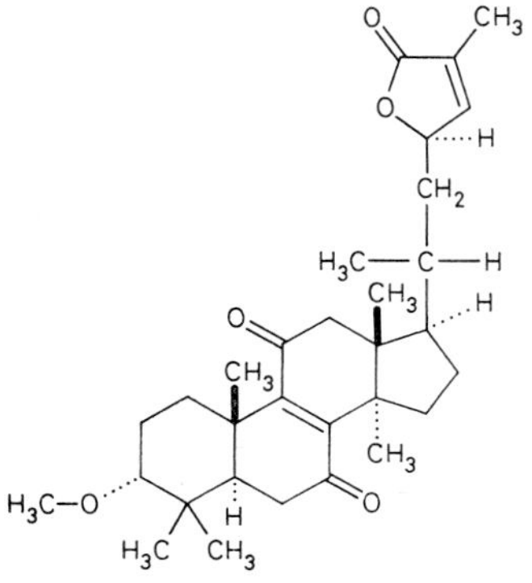

VII

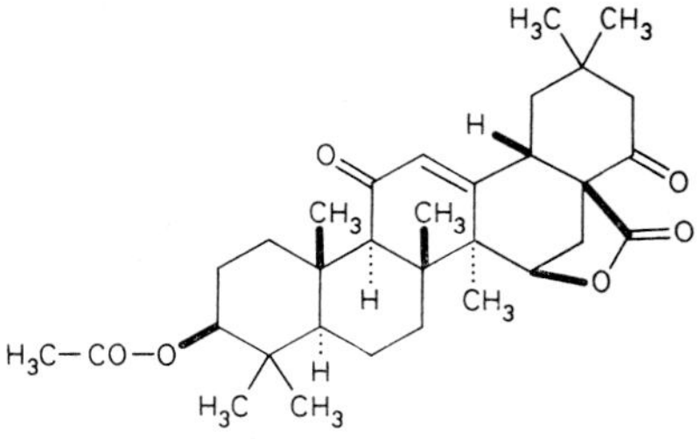

VIII

3β-Acetoxy-15β-hydroxy-11,22-dioxo-olean-12-en-28-säure-lacton [1] $C_{32}H_{44}O_6$,
Formel VIII.

B. Beim Behandeln einer Lösung von 3β-Acetoxy-15β,22α-dihydroxy-11-oxo-olean-
12-en-28-säure-15-lacton in Aceton mit Chrom(VI)-oxid und wss. Schwefelsäure (*Djerassi
et al.*, Am. Soc. **78** [1956] 5685, 5690).

Krystalle (aus Me.); F: 321—327° [Kofler-App.]. $[\alpha]_D$: —27° [CHCl₃].

[Mischon]

Hydroxy-oxo-Verbindungen $C_nH_{2n-20}O_5$

Hydroxy-oxo-Verbindungen $C_{14}H_8O_5$

3,9-Diacetoxy-dibenz[c,e]oxepin-5,7-dion, 4,4′-Diacetoxy-diphensäure-anhydrid $C_{18}H_{12}O_7$,
Formel I (R = CO-CH₃).

B. Beim Erhitzen von 4,4′-Dihydroxy-diphensäure mit Acetanhydrid (*Patel et al.*,
J. Am. pharm. Assoc. **46** [1957] 51, 52).

Krystalle (aus Toluol); F: 216—219° [korr.].

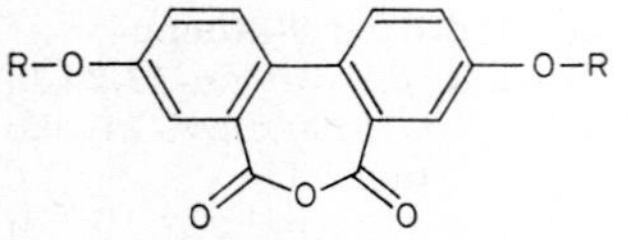

I 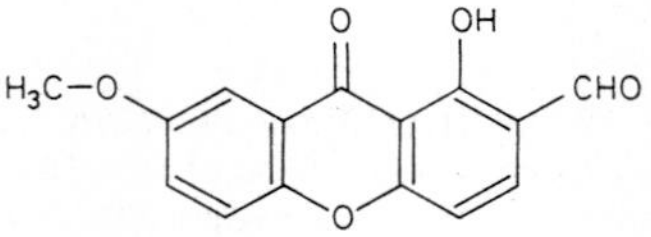   II 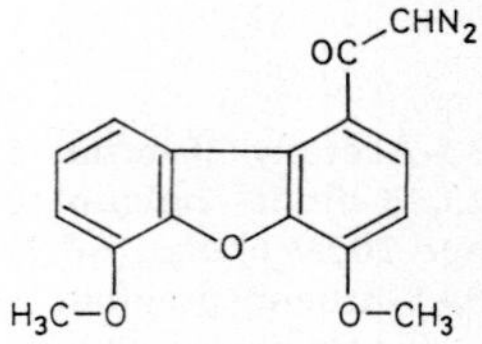   III

1-Hydroxy-7-methoxy-9-oxo-xanthen-2-carbaldehyd $C_{15}H_{10}O_5$, Formel II.

B. Beim Erwärmen von 1-Hydroxy-7-methoxy-xanthen-9-on mit Hexamethylen=
tetramin und Essigsäure und anschliessend mit wss. Salzsäure (*Philbin et al.*, Soc. **1956**
4455, 4457).

Gelbe Krystalle (aus Bzl. oder E.); F: 203—204°.

Phenylhydrazon $C_{21}H_{16}N_2O_4$. Orangefarbene Krystalle; F: 198—200°.

**1-Diazoacetyl-4,6-dimethoxy-dibenzofuran, 2-Diazo-1-[4,6-dimethoxy-dibenzofuran-
1-yl]-äthanon** $C_{16}H_{12}N_2O_4$, Formel III.

B. Beim Behandeln von 4,6-Dimethoxy-dibenzofuran-1-carbonylchlorid mit Diazo=
methan in Äther (*Gilman, Cheney*, Am. Soc. **61** [1939] 3149, 3155).

Gelbliche Krystalle; F: 151° [Zers.].

Hydroxy-oxo-Verbindungen $C_{15}H_{10}O_5$

5,6-Dihydroxy-2-[4-methoxy-phenyl]-chromen-7-on, Carajuron $C_{16}H_{12}O_5$, Formel IV
(R = H), und Tautomere (E II **17** 265).

B. Beim Behandeln von 5,6,7-Trihydroxy-2-[4-methoxy-phenyl]-chromenylium-chlorid
mit wss. Natriumacetat-Lösung (*Ponniah, Seshadri*, Pr. Indian Acad. [A] **39** [1954]
43, 51).

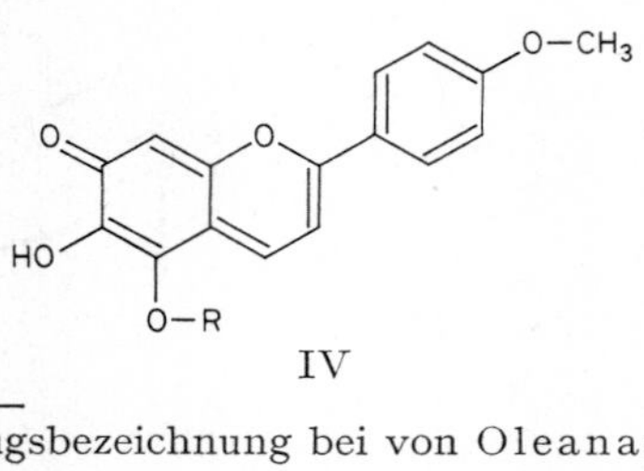

IV 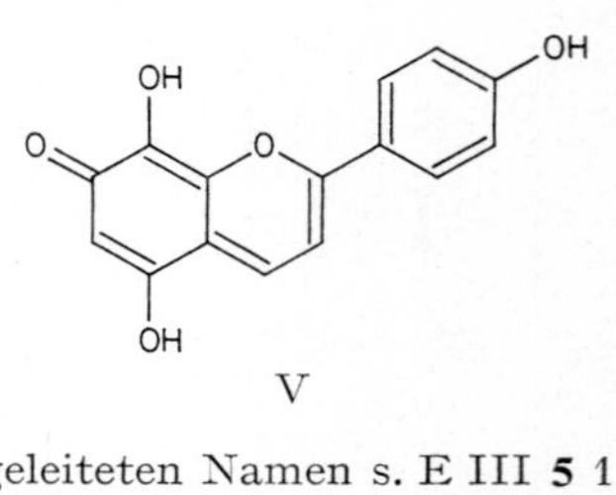   V

---

[1]) Stellungsbezeichnung bei von Oleanan abgeleiteten Namen s. E III **5** 1341.

6-Hydroxy-5-methoxy-2-[4-methoxy-phenyl]-chromen-7-on, Carajurin $C_{17}H_{14}O_5$,
Formel IV (R = CH_3), und Tautomeres (E II **17** 265).

B. Beim Erwärmen von 6,7-Dihydroxy-5-methoxy-2-[4-methoxy-phenyl]-chromen≠
ylium-chlorid mit Wasser und Benzol (*Ponniah, Seshadri*, Pr. Indian Acad. [A] **38**
[1953] 77, 82).

Rote Krystalle (aus Bzl. + PAe.); F: 200° [Zers.].

5,8-Dihydroxy-2-[4-hydroxy-phenyl]-chromen-7-on, Isocarajuretin $C_{15}H_{10}O_5$,
Formel V, und Tautomere.

B. Beim Behandeln von 5,7,8-Trihydroxy-2-[4-hydroxy-phenyl]-chromenylium-jodid
mit wss. Natriumacetat-Lösung (*Ponniah, Seshadri*, Pr. Indian Acad. [A] **38** [1953]
288, 292).

Bräunliche Krystalle (aus E.); F: 239—240° [Zers.].

5,6,7-Trihydroxy-2-phenyl-chromen-4-on, Baicalein $C_{15}H_{10}O_5$, Formel VI (R = X = H)
(E I 396; E II 172).

Isolierung aus der Rinde von Oroxylum indicum: *Shah et al.*, Soc. **1938** 1555, 1557;
Bose, Bhattacharya, J. Indian chem. Soc. **15** [1938] 311, 313.

B. Beim Erwärmen von 6,7-Dihydroxy-5-methoxy-2-phenyl-chromen-4-on mit wss.
Salzsäure (*Schönberg et al.*, Am. Soc. **77** [1955] 5390). Beim Erhitzen von 5,6-Di≠
hydroxy-7-methoxy-2-phenyl-chromen-4-on mit wss. Jodwasserstoffsäure und Acet≠
anhydrid (*Iyer, Venkataraman*, Pr. Indian Acad. [A] **37** [1953] 629, 641). Beim Erhitzen
von Wogonin [5,7-Dihydroxy-8-methoxy-2-phenyl-chromen-4-on (S. 2676)] (*Hattori*, B. **72**
[1939] 1914, 1916) oder von 7-Hydroxy-5,8-dimethoxy-2-phenyl-chromen-4-on (*Shah et al.*,
l. c. S. 1556, 1558) mit wss. Jodwasserstoffsäure und Acetanhydrid auf 150°. Beim Er≠
hitzen von 5,6,7-Trimethoxy-2-phenyl-chromen-4-on mit wss. Jodwasserstoffsäure und
Acetanhydrid auf 140° (*Sastri, Seshadri*, Pr. Indian Acad. [A] **23** [1946] 262, 269;
Oliverio, Bargellini, G. **78** [1948] 372, 380).

Hellgelbe Krystalle (aus Xylol); F: 265—266° (*Mehta, Mehta*, J. Indian chem. Soc.
36 [1959] 46). Polarographie: *Oshima et al.*, J. agric. chem. Soc. Japan **27** [1953] 98;
C. A. **1955** 16340.

6,7-Dihydroxy-5-methoxy-2-phenyl-chromen-4-on $C_{16}H_{12}O_5$, Formel VI (R = CH_3,
X = H).

B. Beim Behandeln von 7-Hydroxy-5-methoxy-4-oxo-2-phenyl-4*H*-chromen-6-carb≠
aldehyd mit wss. Natronlauge und mit wss. Wasserstoffperoxid (*Schönberg et al.*,
Am. Soc. **77** [1955] 5390).

Gelbe Krystalle (aus A.); F: 223—224° [unkorr.].

5,7-Dihydroxy-6-methoxy-2-phenyl-chromen-4-on, Oroxylin-A $C_{16}H_{12}O_5$, Formel VII
(R = X = H).

Über die Konstitution s. *Shah et al.*, Soc. **1936** 591.

Isolierung aus der Rinde der Wurzeln von Oroxylum indicum: *Shah et al.; Row et al.*,
Pr. Indian Acad. [A] **28** [1948] 189, 191.

B. Beim Erwärmen von 7-Benzyloxy-5,6-dimethoxy-2-phenyl-chromen-4-on mit Brom≠
wasserstoff in Essigsäure (*Murti, Seshadri*, Pr. Indian Acad. [A] **29** [1949] 1, 6).

Gelbe Krystalle (aus A.); F: 219—220° (*Row et al.; Mu., Se.*).

5,6-Dihydroxy-7-methoxy-2-phenyl-chromen-4-on $C_{16}H_{12}O_5$, Formel VIII (R = X = H).

B. Beim Behandeln von 6-Hydroxy-5,7-dimethoxy-2-phenyl-chromen-4-on mit Alu≠
miniumchlorid in Nitrobenzol und Erwärmen des Reaktionsprodukts mit Essigsäure
und wss. Salzsäure (*Sastri, Seshadri*, Pr. Indian Acad. [A] **23** [1946] 273, 275). Beim
Erwärmen von 8-Amino-5-hydroxy-7-methoxy-2-phenyl-chromen-4-on mit wss. Salz≠
säure (*Iyer, Venkataraman*, Pr. Indian Acad. [A] **37** [1953] 629, 640).

Gelbe Krystalle (aus A.); F: 219—220° (*Sa., Se.*), 219° (*Iyer, Ve.*).

6-Hydroxy-5,7-dimethoxy-2-phenyl-chromen-4-on $C_{17}H_{14}O_5$, Formel VIII (R = CH_3,
X = H).

B. Beim Erhitzen von 1-[3,6-Dihydroxy-2,4-dimethoxy-phenyl]-äthanon mit Benzoe≠

säure-anhydrid und Natriumbenzoat unter vermindertem Druck auf 180° und anschliessenden Erwärmen mit wss.-äthanol. Kalilauge (*Sastri, Seshadri*, Pr. Indian Acad.
[A] **23** [1946] 273, 274).

Gelbliche Krystalle (aus A.); F: 212—213°.

5-Hydroxy-6,7-dimethoxy-2-phenyl-chromen-4-on $C_{17}H_{14}O_5$, Formel VIII (R = H,
X = CH_3) (E I 396; E II 172; dort als 5-Oxy-6,7-dimethoxy-flavon bezeichnet).

B. Beim Erwärmen von 5,6,7-Trihydroxy-2-phenyl-chromen-4-on mit Dimethylsulfat,
Kaliumcarbonat und Aceton (*Murti et al.*, Pr. Indian Acad. [A] **26** [1947] 182, 183).
Aus 5,7-Dihydroxy-6-methoxy-2-phenyl-chromen-4-on beim Behandeln einer Lösung in
Aceton mit Diazomethan in Äther sowie beim Erwärmen mit Dimethylsulfat und wss.
Alkalilauge (*Shah et al.*, Soc. **1936** 591).

Gelbliche Krystalle (aus A + wenig Eg.); F: 156—157° (*Mu. et al.*).

Verbindung mit Hexachloroplatin(IV)-säure $2C_{17}H_{14}O_5 \cdot H_2PtCl_6$; 4,5-Dihydr=
oxy-6,7-dimethoxy-2-phenyl-chromenylium-hexachloroplatinat(IV)
$[C_{17}H_{15}O_5]_2PtCl_6$. Gelbe Krystalle (aus Eg. + wss. Salzsäure); F: 185—187° [Zers.]
(*Shah et al.*).

VI   VII   VIII

5,6,7-Trimethoxy-2-phenyl-chromen-4-on, Tri-*O*-methyl-baicalein $C_{18}H_{16}O_5$,
Formel VIII (R = X = CH_3).

Die früher (s. E I **18** 396) unter dieser Konstitution beschriebene Verbindung ist als
5,7,8-Trimethoxy-2-phenyl-chromen-4-on zu formulieren (*McCusker et al.*, Soc. **1963**
2374).

B. Beim Erhitzen von 6'-Hydroxy-2',3',4'-trimethoxy-*trans*(?)-chalkon (F: 104°) mit
Selendioxid in Isoamylalkohol (*Oliverio, Bargellini*, G. **78** [1948] 372, 380). Beim Erhitzen von 1-[6-Hydroxy-2,3,4-trimethoxy-phenyl]-3-phenyl-propan-1,3-dion (E III **8**
4268) mit Essigsäure und Natriumacetat (*Sastri, Seshadri*, Pr. Indian Acad. [A] **23**
[1946] 262, 269). Aus 5,6,7-Trihydroxy-2-phenyl-chromen-4-on beim Behandeln einer
Lösung in Methanol mit Diazomethan in Äther (*Hattori*, Acta phytoch. Tokyo **5** [1930/31]
99, 107; *Bose, Bhattacharya*, J. Indian chem. Soc. **15** [1938] 311, 314; s. a. *Mehta, Mehta*,
J. Indian chem. Soc. **36** [1959] 46), beim Erwärmen mit Methyljodid, Kaliumcarbonat
und Aceton (*Schönberg et al.*, Am. Soc. **77** [1955] 5390) sowie beim Behandeln mit
Dimethylsulfat und wss. Natronlauge (*Ha.*). Beim Erwärmen von 6-Hydroxy-5,7-di=
methoxy-2-phenyl-chromen-4-on mit Dimethylsulfat, Kaliumcarbonat und Aceton
(*Sastri, Seshadri*, Pr. Indian Acad. [A] **23** [1946] 273, 275).

Krystalle; F: 168—169° [aus A.] (*Ol., Ba.*), 165—167° [unkorr.; aus A.] (*Sch.*), 166°
[aus wss. A.] (*Iyer, Venkataraman*, Pr. Indian Acad. [A] **37** [1953] 629, 640). Schmelzdiagramm des Systems mit 2-Phenyl-chromen-4-on: *Asahina, Yokoyama*, Bl. chem.
Soc. Japan **10** [1935] 135.

5,7-Diäthoxy-6-methoxy-2-phenyl-chromen-4-on $C_{20}H_{20}O_5$, Formel VII
(R = X = C_2H_5).

B. Aus 1-[2,4-Diäthoxy-6-hydroxy-3-methoxy-phenyl]-äthanon (E III **8** 3988) beim
Erhitzen mit Benzoesäure-anhydrid und Natriumbenzoat unter vermindertem Druck
auf 180°, anschliessenden Erwärmen mit äthanol. Kalilauge und Erwärmen des Reak-
tionsprodukts mit Diäthylsulfat, Kaliumcarbonat und Aceton (*Row et al.*, Pr. Indian
Acad. [A] **28** [1948] 189, 195) sowie beim Erhitzen mit Benzoylchlorid und Pyridin,
Erwärmen des Reaktionsprodukts mit Natriumamid und Toluol und Erhitzen des danach
erhaltenen Reaktionsprodukts mit Acetanhydrid und Natriumacetat (*Row et al.*, l. c.
S. 196). Beim Erwärmen von 5,7-Dihydroxy-6-methoxy-2-phenyl-chromen-4-on mit
Aceton, Diäthylsulfat und Kaliumcarbonat (*Row et al.*, l. c. S. 194).

Krystalle (aus wss. A.); F: 115—116°.

7-Benzyloxy-5,6-dimethoxy-2-phenyl-chromen-4-on $C_{24}H_{20}O_5$, Formel VII (R = CH_3, X = CH_2-C_6H_5).

B. Beim Erhitzen von 1-[4-Benzyloxy-3,6-dihydroxy-2-methoxy-phenyl]-äthanon mit Benzoesäure-anhydrid und Natriumbenzoat unter vermindertem Druck, anschliessenden Erwärmen mit wss.-äthanol. Natronlauge und Erwärmen des Reaktionsprodukts mit Dimethylsulfat, Aceton und Kaliumcarbonat (*Murti, Seshadri*, Pr. Indian Acad. [A] **29** [1949] 1, 6).

Krystalle (aus A.); F: 168—169°.

5-Acetoxy-6,7-dimethoxy-2-phenyl-chromen-4-on $C_{19}H_{16}O_6$, Formel VIII (R = CO-CH_3, X = CH_3).

B. Beim Behandeln von 5-Hydroxy-6,7-dimethoxy-2-phenyl-chromen-4-on mit Acetanhydrid und Natriumacetat (*Shah et al.*, Soc. **1936** 591).

Krystalle (aus A.); F: 130—131°.

6-Acetoxy-5,7-dimethoxy-2-phenyl-chromen-4-on $C_{19}H_{16}O_6$, Formel VIII (R = CH_3, X = CO-CH_3).

B. Beim Erhitzen von 6-Hydroxy-5,7-dimethoxy-2-phenyl-chromen-4-on mit Acetanhydrid und Natriumacetat (*Sastri, Seshadri*, Pr. Indian Acad. [A] **23** [1946] 273, 275).

Krystalle (aus wss. Eg.); F: 218—219°.

5,6-Diacetoxy-7-methoxy-2-phenyl-chromen-4-on $C_{20}H_{16}O_7$, Formel VIII (R = X = CO-CH_3).

B. Beim Erhitzen von 5,6-Dihydroxy-7-methoxy-2-phenyl-chromen-4-on mit Acetanhydrid und Natriumacetat (*Sastri, Seshadri*, Pr. Indian Acad. [A] **23** [1946] 273, 276; *Iyer, Venkataraman*, Pr. Indian Acad. [A] **37** [1953] 629, 640).

Krystalle (aus E. bzw. A.); F: 239—240° (*Sa., Se.; Iyer, Ve.*).

5,7-Diacetoxy-6-methoxy-2-phenyl-chromen-4-on $C_{20}H_{16}O_7$, Formel VII (R = X = CO-CH_3).

B. Beim Erhitzen von 5,7-Dihydroxy-6-methoxy-2-phenyl-chromen-4-on mit Acetanhydrid und Natriumacetat (*Row et al.*, Pr. Indian Acad. [A] **28** [1948] 189, 192; *Shah et al.*, Soc. **1936** 591).

Krystalle (aus A.); F: 139—140° (*Row et al.*), 131—132° (*Shah et al.*).

5,6,7-Triacetoxy-2-phenyl-chromen-4-on, Tri-O-acetyl-baicalein $C_{21}H_{16}O_8$, Formel VI (R = X = CO-CH_3) (E I 396; E II 172).

B. Beim Erhitzen von 5,6,7-Trihydroxy-2-phenyl-chromen-4-on mit Acetanhydrid und Natriumacetat (*Sastri, Seshadri*, Pr. Indian Acad. [A] **23** [1946] 262, 270; *Oliverio, Bargellini*, G. **78** [1948] 372, 381).

Krystalle (aus E.); F: 194—195° (*Sa., Se.*).

7-Benzoyloxy-5-hydroxy-6-methoxy-2-phenyl-chromen-4-on $C_{23}H_{16}O_6$, Formel VII (R = H, X = CO-C_6H_5).

B. Beim Behandeln von 5,7-Dihydroxy-6-methoxy-2-phenyl-chromen-4-on mit Benzoylchlorid und Pyridin (*Shah et al.*, Soc. **1936** 591).

Gelbliche Krystalle (aus A.); F: 210°.

5-Benzoyloxy-6,7-dimethoxy-2-phenyl-chromen-4-on $C_{24}H_{18}O_6$, Formel VIII (R = CO-C_6H_5, X = CH_3).

B. Beim Behandeln von 5-Hydroxy-6,7-dimethoxy-2-phenyl-chromen-4-on mit Benzoylchlorid und Pyridin (*Shah et al.*, Soc. **1936** 591).

Krystalle (aus Acn.); F: 206—207°.

6-ξ-D-Glucopyranosyloxy-5,7-dihydroxy-2-phenyl-chromen-4-on $C_{21}H_{20}O_{10}$, Formel IX (R = H).

Diese Konstitution und Konfiguration kommt dem nachstehend beschriebenen **Tetuin** zu.

Isolierung aus Samen von Oroxylum indicum: *Mehta, Mehta*, J. Indian chem. Soc. **36** [1959] 46.

Gelbliche Krystalle (aus Me.) mit 2 Mol H_2O; F: 112—114° [nach Sintern bei 77—78°].

5,7-Diacetoxy-2-phenyl-6-[tetra-*O*-acetyl-ξ-D-glucopyranosyloxy]-chromen-4-on
$C_{33}H_{32}O_{16}$, Formel IX (R = CO-CH₃).

Diese Konstitution und Konfiguration kommt dem nachstehend beschriebenen **Hexa-*O*-acetyl-tetuin** zu.

B. Beim Behandeln von Tetuin (S. 2673) mit Acetanhydrid und Natriumacetat (*Mehta*, *Mehta*, J. Indian chem. Soc. **36** [1959] 46).

Krystalle (aus A.); F: 268—269°.

5,6,8-Trihydroxy-2-phenyl-chromen-4-on $C_{15}H_{10}O_5$, Formel X (R = X = H).

B. Beim Erhitzen von 5,8-Dihydroxy-6-methoxy-2-phenyl-chromen-4-on mit wss. Jod=wasserstoffsäure und Essigsäure (*Gowan et al.*, Tetrahedron **2** [1958] 116, 119). Beim Erhitzen einer Lösung von 5,6-Dihydroxy-8-methoxy-2-phenyl-chromen-4-on mit wss. Jodwasserstoffsäure (*Rajagopalan et al.*, Pr. Indian Acad. [A] **31** [1950] 31, 33). Beim Erwärmen von 8-Amino-5-hydroxy-6-methoxy-2-phenyl-chromen-4-on mit wss. Salz=säure (*Iyer*, *Venkataraman*, Pr. Indian Acad. [A] **37** [1953] 629, 641).

Gelbe Krystalle; F: 237—239° (*Go. et al.*). 236—237° [aus wss. A.] (*Ra. et al.*), 236° [aus wss. A.] (*Iyer*, *Ve.*).

5,8-Dihydroxy-6-methoxy-2-phenyl-chromen-4-on $C_{16}H_{12}O_5$, Formel X (R = H, X = CH₃).

B. Beim Behandeln einer Suspension von 5-Hydroxy-6-methoxy-2-phenyl-chromen-4-on in Pyridin enthaltender wss. Kalilauge mit wss. Kaliumperoxodisulfat-Lösung und anschliessenden Erwärmen mit Natriumsulfit und wss. Salzsäure (*Gowan et al.*, Tetra-hedron **2** [1958] 116, 119).

Krystalle (aus wss. A.); F: 254° [Zers.].

IX   X

5,6-Dihydroxy-8-methoxy-2-phenyl-chromen-4-on $C_{16}H_{12}O_5$, Formel XI (R = H, X = CH₃).

B. Beim Behandeln von 5-Hydroxy-8-methoxy-4-oxo-2-phenyl-4*H*-chromen-6-carb=aldehyd mit Pyridin, wss. Natronlauge und wss. Wasserstoffperoxid (*Rajagopalan et al.*, Pr. Indian Acad. [A] **31** [1950] 31, 33).

Krystalle (aus A.); F: 184—185°.

5-Hydroxy-6,8-dimethoxy-2-phenyl-chromen-4-on $C_{17}H_{14}O_5$, Formel XI (R = X = CH₃).

B. Beim Behandeln von 5,8-Dihydroxy-6-methoxy-chromen-4-on mit Dimethylsulfat, Kaliumcarbonat und wss. Äthanol (*Gowan et al.*, Tetrahedron **2** [1958] 116, 119).

Krystalle (aus Me.); F: 183—184°.

5,6,8-Trimethoxy-2-phenyl-chromen-4-on $C_{18}H_{16}O_5$, Formel X (R = X = CH₃).

B. Beim Erwärmen von 5,6-Dihydroxy-8-methoxy-2-phenyl-chromen-4-on mit Di=methylsulfat, Aceton und Kaliumcarbonat (*Rajagopalan et al.*, Pr. Indian Acad. [A] **31** [1950] 31, 34).

Krystalle (aus wss. A.); F: 158—159°.

5,8-Diacetoxy-6-methoxy-2-phenyl-chromen-4-on $C_{20}H_{16}O_7$, Formel X (R = CO-CH₃, X = CH₃).

B. Aus 5,8-Dihydroxy-6-methoxy-2-phenyl-chromen-4-on (*Gowan et al.*, Tetrahedron **2** [1958] 116, 119).

Krystalle (aus Me.); F: 199—201°.

5,6,8-Triacetoxy-2-phenyl-chromen-4-on $C_{21}H_{16}O_8$, Formel X (R = X = CO-CH$_3$).

B. Beim Erhitzen von 5,6,8-Trihydroxy-2-phenyl-chromen-4-on mit Acetanhydrid und wenig Pyridin (*Rajagopalan et al.*, Pr. Indian Acad. [A] **31** [1950] 31, 34; *Iyer, Venkataraman*, Pr. Indian Acad. [A] **37** [1953] 629, 641).

Krystalle; F: 217—218° (*Gowan et al.*, Tetrahedron **2** [1958] 116, 119), 217° [aus A.] (*Iyer, Ve.*), 214° [aus E.] (*Ra. et al.*).

6,8-Dimethoxy-2-phenyl-5-[toluol-4-sulfonyloxy]-chromen-4-on $C_{24}H_{20}O_7S$, Formel XII (X = SO$_2$-C$_6$H$_4$-CH$_3$).

B. Beim Behandeln von 5-Hydroxy-6,8-dimethoxy-2-phenyl-chromen-4-on mit Toluol-4-sulfonylchlorid, Aceton und Kaliumcarbonat (*Gowan et al.*, Tetrahedron **2** [1958] 116, 120).

Krystalle (aus Eg.); F: 246—247°.

5,7,8-Trihydroxy-2-phenyl-chromen-4-on, Norwogonin $C_{15}H_{10}O_5$, Formel XIII (R = X = H).

B. Beim Erhitzen von 1-Phenyl-3-[2,3,4,6-tetramethoxy-phenyl]-propan-1,3-dion mit wss. Jodwasserstoffsäure auf 130° (*Hattori*, Acta phytoch. Tokyo **5** [1930/31] 219, 229). Beim Behandeln von 5,7-Dihydroxy-2-phenyl-chromen-4-on mit wss. Kalilauge und wss. Kaliumpersulfat-Lösung und Erwärmen des Reaktionsprodukts mit Natrium=sulfit und wss. Salzsäure (*Rao et al.*, Pr. Indian Acad. [A] **25** [1947] 427, 429; *Pillon*, Bl. **1954** 9, 21). Beim Erhitzen von 5,7-Dihydroxy-8-methoxy-2-phenyl-chromen-4-on (*Hattori*, B. **72** [1939] 1914, 1916; s. a. *Hattori*, Acta phytoch. Tokyo **5** [1930/31] 99, 108), von 5-Äthoxy-7,8-dimethoxy-2-phenyl-chromen-4-on (*Ha.*, Acta phytoch. Tokyo **5** 228) oder von 5,7,8-Trimethoxy-2-phenyl-chromen-4-on (*Ha.*, Acta phytoch. Tokyo **5** 112; *Oliverio et al.*, G. **78** [1948] 363, 368) mit wss. Jodwasserstoffsäure auf 130°. Beim Erwärmen von 7-Hydroxy-5,8-dimethoxy-2-phenyl-chromen-4-on mit Aluminiumchlorid in Nitrobenzol (*Shah et al.*, Soc. **1938** 1555, 1558). Beim Erwärmen von 5,7,8-Trimethoxy-2-phenyl-chromen-4-on mit Aluminiumchlorid und Benzol (*Sastri, Seshadri*, Pr. Indian Acad. [A] **24** [1946] 234, 251).

Gelbe Krystalle; F: 258—260° [aus A. bzw. aus E. + PAe.] (*Sa., Se.*; *Rao et al.*), 258—259° [aus E. + PAe.] (*Seshadri, Varadarajan*, Pr. Indian Acad. [A] **30** [1949] 342, 346), 257—259° [aus wss. A.] (*Pi.*; *Shah et al.*). Absorptionsmaxima (A.): 282,5 nm und 365 nm (*Pi.*; *Mentzer, Pillon*, Parf. Cosmét. Savons **1** [1958] 298, 300).

7,8-Dihydroxy-5-methoxy-2-phenyl-chromen-4-on, Allowogonin $C_{16}H_{12}O_5$, Formel XIII (R = CH$_3$, X = H).

B. Beim Behandeln von 7,8-Diacetoxy-5-methoxy-2-phenyl-chromen-4-on mit konz. Schwefelsäure (*Mahesh et al.*, J. scient. ind. Res. India **15**B [1956] 287, 291). Beim Behandeln von 7-Hydroxy-5-methoxy-4-oxo-2-phenyl-4H-chromen-8-carbaldehyd mit Pyr=idin, wss. Natronlauge und wss. Wasserstoffperoxid (*Seshadri, Varadarajan*, Pr. Indian Acad. [A] **30** [1949] 342, 346).

Gelbe Krystalle (aus A.); F: 220° (*Ma. et al.*).

XI   XII   XIII

5,8-Dihydroxy-7-methoxy-2-phenyl-chromen-4-on, Isowogonin $C_{16}H_{12}O_5$, Formel XIII (R = H, X = CH$_3$).

B. Beim Behandeln von 5-Hydroxy-7-methoxy-2-phenyl-chromen-4-on mit Pyridin, wss. Kalilauge und Kaliumperoxodisulfat und Erwärmen des Reaktionsprodukts mit Natriumsulfit und wss. Salzsäure (*Rao et al.*, Pr. Indian Acad. [A] **25** [1947] 427, 430). Beim Erwärmen von 5-Hydroxy-7-methoxy-4-oxo-2-phenyl-4H-chromen-8-carbaldehyd mit wss. Natronlauge, Pyridin und wss. Wasserstoffperoxid (*Seshadri, Varadarajan*, Pr. Indian Acad. [A] **30** [1949] 342, 345).

Gelbe Krystalle (aus E.); F: 234—235°.

5,7-Dihydroxy-8-methoxy-2-phenyl-chromen-4-on, Wogonin $C_{16}H_{12}O_5$, Formel XIV (R = X = H).

Konstitution: *Hattori*, Acta phytoch. Tokyo **5** [1930/31] 99, 102, 115, 219, 222.

Isolierung aus Wurzeln von Scutellaria baicalensis: *Shibata et al.*, Acta phytoch. Tokyo **1** [1922/23] 105, 130; *Ha.*, Acta phytoch. Tokyo **5** 104.

B. Beim Erwärmen von 7-Hydroxy-5,8-dimethoxy-2-phenyl-chromen-4-on mit Aluminiumchlorid in Nitrobenzol (*Shah et al.*, Soc. **1938** 1555, 1559; s. a. *Murti et al.*, Pr. Indian Acad. [A] **50** [1959] 192, 194). Beim Erhitzen von 7-Benzyloxy-5-hydroxy-8-methoxy-2-phenyl-chromen-4-on mit Essigsäure und wss. Salzsäure (*Rao et al.*, Pr. Indian Acad. [A] **26** [1947] 13, 16).

Gelbe Krystalle; F: 203° [nach Sintern bei 200°; aus A.] (*Hattori, Hayashi*, B. **66** [1933] 1279), 200—203° (*Shimizu*, J. pharm. Soc. Japan **72** [1952] 338, 340; C. A. **1953** 2758), 200—202° [aus E. + Bzl.] (*Rao et al.*), 200—201° [aus wss. A.] (*Shah et al.*).

Beim Erhitzen mit wss. Jodwasserstoffsäure auf 130° ist 5,7,8-Trihydroxy-2-phenyl-chromen-4-on, beim Erhitzen mit wss. Jodwasserstoffsäure auf 150° ist hingegen 5,6,7-Trihydroxy-2-phenyl-chromen-4-on erhalten worden (*Hattori*, B. **72** [1939] 1914, 1916).

7-Hydroxy-5,8-dimethoxy-2-phenyl-chromen-4-on $C_{17}H_{14}O_5$, Formel XIV (R = CH_3, X = H).

B. Beim Erwärmen von 1-[2,4-Bis-benzoyloxy-3,6-dimethoxy-phenyl]-äthanon mit Natriumamid und Toluol und Erhitzen des Reaktionsprodukts mit Essigsäure und Natriumacetat (*Sastri, Seshadri*, Pr. Indian Acad. [A] **24** [1946] 243, 250; *Murti et al.*, Pr. Indian Acad. [A] **50** [1959] 192, 194). Beim Erhitzen von 1-[2,4-Dihydroxy-3,6-dimethoxy-phenyl]-äthanon mit Benzoesäure-anhydrid und Natriumbenzoat auf 180° und Erwärmen des Reaktionsprodukts mit wss.-äthanol. Natronlauge (*Shah et al.*, Soc. **1938** 1555, 1558). Beim Erwärmen von 7-Benzyloxy-5,8-dimethoxy-2-phenyl-chromen-4-on mit Essigsäure und wss. Salzsäure (*Rao et al.*, Pr. Indian Acad. [A] **26** [1947] 13, 17).

Krystalle; F: 287—288° [aus Me.] (*Shah et al.*), 286—287° [aus E.] (*Sa., Se.*), 285—287° [aus A.] (*Rao et al.*).

Beim Erhitzen mit wss. Jodwasserstoffsäure und Acetanhydrid auf 140° ist 5,6,7-Trihydroxy-2-phenyl-chromen-4-on erhalten worden (*Shah et al.*).

5-Hydroxy-7,8-dimethoxy-2-phenyl-chromen-4-on $C_{17}H_{14}O_5$, Formel XIV (R = H, X = CH_3).

B. Beim Behandeln von 5,7-Dihydroxy-8-methoxy-2-phenyl-chromen-4-on mit Diazomethan in Äther (*Shibata et al.*, Acta phytoch. Tokyo **1** [1922/1923] 105, 133; *Hattori*, Acta phytoch. Tokyo **5** [1930/31] 99, 106; *Shah et al.*, Soc. **1938** 1555, 1559). Beim Behandeln von 5,7,8-Trihydroxy-2-phenyl-chromen-4-on mit Methyljodid und Natriummethylat in Methanol (*Murti et al.*, Pr. Indian Acad. [A] **46** [1957] 265, 269).

Gelbe Krystalle (aus A.), F: 181—182° (*Ha.*); gelbliche Krystalle (aus wss. A.) mit 1 Mol H_2O, F: 180—181° (*Shi. et al.*), 178—179° (*Shah et al.*).

5,7,8-Trimethoxy-2-phenyl-chromen-4-on, Di-*O*-methyl-wogonin $C_{18}H_{16}O_5$, Formel XIV (R = X = CH_3).

Diese Konstitution kommt der früher (s. E I **18** 396) als 5,6,7-Trimethoxy-2-phenyl-chromen-4-on (,,5,6,7-Trimethoxy-flavon``) beschriebenen Verbindung zu (*McCusker et al.*, Soc. **1963** 2374, 2379).

B. Beim Erhitzen von 2'-Hydroxy-3',4',6'-trimethoxy-*trans*(?)-chalkon (F: 144°) mit Selendioxid in Isoamylalkohol (*Oliverio et al.*, G. **78** [1948] 363, 368). Beim Erhitzen von 1-[2-Hydroxy-3,4,6-trimethoxy-phenyl]-äthanon mit Benzoesäure-anhydrid und Natriumbenzoat auf 180° (*Hattori*, Acta phytoch. Tokyo **5** [1930/31] 99, 111). Beim Erhitzen von 1-[2-Hydroxy-3,4,6-trimethoxy-phenyl]-3-phenyl-propan-1,3-dion (E III **8** 4269) mit Essigsäure und Natriumacetat (*Sastri, Seshadri*, Pr. Indian Acad. [A] **24** [1946] 243, 249).

Aus (±)-5,7,8-Trimethoxy-2-phenyl-chroman-4-on mit Hilfe von *N*-Brom-succinimid (*Chen et al.*, J. Taiwan pharm. Assoc. **4** [1952] 48, 49). Beim Erwärmen von 5,7,8-Trihydr≠ oxy-2-phenyl-chromen-4-on mit Dimethylsulfat, Aceton und Kaliumcarbonat (*Rao et al.*, Pr. Indian Acad. [A] **25** [1947] 427, 429, 430). Beim Behandeln von 5,7-Dihydroxy-8-meth≠ oxy-2-phenyl-chromen-4-on mit Methanol und mit Diazomethan in Äther (*Hattori*, Acta phytoch. Tokyo **5** [1930/31] 219, 232) oder mit Dimethylsulfat und wss. Alkalilauge (*Ha.*, l. c. S. 106; *Shah et al.*, Soc. **1938** 1555, 1559). Beim Erwärmen von 7-Hydroxy-5,8-di≠ methoxy-2-phenyl-chromen-4-on mit Dimethylsulfat und wss. Kalilauge (*Shah et al.*, l. c. S. 1558) oder mit Dimethylsulfat, Kaliumcarbonat und Aceton (*Sa.*, *Se.*, l. c. S. 251).

Krystalle (aus wss. A. bzw. aus Bzl. + PAe.); F: 167—168° (*Ha.*, l. c. S. 111; *Shah et al.*; *Rao et al.*).

5-Äthoxy-7,8-dimethoxy-2-phenyl-chromen-4-on $C_{19}H_{18}O_5$, Formel XIV (R = C_2H_5, X = CH_3).

B. Beim Erhitzen von 1-[6-Äthoxy-2-hydroxy-3,4-dimethoxy-phenyl]-äthanon mit Benzoesäure-anhydrid und Natriumbenzoat auf 180° (*Hattori*, Acta phytoch. Tokyo **5** [1930/31] 219, 227).

Krystalle (aus A.); F: 182—183° [unkorr.].

7-Benzyloxy-5,8-dihydroxy-2-phenyl-chromen-4-on $C_{22}H_{16}O_5$, Formel XIII (R = H, X = CH_2-C_6H_5) auf S. 2675.

B. Beim Behandeln von 7-Benzyloxy-5-hydroxy-2-phenyl-chromen-4-on mit Pyridin, wss. Kalilauge und Kaliumperoxodisulfat und anschliessenden Erwärmen mit Natrium≠ sulfit und wss. Salzsäure (*Rao et al.*, Pr. Indian Acad. [A] **26** [1947] 13, 15).

Gelbe Krystalle (aus E. + Bzl.); F: 220—221°.

7-Benzyloxy-5-hydroxy-8-methoxy-2-phenyl-chromen-4-on $C_{23}H_{18}O_5$, Formel XIV (R = H, X = CH_2-C_6H_5).

B. Beim Erwärmen einer Lösung von 7-Benzyloxy-5,8-dihydroxy-2-phenyl-chromen-4-on in Aceton mit Dimethylsulfat und Kaliumcarbonat (*Rao et al.*, Pr. Indian Acad. [A] **26** [1947] 13, 16).

Gelbe Krystalle (aus Acn.); F: 208—210°.

XIV   XV   XVI

7-Benzyloxy-5,8-dimethoxy-2-phenyl-chromen-4-on $C_{24}H_{20}O_5$, Formel XIV (R = CH_3, X = CH_2-C_6H_5).

B. Beim Erwärmen einer Lösung von 7-Benzyloxy-5,8-dihydroxy-2-phenyl-chromen-4-on in Aceton mit Dimethylsulfat (Überschuss) und Kaliumcarbonat (*Rao et al.*, Pr. In≠ dian Acad. [A] **26** [1947] 13, 17).

Krystalle (aus Bzl. + PAe.); F: 160—161°.

7-Acetoxy-5-hydroxy-8-methoxy-2-phenyl-chromen-4-on $C_{18}H_{14}O_6$, Formel XIV (R = H, X = CO-CH_3).

B. Bei kurzem Behandeln von 5,7-Dihydroxy-8-methoxy-2-phenyl-chromen-4-on mit Acetanhydrid und wenig Pyridin (*Simokoriyama*, Bl. chem. Soc. Japan **16** [1941] 284, 289).

Hellgelbe Krystalle (aus wss. A.); F: 159—161°.

7,8-Diacetoxy-5-hydroxy-2-phenyl-chromen-4-on $C_{19}H_{14}O_7$, Formel XV (R = H, X = CO-CH_3).

B. Aus 5,7,8-Trihydroxy-2-phenyl-chromen-4-on mit Hilfe von Acetanhydrid und wenig Pyridin (*Mahesh et al.*, J. scient. ind. Res. India **15**B [1956] 287, 291).

Gelbliche Krystalle (aus E.); F: 198—200°.

5,7-Diacetoxy-8-methoxy-2-phenyl-chromen-4-on, Di-O-acetyl-wogonin $C_{20}H_{16}O_7$, Formel XIV (R = X = CO-CH$_3$).

B. Beim Erwärmen von 5,7-Dihydroxy-8-methoxy-2-phenyl-chromen-4-on mit Acet= anhydrid und Natriumacetat (*Shibata et al.,* Acta phytoch. Tokyo **1** [1922/23] 105, 133) oder mit Acetanhydrid und wenig Pyridin (*Hattori,* Acta phytoch. Tokyo **5** [1930/31] 99, 107).

Krystalle (aus wss. A. bzw. A.); F: 152—153° (*Sh. et al.; Ha.*).

5,8-Diacetoxy-7-methoxy-2-phenyl-chromen-4-on $C_{20}H_{16}O_7$, Formel XV (R = CO-CH$_3$, X = CH$_3$).

B. Beim Erhitzen von 5,8-Dihydroxy-7-methoxy-2-phenyl-chromen-4-on mit Acet= anhydrid und Pyridin (*Rao et al.,* Pr. Indian Acad. [A] **25** [1947] 427, 430).

Krystalle (aus E.); F: 230—232°.

7,8-Diacetoxy-5-methoxy-2-phenyl-chromen-4-on $C_{20}H_{16}O_7$, Formel XV (R = CH$_3$, X = CO-CH$_3$).

B. Beim Erwärmen von 7,8-Diacetoxy-5-hydroxy-2-phenyl-chromen-4-on mit Di= methylsulfat, Kaliumcarbonat und Aceton (*Mahesh et al.,* J. scient. ind. Res. India **15**B [1956] 287, 291).

Krystalle (aus A.); F: 218—220°.

5,7,8-Triacetoxy-2-phenyl-chromen-4-on $C_{21}H_{16}O_8$, Formel XV (R = X = CO-CH$_3$).

B. Beim Erhitzen von 5,7,8-Trihydroxy-2-phenyl-chromen-4-on mit Acetanhydrid und Pyridin (*Hattori,* Acta phytoch. Tokyo **5** [1930/31] 219, 229; *Sastri, Seshadri,* Pr. Indian Acad. [A] **24** [1946] 243, 252; *Rao et al.,* Pr. Indian Acad. [A] **25** [1947] 427, 429) oder mit Acetanhydrid und Natriumacetat (*Oliverio et al.,* G. **78** [1948] 363, 368).

Krystalle; F: 227—228° [aus A.] (*Pillon,* Bl. **1954** 9, 21), 225—227° [aus E.] (*Rao et al.*), 225—226° [aus E. bzw. wss. Eg.]; (*Sa. Se.; Ol. et al.*). Absorptionsmaxima (A.): 255 nm und 295 nm (*Pi.; Mentzer, Pillon,* Parf. Cosmét. Savons **1** [1958] 298, 300).

5,7-Bis-benzoyloxy-8-methoxy-2-phenyl-chromen-4-on, Di-O-benzoyl-wogonin $C_{30}H_{20}O_7$, Formel XIV (R = X = CO-C$_6$H$_5$).

B. Beim Behandeln einer äther. Lösung von 5,7-Dihydroxy-8-methoxy-2-phenyl-chromen-4-on mit Benzoylchlorid und Pyridin (*Shibata et al.,* Acta phytoch. Tokyo **1** [1922/23] 105, 133).

Krystalle (aus A.); F: 170°.

6,7,8-Trihydroxy-2-phenyl-chromen-4-on $C_{15}H_{10}O_5$, Formel XVI (R = H).

B. Beim Erhitzen von 6,7,8-Trimethoxy-2-phenyl-chromen-4-on mit wss. Jodwasser= stoffsäure und Essigsäure (*Bargellini, Oliverio,* B. **75** [1942] 2083, 2086) oder mit wss. Jodwasserstoffsäure und Acetanhydrid (*Sastri, Seshadri,* Pr. Indian Acad. [A] **23** [1946] 134, 137; *Oliverio, Bargellini,* G. **78** [1948] 386, 390).

Gelbe Krystalle; F: 280—282° [Zers.; aus A.] (*Sa., Se.*), 280° [Zers.; aus wss. A.] (*Ba., Ol.; Ol., Ba.*).

6,7,8-Trimethoxy-2-phenyl-chromen-4-on $C_{18}H_{16}O_5$, Formel XVI (R = CH$_3$).

B. Beim Erhitzen von 2'-Hydroxy-3',4',5'-trimethoxy-*trans*(?)-chalkon (F: 115°) mit Selendioxid in Amylalkohol (*Bargellini, Oliverio,* B. **75** [1942] 2083, 2086; *Oliverio, Bar= gellini,* G. **78** [1948] 386, 390). Beim Erwärmen von 1-[2-Benzoyloxy-3,4,5-trimethoxy-phenyl]-äthanon mit Natriumamid und Toluol und Erhitzen des Reaktionsprodukts mit Essigsäure und Natriumacetat (*Sastri, Seshadri,* Pr. Indian Acad. [A] **23** [1946] 134, 136).

Krystalle; F: 146° [aus Me.] (*Ba., Ol.; Ol., Ba.*), 144—145° [aus E. + PAe.] (*Sa., Se.*).

6,7,8-Triacetoxy-2-phenyl-chromen-4-on $C_{21}H_{16}O_8$, Formel XVI (R = CO-CH$_3$).

B. Beim Erhitzen von 6,7,8-Trihydroxy-2-phenyl-chromen-4-on mit Acetanhydrid und Natriumacetat (*Bargellini, Oliverio,* B. **75** [1942] 2083, 2086; *Sastri, Seshadri,* Pr. Indian Acad. [A] **23** [1946] 134, 137; *Oliverio, Bargellini,* G. **78** [1948] 386, 391).

Krystalle; F: 207—208° [aus E.] (*Sa., Se.*), 205—208° [aus A. oder Eg.] (*Ol., Ba.*).

[*Bollwan*]

5,6-Dihydroxy-2-[2-hydroxy-phenyl]-chromen-4-on $C_{15}H_{10}O_5$, Formel I (R = H).

B. Beim Erwärmen von 5,6-Dimethoxy-2-[2-methoxy-phenyl]-chromen-4-on mit Aluminiumchlorid in Benzol (*Doporto et al.*, Soc. **1955** 4249, 4252). Beim Erhitzen von 5,8-Dimethoxy-2-[2-methoxy-phenyl]-chromen-4-on mit wss. Jodwasserstoffsäure und Phenol auf 170° (*Do. et al.*, l. c. S. 4253). Beim Erhitzen von 2-[2,3,6-Trimethoxy-phenyl]-chromen-4-on mit wss. Jodwasserstoffsäure und Acetanhydrid (*Do. et al.*, l. c. S. 4253).

Hellgelbe Krystalle (aus A.); F: 274—278° [Zers.].

5,6-Dimethoxy-2-[2-methoxy-phenyl]-chromen-4-on $C_{18}H_{16}O_5$, Formel I (R = CH$_3$).

B. Beim Erwärmen von 1-[6-Hydroxy-2,3-dimethoxy-phenyl]-3-[2-methoxy-phenyl]-propan-1,3-dion mit Essigsäure und Natriumacetat (*Doporto et al.*, Soc. **1955** 4249, 4252).

Krystalle (aus Me.); F: 124—125°.

5,6-Diacetoxy-2-[2-acetoxy-phenyl]-chromen-4-on $C_{21}H_{16}O_8$, Formel I (R = CO-CH$_3$).

B. Aus 5,6-Dihydroxy-2-[2-hydroxy-phenyl]-chromen-4-on mit Hilfe von Acetanhydrid in Gegenwart von Perchlorsäure (*Doporto et al.*, Soc. **1955** 4249, 4253).

Krystalle (aus A.); F: 144—146°.

5,6-Dihydroxy-2-[4-hydroxy-phenyl]-chromen-4-on $C_{15}H_{10}O_5$, Formel II (R = H).

B. Beim Erhitzen von 5,6-Dimethoxy-2-[4-methoxy-phenyl]-chromen-4-on oder von 5,8-Dimethoxy-2-[4-methoxy-phenyl]-chromen-4-on mit wss. Bromwasserstoffsäure und Essigsäure auf 150° (*Baker, Simmonds*, Soc. **1940** 1370, 1374).

Krystalle (aus Eg.); F: 302—308° [Zers.] (*Ballio, Pocchiari*, Ric. scient. **20** [1950] 1301).

5,6-Dihydroxy-2-[4-methoxy-phenyl]-chromen-4-on $C_{16}H_{12}O_5$, Formel III (R = X = H).

B. Beim Erhitzen von 6-Hydroxy-5-methoxy-2-[4-methoxy-phenyl]-chromen-4-on mit wss. Salzsäure oder mit Aluminiumchlorid in Dioxan (*Horii*, J. pharm. Soc. Japan **60** [1940] 222, 225, 226; engl. Ref. S. 81, 83, 84; C. A. **1940** 6277).

Krystalle (aus A.); F: 211—212°.

I   II   III

6-Hydroxy-5-methoxy-2-[4-methoxy-phenyl]-chromen-4-on $C_{17}H_{14}O_5$, Formel III (R = CH$_3$, X = H).

B. Beim Erwärmen von 1-[2-Methoxy-3,6-bis-(4-methoxy-benzoyloxy)-phenyl]-äthanon mit Natriumamid in Toluol und Behandeln des nach der Hydrolyse erhaltenen Reaktionsprodukts mit Schwefelsäure (*Horii*, J. pharm. Soc. Japan **60** [1940] 222, 225; engl. Ref. S. 81, 83; C. A. **1940** 6277).

Krystalle (aus E.); F: 214—215°.

5-Hydroxy-6-methoxy-2-[4-methoxy-phenyl]-chromen-4-on $C_{17}H_{14}O_5$, Formel III (R = H, X = CH$_3$).

B. Beim Behandeln von 5,6-Dihydroxy-2-[4-hydroxy-phenyl]-chromen-4-on mit Dimethylsulfat und wss.-methanol. Natronlauge (*Baker, Simmonds*, Soc. **1940** 1370, 1374). Aus 5,6-Dimethoxy-2-[4-methoxy-phenyl]-chromen-4-on beim Erhitzen mit wss. Salzsäure (*Horii*, J. pharm. Soc. Japan **60** [1940] 222, 227; engl. Ref. S. 81, 85; C. A. **1940** 6277) sowie beim Erwärmen mit Aluminiumchlorid in Äther (*Ba., Si.*, l. c. S. 1373).

Gelbe Krystalle; F: 179,5—180,5° [aus A.] (*Ho.*), 173° [aus Me. oder A.] (*Ba., Si.*).

5,6-Dimethoxy-2-[4-methoxy-phenyl]-chromen-4-on $C_{18}H_{16}O_5$, Formel III (R = X = CH$_3$).

B. Aus 1-[6-Hydroxy-2,3-dimethoxy-phenyl]-3-[4-methoxy-phenyl]-propan-1,3-dion beim Behandeln mit Schwefelsäure (*Horii*, J. pharm. Soc. Japan **60** [1940] 222, 227; engl. Ref. S. 81, 85; C. A. **1940** 6277) sowie beim Erwärmen mit Essigsäure und Natri= umacetat (*Ho.*; *Baker*, *Simmonds*, Soc. **1940** 1370, 1373). Beim Erwärmen von 6-Hydr= oxy-5-methoxy-2-[4-methoxy-phenyl]-chromen-4-on mit Aceton, Methyljodid und Kali= umcarbonat (*Ho.*, l. c. S. 226).

Krystalle; F: 165,5—166,5° [aus A.] (*Ho.*), 165° [aus E.] (*Ballio*, *Pocchiari*, Ric. scient. **20** [1950] 1301), 164° [aus A.] (*Ba.*, *Si.*).

5-Acetoxy-6-methoxy-2-[4-methoxy-phenyl]-chromen-4-on $C_{19}H_{16}O_6$, Formel III (R = CO-CH₃, X = CH₃).

B. Beim Erhitzen von 5-Hydroxy-6-methoxy-2-[4-methoxy-phenyl]-chromen-4-on mit Acetanhydrid (*Baker*, *Simmonds*, Soc. **1940** 1370, 1373, 1374).

Krystalle (aus A.); F: 187—188° (*Horii*, J. pharm. Soc. Japan **60** [1940] 222, 227; engl. Ref. S. 81, 85; C. A. **1940** 6277), 182,5° (*Ba.*, *Si.*).

6-Acetoxy-5-methoxy-2-[4-methoxy-phenyl]-chromen-4-on $C_{19}H_{16}O_6$, Formel III (R = CH₃, X = CO-CH₃).

B. Aus 6-Hydroxy-5-methoxy-2-[4-methoxy-phenyl]-chromen-4-on (*Horii*, J. pharm. Soc. Japan **60** [1940] 222, 225; engl. Ref. S. 81, 83; C. A. **1940** 6277).

Krystalle (aus A.); F: 198°.

5,6-Diacetoxy-2-[4-methoxy-phenyl]-chromen-4-on $C_{20}H_{16}O_7$, Formel III (R = X = CO-CH₃).

B. Aus 5,6-Dihydroxy-2-[4-methoxy-phenyl]-chromen-4-on (*Horii*, J. pharm. Soc. Japan **60** [1940] 222, 226; engl. Ref. S. 81, 84; C. A. **1940** 6277).

Krystalle (aus A.); F: 216,5—217,5°.

5,6-Diacetoxy-2-[4-acetoxy-phenyl]-chromen-4-on $C_{21}H_{16}O_8$, Formel II (R = CO-CH₃).

B. Beim Erhitzen von 5,6-Dihydroxy-2-[4-hydroxy-phenyl]-chromen-4-on mit Acet= anhydrid (*Baker*, *Simmonds*, Soc. **1940** 1370, 1374; *Horii*, J. pharm. Soc. Japan **60** [1940] 222, 225, 227, 228; engl. Ref. S. 81, 83, 85, 86; C. A. **1940** 6277).

Krystalle (aus A.); F: 219—220° (*Ho.*), 209° (*Ba.*, *Si.*).

5,7-Dihydroxy-2-[2-hydroxy-phenyl]-chromen-4-on $C_{15}H_{10}O_5$, Formel IV (R = H) (H 180).

B. Beim Behandeln von 5,7-Dihydroxy-2-[2-methoxy-phenyl]-chromen-4-on mit Acetanhydrid und wss. Jodwasserstoffsäure (*Gupta*, *Seshadri*, Pr. Indian Acad. [A] **37** [1953] 611, 615). Beim Erwärmen einer Lösung von 5,7-Dimethoxy-2-[2-methoxy-phenyl]-chromen-4-on in Benzol mit Aluminiumchlorid (*Gu.*, *Se.*; *Gallagher et al.*, Soc. **1953** 3770, 3776). Beim Erhitzen von 2-[2,4,6-Trimethoxy-phenyl]-chromen-4-on mit wss. Jodwasserstoffsäure und Phenol auf 160° (*Ga. et al.*, l. c. S. 3777).

Hellgelbe Krystalle (aus A.); F: 283—285° (*Gu.*, *Se.*).

IV   V

5,7-Dihydroxy-2-[2-methoxy-phenyl]-chromen-4-on $C_{16}H_{12}O_5$, Formel V (R = H).

B. Beim Erhitzen von 5,7-Dihydroxy-3-[2-methoxy-benzoyl]-2-[2-methoxy-phenyl]-chromen-4-on mit wss. Natriumcarbonat-Lösung (*Gupta*, *Seshadri*, Pr. Indian Acad. [A] **37** [1953] 611, 614).

Krystalle (aus A.); F: 273—275°.

5-Hydroxy-7-methoxy-2-[2-methoxy-phenyl]-chromen-4-on $C_{17}H_{14}O_5$, Formel V (R = CH₃) (H 181; dort als 5-Oxy-7.2′-dimethoxy-flavon bezeichnet).

B. Beim Erwärmen einer Lösung von 5,7-Dihydroxy-2-[2-methoxy-phenyl]-chromen-

4-on in Aceton mit Dimethylsulfat und Kaliumcarbonat (*Gupta*, *Seshadri*, Pr. Indian Acad. [A] **37** [1953] 611, 614).

Gelbliche Krystalle (aus A.); F: 155—157°.

5,7-Dimethoxy-2-[2-methoxy-phenyl]-chromen-4-on $C_{18}H_{16}O_5$, Formel IV (R = CH₃).

B. Aus 1-[2-Hydroxy-4,6-dimethoxy-phenyl]-3-[2-methoxy-phenyl]-propan-1,3-dion beim Erhitzen auf 115° sowie beim Erhitzen mit Essigsäure und kleinen Mengen wss. Salzsäure (*Gallagher et al.*, Soc. **1953** 3770, 3776). Beim Erwärmen einer Lösung von 5,7-Dihydroxy-2-[2-methoxy-phenyl]-chromen-4-on in Aceton mit Dimethylsulfat und Kaliumcarbonat (*Gupta*, *Seshadri*, Pr. Indian Acad. [A] **37** [1953] 611, 615).

Krystalle (aus A.); F: 176—177° (*Gu.*, *Se.*), 174—176° (*Ga. et al.*).

5,7-Dihydroxy-2-[3-hydroxy-phenyl]-chromen-4-on $C_{15}H_{10}O_5$, Formel VI (H 181).

B. Beim Erhitzen von 2-[3-Hydroxy-phenyl]-5,7-dimethoxy-chromen-4-on mit wss. Jodwasserstoffsäure und Acetanhydrid (*Shaw*, *Simpson*, Soc. **1952** 5027, 5030).

Gelbliche Krystalle (aus Eg.); F: 313—314° [Kofler-App.] (*Shaw*, *Si.*). UV-Spektrum (A.; 220—380 nm): *Skarżyński*, Bio. Z. **301** [1939] 150, 159.

5-Hydroxy-2-[3-hydroxy-phenyl]-7-methoxy-chromen-4-on $C_{16}H_{12}O_5$, Formel VII (R = X = H).

B. Beim Erwärmen von 2-[3-Hydroxy-phenyl]-5,7-dimethoxy-chromen-4-on mit wss. Jodwasserstoffsäure und Essigsäure (*Shaw*, *Simpson*, Soc. **1952** 5027, 5030). Beim Erhitzen von 5,7-Dimethoxy-2-[3-methoxy-phenyl]-chromen-4-on mit wss. Bromwasserstoffsäure (*Simpson*, *Beton*, Soc. **1954** 4065, 4067).

Gelbe Krystalle (aus A.); F: 237—238° [Kofler-App.] (*Shaw*, *Si.*).

2-[3-Hydroxy-phenyl]-5,7-dimethoxy-chromen-4-on $C_{17}H_{14}O_5$, Formel VII (R = CH₃, X = H).

B. Beim Erwärmen von 2-[3-Benzyloxy-phenyl]-5,7-dimethoxy-chromen-4-on mit Essigsäure und wss. Salzsäure (*Shaw*, *Simpson*, Soc. **1952** 5027, 5030).

Gelbliche Krystalle (aus wss. Eg.); F: 268—269° [Kofler-App.].

5-Hydroxy-7-methoxy-2-[3-methoxy-phenyl]-chromen-4-on $C_{17}H_{14}O_5$, Formel VII (R = H, X = CH₃).

B. Beim Behandeln einer Lösung von 5-Hydroxy-2-[3-hydroxy-phenyl]-7-methoxy-chromen-4-on in Äthanol mit Dimethylsulfat und wss. Natriumcarbonat-Lösung (*Shaw*, *Simpson*, Soc. **1955** 655, 657).

Krystalle (aus Propan-1-ol); F: 132—133° [korr.; Kofler-App.].

VI   VII

5,7-Dimethoxy-2-[3-methoxy-phenyl]-chromen-4-on $C_{18}H_{16}O_5$, Formel VII (R = X = CH₃).

B. Beim Behandeln von 2-[3-Hydroxy-phenyl]-5,7-dimethoxy-chromen-4-on mit Dimethylsulfat und wss. Natronlauge (*Simpson*, *Beton*, Soc. **1954** 4065, 4067).

Krystalle (aus wss. A.); F: 148° [korr.; Kofler-App.].

2-[3-Benzyloxy-phenyl]-5,7-dimethoxy-chromen-4-on $C_{24}H_{20}O_5$, Formel VII (R = CH₃, X = CH₂-C₆H₅).

B. Beim Erhitzen von 3-Benzyloxy-2′-hydroxy-4′,6′-dimethoxy-*trans*(?)-chalkon (F:

128°) mit Selendioxid und Amylalkohol (*Shaw, Simpson*, Soc. **1952** 5027, 5030).
Gelbliche Krystalle (aus Me.); F: 138° [Kofler-App.].

5-Acetoxy-7-methoxy-2-[3-methoxy-phenyl]-chromen-4-on $C_{19}H_{16}O_6$, Formel VII
(R = CO-CH₃, X = CH₃).
B. Aus 5-Hydroxy-7-methoxy-2-[3-methoxy-phenyl]-chromen-4-on (*Shaw, Simpson*,
Soc. **1955** 655, 657).
Krystalle (aus A.); F: 155—157° [korr.; Kofler-App.].

2-[3-Acetoxy-phenyl]-5,7-dimethoxy-chromen-4-on $C_{19}H_{16}O_6$, Formel VII (R = CH₃,
X = CO-CH₃).
B. Aus 2-[3-Hydroxy-phenyl]-5,7-dimethoxy-chromen-4-on (*Shaw, Simpson*, Soc.
1952 5027, 5030).
Krystalle (aus A.); F: 170° [Kofler-App.].

5-Acetoxy-2-[3-acetoxy-phenyl]-7-methoxy-chromen-4-on $C_{20}H_{16}O_7$, Formel VII
(R = X = CO-CH₃).
B. Aus 5-Hydroxy-2-[3-hydroxy-phenyl]-7-methoxy-chromen-4-on (*Shaw, Simpson*,
Soc. **1952** 5027, 5030).
Krystalle (aus A.); F: 165—166° [Kofler-App.].

5,7-Dihydroxy-2-[4-hydroxy-phenyl]-chromen-4-on, Apigenin $C_{15}H_{10}O_5$, Formel VIII
(R = X = H) auf S. 2684 (H 181; E I 396; E II 172).
Isolierung aus Spelzen von Andropogon sorghum: *Okano et al.*, Bl. agric. chem. Soc.
Japan **10** [1934] 109; aus Blüten von Colchicum autumnale: *Šantavý, Maćak*, Collect.
19 [1954] 805, 810; aus Blüten von Daphne genkwa: *Nakao, Tseng*, J. pharm. Soc.
Japan **52** [1932] 341, 350; engl. Ref. S. 83, 86; C. A. **1932** 4334.
B. Beim Behandeln einer Lösung von 5,7-Dihydroxy-2-[4-hydroxy-phenyl]-chroman-
4-on in Äthanol mit Natriumacetat und äthanol. Jod-Lösung (*Narasimhachari, Seshadri*,
Pr. Indian Acad. [A] **30** [1949] 151, 156). Beim Erhitzen von 3,5,7-Trihydroxy-
2-[4-hydroxy-phenyl]-chroman-4-on (F: 238—240°) mit wss. Schwefelsäure (*Mahesh,
Seshadri*, Pr. Indian Acad. [A] **41** [1955] 210, 218). Beim Erhitzen von 8-Brom-5-hydr=
oxy-7-methoxy-2-[4-methoxy-phenyl]-chromen-4-on (S. 2692) mit Acetanhydrid und wss.
Jodwasserstoffsäure (*Hutchins, Wheeler*, Soc. **1939** 91, 93).
Krystalle; F: 352° [aus A.] (*Na., Ts.*), 347° (*Ok. et al.*; *Goto, Tani*, J. pharm.
Soc. Japan **58** [1938] 933, 935; C. A. **1939** 4992). Absorptionsspektrum (240 nm bis
400 nm) von Lösungen in Äthanol: *Skarżyński*, Bio. Z. **301** [1939] 150, 159;
Jurd, Geissman, J. org. Chem. **21** [1956] 1395, 1397; von Natriumacetat und Alu=
miniumchlorid enthaltenden Lösungen in Äthanol: *Jurd, Ge.*; Absorptionsmaxima von
Lösungen in Äthanol: 269 nm und 336 nm (*Jurd*, Arch. Biochem. **63** [1956] 376, 378;
Briggs, Cambie, Tetrahedron **3** [1958] 269, 273); von Natriumäthylat enthaltenden
Lösungen in Äthanol: 278 nm und 398 nm (*Mansfield et al.*, Nature **172** [1953] 23) bzw.
277 nm, 330 nm und 397,5 nm (*Jurd*, l. c. S. 379); einer Natriumborat enthaltenden
Lösung in Äthanol: 277 nm, 330 nm und 397,5 nm (*Jurd*, l. c. S. 379); einer Borsäure
und Natriumacetat enthaltenden Lösung in Äthanol: 269 nm und 340 nm (*Jurd*, l. c.
S. 378). Polarographie: *Engelkemeier et al.*, Am. Soc. **69** [1947] 155, 156.

7-Hydroxy-2-[4-hydroxy-phenyl]-5-methoxy-chromen-4-on $C_{16}H_{12}O_5$, Formel IX
(R = X = H) auf S. 2684.
B. Beim Behandeln von 7-Acetoxy-2-[4-acetoxy-phenyl]-5-methoxy-chromen-4-on mit
Chlorwasserstoff enthaltendem Äthanol (*Mahesh et al.*, J. scient. ind. Res. India **15** B
[1956] 287, 291).
Krystalle (aus A.); F: 285—287°.

5-Hydroxy-2-[4-hydroxy-phenyl]-7-methoxy-chromen-4-on, Genkwanin $C_{16}H_{12}O_5$,
Formel VIII (R = CH₃, X = H) auf S. 2684.
Identität von P u d d u m e t i n mit Genkwanin: *Chakravarti, Ghosh*, Sci. Culture **8** [1942]
463; J. Indian chem. Soc. **21** [1944] 171, 172.
Isolierung aus Blüten von Daphne genkwa: *Nakao, Tseng*, J. pharm. Soc. Japan **52**

[1932] 341, 351, 903, 908; engl. Ref. S. 83, 86, 148, 151; aus dem Holz von Prunus jamaskura (P. donarium): *Hasegawa, Shirato,* Am. Soc. **77** [1955] 3557, 3558; J. Japan. Forest. Soc. **41** [1959] 1; aus der Rinde von Prunus puddum: *Ch., Gh.; Narasimhachari, Seshadri,* Pr. Indian Acad. [A] **35** [1952] 202, 205; *Ramanujam, Seshadri,* Pr. Indian Acad. [A] **48** [1958] 175, 177; aus dem Holz von Prunus verecunda: *Hasegawa, Shirato,* Am. Soc. **79** [1957] 450; aus dem Kernholz von Prunus yedoensis: *Hasegawa, Shirato,* Am. Soc. **74** [1952] 6114.

B. Aus 5-Hydroxy-2-[4-hydroxy-phenyl]-7-methoxy-chroman-4-on beim Erhitzen mit Palladium in Octadecan-1-ol auf 220° (*Massicot,* C. r. **240** [1955] 94) sowie beim Erwärmen mit Natriumacetat und äthanol. Jod-Lösung (*Narasimhachari, Seshadri,* Pr. Indian Acad. [A] **30** [1949] 271, 274). Beim Erwärmen von 2-[4-Hydroxy-phenyl]-5,7-dimethoxy-chromen-4-on mit Aluminiumchlorid in Nitrobenzol (*Mahal, Venkataraman,* Soc. **1936** 569; *Anand, Venkataraman,* Pr. Indian Acad. [A] **26** [1947] 279, 286). Beim Erhitzen von 2-[4-Benzyloxy-phenyl]-5-hydroxy-7-methoxy-chromen-4-on mit Essigsäure und wss. Salzsäure (*Tseng,* J. pharm. Soc. Japan **55** [1935] 132, 144; engl. Ref. S. 30, 38).

Gelbe Krystalle; F: 295° [aus A.] (*Ma.*), 286—288° [aus Me.] (*Na., Ts.,* l. c. S. 909), 285—287° [aus A.] (*Na., Se.,* Pr. Indian Acad. [A] **30** 274), 285—286° [aus wss. Acn.] (*Ma., Ve.*), 284—285° [aus A.] (*An., Ve.*). Absorptionsmaxima: 256 nm und 355 nm (*Ha., Sh.,* Am. Soc. **74** 6114).

5,7-Dihydroxy-2-[4-methoxy-phenyl]-chromen-4-on, Acacetin, Linarigenin $C_{16}H_{12}O_5$, Formel VIII (R = H, X = CH₃) (H 182; E II 173).

Diese Konstitution kommt auch dem von *Yü* (Bl. Soc. Chim. biol. **15** [1933] 482, 491) als 3-Acetyl-5,7-dihydroxy-2-[4-methoxy-phenyl]-chromen-4-on ($C_{18}H_{14}O_6$) angesehenen Buddleoflavonol sowie vermutlich auch der früher (s. H 18 182) als 7-Hydroxy-5-methoxy-2-[4-methoxy-phenyl]-chromen-4-on („7-Oxy-5.4′-dimethoxy-fla= von") beschriebenen Verbindung zu (*Baker et al.,* Soc. **1951** 691, 694).

Isolierung aus Ammi visnaga: *Ralha,* Rev. portug. Farm. **2** [1952] 54, 56, 65.

B. Beim Erhitzen von Phloroglucin mit 3-[4-Methoxy-phenyl]-3-oxo-propionsäure-methylester auf 250° (*Pillon,* Bl. **1954** 9, 23). Beim Erwärmen einer Lösung von 5,7-Di= hydroxy-2-[4-methoxy-phenyl]-chroman-4-on in Äthanol mit Natriumacetat und äthanol. Jod-Lösung (*Narasimhachari, Seshadri,* Pr. Indian Acad. [A] **30** [1949] 151, 157). Beim Behandeln von 5,7-Diacetoxy-2-[4-methoxy-phenyl]-chroman-4-on mit Brom in Chloroform unter Bestrahlung mit UV-Licht und Erwärmen des Reaktions-produkts mit wss.-äthanol. Natronlauge (*Zemplén, Bognár,* B. **76** [1943] 452, 457).

Gelbe Krystalle; F: 265° [Block; aus Eg.] (*Yü,* l. c. S. 490), 263° [unkorr.; aus A.] (*Ba. et al.*). IR-Spektrum (Nujol; 3—8 µ): *Shibata et al.,* J. pharm. Soc. Japan **72** [1952] 825, 827; C. A. **1954** 3336. Absorptionsspektrum einer Lösung in Äthanol (240—360 nm): *Geissman, Kranen-Fiedler,* Naturwiss. **43** [1956] 226; von Natriumacetat enthaltenden Lösungen in Äthanol (240—420 nm bzw. 230—380 nm): *Ge., Kr.-F.; Jurd et al.,* Arch. Biochem. **67** [1957] 284, 296. Absorptionsmaxima (A.): 220 nm, 270 nm und 330 nm (*Kariyone, Kawano,* J. pharm. Soc. Japan **76** [1956] 453, 454; C. A. **1956** 16759). Stabilitätskonstante des Komplexes mit Zirkonium(IV) in wss. Methanol: *Hörhammer et al.,* Naturwiss. **41** [1954] 529.

Beim Behandeln mit Sulfurylchlorid und Essigsäure sind 8-Chlor-5,7-dihydroxy-2-[4-methoxy-phenyl]-chromen-4-on und kleinere Mengen einer gelben Verbindung $C_{16}H_9Cl_3O_5 \cdot H_2O$ vom F: 246° [korr.] erhalten worden (*Duncanson et al.,* Soc. **1957** 3555, 3562). Überführung in 5-Hydroxy-7-methoxy-2-[4-methoxy-phenyl]-6-methyl-chromen-4-on durch Erwärmen mit Methyljodid und Natriummethylat in Methanol: *Nakazawa, Matsuura,* J. pharm. Soc. Japan **73** [1953] 751; C. A. **1954** 7007.

2-[4-Hydroxy-phenyl]-5,7-dimethoxy-chromen-4-on $C_{17}H_{14}O_5$, Formel IX (R = CH₃, X = H).

B. Beim Behandeln von 2-[4-Amino-phenyl]-5,7-dimethoxy-chromen-4-on mit wss. Salzsäure und Natriumnitrit und anschliessenden Erwärmen mit wss. Schwefelsäure (*Anand, Venkataraman,* Pr. Indian Acad. [A] **26** [1947] 279, 286). Aus 2-[4-Benzyloxy-phenyl]-5,7-dimethoxy-chromen-4-on mit Hilfe von wss. Salzsäure (*Mahal, Venkata-raman,* Soc. **1936** 569).

Hellgelbe Krystalle (aus A.); F: 298° (*Ma., Ve.*), 294—295° (*An., Ve.*). Absorptionsspektrum (230—400 nm) einer Lösung in Äthanol sowie einer Natriumäthylat enthaltenden Lösung in Äthanol: *Mansfield et al.*, Nature **172** [1953] 23. Absorptionsmaxima (A.): 259 nm und 327 nm (*Nordström, Swain*, Soc. **1953** 2764, 2772).

VIII   IX

7-Hydroxy-5-methoxy-2-[4-methoxy-phenyl]-chromen-4-on $C_{17}H_{14}O_5$, Formel IX (R = H, X = CH₃).

In dem früher (s. H **18** 182) unter dieser Konstitution beschriebenen Präparat (F: 264°) hat vermutlich 5,7-Dihydroxy-2-[4-methoxy-phenyl]-chromen-4-on vorgelegen (*Baker et al.*, Soc. **1951** 691, 694).

B. Beim Erwärmen von 5-Methoxy-2-[4-methoxy-phenyl]-7-[tetra-O-methyl-β-D-glucopyranosyloxy]-chromen-4-on mit wss. Schwefelsäure (*Nakaoki*, J. pharm. Soc. Japan **60** [1940] 502, 505; engl. Ref. S. 190; C. A. **1941** 4022). Beim Erhitzen von Hepta-O-methyl-linarin (S. 2691) mit Essigsäure und wss. Salzsäure (*Zemplén, Bognár*, B. **74** [1941] 1818, 1820; *Ba. et al.*) oder mit wss. Schwefelsäure (*Narasimhachari, Seshadri*, Pr. Indian Acad. [A] **30** [1949] 151, 158). Beim Erwärmen von Apiin (S. 2688) mit Dimethylsulfat, Kaliumcarbonat und Aceton und Behandeln des erhaltenen Reaktionsprodukts (F: 145—150°) mit wss. Schwefelsäure (*Gupta, Seshadri*, Pr. Indian Acad. [A] **35** [1952] 242, 246). Beim Erwärmen von Rhoifolin (S. 2688) mit Dimethylsulfat, Aceton und Kaliumcarbonat und Behandeln des Reaktionsprodukts mit wss. Schwefelsäure (*Hattori, Matsuda*, Arch. Biochem. **37** [1952] 85, 88).

Gelbe Krystalle (aus A.); F: 298° [unkorr.; Zers.] (*Ba. et al.*), 297—298° (*Gu., Se.*). Absorptionsspektrum (230—400 nm) einer Lösung in Äthanol sowie einer Natriumäthylat enthaltenden Lösung in Äthanol: *Mansfield et al.*, Nature **172** [1953] 23; einer Natriumacetat enthaltenden Lösung in Äthanol: *Jurd et al.*, Arch. Biochem. **67** [1957] 284, 296. Absorptionsmaxima von Lösungen in Äthanol: 260 nm und 325 nm (*Nordström, Swain*, Soc. **1953** 2764, 2772; *Ma. et al.*); von Natriumäthylat enthaltenden Lösungen in Äthanol: 272 nm und 360 nm (*No., Sw.*; *Ma. et al.*).

5-Hydroxy-7-methoxy-2-[4-methoxy-phenyl]-chromen-4-on $C_{17}H_{14}O_5$, Formel VIII (R = X = CH₃) (H 182; E I 397; E II 173; dort als 5-Oxy-7.4'-dimethoxy-flavon bezeichnet).

Isolierung aus Knospen von Betula verrucosa: *Bauer, Dietrich*, B. **66** [1933] 1053.

B. Beim Erwärmen einer Lösung von 5-Hydroxy-7-methoxy-2-[4-methoxy-phenyl]-chroman-4-on in Äthanol mit Natriumacetat und äthanol. Jod-Lösung (*Narasimhachari, Seshadri*, Pr. Indian Acad. [A] **30** [1949] 151, 156). Aus 5,7-Dihydroxy-2-[4-methoxy-phenyl]-chromen-4-on beim Behandeln einer Lösung in Aceton mit Diazomethan in Äther (*Merz, Wu*, Ar. **274** [1936] 126, 140) oder mit Dimethylsulfat und Kaliumcarbonat (*Rao et al.*, Pr. Indian Acad. [A] **29** [1949] 72, 75) sowie beim Erwärmen mit Dimethylsulfat und wss.-methanol. Kalilauge (*Kariyone, Kawano*, J. pharm. Soc. Japan **76** [1956] 453, 456; C. A. **1956** 16759). Aus 5-Hydroxy-2-[4-hydroxy-phenyl]-7-methoxy-chromen-4-on beim Behandeln mit Diazomethan in Äther (*Nakao, Tseng*, J. pharm. Soc. Japan **52** [1932] 903, 909; dtsch. Ref. S. 148, 152; C. A. **1933** 2448) sowie beim Erwärmen einer Lösung in Aceton mit Dimethylsulfat und Kaliumcarbonat (*Hasegawa, Shirato*, Am. Soc. **74** [1952] 6114, **77** [1955] 3557).

Gelbe Krystalle; F: 174—174,5° [aus A.] (*Ba., Di.*; *Ohta*, J. pharm. Soc. Japan **73** [1953] 896; C. A. **1954** 10012), 173° [aus Me.] (*Ha., Sh.*, Am. Soc. **77** 3558), 172° bis 173° [aus Me.] (*Ka., Ka.*). Absorptionsspektrum (230—400 nm) einer Lösung in Äthanol sowie einer Natriumäthylat enthaltenden Lösung in Äthanol: *Mansfield et al.*, Nature **172** [1953] 23. Absorptionsmaxima einer Lösung in Äthanol: 271 nm und 325 nm

(*Nordström, Swain*, Soc. **1953** 2764, 2772); Absorptionsmaximum einer Natriumäthylat
enthaltenden Lösung in Äthanol: 292 nm (*No., Sw.*).

Beim Behandeln mit Chloraceton, Chloroform und Essigsäure sind zwei x-Chlor=
methyl-5-hydroxy-7-methoxy-2-[4-methoxy-phenyl]-chromen-4-one
($C_{18}H_{15}ClO_5$) vom F: 188° [Zers.] und vom F: 218° [Zers.] erhalten worden (*Nakazawa,
Matsuura*, J. pharm. Soc. Japan **73** [1953] 481, 482; C. A. **1954** 3357).

5,7-Dimethoxy-2-[4-methoxy-phenyl]-chromen-4-on, Tri-*O*-methyl-apigenin
$C_{18}H_{16}O_5$, Formel IX (R = X = CH_3) (H 182; E II 173).

B. Beim Erhitzen von 2'-Hydroxy-4,4',6'-trimethoxy-*trans*(?)-chalkon (E III **8** 4113)
mit Selendioxid in Amylalkohol (*Farooq et al.*, Ar. **292** [1959] 792, 796). Beim Behandeln
von 5,7-Dihydroxy-2-[4-methoxy-phenyl]-chromen-4-on mit wss. Kalilauge und Di=
methylsulfat (*Kariyone, Kawano*, J. pharm. Soc. Japan **76** [1956] 453, 456; C. A. **1956**
16759).

Krystalle (aus A.); F: 154—155° [korr.; Kofler-App.] (*Fa. et al.*). UV-Spektrum
(A.; 220—370 nm): *Skarżyński*, Bio. Z. **301** [1939] 150, 159; *Ka., Ka.*, l. c. S. 454.
Absorptionsmaxima einer Lösung in Äthanol sowie einer Natriumäthylat enthaltenden
Lösung in Äthanol: 265 nm und 322 nm (*Nordström, Swain*, Soc. **1953** 2764, 2772).

[*Brandt*]

7-Äthoxy-2-[4-äthoxy-phenyl]-5-methoxy-chromen-4-on $C_{20}H_{20}O_5$, Formel IX
(R = X = C_2H_5).

B. Beim Erwärmen von 7-Äthoxy-2-[4-äthoxy-phenyl]-5-hydroxy-chromen-4-on mit
Dimethylsulfat, Aceton und Kaliumcarbonat (*Mahesh et al.*, J. scient. ind. Res. India
15 B [1956] 287, 291).

Krystalle (aus A.); F: 170—171°.

2-[4-Benzyloxy-phenyl]-5,7-dihydroxy-chromen-4-on $C_{22}H_{16}O_5$, Formel VIII
(R = H, X = CH_2-C_6H_5).

B. Beim Erhitzen von 1-[2,4,6-Trihydroxy-phenyl]-äthanon mit 4-Benzyloxy-benzoe=
säure-anhydrid und Natrium-[4-benzyloxy-benzoat] auf 225° und Erwärmen des Reaktionsprodukts mit wss.-äthanol. Kalilauge (*Tseng*, J. pharm. Soc. Japan **55** [1935]
132, 141; engl. Ref. S. 30, 35; C. A. **1935** 7981).

Krystalle; F: 305°.

2-[4-Benzyloxy-phenyl]-5-hydroxy-7-methoxy-chromen-4-on $C_{23}H_{18}O_5$, Formel VIII
(R = CH_3, X = CH_2-C_6H_5).

B. Aus 2-[4-Benzyloxy-phenyl]-5,7-dihydroxy-chromen-4-on mit Hilfe von Diazo=
methan (*Tseng*, J. pharm. Soc. Japan **55** [1935] 132, 144; engl. Ref. S. 30, 37; C. A.
1935 7981).

Krystalle (aus Acn.); F: 205°.

2-[4-Benzyloxy-phenyl]-5,7-dimethoxy-chromen-4-on $C_{24}H_{20}O_5$, Formel IX (R = CH_3,
X = CH_2-C_6H_5).

B. Beim Erhitzen von 4-Benzyloxy-2'-hydroxy-4',6'-dimethoxy-*trans*(?)-chalkon (F:
159°) mit Selendioxid in Amylalkohol (*Mahal, Venkataraman*, Soc. **1936** 569).

Orangegelbe Krystalle (aus A.); F: 178°.

7-Acetoxy-5-hydroxy-2-[4-methoxy-phenyl]-chromen-4-on $C_{18}H_{14}O_6$, Formel VIII
(R = CO-CH_3, X = CH_3).

B. Beim Behandeln von 5,7-Dihydroxy-2-[4-methoxy-phenyl]-chromen-4-on mit
Acetanhydrid und Pyridin (*Simokoriyama*, Bl. chem. Soc. Japan **16** [1941] 284, 289).

Krystalle (aus wss. A.); F: 203—208°.

5-Acetoxy-7-methoxy-2-[4-methoxy-phenyl]-chromen-4-on $C_{19}H_{16}O_6$, Formel X
(R = X = CH_3) (H 183; dort als 7.4'-Dimethoxy-5-acetoxy-flavon bezeichnet).

Krystalle; F: 199° (*Bauer, Dietrich*, B. **66** [1933] 1053; *Nakao, Tseng*, J. pharm. Soc.
Japan **52** [1932] 903, 910; engl. Ref. S. 148, 152; C. A. **1933** 2448), 196,5—197,5° (*Furukawa*, Scient. Pap. Inst. phys. chem. Res. **21** [1933] 278, 284).

7-Acetoxy-5-methoxy-2-[4-methoxy-phenyl]-chromen-4-on $C_{19}H_{16}O_6$, Formel IX
(R = CO-CH$_3$, X = CH$_3$) auf S. 2684.

In dem früher (s. H **18** 183) unter dieser Konstitution beschriebenen Präparat (F: 204°) hat vermutlich 5,7-Diacetoxy-2-[4-methoxy-phenyl]-chromen-4-on vorgelegen (*Baker et al.*, Soc. **1951** 691, 694).

B. Beim Erhitzen von 7-Hydroxy-5-methoxy-2-[4-methoxy-phenyl]-chromen-4-on mit Acetanhydrid und Natriumacetat (*Ba. et al.*) oder mit Acetanhydrid und Pyridin (*Gupta, Seshadri*, Pr. Indian Acad. [A] **35** [1952] 242, 246).

Krystalle; F: 152° [unkorr.; aus wss. Eg.] (*Ba. et al.*), 149—151° [aus E.+A.] (*Gu., Se.*).

2-[4-Acetoxy-phenyl]-5,7-dimethoxy-chromen-4-on $C_{19}H_{16}O_6$, Formel IX (R = CH$_3$, X = CO-CH$_3$) auf S. 2684.

B. Beim Erhitzen von 2-[4-Hydroxy-phenyl]-5,7-dimethoxy-chromen-4-on mit Acetanhydrid und Pyridin (*Anand, Venkataraman*, Pr. Indian Acad. [A] **26** [1947] 279, 286).

Krystalle (aus A.); F: 220° (*Mahal, Venkataraman*, Soc. **1936** 569; *An., Ve.*).

5-Acetoxy-2-[4-benzyloxy-phenyl]-7-methoxy-chromen-4-on $C_{25}H_{20}O_6$, Formel X
(R = CH$_3$, X = CH$_2$-C$_6$H$_5$).

B. Aus 2-[4-Benzyloxy-phenyl]-5-hydroxy-7-methoxy-chromen-4-on (*Tseng*, J. pharm. Soc. Japan **55** [1935] 132, 144; engl. Ref. S. 30, 37; C. A. **1935** 7981).

Krystalle; F: 198°.

7-Acetoxy-2-[4-acetoxy-phenyl]-5-hydroxy-chromen-4-on $C_{19}H_{14}O_7$, Formel VIII
(R = X = CO-CH$_3$) auf S. 2684.

B. Beim Behandeln von 5,7-Dihydroxy-2-[4-hydroxy-phenyl]-chromen-4-on mit Acetanhydrid und Pyridin (*Simokoriyama*, Bl. chem. Soc. Japan **16** [1941] 284, 289).

Krystalle (aus wss. A.); F: 192—193°.

5,7-Diacetoxy-2-[4-methoxy-phenyl]-chromen-4-on, Di-*O*-acetyl-acacetin $C_{20}H_{16}O_7$, Formel X (R = CO-CH$_3$, X = CH$_3$) (H 183; E II 173).

Diese Konstitution kommt vermutlich auch der früher (s. H **18** 183) als 7-Acetoxy-5-methoxy-2-[4-methoxy-phenyl]-chromen-4-on („5.4′-Dimethoxy-7-acetoxy-flavon") beschriebenen Verbindung zu (*Baker et al.*, Soc. **1951** 691, 694).

F: 204,5—205,5° (*Furukawa*, Scient. Pap. Inst. phys. chem. Res. **21** [1933] 278, 284), 204° (*Ba. et al.*). Absorptionsmaxima: 223,5 nm, 257 nm und 325 nm (*Pillon*, Bl. **1954** 9, 23).

5-Acetoxy-2-[4-acetoxy-phenyl]-7-methoxy-chromen-4-on, Di-*O*-acetyl-genkwanin $C_{20}H_{16}O_7$, Formel X (R = CH$_3$, X = CO-CH$_3$).

B. Aus 5-Hydroxy-2-[4-hydroxy-phenyl]-7-methoxy-chromen-4-on (*Tseng*, J. pharm. Soc. Japan **55** [1935] 132, 144; engl. Ref. S. 30, 39; C. A. **1935** 7981; *Chakravarti, Ghosh*, J. Indian chem. Soc. **21** [1944] 171, 173; *Hasegawa, Shirato*, Am. Soc. **74** [1952] 6114).

Krystalle; F: 202° (*Ha., Sh.*), 198—199° (aus wss. Eg. oder A.) (*Ch., Gh.*), 198° (*Ts.*).

7-Acetoxy-2-[4-acetoxy-phenyl]-5-methoxy-chromen-4-on $C_{20}H_{16}O_7$, Formel IX
(R = X = CO-CH$_3$) auf S. 2684.

B. Beim Erhitzen von 7-Acetoxy-2-[4-acetoxy-phenyl]-5-methoxy-chroman-4-on mit Acetanhydrid und Selendioxid (*Mahesh et al.*, J. scient. ind. Res. India **15**B [1956] 287, 290).

Krystalle (aus E. + PAe.); F: 197—199°.

X   XI

5,7-Diacetoxy-2-[4-benzyloxy-phenyl]-chromen-4-on $C_{26}H_{20}O_7$, Formel X (R = CO-CH$_3$, X = CH$_2$-C$_6$H$_5$).

B. Aus 2-[4-Benzyloxy-phenyl]-5,7-dihydroxy-chromen-4-on (*Tseng*, J. pharm. Soc. Japan **55** [1935] 132, 142; engl. Ref. S. 30, 36; C. A. **1935** 7981).

F: 174°.

5,7-Diacetoxy-2-[4-acetoxy-phenyl]-chromen-4-on, Tri-*O*-acetyl-apigenin $C_{21}H_{16}O_8$, Formel X (R = X = CO-CH$_3$) (H 183; E II 173).

B. Beim Erhitzen von 3,5,7-Trihydroxy-2-[4-hydroxy-phenyl]-chroman-4-on (F: 238° bis 240°) mit Acetanhydrid (*Mahesh, Seshadri*, Soc. **1955** 2503). Beim Erwärmen von 5,7-Dihydroxy-2-[4-hydroxy-phenyl]-chroman-4-on mit Essigsäure, Jod und Kalium=acetat (*Mahesh, Seshadri*, J. scient. ind. Res. India **14**B [1955] 608). Beim Erwärmen von 5,7-Diacetoxy-2-[4-acetoxy-phenyl]-chroman-4-on mit *N*-Brom-succinimid in Tetra=chlormethan (*Bannerjee, Seshadri*, Pr. Indian Acad. [A] **36** [1952] 134, 139; *Looker, Holm*, J. org. Chem. **24** [1959] 567).

F: 186—187° (*Lo., Holm*), 185—187° (*Hutchins, Wheeler*, Soc. **1939** 91, 93), 182,5° bis 183,5° (*Furukawa*, Scient. Pap. Inst. phys. chem. Res. **21** [1933] 278, 284). Absorptionsmaxima (A.): 255 nm und 298,5 nm (*Seikel*, Am. Soc. **77** [1955] 5685, 5686). Schmelzdiagramm des Systems mit 2-Phenyl-chromen-4-on (Eutektikum): *Asahina, Yokoyama*, Bl. chem. Soc. Japan **10** [1935] 135, 136.

5-Benzoyloxy-2-[4-benzoyloxy-phenyl]-7-methoxy-chromen-4-on, Di-*O*-benzoyl-genkwanin $C_{30}H_{20}O_7$, Formel XI (R = CO-C$_6$H$_5$, X = CH$_3$).

B. Beim Behandeln von 5-Hydroxy-2-[4-hydroxy-phenyl]-7-methoxy-chromen-4-on mit Benzoylchlorid und Pyridin (*Nakao, Tseng*, J. pharm. Soc. Japan **52** [1932] 903, 909; engl. Ref. S. 148, 151; C. A. **1933** 2448).

Krystalle (aus A.); F: 207—208°.

5,7-Bis-benzoyloxy-2-[4-benzoyloxy-phenyl]-chromen-4-on, Tri-*O*-benzoyl-apigenin $C_{36}H_{22}O_8$, Formel XI (R = X = CO-C$_6$H$_5$) (H 183).

Krystalle (aus CHCl$_3$ + Me.); F: 223—225° [korr.; Kofler-App.] (*Šantavý, Mačák*, Collect. **19** [1954] 805, 810).

5-β-D-Glucopyranosyloxy-7-hydroxy-2-[4-hydroxy-phenyl]-chromen-4-on $C_{21}H_{20}O_{10}$, Formel I (R = H).

Isolierung aus Blättern von Amorpha fruticosa: *Goto, Tani*, J. pharm. Soc. Japan **58** [1938] 933, 935; C. A. **1939** 4992.

B. Beim Erwärmen von 7-Acetoxy-2-[4-acetoxy-phenyl]-3-brom-5-[tetra-*O*-acetyl-β-D-glucopyranosyloxy]-chroman-4-on (F: 158—159° [s. S. 2636 im Artikel (*Ξ*)-5-β-D-Glucopyranosyloxy-7-hydroxy-2-[4-hydroxy-phenyl]-chroman-4-on]) mit wss.-äthanol. Natronlauge (*Zemplén, Mester*, B. **76** [1943] 776).

Gelbe Krystalle (aus W.) mit 4 Mol H$_2$O, F: 294—295° (*Ze., Me.*); Krystalle (aus A.), F: 295° (*Goto, Tani*). $[\alpha]_D^{22}$: −60,7° [Py.; c = 1] [Tetrahydrat] (*Ze., Me.*).

7-β-D-Glucopyranosyloxy-5-hydroxy-2-[4-hydroxy-phenyl]-chromen-4-on, Cosmosiin $C_{21}H_{20}O_{10}$, Formel II (R = H) (H 31 250).

Isolierung aus Blüten einer Chrysanthemum-Art: *Wada, Hattori*, Misc. Rep. Res. Inst. nat. Resources Tokyo Nr. 32 [1953] 67, 68; C. A. **1945** 13841; aus Blüten von Cosmos bipinnatus: *Nakaoki*, J. pharm. Soc. Japan **55** [1935] 967, 968; dtsch. Ref. S. 173; C. A. **1936** 725; aus Blättern und Stengeln von Euphorbia thymifolia: *Nagase*, J. agric. chem. Soc. Japan **17** [1941] 483; Bl. agric. chem. Soc. Japan **17** [1941] 50; aus Blüten von Matricaria chamomilla: *Lang, Schwandt*, Dtsch. Apoth.-Ztg. **97** [1957] 149; aus Blüten von Zinnia elegans: *Nakaoki*, J. pharm. Soc. Japan **60** [1940] 502, 504; engl. Ref. S. 190; C. A. **1941** 4022.

B. Beim Behandeln von 5,7-Dihydroxy-2-[4-hydroxy-phenyl]-chromen-4-on mit Tetra-*O*-acetyl-α-D-glucopyranosylbromid und Behandeln des Reaktionsprodukts mit wss. Kalilauge (*Na.*, J. pharm. Soc. Japan **60** 505).

Krystalle (aus W.), F: 240—242° (*Lang, Sch.*); Krystalle mit 2 Mol H$_2$O; F: 226—227° [Zers.; aus wss. Py.] (*Na.*, J. pharm. Soc. Japan **60** 504), 219—220° [aus wss. Py.] (*Wada, Ha.*), 218—220° [Zers.; aus Me. + Acn.] (*Na.*, J. pharm. Soc. Japan **60** 504);

Krystalle (aus A.) mit 2,5 Mol H_2O, F: 178° (*Na.*, J. pharm. Soc. Japan **55** 968). $[\alpha]_D^{17}$: — 65,7° [wss. Py.] [Dihydrat] (*Na.*, J. pharm. Soc. Japan **60** 504). Absorptionsspektrum (230—450 nm) einer Lösung in Äthanol sowie einer Natriumäthylat enthaltenden Lösung in Äthanol: *Mansfield et al.*, Nature **172** [1953] 23. Absorptionsmaxima von Lösungen in Äthanol: 268 nm und 335 nm (*Ma. et al.*) bzw. 269 nm und 330 nm (*Lang, Sch.*); einer Natriumäthylat enthaltenden Lösung in Äthanol: 269 nm und 398 nm (*Ma. et al.*).

I　　　　　　　　　　　　　　　　II

7-[O^2-((3R)-β-D-Apiofuranosyl)-β-D-glucopyranosyloxy]-5-hydroxy-2-[4-hydroxy-phenyl]-chromen-4-on, Apiin $C_{26}H_{28}O_{14}$, Formel III (R = H).
Über die Konstitution s. *Narasimhachari, Seshadri*, Pr. Indian Acad. [A] **30** [1949] 151, 153; *Hemming, Ollis*, Chem. and Ind. **1953** 85; über die Konfiguration s. *Hulyalkar et al.*, Canad. J. Chem. **43** [1965] 2085, 2087; *Ezekiel et al.*, Soc. [C] **1971** 2907.
Isolierung aus Blüten von Anthemis nobilis, von Bellis perennis, von Chrysanthemum leucanthemum, von Chrysanthemum maximum und von Chrysanthemum uliginosum: *Wagner, Kirmayer*, Naturwiss. **44** [1957] 307; aus Samen von Cuminum cyminum: *Chakraborti*, Trans. Bose Res. Inst. Calcutta **21** [1957] 61, 63; aus Blättern und Samen von Petroselinum crispum (Apium petroselinum): *v. Gerichten*, B. **9** [1876] 1121, 1123; *Gupta, Seshadri*, Pr. Indian Acad. [A] **35** [1952] 242, 244; *Farooq et al.*, Ar. **292** [1959] 792, 794; aus Vicia hirsuta: *Nakaoki et al.*, J. pharm. Soc. Japan **75** [1955] 172, 175; C. A. **1955** 8562.
Krystalle; F: 232—233° [aus Me.] (*Na. et al.*), 230—232° [aus A.] (*Gu., Se.*), 228—230° [aus A.] (*Hu. et al.*). $[\alpha]_D$: —130° [Me.; c = 0,1] (*Hu. et al.*). UV-Spektrum (A.; 230 nm bis 380 nm): *Marchlewski, Skarżyński*, Bl. Acad. polon. [A] **1938** 232, 234; Bio. Z. **297** [1938] 56, 57.

5-Hydroxy-2-[4-hydroxy-phenyl]-7-[O^2-α-L-rhamnopyranosyl-β-D-glucopyranosyloxy]-chromen-4-on, 5-Hydroxy-2-[4-hydroxy-phenyl]-7-β-neohesperidosyloxy-chromen-4-on, Rhoifolin $C_{27}H_{30}O_{14}$, Formel IV (R = H).
Über die Konstitution s. *Horowitz, Gentili*, Tetrahedron **19** [1963] 773, 777 Anm. 23; *Wagner et al.*, B. **102** [1969] 2083, 2086.
Isolierung aus Blättern von Boehmeria nivea: *Nakaoki et al.*, J. pharm. Soc. Japan **77** [1957] 112; C. A. **1957** 6089; aus Fruchtschalen von Citrus aurantium: *Hattori et al.*, Am. Soc. **74** [1952] 3614; aus Blüten von Dahlia variabilis: *Nordström, Swain*, Soc. **1953** 2764, 2772; aus Blättern von Pseudaegle trifoliata: *Hattori et al.*, Sci. Tokyo **22** [1952] 312; C. A. **1952** 10306; aus Blättern von Rhus succedanea: *Hattori, Matsuda*, Arch. Biochem. **37** [1952] 85, 86.
B. Aus Naringin ((S)-5-Hydroxy-2-[4-hydroxy-phenyl]-7-[O^2-α-L-rhamnopyranosyl-β-D-glucopyranosyloxy]-chroman-4-on) beim Erwärmen mit Jod in Natriumacetat enthaltendem Äthanol (*Narasimhachari, Seshadri*, Pr. Indian Acad. [A] **30** [1949] 151, 157) sowie beim Behandeln mit Acetanhydrid und Pyridin, Erwärmen des Reaktionsprodukts mit Pyridinum-tribromid und Dibenzoylperoxid in Chloroform und Erhitzen des danach isolierten Reaktionsprodukts mit wss.-äthanol. Natronlauge (*Lorette et al.*, J. org. Chem. **16** [1951] 930, 931).
Krystalle; F: 202—205° [unkorr.; aus wss. Py.] (*Wa. et al.*; *Ha., Ma.*), 200° [Zers.;

aus Me.] (*Nak. et al.*), 198—200° [aus A.] (*Nar., Se.*). $[\alpha]_D^{19}$: —160° [Me.] (*Nak. et al.*); $[\alpha]_D^{22}$: —117° (Rechenfehler im Original) [Me.] (*Ha., Ma.*); $[\alpha]_D^{29}$: —118,7° [Me.] (*Wa. et al.*). Absorptionsspektrum (200—400 nm) einer Lösung in Äthanol: *Geissman, Kranen-Fiedler*, Naturwiss. **43** [1956] 226; einer Natriumacetat enthaltenden Lösung in Äthanol: *Jurd et al.*, Arch. Biochem. **67** [1957] 284, 296.

5-β-D-Glucopyranosyloxy-2-[4-hydroxy-phenyl]-7-methoxy-chromen-4-on, Gluco= genkwanin $C_{22}H_{22}O_{10}$, Formel I (R = CH$_3$).

Isolierung aus der Rinde von Prunus jamasakura und von Prunus verecunda: *Ohta*, J. pharm. Soc. Japan **73** [1953] 896; C. A. **1954** 10012; aus dem Holz von Prunus speciosa: *Hasegawa, Shirato*, Am. Soc. **76** [1954] 5559.

Gelbe Krystalle; F: 273—274° [aus wss. A.] (*Ohta*), 273° [aus Me.] (*Ha., Sh.*).

7-β-D-Glucopyranosyloxy-5-hydroxy-2-[4-methoxy-phenyl]-chromen-4-on $C_{22}H_{22}O_{10}$, Formel II (R = CH$_3$).

B. Beim Behandeln von Cosmosiin (S. 2687) mit Methyljodid und methanol. Kalilauge (*Nakaoki*, J. pharm. Soc. Japan **60** [1940] 502, 505; engl. Ref. S. 190; C. A. **1941** 4022).

Krystalle (aus wss. A.); F: 259—262° (*Farkas et al.*, Acta chim. hung. **42** [1964] 393). $[\alpha]_D^{22}$: —63,3° [Py. + A. (7:3)] (*Fa. et al.*).

III   IV

5-Hydroxy-2-[4-methoxy-phenyl]-7-[O^2-α-L-rhamnopyranosyl-β-D-glucopyranosyloxy]- chromen-4-on, 5-Hydroxy-2-[4-methoxy-phenyl]-7-β-neohesperidosyloxy-chromen-4-on, Fortunellin $C_{28}H_{32}O_{14}$, Formel IV (R = CH$_3$).

Über die Konstitution s. *Horowitz, Gentili*, Tetrahedron **19** [1963] 773, 777 Anm. 23; *Wagner et al.*, B. **102** [1969] 2083, 2084.

Isolierung aus Früchten und Blütenblättern von Fortunella crassifolia, von Fortunella japonica, von Fortunella margarita und von Fortunella obovata: *Matsuno*, J. pharm. Soc. Japan **78** [1958] 1311; C. A. **1959** 6222.

Krystalle (aus wss. Me.) mit 1 Mol H$_2$O, F: 219—220°; $[\alpha]_D^{24}$: —102,8° [Py.; c = 1] (*Wa. et al.*).

5-Hydroxy-2-[4-methoxy-phenyl]-7-[O^6-α-L-rhamnopyranosyl-β-D-glucopyranosyloxy]- chromen-4-on, 5-Hydroxy-2-[4-methoxy-phenyl]-7-β-rutinosyloxy-chromen-4-on, Linarin $C_{28}H_{32}O_{14}$, Formel V (R = H).

Identität von Buddleoflavonolosid mit Linarin: *Baker et al.*, Soc. **1951** 691, 692. Die gleiche Konstitution und Konfiguration kommt auch einer von *Zemplén, Mester* (Magyar kem. Folyoirat **56** [1950] 2, 4; s. a. *Freudenberg, Hartmann*, A. **587** [1954] 207, 212) aus Blättern von Robinia pseudoacacia isolierten, irrtümlich als Acaciin (s. S. 2690) bezeichneten Verbindung zu (*Wagner et al.*, B. **102** [1969] 1445; s. dazu *Kamiya et al.*, Agric. biol. Chem. Japan **36** [1972] 875).

Isolierung aus Blättern und Blüten von Buddleja variabilis: *Ba. et al.*, l. c. S. 693; s. a. *Yü*, Bl. Soc. Chim. biol. **15** [1933] 482, 485; aus Blüten von Linaria vulgaris: *Klobb*, Bl. [4] **3** [1908] 858, 860; *Merz, Wu*, Ar. **274** [1936] 126, 137; aus Blättern von Robinia pseudoacacia: *Wa. et al.*

B. Beim Behandeln von 5,7-Dihydroxy-2-[4-methoxy-phenyl]-chromen-4-on mit O^2,O^3,O^4-Triacetyl-O^6-[tri-O-acetyl-α-L-rhamnopyranosyl]-α-D-glucopyranosylbromid (E III/IV **17** 2610), Aceton und wss. Kalilauge, Erhitzen des Reaktionsprodukts mit Acetanhydrid und Pyridin und Erwärmen des danach isolierten Reaktionsprodukts mit wss.-äthanol. Natronlauge (*Zemplén, Bognár*, B. **74** [1941] 1818, 1824).

Krystalle mit 1 Mol H_2O; F: 275—276° [aus wss. Py.] (*Wa. et al.*), 274—276° [Block; aus wss. A.] (*Yü*), 265° [aus wss. Eg. bzw. wss. Py.] (*Kl.*; *Merz, Wu*), 263—264° [korr.; nach Erweichen bei 260°; aus wss. Eg.] (*Ze., Bo.*); Krystalle (aus wss. A.) mit 1,5 Mol H_2O, F: 262—263° [unkorr.; aus wss. A.] (*Ba. et al.*). $[\alpha]_D^{18}$: —100,1° [Eg.; c = 3] [Monohydrat] (*Merz, Wu*); $[\alpha]_D^{19}$: —98,6° [Eg.; c = 0,3] [Sesquihydrat] (*Ba. et al.*); $[\alpha]_D^{26}$: —100,0° [Eg.; c = 0,7] [Monohydrat] (*Ze., Bo.*); $[\alpha]_D^{15}$: —89,6° [Py.; c = 0,3] [Sesquihydrat] (*Ba. et al.*); $[\alpha]_D^{24}$: —90,3° [Py.] [Monohydrat] (*Wa. et al.*); $[\alpha]_D^{26}$: —88,5° [Py.; c = 1] [Monohydrat] (*Ze., Bo.*).

V

7-[O^4-β-D-Glucopyranosyl-β-D-glucopyranosyloxy]-5-hydroxy-2-[4-methoxy-phenyl]-chromen-4-on, 7-β-Cellobiosyloxy-5-hydroxy-2-[4-methoxy-phenyl]-chromen-4-on $C_{28}H_{32}O_{15}$, Formel VI (R = X = H).

B. Beim Erwärmen von 5-Hydroxy-2-[4-methoxy-phenyl]-7-[O^2,O^3,O^6-triacetyl-O^4-(tetra-O-acetyl-β-D-glucopyranosyl)-β-D-glucopyranosyloxy]-chromen-4-on (s. u.) mit wss.-äthanol. Natronlauge (*Zemplén, Bognár*, B. **74** [1941] 1818, 1822).

Krystalle (aus wss. Eg.); F: 256—257° [korr.; Zers.; nach Sintern bei 254°]. $[\alpha]_D^{26}$: —63,5° [Py.; c = 1].

5-Hydroxy-2-[4-methoxy-phenyl]-7-[O^2,O^3,O^6-triacetyl-O^4-(tetra-O-acetyl-β-D-gluco\,pyranosyl)-β-D-glucopyranosyloxy]-chromen-4-on, 7-[Hepta-O-acetyl-β-cellobiosyl\,oxy]-5-hydroxy-2-[4-methoxy-phenyl]-chromen-4-on $C_{42}H_{46}O_{22}$, Formel VI (R = H, X = CO-CH_3).

B. Beim Behandeln von 5,7-Dihydroxy-2-[4-methoxy-phenyl]-chromen-4-on mit O^2,O^3,O^6-Triacetyl-O^4-[tetra-O-acetyl-β-D-glucopyranosyl]-α-D-glucopyranosylbromid (E III/IV **17** 3491), Aceton und wss. Kalilauge (*Zemplén, Bognár*, B. **74** [1941] 1818, 1821).

Krystalle (aus $CHCl_3$ + A.); F: 248,5—250° [korr.]. $[\alpha]_D^{18}$: —58,5° [$CHCl_3$; c = 1].

5-Hydroxy-2-[4-methoxy-phenyl]-7-[O^x-ξ-rhamnosyl-O^x-ξ-xylosyl-ξ-D-glucosyloxy]-chromen-4-on oder **5-Hydroxy-2-[4-methoxy-phenyl]-7-[O^x-ξ-rhamnosyl-O^x-ξ-D-glucosyl-ξ-xylosyloxy]-chromen-4-on** $C_{33}H_{40}O_{18}$, Formel VII (R = [$C_6H_{10}O_4$]-O-[$C_5H_8O_3$]-O-[$C_6H_{11}O_4$] oder [$C_5H_8O_3$]-O-[$C_6H_{10}O_4$]-O-[$C_6H_{11}O_4$], X = H).

Diese Konstitution (und Konfiguration) kommt dem nachstehend beschriebenen **Acaciin** zu (*Kamiya et al.*, Agric. biol. Chem. Japan **36** [1972] 875). Eine von *Zemplén, Mester* (Magyar kem. Folyoirat **56** [1950] 2, 4) als Acaciin angesehene Verbindung ist als Linarin (S. 2689) erkannt worden (*Wagner et al.*, B. **102** [1969] 1445).

Isolierung aus Blättern von Robinia pseudoacacia: *Hattori*, Acta phytoch. Tokyo **2** [1924/26] 99, 102; *Freudenberg, Hartmann*, A. **587** [1954] 207, 212; s. dazu *Ka. et al.*

Krystalle; F: 262—263° (*Fr., Ha.*). Krystalle (aus W.) mit 2 Mol H_2O; F: 260° (*Ka. et al.*; *Ha.*). $[\alpha]_D^{20}$: —89,6° [Py.; c = 0,02] (*Fr., Ha.*). Absorptionsmaxima (A.): 265 nm und 321 nm (*Ka. et al.*).

Überführung in ein Acetyl-Derivat (F: 135—140°) und in ein Benzoyl-Derivat (F: 180° bis 181°): *Ha.*

5-Methoxy-2-[4-methoxy-phenyl]-7-[tetra-O-methyl-β-D-glucopyranosyloxy]-chromen-4-on $C_{27}H_{32}O_{10}$, Formel VIII (R = CH_3).

B. Aus 7-β-D-Glucopyranosyloxy-5-hydroxy-2-[4-hydroxy-phenyl]-chromen-4-on mit

Hilfe von Dimethylsulfat (*Nakaoki*, J. pharm. Soc. Japan **60** [1940] 502, 505; engl. Ref. S. 190; C. A. **1941** 4022).

Krystalle (aus A.); F: 190° [nach Erweichen bei 185°].

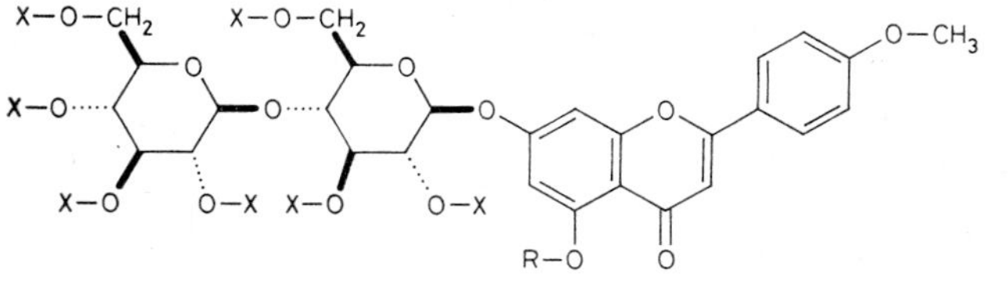

VI 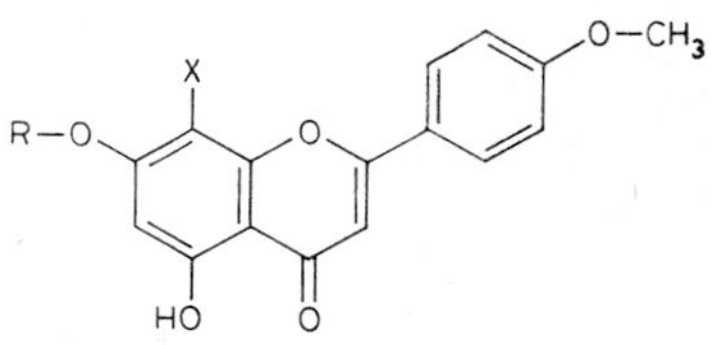   VII

5-Methoxy-2-[4-methoxy-phenyl]-7-[O^2,O^3,O^4-trimethyl-O^6-(tri-O-methyl-α-L-rhamnopyranosyl)-β-D-glucopyranosyloxy]-chromen-4-on, 7-[Hexa-O-methyl-β-rutinosyloxy]-5-methoxy-2-[4-methoxy-phenyl]-chromen-4-on, Hepta-O-methyl-linarin $C_{35}H_{46}O_{14}$, Formel V (R = CH$_3$).

B. Beim Behandeln von Linarin (S. 2689) mit Aceton, Dimethylsulfat und wss. Natronlauge (*Baker et al.*, Soc. **1951** 691, 694).

F: 114°.

5-Acetoxy-2-[4-methoxy-phenyl]-7-[O^2,O^3,O^4-triacetyl-O^6-(tri-O-acetyl-α-L-rhamnopyranosyl)-β-D-glucopyranosyloxy]-chromen-4-on, 5-Acetoxy-7-[hexa-O-acetyl-β-rutinosyloxy]-2-[4-methoxy-phenyl]-chromen-4-on, Hepta-O-acetyl-linarin $C_{42}H_{46}O_{21}$, Formel V (R = CO-CH$_3$).

B. Beim Erwärmen von Linarin (S. 2689) mit Acetanhydrid und Pyridin (*Merz, Wu*, Ar. **274** [1936] 126, 137; *Zemplén, Bognár*, B. **74** [1941] 1818, 1824; *Baker et al.*, Soc. **1951** 691, 693).

Krystalle; F: 126—134° [aus wss. A.] (*Ba. et al.*), 123—125° [aus wss. A.] (*Merz, Wu*), 120—126° [nach Erweichen bei 109°] (*Ze., Bo.*). $[\alpha]_D^{18}$: —70,3° [Bzl.; c = 0,3] (*Ba. et al.*); $[\alpha]_D^{20}$: —70,8° [Bzl.; c = 4] (*Merz, Wu*); $[\alpha]_D^{24}$: —71,1° [Bzl.; c = 1] (*Ze., Bo.*); $[\alpha]_D^{15}$: —58,7° [Py.; c = 0,6] (*Ba. et al.*).

5-Acetoxy-2-[4-methoxy-phenyl]-7-[O^2,O^3,O^6-triacetyl-O^4-(tetra-O-acetyl-β-D-glucopyranosyl)-β-D-glucopyranosyloxy]-chromen-4-on, 5-Acetoxy-7-[hepta-O-acetyl-β-cellobiosyloxy]-2-[4-methoxy-phenyl]-chromen-4-on $C_{44}H_{48}O_{23}$, Formel VI (R = X = CO-CH$_3$).

B. Beim Erwärmen von 7-[O^4-β-D-Glucopyranosyl-β-D-glucopyranosyloxy]-5-hydroxy-2-[4-methoxy-phenyl]-chromen-4-on mit Acetanhydrid und Pyridin (*Zemplén, Bognár*, B. **74** [1941] 1818, 1822).

Krystalle (aus E.); F: 253—255° [korr.; Zers.; nach Sintern bei 251°]. $[\alpha]_D^{25}$: —72,2° [Bzl.; c = 1].

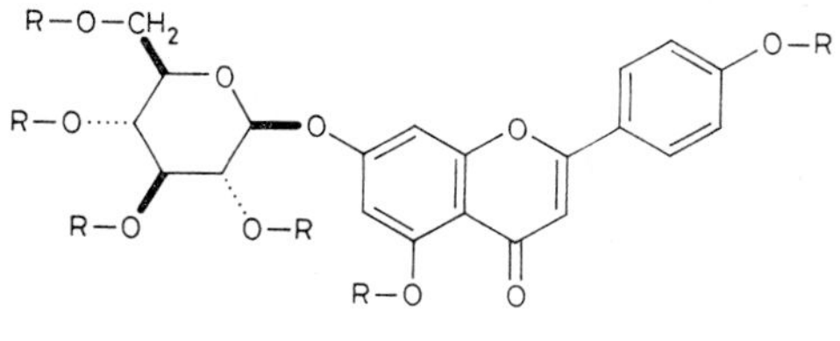

VIII 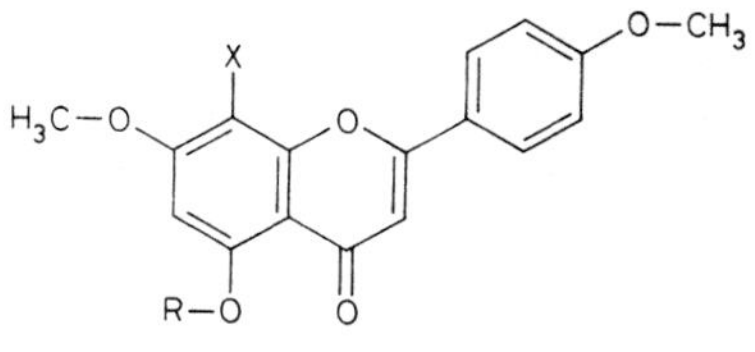   IX

5-Acetoxy-2-[4-acetoxy-phenyl]-7-[tetra-O-acetyl-β-D-glucopyranosyloxy]-chromen-4-on, Hexa-O-acetyl-cosmosiin $C_{33}H_{32}O_{16}$, Formel VIII (R = CO-CH$_3$).

B. Aus Cosmosiin [S. 2687] (*Nakaoki*, J. pharm. Soc. Japan **55** [1935] 967, 968; dtsch. Ref. S. 173; C. A. **1936** 725).

Krystalle (aus Me.); F: 207—208°.

5-Acetoxy-2-[4-acetoxy-phenyl]-7-[O^3,O^4,O^6-triacetyl-O^2-((3S)-tri-O-acetyl-β-D-apio⸗ furanosyl)-β-D-glucopyranosyloxy]-chromen-4-on, Octa-O-acetyl-apiin $C_{42}H_{44}O_{22}$, Formel III (R = CO-CH$_3$) auf S. 2689.

B. Beim Erhitzen von Apiin (S. 2688) mit Acetanhydrid und Pyridin auf 150° (*Gupta, Seshadri,* Pr. Indian Acad. [A] **35** [1952] 242, 245).

Krystalle (aus Acn.); F: 249—251°.

7-Methoxy-2-[4-methoxy-phenyl]-5-[toluol-4-sulfonyloxy]-chromen-4-on $C_{24}H_{20}O_7S$, Formel IX (R = SO$_2$-C$_6$H$_4$-CH$_3$, X = H).

B. Beim Erwärmen von 5-Hydroxy-7-methoxy-2-[4-methoxy-phenyl]-chromen-4-on mit Toluol-4-sulfonylchlorid, Kaliumcarbonat und Aceton (*Jain, Seshadri,* Pr. Indian Acad. [A] **38** [1953] 295).

Krystalle (aus A.); F: 185—186°.

8-Chlor-5,7-dihydroxy-2-[4-methoxy-phenyl]-chromen-4-on $C_{16}H_{11}ClO_5$, Formel VII (R = H, X = Cl).

B. Beim Behandeln von 5,7-Dihydroxy-2-[4-methoxy-phenyl]-chromen-4-on mit Sulfurylchlorid und Essigsäure (*Duncanson et al.,* Soc. **1957** 3555, 3562).

Gelbe Krystalle (aus A.); F: 306—308° [korr.].

8-Chlor-5,7-dimethoxy-2-[4-methoxy-phenyl]-chromen-4-on $C_{18}H_{15}ClO_5$, Formel IX (R = CH$_3$, X = Cl).

B. Beim Erwärmen von 8-Chlor-5,7-dihydroxy-2-[4-methoxy-phenyl]-chromen-4-on mit Aceton, Methyljodid und Kaliumcarbonat (*Duncanson et al.,* Soc. **1957** 3555, 3562).

Krystalle (aus Me.); F: 218—220° [korr.].

8-Brom-5-hydroxy-7-methoxy-2-[4-methoxy-phenyl]-chromen-4-on $C_{17}H_{13}BrO_5$, Formel IX (R = H, X = Br).

Diese Konstitution kommt der nachstehend beschriebenen, von *Hutchins, Wheeler* (Soc. **1939** 91, 93) als 6-Brom-5,7-dimethoxy-2-[4-methoxy-phenyl]-chromen-4-on ($C_{18}H_{15}BrO_5$) angesehenen Verbindung zu (*Chang et al.,* J. org. Chem. **26** [1961] 3142).

B. Beim Erhitzen von 2,3-Dibrom-1-[3-brom-2-hydroxy-4,6-dimethoxy-phenyl]-3-[4-methoxy-phenyl]-propan-1-on (F: 165°) unter vermindertem Druck auf 170° (*Ch. et al.; Hu., Wh.*).

Gelbe Krystalle (aus Chlorbenzol); F: 250° (*Hu., Wh.*).   [*Sauer*]

5,8-Dihydroxy-2-[2-hydroxy-phenyl]-chromen-4-on $C_{15}H_{10}O_5$, Formel X (R = H).

B. Beim Erwärmen von 5,8-Dimethoxy-2-[2-methoxy-phenyl]-chromen-4-on mit Aluminiumchlorid und Benzol (*Doporto et al.,* Soc. **1955** 4249, 4252).

Gelbliche Krystalle (aus A.); F: ca. 310°.

5,8-Dimethoxy-2-[2-methoxy-phenyl]-chromen-4-on $C_{18}H_{16}O_5$, Formel X (R = CH$_3$).

B. Beim Erhitzen von 1-[2-Hydroxy-3,6-dimethoxy-phenyl]-3-[2-methoxy-phenyl]-propan-1,3-dion mit Essigsäure und kleinen Mengen wss. Salzsäure (*Doporto et al.,* Soc. **1955** 4249, 4252).

Krystalle (aus A.); F: 200—201°.

Beim Erhitzen mit wss. Jodwasserstoffsäure und Phenol auf 170° ist 5,6-Dihydroxy-2-[2-hydroxy-phenyl]-chromen-4-on erhalten worden.

5,8-Diacetoxy-2-[2-acetoxy-phenyl]-chromen-4-on $C_{21}H_{16}O_8$, Formel X (R = CO-CH$_3$).

B. Beim Behandeln von 5,8-Dihydroxy-2-[2-hydroxy-phenyl]-chromen-4-on mit Acet⸗ anhydrid und kleinen Mengen wss. Perchlorsäure (*Doporto et al.,* Soc. **1955** 4249, 4252).

Krystalle (aus A.); F: 189—190°.

5,8-Dihydroxy-2-[4-methoxy-phenyl]-chromen-4-on $C_{16}H_{12}O_5$, Formel XI (R = X = H).

Eine von *Furukawa* (Scient. Pap. Inst. phys. chem. Res. **21** [1933] 278) unter dieser Konstitution beschriebene Verbindung ist als 5,7-Dihydroxy-8-[5-(5-hydroxy-7-methoxy-4-oxo-4H-chromen-2-yl)-2-methoxy-phenyl]-2-[4-hydroxy-phenyl]-chromen-4-on zu for⸗ mulieren (*Kawano,* Chem. and Ind. **1959** 368, 852).

B. Beim Behandeln von 5-Hydroxy-2-[4-methoxy-phenyl]-chromen-4-on mit wss.

Kalilauge, Pyridin und wss. Kaliumperoxodisulfat-Lösung und Erwärmen des nach Ansäuern gelösten Reaktionsprodukts mit Natriumsulfit und wss. Salzsäure (*Baker et al.*, Soc. **1949** 1560). Beim Erwärmen von 8-Hydroxy-5-methoxy-2-[4-methoxy-phenyl]-chromen-4-on mit Aluminiumchlorid in Nitrobenzol (*Baker, Flemons*, Soc. **1948** 2138, 2142).

Gelbe Krystalle (aus A.); F: 233,5—234° (*Ba. et al.*).

8-Hydroxy-5-methoxy-2-[4-methoxy-phenyl]-chromen-4-on $C_{17}H_{14}O_5$, Formel XI (R = CH$_3$, X = H).

B. Beim Erhitzen von 1-[2,3-Dihydroxy-6-methoxy-phenyl]-äthanon mit 4-Methoxy-benzoesäure-anhydrid und Natrium-[4-methoxy-benzoat] und Erwärmen des Reaktionsprodukts mit wss.-äthanol. Kalilauge (*Baker, Flemons*, Soc. **1948** 2138, 2142).

Gelbe Krystalle (aus Eg.); F: 267°.

X   XI   XII

5-Hydroxy-8-methoxy-2-[4-methoxy-phenyl]-chromen-4-on $C_{17}H_{14}O_5$, Formel XI (R = H, X = CH$_3$).

B. Beim Behandeln von 5,8-Dimethoxy-2-[4-methoxy-phenyl]-chromen-4-on mit Aluminiumchlorid und Äther (*Baker, Simmonds*, Soc. **1940** 1370, 1373).

Gelbe Krystalle; F: 146° [aus Me.] (*Ba., Si.*), 132—134° (*Horii*, J. pharm. Soc. Japan **60** [1940] 222, 228; engl. Ref. S. 81, 86; C. A. **1940** 6277).

5,8-Dimethoxy-2-[4-methoxy-phenyl]-chromen-4-on $C_{18}H_{16}O_5$, Formel XI (R = X = CH$_3$).

B. Beim Behandeln von 1-[2-Hydroxy-3,6-dimethoxy-phenyl]-3-[4-methoxy-phenyl]-propan-1,3-dion (E III **8** 4270) mit Essigsäure und Natriumacetat (*Baker, Simmonds*, Soc. **1940** 1370, 1373) oder mit konz. Schwefelsäure (*Horii*, J. pharm. Soc. Japan **60** [1940] 222, 228; engl. Ref. S. 81, 86; C. A. **1940** 6277). Aus 2′-Hydroxy-4,3′,6′-trimeth⸗oxy-*trans*(?)-chalkon (F: 152—153°) mit Hilfe von Selendioxid (*Ballio, Pocchiari*, Ric. scient. **20** [1950] 1301).

Krystalle; F: 164—165° [aus A.] (*Ho.*), 162° [aus E.] (*Ba., Po.*), 161° [aus wss. A.] (*Ba., Si.*).

Beim Erhitzen mit wss. Bromwasserstoffsäure und Essigsäure auf 150° ist 5,6-Dihydr⸗oxy-2-[4-hydroxy-phenyl]-chromen-4-on erhalten worden (*Ba., Si.*).

5-Acetoxy-8-methoxy-2-[4-methoxy-phenyl]-chromen-4-on $C_{19}H_{16}O_6$, Formel XI (R = CO-CH$_3$, X = CH$_3$).

B. Beim Behandeln von 5-Hydroxy-8-methoxy-2-[4-methoxy-phenyl]-chromen-4-on mit Acetanhydrid (*Baker, Simmonds*, Soc. **1940** 1370, 1373; *Horii*, J. pharm. Soc. Japan **60** [1940] 222, 228; engl. Ref. S. 81, 86; C. A. **1940** 6277).

Krystalle (aus Me.); F: 205,5—206,5° (*Ho.*), 200° (*Ba., Si.*).

8-Acetoxy-5-methoxy-2-[4-methoxy-phenyl]-chromen-4-on $C_{19}H_{16}O_6$, Formel XI (R = CH$_3$, X = CO-CH$_3$).

B. Aus 8-Hydroxy-5-methoxy-2-[4-methoxy-phenyl]-chromen-4-on mit Hilfe von Acetanhydrid (*Baker, Flemons*, Soc. **1948** 2138, 2142).

Krystalle (aus A.); F: 172°.

5,8-Diacetoxy-2-[4-methoxy-phenyl]-chromen-4-on $C_{20}H_{16}O_7$, Formel XI (R = X = CO-CH$_3$).

B. Aus 5,8-Dihydroxy-2-[4-methoxy-phenyl]-chromen-4-on mit Hilfe von Acet⸗anhydrid (*Baker et al.*, Soc. **1949** 1560).

Krystalle (aus A.); F: 232°.

5-Methoxy-8-[4-methoxy-benzoyloxy]-2-[4-methoxy-phenyl]-chromen-4-on $C_{25}H_{20}O_7$, Formel XI (R = CH₃, X = CO-C₆H₄-OCH₃).

B. Beim Erhitzen von 1-[2,3-Dihydroxy-6-methoxy-phenyl]-äthanon mit 4-Methoxy-benzoesäure-anhydrid und Natrium-[4-methoxy-benzoat] (*Baker, Flemons*, Soc. **1948** 2138, 2142).

Hellgelbe Krystalle (aus A.); F: 225,5°.

5,8-Dimethoxy-2-[4-methoxy-phenyl]-thiochromen-4-on $C_{18}H_{16}O_4S$, Formel XII.

B. Beim Erwärmen von 2,5-Dimethoxy-thiophenol mit 3-[4-Methoxy-phenyl]-3-oxo-propionsäure-äthylester und Polyphosphorsäure (*Farbenfabr. Bayer*, Brit. P. 803803 [1956]).

Krystalle (aus Bzl.); F: 159—160°.

6,7-Dimethoxy-2-[4-methoxy-phenyl]-chromen-4-on $C_{18}H_{16}O_5$, Formel I (E II 174; dort als 6,7,4′-Trimethoxy-flavon bezeichnet).

B. Beim Erwärmen von (±)-6,7-Dimethoxy-2-[4-methoxy-phenyl]-chroman-4-on mit Selendioxid in Amylalkohol (*Bargellini, Marini-Bettòlo*, G. **70** [1940] 170, 175).

Krystalle (aus A.); F: 183°.

6,8-Dihydroxy-2-[4-hydroxy-phenyl]-chromen-4-on $C_{15}H_{10}O_5$, Formel II (R = H).

B. Aus 6,8-Dimethoxy-2-[4-methoxy-phenyl]-chromen-4-on mit Hilfe von Brom⹀wasserstoffsäure (*Simpson*, Chem. and Ind. **1955** 1672).

Zers. oberhalb 300°.

I

II

6,8-Dimethoxy-2-[4-methoxy-phenyl]-chromen-4-on $C_{18}H_{16}O_5$, Formel II (R = CH₃).

B. Aus 2′-Hydroxy-4,3′,5′-trimethoxy-*trans*(?)-chalkon (F: 121,5—122,5°) mit Hilfe von Selendioxid (*Simpson*, Chem and Ind. **1955** 1672).

F: 187—188,5°.

6,8-Diacetoxy-2-[4-acetoxy-phenyl]-chromen-4-on $C_{21}H_{16}O_8$, Formel II (R = CO-CH₃).

B. Aus 6,8-Dihydroxy-2-[4-hydroxy-phenyl]-chromen-4-on (*Simpson*, Chem. and Ind. **1955** 1672).

F: 240—242°.

7,8-Dihydroxy-2-[4-hydroxy-phenyl]-chromen-4-on $C_{15}H_{10}O_5$, Formel III (R = H).

B. Beim Erhitzen von 7,8-Dimethoxy-2-[4-methoxy-phenyl]-chromen-4-on mit wss. Jodwasserstoffsäure und Acetanhydrid (*Badhwar et al.*, Soc. **1932** 1107, 1109).

Gelbe Krystalle (aus wss. A.); F: 299—300° [Zers.; nach Sintern bei 279°].

7,8-Dimethoxy-2-[4-methoxy-phenyl]-chromen-4-on $C_{18}H_{16}O_5$, Formel III (R = CH₃).

B. Beim Behandeln von opt.-inakt. 1-[2-Acetoxy-3,4-dimethoxy-phenyl]-2,3-dibrom-3-[4-methoxy-phenyl]-propan-1-on (F: 133°) mit wss.-äthanol. Kalilauge (*Badhwar et al.*, Soc. **1932** 1107, 1109). Beim Erhitzen von 1-[2-Hydroxy-3,4-dimethoxy-phenyl]-3-[4-methoxy-phenyl]-propan-1-on mit Selendioxid in Amylalkohol (*Schiavello, Sebastiani*, G. **79** [1949] 909, 912).

Gelbe Krystalle (aus A.); F: 189—190° (*Ba. et al.*).

7,8-Diacetoxy-2-[4-acetoxy-phenyl]-chromen-4-on $C_{21}H_{16}O_8$, Formel III (R = CO-CH₃).

B. Beim Erhitzen von 7,8-Dihydroxy-2-[4-hydroxy-phenyl]-chromen-4-on mit Acet⹀

anhydrid und wenig Pyridin (*Badhwar et al.*, Soc. **1932** 1107, 1109).
Krystalle (aus W.); F: 183°.

2-[3,4-Dihydroxy-phenyl]-5-hydroxy-chromen-4-on $C_{15}H_{10}O_5$, Formel IV (R = X = H).
B. Beim Erhitzen von 2-[3,4-Dimethoxy-phenyl]-5-methoxy-chromen-4-on mit Acet=
anhydrid und wss. Jodwasserstoffsäure (*Oliverio, Schiavello*, G. **80** [1950] 788, 795;
Ahluwalia et al., Pr. Indian Acad. [A] **38** [1953] 480, 488).
Gelbe Krystalle (aus Eg.), F: 303° [unkorr.] (*Ol., Sch.*); gelbe Krystalle (aus Me.),
Zers. bei 278—280° (*Ah. et al.*).

III   IV   V

2-[3,4-Dimethoxy-phenyl]-5-hydroxy-chromen-4-on $C_{17}H_{14}O_5$, Formel IV (R = H,
X = CH$_3$).
B. Beim Erwärmen von 2-[3,4-Dimethoxy-phenyl]-5-hydroxy-3-veratroyl-chromen-
4-on mit Natriumcarbonat in wss. Äthanol (*Ahluwalia et al.*, Pr. Indian Acad. **38** [1953]
480, 487).
Gelbe Krystalle (aus A.); F: 165—166°.

2-[3,4-Dimethoxy-phenyl]-5-methoxy-chromen-4-on $C_{18}H_{16}O_5$, Formel IV
(R = X = CH$_3$).
B. Beim Erhitzen von 2′-Hydroxy-3,4,6′-trimethoxy-*trans*(?)-chalkon (F: 132—133°)
mit Selendioxid in Amylalkohol (*Oliverio, Schiavello*, G. **80** [1950] 788, 795).
Gelbliche Krystalle (aus A.); F: 205°.

5-Acetoxy-2-[3,4-diacetoxy-phenyl]-chromen-4-on $C_{21}H_{16}O_8$, Formel IV
(R = X = CO-CH$_3$).
B. Beim Behandeln von 2-[3,4-Dihydroxy-phenyl]-5-hydroxy-chromen-4-on mit
Acetanhydrid und Natriumacetat (*Oliverio, Schiavello*, G. **80** [1950] 788, 796).
Krystalle (aus A.); F: 179—180°.

2-[2,3-Dihydroxy-phenyl]-6-hydroxy-chromen-4-on $C_{15}H_{10}O_5$, Formel V (R = H).
B. Beim Erwärmen von 2-[2,3-Dimethoxy-phenyl]-6-methoxy-chromen-4-on mit wss.
Jodwasserstoffsäure und Acetanhydrid (*Arcoleo et al.*, Ann. Chimica **47** [1957] 75, 82).
Gelbe Krystalle (aus wss. A.); F: 280° [Zers.].

2-[2,3-Dimethoxy-phenyl]-6-methoxy-chromen-4-on $C_{18}H_{16}O_5$, Formel V (R = CH$_3$).
B. Beim Erwärmen von 2′-Hydroxy-2,3,5′-trimethoxy-*trans*(?)-chalkon (F: 101—102°)
mit Selendioxid in Amylalkohol (*Arcoleo et al.*, Ann. Chimica **47** [1957] 75, 82).
Gelbe Krystalle (aus wss. Eg.); F: 118°.

6-Acetoxy-2-[2,3-diacetoxy-phenyl]-chromen-4-on $C_{21}H_{16}O_8$, Formel V (R = CO-CH$_3$).
B. Beim Erwärmen von 2-[2,3-Dihydroxy-phenyl]-6-hydroxy-chromen-4-on mit Acet=
anhydrid und Natriumacetat (*Arcoleo et al.*, Ann. Chimica **47** [1957] 75, 82).
Krystalle (aus A.); F: 180°.

2-[4-Hydroxy-3-methoxy-phenyl]-6-methoxy-chromen-4-on $C_{17}H_{14}O_5$, Formel VI
(R = CH$_3$, X = H).
B. Beim Erhitzen von 2′-Hydroxy-3,5′-dimethoxy-4-methoxymethoxy-*trans*(?)-chalkon
(F: 138—139°) mit Selendioxid in Amylalkohol (*Arcoleo et al.*, Ann. Chimica **47** [1957] 658,

666).

Hellgelbe Krystalle (aus A.); F: 198—199°.

2-[3-Hydroxy-4-methoxy-phenyl]-6-methoxy-chromen-4-on $C_{17}H_{14}O_5$, Formel VI
(R = H, X = CH$_3$).

B. Beim Erhitzen von 2'-Hydroxy-4,5'-dimethoxy-3-methoxymethoxy-*trans*(?)-chalkon (F: 150—151°) mit Selendioxid in Amylalkohol (*Venturella*, Ann. Chimica **48** [1958] 706, 710).

Hellgelbe Krystalle (aus wss. A.); F: 190°.

2-[3-Acetoxy-4-methoxy-phenyl]-6-methoxy-chromen-4-on $C_{19}H_{16}O_6$, Formel VI
(R = CO-CH$_3$, X = CH$_3$).

B. Beim Behandeln von 2-[3-Hydroxy-4-methoxy-phenyl]-6-methoxy-chromen-4-on mit Acetanhydrid und Natriumacetat (*Venturella*, Ann. Chimica **48** [1958] 706, 710).

Krystalle (aus wss. A.); F: 130°.

2-[4-Acetoxy-3-methoxy-phenyl]-6-methoxy-chromen-4-on $C_{19}H_{16}O_6$, Formel VI
(R = CH$_3$, X = CO-CH$_3$).

B. Beim Erhitzen von 2-[4-Hydroxy-3-methoxy-phenyl]-6-methoxy-chromen-4-on mit Acetanhydrid und Natriumacetat (*Arcoleo et al.*, Ann. Chimica **47** [1957] 658, 666).

Krystalle (aus A.); F: 214—215°.

VI   VII

2-[2,3-Dihydroxy-phenyl]-7-hydroxy-chromen-4-on $C_{15}H_{10}O_5$, Formel VII (R = H).

B. Beim Erhitzen von 2-[2,3-Dimethoxy-phenyl]-7-methoxy-chromen-4-on mit wss. Jodwasserstoffsäure und Acetanhydrid (*Arcoleo et al.*, Ann. Chimica **47** [1957] 75, 80).

Krystalle (aus wss. A.); F: 300° [Zers.].

2-[2,3-Dimethoxy-phenyl]-7-methoxy-chromen-4-on $C_{18}H_{16}O_5$, Formel VII (R = CH$_3$).

B. Beim Erhitzen von 2'-Hydroxy-2,3,4'-trimethoxy-*trans*(?)-chalkon (F: 130—131°) mit Selendioxid in Amylalkohol (*Arcoleo et al.*, Ann. Chimica **47** [1957] 75, 80).

Krystalle (aus Bzl.); F: 106—108°.

7-Acetoxy-2-[2,3-diacetoxy-phenyl]-chromen-4-on $C_{21}H_{16}O_8$, Formel VII
(R = CO-CH$_3$).

B. Beim Erhitzen von 2-[2,3-Dihydroxy-phenyl]-7-hydroxy-chromen-4-on mit Acet= anhydrid und Natriumacetat (*Arcoleo et al.*, Ann. Chimica **47** [1957] 75, 80).

Krystalle (aus A.); F: 200—201°.

2-[2,4-Dimethoxy-phenyl]-7-methoxy-chromen-4-on $C_{18}H_{16}O_5$, Formel VIII.

B. Beim Erhitzen von 1,3-Bis-[2,4-dimethoxy-phenyl]-propan-1,3-dion mit Kalium= jodid und Phosphorsäure (*Spatz, Koral*, J. org. Chem. **24** [1959] 1381).

Krystalle (aus wss. A.); F: 143,5—145,5°. Absorptionsmaxima (Me.): 236 nm und 334 nm.

2-[2,4-Dimethoxy-phenyl]-7-methoxy-chromen-4-on-oxim $C_{18}H_{17}NO_5$, Formel IX.

B. Beim Erwärmen von 2-[2,4-Dimethoxy-phenyl]-7-methoxy-chromen-4-on mit Hydroxylamin-hydrochlorid und Pyridin (*Spatz, Koral*, J. org. Chem. **24** [1959] 1381).

Krystalle (aus A.); F: 204—207°.

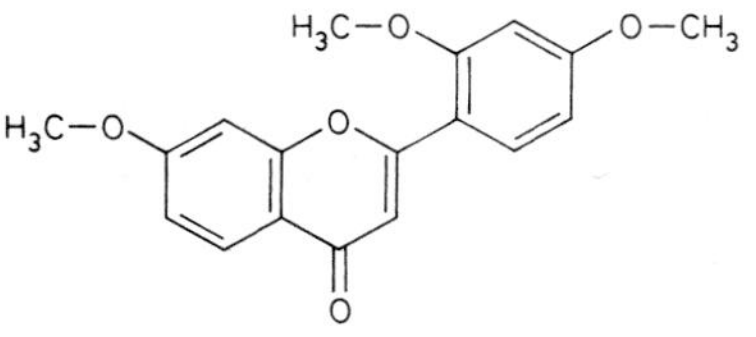

VIII 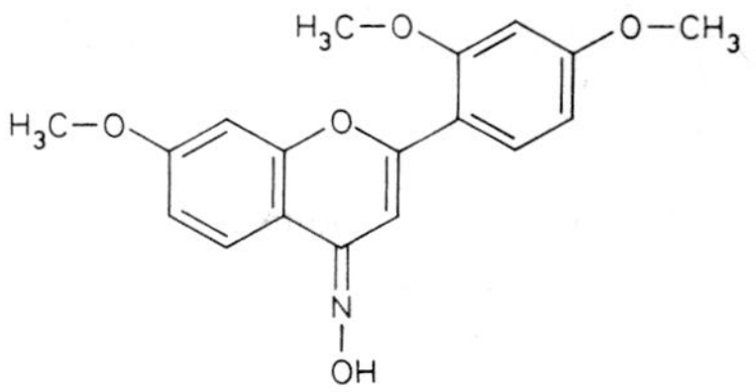   IX

2-[2,5-Dihydroxy-phenyl]-7-hydroxy-chromen-4-on $C_{15}H_{10}O_5$, Formel X (R = X = H).
Zers. oberhalb 268° (*Simpson, Uri*, Chem. and Ind. **1956** 956).

2-[2,5-Dihydroxy-phenyl]-7-methoxy-chromen-4-on $C_{16}H_{12}O_5$, Formel X (R = CH₃,
X = H).
Unterhalb 298° nicht schmelzend (*Simpson, Uri*, Chem. and Ind. **1956** 956).

2-[2,5-Diacetoxy-phenyl]-7-methoxy-chromen-4-on $C_{20}H_{16}O_7$, Formel X (R = CH₃,
X = CO-CH₃).
B. Aus 2-[2,5-Dihydroxy-phenyl]-7-methoxy-chromen-4-on (*Simpson, Uri*, Chem. and
Ind. **1956** 956).
F: 158—160°.

7-Acetoxy-2-[2,5-diacetoxy-phenyl]-chromen-4-on $C_{21}H_{16}O_8$, Formel X
(R = X = CO-CH₃).
B. Aus 2-[2,5-Dihydroxy-phenyl]-7-hydroxy-chromen-4-on (*Simpson, Uri*, Chem. and
Ind. **1956** 956).
F: 174—176° [Zers.].

2-[3,4-Dimethoxy-phenyl]-7-hydroxy-chromen-4-on $C_{17}H_{14}O_5$, Formel XI (R = H,
X = CH₃).
B. Beim Erhitzen von 3-[3,4-Dimethoxy-phenyl]-3-oxo-propionsäure-äthylester mit
Resorcin auf 250° (*Pillon*, Bl. **1954** 9, 23). Beim Erhitzen von 1-[3,4-Dimethoxy-phenyl]-
3-[2-hydroxy-4-veratroyloxy-phenyl]-propan-1,3-dion (E III **10** 1421) mit Essigsäure
und Natriumacetat und Erwärmen des Reaktionsprodukts mit methanol. Kalilauge
(*Baker*, Soc. **1933** 1381, 1387). Beim Erhitzen von 2'-Hydroxy-3,4-dimethoxy-4'-meth=
oxymethyl-*trans*(?)-chalkon (F: 104—105°) mit Selendioxid in Amylalkohol (*Bellino,
Venturella*, Ann. Chimica **48** [1958] 111, 123, 124).
Krystalle; F: 255° [aus wss. Eg.] (*Ba.*), 254—255° [im vorgeheizten Block; aus Eg.
+ A.] (*Pi.*). Absorptionsmaxima (A.): 237 nm und 337 nm (*Pi.*; *Mentzer, Pillon*, Parf.
Cosmét. Savons **1** [1958] 298, 301).

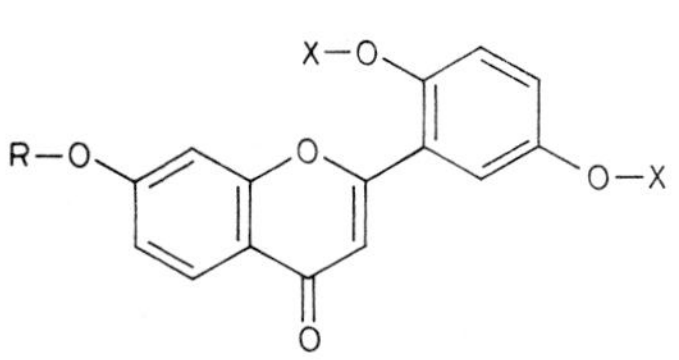

X 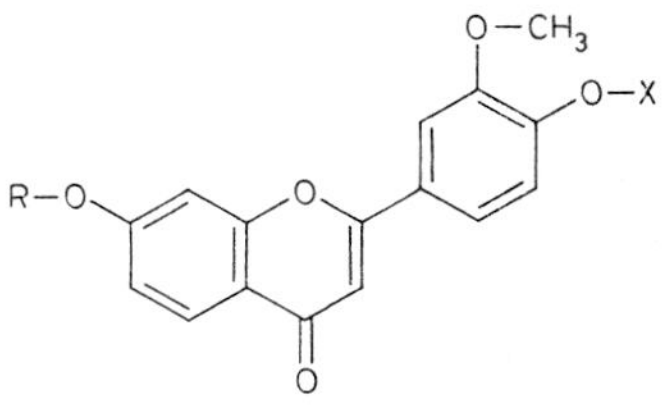   XI

2-[3,4-Dimethoxy-phenyl]-7-methoxy-chromen-4-on $C_{18}H_{16}O_5$, Formel XI
(R = X = CH₃).
B. Beim Behandeln von 1-[3,4-Dimethoxy-phenyl]-3-[2-hydroxy-4-methoxy-phenyl]-
propan-1,3-dion (E III **8** 4270) mit 80%ig. wss. Schwefelsäure (*Cavill et al.*, Soc. **1954**
4573, 4578).
Krystalle (aus Me.); F: 176°.

2-[4-Benzyloxy-3-methoxy-phenyl]-7-methoxy-chromen-4-on $C_{24}H_{20}O_5$, Formel XI
($R = CH_3$, $X = CH_2\text{-}C_6H_5$).

B. Beim Behandeln von opt.-inakt. 1-[2-Acetoxy-4-methoxy-phenyl]-3-[4-benzyloxy-3-methoxy-phenyl]-2,3-dibrom-propan-1-on (F: 122°) mit wss.-äthanol. Natronlauge (*Marathey*, J. Univ. Poona Nr. 2 [1952] 19, 24).

Krystalle (aus A. + Eg.); F: 190° (*Ma.*). Absorptionsspektrum (wss. A.; 210—480 nm): *Jatkar*, *Mattoo*, J. Indian chem. Soc. **33** [1956] 623, 626. Fluorescenzspektrum (A.; 400—625 nm): *Ja.*, *Ma.*

7-Acetoxy-2-[3,4-dimethoxy-phenyl]-chromen-4-on $C_{19}H_{16}O_6$, Formel XI ($R = CO\text{-}CH_3$, $X = CH_3$).

B. Aus 2-[3,4-Dimethoxy-phenyl]-7-hydroxy-chromen-4-on (*Pillon*, Bl. **1954** 9, 23).

Krystalle (aus A.); F: 196—196,5°.

2-[3,4-Dimethoxy-phenyl]-7-veratroyloxy-chromen-4-on $C_{26}H_{22}O_8$, Formel XI
($R = CO\text{-}C_6H_3(OCH_3)_2$, $X = CH_3$).

B. Beim Behandeln einer Lösung von 1-[3,4-Dimethoxy-phenyl]-3-[2-hydroxy-4-veratroyloxy-phenyl]-propan-1,3-dion (E III **10** 1421) in Essigsäure mit Chlorwasserstoff (*Appel et al.*, Soc. **1937** 738, 742).

Krystalle (aus Eg.); F: 219°.

2-[3,4-Dimethoxy-phenyl]-7-β-D-glucopyranosyloxy-chromen-4-on $C_{23}H_{24}O_{10}$,
Formel XII.

B. Bei mehrtägigem Behandeln von 1-[3,4-Dimethoxy-phenyl]-3-[4-β-D-glucopyranosyloxy-2-hydroxy-phenyl]-propan-1,3-dion mit gepufferter wss. Lösung vom pH 8—9 (*Reichel*, *Henning*, A. **621** [1959] 72, 79).

Krystalle (aus Me.); F: 175° [unkorr.].

XII   XIII

2-[4-Hydroxy-3-methoxy-phenyl]-7-methoxy-6-nitro-chromen-4-on $C_{17}H_{13}NO_7$,
Formel XIII ($R = CH_3$, $X = H$).

B. Beim Erwärmen von 2,3-Dibrom-1-[2-hydroxy-4-methoxy-5-nitro-phenyl]-3-[4-hydroxy-3-methoxy-phenyl]-propan-1-on (F: 110—111°) mit Kaliumcyanid in Äthanol (*Kulkarni*, *Jadhav*, J. Indian chem. Soc. **32** [1955] 97, 100).

F: 199—200°.

2-[3,4-Dimethoxy-phenyl]-7-methoxy-6-nitro-chromen-4-on $C_{18}H_{15}NO_7$, Formel XIII
($R = X = CH_3$).

B. Beim Erwärmen von 2,3-Dibrom-3-[3,4-dimethoxy-phenyl]-1-[2-hydroxy-4-methoxy-5-nitro-phenyl]-propan-1-on (F: 110—111°) mit Kaliumcyanid in Äthanol (*Kulkarni*, *Jadhav*, J. Univ. Bombay **23**, Tl. 5A [1955] 14, 17).

Krystalle (aus Eg.); F: 161—162°.

7-Benzyloxy-2-[3,4-dimethoxy-phenyl]-6-nitro-chromen-4-on $C_{24}H_{19}NO_7$, Formel XIII
($R = CH_2\text{-}C_6H_5$, $X = CH_3$).

B. Beim Erwärmen von 1-[4-Benzyloxy-2-hydroxy-5-nitro-phenyl]-2,3-dibrom-3-[3,4-dimethoxy-phenyl]-propan-1-on (F: 160°) mit wss. Kalilauge, mit Natriumtetraborat in wss. Äthanol, mit wss. Natriumcarbonat-Lösung, mit N,N-Dimethylanilin und Äthanol oder mit Pyridin (*Atchabba et al.*, J. Univ. Bombay **27**, Tl. 3 A [1958] 8, 15).

Gelbe Krystalle (aus Eg.); F: 195°.

2-[3-Brom-4-hydroxy-5-methoxy-phenyl]-7-methoxy-6-nitro-chromen-4-on
$C_{17}H_{12}BrNO_7$, Formel I.
B. Beim Erwärmen von 2,3-Dibrom-3-[3-brom-4-hydroxy-5-methoxy-phenyl]-
1-[2-hydroxy-4-methoxy-5-nitro-phenyl]-propan-1-on (F: 116—117°) mit Kaliumcyanid
in Äthanol (*Kulkarni, Jadhav*, J. Indian chem. Soc. **32** [1955] 97, 100).
Schmilzt nicht unterhalb 300°.

2-[3,4-Dihydroxy-phenyl]-8-hydroxy-chromen-4-on $C_{15}H_{10}O_5$, Formel II (R = X = H).
B. Beim Erhitzen von 2-[3,4-Dimethoxy-phenyl]-8-hydroxy-chromen-4-on mit wss.
Jodwasserstoffsäure und Acetanhydrid (*Ahluwalia et al.*, Pr. Indian Acad. [A] **38** [1953]
480, 491).
Gelbliche Krystalle (aus E. + Acn.); F: 275—276°.

2-[3,4-Dimethoxy-phenyl]-8-hydroxy-chromen-4-on $C_{17}H_{14}O_5$, Formel II (R = H,
X = CH_3).
B. Beim Erhitzen von 2-[3,4-Dimethoxy-phenyl]-8-hydroxy-3-veratroyl-chromen-4-on
mit wss. Natriumcarbonat-Lösung (*Ahluwalia et al.*, Pr. Indian Acad. [A] **38** [1953] 480,
491).
Hellbraune Krystalle (aus Me. + E.) mit 0,5 Mol H_2O; F: 254—255°.

2-[3,4-Dimethoxy-phenyl]-8-methoxy-chromen-4-on $C_{18}H_{16}O_5$, Formel II (R = X =CH_3).
B. Beim Erwärmen von 2-[3,4-Dimethoxy-phenyl]-8-hydroxy-chromen-4-on mit Di=
methylsulfat, Kaliumcarbonat und Aceton (*Ahluwalia et al.*, Pr. Indian Acad. **38** [1953]
480, 491).
Gelbe Krystalle (aus Me.); F: 148—149°.

I   II   III

8-Acetoxy-2-[3,4-dimethoxy-phenyl]-chromen-4-on $C_{19}H_{16}O_6$, Formel II (R = CO-CH_3,
X = CH_3).
B. Beim Erwärmen von 2-[3,4-Dimethoxy-phenyl]-8-hydroxy-chromen-4-on mit Acet=
anhydrid und wenig Pyridin (*Ahluwalia et al.*, Pr. Indian Acad. **38** [1953] 480, 491).
Gelbe Krystalle (aus A.); F: 174—175°.

8-Acetoxy-2-[3,4-diacetoxy-phenyl]-chromen-4-on $C_{21}H_{16}O_8$, Formel II
(R = X = CO-CH_3).
B. Beim Erwärmen von 2-[3,4-Dihydroxy-phenyl]-8-hydroxy-chromen-4-on mit Acet=
anhydrid und wenig Pyridin (*Ahluwalia et al.*, Pr. Indian Acad. **38** [1953] 480, 492).
Krystalle (aus E. + Me.); F: 213—214°.

2-[2,3,6-Trihydroxy-phenyl]-chromen-4-on $C_{15}H_{10}O_5$, Formel III (R = H).
B. Beim Erwärmen von 2-[2,3,6-Trimethoxy-phenyl]-chromen-4-on mit Aluminium=
chlorid und Benzol (*Doporto et al.*, Soc. **1955** 4249, 4252).
Gelbe Krystalle (aus A.), die unterhalb 340° nicht schmelzen.

2-[2,3,6-Trimethoxy-phenyl]-chromen-4-on $C_{18}H_{16}O_5$, Formel III (R = CH_3).
B. Beim Erwärmen von 1-[2-Benzyloxy-phenyl]-3-[2,3,6-trimethoxy-phenyl]-propan-
1,3-dion mit Essigsäure und wss. Salzsäure (*Doporto et al.*, Soc. **1955** 4249, 4252).
Krystalle (aus Me.); F: 158—159°.
Beim Erhitzen mit wss. Jodwasserstoffsäure und Acetanhydrid ist 5,6-Dihydroxy-
2-[2-hydroxy-phenyl]-chromen-4-on erhalten worden (*Do. et al.*, l. c. S. 4253).

2-[2,4,6-Trihydroxy-phenyl]-chromen-4-on $C_{15}H_{10}O_5$, Formel IV (R = H).
B. Beim Erhitzen von 2-[2,4,6-Trimethoxy-phenyl]-chromen-4-on mit Aluminium=
chlorid und Mesitylen (*Gallagher et al.*, Soc. **1953** 3770, 3775).
Hellgelbe Krystalle (aus E.); F: 280—284° [Zers.].

2-[2,4,6-Trimethoxy-phenyl]-chromen-4-on $C_{18}H_{16}O_5$, Formel IV (R = CH₃).
B. Beim Erhitzen von 1-[2-Benzyloxy-phenyl]-3-[2,4,6-trimethoxy-phenyl]-propan-
1,3-dion mit Essigsäure und wss. Salzsäure (*Gallagher et al.*, Soc. **1953** 3770, 3775).
Krystalle (aus Bzn. + Me.); F: 159—160°.
Beim Erhitzen mit wss. Jofwasserstoffsäure und Phenol ist 5,7-Dihydroxy-2-[2-hydr=
oxy-phenyl]-chromen-4-on erhalten worden (*Ga. et al.*, l. c. S. 3777).

2-[2,4,6-Triacetoxy-phenyl]-chromen-4-on $C_{21}H_{16}O_8$, Formel IV (R = CO-CH₃).
B. Aus 2-[2,4,6-Trihydroxy-phenyl]-chromen-4-on (*Gallagher et al.*, Soc. **1953** 3770, 3775).
Krystalle (aus Me.); F: 147—148°.

2-[3,4,5-Trihydroxy-phenyl]-chromen-4-on $C_{15}H_{10}O_5$, Formel V (R = H).
B. Beim Erhitzen von 1-[2-Methoxy-phenyl]-3-[3,4,5-trimethoxy-phenyl]-propan-
1,3-dion mit wss. Jodwasserstoffsäure (*Hattori*, Acta phytoch. Tokyo **6** [1932] 131, 151).
Hellgelbe Krystalle (aus wss. A.), die unterhalb 280° nicht schmelzen. Absorptionsspektrum (A.; 225—400 nm): *Ha.*, l. c. S. 143.

2-[3,4,5-Trimethoxy-phenyl]-chromen-4-on $C_{18}H_{16}O_5$, Formel V (R = CH₃).
B. Bei mehrtägigem Behandeln von 1-[2-Hydroxy-phenyl]-3-[3,4,5-trimethoxy-
phenyl]-propan-1,3-dion mit gepufferter wss. Lösung vom pH 8—9 (*Reichel, Henning*,
A. **621** [1959] 72, 78). Beim Behandeln von 2-[3,4,5-Trihydroxy-phenyl]-chromen-4-on
mit Dimethylsulfat und wss. Natronlauge (*Hattori*, Acta phytoch. Tokyo **6** [1932] 131, 151).
Krystalle; F: 174—175° [aus wss. A.] (*Ha.*), 174° [unkorr.; aus A.] (*Re., He.*).

IV   V   VI

2-[3,4,5-Triacetoxy-phenyl]-chromen-4-on $C_{21}H_{16}O_8$, Formel V (R = CO-CH₃).
B. Beim Erhitzen von 2-[3,4,5-Trihydroxy-phenyl]-chromen-4-on mit Acetanhydrid
und Pyridin (*Hattori*, Acta phytoch. Tokyo **6** [1932] 131, 152).
Krystalle (aus A.); F: 195—196°.

3,5,6-Trihydroxy-2-phenyl-chromen-4-on $C_{15}H_{10}O_5$, Formel VI (R = H), und Tautomeres
(5,6-Dihydroxy-2-phenyl-chroman-3,4-dion).
B. Beim Behandeln von 3-Hydroxy-5,6-dimethoxy-2-phenyl-chromen-4-on mit wss.
Jodwasserstoffsäure und Acetanhydrid (*Rajagopalan et al.*, Pr. Indian Acad. [A] **23**
[1946] 97, 100).
Krystalle (aus E.); F: 183—185°.

5-Hydroxy-3,6-dimethoxy-2-phenyl-chromen-4-on $C_{17}H_{14}O_5$, Formel VII (R = H) auf
S. 2702.
B. Beim Erwärmen von 3,5,6-Trihydroxy-2-phenyl-chromen-4-on mit Dimethylsulfat,
Kaliumcarbonat und Aceton (*Balakrishna, Seshadri*, Pr. Indian Acad. [A] **27** [1948]
91, 102).
Hellgelbe Krystalle (aus A.); F: 108—109°.

3-Hydroxy-5,6-dimethoxy-2-phenyl-chromen-4-on $C_{17}H_{14}O_5$, Formel VI (R = CH_3), und
Tautomeres (5,6-Dimethoxy-2-phenyl-chroman-3,4-dion).

B. Beim Erwärmen einer Lösung von (±)-5,6-Dimethoxy-2-phenyl-chroman-4-on in
Äthanol mit Amylnitrit und wss. Salzsäure (*Rajagopalan et al.*, Pr. Indian Acad. [A] **23**
[1946] 97, 99).

Krystalle (aus A.); F: 216°.

3,5,6-Trimethoxy-2-phenyl-chromen-4-on $C_{18}H_{16}O_5$, Formel VII (R = CH_3).

B. Beim längeren Erwärmen von 3,5,6-Trihydroxy-2-phenyl-chromen-4-on mit Di≠
methylsulfat und Kaliumcarbonat und Aceton (*Rajagopalan et al.*, Pr. Indian Acad.
[A] **23** [1946] 97, 100).

Krystalle (aus Bzl. + PAe.); F: 130—132°.

3,5,7-Trihydroxy-2-phenyl-chromen-4-on $C_{15}H_{10}O_5$, Formel VIII (R = X = H), und
Tautomeres (5,7-Dihydroxy-2-phenyl-chroman-3,4-dion); **Galangin** (H 184;
E II 174).

Isolierung aus dem Kernholz von Pinus excelsa: *Mahesh, Seshadri,* J. scient. ind. Res.
India **13** B [1954] 835, 839.

B. Beim Erwärmen von Pinobanksin (S. 2620) mit Jod und Natriumacetat in Äthanol
(*Mahesh, Seshadri,* Pr. Indian Acad. [A] **41** [1955] 210, 219).

Absorptionsspektrum (200—400 nm bzw. 220—420 nm) von Lösungen in Äthanol:
Skarżyński, Bio. Z. **301** [1939] 150, 163; *Hayashiya,* J. agric. chem. Soc. Japan **33**
[1959] 1063; C. A. **1963** 4503; einer Lösung in Aluminiumchlorid enthaltendem Äthanol
(220—460 nm): *Ha.* Absorptionsmaxima (A.): 267 nm und 360 nm (*Mentzer, Pillon,*
Parf. Cosmét. Savons **1** [1958] 298, 300).

Beim Behandeln mit Dimethylsulfat und wss.-äthanol. Natriumcarbonat-Lösung ist
5,7-Dihydroxy-3-methoxy-2-phenyl-chromen-4-on, beim Erwärmen mit Dimethylsulfat
und Natriumhydrogencarbonat in Aceton ist 3,5-Dihydroxy-7-methoxy-2-phenyl-
chromen-4-on (*Simpson, Beton,* Soc. **1954** 4065, 4067, 4068), beim Erwärmen mit Methyl≠
jodid und Natriummethylat in Methanol sind 5-Hydroxy-3,7-dimethoxy-2-phenyl-
chromen-4-on, 3,5,7-Trimethoxy-2-phenyl-chromen-4-on, 5,7-Dihydroxy-3-methoxy-
6-methyl-2-phenyl-chromen-4-on und 5-Hydroxy-3,7-dimethoxy-6-methyl-2-phenyl-
chromen-4-on (*Jain, Seshadri,* Pr. Indian Acad. [A] **40** [1954] 249, 254) erhalten worden.

5,7-Dihydroxy-3-methoxy-2-phenyl-chromen-4-on $C_{16}H_{12}O_5$, Formel IX (R = X = H)
(H 185; E II 174; dort als 5,7-Dioxy-3-methoxy-flavon bezeichnet).

B. Beim Behandeln von 3,5,7-Trihydroxy-2-phenyl-chromen-4-on mit Dimethylsulfat
und Natriumcarbonat in wss. Äthanol (*Simpson, Beton,* Soc. **1954** 4065, 4068).

Gelbliche Krystalle (aus A.); F: 297—299° (*Si., Be.*). Absorptionsspektrum (220 nm
bis 460 nm) einer Lösung in Äthanol sowie einer Aluminiumchlorid enthaltenden Lösung
in Äthanol: *Hayashiya,* J. agric. chem. Soc. Japan **33** [1959] 1063; C. A. **1963** 4503.

3,5-Dihydroxy-7-methoxy-2-phenyl-chromen-4-on $C_{16}H_{12}O_5$, Formel VIII (R = H,
X = CH_3), und Tautomeres (5-Hydroxy-7-methoxy-2-phenyl-chroman-
3,4-dion); **Izalpinin**.

Konstitution: *Kimura, Hoshi,* J. pharm. Soc. Japan **55** [1935] 1101, 1102; dtsch.
Ref. S. 229, 230; C. A. **1937** 6654.

Isolierung aus Samen von Alpinia chinensis: *Kimura,* J. pharm. Soc. Japan **60**
[1940] 151, 154; dtsch. Ref. S. 87, C. A. **1940** 4063; aus Samen von Alpinia japonica:
Kimura, Hoshi, J. pharm. Soc. Japan **54** [1934] 47, 52; dtsch. Ref. S. 135; aus dem
Kernholz von Pinus excelsa: *Mahesh, Seshadri,* J. scient. ind. Res. India **13** B [1954]
835, 840.

B. Beim Erwärmen von 3,5,7-Trihydroxy-2-phenyl-chromen-4-on mit Dimethylsulfat
und Natriumhydrogencarbonat in Aceton (*Simpson, Beton,* Soc. **1954** 4065, 4067). Beim
Erhitzen von 5-Hydroxy-3,7-dimethoxy-2-phenyl-chromen-4-on oder von 3,5,7-Tri≠
methoxy-2-phenyl-chromen-4-on mit Aluminiumchlorid oder Aluminiumbromid in
Nitrobenzol (*Rao, Seshadri,* Pr. Indian Acad. [A] **22** [1945] 383, 386). Aus Alpinon
((2R)-3t,5-Dihydroxy-7-methoxy-2r-phenyl-chroman-4-on [S. 2621]) beim Erwärmen mit

Jod und Natriumacetat in Äthanol (*Mahesh, Seshadri*, Pr. Indian Acad. [A] **41** [1955] 210, 219) sowie beim Erhitzen mit *trans*-Zimtsäure und Wasser in Gegenwart von Palladium/Kohle auf 180° (*Lindstedt*, Acta chem. scand. **4** [1950] 1042, 1045). Beim Erwärmen von 3,5-Dihydroxy-7-methoxy-2-phenyl-chroman-4-on (F: 182—183°) mit Jod und Kaliumacetat in Essigsäure (*Goel, Seshadri*, Pr. Indian Acad. [A] **47** [1958] 191, 194).

Gelbe Krystalle; F: 195—196° [aus A.] (*Si., Be.; Goel, Se.*), 195° [aus Acn. bzw. aus Toluol + Acn.] (*Ki.; Ki., Ho.*, J. pharm. Soc. Japan **54** 52), 194—195° [aus A.] (*Rao, Se.; Li.*). Absorptionsspektrum (A.; 250—460 nm): *Ki., Ho.*, J. pharm. Soc. Japan **54** 52.

VII   VIII   IX

7-Hydroxy-3,5-dimethoxy-2-phenyl-chromen-4-on $C_{17}H_{14}O_5$, Formel IX (R = CH_3, X = H).

B. Beim Erwärmen von 7-Benzyloxy-3,5-dimethoxy-2-phenyl-chromen-4-on mit Essigsäure und wss. Salzsäure (*Simpson, Garden*, Soc. **1952** 4638, 4643).

Gelbliche Krystalle (aus Eg.); F: 287—290° [Kofler-App.].

5-Hydroxy-3,7-dimethoxy-2-phenyl-chromen-4-on $C_{17}H_{14}O_5$, Formel IX (R = H, X = CH_3).

B. Beim Erhitzen von 1-[2-Hydroxy-4,6-dimethoxy-phenyl]-2-methoxy-äthanon mit Benzoesäure-anhydrid und Natriumbenzoat unter vermindertem Druck auf 180° und anschliessenden Erwärmen mit äthanol. Kalilauge (*Rao, Seshadri*, Pr. Indian Acad. [A] **22** [1945] 383, 385).

Gelbe Krystalle (aus A.); F: 145—146°.

3-Hydroxy-5,7-dimethoxy-2-phenyl-chromen-4-on $C_{17}H_{14}O_5$, Formel VIII (R = X = CH_3), und Tautomeres (5,7-Dimethoxy-2-phenyl-chroman-3,4-dion) (H 185; dort als 5.7-Dimethoxy-3.4-dioxo-flavan bzw. 3-Oxy-5.7-dimethoxy-flavon bezeichnet).

B. Neben 2-Benzyl-2-hydroxy-4,6-dimethoxy-benzofuran-3-on (E III **8** 4124) und 5,7-Dimethoxy-2-phenyl-chromen-4-on beim Erwärmen von opt.-inakt. 3-Jod-5,7-di= methoxy-2-phenyl-chroman-4-on (F: 184°) mit äthanol. Kalilauge [unter Luftzutritt?] (*Goel et al.*, Pr. Indian Acad. [A] **39** [1954] 254, 262, **47** [1958] 184, 188). Beim Erhitzen von (2R)-3t-Hydroxy-5,7-dimethoxy-2r-phenyl-chroman-4-on mit *trans*-Zimtsäure und Wasser in Gegenwart von Palladium/Kohle auf 180° (*Lindstedt*, Acta chem. scand. **4** [1950] 772, 778).

Krystalle (aus wss. A. oder A.); F: 178—180° (*Goel et al.*).

3,5,7-Trimethoxy-2-phenyl-chromen-4-on, Tri-*O*-methyl-galangin $C_{18}H_{16}O_5$, Formel IX (R = X = CH_3) (E II 174).

B. Beim Erhitzen von 1-[2-Hydroxy-4,6-dimethoxy-phenyl]-2-methoxy-äthanon mit Benzoesäure-anhydrid und Natriumbenzoat auf 200° und anschliessenden Erwärmen mit wss. Natronlauge (*Kimura, Hoshi*, J. pharm. Soc. Japan **55** [1935] 1101, 1106; dtsch. Ref. S. 229, 231; C. A. **1937** 6654; s. dagegen *Rao, Seshadri*, Pr. Indian Acad. [A] **22** [1945] 383, 385). Beim Behandeln von 2'-Hydroxy-4',6',α-trimethoxy-chalkon (E III **8** 4125) mit wss. Natronlauge, Pyridin und wss. Wasserstoffperoxid (*Narasimhachari et al.*, Pr. Indian Acad. [A] **37** [1953] 104, 107). Beim Erwärmen von 5,7-Dihydroxy-3-methoxy-2-phenyl-chromen-4-on oder von 5-Hydroxy-3,7-dimethoxy-2-phenyl-chromen-4-on mit Dimethylsulfat, Kaliumcarbonat und Aceton (*Rao, Se.*, l. c. S. 386).

Krystalle; F: 199—200° [aus A.] (*Rao, Se.*), 197—198° [unkorr.; aus Me.] (*Lindstedt*, Acta chem. scand. **4** [1950] 772, 778), 195—197° [aus A.] (*Na. et al.*).

7-Äthoxy-5-hydroxy-3-methoxy-2-phenyl-chromen-4-on $C_{18}H_{16}O_5$, Formel IX (R = H, X = C_2H_5).

B. Beim Erwärmen von 5,7-Dihydroxy-3-methoxy-2-phenyl-chromen-4-on mit Äthyl=
jodid, Kaliumcarbonat und Aceton (*Rajagopalan, Seshadri*, Pr. Indian Acad. [A] **28**
[1948] 31, 38).

Gelbe Krystalle (aus A.); F: 125—126°.

7-Äthoxy-3,5-dimethoxy-2-phenyl-chromen-4-on $C_{19}H_{18}O_5$, Formel IX (R = CH_3, X = C_2H_5).

B. Beim Erwärmen von 7-Äthoxy-5-hydroxy-3-methoxy-2-phenyl-chromen-4-on mit
Dimethylsulfat, Kaliumcarbonat und Aceton (*Rajagopalan, Seshadri*, Pr. Indian Acad.
[A] **28** [1948] 31, 38).

Krystalle (aus A.); F: 128—129°.

7-Benzyloxy-5-hydroxy-3-methoxy-2-phenyl-chromen-4-on $C_{23}H_{18}O_5$, Formel IX (R = H, X = CH_2-C_6H_5).

B. Beim Erwärmen von 5,7-Dihydroxy-3-methoxy-2-phenyl-chromen-4-on mit Benzyl=
bromid, Kaliumcarbonat und Aceton (*Simpson, Garden*, Soc. **1952** 4638, 4643).

Gelbe Krystalle (aus A.); F: 125—127° [Kofler-App.].

7-Benzyloxy-3,5-dimethoxy-2-phenyl-chromen-4-on $C_{24}H_{20}O_5$, Formel IX (R = CH_3, X = CH_2-C_6H_5).

B. Beim Erwärmen von 7-Benzyloxy-5-hydroxy-3-methoxy-2-phenyl-chromen-4-on
mit Dimethylsulfat, Kaliumcarbonat und Aceton (*Simpson, Garden*, Soc. **1952** 4638, 4643).

Gelbliche Krystalle (aus Bzl. + Bzn.); F: 123—124,5° [Kofler-App.].

5-Acetoxy-3,7-dimethoxy-2-phenyl-chromen-4-on $C_{19}H_{16}O_6$, Formel IX (R = CO-CH_3, X = CH_3).

B. Beim Erhitzen von 5-Hydroxy-3,7-dimethoxy-2-phenyl-chromen-4-on mit Acet=
anhydrid und Natriumacetat (*Rao, Seshadri*, Pr. Indian Acad. [A] **22** [1945] 383, 385).

Krystalle (aus A.); F: 175—176°.

7-Acetoxy-3,5-dimethoxy-2-phenyl-chromen-4-on $C_{19}H_{16}O_6$, Formel IX (R = CH_3, X = CO-CH_3).

B. Aus 7-Hydroxy-3,5-dimethoxy-2-phenyl-chromen-4-on (*Simpson, Garden*, Soc. **1952**
4638, 4643).

Krystalle (aus Bzl. + Bzn.); F: 122—122,5° [Kofler-App.].

5-Acetoxy-7-benzyloxy-3-methoxy-2-phenyl-chromen-4-on $C_{25}H_{20}O_6$, Formel IX
(R = CO-CH_3, X = CH_2-C_6H_5).

B. Beim Behandeln von 7-Benzyloxy-5-hydroxy-3-methoxy-2-phenyl-chromen-4-on
mit Acetanhydrid und Pyridin (*Simpson, Garden*, Soc. **1952** 4638, 4643).

Krystalle (aus A.); F: 133—134° [Kofler-App.].

3,5-Diacetoxy-7-methoxy-2-phenyl-chromen-4-on, Di-*O*-acetyl-izalpinin $C_{20}H_{16}O_7$,
Formel X (R = CO-CH_3, X = CH_3).

B. Beim Erhitzen von Izalpinin (S. 2701) mit Acetanhydrid und Natriumacetat
(*Kimura, Hoshi*, J. pharm. Soc. Japan **54** [1934] 47, 53; dtsch. Ref. S. 135) oder mit
Acetanhydrid und Pyridin (*Rao, Seshadri*, Pr. Indian Acad. [A] **22** [1945] 383, 387).

Krystalle; F: 172—173° [aus Bzl. + PAe.] (*Rao, Se.*), 170—171° [aus Me.] (*Ki., Ho.*).

5,7-Diacetoxy-3-methoxy-2-phenyl-chromen-4-on $C_{20}H_{16}O_7$, Formel IX
(R = X = CO-CH_3) (H 185; dort als 3-Methoxy-5.7-diacetoxy-flavon bezeichnet).

F: 176—177° (*Shimizu*, J. pharm. Soc. Japan **72** [1952] 328, 342; C. A. **1953** 2758).

3,5-Bis-benzoyloxy-7-methoxy-2-phenyl-chromen-4-on, Di-*O*-benzoyl-izalpinin
$C_{30}H_{20}O_7$, Formel X (R = CO-C_6H_5, X = CH_3).

B. Beim Behandeln von Izalpinin (S. 2701) mit Benzoylchlorid und Pyridin (*Kimura,
Hoshi*, J. pharm. Soc. Japan **54** [1934] 47, 53; dtsch. Ref. S. 136).

Krystalle (aus Toluol); F: 189°.

3,5,7-Tris-benzoyloxy-2-phenyl-chromen-4-on, Tri-O-benzoyl-galangin $C_{36}H_{22}O_8$, Formel X (R = X = CO-C_6H_5).

B. Beim Erwärmen von 2-Benzoyloxy-1-[2,4,6-tris-benzoyloxy-phenyl]-äthanon mit Kaliumacetat in Äthanol (*Chavan, Robinson*, Soc. **1933** 368, 369).

Krystalle (aus A.); F: 177°.

X   XI

7-β-D-Glucopyranosyloxy-3,5-dihydroxy-2-phenyl-chromen-4-on $C_{21}H_{20}O_{10}$, Formel XI, und Tautomeres (7-β-D-Glucopyranosyloxy-5-hydroxy-2-phenyl-chroman-3,4-dion).

B. Beim Behandeln von Galangin (S. 2701) mit α-D-Acetobromglucopyranose (Tetra-O-acetyl-α-D-glucopyranosylbromid [E III/IV **17** 2602]), Aceton und wss. Natronlauge und Behandeln des Reaktionsprodukts mit wss.-methanol. Natronlauge (*Winthrop Chem. Co.*, U.S.P. 2224807 [1937]).

Gelbe Krystalle (aus wss. Me.); F: 252—253°.

5-Hydroxy-3-methoxy-2-phenyl-7-[toluol-4-sulfonyloxy]-chromen-4-on $C_{23}H_{18}O_7S$, Formel IX (R = H, X = SO_2-C_6H_4-CH_3) auf S. 2702.

B. Beim Erwärmen von 5,7-Dihydroxy-3-methoxy-2-phenyl-chromen-4-on mit Toluol-4-sulfonylchlorid, Kaliumcarbonat und Aceton (*Ramanathan, Venkataraman*, Pr. Indian Acad. [A] **38** [1953] 40, 42).

Gelbe Krystalle (aus A.); F: 156—157°.

Bei der Hydrierung an Raney-Nickel in Äthanol ist 5-Hydroxy-3-methoxy-2-phenyl-chromen-4-on erhalten worden.

3,7-Dimethoxy-2-phenyl-5-[toluol-4-sulfonyloxy]-chromen-4-on $C_{24}H_{20}O_7S$, Formel IX (R = SO_2-C_6H_4-CH_3, X = CH_3) auf S. 2702.

B. Beim Erwärmen von 5-Hydroxy-3,7-dimethoxy-2-phenyl-chromen-4-on mit Toluol-4-sulfonylchlorid, Kaliumcarbonat und Aceton (*Jain, Seshadri*, Pr. Indian Acad. [A] **38** [1953] 294).

Krystalle (aus A.); F: 164—165°.

3,5-Dimethoxy-2-phenyl-7-[toluol-4-sulfonyloxy]-chromen-4-on $C_{24}H_{20}O_7S$, Formel IX (R = CH_3, X = SO_2-C_6H_4-CH_3) auf S. 2702.

B. Beim Erwärmen von 5-Hydroxy-3-methoxy-2-phenyl-7-[toluol-4-sulfonyloxy]-chromen-4-on mit Dimethylsulfat, Kaliumcarbonat und Aceton (*Jain, Seshadri*, J. scient. ind. Res. India **13**B [1954] 310).

Krystalle (aus Methylacetat + PAe.) mit 0,5 Mol H_2O; F: 138—139°.

Bei der Hydrierung an Raney-Nickel in Äthanol ist 3,5-Dimethoxy-2-phenyl-chromen-4-on erhalten worden.

3,5,8-Trihydroxy-2-phenyl-chromen-4-on $C_{15}H_{10}O_5$, Formel I (R = X = H), und Tautomeres (5,8-Dihydroxy-2-phenyl-chroman-3,4-dion).

B. Beim Erhitzen von 5,8-Dihydroxy-3-methoxy-2-phenyl-chromen-4-on mit wss. Jodwasserstoffsäure und Acetanhydrid (*Seshadri et al.*, Pr. Indian Acad. [A] **32** [1950] 250, 254).

Gelbe Krystalle (aus E.); F: 196—198°.

5,8-Dihydroxy-3-methoxy-2-phenyl-chromen-4-on $C_{16}H_{12}O_5$, Formel II (R = H).

B. Beim Erwärmen von 5-Hydroxy-3-methoxy-2-phenyl-chromen-4-on mit wss. Natronlauge, Pyridin und Kaliumperoxodisulfat und Erwärmen der nach Ansäuern löslichen Anteile des Reaktionsprodukts mit wss. Salzsäure und Natriumsulfit (*Seshadri et al.*, Pr. Indian Acad. [A] **32** [1950] 250, 253).

Gelbe Krystalle (aus E.); F: 210—212°.

5-Hydroxy-3,8-dimethoxy-2-phenyl-chromen-4-on $C_{17}H_{14}O_5$, Formel II (R = CH_3).
B. Beim Erwärmen von 3,5,8-Trihydroxy-2-phenyl-chromen-4-on oder von 5,8-Di=hydroxy-3-methoxy-2-phenyl-chromen-4-on mit Dimethylsulfat, Kaliumcarbonat und Aceton (*Seshadri et al.*, Pr. Indian Acad. [A] **32** [1950] 250, 253).

Gelbe Krystalle (aus A.); F: 140—141°.

3-Hydroxy-5,8-dimethoxy-2-phenyl-chromen-4-on $C_{17}H_{14}O_5$, Formel I (R = CH_3, X = H), und Tautomeres (5,8-Dimethoxy-2-phenyl-chroman-3,4-dion).
B. Beim Erwärmen einer Lösung von (±)-5,8-Dimethoxy-2-phenyl-chroman-4-on in Äthanol mit Isoamylnitrit und wss. Salzsäure (*Ahluwalia, Seshadri*, Pr. Indian Acad. [A] **39** [1954] 296, 297).

Gelbe Krystalle (aus A.) mit 0,5 Mol H_2O; F: 191—192°.

3,5,8-Trimethoxy-2-phenyl-chromen-4-on $C_{18}H_{16}O_5$, Formel I (R = X = CH_3).
B. Beim Erwärmen einer Lösung von 3-Hydroxy-5,8-dimethoxy-2-phenyl-chromen-4-on (*Ahluwalia, Seshadri*, Pr. Indian Acad. [A] **39** [1954] 296, 298) oder von 5,8-Di=hydroxy-3-methoxy-2-phenyl-chromen-4-on (*Seshadri et al.*, Pr. Indian Acad. [A] **32** [1950] 250, 254) in Aceton mit Dimethylsulfat und Kaliumcarbonat.

Gelbe Krystalle (aus Me.); F: 169—170° (*Ah., Se.*).

3,6,7-Trihydroxy-2-phenyl-chromen-4-on $C_{15}H_{10}O_5$, Formel III (R = X = H), und Tautomeres (6,7-Dihydroxy-2-phenyl-chroman-3,4-dion).
B. Beim Behandeln von 6,7-Dihydroxy-3-methoxy-2-phenyl-chromen-4-on mit wss. Jodwasserstoffsäure und Acetanhydrid (*Rao et al.*, Pr. Indian Acad. [A] **22** [1945] 297, 301).

Krystalle (aus A.); F: 312—315° [Zers.].

I   II   III

6,7-Dihydroxy-3-methoxy-2-phenyl-chromen-4-on $C_{16}H_{12}O_5$, Formel IV (R = H).
B. Beim Erhitzen von 2-Methoxy-1-[2,4,5-trihydroxy-phenyl]-äthanon mit Benzoe=säure-anhydrid und Natriumbenzoat unter vermindertem Druck auf 180° und Erwärmen des Reaktionsprodukts mit äthanol. Kalilauge (*Rao et al.*, Pr. Indian Acad. [A] **22** [1945] 297, 300).

Gelbliche Krystalle (aus A.); F: 242—244°.

6-Hydroxy-3,7-dimethoxy-2-phenyl-chromen-4-on $C_{17}H_{14}O_5$, Formel IV (R = CH_3).
B. Beim Erhitzen von 1-[2,5-Dihydroxy-4-methoxy-phenyl]-2-methoxy-äthanon mit Benzoesäure-anhydrid und Natriumbenzoat unter vermindertem Druck auf 180° und Erwärmen des Reaktionsprodukts mit äthanol. Kalilauge (*Rao et al.*, Pr. Indian Acad. [A] **22** [1945] 297, 300).

Krystalle (aus A.); F: 198—200°.

3-Hydroxy-6,7-dimethoxy-2-phenyl-chromen-4-on $C_{17}H_{14}O_5$, Formel III (R = CH_3, X = H), und Tautomeres (6,7-Dimethoxy-2-phenyl-chroman-3,4-dion).
B. Beim Erwärmen von 2′-Hydroxy-4′,5′-dimethoxy-*trans*(?)-chalkon (F: 98°) mit wss. Wasserstoffperoxid und äthanol. Kalilauge (*Bargellini, Marini-Bettòlo*, G. **70** [1940] 170, 173).

Gelbe Krystalle (aus A.); F: 198°.

3,6,7-Trimethoxy-2-phenyl-chromen-4-on $C_{18}H_{16}O_5$, Formel III (R = X = CH$_3$).
B. Beim Erwärmen von 6,7-Dihydroxy-3-methoxy-2-phenyl-chromen-4-on oder von 6-Hydroxy-3,7-dimethoxy-2-phenyl-chromen-4-on mit Dimethylsulfat, Kaliumcarbonat und Aceton (*Rao et al.*, Pr. Indian Acad. [A] **22** [1945] 297, 300).
Krystalle (aus A.); F: 175—176°.

3,6,7-Triacetoxy-2-phenyl-chromen-4-on $C_{21}H_{16}O_8$, Formel III (R = X = CO-CH$_3$).
B. Beim Erhitzen von 3,6,7-Trihydroxy-2-phenyl-chromen-4-on mit Acetanhydrid und Natriumacetat (*Rao et al.*, Pr. Indian Acad. [A] **22** [1945] 297, 301).
Krystalle (aus A.); F: 191—192°.

3,6,8-Trihydroxy-2-phenyl-chromen-4-on $C_{15}H_{10}O_5$, Formel V (R = X = H), und Tautomeres (6,8-Dihydroxy-2-phenyl-chroman-3,4-dion).
F: 267° [Zers.] (*Simpson*, *Uri*, Chem. and Ind. **1956** 956).

IV   V   VI

3,6-Dihydroxy-8-methoxy-2-phenyl-chromen-4-on $C_{16}H_{12}O_5$, Formel V (R = H, X = CH$_3$), und Tautomeres (6-Hydroxy-8-methoxy-2-phenyl-chroman-3,4-dion).
F: 258—262° [Zers.] (*Simpson*, *Uri*, Chem. and Ind. **1956** 956).

3,6-Diacetoxy-8-methoxy-2-phenyl-chromen-4-on $C_{20}H_{16}O_7$, Formel V (R = CO-CH$_3$, X = CH$_3$).
B. Aus 3,6-Dihydroxy-8-methoxy-2-phenyl-chromen-4-on (*Simpson*, *Uri*, Chem. and Ind. **1956** 956).
F: 211—212°.

3,6,8-Triacetoxy-2-phenyl-chromen-4-on $C_{21}H_{16}O_8$, Formel V (R = X = CO-CH$_3$).
B. Aus 3,6,8-Trihydroxy-2-phenyl-chromen-4-on (*Simpson*, *Uri*, Chem. and Ind. **1956** 956).
F: 181—183°.

3,7,8-Trihydroxy-2-phenyl-chromen-4-on $C_{15}H_{10}O_5$, Formel VI (R = X = H), und Tautomeres (7,8-Dihydroxy-2-phenyl-chroman-3,4-dion) (H 186).
B. Beim Erwärmen von 7,8-Dihydroxy-3-methoxy-2-phenyl-chromen-4-on mit wss. Jodwasserstoffsäure und Acetanhydrid (*Narasimhachari et al.*, Pr. Indian Acad. [A] **27** [1948] 37, 43).
Krystalle (aus E.); F: 248—249° (*Na. et al.*). Absorptionsspektrum (A.; 220—400 nm): *Skarżyński*, Bio. Z. **301** [1939] 150, 163.

7,8-Dihydroxy-3-methoxy-2-phenyl-chromen-4-on $C_{16}H_{12}O_5$, Formel VI (R = H, X = CH$_3$).
B. Beim Behandeln von 7-Hydroxy-3-methoxy-2-phenyl-chromen-4-on mit wss. Natronlauge und Kaliumperoxodisulfat und Erwärmen der nach Ansäuern löslichen Anteile des Reaktionsprodukts mit wss. Salzsäure (*Narasimhachari et al.*, Pr. Indian Acad. [A] **27** [1948] 37, 42). Beim Behandeln einer Lösung von 7-Hydroxy-3-methoxy-4-oxo-2-phenyl-4H-chromen-8-carbaldehyd mit wss. Natronlauge, Pyridin und wss. Wasserstoffperoxid (*Row et al.*, Pr. Indian Acad. [A] **28** [1948] 98, 102).
Gelbliche Krystalle (aus A.) mit 2 Mol H$_2$O; F: 220—221° (*Na. et al.*).

3,7,8-Trimethoxy-2-phenyl-chromen-4-on $C_{18}H_{16}O_5$, Formel VI (R = X = CH$_3$).
B. Beim Erwärmen von 7,8-Dihydroxy-3-methoxy-2-phenyl-chromen-4-on mit Dimeth=

ylsulfat, Kaliumcarbonat und Aceton (*Narasimhachari et al.*, Pr. Indian Acad. [A] **27** [1948] 37, 42).

Krystalle (aus A.); F: 149—150°.

7,8-Diacetoxy-3-methoxy-2-phenyl-chromen-4-on $C_{20}H_{16}O_7$, Formel VI (R = CO-CH₃, X = CH₃).

B. Beim Erhitzen von 7,8-Dihydroxy-3-methoxy-2-phenyl-chromen-4-on mit Acet= anhydrid und Pyridin (*Narasimhachari et al.*, Pr. Indian Acad. [A] **27** [1948] 37, 42).

Krystalle (aus E. + PAe.); F: 127—128°.

3,5-Dihydroxy-2-[4-hydroxy-phenyl]-chromen-4-on $C_{15}H_{10}O_5$, Formel VII (R = X = H), und Tautomeres (5-Hydroxy-2-[4-hydroxy-phenyl]-chroman-3,4-dion).

B. Beim Erhitzen von 3-Hydroxy-5-methoxy-2-[4-methoxy-phenyl]-chromen-4-on mit wss. Jodwasserstoffsäure und Acetanhydrid (*Seshadri, Venkateswarlu*, Pr. Indian Acad. [A] **26** [1947] 189, 194).

Gelbe Krystalle (aus A.); F: 214—215°.

3-Hydroxy-5-methoxy-2-[4-methoxy-phenyl]-chromen-4-on $C_{17}H_{14}O_5$, Formel VII (R = CH₃, X = H), und Tautomeres (5-Methoxy-2-[4-methoxy-phenyl]-chrom= an-3,4-dion).

B. Beim Behandeln einer Lösung von 2'-Hydroxy-4,6'-dimethoxy-*trans*(?)-chalkon (E III **8** 3730) in Äthanol mit wss. Natronlauge und wss. Wasserstoffperoxid (*Oliverio, Schiavello*, G. **80** [1950] 788, 794). Beim Erwärmen einer Lösung von (±)-5-Methoxy-2-[4-methoxy-phenyl]-chroman-4-on in Äthanol mit Amylnitrit und wss. Salzsäure (*Seshadri, Venkateswarlu*, Pr. Indian Acad. [A] **26** [1947] 189, 193).

Gelbe Krystalle mit 1 Mol H₂O; F: 172—173° [aus wss. Eg.] (*Ol., Sch.*), 171—172° [aus E.] (*Se., Ve.*).

3,5-Dimethoxy-2-[4-methoxy-phenyl]-chromen-4-on $C_{18}H_{16}O_5$, Formel VII (R=X=CH₃).

B. Beim Erwärmen von 3-Hydroxy-5-methoxy-2-[4-methoxy-phenyl]-chromen-4-on mit Dimethylsulfat, Kaliumcarbonat und Aceton (*Seshadri, Venkateswarlu*, Pr. Indian Acad. [A] **26** [1947] 189, 194).

Krystalle (aus wss. A.); F: 141—142°.

VII   VIII   IX

3,5-Diacetoxy-2-[4-acetoxy-phenyl]-chromen-4-on $C_{21}H_{16}O_8$, Formel VII (R = X = CO-CH₃).

B. Beim Erhitzen von 3,5-Dihydroxy-2-[4-hydroxy-phenyl]-chromen-4-on mit Acet= anhydrid und wenig Pyridin (*Seshadri, Venkateswarlu*, Pr. Indian Acad. [A] **26** [1947] 189, 194).

Krystalle (aus Acn.); F: 179—180°.

3,6-Dihydroxy-2-[2-hydroxy-phenyl]-chromen-4-on $C_{15}H_{10}O_5$, Formel VIII (R = H), und Tautomere (z. B. 6-Hydroxy-2-[2-hydroxy-phenyl]-chroman-3,4-dion) (H 186).

B. Beim Behandeln von 2,2',5'-Trihydroxy-*trans*(?)-chalkon (E III **8** 3716) mit wss.-methanol. Natronlauge und mit wss. Wasserstoffperoxid (*Vyas, Shah*, Pr. Indian Acad. [A] **32** [1950] 386, 387).

Krystalle (aus wss. A.); F: 243° (*Vyas, Shah*). Absorptionsspektrum (A.; 220 bis 400 nm): *Skarżyński*, Bio. Z. **301** [1939] 150, 163.

3-Hydroxy-6-methoxy-2-[2-methoxy-phenyl]-chromen-4-on $C_{17}H_{14}O_5$, Formel VIII
(R = CH$_3$), und Tautomeres (6-Methoxy-2-[2-methoxy-phenyl]-chroman-
3,4-dion) (H 186; dort als 6.2'-Dimethoxy-3.4-dioxo-flavan bzw. 3-Oxy-6.2'-dimethoxy-
flavon bezeichnet).

B. Beim Erwärmen von 3,6-Dihydroxy-2-[2-hydroxy-phenyl]-chromen-4-on mit
Methanol, Dimethylsulfat und wss. Natronlauge (*Vyas, Shah*, Pr. Indian Acad. [A] **32**
[1950] 386, 388).

Gelbe Krystalle (aus Me.); F: 187°.

3,6-Dihydroxy-2-[3-hydroxy-phenyl]-chromen-4-on $C_{15}H_{10}O_5$, Formel IX, und Tautomeres (6-Hydroxy-2-[3-hydroxy-phenyl]-chroman-3,4-dion) (H 187).

B. Beim Behandeln von 3,2',5'-Trihydroxy-*trans*(?)-chalkon (E III **8** 3723) mit wss.-
methanol. Natronlauge und mit wss. Wasserstoffperoxid (*Vyas, Shah*, Pr. Indian Acad.
[A] **32** [1950] 386, 388).

Krystalle (aus A.); F: 300° (*Vyas, Shah*). Absorptionsspektrum (A.; 220–390 nm):
Skarżyński, Bio. Z. **301** [1939] 150, 163.

3,6-Dihydroxy-2-[4-hydroxy-phenyl]-chromen-4-on $C_{15}H_{10}O_5$, Formel X (R = X = H),
und Tautomeres (6-Hydroxy-2-[4-hydroxy-phenyl]-chroman-3,4-dion) (H 187).

B. Beim Behandeln von 4,2',5'-Trihydroxy-*trans*(?)-chalkon (E III **8** 3729) mit wss.-
methanol. Natronlauge und mit wss. Wasserstoffperoxid (*Vyas, Shah*, Pr. Indian Acad.
[A] **32** [1950] 386, 388).

Absorptionsspektrum (A.; 220–400 nm): *Skarżyński*, Bio. Z. **301** [1939] 150, 163.

3,6-Dihydroxy-2-[4-methoxy-phenyl]-chromen-4-on $C_{16}H_{12}O_5$, Formel X (R = H,
X = CH$_3$), und Tautomeres (6-Hydroxy-2-[4-methoxy-phenyl]-chroman-
3,4-dion).

B. Beim Behandeln von 2',5'-Dihydroxy-4-methoxy-*trans*(?)-chalkon (E III **8** 3729)
oder von (±)-6-Hydroxy-2-[4-methoxy-phenyl]-chroman-4-on mit wss. Natronlauge und
mit Wasserstoffperoxid (*Row, Rao*, Curr. Sci. **25** [1956] 393).

F: 273–274°.

X   XI

3-Hydroxy-6-methoxy-2-[4-methoxy-phenyl]-chromen-4-on $C_{17}H_{14}O_5$, Formel X
(R = X = CH$_3$), und Tautomeres (6-Methoxy-2-[4-methoxy-phenyl]-chroman-
3,4-dion) (H 187; dort als 6.4'-Dimethoxy-3.4-dioxo-flavan bzw. 3-Oxy-6.4'-dimeth-
oxy-flavon bezeichnet).

B. Beim Behandeln von (±)-6-Methoxy-2-[4-methoxy-phenyl]-chroman-4-on mit
wss.-methanol. Natronlauge und mit wss. Wasserstoffperoxid (*Vyas, Shah*, Pr. Indian
Acad. [A] **32** [1950] 386, 388).

Hellgelbe Krystalle (aus Me.); F: 185° (*Vyas, Shah*). Absorptionsmaxima (A.): 267,5 nm
und 354 nm (*Skarżyński*, Bio. Z. **301** [1939] 150, 168).

3,6-Dimethoxy-2-[4-methoxy-phenyl]-chromen-4-on $C_{18}H_{16}O_5$, Formel XI.

B. Bei der Behandlung von 1-[2-Hydroxy-5-methoxy-phenyl]-2-methoxy-äthanon mit
4-Methoxy-benzoesäure-anhydrid und Natrium-[4-methoxy-benzoat] unter Erhitzen und
anschliessender Hydrolyse (*Row, Rao*, J. scient. ind. Res. India **17**B [1958] 199, 201).

Krystalle (aus A.); F: 139–140°.

3,7-Dihydroxy-2-[2-hydroxy-phenyl]-chromen-4-on $C_{15}H_{10}O_5$, Formel XII (R=X=H), und Tautomere (z. B. 7-Hydroxy-2-[2-hydroxy-phenyl]-chroman-3,4-dion) (H 188).

B. Beim Erhitzen von 3-Hydroxy-2-[2-hydroxy-phenyl]-7-methoxy-chromen-4-on mit Essigsäure und wss. Jodwasserstoffsäure (*Simpson, Whalley*, Soc. **1955** 166, 169). Beim Erhitzen von 7-Hydroxy-3-methoxy-2-[2-methoxy-phenyl]-chromen-4-on mit wss. Jod= wasserstoffsäure und Acetanhydrid (*Jain et al.*, Pr. Indian Acad. [A] **36** [1952] 217, 223).

Krystalle (aus E. + PAe.); F: 272—273° (*Jain et al.*).

3-Hydroxy-2-[2-hydroxy-phenyl]-7-methoxy-chromen-4-on $C_{16}H_{12}O_5$, Formel XII (R = CH$_3$, X = H), und Tautomere (z. B. 2-[2-Hydroxy-phenyl]-7-methoxy-chroman-3,4-dion).

B. Beim Behandeln von 2,2′-Dihydroxy-4′-methoxy-*trans*(?)-chalkon (F: 176—178°) mit wss. Natronlauge und wss. Wasserstoffperoxid (*Simpson, Whalley*, Soc. **1955**, 166, 169). Beim Erwärmen von 2-[2-Benzyloxy-phenyl]-3-hydroxy-7-methoxy-chromen-4-on mit wss. Salzsäure und Essigsäure (*Si., Wh.*).

Krystalle (aus A.); F: 176—178°.

2-[2-Hydroxy-phenyl]-3,7-dimethoxy-chromen-4-on $C_{17}H_{14}O_5$, Formel XIII (R = CH$_3$, X = H).

B. Beim Erwärmen von 2-[2-Benzyloxy-phenyl]-3,7-dimethoxy-chromen-4-on mit wss. Salzsäure und Essigsäure (*Sehgal, Seshadri*, Pr. Indian Acad. [A] **36** [1952] 355, 361).

Krystalle (aus E.); F: 190—191°.

7-Hydroxy-3-methoxy-2-[2-methoxy-phenyl]-chromen-4-on $C_{17}H_{14}O_5$, Formel XIII (R = H, X = CH$_3$).

B. Beim Erhitzen von 1-[2,4-Dihydroxy-phenyl]-2-methoxy-äthanon mit 2-Methoxy-benzoesäure-anhydrid und Natrium-[2-methoxy-benzoat] unter vermindertem Druck auf 180° und anschliessenden Behandeln mit äthanol. Kalilauge (*Jain et al.*, Pr. Indian Acad. [A] **36** [1952] 217, 223).

Krystalle (aus E. + PAe.); F: 244°.

3-Hydroxy-7-methoxy-2-[2-methoxy-phenyl]-chromen-4-on $C_{17}H_{14}O_5$, Formel XII (R = X = CH$_3$), und Tautomeres (7-Methoxy-2-[2-methoxy-phenyl]-chroman-3,4-dion) (H 188; dort als 7.2′-Dimethoxy-3.4-dioxo-flavan bzw. 3-Oxy-7.2′-dimeth= oxy-flavon bezeichnet).

B. Beim Behandeln von 2′-Hydroxy-2,4′-dimethoxy-*trans*(?)-chalkon (F: 92°) mit wss. Natronlauge und mit wss. Wasserstoffperoxid (*Narasimhachari et al.*, Pr. Indian Acad. [A] **37** [1953] 705, 706; *Simpson, Whalley*, Soc. **1955** 166, 167).

F: 204—205° (*Si., Wh.*); gelbliche Krystalle (aus A.) mit 0,5 Mol H$_2$O, F: 158—160° (*Na. et al.*).

XII   XIII   XIV

3,7-Dimethoxy-2-[2-methoxy-phenyl]-chromen-4-on $C_{18}H_{16}O_5$, Formel XIII (R = X = CH$_3$).

B. Beim Erwärmen von 3,7-Dihydroxy-2-[2-hydroxy-phenyl]-chromen-4-on oder von 7-Hydroxy-3-methoxy-2-[2-methoxy-phenyl]-chromen-4-on (*Jain et al.*, Pr. Indian Acad. [A] **36** [1952] 217, 223, 224) sowie von 3-Hydroxy-7-methoxy-2-[2-methoxy-phenyl]-chromen-4-on (*Narasimhachari et al.*, Pr. Indian Acad. [A] **37** [1953] 705, 707) mit Dimethylsulfat, Kaliumcarbonat und Aceton.

Krystalle; F: 135—136° [aus A.] (*Na. et al.*), 133—134° [aus Methylacetat] (*Jain et al.*).

2-[2-Benzyloxy-phenyl]-7-hydroxy-3-methoxy-chromen-4-on $C_{23}H_{18}O_5$, Formel XIII
$(R = H, X = CH_2\text{-}C_6H_5)$.

B. Beim Erhitzen von 1-[2,4-Dihydroxy-phenyl]-2-methoxy-äthanon mit 2-Benzyloxy-benzoesäure-anhydrid und Natrium-[2-benzyloxy-benzoat] unter vermindertem Druck auf 180° und anschliessenden Erwärmen mit äthanol. Kalilauge (*Sehgal, Seshadri*, Pr. Indian Acad. [A] **36** [1952] 355, 361).

Krystalle (aus Ae. + Acn.); F: 195—196°.

2-[2-Benzyloxy-phenyl]-3-hydroxy-7-methoxy-chromen-4-on $C_{23}H_{18}O_5$, Formel XII
$(R = CH_3, X = CH_2\text{-}C_6H_5)$, und Tautomeres (2-[2-Benzyloxy-phenyl]-7-methoxy-chroman-3,4-dion).

B. Beim Behandeln von 2-Benzyloxy-2′-hydroxy-4′-methoxy-*trans*(?)-chalkon (F: 117°) mit wss.-äthanol. Natronlauge und mit wss. Wasserstoffperoxid (*Simpson, Whalley*, Soc. **1955** 166, 169).

Krystalle (aus Eg.); F: 176°.

2-[2-Benzyloxy-phenyl]-3,7-dimethoxy-chromen-4-on $C_{24}H_{20}O_5$, Formel XIII $(R = CH_3, X = CH_2\text{-}C_6H_5)$.

B. Beim Erwärmen von 2-[2-Benzyloxy-phenyl]-7-hydroxy-3-methoxy-chromen-4-on mit Dimethylsulfat, Kaliumcarbonat und Aceton (*Sehgal, Seshadri*, Pr. Indian Acad. [A] **36** [1952] 355, 361).

Krystalle (aus Ae.); F: 116—117°.

3-Acetoxy-2-[2-benzyloxy-phenyl]-7-methoxy-chromen-4-on $C_{25}H_{20}O_6$, Formel XIV
$(R = CH_2\text{-}C_6H_5)$.

B. Aus 2-[2-Benzyloxy-phenyl]-3-hydroxy-7-methoxy-chromen-4-on (*Simpson, Whalley*, Soc. **1955** 166, 169).

Krystalle (aus A.); F: 148°.

3-Acetoxy-2-[2-acetoxy-phenyl]-7-methoxy-chromen-4-on $C_{20}H_{16}O_7$, Formel XIV
$(R = CO\text{-}CH_3)$.

B. Aus 3-Hydroxy-2-[2-hydroxy-phenyl]-7-methoxy-chromen-4-on (*Simpson, Whalley*, Soc. **1955** 166, 169).

Krystalle (aus A.); F: 180°.

7-Benzyloxy-3-hydroxy-2-[2-methoxy-phenyl]-6-nitro-chromen-4-on $C_{23}H_{17}NO_7$,
Formel I $(R = CH_2\text{-}C_6H_5)$, und Tautomeres (7-Benzyloxy-2-[2-methoxy-phenyl]-6-nitro-chroman-3,4-dion).

B. Beim Behandeln von 4′-Benzyloxy-2′-hydroxy-2-methoxy-5′-nitro-*trans*(?)-chalkon (F: 190—191°) mit wss. Natronlauge, Pyridin und wss. Wasserstoffperoxid (*Atchabba et al.*, J. Univ. Bombay **26**, Tl. 5A [1958] 1).

Krystalle (aus Eg.); F: 182°.

3,7-Dihydroxy-2-[3-hydroxy-phenyl]-chromen-4-on $C_{15}H_{10}O_5$, Formel II $(R = X = H)$,
und Tautomeres (7-Hydroxy-2-[3-hydroxy-phenyl]-chroman-3,4-dion) (H 188).

B. Beim Erhitzen von 3-Hydroxy-2-[3-hydroxy-phenyl]-7-methoxy-chromen-4-on mit wss. Jodwasserstoffsäure und Acetanhydrid (*Shaw, Simpson*, Soc. **1952** 5027, 5031). Beim Erhitzen von 7-Hydroxy-3-methoxy-2-[3-methoxy-phenyl]-chromen-4-on mit wss. Jodwasserstoffsäure (*Shaw, Si.*).

Hellgelbe Krystalle (aus Eg.); F: 303—304° [Kofler-App.].

3-Hydroxy-2-[3-hydroxy-phenyl]-7-methoxy-chromen-4-on $C_{16}H_{12}O_5$, Formel III
$(R = X = H)$, und Tautomeres (2-[3-Hydroxy-phenyl]-7-methoxy-chroman-3,4-dion).

B. Beim Erwärmen von 3,7-Dihydroxy-2-[3-hydroxy-phenyl]-chromen-4-on mit Dimethylsulfat, Natriumhydrogencarbonat und Aceton (*Simpson, Beton*, Soc. **1954** 4065, 4067). Beim Erhitzen von 3,7-Dimethoxy-2-[3-methoxy-phenyl]-chromen-4-on mit wss. Bromwasserstoffsäure (*Si., Be.*). Beim Erhitzen von 2-[3-Benzyloxy-phenyl]-3-hydroxy-7-methoxy-chromen-4-on mit wss. Salzsäure und Essigsäure (*Shaw, Simpson*, Soc. **1952**

5027, 5031).

Hellgelbe Krystalle (aus A.); F: 215—217° [korr.; Kofler-App.] (*Si., Be.*).

7-Hydroxy-3-methoxy-2-[3-methoxy-phenyl]-chromen-4-on $C_{17}H_{14}O_5$, Formel II
(R = CH₃, X = H).

B. Beim Erhitzen von 1-[2,4-Dihydroxy-phenyl]-2-methoxy-äthanon mit 3-Methoxy-
benzoesäure-anhydrid und Natrium-[3-methoxy-benzoat] auf 185° und anschliessenden
Erwärmen mit wss.-äthanol. Kalilauge (*Shaw, Simpson,* Soc. **1952** 5027, 5031).

Krystalle (aus A.); F: 214—215° [Kofler-App.].

3-Hydroxy-7-methoxy-2-[3-methoxy-phenyl]-chromen-4-on $C_{17}H_{14}O_5$, Formel III
(R = H, X = CH₃), und Tautomeres (7-Methoxy-2-[3-methoxy-phenyl]-
chroman-3,4-dion) (H 189; dort als 7.3′-Dimethoxy-3.4-dioxo-flavan bzw. 3-Oxy-
7.3′-dimethoxy-flavon bezeichnet).

B. Beim Erwärmen von 2′-Hydroxy-3,4′-dimethoxy-*trans*(?)-chalkon (E III **8** 3722)
mit wss. Natronlauge und mit wss. Wasserstoffperoxid (*Shaw, Simpson,* Soc. **1955**
655, 657).

Krystalle (aus A.); F: 171—172° [korr.; Kofler-App.].

I   II   III

3,7-Dimethoxy-2-[3-methoxy-phenyl]-chromen-4-on $C_{18}H_{16}O_5$, Formel III
(R = X = CH₃).

B. Beim Erwärmen von 7-Hydroxy-3-methoxy-2-[3-methoxy-phenyl]-chromen-4-on
mit Dimethylsulfat, Kaliumcarbonat und Aceton (*Simpson, Beton,* Soc. **1954** 4065, 4067).

Krystalle (aus Bzn.); F: 122—123° [korr.; Kofler-App.].

2-[3-Benzyloxy-phenyl]-3-hydroxy-7-methoxy-chromen-4-on $C_{23}H_{18}O_5$, Formel III
(R = H, X = CH₂-C₆H₅), und Tautomeres (2-[3-Benzyloxy-phenyl]-7-methoxy-
chroman-3,4-dion).

B. Beim Behandeln von 3-Benzyloxy-2′-hydroxy-4′-methoxy-*trans*(?)-chalkon (F:
128°) mit wss.-äthanol. Natronlauge und mit wss. Wasserstoffperoxid (*Shaw, Simpson,*
Soc. **1952** 5027, 5030).

Gelbe Krystalle (aus A.); F: 153° [Kofler-App.].

7-Acetoxy-3-methoxy-2-[3-methoxy-phenyl]-chromen-4-on $C_{19}H_{16}O_6$, Formel II
(R = CH₃, X = CO-CH₃).

B. Aus 7-Hydroxy-3-methoxy-2-[3-methoxy-phenyl]-chromen-4-on (*Shaw, Simpson,*
Soc. **1952** 5027, 5031).

Krystalle (aus wss. A.); F: 109° [Kofler-App.].

3-Acetoxy-2-[3-benzyloxy-phenyl]-7-methoxy-chromen-4-on $C_{25}H_{20}O_6$, Formel III
(R = CO-CH₃, X = CH₂-C₆H₅).

B. Aus 2-[3-Benzyloxy-phenyl]-3-hydroxy-7-methoxy-chromen-4-on (*Shaw, Simpson,*
Soc. **1952** 5027, 5030).

Krystalle (aus A.); F: 136° [Kofler-App.].

3-Acetoxy-2-[3-acetoxy-phenyl]-7-methoxy-chromen-4-on $C_{20}H_{16}O_7$, Formel III
(R = X = CO-CH₃).

B. Aus 3-Hydroxy-2-[3-hydroxy-phenyl]-7-methoxy-chromen-4-on (*Shaw, Simpson,*
Soc. **1952** 5027, 5031).

Krystalle (aus A.); F: 196—198° [Kofler-App.].

3,7-Dihydroxy-2-[4-hydroxy-phenyl]-chromen-4-on $C_{15}H_{10}O_5$, Formel IV (R = X = H), und Tautomeres (7-Hydroxy-2-[4-hydroxy-phenyl]-chroman-3,4-dion) (H 189).

Vorkommen im Kernholz von Schinopsis lorentzii: *Kirby, White*, Biochem. J. **60** [1955] 582, 584.

B. Aus 7-Hydroxy-3-methoxy-2-[4-methoxy-phenyl]-chromen-4-on mit Hilfe von Jod= wasserstoffsäure und Acetanhydrid (*Rao, Seshadri*, Pr. Indian Acad. [A] **28** [1948] 96).

Gelbe Krystalle (aus A.) mit 1 Mol H_2O; F: 280° [Zers.] (*Rao, Se*.).

3-Hydroxy-2-[4-hydroxy-phenyl]-7-methoxy-chromen-4-on $C_{16}H_{12}O_5$, Formel IV (R = CH₃, X = H), und Tautomeres (2-[4-Hydroxy-phenyl]-7-methoxy-chroman-3,4-dion).

B. Beim Behandeln von 4,2′-Dihydroxy-4′-methoxy-*trans*(?)-chalkon (E III **8** 3724) mit wss. Natronlauge und mit wss. Wasserstoffperoxid (*Anand et al.*, Pr. Indian Acad. [A] **29** [1949] 203, 207). Beim Erwärmen von 2-[4-Benzyloxy-phenyl]-3-hydroxy-7-meth= oxy-chromen-4-on mit Essigsäure und wss. Salzsäure (*Simpson, Garden*, Soc. **1952** 4638, 4644).

Gelbe Krystalle (aus A.); F: 270° [Zers.; Kofler-App.] (*Si., Ga*.), 262—263° (*An. et al*.).

3,7-Dihydroxy-2-[4-methoxy-phenyl]-chromen-4-on $C_{16}H_{12}O_5$, Formel IV (R = H, X = CH₃); und Tautomeres (7-Hydroxy-2-[4-methoxy-phenyl]-chroman-3,4-dion); **Resokaempferid** (E II 175; dort als 7-Oxy-4′-methoxy-3.4-dioxo-flavan bzw. 3.7-Dioxy-4′-methoxy-flavon bezeichnet).

B. Beim Behandeln von 2′,4′-Dihydroxy-4-methoxy-*trans*(?)-chalkon (E III **8** 3723) mit äthanol. Kalilauge und mit wss. Wasserstoffperoxid (*Nadkarni, Wheeler*, Soc. **1938** 1320). Beim Erwärmen von 7-Benzyloxy-3-hydroxy-2-[4-methoxy-phenyl]-chromen-4-on mit wss. Salzsäure und Essigsäure (*Simpson, Garden*, Soc. **1952** 4638, 4644). Beim Er= wärmen von 3-Hydroxy-7-methoxymethoxy-2-[4-methoxy-phenyl]-chromen-4-on mit wss. Schwefelsäure und Essigsäure (*Bellino, Venturella*, Ann. Chimica **48** [1958] 111, 118).

Gelbliche Krystalle; F: 286—290° [Kofler-App.; aus Me.] (*Si., Ga*.), 286—288° [aus A.] (*Na., Wh*.).

7-Hydroxy-3-methoxy-2-[4-methoxy-phenyl]-chromen-4-on $C_{17}H_{14}O_5$, Formel V (R = H, X = CH₃).

B. Beim Erhitzen von 1-[2,4-Dihydroxy-phenyl]-2-methoxy-äthanon mit 4-Methoxy-benzoesäure-anhydrid und Natrium-[4-methoxy-benzoat] unter vermindertem Druck auf 180° und Erwärmen des Reaktionsprodukts mit äthanol. Kalilauge (*Rao, Seshadri*, Pr. Indian Acad. [A] **28** [1948] 96).

Gelbliche Krystalle (aus A.); F: 248—250°.

3-Hydroxy-7-methoxy-2-[4-methoxy-phenyl]-chromen-4-on $C_{17}H_{14}O_5$, Formel IV (R = X = CH₃), und Tautomeres (7-Methoxy-2-[4-methoxy-phenyl]-chroman-3,4-dion) (H 189; dort als 7.4′-Dimethoxy-3.4-dioxo-flavan bzw. 3-Oxy-7.4′-dimethoxy-flavon bezeichnet).

B. Beim Behandeln von 2-Chlor-1-[2-hydroxy-4-methoxy-phenyl]-äthanon mit 4-Methoxy-benzaldehyd und wss.-äthanol. Natronlauge (*Gowan et al.*, Soc. **1955** 862, 864). Beim Erwärmen einer Lösung von 2′-Hydroxy-4,4′-dimethoxy-*trans*(?)-chalkon (E III **8** 3724) in Äthanol mit äthanol. Kalilauge und mit wss. Wasserstoffperoxid (*Algar, Flynn*, Pr. Irish Acad. **42** B [1934/35] 1, 7). Beim Erwärmen von (2RS;3SR ?)-1-[2-Acetoxy-4-methoxy-phenyl]-2,3-dibrom-3-[4-methoxy-phenyl]-propan-1-on (E III **8** 3670) mit Wasser und anschliessend mit wss. Natronlauge oder äthanol. Natronlauge (*Limaye*, Rasayanam **2** [1950] 1, 5). Beim Behandeln einer Lösung von (±)-2,3,7-Tri= methoxy-2-[4-methoxy-phenyl]-2H-chromen in Benzol mit Monoperoxyphthalsäure in Äther (*Karrer, Trugenberger*, Helv. **28** [1945] 444).

3,7-Dimethoxy-2-[4-methoxy-phenyl]-chromen-4-on $C_{18}H_{16}O_5$, Formel V (R = X = CH₃).

B. Beim Behandeln von 7-Hydroxy-3-methoxy-2-[4-methoxy-phenyl]-chromen-4-on mit Dimethylsulfat, Kaliumcarbonat und Aceton (*Rao, Seshadri*, Pr. Indian Acad. [A] **28** [1948] 96).

Krystalle (aus A.); F: 146—147°.

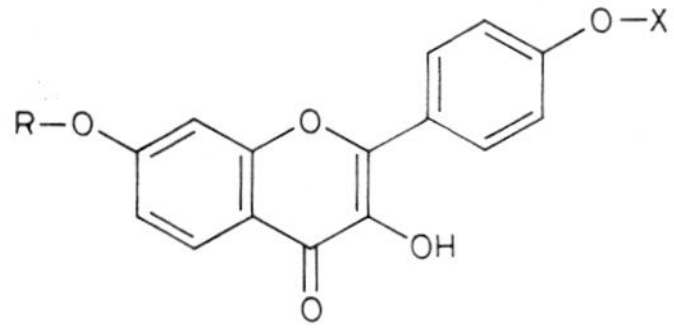

IV

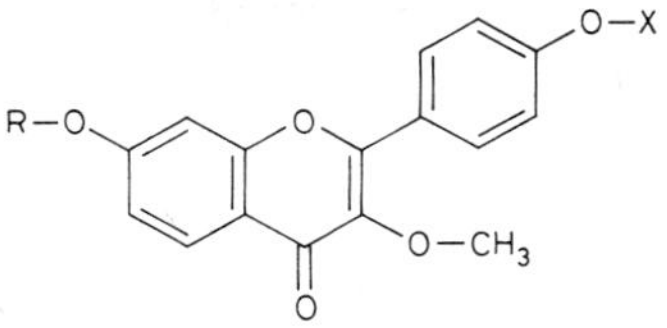

V

7-Allyloxy-3-methoxy-2-[4-methoxy-phenyl]-chromen-4-on $C_{20}H_{18}O_5$, Formel V
(R = CH$_2$-CH=CH$_2$, X = CH$_3$).
B. Beim Erwärmen von 7-Hydroxy-3-methoxy-2-[4-methoxy-phenyl]-chromen-4-on
mit Allylbromid, Kaliumcarbonat und Aceton (*Chibber et al.*, Pr. Indian Acad. [A] **46**
[1957] 19, 21).
Krystalle (aus wss. Acn.); F: 102—103°.

7-Benzyloxy-3-hydroxy-2-[4-methoxy-phenyl]-chromen-4-on $C_{23}H_{18}O_5$, Formel IV
(R = CH$_2$-C$_6$H$_5$, X = CH$_3$), und Tautomeres (7-Benzyloxy-2-[4-methoxy-phenyl]-
chroman-3,4-dion).
B. Beim Behandeln von 4′-Benzyloxy-2′-hydroxy-4-methoxy-*trans*(?)-chalkon (E
8 3725) mit wss.-äthanol. Natronlauge und mit wss. Wasserstoffperoxid (*Sim*
Garden, Soc. **1952** 4638, 4644).
Gelbliche Krystalle (aus A.); F: 195° [Kofler-App.].

2-[4-Benzyloxy-phenyl]-3-hydroxy-7-methoxy-chromen-4-on $C_{23}H_{18}O_5$, Forme
(R = CH$_3$, X = CH$_2$-C$_6$H$_5$), und Tautomeres (2-[4-Benzyloxy-phenyl]-7-
chroman-3,4-dion).
B. Beim Behandeln von 4-Benzyloxy-2′-hydroxy-4′-methoxy-*trans*(?)-c
8 3725) mit wss.-äthanol. Natronlauge und mit wss. Wasserstoffperoxid (*Si*
Soc. **1952** 4638, 4644).
Gelbliche Krystalle (aus Eg.); F: 175—176° [Kofler-App.].

(±)-7-[2,3-Dihydroxy-propoxy]-3-hydroxy-2-[4-methoxy-phenyl]-chr
$C_{19}H_{18}O_7$, Formel IV (R = CH$_2$-CH(OH)-CH$_2$OH, X = CH$_3$), und T
((±)-7-[2,3-Dihydroxy-propoxy]-2-[4-methoxy-phenyl]-
B. Beim Erwärmen von (±)-4′-[2,3-Dihydroxy-propoxy]
trans(?)-chalkon (E III **8** 3727) mit äthanol. Kalilauge und mit
(*Nadkarni*, *Wheeler*, J. Univ. Bombay **6**, Tl. 2 [1937] 107, 110)
Gelbe Krystalle (aus A.); F: 195°.

3-Hydroxy-7-methoxymethoxy-2-[4-methoxy-phenyl]-chror
Formel IV (R = CH$_2$-OCH$_3$, X = CH$_3$), und Tautomeres
2-[4-methoxy-phenyl]-chroman-3,4-dion).
B. Beim Erwärmen einer Lösung von 2′-Hydroxy
trans(?)-chalkon (F: 85—86°) in Äthanol mit wss. Wass
Ann. Chimica **48** [1958] 111, 118, 121).
Blassgelbe Krystalle (aus A.); F: 132°.

7-Acetoxy-3-methoxy-2-[4-methoxy-phenyl]-chro
(R = CO-CH$_3$, X = CH$_3$).
B. Aus 7-Hydroxy-3-methoxy-2-[4-methox
Pr. Indian Acad. [A] **28** [1948] 96).
Krystalle (aus A.); F: 148—149°.

3-Acetoxy-7-benzyloxy-2-[4-methoxy-phe
(R = CH$_2$-C$_6$H$_5$, X = CH$_3$).
B. Aus 7-Benzyloxy-3-hydroxy-2-[4-
Soc. **1952** 4638, 4644).
Krystalle (aus A.); F: 171—173°

3-Acetoxy-2-[4-benzyloxy-phenyl]-7-methoxy-chromen-4-on $C_{25}H_{20}O_6$, Formel VI
($R = CH_3$, $X = CH_2\text{-}C_6H_5$).

B. Aus 2-[4-Benzyloxy-phenyl]-3-hydroxy-7-methoxy-chromen-4-on (*Simpson, Garden,*
Soc. **1952** 4638, 4644).

Krystalle (aus A.); F: 162° [Kofler-App.].

3-Acetoxy-2-[4-acetoxy-phenyl]-7-methoxy-chromen-4-on $C_{20}H_{16}O_7$, Formel VI
$R = CH_3$, $X = CO\text{-}CH_3$).

?. Beim Erwärmen von 3-Hydroxy-2-[4-hydroxy-phenyl]-7-methoxy-chromen-4-on
etanhydrid und Pyridin (*Anand et al.,* Pr. Indian Acad. [A] **29** [1949] 203, 207).
le (aus A.); F: 203—204°.

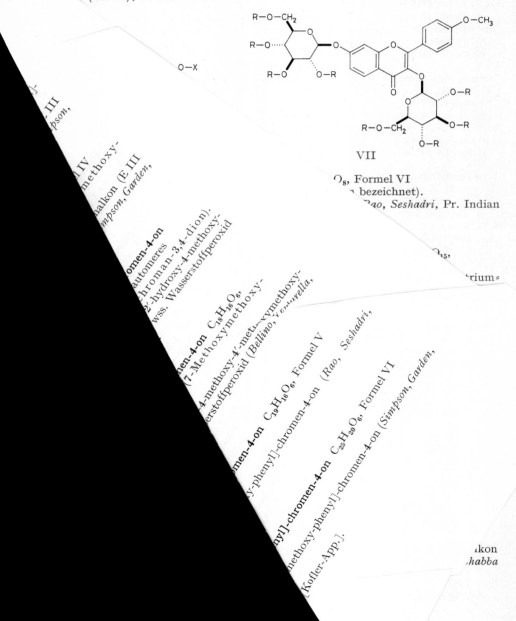

VII

O_8, Formel VI
bezeichnet).
Rao, Seshadri, Pr. Indian

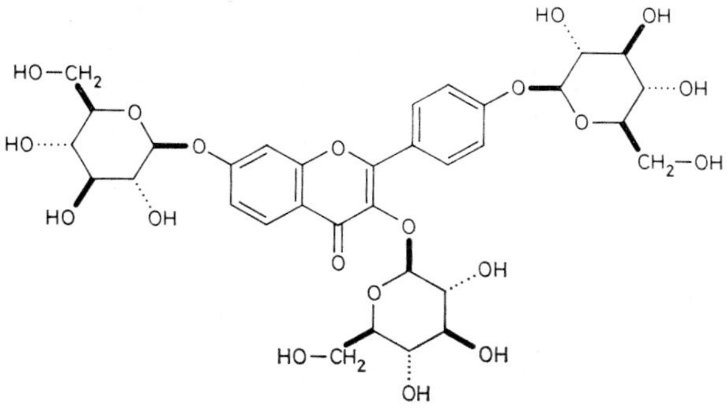

VIII 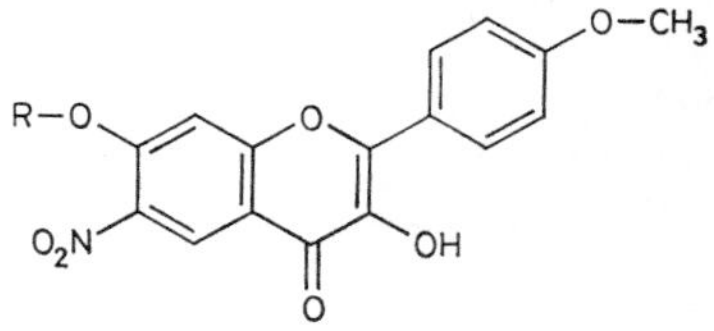   IX

2-[2,3-Dihydroxy-phenyl]-3-hydroxy-chromen-4-on $C_{15}H_{10}O_5$, Formel X (R = X = H), und Tautomere (z. B. 2-[2,3-Dihydroxy-phenyl]-chroman-3,4-dion).

B. Beim Erhitzen von 2-[2,3-Dimethoxy-phenyl]-3-hydroxy-chromen-4-on mit wss. Jodwasserstoffsäure und Acetanhydrid (*Arcoleo*, Ann. Chimica **47** [1957] 75, 79).

Krystalle (aus A.); F: 180°.

2-[2,3-Dimethoxy-phenyl]-3-hydroxy-chromen-4-on $C_{17}H_{14}O_5$, Formel X (R = H, X = CH$_3$), und Tautomeres (2-[2,3-Dimethoxy-phenyl]-chroman-3,4-dion).

B. Beim Erwärmen von 2′-Hydroxy-2,3-dimethoxy-*trans*(?)-chalkon (F: 103°) mit äthanol. Kalilauge und mit wss. Wasserstoffperoxid (*Arcoleo et al.*, Ann. Chimica **47** [1957] 75, 79).

Gelbe Krystalle (aus Me.); F: 168°.

2-[2,3-Dimethoxy-phenyl]-3-methoxy-chromen-4-on $C_{18}H_{16}O_5$, Formel X (R = X = CH$_3$).

B. Beim Behandeln von 2-[2,3-Dimethoxy-phenyl]-3-hydroxy-chromen-4-on mit Diazomethan in Methanol oder mit Dimethylsulfat, Kaliumcarbonat und Aceton (*Arcoleo et al.*, Ann. Chimica **47** [1957] 75, 80).

Krystalle (aus wss. A.); F: 91—92°.

3-Acetoxy-2-[2,3-diacetoxy-phenyl]-chromen-4-on $C_{21}H_{16}O_8$, Formel X (R = X = CO-CH$_3$).

B. Beim Erhitzen von 2-[2,3-Dihydroxy-phenyl]-3-hydroxy-chromen-4-on mit Acetanhydrid und Natriumacetat (*Arcoleo et al.*, Ann. Chimica **47** [1957] 75, 79).

Krystalle (aus A.); F: 147°.

2-[2,5-Dihydroxy-phenyl]-3-hydroxy-chromen-4-on $C_{15}H_{10}O_5$, Formel XI (R = X = H), und Tautomere (z. B. 2-[2,5-Dihydroxy-phenyl]-chroman-3,4-dion).

F: 214,5—217° (*Simpson, Uri*, Chem. and Ind. **1956** 956).

2-[2,5-Dihydroxy-phenyl]-3-methoxy-chromen-4-on $C_{16}H_{12}O_5$, Formel XI (R = CH$_3$, X = H).

F: 249—251° (*Simpson, Uri*, Chem. and Ind. **1956** 956).

2-[2,5-Diacetoxy-phenyl]-3-methoxy-chromen-4-on $C_{20}H_{16}O_7$, Formel XI (R = CH$_3$, X = CO-CH$_3$).

B. Aus 2-[2,5-Dihydroxy-phenyl]-3-methoxy-chromen-4-on (*Simpson, Uri*, Chem. and Ind. **1956** 956).

F: 140—142°.

3-Acetoxy-2-[2,5-diacetoxy-phenyl]-chromen-4-on $C_{21}H_{16}O_8$, Formel XI (R = X = CO-CH$_3$).

B. Aus 2-[2,5-Dihydroxy-phenyl]-3-hydroxy-chromen-4-on (*Simpson, Uri*, Chem. and Ind. **1956** 956).

F: 144—145°.

X   XI   XII

2-[3,4-Dihydroxy-phenyl]-3-hydroxy-chromen-4-on $C_{15}H_{10}O_5$, Formel XII (R = X = H),
und Tautomeres (2-[3,4-Dihydroxy-phenyl]-chroman-3,4-dion) (H 190).

Absorptionsspektrum (A.; 230—410 nm): *Skarżyński*, Bio. Z. **301** [1939] 150, 165;
Jurd, *Geissman*, J. org. Chem. **21** [1956] 1395, 1397.

2-[3,4-Dimethoxy-phenyl]-3-hydroxy-chromen-4-on $C_{17}H_{14}O_5$, Formel XII (R = H,
X = CH$_3$), und Tautomeres (2-[3,4-Dimethoxy-phenyl]-chroman-3,4-dion)
(H 190; E I 397; E II 175; dort als 3′.4′-Dimethoxy-3.4-dioxo-flavan bzw. 3-Oxy-
3′.4′-dimethoxy-flavon bezeichnet).

B. Beim Behandeln von 2′-Hydroxy-3,4-dimethoxy-*trans*(?)-chalkon (E II **8** 480) mit
äthanol. Kalilauge bzw. wss.-methanol. Natronlauge und mit wss. Wasserstoffperoxid
(*Algar*, *Flynn*, Pr. Irish Acad. **42**B [1934/35] 1, 6; *Oyamada*, Bl. chem. Soc. Japan
10 [1935] 182, 185; *Ozawa et al.*, J. pharm. Soc. Japan **71** [1951] 1178, 1181; C. A.
1952 6124). Beim Behandeln von 2-Chlor-1-[2-hydroxy-phenyl]-äthanon mit 3,4-Dimeth=
oxy-benzaldehyd und wss.-äthanol. Natronlauge (*Gowan et al.*, Soc. **1955** 862, 864).

Hellgelbe Krystalle (aus CHCl$_3$ oder A.); F: 203° (*Al.*, *Fl.*). Absorptionsmaxima (A.):
256 nm und 355 nm (*Skarżyński*, Bio. Z. **301** [1939] 150, 169).

2-[4-Benzyloxy-3-methoxy-phenyl]-3-hydroxy-chromen-4-on $C_{23}H_{18}O_5$, Formel XIII,
und Tautomeres (2-[4-Benzyloxy-3-methoxy-phenyl]-chroman-3,4-dion).

B. Beim Behandeln von 4-Benzyloxy-2′-hydroxy-3-methoxy-*trans*(?)-chalkon (F:
166—166,5°) mit wss.-methanol. Natronlauge und wss. Wasserstoffperoxid (*Yamaguchi*,
J. chem. Soc. Japan Pure Chem. Sect. **80** [1959] 204; C. A. **1960** 24687).

Gelbe Krystalle (aus Bzl.); F: 182—183°.

3-Acetoxy-2-[3,4-dimethoxy-phenyl]-chromen-4-on $C_{19}H_{16}O_6$, Formel XII (R = CO-CH$_3$,
X = CH$_3$) (H 190; dort als 3′.4′-Dimethoxy-3-acetoxy-flavon bezeichnet).

Krystalle (aus A.); F: 112—113° (*Gowan et al.*, Soc. **1955** 862, 864).

XIII   XIV

2-[4-β-D-Glucopyranosyloxy-3-hydroxy-phenyl]-3-hydroxy-chromen-4-on $C_{21}H_{20}O_{10}$,
Formel XIV, und Tautomeres (2-[4-β-D-Glucopyranosyloxy-3-hydroxy-phenyl]-
chroman-3,4-dion).

B. Beim Behandeln von 4-β-D-Glucopyranosyloxy-3,2′-dihydroxy-*trans*(?)-chalkon (F:
182—186°) mit wss. Natronlauge und wss. Wasserstoffperoxid (*Reichel*, *Marchand*, B. **76**
[1943] 1132).

Hellgelbe Krystalle (aus wss. Dioxan) mit 1 Mol H$_2$O; F: 232—236° [nach Aufschäumen
bei 140° und Wiedererstarren bei 150°]. $[\alpha]_D^{20}$: −47,7° [Dioxan; c = 0,2].

2-[3,4-Dimethoxy-phenyl]-3-imino-chroman-4-on, 2-[3,4-Dimethoxy-phenyl]-chroman-3,4-dion-3-imin $C_{17}H_{15}NO_4$, Formel I (X = H), und **3-Amino-2-[3,4-dimethoxy-phenyl]-chromen-4-on** $C_{17}H_{15}NO_4$, Formel II.

Diese Konstitution kommt der nachstehend beschriebenen, von *Oyamada, Fukawa* (J. chem. Soc. Japan **64** [1943] 1163, 1165; C. A. **1947** 3798) als 3-Amino-2-[3,4-di=methoxy-phenyl]-chroman-4-on angesehenen Verbindung zu (*O'Brien et al.*, Tetrahedron **19** [1963] 373).

B. Beim Erwärmen einer Lösung von 2-[3,4-Dimethoxy-phenyl]-chroman-3,4-dion-3-oxim in Essigsäure mit Zinn(II)-chlorid und wss. Salzsäure (*Oy., Fu.*).

Hellgelbe Krystalle (aus A.); F: 125—126° (*Oy., Fu.*).

Hydrochlorid. Krystalle; Zers. bei 195—196° (*Oy., Fu.*).

Picrat. Krystalle; F: 155—156° (*Oy., Fu.*).

2-[3,4-Dimethoxy-phenyl]-chroman-3,4-dion-3-oxim $C_{17}H_{15}NO_5$, Formel I (X = OH), und Tautomeres (H 190; E II 175; dort als 3′.4′-Dimethoxy-3-oximino-flavanon bezeichnet).

B. Beim Behandeln einer Lösung von (±)-2-[3,4-Dimethoxy-phenyl]-chroman-4-on in Äther mit Amylnitrit und wss. Salzsäure (*Oyamada, Fukawa*, J. chem. Soc. Japan **64** [1943] 1163, 1165; C. A. **1947** 3798; vgl. H 190).

Krystalle (aus Bzl.); F: 166°.

I II III

6-Chlor-2-[3,4-dihydroxy-phenyl]-3-hydroxy-chromen-4-on $C_{15}H_9ClO_5$, Formel III (R = H), und Tautomeres (6-Chlor-2-[3,4-dihydroxy-phenyl]-chroman-3,4-dion).

B. Beim Erwärmen von 2-Benzo[1,3]dioxol-5-yl-6-chlor-3-hydroxy-chromen-4-on mit Aluminiumchlorid in Chlorbenzol (*Ozawa et al.*, J. pharm. Soc. Japan **71** [1951] 1178, 1182; C. A. **1952** 6124).

Gelbe Krystalle (aus Me.); F: 292—293°.

3-Acetoxy-6-chlor-2-[3,4-diacetoxy-phenyl]-chromen-4-on $C_{21}H_{15}ClO_8$, Formel III (R = CO-CH₃).

B. Beim Behandeln von 6-Chlor-2-[3,4-dihydroxy-phenyl]-3-hydroxy-chromen-4-on mit Acetanhydrid und Pyridin (*Ozawa et al.*, J. pharm. Soc. Japan **71** [1951] 1178, 1182; C. A. **1952** 6124).

Krystalle; F: 177—178,5°.

6,8-Dichlor-3-hydroxy-2-[4-hydroxy-3-methoxy-phenyl]-chromen-4-on $C_{16}H_{10}Cl_2O_5$, Formel IV (R = X = H), und Tautomeres (6,8-Dichlor-2-[4-hydroxy-3-methoxy-phenyl]-chroman-3,4-dion).

B. Beim Behandeln einer Lösung von 3′,5′-Dichlor-4,2′-dihydroxy-3-methoxy-*trans*(?)-chalkon (F: 195°) in Äthanol mit wss. Wasserstoffperoxid und wss. Natronlauge (*Jha, Amin*, Tetrahedron **2** [1958] 241, 245).

Gelbliche Krystalle (aus A.); F: 215° [unkorr.].

6,8-Dichlor-2-[3,4-dimethoxy-phenyl]-3-hydroxy-chromen-4-on $C_{17}H_{12}Cl_2O_5$, Formel IV (R = H, X = CH₃), und Tautomeres (6,8-Dichlor-2-[3,4-dimethoxy-phenyl]-chroman-3,4-dion).

B. Beim Behandeln einer Lösung von 3′,5′-Dichlor-2′-hydroxy-3,4-dimethoxy-*trans*(?)-chalkon (F: 144°) in Äthanol mit wss. Wasserstoffperoxid und wss. Natronlauge (*Jha, Amin*, Tetrahedron **2** [1958] 241, 245).

Gelbe Krystalle (aus A.); F: 215° [unkorr.].

3-Acetoxy-6,8-dichlor-2-[3,4-dimethoxy-phenyl]-chromen-4-on $C_{19}H_{14}Cl_2O_6$, Formel IV
(R = CO-CH$_3$, X = CH$_3$).
B. Beim Erhitzen von 6,8-Dichlor-2-[3,4-dimethoxy-phenyl]-3-hydroxy-chromen-4-on
mit Acetanhydrid und Pyridin (*Jha, Amin,* Tetrahedron **2** [1958] 241, 245).
Gelbe Krystalle (aus A.); F: 195° [unkorr.].

IV   V

3-Acetoxy-2-[4-acetoxy-3-methoxy-phenyl]-6,8-dichlor-chromen-4-on $C_{20}H_{14}Cl_2O_7$,
Formel IV (R = X = CO-CH$_3$).
B. Beim Erhitzen von 6,8-Dichlor-3-hydroxy-2-[4-hydroxy-3-methoxy-phenyl]-
chromen-4-on mit Acetanhydrid und Pyridin (*Jha, Amin,* Tetrahedron **2** [1958] 241, 245).
Gelbliche Krystalle (aus A.); F: 136° [unkorr.].

6,8-Dibrom-2-[3,4-dimethoxy-phenyl]-3-hydroxy-chromen-4-on $C_{17}H_{12}Br_2O_5$, Formel V
(R = H), und Tautomeres (6,8-Dibrom-2-[3,4-dimethoxy-phenyl]-chroman-
3,4-dion).
B. Beim Behandeln einer Lösung von 3′,5′-Dibrom-2′-hydroxy-3,4-dimethoxy-*trans*(?)-
chalkon (F: 162°) in Äthanol mit wss. Wasserstoffperoxid und wss. Natronlauge (*Christian,
Amin,* Acta chim. hung. **21** [1959] 391, 395).
Braune Krystalle (aus A.); F: 260° [unkorr.].

3-Acetoxy-6,8-dibrom-2-[3,4-dimethoxy-phenyl]-chromen-4-on $C_{19}H_{14}Br_2O_6$, Formel V
(R = CO-CH$_3$).
B. Aus 6,8-Dibrom-2-[3,4-dimethoxy-phenyl]-3-hydroxy-chromen-4-on (*Christian,
Amin,* Acta chim. hung. **21** [1959] 391, 394).
Krystalle (aus A.); F: 201° [unkorr.].

(±)-7-Methoxy-2-phenyl-chroman-4,5,8-trion $C_{16}H_{12}O_5$, Formel VI.
B. Beim Behandeln von (±)-5,8-Dihydroxy-7-methoxy-2-phenyl-chroman-4-on mit
Dioxan und wasserhaltigem Silberoxid (*Krishnamurti, Seshadri,* J. scient. ind. Res.
India **18**B [1959] 151, 156). Beim Behandeln von (±)-5,7,8-Trimethoxy-2-phenyl-
chroman-4-on mit wss. Salpetersäure (*Dass et al.,* Pr. Indian Acad. [A] **37** [1953] 520, 524;
Chopin, Chadenson, Bl. **1959** 1585, 1593).
Orangegelbe Krystalle (aus E.); F: 206—207° (*Kr., Se.*).   [*Mühle*]

5,6,7-Trihydroxy-3-phenyl-chromen-4-on $C_{15}H_{10}O_5$, Formel VII (R = X = H).
B. Beim Erhitzen von 6-Hydroxy-5,7-dimethoxy-3-phenyl-chromen-4-on (*Karmarkar
et al.,* Pr. Indian Acad. [A] **37** [1953] 660, 662) oder von 5-Hydroxy-6,7-dimethoxy-
3-phenyl-chromen-4-on (*Mahesh et al.,* Pr. Indian Acad. [A] **39** [1954] 165, 174) mit
Acetanhydrid und wss. Jodwasserstoffsäure. Aus 5,6-Dihydroxy-7-methoxy-3-phenyl-
chromen-4-on oder 5,6,7-Trimethoxy-3-phenyl-chromen-4-on mit Hilfe von wss. Jod=
wasserstoffsäure (*Aghoramurthy et al.,* J. scient. ind. Res. India **15**B [1956] 11, 13).
Krystalle; F: 189—190° [aus wss. A.] (*Ka. et al.*), 189—190° [aus E. + PAe.] (*Ag. et al.*).

5,7-Dihydroxy-6-methoxy-3-phenyl-chromen-4-on $C_{16}H_{12}O_5$, Formel VII (R = CH$_3$,
X = H).
B. Beim Erhitzen von 7-Benzyloxy-5-hydroxy-6-methoxy-3-phenyl-chromen-4-on mit
Essigsäure und wss. Salzsäure (*Dhar, Seshadri,* Tetrahedron **7** [1959] 77, 80). Beim
Erwärmen von 5,7-Dihydroxy-8-methoxy-3-phenyl-chromen-4-on mit äthanol. Kali=

lauge (*Dhar, Se.*, l. c. S. 81).
    Krystalle (aus E. + PAe.); F: 154—156°.

5,6-Dihydroxy-7-methoxy-3-phenyl-chromen-4-on $C_{16}H_{12}O_5$, Formel VII (R = H, X = CH$_3$).
    B. Beim Erwärmen einer Lösung von 5,6,7-Trihydroxy-3-phenyl-chromen-4-on in Aceton mit Dimethylsulfat und Natriumhydrogencarbonat (*Dhar, Seshadri*, Pr. Indian Acad. [A] **43** [1956] 79, 81). Beim Erwärmen von 5,8-Dihydroxy-7-methoxy-3-phenyl-chromen-4-on mit äthanol. Kalilauge (*Dhar, Seshadri*, Tetrahedron **7** [1959] 77, 78). Beim Behandeln einer Lösung von 6-Hydroxy-7-methoxy-4-oxo-3-phenyl-4*H*-chromen-5-carbaldehyd in Pyridin mit wss. Natronlauge und wss. Wasserstoffperoxid (*Aghoramurthy et al.*, J. scient. ind. Res. India **15**B [1956] 11, 13).
    Krystalle; F: 223—224° [aus Bzl.] (*Ag. et al.*), 222—224° [aus A.] (*Dhar, Se.*).

    VI   VII   VIII

6-Hydroxy-5,7-dimethoxy-3-phenyl-chromen-4-on $C_{17}H_{14}O_5$, Formel VIII (R = H, X = CH$_3$).
    B. Beim Erwärmen von 3,6-Dihydroxy-2,4-dimethoxy-desoxybenzoin mit Ortho≈ ameisensäure-triäthylester, Pyridin und wenig Piperidin (*Karmarkar et al.*, Pr. Indian Acad. [A] **37** [1953] 660, 662). Bei der Hydrierung von 6-Benzyloxy-5,7-dimethoxy-3-phenyl-chromen-4-on an Raney-Nickel in Äthanol (*Dhar, Seshadri*, Tetrahedron **7** [1959] 77, 79). Beim Behandeln von 6-Acetoxy-5,7-dimethoxy-3-phenyl-chromen-4-on mit Schwefelsäure (*Dhar, Seshadri*, Pr. Indian Acad. [A] **43** [1956] 79, 81).
    Krystalle; F: 186—187° [aus A.] (*Ka. et al.*), 184—186° [aus wss. A.] (*Dhar, Se.*).

5-Hydroxy-6,7-dimethoxy-3-phenyl-chromen-4-on $C_{17}H_{14}O_5$, Formel VII (R = X = CH$_3$).
    B. Beim Behandeln von 2,6-Dihydroxy-3,4-dimethoxy-desoxybenzoin mit Ortho≈ ameisensäure-triäthylester und Natrium (*Mahesh et al.*, Pr. Indian Acad. [A] **39** [1954] 165, 173).
    Krystalle (aus E.); F: 203—205°.

5,6,7-Trimethoxy-3-phenyl-chromen-4-on $C_{18}H_{16}O_5$, Formel VIII (R = X = CH$_3$).
    B. Beim Erwärmen von 5-Hydroxy-6,7-dimethoxy-3-phenyl-chromen-4-on mit Di≈ methylsulfat, Kaliumcarbonat und Aceton (*Mahesh et al.*, Pr. Indian Acad. [A] **39** [1954] 165, 173).
    Krystalle (aus A.); F: 152° (*Farkas, Major*, Acta chim. hung. **41** [1964] 445, 447; *Gupta et al.*, Indian J. Chem. **6** [1968] 481, 483).

7-Benzyloxy-5,6-dihydroxy-3-phenyl-chromen-4-on $C_{22}H_{16}O_5$, Formel VII (R = H, X = CH$_2$-C$_6$H$_5$).
    B. Beim Erwärmen von 5,6,7-Trihydroxy-3-phenyl-chromen-4-on mit Benzylchlorid, Natriumjodid, Natriumhydrogencarbonat und Aceton (*Dhar, Seshadri*, Tetrahedron **7** [1959] 77, 80).
    Krystalle (aus A.); F: 234—236°.

6-Benzyloxy-5-hydroxy-7-methoxy-3-phenyl-chromen-4-on $C_{23}H_{18}O_5$, Formel VII (R = CH$_2$-C$_6$H$_5$, X = CH$_3$).
    B. Beim Erwärmen von 8-Benzyloxy-5-hydroxy-7-methoxy-3-phenyl-chromen-4-on mit äthanol. Kalilauge (*Dhar, Seshadri*, Tetrahedron **7** [1959] 77, 79).
    Krystalle (aus A.); F: 174—176°.

7-Benzyloxy-5-hydroxy-6-methoxy-3-phenyl-chromen-4-on $C_{23}H_{18}O_5$, Formel VII (R = CH$_3$, X = CH$_2$-C$_6$H$_5$).
    B. Beim Erwärmen von 7-Benzyloxy-5,6-dihydroxy-3-phenyl-chromen-4-on mit Di≈

methylsulfat, Kaliumcarbonat und Aceton (*Dhar, Seshadri*, Tetrahedron **7** [1959] 77, 80). Krystalle (aus A.); F: 184—186°.

6-Benzyloxy-5,7-dimethoxy-3-phenyl-chromen-4-on $C_{24}H_{20}O_5$, Formel VIII (R = CH_2-C_6H_5, X = CH_3).

B. Beim Behandeln von 6-Benzyloxy-5-hydroxy-7-methoxy-3-phenyl-chromen-4-on mit Dimethylsulfat, Kaliumcarbonat und Aceton (*Dhar, Seshadri*, Tetrahedron **7** [1959] 77, 79).

Krystalle (aus A.); F: 154—155°.

6-Acetoxy-5-hydroxy-7-methoxy-3-phenyl-chromen-4-on $C_{18}H_{14}O_6$, Formel VII (R = CO-CH_3, X = CH_3).

B. Beim Behandeln einer Lösung von 5,6-Dihydroxy-7-methoxy-3-phenyl-chromen-4-on in Pyridin mit Acetanhydrid (*Dhar, Seshadri*, Pr. Indian Acad. [A] **43** [1956] 79, 81).

Krystalle (aus E.); F: 184—185°.

5-Acetoxy-6,7-dimethoxy-3-phenyl-chromen-4-on $C_{19}H_{16}O_6$, Formel IX (R = X = CH_3).

B. Beim Behandeln von 5-Hydroxy-6,7-dimethoxy-3-phenyl-chromen-4-on mit Acet= anhydrid und Pyridin (*Mahesh et al.*, Pr. Indian Acad. [A] **39** [1954] 165, 173).

Krystalle (aus A.); F: 121—123°.

6-Acetoxy-5,7-dimethoxy-3-phenyl-chromen-4-on $C_{19}H_{16}O_6$, Formel VIII (R = CO-CH_3, X = CH_3).

B. Beim Behandeln einer Lösung von 6-Acetoxy-5-hydroxy-7-methoxy-3-phenyl-chromen-4-on in Aceton mit Dimethylsulfat und Kaliumcarbonat (*Dhar, Seshadri*, Pr. Indian Acad. [A] **43** [1956] 79, 81). Beim Erhitzen von 6-Hydroxy-5,7-dimethoxy-3-phenyl-chromen-4-on mit Acetanhydrid und wenig Pyridin (*Karmarkar et al.*, Pr. Indian Acad. [A] **37** [1953] 660, 662).

Krystalle; F: 205—207° [aus A.] (*Dhar, Se.*), 203—204° [aus wss. A.] (*Ka. et al.*).

5,7-Diacetoxy-6-methoxy-3-phenyl-chromen-4-on $C_{20}H_{16}O_7$, Formel IX (R = CH_3, X = CO-CH_3).

B. Aus 5,7-Dihydroxy-6-methoxy-3-phenyl-chromen-4-on (*Dhar, Seshadri*, Tetrahedron **7** [1959] 77, 80).

Krystalle (aus A.); F: 162—164°.

5,6,7-Triacetoxy-3-phenyl-chromen-4-on $C_{21}H_{16}O_8$, Formel IX (R = X = CO-CH_3).

B. Beim Behandeln von 5,6,7-Trihydroxy-3-phenyl-chromen-4-on mit Acetanhydrid und Pyridin (*Mahesh et al.*, Pr. Indian Acad. [A] **39** [1954] 165, 174).

Krystalle (aus A.); F: 185—186° (*Ma. et al.*), 178° [nach Sintern bei 170°] (*Karmarkar et al.*, Pr. Indian Acad. [A] **37** [1953] 660, 662).

5,7-Dihydroxy-6-methoxy-3-[4-nitro-phenyl]-chromen-4-on $C_{16}H_{11}NO_7$, Formel X (R = H).

B. Beim Erwärmen von 2,4,6-Trihydroxy-3-methoxy-4'-nitro-desoxybenzoin mit Pyridin, Piperidin und Orthoameisensäure-triäthylester (*Kagal et al.*, Pr. Indian Acad. [A] **44** [1956] 36, 38).

Krystalle (aus Eg.); F: 307° [Zers.].

5,6,7-Trimethoxy-3-[4-nitro-phenyl]-chromen-4-on $C_{18}H_{15}NO_7$, Formel X (R = CH_3).

B. Beim Erwärmen einer Suspension von 5,7-Dihydroxy-6-methoxy-3-[4-nitro-phenyl]-chromen-4-on in Aceton mit Dimethylsulfat und Kaliumcarbonat (*Kagal et al.*, Pr. Indian Acad. [A] **44** [1956] 36, 39).

Hellgelbe Krystalle (aus wss. Acn.); F: 233°.

5,7,8-Trihydroxy-3-phenyl-chromen-4-on $C_{15}H_{10}O_5$, Formel XI (R = X = H).

B. Beim Behandeln von 5,7-Dihydroxy-3-phenyl-chromen-4-on mit wss. Natronlauge und mit wss. Natriumperoxodisulfat-Lösung und anschliessenden Erwärmen mit wss. Salzsäure und Natriumsulfit (*Narasimhachari et al.*, Pr. Indian Acad. [A] **35** [1952] 46,

51). Aus 5,7,8-Trimethoxy-3-phenyl-chromen-4-on beim Erhitzen einer Lösung in Acetanhydrid mit wss. Jodwasserstoffsäure auf 140° (*Ballio, Pocchiari*, G. **79** [1949] 913, 922; *Na. et al.*, l.c. S. 50), beim Erhitzen mit Bromwasserstoff in Essigsäure (*Farkas, Várady*, Acta chim. hung. **20** [1959] 169, 172) sowie beim Erwärmen einer Lösung in Benzol mit Aluminiumchlorid (*Na. et al.*).

Gelbe Krystalle; F: 295—298° [aus wss. A.] (*Fa., Vá.*), 280—282° [aus E.] (*Na. et al.*).

IX   X   XI

5,8-Dihydroxy-7-methoxy-3-phenyl-chromen-4-on $C_{16}H_{12}O_5$, Formel XI (R = CH_3, X = H).

B. Beim Behandeln von 8-Hydroxy-7-methoxy-3-phenyl-chromen-4-on mit wss. Natronlauge und mit wss. Natriumperoxodisulfat-Lösung und anschliessenden Erwärmen mit wss. Salzsäure und Natriumhydrogensulfit (*Ishwar-Dass et al.*, Pr. Indian Acad. [A] **37** [1953] 599, 608). Beim Erhitzen einer Lösung von 5,7,8-Trimethoxy-3-phenyl-chromen-4-on in Acetanhydrid mit Jodwasserstoffsäure auf 120° (*Ish.-Dass et al.*).

Gelbe Krystalle (aus A.); F: 208—210° [Zers.] (*Ish.-Dass et al.*).

Beim Erwärmen mit äthanol. Kalilauge ist 5,6-Dihydroxy-7-methoxy-3-phenyl-chromen-4-on erhalten worden (*Dhar, Seshadri*, Tetrahedron **7** [1959] 77, 78).

5,7-Dihydroxy-8-methoxy-3-phenyl-chromen-4-on $C_{16}H_{12}O_5$, Formel XI (R = H, X = CH_3).

B. Aus 7-Hydroxy-5,8-dimethoxy-3-phenyl-chromen-4-on beim Erwärmen mit Aluminiumchlorid in Nitrobenzol sowie beim Erhitzen mit wss. Salzsäure und Dioxan (*Dhar, Seshadri*, Tetrahedron **7** [1959] 77, 81).

Krystalle (aus Eg. + Bzn.); F: 174—176°.

Beim Erwärmen mit äthanol. Kalilauge ist 5,7-Dihydroxy-6-methoxy-3-phenyl-chromen-4-on erhalten worden.

7-Hydroxy-5,8-dimethoxy-3-phenyl-chromen-4-on $C_{17}H_{14}O_5$, Formel XII (R = H, X = CH_3).

B. Aus 2,4-Dihydroxy-3,6-dimethoxy-desoxybenzoin beim Erhitzen mit Orthoameisensäure-triäthylester, Pyridin und wenig Piperidin (*Farkas, Várady*, Acta chim. hung. **20** [1959] 169, 171) sowie beim Behandeln mit Methylformiat und Natrium (*Dhar, Seshadri*, Tetrahedron **7** [1959] 77, 81).

Krystalle (aus A.); F: 254—256° [nach Sintern bei 240°] (*Dhar, Se.*), 251—252° (*Fa., Vá.*).

5-Hydroxy-7,8-dimethoxy-3-phenyl-chromen-4-on $C_{17}H_{14}O_5$, Formel XI (R = X = CH_3).

B. Beim Erwärmen von 5,7,8-Trihydroxy-3-phenyl-chromen-4-on mit Dimethylsulfat, Kaliumcarbonat und Aceton (*Narasimhachari et al.*, Pr. Indian Acad. [A] **35** [1952] 46, 51; *Farkas, Várady*, Acta chim. hung. **20** [1959] 169, 172). Beim Erhitzen von 5,7,8-Trimethoxy-3-phenyl-chromen-4-on mit wss. Salzsäure (*Mahesh et al.*, Pr. Indian Acad. [A] **39** [1954] 165, 171).

Krystalle (aus A.); F: 159—160° (*Ma. et al.*), 158—159° (*Fa., Vá.*), 156—157° (*Na. et al.*).

Beim Erwärmen mit äthanol. Kalilauge sind 2,6-Dihydroxy-3,4-dimethoxy-desoxybenzoin, 5-Hydroxy-6,7-dimethoxy-3-phenyl-chromen-4-on und eine Verbindung vom F: 157—159° erhalten worden (*Mahesh, Seshadri*, J. scient. ind. Res. India **14**B [1955] 671; s.a. *Ma. et al.*).

5,7,8-Trimethoxy-3-phenyl-chromen-4-on $C_{18}H_{16}O_5$, Formel XII (R = X = CH$_3$).
B. Beim Behandeln von 2-Hydroxy-3,4,6-trimethoxy-desoxybenzoin mit Äthylformiat und Natrium (*Ballio, Pocchiari*, G. **79** [1949] 913, 922; *Narasimhachari et al.*, Pr. Indian Acad. [A] **35** [1952] 46, 50). Beim Behandeln von 5,7,8-Trihydroxy-3-phenyl-chromen-4-on (*Ba., Po.*) oder von 7-Hydroxy-5,8-dimethoxy-3-phenyl-chromen-4-on (*Farkas, Várady*, Acta chim. hung. **20** [1959] 169, 171) mit Dimethylsulfat, Kaliumcarbonat und Aceton.
Krystalle (aus A.), F: 167° (*Fa., Vá.*); Krystalle (aus A.) mit 1 Mol H$_2$O, F: 159° bis 160° (*Ba., Po.*).

8-Benzyloxy-5-hydroxy-7-methoxy-3-phenyl-chromen-4-on $C_{23}H_{18}O_5$, Formel XI (R = CH$_3$, X = CH$_2$-C$_6$H$_5$).
B. Beim Erwärmen von 5,8-Dihydroxy-7-methoxy-3-phenyl-chromen-4-on mit Benzyl= chlorid, Kaliumcarbonat, Aceton und wenig Natriumjodid (*Dhar, Seshadri*, Tetrahedron **7** [1959] 77, 79).
Krystalle (aus A.): F; 106—108°.
Beim Erwärmen mit äthanol. Kalilauge ist 6-Benzyloxy-5-hydroxy-7-methoxy-3-phenyl-chromen-4-on erhalten worden.

XII   XIII   XIV

5-Acetoxy-7,8-dimethoxy-3-phenyl-chromen-4-on $C_{19}H_{16}O_6$, Formel XIII (R = CH$_3$, X = CO-CH$_3$).
B. Beim Erhitzen von 5-Hydroxy-7,8-dimethoxy-3-phenyl-chromen-4-on mit Acet= anhydrid und Pyridin (*Mahesh et al.*, Pr. Indian Acad. [A] **39** [1954] 165, 171) oder mit Acetanhydrid und Natriumacetat (*Farkas, Várady*, Acta chim. hung. **20** [1959] 169, 172).
Krystalle; F: 163° [aus A.] (*Fa., Vá.*), 143—144° [aus E.] (*Ma. et al.*).

7-Acetoxy-5,8-dimethoxy-3-phenyl-chromen-4-on $C_{19}H_{16}O_6$, Formel XII (R = CO-CH$_3$, X = CH$_3$).
B. Aus 7-Hydroxy-5,8-dimethoxy-3-phenyl-chromen-4-on mit Hilfe von Acetanhydrid und Natriumacetat (*Farkas, Várady*, Acta chim. hung. **20** [1959] 169, 171).
Krystalle (aus A.); F: 145°.

5,7,8-Triacetoxy-3-phenyl-chromen-4-on $C_{21}H_{16}O_8$, Formel XIII (R = X = CO-CH$_3$).
B. Beim Erhitzen von 5,7,8-Trihydroxy-3-phenyl-chromen-4-on mit Acetanhydrid und Natriumacetat (*Ballio, Pocchiari*, G. **79** [1949] 913, 923; *Farkas, Várady*, Acta chim. hung. **20** [1959] 169, 172).
Krystalle (aus A.); F: 215—216° (*Fa., Vá.*), 210—211° (*Ba., Po.*).

7-Hydroxy-5,8-dimethoxy-3-[4-nitro-phenyl]-chromen-4-on $C_{17}H_{13}NO_7$, Formel XIV (R = H).
B. Beim Erwärmen einer Lösung von 2,4-Dihydroxy-3,6-dimethoxy-4'-nitro-desoxy= benzoin in Pyridin mit Orthoameisensäure-triäthylester und wenig Piperidin (*Kagal et al.*, Pr. Indian Acad. [A] **44** [1956] 36, 40).
Gelbliche Krystalle (aus Eg.); F: 312° [Zers.].

5,7,8-Trimethoxy-3-[4-nitro-phenyl]-chromen-4-on $C_{18}H_{15}NO_7$, Formel XIV (R = CH$_3$).
B. Beim Erwärmen einer Lösung von 7-Hydroxy-5,8-dimethoxy-3-[4-nitro-phenyl]-chromen-4-on in Aceton mit Dimethylsulfat und Kaliumcarbonat (*Kagal et al.*, Pr. Indian Acad. [A] **44** [1956] 36, 40).
Krystalle (aus wss. Acn.); F: 181°.

5,7-Dihydroxy-3-[2-hydroxy-phenyl]-chromen-4-on $C_{15}H_{10}O_5$, Formel I (R = X = H), und Tautomeres (Benzofuro[3,2-c]chromen-1,3,11a-triol).

In einem von *Okano, Beppu* (J. agric. chem. Soc. Japan **15** [1939] 645, 651; C. A. **1940** 429) unter dieser Konstitution beschriebenen, als Isogenistein bezeichneten Präparat (F: 302°) hat wahrscheinlich 5,7-Dihydroxy-3-[4-hydroxy-phenyl]-chromen-4-on vorgelegen (*Baker et al.*, Soc. **1953** 1860, 1862; *Ahluwalia et al.*, Curr. Sci. **22** [1953] 363; s. a. *Karmarkar et al.*, Pr. Indian Acad. [A] **36** [1952] 552; *Seshadri, Varadarajan*, Pr. Indian Acad. [A] **37** [1953] 514, 516).

B. Beim Erwärmen von 5,7-Dihydroxy-3-[2-methoxy-phenyl]-chromen-4-on (*Ba. et al.*, l. c. S. 1863) oder von 5,7-Dimethoxy-3-[2-methoxy-phenyl]-chromen-4-on (*Whalley*, Soc. **1953** 3366, 3368; *Ka. et al.*, l. c. S. 555) mit Aluminiumchlorid in Benzol.

Krystalle (aus wss. Me.), F: 224° (*Wh.*); Krystalle (aus wss. A. oder Bzl.), F: 222° bis 223° (*Ba. et al.*); Krystalle (aus wss. A.), F: 187° (*Ka. et al.*; *Ba. et al.*). Absorptionsmaximum: 261 nm (*Ba. et al.*, l. c. S. 1864).

5-Hydroxy-3-[2-hydroxy-phenyl]-7-methoxy-chromen-4-on $C_{16}H_{12}O_5$, Formel I (R = CH$_3$, X = H), und Tautomeres (3-Methoxy-benzofuro[3,2-c]chromen-1,11a-diol).

B. Beim Erhitzen von 5,7-Dimethoxy-3-[2-methoxy-phenyl]-chromen-4-on mit wss. Bromwasserstoffsäure und Essigsäure (*Baker et al.*, Soc. **1953** 1860, 1864).

Krystalle (aus A.); F: 175—177°. Absorptionsmaximum: 259 nm.

5,7-Dihydroxy-3-[2-methoxy-phenyl]-chromen-4-on $C_{16}H_{12}O_5$, Formel I (R = H, X = CH$_3$).

B. Beim Erwärmen von 5,7-Dihydroxy-3-[2-methoxy-phenyl]-4-oxo-4H-chromen-2-carbonsäure-äthylester mit wss. Natriumcarbonat-Lösung und Aceton und Erhitzen der erhaltenen 5,7-Dihydroxy-3-[2-methoxy-phenyl]-4-oxo-4H-chromen-2-carbonsäure auf 290° (*Baker et al.*, Soc. **1953** 1860, 1863).

Krystalle (aus wss. A.); F: 195—197°.

3-[2-Hydroxy-phenyl]-5,7-dimethoxy-chromen-4-on $C_{17}H_{14}O_5$, Formel II (R = CH$_3$, X = H), und Tautomeres (1,3-Dimethoxy-benzofuro[3,2-c]chromen-11a-ol).

B. Beim Erwärmen von 3-[2-Benzyloxy-phenyl]-5,7-dimethoxy-chromen-4-on mit Essigsäure und wss. Salzsäure (*Whalley, Lloyd*, Soc. **1956** 3213, 3218). Beim Erwärmen von Benzofuran-3-yl-[2-hydroxy-4,6-dimethoxy-phenyl]-keton mit Essigsäure (*Wh., Ll.*, l. c. S. 3222).

Krystalle (aus wss. Me.); F: 192°.

5-Hydroxy-7-methoxy-3-[2-methoxy-phenyl]-chromen-4-on $C_{17}H_{14}O_5$, Formel I (R = X = CH$_3$).

In einem von *Okano, Beppu* (J. agric. chem. Soc. Japan **15** [1939] 645, 651; C. A. **1940** 429) unter dieser Konstitution beschriebenen Präparat (F: 120—125°) hat wahrscheinlich 5-Hydroxy-7-methoxy-3-[4-methoxy-phenyl]-chromen-4-on vorgelegen (*Baker et al.*, Soc. **1953** 1860, 1862; *Ahluwalia et al.*, Curr. Sci. **22** [1953] 363).

B. Beim Behandeln von 5,7-Dihydroxy-3-[2-methoxy-phenyl]-chromen-4-on in Benzol mit Dimethylsulfat, Kaliumcarbonat und Aceton (*Ba. et al.*, l. c. S. 1864).

Krystalle (aus A.); F: 160° (*Ba. et al.*).

I   II   III

5,7-Dimethoxy-3-[2-methoxy-phenyl]-chromen-4-on $C_{18}H_{16}O_5$, Formel II (R = X = CH$_3$).

B. Beim Behandeln von 2-Hydroxy-4,6,2'-trimethoxy-desoxybenzoin mit Äthylformiat und Natrium (*Karmarkar et al.*, Pr. Indian Acad. [A] **36** [1952] 552, 555). Beim Erwärmen von 5,7-Dihydroxy-3-[2-hydroxy-phenyl]-chromen-4-on mit Dimethylsulfat,

Kaliumcarbonat und Aceton (*Baker et al.*, Soc. **1953** 1860, 1864). Aus 2-Hydroxy-5,7-dimethoxy-3-[2-methoxy-phenyl]-chroman-4-on   [⇌ 3-[2-Hydroxy-4,6-dimethoxy-phenyl]-2-[2-methoxy-phenyl]-3-oxo-propionaldehyd (F: 196°)] beim Erhitzen mit Essig≈säure (*Whalley*, Am. Soc. **75** [1953] 1059, 1065), beim Erhitzen mit Acetanhydrid und Natriumacetat sowie beim Behandeln mit Schwefelsäure enthaltendem Äthanol (*Mehta et al.*, Pr. Indian Acad. [A] **38** [1953] 381, 384). Beim Erwärmen von 5,7-Dimethoxy-3-[2-methoxy-phenyl]-4-oxo-4H-chromen-2-carbonsäure-äthylester mit Natriumcarbonat in wss. Äthanol und Erhitzen des Reaktionsprodukts auf 260° (*Ba. et al.*).

Krystalle; F: 140—141° [aus wss. A.] (*Me. et al.*), 140° [aus E.] (*Wh.*), 138—139° [aus Bzn.] (*Ba. et al.*), 138° [aus W.] (*Ka. et al.*). Bei 200°/0,01 Torr sublimierbar (*Wh.*). UV-Spektrum (A.; 220—300 nm): *Wh.*, l. c. S. 1063.

3-[2-Äthoxy-phenyl]-5,7-dimethoxy-chromen-4-on $C_{19}H_{18}O_5$, Formel II (R = CH₃, X = C₂H₅).

Hier: R = CH₃, X = C₂H₅.

B. Beim Behandeln von 3-[2-Hydroxy-phenyl]-5,7-dimethoxy-chromen-4-on mit Äthyljodid, Kaliumcarbonat und Aceton (*Whalley, Lloyd*, Soc. **1956** 3213, 3218). Beim Erhitzen von 3-[2-Äthoxy-phenyl]-2-hydroxy-5,7-dimethoxy-chroman-4-on [⇌ 2-[2-Äth≈oxy-phenyl]-3-[2-hydroxy-4,6-dimethoxy-phenyl]-3-oxo-propionaldehyd (F: 184°)] mit Essigsäure (*Wh., Ll.*).

Krystalle (aus E.); F: 163°.

3-[2-Benzyloxy-phenyl]-5-hydroxy-7-methoxy-chromen-4-on $C_{23}H_{18}O_5$, Formel I (R = CH₃, X = CH₂-C₆H₅).

B. Beim Erwärmen von 5-Hydroxy-3-[2-hydroxy-phenyl]-7-methoxy-chromen-4-on mit Benzylbromid, Kaliumcarbonat und Aceton (*Whalley, Lloyd*, Soc. **1956** 3213, 3218).

Krystalle (aus Me.); F: 117°.

3-[2-Benzyloxy-phenyl]-5,7-dimethoxy-chromen-4-on $C_{24}H_{20}O_5$, Formel II (R = CH₃, X = CH₂-C₆H₅).

B. Beim Erwärmen von 3-[2-Benzyloxy-phenyl]-5-hydroxy-7-methoxy-chromen-4-on mit Dimethylsulfat, Kaliumcarbonat und Aceton (*Whalley, Lloyd*, Soc. **1956** 3213, 3218).

Krystalle (aus E.); F: 171°.

5,7-Diacetoxy-3-[2-methoxy-phenyl]-chromen-4-on $C_{20}H_{16}O_7$, Formel III (R = CO-CH₃, X = CH₃).

B. Aus 5,7-Dihydroxy-3-[2-methoxy-phenyl]-chromen-4-on (*Baker et al.*, Soc. **1953** 1860, 1863).

Krystalle (aus Me.); F: 192—193°.

5-Acetoxy-3-[2-acetoxy-phenyl]-7-methoxy-chromen-4-on $C_{20}H_{16}O_7$, Formel III (R = CH₃, X = CO-CH₃).

B. Aus 5-Hydroxy-3-[2-hydroxy-phenyl]-7-methoxy-chromen-4-on (*Baker et al.*, Soc. **1953** 1860, 1864).

Krystalle (aus wss. A.); F: 108—110°.

5,7-Diacetoxy-3-[2-acetoxy-phenyl]-chromen-4-on $C_{21}H_{16}O_8$, Formel III (R = X = CO-CH₃).

Eine von *Okano, Beppu* (J. agric. chem. Soc. Japan **15** [1939] 645, 651; C. A. **1940** 429) unter dieser Konstitution beschriebene Verbindung (F: 189°) ist wahrscheinlich als 5,7-Diacetoxy-3-[4-acetoxy-phenyl]-chromen-4-on zu formulieren (*Baker et al.*, Soc. **1953** 1860, 1862).

B. Beim Erhitzen von 5,7-Dihydroxy-3-[2-hydroxy-phenyl]-chromen-4-on mit Acet≈anhydrid und Pyridin (*Mehta et al.*, Pr. Indian Acad. [A] **38** [1953] 381, 384).

Krystalle; F: 151° [aus wss. Eg.] (*Karmarkar et al.*, Pr. Indian Acad. [A] **36** [1952] 552, 556), 135—137° [aus A.] (*Me. et al.*), 132—134° [aus wss. Me.] (*Ba. et al.*, l. c. S. 1863).

5,7-Dihydroxy-3-[4-hydroxy-phenyl]-chromen-4-on, Genistein $C_{15}H_{10}O_5$, Formel IV (R = X = H) auf S. 2727 (H 190; E I 397; E II 176).

Diese Konstitution kommt wahrscheinlich auch einer von *Okano, Beppu* (J. agric. chem. Soc. Japan **15** [1939] 645, 651; C. A. **1940** 429) als 5,7-Dihydroxy-3-[2-hydroxy-phenyl]-chromen-4-on angesehenen, als Isogenistein bezeichneten Verbindung (F: 302°) zu (*Baker et al.*, Soc. **1953** 1860, 1862; *Ahluwalia et al.*, Curr. Sci. **22** [1953] 363). Unreines Genistein hat vermutlich auch in einem von *Narasimhachari*, *Seshadri* (Pr. Indian Acad. [A] **35** [1952] 202, 207) beschriebenen, als Norpadmakastein bezeichneten Präparat vom F: 270—272° vorgelegen (vgl. *Farkas et al.*, Tetrahedron **25** [1969] 1013, 1016).

Isolierung aus dem Kernholz von Podocarpus spicatus: *Briggs*, *Cebalo*, Tetrahedron **6** [1959] 145; *Briggs et al.*, Tetrahedron **7** [1959] 262, 268; aus dem Holz von Prunus aequinoctialis, von Prunus avium, von Prunus maximowiczii und von Prunus nipponica: *Hasegawa*, Am. Soc. **79** [1957] 1738; von Prunus mahaleb: *Pacheco*, Bl. Soc. Chim. biol. **41** [1959] 111, 113; von Prunus verecunda: *Hasegawa*, *Shirato*, Am. Soc. **79** [1957] 450; aus Trifolium pratense: *Pope*, *Wright*, Chem. and Ind. **1954** 1019; *Bradbury*, *White*, Soc. **1951** 3447; *Curnow*, Biochem. J. **58** [1954] 283, 284, 285.

B. Beim Erhitzen von 5,7-Dihydroxy-3-[4-methoxy-phenyl]-chromen-4-on mit wss. Jodwasserstoffsäure (*Shriner*, *Hull*, J. org. Chem. **10** [1945] 288, 290). Beim Erhitzen von 5,7-Dihydroxy-3-[4-hydroxy-phenyl]-4-oxo-4H-chromen-2-carbonsäure auf 325° (*Yoder et al.*, Pr. Iowa Acad. **61** [1954] 271, 275).

Krystalle; F: 300—301° [korr.; Zers.; aus wss. A.] (*Bradbury*, *White*, Soc. **1951** 3447), 296—298° [Zers.; aus wss. A.] (*Walz*, A. **489** [1931] 118, 140), 296° [Zers.; aus A.] (*Walter*, Am. Soc. **63** [1941] 3273, 3274). Krystalloptik: *Walter*. IR-Spektrum (Paraffinöl; 8,3—11,8 μ): *Curnow*, Biochem. J. **58** [1954] 283, 285. UV-Spektrum (85%ig. wss. A.; 230—360 nm; λ_{max}: 262,5 nm): *Walter*, l. c. S. 3276; UV-Spektrum (A.; 220—310 nm): *Cu.*, l. c. S. 284. Absorptionsmaximum einer Lösung in Methanol: 263 nm (*Pope*, *Wright*, Chem. and Ind. **1954** 1019); von Lösungen in Äthanol: 263 nm (*Harborne*, Chem. and Ind. **1954** 1142) bzw. 262,5 nm (*Walter*; *Br.*, *Wh.*); einer Natriumäthylat enthaltenden Lösung in Äthanol: 277 nm (*Ha.*); einer Kaliumcarbonat enthaltenden wss. Lösung: 272 nm (*Pope*, *Wr.*). Polarographie: *Volke*, *Szabó*, Collect. **23** [1958] 221, 223.

7-Hydroxy-3-[4-hydroxy-phenyl]-5-methoxy-chromen-4-on, Isoprunetin $C_{16}H_{12}O_5$, Formel IV (R = CH_3, X = H) auf S. 2727.

Eine von *Chakravarti*, *Bhar* (J. Indian chem. Soc. **22** [1945] 301) unter dieser Konstitution beschriebene, als Prunusetin bezeichnete Verbindung ist als 5-Hydroxy-3-[4-hydroxy-phenyl]-7-methoxy-chromen-4-on zu formulieren (*Iyer et al.*, Pr. Indian Acad. [A] **33** [1951] 116, 118; *Narasimhachari et al.*, Pr. Indian Acad. [A] **36** [1952] 194, 196; *King*, *Jurd*, Soc. **1952** 3211, 3212).

B. Beim Erwärmen von 7-Benzyloxy-3-[4-benzyloxy-phenyl]-5-methoxy-chromen-4-on mit Essigsäure und wss. Salzsäure (*Na. et al.*, l. c. S. 198; *King*, *Jurd*, l. c. S. 3214). Beim Erwärmen von 7-Acetoxy-3-[4-acetoxy-phenyl]-5-methoxy-chromen-4-on mit äthanol. Kalilauge (*Heitz*, *Mentzer*, C. r. **248** [1959] 3575). Beim Erhitzen von 7-Hydroxy-3-[4-hydroxy-phenyl]-5-methoxy-4-oxo-4H-chromen-2-carbonsäure auf Temperaturen oberhalb des Schmelzpunkts (*Baker et al.*, Soc. **1953** 1852, 1853, 1857).

Krystalle (aus wss. A.), F: 316° [Zers.] (*Ba. et al.*); Krystalle (aus Me.), F: 302° [Zers.] (*King*, *Jurd*); F: 300—305° (*He.*, *Me.*); Krystalle (aus E. + A.) mit 0,5 Mol H_2O, F: 284—286° (*Na. et al.*). Absorptionsmaximum: 256 nm (*Ba. et al.*, l. c. S. 1860).

5-Hydroxy-3-[4-hydroxy-phenyl]-7-methoxy-chromen-4-on, Prunetin $C_{16}H_{12}O_5$, Formel IV (R = H, X = CH_3) auf S. 2727 (E I 397).

Diese Konstitution kommt auch einer von *Chakravarti*, *Bhar* (J. Indian chem. Soc. **22** [1945] 301) als 7-Hydroxy-3-[4-hydroxy-phenyl]-5-methoxy-chromen-4-on angesehenen, als Prunusetin bezeichneten Verbindung zu (*Iyer et al.*, Pr. Indian Acad. [A] **33** [1951] 116, 118; *Narasimhachari et al.*, Pr. Indian Acad. [A] **36** [1952] 194, 196; *King*, *Jurd*, Soc. **1952** 3211, 3212). Prunetin hat vermutlich auch in den von *Narasimhachari*, *Seshadri* (Pr. Indian Acad. [A] **35** [1952] 202, 205) und *Ramanujam*, *Seshadri* (Pr. Indian Acad. [A] **48** [1958] 175, 178) beschriebenen, als Padmakastein bezeichneten Präparaten (F: 236—238° bzw. F: 238—240°) vorgelegen (*Farkas et al.*, Tetrahedron **25** [1969] 1013, 1016).

Isolierung aus dem Holz von Prunus aequinoctialis, von Prunus avium, von Prunus maximowiczii und von Prunus nipponica: *Hasegawa*, Am. Soc. **79** [1957] 1738; von Prunus mahaleb: *Pacheco*, Bl. Soc. Chim. biol. **41** [1959] 111, 116; aus der Rinde von

Prunus puddum: *Chakravarti, Bhar,* J. Indian chem. Soc. **22** [1945] 301, 303; *Narasimhachari, Seshadri,* Pr. Indian Acad. [A] **30** [1949] 271, 275, **35** [1952] 202, 205; aus dem Holz von Prunus verecunda: *Hasegawa, Shirato,* Am. Soc. **79** [1957] 450; aus dem Kernholz von Pterocarpus angolensis: *King, Jurd,* Soc. **1952** 3211, 3213; *King et al.,* Soc. **1953** 3693, 3696.

B. Beim Erwärmen einer Lösung von 5,7-Dihydroxy-3-[4-hydroxy-phenyl]-chromen-4-on in Aceton mit Dimethylsulfat (1 Mol) und Kaliumcarbonat (*Narasimhachari, Seshadri,* Pr. Indian Acad. [A] **32** [1950] 256, 262). Beim Erwärmen von 3-[4-Hydroxy-phenyl]-5,7-dimethoxy-chromen-4-on mit Aluminiumchlorid in Nitrobenzol (*Kotake, Fukui,* J. Inst. Polytech. Osaka City Univ. [C] **1** [1950] Nr. 1, S. 11; *Iyer et al.,* Pr. Indian Acad. [A] **33** [1951] 116, 121). Beim Erhitzen von 5,7-Dimethoxy-3-[4-methoxy-phenyl]-chromen-4-on mit wss. Jodwasserstoffsäure und Essigsäure (*Bradbury, White,* Soc. **1953** 871, 875). Beim Erhitzen von 5-Hydroxy-3-[4-hydroxy-phenyl]-7-methoxy-4-oxo-4H-chromen-2-carbonsäure auf Temperaturen oberhalb des Schmelzpunkts (*Baker et al.,* Soc. **1953** 1852, 1858).

Krystalle; F: 242° [aus A.] (*Ko., Fu.*), 241—242° [aus A.] (*Br., Wh.*), 239—240° [unkorr.; aus wss. Me.] (*Zemplén, Farkas,* B. **90** [1957] 836). UV-Spektrum (A.; 200 nm bis 360 nm): *Bognár et al.,* Acta Univ. Szeged **5** [1959] Nr. 3/4 S. 6, 12. Absorptionsmaximum einer Lösung in Äthanol: 262,5 nm; einer Natriummethylat enthaltenden Lösung in Äthanol: 271 nm (*Harborne,* Chem. and Ind. **1954** 1142).

5,7-Dihydroxy-3-[4-methoxy-phenyl]-chromen-4-on, Biochanin-A $C_{16}H_{12}O_5$, Formel V (R = X = H).

Über die Konstitution s. *Bose, Siddiqui,* J. scient. ind. Res. India **4** [1945] 231, 232.

Isolierung aus Keimen von Cicer arietinum: *Siddiqui,* J. scient. ind. Res. India **4** [1945] 68, 69; *Warsi, Kamal,* Pakistan J. scient. Res. **3** [1951] Nr. 3, S. 85, 86; aus dem Kernholz von Ferreirea spectabilis: *King et al.,* Soc. **1952** 4580, 4583; aus Trifolium pratense: *Pape, Elcoate,* Chem. and Ind. **1953** 1092; aus Trifolium subterraneum: *Pope, Wright,* Chem. and Ind. **1954** 1019.

B. Beim Behandeln von 2,4,6-Trihydroxy-4'-methoxy-desoxybenzoin mit Äthylformiat und Natrium (*Shriner, Hull,* J. org. Chem. **10** [1945] 288, 290). Beim Behandeln von 5,7-Diacetoxy-3-[4-methoxy-phenyl]-chromen-4-on mit Natriumcarbonat in wss. Äthanol (*Baker et al.,* Soc. **1953** 1852, 1857). Beim Erhitzen von 5,7-Dihydroxy-3-[4-methoxy-phenyl]-4-oxo-4H-chromen-2-carbonsäure auf 280° (*Yoder et al.,* Pr. Iowa Acad. **61** [1954] 271, 276).

Krystalle; F: 215—216° [aus Me. oder aus E. + PAe.] (*King et al.*), 215° [aus wss. A. bzw. A.] (*Yo. et al.; Bose,* J. scient. ind. Res. India **13** B [1954] 671), 214,5—215° [aus A.] (*Sh., Hull*). UV-Spektrum (A.; 220—340 nm): *Bose.* Absorptionsmaximum einer Lösung in Äthanol: 262,5 nm; einer Natriummethylat enthaltenden Lösung in Äthanol: 275 nm (*Harborne,* Chem. and Ind. **1954** 1142). Polarographie: *Volke, Szabó,* Collect. **23** [1958] 221, 223.

Beim Erwärmen mit wss.-äthanol. Natronlauge sind 2,4,6-Trihydroxy-4'-methoxy-desoxybenzoin und eine als Biochanebin-A bezeichnete Verbindung $C_{15}H_{14}O_5$ (F: 160°) erhalten worden (*Bose, Siddiqui,* J. scient. ind. Res. India **9** B [1950] 25; s. a. *Bose, Si.,* J. scient. ind. Res. India **4** 234).

Über eine ebenfalls als 5,7-Dihydroxy-3-[4-methoxy-phenyl]-chromen-4-on angesehene, als Olmelin bezeichnete Verbindung (Krystalle [aus A.], F: 289—291°), die aus Gleditsia triacanthos isoliert worden ist, s. *Gachokidse,* Ž. prikl. Chim. **23** [1950] 559, 747; engl. Ausg. S. 589, 789; s. a. *Bose,* J. scient. ind. Res. India **13** B [1954] 671.

3-[4-Hydroxy-phenyl]-5,7-dimethoxy-chromen-4-on $C_{17}H_{14}O_5$, Formel IV (R = X = CH₃).

B. Beim Behandeln von 2,4'-Dihydroxy-4,6-dimethoxy-desoxybenzoin mit Äthylformiat und Natrium (*Kotake, Fukui,* J. Inst. Polytech. Osaka City Univ. [C] **1** [1950] Nr. 1, S. 11). Beim Behandeln von 3-[4-Amino-phenyl]-5,7-dimethoxy-chromen-4-on mit wss. Schwefelsäure und Natriumnitrit und anschliessenden Erwärmen mit wss. Schwefelsäure (*Iyer et al.,* Pr. Indian Acad. [A] **33** [1951] 116, 121).

Krystalle (aus A.); F: 266—267° (*Iyer et al.*), 266° (*Zemplén et al.,* B. **76** [1943] 267, 269), 265—266° (*Ko., Fu.*).

7-Hydroxy-5-methoxy-3-[4-methoxy-phenyl]-chromen-4-on $C_{17}H_{14}O_5$, Formel V
(R = CH₃, X = H).

B. Beim Behandeln von 2,4-Dihydroxy-6,4′-dimethoxy-desoxybenzoin mit Äthyl=
formiat und Natrium (*Whalley*, Am. Soc. **75** [1953] 1059, 1065). Beim Erwärmen von
5,7-Dimethoxy-3-[4-methoxy-phenyl]-chromen-4-on mit Chlorwasserstoff enthaltendem
Methanol (*Walz*, A. **489** [1931] 118, 143). Beim Erwärmen von 7-Benzyloxy-5-methoxy-
3-[4-methoxy-phenyl]-chromen-4-on mit Essigsäure und wss. Salzsäure (*King, Jurd,*
Soc. **1952** 3211, 3215; *Bose,* J. scient. ind. Res. India **15** C [1956] 143, 145).

Krystalle; F: 294—295° [Zers.; aus Me.] (*Wh.*), 294° [aus Acn. + Me.] (*King, Jurd*).

5-Hydroxy-7-methoxy-3-[4-methoxy-phenyl]-chromen-4-on $C_{17}H_{14}O_5$, Formel V
(R = H, X = CH₃) (H 190; E I 397; dort als 5-Oxy-7.4′-dimethoxy-isoflavon bezeichnet).

Diese Konstitution kommt wahrscheinlich auch einer von *Okano, Beppu* (J. agric.
chem. Soc. Japan **15** [1939] 645, 651; C. A. **1940** 429) als 5-Hydroxy-7-methoxy-
3-[2-methoxy-phenyl]-chromen-4-on angesehenen Verbindung (F: 120—125°) zu (*Baker
et al.,* Soc. **1953** 1860, 1862; *Ahluwalia et al.,* Curr. Sci. **22** [1953] 363). Unreines 5-Hydr=
oxy-7-methoxy-3-[4-methoxy-phenyl]-chromen-4-on hat vermutlich auch in einem von
Narasimhachari, Seshadri (Pr. Indian Acad. [A] **35** [1952] 202, 207) beschriebenen, als
Padmakastein-monomethyläther bezeichneten Präparat (F: 131—132°) vorgelegen (vgl.
Farkas et al., Tetrahedron **25** [1969] 1013, 1016).

B. Beim Behandeln einer Lösung von 5,7-Dihydroxy-3-[4-hydroxy-phenyl]-chromen-
4-on in Äthanol mit Diazomethan in Äther (*Chakravarti, Bhar,* J. Indian chem. Soc. **22**
[1945] 301, 304). Aus 5-Hydroxy-3-[4-hydroxy-phenyl]-7-methoxy-chromen-4-on beim
Erwärmen einer Lösung in Aceton mit Dimethylsulfat und Kaliumcarbonat (*Narasimhachari, Seshadri,* Pr. Indian Acad. [A] **30** [1949] 271, 275; *King, Jurd,* Soc. **1952** 3211,
3213) sowie beim Behandeln einer Suspension in Methanol mit Diazomethan in Äther
(*King, Jurd,* l. c. S. 3214). Aus 5,7-Dihydroxy-3-[4-methoxy-phenyl]-chromen-4-on beim
Erwärmen mit Methyljodid, Kaliumcarbonat und Aceton (*Bose, Siddiqui,* J. scient. ind.
Res. India **4** [1945] 231, 234) sowie mit Hilfe von Diazomethan (*King et al.,* Soc. **1952**
4580, 4583). Beim Erhitzen von 5,7-Dimethoxy-3-[4-methoxy-phenyl]-chromen-4-on mit
wss. Salzsäure (*Dhar et al.,* J. scient. ind. Res. India **14** B [1955] 73).

Krystalle; F: 145° (*Hasegawa,* Am. Soc. **79** [1957] 1738), 144° [aus Me.] (*King, Jurd*).

IV   V

5,7-Dimethoxy-3-[4-methoxy-phenyl]-chromen-4-on Tri-*O*-methyl-genistein
$C_{18}H_{16}O_5$, Formel V (R = X = CH₃) (E II 176).

B. Beim Behandeln von 2-Hydroxy-4,6,4′-trimethoxy-desoxybenzoin mit Äthylformiat
und Natrium (*Narasimhachari, Seshadri,* Pr. Indian Acad. [A] **32** [1950] 256, 261;
Bradbury, White, Soc. **1951** 3447; *Gilbert et al.,* Soc. **1957** 3740, 3745; *Zemplén et al.,*
Acta chim. hung. **19** [1959] 277, 282). Beim Behandeln von 5,7-Dihydroxy-3-[4-hydroxy-
phenyl]-chromen-4-on mit Dimethylsulfat und wss. Natronlauge (*Zemplén et al.,*
B. **76** [1943] 267, 272) oder mit Diazomethan in Äther (*Br., Wh.*). Beim Erwärmen von
5-Hydroxy-3-[4-hydroxy-phenyl]-7-methoxy-chromen-4-on mit Methyljodid, Kalium=
carbonat und Aceton (*Chakravarti, Bhar,* J. Indian chem. Soc. **22** [1945] 301, 303; *King,
Jurd,* Soc. **1952** 3211, 3213). Beim Erwärmen von 5-Hydroxy-3-[4-hydroxy-phenyl]-
7-methoxy-chromen-4-on (*Narasimhachari, Seshadri,* Pr. Indian Acad. [A] **30** [1949]
271, 275) oder von 5,7-Dihydroxy-3-[4-methoxy-phenyl]-chromen-4-on (*King et al.,* Soc.
1952 4580, 4583) mit Dimethylsulfat, Kaliumcarbonat und Aceton.

Krystalle; F: 163—165° [aus A.] (*Gi. et al.*), 162—163° [korr.; aus A.] (*Br., Wh.*).

3-[4-Äthoxy-phenyl]-5,7-dihydroxy-chromen-4-on $C_{17}H_{14}O_5$, Formel VI (R = X = H)
auf S. 2729.

B. Beim Behandeln von 4′-Äthoxy-2,4,6-trihydroxy-desoxybenzoin mit Äthylformiat

und Natrium (*Narasimhachari, Seshadri*, Pr. Indian Acad. [A] **32** [1950] 256, 260).
Krystalle (aus E. + PAe.) mit 1 Mol H_2O; F: 238—240°.

3-[4-Äthoxy-phenyl]-5-hydroxy-7-methoxy-chromen-4-on $C_{18}H_{16}O_5$, Formel VI (R = H, X = CH_3).
B. Beim Erwärmen einer Lösung von 3-[4-Äthoxy-phenyl]-5,7-dihydroxy-chromen-4-on in Aceton mit Dimethylsulfat und Kaliumcarbonat (*Narasimhachari, Seshadri*, Pr. Indian Acad. [A] **32** [1950] 256, 261).
Krystalle (aus A.); F: 142—144°.

7-Äthoxy-3-[4-äthoxy-phenyl]-5-hydroxy-chromen-4-on $C_{19}H_{18}O_5$, Formel VI (R = H, X = C_2H_5) (H 191; dort als 5-Oxy-7.4'-diäthoxy-isoflavon bezeichnet).
Krystalle (aus A.); F: 139—140° (*Narasimhachari et al.*, Pr. Indian Acad. [A] **36** [1952] 194, 199).

5,7-Diäthoxy-3-[4-methoxy-phenyl]-chromen-4-on $C_{20}H_{20}O_5$, Formel V (R = X = C_2H_5).
B. Beim Erwärmen von 5,7-Dihydroxy-3-[4-methoxy-phenyl]-chromen-4-on mit Di≠ äthylsulfat, Kaliumcarbonat und Aceton (*King et al.*, Soc. **1952** 4580, 4583).
Krystalle (aus Bzl. + PAe.); F: 130—131°.

5-Äthoxy-3-[4-äthoxy-phenyl]-7-methoxy-chromen-4-on, Di-*O*-äthyl-prunetin $C_{20}H_{20}O_5$, Formel VI (R = C_2H_5, X = CH_3).
B. Beim Erwärmen von Prunetin [S. 2725] (*Narasimhachari, Seshadri*, Pr. Indian Acad. [A] **32** [1950] 256, 261; *King, Jurd*, Soc. **1952** 3211, 3214) oder von 3-[4-Äth≠ oxy-phenyl]-5-hydroxy-7-methoxy-chromen-4-on (*Na., Se.*) mit Äthyljodid, Kaliumcar≠ bonat und Aceton.
Krystalle; F: 126° [aus Bzl. + PAe.] (*King, Jurd*), 116—117° [aus A.] (*Na., Se.*).

7-Äthoxy-3-[4-äthoxy-phenyl]-5-methoxy-chromen-4-on $C_{20}H_{20}O_5$, Formel VI (R = CH_3, X = C_2H_5).
B. Beim Erwärmen einer Lösung von 7-Hydroxy-3-[4-hydroxy-phenyl]-5-methoxy-chromen-4-on in Aceton mit Äthyljodid und Kaliumcarbonat (*Narasimhachari et al.*, Pr. Indian Acad. [A] **36** [1952] 194, 199). Beim Erwärmen einer Lösung von 7-Äthoxy-3-[4-äthoxy-phenyl]-5-hydroxy-chromen-4-on in Aceton mit Dimethylsulfat und Kalium≠ carbonat (*Na. et al.*).
Krystalle (aus E.); F: 120—121°.

5-Hydroxy-3-[4-hydroxy-phenyl]-7-[4-nitro-benzyloxy]-chromen-4-on $C_{22}H_{15}NO_7$, Formel IV (R = H, X = CH_2-C_6H_4-NO_2).
B. Neben kleinen Mengen 5-Hydroxy-7-[4-nitro-benzyloxy]-3-[4-(4-nitro-benzyloxy)-phenyl]-chromen-4-on beim Behandeln von 5,7-Dihydroxy-3-[4-hydroxy-phenyl]-chromen-4-on mit 4-Nitro-benzylbromid und wss.-äthanol. Kalilauge (*Bognár, Szabó*, Acta chim. hung. **4** [1954] 383, 384, 386).
Krystalle (aus wss. Dioxan); F: 221,5—222°.

7-Benzyloxy-5-hydroxy-3-[4-methoxy-phenyl]-chromen-4-on $C_{23}H_{18}O_5$, Formel V (R = H, X = CH_2-C_6H_5).
B. Beim Erwärmen von 5,7-Dihydroxy-3-[4-methoxy-phenyl]-chromen-4-on mit Benzylchlorid und Natriumäthylat in Äthanol (*King, Jurd*, Soc. **1952** 3211, 3214) oder mit Benzylchlorid, Kaliumcarbonat und Aceton (*Bose*, J. scient. ind. Res. India **15** C [1956] 143, 145).
Hellgelbe Krystalle; F: 192—193° [aus $CHCl_3$] (*Bose*), 190° [aus Acn. + Me.] (*King, Jurd*).

7-Benzyloxy-5-methoxy-3-[4-methoxy-phenyl]-chromen-4-on $C_{24}H_{20}O_5$, Formel V (R = CH_3, X = CH_2-C_6H_5).
B. Beim Erwärmen von 7-Benzyloxy-5-hydroxy-3-[4-methoxy-phenyl]-chromen-4-on mit Methyljodid, Kaliumcarbonat und Aceton (*King, Jurd*, Soc. **1952** 3211, 3215) oder mit Dimethylsulfat und Kaliumcarbonat (*Bose*, J. scient. ind. Res. India **15** C [1956] 143, 145).
Krystalle (aus A.); F: 150° (*King, Jurd*), 149—150° (*Bose*).

5-Methoxy-3-[4-methoxy-phenyl]-7-[4-nitro-benzyloxy]-chromen-4-on $C_{24}H_{19}NO_7$,
Formel V (R = CH_3, X = CH_2-C_6H_4-NO_2) auf S. 2727.

B. Beim Behandeln einer Lösung von 5-Hydroxy-3-[4-hydroxy-phenyl]-7-[4-nitro-benzyloxy]-chromen-4-on in Aceton mit Dimethylsulfat und wss. Kalilauge (*Bognár, Szabó*, Acta chim. hung. **4** [1954] 383, 388).

Krystalle; F: 230—231°.

7-Benzyloxy-3-[4-benzyloxy-phenyl]-5-hydroxy-chromen-4-on $C_{29}H_{22}O_5$, Formel VII
(R = H, X = CH_2-C_6H_5).

B. Aus Genistein (S. 2724) beim Erwärmen einer Lösung in Aceton mit Benzyl≠chlorid und Kaliumcarbonat (*Narasimhachari et al.*, Pr. Indian Acad. [A] **36** [1952] 194, 198) oder mit Benzylchlorid, Natriumcarbonat und Natriumjodid (*King, Jurd*, Soc. **1952** 3211, 3214) sowie beim Erwärmen mit Benzylchlorid und Natriumäthylat in Äthanol (*King, Jurd*).

Krystalle; F: 197° [aus Bzl.] (*King, Jurd*), 190—192° [aus E.] (*Na. et al.*).

VI   VII

5-Hydroxy-7-[4-nitro-benzyloxy]-3-[4-(4-nitro-benzyloxy)-phenyl]-chromen-4-on
$C_{29}H_{20}N_2O_9$, Formel VII (R = H, X = CH_2-C_6H_4-NO_2).

B. In kleiner Menge neben 5-Hydroxy-3-[4-hydroxy-phenyl]-7-[4-nitro-benzyloxy]-chromen-4-on beim Behandeln von 5,7-Dihydroxy-3-[4-hydroxy-phenyl]-chromen-4-on mit 4-Nitro-benzylbromid und wss.-äthanol. Kalilauge (*Bognár, Szabó*, Acta chim. hung. **4** [1954] 383, 386).

F: 212—214°.

7-Benzyloxy-3-[4-benzyloxy-phenyl]-5-methoxy-chromen-4-on $C_{30}H_{24}O_5$, Formel VII
(R ⇒ CH_3, X = CH_2-C_6H_5).

B. Beim Erwärmen von 7-Benzyloxy-3-[4-benzyloxy-phenyl]-5-hydroxy-chromen-4-on mit Methyljodid, Kaliumcarbonat und Aceton (*King, Jurd*, Soc. **1952** 3211, 3214) oder mit Dimethylsulfat und Kaliumcarbonat (*Narasimhachari et al.*, Pr. Indian Acad. [A] **36** [1952] 194, 198).

Krystalle; F: 189—190° [aus E.] (*Na. et al.*), 164° [aus Bzl. + PAe. oder aus Acn. + Me.] (*King, Jurd*).

7-Acetoxy-5-hydroxy-3-[4-methoxy-phenyl]-chromen-4-on $C_{18}H_{14}O_6$, Formel V (R = H,
X = CO-CH_3) auf S. 2727.

B. Bei kurzem Erhitzen (5 min) von 5,7-Dihydroxy-3-[4-methoxy-phenyl]-chromen-4-on mit Acetanhydrid und Natriumacetat auf 200° (*King et al.*, Soc. **1952** 4580, 4583).

Krystalle (aus Me.); F: 155—156°.

3-[4-Acetoxy-phenyl]-5-hydroxy-7-methoxy-chromen-4-on $C_{18}H_{14}O_6$, Formel VIII
(R = H, X = CH_3) auf S. 2731 (E I 397; dort als 5(oder 4′)-Oxy-7-methoxy-4′(oder 5)-acet≠oxy-isoflavon bezeichnet).

B. Bei kurzem Erwärmen einer Lösung von 5-Hydroxy-3-[4-hydroxy-phenyl]-7-meth≠oxy-chromen-4-on in Pyridin mit Acetanhydrid (*King, Jurd*, Soc. **1952** 3211, 3213).

Krystalle (aus Me.); F: 187°.

5-Acetoxy-7-methoxy-3-[4-methoxy-phenyl]-chromen-4-on $C_{19}H_{16}O_6$, Formel V
(R = CO-CH_3, X = CH_3) auf S. 2727 (H 191; E I 398; dort als 7.4′-Dimethoxy-5-acetoxy-isoflavon bezeichnet).

B. Beim Erwärmen von 5-Hydroxy-7-methoxy-3-[4-methoxy-phenyl]-chromen-4-on mit Acetanhydrid und Pyridin (*Chakravarti, Bhar*, J. Indian chem. Soc. **22** [1945] 301, 304).

Krystalle; F: 202—204° [aus wss. A.] (*Ch., Bhar*), 202—203° [aus E.] (*Narasimhachari, Seshadri*, Pr. Indian Acad. [A] **30** [1949] 271, 275), 202° [aus Me.] (*King, Jurd*, Soc. **1952** 3211, 3214).

7-Acetoxy-5-methoxy-3-[4-methoxy-phenyl]-chromen-4-on $C_{19}H_{16}O_6$, Formel V
(R = CH_3, X = CO-CH_3) auf S. 2727.

B. Beim Erwärmen von 7-Hydroxy-5-methoxy-3-[4-methoxy-phenyl]-chromen-4-on mit Acetanhydrid und Natriumacetat (*Bose*, J. scient. ind. Res. India **15**C [1956] 143, 145).

Krystalle (aus wss. Me.); F: 83—84°.

3-[4-Acetoxy-phenyl]-5,7-dimethoxy-chromen-4-on $C_{19}H_{16}O_6$, Formel VIII
(R = X = CH_3).

B. Beim Erhitzen von 3-[4-Hydroxy-phenyl]-5,7-dimethoxy-chromen-4-on mit Acet=
anhydrid und Pyridin (*Zemplén, Bognár*, B. **75** [1942] 482, 488; *Iyer et al.*, Pr. Indian Acad. [A] **33** [1951] 116, 121).

Krystalle (aus A.); F: 187° [korr.; nach Sintern bei 185°] (*Ze., Bo.*), 184° (*Iyer et al.*).

5-Acetoxy-7-äthoxy-3-[4-äthoxy-phenyl]-chromen-4-on $C_{21}H_{20}O_6$, Formel VI
(R = CO-CH_3, X = C_2H_5) (H 191; dort als 7.4′-Diäthoxy-5-acetoxy-isoflavon bezeichnet).

Krystalle (aus A.); F: 171—172° (*Narasimhachari et al.*, Pr. Indian Acad. [A] **36** [1952] 194, 199).

3-[4-Acetoxy-phenyl]-5-hydroxy-7-[4-nitro-benzyloxy]-chromen-4-on $C_{24}H_{17}NO_8$,
Formel VIII (R = H, X = CH_2-C_6H_4-NO_2).

B. Neben 5-Acetoxy-3-[4-acetoxy-phenyl]-7-[4-nitro-benzyloxy]-chromen-4-on beim
Behandeln einer Lösung von 5-Hydroxy-3-[4-hydroxy-phenyl]-7-[4-nitro-benzyloxy]-
chromen-4-on in Pyridin mit Acetanhydrid (*Bognár, Szabó*, Acta chim. hung. **4** [1954] 383, 387).

Krystalle (aus Dioxan); F: 230—231°.

5-Acetoxy-7-benzyloxy-3-[4-methoxy-phenyl]-chromen-4-on $C_{25}H_{20}O_6$, Formel V
(R = CO-CH_3, X = CH_2-C_6H_5) auf S. 2727.

B. Beim Erwärmen von 7-Benzyloxy-5-hydroxy-3-[4-methoxy-phenyl]-chromen-4-on
mit Acetanhydrid und Natriumacetat (*Bose*, J. scient. ind. Res. India **15**C [1956] 143, 145).

Krystalle (aus A.); F: 152—153°.

5-Acetoxy-7-benzyloxy-3-[4-benzyloxy-phenyl]-chromen-4-on $C_{31}H_{24}O_6$, Formel VII
(R = CO-CH_3, X = CH_2-C_6H_5).

B. Beim Erhitzen von 7-Benzyloxy-3-[4-benzyloxy-phenyl]-5-hydroxy-chromen-4-on
mit Acetanhydrid und Natriumacetat (*King, Jurd*, Soc. **1952** 3211, 3214).

Krystalle (aus Me. oder aus Bzl. + PAe.); F: 197—198°.

5,7-Diacetoxy-3-[4-methoxy-phenyl]-chromen-4-on, Di-*O*-acetyl-biochanin-A
$C_{20}H_{16}O_7$, Formel V (R = X = CO-CH_3) auf S. 2727.

B. Beim Erwärmen von 5,7-Dihydroxy-3-[4-methoxy-phenyl]-chromen-4-on mit
Natriumacetat und Acetanhydrid (*Bose, Siddiqui*, J. scient. ind. Res. India **4** [1945] 231, 233; *King et al.*, Soc. **1952** 4580, 4583) oder mit Acetanhydrid und Pyridin (*Pope, Wright*, Chem. and Ind. **1954** 1019).

Krystalle; F: 192,5° [aus Me.] (*Pope, Wr.*), 190° [aus Acn.] (*Bose, Si.*), 188—189°
[aus Me.] (*King et al.*).

5-Acetoxy-3-[4-acetoxy-phenyl]-7-methoxy-chromen-4-on, Di-*O*-acetyl-prunetin
$C_{20}H_{16}O_7$, Formel VIII (R = CO-CH_3, X = CH_3) (E I 398; dort als 7-Methoxy-5.4′-diacet=
oxy-isoflavon bezeichnet).

B. Beim Erwärmen von Prunetin (S. 2725) mit Acetanhydrid und wenig Pyridin
(*Chakravarti, Bhar*, J. Indian chem. Soc. **22** [1945] 301, 303) oder mit Acetanhydrid und
Natriumacetat (*King, Jurd*, Soc. **1952** 3211, 3213).

Krystalle; F: 222,5° [aus Me.] (*King, Jurd*), 220—222° [aus A.] (*Ch., Bhar*).

7-Acetoxy-3-[4-acetoxy-phenyl]-5-methoxy-chromen-4-on $C_{20}H_{16}O_7$, Formel VIII
(R = CH_3, X = CO-CH_3).

B. Beim Erwärmen von 7-Hydroxy-3-[4-hydroxy-phenyl]-5-methoxy-chromen-4-on
mit Acetanhydrid und Natriumacetat (*King, Jurd,* Soc. **1952** 3211, 3214) oder mit Acet=
anhydrid und Pyridin (*Narasimhachari et al.,* Pr. Indian Acad. [A] **36** [1952] 194, 198).
Beim Erwärmen von 5,7-Diacetoxy-3-[4-acetoxy-phenyl]-chromen-4-on mit Methyljodid,
Kaliumcarbonat und Aceton (*Heitz, Mentzer,* C. r. **248** [1959] 3575).

Krystalle; F: 173° [aus A.] (*He., Me.*), 169—170° [aus E.] (*Na. et al.*), 169,5° [aus Me.
oder aus Bzl. + PAe.] (*King, Jurd*).

5-Acetoxy-3-[4-acetoxy-phenyl]-7-[4-nitro-benzyloxy]-chromen-4-on $C_{26}H_{19}NO_9$,
Formel VIII (R = CO-CH_3, X = CH_2-C_6H_4-NO_2).

B. Beim Behandeln einer Lösung von 5-Hydroxy-3-[4-hydroxy-phenyl]-7-[4-nitro-
benzyloxy]-chromen-4-on oder von 3-[4-Acetoxy-phenyl]-5-hydroxy-7-[4-nitro-benzyl=
oxy]-chromen-4-on in Pyridin mit Acetanhydrid (*Bognár, Szabó,* Acta chim. hung. **4**
[1954] 383, 387, 388).

Krystalle (aus wss. Dioxan oder Bzl.); F: 218—219,5°.

VIII   IX

5,7-Diacetoxy-3-[4-acetoxy-phenyl]-chromen-4-on, Tri-*O*-acetyl-genistein
$C_{21}H_{16}O_8$, Formel VIII (R = X = CO-CH_3) (H 191; E I 398; dort als 5.7.4'-Triacetoxy-
isoflavon bezeichnet).

Diese Konstitution kommt wahrscheinlich auch einer von *Okano, Beppu* (J. agric.
chem. Soc. Japan **15** [1939] 645, 651; C. A. **1940** 429) als 5,7-Diacetoxy-3-[2-acet=
oxy-phenyl]-chromen-4-on angesehenen, als Tri-*O*-acetyl-isogenistein bezeichneten
Verbindung (F: 189°) zu (vgl. *Baker et al.,* Soc. **1953** 1860, 1862).

B. Beim Erhitzen von Genistein (S. 2724) mit Acetanhydrid und wenig Schwefelsäure
(*Walter,* Am. Soc. **63** [1941] 3273, 3274; *Walz,* A. **489** [1931] 118, 142) oder mit Acetan=
hydrid und Pyridin (*Charaux, Rabaté,* J. Pharm. Chim. [8] **21** [1935] 546, 553).

Krystalle; F: 202° [aus CHCl$_3$ + A.] (*Zemplén et al.,* Acta chim. hung. **19** [1959] 277,
282), 200—202° [aus A.] (*Walz*), 200° [aus A.] (*Walter*). Krystalloptik: *Walter.* Absorptionsmaxima (A.): 250 nm und 302 nm (*Shibata et al.,* Chem. pharm. Bl. **7** [1959] 134).

Beim Erwärmen mit Methyljodid, Kaliumcarbonat und Aceton ist 7-Acetoxy-3-[4-acet=
oxy-phenyl]-5-methoxy-chromen-4-on erhalten worden (*Heitz, Mentzer,* C. r. **248** [1959]
3575).

5,7-Bis-propionyloxy-3-[4-propionyloxy-phenyl]-chromen-4-on, Tri-*O*-propionyl-
genistein $C_{24}H_{22}O_8$, Formel VII (R = X = CO-CH_2-CH_3) auf S. 2729.

B. Beim Erhitzen von Genistein (S. 2724) mit Propionsäure-anhydrid (*Bradbury, White,*
Soc. **1951** 3447).

Krystalle (aus A.); F: 192° [korr.].

7-Benzoyloxy-5-hydroxy-3-[4-methoxy-phenyl]-chromen-4-on $C_{23}H_{16}O_6$, Formel V
(R = H, X = CO-C_6H_5) auf S. 2727.

B. Aus 5,7-Dihydroxy-3-[4-methoxy-phenyl]-chromen-4-on (*Bose,* J. scient. ind. Res.
India **13**B [1954] 671).

Krystalle (aus A. + E.); F: 168—169°.

7-[3,5-Dinitro-benzoyloxy]-5-hydroxy-3-[4-methoxy-phenyl]-chromen-4-on $C_{23}H_{14}N_2O_{10}$,
Formel V (R = H, X = CO-C_6H_3(NO_2)$_2$) auf S. 2727.

B. Beim Behandeln von 5,7-Dihydroxy-3-[4-methoxy-phenyl]-chromen-4-on mit

3,5-Dinitro-benzoylchlorid und Pyridin (*King et al.*, Soc. **1952** 4580, 4583).
Gelbe Krystalle (aus Dioxan); F: 265—266°.

5,7-Bis-benzoyloxy-3-[4-benzoyloxy-phenyl]-chromen-4-on, Tri-*O*-benzoyl-genistein $C_{36}H_{22}O_8$, Formel VII (R = X = CO-C$_6$H$_5$) auf S. 2729.
B. Beim Behandeln von Genistein (S. 2724) mit Benzoylchlorid und wss. Natron-lauge (*Walz*, A. **489** [1931] 118, 142) oder mit Benzoylchlorid und Pyridin (*Zemplén et al.*, Acta chim. hung. **19** [1959] 277, 282).
Krystalle (aus Bzl.); F: 244° (*Ze. et al.*), 239° (*Walz*). [*Eigen*]

7-β-D-Glucopyranosyloxy-5-hydroxy-3-[4-hydroxy-phenyl]-chromen-4-on, Genistin $C_{21}H_{20}O_{10}$, Formel IX (R = H).
Isolierung aus den Blüten von Genista tinctoria: *Charaux, Rabaté*, J. Pharm. Chim. [9] **1** [1940] 404; aus Lupinus polyphyllus: *Hörhammer et al.*, Naturwiss. **45** [1958] 388; aus dem Holz von Prunus aequinoctialis und von Prunus avium: *Hasegawa*, Am. Soc. **79** [1957] 1738; aus Früchten von Soja (Glycine) hispida: *Walz*, A. **489** [1931] 118, 137; *Ochiai et al.*, B. **70** [1937] 2083, 2087; *Walter*, Am. Soc. **63** [1941] 3273, 3274.
B. Beim Behandeln von Genistein (S. 2724) mit α-D-Acetobromglucopyranose (Tetra-*O*-acetyl-α-D-glucopyranosylbromid [E III/IV **17** 2602]), Aceton und wss. Kalilauge und Erwärmen des Reaktionsprodukts mit wss.-äthanol. Natronlauge (*Zemplén, Farkas*, B. **76** [1943] 1110).
Krystalle; F: 278° [im vorgeheizten Block; aus A.] (*Charaux, Rabaté*, Bl. Soc. Chim. biol. **20** [1938] 454, 458), 259° [Zers.; aus wss. Acn.] (*Och.*), 256° [aus wss. A.] (*Walter*), 255° [aus wss. Me.] (*Ze., Fa.*), 254—256° [aus wss. Me.] (*Walz*, l. c. S. 139). Krystalloptik: *Walter*. $[\alpha]_D^{26}$: −21,4° [Py.; c = 0,8] (*Ze., Fa.*); $[\alpha]_D^{20}$: −38° [90%ig. wss. Py.; c = 2] (*Ch., Ra.*, Bl. Soc. Chim. biol. **20** 458); $[\alpha]_D^{21}$: −28° [wss. Natronlauge (0,02 n); c = 0,6] (*Walter*); $[\alpha]_D^{21}$: −27,7° [wss. Natronlauge (0,02 n); c = 0,5] (*Walz*). UV-Spektrum (85%ig. wss. A.; 220—360 nm; λ_{max}: 262,5 nm): *Walter*, l. c. S. 3276.
Beim Erwärmen mit Methanol, Methyljodid und Kaliumcarbonat ist 5-Methoxy-3-[4-methoxy-phenyl]-7-[*O^x*-methyl-β-D-glucopyranosyloxy]-chromen-4-on ($C_{24}H_{26}O_{10}$; Krystalle [aus E.]; F: 200—205° [Zers.]) erhalten worden (*Walz*, l. c. S. 127, 140).

3-[4-β-D-Glucopyranosyloxy-phenyl]-5,7-dihydroxy-chromen-4-on, Sophoricosid $C_{21}H_{20}O_{10}$, Formel X (R = X = H).
Über die Konstitution s. *Zemplén et al.*, B. **76** [1943] 267.
Isolierung aus grünen Früchten von Sophora japonica: *Charaux, Rabaté*, J. Pharm. Chim. [8] **21** [1935] 546, 547; Bl. Soc. Chim. biol. **20** [1938] 454.
B. Beim Erwärmen von 5-Acetoxy-7-[4-nitro-benzyloxy]-3-[4-(tetra-*O*-acetyl-β-D-glucopyranosyloxy)-phenyl]-chromen-4-on mit wss.-äthanol. Natronlauge und an-schliessenden Hydrieren an Palladium/Kohle (*Bognár, Szabó*, Acta chim. hung. **4** [1954] 383, 390).
Krystalle (aus wss. A.); F: 297,5° [Block] (*Ch., Ra.*), 269—270° (*Bo., Sz.*). $[\alpha]_D^{22}$: −19,2° [Py.; c = 1]; $[\alpha]_D^{22}$: −17,1° [Py.; c = 0,6] (*Bo., Sz.*); $[\alpha]_D^{26}$: −17,9° [Py.; c = 1] (*Zemplén, Farkas*, B. **76** [1943] 1110); $[\alpha]_D^{20}$: −32,2° [90%ig. wss. Py.; c = 2] (*Ch., Ra.*); $[\alpha]_D^{20}$: −46,7° [wss. Natronlauge (0,02 n); c = 0,5] (*Ch., Ra.*, Bl. Soc. Chim. biol. **20** 457).
Über eine aus Soja hispida isolierte, als Isogenistin bezeichnete Verbindung (Kry-stalle [aus wss. A.], F: 265°; $[\alpha]_D^{20}$: −24,0° [wss. Natronlauge; c = 0,5]), in der ebenfalls ein D-Glucosyl-Derivat des Genistein (S. 2724) vorgelegen hat, s. *Okano, Beppu*, J. agric. chem. Soc. Japan **15** [1939] 645, 650; C. A. **1940** 429.

5,7-Dihydroxy-3-[4-(*O^2*-α-L-rhamnopyranosyl-β-D-glucopyranosyloxy)-phenyl]-chromen-4-on, 5,7-Dihydroxy-3-[4-β-neohesperidosyloxy-phenyl]-chromen-4-on, Sophorabiosid $C_{27}H_{30}O_{14}$, Formel XI (R = X = H).
Über die Konstitution s. *Farkas et al.*, B. **101** [1968] 2758, 2759.
Isolierung aus Früchten von Sophora japonica: *Zemplén, Bognár*, B. **75** [1942] 482, 484.
Krystalle (aus wss. A.) mit 3 Mol H_2O; die wasserfreie Verbindung schmilzt bei 248° [Zers.; nach Erweichen bei 240°] (*Ze., Bo.*, l. c. S. 486). $[\alpha]_D^{19}$: −66,3° [Py.; c = 3] [Trihydrat]; $[\alpha]_D^{19}$: −72,5° [Py.; c = 3] [wasserfreies Präparat] (*Ze., Bo.*).

3-[4-β-D-Glucopyranosyloxy-phenyl]-5-hydroxy-7-methoxy-chromen-4-on, Prunitrin
$C_{22}H_{22}O_{10}$, Formel X (R = CH_3, X = H).

Isolierung aus der Rinde von Prunus serotina: *Finnemore*, Pharm. J. **85** [1910] 604, 607.

B. Beim Erwärmen von Sophoricosid (S. 2732) mit Methanol, Methyljodid und Kaliumcarbonat (*Zemplén, Farkas*, B. **90** [1957] 836).

Krystalle (aus E. + W.) mit 1 Mol H_2O; die wasserfreie Verbindung schmilzt bei 235° bis 236° [unkorr.] (*Ze., Fa.*). $[\alpha]_D^{20}$: −15,4° [Py.] [Monohydrat] (*Ze., Fa.*).

5,7-Dimethoxy-3-[4-(O^2-α-L-rhamnopyranosyl-β-D-glucopyranosyloxy)-phenyl]-chromen-4-on, 5,7-Dimethoxy-3-[4-β-neohesperidosyloxy-phenyl]-chromen-4-on
$C_{29}H_{34}O_{14}$, Formel XI (R = CH_3, X = H).

B. Beim Behandeln einer Lösung von Sophorabiosid (S. 2732) in Methanol mit Di=azomethan in Äther (*Zemplén, Bognár*, B. **75** [1942] 482, 488).

Krystalle (aus wss. A.) mit 4 Mol H_2O, F: ca. 140° [nach Erweichen bei 130°]; die wasserfreie Verbindung schmilzt bei 166−168° [nach Erweichen bei 162°]. $[\alpha]_D^{20}$: −61,1° [Py.; c = 1,5] [Tetrahydrat].

X   XI

5,7-Dimethoxy-3-{4-[O^3,O^4,O^6-triacetyl-O^2-(tri-O-acetyl-α-L-rhamnopyranosyl)-β-D-glucopyranosyloxy]-phenyl}-chromen-4-on, 3-[4-(Hexa-O-acetyl-β-neohesperidosyl=oxy)-phenyl]-5,7-dimethoxy-chromen-4-on $C_{41}H_{46}O_{20}$, Formel XI (R = CH_3, X = CO-CH_3).

B. Beim Behandeln der im vorangehenden Artikel beschriebenen Verbindung mit Acetanhydrid und Pyridin (*Zemplén, Bognár*, B. **75** [1942] 482, 489).

Krystalle (aus A.); F: 208,5−209° [korr.]. $[\alpha]_D^{20}$: −55,6° [Py.; c = 1].

5-Acetoxy-7-[4-nitro-benzyloxy]-3-[4-(tetra-O-acetyl-β-D-glucopyranosyloxy)-phenyl]-chromen-4-on $C_{38}H_{35}NO_{17}$, Formel X (R = CH_2-C_6H_4-NO_2, X = CO-CH_3).

B. Beim Behandeln von 5-Hydroxy-3-[4-hydroxy-phenyl]-7-[4-nitro-benzyloxy]-chromen-4-on mit α-D-Acetobromglucopyranose (Tetra-O-acetyl-α-D-glucopyranosyl=bromid [E III/IV **17** 2602]), Aceton und wss. Kalilauge und Behandeln des Reaktions-produkts mit Acetanhydrid und Pyridin (*Bognár, Szabó*, Acta chim. hung. **4** [1954] 383, 387). Beim Erwärmen einer Lösung von Sophoricosid (S. 2732) in Äther mit 4-Nitro-benzylbromid und wss. Kalilauge und Behandeln des Reaktionsprodukts mit Acet=anhydrid und Pyridin (*Bo., Sz.*, l. c. S. 389).

Krystalle (aus $CHCl_3$ + A.); F: 208−209°. $[\alpha]_D^{22}$: −15,2° [Py.; c = 2].

5-Acetoxy-3-[4-acetoxy-phenyl]-7-[tetra-O-acetyl-β-D-glucopyranosyloxy]-chromen-4-on, Hexa-O-acetyl-genistin $C_{33}H_{32}O_{16}$, Formel IX (R = CO-CH_3) auf S. 2731.

B. Beim Erhitzen von Genistin (S. 2732) mit Acetanhydrid und wenig Schwefelsäure (*Walz*, A. **489** [1931] 118, 139; *Charaux, Rabaté*, J. Pharm. Chim. [9] **1** [1940] 404; *Walter*, Am. Soc. **63** [1941] 3273, 3274) oder mit Acetanhydrid und Pyridin (*Zemplén, Farkas*, B. **76** [1943] 1110; *Hasegawa*, Am. Soc. **79** [1957] 1738).

Krystalle (aus A.); F: 191° [im vorgeheizten Block] (*Ch., Ra.*), 188−189° (*Ze., Fa.*), 188° (*Walz; Walter; Ha.*). Krystalloptik: *Walter*, l. c. S. 3275. $[\alpha]_D^{26}$: −58,5° [$CHCl_3$] (*Ze., Fa.*).

5,7-Diacetoxy-3-[4-(tetra-O-acetyl-β-D-glucopyranosyloxy)-phenyl]-chromen-4-on, Hexa-O-acetyl-sophoricosid $C_{33}H_{32}O_{16}$, Formel X (R = X = CO-CH_3).

B. Aus Sophoricosid (S. 2732) beim Behandeln mit Acetanhydrid und Pyridin (*Charaux,*

Rabaté, Bl. Soc. Chim. biol. **20** [1938] 454, 457; *Zemplén et al.*, B. **76** [1943] 267, 271) sowie beim Erwärmen mit Acetanhydrid und wenig Schwefelsäure (*Ch., Ra.*).

Krystalle; F: 230° [Block; aus Eg.] (*Ch., Ra.*), 221—222° [aus A.] (*Ze., Bo.*).

5,7-Diacetoxy-3-{4-[O^3,O^4,O^6-triacetyl-O^2-(tri-O-acetyl-α-L-rhamnopyranosyl)-β-D-glucopyranosyloxy]-phenyl}-chromen-4-on, 5,7-Diacetoxy-3-[4-(hexa-O-acetyl-β-neo≈hesperidosyloxy)-phenyl]-chromen-4-on, Octa-O-acetyl-sophorabiosid $C_{43}H_{46}O_{22}$, Formel XI (R = X = CO-CH₃).**

B. Beim Behandeln von Sophorabiosid (S. 2732) mit Acetanhydrid und Pyridin (*Zemplén, Bognár*, B. **75** [1942] 482, 486).

Krystalle (aus A. + CHCl₃); F: 254—255° [nach Erweichen bei 249°]. $[\alpha]_D^{15}$: −52,7° [Py.; c = 2].

5-Benzoyloxy-3-[4-benzoyloxy-phenyl]-7-[tetra-O-benzoyl-β-D-glucopyranosyloxy]-chromen-4-on, Hexa-O-benzoyl-genistin $C_{63}H_{44}O_{16}$, Formel IX (R = CO-C₆H₅) auf S. 2731.

B. Beim Behandeln von Genistin (S. 2732) mit Benzoylchlorid und wss. Natronlauge (*Walz*, A. **489** [1931] 118, 140) oder mit Benzoylchlorid und Pyridin (*Zemplén, Farkas*, B. **76** [1943] 1110).

Krystalle; F: 132° [aus Bzl. + PAe.] (*Walz*), 128—130° (*Ze., Fa.*).

5-Hydroxy-3-[4-methoxy-phenyl]-7-[toluol-4-sulfonyloxy]-chromen-4-on $C_{23}H_{18}O_7S$, Formel XII (R = H).

B. Beim Behandeln einer Lösung von 5,7-Dihydroxy-3-[4-methoxy-phenyl]-chromen-4-on in Aceton mit Toluol-4-sulfonylchlorid und wss. Kaliumcarbonat-Lösung (*Bose*, J. scient. ind. Res. India **15**C [1956] 143, 144).

Krystalle (aus A. + Acn.); F: 156—157°.

5-Methoxy-3-[4-methoxy-phenyl]-7-[toluol-4-sulfonyloxy]-chromen-4-on $C_{24}H_{20}O_7S$, Formel XII (R = CH₃).

B. Beim Erwärmen von 5-Hydroxy-3-[4-methoxy-phenyl]-7-[toluol-4-sulfonyloxy]-chromen-4-on mit Dimethylsulfat, Aceton und Kaliumcarbonat (*Bose*, J. scient. ind. Res. India **15**C [1956] 143, 145).

Krystalle (aus A. + Acn.); F: 144—145°.

XII   XIII

5-Acetoxy-3-[4-methoxy-phenyl]-7-[toluol-4-sulfonyloxy]-chromen-4-on $C_{25}H_{20}O_8S$, Formel XII (R = CO-CH₃).

B. Beim Behandeln von 5-Hydroxy-3-[4-methoxy-phenyl]-7-[toluol-4-sulfonyloxy]-chromen-4-on mit Acetanhydrid und Natriumacetat (*Bose*, J. scient. ind. Res. India **15**C [1956] 143, 144).

Krystalle (aus Me.); F: 149—150°.

3-[2,4-Dimethoxy-phenyl]-7-methoxy-chromen-4-on $C_{18}H_{16}O_5$, Formel XIII.

B. Beim Behandeln von 2-Hydroxy-4,2′,4′-trimethoxy-desoxybenzoin mit Methyl≈formiat und Natrium (*Späth, Schläger*, B. **73** [1940] 1, 11). Beim Erhitzen von [4,2′,4′-Tri≈methoxy-α,α′-dioxo-bibenzyl-2-yloxy]-essigsäure mit Acetanhydrid und Natriumacetat (*Whalley, Lloyd*, Soc. **1956** 3213, 3224). Beim Erwärmen von 3-[2,4-Dimethoxy-phen≈yl]-2-hydroxy-7-methoxy-chroman-4-on [⇌ 2-[2,4-Dimethoxy-phenyl]-3-[2-hydroxy-4-methoxy-phenyl]-3-oxo-propionaldehyd (F: 156°)] mit Essigsäure (*Robertson, Whalley*, Soc. **1954** 1440). Beim Erhitzen von 3-[2,4-Dimethoxy-phenyl]-3-hydroxy-7-methoxy-chroman-4-on mit Schwefelsäure und Essigsäure (*Ro., Wh.*).

Krystalle; F: 148—149° [aus Ae.] (*Sp., Sch.*), 148° (*Ro., Wh.*).

3-[3,4-Dihydroxy-phenyl]-7-hydroxy-chromen-4-on $C_{15}H_{10}O_5$, Formel I (R = X = H).

B. Beim Erhitzen von 3-[3,4-Dimethoxy-phenyl]-7-methoxy-chromen-4-on mit wss. Jodwasserstoffsäure und Acetanhydrid (*Dhar et al.*, J. scient. ind. Res. India **14**B [1955] 73).

Krystalle (aus E.) mit 2 Mol H_2O; Zers. bei 252° [nach Erweichen bei 220°].

3-[3,4-Dihydroxy-phenyl]-7-methoxy-chromen-4-on $C_{16}H_{12}O_5$, Formel I (R = CH₃, X = H).

B. Aus 3-[3,4-Dimethoxy-phenyl]-7-methoxy-chromen-4-on beim Erhitzen mit wss. Jodwasserstoffsäure und Acetanhydrid oder beim Erwärmen mit Aluminiumchlorid in Nitrobenzol (*Dhar et al.*, J. scient. ind. Res. India **14**B [1955] 73).

Krystalle (aus A.); F: 198—199° [nach Erweichen bei 152°].

3-[3,4-Dimethoxy-phenyl]-7-hydroxy-chromen-4-on $C_{17}H_{14}O_5$, Formel I (R = H, X = CH₃).

B. Beim Behandeln einer Lösung von 2,4-Dihydroxy-3′,4′-dimethoxy-desoxybenzoin und Zinkcyanid in Äther mit Chlorwasserstoff und Erhitzen des Reaktionsprodukts mit Wasser (*Farkas et al.*, B. **91** [1958] 2858, 2860). Beim Erwärmen von 7-Acetoxy-3-[3,4-dismethoxy-phenyl]-chromen-4-on mit Chlorwasserstoff enthaltendem Äthanol (*Dhar et al.*, J. scient. ind. Res. India **14**B [1955] 73).

Krystalle; F: 253—254° [aus A.] (*Fa. et al.*), 252—253° [aus E.] (*Dhar et al.*).

3-[3,4-Dimethoxy-phenyl]-7-methoxy-chromen-4-on, Cabreuvin $C_{18}H_{16}O_5$, Formel I (R = X = CH₃).

Isolierung aus dem Holz von Myrocarpus fastigiatus und von Myroxylon balsamum: *Gottlieb, Magalhães,* Anais Assoc. quim. Brasil. **18** [1959] 89, 93.

B. Beim Behandeln von 2-Hydroxy-4,3′,4′-trimethoxy-desoxybenzoin mit Methylsformiat oder Äthylformiat und Natrium (*Cavill et al.*, Soc. **1954** 4573, 4578; *Dhar et al.*, J. scient. ind. Res. India **14**B [1955] 73). Beim Erwärmen von 3-[3,4-Dimethoxy-phenyl]-7-hydroxy-chromen-4-on mit Methyljodid, Kaliumcarbonat und Aceton (*Farkas et al.*, B. **91** [1958] 2858, 2860).

Krystalle (aus A.); F: 164—165° (*Dhar et al.*; *Go., Ma.*), 164° (*Fa. et al.*). Absorpstionsmaxima (A.): 223 nm und 260 nm (*Go., Ma.*).

I   II

7-Acetoxy-3-[3,4-dimethoxy-phenyl]-chromen-4-on $C_{19}H_{16}O_6$, Formel I (R = CO-CH₃, X = CH₃).

B. Beim Behandeln von 2,4-Dihydroxy-3′,4′-dimethoxy-desoxybenzoin mit Äthylsformiat und Natrium und Erwärmen des Reaktionsprodukts mit Acetanhydrid und Pyridin (*Dhar et al.*, J. scient. ind. Res. India **14**B [1955] 73). Beim Erhitzen von 3-[3,4-Dimethoxy-phenyl]-7-hydroxy-chromen-4-on mit Acetanhydrid und Natriumsacetat (*Farkas et al.*, B. **91** [1958] 2858, 2860).

Krystalle; F: 163—164° [aus Me.] (*Fa. et al.*), 162—163° [aus E.] (*Dhar et al.*).

3-[3,4-Diacetoxy-phenyl]-7-methoxy-chromen-4-on $C_{20}H_{16}O_7$, Formel I (R = CH₃, X = CO-CH₃).

B. Beim Behandeln von 3-[3,4-Dihydroxy-phenyl]-7-methoxy-chromen-4-on mit Acetanhydrid und Pyridin (*Dhar et al.*, J. scient. ind. Res. India **14**B [1955] 73).

Krystalle (aus E.); F: 167—169°.

7-Acetoxy-3-[3,4-diacetoxy-phenyl]-chromen-4-on $C_{21}H_{16}O_8$, Formel I (R = X = CO-CH₃).

B. Aus 3-[3,4-Dihydroxy-phenyl]-7-hydroxy-chromen-4-on (*Dhar et al.*, J. scient. ind. Res. India **14**B [1955] 73).

Krystalle (aus E.); F: 175—177°.

5,7-Diacetoxy-3-[3-methoxy-phenyl]-cumarin $C_{20}H_{16}O_7$, Formel II.
B. Beim Erhitzen von [3-Methoxy-phenyl]-essigsäure mit 2,4,6-Trihydroxy-benz=
aldehyd, Acetanhydrid und Kaliumacetat (*Walker*, Am. Soc. **80** [1958] 645, 649).
Krystalle (aus Me.); F: 154—155° [korr.].

5,7-Dihydroxy-3-[4-methoxy-phenyl]-cumarin $C_{16}H_{12}O_5$, Formel III (R = H).
B. Beim Behandeln von 5,7-Diacetoxy-3-[4-methoxy-phenyl]-cumarin mit konz.
Schwefelsäure (*Bhandari et al.*, J. scient. ind. Res. India **8**B [1949] 189).
Gelbliche Krystalle (aus Me. + Acn.); F: 280—282°.

5,7-Dimethoxy-3-[4-methoxy-phenyl]-cumarin $C_{18}H_{16}O_5$, Formel III (R = CH_3)
(E II 176).
B. Beim Einleiten von Chlorwasserstoff in eine Zinkchlorid enthaltende Lösung von
[4-Methoxy-phenyl]-malonaldehydonitril und 3,5-Dimethoxy-phenol in Äther und Er=
wärmen des Reaktionsprodukts mit äthanol. Natronlauge (*Badhwar et al.*, Soc. **1931**
1541, 1544).
Gelbliche Krystalle (aus A.); F: 166—168°.

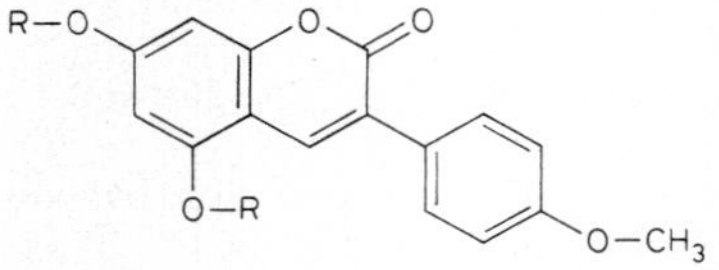

III 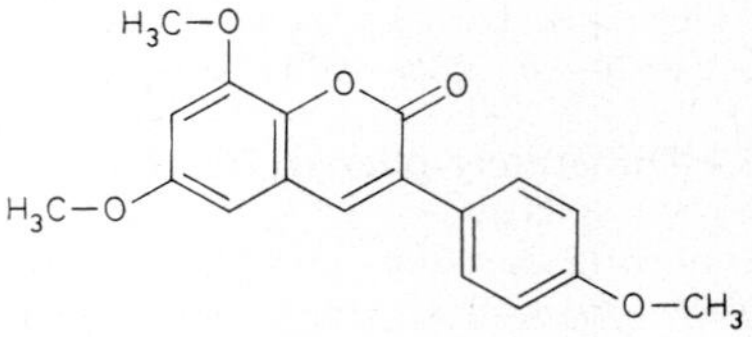 IV

5,7-Diacetoxy-3-[4-methoxy-phenyl]-cumarin $C_{20}H_{16}O_7$, Formel III (R = CO-CH_3).
B. Beim Erhitzen von [4-Methoxy-phenyl]-essigsäure mit 2,4,6-Trihydroxy-benz=
aldehyd und Acetanhydrid (*Bhandari et al.*, J. scient. ind. Res. India **8**B [1949] 189).
Krystalle (aus wss. Acn.); F: 182°.

6,8-Dimethoxy-3-[4-methoxy-phenyl]-cumarin $C_{18}H_{16}O_5$, Formel IV.
In einem von *Takaoka* (J. Fac. Sci. Hokkaido [III] **3** [1940] 1, 3, 11) mit Vorbehalt
unter dieser Konstitution beschriebenen, beim Erhitzen von 3,5-Dimethoxy-benzalde=
hyd mit [4-Methoxy-phenyl]-essigsäure erhaltenen Präparat vom F: 174° hat nach *Späth*,
Kromp (B. **74** [1941] 189, 190) 3-[3,5-Dimethoxy-phenyl]-2-[4-methoxy-phenyl]-acryl=
säure (E III **10** 2345) vorgelegen.

3-[3,4-Dimethoxy-phenyl]-7-hydroxy-cumarin $C_{17}H_{14}O_5$, Formel V (R = H).
B. Beim Erwärmen von 7-Acetoxy-3-[3,4-dimethoxy-phenyl]-cumarin mit wss. Natron=
lauge (*Walker*, Am. Soc. **80** [1958] 645, 649).
Gelbliche Krystalle (aus E.); F: 221—223° [korr.].

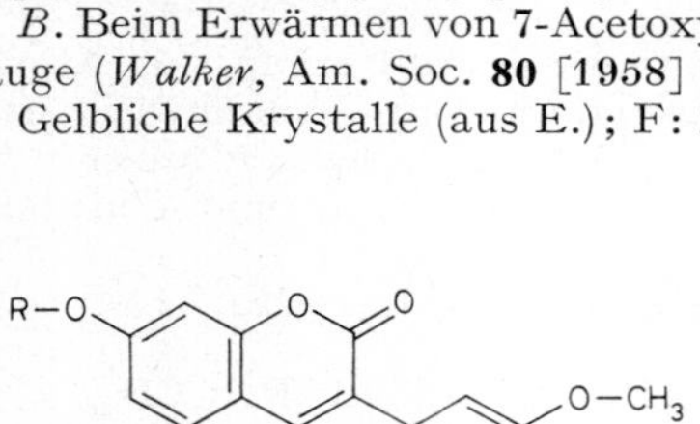

V 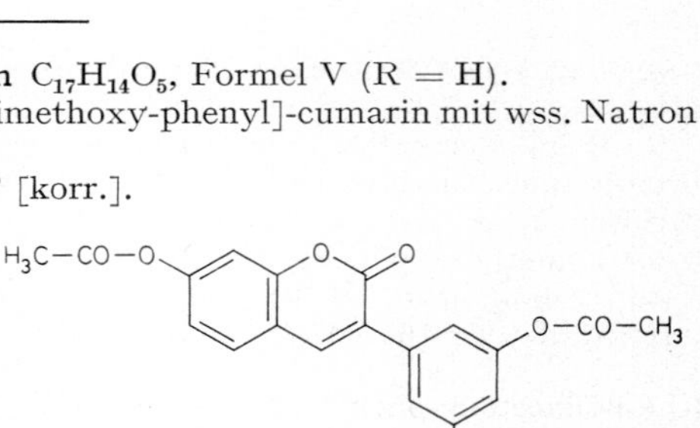 VI

7-Acetoxy-3-[3,4-dimethoxy-phenyl]-cumarin $C_{19}H_{16}O_6$, Formel V (R = CO-CH_3).
B. Beim Erhitzen von [3,4-Dimethoxy-phenyl]-essigsäure mit 2,4-Dihydroxy-benz=
aldehyd, Acetanhydrid und Kaliumacetat (*Walker*, Am. Soc. **80** [1958] 645, 649).
Krystalle (aus E.); F: 173—175° [korr.].

7-Acetoxy-3-[3,5-diacetoxy-phenyl]-cumarin $C_{21}H_{16}O_8$, Formel VI.
Diese Konstitution ist der nachstehend beschriebenen Verbindung zugeordnet worden
(*Takaoka*, J. Fac. Sci. Hokkaido [III] **3** [1940] 1, 16).
B. Beim Erhitzen von 2,4-Dihydroxy-benzaldehyd mit dem Natrium-Salz der [3,5-Di=
hydroxy-phenyl]-essigsäure und Acetanhydrid (*Ta.*).
Gelbliche Krystalle (aus A.); F: 186—187°.

_____

4,5,7-Trihydroxy-3-phenyl-cumarin $C_{15}H_{10}O_5$, Formel VII (R = X = H), und Tautomere (z. B. 5,7-Dihydroxy-3-phenyl-chroman-2,4-dion).
B. Beim Erwärmen von 2,4,6-Trihydroxy-desoxybenzoin mit Chlorokohlensäure-
methylester, Kaliumcarbonat und Aceton und Behandeln des Reaktionsprodukts mit
wss. Natronlauge (*Gilbert et al.*, Soc. **1957** 3740, 3743). Beim Erhitzen von 4-Hydroxy-
5,7-dimethoxy-3-phenyl-cumarin mit wss. Jodwasserstoffsäure und Acetanhydrid (*Gi.
et al.*).
Krystalle (aus E. + Bzl.); F: 278—280°.

4,7-Dihydroxy-5-methoxy-3-phenyl-cumarin $C_{16}H_{12}O_5$, Formel VII (R = CH₃, X = H),
und Tautomere (z. B. 7-Hydroxy-5-methoxy-3-phenyl-chroman-2,4-dion).
B. Beim Erwärmen von 2,4-Dihydroxy-6-methoxy-desoxybenzoin mit Chlorokohlen=
säure-äthylester, Kaliumcarbonat und Aceton und Erwärmen des Reaktionsprodukts
mit wss. Natronlauge (*Gilbert et al.*, Soc. **1957** 3740, 3743).
Krystalle (aus A.); F: 292—293°.

4-Hydroxy-5,7-dimethoxy-3-phenyl-cumarin $C_{17}H_{14}O_5$, Formel VIII (R = H), und Tauto-
mere (z. B. 5,7-Dimethoxy-3-phenyl-chroman-2,4-dion).
B. Beim Erwärmen von 2-Hydroxy-4,6-dimethoxy-desoxybenzoin mit Chlorokohlen=
säure-methylester, Kaliumcarbonat und Aceton oder mit Diäthylcarbonat und Natrium
(*Gilbert et al.*, Soc. **1957** 3740, 3743).
Krystalle (aus A.); F: 204—205°.

4-Acetoxy-5,7-dimethoxy-3-phenyl-cumarin $C_{19}H_{16}O_6$, Formel VIII (R = CO-CH₃).
B. Aus 4-Hydroxy-5,7-dimethoxy-3-phenyl-cumarin (*Gilbert et al.*, Soc. **1957** 3740,
3743).
Krystalle (aus A.); F: 168—170°.

VII   VIII   IX

4,7-Diacetoxy-5-methoxy-3-phenyl-cumarin $C_{20}H_{16}O_7$, Formel VII (R = CH₃,
X = CO-CH₃).
B. Aus 4,7-Dihydroxy-5-methoxy-3-phenyl-cumarin (*Gilbert et al.*, Soc. **1957** 3740,
3743).
Krystalle (aus A.); F: 224—225°.

4,5,7-Triacetoxy-3-phenyl-cumarin $C_{21}H_{16}O_8$, Formel VII (R = X = CO-CH₃).
B. Aus 4,5,7-Trihydroxy-3-phenyl-cumarin (*Gilbert et al.*, Soc. **1957** 3740, 3743).
Krystalle (aus A.); F: 209—210°.

_____

4,7-Dihydroxy-3-[4-hydroxy-phenyl]-cumarin $C_{15}H_{10}O_5$, Formel IX (R = X = H), und
Tautomere (z. B. 7-Hydroxy-3-[4-hydroxy-phenyl]-chroman-2,4-dion).
B. Beim Erhitzen von 3-[2,4-Dimethoxy-phenyl]-2-[4-methoxy-phenyl]-3-oxo-propio=
nitril mit Pyridin-hydrochlorid und Erwärmen des Reaktionsgemisches mit wss. Salz=
säure (*Kawase*, Bl. chem. Soc. Japan **32** [1959] 11).
Krystalle (aus Me.); F: ca. 340° [unkorr.; Zers.].

4-Hydroxy-7-methoxy-3-[4-methoxy-phenyl]-cumarin $C_{17}H_{14}O_5$, Formel IX (R = H, X = CH$_3$), und Tautomere (z. B. 7-Methoxy-3-[4-methoxy-phenyl]-chroman-2,4-dion).

B. Beim Erwärmen von 2-Hydroxy-4,4′-dimethoxy-desoxybenzoin mit Diäthyl-carbonat und Natrium (*Boyd, Robertson,* Soc. **1948** 174). Beim Erwärmen von 2-Amino-7-methoxy-3-[4-methoxy-phenyl]-chromen-4-on (s. u.) mit wss. Salzsäure (*Kawase,* Bl. chem. Soc. Japan **32** [1959] 9).

Krystalle; F: 219—220° [aus A.] (*Boyd, Ro.*), 213—214° [unkorr., aus wss. A.] (*Ka.*).

4,7-Dimethoxy-3-[4-methoxy-phenyl]-cumarin $C_{18}H_{16}O_5$, Formel IX (R = X = CH$_3$).

B. Beim Erwärmen von 4-Hydroxy-7-methoxy-3-[4-methoxy-phenyl]-cumarin mit Methyljodid, Kaliumcarbonat und Aceton (*Boyd, Robertson,* Soc. **1948** 174).

Krystalle (aus A.); F: 165°.

4-Acetoxy-7-methoxy-3-[4-methoxy-phenyl]-cumarin $C_{19}H_{16}O_6$, Formel IX (R = CO-CH$_3$, X = CH$_3$).

B. Beim Behandeln von 4-Hydroxy-7-methoxy-3-[4-methoxy-phenyl]-cumarin mit Acetanhydrid und Pyridin (*Boyd, Robertson,* Soc. **1948** 174).

Krystalle (aus A.); F: 164°.

3-[4-Hydroxy-phenyl]-2-imino-7-methoxy-chroman-4-on, 3-[4-Hydroxy-phenyl]-7-methoxy-chroman-2,4-dion-2-imin $C_{16}H_{13}NO_4$, Formel X (R = H), und **2-Amino-3-[4-hydroxy-phenyl]-7-methoxy-chromen-4-on** $C_{16}H_{13}NO_4$, Formel XI (R = H).

B. Beim Erwärmen von 3-[2,4-Dimethoxy-phenyl]-2-[4-methoxy-phenyl]-3-oxo-propionitril mit Aluminiumchlorid in Nitrobenzol (*Kawase,* Bl. chem. Soc. Japan **32** [1959] 9).

Krystalle (aus A.); F: 287—288° [unkorr.].

2-Imino-7-methoxy-3-[4-methoxy-phenyl]-chroman-4-on, 7-Methoxy-3-[4-methoxy-phenyl]-chroman-2,4-dion-2-imin $C_{17}H_{15}NO_4$, Formel X (R = CH$_3$), und **2-Amino-7-methoxy-3-[4-methoxy-phenyl]-chromen-4-on** $C_{17}H_{15}NO_4$, Formel XI (R = CH$_3$).

B. Beim Erwärmen von 3-[2,4-Dimethoxy-phenyl]-2-[4-methoxy-phenyl]-3-oxo-propionitril mit Aluminiumchlorid in Nitrobenzol (*Kawase,* Bl. chem. Soc. Japan **32** [1959] 9).

Krystalle (aus A.); F: 214—215° [unkorr.].

5,6,7-Trihydroxy-4-phenyl-cumarin $C_{15}H_{10}O_5$, Formel XII (R = X = H).

B. Beim Erhitzen von 6-Hydroxy-5,7-dimethoxy-4-phenyl-cumarin mit wss. Jod-wasserstoffsäure und Acetanhydrid (*Ahluwalia et al.,* Pr. Indian Acad. [A] **49** [1959] 104, 107).

Krystalle (aus Me.); F: 236—237°.

X XI XII

6-Hydroxy-5,7-dimethoxy-4-phenyl-cumarin $C_{17}H_{14}O_5$, Formel XII (R = CH$_3$, X = H).

B. Beim Behandeln von 2,6-Dimethoxy-hydrochinon mit 3-Oxo-3-phenyl-propion-säure-äthylester und Schwefelsäure (*Ahluwalia et al.,* Pr. Indian Acad. [A] **49** [1959] 104, 107). Beim Behandeln von 5,7-Dimethoxy-4-phenyl-cumarin mit wss. Natronlauge und Kaliumperoxodisulfat und anschliessenden Erwärmen mit wss. Salzsäure und Natriumsulfit (*Ah. et al.,* l. c. S. 106; *Oliverio et al.,* Ann. Chimica **42** [1952] 75, 80).

Krystalle (aus Me.); F: 187—189° (*Ol. et al.*), 185—186° (*Ah. et al.*).

5,6,7-Trimethoxy-4-phenyl-cumarin $C_{18}H_{16}O_5$, Formel XII (R = X = CH$_3$).

B. Beim Erwärmen von 6-Hydroxy-5,7-dimethoxy-4-phenyl-cumarin mit Dimethylsulfat, Kaliumcarbonat und Aceton (*Ahluwalia et al.*, Pr. Indian Acad. [A] **49** [1959] 104, 107).

Krystalle (aus Me.); F: 140—141°.

6-Acetoxy-5,7-dimethoxy-4-phenyl-cumarin $C_{19}H_{16}O_6$, Formel XII (R = CH_3, X = CO-CH_3).

B. Beim Erhitzen von 6-Hydroxy-5,7-dimethoxy-4-phenyl-cumarin mit Acetanhydrid und Pyridin (*Ahluwalia et al.*, Pr. Indian Acad. [A] **49** [1959] 104, 107).

Krystalle (aus E.); F: 153—154°.

5,6,7-Triacetoxy-4-phenyl-cumarin $C_{21}H_{16}O_8$, Formel XII (R = X = CO-CH_3).

B. Beim Erhitzen von 5,6,7-Trihydroxy-4-phenyl-cumarin mit Acetanhydrid und Pyridin (*Ahluwalia et al.*, Pr. Indian Acad. [A] **49** [1959] 104, 107).

Krystalle (aus A.); F: 184—185°.

6,7,8-Trihydroxy-4-phenyl-cumarin $C_{15}H_{10}O_5$, Formel I (R = X = H).

B. Beim Erhitzen von 6-Hydroxy-7,8-dimethoxy-4-phenyl-cumarin mit wss. Jod=wasserstoffsäure und Acetanhydrid (*Ahluwalia et al.*, Pr. Indian Acad. [A] **49** [1959] 104, 106).

Krystalle (aus Me.); F: 238—239°.

6-Hydroxy-7,8-dimethoxy-4-phenyl-cumarin $C_{17}H_{14}O_5$, Formel I (R = CH_3, X = H).

B. Beim Behandeln von 7,8-Dimethoxy-4-phenyl-cumarin mit wss. Natronlauge und Kaliumperoxodisulfat und anschliessenden Erwärmen mit wss. Salzsäure und Natrium=sulfit (*Ahluwalia et al.*, Pr. Indian Acad. [A] **49** [1959] 104, 105).

Krystalle (aus Me.); F: 212—213°.

6,7,8-Trimethoxy-4-phenyl-cumarin $C_{18}H_{16}O_5$, Formel I (R = X = CH_3).

B. Beim Erwärmen von 6-Hydroxy-7,8-dimethoxy-4-phenyl-cumarin mit Dimethyl=sulfat, Kaliumcarbonat und Aceton (*Ahluwalia et al.*, Pr. Indian Acad. [A] **49** [1959] 104, 106).

Krystalle (aus Me.); F: 109—110°.

6-Acetoxy-7,8-dimethoxy-4-phenyl-cumarin $C_{19}H_{16}O_6$, Formel I (R = CH_3, X = CO-CH_3).

B. Beim Erhitzen von 6-Hydroxy-7,8-dimethoxy-4-phenyl-cumarin mit Acetanhydrid und Pyridin (*Ahluwalia et al.*, Pr. Indian Acad. [A] **49** [1959] 104, 106).

Krystalle (aus Me.); F: 136—137°.

I   II   III   IV

6,7,8-Triacetoxy-4-phenyl-cumarin $C_{21}H_{16}O_8$, Formel I (R = X = CO-CH_3).

B. Beim Erhitzen von 6,7,8-Trihydroxy-4-phenyl-cumarin mit Acetanhydrid und Pyridin (*Ahluwalia et al.*, Pr. Indian Acad. [A] **49** [1959] 104, 106).

Krystalle (aus Me.); F: 187—188°.

3-Brom-6,7,8-trimethoxy-4-phenyl-cumarin $C_{18}H_{15}BrO_5$, Formel II.

B. Beim Behandeln von 6,7,8-Trimethoxy-4-phenyl-cumarin mit Brom in Essigsäure (*Ahluwalia et al.*, Pr. Indian Acad. [A] **49** [1959] 104, 109).

Krystalle (aus Eg.); F: 152—153°.

7,8-Dihydroxy-4-[4-methoxy-phenyl]-cumarin $C_{16}H_{12}O_5$, Formel III.

B. Beim Erwärmen von Pyrogallol mit [4-Methoxy-benzoyl]-malonsäure-diäthylester und Schwefelsäure (*Borsche, Wannagat,* A. **569** [1950] 81, 91).

Krystalle (aus wss. Me.) mit 1 Mol H_2O; F: 207°.

4-[3,4-Dimethoxy-phenyl]-7-hydroxy-cumarin $C_{17}H_{14}O_5$, Formel IV (R = H).

B. Beim Behandeln eines Gemisches von 3-[3,4-Dimethoxy-phenyl]-3-oxo-propion=säure-äthylester und Resorcin mit Chlorwasserstoff enthaltendem Äthanol (*Appel et al.,* Soc. **1937** 738, 742) oder mit Schwefelsäure (*Mitter, Paul,* J. Indian chem. Soc. **8** [1931] 271, 275).

Krystalle (aus A.); F: 236° (*Mi., Paul*), 233—235° (*Ap. et al.*).

4-[3,4-Dimethoxy-phenyl]-7-methoxy-cumarin $C_{18}H_{16}O_5$, Formel IV (R = CH$_3$).

B. Beim Behandeln von 3-[3,4-Dimethoxy-phenyl]-3-oxo-propionsäure-äthylester mit 3-Methoxy-phenol und Schwefelsäure (*Mitter, Paul,* J. Indian chem. Soc. **8** [1931] 271, 275). Beim Behandeln von 4-[3,4-Dimethoxy-phenyl]-7-hydroxy-cumarin mit Dimethyl=sulfat und wss. Kalilauge (*Appel et al.,* Soc. **1937** 738, 742).

Krystalle (aus A.), F: 163° (*Mi., Paul*); Krystalle (aus A.), F: 161—163° sowie Kry=stalle (aus A.), F: 151—153° (*Ap. et al.*).

7-Methoxy-2-vanilloyl-benzofuran, [4-Hydroxy-3-methoxy-phenyl]-[7-methoxy-benzofuran-2-yl]-keton $C_{17}H_{14}O_5$, Formel V (R = H).

B. Beim Erwärmen von 2-Hydroxy-3-methoxy-benzaldehyd mit 1-[4-Acetoxy-3-meth=oxy-phenyl]-2-brom-äthanon und äthanol. Kalilauge und Erwärmen des Reaktions=produkts mit äthanol. Kalilauge (*Richtzenhain, Alfredsson,* B. **89** [1956] 378, 383).

Krystalle (aus A.); F: 132—134°.

V

VI

[4-Benzyloxy-3-methoxy-phenyl]-[7-methoxy-benzofuran-2-yl]-keton $C_{24}H_{20}O_5$, Formel V (R = CH$_2$-C$_6$H$_5$).

B. Beim Erwärmen von [4-Hydroxy-3-methoxy-phenyl]-[7-methoxy-benzofuran-2-yl]-keton mit Benzylchlorid und äthanol. Kalilauge (*Richtzenhain, Alfredsson,* B. **89** [1956] 378, 384).

Krystalle (aus A.); F: 125,5—127°.

[3,4-Dimethoxy-phenyl]-[7-methoxy-benzofuran-2-yl]-keton-[2,4-dinitro-phenyl=hydrazon] $C_{24}H_{20}N_4O_8$, Formel VI.

B. Aus [3,4-Dimethoxy-phenyl]-[7-methoxy-benzofuran-2-yl]-keton (E II 178) und [2,4-Dinitro-phenyl]-hydrazin (*Richtzenhain, Alfredsson,* B. **89** [1956] 378, 383).

Krystalle (aus Eg.); F: 231° [Zers.].

2-[(Z)-Benzyliden]-4,5,6-trimethoxy-benzofuran-3-on[1]) $C_{18}H_{16}O_5$, Formel VII (R = CH$_3$).

B. Beim Behandeln einer Lösung von 6'-Hydroxy-2',3',4'-trimethoxy-*trans*(?)-chalkon (F: 132—133°) in Äthanol mit wss. Natronlauge und wss. Wasserstoffperoxid (*Narasim-hachari, Seshadri,* Pr. Indian Acad. [A] **30** [1949] 216, 218).

Gelbe Krystalle (aus A.); F: 142—143°.

---

[1]) Bezüglich der Konfigurationszuordnung vgl. *Hastings, Heller,* J. C. S. Perkin I **1972** 2128; *Brady et al.,* Tetrahedron **29** [1973] 359.

R—O / R—O ... VII   O—R / R—O / OH ... VIII   O—X / H₃C—O / O—R ... IX

$$\text{VII} \qquad\qquad \text{VIII} \qquad\qquad \text{IX}$$

2-[(Z)-Benzyliden]-4-hydroxy-5,7-dimethoxy-benzofuran-3-on [1]) $C_{17}H_{14}O_5$, Formel VIII
(R = CH₃).
B. Beim Erwärmen von 4-Hydroxy-5,7-dimethoxy-benzofuran-3-on (E III/IV **17** 2677)
mit Benzaldehyd und Schwefelsäure (*Balakrishna et al.*, Pr. Indian Acad. [A] **29** [1949]
394, 402).
Gelbbraune Krystalle (aus A.); F: 183—184°.

2-[(Z)-Benzyliden]-4,7-dihydroxy-6-methoxy-benzofuran-3-on [1]) $C_{16}H_{12}O_5$, Formel IX
(R = X = H).
B. Beim Behandeln einer Lösung von 2-[(Z)-Benzyliden]-6-methoxy-benzofuran-3,4,7-
trion (F: 164—165°) in Äthanol mit Schwefeldioxid (*Balakrishna et al.*, Pr. Indian Acad.
[A] **30** [1949] 120, 125).
Gelbe Krystalle (aus A.); F: 185—186°.

2-[(Z)-Benzyliden]-4-hydroxy-6,7-dimethoxy-benzofuran-3-on [1]) $C_{17}H_{14}O_5$, Formel IX
(R = H, X = CH₃).
B. Beim Erwärmen von 4-Hydroxy-6,7-dimethoxy-benzofuran-3-on (E III/IV **17** 2678)
mit Benzaldehyd und Schwefelsäure (*Balakrishna et al.*, Pr. Indian Acad. [A] **30** [1949]
120, 125). Beim Erwärmen von 2-[(Z)-Benzyliden]-4,7-dihydroxy-6-methoxy-benzofuran-
3-on mit Dimethylsulfat, Kaliumcarbonat und Aceton (*Ba. et al.*).
Krystalle; F: 234—235° (*Cummins et al.*, Tetrahedron **19** [1963] 499, 510), 177—178°
[aus A.] (*Ba. et al.*).

2-[(Z)-Benzyliden]-4,6,7-trimethoxy-benzofuran-3-on [1]) $C_{18}H_{16}O_5$, Formel IX
(R = X = CH₃).
B. Beim Behandeln von 2′-Hydroxy-3′,4′,6′-trimethoxy-*trans*(?)-chalkon (E III **8**
4117) mit wss.-äthanol. Natronlauge und wss. Wasserstoffperoxid (*Balakrishna et al.*,
Pr. Indian Acad. [A] **30** [1949] 120, 124). Beim Erwärmen von 4,6,7-Trimethoxy-benzo-
furan-3-on (E III/IV **17** 2678) mit Benzaldehyd und Schwefelsäure (*Ba. et al.*).
Krystalle (aus A.); F: 180—181°.

4,6-Dihydroxy-2-[(Z)-2-methoxy-benzyliden]-benzofuran-3-on [1]) $C_{16}H_{12}O_5$, Formel X
(R = H, X = CH₃).
B. Beim Behandeln von 4,6-Dihydroxy-benzofuran-3-on (E III/IV **17** 2352) mit
2-Methoxy-benzaldehyd und wss.-äthanol. Kalilauge (*Fitzgerald et al.*, Soc. **1955** 860).
Gelbe Krystalle (aus A.); F: 255—260° [Zers.].

4,6-Dimethoxy-2-[(Z(?))-salicyliden]-benzofuran-3-on [1]) $C_{17}H_{14}O_5$, Formel X (R = CH₃,
X = H).
B. Beim Behandeln von 4,6-Dimethoxy-benzofuran-3-on (E III/IV **17** 2353) mit Salicylaldehyd und wss.-äthanol. Natronlauge (*DiVittorio*, Rend. Ist. super. Sanità **21** [1958]
418, 428).
Orangegelbe Krystalle (aus Eg.); F: 256—260° [Zers.; Kofler-App.]. Absorptionsspektrum (A.; 230—450 nm): *DiV.*, l. c. S. 422.

4,6-Dimethoxy-2-[(Z(?))-2-methoxy-benzyliden]-benzofuran-3-on [1]) $C_{18}H_{16}O_5$, Formel X
(R = X = CH₃).
B. Beim Erwärmen von 4,6-Dimethoxy-2-[(Z(?))-salicyliden]-benzofuran-3-on (s. o.) mit

[1]) s. S. 2740 Anm.

Dimethylsulfat, Kaliumcarbonat und Aceton (*DiVittorio*, Rend. Ist. super. Sanità **21** [1958] 418, 428).

Gelbe Krystalle (aus A.); F: 214—216° [Kofler-App.]. Absorptionsspektrum (A.; 230—450 nm): *DiV.*, l. c. S. 422.

X   XI   XII

2-[(Z)-3-Hydroxy-benzyliden]-4,6-dimethoxy-benzofuran-3-on[1] $C_{17}H_{14}O_5$, Formel XI (R = H).

B. Beim Behandeln von 4,6-Dimethoxy-benzofuran-3-on (E III/IV **17** 2353) mit 3-Hydroxy-benzaldehyd und wss.-äthanol. Natronlauge (*DiVittorio*, Rend. Ist. super. Sanità **21** [1958] 418, 428) oder mit 3-Hydroxy-benzaldehyd, Essigsäure und kleinen Mengen wss. Salzsäure (*Geissman, Harborne*, Am. Soc. **77** [1955] 4622).

Gelbe Krystalle; F: 218—220° [aus A.] (*DiV.*), 214—215° [aus wss. A.] (*Ge., Ha.*). Absorptionsspektrum (A.; 230—450 nm): *DiV.*, l. c. S. 422.

4,6-Dimethoxy-2-[(Z)-3-methoxy-benzyliden]-benzofuran-3-on[1] $C_{18}H_{16}O_5$, Formel XI (R = CH₃).

B. Beim Erwärmen von 2-[(Z)-3-Hydroxy-benzyliden]-4,6-dimethoxy-benzofuran-3-on (s. o.) mit Dimethylsulfat, Kaliumcarbonat und Aceton (*DiVittorio*, Rend. Ist. super. Sanità **21** [1958] 418, 429).

Krystalle (aus A.); F: 190—191° [Kofler-App.]. Absorptionsspektrum (A.; 230 nm bis 450 nm): *DiV.*, l. c. S. 422.

4,6-Dihydroxy-2-[(Z)-4-hydroxy-benzyliden]-benzofuran-3-on[1] $C_{15}H_{10}O_5$, Formel XII (R = H).

B. Beim Behandeln von 4,6-Dihydroxy-benzofuran-3-on (E III/IV **17** 2352) mit 4-Hydroxy-benzaldehyd, Essigsäure und kleinen Mengen wss. Salzsäure (*Geissman, Harborne*, Am. Soc. **78** [1956] 832, 837).

Krystalle (aus wss. Eg.); F: 295—300° [Zers.] (*Ge., Ha.*). Absorptionsmaxima einer Lösung in Äthanol: 225 nm und 392 nm; einer Natriumäthylat enthaltenden Lösung in Äthanol: 352 nm und 445 nm (*Ge., Ha.*); einer Aluminiumchlorid enthaltenden Lösung in Äthanol: 445 nm (*Harborne*, Chem. and Ind. **1954** 1142).

2-[(Z)-4-Hydroxy-benzyliden]-4,6-dimethoxy-benzofuran-3-on[1] $C_{17}H_{14}O_5$, Formel XII (R = CH₃).

B. Beim Behandeln einer Lösung von 4,6-Dimethoxy-benzofuran-3-on (E III/IV **17** 2353) in Methanol (*DiVittorio*, Rend. Ist. super. Sanità **21** [1958] 418, 428) oder in Essigsäure (*Geissman, Harborne*, Am. Soc. **77** [1955] 4622) mit 4-Hydroxy-benzaldehyd und wss. Salzsäure.

Gelbe Krystalle; F: 275—278° [Zers.; aus A.] (*DiV.*), 274° [aus wss. A.] (*Ge., Ha.*). Absorptionsspektrum (A.; 230—450 nm): *DiV.*, l. c. S. 422.

4,6-Dimethoxy-2-[(Z)-4-methoxy-benzyliden]-benzofuran-3-on[1] $C_{18}H_{16}O_5$, Formel I (X = H).

B. Beim Behandeln von 2'-Hydroxy-4,4',6'-trimethoxy-*trans*(?)-chalkon (F: 114—115°) mit wss. Wasserstoffperoxid und wss.-methanol. Natronlauge (*Geissman, Fukushima*, Am. Soc. **70** [1948] 1686, 1688; *Tominaga*, J. pharm. Soc. Japan **73** [1953] 1179, 1181; C. A. **1954** 12741). Beim Behandeln einer äthanol. Lösung von 4,6-Dimethoxy-benzo=

---

[1] s. S. 2740 Anm.

furan-3-on (E III/IV **17** 2353) mit 4-Methoxy-benzaldehyd und wss. Salzsäure (*DiVittorio*, Rend. Ist. super. Sanità **21** [1958] 418, 429). Beim Erhitzen von 2,4,6-Trimeth=oxy-2-[4-methoxy-benzyl]-benzofuran-3-on mit saurem Bentonit auf 210° (*Molho*, C. r. **248** [1959] 1535).

Gelbe Krystalle; F: 169—170° [aus A.] (*DiV.*), 166,5—167,5° [unkorr.; aus Acn.] (*Ge.*, *Fu.*), 166—167° [aus Me.] (*To.*). Absorptionsspektrum (A.; 230—450 nm): *DiV.*, l. c. S. 422.

I   II   III

7-Brom-4,6-dimethoxy-2-[(*Z*)-4-methoxy-benzyliden]-benzofuran-3-on [1] $C_{18}H_{15}BrO_5$, Formel I (X = Br).

Diese Konstitution kommt der nachstehend beschriebenen, von *Hutchins*, *Wheeler* (Soc. **1939** 91, 93) als 5-Brom-4,6-dimethoxy-2-[4-methoxy-benzyliden]-benzofuran-3-on ($C_{18}H_{15}BrO_5$) beschriebenen Verbindung zu (*Donelly*, Tetrahedron Letters **1959** Nr. 19, S. 1).

B. Beim Behandeln von 2,3-Dibrom-1-[3-brom-2-hydroxy-4,6-dimethoxy-phenyl]-3-[4-methoxy-phenyl]-propan-1-on (F: 165°) mit Äthanol und wss. Natronlauge (*Hu.*, *Wh.*).

Krystalle (aus CHCl$_3$ + Me.); F: 243° (*Hu.*, *Wh.*).

5,6-Dihydroxy-2-[(*Z*)-4-hydroxy-benzyliden]-benzofuran-3-on [1] $C_{15}H_{10}O_5$, Formel II.

B. Beim Behandeln von 5,6-Dihydroxy-benzofuran-3-on (E III/IV **17** 2355) mit 4-Hydroxy-benzaldehyd, Essigsäure und kleinen Mengen wss. Salzsäure (*Geissman*, *Harborne*, Am. Soc. **78** [1956] 832, 837).

Krystalle (aus wss. A.); F: 320° [Zers.]. Absorptionsspektrum (A.; 220—450 nm): *Ge.*, *Ha.*, l. c. S. 836. Absorptionsmaxima einer Lösung in Äthanol: 258 nm und 381 nm; Absorptionsmaximum einer Natriumäthylat enthaltenden Lösung in Äthanol: 435 nm (*Ge.*, *Ha.*, l. c. S. 833).

6,7-Dihydroxy-2-[(*Z*)-4-hydroxy-benzyliden]-benzofuran-3-on [1] $C_{15}H_{10}O_5$, Formel III (H 191).

Absorptionsspektrum (A.; 220—450 nm) eines nach dem früher (s. H **18** 191) angegebenen Verfahren hergestellten Präparats: *Geissman*, *Harborne*, Am. Soc. **78** [1956] 832, 836. Absorptionsmaxima einer Lösung in Äthanol: 241 nm und 407 nm; Absorptionsmaximum einer Natriumäthylat enthaltenden Lösung in Äthanol: 508 nm (*Ge.*, *Ha.*, l. c. S. 833).

2-[(*Z*)-3,4-Dihydroxy-benzyliden]-4-hydroxy-benzofuran-3-on [1] $C_{15}H_{10}O_5$, Formel IV (R = H).

B. Beim Behandeln von 4-Hydroxy-benzofuran-3-on (E III/IV **17** 2114) mit 3,4-Di=hydroxy-benzaldehyd, Essigsäure und kleinen Mengen wss. Salzsäure (*Geissman*, *Harborne*, Am. Soc. **78** [1956] 832, 837).

Gelbe Krystalle (aus wss. Eg.); F: 310° [Zers.]. Absorptionsmaxima einer Lösung in Äthanol: 256 nm, 274 nm, 310 nm und 416 nm; einer Natriumäthylat enthaltenden Lösung in Äthanol: 360 nm und 510 nm (*Ge.*, *Ha.*, l. c. S. 833).

4-Methoxy-2-[(*Z*)-veratryliden]-benzofuran-3-on [1] $C_{18}H_{16}O_5$, Formel IV (R = CH$_3$).

B. Beim Behandeln von 2′-Hydroxy-3,4,6′-trimethoxy-*trans*(?)-chalkon (F: 125°) mit

---

[1] s. S. 2740 Anm.

wss.-methanol. Natronlauge und wss. Wasserstoffperoxid (*Geissman, Jurd*, Am. Soc. **76** [1954] 4475).

Gelbe Krystalle (aus Me.); F: 187,5°. Absorptionsmaxima (A.?): 272 nm, 313 nm und 413 nm.

2-[(Z)-2,4-Dihydroxy-benzyliden]-6-methoxy-benzofuran-3-on [1]) $C_{16}H_{12}O_5$, Formel V (R = X = H).

B. Beim Behandeln von 6-Methoxy-benzofuran-3-on (E III/IV **17** 2116) mit 2,4-Di= hydroxy-benzaldehyd, Äthanol und Piperidin (*Desai, Ray*, J. Indian chem. Soc. **35** [1958] 83, 85).

Krystalle (aus A. oder Eg.); F: 244—246° [Zers.].

2-[(Z)-2-Hydroxy-4-methoxy-benzyliden]-6-methoxy-benzofuran-3-on [1]) $C_{17}H_{14}O_5$, Formel V (R = H, X = CH₃).

B. Beim Behandeln von 6-Methoxy-benzofuran-3-on (E III/IV **17** 2126) mit 2-Hydroxy-4-methoxy-benzaldehyd, Äthanol und Piperidin (*Desai, Ray*, J. Indian chem. Soc. **35** [1958] 83, 86).

Krystalle (aus A.); F: 223—225° [Zers.].

2-[(Z)-2-Acetoxy-4-methoxy-benzyliden]-6-methoxy-benzofuran-3-on [1]) $C_{19}H_{16}O_6$, Formel V (R = CO-CH₃, X = CH₃).

B. Aus 2-[(Z)-2-Hydroxy-4-methoxy-benzyliden]-6-methoxy-benzofuran-3-on (*Desai, Ray*, J. Indian chem. Soc. **35** [1958] 83, 86).

Krystalle (aus A.); F: 156—157°.

2-[(Z)-2,4-Diacetoxy-benzyliden]-6-methoxy-benzofuran-3-on [1]) $C_{20}H_{16}O_7$, Formel V (R = X = CO-CH₃).

B. Aus 2-[(Z)-2,4-Dihydroxy-benzyliden]-6-methoxy-benzofuran-3-on (*Desai, Ray*, J. Indian chem. Soc. **35** [1958] 83, 85).

Krystalle (aus A.); F: 159—161°.

2-[(Z)-3,4-Dihydroxy-benzyliden]-6-hydroxy-benzofuran-3-on [1]), Sulfuretin $C_{15}H_{10}O_5$, Formel VI (R = X = H) (H 192; dort als 6-Oxy-3-oxo-2-[3.4-dioxy-benzal]-cumaran bezeichnet).

Gewinnung aus Blüten von Coreopsis gigantea und von Coreopsis maritima nach Hydrolyse (wss. Schwefelsäure): *Geissman et al.*, Am. Soc. **78** [1956] 825, 827; aus gelben Blüten von Dahlia variabilis nach Hydrolyse (wss. Salzsäure): *Nordström, Swain*, Arch. Biochem. **60** [1956] 329, 330.

B. Aus 6-Hydroxy-benzofuran-3-on (E III/IV **17** 2116) und 3,4-Dihydroxy-benzal= dehyd mit Hilfe von wss.-äthanol. Salzsäure (*No., Sw.*, l. c. S. 333; vgl. H 192), mit Hilfe von Chlorwasserstoff enthaltendem Äthanol (*Puri, Seshadri*, Soc. **1955** 1589, 1591) oder mit Hilfe von wss. Salzsäure und Essigsäure (*Farkas et al.*, B. **92** [1959] 2847, 2849).

Orangegelbe Krystalle; F: 315° [korr.; Zers.; aus wss. A.] (*No., Sw.*), 310—312° [Zers.; aus A.] (*Puri, Se.*), 300—302° [unkorr.; Zers.; aus wss. Me.] (*Fa. et al.*). Absorptions= spektren (220—450 nm) von Lösungen in Äthanol: *Jurd, Geissman*, J. org. Chem. **21** [1956] 1395, 1398; *Geissman, Harborne*, Am. Soc. **78** [1956] 832, 836; einer Natriumacetat und einer Aluminiumchlorid enthaltenden Lösung in Äthanol: *Jurd, Ge.* Absorptions= maxima (A.): 257 nm, 270 nm und 400 nm (*Fa. et al.*).

IV   V   VI

------

[1]) s. S. 2740 Anm.

2-[(Z)-3,4-Dihydroxy-benzyliden]-6-methoxy-benzofuran-3-on [1]) $C_{16}H_{12}O_5$, Formel VII
(R = X = H) (E I 400; dort als 6-Methoxy-2-[3.4-dioxy-benzal]-cumaranon bezeichnet).
B. Beim Behandeln einer Lösung von 6-Methoxy-benzofuran-3-on (E III/IV **17** 2116)
und 3,4-Dihydroxy-benzaldehyd in Äthanol mit Chlorwasserstoff (*Puri, Seshadri*, Soc.
1955 1589, 1591).
Rote Krystalle (aus wss. A.); F: 223—225°.

6-Hydroxy-2-[(Z)-vanillyliden]-benzofuran-3-on [1]) $C_{16}H_{12}O_5$, Formel VI (R = CH_3,
X = H).
B. Beim Behandeln von 6-Hydroxy-benzofuran-3-on (E III/IV **17** 2116) mit Vanillin
und wss.-äthanol. Kalilauge (*Puri, Seshadri*, Soc. **1955** 1589, 1591).
Gelbe Krystalle (aus wss. A.); F: 263—264°.

6-Hydroxy-2-[(Z)-3-hydroxy-4-methoxy-benzyliden]-benzofuran-3-on [1]) $C_{16}H_{12}O_5$,
Formel VI (R = H, X = CH_3).
B. Beim Behandeln von 6-Hydroxy-benzofuran-3-on (E III/IV **17** 2116) mit
3-Hydroxy-4-methoxy-benzaldehyd und wss.-äthanol. Kalilauge (*Puri, Seshadri*, Soc.
1955 1589, 1591).
Orangegelbe Krystalle (aus A.); F: 241—243°.

6-Methoxy-2-[(Z)-vanillyliden]-benzofuran-3-on [1]) $C_{17}H_{14}O_5$, Formel VII (R = CH_3,
X = H) (E I 400; dort als 6-Methoxy-2-vanillal-cumaranon bezeichnet).
B. Beim Erwärmen von 2-[(Z)-4-Benzyloxy-3-methoxy-benzyliden]-6-methoxy-
benzofuran-3-on mit Essigsäure und wss. Salzsäure (*Nordström, Swain*, Arch. Biochem.
60 [1956] 329, 335).
Gelbe Krystalle (aus A.); F: 196—197° [korr.]. Absorptionsmaximum (A.): 400 nm
(*No., Sw.*, l. c. S. 336).

6-Hydroxy-2-[(Z)-veratryliden]-benzofuran-3-on [1]) $C_{17}H_{14}O_5$, Formel VI (R = X = CH_3).
B. Beim Behandeln von 6-Hydroxy-benzofuran-3-on (E III/IV **17** 2116) mit Veratrum-
aldehyd und wss.-äthanol. Natronlauge (*Nordström, Swain*, Arch. Biochem. **60** [1956]
329, 335).
Gelbe Krystalle (aus A.); F: 221—222° [korr.]. Absorptionsmaximum (A.): 382 nm
(*No., Sw.*, l. c. S. 336).

VII   VIII

6-Methoxy-2-[(Z)-veratryliden]-benzofuran-3-on, Tri-*O*-methyl-sulfuretin
$C_{18}H_{16}O_5$, Formel VII (R = X = CH_3) (H 192 und E I 400; dort als 6-Methoxy-2-ver-
atral-cumaranon bezeichnet).
Konfiguration: *Kurosawa, Higuchi*, Bl. chem. Soc. Japan **45** [1972] 1132.
B. Beim Erwärmen von 2-Chlor-1-[2-hydroxy-4-methoxy-phenyl]-äthanon mit Vera-
trumaldehyd und wss.-äthanol. Natronlauge (*Gowan et al.*, Soc. **1955** 862, 866). Beim
Erwärmen von Sulfuretin (S. 2744) mit Dimethylsulfat, Kaliumcarbonat und Aceton
(*Nordström, Swain*, Arch. Biochem. **60** [1956] 329, 330; *Farkas et al.*, B. **92** [1959]
2847, 2850; s. a. *Geissman, Jurd*, Am. Soc. **76** [1954] 4475).
Hellgelbe Krystalle; F: 187—188° [unkorr.; aus wss. Eg.] (*Fa. et al.*), 186° [korr.]
(*No., Sw.*, l. c. S. 335), 185—186° [aus A.] (*Go. et al.*). Absorptionsmaxima (A.): 257 nm
und 392 nm (*Ge., Jurd*) bzw. 388 nm (*No., Sw.*, l. c. S. 336).

---

[1]) s. S. 2740 Anm.

2-[(Z)-4-Benzyloxy-3-methoxy-benzyliden]-6-hydroxy-benzofuran-3-on [1]) $C_{23}H_{18}O_5$, Formel VIII (R = H).

B. Beim Behandeln von 6-Hydroxy-benzofuran-3-on (E III/IV **17** 2116) mit 4-Benzyloxy-3-methoxy-benzaldehyd und wss.-äthanol. Natronlauge (*Nordström, Swain*, Arch. Biochem. **60** [1956] 329, 335).

Gelbe Krystalle; F: 259—260° [korr.].

2-[(Z)-4-Benzyloxy-3-methoxy-benzyliden]-6-methoxy-benzofuran-3-on [1]) $C_{24}H_{20}O_5$, Formel VIII (R = CH$_3$).

B. Beim Erwärmen von 1-[2-Acetoxy-4-methoxy-phenyl]-3-[4-benzyloxy-3-methoxy-phenyl]-2,3-dibrom-propan-1-on (F: 122°) mit Äthanol und anschliessenden Behandeln mit wss. Natronlauge (*Marathey*, J. Univ. Poona Nr. 2 [1952] 19, 24). Beim Behandeln von 2-[(Z)-4-Benzyloxy-3-methoxy-benzyliden]-6-hydroxy-benzofuran-3-on mit Di≈ methylsulfat, Kaliumcarbonat und Aceton (*Nordström, Swain*, Arch. Biochem. **60** [1956] 329, 335).

Gelbe Krystalle; F: 170—171° [korr.] (*No., Sw.*), 162° [aus Eg. + A.] (*Ma.*).

6-Acetoxy-2-[(Z)-3,4-diacetoxy-benzyliden]-benzofuran-3-on [1]), Tri-O-acetyl-sulf≈ uretin $C_{21}H_{16}O_8$, Formel IX (vgl. H 192; dort als 6-Acetoxy-2-[3.4-diacetoxy-benzal]-cumaranon bezeichnet).

B. Beim Erhitzen von 6-Hydroxy-benzofuran-3-on (E III/IV **17** 2116) mit 3,4-Di≈ hydroxy-benzaldehyd und Acetanhydrid (*Farkas et al.*, B. **92** [1959] 2847, 2850). Beim Er-wärmen von Sulfuretin (S. 2744) mit Acetanhydrid und Natriumacetat (*Fa. et al.*) oder mit Acetanhydrid und wenig Schwefelsäure (*Shimokoriyama, Hattori*, Am. Soc. **75** [1953] 1900, 1902).

Krystalle (aus Me.), F: 191—194° [unkorr.] (*Sh., Ha.*); Krystalle (aus Me.), F: 170,5° [unkorr.] (*Fa. et al.*), F: 168—169° [korr.] (*Nordström, Swain*, Arch. Biochem. **60** [1956] 329, 330).

2-[(Z)-3,4-Bis-benzoyloxy-benzyliden]-6-hydroxy-benzofuran-3-on [1]) $C_{29}H_{18}O_7$, Formel VI (R == X = CO-C$_6$H$_5$) auf S. 2744.

B. Beim Behandeln von 6-Hydroxy-benzofuran-3-on (E III/IV **17** 2116) mit 3,4-Bis-benzoyloxy-benzaldehyd, Essigsäure und kleinen Mengen wss. Salzsäure (*Farkas et al.*, B. **92** [1959] 2847, 2848).

Gelbliche Krystalle (aus Me.); F: 206—210° [unkorr.].

2-[(Z)-3,4-Dihydroxy-benzyliden]-6-β-D-glucopyranosyloxy-benzofuran-3-on [1]), **Sulfurein** $C_{21}H_{20}O_{10}$, Formel X (R = H).

Isolierung aus Blüten von Coreopsis gigantea und von Coreopsis maritima: *Geissman et al.*, Am. Soc. **78** [1956] 825, 827; von Cosmos sulphureus: *Shimokoriyama, Hattori*, Am. Soc. **75** [1953] 1900, 1902; aus gelben Blüten von Dahlia variabilis: *Nordström, Swain*, Arch. Biochem. **60** [1956] 329, 332.

B. Beim Erwärmen von Hexa-O-acetyl-sulfurein (s. u.) mit Natriummethylat in Methanol (*Farkas et al.*, B. **92** [1959] 2847, 2849). Beim Erwärmen von Coreopsin (4'-β-D-Glucopyranosyloxy-3,4,2'-trihydroxy-chalkon) mit Natriumhydrogencarbonat in Methanol (*Sh., Ha.*).

Orangerote Krystalle (aus W.) mit 5 Mol H$_2$O, die bei 190—196° [unkorr.] (*Fa. et al.*) bzw. bei 185—200° [korr.] (*Sh., Ha.*) schmelzen. Absorptionsmaxima (A.): 257 nm, 277 nm und 405 nm (*Fa. et al.; Ge. et al.*).

Über eine von *Zemplén et al.* (Acta chim. hung. **12** [1957] 259, 262) unter der gleichen Konstitution beschriebene, beim Behandeln von 6-[Tetra-O-acetyl-β-D-glucopyranosyl≈ oxy]-benzofuran-3-on (E III/IV **17** 3446) mit 3,4-Dihydroxy-benzaldehyd und wss.-äthanol. Kalilauge erhaltene Verbindung (Krystalle [aus A.]; F: 288—289°) s. *Farkas et al.*, B. **92** [1959] 2847, 2848.

2-[(Z)-3,4-Diacetoxy-benzyliden]-6-[tetra-O-acetyl-β-D-glucopyranosyloxy]-benzofuran-3-on [1]), **Hexa-O-acetyl-sulfurein** $C_{33}H_{32}O_{16}$, Formel X (R = CO-CH$_3$).

B. Beim Erhitzen von 6-[Tetra-O-acetyl-β-D-glucopyranosyloxy]-benzofuran-3-on

---

[1]) s. S. 2740 Anm.

(E III/IV **17** 3446) mit 3,4-Dihydroxy-benzaldehyd und Acetanhydrid (*Farkas et al.*, B. **92** [1959] 2847, 2849).

Gelbliche Krystalle (aus CHCl$_3$); F: 208—209° [unkorr.]. [α]$_D^{20}$: —27,9° [CHCl$_3$; c = 0,8].

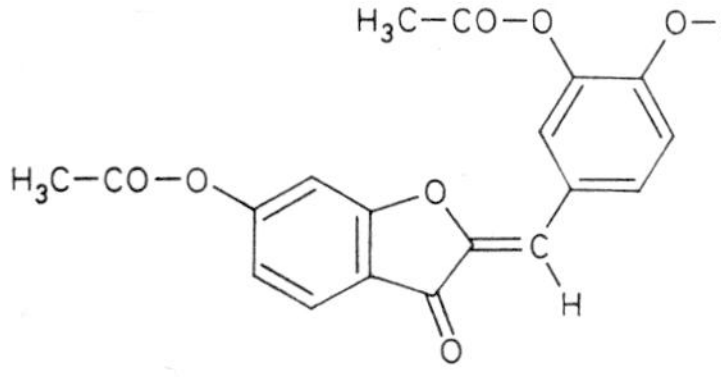

IX

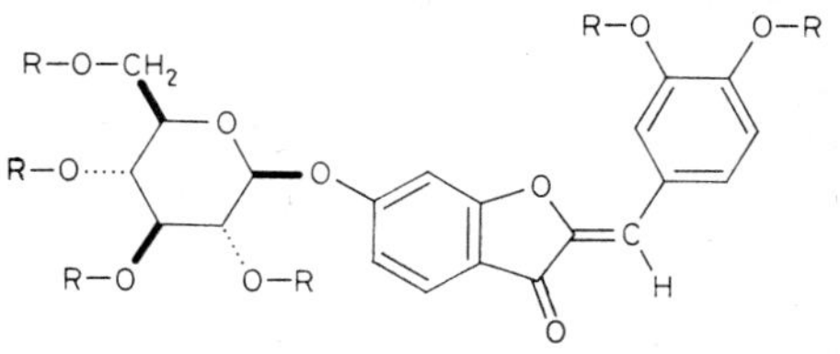

X

6-β-D-Glucopyranosyloxy-2-[(Z)-3-β-D-glucopyranosyloxy-4-hydroxy-benzyliden]-benzofuran-3-on [1]), Palasitrin C$_{27}$H$_{30}$O$_{15}$, Formel XI.

Isolierung aus Blüten von Butea frondosa: *Puri, Seshadri*, Soc. **1955** 1589, 1590.

B. Beim Behandeln von Deca-*O*-acetyl-isobutrin (4,2′-Diacetoxy-3,4′-bis-[tetra-*O*-acetyl-β-D-glucopyranosyloxy]-ξ-chalkon) mit Brom in Essigsäure und Erhitzen des Reaktionsprodukts mit wss. Kalilauge (*Puri, Se.*, l. c. S. 1592).

Krystalle (aus Butan-1-ol) mit 1 Mol H$_2$O; F: 199—200° [Zers.; nach Sintern bei 125°].

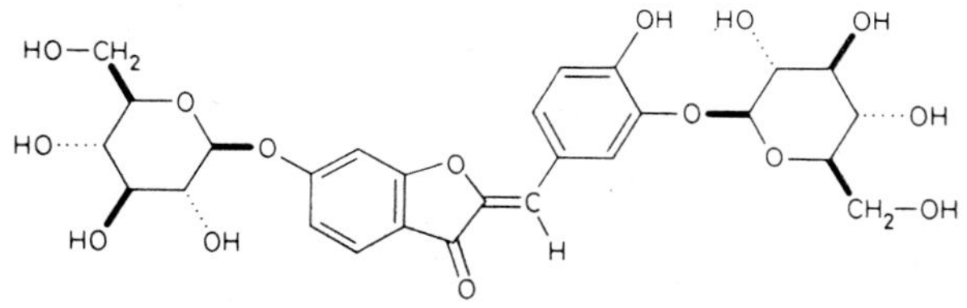

XI

6-Methoxy-5-nitro-2-[(Z)-vanillyliden]-benzofuran-3-on [1]) C$_{17}$H$_{13}$NO$_7$, Formel I (R = X = H).

B. Beim Erhitzen von 2,3-Dibrom-1-[2-hydroxy-4-methoxy-5-nitro-phenyl]-3-[4-hydroxy-3-methoxy-phenyl]-propan-1-on (F: 110—111°) mit wss. Kalilauge (*Kulkarni, Jadhav*, J. Indian chem. Soc. **32** [1955] 97, 99).

Krystalle (aus Eg.); F: 209—210°.

6-Methoxy-5-nitro-2-[(Z)-veratryliden]-benzofuran-3-on [1]) C$_{18}$H$_{15}$NO$_7$, Formel I (R = CH$_3$, X = H).

B. Beim Erhitzen von 2,3-Dibrom-3-[3,4-dimethoxy-phenyl]-1-[2-hydroxy-4-methoxy-5-nitro-phenyl]-propan-1-on (F: 110—111°) mit wss. Kalilauge (*Kulkarni, Jadhav*, J. Univ. Bombay **23**, Tl. 5A [1955] 14, 17).

Krystalle (aus Eg.); F: 275—276°.

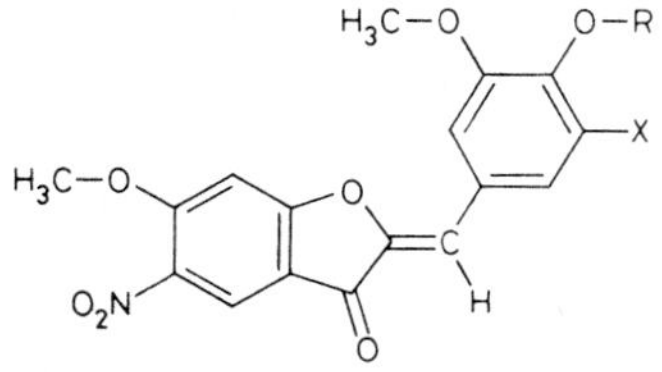

I

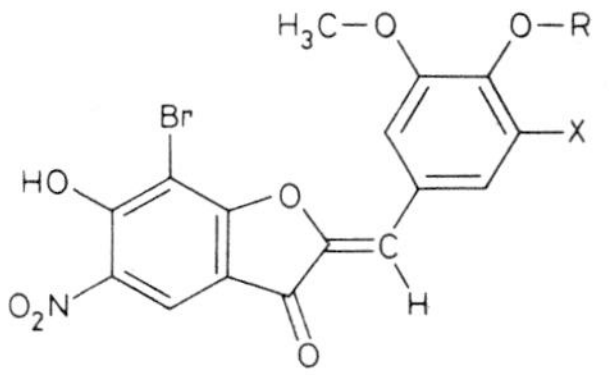

II

7-Brom-6-hydroxy-5-nitro-2-[(Z)-vanillyliden]-benzofuran-3-on [1]) C$_{16}$H$_{10}$BrNO$_7$, Formel II (R = X = H).

B. Beim Erhitzen von 2,3-Dibrom-1-[3-brom-2,4-dihydroxy-5-nitro-phenyl]-3-[4-hydr

---

[1]) s. S. 2740 Anm.

oxy-3-methoxy-phenyl]-propan-1-on (F: 178—180°) mit wss. Kalilauge (*Kulkarni, Jadhav*, J. Indian chem. Soc. **31** [1954] 746, 749).
Krystalle (aus Eg.); F: 170—171°.

7-Brom-6-hydroxy-5-nitro-2-[(Z)-veratryliden]-benzofuran-3-on [1]) $C_{17}H_{12}BrNO_7$, Formel II (R = CH_3, X = H).
B. Beim Erhitzen von 2,3-Dibrom-1-[3-brom-2,4-dihydroxy-5-nitro-phenyl]-3-[3,4-di= methoxy-phenyl]-propan-1-on (F: 180—181°) mit Pyridin oder mit wss. Kalilauge (*Kulkarni, Jadhav*, J. Univ. Bombay **22**, Tl. 5A [1954] 17, 20).
Krystalle (aus Eg.); F: 163—164°.

2-[(Z)-3-Brom-4-hydroxy-5-methoxy-benzyliden]-6-methoxy-5-nitro-benzofuran-3-on [1]) $C_{17}H_{12}BrNO_7$, Formel I (R = H, X = Br).
B. Beim Erhitzen von 2,3-Dibrom-3-[3-brom-4-hydroxy-5-methoxy-phenyl]-1-[2-hydr= oxy-4-methoxy-5-nitro-phenyl]-propan-1-on (F: 116—117°) mit wss. Kalilauge (*Kulkarni, Jadhav*, J. Indian chem. Soc. **32** [1955] 97, 99).
Krystalle (aus Eg.); F: 195—196°.

7-Brom-2-[(Z)-3-brom-4-hydroxy-5-methoxy-benzyliden]-6-hydroxy-5-nitro-benzo= furan-3-on [1]) $C_{16}H_9Br_2NO_7$, Formel II (R = H, X = Br).
B. Beim Erhitzen von opt.-inakt. 2,3-Dibrom-1-[3-brom-2,4-dihydroxy-5-nitro-phenyl]-3-[3-brom-4-hydroxy-5-methoxy-phenyl]-propan-1-on (F: 144—145°) mit wss. Kalilauge (*Kulkarni, Jadhav*, J. Indian chem. Soc. **31** [1954] 746, 749).
Krystalle (aus Eg.); F: 154—155°.

7-Brom-2-[(Z)-3-brom-4,5-dimethoxy-benzyliden]-6-hydroxy-5-nitro-benzofuran-3-on [1]) $C_{17}H_{11}Br_2NO_7$, Formel II (R = CH_3, X = Br).
B. Beim Erhitzen von 2,3-Dibrom-1-[3-brom-2,4-dihydroxy-5-nitro-phenyl]-3-[3-brom-4,5-dimethoxy-phenyl]-propan-1-on (F: 112—113°) mit Pyridin oder mit wss. Kalilauge (*Kulkarni, Jadhav*, J. Univ. Bombay **22**, Tl. 5A [1954] 17, 20).
Krystalle (aus Eg.); F: 158—159°.

7-Methoxy-2-[(Z)-vanillyliden]-benzofuran-3-on [1]) $C_{17}H_{14}O_5$, Formel III (R = H).
B. Beim Erwärmen von 7-Methoxy-benzofuran-3-on (E III/IV **17** 2118) mit Vanillin Äthanol und wss. Salzsäure (*Richtzenhain, Alfredsson*, B. **89** [1956] 378, 385).
Krystalle (aus A.); F: 199—200,5°.

III   IV

7-Methoxy-2-[(Z)-veratryliden]-benzofuran-3-on [1]) $C_{18}H_{16}O_5$, Formel III (R = CH_3).
B. Beim Erwärmen von 7-Methoxy-benzofuran-3-on (E III/IV **17** 2118) mit Ver= atrumaldehyd, Äthanol und wss. Salzsäure (*Richtzenhain, Alfredsson*, B. **89** [1956] 378, 385).
Krystalle (aus A.); F: 153—154°.

2-Benzyl-3-hydroxy-6-methoxy-benzofuran-4,7-chinon $C_{16}H_{12}O_5$, Formel IV, und Tau= tomeres (2-Benzyl-6-methoxy-benzofuran-3,4,7-trion).
B. Beim Behandeln von 2-Benzyl-6,7-dimethoxy-benzofuran-3,4-diol mit wss. Sal= petersäure (*Balakrishna et al.*, Pr. Indian Acad. [A] **30** [1949] 163, 170).
Gelbe Krystalle (aus A.); F: 115—116°.

---

[1]) s. S. 2740 Anm.

Benzofuran-3-yl-[2-hydroxy-4,6-dimethoxy-phenyl]-keton $C_{17}H_{14}O_5$, Formel V (R = H).

B. Beim Erhitzen von 3-[2-Hydroxy-4,6-dimethoxy-benzoyl]-benzofuran-2-carbon=
säure mit Kupfer-Pulver und Chinolin (*Whalley, Lloyd*, Soc. **1956** 3213, 3222).

Gelbe Krystalle (aus Me.); F: 133°.

Beim Erhitzen mit Essigsäure ist 3-[2-Hydroxy-phenyl]-5,7-dimethoxy-chromen-4-on
erhalten worden.

Benzofuran-3-yl-[2,4,6-trimethoxy-phenyl]-keton $C_{18}H_{16}O_5$, Formel V (R = CH₃).

B. Beim Erhitzen von 3-[2,4,6-Trimethoxy-benzoyl]-benzofuran-2-carbonsäure mit
Kupfer-Pulver und Chinolin (*Whalley, Lloyd*, Soc. **1956** 3213, 3221). Aus der im vorangehenden Artikel beschriebenen Verbindung (*Wh., Ll.,* l. c. S. 3222).

Krystalle (aus Me.); F: 134°.

Beim Erwärmen mit wss.-methanol. Kalilauge ist 2-[2,4,6-Trimethoxy-phenyl]-benzo=
furan, beim Erhitzen mit wss. Jodwasserstoffsäure und Essigsäure ist 5-Hydroxy-
3-[2-hydroxy-phenyl]-7-methoxy-chromen-4-on erhalten worden.

V   VI

Benzofuran-3-yl-[2,4,6-trimethoxy-phenyl]-keton-oxim $C_{18}H_{17}NO_5$, Formel VI.

B. Aus Benzofuran-3-yl-[2,4,6-trimethoxy-phenyl]-keton und Hydroxylamin (*Whalley,
Lloyd*, Soc. **1956** 3213, 3221).

Krystalle (aus wss. Me.); F: 190°.

4,6-Dihydroxy-3-[(Ξ)-4-hydroxy-benzyliden]-3H-benzofuran-2-on $C_{15}H_{10}O_5$, Formel VII
(R = H).

Diese Konstitution kommt dem nachstehend beschriebenen **Garcinol** zu (*Murakami,
Irie*, Pr. Acad. Tokyo **10** [1934] 568).

B. Neben anderen Verbindungen beim Erhitzen von Fukugetin (2'-[3,4-Dihydroxy-
phenyl]-5,7,5',7'-tetrahydroxy-2-[4-hydroxy-phenyl]-2,3-dihydro-[3,8']bichromenyl-
4,4'-dion) mit wss. Kalilauge auf 170° (*Shinoda*, J. pharm. Soc. Japan **52** [1932] 1009,
1018; dtsch. Ref. S. 167; C. A. **1933** 1883).

Krystalle (aus wss. A.); Zers. bei 308° (*Sh.*). Absorptionsspektrum (220—400 nm):
Shinoda, Ue-eda, J. pharm. Soc. Japan **53** [1933] 921, 925; dtsch. Ref. S. 167; C. A.
1935 5433.

Beim Behandeln mit Dimethylsulfat und wss. Kalilauge ist 3-[4-Methoxy-phenyl]-
2-[2,4,6-trimethoxy-phenyl]-acrylsäure-methylester (E III **10** 2499) erhalten worden
(*Mu., Irie*).

**4,6-Dimethoxy-3-[(Ξ)-4-methoxy-benzyliden]-3H-benzofuran-2-on, 2-[2-Hydroxy-
4,6-dimethoxy-phenyl]-3ξ-[4-methoxy-phenyl]-acrylsäure-lacton** $C_{18}H_{16}O_5$, Formel VII
(R = CH₃).

Diese Konstitution kommt dem nachstehend beschriebenen **Tri-*O*-methyl-garcinol** zu.

B. Beim Erwärmen von [2-Hydroxy-4,6-dimethoxy-phenyl]-essigsäure mit 4-Methoxy-
benzaldehyd, Acetanhydrid und wenig Triäthylamin (*Gripenberg, Juselius*, Acta chem.
scand. **8** [1954] 734, 737). Beim Erwärmen von 3,5-Dimethoxy-phenol mit [4-Methoxy-
phenyl]-brenztraubensäure und Aluminiumchlorid in 1,2-Dichlor-äthan (*Molho, Coillard*,
Bl. **1956** 78, 89). Beim Erhitzen von (±)-2-Hydroxy-4,6-dimethoxy-2-[4-methoxy-benzyl]-
benzofuran-3-on (⇌ 1-[2-Hydroxy-4,6-dimethoxy-phenyl]-3-[4-methoxy-phenyl]-propan-
1,2-dion) auf 220° (*Molho, Chadenson*, C. r. **243** [1956] 780). Beim Erhitzen von
2'-Hydroxy-4,4',6',α-tetramethoxy-chalkon (F: 121°) oder von (±)-2-Hydroxy-4,6-di=
methoxy-2-[4-methoxy-benzyl]-benzofuran-3-on mit Bleicherde auf 210° (*Molho*, C. r.
248 [1959] 1535). Beim Behandeln von Garcinol (s. o.) mit Äthanol und mit Diazo=
methan in Äther (*Shinoda*, J. pharm. Soc. Japan **52** [1932] 1009, 1023; dtsch. Ref.

S. 167; C. A. **1933** 1883).

Gelbe Krystalle (aus A.); F: 167° (*Gr., Ju.; Mo., Co.; Mo., Ch.; Mo.; Sh.*). Absorptionsmaxima: 258 nm und 395 nm (*Mo., Co.*).

4,6-Diäthoxy-3-[($Ξ$)-4-äthoxy-benzyliden]-3H-benzofuran-2-on, 3$ξ$-[4-Äthoxy-phenyl]-2-[2,4-diäthoxy-6-hydroxy-phenyl]-acrylsäure-lacton $C_{21}H_{22}O_5$, Formel VII (R = C_2H_5).
Diese Konstitution kommt dem nachstehend beschriebenen **Tri-O-äthyl-garcinol** zu.
B. Beim Behandeln von Garcinol (S. 2749) mit Äthylbromid, Kaliumcarbonat und Aceton (*Shinoda, Ue-eda*, J. pharm. Soc. Japan **53** [1933] 921, 926; dtsch. Ref. S. 167; C. A. **1935** 5433).
Gelbe Krystalle (aus E.); F: 168,5°.

4,6-Diacetoxy-3-[($Ξ$)-4-acetoxy-benzyliden]-3H-benzofuran-2-on, 3$ξ$-[4-Acetoxy-phenyl]-2-[2,4-diacetoxy-6-hydroxy-phenyl]-acrylsäure-lacton $C_{21}H_{16}O_8$, Formel VII (R = CO-CH₃).
Diese Konstitution kommt dem nachstehend beschriebenen **Tri-O-acetyl-garcinol** zu.
B. Beim Erwärmen von Garcinol (S. 2749) mit Acetanhydrid und Natriumacetat (*Shinoda, Ue-eda*, J. pharm. Soc. Japan **53** [1933] 921, 926; dtsch. Ref. S. 167; C. A. **1935** 5433).
Krystalle (aus Eg.); F: 202°.

VII   VIII

4,6-Bis-benzoyloxy-3-[($Ξ$)-4-benzoyloxy-benzyliden]-3H-benzofuran-2-on, 3$ξ$-[4-Benzoyloxy-phenyl]-2-[2,4-bis-benzoyloxy-6-hydroxy-phenyl]-acrylsäure-lacton $C_{36}H_{22}O_8$, Formel VII (R = CO-C₆H₅).
Diese Konstitution kommt dem nachstehend beschriebenen **Tri-O-benzoyl-garcinol** zu.
B. Beim Behandeln von Garcinol (S. 2749) mit Benzoylchlorid und Pyridin (*Shinoda, Ue-eda*, J. pharm. Soc. Japan **53** [1933] 921, 927; dtsch. Ref. S. 167; C. A. **1935** 5433).
Krystalle (aus Bzl. oder Eg.); F: 244°.

6-Hydroxy-3-[($Ξ$)-veratryliden]-3H-benzofuran-2-on, 2-[2,4-Dihydroxy-phenyl]-3$ξ$-[3,4-dimethoxy-phenyl]-acrylsäure-2-lacton $C_{17}H_{14}O_5$, Formel VIII (R = H).
B. Beim Erwärmen von [3,4-Dimethoxy-phenyl]-brenztraubensäure mit Resorcin und Aluminiumchlorid in 1,2-Dichlor-äthan (*Molho, Coillard*, Bl. **1956** 78, 89).
Orangefarbene Krystalle (aus A.); F: 205°. Absorptionsmaxima (A.): 270 nm und 415 nm.

6-Methoxy-3-[($Ξ$)-veratryliden]-3H-benzofuran-2-on, 3$ξ$-[3,4-Dimethoxy-phenyl]-2-[2-hydroxy-4-methoxy-phenyl]-acrylsäure-lacton $C_{18}H_{16}O_5$, Formel VIII (R = CH₃).
B. Beim Erhitzen von [2-Hydroxy-4-methoxy-phenyl]-essigsäure mit Veratrum-aldehyd, Acetanhydrid und wenig Triäthylamin (*Gripenberg, Juselius*, Acta chem. scand. **8** [1954] 734, 737). Aus 3-[3,4-Dimethoxy-phenyl]-2-hydroxy-2-[2-hydroxy-4-methoxy-phenyl]-propionsäure beim Erhitzen auf 120° sowie beim Erwärmen mit wss. Salz-säure (*Oyamada*, A. **538** [1939] 44, 58). Beim Erwärmen von [3,4-Dimethoxy-phenyl]-brenztraubensäure mit 3-Methoxy-phenol und Aluminiumchlorid in 1,2-Dichlor-äthan (*Molho, Coillard*, Bl. **1956** 78, 89).
Gelbe Krystalle (aus A.), F: 193° [aus A.] (*Mo., Co.*); gelbe Krystalle (aus Eg. oder A.), F: 184—185° (*Oy.*); gelbe Krystalle, F: 183—184° (*Gr., Ju.*). Absorptionsmaxima (A.): 260 nm und 407 nm (*Mo., Co.*).

3-[3,4-Dimethoxy-phenyl]-6-methoxy-benzofuran-2-carbaldehyd $C_{18}H_{16}O_5$, Formel IX (X = O).
B. Beim Behandeln einer mit Zinkchlorid versetzten Lösung von 3-[3,4-Dimethoxy-

phenyl]-6-methoxy-benzofuran in Äther mit Cyanwasserstoff und Chlorwasserstoff und Erwärmen des Reaktionsprodukts mit Wasser (*Johnson, Robertson*, Soc. **1950** 2381, 2383).
Gelbliche Krystalle (aus A.); F: 158°.

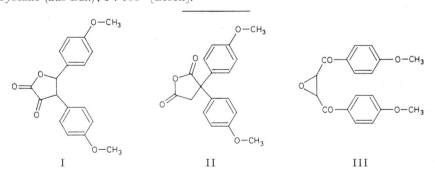

IX   X

3-[3,4-Dimethoxy-phenyl]-6-methoxy-benzofuran-2-carbaldehyd-[2,4-dinitro-phenyl⹀ hydrazon] $C_{24}H_{20}N_4O_8$, Formel IX (X = N-NH-$C_6H_3(NO_2)_2$).
B. Aus **3-[3,4-Dimethoxy-phenyl]-6-methoxy-benzofuran-2-carbaldehyd** und [2,4-Di⹀ nitro-phenyl]-hydrazin (*Johnson, Robertson*, Soc. **1950** 2381, 2383).
Rote Krystalle (aus Nitrobenzol + A.); F: 260° [nach Erweichen bei 255°].

7-Methoxy-3-[(Ξ)-veratryliden]-phthalid $C_{18}H_{16}O_5$, Formel X.
B. Beim Erhitzen von [3,4-Dimethoxy-phenyl]-essigsäure mit 3-Methoxy-phthalsäure-anhydrid und Natriumacetat auf 190° (*Asahina, Asano*, B. **64** [1931] 1252, 1254).
Gelbe Krystalle (aus E.); F: 184°.   [*Sauer*]

Hydroxy-oxo-Verbindungen $C_{16}H_{12}O_5$

(±)-4,5-Bis-[4-methoxy-phenyl]-dihydro-furan-2,3-dion, (±)-4-Hydroxy-3,4-bis-[4-methoxy-phenyl]-2-oxo-buttersäure-lacton $C_{18}H_{16}O_5$, Formel I, und Tautomeres ((±)-3-Hydroxy-4,5-bis-[4-methoxy-phenyl]-5H-furan-2-on).
a) Präparat vom F: 176°.
B. Beim Behandeln von [4-Methoxy-phenyl]-brenztraubensäure-äthylester mit 4-Meth⹀ oxy-benzaldehyd und äthanol. Kalilauge und Ansäuern des Reaktionsgemisches mit wss. Salzsäure (*Cagniant*, A. ch. [12] **7** [1952] 442, 468, 469). Beim Erhitzen des unter b) beschriebenen Präparats auf 115° (*Ca.*, l. c. S. 467).
Krystalle; F: 176°.
b) Präparat vom F: 106°.
B. Beim Erhitzen von [4-Methoxy-phenyl]-brenztraubensäure mit 4-Methoxy-benz⹀ aldehyd, Essigsäure und wss. Salzsäure (*Cagniant*, A. ch. [12] **7** [1952] 442, 467).
Krystalle (aus Bzl.); F: 106° [Block].

I   II   III

2,2-Bis-[4-methoxy-phenyl]-bernsteinsäure-anhydrid $C_{18}H_{16}O_5$, Formel II.
B. Aus 2,2-Bis-[4-methoxy-phenyl]-bernsteinsäure mit Hilfe von Acetanhydrid (*Sal-mon-Legagneur, Bobin*, C. r. **245** [1957] 1810, 1812).
F: 86—87°.

2,3-Epoxy-1,4-bis-[4-methoxy-phenyl]-butan-1,4-dion $C_{18}H_{16}O_5$, Formel III.
Diese Konstitution wird für die nachstehend beschriebene opt.-inakt. Verbindung in Betracht gezogen.
B. Beim Behandeln einer Lösung von 2-Chlor-1-[4-methoxy-phenyl]-äthanon in Äthanol mit wss.-äthanol. Kalilauge (*Campbell, Khanna*, Soc. **1949** Spl. 33, 34).
Krystalle (aus Me.); F: 148°.

7,8-Dihydroxy-3-[(E)-4-methoxy-benzyliden]-chroman-4-on [1] $C_{17}H_{14}O_5$, Formel IV (R = H).
B. Beim Behandeln einer Lösung von 7,8-Dihydroxy-chroman-4-on und 4-Methoxy-benzaldehyd in Äthanol mit Chlorwasserstoff (*Pfeiffer et al.*, J. pr. [2] **129** [1931] 31, 49, 50).
Grüngelbe Krystalle (aus wss. A.); F: 192°.

7,8-Diacetoxy-3-[(E)-4-methoxy-benzyliden]-chroman-4-on $C_{21}H_{18}O_7$, Formel IV (R = CO-CH₃).
B. Beim Erwärmen der im vorangehenden Artikel beschriebenen Verbindung mit Acetanhydrid und Natriumacetat (*Pfeiffer et al.*, J. pr. [2] **129** [1931] 31, 50).
Hellgelbe Krystalle (aus A.); F: 140°.

3-[(E)-3,4-Dihydroxy-benzyliden]-7-hydroxy-chroman-4-on [1] $C_{16}H_{12}O_5$, Formel V (R = X = H).
B. Beim Behandeln einer Lösung von 7-Hydroxy-chroman-4-on und 3,4-Dihydroxy-benzaldehyd in Äthanol mit Chlorwasserstoff (*Pfeiffer et al.*, J. pr. [2] **129** [1931] 31, 45).
Gelbe Krystalle (aus wss. A.); F: 250—253° [nach Sintern bei 215—217°] (*Pf. et al.*, l. c. S. 46).

7-Hydroxy-3-[(E)-vanillyliden]-chroman-4-on [1] $C_{17}H_{14}O_5$, Formel V (R = H, X = CH₃).
B. Beim Behandeln einer Lösung von 7-Hydroxy-chroman-4-on und Vanillin in Äthanol mit Chlorwasserstoff (*Pfeiffer et al.*, J. pr. [2] **129** [1931] 31, 44).
Gelbe Krystalle (aus wss. A.); F: 230—231,5° [nach Sintern von 215° an] (*Pf. et al.*, l. c. S. 45).

IV   V

3-[(E)-3-Hydroxy-4-methoxy-benzyliden]-7-methoxy-chroman-4-on [1] $C_{18}H_{16}O_5$, Formel VI (R = CH₃, X = H).
B. Beim Behandeln einer Lösung von 7-Methoxy-chroman-4-on und 3-Hydroxy-4-methoxy-benzaldehyd in Äthanol mit Chlorwasserstoff (*Pfeiffer et al.*, J. pr. [2] **129** [1931] 31, 39).
Gelbe Krystalle (aus A.); F: 153—154°.

7-Hydroxy-3-[(E)-veratryliden]-chroman-4-on [1] $C_{18}H_{16}O_5$, Formel VI (R = H, X = CH₃).
B. Beim Erwärmen von 7-Hydroxy-chroman-4-on mit Veratrumaldehyd und Natrium≠äthylat in Äthanol (*Pfeiffer et al.*, J. pr. [2] **129** [1931] 31, 43).
Bräunliche Krystalle (aus wss. A.); F: 245—249°.

3-[(E)-3-Äthoxy-4-methoxy-benzyliden]-7-methoxy-chroman-4-on [1] $C_{20}H_{20}O_5$, Formel VI (R = CH₃, X = C₂H₅).
B. Beim Behandeln einer Lösung von 7-Methoxy-chroman-4-on und 3-Äthoxy-4-meth≠

---

[1] Bezüglich der Konfigurationszuordnung vgl. *Bennett et al.*, J. C. S. Perkin I **1972** 1554.

oxy-benzaldehyd in Essigsäure mit Chlorwasserstoff (*Mićović, Robinson*, Soc. **1937** 43, 44).
Gelbliche Krystalle (aus Me.); F: 120°.

7-Acetoxy-3-[(E)-veratryliden]-chroman-4-on $C_{20}H_{18}O_6$, Formel VI (R = CO-CH$_3$,
X = CH$_3$).
B. Beim Erwärmen von 7-Hydroxy-3-[(*E*)-veratryliden]-chroman-4-on mit Acetan=
hydrid und Natriumacetat (*Pfeiffer et al.*, J. pr. [2] **129** [1931] 31, 43).
Gelbe Krystalle (aus Bzn.); F: 151—152°.

3-[(E)-3-Acetoxy-4-methoxy-benzyliden]-7-methoxy-chroman-4-on $C_{20}H_{18}O_6$, Formel VI
(R = CH$_3$, X = CO-CH$_3$).
B. Beim Erwärmen von 3-[(*E*)-3-Hydroxy-4-methoxy-benzyliden]-7-methoxy-chrom=
an-4-on mit Acetanhydrid und Natriumacetat (*Pfeiffer et al.*, J. pr. [2] **129** [1931]
31, 39, 40).
Hellgelbe Krystalle (aus A. oder Eg.); F: 139—140°.

VI   VII

7-Acetoxy-3-[(E)-4-acetoxy-3-methoxy-benzyliden]-chroman-4-on $C_{21}H_{18}O_7$, Formel V
(R = CO-CH$_3$, X = CH$_3$).
B. Beim Erwärmen von 7-Hydroxy-3-[(*E*)-vanillyliden]-chroman-4-on mit Acet=
anhydrid und Natriumacetat (*Pfeiffer et al.*, J. pr. [2] **129** [1931] 31, 44).
Krystalle (aus Bzn.); F: 151—152,5°.

7-Acetoxy-3-[(E)-3,4-diacetoxy-benzyliden]-chroman-4-on $C_{22}H_{18}O_8$, Formel V
(R = X = CO-CH$_3$).
B. Beim Erwärmen von 3-[(*E*)-3,4-Dihydroxy-benzyliden]-7-hydroxy-chroman-4-on
mit Acetanhydrid und Natriumacetat (*Pfeiffer et al.*, J. pr. [2] **129** [1931] 31, 45).
Hellgelbe Krystalle (aus Bzn.); F: 132—134°.

3-Benzyl-4,5,7-trihydroxy-cumarin $C_{16}H_{12}O_5$, Formel VII, und Tautomere (z. B. 3 - Benz =
yl-5,7-dihydroxy-chroman-2,4-dion).
B. Beim Erhitzen von Benzylmalonsäure-bis-[2,4-dichlor-phenylester] mit Phloro=
glucin auf 250° (*Ziegler et al.*, M. **90** [1959] 206, 210).
Krystalle (aus Eg., 1,1,2,2-Tetrachlor-äthan oder Nitrobenzol); F: 260—261°.

5,6,7-Trihydroxy-2-methyl-3-phenyl-chromen-4-on $C_{16}H_{12}O_5$, Formel VIII (R = H).
B. Aus 5,6-Dihydroxy-7-methoxy-2-methyl-3-phenyl-chromen-4-on mit Hilfe von wss.
Jodwasserstoffsäure (*Aghoramurthy et al.*, J. scient. ind. Res. India **15** B [1956] 11, 13).
Beim Erhitzen von 5,6,7-Trimethoxy-2-methyl-3-phenyl-chromen-4-on mit Acet=
anhydrid und wss. Jodwasserstoffsäure (*Krishnamurti, Seshadri*, Pr. Indian Acad. [A] **39**
[1954] 144, 148). Beim Erhitzen von 5,7,8-Trihydroxy-2-methyl-3-phenyl-chromen-4-on
mit wss. Bromwasserstoffsäure und Essigsäure (*Baker et al.*, Chem. and Ind. **1953** 277).
Gelbliche Krystalle (aus A.) mit 1 Mol H$_2$O; F: 222° (*Kr., Se.*).

5,6-Dihydroxy-7-methoxy-2-methyl-3-phenyl-chromen-4-on $C_{17}H_{14}O_5$, Formel IX
(R = X = H).
B. Beim Behandeln einer Lösung von 6-Hydroxy-7-methoxy-2-methyl-4-oxo-3-phenyl-
4H-chromen-5-carbaldehyd in Pyridin mit wss. Wasserstoffperoxid und wss. Natronlauge
(*Aghoramurthy et al.*, J. scient. ind. Res. India **15** B [1956] 11, 13).
Gelbliche Krystalle (aus Me.); F: 229—230°.

5-Hydroxy-6,7-dimethoxy-2-methyl-3-phenyl-chromen-4-on $C_{18}H_{16}O_5$, Formel IX (R = H, X = CH₃).

B. Beim Erhitzen von 5,6,7-Trimethoxy-2-methyl-3-phenyl-chromen-4-on mit konz. wss. Salzsäure (*Mahesh et al.*, Pr. Indian Acad. [A] **39** [1954] 165, 175). Beim Erhitzen von 5-Acetoxy-6,7-dimethoxy-2-methyl-3-phenyl-chromen-4-on mit wss. Natronlauge (*Ma. et al.*, l. c. S. 174).

Krystalle (aus A.); F: 145—146°.

5,6,7-Trimethoxy-2-methyl-3-phenyl-chromen-4-on $C_{19}H_{18}O_5$, Formel VIII (R = CH₃).

B. Beim Erhitzen von 6-Hydroxy-2,3,4-trimethoxy-desoxybenzoin mit Acetanhydrid und Natriumacetat (*Krishnamurti, Seshadri*, Pr. Indian Acad. [A] **39** [1954] 144, 148). Beim Behandeln von 5,6-Dihydroxy-7-methoxy-2-methyl-3-phenyl-chromen-4-on mit Dimethylsulfat, Kaliumcarbonat und Aceton (*Aghoramurthy et al.*, J. scient. ind. Res. India **15**B [1956] 11, 13).

Krystalle (aus A.); F: 154° (*Kr., Se.*).

5-Acetoxy-6,7-dimethoxy-2-methyl-3-phenyl-chromen-4-on $C_{20}H_{18}O_6$, Formel IX (R = CO-CH₃, X = CH₃).

B. Beim Erhitzen von 2,6-Dihydroxy-3,4-dimethoxy-desoxybenzoin mit Acetanhydrid und Natriumacetat (*Mahesh et al.*, Pr. Indian Acad. [A] **39** [1954] 165, 174).

Krystalle (aus A.); F: 193—194°.

VIII IX X

5,6,7-Triacetoxy-2-methyl-3-phenyl-chromen-4-on $C_{22}H_{18}O_8$, Formel VIII (R=CO-CH₃).

B. Beim Erhitzen von 5,6,7-Trihydroxy-2-methyl-3-phenyl-chromen-4-on mit Acetanhydrid und Natriumacetat (*Krishnamurti, Seshadri*, Pr. Indian Acad. [A] **39** [1954] 144, 148).

Krystalle (aus A.); F: 205°.

5,7,8-Trihydroxy-2-methyl-3-phenyl-chromen-4-on $C_{16}H_{12}O_5$, Formel X (R = H).

B. Beim Behandeln von 5,7-Dihydroxy-2-methyl-3-phenyl-chromen-4-on mit wss. Natronlauge und Kaliumperoxodisulfat und anschliessenden Erhitzen mit wss. Salzsäure und Natriumsulfit (*Narasimhachari et al.*, Pr. Indian Acad. [A] **35** [1952] 46, 47).

Gelbbraune Krystalle (aus A.); F: 204—205° (*Na. et al.*).

Beim Erhitzen mit wss. Bromwasserstoffsäure und Essigsäure ist 5,6,7-Trihydroxy-2-methyl-3-phenyl-chromen-4-on erhalten worden (*Baker et al.*, Chem. and Ind. **1953** 277).

5-Hydroxy-7,8-dimethoxy-2-methyl-3-phenyl-chromen-4-on $C_{18}H_{16}O_5$, Formel XI (R = H, X = CH₃).

B. Beim Erwärmen von 5,7,8-Trihydroxy-2-methyl-3-phenyl-chromen-4-on mit Dimethylsulfat, Kaliumcarbonat und Aceton (*Mahesh et al.*, Pr. Indian Acad. [A] **39** [1954] 165, 172). Beim Erhitzen von 5,7,8-Trimethoxy-2-methyl-3-phenyl-chromen-4-on mit konz. wss. Salzsäure (*Ma. et al.*).

Gelbliche Krystalle (aus Me.); F: 168—169°.

5,7,8-Trimethoxy-2-methyl-3-phenyl-chromen-4-on $C_{19}H_{18}O_5$, Formel XI (R = X = CH₃).

B. Beim Erhitzen von 2-Hydroxy-3,4,6-trimethoxy-desoxybenzoin mit Acetanhydrid und Natriumacetat (*Mahesh et al.*, Pr. Indian Acad. [A] **39** [1954] 165, 172). Beim Erwärmen von 5,7,8-Trihydroxy-2-methyl-3-phenyl-chromen-4-on mit Dimethylsulfat, Kaliumcarbonat und Aceton (*Narasimhachari et al.*, Pr. Indian Acad. [A] **35** [1952] 46, 48).

Krystalle (aus A.); F: 93—94° (*Ma. et al.*), 92—93° (*Na. et al.*).

5-Acetoxy-7,8-dimethoxy-2-methyl-3-phenyl-chromen-4-on $C_{20}H_{18}O_6$, Formel XI
(R = CO-CH$_3$, X = CH$_3$).

B. Beim Erhitzen von 5-Hydroxy-7,8-dimethoxy-2-methyl-3-phenyl-chromen-4-on mit Acetanhydrid und Pyridin (*Mahesh et al.*, Pr. Indian Acad. [A] **39** [1954] 165, 172).

Krystalle (aus A.) mit 0,5 Mol H$_2$O; F: 207—208°.

5,7,8-Triacetoxy-2-methyl-3-phenyl-chromen-4-on $C_{22}H_{18}O_8$, Formel X (R = CO-CH$_3$).

B. Beim Erhitzen von 5,7,8-Trihydroxy-2-methyl-3-phenyl-chromen-4-on mit Acetanhydrid und Natriumacetat (*Narasimhachari et al.*, Pr. Indian Acad. [A] **35** [1952] 46, 48).

Krystalle (aus A.); F: 220—221°.

5,7-Dihydroxy-2-hydroxymethyl-3-phenyl-chromen-4-on $C_{16}H_{12}O_5$, Formel XII (R = H).

B. Beim Erhitzen von 5,7-Diacetoxy-2-brommethyl-3-phenyl-chromen-4-on mit Acetanhydrid und Silberacetat und Erwärmen des Reaktionsprodukts mit wss.-äthanol. Salzsäure (*Sehgal*, *Seshadri*, J. scient. ind. Res. India **12** B [1953] 231, 234).

Krystalle (aus E. + PAe.); F: 241—242°.

XI   XII   XIII

2-Äthoxymethyl-5,7-dihydroxy-3-phenyl-chromen-4-on $C_{18}H_{16}O_5$, Formel XII
(R = C$_2$H$_5$).

B. Beim Erhitzen von 2,4,6-Trihydroxy-desoxybenzoin mit Äthoxyessigsäure-anhydrid und dem Kalium-Salz der Äthoxyessigsäure (*Sehgal*, *Seshadri*, J. scient. ind. Res. India **12** B [1953] 231, 233).

Krystalle (aus E.); F: 192—193°.

5,7-Dihydroxy-3-[4-hydroxy-phenyl]-2-methyl-chromen-4-on $C_{16}H_{12}O_5$, Formel XIII
(R = X = H) (E II 178).

UV-Spektrum (A.; 230—350 nm): *Bradbury*, *White*, Soc. **1953** 871, 872.

5-Hydroxy-7-methoxy-3-[4-methoxy-phenyl]-2-methyl-chromen-4-on $C_{18}H_{16}O_5$,
Formel XIII (R = H, X = CH$_3$).

In dem früher (s. E II **18** 179) unter dieser Konstitution („5-Oxy-7.4'-dimethoxy-2-methyl-isoflavon") beschriebenen Präparat vom F: 197—199° hat möglicherweise 5-Hydroxy-7-methoxy-3-[4-methoxy-phenyl]-2,6-dimethyl-chromen-4-on   vorgelegen (*Iengar et al.*, J. scient. ind. Res. India **13** B [1954] 166, 170).

B. Beim Erwärmen von 5,7-Dihydroxy-3-[4-methoxy-phenyl]-2-methyl-chromen-4-on mit Dimethylsulfat, Kaliumcarbonat und Aceton (*Ie. et al.*, l. c. S. 173).

Krystalle (aus A.); F: 162—163°.

5,7-Dimethoxy-3-[4-methoxy-phenyl]-2-methyl-chromen-4-on $C_{19}H_{18}O_5$, Formel XIII
(R = X = CH$_3$) (E II 179).

B. Beim Erhitzen von 2-Hydroxy-4,6,4'-trimethoxy-desoxybenzoin mit Acetanhydrid und Natriumacetat (*Zemplén et al.*, Acta chim. hung. **19** [1959] 277, 281).

F: 181°.

5-Acetoxy-7-methoxy-3-[4-methoxy-phenyl]-2-methyl-chromen-4-on $C_{20}H_{18}O_6$,
Formel XIII (R = CO-CH$_3$, X = CH$_3$).

B. Beim Erhitzen von 5-Hydroxy-7-methoxy-3-[4-methoxy-phenyl]-2-methyl-chromen-4-on mit Acetanhydrid und Pyridin (*Iengar et al.*, J. scient. ind. Res. India

13 B [1954] 166, 173).
Krystalle (aus A.); F: 185°.

7-Hydroxy-2-hydroxymethyl-3-[2-hydroxy-phenyl]-chromen-4-on $C_{16}H_{12}O_5$, Formel I
(R = X = H), und Tautomeres (6-Hydroxymethyl-benzofuro[3,2-c]chromen-3,11a-diol).
B. Beim Erwärmen einer Lösung von 7-Acetoxy-3-[2-acetoxy-phenyl]-2-methyl-chromen-4-on in Tetrachlormethan mit *N*-Brom-succinimid und wenig Dibenzoylperoxid und Erwärmen des Reaktionsprodukts mit wss.-äthanol. Salzsäure (*Seshadri, Varadarajan*, Pr. Indian Acad. [A] **37** [1953] 784, 793).
Krystalle (aus A.); F: 219—222° [Zers.].

2-Äthoxymethyl-7-hydroxy-3-[2-methoxy-phenyl]-chromen-4-on $C_{19}H_{18}O_5$, Formel I
(R = C_2H_5, X = CH_3).
B. Beim Behandeln von 2,4-Dihydroxy-2'-methoxy-desoxybenzoin mit Äthoxyacetyl=chlorid und Pyridin, Erwärmen des Reaktionsprodukts mit wss. Natriumcarbonat-Lösung und anschliessenden Ansäuern mit wss. Salzsäure (*Mehta, Seshadri*, Pr. Indian Acad. [A] **42** [1955] 192).
Krystalle (aus Ae.); F: 168—170°.

3-[2,4-Dihydroxy-phenyl]-7-hydroxy-2-methyl-chromen-4-on $C_{16}H_{12}O_5$, Formel II
(R = X = H), und Tautomeres (6-Methyl-benzofuro[3,2-c]chromen-3,9,11a-triol).
B. Aus 7-Acetoxy-3-[2,4-dimethoxy-phenyl]-2-methyl-chromen-4-on beim Erwärmen mit Aluminiumchlorid in Benzol sowie beim Erhitzen mit wss. Jodwasserstoffsäure und Acetanhydrid (*Sehgal, Seshadri*, Pr. Indian Acad. [A] **42** [1955] 36, 38, 39).
Krystalle (aus E. + PAe.); F: 254—256° [Zers.].

3-[2,4-Dimethoxy-phenyl]-7-hydroxy-2-methyl-chromen-4-on $C_{18}H_{16}O_5$, Formel II
(R = H, X = CH_3).
B. Beim Erwärmen von 7-Acetoxy-3-[2,4-dimethoxy-phenyl]-2-methyl-chromen-4-on mit wss.-äthanol. Salzsäure (*Sehgal, Seshadri*, Pr. Indian Acad. [A] **42** [1955] 36, 38).
Krystalle (aus E. + PAe.); F: 261—262°.

I II III

3-[2,4-Dimethoxy-phenyl]-7-methoxy-2-methyl-chromen-4-on $C_{19}H_{18}O_5$, Formel II
(R = X = CH_3).
B. Beim Behandeln von 3-[2,4-Dimethoxy-phenyl]-7-hydroxy-2-methyl-chromen-4-on mit Dimethylsulfat, Kaliumcarbonat und Aceton (*Sehgal, Seshadri*, Pr. Indian Acad. [A] **42** [1955] 36, 38).
Krystalle (aus E. + PAe.); F: 192—194°.

7-Acetoxy-3-[2,4-dimethoxy-phenyl]-2-methyl-chromen-4-on $C_{20}H_{18}O_6$, Formel II
(R = CO-CH_3, X = CH_3).
B. Beim Erhitzen von 2,4-Dihydroxy-2',4'-dimethoxy-desoxybenzoin mit Acetanhydrid und Natriumacetat (*Sehgal, Seshadri*, Pr. Indian Acad. [A] **42** [1955] 36, 38).
Krystalle (aus Bzl. + Bzn.); F: 190—191°.

7-Acetoxy-3-[2,4-diacetoxy-phenyl]-2-methyl-chromen-4-on $C_{22}H_{18}O_8$, Formel II
(R = X = CO-CH_3).
B. Aus 3-[2,4-Dihydroxy-phenyl]-7-hydroxy-2-methyl-chromen-4-on mit Hilfe von Acetanhydrid und Natriumacetat (*Sehgal, Seshadri*, Pr. Indian Acad. [A] **42** [1955] 36,

39).
Krystalle (aus CCl$_4$); F: 178—180°.

7-Acetoxy-2-brommethyl-3-[2,4-diacetoxy-phenyl]-chromen-4-on C$_{22}$H$_{17}$BrO$_8$, Formel III
(R = CO-CH$_3$).
B. Beim Erwärmen von 7-Acetoxy-3-[2,4-diacetoxy-phenyl]-2-methyl-chromen-4-on
mit N-Brom-succinimid und wenig Dibenzoylperoxid in Tetrachlormethan (*Sehgal,
Seshadri*, Pr. Indian Acad. [A] **42** [1955] 36, 39).
Krystalle (aus A.); F: 201—203°.

2-[3,4-Dimethoxy-phenyl]-7-hydroxy-5-methyl-chromen-4-on C$_{18}$H$_{16}$O$_5$, Formel IV
(R = H).
B. Neben 2-[3,4-Dimethoxy-phenyl]-5-hydroxy-7-methyl-chromen-4-on beim Erhitzen
von 5-Methyl-resorcin mit 3-[3,4-Dimethoxy-phenyl]-3-oxo-propionsäure-äthylester bis
auf 160° (*Pillon*, Bl. **1954** 9, 24).
Krystalle (aus A.); F: 262°. Absorptionsmaxima: 239 nm und 330 nm.

IV   V

7-Acetoxy-2-[3,4-dimethoxy-phenyl]-5-methyl-chromen-4-on C$_{20}$H$_{18}$O$_6$, Formel IV
(R = CO-CH$_3$).
B. Aus 2-[3,4-Dimethoxy-phenyl]-7-hydroxy-5-methyl-chromen-4-on (*Pillon*, Bl. **1954**
9, 24).
Krystalle; F: 182°. Absorptionsmaxima: 244 nm und 331 nm.

3-Hydroxy-7-methoxy-2-[4-methoxy-phenyl]-5-methyl-chromen-4-on C$_{18}$H$_{16}$O$_5$,
Formel V, und Tautomeres (7-Methoxy-2-[4-methoxy-phenyl]-5-methyl-
chroman-3,4-dion).
B. Beim Behandeln eines Gemisches von 7-Methoxy-2-[4-methoxy-phenyl]-5-meth‑
yl-chroman-4-on, Amylnitrit und Äther mit Chlorwasserstoff (*Mahajani et al.*, J. Ma-
haraja Sayajirao Univ. Baroda **3** [1954] 41, 44, 45).
Krystalle (aus A.); F: 217°.

5,7,8-Trihydroxy-6-methyl-2-phenyl-chromen-4-on C$_{16}$H$_{12}$O$_5$, Formel VI (R = H).
B. Beim Erwärmen von 5-Hydroxy-7,8-dimethoxy-6-methyl-2-phenyl-chromen-4-on
mit Aluminiumchlorid in Benzol (*Murti et al.*, Pr. Indian Acad. [A] **46** [1957] 265, 270).
Gelbe Krystalle (aus A.); F: 265—267° [Zers.].

5-Hydroxy-7,8-dimethoxy-6-methyl-2-phenyl-chromen-4-on C$_{18}$H$_{16}$O$_5$, Formel VI
(R = CH$_3$).
B. Neben 5-Hydroxy-7,8-dimethoxy-2-phenyl-chromen-4-on beim Behandeln von
5,7,8-Trihydroxy-2-phenyl-chromen-4-on mit Natriummethylat in Methanol und anschliessenden Erwärmen mit Methyljodid (*Murti et al.*, Pr. Indian Acad. [A] **46** [1957]
265, 270).
Gelbe Krystalle (aus A.); F: 256—257°.
Beim Erhitzen mit Acetanhydrid und wss. Jodwasserstoffsäure ist 5,6,7-Trihydroxy-
8-methyl-2-phenyl-chromen-4-on erhalten worden.

5,7-Dihydroxy-2-[4-methoxy-phenyl]-6-methyl-chromen-4-on $C_{17}H_{14}O_5$, Formel VII
(R = X = H).

B. Neben 5,7-Dihydroxy-2-[4-methoxy-phenyl]-8-methyl-chromen-4-on beim Erwärmen von 1-[2,4,6-Trihydroxy-3-methyl-phenyl]-äthanon mit 4-Methoxy-benzoesäure-
anhydrid, Kaliumcarbonat und Aceton und Erwärmen des Reaktionsprodukts mit
Natriumcarbonat und wss. Äthanol (*Jain et al.*, Indian J. Chem. **4** [1966] 481; s. a. *Furukawa*, Bl. Inst. phys. chem. Res. Tokyo **13** [1934] 1098, 1104; Bl. Inst. phys. chem.
Res. Abstr. Tokyo **7** [1934] 59).

Hellgelbe Krystalle (aus E.); F: 302—304° [unkorr.] (*Jain et al.*). Absorptionsmaximum
(A.): 280—288 nm (*Jain et al.*).

VI   VII

5-Hydroxy-7-methoxy-2-[4-methoxy-phenyl]-6-methyl-chromen-4-on $C_{18}H_{16}O_5$,
Formel VII (R = H, X = CH₃).

B. Beim Erwärmen von 5,7-Dihydroxy-2-[4-hydroxy-phenyl]-chromen-4-on (*Goel et al.*,
Pr. Indian Acad. [A] **48** [1958] 180, 186) oder von 5,7-Dihydroxy-2-[4-methoxy-phenyl]-
chromen-4-on (*Nakazawa, Matsuura*, J. pharm. Soc. Japan **73** [1953] 751, 753; C. A.
1954 7007) mit Methyljodid und Natriummethylat in Methanol. Beim Erhitzen von
5-Hydroxy-7-methoxy-2-[4-methoxy-phenyl]-6-methyl-chroman-4-on mit Selendioxid
und Acetanhydrid (*Goel et al.*). Beim Erwärmen von 5,7-Dihydroxy-2-[4-methoxy-
phenyl]-6-methyl-chromen-4-on mit Dimethylsulfat, Kaliumcarbonat und Aceton (*Jain
et al.*, Indian J. Chem. **4** [1966] 481). Bei der Hydrierung von 6-Chlormethyl-5-hydr-
oxy-7-methoxy-2-[4-methoxy-phenyl]-chromen-4-on an Palladium/Kohle in Essigsäure
(*Nakazawa, Matsuura*, J. pharm. Soc. Japan **73** [1953] 481, 483; C. A. **1954** 3357).

Hellgelbe Krystalle; F: 183—185° [aus Me.] (*Goel et al.*), 183—184° [unkorr.; aus Me.]
(*Jain et al.*), 179° [aus A.] (*Na., Ma.*, l. c. S. 753), 175° [aus Bzn.] (*Na., Ma.*, l. c. S. 483).

5,7-Dimethoxy-2-[4-methoxy-phenyl]-6-methyl-chromen-4-on $C_{19}H_{18}O_5$, Formel VII
(R = X = CH₃).

B. Beim Behandeln von 5-Hydroxy-7-methoxy-2-[4-methoxy-phenyl]-6-methyl-
chromen-4-on mit Dimethylsulfat, Äthanol und wss. Kalilauge (*Nakazawa, Matsuura*,
J. pharm. Soc. Japan **73** [1953] 751, 753; C. A. **1954** 7007).

Krystalle (aus A.); F: 192°.

6-Chlormethyl-5-hydroxy-7-methoxy-2-[4-methoxy-phenyl]-chromen-4-on $C_{18}H_{15}ClO_5$,
Formel VIII (R = CH₃).

Konstitution: *Nakazawa, Matsuura*, J. pharm. Soc. Japan **73** [1953] 751; C. A. **1954**
7007.

B. Neben 8-Chlormethyl-5-hydroxy-7-methoxy-2-[4-methoxy-phenyl]-chromen-4-on
beim Behandeln von 5-Hydroxy-7-methoxy-2-[4-methoxy-phenyl]-chromen-4-on mit
Chlormethyl-methyl-äther, Chloroform und Essigsäure (*Nakazawa, Matsuura*, J. pharm.
Soc. Japan **73** [1953] 481, 482; C. A. **1954** 3357).

Hellgelbe Krystalle (aus Acn.); F: 188° [Zers.] (*Na., Ma.*, l. c. S. 482).

3,5,7-Trihydroxy-6-methyl-2-phenyl-chromen-4-on $C_{16}H_{12}O_5$, Formel IX (R = H), und
Tautomeres (5,7-Dihydroxy-6-methyl-2-phenyl-chroman-3,4-dion).

B. Beim Erhitzen von 5,7-Dihydroxy-3-methoxy-6-methyl-2-phenyl-chromen-4-on mit
wss. Jodwasserstoffsäure und Acetanhydrid (*Jain, Seshadri*, Pr. Indian Acad. [A] **40**
[1954] 249, 254).

Gelbe Krystalle (aus E.); F: 228—230°.

5,7-Dihydroxy-3-methoxy-6-methyl-2-phenyl-chromen-4-on $C_{17}H_{14}O_5$, Formel X
(R = X = H).

B. Neben 5,7-Dihydroxy-3-methoxy-8-methyl-2-phenyl-chromen-4-on beim Erhitzen von 2-Methoxy-1-[2,4,6-trihydroxy-3-methyl-phenyl]-äthanon mit Benzoesäure-anhydrid und Natriumbenzoat unter vermindertem Druck und Erwärmen des Reaktionsprodukts mit äthanol. Kalilauge (*Jain, Seshadri*, Pr. Indian Acad. [A] **40** [1954] 249, 253). Neben anderen Verbindungen beim Behandeln von 3,5,7-Trihydroxy-2-phenyl-chromen-4-on mit Natriummethylat in Methanol und anschliessenden Erwärmen mit Methyljodid (*Jain, Se.*, l. c. S. 254).

Gelbliche Krystalle (aus Me.); F: 274—275° (*Jain, Se.*, l. c. S. 253).

VIII　　　　　　　　　IX　　　　　　　　　X

5-Hydroxy-3,7-dimethoxy-6-methyl-2-phenyl-chromen-4-on $C_{18}H_{16}O_5$, Formel X
(R = H, X = CH₃).

B. Neben anderen Verbindungen beim Erwärmen von 5,7-Dihydroxy-3-methoxy-2-phenyl-chromen-4-on mit Methyljodid und methanol. Kalilauge (*Jain, Seshadri*, Pr. Indian Acad. [A] **40** [1954] 249, 255). Beim Erwärmen von 5,7-Dihydroxy-3-methoxy-6-methyl-2-phenyl-chromen-4-on mit Dimethylsulfat, Aceton und Kaliumcarbonat (*Jain, Se.*, l. c. S. 253).

Gelbliche Krystalle (aus Me.); F: 165—166°.

3,5,7-Trimethoxy-6-methyl-2-phenyl-chromen-4-on $C_{19}H_{18}O_5$, Formel X (R = X = CH₃).

B. Beim Erwärmen von 5,7-Dihydroxy-3-methoxy-6-methyl-2-phenyl-chromen-4-on mit Dimethylsulfat, Aceton und Kaliumcarbonat (*Jain, Seshadri*, Pr. Indián Acad. [A] **40** [1954] 249, 253).

Krystalle (aus Me.); F: 160—161°.

5-Acetoxy-3,7-dimethoxy-6-methyl-2-phenyl-chromen-4-on $C_{20}H_{18}O_6$, Formel X
(R = CO-CH₃, X = CH₃).

B. Beim Behandeln von 5-Hydroxy-3,7-dimethoxy-6-methyl-2-phenyl-chromen-4-on mit Acetanhydrid und Pyridin (*Jain, Seshadri*, Pr. Indian Acad. [A] **40** [1954] 249, 254).

Krystalle (aus E. + PAe.); F: 183—184°.

5,7-Diacetoxy-3-methoxy-6-methyl-2-phenyl-chromen-4-on $C_{21}H_{18}O_7$, Formel X
(R = X = CO-CH₃).

B. Beim Behandeln von 5,7-Dihydroxy-3-methoxy-6-methyl-2-phenyl-chromen-4-on mit Acetanhydrid und Pyridin (*Jain, Seshadri*, Pr. Indian Acad. [A] **40** [1954] 249, 253).

Krystalle (aus E. + PAe.); F: 167—168°.

3,5,7-Triacetoxy-6-methyl-2-phenyl-chromen-4-on $C_{22}H_{18}O_8$, Formel IX (R = CO-CH₃).

B. Beim Behandeln von 3,5,7-Trihydroxy-6-methyl-2-phenyl-chromen-4-on mit Acet⸗ anhydrid und Pyridin (*Jain, Seshadri*, Pr. Indian Acad. [A] **40** [1954] 249, 254).

Krystalle (aus A.); F: 165—166°.

2-[2,4-Dimethoxy-phenyl]-3-hydroxy-6-methyl-chromen-4-on $C_{18}H_{16}O_5$, Formel XI
(R = H), und Tautomeres (2-[2,4-Dimethoxy-phenyl]-6-methyl-chroman-3,4-dion).

B. Beim Behandeln von 2-Chlor-1-[2-hydroxy-5-methyl-phenyl]-äthanon mit 2,4-Di⸗ methoxy-benzaldehyd und wss.-äthanol. Natronlauge (*Gowan et al.*, Soc. **1955** 862, 865).

Gelbe Krystalle (aus A.); F: 230—231°.

3-Acetoxy-2-[2,4-dimethoxy-phenyl]-6-methyl-chromen-4-on $C_{20}H_{18}O_6$, Formel XI
(R = CO-CH$_3$).
B. Aus 2-[2,4-Dimethoxy-phenyl]-3-hydroxy-6-methyl-chromen-4-on (*Gowan et al.*, Soc. **1955** 862, 865).
Gelbliche Krystalle (aus A.); F: 134—135°.

2-[3,4-Dihydroxy-phenyl]-3-hydroxy-6-methyl-chromen-4-on $C_{16}H_{12}O_5$, Formel XII
(R = X = H), und Tautomeres (2-[3,4-Dihydroxy-phenyl]-6-methyl-chroman-3,4-dion).
B. Beim Behandeln von 2-Benzo[1,3]dioxol-5-yl-3-hydroxy-6-methyl-chromen-4-on
(⇌ 2-Benzo[1,3]dioxol-5-yl-6-methyl-chroman-3,4-dion) mit Aluminiumchlorid in Nitro=
benzol (*Ozawa et al.*, J. pharm. Soc. Japan **71** [1951] 1178, 1182; C. A. **1952** 6124).
Gelbe Krystalle (aus Me.); F: 300° [Zers.].

2-[3,4-Dimethoxy-phenyl]-3-hydroxy-6-methyl-chromen-4-on $C_{18}H_{16}O_5$, Formel XIII
(R = CH$_3$, X = H), und Tautomeres (2-[3,4-Dimethoxy-phenyl]-6-methyl-
chroman-3,4-dion).
B. Beim Behandeln von 1-[2-Hydroxy-5-methyl-phenyl]-äthanon mit Veratrum=
aldehyd, Äthanol und wss. Natronlauge unter Luftzutritt (*Marathe*, J. Univ. Poona
Nr. 14 [1958] 63, 65). Beim Behandeln von 2-Chlor-1-[2-hydroxy-5-methyl-phenyl]-
äthanon mit Veratrumaldehyd und wss.-äthanol. Natronlauge (*Gowan et al.*, Soc. **1955**
862, 865). Beim Behandeln einer Lösung von 2′-Hydroxy-3,4-dimethoxy-5′-methyl-
trans(?)-chalkon (F: 141°) in Äthanol mit wss. Natronlauge und wss. Wasserstoffperoxid
(*Ma.*, l. c. S. 66).
Gelbe Krystalle; F: 200—201° [aus wss. A.] (*Go. et al.*), 199° [aus Eg.] (*Ma.*, l. c.
S. 66).

XI   XII   XIII

2-[4-Benzyloxy-3-methoxy-phenyl]-3-hydroxy-6-methyl-chromen-4-on $C_{24}H_{20}O_5$,
Formel XIII (R = CH$_2$-C$_6$H$_5$, X = H), und Tautomeres (2-[4-Benzyloxy-3-meth=
oxy-phenyl]-6-methyl-chroman-3,4-dion).
B. Beim Erwärmen einer Lösung von 4-Benzyloxy-2′-hydroxy-3-methoxy-5′-methyl-
trans(?)-chalkon (F: 140°) in Äthanol mit wss. Wasserstoffperoxid und wss. Natronlauge
(*Marathey*, J. Univ. Poona Nr. 4 [1953] 73, 81). Beim Behandeln von 2-[4-Benzyloxy-
3-methoxy-phenyl]-3-hydroxy-6-methyl-chroman-4-on (F: 156°) mit äthanol. Alkali=
lauge unter Luftzutritt (*Ma.*).
Krystalle (aus Eg. + A.); F: 175° (*Ma.*). Absorptionsspektrum (87%ig. wss. A.;
210—450 nm) sowie Fluorescenzspektrum (A.; 400—625 nm): *Jatkar, Mattoo*, J. Indian
chem. Soc. **33** [1956] 641, 644.

3-Acetoxy-2-[3,4-dimethoxy-phenyl]-6-methyl-chromen-4-on $C_{20}H_{18}O_6$, Formel XII
(R = CO-CH$_3$, X = CH$_3$).
B. Aus 2-[3,4-Dimethoxy-phenyl]-3-hydroxy-6-methyl-chromen-4-on (*Gowan et al.*,
Soc. **1955** 862, 865).
Krystalle (aus A.); F: 146—147°.

3-Acetoxy-2-[3,4-diacetoxy-phenyl]-6-methyl-chromen-4-on $C_{22}H_{18}O_8$, Formel XII
(R = X = CO-CH$_3$).
B. Aus 2-[3,4-Dihydroxy-phenyl]-3-hydroxy-6-methyl-chromen-4-on (*Ozawa et al.*,

J. pharm. Soc. Japan **71** [1951] 1178, 1182; C. A. **1952** 6124).

Krystalle mit 1 Mol H_2O; F: 188—189°.

2-[3,4-Dimethoxy-phenyl]-3-hydroxy-6-methyl-8-nitro-chromen-4-on $C_{18}H_{15}NO_7$,

Formel XIII (R = CH_3, X = NO_2), und Tautomeres (2-[3,4-Dimethoxy-phenyl]-6-methyl-8-nitro-chroman-3,4-dion).

B. Beim Behandeln von 2'-Hydroxy-3,4-dimethoxy-5'-methyl-3'-nitro-*trans*(?)-chalkon (F: 204°) mit Pyridin enthaltender wss. Natronlauge und mit wss. Wasserstoffperoxid (*Atchabba et al.*, J. Univ. Bombay **26**, Tl. 5 A [1958] 1).

Krystalle (aus Eg.); F: 275°.

2-[3,4-Dimethoxy-phenyl]-5-hydroxy-7-methyl-chromen-4-on $C_{18}H_{16}O_5$, Formel I

(H **193**; dort als 5-Oxy-3'.4'-dimethoxy-7-methyl-flavon bezeichnet).

B. Neben 2-[3,4-Dimethoxy-phenyl]-7-hydroxy-5-methyl-chromen-4-on beim Erhitzen von 5-Methyl-resorcin mit 3-[3,4-Dimethoxy-phenyl]-3-oxo-propionsäure-äthylester bis auf 160° (*Pillon*, Bl. **1954** 9, 24).

Krystalle (aus A.); F: 144—145° und (nach Wiedererstarren) F: 152—153°. Absorptionsmaxima: 250 nm, 272 nm und 345 nm.

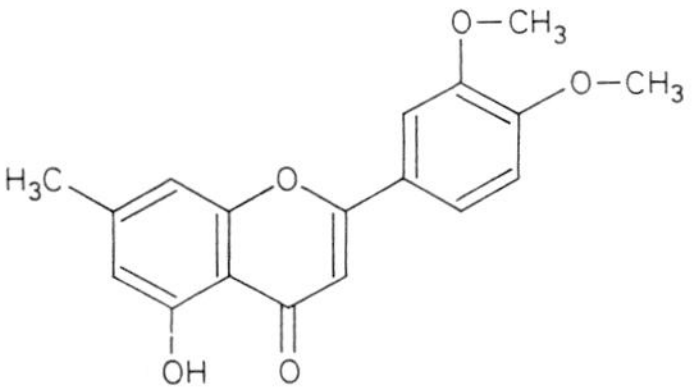

I 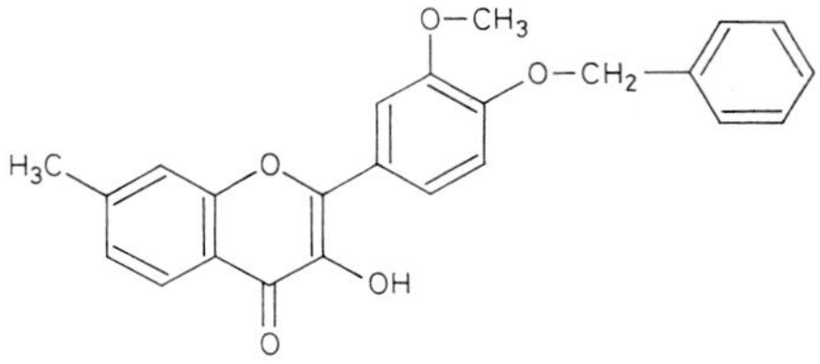   II

2-[4-Benzyloxy-3-methoxy-phenyl]-3-hydroxy-7-methyl-chromen-4-on $C_{24}H_{20}O_5$,

Formel II, und Tautomeres (2-[4-Benzyloxy-3-methoxy-phenyl]-7-methyl-chroman-3,4-dion).

B. Beim Erwärmen einer Lösung von 4-Benzyloxy-2'-hydroxy-3-methoxy-4'-methyl-*trans*(?)-chalkon (F: 122°) in Äthanol mit wss. Wasserstoffperoxid und wss. Natronlauge (*Marathey*, J. Univ. Poona Nr. 4 [1953] 73, 81). Beim Behandeln von 2-[4-Benzyloxy-3-methoxy-phenyl]-3-hydroxy-7-methyl-chroman-4-on (F: 173—174°) mit äthanol. Alkalilauge unter Luftzutritt (*Ma.*).

Krystalle (aus Eg. + A.); F: 162°.

5,6,7-Trihydroxy-8-methyl-2-phenyl-chromen-4-on $C_{16}H_{12}O_5$, Formel III (R = H).

B. Beim Erhitzen von 5-Hydroxy-7,8-dimethoxy-6-methyl-2-phenyl-chromen-4-on mit Acetanhydrid und wss. Jodwasserstoffsäure (*Murti et al.*, Pr. Indian Acad. [A] **46** [1957] 265, 270). Beim Behandeln von 5,7-Dihydroxy-8-methyl-4-oxo-2-phenyl-4*H*-chromen-6-carbaldehyd mit Pyridin und wss. Tetramethylammoniumhydroxid-Lösung und anschliessend mit wss. Wasserstoffperoxid und Erwärmen des Reaktionsgemisches (*Mu. et al.*, l. c. S. 267).

Gelbe Krystalle (aus Me.); F: 286—288° [Zers.].

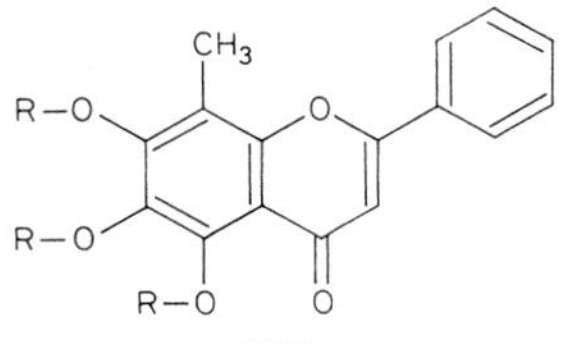

III 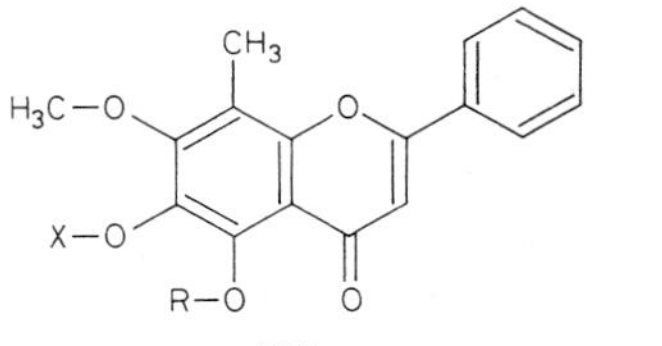   IV

6-Hydroxy-5,7-dimethoxy-8-methyl-2-phenyl-chromen-4-on $C_{18}H_{16}O_5$, Formel IV (R = CH₃, X = H).

B. Beim Erhitzen von 1-[3-Benzoyloxy-6-hydroxy-2,4-dimethoxy-5-methyl-phenyl]-3-phenyl-propan-1,3-dion mit Essigsäure und Natriumacetat und Erwärmen des Reaktionsprodukts mit wss. Alkalilauge (*Murti et al.*, Pr. Indian Acad. [A] **46** [1957] 265, 269).

Krystalle (aus Me.); F: 227—228°.

5-Hydroxy-6,7-dimethoxy-8-methyl-2-phenyl-chromen-4-on $C_{18}H_{16}O_5$, Formel IV (R = H, X = CH₃).

B. Beim Erwärmen von 5,6,7-Trihydroxy-8-methyl-2-phenyl-chromen-4-on mit Dimethylsulfat, Kaliumcarbonat und Aceton (*Murti et al.*, Pr. Indian Acad. [A] **46** [1957] 265, 268).

Gelbe Krystalle (aus Isopropylalkohol); F: 159—160°.

5,6,7-Trimethoxy-8-methyl-2-phenyl-chromen-4-on $C_{19}H_{18}O_5$, Formel III (R = CH₃).

B. Beim Erwärmen von 5,6,7-Trihydroxy-8-methyl-2-phenyl-chromen-4-on oder von 6-Hydroxy-5,7-dimethoxy-8-methyl-2-phenyl-chromen-4-on mit Dimethylsulfat, Kaliumcarbonat und Aceton (*Murti et al.*, Pr. Indian Acad. [A] **46** [1957] 265, 268, 269).

Krystalle (aus wss. Me.); F: 133—134°.

5,6,7-Triacetoxy-8-methyl-2-phenyl-chromen-4-on $C_{22}H_{18}O_8$, Formel III (R = CO-CH₃).

B. Beim Behandeln von 5,6,7-Trihydroxy-8-methyl-2-phenyl-chromen-4-on mit Acetanhydrid und wenig Schwefelsäure (*Murti et al.*, Pr. Indian Acad. [A] **46** [1957] 265, 268).

Krystalle (aus A.); F: 214—215°.

5,7-Dihydroxy-2-[4-methoxy-phenyl]-8-methyl-chromen-4-on $C_{17}H_{14}O_5$, Formel V (R = X = H).

B. Neben 5,7-Dihydroxy-2-[4-methoxy-phenyl]-6-methyl-chromen-4-on beim Erwärmen von 1-[2,4,6-Trihydroxy-3-methyl-phenyl]-äthanon mit 4-Methoxy-benzoesäureanhydrid, Kaliumcarbonat und Aceton und Erwärmen des Reaktionsprodukts mit Natriumcarbonat und wss. Äthanol (*Jain et al.*, Indian J. Chem. **4** [1966] 481; s. a. *Furukawa*, Bl. Inst. phys. chem. Res. Tokyo **13** [1934] 1098, 1104; Bl. Inst. phys. chem. Res. Abstr. Tokyo **7** [1934] 59).

Gelbliche Krystalle (aus A.); F: 205—206° [unkorr.] (*Jain et al.*). Absorptionsmaximum (A.): 276—282 nm (*Jain et al.*).

5-Hydroxy-7-methoxy-2-[4-methoxy-phenyl]-8-methyl-chromen-4-on $C_{18}H_{16}O_5$, Formel V (R = H, X = CH₃).

B. Beim Erhitzen von 5,7-Dimethoxy-2-[4-methoxy-phenyl]-8-methyl-chromen-4-on mit Aluminiumchlorid in Nitrobenzol auf 110° (*Nakazawa, Matsuura*, J. pharm. Soc. Japan **73** [1953] 484; C. A. **1954** 3357). Bei der Hydrierung von 8-Chlormethyl-5-hydroxy-7-methoxy-2-[4-methoxy-phenyl]-chromen-4-on an Palladium/Kohle in Essigsäure (*Nakazawa, Matsuura*, J. pharm. Soc. Japan **73** [1953] 481, 483; C. A. **1954** 3357). Beim Erwärmen von 5-Acetoxy-7-methoxy-2-[4-methoxy-phenyl]-8-methyl-chroman-4-on mit N-Brom-succinimid und wenig Peroxybenzoesäure in Tetrachlormethan und Erhitzen des Reaktionsprodukts mit Collidin auf 150° (*Matsuura*, J. pharm. Soc. Japan **77** [1957] 296; C. A. **1957** 11337).

Gelbe Krystalle (aus E.); F: 226° (*Na., Ma.*), 222° (*Ma.*).

V   VI

5,7-Dimethoxy-2-[4-methoxy-phenyl]-8-methyl-chromen-4-on $C_{19}H_{18}O_5$, Formel V (R = X = CH$_3$).

B. Beim Behandeln von 2'-Acetoxy-4,4',6'-trimethoxy-3'-methyl-*trans*-chalkon mit Chloroform und Brom in Tetrachlormethan und Behandeln des Reaktionsprodukts mit äthanol. Kalilauge (*Nakazawa, Matsuura,* J. pharm. Soc. Japan **75** [1955] 467; C. A. **1956** 2569). Aus 1-[2-Hydroxy-4,6-dimethoxy-3-methyl-phenyl]-3-[4-methoxy-phenyl]-propan-1,3-dion beim Erwärmen mit Schwefelsäure enthaltender Essigsäure (*Nakazawa, Matsuura,* J. pharm. Soc. Japan **73** [1953] 484; C. A. **1954** 3357) sowie beim Behandeln mit 75%ig. wss. Schwefelsäure (*Evans et al.,* Soc. **1957** 3510, 3520). Beim Erwärmen von 5,7-Dimethoxy-2-[4-methoxy-phenyl]-8-methyl-chroman-4-on mit *N*-Brom-succinimid und wenig Dibenzoylperoxid in Tetrachlormethan und Erhitzen des Reaktionsprodukts mit Collidin auf 110° (*Na., Ma.,* J. pharm. Soc. Japan **75** 468). Beim Erwärmen von 5,7-Dihydroxy-2-[4-methoxy-phenyl]-8-methyl-chromen-4-on mit Dimethylsulfat, Ka= liumcarbonat und Aceton (*Jain et al.,* Indian J. Chem. **4** [1966] 481). Bei der Hydrierung von 5,7-Dimethoxy-2-[4-methoxy-phenyl]-4-oxo-4*H*-chromen-8-carbaldehyd an Raney-Nickel in Dioxan (*Ev. et al.,* l. c. S. 3520).

Krystalle; F: 230° [Zers.; aus Bzl.] (*Ev. et al.*), 226° [aus Me.] (*Na., Ma.,* J. pharm. Soc. Japan **73** 486), 225—226° [unkorr.; aus A.] (*Jain et al.*).

8-Chlormethyl-5-hydroxy-7-methoxy-2-[4-methoxy-phenyl]-chromen-4-on $C_{18}H_{15}ClO_5$, Formel VI.

Konstitution: *Nakazawa, Matsuura,* J. pharm. Soc. Japan **73** [1953] 484; C. A. **1954** 3357.

B. Neben 6-Chlormethyl-5-hydroxy-7-methoxy-2-[4-methoxy-phenyl]-chromen-4-on beim Behandeln von 5-Hydroxy-7-methoxy-2-[4-methoxy-phenyl]-chromen-4-on mit Chlormethyl-methyl-äther, Chloroform und Essigsäure (*Nakazawa, Matsuura,* J. pharm. Soc. Japan **73** [1953] 481, 482; C. A. **1954** 3357).

Hellgelbe Krystalle (aus Bzl. oder Acn.); F: 218° [Zers.] (*Na., Ma.,* l. c. S. 482).

3,5,7-Trihydroxy-8-methyl-2-phenyl-chromen-4-on $C_{16}H_{12}O_5$, Formel VII (R = H), und Tautomeres (5,7-Dihydroxy-8-methyl-2-phenyl-chroman-3,4-dion).

B. Beim Erhitzen von 3,5,7-Trimethoxy-8-methyl-2-phenyl-chromen-4-on mit Acet= anhydrid und wss. Jodwasserstoffsäure (*Jain, Seshadri,* Pr. Indian Acad. [A] **40** [1954] 249, 252).

Gelbe Krystalle (aus Me.); F: 262—263°.

5,7-Dihydroxy-3-methoxy-8-methyl-2-phenyl-chromen-4-on $C_{17}H_{14}O_5$, Formel VIII (R = X = H).

B. Neben 5,7-Dihydroxy-3-methoxy-6-methyl-2-phenyl-chromen-4-on beim Erhitzen von 2-Methoxy-1-[2,4,6-trihydroxy-3-methyl-phenyl]-äthanon mit Benzoesäure-anhydrid und Natriumbenzoat unter vermindertem Druck und Erwärmen des Reaktionsprodukts mit äthanol. Kalilauge (*Jain, Seshadri,* Pr. Indian Acad. [A] **40** [1954] 249, 253).

Krystalle (aus Me.); F: 235—237° (*Jain, Se.,* l. c. S. 254).

5-Hydroxy-3,7-dimethoxy-8-methyl-2-phenyl-chromen-4-on $C_{18}H_{16}O_5$, Formel VIII (R = H, X = CH$_3$).

B. Beim Erwärmen von 5,7-Dihydroxy-3-methoxy-8-methyl-2-phenyl-chromen-4-on mit Dimethylsulfat, Aceton und Kaliumcarbonat (*Jain, Seshadri,* Pr. Indian Acad. [A] **40** [1954] 249, 254).

Krystalle (aus Me.); F: 157—158°.

3,5,7-Trimethoxy-8-methyl-2-phenyl-chromen-4-on $C_{19}H_{18}O_5$, Formel VIII (R = X = CH$_3$).

B. Beim Erhitzen von 1-[2-Hydroxy-4,6-dimethoxy-3-methyl-phenyl]-2-methoxy-äthanon mit Benzoesäure-anhydrid und Natriumbenzoat unter vermindertem Druck und Erwärmen des Reaktionsprodukts mit äthanol. Kalilauge (*Jain, Seshadri,* Pr. Indian Acad. [A] **40** [1954] 249, 252). In kleiner Menge beim Erhitzen von 2'-Hydroxy-4',6',α-tri= methoxy-3'-methyl-chalkon (F: 117—119°) mit Selendioxid in Isoamylalkohol (*Lind-*

stedt, Misiorny, Acta chem. scand. **5** [1951] 1213).

Krystalle; F: 159—160° [aus wss. A.] (*Jain, Se.*), 154—155° [unkorr.; aus Me.] (*Li., Mi.*).

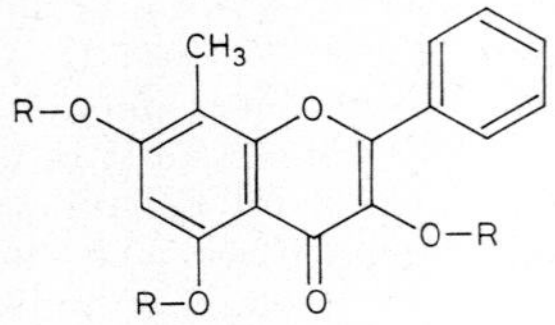

VII 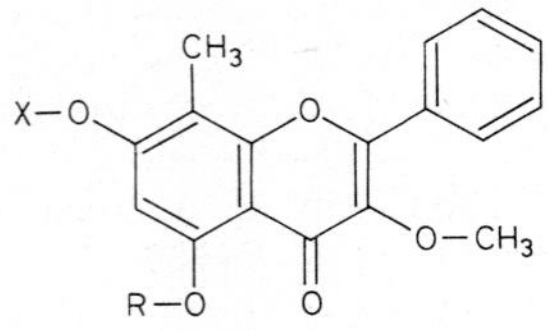   VIII 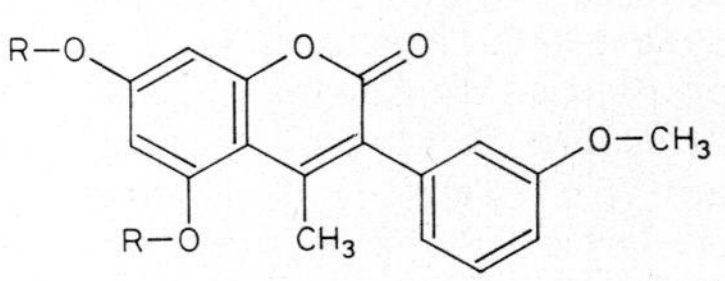   IX

5-Acetoxy-3,7-dimethoxy-8-methyl-2-phenyl-chromen-4-on $C_{20}H_{18}O_6$, Formel VIII
(R = CO-CH$_3$, X = CH$_3$).

B. Beim Behandeln von 5-Hydroxy-3,7-dimethoxy-8-methyl-2-phenyl-chromen-4-on mit Acetanhydrid und Pyridin (*Jain, Seshadri,* Pr. Indian Acad. [A] **40** [1954] 249, 254).

Krystalle (aus E. + PAe.); F: 195—197°.

5,7-Diacetoxy-3-methoxy-8-methyl-2-phenyl-chromen-4-on $C_{21}H_{18}O_7$, Formel VIII
(R = X = CO-CH$_3$).

B. Beim Behandeln von 5,7-Dihydroxy-3-methoxy-8-methyl-2-phenyl-chromen-4-on mit Acetanhydrid und Pyridin (*Jain, Seshadri,* Pr. Indian Acad. [A] **40** [1954] 249, 254).

Krystalle (aus E. + PAe.); F: 185—187°.

3,5,7-Triacetoxy-8-methyl-2-phenyl-chromen-4-on $C_{22}H_{18}O_8$, Formel VII (R = CO-CH$_3$).

B. Aus 3,5,7-Trihydroxy-8-methyl-2-phenyl-chromen-4-on (*Jain, Seshadri,* Pr. Indian Acad. [A] **40** [1954] 249, 252).

Krystalle (aus A.); F: 183—184°.

————————

5,7-Diacetoxy-3-[3-methoxy-phenyl]-4-methyl-cumarin $C_{21}H_{18}O_7$, Formel IX
(R = CO-CH$_3$).

B. Beim Erhitzen von 1-[2,4,6-Trihydroxy-phenyl]-äthanon mit [3-Methoxy-phenyl]-essigsäure, Acetanhydrid und Kaliumacetat (*Walker,* Am. Soc. **80** [1958] 645, 649).

Gelbliche Krystalle (aus Me.); F: 144—145° [korr.].

————————

5-Hydroxy-7-methoxy-3-[2-methoxy-phenyl]-6-methyl-chromen-4-on $C_{18}H_{16}O_5$,
Formel X (R = H).

B. Beim Erwärmen von 5,7-Dihydroxy-3-[2-hydroxy-phenyl]-chromen-4-on mit Natriummethylat in Methanol und mit Methyljodid (*Whalley,* Soc. **1953** 3366, 3369).

Gelbliche Krystalle (aus Me.); F: 155°.

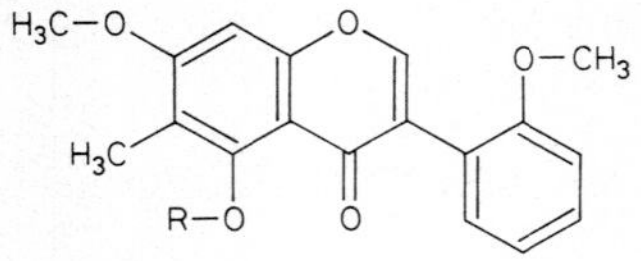

X 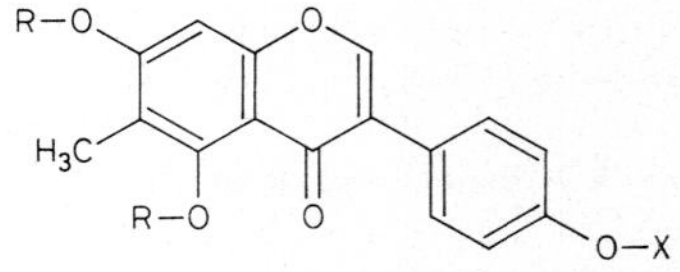   XI

5,7-Dimethoxy-3-[2-methoxy-phenyl]-6-methyl-chromen-4-on $C_{19}H_{18}O_5$, Formel X
(R = CH$_3$).

B. Beim Behandeln von 5-Hydroxy-7-methoxy-3-[2-methoxy-phenyl]-6-methyl-chromen-4-on mit Dimethylsulfat, Aceton und Kaliumcarbonat (*Whalley,* Soc. **1953** 3366, 3369). Beim Erhitzen von 2-Hydroxy-5,7-dimethoxy-3-[2-methoxy-phenyl]-6-methyl-chroman-4-on (⇌3-[6-Hydroxy-2,4-dimethoxy-3-methyl-phenyl]-2-[2-methoxy-phenyl]-3-oxo-propionaldehyd) mit Essigsäure (*Whalley,* Soc. **1955** 105).

Krystalle (aus Me.); F: 220° (*Wh.,* Soc. **1953** 3368, 3369). Bei 200°/0,1 Torr sublimierbar (*Wh.,* Soc. **1953** 3368).

————————

5,7-Dihydroxy-3-[4-hydroxy-phenyl]-6-methyl-chromen-4-on $C_{16}H_{12}O_5$, Formel XI
(R = X = H).

B. Beim Erhitzen von 5-Hydroxy-7-methoxy-3-[4-methoxy-phenyl]-6-methyl-chromen-4-on (E II 179) mit wss. Jodwasserstoffsäure (*Whalley*, Am. Soc. **75** [1953] 1059, 1065).

Gelbliche Krystalle (aus wss. Me.); F: 274°. Bei 150°/0,01 Torr sublimierbar.

5,7-Dihydroxy-3-[4-methoxy-phenyl]-6-methyl-chromen-4-on $C_{17}H_{14}O_5$, Formel XI
(R = H, X = CH₃).

B. Beim Erhitzen von 5,7-Dihydroxy-3-[4-methoxy-phenyl]-6-methyl-4-oxo-4*H*-chromen-2-carbonsäure auf 300° (*Rahman, Nasim*, J. org. Chem. **27** [1962] 4215, 4219; s. a. *Mehta, Seshadri*, Soc. **1954** 3823).

Gelbe Krystalle (aus E.); F: 260—263° [korr.; Kofler-App.] (*Ra., Na.*).

5,7-Dimethoxy-3-[4-methoxy-phenyl]-6-methyl-chromen-4-on $C_{19}H_{18}O_5$, Formel XI
(R = X = CH₃).

B. Beim Behandeln von 6-Hydroxy-2,4,4′-trimethoxy-3-methyl-desoxybenzoin mit Äthylformiat und Natrium und Erhitzen des nach dem Behandeln mit Wasser erhaltenen Reaktionsprodukts mit Essigsäure (*Whalley*, Soc. **1955** 105). Beim Erwärmen von 5,7-Dihydroxy-3-[4-hydroxy-phenyl]-6-methyl-chromen-4-on oder von 5-Hydroxy-7-methoxy-3-[4-methoxy-phenyl]-6-methyl-chromen-4-on (*Whalley*, Soc. **1953** 3366, 3369) oder von 5,7-Dihydroxy-3-[4-methoxy-phenyl]-6-methyl-chromen-4-on (*Rahman, Nasim*, J. org. Chem. **27** [1962] 4215, 4219) mit Dimethylsulfat, Kaliumcarbonat und Aceton.

Krystalle; F: 169° [aus Me.] (*Wh.*, Soc. **1953** 3369), 169° [korr.; Kofler-App.; aus E.] (*Ra., Na.*).

────────────

5,7-Dihydroxy-3-[2-hydroxy-phenyl]-8-methyl-chromen-4-on $C_{16}H_{12}O_5$, Formel XII
(R = H), und Tautomeres (4-Methyl-benzofuro[3,2-*c*]chromen-1,3,11a-triol).

In einem von *Okano, Beppu* (J. agric. chem. Soc. Japan **15** [1939] 645, 649; C. A. **1940** 429) unter dieser Konstitution (als „Methylisogenistein") beschriebenen, aus Soja-Bohnen nach Hydrolyse gewonnenen Präparat (F: 301—302°) hat wahrscheinlich 5,7-Dihydroxy-3-[4-hydroxy-phenyl]-chromen-4-on vorgelegen (*Baker et al.*, Soc. **1953** 1860, 1862; *Ahluwalia et al.*, Curr. Sci. **22** [1953] 363).

B. Beim Erwärmen von 5,7-Dimethoxy-3-[2-methoxy-phenyl]-8-methyl-chromen-4-on mit Aluminiumchlorid in Benzol (*Mehta et al.*, Pr. Indian Acad. [A] **38** [1953] 381, 386; s. a. *Whalley*, Soc. **1953** 3366, 3368) oder mit Aluminiumbromid in Benzol (*Karmarkar et al.*, Pr. Indian Acad. [A] **36** [1952] 552, 556).

Krystalle (aus wss. A.); F: 234° (*Ka. et al.*), 230—232° (*Me. et al.*).

7-Hydroxy-5-methoxy-3-[2-methoxy-phenyl]-8-methyl-chromen-4-on $C_{18}H_{16}O_5$,
Formel XIII (R = CH₃, X = H).

B. Beim Behandeln von 2,4-Dihydroxy-6,2′-dimethoxy-3-methyl-desoxybenzoin mit Äthylformiat und Natrium und Erhitzen des nach dem Behandeln mit Eiswasser erhaltenen Reaktionsprodukts mit Essigsäure (*Whalley*, Am. Soc. **75** [1953] 1059, 1064).

Krystalle (aus wss. Eg.); F: 314° [Zers.].

XII   XIII

5-Hydroxy-7-methoxy-3-[2-methoxy-phenyl]-8-methyl-chromen-4-on $C_{18}H_{16}O_5$,
Formel XIII (R = H, X = CH₃).

Eine von *Okano, Beppu* (J. agric. chem. Soc. Japan **15** [1939] 645, 650; C. A. **1940** 429) unter dieser Konstitution beschriebene, als „Methylisogenistein-dimethyläther" bezeichnete Verbindung (F: 242° (?)) ist vermutlich als 5-Hydroxy-7-methoxy-3-[4-methoxy-phenyl]-chromen-4-on zu formulieren (*Baker et al.*, Soc. **1953** 1860, 1862).

5,7-Dimethoxy-3-[2-methoxy-phenyl]-8-methyl-chromen-4-on $C_{19}H_{18}O_5$, Formel XII
(R = CH_3).

Eine von *Okano, Beppu* (J. agric. chem. Soc. Japan **15** [1939] 645, 650; C. A. **1940** 429) unter dieser Konstitution beschriebene, als „Methylisogenistein-trimethyläther" bezeichnete Verbindung (F: 152—153°) ist wahrscheinlich als 5,7-Dimethoxy-3-[4-methoxy-phenyl]-chromen-4-on zu formulieren (*Baker et al.*, Soc. **1953** 1860, 1862).

B. Beim Erhitzen von 2-Hydroxy-5,7-dimethoxy-3-[2-methoxy-phenyl]-8-methyl-chroman-4-on (⇌3-[2-Hydroxy-4,6-dimethoxy-3-methyl-phenyl]-2-[2-methoxy-phenyl]-3-oxo-propionaldehyd) mit Essigsäure (*Whalley*, Am. Soc. **75** [1953] 1059, 1064) oder mit Acetanhydrid und Natriumacetat (*Mehta et al.*, Pr. Indian Acad. [A] **38** [1953] 381, 385; s. a. *Karmarkar et al.*, Pr. Indian Acad. [A] **36** [1952] 552, 556).

Krystalle; F: 184—186° [aus wss. A.] (*Me. et al.*), 185° [aus E.] (*Wh.*), 183—184° [aus wss. A.] (*Ka. et al.*). Bei 200°/0,01 Torr sublimierbar (*Wh.*). UV-Spektrum (A.; 220—310 nm): *Wh.*, l. c. S. 1063.

5,7-Diacetoxy-3-[2-acetoxy-phenyl]-8-methyl-chromen-4-on $C_{22}H_{18}O_8$, Formel XII
(R = $CO\text{-}CH_3$).

Eine von *Okano, Beppu* (J. agric. chem. Soc. Japan **15** [1939] 645, 650; C. A. **1940** 429) unter dieser Konstitution beschriebene Verbindung (F: 188°) ist wahrscheinlich als 5,7-Diacetoxy-3-[4-acetoxy-phenyl]-chromen-4-on zu formulieren (*Baker et al.*, Soc. **1953** 1860, 1862).

B. Beim Behandeln von 5,7-Dihydroxy-3-[2-hydroxy-phenyl]-8-methyl-chromen-4-on mit Acetanhydrid und Pyridin (*Karmarkar et al.*, Pr. Indian Acad. [A] **36** [1952] 552, 556; *Seshadri, Varadarajan*, Pr. Indian Acad. [A] **37** [1953] 526, 529).

Krystalle (aus A.) mit 0,5 Mol H_2O, F: 118—120° [nach Sintern bei 110°] (*Se., Va.*), 105° (*Ka. et al.*); die wasserfreie Verbindung schmilzt bei 139° (*Ka. et al.*).

5,7-Dihydroxy-3-[4-hydroxy-phenyl]-8-methyl-chromen-4-on $C_{16}H_{12}O_5$, Formel I
(R = X = H).

In einem von *Okano, Beppu* (J. agric. chem. Soc. Japan **15** [1939] 645, 648; C. A. **1940** 429) unter dieser Konstitution (als „Methylgenistein") beschriebenen, aus Soja-Bohnen isolierten Präparat (F: 298°) hat wahrscheinlich 5,7-Dihydroxy-3-[4-hydroxy-phenyl]-chromen-4-on vorgelegen (*Baker et al.*, Soc. **1953** 1860, 1862; *Ahluwalia et al.*, Curr. Sci. **22** [1953] 363). Die Identität eines von *Shriner, Hull* (J. org. Chem. **10** [1945] 228, 231) als 5,7-Dihydroxy-3-[4-hydroxy-phenyl]-8-methyl-chromen-4-on beschriebenen Präparats vom F: 296—300° ist ungewiss (*Whalley*, Am. Soc. **75** [1953] 1059, 1060; *Seshadri, Varadarajan*, Pr. Indian Acad. [A] **37** [1953] 508).

B. Aus 5,7-Dimethoxy-3-[4-methoxy-phenyl]-8-methyl-chromen-4-on beim Erwärmen mit Aluminiumchlorid in Benzol (*Seshadri, Varadarajan*, Pr. Indian Acad. [A] **37** [1953] 145, 155) sowie beim Erhitzen mit wss. Jodwasserstoffsäure, in diesem Fall neben 5,7-Dihydroxy-3-[4-hydroxy-phenyl]-6-methyl-chromen-4-on (*Whalley*, Soc. **1953** 3366, 3369; s. a. *Wh.*, Am. Soc. **75** 1064; *Se., Va.*).

Gelbliche Krystalle (aus wss. Me.), F: 252° [Zers.] (*Wh.*, Am. Soc. **75** 1064); gelbliche Krystalle (aus wss. A.) mit 0,5 Mol H_2O, F: 231—232° (*Se., Va.*).

7-Hydroxy-3-[4-hydroxy-phenyl]-5-methoxy-8-methyl-chromen-4-on $C_{17}H_{14}O_5$, Formel II
(R = H, X = CH_3).

B. Beim Behandeln von 2,4,4'-Trihydroxy-6-methoxy-3-methyl-desoxybenzoin mit Methylformiat und Natrium und Erhitzen des nach dem Behandeln mit Wasser erhaltenen Reaktionsprodukts mit Essigsäure (*Whalley*, Am. Soc. **75** [1953] 1059, 1064).

Gelbliche Krystalle (aus wss. Eg.); F: 304° [Zers.].

5-Hydroxy-3-[4-hydroxy-phenyl]-7-methoxy-8-methyl-chromen-4-on $C_{17}H_{14}O_5$, Formel I
(R = H, X = CH_3).

B. Beim Erhitzen von 5,7-Dimethoxy-3-[4-methoxy-phenyl]-8-methyl-chromen-4-on mit Acetanhydrid und wss. Jodwasserstoffsäure (*Seshadri, Varadarajan*, Pr. Indian Acad. [A] **37** [1953] 145, 156).

Gelbe Krystalle (aus A.); F: 207—209°.

7-Hydroxy-5-methoxy-3-[4-methoxy-phenyl]-8-methyl-chromen-4-on $C_{18}H_{16}O_5$,
Formel I (R = CH$_3$, X = H).

Die Identität eines von *Shriner, Hull* (J. org. Chem. **10** [1945] 228, 231) unter dieser Konstitution beschriebenen Präparats (F: 268—272° [Zers.]) ist ungewiss (*Whalley*, Am. Soc. **75** [1953] 1059, 1060; *Seshadri, Varadarajan*, Pr. Indian Acad. [A] **37** [1953] 508, 509).

B. Beim Behandeln von 2,4-Dihydroxy-6,4'-dimethoxy-3-methyl-desoxybenzoin mit Methylformiat bzw. Äthylformiat und Natrium und anschliessend mit wss. Salzsäure (*Wh.*, l. c. S. 1063; *Se., Va.*, l. c. S. 511).

Krystalle (aus A.); F: 298° [Zers.] (*Wh.*), 287—290° [Zers.] (*Se., Va.*).

5-Hydroxy-7-methoxy-3-[4-methoxy-phenyl]-8-methyl-chromen-4-on $C_{18}H_{16}O_5$,
Formel II (R = CH$_3$, X = H).

Eine von *Okano, Beppu* (J. agric. chem. Soc. Japan **15** [1939] 645, 648; C. A. **1940** 429) unter dieser Konstitution beschriebene, als „Methylgenistein-dimethyläther" bezeichnete Verbindung (F: 125—134°) ist wahrscheinlich als 5-Hydroxy-7-methoxy-3-[4-methoxy-phenyl]-chromen-4-on zu formulieren (*Baker et al.*, Soc. **1953** 1860, 1862).

B. Beim Erwärmen von 5,7-Dihydroxy-3-[4-hydroxy-phenyl]-8-methyl-chromen-4-on mit Aceton, Dimethylsulfat bzw. Methyljodid und Kaliumcarbonat (*Whalley*, Soc. **1953** 3366, 3370; *Iengar et al.*, J. scient. ind. Res. India **13**B [1954] 166, 173). Beim Erwärmen von 5-Hydroxy-3-[4-hydroxy-phenyl]-7-methoxy-8-methyl-chromen-4-on mit Dimethyl≠ sulfat, Kaliumcarbonat und Aceton (*Seshadri, Varadarajan*, Pr. Indian Acad. [A] **37** [1953] 145, 157). Beim Behandeln von 5,7-Dimethoxy-3-[4-methoxy-phenyl]-8-methyl-chromen-4-on mit Aluminiumchlorid in Äther (*Ie. et al.*).

Krystalle; F: 167° [aus Me.] (*Wh.*), 164—166° [aus A.] (*Se., Va.; Ie. et al.*).

I   II   III

5,7-Dimethoxy-3-[4-methoxy-phenyl]-8-methyl-chromen-4-on $C_{19}H_{18}O_5$, Formel I
(R = X = CH$_3$).

Eine von *Okano, Beppu* (J. agric. chem. Soc. Japan **15** [1939] 645, 648; C. A. **1940** 429) unter dieser Konstitution beschriebene, als „Methylgenistein-trimethyläther" bezeichnete Verbindung (F: 154—155°) ist wahrscheinlich als 5,7-Dimethoxy-3-[4-methoxy-phenyl]-chromen-4-on zu formulieren (*Baker et al.*, Soc. **1953** 1860, 1862).

B. Beim Behandeln von 2-Hydroxy-4,6,4'-trimethoxy-3-methyl-desoxybenzoin mit Methylformiat und Natrium und Erhitzen des nach dem Behandeln mit Wasser erhaltenen Reaktionsprodukts mit Essigsäure (*Whalley*, Am. Soc. **75** [1953] 1059, 1062; s. a. *Seshadri, Varadarajan*, Pr. Indian Acad. [A] **37** [1953] 145, 155). Beim Erwärmen von 7-Hydroxy-3-[4-hydroxy-phenyl]-5-methoxy-8-methyl-chromen-4-on mit Dimethylsulfat, Kalium≠ carbonat und Aceton (*Wh.*, l. c. S. 1064). Beim Erwärmen von 7-Hydroxy-5-methoxy-3-[4-methoxy-phenyl]-8-methyl-chromen-4-on mit Aceton, Dimethylsulfat bzw. Methyl≠ jodid und Kaliumcarbonat (*Wh.*, l. c. S. 1063; *Seshadri, Varadarajan*, Pr. Indian Acad. [A] **37** [1953] 508, 512).

Krystalle; F: 181—183° [aus Me. oder A.] (*Se., Va.*), 180° [aus E.] (*Wh.*). Bei 190°/ 0,01 Torr sublimierbar (*Wh.*).

7-Benzyloxy-5-methoxy-3-[4-methoxy-phenyl]-8-methyl-chromen-4-on $C_{25}H_{22}O_5$,
Formel I (R = CH$_3$, X = CH$_2$-C$_6$H$_5$).

B. Beim Erhitzen von 7-Benzyloxy-2-hydroxy-5-methoxy-3-[4-methoxy-phenyl]-8-methyl-chroman-4-on (⇌ 3-[4-Benzyloxy-2-hydroxy-6-methoxy-3-methyl-phenyl]-2-[4-methoxy-phenyl]-3-oxo-propionaldehyd) mit Essigsäure (*Whalley*, Soc. **1957** 1833,

1836).

Krystalle (aus Me.); F: 168°.

5-Acetoxy-7-methoxy-3-[4-methoxy-phenyl]-8-methyl-chromen-4-on $C_{20}H_{18}O_6$,
Formel II (R = CH_3, X = $CO-CH_3$).

B. Beim Erhitzen von 5-Hydroxy-7-methoxy-3-[4-methoxy-phenyl]-8-methyl-chromen-4-on mit Acetanhydrid und Pyridin (*Iengar et al.*, J. scient. ind. Res. India **13** B [1954] 166, 173).

Krystalle (aus A.); F: 170—172°.

5-Acetoxy-3-[4-acetoxy-phenyl]-7-methoxy-8-methyl-chromen-4-on $C_{21}H_{18}O_7$, Formel I
(R = $CO-CH_3$, X = CH_3).

B. Beim Behandeln von 5-Hydroxy-3-[4-hydroxy-phenyl]-7-methoxy-8-methyl-chromen-4-on mit Acetanhydrid und Pyridin (*Seshadri, Varadarajan*, Pr. Indian Acad. [A] **37** [1953] 145, 157).

Krystalle (aus A.); F: 161—162°.

5,7-Diacetoxy-3-[4-acetoxy-phenyl]-8-methyl-chromen-4-on $C_{22}H_{18}O_8$, Formel I
(R = X = $CO-CH_3$).

Eine von *Okano, Beppu* (J. agric. chem. Soc. Japan **15** [1939] 645, 648; C. A. **1940** 429) unter dieser Konstitution beschriebene, als „Methylgenistein-triacetat" bezeichnete Verbindung (F: 184°) ist wahrscheinlich als 5,7-Diacetoxy-3-[4-acetoxy-phenyl]-chromen-4-on zu formulieren (*Baker et al.*, Soc. **1953** 1860, 1862). Die Identität eines von *Shriner, Hull* (J. org. Chem. **10** [1945] 228, 231) als 5,7-Diacetoxy-3-[4-acetoxy-phenyl]-8-methyl-chromen-4-on beschriebenen Präparats (F: 184—185°) ist ungewiss (*Whalley*, Am. Soc. **75** [1953] 1059, 1060; *Seshadri, Varadarajan*, Pr. Indian Acad. [A] **37** [1953] 508).

B. Beim Erhitzen von 5,7-Dihydroxy-3-[4-hydroxy-phenyl]-8-methyl-chromen-4-on mit Acetanhydrid und Natriumacetat (*Wh.*, l. c. S. 1064) oder mit Acetanhydrid und wenig Pyridin (*Seshadri, Varadarajan*, Pr. Indian Acad. [A] **37** [1953] 145, 156).

Krystalle; F: 218° (*Wh.*), 213—215° [aus Eg.] (*Se., Va.*, l. c. S. 156).

5-Methoxy-3-[4-methoxy-phenyl]-8-methyl-7-[toluol-4-sulfonyloxy]-chromen-4-on
$C_{25}H_{22}O_7S$, Formel I (R = CH_3, X = SO_2-C_6H_4-CH_3).

B. Beim Behandeln von 7-Hydroxy-5-methoxy-3-[4-methoxy-phenyl]-8-methyl-chromen-4-on mit Toluol-4-sulfonylchlorid und Pyridin (*Whalley*, Soc. **1957** 1833, 1836).

Krystalle (aus Acn.); F: 212°.

(±)-4-Veratryl-isochroman-1,3-dion, (±)-2-[2-Carboxy-phenyl]-3-[3,4-dimethoxy-phenyl]-propionsäure-anhydrid $C_{18}H_{16}O_5$, Formel III.

B. Beim Erwärmen von (±)-2-[2-Carboxy-phenyl]-3-[3,4-dimethoxy-phenyl]-propionsäure mit Acetylchlorid (*Buu-Hoi*, C. r. **218** [1944] 942).

Krystalle; F: 152°.

6-Methoxy-3-veratryl-benzofuran-2-carbaldehyd $C_{19}H_{18}O_5$, Formel IV.

B. Aus 6-Methoxy-3-veratryl-benzofuran beim Behandeln mit Cyanwasserstoff, Zinkchlorid und Äther unter Einleiten von Chlorwasserstoff und Erwärmen des Reaktionsprodukts mit Wasser (*Chatterjea*, J. Indian chem. Soc. **30** [1953] 1, 5) sowie beim Erwärmen mit Dimethylformamid und Phosphorylchlorid und anschliessend mit wss. Alkalilauge (*Chatterjea*, J. Indian chem. Soc. **34** [1957] 347, 354).

Krystalle (aus A.); F: 137° [unkorr.].

IV   V

6-Methoxy-3-veratryl-benzofuran-2-carbaldehyd-oxim $C_{19}H_{19}NO_5$, Formel V (X = OH).

B. Beim Behandeln von 6-Methoxy-3-veratryl-benzofuran-2-carbaldehyd mit Hydr‑oxylamin-hydrochlorid und Pyridin (*Chatterjea*, J. Indian chem. Soc. **30** [1953] 1, 6).

Krystalle (aus wss. A.); F: 145—145,5° [unkorr.].

6-Methoxy-3-veratryl-benzofuran-2-carbaldehyd-[O-acetyl-oxim] $C_{21}H_{21}NO_6$, Formel V (X = O-CO-CH₃).

B. Neben 6-Methoxy-3-veratryl-benzofuran-2-carbonitril bei kurzem Erhitzen (2 min bis 3 min) von 6-Methoxy-3-veratryl-benzofuran-2-carbaldehyd-oxim mit Acetanhydrid (*Chatterjea*, J. Indian chem. Soc. **30** [1953] 1, 7).

Krystalle (aus A.); F: 118° [unkorr.].

6-Methoxy-3-veratryl-benzofuran-2-carbaldehyd-[2,4-dinitro-phenylhydrazon] $C_{25}H_{22}N_4O_8$, Formel V (X = NH-C₆H₃(NO₂)₂).

B. Aus 6-Methoxy-3-veratryl-benzofuran-2-carbaldehyd und [2,4-Dinitro-phenyl]‑hydrazin (*Chatterjea*, J. Indian chem. Soc. **30** [1953] 1, 5).

Orangerote Krystalle (aus E.); F: 246—248° [unkorr.].

6-Methoxy-3-veratryl-benzofuran-2-carbaldehyd-semicarbazon $C_{20}H_{21}N_3O_5$, Formel V (X = NH-CO-NH₂).

B. Aus 6-Methoxy-3-veratryl-benzofuran-2-carbaldehyd und Semicarbazid (*Chatterjea*, J. Indian chem. Soc. **30** [1953] 1, 5).

Gelbliche Krystalle (aus A.); F: 166—167° [unkorr.].

2-Acetyl-3-[3,4-dimethoxy-phenyl]-6-methoxy-benzofuran, 1-[3-(3,4-Dimethoxy-phenyl)-6-methoxy-benzofuran-2-yl]-äthanon $C_{19}H_{18}O_5$, Formel VI.

B. Beim Erwärmen von 2-Hydroxy-4,3′,4′-trimethoxy-benzophenon mit Bromaceton, Kaliumcarbonat und Butanon und Erwärmen des Reaktionsprodukts mit wss. Natron‑lauge (*Bentley, Robinson*, Tetrahedron Letters **1959** Nr. 2, S. 11, 13).

Gelbe Krystalle (aus A.); F: 153,5°.

VI   VII

1-[3-(3,4-Dimethoxy-phenyl)-6-methoxy-benzofuran-2-yl]-äthanon-[2,4-dinitro-phenyl‑hydrazon] $C_{25}H_{22}N_4O_8$, Formel VII.

B. Aus 1-[3-(3,4-Dimethoxy-phenyl)-6-methoxy-benzofuran-2-yl]-äthanon und [2,4-Di‑nitro-phenyl]-hydrazin (*Bentley, Robinson*, Tetrahedron Letters **1959** Nr. 2, S. 11, 13).

Rote Krystalle (aus Bzl.); F: 192°.

2,10-Dihydroxy-5,7-dimethyl-dicyclohepta[b,d]furan-3,9-dion $C_{16}H_{12}O_5$, Formel VIII, und Tautomere.

Diese Konstitution wird für die nachstehend beschriebene Verbindung in Betracht gezogen (*Akroyd et al.*, Soc. **1954** 286, 290).

B. Beim Erhitzen von 5-Hydroxy-6-methyl-tropolon mit Natriumnitrit und wss. Schwefelsäure (*Ak. et al.*, l. c. S. 293).

Gelbe Krystalle (aus Ameisensäure), die unterhalb 350° nicht schmelzen. Bei 290° bis 300°/0,05 Torr sublimierbar.

Di-*O*-acetyl-Derivat $C_{20}H_{16}O_7$ (hergestellt mit Hilfe von Acetanhydrid und Pyridin). Krystalle (aus Eg. + A.); F: 285° [Zers.] (*Ak. et al.*, l. c. S. 294).

VIII   IX   X

(±)-6ξ-Acetoxy-6ξ-phenyl-(3ar,7ac)-tetrahydro-4t(?),7t(?)-ätheno-isobenzofuran-1,3,5-trion, (±)-7ξ-Acetoxy-8-oxo-7ξ-phenyl-bicyclo[2.2.2]oct-5-en-2endo(?),3endo(?)-dicarbonsäure-anhydrid $C_{18}H_{14}O_6$, vermutlich Formel IX + Spiegelbild.

B. Beim Erhitzen von (±)-6-Acetoxy-6-phenyl-cyclohexa-2,4-dienon mit Maleinsäure-anhydrid auf 130° (*Metlesics et al.*, M. **89** [1958] 102, 108).

Krystalle; F: 231—232° [nach Sublimation unter vermindertem Druck].

3,6a,10-Trihydroxy-6a,7-dihydro-6H-indeno[2,1-c]chromen-9-on, Brasilein $C_{16}H_{12}O_5$, Formel X (H 194; E II 179).

Das als „Verbindung $C_{22}H_{18}O_7$" bezeichnete Umwandlungsprodukt des Brasileins vom F: 190—195° (s. H 195) ist als 3,9,10-Triacetoxy-6,7-dihydro-indeno[2,1-c]chromen (E III/IV **17** 2401) zu formulieren (*Chatterjea et al.*, Tetrahedron **30** [1974] 507, 509). In dem als „Verbindung $C_{24}H_{20}O_8$" bezeichneten Umwandlungsprodukt vom F: 212° bis 214° (s. H 195) hat 3,9,10,3′,9′,10′-Hexaacetoxy-(6ar,11bc,6′ar,11′bc′)-6a,7,6′a,7′-tetrahydro-6H,6′H-[11b,11′b]bi[indeno[2,1-c]chromenyl] ($C_{44}H_{38}O_{14}$) vorgelegen (*Jaeger et al.*, Tetrahedron **30** [1974] 1295, 1296, 1298).

Hydroxy-oxo-Verbindungen $C_{17}H_{14}O_5$

*Opt.-inakt. 3,4,5-Trihydroxy-5,6-diphenyl-5,6-dihydro-pyran-2-on, 2,3,4,5-Tetra-hydroxy-4,5-diphenyl-pent-2c-ensäure-5-lacton $C_{17}H_{14}O_5$, Formel I (X = H), und Tautomere (z. B. opt.-inakt. 3,5-Dihydroxy-5,6-diphenyl-dihydro-pyran-2,4-dion).

B. Beim Erwärmen von opt.-inakt. 5-Hydroxy-5,6-diphenyl-dihydro-pyran-2,3,4-trion-monohydrat (Bis-phenylhydrazon: F: 230—232° [korr.]) mit L-Ascorbinsäure in Methanol (*Dahn, Hauth*, Helv. **40** [1957] 2249, 2259). Beim Erwärmen von opt.-inakt. 3,4,5-Tri-hydroxy-5,6-diphenyl-5,6-dihydro-pyran-2-on-imin (F: 198° [Zers.]) mit Methanol und wss. Schwefelsäure (*Dahn, Ha.*).

Krystalle (aus W. + Acn.); F: 200—202° [korr.; Zers.; Kofler-App.]. IR-Spektrum (Nujol; 2—15 µ): *Dahn, Ha.*, l. c. S. 2256. UV-Spektren (200—350 nm) von Lösungen in Äthanol sowie von Lösungen in wss. Methanol vom pH 0,6, pH 8,3 und pH 13,5: *Dahn, Ha.*, l. c. S. 2253, 2255. Elektrolytische Dissoziation in 50%ig wss. Methanol: *Dahn, Ha.*, l. c. S. 2254.

---

*Opt.-inakt. 3,4,5-Trihydroxy-5,6-diphenyl-5,6-dihydro-pyran-2-on-imin, 2,3,4,5-Tetra-hydroxy-4,5-diphenyl-pent-2c-enimidsäure-5-lacton $C_{17}H_{15}NO_4$, Formel II (R = X = H), und Tautomere.

Die nachstehend beschriebene Verbindung ist vermutlich als opt.-inakt. 6-Amino-3,5-dihydroxy-2,3-diphenyl-2,3-dihydro-pyran-4-on (Formel III [R = X = H]) zu formulieren (*Dahn, Hauth*, Helv. **40** [1957] 2249, 2251).

B. Beim Behandeln von Natrium-[1,2-dihydroxy-äthan-1,2-disulfonat] mit Kalium-cyanid und wss. Natriumcarbonat-Lösung und anschliessend mit Benzaldehyd und Dioxan (*Dahn et al.*, Helv. **39** [1956] 1774, 1780). Beim Behandeln von (±)-3,4-Dihydroxy-5-phenyl-5H-furan-2-on-imin mit wss. Natriumhydrogencarbonat-Lösung, wenig Kalium-cyanid, Benzaldehyd und Dioxan (*Dahn et al.*, Helv. **40** [1957] 1521, 1525).

Krystalle (aus Me.); F: 198° [korr.; Zers.; Kofler-App.] (*Dahn et al.*). UV-Spektrum (A.; 200—350 nm): *Dahn et al.*, Helv. **39** 1778.

Beim Behandeln mit wss. Jod-Lösung und mit wss. Natronlauge sind 2,3-Dihydroxy-2,3-diphenyl-propionsäure (F: 208—209°) und Oxalsäure, beim Behandeln mit Perjodsäure in wss. Methanol ist 2-Hydroxy-3-hydroxyoxalyloxy-2,3-diphenyl-propionsäure (F: 186°)

erhalten worden (*Dahn et al.*, Helv. **39** 1782, 1783). Überführung in ein Monoacetyl-Derivat (C₁₉H₁₇NO₅; Krystalle [aus Acn. + PAe.], F: 183—184° [korr.; Kofler-App.]) durch Behandeln mit Acetanhydrid sowie Überführung in ein Triacetyl-Derivat (C₂₃H₂₁NO₇; Krystalle [aus Me. + PAe.], F: 174—176° [korr.; Kofler-App.]) durch Erwärmen mit Acetanhydrid, Pyridin und Benzol: *Dahn et al.*, Helv. **39** 1781.

*Opt.-inakt. 6-[2-Chlor-phenyl]-3,4,5-trihydroxy-5-phenyl-5,6-dihydro-pyran-2-on-imin, 5-[2-Chlor-phenyl]-2,3,4,5-tetrahydroxy-4-phenyl-pent-2c-enimidsäure-5-lacton C₁₇H₁₄ClNO₄, Formel II (R = H, X = Cl), und Tautomere.

Die nachstehend beschriebene Verbindung ist vermutlich als opt.-inakt. 6-Amino-2-[2-chlor-phenyl]-3,5-dihydroxy-3-phenyl-2,3-dihydro-pyran-4-on (Formel III [R = H, X = Cl]) zu formulieren (*Dahn, Hauth*, Helv. **40** [1957] 2249, 2251).

B. Beim Behandeln von (±)-3,4-Dihydroxy-5-phenyl-5*H*-furan-2-on-imin mit Kalium=cyanid enthaltender wss. Natriumhydrogencarbonat-Lösung, 2-Chlor-benzaldehyd und Dioxan (*Dahn et al.*, Helv. **40** [1957] 1521, 1526).

Krystalle (aus Me.); F: 210° [Zers.; korr.; Kofler-App.] (*Dahn et al.*).

*Opt.-inakt. 6-[3-Chlor-phenyl]-3,4,5-trihydroxy-5-phenyl-5,6-dihydro-pyran-2-on, 5-[3-Chlor-phenyl]-2,3,4,5-tetrahydroxy-4-phenyl-pent-2c-ensäure-5-lacton C₁₇H₁₃ClO₅, Formel I (X = Cl), und Tautomere (z. B. opt.-inakt. 6-[3-Chlor-phenyl]-3,5-di=hydroxy-5-phenyl-dihydro-pyran-2,4-dion).

B. Beim Behandeln von opt.-inakt. 6-[3-Chlor-phenyl]-3,4,5-trihydroxy-5-phenyl-5,6-dihydro-pyran-2-on-imin (F: 198—200°) mit Aceton, wss. Natriumnitrit-Lösung und wss. Schwefelsäure und Erwärmen des erhaltenen 6-[3-Chlor-phenyl]-5-hydr=oxy-5-phenyl-dihydro-pyran-2,3,4-trions mit ʟ-Ascorbinsäure in Methanol (*Dahn, Hauth*, Helv. **40** [1957] 2249, 2258, 2259).

Krystalle (aus Ae. + PAe.); F: 199—201° [korr.; Zers.; Kofler-App.].

*Opt.-inakt. 6-[3-Chlor-phenyl]-3,4,5-trihydroxy-5-phenyl-5,6-dihydro-pyran-2-on-imin, 5-[3-Chlor-phenyl]-2,3,4,5-tetrahydroxy-4-phenyl-pent-2c-enimidsäure-5-lacton C₁₇H₁₄ClNO₄, Formel II (R = Cl, X = H), und Tautomere.

Die nachstehend beschriebene Verbindung ist vermutlich als opt.-inakt. 6-Amino-2-[3-chlor-phenyl]-3,5-dihydroxy-3-phenyl-2,3-dihydro-pyran-4-on (Formel III [R = Cl, X = H]) zu formulieren (*Dahn, Hauth*, Helv. **40** [1957] 2249, 2251).

B. Beim Behandeln von (±)-3,4-Dihydroxy-5-phenyl-5*H*-furan-2-on-imin mit 3-Chlor-benzaldehyd, Methanol, Kaliumcyanid enthaltender wss. Natriumcarbonat-Lösung und kleinen Mengen Natrium-[1,2-dihydroxy-äthan-1,2-disulfonat] (*Dahn et al.*, Helv. **40** [1957] 1521, 1526).

Krystalle (aus Me.); F: 198—200° [korr.; Zers.; Kofler-App.] (*Dahn et al.*).

*Opt.-inakt. 6-[4-Chlor-phenyl]-3,4,5-trihydroxy-5-phenyl-5,6-dihydro-pyran-2-on-imin, 5-[4-Chlor-phenyl]-2,3,4,5-tetrahydroxy-4-phenyl-pent-2c-enimidsäure-5-lacton C₁₇H₁₄ClNO₄, Formel IV (R = X = H), und Tautomere.

Die nachstehend beschriebene Verbindung ist vermutlich als opt.-inakt. 6-Amino-2-[4-chlor-phenyl]-3,5-dihydroxy-3-phenyl-2,3-dihydro-pyran-4-on (Formel V [R = X = H]) zu formulieren (*Dahn, Hauth*, Helv. **40** [1957] 2249, 2251).

B. Beim Behandeln von (±)-3,4-Dihydroxy-5-phenyl-5*H*-furan-2-on-imin mit Kalium=cyanid enthaltender wss. Natriumhydrogencarbonat-Lösung, 4-Chlor-benzaldehyd und

Dioxan (*Dahn et al.*, Helv. **40** [1957] 1521, 1526).

Krystalle (aus Me.); F: 215° [korr.; Zers.; Kofler-App.] (*Dahn et al.*).

IV   V

*Opt.-inakt. 6-[3,4-Dichlor-phenyl]-3,4,5-trihydroxy-5-phenyl-5,6-dihydro-pyran-2-on-imin, 5-[3,4-Dichlor-phenyl]-2,3,4,5-tetrahydroxy-4-phenyl-pent-2c-enimidsäure-5-lacton $C_{17}H_{13}Cl_2NO_4$, Formel IV (R = H, X = Cl), und Tautomere.

Die nachstehend beschriebene Verbindung ist vermutlich als opt.-inakt. 6-Amino-2-[3,4-dichlor-phenyl]-3,5-dihydroxy-3-phenyl-2,3-dihydro-pyran-4-on (Formel V [R = H, X = Cl]) zu formulieren (*Dahn, Hauth*, Helv. **40** [1957] 2249, 2251).

B. Beim Behandeln von (±)-3,4-Dihydroxy-5-phenyl-5*H*-furan-2-on-imin mit 3,4-Dichlor-benzaldehyd, Methanol und Kaliumcyanid enthaltender wss. Natriumhydrogencarbonat-Lösung (*Dahn et al.*, Helv. **40** [1957] 1521, 1526).

Krystalle (aus Me.); F: 199° [korr.; Zers.; Kofler-App.] (*Dahn et al.*).

*Opt.-inakt. 5,6-Bis-[4-chlor-phenyl]-3,4,5-trihydroxy-5,6-dihydro-pyran-2-on-imin, 4,5-Bis-[4-chlor-phenyl]-2,3,4,5-tetrahydroxy-pent-2c-enimidsäure-5-lacton $C_{17}H_{13}Cl_2NO_4$, Formel IV (R = Cl, X = H), und Tautomere.

Die nachstehend beschriebene Verbindung ist vermutlich als opt.-inakt. 6-Amino-2,3-bis-[4-chlor-phenyl]-3,5-dihydroxy-2,3-dihydro-pyran-4-on (Formel V [R = Cl, X = H]) zu formulieren (*Dahn, Hauth*, Helv. **40** [1957] 2249, 2251).

B. Beim Behandeln von Natrium-[1,2-dihydroxy-äthan-1,2-disulfonat] mit 4-Chlor-benzaldehyd, Kaliumcyanid und Natriumcarbonat in wss. Dioxan (*Dahn et al.*, Helv. **39** [1956] 1774, 1781).

Krystalle (aus Me.); F: 210° [korr.; Zers.; Kofler-App.] (*Dahn et al.*).

*Opt.-inakt. 3,4,5-Trihydroxy-5-[3-nitro-phenyl]-6-phenyl-5,6-dihydro-pyran-2-on-imin, 2,3,4,5-Tetrahydroxy-4-[3-nitro-phenyl]-5-phenyl-pent-2c-enimidsäure-5-lacton $C_{17}H_{14}N_2O_6$, Formel VI (X = H), und Tautomere.

Die nachstehend beschriebene Verbindung ist vermutlich als opt.-inakt. 6-Amino-3,5-dihydroxy-3-[3-nitro-phenyl]-2-phenyl-2,3-dihydro-pyran-4-on (Formel VII [X = H]) zu formulieren (*Dahn, Hauth*, Helv. **40** [1957] 2249, 2251).

B. Beim Behandeln von (±)-3,4-Dihydroxy-5-[3-nitro-phenyl]-5*H*-furan-2-on-imin mit Benzaldehyd, Methanol, Kaliumcyanid enthaltender wss. Natriumcarbonat-Lösung und kleinen Mengen Natrium-[1,2-dihydroxy-äthan-1,2-disulfonat] (*Dahn et al.*, Helv. **40** [1957] 1521, 1527).

Krystalle (aus Me.); F: 197—199° [korr.; Zers.; Kofler-App.] (*Dahn et al.*).

VI   VII   VIII

*Opt.-inakt. 3,4,5-Trihydroxy-5,6-bis-[3-nitro-phenyl]-5,6-dihydro-pyran-2-on,
2,3,4,5-Tetrahydroxy-4,5-bis-[3-nitro-phenyl]-pent-2c-ensäure-5-lacton $C_{17}H_{12}N_2O_9$,
Formel VIII, und Tautomere (z. B. opt.-inakt. 3,5-Dihydroxy-5,6-bis-[3-nitro-
phenyl]-dihydro-pyran-2,4-dion).

B. Beim Behandeln von opt.-inakt. 3,4,5-Trihydroxy-5,6-bis-[3-nitro-phenyl]-5,6-di=
hydro-pyran-2-on-imin (F: 198—200°) mit Aceton, wss, Natriumnitrit-Lösung und
wss. Schwefelsäure und Erwärmen des erhaltenen 5-Hydroxy-5,6-bis-[3-nitro-phenyl]-
dihydro-pyran-2,3,4-trions mit L-Ascorbinsäure in Methanol (*Dahn, Hauth*, Helv. **40**
[1957] 2249, 2259).

Krystalle (aus W. + Me.); F: 232—234° [korr.; Zers.; Kofler-App.].

---

*Opt.-inakt. 3,4,5-Trihydroxy-5,6-bis-[3-nitro-phenyl]-5,6-dihydro-pyran-2-on-imin,
2,3,4,5-Tetrahydroxy-4,5-bis-[3-nitro-phenyl]-pent-2c-enimidsäure-5-lacton $C_{17}H_{13}N_3O_8$,
Formel VI (X = NO_2), und Tautomere.

Die nachstehend beschriebene Verbindung ist vermutlich als opt.-inakt. 6-Amino-
3,5-dihydroxy-2,3-bis-[3-nitro-phenyl]-2,3-dihydro-pyran-4-on (Formel VII
[X = NO_2]) zu formulieren (*Dahn, Hauth*, Helv. **40** [1957] 2249, 2251).

B. Beim Behandeln von (±)-3,4-Dihydroxy-5-[3-nitro-phenyl]-5H-furan-2-on-imin mit
3-Nitro-benzaldehyd, Methanol, Kaliumcyanid enthaltender wss. Kaliumhydrogen=
carbonat-Lösung und kleinen Mengen Natrium-[1,2-dihydroxy-äthan-1,2-disulfonat]
(*Dahn et al.*, Helv. **40** [1957] 1521, 1527).

Krystalle (aus Me.); F: 198—200° [korr.; Zers.; Kofler-App.] (*Dahn et al.*).

3-[2-Methoxy-phenyl]-3-[4-methoxy-phenyl]-glutarsäure-anhydrid $C_{19}H_{18}O_5$, Formel IX
(R = CH_3).

B. Aus 3-[2-Methoxy-phenyl]-3-[4-methoxy-phenyl]-glutarsäure (*Gogte, Atre*, J. Univ.
Bombay **25**, Tl. 3 A [1956] 31, 35).

Krystalle (aus Bzl. + PAe.); F: 135°.

3-[4-Acetoxy-phenyl]-3-[2-methoxy-phenyl]-glutarsäure-anhydrid $C_{20}H_{18}O_6$, Formel IX
(R = $CO-CH_3$).

B. Aus 3-[4-Hydroxy-phenyl]-3-[2-methoxy-phenyl]-glutarsäure (*Gogte, Atre*, J. Univ.
Bombay **25**, Tl. 3 A [1956] 31, 36).

Krystalle (aus Acn. + CCl_4); F: 135°.

3,3-Bis-[4-hydroxy-phenyl]-glutarsäure-anhydrid $C_{17}H_{14}O_5$, Formel X (R = X = H).

Die nachstehend beschriebene Verbindung ist von *Gogte* (Pr. Indian Acad. [A] **5** [1937]
535, 538) nach dem unten angegebenen Verfahren nicht wieder erhalten worden.

B. Beim Erhitzen von 3,3-Bis-[4-hydroxy-phenyl]-glutarsäure (E III **10** 2512) auf 240°
(*Dixit, Gokhale*, J. Univ. Bombay **3**, Tl. 2 [1934] 80, 86).

Krystalle (aus Acn. + PAe.); F: 80° (*Di., Gok.*).

3,3-Bis-[4-methoxy-phenyl]-glutarsäure-anhydrid $C_{19}H_{18}O_5$, Formel X (R = X = CH_3).

B. Beim Erhitzen von 3,3-Bis-[4-methoxy-phenyl]-glutarsäure (E III **10** 2513) auf 200°
(*Gogte*, Pr. Indian Acad. [A] **5** [1937] 535, 539; s. a. *Dixit, Gokhale*, J. Univ. Bombay **3**,
Tl. 2 [1934] 80, 88).

Krystalle (aus A.), F: 160° (?) (*Di., Gok.*); Krystalle (aus Me.), F: 104—105° (*Gogte*).

3,3-Bis-[4-äthoxy-phenyl]-glutarsäure-anhydrid $C_{21}H_{22}O_5$, Formel X (R = X = C_2H_5).

B. Beim Erhitzen von 3,3-Bis-[4-äthoxy-phenyl]-glutarsäure auf 200° (*Gogte*, Pr.
Indian Acad. [A] **5** [1937] 535, 541).

Krystalle (aus Me.); F: 119—120°.

3-[4-Acetoxy-phenyl]-3-[4-methoxy-phenyl]-glutarsäure-anhydrid $C_{20}H_{18}O_6$, Formel X
(R = $CO-CH_3$, X = CH_3).

B. Aus 3-[4-Hydroxy-phenyl]-3-[4-methoxy-phenyl]-glutarsäure (*Gogte, Atre*, J. Univ.
Bombay **25**, Tl. 3 A [1956] 31, 36).

Krystalle (aus Acn. + CCl_4); F: 137°.

IX   X   XI

3,3-Bis-[4-acetoxy-phenyl]-glutarsäure-anhydrid $C_{21}H_{18}O_7$, Formel X
($R = X = CO\text{-}CH_3$).

B. Aus 3,3-Bis-[4-hydroxy-phenyl]-glutarsäure (E III **10** 2512) beim Behandeln mit Acetylchlorid (*Dixit, Gokhale*, J. Univ. Bombay **3**, Tl. 2 [1934] 80, 86) sowie beim Erhitzen mit Acetanhydrid und Natriumacetat (*Di., Gok.*; *Gogte*, Pr. Indian Acad. [A] **5** [1937] 535, 538).

Krystalle (aus Eg.); F: 204—205° (*Gogte*), 203° (*Di., Gok.*).

3,3-Bis-[4-benzoyloxy-phenyl]-glutarsäure-anhydrid $C_{31}H_{22}O_7$, Formel X
($R = X = CO\text{-}C_6H_5$).

B. Beim Erhitzen von 3,3-Bis-[4-benzoyloxy-phenyl]-glutarsäure (E III **10** 2514) auf Temperaturen oberhalb des Schmelzpunkts (*Dixit, Gokhale*, J. Univ. Bombay **3**, Tl. 2 [1934] 80, 87). Beim Behandeln von 3,3-Bis-[4-hydroxy-phenyl]-glutarsäure-anhydrid mit Benzoylchlorid und Pyridin (*Di., Go.*, l. c. S. 86).

Krystalle (aus A.); F: 167°.

(±)-4-[4-Methoxy-benzyl]-5-[4-methoxy-phenyl]-dihydro-furan-2,3-dion,
(±)-4-Hydroxy-3-[4-methoxy-benzyl]-4-[4-methoxy-phenyl]-2-oxo-buttersäure-lacton
$C_{19}H_{18}O_5$, Formel XI, und Tautomeres ((±)-3-Hydroxy-4-[4-methoxy-benzyl]-5-[4-methoxy-phenyl]-5*H*-furan-2-on).

B. Beim Erwärmen von [4-Methoxy-benzyl]-oxalessigsäure-diäthylester mit 4-Methoxy-benzaldehyd, Essigsäure und wss. Salzsäure (*Labib*, C. r. **244** [1957] 2396, 2398).

Krystalle (aus wss. A.); F: 113°.

(±)-2ξ,3ξ-Epoxy-5*t*-phenyl-1-[2,4,5-trimethoxy-phenyl]-pent-4-en-1-on $C_{20}H_{20}O_5$,
Formel I.

B. Beim Behandeln einer Lösung von 5*t*-Phenyl-1-[2,4,5-trimethoxy-phenyl]-penta-2*t*(?),4-dien-1-on (F: 110°) in Methanol mit wss. Wasserstoffperoxid und wss. Natronlauge (*Marini-Bettòlo*, G. **72** [1942] 201, 208).

Hellgelbe Krystalle (aus wss. A.); F: 120°.

5,7-Dihydroxy-3-[4-hydroxy-benzyl]-2-methyl-chromen-4-on $C_{17}H_{14}O_5$, Formel II
($R = H$) (E II 179).

Diese Konstitution kommt auch der von *Jerzmanowskaja, Kłosówna* (Roczniki Chem. **18** [1938] 234, 243; C. **1939** II 2655) als 5,7-Dihydroxy-4-[4-hydroxy-phenäthyl]-cumarin angesehenen Verbindung zu (vgl. *King, Robertson*, Soc. **1934** 403; E II 179).

B. Beim Behandeln von 7-Acetoxy-3-[4-acetoxy-benzyl]-5-hydroxy-2-methyl-chromen-4-on mit wss. Kalilauge (*Je., Kł.*). Beim Erwärmen von 5,7-Diacetoxy-3-[4-acetoxy-benzyl]-2-methyl-chromen-4-on mit methanol. Natronlauge (*King, Ro.*).

Krystalle; F: 214° [Zers.; aus wss. A.] (*Je., Kł.*), 204—207° [aus wss. Me.] (*King, Ro.*).

5-Hydroxy-3-[4-hydroxy-benzyl]-7-methoxy-2-methyl-chromen-4-on $C_{18}H_{16}O_5$,
Formel III ($R = CH_3$, $X = H$).

B. Beim Behandeln von 3-[4-Acetoxy-benzyl]-5-hydroxy-7-methoxy-2-methyl-chromen-4-on mit methanol. Kalilauge (*Murakami, Takeuchi*, J. pharm. Soc. Japan **56** [1936] 649, 658; dtsch. Ref. S. 155, 160; C. A. **1937** 1030).

Gelbliche Krystalle (aus Acn. + Me.); F: 188,5°.

I   II

5,7-Dimethoxy-3-[4-methoxy-benzyl]-2-methyl-chromen-4-on $C_{20}H_{20}O_5$, Formel II (R = CH$_3$) (E II 180).

B. Beim Erwärmen von 5,7-Dihydroxy-3-[4-hydroxy-benzyl]-2-methyl-chromen-4-on (*King, Robertson*, Soc. **1934** 403) oder von 5-Hydroxy-3-[4-hydroxy-benzyl]-7-methoxy-2-methyl-chromen-4-on (*Murakami, Takeuchi*, J. pharm. Soc. Japan **56** [1936] 649, 659; dtsch. Ref. S. 155, 160; C. A. **1937** 1030) mit Methyljodid, Kaliumcarbonat und Aceton.

3-[4-Acetoxy-benzyl]-5-hydroxy-7-methoxy-2-methyl-chromen-4-on $C_{20}H_{18}O_6$, Formel III (R = CH$_3$, X = CO-CH$_3$).

B. In kleiner Menge neben 3-[4-Acetoxy-benzyl]-7-methoxy-2-methyl-5-[tetra-*O*-acetyl-β-D-glucopyranosyloxy]-chromen-4-on beim Erhitzen von Asebotin (1-[2-β-D-Glucopyranosyloxy-6-hydroxy-4-methoxy-phenyl]-3-[4-hydroxy-phenyl]-propan-1-on [E III/IV **17** 3042]) mit Acetanhydrid und Natriumacetat (*Murakami, Takeuchi*, J. pharm. Soc. Japan **56** [1936] 649, 657, 658; dtsch. Ref. S. 155, 159; C. A. **1937** 1030).

Gelbliche Krystalle (aus Ae.); F: 159°.

III   IV

7-Acetoxy-3-[4-acetoxy-benzyl]-5-hydroxy-2-methyl-chromen-4-on $C_{21}H_{18}O_7$, Formel III (R = X = CO-CH$_3$).

Diese Konstitution ist der nachstehend beschriebenen, von *Jerzmanowskaja, Kłosówna* (Roczniki Chem. **18** [1938] 234, 242; C. **1939** II 2655) als 7-Acetoxy-4-[4-acetoxy-phenäthyl]-5-hydroxy-cumarin ($C_{21}H_{18}O_7$) angesehenen Verbindung zuzuordnen (vgl. die Angaben im Artikel 5,7-Dihydroxy-3-[4-hydroxy-benzyl]-2-methyl-chromen-4-on [S. 2774]).

B. Neben Penta-*O*-acetyl-β-D-glucopyranose beim Erhitzen von Hepta-*O*-acetyl-phlorrhizin (E III/IV **17** 3250) unter vermindertem Druck bis auf 270° (*Je., Kł.*)

Krystalle (aus Acn.); F: 120—121°.

5,7-Diacetoxy-3-[4-acetoxy-benzyl]-2-methyl-chromen-4-on $C_{23}H_{20}O_8$, Formel II (R = CO-CH$_3$) (E II 180).

B. Beim Erhitzen von 5,7-Dihydroxy-3-[4-hydroxy-benzyl]-2-methyl-chromen-4-on (S. 2774) mit Acetanhydrid und Natriumacetat (*Jerzmanowskaja, Kłosówna*, Roczniki Chem. **18** [1938] 234, 243; C. **1939** II 2655).

Krystalle (aus A.); F: 170—172°.

5-β-D-Glucopyranosyloxy-3-[4-hydroxy-benzyl]-7-methoxy-2-methyl-chromen-4-on
$C_{24}H_{26}O_{10}$, Formel IV (R = H).
B. Beim Behandeln von 3-[4-Acetoxy-benzyl]-7-methoxy-2-methyl-5-[tetra-*O*-acetyl-β-D-glucopyranosyloxy]-chromen-4-on mit Natriummethylat in Methanol oder mit methanol. Kalilauge (*Murakami, Takeuchi*, J. pharm. Soc. Japan **56** [1936] 649, 658; dtsch. Ref. S. 155, 160; C. A. **1937** 1030).
Krystalle (aus Me.); F: 205°. $[\alpha]_D^{30}$: −46,9° [Acn. + A. (1:1)].

3-[4-Acetoxy-benzyl]-7-methoxy-2-methyl-5-[tetra-*O*-acetyl-β-D-glucopyranosyloxy]-chromen-4-on $C_{34}H_{36}O_{15}$, Formel IV (R = CO-CH$_3$).
B. Neben kleinen Mengen 3-[4-Acetoxy-benzyl]-5-hydroxy-7-methoxy-2-methyl-chromen-4-on beim Erhitzen von Asebotin (1-[2-β-D-Glucopyranosyloxy-6-hydroxy-4-methoxy-phenyl]-3-[4-hydroxy-phenyl]-propan-1-on [E III/IV **17** 3042]) mit Acet=anhydrid und Natriumacetat (*Murakami, Takeuchi*, J. pharm. Soc. Japan **56** [1936] 649, 657; dtsch. Ref. S. 155, 159; C. A. **1937** 1030).
Krystalle (aus Acn. + Me.); F: 198°. $[\alpha]_D^{30}$: −63,7° [Acn.; c = 0,3].

5,7-Dimethoxy-3-[4-methoxy-benzyl]-2-methyl-chromen-4-on-oxim $C_{20}H_{21}NO_5$, Formel V.
B. Beim Erwärmen von 5,7-Dimethoxy-3-[4-methoxy-benzyl]-2-methyl-chromen-4-on mit Hydroxylamin-hydrochlorid und Natriumacetat in Äthanol (*Shinoda, Sato*, J. pharm. Soc. Japan **50** [1930] 265, 269; dtsch. Ref. S. 32, 35; C. A. **1930** 4046).
Krystalle; F: 206−207°.

V VI

5,7-Dimethoxy-3-[4-methoxy-benzyl]-4-methyl-cumarin $C_{20}H_{20}O_5$, Formel VI.
B. Beim Behandeln von 2-[4-Methoxy-benzyl]-acetessigsäure-äthylester mit 3,5-Di=methoxy-phenol und Phosphor(V)-oxid (*King, Robertson*, Soc. **1934** 403).
Krystalle (aus Me.); F: 137°.

2-Äthyl-5,7-dihydroxy-3-[4-hydroxy-phenyl]-chromen-4-on $C_{17}H_{14}O_5$, Formel VII (R = X = H).
B. Beim Erhitzen von 2-Äthyl-5,7-dihydroxy-3-[4-methoxy-phenyl]-chromen-4-on oder von 2-Äthyl-3-[4-methoxy-phenyl]-5,7-bis-propionyloxy-chromen-4-on mit wss. Jodwasserstoffsäure (*Bradbury, White*, Soc. **1953** 871, 875).
Krystalle (aus wss. A.); F: 244−245° [korr.]. UV-Spektrum (A.; 230−350 nm): *Br., Wh.*, l. c. S. 872.

2-Äthyl-5,7-dihydroxy-3-[4-methoxy-phenyl]-chromen-4-on $C_{18}H_{16}O_5$, Formel VII (R = H, X = CH$_3$).
B. Beim Erhitzen von 2-Äthyl-3-[4-methoxy-phenyl]-5,7-bis-propionyloxy-chromen-4-on mit wss. Natriumcarbonat-Lösung (*Bradbury, White*, Soc. **1953** 871, 875).
Krystalle (aus wss. Me.); F: 228−229° [korr.].

2-Äthyl-3-[4-methoxy-phenyl]-5,7-bis-propionyloxy-chromen-4-on $C_{24}H_{24}O_7$, Formel VII (R = CO-CH$_2$-CH$_3$, X = CH$_3$).
B. Beim Erhitzen von 2,4,6-Trihydroxy-4'-methoxy-desoxybenzoin mit Propionsäure-anhydrid und Natriumpropionat (*Bradbury, White*, Soc. **1953** 871, 874, 875).
Krystalle (aus A.); F: 150° [korr.].

5,7-Dihydroxy-3-[4-methoxy-phenyl]-2,6-dimethyl-chromen-4-on $C_{18}H_{16}O_5$, Formel VIII
(R = X = H).

B. Beim Behandeln von 2,4,6-Trihydroxy-4'-methoxy-3-methyl-desoxybenzoin mit
Acetylchlorid und Pyridin und Erhitzen des Reaktionsprodukts mit wss. Natrium=
carbonat-Lösung (*Mehta, Seshadri*, Soc. **1954** 3823).
Krystalle (aus A.); F: 242—244°.

VII   VIII

5-Hydroxy-7-methoxy-3-[4-methoxy-phenyl]-2,6-dimethyl-chromen-4-on $C_{19}H_{18}O_5$,
Formel VIII (R = H, X = CH_3).
Diese Verbindung hat möglicherweise auch in dem früher (s. E II **18** 179) als 5-Hydr=
oxy-7-methoxy-3-[4-methoxy-phenyl]-2-methyl-chromen-4-on (,,5-Oxy-7.4'-dimethoxy-
2-methyl-isoflavon'') beschriebenen Präparat vom F: 197—199° vorgelegen (*Iengar et al.*,
J. scient. ind. Res. India **13** B [1954] 166, 170).
B. Neben 5-Hydroxy-7-methoxy-3-[4-methoxy-phenyl]-2-methyl-chromen-4-on beim
Behandeln von 5,7-Dihydroxy-3-[4-methoxy-phenyl]-2-methyl-chromen-4-on mit Natri=
ummethylat in Methanol und anschliessenden Erwärmen mit Methyljodid (*Ie. et al.*,
l. c. S. 173). Beim Erwärmen von 5,7-Dihydroxy-3-[4-methoxy-phenyl]-2,6-dimethyl-
chromen-4-on mit Dimethylsulfat, Kaliumcarbonat und Aceton (*Mehta, Seshadri*, Soc.
1954 3823).
Krystalle (aus A.); F: 198—200° (*Me., Se.*).

5,7-Diacetoxy-3-[4-methoxy-phenyl]-2,6-dimethyl-chromen-4-on $C_{22}H_{20}O_7$, Formel VIII
(R = X = CO-CH_3).
B. Beim Behandeln von 5,7-Dihydroxy-3-[4-methoxy-phenyl]-2,6-dimethyl-chromen-
4-on mit Acetanhydrid und Pyridin (*Mehta, Seshadri*, Soc. **1954** 3823).
Krystalle (aus A.); F: 230—232°.

5,7-Dihydroxy-3-[4-methoxy-phenyl]-2,8-dimethyl-chromen-4-on $C_{18}H_{16}O_5$, Formel IX
(R = X = H).
B. Beim Erhitzen von 5,7-Diacetoxy-3-[4-methoxy-phenyl]-2,8-dimethyl-chromen-
4-on mit wss. Natriumcarbonat-Lösung (*Mehta, Seshadri*, Soc. **1954** 3823).
Krystalle (aus A.); F: 239—241°.

5-Hydroxy-7-methoxy-3-[4-methoxy-phenyl]-2,8-dimethyl-chromen-4-on $C_{19}H_{18}O_5$,
Formel IX (R = H, X = CH_3).
B. Beim Erwärmen von 5,7-Dihydroxy-3-[4-methoxy-phenyl]-2,8-dimethyl-chromen-
4-on mit Dimethylsulfat, Kaliumcarbonat und Aceton (*Mehta, Seshadri*, Soc. **1954** 3823).
Beim Behandeln von 5,7-Dimethoxy-3-[4-methoxy-phenyl]-2,8-dimethyl-chromen-4-on
mit Aluminiumchlorid in Äther (*Me., Se.*).
Krystalle (aus A.); F: 178—179°.

IX   X

5,7-Dimethoxy-3-[4-methoxy-phenyl]-2,8-dimethyl-chromen-4-on $C_{20}H_{20}O_5$, Formel IX
(R = X = CH_3).
B. Beim Erhitzen von 2-Hydroxy-4,6,4'-trimethoxy-3-methyl-desoxybenzoin mit Acet=

anhydrid und Natriumacetat (*Mehta, Seshadri*, Soc. **1954** 3823).

Krystalle (aus wss. A.); F: 182—183°.

5,7-Diacetoxy-3-[4-methoxy-phenyl]-2,8-dimethyl-chromen-4-on $C_{22}H_{20}O_7$, Formel IX
(R = X = CO-CH₃).

B. Beim Erhitzen von 2,4,6-Trihydroxy-4'-methoxy-3-methyl-desoxybenzoin mit Acet≈
anhydrid und Natriumacetat (*Mehta, Seshadri*, Soc. **1954** 3823).

Krystalle (aus A.); F: 192—194°.

**2-Acetyl-6-methoxy-3-veratryl-benzofuran, 1-[6-Methoxy-3-veratryl-benzofuran-2-yl]-
äthanon** $C_{20}H_{20}O_5$, Formel X.

B. Aus 6-Methoxy-3-veratryl-benzofuran beim Behandeln mit Acetylchlorid, Zinn(IV)-
chlorid und Schwefelkohlenstoff (*Chatterjea*, J. Indian chem. Soc. **34** [1957] 347, 354)
sowie beim Behandeln mit Acetonitril, Zinkchlorid und Äther unter Einleiten von Chlor≈
wasserstoff und Erwärmen des Reaktionsprodukts mit Wasser (*Chatterjea*, J. Indian
chem. Soc. **30** [1953] 1, 7). Beim Erwärmen einer Lösung von 6-Methoxy-3-veratryl-
benzofuran-2-carbonitril in Benzol mit Methylmagnesiumjodid in Äther und anschliessenden Behandeln mit wss. Salzsäure (*Ch.*, J. Indian chem. Soc. **30** 7).

Krystalle (aus A.); F: 156—157° [unkorr.] (*Ch.*, J. Indian chem. Soc. **30** 7).

1-[6-Methoxy-3-veratryl-benzofuran-2-yl]-äthanon-oxim $C_{20}H_{21}NO_5$, Formel XI
(X = OH).

B. Beim Erwärmen von 1-[6-Methoxy-3-veratryl-benzofuran-2-yl]-äthanon mit Hydr≈
oxylamin-hydrochlorid und Pyridin (*Chatterjea*, J. Indian chem. Soc. **30** [1953] 1, 7).

Krystalle (aus Me.); F: 131—132° [unkorr.].

XI   XII

1-[6-Methoxy-3-veratryl-benzofuran-2-yl]-äthanon-[2,4-dinitro-phenylhydrazon]
$C_{26}H_{24}N_4O_8$, Formel XI (X = NH-C₆H₃(NO₂)₂).

B. Aus 1-[6-Methoxy-3-veratryl-benzofuran-2-yl]-äthanon und [2,4-Dinitro-phenyl]-
hydrazin (*Chatterjea*, J. Indian chem. Soc. **30** [1953] 1, 7).

Orangerote Krystalle (aus Nitrobenzol + A.); F: 227° [unkorr.].

(±)-6,7-Dimethoxy-3-[4-methyl-phenacyl]-phthalid $C_{19}H_{18}O_5$, Formel XII.

B. Beim Behandeln von Opiansäure (6-Formyl-2,3-dimethoxy-benzoesäure) mit
1-*p*-Tolyl-äthanon und wss.-methanol. Natronlauge (*Bailey, Staunton*, Soc. **1952** 2153,
2154).

Krystalle (aus wss. Eg.); F: 142—143°.

Hydroxy-oxo-Verbindungen $C_{18}H_{16}O_5$

3-[4-Methoxy-3-methyl-phenyl]-3-[4-methoxy-phenyl]-glutarsäure-anhydrid $C_{20}H_{20}O_5$,
Formel I (R = CH₃).

B. Aus 3-[4-Methoxy-3-methyl-phenyl]-3-[4-methoxy-phenyl]-glutarsäure (*Gogte, Atre*,
J. Univ. Bombay **25**, Tl. 3 A [1956] 31, 37).

Krystalle (aus Acn. + PAe.); F: 140°.

3-[4-Acetoxy-3-methyl-phenyl]-3-[4-methoxy-phenyl]-glutarsäure-anhydrid $C_{21}H_{20}O_6$,
Formel I (R = CO-CH₃).

B. Aus 3-[4-Hydroxy-3-methyl-phenyl]-3-[4-methoxy-phenyl]-glutarsäure (*Gogte, Atre*,

J. Univ. Bombay **25**, Tl. 3 A [1956] 31, 36).
Krystalle (aus wss. A.); F: 120°.

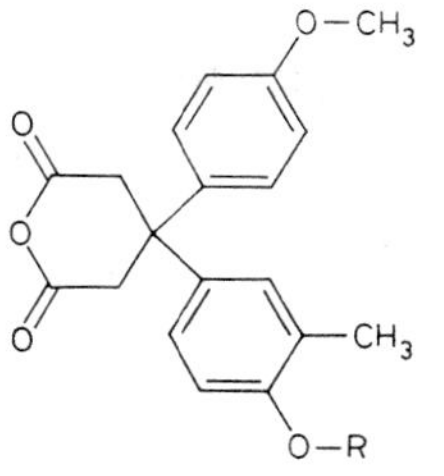

I 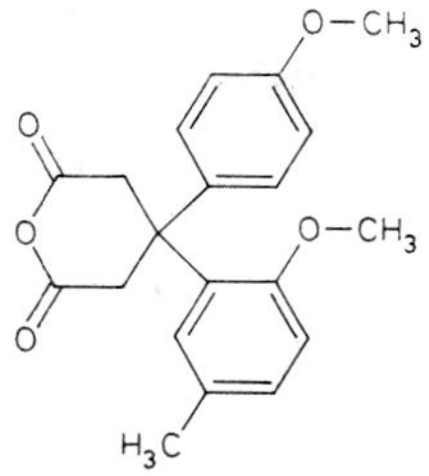   II

3-[2-Methoxy-5-methyl-phenyl]-3-[4-methoxy-phenyl]-glutarsäure-anhydrid C$_{20}$H$_{20}$O$_5$, Formel II.

B. Aus 3-[2-Methoxy-5-methyl-phenyl]-3-[4-methoxy-phenyl]-glutarsäure (*Gogte, Atre,* J. Univ. Bombay **25**, Tl. 3 A [1956] 31, 38).

F: 130°.

*Opt.-inakt. 3,4,5-Trihydroxy-5-phenyl-6-*p*-tolyl-5,6-dihydro-pyran-2-on-imin, 2,3,4,5-Tetrahydroxy-4-phenyl-5-*p*-tolyl-pent-2*c*-enimidsäure-5-lacton C$_{18}$H$_{17}$NO$_4$, Formel III, und Tautomere.

Die nachstehend beschriebene Verbindung ist vermutlich als opt.-inakt. 6-Amino-3,5-dihydroxy-3-phenyl-2-*p*-tolyl-2,3-dihydro-pyran-4-on (Formel IV) zu formulieren (*Dahn, Hauth,* Helv. **40** [1957] 2249, 2251).

B. Beim Behandeln von (±)-3,4-Dihydroxy-5-phenyl-5*H*-furan-2-on-imin mit Kalium= cyanid enthaltender wss. Natriumhydrogencarbonat-Lösung und anschliessend mit *p*-Toluylaldehyd und Dioxan (*Dahn et al.,* Helv. **40** [1957] 1521, 1526).

Krystalle (aus Me.); F: 196° [Zers.; korr.; Kofler-App.] (*Dahn et al.*).

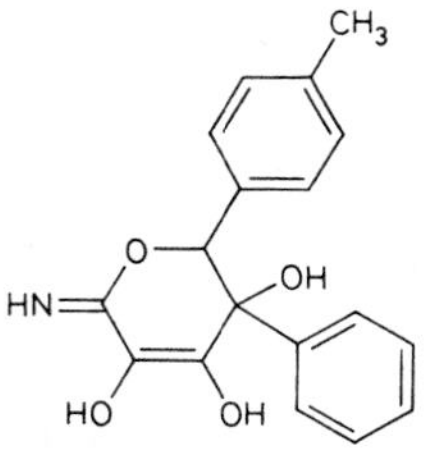

III 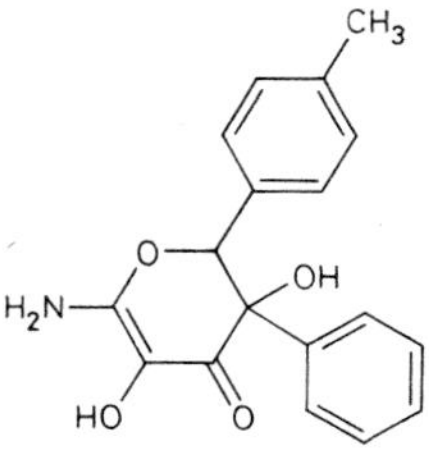   IV 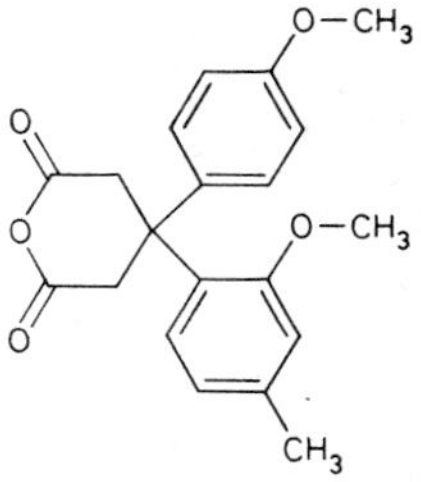   V

3-[2-Methoxy-4-methyl-phenyl]-3-[4-methoxy-phenyl]-glutarsäure-anhydrid C$_{20}$H$_{20}$O$_5$, Formel V.

B. Beim Erwärmen von 3-[2-Methoxy-4-methyl-phenyl]-3-[4-methoxy-phenyl]-glutar= säure mit Acetanhydrid (*Gogte, Atre,* J. Univ. Bombay **25**, Tl. 3 A [1956] 31, 37).

Krystalle; F: 175°.

3-Benzyl-2-methoxy-2-[4-methoxy-benzyl]-bernsteinsäure-anhydrid C$_{20}$H$_{20}$O$_5$, Formel VI.

Eine ursprünglich (*Cordier,* A. ch. [10] **15** [1931] 228, 306) unter dieser Konstitution beschriebene opt.-inakt. Verbindung (F: 57°) ist als Benzyl-[4-methoxy-benzyl]-malein= säure-dimethylester zu formulieren (*Cordier,* C. r. **232** [1951] 1354).

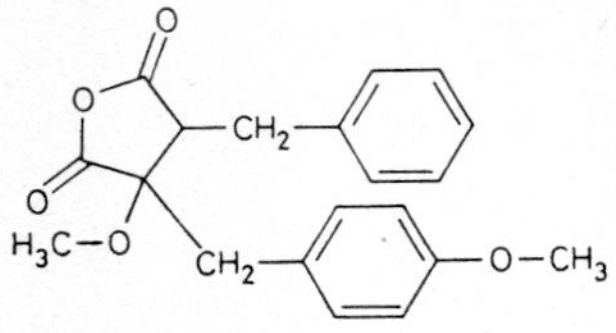

VI

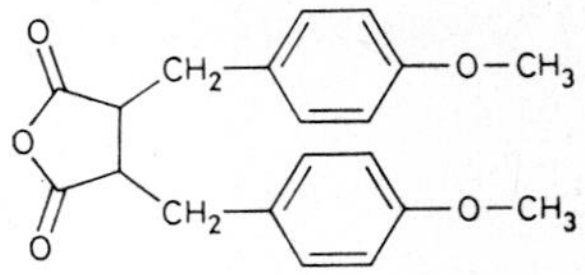

VII

*Opt.-inakt. 2,3-Bis-[4-methoxy-benzyl]-bernsteinsäure-anhydrid $C_{20}H_{20}O_5$, Formel VII.

a) Stereoisomeres vom F: 208°.

B. Aus opt.-inakt. 2,3-Bis-[4-methoxy-benzyl]-bernsteinsäure vom F: 193—194° (*Cluzel, Cordier*, C. r. **235** [1952] 622).

F: 207—208°.

b) Stereoisomeres vom F: 192°.

B. Aus opt.-inakt. 2,3-Bis-[4-methoxy-benzyl]-bernsteinsäure vom F: 173—174° (*Cluzel, Cordier*, C. r. **235** [1952] 622). Aus dem unter a) beschriebenen Stereoisomeren bei langem Erhitzen mit Acetanhydrid (*Cl., Co.*).

F: 192°.

(±)-7-Hydroxy-2-[4-hydroxy-3-methoxy-5-ξ-propenyl-phenyl]-chroman-4-on $C_{19}H_{18}O_5$, Formel VIII.

B. Beim Erwärmen von 4,2′,4′-Trihydroxy-3-methoxy-5-propenyl-chalkon (F: 203° bis 205°) mit Äthanol und kleinen Mengen wss. Salzsäure (*Pew*, Am. Soc. **73** [1951] 1678, 1683, 1685).

F: 200—202° [Zers.; korr.].

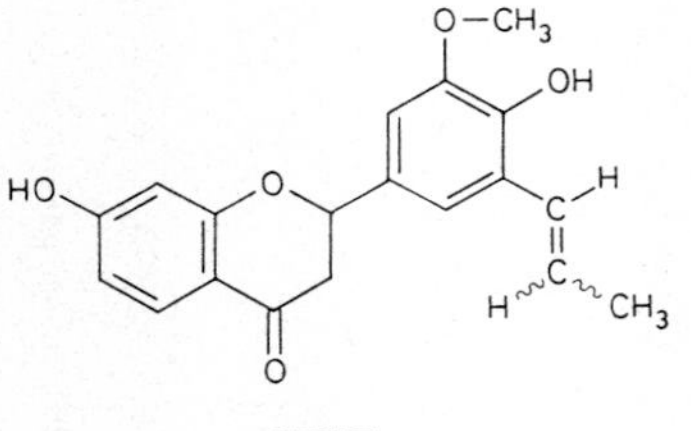

VIII

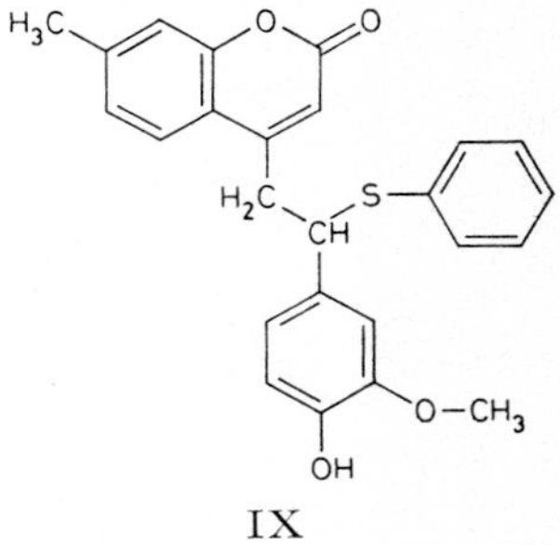

IX

(±)-4-[4-Hydroxy-3-methoxy-β-phenylmercapto-phenäthyl]-7-methyl-cumarin $C_{25}H_{22}O_4S$, Formel IX.

Diese Konstitution kommt vermutlich der nachstehend beschriebenen Verbindung zu.

B. Beim Erwärmen von 4-[4-Hydroxy-3-methoxy-*trans*(?)-styryl]-7-methyl-cumarin (S. 1910) mit Thiophenol und wenig Piperidin (*Mustafa et al.*, Am. Soc. **78** [1956] 5011, 5012).

Krystalle (aus Bzl. + Bzn.); F: 102° [unkorr.].

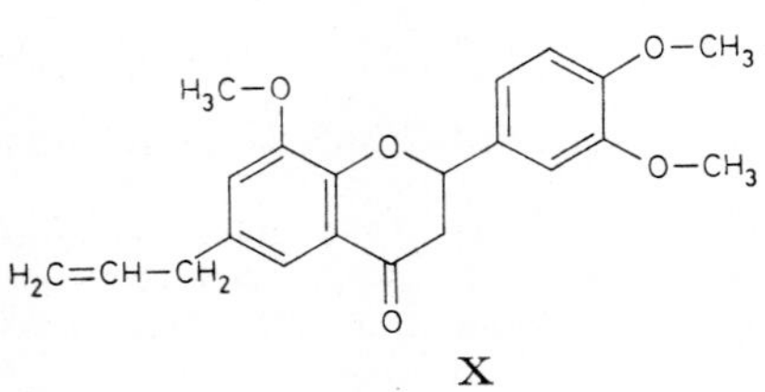

X

(±)-6-Allyl-2-[3,4-dimethoxy-phenyl]-8-methoxy-chroman-4-on $C_{21}H_{22}O_5$, Formel X.

B. Neben kleinen Mengen 5'-Allyl-2'-hydroxy-3,4,3'-trimethoxy-*trans*(?)-chalkon (F: 143° — 145°) beim Erwärmen von 1-[5-Allyl-2-hydroxy-3-methoxy-phenyl]-äthanon mit Veratrumaldehyd und wss. Kalilauge (*Pew*, Am. Soc. **77** [1955] 2831).

Krystalle (aus A.); F: 127,5 — 128,5° [korr.].

(±)-8-[2-Brom-propyl]-7-hydroxy-3-methoxy-2-[4-methoxy-phenyl]-chromen-4-on $C_{20}H_{19}BrO_5$, Formel XI.

B. Beim Behandeln einer Suspension von 8-Allyl-7-hydroxy-3-methoxy-2-[4-methoxy-phenyl]-chromen-4-on in Dioxan mit Bromwasserstoff und wenig Eisen(III)-chlorid (*Chibber et al.*, Pr. Indian Acad. [A] **46** [1957] 19, 22).

Krystalle (aus $CHCl_3$); F: 212 — 213°.

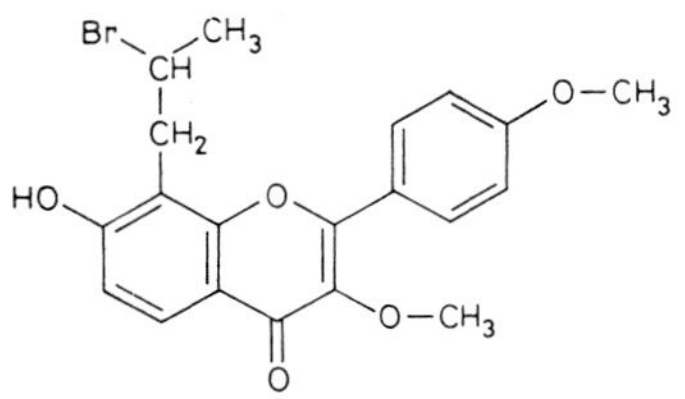

XI

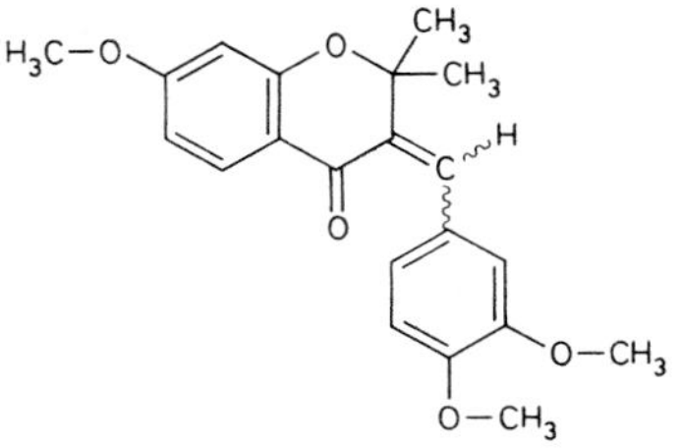

XII

7-Methoxy-2,2-dimethyl-3-[(Ξ)-veratryliden]-chroman-4-on $C_{21}H_{22}O_5$, Formel XII.

B. Beim Erwärmen von 7-Methoxy-2,2-dimethyl-chroman-4-on mit Veratrumaldehyd und wss.-äthanol. Natronlauge (*Bridge et al.*, Soc. **1937** 1530, 1532).

Gelbliche Krystalle (aus wss. A.); F: 80°.

---

*Opt.-inakt. 2-Brom-1-[2-brom-6-hydroxy-3-methyl-benzofuran-7-yl]-3-methoxy-3-[4-methoxy-phenyl]-propan-1-on $C_{20}H_{18}Br_2O_5$, Formel XIII (R = H, X = CH_3).

B. Beim Erwärmen von opt.-inakt. 1-[6-Acetoxy-2-brom-3-methyl-benzofuran-7-yl]-2,3-dibrom-3-[4-methoxy-phenyl]-propan-1-on (F: 147°) mit Methanol (*Marathey*, Sci. Culture **17** [1951] 86).

F: 140°.

---

*Opt.-inakt. 1-[6-Acetoxy-2-brom-3-methyl-benzofuran-7-yl]-3-äthoxy-2-brom-3-[4-methoxy-phenyl]-propan-1-on $C_{23}H_{22}Br_2O_6$, Formel XIII (R = CO-CH_3, X = C_2H_5).

B. Beim Erwärmen von opt.-inakt. 1-[6-Acetoxy-2-brom-3-methyl-benzofuran-7-yl]-2,3-dibrom-3-[4-methoxy-phenyl]-propan-1-on (F: 147°) mit Äthanol (*Marathey*, Sci. Culture **17** [1951] 86).

F: 140°.

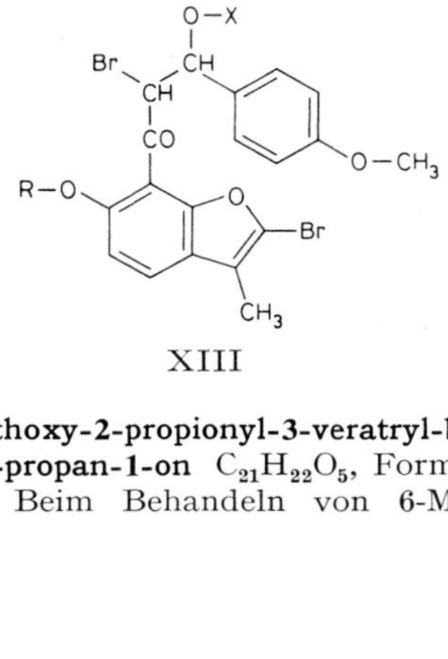

XIII

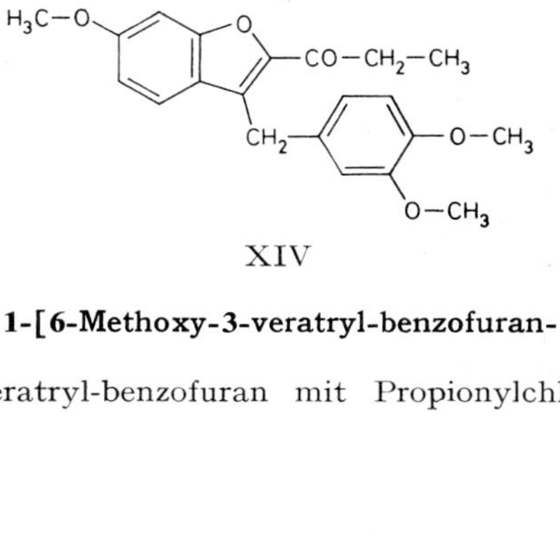

XIV

6-Methoxy-2-propionyl-3-veratryl-benzofuran, 1-[6-Methoxy-3-veratryl-benzofuran-2-yl]-propan-1-on $C_{21}H_{22}O_5$, Formel XIV.

B. Beim Behandeln von 6-Methoxy-3-veratryl-benzofuran mit Propionylchlorid,

Zinn(IV)-chlorid und Schwefelkohlenstoff (*Chatterjea*, J. Indian chem. Soc. **34** [1957] 347, 354). Beim Erwärmen einer Lösung von 6-Methoxy-3-veratryl-benzofuran-2-carbo= nitril in Benzol mit Äthylmagnesiumbromid in Äther und anschliessenden Behandeln mit wss. Salzsäure (*Chatterjea*, J. Indian chem. Soc. **30** [1953] 1, 8).

Krystalle (aus A.); F: 171° [unkorr.] (*Ch.*, J. Indian chem. Soc. **30** 8).

Hydroxy-oxo-Verbindungen $C_{19}H_{18}O_5$

3,3-Bis-[4-methoxy-3-methyl-phenyl]-glutarsäure-anhydrid $C_{21}H_{22}O_5$, Formel I (R = CH$_3$).

B. Beim Erhitzen von 3,3-Bis-[4-methoxy-3-methyl-phenyl]-glutarsäure auf 200° (*Gogte*, Pr. Indian Acad. [A] **5** [1937] 535, 541).

Krystalle (aus A.); F: 156°.

I   II   III

3,3-Bis-[4-äthoxy-3-methyl-phenyl]-glutarsäure-anhydrid $C_{23}H_{26}O_5$, Formel I (R = C$_2$H$_5$).

B. Beim Erhitzen von 3,3-Bis-[4-äthoxy-3-methyl-phenyl]-glutarsäure auf 210−220° (*Gogte*, Pr. Indian Acad. [A] **5** [1937] 535, 542).

Krystalle (aus Me.); F: 104−105°.

3,3-Bis-[2-äthoxy-5-methyl-phenyl]-glutarsäure-anhydrid $C_{23}H_{26}O_5$, Formel II.

B. Beim Erhitzen von 3,3-Bis-[2-äthoxy-5-methyl-phenyl]-glutarsäure auf 220° (*Gogte*, Pr. Indian Acad. [A] **2** [1935] 185, 195).

Krystalle (aus Bzl.); F: 189°.

2-Hydroxy-2-[4-methoxy-benzyl]-3-phenäthyl-bernsteinsäure-anhydrid $C_{20}H_{20}O_5$, Formel III (R = H).

Die früher (s. E II **18** 180) unter dieser Konstitution beschriebene Verbindung (F: 70°) ist nach *Bougault, Cordier* (Bl. **1951** 430, 433) und *Cordier* (C. r. **232** [1951] 1354) als [4-Methoxy-benzyl]-phenäthyl-maleinsäure-anhydrid (S. 1918) zu formulieren.

2-Methoxy-2-[4-methoxy-benzyl]-3-phenäthyl-bernsteinsäure-anhydrid $C_{21}H_{22}O_5$, Formel III (R = CH$_3$).

Die früher (s. E II **18** 180) unter dieser Konstitution beschriebene Verbindung (F: 46°) ist als [4-Methoxy-benzyl]-phenäthyl-maleinsäure-dimethylester zu formulieren (*Cordier*, C. r. **232** [1951] 1354).

2-Butyryl-6-methoxy-3-veratryl-benzofuran, 1-[6-Methoxy-3-veratryl-benzofuran-2-yl]-butan-1-on $C_{22}H_{24}O_5$, Formel IV.

B. Beim Erwärmen einer Lösung von 6-Methoxy-3-veratryl-benzofuran-2-carbonitril in Benzol mit Propylmagnesiumbromid in Äther und anschliessenden Behandeln mit wss. Salzsäure (*Chatterjea*, J. Indian chem. Soc. **30** [1953] 1, 8).

Krystalle (aus Acn. + A.); F: 148° [unkorr.].

1-[6-Methoxy-3-veratryl-benzofuran-2-yl]-butan-1-on-[2,4-dinitro-phenylhydrazon] $C_{28}H_{28}N_4O_8$, Formel V.

B. Aus 1-[6-Methoxy-3-veratryl-benzofuran-2-yl]-butan-1-on und [2,4-Dinitro-phenyl]-

hydrazin (*Chatterjea*, J. Indian chem. Soc. **30** [1953] 1, 8).
Rote Krystalle (aus Nitrobenzol + A.); F: 160—162° [unkorr.].

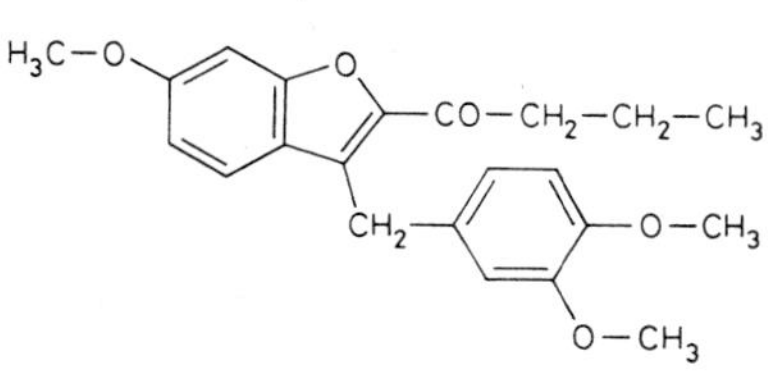

IV

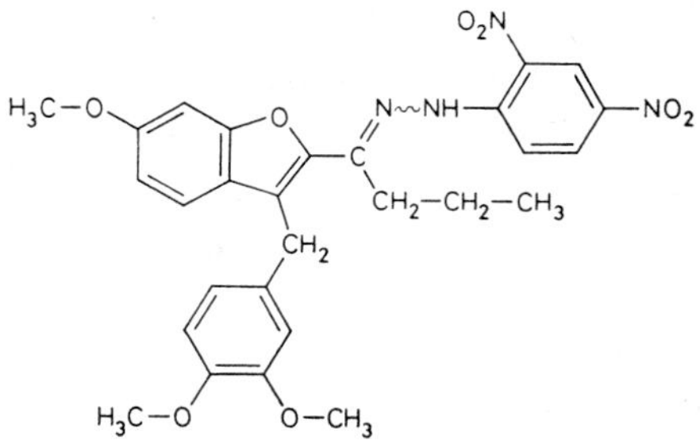

V

2-Isobutyryl-6-methoxy-3-veratryl-benzofuran, 1-[6-Methoxy-3-veratryl-benzofuran-2-yl]-2-methyl-propan-1-on $C_{22}H_{24}O_5$, Formel VI.

B. Beim Erwärmen einer Lösung von 6-Methoxy-3-veratryl-benzofuran-2-carbonitril in Benzol mit Isopropylmagnesiumbromid in Äther und anschliessenden Behandeln mit wss. Salzsäure (*Chatterjea*, J. Indian chem. Soc. **30** [1953] 1, 8).
Krystalle (aus Eg.); F: 124—125° [unkorr.].

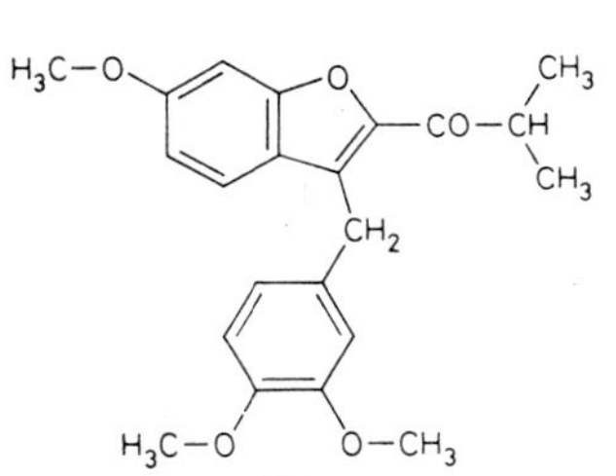

VI

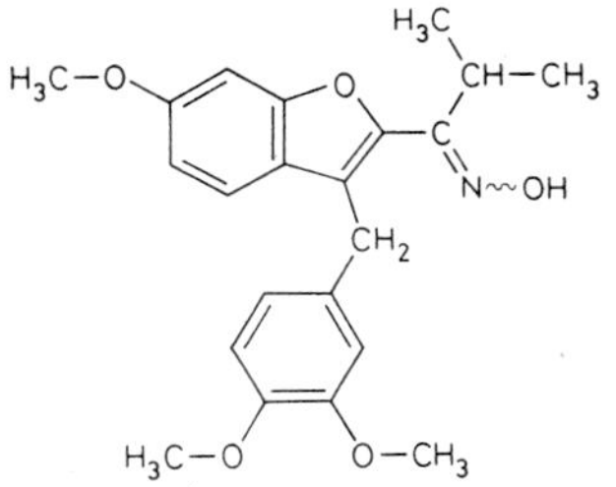

VII

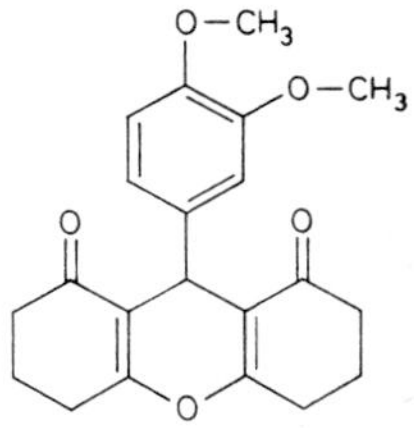

VIII

1-[6-Methoxy-3-veratryl-benzofuran-2-yl]-2-methyl-propan-1-on-oxim $C_{22}H_{25}NO_5$, Formel VII.

B. Aus 1-[6-Methoxy-3-veratryl-benzofuran-2-yl]-2-methyl-propan-1-on und Hydr=
oxylamin (*Chatterjea*, J. Indian chem. Soc. **30** [1953] 1, 8).
Krystalle (aus wss. Me.); F: 99—101°.

9-[3,4-Dimethoxy-phenyl]-3,4,5,6,7,9-hexahydro-2H-xanthen-1,8-dion $C_{21}H_{22}O_5$,
Formel VIII.

B. Beim Erwärmen von Veratrumaldehyd mit Cyclohexan-1,3-dion, Äthanol und kleinen Mengen wss. Salzsäure (*King, Felton*, Soc. **1948** 1371).
Krystalle (aus Bzl.); F: 182—183°.

(R)-3,4,5-Trimethoxy-1,8,8,9-tetramethyl-8,9-dihydro-phenaleno[1,2-b]furan-6-on
$C_{22}H_{24}O_5$, Formel IX, und **(R)-3,4,5-Trimethoxy-1,8,8,9-tetramethyl-8,9-dihydro-phenaleno[1,2-b]furan-7-on** $C_{22}H_{24}O_5$, Formel X.

Diese beiden Formeln sind für die nachstehend beschriebene Verbindung in Betracht zu ziehen (vgl. *Barton et al.*, Tetrahedron **6** [1959] 48, 54).

B. Beim Erwärmen von Tri-O-methyl-atrovenetin vom F: 168—169° ((R)-7-Hydr=
oxy-3,4,5-trimethoxy-1,8,8,9-tetramethyl-8,9-dihydro-phenaleno[1,2-b]furan-6-on)   mit Lithiummalanat in Äther (*Neill, Raistrick*, Biochem. J. **65** [1957] 166, 174).
Gelbe Krystalle (aus Me.); F: 145—146° (*Ne., Ra.*). $[\alpha]_{579}^{26}$: +206° [A.; c = 1]; $[\alpha]_{546}^{26}$: +276° [A.; c = 1] (*Ne., Ra.*). Absorptionsmaxima (A.): 220 nm, 239 nm, 272 nm, 340 nm und 422 nm (*Ne., Ra.*, l. c. S. 175).

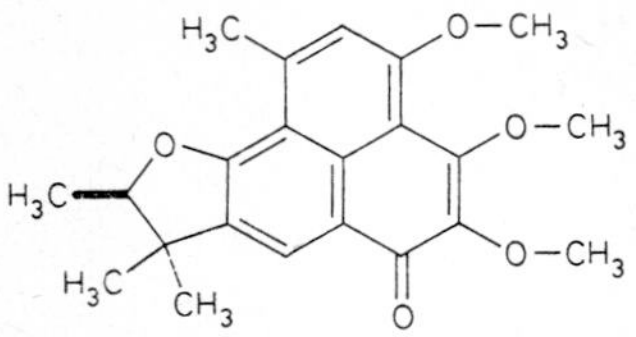

IX

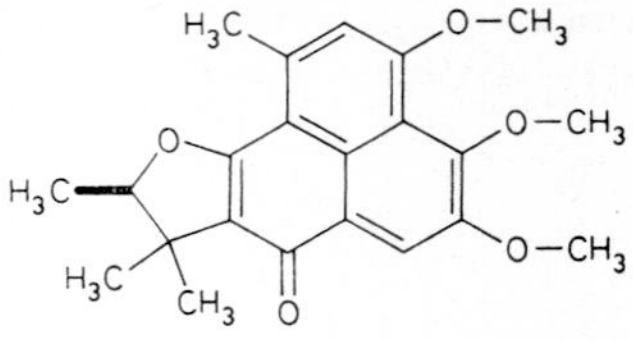

X

(R)-5,6,7-Trimethoxy-1,8,8,9-tetramethyl-8,9-dihydro-phenaleno[1,2-b]furan-3-on $C_{22}H_{24}O_5$, Formel XI, und **(R)-5,6,7-Trimethoxy-1,8,8,9-tetramethyl-8,9-dihydro-phenaleno[1,2-b]furan-4-on** $C_{22}H_{24}O_5$, Formel XII.

Diese beiden Formeln sind für die nachstehend beschriebene Verbindung in Betracht zu ziehen (vgl. *Barton et al.*, Tetrahedron **6** [1959] 48, 54).

B. Beim Erwärmen von Tri-*O*-methyl-atrovenetin vom F: 178—179° ((*R*)-4-Hydr=oxy-5,6,7-trimethoxy-1,8,8,9-tetramethyl-8,9-dihydro-phenaleno[1,2-b]furan-3-on) mit Lithiumalanat in Äther (*Neill, Raistrick*, Biochem. J. **65** [1957] 166, 174).

Rote Krystalle (aus Me.); F: 203—204° (*Ne., Ra.*). $[\alpha]_{579}^{20}$: + 156° [Dioxan; c = 1]; $[\alpha]_{546}^{20}$: +200° [Dioxan; c = 1] (*Ne., Ra.*). Absorptionsmaxima (A.): 220 nm, 275 nm, 342 nm, 438 nm und 462 nm (*Ne., Ra.*, l. c. S. 175).

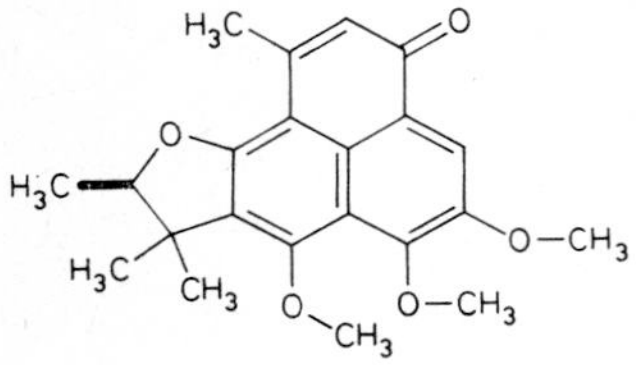

XI

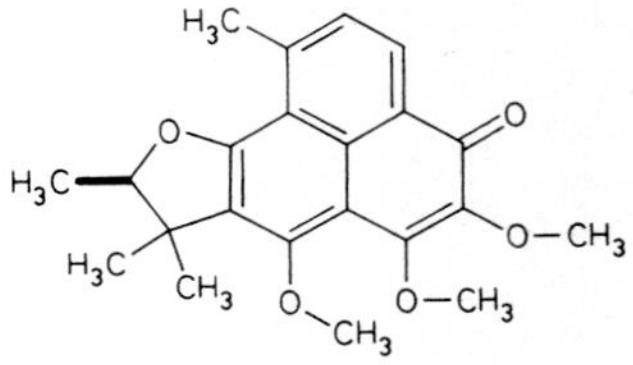

XII

Hydroxy-oxo-Verbindungen $C_{20}H_{20}O_5$

*Opt.-inakt. 5-Glykoloyl-3-methoxymethyl-3,5-diphenyl-tetrahydro-pyran-2-on $C_{21}H_{22}O_5$, Formel I.

B. Beim Behandeln von opt.-inakt. 5-Acetoxymethyl-6-oxo-3,5-diphenyl-tetrahydro-pyran-3-carbonylchlorid (F: 145°) mit Diazomethan in Äther und Erwärmen des Reaktionsprodukts mit wss.-methanol. Schwefelsäure (*Jäger*, Ar. **289** [1956] 165, 170).

Hellgelbe Krystalle (aus Me.); F: 164°.

(±)-7-Hydroxy-2-[4-hydroxy-phenyl]-5-methoxy-8-[3-methyl-but-2-enyl]-chroman-4-on, (±)-Isoxanthohumol $C_{21}H_{22}O_5$, Formel II (R = H).

Diese Verbindung hat auch in einem von *Power et al.* (Soc. **103** [1913] 1267, 1286) bei der Extraktion von Hopfen isolierten, als Humulol bezeichneten Präparat vorgelegen (*Verzele et al.*, Bl. Soc. chim. Belg. **66** [1957] 452, 453).

B. Beim Behandeln von Xanthohumol (4,2',4'-Trihydroxy-6'-methoxy-3'-[3-methyl-but-2-enyl]-chalkon [E III **8** 4167]) mit wss. Natronlauge (*Ve. et al.*, l. c. S. 465).

Hellgelbe Krystalle (aus wss. Eg.), F: 198° (*Ve. et al.*, l. c. S. 454), 196° (*Po. et al.*); wasserhaltige Krystalle (aus Acn. + W.), F: 150—155° (*Ve. et al.*, l. c. S. 454). IR-Spek=trum (KBr; 1700—700 cm⁻¹ und 3800—2600 cm⁻¹): *Ve. et al.*, l. c. S. 460. UV-Spektren (220—370 nm) von Lösungen in wss. Salzsäure (0,01 n) und in wss. Natronlauge (0,01 n): *Ve. et al.*, l. c. S. 458.

Beim Erwärmen mit wss.-methanol. Fluorwasserstoff erfolgt partielle Umwandlung in Xanthohumol (*Ve. et al.*, l. c. S. 466).

Verbindung mit Chlorwasserstoff $C_{21}H_{22}O_5 \cdot HCl$. F: 121—123° (*Ve. et al.*, l. c. S. 466).

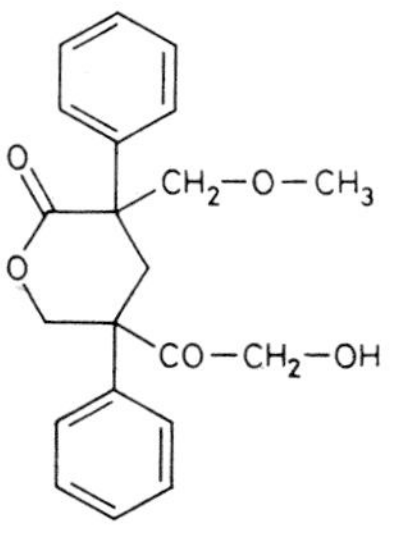

I 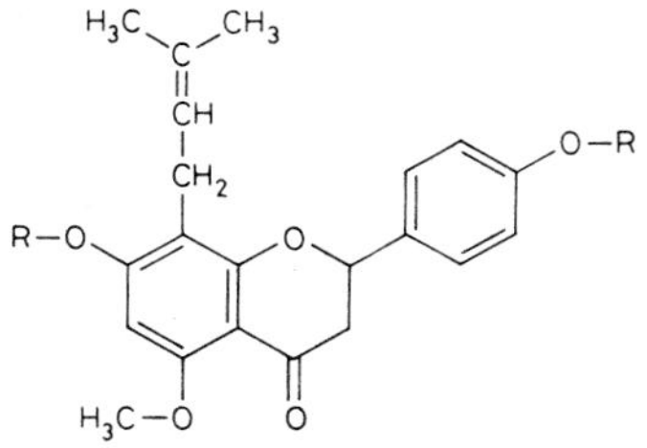   II 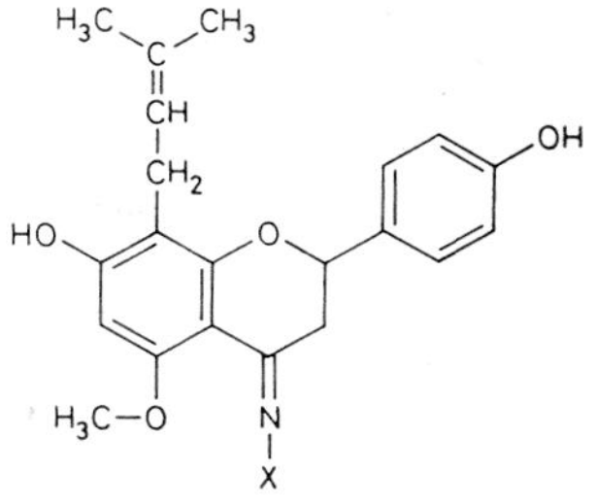   III

(±)-5,7-Dimethoxy-2-[4-methoxy-phenyl]-8-[3-methyl-but-2-enyl]-chroman-4-on,
(±)-Di-O-methyl-isoxanthohumol $C_{23}H_{26}O_5$, Formel II (R = CH_3).
  B. Neben einem *O*-Methyl-isoxanthohumol ($C_{22}H_{24}O_5$; F: 172—173°) beim Behandeln von (±)-Isoxanthohumol (S. 2784) mit wss. Natronlauge und Dimethylsulfat (*Verzele et al.*, Bl. Soc. chim. Belg. **66** [1957] 452, 467).
  F: 174—175°.

**(±)-5-Methoxy-8-[3-methyl-but-2-enyl]-7-[4-nitro-benzoyloxy]-2-[4-(4-nitro-benzoyl=
oxy)-phenyl]-chroman-4-on,** (±)-Bis-O-[4-nitro-benzoyl]-isoxanthohumol
$C_{35}H_{28}N_2O_{11}$, Formel II (R = CO-C_6H_4-NO_2).
  B. Aus Xanthohumol (4,2',4'-Trihydroxy-6'-methoxy-3'-[3-methyl-but-2-enyl]-chal=
kon [E III **8** 4167]) oder aus (±)-Isoxanthohumol (S. 2784) mit Hilfe von 4-Nitro-benzoyl=
chlorid (*Verzele et al.*, Bl. Soc. chim. Belg. **66** [1957] 452, 466).
  Krystalle (aus Bzl.); F: 200°.

**(±)-7-Hydroxy-2-[4-hydroxy-phenyl]-5-methoxy-8-[3-methyl-but-2-enyl]-chroman-
4-on-oxim, (±)-Isoxanthohumol-oxim** $C_{21}H_{23}NO_5$, Formel III (X = OH).
  B. Aus (±)-Isoxanthohumol (S. 2784) und Hydroxylamin (*Verzele et al.*, Bl. Soc. chim. Belg. **66** [1957] 452, 467).
  F: 193°.

**(±)-7-Hydroxy-2-[4-hydroxy-phenyl]-5-methoxy-8-[3-methyl-but-2-enyl]-chroman-
4-on-[4-nitro-phenylhydrazon], (±)-Isoxanthohumol-[4-nitro-phenylhydrazon]**
$C_{27}H_{27}N_3O_6$, Formel III (X = NH-C_6H_4-NO_2).
  B. Aus (±)-Isoxanthohumol (S. 2784) und [4-Nitrophenyl]-hydrazin (*Verzele et al.*, Bl. Soc. chim. Belg. **66** [1957] 452, 467).
  F: 142°.

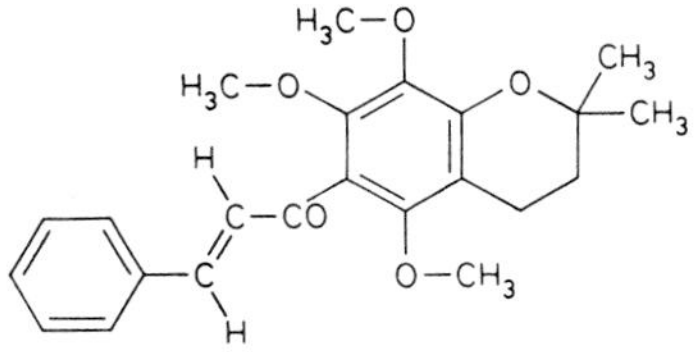

IV 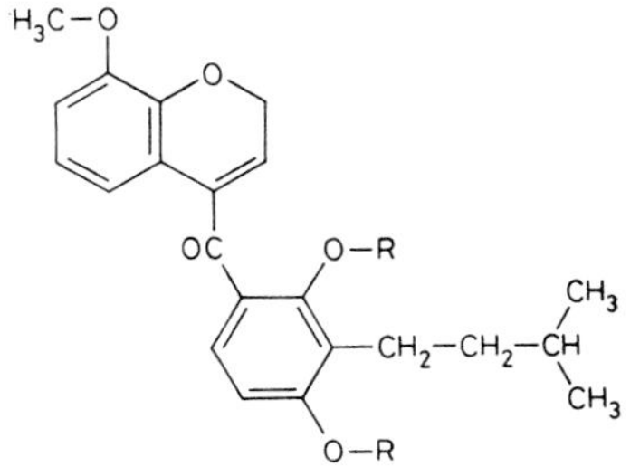   V

**6-*trans*(?)-Cinnamoyl-5,7,8-trimethoxy-2,2-dimethyl-chroman, 3*t*(?)-Phenyl-1-[5,7,8-tri=
methoxy-2,2-dimethyl-chroman-6-yl]-propenon** $C_{23}H_{26}O_5$, vermutlich Formel IV.
  B. Beim Behandeln einer Lösung von Dihydroevodion (1-[5,7,8-Trimethoxy-2,2-di=
methyl-chroman-6-yl]-äthanon) in Äthanol mit Benzaldehyd und wss. Natronlauge
(*Wright*, Soc. **1948** 2005, 2007; *Huls, Brunelle*, Bl. Soc. chim. Belg. **68** [1959] 325, 333).

Krystalle (aus Me.); F: 114° (*Huls, Br.*), 103° [unkorr.; aus A.] (*Wr.*). UV-Spektrum einer Lösung in Äthanol (240—340 nm): *Wr.*, l. c. S. 2006; einer Lösung in Methanol (230—350 nm): *Huls, Br.*, l. c. S. 335.

Hydroxy-oxo-Verbindungen $C_{21}H_{22}O_5$

[2,4-Dihydroxy-3-isopentyl-phenyl]-[8-methoxy-2H-chromen-4-yl]-keton $C_{22}H_{24}O_5$, Formel V (R = H).

B. Als Hauptprodukt beim Erwärmen von 8-Methoxy-2H-chromen-4-carbonsäure mit 2-Isopentyl-resorcin und Fluorwasserstoff (*Offe, Barkow*, B. **80** [1947] 458, 463).

Krystalle (aus Acn. + Bzl.); F: 245°.

[2,4-Diacetoxy-3-isopentyl-phenyl]-[8-methoxy-2H-chromen-4-yl]-keton $C_{26}H_{28}O_7$, Formel V (R = CO-CH$_3$).

B. Beim Behandeln von [2,4-Dihydroxy-3-isopentyl-phenyl]-[8-methoxy-2H-chromen-4-yl]-keton mit Acetanhydrid und Pyridin (*Offe, Barkow*, B. **80** [1947] 458, 463).

Krystalle (aus Me.); F: 194°.

[*Höffer*]

Hydroxy-oxo-Verbindungen $C_{22}H_{24}O_5$

3,14-Dihydroxy-11-oxo-19-nor-14β-carda-1,3,5(10),20(22)-tetraenolid $C_{22}H_{24}O_5$, Formel VI.

B. Beim Erhitzen von 5,14,19-Trihydroxy-3,11-dioxo-5β,14β-carda-1,20(22)-dienolid mit Essigsäure (*Tamm*, Helv. **38** [1955] 147, 160).

Krystalle (aus Acn. + Ae.); F: 244—247° [korr.; Zers.; Kofler-App.]. $[\alpha]_D^{22}$: +205,8° [Me.; c = 0,9]. UV-Spektrum (A.; 200—360 nm): *Tamm*, l. c. S. 149.

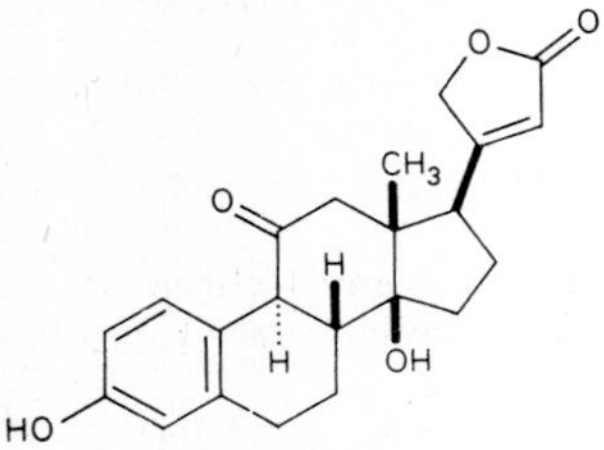

VI 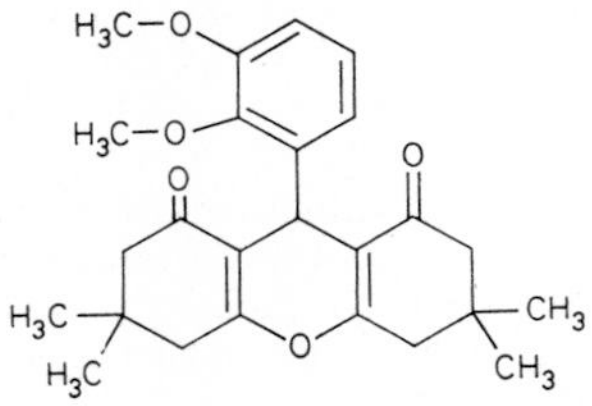   VII 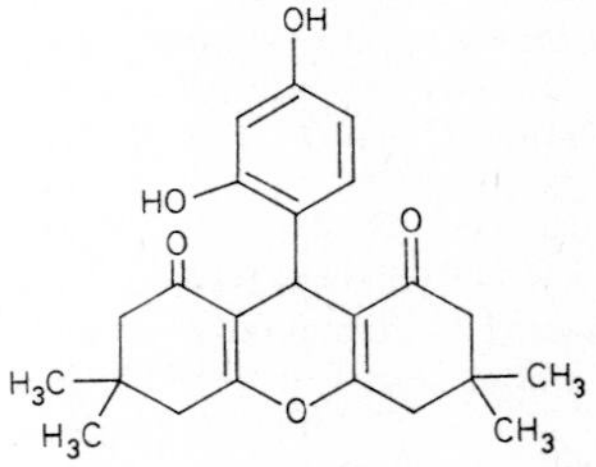   VIII

Hydroxy-oxo-Verbindungen $C_{23}H_{26}O_5$

9-[2,3-Dimethoxy-phenyl]-3,3,6,6-tetramethyl-3,4,5,6,7,9-hexahydro-2H-xanthen-1,8-dion $C_{25}H_{30}O_5$, Formel VII.

B. Beim Erwärmen einer Lösung von [2,3-Dimethoxy-phenyl]-bis-[4,4-dimethyl-2,6-dioxo-cyclohexyl]-methan in wss. Äthanol mit wss. Salzsäure (*Horning, Horning*, J. org. Chem. **11** [1946] 95, 97, 98).

Krystalle (aus wss. Me.); F: 168—169° [korr.].

9-[2,4-Dihydroxy-phenyl]-3,3,6,6-tetramethyl-3,4,5,6,7,9-hexahydro-2H-xanthen-1,8-dion $C_{23}H_{26}O_5$, Formel VIII, und Tautomeres (8a,11-Dihydroxy-3,3,7,7-tetramethyl-2,3,4,6,7,8,8a,13b-octahydro-chromeno[2,3,4-*kl*]xanthen-1-on).

Bezüglich der Konstitution s. *Desai*, J. Indian chem. Soc. **10** [1933] 663, 666.

B. Beim Erwärmen einer Lösung von 5,5-Dimethyl-cyclohexan-1,3-dion und 2,4-Dihydroxy-benzaldehyd in Äthanol mit wss. Kalilauge (*Chakravarti et al.*, J. Indian Inst. Sci. [A] **14** [1931] 141, 151).

Krystalle (aus wss. A.); F: 225—226° [Zers.] (*Ch. et al.*).

9-[4-Hydroxy-3-methoxy-phenyl]-3,3,6,6-tetramethyl-3,4,5,6,7,9-hexahydro-2H-xanthen-1,8-dion $C_{24}H_{28}O_5$, Formel IX (R = H) (E II 181).

B. Beim Behandeln von 5,5-Dimethyl-cyclohexan-1,3-dion mit Vanillin und Essigsäure (*Sarazu Padilla*, An. Fac. Farm. Bioquím. Univ. San Marcos **7** [1956] 598, 601, 603). Beim Erwärmen einer Lösung von Bis-[4,4-dimethyl-2,6-dioxo-cyclohexyl]-[4-hydroxy-3-methoxy-phenyl]-methan in wss. Äthanol mit wss. Salzsäure (*Horning, Horning*, J. org. Chem. **11** [1946] 95, 97, 98; vgl. E II 181).

Krystalle; F: 226—228° [korr.; aus wss. Me.] (*Ho., Ho.*), 225—227° (*Sa. Pa.*).

9-[3,4-Dimethoxy-phenyl]-3,3,6,6-tetramethyl-3,4,5,6,7,9-hexahydro-2H-xanthen-1,8-dion $C_{25}H_{30}O_5$, Formel IX (R = CH_3).

B. Beim Erwärmen einer Lösung von [3,4-Dimethoxy-phenyl]-bis-[4,4-dimethyl-2,6-dioxo-cyclohexyl]-methan in wss. Äthanol mit wss. Salzsäure (*Horning, Horning*, J. org. Chem. **11** [1946] 95, 97, 98).

Krystalle (aus wss. Me.); F: 184—185,5° [korr.].

IX   X

9-[4-Acetoxy-3-methoxy-phenyl]-3,3,6,6-tetramethyl-3,4,5,6,7,9-hexahydro-2H-xanthen-1,8-dion $C_{26}H_{30}O_6$, Formel IX (R = CO-CH_3).

B. Beim Erhitzen von Bis-[4,4-dimethyl-2,6-dioxo-cyclohexyl]-[4-hydroxy-3-methoxy-phenyl]-methan mit Acetanhydrid und wenig Pyridin (*Chakravarti et al.*, J. Indian Inst. Sci. [A] **14** [1931] 141, 153).

Krystalle (aus wss. A.) mit 1 Mol H_2O; F: 148—149°.

———

3β-Acetoxy-(6αH,7αH)-6,7-dihydro-5β,8-ätheno-androst-9(11)-eno[6,7-c]furan-17,2′,5′-trion, 3β-Acetoxy-17-oxo-5β,8-ätheno-androst-9(11)-en-6β,7β-dicarbonsäure-anhydrid $C_{25}H_{28}O_6$, Formel X.

Bezüglich der Konfigurationszuordnung vgl. *Jones et al.*, Tetrahedron **24** [1968] 297, 298.

B. Beim Erhitzen von 3β-Acetoxy-androsta-5,7,9(11)-trien-17-on mit Maleinsäure-anhydrid in Xylol (*Antonucci et al.*, Am. Soc. **73** [1951] 5860). Beim Behandeln einer Lösung von 3β,20-Diacetoxy-5β,8-ätheno-pregna-9(11),17(20)ξ-dien-6β,7β-dicarbonsäure-anhydrid (S. 2789) in Dichlormethan mit Ozon, anschliessenden Behandeln mit Essigsäure und Versetzen des vom Dichlormethan befreiten Reaktionsgemisches mit Zink-Pulver (*Upjohn Co.*, U.S.P. 2584137 [1950]).

Krystalle; F: 244—246,5° [unkorr.; Zers.; aus wss. Eg.] (*An. et al.*), 218—221° [aus Me.] (*Upjohn Co.*). $[\alpha]_D^{29}$: +124° [CHCl_3; c = 1]; $[\alpha]_{546(?)}^{29}$: +190° [CHCl_3; c = 1] (*An. et al.*).

Hydroxy-oxo-Verbindungen $C_{24}H_{28}O_5$

3β-Hydroxy-8,14-dioxo-8,14-seco-bufa-4,6,20,22-tetraenolid $C_{24}H_{28}O_5$, Formel XI (R = H).

B. Aus 6β-Acetoxy-3β-hydroxy-8,14-dioxo-8,14-seco-bufa-4,20,22-trienolid beim Behandeln einer Lösung in Chloroform und Benzol mit Aluminiumoxid sowie beim Behandeln mit Kaliumhydrogencarbonat in wss. Methanol (*v.Wartburg, Renz*, Helv. **42** [1959] 1620, 1639).

Krystalle (aus Acn. + Ae.); F: 192—194° [Kofler-App.]. $[\alpha]_D^{20}$: −117,6° [Me.; c = 0,7].

IR-Spektrum (Nujol; 2—16 μ): *v.Wa., Renz,* l. c. S. 1630. UV-Spektrum (Me.; 210 nm bis 350 nm): *v.Wa., Renz,* l. c. S. 1623.

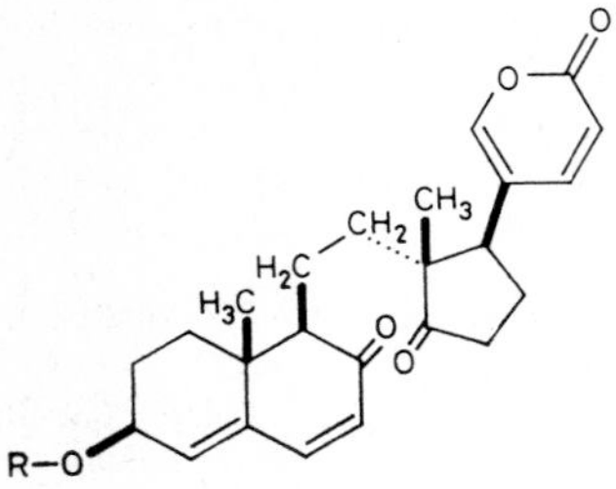

XI 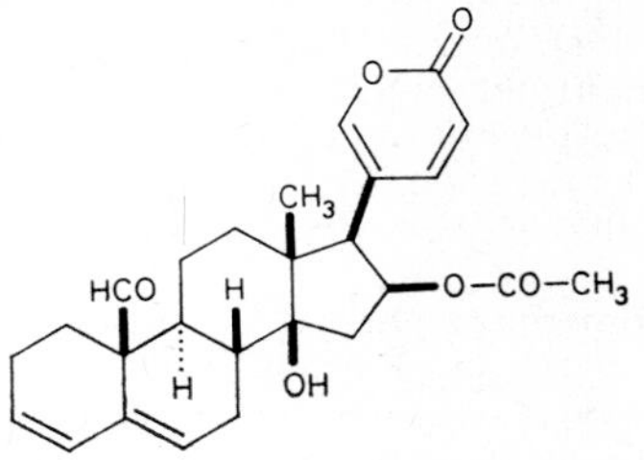   XII

3β-Acetoxy-8,14-dioxo-8,14-seco-bufa-4,6,20,22-tetraenolid $C_{26}H_{30}O_6$, Formel XI (R = CO-CH₃).

B. Beim Behandeln von 3β-Hydroxy-8,14-dioxo-8,14-seco-bufa-4,6,20,22-tetraenolid mit Acetanhydrid und Pyridin (*v.Wartburg, Renz,* Helv. **42** [1959] 1620, 1640).

Krystalle (aus Acn. + Ae.); F: 184—186° [Kofler-App.]. $[\alpha]_D^{20}$: −116,7° [CHCl₃; c = 0,4].

16β-Acetoxy-14-hydroxy-19-oxo-14β-bufa-3,5,20,22-tetraenolid $C_{26}H_{30}O_6$, Formel XII.

Diese Konstitution und Konfiguration kommt wahrscheinlich dem nachstehend beschriebenen **Monoanhydroscillicyanosidin** zu (*Lichti et al.,* Helv. **56** [1973] 2088).

B. Beim Erwärmen von Scillicyanosid (16β-Acetoxy-5-β-D-glucopyranosyloxy-14-hydroxy-19-oxo-5β,14β-bufa-3,20,22-trienolid) mit wss. Schwefelsäure (*Stoll et al.,* Helv. **35** [1952] 2495, 2515).

Krystalle (aus Acn. + Ae.), F: 250—260° [Kofler-App.; Zers.]; $[\alpha]_D^{20}$: −166,9° [CHCl₃; c = 0,7] (*St. et al.*). UV-Spektrum (200—360 nm): *St. et al.,* l. c. S. 2501.

14-Hydroxy-3,19-dioxo-14β-bufa-4,20,22-trienolid $C_{24}H_{28}O_5$, Formel XIII.

B. Neben anderen Verbindungen beim Behandeln einer Lösung von 3β,14,19-Trihydroxy-14β-bufa-4,20,22-trienolid in *tert*-Butylalkohol und Chloroform mit Chromsäure-di-*tert*-butylester (E IV **1** 1614) in Tetrachlormethan (*Katz,* Helv. **40** [1957] 487, 491). Beim Behandeln einer Lösung von Hellebrigenin (3β,5,14-Trihydroxy-19-oxo-5β,14β-bufa-20,22-dienolid) in wss. Aceton mit Sauerstoff in Gegenwart von Platin und Erhitzen des Reaktionsprodukts mit Essigsäure (*Katz,* Helv. **40** [1957] 831, 843).

Krystalle (aus Acn. + Ae.); F: 266—278° [korr.; Kofler-App.]; $[\alpha]_D^{26}$: +134° [CHCl₃ +5% Me.; c = 1] (*Katz,* l. c. S. 843). IR-Spektrum (CH₂Cl₂; 2,5—12,5 μ): *Katz,* l. c. S. 837. UV-Spektrum (A.; 200—370 nm): *Katz,* l. c. S. 835.

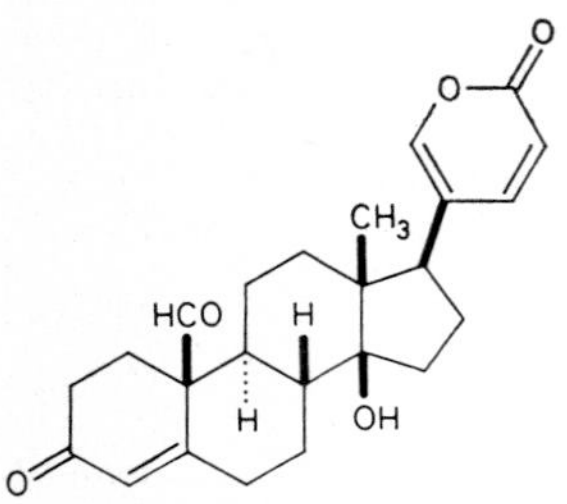

XIII 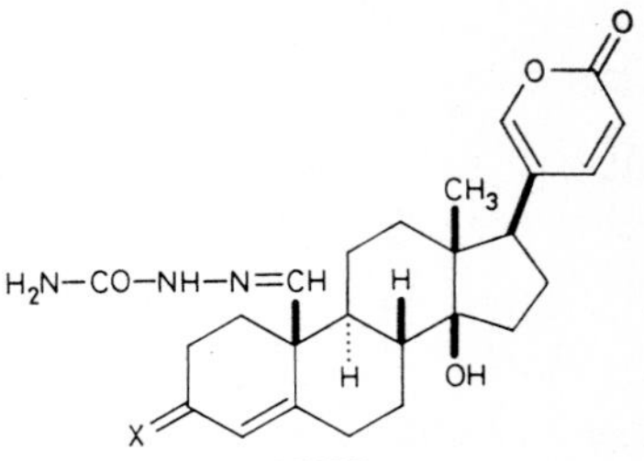   XIV

14-Hydroxy-3-oxo-19-semicarbazono-14β-bufa-4,20,22-trienolid $C_{25}H_{31}N_3O_5$, Formel XIV (X = O).

B. Beim Erwärmen einer Lösung von Scilliglaucosidin-semicarbazon (S. 2666) in Aceton mit Aluminium-*tert*-butylat in Benzol (*Stoll et al.,* Helv. **36** [1953] 1531, 1553).

Krystalle (aus Acn. + Ae.); Zers. von 210° an. $[\alpha]_D^{19}$: +112,4° [Me.; c = 0,2]. UV-Spektrum (A.; 200—360 nm): *St. et al.*, l. c. S. 1540.

14-Hydroxy-3-hydroxyimino-19-semicarbazono-14β-bufa-4,20,22-trienolid $C_{25}H_{32}N_4O_5$, Formel XIV (X = NOH).

B. Beim Erwärmen von 14-Hydroxy-3-oxo-19-semicarbazono-14β-bufa-4,20,22-trienolid mit Hydroxylamin und Methanol (*Stoll et al.*, Helv. **36** [1953] 1531, 1554).
Krystalle (aus wss. Me.); Zers. bei ca. 300°.

Hydroxy-oxo-Verbindungen $C_{25}H_{30}O_5$

3,6′-Diacetoxy-(16ξH,3′aξH,7′aξH)-16,3′a,7′,7′a-tetrahydro-androsta-3,5-dieno[16,17-e]-isobenzofuran-1′,3′-dion, 3,20-Diacetoxy-16ξ,24-cyclo-21-nor-chola-3,5,17(20)t-trien-23ξ,24ξ-dicarbonsäure-anhydrid $C_{29}H_{34}O_7$, Formel I.

B. Beim Erwärmen von 3,20-Diacetoxy-pregna-3,5,16,20-tetraen mit Maleinsäureanhydrid in Benzol (*Searle & Co.*, U.S.P. 2753343 [1955]).
Krystalle (aus Bzl. + Cyclohexan); F: ca. 214°.

3β-Hydroxy-(6αH,7αH)-6,7-dihydro-5β,8-ätheno-pregn-9(11)-eno[6,7-c]furan-20,2′,5′-trion, 3β-Hydroxy-20-oxo-5β,8-ätheno-pregn-9(11)-en-6β,7β-dicarbonsäure-anhydrid $C_{25}H_{30}O_5$, Formel II (R = H).

B. Beim Erhitzen von 3β-Hydroxy-20-oxo-5β,8-ätheno-pregn-9(11)-en-6β,7β-dicarbonsäure (*Upjohn Co.*, U.S.P. 2577777 [1950], 2595596 [1951], 2686780 [1953]).
F: ca. 195°.

I   II

3β-Acetoxy-(6αH,7αH)-6,7-dihydro-5β,8-ätheno-pregn-9(11)-eno[6,7-c]furan-20,2′,5′-trion, 3β-Acetoxy-20-oxo-5β,8-ätheno-pregn-9(11)-en-6β,7β-dicarbonsäure-anhydrid $C_{27}H_{32}O_6$, Formel II (R = CO-CH₃).

Bezüglich der Konfiguration vgl. *Jones et al.*, Tetrahedron **24** [1968] 297, 298.
B. Beim Erhitzen von 3β-Acetoxy-pregna-5,7,9(11)-trien-20-on mit Maleinsäureanhydrid in Xylol (*Antonucci et al.*, Am. Soc. **73** [1951] 5860). Beim Behandeln einer Lösung von 3β,21ξ-Diacetoxy-5β,8-ätheno-23,24-dinor-chola-9(11),20-dien-6β,7β-dicarbonsäure-anhydrid (S. 2791) in Dichlormethan mit Ozon, anschliessenden Behandeln mit Essigsäure und Versetzen des vom Dichlormethan befreiten Reaktionsgemisches mit Zink-Pulver (*Upjohn Co.*, U.S.P. 2577777 [1950], 2694078 [1952], 2813106 [1950]).
Krystalle; F: 264—265° [unkorr.; Zers.; aus Eg.] (*An. et al.*), 263,5—264,5° [aus Acn.] (*Upjohn Co.*). $[\alpha]_D^{25}$: +117° [CHCl₃; c = 1]; $[\alpha]_{546(?)}^{25}$: +151° [CHCl₃; c = 1] (*An. et al.*).

3β,20-Diacetoxy-(6αH,7αH)-6,7-dihydro-5β,8-ätheno-pregna-9(11),17(20)ξ-dieno[6,7-c]furan-2′,5′-dion, 3β,20-Diacetoxy-5β,8-ätheno-pregna-9(11),17(20)ξ-dien-6β,7β-dicarbonsäure-anhydrid $C_{29}H_{34}O_7$, Formel III (R = CO-CH₃).

B. Beim Erhitzen von 3β-Acetoxy-20-oxo-5β,8-ätheno-pregn-9(11)-en-6β,7β-dicarbonsäure-anhydrid mit Acetanhydrid und wenig Toluol-4-sulfonsäure (*Upjohn Co.*, U.S.P. 2577777 [1950], 2686780 [1953]).
Krystalle (aus Me.); F: 217,5—219°.

3β,20-Diacetoxy-(6αH,7αH)-6,7-dihydro-5β,8-ätheno-pregna-9(11),20-dieno[6,7-c]furan-2′,5′-dion, 3β,20-Diacetoxy-5β,8-ätheno-pregna-9(11),20-dien-6β,7β-dicarbonsäure-anhydrid $C_{29}H_{34}O_7$, Formel IV (R = CO-CH₃).

B. Beim Erhitzen von 3β-Acetoxy-20-oxo-5β,8-ätheno-pregn-9(11)-en-6β,7β-dicarbonsäure-anhydrid mit Isopropenylacetat und wenig Toluol-4-sulfonsäure (*Moffett, Weisblat,* Am. Soc. **74** [1952] 2183).

Krystalle (aus Acn. + Diisopropyläther); F: 219—220,5° [Fisher-Johns-App.]. $[\alpha]_D^{25}$: +79° [CHCl$_3$; c = 1].

3β-Heptanoyloxy-(6αH,7αH)-6,7-dihydro-5β,8-ätheno-pregn-9(11)-eno[6,7-c]furan-20,2′,5′-trion, 3β-Heptanoyloxy-20-oxo-5β,8-ätheno-pregn-9(11)-en-6β,7β-dicarbon=säure-anhydrid $C_{32}H_{42}O_6$, Formel II (R = CO-[CH$_2$]$_5$-CH$_3$).

B. Beim Erhitzen von 3β-Hydroxy-20-oxo-5β,8-ätheno-pregn-9(11)-en-6β,7β-dicarbon=säure mit Heptansäure-anhydrid und Pyridin (*Upjohn Co.*, U.S.P. 2617801 [1950], 2595596 [1951], 2686780 [1953].

F: 170—171°.

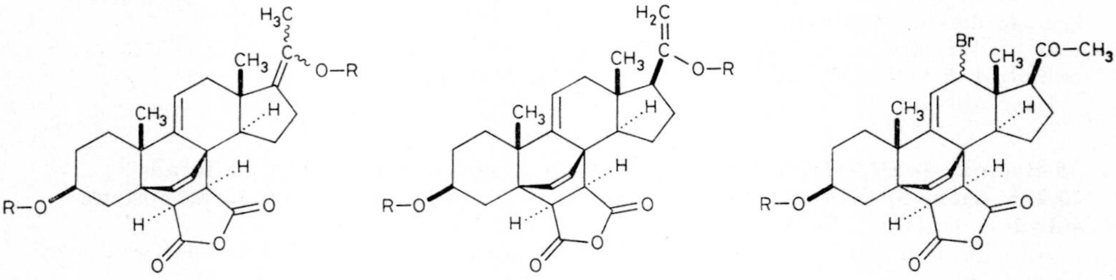

III   IV   V

3β-Benzoyloxy-(6αH,7αH)-6,7-dihydro-5β,8-ätheno-pregn-9(11)-eno[6,7-c]furan-20,2′,5′-trion, 3β-Benzoyloxy-20-oxo-5β,8-ätheno-pregn-9(11)-en-6β,7β-dicarbonsäure-anhydrid $C_{32}H_{34}O_6$, Formel II (R = CO-C$_6$H$_5$).

B. Beim Behandeln von 3β-Hydroxy-20-oxo-5β,8-ätheno-pregn-9(11)-en-6β,7β-di=carbonsäure mit Benzoylchlorid und Pyridin (*Upjohn Co.*, U.S.P. 2584137, 2625546 [1950]).

Krystalle (aus Acn.); F: 226,5—227,5°.

3β-Acetoxy-12ξ-brom-(6αH,7αH)-6,7-dihydro-5β,8-ätheno-pregn-9(11)-eno[6,7-c]furan-20,2′,5′-trion, 3β-Acetoxy-12ξ-brom-20-oxo-5β,8-ätheno-pregn-9(11)-en-6β,7β-di=carbonsäure-anhydrid $C_{27}H_{31}BrO_6$, Formel V (R = CO-CH$_3$).

B. Aus 3β-Acetoxy-20-oxo-5β,8-ätheno-pregn-9(11)-en-6β,7β-dicarbonsäure-anhydrid beim Behandeln einer Lösung in Dichlormethan und Petroläther mit Brom, wenig Ascaridol und wss. Schwefelsäure, beim Erwärmen mit *N*-Brom-succinimid in Tetra=chlormethan unter Belichtung sowie beim Behandeln einer Lösung in Chloroform und Petroläther mit *N*-Brom-succinimid, wenig Ascaridol und wss. Schwefelsäure in Gegen-wart von Sauerstoff (*Upjohn Co.*, U.S.P. 2623043 [1950]).

Krystalle (aus Acn. + Diisopropyläther); F: 221—222° [Zers.]. $[\alpha]_D^{24,5}$: +265,0° [CHCl$_3$].

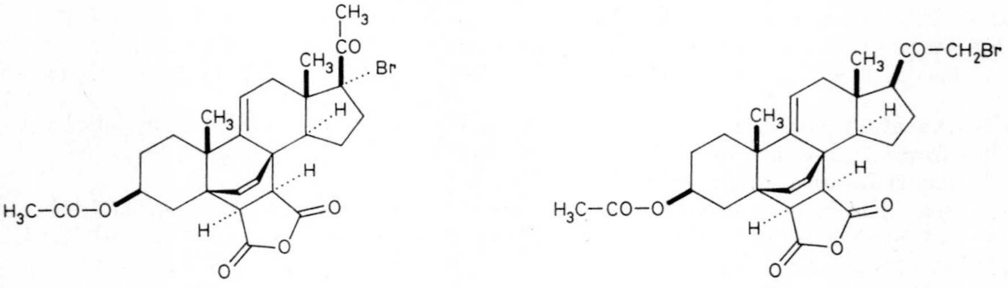

VI   VII

3β-Acetoxy-17-brom-(6αH,7αH)-6,7-dihydro-5β,8-ätheno-pregn-9(11)-eno[6,7-c]furan-20,2′,5′-trion, 3β-Acetoxy-17-brom-20-oxo-5β,8-ätheno-pregn-9(11)-en-6β,7β-di=carbonsäure-anhydrid $C_{27}H_{31}BrO_6$, Formel VI.

B. Beim Behandeln von 3β-Acetoxy-20-oxo-5β,8-ätheno-pregn-9(11)-en-6β,7β-dicarbon=

säure-anhydrid mit Brom in Essigsäure (*Upjohn Co.*, U.S.P. 2 621 180 [1950]).
Krystalle (aus Acn.); F: 202—205°. $[\alpha]_D^{23}$: $+54,5°$ [CHCl₃].

3β-Acetoxy-21-brom-(6αH,7αH)-6,7-dihydro-5β,8-ätheno-pregn-9(11)-eno[6,7-c]furan-20,2′,5′-trion, 3β-Acetoxy-21-brom-20-oxo-5β,8-ätheno-pregn-9(11)-en-6β,7β-dicarbonsäure-anhydrid $C_{27}H_{31}BrO_6$, Formel VII.

B. Beim Behandeln von 3β-Acetoxy-20-oxo-5β,8-ätheno-pregn-9(11)-en-6β,7β-dicarbonsäure-anhydrid mit Brom in Chloroform (*Upjohn Co.*, U.S.P. 2 621 179 [1950]).
Krystalle (aus Acn.); F: 235—237,5°. $[\alpha]_D^{25,5}$: $+118,1°$ [CHCl₃].

Hydroxy-oxo-Verbindungen $C_{26}H_{32}O_5$

3β-Formyloxy-2′,5′-dioxo-(6αH,7αH)-6,7,2′,5′-tetrahydro-5β,8-ätheno-23,24-dinor-chol-9(11)-eno[6,7-c]furan-22-al, 3β-Formyloxy-22-oxo-5β,8-ätheno-23,24-dinor-chol-9(11)-en-6β,7β-dicarbonsäure-anhydrid, 3β-Formyloxy-20β_F-methyl-21-oxo-5β,8-ätheno-pregn-9(11)-en-6β,7β-dicarbonsäure-anhydrid $C_{27}H_{32}O_6$, Formel VIII
(R = CHO, X = O).

B. Beim Behandeln einer Lösung von 3β-Formyloxy-5β,8-ätheno-ergosta-9(11),22t-dien-6β,7β-dicarbonsäure-anhydrid in Dichlormethan mit Ozon, anschliessenden Behandeln mit Essigsäure und Versetzen des vom Dichlormethan befreiten Reaktionsgemisches mit Zink-Pulver (*Upjohn Co.*, U.S.P. 2 625 545 [1949], 2 577 776 [1950], 2 686 780 [1953]).
Bei 95—130° schmelzend.
2,4-Dinitro-phenylhydrazon S. 2792.

3β-Acetoxy-2′,5′-dioxo-(6αH,7αH)-6,7,2′,5′-tetrahydro-5β,8-ätheno-23,24-dinor-chol-9(11)-eno[6,7-c]furan-22-al, 3β-Acetoxy-22-oxo-5β,8-ätheno-23,24-dinor-chol-9(11)-en-6β,7β-dicarbonsäure-anhydrid, 3β-Acetoxy-20β_F-methyl-21-oxo-5β,8-ätheno-pregn-9(11)-en-6β,7β-dicarbonsäure-anhydrid $C_{28}H_{34}O_6$, Formel VIII (R = CO-CH₃, X = O).

B. Beim Behandeln einer Lösung von 3β-Acetoxy-5β,8-ätheno-ergosta-9(11),22t-dien-6β,7β-dicarbonsäure-anhydrid in Dichlormethan mit Ozon, anschliessenden Behandeln mit Essigsäure und Versetzen des vom Dichlormethan befreiten Reaktionsgemisches mit Zink-Pulver (*Upjohn Co.*, U.S.P. 2 625 545 [1949], 2 577 776 [1950], 2 686 780 [1953]).
Krystalle; F: 187—197°.
2,4-Dinitro-phenylhydrazon S. 2792.

3β,21ξ-Diacetoxy-(6αH,7αH)-6,7-dihydro-5β,8-ätheno-23,24-dinor-chola-9(11),20-dieno[6,7-c]furan-2′,5′-dion, 3β,21ξ-Diacetoxy-5β,8-ätheno-23,24-dinor-chola-9(11),20-dien-6β,7β-dicarbonsäure-anhydrid, 3β,21ξ-Diacetoxy-20-methyl-5β,8-ätheno-pregna-9(11),20-dien-6β,7β-dicarbonsäure-anhydrid $C_{30}H_{36}O_7$, Formel IX.

B. Beim Erhitzen der im vorangehenden Artikel beschriebenen Verbindung mit Acetanhydrid und Natriumacetat (*Upjohn Co.*, U.S.P. 2 620 338 [1949], 2 577 776 [1950], 2 595 596 [1951], 2 686 780 [1953]).
Krystalle (aus Acn. + Pentan); F: 200,5—202°.

VIII   IX

3β-Heptanoyloxy-2′,5′-dioxo-(6αH,7αH)-6,7,2′,5′-tetrahydro-5β,8-ätheno-23,24-dinor-chol-9(11)-eno[6,7-c]furan-22-al, 3β-Heptanoyloxy-22-oxo-5β,8-ätheno-23,24-dinor-chol-9(11)-en-6β,7β-dicarbonsäure-anhydrid, 3β-Heptanoyloxy-20β$_\text{F}$-methyl-21-oxo-5β,8-ätheno-pregn-9(11)-en-6β,7β-dicarbonsäure-anhydrid $C_{33}H_{44}O_6$, Formel VIII (R = CO-[CH$_2$]$_5$-CH$_3$, X = O).

B. Beim Behandeln einer Lösung von 3β-Heptanoyloxy-5β,8-ätheno-ergosta-9(11),22*t*-dien-6β,7β-dicarbonsäure-anhydrid in Dichlormethan mit Ozon, anschliessenden Behandeln mit Essigsäure und Versetzen des vom Dichlormethan befreiten Reaktionsgemisches mit Zink-Pulver (*Upjohn Co.*, U.S.P. 2625545 [1949], 2577776 [1950], 2686780 [1953]).

F: 197,5 – 199°.

22-[2,4-Dinitro-phenylhydrazono]-3β-formyloxy-5β,8-ätheno-23,24-dinor-chol-9(11)-en-6β,7β-dicarbonsäure-anhydrid, 21-[2,4-Dinitro-phenylhydrazono]-3β-formyloxy-20β$_\text{F}$-methyl-5β,8-ätheno-pregn-9(11)-en-6β,7β-dicarbonsäure-anhydrid $C_{33}H_{36}N_4O_9$, Formel VIII (R = CHO, X = N-NH-C$_6$H$_3$(NO$_2$)$_2$).

B. Aus 3β-Formyloxy-22-oxo-5β,8-ätheno-23,24-dinor-chol-9(11)-en-6β,7β-dicarbon=säure-anhydrid und [2,4-Dinitro-phenyl]-hydrazin (*Upjohn Co.*, U.S.P. 2625545 [1949], 2577776 [1950], 2686780 [1953].

F: 165 – 168°.

3β-Acetoxy-22-[2,4-dinitro-phenylhydrazono]-5β,8-ätheno-23,24-dinor-chol-9(11)-en-6β,7β-dicarbonsäure-anhydrid, 3β-Acetoxy-21-[2,4-dinitro-phenylhydrazono]-20β$_\text{F}$-methyl-5β,8-ätheno-pregn-9(11)-en-6β,7β-dicarbonsäure-anhydrid $C_{34}H_{38}N_4O_9$, Formel VIII (R = CO-CH$_3$, X = N-NH-C$_6$H$_3$(NO$_2$)$_2$).

B. Aus 3β-Acetoxy-22-oxo-5β,8-ätheno-23,24-dinor-chol-9(11)-en-6β,7β-dicarbonsäure-anhydrid und [2,4-Dinitro-phenyl]-hydrazin (*Upjohn Co.*, U.S.P. 2625545 [1949], 2577776 [1950], 2686780 [1953].)

Gelbe Krystalle (aus A. + CHCl$_3$); F: 269 – 271°.

22-[2,4-Dinitro-phenylhydrazono]-3β-heptanoyloxy-5β,8-ätheno-23,24-dinor-chol-9(11)-en-6β,7β-dicarbonsäure-anhydrid, 21-[2,4-Dinitro-phenylhydrazono]-3β-heptanoyloxy-20β$_\text{F}$-methyl-5β,8-ätheno-pregn-9(11)-en-6β,7β-dicarbonsäure-anhydrid $C_{39}H_{48}N_4O_9$, Formel VIII (R = CO-[CH$_2$]$_5$-CH$_3$, X = N-NH-C$_6$H$_3$(NO$_2$)$_2$).

B. Aus 3β-Heptanoyloxy-22-oxo-5β,8-ätheno-23,24-dinor-chol-9(11)-en-6β,7β-dicarbon=säure-anhydrid und [2,4-Dinitro-phenyl]-hydrazin (*Upjohn Co.*, U.S.P. 2625545 [1949], 2577776 [1950], 2686780 [1953]).

F: 253 – 257°.   [*Mischon*]

Hydroxy-oxo-Verbindungen C$_n$H$_{2n-22}$O$_5$

Hydroxy-oxo-Verbindungen C$_{15}$H$_8$O$_5$

7-Methoxy-2-phenyl-chromen-4,5,8-trion $C_{16}H_{10}O_5$, Formel I.

B. Beim Behandeln von 5,7,8-Trimethoxy-2-phenyl-chromen-4-on mit wss. Salpeter=säure [D: 1,25] (*Rao et al.*, Pr. Indian Acad. [A] 25 [1947] 427, 431). Beim Behandeln von 5,8-Dihydroxy-7-methoxy-2-phenyl-chromen-4-on mit [1,4]Benzochinon in Äthanol (*Rao et al.*, l. c. S. 430).

Orangefarbene Krystalle (aus Acn. oder E.); F: 245 – 247°.

                I   II

2-[(Z)-Benzyliden]-6-methoxy-benzofuran-3,4,7-trion $C_{16}H_{10}O_5$, Formel II.

B. Beim Behandeln von 2-[(Z)-Benzyliden]-4,6,7-trimethoxy-benzofuran-3-on (S. 2741) mit wss. Salpetersäure [D: 1,2] (*Balakrishna et al.*, Pr. Indian Acad. [A] **30** [1949] 120, 125).

Gelbe Krystalle (aus A.); F: 164—165°.

Hydroxy-oxo-Verbindung $C_{16}H_{10}O_5$

Bis-[2-methoxy-phenyl]-maleinsäure-anhydrid $C_{18}H_{14}O_5$, Formel III.

B. In kleiner Menge beim Behandeln von (±)-Brom-[2-methoxy-phenyl]-essigsäure-äthylester mit Natriumamid in Äther, Behandeln des Reaktionsprodukts mit äthanol. Kalilauge und anschliessenden Ansäuern (*Hoch, Choisy*, C. r. **248** [1959] 3314).

Krystalle (aus A.); F: 162°.

Bis-[4-hydroxy-phenyl]-maleinsäure-anhydrid $C_{16}H_{10}O_5$, Formel IV (R = H).

B. Beim Erhitzen von Bis-[4-methoxy-phenyl]-maleinsäure-anhydrid mit Pyridin-hydrochlorid auf 200° (*Hoch*, C. r. **231** [1950] 625).

Orangefarbene Krystalle (aus W.); F: 224°.

Bis-[4-methoxy-phenyl]-maleinsäure-anhydrid $C_{18}H_{14}O_5$, Formel IV (R = CH₃).

B. Beim Behandeln von Bis-[4-methoxy-phenyl]-maleinsäure-diäthylester mit äthanol. Kalilauge und anschliessenden Ansäuern (*Hoch*, C. r. **231** [1950] 625). Beim Erhitzen von Bis-[4-methoxy-phenyl]-maleinsäure-imid mit wss. Natronlauge, anschliessenden Ansäuern mit wss. Schwefelsäure und Erhitzen des Reaktionsprodukts auf Temperaturen oberhalb des Schmelzpunkts (*Rondestvedt, Vogl*, Am. Soc. **77** [1955] 2313; s. a. *Hoch*).

Orangegelbe Krystalle; F: 171° (*Hoch*), 170—171° [unkorr.; aus CH₂Cl₂ + PAe. oder aus Ae. + PAe.] (*Ro., Vogl*). Kp₀,₁: 175° (*Ro., Vogl*). Absorptionsmaxima (Isooctan): 215 nm, 235 nm, 266 nm, 326 nm, 340 nm und 389 nm (*Rondestvedt et al.*, Am. Soc. **78** [1956] 6115, 6119).

III   IV   V

Bis-[4-acetoxy-phenyl]-maleinsäure-anhydrid $C_{20}H_{14}O_7$, Formel IV (R = CO-CH₃).

B. Aus Bis-[4-hydroxy-phenyl]-maleinsäure-anhydrid (*Hoch*, C. r. **231** [1950] 625).

F: 163°.

3-Benzoyl-6,7-dimethoxy-cumarin $C_{18}H_{14}O_5$, Formel V.

B. Beim Erwärmen von 3-Oxo-3-phenyl-propionsäure-äthylester mit 4,5-Dimethoxy-2-hydroxy-benzaldehyd, Methanol und wenig Piperidin (*Mackenzie et al.*, Soc. **1950** 2965, 2970).

Gelbe Krystalle (aus E.); F: 206°.

3-[α-(2,4-Dinitro-phenylhydrazono)-benzyl]-6,7-dimethoxy-cumarin $C_{24}H_{18}N_4O_8$, Formel VI.

B. Aus 3-Benzoyl-6,7-dimethoxy-cumarin und [2,4-Dinitro-phenyl]-hydrazin (*Mackenzie et al.*, Soc. **1950** 2965, 2970).

Rote Krystalle (aus Dioxan); F: 282° [Zers.].

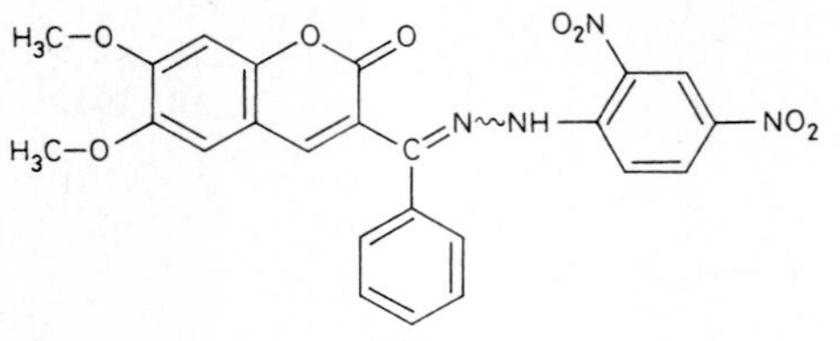

VI 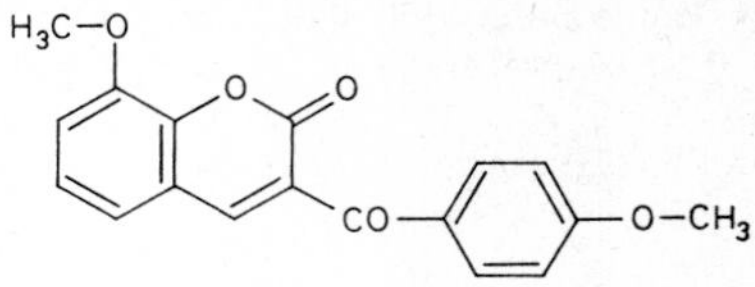   VII

8-Methoxy-3-[4-methoxy-benzoyl]-cumarin $C_{18}H_{14}O_5$, Formel VII.

B. Beim Behandeln von 2-Hydroxy-3-methoxy-benzaldehyd mit 3-[4-Methoxy-phenyl]-3-oxo-propionsäure-äthylester und wenig Piperidin (*Buu-Hoi et al.*, Bl. **1958** 361).

Krystalle (aus A.); F: 233°.

3-[2,4-Dihydroxy-benzoyl]-cumarin $C_{16}H_{10}O_5$, Formel VIII, und Tautomeres (5a,8-Di=hydroxy-5a*H*-chromeno[2,3-*b*]chromen-11-on).

B. Neben 10-Hydroxy-6a,12a-dihydro-chromeno[4,3-*b*]chromen-6,7-dion (*O*-Acetyl-Derivat: F: 230—231°) beim Behandeln von 2-Oxo-2*H*-chromen-3-carbonylchlorid mit Resorcin und Aluminiumchlorid in Nitrobenzol (*Parker, Robertson*, Soc. **1950** 1121, 1123).

Gelbe Krystalle (aus Acn.); F: 234° [Zers.].

3-[(Ξ)-2-Hydroxy-3-methoxy-benzyliden]-chroman-2,4-dion $C_{17}H_{12}O_5$, Formel IX (R = H), und cyclisches Tautomeres.

B. Beim Erwärmen von Chroman-2,4-dion mit 2-Hydroxy-3-methoxy-benzaldehyd in Äthanol (*Eckstein et al.*, Roczniki Chem. **32** [1958] 801, 807; C. A. **1959** 10198).

Gelbe Krystalle (aus Eg.); F: 197—198°.

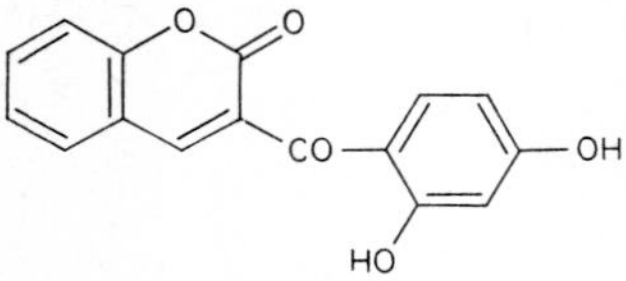

VIII 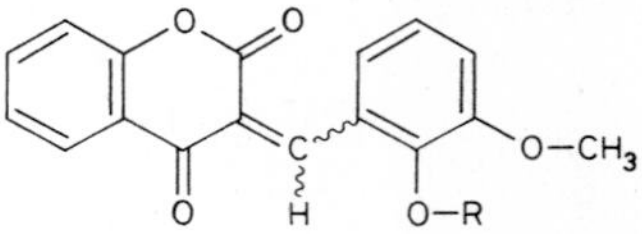   IX

3-[(Ξ)-2-Acetoxy-3-methoxy-benzyliden]-chroman-2,4-dion $C_{19}H_{14}O_6$, Formel IX (R = CO-CH₃).

B. Beim Behandeln der im vorangehenden Artikel beschriebenen Verbindung mit Pyridin und Acetanhydrid (*Eckstein et al.*, Roczniki Chem. **32** [1958] 801, 807; C. A. **1959** 10198).

Krystalle (aus Eg.); F: 258—260°.

3-[(Ξ)-2,4-Dihydroxy-benzyliden]-chroman-2,4-dion $C_{16}H_{10}O_5$, Formel X, und cyclisches Tautomeres.

B. Beim Erwärmen einer Lösung von Chroman-2,4-dion in Äthanol mit 2,4-Dihydroxy-benzaldehyd (*Sullivan et al.*, Am. Soc. **65** [1943] 2288, 2291).

Gelbe Krystalle (aus A.); Zers. bei 224°.

3-Benzoyl-4,7-dihydroxy-cumarin $C_{16}H_{10}O_5$, Formel XI (R = H), und Tautomere (z. B. 3-Benzoyl-7-hydroxy-chroman-2,4-dion).

B. Beim Erhitzen von 4-Benzoyloxy-7-methoxy-cumarin mit Aluminiumchlorid und Natriumchlorid auf 150° (*Vereš et al.*, Collect. **24** [1959] 3471, 3473).

Krystalle (aus wss. A.); F: 254—256° [unkorr.].

3-Benzoyl-4-hydroxy-7-methoxy-cumarin $C_{17}H_{12}O_5$, Formel XI (R = CH₃), und Tautomere (z. B. 3-Benzoyl-7-methoxy-chroman-2,4-dion).

B. Beim Erhitzen von 4-Benzoyloxy-7-methoxy-cumarin mit dem Borfluorid-Äther-

Addukt auf 130° (*Vereš et al.*, Collect. **24** [1959] 3471, 3474).
Krystalle (aus wss. A.); F: 180° [unkorr.].

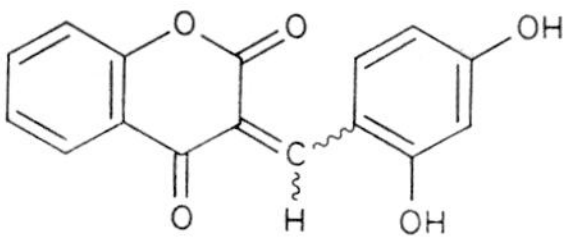

X

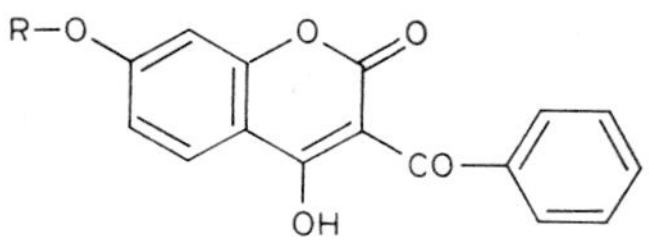

XI

4-Hydroxy-3-[4-hydroxy-benzoyl]-cumarin $C_{16}H_{10}O_5$, Formel XII (R = H), und Tautomere (z. B. 3-[4-Hydroxy-benzoyl]-chroman-2,4-dion).

B. Beim Erhitzen von 4-[4-Methoxy-benzoyloxy]-cumarin mit Aluminiumchlorid auf 150° (*Vereš, Horák*, Collect. **20** [1955] 371, 374).
Krystalle (aus A.); F: 251—252° [unkorr.].

4-Hydroxy-3-[4-methoxy-benzoyl]-cumarin $C_{17}H_{12}O_5$, Formel XII (R = CH_3), und Tautomere (z. B. 3-[4-Methoxy-benzoyl]-chroman-2,4-dion).

B. Beim Erhitzen von 4-[4-Methoxy-benzoyloxy]-cumarin mit dem Borfluorid-Äther-Addukt auf 130° (*Vereš et al.*, Collect. **24** [1959] 3471, 3474).
Krystalle (aus wss. A.); F: 166—167° [unkorr.].

7-Hydroxy-5-methoxy-4-oxo-2-phenyl-4*H*-chromen-6-carbaldehyd $C_{17}H_{12}O_5$.
Formel XIII.

B. Beim Erwärmen einer Lösung von 4-Methoxy-7-phenyl-furo[3,2-*g*]chromen-5-on in einem Gemisch von Essigsäure und wss. Schwefelsäure mit wss. Natriumdichromat-Lösung (*Schönberg et al.*, Am. Soc. **77** [1955] 5390).
Krystalle (aus A.); F: 207° [unkorr.].

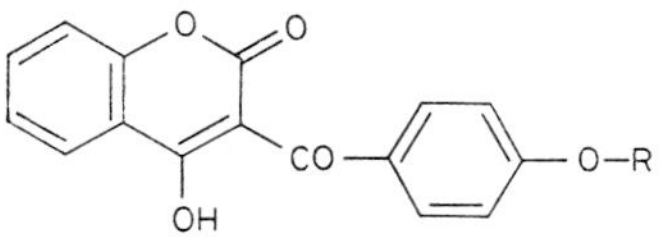

XII

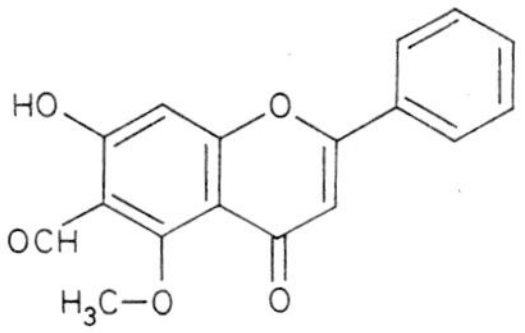

XIII

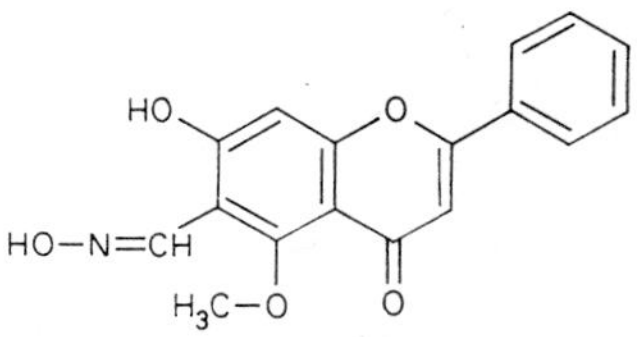

XIV

7-Hydroxy-5-methoxy-4-oxo-2-phenyl-4*H*-chromen-6-carbaldehyd-oxim $C_{17}H_{13}NO_5$,
Formel XIV.

B. Beim Behandeln von 7-Hydroxy-5-methoxy-4-oxo-2-phenyl-4*H*-chromen-6-carbaldehyd mit wss. Natronlauge und anschliessend mit wss. Hydroxylamin-hydrochlorid-Lösung (*Schönberg et al.*, Am. Soc. **77** [1955] 5390).
Krystalle (aus Me. + Acn.); F: 266° [unkorr.].

5-Hydroxy-8-methoxy-4-oxo-2-phenyl-4*H*-chromen-6-carbaldehyd $C_{17}H_{12}O_5$, Formel I.

B. Beim Erwärmen von 5-Hydroxy-8-methoxy-2-phenyl-chromen-4-on mit Essigsäure und Hexamethylentetramin und anschliessend mit wss. Salzsäure (*Rajagopalan et al.*, Pr. Indian Acad. [A] **31** [1950] 31, 33; s. dagegen *Gowan et al.*, Tetrahedron **2** [1958] 116, 119).
Gelbe Krystalle (aus A. + Eg.); F: 246—247° (*Ra. et al.*).

5-Hydroxy-8-methoxy-4-oxo-2-phenyl-4*H*-chromen-6-carbaldehyd-[2,4-dinitro-phenyl-hydrazon] $C_{23}H_{16}N_4O_8$, Formel II (R = $C_6H_3(NO_2)_2$).

B. Aus 5-Hydroxy-8-methoxy-4-oxo-2-phenyl-4*H*-chromen-6-carbaldehyd und [2,4-Dinitro-phenyl]-hydrazin (*Rajagopalan et al.*, Pr. Indian Acad. [A] **31** [1950] 31, 33).
F: 320° [Zers.].

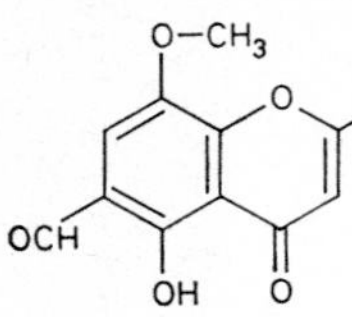

I 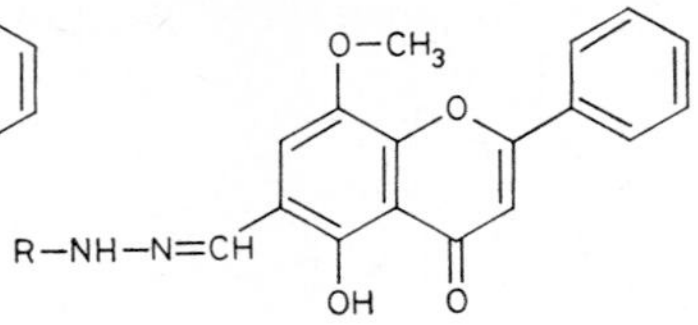 II 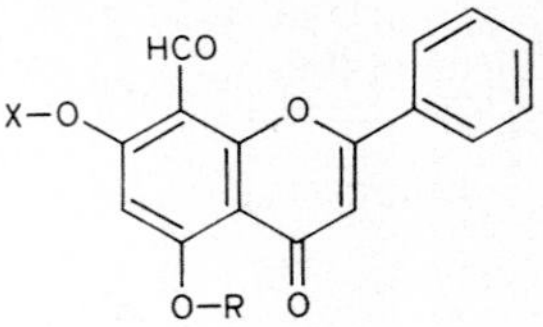 III

5,7-Dihydroxy-4-oxo-2-phenyl-4H-chromen-8-carbaldehyd $C_{16}H_{10}O_5$, Formel III
(R = X = H).
B. Beim Erwärmen von Chrysin (S. 1766) mit Essigsäure, Hexamethylentetramin und anschliessend mit wss. Salzsäure (*Seshadri, Varadarajan,* Pr. Indian Acad. [A] **30** [1949] 342, 346).
Gelbe Krystalle (aus Eg.), die unterhalb 350° nicht schmelzen.
2,4-Dinitro-phenylhydrazon s. u.

7-Hydroxy-5-methoxy-4-oxo-2-phenyl-4H-chromen-8-carbaldehyd $C_{17}H_{12}O_5$, Formel III
(R = CH$_3$, X = H).
B. Beim Erwärmen von 7-Hydroxy-5-methoxy-2-phenyl-chromen-4-on mit Essigsäure und Hexamethylentetramin und anschliessend mit wss. Salzsäure (*Seshadri, Varadarajan,* Pr. Indian Acad. [A] **30** [1949] 342, 345).
Gelbe Krystalle (aus A.); F: 295° [Zers.].

5-Hydroxy-7-methoxy-4-oxo-2-phenyl-4H-chromen-8-carbaldehyd $C_{17}H_{12}O_5$, Formel III
(R = H, X = CH$_3$).
B. Beim Erwärmen einer Lösung von Tectochrysin (S. 1767) in Essigsäure mit Hexa=
methylentetramin und anschliessend mit wss. Salzsäure (*Seshadri, Varadarajan,* Pr.
Indian Acad. [A] **30** [1949] 342, 344).
Gelbe Krystalle (aus A. + E.), die unterhalb 340° nicht schmelzen.
2,4-Dinitro-phenylhydrazon s. u.

5,7-Dihydroxy-4-oxo-2-phenyl-4H-chromen-8-carbaldehyd-[2,4-dinitro-phenylhydrazon]
$C_{22}H_{14}N_4O_8$, Formel IV (R = X = H).
B. Aus 5,7-Dihydroxy-4-oxo-2-phenyl-4H-chromen-8-carbaldehyd und [2,4-Dinitro-
phenyl]-hydrazin (*Seshadri, Varadarajan,* Pr. Indian Acad. [A] **30** [1949] 342, 346).
F: 314° [Zers.].

7-Hydroxy-5-methoxy-4-oxo-2-phenyl-4H-chromen-8-carbaldehyd-[2,4-dinitro-phenyl=
hydrazon] $C_{23}H_{16}N_4O_8$, Formel IV (R = CH$_3$, X = H).
B. Aus 7-Hydroxy-5-methoxy-4-oxo-2-phenyl-4H-chromen-8-carbaldehyd und [2,4-Di=
nitro-phenyl]-hydrazin (*Seshadri, Varadarajan,* Pr. Indian Acad. [A] **30** [1949] 342, 346).
F: 172—173° [Zers.].

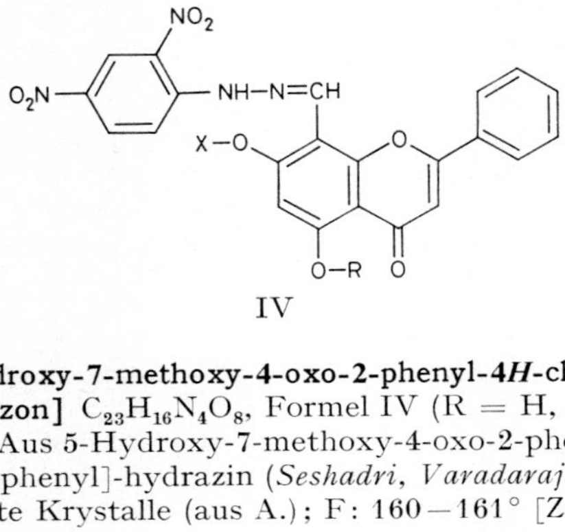

IV 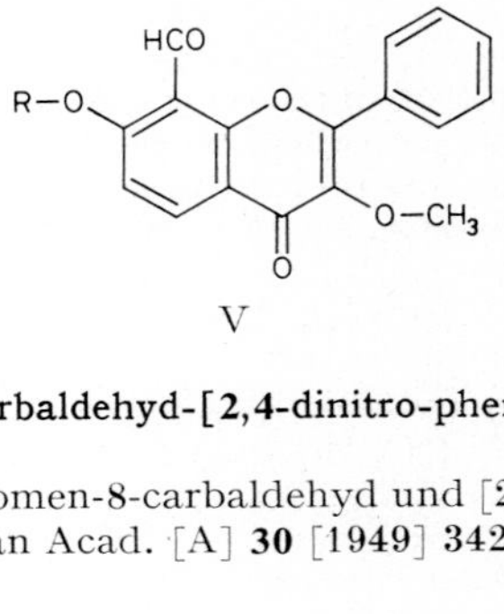 V

5-Hydroxy-7-methoxy-4-oxo-2-phenyl-4H-chromen-8-carbaldehyd-[2,4-dinitro-phenyl=
hydrazon] $C_{23}H_{16}N_4O_8$, Formel IV (R = H, X = CH$_3$).
B. Aus 5-Hydroxy-7-methoxy-4-oxo-2-phenyl-4H-chromen-8-carbaldehyd und [2,4-Di=
nitro-phenyl]-hydrazin (*Seshadri, Varadarajan,* Pr. Indian Acad. [A] **30** [1949] 342, 345).
Rote Krystalle (aus A.); F: 160—161° [Zers.].

7-Hydroxy-3-methoxy-4-oxo-2-phenyl-4H-chromen-8-carbaldehyd $C_{17}H_{12}O_5$, Formel V
(R = H).
B. Beim Erwärmen von 7-Hydroxy-3-methoxy-2-phenyl-chromen-4-on mit Essigsäure
und Hexamethylentetramin und anschliessend mit wss. Salzsäure (*Rangaswami, Seshadri*,
Pr. Indian Acad. [A] **9** [1939] 7; *Row, Seshadri*, Pr. Indian Acad. [A] **33** [1951] 168, 170).
Gelbe Krystalle (aus Eg.); F: 222—223°.

[8-Formyl-3-methoxy-4-oxo-2-phenyl-4H-chromen-7-yloxy]-essigsäure-äthylester
$C_{21}H_{18}O_7$, Formel V (R = CH_2-CO-OC_2H_5).
B. Beim Erwärmen einer Lösung von 7-Hydroxy-3-methoxy-4-oxo-2-phenyl-4H-
chromen-8-carbaldehyd in Benzol bzw. in Aceton mit Bromessigsäure-äthylester und
Kaliumcarbonat (*Rangaswami, Seshadri*, Pr. Indian Acad. [A] **9** [1939] 259, 262; *Row,
Seshadri*, Pr. Indian Acad. [A] **33** [1951] 168, 170).
Krystalle (aus Me.); F: 116—117°.

7-Hydroxy-3-methoxy-4-oxo-2-phenyl-4H-chromen-8-carbaldehyd-phenylhydrazon
$C_{23}H_{18}N_2O_4$, Formel VI (R = X = H).
B. Aus 7-Hydroxy-3-methoxy-4-oxo-2-phenyl-4H-chromen-8-carbaldehyd und Phenyl=
hydrazin (*Rangaswami, Seshadri*, Pr. Indian Acad. [A] **9** [1939] 7).
Gelbe Krystalle (aus A.); Zers. bei 149—151°.

**7-Hydroxy-3-methoxy-4-oxo-2-phenyl-4H-chromen-8-carbaldehyd-[2,4-dinitro-phenyl=
hydrazon]** $C_{23}H_{16}N_4O_8$, Formel VI (R = H, X = NO_2).
B. Aus 7-Hydroxy-3-methoxy-4-oxo-2-phenyl-4H-chromen-8-carbaldehyd und [2,4-Di=
nitro-phenyl]-hydrazin (*Row, Seshadri*, Pr. Indian Acad. [A] **33** [1951] 168, 170).
F: 252—254°.

VI   VII

**[8-(2,4-Dinitro-phenylhydrazono)-3-methoxy-4-oxo-2-phenyl-4H-chromen-7-yloxy]-
essigsäure-äthylester** $C_{27}H_{22}N_4O_{10}$, Formel VI (R = CH_2-CO-O-C_2H_5, X = NO_2).
B. Aus [8-Formyl-3-methoxy-4-oxo-2-phenyl-4H-chromen-7-yloxy]-essigsäure-äthyl=
ester und [2,4-Dinitro-phenyl]-hydrazin (*Row, Seshadri*, Pr. Indian Acad. [A] **33** [1951]
168, 170).
F: 150—152°.

6-Hydroxy-7-methoxy-4-oxo-3-phenyl-4H-chromen-5-carbaldehyd $C_{17}H_{12}O_5$, Formel VII.
B. Beim Erwärmen von 6-Hydroxy-7-methoxy-3-phenyl-chromen-4-on mit Essigsäure
und Hexamethylentetramin und anschliessend mit wss. Salzsäure (*Aghoramurthy et al.*,
J. scient. ind. Res. India **15** B [1956] 11).
Gelbliche Krystalle (aus Bzl.); F: 193—194°.

7-Hydroxy-3-[4-methoxy-phenyl]-4-oxo-4H-chromen-8-carbaldehyd $C_{17}H_{12}O_5$,
Formel VIII.
B. Beim Erwärmen einer Lösung von Formononetin (S. 1806) in Essigsäure mit Hexa=
methylentetramin und anschliessend mit wss. Salzsäure (*Krishnamurti, Seshadri*, J. scient.
ind. Res. India **14** B [1955] 258).
Gelbliche Krystalle (aus A.); F: 166°.

VIII   IX

3-Benzoyl-7,8-dimethoxy-isocumarin $C_{18}H_{14}O_5$, Formel IX (E I 402).

B. Aus Opiansäure-phenacylester (6-Formyl-2,3-dimethoxy-benzoesäure-phenacylester) beim Erwärmen mit wenig Piperidin (*Kanewškaja et al.*, Sbornik Statei obšč. Chim. **1953** 1493, 1497; C. A. **1955** 5477) sowie beim Erwärmen mit Benzol unter Eindampfen und anschliessenden Erhitzen bis auf 170° (*Linewitsch*, Ž. obšč. Chim. **28** [1958] 1076, 1078; engl. Ausg. S. 1045, 1047).

Krystalle (aus A. + Toluol oder aus A.); F: 172° (*Ka. et al.*; *Li.*).

Beim Behandeln mit wss. Ammoniak ist bei 10° 3-Benzoyl-7,8-dimethoxy-2H-isochinolin-1-on, bei Siedetemperatur daneben noch 6-[2,3-Dioxo-3-phenyl-propyl]-2,3-dimethoxy-benzoesäure erhalten worden (*Li.*, l. c. S. 1079).

3-[α-(2,4-Dinitro-phenylhydrazono)-benzyl]-7,8-dimethoxy-isocumarin $C_{24}H_{18}N_4O_8$, Formel X ($X = NH-C_6H_3(NO_2)_2$).

B. Aus 3-Benzoyl-7,8-dimethoxy-isocumarin und [2,4-Dinitro-phenyl]-hydrazin (*Linewitsch*, Ž. obšč. Chim. **28** [1958] 1076, 1078; engl. Ausg. S. 1045, 1047).

Krystalle (aus A. + E.); F: 256° [Block].

4-[(Ξ)-Vanillyliden]-isochroman-1,3-dion, 4′-Hydroxy-3′-methoxy-ξ-stilben-2,α-dicarbonsäure-anhydrid $C_{17}H_{12}O_5$, Formel XI (R = H).

B. Beim Erhitzen von Homophthalsäure-anhydrid (Isochroman-1,3-dion) mit Vanillin in Toluol unter Zusatz von Piperidin (*Buu-Hoi*, C. r. **211** [1940] 330).

Orangefarbene Krystalle; F: 168°.

X   XI   XII

4-[(Ξ)-Veratryliden]-isochroman-1,3-dion, 3′,4′-Dimethoxy-ξ-stilben-2,α-dicarbonsäure-anhydrid $C_{18}H_{14}O_5$, Formel XI (R = CH₃).

B. Aus 3′,4′-Dimethoxy-stilben-2,α-dicarbonsäure (F: 196—197° [Zers.]) mit Hilfe von Acetylchlorid (*Buu-Hoi*, C. r. **211** [1940] 643, **218** [1944] 942).

Orangerote Krystalle; F: 189°.

2-Diazoacetyl-6-methoxy-3-[3-methoxy-phenyl]-benzofuran, 2-Diazo-1-[6-methoxy-3-(3-methoxy-phenyl)-benzofuran-2-yl]-äthanon $C_{18}H_{14}N_2O_4$, Formel XII.

B. Beim Behandeln von 6-Methoxy-3-[3-methoxy-phenyl]-benzofuran-2-carbonsäure mit Phosphor(V)-chlorid in Chloroform und Behandeln einer Lösung des Reaktionsprodukts in Benzol mit Diazomethan in Äther (*Johnson*, *Robertson*, Soc. **1950** 2381, 2387).

Gelbe Krystalle (aus Bzl. + PAe.); F: 124—126° [Zers.].

5,9-Dimethoxy-10,11-dihydro-phenanthro[1,2-c]furan-1,3-dion, 5,9-Dimethoxy-3,4-dihydro-phenanthren-1,2-dicarbonsäure-anhydrid $C_{18}H_{14}O_5$, Formel XIII.

B. Beim Erwärmen von 4-[4,8-Dimethoxy-[1]naphthyl]-buttersäure-äthylester mit

Diäthyloxalat und Kaliumäthylat in Äther und Erwärmen des Reaktionsprodukts mit wss. Schwefelsäure (*Fieser*, *Hershberg*, Am. Soc. **58** [1936] 2382, 2384).

Rote Krystalle (aus Eg.); F: 231—232° [korr.].

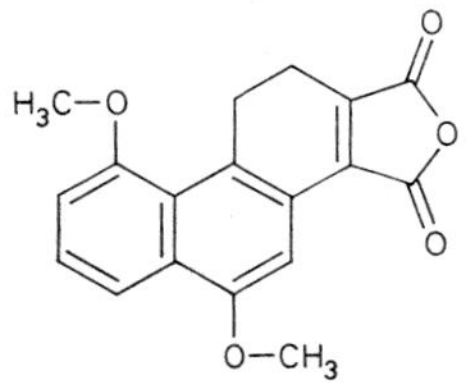

XIII 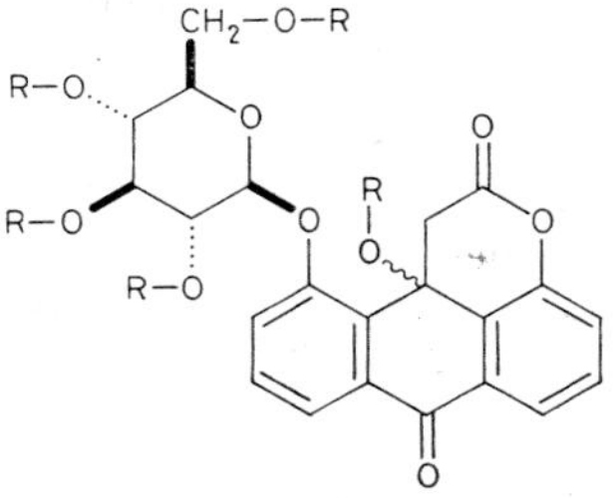   XIV 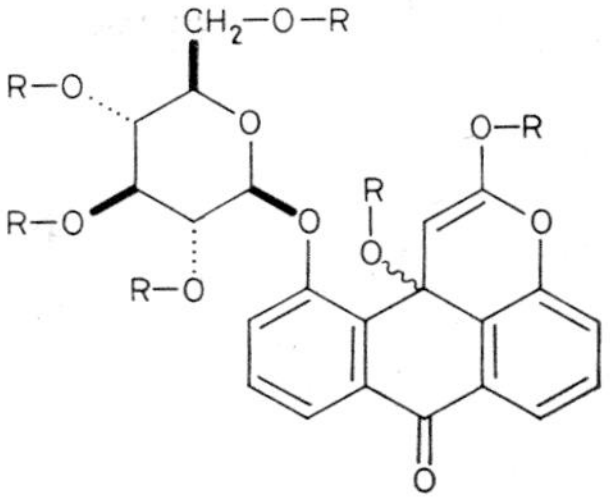   XV

(*Ξ*)-11b-Acetoxy-11-[tetra-*O*-acetyl-*β*-D-glucopyranosyloxy]-1,11b-dihydro-naphtho= [1,2,3-*de*]chromen-2,7-dion C$_{32}$H$_{30}$O$_{15}$, Formel XIV (R = CO-CH$_3$), und (*Ξ*)-2,11b-Di= acetoxy-11-[tetra-*O*-acetyl-*β*-D-glucopyranosyloxy]-11b*H*-naphtho[1,2,3-*de*]chromen- 7-on C$_{34}$H$_{32}$O$_{16}$, Formel XV (R = CO-CH$_3$).

Diese beiden Formeln werden für die nachstehend beschriebene Verbindung in Be- tracht gezogen (*Müller*, B. **64** [1931] 1410, 1414).

B. Neben einer Verbindung C$_{32}$H$_{29}$NO$_{13}$ (schwarzgrüne Krystalle; Zers. bei ca. 270°) beim Erwärmen einer als 1-Hydroxy-8-[tetra-*O*-acetyl-*β*-D-glucopyranosyloxy]-anthra= chinon-9-imin angesehenen Verbindung vom F: 165—166° (E III/IV **17** 3244) mit Acet= anhydrid und Natriumacetat (*Mü.*, l. c. S. 1427).

Grüne Krystalle (aus A.); F: 212°.

Hydroxy-oxo-Verbindungen C$_{17}$H$_{12}$O$_5$

*Opt.-inakt. 5-Hydroxy-5,6-diphenyl-dihydro-pyran-2,3,4-trion, 4,5-Dihydroxy-2,3-dioxo- 4,5-diphenyl-valeriansäure-5-lacton C$_{17}$H$_{12}$O$_5$, Formel I.

B. Beim Behandeln von opt.-inakt. 3,4,5-Trihydroxy-5,6-diphenyl-5,6-dihydro-pyran- 2-on-imin (F: 198° [Zers.]; S. 2770) mit Methanol und wss. Jod-Lösung (*Dahn et al.*, Helv. **39** [1956] 1774, 1781) oder mit wss. Schwefelsäure und Natriumnitrit (*Dahn*, *Hauth*, Helv. **40** [1957] 2249, 2258).

Nicht krystallin erhalten. Absorptionsspektrum (A.; 200—400 nm): *Dahn*, *Ha.*, l. c. S. 2253).

Beim Erhitzen eines 5-Hydroxy-5,6-diphenyl-dihydro-[2-^{14}C]-pyran-2,3,4-trion ent- haltenden Präparats mit wss. Salzsäure ist nicht markiertes 4-Hydroxy-2-oxo-3,4-di= phenyl-buttersäure-lacton erhalten worden (*Dahn*, *Hauth*, Helv. **40** [1957] 2261, 2267, 2269). Überführung in 3,4,5-Trihydroxy-5,6-diphenyl-5,6-dihydro-pyran-2-on (F: 200° bis 202° [Zers.]; S. 2770) durch Erwärmen mit L-Ascorbinsäure in Methanol: *Dahn*, *Ha.*, l. c. S. 2259.

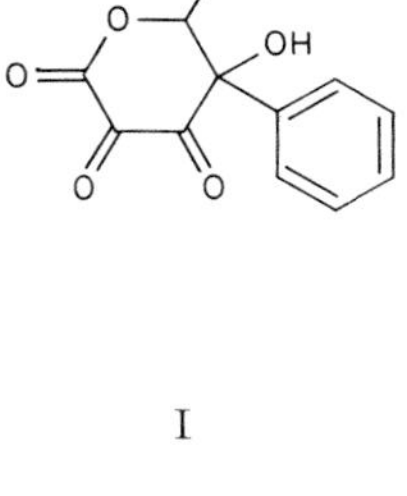

I 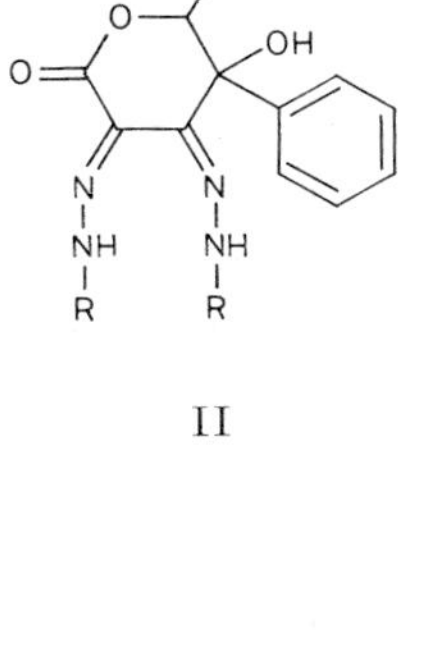   II 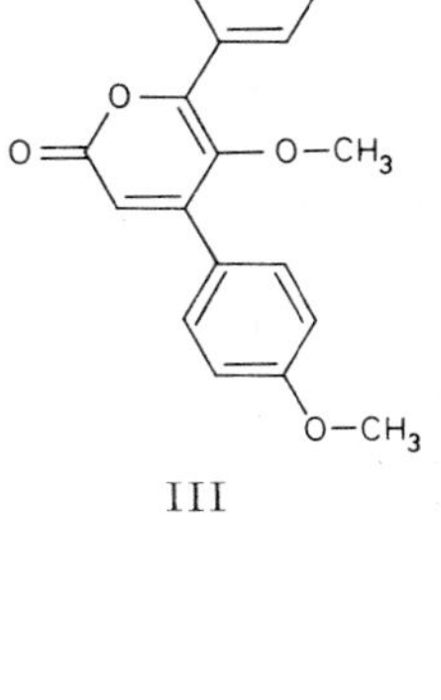   III

*Opt.-inakt. 5-Hydroxy-5,6-diphenyl-dihydro-pyran-2,3,4-trion-3,4-bis-phenylhydrazon, 4,5-Dihydroxy-4,5-diphenyl-2,3-bis-phenylhydrazono-valeriansäure-5-lacton $C_{29}H_{24}N_4O_2$. Formel II (R = C_6H_5).

B. Aus opt.-inakt. 5-Hydroxy-5,6-diphenyl-dihydro-pyran-2,3,4-trion (S. 2799) und Phenylhydrazin (*Dahn, Hauth,* Helv. **40** [1957] 2249, 2258).

Rote Krystalle (aus A.); F: 230–232° [korr.; Kofler-App.].

*Opt.-inakt. 5-Hydroxy-5,6-diphenyl-dihydro-pyran-2,3,4-trion-3,4-bis-[2,4-dinitro-phenylhydrazon], 2,3-Bis-[2,4-dinitro-phenylhydrazono]-4,5-dihydroxy-4,5-diphenyl-valeriansäure-5-lacton $C_{29}H_{20}N_8O_{11}$, Formel II (R = $C_6H_3(NO_2)_2$).

B. Aus opt.-inakt. 5-Hydroxy-5,6-diphenyl-dihydro-pyran-2,3,4-trion (S. 2799) und [2,4-Dinitro-phenyl]-hydrazin (*Dahn et al.,* Helv. **39** [1956] 1774, 1782).

Rote Krystalle (aus wss. A.); F: 222–224° [korr.; Kofler-App.].

5-Methoxy-4,6-bis-[4-methoxy-phenyl]-pyran-2-on, 5c-Hydroxy-4-methoxy-3,5t-bis-[4-methoxy-phenyl]-penta-2c,4-diensäure-lacton $C_{20}H_{18}O_5$, Formel III.

B. Beim Behandeln von [4-Methoxy-phenyl]-propiolsäure-äthylester mit 2-Methoxy-1-[4-methoxy-phenyl]-äthanon und Natriumäthylat in Äther (*El-Kholy et al.,* Soc. **1959** 2588, 2594).

Gelbe Krystalle (aus A.); F: 150°.

5-Methoxy-4,6-bis-[4-methoxy-phenyl]-pyran-2-thion $C_{20}H_{18}O_4S$, Formel IV.

B. Beim Erwärmen von 5-Methoxy-4,6-bis-[4-methoxy-phenyl]-pyran-2-on mit Phosphor(V)-sulfid in Benzol (*El-Kholy et al.,* Soc. **1959** 2588, 2594).

Rote Krystalle (aus Bzl. + PAe.); F: 183°.

IV   V   VI

[2,2'-Dimethoxy-benzhydryliden]-bernsteinsäure-anhydrid $C_{19}H_{16}O_5$, Formel V.

B. Beim Erwärmen von [2,2'-Dimethoxy-benzhydryliden]-bernsteinsäure mit Acetylchlorid (*Baddar et al.,* Soc. **1955** 1714, 1717).

Krystalle (aus Bzl. + PAe.); F: 140–141°.

[4,4'-Dimethoxy-benzhydryliden]-bernsteinsäure-anhydrid $C_{19}H_{16}O_5$, Formel VI.

B. Beim Erwärmen von [4,4'-Dimethoxy-benzhydryliden]-bernsteinsäure mit Acetylchlorid (*Johnson, Miller,* Am. Soc. **72** [1950] 511).

Gelbe Krystalle (aus $CHCl_3$); F: 210–211,5° [korr.; nach Erweichen bei 200°].

5-[3,4-Dimethoxy-phenyl]-3-[(Ξ)-4-methoxy-benzyliden]-3H-furan-2-on, 4t-[3,4-Dimethoxy-phenyl]-4c-hydroxy-2-[(Ξ)-4-methoxy-benzyliden]-but-3-ensäure-lacton $C_{20}H_{18}O_5$, Formel VII.

B. Beim Erwärmen des Natrium-Salzes der 4-[3,4-Dimethoxy-phenyl]-4-oxo-buttersäure mit 4-Methoxy-benzaldehyd und Acetanhydrid (*Ohmaki,* J. pharm. Soc. Japan **57** [1937] 975, 982; dtsch. Ref. **58** [1938] 4, 6; C. A. **1938** 2525; *Borsche et al.,* A. **554** [1943] 23, 37).

Gelbe Krystalle; F: 146,5–147° (*Bo. et al.*), 143° [aus Eg.] (*Oh.*).

5-[4-Methoxy-phenyl]-3-[($Ξ$)-vanillyliden]-3H-furan-2-on, 4c-Hydroxy-4t-[4-methoxy-phenyl]-2-[($Ξ$)-vanillyliden]-but-3-ensäure-lacton $C_{19}H_{16}O_5$, Formel VIII (R = CH_3, X = H).

B. Beim Erwärmen von 5-[4-Methoxy-phenyl]-3H-furan-2-on mit Vanillin und wenig Pyridin (*Shah, Phalnikar*, J. Univ. Bombay **13**, Tl. 3 A [1944] 22, 26).

Gelbe Krystalle (aus Eg.); F: 178°.

5-[4-Methoxy-phenyl]-3-[($Ξ$)-veratryliden]-3H-furan-2-on, 4c-Hydroxy-4t-[4-methoxy-phenyl]-2-[($Ξ$)-veratryliden]-but-3-ensäure-lacton $C_{20}H_{18}O_5$, Formel VIII (R = X = CH_3).

B. Beim Erwärmen des Natrium-Salzes der 4-[4-Methoxy-phenyl]-4-oxo-buttersäure mit Veratrumaldehyd und Acetanhydrid (*El-Assal, Shehab*, Soc. **1959** 1020, 1021, 1022).

Orangegelbe Krystalle (aus Eg.); F: 174—175°.

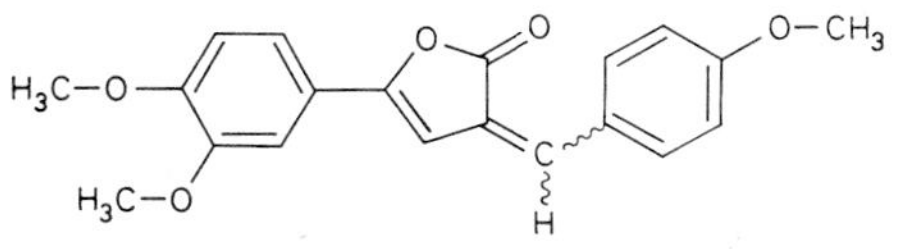

VII 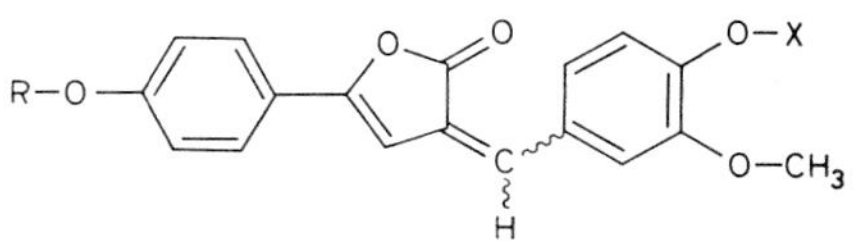　　　　　　　　　　　　VIII

5-[4-Äthoxy-phenyl]-3-[($Ξ$)-vanillyliden]-3H-furan-2-on, 4t-[4-Äthoxy-phenyl]-4c-hydroxy-2-[($Ξ$)-vanillyliden]-but-3-ensäure-lacton $C_{20}H_{18}O_5$, Formel VIII (R = C_2H_5, X = H).

B. Beim Erwärmen von 5-[4-Äthoxy-phenyl]-3H-furan-2-on mit Vanillin und wenig Pyridin (*Shah, Phalnikar*, J. Univ. Bombay **13**, Tl. 3 A [1944] 22, 26).

Krystalle (aus Eg.); F: 176°.

3-[($Ξ$)-4-Acetoxy-3-methoxy-benzyliden]-5-[4-methoxy-phenyl]-3H-furan-2-on, 2-[($Ξ$)-4-Acetoxy-3-methoxy-benzyliden]-4c-hydroxy-4t-[4-methoxy-phenyl]-but-3-ensäure-lacton $C_{21}H_{18}O_6$, Formel VIII (R = CH_3, X = CO-CH_3).

B. Beim Erwärmen des Natrium-Salzes der 4-[4-Methoxy-phenyl]-4-oxo-buttersäure mit Vanillin und Acetanhydrid (*Ohmaki*, J. pharm. Soc. Japan **57** [1937] 975, 981; dtsch. Ref. **58** [1938] 4, 5; C. A. **1938** 2525).

Gelbe Krystalle (aus Eg.); F: 195—196°.

3-Acetyl-4-[2-methoxy-[1]naphthyl]-3H-pyran-2,6-dion, 4-Acetyl-3-[2-methoxy-[1]naphthyl]-cis-pentendisäure-anhydrid $C_{18}H_{14}O_5$, Formel IX, und Tautomere.

Diese Konstitution kommt wahrscheinlich der nachstehend beschriebenen, von *Bhagwat, Bhave* (J. Univ. Bombay **17**, Tl. 5 A [1949] 61, 64) als [4-(3-Methoxy-[2]naphthyl)-6-oxo-5,6-dihydro-pyran-2-yliden]-essigsäure ($C_{18}H_{14}O_5$) angesehenen Verbindung zu (vgl. *Karmarkar*, J. scient. ind. Res. India **20** B [1961] 409; s. a. *Gogte*, Pr. Indian Acad. [A] **7** [1938] 214).

B. Beim Erwärmen von 3-[2-Methoxy-[1]naphthyl]-cis-pentendisäure (E III **10** 2349) mit Acetanhydrid und Natriumacetat (*Bh., Bh.*).

F: 173° (*Bh., Bh.*).

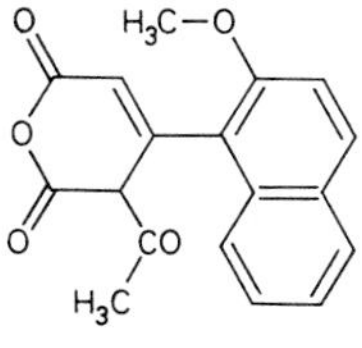

IX 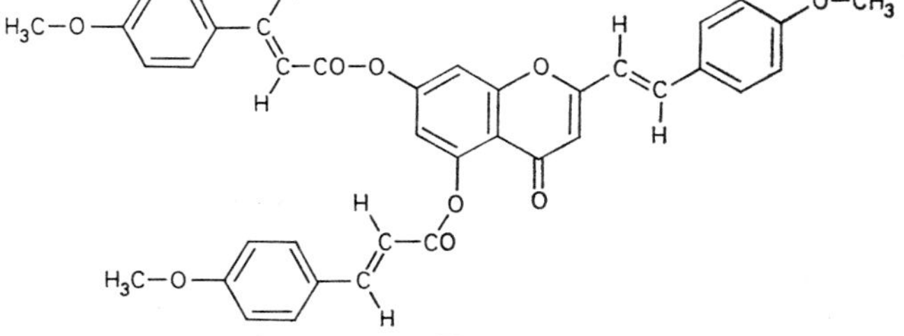　　　　　　　　　　　　　X

5,7-Bis-[4-methoxy-*trans*-cinnamoyloxy]-2-[4-methoxy-*trans*-styryl]-chromen-4-on
$C_{38}H_{30}O_9$, Formel X.
   Diese Formel kommt vermutlich der nachstehend beschriebenen Verbindung zu
(*Cheema et al.*, Soc. **1932** 925, 927).
   B. Beim Erhitzen von 1-[2,4,6-Trihydroxy-phenyl]-äthanon mit 4-Methoxy-*trans*-
zimtsäure-anhydrid und dem Natrium-Salz der 4-Methoxy-*trans*-zimtsäure (*Ch. et al.*).
   Gelbe Krystalle (aus Eg.); F: 240—241° [nach Sintern bei 230°].

7,8-Dimethoxy-2-[4-methoxy-*trans*(?)-styryl]-chromen-4-on $C_{20}H_{18}O_5$, vermutlich Formel XI.
   B. Beim Behandeln von 7,8-Dimethoxy-2-methyl-chromen-4-on mit 4-Methoxy-benz=
aldehyd und Natriumäthylat in Äthanol (*Cheema et al.*, Soc. **1932** 925, 932).
   Grüngelbe Krystalle (aus A. + wenig Eg.); F: 178°.

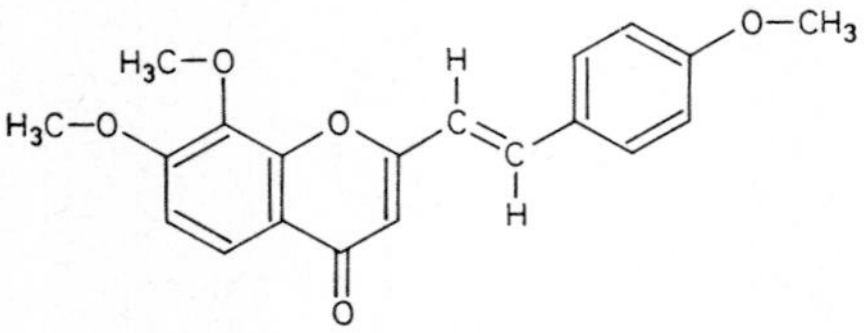

XI 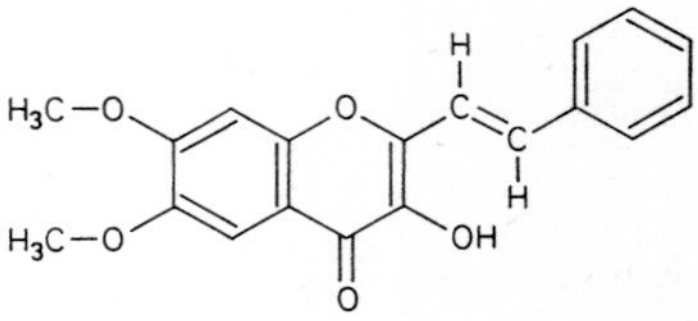   XII

3-Hydroxy-6,7-dimethoxy-2-*trans*-styryl-chromen-4-on $C_{19}H_{16}O_5$, Formel XII, und Tau-
tomeres (6,7-Dimethoxy-2-*trans*-styryl-chroman-3,4-dion).
   B. Beim Behandeln von 1-[2-Hydroxy-4,5-dimethoxy-phenyl]-5*t*-phenyl-penta-2*t*(?),4-
dien-1-on (F: 153°) mit äthanol. Kalilauge und anschliessenden Erwärmen mit wss.
Wasserstoffperoxid (*Marini-Bettòlo*, G. **72** [1942] 201, 207).
   Hellgelbe Krystalle (aus A.); F: 237°.

3-Hydroxy-7,8-dimethoxy-2-*trans*-styryl-chromen-4-on $C_{19}H_{16}O_5$, Formel I, und Tauto-
meres (7,8-Dimethoxy-2-*trans*-styryl-chroman-3,4-dion).
   B. Beim Behandeln von 1-[2-Hydroxy-3,4-dimethoxy-phenyl]-5*t*-phenyl-penta-2*t*(?),4-
dien-1-on (F: 141°) mit äthanol. Kalilauge und anschliessenden Erwärmen mit wss.
Wasserstoffperoxid (*Marini-Bettòlo*, G. **72** [1942] 201, 207).
   Gelbliche Krystalle (aus Eg.); F: 248°.

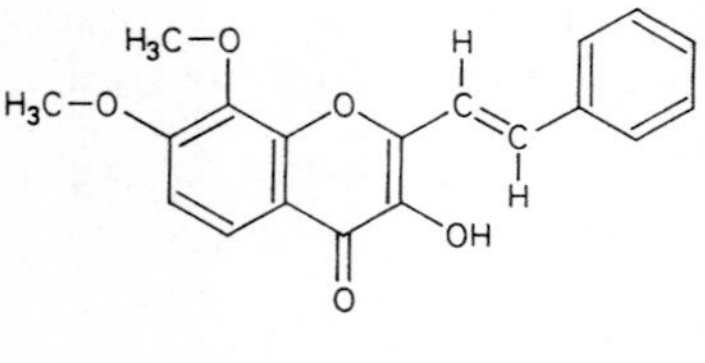

I 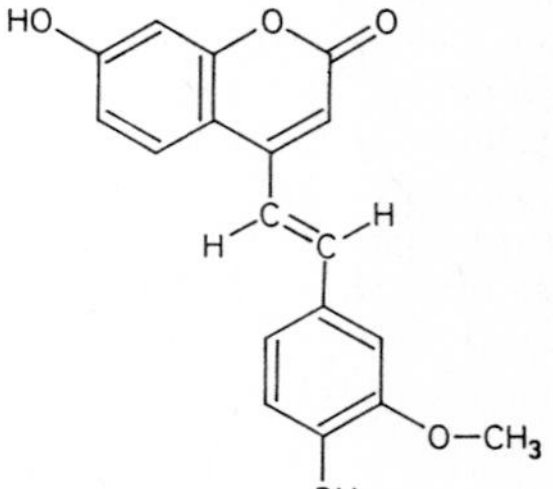   II

7-Hydroxy-4-[4-hydroxy-3-methoxy-*trans*(?)-styryl]-cumarin $C_{18}H_{14}O_5$, vermutlich
Formel II.
   B. Beim Erhitzen von [7-Hydroxy-2-oxo-2*H*-chromen-4-yl]-essigsäure mit Vanillin
und wenig Piperidin (*Ponniah*, *Seshadri*, Pr. Indian Acad. [A] **37** [1953] 534, 538).
   Gelbe Krystalle (aus Me.) mit 0,5 Mol H_2O; F: 218°.

6-Benzoyl-5,7-dihydroxy-4-methyl-cumarin $C_{17}H_{12}O_5$, Formel III, und **8-Benzoyl-5,7-di=hydroxy-4-methyl-cumarin** $C_{17}H_{12}O_5$, Formel IV.

Diese beiden Konstitutionsformeln kommen für die nachstehend beschriebene Verbindung in Betracht.

B. Beim Behandeln von 2,4,6-Trihydroxy-benzophenon mit Acetessigsäure-äthylester und 85%ig. wss. Schwefelsäure (*Desai, Mavani,* Pr. Indian Acad. [A] **25** [1947] 341, 344).

Krystalle (aus A.); F: 322°.

III   IV   V

6-Acetyl-7-hydroxy-2-[4-methoxy-phenyl]-chromen-4-on $C_{18}H_{14}O_5$, Formel V.

B. Neben kleineren Mengen 2,8-Bis-[4-methoxy-phenyl]-pyrano[3,2-*g*]chromen-4,6-dion beim Erhitzen von 1,5-Diacetyl-2,4-bis-[4-methoxy-benzoyloxy]-benzol mit Glycerin unter Stickstoff auf 250° (*Lynch et al.,* Soc. **1952** 2063, 2065).

Krystalle (aus A.) mit 0,5 H_2O; F: 238—241° [unkorr.] (*Ly. et al.*).

Die Identität eines von *Gulati, Venkataraman* (Soc. **1931** 2376, 2379) unter dieser Konstitution beschriebenen, beim Erhitzen von 4,6-Diacetyl-resorcin mit 4-Methoxy-benzoesäure-anhydrid und Natrium-[4-methoxy-benzoat] erhaltenen Präparats (Krystalle [aus wss. Eg.], F: 160—161°) ist ungewiss (*Ly. et al.,* l. c. S. 2063).

[7-Hydroxy-3-methoxy-4-oxo-2-phenyl-4*H*-chromen-8-yl]-acetaldehyd $C_{18}H_{14}O_5$, Formel VI, und Tautomeres (8-Hydroxy-3-methoxy-2-phenyl-8,9-dihydro-furo[2,3-*h*]chromen-4-on).

B. Bei der Behandlung einer Lösung von 8-Allyl-7-hydroxy-3-methoxy-2-phenyl-chromen-4-on in Ameisensäure mit Ozon und anschliessenden Hydrierung an Palladium/Kohle (*Aneja et al.,* Tetrahedron **2** [1958] 203, 208). Beim Behandeln einer Lösung von (±)-8-[2,3-Dihydroxy-propyl]-7-hydroxy-3-methoxy-2-phenyl-chromen-4-on in Äthanol mit wss. Perjodsäure (*An. et al.,* l. c. S. 209).

Charakterisierung als 2,4-Dinitro-phenylhydrazon (s. u.): *An. et al.*

VI   VII

8-[2-(2,4-Dinitro-phenylhydrazono)-äthyl]-7-hydroxy-3-methoxy-2-phenyl-chromen-4-on, [7-Hydroxy-3-methoxy-4-oxo-2-phenyl-4*H*-chromen-8-yl]-acetaldehyd-[2,4-di=nitro-phenylhydrazon] $C_{24}H_{18}N_4O_8$, Formel VII.

B. Aus [7-Hydroxy-3-methoxy-4-oxo-2-phenyl-4*H*-chromen-8-yl]-acetaldehyd und [2,4-Dinitro-phenyl]-hydrazin (*Aneja et al.,* Tetrahedron **2** [1958] 203, 208).

Gelbe Krystalle (aus $CHCl_3$ + A.); F: 220—221°.

6-Hydroxy-7-methoxy-2-methyl-4-oxo-3-phenyl-4H-chromen-5-carbaldehyd $C_{18}H_{14}O_5$, Formel VIII.

B. Beim Erwärmen von 6-Hydroxy-7-methoxy-2-methyl-3-phenyl-chromen-4-on mit Hexamethylentetramin und Essigsäure und anschliessend mit wss. Salzsäure (*Aghoramurthy et al.*, J. scient. ind. Res. India **15**B [1956] 11).

Gelbliche Krystalle (aus Eg.); F: 270—271°.

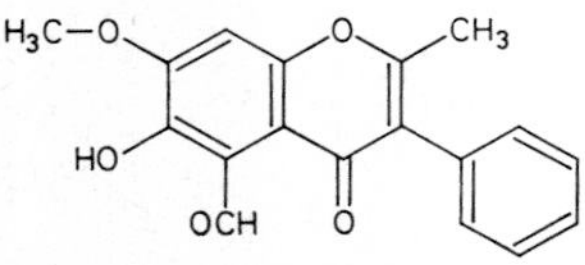

VIII 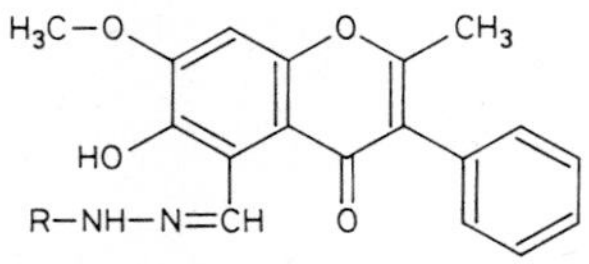   IX 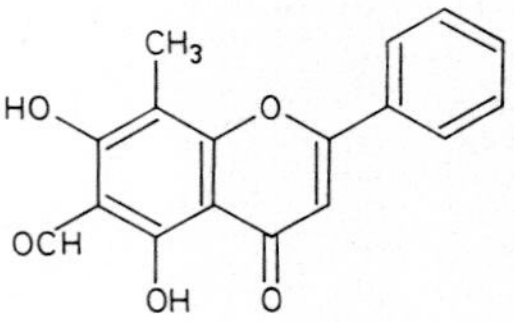   X

6-[(2,4-Dinitro-phenylhydrazono)-methyl]-6-hydroxy-7-methoxy-2-methyl-3-phenyl-chromen-4-on, 6-Hydroxy-7-methoxy-2-methyl-4-oxo-3-phenyl-4H-chromen-5-carbaldehyd-[2,4-dinitro-phenylhydrazon] $C_{24}H_{18}N_4O_8$, Formel IX (R = $C_6H_3(NO_2)_2$).

B. Aus 6-Hydroxy-7-methoxy-2-methyl-4-oxo-3-phenyl-4H-chromen-5-carbaldehyd und [2,4-Dinitro-phenyl]-hydrazin (*Aghoramurthy et al.*, J. scient. ind. Res. India **15**B [1956] 11).

Orangegelbe Krystalle (aus Eg.); F: 291—292°.

5,7-Dihydroxy-8-methyl-4-oxo-2-phenyl-4H-chromen-6-carbaldehyd $C_{17}H_{12}O_5$, Formel X.

B. Beim Erwärmen von 5,7-Dihydroxy-8-methyl-2-phenyl-chromen-4-on mit Hexamethylentetramin und Essigsäure und anschliessend mit wss. Salzsäure (*Murti et al.*, Pr. Indian Acad. [A] **46** [1957] 265, 267).

Gelbliche Krystalle (aus Eg. oder Bzl.); F: 255—256°.

5,7-Diacetoxy-6-diacetoxymethyl-8-methyl-2-phenyl-chromen-4-on $C_{25}H_{22}O_{10}$, Formel XI.

B. Beim Behandeln von 5,7-Dihydroxy-8-methyl-4-oxo-2-phenyl-4H-chromen-6-carbaldehyd mit Acetanhydrid und wenig Schwefelsäure (*Murti et al.*, Pr. Indian Acad. [A] **46** [1957] 265, 267).

Krystalle (aus Acn.); F: 236—237° [Zers.].

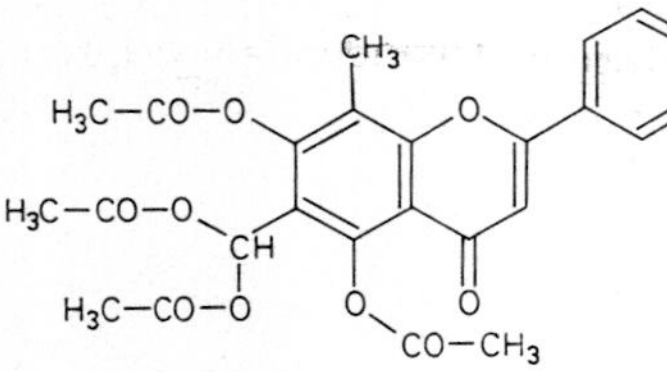

XI 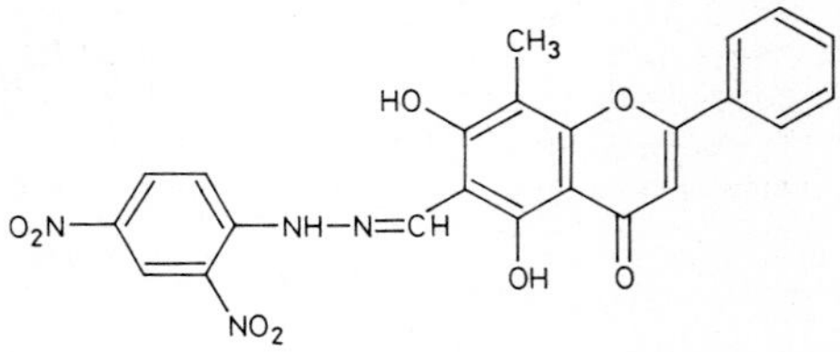   XII

6-[(2,4-Dinitro-phenylhydrazono)-methyl]-5,7-dihydroxy-8-methyl-2-phenyl-chromen-4-on, 5,7-Dihydroxy-8-methyl-4-oxo-2-phenyl-4H-chromen-6-carbaldehyd-[2,4-dinitro-phenylhydrazon] $C_{23}H_{16}N_4O_8$, Formel XII.

B. Aus 5,7-Dihydroxy-8-methyl-4-oxo-2-phenyl-4H-chromen-6-carbaldehyd und [2,4-Dinitro-phenyl]-hydrazin (*Murti et al.*, Pr. Indian Acad. [A] **46** [1957] 265, 267).

Orangerote Krystalle; F: 330° [Zers.].

5-trans(?)-Cinnamoyl-6-hydroxy-4,7-dimethoxy-benzofuran, 1-[6-Hydroxy-4,7-dimethoxy-benzofuran-5-yl]-3t(?)-phenyl-propenon $C_{19}H_{16}O_5$, vermutlich Formel XIII (R = H).

B. Beim Behandeln von 1-[6-Hydroxy-4,7-dimethoxy-benzofuran-5-yl]-äthanon mit Benzaldehyd und wss.-äthanol. Natronlauge (*Schönberg et al.*, Am. Soc. **75** [1953] 4992, 4995; s. a. *Musante*, G. **88** [1958] 910, 926).

Orangefarbene Krystalle (aus A.); F: 129° (*Mu.*), 128° [unkorr.] (*Sch. et al.*).

O—CH₃ ... R—O ... (Formel XIII structure) ... O—CH₃

XIII

X—O ... (Formel XIV structure) ... CO—CH₂—CO ... O—R

XIV

5-*trans*(?)-Cinnamoyl-4,6,7-trimethoxy-benzofuran, 3*t*(?)-Phenyl-1-[4,6,7-trimethoxy-benzofuran-5-yl]-propenon C$_{20}$H$_{18}$O$_5$, vermutlich Formel XIII (R = CH$_3$).

B. Beim Erwärmen von 1-[4,6,7-Trimethoxy-benzofuran-5-yl]-äthanon mit Benz=
aldehyd und wss.-äthanol. Kalilauge (*Musante*, G. **88** [1958] 910, 927).

Gelbliche Krystalle (aus A.); F: 82—84°.

1-[6-Hydroxy-4-methoxy-benzofuran-5-yl]-3-phenyl-propan-1,3-dion C$_{18}$H$_{14}$O$_5$,
Formel XIV (R = CH$_3$, X = H), und Tautomere.

B. Beim Behandeln von 5-Acetyl-6-benzoyloxy-4-methoxy-benzofuran mit Kalium=
hydroxid und Pyridin (*Pavanaram, Row*, Austral. J. Chem. **9** [1956] 132, 135).

Krystalle (aus Bzl. + Bzn.); F: 109—111° [unkorr.].

1-[4-Hydroxy-6-methoxy-benzofuran-5-yl]-3-phenyl-propan-1,3-dion C$_{18}$H$_{14}$O$_5$,
Formel XIV (R = H, X = CH$_3$), und Tautomere.

B. Beim Behandeln von 5-Acetyl-4-benzoyloxy-6-methoxy-benzofuran mit Kalium=
hydroxid und Pyridin (*Pavanaram, Row*, Austral. J. Chem. **9** [1956] 132, 135).

Hellgelbe Krystalle (aus Bzl. + Bzn.); F: 130—131° [unkorr.].

Hydroxy-oxo-Verbindungen C$_{18}$H$_{14}$O$_5$

3-Benzyl-6-[2,4-dihydroxy-phenyl]-pyran-2,4-dion C$_{18}$H$_{14}$O$_5$, Formel I, und Tautomere
(z. B. 3-Benzyl-6-[2,4-dihydroxy-phenyl]-4-hydroxy-pyran-2-on).

B. Neben grösseren Mengen 6-Acetyl-3-benzyl-4,7-dihydroxy-cumarin (?; S. 2806)
beim Erhitzen von 1-[2,4-Dihydroxy-phenyl]-äthanon mit Benzylmalonsäure-bis-[2,4-di=
chlor-phenylester] auf 250° (*Ziegler, Junek*, M. **89** [1958] 323, 329).

Krystalle (aus Chlorbenzol); F: 253—255°.

(Formel I structure) ... CH₂ ... HO ... OH

I

(Formel II structure) ... CH₂ ... R—O ... O—R ... R—O

II

4-Acetoxy-3-benzyl-6-[2,4-diacetoxy-phenyl]-pyran-2-on C$_{24}$H$_{20}$O$_8$, Formel II
(R = CO-CH$_3$).

B. Aus der im vorangehenden Artikel beschriebenen Verbindung mit Hilfe von Acet=
anhydrid und Natriumacetat (*Ziegler, Junek*, M. **89** [1958] 323, 329).

Krystalle (aus A. oder aus Bzl. + Cyclohexan); F: 162—163°.

2,5-Bis-[(Ξ)-3-methoxy-4-oxo-cyclohexa-2,5-dienyliden]-3,4-dimethyl-2,5-dihydro-furan
C$_{20}$H$_{18}$O$_5$, Formel III.

Diese Konstitution kommt wahrscheinlich dem nachstehend beschriebenen **Guajakblau**
zu (*Kratochvil et al.*, Phytochemistry **10** [1971] 2529).

B. Beim Behandeln einer Lösung von α-Guajakonsäure (2,5-Bis-[4-hydroxy-3-methoxy-
phenyl]-3,4-dimethyl-furan [E III/IV **17** 2715]) in Chloroform mit Blei(IV)-oxid (*Richter*,
Ar. **244** [1906] 90, 114).

Blaues Pulver (*Ri.*). Absorptionsmaximum: 580 nm [Bzl.] bzw. 585 nm [CHCl$_3$]
(*Kr. et al.*).

4-Hydroxy-3-[3-(2-hydroxy-phenyl)-3-oxo-propyl]-cumarin $C_{18}H_{14}O_5$, Formel IV (R = X = H), und Tautomere (z. B. 3-[3-(2-Hydroxy-phenyl)-3-oxo-propyl]-chroman-2,4-dion).

B. Beim Erhitzen von 3-Dimethylaminomethyl-4-hydroxy-cumarin ($\rightleftharpoons$ 3-Dimethyl= aminomethyl-chroman-2,4-dion) mit 1-[2-Hydroxy-phenyl]-äthanon auf 160° (*Spofa N.P.*, U.S.P. 2789986 [1954]). Beim Erwärmen von Bis-[4-hydroxy-2-oxo-2*H*-chromen-3-yl]-methan mit wss.-methanol. Natronlauge (*Grüssner*, Festschrift E. Barell [Basel 1946] S. 238, 249).

Krystalle; F: 196—198° [korr.; Kofler-App.; aus Eg.] (*Gr.*), 193—195° [aus Eg. + Acn.] (*Spofa N.P.*).

[4-Nitro-phenylhydrazon] $C_{24}H_{19}N_3O_6$. Krystalle (aus Dioxan), F: 248° (*Gr.*).

4-Acetoxy-3-(3-(2-acetoxy-phenyl)-3-oxo-propyl]-cumarin $C_{22}H_{18}O_7$, Formel IV (R = X = CO-CH_3).

B. Beim Erwärmen von 4-Hydroxy-3-[3-(2-hydroxy-phenyl)-3-oxo-propyl]-cumarin mit Acetanhydrid (*Grüssner*, Festschrift E. Barell [Basel 1946] S. 238, 249).

Krystalle (aus A.); F: 152° [korr.; Kofler-App.].

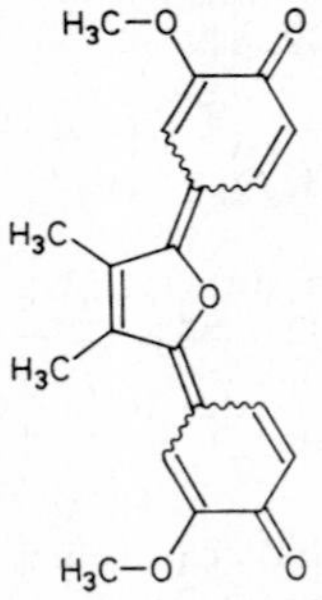

III 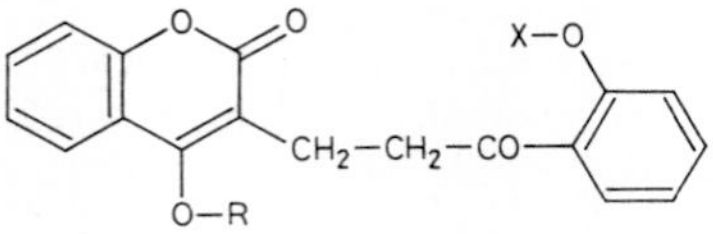   IV 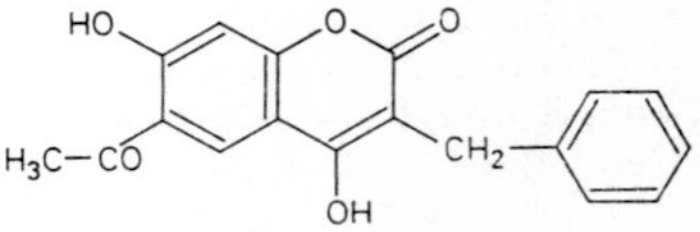   V

4-[4-Nitro-benzoyloxy]-3-{3-[2-(4-nitro-benzoyloxy)-phenyl]-3-oxo-propyl}-cumarin $C_{32}H_{20}N_2O_{11}$, Formel IV (R = X = CO-C_6H_4-NO_2).

B. Beim Erwärmen von 4-Hydroxy-3-[3-(2-hydroxy-phenyl)-3-oxo-propyl]-cumarin mit 4-Nitro-benzoylchlorid und Pyridin (*Grüssner*, Festschrift E. Barell [Basel 1946] S. 238, 249).

Krystalle (aus Eg.); F: 92°.

4-[2-Diäthylamino-äthoxy]-3-[3-(2-hydroxy-phenyl)-3-oxo-propyl]-cumarin $C_{24}H_{27}NO_5$, Formel IV (R = CH_2-CH_2-N(C_2H_5)_2, X = H).

B. Beim Erwärmen der Kalium-Verbindung des 4-Hydroxy-3-[3-(2-hydroxy-phenyl)-3-oxo-propyl]-cumarins mit Diäthyl-[2-chlor-äthyl]-amin in Benzol (*Grüssner*, Festschrift E. Barell [Basel 1946] S. 238, 251).

Krystalle (aus Ae. + PAe.); F: 65—67°.

Hydrochlorid. Krystalle (aus A.); F: 135° [korr.; Kofler-App.].

6-Acetyl-3-benzyl-4,7-dihydroxy-cumarin $C_{18}H_{14}O_5$, Formel V, und Tautomere (z. B. 6-Acetyl-3-benzyl-7-hydroxy-chroman-2,4-dion).

Diese Konstitution wird für die nachstehend beschriebene Verbindung in Betracht gezogen (*Ziegler, Junek*, M. **89** [1958] 323, 326).

B. Neben 3-Benzyl-6-[2,4-dihydroxy-phenyl]-4-hydroxy-pyran-2-on (S. 2805) beim Er-hitzen von 1-[2,4-Dihydroxy-phenyl]-äthanon mit Benzylmalonsäure-bis-[2,4-dichlor-phenylester] auf 250° (*Zi., Ju.*, l. c. S. 329).

Krystalle (aus Amylacetat oder Eg.); F: 250—251°.

Di-*O*-acetyl-Derivat $C_{22}H_{18}O_7$. Krystalle (aus Bzl. + Cyclohexan); F: 159—160°.

8-Allyl-7-hydroxy-3-methoxy-2-[4-methoxy-phenyl]-chromen-4-on C$_{20}$H$_{18}$O$_5$, Formel VI.

B. Beim Erhitzen von 7-Allyloxy-3-methoxy-2-[4-methoxy-phenyl]-chromen-4-on unter vermindertem Druck auf 200° (*Chibber et al.*, Pr. Indian Acad. [A] **46** [1957] 19, 21, 22).

Krystalle (aus Acn.); F: 238—239°.

─────────

8-Acetyl-7-hydroxy-3-[4-hydroxy-phenyl]-4-methyl-cumarin C$_{18}$H$_{14}$O$_5$, Formel VII (R = H).

B. Beim Erwärmen von 8-Acetyl-7-hydroxy-3-[4-methoxy-phenyl]-4-methyl-cumarin mit Aluminiumbromid in Benzol (*Searle & Co.*, U.S.P. 2857401 [1956]).

Krystalle (aus A.); F: 227—229°.

VI   VII

8-Acetyl-7-hydroxy-3-[4-methoxy-phenyl]-4-methyl-cumarin C$_{19}$H$_{16}$O$_5$, Formel VII (R = CH$_3$).

B. Beim Behandeln von 2-[4-Methoxy-phenyl]-acetoacetonitril mit 1-[2,6-Dihydroxy-phenyl]-äthanon und konz. Schwefelsäure und Erhitzen des mit wss. Schwefelsäure versetzten Reaktionsgemisches (*Searle & Co.*, U.S.P. 2857401 [1956]).

Krystalle (aus E.); F: 190—191°.

─────────

***Opt.-inakt. 2-Äthoxy-4-[3,4-dimethoxy-phenyl]-3,4-dihydro-2H-indeno[1,2-b]pyran-5-on** C$_{22}$H$_{22}$O$_5$, Formel VIII.

B. Beim Erhitzen von 2-Veratryliden-indan-1,3-dion mit Äthyl-vinyl-äther und wenig Hydrochinon auf 150° (*Emerson et al.*, Am. Soc. **75** [1953] 1312).

Krystalle; F: 122—124°.

Oxim C$_{22}$H$_{23}$NO$_5$. Grüngelbe Krystalle (aus wss. A.); F: 185—186°.

─────────

(±)-5′,8′-Dimethoxy-3′,4′-dihydro-spiro[isochroman-3,2′-naphthalin]-1,1′-dion, (±)-2-[2-Hydroxy-5,8-dimethoxy-1-oxo-1,2,3,4-tetrahydro-[2]naphthylmethyl]-benzoe-säure-lacton C$_{20}$H$_{18}$O$_5$, Formel IX.

B. Beim Behandeln von 2-[5,8-Dimethoxy-1-oxo-3,4-dihydro-1H-[2]naphthyliden-methyl]-benzoesäure (F: 166—167°) mit konz. Schwefelsäure (*Pandit, Kulkarni*, Curr. Sci. **27** [1958] 254).

Krystalle (aus Bzl.); F: 156—157°.

VIII   IX   X

(±)-5′,8′-Dimethoxy-3′,4′-dihydro-spiro[isochroman-3,2′-naphthalin]-1,1′-dion-1′-[2,4-dinitro-phenylhydrazon] $C_{26}H_{22}N_4O_8$, Formel X.

B. Aus (±)-5′,8′-Dimethoxy-3′,4′-dihydro-spiro[isochroman-3,2′-naphthalin]-1,1′-dion und [2,4-Dinitro-phenyl]-hydrazin (*Pandit, Kulkarni,* Curr. Sci. **27** [1958] 254).

Krystalle (aus Eg.); F: 235—236°.

Hydroxy-oxo-Verbindungen $C_{19}H_{16}O_5$

(±)-4-Hydroxy-7-methoxy-3-[3-oxo-1-phenyl-butyl]-cumarin $C_{20}H_{18}O_5$, Formel I (X = H), und Tautomere (z. B. (±)-7-Methoxy-3-[3-oxo-1-phenyl-butyl]-chroman-2,4-dion).

B. Beim Erhitzen von 4-Hydroxy-7-methoxy-cumarin mit 4*t*-Phenyl-but-3-en-2-on in Pyridin (*Farbenfabr. Bayer,* D.B.P. 1011435 [1955]).

Krystalle; F: 146—148°.

I   II

(±)-3-[1-(4-Chlor-phenyl)-3-oxo-butyl]-4-hydroxy-7-methoxy-cumarin $C_{20}H_{17}ClO_5$, Formel I (X = Cl), und Tautomere (z. B. (±)-3-[1-(4-Chlor-phenyl)-3-oxo-butyl]-7-methoxy-chroman-2,4-dion).

B. Beim Erhitzen von 4-Hydroxy-7-methoxy-cumarin mit 4*ξ*-[4-Chlor-phenyl]-but-3-en-2-on (nicht charakterisiert) in Pyridin (*Farbenfabr. Bayer,* D.B.P. 1011435 [1955]).

Krystalle; F: 162—163°.

(±)-4-Hydroxy-3-[1-(4-methoxy-phenyl)-3-oxo-butyl]-cumarin $C_{20}H_{18}O_5$, Formel II (X = H), und Tautomere (z. B. (±)-3-[1-(4-Methoxy-phenyl)-3-oxo-butyl]-chroman-2,4-dion).

B. Beim Erhitzen von 4-Hydroxy-cumarin (E III/IV **17** 6153) mit 4*t*-[4-Methoxy-phenyl]-but-3-en-2-on in Pyridin (*Ikawa et al.,* Am. Soc. **66** [1944] 902, 905). Beim Erhitzen von 4-Hydroxy-2-oxo-2*H*-chromen-3-carbonsäure-äthylester mit 4*t*-[4-Methoxy-phenyl]-but-3-en-2-on und wenig Triäthylamin in Wasser (*Penick & Co.,* U.S.P. 2752360 [1953]).

Krystalle (aus A.); F: 160° (*Ik. et al.*).

(±)-6-Chlor-4-hydroxy-3-[1-(4-methoxy-phenyl)-3-oxo-butyl]-cumarin $C_{20}H_{17}ClO_5$, Formel II (X = Cl), und Tautomere (z. B. (±)-6-Chlor-3-[1-(4-methoxy-phenyl)-3-oxo-butyl]-chroman-2,4-dion).

B. Beim Erhitzen von 6-Chlor-4-hydroxy-cumarin (E III/IV **17** 6156) mit 4*t*-[4-Methoxy-phenyl]-but-3-en-2-on in Pyridin (*Farbenfabr. Bayer,* D.B.P. 1011435 [1955]).

Krystalle; F: 193—195°.

(±)-7-Chlor-4-hydroxy-3-[1-(4-methoxy-phenyl)-3-oxo-butyl]-cumarin $C_{20}H_{17}ClO_5$, Formel III, und Tautomere (z. B. (±)-7-Chlor-3-[1-(4-methoxy-phenyl)-3-oxo-butyl]-chroman-2,4-dion).

B. Beim Erhitzen von 7-Chlor-4-hydroxy-cumarin (E III/IV **17** 6157) mit 4*t*-[4-Methoxy-phenyl]-but-3-en-2-on in Pyridin (*Farbenfabr. Bayer,* D.B.P. 1011435 [1955]).

Krystalle (aus wss. Eg.); F: 166—168°.

8-Acetyl-4-äthyl-7-hydroxy-3-[4-hydroxy-phenyl]-cumarin $C_{19}H_{16}O_5$, Formel IV (R = H).

B. Beim Erwärmen von 8-Acetyl-4-äthyl-7-hydroxy-3-[4-methoxy-phenyl]-cumarin

mit Aluminiumbromid in Benzol (*Searle & Co.*, U.S.P. 2857401 [1956]).
Krystalle (aus A.); F: 225—228°.

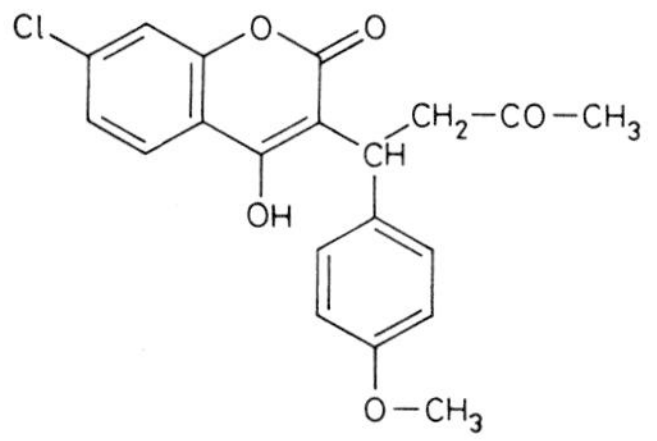

III

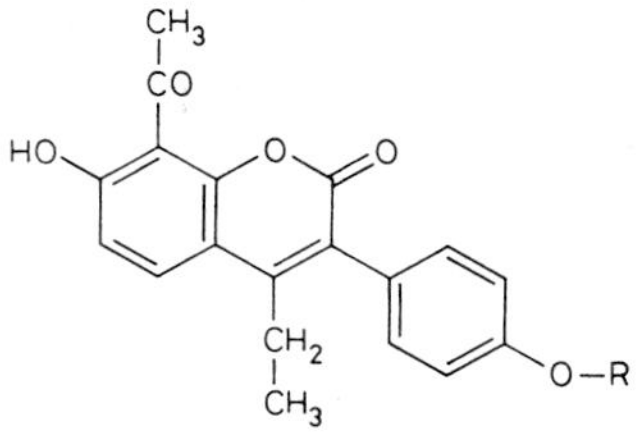

IV

8-Acetyl-4-äthyl-7-hydroxy-3-[4-methoxy-phenyl]-cumarin C$_{20}$H$_{18}$O$_5$, Formel IV
(R = CH$_3$).

B. Beim Behandeln von 2-[4-Methoxy-phenyl]-3-oxo-valeronitril mit 1-[2,6-Dihydroxy-phenyl]-äthanon und konz. Schwefelsäure und Erhitzen des mit Wasser versetzten Reak-tionsgemisches (*Searle & Co.*, U.S.P. 2857401 [1956]).
Gelbe Krystalle (aus A.); F: 144—146°.

Hydroxy-oxo-Verbindungen C$_{20}$H$_{18}$O$_5$

(±)-4-Hydroxy-3-[1-(4-methoxy-phenyl)-3-oxo-butyl]-6-methyl-cumarin C$_{21}$H$_{20}$O$_5$,
Formel V, und Tautomere (z. B. (±)-3-[1-(4-Methoxy-phenyl)-3-oxo-butyl]-
6-methyl-chroman-2,4-dion).

B. Beim Erhitzen von 4-Hydroxy-6-methyl-cumarin (E III/IV **17** 6176) mit 4*t*-[4-Meth=
oxy-phenyl]-but-3-en-2-on in Pyridin (*Farbenfabr. Bayer*, D.B.P. 1011435 [1955]).
Krystalle; F: 168—170°.

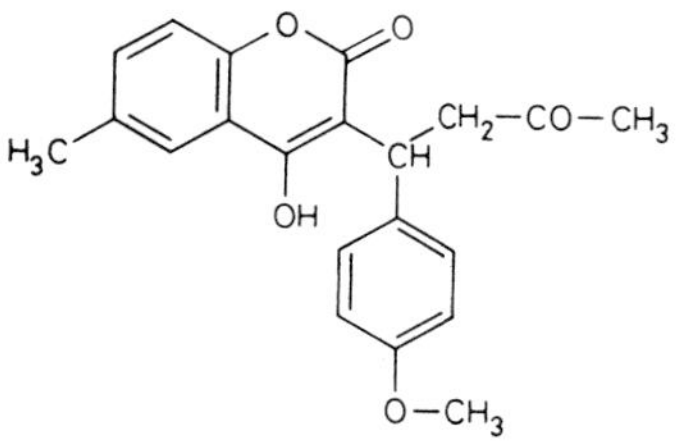

V

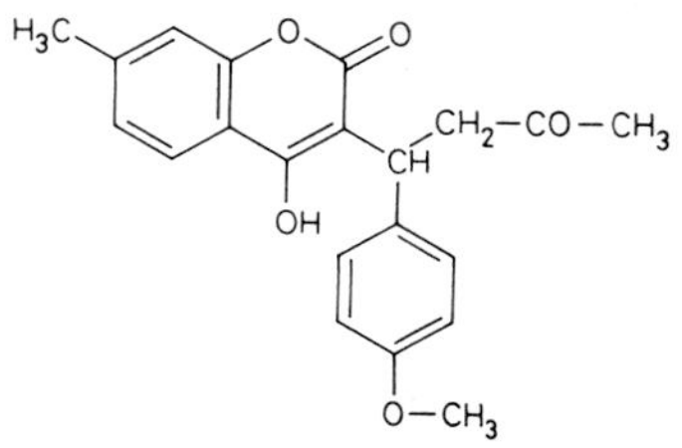

VI

(±)-4-Hydroxy-3-[1-(4-methoxy-phenyl)-3-oxo-butyl]-7-methyl-cumarin C$_{21}$H$_{20}$O$_5$,
Formel VI, und Tautomere (z. B. (±)-3-[1-(4-Methoxy-phenyl)-3-oxo-butyl]-
7-methyl-chroman-2,4-dion).

B. Beim Erhitzen von 4-Hydroxy-7-methyl-cumarin (E III/IV **17** 6177) mit 4*t*-[4-Meth=
oxy-phenyl]-but-3-en-2-on in Pyridin (*Farbenfabr. Bayer*, D.B.P. 1011435 [1955]).
Krystalle; F: 175—176°.

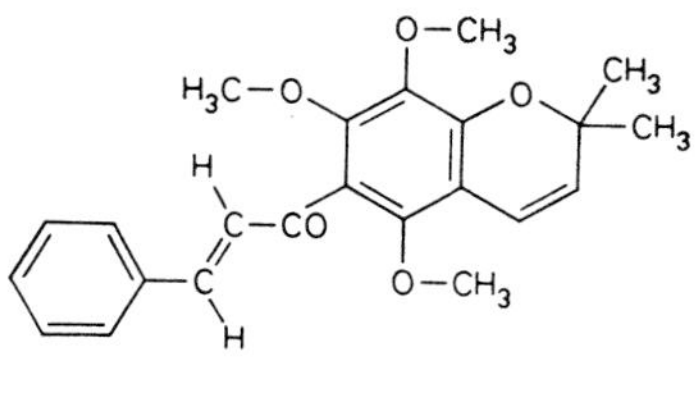

VII

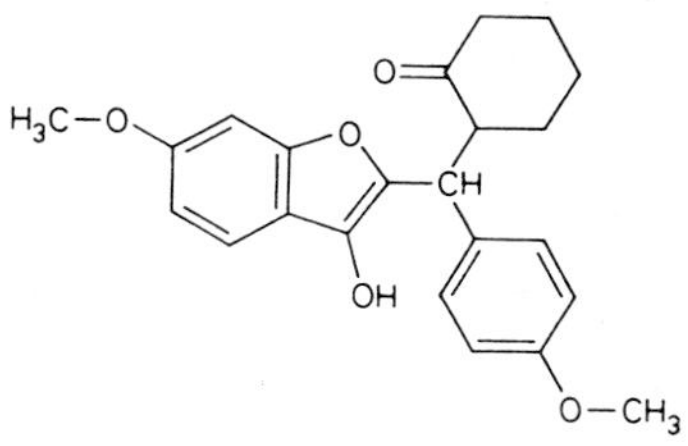

VIII

6-*trans*(?)-Cinnamoyl-5,7,8-trimethoxy-2,2-dimethyl-2*H*-chromen, 3*t*(?)-Phenyl-1-[5,7,8-trimethoxy-2,2-dimethyl-2*H*-chromen-6-yl]-propenon $C_{23}H_{24}O_5$, vermutlich Formel VII.

B. Beim Behandeln von Evodion (S. 2414) mit Benzaldehyd und wss.-äthanol. Natronlauge (*Jones, Wright*, Univ. Queensland Pap. Dep. Chem. **1** Nr. 27 [1946] 1, 4).

Gelbliche Krystalle (aus A.); F: 133° [unkorr.] (*Jo., Wr.*). UV-Spektrum (A.; 240 nm bis 340 nm): *Wright*, Soc. **1948** 2005, 2006.

Hydroxy-oxo-Verbindungen $C_{21}H_{20}O_5$

*Opt.-inakt. 2-[(3-Hydroxy-6-methoxy-benzofuran-2-yl)-(4-methoxy-phenyl)-methyl]-cyclohexanon** $C_{23}H_{24}O_5$, Formel VIII, und Tautomere (z. B. opt.-inakt. 6-Methoxy-2-[(4-methoxy-phenyl)-(2-oxo-cyclohexyl)-methyl]-benzofuran-3-on).

B. Beim Erwärmen von 6-Methoxy-2-[(*Ξ*)-4-methoxy-benzyliden]-benzofuran-3-on (S. 1824) mit Cyclohexanon, Äthanol und wss. Natronlauge (*Panse et al.*, J. Univ. Bombay **10**, Tl. 3A [1941] 83).

Krystalle (aus A.) mit 0,5 Mol H_2O; F: 182° [Zers.].

Hydroxy-oxo-Verbindungen $C_{24}H_{26}O_5$

1-[5-Hydroxy-7-methoxy-2,2-dimethyl-8-(3-methyl-but-2-enyl)-2*H*-chromen-6-yl]-2-[4-methoxy-phenyl]-äthanon $C_{26}H_{30}O_5$, Formel IX (R = H).

B. Beim Erwärmen von Di-*O*-methyl-osajin (5-Methoxy-3-[4-methoxy-phenyl]-8,8-dimethyl-6-[3-methyl-but-2-enyl]-8*H*-pyrano[2,3-*f*]chromen-4-on) mit wss.-äthanol. Natronlauge (*Wolfrom et al.*, Am. Soc. **63** [1941] 1248, 1252).

Gelbe Krystalle (aus wss. A.); F: 65—65,5°.

1-[5,7-Dimethoxy-2,2-dimethyl-8-(3-methyl-but-2-enyl)-2*H*-chromen-6-yl]-2-[4-methoxy-phenyl]-äthanon, Tri-*O*-methyl-osajetin $C_{27}H_{32}O_5$, Formel IX (R = CH₃).

B. Beim Erwärmen einer Lösung der im vorangehenden Artikel beschriebenen Verbindung in Aceton mit Dimethylsulfat und wss. Kalilauge (*Wolfrom, Moffett*, Am. Soc. **64** [1942] 311, 312).

Krystalle (aus Me. oder PAe.); F: 75,5—76°.

IX   X

Hydroxy-oxo-Verbindungen $C_{25}H_{28}O_5$

5,7-Dihydroxy-8-isopentyl-6-isovaleryl-4-phenyl-cumarin $C_{25}H_{28}O_5$, Formel X.

B. Bei der Hydrierung von Mammeisin (S. 2820) an Palladium/Kohle in Äthanol (*Finnegan et al.*, J. org. Chem. **26** [1961] 1180, 1182; s. a. *Finnegan, Djerassi*, Tetrahedron Letters **1959** Nr. 13, S. 11, 13).

Gelbe Krystalle (aus A.); F: 99—103° [Kofler-App.] (*Fi. et al.*).

Hydroxy-oxo-Verbindungen $C_{30}H_{38}O_5$

3β,14-Dihydroxy-21-[(*Ξ*)-4-methoxy-benzyliden]-5β,14β-card-20(22)-enolid $C_{31}H_{40}O_5$, Formel XI (R = H).

B. Beim Erwärmen von Digitoxigenin (3β,14-Dihydroxy-5β,14β-card-20(22)-enolid) mit

4-Methoxy-benzaldehyd, Methanol und wenig Piperidin (*Frèrejacque*, C. r. **234** [1952] 2639).

Gelbliche Krystalle (aus A.); F: 250—252°. [α]$_D^{20}$: +11,8° [CHCl$_3$].

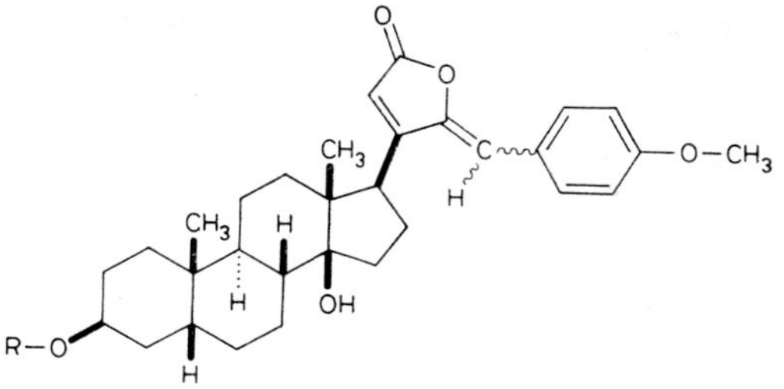

XI

3β-Acetoxy-14-hydroxy-21-[(Ξ)-4-methoxy-benzyliden]-5β,14β-card-20(22)-enolid C$_{33}$H$_{42}$O$_6$, Formel XI (R = CO-CH$_3$).

B. Beim Behandeln der im vorangehenden Artikel beschriebenen Verbindung mit Acetanhydrid und Pyridin (*Frèrejacque*, C. r. **234** [1952] 2639).

Krystalle (aus A.); F: 237°. [α]$_D^{20}$: +27,5° [CHCl$_3$].

Hydroxy-oxo-Verbindungen C$_n$H$_{2n-24}$O$_5$

Hydroxy-oxo-Verbindungen C$_{16}$H$_8$O$_5$

1,3-Dimethoxy-indeno[1,2-c]chromen-6,11-dion, 2-[2-Hydroxy-4,6-dimethoxy-phenyl]-1-oxo-inden-3-carbonsäure-lacton C$_{18}$H$_{12}$O$_5$, Formel I.

B. Beim Erwärmen von 5,7-Dimethoxy-2-oxo-3-phenyl-2H-chromen-4-carbonsäure mit Phosphorylchlorid (*Borsche, Wannagat*, A. **569** [1950] 81, 88).

Rote Krystalle (aus E.); F: 252°.

3,4-Dihydroxy-indeno[1,2-c]chromen-6,11-dion, 1-Oxo-2-[2,3,4-trihydroxy-phenyl]-inden-3-carbonsäure-2-lacton C$_{16}$H$_8$O$_5$, Formel II (R = H).

B. Beim Erwärmen von 7,8-Dihydroxy-2-oxo-3-phenyl-2H-chromen-4-carbonsäure mit Phosphorylchlorid (*Borsche, Wannagat*, A. **569** [1950] 81, 88).

Dunkle Krystalle (aus Eg.) mit 1 Mol Essigsäure; F: 303°.

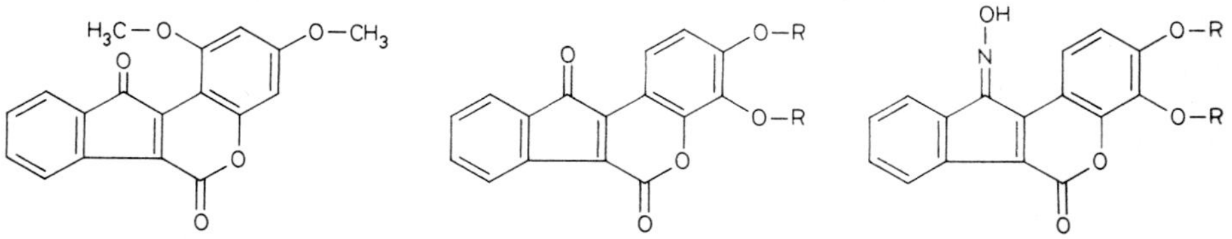

I   II   III

3,4-Dimethoxy-indeno[1,2-c]chromen-6,11-dion, 2-[2-Hydroxy-3,4-dimethoxy-phenyl]-1-oxo-inden-3-carbonsäure-lacton C$_{18}$H$_{12}$O$_5$, Formel II (R = CH$_3$).

B. Beim Erwärmen von 7,8-Dimethoxy-2-oxo-3-phenyl-2H-chromen-4-carbonsäure mit Phosphorylchlorid (*Borsche, Wannagat*, A. **569** [1950] 81, 88).

Blaurote Krystalle (aus E.); F: 264°.

3,4-Dihydroxy-indeno[1,2-c]chromen-6,11-dion-11-oxim, 1-Hydroxyimino-2-[2,3,4-trihydroxy-phenyl]-inden-3-carbonsäure-2-lacton C$_{16}$H$_9$NO$_5$, Formel III (R = H).

B. Beim Erwärmen von 3,4-Dihydroxy-indeno[1,2-c]chromen-6,11-dion mit Hydroxylamin-hydrochlorid und Pyridin (*Borsche, Wannagat*, A. **569** [1950] 81, 88).

Rote Krystalle mit ca. 1 Mol Pyridin; F: 288—290°.

3,4-Dimethoxy-indeno[1,2-c]chromen-6,11-dion-11-oxim, 2-[2-Hydroxy-3,4-dimethoxy-phenyl]-1-hydroxyimino-inden-3-carbonsäure-lacton $C_{18}H_{13}NO_5$, Formel III (R = CH_3).

B. Aus 3,4-Dimethoxy-indeno[1,2-c]chromen-6,11-dion und Hydroxylamin (*Borsche, Wannagat*, A. **569** [1950] 81, 88).

Orangerote Krystalle (aus Me.); F: 280°.

3,4-Dihydroxy-indeno[2,1-c]chromen-6,7-dion, 1-Oxo-3-[2,3,4-trihydroxy-phenyl]-inden-2-carbonsäure-2-lacton $C_{16}H_8O_5$, Formel IV.

Diese Konstitution wird für die nachstehend beschriebene Verbindung in Betracht gezogen (*Borsche, Wannagat*, A. **569** [1950] 81, 95).

B. In einem Falle beim Erwärmen von 7,8-Dihydroxy-2-oxo-4-phenyl-2H-chromen-3-carbonsäure-äthylester mit konz. Schwefelsäure (*Bo., Wa.*).

Braune Krystalle (aus Eg.) mit 1 Mol Essigsäure; F: 312°.

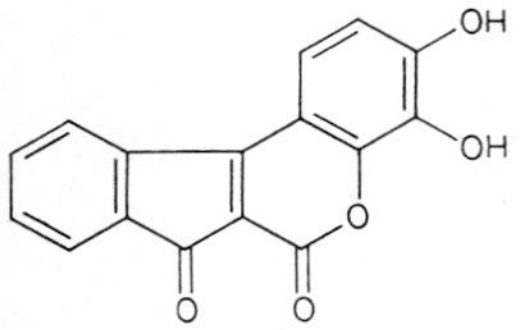

IV 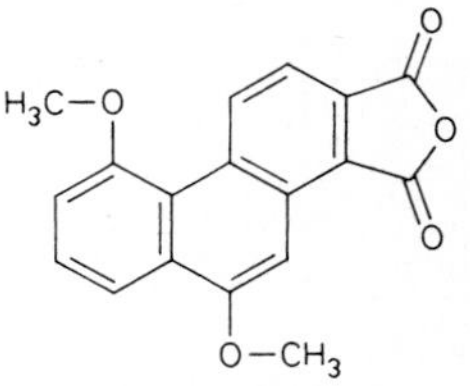   V

5,9-Dimethoxy-phenanthro[1,2-c]furan-1,3-dion, 5,9-Dimethoxy-phenanthren-1,2-dicarbonsäure-anhydrid $C_{18}H_{12}O_5$, Formel V.

B. Beim Erhitzen von 5,9-Dimethoxy-3,4-dihydro-phenanthren-1,2-dicarbonsäure-anhydrid mit Schwefel bis auf 300° (*Fieser, Hershberg*, Am. Soc. **58** [1936] 2382, 2385).

Gelbe Krystalle (aus Dioxan); F: 289—290° [korr.].

7,9-Dihydroxy-benzo[b]naphtho[2,3-d]thiophen-6,11-chinon $C_{16}H_8O_4S$, Formel VI, und
8,10-Dihydroxy-benzo[b]naphtho[2,3-d]thiophen-6,11-chinon $C_{16}H_8O_4S$, Formel VII.

Diese Konstitutionsformeln kommen für die nachstehend beschriebene Verbindung in Betracht.

B. Beim Behandeln von 7,8(oder 9),10-Trihydroxy-benzo[b]naphtho[2,3-d]thiophen-6,11-chinon (F: 241—242°) mit wss. Ammoniak und Natriumdithionit (*Mayer*, A. **488** [1931] 259, 283).

Hellrote Krystalle (nach Sublimation); F: 292—293°.

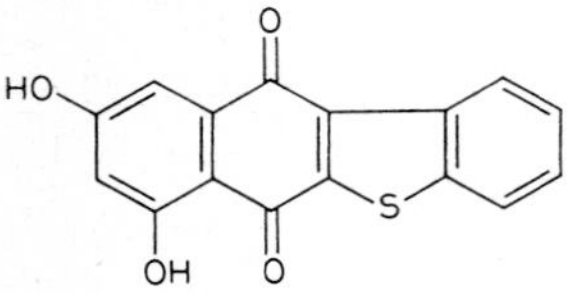

VI 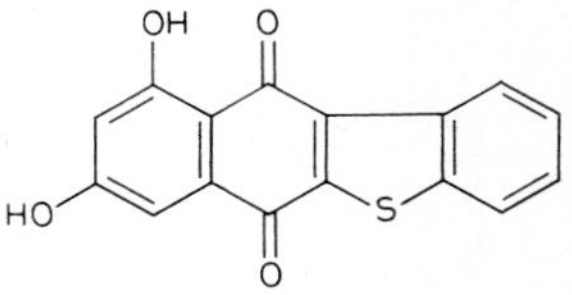   VII

7,10-Dihydroxy-benzo[b]naphtho[2,3-d]thiophen-6,11-chinon $C_{16}H_8O_4S$, Formel VIII (R = H), und Tautomeres (6,11-Dihydroxy-benzo[b]naphtho[2,3-d]thiophen-7,10-chinon).

B. Beim Erhitzen von Benzo[b]thiophen-2,3-dicarbonsäure-anhydrid mit Hydrochinon, Aluminiumchlorid und Natriumchlorid auf 190° (*Mayer*, A. **488** [1931] 259, 282; *Peters, Walker*, Soc. **1956** 1429, 1433).

Rote Krystalle (nach Sublimation unter vermindertem Druck), F: 257—258° (*Pe., Wa.*); Krystalle (nach Sublimation), F: 253—254° (*Ma.*).

7,10-Diacetoxy-benzo[*b*]naphtho[2,3-*d*]thiophen-6,11-chinon $C_{20}H_{12}O_6S$, Formel VIII (R = CO-CH$_3$).

B. Beim Erhitzen von 7,10-Dihydroxy-benzo[*b*]naphtho[2,3-*d*]thiophen-6,11-chinon mit Acetanhydrid und wenig Schwefelsäure (*Mayer*, A. **488** [1931] 259, 282; *Peters, Walker*, Soc. **1956** 1429, 1433).

Gelbe Krystalle; F: 241—242° [aus Eg.] (*Pe., Wa.*), 236—237° (*Ma.*).

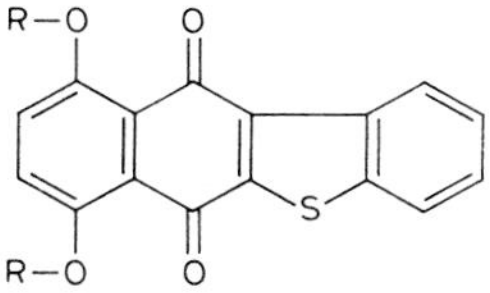

VIII 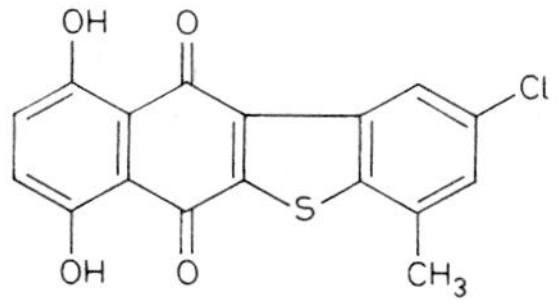　　　　　　　　　　　　　　　　　　IX

Hydroxy-oxo-Verbindungen $C_{17}H_{10}O_5$

2-Chlor-7,10-dihydroxy-4-methyl-benzo[*b*]naphtho[2,3-*d*]thiophen-6,11-chinon $C_{17}H_9ClO_4S$, Formel IX, und Tautomeres (2-Chlor-6,11-dihydroxy-4-methyl-benzo[*b*]naphtho[2,3-*d*]thiophen-7,10-chinon).

B. Beim Erhitzen von 5-Chlor-7-methyl-benzo[*b*]thiophen-2,3-dicarbonsäure-anhydrid mit Hydrochinon, Aluminiumchlorid und Natriumchlorid (*Mayer*, A. **488** [1931] 259, 283).

Rote Krystalle (aus Py.); F: 291—292°.

Hydroxy-oxo-Verbindungen $C_{18}H_{12}O_5$

3-Benzoyl-4-[4-methoxy-phenyl]-3*H*-pyran-2,6-dion, 4-Benzoyl-3-[4-methoxy-phenyl]-*cis*-pentendisäure-anhydrid $C_{19}H_{14}O_5$, Formel I (X = H), und Tautomere (z. B. 5-Benzoyl-6-hydroxy-4-[4-methoxy-phenyl]-pyran-2-on).

B. Beim Behandeln einer Lösung von 3-[4-Methoxy-phenyl]-*cis*-pentendisäure-anhydrid in Pyridin mit Benzoylchlorid (*Gogte*, J. Univ. Bombay **9**, Tl. 3 [1940] 127, 133).

Gelbe Krystalle (aus Me.); F: 119° [Zers.].

3-[4-Brom-benzoyl]-4-[4-methoxy-phenyl]-3*H*-pyran-2,6-dion, 4-[4-Brom-benzoyl]-3-[4-methoxy-phenyl]-*cis*-pentendisäure-anhydrid $C_{19}H_{13}BrO_5$, Formel I (X = Br), und Tautomere (z. B. 5-[4-Brom-benzoyl]-6-hydroxy-4-[4-methoxy-phenyl]-pyran-2-on).

B. Beim Behandeln einer Lösung von 3-[4-Methoxy-phenyl]-*cis*-pentendisäure-anhydrid in Pyridin mit 4-Brom-benzoylchlorid (*Gogte*, J. Univ. Bombay **9**, Tl. 3 [1940] 127, 137).

Gelbe Krystalle (aus Me.); F: 145° [Zers.].

2,5-Dibenzoyl-selenophen-3,4-diol $C_{18}H_{12}O_4Se$, Formel II (R = X = H), und Tautomere.

B. Beim Erhitzen von 1,6-Diphenyl-hexan-1,3,4,6-tetraon mit Selendioxid in Dioxan (*Balenović et al.*, J. org. Chem. **19** [1954] 1556, 1559).

Orangefarbene Krystalle (aus Acn.); F: 165° [unkorr.]. Bei 140—160°/0,02 Torr sublimierbar.

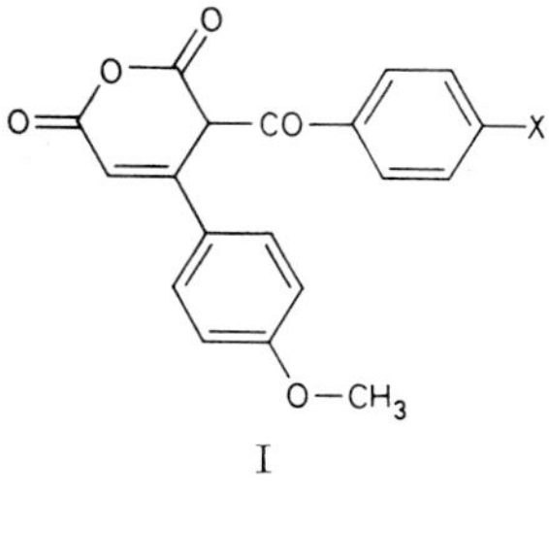

I 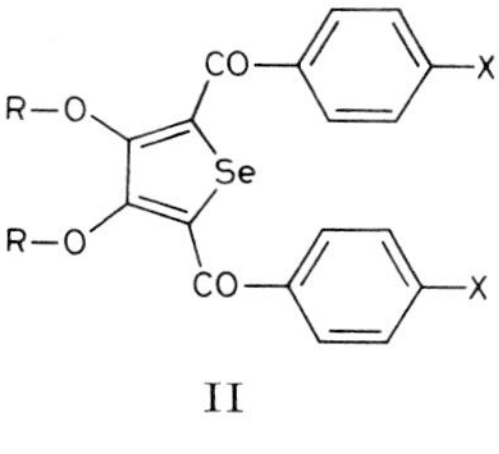　　　　　　　　　　II 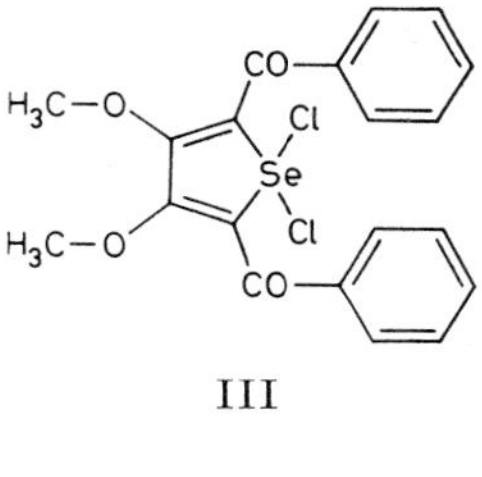　　　　　　　　　　III

2,5-Dibenzoyl-3,4-dimethoxy-selenophen $C_{20}H_{16}O_4Se$, Formel II (R = CH_3, X = H).
 B. Beim Behandeln von 2,5-Dibenzoyl-selenophen-3,4-diol mit Diazomethan in Äther (*Balenović et al.*, J. org. Chem. **19** [1954] 1556, 1559).
 Gelbe Krystalle (aus Bzl. + PAe.); F: 87°.

2,5-Dibenzoyl-1,1-dichlor-3,4-dimethoxy-1λ^4-selenophen, 2,5-Dibenzoyl-3,4-dimethoxy-selenophen-1,1-dichlorid $C_{20}H_{16}Cl_2O_4Se$, Formel III.
 B. Beim Behandeln einer Lösung von 2,5-Dibenzoyl-3,4-dimethoxy-selenophen in Tetrachlormethan mit Chlor (*Balenović et al.*, J. org. Chem. **19** [1954] 1556, 1560).
 Gelbe Krystalle; F: 69° [Zers.].

3,4-Diacetoxy-2,5-dibenzoyl-selenophen $C_{22}H_{16}O_6Se$, Formel II (R = $CO-CH_3$, X = H).
 B. Beim Erwärmen von 2,5-Dibenzoyl-selenophen-3,4-diol mit Acetanhydrid und wenig Schwefelsäure (*Balenović et al.*, J. org. Chem. **19** [1954] 1556, 1560).
 Krystalle (aus wss. Acn.); F: 135° [unkorr.].

2,5-Bis-[α-(2,4-dinitro-phenylhydrazono)-benzyl]-3,4-dimethoxy-selenophen
$C_{32}H_{24}N_8O_{10}Se$, Formel IV (R = CH_3).
 B. Aus 2,5-Dibenzoyl-3,4-dimethoxy-selenophen und [2,4-Dinitro-phenyl]-hydrazin (*Balenović et al.*, J. org. Chem. **19** [1954] 1556, 1559).
 Rote Krystalle (aus Dioxan); F: 262° [unkorr.].

3,4-Diacetoxy-2,5-bis-[α-(2,4-dinitro-phenylhydrazono)-benzyl]-selenophen
$C_{34}H_{24}N_8O_{12}Se$, Formel IV (R = $CO-CH_3$).
 B. Aus 3,4-Diacetoxy-2,5-dibenzoyl-selenophen und [2,4-Dinitro-phenyl]-hydrazin (*Balenović et al.*, J. org. Chem. **19** [1954] 1556, 1560).
 Rote Krystalle (aus Dioxan); F: 253° [unkorr.].

2,5-Bis-[4-chlor-benzoyl]-selenophen-3,4-diol $C_{18}H_{10}Cl_2O_4Se$, Formel II (R = H, X = Cl).
 B. Beim Erhitzen von 1,6-Bis-[4-chlor-phenyl]-hexan-1,3,4,6-tetraon mit Selendioxid in Dioxan (*Balenović et al.*, J. org. Chem. **19** [1954] 1556, 1558).
 Orangefarbene Krystalle (aus Bzl. + PAe.); F: 160—161° [unkorr.].

Bis-[(E?)-2-methoxy-benzyliden]-bernsteinsäure-anhydrid $C_{20}H_{16}O_5$, vermutlich Formel V (R = OCH_3, X = H).
 Bezüglich der Konfigurationszuordnung vgl. *Cohen et al.*, Soc. [B] **1970** 1035.
 B. Beim Erwärmen von Bis-[(E?)-2-methoxy-benzyliden]-bernsteinsäure (F: 259—260° [Zers.]) mit Acetylchlorid (*Baddar et al.*, Soc. **1948** 1270).
 Orangegelbe Krystalle (aus Bzl.); F: 195,5—196,5° [unkorr.; Zers.] (*Ba. et al.*).

Bis-[(E)-4-methoxy-benzyliden]-bernsteinsäure-anhydrid $C_{20}H_{16}O_5$, Formel V
(R = H, X = OCH_3) (H 198).
 Konfigurationszuordnung: *Cohen et al.*, Soc. [B] **1970** 1035.
 Orangegelbe Krystalle (aus Bzl. + PAe.), F: 179—180° [unkorr.] (*Baddar et al.*, Soc. **1948** 1270); gelbe Krystalle (aus Bzl.); F: 164—165° (*Co. et al.*).
 Beim Erhitzen auf 210° sowie bei der Bestrahlung einer Lösung in Chloroform oder Benzol in Gegenwart von Jod mit Sonnenlicht ist 6-Methoxy-4-[4-methoxy-phenyl]-naphtho[2,3-c]furan-1,3-dion erhalten worden (*Ba. et al.*).

(±)-3-[2-Hydroxy-[1]naphthyl]-6,7-dimethoxy-phthalid $C_{20}H_{16}O_5$, Formel VI (R = H).
 B. Beim Behandeln von Opiansäure (6-Formyl-2,3-dimethoxy-benzoesäure) mit [2]Naphthol in Essigsäure unter Zusatz von konz. Schwefelsäure oder unter Einleiten von Chlorwasserstoff (*Széki*, Acta Univ. Szeged **2** [1932] 1, 19, 20).
 Krystalle (aus A.); F: 210°.

(±)-6,7-Dimethoxy-3-[2-methoxy-[1]naphthyl]-phthalid $C_{21}H_{18}O_5$, Formel VI (R = CH_3).
 B. Beim Erwärmen von (±)-3-[2-Hydroxy-[1]naphthyl]-6,7-dimethoxy-phthalid mit

Dimethylsulfat und wss. Natronlauge (*Széki*, Acta Univ. Szeged **2** [1932] 1, 21).
   Krystalle (aus A.); F: 145°.

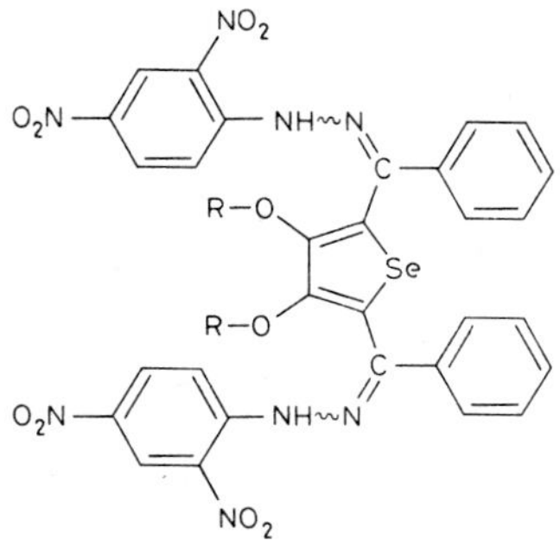

IV 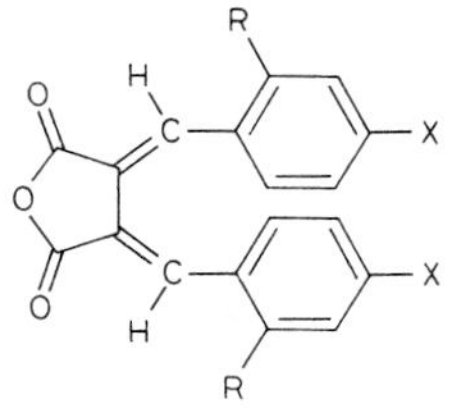   V 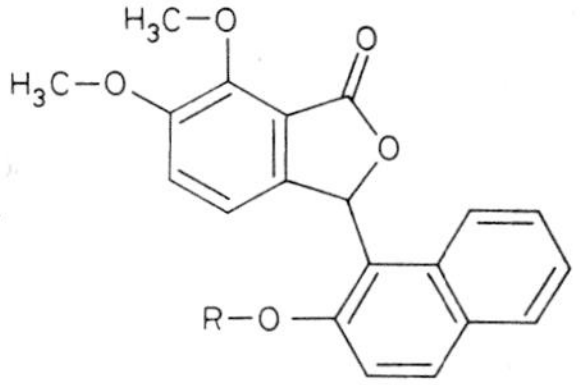   VI

(±)-3-[2-Acetoxy-[1]naphthyl]-6,7-dimethoxy-phthalid $C_{22}H_{18}O_6$, Formel VI
(R = CO-CH$_3$).
   B. Aus (±)-3-[2-Hydroxy-[1]naphthyl]-6,7-dimethoxy-phthalid (*Széki*, Acta Univ.
Szeged **2** [1932] 1, 20).
   Krystalle (aus A.); F: 134°.

(±)-3-[4-Hydroxy-[1?]naphthyl]-6,7-dimethoxy-phthalid $C_{20}H_{16}O_5$, vermutlich
Formel VII (R = H).
   B. Beim Behandeln von Opiansäure (6-Formyl-2,3-dimethoxy-benzoesäure) mit
[1]Naphthol in Essigsäure unter Zusatz von konz. Schwefelsäure oder unter Einleiten
von Chlorwasserstoff (*Széki*, Acta Univ. Szeged **2** [1932] 1, 22).
   Krystalle (aus A.); F: 245°.

(±)-6,7-Dimethoxy-3-[4-methoxy-[1?]naphthyl]-phthalid $C_{21}H_{18}O_5$, vermutlich
Formel VII (R = CH$_3$).
   B. Beim Erwärmen von (±)-3-[4-Hydroxy-[1?]naphthyl]-6,7-dimethoxy-phthalid
(s. o.) mit Dimethylsulfat und wss. Natronlauge (*Széki*, Acta Univ. Szeged **2** [1932] 1, 22).
   Gelbe Krystalle (aus A.); F: 192°.

(±)-3-[4-Acetoxy-[1?]naphthyl]-6,7-dimethoxy-phthalid $C_{22}H_{18}O_6$, vermutlich
Formel VII (R = CO-CH$_3$).
   B. Aus (±)-3-[4-Hydroxy-[1?]naphthyl]-6,7-dimethoxy-phthalid [s. o.] (*Széki*, Acta
Univ. Szeged **2** [1932] 1, 22).
   Krystalle (aus A.); F: 187°.

4,10,12-Trihydroxy-7-methyl-dibenzo[c,h]chromen-6-on $C_{18}H_{12}O_5$, Formel VIII (R = H).
   Konstitutionszuordnung: *Simonitsch et al.*, Helv. **43** [1960] 58, 62.
   B. Beim Erwärmen von 6,10-Dihydroxy-1-methyl-benzo[h]chromeno[5,4,3-cde]=
chromen-5,12-dion mit wss.-methanol. Natronlauge (*Sternbach et al.*, Am. Soc. **80** [1958]
1639, 1645).
   Gelbe Krystalle (aus Py. + PAe. oder aus Diäthylformamid + Ae.), die unterhalb
330° nicht schmelzen (*St. et al.*).
   Beim Behandeln einer Lösung in Dimethylformamid mit Diazomethan in Äther ist
ein O-Methyl-Derivat ($C_{19}H_{14}O_5$; gelbe Krystalle [aus Acn. + PAe.], F: 263—266°
[korr.]) erhalten worden (*St. et al.*).

**4,10,12-Triacetoxy-7-methyl-dibenzo[c,h]chromen-6-on, 3-Acetoxy-2-[4,8-diacetoxy-
1-hydroxy-[2]naphthyl]-6-methyl-benzoesäure-lacton** $C_{24}H_{18}O_8$, Formel VIII
(R = CO-CH$_3$).
   B. Beim Behandeln einer Lösung von 4,10,12-Trihydroxy-7-methyl-dibenzo[c,h]=
chromen-6-on (s. o.) in Pyridin mit Acetanhydrid (*Sternbach et al.*, Am. Soc. **80** [1958]

1639, 1645).

Krystalle; F: $282-283°$ (*Simonitsch et al.*, Helv. **47** [1964] 1459, 1466), $280-281°$ [korr.; aus $CH_2Cl_2 +$ Ae.] (*St. et al.*).

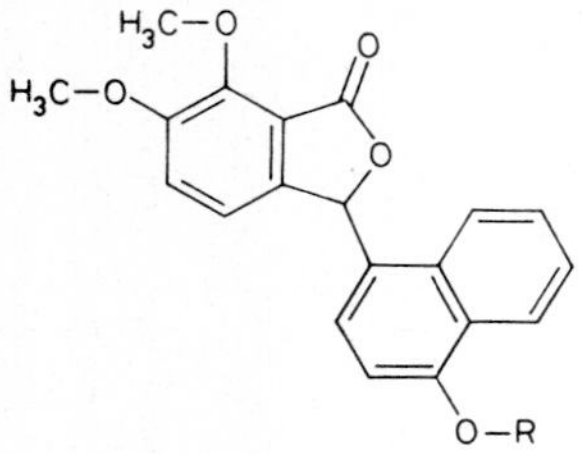

VII 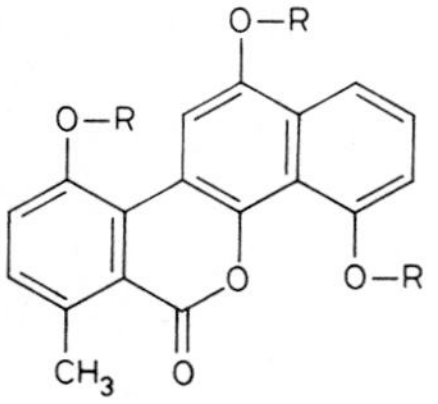   VIII 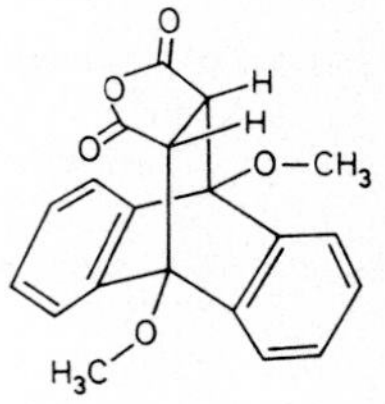   IX

4,10,12-Tris-methansulfonyloxy-7-methyl-dibenzo[*c,h*]chromen-6-on, 2-[1-Hydroxy-4,8-bis-methansulfonyloxy-[2]naphthyl]-3-methansulfonyloxy-6-methyl-benzoesäure-lacton $C_{21}H_{18}O_{11}S_3$, Formel VIII (R = SO_2-CH_3).

B. Beim Behandeln einer Lösung von 4,10,12-Trihydroxy-7-methyl-dibenzo[*c,h*]=chromen-6-on (S. 2815) in Pyridin mit Methansulfonylchlorid (*Sternbach et al.*, Am. Soc. **80** [1958] 1639, 1645).

Krystalle (aus Dimethylformamid + Ae.); F: $279-280°$ [korr.].

9,10-Dimethoxy-9,10,11,12-tetrahydro-9,10-furo[3,4]ätheno-anthracen-13,15-dion, 9,10-Dimethoxy-9,10-dihydro-9,10-äthano-anthracen-11*r*,12*c*-dicarbonsäure-anhydrid $C_{20}H_{16}O_5$, Formel IX.

B. Beim Erhitzen von 9,10-Dimethoxy-anthracen mit Maleinsäure-anhydrid in 1,2-Di=chlor-benzol (*Barnett et al.*, Soc. **1934** 1224, 1225).

Krystalle (aus Anisol); F: $259°$.

Hydroxy-oxo-Verbindungen $C_{19}H_{14}O_5$

3-Benzoyl-4-[2-methoxy-5-methyl-phenyl]-3*H*-pyran-2,6-dion, 4-Benzoyl-3-[2-methoxy-5-methyl-phenyl]-*cis*-pentendisäure-anhydrid $C_{20}H_{16}O_5$, Formel I, und Tautomere (z. B. 5-Benzoyl-6-hydroxy-4-[2-methoxy-5-methyl-phenyl]-pyran-2-on).

B. Beim Behandeln einer Lösung von 3-[2-Methoxy-5-methyl-phenyl]-*cis*-pentendi=säure-anhydrid in Pyridin mit Benzoylchlorid (*Gogte*, J. Univ. Bombay **9**, Tl. 3 [1940] 127, 135, 136).

Gelbe Krystalle (aus A.); F: $158°$ [Zers.].

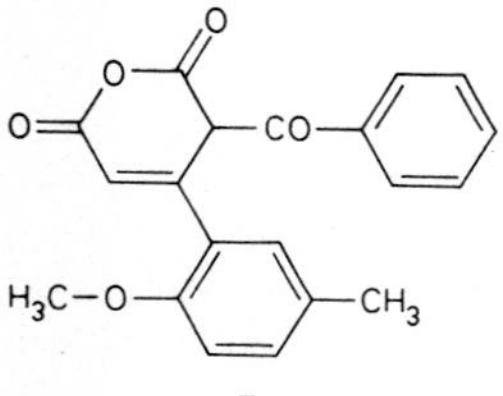

I 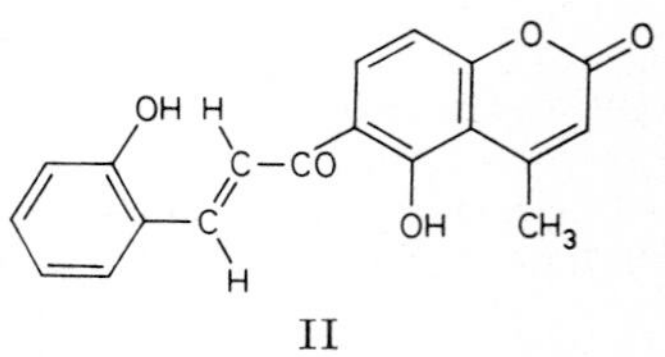   II

5-Hydroxy-6-[2-hydroxy-*trans*(?)-cinnamoyl]-4-methyl-cumarin $C_{19}H_{14}O_5$, vermutlich Formel II.

B. Beim Behandeln von 6-Acetyl-5-hydroxy-4-methyl-cumarin mit Salicylaldehyd und wss.-äthanol. Kalilauge (*Shah*, J. Univ. Bombay **11**, Tl. 3 A [1942] 109, 112).

Krystalle (aus A.); F: $233°$ [Zers.].

5-Hydroxy-6-[4-methoxy-*trans*(?)-cinnamoyl]-4-methyl-cumarin $C_{20}H_{16}O_5$, vermutlich Formel III.

B. Beim Behandeln von 6-Acetyl-5-hydroxy-4-methyl-cumarin mit 4-Methoxy-benz=

aldehyd und wss.-äthanol. Kalilauge (*Shah*, J. Univ. Bombay **11**, Tl. 3 A [1942] 109, 112).

Rotgelbe Krystalle (aus Eg.); F: 243°.

5-Hydroxy-4-methyl-6-[3-oxo-3-phenyl-propionyl]-cumarin $C_{19}H_{14}O_5$, Formel IV (X = H), und Tautomere.

B. Beim Erhitzen von 6-Acetyl-5-benzoyloxy-4-methyl-cumarin mit der Natrium-Verbindung des Acetessigsäure-äthylesters in Pyridin und Eintragen des Reaktions-gemisches in wss. Salzsäure (*Bernfeld, Wheeler*, Soc. **1949** 1915, 1917).

Gelbe Krystalle (aus Dioxan); F: 240°.

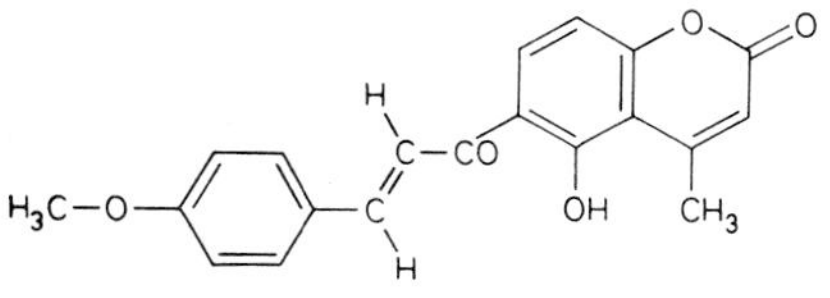

III 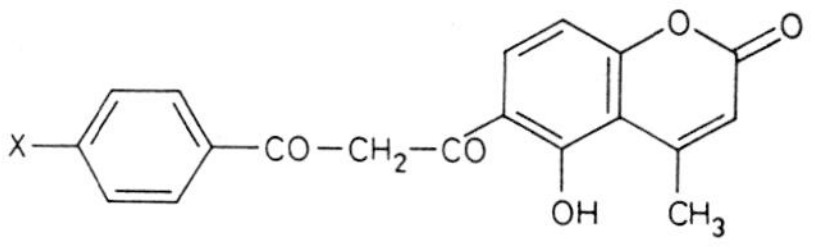   IV

5-Hydroxy-4-methyl-6-[3-(4-nitro-phenyl)-3-oxo-propionyl]-cumarin $C_{19}H_{13}NO_7$, Formel IV (X = NO_2), und Tautomere.

B. Aus 6-Acetyl-4-methyl-5-[4-nitro-benzoyloxy]-cumarin analog der im vorangehen-den Artikel beschriebenen Verbindung (*Bernfeld, Wheeler*, Soc. **1949** 1915, 1917).

Gelbe Krystalle (aus Nitrobenzol); F: 300° [Zers.].

3-Acetyl-5-hydroxy-6-phenylacetyl-cumarin $C_{19}H_{14}O_5$, Formel V.

B. Beim Behandeln von 2,6-Dihydroxy-3-phenylacetyl-benzaldehyd mit Acetessig-säure-äthylester und wenig Piperidin (*Shah, Shah*, Soc. **1940** 245).

Gelbe Krystalle (aus A.); F: 198—200°.

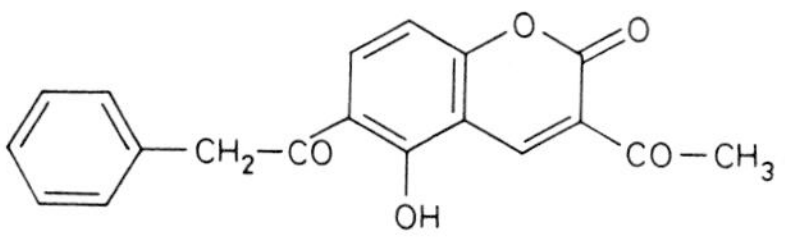

V 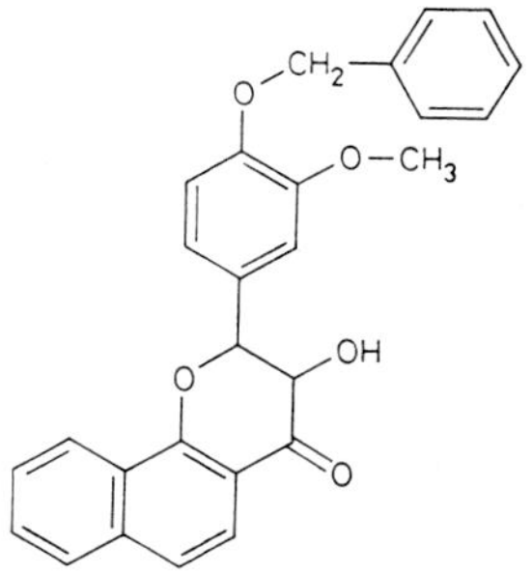   VI

*Opt.-inakt. 2-[4-Benzyloxy-3-methoxy-phenyl]-3-hydroxy-2,3-dihydro-benzo[*h*]=chromen-4-on $C_{27}H_{22}O_5$, Formel VI.

B. Beim Erwärmen von opt.-inakt. 1-[1-Acetoxy-[2]naphthyl]-3-[4-benzyloxy-3-meth=oxy-phenyl]-2,3-dibrom-propan-1-on (F: 155°) mit Natriumcarbonat in wss. Aceton (*Marathey et al.*, J. Univ. Poona Nr. 16 [1959] 51, 54).

Krystalle (aus A.); F: 136°.

Hydroxy-oxo-Verbindungen $C_{20}H_{16}O_5$

5-Hydroxy-4-methyl-6-[3-oxo-3-*o*-tolyl-propionyl]-cumarin $C_{20}H_{16}O_5$, Formel VII, und Tautomere.

B. Beim Erhitzen von 6-Acetyl-4-methyl-5-*o*-toluoyloxy-cumarin mit der Natrium-Verbindung des Acetessigsäure-äthylesters in Pyridin und Behandeln des Reaktions-

gemisches mit wss. Salzsäure (*Bernfeld, Wheeler*, Soc. **1949** 1915, 1917).
Gelbe Krystalle (aus $CHCl_3$ + A.); F: 176—177°.

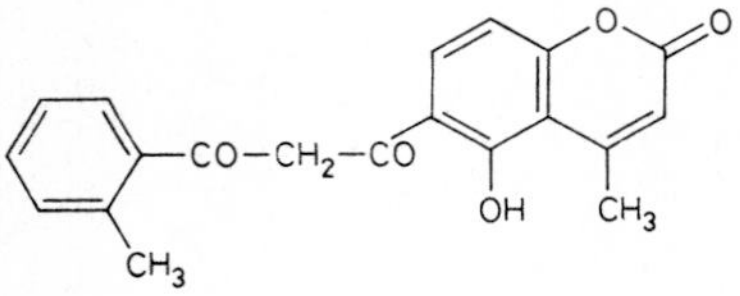

VII

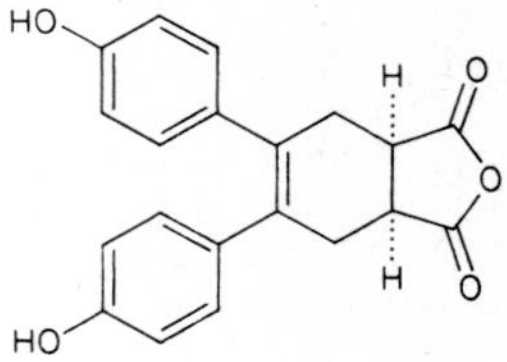

VIII

5,6-Bis-[4-hydroxy-phenyl]-(3ar,7ac)-3a,4,7,7a-tetrahydro-isobenzofuran-1,3-dion,
4,5-Bis-[4-hydroxy-phenyl]-cyclohex-4-en-1r,2c-dicarbonsäure-anhydrid $C_{20}H_{16}O_5$,
Formel VIII.
B. Beim Erhitzen von 2,3-Bis-[4-hydroxy-phenyl]-buta-1,3-dien mit Maleinsäure-
anhydrid in Xylol (*Dodds et al.*, Pr. roy. Soc. [B] **140** [1953] 470, 479).
Krystalle; F: 212—214°.

9-Brom-10-methoxy-3b-methyl-3a,3b,5,6,6a,12c-hexahydro-cyclopenta[1,2]phenanthro-
[3,4-c]furan-1,3,4-trion, 4-Brom-3-methoxy-13-methyl-17-oxo-12,13,14,15,16,17-hexa-
hydro-11H-cyclopenta[a]phenanthren-11,12-dicarbonsäure-anhydrid $C_{21}H_{17}BrO_5$,
Formel IX.
Diese Konstitution ist für die nachstehend beschriebene opt.-inakt. Verbindung in
Betracht gezogen worden (*Koebner, Robinson*, Soc. **1941** 566, 567; s. dazu aber *Carboni,
Marsili*, G. **89** [1959] 1717, 1720).
B. Beim Erhitzen von 3-[5-Brom-6-methoxy-[2]naphthyl]-2-methyl-cyclopent-2-enon
mit Maleinsäure-anhydrid in Xylol (*Ko., Ro.*, l. c. S. 572).
Krystalle (aus A.); F: 147—148° (*Ko., Ro.*).

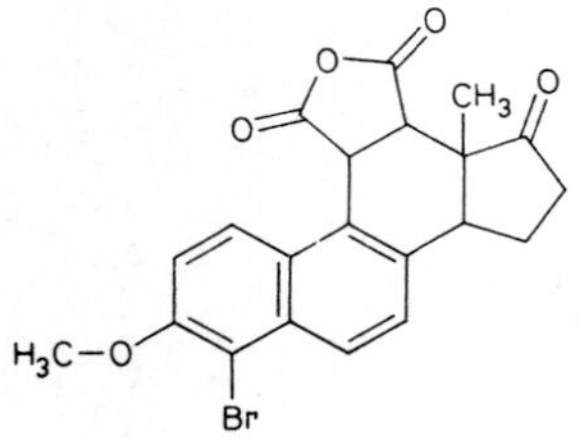

IX

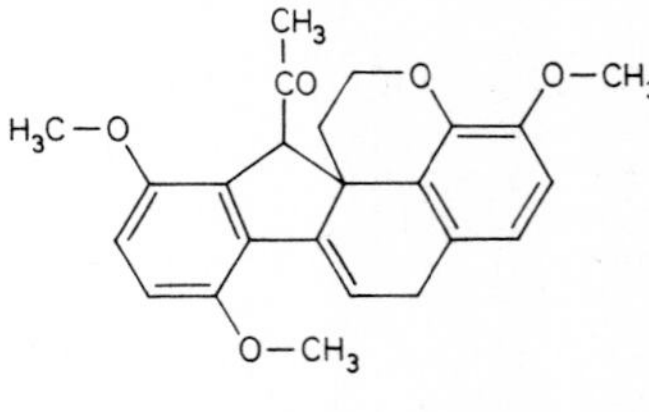

X

Hydroxy-oxo-Verbindungen $C_{21}H_{18}O_5$

10-Acetyl-1,6,9-trimethoxy-4,10,11,12-tetrahydro-fluoreno[9a,1,2-de]chromen,
1-[1,6,9-Trimethoxy-4,10,11,12-tetrahydro-fluoreno[9a,1,2-de]chromen-10-yl]-äthanon
$C_{24}H_{24}O_5$, Formel X.
Diese Konstitution wird für die nachstehend beschriebene Verbindung in Betracht
gezogen (*Bentley et al.*, J. org. Chem. **22** [1957] 409, 412).
B. In kleiner Menge beim Behandeln des aus Tri-O-methyl-flavothebaon-pseudomethin
((+)-1-[11a-(2-Dimethylamino-äthyl)-1,2,7,10-tetramethoxy-11,11a-dihydro-5H-benzo-
[a]fluoren-11-yl]-äthanon) hergestellten Methojodids (F: 176°) mit Silberoxid in Wasser
und Erhitzen des Reaktionsprodukts unter vermindertem Druck bis auf 210° (*Be. et al.*,
l. c. S. 415).
Krystalle (aus Me.); F: 247—248° (*Be. et al.*, l. c. S. 416). $[\alpha]_D^{20}$: +764° [$CHCl_3$; c = 2]
(*Be. et al.*, l. c. S. 416).

Hydroxy-oxo-Verbindungen C$_{22}$H$_{20}$O$_5$

**5,6-Bis-[4-hydroxy-phenyl]-4t(?),7t(?)-dimethyl-(3ar,7ac)-3a,4,7,7a-tetrahydro-iso=
benzofuran-1,3-dion, 4,5-Bis-[4-hydroxy-phenyl]-3c(?),6c(?)-dimethyl-cyclohex-4-en-
1r,2c-dicarbonsäure-anhydrid** C$_{22}$H$_{20}$O$_5$, vermutlich Formel XI.

B. Beim Erwärmen von Dienöstrol (3,4-Bis-[4-hydroxy-phenyl]-hexa-2t,4t-dien) mit
Maleinsäure-anhydrid in Benzol und Aceton (*Sahasrabudhe, Smith,* Biochem. J. **41** [1947]
190).

Krystalle (aus Bzl. + Acn.); F: 197—200°.

XI   XII

**1,6,9-Trimethoxy-4,5,11,12-tetrahydro-10H-5a,10-propano-fluoreno[9a,1,2-de]chromen-
14-on** C$_{25}$H$_{26}$O$_5$, Formel XII.

Diese Konstitution wird für die nachstehend beschriebene Verbindung in Betracht
gezogen (*Bentley et al.,* J. org. Chem. **22** [1957] 422).

B. Beim Behandeln des aus Tri-*O*-methyl-dihydroflavothebaon-dihydromethin
((+)-11a-[2-Dimethylamino-äthyl]-1,2,7,10-tetramethoxy-5,6,11,11a-tetrahydro-6a,11-
propano-benzo[a]fluoren-12-on) hergestellten Methojodids (F: 244—245° [Zers.]) mit
Silberoxid in Wasser und Erhitzen des Reaktionsprodukts auf 230° (*Be. et al.*).

Krystalle (aus Me. sowie nach Sublimation); F: 223°. [α]$_D^{22}$: +376,5° [CHCl$_3$; c = 2].
Absorptionsmaximum: 295 nm.

Hydroxy-oxo-Verbindungen C$_{24}$H$_{24}$O$_5$

5,7-Dihydroxy-6-isobutyryl-8-[3-methyl-but-2-enyl]-4-phenyl-cumarin, Mesuol C$_{24}$H$_{24}$O$_5$,
Formel XIII (R = H).

Konstitutionszuordnung: *Chakraborty, Das,* Tetrahedron Letters **1966** 5727.

Isolierung aus Samen von Mesua ferrea: *Dutt et al.,* J. Indian chem. Soc. **17** [1940] 277.

Gelbliche Krystalle (aus wss. Acn.); F: 154° (*Dutt et al.*). Bei 190—200°/0,4 Torr
destillierbar (*Dutt et al.*).

**6-Isobutyryl-5,7-dimethoxy-8-[3-methyl-but-2-enyl]-4-phenyl-cumarin, Di-*O*-methyl-
mesuol** C$_{26}$H$_{28}$O$_5$, Formel XIII (R = CH$_3$).

B. Beim Erwärmen einer Lösung von Mesuol (s. o.) in Aceton mit Methyljodid und
Kaliumcarbonat (*Dutt et al.,* J. Indian chem. Soc. **17** [1940] 277).

Krystalle (aus Bzn.); F: 132°. Bei 170—175°/0,04 Torr destillierbar.

XIII   XIV

Hydroxy-oxo-Verbindungen $C_{25}H_{26}O_5$

5,7-Dihydroxy-6-isovaleryl-8-[3-methyl-but-2-enyl]-4-phenyl-cumarin, Mammeisin $C_{25}H_{26}O_5$, Formel XIV (R = H).

Über die Bezeichnung als Mammeisin s. *Finnegan, Mueller*, J. org. Chem. **30** [1965] 2342 Anm. 15.

Isolierung aus Fruchtschalen von Mammea americana: *Finnegan et al.*, J. org. Chem. **26** [1961] 1180, 1182; s. a. *Finnegan, Djerassi*, Tetrahedron Letters **1959** Nr. 13, S. 11.

Gelbe Krystalle (aus wss. A.), die bei 98—109° schmelzen (*Fi. et al.*). Absorptions-maxima einer Chlorwasserstoff enthaltenden Lösung in Äthanol: 281 nm und 338 nm; einer Natriumhydroxid enthaltenden Lösung in Äthanol: 243 nm, 301 nm und 427 nm (*Fi. et al.*).

6-Isovaleryl-5,7-dimethoxy-8-[3-methyl-but-2-enyl]-4-phenyl-cumarin, Di-O-methyl-mammeisin $C_{27}H_{30}O_5$, Formel XIV (R = CH₃).

B. Beim Erwärmen einer Lösung von Mammeisin (s. o.) in Aceton mit Dimethylsulfat und Kaliumcarbonat (*Finnegan et al.*, J. org. Chem. **26** [1961] 1180, 1182).

Krystalle (aus Hexan); F: 86—89° (*Fi. et al.*; s. a. *Finnegan, Djerassi*, Tetrahedron Letters **1959** Nr. 13, S. 11, 12). Absorptionsmaximum (A.): 299 nm (*Fi. et al.*).

5,7-Diacetoxy-6-isovaleryl-8-[3-methyl-but-2-enyl]-4-phenyl-cumarin, Di-O-acetyl-mammeisin $C_{29}H_{30}O_7$, Formel XIV (R = CO-CH₃).

B. Beim Behandeln einer Lösung von Mammeisin (s. o.) in Pyridin mit Acetanhydrid (*Finnegan et al.*, J. org. Chem. **26** [1961] 1180, 1182).

Krystalle (aus CHCl₃ + Hexan); F: 122—124° [Kofler-App.] (*Fi. et al.*; s. a. *Finnegan, Djerassi*, Tetrahedron Letters **1959** Nr. 13, S. 11, 12). Absorptionsmaximum (A.): 286 nm (*Fi. et al.*).

Hydroxy-oxo-Verbindungen $C_{40}H_{56}O_5$

(17R_a)-18-[(2R)-4t-Acetoxy-2r-hydroxy-2,6,6-trimethyl-cyclohexyliden]-1-[(1S)-1,2t-epoxy-4c-hydroxy-2c,6,6-trimethyl-cyclohex-r-yl]-3,7,12,16-tetramethyl-octadeca-3t,5t,7t,9t,11t,13t,15t,17-octaen-2-on, (3S,5R,6S,3'S,5'R,6'R$_a$)-3'-Acetoxy-5,6-epoxy-3,5'-dihydroxy-6',7'-didehydro-5,6,7,8,5',6'-hexahydro-β,β-carotin-8-on [1]**, Fucoxanthin** $C_{42}H_{58}O_6$, Formel XV (H **30** 105; E III **1** 3328).

Konstitution: *Bonnett et al.*, Soc. [C] **1969** 429. Konfiguration: *de Ville et al.*, Chem. Commun. **1969** 1311; *Goodfellow et al.*, Tetrahedron Letters **1973** 3925, 3926.

Isolierung aus Fucus vesiculosus: *Bo. et al.*, l. c. S. 444; vgl. H **30** 105.

Rote Krystalle (aus Ae. + PAe.) vom F: 159—160° und vom F: 168—169° [jeweils korr.; evakuierte Kapillare], die sich ineinander umwandeln lassen (*Bo. et al.*, l. c. S. 445). Optisches Drehungsvermögen $[\alpha]^{25}$ einer Lösung in Dioxan (c = 0,02) für Licht der Wellenlängen von 270 nm bis 360 nm: *Antia*, Canad. J. Chem. **43** [1965] 302. ¹H-NMR-Spektrum: *Bo. et al.*, l. c. S. 435, 440, 445. IR-Spektrum (CCl₄; 2,5—15 μ): *Bo. et al.*, l. c. S. 430. UV-Spektrum (Dioxan; 270—360 nm): *An*. Absorptionsmaxima von Lösungen in Hexan: 427 nm, 450 nm und 476 nm; in Benzol: 461 nm und 485 nm; in Schwefelkohlenstoff: 478 nm und 508 nm; in Chloroform: 460 nm (*Bo. et al.*, l. c. S. 445). Massenspektrum: *Bo. et al.*, l. c. S. 432, 445.

XV

---

[1]) Stellungsbezeichnung bei von β,β-Carotin (*all-trans*-β-Carotin) abgeleiteten Namen s. E III **5** 2453.

Hydroxy-oxo-Verbindungen $C_nH_{2n-26}O_5$

Hydroxy-oxo-Verbindungen $C_{18}H_{10}O_5$

5-Methoxy-4-[3-methoxy-phenyl]-naphtho[2,3-c]furan-1,3-dion, 8-Methoxy-1-[3-methoxy-phenyl]-naphthalin-2,3-dicarbonsäure-anhydrid $C_{20}H_{14}O_5$, Formel I (R = CH₃).

B. Neben 6-Methoxy-1-[3-methoxy-phenyl]-naphthalin-2,3-dicarbonsäure-anhydrid beim Erhitzen von [3-Methoxy-phenyl]-propiolsäure mit Acetanhydrid (*Baddar et al.*, Soc. **1955** 465, 468).

Gelbe Krystalle (aus Eg.); F: 230—230,5° (*Ba. et al.*). Absorptionsspektren von Lösungen in Essigsäure (250—410 nm) und in Petroläther (320—390 nm): *Baddar, Sawires*, Soc. **1956** 395, 396, 397.

5-Äthoxy-4-[3-äthoxy-phenyl]-naphtho[2,3-c]furan-1,3-dion, 8-Äthoxy-1-[3-äthoxy-phenyl]-naphthalin-2,3-dicarbonsäure-anhydrid $C_{22}H_{18}O_5$, Formel I (R = C₂H₅).

B. Neben 6-Äthoxy-1-[3-äthoxy-phenyl]-naphthalin-2,3-dicarbonsäure-anhydrid beim Erhitzen von [3-Äthoxy-phenyl]-propiolsäure mit Acetanhydrid (*Baddar et al.*, Soc. **1955** 465, 469).

Gelbe Krystalle (aus Eg.); F: 164—165° (*Ba. et al.*). Absorptionsspektren von Lösungen in Essigsäure (250—410 nm) und in Petroläther (320—390 nm): *Baddar, Sawires*, Soc. **1956** 395, 396, 397.

I   II   III

5-Isopropoxy-4-[3-isopropoxy-phenyl]-naphtho[2,3-c]furan-1,3-dion, 8-Isopropoxy-1-[3-isopropoxy-phenyl]-naphthalin-2,3-dicarbonsäure-anhydrid $C_{24}H_{22}O_5$, Formel I (R = CH(CH₃)₂).

B. Neben 6-Isopropoxy-1-[3-isopropoxy-phenyl]-naphthalin-2,3-dicarbonsäure-anhydrid beim Erhitzen von [3-Isopropoxy-phenyl]-propiolsäure mit Acetanhydrid (*Baddar et al.*, Soc. **1955** 465, 470).

Gelbe Krystalle (aus Eg.); F: 172—173° (*Ba. et al.*). Absorptionsspektren von Lösungen in Essigsäure (250—410 nm) und in Petroläther (320—390 nm): *Baddar, Sawires*, Soc. **1956** 395, 396, 397.

6-Methoxy-4-[4-methoxy-phenyl]-naphtho[2,3-c]furan-1,3-dion, 7-Methoxy-1-[4-methoxy-phenyl]-naphthalin-2,3-dicarbonsäure-anhydrid $C_{20}H_{14}O_5$, Formel II.

B. Beim Erhitzen von [4-Methoxy-phenyl]-propiolsäure mit Acetanhydrid (*Baddar, El-Assal*, Soc. **1948** 1267, 1269). Aus Bis-[(E)-4-methoxy-benzyliden]-bernsteinsäure-anhydrid (S. 2814) beim Erhitzen auf 210° sowie bei der Bestrahlung einer Lösung in Benzol oder Chloroform mit Sonnenlicht in Gegenwart von Jod (*Baddar et al.*, Soc. **1948** 1270).

Gelbe Krystalle (aus Eg. oder aus Bzl. + PAe.); F: 216—217° [unkorr.] (*Ba., El-As.*; *Ba. et al.*). Absorptionsspektrum (Eg.; 250—410 nm): *Baddar, Sawires*, Soc. **1956** 395, 397, 398.

7-Methoxy-4-[3-methoxy-phenyl]-naphtho[2,3-c]furan-1,3-dion, 6-Methoxy-1-[3-methoxy-phenyl]-naphthalin-2,3-dicarbonsäure-anhydrid $C_{20}H_{14}O_5$, Formel III (R = CH₃).

B. Neben 8-Methoxy-1-[3-methoxy-phenyl]-naphthalin-2,3-dicarbonsäure-anhydrid beim Erhitzen von [3-Methoxy-phenyl]-propiolsäure mit Acetanhydrid (*Baddar et al.*, Soc. **1955** 465, 468).

Krystalle (aus Eg.); F: 179—179,5° (*Ba. et al.*). Absorptionsspektren von Lösungen in Essigsäure (250—400 nm) und in Petroläther (320—350 nm): *Baddar, Sawires*, Soc. **1956** 395, 396, 397.

7-Äthoxy-4-[3-äthoxy-phenyl]-naphtho[2,3-c]furan-1,3-dion, 6-Äthoxy-1-[3-äthoxy-phenyl]-naphthalin-2,3-dicarbonsäure-anhydrid $C_{22}H_{18}O_5$, Formel III ($R = C_2H_5$).

B. Neben 8-Äthoxy-1-[3-äthoxy-phenyl]-naphthalin-2,3-dicarbonsäure-anhydrid beim Erhitzen von [3-Äthoxy-phenyl]-propiolsäure mit Acetanhydrid (*Baddar et al.*, Soc. **1955** 465, 469).

Krystalle (aus Bzl.); F: 172—173° (*Ba. et al.*). Absorptionsspektren von Lösungen in Essigsäure (250—410 nm) und in Petroläther (320—350 nm): *Baddar, Sawires*, Soc. **1956** 395, 396, 397.

7-Isopropoxy-4-[3-isopropoxy-phenyl]-naphtho[2,3-c]furan-1,3-dion, 6-Isopropoxy-1-[3-isopropoxy-phenyl]-naphthalin-2,3-dicarbonsäure-anhydrid $C_{24}H_{22}O_5$, Formel III ($R = CH(CH_3)_2$).

B. Neben 8-Isopropoxy-1-[3-isopropoxy-phenyl]-naphthalin-2,3-dicarbonsäure-anhydrid beim Erhitzen von [3-Isopropoxy-phenyl]-propiolsäure mit Acetanhydrid (*Baddar et al.*, Soc. **1955** 465, 470).

Krystalle (aus Eg.); F: 163—164° (*Ba. et al.*). Absorptionsspektren von Lösungen in Essigsäure (250—410 nm) und in Petroläther (320—360 nm): *Baddar, Sawires*, Soc. **1956** 395, 396, 397.

8-Methoxy-4-[2-methoxy-phenyl]-naphtho[2,3-c]furan-1,3-dion, 5-Methoxy-1-[2-methoxy-phenyl]-naphthalin-2,3-dicarbonsäure-anhydrid $C_{20}H_{14}O_5$, Formel IV.

B. Beim Erhitzen von [2-Methoxy-phenyl]-propiolsäure mit Acetanhydrid (*Baddar*, Soc. **1947** 224, 226). Aus Bis-[(E?)-2-methoxy-benzyliden]-bernsteinsäure-anhydrid (F: 195,5° bis 196,5°) beim Erhitzen auf 280° sowie bei der Bestrahlung einer Lösung in Benzol oder Chloroform mit Sonnenlicht in Gegenwart von Jod (*Baddar et al.*, Soc. **1948** 1270).

Hellgelbe Krystalle (aus Eg.); F: 245—246° [unkorr.] (*Ba.*; *Ba. et al.*). Absorptionsspektrum (Eg.; 250—410 nm): *Baddar, Sawires*, Soc. **1956** 395, 397, 398.

7,8-Dimethoxy-5-phenyl-naphtho[1,2-c]furan-1,3-dion, 6,7-Dimethoxy-4-phenyl-naphthalin-1,2-dicarbonsäure-anhydrid $C_{20}H_{14}O_5$, Formel V.

B. Beim Erhitzen von 9,10-Dimethoxy-8-phenyl-1,2,3,4,4a,5,6,7-octahydro-1,4-ätheno-naphthalin-2,3,5,6-tetracarbonsäure-2,3;5,6-dianhydrid (F: 245—246°) mit Schwefel bis auf 260° (*Bergmann et al.*, Am. Soc. **69** [1947] 1773, 1775). Krystalle (aus Acetanhydrid + Eg.); F: 187° [unkorr.]. Absorptionsspektrum (Dioxan; 220—420 nm): *Hirshberg, Jones*, Canad. J. Res. [B] **27** [1949] 437, 453. Absorptionsmaxima (Heptan): 234 nm, 275 nm und 360 nm (*Hi., Jo.*, l. c. S. 451).

8-Methoxy-5-[4-methoxy-phenyl]-naphtho[1,2-c]furan-1,3-dion, 7-Methoxy-4-[4-methoxy-phenyl]-naphthalin-1,2-dicarbonsäure-anhydrid $C_{20}H_{14}O_5$, Formel VI ($R = CH_3$).

B. Beim Erhitzen von 2-Brom-1,1-bis-[4-methoxy-phenyl]-äthylen mit Maleinsäureanhydrid in Essigsäure und Erhitzen des Reaktionsprodukts unter 0,3 Torr bis auf 320° (*Bergmann, Szmuszkowicz*, Am. Soc. **69** [1947] 1777). Beim Erhitzen von 9-Methoxy-8-[4-methoxy-phenyl]-1,2,3,4,4a,5,6,7-octahydro-1,4-ätheno-naphthalin-2,3,5,6-tetracarbonsäure-2,3;5,6-dianhydrid (F: 256°) mit Schwefel bis auf 260° (*Bergmann et al.*, Am. Soc. **69** [1947] 1773, 1775).

Krystalle; F: 207° [unkorr.; aus Acetanhydrid] (*Be. et al.*), 205—206° [aus Butylacetat] (*Be., Sz.*). Absorptionsspektrum (Dioxan; 220—440 nm): *Hirshberg, Jones*, Canad. J. Res. [B] **27** [1949] 437, 451, 452.

8-Acetoxy-5-[4-acetoxy-phenyl]-naphtho[1,2-c]furan-1,3-dion, 7-Acetoxy-4-[4-acetoxy-phenyl]-naphthalin-1,2-dicarbonsäure-anhydrid $C_{22}H_{14}O_7$, Formel VI ($R = CO-CH_3$).

B. Neben Diphenylmethan beim Erhitzen von 7-Benzhydryl-9-methoxy-8-[4-meth-

oxy-phenyl]-1,2,3,4,4a,5-hexahydro-1,4-ätheno-naphthalin-2,3,5,6-tetracarbonsäure-2,3 ;-
5,6-dianhydrid (F: 262—263°) mit Natriumhydroxid und wenig Wasser und Erwärmen
des Reaktionsprodukts mit Acetylchlorid (*Alder et al.*, B. **92** [1959] 99, 110).
     Gelbe Krystalle (aus E.); F: 190—191°.

IV   V   VI

**7,8-Dimethoxy-4-phenyl-benz[*de*]isochromen-1,3-dion, 5,6-Dimethoxy-2-phenyl-
naphthalin-1,8-dicarbonsäure-anhydrid** $C_{20}H_{14}O_5$, Formel VII.
     Konstitution: *Cooke et al.*, Austral. J. Chem. **11** [1958] 230, 232.
     B. Neben [8-Carboxy-5,6-dimethoxy-2-phenyl-[1]naphthyl]-glyoxylsäure-methylester
beim Behandeln von 2,5,6-Trimethoxy-9-phenyl-phenalen-1-on mit Kaliumpermanganat
in Aceton und Behandeln des Reaktionsprodukts mit wss. Schwefelsäure (*Cooke, Segal*,
Austral. J. Chem. **8** [1955] 107, 112). Beim Erwärmen von [8-Carboxy-5,6-dimethoxy-
2-phenyl-[1]naphthyl]-glyoxylsäure-methylester mit wss. Natronlauge und mit wss.
Silbernitrat-Lösung und anschliessenden Ansäuern mit wss. Salzsäure (*Co., Se.*, l. c.
S. 113).
     Gelbe Krystalle (aus A.); F: 165—166° [korr.] und (nach Wiedererstarren bei weiterem
Erhitzen) F: 176—177° [korr.] (*Co., Se.*, l. c. S. 113). IR-Banden (Nujol) im Bereich von
1800 cm⁻¹ bis 650 cm⁻¹: *Cooke, Segal*, Austral. J. Chem. **8** [1955] 413, 415.

VII   VIII

**5,6-Dimethoxy-7-phenyl-benz[*de*]isochromen-1,3-dion, 3,4-Dimethoxy-5-phenyl-
naphthalin-1,8-dicarbonsäure-anhydrid** $C_{20}H_{14}O_5$, Formel VIII.
     Konstitution: *Cooke et al.*, Austral. J. Chem. **11** [1958] 230, 232.
     B. Beim Behandeln von 2,5,6-Trimethoxy-7-phenyl-phenalen-1-on mit Kalium-
permanganat in Aceton und Behandeln des Reaktionsprodukts mit wss. Schwefelsäure
(*Cooke, Segal*, Austral. J. Chem. **8** [1955] 413, 418).
     Gelbe Krystalle (aus A.); F: 157° [korr.] (*Co., Se.*). Absorptionsspektren (220—430 nm)
von Lösungen in Dioxan und in Äthanol: *Co., Se.*, l. c. S. 414. Absorptionsmaxima
(A.): 257,5 nm, 345 nm und 395 nm (*Co., Se.*, l. c. S. 419).
     Beim Erwärmen mit wss. Natronlauge und Kaliumpermanganat und Erhitzen der
danach isolierten Carbonsäure mit wss. Natronlauge ist eine als Methylester $C_{21}H_{18}O_8$
(Krystalle [aus Me.]; F: 123—124° [korr.]) charakterisierte Carbonsäure erhalten worden (*Co., Se.*, l. c. S. 419).

Hydroxy-oxo-Verbindungen $C_{19}H_{12}O_5$

2,6,7-Trihydroxy-9-phenyl-xanthen-3-on $C_{19}H_{12}O_5$, Formel I (R = X = H), und Tautomeres (H 199; E I 404; dort als 2.6.7-Trioxy-9-phenyl-fluoron bezeichnet).

B. Beim Behandeln von 1,2,4-Triacetoxy-benzol mit wss. Äthanol, Schwefelsäure und Benzaldehyd und Behandeln des Reaktionsprodukts mit Wasser (*Gillis et al.*, Anal. chim. Acta **1** [1947] 302, 303).

Orangefarbene Krystalle; F: 350° (*Kimura et al.*, Bl. chem. Soc. Japan **29** [1956] 635, 636). Absorptionsspektren von Lösungen in Aceton (330—520 nm) und in wss.-äthanol. Schwefelsäure (330—520 nm): *Ki. et al.*, l. c. S. 637; in wss.-äthanol. Salzsäure (300—650 nm) und in wss.-äthanol. Kalilauge (300—650 nm): *Sano*, Bl. chem. Soc. Japan **30** [1957] 790, 791; einer Lösung in wss.-methanol. Salzsäure (400—600 nm) sowie einer gepufferten wss.-methanol. Lösung vom pH 3,8 (400—600 nm): *Bennett, Smith*, Anal. Chem. **31** [1959] 1441. Absorptionsspektren von sauren Lösungen (300—540 nm) und von alkalischen Lösungen (300—620 nm): *Sano*, Bl. chem. Soc. Japan **31** [1958] 974, 975. Absorptionsmaxima von Lösungen der Komplexe mit Germanium(IV) (510 nm bzw. 508 nm), mit Zinn(IV) (510 nm), mit Titan(IV) (525 nm) und mit Zirkonium(IV) (540 nm) in wss.-äthanol. Salzsäure: *Sano*, Bl. chem. Soc. Japan **30** 793, **31** 979; Stabilitätskonstante eines Antimonyl-Komplexes in wss.-äthanol. Schwefelsäure: *Nasarenko, Lebedewa*, Ž. anal. Chim. **11** [1956] 560, 563; engl. Ausg. S. 599, 602.

Über eine Germanium-Verbindung $Ge(C_{19}H_{10}O_5)_2$ s. *Stipanits, Hecht*, Z. anal. Chem. **152** [1956] 185, 190.

6-Hydroxy-2,7-dimethoxy-9-phenyl-xanthen-3-on $C_{21}H_{16}O_5$, Formel I (R = CH₃, X = H) (E I 404; dort als 6-Oxy-2.7-dimethoxy-9-phenyl-fluoron bezeichnet).

Absorptionsspektrum (330—520 nm) einer Lösung in wss.-äthanol. Schwefelsäure: *Kimura et al.*, Bl. chem. Soc. Japan **29** [1956] 635, 637.

I II III

2,6,7-Trimethoxy-9-phenyl-xanthen-3-on $C_{22}H_{18}O_5$, Formel I (R = X = CH₃) (E I 404; dort als 2.6.7-Trimethoxy-9-phenyl-fluoron bezeichnet).

Orangegelbe Krystalle; F: 174° (*Kimura et al.*, Bl. chem. Soc. Japan **29** [1956] 635, 636; s. dagegen E I 404). Absorptionsspektrum (330—500 nm) einer Lösung in wss.-äthanol. Schwefelsäure: *Ki. et al.*, l. c. S. 637.

2,6,7-Trihydroxy-9-[3-nitro-phenyl]-xanthen-3-on $C_{19}H_{11}NO_7$, Formel II (R = NO₂, X = H), und Tautomeres (H 199; dort als 2.6.7-Trioxy-9-[3-nitro-phenyl]-fluoron bezeichnet).

B. Beim Erwärmen von 3-Nitro-benzaldehyd mit 1,2,4-Triacetoxy-benzol, wss. Äthanol und Schwefelsäure und Behandeln des erhaltenen Sulfats mit verd. wss. Säure [pH 4] (*Sano*, Bl. chem. Soc. Japan **31** [1958] 974).

Orangerote Krystalle, die unterhalb 310° nicht schmelzen (*Sano*, Bl. chem. Soc. Japan **31** 975). Absorptionsspektren von sauren Lösungen (300—540 nm) und von alkalischen Lösungen (300—650 nm): *Sano*, Bl. chem. Soc. Japan **31** 975. Absorptionsspektren von Lösungen der Komplexe mit Germanium(IV) (420—600 nm; λ_{max}: 515 nm) und mit Titan(IV) (530—700 nm; λ_{max}: 539 nm) in wss.-äthanol. Salzsäure: *Sano*, Bl. chem. Soc. Japan **31** 976, 978, 979; mit Zirkon(IV) (500—700 nm; λ_{max}: 550 nm) in wss.-äthanol. Salzsäure: *Sano*, Bl. chem. Soc. Japan **31** 978, 979, **32** [1959] 299, 300.

2,6,7-Trihydroxy-9-[4-nitro-phenyl]-xanthen-3-on $C_{19}H_{11}NO_7$, Formel II (R = H,
X = NO_2), und Tautomeres.

B. Beim Erwärmen von 4-Nitro-benzaldehyd mit 1,2,4-Triacetoxy-benzol, wss. Äthanol
und Schwefelsäure und Behandeln des erhaltenen Sulfats mit verd. wss. Säure [pH 4]
(*Sano*, Bl. chem. Soc. Japan **31** [1958] 974).

Braunrotes Pulver; unterhalb 310° nicht schmelzend (*Sano*, l. c. S. 975). Absorptionsspektren von sauren Lösungen (300—530 nm) und von alkalischen Lösungen (300 bis
650 nm): *Sano*, l. c. S. 975. Absorptionsspektren von Lösungen der Komplexe mit
Germanium(IV) (420—600 nm; λ_{max}: 515 nm), mit Titan(IV) (520—700 nm; λ_{max}:
539 nm) und mit Zirkonium(IV) (500—700 nm; λ_{max}: 562 nm) in wss.-äthanol. Salzsäure:
Sano, l. c. S. 976, 978, 979.

4,5,6-Trihydroxy-9-phenyl-xanthen-3-on, Pyrogallolbenzein $C_{19}H_{12}O_5$, Formel III,
und Tautomeres (H **6** 1080; E I **6** 539; E II **18** 182; dort als 4.5.6-Trioxy-9-phenyl-
fluoron bezeichnet).

Absorptionsspektren (330—550 nm) von Lösungen in Äthanol und in wss.-äthanol.
Schwefelsäure: *Kimura et al.*, Bl. chem. Soc. Japan **29** [1956] 635, 637. Absorptionsspektrum (330—550 nm) einer Lösung des Germanium(IV)-Komplexes in Äthanol: *Ki.
et al.*

2-[3,4,5-Trimethoxy-phenyl]-benzo[h]chromen-4-on $C_{22}H_{18}O_5$, Formel IV.

B. Beim Behandeln von 1-[1-Hydroxy-[2]naphthyl]-3-[3,4,5-trimethoxy-phenyl]-
propan-1,3-dion mit Schwefelsäure (*Mahal, Venkataraman*, Soc. **1934** 1767).

Gelbliche Krystalle (aus A. + Eg.); F: 224°.

2-[3,4-Dimethoxy-phenyl]-3-hydroxy-benzo[h]chromen-4-on $C_{21}H_{16}O_5$, Formel V
(R = CH_3, X = H), und Tautomeres (2-[3,4-Dimethoxy-phenyl]-benzo[h]chrom-
en-3,4-dion) (H 199; dort als 3′.4′-Dimethoxy-3.4-dioxo-7.8-benzo-flavan bzw. 3-Oxy-
3′.4′-dimethoxy-7.8-benzo-flavon bezeichnet).

B. Beim Behandeln von 3-[3,4-Dimethoxy-phenyl]-1-[1-hydroxy-[2]naphthyl]-prop-
enon (nicht charakterisiert) mit wss. Natronlauge, wss. Wasserstoffperoxid und wenig
Pyridin (*Wagh, Jadhav*, J. Univ. Bombay **27**, Tl. 5A [1959] 1).

Gelbe Krystalle; F: 223—224°.

2-[4-Benzyloxy-3-methoxy-phenyl]-3-hydroxy-benzo[h]chromen-4-on $C_{27}H_{20}O_5$,
Formel V (R = CH_2-C_6H_5, X = H), und Tautomeres (2-[4-Benzyloxy-3-methoxy-
phenyl]-benzo[h]chromen-3,4-dion).

B. Beim Erwärmen von 3t(?)-[4-Benzyloxy-3-methoxy-phenyl]-1-[1-hydroxy-[2]-
naphthyl]-propenon (F: 142°) mit Äthanol, wss. Wasserstoffperoxid und wss. Natronlauge
(*Marathey et al.*, J. Univ. Poona Nr. 16 [1959] 51, 54).

Krystalle (aus Eg.); F: 156°.

3-Acetoxy-2-[4-benzyloxy-3-methoxy-phenyl]-benzo[h]chromen-4-on $C_{29}H_{22}O_6$,
Formel VI (R = CH_2-C_6H_5, X = H).

B. Aus der im vorangehenden Artikel beschriebenen Verbindung (*Marathey et al.*, J.
Univ. Poona Nr. 16 [1959] 51, 54).

Krystalle (aus A.); F: 160°.

6-Brom-2-[3,4-dimethoxy-phenyl]-3-hydroxy-benzo[h]chromen-4-on $C_{21}H_{15}BrO_5$,
Formel V (R = CH_3, X = Br), und Tautomeres (6-Brom-2-[3,4-dimethoxy-phen-
yl]-benzo[h]chromen-3,4-dion).

B. Beim Erwärmen von 1-[4-Brom-1-hydroxy-[2]naphthyl]-äthanon mit Veratrumaldehyd und Natriumperoxid in Äthanol (*Marathey et al.*, J. Univ. Poona Nr. 16 [1959]
51, 56). Aus 1-[4-Brom-1-hydroxy-[2]naphthyl]-3t(?)-[3,4-dimethoxy-phenyl]-propenon
(F: 185°) beim Erwärmen mit Äthanol, wss. Wasserstoffperoxid und wss. Natronlauge
(*Ma. et al.*) sowie beim Behandeln mit wss. Natronlauge, wss. Wasserstoffperoxid und
wenig Pyridin (*Wagh, Jadhav*, J. Univ. Bombay **27**, Tl. 5A [1959] 1).

Krystalle (aus Eg.); F: 224—225° (*Wagh, Ja.*), 218° (*Ma. et al.*).

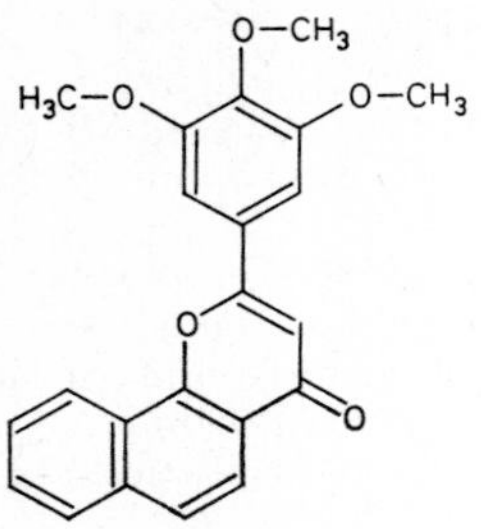

IV 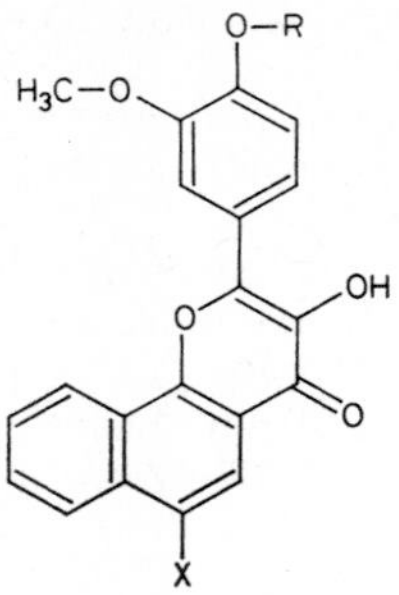 · V 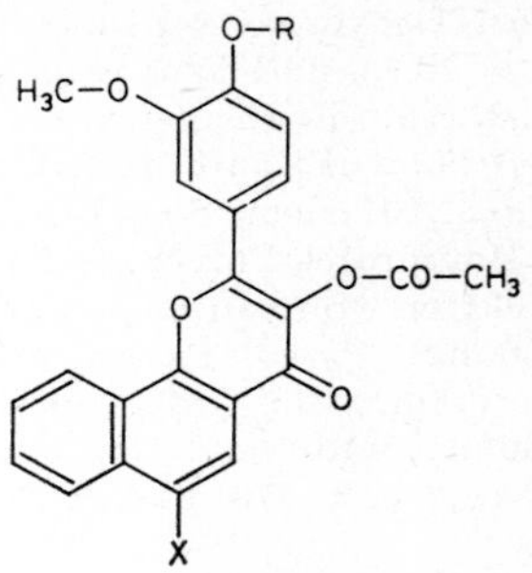 · VI

2-[4-Benzyloxy-3-methoxy-phenyl]-6-brom-3-hydroxy-benzo[h]chromen-4-on
$C_{27}H_{19}BrO_5$, Formel V (R = CH_2-C_6H_5, X = Br), und Tautomeres (2-[4-Benzyloxy-3-methoxy-phenyl]-6-brom-benzo[h]chromen-3,4-dion).

B. Beim Erwärmen von 1-[4-Brom-1-hydroxy-[2]naphthyl]-äthanon mit 4-Benzyloxy-3-methoxy-benzaldehyd und Natriumperoxid in Äthanol (*Marathey et al.*, J. Univ. Poona Nr. 16 [1959] 51, 56). Beim Erwärmen von 3t(?)-[4-Benzyloxy-3-methoxy-phenyl]-1-[4-brom-1-hydroxy-[2]naphthyl]-propenon (F: 202°) mit Äthanol, wss. Wasserstoffperoxid und wss. Natronlauge (*Ma. et al.*).
Krystalle (aus Eg.); F: 236°.

3-Acetoxy-6-brom-2-[3,4-dimethoxy-phenyl]-benzo[h]chromen-4-on $C_{23}H_{17}BrO_6$,
Formel VI (R = CH_3, X = Br).

B. Aus 6-Brom-2-[3,4-dimethoxy-phenyl]-3-hydroxy-benzo[h]chromen-4-on (*Marathey et al.*, J. Univ. Poona Nr. 16 [1959] 51, 56).
F: 218°.

3-Acetoxy-2-[4-benzyloxy-3-methoxy-phenyl]-6-brom-benzo[h]chromen-4-on
$C_{29}H_{21}BrO_6$, Formel VI (R = CH_2-C_6H_5, X = Br).

B. Aus 2-[4-Benzyloxy-3-methoxy-phenyl]-6-brom-3-hydroxy-benzo[h]chromen-4-on (*Marathey et al.*, J. Univ. Poona Nr. 16 [1959] 51, 56).
F: 198°.

2-[3,4-Dimethoxy-phenyl]-3-hydroxy-6-nitro-benzo[h]chromen-4-on $C_{21}H_{15}NO_7$,
Formel V (R = CH_3, X = NO_2), und Tautomeres (2-[3,4-Dimethoxy-phenyl]-6-nitro-benzo[h]chromen-3,4-dion).

B. Beim Behandeln von 3t(?)-[3,4-Dimethoxy-phenyl]-1-[1-hydroxy-4-nitro-[2]naphthyl]-propenon (F: 213—214°) mit wss. Natronlauge, wss. Wasserstoffperoxid und wenig Pyridin (*Wagh, Jadhav*, J. Univ. Bombay **27**, Tl. 5A [1959] 1).
Orangegelbe Krystalle (aus Eg.); F: 267—268°.

3-[3,4,5-Trimethoxy-phenyl]-benzo[f]chromen-1-on $C_{22}H_{18}O_5$, Formel VII (R = CH_3).
B. Beim Erhitzen von 1-[2-Hydroxy-[1]naphthyl]-äthanon mit 3,4,5-Trimethoxy-benzoesäure und Natrium-[3,4,5-trimethoxy-benzoat] auf 190° (*Menon, Venkataraman*, Soc. **1931** 2591, 2594).
Krystalle (aus A.); F: 159°.

2-Furfuryl-1,4-dihydroxy-anthrachinon $C_{19}H_{12}O_5$, Formel VIII, und Tautomeres (2-Furfuryl-9,10-dihydroxy-anthracen-1,4-chinon); **2-Furfuryl-chinizarin.**
B. Beim Behandeln von Chinizarin (E III **8** 3775) mit wss. Natronlauge und Natriumdithionit, anschliessenden Erwärmen mit Furfural und Leiten von Luft durch die Reaktionslösung (*Marschalk et al.*, Bl. [5] **3** [1936] 1545, 1559).
Orangefarbene Krystalle (aus Bzl.); F: 165—166°.

(±)-2-Hydroxy-3-[1-methyl-3-oxo-phthalan-1-yl]-[1,4]naphthochinon, (±)-3-[3-Hydr=
oxy-1,4-dioxo-1,4-dihydro-[2]naphthyl]-3-methyl-phthalid $C_{19}H_{12}O_5$,
Formel IX (R = H), und Tautomeres.

Diese Konstitution kommt der nachstehend beschriebenen, ursprünglich (*Hooker,*
Fieser, Am. Soc. **58** [1936] 1216, 1222) als (±)-2-Hydroxy-3-phthalidylmethyl-
[1,4]naphthochinon ($C_{19}H_{12}O_5$) angesehenen Verbindung zu (*Fieser, Sachs,* Am. Soc.
90 [1968] 4129, 4131).

B. Beim Erhitzen von (±)-[1-(3-Hydroxy-1,4-dioxo-1,4-dihydro-[2]naphthyl)-3-oxo-
phthalan-1-yl]-essigsäure (Syst. Nr. 2626) mit Pyridin und wenig Kupfer-Pulver (*Ho.,Fi.*).

Gelbe Krystalle (aus A. oder wss. A.); F: 177,5—178° (*Ho., Fi.*).

Beim Behandeln mit konz. Schwefelsäure und Eintragen des Reaktionsgemisches in
Wasser sind kleine Mengen einer vermutlich als 13-Methylen-13H-benzo[e]naphth[2,3-b]=
oxepin-5,7,12-trion zu formulierenden Verbindung (E III/IV **17** 6810) erhalten worden
(*Ho., Fi.*).

VII   VIII   IX

(±)-2-Methoxy-3-[1-methyl-3-oxo-phthalan-1-yl]-[1,4]naphthochinon,
(±)-3-[3-Methoxy-1,4-dioxo-1,4-dihydro-[2]naphthyl]-3-methyl-phthalid $C_{20}H_{14}O_5$,
Formel IX (R = CH₃).

B. Aus der im vorangehenden Artikel beschriebenen Verbindung mit Hilfe von Diazo=
methan (*Hooker, Fieser,* Am. Soc. **58** [1936] 1216, 1222).

Gelbe Krystalle (aus A.); F: 165—166°.

Hydroxy-oxo-Verbindungen $C_{20}H_{14}O_5$

2,5-Dibenzoyl-3-benzoyloxy-6-chlormethyl-pyran-4-on $C_{27}H_{17}ClO_6$, Formel I.

Diese Konstitution wird der nachstehend beschriebenen Verbindung zugeordnet (*Woods,*
J. org. Chem. **24** [1959] 1804).

B. Beim Erhitzen von 2-Chlormethyl-5-hydroxy-pyran-4-on (E III/IV **17** 5914) mit
Benzoylchlorid und Trifluoressigsäure (*Wo.*).

Krystalle (aus Heptan); F: 110° [Fisher-Johns-App.]. IR-Banden (KBr) im Bereich
von 3100 cm⁻¹ bis 900 cm⁻¹: *Wo.*

I   II

1-[6-Hydroxy-2-oxo-2H-chromen-3-yl]-5t-phenyl-pent-4-en-1,3-dion, 6-Hydroxy-
3-[3-oxo-5t-phenyl-pent-4-enoyl]-cumarin $C_{20}H_{14}O_5$, Formel II, und Tautomere.

B. Aus 6-Methoxycarbonyloxy-2-oxo-2H-chromen-3-carbonylchlorid und 6t-Phenyl-
hex-5-en-2,4-dion (*Lampe, Trenknerówna,* Sprawozd. Tow. nauk. Warszawsk. [III] **31**
[1938] 63; C. A. **1942** 6528).

Gelbe Krystalle; F: 246—247°.

1-[7-Hydroxy-2-oxo-2H-chromen-3-yl]-5t-phenyl-pent-4-en-1,3-dion, 7-Hydroxy-3-[3-oxo-5t-phenyl-pent-4-enoyl]-cumarin $C_{20}H_{14}O_5$, Formel III (R = H), und Tautomere.

B. Aus 7-Methoxycarbonyloxy-2-oxo-2H-chromen-3-carbonylchlorid und 6t-Phenyl-hex-5-en-2,4-dion (*Lampe, Trennerówna*, Sprawozd. Tow. nauk. Warszawsk. [III] **31** [1938] 63; C. A. **1942** 6528).

Gelbe Krystalle; F: 242°.

1-[7-Acetoxy-2-oxo-2H-chromen-3-yl]-5t-phenyl-pent-4-en-1,3-dion, 7-Acetoxy-3-[3-oxo-5t-phenyl-pent-4-enoyl]-cumarin $C_{22}H_{16}O_6$, Formel III (R = CO-CH₃), und Tautomere.

Absorptionsmaxima (Bzl.): 395 nm, 407 nm und 429 nm (*Rakower*, Acta phys. polon. **3** [1934] 415, 418).

III   IV

1-[8-Hydroxy-2-oxo-2H-chromen-3-yl]-5t-phenyl-pent-4-en-1,3-dion, 8-Hydroxy-3-[3-oxo-5t-phenyl-pent-4-enoyl]-cumarin $C_{20}H_{14}O_5$, Formel IV, und Tautomere.

B. Aus 8-Methoxycarbonyloxy-2-oxo-2H-chromen-3-carbonylchlorid und 6t-Phenyl-hex-5-en-2,4-dion (*Lampe, Trennerówna*, Sprawozd. Tow. nauk. Warszawsk. [III] **31** [1938] 63; C. A. **1942** 6528).

Gelbe Krystalle; F: 229—230°.

(±)-3-[2,4-Dihydroxy-phenyl]-6-hydroxy-3-phenyl-3H-benzofuran-2-on, (±)-Bis-[2,4-dihydroxy-phenyl]-phenyl-essigsäure-2-lacton $C_{20}H_{14}O_5$, Formel V (E II 184; dort als 6-Oxy-2-oxo-3-phenyl-3-[2.4-dioxy-phenyl]-cumaran bezeichnet).

B. Beim Behandeln eines Gemisches von Phenylglyoxylsäure, Resorcin, Zinkchlorid und Äther mit Chlorwasserstoff (*Borsche, Diacont*, B. **63** [1930] 2740, 2741).

6-Hydroxy-3,3-bis-[4-methoxy-phenyl]-3H-benzofuran-2-on, [2,4-Dihydroxy-phenyl]-bis-[4-methoxy-phenyl]-essigsäure-2-lacton $C_{22}H_{18}O_5$, Formel VI.

B. Beim Erhitzen von 4,4'-Dimethoxy-benzilsäure mit Resorcin (*Easson et al.*, Quart. J. Pharm. Pharmacol. **7** [1934] 509, 510).

F: 167—168°.

V   VI   VII

(±)-3-Phenyl-3-[2,3,4-trihydroxy-phenyl]-phthalid $C_{20}H_{14}O_5$, Formel VII (H 200; dort auch als Benzolpyrogallolphthalein bezeichnet).

B. Beim Erhitzen von 2-Benzoyl-benzoesäure mit Pyrogallol und wenig Schwefelsäure oder Zinn(IV)-chlorid (*Dutt*, Pr. Indian Acad. [A] **11** [1940] 483, 486, 489; vgl. H 200).

Krystalle (aus wss. A., Ae. oder Bzl.); F: 126° (*Dutt*; s. dagegen H 200). Absorptionsmaximum einer alkalischen wss. Lösung: 472,5 nm.

(±)-3-[2,3-Dihydroxy-phenyl]-3-[4-hydroxy-phenyl]-phthalid $C_{20}H_{14}O_5$, Formel VIII.
F: 270—275° [korr.] (*Loewe*, J. Pharmacol. exp. Therap. **94** [1948] 288, 290).

(±)-3-Phenyl-3-[2,4,6-trihydroxy-phenyl]-phthalid $C_{20}H_{14}O_5$, Formel IX.
B. Beim Erhitzen von 2-Benzoyl-benzoesäure mit Phloroglucin und wenig Schwefel=
säure oder Zinn(IV)-chlorid auf 150° (*Dutt*, Pr. Indian Acad. [A] **11** [1940] 483, 486, 489).
Krystalle (aus wss. A., Ae. oder Bzl.); F: 117°. Absorptionsmaximum einer alkalischen
wss. Lösung: 465 nm.

(±)-3-[2,4-Dihydroxy-phenyl]-3-[4-hydroxy-phenyl]-phthalid $C_{20}H_{14}O_5$, Formel X
(R = X = H) (E I 404; dort als 3-[4-Oxy-phenyl]-3-[2.4(oder 2.6)-dioxy-phenyl]-
phthalid und als **Phenolresorcinphthalein-I** bezeichnet).
B. Aus 2-[2,4-Dihydroxy-benzoyl]-benzoesäure und Phenol (*Rohatgi*, Indian J. appl.
Chem. **21** [1958] 102). Beim Behandeln von 2-[4-Hydroxy-benzoyl]-benzoylchlorid mit
Resorcin in Benzol (*Lin Che Kin*, A. ch. [11] **13** [1940] 317, 353).
Krystalle; F: 205° [aus Ae.] (*Lin Che Kin*), 202° (*Ro.*). UV-Spektrum (A.; 230 nm
bis 330 nm): *Lin Che Kin*, l. c. S. 381.
Reaktion mit Quecksilber(II)-acetat: *Ro.*

VIII   IX   X

(±)-3-[2,4-Dimethoxy-phenyl]-3-[4-methoxy-phenyl]-phthalid $C_{23}H_{20}O_5$, Formel X
(R = CH_3, X = H).
B. Beim Behandeln von 2-[4-Methoxy-benzoyl]-benzoylchlorid mit 1,3-Dimethoxy-
benzol in Benzol (*Lin Che Kin*, A. ch. [11] **13** [1940] 317, 344).
Krystalle (aus A. + Bzl.); F: 230°. UV-Spektrum (A.; 230—330 nm): *Lin Che Kin*,
l. c. S. 374, 381.

(±)-3-[2,4-Dihydroxy-phenyl]-3-[4-hydroxy-3-nitro-phenyl]-phthalid $C_{20}H_{13}NO_7$,
Formel X (R = H, X = NO_2).
B. Aus 2-[2,4-Dihydroxy-benzoyl]-benzoesäure und 2-Nitro-phenol (*Rohatgi*, Indian
J. appl. Chem. **21** [1958] 102).
Orangefarbene Krystalle; F: 230°.
Reaktion mit Quecksilber(II)-acetat: *Ro.*

(±)-3-[2,5-Dihydroxy-phenyl]-3-[4-hydroxy-phenyl]-phthalid $C_{20}H_{14}O_5$, Formel XI
(R = H).
B. Beim Behandeln von 2-[4-Hydroxy-benzoyl]-benzoylchlorid mit Hydrochinon,
Aluminiumchlorid und Benzol (*Lin Che Kin*, A. ch. [11] **13** [1940] 317, 355).
Krystalle (aus Acn.); F: 240—245° [Zers.; nach Erweichen von 220° an] (*Lin Che Kin*).
UV-Spektrum (A.; 230 nm bis 360 nm): *Lin Che Kin*, l. c. S. 389.
Über ein ebenfalls unter dieser Konstitution beschriebenes, beim Erhitzen von
2-[4-Hydroxy-benzoyl]-benzoesäure mit Hydrochinon und konz. Schwefelsäure erhalte-
nes Präparat (Krystalle [aus wss. Eg.]; F: 153—155°) s. *Ghatak*, Bl. Acad. Sci. Agra
Oudh **2** [1933] 253, 255.

(±)-3-[2,5-Dimethoxy-phenyl]-3-[4-methoxy-phenyl]-phthalid $C_{23}H_{20}O_5$, Formel XI
(R = CH_3).
B. Beim Behandeln von 2-[4-Methoxy-benzoyl]-benzoylchlorid mit 1,4-Dimethoxy-

benzol und Aluminiumchlorid in Benzol (*Lin Che Kin*, A. ch. [11] **13** [1940] 317, 346).

Krystalle (aus A.); F: 176°. UV-Spektrum (A.; 230—350 nm): *Lin Che Kin*, l. c. S. 374, 389.

(±)-3-[3,4-Dihydroxy-phenyl]-3-[4-hydroxy-phenyl]-phthalid $C_{20}H_{14}O_5$, Formel XII (R = H).

B. Beim Erhitzen von 2-[4-Hydroxy-benzoyl]-benzoesäure mit Brenzcatechin, Zink-chlorid und wenig Schwefelsäure (*Hubacher, Doernberg*, J. pharm. Sci. **53** [1964] 1067, 1068; s. a. *Ghatak*, Bl. Acad. Sci. Agra Oudh **2** [1933] 253, 255). Beim Behandeln von 2-[4-Hydroxy-benzoyl]-benzoylchlorid mit Brenzcatechin in Benzol (*Lin Che Kin*, A. ch. [11] **13** [1940] 317, 354).

Krystalle; F: 205—209° [korr.] (*Loewe*, J. Pharmacol. exp. Therap. **94** [1948] 288, 290), 203,5—208° [korr.; aus wss. Eg. oder wss. A.] (*Hu., Do.*).

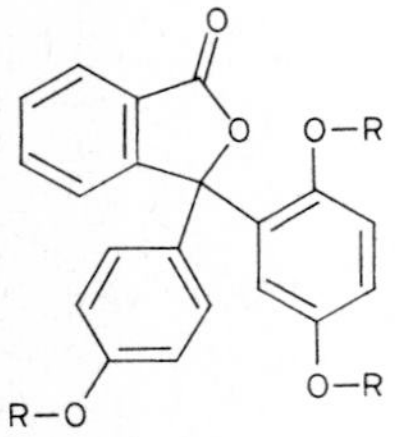

XI 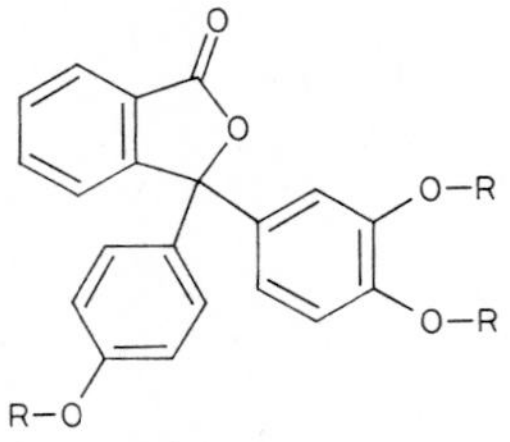 XII 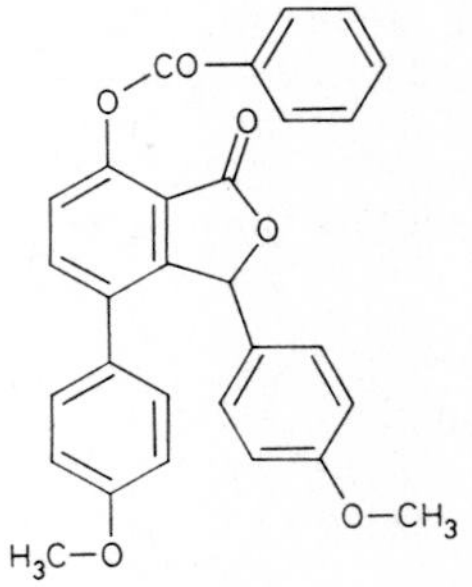 XIII

(±)-3-[3,4-Dimethoxy-phenyl]-3-[4-methoxy-phenyl]-phthalid $C_{23}H_{20}O_5$, Formel XII (R = CH₃).

B. Aus 2-[4-Methoxy-benzoyl]-benzoylchlorid und Veratrol (*Lin Che Kin*, A. ch. [11] **13** [1940] 317, 345).

Krystalle (aus A. + Ae.); F: 98°. UV-Spektrum (A.; 240—330 nm): *Lin Che Kin*, l. c. S. 374.

(±)-3-[4-Acetoxy-phenyl]-3-[3,4-diacetoxy-phenyl]-phthalid $C_{26}H_{20}O_8$, Formel XII (R = CO-CH₃).

B. Beim Erhitzen von (±)-3-[3,4-Dihydroxy-phenyl]-3-[4-hydroxy-phenyl]-phthalid mit Acetanhydrid (*Lin Che Kin*, A. ch. [11] **13** [1940] 317, 354).

Krystalle; F: 154,5—155,6° [korr.; aus A.] (*Hubacher, Doernberg*, J. pharm. Sci. **53** [1964] 1067, 1068), 148° [aus Ae.] (*Lin Che Kin*).

(±)-7-Benzoyloxy-3,4-bis-[4-methoxy-phenyl]-phthalid $C_{29}H_{22}O_6$, Formel XIII.

B. Beim Erwärmen von 4-[4-Methoxy-phenyl]-4-oxo-buttersäure mit Benzoylchlorid (*Kende, Ullman*, J. org. Chem. **22** [1957] 140, 142).

Krystalle (aus Bzl. + E.); F: 182—183°.

Hydroxy-oxo-Verbindungen $C_{21}H_{16}O_5$

(±)-3-[2,4-Dihydroxy-phenyl]-3-[4-hydroxy-2-methyl-phenyl]-phthalid $C_{21}H_{16}O_5$, Formel I, und (±)-3-[2,4-Dihydroxy-phenyl]-3-[2-hydroxy-4-methyl-phenyl]-phthalid $C_{21}H_{16}O_5$, Formel II.

Diese beiden Konstitutionsformeln kommen für die nachstehend beschriebene Verbindung in Betracht.

B. Aus 2-[2,4-Dihydroxy-benzoyl]-benzoesäure und *m*-Kresol (*Rohatgi*, Indian J. appl. Chem. **21** [1958] 102).

Gelbe Krystalle; F: 147°.

Reaktion mit Quecksilber(II)-acetat: *Ro.*

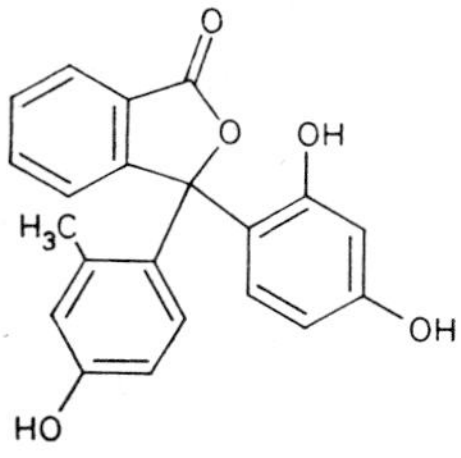

I 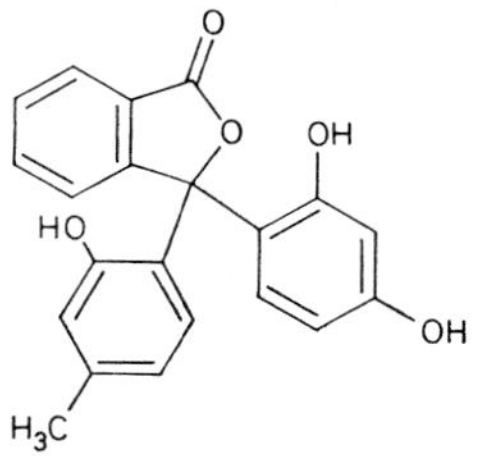   II 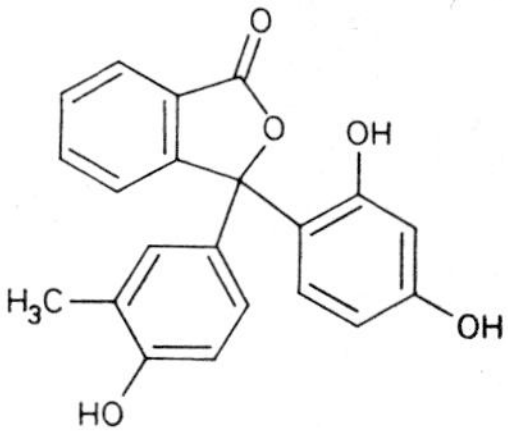   III

(±)-3-[2,4-Dihydroxy-phenyl]-3-[4-hydroxy-3-methyl-phenyl]-phthalid $C_{21}H_{16}O_5$, Formel III.

B. Aus 2-[2,4-Dihydroxy-benzoyl]-benzoesäure und *o*-Kresol (*Rohatgi*, Indian J. appl. Chem. **21** [1958] 102).

Gelbe Krystalle; F: 165°.

Reaktion mit Quecksilber(II)-acetat: *Ro*.

Hydroxy-oxo-Verbindungen $C_{22}H_{18}O_5$

(±)-5-[4,4'-Dimethoxy-biphenyl-3-yl]-5-[2-methoxy-phenyl]-dihydro-furan-2-on, (±)-4-[4,4'-Dimethoxy-biphenyl-3-yl]-4-hydroxy-4-[2-methoxy-phenyl]-buttersäure-lacton $C_{25}H_{24}O_5$, Formel IV.

B. Aus 4-[4,4'-Dimethoxy-biphenyl-3-yl]-4-oxo-buttersäure und 2-Methoxy-phenyl-magnesium-bromid (*Baddar et al.*, Soc. **1957** 1690, 1695).

Krystalle (aus A.); F: 170—171° (*Ba. et al.*, l. c. S. 1695). Absorptionsmaximum (A.): 267,5 nm (*Baddar et al.*, Soc. **1957** 1699).

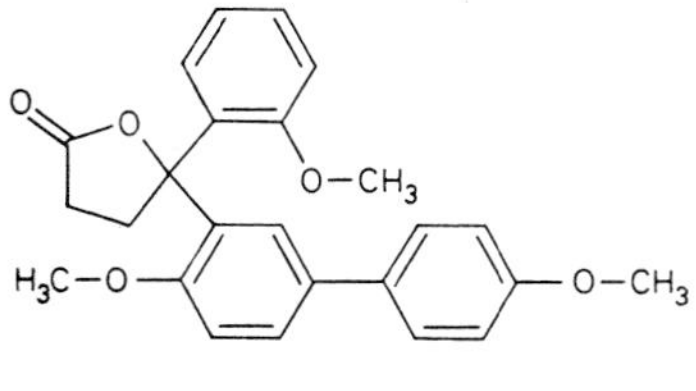

IV 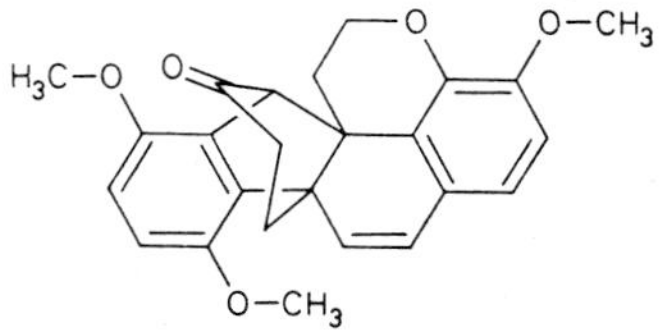   V

1,6,9-Trimethoxy-11,12-dihydro-10*H*-5a,10-propano-fluoreno[9a,1,2-*de*]chromen-14-on $C_{25}H_{24}O_5$, Formel V.

Diese Konstitution wird für die nachstehend beschriebene Verbindung in Betracht gezogen (*Bentley et al.*, J. org. Chem. **22** [1957] 422).

B. Beim Behandeln des aus Tri-*O*-methyl-dihydroflavothebaon-methin ((+)-11a-[2-Di-methylamino-äthyl]-1,2,7,10-tetramethoxy-11,11a-dihydro-6a,11-propano-benzo[*a*]fluor-en-12-on) hergestellten Methojodids (F: 226—227°) mit Silberoxid und Wasser und Er-hitzen des Reaktionsprodukts auf 210° (*Be et al.*).

Krystalle (aus Me.). $[\alpha]_D^{20}$: +484,6° [CHCl$_3$; c = 1]. Absorptionsmaxima: 225 nm und 282,5 nm.

Hydroxy-oxo-Verbindungen $C_{24}H_{22}O_5$

(±)-3-[2,4-Dihydroxy-phenyl]-3-[4-hydroxy-5-isopropyl-2-methyl-phenyl]-phthalid $C_{24}H_{22}O_5$, Formel VI (R = X = H).

B. Aus 2-[4-Hydroxy-5-isopropyl-2-methyl-benzoyl]-benzoylchlorid und Resorcin (*Lin Che Kin*, A. ch. [11] **13** [1940] 317, 356).

Krystalle (aus A.); F: 284—285°. UV-Spektrum (A.; 240—340 nm): *Lin Che Kin*, l. c. S. 385.

(±)-3-[2,4-Dihydroxy-phenyl]-3-[5-isopropyl-4-methoxy-2-methyl-phenyl]-phthalid
$C_{25}H_{24}O_5$, Formel VI (R = H, X = CH_3).
B. Aus 2-[5-Isopropyl-4-methoxy-2-methyl-benzoyl]-benzoylchlorid und Resorcin
(*Lin Che Kin*, A. ch. [11] **13** [1940] 317, 351).
Krystalle (aus A.); F: 210—211°. UV-Spektrum (A.; 230—340 nm): *Lin Che Kin*,
l. c. S. 381.

(±)-3-[2,4-Dimethoxy-phenyl]-3-[5-isopropyl-4-methoxy-2-methyl-phenyl]-phthalid
$C_{27}H_{28}O_5$, Formel VI (R = X = CH_3).
B. Beim Behandeln von 2-[5-Isopropyl-4-methoxy-2-methyl-benzoyl]-benzoylchlorid
mit 1,3-Dimethoxy-benzol, Aluminiumchlorid und Benzol (*Lin Che Kin*, A. ch. [11] **13**
[1940] 317, 347).
Krystalle (aus A.); F: 168°. UV-Spektrum (A.; 240—330 nm): *Lin Che Kin*, l. c. S. 385.

(±)-3-[3,4-Dihydroxy-phenyl]-3-[4-hydroxy-5-isopropyl-2-methyl-phenyl]-phthalid
$C_{24}H_{22}O_5$, Formel VII (R = X = H).
B. Beim Behandeln von 2-[4-Hydroxy-5-isopropyl-2-methyl-benzoyl]-benzoylchlorid
mit Brenzcatechin, Aluminiumchlorid und Benzol (*Lin Che Kin*, A. ch. [11] **13** [1940]
317, 356).
Krystalle (aus A.); F: 284°. UV-Spektrum (A.; 230—350 nm): *Lin Che Kin*, l. c. S. 387.

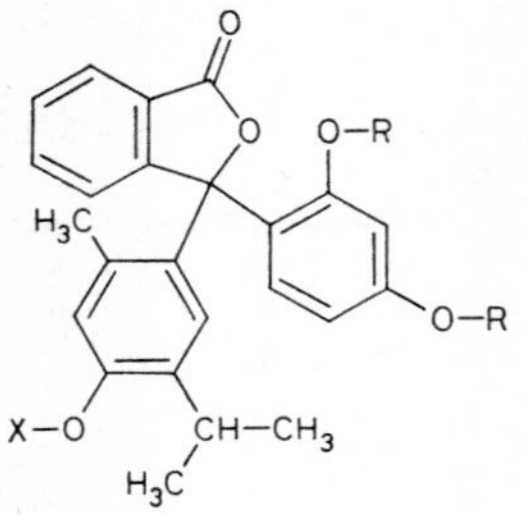

VI 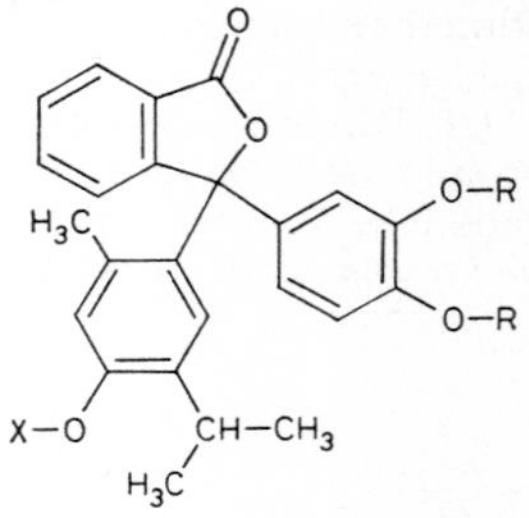   VII

(±)-3-[3,4-Dihydroxy-phenyl]-3-[5-isopropyl-4-methoxy-2-methyl-phenyl]-phthalid
$C_{25}H_{24}O_5$, Formel VII (R = H, X = CH_3).
B. Aus 2-[5-Isopropyl-4-methoxy-2-methyl-benzoyl]-benzoylchlorid und Brenzcatechin
(*Lin Che Kin*, A. ch. [11] **13** [1940] 317, 351).
Krystalle (aus A.); F: 230°. UV-Spektrum (A.; 230—330 nm): *Lin Che Kin*, l. c. S. 387.

(±)-3-[3,4-Dimethoxy-phenyl]-3-[5-isopropyl-4-methoxy-2-methyl-phenyl]-phthalid
$C_{27}H_{28}O_5$, Formel VII (R = X = CH_3).
B. Beim Behandeln von 2-[5-Isopropyl-4-methoxy-2-methyl-benzoyl]-benzoylchlorid
mit Veratrol, Aluminiumchlorid und Benzol (*Lin Che Kin*, A. ch. [11] **13** [1940] 317,
347).
Krystalle (aus A.); F: 158°. UV-Spektrum (A.; 240—340 nm): *Lin Che Kin*, l. c. S. 387.

Hydroxy-oxo-Verbindungen $C_nH_{2n-28}O_5$

Hydroxy-oxo-Verbindungen $C_{20}H_{12}O_5$

2,3-Bis-[4-methoxy-phenyl]-benzofuran-6,7-chinon $C_{22}H_{16}O_5$, Formel I.
B. Beim Erhitzen von Pyrogallol mit (±)-4,4'-Dimethoxy-benzoin und Zinkchlorid und
Behandeln des Reaktionsprodukts mit Essigsäure und Salpetersäure (*Sugiyama*, Bl. Inst.
phys. chem. Res. Tokyo **21** [1942] 744, 750; C. A. **1947** 5507).
Violettschwarze Krystalle (aus Nitrobenzol); Zers. bei 259°.

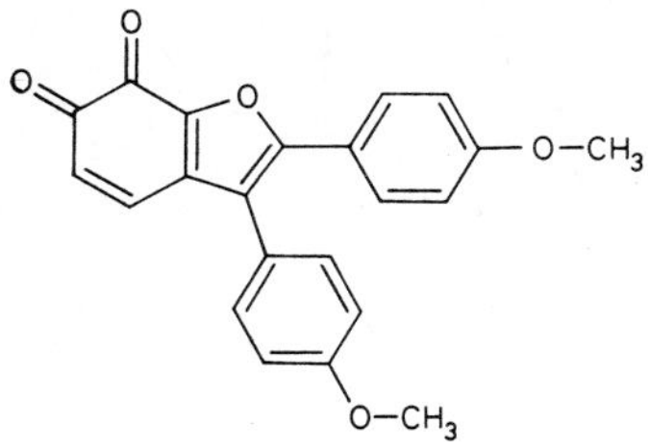

I 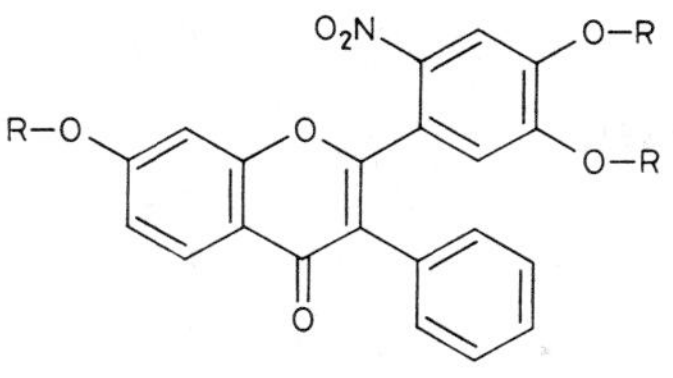   II 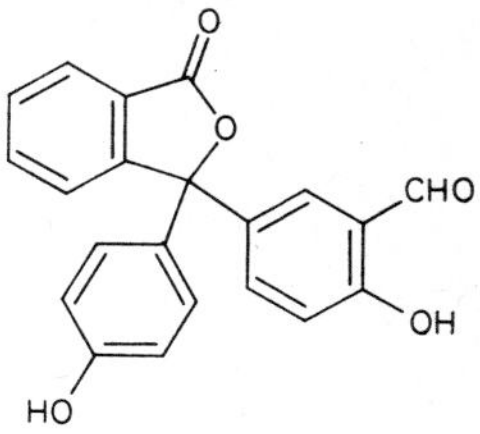   III

Hydroxy-oxo-Verbindungen C₂₁H₁₄O₅

2-[4,5-Dimethoxy-2-nitro-phenyl]-7-methoxy-3-phenyl-chromen-4-on $C_{24}H_{19}NO_7$,
Formel II (R = CH₃).

B. Beim Behandeln von 2-[3,4-Dimethoxy-phenyl]-7-methoxy-3-phenyl-chromen-4-on
mit Essigsäure und wss. Salpetersäure [D: 1,4] (*Baker*, Soc. **1930** 261, 263).

Hellgelbe Krystalle (aus A.); F: 222°.

(±)-2-Hydroxy-5-[1-(4-hydroxy-phenyl)-3-oxo-phthalan-1-yl]-benzaldehyd,
(±)-3-[3-Formyl-4-hydroxy-phenyl]-3-[4-hydroxy-phenyl]-phthalid $C_{21}H_{14}O_5$, Formel III
(E II 186).

B. Beim Erwärmen von Phenolphthalein (S. 1945) mit Äthanol, wss. Natronlauge und
Chloroform (*van Kampen*, R. **71** [1952] 954, 958; vgl. E II 186).

(±)-2-Hydroxy-5-[1-(4-hydroxy-phenyl)-3-oxo-phthalan-1-yl]-benzaldehyd-oxim,
(±)-3-[4-Hydroxy-3-(hydroxyimino-methyl)-phenyl]-3-[4-hydroxy-phenyl]-phthalid
$C_{21}H_{15}NO_5$, Formel IV.

B. Beim Erwärmen der im vorangehenden Artikel beschriebenen Verbindung mit
Hydroxylamin und Äthanol (*van Kampen*, R. **71** [1952] 954, 959).

Hellgelbe Krystalle (aus wss. A.); F: 145—147°.

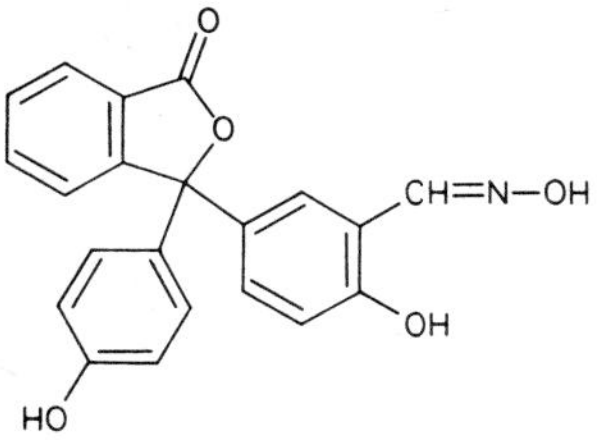

IV 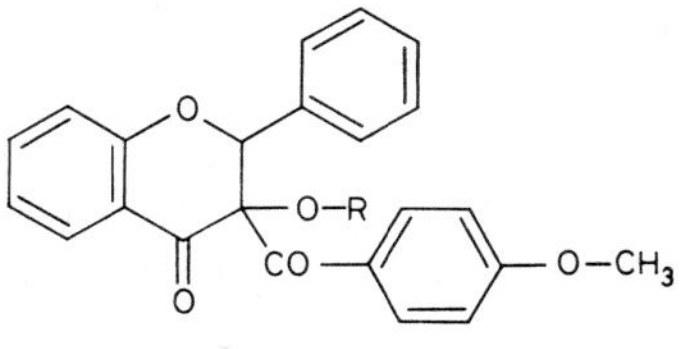   V

Hydroxy-oxo-Verbindungen C₂₂H₁₆O₅

*Opt.-inakt. 3-Hydroxy-3-[4-methoxy-benzoyl]-2-phenyl-chroman-4-on $C_{23}H_{18}O_5$,
Formel V (R = H).

B. Beim Behandeln von (±)-3-[(E)-4-Methoxy-benzyliden]-2-phenyl-chroman-4-on
mit Aceton, Kaliumpermanganat und wss. Schwefelsäure (*Algar*, *Carey*, Pr. Irish Acad.
44B [1937/38] 37, 41).

Krystalle (aus A.); F: 153—154°.

*Opt.-inakt. 3-Acetoxy-3-[4-methoxy-benzoyl]-2-phenyl-chroman-4-on $C_{25}H_{20}O_6$,
Formel V (R = CO-CH₃).

B. Beim Behandeln der im vorangehenden Artikel beschriebenen Verbindung mit
Acetanhydrid und wenig Schwefelsäure (*Algar*, *Carey*, Pr. Irish Acad. **44**B [1937/38]
37, 41).

Krystalle (aus A.); F: 157—158°.

*Opt.-inakt. 6-Benzoyl-3-hydroxy-2-[4-methoxy-phenyl]-chroman-4-on $C_{23}H_{18}O_5$,
Formel VI.

    B. Beim Behandeln einer Suspension von 5′-Benzoyl-2′-hydroxy-4-methoxy-*trans*(?)-
chalkon (F: 132°) in Äthanol mit wss. Wasserstoffperoxid (5 Mol) und wss. Natronlauge
(*Marathey*, J. Univ. Poona Nr. 4 [1953] 73, 79). Neben 6-Benzoyl-3-brom-2-[4-methoxy-
phenyl]-chroman-4-on (S. 1960) und 5′-Benzoyl-2′-hydroxy-4-methoxy-*trans*-chalkon
(F: 132°) beim Erwärmen von opt.-inakt. 1-[5-Benzoyl-2-hydroxy-phenyl]-2,3-dibrom-
3-[4-methoxy-phenyl]-propan-1-on (F: 128°) mit wss. Aceton (*Ma.*). Beim Behandeln
einer Lösung von opt.-inakt. 1-[5-Benzoyl-2-hydroxy-phenyl]-2-brom-3-hydroxy-
3-[4-methoxy-phenyl]-propan-1-on (F: 140°) in Aceton mit wss. Natriumcarbonat-Lösung
(*Chandorkar, Limaye*, Rasayanam **2** [1955] 63).

    Krystalle; F: 220—222° [aus Eg.] (*Ch., Li.*), 220° [aus A. oder Eg.] (*Ma.*).

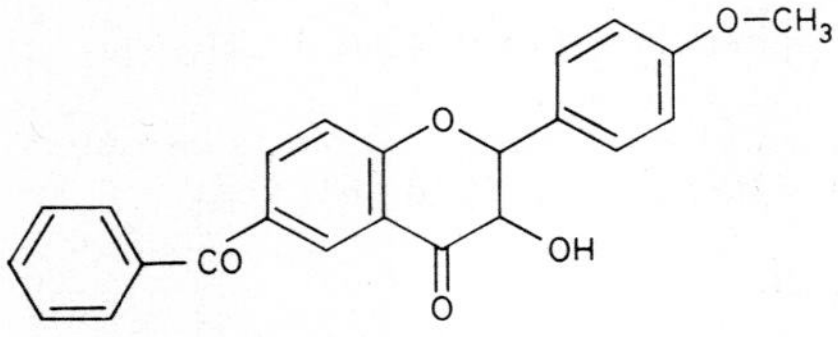

VI 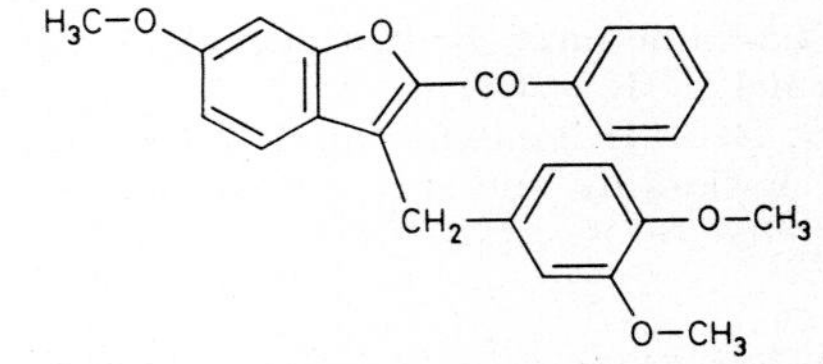   VII

**2-Benzoyl-6-methoxy-3-veratryl-benzofuran, [6-Methoxy-3-veratryl-benzofuran-2-yl]-
phenyl-keton** $C_{25}H_{22}O_5$, Formel VII.

    B. Beim Behandeln von 6-Methoxy-3-veratryl-benzofuran mit Benzoylchlorid,
Zinn(IV)-chlorid und Schwefelkohlenstoff (*Chatterjea*, J. Indian chem. Soc. **34** [1957]
347, 354).

    Krystalle (aus Eg.); F: 156° [unkorr.].

Hydroxy-oxo-Verbindungen $C_{23}H_{18}O_5$

**(±)-6-Äthoxy-5,6-bis-[4-methoxy-phenyl]-4-phenyl-3,6-dihydro-pyran-2-on,
(±)-5-Äthoxy-5-hydroxy-4,5-bis-[4-methoxy-phenyl]-3-phenyl-pent-3c-ensäure-lacton**
$C_{27}H_{26}O_5$, Formel VIII.

    Diese Konstitution kommt nach *El-Sayed El-Kholy et al.* (J. org. Chem. **31** [1966]
2167, 2168) der nachstehend beschriebenen, ursprünglich (*Soliman, El-Kholy*, Soc. **1955**
2911, 2915) als 4,5-Bis-[4-Methoxy-phenyl]-5-oxo-3-phenyl-pent-2*t*-ensäure-
äthylester ($C_{27}H_{26}O_5$) angesehenen Verbindung zu.

    B. Neben 5,6-Bis-[4-methoxy-phenyl]-4-phenyl-pyran-2-on beim Behandeln von
4,4′-Dimethoxy-desoxybenzoin mit Phenylpropiolsäure-äthylester, Natriumäthylat und
Äther (*So., El-Kh.*).

    Krystalle (aus Bzl. + PAe.); F: 150° [Zers.] (*So., El-Kh.*).

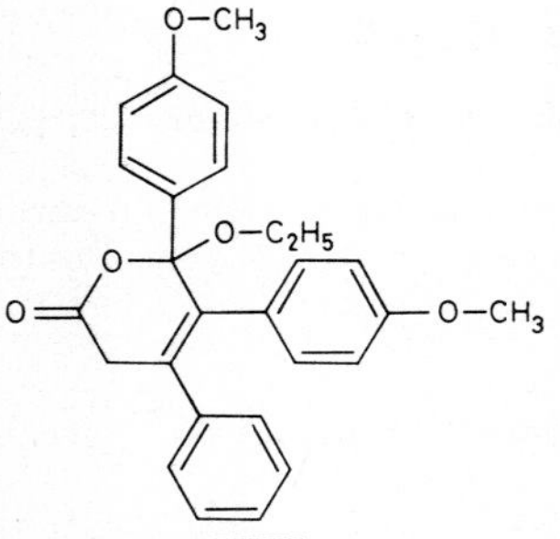

VIII 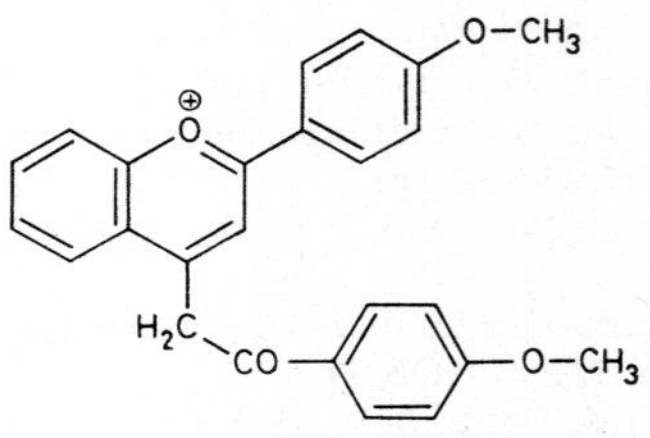   IX

4-[4-Methoxy-phenacyl]-2-[4-methoxy-phenyl]-chromenylium $[C_{25}H_{21}O_4]^+$, Formel IX.
    Chlorid $[C_{25}H_{21}O_4]Cl$. *B.* Beim Behandeln einer Lösung von 1-[4-Methoxy-phenyl]-

äthanon und Salicylaldehyd in Äther mit Chlorwasserstoff (*Hill, Melhuish*, Soc. **1935**
88). Beim Behandeln einer Suspension von 1-[4-Methoxy-phenyl]-2-[2-(4-methoxy-phen=
yl)-chromen-4-yliden]-äthanon (S. 1979) in Essigsäure mit Chlorwasserstoff (*Hill, Me.*). —
Rote Krystalle (aus Eg.); F: 120° [Zers.].

Tetrachloroferrat(III) [$C_{25}H_{21}O_4$]FeCl$_4$. Rote Krystalle (aus Acn. + Ae.) (*Hill, Me.*).

6-Methoxy-2-phenylacetyl-3-veratryl-benzofuran, 1-[6-Methoxy-3-veratryl-benzofuran-
2-yl]-2-phenyl-äthanon $C_{26}H_{24}O_5$, Formel X.

B. Beim Behandeln von 6-Methoxy-3-veratryl-benzofuran mit Phenylacetylchlorid,
Zinn(IV)-chlorid und Schwefelkohlenstoff (*Chatterjea*, J. Indian chem. Soc. **34** [1957]
347, 354).

Krystalle (aus A.); F: 214° [unkorr.].

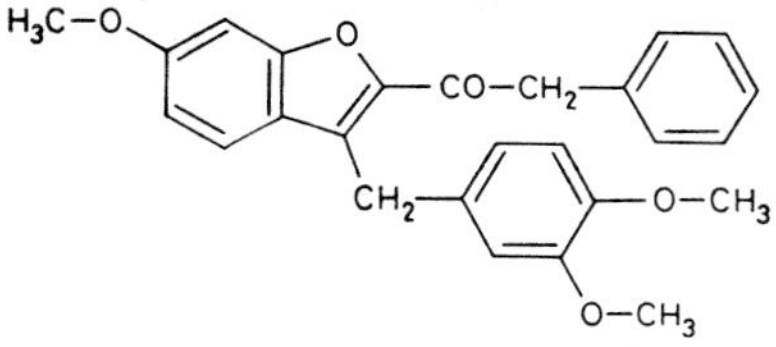

X 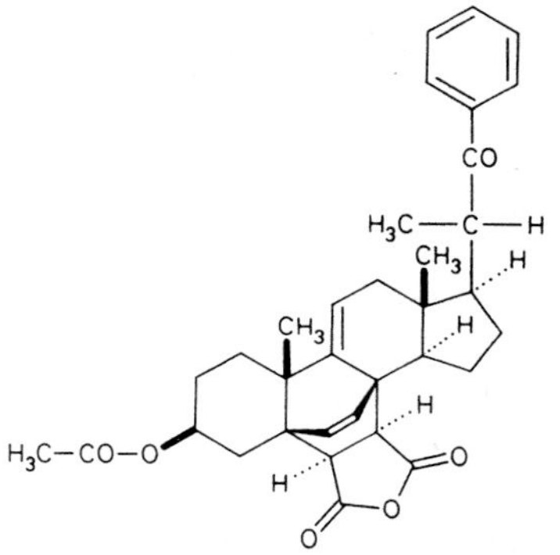   XI

Hydroxy-oxo-Verbindungen $C_{32}H_{36}O_5$

**3β-Acetoxy-22-phenyl-(6αH,7αH)-6,7-dihydro-5β,8-ätheno-23,24-dinor-chol-9(11)-eno=
[6,7-c]furan-22,2′,5′-trion**, 3β-Acetoxy-22-oxo-22-phenyl-5β,8-ätheno-23,24-dinor-chol-
9(11)-en-6β,7β-dicarbonsäure-anhydrid, 3β-Acetoxy-20β$_F$-methyl-21-oxo-21-phenyl-
5β,8-ätheno-pregn-9(11)-en-6β,7β-dicarbonsäure-anhydrid $C_{34}H_{38}O_6$, Formel XI.

B. Beim Erwärmen von 3β-Acetoxy-5β,8-ätheno-pregn-9(11)-en-6β,7β,20α$_F$-tri=
carbonsäure-6,7-anhydrid-20-chlorid (aus Ergosterin hergestellt) mit Diphenylcadmium
in Äther (*Upjohn Co.*, U.S.P. 2530390 [1949]).

Krystalle (aus CHCl$_3$ + A.); F: 279−283°. Absorptionsmaximum: 244 nm.

Hydroxy-oxo-Verbindungen $C_nH_{2n−30}O_5$

Hydroxy-oxo-Verbindungen $C_{20}H_{10}O_5$

***5-Methoxy-2-[8-methoxy-2-oxo-acenaphthen-1-yliden]-benzo[b]thiophen-3-on**
$C_{22}H_{14}O_4S$, Formel I (R = OCH$_3$, X = H) oder Stereoisomeres, und **5-Methoxy-
2-[3-methoxy-2-oxo-acenaphthen-1-yliden]-benzo[b]thiophen-3-on** $C_{22}H_{14}O_4S$, Formel I
(R = H, X = OCH$_3$) oder Stereoisomeres.

B. Beim Erhitzen von 3-Methoxy-acenaphthenchinon mit 5-Methoxy-benzo[b]thiophen-
3-ol, Essigsäure und wss. Salzsäure (*Guha et al.*, B. **92** [1959] 2771, 2774).

Violette Krystalle (aus Eg.); F: 247−248°. Absorptionsmaximum (Xylol): 540 nm
(*Guha et al.*, l. c. S. 2773).

3-Hydroxy-12-methoxy-benzo[3,4]phenanthro[1,2-c]furan-5,7-dion, 3-Hydroxy-
11-methoxy-benzo[c]phenanthren-5,6-dicarbonsäure-anhydrid $C_{21}H_{12}O_5$, Formel II
(R = H).

B. Beim Erhitzen von 11,13-Dimethoxy-1,2,3,4,4a,5,6,6a,7,8-decahydro-1,4-äthenobenzo[c]phenanthren-2,3,5,6-tetracarbonsäure-2,3;5,6-dianhydrid (F: 280—281°) mit Schwefel auf 260° (*Szmuszkovicz, Modest*, Am. Soc. **72** [1950] 566, 569). Beim Erhitzen von 11-Methoxy-13-oxo-1,2,3,4,4a,5,6,6a,7,8-decahydro-1,4-äthano-benzo[c]phenanthren-2,3,5,6-tetracarbonsäure (F: 297—298°) mit Schwefel auf 300° (*Sz., Mo.*).

Violette Krystalle (nach Sublimation); F: 296—297° [korr.]. Bei 295—310°/0,001 Torr sublimierbar.

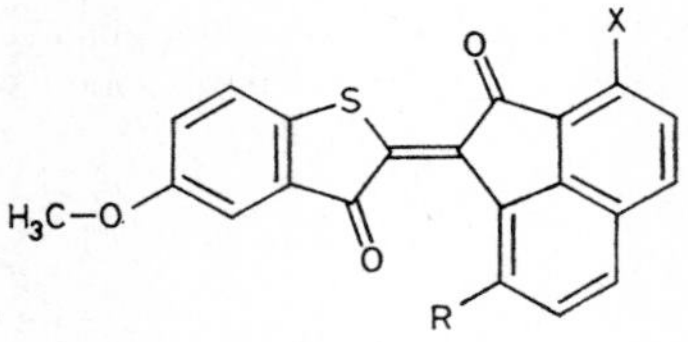

I 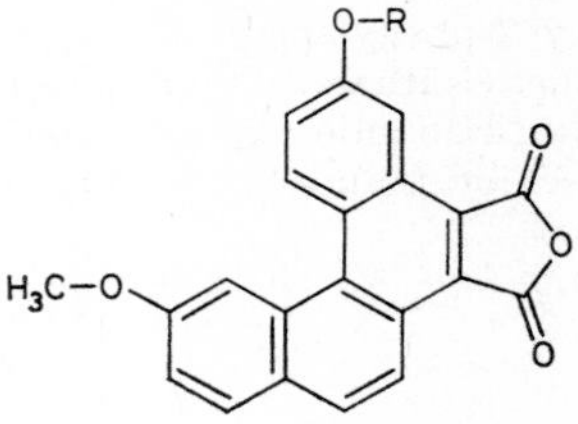   II

3,12-Dimethoxy-benzo[3,4]phenanthro[1,2-c]furan-5,7-dion, 3,11-Dimethoxy-benzo[c]phenanthren-5,6-dicarbonsäure-anhydrid $C_{22}H_{14}O_5$, Formel II (R = CH_3).
B. Beim Erwärmen der im vorangehenden Artikel beschriebenen Verbindung mit Methyljodid und Natriummethylat in Methanol (*Szmuszkovicz, Modest*, Am. Soc. **72** [1950] 566, 570).

Orangefarbene Tafeln (aus Acetanhydrid), F: 211,5—214,5° [korr.]; orangefarbene Prismen (aus Acetanhydrid), F: 209,5—212° [korr.]. Bei 230—300°/0,05 Torr sublimierbar.

3-Acetoxy-12-methoxy-benzo[3,4]phenanthro[1,2-c]furan-5,7-dion, 3-Acetoxy-11-methoxy-benzo[c]phenanthren-5,6-dicarbonsäure-anhydrid $C_{23}H_{14}O_6$, Formel II (R = CO-CH_3).
B. Beim Erhitzen von 3-Hydroxy-11-methoxy-benzo[c]phenanthren-5,6-dicarbonsäure-anhydrid mit Acetanhydrid (*Szmuszkovicz, Modest*, Am. Soc. **72** [1950] 566, 570).

Orangefarbene Krystalle (nach Sublimation bei 230—250°/0,001 Torr); F: 189—190° [korr.].

7,12-Dihydroxy-anthra[2,3-b]benzo[d]thiophen-6,13-chinon $C_{20}H_{10}O_4S$, Formel III, und Tautomeres (6,13-Dihydroxy-anthra[2,3-b]benzo[d]thiophen-7,12-chinon).
B. Beim Erhitzen von Benzo[b]thiophen-2,3-dicarbonsäure-anhydrid mit Naphthalin-1,4-diol, Natriumchlorid und Aluminiumchlorid (*Mayer*, A. **488** [1931] 259, 283).

Rote Krystalle; F: 289—290° [nach Sublimation].

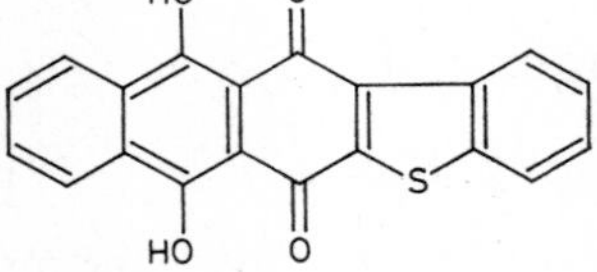

III 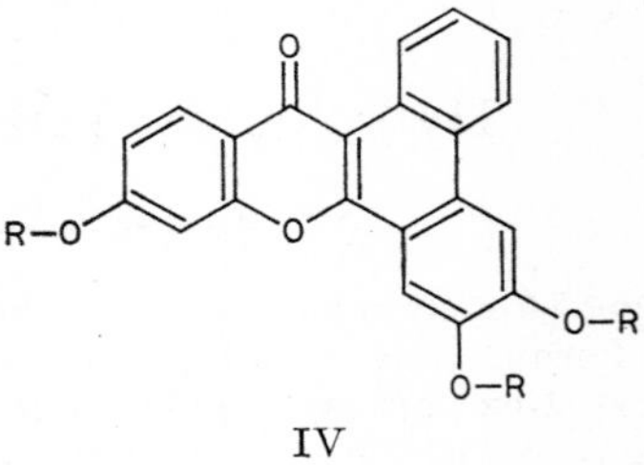   IV

Hydroxy-oxo-Verbindungen $C_{21}H_{12}O_5$

6,7,11-Trihydroxy-dibenzo[a,c]xanthen-14-on $C_{21}H_{12}O_5$, Formel IV (R = H).
B. Beim Erhitzen von 6,7,11-Trimethoxy-dibenzo[a,c]xanthen-14-on mit wss. Bromwasserstoffsäure und Essigsäure (*Baker*, Soc. **1930** 261, 265).
Krystalle (aus A.); F: 318—319° [Zers.].

6,7,11-Trimethoxy-dibenzo[a,c]xanthen-14-on $C_{24}H_{18}O_5$, Formel IV (R = CH_3).
B. Beim Behandeln von 2-[2-Amino-4,5-dimethoxy-phenyl]-7-methoxy-3-phenyl-

chromen-4-on mit Schwefelsäure enthaltendem Methanol und mit wss. Natriumnitrit-Lösung und anschliessenden Erwärmen (*Baker*, Soc. **1930** 261, 264).

Krystalle (aus Eg.); F: 232—233°.

Hydroxy-oxo-Verbindungen C$_{22}$H$_{14}$O$_5$

3-Benzoyl-5,7-dihydroxy-2-phenyl-chromen-4-on C$_{22}$H$_{14}$O$_5$, Formel V (R = X = H).

B. Beim Erhitzen einer Lösung von 1-[2,4,6-Tris-benzoyloxy-phenyl]-äthanon in Toluol mit Natrium (*Pandit, Sethna*, J. Indian chem. Soc. **27** [1950] 1, 2). Beim Behandeln von 3-Benzoyl-5,7-bis-benzoyloxy-2-phenyl-chromen-4-on mit konz. Schwefel= säure (*Trivedi et al.*, J. Indian chem. Soc. **20** [1943] 171).

Krystalle (aus wss. A.); F: 145—146° (*Tr. et al.*), 143—144° (*Pa., Se.*).

3-Benzoyl-5,7-dimethoxy-2-phenyl-chromen-4-on C$_{24}$H$_{18}$O$_5$, Formel V (R = CH$_3$, X = H).

B. Neben 5,7-Dimethoxy-2-phenyl-chromen-4-on beim Erhitzen von 1-[2,4,6-Trihydr= oxy-phenyl]-äthanon mit Benzoesäure-anhydrid und Natriumbenzoat und Behandeln des Reaktionsprodukts mit Dimethylsulfat, Aceton und wss. Natronlauge (*Gulati, Venkataraman*, Soc. **1936** 267).

Gelbe Krystalle (aus Acn.); F: 212°.

V   VI

3-Benzoyl-7-benzoyloxy-5-hydroxy-2-phenyl-chromen-4-on C$_{29}$H$_{18}$O$_6$, Formel VI.

B. Beim Erhitzen von 1-[2,4,6-Tris-benzoyloxy-phenyl]-äthanon unter vermindertem Druck (*O'Toole, Wheeler*, Soc. **1956** 4411, 4414).

Krystalle (aus Bzn.); F: 154°.

3-Benzoyl-5,7-bis-benzoyloxy-2-phenyl-chromen-4-on C$_{36}$H$_{22}$O$_7$, Formel V (R = CO-C$_6$H$_5$, X = H).

B. Beim Erhitzen von 1-[2,4,6-Trihydroxy-phenyl]-äthanon mit Benzoesäure-anhydrid und Natriumbenzoat auf 180° (*Trivedi et al.*, J. Indian chem. Soc. **20** [1943] 171). Beim Erhitzen von 1-[2,4,6-Tris-benzoyloxy-phenyl]-äthanon mit Benzoesäure-anhydrid (*Dunne et al.*, Soc. **1950** 1252, 1259). Beim Behandeln von 3-Benzoyl-7-benzoyloxy-5-hydroxy-2-phenyl-chromen-4-on mit Benzoylchlorid und Pyridin (*O'Toole, Wheeler*, Soc. **1956** 4411, 4414).

Krystalle; F: 173—175° [aus A.] (*O'To., Wh.*), 169° [aus A. + Bzn.] (*Du. et al.*), 167—168° [aus A. + Acn.] (*Tr. et al.*).

5,7-Dihydroxy-3-[4-nitro-benzoyl]-2-[4-nitro-phenyl]-chromen-4-on C$_{22}$H$_{12}$N$_2$O$_9$, Formel V (R = H, X = NO$_2$).

B. Beim Erhitzen von 1-[2,4,6-Tris-(4-nitro-benzoyloxy)-phenyl]-äthanon mit Kalium= carbonat in Toluol und Behandeln des Reaktionsprodukts (F: 272—273°) mit konz. Schwefelsäure oder mit warmer wss. Natronlauge (*Anand, Venkataraman*, Pr. Indian Acad. [A] **26** [1947] 279, 285).

Hellgelbe Krystalle (aus A.); F: 279°.

3-Benzoyl-6,7-dihydroxy-2-phenyl-chromen-4-on C$_{22}$H$_{14}$O$_5$, Formel VII.

Diese Verbindung hat möglicherweise in dem nachstehend beschriebenen Präparat vorgelegen (*Chadha, Venkataraman*, Soc. **1933** 1073, 1075).

B. Neben 6,7-Dihydroxy-2-phenyl-chromen-4-on beim Erhitzen von 1-[2,4,5-Trihydr= oxy-phenyl]-äthanon mit Benzoesäure-anhydrid und Natriumbenzoat auf 180° und Er-

hitzen des Reaktionsprodukts mit wss. Natronlauge (*Ch., Ve.*).
Krystalle; F: 278—281°.

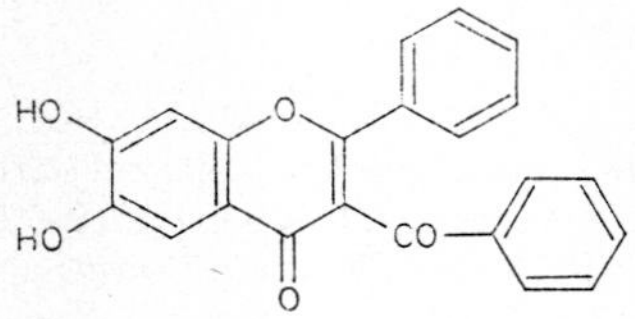

VII

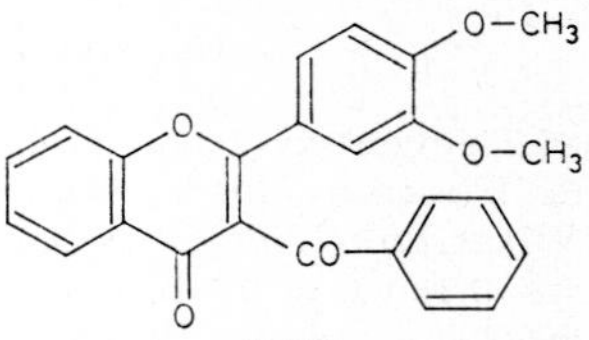

VIII

3-Benzoyl-2-[3,4-dimethoxy-phenyl]-chromen-4-on $C_{24}H_{18}O_5$, Formel VIII.

B. Beim Erhitzen von 1-[2-Hydroxy-phenyl]-3-phenyl-2-veratryliden-propan-1,3-dion (F: 153—154°) mit Selendioxid in Pentan-1-ol (*Baker, Glockling*, Soc. **1950** 2759, 2762).
Krystalle (aus A.); F: 165° [unkorr.].

2-Phenyl-3-veratroyl-chromen-4-on $C_{24}H_{18}O_5$, Formel IX.

B. Beim Erhitzen von 2-Benzyliden-1-[3,4-dimethoxy-phenyl]-3-[2-hydroxy-phenyl]-propan-1,3-dion (F: 158—159°) mit Selendioxid in Pentan-1-ol (*Baker, Glockling*, Soc. **1950** 2759, 2762).
Krystalle (aus A.); F: 165—166° [unkorr.; nach Erweichen bei 120°].

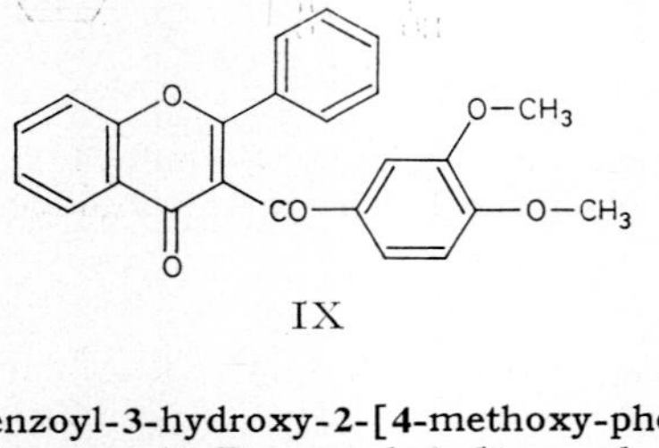

IX

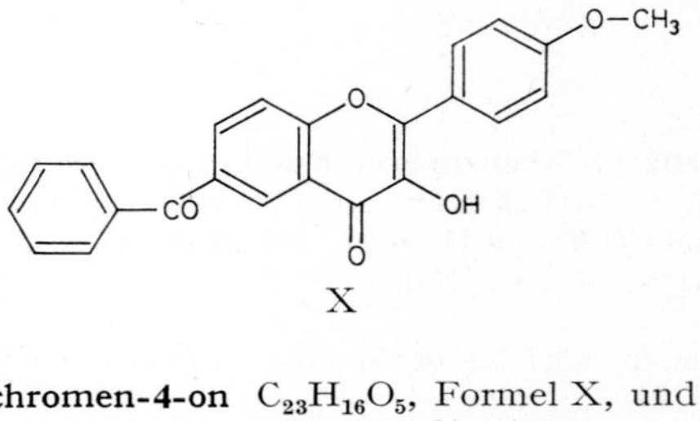

X

6-Benzoyl-3-hydroxy-2-[4-methoxy-phenyl]-chromen-4-on $C_{23}H_{16}O_5$, Formel X, und Tautomeres (6-Benzoyl-2-[4-methoxy-phenyl]-chroman-3,4-dion).

B. Beim Behandeln von 5′-Benzoyl-2′-hydroxy-4-methoxy-*trans*(?)-chalkon (F: 132°) mit wss. Wasserstoffperoxid (10 Mol) und wss. Natronlauge (*Marathey*, J. Univ. Poona Nr. 4 [1953] 73, 79). Beim Erwärmen von 3-Acetoxy-1-[2-acetoxy-5-benzoyl-phenyl]-2-brom-3-[4-methoxy-phenyl]-propan-1-on (F: 70°) mit wss. Aceton und anschliessenden Behandeln mit wss. Natronlauge (*Chandorkar, Limaye*, Rasayanam **2** [1955] 63). Beim Behandeln von 6-Benzoyl-3-hydroxy-2-[4-methoxy-phenyl]-chroman-4-on (S. 2834) mit äthanol. Alkalilauge unter Luftzutritt (*Ma.*).
Krystalle [aus Eg.] (*Ch., Li.*); F: 240° (*Ch., Li.; Ma.*). Absorptionsspektrum (wss. A.; 210—500 nm) sowie Fluorescenzspektrum (A.; 400—625 nm): *Jatkar, Mattoo*, J. Indian chem. Soc. **33** [1956] 641, 643.

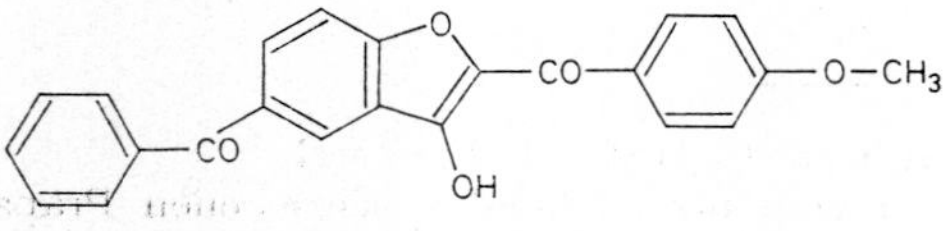

XI

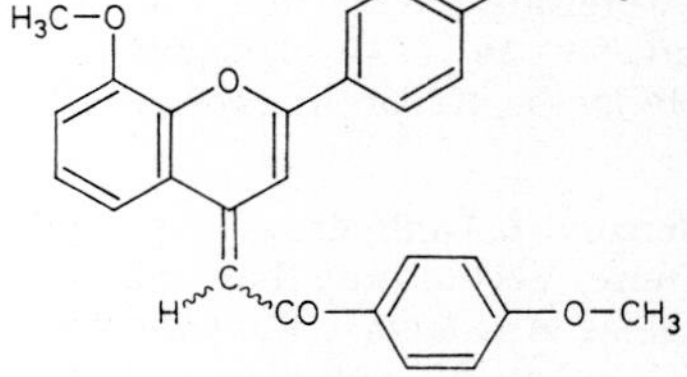

XII

5-Benzoyl-2-[4-methoxy-benzoyl]-benzofuran-3-ol $C_{23}H_{16}O_5$, Formel XI, und Tautomere (z. B. 5-Benzoyl-2-[4-methoxy-benzoyl]-benzofuran-3-on).
   B. Beim Erwärmen einer Suspension von (±)-6-Benzoyl-3,3-dibrom-2-[4-methoxy-
phenyl]-chroman-4-on oder von 6-Benzoyl-3-brom-2-[4-methoxy-phenyl]-chromen-4-on
in Äthanol mit wss. Natronlauge (*Limaye et al.*, Rasayanam **2** [1956] 97, 104).
   Gelbe Krystalle (aus Eg.); F: 177°.

Hydroxy-oxo-Verbindungen $C_{23}H_{16}O_5$

**8-Methoxy-4-[(Ξ)-4-methoxy-phenacyliden]-2-[4-methoxy-phenyl]-4H-chromen,
2-[(Ξ)-8-Methoxy-2-(4-methoxy-phenyl)-chromen-4-yliden]-1-[4-methoxy-phenyl]-
äthanon** $C_{26}H_{22}O_5$, Formel XII.
   B. Beim Erhitzen von 3-[2-Hydroxy-3-methoxy-phenyl]-1,5-bis-[4-methoxy-phenyl]-
pentan-1,5-dion mit Essigsäure (*Beaven, Hill*, Soc. **1936** 256).
   Gelbe Krystalle (aus A.); F: 195°.

7,8-Dimethoxy-4-[4-methoxy-trans(?)-styryl]-3-phenyl-cumarin $C_{26}H_{22}O_5$, vermutlich
Formel XIII.
   B. Beim Erhitzen von 2′-Hydroxy-4,3′,4′-trimethoxy-trans(?)-chalkon mit Natrium-
phenylacetat und Acetanhydrid (*Mahal, Venkataraman*, Soc. **1933** 616).
   Gelbe Krystalle (aus Eg.); F: 195°.

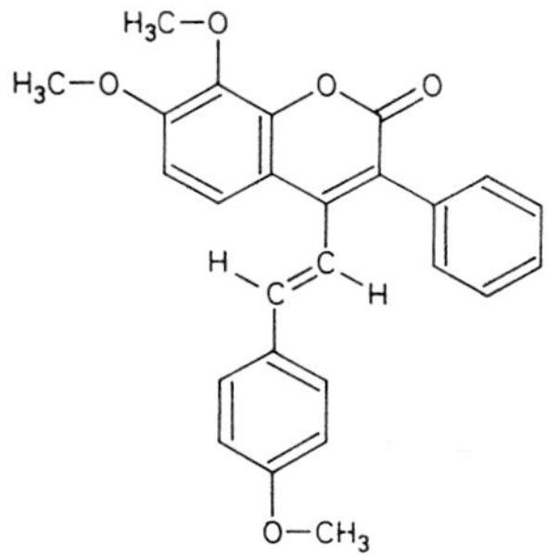

XIII 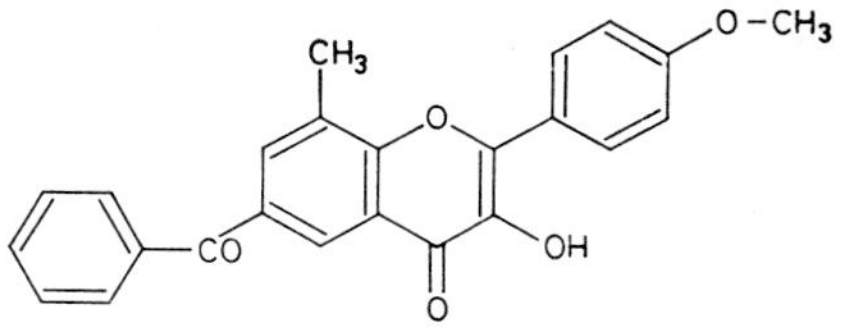   XIV

6-Benzoyl-3-hydroxy-2-[4-methoxy-phenyl]-8-methyl-chromen-4-on $C_{24}H_{18}O_5$,
Formel XIV, und Tautomeres (6-Benzoyl-2-[4-methoxy-phenyl]-8-methyl-
chroman-3,4-dion).
   B. Beim Behandeln einer Lösung von 5′-Benzoyl-2′-hydroxy-4-methoxy-3′-methyl-
trans(?)-chalkon (F: 156°) in Äthanol mit wss. Natronlauge und anschliessend mit wss.
Wasserstoffperoxid (*Amin, Amin*, J. Indian chem. Soc. **36** [1959] 126).
   Gelbe Krystalle (aus Eg.); F: 252°.

Hydroxy-oxo-Verbindungen $C_{24}H_{18}O_5$

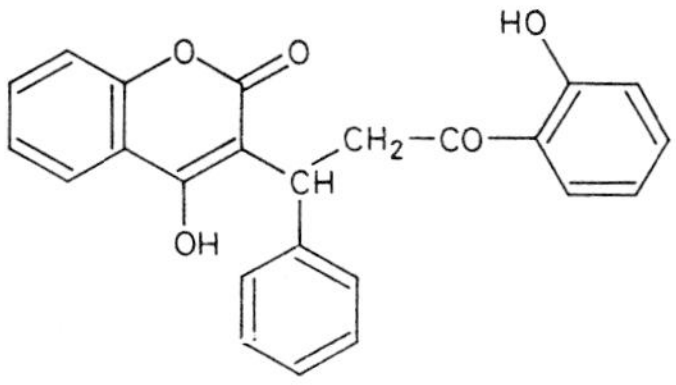

XV 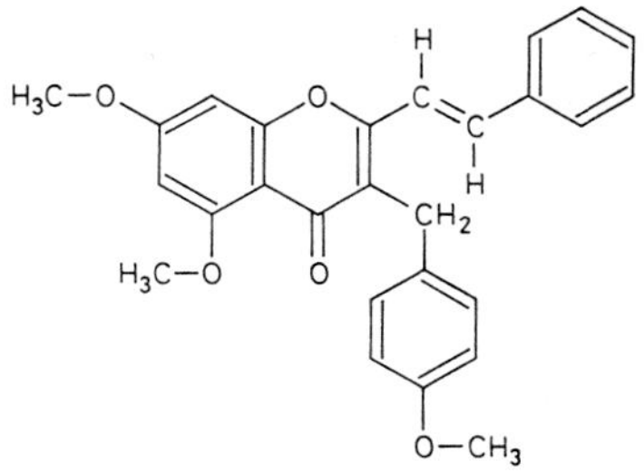   XVI

(±)-4-Hydroxy-3-[3-(2-hydroxy-phenyl)-3-oxo-1-phenyl-propyl]-cumarin $C_{24}H_{18}O_5$, Formel XV, und Tautomere (z. B. (±)-3-[3-(2-Hydroxy-phenyl)-3-oxo-1-phenyl-propyl]-chroman-2,4-dion).

B. Beim Erhitzen von 4-Hydroxy-cumarin (E III/IV **17** 6153) mit 2′-Hydroxy-*trans*-chalkon in Pyridin (*Ikawa et al.*, Am. Soc. **66** [1944] 902, 905).

Krystalle (aus A.); F: 194°.

5,7-Dimethoxy-3-[4-methoxy-benzyl]-2-*trans*(?)-styryl-chromen-4-on $C_{27}H_{24}O_5$, vermutlich Formel XVI.

B. Beim Erwärmen von 5,7-Dimethoxy-3-[4-methoxy-benzyl]-2-methyl-chromen-4-on mit Benzaldehyd und Natriumäthylat in Äthanol (*King, Robertson*, Soc. **1934** 403).

Gelbliche Krystalle (aus A.); F: 165°.

Hydroxy-oxo-Verbindungen $C_nH_{2n-32}O_5$

Hydroxy-oxo-Verbindungen $C_{22}H_{12}O_5$

(±)-3-Acetoxy-3-phenyl-3*H*-anthra[1,2-*c*]furan-1,6,11-trion, (±)-2-[α-Acetoxy-α-hydroxy-benzyl]-9,10-dioxo-9,10-dihydro-anthracen-1-carbonsäure-lacton $C_{24}H_{14}O_6$, Formel I.

B. Beim Erwärmen von 2-Benzoyl-9,10-dioxo-9,10-dihydro-anthracen-1-carbonsäure mit Acetanhydrid und Pyridin (*Rule et al.*, Soc. **1950** 1816, 1819).

Gelbliche Krystalle (aus Eg.); F: 255—256°.

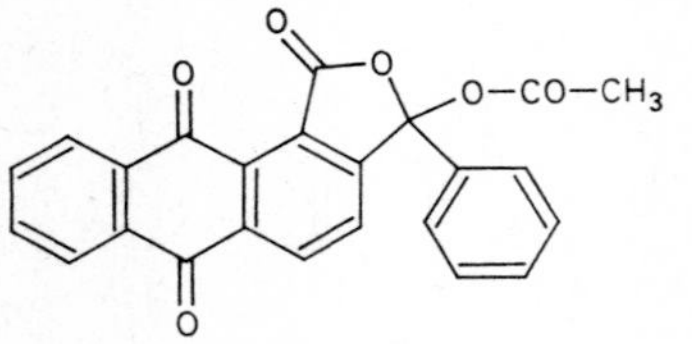

I 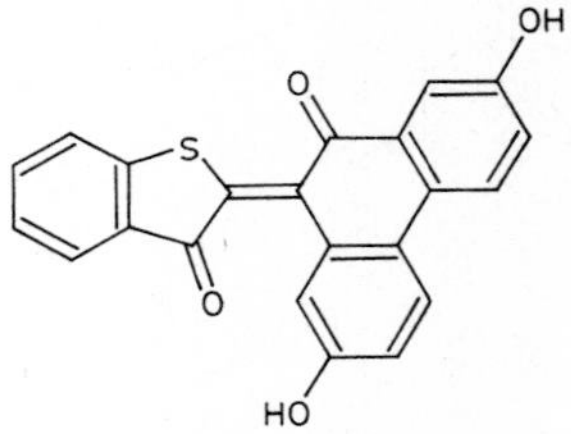   II

*2-[2,7-Dihydroxy-10-oxo-10*H*-[9]phenanthryliden]-benzo[*b*]thiophen-3-on $C_{22}H_{12}O_4S$, Formel II oder Stereoisomeres.

B. Beim Erhitzen von Benzo[*b*]thiophen-3-ol mit 2,7-Dihydroxy-phenanthren-9,10-chinon, Essigsäure und wss. Salzsäure (*Dutta*, J. Indian chem. Soc. **9** [1932] 99).

Braunschwarze Krystalle (aus Eg.), die unterhalb 300° nicht schmelzen.

Hydroxy-oxo-Verbindungen $C_{24}H_{16}O_5$

(±)-3-[2,4-Dihydroxy-phenyl]-3-[4-hydroxy-[1]naphthyl]-phthalid $C_{24}H_{16}O_5$, Formel III.

B. Aus 2-[2,4-Dihydroxy-benzoyl]-benzoesäure und [1]Naphthol (*Rohatgi*, Indian J. appl. Chem. **21** [1958] 102).

Orangebraune Krystalle; F: 166—167°.

Reaktion mit Quecksilber(II)-acetat: *Ro.*

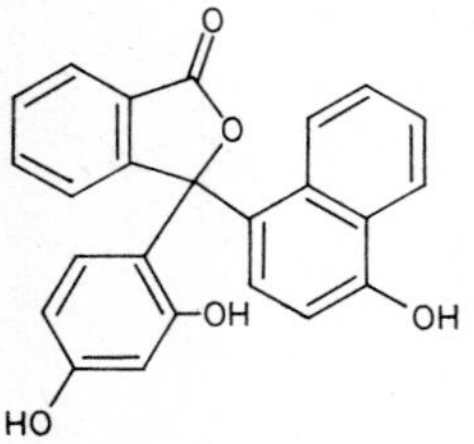

III 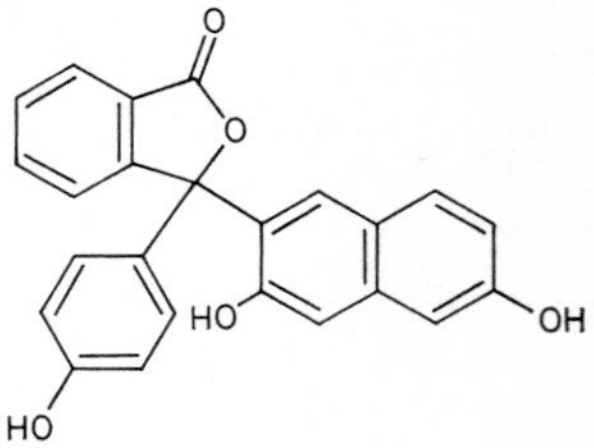   IV

(±)-3-[3,6-Dihydroxy-[2]naphthyl]-3-[4-hydroxy-phenyl]-phthalid C$_{24}$H$_{16}$O$_5$, Formel IV.

Diese Konstitution wird der nachstehend beschriebenen Verbindung zugeordnet (*Ghatak*, Bl. Acad. Sci. Agra Oudh **2** [1933] 253, 256).

B. Beim Erhitzen von 2-[4-Hydroxy-benzoyl]-benzoesäure mit Naphthalin-2,7-diol und konz. Schwefelsäure (*Gh.*).

Violette Krystalle (aus wss. A.); F: 261°. Absorptionsmaximum: 563,5 nm.

Hydroxy-oxo-Verbindungen C$_{25}$H$_{18}$O$_5$

(±)-9-Acetoxy-12-[4-acetoxy-2-hydroxy-phenyl]-12-acetyl-12*H*-benzo[*a*]xanthen, (±)-1-[9-Acetoxy-12-(4-acetoxy-2-hydroxy-phenyl)-12*H*-benzo[*a*]xanthen-12-yl]-äthanon C$_{29}$H$_{22}$O$_7$, Formel V.

Diese Konstitution kommt vermutlich der nachstehend beschriebenen Verbindung zu; die Position der O-Acetyl-Gruppen ist nicht bewiesen.

B. Beim Erhitzen von 2,4-Dihydroxy-benzaldehyd mit Resorcin, [2]Naphthol und Zinkchlorid auf 185° und Behandeln des Reaktionsprodukts mit Acetanhydrid (*Tu, Lollar*, J. Am. Leather Chemists Assoc. **45** [1950] 324, 329).

Zers. bei 250° [unkorr.].

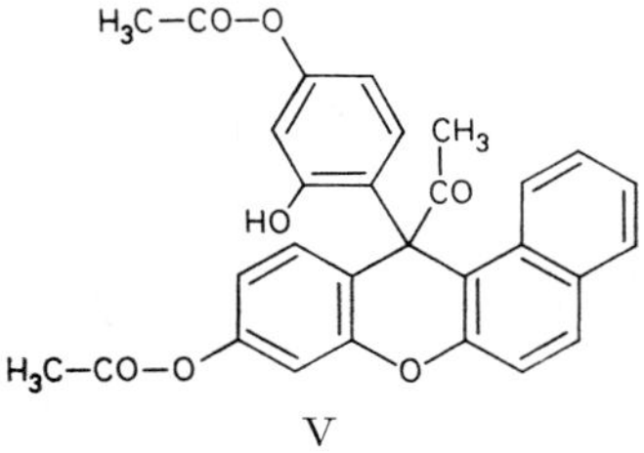

V

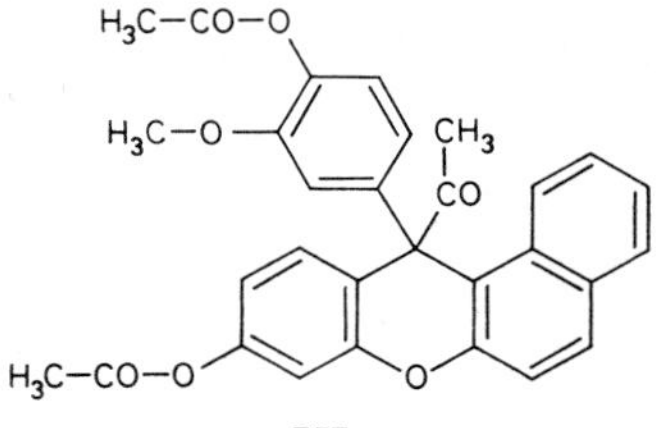

VI

(±)-9-Acetoxy-12-[4-acetoxy-3-methoxy-phenyl]-12-acetyl-12*H*-benzo[*a*]xanthen, (±)-1-[9-Acetoxy-12-(4-acetoxy-3-methoxy-phenyl)-12*H*-benzo[*a*]xanthen-12-yl]-äthanon C$_{30}$H$_{24}$O$_7$, Formel VI.

B. Beim Erhitzen von Vanillin mit Resorcin, [2]Naphthol und Zinkchlorid auf 180° und Behandeln des Reaktionsprodukts mit Acetanhydrid (*Tu, Lollar*, J. Am. Leather Chemists Assoc. **45** [1950] 324, 329).

F: 205° [unkorr.].

Hydroxy-oxo-Verbindungen C$_n$H$_{2n-34}$O$_5$

Hydroxy-oxo-Verbindungen C$_{23}$H$_{12}$O$_5$

3-[(*Ξ*)-Salicyliden]-3*H*-anthra[1,2-*b*]furan-2,6,11-trion C$_{23}$H$_{12}$O$_5$, Formel VII.

B. Beim Behandeln von 3*H*-Anthra[1,2-*b*]furan-2,6,11-trion mit Salicylaldehyd, Pyridin und wenig Piperidin (*Marschalk*, Bl. [5] **9** [1942] 801, 803).

Gelbe Krystalle; F: 300° [Block].

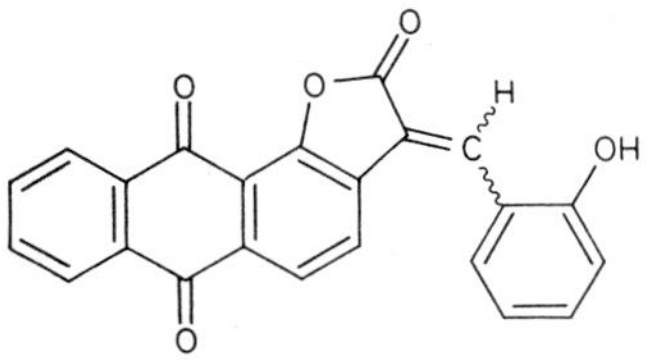

VII

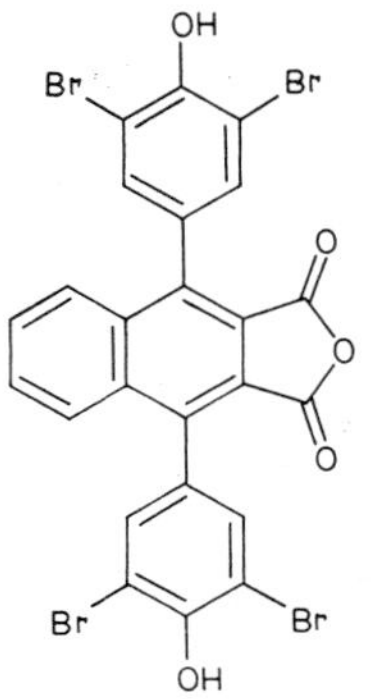

VIII

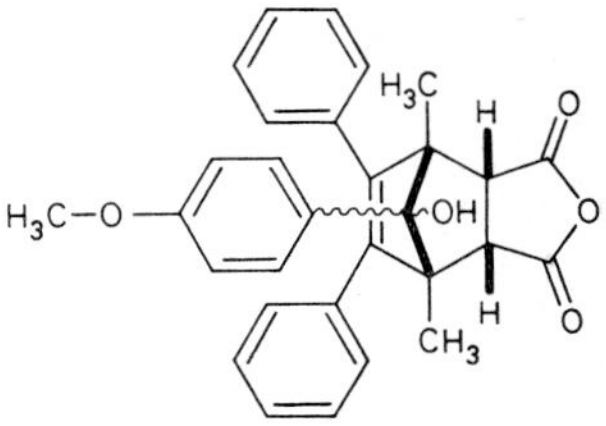

IX

Hydroxy-oxo-Verbindungen $C_{24}H_{14}O_5$

**4,9-Bis-[3,5-dibrom-4-hydroxy-phenyl]-naphtho[2,3-c]furan-1,3-dion, 1,4-Bis-[3,5-di=
brom-4-hydroxy-phenyl]-naphthalin-2,3-dicarbonsäure-anhydrid** $C_{24}H_{10}Br_4O_5$,
Formel VIII.

B. Beim Erhitzen von 1,3-Bis-[3,5-dibrom-4-hydroxy-phenyl]-isobenzofuran mit
Maleinsäure-anhydrid in Toluol und Erwärmen des Reaktionsprodukts in Chlorwas=
serstoff enthaltendem Äthanol (*Weiss, Mayer*, M. **71** [1938] 6, 8).

Gelbliche Krystalle (aus Nitrobenzol oder Tetralin); F: 336°.

Hydroxy-oxo-Verbindungen $C_{29}H_{24}O_5$

**8ξ-Hydroxy-8ξ-[4-methoxy-phenyl]-4,7-dimethyl-5,6-diphenyl-(3ar,7ac ?)-3a,4,7,7a-
tetrahydro-4c,7c-methano-isobenzofuran-1,3-dion, 7ξ-Hydroxy-7ξ-[4-methoxy-phenyl]-
1,4-dimethyl-5,6-diphenyl-norborn-5-en-2endo(?),3endo(?)-dicarbonsäure-anhydrid**
$C_{30}H_{26}O_5$, vermutlich Formel IX.

B. Beim Erwärmen von 1-[4-Methoxy-phenyl]-2,5-dimethyl-3,4-diphenyl-cyclopenta-
2,4-dienol mit Maleinsäure-anhydrid in Benzol (*Allen, VanAllan*, Am. Soc. **68** [1946]
2387, 2390).

Krystalle (aus Xylol); F: 210—212°.

Hydroxy-oxo-Verbindungen $C_nH_{2n-36}O_5$

Hydroxy-oxo-Verbindungen $C_{23}H_{10}O_5$

**7-Hydroxy-pentaceno[5,6-bc]furan-1,9,14-trion, 7,12-Dihydroxy-5,14-dioxo-5,14-dihydro-
pentacen-6-carbonsäure-7-lacton** $C_{23}H_{10}O_5$, Formel I.

B. Neben anderen Verbindungen beim Erhitzen von Dibenzo[fg,qr]pentacen mit
Chrom(VI)-oxid in Essigsäure (*Zinke et al.*, M. **82** [1951] 645, 649).

Braune Krystalle (aus Xylol); F: 396—398° [von 250° an sublimierend].

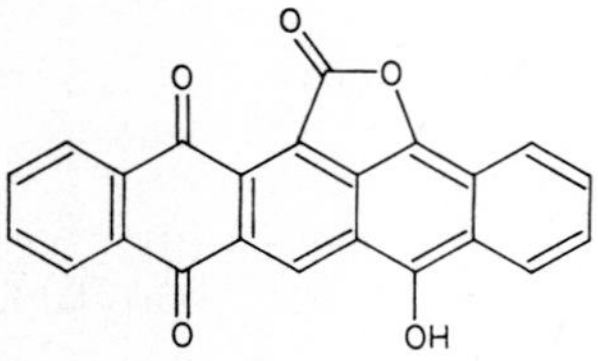

I 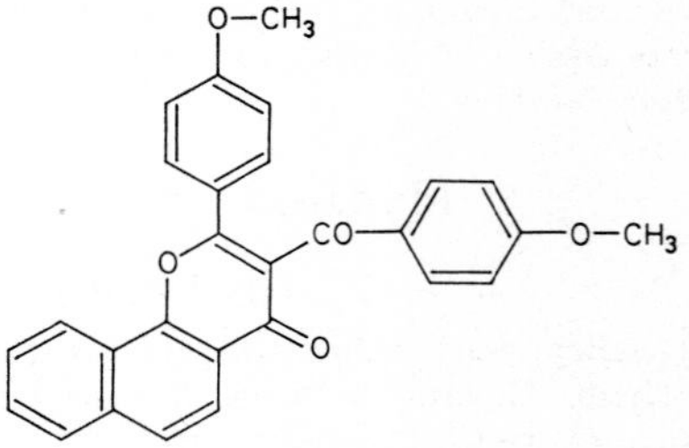   II

Hydroxy-oxo-Verbindungen $C_{26}H_{16}O_5$

3-[4-Methoxy-benzoyl]-2-[4-methoxy-phenyl]-benzo[h]chromen-4-on $C_{28}H_{20}O_5$,
Formel II.

B. Neben 2-[4-Methoxy-phenyl]-benzo[h]chromen-4-on beim Erhitzen von 1-[1-Hydr=
oxy-[2]naphthyl]-äthanon mit 4-Methoxy-benzoesäure-anhydrid und Kalium-[4-meth=
oxy-benzoat] auf 190° (*Bhullar, Venkataraman*, Soc. **1931** 1165, 1168).

Gelbe Krystalle (aus A.); F: 211—212°.

2,5-Di-[1]naphthoyl-selenophen-3,4-diol $C_{26}H_{16}O_4Se$, Formel III, und Tautomere.

B. Beim Erhitzen von 1,6-Di-[1]naphthyl-hexan-1,3,4,6-tetraon mit einer Suspension
von Selendioxid in Dioxan (*Balenović et al.*, J. org. Chem. **19** [1954] 1556, 1558).

Orangefarbene Krystalle (aus wss. Acn.); F: 265° [unkorr.].

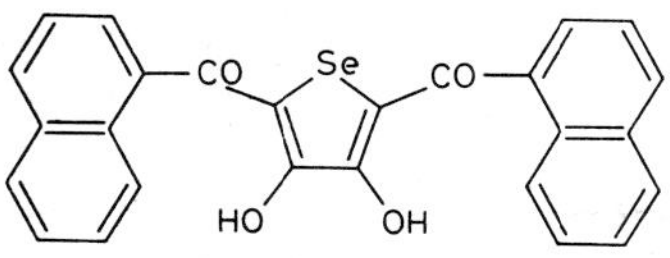

III

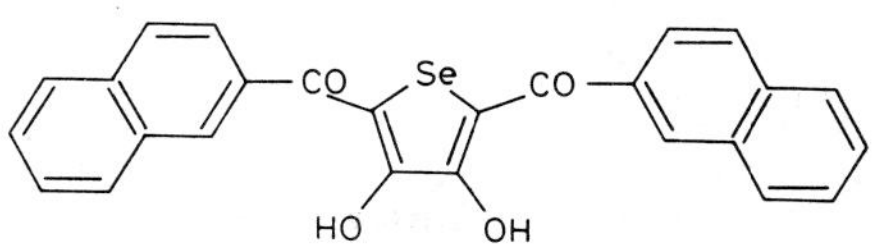

IV

2,5-Di-[2]naphthoyl-selenophen-3,4-diol $C_{26}H_{16}O_4Se$, Formel IV, und Tautomere.
B. Beim Erhitzen von 1,6-Di-[2]naphthyl-hexan-1,3,4,6-tetraon mit einer Suspension von Selendioxid in Dioxan (*Balenović et al.*, J. org. Chem. **19** [1954] 1556, 1558).
Orangefarbene Krystalle (aus Bzl. + PAe.); F: 195° [unkorr.].

Hydroxy-oxo-Verbindungen $C_{27}H_{18}O_5$

2-[2′,4′,6′-Trihydroxy-m-terphenyl-5′-yl]-chromen-4-on $C_{27}H_{18}O_5$, Formel V (R = H).
B. Beim Erwärmen von 2-[2,4,6-Trimethoxy-phenyl]-chromen-4-on mit Benzol und Aluminiumchlorid (*Gallagher et al.*, Soc. **1953** 3770, 3776).
Krystalle (aus A. oder Eg.) mit 0,5 Mol H_2O; F: 298 – 302° [Zers.].

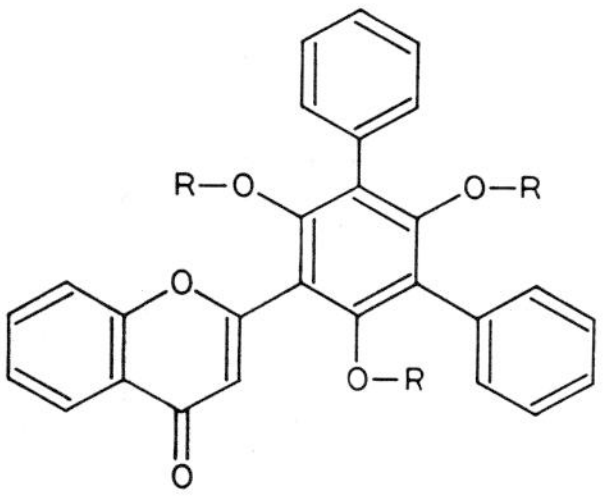

V

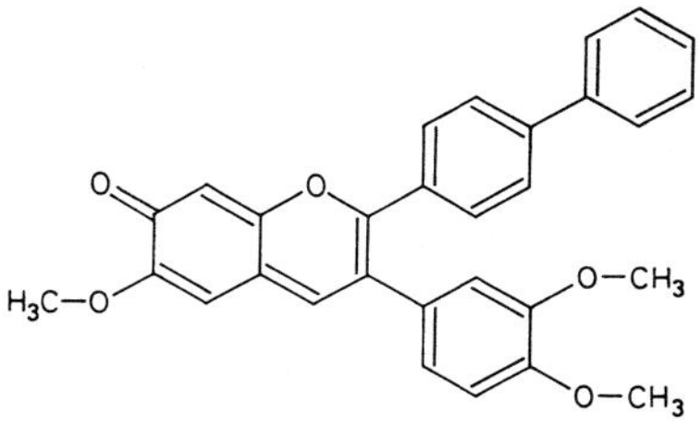

VI

2-[2′,4′,6′-Triacetoxy-m-terphenyl-5′-yl]-chromen-4-on $C_{33}H_{24}O_8$, Formel V (R = CO-CH₃).
B. Aus 2-[2′,4′,6′-Trihydroxy-m-terphenyl-5′-yl]-chromen-4-on (*Gallagher et al.*, Soc. **1953** 3770, 3776).
Krystalle (aus A.); F: 160 – 162° [nach Sintern bei 154°].

2-Biphenyl-4-yl-3-[3,4-dimethoxy-phenyl]-6-methoxy-chromen-7-on $C_{30}H_{24}O_5$, Formel VI.
B. Neben 2-Biphenyl-4-yl-3-[3,4-dimethoxy-phenyl]-7-hydroxy-6-methoxy-chromenylium-chlorid beim Behandeln eines Gemisches von 3′,4′-Dimethoxy-4-phenyl-desoxybenzoin und 2,4-Dihydroxy-5-methoxy-benzaldehyd in Äthylacetat mit Chlorwasserstoff (*Mee et al.*, Soc. **1957** 3093, 3098).
Rote Krystalle; F: 159 – 160°.

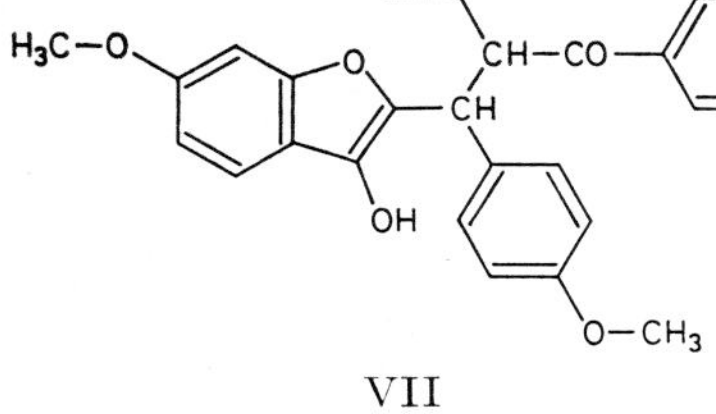

VII

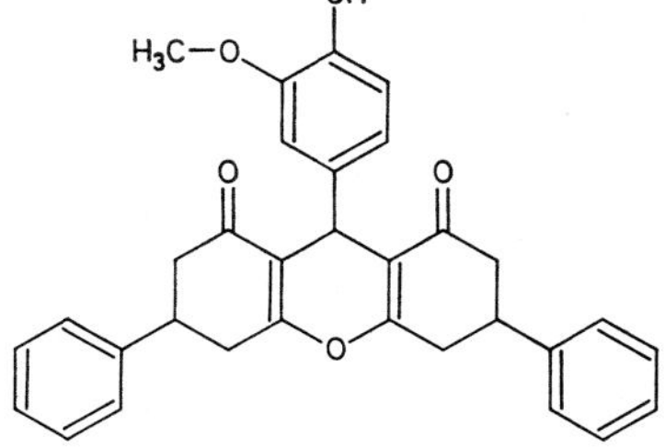

VIII

Hydroxy-oxo-Verbindungen $C_{29}H_{22}O_5$

*Opt.-inakt. 3-[3-Hydroxy-6-methoxy-benzofuran-2-yl]-3-[4-methoxy-phenyl]-1,2-di≈ phenyl-propan-1-on $C_{31}H_{26}O_5$, Formel VII, und Tautomeres (6-Methoxy-2-[1-(4-methoxy-phenyl)-3-oxo-2,3-diphenyl-propyl]-benzofuran-3-on).
B. Beim Erwärmen von 6-Methoxy-2-[4-methoxy-benzyliden]-benzofuran-3-on (F: 134°) mit Desoxybenzoin und mit Natriumäthylat in Äthanol (*Panse et al.*, J. Univ. Bombay **10**, Tl. 3 A [1941] 83).
Krystalle (aus Acn. + CHCl₃) mit 1 Mol H₂O; F: 273°.

Hydroxy-oxo-Verbindungen $C_{31}H_{26}O_5$

*Opt.-inakt. 9-[4-Hydroxy-3-methoxy-phenyl]-3,6-diphenyl-3,4,5,6,7,9-hexahydro-2H-xanthen-1,8-dion $C_{32}H_{28}O_5$, Formel VIII.
B. Beim Behandeln von Bis-[2,6-dioxo-4-phenyl-cyclohexyl]-[4-hydroxy-3-methoxy-phenyl]-methan (F: 116°) mit Äthanol und Chlorwasserstoff (*Desai, Wali*, J. Indian chem. Soc. **13** [1936] 735, 738).
Krystalle (aus A.), die unterhalb 280° nicht schmelzen.

Hydroxy-oxo-Verbindungen $C_nH_{2n-42}O_5$

5,6-Bis-[4-methoxy-phenyl]-4,7-diphenyl-(3ar,7ac)-3a,7a-dihydro-isobenzofuran-1,3-dion, 4,5-Bis-[4-methoxy-phenyl]-3,6-diphenyl-cyclohexa-3,5-dien-1r,2c-dicarbon≈ säure-anhydrid $C_{34}H_{26}O_5$, Formel I.
B. Beim Erhitzen von 3,4-Bis-[4-methoxy-phenyl]-2,5-diphenyl-cyclopentadienon mit Maleinsäure-anhydrid und Brombenzol (*Madroñero Peláez*, An. Soc. españ. [B] **49** [1953] 603, 607). Beim Erhitzen von 5,6-Bis-[4-methoxy-phenyl]-7-oxo-1,4-diphenyl-norborn-5-en-2r,3c-dicarbonsäure-anhydrid (F: 187°) mit Brombenzol (*Ma. Pe.*).
Krystalle (aus Bzl.); F: 235°.

I   II

Hydroxy-oxo-Verbindungen $C_nH_{2n-44}O_5$

Hydroxy-oxo-Verbindungen $C_{32}H_{20}O_5$

3,6-Bis-[4-methoxy-phenyl]-4,5-diphenyl-phthalsäure-anhydrid $C_{34}H_{24}O_5$, Formel II.
B. Beim Erhitzen von 2,5-Bis-[4-methoxy-phenyl]-3,4-diphenyl-cyclopentadienon mit Chlormaleinsäure-anhydrid und Brombenzol (*Coan et al.*, Am. Soc. **77** [1955] 60, 62, 63).
Krystalle (aus Chlorbenzol + PAe. oder aus Toluol + PAe.); F: 267,4—268° [korr.].

4,5-Bis-[4-methoxy-phenyl]-3,6-diphenyl-phthalsäure-anhydrid $C_{34}H_{24}O_5$, Formel III.
B. Beim Erhitzen von 3,4-Bis-[4-methoxy-phenyl]-2,5-diphenyl-cyclopentadienon mit Chlormaleinsäure-anhydrid und Brombenzol (*Coan et al.*, Am. Soc. **77** [1955] 60, 62, 63)

oder mit Maleinsäure-anhydrid und Nitrobenzol (*Madroñero Peláez*, An. Soc. españ. [B] **49** [1953] 603, 607). Aus 4,5-Bis-[4-methoxy-phenyl]-3,6-diphenyl-cyclohexa-3,5-dien-1*r*,2*c*-dicarbonsäure-anhydrid beim Behandeln mit Brom in Brombenzol und anschliessenden Erhitzen sowie beim Erhitzen mit Nitrobenzol (*Ma. Pe.*). Beim Erhitzen von 5,6-Bis-[4-methoxy-phenyl]-7-oxo-1,4-diphenyl-norborn-5-en-2*r*,3*c*-dicarbonsäure-anhydrid (F: 187°) mit Nitrobenzol (*Ma. Pe.*, l. c. S. 608).

Krystalle; F: 301,8—302° [korr.; aus Chlorbenzol + PAe. oder Toluol + PAe.] (*Coan et al.*), 297° [aus Bzl.] (*Ma. Pe.*).

Hydroxy-oxo-Verbindungen $C_{35}H_{26}O_5$

5,6-Bis-[4-methoxy-phenyl]-4,7-diphenyl-3a,7a-propano-isobenzofuran-1,3-dion,
5,6-Bis-[4-methoxy-phenyl]-4,7-diphenyl-indan-3a*r*,7a*c*-dicarbonsäure-anhydrid
$C_{37}H_{30}O_5$, Formel IV.

B. Beim Erhitzen von 5,6-Bis-[4-methoxy-phenyl]-8-oxo-4,7-diphenyl-4,7-dihydro-4*ξ*,7*ξ*-methano-indan-3a*r*,7a*c*-dicarbonsäure-anhydrid (F: 138—139°) mit Tetralin (*Sen Gupta, Bhattacharyya*, J. Indian chem. Soc. **33** [1956] 29, 33).

Krystalle (aus Bzl.); F: 202°.

Hydroxy-oxo-Verbindungen $C_nH_{2n-46}O_5$

Hydroxy-oxo-Verbindungen $C_{30}H_{14}O_5$

16,17-Dihydroxy-trinaphthyleno[5,6-*bcd*]furan-10,11-chinon $C_{30}H_{14}O_5$, Formel V,
11,16-Dihydroxy-trinaphthyleno[5,6-*bcd*]furan-10,17-chinon $C_{30}H_{14}O_5$, Formel VI, und
10,17-Dihydroxy-trinaphthyleno[5,6-*bcd*]furan-11,16-chinon $C_{30}H_{14}O_5$, Formel VII.

Diese Konstitutionsformeln kommen für die nachstehend beschriebene Verbindung, die mit dem E II **7** 651 im Artikel Naphthochinon-(1.4) erwähnten grünen Pigment-farbstoff identisch ist, in Betracht (*Pummerer et al.*, B. **71** [1938] 2569, 2571).

B. Neben Naphthalin-1,4-diol beim Erhitzen von [1,4]Naphthochinon mit Wasser auf 150° (*BASF*, D.R.P. 353221 [1917]; Frdl. **14** 488). Beim Erhitzen von [2,2']Bi=naphthyl-1,4;1',4'-dichinon mit Naphthalin-1,4-diol, Benzoesäure und 1,2-Dichlor-benzol auf 185° (*Pummerer et al.*, B. **72** [1939] 1623). Beim Erhitzen von Trinaphthylen-5,6,11,12,17,18-hexaol (E III **6** 6990) in Chlorbenzol unter Zutritt von Luft (*Rosenhauer et al.*, B. **70** [1937] 2281, 2292). Beim Behandeln von Trinaphthylen-5,6,11,12,17,18-tri=chinon (E III **7** 4865) mit Zink-Pulver und konz. Schwefelsäure (*BASF*).

Blauschwarze Krystalle (aus Chlorbenzol oder Trichlorbenzol), F: 382° [unkorr.; Zers.; im vorgeheizten Block] (*Ro. et al.*); grüne oder blaue Krystalle (aus Nitrobenzol), Zers. oberhalb 300° (*BASF*).

Di-*O*-acetyl-Derivat $C_{34}H_{18}O_7$ (auch aus Trinaphthylen-5,6,11,12,17,18-hexaol [E III **6** 6990] durch Erwärmen mit Acetanhydrid und wenig Schwefelsäure unter Zu-tritt von Luft erhältlich [*Ro. et al.*, l. c. S. 2291]). Rotviolette Krystalle (aus Nitro=benzol); F: 325° [Zers.] (*Pu. et al.*, B. **71** 2574), 285° [unkorr.; Zers.; im vorgeheizten Block] (*Ro. et al.*).

Bis-*O*-[2-chlor-benzoyl]-Derivat $C_{44}H_{20}Cl_2O_7$. Rote Krystalle (aus Bzl.); F: 317° (*Pu. et al.*, B. **71** 2574).

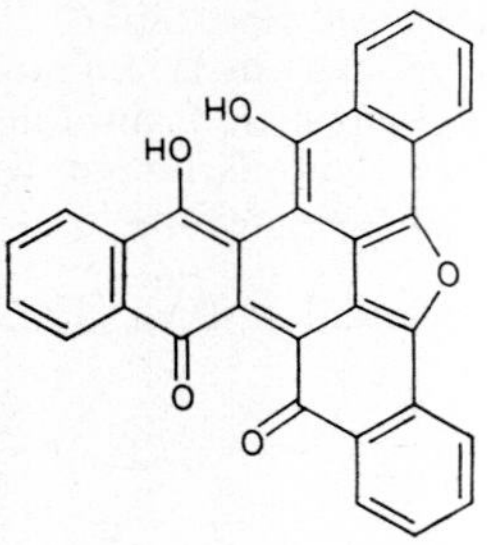

V 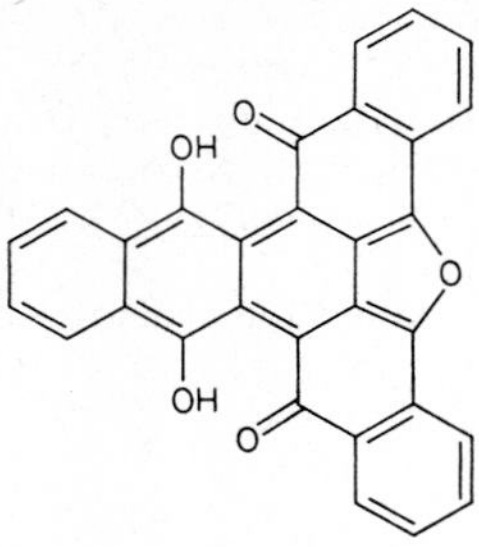   VI 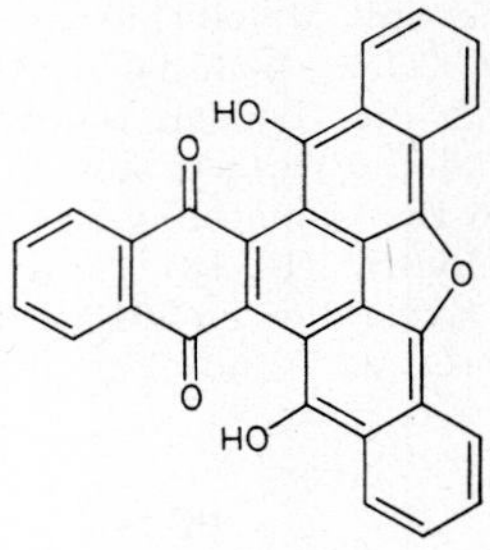   VII

Hydroxy-oxo-Verbindungen $C_{34}H_{22}O_5$

(±)-6-Hydroxy-5-[α'-oxo-bibenzyl-α-yl]-2,3-diphenyl-benzofuran-4,7-chinon $C_{34}H_{22}O_5$, Formel VIII, und Tautomere.

B. Beim Behandeln von (±)-2-[6,7-Dihydroxy-2,3-diphenyl-benzofuran-5-yl]-1,2-diphenyl-äthanon mit Salpetersäure und Essigsäure (*Sugiyama*, Bl. Inst. phys. chem. Res. Tokyo **21** [1942] 744, 748; C. A. **1947** 5506).

Rote Krystalle (aus Nitrobenzol); Zers. bei 233° [nach Sintern bei 170°].

[*Höffer*]

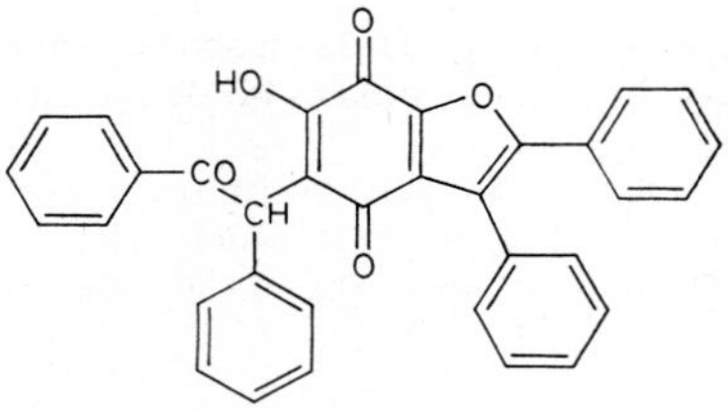

VIII

Sachregister

Das Register enthält die Namen der in diesem Band abgehandelten Verbindungen mit Ausnahme von Salzen, deren Kationen aus Metallionen oder protonierten Basen bestehen, und von Additionsverbindungen.

Die im Register aufgeführten Namen („Registernamen") unterscheiden sich von den im Text verwendeten Namen im allgemeinen dadurch, dass Substitutionspräfixe und Hydrierungsgradpräfixe hinter den Stammnamen gesetzt („invertiert") sind, und dass alle zur Konfigurationskennzeichnung dienenden genormten Präfixe und Symbole (s. „Stereochemische Bezeichnungsweisen") weggelassen sind.

Der Registername enthält demnach die folgenden Bestandteile in der angegebenen Reihenfolge:

1. den Register-Stammnamen (in Fettdruck); dieser setzt sich zusammen aus
   a) dem Stammvervielfachungsaffix (z.B. Bi in [1,2′]Binaphthyl),
   b) stammabwandelnden Präfixen[1]),
   c) dem Namensstamm (z.B. Hex in Hexan; Pyrr in Pyrrol),
   d) Endungen (z.B. -an, -en, -in zur Kennzeichnung des Sättigungszustandes von Kohlenstoff-Gerüsten; -ol, -in, -olin, -olidin usw. zur Kennzeichnung von Ringgrösse und Sättigungszustand bei Heterocyclen),
   e) dem Funktionssuffix zur Kennzeichnung der Hauptfunktion (z.B. -ol, -dion, -säure, -tricarbonsäure),
   f) Additionssuffixen (z.B. oxid in Äthylenoxid).
2. Substitutionspräfixe, d.h. Präfixe, die den Ersatz von Wasserstoff-Atomen durch andere Substituenten kennzeichnen (z.B. Äthyl-chlor in 1-Äthyl-2-chlor-naphthalin; Epoxy in 1,4-Epoxy-*p*-menthan [vgl. dagegen das Brückenpräfix Epoxido]).
3. Hydrierungsgradpräfixe (z.B. Tetrahydro in 1,2,3,4-Tetrahydro-naphth=alin; Didehydro in 4,4′-Didehydro-β,β′-carotin-3,3′-dion).
4. Funktionsabwandlungssuffixe (z.B. oxim in Aceton-oxim; dimethylester in Bernsteinsäure-dimethylester).

Beispiele:
Dibrom-chlor-methan wird registriert als **Methan**, Dibrom-chlor-;
meso-1,6-Diphenyl-hex-3-in-2,5-diol wird registriert als **Hex-3-in-2,5-diol**, 1,6-Diphenyl-;
4a,8a-Dimethyl-octahydro-1*H*-naphthalin-2-on-semicarbazon wird registriert als **Naphthalin-2-on**, 4a,8a-Dimethyl-octahydro-1*H*-, semicarbazon;
8-Hydroxy-4,5,6,7-tetramethyl-3a,4,7,7a-tetrahydro-4,7-äthano-inden-9-on wird registriert als **4,7-Äthano-inden-9-on**, 8-Hydroxy-4,5,6,7-tetramethyl-3a,4,7,7a-tetrahydro-.

---

[1]) Zu den stammabwandelnden Präfixen gehören:
Austauschpräfixe (z.B. Dioxa in 3,9-Dioxa-undecan; Thio in Thioessigsäure),
Gerüstabwandlungspräfixe (z.B. Cyclo in 2,5-Cyclo-benzocyclohepten; Bicyclo in Bicyclo=[2.2.2]octan; Spiro in Spiro[4.5]octan; Seco in 5,6-Seco-cholestan-5-on),
Brückenpräfixe (nur zulässig in Namen, deren Stamm ein Ringgerüst ohne Seitenkette bezeichnet; z.B. Methano in 1,4-Methano-naphthalin; Epoxido in 4,7-Epoxido-inden [vgl. dagegen das Substitutionspräfix Epoxy]),
Anellierungspräfixe (z.B. Benzo in Benzocyclohepten; Cyclopenta in Cyclopenta[*a*]phen=anthren),
Erweiterungspräfixe (z.B. Homo in *D*-Homo-androst-5-en),
Subtraktionspräfixe (z.B. Nor in *A*-Nor-cholestan; Desoxy in 2-Desoxy-glucose).

Besondere Regelungen gelten für Radikofunktionalnamen, d.h. Namen, die aus einer oder mehreren Radikalbezeichnungen und der Bezeichnung einer Funktionsklasse oder eines Ions zusammengesetzt sind:

Bei Radikofunktionalnamen von Verbindungen, deren Funktionsgruppe (oder ional bezeichnete Gruppe) mit nur einem Radikal unmittelbar verknüpft ist, umfasst der (in Fettdruck gesetzte) Register-Stammname die Bezeichnung dieses Radikals und die Funktionsklassenbezeichnung (oder Ionenbezeichnung) in unveränderter Reihenfolge; Präfixe, die eine Veränderung des Radikals ausdrücken, werden hinter den Stammnamen gesetzt.

Beispiele:
> Äthylbromid, Phenylbenzoat, Phenyllithium und Butylamin werden unverändert registriert;
> 4'-Brom-3-chlor-benzhydrylchlorid wird registriert als **Benzhydrylchlorid,** 4'-Brom-3-chlor-;
> 1-Methyl-butylamin wird registriert als **Butylamin,** 1-Methyl-.

Bei Radikofunktionalnamen von Verbindungen mit einem mehrwertigen Radikal, das unmittelbar mit den Funktionsgruppen (oder ional bezeichneten Gruppen) verknüpft ist, umfasst der Register-Stammname die Bezeichnung dieses Radikals und die (gegebenenfalls mit einem Vervielfachungsaffix versehene) Funktionsklassenbezeichnung (oder Ionenbezeichnung), nicht aber weitere im Namen enthaltene Radikalbezeichnungen, auch wenn sie sich auf unmittelbar mit einer der Funktionsgruppen verknüpfte Radikale beziehen.

Beispiele:
> Benzylidendiacetat, Äthylendiamin und Äthylenchlorid werden unverändert registriert;
> 1,2,3,4-Tetrahydro-naphthalin-1,4-diyldiamin wird registriert als **Naphthalin-1,4-diyldiamin,** Tetrahydro-;
> N,N-Diäthyl-äthylendiamin wird registriert als **Äthylendiamin,** N,N-Diäthyl-.

Bei Radikofunktionalnamen, deren (einzige) Funktionsgruppe mit mehreren Radikalen unmittelbar verknüpft ist, besteht hingegen der Register-Stammname nur aus der Funktionsklassenbezeichnung (oder Ionenbezeichnung); die Radikalbezeichnungen werden sämtlich hinter dieser angeordnet.

Beispiele:
> Benzyl-methyl-amin wird registriert als **Amin,** Benzyl-methyl-;
> Äthyl-trimethyl-ammonium wird registriert als **Ammonium,** Äthyl-trimethyl-;
> Diphenyläther wird registriert als **Äther,** Diphenyl-;
> [2-Äthyl-1-naphthyl]-phenyl-keton-oxim wird registriert als **Keton,** [2-Äthyl-1-naphthyl]-phenyl-, oxim.

Massgebend für die alphabetische Anordnung von Verbindungsnamen sind in erster Linie der Register-Stammname (wobei die durch Kursivbuchstaben oder Ziffern repräsentierten Differenzierungsmarken in erster Näherung unberücksichtigt bleiben), in zweiter Linie die nachgestellten Präfixe, in dritter Linie die Funktionsabwandlungssuffixe.

Beispiele:
> *o*-**Phenylendiamin,** 3-Brom- erscheint unter dem Buchstaben P nach *m*-**Phenylendiamin,** 2,4,6-Trinitro-;
> **Cyclopenta[*b*]naphthalin,** 3-Brom- erscheint nach **Cyclopenta[*a*]naphthalin,** 3-Methyl-.

Von griechischen Zahlwörtern abgeleitete Namen oder Namensteile sind einheitlich mit c (nicht mit k) geschrieben.

Die Buchstaben i und j werden unterschieden.

Die Umlaute ä, ö und ü gelten hinsichtlich ihrer alphabetischen Einordnung als ae, oe bzw. ue.

A

Bernsteinsäure (Fortsetzung)
- mono-[16-acetoxy-14-hydroxy-17-
  (5-oxo-2,5-dihydro-[3]furyl)-
  androstan-3-ylester] 2459
- mono-[16,17-epoxy-11-hydroxy-
  3,20-dioxo-pregn-4-en-21-ylester]
  2535
- mono-[16,17-epoxy-3,11,20-trioxo-
  pregn-4-en-21-ylester] 2578
—, 3-Benzyl-2-methoxy-2-[4-methoxy-benzyl]-,
  - anhydrid 2779
—, 2,3-Bis-benzoyloxy-,
  - anhydrid 2297
—, 2,3-Bis-[4-methoxy-benzyl]-,
  - anhydrid 2780
—, Bis-[2-methoxy-benzyliden]-,
  - anhydrid 2814
—, Bis-[4-methoxy-benzyliden]-,
  - anhydrid 2814
—, 2,2-Bis-[4-methoxy-phenyl]-,
  - anhydrid 2751
—, 2,3-Bis-p-toluoyloxy-,
  - anhydrid 2297
—, 2,3-Diacetoxy-,
  - anhydrid 2296
—, [2,2'-Dimethoxy-benzhydryliden]-,
  - anhydrid 2800
—, [4,4'-Dimethoxy-benzhydryliden]-,
  - anhydrid 2800
—, [2,4-Dimethoxy-phenyl]-,
  - anhydrid 2381
—, [3,4-Dimethoxy-phenyl]-,
  - anhydrid 2382
—, 2-Hydroxy-2-[4-methoxy-benzyl]-3-
  phenäthyl-,
  - anhydrid 2782
—, 2-Hydroxy-2-phenoxymethyl-,
  - anhydrid 2298
—, 2-[4-Methoxy-2,5-dimethyl-phenacyl]-
  3-methyl-,
  - anhydrid 2525
—, 2-Methoxy-2-[4-methoxy-benzyl]-3-
  phenäthyl-,
  - anhydrid 2782
—, [3-Methoxy-4-methoxymethoxy-
  benzyliden]-,
  - anhydrid 2501
—, 2-[2-Methoxy-5-methyl-phenacyl]-3-
  methyl-,
  - anhydrid 2521
—, Veratryl-,
  - anhydrid 2402
—, Veratryliden-,
  - anhydrid 2501

Bibenzyl-2-carbonsäure
—, 3'-Acetoxy-3,α'-dihydroxy-4'-
  methoxy-,
  - α'-lacton 2649

—, 3'-Acetoxy-α'-hydroxy-3,4'-
  dimethoxy-,
  - lacton 2649
—, 3,3'-Bis-benzoyloxy-α'-hydroxy-4'-
  methoxy-,
  - lacton 2649
—, 3,3'-Diacetoxy-α'-hydroxy-4'-
  methoxy-,
  - lacton 2649
—, 3',α'-Dihydroxy-3,4'-dimethoxy-,
  - α'-lacton 2649
—, α'-Hydroxy-3,3',4'-trimethoxy-,
  - lacton 2649
—, 3,3',α'-Trihydroxy-4'-methoxy-,
  - α'-lacton 2649

Bicyclo[3.2.2]nona-2,8-dien-6,7-dicarbonsäure
—, 3-Brom-5-hydroxy-4-oxo-,
  - anhydrid 2512
—, 5-Hydroxy-4-oxo-,
  - anhydrid 2511
—, 1-Methoxy-4-oxo-,
  - anhydrid 2511
—, 5-Methoxy-4-oxo-,
  - anhydrid 2512

Bicyclo[3.2.2]nonan-6,7-dicarbonsäure
—, 8,9-Diacetoxy-,
  - anhydrid 2328
—, 1-Methoxy-4-oxo-,
  - anhydrid 2347

Bicyclo[3.2.1]octan-1-carbonsäure
—, 6-Methylen-2-[1,4,6-trihydroxy-7,7-
  dimethyl-hexahydro-isobenzofuran-3a-yl]-,
  - 4-lacton 2425

Bicyclo[2.2.2]octan-2,3-dicarbonsäure
—, 5-Acetoxy-5-methyl-6-oxo-,
  - anhydrid 2347
—, 5,6-Dihydroxy-2,3-dimethyl-,
  - anhydrid 2328
—, 2,3-Dimethyl-5,6-bis-nitryloxy-,
  - anhydrid 2329
—, 5-Hydroxy-1-isopropyl-4-methyl-6-oxo-,
  - anhydrid 2351
—, 5-Hydroxy-5-methyl-6-oxo-,
  - anhydrid 2347

Bicyclo[2.2.2]oct-5-en-2,3-dicarbonsäure
—, 8-Acetoxy-5,8-dimethyl-7-oxo-,
  - anhydrid 2412
—, 7-Acetoxy-7-methyl-8-oxo-,
  - anhydrid 2407
—, 7-Acetoxy-8-oxo-7-phenyl-,
  - anhydrid 2770
—, 8-Acetoxy-1,5,8-trimethyl-7-oxo-,
  - anhydrid 2415
—, 7,8-Dihydroxy-,
  - anhydrid 2345
—, 7-Hydroxy-7-methyl-8-oxo-,
  - anhydrid 2407

Buttersäure

—, 2-Acetyl-3-[4-äthoxy-3-methoxy-benzyl]-4-hydroxy-,
  - lacton 2413
—, 2-Acetyl-4-hydroxy-3-veratryl-,
  - lacton 2413
—, 4-Äthoxy-2,4-dihydroxy-3-phenylacetylimino-,
  - 4-lacton 2295
—, 4-Äthoxy-4-hydroxy-2-methoxy-3-phenylacetylimino-,
  - lacton 2296
—, 4-Benzyloxy-2,4-dihydroxy-3-phenylacetylimino-,
  - 4-lacton 2296
—, 4-Benzyloxy-4-hydroxy-2-methoxy-3-phenylacetylimino-,
  - lacton 2296
—, 4-*tert*-Butoxy-2,4-dihydroxy-3-phenylacetylimino-,
  - 4-lacton 2296
—, 2-[2-Carboxy-4,5-dimethoxy-phenyl]-,
  - anhydrid 2405
—, 3-Chlor-4-[3,4-dimethoxy-phenyl]-4-hydroxy-2-methylimino-,
  - lacton 2380
—, 2,4-Dihydroxy-3,3-bis-hydroxymethyl-,
  - 4-lacton 2294
—, 2,4-Dihydroxy-4-isopropoxy-3-phenylacetylimino-,
  - 4-lacton 2296
—, 2,4-Dihydroxy-4-methoxy-3-phenylacetylimino-,
  - 4-lacton 2295
—, 4-[4,4'-Dimethoxy-biphenyl-3-yl]-4-hydroxy-4-[2-methoxy-phenyl]-,
  - lacton 2831
—, 2-[3,4-Dimethoxy-phenäthyl]-2,4-dihydroxy-4-phenyl-,
  - 4-lacton 2661
—, 4-[3,4-Dimethoxy-phenyl]-4-[2,4-dinitro-phenylhydrazono]-3-hydroxymethyl-,
  - lacton 2402
—, 2-[2,4-Dinitro-phenylhydrazono]-4-hydroxy-3,3-bis-hydroxymethyl-,
  - lacton 2314
—, 3-[2,4-Dinitro-phenylhydrazono]-2-[2-hydroxy-4,5-dimethoxy-benzyl]-,
  - lacton 2403
—, 4-Hydroxy-3,4-bis-[4-methoxy-phenyl]-2-oxo-,
  - lacton 2751
—, 4-Hydroxy-3-[4-methoxy-benzyl]-4-[4-methoxy-phenyl]-2-oxo-,
  - lacton 2774
—, 3-Hydroxymethyl-4-[4-methoxy-phenyl]-2,4-dioxo-,

  - lacton 2502
—, 4-Hydroxy-2-oxo-3-salicyloyl-,
  - 4-lacton 2501
—, 4-Hydroxy-2-[3,4,5-trimethoxy-benzyl]-,
  - lacton 2345
—, 4-Hydroxy-3-veratroyl-,
  - lacton 2402

Butyrolacton

s. Buttersäure, 4-Hydroxy-, lacton und Furan-2-on, Dihydro-

C

Cabreuvin 2735
Cafestenolid
—, Diacetoxy-hydroxy- 2425
Calotropagenin
—, α-Anhydrodihydro- 2542
—, Tri-*O*-acetyl-α-anhydrodihydro- 2542
Calycanthosid 2373
Cannogenin 2547
—, O^3-Acetyl- 2548
Cannogenol 2484
—, O^3,O^{19}-Diacetyl- 2485
—, O^3-Thevetopyranosyl- 2486
Carajurin 2671
Carajuron 2670
Carda-4,20(22)-dienolid
—, 19-Acetoxy-14-hydroxy-3-oxo- 2585
—, 3-Acofriopyranosyloxy-1,14-dihydroxy- 2540
—, 3-[O^2,O^4-Diacetyl-O^3-methyl-rhamnopyranosyloxy]-1,14-dihydroxy-2540
—, 3-[Di-*O*-acetyl-acofriopyranosyloxy]-1,14-dihydroxy- 2540
—, 1,14-Dihydroxy-3-[O^3-methyl-rhamnopyranosyloxy]- 2540
—, 14,19-Dihydroxy-3-oxo- 2585
—, 14-Hydroxy-3,6-dioxo- 2663
—, 14-Hydroxy-3,19-dioxo- 2663
—, 3,14,19-Trihydroxy- 2541
Carda-5,20(22)-dienolid
—, 3-Acetoxy-14-hydroxy-7-oxo- 2585
—, 3-Acetoxy-14-hydroxy-19-oxo- 2586
—, 3-Benzoyloxy-14-hydroxy-19-oxo-2586
—, 3,19-Diacetoxy-14-hydroxy- 2541
—, 3,14-Dihydroxy-19-hydroxyimino-2586
—, 3,14-Dihydroxy-19-oxo- 2585
—, 3,14-Dihydroxy-19-phenylhydrazono-2586

Chroman-2-on   (Fortsetzung)

—, 7-Acetoxy-3-[3,4-dimethoxy-phenyl]-
   2647
—, 3-Acetyl-6,7-dimethoxy- 2403
—, 3-Benzoylimino-5,7-dihydroxy- 2374
—, 3-Benzoylimino-7,8-dihydroxy- 2375
—, 3-Benzoylimino-5,7-dimethoxy- 2374
—, 3-Benzoylimino-7-hydroxy-8-
   methoxy- 2375
—, 5,7-Diacetoxy-3-acetylimino- 2374
—, 7,8-Diacetoxy-3-acetylimino- 2376
—, 5,7-Diacetoxy-3-benzoylimino- 2374
—, 7,8-Diacetoxy-3-benzoylimino- 2376
—, 5,7-Dihydroxy-3-imino- 2373
—, 7,8-Dihydroxy-3-imino- 2375
—, 4-[3,4-Dimethoxy-phenyl]-7-methoxy-
   2648
—, 3-[1-(2,4-Dinitro-phenylhydrazono)-
   äthyl]-6,7-dimethoxy- 2403
—, 7-Hydroxy-3-imino-6-methoxy- 2375
—, 7-Hydroxy-3-imino-8-methoxy- 2375
—, 3-Imino-6,7-dimethoxy- 2375
—, 4-Imino-6,7-dimethoxy- 2377

Chroman-4-on

—, 7-Acetoxy-3-[4-acetoxy-3-methoxy-
   benzyliden]- 2753
—, 7-Acetoxy-2-[4-acetoxy-3-methoxy-
   phenyl]- 2644
—, 7-Acetoxy-2-[4-acetoxy-phenyl]-5-
   äthoxy- 2635
—, 7-Acetoxy-2-[4-acetoxy-phenyl]-3-
   brom-5-[tetra-O-acetyl-
   glucopyranosyloxy]- 2636
—, 7-Acetoxy-2-[4-acetoxy-phenyl]-5-
   ·hydroxy- 2634
—, 5-Acetoxy-2-[4-acetoxy-phenyl]-7-
   methoxy- 2634
—, 7-Acetoxy-2-[4-acetoxy-phenyl]-5-
   methoxy- 2635
—, 5-Acetoxy-2-[4-acetoxy-phenyl]-7-
   [tetra-O-acetyl-glucopyranosyloxy]-
   2640
—, 7-Acetoxy-2-[4-acetoxy-phenyl]-5-
   [tetra-O-acetyl-glucopyranosyloxy]-
   2636
—, 7-Acetoxy-3-[3,4-diacetoxy-benzyl]-
   2652
—, 7-Acetoxy-3-[3,4-diacetoxy-
   benzyliden]- 2753
—, 7-Acetoxy-3,5-dihydroxy-2-phenyl-
   2622
—, 6-Acetoxy-2-[3,4-dimethoxy-phenyl]-
   2643
—, 3-Acetoxy-5-hydroxy-7-methoxy-2-
   phenyl- 2622
—, 7-Acetoxy-5-hydroxy-2-[4-methoxy-
   phenyl]- 2633
—, 3-Acetoxy-3-[4-methoxy-benzoyl]-2-
   phenyl- 2833

—, 3-[3-Acetoxy-4-methoxy-benzyliden]-
   7-methoxy- 2753
—, 3-[3-Acetoxy-4-methoxy-benzyl]-7-
   methoxy- 2652
   — oxim 2652
—, 3-Acetoxy-7-methoxy-2-[4-methoxy-
   phenyl]- 2627
—, 5-Acetoxy-7-methoxy-2-[4-methoxy-
   phenyl]- 2634
—, 5-Acetoxy-7-methoxy-2-[4-methoxy-
   phenyl]-8-methyl- 2656
—, 2-[3-Acetoxy-4-methoxy-phenyl]-6-
   methoxy- 2643
—, 5-Acetoxy-2-[2-methoxy-phenyl]-7-
   [O^x-rhamnosyl-glucosyloxy]- 2629
—, 5-Acetoxy-2-[4-methoxy-phenyl]-7-
   [tetra-O-acetyl-glucopyranosyloxy]- 2639
—, 2-[4-Acetoxy-phenyl]-5-hydroxy-7-
   methoxy- 2634
—, 2-[4-Acetoxy-phenyl]-7-methoxy-5-
   [tetra-O-acetyl-glucopyranosyloxy]- 2639
—, 7-Acetoxy-3-veratryliden- 2753
—, 3-Acetyl-6,7-dimethoxy- 2403
—, 2-[4-Äthoxy-3-glucopyranosyloxy-
   phenyl]-7-glucopyranosyloxy- 2646
—, 3-[3-Äthoxy-4-methoxy-benzyliden]-7-
   methoxy- 2752
—, 3-[3-Äthoxy-4-methoxy-benzyl]-7-
   methoxy- 2652
—, 5-Äthoxy-7-methoxy-2-[4-methoxy-
   phenyl]- 2633
—, 2-[4-Äthoxy-3-methoxy-phenyl]-7-
   hydroxy- 2644
—, 6-Allyl-2-[3,4-dimethoxy-phenyl]-8-
   methoxy- 2781
—, 6-Benzoyl-3-hydroxy-2-[4-methoxy-
   phenyl]- 2834
—, 7-Benzoyloxy-5-hydroxy-2-
   [4-methoxy-phenyl]- 2635
—, 2-[4-Benzoyloxy-3-(tetra-O-benzoyl-
   glucopyranosyloxy)-phenyl]-7-[tetra-
   O-benzoyl-glucopyranosyloxy]- 2646
—, 7-Benzyloxy-5-hydroxy-8-methoxy-2-
   phenyl- 2625
—, 5-Benzyloxy-7-hydroxy-2-[4-methoxy-
   phenyl]-8-methyl- 2655
—, 7-Benzyloxy-5-hydroxy-2-[4-methoxy-
   phenyl]-8-methyl- 2656
—, 7-Benzyloxy-5-methoxy-2-[4-methoxy-
   phenyl]-6-methyl- 2654
—, 2-[4-Benzyloxy-3-methoxy-phenyl]-3-
   hydroxy-6-methyl- 2654
—, 2-[4-Benzyloxy-3-methoxy-phenyl]-3-
   hydroxy-7-methyl- 2654
—, 3,5-Bis-benzoyloxy-7-methoxy-2-
   phenyl- 2622
—, 5,7-Bis-benzoyloxy-2-[4-methoxy-
   phenyl]-8-methyl- 2656

Chroman-4-on (Fortsetzung)
—, 5,7-Bis-glucopyranosyloxy-2-[4-methoxy-phenyl]- 2640
—, 3-Chlor-2-[3,4-dimethoxy-phenyl]-7-methoxy- 2646
—, 3,7-Diacetoxy-2-[4-acetoxy-phenyl]- 2627
—, 5,7-Diacetoxy-2-[4-acetoxy-phenyl]- 2635
—, 5,7-Diacetoxy-3-[4-acetoxy-phenyl]- 2647
—, 7,8-Diacetoxy-2-[2-acetoxy-phenyl]- 2641
—, 7,8-Diacetoxy-2-[4-acetoxy-phenyl]- 2641
—, 5,7-Diacetoxy-2-[4-acetoxy-phenyl]-6,8-dimethyl- 2660
—, 7,8-Diacetoxy-3-[4-methoxy-benzyliden]- 2752
—, 3,5-Diacetoxy-7-methoxy-2-phenyl- 2622
—, 5,7-Diacetoxy-2-[2-methoxy-phenyl]- 2629
—, 5,7-Diacetoxy-2-[3-methoxy-phenyl]- 2630
—, 5,7-Diacetoxy-2-[4-methoxy-phenyl]- 2634
—, 5,7-Diacetoxy-2-[4-methoxy-phenyl]-6,8-dimethyl- 2659
—, 3-[3,4-Dihydroxy-benzyl]-7-hydroxy- 2651
—, 3-[3,4-Dihydroxy-benzyliden]-7-hydroxy- 2752
—, 7-[4,5-Dihydroxy-6-hydroxymethyl-3-(3,4,5-trihydroxy-6-methyl-tetrahydro-pyran-2-yloxy)-tetrahydro-pyran-2-yloxy]-5-hydroxy-2-[4-hydroxy-phenyl]- 2637
—, 3,7-Dihydroxy-2-[4-hydroxy-phenyl]- 2627
—, 5,7-Dihydroxy-2-[2-hydroxy-phenyl]- 2628
—, 5,7-Dihydroxy-2-[3-hydroxy-phenyl]- 2629
   — oxim 2630
—, 5,7-Dihydroxy-2-[4-hydroxy-phenyl]- 2630
—, 5,7-Dihydroxy-3-[4-hydroxy-phenyl]- 2647
—, 7,8-Dihydroxy-2-[2-hydroxy-phenyl]- 2641
—, 7,8-Dihydroxy-2-[4-hydroxy-phenyl]- 2641
—, 5,7-Dihydroxy-2-[4-hydroxy-phenyl]-6,8-dimethyl- 2658
   — oxim 2658
—, 7,8-Dihydroxy-3-[4-methoxy-benzyliden]- 2752

—, 3,5-Dihydroxy-7-methoxy-2-phenyl- 2621
   — oxim 2623
—, 5,6-Dihydroxy-7-methoxy-2-phenyl- 2624
—, 5,7-Dihydroxy-2-[2-methoxy-phenyl]- 2628
   — oxim 2629
—, 5,7-Dihydroxy-2-[3-methoxy-phenyl]- 2630
   — oxim 2630
—, 5,7-Dihydroxy-2-[4-methoxy-phenyl]- 2632
   — [2,4-dinitro-phenylhydrazon] 2633
—, 5,7-Dihydroxy-6-methoxy-2-phenyl- 2623
—, 5,7-Dihydroxy-8-methoxy-2-phenyl- 2625
   — [2,4-dinitro-phenylhydrazon] 2625
—, 5,8-Dihydroxy-7-methoxy-2-phenyl- 2624
—, 5,7-Dihydroxy-2-[4-methoxy-phenyl]-6,8-dimethyl- 2659
   — oxim 2659
—, 5,7-Dihydroxy-2-[4-methoxy-phenyl]-6-methyl- 2653
—, 5,7-Dihydroxy-2-[4-methoxy-phenyl]-8-methyl- 2655
—, 2-[3,4-Dihydroxy-phenyl]-7-glucopyranosyloxy- 2645
—, 2-[3,4-Dihydroxy-phenyl]-6-hydroxy- 2642
—, 2-[3,4-Dihydroxy-phenyl]-7-hydroxy- 2644
   — [2,4-dinitro-phenylhydrazon] 2646
—, 5,7-Dimethoxy-2-[2-methoxymethoxy-phenyl]- 2629
—, 7,8-Dimethoxy-2-[2-methoxymethoxy-phenyl]- 2641
—, 2,3-Dimethoxy-2-[4-methoxy-phenyl]- 2627
—, 5,6-Dimethoxy-2-[4-methoxy-phenyl]- 2627
—, 5,7-Dimethoxy-2-[2-methoxy-phenyl]- 2629
—, 5,7-Dimethoxy-2-[4-methoxy-phenyl]- 2633
—, 5,7-Dimethoxy-3-[4-methoxy-phenyl]- 2647
   — [2,4-dinitro-phenylhydrazon] 2648
—, 6,7-Dimethoxy-2-[4-methoxy-phenyl]- 2640
—, 5,7-Dimethoxy-2-[4-methoxy-phenyl]-6-methyl- 2654
—, 5,7-Dimethoxy-2-[4-methoxy-phenyl]-8-methyl- 2655
—, 5,7-Dimethoxy-3-[4-methoxy-phenyl]-2-methyl- 2652
—, 5,7-Dimethoxy-2-[4-methoxy-phenyl]-8-[3-methyl-but-2-enyl]- 2785

Chromen-4-on   (Fortsetzung)
—, 5,7-Diacetoxy-3-[4-methoxy-phenyl]-
2,6-dimethyl- 2777
—, 5,7-Diacetoxy-3-[4-methoxy-phenyl]-
2,8-dimethyl- 2778
—, 2-[2,5-Diacetoxy-phenyl]-3-methoxy-
2715
—, 2-[2,5-Diacetoxy-phenyl]-7-methoxy-
2697
—, 3-[3,4-Diacetoxy-phenyl]-7-methoxy-
2735
—, 5,7-Diacetoxy-2-phenyl-6-[tetra-
O-acetyl-glucopyranosyloxy]- 2674
—, 5,7-Diacetoxy-3-[4-(tetra-O-acetyl-
glucopyranosyloxy)-phenyl]- 2733
—, 5,7-Diacetoxy-3-{4-
[O^3,O^4,O^6-triacetyl-O^2-(tri-O-acetyl-
rhamnopyranosyl)-glucopyranosyloxy]-
phenyl}- 2734
—, 5,7-Diäthoxy-3-[4-methoxy-phenyl]-
2728
—, 5,7-Diäthoxy-6-methoxy-2-phenyl- 2672
—, 6,8-Dibrom-2-[3,4-dimethoxy-phenyl]-
3-hydroxy- 2718
—, 6,8-Dichlor-2-[3,4-dimethoxy-phenyl]-
3-hydroxy- 2717
—, 6,8-Dichlor-3-hydroxy-2-[4-hydroxy-
3-methoxy-phenyl]- 2717
—, 5,7-Dihydroxy-3-[4-hydroxy-benzyl]-
2-methyl- 2774
—, 5,7-Dihydroxy-2-hydroxymethyl-3-
phenyl- 2755
—, 3,5-Dihydroxy-2-[4-hydroxy-phenyl]-
2707
—, 3,6-Dihydroxy-2-[2-hydroxy-phenyl]-
2707
—, 3,6-Dihydroxy-2-[3-hydroxy-phenyl]-
2708
—, 3,6-Dihydroxy-2-[4-hydroxy-phenyl]-
2708
—, 3,7-Dihydroxy-2-[2-hydroxy-phenyl]-
2709
—, 3,7-Dihydroxy-2-[3-hydroxy-phenyl]-
2710
—, 3,7-Dihydroxy-2-[4-hydroxy-phenyl]-
2712
—, 5,6-Dihydroxy-2-[2-hydroxy-phenyl]-
2679
—, 5,6-Dihydroxy-2-[4-hydroxy-phenyl]-
2679
—, 5,7-Dihydroxy-2-[2-hydroxy-phenyl]-
2680
—, 5,7-Dihydroxy-2-[3-hydroxy-phenyl]-
2681
—, 5,7-Dihydroxy-2-[4-hydroxy-phenyl]-
2682
—, 5,7-Dihydroxy-3-[2-hydroxy-phenyl]-
2723

—, 5,7-Dihydroxy-3-[4-hydroxy-phenyl]-
2724
—, 5,8-Dihydroxy-2-[2-hydroxy-phenyl]-
2692
—, 6,8-Dihydroxy-2-[4-hydroxy-phenyl]-
2694
—, 7,8-Dihydroxy-2-[4-hydroxy-phenyl]-
2694
—, 5,7-Dihydroxy-3-[2-hydroxy-phenyl]-
8-methyl- 2765
—, 5,7-Dihydroxy-3-[4-hydroxy-phenyl]-
2-methyl- 2755
—, 5,7-Dihydroxy-3-[4-hydroxy-phenyl]-
6-methyl- 2765
—, 5,7-Dihydroxy-3-[4-hydroxy-phenyl]-
8-methyl- 2766
—, 5,8-Dihydroxy-7-methoxy-2,6-
dimethyl- 2404
—, 5,6-Dihydroxy-7-methoxy-2-methyl-
2382
—, 5,7-Dihydroxy-3-methoxy-2-methyl-
2384
—, 5,7-Dihydroxy-8-methoxy-2-methyl-
2383
—, 5,8-Dihydroxy-7-methoxy-2-methyl-
2382
—, 6,7-Dihydroxy-3-methoxy-2-methyl-
2385
—, 6,7-Dihydroxy-5-methoxy-2-methyl-
2382
—, 7,8-Dihydroxy-3-methoxy-2-methyl-
2386
—, 5,6-Dihydroxy-7-methoxy-2-methyl-3-
phenyl- 2753
—, 5,7-Dihydroxy-3-methoxy-6-methyl-2-
phenyl- 2759
—, 5,7-Dihydroxy-3-methoxy-8-methyl-2-
phenyl- 2763
—, 5,7-Dihydroxy-6-methoxy-3-[4-nitro-
phenyl]- 2720
—, 3,5-Dihydroxy-7-methoxy-2-phenyl-
2701
—, 3,6-Dihydroxy-2-[4-methoxy-phenyl]-
2708
—, 3,6-Dihydroxy-8-methoxy-2-phenyl-
2706
—, 3,7-Dihydroxy-2-[4-methoxy-phenyl]-
2712
—, 5,6-Dihydroxy-2-[4-methoxy-phenyl]-
2679
—, 5,6-Dihydroxy-7-methoxy-2-phenyl-
2671
—, 5,6-Dihydroxy-7-methoxy-3-phenyl-
2719
—, 5,6-Dihydroxy-8-methoxy-2-phenyl-
2674
—, 5,7-Dihydroxy-2-[2-methoxy-phenyl]-
2680
—, 5,7-Dihydroxy-2-[4-methoxy-phenyl]- 2683

Chromen-4-on   (Fortsetzung)

Chromen-4-on   (Fortsetzung)

—, 7-Glucopyranosyloxy-5-hydroxy-2-
[4-methoxy-phenyl]- 2689

—, 2-[4-Glucopyranosyloxy-3-hydroxy-
phenyl]-3-hydroxy- 2716

—, 5-Glucopyranosyloxy-2-[4-hydroxy-
phenyl]-7-methoxy- 2689

—, 3-[4-Glucopyranosyloxy-phenyl]-5,7-
dihydroxy- 2732

—, 3-[4-Glucopyranosyloxy-phenyl]-5-
hydroxy-7-methoxy- 2733

—, 7-[Hepta-*O*-acetyl-cellobiosyloxy]-5-
hydroxy-2-[4-methoxy-phenyl]- 2690

—, 3-[4-(Hexa-*O*-acetyl-
neohesperidosyloxy)-phenyl]-5,7-
dimethoxy- 2733

—, 7-[Hexa-*O*-methyl-rutinosyloxy]-5-
methoxy-2-[4-methoxy-phenyl]- 2691

—, 5-Hydroxy-6,7-dimethoxy-2,8-
dimethyl- 2405

—, 3-Hydroxy-6,7-dimethoxy-2-methyl-
2385

—, 5-Hydroxy-3,7-dimethoxy-2-methyl-
2384

—, 6-Hydroxy-5,7-dimethoxy-2-methyl-
2382

—, 7-Hydroxy-3,5-dimethoxy-2-methyl-
2384

—, 7-Hydroxy-5,8-dimethoxy-2-methyl-
2383

—, 5-Hydroxy-3,7-dimethoxy-6-methyl-2-
phenyl- 2759

—, 5-Hydroxy-3,7-dimethoxy-8-methyl-2-
phenyl- 2763

—, 5-Hydroxy-6,7-dimethoxy-2-methyl-3-
phenyl- 2754

—, 5-Hydroxy-6,7-dimethoxy-8-methyl-2-
phenyl- 2762

—, 5-Hydroxy-7,8-dimethoxy-2-methyl-3-
phenyl- 2754

—, 5-Hydroxy-7,8-dimethoxy-6-methyl-2-
phenyl- 2757

—, 6-Hydroxy-5,7-dimethoxy-8-methyl-2-
phenyl- 2762

—, 7-Hydroxy-5,8-dimethoxy-3-[4-nitro-
phenyl]- 2722

—, 3-Hydroxy-5,6-dimethoxy-2-phenyl-
2701

—, 3-Hydroxy-5,7-dimethoxy-2-phenyl-
2702

—, 3-Hydroxy-5,8-dimethoxy-2-phenyl-
2705

—, 3-Hydroxy-6,7-dimethoxy-2-phenyl-
2705

—, 5-Hydroxy-3,6-dimethoxy-2-phenyl-
2700

—, 5-Hydroxy-3,7-dimethoxy-2-phenyl-
2702

—, 5-Hydroxy-3,8-dimethoxy-2-phenyl- 2705

—, 5-Hydroxy-6,7-dimethoxy-2-phenyl-
2672

—, 5-Hydroxy-6,7-dimethoxy-3-phenyl-
2719

—, 5-Hydroxy-6,8-dimethoxy-2-phenyl-
2674

—, 5-Hydroxy-7,8-dimethoxy-2-phenyl-
2676

—, 5-Hydroxy-7,8-dimethoxy-3-phenyl-
2721

—, 6-Hydroxy-3,7-dimethoxy-2-phenyl-
2705

—, 6-Hydroxy-5,7-dimethoxy-2-phenyl-
2671

—, 6-Hydroxy-5,7-dimethoxy-3-phenyl-
2719

—, 7-Hydroxy-3,5-dimethoxy-2-phenyl-
2702

—, 7-Hydroxy-5,8-dimethoxy-2-phenyl-
2676

—, 7-Hydroxy-5,8-dimethoxy-3-phenyl-
2721

—, 3-Hydroxy-6,7-dimethoxy-2-styryl-
2802

—, 3-Hydroxy-7,8-dimethoxy-2-styryl-
2802

—, 5-Hydroxy-3-[4-hydroxy-benzyl]-7-
methoxy-2-methyl- 2774

—, 7-Hydroxy-6-[hydroxyimino-methyl]-
5-methoxy-2-methyl- 2506

—, 7-Hydroxy-2-hydroxymethyl-3-
[2-hydroxy-phenyl]- 2756

—, 3-Hydroxy-2-[2-hydroxy-phenyl]-7-
methoxy- 2709

—, 3-Hydroxy-2-[3-hydroxy-phenyl]-7-
methoxy- 2710

—, 3-Hydroxy-2-[4-hydroxy-phenyl]-7-
methoxy- 2712

—, 5-Hydroxy-2-[3-hydroxy-phenyl]-7-
methoxy- 2681

—, 5-Hydroxy-2-[4-hydroxy-phenyl]-7-
methoxy- 2682

—, 5-Hydroxy-3-[2-hydroxy-phenyl]-7-
methoxy- 2723

—, 5-Hydroxy-3-[4-hydroxy-phenyl]-7-
methoxy- 2725

—, 7-Hydroxy-2-[4-hydroxy-phenyl]-5-
methoxy- 2682

—, 7-Hydroxy-3-[4-hydroxy-phenyl]-5-
methoxy- 2725

—, 5-Hydroxy-3-[4-hydroxy-phenyl]-7-
methoxy-8-methyl- 2766

—, 7-Hydroxy-3-[4-hydroxy-phenyl]-5-
methoxy-8-methyl- 2766

—, 5-Hydroxy-2-[4-hydroxy-phenyl]-7-
neohesperidosyloxy- 2688

—, 5-Hydroxy-3-[4-hydroxy-phenyl]-7-
[4-nitro-benzyloxy]- 2728

Cumarin (Fortsetzung)

—, 7-Acetoxy-4-[4-acetoxy-phenäthyl]-5-hydroxy- 2775

—, 4-Acetoxy-3-[3-(2-acetoxy-phenyl)-3-oxo-propyl]- 2806

—, 7-Acetoxy-3-acetylamino-8-methoxy-2376

—, 5-Acetoxy-3-acetyl-4-hydroxy- 2502

—, 7-Acetoxy-3-acetyl-4-hydroxy- 2503

—, 7-Acetoxy-3-acetyl-4-hydroxy-5-methyl- 2514

—, 7-Acetoxy-3-benzoylamino-8-methoxy- 2376

—, 7-Acetoxy-3-butyryl-4-hydroxy-2518

—, 7-Acetoxy-6-diacetoxymethyl-5-methoxy- 2497

—, 7-Acetoxy-3-[3,5-diacetoxy-phenyl]-2737

—, 7-Acetoxy-3,8-diacetyl- 2568

—, 4-Acetoxy-5,7-dimethoxy- 2377

—, 4-Acetoxy-6,7-dimethoxy- 2377

—, 6-Acetoxy-5,7-dimethoxy- 2370

—, 7-Acetoxy-5,8-dimethoxy- 2370

—, 8-Acetoxy-6,7-dimethoxy- 2373

—, 4-Acetoxy-5,7-dimethoxy-3-methyl-2386

—, 6-Acetoxy-5,7-dimethoxy-4-methyl-2388

—, 6-Acetoxy-7,8-dimethoxy-4-methyl-2390

—, 8-Acetoxy-6,7-dimethoxy-4-methyl-2390

—, 4-Acetoxy-5,7-dimethoxy-3-phenyl-2737

—, 6-Acetoxy-5,7-dimethoxy-4-phenyl-2739

—, 6-Acetoxy-7,8-dimethoxy-4-phenyl-2739

—, 7-Acetoxy-3-[3,4-dimethoxy-phenyl]-2736

—, 4-Acetoxy-7-methoxy-3-[4-methoxy-phenyl]- 2738

—, 7-Acetoxy-3-[3-oxo-5-phenyl-pent-4-enoyl]- 2828

—, 8-Acetyl-4-äthyl-7-hydroxy-3-[4-hydroxy-phenyl]- 2808

—, 8-Acetyl-4-äthyl-7-hydroxy-3-[4-methoxy-phenyl]- 2809

—, 6-Acetyl-3-benzyl-4,7-dihydroxy-2806

—, 6-Acetyl-3-brom-5,7-dihydroxy-4,8-dimethyl- 2520

—, 6-Acetyl-3-chlor-5,7-dihydroxy-4,8-dimethyl- 2520

—, 8-Acetyl-3-chlor-5,7-dihydroxy-4-methyl- 2516

—, 6-Acetyl-3-chlor-5,7-dimethoxy-4-methyl- 2515

—, 8-Acetyl-3-chlor-5,7-dimethoxy-4-methyl- 2516

—, 3-Acetyl-4,5-dihydroxy- 2502

—, 3-Acetyl-4,7-dihydroxy- 2503

—, 6-Acetyl-5,7-dihydroxy-4,8-dimethyl-2519

—, 3-Acetyl-4,7-dihydroxy-5-methyl-2514

—, 6-Acetyl-5,7-dihydroxy-4-methyl-2514

—, 6-Acetyl-5,8-dihydroxy-4-methyl-2515

—, 6-Acetyl-7,8-dihydroxy-4-methyl-2515

—, 8-Acetyl-5,7-dihydroxy-4-methyl-2516

—, 8-Acetyl-6,7-dihydroxy-4-methyl-2516

—, 3-Acetyl-6,7-dimethoxy- 2502

—, 8-Acetyl-5,7-dimethoxy- 2505

—, 8-Acetyl-6,7-dimethoxy- 2505

—, 6-Acetyl-5,7-dimethoxy-4,8-dimethyl-2520

—, 6-Acetyl-5,7-dimethoxy-4-methyl-2515

—, 6-Acetyl-5,8-dimethoxy-4-methyl-2515

—, 8-Acetyl-5,7-dimethoxy-4-methyl-2516

—, 8-Acetyl-6,7-dimethoxy-4-methyl-2517

—, 8-Acetyl-7-hydroxy-3-[4-hydroxy-phenyl]-4-methyl- 2807

—, 3-Acetyl-4-hydroxy-6-methoxy- 2503

—, 3-Acetyl-4-hydroxy-7-methoxy- 2503

—, 8-Acetyl-6-hydroxy-7-methoxy- 2505

—, 8-Acetyl-7-hydroxy-6-methoxy- 2505

—, 8-Acetyl-6-hydroxy-7-methoxy-4-methyl- 2516

—, 8-Acetyl-7-hydroxy-6-methoxy-4-methyl- 2516

—, 8-Acetyl-7-hydroxy-3-[4-methoxy-phenyl]-4-methyl- 2807

—, 3-Acetyl-5-hydroxy-6-phenylacetyl-2817

—, 3-Acetyl-5-hydroxy-6-propionyl-2571

—, 5-Äthoxy-6-hydroxy-7-methoxy-4-methyl- 2388

—, 6-Äthyl-7,8-bis-benzoyloxy-3-[1-benzoyloxy-2,2,2-trichlor-äthyl]-4-methyl- 2416

—, 6-Äthyl-7,8-dihydroxy-4-methyl-3-[2,2,2-trichlor-1-hydroxy-äthyl]- 2415

—, 6-Äthyl-7,8-dimethoxy-4-methyl-3-[2,2,2-trichlor-1-methoxy-äthyl]-2415

—, 3-Äthyl-4-hydroxy-6,7-dimethoxy-2403

F

Furan-2-on   (Fortsetzung)
—, 3-Hydroxy-5-isopropoxy-4-
[phenylacetyl-amino]-5*H*- 2296
—, 3-Hydroxy-5-isopropoxy-4-
phenylacetylimino-dihydro-
2296
—, 3-Hydroxy-4-[4-methoxy-benzyl]-5-
[4-methoxy-phenyl]-5*H*- 2774
—, 4-Hydroxy-3-[4-methoxy-cinnamoyl]-
5*H*- 2567
—, 3-Hydroxy-4-methoxy-5-
methoxymethyl-dihydro- 2263
—, 4-Hydroxy-3-methoxy-5-
methoxymethyl-dihydro- 2264
—, 3-Hydroxy-5-methoxy-4-
[phenylacetyl-amino]-5*H*- 2295
—, 3-Hydroxy-5-methoxy-4-
phenylacetylimino-dihydro- 2295
—, 5-Hydroxymethyl-3,4-dimethoxy-
dihydro- 2263
—, 5-[4-Methoxy-phenyl]-3-vanillyliden-
3*H*- 2801
—, 5-[4-Methoxy-phenyl]-3-veratryliden-
3*H*- 2801
—, 5-Methyl-4-veratroyl-dihydro- 2408
—, 4-[3,5,14-Trihydroxy-10,13-dimethyl-
hexadecahydro-cyclopenta[*a*]phenanthren-
17-yl]-5*H*- 2435
—, 4-[3,11,14-Trihydroxy-10,13-dimethyl-
hexadecahydro-cyclopenta[*a*]phenanthren-
17-yl]-5*H*- 2443
—, 4-[3,12,14-Trihydroxy-10,13-dimethyl-
hexadecahydro-cyclopenta[*a*]phenanthren-
17-yl]-5*H*- 2450
—, 4-[3,14,16-Trihydroxy-10,13-dimethyl-
hexadecahydro-cyclopenta[*a*]phenanthren-
17-yl]-5*H*- 2456
—, 4-[3,12,14-Trihydroxy-10,13-dimethyl-
hexadecahydro-cyclopenta[*a*]phenanthren-
17-yl]-dihydro- 2361
—, 4-[14,8′,8′a-Trihydroxy-6′-methyl-
hexahydro-androstano[2,3-*b*]pyrano[2,3-*e*]⪥
[1,4]dioxin-17-yl]-5*H*- 2434
—, 3-[3,4,5-Trimethoxy-benzyl]-dihydro-
2345
—, 3-[3,4,5-Trimethoxy-benzyliden]-
dihydro- 2402
—, 4-Veratroyl-dihydro- 2402
Furan-3-on
—, 5-Amino-4-hydroxy-2-[4-methoxy-
phenyl]- 2380
Furfural
s. Furan-2-carbaldehyd
9,10-Furo[3,4]ätheno-anthracen-13,15-dion
—, 9,10-Dimethoxy-9,10,11,12-
tetrahydro- 2816
Furo[2,3-*h*]chromen-4-on
—, 8-Hydroxy-3-methoxy-2-phenyl-8,9-
dihydro- 2803

Furo[3,2-*b*]furan
—, 2-Anilino-3,6-dimethoxy-hexahydro-
2288
Furo[3,2-*b*]furan-2-on
—, 5,6-Dihydroxy-tetrahydro- 2305
Furo[3,2-*b*]furan-2,3,6-triol
—, Hexahydro- 2277
2λ⁵-Furo[3′,4′;2,3]naphtho[1,8-*de*][1,3,2]⪥
dioxaphosphorin-10-on
—, 2-Chlor-5-methoxy-2-oxo-8*H*- 2566
Furosta-5,20(22)-dien-12-on
—, 2,3,26-Triacetoxy- 2559
—, 2,3,26-Trihydroxy- 2559
Furost-20(22)en-11-on
—, 3,12,26-Trihydroxy- 2490
Furost-20(22)en-12-on
—, 2,3,26-Triacetoxy- 2490
—, 2,3,26-Trihydroxy- 2490
Fusidan
s. 28-Nor-dammaran

G

Galanginidin 2619
Galangin 2701
—, Tri-*O*-benzoyl- 2704
—, Tri-*O*-methyl- 2702
Gamabufagin 2554
Gamabufogenin 2554
Gamabufotalin 2554
—, *O*³,*O*¹¹-Diacetyl- 2555
—, *O*³,*O*¹¹-Diformyl- 2555
Gamabufotalon 2667
Gamabufotoxin 2555
Garcinol 2749
—, Tri-*O*-acetyl- 2750
—, Tri-*O*-äthyl- 2750
—, Tri-*O*-benzoyl- 2750
—, Tri-*O*-methyl- 2749
Genistein 2724
—, Tri-*O*-acetyl- 2731
—, Tri-*O*-benzoyl- 2732
—, Tri-*O*-methyl- 2727
—, Tri-*O*-propionyl- 2731
Genistin 2732
—, Hexa-*O*-acetyl- 2733
—, Hexa-*O*-benzoyl- 2734
Genkwanin 2682
—, Di-*O*-acetyl- 2686
—, Di-*O*-benzoyl- 2687
Gentienin 2602
Gentiin 2603
—, Hepta-*O*-acetyl- 2603

Naphtho[1,2-c]furan-1,3-dion (Fortsetzung)
—, 7,8-Dimethoxy-4-methyl- 2608
—, 6,7-Dimethoxy-4-methyl-3a,4,5,9b-
tetrahydro- 2521
—, 7,8-Dimethoxy-4-methyl-3a,4,5,9b-
tetrahydro- 2521
—, 7,8-Dimethoxy-5-phenyl- 2822
—, 8-Hydroxy-7-methoxy-4-methyl-4,5-
dihydro- 2569
—, 8-Methoxy-5-[4-methoxy-phenyl]- 2822
Naphtho[2,3-b]furan-2,8-dion
—, 4-Acetoxy-5-hydroxy-5,8a-dimethyl-3-
methylen-octahydro- 2353
—, 4-Acetoxy-5-hydroxy-3,5,8a-
trimethyl-octahydro- 2331
Naphtho[2,3-c]furan-1,3-dion
—, 5-Äthoxy-4-[3-äthoxy-phenyl]- 2821
—, 7-Äthoxy-4-[3-äthoxy-phenyl]- 2822
—, 4,9-Bis-[3,5-dibrom-4-hydroxy-
phenyl]- 2842
—, 4,5-Dimethoxy- 2598
—, 4,9-Dimethoxy- 2598
—, 4,5-Dimethoxy-9-methyl- 2608
—, 5-Isopropoxy-4-[3-isopropoxy-phenyl]-
2821
—, 7-Isopropoxy-4-[3-isopropoxy-phenyl]-
2822
—, 5-Methoxy-4-[3-methoxy-phenyl]-
2821
—, 6-Methoxy-4-[4-methoxy-phenyl]-
2821
—, 7-Methoxy-4-[3-methoxy-phenyl]-
2821
—, 8-Methoxy-4-[2-methoxy-phenyl]-
2822
Naphtho[2,3-c]furan-1,4-dion
—, 3a-Hydroxymethyl-6-methoxy-
3,3a,9,9a-tetrahydro- 2521
Naphtho[2,3-c]furan-1-on
—, 8,9-Chlorphosphoryldioxy-6-
methoxy-3H- 2566
—, 8,9-Diacetoxy-6-methoxy-3H- 2565
—, 8,9-Dihydroxy-6-methoxy-3H- 2564
—, 6,9-Dimethoxy-primverosyloxy-3H-
2565
—, 6,9-Dimethoxy-8-[O⁶-xylopyranosyl-
glucopyranosyloxy]-3H- 2565
—, 8-Hydroxy-6,9-dimethoxy-3H- 2565
—, 9-Hydroxy-6-methoxy-8-
primverosyloxy-3H- 2565
—, 9-Hydroxy-6-methoxy-8-
[O⁶-xylopyranosyl-glucopyranosyloxy]-
3H- 2565
—, 6,8,9-Trimethoxy-3H- 2565
Naphtho[1,2-b]furan-2,6,7-trion
—, 4-Hydroxy-3,5a,9-trimethyl-3a,4,5,5a,⮌
8,9b-hexahydro-3H-,
— 7-oxim 2420

Naringenin 2630
Naringin 2637
Naringosid 2637
Neodigoxin 2455
Neogitostin
—, Mono-O-acetyl- 2477
—, Nona-O-acetyl- 2482
Neomethynolid 2324
—, Di-O-acetyl- 2324
—, Dihydro- 2317
Neoquassin
—, Anhydro- 2576
Nerigosid 2470
—, Desacetyl- 2462
Neritalosid 2479
Nonansäure
—, 6,7,8-Triacetoxy-5-hydroxy-4,4,5-
trimethyl-,
— lacton 2295
Non-2-ensäure
—, 6,7,8-Triacetoxy-5-hydroxy-4,4,5-
trimethyl-,
— lacton 2317
Norbornan-2,3-dicarbonsäure
—, 5-Acetoxy-1-benzyl-6-hydroxy-,
— anhydrid 2574
—, 6-Acetoxy-1-benzyl-5-hydroxy-,
— anhydrid 2574
—, 5,6-Diacetoxy-,
— anhydrid 2328
—, 5,6-Diacetoxy-1-benzyl-,
— anhydrid 2575
Norborn-5-en-2,3-dicarbonsäure
—, 7-Hydroxy-7-[4-methoxy-phenyl]-1,4-
dimethyl-5,6-diphenyl-,
— anhydrid 2842
19-Nor-carda-1,3,5(10),20(22)-tetraenolid
—, 3,14-Dihydroxy-11-oxo- 2786
19-Nor-carda-1,3,5(10)-trienolid
—, 11-Acetoxy-14-hydroxy-3-methoxy-
2583
—, 11,14-Dihydroxy-3-methoxy-
2583
—, 14-Hydroxy-3-methoxy-11-oxo-
2662
—, 3,11,14-Trihydroxy- 2583
21-Nor-chola-5,23-dien-22,24-dicarbonsäure
—, 3-Acetoxy-23-methyl-20-oxo-,
— anhydrid 2668
21-Nor-chola-17(20),22-dien-24-säure
—, 3,23-Diacetoxy-20-hydroxy-11-oxo-,
— lacton 2588
24-Nor-cholan-23-säure
—, 3-Acetoxy-14,16,21-trihydroxy-,
— 16-lacton 2363
—, 3,21-Bis-benzoyloxy-14,16-dihydroxy-,
— 16-lacton 2364

Oleanan-28-säure (Fortsetzung)
—, 2,3,13,23-Tetrahydroxy-,
　— 13-lacton 2493
—, 3,6,12,13-Tetrahydroxy-,
　— 13-lacton 2492
—, 2,3,23-Triacetoxy-12-brom-13-
　hydroxy-,
　— lacton 2494
—, 3,21,30-Triacetoxy-12-brom-13-
　hydroxy-,
　— lacton 2492
—, 2,3,23-Triacetoxy-13-hydroxy-,
　— lacton 2493
—, 3,16,23-Triacetoxy-13-hydroxy-,
　— lacton 2493
—, 3,11,13-Trihydroxy-12-oxo-,
　— 13-lacton 2561
—, 3,13,16-Trihydroxy-23-oxo-,
　— 13-lacton 2563
—, 3,13,23-Trihydroxy-2-oxo-,
　— 13-lacton 2561
—, 3,13,23-Trihydroxy-12-oxo-,
　— 13-lacton 2562
—, 2,3,23-Tris-benzoyloxy-13-hydroxy-,
　— lacton 2494
Oleandrigenin 2458
Oleandrigenon 2544
Oleandrin 2469
—, Desacetyl- 2461
Olean-12-en-28-al
—, 3,24-Diacetoxy-16,21-epoxy-22-
　hydroxy- 2563
—, 3,22,24-Triacetoxy-16,21-epoxy-
　2563
Olean-5-en-28-säure
—, 3-Acetoxy-6,13-dihydroxy-7-oxo-,
　— 13-lacton 2596
—, 2-Acetoxy-3,13,23-trihydroxy-,
　— 13-lacton 2560
—, 12-Brom-2,3,13,23-tetrahydroxy-,
　— 13-lacton 2560
—, 2,3,13,23-Tetrahydroxy-,
　— 13-lacton 2559
—, 2,3,23-Triacetoxy-13-hydroxy-,
　— lacton 2560
—, 3,6,13-Trihydroxy-7-oxo-,
　— 13-lacton 2596
—, 2,3,23-Tris-benzoyloxy-13-hydroxy-,
　— lacton 2560
Olean-12-en-28-säure
—, 3-Acetoxy-15,22-dihydroxy-11-oxo-,
　— 15-lacton 2595
—, 3-Acetoxy-15-hydroxy-11,22-dioxo-,
　— lacton 2670
—, 3,22-Diacetoxy-15-hydroxy-11-oxo-,
　— lacton 2595
—, 3,30-Diacetoxy-21-hydroxy-11-oxo-,
　— lacton 2594

—, 3,15,22-Trihydroxy-11-oxo-,
　— 15-lacton 2594
Olmelin 2726
Opiansäure
　— anhydrid 2334
—, Brom-,
　— anhydrid 2335
Oroxylin-A 2671
Osajetin
—, Di-O-methyl-tetrahydro- 2664
—, Tri-O-methyl- 2810
—, Tri-O-methyl-tetrahydro- 2664
1,5-Oxaäthano-naphthalin-4,9-dion
—, 7-Acetoxy-6-hydroxy-4a,5,6,7,8,8a-
　hexahydro-1H- 2347
—, 7-Acetoxy-6-methoxy-4a,5,6,7,8,8a-
　hexahydro-1H- 2347
—, 7-Acetoxy-6-methoxy-3-methyl-
　4a,5,6,7,8,8a-hexahydro-1H- 2348
14a,4a-Oxaäthano-picen-16-on
—, 10,11-Diacetoxy-9-acetoxymethyl-
　2,2,6a,6b,9,12a-hexamethyl-eicosahydro-
　2493
—, 10,11-Dihydroxy-9-hydroxymethyl-
　2,2,6a,6b,9,12a-hexamethyl-eicosahydro-
　2493
2-Oxa-bicyclo[3.3.1]nonan-3-on
—, 5,7,8-Trihydroxy- 2317
6-Oxa-bicyclo[3.2.1]octan-7-on
—, 2-Brom-1,3,4-trihydroxy- 2316
—, 1-[3,4-Dihydroxy-cinnamoyloxy]-3,4-
　dihydroxy- 2315
—, 3-[3,4-Dihydroxy-cinnamoyloxy]-1,4-
　dihydroxy- 2316
—, 3,4-Dihydroxy-1-
　methoxycarbonyloxy- 2315
—, 1,3,4-Triacetoxy- 2315
—, 1,3,4-Triacetoxy-2-brom- 2316
—, 1,3,4-Triacetoxy-2-chlor- 2316
—, 1,3,4-Trihydroxy- 2315
—, 1,3,4-Trimethoxy- 2315
Oxacyclododecan-2,8-dion
—, 12-Äthyl-4,11-dihydroxy-3,5,7,11-
　tetramethyl- 2317
—, 12-Äthyl-11-hydroxy-3,5,7,11-
　tetramethyl- 2324
—, 4-Hydroxy-12-[1-hydroxy-äthyl]-
　3,5,7,11-tetramethyl- 2317
Oxacyclododec-6-en-2,8-dion
—, 12-Äthyl-11-hydroxy-3,5,7,11-
　tetramethyl- 2332
Oxacyclododec-9-en-2,8-dion
—, 4-Acetoxy-12-[1-acetoxy-äthyl]-
　3,5,7,11-tetramethyl- 2324
—, 4-Acetoxy-12-äthyl-11-hydroxy-
　3,5,7,11-tetramethyl- 2323

Phthalid (Fortsetzung)
—, 5-Äthoxy-4,6-dimethoxy- 2336
—, 7-Äthoxy-5,6-dimethoxy- 2337
—, 5-Äthoxy-4,6-dimethoxy-7-methyl-
  2342
—, 3-Äthoxy-4-formyl-7-methoxy-6-
  methyl- 2400
—, 7-Äthoxy-4-hydroxymethyl-6-
  methoxy- 2341
—, 3-Äthoxy-7-methoxy-6-methyl-4-
  semicarbazonomethyl- 2401
—, 3-[4-Amino-phenylmercapto]-6,7-
  dimethoxy- 2336
—, 7-Benzoyloxy-3,4-bis-[4-methoxy-
  phenyl]- 2830
—, 4-Benzoyloxymethyl-6,7-dimethoxy-
  2341
—, 3-Benzyloxy-6,7-dimethoxy- 2334
—, 4-Brom-3,3-dibutyl-5,6,7-trimethoxy-
  2355
—, 4-Brom-3,6,7-trimethoxy- 2335
—, 7-Brom-4,5,6-trimethoxy- 2336
—, 7-Chlormethyl-5-hydroxy-4,6-
  dimethoxy- 2342
—, 4-Chlormethyl-5,6,7-trimethoxy-
  2341
—, 7-Chlormethyl-4,5,6-trimethoxy-
  2342
—, 3-[1-Chlor-propenyl]-4,5,6-
  trimethoxy- 2405
—, 4-Chlor-3,6,7-trimethoxy- 2335
—, 4-Diacetoxymethyl-3,7-dimethoxy-6-
  methyl- 2400
—, 4-Diacetoxymethyl-7-methoxy-6-
  methyl- 2345
—, 3,3-Dibutyl-6-hydroxy-5,7-dimethoxy-
  2354
—, 3,3-Dibutyl-5,6,7-trimethoxy- 2354
—, 3-[1,1-Dichlor-äthyl]-4,5,6-
  trimethoxy- 2344
—, 3-Dichlormethylen-4,5,6-trimethoxy-
  2378
—, 3-Dichlormethyl-4,5,6-trimethoxy-
  2340
—, 4,6-Dihydroxy-5-methoxy-3-
  trichlormethyl- 2340
—, 3-[3,6-Dihydroxy-[2]naphthyl]-3-
  [4-hydroxy-phenyl]- 2841
—, 3-[2,4-Dihydroxy-phenyl]-3-
  [4-hydroxy-5-isopropyl-2-methyl-phenyl]-
  2831
—, 3-[3,4-Dihydroxy-phenyl]-3-
  [4-hydroxy-5-isopropyl-2-methyl-phenyl]-
  2832
—, 3-[2,4-Dihydroxy-phenyl]-3-
  [2-hydroxy-4-methyl-phenyl]- 2830
—, 3-[2,4-Dihydroxy-phenyl]-3-
  [4-hydroxy-2-methyl-phenyl]-
  2830

—, 3-[2,4-Dihydroxy-phenyl]-3-
  [4-hydroxy-3-methyl-phenyl]- 2831
—, 3-[2,4-Dihydroxy-phenyl]-3-
  [4-hydroxy-[1]naphthyl]- 2840
—, 3-[2,4-Dihydroxy-phenyl]-3-
  [4-hydroxy-3-nitro-phenyl]- 2829
—, 3-[2,3-Dihydroxy-phenyl]-3-
  [4-hydroxy-phenyl]- 2829
—, 3-[2,4-Dihydroxy-phenyl]-3-
  [4-hydroxy-phenyl]- 2829
—, 3-[2,5-Dihydroxy-phenyl]-3-
  [4-hydroxy-phenyl]- 2829
—, 3-[3,4-Dihydroxy-phenyl]-3-
  [4-hydroxy-phenyl]- 2830
—, 3-[2,4-Dihydroxy-phenyl]-3-
  [5-isopropyl-4-methoxy-2-methyl-phenyl]-
  2832
—, 3-[3,4-Dihydroxy-phenyl]-3-
  [5-isopropyl-4-methoxy-2-methyl-phenyl]-
  2832
—, 6,7-Dimethoxy-3-[2-methoxy-[1]≠
  naphthyl]- 2814
—, 6,7-Dimethoxy-3-[4-methoxy-[1]≠
  naphthyl]- 2815
—, 6,7-Dimethoxy-3-methylmercapto-
  2335
—, 5,7-Dimethoxy-4-methyl-6-[2-oxo-
  äthyl]- 2407
—, 6,7-Dimethoxy-3-[4-methyl-phenacyl]-
  2778
—, 3,7-Dimethoxy-6-methyl-4-
  [phenylhydrazono-methyl]- 2400
—, 6,7-Dimethoxy-3-[4-nitro-
  benzolsulfonyl]- 2335
—, 6,7-Dimethoxy-3-[4-nitro-
  phenylmercapto]- 2335
—, 6,7-Dimethoxy-3-phenoxy- 2334
—, 3-[2,4-Dimethoxy-phenyl]-3-
  [5-isopropyl-4-methoxy-2-methyl-phenyl]-
  2832
—, 3-[3,4-Dimethoxy-phenyl]-3-
  [5-isopropyl-4-methoxy-2-methyl-phenyl]-
  2832
—, 3-[2,4-Dimethoxy-phenyl]-3-
  [4-methoxy-phenyl]- 2829
—, 3-[2,5-Dimethoxy-phenyl]-3-
  [4-methoxy-phenyl]- 2829
—, 3-[3,4-Dimethoxy-phenyl]-3-
  [4-methoxy-phenyl]- 2830
—, 6,7-Dimethoxy-3-sulfanilyl- 2336
—, 7-[2,4-Dinitro-phenoxy]-5,6-
  dimethoxy- 2337
—, 6-[2-(2,4-Dinitro-phenylhydrazono)-
  äthyl]-5,7-dimethoxy-4-methyl- 2407
—, 4-[(2,4-Dinitro-phenylhydrazono)-
  methyl]-6,7-dimethoxy- 2379
—, 4-[(2,4-Dinitro-phenylhydrazono)-
  methyl]-3,7-dimethoxy-6-methyl- 2400

Phthalid (Fortsetzung)
—, 4-[(2,4-Dinitro-phenylhydrazono)-
   methyl]-5,7-dimethoxy-6-methyl- 2401
—, 6-[(2,4-Dinitro-phenylhydrazono)-
   methyl]-5,7-dimethoxy-4-methyl- 2402
—, 4-Formyl-6,7-dimethoxy- 2379
—, 4-Formyl-3,7-dimethoxy-6-methyl-
   2399
—, 4-Formyl-5,7-dimethoxy-6-methyl-
   2401
—, 6-Formyl-5,7-dimethoxy-4-methyl-
   2401
—, 4-Formyl-5-hydroxy-7-methoxy-6-
   methyl- 2401
—, 3-[3-Formyl-4-hydroxy-phenyl]-3-
   [4-hydroxy-phenyl]- 2833
—, 4-Hydroxy-5,6-dimethoxy- 2336
—, 5-Hydroxy-4,6-dimethoxy- 2336
—, 7-Hydroxy-5,6-dimethoxy- 2337
—, 4-Hydroxy-6,7-dimethoxy-3-methyl-
   2340
—, 5-Hydroxy-4,6-dimethoxy-3-
   trichlormethyl- 2340
—, 5-Hydroxy-4,6-dimethoxy-3-[1,1,2-
   trichlor-propyl]- 2346
—, 3-[3-Hydroxy-1,4-dioxo-1,4-dihydro-
   [2]naphthyl]-3-methyl- 2827
—, 3-[4-Hydroxy-3-(hydroxyimino-
   methyl)-phenyl]-3-[4-hydroxy-phenyl]-
   2833
—, 7-Hydroxy-5-methoxy-4-methyl-6-
   [2-oxo-äthyl]- 2407
—, 3-Hydroxymethyl-6,7-dimethoxy-
   2340
—, 4-Hydroxymethyl-5,7-dimethoxy-
   2341
—, 4-Hydroxymethyl-6,7-dimethoxy-
   2341
—, 4-Hydroxymethyl-6,7-dimethoxy-5-
   methyl- 2344
—, 6-Hydroxymethyl-5,7-dimethoxy-4-
   methyl- 2345
—, 3-[2-Hydroxy-5-methyl-3-nitro-
   phenyl]-6,7-dimethoxy- 2651
—, 3-[2-Hydroxy-5-methyl-3-nitro-
   phenyl]-6,7-dimethoxy-4-nitro- 2651
—, 3-[2-Hydroxy-5-methyl-4-nitro-
   phenyl]-6,7-dimethoxy-4-nitro- 2651
—, 3-[6-Hydroxy-3-methyl-2-nitro-
   phenyl]-6,7-dimethoxy-4-nitro- 2651
—, 3-[2-Hydroxy-5-methyl-phenyl]-6,7-
   dimethoxy-4-nitro- 2651
—, 3-[2-Hydroxy-[1]naphthyl]-6,7-
   dimethoxy- 2814
—, 3-[4-Hydroxy-[1]naphthyl]-6,7-
   dimethoxy- 2815
—, 3-Isopentyloxy-6,7-dimethoxy-
   2334
—, 7-Jod-4,5,6-trimethoxy- 2337

—, 3-Methansulfonyl-6,7-dimethoxy-
   2335
—, 3-[3-Methoxy-1,4-dioxo-1,4-dihydro-
   [2]naphthyl]-3-methyl- 2827
—, 7-Methoxy-3-veratryl- 2650
—, 7-Methoxy-3-veratryliden- 2751
—, 3-Phenyl-3-[2,3,4-trihydroxy-phenyl]-
   2828
—, 3-Phenyl-3-[2,4,6-trihydroxy-phenyl]-
   2829
—, 4,5,6-Triacetoxy-3-[1-chlor-propenyl]-
   2405
—, 4,5,6-Triacetoxy-3-[1,1,2-trichlor-
   propyl]- 2347
—, 4,5,6-Trihydroxy-3-[1,1,2-trichlor-
   propyl]- 2346
—, 3,5,6-Trimethoxy- 2334
—, 3,6,7-Trimethoxy- 2334
—, 4,5,6-Trimethoxy- 2336
—, 5,6,7-Trimethoxy- 2337
—, 4,5,6-Trimethoxy-3-methyl- 2340
—, 4,5,6-Trimethoxy-7-methyl- 2342
—, 4,5,7-Trimethoxy-6-methyl- 2343
—, 4,6,7-Trimethoxy-5-methyl- 2343
—, 3,6,7-Trimethoxy-4-nitro- 2335
—, 4,5,6-Trimethoxy-7-nitro- 2337
—, 4,5,6-Trimethoxy-3-[1,1,2-trichlor-
   propyl]- 2346

Phthalsäure
—, 3-Acetyl-6-methoxy-,
   — anhydrid 2500
—, 4-Äthoxy-3-brom-5-methoxy-,
   — anhydrid 2370
—, 3-Äthoxy-4-methoxy-,
   — anhydrid 2368
—, 4-Äthoxy-5-methoxy-,
   — anhydrid 2370
—, 3,6-Bis-[4-methoxy-phenyl]-4,5-
   diphenyl-,
   — anhydrid 2844
—, 4,5-Bis-[4-methoxy-phenyl]-3,6-
   diphenyl-,
   — anhydrid 2844
—, 5-Brom-3,4-dimethoxy-,
   — anhydrid 2368
—, 6-Brom-3,4-dimethoxy-,
   — anhydrid 2368
—, 3,6-Diacetoxy-,
   — anhydrid 2369
—, 3,5-Diäthoxy-,
   — anhydrid 2369
—, 3,4-Dichlor-5,6-dimethoxy-,
   — anhydrid 2368
—, 3,6-Dihydroxy-,
   — anhydrid 2369
—, 4,5-Dihydroxy-3-isopropyl-,
   — anhydrid 2406
—, 3,4-Dimethoxy-,
   — anhydrid 2368

Pyran-3,4-dion (Fortsetzung)
—, 6-Hydroxymethyl-5-[3,4,5-trihydroxy-6-hydroxymethyl-tetrahydro-pyran-2-yloxy]-dihydro-,
　— bis-phenylhydrazon 2299

Pyran-2-on
—, 4-Acetoxy-3-benzyl-6-[2,4-diacetoxy-phenyl]- 2805
—, 5-[16-Acetoxy-3,14-dihydroxy-10,13-dimethyl-hexadecahydro-cyclopenta[a]phenanthren-17-yl]-tetrahydro- 2364
—, 3-Acetyl-4-hydroxy-6-[4-methoxy-phenäthyl]- 2574
—, 6-Äthoxy-5,6-bis-[4-methoxy-phenyl]-4-phenyl-3,6-dihydro- 2834
—, 5-Benzoyl-6-hydroxy-4-[2-methoxy-5-methyl-phenyl]- 2816
—, 5-Benzoyl-6-hydroxy-4-[4-methoxy-phenyl]- 2813
—, 3-Benzyl-6-[2,4-dihydroxy-phenyl]-4-hydroxy- 2805
—, 5,6-Bis-[4-chlor-phenyl]-3,4,5-trihydroxy-5,6-dihydro-,
　— imin 2772
—, 5-[4-Brom-benzoyl]-6-hydroxy-4-[4-methoxy-phenyl]- 2813
—, 6-[2-Chlor-phenyl]-3,4,5-trihydroxy-5-phenyl-5,6-dihydro-,
　— imin 2771
—, 6-[3-Chlor-phenyl]-3,4,5-trihydroxy-5-phenyl-5,6-dihydro- 2771
　— imin 2771
—, 6-[4-Chlor-phenyl]-3,4,5-trihydroxy-5-phenyl-5,6-dihydro-,
　— imin 2771
—, 6-[3,4-Dichlor-phenyl]-3,4,5-trihydroxy-5-phenyl-5,6-dihydro-,
　— imin 2772
—, 5-[3,14-Dihydroxy-10-hydroxymethyl-13-methyl-Δ^4-tetradecahydro-cyclopenta[a]phenanthren-17-yl]- 2590
—, 3,4-Dihydroxy-5-methoxy-6,6-dimethyl-tetrahydro- 2294
—, 3,4-Dimethoxy-6-methoxymethyl- 2319
—, 4,5-Dimethoxy-6-methoxymethyl-tetrahydro- 2269
—, 3-[3-(3,4-Dimethoxy-phenyl)-propyl]-4-hydroxy-6-methyl-5,6-dihydro- 2419
—, 5-Glykoloyl-3-methoxymethyl-3,5-diphenyl-tetrahydro- 2784
—, 3-Hydroxy-4,5-dimethoxy-tetrahydro- 2257
—, 4-Hydroxy-3,5-dimethoxy-tetrahydro- 2257
—, 3-Hydroxy-4-methoxy-6-methoxymethyl- 2319
—, 5-Methoxy-4,6-bis-[4-methoxy-phenyl]- 2800

—, 6-[3,5,6-Triacetoxy-hept-1-enyl]-5,6-dihydro- 2322
—, 3,4,5-Trihydroxy-5,6-bis-[3-nitro-phenyl]-5,6-dihydro- 2773
　— imin 2773
—, 3,4,5-Trihydroxy-5,6-diphenyl-5,6-dihydro- 2770
　— imin 2770
—, 3,4,5-Trihydroxy-6-methyl-tetrahydro- 2267
—, 3,4,5-Trihydroxy-5-[3-nitro-phenyl]-6-phenyl-5,6-dihydro-,
　— imin 2772
—, 3,4,5-Trihydroxy-5-phenyl-6-p-tolyl-5,6-dihydro-,
　— imin 2779
—, 3,4,5-Trimethoxy-6-methyl-tetrahydro- 2268
—, 3,4,5-Trimethoxy-tetrahydro- 2258
—, 5,5,6-Trimethyl-6-[1,2,3-triacetoxy-butyl]-5,6-dihydro- 2317
—, 5,5,6-Trimethyl-6-[1,2,3-triacetoxy-butyl]-tetrahydro- 2295

Pyran-3-on
—, 2-Äthoxy-4-benzoyloxy-6-benzoyloxymethyl-6H- 2300
—, 2-Äthylmercapto-4-benzoyloxy-6-benzoyloxymethyl-6H- 2300
—, 4-Benzoyloxy-6-benzoyloxymethyl-2-benzyloxy-6H- 2300
—, 4-Benzoyloxy-6-benzoyloxymethyl-2-methoxy-6H- 2300
—, 4,5-Dihydroxy-6-hydroxymethyl-6H- 2299

Pyran-4-on
—, 3-Acetoxy-2-[1-acetoxy-äthyl]-6-acetoxymethyl- 2320
—, 3-Acetoxy-6-acetoxymethyl-2-acetyl- 2327
—, 5-Acetoxy-2-acetoxymethyl-3-acetyl- 2326
—, 2-[2-Acetoxy-4,5-dimethoxy-phenyl]-6-methyl- 2512
—, 6-Acetoxymethyl-2-acetyl-3-hydroxy- 2327
—, 2-Acetyl-3-hydroxy-6-hydroxymethyl- 2326
—, 2-Äthoxy-6-benzoyloxymethyl- 2300
—, 6-Amino-2,3-bis-[4-chlor-phenyl]-3,5-dihydroxy-2,3-dihydro- 2772
—, 6-Amino-2-[2-chlor-phenyl]-3,5-dihydroxy-3-phenyl-2,3-dihydro- 2771
—, 6-Amino-2-[3-chlor-phenyl]-3,5-dihydroxy-3-phenyl-2,3-dihydro- 2771
—, 6-Amino-2-[4-chlor-phenyl]-3,5-dihydroxy-3-phenyl-2,3-dihydro- 2771

T

Formelregister

Im Formelregister sind die Verbindungen entsprechend dem System von *Hill* (Am. Soc. **22** [1900] 478)

1. nach der Anzahl der C-Atome,
2. nach der Anzahl der H-Atome,
3. nach der Anzahl der übrigen Elemente

in alphabetischer Reihenfolge angeordnet. Isomere sind in Form des „Registernamens" (s. diesbezüglich die Erläuterungen zum Sachregister) in alphabetischer Reihenfolge aufgeführt. Verbindungen unbekannter Konstitution finden sich am Schluss der jeweiligen Isomeren-Reihe.

C_5

$C_5H_6O_5$
Pent-2-ensäure, 2,3,4,5-Tetrahydroxy-, 4-lacton 2298

$C_5H_8O_5$
Arabinonsäure-4-lacton 2260
Lyxonsäure-4-lacton 2261
Ribonsäure-4-lacton 2259
Xylonsäure-4-lacton 2261

C_6

$C_6H_6O_5$
Pyran-4-on, 2,3-Dihydroxy-6-hydroxymethyl- 2319

$C_6H_8O_5$
lyxo-6-Desoxy-[5]hexulosonsäure-4-lacton 2303
lyxo-5-Desoxy-hexuronsäure-3-lacton 2305
Furan-2-on, 3,4-Dihydroxy-5-[1-hydroxy-äthyl]-5*H*- 2301
Hex-2-ensäure, 3,4,5,6-Tetrahydroxy-, 4-lacton 2301
Pyran-3,4-dion, 5-Hydroxy-6-hydroxymethyl-dihydro- 2299
Verbindung $C_6H_8O_5$ aus Diacetoxy-maleinsäure-anhydrid 2318

$C_6H_9NO_5$
Furan-2-on, 3,4-Dihydroxy-5-[1-hydroxyimino-äthyl]-dihydro- 2304

$C_6H_{10}O_5$
2,6-Anhydro-altrose 2269
3,6-Anhydro-galactose 2278
2,5-Anhydro-glucose 2291
3,6-Anhydro-glucose 2277
2,5-Anhydro-idose 2291
3,6-Anhydro-idose 2278
2,5-Anhydro-mannose 2291

3,6-Anhydro-mannose 2278
3,4-Anhydro-tagatose 2294
2,5-Anhydro-talose 2291
Arabinonsäure, O^2-Methyl-, 4-lacton 2262
—, O^3-Methyl-, 4-lacton 2261
—, O^5-Methyl-, 4-lacton 2262
6-Desoxy-allonsäure-4-lacton 2272
6-Desoxy-galactonsäure-4-lacton 2273
6-Desoxy-gulonsäure-4-lacton 2273
arabino-2-Desoxy-hexonsäure-4-lacton 2276
lyxo-2-Desoxy-hexonsäure-4-lacton 2276
arabino-3-Desoxy-hexonsäure-4-lacton 2277
lyxo-3-Desoxy-hexonsäure-4-lacton 2277
ribo-3-Desoxy-hexonsäure-4-lacton 2277
xylo-3-Desoxy-hexonsäure-4-lacton 2277
5-Desoxy-lyxonsäure, 3-Hydroxymethyl-, 4-lacton 2290
6-Desoxy-mannonsäure-4-lacton 2272
6-Desoxy-mannonsäure-5-lacton 2267
erythro-3-Desoxy-pentonsäure, 2-Hydroxymethyl-, 4-lacton 2290
threo-3-Desoxy-pentonsäure, 2-Hydroxymethyl-, 4-lacton 2291
6-Desoxy-talonsäure-4-lacton 2273
Furan-2-on, 3-Hydroxy-4,4-bis-hydroxymethyl-dihydro- 2294
Ribonsäure, O^5-Methyl-, 4-lacton 2262
—, 2-Methyl-, 4-lacton 2290
Xylonsäure, O^2-Methyl-, 4-lacton 2262
—, O^3-Methyl-, 4-lacton 2262

$C_6H_{12}O_3$
Pyran-3,4-diol, 2-Methyl-tetrahydro- 2266

C₇

C₇H₈O₅
Pyran-4-on, 3-Hydroxy-2,6-bis-hydroxy≠
methyl- 2319
C₇H₉BrO₅
6-Oxa-bicyclo[3.2.1]octan-7-on,
2-Brom-1,3,4-trihydroxy- 2316
C₇H₁₀O₅
6-Oxa-bicyclo[3.2.1]octan-7-on,
1,3,4-Trihydroxy- 2315
C₇H₁₂O₅
3,6-Anhydro-galactose, O^2-Methyl- 2280
—, O^4-Methyl- 2279
3,6-Anhydro-glucose, O^4-Methyl- 2279
2,5-Anhydro-mannose, O^3-Methyl- 2292
Arabinonsäure, O^2,O^3-Dimethyl-,
4-lacton 2263
—, O^2,O^4-Dimethyl-, 5-lacton 2257
—, O^2,O^5-Dimethyl-, 4-lacton 2264
—, O^3,O^4-Dimethyl-, 5-lacton 2257
—, O^3,O^5-Dimethyl-, 4-lacton 2263
lyxo-6-Desoxy-hexonsäure, 5-Methyl-,
4-lacton 2294
ribo-6-Desoxy-hexonsäure, 5-Methyl-,
4-lacton 2294
6-Desoxy-idonsäure, O^3-Methyl-,
4-lacton 2274
6-Desoxy-talonsäure, O^3-Methyl-,
4-lacton 2275
Fuconsäure, O^3-Methyl-, 4-lacton 2274
Rhamnonsäure, O^2-Methyl-, 4-lacton
2275
—, O^3-Methyl-, 4-lacton 2274
—, O^4-Methyl-, 5-lacton 2268
—, O^5-Methyl-, 4-lacton 2275
Ribonsäure, O^2,O^3-Dimethyl-, 4-lacton
2263
Xylonsäure, O^2,O^3-Dimethyl-, 4-lacton
2263
—, O^2,O^4-Dimethyl-, 5-lacton 2257
—, O^3,O^4-Dimethyl-, 5-lacton 2257
—, O^3,O^5-Dimethyl-, 4-lacton 2263
C₇H₁₄O₆
1,4-Anhydro-galactit, 6-Methoxy- 2283

C₈

C₈H₄O₅
Phthalsäure, 3,6-Dihydroxy-, anhydrid
2369
C₈H₆O₇
Maleinsäure, Diacetoxy-, anhydrid 2318
C₈H₈O₅
Pyran-4-on, 2-Acetyl-3-hydroxy-6-
hydroxymethyl- 2326

C₈H₈O₇
Weinsäure, Di-O-acetyl-, anhydrid 2296
C₈H₉BrO₅
Furan-2,3-dion, 4-[2-Brom-3-methoxy-
propionyl]-dihydro- 2320
C₈H₉ClO₅
Furan-2,3-dion, 4-Chlor-4-[3-methoxy-
propionyl]-dihydro- 2320
C₈H₁₀O₅
Furan-2,3-dion, 4-[3-Methoxy-propionyl]-
dihydro- 2319
Pyran-2-on, 3-Hydroxy-4-methoxy-6-
methoxymethyl- 2319
Pyran-4-on, 3-Hydroxy-2-[1-hydroxy-äthyl]-
6-hydroxymethyl- 2320
C₈H₁₂O₅
2-Oxa-bicyclo[3.3.1]nonan-3-on,
5,7,8-Trihydroxy- 2317
C₈H₁₂O₆
3,6-Anhydro-glucose, O^5-Acetyl- 2282
C₈H₁₄O₅
3,6-Anhydro-galactose, O^2,O^4-Dimethyl-
2280
—, O^2,O^5-Dimethyl- 2281
3,6-Anhydro-glucose, O^2,O^4-Dimethyl-
2280
—, O^2,O^5-Dimethyl- 2280
3,6-Anhydro-mannose, O^2,O^4-Dimethyl-
2280
—, O^2,O^5-Dimethyl- 2281
Arabinonsäure, O^2,O^3,O^4-Trimethyl-,
lacton 2258
—, O^2,O^3,O^5-Trimethyl-, lacton
2264
lyxo-6-Desoxy-hexonsäure, 5,O^4-Dimethyl-,
5-lacton 2294
Fuconsäure, O^2,O^3-Dimethyl-, 4-lacton
2275
Lyxonsäure, O^2,O^3,O^4-Trimethyl-,
lacton 2258
—, O^2,O^3,O^5-Trimethyl-, lacton
2265
Rhamnonsäure, O^3,O^4-Dimethyl-,
5-lacton 2268
Ribonsäure, O^2,O^3,O^4-Trimethyl-, lacton
2258
—, O^2,O^3,O^5-Trimethyl-, lacton
2264
Xylonsäure, O^2,O^3,O^4-Trimethyl-, lacton
2258
—, O^2,O^3,O^5-Trimethyl-, lacton
2265
C₈H₁₆O₆
3,6-Anhydro-galactose-dimethylacetal 2283
2,5-Anhydro-mannose-dimethylacetal 2292
C₈H₁₆O₈S₂
1,5-Anhydro-6-desoxy-altrit, 6,6-Bis-
methansulfonyl- 2269

C₉

C₉H₃BrO₅
Cyclohepta-1,3,5-trien-1,2-dicarbonsäure,
5-Brom-6-hydroxy-7-oxo-, anhydrid 2495

C₉H₄O₅
Cyclohepta-1,3,5-trien-1,2-dicarbonsäure,
6-Hydroxy-7-oxo-, anhydrid 2494

C₉H₅NO₅
Chroman-2,3,4-trion, 7-Hydroxy-,
3-oxim 2495

C₉H₆O₅
Cumarin, 4,6,7-Trihydroxy- 2377
—, 4,7,8-Trihydroxy- 2377
—, 6,7,8-Trihydroxy- 2371
Phthalsäure, 3-Hydroxy-5-methoxy-,
anhydrid 2368
—, 5-Hydroxy-3-methoxy-,
anhydrid 2368

C₉H₇NO₄
Chroman-2-on, 5,7-Dihydroxy-3-imino-
2373
—, 7,8-Dihydroxy-3-imino- 2375
Cumarin, 3-Amino-5,7-dihydroxy- 2373
—, 3-Amino-7,8-dihydroxy- 2375

C₉H₉ClO₅
Pyran-4-on, 6-Chlormethyl-3-hydroxy-2-
lactoyl- 2327

C₉H₁₀O₄
Chinon C₉H₁₀O₄ aus 4,5-Dihydroxy-3-
isopropyl-phthalsäure-anhydrid 2406

C₉H₁₂N₂O₄
Furan-2-on, 5-[3-Diazo-acetonyl]-5-
hydroxy-3,4-dimethyl-dihydro- 2321
—, 5-Diazoacetyl-4-hydroxy-3,4,5-
trimethyl-dihydro- 2321

C₉H₁₂O₅
Furan-2,3-dion, 4-[3-Äthoxy-propionyl]-
dihydro- 2320
—, 4-[3-Methoxy-propionyl]-5-methyl-
dihydro- 2320
Pyran-2-on, 3,4-Dimethoxy-6-
methoxymethyl- 2319

C₉H₁₂O₇
6-Oxa-bicyclo[3.2.1]octan-7-on,
3,4-Dihydroxy-1-methoxycarbonyloxy-
2315

C₉H₁₄O₅
Furan-2-on, 5-Acetyl-3,4-dihydroxy-3,4,5-
trimethyl-dihydro- 2317

C₉H₁₆O₅
3,6-Anhydro-galactose, Tri-*O*-methyl-
2281
3,6-Anhydro-glucose, Tri-*O*-methyl- 2281
2,5-Anhydro-mannose, Tri-*O*-methyl-
2292
6-Desoxy-
gulonsäure, *O²,O³,O⁵*-Trimethyl-,
lacton 2273

arabino-2-Desoxy-
hexonsäure, *O³,O⁴,O⁶*-Trimethyl-,
lacton 2269
—, *O³,O⁵,O⁶*-Trimethyl-, lacton
2276
lyxo-2-Desoxy-
hexonsäure, *O³,O⁴,O⁶*-Trimethyl-,
lacton 2269
—, *O³,O⁵,O⁶*-Trimethyl-, lacton
2276
Fuconsäure, *O²,O³,O⁴*-Trimethyl-,
lacton 2268
Rhamnonsäure, *O²,O³,O⁴*-Trimethyl-,
lacton 2268
—, *O²,O³,O⁵*-Trimethyl-, lacton
2275

C₉H₁₈O₆
3,6-Anhydro-galactose, *O²*-Methyl-,
dimethylacetal 2284
—, *O⁴*-Methyl-, dimethylacetal 2284
erythro-1-Desoxy-[2]hexulopyranosid,
Methyl-[5-methoxy-*O⁵*-methyl- 2265

C₁₀

C₁₀H₆Cl₂O₅
Phthalsäure, 3,4-Dichlor-5,6-dimethoxy-,
anhydrid 2368

C₁₀H₆O₅
Benzofuran-4,7-chinon, 5-Acetyl-6-hydroxy-
2499
Essigsäure, [2-Carboxy-4-hydroxy-3-oxo-
cyclohepta-1,4,6-trienyl]-, anhydrid
2495

C₁₀H₇BrO₅
Phthalsäure, 5-Brom-3,4-dimethoxy-,
anhydrid 2368
—, 6-Brom-3,4-dimethoxy-,
anhydrid 2368

C₁₀H₇Cl₃O₅
Phthalid, 4,6-Dihydroxy-5-methoxy-3-
trichlormethyl- 2340

C₁₀H₈O₅
Äthanon, 1-[3,4,6-Trihydroxy-benzofuran-
5-yl]- 2393
—, 1-[3,4,6-Trihydroxy-benzofuran-7-
yl]- 2399
Benzofuran-2,3-dion, 4,6-Dimethoxy- 2367
—, 6,7-Dimethoxy- 2367
Chromen-4-on, 3,5,7-Trihydroxy-2-methyl-
2384
—, 3,6,7-Trihydroxy-2-methyl- 2385
—, 5,6,7-Trihydroxy-2-methyl- 2382
—, 5,7,8-Trihydroxy-2-methyl- 2382
Cumarin, 5,7-Dihydroxy-4-hydroxymethyl-
2391
—, 3,7-Dihydroxy-6-methoxy- 2374

$C_{10}H_8O_5$ (Fortsetzung)

Cumarin, 4,5-Dihydroxy-6-methoxy- 2376
—, 6,7-Dihydroxy-5-methoxy- 2370
—, 6,7-Dihydroxy-8-methoxy- 2371
—, 6,8-Dihydroxy-7-methoxy- 2371
—, 7,8-Dihydroxy-6-methoxy- 2371
—, 4,5,7-Trihydroxy-3-methyl- 2386
—, 5,6,7-Trihydroxy-4-methyl- 2387
—, 5,7,8-Trihydroxy-4-methyl- 2388
—, 6,7,8-Trihydroxy-4-methyl- 2389
Phthalsäure, 3,4-Dimethoxy-, anhydrid
    2368
—, 3,5-Dimethoxy-, anhydrid 2369
—, 3,6-Dimethoxy-, anhydrid 2369
—, 4,5-Dimethoxy-, anhydrid 2369
—, 3-Hydroxy-5-methoxy-4-methyl-,
    anhydrid 2379

$C_{10}H_9NO_4$

Chroman-2-on, 7-Hydroxy-3-imino-6-
    methoxy- 2375
—, 7-Hydroxy-3-imino-8-methoxy-
    2375
Cumarin, 3-Amino-7-hydroxy-6-methoxy-
    2375
—, 3-Amino-7-hydroxy-8-methoxy-
    2375

$C_{10}H_9NO_5$

Benzofuran-2,3-dion, 6,7-Dimethoxy-,
    2-oxim 2367

$C_{10}H_{10}O_5$

Bicyclo[2.2.2]oct-5-en-2,3-dicarbonsäure,
    7,8-Dihydroxy-, anhydrid 2345
Phthalid, 4-Hydroxy-5,6-dimethoxy- 2336
—, 5-Hydroxy-4,6-dimethoxy- 2336
—, 7-Hydroxy-5,6-dimethoxy- 2337

$C_{10}H_{10}O_6$

Pyran-4-on, 6-Acetoxymethyl-2-acetyl-3-
    hydroxy- 2327

$C_{10}H_{14}N_2O_7$

Furan-3,4-diol, 2,5-Bis-
    äthoxycarbonylamino- 2298
—, 2,5-Bis-äthoxycarbonylimino-
    tetrahydro- 2298

$C_{10}H_{16}O_5$

6-Oxa-bicyclo[3.2.1]octan-7-on,
    1,3,4-Trimethoxy- 2315

$C_{10}H_{19}N_3O_5$

2,5-Anhydro-mannose, Tri-O-methyl-,
    semicarbazon 2293

$C_{10}H_{20}O_4S_2$

3,6-Anhydro-galactose-diäthyldithioacetal
    2289
2,5-Anhydro-mannose-diäthyldithioacetal
    2293

$C_{10}H_{20}O_6$

3,6-Anhydro-galactose, O^2,O^4-Dimethyl-,
    dimethylacetal 2284

—, O^2,O^5-Dimethyl-, dimethylacetal
    2284

$C_{10}H_{20}O_8S_2$

1,5-Anhydro-6-desoxy-altrit, 6,6-Bis-
    äthansulfonyl- 2270
2,6-Anhydro-1-desoxy-glucit, 1,1-Bis-
    äthansulfonyl- 2269
2,6-Anhydro-1-desoxy-mannit, 1,1-Bis-
    äthansulfonyl- 2270

C_{11}

$C_{11}H_7BrO_5$

Bicyclo[3.2.2]nona-2,8-dien-6,7-
    dicarbonsäure, 3-Brom-5-hydroxy-4-
    oxo-, anhydrid 2512

$C_{11}H_7ClO_5$

Cumarin, 6-Chloracetyl-7,8-dihydroxy-
    2504

$C_{11}H_7NO_7$

Chromen-6-carbaldehyd, 5,7-Dihydroxy-2-
    methyl-8-nitro-4-oxo-4H- 2507

$C_{11}H_8O_5$

Bicyclo[3.2.2]nona-2,8-dien-6,7-
    dicarbonsäure, 5-Hydroxy-4-oxo-,
    anhydrid 2511
Chromen-6-carbaldehyd, 5,7-Dihydroxy-2-
    methyl-4-oxo-4H- 2505
—, 7,8-Dihydroxy-4-methyl-2-oxo-
    2H- 2508
—, 7-Hydroxy-5-methoxy-2-oxo-2H-
    2497
—, 7-Hydroxy-5-methoxy-4-oxo-4H-
    2497
—, 7-Hydroxy-8-methoxy-2-oxo-2H-
    2498
Chromen-8-carbaldehyd, 5,6-Dihydroxy-4-
    methyl-2-oxo-2H- 2509
—, 5,7-Dihydroxy-4-methyl-2-oxo-
    2H- 2509
—, 7-Hydroxy-5-methoxy-2-oxo-2H- 2498
—, 7-Hydroxy-6-methoxy-2-oxo-2H-
    2499
Cumarin, 3-Acetyl-4,5-dihydroxy- 2502
—, 3-Acetyl-4,7-dihydroxy- 2503
Furan-2,3-dion, 4-Salicyloyl-dihydro- 2501
Keton, [2]Furyl-[2,4,5-trihydroxy-phenyl]-
    2501
Phthalsäure, 3-Acetyl-6-methoxy-,
    anhydrid 2500

$C_{11}H_9BrO_5$

Phthalsäure, 4-Äthoxy-3-brom-5-methoxy-,
    anhydrid 2370

$C_{11}H_9Cl_3O_5$

Phthalid, 5-Hydroxy-4,6-dimethoxy-3-
    trichlormethyl- 2340
—, 4,5,6-Trihydroxy-3-[1,1,2-trichlor-
    propyl]- 2346

C₁₁H₁₂O₆S
Phthalid, 3-Methansulfonyl-6,7-dimethoxy-
2335
C₁₁H₁₄O₈
Arabinonsäure, O^2,O^3,O^5-Triacetyl-,
lacton 2265
Ribonsäure, O^2,O^3,O^5-Triacetyl-, lacton
2265
Xylonsäure, O^2,O^3,O^5-Triacetyl-, lacton
2265
C₁₁H₂₂O₆
3,6-Anhydro-galactose, Tri-O-methyl-,
dimethylacetal 2284
3,6-Anhydro-glucose, Tri-O-methyl-,
dimethylacetal 2284
2,5-Anhydro-mannose, Tri-O-methyl-,
dimethylacetal 2292
erythro-1-Desoxy-[2]hexulopyranosid,
Methyl-[5-methoxy-tri-O-methyl- 2266

C₁₂

C₁₂H₄N₂O₉
Dinitro-Derivat C₁₂H₄N₂O₉ aus
3,6-Dihydroxy-naphthalin-1,8-
dicarbonsäure-anhydrid 2599
C₁₂H₆O₅
Naphthalin-1,8-dicarbonsäure,
2,7-Dihydroxy-, anhydrid 2598
—, 3,4-Dihydroxy-, anhydrid 2599
—, 3,6-Dihydroxy-, anhydrid 2599
C₁₂H₈N₂O₄
Cumarin, 6-Diazoacetyl-7-methoxy- 2564
C₁₂H₈O₅
Chromen-6,8-dicarbaldehyd, 5-Hydroxy-4-
methyl-2-oxo-2H- 2564
C₁₂H₈O₆
Cyclohepta[c]pyran-1,9-dion, 3-Acetoxy-8-
hydroxy- 2496
C₁₂H₈O₇
Phthalsäure, 3,6-Diacetoxy-, anhydrid 2369
C₁₂H₉BrN₂O₄
Pyran-4-on, 2-[4-Brom-phenylazo]-3-
hydroxy-6-hydroxymethyl- 2326
Pyran-2,3,4-trion, 6-Hydroxymethyl-,
2-[4-brom-phenylhydrazon] 2326
C₁₂H₉BrO₅
Chromen-6-carbaldehyd, 8-Brom-7-
hydroxy-5-methoxy-2-methyl-4-oxo-
4H- 2506
C₁₂H₉ClO₅
Chromen-6-carbaldehyd, 2-Chlormethyl-7-
hydroxy-5-methoxy-4-oxo-4H- 2506
Cumarin, 8-Acetyl-3-chlor-5,7-dihydroxy-
4-methyl- 2516
C₁₂H₉Cl₃O₅
Cumarin, 5,7-Dihydroxy-4-methyl-3-[2,2,2-
trichlor-1-hydroxy-äthyl]- 2408

—, 7,8-Dihydroxy-4-methyl-3-[2,2,2-
trichlor-1-hydroxy-äthyl]- 2408
C₁₂H₉NO₇
Chromen-6-carbaldehyd, 7-Hydroxy-5-
methoxy-2-methyl-8-nitro-4-oxo-4H-
2507
C₁₂H₁₀Br₂O₅
Cumarin, 3,8-Dibrom-6-hydroxy-5,7-
dimethoxy-4-methyl- 2388
Furan-2-on, 4-Brom-5-[2-brom-4,5-
dimethoxy-phenyl]-3-hydroxy-5H- 2381
C₁₂H₁₀Cl₂O₅
Phthalid, 3-Dichlormethylen-4,5,6-
trimethoxy- 2378
C₁₂H₁₀N₂O₄
Pyran-4-on,
3-Hydroxy-6-hydroxymethyl-2-phenylazo- 2325
Pyran-2,3,4-trion, 6-Hydroxymethyl-,
2-phenylhydrazon 2325
C₁₂H₁₀O₅
Acetaldehyd, [5,7-Dihydroxy-2-methyl-4-
oxo-4H-chromen-6-yl]- 2514
Bicyclo[3.2.2]nona-2,8-dien-6,7-
dicarbonsäure, 1-Methoxy-4-oxo-,
anhydrid 2511
—, 5-Methoxy-4-oxo-, anhydrid 2512
Chromen-4-carbaldehyd, 5,7-Dimethoxy-2-
oxo-2H- 2496
—, 6,7-Dimethoxy-2-oxo-2H- 2496
—, 7,8-Dimethoxy-2-oxo-2H- 2496
Chromen-5-carbaldehyd, 6-Hydroxy-7-
methoxy-4-methyl-2-oxo-2H- 2508
Chromen-6-carbaldehyd, 5,7-Dihydroxy-
2,8-dimethyl-4-oxo-4H- 2517
—, 5,7-Dimethoxy-2-oxo-2H- 2497
—, 7-Hydroxy-5-methoxy-2-methyl-4-
oxo-4H- 2505
—, 7-Hydroxy-8-methoxy-3-methyl-2-
oxo-2H- 2507
—, 7-Hydroxy-8-methoxy-4-methyl-2-
oxo-2H- 2508
Chromen-8-carbaldehyd, 5,6-Dihydroxy-
4,7-dimethyl-2-oxo-2H- 2517
—, 7-Hydroxy-3-methoxy-2-methyl-4-
oxo-4H- 2507
—, 7-Hydroxy-5-methoxy-4-methyl-2-
oxo-2H- 2509
Chromen-4-on, 3-Acetyl-5,7-dihydroxy-2-
methyl- 2513
Cumarin, 3-Acetyl-4,7-dihydroxy-5-methyl-
2514
—, 6-Acetyl-5,7-dihydroxy-4-methyl-
2514
—, 6-Acetyl-5,8-dihydroxy-4-methyl-
2515
—, 6-Acetyl-7,8-dihydroxy-4-methyl-
2515
—, 8-Acetyl-5,7-dihydroxy-4-methyl-
2516

$C_{12}H_{10}O_5$ (Fortsetzung)
Cumarin, 8-Acetyl-6,7-dihydroxy-4-methyl-
   2516
—, 3-Acetyl-4-hydroxy-6-methoxy-
   2503
—, 3-Acetyl-4-hydroxy-7-methoxy-
   2503
—, 8-Acetyl-6-hydroxy-7-methoxy-
   2505
—, 8-Acetyl-7-hydroxy-6-methoxy-
   2505
Furan-2,3-dion, 4-[4-Methoxy-benzoyl]-
   dihydro- 2502
Naphthalin-1,4-diol, 2,3-Epoxy-5,8-
   dimethoxy- 2500
[1,4]Naphthochinon, 2,3-Epoxy-5,8-
   dimethoxy-2,3-dihydro- 2500
Propionaldehyd, 3-[6-Hydroxy-4-methoxy-
   benzofuran-5-yl]-3-oxo- 2510
$C_{12}H_{10}O_7$
Essigsäure, [5,8-Dihydroxy-2-methyl-4-
   oxo-4H-chromen-7-yloxy]- 2383
$C_{12}H_{10}O_8S$
Sulfid, Bis-[3-hydroxy-6-hydroxymethyl-4-
   oxo-4H-pyran-2-yl]- 2319
$C_{12}H_{11}BrO_5$
Furan-2-on, 4-Brom-5-[3,4-dimethoxy-
   phenyl]-3-hydroxy-5H- 2380
$C_{12}H_{11}NO_5$
Chromen-4-on, 7-Hydroxy-6-
   [hydroxyimino-methyl]-5-methoxy-2-
   methyl- 2506
$C_{12}H_{12}Cl_2O_5$
Phthalid, 3-Dichlormethyl-4,5,6-
   trimethoxy- 2340
$C_{12}H_{12}N_4O_8$
Furan-2,3-dion, 4,4-Bis-hydroxymethyl-
   dihydro-, 3-[2,4-dinitro-
   phenylhydrazon] 2314
$C_{12}H_{12}O_5$
Acetessigsäure, 2-[3,4-Dimethoxy-phenyl]-
   4-hydroxy-, lacton 2381
Äthanon, 1-[3,6-Dihydroxy-4-methoxy-2-
   methyl-benzofuran-7-yl]- 2406
—, 1-[3-Hydroxy-4,6-dimethoxy-
   benzofuran-2-yl]- 2392
—, 1-[3-Hydroxy-4,6-dimethoxy-
   benzofuran-5-yl]- 2393
—, 1-[3-Hydroxy-5,6-dimethoxy-
   benzofuran-2-yl]- 2393
—, 1-[4-Hydroxy-6,7-dimethoxy-
   benzofuran-5-yl]- 2394
—, 1-[6-Hydroxy-4,7-dimethoxy-
   benzofuran-5-yl]- 2394
Benzofuran-4,6-diol, 5,7-Diacetyl-2,3-
   dihydro- 2410
Benzofuran-2-on, 7-Acetyl-4,6-dihydroxy-
   3,5-dimethyl-3H- 2411

Bernsteinsäure, [2,4-Dimethoxy-phenyl]-,
   anhydrid 2381
—, [3,4-Dimethoxy-phenyl]-,
   anhydrid 2382
Chromen-4-on, 5,8-Dihydroxy-7-methoxy-
   2,6-dimethyl- 2404
—, 3-Hydroxy-6,7-dimethoxy-2-
   methyl- 2385
—, 5-Hydroxy-3,7-dimethoxy-2-
   methyl- 2384
—, 6-Hydroxy-5,7-dimethoxy-2-
   methyl- 2382
—, 7-Hydroxy-3,5-dimethoxy-2-
   methyl- 2384
—, 7-Hydroxy-5,8-dimethoxy-2-
   methyl- 2383
Cumarin, 4-Hydroxy-5,7-dimethoxy-3-
   methyl- 2386
—, 4-Hydroxy-6,7-dimethoxy-3-
   methyl- 2386
—, 6-Hydroxy-5,7-dimethoxy-4-
   methyl- 2387
—, 6-Hydroxy-7,8-dimethoxy-4-
   methyl- 2390
—, 7-Hydroxy-5,8-dimethoxy-4-
   methyl- 2389
—, 8-Hydroxy-5,7-dimethoxy-4-
   methyl- 2389
—, 8-Hydroxy-6,7-dimethoxy-4-
   methyl- 2390
—, 3,6,7-Trimethoxy- 2375
—, 4,6,7-Trimethoxy- 2377
—, 4,7,8-Trimethoxy- 2378
—, 5,6,7-Trimethoxy- 2370
—, 6,7,8-Trimethoxy- 2372
Isocumarin, 5,6,7-Trimethoxy- 2378
Phthalid, 4-Formyl-3,7-dimethoxy-6-
   methyl- 2399
—, 4-Formyl-5,7-dimethoxy-6-methyl-
   2401
—, 6-Formyl-5,7-dimethoxy-4-methyl-
   2401
—, 7-Hydroxy-5-methoxy-4-methyl-6-
   [2-oxo-äthyl]- 2407
Phthalsäure, 3,5-Diäthoxy-, anhydrid
   2369
Propionsäure, 2-[2-Carboxy-4,5-
   dimethoxy-phenyl]-, anhydrid
   2392
$C_{12}H_{12}O_6$
Phthalid, 7-Acetoxy-5,6-dimethoxy-
   2337
$C_{12}H_{12}O_7$
Cyclohex-4-en-1,2-dicarbonsäure,
   3,6-Diacetoxy-, anhydrid 2327
Pyran-4-on, 3-Acetoxy-6-acetoxymethyl-2-
   acetyl- 2327
—, 5-Acetoxy-2-acetoxymethyl-3-
   acetyl- 2326

$C_{12}H_{12}O_9S_2$

Cumarin, 6-Hydroxy-5,7-bis-
methansulfonyloxy-4-methyl- 2388
—, 6-Hydroxy-7,8-bis-
methansulfonyloxy-4-methyl- 2391

$C_{12}H_{13}BrN_2O_4$

Furan-2-on, 5-[1-(4-Brom-
phenylhydrazono)-äthyl]-3,4-dihydroxy-
dihydro- 2304

$C_{12}H_{13}ClO_5$

Phthalid, 4-Chlormethyl-5,6,7-trimethoxy-
2341
—, 7-Chlormethyl-4,5,6-trimethoxy-
2342

$C_{12}H_{13}NO_4$

Furan-2-on, 3-Anilino-5-[1,2-dihydroxy-
äthyl]-5H- 2301
—, 5-[1,2-Dihydroxy-äthyl]-3-
phenylimino-dihydro- 2301

$C_{12}H_{13}NO_5$

Äthanon, 1-[6-Hydroxy-4,7-dimethoxy-
benzofuran-5-yl]-, oxim 2397

$C_{12}H_{13}N_3O_6$

Furan-2-on, 3,4-Dihydroxy-5-[1-(2-nitro-
phenylhydrazono)-äthyl]-dihydro-
2304
—, 3,4-Dihydroxy-5-[1-(3-nitro-
phenylhydrazono)-äthyl]-dihydro- 2304
—, 3,4-Dihydroxy-5-[1-(4-nitro-
phenylhydrazono)-äthyl]-dihydro- 2305

$C_{12}H_{14}N_2O_3$

Furan-2,3-dion, 5-[1,2-Dihydroxy-äthyl]-
dihydro-, 2-imin-3-phenylimin 2302
Furan-2-on, 3-Anilino-5-[1,2-dihydroxy-
äthyl]-5H-, imin 2302

$C_{12}H_{14}N_2O_4$

Acetaldehyd, Hydroxy-[3-hydroxy-5-oxo-
tetrahydro-[2]furyl]-, phenylhydrazon 2305
Furan-2,3-dion, 5-[1,2-Dihydroxy-äthyl]-
dihydro-, 3-phenylhydrazon 2303
Furan-2-on, 3,4-Dihydroxy-5-
[1-phenylhydrazono-äthyl]-dihydro-
2304

$C_{12}H_{14}N_2O_9$

Bicyclo[2.2.2]octan-2,3-dicarbonsäure,
2,3-Dimethyl-5,6-bis-nitryloxy-,
anhydrid 2329

$C_{12}H_{14}N_4O_8$

2,5-Anhydro-mannose-[2,4-dinitro-
phenylhydrazon] 2292

$C_{12}H_{14}O_5$

Äthanon, 1-[6-Hydroxy-4,7-dimethoxy-2,3-
dihydro-benzofuran-5-yl]- 2344
Benzofuran-5-carbaldehyd,
4,6,7-Trimethoxy-2,3-dihydro- 2339
Bicyclo[3.2.2]nonan-6,7-dicarbonsäure,
1-Methoxy-4-oxo-, anhydrid 2347
Cyclohexa-2,4-dien-1,2-dicarbonsäure,
3,5-Diäthoxy-, anhydrid 2339

Phthalid, 3-Äthoxy-6,7-dimethoxy-
2334
—, 5-Äthoxy-4,6-dimethoxy- 2336
—, 7-Äthoxy-5,6-dimethoxy- 2337
—, 7-Äthoxy-4-hydroxymethyl-6-
methoxy- 2341
—, 4-Hydroxymethyl-6,7-dimethoxy-
5-methyl- 2344
—, 6-Hydroxymethyl-5,7-dimethoxy-
4-methyl- 2345
—, 4,5,6-Trimethoxy-3-methyl- 2340
—, 4,5,6-Trimethoxy-7-methyl- 2342
—, 4,5,7-Trimethoxy-6-methyl- 2343
—, 4,6,7-Trimethoxy-5-methyl- 2343

$C_{12}H_{14}O_7$

Cyclohexan-1,2-dicarbonsäure,
1,2-Diacetoxy-, anhydrid 2321

$C_{12}H_{15}BrN_2O_4$

3,6-Anhydro-glucose-[4-brom-
phenylhydrazon] 2288

$C_{12}H_{15}N_3O_6$

2,5-Anhydro-mannose-[4-nitro-
phenylhydrazon] 2292

$C_{12}H_{16}N_2O_4$

3,6-Anhydro-glucose-phenylhydrazon 2288

$C_{12}H_{16}O_5$

Bicyclo[2.2.2]octan-2,3-dicarbonsäure,
5,6-Dihydroxy-2,3-dimethyl-,
anhydrid 2328
Cyclohex-4-en-1,2-dicarbonsäure,
3,6-Diäthoxy-, anhydrid 2327

$C_{12}H_{16}O_7$

Adipinsäure, 2,5-Diacetoxy-2,5-dimethyl-,
anhydrid 2316

$C_{12}H_{16}O_8$

Rhamnonsäure, O^2,O^3,O^4-Triacetyl-,
lacton 2268
—, O^2,O^3,O^5-Triacetyl-, lacton 2275

$C_{12}H_{18}O_5$

Furan-2-on, 3-Acetyl-5-[3-methoxy-
butyryl]-5-methyl-dihydro- 2321

$C_{12}H_{20}O_{10}$

3,6-Anhydro-
galactose, O^4-Galactopyranosyl-
2282
arabino-2-Desoxy-
hexonsäure, O^4-Glucopyranosyl-,
5-lacton 2269

$C_{12}H_{24}O_3S_3$

erythro-2,5-Dithio-1-desoxy-[2]≠
hexulopyranosid, Äthyl-[S^5-äthyl-5-
äthylmercapto- 2266

$C_{12}H_{24}O_8S_2$

1,5-Anhydro-6-desoxy-altrit, 6,6-Bis-
[propan-1-sulfonyl]- 2270
arabino-2,6-Anhydro-1-desoxy-hexit,
1,1-Bis-[propan-2-sulfonyl]- 2271

C₁₃

C₁₃H₈ClO₆P

Naphtho[2,3-c]furan-1-on,
8,9-Chlorphosphoryldioxy-6-methoxy-
3H- 2566

C₁₃H₈O₅

Benzo[c]chromen-6-on, 1,3,8-Trihydroxy-
2607

Xanthen-3-on, 1,6,7-Trihydroxy- 2607

Xanthen-9-on, 1,2,7-Trihydroxy- 2600

—, 1,3,5-Trihydroxy- 2600

—, 1,3,6-Trihydroxy- 2601

—, 1,3,7-Trihydroxy- 2602

—, 1,3,8-Trihydroxy- 2604

—, 1,4,7-Trihydroxy- 2605

—, 1,5,6-Trihydroxy- 2606

C₁₃H₉Cl₃O₅

Furan-2,3-dion, 4-[4-Methoxy-benzoyl]-5-
trichlormethyl-dihydro- 2512

C₁₃H₁₀N₂O₅

Pentendisäure, 3-Acetoxy-4-
phenylhydrazono-, anhydrid 2325

C₁₃H₁₀O₅

Chromen-6,8-dicarbaldehyd, 5-Hydroxy-
4,7-dimethyl-2-oxo-2H- 2568

Cumarin, 3,6-Diacetyl-5-hydroxy- 2568

—, 3,8-Diacetyl-7-hydroxy- 2568

Naphtho[2,3-c]furan-1-on, 8,9-Dihydroxy-
6-methoxy-3H- 2564

C₁₃H₁₀O₆

Cumarin, 5-Acetoxy-3-acetyl-4-hydroxy-
2502

—, 7-Acetoxy-3-acetyl-4-hydroxy- 2503

C₁₃H₁₀O₇

Essigsäure, [6-Formyl-5-methoxy-2-oxo-
2H-chromen-7-yloxy]- 2497

—, [6-Formyl-8-methoxy-2-oxo-
2H-chromen-7-yloxy]- 2498

—, [8-Formyl-5-methoxy-2-oxo-
2H-chromen-7-yloxy]- 2498

C₁₃H₁₁BrO₅

Cumarin, 6-Acetyl-3-brom-5,7-dihydroxy-
4,8-dimethyl- 2520

C₁₃H₁₁ClN₂O₄

Äthanon, 1-[7-Chlor-4,6-dimethoxy-3-
methyl-benzofuran-2-yl]-2-diazo- 2511

C₁₃H₁₁ClO₅

Cumarin, 6-Acetyl-3-chlor-5,7-dihydroxy-
4,8-dimethyl- 2520

C₁₃H₁₂Br₂O₅

Furan-2-on, 4-Brom-5-[2-brom-4,5-
dimethoxy-phenyl]-3-methoxy-5H-
2381

C₁₃H₁₂Cl₂O₅

Furan-2-on, 3,4-Dichlor-5-[2,3,4-
trimethoxy-phenyl]-5H- 2380

C₁₃H₁₂N₂O₄

Pyran-4-on, 3-Hydroxy-6-hydroxymethyl-
2-o-tolylazo- 2326

—, 3-Hydroxy-6-hydroxymethyl-2-
p-tolylazo- 2326

Pyran-2,3,4-trion, 6-Hydroxymethyl-,
2-o-tolylhydrazon 2326

—, 6-Hydroxymethyl-,
2-p-tolylhydrazon 2326

C₁₃H₁₂O₅

Acetaldehyd, [5,7-Dimethoxy-2-oxo-
2H-chromen-6-yl]- 2504

—, [7-Hydroxy-3-methoxy-2-methyl-4-
oxo-4H-chromen-8-yl]- 2514

—, [7-Hydroxy-5-methoxy-2-methyl-4-
oxo-4H-chromen-6-yl]- 2514

Bernsteinsäure, Veratryliden-, anhydrid
2501

Butan-1,3-dion, 1-[4-Hydroxy-6-methoxy-
benzofuran-5-yl]- 2518

—, 1-[6-Hydroxy-4-methoxy-
benzofuran-5-yl]- 2517

—, 1-[6-Hydroxy-4-methoxy-
benzofuran-7-yl]- 2518

Chromen-6-carbaldehyd, 5-Äthoxy-7-
hydroxy-2-methyl-4-oxo-4H- 2506

—, 5,7-Dimethoxy-2-methyl-4-oxo-
4H- 2505

—, 5,7-Dimethoxy-4-methyl-2-oxo-
2H- 2508

Chromen-8-carbaldehyd, 5,7-Dimethoxy-4-
methyl-2-oxo-2H- 2510

Chromen-4-on, 6-Acetyl-5,7-dihydroxy-2,3-
dimethyl- 2519

—, 8-Acetyl-5,7-dihydroxy-2,3-
dimethyl- 2519

—, 3-Acetyl-6,7-dimethoxy- 2502

—, 3-Acetyl-6-hydroxy-7-methoxy-2-
methyl- 2513

Cumarin, 6-Acetyl-5,7-dihydroxy-4,8-
dimethyl- 2519

—, 3-Acetyl-6,7-dimethoxy- 2502

—, 8-Acetyl-5,7-dimethoxy- 2505

—, 8-Acetyl-6,7-dimethoxy- 2505

—, 8-Acetyl-6-hydroxy-7-methoxy-4-
methyl- 2516

—, 8-Acetyl-7-hydroxy-6-methoxy-4-
methyl- 2516

—, 3-Butyryl-4,7-dihydroxy- 2518

Furan-2,3-dion, 4-Acetyl-5-[4-methoxy-
phenyl]-dihydro- 2512

Isocumarin, 3-Acetyl-7,8-dimethoxy-
2510

[1,4]Naphthochinon, 2,3-Epoxy-5,7-
dimethoxy-2-methyl-2,3-dihydro- 2511

—, 2,3-Epoxy-6,8-dimethoxy-2-
methyl-2,3-dihydro- 2511

Pyran-4-on, 5-Hydroxy-3-[α-hydroxy-
benzyl]-2-hydroxymethyl- 2518

$C_{13}H_{12}O_6$

Bicyclo[2.2.2]oct-5-en-2,3-dicarbonsäure,
7-Acetoxy-7-methyl-8-oxo-, anhydrid
2407
Cumarin, 4-Acetoxy-5,7-dimethoxy- 2377
—, 4-Acetoxy-6,7-dimethoxy- 2377
—, 6-Acetoxy-5,7-dimethoxy- 2370
—, 7-Acetoxy-5,8-dimethoxy- 2370
—, 8-Acetoxy-6,7-dimethoxy- 2373
Phthalid, 3-Acetoxy-4-formyl-7-methoxy-6-
methyl- 2400

$C_{13}H_{12}O_7$

Essigsäure, [5-Acetyl-6-hydroxy-7-
methoxy-benzofuran-4-yloxy]- 2396

$C_{13}H_{13}BrO_5$

Furan-2-on, 4-Brom-5-[3,4-dimethoxy-
phenyl]-3-methoxy-5H- 2381

$C_{13}H_{13}ClO_5$

Cumarin, 3-[3-Chlor-2-hydroxy-propyl]-
5,7-dihydroxy-4-methyl- 2413

$C_{13}H_{13}Cl_3O_5$

Phthalid, 5-Hydroxy-4,6-dimethoxy-3-
[1,1,2-trichlor-propyl]- 2346

$C_{13}H_{13}NO_5$

Cumarin, 3-[1-Hydroxyimino-äthyl]-6,7-
dimethoxy- 2502
Furan-2-on, 3-Hydroxy-5-methoxy-4-
[phenylacetyl-amino]-5H- 2295
—, 3-Hydroxy-5-methoxy-4-
phenylacetylimino-dihydro- 2295

$C_{13}H_{13}N_3O_5$

Semicarbazon $C_{13}H_{13}N_3O_5$ aus 7-Hydroxy-3-
methoxy-2-methyl-4-oxo-4H-chromen-
8-carbaldehyd 2507

$C_{13}H_{14}ClNO_4$

Furan-2-on, 4-Chlor-5-[3,4-dimethoxy-
phenyl]-3-methylimino-dihydro- 2380

$C_{13}H_{14}Cl_2O_5$

Phthalid, 3-[1,1-Dichlor-äthyl]-4,5,6-
trimethoxy- 2344

$C_{13}H_{14}O_5$

Äthanon, 1-[4-Äthoxy-6-hydroxy-7-
methoxy-benzofuran-5-yl]- 2395
—, 1-[3,4,6-Trimethoxy-benzofuran-2-
yl]- 2392
—, 1-[4,6,7-Trimethoxy-benzofuran-5-
yl]- 2394
Benzofuran-4-ol, 5,7-Diacetyl-6-methoxy-
2,3-dihydro- 2410
Benzofuran-6-ol, 5,7-Diacetyl-4-methoxy-
2,3-dihydro- 2410
Benzofuran-2-on, 5-Acetyl-6-hydroxy-4-
methoxy-3,7-dimethyl-3H- 2412
—, 7-Acetyl-6-hydroxy-4-methoxy-
3,5-dimethyl-3H- 2411
Bernsteinsäure, Veratryl-, anhydrid 2402
Butan-1,3-dion, 1-[4-Hydroxy-6-methoxy-
2,3-dihydro-benzofuran-5-yl]- 2409

—, 1-[6-Hydroxy-4-methoxy-2,3-
dihydro-benzofuran-5-yl]- 2409
—, 1-[6-Hydroxy-4-methoxy-2,3-
dihydro-benzofuran-7-yl]-
2410
Buttersäure, 2-[2-Carboxy-4,5-dimethoxy-
phenyl]-, anhydrid 2405
Chroman-2-on, 3-Acetyl-6,7-dimethoxy-
2403
Chroman-4-on, 3-Acetyl-6,7-dimethoxy-
2403
Chromen-4-on, 5-Hydroxy-6,7-dimethoxy-
2,8-dimethyl- 2405
—, 3,6,7-Trimethoxy-2-methyl- 2385
—, 3,7,8-Trimethoxy-2-methyl- 2386
—, 5,6,7-Trimethoxy-2-methyl- 2382
—, 5,7,8-Trimethoxy-2-methyl- 2383
Cumarin, 5-Äthoxy-6-hydroxy-7-methoxy-
4-methyl- 2388
—, 3-Äthyl-4-hydroxy-6,7-dimethoxy-
2403
—, 4,6,7-Trimethoxy-3-methyl- 2386
—, 5,6,7-Trimethoxy-4-methyl- 2387
—, 5,7,8-Trimethoxy-4-methyl- 2389
—, 6,7,8-Trimethoxy-4-methyl- 2390
Furan-2-on, 4-Veratroyl-dihydro-
2402
Glutarsäure, 3-[2,4-Dimethoxy-phenyl]-,
anhydrid 2402
Isocumarin, 8-Hydroxy-3-[2-hydroxy-
propyl]-6-methoxy- 2409
—, 5,6,7-Trimethoxy-3-methyl- 2391
—, 5,6,7-Trimethoxy-4-methyl- 2392
Phthalid, 3-Äthoxy-4-formyl-7-methoxy-6-
methyl- 2400
—, 5,7-Dimethoxy-4-methyl-6-[2-oxo-
äthyl]- 2407
Phthalsäure, 3-Isopropyl-4,5-dimethoxy-,
anhydrid 2406

$C_{13}H_{14}O_6$

Bicyclo[2.2.2]octan-2,3-dicarbonsäure,
5-Acetoxy-5-methyl-6-oxo-, anhydrid
2347
1,5-Oxaäthano-naphthalin-4,9-dion,
7-Acetoxy-6-hydroxy-4a,5,6,7,8,8a-
hexahydro-1H- 2347
Phthalid, 3-Acetoxy-4-hydroxymethyl-7-
methoxy-6-methyl- 2344
—, 4-Acetoxymethyl-6,7-dimethoxy-
2341

$C_{13}H_{14}O_7$

Norbornan-2,3-dicarbonsäure,
5,6-Diacetoxy-, anhydrid 2328

$C_{13}H_{14}O_9S_2$

Cumarin, 5,7-Bis-methansulfonyloxy-6-
methoxy-4-methyl- 2388
—, 7,8-Bis-methansulfonyloxy-6-
methoxy-4-methyl- 2391

$C_{13}H_{15}BrO_8$
6-Oxa-bicyclo[3.2.1]octan-7-on,
1,3,4-Triacetoxy-2-brom- 2316

$C_{13}H_{15}ClO_5$
Phthalid, 5-Äthoxy-7-chlormethyl-4,6-
dimethoxy- 2342

$C_{13}H_{15}ClO_8$
6-Oxa-bicyclo[3.2.1]octan-7-on,
1,3,4-Triacetoxy-2-chlor- 2316

$C_{13}H_{15}NO_5$
Äthanon, 1-[4,6,7-Trimethoxy-benzofuran-
5-yl]-, oxim 2397

$C_{13}H_{15}N_3O_5$
Äthanon, 1-[6-Hydroxy-4,7-dimethoxy-
benzofuran-5-yl]-, semicarbazon 2398

$C_{13}H_{16}N_2O_4$
ribo-3,6-Anhydro-[2]hexosulose-1-[methyl-
phenyl-hydrazon] 2305

$C_{13}H_{16}O_5$
Chroman-4-on, 3-Hydroxy-6,7-dimethoxy-
2,2-dimethyl- 2346
Furan-2-on, 4-[α-Hydroxy-3,4-dimethoxy-
benzyl]-dihydro- 2345
Isochroman-1-on, 5,6,7-Trimethoxy-3-
methyl- 2344
Phthalid, 5-Äthoxy-4,6-dimethoxy-7-methyl- 2342

$C_{13}H_{16}O_7S$
3,6-Anhydro-glucose, O^5-[Toluol-4-
sulfonyl]- 2283

$C_{13}H_{16}O_8$
6-Oxa-bicyclo[3.2.1]octan-7-on,
1,3,4-Triacetoxy- 2315

$[C_{13}H_{17}N_2O_4S]^+$
Hydrazinium, N-Arabinofuranosyliden-
N-methyl-N'-thiobenzoyl- 2258
$[C_{13}H_{17}N_2O_4S]Cl$ 2259
$[C_{13}H_{17}N_2O_4S]Br$ 2259
$[C_{13}H_{17}N_2O_4S]I$ 2259
—, N-Arabinopyranosyliden-
N-methyl-N'-thiobenzoyl- 2258
$[C_{13}H_{17}N_2O_4S]Cl$ 2259
$[C_{13}H_{17}N_2O_4S]Br$ 2259
$[C_{13}H_{17}N_2O_4S]I$ 2259
—, N-Methyl-N'-thiobenzoyl-
N-xylofuranosyliden- 2259
$[C_{13}H_{17}N_2O_4S]Cl$ 2259
—, N-Methyl-N'-thiobenzoyl-
N-xylopyranosyliden- 2259
$[C_{13}H_{17}N_2O_4S]Cl$ 2259

$C_{13}H_{17}N_3O_4$
ribo-3,6-Anhydro-[2]hexosulose-1-[methyl-
phenyl-hydrazon]-2-oxim 2306

$C_{13}H_{17}N_3O_5$
Benzofuran-5-carbaldehyd,
4,6,7-Trimethoxy-2,3-dihydro-,
semicarbazon 2340

$C_{13}H_{22}O_8$
erythro-1-Desoxy-[2]hexulopyranosid,
Methyl-[O^3,O^4-diacetyl-5-methoxy-
O^5-methyl- 2266

$C_{13}H_{26}O_4S_2$
2,5-Anhydro-mannose, Tri-O-methyl-,
diäthyldithioacetal 2294

C_{14}

$C_{14}H_5Cl_5O_5$
Pentachlor-Derivat $C_{14}H_5Cl_5O_5$ aus
1,4,8-Trihydroxy-3-methyl-xanthen-9-on
2613

$C_{14}H_6Cl_4O_5$
Xanthen-9-on, 2,4,5,7-Tetrachlor-1,3,6-
trihydroxy-8-methyl- 2612

$C_{14}H_7Br_3O_5$
Tribrom-Derivat $C_{14}H_7Br_3O_5$ aus
1,4,8-Trihydroxy-3-methyl-xanthen-9-on
2613

$C_{14}H_7Cl_3O_5$
Trichlor-Derivat $C_{14}H_7Cl_3O_5$ s. bei
1,4,8-Trihydroxy-3-methyl-xanthen-9-on
2613

$C_{14}H_8Br_2O_5$
Xanthen-9-on, 2,4-Dibrom-1,3-dihydroxy-
7-methoxy- 2604

$C_{14}H_{10}N_2O_5$
Cumarin, 6-Diazoacetyl-7-propionyloxy-
2564

$C_{14}H_{10}O_5$
Benzo[c]chromen-6-on, 1,3-Dihydroxy-8-
methoxy- 2607
—, 3,7,9-Trihydroxy-1-methyl- 2617
Benzo[g]chromen-4-on, 5,6,8-Trihydroxy-2-
methyl- 2609
Benzofuran-2-on, 3-[2,4-Dihydroxy-phenyl]-
6-hydroxy-3H- 2608
Naphthalin-1,2-dicarbonsäure,
6,7-Dimethoxy-, anhydrid 2598
Naphthalin-1,8-dicarbonsäure,
2,7-Dimethoxy-, anhydrid 2598
—, 3,6-Dimethoxy-, anhydrid 2599
Naphthalin-2,3-dicarbonsäure,
1,4-Dimethoxy-, anhydrid 2598
—, 1,8-Dimethoxy-, anhydrid 2598
Xanthen-3-on, 2,6,7-Trihydroxy-9-methyl-
2616
Xanthen-9-on, 1,3-Dihydroxy-5-methoxy-
2601
—, 1,3-Dihydroxy-7-methoxy- 2602
—, 1,3-Dihydroxy-8-methoxy- 2604
—, 1,4-Dihydroxy-3-methoxy- 2600
—, 1,4-Dihydroxy-7-methoxy- 2605
—, 1,7-Dihydroxy-3-methoxy- 2602
—, 1,8-Dihydroxy-3-methoxy- 2604
—, 3,8-Dihydroxy-1-methoxy- 2604

$C_{14}H_{14}O_7$
Essigsäure, [5-Acetyl-4,7-dimethoxy-
benzofuran-6-yloxy]- 2396
—, [5-Hydroxy-8-methoxy-2-methyl-4-
oxo-4H-chromen-7-yloxy]-,
methylester 2383

$C_{14}H_{15}ClO_5$
Phthalid, 3-[1-Chlor-propenyl]-4,5,6-
trimethoxy- 2405

$C_{14}H_{15}Cl_3O_5$
Phthalid, 4,5,6-Trimethoxy-3-[1,1,2-
trichlor-propyl]- 2346

$C_{14}H_{15}NO_5$
Furan-2-on, 5-Äthoxy-3-hydroxy-4-
[phenylacetyl-amino]-5H- 2295
—, 5-Äthoxy-3-hydroxy-4-
phenylacetylimino-dihydro- 2295

$C_{14}H_{15}NO_6$
Essigsäure, [5-Acetyl-4,7-dimethoxy-
benzofuran-6-yloxy]-, amid 2396

$C_{14}H_{15}N_3O_5$
Cumarin, 5,7-Dimethoxy-8-
[1-semicarbazono-äthyl]- 2505

$C_{14}H_{15}N_3O_6$
Phthalid, 3-Acetoxy-7-methoxy-6-methyl-4-
semicarbazonomethyl- 2401

$C_{14}H_{16}O_5$
Äthanon, 1-[6-Äthoxy-4,7-dimethoxy-
benzofuran-5-yl]- 2395
Benzofuran, 5,7-Diacetyl-4,6-dimethoxy-
2,3-dihydro- 2411
Butan-1,3-dion, 1-[6,7-Dimethoxy-2,3-
dihydro-benzofuran-5-yl]- 2410
Butan-1-on, 1-[6-Hydroxy-4,7-dimethoxy-
benzofuran-5-yl]- 2409
Chromen-4-on, 5,6,7-Trimethoxy-2,3-
dimethyl- 2403
—, 5,7,8-Trimethoxy-2,3-dimethyl-
2403
Cumarin, 6-Äthyl-7-hydroxy-5,8-
dimethoxy-4-methyl- 2408
—, 7,8-Diäthoxy-6-methoxy- 2372
Furan-2-on, 5-Methyl-4-veratroyl-dihydro-
2408
—, 3-[3,4,5-Trimethoxy-benzyliden]-
dihydro- 2402
Isocumarin, 3-Äthyl-5,6,7-trimethoxy- 2405

$C_{14}H_{16}O_6$
Äthanon, 1-[6-Acetoxy-4,7-dimethoxy-2,3-
dihydro-benzofuran-5-yl]- 2344
1,5-Oxaäthano-naphthalin-4,9-dion,
7-Acetoxy-6-methoxy-4a,5,6,7,8,8a-
hexahydro-1H- 2347

$C_{14}H_{16}O_7$
Cyclohex-4-en-1,2-dicarbonsäure, 4,5-Bis-
acetoxymethyl-, anhydrid 2328

$C_{14}H_{16}O_8$
Pyran-4-on, 3-Acetoxy-2-[1-acetoxy-äthyl]-
6-acetoxymethyl- 2320

$C_{14}H_{17}N_3O_5$
Äthanon, 1-[3,4,6-Trimethoxy-benzofuran-
2-yl]-, semicarbazon 2393
—, 1-[4,6,7-Trimethoxy-benzofuran-5-
yl]-, semicarbazon 2398
Phthalid, 3-Äthoxy-7-methoxy-6-methyl-4-
semicarbazonomethyl- 2401
Verbindung $C_{14}H_{17}N_3O_5$ aus
3-Isopropyl-4,5-dimethoxy-phthalsäure-
anhydrid 2407

$C_{14}H_{18}Cl_2O_9$
arabino-Hexopyranosylchlorid, Tetra-
O-acetyl-2-chlor- 2266

$C_{14}H_{18}N_2O_5$
Benzofuran, 5,7-Bis-[1-hydroxyimino-äthyl]-
4,6-dimethoxy-2,3-dihydro- 2411

$C_{14}H_{18}O_5$
Äthanon, 1-[6-Hydroxy-1-(α-hydroxy-
isopropyl)-4-methoxy-2,3-dihydro-
benzofuran-5-yl]- 2350
Benzo[g]chromen-2-on, 6,7,8-Trihydroxy-9-
methyl-3,4,4a,5,9,9a,10,10a-octahydro-
2350
Bicyclo[2.2.2]octan-2,3-dicarbonsäure,
5-Hydroxy-1-isopropyl-4-methyl-6-oxo-,
anhydrid 2351
Chroman-4-on, 5,7,8-Trimethoxy-2,2-
dimethyl- 2346
Furan-2-on, 3-[3,4,5-Trimethoxy-benzyl]-
dihydro- 2345

$C_{14}H_{19}NO_4$
3,6-Anhydro-galactopyranosylamin, $O^2,$
O^4-Dimethyl-N-phenyl- 2287
3,6-Anhydro-galactose, O^2,O^4-Dimethyl-,
phenylimin 2287
3,6-Anhydro-
glucofuranosylamin, O^2,O^5-Dimethyl-
N-phenyl- 2288
3,6-Anhydro-glucose, O^2,O^5-Dimethyl-,
phenylimin 2288

$C_{14}H_{20}O_4Se$
Selenophen-3,4-diol, 2,5-Diisovaleryl-
2329

$C_{14}H_{22}O_5$
Isochroman-3-on, 7,8-Dihydroxy-4a,8-
dimethyl-1-propionyl-hexahydro-
2322

$C_{14}H_{22}O_9$
3,6-Anhydro-galactose, Tri-O-acetyl-,
dimethylacetal 2285

$C_{14}H_{26}O_{11}$
3,6-Anhydro-
galactose, O^4-Galactopyranosyl-,
dimethylacetal 2286

$C_{14}H_{28}O_8S_2$
arabino-1,5-Anhydro-6-desoxy-hexit,
6,6-Bis-[butan-1-sulfonyl]- 2271
—, 6,6-Bis-[2-methyl-propan-1-
sulfonyl]- 2271

C_{15}

$C_{15}H_9ClO_5$

Chromen-4-on, 6-Chlor-2-[3,4-dihydroxy-phenyl]-3-hydroxy- 2717

$C_{15}H_{10}Br_2O_5$

Dibrom-Derivat $C_{15}H_{10}Br_2O_5$ aus 5,6-Dihydroxy-8-methoxy-2-methyl-benzo[g]chromen-4-on 2609

$C_{15}H_{10}Cl_2O_5$

Xanthen-9-on, 2,4-Dichlor-1,3-dihydroxy-6-methoxy-8-methyl- 2612

—, 2,4-Dichlor-1,7-dihydroxy-5-methoxy-3-methyl- 2616

$C_{15}H_{10}O_5$

Benzofuran-2-on, 4,6-Dihydroxy-3-[4-hydroxy-benzyliden]-3H- 2749

Benzofuran-3-on, 2-[3,4-Dihydroxy-benzyliden]-4-hydroxy- 2743

—, 2-[3,4-Dihydroxy-benzyliden]-6-hydroxy-2744

—, 4,6-Dihydroxy-2-[4-hydroxy-benzyliden]- 2742

—, 5,6-Dihydroxy-2-[4-hydroxy-benzyliden]- 2743

—, 6,7-Dihydroxy-2-[4-hydroxy-benzyliden]- 2743

Chromen-4-on, 3,5-Dihydroxy-2-[4-hydroxy-phenyl]- 2707

—, 3,6-Dihydroxy-2-[2-hydroxy-phenyl]- 2707

—, 3,6-Dihydroxy-2-[3-hydroxy-phenyl]- 2708

—, 3,6-Dihydroxy-2-[4-hydroxy-phenyl]- 2708

—, 3,7-Dihydroxy-2-[2-hydroxy-phenyl]- 2709

—, 3,7-Dihydroxy-2-[3-hydroxy-phenyl]- 2710

—, 3,7-Dihydroxy-2-[4-hydroxy-phenyl]- 2712

—, 5,6-Dihydroxy-2-[2-hydroxy-phenyl]- 2679

—, 5,6-Dihydroxy-2-[4-hydroxy-phenyl]- 2679

—, 5,7-Dihydroxy-2-[2-hydroxy-phenyl]- 2680

—, 5,7-Dihydroxy-2-[3-hydroxy-phenyl]- 2681

—, 5,7-Dihydroxy-2-[4-hydroxy-phenyl]- 2682

—, 5,7-Dihydroxy-3-[2-hydroxy-phenyl]- 2723

—, 5,7-Dihydroxy-3-[4-hydroxy-phenyl]- 2724

—, 5,8-Dihydroxy-2-[2-hydroxy-phenyl]- 2692

—, 6,8-Dihydroxy-2-[4-hydroxy-phenyl]- 2694

—, 7,8-Dihydroxy-2-[4-hydroxy-phenyl]- 2694

—, 2-[2,3-Dihydroxy-phenyl]-3-hydroxy- 2715

—, 2-[2,3-Dihydroxy-phenyl]-6-hydroxy- 2695

—, 2-[2,3-Dihydroxy-phenyl]-7-hydroxy- 2696

—, 2-[2,5-Dihydroxy-phenyl]-3-hydroxy- 2715

—, 2-[2,5-Dihydroxy-phenyl]-7-hydroxy- 2697

—, 2-[3,4-Dihydroxy-phenyl]-3-hydroxy- 2716

—, 2-[3,4-Dihydroxy-phenyl]-5-hydroxy- 2695

—, 2-[3,4-Dihydroxy-phenyl]-8-hydroxy- 2699

—, 3-[3,4-Dihydroxy-phenyl]-7-hydroxy- 2735

—, 2-[2,3,6-Trihydroxy-phenyl]- 2699

—, 2-[2,4,6-Trihydroxy-phenyl]- 2700

—, 2-[3,4,5-Trihydroxy-phenyl]- 2700

—, 3,5,6-Trihydroxy-2-phenyl- 2700

—, 3,5,7-Trihydroxy-2-phenyl- 2701

—, 3,5,8-Trihydroxy-2-phenyl- 2704

—, 3,6,7-Trihydroxy-2-phenyl- 2705

—, 3,6,8-Trihydroxy-2-phenyl- 2706

—, 3,7,8-Trihydroxy-2-phenyl- 2706

—, 5,6,7-Trihydroxy-2-phenyl- 2671

—, 5,6,7-Trihydroxy-3-phenyl- 2718

—, 5,6,8-Trihydroxy-2-phenyl- 2674

—, 5,7,8-Trihydroxy-2-phenyl- 2675

—, 5,7,8-Trihydroxy-3-phenyl- 2720

—, 6,7,8-Trihydroxy-2-phenyl- 2678

Chromen-7-on, 5,8-Dihydroxy-2-[4-hydroxy-phenyl]- 2671

Cumarin, 4,7-Dihydroxy-3-[4-hydroxy-phenyl]- 2737

—, 4,5,7-Trihydroxy-3-phenyl- 2737

—, 5,6,7-Trihydroxy-4-phenyl- 2738

—, 6,7,8-Trihydroxy-4-phenyl- 2739

Xanthen-2-carbaldehyd, 1-Hydroxy-7-methoxy-9-oxo- 2670

$C_{15}H_{11}BrO_5$

Bromanhydrojavanicin 2618

$[C_{15}H_{11}O_4]^+$

Chromenylium, 3,5-Dihydroxy-2-[4-hydroxy-phenyl]- 2620
$[C_{15}H_{11}O_4]Cl$ 2620

—, 3,7-Dihydroxy-2-[4-hydroxy-phenyl]- 2620
$[C_{15}H_{11}O_4]Cl$ 2620

—, 2-[3,4-Dihydroxy-phenyl]-3-hydroxy- 2620
$[C_{15}H_{11}O_4]Cl$ 2620

[C₁₅H₁₁O₄]⁺ (Fortsetzung)

Chromenylium, 3,5,7-Trihydroxy-2-phenyl-
2619
[C₁₅H₁₁O₄]Cl 2619

C₁₅H₁₂O₅

Benzo[c]chromen-6-on, 3,7-Dihydroxy-9-
methoxy-1-methyl- 2617
—, 10-Hydroxy-2,9-dimethoxy- 2607
Benzo[g]chromen-4-on, 5,6-Dihydroxy-8-
methoxy-2-methyl- 2609
Chroman-4-on, 3,7-Dihydroxy-2-
[4-hydroxy-phenyl]- 2627
—, 5,7-Dihydroxy-2-[2-hydroxy-
phenyl]- 2628
—, 5,7-Dihydroxy-2-[3-hydroxy-
phenyl]- 2629
—, 5,7-Dihydroxy-2-[4-hydroxy-
phenyl]- 2630
—, 5,7-Dihydroxy-3-[4-hydroxy-
phenyl]- 2647
—, 7,8-Dihydroxy-2-[2-hydroxy-
phenyl]- 2641
—, 7,8-Dihydroxy-2-[4-hydroxy-
phenyl]- 2641
—, 2-[3,4-Dihydroxy-phenyl]-6-
hydroxy- 2642
—, 2-[3,4-Dihydroxy-phenyl]-7-
hydroxy- 2644
—, 3,5,7-Trihydroxy-2-phenyl- 2620
—, 5,6,7-Trihydroxy-2-phenyl- 2623
—, 5,7,8-Trihydroxy-2-phenyl- 2624
Naphthalin-1,2-dicarbonsäure,
6,7-Dimethoxy-3-methyl-, anhydrid
2608
Naphthalin-2,3-dicarbonsäure,
4,5-Dimethoxy-1-methyl-, anhydrid
2608
Naphtho[1,2-b]furan-6,9-chinon,
5-Hydroxy-8-methoxy-2,4-dimethyl-
2618
Xanthen-9-on, 1,3-Dihydroxy-6-methoxy-
8-methyl- 2611
—, 1,4-Dihydroxy-6-methoxy-3-
methyl- 2613
—, 1,4-Dihydroxy-7-methoxy-3-
methyl- 2613
—, 1,4-Dihydroxy-8-methoxy-3-
methyl- 2613
—, 1-Hydroxy-3,6-dimethoxy- 2601
—, 1-Hydroxy-3,7-dimethoxy- 2602

C₁₅H₁₂O₆

Cumarin, 7-Acetoxy-3,8-diacetyl-
2568
Pentendisäure, 3-[4-Acetoxy-phenyl]-4-
acetyl-, anhydrid 2567

C₁₅H₁₂O₇

Acetaldehyd, [4,7-Diacetoxy-2-oxo-
2H-chromen-3-yl]- 2504

Cumarin, 3-Acetoacetyl-7-
methoxycarbonyloxy- 2568
Pentendisäure, 3-[2,4-Diacetoxy-phenyl]-,
anhydrid 2500

C₁₅H₁₂O₈

Cumarin, 6,7,8-Triacetoxy- 2373

C₁₅H₁₃NO₅

Chroman-4-on, 5,7-Dihydroxy-2-
[3-hydroxy-phenyl]-, oxim 2630

C₁₅H₁₃NO₇

Acetamid, N-[5,7-Diacetoxy-2-oxo-
chroman-3-yliden]- 2374
—, N-[7,8-Diacetoxy-2-oxo-chroman-
3-yliden]- 2376
—, N-[5,7-Diacetoxy-2-oxo-
2H-chromen-3-yl]- 2374
—, N-[7,8-Diacetoxy-2-oxo-
2H-chromen-3-yl]- 2376

C₁₅H₁₄N₄O₈

Furan-2,4-dion, 3-[1-(2,4-Dinitro-
phenylhydrazono)-4-hydroxy-butyl]-5-
methylen- 2327

C₁₅H₁₄O₅

Benzo[6,7]cyclohepta[1,2-b]furan-2,3-dion,
8,9-Dimethoxy-5,6-dihydro-4H- 2568
Benzocyclohepten-5,6-dicarbonsäure,
1,2-Dimethoxy-8,9-dihydro-7H-,
anhydrid 2568
—, 2,3-Dimethoxy-8,9-dihydro-7H-,
anhydrid 2569
Cumarin, 3,6-Diacetyl-8-äthyl-5-hydroxy- 2574
Essigsäure, [4-(2-Methoxy-4-methyl-
phenyl)-6-oxo-5,6-dihydro-pyran-2-
yliden]- 2570
—, [4-(2-Methoxy-5-methyl-phenyl)-6-
oxo-5,6-dihydro-pyran-2-yliden]- 2570
—, [4-(4-Methoxy-3-methyl-phenyl)-6-
oxo-5,6-dihydro-pyran-2-yliden]- 2569
—, [4-(4-Methoxy-phenyl)-5-methyl-6-
oxo-5,6-dihydro-pyran-2-yliden]- 2570
Naphthalin-1,2-dicarbonsäure, 6-Äthoxy-7-
hydroxy-3-methyl-3,4-dihydro-,
anhydrid 2569
Naphtho[2,3-c]furan-1-on,
6,8,9-Trimethoxy-3H- 2565
Pentendisäure, 4-Acetyl-3-[2-methoxy-4-
methyl-phenyl]-, anhydrid 2570
—, 4-Acetyl-3-[2-methoxy-5-methyl-
phenyl]-, anhydrid 2570
—, 4-Acetyl-3-[4-methoxy-3-methyl-
phenyl]-, anhydrid 2569
—, 4-Acetyl-3-[4-methoxy-phenyl]-4-
methyl-, anhydrid 2570
—, 3-Methyl-4-veratryliden-,
anhydrid 2566
Propenon, 3-[2]Furyl-1-[2-hydroxy-4,5-
dimethoxy-phenyl]- 2567
Pyran-4-on, 2-Äthoxy-6-benzoyloxymethyl-
2300

$C_{15}H_{14}O_6$

Chromen-4-on, 6-Acetoxy-3-acetyl-7-
methoxy-2-methyl- 2513
Cumarin, 7-Acetoxy-3-butyryl-4-hydroxy-
2518
Verbindung $C_{15}H_{14}O_6$ aus Veratryliden-
bernsteinsäure-anhydrid 2501

$C_{15}H_{14}O_7$

Äthanon, 1-[3,6-Diacetoxy-4-methoxy-
benzofuran-5-yl]- 2393
Chromen-4-on, 6,7-Diacetoxy-3-methoxy-
2-methyl- 2386
Cumarin, 7,8-Diacetoxy-6-methoxy-4-
methyl- 2390
Essigsäure, [6-Formyl-5-methoxy-2-oxo-
2H-chromen-7-yloxy]-, äthylester 2497
—, [6-Formyl-8-methoxy-2-oxo-
2H-chromen-7-yloxy]-, äthylester 2498
—, [8-Formyl-5-methoxy-2-oxo-
2H-chromen-7-yloxy]-, äthylester
2499
Propionsäure, 2-[6-Formyl-8-methoxy-4-
methyl-2-oxo-2H-chromen-7-yloxy]-
2509

$C_{15}H_{15}Cl_3O_5$

Cumarin, 7,8-Dimethoxy-4-methyl-3-[2,2,2-
trichlor-1-methoxy-äthyl]- 2408

$C_{15}H_{15}Cl_3O_6$

Phthalid, 5-Acetoxy-4,6-dimethoxy-3-
[1,1,2-trichlor-propyl]- 2347

$C_{15}H_{16}N_4O_8$

Furan-2,4-dion, 3-[1-(2,4-Dinitro-
phenylhydrazono)-4-hydroxy-butyl]-5-
methyl- 2321

$C_{15}H_{16}O_5$

Aceton, [7-Acetyl-4,6-dihydroxy-3,5-
dimethyl-benzofuran-2-yl]- 2525
Benzofuran-3-on, 2-Acetyl-2-allyl-4,6-
dimethoxy- 2520
Bernsteinsäure, 2-[2-Methoxy-5-methyl-
phenacyl]-3-methyl-, anhydrid 2521
Chromen-4-on, 3-Acetyl-5-hydroxy-7-
methoxy-2,6,8-trimethyl- 2522
—, 8-Allyl-7-hydroxy-3,5-dimethoxy-
2-methyl- 2519
—, 7-Allyloxy-3,5-dimethoxy-2-
methyl- 2384
Cumarin, 6-Acetyl-5,7-dimethoxy-4,8-
dimethyl- 2520
Guaja-1(10),3,11(13)-trien-12-säure, 6,8,15-
Trihydroxy-2-oxo-, 6-lacton 2526
Naphthalin-1,2-dicarbonsäure,
5,6-Dimethoxy-3-methyl-1,2,3,4-
tetrahydro-, anhydrid 2521
—, 6,7-Dimethoxy-3-methyl-1,2,3,4-
tetrahydro-, anhydrid 2521

$C_{15}H_{16}O_6$

Äthanon, 1-[3-Acetonyloxy-4,6-dimethoxy-
benzofuran-2-yl]- 2392

Bicyclo[2.2.2]oct-5-en-2,3-dicarbonsäure,
8-Acetoxy-1,5,8-trimethyl-7-oxo-,
anhydrid 2415
Phthalid, 6-[2-Acetoxy-vinyl]-5,7-
dimethoxy-4-methyl- 2407

$C_{15}H_{16}O_7$

Essigsäure, [5-Acetyl-4,7-dimethoxy-
benzofuran-6-yloxy]-, methylester 2396
Phthalid, 3-Acetoxy-4-acetoxymethyl-7-
methoxy-6-methyl- 2345
—, 4-Diacetoxymethyl-7-methoxy-6-methyl-
2345

$C_{15}H_{17}BrO_5$

Chromen-4-on, 8-[2-Brom-propyl]-7-
hydroxy-3,5-dimethoxy-2-methyl- 2413

$C_{15}H_{17}ClO_5$

Benzofuran-3-on, 7-Chlor-4,6-dimethoxy-
2-[1-methyl-3-oxo-butyl]- 2414
Pentan-2-on, 4-[7-Chlor-3-hydroxy-4,6-
dimethoxy-benzofuran-2-yl]- 2414

$C_{15}H_{17}NO_5$

Furan-2-on, 5-Äthoxy-3-methoxy-4-
[phenylacetyl-amino]-5H- 2296
—, 5-Äthoxy-3-methoxy-4-
phenylacetylimino-dihydro- 2296
—, 3-Hydroxy-5-isopropoxy-4-
[phenylacetyl-amino]-5H- 2296
—, 3-Hydroxy-5-isopropoxy-4-
phenylacetylimino-dihydro- 2296

$C_{15}H_{17}N_3O_7$

Essigsäure, [4,7-Dimethoxy-5-(1-
semicarbazono-äthyl)-benzofuran-6-
yloxy]- 2399

$C_{15}H_{18}O_5$

Chromen-4-on, 5,8-Dimethoxy-2-methyl-
7-propoxy- 2383
Cumarin, 6-Äthyl-5,7,8-trimethoxy-4-
methyl- 2409
—, 5,6-Diäthoxy-7-methoxy-4-methyl- 2388
—, 6-[2,3-Dihydroxy-3-methyl-butyl]-
7-methoxy- 2415
—, 8-[2,3-Dihydroxy-3-methyl-butyl]-
7-methoxy- 2415
Furan-2-on, 3-Acetyl-5-veratryl-dihydro-
2413
Guaja-1(10),3-dien-12-säure, 6,8,15-
Trihydroxy-2-oxo-, 6-lacton 2419

$C_{15}H_{18}O_6$

1,5-Oxaäthano-naphthalin-4,9-dion,
7-Acetoxy-6-methoxy-3-methyl-4a,5,6,7,≠
8,8a-hexahydro-1H- 2348

$C_{15}H_{18}O_7$

Bicyclo[3.2.2]nonan-6,7-dicarbonsäure,
8,9-Diacetoxy-, anhydrid 2328

$C_{15}H_{19}NO_5$

Äthanon, 1-[4-(2-Dimethylamino-äthoxy)-
6-hydroxy-7-methoxy-benzofuran-5-yl]-
2397

C₁₅H₁₉NO₅ (Fortsetzung)
Eudesm-4-en-12-säure, 6,8-Dihydroxy-2-
hydroxyimino-1-oxo-, 6-lacton 2420

C₁₅H₁₉N₃O₅
Äthanon, 1-[6-Äthoxy-4,7-dimethoxy-
benzofuran-5-yl]-, semicarbazon 2399

C₁₅H₂₀N₂O₄
Hexansäure, 2,3,4-Trihydroxy-2,3,4-
trimethyl-5-phenylhydrazono-,
4-lacton 2317

C₁₅H₂₀N₄O₃
Aceton, [7-(1-Hydrazono-äthyl)-4,6-
dihydroxy-3,5-dimethyl-benzofuran-2-
yl]-, hydrazon 2526

C₁₅H₂₀O₅
Äthanon, 1-[5-Hydroxy-7-methoxy-2,2-
dimethyl-chroman-6-yl]-2-methoxy-
2349
6,9a-Cyclo-azuleno[4,5-b]furan-2,7-dion,
8,9-Dihydroxy-3,6,6a-trimethyl-
octahydro- 2354
Furan-2-on, 3-[3,4-Dimethoxy-phenäthyl]-
3-hydroxy-5-methyl-dihydro- 2348
Guaj-1(10)-en-12-säure, 6,8,15-Trihydroxy-
2-oxo-, 6-lacton 2351
Guaj-3-en-12-säure, 6,8,15-Trihydroxy-2-
oxo-, 6-lacton 2352
Indeno[4,5-b]furan-2,6-dion, 8a-Acetyl-5-
hydroxy-3,5a-dimethyl-octahydro- 2353
1,4-Methano-cyclopent[d]oxepin-6-
carbaldehyd, 8,8a-Dihydroxy-9-
isopropyl-5a-methyl-2-oxo-1,4,5,5a,8,⇌
8a-hexahydro-2H- 2353
Phthalid, 3-Isopentyloxy-6,7-dimethoxy-
2334

C₁₅H₂₁NO₅
Äthanon, 1-[5-Hydroxy-7-methoxy-2,2-
dimethyl-chroman-6-yl]-2-methoxy-,
oxim 2349

C₁₅H₂₂O₅
Ambrosan-12-säure, 2,6,8-Trihydroxy-4-
oxo-, 8-lacton 2329
Apotrichothec-9-en-8-on, 2,4,13-
Trihydroxy- 2331
Guajan-12-säure, 6,8,15-Trihydroxy-2-oxo-,
6-lacton 2330
Isohexahydrolactucin 2330
1,4-Methano-cyclopent[d]oxepin-2-on,
8,8a-Dihydroxy-6-hydroxymethyl-9-
isopropyl-5a-methyl-1,4,5,5a,8,8a-
hexahydro- 2323
Spiro[benzofuran-7,1'-cyclopentan]-2,3'-
dion, 5,6-Dihydroxy-3,6,2'-trimethyl-
tetrahydro- 2329

C₁₅H₂₃NO₅
Oxim C₁₅H₂₃NO₅ aus 6,8,15-Trihydroxy-
2-oxo-guajan-12-säure-6-lacton 2330

C₁₅H₂₄O₅
Apotrichothecan-8-on, 2,4,13-Trihydroxy-
2322
1,4-Methano-cyclopent[d]oxepin-2-on,
8,8a-Dihydroxy-6-hydroxymethyl-9-
isopropyl-5a-methyl-octahydro- 2323

C₁₆

C₁₆H₈O₄S
Benzo[b]naphtho[2,3-d]thiophen-6,11-
chinon, 7,9-Dihydroxy- 2812
—, 7,10-Dihydroxy- 2812
—, 8,10-Dihydroxy- 2812

C₁₆H₈O₅
Indeno[1,2-c]chromen-6,11-dion,
3,4-Dihydroxy- 2811
Indeno[2,1-c]chromen-6,7-dion,
3,4-Dihydroxy- 2812

C₁₆H₉Br₂NO₇
Benzofuran-3-on, 7-Brom-2-[3-brom-4-
hydroxy-5-methoxy-benzyliden]-6-
hydroxy-5-nitro- 2748

C₁₆H₉Cl₃O₅
Verbindung C₁₆H₉Cl₃O₅ aus
5,7-Dihydroxy-2-[4-methoxy-phenyl]-
chromen-4-on 2683

C₁₆H₉NO₅
Indeno[1,2-c]chromen-6,11-dion,
3,4-Dihydroxy-, 11-oxim 2811

C₁₆H₁₀BrNO₇
Benzofuran-3-on, 7-Brom-6-hydroxy-5-
nitro-2-vanillyliden- 2747

C₁₆H₁₀Cl₂O₅
Chromen-4-on, 6,8-Dichlor-3-hydroxy-2-
[4-hydroxy-3-methoxy-phenyl]-
2717

C₁₆H₁₀O₅
Benzofuran-3,4,7-trion, 2-Benzyliden-6-
methoxy- 2793
Chroman-2,4-dion, 3-[2,4-Dihydroxy-
benzyliden]- 2794
Chromen-8-carbaldehyd, 5,7-Dihydroxy-4-
oxo-2-phenyl-4H- 2796
Chromen-4,5,8-trion, 7-Methoxy-2-phenyl-
2792
Cumarin, 3-Benzoyl-4,7-dihydroxy- 2794
—, 3-[2,4-Dihydroxy-benzoyl]- 2794
—, 4-Hydroxy-3-[4-hydroxy-benzoyl]-
2795
Maleinsäure, Bis-[4-hydroxy-phenyl]-,
anhydrid 2793

C₁₆H₁₀O₇
Naphthalin-1,8-dicarbonsäure,
2,7-Diacetoxy-, anhydrid 2599
—, 3,4-Diacetoxy-, anhydrid 2599
—, 3,6-Diacetoxy-, anhydrid 2600

$C_{16}H_{11}ClO_5$
Chromen-4-on, 8-Chlor-5,7-dihydroxy-2-
[4-methoxy-phenyl]- 2692

$C_{16}H_{11}NO_5$
Benzamid, N-[5,7-Dihydroxy-2-oxo-
chroman-3-yliden]- 2374
—, N-[7,8-Dihydroxy-2-oxo-chroman-
3-yliden]- 2375
—, N-[5,7-Dihydroxy-2-oxo-
2H-chromen-3-yl]- 2374
—, N-[7,8-Dihydroxy-2-oxo-
2H-chromen-3-yl]- 2375

$C_{16}H_{11}NO_7$
Chromen-4-on, 5,7-Dihydroxy-6-methoxy-
3-[4-nitro-phenyl]- 2720

$C_{16}H_{12}N_2O_4$
Äthanon, 2-Diazo-1-[4,6-dimethoxy-
dibenzofuran-1-yl]- 2670

$C_{16}H_{12}N_2O_9$
Phthalid, 7-[2,4-Dinitro-phenoxy]-5,6-
dimethoxy- 2337

$C_{16}H_{12}N_4O_8$
Isochroman-1,4-dion, 6,8-Dihydroxy-3-
methyl-, 4-[2,4-dinitro-phenylhydrazon]
2391

$C_{16}H_{12}O_5$
Benzofuran-4,7-chinon, 2-Benzyl-3-
hydroxy-6-methoxy- 2748
Benzofuran-3-on, 2-Benzyliden-4,7-
dihydroxy-6-methoxy- 2741
—, 2-[2,4-Dihydroxy-benzyliden]-6-
methoxy- 2744
—, 2-[3,4-Dihydroxy-benzyliden]-6-
methoxy- 2745
—, 4,6-Dihydroxy-2-[2-methoxy-
benzyliden]- 2741
—, 6-Hydroxy-2-[3-hydroxy-4-
methoxy-benzyliden]- 2745
—, 6-Hydroxy-2-vanillyliden- 2745
Chroman-4-on, 3-[3,4-Dihydroxy-
benzyliden]-7-hydroxy- 2752
Chroman-4,5,8-trion, 7-Methoxy-2-phenyl-
2718
Chromen-4-on, 5,7-Dihydroxy-2-
hydroxymethyl-3-phenyl- 2755
—, 5,7-Dihydroxy-3-[2-hydroxy-
phenyl]-8-methyl- 2765
—, 5,7-Dihydroxy-3-[4-hydroxy-
phenyl]-2-methyl- 2755
—, 5,7-Dihydroxy-3-[4-hydroxy-
phenyl]-6-methyl- 2765
—, 5,7-Dihydroxy-3-[4-hydroxy-
phenyl]-8-methyl- 2766
—, 3,5-Dihydroxy-7-methoxy-2-
phenyl- 2701
—, 3,6-Dihydroxy-2-[4-methoxy-
phenyl]- 2708
—, 3,6-Dihydroxy-8-methoxy-2-
phenyl- 2706

—, 3,7-Dihydroxy-2-[4-methoxy-
phenyl]- 2712
—, 5,6-Dihydroxy-2-[4-methoxy-
phenyl]- 2679
—, 5,6-Dihydroxy-7-methoxy-2-
phenyl- 2671
—, 5,6-Dihydroxy-7-methoxy-3-
phenyl- 2719
—, 5,6-Dihydroxy-8-methoxy-2-
phenyl- 2674
—, 5,7-Dihydroxy-2-[2-methoxy-
phenyl]- 2680
—, 5,7-Dihydroxy-2-[4-methoxy-
phenyl]- 2683
—, 5,7-Dihydroxy-3-[2-methoxy-
phenyl]- 2723
—, 5,7-Dihydroxy-3-methoxy-2-
phenyl- 2701
—, 5,7-Dihydroxy-3-[4-methoxy-
phenyl]- 2726
—, 5,7-Dihydroxy-6-methoxy-2-
phenyl- 2671
—, 5,7-Dihydroxy-6-methoxy-3-
phenyl- 2718
—, 5,7-Dihydroxy-8-methoxy-2-
phenyl- 2676
—, 5,7-Dihydroxy-8-methoxy-3-
phenyl- 2721
—, 5,8-Dihydroxy-2-[4-methoxy-
phenyl]- 2692
—, 5,8-Dihydroxy-3-methoxy-2-
phenyl- 2704
—, 5,8-Dihydroxy-6-methoxy-2-
phenyl- 2674
—, 5,8-Dihydroxy-7-methoxy-2-
phenyl- 2675
—, 5,8-Dihydroxy-7-methoxy-3-
phenyl- 2721
—, 6,7-Dihydroxy-3-methoxy-2-phenyl- 2705
—, 6,7-Dihydroxy-5-methoxy-2-
phenyl- 2671
—, 7,8-Dihydroxy-3-methoxy-2-
phenyl- 2706
—, 7,8-Dihydroxy-5-methoxy-2-
phenyl- 2675
—, 2-[3,4-Dihydroxy-phenyl]-3-
hydroxy-6-methyl- 2760
—, 3-[2,4-Dihydroxy-phenyl]-7-
hydroxy-2-methyl- 2756
—, 2-[2,5-Dihydroxy-phenyl]-3-
methoxy- 2715
—, 2-[2,5-Dihydroxy-phenyl]-7-
methoxy- 2697
—, 3-[3,4-Dihydroxy-phenyl]-7-
methoxy- 2735
—, 7-Hydroxy-2-hydroxymethyl-3-
[2-hydroxy-phenyl]- 2756

$C_{16}H_{12}O_5$ (Fortsetzung)

Chromen-4-on, 3-Hydroxy-2-[2-hydroxy-phenyl]-7-methoxy- 2709
—, 3-Hydroxy-2-[3-hydroxy-phenyl]-7-methoxy- 2710
—, 3-Hydroxy-2-[4-hydroxy-phenyl]-7-methoxy- 2712
—, 5-Hydroxy-2-[3-hydroxy-phenyl]-7-methoxy- 2681
—, 5-Hydroxy-2-[4-hydroxy-phenyl]-7-methoxy- 2682
—, 5-Hydroxy-3-[2-hydroxy-phenyl]-7-methoxy- 2723
—, 5-Hydroxy-3-[4-hydroxy-phenyl]-7-methoxy- 2725
—, 7-Hydroxy-2-[4-hydroxy-phenyl]-5-methoxy- 2682
—, 7-Hydroxy-3-[4-hydroxy-phenyl]-5-methoxy- 2725
—, 3,5,7-Trihydroxy-6-methyl-2-phenyl- 2758
—, 3,5,7-Trihydroxy-8-methyl-2-phenyl- 2763
—, 5,6,7-Trihydroxy-2-methyl-3-phenyl- 2753
—, 5,6,7-Trihydroxy-8-methyl-2-phenyl- 2761
—, 5,7,8-Trihydroxy-2-methyl-3-phenyl- 2754
—, 5,7,8-Trihydroxy-6-methyl-2-phenyl- 2757

Chromen-7-on, 5,6-Dihydroxy-2-[4-methoxy-phenyl]- 2670

Cumarin, 3-Benzyl-4,5,7-trihydroxy- 2753
—, 4,7-Dihydroxy-5-methoxy-3-phenyl- 2737
—, 5,7-Dihydroxy-3-[4-methoxy-phenyl]- 2736
—, 7,8-Dihydroxy-4-[4-methoxy-phenyl]- 2740

Dicyclohepta[b,d]furan-3,9-dion, 2,10-Dihydroxy-5,7-dimethyl- 2769

Indeno[2,1-c]chromen-9-on, 3,6a,10-Trihydroxy-6a,7-dihydro-6H- 2770

$C_{16}H_{13}ClO_6$

Isochromen-6,8-dion, 7-Acetoxy-5-chlor-7-methyl-3-[3-oxo-but-1-enyl]- 2571

$C_{16}H_{13}NO_4$

Chroman-4-on, 3-[4-Hydroxy-phenyl]-2-imino-7-methoxy- 2738
Chromen-4-on, 2-Amino-3-[4-hydroxy-phenyl]-7-methoxy- 2738

$C_{16}H_{13}NO_6S$

Phthalid, 6,7-Dimethoxy-3-[4-nitro-phenylmercapto]- 2335

$C_{16}H_{13}NO_7$

Xanthen-9-on, 1-Hydroxy-4,8-dimethoxy-3-methyl-x-nitro- 2614

—, 8-Hydroxy-1,4-dimethoxy-3-methyl-x-nitro- 2614

$C_{16}H_{13}NO_8S$

Phthalid, 6,7-Dimethoxy-3-[4-nitro-benzolsulfonyl]- 2335

$[C_{16}H_{13}O_4]^+$

Chromenylium, 3,5-Dihydroxy-2-[4-hydroxy-phenyl]-7-methyl- 2654
  $[C_{16}H_{13}O_4]Cl$ 2654
—, 3,7-Dihydroxy-2-[4-hydroxy-phenyl]-5-methyl- 2653
  $[C_{16}H_{13}O_4]Cl$ 2653
—, 3,7-Dihydroxy-2-[4-methoxy-phenyl]- 2620
  $[C_{16}H_{13}O_4]Cl$ 2620
—, 3-Hydroxy-2-[4-hydroxy-phenyl]-5-methoxy- 2620
  $[C_{16}H_{13}O_4]Cl$ 2620
—, 3-Hydroxy-2-[4-hydroxy-phenyl]-7-methoxy- 2620
  $[C_{16}H_{13}O_4]Cl$ 2620

$C_{16}H_{14}O_4S$

Thioxanthen-9-on, 1,4,8-Trimethoxy- 2606

$C_{16}H_{14}O_5$

Benzo[c]chromen-6-on, 3-Hydroxy-7,9-dimethoxy-1-methyl- 2617
—, 1,3,8-Trimethoxy- 2607
Benzo[g]chromen-4-on, 6-Hydroxy-5,8-dimethoxy-2-methyl- 2610
Benzo[h]chromen-4-on, 5-Hydroxy-8,10-dimethoxy-2-methyl- 2617

Chroman-4-on, 3-[3,4-Dihydroxy-benzyl]-7-hydroxy- 2651
—, 3,5-Dihydroxy-7-methoxy-2-phenyl- 2621
—, 5,6-Dihydroxy-7-methoxy-2-phenyl- 2624
—, 5,7-Dihydroxy-2-[2-methoxy-phenyl]- 2628
—, 5,7-Dihydroxy-2-[3-methoxy-phenyl]- 2630
—, 5,7-Dihydroxy-2-[4-methoxy-phenyl]- 2632
—, 5,7-Dihydroxy-6-methoxy-2-phenyl- 2623
—, 5,7-Dihydroxy-8-methoxy-2-phenyl- 2625
—, 5,8-Dihydroxy-7-methoxy-2-phenyl- 2624
—, 6-Hydroxy-2-[4-hydroxy-3-methoxy-phenyl]- 2642
—, 7-Hydroxy-2-[3-hydroxy-4-methoxy-phenyl]- 2644
—, 7-Hydroxy-2-[4-hydroxy-3-methoxy-phenyl]- 2644
—, 5-Hydroxy-2-[4-hydroxy-phenyl]-7-methoxy- 2631

$C_{16}H_{14}O_5$ (Fortsetzung)
Chroman-4-on, 7-Hydroxy-2-[4-hydroxy-phenyl]-5-methoxy- 2361
—,. 3,5,7-Trihydroxy-6-methyl-2-phenyl- 2653
Isochroman-1-on, 8-Hydroxy-3-[3-hydroxy-4-methoxy-phenyl]- 2649
Phthalid, 6,7-Dimethoxy-3-phenoxy- 2334
Xanthen-9-on, 1-Hydroxy-3,6-dimethoxy-8-methyl- 2611
—, 1-Hydroxy-4,8-dimethoxy-3-methyl- 2614
—, 1-Hydroxy-5,6-dimethoxy-3-methyl- 2615
—, 1-Hydroxy-5,7-dimethoxy-3-methyl- 2615
—, 1-Hydroxy-6,7-dimethoxy-3-methyl- 2616
—, 8-Hydroxy-1,4-dimethoxy-3-methyl- 2614
—, 1,3,5-Trimethoxy- 2601
—, 1,3,6-Trimethoxy- 2601
—, 1,3,7-Trimethoxy- 2603
—, 1,3,8-Trimethoxy- 2605
—, 1,4,7-Trimethoxy- 2605
—, 1,5,6-Trimethoxy- 2606
—, 2,3,5-Trimethoxy- 2606
—, 3,4,6-Trimethoxy- 2606
O-Methyl-Derivat $C_{16}H_{14}O_5$ aus 5,7-Dihydroxy-2-[2-hydroxy-phenyl]-chroman-4-on 2628
O-Methyl-Derivat $C_{16}H_{14}O_5$ aus 5,7-Dihydroxy-2-[3-hydroxy-phenyl]-chroman-4-on 2630

$C_{16}H_{14}O_7$
Chromen-4-on, 5,7-Diacetoxy-3-acetyl-2-methyl- 2513
Cumarin, 5,8-Diacetoxy-6-acetyl-4-methyl- 2515

$C_{16}H_{14}O_8$
Äthanon, 1-[3,4,6-Triacetoxy-benzofuran-7-yl]- 2399
Cumarin, 5,7-Diacetoxy-4-acetoxymethyl- 2391
—, 4,5,7-Triacetoxy-3-methyl- 2386
—, 5,6,7-Triacetoxy-4-methyl- 2388
—, 5,7,8-Triacetoxy-4-methyl- 2389
—, 6,7,8-Triacetoxy-4-methyl- 2390
Isocumarin, 4,6,8-Triacetoxy-3-methyl- 2391

$C_{16}H_{15}Br_3O_5$
Verbindung $C_{16}H_{15}Br_3O_5$ aus 5,7-Dimethoxy-8-[3-methyl-crotonoyl]-cumarin 2571

$C_{16}H_{15}ClO_5$
Spiro[benzofuran-2,1'-cyclohex-2'-en]-3,4'-dion, 7-Chlor-4,6-dimethoxy-2'-methyl- 2572

—, 7-Chlor-4,6-dimethoxy-6'-methyl- 2572
Spiro[benzofuran-2,1'-cyclohex-3'-en]-3,2'-dion, 7-Chlor-4,6-dimethoxy-6'-methyl- 2572

$C_{16}H_{15}ClO_6$
Isochromen-6,8-dion, 7-Acetoxy-5-chlor-7-methyl-3-[3-oxo-butyl]- 2523

$C_{16}H_{15}NO_4S$
Phthalid, 3-[4-Amino-phenylmercapto]-6,7-dimethoxy- 2336

$C_{16}H_{15}NO_5$
Chroman-4-on, 3,5-Dihydroxy-7-methoxy-2-phenyl-, oxim 2623
—, 5,7-Dihydroxy-2-[2-methoxy-phenyl]-, oxim 2629
—, 5,7-Dihydroxy-2-[3-methoxy-phenyl]-, oxim 2630

$C_{16}H_{15}NO_6S$
Phthalid, 6,7-Dimethoxy-3-sulfanilyl- 2336

$[C_{16}H_{15}O_4S]^+$
Thioxanthylium, 9-Hydroxy-1,4,8-trimethoxy- 2606
$[C_{16}H_{15}O_4S]ClO_4$ 2606

$C_{16}H_{16}O_5$
Cumarin, 5,7-Dimethoxy-6-[3-methyl-crotonoyl]- 2571
—, 5,7-Dimethoxy-8-[3-methyl-crotonoyl]- 2570
Cyclohepta[c]chromen-6,8-dion, 3,4-Dimethoxy-7,9,10,11-tetrahydro- 2573
Cyclohex-4-en-1,2-dicarbonsäure, 3-[3,4-Dimethoxy-phenyl]-, anhydrid 2571
Pentendisäure, 2,3-Dimethyl-4-veratryliden-, anhydrid 2570
Phenanthren-4a,10a-dicarbonsäure, 6,7-Dihydroxy-1,2,3,4,9,10-hexahydro-, anhydrid 2575
Pyran-2,4-dion, 3-Acetyl-6-[4-methoxy-phenäthyl]- 2574
Spiro[benzofuran-2,1'-cyclohex-2'-en]-3,4'-dion, 4,6-Dimethoxy-6'-methyl- 2572
Spiro[benzofuran-2,1'-cyclohex-3'-en]-3,2'-dion, 4,6-Dimethoxy-4'-methyl- 2573

$C_{16}H_{16}O_6$
Chromen-4-on, 7-Acetoxy-3-acetyl-5-hydroxy-2,6,8-trimethyl- 2522
Pyran-4-on, 2-[2-Acetoxy-4,5-dimethoxy-phenyl]-6-methyl- 2512

$C_{16}H_{16}O_7$
Benzofuran, 4,6-Diacetoxy-5,7-diacetyl-2,3-dihydro- 2411
Benzofuran-2-on, 4,6-Diacetoxy-7-acetyl-3,5-dimethyl-3H- 2412
Essigsäure, [6-Formyl-8-methoxy-3-methyl-2-oxo-2H-chromen-7-yloxy]-, äthylester 2507

C₁₆H₁₆O₇ (Fortsetzung)

Essigsäure, [6-Formyl-8-methoxy-4-methyl-2-oxo-2H-chromen-7-yloxy]-, äthylester 2508

—, [8-Formyl-3-methoxy-2-methyl-4-oxo-4H-chromen-7-yloxy]-, äthylester 2507

—, [8-Formyl-5-methoxy-4-methyl-2-oxo-2H-chromen-7-yloxy]-, äthylester 2510

Tricyclo[4.2.2.0²,⁵]dec-9-en-7,8-dicarbonsäure, 3,4-Diacetoxy-, anhydrid 2413

C₁₆H₁₆O₈

6-Oxa-bicyclo[3.2.1]octan-7-on, 1-[3,4-Dihydroxy-cinnamoyloxy]-3,4-dihydroxy- 2315

—, 3-[3,4-Dihydroxy-cinnamoyloxy]-1,4-dihydroxy- 2316

C₁₆H₁₇ClO₅

Spiro[benzofuran-2,1'-cyclohexan]-3,2'-dion, 7-Chlor-4,6-dimethoxy-6'-methyl- 2524

Spiro[benzofuran-2,1'-cyclohexan]-3,4'-dion, 7-Chlor-4,6-dimethoxy-2'-methyl- 2523

C₁₆H₁₇NO₆

Furan-2-on, 3-Anilino-5-[1,2-diacetoxy-äthyl]-5H- 2302

—, 5-[1,2-Diacetoxy-äthyl]-3-phenylimino-dihydro- 2302

C₁₆H₁₇NO₇

Äthanon, 1-[6-Acetoxy-4,7-dimethoxy-benzofuran-5-yl]-, [O-acetyl-oxim] 2398

C₁₆H₁₈Br₂O₅

Verbindung C₁₆H₁₈Br₂O₅ aus 11,13-Dihydroxy-4-methyl-4,5,6,7,8,9-hexahydro-1H-benz[d]oxacyclododecin-2,10-dion 2420

C₁₆H₁₈N₂O₆

Furan-2,3-dion, 5-[1,2-Diacetoxy-äthyl]-dihydro-, 3-phenylhydrazon 2303

C₁₆H₁₈O₅

Benzo[6,7]cyclohepta[1,2-b]furan-2-on, 8,9,10-Trimethoxy-3,4,5,6-tetrahydro- 2521

Benz[d]oxacyclododecin-2,10-dion, 11,13-Dihydroxy-4-methyl-4,5,6,7-tetrahydro-1H- 2528

Bernsteinsäure, 2-[4-Methoxy-2,5-dimethyl-phenacyl]-3-methyl-, anhydrid 2525

Butan-1,3-dion, 1-[6-Hydroxy-4-methoxy-2,3,5-trimethyl-benzofuran-7-yl]- 2525

Butan-2-on, 1-[7-Acetyl-4,6-dihydroxy-3,5-dimethyl-benzofuran-2-yl]- 2528

—, 3-[7-Acetyl-4,6-dihydroxy-3,5-dimethyl-benzofuran-2-yl]- 2528

Cumarin, 5,7-Dimethoxy-6-[3-methyl-2-oxo-butyl]- 2522

—, 8-Isovaleryl-5,7-dimethoxy- 2522

Naphthalin-1,2-dicarbonsäure, 7-Äthoxy-6-methoxy-3-methyl-1,2,3,4-tetrahydro-, anhydrid 2521

Spiro[benzofuran-2,1'-cyclohexan]-3,2'-dion, 4,6-Dimethoxy-4'-methyl- 2524

Spiro[benzofuran-2,1'-cyclohexan]-3,4'-dion, 4,6-Dimethoxy-2'-methyl- 2523

C₁₆H₁₈O₆

Verbindung C₁₆H₁₈O₆ aus 5,7-Dimethoxy-8-[3-methyl-crotonoyl]-cumarin 2571

C₁₆H₁₈O₇

Essigsäure, [5-Acetyl-4,7-dimethoxy-benzofuran-6-yloxy]-, äthylester 2396

—, [5,8-Dimethoxy-2-methyl-4-oxo-4H-chromen-7-yloxy]-, äthylester 2384

C₁₆H₁₈O₈

Phthalid, 4-Diacetoxymethyl-3,7-dimethoxy-6-methyl- 2400

C₁₆H₁₈O₁₀

Cumarin, 8-Glucopyranosyloxy-7-hydroxy-6-methoxy- 2373

C₁₆H₁₉ClO₅

Spiro[benzofuran-2,1'-cyclohexan]-3-on, 7-Chlor-2'-hydroxy-4,6-dimethoxy-6'-methyl- 2418

—, 7-Chlor-4'-hydroxy-4,6-dimethoxy-2'-methyl- 2417

C₁₆H₁₉NO₅

Furan-2-on, 5-tert-Butoxy-3-hydroxy-4-[phenylacetyl-amino]-5H- 2296

—, 5-tert-Butoxy-3-hydroxy-4-phenylacetylimino-dihydro- 2296

C₁₆H₁₉NO₆

Verbindung C₁₆H₁₉NO₆ aus 5,7-Dimethoxy-8-[3-methyl-crotonoyl]-cumarin 2571

C₁₆H₁₉N₃O₅

Semicarbazon C₁₆H₁₉N₃O₅ aus 2-Acetyl-2-allyl-4,6-dimethoxy-benzofuran-3-on 2520

C₁₆H₁₉N₃O₇

Essigsäure, [4,7-Dimethoxy-5-(1-semicarbazono-äthyl)-benzofuran-6-yloxy]-, methylester 2399

C₁₆H₂₀O₅

Äthanon, 1-[5,6,7-Trimethoxy-2,2-dimethyl-2H-chromen-8-yl]- 2414

—, 1-[5,7,8-Trimethoxy-2,2-dimethyl-2H-chromen-6-yl]- 2414

Benz[d]oxacyclododecin-2,10-dion, 11,13-Dihydroxy-4-methyl-4,5,6,7,8,9-hexahydro-1H- 2420

$C_{17}H_{12}O_5$ (Fortsetzung)

Chromen-8-carbaldehyd, 7-Hydroxy-5-
methoxy-4-oxo-2-phenyl-4H- 2796

—, 7-Hydroxy-3-[4-methoxy-phenyl]-
4-oxo-4H- 2797

Cumarin, 6-Benzoyl-5,7-dihydroxy-4-
methyl- 2803

—, 8-Benzoyl-5,7-dihydroxy-4-methyl-
2803

—, 3-Benzoyl-4-hydroxy-7-methoxy-
2794

—, 4-Hydroxy-3-[4-methoxy-benzoyl]-
2795

Pyran-2,3,4-trion, 5-Hydroxy-5,6-diphenyl-
dihydro- 2799

Stilben-2,α-dicarbonsäure, 4'-Hydroxy-3'-
methoxy-, anhydrid 2798

$C_{17}H_{13}BrO_5$

Chromen-4-on, 8-Brom-5-hydroxy-7-
methoxy-2-[4-methoxy-phenyl]- 2692

$C_{17}H_{13}ClO_5$

Pyran-2-on, 6-[3-Chlor-phenyl]-3,4,5-
trihydroxy-5-phenyl-5,6-dihydro- 2771

$C_{17}H_{13}Cl_2NO_4$

Pyran-2-on, 5,6-Bis-[4-chlor-phenyl]-3,4,5-
trihydroxy-5,6-dihydro-, imin 2772

—, 6-[3,4-Dichlor-phenyl]-3,4,5-
trihydroxy-5-phenyl-5,6-dihydro-,
imin 2772

Pyran-4-on, 6-Amino-2,3-bis-[4-chlor-
phenyl]-3,5-dihydroxy-2,3-dihydro-
2772

—, 6-Amino-2-[3,4-dichlor-phenyl]-
3,5-dihydroxy-3-phenyl-2,3-dihydro-
2772

$C_{17}H_{13}NO_5$

Benzamid, N-[7-Hydroxy-8-methoxy-2-
oxo-chroman-3-yliden]- 2375

—, N-[7-Hydroxy-8-methoxy-2-oxo-
2H-chromen-3-yl]- 2375

Chromen-6-carbaldehyd, 7-Hydroxy-5-
methoxy-4-oxo-2-phenyl-4H-, oxim
2795

$C_{17}H_{13}NO_7$

Benzofuran-3-on, 6-Methoxy-5-nitro-2-
vanillyliden- 2747

Chromen-4-on, 7-Hydroxy-5,8-dimethoxy-
3-[4-nitro-phenyl]- 2722

—, 2-[4-Hydroxy-3-methoxy-phenyl]-
7-methoxy-6-nitro- 2698

$C_{17}H_{13}NO_9$

Benzoesäure, 4-[5,6-Dimethoxy-3-oxo-
phthalan-4-yloxy]-3-nitro- 2338

$C_{17}H_{13}N_3O_8$

Pyran-2-on, 3,4,5-Trihydroxy-5,6-bis-
[3-nitro-phenyl]-5,6-dihydro-, imin
2773

Pyran-4-on, 6-Amino-3,5-dihydroxy-2,3-
bis-[3-nitro-phenyl]-2,3-dihydro- 2773

$C_{17}H_{14}ClNO_4$

Pyran-2-on, 6-[2-Chlor-phenyl]-3,4,5-
trihydroxy-5-phenyl-5,6-dihydro-,
imin 2771

—, 6-[3-Chlor-phenyl]-3,4,5-
trihydroxy-5-phenyl-5,6-dihydro-,
imin 2771

—, 6-[4-Chlor-phenyl]-3,4,5-
trihydroxy-5-phenyl-5,6-dihydro-,
imin 2771

Pyran-4-on, 6-Amino-2-[2-chlor-phenyl]-
3,5-dihydroxy-3-phenyl-2,3-dihydro- 2771

—, 6-Amino-2-[3-chlor-phenyl]-3,5-
dihydroxy-3-phenyl-2,3-dihydro- 2771

—, 6-Amino-2-[4-chlor-phenyl]-3,5-
dihydroxy-3-phenyl-2,3-dihydro- 2771

$C_{17}H_{14}N_2O_4$

Cumarin, 7-Hydroxy-5-methoxy-6-
[phenylhydrazono-methyl]- 2498

—, 7-Hydroxy-5-methoxy-8-
[phenylhydrazono-methyl]- 2499

—, 7-Hydroxy-8-methoxy-6-
[phenylhydrazono-methyl]- 2498

$C_{17}H_{14}N_2O_6$

Pyran-2-on, 3,4,5-Trihydroxy-5-[3-nitro-
phenyl]-6-phenyl-5,6-dihydro-, imin
2772

Pyran-4-on, 6-Amino-3,5-dihydroxy-3-
[3-nitro-phenyl]-2-phenyl-2,3-dihydro-
2772

$C_{17}H_{14}N_2O_9$

Phthalid, 3-[2-Hydroxy-5-methyl-3-nitro-
phenyl]-6,7-dimethoxy-4-nitro- 2651

—, 3-[2-Hydroxy-5-methyl-4-nitro-
phenyl]-6,7-dimethoxy-4-nitro- 2651

—, 3-[6-Hydroxy-3-methyl-2-nitro-
phenyl]-6,7-dimethoxy-4-nitro- 2651

$C_{17}H_{14}N_4O_8$

Phthalid, 4-[(2,4-Dinitro-phenylhydrazono)-
methyl]-6,7-dimethoxy- 2379

$C_{17}H_{14}O_5$

Benzofuran-2-on, 6-Hydroxy-3-
veratryliden-3H- 2750

Benzofuran-3-on, 2-Benzyliden-4-hydroxy-
5,7-dimethoxy- 2741

—, 2-Benzyliden-4-hydroxy-6,7-
dimethoxy- 2741

—, 4,6-Dimethoxy-2-salicyliden- 2741

—, 2-[3-Hydroxy-benzyliden]-4,6-
dimethoxy- 2742

—, 2-[4-Hydroxy-benzyliden]-4,6-
dimethoxy- 2742

—, 2-[2-Hydroxy-4-methoxy-
benzyliden]-6-methoxy- 2744

—, 6-Hydroxy-2-veratryliden- 2745

—, 6-Methoxy-2-vanillyliden- 2745

—, 7-Methoxy-2-vanillyliden- 2748

$C_{17}H_{14}O_5$ (Fortsetzung)

Chroman-4-on, 7,8-Dihydroxy-3-[4-methoxy-benzyliden]- 2752

—, 7-Hydroxy-3-vanillyliden- 2752

Chromen-4-on, 3-[4-Äthoxy-phenyl]-5,7-dihydroxy- 2727

—, 2-Äthyl-5,7-dihydroxy-3-[4-hydroxy-phenyl]- 2776

—, 5,7-Dihydroxy-3-[4-hydroxy-benzyl]-2-methyl- 2774

—, 5,6-Dihydroxy-7-methoxy-2-methyl-3-phenyl- 2753

—, 5,7-Dihydroxy-3-methoxy-6-methyl-2-phenyl- 2759

—, 5,7-Dihydroxy-3-methoxy-8-methyl-2-phenyl- 2763

—, 5,7-Dihydroxy-2-[4-methoxy-phenyl]-6-methyl- 2758

—, 5,7-Dihydroxy-2-[4-methoxy-phenyl]-8-methyl- 2762

—, 5,7-Dihydroxy-3-[4-methoxy-phenyl]-6-methyl- 2765

—, 2-[2,3-Dimethoxy-phenyl]-3-hydroxy- 2715

—, 2-[3,4-Dimethoxy-phenyl]-3-hydroxy- 2716

—, 2-[3,4-Dimethoxy-phenyl]-5-hydroxy- 2695

—, 2-[3,4-Dimethoxy-phenyl]-7-hydroxy- 2697

—, 2-[3,4-Dimethoxy-phenyl]-8-hydroxy- 2699

—, 3-[3,4-Dimethoxy-phenyl]-7-hydroxy- 2735

—, 3-Hydroxy-5,6-dimethoxy-2-phenyl- 2701

—, 3-Hydroxy-5,7-dimethoxy-2-phenyl- 2702

—, 3-Hydroxy-5,8-dimethoxy-2-phenyl- 2705

—, 3-Hydroxy-6,7-dimethoxy-2-phenyl- 2705

—, 5-Hydroxy-3,6-dimethoxy-2-phenyl- 2700

—, 5-Hydroxy-3,7-dimethoxy-2-phenyl- 2702

—, 5-Hydroxy-3,8-dimethoxy-2-phenyl- 2705

—, 5-Hydroxy-6,7-dimethoxy-2-phenyl- 2672

—, 5-Hydroxy-6,7-dimethoxy-3-phenyl- 2719

—, 5-Hydroxy-6,8-dimethoxy-2-phenyl- 2674

—, 5-Hydroxy-7,8-dimethoxy-2-phenyl- 2676

—, 5-Hydroxy-7,8-dimethoxy-3-phenyl- 2721

—, 6-Hydroxy-3,7-dimethoxy-2-phenyl- 2705

—, 6-Hydroxy-5,7-dimethoxy-2-phenyl- 2671

—, 6-Hydroxy-5,7-dimethoxy-3-phenyl- 2719

—, 7-Hydroxy-3,5-dimethoxy-2-phenyl- 2702

—, 7-Hydroxy-5,8-dimethoxy-2-phenyl- 2676

—, 7-Hydroxy-5,8-dimethoxy-3-phenyl- 2721

—, 5-Hydroxy-3-[4-hydroxy-phenyl]-7-methoxy-8-methyl- 2766

—, 7-Hydroxy-3-[4-hydroxy-phenyl]-5-methoxy-8-methyl- 2766

—, 3-Hydroxy-5-methoxy-2-[4-methoxy-phenyl]- 2707

—, 3-Hydroxy-6-methoxy-2-[2-methoxy-phenyl]- 2708

—, 3-Hydroxy-6-methoxy-2-[4-methoxy-phenyl]- 2708

—, 3-Hydroxy-7-methoxy-2-[2-methoxy-phenyl]- 2709

—, 3-Hydroxy-7-methoxy-2-[3-methoxy-phenyl]- 2711

—, 3-Hydroxy-7-methoxy-2-[4-methoxy-phenyl]- 2712

—, 5-Hydroxy-6-methoxy-2-[4-methoxy-phenyl]- 2679

—, 5-Hydroxy-7-methoxy-2-[2-methoxy-phenyl]- 2680

—, 5-Hydroxy-7-methoxy-2-[3-methoxy-phenyl]- 2681

—, 5-Hydroxy-7-methoxy-2-[4-methoxy-phenyl]- 2684

—, 5-Hydroxy-7-methoxy-3-[2-methoxy-phenyl]- 2723

—, 5-Hydroxy-7-methoxy-3-[4-methoxy-phenyl]- 2727

—, 5-Hydroxy-8-methoxy-2-[4-methoxy-phenyl]- 2693

—, 6-Hydroxy-5-methoxy-2-[4-methoxy-phenyl]- 2679

—, 7-Hydroxy-3-methoxy-2-[2-methoxy-phenyl]- 2709

—, 7-Hydroxy-3-methoxy-2-[3-methoxy-phenyl]- 2711

—, 7-Hydroxy-3-methoxy-2-[4-methoxy-phenyl]- 2712

—, 7-Hydroxy-5-methoxy-2-[4-methoxy-phenyl]- 2684

—, 7-Hydroxy-5-methoxy-3-[4-methoxy-phenyl]- 2727

—, 8-Hydroxy-5-methoxy-2-[4-methoxy-phenyl]- 2693

—, 2-[3-Hydroxy-4-methoxy-phenyl]-6-methoxy- 2696

C$_{17}$H$_{14}$O$_5$ (Fortsetzung)

Chromen-4-on, 2-[4-Hydroxy-3-methoxy-phenyl]-6-methoxy- 2695
—, 2-[2-Hydroxy-phenyl]-3,7-dimethoxy- 2709
—, 2-[3-Hydroxy-phenyl]-5,7-dimethoxy- 2681
—, 2-[4-Hydroxy-phenyl]-5,7-dimethoxy- 2683
—, 3-[2-Hydroxy-phenyl]-5,7-dimethoxy- 2723
—, 3-[4-Hydroxy-phenyl]-5,7-dimethoxy- 2726
Chromen-7-on, 6-Hydroxy-5-methoxy-2-[4-methoxy-phenyl]- 2671
Cumarin, 3-[3,4-Dimethoxy-phenyl]-7-hydroxy- 2736
—, 4-[3,4-Dimethoxy-phenyl]-7-hydroxy- 2740
—, 4-Hydroxy-5,7-dimethoxy-3-phenyl- 2737
—, 6-Hydroxy-5,7-dimethoxy-4-phenyl- 2738
—, 6-Hydroxy-7,8-dimethoxy-4-phenyl- 2739
—, 4-Hydroxy-7-methoxy-3-[4-methoxy-phenyl]- 2738
Glutarsäure, 3,3-Bis-[4-hydroxy-phenyl]-, anhydrid 2773
Keton, Benzofuran-3-yl-[2-hydroxy-4,6-dimethoxy-phenyl]- 2749
—, [4-Hydroxy-3-methoxy-phenyl]-[7-methoxy-benzofuran-2-yl]- 2740
Pyran-2-on, 3,4,5-Trihydroxy-5,6-diphenyl-5,6-dihydro- 2770

C$_{17}$H$_{14}$O$_6$

Benzo[c]chromen-6-on, 10-Acetoxy-2,9-dimethoxy- 2608
Benzo[g]chromen-4-on, 6-Acetoxy-5-hydroxy-8-methoxy-2-methyl- 2610
Chroman-4-on, 7-Acetoxy-3,5-dihydroxy-2-phenyl- 2622
Naphtho[1,2-b]furan-6,9-chinon, 5-Acetoxy-8-methoxy-2,4-dimethyl- 2618
Xanthen-9-on, 1-Acetoxy-3,6-dimethoxy- 2601
—, 1-Acetoxy-3,7-dimethoxy- 2603

C$_{17}$H$_{14}$O$_7$

Naphtho[2,3-c]furan-1-on, 8,9-Diacetoxy-6-methoxy-3H- 2565

C$_{17}$H$_{15}$BrO$_7$

Cumarin, 5,7-Diacetoxy-6-acetyl-3-brom-4,8-dimethyl- 2520

C$_{17}$H$_{15}$ClO$_8$

Phthalid, 4,5,6-Triacetoxy-3-[1-chlor-propenyl]- 2405

C$_{17}$H$_{15}$Cl$_3$O$_8$

Phthalid, 4,5,6-Triacetoxy-3-[1,1,2-trichlor-propyl]- 2347

C$_{17}$H$_{15}$IO$_5$

Chroman-4-on, 5-Hydroxy-3-jod-7-methoxy-2-[4-methoxy-phenyl]- 2640

C$_{17}$H$_{15}$NO$_4$

Chroman-4-on, 2-[3,4-Dimethoxy-phenyl]-3-imino- 2717
—, 2-Imino-7-methoxy-3-[4-methoxy-phenyl]- 2738
Chromen-4-on, 3-Amino-2-[3,4-dimethoxy-phenyl]- 2717
—, 2-Amino-7-methoxy-3-[4-methoxy-phenyl]- 2738
Pyran-2-on, 3,4,5-Trihydroxy-5,6-diphenyl-5,6-dihydro-, imin 2770
Pyran-4-on, 6-Amino-3,5-dihydroxy-2,3-diphenyl-2,3-dihydro- 2770

C$_{17}$H$_{15}$NO$_5$

Chroman-3,4-dion, 2-[3,4-Dimethoxy-phenyl]-, 3-oxim 2717

C$_{17}$H$_{15}$NO$_7$

Benzoesäure, 3-Amino-4-[5,6-dimethoxy-3-oxo-phthalan-4-yloxy]- 2338
Phthalid, 3-[2-Hydroxy-5-methyl-3-nitro-phenyl]-6,7-dimethoxy- 2651
—, 3-[2-Hydroxy-5-methyl-phenyl]-6,7-dimethoxy-4-nitro- 2651

[C$_{17}$H$_{15}$O$_5$]$^+$

Chromenylium, 4,5-Dihydroxy-6,7-dimethoxy-2-phenyl- 2672
[C$_{17}$H$_{15}$O$_5$]$_2$PtCl$_6$ 2672

C$_{17}$H$_{16}$O$_5$

[1,4]Benzochinon, 2-Methoxy-5-[7-methoxy-chroman-3-yl]- 2648
Benzo[c]chromen-6-on, 3,7,9-Trimethoxy-1-methyl- 2618
Benzo[g]chromen-4-on, 5,6,8-Trimethoxy-2-methyl- 2610
Chroman-4-on, 5,7-Dihydroxy-2-[4-hydroxy-phenyl]-6,8-dimethyl- 2658
—, 5,7-Dihydroxy-2-[4-methoxy-phenyl]-6-methyl- 2653
—, 5,7-Dihydroxy-2-[4-methoxy-phenyl]-8-methyl- 2655
—, 2-[2,3-Dimethoxy-phenyl]-7-hydroxy- 2643
—, 2-[3,4-Dimethoxy-phenyl]-3-hydroxy- 2642
—, 2-[3,4-Dimethoxy-phenyl]-6-hydroxy- 2643
—, 2-[3,4-Dimethoxy-phenyl]-7-hydroxy- 2644
—, 3-Hydroxy-5,7-dimethoxy-2-phenyl- 2621
—, 5-Hydroxy-6,7-dimethoxy-2-phenyl- 2623

$C_{17}H_{16}O_5$ (Fortsetzung)

Chroman-4-on, 5-Hydroxy-7,8-dimethoxy-2-phenyl- 2625

—, 7-Hydroxy-5,8-dimethoxy-2-phenyl- 2625

—, 3-Hydroxy-7-methoxy-2-[4-methoxy-phenyl]- 2627

—, 5-Hydroxy-7-methoxy-2-[2-methoxy-phenyl]- 2628

—, 5-Hydroxy-7-methoxy-2-[3-methoxy-phenyl]- 2630

—, 5-Hydroxy-7-methoxy-2-[4-methoxy-phenyl]- 2633

—, 7-Hydroxy-5-methoxy-2-[4-methoxy-phenyl]- 2633

—, 2-[3-Hydroxy-4-methoxy-phenyl]-6-methoxy- 2642

—, 2-[2-Hydroxy-phenyl]-5,7-dimethoxy- 2628

—, 2-[2-Hydroxy-phenyl]-7,8-dimethoxy- 2641

Dibenz[b,f]oxepin-10-on, 2,3,6-Trimethoxy-11H- 2608

—, 2,3,7-Trimethoxy-11H- 2608

—, 2,3,8-Trimethoxy-11H- 2609

Isochroman-1-on, 6,8-Dihydroxy-3-[4-hydroxy-phenäthyl]- 2660

—, 3-[3-Hydroxy-4-methoxy-phenyl]-8-methoxy- 2649

Phthalid, 3-Benzyloxy-6,7-dimethoxy-2334

Spiro[benzofuran-2,1'-cyclopent-4'-en]-3'-on, 7-Acetyl-4,6-dihydroxy-5,5'-dimethyl-3-methylen-3H- 2661

Xanthen-9-on, 3,5-Dihydroxy-7-methoxy-1,4,6-trimethyl- 2656

—, 1,3,6-Trimethoxy-8-methyl- 2612

—, 1,3,8-Trimethoxy-6-methyl- 2616

—, 1,4,6-Trimethoxy-3-methyl- 2613

—, 1,4,7-Trimethoxy-3-methyl- 2613

—, 1,4,8-Trimethoxy-3-methyl- 2614

—, 1,5,6-Trimethoxy-3-methyl- 2615

—, 1,5,7-Trimethoxy-3-methyl- 2615

—, 3,5,7-Trimethoxy-1-methyl-2611

—, 4,6,7-Trimethoxy-1-methyl-2613

O-Methyl-Derivat $C_{17}H_{16}O_5$ aus 3,5,7-Trihydroxy-6-methyl-2-phenyl-chroman-4-on 2653

$C_{17}H_{16}O_7$

Chromen-4-on, 5,7-Diacetoxy-3-acetyl-2,6-dimethyl- 2519

$C_{17}H_{16}O_9$

Cumarin, 7-Acetoxy-6-diacetoxymethyl-5-methoxy- 2497

$C_{17}H_{17}NO_5$

Chroman-4-on, 5,7-Dihydroxy-2-[4-hydroxy-phenyl]-6,8-dimethyl-, oxim 2658

Oxim $C_{17}H_{17}NO_5$ aus 2-Methoxy-5-[7-methoxy-chroman-3-yl]-[1,4]benzochinon 2648

$[C_{17}H_{17}O_5]^+$

Benzo[g]chromenylium, 4-Hydroxy-5,6,8-trimethoxy-2-methyl- 2610

$[C_{17}H_{17}O_5]FeCl_4$ 2610

Xanthylium, 9-Hydroxy-1,3,6-trimethoxy-8-methyl- 2612

$[C_{17}H_{17}O_5]FeCl_4$ 2612

—, 9-Hydroxy-1,4,8-trimethoxy-3-methyl- 2614

$[C_{17}H_{17}O_5]FeCl_4$ 2614

—, 9-Hydroxy-1,5,7-trimethoxy-3-methyl- 2616

$[C_{17}H_{17}O_5]FeCl_4$ 2616

$C_{17}H_{18}N_2O_5$

Naphtho[8a,1,2-de]chromen-2,3,4-trion, 8-Methoxy-1,5,6,11,12,12a-hexahydro-, 2,4-dioxim 2657

$C_{17}H_{18}O_5$

Pentendisäure, 4-[3,4-Diäthoxy-benzyliden]-3-methyl-, anhydrid 2566

Spiro[benzofuran-2,1'-cyclopent-4'-en]-3'-on, 7-Acetyl-4,6-dihydroxy-3,5,5'-trimethyl-3H- 2575

$C_{17}H_{18}O_6$

Cumarin, 3-Butyryl-7-butyryloxy-4-hydroxy- 2519

$C_{17}H_{18}O_7$

Isocumarin, 8-Acetoxy-3-[2-acetoxy-propyl]-6-methoxy- 2409

Propionsäure, 2-[6-Formyl-8-methoxy-4-methyl-2-oxo-2H-chromen-7-yloxy]-, äthylester 2509

$C_{17}H_{18}O_9$

Phthalid, 3-Acetoxy-4-diacetoxymethyl-7-methoxy-6-methyl- 2400

$C_{17}H_{19}ClO_5$

Spiro[benzofuran-2,1'-cyclohex-2'-en]-3-on, 7-Chlor-4,6,2'-trimethoxy-6'-methyl-2524

$C_{17}H_{19}Cl_3O_5$

Cumarin, 6-Äthyl-7,8-dimethoxy-4-methyl-3-[2,2,2-trichlor-1-methoxy-äthyl]- 2415

$C_{17}H_{19}N_3O_5$

Cumarin, 5,7-Dimethoxy-8-[3-methyl-1-semicarbazono-but-2-enyl]- 2571

Naphtho[8a,1,2-de]chromen-2,3,4-trion, 8-Methoxy-1,5,6,11,12,12a-hexahydro-, trioxim 2658

$C_{17}H_{20}N_2O_6$

ribo-3,6-Anhydro-[2]hexosulose, Di-O-acetyl-, 1-[methyl-phenyl-hydrazon] 2305

C₁₈

C₁₈H₁₀Cl₂O₄Se
Selenophen-3,4-diol, 2,5-Bis-[4-chlor-benzoyl]-
2814

C₁₈H₁₀O₇
Maleinsäure, Bis-benzoyloxy-, anhydrid
2318

C₁₈H₁₂N₄O₈
2,4-Dinitro-phenylhydrazon C₁₈H₁₂N₄O₈
aus 5-Hydroxy-4-methyl-2-oxo-
2H-chromen-6,8-dicarbaldehyd 2564

C₁₈H₁₂O₄Se
Selenophen-3,4-diol, 2,5-Dibenzoyl- 2813

C₁₈H₁₂O₅
Dibenzo[c,h]chromen-6-on, 4,10,12-
Trihydroxy-7-methyl- 2815
Indeno[1,2-c]chromen-6,11-dion,
1,3-Dimethoxy- 2811
—, 3,4-Dimethoxy- 2811
Phenanthren-1,2-dicarbonsäure,
5,9-Dimethoxy-, anhydrid 2812

C₁₈H₁₂O₇
Diphensäure, 4,4'-Diacetoxy-, anhydrid
2670
Mesoweinsäure, Di-O-benzoyl-, anhydrid
2297
Weinsäure, Di-O-benzoyl-, anhydrid 2297

C₁₈H₁₃NO₅
Indeno[1,2-c]chromen-6,11-dion,
3,4-Dimethoxy-, 11-oxim 2812

C₁₈H₁₄N₂O₄
Äthanon, 2-Diazo-1-[6-methoxy-3-(3-
methoxy-phenyl)-benzofuran-2-yl]-
2798

C₁₈H₁₄N₂O₁₁
Benzoesäure, 4-[5,6-Dimethoxy-3-oxo-
phthalan-4-yloxy]-3,5-dinitro-,
methylester 2338

C₁₈H₁₄N₄O₈
Cumarin, 3-[1-(2,4-Dinitro-
phenylhydrazono)-äthyl]-4-hydroxy-6-
methoxy- 2503
—, 3-[1-(2,4-Dinitro-
phenylhydrazono)-äthyl]-4-hydroxy-7-
methoxy- 2504
—, 8-[(2,4-Dinitro-phenylhydrazono)-
methyl]-5,6-dihydroxy-4,7-dimethyl-
2517
2,4-Dinitro-phenylhydrazon C₁₈H₁₄N₄O₈
aus [5,7-Dihydroxy-2-methyl-4-oxo-
4H-chromen-6-yl]-acetaldehyd 2514

C₁₈H₁₄O₅
Acetaldehyd, [7-Hydroxy-3-methoxy-4-
oxo-2-phenyl-4H-chromen-8-yl]- 2803
Chromen-5-carbaldehyd, 6-Hydroxy-7-
methoxy-2-methyl-4-oxo-3-phenyl-4H-
2804

Chromen-4-on, 6-Acetyl-7-hydroxy-2-
[4-methoxy-phenyl]- 2803
Cumarin, 6-Acetyl-3-benzyl-4,7-dihydroxy-
2806
—, 8-Acetyl-7-hydroxy-3-[4-hydroxy-
phenyl]-4-methyl- 2807
—, 3-Benzoyl-6,7-dimethoxy- 2793
—, 7-Hydroxy-4-[4-hydroxy-3-
methoxy-styryl]- 2802
—, 4-Hydroxy-3-[3-(2-hydroxy-
phenyl)-3-oxo-propyl]- 2806
—, 8-Methoxy-3-[4-methoxy-benzoyl]-
2794
Essigsäure, [4-(3-Methoxy-[2]naphthyl)-6-
oxo-5,6-dihydro-pyran-2-yliden]-
2801
Isocumarin, 3-Benzoyl-7,8-dimethoxy-
2798
Maleinsäure, Bis-[2-methoxy-phenyl]-,
anhydrid 2793
—, Bis-[4-methoxy-phenyl]-,
anhydrid 2793
Pentendisäure, 4-Acetyl-3-[2-methoxy-[1]
naphthyl]-, anhydrid 2801
Phenanthren-1,2-dicarbonsäure,
5,9-Dimethoxy-3,4-dihydro-, anhydrid
2798
Propan-1,3-dion, 1-[4-Hydroxy-6-
methoxy-benzofuran-5-yl]-3-phenyl-
2805
—, 1-[6-Hydroxy-4-methoxy-
benzofuran-5-yl]-3-phenyl- 2805
Pyran-2,4-dion, 3-Benzyl-6-[2,4-dihydroxy-
phenyl]- 2805
Stilben-2,α-dicarbonsäure,
3',4'-Dimethoxy-, anhydrid
2798

C₁₈H₁₄O₆
4,7-Ätheno-isobenzofuran-1,3,5-trion,
6-Acetoxy-6-phenyl-tetrahydro-
2770
Chromen-4-on, 6-Acetoxy-5-hydroxy-7-
methoxy-3-phenyl- 2720
—, 7-Acetoxy-5-hydroxy-2-
[4-methoxy-phenyl]- 2685
—, 7-Acetoxy-5-hydroxy-3-
[4-methoxy-phenyl]- 2729
—, 7-Acetoxy-5-hydroxy-8-methoxy-
2-phenyl- 2677
—, 3-[4-Acetoxy-phenyl]-5-hydroxy-7-
methoxy- 2729
—, 3-Acetyl-5,7-dihydroxy-2-
[4-methoxy-phenyl]- 2683

C₁₈H₁₄O₇
Benzo[g]chromen-4-on, 6,8-Diacetoxy-5-
hydroxy-2-methyl- 2610
Naphtho[1,2-b]furan-6,9-chinon,
5,8-Diacetoxy-2,4-dimethyl- 2618

$C_{18}H_{14}O_7$ (Fortsetzung)

Xanthen-9-on, 1,3-Diacetoxy-5-methoxy-
2601

—, 1,3-Diacetoxy-7-methoxy- 2603

—, 1,4-Diacetoxy-3-methoxy- 2600

—, 1,7-Diacetoxy-3-methoxy- 2603

—, 3,8-Diacetoxy-1-methoxy- 2605

$C_{18}H_{15}BrO_5$

Benzofuran-3-on, 5-Brom-4,6-dimethoxy-2-
[4-methoxy-benzyliden]- 2743

—, 7-Brom-4,6-dimethoxy-2-
[4-methoxy-benzyliden]- 2743

Chromen-4-on, 6-Brom-5,7-dimethoxy-2-
[4-methoxy-phenyl]- 2692

Cumarin, 3-Brom-6,7,8-trimethoxy-4-
phenyl- 2739

$C_{18}H_{15}Br_3O_5$

Isochroman-1-on, 5,7-Dibrom-3-[3-brom-
4-methoxy-phenäthyl]-6,8-dihydroxy-
2661

$C_{18}H_{15}ClO_5$

Chromen-4-on, 8-Chlor-5,7-dimethoxy-2-
[4-methoxy-phenyl]- 2692

—, x-Chlormethyl-5-hydroxy-7-
methoxy-2-[4-methoxy-phenyl]- 2685

—, 6-Chlormethyl-5-hydroxy-7-
methoxy-2-[4-methoxy-phenyl]- 2758

—, 8-Chlormethyl-5-hydroxy-7-
methoxy-2-[4-methoxy-phenyl]- 2763

$C_{18}H_{15}Cl_3O_8$

Cumarin, 5,7-Diacetoxy-3-[1-acetoxy-2,2,2-
trichlor-äthyl]-4-methyl- 2408

—, 7,8-Diacetoxy-3-[1-acetoxy-2,2,2-
trichlor-äthyl]-4-methyl- 2408

$C_{18}H_{15}NO_4$

Chromen-4-on, 7-Hydroxy-5-methoxy-2-
methyl-6-[phenylimino-methyl]- 2506

$C_{18}H_{15}NO_5$

Benzamid, N-[5,7-Dimethoxy-2-oxo-
chroman-3-yliden]- 2374

—, N-[5,7-Dimethoxy-2-oxo-
2H-chromen-3-yl]- 2374

$C_{18}H_{15}NO_7$

Benzofuran-3-on, 6-Methoxy-5-nitro-2-
veratryliden- 2747

Chromen-4-on, 2-[3,4-Dimethoxy-phenyl]-
3-hydroxy-6-methyl-8-nitro- 2761

—, 2-[3,4-Dimethoxy-phenyl]-7-
methoxy-6-nitro- 2698

—, 5,6,7-Trimethoxy-3-[4-nitro-
phenyl]- 2720

—, 5,7,8-Trimethoxy-3-[4-nitro-
phenyl]- 2722

$C_{18}H_{15}NO_9$

Benzoesäure, 4-[5,6-Dimethoxy-3-oxo-
phthalan-4-yloxy]-3-nitro-,
methylester 2338

$C_{18}H_{16}Br_2O_5$

Dibrom-agrimonolid 2661

$C_{18}H_{16}N_2O_4$

Chromen-4-on, 7-Hydroxy-5-methoxy-2-
methyl-6-[phenylhydrazono-methyl]-
2506

Cumarin, 5,7-Dimethoxy-4-
[phenylhydrazono-methyl]- 2496

—, 6,7-Dimethoxy-4-
[phenylhydrazono-methyl]- 2496

—, 7,8-Dimethoxy-4-
[phenylhydrazono-methyl]- 2497

—, 7-Hydroxy-8-methoxy-3-methyl-6-
[phenylhydrazono-methyl]- 2508

—, 7-Hydroxy-8-methoxy-4-methyl-6-
[phenylhydrazono-methyl]- 2509

Phenylhydrazon $C_{18}H_{16}N_2O_4$ aus 7-Hydroxy-
3-methoxy-2-methyl-4-oxo-4H-chromen-
8-carbaldehyd 2507

$C_{18}H_{16}N_2O_9$

Benzoesäure, 3-Amino-4-[5,6-dimethoxy-3-
oxo-phthalan-4-yloxy]-5-nitro-,
methylester 2338

$C_{18}H_{16}N_4O_3$

Verbindung $C_{18}H_{16}N_4O_3$ aus
6-Hydroxymethyl-pyran-2,3,4-trion-2-
phenylhydrazon 2325

$C_{18}H_{16}N_4O_8$

Äthanon, 1-[3-Hydroxy-4,6-dimethoxy-
benzofuran-2-yl]-, [2,4-dinitro-
phenylhydrazon] 2392

—, 1-[4-Hydroxy-6,7-dimethoxy-
benzofuran-5-yl]-, [2,4-dinitro-
phenylhydrazon] 2398

—, 1-[6-Hydroxy-4,7-dimethoxy-
benzofuran-5-yl]-, [2,4-dinitro-
phenylhydrazon] 2398

Phthalid, 4-[(2,4-Dinitro-phenylhydrazono)-
methyl]-3,7-dimethoxy-6-methyl- 2400

—, 4-[(2,4-Dinitro-phenylhydrazono)-
methyl]-5,7-dimethoxy-6-methyl- 2401

—, 6-[(2,4-Dinitro-phenylhydrazono)-
methyl]-5,7-dimethoxy-4-methyl- 2402

$C_{18}H_{16}N_8O_{11}$

Pyran-3,4-dion, 5-Hydroxy-6-
hydroxymethyl-dihydro-,
bis-[2,4-dinitro-phenylhydrazon] 2299

$C_{18}H_{16}O_4S$

Thiochromen-4-on, 5,8-Dimethoxy-2-
[4-methoxy-phenyl]- 2694

$C_{18}H_{16}O_5$

Äthanon, 1-[4-Benzyloxy-6-hydroxy-7-
methoxy-benzofuran-5-yl]- 2395

—, 1-[6-Benzyloxy-4-hydroxy-7-
methoxy-benzofuran-5-yl]- 2395

Benzofuran-2-carbaldehyd,
3-[3,4-Dimethoxy-phenyl]-6-methoxy-
2750

Benzofuran-2-on, 4,6-Dimethoxy-3-
[4-methoxy-benzyliden]-3H- 2749

$C_{18}H_{16}O_5$ (Fortsetzung)

Benzofuran-2-on, 6-Methoxy-3-veratryliden-3*H*- 2750

Benzofuran-3-on, 2-Benzyliden-4,5,6-trimethoxy- 2740

—, 2-Benzyliden-4,6,7-trimethoxy- 2741

—, 4,6-Dimethoxy-2-[2-methoxy-benzyliden]- 2741

—, 4,6-Dimethoxy-2-[3-methoxy-benzyliden]- 2742

—, 4,6-Dimethoxy-2-[4-methoxy-benzyliden]- 2742

—, 4-Methoxy-2-veratryliden- 2743

—, 6-Methoxy-2-veratryliden- 2745

—, 7-Methoxy-2-veratryliden- 2748

Bernsteinsäure, 2,2-Bis-[4-methoxy-phenyl]-, anhydrid 2751

Butan-1,4-dion, 2,3-Epoxy-1,4-bis-[4-methoxy-phenyl]- 2752

Chroman-4-on, 3-[3-Hydroxy-4-methoxy-benzyliden]-7-methoxy- 2752

—, 7-Hydroxy-3-veratryliden- 2752

Chromen-4-on, 7-Äthoxy-5-hydroxy-3-methoxy-2-phenyl- 2703

—, 2-Äthoxymethyl-5,7-dihydroxy-3-phenyl- 2755

—, 3-[4-Äthoxy-phenyl]-5-hydroxy-7-methoxy- 2728

—, 2-Äthyl-5,7-dihydroxy-3-[4-methoxy-phenyl]- 2776

—, 7-Benzyloxy-5-hydroxy-3-methoxy-2-methyl- 2385

—, 5,7-Dihydroxy-3-[4-methoxy-phenyl]-2,6-dimethyl- 2777

—, 5,7-Dihydroxy-3-[4-methoxy-phenyl]-2,8-dimethyl- 2777

—, 3,5-Dimethoxy-2-[4-methoxy-phenyl]- 2707

—, 3,6-Dimethoxy-2-[4-methoxy-phenyl]- 2708

—, 3,7-Dimethoxy-2-[2-methoxy-phenyl]- 2709

—, 3,7-Dimethoxy-2-[3-methoxy-phenyl]- 2711

—, 3,7-Dimethoxy-2-[4-methoxy-phenyl]- 2712

—, 5,6-Dimethoxy-2-[2-methoxy-phenyl]- 2679

—, 5,6-Dimethoxy-2-[4-methoxy-phenyl]- 2679

—, 5,7-Dimethoxy-2-[2-methoxy-phenyl]- 2681

—, 5,7-Dimethoxy-2-[3-methoxy-phenyl]- 2681

—, 5,7-Dimethoxy-2-[4-methoxy-phenyl]- 2685

—, 5,7-Dimethoxy-3-[2-methoxy-phenyl]- 2723

—, 5,7-Dimethoxy-3-[4-methoxy-phenyl]- 2727

—, 5,8-Dimethoxy-2-[2-methoxy-phenyl]- 2692

—, 5,8-Dimethoxy-2-[4-methoxy-phenyl]- 2693

—, 6,7-Dimethoxy-2-[4-methoxy-phenyl]- 2694

—, 6,8-Dimethoxy-2-[4-methoxy-phenyl]- 2694

—, 7,8-Dimethoxy-2-[4-methoxy-phenyl]- 2694

—, 2-[2,4-Dimethoxy-phenyl]-3-hydroxy-6-methyl- 2759

—, 2-[3,4-Dimethoxy-phenyl]-3-hydroxy-6-methyl- 2760

—, 2-[3,4-Dimethoxy-phenyl]-5-hydroxy-7-methyl- 2761

—, 2-[3,4-Dimethoxy-phenyl]-7-hydroxy-5-methyl- 2757

—, 3-[2,4-Dimethoxy-phenyl]-7-hydroxy-2-methyl- 2756

—, 2-[2,3-Dimethoxy-phenyl]-3-methoxy- 2715

—, 2-[2,3-Dimethoxy-phenyl]-6-methoxy- 2695

—, 2-[2,3-Dimethoxy-phenyl]-7-methoxy- 2696

—, 2-[2,4-Dimethoxy-phenyl]-7-methoxy- 2696

—, 2-[3,4-Dimethoxy-phenyl]-5-methoxy- 2695

—, 2-[3,4-Dimethoxy-phenyl]-7-methoxy- 2697

—, 2-[3,4-Dimethoxy-phenyl]-8-methoxy- 2699

—, 3-[2,4-Dimethoxy-phenyl]-7-methoxy- 2734

—, 3-[3,4-Dimethoxy-phenyl]-7-methoxy- 2735

—, 5-Hydroxy-3,7-dimethoxy-6-methyl-2-phenyl- 2759

—, 5-Hydroxy-3,7-dimethoxy-8-methyl-2-phenyl- 2763

—, 5-Hydroxy-6,7-dimethoxy-2-methyl-3-phenyl- 2754

—, 5-Hydroxy-6,7-dimethoxy-8-methyl-2-phenyl- 2762

—, 5-Hydroxy-7,8-dimethoxy-2-methyl-3-phenyl- 2754

—, 5-Hydroxy-7,8-dimethoxy-6-methyl-2-phenyl- 2757

—, 6-Hydroxy-5,7-dimethoxy-8-methyl-2-phenyl- 2762

—, 5-Hydroxy-3-[4-hydroxy-benzyl]-7-methoxy-2-methyl- 2774

—, 3-Hydroxy-7-methoxy-2-[4-methoxy-phenyl]-5-methyl- 2757

C₁₈H₁₆O₅ (Fortsetzung)

Chromen-4-on, 5-Hydroxy-7-methoxy-2-
[4-methoxy-phenyl]-6-methyl- 2758
—, 5-Hydroxy-7-methoxy-2-
[4-methoxy-phenyl]-8-methyl- 2762
—, 5-Hydroxy-7-methoxy-3-
[2-methoxy-phenyl]-6-methyl- 2764
—, 5-Hydroxy-7-methoxy-3-
[2-methoxy-phenyl]-8-methyl- 2765
—, 5-Hydroxy-7-methoxy-3-
[4-methoxy-phenyl]-2-methyl- 2755
—, 5-Hydroxy-7-methoxy-3-
[4-methoxy-phenyl]-8-methyl- 2767
—, 7-Hydroxy-5-methoxy-3-
[2-methoxy-phenyl]-8-methyl- 2765
—, 7-Hydroxy-5-methoxy-3-
[4-methoxy-phenyl]-8-methyl- 2767
—, 2-[2,3,6-Trimethoxy-phenyl]- 2699
—, 2-[2,4,6-Trimethoxy-phenyl]- 2700
—, 2-[3,4,5-Trimethoxy-phenyl]- 2700
—, 3,5,6-Trimethoxy-2-phenyl- 2701
—, 3,5,7-Trimethoxy-2-phenyl- 2702
—, 3,5,8-Trimethoxy-2-phenyl- 2705
—, 3,6,7-Trimethoxy-2-phenyl- 2706
—, 3,7,8-Trimethoxy-2-phenyl- 2706
—, 5,6,7-Trimethoxy-2-phenyl- 2672
—, 5,6,7-Trimethoxy-3-phenyl- 2719
—, 5,6,8-Trimethoxy-2-phenyl- 2674
—, 5,7,8-Trimethoxy-2-phenyl- 2676
—, 5,7,8-Trimethoxy-3-phenyl- 2722
—, 6,7,8-Trimethoxy-2-phenyl- 2678
Cumarin, 4,7-Dimethoxy-3-[4-methoxy-
phenyl]- 2738
—, 5,7-Dimethoxy-3-[4-methoxy-
phenyl]- 2736
—, 6,8-Dimethoxy-3-[4-methoxy-
phenyl]- 2736
—, 4-[3,4-Dimethoxy-phenyl]-7-
methoxy- 2740
—, 5,6,7-Trimethoxy-4-phenyl- 2738
—, 6,7,8-Trimethoxy-4-phenyl- 2739
Furan-2,3-dion, 4,5-Bis-[4-methoxy-phenyl]-
dihydro- 2751
Keton, Benzofuran-3-yl-[2,4,6-trimethoxy-
phenyl]- 2749
Phthalid, 7-Methoxy-3-veratryliden- 2751
Propionsäure, 2-[2-Carboxy-phenyl]-3-
[3,4-dimethoxy-phenyl]-, anhydrid
2768

C₁₈H₁₆O₆

Chroman-4-on, 3-Acetoxy-5-hydroxy-7-
methoxy-2-phenyl- 2622
—, 7-Acetoxy-5-hydroxy-2-
[4-methoxy-phenyl]- 2633
—, 2-[4-Acetoxy-phenyl]-5-hydroxy-7-
methoxy- 2634
Chromen-4-on, 3-Hydroxy-7-
methoxymethoxy-2-[4-methoxy-phenyl]-
2713

Isochroman-1-on, 3-[3-Acetoxy-4-methoxy-
phenyl]-8-hydroxy- 2649
Phthalid, 4-Benzoyloxymethyl-6,7-
dimethoxy- 2341
Xanthen-9-on, 1-Acetoxy-3,6-dimethoxy-8-
methyl- 2612

C₁₈H₁₆O₈

Benzoesäure, 2-[5,7-Dihydroxy-6-methyl-1-
oxo-phthalan-4-yloxy]-4-hydroxy-3,6-
dimethyl- 2343

C₁₈H₁₇BrO₅

Benzofuran-3-on, 2-Brom-2-
[4,α-dimethoxy-benzyl]-6-methoxy-
2650

C₁₈H₁₇ClO₅

Chroman-4-on, 3-Chlor-2-[3,4-dimethoxy-
phenyl]-7-methoxy- 2646

C₁₈H₁₇NO₄

Pyran-2-on, 3,4,5-Trihydroxy-5-phenyl-6-
p-tolyl-5,6-dihydro-, imin 2779
Pyran-4-on, 6-Amino-3,5-dihydroxy-3-
phenyl-2-p-tolyl-2,3-dihydro- 2779

C₁₈H₁₇NO₅

Chromen-4-on, 2-[2,4-Dimethoxy-phenyl]-
7-methoxy-, oxim 2696
Keton, Benzofuran-3-yl-[2,4,6-trimethoxy-
phenyl]-, oxim 2749

C₁₈H₁₇NO₇

Propan-1-on, 2,3-Epoxy-3-[3-nitro-phenyl]-
1-[2,4,6-trimethoxy-phenyl]- 2619

C₁₈H₁₇N₃O₄

Verbindung C₁₈H₁₇N₃O₄ aus
6-Hydroxymethyl-pyran-2,3,4-trion-2-
phenylhydrazon 2325

C₁₈H₁₈N₂O₄

Äthanon, 1-[6-Hydroxy-4,7-dimethoxy-
benzofuran-5-yl]-, phenylhydrazon
2398
Phthalid, 3,7-Dimethoxy-6-methyl-4-
[phenylhydrazono-methyl]- 2400

C₁₈H₁₈N₄O₂

Verbindung C₁₈H₁₈N₄O₂ aus ribo-3,6-
Anhydro-[2]hexosulose-bis-
phenylhydrazon 2306

C₁₈H₁₈N₄O₃

Verbindung C₁₈H₁₈N₄O₃ aus
Di-O-acetyl-arabino-3,6-anhydro-[2]≠
hexosulose-bis-phenylhydrazon 2309

C₁₈H₁₈O₅

Benzofuran-3-on, 2-Benzyl-2,4,6-
trimethoxy- 2650
Chroman-2-on, 4-[3,4-Dimethoxy-phenyl]-
7-methoxy- 2648
Chroman-4-on, 2-[4-Äthoxy-3-methoxy-
phenyl]-7-hydroxy- 2644
—, 5,7-Dihydroxy-2-[4-methoxy-
phenyl]-6,8-dimethyl- 2659
—, 2,3-Dimethoxy-2-[4-methoxy-
phenyl]- 2627

C_{19}

C₁₉H₁₅NO₆

Benzamid, *N*-[7-Acetoxy-8-methoxy-2-oxo-chroman-3-yliden]- 2376

—, *N*-[7-Acetoxy-8-methoxy-2-oxo-2*H*-chromen-3-yl]- 2376

C₁₉H₁₆N₄O₈

Cumarin, 3-[1-(2,4-Dinitro-phenylhydrazono)-äthyl]-6,7-dimethoxy- 2502

2,4-Dinitro-phenylhydrazon C₁₉H₁₆N₄O₈ aus 3-Acetyl-6,7-dimethoxy-chromen-4-on 2502

2,4-Dinitro-phenylhydrazon C₁₉H₁₆N₄O₈ aus [7-Hydroxy-3-methoxy-2-methyl-4-oxo-4*H*-chromen-8-yl]-acetaldehyd 2514

2,4-Dinitro-phenylhydrazon C₁₉H₁₆N₄O₈ aus [7-Hydroxy-5-methoxy-2-methyl-4-oxo-4*H*-chromen-6-yl]-acetaldehyd 2514

C₁₉H₁₆N₄O₉

Phthalid, 3-Acetoxy-4-[(2,4-dinitro-phenylhydrazono)-methyl]-7-methoxy-6-methyl- 2401

C₁₉H₁₆O₅

Bernsteinsäure, [2,2'-Dimethoxy-benzhydryliden]-, anhydrid 2800

—, [4,4'-Dimethoxy-benzhydryliden]-, anhydrid 2800

Chromen-6-carbaldehyd, 7-Benzyloxy-8-methoxy-4-methyl-2-oxo-2*H*- 2508

Chromen-4-on, 3-Hydroxy-6,7-dimethoxy-2-styryl- 2802

—, 3-Hydroxy-7,8-dimethoxy-2-styryl- 2802

Cumarin, 8-Acetyl-4-äthyl-7-hydroxy-3-[4-hydroxy-phenyl]- 2808

—, 8-Acetyl-7-hydroxy-3-[4-methoxy-phenyl]-4-methyl- 2807

Furan-2-on, 5-[4-Methoxy-phenyl]-3-vanillyliden-3*H*- 2801

Propenon, 1-[6-Hydroxy-4,7-dimethoxy-benzofuran-5-yl]-3-phenyl- 2804

C₁₉H₁₆O₆

Äthanon, 1-[3-Benzoyloxy-5,6-dimethoxy-benzofuran-2-yl]- 2393

—, 1-[6-Benzoyloxy-4,7-dimethoxy-benzofuran-5-yl]- 2396

Benzofuran-3-on, 2-[2-Acetoxy-4-methoxy-benzyliden]-6-methoxy- 2744

Chromen-4-on, 3-Acetoxy-2-[3,4-dimethoxy-phenyl]- 2716

—, 5-Acetoxy-3,7-dimethoxy-2-phenyl- 2703

—, 5-Acetoxy-6,7-dimethoxy-2-phenyl- 2673

—, 5-Acetoxy-6,7-dimethoxy-3-phenyl- 2720

—, 5-Acetoxy-7,8-dimethoxy-3-phenyl- 2722

—, 6-Acetoxy-5,7-dimethoxy-2-phenyl- 2673

—, 6-Acetoxy-5,7-dimethoxy-3-phenyl- 2720

—, 7-Acetoxy-2-[3,4-dimethoxy-phenyl]- 2698

—, 7-Acetoxy-3-[3,4-dimethoxy-phenyl]- 2735

—, 7-Acetoxy-3,5-dimethoxy-2-phenyl- 2703

—, 7-Acetoxy-5,8-dimethoxy-3-phenyl- 2722

—, 8-Acetoxy-2-[3,4-dimethoxy-phenyl]- 2699

—, 5-Acetoxy-6-methoxy-2-[4-methoxy-phenyl]- 2680

—, 5-Acetoxy-7-methoxy-2-[3-methoxy-phenyl]- 2682

—, 5-Acetoxy-7-methoxy-2-[4-methoxy-phenyl]- 2685

—, 5-Acetoxy-7-methoxy-3-[4-methoxy-phenyl]- 2729

—, 5-Acetoxy-8-methoxy-2-[4-methoxy-phenyl]- 2693

—, 6-Acetoxy-5-methoxy-2-[4-methoxy-phenyl]- 2680

—, 7-Acetoxy-3-methoxy-2-[3-methoxy-phenyl]- 2711

—, 7-Acetoxy-3-methoxy-2-[4-methoxy-phenyl]- 2713

—, 7-Acetoxy-5-methoxy-2-[4-methoxy-phenyl]- 2686

—, 7-Acetoxy-5-methoxy-3-[4-methoxy-phenyl]- 2730

—, 8-Acetoxy-5-methoxy-2-[4-methoxy-phenyl]- 2693

—, 2-[3-Acetoxy-4-methoxy-phenyl]-6-methoxy- 2696

—, 2-[4-Acetoxy-3-methoxy-phenyl]-6-methoxy- 2696

—, 2-[3-Acetoxy-phenyl]-5,7-dimethoxy- 2682

—, 2-[4-Acetoxy-phenyl]-5,7-dimethoxy- 2686

—, 3-[4-Acetoxy-phenyl]-5,7-dimethoxy- 2730

Cumarin, 4-Acetoxy-5,7-dimethoxy-3-phenyl- 2737

—, 6-Acetoxy-5,7-dimethoxy-4-phenyl- 2739

—, 6-Acetoxy-7,8-dimethoxy-4-phenyl- 2739

—, 7-Acetoxy-3-[3,4-dimethoxy-phenyl]- 2736

—, 4-Acetoxy-7-methoxy-3-[4-methoxy-phenyl]- 2738

C₁₉H₁₆O₇

Benzo[*c*]chromen-6-on, 3,7-Diacetoxy-9-methoxy-1-methyl- 2618

Benzo[*g*]chromen-4-on, 5,6-Diacetoxy-8-methoxy-2-methyl- 2610

$C_{19}H_{23}N_3O_7$

ribo-3,6-Anhydro-[2]hexosulose, Di-
O-acetyl-, 2-[O-acetyl-oxim]-1-[methyl-
phenyl-hydrazon] 2306

$C_{19}H_{24}O_5$

Cumarin, 3-Decanoyl-4,7-dihydroxy- 2529

$C_{19}H_{24}O_7$

Guaj-1(10)-en-12-säure, 8,15-Diacetoxy-6-
hydroxy-2-oxo-, lacton 2351
Guaj-3-en-12-säure, 8,15-Diacetoxy-6-
hydroxy-2-oxo-, lacton 2352

$C_{19}H_{26}O_2$

Heptadeca-2,8,10-trien-4,6-diin, 1,14-
Dimethoxy- 2662

$C_{19}H_{26}O_5$

Cyclohexan-1,3-dion, 2-[2-Hydroxymethyl-
6,6-dimethyl-4-oxo-2,3,4,5,6,7-
hexahydro-benzofuran-3-yl]-5,5-
dimethyl- 2423
13,17-Seco-androstan-17-säure, 5,13-
Dihydroxy-3,6-dioxo-, 13-lacton 2423

$C_{19}H_{26}O_6$

Apotrichothec-9-en-8-on, 4-Crotonoyloxy-
2,13-dihydroxy- 2331

$C_{19}H_{26}O_7$

Guajan-12-säure, 8,15-Diacetoxy-6-
hydroxy-2-oxo-, lacton 2330

$C_{19}H_{27}BrO_5$

Phthalid, 4-Brom-3,3-dibutyl-5,6,7-
trimethoxy- 2355

$C_{19}H_{28}O_5$

Phthalid, 3,3-Dibutyl-5,6,7-trimethoxy-
2354

$C_{19}H_{30}O_5$

13,17-Seco-androstan-17-säure, 3,5,6,13-
Tetrahydroxy-, 13-lacton 2332

$C_{19}H_{30}O_6$

Oxacyclododec-9-en-2,8-dion, 4-Acetoxy-
12-äthyl-11-hydroxy-3,5,7,11-
tetramethyl- 2323

C_{20}

$C_{20}H_{10}O_4S$

Anthra[2,3-*b*]benzo[*d*]thiophen-6,13-chinon,
7,12-Dihydroxy- 2836

$C_{20}H_{12}O_6S$

Benzo[*b*]naphtho[2,3-*d*]thiophen-6,11-
chinon, 7,10-Diacetoxy- 2813

$C_{20}H_{13}NO_7$

Phthalid, 3-[2,4-Dihydroxy-phenyl]-3-
[4-hydroxy-3-nitro-phenyl]- 2829

$C_{20}H_{14}Cl_2O_7$

Chromen-4-on, 3-Acetoxy-2-[4-acetoxy-3-
methoxy-phenyl]-6,8-dichlor- 2718

$C_{20}H_{14}O_5$

Benzofuran-2-on, 3-[2,4-Dihydroxy-phenyl]-
6-hydroxy-3-phenyl-3*H*- 2828

Naphthalin-1,2-dicarbonsäure,
6,7-Dimethoxy-4-phenyl-, anhydrid
2822
—, 7-Methoxy-4-[4-methoxy-phenyl]-,
anhydrid 2822
Naphthalin-1,8-dicarbonsäure,
3,4-Dimethoxy-5-phenyl-, anhydrid
2823
—, 5,6-Dimethoxy-2-phenyl-,
anhydrid 2823
Naphthalin-2,3-dicarbonsäure, 5-Methoxy-
1-[2-methoxy-phenyl]-, anhydrid 2822
—, 6-Methoxy-1-[3-methoxy-phenyl]-,
anhydrid 2821
—, 7-Methoxy-1-[4-methoxy-phenyl]-,
anhydrid 2821
—, 8-Methoxy-1-[3-methoxy-phenyl]-,
anhydrid 2821
[1,4]Naphthochinon, 2-Methoxy-3-
[1-methyl-3-oxo-phthalan-1-yl]- 2827
Pent-4-en-1,3-dion, 1-[6-Hydroxy-2-oxo-
2*H*-chromen-3-yl]-5-phenyl- 2827
—, 1-[7-Hydroxy-2-oxo-2*H*-chromen-
3-yl]-5-phenyl- 2828
—, 1-[8-Hydroxy-2-oxo-2*H*-chromen-
3-yl]-5-phenyl- 2828
Phthalid, 3-[2,3-Dihydroxy-phenyl]-3-
[4-hydroxy-phenyl]- 2829
—, 3-[2,4-Dihydroxy-phenyl]-3-
[4-hydroxy-phenyl]- 2829
—, 3-[2,5-Dihydroxy-phenyl]-3-
[4-hydroxy-phenyl]- 2829
—, 3-[3,4-Dihydroxy-phenyl]-3-
[4-hydroxy-phenyl]- 2830
—, 3-Phenyl-3-[2,3,4-trihydroxy-
phenyl]- 2828
—, 3-Phenyl-3-[2,4,6-trihydroxy-
phenyl]- 2829

$C_{20}H_{14}O_7$

Maleinsäure, Bis-[4-acetoxy-phenyl]-,
anhydrid 2793

$C_{20}H_{14}O_7S$

Xanthen-9-on, 1,7-Dihydroxy-3-[toluol-4-
sulfonyloxy]- 2604

$C_{20}H_{15}NO_7$

Benzamid, N-[5,7-Diacetoxy-2-oxo-
chroman-3-yliden]- 2374
—, N-[7,8-Diacetoxy-2-oxo-chroman-
3-yliden]- 2376
—, N-[5,7-Diacetoxy-2-oxo-
2*H*-chromen-3-yl]- 2374
—, N-[7,8-Diacetoxy-2-oxo-
2*H*-chromen-3-yl]- 2376

$C_{20}H_{16}Br_2O_9$

Äther, Bis-[7-brom-4,5-dimethoxy-3-oxo-
phthalan-1-yl]- 2335

$C_{20}H_{16}Cl_2O_4Se$

1λ^4-Selenophen, 2,5-Dibenzoyl-1,1-dichlor-
3,4-dimethoxy- 2814

C₂₀H₁₈N₂O₁₀

Benzoesäure, 3-Acetylamino-4-
[5,6-dimethoxy-3-oxo-phthalan-4-yloxy]-
5-nitro-, methylester 2338

C₂₀H₁₈N₄O₈

Keton, [2]Furyl-[3,4,5-trimethoxy-phenyl]-,
[2,4-dinitro-phenylhydrazon] 2501

2,4-Dinitro-phenylhydrazon C₂₀H₁₈N₄O₈
aus 2-Acetonyl-6,7-dimethoxy-
chromen-4-on 2513

2,4-Dinitro-phenylhydrazon C₂₀H₁₈N₄O₈
aus 3-Acetyl-6,7-dimethoxy-2-methyl-
chromen-4-on 2513

C₂₀H₁₈O₄S

Pyran-2-thion, 5-Methoxy-4,6-bis-
[4-methoxy-phenyl]- 2800

C₂₀H₁₈O₅

Chromen-4-on, 3-Acetyl-6-benzyloxy-7-
methoxy-2-methyl- 2513

—, 8-Allyl-7-hydroxy-3-methoxy-2-
[4-methoxy-phenyl]- 2807

—, 7-Allyloxy-3-methoxy-2-
[4-methoxy-phenyl]- 2713

—, 7,8-Dimethoxy-2-[4-methoxy-
styryl]- 2802

Cumarin, 8-Acetyl-4-äthyl-7-hydroxy-3-
[4-methoxy-phenyl]- 2809

—, 4-Hydroxy-7-methoxy-3-[3-oxo-1-
phenyl-butyl]- 2808

—, 4-Hydroxy-3-[1-(4-methoxy-
phenyl)-3-oxo-butyl]- 2808

Furan, 2,5-Bis-[3-methoxy-4-oxo-
cyclohexa-2,5-dienyliden]-3,4-dimethyl-
2,5-dihydro- 2805

Furan-2-on, 5-[4-Äthoxy-phenyl]-3-
vanillyliden-3H- 2801

—, 5-[3,4-Dimethoxy-phenyl]-3-
[4-methoxy-benzyliden]-3H- 2800

—, 5-[4-Methoxy-phenyl]-3-
veratryliden-3H- 2801

Propenon, 3-Phenyl-1-[4,6,7-trimethoxy-
benzofuran-5-yl]- 2805

Pyran-2-on, 5-Methoxy-4,6-bis-[4-methoxy-
phenyl]- 2800

Spiro[isochroman-3,2'-naphthalin]-1,1'-
dion, 5',8'-Dimethoxy-3',4'-dihydro-
2807

C₂₀H₁₈O₆

Äthanon, 1-[4-Äthoxy-6-benzyloxy-7-
methoxy-benzofuran-5-yl]-
2396

Chroman-4-on, 3-[3-Acetoxy-4-methoxy-
benzyliden]-7-methoxy- 2753

—, 7-Acetoxy-3-veratryliden- 2753

Chromen-4-on, 3-[4-Acetoxy-benzyl]-5-
hydroxy-7-methoxy-2-methyl-
2775

—, 5-Acetoxy-7-benzyloxy-3-methoxy-
2-methyl- 2385

—, 5-Acetoxy-3,7-dimethoxy-6-
methyl-2-phenyl- 2759

—, 5-Acetoxy-3,7-dimethoxy-8-
methyl-2-phenyl- 2764

—, 5-Acetoxy-6,7-dimethoxy-2-
methyl-3-phenyl- 2754

—, 5-Acetoxy-7,8-dimethoxy-2-
methyl-3-phenyl- 2755

—, 3-Acetoxy-2-[2,4-dimethoxy-
phenyl]-6-methyl- 2760

—, 3-Acetoxy-2-[3,4-dimethoxy-
phenyl]-6-methyl- 2760

—, 7-Acetoxy-2-[3,4-dimethoxy-
phenyl]-5-methyl- 2757

—, 7-Acetoxy-3-[2,4-dimethoxy-
phenyl]-2-methyl- 2756

—, 5-Acetoxy-7-methoxy-3-
[4-methoxy-phenyl]-2-methyl- 2755

—, 5-Acetoxy-7-methoxy-3-
[4-methoxy-phenyl]-8-methyl- 2768

Glutarsäure, 3-[4-Acetoxy-phenyl]-3-
[2-methoxy-phenyl]-, anhydrid 2773

—, 3-[4-Acetoxy-phenyl]-3-
[4-methoxy-phenyl]-, anhydrid
2773

C₂₀H₁₈O₇

Äthanon, 1-[4,7-Dimethoxy-6-(4-methoxy-
benzoyloxy)-benzofuran-5-yl]- 2397

Chroman-4-on, 7-Acetoxy-2-[4-acetoxy-3-
methoxy-phenyl]- 2644

—, 5-Acetoxy-2-[4-acetoxy-phenyl]-7-
methoxy- 2634

—, 7-Acetoxy-2-[4-acetoxy-phenyl]-5-
methoxy- 2635

—, 3,5-Diacetoxy-7-methoxy-2-
phenyl- 2622

—, 5,7-Diacetoxy-2-[2-methoxy-
phenyl]- 2629

—, 5,7-Diacetoxy-2-[3-methoxy-
phenyl]- 2630

—, 5,7-Diacetoxy-2-[4-methoxy-
phenyl]- 2634

Isochroman-1-on, 8-Acetoxy-3-[3-acetoxy-
4-methoxy-phenyl]- 2649

C₂₀H₁₈O₉

Äther, Bis-[4,5-dimethoxy-3-oxo-phthalan-
1-yl]- 2334

C₂₀H₁₉BrO₅

Chromen-4-on, 8-[2-Brom-propyl]-7-
hydroxy-3-methoxy-2-[4-methoxy-
phenyl]- 2781

C₂₀H₁₉Cl₃O₈

Cumarin, 7,8-Diacetoxy-3-[1-acetoxy-2,2,2-
trichlor-äthyl]-6-äthyl-4-methyl-
2416

C₂₀H₁₉NO₅

Furan-2-on, 5-Benzyloxy-3-methoxy-4-
[phenylacetyl-amino]-5H- 2296

$C_{20}H_{25}IO_5$

14,15-Seco-androst-4-en-18-carbonsäure,
11,16-Dihydroxy-15-jod-3,14-dioxo-,
11-lacton 2531

—, 14,16-Epoxy-11,14-dihydroxy-15-
jod-3-oxo-, 11-lacton 2531

$C_{20}H_{26}O_4S_2$

Cyclohepta[c]chromen-6-on, 8,8-Bis-
äthylmercapto-3,4-dimethoxy-8,9,10,11-
tetrahydro-7H- 2573

$C_{20}H_{26}O_5$

3a,7-Äthano-benzofuran-2-on, 4-[1-(4,4-Di-
methyl-3,5-dioxo-cyclopent-1-enyl)-
äthyl]-8-hydroxy-8-methyl-hexahydro- 2530

Cumarin, 3-Decanoyl-4,7-dihydroxy-5-
methyl- 2529

$C_{20}H_{28}N_2O_4$

Isochroman-3-on, 7,8-Dihydroxy-4a,8-
dimethyl-1-[1-phenylhydrazono-propyl]-
hexahydro- 2322

$C_{20}H_{28}O_5$

Cyclopentan-1,3-dion, 4-[1-(8-Hydroxy-8-
methyl-2-oxo-hexahydro-3a,7-äthano-
benzofuran-4-yl)-äthyl]-2,2-dimethyl-
2424

5a,8-Methano-cyclohepta[c]furo[3,4-e]-
chromen-5-on, 2,13-Dihydroxy-1,1-
dimethyl-7-methylen-dodecahydro-
2425

$C_{20}H_{30}O_5$

Labda-8(20),12-dien-16-säure, 3,14,15,19-
Tetrahydroxy-, 15-lacton 2357

Oxacyclotetradeca-5,11-dien-2,4,10-trion,
14-Äthyl-13-hydroxy-3,5,7,9,13-
pentamethyl- 2356

$C_{20}H_{32}Cl_2O_5$

Labdan-16-säure, 8,12-Dichlor-3,14,15,19-
tetrahydroxy-, 15-lacton 2357

$C_{20}H_{32}O_5$

Oxacyclotetradec-5-en-2,4,10-trion,
14-Äthyl-13-hydroxy-3,5,7,9,13-
pentamethyl- 2332

$C_{20}H_{32}O_6$

Isoandrographolsäure 2357

$C_{20}H_{34}O_5$

Labdan-16-säure, 3,14,15,19-Tetrahydroxy-,
15-lacton 2325

Oxacyclotetradecan-2,4,10-trion, 14-Äthyl-
13-hydroxy-3,5,7,9,13-pentamethyl-
2324

$C_{20}H_{36}O_5$

Oxacyclotetradec-5-en-2-on, 14-Äthyl-
4,10,13-trihydroxy-3,5,7,9,13-
pentamethyl- 2318

$C_{20}H_{38}O_{11}$

3,6-Anhydro-galactose, O^2,O^5-Dimethyl-
O^4-[tetra-O-methylgalactopyranosyl]-,
dimethylacetal 2286

C_{21}

$C_{21}H_{12}N_2O_8S$

Naphthalin-2-diazonium, 5-[4-(Furan-
2-carbonyl)-2,3-dihydroxy-phenoxy-
sulfonyl]-1-hydroxy-, betain 2500

Naphthalin-1-sulfonsäure, 6-Diazo-5-oxo-
5,6-dihydro-, [4-(furan-2-carbonyl)-2,3-
dihydroxy-phenylester] 2500

$C_{21}H_{12}O_5$

Benzo[c]phenanthren-5,6-dicarbonsäure,
3-Hydroxy-11-methoxy-, anhydrid
2835

Dibenzo[a,c]xanthen-14-on, 6,7,11-
Trihydroxy- 2836

$C_{21}H_{14}O_5$

Benzaldehyd, 2-Hydroxy-5-[1-(4-hydroxy-
phenyl)-3-oxo-phthalan-1-yl]- 2833

$C_{21}H_{15}BrO_5$

Benzo[h]chromen-4-on, 6-Brom-2-
[3,4-dimethoxy-phenyl]-3-hydroxy-
2825

$C_{21}H_{15}ClO_8$

Chromen-4-on, 3-Acetoxy-6-chlor-2-
[3,4-diacetoxy-phenyl]- 2717

$C_{21}H_{15}NO_5$

Phthalid, 3-[4-Hydroxy-3-(hydroxyimino-
methyl)-phenyl]-3-[4-hydroxy-phenyl]-
2833

$C_{21}H_{15}NO_7$

Benzo[h]chromen-4-on, 2-[3,4-Dimethoxy-
phenyl]-3-hydroxy-6-nitro- 2826

$C_{21}H_{16}N_2O_4$

Phenylhydrazon $C_{21}H_{16}N_2O_4$ aus
1-Hydroxy-7-methoxy-9-oxo-xanthen-2-
carbaldehyd 2670

$C_{21}H_{16}N_4O_8$

Chroman-4-on, 2-[3,4-Dihydroxy-phenyl]-
7-hydroxy-, [2,4-dinitro-
phenylhydrazon] 2646

$C_{21}H_{16}O_5$

Benzo[h]chromen-4-on, 2-[3,4-Dimethoxy-
phenyl]-3-hydroxy- 2825

Phthalid, 3-[2,4-Dihydroxy-phenyl]-3-
[2-hydroxy-4-methyl-phenyl]-
2830

—, 3-[2,4-Dihydroxy-phenyl]-3-
[4-hydroxy-2-methyl-phenyl]- 2830

—, 3-[2,4-Dihydroxy-phenyl]-3-
[4-hydroxy-3-methyl-phenyl]- 2831

Xanthen-3-on, 6-Hydroxy-2,7-dimethoxy-
9-phenyl- 2824

$C_{21}H_{16}O_8$

Benzofuran-2-on, 4,6-Diacetoxy-3-
[4-acetoxy-benzyliden]-3H- 2750

Benzofuran-3-on, 6-Acetoxy-2-
[3,4-diacetoxy-benzyliden]- 2746

Chromen-4-on, 3-Acetoxy-2-[2,3-diacetoxy-
phenyl]- 2715

$C_{21}H_{19}NO_6$ (Fortsetzung)
Anthranilsäure, N-[4-(2,4-Dimethoxy-phenyl)-
6-oxo-6H-pyran-2-yl], methylester 2500

$C_{21}H_{20}N_4O_8$
2,4-Dinitro-phenylhydrazon $C_{21}H_{20}N_4O_8$
aus 2-Acetyl-2-allyl-4,6-dimethoxy-
benzofuran-3-on 2520

$C_{21}H_{20}N_8O_{11}$
Furan-2-on, 4-[2,4-Dinitro-
phenylhydrazono]-3-[1-(2,4-dinitro-
phenylhydrazono)-4-hydroxy-butyl]-5-
methyl-dihydro- 2321

$C_{21}H_{20}O_5$
Cumarin, 4-Hydroxy-3-[1-(4-methoxy-
phenyl)-3-oxo-butyl]-6-methyl- 2809
—, 4-Hydroxy-3-[1-(4-methoxy-
phenyl)-3-oxo-butyl]-7-methyl- 2809

$C_{21}H_{20}O_6$
Chromen-4-on, 5-Acetoxy-7-äthoxy-3-
[4-äthoxy-phenyl]- 2730
Glutarsäure, 3-[4-Acetoxy-3-methyl-
phenyl]-3-[4-methoxy-phenyl]-,
anhydrid 2778

$C_{21}H_{20}O_7$
Chroman-4-on, 7-Acetoxy-2-[4-acetoxy-
phenyl]-5-äthoxy- 2635
Spiro[benzofuran-2,1'-cyclopent-4'-en]-3'-on,
4,6-Diacetoxy-7-acetyl-5,5'-dimethyl-3-
methylen-3H- 2661

$C_{21}H_{20}O_8$
Äthanon, 1-[4,7-Dimethoxy-6-
veratroyloxy-benzofuran-5-yl]- 2397

$C_{21}H_{20}O_{10}$
Benzofuran-3-on, 2-[3,4-Dihydroxy-
benzyliden]-6-glucopyranosyloxy- 2746
Chromen-4-on, 6-Glucopyranosyloxy-5,7-
dihydroxy-2-phenyl- 2673
—, 7-Glucopyranosyloxy-3,5-
dihydroxy-2-phenyl- 2704
—, 5-Glucopyranosyloxy-7-hydroxy-
2-[4-hydroxy-phenyl]- 2687
—, 7-Glucopyranosyloxy-5-hydroxy-
2-[4-hydroxy-phenyl]- 2687
—, 7-Glucopyranosyloxy-5-hydroxy-
3-[4-hydroxy-phenyl]- 2732
—, 2-[4-Glucopyranosyloxy-3-
hydroxy-phenyl]-3-hydroxy- 2716
—, 3-[4-Glucopyranosyloxy-phenyl]-
5,7-dihydroxy- 2732

$C_{21}H_{21}NO_6$
Benzofuran-2-carbaldehyd, 6-Methoxy-3-
veratryl-, [O-acetyl-oxim] 2769

$C_{21}H_{22}O_5$
Benzofuran-2-on, 4,6-Diäthoxy-3-
[4-äthoxy-benzyliden]-3H- 2750
Bernsteinsäure, 2-Methoxy-2-[4-methoxy-
benzyl]-3-phenäthyl-, anhydrid 2782
Chroman-4-on, 6-Allyl-2-[3,4-dimethoxy-
phenyl]-8-methoxy- 2781

—, 7-Hydroxy-2-[4-hydroxy-phenyl]-
5-methoxy-8-[3-methyl-but-2-enyl]-
2784
—, 7-Methoxy-2,2-dimethyl-3-
veratryliden- 2781
Glutarsäure, 3,3-Bis-[4-äthoxy-phenyl]-,
anhydrid 2773
—, 3,3-Bis-[4-methoxy-3-methyl-
phenyl]-, anhydrid 2782
Propan-1-on, 1-[6-Methoxy-3-veratryl-
benzofuran-2-yl]- 2781
Pyran-2-on, 5-Glykoloyl-3-methoxymethyl-
3,5-diphenyl-tetrahydro- 2784
Xanthen-1,8-dion, 9-[3,4-Dimethoxy-
phenyl]-3,4,5,6,7,9-hexahydro-2H-
2783

$C_{21}H_{22}O_6$
Isochroman-1-on, 8-Acetoxy-6-methoxy-3-
[4-methoxy-phenäthyl]- 2661

$C_{21}H_{22}O_8$
Benzoesäure, 2-[5-Hydroxy-7-methoxy-6-
methyl-1-oxo-phthalan-4-yloxy]-4-
methoxy-3,6-dimethyl-, methylester
2343

$C_{21}H_{22}O_{10}$
Chroman-4-on, 2-[3,4-Dihydroxy-phenyl]-
7-glucopyranosyloxy- 2645
—, 5-Glucopyranosyloxy-7-hydroxy-
2-[4-hydroxy-phenyl]- 2636
—, 7-Glucopyranosyloxy-5-hydroxy-
2-[4-hydroxy-phenyl]- 2636

$C_{21}H_{23}NO_5$
Chroman-4-on, 7-Hydroxy-2-[4-hydroxy-
phenyl]-5-methoxy-8-[3-methyl-but-2-
enyl]-, oxim 2785

$C_{21}H_{24}N_4O_8$
2,4-Dinitro-phenylhydrazon $C_{21}H_{24}N_4O_8$
aus 8,8a-Dihydroxy-9-isopropyl-5a-
methyl-2-oxo-1,4,5,5a,8,8a-hexahydro-
2H-1,4-methano-cyclopent[d]oxepin-6-
carbaldehyd 2354

$C_{21}H_{24}O_5$
Chroman-4-on, 7-Hydroxy-2-[4-hydroxy-
phenyl]-8-isopentyl-5-methoxy- 2661

$C_{21}H_{24}O_8$
Pentendisäure, 3-Methyl-, 1-[5-hydroxy-7-
methoxy-2-methyl-4-oxo-4H-chromen-
6-ylmethylester]-5-propylester 2404

$C_{21}H_{25}BrO_5$
Pregn-4-en-18-säure, 16-Brom-11,17-
dihydroxy-3,20-dioxo-, 11-lacton 2579

$C_{21}H_{26}N_4O_8$
Apotrichothec-9-en-8-on, 2,4,13-
Trihydroxy-, [2,4-dinitro-
phenylhydrazon] 2331

$C_{21}H_{26}O_5$
Cumarin, 8-Butyryl-5,7-dihydroxy-6-
[3-methyl-but-2-enyl]-4-propyl- 2576

C₂₁H₂₆O₅ (Fortsetzung)

Pregna-1,4-dien-3,20-dion, 14,15-Epoxy-
17,21-dihydroxy- 2577

Pregn-4-en-18-säure, 11,17-Dihydroxy-
3,20-dioxo-, 11-lacton 2579

—, 11,21-Dihydroxy-3,20-dioxo-,
11-lacton 2579

Pregn-4-en-3,11,20-trion, 16,17-Epoxy-21-
hydroxy- 2577

C₂₁H₂₈O₅

Cumarin, 4,7-Dihydroxy-3-lauroyl- 2532

Picrasa-2,12-dien-1,11-dion, 2-Hydroxy-12-
methoxy- 2531

Pregn-4-en-3,20-dion, 9,11-Epoxy-17,21-
dihydroxy- 2533

—, 14,15-Epoxy-17,21-dihydroxy-
2534

—, 16,17-Epoxy-11,21-dihydroxy-
2535

—, 16,21-Epoxy-11,17-dihydroxy-
2532

Pregn-5-en-11,15-dion, 12,20-Epoxy-2,3-
dihydroxy- 2537

Pregn-8-en-7,20-dion, 16,17-Epoxy-3,11-
dihydroxy- 2535

C₂₁H₂₈O₆

16,17-Seco-androstan-16,17-disäure,
3-Acetoxy-11-oxo-, anhydrid 2423

C₂₁H₂₉BrO₅

Pregnan-11,20-dion, 12-Brom-16,17-epoxy-
3,21-dihydroxy- 2428

C₂₁H₂₉NO₅

Oxim C₂₁H₂₉NO₅ aus 2-Hydroxy-12-
methoxy-picrasa-2,12-dien-1,11-dion
2531

C₂₁H₃₀O₅

Desoxodihydronorquassin 2531

Pregnan-7,20-dion, 16,17-Epoxy-3,11-
dihydroxy- 2427

Pregnan-11,20-dion, 16,17-Epoxy-3,12-
dihydroxy- 2427

—, 16,17-Epoxy-3,21-dihydroxy- 2427

Pregn-5-en-11-on, 12,20-Epoxy-2,3,15-
trihydroxy- 2428

16,17-Seco-pregnan-18-säure, 11,14-
Dihydroxy-3,16-dioxo-, 11-lacton 2426

C₂₁H₃₀O₆

Oxocarbonsäure C₂₁H₃₀O₆ aus
Desoxodihydronorquassin 2531

C₂₁H₃₀O₇

Säure C₂₁H₃₀O₇ aus 2-Hydroxy-12-
methoxy-picrasa-2,12-dien-1,11-dion
2531

C₂₁H₃₂O₇

Oxacyclododec-9-en-2,8-dion, 4-Acetoxy-
12-[1-acetoxy-äthyl]-3,5,7,11-
tetramethyl- 2324

C₂₂

C₂₂H₁₂N₂O₉

Chromen-4-on, 5,7-Dihydroxy-3-[4-nitro-
benzoyl]-2-[4-nitro-phenyl]- 2837

C₂₂H₁₂O₄S

Benzo[b]thiophen-3-on, 2-[2,7-Dihydroxy-
10-oxo-10H-[9]phenanthryliden]-
2840

C₂₂H₁₄N₄O₈

Chromen-8-carbaldehyd, 5,7-Dihydroxy-4-
oxo-2-phenyl-4H-, [2,4-dinitro-
phenylhydrazon] 2796

C₂₂H₁₄O₄S

Benzo[b]thiophen-3-on, 5-Methoxy-2-
[3-methoxy-2-oxo-acenaphthen-1-
yliden]- 2835

—, 5-Methoxy-2-[8-methoxy-2-oxo-
acenaphthen-1-yliden]- 2835

C₂₂H₁₄O₅

Benzo[c]phenanthren-5,6-dicarbonsäure,
3,11-Dimethoxy-, anhydrid 2836

Chromen-4-on, 3-Benzoyl-5,7-dihydroxy-2-
phenyl- 2837

—, 3-Benzoyl-6,7-dihydroxy-2-phenyl-
2837

C₂₂H₁₄O₇

Naphthalin-1,2-dicarbonsäure, 7-Acetoxy-
4-[4-acetoxy-phenyl]-, anhydrid
2822

C₂₂H₁₅NO₇

Chromen-4-on, 5-Hydroxy-3-[4-hydroxy-
phenyl]-7-[4-nitro-benzyloxy]- 2728

[C₂₂H₁₅O₅]⁺

Chromenylium, 5-Benzoyloxy-3,7-
dihydroxy-2-phenyl- 2619

[C₂₂H₁₅O₅]Cl 2619

C₂₂H₁₆O₅

Benzofuran-6,7-chinon, 2,3-Bis-
[4-methoxy-phenyl]- 2832

Chromen-4-on, 7-Benzyloxy-5,6-
dihydroxy-3-phenyl- 2719

—, 7-Benzyloxy-5,8-dihydroxy-2-
phenyl- 2677

—, 2-[4-Benzyloxy-phenyl]-5,7-
dihydroxy- 2685

C₂₂H₁₆O₆

Pent-4-en-1,3-dion, 1-[7-Acetoxy-2-oxo-
2H-chromen-3-yl]-5-phenyl- 2828

C₂₂H₁₆O₆Se

Selenophen, 3,4-Diacetoxy-2,5-dibenzoyl-
2814

C₂₂H₁₇BrO₈

Chromen-4-on, 7-Acetoxy-2-brommethyl-
3-[2,4-diacetoxy-phenyl]- 2757

C₂₂H₁₈N₄O₈

Chroman-4-on, 5,7-Dihydroxy-2-
[4-methoxy-phenyl]-, [2,4-dinitro-
phenylhydrazon] 2633

$C_{22}H_{18}N_4O_8$ (Fortsetzung)

Chroman-4-on, 5,7-Dihydroxy-8-methoxy-2-
phenyl-, [2,4-dinitro-phenylhydrazon]
2625

—, 7-Hydroxy-2-[4-hydroxy-3-
methoxy-phenyl]-, [2,4-dinitro-
phenylhydrazon] 2646

$C_{22}H_{18}O_5$

Benzo[f]chromen-1-on, 3-[3,4,5-
Trimethoxy-phenyl]- 2826

Benzo[h]chromen-4-on, 2-[3,4,5-
Trimethoxy-phenyl]- 2825

Benzofuran-2-on, 6-Hydroxy-3,3-bis-
[4-methoxy-phenyl]-3H- 2828

Naphthalin-2,3-dicarbonsäure, 6-Äthoxy-1-
[3-äthoxy-phenyl]-, anhydrid 2822

—, 8-Äthoxy-1-[3-äthoxy-phenyl]-,
anhydrid 2821

Xanthen-3-on, 2,6,7-Trimethoxy-9-phenyl-
2824

$C_{22}H_{18}O_6$

Phthalid, 3-[2-Acetoxy-[1]naphthyl]-6,7-
dimethoxy- 2815

—, 3-[4-Acetoxy-[1]naphthyl]-6,7-
dimethoxy- 2815

$C_{22}H_{18}O_7$

Cumarin, 4-Acetoxy-3-[3-(2-acetoxy-
phenyl)-3-oxo-propyl]- 2806

Di-O-acetyl-Derivat $C_{22}H_{18}O_7$ aus
6-Acetyl-3-benzyl-4,7-dihydroxy-
cumarin 2806

Verbindung $C_{22}H_{18}O_7$ aus 3,6a,10-
Trihydroxy-6a,7-dihydro-6H-indeno=
[2,1-c]chromen-9-on 2770

$C_{22}H_{18}O_7S$

Xanthen-9-on, 3,7-Dimethoxy-1-[toluol-4-
sulfonyloxy]- 2604

$C_{22}H_{18}O_8$

Chroman-4-on, 7-Acetoxy-3-
[3,4-diacetoxy-benzyliden]- 2753

Chromen-4-on, 3-Acetoxy-2-[3,4-diacetoxy-
phenyl]-6-methyl- 2760

—, 7-Acetoxy-3-[2,4-diacetoxy-phenyl]-
2-methyl- 2756

—, 5,7-Diacetoxy-3-[2-acetoxy-phenyl]-
8-methyl- 2766

—, 5,7-Diacetoxy-3-[4-acetoxy-phenyl]-
8-methyl- 2768

—, 3,5,7-Triacetoxy-6-methyl-2-
phenyl- 2759

—, 3,5,7-Triacetoxy-8-methyl-2-
phenyl- 2764

—, 5,6,7-Triacetoxy-2-methyl-3-
phenyl- 2754

—, 5,6,7-Triacetoxy-8-methyl-2-
phenyl- 2762

—, 5,7,8-Triacetoxy-2-methyl-3-
phenyl- 2755

$C_{22}H_{19}ClN_4O_8$

2,4-Dinitro-phenylhydrazon $C_{22}H_{19}ClN_4O_8$
aus 7-Chlor-4,6-dimethoxy-6'-
methyl-spiro[benzofuran-2,1'-cyclohex-
2'-en]-3;4'-dion 2573

$C_{22}H_{20}N_4O_8$

2,4-Dinitro-phenylhydrazon $C_{22}H_{20}N_4O_8$
aus 4,6-Dimethoxy-4'-methyl-spiro=
[benzofuran-2,1'-cyclohex-3'-en]-3,2'-
dion 2573

2,4-Dinitro-phenylhydrazon $C_{22}H_{20}N_4O_8$
aus 4,6-Dimethoxy-6'-methyl-spiro=
[benzofuran-2,1'-cyclohex-2'-en]-3,4'-
dion 2572

2,4-Dinitro-phenylhydrazon $C_{22}H_{20}N_4O_8$
aus 3,4-Dimethoxy-7,9,10,11-tetrahydro-
cyclohepta[c]chromen-6,8-dion 2573

$C_{22}H_{20}O_5$

Cyclohex-4-en-1,2-dicarbonsäure, 4,5-Bis-
[4-hydroxy-phenyl]-3,6-dimethyl-,
anhydrid 2819

$C_{22}H_{20}O_6S$

Pyran-3-on, 2-Äthylmercapto-4-
benzoyloxy-6-benzoyloxymethyl-6H-
2300

$C_{22}H_{20}O_7$

Chromen-4-on, 5,7-Diacetoxy-3-
[4-methoxy-phenyl]-2,6-dimethyl- 2777

—, 5,7-Diacetoxy-3-[4-methoxy-
phenyl]-2,8-dimethyl- 2778

Pyran-3-on, 2-Äthoxy-4-benzoyloxy-6-
benzoyloxymethyl-6H- 2300

$C_{22}H_{20}O_8$

Chroman-4-on, 7-Acetoxy-3-
[3,4-diacetoxy-benzyl]- 2652

$C_{22}H_{22}N_2O_4$

Pyran-2,4-dion, 6-[4-Methoxy-phenäthyl]-
3-[1-phenylhydrazono-äthyl]- 2574

$C_{22}H_{22}O_5$

Indeno[1,2-b]pyran-5-on, 2-Äthoxy-4-
[3,4-dimethoxy-phenyl]-3,4-dihydro-
2H- 2807

$C_{22}H_{22}O_7$

Chroman-4-on, 5,7-Diacetoxy-2-
[4-methoxy-phenyl]-6,8-dimethyl- 2659

$C_{22}H_{22}O_9$

Äther, Bis-[6,7-dimethoxy-1-oxo-phthalan-
4-ylmethyl]- 2342

$C_{22}H_{22}O_{10}$

Chromen-4-on, 7-Glucopyranosyloxy-5-
hydroxy-2-[4-methoxy-phenyl]- 2689

—, 5-Glucopyranosyloxy-2-
[4-hydroxy-phenyl]-7-methoxy- 2689

—, 3-[4-Glucopyranosyloxy-phenyl]-5-
hydroxy-7-methoxy- 2733

$C_{22}H_{23}NO_5$

Indeno[1,2-b]pyran-5-on, 2-Äthoxy-4-
[3,4-dimethoxy-phenyl]-3,4-dihydro-
2H-, oxim 2807

C₂₃

C₂₃H₃₀O₅

Carda-4,20(22)-dienolid, 14,19-Dihydroxy-
3-oxo- 2585

Carda-5,20(22)-dienolid, 3,14-Dihydroxy-
19-oxo- 2585

Carda-14,20(22)-dienolid, 3,5-Dihydroxy-
19-oxo- 2587

Card-20(22)-enolid, 14-Hydroxy-3,11-
dioxo- 2588

—, 14-Hydroxy-3,12-dioxo- 2588

—, 14-Hydroxy-3,16-dioxo- 2589

19-Nor-carda-1,3,5(10)-trienolid, 11,14-
Dihydroxy-3-methoxy- 2583

Verbindung C₂₃H₃₀O₅ aus
5,7-Dihydroxy-8-isovaleryl-6-[3-methyl-
but-2-enyl]-4-propyl-cumarin 2581

C₂₃H₃₀O₆

Picrasa-2,12-dien-1,11-dion, 2-Acetoxy-12-
methoxy- 2532

Pregnan-3,11,20-trion, 21-Acetoxy-16,17-
epoxy- 2535

Pregnan-3,12,20-trion, 21-Acetoxy-16,17-
epoxy- 2535

Pregn-4-en-3,20-dion, 18-Acetoxy-11,18-
epoxy-21-hydroxy- 2536

—, 18-Acetoxy-16,17-epoxy-11-
hydroxy- 2534

—, 21-Acetoxy-9,11-epoxy-17-
hydroxy- 2533

—, 21-Acetoxy-14,15-epoxy-17-
hydroxy- 2534

Verbindung C₂₃H₃₀O₆ aus 21-Acetoxy-
9,11-epoxy-17-hydroxy-pregn-4-en-3,20-
dion 2534

C₂₃H₃₀O₇

Androstan-7,11-dion, 3,17-Diacetoxy-
8,9-epoxy- 2424

Gibban-1,10-dicarbonsäure, 2,7-Diacetoxy-
1,8-dimethyl-, anhydrid 2424

7,9a-Methano-benz[a]azulen-3,10-
dicarbonsäure, 2,7-Diacetoxy-1,8-
dimethyl-dodecahydro-, anhydrid 2424

—, 2,7-Diacetoxy-1,8-dimethyl-
dodecahydro-, anhydrid 2529

C₂₃H₃₀O₈

Labda-8(20),12-dien-16-säure, 3,14,19-Tris-
formyloxy-15-hydroxy-, lacton 2358

C₂₃H₃₀O₁₀S₂

3,6-Anhydro-galactose, O²-Methyl-
O⁴,O⁵-bis-[toluol-4-sulfonyl]-,
dimethylacetal 2287

C₂₃H₃₁ClO₅

Card-20(22)-enolid, 14-Chlor-3,5-
dihydroxy-19-oxo- 2547

C₂₃H₃₁NO₅

Carda-5,20(22)-dienolid, 3,14-Dihydroxy-
19-hydroxyimino- 2586

Carda-14,20(22)-dienolid, 3,5-Dihydroxy-
19-hydroxyimino- 2588

Card-20(22)-enolid, 14-Hydroxy-3-
hydroxyimino-12-oxo- 2589

C₂₃H₃₂O₅

Carda-4,20(22)-dienolid, 3,14,19-
Trihydroxy- 2541

Carda-5,20(22)-dienolid, 3,14,19-
Trihydroxy- 2541

Carda-14,20(22)-dienolid, 2,3,19-
Trihydroxy- 2541

Cardanolid, 14-Hydroxy-3,12-dioxo- 2552

—, 14-Hydroxy-3,16-dioxo- 2552

Card-14-enolid, 3,5-Dihydroxy-19-oxo-
2542

Card-20(22)-enolid, 3,14-Dihydroxy-11-
oxo- 2544

—, 3,14-Dihydroxy-19-oxo- 2547

—, 5,14-Dihydroxy-3-oxo- 2542

—, 11,14-Dihydroxy-3-oxo- 2543

—, 12,14-Dihydroxy-3-oxo- 2543

—, 14,16-Dihydroxy-3-oxo- 2544

16,17-Seco-pregna-4,15-dien-18-säure,
16-Äthoxy-11,14-dihydroxy-3-oxo-,
11-lacton 2532

C₂₃H₃₂O₆

Pregnan-3,20-dion, 21-Acetoxy-9,11-epoxy-
17-hydroxy- 2426

Pregnan-11,20-dion, 21-Acetoxy-16,17-
epoxy-3-hydroxy- 2427

Pregnan-12,20-dion, 21-Acetoxy-16,17-
epoxy-3-hydroxy- 2428

Pregnan-21-säure, 3-Acetoxy-5,14-
dihydroxy-20-oxo-, 14-lacton 2430

Verbindung C₂₃H₃₂O₆ aus
3-Acofriopyranosyloxy-1,14-dihydroxy-
carda-4,20(22)-dienolid 2540

C₂₃H₃₃NO₅

Oxim C₂₃H₃₃NO₅ aus 3,14-Dihydroxy-
19-oxo-card-20(22)-enolid 2548

Oxim C₂₃H₃₃NO₅ aus 14-Hydroxy-
3,12-dioxo-cardanolid 2552

C₂₃H₃₄O₅

Cardanolid, 3,5-Dihydroxy-19-oxo- 2487

—, 12,14-Dihydroxy-3-oxo- 2487

Card-14-enolid, 3,5,19-Trihydroxy- 2430

Card-20(22)-enolid, 1,3,14-Trihydroxy-
2431

—, 2,3,14-Trihydroxy- 2434

—, 3,5,6-Trihydroxy- 2435

—, 3,5,14-Trihydroxy- 2435

—, 3,7,12-Trihydroxy- 2443

—, 3,11,14-Trihydroxy- 2443

—, 3,12,14-Trihydroxy- 2450

—, 3,14,16-Trihydroxy- 2456

—, 3,14,19-Trihydroxy- 2484

16,17-Seco-pregn-15-en-18-säure,
16-Äthoxy-11,14-dihydroxy-3-oxo-,
11-lacton 2426

C_{24}

$C_{25}H_{22}N_4O_8$
Äthanon, 1-[3-(3,4-Dimethoxy-phenyl)-6-
methoxy-benzofuran-2-yl]-,
[2,4-dinitro-phenylhydrazon] 2769
Benzofuran-2-carbaldehyd, 6-Methoxy-3-
veratryl-, [2,4-dinitro-phenylhydrazon]
2769

$C_{25}H_{22}O_4S$
Cumarin, 4-[4-Hydroxy-3-methoxy-
β-phenylmercapto-phenäthyl]-7-methyl-
2780

$C_{25}H_{22}O_5$
Chromen-4-on, 7-Benzyloxy-5-methoxy-3-
[4-methoxy-phenyl]-8-methyl- 2767
Keton, [6-Methoxy-3-veratryl-benzofuran-
2-yl]-phenyl- 2834

$C_{25}H_{22}O_7S$
Chromen-4-on, 5-Methoxy-3-[4-methoxy-
phenyl]-8-methyl-7-[toluol-4-
sulfonyloxy]- 2768

$C_{25}H_{22}O_{10}$
Chromen-4-on, 5,7-Diacetoxy-6-
diacetoxymethyl-8-methyl-2-phenyl-
2804

$C_{25}H_{24}O_5$
Chroman-4-on, 7-Benzyloxy-5-methoxy-2-
[4-methoxy-phenyl]-6-methyl- 2654
Furan-2-on, 5-[4,4'-Dimethoxy-biphenyl-3-
yl]-5-[2-methoxy-phenyl]-dihydro- 2831
Phthalid, 3-[2,4-Dihydroxy-phenyl]-3-
[5-isopropyl-4-methoxy-2-methyl-
phenyl]- 2832
—, 3-[3,4-Dihydroxy-phenyl]-3-
[5-isopropyl-4-methoxy-2-methyl-
phenyl]- 2832
5a,10-Propano-fluoreno[9a,1,2-*de*]chromen-
14-on, 1,6,9-Trimethoxy-11,12-dihydro-
10*H*- 2831

$C_{25}H_{24}O_7S$
Chroman-4-on, 5-Methoxy-3-[4-methoxy-
phenyl]-8-methyl-7-[toluol-4-
sulfonyloxy]- 2656

$C_{25}H_{26}N_4O_3$
ribo-3,6-Anhydro-[2]hexosulose-1-[benzyl-
phenyl-hydrazon]-2-phenylhydrazon 2309

$C_{25}H_{26}N_4O_5S$
arabino-3,6-Anhydro-[2]hexosulose, O^5-
[Toluol-4-sulfonyl]-,
bis-phenylhydrazon 2314
ribo-3,6-Anhydro-[2]hexosulose, O^5-
[Toluol-4-sulfonyl]-,
bis-phenylhydrazon 2314

$C_{25}H_{26}O_5$
Cumarin, 5,7-Dihydroxy-6-isovaleryl-8-
[3-methyl-but-2-enyl]-4-phenyl- 2820
5a,10-Propano-fluoreno[9a,1,2-*de*]chromen-
14-on, 1,6,9-Trimethoxy-4,5,11,12-
tetrahydro-10*H*- 2819

$C_{25}H_{28}O_5$
Cumarin, 5,7-Dihydroxy-8-isopentyl-6-
isovaleryl-4-phenyl- 2810

$C_{25}H_{28}O_6$
5,8-Ätheno-androst-9(11)-en-6,7-
dicarbonsäure, 3-Acetoxy-17-oxo-,
anhydrid 2787

$C_{25}H_{28}O_{14}$
Xanthen-9-on, 1-Hydroxy-7-methoxy-3-
[O^6-xylopyranosyl-glucopyranosyloxy]-
2603

$C_{25}H_{30}N_4O_9$
Apotrichothec-9-en-8-on, 4-Crotonoyloxy-
2,13-dihydroxy-, [2,4-dinitro-
phenylhydrazon] 2332

$C_{25}H_{30}O_5$
5,8-Ätheno-pregn-9(11)-en-6,7-
dicarbonsäure, 3-Hydroxy-20-oxo-,
anhydrid 2789
Xanthen-1,8-dion, 9-[2,3-Dimethoxy-
phenyl]-3,3,6,6-tetramethyl-3,4,5,6,7,9-
hexahydro-2*H*- 2786
—, 9-[3,4-Dimethoxy-phenyl]-3,3,6,6-
tetramethyl-3,4,5,6,7,9-hexahydro-2*H*-
2787

$C_{25}H_{30}O_6$
5,8-Ätheno-androstan-6,7-dicarbonsäure,
3-Acetoxy-17-oxo-, anhydrid 2663

$C_{25}H_{30}O_8$
Pregn-4-en-18-säure, 21-[3-Carboxy-
propionyloxy]-11-hydroxy-3,20-dioxo-,
lacton 2581
Pregn-4-en-3,11,20-trion, 21-[3-Carboxy-
propionyloxy]-16,17-epoxy- 2578

$C_{25}H_{30}O_{14}$
Naphtho[2,3-*c*]furan-1-on, 6,9-Dimethoxy-
8-[O^6-xylopyranosyl-
glucopyranosyloxy]-3*H*- 2565

$C_{25}H_{31}N_3O_5$
Bufa-4,20,22-trienolid, 14-Hydroxy-3-oxo-
19-semicarbazono- 2788

$C_{25}H_{32}N_4O_5$
Bufa-4,20,22-trienolid, 14-Hydroxy-3-
hydroxyimino-19-semicarbazono- 2789

$C_{25}H_{32}N_4O_8$
arabino-3,6-Anhydro-
[2]hexosulose, O^4-Galactopyranosyl-,
1-[methyl-phenyl-hydrazon]-2-
phenylhydrazon 2312
—, O^4-Glucopyranosyl-, 1-[methyl-
phenyl-hydrazon]-2-phenylhydrazon
2312
ribo-3,6-Anhydro-
[2]hexosulose, O^4-Galactopyranosyl-,
1-[methyl-phenyl-hydrazon]-2-
phenylhydrazon 2312
—, O^4-Glucopyranosyl-, 1-[methyl-
phenyl-hydrazon]-2-phenylhydrazon
2312

C$_{25}$H$_{32}$O$_5$
Anhydroabogenin 2484

C$_{25}$H$_{32}$O$_6$
Carda-4,20(22)-dienolid, 19-Acetoxy-14-
hydroxy-3-oxo- 2585
Carda-5,20(22)-dienolid, 3-Acetoxy-14-
hydroxy-7-oxo- 2585
—, 3-Acetoxy-14-hydroxy-19-oxo-
2586
19-Nor-carda-1,3,5(10)-trienolid,
11-Acetoxy-14-hydroxy-3-methoxy-
2583

C$_{25}$H$_{32}$O$_7$
Pregn-4-en-3,20-dion, 11,21-Diacetoxy-
16,17-epoxy- 2535
—, 18,21-Diacetoxy-11,18-epoxy-
2536
Pregn-8-en-7,20-dion, 3,11-Diacetoxy-
16,17-epoxy- 2535

C$_{25}$H$_{32}$O$_8$
Pregn-4-en-3,20-dion, 21-[3-Carboxy-
propionyloxy]-16,17-epoxy-11-hydroxy-
2535

C$_{25}$H$_{33}$BrO$_7$
Pregnan-11,20-dion, 3,21-Diacetoxy-12-
brom-16,17-epoxy- 2428

C$_{25}$H$_{33}$N$_3$O$_5$
Bufa-4,20,22-trienolid, 3,14-Dihydroxy-19-
semicarbazono- 2666
—, 14,19-Dihydroxy-3-
semicarbazono- 2666

C$_{25}$H$_{34}$O$_6$
Card-20(22)-enolid, 3-Acetoxy-14-hydroxy-
11-oxo- 2544
—, 3-Acetoxy-14-hydroxy-12-oxo-
2546
—, 3-Acetoxy-14-hydroxy-19-oxo-
2548
—, 11-Acetoxy-14-hydroxy-3-oxo-
2543
—, 12-Acetoxy-14-hydroxy-3-oxo-
2543
—, 16-Acetoxy-14-hydroxy-3-oxo-
2544

C$_{25}$H$_{34}$O$_7$
Card-20(22)-enolid, 3,11-Bis-formyloxy-14-
hydroxy- 2444
—, 3,16-Bis-formyloxy-14-hydroxy-
2458
Pregnan-7,20-dion, 3,11-Diacetoxy-16,17-
epoxy- 2427
Pregnan-11,20-dion, 3,21-Diacetoxy-16,17-
epoxy- 2428
Pregnan-21-säure, 1,3-Diacetoxy-14-
hydroxy-20-oxo-, lacton
2429
—, 3,11-Diacetoxy-14-hydroxy-20-
oxo-, lacton 2430

—, 3,16-Diacetoxy-14-hydroxy-20-
oxo-, lacton 2430
16,17-Seco-pregn-4-en-18-säure, 16,20-
Diacetoxy-11-hydroxy-3-oxo-, lacton
2425

C$_{25}$H$_{34}$O$_8$S
Verbindung C$_{25}$H$_{34}$O$_8$S aus 12-Acetoxy-
14-hydroxy-3-oxo-card-20(22)-enolid
2543

C$_{25}$H$_{35}$NO$_6$
Oxim C$_{25}$H$_{35}$NO$_6$ aus 3-Acetoxy-14-
hydroxy-19-oxo-card-20(22)-enolid
2548

C$_{25}$H$_{36}$O$_6$
Abogenin 2484
Cardanolid, 3-Acetoxy-14-hydroxy-19-oxo-
2487
Card-20(22)-enolid, 3-Acetoxy-5,6-
dihydroxy- 2435
—, 3-Acetoxy-5,14-dihydroxy- 2436
—, 3-Acetoxy-11,14-dihydroxy- 2444
—, 3-Acetoxy-14,16-dihydroxy- 2458
—, 11-Acetoxy-3,14-dihydroxy- 2444
—, 12-Acetoxy-3,14-dihydroxy- 2451
—, 16-Acetoxy-3,14-dihydroxy- 2458
—, 14-Hydroxy-3,3-dimethoxy-16-
oxo- 2590
O-Acetyl-Derivat C$_{25}$H$_{36}$O$_6$ aus 2,3,14-
Trihydroxy-card-20(22)-enolid
2434

C$_{25}$H$_{36}$O$_7$
Card-20(22)-enolid, 11,14-Dihydroxy-3-
methoxycarbonyloxy- 2445
Pregnan-20-on, 3,21-Diacetoxy-5,6-epoxy-
17-hydroxy- 2359
—, 17,21-Diacetoxy-5,6-epoxy-3-
hydroxy- 2359
16,17-Seco-pregnan-18-säure,
16,20-Diacetoxy-11-hydroxy-3-oxo-,
lacton 2358

C$_{25}$H$_{38}$O$_6$
Cardanolid, 3-Acetoxy-5,14-dihydroxy- 2360
—, 3-Acetoxy-14,16-dihydroxy- 2362
24-Nor-cholan-23-säure, 3-Acetoxy-
14,16,21-trihydroxy-, 16-lacton 2363

C$_{26}$

C$_{26}$H$_{14}$O$_7$
Naphthalin-1,8-dicarbonsäure, 3,4-Bis-
benzoyloxy-, anhydrid 2599
—, 3,6-Bis-benzoyloxy-, anhydrid
2600

C$_{26}$H$_{16}$O$_4$Se
Selenophen-3,4-diol, 2,5-Di-[1]naphthoyl-
2842
—, 2,5-Di-[2]naphthoyl- 2843

$C_{26}H_{37}N_3O_6$
Card-20(22)-enolid, 11-Acetoxy-14-
hydroxy-3-semicarbazono- 2543

$C_{26}H_{38}Cl_2O_8$
Andrographolid-hydrochlorid, Tri-
O-acetyl- 2358

$C_{26}H_{38}O_6$
Buf-20(22)-enolid, 3-Acetoxy-8,14-
dihydroxy- 2488
Card-20(22)-enolid, 3,14-Dihydroxy-16-
propionyloxy- 2459

$C_{26}H_{38}O_7$
Card-20(22)-enolid, 3-Äthoxycarbonyloxy-
11,14-dihydroxy- 2445

$C_{26}H_{38}O_{17}$
3,6-Anhydro-galactose, O^2,O^5-Diacetyl-
O^4-[tetra-O-acetyl-galactopyranosyl]-,
dimethylacetal 2287

$C_{26}H_{39}Br_3O_8$
Labdan-16-säure, 3,14,19-Triacetoxy-
8,12,15-tribrom- 2358

$C_{26}H_{40}O_6$
Bufanolid, 3-Acetoxy-5,14-dihydroxy-
2364
—, 16-Acetoxy-3,14-dihydroxy- 2364

C_{27}

$C_{27}H_{17}ClO_6$
Pyran-4-on, 2,5-Dibenzoyl-3-benzoyloxy-6-
chlormethyl- 2827

$C_{27}H_{18}O_5$
Chromen-4-on, 2-[2',4',6'-Trihydroxy-
m-terphenyl-5'-yl]- 2843

$C_{27}H_{19}BrO_5$
Benzo[h]chromen-4-on, 2-[4-Benzyloxy-3-
methoxy-phenyl]-6-brom-3-hydroxy-
2826

$C_{27}H_{20}O_5$
Benzo[h]chromen-4-on, 2-[4-Benzyloxy-3-
methoxy-phenyl]-3-hydroxy- 2825

$C_{27}H_{22}N_4O_{10}$
Essigsäure, [8-(2,4-Dinitro-
phenylhydrazono)-3-methoxy-4-oxo-2-
phenyl-4H-chromen-7-yloxy]-,
äthylester 2797

$C_{27}H_{22}O_5$
Benzo[h]chromen-4-on, 2-[4-Benzyloxy-3-
methoxy-phenyl]-3-hydroxy-2,3-
dihydro- 2817

$C_{27}H_{22}O_7$
Pyran-3-on, 4-Benzoyloxy-6-
benzoyloxymethyl-2-benzyloxy-6H-
2300

$C_{27}H_{22}O_8$
lyxo-2-Desoxy-
hexonsäure, O^3,O^5,O^6-Tribenzoyl-,
lacton 2277

$C_{27}H_{22}O_9$
Di-O-[4-methoxy-benzoyl]-Derivat
$C_{27}H_{22}O_9$ aus 1-[3,4,6-Trihydroxy-2-
methyl-benzofuran-7-yl]-äthanon 2406

$C_{27}H_{24}O_5$
Chromen-4-on, 5,7-Dimethoxy-3-
[4-methoxy-benzyl]-2-styryl- 2840

$C_{27}H_{26}O_5$
Pent-2-ensäure, 4,5-Bis-[4-methoxy-phenyl]-
5-oxo-3-phenyl-, äthylester 2834
Pyran-2-on, 6-Äthoxy-5,6-bis-[4-methoxy-
phenyl]-4-phenyl-3,6-dihydro- 2834

$C_{27}H_{27}N_3O_6$
Chroman-4-on, 7-Hydroxy-2-[4-hydroxy-
phenyl]-5-methoxy-8-[3-methyl-but-2-
enyl]-, [4-nitro-phenylhydrazon] 2785

$C_{27}H_{28}O_5$
Phthalid, 3-[2,4-Dimethoxy-phenyl]-3-
[5-isopropyl-4-methoxy-2-methyl-
phenyl]- 2832
—, 3-[3,4-Dimethoxy-phenyl]-3-
[5-isopropyl-4-methoxy-2-methyl-
phenyl]- 2832

$C_{27}H_{30}O_5$
Cumarin, 6-Isovaleryl-5,7-dimethoxy-8-
[3-methyl-but-2-enyl]-4-phenyl- 2820

$C_{27}H_{30}O_{14}$
Chromen-4-on, 5,7-Dihydroxy-3-[4-
(O^2-rhamnopyranosyl-
glucopyranosyloxy)-phenyl]- 2732
—, 5-Hydroxy-2-[4-hydroxy-phenyl]-
7-[O^2-rhamnopyranosyl-
glucopyranosyloxy]- 2688

$C_{27}H_{30}O_{15}$
Benzofuran-3-on, 6-Glucopyranosyloxy-2-
[3-glucopyranosyloxy-4-hydroxy-
benzyliden]- 2747

$C_{27}H_{31}BrO_6$
5,8-Ätheno-pregn-9(11)-en-6,7-
dicarbonsäure, 3-Acetoxy-12-brom-20-
oxo-, anhydrid 2790
—, 3-Acetoxy-17-brom-20-oxo-,
anhydrid 2790
—, 3-Acetoxy-21-brom-20-oxo-,
anhydrid 2791

$C_{27}H_{32}N_4O_8$
Pregn-4-en-3,20-dion, 16,21-Epoxy-11,17-
dihydroxy-, 3-[2,4-dinitro-
phenylhydrazon] 2533

$C_{27}H_{32}O_5$
Äthanon, 1-[5,7-Dimethoxy-2,2-dimethyl-
8-(3-methyl-but-2-enyl)-2H-chromen-6-
yl]-2-[4-methoxy-phenyl]- 2810

$C_{27}H_{32}O_6$
5,8-Ätheno-pregn-9(11)-en-6,7-
dicarbonsäure, 3-Acetoxy-20-oxo-,
anhydrid 2789
—, 3-Formyloxy-20-methyl-21-oxo-,
anhydrid 2791

$C_{27}H_{32}O_{10}$
Chromen-4-on, 5-Methoxy-2-[4-methoxy-
phenyl]-7-[tetra-O-methyl-
glucopyranosyloxy]- 2690

$C_{27}H_{32}O_{14}$
Chroman-4-on, 5-Hydroxy-2-[4-hydroxy-
phenyl]-7-[O^2-rhamnopyranosyl-
glucopyranosyloxy]- 2637

$C_{27}H_{32}O_{15}$
Chroman-4-on, 7-Glucopyranosyloxy-2-
[3-glucopyranosyloxy-4-hydroxy-
phenyl]- 2645

$C_{27}H_{33}NO_{15}$
Chroman-4-on, 7-Glucopyranosyloxy-2-
[3-glucopyranosyloxy-4-hydroxy-
phenyl]-, oxim 2645

$C_{27}H_{34}O_6$
5,8-Ätheno-pregnan-6,7-dicarbonsäure,
3-Acetoxy-20-oxo-, anhydrid 2667

$C_{27}H_{34}O_7$
21-Nor-chola-17(20),22-dien-24-säure,
3,23-Diacetoxy-20-hydroxy-11-oxo-,
lacton 2588

$C_{27}H_{36}O_5$
Äthanon, 1-[8-Isopentyl-5,7-dimethoxy-2,2-
dimethyl-chroman-6-yl]-2-[4-methoxy-
phenyl]- 2664

$C_{27}H_{36}O_7$
Carda-5,20(22)-dienolid, 3,19-Diacetoxy-
14-hydroxy- 2541

$C_{27}H_{38}O_7$
Card-20(22)-enolid, 1,3-Diacetoxy-14-
hydroxy- 2431
—, 3,6-Diacetoxy-5-hydroxy- 2435
—, 3,11-Diacetoxy-14-hydroxy- 2445
—, 3,12-Diacetoxy-14-hydroxy- 2452
—, 3,16-Diacetoxy-14-hydroxy- 2459
—, 3,19-Diacetoxy-14-hydroxy- 2485
O-Acetyl-Derivat $C_{27}H_{38}O_7$ aus
Abogenin 2484

$C_{27}H_{38}O_8$
Pregnan-20-on, 3,12,21-Triacetoxy-16,17-
epoxy- 2359

$C_{27}H_{40}O_5$
Furosta-5,20(22)-dien-12-on, 2,3,26-
Trihydroxy- 2559

$C_{27}H_{40}O_6$
16,17-Seco-24-nor-cholan-18-säure,
3-Acetoxy-16-acetyl-11-hydroxy-22-oxo-,
lacton 2489

$C_{27}H_{40}O_7$
Cardanolid, 3,12-Diacetoxy-14-hydroxy-
2362
—, 3,16-Diacetoxy-14-hydroxy- 2362
24-Nor-cholan-23-säure, 3,21-Diacetoxy-
14,16-dihydroxy-, 16-lacton 2363

$C_{27}H_{40}O_8$
16,17-Seco-pregnan-18-säure, 3,16,20-
Triacetoxy-11-hydroxy-, lacton 2333

$C_{27}H_{42}O_5$
Furost-20(22)-en-11-on, 3,12,26-Trihydroxy-
2490
Furost-20(22)-en-12-on, 2,3,26-Trihydroxy-
2490
27-Nor-ergost-24-en-26-säure, 3,7,12,28-
Tetrahydroxy-, 28-lacton 2489

$C_{27}H_{44}O_5$
Cholestan-26-säure, 3,7,12,22-
Tetrahydroxy-, 22-lacton 2365

C_{28}

$C_{28}H_{20}O_5$
Benzo[h]chromen-4-on, 3-[4-Methoxy-
benzoyl]-2-[4-methoxy-phenyl]- 2842

$C_{28}H_{20}O_8$
Pyran-4-on, 3-Benzoyloxy-2,6-bis-
benzoyloxymethyl- 2319

$C_{28}H_{25}N_3O_7$
Semicarbazon $C_{28}H_{25}N_3O_7$ aus
4-Benzoyloxy-6-benzoyloxymethyl-2-
benzyloxy-6H-pyran-3-on 2300

$C_{28}H_{28}N_4O_8$
Butan-1-on, 1-[6-Methoxy-3-veratryl-
benzofuran-2-yl]-, [2,4-dinitro-
phenylhydrazon] 2782

$C_{28}H_{30}O_8$
Isocumarin, 6,8-Dihydroxy-5-[5-hydroxy-1-
oxo-3-pentyl-1H-isochromen-8-yloxy]-3-
pentyl- 2416

$C_{28}H_{31}NO_8$
Alectoron-oxim 2416

$C_{28}H_{32}O_{14}$
Chromen-4-on, 5-Hydroxy-2-[4-methoxy-
phenyl]-7-[O^2-rhamnopyranosyl-
glucopyranosyloxy]- 2689
—, 5-Hydroxy-2-[4-methoxy-phenyl]-
7-[O^6-rhamnopyranosyl-
glucopyranosyloxy]- 2689

$C_{28}H_{32}O_{15}$
Chromen-4-on, 3,7-Bis-glucopyranosyloxy-
2-[4-methoxy-phenyl]- 2714
—, 7-[O^4-Glucopyranosyl-
glucopyranosyloxy]-5-hydroxy-2-
[4-methoxy-phenyl]- 2690

$C_{28}H_{34}O_6$
5,8-Ätheno-pregn-9(11)-en-6,7-
dicarbonsäure, 3-Acetoxy-20-methyl-
21-oxo-, anhydrid 2791

$C_{28}H_{34}O_7$
Chroman-4-on, 5-Hydroxy-7-
menthyloxyacetoxy-2-[4-methoxy-
phenyl]- 2635

$C_{28}H_{34}O_{14}$
Chroman-4-on, 5-Hydroxy-2-[4-methoxy-
phenyl]-7-[O^2-rhamnopyranosyl-
glucopyranosyloxy]- 2639

$C_{29}H_{25}N_3O_{15}$
3,6-Anhydro-galactose, Tris-O-[4-nitro-benzoyl]-, dimethylacetal 2285

$C_{29}H_{26}O_8$
Pyran-4-on, 3,3,5-Tris-benzoyloxymethyl-tetrahydro- 2295

$C_{29}H_{30}O_5$
Dibenzyliden-Derivat $C_{29}H_{30}O_5$ aus Isohexahydrolactucin 2330

$C_{29}H_{30}O_7$
Cumarin, 5,7-Diacetoxy-6-isovaleryl-8-[3-methyl-but-3-enyl]-4-phenyl- 2820

$C_{29}H_{32}N_4O_9$
Pregn-4-en-3,11,20-trion, 21-Acetoxy-16,17-epoxy-, 3-[2,4-dinitro-phenylhydrazon] 2578

$C_{29}H_{32}O_8$
Isocumarin, 6,8-Dihydroxy-5-[6-methoxy-1-oxo-3-pentyl-1H-isochromen-8-yloxy]-3-pentyl- 2416

$C_{29}H_{32}O_9S_2$
Guaj-1(10)-en-12-säure, 6-Hydroxy-2-oxo-8,15-bis-[toluol-4-sulfonyloxy]-, lacton 2351

$C_{29}H_{33}NO_8$
Collatolon-monooxim 2416

$C_{29}H_{34}N_2O_6$
Phenylhydrazon $C_{29}H_{34}N_2O_6$ aus 6,8-Dihydroxy-15-[4-hydroxy-phenylacetoxy]-2-oxo-guajan-12-säure-6-lacton 2331

$C_{29}H_{34}O_7$
5,8-Ätheno-pregna-9(11),17(20)-dien-6,7-dicarbonsäure, 3,20-Diacetoxy-, anhydrid 2789
5,8-Ätheno-pregna-9(11),20-dien-6,7-dicarbonsäure, 3,20-Diacetoxy-, anhydrid 2789
16,24-Cyclo-21-nor-chola-3,5,17(20)-trien-23,24-dicarbonsäure, 3,20-Diacetoxy-, anhydrid 2789

$C_{29}H_{34}O_9S_2$
Guajan-12-säure, 6-Hydroxy-2-oxo-8,15-bis-[toluol-4-sulfonyloxy]-, lacton 2331

$C_{29}H_{34}O_{14}$
Chromen-4-on, 5,7-Dimethoxy-3-[4-(O^2-rhamnopyranosyl-glucopyranosyloxy)-phenyl]- 2733

$C_{29}H_{36}N_2O_4$
Carda-5,20(22)-dienolid, 3,14-Dihydroxy-19-phenylhydrazono- 2586

$C_{29}H_{36}O_7$
16,24-Cyclo-21-nor-chola-5,17(20)-dien-23,24-dicarbonsäure, 3,20-Diacetoxy-, anhydrid 2667

$C_{29}H_{36}O_{15}$
Butrin, Di-O-methyl- 2645
Chroman-4-on, 2-[4-Äthoxy-3-glucopyranosyloxy-phenyl]-7-glucopyranosyloxy- 2646

$C_{29}H_{38}O_5$
28-Nor-dammara-17(20),24-dien-21-säure, 16-Hydroxy-3,6,7-trioxo-, 16-lacton 2559

$C_{29}H_{38}O_8$
Carda-14,20(22)-dienolid, 2,3,19-Triacetoxy- 2542

$C_{29}H_{40}O_8$
Card-20(22)-enolid, 3,7,12-Triacetoxy- 2443

$C_{29}H_{40}O_9$
Card-20(22)-enolid, 3-Acetoxy-16-[3-carboxy-propionyloxy]-14-hydroxy- 2460
—, 16-Acetoxy-3-[3-carboxy-propionyloxy]-14-hydroxy- 2459

$C_{29}H_{40}O_{10}$
Carda-5,20(22)-dienolid, 3-Glucopyranosyloxy-14-hydroxy-19-oxo- 2586

$C_{29}H_{42}O_6$
Cumarin, 3-Decanoyl-7-decanoyloxy-4-hydroxy- 2529

$C_{29}H_{42}O_8$
Card-20(22)-enolid, 3-[$ribo$-2,6-Didesoxy-hexopyranosyloxy]-14-hydroxy-19-oxo-2548
—, 3-[$xylo$-2,6-Didesoxy-hexopyranosyloxy]-14-hydroxy-19-oxo-2549
—, 2,14-Dihydroxy-3-[4-hydroxy-6-methyl-3-oxo-tetrahydro-pyran-2-yloxy]-2434
Furan-2-on, 4-[14,8′,8′a-Trihydroxy-6′-methyl-hexahydro-androstano[2,3-b]⤶pyrano[2,3-e][1,4]dioxin-17-yl]-5H-2434

$C_{29}H_{42}O_9$
Card-20(22)-enolid, 3-[6-Desoxy-allopyranosyloxy]-14-hydroxy-19-oxo-2550

$C_{29}H_{44}O_5$
18,30-Dinor-lanosta-17(20),24-dien-21-säure, 3,6,7,16-Tetrahydroxy-8-methyl-, 16-lacton 2559

$C_{29}H_{44}O_6$
Card-20(22)-enolid, 12,14-Dihydroxy-3-[2-methyl-tetrahydro-pyran-2-yloxy]-2452

$C_{29}H_{44}O_8$
Card-20(22)-enolid, 3-[$ribo$-2,6-Didesoxy-hexopyranosyloxy]-5,14-dihydroxy-2437
—, 3-[$ribo$-2,6-Didesoxy-hexopyranosyloxy]-12,14-dihydroxy-2452
—, 3-[$ribo$-2,6-Didesoxy-hexopyranosyloxy]-14,16-dihydroxy-2460

$C_{30}H_{46}O_9$ (Fortsetzung)

Card-20(22)-enolid, 14,16-Dihydroxy-3-[O^3-methyl-fucopyranosyloxy]- 2473

—, 14,16-Dihydroxy-3-[O^3-methyl-rhamnopyranosyloxy]- 2473

$C_{30}H_{46}O_{10}$

Buf-20(22)-enolid, 3-Glucopyranosyloxy-8,14-dihydroxy- 2488

$C_{30}H_{47}BrO_5$

Oleanan-28-säure, 12-Brom-2,3,13,23-tetrahydroxy-, 13-lacton 2494

$C_{30}H_{48}O_5$

Oleanan-28-säure, 2,3,13,23-Tetrahydroxy-, 13-lacton 2493

—, 3,6,12,13-Tetrahydroxy-, 13-lacton 2492

Ursan-28-säure, 3,12,13,19-Tetrahydroxy-, 19-lacton 2492

$C_{30}H_{48}O_9$

Cardanolid, 5,14-Dihydroxy-3-[O^3-methyl-fucopyranosyloxy]- 2361

C_{31}

$C_{31}H_{22}O_7$

Glutarsäure, 3,3-Bis-[4-benzoyloxy-phenyl]-, anhydrid 2774

$C_{31}H_{24}O_6$

Chromen-4-on, 5-Acetoxy-7-benzyloxy-3-[4-benzoyloxy-phenyl]- 2730

$C_{31}H_{26}O_5$

Propan-1-on, 3-[3-Hydroxy-6-methoxy-benzofuran-2-yl]-3-[4-methoxy-phenyl]-1,2-diphenyl- 2844

$C_{31}H_{28}O_5$

Chroman-4-on, 5,7-Bis-benzyloxy-2-[4-methoxy-phenyl]-8-methyl- 2656

$C_{31}H_{28}O_9$

Guaja-1(10),3,11(13)-trien-12-säure, 6-Hydroxy-8,15-bis-[4-methoxy-benzoyloxy]-2-oxo-, lacton 2527

$C_{31}H_{29}N_3O_{13}S_2$

3,6-Anhydro-galactose, Tris-O-[4-nitro-benzoyl]-, diäthyldithioacetal 2289

$C_{31}H_{32}O_{11}S_2$

1,5-Anhydro-6-desoxy-altrit, 6,6-Bis-äthansulfonyl-tri-O-benzoyl- 2272

2,6-Anhydro-1-desoxy-mannit, 1,1-Bis-äthansulfonyl-tri-O-benzoyl- 2272

$C_{31}H_{34}O_9$

Isocumarin, 8-Acetoxy-6-hydroxy-5-[6-methoxy-1-oxo-3-pentyl-1H-isochromen-8-yloxy]-3-pentyl- 2417

$C_{31}H_{36}O_8$

Isocumarin, 6,8-Dimethoxy-5-[6-methoxy-1-oxo-3-pentyl-1H-isochromen-8-yloxy]-3-pentyl- 2417

$C_{31}H_{37}NO_8$

Alectoron, Tri-O-methyl-, oxim 2417

$C_{31}H_{38}O_7$

Card-20(22)-enolid, 3-Benzyloxycarbonyloxy-14-hydroxy-11-oxo- 2545

$C_{31}H_{40}O_5$

Card-20(22)-enolid, 3,14-Dihydroxy-21-[4-methoxy-benzyliden]- 2810

$C_{31}H_{40}O_7$

Card-20(22)-enolid, 3-Benzyloxycarbonyloxy-11,14-dihydroxy- 2445

$C_{31}H_{40}O_{15}$

Butrin, Di-O-äthyl- 2646

$C_{31}H_{44}O_5$

Lanosta-8,24-dien-26-säure, 23-Hydroxy-3-methoxy-7,11-dioxo-, lacton 2669

$C_{31}H_{44}O_9$

Bufa-20,22-dienolid, 14-Hydroxy-3-[O^3-methyl-6-desoxy-glucopyranosyloxy]-19-oxo- 2593

$C_{31}H_{45}NO_9$

Oxim $C_{31}H_{45}NO_9$ aus 14-Hydroxy-3-[O^3-methyl-6-desoxy-glucopyranosyloxy]-19-oxo-bufa-20,22-dienolid 2593

$C_{31}H_{46}O_7$

27-Nor-ergost-24-en-26-säure, 7-12-Diacetoxy-3,28-dihydroxy-, 28-lacton 2489

$C_{31}H_{46}O_9$

Bufa-20,22-dienolid, 14,19-Dihydroxy-3-[O^3-methyl-6-desoxy-glucopyranosyloxy]- 2558

$C_{31}H_{46}O_{10}$

Card-20(22)-enolid, 16-Acetoxy-14-hydroxy-3-rhamnopyranosyloxy- 2478

—, 16-Formyloxy-14-hydroxy-3-[O^3-methyl-fucopyranosyloxy]- 2478

$C_{31}H_{47}N_3O_9$

Semicarbazon $C_{31}H_{47}N_3O_9$ aus 14-Hydroxy-3-[O^3-methyl-6-desoxy-glucopyranosyloxy]-19-oxo-card-20(22)-enolid 2551

C_{32}

$C_{32}H_{20}N_2O_{11}$

Cumarin, 4-[4-Nitro-benzoyloxy]-3-{3-[2-(4-nitro-benzoyloxy)-phenyl]-3-oxo-propyl}- 2806

$C_{32}H_{24}N_8O_{10}Se$

Selenophen, 2,5-Bis-[α-(2,4-dinitro-phenylhydrazono)-benzyl]-3,4-dimethoxy- 2814

C₃₂H₂₈N₄O₅

ribo-3,6-Anhydro-[2]hexosulose, Di-
O-benzoyl-, bis-phenylhydrazon 2310

C₃₂H₂₈O₅

Xanthen-1,8-dion, 9-[4-Hydroxy-3-
methoxy-phenyl]-3,6-diphenyl-3,4,5,6,7,9-
hexahydro-2H- 2844

C₃₂H₂₉NO₁₃

Verbindung C₃₂H₂₉NO₁₃ aus
11b-Acetoxy-11-[tetra-O-acetyl-
glucopyranosyloxy]-1,11b-dihydro-
naphtho[1,2,3-de]chromen-2,7-dion
oder aus 2,11b-Diacetoxy-11-[tetra-
O-acetyl-glucopyranosyloxy]-
11bH-naphtho[1,2,3-de]chromen-7-on 2799

C₃₂H₃₀O₁₅

Naphtho[1,2,3-de]chromen-2,7-dion,
11b-Acetoxy-11-[tetra-O-acetyl-
glucopyranosyloxy]-1,11b-dihydro-
2799

C₃₂H₃₄O₆

5,8-Ätheno-pregn-9(11)-en-6,7-
dicarbonsäure, 3-Benzoyloxy-20-oxo-,
anhydrid 2790

C₃₂H₃₄O₁₀

Verbindung C₃₂H₃₄O₁₀ s. bei 8,9,10-
Trimethoxy-3,4,5,6-tetrahydro-benzo⇌
[6,7]cyclohepta[1,2-b]furan-2-on 2521

C₃₂H₃₄O₁₅

Chroman-4-on, 5-Acetoxy-2-[4-methoxy-
phenyl]-7-[tetra-O-acetyl-
glucopyranosyloxy]- 2639
—, 2-[4-Acetoxy-phenyl]-7-methoxy-5-
[tetra-O-acetyl-glucopyranosyloxy]- 2639

C₃₂H₄₀O₇

Card-20(22)-enolid, 11-Acetoxy-3-
benzoyloxy-14-hydroxy- 2445

C₃₂H₄₀O₈

Spiro[cyclopenta[a]cyclopropa[f]⇌
cycloundecen-9,2′-oxiran]-4-on,
4a,8-Diacetoxy-1,1,3,6-tetramethyl-7-
phenylacetoxy-1a,4a,5,6,7,7a,8,10,11,⇌
11a-decahydro-1H- 2358

C₃₂H₄₂O₆

5,8-Ätheno-pregn-9(11)-en-6,7-
dicarbonsäure, 3-Heptanoyloxy-20-
oxo-, anhydrid 2790

C₃₂H₄₂O₈S

Card-20(22)-enolid, 3-Acetoxy-14-hydroxy-
16-[toluol-4-sulfonyloxy]- 2484

C₃₂H₄₄O₆

Olean-12-en-28-säure, 3-Acetoxy-15-
hydroxy-11,22-dioxo-, lacton 2670

C₃₂H₄₆O₆

Oleanan-28-säure, 3-Acetoxy-13-hydroxy-
11,12-dioxo-, lacton 2597
—, 3-Acetoxy-13-hydroxy-12,16-
dioxo-, lacton 2596

—, 3-Acetoxy-13-hydroxy-12,23-
dioxo-, lacton 2597
Olean-5-en-28-säure, 3-Acetoxy-6,13-
dihydroxy-7-oxo-, 13-lacton 2596
Olean-12-en-28-säure, 3-Acetoxy-15,22-
dihydroxy-11-oxo-, 15-lacton 2595
15,16-Seco-urs-12-en-15,16-disäure,
3-Acetoxy-11-oxo-, anhydrid 2594
Ursan-28-säure, 3-Acetoxy-13-hydroxy-
11,12-dioxo-, lacton 2595

C₃₂H₄₆O₉

Card-20(22)-enolid, 3-[O⁴-Acetyl-
O³-methyl-xylo-2,6-didesoxy-
hexopyranosyloxy]-14-hydroxy-11-oxo-
2546

C₃₂H₄₈N₂O₆

Oleanan-28-säure, 3-Acetoxy-13-hydroxy-
12,23-bis-hydroxyimino-, lacton 2597

C₃₂H₄₈O₆

Oleanan-28-säure, 3-Acetoxy-12,13-
dihydroxy-23-oxo-, 13-lacton 2563
Olean-5-en-28-säure, 2-Acetoxy-3,13,23-
trihydroxy-, 13-lacton 2560
Acetyl-Derivat C₃₂H₄₈O₆ aus 3,11,13-
Trihydroxy-12-oxo-oleanan-28-säure-
13-lacton 2561

C₃₂H₄₈O₉

Abomonosid 2484
Card-20(22)-enolid, 16-Acetoxy-14-
hydroxy-3-[O³-methyl-arabino-2,6-
didesoxy-hexopyranosyloxy]- 2469
—, 16-Acetoxy-14-hydroxy-3-
[O³-methyl-lyxo-2,6-didesoxy-
hexopyranosyloxy]- 2470
—, 16-Acetoxy-14-hydroxy-3-
[O³-methyl-ribo-2,6-didesoxy-
hexopyranosyloxy]- 2468
—, 16-Acetoxy-14-hydroxy-3-
[O³-methyl-xylo-2,6-didesoxy-
hexopyranosyloxy]- 2469
—, 3-[O-Acetyl-cymaropyranosyloxy]-
5,14-dihydroxy- 2438
—, 3-[O⁴-Acetyl-O³-methyl-lyxo-2,6-
didesoxy-hexopyranosyloxy]-5,14-
dihydroxy- 2438
—, 3-[O⁴-Acetyl-O³-methyl-lyxo-2,6-
didesoxy-hexopyranosyloxy]-11,14-
dihydroxy- 2447

C₃₂H₄₈O₁₀

Card-20(22)-enolid, 1-Acetoxy-14-hydroxy-
3-[O³-methyl-6-desoxy-
talopyranosyloxy]- 2433
—, 11-Acetoxy-14-hydroxy-3-
[O³-methyl-fucopyranosyloxy]- 2449
—, 16-Acetoxy-14-hydroxy-3-
[O³-methyl-fucopyranosyloxy]- 2479
—, 16-Acetoxy-14-hydroxy-3-
[O³-methyl-rhamnopyranosyloxy]-
2479

C₃₄H₂₂O₅

Benzofuran-4,7-chinon, 6-Hydroxy-5-
[α′-oxo-bibenzyl-α-yl]-2,3-diphenyl-
2846

C₃₄H₂₄N₈O₁₂Se

Selenophen, 3,4-Diacetoxy-2,5-bis-[α-(2,4-
dinitro-phenylhydrazono)-benzyl]- 2814

C₃₄H₂₄O₅

Phthalsäure, 3,6-Bis-[4-methoxy-phenyl]-
4,5-diphenyl-, anhydrid 2844
—, 4,5-Bis-[4-methoxy-phenyl]-3,6-
diphenyl-, anhydrid 2844

C₃₄H₂₆Cl₂O₉

Glucopyranosylchlorid, Tetra-O-benzoyl-2-
chlor- 2267
Mannopyranosylchlorid, Tetra-O-benzoyl-
2-chlor- 2267

C₃₄H₂₆O₅

Cyclohexa-3,5-dien-1,2-dicarbonsäure,
4,5-Bis-[4-methoxy-phenyl]-3,6-
diphenyl-, anhydrid 2844

C₃₄H₃₂O₁₆

Naphtho[1,2,3-de]chromen-7-on, 2,11b-
Diacetoxy-11-[tetra-O-acetyl-
glucopyranosyloxy]-11bH- 2799

C₃₄H₃₆O₁₁

Isocumarin, 6,8-Diacetoxy-5-[6-acetoxy-1-
oxo-3-pentyl-1H-isochromen-8-yloxy]-3-
pentyl- 2417

C₃₄H₃₆O₁₅

Chromen-4-on, 3-[4-Acetoxy-benzyl]-7-
methoxy-2-methyl-5-[tetra-O-acetyl-
glucopyranosyloxy]- 2776

C₃₄H₃₈N₄O₉

5,8-Ätheno-pregn-9(11)-en-6,7-
dicarbonsäure, 3-Acetoxy-21-
[2,4-dinitro-phenylhydrazono]-20-
methyl-, anhydrid 2792

C₃₄H₃₈O₆

5,8-Ätheno-pregn-9(11)-en-6,7-
dicarbonsäure, 3-Acetoxy-20-methyl-
21-oxo-21-phenyl-, anhydrid 2835

C₃₄H₄₀N₄O₉

5,8-Ätheno-23,24-dinor-cholan-6,7-
dicarbonsäure, 3-Acetoxy-22-[2,4-dinitro-
phenylhydrazono]-, anhydrid 2668

C₃₄H₄₀N₄O₁₃

arabino-3,6-Anhydro-
[2]hexosulose, O⁵-Acetyl-O⁴-[tetra-
O-acetyl-glucopyranosyl]-,
bis-phenylhydrazon 2314
ribo-3,6-Anhydro-[2]hexosulose, O⁵-Acetyl-
O⁴-[tetra-O-acetyl-galactopyranosyl]-,
bis-phenylhydrazon 2313
—, O⁵-Acetyl-O⁴-[tetra-O-acetyl-
glucopyranosyl]-, bis-phenylhydrazon
2313

Pyran-3,4-dion, 6-Acetoxymethyl-5-[tetra-
O-acetyl-glucopyranosyloxy]-dihydro-,
bis-phenylhydrazon 2300

C₃₄H₄₈N₂O₁₄

11,12-Seco-oleanan-11,12,28-trisäure, 3,23-
Diacetoxy-13-hydroxy-x,x-dinitro-,
28-lacton 2562

C₃₄H₄₈O₇

Olean-12-en-28-säure, 3,22-Diacetoxy-15-
hydroxy-11-oxo-, lacton 2595
—, 3,30-Diacetoxy-21-hydroxy-11-
oxo-, lacton 2594

C₃₄H₄₈O₁₁

Carda-4,20(22)-dienolid, 3-[O²,O⁴-Diacetyl-
O³-methyl-rhamnopyranosyloxy]-1,14-
dihydroxy- 2540
Card-20(22)-enolid, 3-[O²,O⁴-Diacetyl-
O³-methyl-6-desoxy-talopyranosyloxy]-
14-hydroxy-1-oxo- 2542
—, 3-[O²,O⁴-Diacetyl-O³-methyl-
fucopyranosyloxy]-14-hydroxy-11-oxo-
2546

C₃₄H₅₀O₇

Oleanan-28-säure, 2,23-Diacetoxy-13-
hydroxy-3-oxo-, lacton 2561
—, 3,12-Diacetoxy-13-hydroxy-23-
oxo-, lacton 2563
—, 3,16-Diacetoxy-13-hydroxy-12-
oxo-, lacton 2561
—, 3,16-Diacetoxy-13-hydroxy-23-
oxo-, lacton 2563
—, 3,23-Diacetoxy-13-hydroxy-2-oxo-,
lacton 2561
—, 3,23-Diacetoxy-13-hydroxy-12-
oxo-, lacton 2562
Olean-12-en-28-al, 3,24-Diacetoxy-16,21-
epoxy-22-hydroxy- 2563
Verbindung C₃₄H₅₀O₇ aus 3,16-Diacetoxy-
13-hydroxy-23-oxo-oleanan-28-säure-
lacton 2563

C₃₄H₅₀O₁₀

Card-20(22)-enolid, 11-Acetoxy-3-[O⁴-acetyl-
O³-methyl-xylo-2,6-didesoxy-
hexopyranosyloxy]-14-hydroxy-
2447
O-Acetyl-Derivat C₃₄H₅₀O₁₀ aus
Abomonosid 2484

C₃₄H₅₀O₁₁

Card-20(22)-enolid, 3-[O²,O⁴-Diacetyl-
O³-methyl-6-desoxy-talopyranosyloxy]-
1,14-dihydroxy- 2432
—, 3-[O²,O⁴-Diacetyl-O³-methyl-
fucopyranosyloxy]-5,14-dihydroxy-
2441
—, 3-[O²,O⁴-Diacetyl-O³-methyl-
fucopyranosyloxy]-11,14-dihydroxy-
2449

$C_{34}H_{51}NO_7$

Oleanan-28-säure, 3,23-Diacetoxy-13-
hydroxy-12-hydroxyimino-, lacton
2562

$C_{34}H_{52}O_7$

Oleanan-28-säure, 2,23-Diacetoxy-3,13-
dihydroxy-, 13-lacton 2493
Ursan-28-säure, 3,12-Diacetoxy-13,19-
dihydroxy-, 19-lacton 2492

$C_{34}H_{52}O_{11}$

Cardanolid, 3-[O^2,O^4-Diacetyl-O^3-methyl-
6-desoxy-talopyranosyloxy]-1,14-
dihydroxy- 2360

C_{35}

$C_{35}H_{22}O_8$

Xanthen-9-on, 1,4,8-Tris-benzoyloxy-3-
methyl- 2614

$C_{35}H_{25}Cl_3O_8$

Cumarin, 6-Äthyl-7,8-bis-benzoyloxy-3-
[1-benzoyloxy-2,2,2-trichlor-äthyl]-4-
methyl- 2416

$C_{35}H_{26}N_4O_{18}$

1,4-Anhydro-galactit, 6-Methoxy-tetrakis-
O-[4-nitro-benzoyl]- 2287

$C_{35}H_{28}N_2O_{11}$

Chroman-4-on, 5-Methoxy-8-[3-methyl-
but-2-enyl]-7-[4-nitro-benzoyloxy]-2-[4-
(4-nitro-benzoyloxy)-phenyl]- 2785

$C_{35}H_{30}O_8$

Tri-O-benzoyl-Derivat $C_{35}H_{30}O_8$ aus
Nordihydroscopatriol 2350

$C_{35}H_{42}N_4O_{13}$

arabino-3,6-Anhydro-
[2]hexosulose, O^5-Acetyl-O^4-[tetra-
O-acetyl-galactopyranosyl]-, 1-[methyl-
phenyl-hydrazon]-2-phenylhydrazon
2313
—, O^5-Acetyl-O^4-[tetra-O-acetyl-
glucopyranosyl]-, 1-[methyl-phenyl-
hydrazon]-2-phenylhydrazon 2312
ribo-3,6-Anhydro-[2]hexosulose, O^5-Acetyl-
O^4-[tetra-O-acetyl-galactopyranosyl]-,
1-[methyl-phenyl-hydrazon]-2-
phenylhydrazon 2313
—, O^5-Acetyl-O^4-[tetra-O-acetyl-
glucopyranosyl]-, 1-[methyl-phenyl-
hydrazon]-2-phenylhydrazon 2312

$C_{35}H_{46}O_{14}$

Chromen-4-on, 5-Methoxy-2-[4-methoxy-
phenyl]-7-[O^2,O^3,O^4-trimethyl-O^6-(tri-
O-methyl-rhamnopyranosyl)-
glucopyranosyloxy]- 2691

$C_{35}H_{50}O_{11}$

Card-20(22)-enolid, 16-Acetoxy-3-[di-
O-acetyl-ribo-2,6-didesoxy-
hexopyranosyloxy]-14-hydroxy- 2470

$C_{35}H_{53}N_3O_7$

Oleanan-28-säure, 3,16-Diacetoxy-13-
hydroxy-23-semicarbazono-, lacton
2563

$C_{35}H_{54}O_{11}$

Card-20(22)-enolid, 3-[O^4-(ribo-2,6-
Didesoxy-hexopyranosyl)-ribo-2,6-
didesoxy-hexopyranosyloxy]-12,14-
dihydroxy- 2452
—, 3-[O^4-(ribo-2,6-Didesoxy-
hexopyranosyl)-ribo-2,6-didesoxy-
hexopyranosyloxy]-14,16-dihydroxy-
2462

$C_{35}H_{54}O_{13}$

Card-20(22)-enolid, 3-[O^4-Glucopyranosyl-
ribo-2,6-didesoxy-hexopyranosyloxy]-
14,16-dihydroxy- 2465

$C_{35}H_{54}O_{14}$

Card-20(22)-enolid, 3-[O^4-Glucopyranosyl-
fucopyranosyloxy]-14,16-dihydroxy-
2475

C_{36}

$C_{36}H_{22}O_7$

Chromen-4-on, 3-Benzoyl-5,7-bis-
benzoyloxy-2-phenyl- 2837

$C_{36}H_{22}O_8$

Benzofuran-2-on, 4,6-Bis-benzoyloxy-3-
[4-benzoyloxy-benzyliden]-3H- 2750
Chromen-4-on, 5,7-Bis-benzoyloxy-2-
[4-benzoyloxy-phenyl]- 2687
—, 5,7-Bis-benzoyloxy-3-
[4-benzoyloxy-phenyl]- 2732
—, 3,5,7-Tris-benzoyloxy-2-phenyl-
2704

$C_{36}H_{24}O_8$

Chroman-4-on, 3,5,7-Tris-benzoyloxy-2-
phenyl- 2622

$C_{36}H_{52}O_8$

Olean-12-en-28-al, 3,22,24-Triacetoxy-
16,21-epoxy- 2563
Olean-5-en-28-säure, 2,3,23-Triacetoxy-13-
hydroxy-, lacton 2560

$C_{36}H_{52}O_{12}$

Card-20(22)-enolid, 1-Acetoxy-3-
[O^2,O^4-diacetyl-O^3-methyl-6-desoxy-
talopyranosyloxy]-14-hydroxy- 2433
—, 11-Acetoxy-3-[O^2,O^4-diacetyl-
O^3-methyl-fucopyranosyloxy]-14-
hydroxy- 2449
—, 16-Acetoxy-3-[O^2,O^4-diacetyl-
O^3-methyl-fucopyranosyloxy]-14-
hydroxy- 2479

$C_{38}H_{49}NO_{14}$

Bufa-3,20,22-trienolid, 14-Hydroxy-19-hydroxyimino-5-[tetra-O-acetyl-glucopyranosyloxy]- 2665

$C_{38}H_{52}O_{14}$

8,14-Seco-buf-20(22)-enolid, 8,14-Dioxo-3-[tetra-O-acetyl-glucopyranosyloxy]-2553

$C_{38}H_{54}O_{14}$

Tetra-O-acetyl-Derivate $C_{38}H_{54}O_{14}$ aus 3-Glucopyranosyloxy-8,14-dihydroxy-buf-20(22)-enolid 2488

$C_{38}H_{58}N_4O_9$

Bufa-20,22-dienolid, 3-[7-(1-Carboxy-4-guanidino-butylcarbamoyl)-heptanoyloxy]-11,14-dihydroxy- 2555

$C_{38}H_{58}O_{14}$

Card-20(22)-enolid, x-Acetoxy-3-[O^4-glucopyranosyl-O^3-methyl-*ribo*-2,6-didesoxy-hexopyranosyloxy]-14-hydroxy- 2484

—, 16-Acetoxy-3-[O^4-glucopyranosyl-O^3-methyl-*arabino*-2,6-didesoxy-hexopyranosyloxy]-14-hydroxy- 2471

—, 16-Acetoxy-3-[O^4-glucopyranosyl-O^3-methyl-*ribo*-2,6-didesoxy-hexopyranosyloxy]-14-hydroxy- 2471

—, 16-Acetoxy-3-[O^4-glucopyranosyl-O^3-methyl-*xylo*-2,6-didesoxy-hexopyranosyloxy]-14-hydroxy- 2472

$C_{38}H_{58}O_{15}$

Card-20(22)-enolid, 16-Acetoxy-3-[O^4-glucopyranosyl-O^3-methyl-fucopyranosyloxy]-14-hydroxy- 2480

—, 3-[O^2-Acetyl-O^4-glucopyranosyl-O^3-methyl-fucopyranosyloxy]-14,16-dihydroxy- 2476

C_{39}

$C_{39}H_{42}O_{21}$

Xanthen-9-on, 1-Acetoxy-7-methoxy-3-[O^2,O^3,O^4-triacetyl-O^6-(tri-O-acetyl-xylopyranosyl)-glucopyranosyloxy]-2603

$C_{39}H_{48}N_4O_9$

5,8-Ätheno-pregn-9(11)-en-6,7-dicarbonsäure, 21-[2,4-Dinitro-phenylhydrazono]-3-heptanoyloxy-20-methyl-, anhydrid 2792

$C_{39}H_{54}O_{15}$

Card-20(22)-enolid, 16-Acetoxy-14-hydroxy-3-[tetra-O-acetyl-glucopyranosyloxy]- 2473

$C_{39}H_{60}O_{15}$

Card-20(22)-enolid, 3-[O^4-Glucopyranosyl-O^3-methyl-fucopyranosyloxy]-14-hydroxy-16-propionyloxy- 2482

—, 3-[O^4-Glucopyranosyl-O^3-methyl-O^2-propionyl-fucopyranosyloxy]-14,16-dihydroxy- 2477

C_{40}

$C_{40}H_{60}N_4O_{10}$

Bufa-20,22-dienolid, 16-Acetoxy-3-[7-(1-carboxy-4-guanidino-butylcarbamoyl)-heptanoyloxy]-14-hydroxy- 2557

$C_{40}H_{60}O_{16}$

Card-20(22)-enolid, 11-Acetoxy-3-[O^2-acetyl-O^4-glucopyranosyl-O^3-methyl-fucopyranosyloxy]-14-hydroxy- 2450

—, 16-Acetoxy-3-[O^2-acetyl-O^4-glucopyranosyl-O^3-methyl-fucopyranosyloxy]-14-hydroxy- 2480

$C_{40}H_{64}N_4O_{10}$

Bufanolid, 16-Acetoxy-3-[7-(1-carboxy-4-guanidino-butylcarbamoyl)-heptanoyloxy]-14-hydroxy- 2365

C_{41}

$C_{41}H_{46}O_{20}$

Chromen-4-on, 5,7-Dimethoxy-3-{4-[O^3,O^4,O^6-triacetyl-O^2-(tri-O-acetyl-rhamnopyranosyl)-glucopyranosyloxy]-phenyl}- 2733

$C_{41}H_{62}O_{16}$

Card-20(22)-enolid, 3-[O^2-Acetyl-O^4-glucopyranosyl-O^3-methyl-fucopyranosyloxy]-14-hydroxy-16-propionyloxy- 2482

$C_{41}H_{64}O_{14}$

Card-20(22)-enolid, 3-{O^4-[O^3-(*ribo*-2,6-Didesoxy-hexopyranosyl)-*ribo*-2,6-didesoxy-hexopyranosyl]-*ribo*-2,6-didesoxy-hexopyranosyloxy}-12,14-dihydroxy- 2455

—, 3-{O^4-[O^4-(*ribo*-2,6-Didesoxy-hexopyranosyl)-*ribo*-2,6-didesoxy-hexopyranosyl]-*ribo*-2,6-didesoxy-hexopyranosyloxy}-12,14-dihydroxy-2453

—, 3-{O^4-[O^4-(*ribo*-2,6-Didesoxy-hexopyranosyl)-*ribo*-2,6-didesoxy-hexopyranosyl]-*ribo*-2,6-didesoxy-hexopyranosyloxy}-14,16-dihydroxy-2462

$C_{41}H_{64}O_{18}$

Card-20(22)-enolid, 3-[O^4-(O^4-Glucopyranosyl-glucopyranosyl)-*ribo*-2,6-didesoxy-hexopyranosyloxy]-14,16-dihydroxy- 2466

C_{42}

$C_{42}H_{44}O_{22}$

Chromen-4-on, 5-Acetoxy-2-[4-acetoxy-phenyl]-7-[O^3,O^4,O^6-triacetyl-O^2-(tri-O-acetyl-apiofuranosyl)-glucopyranosyloxy]- 2692

$C_{42}H_{46}O_{21}$

Chromen-4-on, 5-Acetoxy-2-[4-methoxy-phenyl]-7-[O^2,O^3,O^4-triacetyl-O^6-(tri-O-acetyl-rhamnopyranosyl)-glucopyranosyloxy]-
2691

$C_{42}H_{46}O_{22}$

Chromen-4-on, 5-Hydroxy-2-[4-methoxy-phenyl]-7-[O^2,O^3,O^6-triacetyl-O^4-(tetra-O-acetyl-glucopyranosyl)-glucopyranosyloxy]-
2690

$C_{42}H_{58}O_6$

β,β-Carotin-8-on, 3'-Acetoxy-5,6-epoxy-3,5'-dihydroxy-6',7'-didehydro-5,6,7,8,5',6'-hexahydro- 2820

$C_{42}H_{64}O_{15}$

Card-20(22)-enolid, 3-{O^4-[O^4-(ribo-2,6-Didesoxy-hexopyranosyl)-ribo-2,6-didesoxy-hexopyranosyl]-ribo-2,6-didesoxy-hexopyranosyloxy}-16-formyloxy-14-hydroxy-
2467

$C_{42}H_{64}O_{16}$

Card-20(22)-enolid, 3-[O^4-Glucopyranosyl-O^3-methyl-O^2-propionyl-fucopyranosyloxy]-14-hydroxy-16-propionyloxy- 2483

$C_{42}H_{64}O_{19}$

Card-20(22)-enolid, 3-[O^2-(O^6-Glucopyranosyl-glucopyranosyl)-O^3-methyl-6-desoxy-glucopyranosyloxy]-14-hydroxy-19-oxo-
2551

$C_{42}H_{66}O_{19}$

Card-20(22)-enolid, 3-[O^2-(O^6-Glucopyranosyl-glucopyranosyl)-O^3-methyl-6-desoxy-talopyranosyloxy]-1,14-dihydroxy-
2433

—, 3-[O^4-(O^6-Glucopyranosyl-glucopyranosyl)-O^3-methyl-6-desoxy-talopyranosyloxy]-1,14-dihydroxy-
2433

—, 3-[O^4-(O^4-Glucopyranosyl-glucopyranosyl)-O^3-methyl-fucopyranosyloxy]-14,16-dihydroxy-
2475

—, 3-[O^4-(O^6-Glucopyranosyl-glucopyranosyl)-O^3-methyl-fucopyranosyloxy]-14,16-dihydroxy-
2476

C_{43}

$C_{43}H_{46}O_{22}$

Chromen-4-on, 5,7-Diacetoxy-3-{4-[O^3,O^4,O^6-triacetyl-O^2-(tri-O-acetyl-rhamnopyranosyl)-glucopyranosyloxy]-phenyl}- 2734

$C_{43}H_{66}O_{15}$

Card-20(22)-enolid, 3-{O^4-[O^4-(O^3-Acetyl-ribo-2,6-didesoxy-hexopyranosyl)-ribo-2,6-didesoxy-hexopyranosyl]-ribo-2,6-didesoxy-hexopyranosyloxy}-12,14-dihydroxy- 2454

—, 3-{O^4-[O^4-(O^3-Acetyl-ribo-2,6-didesoxy-hexopyranosyl)-ribo-2,6-didesoxy-hexopyranosyl]-ribo-2,6-didesoxy-hexopyranosyloxy}-14,16-dihydroxy- 2463

—, 3-{O^4-[O^4-(O^4-Acetyl-ribo-2,6-didesoxy-hexopyranosyl)-ribo-2,6-didesoxy-hexopyranosyl]-ribo-2,6-didesoxy-hexopyranosyloxy}-12,14-dihydroxy- 2453

—, 3-{O^4-[O^4-(O^4-Acetyl-ribo-2,6-didesoxy-hexopyranosyl)-ribo-2,6-didesoxy-hexopyranosyl]-ribo-2,6-didesoxy-hexopyranosyloxy}-14,16-dihydroxy- 2463

C_{44}

$C_{44}H_{20}Cl_2O_7$

Bis-O-[2-chlor-benzoyl]-Derivat $C_{44}H_{20}Cl_2O_7$ aus 16,17-Dihydroxy-trinaphthyleno[5,6-bcd]furan-10,11-chinon oder aus 11,16-Dihydroxy-trinaphthyleno[5,6-bcd]furan-10,17-chinon oder aus 10,17-Dihydroxy-trinaphthyleno[5,6-bcd]furan-11,16-chinon 2845

$C_{44}H_{48}O_{23}$

Chromen-4-on, 5-Acetoxy-2-[4-methoxy-phenyl]-7-[O^2,O^3,O^6-triacetyl-O^4-(tetra-O-acetyl-glucopyranosyl)-glucopyranosyloxy]- 2691

—, 2-[4-Methoxy-phenyl]-3,7-bis-[tetra-O-acetyl-glucopyranosyloxy]-
2714

$C_{44}H_{52}O_{11}$

Card-20(22)-enolid, 3-[O^2,O^4-Dibenzoyl-O^3-methyl-fucopyranosyloxy]-14-hydroxy-11-oxo- 2546

$C_{44}H_{54}O_{10}$

Card-20(22)-enolid, 3-[O^4-Benzoyl-O^3-methyl-lyxo-2,6-didesoxy-hexopyranosyloxy]-11-benzoyloxy-14-hydroxy- 2448

$C_{49}H_{76}O_{20}$
  Card-20(22)-enolid, 3-{O^4-[O^4-(O^3-Acetyl-
    O^4-glucopyranosyl-*ribo*-2,6-didesoxy-
    hexopyranosyl)-*ribo*-2,6-didesoxy-
    hexopyranosyl]-*ribo*-2,6-didesoxy-
    hexopyranosyloxy}-12,14-dihydroxy-
    2455
  —, 3-{O^4-[O^4-(O^3-Acetyl-
    O^4-glucopyranosyl-*ribo*-2,6-didesoxy-
    hexopyranosyl)-*ribo*-2,6-didesoxy-
    hexopyranosyl]-*ribo*-2,6-didesoxy-
    hexopyranosyloxy}-14,16-dihydroxy-
    2465

C_{50}

$C_{50}H_{76}O_{21}$
  Card-20(22)-enolid, 3-{O^4-[O^4-(O^3-Acetyl-
    O^4-glucopyranosyl-*ribo*-2,6-didesoxy-
    hexopyranosyl)-*ribo*-2,6-didesoxy-
    hexopyranosyl]-*ribo*-2,6-didesoxy-
    hexopyranosyloxy}-16-formyloxy-14-
    hydroxy- 2468

C_{51}

$C_{51}H_{58}O_8$
  Olean-5-en-28-säure, 2,3,23-Tris-
    benzoyloxy-13-hydroxy-, lacton 2560
$C_{51}H_{58}O_{12}$
  Card-20(22)-enolid, 1-Benzoyloxy-3-[O^2,⁼
    O^4-dibenzoyl-O^3-methyl-6-desoxy-
    talopyranosyloxy]-14-hydroxy- 2434
  —, 16-Benzoyloxy-3-
    [O^2,O^4-dibenzoyl-O^3-methyl-
    fucopyranosyloxy]-14-hydroxy- 2484
$C_{51}H_{60}O_8$
  Oleanan-28-säure, 2,3,23-Tris-benzoyloxy-
    13-hydroxy-, lacton 2494
$C_{51}H_{74}O_{19}$
  Card-20(22)-enolid, 16-Acetoxy-3-
    {O^3-acetyl-O^4-[O^3-acetyl-O^4-(di-
    O-acetyl-*ribo*-2,6-didesoxy-
    hexopyranosyl)-*ribo*-2,6-didesoxy-
    hexopyranosyl]-*ribo*-2,6-didesoxy-
    hexopyranosyloxy}-14-hydroxy- 2470

C_{53}

$C_{53}H_{78}O_{20}$
  Card-20(22)-enolid, 3-[O^2-Acetyl-
    O^3-methyl-O^4-(tetra-O-propionyl-
    glucopyranosyl)-fucopyranosyloxy]-14-
    hydroxy-16-propionyloxy- 2483

$C_{53}H_{84}O_{24}$
  Card-20(22)-enolid, 3-[[3]O^4-
    (O^4-Glucopyranosyl-glucopyranosyl)-
    lin-tri[1→4]-*ribo*-2,6-didesoxy-
    hexopyranosyloxy]-14,16-dihydroxy-
    2464

C_{54}

$C_{54}H_{80}O_{20}$
  Card-20(22)-enolid, 14-Hydroxy-
    3-[O^3-methyl-O^2-propionyl-O^4-
    (tetra-O-propionyl-glucopyranosyl)-
    fucopyranosyloxy]-16-propionyloxy-
    2483

C_{55}

$C_{55}H_{44}N_4O_{27}$
  Tetrakis-[4-nitro-benzoyl]-Derivat
    $C_{55}H_{44}N_4O_{27}$ aus
    7-Glucopyranosyloxy-2-
    [3-glucopyranosyloxy-4-hydroxy-
    phenyl]-chroman-4-on 2645

C_{57}

$C_{57}H_{60}O_{13}$
  Card-20(22)-enolid, 19-Benzoyloxy-14-
    hydroxy-3-[tri-O-benzoyl-6-desoxy-
    allopyranosyloxy]- 2486

C_{58}

$C_{58}H_{82}O_{27}$
  Card-20(22)-enolid, 3-[O^2-Acetyl-O^4-
    (hepta-O-acetyl-gentiobiosyl)-
    acovenopyranosyloxy]-1,14-dihydroxy-
    2433
  —, 3-[O^4-Acetyl-O^2-(hepta-O-acetyl-
    gentiobiosyl)-acovenopyranosyloxy]-
    1,14-dihydroxy- 2433

C_{60}

$C_{60}H_{84}O_{28}$
  Card-20(22)-enolid, 16-Acetoxy-3-
    {O^2-acetyl-O^3-methyl-O^4-
    [O^2,O^3,O^6-triacetyl-O^4-(tetra-O-acetyl-
    glucopyranosyl)-glucopyranosyl]-
    fucopyranosyloxy}-14-hydroxy- 2481

$C_{60}H_{84}O_{28}$ (Fortsetzung)

Card-20(22)-enolid, 16-Acetoxy-3-
$\{O^2$-acetyl-O^3-methyl-O^4-[O^2,O^3,O^4-
triacetyl-O^6-(tetra-O-acetyl-
glucopyranosyl)-glucopyranosyl]-
fucopyranosyloxy$\}$-14-hydroxy-
2482

C_{63}

$C_{63}H_{44}O_{16}$

Chromen-4-on, 5-Benzoyloxy-3-
[4-benzoyloxy-phenyl]-7-[tetra-
O-benzoyl-glucopyranosyloxy]- 2734

$C_{63}H_{90}O_{27}$

Card-20(22)-enolid, 16-Acetoxy-14-
hydroxy-3-[[1]O^3,[2]O^3,[3]O^3-triacetyl-
[3]O^4-(tetra-O-acetyl-glucopyranosyl)-
lin-tri[1→4]-$ribo$-2,6-didesoxy-
hexopyranosyloxy]- 2471

C_{90}

$C_{90}H_{68}O_{24}$

Chroman-4-on, 2-[4-Benzoyloxy-3-(tetra-
O-benzoyl-glucopyranosyloxy)-phenyl]-
7-[tetra-O-benzoyl-glucopyranosyloxy]-
2646